AF890992

Gesamtverzeichnis des deutschsprachigen Schrifttums (GV) 1700 – 1910

Bearbeitet unter der Leitung von
Hilmar Schmuck und Willi Gorzny

Bibliographische und redaktionelle Beratung:
Hans Popst und Rainer Schöller

57

Hau - Hec

K · G · Saur München · New York · London · Paris 1982

CIP-Kurztitelaufnahme der Deutschen Bibliothek

Gesamtverzeichnis des deutschsprachigen Schrifttums :
(GV). – München, New York, London, Paris : Saur.
Bd. 1 – 6 bearb. unter d. Leitung von Peter Geils
u. Willi Gorzny.
ISBN 3-598-30000-X

1700 – 1910 / bearb. unter d. Leitung von Hilmar
Schmuck u. Willi Gorzny. Bibliograph. u. red.
Beratung: Hans Popst u. Rainer Schöller

NE: Schmuck, Hilmar [Bearb.]

57. Hau - Hec. - 1982.

© 1982 by K. G. Saur Verlag KG, München
Techn. Realisierung und Druck: Norbert Gärtner, Mainz-Kastel
Binden: Karl Schaumann, Darmstadt
Printed in the Federal Republic of Germany
ISBN 3-598-30000-X (Gesamtwerk)

Hau, Carl, der Roman e. problem. Natur, v. e. Studiengenossen. (II, 38 S.) gr. 8. Berlin 907. A. Pulvermacher & Co. —80

Hau, Pet., Shakespeares Julius Cäsar, s.: Klassiker, die ausländischen, erläutert u. gewürdigt f. höhere Lehranstalten.

— Schmalz-Wagner's lateinische Grammatik. Ein Beitrag zur Schulgrammatik-Frage. gr. 8. (27 S.) Bielefeld 900. Velhagen & Klasing. n. — 50

Hau, Pet., s.: Klassiker, die ausländischen, erläutert u. gewürdigt f. höhere Lehranstalten.

Hau, Pet., lateinisches Lese- u. Übungsbuch zunächst im Anschluß an Bone's latein. Schulgrammatik. 1. u. 2. Tl. gr. 8. Köln 901. M. Du Mont-Schauberg. Kart. n. 3. —
1. Sexta. (III, 97 S.) n. 1. 20. — 2. Quinta. (IV, 142 S.) n. 1. 80

Hau, P. De casuum usu O. Diss. 1884. 142 S.

Haub, Eduard [Oberl.]: Über die Auflösung von Differentialgleichungen, welche sich durch eine bestimmte Substitution aus einer linearen Differentialgleichung mit konstanten Koeffizienten ergeben. Rössel, Druck v. B. Kruttke (1889); S. I—XII; 4°
Rössel, k. G, OP 1889 (16)

Haub, *Eduard* Über die geometrischen Eigenschaften der Curve, deren Gleichung $y^2(2a - x) - x(a - x)^2 = 0$ lautet. Fortsetzung. (Umschlagtitel: ... lautet.) 4 (S. 3—18, 1 Taf.).
Progr. G. *Rössel* 1886 (16).

Haub, Johann Bapt. (Heidelberg), De Ottone Illustri terras Palatinas jure et matrimonio agnetis non acquirente. Diss. publ.-histor. Präs. Georg Joseph Wedekind. Heidelberg (Joh. Jac. Haener) Sept. 1767. 38 S. (6.50) 13450

Haub, P.T. Album plantarum, quae circa Coniciam sponte crescunt, phanerogamarum. Praemittitur familiarum dispositio naturalium. 37 S. . . . .
Conitz, Progr. 1847

Haube, Oskar

Haube, O. Beitrag zur Kenntnis d. Albinovanus Pedo. 24 S. *Fraustadt* 1880. Progr.

Haube, Oscarus (*geb. Rawitsch in Pos. 5. 5. 1846*): De carminibus epicis saeculi Augusti. Vratislaviae (1870). (36 S.) 8°
[*Im Buchhandel 1870 bei Maruschke & Berendt in Breslau.*]
Breslau, Phil. Diss. v. 18. Aug. 1870

Haube, Oskar [Prof. Dr.]: Die Epen der römischen Litteratur im Zeitalter der Republik. Tl 1. Schrimm, Druck v. H. Schwantes, *1895;* 1 Bl., 18 S. 4.
Schrimm, k. G, OP 1895 (168)

Haube, Oskar: Die Epen der römischen Litteratur im Zeitalter der Republik. Tl 2. (Forts. d. P-Beil. 1895.) Schrimm, Druck v. H. Schwantes, *1897;* 3—11 S. 4.
Schrimm, k. G, OP 1897 (172)

Haube, Oskar Die Epen des silbernen Zeitalters der römischen Litteratur. Erstere Hälfte. 4 (20 S.). Zweite Hälfte. 4 (17 S.).
Progr. Rg. *Fraustadt* 1886 (155). 1887 (157)

Haubenreisser, Walther: Ueber Macrochilie.
Leipzig 1908: Georgi. 38 S. 8°
Leipzig, Med. Diss. v. 20. Dez. 1908, Ref. Trendelenburg.

Haubensak, F., s. Freytag, H., u. F. Haubensak, Reichsgesetz üb. die Sicherung der Bauforderungen.

Haubensack, F., wie treibe ich meine Forderungen ein? Mit vielen prakt. Mustern. Dargestellt unter Berücksicht. der am 1. IV. 1910 in Kraft tret. neuen Prozeßgesetzgebg. (40 S.) 8. Tübingen 910. A. & S. Weil. — 75

Hauber, Hausmesse, s.: Schattenberg, Heinr. vom.

Hauber, A., s.: Urkundenbuch des Klosters Heiligkreuztal.

Hauber, Albert

Hauber, A., Bedenken über die deutsch-kathol. Bewegung, s. Ullmann, C.

Hauber, A., die Diener der evangel. Kirche u. die Zeit. Offenes Sendschreiben an Th. Eisenlohr. [Abgedr. aus d. Kirchen- u. Schulblatt Nr. 12 u. 13.] gr. 8. (28 S.) Stuttgart 849, Metzler. 4 ngr

STADTGESCHICHTEN. Aus den Erzählungen eines Dorfschulmeisters .... (von *Albert Hauber*). Stuttgart 1855. (In Tübingen, Univ.-Bibl.)
Anon.-Lex. V. p. 275 (nach d. Cat. genannter Bibl.).

Hauber, Anton, a. Ellwangen: Die Stellungnahme der Orden und Stifter des Bistums Konstanz im Kampfe Ludwigs des Baiern mit der Kurie. Ein Beitrag zur Kirchengeschichte des 14. Jahrhunderts. Stuttgart 1906: W. Kohlhammer. (36 S.) 8° [Fr.]
München, Phil. Fak., Ref. Grauert, Diss. v. 25. Mai 1905
[Geb. 14. Nov. 79 Ellwangen; Wohnort: München; Staatsangeh.: Bayern; Vorbildung: Obergymn. Ehingen Reife Juli 99; Studium: Tübingen 2, München 7 S.; Rig. 25 Mai 05.]

Hauber, Benedict (Berlassensi/Bayr. Allgäu), De connexu philosophiae cum medicina. Diss. inaug. München (Johann Anton Giesser) 1835. 30 S. (6.—) 13451

Hauber, Eberhard David

— Anm. über die Ordn. der Lebensgesch. Jesu. 8. Lemgo, Meyer. 752.

— Antwort auf die in J. D. Michaelis Paraphrase wider ihn vorgebrachten Beschuldigungen. 8. Kopenh. 750. Proft. 2 K

Hauber, D. Eberhard David, erbauliche und wichtige Betrachtung über die Handschrift, die wider uns war. Lemgo 740. 8.

— Betr. üb. d. Handschrift d. wid. uns war 2c. 8. Lemgo, Meyer. 740.

Hauber, Ebhrd. Dav., († d. 15. Febr. 1765.) bibl. Betrachtt. 5 Stcke. 8. Ulm 740—46. Dieselben in 1 Bd. vereinigt. 8. Lemgo 753. Meyer. 18 K

Erbauliche Betrachtungen Ueber die Begräbnisz Jesu Christi, Zu der Erkänntnisz der Absichten und Nutz-Anwendungen derselben, zu seinem Preisz und der Verherrlichung Gottes ... herausgegeben Von D. Eberhard David Hauber, Hochgräfl. Schaumburg-Lippischen Superintendenten ... Zweyte Auflage. Lemgo, Gedruckt bey Joh. Heinrich Meyer, 1748.

— Betrachtt. über d. zukünftige Leben. 1r Thl. 8. Bückeb. 746. N. Aufl. 8. Kopenh. 765. Rothe. 3 K

— neue bibl. Betrachtt. über einige Stellen d. heil. Schrift. 8. Kopenh. 750. Proft. 6 ℳ

— Betrachtt. über d. göttl. Verstockung. 8. Bückeb. 746. 8. Kopenh. 768.

HAUBER, Eberh. Dav. (1695—1765), Bibliotheca sive Acta et Scripta Magica. Gründliche Nachrichten u. Urtheile von solchen Büchern u. Handlungen, welche die Macht des Teufels in leiblichen Dingen betreffen. 32 Stücke. Mit zahlreichen Portr. u. Kpfrn. (Hexenexecutionen, Gespenstererscheinungen, Blocksbergfahrten etc. darstellend). Lemgo 1738—45. 8°. (Das Münchner Expl. in 3 Bde. gebd.; auch in Marburg, Univ.-Bibl.)
Angeblich nur 1738—39 von Hauber hrsg.

Hauber, Ebh. D., bibliotheca acta et scripta magica. Gründliche Nachrichten und Urtheile von solchen Büchern und Handlungen, welche die Macht des Teufels in leiblichen Dingen betreffen. s. l. [Lemgo] 738—45. St. I—XXXVI. in III Bdn. 8. Th. I. Neuverbess. Druck. ebd. 739. 8.

— — Dasselbe. 36 Stücke. 2te Aufl. 1739—45. 8°. (Das Münchner Expl. in 4 Bde. gebdn.) (27 Mk., sehr schönes Expl., aber Bd. 1 ohne Kpfrn., L. Rosenthal, c. 1900.)

— bibliotheca acta et scripta magica. 36 Stck. 8. Lemgo. Meyer. 739—45.

Hauber, bibliotheca magica, v. Bibliotheca.

Eberhard David **Haubers** Nützlicher Discours. Von dem gegenwärtigen Zustand der Geographie Besonders in Teutschland. Nebst Einem Vorschlag zu noch fernerer Verbesserung derselben, ingleichen von der Wahl eines vollständigen und in rechter Ordnung verfassten Außerlesenen Atlantis. Und Einer Verzeichnüß derer besten so wohl alter als neuer Land-Charten, sonderlich von Teutschland. Deme angefügt Zusätze und Verbesserungen Zu seinem Versuch einer umständlichen Historie der Land-Charten. Ulm. 1727. 8°.

— Discours v. d. gegenw. Zust. d. Geographie rc. 8. Ulm, Bartholomäi. 727.

Hauber, Ebrh. Dav., Gedank. v. d. geistl. Anfechtung rc. 2 Thle. 8. Kopenh. Faber. 748.

HAUBER, D. Dav. Eberh. („Hochgräfl. Schaumburg-Lippis. Consistorial-Rath, Superint. u. Pastor primarius zu Stadthagen", geb. 1695, † 1765), Exegetische u. Moralische Gedancken über die Sünde Loths, als eine Erklärung des 19. Capitels in dem ersten Buch Mose, zur Erkenntniß u. Verabscheuung der Sunde (sic!) u. ihres Greuels überhaupt. LEMGO, gedr. mit Meyerischen Schriften; 1732. 8°. (In Dresden: Exeg. B. 1095, unbeschn. Expl.)
70 S. (incl. Tit.), nebst 4 unpag. Bll. Zuschr. an Ant. Ludw. Edler, Pastor zu Stadthagen, 1 unpag. Bl.: „Einige zufällige Gedancken (in Versen) über Loths Sünde. Von einem anderen." — Nichts Erotisches.

Eberhard David **Haubers** Gedanken und Vorschläge, Wie die von unterschiedenen Authoren unternommene Historie der Geographie. Wie auch die von ihm vorgeschlagene Geographische Societät noch am füglichsten zu Stande gebracht werden möchte. Nebst einer Nachricht Von seinen ehemals edirten und versprochenen Geographischen Schrifften, und einer Erläuterung Derer darinnen, über Caspar Gottschlings Versuch einer Historie der Land-Charten gefällten Urtheile. . . . Wolffenbüttel. 1730. 8°.

— Harmonie d. vier Evangelisten. gr. 8. Ebend. 737.

Hauber, E. D., Jesus, der Arzt seines Volks auch in leiblichen Krankheiten. Lemg. 1736. 8.

— Inhalt u. erbaul. Anwendung d. gewöhnl. Evangelien. 4. Bückeb. 743. 2e Aufl. 4. Kopenh. 753. Pelt. 12 ℳ

Hauber, Eb. Dav., De metempsychosi s. Pythagoraea animarum transmigratione. 30 pp. Ulm. 12°.
1724

— Nachr. von den Jüdischen, insgemein genannten Samaritan. Münzen u. Schriften, nebst ihrer Abbildung. 8. Kopenh. 767. (Brummer). 2 ℳ

Eberhardi Davidis **Hauberi** Primitiae Schauenburgicae, quibus Variae circa res Schauenburgicas observationes Historicae atque Literariae continentur, aut alibi obvia emendantur.
Fasc. 1. Prodromus Originum Schauenburgicarum atque Schauenburgicae Palingenesiae . . . atque Insignium Schauenburgicorum delineationem breviter complexus. Guelfferbyti. 1728: Fasc. 2 Vitas Superintendentium Schauenburgicorum etc. etc. complexus ebd. 1728. 8°.

— primitiae Schauenburgicae. 8. Wolfenb. Meisner. 728.

Vesuch Einer umständlichen Historie Der Land-Charten, Sowohl von denen Land-Charten insgemein, derselben ersten Ursprung etc., Als auch von denen Land-Charten eines jeden Landes insonderheit. . . nebst einer Historischen Nachricht Von denen Land-Charten deß Schwäbischen Craises, deß Hertzogthums Wartenberg, wie auch andern in Schwaben gelegenen Herrschafften. . . Von Eberhard **David Hauber.** Ulm. 1724. 8°.

— Historie d. Landcharten. 8. Ulm. Bartholomäi. 724.

— Vorbereitungen zu den Betrachtt. über d. ewige Leben. 8. Kopenh. 765. (Leipz., Wienbrack). 3 ℳ

— bibl. Zeitrechnung aus den eignen Worten d. Schrift. 8. Kopenh. 753. (Brockhaus in Leipz.) 3 ℳ

Hauber, Er. Chr.

— Beitrag zum Jöcherschen Gelehrten-Lexikon. 8. Kopenh. 753.

Hauber, Er. Chr., († d. 2. Mai 1801.) Beschreib. von Kopenhagen u. den königl. Lustschlössern. gr. 8. Kopenh. 770. 2e A. 777. 3e A. 782. Pelt. (Varrentrapp in Frankf.) 16 ℳ

— s. Jos. Pignato's Flucht.

Hauber, Franz, appr. Arzt, Assistenzarzt im Füs.-Reg. Nr. 34: Migräne und Schmerzdämmerzustände. Berlin (1909): G. Schade. 38 S. 8°
Berlin, Med. Diss. v. 15. Jun. 1909, Ref. Ziehen
[Geb. 23. Aug. 83 St. Amarin, Kr. Thann; Wohnort: Stettin; Staatsangeh.: Elsaß-Lothringen; Vorbildung: Gymn. Mülhausen Reife M. 01; Studium: Berlin 10 S.; Coll. 14. Jan. 09; Approb. 12. Febr. 08.] [U 09. 55

Hauber, Friedrich Albert

Hauber, Fr. Alb., württembergisches Eherecht der Evangelischen. 2. Aufl., umgeändert auf Grund der neuesten staatl. u. kirchl. Gesetze, m. wörtl. Abdr. d. Reichs-Gesetzes üb. die Beurkundg. d. Personenstandes u. d. Eheschließg., d. württemberg. Gesetzes zur Ausführg. dieses Reichsgesetzes u. d. kirchl. Gesetzes. gr. 8. (XVI, 96 S.) Ulm 876. Ebner. 1. 50

Hauber, Frdr. Alb., Epistel-Predigtbuch f. die häusliche Andacht. 80 Predigten. (In ca. 12 Hftn.) 1—4. Hft. gr. 4. (S. 1—152 m. eingedr. Holzschn. u. 1 Holzschn.-taf.) Ulm 882. Ebner. à — 50

Hauber, Frdr. Alb., Epistel=Predigtbuch f. die häusliche Andacht. 80 Predigten. 5—15. (Schluß=)Hft. gr. 4. (S. 153—580 m. eingedr. Holzschn. u. Holzschntaf.) Ulm 883. 84. Ebner. à — 50

Hauber, Frdr. Alb., evangelisches Haus=Gebetbuch. Gebete zum Morgen= und Abendsegen für alle Tage des Jahres, Sonn-, Fest- und Feiertage, sowie bei besonderen Veranlassungen, verfaßt oder den Schriften bewährter Männer des Gebets — Luther, Arndt, Bojatzky rc. entnommen. (In 16 Heften.) 1. Heft. Ulm 863. Ebner. gr. 4. (IV, S. 1—56 u. 2 Holzschntaf.) 5 ngr

Hauber, Friedr. Alb., evangelisches Haus=Gebetbuch. Gebete zum Morgen= u. Abendsegen für alle Tage des Jahres, Sonn=, Fest= u. Feiertage, sowie bei besond. Veranlassungen, verfaßt oder den Schriften bewährter Männer des Gebets, Luther, Arndt, Bogazky rc. entnommen. 2—16. Heft. Ulm 865—67. Ebner'sche Buchh. gr. 4. (IV u. S. 59—826 mit eingedr. Holzschn. u. 13 Holzschntaff.) Jedes Heft 5 ngr

—— dass. — 8. Aufl. (In 16 Heften.) 1. Heft. gr. 4. (IV und 56 S. mit eingedr. Holzschn. und 2 Holzschntaf.) Ebendas. 867.

Hauber, Frdr. Alb., evangelisches Haus=Gebetbuch. Gebete zum Morgen= u. Abendsegen auf alle Tage d. Jahres, Sonn=, Fest= u. Feiertage, sowie bei besonderen Veranlassgn., verf. od. den Schriften bewährter Männer des Gebets — Luther, Arnd, Bogazky rc. — entnommen. Mit vielen Holzschn. u. 16 Brustbildern. 7. Aufl. 4. (XII, 837 S.) Ulm 886. J. Ebner. 8. —; geb. in Leinw. n. 10. —; auch in 16 Hftn. à — 50

Hauber, Friedr. Alb., evangelisches Hauspredigtbuch. Predigten über die Evangelien an sämmtl. Sonn-, Fest- und Feiertagen, zum Gebrauche bei der häusl. Erbauung. (In 12 Heften.) 1—6. Heft. gr. 4. (320 S. mit 13 Holzschnt. und Titel in Holzschn.) Ulm 861. Ebner'sche Buchh. à Heft 5 Ngr.

—— evangelisches Hauspredigtbuch. Predigten über die Evangelien an sämmtl. Sonn=, Fest= und Feiertagen, zum Gebrauche bei der häusl. Erbauung. 7.—12. Heft. gr. 4. (S. 321—608 mit 12 Holzschntaf.) Ulm 862, Ebner'sche Buchh. à Heft 5 Ngr.

1.—6. Heft. Ebendas. 1861. 1 Thlr.

—— evangelisches Hauspredigtbuch. Predigten über die Evangelien an sämmtlichen Sonn=, Fest= und Feiertagen, zum Gebrauche bei der häuslichen Erbauung. Ebend. 863. gr. 8. (608 S. u. 25 Holzschntaf.) 2 Thlr

— evangelisches Hauspredigtbuch. Predigten über die Evangelien an sämmtl. Sonn=, Fest= u. Feiertagen, zum Gebrauche bei der häusl. Erbauung. 4. Aufl. (In 12 Heften.) 1. Heft. Ebend. 867. gr. 4. (64 S. mit eingedr. Holzschn. u. 3 Holzschntaff.) 5 ngr

- evangelisches Haus=Predigt=Buch. Predigten üb. die Evangelien an sämmtl. Sonn=, Fest= u. Feiertagen, zum Gebrauche bei der häusl. Erbaug. Mit 25 Holzschn. 12. Aufl. 4. (VI, 608 S.) Ebd. 887. 6. —; geb. in Leinw. n. 7. 50; auch in 12 Hftn. à — 50

Hauber, Fr. Alb., Recht u. Brauch der evangelisch=lutherischen Kirche Württembergs in Sachen des Kirchenregiments, des Gottesdienstes und der Zucht. Stuttgart 854. Ed. Hallberger. gr. 8. (VIII, 223 S.) 27 ngr

—— Recht und Brauch der evangelisch-lutherischen Kirche in Württemberg. 2. Thl. A. u. d. T.: Württembergisches Eherecht der Evangelischen. gr. 8. (XX und 238 S. und Nachträge zum 1. Thl. 18 S.) Stuttgart 856(58), Ed. Hallberger.

1. Thl. Ebendas. 1854. 27 Ngr.

Hauber, Friedrich Karl, s. Hauber, Karl Friedrich.

Hauber G, Silber-Kettenfabrik, Schwäbisch Gmünd. Muster-Album 1870-93. (100 T) 4° Gmünd 1893

Hauber, G. W. A., Anleitung zur Ausführung d. Ablösungs=Verfahrens f. Gefälle u. Zehnten, in vergleichender Weise u. zur zweckmäßigen Behandlung u. Fertigung der Gefäll= u. Zehntablösungs=Geschäfte nebst Geschäftsplänen, den erforderl. Formularien u. Resolvirungen. Für die Gemeindebehörden u. Alle, welche m. Ablösungsgeschäften zu thun haben. 8. (VIII u. 56 S. m. 2 Tab. in qu. 4.) Nagold 850. (Stuttgart, Sonnewald.) n. 8 ngr

— gründliche u. gemeinfaßliche Erläuterung d. Ablösungs=Gesetzes u. der Instruktion. Nebst klarer Darstellg. d. Gewinns der Pflichtigen bei der Ablösung u. Anweisung zur Fertigung der Ablösungs=Geschäfte u. Berechng. der Zeitrenten. Zur Belehrung f. jeden Betheiligten, insbesondere f. die Gemeinde=Behörden u. einzelnen Pflichtigen. gr. 8. (28 S. m. 1 Tab. in qu. 4.) Tübingen 849, Buchh. Zu=Guttenberg in Comm. n. 1/6 Thlr

Hauber, G. W. A., die Gemeinde=Güterbücher, deren Anlegung, Ergänzung und Fortführung in Württemberg, nebst allen damit verwandten Materien, namentlich Fortführung der Steuer=Cataster, Verfahrungsweise bei neuen Gebäude= und Grundsteuer=Einschätzungen rc. Mit 100 Beilagen. Ein ausführliches Hand= und Hülfsbuch für die bearbeitenden und Aufsicht führenden Behörden. Bearb. mit Berücksichtigung der neuesten Bestimmungen. Stuttgart 858. Belser. gr. 8. (509 S.) n. 1 Thlr 3 ngr

Hauber, Gustav

Hauber, der deutsche Aufsatz im obern Gymnasium. Vortrag in der Lehrerversammlg. zu Metzingen am 1. Mai 1885. [Aus: „Korrespondenzbl. f. d. württ. Gelehrten- u. Realschulen".] gr. 8. (24 S.) Tübingen 886. Fues. n. — 40

Hauber, Gustav: Lehrer, Lehrpläne und Lehrfächer an der Karlsschule. (I.) *Stuttgart 1898: C. Liebich.* (1—58 S.) 4°
Stuttgart, Karls-G, P 1898 (621)

Hauber, G., üb. dramatische Schüleraufführgn. [Aus: „Korrespondenzbl. f. d. württemb. Gelehrten- u. Realschulen".] gr. 8. (26 S.) Tübingen 887. Fues' Verl. n. — 40

Hauber, G., üb. die Berliner Schulkonferenz. [Aus: „Korresp.-Bl. d. Gelehrten- u. Realschulen Württembergs".] gr. 8. (S. 26—48.) Tübingen 892. F. Fues. n. — 50

Hauber, Herm., Memoiren aus Algier oder Tagebuch eines Deutschen in französ. Diensten. 2 Bdchn. Neue wohlfeile Ausg. gr. 8. Bern 844, Fischer. 1 Thlr

Hauber, Ignaz Anton

Hauber, Ignaz, der heil. Antonius der Große, Einsiedler u. Abt in Egypten, Patriarch der Mönche und Einsiedler im Morgenlande. Eine Geschichte aus dem 3. u. 4. christl. Jahrhundert. Mit Titelbild. 8. Augsburg 840. M. Rieger. 5 Ngr.

Hauber, Ign., der heil. Antonius der Große, Einsiedler u. Abt in Egypten rc. 8. Augsburg 840, jetzt Lindau, Stettner. 6¼ ngr

Hauber, Ign. Ant., die Asyle der Religion, oder das klösterliche Leben im Gegensatz mit dem weltlichen Leben. Dargestellt in kurzen Betrachtungen für die Freunde des Klosterlebens. Friedrichshafen 855. (Ulm.) Höchel. 8. (VIII, 138 S.) 10 ngr

Hauber, Ign. Ant., die Asyle der Religion, oder das klösterliche Leben im Gegensatz mit dem weltl. Leben. Dargestellt in kurzen Betrachtungen für die Freunde des Klosterlebens. 2.(Titel-)Ausg. Stuttgart (855)865. Koch. 8. (VIII, 138 S.) 10 ngr

Hauber, Ign. Ant., die hohe Bedeutung der geistlichen Orden u. Klöster in unserer Zeit. Dargestellt in Lehren u. Beispielen zum Wiederaufleben d. klösterlich-ascet. Lebens. 8. (VIII u. 198 S.) Innsbruck 852, Pfaundler. 12 ngr

—— Gedenkbüchlein für die Freunde der geistlichen Orden und Klöster, oder Vergleichungen und Betrachtungen unserer unglücksel. Zeiten mit den glücklichen Zeiten vor der schmachvollen Säkularisation. 2. (Titel-)Ausg. 12. (XI und 144 S.) Stuttgart (855)65, Koch.

Hauber, Ign., das Leben und Wirken der Eingeschlossenen. Dargestellt in kurzen Geschichten gottgeweihter Männer und Jungfrauen, welche in strengster Abgeschiedenheit von d. Welt als Reclusen od. Eingeschlossene gelebt haben. gr. 16. Schaffhausen 844, Hurter'sche Buchh. 3/8 ß

— das Leben u. Wirken gottgeweihter Personen in der Einsamkeit oder die Vortrefflichkeit des einsamen Lebens in Beispielen dargestellt. Ein Lese- u. Erbauungsbuch für frommgesinnte Katholiken. 8. Lindau 844, Stettner. 3/4 ß

— das Leben und Wirken gottgeweihter Personen in der Einsamkeit oder die Vortrefflichkeit des einsamen Lebens in Beispielen dargestellt. Ein Lese- und Erbauungsbuch für frommgesinnte Katholiken. 2. verm. Aufl. Lindau 856. Stettner. 8. (XXII, 393 S.) 15 ngr

— die evangel. Räthe im Gegensatz mit den anti-evangel. Räthen, Lehren u. Bestrebungen unserer Zeit. Ein Lehr- u. Erbauungsbuch f. Personen, welche sich zum Ordensstand berufen fühlen; auch für solche, die schon in diesem Stande leben. 12. (264 S. m. 1 Lith.) Einsiedeln 848, Gebr. Benziger. 8 ngr

— die Verfolgung d. Mönche, Einsiedler u. aller geistl. Ordensstände. Dargestellt in Erzählungen aus der Geschichte aller christl. Jahrh. Ein Lese- u. Erbauungsbuch f. d. Freunde d. klösterl. Lebens. 8. Augsb. 843. Lindau, Stettner. 3/8 ß

— die heil. Walburga u. ihre gottselige Verwandtschaft. Eine Geschichte aus dem 8. christl. Jahrhundert. Neu erzählt u. mit kurzen Betrachtt. begleitet ꝛc. Mit Titelkpfr. 8. Augsburg 840. M. Rieger. 5 gr

— die heil. Walburga und ihre gottsel. Verwandtschaft. 8. Augsburg 846, jetzt Lindau, Stettner. 6 1/4 ngr

— das Wiederaufleben der geistl. Orden u. Klöster in unserer Zeit, eine erfreuliche Sache. Dargestellt in Erzählungen aus der Geschichte des 19. Jahrh. 8. Schaffhausen 846, Hurter'sche Buchh. 3/8 ß

Hauber, Joh. Frdr., s.: Prophezeihungen.

Hauber, Johann Michael, s. Ammann, J.: Hinterlass. Predigten.

Hauber, Jh. Mch., Andachts- u. Erbauungsbuch für kathol. Christen. 8. Landsh. 821. Krüll. 12 gr Weiss P. 14 gr

Hauber, Joh. Mich., Andachts- u. Erbauungsbuch f. kathol. Christen. Mit Titkpfr. 8. (26 1/2 B.) Landshut 831. [Regensburg, Manz.] 12 Gr., Druckvlnp.

— Andachts- u. Erbauungsbuch für kathol. Christen. 2e verb., einzig rechtmäß. Origin.-Aufl. Mit 1 Stahlst. 8. Regensburg 838. Manz. 1/2 ß — Mit 3 Stahlst. 5/6 ß

Hauber, Jh. Mch., Andachts- und Erbauungsbuch für kathol. Christen. 3. verb. einzig rechtmäß. Originalaufl. Mit 1 Stahlst. 8. Regensburg 842, Manz. 1/2 ß Mit 3 Stahlst. 2/3 ß — 4. verb. Aufl. Mit 1 Stahlst. 8. Ebend. 843. 1/2 ß Mit 3 Stahlst. 2/3 ß — 5. verb. Aufl. Mit 1 Stahlst. 8. Ebend. 845. 1/2 ß Mit 3 Stahlst. 2/3 ß — III. Ausg. Mit 7 Taf. u. 3 Stahlst. 1 5/12 ß — IV. Ausg. Mit 13 chromolit. Taf. u. 3 Stahlst. 2 1/6 ß

Hauber, Joh. Mich., Andachts- u. Erbauungsbuch für kathol. Christen. 6. verb. Orig.-Aufl. Mit (2) Stahlst. 8. (396 S.) Regensburg 847, Manz. 1/2 ß — 7. verb., einzig rechtmäß. Orig.-Aufl. Mit Stahlst. 8. (398 S. mit lith. Titel u. 1 Stahlst.) Ebd. 850. 1/2 ß; m. Goldtitel u. 3 Stahlst. 2/3 ß; m. 6 Lithochrom. u. 3 Stahlst. 1 5/12 ß; m. 12 Lithochrom. u. 3 Stahlst. 2 1/6 ß

Hauber, Joh. Mich., Andachts- und Erbauungsbuch für katholische Christen. 8. verb., einzig rechtmäßige Originalaufl. Mit Illustr. Regensburg 856. Manz. 8. (398 S. u. 1 Stahlst.) 15 ngr

Hauber, Joh. Mich., Andachts- u. Erbauungsbuch für katholische Christen. 11. Aufl. 1865. u. 12., verb., einzig rechtmäß. Orig.-Aufl. Mit Illustr. Regensburg 867. Manz. 8. (398 S. mit 1 Stahlst.) 15 ngr
Feine Ausg. mit 3 Stahlst. 20 ngr

Hauber, Joh. Mich., Andachts- und Erbauungsbuch für katholische Christen. 13.—15. verb., einzig rechtmäß. Orig.-Aufl. Mit Illustr. (lithogr. Titel und 1 Stahlst.). 8. (398 S.) Regensburg 870—74, Manz. 1 50
Mit Goldtitel und 3 Stahlst. 2 —

Hauber, Joh. Mich., Andachts- u. Erbauungsbuch f. katholische Christen. 16., verb., einzig rechtmäß. Orig.-Aufl. Mit Illustr. (1 Stahlst. u. lith. Titel). 8. (398 S.) Regensburg 880. Manz. 1. 50

Hauber, J. M., Andachts- und Erbauungsbuch für katholische Christen. 17. verb. einzig rechtmäßige Orig.-Aufl. Mit Bewilligung des Hochw. Generalvicariates des Erzbisthums München-Freising. 8. (XII, 398 S. mit Illustr.) Regensburg 885, Verlags-Anstalt, vormals G. J. Manz.

Hauber, Joh. Mich., Andachts- u. Erbauungsbuch f. kathol. Christen. 18., verb., einz. rechtmäß. Orig.-Aufl. 12. (398 S. m. 1 Stahlst. u. Titel in Golddr.) Regensburg 896. Nationale Verlagsanstalt. 1. 50; geb. in Leinw. n.n. 2. 30

Hauber Jh. Mich., Andachtsübungen für fromme kathol. Christen. Mit 2 Kpfr. 8. Sulzbach 838. v. Seidel. 1 ß — 2e wohlf. Ausg. 8. Ebd. 840. 7/12 ß

—— christkathol. Andachtsübungen auf alle Tage d. Fastenzeit u. Charwoche. gr. 12. ... München 830, Jaquet.
Vgl. dess. „vollst. christkathol. Gebetbuch," 3. Bdchn.

— christkathol. Andachtsübungen für die heil. Fastenzeit u. Charwoche, nebst Morgen-, Abend-, Meß-, Buß- und Communion-Gebeten. 5. verb. Aufl. (Mit Titelbild.) gr. 12. München 838, Jaquet. 3/8 ß — Dass. 5. Aufl. mit d. Jahrz. 843. 12. Ebend. 1/4 ß

— Andachtsübungen während d. heil. Fronleichnams-Octav d. kathol. Kirche. gr. 8. Münch. ... (Jaquet). 4 Kr

—— christkathol. Andachtsübungen f. d. Fronleichnams-Octav, Kirchweihe u. d. übrigen Festtage nach d. heil. Dreieinigkeits-Sonntage nebst Morgen- u. Abendgebethen, Meß-, Buß- u. Communion-Andachten. 3., verm. Aufl. M. 1 Kpfr. 8. ... München ..., Jaquet.
Vgl. dess. „vollst. christkathol. Gebethbuch," 5. Bdchn.

— christkathol. Andachtsübungen für die heilige Fronleichnams-Octav, Kirchweihe u. die übrigen Festtage nach dem heil. Dreieinigkeits-Sonntage, nebst Morgen- u. Abendgebeten, Meß-, Buß- und Communion-Andachten. 4. verm. Aufl. (Mit Titelbild.) gr. 12. Ebend. 838. $\frac{3}{8}$ Thlr

—— christkathol. Andachtsübungen f. Kranke, Sterbende, u. ihre Freunde u. Tröster. gr. 12. (5 B.) München 833, Jaquet.
Vgl. dess. „vollst. christkathol. Gebethbuch," 7. Bdchn.

— Andachtsübungen für d. heil. Oster- u. Pfingstfeier d. kathol. Kirche. gr. 8. Münch. 830. (Jaquet). 2 Kr

—— christkathol. Andachtsübungen f. d. heil. Oster- u. Pfingst-Feyer, nebst Morgen- u. Abendgebethen, Meß-, Buß- u. Communion-Andachten. 2., verm. Aufl. gr. 12. (6½ B.) München 831, [Jaquet.]
Vgl. dess. „vollst. christkathol. Gebethbuch," 4. Bdchn.

— christkathol. Andachtsübungen für die heilige Oster- und Pfingst-Feier, nebst Morgen- und Abendgebeten, Meß-, Buß- u. Communion-Andachten. 3. verm. Aufl. (Mit Titelbild.) gr. 12. München 838, Jaquet. $\frac{1}{3}$ Thlr

— Andachtsübungen auf d. Festtage d. allersel. Jungfrau u. Mutter Gottes Maria u. d. Heiligen. gr. 8. München 830. (Jaquet). 1½ Kr

— kathol. Andachtsübungen. 8. Münch. 826. (Jaquet). 3 Kr

Hauber, Johann Michael, s. Andachtsübungen, kathol., aus den Schriften des Thom. v. Kempen.

—— Andachtsübungen zunächst f. d. barmherz. Schwestern nach d. Ordens-Statuten d. heil. Vinzenz v. Paulo; dann f. alle weibl. Ordenspersonen. 8. (28 B. u. 2 Stahlst.) Sulzbach 836, v. Seidel'sche Buchh.

—— tägl. u. sonntägl. Andachtsübungen. M. 1 Kpfr. gr. 12. ... München ..., Jaquet.
Vgl. dess. „vollst. christkathol. Gebethbuch," 1. Bdchn.

— tägl. u. sonntägl. Andachtsübungen. (Aus seinem vollständ. Gebetbuche abgedr.) Mit 1 Kpf. 12. Münch. 831. (Jaquet) 6 Kr

— tägliche u. sonntägliche Andachtsübungen. Mit Titelkpfr. 16. München 836. Jaquet. $\frac{3}{8}$ Thlr — Mit 3 Kpfr. $\frac{1}{2}$ Thlr

— tägliche u. sonntägl. Andachtsübungen. 3. Aufl. Aus dessen vollständ. christkathol. Gebetbuche 21. Aufl. abgedr. Mit 1 Kpfr. 16. München 843, Jaquet. $\frac{1}{4}$ Thlr

Hauber, J. M. Das Armen Seelen Büchlein. Nebst Meß-, Vesper-, Kreuzweg- u. Ablaß-Andachten. 8. (160 S.) Würzb. 888, Etlinger.
geb. * — 50

— zwölf gottselige Betrachtungen über die Vorzüge u. Pflichten des Ordens der barmherz. Schwestern, als Armen- u. Krankenpflegerinnen in den Spitälern. Neue, mit den Gedanken der ehrwürd. Frau Louise v. Marillak über d. Beruf u. die Gelübde der barmherz. Schwestern verm. u. verb. Aufl. gr. 12. Sulzbach 835. v. Seidel. $\frac{1}{4}$ Thlr

Hauber, J. M., Bilder des Lebens, s. Jugend-Bibliothek.

—— Bildungsschule zur Belebung eines frommen Sinnes und Wandels, s. Jugend-Bibliothek. Von J. M. Hauber.

—— Blüthengärtlein, s. Jugend-Bibliothek. Von J. M. Hauber.

— christkathol. Buß- u. Communion-Andachten. 8. Münch. ... 3e Aufl. 830. (Jaquet). 2 Kr

—— christkathol. Buß- u. Communion-Andachten. 5. Aufl. 8. ... München ..., Jaquet.

Hauber, J. M., C. Ett u. Fr. Witt, Cantica sacra. Kirchliche Gesänge m. Orgelbegleitg. f. den Pfarrgottesdienst. Gesammelt u. hrsg. 5., verm. Aufl. der Wittschen Ausg. (VI, 254 S.) 8. Regensburg 906. F. Pustet. Geb. in Leinw. n. 1. 60

Hauber, J. M., C. Ett u. Fr. Witt, Cantica sacra. Kirchliche Gesänge m. Orgelbegleitung f. den Pfarrgottesdienst. Gesammelt u. hrsg. 6. verm. Aufl. der Wittschen Ausg. (VI, 254 S.) 8. Regensburg 908. F. Pustet.
Geb. in Leinw. 1. 60

— Cantica sacra in usum studiosae juventutis. Cantui chorali accom. vocem organi Casp. Ett. 8. Monachi 840, libr. scholarum Regia. (Ratisbonae, Manz.) n. 9 ngr

—— das hochheilige katholische Dankopfer. Ein Haus-, Trost- und Betrachtungsbuch für alle Tage des Kirchenjahres. Mit zahlreichen prachtvollen Oelfarbendr.-Bildern und Stahlst. illustr. 26 Hefte. gr. 8. (1264 S.) Heidelberg 878, Gebr. v. Schenk.
à Heft 50 Pf. 13 —

— auserlesene Erzähll. u. Parabeln, zur Beförderung eines christl. religiösen Sinnes. Ein Lesebuch für d. Jugend. 8. Münch. ... 2e Aufl. 815.

—— Erzählungen aus der Welt- und Menschengeschichte, s. Jugend-Bibliothek von Hauber.

— Gebetbuch für kathol. Christen. Mit 3 Kpf. 12. Münch. 1823. 3e A. 827. 4e A. 832. Finsterlin. 8 Kr Schrbp. 12 Kr Velinp. 16 Kr

—— Gebetbuch f. kathol. Christen. 3., verm. u. verb. Aufl. M. 1 Kpfr. u. 2 Stnt. 829., 4., verm. u. verb. A. M. 1 Ttlkpfr. (à 10 B.) 12. München 832, Finsterlin.
à 9 Gr., Vlnp.

— Gebetbuch für kathol. Christen. 5e verm. u. verb. Ausg. Mit Titelkpfr. gr. 12. München 838. Finsterlin. $\frac{1}{3}$ Thlr Velinp. $\frac{7}{12}$ Thlr — 6e Aufl. 839. $\frac{1}{3}$ Thlr Velinp. $\frac{7}{12}$ Thlr

— Gebetbuch für kathol. Christen. 7. unveränd. Ausg. Mit Titelk. 12. München 841, Finsterlin. $\frac{1}{3}$ Thlr

—— christkathol. Gebethbuch f. d. heil. Advent- u. Weihnachtzeit. 2., verm. Aufl. 12. (5½ B. u. Ttlkpfr.) München 828, Jaquet.
Vgl. dess. „vollst. christkathol. Gebethbuch," 2. Bdchn.

—— kathol. Gebethbuch. Auszug a. deſſ. vollſtänd. Gebethbuche. M. 1 Kpfr. gr. 12. (20 B.) München 828, [Jaquet.] 1 Thlr., weiß Drckp. 1 Thlr. 8 Gr., Schrbp.

—— kathol. Gebethbuch. 2. Aufl. d. Auszugs. A. d. vollſtänd. Gebethb. 20. Aufl. 8. (22½ B. u. 1 Stahlſt.) München 838, Jaquet. 1¼ Thlr., Blnp.

—— kathol. Gebetbuch. 3. Aufl. des Auszugs. Aus d. vollſtänd. Gebetbuche. 8. (22½ B. u. 1 Kpfr.) München 843. [Augsburg, Jaquet's Vrlgsh.]

— chriſtkatholiſches Gebet- u. Erbauungsbuch. 4. verm. u. verb. Aufl. Orig.-Auszug aus Hauber's vollſtänd. Gebetbuch. 25. Aufl. 12. (VIII u. 448 S. m. 2 Stahlſt. u. geſt. Titel.) Ebd. 851. 24 ngr — 4. verm. u. verb. Aufl. 16. (X u. 582 S. m. 2 Stahlſt. u. geſt. Titel.) Ebd. 851. ⅚ ℛ

— chriſtkatholiſches Gebet- und Erbauungsbuch. 5. verm. ꝛc. Aufl. Augsburg 854. Jaquet. 16. (IX, 582 S., 1 Stahlſt. u. Titel in Stahlſt.) 15 ngr

—— chriſtkatholiſches Gebet- und Erbauungsbuch. 6. Aufl. 16. (591 S. mit 1 Stahlſt. und Titel in Stahlſt.) Augsburg 862, [Reichenbach's Buchh.]

—— kathol. Gebetbuch f. d. Jugend. 8. München 841, Jaquet.

— kathol. Gebetbuch f. d. Jugend. 12. (4½ B.) München 842. [Augsburg, Jaquet's Vrlgsh.]

— vollſtändiges Gebet-Buch für fromme katholiſche Chriſten zunächſt für andächtige Verehrer der allerſeligſten allzeit unbefleckten Jungfrau und Gottesmutter Maria. Mit einer Zugabe, den nöthigſten Unterricht und die paſſendſten Andachten für fromme Wallfahrter enth. Ausg. Nr. II. Mit vielen Bildern und Vignetten (in Holzſchn.) geziert. Regensburg 859. Puſtet. 12. (560 S.) 12 ngr

— vollſtänd. chriſtkath. Gebetbuch. Mit 1 Kpf. gr. 8. Münch. ... 6e A. 828. 12e A. 832. (Jaquet). 14 gr Weiß P. 18 gr Velinp. 1 ℛ 12 gr Neue, 13e A. in 7 Bdchen. 1s Bdchen, tägl. u. ſonntägl. Andachtsübungen. gr. 12. Münch., (Jaquet). geh. Subſcr.-Pr. 5 gr Velinp. 8 gr Velinſchrbp. 9 gr 2s Bdchen, Andachten für d. Advents- u. Weihnachtszeit. Mit 1 Titelkpf. gr. 12. Ebd. 832. 5 gr Velinp. 8 gr Velinſchrbp. 9 gr 3s Bdch., Faſten-Andachten. Mit Titelkpf. gr. 12. Ebd. 832. 5 gr Velinp. 8 gr Schrbvelinp. 9 gr 4s Bdchen, Andachtsübungen für d. Fronleichnams-Octav. Mit 1 Titelkpf. gr. 12. Ebd. 832. 5 gr Velinpap. 8 gr Schrbvelinpap. 9 gr 5s Bdchen. A. u. d. T.: chriſtkathol. Andachtsübungen für d. heil. Fronleichnams-Octav, Kirchweihe u. d. übrigen Feſttage nach d. heil. Dreieinigkeits-Sonntage, nebſt Morgen- u. Abendgebeten, Meß-, Buß- u. Communion-Andachten. 3e verm. Aufl. Mit 1 Steindruck. 12. Ebd. 832. 8 gr

—— vollſtänd. chriſtkathol. Gebethbuch. Neue (13.), ſehr verm. Aufl. in 7 Bdchn. gr. 12. München 832, 33, [Jaquet.] 2 Thlr. 8 Gr., Blnp.

Bdchn. 1. Tägliche u. ſonntägl. Andachtsübungen. (10 B. u. Ttlkpfr.)
" 2. Andachten f. d. Advents- u. Weihnachtszeit. (7½ B. u. Ttlkpfr.)
" 3. Faſten-Andachten. (12 B. u. Ttlkpfr.)
" 4. Andachtsübungen f. d. heil. Oſter- u. Pfingſtzeit. (7 B. u. Ttlkpfr.)
" 5. Andachtsübungen f. d. Fronleichnams-Oktav. (9 B. u. Ttlkpfr.)
" 6. Andachtsübungen auf d. Feſttage d. Heiligen u. f. d. Verſtorbenen. (10½ B. u. Ttlkpfr.)
" 7. Andachtsübungen f. verſchied. Stände, f. Leidende, Kranke u. Sterbende. (9 B. u. Ttlkpfr.)

— daſſ. in Einem Bande. Mit 1 Holzſchn. 15e Aufl. (Mit ſtehender Schrift.) gr. 8. Ebd. 833. $\frac{7}{12}$ ℛ weiß Druckp. ⅞ ℛ Velindruckp. 1⅓ ℛ Velinpoſtp. 1½ ℛ — 17e Aufl. gr. 8. Ebd. 834. dieſ. Preiſe. — 19e Aufl. gr. 8. Ebd. 836. dieſ. Preiſe. — 20e Aufl. gr. 8. Ebd. 837. dieſ. Preiſe.

— vollſtänd. chriſtkathol. Gebetbuch. Mit Titelbild. 21. allein rechtmäßige Aufl. (Neu durchgeſehene Stereot.-Ausg.) gr. 8. Ebend. 841. ¾ ℛ Velinp. mit Stahlſt. 1½ ℛ — 22. Aufl. gr. 8. Ebend. 844. $\frac{7}{12}$ ℛ Maſch.-Papier ¾ ℛ Velinp. 1½ ℛ — 23. Aufl. gr. 8. Ebend. 845. $\frac{7}{12}$ ℛ Fein Pap. ⅞ ℛ Schreib-Velinp. 1½ ℛ

—— vollſtänd. chriſtkathol. Gebetbuch. 2., verm. u. verb. Aufl. der Ausg. in 7 Bdchn. gr. 12. (55⅚ B. u. 7 Kpfr.) München 842—44. [Augsburg, Jaquet's Vrlgsh.] à Bdchn. 10 Ngr.

Bdchn. 1. Tägliche u. ſonntägl. Andachtsübungen.
Bdchn. 2. Andachten f. die Advents- u. Weihnachtszeit.
" 3. Faſten-Andachten.
" 4. Andachten für die heil. Oſter- u. Pfingſtzeit.
" 5. Andachtsübungen für die Fronleichnams-Oktav.
" 6. Andachtsübungen auf die Feſttage der Heiligen u. für die Verſtorbenen.
" 7. Andachtsübungen für verſchied. Stände, für Leidende, Kranke u. Sterbende.

— vollſtänd. chriſtkathol. Gebet- u. Andachtsbuch. Ausg. in 3 Bdn. od. 7 Abthlgn. Mit 3 Stahlſt. gr. 12. 1. Bd. 1. Abth.: Tägl. u. ſonntägl. Andachtübungen. (201 S.) 1. Bd. 2. Abthl.: Andachtsübungen f. die Advent- u. Weihnachtszeit. (173 S.) 2. Bd. 3. Abthl.: Faſten-Andachten. (260 S.) 2. Bd. 4. Abthl.: Andachtsübungen für die Oſter- u. Pfingſtzeit. (133 S.) 3. Bd. 5. Abthl.: Andachtsübungen für die Fronleichnams-Octave. (174 S.) 3. Bd. 6. Abthl.: Andachtsübungen auf die Feſte der Heiligen u. für die Verſtorbenen. (205 S.) 3. Bd. 7. Abthl.: Andachtsbuch für die verſchied. Stände, für Leidende, Kranke u. Sterbende. (178 S.) Augsburg 848, Jaquet. 2 ℛ 12 ngr — 2. verb. u. verm. Aufl. der Ausg. in 7 Bdn. 8. (202. 173. 260. 133. 174. 205 u. 178 S.) Ebd. 1½ ℛ

— vollſtändiges chriſtkatholiſches Gebetbuch. Mit 1 Titelkpfr. 25. allein rechtmäß. Aufl. [Neu durchgeſeh. Ster.-Ausg.] gr. 8. (XVI u. 550 S.) Augsburg 850, Jaquet. 18 ngr Velinp. m. 1 Stahlſt. 21 ngr

—— vollſtändiges chriſtkatholiſches Gebetbuch. 25., allein rechtmäß. Aufl. (Neu durchgeſ. Ster.-Ausg.) gr. 8. (XVI und 553 S. mit 1 Ttlkpfr.) Augsburg 853, Jaquet's Vrlgsh.
fein Pap.
Blnp. mit lithochrom. Titel

Hauber, Joh. Mich., vollſtändiges chriſtkatholiſches Gebetbuch. Ausgabe in 7 Bdchn. 3. (Titel-)Aufl. 1—4. Bdchn. Augsburg 853. Jaquet. 12. Jedes Bdchn. 7½ ngr
Inhalt. 1. Bdchn.: Tägliche u. Sonntägliche Andachtsübungen. Mit 1 Stahlſt. (201 S.) — 2. Bdchn.: Andachtsübungen für die heil. Advent- und Weihnachtszeit Mit 1 Stahlſt. (176 S.) — 3. Bdchn.: Andachtsübungen für die heil. Faſtenzeit und Charwoche. Mit 1 Stahlſt. (261 S.) — 4. Bdchn.: Andachtsübungen für die heil. Oſter- und Pfingſtzeit. Mit 1 Stahlſt. (135 S.)

— vollſtändiges chriſtkatholiſches Gebetbuch. Mit 1 Titelkupfer (in Holzſchn.). 26. allein rechtmäßige Aufl. (Neue durchgeſ. Stereot.-Ausg.) Augsburg 856. (Jaquet.) gr. 8. (XVI, 550 S.) 18 ngr

— vollſtändiges chriſtkatholiſches Gebetbuch. 29., allein rechtmäß. Aufl. (Neue durchgeſeh. Ster.-Ausg.) Augsburg 867. Reichenbach's Buchh. gr. 8. (XVI, 476 S. mit 1 Titelkpfr.) n. 16 ngr

— vollſtändiges chriſtkatholiſches Gebetbuch. 30., allein rechtmäßige Aufl. Mit einem Titelkupfer. gr. 8. (XVI, 476 S.) Regensburg 881. Manz. 1. 80

—— vollſtändiges chriſtkatholiſches Gebetbuch. Mit Bewilligung des fürſterzbiſchöfl. Ordinariates Wien, der hochwürdigſten Generalvikariate der Erzbisthümer München-Freiſing und Bamberg und der Bisthümer Augsburg, Eichſtätt, Grätz, Linz, Paſſau, Regensburg und Speyer. 31. und 32. allein rechtmäßige Aufl. gr. 8. (XVI, 476 S. mit 1 Titelkpfr.) Ebendaſ. 884,87.

Hauber, Jt . Mich., vollständiges christkatholisches Gebetbuch. 34., veränd. Aufl. (XX, 562 S. m. 1 Stahlst.) gr. 8. Regensburg 903. Verlagsanstalt vorm. G. J. Manz n. 2. 40; geb. in Leinw. n. 3. 20

—— vollständ. Gebet- u. Erbauungsbuch f. kathol. Christen. Neueste umgearb. Ausg. 8. (25 B., 3 Stahlst. u. gest. Ttl.) Würzburg 844, Etlingersche Vrlgsh.

— vollständ. Gebet- und Erbauungsbuch für katholische Christen. Neueste nach seinen Schriften durchaus umgearb. Ausg. Mit 4 Stahlst. 8. Würzburg 846, Etlinger. 2/3 Thlr.

— vollst. Gebet- u. Andachtsbuch für kathol. Christen. Neueste, durchaus umgearb. u. verm. Aufl. 16. (384 S.) Würzburg 847, Etlinger. 1/4 Thlr. Feine Ausg. m. 3 Stahlst. u. Tit. in Stahlst. 5/12 Thlr.

— vollständ. Gebet- u. Erbauungsbuch für kathol. Christen. Neueste nach seinen Schriften durchaus umgearb. Ausg. 8. (394 u. VI S. m. 4 Stahlst.) Würzburg 847, Etlinger 2/3 Thlr. — 10., nach seinen Schriften durchaus umgearb. Ausg. (Ordin. Ausg.) 16. (VI u. 378 S. m. 1 Stahlst.) Ebd. 848. 1/4 Thlr. — 12. Ausg. (Ordin. Ausg.) 8. (VI u. 394 S. m. 1 Stahlst.) Ebd. 848. 3/8 Thlr. — 14. Aufl. Mit 1 Stahlst. gr. 8. (VIII u. 462 S.) Ebd. 848. 2/3 Thlr. Fein Pap. 5/6 Thlr. — 20., nach seinen Schriften durchaus verb. u. verm. Ausg. Mit 1 Stahlst. 8. (VI u. 410 S.) Ebd. 849. 3/8 Thlr. Fein Pap. m. 3 Stahlst. 2/3 Thlr. — 24., nach seinen Schriften durchaus verb. u. verm. Ausg. 8. (VI u. 410 S. m. 1 Stahlst. Ebd. 851. 5/12 Thlr. Velinp. m. 4 Stahlst. 2/3 Thlr. — 26. Aufl. 16. (VIII u. 410 S. m. 2 Stahlst.) Ebd. 851. 9 ngr Velinpap. m. 4 Stahlst. 1/2 Thlr. — 28. Ausg. (Mit großer Schrift.) 8. (VIII u. 550 S. m. 1 Stahlst.) Ebd. 851. 2/3 Thlr. Velinpap. m. 4 Stahlst. 5/6 Thlr. — 30. Ausg. 32. (VIII u. 440 S. m. 2 Stahlst.) Ebd. 851. 9 ngr Velinpap. m. 4 Stahlst. 1/2 Thlr.

— vollständiges Gebet- und Erbauungsbuch für katholische Christen. Neueste nach seinen Schriften durchaus umgearb. Ausg. Würzburg 854. Etlinger. (Berlin, Genrich.) 8. (XVI, 132 S. m. 1 Stahlst. u. Titel in Stahlst.) 12 1/2 ngr; mit 3 Stahlst. 20 ngr

— — (Taschenausg.) Ebend. (854). 16. (X, 438 S., 1 Stahlst. u. Titel in Stahlst.) 9 ngr; Velinp. mit 3 Stahlst. 15 ngr

Hauber, Joh. Mich., katholisches Gebet- u. Andachtsbüchlein f. Kinder. 3. verm. Aufl. 12. (VI u. 100 S. m. 1 Stahlst.) Ebd. 849. 4 1/2 ngr

— katholisches Gebet- und Andachtsbüchlein für Kinder. 4. verm. Aufl. Augsburg 854. Jaquet. 12. (VI, 104 S. u. 1 Stahlst.) n. 4 1/2 ngr

—— katholisches Gebet- und Andachtsbüchlein für Kinder. 5. Aufl. 16. (112 S. mit 1 Stahlst.) Augsburg 862, [Reichenbach's Buchh.]

(——) Gebetbüchlein f. andächt. Verehrer d. allersel. Jungfrau u. Mutter Gottes Maria. s. Gebetbüchlein 2c.

— gegrüßet seist du, Maria! Vollständiges Gebet-, Erbauungs- u. Andachtsbuch f. fromme Katholiken. Neu bearb. v. Jos. Lennartz. 16 Hfte. 8. (VII, 783 S. m. vielen Kpfrst.) Heidelberg 878. v. Schenk. à n. — 40

—— Gemälde aus der Welt- und Menschengeschichte, s. Jugend-Bibliothek.

—— Gemälde aus der Welt- und Menschengeschichte zur Veredlung des Herzens. 5. umgearb. und verm. Aufl. gr. 8. (VI, 284 S. mit 1 Kpfr.) Lindau 882, Stettner.

— Gesanglehre für d. 1sten Curs d. k. Elementar-Volkssingschulen. 8. Münch. 181..

Hauber, Jh. Mch., christkathol. Hausaltar zur Belebung d. häusl. Andacht. 8. Münch. ... 3e A. 828. (Jaquet). 2 fl

—— christl. Hausaltar zur Belebung d. häusl. Andacht. 3. Aufl. gr. 8. ... München ..., Jaquet.

Hauber, Mich., christkatholische Hauspostille. Ein Unterrichts- u. Hausbuch. 2 Thle. Mit Anh.: Der hl. Kreuzweg in 14 Stationen. Gezeichnet v. Jos. Ritter v. Führich. Nach Kupferstichen v. A. Petrak. Mit erklär. Text. 4. (XII, 368 u. 432 S. m. Abbildgn., 1 Farbendr. u. Familienchronik.) Stuttgart 891. Süddeutsche Verlagsbuchh. (D. Ochs). Geb. in Leinw. n. 5.

— Hochgelobt sei die allerheiligste Dreieinigkeit! Kathol. Lehr- u. Gebetbuch. 2. Aufl. 12. (Mit 1 Stahlst.) Augsburg 846, Jaquets Verlagsh. 12 ngr

— hochgelobt sei die allerheiligste Dreieinigkeit! Katholisches Lehr- u. Erbauungsbuch. Neue Aufl., bearb. v. e. Priester der Diöcese Augsburg. 4. (464 S. m. eingedr. Holzschn. u. Holzschntaf.) Augsburg 877. Rieger. 3. 60

— vollständ. Jahrgang latein. Kirchenmusik für d. kathol. Gottesdienst. 4 Hefte. Fol. Münch. 819.

— s.: Jugend-Bibliothek, hrsgb. v. J. M. Hauber.

— kazlana i kazatelo pri Dworu Bawořském ciruplna křestansko-katolická Kniha Modlitebnj německy sezsaná od. —, s obzwlasstnjm dowolenjm spisowatelowým na česko přeložena od. Frant. Trnky. S powolenjm a s chwálenjm, welebného biškapského Ordinariátu Brněnského. 2. Aufl. Mit 7 Bildern. gr. 8. Troppau 840, Ad. Trassler. 1/2 Thlr. Schreibp. 3/4 Thlr.

Hauber, Johann Michael, s. v. Kempen, Thom.: Andachtsübungen. – Dess. 4 Bücher von der Nachfolge Christi.

— Lesefrüchte 2c., s. Jugend-Bibliothek von Hauber.

—— Lexikon für Prediger, s. Lexikon.

— vollständ. Lexikon f. Prediger u. Katecheten. Neue wohlf. Ausg. 5 Bde. gr. 8. Augsburg 845, Wolffische B. (München, Finsterlin.) à 7/8 Thlr.

— christl. Lieder u. Gebete zum allgem. Gebrauche in den kathol. Kirchen u. Schulen. 8. Münch. 814.

— d. musikal. Liederfreund. 12 Hefte. 4. Münch. 814. 15. Giel.

Hauber u. Ett, Lieder Texte zum musikal. Jugendfreund. 1r Jahrg. 1—12 Heft. 8. Münch. Giel. 815.

— Lobgesang d. allerheil. Jungfrau Mariä, für ihre andächt. Verehrer. Mit 10 Kpf. 8. Augsb. 831. Schlosser. 3 fl

Hauber, Johann Michael, s. M a r i a , heilige, Bitt für uns.

(——) heilige Maria, bitt' für uns! — Geistreiche Weise, d. heil. Rosenkranz tägl. andächtig zu beten, mit sechs Litaneyen, den kleinen Tagzeiten von d. vornehmsten Geheimnissen d. Lebens d. allersel. Jungfrau Maria. gr. 12. (4 B.) Sulzbach 835, v. Seidel'sche Buchh. 5 Gr., Schrbp. 6 Gr., Postp.

— Heilige Maria, bitte für uns. Geistreiche Weise den heil. Rosenkranz alle Tage der Woche andächtig zu beten, m. 6 Litaneien u. d. kleinen Tagzeiten v. d. vornehmsten Geheimnissen d. Lebens der allerheil. Jungfrau Maria. Neu hrsg. v. M i ch. S i n tz e l. 16. (192 S. m. eingedr. Holzschn.) Sulzbach 849, v. S e i d e l. 1/4 ℛ

— die Marienkapelle, des Christen Zuflucht u. Hilfe. Kathol. Gebet- u. Andachtsbuch. Nebst e. Kreuzweg-Andacht. gr. 16. (IV u. 412 S. m. 3 Stahlst. u. 1 gest. Titel.) Würzburg 848, Etlinger. 2/3 ℛ — 4. verb. u. verm. Aufl. 8. (VI u. 410 S. m. gest. Titel u. 1 Stahlst.) Ebd. 852. 1/3 ℛ; fein Papier m. 4 Stahlst. 2/3 ℛ

— die M a r i e n k a p e l l e, des Christen Zuflucht und Hilfe. Katholisches Gebet- u. Andachtsbuch. Nebst einer Kreuzweg-Andacht. 6. verb. Aufl. Würzburg 857. Etlinger. (Berlin, Genrich.) 16. (VI, 410 S. u. 2 Stahlst.) 12 1/2 ngr; Velinp. 20 ngr

— Materialien z. Schön- u. Rechtschreiben. 12. München 821, Finsterlin.

Hauber, Johann Michael (Hrsg.), s. M o n a t s b l a t t für christliche Religion u. Litteratur.

Hauber, (J. M.,) Preces sacrae etc., s. P r e c e s.

Hauber, Johann Michael, s. R o s e n l ä c h e r , F. J.: Christus ist mein Leben.

— d. 7 heil. Sakramente d. kathol. Kirche in ihrer göttl. Einsetzung u. Kraft. Mit 1 Kpf. 8. Augsb. 831. Schlosser. 3 Kr

— moralische S ch i l d e r u n g e n, s. J u g e n d - B i b l i o t h e k von H a u b e r.

—— Sittenschule, s. Jugend-Bibliothek; von J. M. Hauber.

— christkathol. Sonntagsfeier. 8. Münch. ... Je X. 828. (Jaquet). 1 Kr

—— K. Riester u. C. Weinzierl, 3 Trauerreden b. den feierl. Exequien f. Maximilian Jos. v. Bayern. gr. 8. ... München 825, [Jaquet.]

HAUBER, Joseph (Arnstorf): Ueber das primäre Carcinom der Vagina und seine Behandlung. Mit 1 Abb.- München: Wolf 1909. 46 S.
3.1.1910 - Chr 1909/10,22; U 10.3513
Diss.Ingolst.-Landsh.-Mchn.

HAUBER, Joseph (Arnstorf): Studien über die Bedingungen des Fiebers nach Beobachtungen aus der v.Gietl'schen Klinik und Abtheilung.- München: Kaiser 1870. 22 S.
24.7.1869 - Urt (Titel: De conditionibus febris.); F 72; Chr 1869/70,12
Diss.Ingolst.-Landsh.-Mchn.

Hauber, Karl Friedrich, s. A r c h i m e d e s : 2 Bücher über Kugel u. Cylinder.

Hauber, C. F., Chrestomathia geometrica, continens E u c l i d i s Elementorum principium, graece usque ad libr. I. propositionem XXVI. et ad illud graeca P r o c l i, latina Savilii aliorumque scholia cum notitiis historicis. Nebst einem Anhang aus P f l e i d e r e r s Papieren und Materialien zur Übung in geometrischen Betrachtungen und Beweisen. Mit 2 Tafeln. Tüb. 820. 8. 1 rthl. 18 gr.

Hauber, Karl Fr., († d. 12. April 1831.) Chrestomathia geometrica, cont. Euclidis Elementor. princip., gr., e. Procli et Savilii schol. Nebst e. Anh. aus Pfleiderer's Papieren. Mit 2 Taf. 8maj. Tübing. 820. (v. Cotta). 1 ℛ 18 gr

Propoſitionum de rationibus inter ſe diverſis demonſtrationes ex ſolis libri V. element. definitionibus ac propoſitionibus deductae, quas rectore univerſitatis Eberhardinae Carolinae magnificentiſſimo Sereniſſ. atque potentiſſ. duce ac domino, dom. Carolo duce Wirtembergiae et Tecciae regnante rel. rel. praeſide viro excellentiſſimo atque ampliſſimo *Chriſtoph. Frider. Pfleiderer* . . . . pro rite conſequendo magiſterii philoſophici gradu publice ad diſputandum proponit auctor *Carol. Frider. Hauber*, Schorndorſenſis. Tubingae, litteris Schrammianis. 4. 30 S.
1793

Hauber, Karl Friedrich, s. E u c l i d i s elementa.

Hauber, Karl Friedrich, s. P f l e i d e r e r , academ. Schriften.

— scholae logico-mathematicae, in quibus ars cogitandi et eloquendi, inveniendi et demonstrandi, circa unam propositionem, quae est Euclidis elementorum theorema primum, multis modis et magna exemplorum varietate exercetur. Proponuntur et varia generalia de methodo, et nova quaedam tum ad logicam theoreticam pertinentia, tum de prismatibus in analysi geometrica antiquorum. Cum tabb. lith. VIII. 8maj. Stuttg. 828. Brodhag. (Mäken in Reutl.) 2 ℛ 8 gr

H a u b e r, Frider. Car., Scholae logico-mathemat., in quibus ars cogitandi et eloquendi, inveniendi et demonstrandi circa unam propositionem, quae est Euclidis elementorum theorema prim., multis modis et magna exemplor. varietate exercetur. Proponuntur et varia generalia de methodo, et nova quaedam tum ad logicam theoreticam pertinentia, tum de porismatibus in analysi geometrica antiquor. Cum tab. lith. VIII. 8 maj. (28 B.) Stuttgardiae 829, [Brodhag.] Thlr.

Hauber, L. H., praktische Vorschläge zur finanziell u. gesundheitlich vortheilhaften Beheizung u. Lüftung der Wohnräume. gr. 8. (32 S. mit eingedr. Holzschn.) München 881. (Th. Ackermann). n. 1. —

Hauber, Michael, s. H a u b e r , Johann Michael.

Hauber, N., Blüthen der Andacht. Gebet- u. Erbauungsbuch für kathol. Christen. 32. (544 S. m. 1 Stahlst.) Aachen 848, Hensen & Co. 5/12 ℛ — 2. verm. Aufl. 32. (VIII u. 608 S. m. 1 Stahlst.) Ebd. 851. 12 ngr

Hauber, N., Blüthen der Andacht. Gebet- und Erbauungsbuch für kathol. Christen. 4. Aufl. 32. (637 S. mit 1 Stnt.) Aachen 856, Hensen und Comp.

Hauber, N., Blüthen der Andacht. Gebet- und Erbauungsbuch für katholische Christen. 3. verm. Aufl. 853. (698 S. u. 1 Stahlst.) — 4. Aufl. (5 Bl., 629 S. u. 1 Lithogr.) — 5. Aufl. Aachen 858, Hensen u. Co. 32. (670 S. u. 1 Stahlst.) 12 ngr

Hauber, N., Blüthen der Andacht. Gebet u. Erbauungsbuch für katholische Christen. 6. Aufl. Aachen 862. Hensen. 32. (XII, 660 S. u. 1 Stahlst.) 12 ngr.

Hauber, N., Blüthen der wahren Andacht. Gebet- u. Erbauungsbuch für kathol. Christen. 7., verb. Aufl. Aachen 867. [Jacobi & Comp.] 32. (VIII, 682 S.) 12 ngr.

Hauber, N., Blüthen der wahren Andacht. Gebet- u. Erbauungsbuch f. kathol. Christen. 8. Aufl. 32. (VIII, 631 S. m. 1 Stahlst. u. Titel in Farbendr.) Aachen 875. Jacobi & Co. 1. 50

HAUBER, Theodor (Arnstorf): Ueber sarkomatöse Degeneration von Uterus-Myomen.- München: Salf 1905. 46 S.
30.11.1905 - Chr 1905/04,17; Jv 1905/04,323
Diss. Ingolst.-Landsh.-Mchn.

Hauber, W., Festigkeitslehre, s.: Sammlung Göschen.

— Hydraulik, s.a. Sammlung Göschen.

Hydraulik. Von W. Hauber. Mit 44 Fig. Leipzig: Göschen 1908. 136 S. 8°
(Sammlung Göschen. 307.) A 12.1296 II

Hauber, W., Servituten-Bücher u. Feldweg-Anlagen. Darstellung des Verfahrens bei Fertigung der Servituten-Bücher und des Geschäftsganges bei Feldweg-Anlagen mit möglichst einfachem und raschem Verfahren. Beides in Gemäßheit des Feldweg-, Trepp- und Ueberfahrtsrechts-Gesetzes vom 26. März 1862 für den praktischen Gebrauch und das Bedürfniß der Jetztzeit bearb. 2. gänzlich umgearb. Aufl. Stuttgart 862. Kröner. 8. (X, 90 S.) n. 16 ngr.

Hauber, W., Servituten-Bücher und Feldweg-Anlagen. Darstellung des Verfahrens bei Fertigung der Servituten-Bücher und des Geschäftsganges bei Feldweg-Anlagen mit möglichst einfachem und raschem Verfahren. Beides in Gemäßheit des Feldweg-, Trepp- und Ueberfahrtsrechts-Gesetzes vom 26. März 1862 für den pract. Gebrauch und das Bedürfniß der Jetztzeit bearb. 2. gänzlich umgearb. Aufl. Neue (Titel-)Ausg. 8. (X, 90 S.) Stuttgart 884, A. Koch.

— Statik, s.a. Sammlung Göschen.

Statik. Von W. Hauber. Mit Fig. T. 1. 2. Leipzig: Göschen 1903–04. 8°
1. Die Grundlehren d. Statik starrer Körper. 1903.
2. Angewandte techn. Statik. 1904.
(Sammlung Göschen. 178. 179.) A 12.1136 II

Hauber W, Statik. II. (148 S) (Sammlung Goschen 179) Leipzig 1907

Hauber, Wilhelm

Hauber, Wlh., Handbuch des württemberg. Erbrechts in 3 Thln. Neu bearb. Lex.-8. (Mit 2 Tab. u. 1 lith. Tafel.) Stuttgart 843, Sonnewald. n. $1^5/_6$ Thlr.

— das württemberg. Rechnungswesen in seinem ganzen Umfange. 3 Thle (in 1 Bde.) gr. 8. Reutlingen 845, Mäcken Sohn. 2 Thlr.

Hauber, Wilh., Wegweiser für die württemberg. Ortsvorsteher u. Gemeinderäthe im ganzen Gebiete d. Strafrechts. Nach d. neuesten Zustande der Gesetzgebg. bearb. gr. 8. (VIII u. 35 S.) Blaubeuren 817, Mangold. $^1/_4$ Thlr.

Haeuber, Franz: Ueber das Carcinom. Halle (1876): Karras. 27 S. 8°
Halle-Wittenberg, Med. Diss. v. 16. Juni 1876
Geb. Osterfeld (Kr. Weissenfels) 26. 3. 1841. V.

Hauberg, W., Mozart, s. Schmidt's, Ferd., deutsche Jugendbibliothek.

Hauberrisser, Geo., Anleitung zum Photographieren. 12. Aufl., völlig neu bearb. u. bedeutend vermehrt. Mit 118 Abbildgn., 8 Taf. u. 16 Bildvorlagen. (164 S.) 8. Leipzig (905). E. Liesegang. n. 1. 50

Hauberrisser, Geo., Anleitung z. Photographieren. 13. Aufl. In 12. Aufl. völlig neu bearb. u. bedeutend verm. Mit 118 Abbildgn., 8 Taf. u. 16 Bildvorlagen. (167 S.) 8. Leipzig (907). E. Liesegang. 1. 50

— die richtige Belichtung. Begleitworte zu Salzer's Negativ-Register. (II, 46 S. m. Etikettenblock.) 16. Heilbronn 906. E. Salzer. Kart. n. — 50

— Herstellung photographischer Vergrösserungen, s.a. Liesegang's photographischer Bücherschatz.

Hauberrißer, Georg: Herstellung photographischer Vergrößerungen. Leipzig 1908. (Liesegang's photograph. Bücherschatz, Bd 7)

Hauberrisser, Geo., das neue Rathhaus in München, hrsg. in 20 photograph. Bildern m. Text (7 S.), Aufriß (im Text) u. 4 Grundrissen (auf 2 Taf.). gr. Fol. München 883. Autotype-Company. In Mappe. n. 69. —

— die Verbesserung mangelhafter Negative. (75 S. m. 11 Taf.) 8. Ebd. 906. n. 2. 50; geb. n.n. 3. —

Hauberrisser, Georg [aus München]: Ueber das Verhalten der Halogenpyrazole ... Jena, Druck v. A. Kämpfe, 1895; 47 S. 8.
Jena, Phil. Fak., Inaug.-Diss. v. [17. Dez.] 1895

Hauberisser, G., Villa in München u. Villa in Graz, s.: Villa, die deutsche.

— wie erlangt man brillante Negative u. schöne Abdrücke. 14. umgearb. Aufl. Mit 25 Text-Abbildgn. u. Kunstbeilagen. (86 S.) 8. Leipzig 906. E. Liesegang. n. 1. 25; geb. n. 1. 50
13. Aufl. (86 S.) 904. n. 1. 25.

— Wie erlangt man brillante Negative u. schöne Abdrücke? 15. umgearb. Aufl. Mit 26 Text-Abbildgn., 8 Kunst-Beilagen u. 7 Belichtungs-Negativen. (92 S.) gr. 8. Leipzig (909). E. Liesegang. 1. 25

Haeubler, Alfred, prakt. Arzt zu Zwönitz i. Erzgeb.: Febris recurrens in Leipzig. *Leipzig (1900): A. Edelmann.* (75 S.) 8°
Leipzig, Med. Diss. v. 14. Mai 1900

Haubner, Ant., Heimat u. Jugend. Gedichte. (122 S. m. Bildnis.) 8. Strassburg 910. J. Singer. 2. —

Haubner, Dominik, Vorlagen f. Holzdrechsler-Arbeiten. 1. Thl.: Tischfüsse, Stuhlfüsse, Sprossen, Baluster, Vasen, Knöpfe. gr. Fol. (20 Bl.) Wien 898. A. Pichler's Wwo. & Sohn. In Mappe n. 14. —

Haubner, Gottlieb Karl

Haubner, G. C., Abhandlungen über drei verwandte Krankheiten der Lämmer, näml.: Lähmen, Rheumatismus u. Gelenkkrankheit. Für Ärzte und Landwirte. Nach eigenen Beobachtungen und Erfahrungen bearb. gr. 8. Anclam 40. Dietze. M. 1.85

Haubner, G[ottlieb] C[arl]: Abhandlung über drei verwandte Krankheiten der Lämmer, nämlich: Lähme, Rheumatismus u. Gelenkkrankheit. Anclam 1840. 102 S.

—— s. Bericht über das Veterinärwesen im Königreich Sachsen.

Haubner, G. C., Bericht über das Veterinärwesen im Königreich Sachsen für das Winter-Semester 1856/57. Herausg. von der Königlichen Commission für das Veterinärwesen in Dresden. Zugleich als Programm der Königl. Thierarzneischule für das Schuljahr 1856/57. Dresden. (Arnold.) gr. 8. (87 S.) n. 10 ngr

Haubner G. C.: Einleitung in das Studium d. wissenschaftlichen u. populären Thierheilkunde ... Anclam 1837. 158 S.
(=: Handb. d. populären Thierheilkunde. Th. 1). 247.

Haubner, Karl, die Entstehung u. Tilgung der Lungenseuche des Rindes. Nach den bisherigen Erfahrungen. (Aus der Zeitschrift für deutsche Landwirthe abgedr.) Leipzig 861. O. Wigand. gr. 8. (63 S.) n. 12 ngr

— die Gesundheitspflege d. landwirthschaftl. Haussäugethiere mit besonderer Berücksichtigung ihrer Nutzleistungen. gr. 8. Greifswald 845, Koch. n. 3 rß

Haubner, G. C., die Gesundheitspflege der landwirthschaftlichen Haussäugethiere mit besond. Berücksichtigung ihrer Nutzleistungen. 2., neu bearb. Aufl. Dresden 865. Schönfeld's Buchh. gr. 8. (XII, 598 S.) n. 3 rß 10 ngr

— die Gesundheitspflege der landwirthschaftlichen Haussäugethiere m. besond. Berücksicht. ihrer Nutzleistgn. 3. neu bearb. Aufl. gr. 8. (XII, 652 S.) Dresden 872. Schönfeld. n. 10. —

Haubner, G. C., die Gesundheitspflege d. landwirthschaftlichen Haussäugethiere, m. besond. Berücksichtigung ihrer Nutzleistungen. 4., neu bearb. Aufl. gr. 8. (XII, 670 S.) Dresden 881. Schönfeld's Verl. n. 10. —

Haubner G. C.: Handbuch d. gesammten Arzneimittellehre. Anclam 1838. 284 S.
(=: Handb. d. populären Thierheilkunde. ... Th. 3). 247.

Haubner, G. C., Handbuch der populären Thierheilkunde. Zum Gebrauche bei seinen Vorlesungen u. zum Selbstunterrichte für Landwirthe u. Thierärzte, besonders für die Studirenden der Thierheilkunde bearbeitet. 1r Thl. Einleitung in das Studium der wissenschaftl. und populären Thierheilkunde. gr. 8. Anclam 837. Dietze. n. $^{11}/_{12}$ rß — 2r Thl. Pathologie und Therapie (äußere Krankheiten). gr. 8. Ebd. 840. n. 2 rß — 3r Thl. A. u. d. T.: Handbuch der gesammten Arzneimittellehre. 1e u. 2e Abthl. Arzneimittellehre. — Arzneiverordnungs- und Arzneibereitungslehre. gr. 8. Ebd. 839. n. $1^1/_3$ rß — 4r Thl. A. u. d. T.: Handbuch der gesammten Krankheits- u. Heilungslehre. 1e Abthl. Die medizin. Krankheiten mit Ausschluß der Hautausschläge. gr. 8. Ebd. 839. n. 2 rß

— — — 2. Teil. A. u. d. Tit.: Handbuch der gesamten Krankheits- und Heilungslehre. 2. Abteil.: Die chirurgischen Krankheiten mit Einschluss der Hautausschläge. gr. 8. Ebd. 38. M. 6.—

Haubner, G. C., Handbuch der populären Thierheilkunde. Zum Gebrauche bei seinen Vorlesungen u. zum Selbstunterrichte für Landwirthe u. Viehbesitzer. 2. Thl. — A. u. d. T.: Handbuch der gesammten Krankheits- und Heilungslehre. 2. Abthl.: Die chirurgischen Krankheiten mit Einschluß der Hautausschläge. gr. 8. Anclam 842, Dietze. n. $2^1/_2$ rß (Alle 4 Thle. n. $7^1/_4$ rß)

Haubner G. C.: Handbuch d. populären Thierheilkunde ... 3 Th., Th. 2 i 2 Abth. (4 Vol.). Anclam 1837-42. (1164) S.
(Denne i Udg. i Dele m. Særtit.: 1 se 310; 2. Handb. d. gesammten Krankheits- u. Heilungslehre. Abth. 1-2. 1839-42. (722) S.; 3 se 311).
— — 3. neubearb. Aufl., m. Tit.: Die inneren u. äusseren Krankheiten d. landwirthschaftlichen Haussäugethiere ... Sst. 1858. 684 S.
— — 9. Aufl. vollst. neu bearb. v. O. Siedamgrotzky, m. Tit.: Landwirthschaftliche Thierheilkunde. Berl. 1884. 800 S. Fig.

— Handbuch der Veterinär-Polizei. Zum Gebrauche für Behörden, Verwaltungs- u. Veterinär-Beamte, Aerzte u. Thierärzte, u. zur Belehrg. für Landwirthe u. Viehbesitzer. 2 Liefgn. Dresden 869. Schönfeld's Buchh. gr. 8. (XII, 379 S.) n. 2 rß 10 ngr

Haubner, G. C., die inneren u. äußeren Krankheiten der landwirthschaftl. Haussäugethiere. Ein Lehrbuch f. höh. landwirthschaftl. Lehranstalten u. zum Selbstunterrichte f. angeh. Thierärzte u. Landwirthe. A. u. d. T.: Landwirthschaftliche Thierheilkunde in gemeinfaßl. Darstellung. 2. gänzl. umgearb. Aufl. des Handbuches der populären Thierheilkunde. gr. 8. (XVI u. 594 S.) Anclam 848, Dietze. $3^1/_4$ rß

— die inneren u. äußeren Krankheiten der landwirthschaftlichen Haussäugethiere. Ein Lehrbuch für Vorlesungen u. zum Selbstunterrichte für angehende Thierärzte u. Landwirthe. 5., verb. Aufl. Anclam 867. Berlin, Wiegandt & Hempel. gr. 8. (XVI, 789 S.) n. 3 rß 10 ngr; geb. n.n. 3 rß 20 ngr

— die inneren u. äußeren Krankheiten der landwirthschaftlichen Haussäugethiere. Ein Lehrbuch f. Vorlesgn. u. zum Selbstunterricht f. angehende Thierärzte u. Landwirthe. 7. verm. u. verb. Aufl. gr. 8. (XV, 829 S.) Berlin 876. Wiegandt, Hempel & Parey. n. 12. —

— Die durch Hüttenrauch veranlassten Krankheiten des Rindviehs. (S.-A. aus dem Archiv für Tierheilkunde. Bd. IV.) Berlin 78.

— über die Magenverdauung der Wiederkauer, nach Versuchen, nebst einer Prüfung der Flourens'schen Versuche über das Wiederkäuen. gr. 8. Anclam 837. Dietze. $1^1/_3$ rß

Haubner G. C.: Ueber die Magenverdauung d. Wiederkäuer nach Versuchen, nebst einer Prüfung d. Flourens'schen Versuche üb. das Wiederkäuen. Anclam-Wien 1837. 246 S.

Haubner, [Gottlieb Carl]: Die Rinderpest im Königreiche Sachsen im Jahre 1870.
Aus: Amtsblatt für die landwirthschaftlichen Vereine... Jg. 19, Nr 1 3. 1871.

Haubner, G. C., landwirthschaftliche Thierheilkunde in gemeinfaßlicher Darstellung. 3., gänzlich umgearb. etc. Aufl. A. u. d. T.: Die inneren und äußeren Krankheiten der landwirthschaftlichen Haussäugethiere. Ein Lehrbuch für höhere landwirthschaftliche Lehranstalten und zum Selbstunterrichte für angehende Thierärzte u. Landwirthe. 3 Thle. Anclam 857, 58. Dietze. gr. 8. (XV, 684 S.) 3 rß $7^1/_2$ ngr

—— landwirthschaftliche Thierheilkunde in gemeinfaßl. Darstellung. 4. Aufl. A. u. d. T.: Die inneren und äußeren Krankheiten der landwirthschaftl. Haussäugethiere. Ein Lehrbuch zum Gebrauche bei Vorlesungen und zum Selbstunterrichte für Thierärzte und Landwirthe. 3 Thle. gr. 8. (1. Thl. 192 S.) Anclam 862, Dietze.

Haubner, G. C., landwirthschaftliche Thierheilkunde in gemeinfaßlicher Darstellung. 4. Aufl. A. u. d. T.: Die inneren und äußeren Krankheiten der landwirthschaftlichen Haussäugethiere. Ein Lehrbuch zum Gebrauche bei Vorlesungen und zum Selbstunterrichte für Thierärzte und Landwirthe. 3 Thle. Anclam 862. Dietze. gr. 8. (XV, 681 S.) 3 ₰ 7½ ngr.

— landwirthschaftliche **Thierheilkunde.** Die inneren u. äußeren Krankheiten der landwirthschaftl. Haussäugethiere. 6., verm. u. verb. Aufl. gr. 8. (XIII, 824 S.) Ebend. 872. 73. n. 10. —

— landwirthschaftliche **Thierheilkunde.** Die inneren u. äußeren Krankheiten der landwirthschaftl. Haussäugethiere. Ein Lehrbuch f. Vorlesungen u. zum Selbstunterricht. 8., vermehrte u. verb. Aufl. gr. 8. (XVIII, 843 S.) Berlin 880. Parey. n. 12. —

Haubner's, G. C., landwirthschaftliche Thierheilkunde. 9. Aufl., vollständig neu bearb. v. O. Siedamgrotzky. Mit 97 in den Text gedr. Holzschn. gr. 8. (XVI, 800 S.) Berlin 884. Parey. n. 12. —

Haubner's, G. C., landwirtschaftliche Tierheilkunde. 10., umgearb. Aufl., hrsg. v. O. Siedamgrotzky. Mit 98 in den Text gedr. Holzschn. gr. 8. (XIV, 747 S.) Berlin 889. Parey. geb. n. 12. —

Haubner's, G. C., landwirtschaftl. Tierheilkunde. 11., umgearb. Aufl., hrsg. v. O. Siedamgrotzky. gr. 8. (XIV, 752 S. m. 100 Abbildgn.) Berlin 893. P. Parey. Geb. in Leinw. n. 12. —

[F.] [Gottlieb Carl] **Haubner's** landwirtschaftliche Tierheilkunde. 12., umgearb. Aufl., hrsg. v. Dr. O[tto] Siedamgrotzky, Kgl. Sächs. Geh. Medizinalr., Prof. ... zu Dresden ... M. 105 Textabb. *Berlin: P. Parey 1898.* (XVI, 704 S.) 1 Bd 8. [97. 6360

[Gottlieb Karl] **Haubners** landwirtschaftliche Tierheilkunde. 13., umgearb. Aufl. hrsg. von Dr. O[tto] Siedamgrotzky, Prof. zu Dresden. Mit 155 Textabb. *Berlin: P. Parey 1902.* (XIII, 754 S.) 8° [F.] [03. 1005

[Gottlieb Karl] **Haubners** landwirtschaftliche Tierheilkunde. 14., neubearb. Aufl. hrsg. von Dr. O[skar] **Röder**, Med.R. Mit 163 Textabb. Berlin: P. Parey 1907. (XV, 766 S.) 8° [F.] [07. 2114

— über die Trichinen, mit besonderer Berücksichtigung der Schutzmittel gegen die Trichinenkrankheit beim Menschen. Mit 1 (lith.) Tafel Abbildungen. Berlin 864. Hirschwald. gr. 8. (51 S.) n. 10 ngr.
Aus: Magazin d. ges. Thierheilkunde.

Haubner Gustav: Einwirkung der schwefeligen Säure auf Crotonaldehyd. S. 100. II b. 500 vgr.
Separatabdruck

Haubner, J., üb. die **Linien** gleicher Stromdichte auf flächenförmigen Leitern. Lex.-8. (8 S.) Wien 886. (Gerold's Sohn.) n. — 20

Haubner, J., über die Linien gleicher Stromdichte auf flächenförmigen Leitern. Lex.-8. (8 S.) Wien 886, (Tempsky.) *
Aus: Sitzungsberichte der k. Akademie der Wissenschaften, besonders abgedruckt.

Haubner, J., über das logarithmische **Potential** einer nicht isolirten elliptischen Platte. Lex.-8. (10 S.) Wien 883, (Gerold's Sohn.) **

— Über das logarithmische Potential einer nicht isolierten elliptischen Platte. S. 87. II. 412 . . . . — 24
Separatabdruck

Haubner, J., über die stationäre **Strömung** der Elektricität in flächenförmigen Leitern. [Aus: „Sitzungsber. d. k. Akad. d. Wiss."] Lex.-8. (21 S.) Wien 882. (Gerold's Sohn.) n. — 40

— über das magnetische **Verhalten** v. Eisenpulvern verschiedener Dichten. [Aus: „Sitzungsber. d. k. Akad. d. Wiss."] Lex.-8. (13 S.) Ebend. 881. n.n. — 30

— Ueber das magnetische Verhalten von Eisenpulvern verschiedener Dichten. 8°. *13 S.* Ibid. 1882. fl. —.15

— **Versuche** über das magnetische Verhalten d. Eisens. [Mit 1 (lith.) Taf.] [Aus: „Sitzungsber. d. k. Akad. d. Wiss."] Lex.-8. (8 S.) Ebend. 880. n.n. — 50

Haubner, J., Versuche über das magnetische Verhalten des Eisens. (Sitzb. d. k. Akad. d. Wissensch. 82. Bd. II. Abth. 1880. Oct.) gr. 8. (8 S.) mit 1 Tafel. geh. In Comm. 25 kr.
Wien: Gerold's Sohn 1881.

Haubner, Johann

Haubner, Jh., Samml. prakt. Fest- u. Gelegenheits-Predigten. gr. 8. Prag 803. Widtmann. 16 kr.

Haubner, Karl

HAUBNER, Carolus: De processionibus in divinis. — (1866) 45 S. 8° (Handschr.) Diss. 221
Diss. Wien, Univ.

Haubold (Resp.): De haemorrhoidum consensu cum morbis splenis, s. Alberti, Mich. (Praes.)

Haubold, Arthur (Leipzig), De calore mordace. Diss. med. Präs. Justus Radius. Lpz. (A. Edelmann) 27. IV. 1860. 18 S. mit Biogr. (M.: L. Rein) u. 5 Tabell. (5.50) 13452
Oppon.: H. Haacke, C. F. Kind, Th. Chalybäus. — Gew.: Carl Friedrich Günther.

Haubold, C. G: Appretir-(Tailleur-) Maschine und Garntrocken-(Oxydations-) Maschine. Chemnitz (1901?)

Haubold, C. G: Spann-Rahmen und Trocken-Maschinen. Chemnitz 1901. Fol.

Haubold, C. G: Special-Katalog: Centrifugen. Chemnitz 1901

Haubold, C. G: Cylinder-Trockenmaschine. Chemnitz (1901?). Fol.

Haubold, Carl, s. Haubold, Karl.

— **Christian Gottfried,** Viro Friedrich Traugott Huebel (Eilenburg) muneris auspicia societ. amicor. nomine gratul. — De voce ἐπισυναγωγῆς in ep. ad Hebr. X. 25. Lpz. (Langenheim) März 1779. 11 S. (4.80) 13455

Haubold, Chr. Gf., († d. 24. Dec. 1802.), s. Reise-, Post- u. Zeitungs-Lexikon.

Haubold, Christian Gottlieb

Haubold, Chr. Gli., Anleitung zur Behandlung geringfügiger Rechtssachen (nach dem Königl. Sächs. Rechte), s. Verfahren, das, in aerinafüaiaen Rechtssachen.

— Anleit. zur Behandl. geringfügiger Rechtssachen nach den königl. sächs. Rechten, gr. 8. Leipz. 807. Hinrichs. 1 Thl. 4 gr. Schrbp. 1 Thl. 8 gr. Velinp. 2 Thl.

HAUBOLD, Chr. Gli.: Anleitung zur Behandlung geringfügiger Rechtssachen, nach den Königl. Sächs. Rechten, nebst ein. Anh. auswärtiger, diesen Gegenstand betreffender Gesetze. *Leipzig*, Hinrichs. 808. gr. 8. (1 Thl. 4 Gr.)

HAUBOLD, C. Gli.: Anleitung z. genauen Onellenkunde d. Röm. Rechts. *Lpz.*, Hinrichs. 818. 8. (4 Gr.)

Haubold, Christian Gottlieb, s. B e r g e r , J. H. de: Oeconomia.

— — De consistorio principum specimen juris Romani publici. Lpz. (Saalbach) 10. VII. 1788. 68 S. (6.20) 13459

— — Dasselbe. II. Lpz. (Saalbach) 12. VIII. 1789. 54 S. (6.—) 13460

Haubold, Christ. Gottl. [Präs.], s. C r u s i u s , Heinr. Wilh. Leber.: Ad legem Saxonicam novissimam de finibus juris . . .

— **Christian Gottlieb,** De differentiis inter testamentum nullum et inofficiosum pars prior. Diss. ex. jure civili. Präs. Carl Gottfr. v. Winckler. Lpz. (Saalbach) 30. XII. 1784. 42 S. mit Widm. v. Präs. (6.—) 13456

— Diss. de dotalitio necessario conturbata re mariti familiari non exigendo. 4. Leipz. 797.

— elementorum jur. Romani privati novissimi P. generalis. 8. Leipz. 797.

— Institutionum Juris Romani privati historico-dogmaticarum denuo recognitarum epitome. Novae editionis prodromus. 8maj. ibid. 820.

— Institutionum juris Romani privati historico-dogmaticarum denuo recognitarum epitomae novae editionis prodromus. Adumbravit et sententias legum XII tabularum necnon edicti praetorii atque aedilitii, quae supersunt, denique breves tabulas chronolog. adjecit. 8maj. Leipz. 821. Hinrichs. 1 Thl. 1 gr.

— — Sollemnia inauguralia viri Friedrich Wilhelm Uhlig (Crottendorf b. Annaberg) caussarum patroni Zviccaviensis. — Exercitationum Virtruvianarum, quibus jura parietum communium illustrantur, spec. I. Lpz. Febr. 1820. 28 S. mit Biogr. U.'s. (M.: E. V. Philipp.) (4.50) 13467

— — Sollemnia inaug. candidati Gustav Friedrich Haenel (Annaberg). — Inest fragmentum Graecum de obligationum caussis et solutionibus, in primis de stipulatione Aquilliana, ab Angelo Maio nuper in lucem protractum, nunc iterum editum et brevi adnotatione illustratum. Lpz. 10. VI. 1817. 24 S. mit Biogr. Haenel's. (M.: Ch. D. Eisenstuck.) (4.50) 13466

Haubold, Christian Gottlieb, s. G a i u s : Institutiones.

Caji Institutionum, s. potius epitomes institutt. libri duo; adj. genuinis Caji fragm. undique collectis, ex rec. Ant. SCHULTINGII, c. animadvv. crit. Ch. MERRMANI, in us. prael. seors. ed. (Ch. Gli. HAUBOLD.) *Lpz.*, Barth. 792. gr. 8. (6 Gr.)

Haubold, Christ. Gottl. (Präs.), s. G a u d l i z , Jakob Ludwig: De edictis monitoriis ac brevibus.

Haubold, Christ. Gottl. (Präs.), s. G e i s s e n h o e h n e r , Adam Gottlob Aegid.: De responsorum mediorum ...

Haubold, Christ. Gottl. (Präs.), s. G e i s s l e r , Friedrich Daniel: De emendatione jurisprudentiae

Ch. Gli. HAUBOLD (resp. F. Dn. GEISSLER): Diss. de emendatione jurisprud. ab Imp. Valentiniano III. instistuta; ad legem in cod. Theodosiano de responsis prudentum. *Lpz.* 796. 4.

— Handbuch einiger d. wichtigsten Kursächs. Gesetze von allgemeinem Inhalte. gr. 8. Leipz. 800. (W. Rauck). 1 Thl. 16 gr.

HAUBOLD, Ch. Gli.: Handb. einiger d. wicht. kursächs. Gesetza v. allgemeinerm Inhalte. *Leipzig*, Sommer. 800. gr. 8. (1 Thl. 12 Gr.)

Haubold, Christ. Gottl. (Präs.), s. H e i m b a c h , Carl Wilhelm Ernst: De C. Aelio Gallo Icto ejusque fragmentis dissertatio.

Haubold, Christian Gottlieb, s. H e i n e c c i u s , J. G.: Antiquit. Romanorum.

Haubold, Christ. Gottl. (Präs.), s. H e n n i g , Karl Traugott: De tutore incerto.

Haubold, Christ. Gottl. (Präs.), s. H e r m a n n , Gottfried Wilhelm: Historiae juris civilis Romani de rebus eorum qui sub tutela vel cura sunt sine decreto non alienandis vel supponendis specim. prius.

Haubold, Christ. Gottl. (Präs.), s. H e r m a n n , Johann Friedrich: De caussis cur idem et testato et intestato decedere non possit.

HAUBOLD, Ch. Gli.: Historia juris rom. tabulis synopt. secundum *Bachium* concinnatis illustr. *Leipz.*, Barth. 790. 4. (16 Gr.)

— historia juris romani, tabulis synopticis IIdum Bachium concinnatis, illustrata a Dr. Otto. Edit. II. gr. 4. Leipzig 827, Barth.

— Institutiones juris Roman. literariae. Tom. I. p. 1. 2. 8maj. Leipz. 809. Hinrichs. 1 Thl. 16 gr. Schrbp. 2 Thl. Velinp. 2 Thl. 12 gr.

HAUBOLD, Ch. Gli.: Institutiones jur. Rom. literariae. Tom. I. partem biograph. et bibliographicae capita priora maxime quae ad jus antejustinianeum spectant cont. *Lpz.*, Hinrichs. 809. gr. 8. (1 Thl. 16 Gr.) — N. Ed. prodr. *Lb.* 821. gr. 8.

Ch. Gli. Haubold, resp. Thdr. Alx. Plazmann: Juris rom. testimoniis de militum honesta missione quae in tabulis aen. supersunt, illustr. spec. *Lpz.*, Melzer. 818. 4.

— — u. **Carl Friedrich Curtius** (Leipzig), De legibus majestatis populi Romani latis ante legem Juliam exercit. prima. Lpz. (Saalbach) 30. IX. 1786. 74 S. (6.50) 13457

Haubold, Ch. Gli.: Lehrbuch d. Königl. Sächs. Privatrechts. *Leipz.*, Hahn. 820. gr. 8. 2e verm. Ausg. verbess. v. *K. F. Günther*. *Ebend.* 829. 8. (2 Thl. 12 Gr.)

Haubold, Chr. Gli., Lehrbuch des Königlich-Sächsischen Privatrechts. Nach der 2., von Karl Fr. Günther besorgten Ausg. herausgeg. von Phil. Hnr. Fr. Hänsel. 1. Abthl. 3. verm. Aufl. gr. 8. Leipzig (846,) 847, Hahn'sche Verlagshdlg. 2⅔ ℛ

Haubold, Chrn. Glieb., Lehrbuch des Königl. Sächs. Privatrechts. Nach der 2., von Karl Frdr. Günther besorgten Ausg. hrsg. v. Phil. Heinr. Frdr. Hänsel. 2. Abth. 3. verm. Aufl. gr. 8. (VIII u. 344 S.) Leipzig 848, Hahn. 1⅓ ℛ (1 u. 2.: 4 ℛ)

— doctrinae pandectarum lineamenta cum locis classicis juris, imprimis Justinianei et selecta literatura maxime forensis. In usum praelectionum adumbrat. 8maj. Lpz. 820. Hinrichs. 2 ℛ 4 ℊ Holl. P. 2 ℛ 20 ℊ Ausg. in 4maj. mit breitem Rand 3 ℛ 8 ℊ

— lineamenta institutionum historicarum juris Romani, maxime privati. 8. Lps. 802. Ed. II. 803. Ed. III. 804. Ed. IV. 805.

— In titutiones juris rom. privati etc. 8. maj. ibid. 811.

Haubold, Chr. Gottlieb, Institutionum juris romani privati historico-dogmaticarum lineamenta, observationibus maxime literariis distincta 8maj. Lips. Hinrichs. 814.

Schreibp.
Velinp.

Haubold, (Chr. Gttl.,) Institutionum juris Romani privati historico-dogmaticarum lineamenta, observationibus maxime litterariis distincta. In usum praelect. denuo adumbravit Tabular. chronolog. etc. Emend. cur. C. E. Otto. 8 maj. Lips. 825, libr. Hinrichs. 2 Rthl. 16 gr. Ch. holl. Rthlr.

Haubold, Chr. Gli.: Institutt. jur. rom. privati historico-dogmat. lineamenta, observatt. max. literar. distincta. In us. praelect. adumbr. et legum XII. tabul. nec non edicti praetor. atq. aedilitii sententias integras aut prope integras quae supersunt, deniq. tab. chronol. quibus historia jur. Rom. externa illustratur emend. excusas adj. Post mortem auctor. ex ejusd. schedis edid. atque additamentis auxit C. Ed. Otto. 8maj. *Lips.* (814) 826. Hinrichs. (2 Thl. 16 Gr.)

Haubold, Ch. Gli.: Manuale Basilicorum, exh. collat. jur. Justin. c. jure graeco postjust., ind. auct. recent. qui libr. jur. rom. e graecis subsid. vel emendaverunt, vel interpretati sunt, ac titulos Basil. c. jure Justin. et reliq. monum. jur. gr. postjust. comparatos. *Lpz.*, Hinrichs. 818. 4. (4 Thl.)

Haubold, Chr. Gli., (†d. 14. März 1824.) manuale Basilicorum, exhibens collationem juris Justinianei cum jure graeco post Justinianeo, indicem auctorum recentiorum, qui libros juris Romani e Graecis subsidiis etc. 4. Leipz. 819. Hinrichs. 4 ℛ Schrbp. 5 ℛ 12 ℊ

Haubold, Ch. Gli.: D. de Fabio Mela ICto ejusq. fragm. *Lpz.* 806. 4.

— — Doctrinae pandectarum monogrammata. — Ad Jo. Aug. Hellfeldii jurisprudentiam forensem in usum scholae suae adcommodavit. Lpz. 1801. 86 S. (6.—) 13463

Haubold, Ch. Gli.: Doctrinae pandectarum monogrammata, ad J. A. Hellfeldi jurispr. for. in us. scholae suae. *Lpz.*, Hinrichs. (808.) 809. gr. 8. (10 Gr.)

— doctrinae pandectarum monogrammata. 8. Leipz. Ed. III. 809. Hinrichs. 10 ℊ

Haubold, Chrsti. Gtli., Antiquitatis Romanae Monumenta legalia, s.a Antiquitatis.

Haubold, Ch. G.: Antiquitatis Romanae monumenta legalia extra libb. jur. Rom. sparsa, quae in aere, lapide aliave materia vel apud veteres auctores extraneos partim integra, partim mutila, sed genuina, supersunt. Delectu, forma et varr. lectt. adnotatione usui expeditiori adcommodav., tum notitiam histor.-literar. omnium, quotquot ex illo genere exstant monumentorum, tam legalium, quam alior. praemisit C. G. H. Opus ex adversariis defuncti auctoris quantum fieri potuit, restituit E. Spangenberg. *Berl.*, Reimer. 830. 8maj. (2 Thl.)

— — Notitia fragmenti Veronensis de interdictis. Lpz. (Hirschfeld) 1816. 15 S. (5.—) 13465

— Opuscula academica ad exempla a defuncto recognita partim emendavit, partim auxit orationesque selectas nondum editas adiec. C. Fr. C. Wenck. Vol. I. 8 maj. Lips. 825, Barth. 3 Rthlr. Schreibp. 4 Rthlr. 12 gr. Berlin. P. 5 Rthlr. Velinp.

— Opuscula academ. ad exempla a defuncto recognita partim emendavit partim auxit orationesque selectas nondum editas adjecit C. Fr. Chr. Wenk. Eoque defuncto absolvit Fr. C. G. Stieber. Vol. II. Adced. III. tab. 8 maj. (71 B.) Lipsiae 829, Barth. 6 Thlr., Engl. Pap. 6 Thlr. 15 Gr., Schrbp. 7 Thlr. 12 Gr., Vlnp.
Vol. I. Ebendas. 1826. 4 Thlr., Engl. Pap. 4 Thlr. 12 Gr., Schrbp. 5 Thlr., Vlnp. 5 Thlr. 12 Gr.

— comment. de origine atque fatis usucapionis rerum mobilium Saxoniae. 8. Leipz. 797. Barth. 10 ℊ

— — De origine atque fatis usucapionis rerum mobilium Saxonicae. Lpz. (Saalbach) 23. VIII. 1797. 79 S. (6.50) 13462

— — Legis judiciariae utriusque qua Saxonia regia utitur originies. Lpz. (Walmon) 30. V. 1809. 24 Seiten. (5.—) 13464

Ch. Gli. Haubold, (resp. K. F. H. Wenk): D. Pius s. ad leges Imper. T. Aelii Antonini Pii Aug. Commentar. Spec. I. *Lpz.*, Tauchnitz. 804. 4. — Sp. II. *Ib.* 805. 4.

Haubold, Christian Gottlieb, s. Pomponii Sext. de origine.

HAUBOLD, Ch. Gli.: Praecognita jur. rom. privati noviss. in us. audit. scr. et elementis ejusd. jur. olim edendis speciminis loco praem. *Lpz.*, Barth. 796. 8. (6 Gr.)

— — **Sollemnia inauguralia candidati Otto Moritz Stuebel (Wittenberg). — Praetermissorum in primis ad Breviarium Alaricianum pertinentium e codicibus a Gustavo Haenelio, professore Lipsiensi, novissime collatis promulsis I. Lpz. 5. XI. 1822. 32 S. mit Biogr. St.'s. (M.: J. C. Tittmann.) (4.50)** 13469

HAUBOLD, C. Gli.: Praetermissor. inprimis ad breviarium Alaricianum pertinentium e Codd. ab HAENELIO novissime collatis promulsis I. *Lips.* 824. 4.

HAUBOLD, Ch. Gli.: Pr. ex constitut. Imp. Antonini, quomodo qui in orbe rom. essent, cives rom. effecti sint. *Lpz.* 819. 4.

Haubold, C. G. Dissertatio quaestiones nonnull. ad jus lottariarum pertinentes sistens. 4°. Dresden 1806.

— — **De ritu obvagulationis apud Romanos commentatio, qua viro Rudolph Hommel C. F. F. jura magisterii Lipsiensis rite vindicata amicorum nomine gratul. Lpz. (Saalbach) 22. XII. 1787. 42 S. mit Namen d. Gratulant. (6.—)** 13458

Haubold, Christian Gottlieb, s. Roger, B.: De dissensionibus.

— — **Rogerii Beneventani de dissensionibus dominorum sive de controversiis veterum juris Romani interpretum, qui glossatores vocantur, opusculum. Emendatius edidit et animadvers. atque adcession. locuplet. Lpz. (I. C. Hinrichs) 2. III. 1821. XXVIII, 44 S. (6.—)** 13468
Gew.: Christian Gottlob Einert.

Haubold, Christian Gottlieb, s. Schott, A. F.: Institut. juris Sax.

— — **Successionem in priorum creditorum locum, jure offerendi apud Romanos nixam, e foro Saxonico recte exsulare. (Disputationes de selectis juris controversi capitibus ill. juriscons. ord. auctor. se praeside publ. instit. indicit.) Lpz. (Saalbach) 1794. 27 S. mit Namen. (5.—)** 13461

(HAUBOLD, Ch. Gli.:) Tabula illustrandae doctrinae de computat. graduum inserviens. *Lpz.*, Hinrichs. 807. Fol. (4 Gr.)

— tabula illustrandae doctrinae de computatione graduum inserviens. Fol. Leipz. 817. Ed. emend. 824. Hinrichs. 4 gr

Haubold, Christian Gottlieb, s. Trekell, A. D.: Kleine deutsche Aufsätze.

Haubold, Christian Gottlieb, s. Verfahren, Das, in Geringfügigen Rechtssachen ...

Haubold, Friedr. Wilh., die Heilung der Zahnschmerzen und Erhaltung der Zähne, oder Beschreibung der neuerdings entdeckten naturgemäßesten und zuverlässigsten Mittel zur Stillung der Zahnschmerzen und Befestigung lockerer Zähne, zur Stärkung des Zahnfleisches und zur Heilung des Scorbuts rc. Nach eignen und den Erfahrungen Anderer bearb. Dresden 858. (Ernst.) gr. 8. (IV, 60 S.) 6 ngr

Haubold, Fri. dr. Wilh. (Alb.), die großen Nachtheile der amerikanischen Wasser- und Dampf-Mehlfabrikation, sowie die großen Nachtheile, welche die Verfertigung vieler Sorten Mehl und Brod für den Ernährungswerth des Mehles und des Brodes hat und über die Mittel zur Abstellung dieser Nachtheile. gr. 8. (18 S.) **Dresden 858, Ernst.**

— **Georg Gottlieb u. Christian Friedrich Berringer** (Dresden), De aethere. Lpz. (Langenheim) 10. IV. 1748. 36 S. (6.20) 13470

Haubold, Georg Gottlieb (Präs.), s. Gehler, Johann Samuel: De thermometro Reaumuriano.

Haubold, G. G. De thermometro Reaumuriano. Lipsiae 1771. 4.

— — **De usu instrumentorum physico-mathematicorum recte aestimando disserit. Lpz. (Loeper) 25. V. 1771. 16 S. (5.50)** 13471

— **Gustav** (Leipzig), Singula de poena jurare nolentium capita. Diss. jur. Lpz. (Wilhelm Haack) 20. III. 1828. 23 S. (5.50) 13472
Gew.: Friedrich Huldreich Carl Siegmann, Johann Conrad Sickel, Carl August Brehm.

Haubold, Hnr. Andr., († 181..) Christusgeschichte nach den 4 Evangelisten, mit Erklärr. gr. 8. Hildburgh. 794. (Er. Fleischer in Leipz.) 1 ℛ 8 gr

— Christusgeschichte für Kinder, in Erzähll. 2 Thle. 8. Leipz. 783, 84. (Enobloch). 1 ℛ 16 gr

Haubold, J., Vaterländ. Lesebuch, s. a. Gude, C.

Haubold, J., vaterländisches Lesebuch in Bildern und Musterstücken für Schule und Haus. Untere Stufe. 36.—38. völlig umgearb., stark verm. und sorgfältig verb. Aufl. von „L. Gittermann's Schreiblesechüler. 2. Thl." 8. (IV, 355 S.) Magdeburg 876—79, Fabricius. *
—— dass. — Obere und mittlere Stufe, s. Gude, C.

Haubold, J. V. G., de causa praecipua metamorphoseos J. C. Golling. 1791. 8.

Haubold, Johann Siegmund Gottlieb

Haubold, Jh. Siegm. Gli., Andachten zur Beförderung christl. Gesinnungen. gr. 8. Jena 793. Mauke. 9 gr

— Betrachtt. über verschied. Gegenstände. 8. Jena 794.

— Betrachtt. über Gott u. seine Vollkommenheiten, in Betstunden angestellt. 8. Jena 794.

— moral. Maximen, erläutert in auserles. Erzähll. u. leichtfaßl. Gesprächen. Ein Lesebuch für alle Stände. 8. Gotha 802. Ettinger. 12 gr

— Rathgebungen d. Vernunft u. Erfahrung, für mancherlei Stunden u. Verhältnisse d. Lebens. 8. ... 814.

Haubold, Karl

— s. Des Gyschl, Briefe.

— **Carl** (Leipzig), Vitiliginis leprosae rarioris historia cum epicrisi. Diss. med. Lpz. (Melzer) 18. IX. 1821. 38 S. u. 4 farb. Abbild. (J. F. Schröter del. & sc.) (6.50) 13453
Gew.: Johann Christian August Clarus, Wilhelm Andreas Haase, Carl August Kuhl.

Haubold, K., vitiliginis leprosae rarioris historia cum epicrisi. Acced. tabb. IV. aen, 4maj. Leipz. 821. Reclam. 2 rß

— — Dasselbe ohne Abbild. (6.—) 13454

Haubold, Carl, siehe: Repertorium, homöopathisches.

Haubold, Carl. Schweizer Schützenmarsch. Officieller (*Ausg. B:* Offizieller) Festmarsch für das Eidgen. Schützenfest St. Gallen 1904 (*Ausg. B:* Sch' 1904 in St.G') von K' H'. St. Gallen, Zweifel-Weber, [1904].
Ausg. A: Ausgabe für Piano à 2 ms. [Mit illustriertem Titel.] 3 S. 4. fr. 1.50
Ausg. B: Ausgabe für Harmoniemusik u. für Blechmusik. 7 S. quer-4. fr. 3.—

Haubold, Max., s. Hauboldt, Max.

Haubold, Paulus [Chemnitiensis]: De rebus Iliensium. ... Lipsiae, typ. C. Grumbachi, 1888; 68 S. + 1 Bl. 8°
Leipzig, Phil. Fak., Inaug.-Diss. v. 14. Nov. 1888

Haubold, P., de rebus Iliensium. Diss. inaug. gr. 8. (68 S.) Leipzig 888. (Fock.) n. 1. 20

Haubold, Rudolf [aus Chemnitz]: Les nouvelles récréations et joyeux devis des Bonaventure Des Periers in litterarhistorischer und stilistischer Beziehung. Ein Beitrag zur französischen Novellenlitteratur des XVI. Jahrhunderts .... Reudnitz-Leipzig, Druck v. Max Hoffmann, 1888; 66 S. + 1 Bl. 8°
Leipzig, Phil. Fak., Inaug.-Diss. v. 18. Mai 1888

Haubold, R., les nouvelles récréations et joyeux devis d. Bonaventure des Periers in litterarhistorischer u. stilist. Beziehung. Ein Beitrag zur französ. Novellenlitteratur des XVI. Jahrh. Inaug.-Diss. gr. 8. (66 S.) Leipzig 888. (Fock.) n. 1. 50

Haubold, Rudolf [Dr.]: Der neusprachliche Unterricht in Sachsen. Chemnitz, Druck v. J. C. F. Pickenhahn & Sohn, 1897; 46 S. 4.
Chemnitz, RG, OP 1897 (571)

Haubold, W., das Färben und Imitiren des Holzes, Hornes, der Knochen und des Elfenbeins. Ein Handbuch für die Holz-, Horn-, Knochen- und Elfenbein-Industrie, mit besond. Berücksicht. der Gewerbe der Tischler, Drechsler, Stock- und Schirmfabrikanten, Kammmacher etc. 8. (VIII, 116 S.) Berlin 888, S. Fischer, Verlag. geb. *

Haubold, Walter, a. Weimar: Aus d. Augenklinik zu Jena. Ein Fall von Retinitis chronica (Retinitis nach von Hippel). Jena 1905: A. Kämpfe. (28 S.) 8°
Jena, Med. Fak., Ref. Wagenmann, Diss. v. 20. Juni 1905
[Geb. 22. Dez. 80 Weimar; Wohnort: Weimar; Staatsangeh.: S.-Weimar; Vorbildung: Gymn. Weimar Reife O. 00; Studium: Jena 2, Kiel 2, Freiburg i. B. 1, Berlin 1, Leipzig 2, Jena 1 S.; Coll. 13. Apr. 05; Approb. 9. Febr. 05.]

Hauboldt, Max

Haubold Max., die Banken und Creditinstitute der Gegenwart. Ein Wort für Deutschlands Staatsmänner und Kapitalisten. Leipzig 856. Hennings. (Lehmann.) gr. 8. (30 S.) n. 5 ngr

Hauboldt, Max., die böse Noth der schweren Zeit. Ideen über die fortwährend erneuten Krisen der Gegenwart, deren wahre Ursachen u. endliche Fernhaltung. 1. u. 2. Aufl. Leipzig 859. Lehmann. (Wolf.) gr. 8. (63 S.) n. 10 ngr

— Quousque tandem! Zur Abwehr der Wühlereien unserer Tage namentlich der Bestrebungen des sogenannten Nationalvereins. Leipzig 861. Schrag. gr. 8. (VII, 31 S.) 7 1/2 ngr

— das Turnen in seinen für die körperliche, geistige u. sittliche Ausbildung der Menschheit, besonders der Jugend, bedeutlichen Seiten. Ein ernstes Wort für Eltern u. Lehrer, sowie für Regierungen u. Behörden. Leipzig 863. Matthes. 8. (38 S.) n. 5 ngr

— Volkswahlen ein Unding. Mit besonderer Beziehung auf Preußen u. dessen gegenwärtige Verhältnisse. Leipzig 862. Deckmann. 8. (31 S.) n. 6 ngr

Hauboldt, Otto, der Meister in der Gedächtniskunst. Anleitung zur spielend leichten Erlangg. e. Riesengedächtnisses, nebst zahlreichen, höchst interessanten Beispielen u. e. Anh.: Der Gedächtnisriese im Variété u. Mnemonik im Dienste der Hellseherei. (96 S.) 8. Leipzig (906). Ficker's Verl. n. 2.—

Hauboldt, Otto, der Meister in der Gedächtniskunst. Anleitung zur spielend leichten Erlangg. e. Riesengedächtnisses, nebst zahlreichen, höchst interessanten Beispielen u. e. Anh.: Der Gedächtnisriese im Variété u. Mnemonik im Dienste der Hellseherei, sowie neuzeitl. Methoden zur Höchstleistg. in der Gedächtniskunst. (2. Aufl.) (137 S.) 8. Leipzig (910). Ficker's Verl. 2.—

Haubrich, Fritz, die Juden in Trier. (48 S.) 8. Trier 907. J. Lintz. —50

Haubs, Franz Anton

Haubs, Franc. Ant., Utrum Ecclesia in factis dogmaticis non revelatis infallibilis sit. Trier 1788
Beantwortet die Frage im negativen Sinne.

Haubs, Johann Jakob

Haubs, Jh. Jak., Anbetung und Verehrung Gottes im Geiste u. in der Wahrheit. Ein Gebet- u. Andachtsbuch f. fromme kathol. Christen. Mit 4 Stahlst. kl. 8. Würzburg 841, Etlinger'sche Verlagsh. 2/3 rß — 2. verb. u. verm. Aufl. Mit 3 Stahlst. 8. Ebend. 843. 2/3 rß Velinp. 5/6 rß

Haubs, Jh. Jak., kurze Beispiele von den sieben Hauptsünden, den neun fremden Sünden, den sechs Sünden in den heil. Geist u. den vier himmelschreienden Sünden. 12. Würzburg 840. Etlinger. 1/8 rß

Haubs, Joh. Jak., kurze Beispiele von d. sieben Haupttugenden, d. sieben leib- u. geistl. Werken d. Barmherzigkeit u. d. acht Seligkeiten. Für d. Jugend zusammengetragen. 16. ($3\frac{1}{2}$ B.) Köln 833, Pet. Schmitz.

—— etliche schöne Denksprüche f. d. Jugend. 2., u. 3., verm. Aufl. (à 2 B.) 16. Köln 830, 32, Pet. Schmitz. à

— Erklärung der Gebräuche u. Ceremonien unserer heil. kathol. Kirche. gr. 12. Coblenz 834. Hergt. $\frac{3}{8}$ Rthlr.

— 26 populäre Gelegenheitspredigten. 8. Würzburg 840. Etlinger'sche Verlagsh. $\frac{2}{3}$ Rthlr.

—— 26 popul. Gelegenheitspredigten. 8. (17 B.) Würzburg 840. [Regensburg, Manz.]

— kurzer Glaubens- u. Sittenkatechismus für d. Schulen. 8. Köln ... P. Schmitz. 2 Gr.

— kurzer Glaubens- u. Sittenkatechismus, für die Schullehrer u. ihre Schüler. 2e verb. Aufl. 12. Köln 833. Pet. Schmitz. $\frac{1}{12}$ Rthlr.

— Homilien üb. d. Evangelien auf alle Sonntage des ganzen Jahres. Für d. gemeine Volk. 8. Coblenz 831. Hergt. 1 Rthlr. 3 Gr.

— Homilien üb. die Evangelien auf alle Sonntage des ganzen Jahres. 2e Aufl. 8. Coblenz 834. Hergt. $1\frac{1}{8}$ Rthlr.

Haubs, Joh. Jak., Homilien üb. die Evangelien auf alle Sonntage des ganzen Jahres. Für das gemeine Volk hrsg. 3. Aufl. 8. (IV u. 492 S.) Coblenz 850, Hergt. $1\frac{1}{8}$ Rthlr.

— populäre Homilien auf alle sonntäglichen Episteln des ganzen kathol. Kirchenjahres für das gemeine Volk. 8. (387 S. mit Holzschn.) Düsseldorf 847, Kampmann. 24 ngr.

Haubs, J. J., populäre Homilien auf alle sonntäglichen Episteln des ganzen katholischen Kirchenjahres. Neue (Titel-) Ausg. Düsseldorf (846) 865. Kampmann. 12. (388 S.) 15 ngr.

—— populäre Homilien auf alle Festtage d. ganzen Jahres. Für d. gemeine Volk hrsg. 8. ($12\frac{1}{4}$ B.) Coblenz 833, Hergt.

— populäre Predigten auf alle Festtage d. ganzen Jahres, aus den faßlichsten Predigten für d. gemeine Volk gesammelt. 8. Cobl. 822. Hergt. 18 Gr.

— populäre Predigten auf alle Festtage des ganzen Jahres. Aus den faßlichsten Predigern für d. gemeine Volk gesammelt. 2e Aufl. 8. Coblenz 832. 3e Aufl. 838. Hergt. $\frac{3}{4}$ Rthlr.

— dieselben, auf alle Sonntage d. ganzen Jahres. 8. Ebend. 827, Ebend.

—— populäre Predigten auf alle Sonntage d. ganzen Jahres. Für d. gemeine Volk hrsg. 2. u. 3., verb. Aufl. (à $29\frac{1}{2}$ B.) 8. Coblenz 830, 35, Hergt. à

— populäre Predigten auf alle Sonntage des ganzen Jahres. 3e verb. Aufl. 8. Coblenz 835. Hergt. 1 Rthlr. — 2r Jahrg. 3 Bdchn. Predigten auf alle Sonn- u. Festtage etc. 8. Ebd. 836. $1\frac{5}{12}$ Rthlr.

—— populäre Predigten auf alle Sonn- u. Festtage d. ganzen Jahres. Für d. gemeine Volk. 2. Jahrg. 3 Bdchn. 8. (41 B.) Ebds. 836, 37.

—— popul. Predigten auf alle Sonntage d. ganzen Jahres, f. d. gemeine Volk hrsg. (1. Jahrg.) 4., verb. Aufl. 8. Coblenz 838, Hergt.

— populäre Predigten auf alle Sonn- u. Festtage des ganzen Jahres für das gemeine Volk. 2. Jahrg. 3 Bdchn. 2. Aufl. gr. 8. (670 S.) Coblenz 847, Hergt. $1\frac{5}{12}$ Rthlr.

— Samml. d. vornehmsten Bibeltexte, mit passenden bibl. Beispielen, d. wicht. Glaubens- u. Sittenlehren betreff., f. d. Jugend. 8. Köln ...

— Sammlung der vornehmsten Bibel-Texte mit den passenden biblischen Exempeln, die vornehmsten Glaubens- u. Sitten-Lehren enthaltend. Für die Jugend. 2e verb. Aufl. 18. Aachen 837. Roschütz u. Comp. $\frac{1}{12}$ Rthlr.

—— kurzer u. gründl. Unterricht, gut zu beichten u. zu kommuniziren. 3. u. 4., verb. Aufl. (à $2\frac{1}{2}$ B.) 16. Köln 832, Pet. Schmitz. à

— kurzer u. gründl. Unterricht gut zu beichten u. zu communiziren. 8. Trier ... 9e verb. A. 16. Köln 832. P. Schmitz. $1\frac{1}{2}$ Gr.

Hauch, A. Die Lagerungs-Verhältnisse und der Abbau des Steinsalzlagers zu Bochnia in Galizien. (Aus dem Jahrb. der k. k. geol. Reichsanst. II. Jahrg.) Wien. 1851. 8.

v. Hauch, A. W., zwei physikal. Abhandll. 1) vom Gewitter im Winter in Norwegen. 2) Resultate v. Versuchen, d. Verwandlung d. Wassers in Salpeterstoff betreff. gr. 8. Kopenh. 801. Schubothe. 6 Gr.

— Anfangsgründe d. Experimentalphysik; aus d. Dän. von L. H. Tobiesen. 2 Thle. 8. Schleswig 796, 96. (Hammerich in Alt.) 1 Rthlr. 12 Gr.

— Anfangsgründe d. Naturlehre; aus d. Dän. v. J. K. Tode. 2 Thle. gr. 8. Kopenh. 795. Schubothe. 1 Rthlr. 12 Gr.

— — dass. od. Anf. d. Experimental-Physik, a. d. Dän. v. Tobiesen. 2 Thle. 8. Schlesw. Christiani. 795. 96. (1r 16 gr. 2r 20 gr.)

— von d. Luftelektricität, besonders mit Anwendung auf Gewitterableiter; aus d. Dän. übers. v. J. K. Tode. 8. Kopenh. 800. Brummer. 6 Gr.

Hauch, Ant., Weinbau u. Weinbereitung. Kurzgefasste Anleitung, enth. die wesentlichsten Lehren u. Grundsätze entsprechend dem neuesten Stande der Wissenschaft u. Erfahrung. Mit 17 Fig. im Texte. 8. (VIII, 115 S.) Wien 882. Faesy. n. 2. 40

Hauch, Gustav Adolph: Ueber den Einfluss des Rückenmarks und Hirns auf die Bewegungen des Uterus, eine Zusammenstellung und Erörterung desjenigen, was bisher darüber bekannt geworden ist, sowie Bericht über Experimente, welche in Bezug auf die Frage angestellt wurden, ob auch dann noch Reflexbewegung des Uterus statthabe, wenn jene centralen Nervenportionen an ihnen nicht Antheil nähmen. Halle [1879]: Karras. 30 S. 8°

Halle-Wittenberg, Med. Diss. v. 10. Juni [1879]

Geb. Magdeburg 30. 7. 1845. V.

Veränderte Greifswalder Preisschrift von 1869.

Hauch, Johannes Carsten

Hauch, J. C., die Belagerung Maastrichts. Ein Trauersp. in 5 Aufz. 8. ($12\frac{1}{2}$ B.) Leipzig 834, Brockhaus.

Hauch, J. Carsten, der dritte Cäsar. Eine Tragödie in 5 Handlungen. 8. Leipzig 836. Brockhaus. $\frac{5}{6}$ Rthlr.

—— eine polnische Familie, s. Familie.

Hauch, C., der Goldmacher. Eine Schilderung aus der ersten Hälfte des vorigen Jahrhunderts. Deutsche, vom Verfass. mit zwei neuen Kapiteln verm. Ausg., aus d. Dän. v. W. C. Christiani. 2 Thle. 16. Kiel 837. Universitäts-Buchh. 2½ ₰

Hauch, C., Guldmageren, en romantisk Begivenhed fra det forsvundne Aarhundrede. 2. Upl. 8. (208 S.) Kiøbenhavn 851. (Leipzig, Lorck.) n. 1 ₰

Hauch (C.) und (G.) **Forchhammer**, H. C. Oersted's Leben. Zwei Denkschriften. Nebst einem chronologisch geordneten Verzeichniß von Oersted's sämmtlichen literarischen Arbeiten. Aus dem Dänischen von H. Sebald. Spandau 853. Beß. 8. (3 Bl., 128 S.) 22½ ngr

Hauch, J. C., die nordische Mythenlehre nach einer Reihe von Vorlesungen dargestellt. gr. 8. (175 S.) Leipzig 847, Baumgärtner. 24 ngr

— das Schloß am Rhein, s.: Bibliothek, Europäische, 446—448. Bd.

Hauch, C., Marsk Stig. Tragoedie. 8. Kiøbenhavn 850. (Leipzig, Lorck.) n. 18 ngr

Hauch, J. C., Tiberius, d. dritte Cäsar. Eine Tragödie in 5 Handln. 8. (11½ B.) Leipzig 836, Brockhaus.

—— Wilhelm Zabern, s. Zabern.

[F.] Wilhelm Zabern. E. Roman aus d. Zeit Christians des Zweiten. Hrsg. v. [Joh.] C[arsten] **Hauch**. A. d. Dänischen übs. v. Johannes Claussen. 2. [Tit.-]Aufl. *Münden i. Hann.: R. Werther 1897.* (1 Bl., 331 S.) 1 Bd 8. [98. 16710 Go

Hauch, L. A.

Erblichkeit bei Buche u. Eiche. Wien 1909. 18 S. Fig. (Særtr.). 4°.

Hauch L. A.: Kulturverfahren in der Herrschaft Bregentved auf Seeland. (Frankf. a. M. 1900). 11 S. Fig. (Særtr.). 4°.

Hauch L. A.: Die Wirkung d. Spätfrostes in jungen Buchenwaldungen. Berl. 1909. (16) S. 3 Tvl. (Særtr.). P.

Hauch, Walter Albert, Assistenzarzt b. Feldartillerie-Reg. Prinz-Regent Luitpold von Bayern (Magdeburgischen) No 4: Ueber die Verletzungen durch die Lanze. Leipzig 1907: B. Georgi. (44 S.) 8°

Leipzig, Med. Fak., Ref. Trendelenburg, Diss. v. 23. März 1907

[Geb. 1. Dez. 79 Gröditz; Wohnort: Magdeburg; Staatsangeh.: Preußen; Vorbildung: Gymn. Eisleben Reife O. 00; Studium: Berlin K. W. A. 9 S.; Coll. 28. März 07; Approb. 21. Febr. 06.]

Hauchecorne, Anatomie philosophique et raisonnée, pour servir d'introduction à l'histoire naturelle. II Vol. 8. Par. (Levrault, Strasb.) 796.

Hauchecorne. Geistliche Rede über die Gerechtigkeit Gottes . . . Bayreuth 1775. Ü: *Regler, Johann Chph.* (ML) (Fiker)

Hauchecorne, ..., philosoph. Zergliederungskunde; aus d. Franzöf., mit Anmerkk. gr. 4. Leipz. 799. Weygand. 1 ₰ 8 ℊ

Hauchecorne Friedrich Wilhelm, s. Almanac pour les voyageurs dans les Etats Prussiens.

— cours élémentaire de technologie. Tom. I. 8. Berl. 812. (Rücker). 1 ₰ 12 ℊ

Hauchecorne, Fr. Wlh., (†...) Elementarbuch d. Geographie, mit ill. Kart. 8. Berl. 798. Köchly. 12 ℊ. Dass. französ. 8. Berl. 798. Ebd. 12 ℊ

Hauchecorne, F. G., Elementarbuch der Geographie. Mit 2 ill. Karten. 8. Berlin 798. (Leipzig, Fr. Fleischer.) ½ ₰

HAUCHECORNE, Friedrich Wilhelm: Die Forstbewirthschaftung in technischer Hinsicht, nebst einer Einleitung in die Technologie. - Berlin 1812. 106 S., 1 Taf.

Hauchecorne F. W.: Die Forstbewirthschaftung in techn. Hinsicht, nebst einer Einleitung in die Technologie. Berl. 1812. 224 S. 1 Tvl. (=: Lehrbuch d. Technologie ... Th. 1 Abth. 1).

— introduction au cours de technologie. gr. 8. Marb. 810. Krieger. 4 ℊ

— lectures pour la jeunesse. V Vols. 8. Berl. 789, 90. N. A. 805, 6. Quien. 2 ₰

— Lectures pour la jeunesse. II Vol. 8. Berl. Quien. 805—806. (à 1 Rthlr.)

— Lehrbuch d. Technologie, oder Beschreib. d. Künste u. Gewerke. 1r Thl., mit 5 Kpf. gr. 8. Leipz. u. Altenb. 815. Brockhaus. 1 ₰ 12 ℊ (Daraus ist besond. abgedr.: d. Brunnenmacher, Stellmacher, Bötticher, Büchsenmacher, Formschneider, Schachtelmacher, Holzschuhmacher, mit 1 Kpft. 6 ℊ Der Drechsler, Stuhlarbeiter, Korbflechter, Korkschneider. 6 ℊ Die Forstbewirthschaftung. 12 ℊ Der Tischler, mit 1 Kpf. 6 ℊ Der Zimmermann, mit 3 Kpf. 12 ℊ)

— livre élémentaire de géographie, orné de deux cartes enlum. 8. Berlin 798 (Leipzig, Fr. Fleischer.) ½ ₰

— vocabulaire des arts et métiers. 8. Berl. 805. Quien. 16 ℊ

Hauchecorne, Oskar (Ignaz): Ein Beitrag zur pathologischen Histologie der Pia mater und der kleineren Gefässe der Centralorgane. Berlin (1882). (46 S.) 8°
Berlin, Med. Diss. v. 10. Nov. 1882

Hauchecorne, W.

Hauchecorne, die königliche Bergakademie zu Berlin. [Aus der berg- u. hüttenmänn. Ztg.] Leipzig 869. Felix. 8. (18 S.) 3 ngr

Hauchecorne, W., Denkschrift über die Ertragsfähigkeit des erweiterten Eisenbahn-Unternehmens der Rheinischen Eisenbahn-Gesellschaft auf dem linken Rheinufer der preußischen Rheinprovinz. Nebst 1) 1 allgem. (lith.) Situations-Karte (in Fol.). 2) 1 (lith.) Situations-Plane der Köln-Bingen-Mainzer Eisenbahn (in Imp.-Fol.). Köln 855. (Bädeker.) gr. 4. (1 Bl., 39 S.) n. 12 ngr

Hauchecorne, die gegenwärtige Lage der Edelmetallgewinnung der Erde, s.: Verhandlungen der Kommission behufs Erörterung d. Maßregeln zur Hebg. u. Befestigg. d. Silberwerthes.

Hauchecorne, W., Rechentabellen zur bequemen Ausmittelung der, nach d. königl. preuß. Zoll- u. Verbrauchs-Steuer-Tarif zu entricht. Abgaben, mit Anh. e. Beschreib. von 201 falschen Gold- u. Silbermünzen. Fol. Düsseld. 819. Arnz. 18 ℊ

Hauchecorne, G., Tableaux statistiques des chemins de fer de l'Allemagne, de la Suisse, de la France, de la Belgique, des Pays-Bas et de la Russie, en exploitation pendant l'exercise 1862. Cologne 1864. 4.

— Statistische Uebersichten der im Jahre 1852, 1857, 1859, 1861, 1865 in Betrieb gewesenen Eisenbahnen in Deutschland, der Schweiz, Frankreich, Belgien und den Niederlanden; ferner der kais. Russischen Nicolaus- und der Warschau-Wiener Bahnen. Cöln 1853, 59, 61, 63 bis 1866. Fol. . . . . (RPA.)

Hauchecorne, W. Statistische Übersichten der i. J. 1865 in Europa im Betriebe gewesenen Eisenbahnen. Cöln 1867. 2°.

— Dass. für 1866. 1868.

Hauchecorne, alphabetisches Verzeichniss der im deutschen Zollvereine, einschliesslich Luxemburg, an den Eisenbahnen belegenen Haupt-Zoll- u. Haupt-Steuer-Aemter, Neben-Zoll- u. Unter-Steuer-Aemter, Zoll-Expeditionen, Zoll-Recepturen, Salz-Steuer- u. Uebergangs-Steuer-Aemter etc. etc. mit Angabe ihrer gewöhnlichen u. erweiterten Befugnisse in Bezug auf: A) Erledigung der Grenz-Zoll-Abfertigungen auf Ladungs-Verzeichnisse u. Begleitzettel; B) Ausfertigung u. Erledigung von Begleitscheinen I u. II über zollpflichtige Waaren; C) Aus- u. Umladungen, nach § 65 des V. Z. G.; D) Wiederanlegung des amtlichen Verschlusses der Eisenbahn-Wagen im Falle einer Verschluss-Verletzung [§ 96 des V. Z. G.]; E) Eingangs-Abfertigung von Rohzucker zu ermässigtem Zollsatze u. Ausgangs-Abfertigung von Zucker mit Anspruch auf Ausfuhr-Vergütung; F) Ausfertigung u. Erledigung von Begleitscheinen I u. II über inländisches Salz; G) Erhebung von Uebergangs-Abgaben u. Ausfertigung u. Erledigung von Uebergangsscheinen; in übersichtlicher Zusammenstellung der Gesammtbefugnisse für jede Zoll- resp. Steuerstelle, nach den neuesten bis einschliesslich den 1. Juli reichenden amtlichen Quellen aufgestellt. gr. 4. (115 S.) Köln (1878) 879. Du Mont-Schauberg in Comm. cart. n. 3. 50

Hauck, s.a. H a u g k.

Plan der Stadt Minden. Entw. u. gez. durch d. Reg.Feldm. **Hauck.** Maassst. 1 : 5000. *Minden: C. Marowsky [1901].* (1 Kartenbl. 70×51 cm.) gr. 2° [01. 133

Die Polizei-Verordnungen für die Provinz Hannover. Mit amtl. Genehmigung hrsg. von Reg.R. Dr. jur. **Hauck.** *Lüneburg: Herold & Wahlstab 1900.* (VI, 65 S.) 8° [F.] [01. 80

Die Polizei-Verordnungen für den Reg.Bez. Lüneburg. Im amtl. Auftr. hrsg. von Reg.R. Dr. jur. **Hauck.** *Minden & Leipzig: W. Köhler 1900.* (XIII, 301 S.) 8° [F.] [01. 8757 6

Hauck, A., das städtische Volksschulwesen, s.: Sammelmappe, pädagogische.

Hauck, A. Fr., Lehrbuch d. Arithmetik, s. a. H a u c k, H.

Hauck, A. F., u. H. **Hauck,** Lehrbuch der Arithmetik für Handels-, Gewerb- u. Realschulen, sowie für Geschäftsmänner überhaupt. 1. u. 2. Theil. Nürnberg 861, 63. J. L. Schmid. gr. 8. (VIII, 329; VIII, 400 S.) 1.: n. 1 ₰ 6 ngr.; 2.: n. 1 ₰ 15 ngr.
Auflösungen zum 1. Thle. 861. (53 S.) n. 8 ngr.

— — dasselbe. Resultate zum 1. Thl. 2. verb. Aufl. gr. 8. (50 S.) Ebend. 873. n.n. — 75

Hauck, A. F., u. H. Hauck, Lehrbuch der Arithmetik f. Gewerb-, Handels- u. Realschulen sowie f. Geschäftsmänner überhaupt. In 3 Thln. 1. Thl. 1. u. 2. Abth. u. 2. Thl. 1. u. 2. Abth. gr. 8. Nürnberg 874—76. Korn. n. 8. 90
I. 1. 3. verb. Aufl. (VI, 125 S.) n. 1. 50. — I. 2. 3. verb. Aufl. (152 S.) n. 1. 80. — II. 1. 2. völlig umgearb. Aufl. (VI, 146 S.) n. 2. 10. — II. 2. 2. völlig umgearb. Aufl. (IV, 168 S.) n. 2. —

— — dass. — 1. Unterabthl.: Die Waarencalculation. gr. 8. (79 S.) Ebendas. 877. *

— dasselbe. 2. Thl. 1. Abth. 3., völlig umgearb. Aufl. gr. 8. (VI, 130 S.) Ebend. 878. n. 2. —

— dasselbe. 2. Thl. 2. Abth. Die Waren-Kalkulation u. Grundzüge der systematischen Buchführung. 3., umgearb. Aufl. gr. 8. (IV, 79 u. IV, 208 S.) Ebend. 881. n. 3. —

— dasselbe. 1. Thl. Resultate. 4., nach den gesetzlichen Bestimmungen des Deutschen Reiches über die neue Münz-, Mass- u. Gewichtsordnung gänzlich umgearb. u. verm. Aufl. gr. 8. (58 S.) Ebend. 878. n. 1. —

Hauck, A. F., u. H. **Hauck,** Lehrbuch der Arithmetik für Real-, Gewerb- u. Handelsschulen sowie für Geschäftsmänner überhaupt. In 3 Theilen. 1. Thl. 1. u. 2. Abth. 5., verb. u. verm. Aufl. gr. 8. (VI, 137 u. 144 S.) Nürnberg 879. Korn. n. 3. 30

H a u c k, A. F., und H. H a u c k, Lehrbuch der Arithmetik und Algebra für Gymnasien, Real-, Gewerb- und Handelsschulen, sowie für Geschäftsmänner überhaupt. 1. Thl. 1. Abthl., 2. Thl. 2. Abthl. und 3. Thl. 2 Abthlgn. gr. 8. Nürnberg, Korn'sche Buchh. [1. Thl. 1. Abthl. 6. Aufl. (148 S.) 883. *ℳ 1,60.; 2. Thl. 2. Abthl. 3. Aufl. (IV, 79; IV, 208 S.) 881. *ℳ 3.; 3. Thl. 1. Abthl. (VI, 160 S.) 880. *ℳ 2.; 2. Abthl. (IV, 212 S.) 883. *ℳ 2,60.] *
1. Thl. 2. Abthl. und 2. Thl. 1. Abthl. Ebendas. 1878,79. *ℳ 3,80.

Hauck, A. F., u. H. **Hauck,** Lehrbuch der Arithmetik u. Algebra f. Gymnasien, Real-, Gewerb- u. Handelsschulen. Mit zahlreichen Beispielen u. Übungs-Aufgaben. [In 3 Tln.] 3. Tl. 2. Aufl. gr. 8. (VI, 162 S.) Nürnberg 883. 85. Korn. n. 4. 60

H a u c k, A. F., Lehrbuch der Arithmetik und Algebra für Gymnasien, Real-, Gewerb- und Handelsschulen. Mit zahlreichen Beispielen und Übungs-Aufgaben. [In 3 Tln.] 1. Tl. 2 Abtlgn. und 3. Tl. 1. Abtl. gr. 8. Nürnberg, Korn'sche Buchh. [1. Tl. 1. Abtl. 7. verm. und verb. Aufl. (152 S.) 886. *ℳ 1.60.; 2. Abtl. 6. verb. Aufl. (140 S.) 885. *ℳ 1.70.; 3. Tl. 1. Abtl. 2. verb. und verm. Aufl. (VI, 162 S.) 885. *ℳ 2.] *
2. Tl. u. d. T.:

H a u c k, H., und A. F. H a u c k, Lehrbuch der Arithmetik für Latein-, Real- und Handelsschulen. Mit zahlreichen Beispielen und Übungs-Aufgaben. 2. Tl. 2 Abtlgn. gr. 8. Ebendas. [1. Abtl. 4. umgearb. Aufl., hrsg. von J. Brunotte. (VI, 220 S.) 888. *ℳ 2.50.; 2. Abtl.: Grundzüge der systemat. Buchführung. 4. erweit. Aufl., hrsg. von J. Brunotte. (VII, 236 S.) 889. *ℳ 2.60.] *
3. Tl. 2. Abtl. Ebendas. 1883. *ℳ 2.60.

Hauck, A. F., u. Hier. **Hauck,** Lehrbuch der Arithmetik f. Latein-, Real- u. Handelsschulen. Mit zahlreichen Beispielen u. Übungsaufgaben. Hrsg. von J. B r u n o t t e. 1. Tl. 2 Abtlgn. gr. 8. Nürnberg 894. F. Korn. n. 3. 80; geb. n.n. 4. 30
1. 8., umgearb. Aufl. (VI, 184 S.) 891. n. 1. 80; geb. n.n. 2. —
2. 7., umgearb. Aufl. (IV, 184 S.) 890. n. 2. —; geb. n.n. 2. 30

— — dasselbe. 1. Tl. 1. Abtlg. 7., umgearb. Aufl., hrsg. von J. B r u n o t t e. Resultate. gr. 8. (63 S.) Ebd. 891. n. 1. 20

— — dasselbe. 2. Tl. 1. Abtlg. 5., verb. Aufl. Hrsg. v. J. B r u n o t t e. Resultate. gr. 8. (24 S.) Ebd. 892. n. — 75

Hauck, A. F., Lehrbuch der Arithmetik u. Algebra f. Gymnasien, Real- u. Handelsschulen. Mit zahlreichen Beispielen u. Übungs-Aufgaben. (In 3 Tln.) 3. Tl. 1. Abtlg. 3. Aufl., vollständig neu bearb. von J. Brunotte. Resultate. gr. 8. (III, 52 S.) Nürnberg 894. F. Korn. n. 1. 20

Hauck, A. Fr., u. H. Hauck, Lehrbuch der Arithmetik. Mit zahlr. Beispielen u. Übungs-Aufgaben. (In 3 Tln.) I. Tl. 2. Abtlg. u. II. Tl. 1. Abtlg. gr. 8. Nürnberg 903. F. Korn. Geb. in Leinw. n. 5. 30
I. 2. Für Real-, Gewerb- u. Handelsschulen. 8. durchgeseh. u. verb. Aufl. Hrsg. v. C. W. Bauschinger. (IV, 191 S.) n. 2. 40
II. 1. Für Latein-, Real- u. Handels-Schulen. 6., umgearb. Aufl. Hrsg. v. F. Fischer. (VI, 228 S.) n. 2. 90

—— die Lehre von den Facturen, Waaren-Calculationen und Contocorrenten in Beispielen und Aufgaben. gr. 8. (III und 96 S.) Nürnberg 863, J. L. Schmid's Verlag. *
Aus: Lehrbuch der Arithmetik, besonders abgedruckt.

Hauck, A. F. „Zur Theorie quadratischer Formen". pg. 3—9. 4°. Jul. Volkhart.
Fürth, Progr. 1855/56

Hauck, A. F. Dr. „Zur mechanischen Wärmetheorie". pg. 3—12. 4°. Jul. Volkhart.
Fürth, Progr. 1863/64

Hauck, Albert

Hauck, Alb., Friedrich Barbarossa als Kirchenpolitiker. Rede beim Rectoratswechsel an d. Universität Leipzig am 31. X. 1898. gr. 4. (24 S.) Leipzig 898. (A. Edelmann.) n. 1. —

Hauck, Alb., die Bischofswahlen unter den Merovingern. gr. 8. (III, 53 S.) Erlangen 883, Deichert. *

—— Vittoria Colonna, s. Sammlung von Vorträgen.

Hauck, Albert, D.: Deutschland und die päpstliche Weltherrschaft. Leipzig 1910: Edelmann. 51 S. 4°
Leipzig, Progr. z. Reformationsfeste u. Rektoratswechsel 1910
[U 11. 3359

—— die Entstehung des Christustypus in der abendländischen Kunst, s. Sammlung von Vorträgen.

Zur Feier des Reformationsfestes und des Übergangs des Rectorats auf Dr. Justus Hermann Lipsius ladet hiermit ein der Rector der Universität Dr. Karl Binding durch den designierten Decan der theol. Facultät Dr. Albert Hauck. Die Entstehung der bischöflichen Fürstenmacht. Leipzig, Druck v. A. Edelmann, Univ.-Buchdr., 1891; 2 Bl., 49 S. 4.

Die Entstehung der geistlichen Territorien, s.: Abhandlungen der königl. sächsischen Gesellschaft der Wissenschaften. Philol.-histor. Klasse 27, XVIII.

Hauck, Albert, D.: Der Gedanke der päpstlichen Weltherrschaft bis auf Bonifaz VIII. Leipzig 1904: A. Edelmann. (47 S.) 4°
Leipzig, Progr. zum Reformationsfeste u. Rektoratswechsel 1904

— „Hat Jesus gelebt?" Vortrag, geh. am 4. V. 1910 im Aud. max. der Universität Leipzig. (16 S.) 8. Zehlendorf-Berlin (Auguststr. 12) (910). Deutsche christl. Studenten-Vereinigg. — 20
Sonderabdruck aus: „Mittlgn. d. deut. christl. Studenten-Vereinigg."

— Jesus u. Paulus. Vortrag, geh. auf der christl. Studenten-Konferenz zu Wernigerode am 8. VIII. 1908. (16 S.) gr. 8. Halle 908. Ebd. — 20

— der Kampf um d. Gewissensfreiheit, s. a. Hochschul-Vorträge f. Jedermann.

Der Kampf um die Gewissensfreiheit. Vortrag geh. von Dr. Albert Hauck, Prof. Leipzig: Seele 1898. 20 S. 8°
(Hochschul-Vorträge f. Jedermann. H. 6.) [09. 1394]

Hauck, Alb., Kirchengeschichte Deutschlands. 1. Thl.: Bis zum Tode des Bonifatius. gr. 8. (VIII, 557 S.) Leipzig 887, Hinrichs'sche Buchh., Verlag. *
geb. *

Hauck, Alb., Kirchengeschichte Deutschlands. 2. Thl. 1. u. 2. Hälfte. gr. 8. Leipzig, Hinrichs' Verl. n. 14. — (1. u. 2. Thl.: n. 24. 50; Einbde. à n.n. 1. 60)
1. Die fränkische Kirche als Reichskirche. (S. 1—431.) 889. n. 8. —
2. Auflösung d. Reichskirche. (IV u. S. 433—757.) 890. n. 6. —

Hauck, Alb., Kirchengeschichte Deutschlands. 3. Thl. 1. Hälfte. Konsolidierung der deutschen Kirche. gr. 8. (388 S.) Leipzig 893. J. C. Hinrichs' Verl. n. 7. — (I—III, 1.: n. 31. 50)

— Kirchengeschichte. 3. Tl. 2. Hälfte. gr. 8. Ebd. 896. n. 10. 50 (I.—III.: n. 42. —)
Das Übergewicht d. Königtums in d. Kirche u. d. Bruch desselben durch Rom. (VIII u. S. 389—1041.)
(3. Bd. kplt.: n. 17. 50; geb. n. 19. 50.)

Hauck, Alb., d. Kirche Deutschlands unt. d. sächs. u. fränk. Kaisern. (H.'s Kirchengeschichte Deutschlands, 3. Tl.) gr. 8. (VIII, 1041 S.) Leipzig 896. J. C. Hinrichs' Verl. n. 17. 50; geb. n. 19. 50

— Kirchengeschichte Deutschlands. 1. Tl. Bis zum Tode d. Bonifatius. 2. Aufl. gr. 8. (IX, 612 S.) Ebd. 898. n. 12. —; geb. in Halbfrz. n.n. 14. —

Hauck, Alb., Kirchengeschichte Deutschlands. 2. Tl. Die Karolingerzeit. 2. Aufl. gr. 8. (IX, 842 S.) Leipzig 899. 900. J. C. Hinrichs' Verl. n. 16. —; geb. in Halbldr. n.n. 18. —
I. Tl. Ebd. 898. n. 12. —; geb. n.n. 14. —

Hauck, Albert. Kirchengeschichte Deutschlands. Teil 4: Die Hohenstaufenzeit. 1. Hälfte. II S. + S. 1—416. 8. Leipzig, J. C. Hinrichs, 1902. [M. 7. —]

— Kirchengeschichte Deutschlands. I. u. III. Tl. u. IV. Tl. 2. Hälfte. gr. 8. Leipzig, J. C. Hinrichs' Verl. n. 41. —
I. (Bis zum Tode des Bonifatius.) 3. u. 4. (Doppel-)Aufl. (X, 626 S.) 904. n. 12. —; geb. in Halbfrz. n.n. 14. —
III. 3. u. 4. (Doppel-)Aufl. (VIII, 1078 S.) 906. n. 18. 50; geb. in Halbfrz. n.n. 20. 50
IV. 2. (Die Hohenstaufenzeit.) 2. Hälfte. 1. u. 2. (Doppel-)Aufl. (X u. S. 417—1016.) 903. n. 10. 50 (IV. Tl. vollständig: n. 17. 50; geb. in Halbfrz. n.n. 19. 50)

— Kommunismus in christlichem Gewande, s. a. Bibliothek f. innere Mission.

Hauck, Prof. Dr. Alb., Der Communismus im christlichen Gewande. (Bibliothek f. innere Mission, Nr. 6.) gr.-8°. Leipzig 1891.

Hauck, Alb., Tertullian's Leben u. Schriften. gr. 8. (VI, 410 S.) Erlangen 877. Deichert. n. 5. 60

Hauck, Alb., s.: Realencyklopädie f. protestantische Theologie u. Kirche.

— Die angeblichen Mainzer Statuten v. 1261 u. die Mainzer Synoden des 12. u. 13. Jahrh., s.: Studien, theologische.

θησαυρὸς τῆς ὀρθοδοξίας. Die Bekenntnisse u. d. wichtigsten Glaubenszeugnisse d. griech.-orient. Kirche im Originaltext, nebst einl. Bemerkungen von Jon Michalcescu, Liz. Eingeführt von Prof. D. Albert Hauck. *Leipzig: J. C. Hinrichs 1904.* (314 S.) 8° [04. 4671

— s.: Vorträge, gottesdienstliche.

Hauck, Alfred: Die Königliche Realschule in Schönlanke. Schönlanke 1909: Badur. S. 21—27. 4°
Schönlanke, k. R i. E. OP 1909 (246) [S 09. 161

Hauck, Aloisia, denkwürdiges aus d. Leben u. Wirken d. Prälat J. M. Sailer, s.: Hartmann, M. Katharina.

Hauck, Bartholom. (Stargard/Preuss.), De permissione dei. Diss. pneumat. Präs. Georg Fried. Schroeer. Wittbg. (Chn. Schroedter) Dez. 1702. 16 Bl. (6.30) 13474

Hauck, C. J., Die Strafhausarbeit. Notruf der Gewerbetreibenden in Oesterreich. 3. Aufl. 8°. Wien 1886.

Hauck, Chr. Gotthlf.

— geistl. Amtserfahrungen ꝛc. 2 Thle. 8. Leipz. 776, 77. Holle. 16 gr

— Beantwort. d. Fr.: was ist von den Impfpredigern zu halten? mit Anh. 8. Leipz. 777, 78. Jacobäer. 4 gr

— Briefe an e. Greis, zum Trost für d. Alter. gr. 8. Leipz. 778. (Aue in Altona). 6 gr

— Briefe, d. hebr. Literatur betreff. 2 Thle. 8. Leipz. 776, 77. (W. Nauck). 4 gr

— commentatio de duplici Abrahami exitu ex Haran, non mortuo, sed vivo patre Thareo. P. I. 4. Leipz. 754.

Hauck, Chr. Gtthlf., († d. 4. März 1780.) de profectionibus Abrahami e Churris in Chanaan etc. 4. Lpz. 776. Holle. 8 gr

— drei Schulpredigten. 8. Leipz. 778. Jacobäer. 3 gr

— **Christian Friedrich** (Chemnitz), Selectiora juris principia ad ordinem digestorum exposita libri XV. specim. I. contin. Disp. jur. Präs. Jo. Tobias Richter. Lpz. (Langenheim) 31. VIII. 1752. 16 S. (5.—) 13475

— — De uxore dotem constante matrimonio repetente. Diss. jur. Lpz. (Langenheim) 22. IX. 1757. 31 S. (5.—) 13476

Hauck, Eduard: William Bullokar. Marburg 1905: I. A. Koch. (S. 3—12.) 4°
Marburg a. L., OR P 1905 (499)

Hauck, Eduard, a. Marburg: Systematische Lautlehre Bullokars (Vokalismus). Marburg 1900: R. Friedrich. (VII, 104 S.) 8°
Marburg, Phil. Fak., Ref. Vietor, Diss. v. 25. Mai 1900
[Geb. 9. Nov. 70 Josbach, Kr. Kirchhain; Wohnort: Marburg; Staatsangeh.: Preußen; Vorbildung: Realgymn. Kassel Reife O. 90; Studium: Marburg 12 S.; Rig. 1. Nov. 05.]

Systematische Lautlehre Bullokars (Vokalismus). Von Dr. Eduard Hauck, Oberl. zu Marburg. Marburg: N. G. Elwert 1906. (VII, 104 S.) 8°
— Studien, Marburger, z. engl. Philologie. H. 12. [06. 9055

Hauck, F., die Meeresalgen, s.: Rabenhorst's, L., Kryptogamen-Flora.

— **Ferd. Heinr. Gust.** (Berlin), De autopsiae conditionibus. Diss. med. Halle (Ploetz) 23. IV. 1836. 32 S. mit Biogr. (M.: F. Schlüfser.) (5.50) 13477
Oppon.: A. Reichenau, B. Heineke. — Gew.: Georg Gustav Philipp Hauck (Vater).

Hauck, Franz, emer. Forst und Güterdirector, Leitfaden zum Selbst-Studium der rationellen praktischen Forstwirthschaft mit Rücksicht auf den Kleingrundbesitz und Gemeindewald, dann für Forstwirthe, Forstadjuncten, Eleven etc. und zu Unterrichtswecken für Waldbauschulen, forstliche Wanderlehrer etc. Reich illustrirt. Gr.-8. (256 S.) 2.50
— — Elegant gebunden 3.—
Wien: M. Perles 1898.

Hauck, Franz F. [aus Heidelberg (Baden)]: Beitrag zur Entwicklungsgeschichte des Schweizerischen Alkoholmonopols. Bern 1899. 238 S., 1 Tab. 8°.
Basel. Phil. Diss. 1899/1900.

Hauck, Friedrich: Morphologie des kristallinen Odenwaldes. Mit 1 Textfig. u. 1 Taf. Heidelberg: Winter 1909. 101 S. 8°
(Aus: Verhandlungen d. Naturhist.-Med. Ver. zu Heidelberg. N. F. Bd 10.)
Heidelberg, Phil. Diss. v. 30. Dez. 1909, Ref. Hettner
[Geb. 8. Febr. 86 Hachenfeld; Wohnort: Eberbach; Staatsangeh.: Baden; Vorbildung: Oberrealsch. Mannheim Reife M. 04; Studium: Heidelberg 4, Berlin 1, Heidelberg 4 S.; Rig. 15. Dez. 08.] [U 10. 4133

Hauck, Friedrich [aus Alsterweiler, Rheinpfalz]: Über extraperitoneale Stielbehandlung bei Hysteromyomektomie ... Erlangen, k. b. Hofbuchdr. v. A. Vollrath, 1895; 54 S. 8.
Erlangen, Med. Fak., Inaug.-Diss. v. 13. Juli 1895

— **Friedrich Ferdinand** (Dolovitiae b. Merseburg), Observationem suppurationis lienis cum insecuta suppuratione cerebri. Diss. pathol. Berlin (August Petsch) 9. X. 1829. 20 S. mit Biogr. (M.: Kiesslich.) (5.50) 13478
Oppon.: J. Michels, H. Knipfer, E. Lange. — Krankengesch. d. August Müller.

Hauck, Frid. Martin (geb. Jesberg 24 ... 1826): Observatio de hydropneumothorace fere triennium protracto cum liquoris exsudati per laryngem ejectione typica. Berolini (1850). (27 S.) 8°
Berlin, Med. Diss. v. 2. Dez. 1850

Hauck, Georg [k. Gymnasiall. in Burghausen]: Plutarch von Chaeronea, der Verfasser des Gastmahls der 7 Weisen ... [= Progr. v. Burghausen 1893.] Burghausen, Druck d. L. Russy'schen Buchdr., 1893; 2 Bl., 63 S. 8.
Würzburg, Phil. Fak., Inaug.-Diss. v. 1893

Hauck, Georg [Dr.]: Plutarch von Chaeronea, der Verfasser des Gastmahls der 7 Weisen. [= Inaug.-Diss. v. Würzburg 1893.] Burghausen, Druck d. L. Russy'schen Buchdr., 1893; 2 Bl., 63 S. 8.
Burghausen, k. humanist. G, P 1893

Hauck, Georg Gustav Philipp

Hauck, Geo. Gust., Bemerkungen üb. d. neu eingeführte Lehrbuch der Geburtskunde für die Hebammen in d. Königl. Preussischen Staaten. Nebst e. Sendschreiben an v. d'Outrepont und dessen hinzugefügten Bemerkungen. gr. 8. Berlin 840, Plahn'sche Buchh. (Nitze.) 5/8 rf

Hauck, Georg Gustav Philipp: Vollständiges Handwörterbuch zum Gebrauch für Hebammen in alphabetischer Ordnung, zur genauen Belehrung derselben und um sie vor Mißgriffen in der Ausübung ihrer Kunst hinlänglich zu bewahren. 263 S., gbd.
Halle u.Berlin: Buchhandlungen des Hallischen Waisenhauses 1810

— Lehrbuch d. Geburtshülfe zum Unterricht für d. Hebammen in den königl. preuß. Landen. 8. Berl. 815.

Hauck, Geo. Gust. Phil., Notizen über das Alpenbad Kreuth. gr. 8. (14 S.) Berlin 853, Nauck und Comp. *

Vgl. Hauck, Gustav.

Hauck, Geo. Gust. Phil., geburtshilfliche Praxis. Mitgetheilt v. Gust. Hauck. gr. 8. (VIII u. 236 S.) Berlin 852, Nauck & Co. n. 1 ℳ

—— Tagebuchblätter. gr. 16. (VIII und 76 S.) Berlin 852, Nauck und Comp. *

Ueber innere Anschauung und bildliches Denken. Rede z. Geburtsfeste S. Maj. d. Kais. u. Königs Wilh. II. ... am 26. Jan. 1897 geh. v. d. zeit. Rektor Guido Hauck. *Berlin: Buchdr. v. Denter & Nicolas 1897.* (20 S.) 1 Bd 4. [97. 1650

— Ueber innero Anschauung u. bildl. Donken. Rodo zum Goburtstagsfesto d. Kaisors u. Königs Wilholm II. in d. Aula d. kgl. techn. Hochschulo zu Borlin am 26. 1. 1897. Lex.-8. (20 S.) Charlottonburg 897. Techn. Hochschulo.

· Technikors Faust-Erklärung. Fostrodo, geh. bei der Schinkolfeier d. Architokten-Vereins in Berlin am 13. März 1891. [Aus: „Centralbl. d. Bauvorwaltg."] gr. 8. (14 S.) Berlin 891. Ernst & Sohn. n. — 50

Hauck, Guido, Arnold Böcklin's Gefilde der Seligen und Goethes Faust. 8. (60 S. mit 1 Photolithogr.) Berlin 884, Springer. *

Hauck, Guido. Die Grenzen zwischen Malerei und Plastik und die Gesetze des Reliefs. Rede am Geburtstage Sr Majestät des Kaisers und Königs in der Aula der Königl. Technischen Hochschule zu Berlin am 21. März 1885 gehalten. Berlin 1885. 4°.

Hauck, Guido: Die Grenzen zwischen Maleroi und Plastik und die Gesotze des Reliefs. 1885. 20 S. 4° ¶ Mit einigen Änderungen in: Preuß. Jahrbücher. Bd 56.

Hauck, Guido: Grundzüge einer allgem. axonom. Theorie der darst. Perspective. 1876. 8°
Diss. Tübingen.

Hauck, Guido, s.: Jahresbericht der deutschen Mathematiker-Vereinigung.

Hauck, Guido, Lehrbuch der malerischen Perspektive m. Einschluss der Schattenkonstruktionen. Zum Gebrauche bei Vorlesgn. u. zum Selbststudium. Nach hinterlassenen Aufzeichngn. bearb. v. Hedw. Hauck. (VIII. 337 S. m. 500 Fig. u. 6 Taf.) gr. 8. Berlin 910. J. Springer. 9.—; geb. in Leinw. n 10. —

Hauck, G., Lehrbuch der Stereometrie. Auf Grund von F. Kommerell's Lehrbuch neu bearb. u. erweitert. 6. Aufl. [5. der Neubearbeitg.] Mit 67 in den Text eingedr. Holzschnitten. gr. 8. (XVI, 226 S.) Tübingen 888. Laupp. n. 2. 40

Hauck, Guido, Lehrbuch der Stereometrie. Auf Grund von Ferd. Kommerell's Lehrbuch neu bearb. u. erweitert. 7. Aufl. (6. der Neubearbeitg.) gr. 8. (XVI, 225 S. m. 67 Holzschn.) Tübingen 893. H. Laupp. n. 2. 40

— Lehrbuch der Stereometrie. Auf Grund v. Ferd. Kommerell's Lehrbuch neu bearb. u. erweitert. 8. Aufl. (7. der Neubearbeitg.) gr. 8. (XVI, 224 S. m. 67 Holzschn.) Tübingen 900. H. Laupp. Geb. in Leinw. n. 2. 90

Hauck, Guido, Lehrbuch der Stereometrie. Auf Grund v. Dr. Ferd. Kommerell's Lehrbuch neu bearb. u. erweitert. 9. Aufl. (8. der Neubearbeitg.) Hrsg. v. B. Kommerell. (XV, 224 S. m. 67 Abbildgn.) 8. Tübingen 905. H. Laupp. Geb. n 2. 60

— Lehrbuch der Stereometrie. Auf Grund v. Ferd. Kommerell's Lehrbuch neu bearb. u. erweit. 10. (umgearb.) Aufl. Hrsg. v. B. Kommerell. (XVI, 170 S. m. 60 Abb.) 8. Tübingen 909. H. Laupp. 1.50; geb. 2. —

Hauck, Guido, die malerische Perspektivo, ihre Praxis, Begründung u. ästhetische Wirkung. Eine nothwendige Ergänzung zu jedem Lehrbuch der Perspective. gr. 8. (35 S.) Berlin 882. Springer. n. — 80

— dio subjoctive Perspective u. die horizontalen Curvatoren des dorischen Styls. Eine perspektivisch-ästhetische Studie. Mit 2 (lith.) Fig.-Taf. Eine Festschrift zur 50jährigen Jubelfeier der technischen Hochschule zu Stuttgart. Lex.-8. (XII, 147 S.) Stuttgart 879. Wittwor. n. 5. —

— die Stellung der Mathomatik zur Kunst u. Kunstwissenschaft. Vortrag, geh. am Schinkelfest den 13. März 1880. gr. 8. (30 S.) Berlin 880. Ernst & Korn. n. — 80

— Übungsstoff f. den praktischen Unterricht in der Projectionslehre [Parallelperspective, Centralperspective u. Schattenlehre]. 2 Hfte. à 10 (lith.) Blätter m. 11 Motiven. gr. 4. Mit Text. 8. (8 S.) Berlin 888. Springer. à n. 1. —

Hauck, Gust., Aphorismen des Dr. Ernst Horn, s. Horn, E.

Hauck, Gustav [aus Bremen]: Ueber die gasvolumetrische Bestimmung von Blei, Barium und Wismuth ... Bremen, Druck v. C. Schünemann, 1892; 4 Bl., 35 S. 8.
München, Phil. Fak., Inaug.-Diss. v. [12. Dez.] 1894

Hauck, Gustav (Hrsg.), s. Hauck, Georg Gustav Philipp: Geburtshilfliche Praxis.

Hauck, Gust., die Heilquellen u. Kurorte Deutschlands. Mit Ausschluss von Abano, Baden, Helgoland etc. Pegologisches Lexikon. Leipzig 865. Arnoldische Buchh. gr. 8. (XII, 273 S.) 27 ngr.

Hauck, Gust., Karlsbad. Neun Briefe. gr. 16. (VIII und 157 S.) Berlin 857, Nauck und Comp. * 17⅓ Ngr.; geb. *

Hauck, Gust., die Kurorte, Gesundbrunnen u. Sommerfrischen Deutschlands, m. Einschluss der hervorragendsten Bäder der Schweiz u. d. Auslandes. Ein Quellen-Register. 8. (313 S.) Berlin 876. Enslin. geb. n. 5. 60

— Notizen über das Alpenbad Kreuth. Berlin 853. Nauck u. Co. gr. 8. (14 S.) n. 4 ngr

Vgl. Hauck, Georg Gust. Phil.

Hauck, Gust., die barmherzigen Schwestern aus dem Orden des heiligen Karl Borromäus in Berlin. Eine Festschrift zum 8. Mai 1879. 8. (25 S.) Berlin 879. Nauck & Co. n.n. — 60

Hauck, Hermann *(geb. Glatz 21.4.1840)*: Ueber syphilitische Neubildungen in Milz, Leber und Lymphdrüsen. Ein Beitrag zur Lehre von der Eingeweide-Syphilis. Breslau (1868). (20 S.) 8°
Breslau, Med. Diss. v. 4. Aug. 1868

Hauck, Hieronymus

Hauck, Hier., Lehrbuch der Arithmetik f. Latein-, Real- u. Handelsschulen, s.a. Hauck, A. Fr.

Hauck, H., u. A. Fr. **Hauck**, Lehrbuch d. Arithmetik f. Real-, Gewerbe- u. Handelsschulen. Mit zahlreichen Beispielen u. Übungs-Aufgaben. [In 3 Tln.] 2. Tl. 2 Abtlgn. 4., erweit. Aufl., hrsg. von J. Brunotte. gr. 8. Nürnberg 888. 889. Korn. n. 5. 10
1. Abtlg. (VI, 220 S.) n. 2. 50. — 2. Abtlg.: Grundzüge der systemat. Buchführung. (VII, 236 S.) n. 2. 60.

Hauck, H., u. A. Fr. **Hauck**, Lehrbuch der Arithmetik für Real-, Gewerb- u. Handelsschulen. Mit zahlr. Beispielen u. Übungsaufgaben. (In 3 Tln.) 2. Tl. 2. Abtlg. gr. 8. Nürnberg 897. F. Korn. Geb. in Leinw. n. 3. —
Grundzüge d. systemat. Buchführung. 5., erweit. u. durchgesch. Aufl. Hrsg. v. Adf. Sieckenberger u. C. W. Bauschinger. (III, 249 S.)

HAUCK, Hieronymus: Über das Steigen der Holzpreise seit Anfang des 18. Jahrhunderts. Ein staatswirthschaftlicher Beitrag. - Nürnberg 1853. 16 S. Festg. d. Stadt Nürnberg f. d. b. d. Vers. d. dtsch. Land- u. Forstwirthe i. J. 1853 daselbst anwes. Forstmänner

Hauck, Hieronymus (Fürth i.B.)
Die botanische Untersuchung der Umgegend von Nürnberg in geschichtlicher Darstellung.
[In: Abhandlungen der Naturhistorischen Gesellschaft zu Nürnberg, Bd 1. 1858. S. 241-268.]
Dr. phil. Giessen 9.2.1859.

Hauck, J., Anweis. in den Anfangsgründen d. latein. Sprache. 8. Münch. 799. Lentner. 5 gr.

Hauck, Johannes, appr. Arzt: Ein Beitrag zur Frage der Ophthalmoplegie im frühen Kindesalter. Greifswald (1910): Adler. 32 S. 8°
Greifswald, Med. Diss. v. 21. Sept. 1910, Ref. Römer
[Geb. 23. Juni 84 Habelschwerdt; Wohnort: Habelschwerdt; Staatsangeh.: Preußen; Vorbildung: Gymn. Glatz Reife O. 04; Studium: Breslau 2, Greifswald 3, Breslau 1, Greifswald 4 S.; Coll. 15. Juni 09; Approb. 1. Juli 10.] [U 11. 1637

— **Johann Heinrich** (Hausa-Franco), De jure primogeniturae, consuetudine introducto. Diss. jur. Präs. Johann Simon Seyfried (Grfl. Solms-Roedelheim'scher Rat; Frankfurt). Marburg (Phil. Casim. Müller) 29. IX. 1735. 40 S. (6.50) 13479

Hauck, Josef [aus Grosslangheim (Unterfranken)]: Beitrag zur Casuistik der Orthopädischen Gelenkresectionen. . . . Würzburg, Anton Boegler'sche Buchdr., 1888; 17 S. 8°
Würzburg, Med. Fak., Inaug.-Diss. v. 1888

Hauck, Julius, Gerichtsass.: Über Bürgschaft, ihre Arten und verwandte Verträge. Nach dem Recht des Bürgerlichen Gesetzbuches. Borna-Leipzig 1910: Noske. 63 S. 8°
Leipzig, Jur. Diss. v. 23. März 1910
[Geb. 3. Okt. 77 St.-Johann a. S.; Wohnort: Trier; Staatsangeh.: Preußen; Vorbildung: Gymn. Saarbrücken Reife O. 98; Studium: Freiburg i. B. 1, München 3, Bonn 3 S.; Rig. 13. Mai 02.] [U 10. 2725

Hauck, Just. Jak., († d. 19. Juni 1801.), s. *Centuriis* Magdeb.

Hauck, Karl. s.: **Briefe**, die, der Kinder des Winterkönigs.

: Elisabeth, Königin von Böhmen, Kurfürstin von der Pfalz, in ihren letzten Lebensjahren. Von Dr. Karl **Hauck**. Heidelberg: C. Winter 1905. (VI, 69 S.) 8° [F.]
— **Hauck**: Kleine Schriften z. Geschichte d. Pfalz. 1. [05. 4059

Hauck, Karl *Peter* [aus Köln a. Rh.]: Zur Geschichte des Herzogs Lodovico il Moro von Mailand ... Köln, Druck v. A. Ahn, 1892; 81 S., 1 Bl. 8.
Heidelberg, Phil. Fak., Inaug.-Diss. v. [15. Aug.] 1892

[F.] Geschichte der Stadt Mannheim zur Zeit ihres Ueberganges an Baden v. Dr. Karl **Hauck**. *Leipzig: Breitkopf & Härtel 1899.* (5 Bl., 145 S.) 1 Bd 4.(8.)
= **Forschungen** z. Geschichte Mannheims u. der Pfalz. [Bd] II. [00. 151

Karl Ludwig, Kurfürst von der Pfalz (1617–1680) von Dr. Karl **Hauck**. *Leipzig: Breitkopf & Härtel 1903.* (334 S.) 8° [F.]
— **Forschungen** z. Geschichte Mannheims u. d. Pfalz. 4. [03. 15991

Die Nachtarbeit der Jugendlichen in der österreichischen Industrie. Bericht, erstattet d. internat. Vereinigung f. gesetzl. Arbeiterschutz von Ing. Karl **Hauck**. Wien: F. Deuticke 1907. (59 S.) 8°
— **Schriften** d. österr. Gesellsch. f. Arbeiterschutz. H. 11. [07. 10381

Rupprecht der Kavalier, Pfalzgraf bei Rhein. (1619–1682). Von Karl **Hauck**. Heidelberg: C. Winter 1906. (117 S.) 8° [F.]
= **Neujahrsblätter** d. Badischen Hist. Kommission. N. F. 9. [06. 810

— kleine Schriften zur Geschichte der Pfalz. I. Elisabeth, Königin v. Böhmen, Kurfürstin v. der Pfalz, in ihren letzten Lebensjahren. (VII, 96 S.) 8. Heidelberg 905. C. Winter, Verl. n. 2. —

Hauck K. Schutz der Staubarbeiter. (15 S.) 4° Wien 1902

Hauck, Karl, Urkunden, Akten, Handschriften, Autographen bis 1650 aus Marc Rosenberg's badischer Sammlung, s.a. Rosenberg's, Marc, badische Sammlung.

Urkunden, Akten, Handschriften, Autographen bis 1650 von Karl **Hauck**. *Karlsruhe: A. Bielefeld 1898.* (S. 7–52.) 4°(8°)
— **Sammlung**, Marc Rosenberg's badische. 2. [03. 6900

Hauck, Leo, aus Vach: **Untersuchungen** zur normalen und pathologischen Histologie der quergestreiften Musculatur. *Leipzig 1900: A. Pries.* (18 S.) 8° ¶ Aus: Deutsche Zeitschrift f. Nervenheilkunde. Bd 17.
Erlangen, Med. Diss. v. (7. Juli) 1898

Hauck, Leo, Dr. med., Assistenzarzt an der medizinischen Klinik: Über das Verhalten der Leukozyten im II. Stadium der Syphilis vor und nach Einleitung der Quecksilbertherapie. Erlangen 1905: Junge & Sohn. (63 S.) 8°
Erlangen, Med. Hab.-Schr. v. [8. Juli] 1905

Hauck, Oskar, a. St. Louis (Mo.): Beitrag zur Leberresection. Heidelberg 1904: C. F. Beisel. (37 S.) 8°
Heidelberg, Med. Fak., Ref. Czerny, Diss. v. 10. Dez. 1904
[Geb. 1. Juni 69 St. Louis, Wohnort: Oberrode; Staatsangeh.: Preußen; Vorbildung: Gymn. Hersfeld Reife O. 91; Studium: München 2, Würzburg 2, Erlangen 4, Kiel 6 S.; Coll. 17. Nov. 04; Approb. 97.]

Hauck, Ph. Gust., Geographie, Geschichte u. Naturlehre in der einfachen Volksschule. [Für die Hand d. Schülers.] 12. (32 S.) Pforzheim 891. (O. Riecker.) n. — 30

— Pietismus u. Orthodoxie in Baden, ihr sittl. Abfall vom Christentum, s.: Beck, J. T., Gegenwart u. Zukunft der Kirche.

Hauck, Polykarp: Urteil und Kategorien. Eine kritische Studie zu Kants transszendentaler Logik. Straßburg i. E. 1903; M. Du Mont-Schauberg. (106 S.) 8°
Straßburg, Phil. Diss. v. 1903

Hauck, Richard [aus Ober-Schlesien]: Ueber einen Fall von Gangrene foudroyante mit Ausgang in Heilung.... Greifswald, Druck v. Julius Abel, 1886; 29 S. 8°.
Greifswald, Med. Fak., Inaug.-Diss. v. 22. Dez. 1886.

Hauck, Richard, ueber einen Fall von Gangrène foudroyante mit Ausgang in Heilung. Diss. Greifswald 1886, Jul. Bindewald. 8°. 29 S.

Hauck, Thomas von

Hauck, Thom., das Brandversicherungsgesetz f. das Königr. Bayern diess. d. Rh. vom 3. April 1875 erläutert u. m. den Vollzugsvorschriften, Formularien ꝛc., sowie e. Sachregister hrsg. gr. 8. (251 S.) Nördlingen 875. Beck. n. 3. 60

Hauck, Th. v., die Brandversicherungsgesetze f. das Königr. Bayern v. 3. Apr. 1875 / 5. Mai 1890, erläutert u. m. Vollzugsvorschriften, Formularien ꝛc., sowie e. Sachregister hrsg. 2., mit Rücksicht auf die Rechtsprechg. u. die neuere Gesetzgebg. umgearb. Aufl. gr. 8. (III, 277 S.) München 890. Beck. n. 3. 60; Einbd. n.n. 1. 20

Hauck, Thom. v., die Brandversicherungsgesetze f. das Königr. Bayern, in der Fassung des Ausführungsgesetzes zum bürgerl. Gesetzbuch vom 9. VI. 1899 erläutert u. m. Vollzugsvorschriften, Formularien ꝛc., sowie e. Sachregister hrsg. 3., m. Rücksicht auf die Rechtsprechg. u. die neuere Gesetzgebg. umgearb. Aufl. 8. (III, 270 S.) München 900. C. H. Beck. Geb. in Leinw. n. 3. 80

Die Brandversicherungsgesetze für das Königreich Bayern, in d. Fassung des Art. 164 d. Ausführungsgesetzes z. BGB. v. 9. Juni 1899, erl. u. mit Vollzugsvorschriften ... sowie e. Sachreg. hrsg. von Thomas v. **Hauck**, Oberstaatsanw. 4. Aufl. bearb. von Hermann Stör, K.Reg.R. München: C. H. Beck 1907. (VIII, 356 S.) 8° [F.] [07. 15092

— Erläuterungen zur bayerischen Gemeindeordnung, s.: Lindner, Frz.

Hauck, Th., Gerichtsverfassungsgesetz für das Deutsche Reich nebst dem Ausführungsgesetze für das Königreich Bayern erläutert, s. a. Justizgesetze, die, für das Deutsche Reich mit Erläuterungen.

Hauck, Thom.: Gerichtsverfassungsgesetz für das Deutsche Reich nebst dem Einführungsgesetze vom 27. Jan. 1877. Nördlingen 1879.

Hauck, Th. v., Studie über das Placetum regium in Bezug auf Dogmen u. die Stellung der Altkatholiken in Bayern. gr. 8. (23 S.) Regensburg 889. Pustet. — 30

Hauck, Thomas von: Der Verwaltungsgerichtsprozeß in Bayern, s. Lindner, Frz.

Hauck, W. Ph., die galvanischen Batterien, s. a. Bibliothek, electro-technische.

Hauck, W. Ph., die galvanischen Batterien, Accumulatoren und Thermosäulen. Eine Beschreibung der hydro- und thermoelektr. Stromquellen mit besond. Rücksicht auf die Bedürfnisse der Praxis. 1. und 2. Aufl. 8. (XVI, 320 S. mit 85 eingedr. Holzschn.-Abbild.) Wien 883, Hartleben's Verlag. geb.

Hauck, W. Ph., Die galvanischen Batterien, Accumulatoren und Thermosäulen. Eine Beschreibung der hydro- und thermoelektrischen Stromquellen, mit besonderer Rücksicht auf die Bedürfnisse der Praxis. Mit 98 Abbildungen. Dritte Auflage. 8. (XVI, 320 S.) (Elektro-technische Bibliothek. Band IV. 3. Aufl.) 1.65
Dasselbe gebunden (nur fest) 2.20
Wien: Hartleben 1890.

Hauck, W. Ph., Die galvanischen Batterien, Accumulatoren und Thermosäulen. Eine Beschreibung der hydro- und thermo-elektrischen Stromquellen mit besonderer Rücksicht auf die Bedürfnisse der Praxis. Mit 120 Abbildungen. Vierte, vollständige neu bearbeitete Auflage. 8. (XVI, 320 S.) (Elektro-techn. Bibliothek, Bd. IV. 4 Aufl.) 1.65
Dasselbe. Gebdn. (Nur fest) 2.20
Wien: Hartleben 1898.

Hauck (W. Ph.), Die galvanischen Elemente von Volta bis heute. Braunschweig 1881. 8.

— die Grundlehren der Elektricität mit besond. Rücksicht auf ihre Anwendungen in der Praxis. 8. (XVI, 277 S. mit 83 eingedr. Abbild.) Wien 883, Hartleben's Verlag. geb.

Hauck, W. Ph: Die Grundlehren der Elektricität. 2. Aufl. Wien, Pest und Leipzig 1884

Hauck, W. Ph., Die Grundlehren der Elektricität mit besonderer Rücksicht auf ihre Anwendung in der Praxis. Mit 82 Abbildungen. Dritte Auflage. 8. (XVI, 301 S.) [Elektro-technische Bibliothek, Band IX, 3. Auflage] 1.65
Dasselbe. Gebdn. (nur fest) 2.20
Wien: Hartleben 1896.

— dass. — s. Bibliothek, elektro-technische.

Hauck, Wilhelm

Hauck's, Wilh., Präparationen zum Neuen Testament. 1. Abth. Präparation zu den Episteln. Zum Gebrauch für angehende Theologen, sowie auch für Gymnasiasten. 2 Hfte. 12. (IV, 172 S.) Leipzig 881. Violet. à — 75

— dasselbe. 2. Abth. Präparation zu den Evangelien. Zum Gebrauch für angehende Theologen. 1—3. Hft. 12. (S. 1—240.) Ebend. 881. 82. à — 75

Hauck's, Wilh., Präparationen zum Neuen Testament. 2. Abth. Präparation zu den Evangelien u. der Apostelgeschichte. Zum Gebrauch f. angeh. Theologen, sowie auch f. Gymnasiasten. 4. u. 5. Hft. 12. (S. 241—390.) Leipzig 883. Violet. à — 75

Hauck, Wilh., Staat u. Gesellschaft in den volkswirthschaftlichen Systemen der Gegenwart beleuchtet vom Standpunkte der christlichen Ethik. gr. 8. (100 S.) Berlin 880. Schleiermacher. n. 1. 80

Haucke. Gedenkbuch d. 3. Magdeburgischen Infanterie-Regiments Nr. 66. 1860—92. gr. 8. (190 S.) Magdeb. 892, Niemann. 3 —

Haucke, Alfred, s. Hauke, Alfred.

Haucke, E., was denkt und sagt die Kirche von der Ehe? 8. Brünn, Gastl. 789.

Haucke, Fr., verbess. u. verm. Briefsteller, zum Gebrauch f. Lehrer u. Kinder d. Stadt- u. Landschulen, wie auch für erwachsene Personen rc. 8. Bresl. 824. 2e A. 8. Ebd. 831. (Pelz). 12 gr

Haucke, Fr., verbess. u. vermehrter Briefsteller, z. Gebr. f. Lehrer u. Kinder d. Stadt- u. Landschulen, wie auch f. erwachsene Personen, angeh. Geschäftsmänner u. Professionisten. Enthalt.: Uebungsblätter, Aufgaben u. Ideen zu aller Art v. schriftl. Aufsätzen, Titulaturen, Adressen rc. 2. Aufl. 8. (11 B.) Breslau 830, (Pelz.)

Haucke, Herm., eine Ferienwanderung durchs Fichtelgebirge. Skizze. (12 S.) kl. 8. Berlin 904. (W. Wellnitz.) n. —20

(Haucke, Joh. Gottfried, Pseud.:) Montanus, J. Historische Nachricht, Oder allerhand curieuse Anmerckungen vom Ursprung, Materie, Nutzen, Gebrauch und Mißbrauch der Glocken, Aus bewährter Männer Schrifften gesammlet, und Zur vergönneten Gemüths-Vergnügung mitgetheilet von Irenio Montano. Chemnitz, C. Stößel, 1726. Kl.8°. *Gestoch. Frontispiz (Griech. Mönch mit Stundentrommel, im Hintergrund Kirche),* 3 Bl. 136 S. Hübscher marmor. Pbd. d. 19. Jahrh. mit Rsch.

Eitner V. 47. Seltene, nur in dieser Ausgabe erschienene Schrift, die nicht nur vom technologischen, kultur- und musikhistorischen Standpunkt aus sehr wichtig, sondern auch folkloristisch von Belang und in literar. Hinsicht wegen der mitgeteilten Glockenanekdoten, Inschriften u. anderem interessant ist. Der Verf. war Glockenspieler an St. Peter in Freiberg/Sa. Verschiedenes Dokumentarische ist lateinisch zitiert. Das Pseudonym nach Holzmann-Bohatta aufgelöst. —

Haucke, M. L., über das Wesen und die Ursachen der contagiösen Augenblennorrhöe, sowie über Augenblennorrhöen überhaupt, nebst Angabe einer, auf eigene Erfahrung. begründeten, sichern Methode, sie u. ihre Nachkrankheiten gründlich zu heilen. gr. 8. Leipzig 840 Enobloch. 1/2 rß

Hauckh, Jh. Karl, Leitfaden zur Kenntniß d. Grafschaft Tyrol. gr. 8. Insbr. 789. Wagner. 6 gr

Hauckh, J. C., Leitfaden z. Kennt. v. Tyrol. gr. 8. Insbr. Wagner. 793.

Hauckold, Erich. Ueber die Beeinflussung von Narcoticis durch Scopolamin. Aus dem med.-chem. und pharmakol. Institut der Universität Bern.... Diss. Vet.-Med. Bern. (Sonder-Abdruck aus der Zeitschrift f. exp[erimentelle] Pathologie u. Therapie. Band 7.) 24 S. 8. Berlin, L. Schumacher, 1910.

Hauckoldt, Hieronymus (Meissen), De remedio appellationis. Präs. Jacob Born. Lpz. (Wwe. Henning Coler) 7. VI. 1666. 10 Bl. (6.30) 13480

Gew.: Christoph Jünger, Franz Jünger (Dresden), Johann Bohne (Leipzig). — Widm. v. Präs.

— — Dasselbe. Lpz. (Brandenburger) 1704. 22 S. ohne Widm. (6.—) 13481

Haucks, Bruno. Unser Leben und unser Ziel! 40 S. 8. (Askona, Schweiz, Monte Verita,) Selbstverlag ([A', Comm. C. v. Schmidtz; Druck] Mages & Müller, München, [1904]). [fr. —. 30]

Haucks, Bruno, aus meiner Seele! Gedichte. 12. (69 S. m. Bildnis.) Haimhausen 902. [Reform-Verlag.] Lorch, C. Rohm. n. 2. 20

Haucks, Bruno. Aus meiner Seele! Gedichte. Mit Bildnis des Autoren [Tafel, und Vignetten]. 70 S. 8. Haimhausen, C. v. Schmidtz, 1902. [M. = fr. 2. 20]

Haud, M., Landmaßbüchlein, worin d. Landmaßrechnung, nach welcher d. kurtrierschen Landmaß- u. Lagerbücher eingerichtet sind, gelehrt wird. 8. Coblenz ... 2e A. 781. Hergt. 4 gr

JOCHEN von Bopfingen, oder Leben eines armen Teufels. (Nach d. Französ. des *Haudart.*) Frkft. u. Lpz. (Göschen in Leipzig) 1789. 8°. (2 Mk. 50 Pfg. Lehmann & Lutz, 1884; jetzt theurer!)

266 SS. (incl. Tit. u. 1 Bl. Vorr.) m. TKpf. (Portr. Jochen's, J. Keil sc.). Freie Bearbeitung des pikanten französ. Romans. Zu Ende der Vorrede heisst es: Die Schilderungen physischer Liebe sind verändert, abgekürzt und so gestellt worden, dass sie, wie zu hoffen, keinen nachtheil. Eindruck zurücklassen. Ebeling III. p. 610. (2 1/2 Mk. Kühl.) — Fehlt im Anon.-Lex.

Orig.: Vie et amours d'un pauvre diable. 2 vols. Paris 1784. 12°. — Genève et Paris, se trouve chez J. Hilaire, 1788. 2 tom. en 1 vol. 12°. Avec portr. (4 Mk. Scheible, 1880.) (Gay VI. p. 415.)

— — Dasselbe. Stuttgart 1786. (?) 8°.

Haude, C., poet. Knospen, e. Samml. Gedichte. 8. Jauer 822.

Haude, J. K., Handbuch f. Schiedsmänner, Kommunen, Wähler u. Polizei-Behörden. Sammlung der seit dem J. 1832 bis Ende d. J. 1840 ergang. Gesetze rc. über das Institut der Schiedsmänner, nebst e. Auszuge aus den allgem. Landes-Gesetzen. gr. 8. Goldberg 842. (Breslau, Graß, Barth u. Comp.) n. 2/3 rß

Haudeck, Johann: Heimatkunde des politischen Bezirkes Leitmeritz. — Ein Beitrag z. Kenntnis desselben. Unter Mitw. d. innen gezeichneten Komites hrsg. vom Leitmeritzer Zweiglehrerverein. — Leitmeritz: Selbstverl. d. Vereines; Blömer in Komm. 1887. XI, 218 S.

Haudek, Karl, des Volkes Dank. Festspiel aus Anlaß des 60jähr. Regierungs-Jubiläums Sr. Maj. des Kaisers Franz Josef I. (19 S.) 8. Komotau 908. W. Benker. nn —35

Haudek, M., s.: Simulation.

Grundriss der orthopädischen Chirurgie für praktische Ärzte und Studierende von Dr. Max **Haudek**. Nebst e. Vorw. von Prof. Dr. Albert Hoffa. Mit 198 Abb. Stuttgart: F. Enke 1906. (X, 356 S.) 8° [07. 11970 11

Haudek, Raim., Lehrbuch der Handels- u. Wechselkunde. (IV, 332 S.) gr. 8. Wien 907. C. Konegen. Geh. 3. —

Haudelin, Eugen. Ein Beitrag zur Kenntniss des Mutterkorns in physiologisch-chemischer Beziehung. Diss. Dorpat. 8°. 42 pp. 1871.

Haudelin, Eugen, aus Nowgorod. Untersuchungen über die Wirkungen des Mutterkorns auf den thierischen Organismus und insbesondere auf die Organe mit glatten Muskelfasern: die Untersuchung des wirksamen Bestandtheils ist erwünscht. Preisarbeit Dorpat 1869.

(Heilpädagog. Litteratur. 1903.) Die Praxis des erziehlichen Taubstummenunterrichtes, ausgebaut nach d. wirkl. Lebensbedürfnisse d. Zöglinge. Eine krit. Durchsicht d. neuzeitl. Lehrverfassung mit Lehrproben u. Vorschlägen z. Hebung d. Erfolges im Lautsprachenunterrichte. Für Lehrer u. Angehörige d. Taubstummen bearb. von F. W[ilhelm] **Haudering**, Guben. Guben: Berger in Komm. 1903. (227 S.) 8° [F.]

Haudrick, Ed. Disputatio de nonnullis quintae Persii satirae locis. 15 S. Torgau, Progr. 1846

Haudrik, Ed.: Uebersetzung der 5. Satire des Persius. 11 S. – Progr. Torgau 1853.

Haudring, Eduard von

Haudring, E. v., bacteriologische Untersuchung einiger Gebrauchswässer Dorpats. Inaug.-Diss. gr. 8. (57 S.) Dorpat 888. (Karow.) n. 1. —

Haueis, Emil

Haueis: Ueber Wolfgang Winterperger's (Anemorinus) Badenfart. Zur Gesch. d. Badner Heilquellen im 16 Jhrh. 22 S. 8°–Baden, Progr. 1869

Haueis, E., Das deutsche Fastnachtsspiel im 15. Jahrhundert. (Progr.) Baden bei Wien 1874. 8°. 24 S. (2 Mk. 50 Pfg. Gustav Fock, Lpz., 1907.)

Haueis Emil: Zur Geschichte des höheren Schulwesens in Baden. 24. Baden 90. Progr.

Haueis, Emil, s.: Sachs, Hans, e. Lobspruch der Stadt Salzburg.

Haueis Em.: Ain lobspruch der haubstat Wien in Oesterreich. 20. Baden 76. Progr. (v.H.Sachs)

Haueisen & Sohn, Neuenbürg. Zum 100jährigen Jubiläum der Sensenfabrik. (24 S 6 T) Stuttgart 1903

Haueisen, Eugen, diplom. Chemiker aus Jockgrim i. Pfalz: **Über Azinscharlach und seine Derivate.** *Erlangen 1898: A. Vollrath.* (25 S.) 8°
Erlangen, Phil. Diss. v. 15. Dez. 1897

Haueisen, Heinrich Wilhelm (Diacon zu Penig), **Viro Fr. August Türschmann (Pastor zu Hohenkirchen) decennia quinque in munere scholastico et ecclesiastico feliciter consumta gratul. — Disseritur de loco epist. ad Gal. 3, 20. Penig (Sieghart-Voigt) Okt. 1840. 35 S. mit Namen d. Gratulanten. (5.50)** 13482

Hauenschild, Chr. August, s. Kalender der gesunden Vernunft.

Hauenschild, Chr. Aug., Mißbrauch, Aberglaube u. falscher Wahn. 1e Samml. 8. Gera 789. (Kummer in Leipz.) 5 gr. 2e Samml. 8. Leipz. 791. Schwickert. 9 gr.

— de musculosa uteri structura, c. tab. aen. 4. Jena 782. (Hoffmann in Weim.) 5 gr.

v. Hauenschild, Fr., s. Karamsin's Gesch. d. russ. Reichs.

Hauenschild, Hans, die Kessler'schen Fluate. Neue Mittel zur Erhärtg. u. Conservirg. v. weichen Kalksteinen, Sandsteinen, Mörtel, Cementwaaren, Gyps u. Terracotten. Nach der 6. franz. Aufl. m. Genehmigg. d. Erfinders übers. von H. H. 8. (31 S.) Berlin 892. Polytechn. Buchh. n. — 60

Hauenschild, Hans, die Kessler'schen Fluate. Neue Mittel z. Erhärtg. u. Conservirg. v. weichen Kalksteinen, Sandsteinen, Mörtel, Cementwaaren, Gyps u. Thonwaaren. Nach d. 6. französ. Aufl. m. Genehmigg. d. Erfinders übers. 2., umgearb. u. verm. Aufl. gr. 8. (VIII, 48 S.) Berlin 895. Polytechn. Buchh. n. 1.

Hauenschild, Hans, Katechismus der Baumaterialien. 3 Thle. 8. Wien, Lehmann und Wentzel. * M 10,80.; geb. *
Inhalt:
Thl. 1. Die natürlichen Bausteine. Für Baugewerkschulen, Steinbruchbesitzer, Steinmetze, Architekten, Baumeister, Ingenieure und Gebildete jeden Standes. (IV, 208 S. mit 5 eingedr. Holzschn. und 2 lithogr. Taf.) 879. * M 2,70.; geb. * M 3,20.
" 2. Die Mörtelsubstanzen. Für Kalk-, Gyps- und Cement-Techniker, Architekten, Ingenieure, Bauinteressenten und Baugewerkschulen nach eigenen Erfahrungen und Versuchen auf Grundlage einer neuen Mörteltheorie bearb. (VI, 248 S. mit 13 eingedr. Holzschn. und 6 lithogr. Taf.) 879. * M 3,60.; geb. * M 4,10.
" 3. Die Ziegelfabrikation unter besonderer Berücksichtigung der Prüfungsmethoden für die gebrannten Fabrikate für Architekten, Baumeister, Ingenieure, Bauinteressenten, Baugewerkschulen und für Thonwaaren-Industrielle, bearb. von Wilhelm Olschewsky. (XIV, 383 S. mit 1 eingedr. Holzschn. und 7 lithogr. Taf.) 880. * M 4,50.; geb. * M 5.

Vgl. Katechismus der Baumaterialien.

Hauenschild, H., Litteraturbericht für die Thonwaren-, Kalk- und Gyps-Industrie [vom 1. Juli 1884 bis 1. Juli 1885]. II. Patentbericht. Zusammengestellt von H. Liedtke. gr. 8. (43, 28 S. mit Fig.) Berlin 886, (Polytechn. Buchhandlung.) **
Vergriffen.

Hauenschild, Hans, üb. quantitative Mineral-Trennung auf physikalischem Wege. (4 S. m. 3 Fig.) Stuttgart (897). (Freiburg i/B., J. Bielefeld.) — 80
Sonderabdruck aus: „Baumaterialienkde."

Hauenschild, H., das Tabakmonopol u. das deutsche Volk, s. a. Zeit- u. Streitfragen, brennende.

Hauenschild, Hans. Das Tabakmonopol und das deutsche Volk. Brennende Zeit- und Streitfragen, Heft 1, 1881.

Hauenschild, Hans, die Technik der wichtigeren Baustoffe, s.: Exner, W. F.

— die Technik der wichtigeren Baustoffe, s.: Handbuch der Architektur.

Hauenschild, P. G., über hydraulische Magnesia-Kalke u. deren Vorkommen u. Anwendung in Oesterreich. [Aus den Sitzungsber. der k. Akad. der Wiss.] Wien 870. (Gerold's Sohn.) Lex.-8. (6 S.) 1½ ngr.

—— mikroskopische Untersuchung des Predazzites und Pentazites. Lex.-8. (9 S. mit 4 eingedr. Holzschn.) Wien 869, (Gerold's Sohn.)
Vorstehende zwei Schriften sind aus: Sitzungsberichte der k. Akademie der Wissenschaften, besonders abgedruckt.

Hauenschild, Richard Georg Spiller v.
s. Spiller v. Hauenschild. Inv. 1175 3

(Hauenschild, Georg Spiller von)
Aus der Junkerwelt. Vom Verf. von "Nach der Natur." Th. 1.2.
Hamburg: Hoffmann & Campe 1850. 8°

v. Hauenschild, G. Spiller, s.: Aus der Junkerwelt. — Cordula. — Germania, Jahrbuch. — Nach der Natur. — Waldau, Max

Hauenschild, Rud., die Lebensversicherung nach österreichischem Privatrecht. gr. 8. (IV, 47 S.) Berlin 901. E. S. Mittler & Sohn. n. 1. —
Sonderabdruck aus: „Zeitschr. f. d. ges. Versich.-Wiss."

Hauenschild, Sebastian: Theoretisch-practische Abhandlung über den Ringelschnitt an den Weinreben, als einem sichern Mittel, das Abfallen der Trauben bey nasser und kalter Blüthezeit zu verhüthen. Mit 2 Taf. Wien: Doll 1821. VIII, 64 S. -- 21*
Bibliotheca oeconomica 1822. -- Dechnahl 1822. -- Heinsius 1822. -- Kayser 1822. --
Sin... 1822.

Hauenschild, S., Abhandl. v. d. Ringelschnitt an d. Weinreben, als d. sicherste Mittel d. Abfallen d. Trauben bei nasser u. kalter Blüthezeit z. verhüten. Mit 2 Taf. 8. Wien, 1822. Doll. (Leipzig, Liebeskind.) — 15

Hauenschild, Seb., Über die Löserdürre. Einige Winke zur Verhütung und Verwechslung derselben mit dem epizootischen Fieber; nebst Angabe des zweckmässigsten Heilmittel. 8. Wien 16. A. Doll. M. 1.—

Hauenschild, W., s.: Sitzungsberichte des ärztlichen Vereins Nürnberg.

Hauenschild, Wilhelm [Assistenzarzt aus Einbeck '(Hannover)']: Über zwei seltene Fälle von Angioma arteriale racemosum ... Würzburg, kgl. Universitätsdr. v. H. Stürtz, 1893; 22 S., 1 Taf. 8.
Würzburg, Med. Fak., Inaug.-Diss. v. 1893

Hauenstein, Emil, aus Tegerfelden (Aargau): Zur Kenntnis der Caro'schen Säure. Zürich 1909. VI + 80 S. 8°. [25. IX. 09.]
Zürich. Univ. Phil. Diss. II. S. 1909 10.

Hauenstein, Emil. Zur Kenntnis der Caro'schen Säure. Diss. Phil. [II.] Univ. Zürich. VI+80 S. 8. Zürich, J. J. Meier, 1909.

Hauenstein, Gottlob

— Anweisung zur Dreipflanzung u. Anfertigung eines dazu passenden Furchenziehers u. einer Dreipflanzungs-Walze, durch Figuren u. Tabellen erläutert nebst einer Kubictabelle u. kurzen Anleitung zur Bruch-, Proportions-, Zins-, Zwischenzins-, Gesellschafts-, Progressions-, Zuwachs-, Renten u. a. nützl. Rechnungsarten. Mit 1 Steintaf. 8. Eisleben 833. Reichardt. 1/2 ℛ

Hauenstein, Gtlo., Anweisung zur Dreipflanzung u. Anfertigung e. dazu pass. Furchenziehers u. e. Dreipflanzungs-Walze, durch Figuren u. Tabellen erläut. nebst e. Kubictabelle u. kurzen Anleit. zur Bruch-, Proportions-, Zins-, Zwischenzins-, Gesellschafts-, Progressions-, Zuwachs-, Renten u. a. nützl. Rechnungsarten, f. Forstmänner, Oekonomen, ꝛc. 8. (8 1/2 B. u. 1 Stnt.) Eisleben 838, Reichardt.

Hauenstein, Glo., kurze Anweisung zur Decimal-, Quadrat-, Kubik-, Zins-, Diskonto-, Gesellschafts-, Vermischungs-, Ketten-, Zeit- u. Zwischenzins-Rechnung, so wie auch die Ermittelung des Flächen-Inhalts nicht zu großer Flächen ohne Instrument, nebst der Berechnung der nöthigen Pflanzenzahl auf jeder beliebigen Fläche. Mit 1 Tabelle, woraus zu ersehen ist, wie stark jeder Baum im Quadrat beschlagen werden kann. 8. Eisleben 833. Reichardt. 1/2 ℛ

Hauenstein, G.: „Kurze Anweisung zur Decimal-, Quadrat-, Cubik-, Zins-, Disconto-, Gesellschafts-, Vermischungs-, Ketten-, Zins- und Zinseszins-Rechnung, sowie auch zur Ermittelung des Flächeninhalts nicht zu großer Flächen ohne Instrumente, nebst Berechnung der nöthigen Pflanzenzahl auf jeder Fläche; mit 1 Tabelle, woraus zu ersehen, wie stark jeder Baum im Quadrat zu beschlagen ist", Eisleben 1838 (Reichardt).

HAUENSTEIN, Gottlob: Gründliche Berechnung der Pflanzenzahl, welche auf jeder beliebigen Fläche etc. nöthig sind, nebst Anweisung zum praktischen Verfahren dabei und zur Flächenmessung etc. - Eisleben 1836. 104 S., 1 Taf.

— kleine Kubik-Tabelle runder Hölzer für Stellmacher ꝛc. 8. Eisleben 844. (Reichardt.) n. 1/6 ℛ

Hauenstein, Glo., Kubik-Tabellen für runde, beschlagene und geschnittene Hölzer von 1/2 bis 75 Zoll Durchmesser u. 1/4 bis 60 Fuß Länge. Nebst Anhang zur Pflanzenberechnung auf beliebiger Fläche u. in beliebiger Pflanzart, mit Hinweisung auf die großen Vortheile der Dreipflanzung für alle, welche sich mit Holzberechnungen beschäftigen. 8. (Mit 4 lith. Taf.) Halle 844. (Lippert u. Schmidt.) n. 1 1/2 ℛ

Hauenstein, Jo. Heinrich (Forst/Laus.), De investitura feudorum interdum ad tempus impedita. Diss. jur. clientel. Präs. Josia Ludwig Ernst Püttmann. Lpz. (Langenheim) 15. V. 1777. 12 Seiten. (4.80) 13484

Hauenstein, I. H., repertorium juris pruthenici. 4. Gedan. 730.

Hauenstein, Leonhard: Beiträge zur Kenntnis des Karbazols. Freiberg i. S.: Craz & Gerlach 1907. 32 S. 8° ¶ Ausz. in: Journal f. prakt. Chemie. Bd 184. N. F. Bd 76.
München, Dr.-Ing.-Diss. v. 13. 6. 1906

HAUENSTEIN, Ludwig (Ochsenfurt): Ueber die Transplantation der Cornea.- Sulzbach: Seidel 1843. 24 S. 28.8.1841 - Urk (Titel: De transplantatione corneae.); F 65
Diss.Ingolst.-Landsh.-Mchn.

Hauenstein, Osw., Anna v. Gösting. Tragödie in 5 Aufzügen. 8. (IX, 108 S.) Graz 878. Leuschner & Lubensky in Comm. n. 2. 40

Hauenthal, Blumen auf Thaliens Gebiet entsproß. 8. Lpz. Kobler. 804.

Hauer, A., Studium in d. Lehre von den Säulenordnungen, nach Vignola, mit 8 Kpf. Fol. Ulm 791. Ebner. 1 ℛ

Hauer, Studia in d. Lehre v., d. Säulenordn. nach B. de Vignola. Fol. Augsb. Acad. Bhdl. 795.

Hauer, A., üb. das Verhalten der protoplasmaarmen u. protoplasmareichen, quergestreiften Muskelfasern unter pathologischen Verhältnissen, s.: Knoll, Ph.

Hauer, Alex., Stoffwechsel-Untersuchung an e. Vegetarier (auf Stickstoff u. Fett.) Diss. (30 S.) gr. 8. Freiburg i/B. 903. Speyer u. Kaerner. n. — 60

Der angehende Praktiker. ⟨Anwendung d. wichtigsten debattenschriftl. Kürzungsregeln⟩ Einigungs-System Stolze-Schrey. Nach dem von d. System- u. Verbandsvertretung angenomm. Entwurf d. Kürzungsverfahrens bearb. von A[ugust] **Hauer** u. O[tto] Jacht, Städt. Lehrern. [Nebst] Schlüssel. Berlin: L. Oehmigke 1904–05. 2 Bde 8° [J. u. Ant.]
[Text.] 2.–4. verm. u. verb. Aufl. 1905. Schlüssel. 1904. 106. 1449

— **u. O. Jacht**, der angehende Praktiker. (Anwendung der wichtigsten debattenschriftl. Kürzungsregeln.) Einigungs-System Stolze-Schrey. 2 Tle. u. Schlüssel. gr. 8. Ebd. n.n 3. 95
1. Nach dem v. der System- u. Verbandsvertretung angenommenen Entwurf des Kürzungsverfahrens bearb. 5. verm. u. verb. Aufl. (52 S.) 906. 1. 20; Schlüssel. (24 S.) (904.) n.n. — 50
2. Nach den Grundsätzen des v. der System- u. Verbandsvertretung angenommenen Entwurfs des Kürzungs-Verfahrens bearb. (64 S.) (906.) n. 1. 50; Schlüssel. (30 S.) n.n. — 75

Der angehende Praktiker. ⟨Anwendung d. wichtigsten debattenschriftlichen Kürzungsregeln.⟩ Einigungssystem Stolze-Schrey. Bearb. von A[ugust] **Hauer** u. O[tto] Jacht. T. 1. 2. Berlin: Oehmigke (1906)-08. 8°
1. 7.–8. verm. u. verb. Aufl. 1908. 2. (1906) 109. 14393

Hauer, A., u. A. Jacht, der angehende Praktiker. (Anwendung der wichtigsten debattenschriftl. Kürzungsregeln.) Einigungs-System Stolze-Schrey. 1. Tl. 8. Berlin 910. L. Oehmigke's Verl. 1.20
Nach dem v. der System- u. Verbandsvertretung angenommenen Entwurf des Kürzungsverfahrens bearb. 9. Aufl. (52 S.)

Hauer, A., debattenschriftliche 20 Pfennig-Bibliothek. (Einigungssystem Stolze-Schrey.) Nach dem v. der System- u. Verbandsvertretg. angenommenen Entwurf des Kürzungsverfahrens bearb. 1.—4. Bd. (à II, 16 S.) 8. Berlin 905. L. Oehmigke's Verl. à n. —20

Hauer, Béla v., Lebensweise u. landwirtschaftliche Bedeutung der Saatkrähe auf meinem Landgute bei Kisharta. Mit e. Vorwort v. O. Herman. (Deutsch u. ungarisch.) (10 S. m. 1 Karte.) Lex.-8. Budapest 904. (F. Kilián's Nachf.) n.n. 1.—
Sonderabdruck aus: „Aquila".

Hauer, Ernst, Gesangfibel f. Schulen. Lith. gr. 8. (1 B.) Halberstadt 840, Helm. *

Hauer, Ernst, zwei Gesänge. „Wahres Glück" u. „An die Freude" von Frdr. v. Schiller. Für mehrstimmigen Männer-Chor componirt. Berlin 859. Geelhaar. qu. 8. (5 S.) n. 1 ngr.

—— Wahres Glück von Friedr. Schiller. Componirt mehrstimmig für Solo und Chor. (2 Sopran und 2 Alt.) Lex.-8. (4 S.) Berlin 859, Geelhaar.

— Lieder zum Gebrauch in Schulen, für drei Kinderstimmen eingerichtet. qu. 4. (Halberstadt 840. Helm.) n. $1/_2$ Rthlr.

—— Singebuch für Schulen, s. Schade, E.

Hauer, E., Singeschule, s. K. Schade.

Hauer F. von: Beiträge zur Theorie der Farbempfindungen (mit 5 Textfiguren). S. 123. IIa. 629 . . . . „ —.90
Separatabdruck

v. Hauer, Edler Fd., († d. 20. Dec. 1802.) prakt. Darstell. d. in Oesterreich unt. d. Ens für d. Unterthansfach besteh. Grundgesetze. 2 Thle. 8. Wien 800. 2e A. 3 Bde 809. 3e verm. u. verb. A. von J. H. Edlen v. Kremer. gr. 8. Ebd. 824. v. Mösle. 4 Rthlr. 12 Gr.

Hauer, F. Edler von: „Praktischer Leitfaden zur Kenntniss der in Oesterreich unter der Enns für das Unterthanenfach bestehenden Grundgesetze", 4 Bände, Wien 1800 bis 1802.

Hauer, F. E. v., prakt. Darstellung d. in Oestreich unter d. Enns f. die Unterthanen bestch. Gesetze. 4r Thl. 2te Aufl. 8. Wien, v. Mösle. 812.

HAUER, Frd.: Prakt. Darstell. d. in Oesterr. unt. d. Enns f. das Unterthansfach besteh. Gesetze. 3 Bde. 3te verm. u. verbess. A v. J. H. v. KREMER. *Wien*, (v. Mösle u. Braumüller.) (800—2.) 824. gr. 8. (4 Thl. 12 Gr.)

v. Hauer, Edler Fd., prakt. Darstellung der in Oesterreich unter der Ems für das Unterthansfach bestehenden Gesetze. 4r Bd. A. u. d. T.: Darstellung der in Oesterreich unter der Enns für das Unterthans-Verhältniß seit dem Jahre 1820 erflossenen Gesetze. Von Jh. Hnr. Edlen v. Kremer. gr. 8. Wien 835. Braumüller u. Seidel. $1^1/_4$ Rthlr. Alle 4 Bde. 5 Rthlr.

Hauer's, Fr., prakt. Darstellung des Unterthanwesens in Niederösterreich. Nach d. v. Joh. Heinr. Edlen v. Kremer bearb. 3. Aufl. hrsg. u. mit den neuesten Normalien verm. v. W. G. Ritter v. Pauly. gr. 8. (X u. 428 S.) Wien 848, Seidel. 2 Rthlr.

Hauer, Franz Ritter von

— — Ueber die Ammoniten aus dem sogenannten Medolo der Berge Domaro und Guglielmo im Val Trompia, Prov. Brescia. (Aus d. Sizungsb. d. k. Akad.) Wien. 1861. 8.

— — Ueber einige unsymmetrische Ammoniten aus den Hierlatz-Schichten. (Aus d. Sitzungsb. der k. Akad.) Wien. 1854. 8.

Hauer, Frz. Ritter v., s.: Annalen des k. k. naturhistor. Hofmuseums.

— Über die von den Regierungen verschiedener Staaten unternommenen Arbeiten zur geologischen Durchforschung des Landes. S. 2. 57 . . . . vgr.
— — 1. Fortsetzung. S. 2. 98 . . . . vgr.
— — 2. Fortsetzung. S. 2. 131 . . . . vgr.
Separatabdruck

Hauer, Frz. v., ein Beitrag zur Kenntniss der Fauna der Raibler Schichten. Mit 6 lith. Taf. (Aus d. Sitzungsberichten d. k. Akad. d. W.) Wien 857. Gerold in Comm. gr. 8. (32 S.) n. 20 ngr

— Beiträge zur Kenntniss der Capricornier der österreichischen Alpen. Mit 3 (lith.) Taf. (Aus d. Sitzungsberichten d. k. Akad. d. W.) (Wien 854. Gerold.) gr. 8. (30 S.) n. 16 ngr

Hauer, Frz. Ritter v., Beiträge zur Kenntniss der Cephalopoden aus der Trias v. Bosnien. I. Neue Funde aus dem Muschelkalk von Han Bulog bei Sarajevo. [Aus: „Denkschr. d. k. Akad. d. Wiss."] Imp.-4. (48 S. m. 15 lith. Taf.) Wien 892. (F. Tempsky.) n. 8. 60

— Beiträge zur Kenntniss d. Cephalopoden aus d. Trias v. Bosnien. II. [Aus: „Denkschr. d. k. Akad. d. Wiss."] gr. 4. Wien 896. (C. Gerold's Sohn.) n. 6. 60 (I. u. II.: n. 15. 20)
Nautileen u. Ammoniten m. ceratitischen Loben a. d. Muschelkalk v. Haliluci bei Sarajevo. (40 S. m. 13 Taf.)

— Beiträge zur Kenntniss der Cephalopoden-Fauna der Hallstätter Schichten. Mit 5 (lith.) Taf. Aus d. Denkschr. d. k. Akad. d. W. Wien 855. (Gerold.) gr. 4. (1 Bl., 26 S.) n. 1 Rthlr. 6 ngr

— — Beiträge zur Kenntniss der Heterophyllen der österr. Alpen. (Aus den Sitzungsb. d. k. Akad.) Wien. 1854. 8.

Hauer Franz, *Ritter v.* Beiträge zur Palaeontographie von Oesterreich. *Wien u. Olmütz* 1858. *Ed. Hölzel's* Verl.-Exped. I. Bd. 1. Hft. 32 S. Mit 6 Taf. 4°. 5 fl.
Erscheinen in Heften von ca. 4 Bog. Text und 6 Taf., vorläufig 2—3 in einem Jahre. Sechs Hefte bilden einen Band.
INHALT. **I. Heft.** Dr. *A. E. Reuss.* Ueber fossile Krebse aus den Raibler Schichten in Kärnten; mit 1 lithogr. Taf. (p. 1). — *Franz Ritt. v. Hauer.* Ueber die Cephalopoden der Gosauschichten; mit 3 lithogr. Taf. (p. 7). — *Eduard Suess.* Die Brachiopoden der Stramberger Schichten. I. Abth. mit 2 lithogr. Taf. (p. 15).

Hauer (F. v.), Beiträge zur Paläontographie von Oesterreich. Band 1, Heft 1 u. 2. Wien und Olmüz 1858—59. 4. — Enthaltend:
Reuss (A. E.), Ueber fossile Krebse aus den Raibler Schichten in Kaernthen. Mit 1 Tafel. (1858.)
Hauer (F. v.), Ueber die Cephalopoden der Gosauschichten. Mit 3 Tafeln. (1858.)
Suess (E.), Die Brachiopoden der Strausberger Schichten. Mit 6 Tafeln. (1858.)
Peters (K. F.), Beiträge zur Kenntniss der Schildkroetenreste aus den Oesterreichischen Tertiär-Ablagerungen. Mit 4 Tafeln. (1858.)

— Bericht über die Reise des Herrn Dr. Czarnotta nach Teheran. S. 9. 35 . . .
Separatabdruck

Hauer Franz Ritter von, Dr.: Bericht über die von ihm und Dr. Moritz Hörnes nach Frankreich und England gemachte Reise als Vorbereitung zu den Arbeiten für die projektierte geognostische Karte der österreichischen Monarchie. S. 1. 583 . vgr.
Separatabdruck

Hauer, F. v. Ueber die geol. Beschaffenheit des Körösthales im östl. Theile des Biharer Comitates in Ungarn. (Aus d. Jahrb. d. k. k. geol. Reichsanst.) Wien. 1852. 4.

Hauer, Fr. und Hörnes, M. Das Buch-Denkmal. Bericht über die Ausführung desselben an die Theilnehmer der Subscription. Wien. 1858. 8.

Hauer, F. R. v. Ueber Caprina Partschii. Eine neue Bivalve aus den Gosauschichten der österreichischen Alpen. (Aus den naturw. Abhandl. herausg. von W. Haidinger.) Wien. 1847. 4.

— — Ueber die Cephalopoden der Gosauschichten. (Aus Hauer's Beitrag zur Paläontographie v. Oesterreich.) Wien. 1858. 4.

— über die Cephalopoden aus dem Lias der nordöstlichen Alpen. Mit 25 (lith.) Taf. Aus d. Denkschr. d. k. Akad. d. W. Ebend. 856. gr. 4. (1 Bl., 86 S.) n. 4 ₰ 20 ngr.

Hauer, F. Ritter v., die Cephalopoden d. bosnischen Muschelkalkes v. Han Bulog bei Sarajevo. Mit 8 lith. Taf. [Aus: „Denkschr. d. k. Akad. d. Wiss."] Imp.-4. (50 S.) Wien 887. (Tempsky.) n. 5. 80

— üb. die Cephalopoden des Muschelmarmors von Bleiberg, s. Abhandlungen, naturwissenschaftl., hrsg. v. W. Haidinger, I. Bd.

Hauer, Fr. R. v. Ueber die Cephalopoden des Muschelmarmors von Bleiberg in Kärnthen. (Aus d. naturw. Abh., herausg. v. W. Haidinger.) Wien. 1846. 4.

— neue Cephalopoden aus den Gosaugebilden der Alpen. [Aus den Sitzungsber. der k. Akad. der Wiss.] Ebend. 866. Lex.-8. (9 S. mit 2 Stntaff.) n.n. 6 ngr.

— — Neue Cephalopoden aus dem rothen Marmor von Aussee. (Aus d. naturw. Abhandl., herausg. v. W. Haidinger.) Wien. 1847. 4.

— üb. neue Cephalopoden aus den Marmorschichten v. Hallstadt u. Aussee, s. Abhandlungen, naturwissenschaftl., hrsg. v. W. Haidinger, III. Bd.

— — Ueber neue Cephalopoden aus den Marmorschichten von Hallstadt und Aussee. (Aus den naturw. Abhandl., herausg. v. W. Haidinger. 3. Vol.) Wien. 1849. 4.

v. Hauer, Frz. Ritter, die Cephalopoden des Salzkammergutes aus der Sammlung S. D. des Fürsten v. Metternich. Ein Beitrag zur Paläontologie der Alpen. Mit 11 lith. Taf. u. e. Vorwort v. W. Haidinger. Imp.-4. Wien 846, Braumüller u. Seidel. n. 3 1/3 ₰

Hauer, Frz. Ritter v., die Cephalopoden der unteren Trias der Alpen. [Aus den Sitzungsber. der k. Akad. der Wiss.] Wien 866. (Gerold's Sohn.) Lex.-8. (36 S. mit 3 Stntaff.) n. 12 ngr.

— Choristoceras. Eine neue Cephalopodensippe aus den Kössener Schichten. [Aus den Sitzungsber. der k. Akad. der Wiss.] Wien 866. (Gerold's Sohn.) Lex.-8. (7 S. mit 1 Stntaf.) n. 4 ngr.

Hauer, Chevalier Fr. de — et Fr. Foetterle. Coup d'oeil géologique sur les mines de la Monarchie autrichienne. Rédigé, par ordre de l'Institut impérial et royal de Géologie, par le — — avec une introduction par Guillaume Haidinger. Publié par le Comité I. et R. central pour l'exposition universelle d'agriculture et d'industrie à Paris. Traduit sur l'original allemand par Le Compte Auguste Marschall. Vienne, 1855. De l'imprimerie imperiale et royale. (VIII. 253 S. 8.)

— Über die richtige Deutung der Schichten, welche Nummuliten enthalten. S. 2. 251 vgr.
Separatabdruck

— ein geologischer Durchschnitt der Alpen von Passau bis Duino. Mit 4 (lith. und color.) Taf. (in qu. Fol.) (Aus d. Sitzungsberichten d. k. Akad. d. W.) Ebend. 857. gr. 8. (98 S.) n. 27 ngr.

— Über Barrandes Entdeckung der stufenweisen Entwicklung der Trilobiten. S. 2. 358 . . . . vgr.
Separatabdruck

von Hauer, Franz: Zur Erinnerung an Wilhelm Haidinger. ([S.-A.] Jahrbuch der k. k. Geologischen Reichsanstalt. Bd. 21. 1871. Heft 1.) Wien 1871. 8 S. 8°.

— über einige Fossilien aus dem Dolomite des Monte Salvatore bei Lugano. Mit 1 (lith.) Taf. (Aus d. Sitzungsberichten d. k. Akad. d. W.) Ebend. 855. gr. 8. (13 S.) n. 5 ngr.

v. Hauer, Frz., über die vom Hrn. Bergrath W. Fuchs in den Venetianer Alpen gesammelten Fossilien. [Aus dem II. Bd. der Denkschriften der mathematisch-naturwissenschaftl. Classe d. kaiserl. Akad. der Wissensch. abgedr.] Fol. (19 S. mit 4 lith. Taf.) Wien 850. (Braumüller.) n. 1 ₰ (s. auch: Denkschriften etc. II. Bd. 2. Lfg.)

Hauer, F. Ritt. v. Ueber die Fossilien von Korod in Siebenbürgen. (Aus d. naturwissensch. Abh. herausgeg. v. W. Haidinger.) Wien. 1847. 4.

— allgemeiner Führer durch das k. k. naturhistorische Hofmuseum in Wien. Unter Mitwirkg. der Sammlungs-Vorstände verf. 21. Taus. 8. (II, 374 S. m. Abbildgn. u. 1 Grundriss.) Wien 892. (Leipzig, Litterar. Anst. A. Schulze.) n. 2. —

— allgem. Führer durch d. k. k. naturhistorische Hofmuseum. Unter Mitwirkg. d. Sammlungs-Vorstände verf. 32. Taus. 8. (II, 382 S. m. Abb. u. 2 Grundrissen.) Wien 896. (Leipzig, Litterar. Anstalt, A. Schulze.) n. 2. —

Hauer, Franz Ritter v., die Geologie und ihre Anwendung auf die Kenntniss der Bodenbeschaffenheit der österr.-ungar. Monarchie. 9 Lfgn. gr. 8. (VIII, 681 S. mit eingedr. Holzschn.) Wien 874, Hölder. [1., 2., 6.—9. Lfg. à *M. 2.; 3.—5. Lfg. à *M. 2,80.]

Hauer, Franz Ritter v., die Geologie u. ihre Anwendung auf die Kenntniss der Bodenbeschaffenheit der österr.-ungar. Monarchie. gr. 8. (VIII, 681 S. m. eingedr. Holzschn.) Wien 875. Hölder. n. 16. 40

Hauer, Frz. Ritter v., die Geologie u. ihre Anwendung auf die Kenntniss der Bodenbeschaffenheit der österr.-ungar. Monarchie. 2., verm. u. verb. Aufl. gr. 8. (VIII, 764 S. m. eingedr. Holzschn.) Wien 877. 78. Hölder. n. 20. —

Hauer, Frz. R. v. Die Geologie und ihre Pflege in Oesterreich. Ein Vortrag, gehalten in der feierlichen Sitzung der k. Akad. d. Wissensch. in Wien am 31. Mai 1861. Wien. 1861. 8.

— u. Guido Stache, Geologie Siebenbürgens. Nach den Aufnahmen der k. k. geologischen Reichsanstalt u. literarischen Hülfsmitteln zusammengestellt. Herausg. von dem Vereine für Siebenbürgens Landeskunde. Wien 863. Braumüller. gr. 8. (X, 637 S.) n. 2 ₰ 20 ngr.

Hauer, Frz. Ritter v., u. Guido Stache, Geologie Siebenbürgens. Nach den Aufnahmen der k. k. geolog. Reichsanstalt u. literar. Hülfsmitteln zusammengestellt. Hrsg. v. dem Vereine f. siebenbürg. Landeskunde. Neue Ausg. gr. 8. (X, 636 S.) Wien 885. Graeser. n. 8. —

— Über die Gliederung der geschichteten Gebirgsbildungen in den östlichen Alpen und Karpathen. S. 4. 274 . . . . vgr.
Separatabdruck

— Über die Gliederung der oberen Trias der lombardischen Alpen. S. 51. II. 31 . vgr.
Separatabdruck

— Ueber die Gliederung der Trias-, Lias- u. Juragebilde in den nordöstlichen Alpen. (Aus d. Jahrb. d. k. k. geolog. Reichsanst.) Wien. 1853. 4.

Hauer, F. v. Der Goldbergbau von Vöröspatak in Siebenbürgen. (Aus dem Jahrbuche der k. k. geolog. Reichsanst.) Wien. 1851. 4.

— Höhenmessungen in Siebenbürgen. (Aus d. Mitth. d. k. k. geogr. Gesellsch.) Wien. 1860. 8.

— Höhenmessungen im westlichen Siebenbürgen. (Aus den Mittheil. d. k. k. geogr. Gesellsch.) Wien. 1861. 8.

Hauer, Fr. v. Höhenmessungen im nordöstlichen Ungarn. (Aus d. Mittheil. d. k. k. geogr. Gesellsch.) Wien. 1859. 8.

— Jahresbericht f. 1886. [Aus: „Annalen d. k. k. naturhistor. Hofmuseums".] Lex.-8. (70 S.) Wien 887. Hölder. n. 2. —

— Jahresbericht des k. k. naturhistorischen Hofmuseums f. 1887—1889. [Aus: „Annalen d. k. k. naturhistor. Hofmuseums".] Lex.-8. (80, 78, 76 S.) Wien 888—891. A. Hölder. à n. 1. —

— dasselbe f. 1890—1893. Lex.-8. (76, 78, 76 u. 51 S.) Ebd. 892—894. à n. 2. —

— Jahresbericht d. k. k. naturhistor. Hofmuseums f. 1894 u. 1895. [Aus: „Annalen d. k. k. naturhistor. Hofmuseums".] Lex.-8. (53 u. 52 S.) Wien 895 u. 896. A. Hölder. à n. 2. —

— dasselbe, Fortsetzg., s.: Jahresbericht.

de Hauer, François: L'Institut Géologique Impérial et Royal d'Autriche. (Exposition Universelle de Paris 1867.) Vienne 1867. 28 S. 8°.

Hauer, Fr. v. Geologische Karte des Erzherzogthums Oesterreich nach der Originalaufnahme der k. k. geol. Reichsanstalt. (Aus dem 1. Vol. der Ethnographie Oesterreichs von Carl Freih. v. Czörnig.) Wien. 1855. Folio.

Hauer, Frz. Ritter v., geologische Karte von Oesterreich-Ungarn auf Grundlage der Aufnahmen der k. k. geolog. Reichsanstalt. 1:2,016,000. 3. verb. Aufl. Chromolithogr. Imp.-Fol. Wien 878, Hölder. cart. *
Auf Leinw. und geb. in Leinw. **

[Umschlagt.:] Geologische Karte von Oesterreich-Ungarn mit Bosnien u. Montenegro. Auf Grundl. d. Aufn. d. k. k. geolog. Reichsanst. zsgest. v. Franz R. v. Hauer. 5. verb. Aufl., bearb. v. E[mil] Tietze. (Massst. 1:2.016.000.) *Wien: A. Hölder 1896.* (1 Ktnbl. :) 1 Bd 8. 54. 3940

Hauer. F. v. Ueber die Kreidefossilien von Nagorzany bei Lemberg. (Aus den Mittheil. v. Freunden d. Naturwissensch.) Wien. 1847. 8.

Hauer. Fr. v. Nachricht über den Erfolg einiger geologischen Untersuchungen in den Ausläufern der Alpen westlich von Neustadt und Neunkirchen. (Aus d. Berichten von Freunden der Naturwissensch.) Wien. 1850. 8.

Hauer, Frz. v., Nachträge zur Kenntniss der Cephalopoden-Fauna der Hallstätter Schichten. Mit 5 (lith.) Taf. (Aus den Sitzungsberichten 1860 der k. Akademie der Wissensch.) Wien 860. Gerold in Comm. gr. 8. (38 S.) n. 16 ngr.

— paläontologische Notizen. Mit 2 lith. Taf. (Aus d. Sitzungsberichten d. k. Akad. d. W.) Ebend. 857. gr. 8. (16 S.) n. 7 ngr.

— Paläontologische Notizen Nr. 1—4 (mit 2 Taf.): Nr. 1. Cephalopoden aus der unteren Trias vom Val Interna bei Zoldo im Venetianischen. — Nr. 2. Fossilien vom Monte Salvatore bei Lugano. — Nr. 3. Fossilien aus dem Kalksteine von Lenna im Val Brembana. — Nr. 4. Eine neue Ammonitenart aus den Klausschichten. S. 24. 165 . . . . . . —.66
Separatabdruck

— Über die Petrefakten der Kreideformation des Bakonyer Waldes. 1. Teil (mit 3 Taf.). S. 44. 1. 611 . . . . . . vgr.
Separatabdruck

— Übersicht der Arbeiten, welche von der geologischen Reichsanstalt vorbereitet werden. S. 4. 228 . . . . . . vgr.
Separatabdruck

Hauer, Franz Ritter von — und Franz Foetterle. Geologische Uebersicht der Bergbaue der österreichischen Monarchie. Im Auftrage der k. k. geologischen Reichsanstalt zusammengestellt von — —. Mit einem Vorworte von Wilh. Haidinger. Herausgegeben von dem k. k. Central-Komité für die allgemeine Agrikultur- und Industrie-Ausstellung in Paris. Wien, 1855. Aus der k. k. Hof- und Staatsdruckerei. (VIII. 222 S. 8.)

Hauer, Franz Ritter v. — Uebersicht der geologischen Verhältnisse des Erzherzogthums Oesterreich unter der Enns. Von — —. Besonders abgedruckt aus dem statistischen Berichte der n. ö. Handels- und Gewerbekammer für das Jahr 1854. Wien, 1855. Druck und Papier von Leop. Sommer. (29 S. 8. Mit einer geologischen Karte des Erzherzogthums Oesterreich.)

— geologische Uebersichtskarte der oesterreichischen Monarchie nach den Aufnahmen der k. k. geolog. Reichsanstalt bearb. In 12 Blättern in Farbendr. 1. Liefg. enthält Blatt 5. Lithogr. Wien 867. Beck'sche Universitäts-Buchh. Imp.-Fol. (Mit 20 S. in Lex.-8.)
Subscr.-Pr. n. 3 ₰ 10 ngr.;
Ladenpr. n. 4 ₰ 5 ngr.

Hauer, Frz. Ritter v., geologische Uebersichtskarte der oesterreichischen Monarchie. Nach den Aufnahmen der k. k. geologischen Reichsanstalt bearb. 1:576,000. Fol. Mit Text in Lex.-8. Wien 868—73, Hölder. *

Inhalt:

Section I. II. Titel—Eger. Prag—Wien. (60 S.) *M 16.
» III. Krakau—Kaschau. (82 S.) *M 14.
» IV. Lemberg—Czernowitz. (12 S.) *M 14.
» V. Innsbruck—Mailand. (20 S.) *M 14.
» VI. Graz—Triest. (44 S.) *M 14.
» VII. Pest—Arad. (38 S.) *M 14.
» VIII. Klausenburg—Kronstadt. (56 S.) *M 16.
» IX. Farben-Erklärung. *M 4.
» X. Zara—Spalato. (24 S.) *M 8.
» XI. XII. Belgrad—Cattaro. Erklärungen. *M 6.

— geologische Uebersichts-Karte der oesterreichisch-ungarischen Monarchie. Nach den Aufnahmen der k. k. geolog. Reichsanstalt bearb. Maasstab 1:576,000. 3 Lfg. enth. Blatt 4 u. 9. Chromolith. Imp.-Fol. (12 S. Text in Lex.-8.) Ebend 872. Subscr.-Pr. n. 13. —; Ladenpr. n. 16. 50
4. Ost-Karpathen. Subscr.-Pr. n. 10. —; Ladenpr. n. 12. 50
9. Farben-Schema. Subscr.-Pr. n. 3. —; Ladenpr. n. 4. —

— dasselbe. 6. Lfg. enth. Blatt 3. Westkarpathen. Chromolith. Imp.-Fol. (82 S. Text in Lex.-8.) Ebend. 876. n. 10. —

Hauer. Fr. Ritt. v. Geologische Uebersichtskarte von Siebenbürgen, mit Benützung der neuesten v. F. Fischer topographisch richtig gestellten Karte des Landes für die k. k. geol. Reichsanstalt aufgenommen, unter Mitwirkung d. H. H. A. Bielz, F. Freih. v. Richthofen, Dr. G. Stache und D. Stur. Hermannstadt. 1861. Fol.

—— Ueber die von der englischen Admiralität eingeleiteten Untersuchungen britischer Steinkohlen. kl. 8.

— Ueber die Verbreitung der Inzersdorfer (Congerien-) Schichten in Oesterreich. (Aus d. Jahrb. d. k. k. geol. Reichsanst.) Wien. 1860. 8.

Hauer, Fr. v. Ueber die geognostischen Verhältnisse des Nordabhanges der nordöstlichen Alpen zwischen Wien und Salzburg. (Aus dem Jahrbuche der k. k. geolog. Reichsanstalt.) Wien. 1850. 4.

— Über Barrandes Versuch einer Klassifikation der Trilobiten. S. 5. 304 . . . . vgr.
Separatabdruck

— üb. den gegenwärtigen Zustand des Museums der k. k. geolog. Reichsanstalt. [Aus den Sitzungsberichten 1851 der kaiserl. Akademie der Wissensch. abgedr.] gr. 8. (15 S.) Ebd. 851. n. 4 ngr.

—— über den gegenwärtigen **Zustand** des Museums der k. k. geolog. Reichsanstalt. gr. 8. (15 S.) Wien 852, (Gerold's Sohn.)

Hauer, Georg, Arzt in Berlin: Beitrag zur Frage der Heilbarkeit von Pneumokokkenmeningitis. Leipzig 1908: B. Georgi. (27 S.) 8°

Leipzig, Med. Fak., Ref. Curschmann, Diss. v. 15. Jan. 1908

[Geb. 14. Juli 80 Berlin; Wohnort: Berlin; Staatsangeh.: Preußen; Vorbildung: Friedrich-Wilhelms-Gymn. Berlin Reife O. 01; Studium: Berlin 9 S.; Coll. 30 Jan. 08; Approb. 1. Juli 07.]

v. Hauer, Frhr. Geo., statist. Darstell. d. Kreises Solingen im Regierungsbezirk Düsseldorf. Ein Beitrag zur prakt. Verwaltungskunde. Mit Genehmigung des Königl. statist. Bureau in Berlin. gr. 8. Köln 832. DuMont-Schauberg. 1 Rthl. 6 gGr.

Hauer, Hans, appr. Arzt a. München: Ein Fall von Sturzgeburt und seine forensische Bedeutung. München 1907: C. Wolf & Sohn. (32 S.) 8°

München, Med. Fak., Ref. Döderlein, Diss. v. 24. Jan. 1908

[Geb. 18. Mai 76 Dingolfing; Wohnort: München; Staatsangeh.: Bayern; Vorbildung: Luitpold-Gymn. München Reife Juli 97; Studium: München 12 S.; Coll. 24. Jan. 08; Approb. 25. April 07.]

Hauer, Hans, herrisch u. bäurisch. Volksposse in 5 Aufzügen. gr. 8. (114 S.) Wien (IV, 1., Floragasse 4) (900). Selbstverlag. n.n. 1. 50

HAUER, Hans

(F) Herrisch und bäurisch. Volksposse in fünf Aufzügen von Hans Hauer. Wien. 1901. Selbstverlag. Gr.-8°. 114 S. K 1.80

Hauer, Hans, der Pfeifer v. d. Sierning. Bauerntragödie in 5 Aufzgn. 8. (VII, 116 S.) Wien 899. F. Schalk. n. 1. 60

Hauer, Heinrich

Hauer, H., erbauliche Betrachtungen für Eltern u. Schullehrer, denen die Erziehung ihrer Kinder am Herzen liegt. 8. (Quedlinburg, Ernst.) 817.

— Elementarunterricht für taubstumme Kinder. 8. Quedlinburg, Basse. 821.

— die Freuden der Kinderzucht; (od. meine Lustreisen mit Kindern im Niederharze). 5 Thle. 8. Quedlinb. 802. Ernst. 1 Rthl. 20 gGr. N. Aufl., 2 Thle. Mit 4 Kpf. 8. Ebd. 824. 16 gGr. 4 Thle. davon auch unt. d. T.: Lustreisen mit Kindern in d. Harz; ein belehr. Lesebuch ꝛc. Mit 6 Harzansichten. N. Aufl. 8. Ebd. 824. 1 Rthl. 6 gGr.

Hauer, (H.,) d. Freuden d. Kinderzucht. Eine aus eigener Erfahrung u. ganz nach d. Natur des jungen Kindes abgefaßte prakt. Erziehungsschrift. 2 Thle. 2te unveränd. Ausg. 8. Quedlinb. 824, Ernst.

Hauer, Heinr., der Himmel auf Erden. Ein Lehr- u. Lebensbuch. 4 Thle. M. 2 Stahlst. 8. (28 B.) Quedlinburg 827, 28, (Basse.)

— Lustreisen mit Kindern in den Harz. Ein belehr. Lesebuch. 4 Thle. Neue Aufl. Mit 4 Kpfrn. 8. Quedlinb. 824, Ernst.

(——) der Menschenfreund, s. Zeitschrift, f. Menschenfreund.

Hauer, H., die Morgenröthe f. niedere Bürger- u. Landschulen, u. was soll u. kann d. Landschullehrer seyn? 8. Halberst. Büreau f. Lit. 815.

— die Morgenröthe f. niedere Bürger- u. Landschulen, u. was soll u. kann d. Landschullehrer seyn? 8. Halberst. 815. Vogler in Potsd. 6 gGr.

—— Selbstbiographie. 2 Thle. 2. Aufl. (in 1 Bde.) 8. (28½ B. u. lith. Portr.) Quedlinburg 834, 35, (Basse.)

Hauer, Hnr., Selbstbiographie. 2e verb. Aufl. Mit Bildniß. 8. Quedlinburg 836. (Potsdam, Voglers Buchh.) 1 Rthl.

— Unterricht über die Erziehung junger Kinder auf d. Lande. 8. Quedlinb. 794.

Hauer (Jh.) Hnr., kurzer Unterricht im Magazin-Bienenbau. 8. Quedlinb. 797. Ernst. 6 gGr.

Hauer, Hermann

Hauer, Herm., Auswahl mehrstimmiger Lieder für höhere Lehr-Anstalten bearb. u. hrsg. 6. Aufl. Berlin 868. Stilke & van Muyden. qu. 4. (66 S.) n. 7½ ngr.

Hauer, Herm., praktische Bemerkungen zu der Schrift des Herrn Geheimen Raths Schede über die Gesangs-Noth in der evangelischen Kirche. Berlin 853. W. Schultze. gr. 8. (20 S.) n. 5 ngr.

Hauer, Herm., rhythmische Choräle für Schule u. Haus nebst einem Anhange liturgischer Gesänge. Berlin 854. W. Schultze. gr. 8. (48 S.) n. 6 ngr.

Hauer, Herm., ein- und zweistimmige Gesang-Uebungen für höhere Lehranstalten und Chöre bearb. 1. Heft. qu. 4. (16 S.) Berlin 860, (Geelhaar.) Thlr. * *

Hauer, Herrm., Liederkranz für den Berliner Gesellen-Verein. 12. Berlin 844, Enslin'sche Sort.-Buchh. n. ½ Rthl.

— Liederschatz. Sammlung mehrstimmiger Gesänge für den Männerchor des Berliner Handwerker-Vereins bearb. 1. Heft. Ebend. 859. qu. 4. (32 S.) n. 5 ngr.

-- geistlicher Liederschatz. Sammlung von Chorälen, Motetten ꝛc. älterer u. neuerer Meister. 1. Heft: 5 Motetten von Jos. Haydn. 4 Stimmhefte. Berlin 866. Kastner. qu. 4. Jedes Stimmheft (12 S.) n. 5 ngr.

—— mehrstimmiges Schul-Liederbuch f. mittlere u. höhere Volksschulen. 2., verb. Aufl. 12. (3½ B.) Berlin 845, Enslin'sche Buchh. *

Hauer, Herm., mehrstimmiges Schul-Liederbuch f. mittlere u. höh. Volksschulen. 3. verb. Aufl. 12. (82 S.) Berlin 848, Geelhaar. n. ⅙ Rthl.

— mehrstimmiges Schul-Liederbuch für mittlere und höhere Volksschulen. 4. verb. Aufl. Berlin 855. Geelhaar. 12. (II, 82 S.) n. 5 ngr.

— u. F. **Schmidt,** Turnliederbuch für die deutsche Jugend. Berlin 864. Vereins-Buchhandlung in Comm. 16. (64 S.) n. 5 ngr.

Hauer, Hermann, Referendar: Die Veräusserung des Gesellschaftsvermögens im Ganzen nach Handelsrecht. §§ 145, 303 ff. H.G.B. Greifswald 1906: H. Adler. (46 S.) 8° [F.]
Greifswald, Jur. Fak., Ref. Frommhold, Diss. v. 19. Nov. 1906
[Geb. 25. Okt. 82 Anklam; Wohnort: Anklam; Staatsangeh.: Preußen; Vorbildung: Gymn. Anklam Reife O. 01; Studium: München 1, Berlin 1, Marburg 2, Greifswald 4 S.; Rig. 7. Mai 06.]

Hauer, Hugo: Ueber die Anwendung des Ballons von Champetier de Ribes in der Geburtshülfe.
Berlin (1899): E. Ebering. (31 S.) 8°
Berlin, Med. Diss. v. 2. Mai 1899

Hauer, J. G., Edelweiß. [Gsangln und gspoaßigi Gschichtln.] Gedichte in niederösterreich. Mundart. Mit einem Vorworte von P. K. Rosegger. 12. (IV, 292 S.) Wien 885, Gerold's Sohn. *

Hauer, J. M., kleines Pesther Kochbuch, enth. die bewährtesten Anweisungen u. Vorschriften f. d. Küche. Mit e. Anhange: Die Kartoffelküche, oder Anleitung z. Bereitung einer Menge d. wohlschmeckendsten Gerichte aus Kartoffeln. Nach vieljähr. Erfahrung bearb. gr. 12. Pesth 841, Heckenast. 1/2 Thlr. — 2. Aufl. Ebend. 844, jetzt: Leipzig, Haendel. 1/3 Thlr.

—— die Pfennigküche, od. d. Kunst wohlf. u. schmackh. Speisen u. Getränke zu bereiten. Neuestes Kochbuch. Mit e. Anh.: Die Kartoffelküche, od. Anleit. z. Bereit. e. Menge d. wohlschmeckendsten Gerichte aus Kartoffeln. Nach vieljähr. Erfahr. bearb. 8. (14 1/4 B.) Pesth, Heckenast.

Hauer, J. M., die Pfennigküche, oder die Kunst, wohlfelle und schmackhafte Speisen u. Getränke zu bereiten. Neuestes Kochbuch, enthaltend die bewährtesten Anweisungen zur Bereitung wohlschmeckender Fleisch- u. Fastensuppen ꝛc., auf die einfachste u. wohlfeilste Art. Nebst e. Anhang. Verschied. Vorschriften für die Küche. 12. Kaschau 836. (Heckenast in Pesth.) 5/8 Thlr.

Hauer Joh. Elementarbuch für Militärschreibschulen, enthaltend: Die Schnellunterrichts-Lese- und Schreib-Methode sammt einigen Vorschriften und zur Leseübung vermehrt durch eine kurze Sprachlehre, Rechtschreibung und Arithmetik. 8. (128 S.) Brünn, K. Winiker, 1852.

Hauer Johann: Ueber Natur- und Kunstpoesie bei den Brüdern Grimm auf Grundlage der Schelling'schen Philosophie einer Weltseele.
H. 1889 PN 571 **Diss.** Wien, Univ.

Hauer, Johann Josef von, s. Hauern, Johann Josef von.

Hauer, Jos. v., Beiträge zur Geschichte der österreich. Finanzen. 1—4. Heft. gr. 8. (IV und 455 S.) Wien 848, (Wallishausser.) à Heft ** 9 Ngr. **

v. **Hauer, Jos. Ritter,** Beiträge zur Geschichte der österreich. Finanzen. 4 Hfte. gr. 8. (IV u. 255 S.) Wien 848, Wallishausser in Comm. (à baar 9 Ngr) baar 1 Thlr. 6 Ngr

Hauer, Joseph Ritter v. — Ueber die neuesten Ergebnisse im Haushalte der österreichischen Monarchie bis zum Jahre 1854 Von — —. 8. (42 S.) Wien. Gedruckt und in Kommission bei J. B. Wallishausser. 1854.

Hauer, Jos., u. Alois Fiala, Lob Gottes. Kirchengesänge u. Gebete f. die kathol. Jugend, der Lehrer- u. Lehrerinnenbildungsanstalten u. der damit verbundenen Übungsschulen, sowie der Volks- u. Bürgerschulen. gr. 16. (VII, 108 u. 92 S.) Prag (900). Rohlíček & Sievers.
Geb. in Leinw. n. — 90

Hauer, Jos. Ritter von. Ueber Oesterreichs Staatsausgaben und Verwaltung in Hauptumrissen dargestellt. gr. 8°. Wien, Wallishauser in Comm., 1849. IV,423 S.

Hauer Josef: De Sophoclis Trachiniis.
H. 1899 PN 1212 **Diss.** Wien, Univ.

Hauer, Jos. Ritter v. Politisch-statistische Uebersicht der Veränderungen in der Verfassung, Administration und dem Haushalte der österreichischen Monarchie vom 13. März 1848 bis 13. März 1851, mit Hinblick auf die Verhandlungen über die Reichsverfassung in Deutschland. gr. 8°. Wien, Wallishauser in Comm., 1851. IV,360 S.
— dass. vom März 1851—März 1852. gr. 8°. Ebd. 1852.
— dass. bis zu Ende April 1853. gr. 8°. Ebd. 1853.
— dass. vom J. 1854 bis 1855 nebst Anhang bis 15. März 1855. gr. 8°. Ebd. 1855.

— Uebersicht der Veränderungen in der Verfassung, Administration u. dem Haushalte der österreich. Monarchie vom März 1851 bis März 1852. gr. 8. (20 S.) Ebd. 852, in Comm. n. 6 Ngr

Hauer, Jos. Ritter v. Neuere Uebersicht des Standes der Verfassung, der Administration und des Haushaltes der Oesterreichischen Monarchie zu Ende April 1853, mit statist. Daten beleuchtet. 8. (148 S.) Wien, J. B. Wallishausser 1853.

Hauer, Joseph Ritter v. — Uebersicht der Veränderungen in der Verfassung, Administration und dem Haushalte der österreichischen Monarchie vom Jahre 1854 bis 1855, nebst Anhang bis 15 März 1855 und Schluß der diesfalls gelieferten Werke, von — —. Wien, 1855. Gedruckt und in Kommission bei J. B. Wallishausser. (82 S. 8.)

Hauer, Julius Ritter von

Hauer, Jul. Ritter v., die Förderungsmaschinen der Bergwerke. Mit e. Atlas v. 30 lith. Taf. (in qu. 4.) gr. 8. (XII, 438 S.) Leipzig 871. Felix. n. 16. —

— dasselbe. 2. verm. u. zum Theil umgearb. Aufl. Mit e. Atlas v. 40 lith. Taf. (in 4.) gr. 8. (XV, 541 S.) Ebend. 874. n. 20. —

Hauer, Jul. Ritter v., die Fördermaschinen der Bergwerke. 3. verm. Aufl. 3 Lfgn. gr. 8. Leipzig, Felix. [1. und 2. Lfg. (S. 1—544 mit 40 lithogr. Taf.) 884,85. à *ℳ 12.; 3. Lfg. (XXIII, S. 545—872 mit 21 lithogr. Taf.) 885. *ℳ 16.] *

Hauer, Jul. Ritter v., die Hüttenwesens-Maschinen. Wien 867. Tendler & Comp. [Leipzig, Felix.] gr. 8. (VIII, 287 S. mit 26 lithogr. Fig.-Taf. u. 4 Tabb. in Carton in qu. Fol.) n. 4 Thlr.

— die Hüttenwesens-Maschinen. 2. verm. u. grösstentheils umgearb. Aufl. Mit 1 Atlas v. 47 (lith.) Taf. (in qu gr. 4.) Lex.-8. (XXIII, 613 S.) Ebend. 876. n. 32. —

Hauer, Jul. Ritter v., die Hüttenwesens-Maschinen. Fortschritte in der Construction und Anwendung derselben seit dem J. 1876. Suppl. gr. 8. (XI, 207 S. mit 19 lithogr. Taf.) Leipzig 887, Felix. *
Hauptwerk. Ebendas. 1876. *ℳ 32.—; Hauptwerk und Suppl. zusammen *ℳ 40.—.

Hauer, Julius Ritter von (Red.), s. Jahrbuch, Berg- u. hüttenmännisches, d. k. k. Bergakademien zu Leoben u. Příbram ....

— Tabellen zur Berechnung der Windmengen. gr. 8. (22 S.) Wien 876. Hölder. n. — 80

— Ventilationsmaschinen der Bergwerke. Mit 7 lith. Taf. (in qu. 4.) gr. 8. (VIII, 80 S.) Ebend. 870. n. 4. —

Hauer, Jul. Ritter v., die Wasserhaltungs-Maschinen der Bergwerke. Mit 65 lith. Taf. (in qu. gr. 4.). gr. 8. (XX, 797 S.) Leipzig 879. Felix. n. 40. —

Hauer, Jul. Ritter v. Die Wettermaschinen. Mit e. Atlas von 28 (lithogr.) Taf. (qu. Fol. in Mappe). gr. 8. (VIII, 219 S.) Lpz. 889, Felix. * 18 —; m. geb. Text ** 19 80

Hauer, Karl, Abrichtungs-Reglement mit Bezug auf den Anhang. In Fragen u. Antworten. Nebst 13 Plänen. gr. 8. Brünn 843, Winiker. n. 1/2 ₰

Hauer, Karl, Abrichtungs- und Exercir-Reglement mit Bezug auf den Anhang. In Fragen und Antworten. Nebst einem Planbuche von 74 Plänen. gr. 8. Brünn 843, Winiker. n. 2 ₰

Hauer, K. Abrichtungs- u. Exerzier-Reglement mit Bezug auf den Anhang. In Fragen u. Antworten. Mit 1 Planbuch. Brünn 1843. 446 S.

Hauer, Karl v., über das chemische Aequivalent der Metalle Cadmium und Mangan. (Aus d. Sitzungsberichten d. k. Akad. d. W.) Wien 857. (Gerold.) gr. 8. (26 S.) n. 4 ngr

— Beiträge zur Charakteristik einiger Verbindungen der Vanadinsäure. (Aus d. Sitzungsberichten d. k. Akad. d. W.) Ebend. 856. gr. 8. (20 S.) n. 4 ngr

Hauer, Carl, Belehrungen üb. das Percussions-Gewehr u. seine Bestandtheile, in Fragen u. Antworten für die k. k. österreich. Armee bearb. gr. 8. (2 B. u. 1 Stnt.) Brünn 843. Winiker's Buchh. Thlr. *-

Hauer, Karl v., krystallogenetische Beobachtungen. I—III. Reihe. (Aus den Sitzungsberichten 1860 der k. Akademie der Wissensch.) Wien 860. Gerold. gr. 8. n. 12 ngr
I. (14 S.) n. 2 ngr; II. (20 S. mit 1 lith. Taf.) n. 6 ngr; III. (18 S. u. 2 lith. Taf.) n. 4 ngr

— Über die chemische Beschaffenheit der Lößablagerungen bei Wien. S. 53. II. 148 . vgr.
Separatabdruck

Hauer Karl Ritter von: Über die Beschaffenheit der Lava des Ätna von der Eruption im Jahre 1852. S. 11. 87 . . . . vgr.
Separatabdruck

— neue chemische Briefe für Freunde u. Freundinnen der Naturwissenschaften. Wien 862. F. Manz. 8. (V, 293 S.) n. 1 ₰ 10 ngr

Hauer Karl Ritter von: Über einige Cadmiumsalze. S. 15. 23 . . . . K —.30
Separatabdruck

— Über die Darstellung und Zusammensetzung einiger Salze. S. 13. 443 . . . . . . vgr.
Separatabdruck

— Über ein Doppelsalz von selensaurem Cadmiumoxyd und selensaurem Kali (mit 1 Taf.). S. 54. II. 30 . . . . —.40
Separatabdruck

Hauer, Carl Ritter v., über ein Doppelsalz von selensaurem Kali. [Aus den Sitzungsber. der k. Akad. der Wiss.] Wien 866. (Gerold's Sohn.) Lex.-8. (5 S. mit 1 Steintaf.) n. 4 ngr

— die wichtigeren Eisenerz-Vorkommen in der österreichischen Monarchie u. ihr Metallgehalt. Wien 863. Braumüller. gr. 8. (V, 187 S.) n. 1 ₰ 10 ngr

Hauer, C. Ritter v.: Die wichtigsten Eisenerzvorkommen der österreichischen Monarchie und ihr Metallgehalt. Wien: Braumüller 1863

Entgleist und andere Geschichten. Von Karl Hauer. *Berlin: H. Steinitz (1897).* (125 S., 1 Bl.) 1 Bd 8.
= Salon-Bibliothek. [Bd 8. [97. 5353

Hauer, Karl —. Handbuch für Pionier-Arbeiten im Felde von — —. Mit 9 Tafeln. 8. (X, 240 S.) Olmütz. Druck von Franz Slawik. Wien. Tendler und Komp. 1853.

Hauer, Karl, Handbuch zur Verfassung militärischer Aufsätze. 2. Aufl. gr. 8. (XIV u. 322 S. m. 18 lith. Plänen in qu. gr. 4.) Olmütz 850. (Neugebauer.) 2 ₰ (Die 1. Aufl. erschien anonym, s.: Handbuch.)

Hauer, Karl. Handbuch zur Verfassung militärischer Aufsätze. 3. Aufl. Mit 26 Tabell. und 18 Plänen. 8. (XIV und 342 S.) Wien, Tendler u. Kompagnie 1853.

Hauer, Karl, prakt. Arzt in Lam (Niederbayern): Ueber Herniotomie und Thoracotomie. Mitteilungen aus d. Praxis. *München 1900: Kastner & Lossen.* (24 S.) 8°
München, Med. Diss. v. 1900

Hauer, Karl, Hilfsbuch für die Schreibschule, oder: der Unterricht in der Deutschen Sprache, Rechtschreibung, Arithmetik und in den schriftlichen Aufsätzen. 4. Aufl. 8. (555 S.) Wien, Tendler und Komp. Olmütz, Druck, Frz. Slawik 1853.

— Hilfsbuch f. den Unterricht in d. deutschen Sprache, Rechtschreibung u. Arithmetik. 2. Aufl. 12. Olmütz 846, Neugebauer. 1 ₰

— dass. mit schriftl. Aufsätzen. 2. Aufl. 12. (Mit 11 Tab.) Ebend. 846. 1 1/3 ₰

— die fossilen Kohlen Oesterreich's. Classificirt nach ihrem Formationsalter u. Brennwerthe. 2., verm. Aufl. Wien 865. Braumüller. gr. 8. (XVI, 318 S.) n. 2 ₰ 10 ngr

— über Löslichkeitsverhältnisse isomorpher Salze u. ihrer Gemische. [Aus den Sitzungsber. der k. Akad. der Wiss.] Wien 866. (Gerold's Sohn.) Lex.-8. (14 S.) n. 2 ngr

— Notiz über die Gewinnung von Vanadin aus den Joachimsthaler Uranerzen. S. 20. 37 . . —.10
Separatabdruck

— Notizen über die Krystallisation u. Darstellung einiger Verbindungen. (Aus den Sitzungsberichten 1860 der k. Akademie der Wissensch.) Wien 860. Gerold in Comm. gr. 8. (12 S.) n. 2 ngr über einige selensaure Salze u. die Darstellung der Selensaure. (Aus den Sitzungsberichten 1860 der k. Akademie der Wissensch.) Ebend. 860. gr. 8. (11 S.) n. 2 ngr.

— Über einige selensaure Salze und die Darstellung der Selensäure. S. 39. 20 . . . , —.20
Separatabdruck

— Über einige selensaure Salze und die Darstellung der Selensäure. Fortsetzung. S. 39 87 . . . . vgr.
Separatabdruck

Hauer Karl Ritter von: Thomas Tusser.
1898 PN 1147 Diss. Wien, Univ.

Hauer, Karl. Der Unteroffizier im Felde. 2. Aufl. 8. (146 S.) Wien, Tendler und Kompagnie 1853.

— der Unteroffizier in der Garnison u. im Felde. gr. 8. (XIV u. 234 S.) Ebd. 850. 1 1/3 rß

Hauer Karl. Der Unteroffizier in der Garnison und im Felde. Von —. Zweite Auflage. 8. (XXII, 298 S.) Wien, Dr. F. Slawik, Verl. des Tendler und Komp. 1852.

— der Unteroffizier in der Garnison und im Felde. 2. Aufl. Ebend. 853. 8. (XXII, 298 S.) n. 1 rß

— Untersuchung des Mineralwassers von Stubitza in Kroatien. S. 22. 20 . . . . . . —.20
Separatabdruck

— Untersuchungen über den Brennwerth der Braun- u. Steinkohlen von den wichtigeren Fundorten im Bereiche der österreichischen Monarchie nebst einigen statistischen Notizen u. Angabe über ihre Lagerungsverhaltnisse. Wien 862. Braumüller. gr. 8. (XIV, 292 S.) n. 2 rß 10 ngr.

— Über einige neue Verbindungen des Cadmiums. S. 20. 40 . . . . vgr.
Separatabdruck

— Über neue Verbindungen des Chlorcadmiums mit basischen Chlormetallen. 1. Abhandlung. S. 16. 40 . . . . —.20
— — 2. Abhandlung. S. 17. 48 . . . . —.40
Separatabdruck

— über einige Verbindungen der Vanadinsaure. (Aus den Sitzungsberichten 1860 der k. Akademie der Wissensch.) Wien 860. Gerold in Comm. gr. 8. (11 S.) n. 2 ngr.

— Verhaltungen aus dem 1. u. 2. Thle. des Dienst-Reglements. In Fragen u. Antworten. Mit 8 Plänen. 2. verb. u. verm. Aufl. gr. 8. Brünn 843. Winiker. n. 1 1/6 rß

— Verhaltungen aus dem 1. u. 2. Teile des Dienst-Reglements. In Fragen u. Antworten. Mit Pl. 2. verb. Aufl. Brünn 1843. 262 S.

Hauer, Karl, wie werde ich moralisch? od.: Die Kunst, sich sittlich zu entrüsten. (Nebst e. Anh. üb. Pornographie.) (26 S.) 8. München 909. Verlagsgesellschaft München. —50

— Über die Zusammensetzung des schwefelsauren Cadmiumoxydes. S. 25. 05 . . . . , —.10
Separatabdruck

—— über die Zusammensetzung des Kalium-Tellurbromides und das Aequivalent des Tellurs. Lex.-8. (8 S.) Wien 857, (Gerold's Sohn.) *
aus: Sitzungsberichte der k. Akademie der Wissenschaften, Jahrg. 1857.

HAUER, CONSTANTIN: Trauerrede auf den Hochwürd. Herrn Matthäus aus dem Orden H. Benedicti des uralten, und berühmten Stiftes preiswürdigsten Abt Matthäus als dessen Leichenbegängnis den 19. May 1779 feyerlichst gehalten wurde. Preßburg 1779. Gedr. bey Franz Augustin Patzko. 21. 28 S. - 2°

HAUER, Ludwig Titus (Augsburg): Ueber die Entstehung und die Behandlung der Pyaemie.- Augsburg: Wirth 1862. 27 S.
18.10.1861 - Urk (Titel: De causa et therapia pyaemiae.); P 70
Diss. Ingolst.-Landsh.-Mchn.

Hauer, Martin

Hauer, Mart., die Fabrikation der Parfümeriewaren. Praktisches Handbuch zur Herstellg. sämtl. Parfümerien unter besond. Berücksicht. der Exportfabrikation. Nach 50jähr. Erfahrgn. zusammengestellt. gr. 8. (VIII, 132 S.) Weimar 895. B. F. Voigt. 3. —

Hauer M, die Fabrikation der Parfümeriewaren. (Schauplatz der Künste und Handwerke 67) Weimar 1895

— Handbuch der Parfümerie- und Toiletteseifen-Fabrikation. Berlin 1891

Hauer, Mart., die feineren Toiletteseifen u. ihre Fabrikation in Deutschland, England u. Frankreich. Nach 50jähr. Erfahrgn. bearb. gr. 8. (VI, 81 S. m. 10 Abb.) Weimar 897. Leipzig, B. F. Voigt. 1. 80

Hauer, Max, das Eozoon canadense. Eine microgeolog. Studie. gr. 8. (55 S. mit 18 Lichtdr.-Taf. in Mappe [in gr. 4.].) Leipzig 885, O. Wigand. *
Text allein *

Hauer, Max, Königin Ester. Geschichtliches Drama in 4 Aufzügen u. 1 Vorspiel. Regie- u. Souffleurbuch m. dem vollständ. Scenarium. (231 S.) 8. Dresden 909. E. Pierson. 2. 50

Hauer, Max, Grundzüge der Mikrophotographie. Mit 7 (eingedr. Holzschn.-)Illustr. gr. 8. (IV, 43 S.) Leipzig 876. O. Wigand. n. 1. —

Hauer, R., Alauda. Sammlung von Liedern, Duetten u. Terzetten theils mit Begleitg., theils a capella zu singen. Zum Gebrauch für die oberen Classen höherer Töchterschulen herdg. Berlin 870. Stubenrauch. qu. 4. (IV, 76 S.) n. 8 ngr.

Hauer, R., Alauda. Sammlung v. Liedern, Duetten u. Terzetten theils m. Begleitg., theils à capella zu singen. Zum Gebrauche f. die oberen Classen höherer Töchterschulen. 2. vielfach verm. u. verb. Aufl. qu. 8. (80 S.) Berlin 874. Stubenrauch. n. 1. —

Hauer, R., Alauda. Sammlung von Liedern, Duetten und Terzetten, theils mit Begleitung, theils à capella zu singen. Zum Gebrauche für die oberen Classen höherer Töchterschulen. 1. Heft. 3. [Ster.-]Aufl. und 2. Heft. qu. gr. 8. (80; 76 S.) Berlin 877, Stubenrauch. à Heft * M. 1. *

Hauer, R., Alauda. Sammlung von Liedern, Duetten u. Terzetten, teils mit Begleitung, teils a capella zu singen. 1. Abtlg. Zum Gebrauche für die oberen Classen höherer Töchterschulen. 4., abermals verm. u. verb. Aufl. Mit der amtlich angeordneten Rechtschreibung für preußische Schulen. qu. gr. 8. (IV, 83 S.) Berlin 880. Stubenrauch. n. 1. —

Hauer, R. (I.), Alauda. Sammlung von Liedern, Duetten und Terzetten, teils mit Begleitung, teils à capella zu singen. Zum Gebrauche für die oberen und mittleren Klassen höherer Töchterschulen. 1. und 2. Heft. [1. und 2. Gesangklasse.] qu. gr. 8. [Berlin, Stubenrauch'sche Buchh.] Bielefeld, Velhagen und Klasing. [1. Heft. 5. verm. und verb. Aufl. (IV, 127 S.) 885; 2. Heft. 2. verm. und verb. Aufl. (IV, 106 S.) 885; 3. verm. und verb. Aufl. (IV, 116 S.) 887.] à Heft *M 1.—. *
cart. à Heft *M 1.30. *

Hauer, R., Alauda. Sammlung v. Liedern, Duetten u. Terzetten, teils m. Begleitg., teils à capella zu singen. Zum Gebrauche f. die oberen u. mittleren Klassen höherer Töchterschulen u. f. Lehrerinnen-Seminare. 2 Hfte. qu. gr 8. Bielefeld 891. Velhagen & Klasing. Kart. à n.n. 1.30
1. [1. Gesangklasse.] 7., verb. Aufl. (IV, 137 S.)
2. [2. Gesangklasse.] 4., verm. u. verb. Aufl. (IV, 124 S.)

Hauer, R., Alauda. Sammlung v. Liedern, Duetten u. Terzetten, teils m. Begleitg., teils à capella zu singen. Z. Gebr. f. d. oberen u. mittl. Klassen höh. Töchterschulen u. f. Lehrerinnenseminare. 1. u. 2. Hft. qu. gr. 8. Bielefeld, Velhagen & Klasing Kart. à n n. 1.30
1. 1. Gesangklasse. 8., verb. Aufl. (IV, 140 S.) 897.
2. 2. Gesangklasse. 5., verm. u. verb. Aufl. (IV, 128 S.) 896.

Hauer, R., Alauda. Sammlung v. Liedern, Duetten u. Terzetten, teils m. Begleitg., teils à capella zu singen. Zum Gebrauche f. die obern u. mittlern Klassen höherer Töchterschulen u. f. Lehrerinnen-Seminare. 2. Hft. (2. Gesangklasse.) 6. unveränd. Aufl. qu. gr. 8. (IV, 128 S.) Bielefeld 902. Velhagen & Klasing. Kart. n.n. 1.30

Hauer, R., Alauda. Sammlung v. Liedern, Duetten u. Terzetten, teils m. Begleitg., teils à capella zu singen. Zum Gebrauche f. die obern u. mittlern Klassen höherer Töchterschulen u. f. Lehrerinnen-Seminare. 1. Hft. (1. Gesangklasse.) 9. Aufl. (IV, 141 S.) qu. gr. 8. Bielefeld 903. Velhagen u. Klasing. Kart. n.n. 1.30

Hauer, Robert

—— Conjugateur portatif. 6. und 7. Aufl. 8. (8 S. mit 1 Stnt. auf Carton.) Berlin 881,83, Herbig.
1.—5. Aufl. erschienen 1865—1877.

Hauer, R. (II.), Conjugateur portatif. 8. und 9. Aufl. kl. 4. (1 Stnt. mit Text auf der Rückseite.) Berlin 885,87, Herbig.
Auf Pappe gezogen *

Hauer, R., Conjugateur portatif. 11. Aufl. kl. 4. (1 Steintaf. m. Text auf der Rückseite.) Berlin 890. Herbig. Auf Pappe gezogen. n. —40

Hauer, R., conjugateur portatif. 12. Aufl. kl. 4. (2 Blatt m. drehbarer Scheibe.) Berlin 894. F. A. Herbig. Auf Pappe. n. —40

Hauer, R., Conjugateur portatif. 13. Aufl. Lith. (auf Pappe). kl. 4. Mit Text auf der Rückseite u. 8 S. in 8. Berlin 897. F. A. Herbig. n. —40

Hauer, R., Conjugateur portatif. 14. Aufl. Lith. (auf Pappe). kl. 4. Mit Text auf der Rückseite. Berlin 901. F. A. Herbig. n. —40

Hauer, R., Conjugateur portatif. 15. Aufl. (2 S. m. drehbarer Scheibe auf Pappe.) kl. 8. Mit Text auf der Rückseite. Berlin 906. F. A. Herbig. n. —40

Hauer, Robert: Über einen Lehrapparat zur Einübung der franz. Conjugation. Berlin. 1867.
Schul-/Univ.-Schrift

Festschrift zur 50-jahrigen Jubiläums-Feier des Kärntner Industrie- u. Gewerbe-Vereines. Klgft., Leon, 1901. 55 S. (Verf.: Rudolf R. v. Hauer.)

Häuer, Bruno, a. Thorn: Aus d. Kgl. chirurg. Univ.-Klinik zu Königsberg i. Pr. ⟨Dir. Prof. Dr. E. Lexer.⟩ Ueber Pfählungsverletzungen des Mastdarms mit gleichzeitiger Eröffnung des Bauchfells. Königsberg i. Pr. 1906: O. Kümmel. (56 S.) 8°
Königsberg, Med. Fak., Ref. Lexer, Diss. v. 18. Aug. 1906
[Geb. 16. Sept. 81 Kobelnitz, Prov. Posen; Wohnort: Thorn; Staatsangeh.: Preußen; Vorbildung: Kgl. Gymn. Thorn Reife O. 01; Studium: Königsberg 8, Breslau 1 S.; Coll. 5. Juli 06; Approb. 1. Aug. 06.]

Hauer-Contract uber die mit Acker-Lande versehene Herrschaftliche Insten-Wohnung des Dorfs Groß-Schlamin unter Nummer ... o. O. u. J. Fol.

v. Hauern, Jh. Jos., († d. ... Juni 1781.) Diss. apologet. qua aenei et unici Vespasiae Pullae nummi antiq. et integr. vind. 4 maj. Wien 766. Trattner, 20 K

Hauers, Rudolf, aus Hannover. Ueber die Hydrolyse pentosanhaltiger Stoffe mit verdunnten Säuren. *Göttingen 1902: Dieterich.* (70 S.) 8°
Göttingen, Phil. Diss. v. [12. Nov.] 1902

Hauers, Rud., über die Hydrolyse pentosanhaltiger Stoffe m. verdünnten Säuren. Diss. (VII, 70 S.) gr. 8. Göttingen 902. (Vandenhoeck & Ruprecht.) n. 1.60

Hauers, W., Einrichtung e. Herren-Zimmers, — Wohnzimmer, } s.: Mobilien-Entwürfe.

Haeuesche, Benjamin (Hamburg), De nobilibus urbium Germaniae civibus pactitiis. Specim. jur. German. Jena Febr. 1758. Hamburg (I. C. Piscator). 22 S. (6.20) 12697

Hauf, F. J., Margaritologie, vermischt mit conchyliog. Beiträgen z. baierschen Naturkunde. 8. München 795. J. Lindauer. 6 K

Haufe, Ernst: Sur la culture des beaux-arts dans l'enseignement secondaire. Nordhausen: Dr. d. Nordh. Allg. Zeitung. 22 S. 8°
Nordhausen, k. RG P 1908 (338) [S 08. 170

Haufe, E. Die Fragmente der Rede der Seele an den Leichnam in der HS. der Cathedrale zu Worcester neu nach der HS. herausgegeben. Diss. Greifswald 1880. 49 S.

Haufe, (Frdr.) Ewald, Beiträge zur Kenntniss der Anatomie u. theilweise der Morphologie einiger Florideen. Inaugural-Dissertation. Mit 3 (lith.) Taf. gr. 8. (31 S.) Görlitz 879. (Göttingen, Vandenhoeck & Ruprecht.) n. 1.80

Haufé, E., Briefe an e. Mutter. 8. (194 S.) Waldshut 886. (Zimmermann.) n. 2.—; geb. m. Goldschn. n. 3.—

— dasselbe. 2., verb. Aufl. 8. (184 S.) Leipzig 888. Moldenhauer. 3.50; geb. 5.—

Haufe, Ewald, die Erziehung zur Arbeitstüchtigkeit, e. Hauptforderg. an d. moderne Schule. 8. (38 S.) Znaim 896. Fournier & Haberler. n. —40

Haufe, Dr. Ewald, Die Erziehung zur Arbeitstüchtigkeit, eine Hauptforderung an die moderne Schule. Kleine Lehrer-Bibliothek, Heft 28. gr. 8°. Znaim 1896.

— die natürliche Erziehung. Grundzüge d. objectiven Systems. gr. 8. (III, 480 S.) Meran 889. Ellmenreich. n. 6. —

Haufe, Ewald, die natürliche Erziehung. Grundzüge des objectiven Systems. 2., unveränd. (Titel-)Aufl. gr. 8. (VIII, 480 S.) Znaim 893. Fournier & Haberler. n. 6. —

— fremdländisches u. einheimisches Erziehungsleben u. Bildungswesen. gr. 8. (30 S.) Zürich 887. Schröter & Meyer. n. — 50

Haufe, Ewald, das Evangelium der natürlichen Erziehung. (94 S.) 8. Leipzig 904. K. G. Th. Scheffer. Geb. in Leinw. n. 2. —

(B) **Haufe**, Ewald, Evangelium d. natürl. Erziehung. 904. — Aus d. Leben e. freien Pädagogen. 904. Jetzt: Reichenberg, P. Sollors' Nachf.

Haufe, Ewald, am Gardasee. Skizzen u. Charakterbilder. gr. 16. (195 S.) Riva 900. G. Georgi. n. 1. —

HAUFE, Ewald

(F) Am Gardasee. Skizzen und Charakterbilder von Ewald Haufe. 2. Auflage. Innsbruck. 1901. Edlinger. 8°. 193 S. K 1.80

Die Idee der natürlichen Erziehung von Dr. Ewald **Haufe**. Langensalza: Gesundes Leben [1906]. (32 S.) 8° [Umschlagt.]
= **Gesundheitsbücherei**. 9. [06. 1900 3

— aus dem Leben e. freien Pädagogen. gr. 8. (158 S.) Leipzig 894. Bacmeister. n. 1. 20

— a. d. Leben e. freien Pädagogen. 3. Aufl. gr. 8. (158 S.) Leipzig 894. Zürich, Johann Bacmeister. n. 1. 20

Aus dem Leben eines freien Pädagogen. Von Dr. Ewald **Haufe**. 5. Aufl. Leipzig: Scheffer 1904. 132 S. 8° [11. 1659

Jetzt: Reichenberg: P.Sollor's Nachf.

Haufe, Ewald, s.: Lehrer-Bibliothek, kleine.

— illustrierte Naturgeschichte der drei Reiche. 2. Tle. gr. 8. Reutlingen 891 Enßlin & Laiblin. Geb. n. 7. —
1. Das Mineral- u. Pflanzenreich. (169 S. m. 6 Farbdr.-Taf.) 3. —
2. Das Tierreich. (215 S. m. 12 Farbdr.-Taf.) 4. —

— Illustrierte Naturgeschichte der drei Reiche. 2., verm. u. verb. Aufl. Mit 250 farb. Abbildgn. auf 18 Taf. u. zahlr. Textbildern. (538 S.) gr. 8. Reutlingen 909. Enßlin & Laiblin. Geb. in Leinw. 6. —

— die Prinzipien der natürlichen Erziehung. gr. 8. (IV, 110 S.) Stuttgart 902. R. Lutz. n. 1. 60

(B) — Die Prinzipien d. natürl. Erziehung. 902. Jetzt: Schlachtensee, Volkserzieher-Verl. Erh. Pr. 2. —

— die oberitalienischen Seen, s.: Böha. C. Aug.

— der Tourist am Gardasee. Praktisches Taschenbüchel. gr. 16. (III, 58 S.) Riva 900. G. Georgi. — 50

Der Tourist am Gardasee. Prakt. Taschenbüchel von Dr. Ewald **Haufe**. 3. Aufl. Innsbruck: Edlinger 1902. 67 S. 8° [10. 11018

— der Tourist am Gardasee. Praktisches Taschenbüchel. Mit kleinem italien. Sprachführer u. e. Karte v. L. Ravenstein. 4. Aufl. (101 S.) kl. 8. Innsbruck 905. A. Edlinger. n. — 80

— Der Tourist am Gardasee. Praktisches Taschenbüchel. Mit kleinem italien. Sprachführer u. 1 (farb.) Karte. 5. Aufl. (106 S.) kl. 8. Innsbruck 909. Wien, A. Edlinger. 1. —

— Das Wesen natürlichen Bildens. Unser Kind daheim, s.a. Volksschriften, neudeutsche.

(F) **Haufe**, E., Das Wesen natürlichen Bildens. Unser Kind daheim. [Norddeutsche Volksschriften. Nr. 3.] 8°. (38 S.) K — .30
Reichenberg: P.Sollor's Nachf. 1910.

— die Winter-Kurorte vom Brenner bis zum Gardasee. Ein Hilfs- u. Reformbüchel f. Kranke, Aerzte u. Kurbehörden. (IV, 91 S.) 8. Ebd. 903. n. 1. 30

Haufe, P., über Massage, ihr Wesen und ihre therapeutische Bedeutung. 8. (57 S.) St. Blasien in Baden 878. (Frankfurt a. M., Alt.) *

Haufe, P., über Massage, ihr Wesen u. ihre therapeutische Bedeutung. 2. Abdr. gr. 8. (56 S.) Frankfurt a/M. 881. Alt. n. 1. 50

[F.] A Haufen dumma-Gunga-Straach' und Anderes. Anekdoten u. Gedichte v. . . . *Annaberg: Graser 1898.* (1 Bl., 48 S.) 1 Bd 8.
= Gedichte u. Geschichten in erzgebirgischer Mundart. H. 16. [97. 6905

Hauff, Albert, a. Riga: Beiträge zur Wehrsteuer. Berlin 1905: G. Schade. (67 S.) 8°
Erlangen, Phil. Fak., Ref. v. Eheberg, Diss. v. 31. Aug. 1905
[Geb. 11. Mai 77 Riga; Staatsangeh.: Württemberg; Vorbildung: Sophien-realgymn. Berlin Reife M. 98; Studium: Berlin 5, Tübingen 2 S.; Rig. 4. Mai 05.]

Hauff, Alb., die Wehrsteuer, e. notwendige Ergänzung zur allgemeinen Wehrpflicht. (65 S.) gr. 8. Leipzig 905. O. Gracklauer. n. 1. —

Hauff, Carl, s. Hauff, Karl.

Hauff, Dn, Fr., († d. 17. Apr. 1817.) an sunt officia, ad quae homin. natura obligatum esse demonstrari nequit, nisi posita animurum immortalitate? 8. Stuttg. 700. (Löflund). 3 k

Hauff, F., Beobachtungen aus der Tübinger geburtshilflichen Klinik, s. Mitteilungen aus der geburtshilflich gynäkologischen Klinik zu Tübingen.

Hauff, Frdr., üb. Fremdkörper in der Vagina. Inaugural-Dissertation. 8. (30 S. m. einem eingedr. Holzschn.) Tübingen 878. Fues. n. — 60

Hauff, Fritz [aus Reutlingen]: Über einige Derivate des Beta Naphtylhydrazins. . . . Würzburg, Becker's Univ.-Buchdr., 1888, 24 S. 8°
Würzburg, Phil. Fak., Inaug.-Diss. v. 1888

Hauff, G. A., Behandlung der bibl. Geschichte alten Testaments in Volksschulen, besonders zu lebendiger Auffassung geschichtl. Verhältnisse der alten Zeit u. der Gegenwart. gr. 8. (XII u. 171 S.) Stuttgart 850, Metzler. 2/3 ℛ

Hauff, G. A., die ehemal. Klosterschulen ec., s. C. G. Wunderlich.

Hauff, G. A., Offenbarungsglaube u. Kritik d. biblischen Geschichtsbücher am Beispiele des Buchs Josua in ihrer nothwendigen Einheit dargethan. gr. 8. Stuttgart 843, Belser'sche Buchh. 1 3/4 ℛ

Hauff, Gottl. Chr. Fr., medicin. Abhandlungen. gr. 8. Stuttgart 839. Ebner u. Seubert. 1 1/3 ℛ

—— zur Lehre von d. Ruhr. gr. 8. (30 1/4 B.) Tübingen 836, Osiander'sche Buchh.

— die Solidarpathologie u. die Humoralpathologie, oder kritische Bemerkungen über Rösch's Schrift über primäre Säftekrankheiten. gr. 8. Stuttgart 838. Hallberger'sche Verlagsh. 5/8 ℛ

Hauff, Gust., über Vergils Aeneis mit besond. Rücksicht auf den Vortrag über Vergil von H. K. Ein apologet. Versuch. gr. 8. (14 S.) Tübingen 885, Fues.
Aus: Korrespondenzblatt für die württembergischen Gelehrten- und Realschulen, besonders abgedruckt.

Hauff, Gust., Shakespeare's Hamlet, Prinz v. Dänemark, s. d. Sammlung gemeinverständlicher wissenschaftlicher Vorträge.

Hauff G. Shakespeare's Hamlet. (Slg wissenschaftl. Vortr. NF 117) Hamburg 1891

Hauff, Gustav (Hrsg.), s. Keller, K. G.: Deutscher Antibarbarus.

Hauff, Gust., Liederstrauß. Stuttgart 861. Quart. 16. (VIII, 111 S.) 18 ngr

Hauff, Gust., Schillerstudien. 8. (VIII, 470 S.) Berlin 880. Abenheim. n. 5. —

Hauff, Gust., Christian Friedrich Daniel Schubart in seinem Leben und seinen Werken. gr. 8. (V, 409 S.) Stuttgart 885, Kohlhammer. * ℳ 4.—; geb. *

Hauff, Hans, die Rozkrankheit beim Menschen. gr. 8. (VIII und 44 S.) Kirchheim u. T. 855. (Stuttgart, Oetinger.) *

Hauff, Hermann

Hauff, Herm., s. 1) K. Bell, die menschl. Hand. 2) Natur, die, u. ihre Wunder. 3) Paley's natürl. Theologie.

HAUFF, H., Moden und Trachten. Fragmente zur Geschichte des Costüms. Stuttgart und Tübingen. Verlag der J. G. Cotta'schen Buchhandlung. 1840. 8°. Tit., 3 Bl., 328 S. (1 1/2 Rthl.) (4 Mk. 50 Pfg., Orig.-Lwd., O. Rauthe, 1909.) (l. c. no. 58.)

— s. Pfeffel, Fabeln.

Hauff, Herm., s. Reisen u. Länderbeschreibungen d. älteren u. neuesten Zeit.

—— Skizzen aus d. Leben u. d. Natur. Vermischte Schriften. 2 Bde. gr. 8. Stuttgart u. Tübingen 840, Cotta'sche Buchh. [1. (22 2/3 B.) 1 2/3 Thlr., 2. (32 B.) 2 1/3 Thlr.]

Hauff, J. C., die Theorie der Tonsetzkunst. 1. Bd. Frankfurt a. M. 864. Brönner. Fol. (VII, 290 S.) n. 5 ℛ 10 ngr
Inhalt: Die Harmonielehre, nebst einer ausführlichen Erläuterung über die Entstehung u. Entwickelung der alten Tonarten.

Hauff, J. C., die Theorie der Tonsetzkunst. 2. Bd. Das Studium des einfachen Contrapunktes, der Nachahmung u. des figurirten Chorales. 2 Liefgn. Frankfurt a. M. 863—68. Winter. Fol. (VIII, 195 S.) Jede Liefg. n. 2 ℛ

Hauff, J. C., die Theorie der Tonsetzkunst. 3—5. Bd. Imp.-4. Frankfurt 877. Klimsch & Co. n. 33. 5 (1—5.: n. 61. 5)
3. Der doppelte, dreifache u. vierfache Contrapunkt, in fasslicher Weise erklärt u. durch viele Beispiele praktisch dargestellt. (VII, 108 S.) n. 7. 25
4. Der Canon. In seinen mannigfachen Gestaltungen, zu 2, 3, 4 u. noch mehr Stimmen. Theoretisch erläutert, u. durch viele praktische Beispiele veranschaulicht. (VII, 115 S.) n. 10. 80
5 Die Fuge. In ihrer Eigenschaft als instrumentale u. vokale Kunstform. Systematisch bearb. u. durch zahlreiche Beispiele dargestellt. (VII, 188 S.) n. 15.

Hauff, J. Gottlieb

Hauff, J. G., Beleuchtung der Catechismuslehre durch biblische Beispiele und Lehrsprüche. Reutlingen 854. Fleischhauer u. Spohn. gr. 8. (IX, 230 S.) n. 24 ngr

Hauff, J. Gli., Denkwürdigkeiten aus d. Leben Leopolds I., röm. Kaisers. 8. Tübing. 812. Osiander. 10 𝒦

— Ehrendenkmal f. Fürst u. Volk. Oder: Hundert Erzähll. edler Gesinnungen u. Handlungen aus d. Würtemberg. Geschichte, nebst e. Samml. vaterländ. Gedichte. Mit Vorwort von J. Fr. v. Gaab. 8. Tübing. 826. Fues. (Leipz., Kummer). 1 ℛ

— catechetisches Lehrbuch der biblischen Geschichte f. reifere Schüler, u. für Bibelfreunde überhaupt. 8. Reutlingen 839. Fleischhauer u. Spohn. 1/3 ℛ
Vgl. Hauff, M. J. G.

Hauff, J. Gli., catechet. Lehrbuch der biblischen Geschichte für reifere Schüler u. für Bibelfreunde überhaupt. 2. verb. u. verm. Ausg. Mit 2 Landkarten. gr. 12. Reutlingen 842, Fleischhauer u. Spohn. 5/8 ℛ

Hauff, J. Gtli., bibl. Real- u. Verbal-Concordanz, od. alphabet. geordn. bibl. Handbuch, worin alle in d. Bibel vorkomm. Begriffe, Worte u. Redensarten erläut., die luther. Uebersetzung bericht., das Verständniß d. Bibel durch histor., geograph., phys., archäolog. u. chronolog. Bemerkn. befördert, u. alle Bibelstellen homilet. anwendbaren Inhalts wörtl. citirt werden; zunächst f. Religionslehrer; sodann f. jeden gebild. Bibelfreund bearb. 2 Bde. (à 2 Abthln.) Lex.-8. Stuttgart, Cotta. [1. 1. A—E. (45 B.) 828. 2 Thlr. 16 Gr. — 2. F—H. (40 3/4 B.) 829. 2 Thlr. 16 Gr. — 2. 1. J—Q. (27 1/2 B.) 833. 1 Thlr. 12 Gr. — 2. R—Z. (40 3/4 B.) 834. 2 Thlr.]

— deutscher Tugendspiegel, oder 500 Erzählungen edler Gesinnungen u. Handlungen aus der deutschen Geschichte, besonders der neueren. Ein angenehm unterhaltendes u. belehr. Lesebuch für die Schulen d. deutschen Vaterlandes. 4 Bdchn. gr. 8. Stuttg. 832. Metzler. 2 ℛ 12 𝒦

Hauff, Imm. Fd. Fr., s. Unterhaltungen f. Kinder auf Spaziergängen.

Hauff, Johann Karl Friedrich, s. Böhm, A.: Magazin.

Hauff, Johann Karl Friedrich (Herausgeber): „Allgemeiner physiokratischer Briefwechsel einer Gesellschaft deutscher Gelehrter", 1. (einziges) Heft, Erlangen 1810.

Hauff, Johann Karl Friedrich, s. Carnok, Betrachtungen.

- Darstellung eines Maaß-Systems, welches zur allgem. Aufnahme vor allen a.d. empfohlen zu werden verdient. 4. Augsb. 810. v. Jenisch u. St. 8 gr.

Hauff, Johann Karl Friedrich, s. Euclid, Elemente, 6 Bücher.

Euklids Elementa das erste bis zum sechsten sammt dem eilften und zwölften Buche. Aufs neue aus dem Griechischen übersetzt von *Joh. Karl Friedr. Hauff.* Mit dem Motto: La doctrine de ces livres est à l'égard du reste de la géométrie ce que la connoissance des lettres est à la lecture et à l'écriture. Montucla. Marburg in der neuen Academischen Buchhandlung. 8. maj. XXXI und 344 S. m. Fig. im Texte. 1797.

Hauff, Johann Karl Friedrich, s. Hassel, Andr. Heinr. van: De poenis.

Hauff, Johann Karl Friedrich, s. Laplace, Weltsystem.

Hauff, J. K. F., Lehrbegr. d. reinen Elementar-Mathematik. 1r Thl. 1r Bd. m. K. gr. 8. Ebend. 802.

— Lehrbegriff d. reinen Mathematik. 1r Thl., 1r Bd. Elementar-Geometrie. Mit 5 (eigentl. nur 4) Kpft. gr. 8. Frankf. am M. 802. Guilhaumann. 1 rthl. 12 gr.

Hauff, Jh. Karl Fr., Lehrbuch d. Arithmetik. gr. 8. Gießen 793. 2e Aufl. gr. 8. Marb. 807. Krieger. 1 rthl.

— de nova methodo naturam ac leges phaenomenorum electricorum Galvanismi cognoscendas. 4. ibid. 803.

Hauff, K. L. Chr., s. Cicero, ü. d. Pflichten.

Hauff, Karl

Hauff, Car., Oratio de scientiarum amore Platonico. Adjecta est Telescopii Rienksiani descriptio. 4 maj. (9½ B. u. 3 Kpfrt.) Gandavi 830. (Bonnae, Marcus.)

Hauff (C.). Nova rectarum parallelarum theoria. Francofurti 1821. 4.

Hauff, (C.,) nova rectarum paralellarum theoria. Edit. act. suppl. aucta. gr. 4. Frankf. a. M. 822, Andreä.

Hauff, C., de usu antliae pneumaticae in arte medica commentatio. c. fig. 4maj. Frankf. a. M., Andreae. 819.

Hauff, Ritter Karl Vikt., die Authentie u. der hohe Werth des Evangeliums Johannis, mit Rücksicht auf neuere Einwendungen. Eine gekrönte Preisschrift. gr. 8. Nürnb. 831. Haubenstricker. 1 rthl. 4 gr.

Hauff, Karl Vikt., die Authentie u. der hohe Werth des Evangelium Johannis. Nürnberg 831. jetzt Bade in Berlin.

Hauff, Karl Viktor, s. Bemerkungen üb. die Lehrart Jesu.

— Bemerk. üb. die Lehrart Jesu rc. 2. Aufl. Offenbach, Brede. 798.

Hauff, C. V., üb. d. Lehrart Jesu mit Rücksicht auf jüd. Sprache u. Denkungsart. Offenb. 1798. 8.

Hauff, Ritter Karl Vikt., Briefe, den Werth d. schriftl. Religions-Urkunde als solcher, u. d. Studium derselben, bes. ihrer Sprachen, betreff. 1s, 2s Bdchn. 8. Stuttg. 809. Steinkopf. 1 rthl. 8 gr. 3s Bdchn. : A. u. d. T.: Briefe, das Studium d. schriftl. Religionskunde, besond. ihrer Sprachen betreff. Aus Veranlassung neuer Hypothesen. 8. Ebd. 814. 18 gr.

— carmen elegiac., quo Memoriam et Exemplum G. C. Horri exponit. 8. Neub. 805. Reichs-Bur. 3 gr.

Hauff, Karl Viktor, s. Cicero, Brutus.

— über den Gebrauch der griech. Profanscribenten, zur Erläuter. des N. Testaments. gr. 8. Leipz. 796. W. Vogel. 18 gr.

Philologie. Eine Zeitschrift z. Beförderung des Geschmacks an griech. u. römische Sprache u. Litteratur. Herausg. v. Hauff. Stuttg. 800-804. 3 Stück. 8. 2 rthl. 16 gr. Jedes St. 18 gr.

— Philologie, e. Zeitschrift z. Beförder. d. Geschmacks aus griech. u. röm. Sprache u. Literatur rc. 1r Bd., 3 Stcke. gr. 8. Stuttg. 803, 4. Löflund. (à 18 gr.) 2 rthl. 6 gr.

— Predigt über die Feier d. Sonn- u. Festtage, gehalten zu Canstadt 1818. 8. Stuttg. 818.

— Zeitschrift f. class. Literatur, als Fortsetz. d. Philologie. 1r Bd., 3 Stcke. (Auch u. d. T.: Philologie, 2r Bd., 3 Stcke.) gr. 8. Tübing. 805, 6. (Osiander). 2 rthl. 8 gr.

— Zeitschrift f. klassische Literatur, als Fortsetzung d. Philologie. 1s, 2s u. 3s Stück. gr. 8. Tübingen, Schramm. 805—6.

Zeitschrift für klassische Litteratur. Herausg. von Hauff. Tübing. 805-807. 3 Stück. 8. 2 rthl. 4 gr.

Hauff, L. A., English conversation grammar for Russians. (Method Gaspey-Otto-Sauer.) gr. 8. (VIII, 380 S. m. 1 Schrifttaf. u. 2 Karten.) Heidelberg 902. J. Groos. Geb. in Leinw. n. 3. 60; key (60 S.) Kart. n. 2. —

Hauff, L. A., russisch-deutsche Handels-Correspondenz, s. a. Kunst, die, d. Polyglottie.

Hauff, L. A., Russisch-deutsche Handels-Correspondenz. Zum praktischen Gebrauche für Deutsche und Russen. 8. (190 S.) [Bibliothek der Sprachenkunde, 56. Thl.] Geb. 1.10
Wien: Hartleben 1898.

Hauff, L. A., deutsche Konversations-Grammatik f. Russen, f. den Schul- u. Selbstunterricht. Eine prakt. Anleitg. zur schnellen u. gründl. Erlerng. der deutschen Sprache in Wort u. Schrift. (Methode Gaspey-Otto-Sauer.) (XV, 452 S. m. 1 Karte u. 1 Plan.) gr. 8. Heidelberg 903. J. Groos. Geb. in Leinw. n. 3. 60; Schlüssel. (44 S.) Kart. n. 2. —

Hauff, Lilly, Die Entwicklung der Frauenberufe in den letzten drei Jahrzehnten. Mit besond. Berücksichtigung der beruflichen Entwicklung in Halle a. S. 8⁰. Berlin, Puttkammer u. Mühlbrecht, 1910.

Hauff, Ludw., der Astrolog und Seher zu München und sein Versuch einer Wiederherstellung der Astrologie, nebst Andeutungen über sein Betreiben derselben u. seiner Vorhersagungen. Mit 6 (lith.) astrologischen Tafeln. Heilbronn 858. Landherr. gr. 8. (VIII, 84 S.) 25 ngr

Hauff, Ldw., s. Ausland, das belletristische, v. K. Spindler, 208.—214., 253.—257., 541.—545., 627.—633., 680.—684. Bdchn.

Hauff, Ludw., die im Königreich Bayern diesseits des Rheins bestehenden gesetzlichen Bestimmungen über Arrondirung [Zusammenlegung] u. Zertrümmerung der Grundstücke. Augsburg 862. Rieger. 8. (28 S.) 3 ngr

Hauff, Ludwig [Übers.]
s. Dickens, Ch.: Martin Chuzzlewit. 1844.

— Einführung in die administrative Praxis des Königreichs Bayern. Ein Leitfaden für alle, die sich dem Dienste der innern Verwaltung widmen wollen, mit Formularen von Protokollen, Beschlüssen ꝛc. München 861. Giel. (Gummi.) Lex. 8. (IV, 135 S.) n. 18 ngr

Hauff, Ludw., die Feuerpolizei u. Feuerversicherung für Gebäude u. für Mobilien im Königr. Bayern. Nach den bestehenden Gesetzen u. den ergang. Verordnungen, Erläuterungen ꝛc. dargestellt für Behörden, Gemeindeverwaltungen, Feuerbeschau- u. Bau-Commissionen ꝛc. (Nebst einem Inhaltsverzeichnisse u. einem umfassenden Sachregister.) Bamberg 866. Buchner'sche Buchh. gr. 8. (XIII, 345 S.) 1 Thlr

— der Führer auf dem Gebiete der neuen Handelsgesetzgebung u. des handelsgerichtlichen Verfahrens, mit einem Abdruck des Handelsgesetzbuches. München 862. Gummi. br. 8. (223 S.) 18 ngr

— das revidirte Gemeinde-Edict des Königreichs Bayern, s. Gemeinde-Edict.

— die Gemeindeverfassung des Königreichs Bayern [diesseits des Rheins]. Eine Sammlung aller das Gemeindewesen betreffenden Gesetze, Verordnungen, Instructionen u. Erläuterungen mit Allegirung ergangener Präjudizien u. mit Citaten aus der einschlägigen Literatur. 859. (VIII, 299 S.) n. 1 Thlr 10 ngr — 2. verb. u. verm. Aufl. Bamberg 861. Buchner. Lex.-8. (VIII, 317 S.) n. 1 Thlr 12 ngr

Hauff, Ludw., die Gerichtsverfassung der sämmtlichen deutschen Staaten mit Einschluß der nichtdeutschen Länder des österreich. Kaiserstaats u. unter namentlicher Aufführung aller Ober- u. Untergerichte. Fürth 856. Schmid. gr. 8. (VIII, 280 S.) 1 Thlr

Hauff, Ludwig. Die Geschichte der Kriege von 1866 in Mittel-Europa, ihre Ursache und ihre Folgen. (Mit 1 neuen Karte von Deutschland.) (2. Aufl.) 8. München 1866.

Hauff, Ludw., die Geschichte der Kriege von 1866 in Mittel-Europa, ihre Ursachen u. ihre Folgen. München, E. H. Gummi, 1867. 8⁰.
Tit. u. [illegible] S. (incl. V S. Vorr.). Inh.: Einleit. — 1. Der Krieg in Böhmen [illegible] Waffenstillstande v. [illegible] Juli 1866. 2. Der Krieg in Südwest-Deutschland. [illegible] Der Krieg in Baiern. [illegible] Der Waffenstillstand u. s. Folgen. 5. Episoden aus dem Kriege. Charakterstücken. Züge von Tapferkeit u. Hochsinn u. s. w.

— die neuesten bayerischen Gesetzbücher. Das Polizeigesetzbuch. Das Strafgesetzbuch. Das Einführungsgesetz zu beiden. Das Gesetz über die Aufhebung der Straffolgen. Gemeinfaßlich bearbeitet. München 862. Gummi. br. 8. (VIII, 244 S.) n. 18 ngr

— von der Gesundheit des Menschen nebst Rathschlägen über Entwickelg., Förderg., Vervollkommng. u. Erhaltg. e. angenehmen Aeußern. Nach der 4. Aufl. der Schrift A. Debay's „de la beauté humaine" u. nach anderen Autoritäten bearb. 2. (Titel-)Aufl. Regensburg (866) 869. Bößenecker. 8. (VIII, 399 S.) 15 ngr
Erschien in 1. Aufl. u. d. T.: Die menschliche Schönheit ꝛc.

— das Gewerbs-Gesetz für das Königreich Bayern diesseits des Rheins vom 11. Septbr. 1825, nebst der Vollzugs-Instruktion vom 21. April 1862 u. den dazu gehörigen Verordnungen u. oberpolizeilichen Vorschriften. Mit einem ausführlichen Sachregister. 2. Aufl. Ebend. 863. gr. 8. (131 S.) 12 ngr

Hauff, Ludwig [Übers.]
s. Gore, C.G.F.: Die Frau des Gesandten. 1845.

Hauff, Ludwig [Übers.]
s. Gore, C.G.F.: Der Geldverleiher. 1846.

— Handbuch der bayerischen Gesetzgebung. Ein Rathgeber für alle Stände in Rechts- u. öffentlichen Angelegenheiten. 2 Thle. Nördlingen 853, 54. Beck. gr. 8. 2 Thlr 21 ngr
1. Thl.: Handbuch des bayerischen Verfassungsrechtes. (XI, 254 S.) 1 Thlr
2. Thl.: Handbuch des bayerischen Verwaltungsrechtes. (XVI, S. 255—699.) 1 Thlr 21 ngr

— Hülfsbuch für Landgemeinde-Verwaltungen. Eine Sammlung von Formularen für alle bei denselben vorkommenden Geschäfte zur gründlichen Geschäftsführung der Vorsteher, Pfleger, Gemeindebevollmächtigten u. s. w. Bamberg 858. Buchner. gr. 8. (3 Bl., XVI, 380 S.) n. 1 Thlr 2 ngr
(Wunder, Handbuch ꝛc. 2. Thl.)

— das Horoskop Napoleons III. von dem Astrologen u. Seher Johs. Karl Vogt zu München u. dessen neueste Vorhersagungen über die Geschichte Europa's, Deutschlands, das Ende Napoleons III. ꝛc. mit Bezugnahme auf die große Sonnenfinsterniß vom 18. Juli 1860. Ebend. 860. gr. 8. (27 S. u. 1 lith. Taf. in 4.) n. 5 ngr

— die protestantische Kirche in Deutschland, ihre Berechtigung u. ihr Zustand. Mit besonderer Berücksichtigung des österreichischen Protestantenpatents, der Verfassung der evangelisch-protestantischen Kirche des Großherzogthums Baden u. der constitutionellen Bestimmungen Baierns. München 861. Fleischmann. gr. 8. (VIII, 131 S.) n. 17 ngr

Hauff, Ludw., Leben u. Wirken Maximilian II., Königs v. Bayern. Ein Volksbuch. München, E. A. Fleischmann, 1864. 8⁰. Saub. schwarz. Hsrsb. m. Rothschnitt.
401 S., 1 S. Err., 1 Bl. Inh.

— der Mann u. das Weib. Naturgeschichte derselben seit ihrem Erscheinen auf der Erde bis zu unsern Tagen. Veränderungen u. Verwandelungen des Menschengeschlechtes, dessen Rassen, Verschiedenheit der letzteren, Fortpflanzung ꝛc. Nach der 12. Aufl. von A. Debay's „Histoire naturelle de l'homme et de la femme" u. nach deutschen Autoritäten bearb. Bamberg 866. Buchner'sche Buchh. 8. (VIII, 374 S. mit 2 Holzschntaff.) 1 Thlr

Hauff, Ludw., der Mann u. das Weib. Naturgeschichte derselben, seit ihrem Erscheinen auf der Erde bis zu unsern Tagen. Veränderungen u. Verwandlgn. des Menschengeschlechts, dessen Rassen. Verschiedenheit der letzteren, Fortpflanzg., geschlechtl. Beziehgn., Fruchtbarkeit, Verlängerg. des Lebens, Erzeugg. schöner u. gesunder Kinder, organ. Anomalien, Bizarrerien u. Verschlechtergn. der menschl. Rasse u. die außerordentl. Erscheingn., welche das menschl. Leben von der Geburt bis zum Tode darbietet. Nach der 12. Aufl. v. A. Debays „Histoire naturelle de l'homme et de la femme" u. nach deutschen Autoritäten bearb. Neue Ausg. 8. (VII, 367 S.) Bamberg 892. (Gera, C. B. Griesbach.) 3. —

Hauff, Ludwig [Bearb.]

s. Marryat, F.: Die Ansiedler in Canada. 1845

— Repertorium über alle von 1818 bis incl. Juni 1863 ergangenen, in den Gesetz- u. Regierungsblättern enthaltenen Gesetze, Verordnungen, k. Entschließungen ꝛc. nach der in den erwähnten Blättern beobachteten Reihenfolge u. unter Anführung der bezüglich derselben erschienenen Commentare, Abhandlungen ꝛc. Mit einem umfassenden Sachregister. München 864. Gummi. Lex.-8. (VII, 232 S.) $27\frac{1}{2}$ ngr.

— die unterseeische Schifffahrt, erfunden u. ausgeführt von Wilhelm Bauer. In geschichtlicher u. technischer Hinsicht auf den Grund authentischer Urkunden u. Belege dargestellt u. mit Andeutungen über weitere Erfindungen Bauer's versehen. Mit 4 lithographirten Zeichnungen u. einem Anhange, das Phillips-Delany'sche submarine Boot betreffend. Bamberg 859. Buchner. gr. 8. (VI, 78 S.) 1 ℛ︁𝓅

— die menschliche Schönheit, ihre Entwickelung, Förderung, Vervollkommnung u. Erhaltung. Nach der 4. Aufl. der Schrift A. Debay's „de la beauté humaine" u. nach anderen Autoritäten bearb. Regensburg 866. Bößenecker. 8. (VIII, 399 S.) 1 ℛ︁𝓅

— die bayerische Staatsverfassung, wie sie nach der Verfassungs-Urkunde u. den Nachträgen hiezu jetzt in Geltung besteht. Ein nothwendiges Haus- u. Handbuch für jeden Staatsbürger. Mit Inhalts-Verzeichniß u. Sach-Register. München 863. Gummi. br. 8. (IV, 343 S.) 25 ngr.

— Uebersicht der Literatur der bayerischen Gesetzgebung auf dem Gebiete des Rechts u. der Verwaltung. München 866. Gummi. gr. 8. (VIII, 76 S.) n. 10 ngr.; Velinp. 12 ngr.

— der Universal-Rathgeber für den bayerischen Staatsbürger in allen Verhältnissen des Lebens. 1—5. Liefg. München 860. Giel. (Gummi.) gr. 8. (320 S.) Jede Liefg. n. 4 ngr.

— Supplement. Die neuesten bayerischen Gesetzbücher. (In 4 Liefergn.) Ebend. 862. gr. 8. (V, 185 S.) Jede Liefg. n. 4 ngr.

— der Universal-Rathgeber für den bayerischen Staatsbürger in allen Verhältnissen des Lebens. 2. mit Berücksichtigung der neuen Gesetzgebung umgearb. Aufl. (In 9 Heften.) München 863. Gummi. gr. 8. (V, 856 S.) Jede Liefg. 6 ngr.

Hauff, Ludwig [Bearb.]

s. Varennes, Suan de: Die Mysterien von Brüssel. 1846-47.

— die Verfassung der kgl. bayerischen Gerichte diesseits des Rheins in ihrer Gestaltung nach dem Gesetze vom 1. Juli 1856. Ein Führer auf dem Gebiete der neuen Gerichts-Organisation sowohl für den Juristen als für jeden bayerischen Staatsbürger. Nördlingen 857. Beck. gr. 8. (IV, 43 S.) n. 5 ngr.

— Verfassung u. Wirkungskreis der Gerichte u. Verwaltungsbehörden des Königreichs Bayern diesseits des Rheins, nach den neuen Strafgesetzbüchern, dem Einführungsgesetze hiezu u. nach den Gesetzen über die Gerichtsverfassung u. das Notariat. Für jeden Staatsangehörigen Bayerns, besonders für den Bürger u. Landmann, dann aber auch als Leitfaden für Geschäftsmänner bearbeitet. Bamberg 862. Buchner. gr. 8. (V, 202 S. u. 2 Tab. in Fol.) n. 1 ℛ︁𝓅 2 ngr.

— Verordnungen u. oberpolizeiliche Vorschriften in Gemäßheit des Polizei-Strafgesetzbuches für das Königreich Bayern erlassen, dann distriktspolizeiliche Vorschriften für die Haupt- u. Residenzstadt München u. die größern Provinzialstädte gesammelt u. mit den nöthigen Hinweisungen nebst Sachregister versehen. München 863. Gummi. br. 8. (XIV, 375 S.) 27 ngr.

— die Verträge von 1815 u. die Grundlagen der Verfassung Deutschlands. Wörtlicher Abdruck der Haupturkunden mit Erläuterungen u. Bemerkungen u. mit einem Anhange: der Pariser Friede von 1814 u. der Londoner Vertrag vom 8. Mai 1852. Bamberg 864. Buchner. Lex.-8. (V, 147 S.) n. 22 ngr.

— die in Erfüllung gegangenen u. weitern Vorhersagungen des Astrologen u. Sehers zu München. Ein Anhang zu meiner im Jahre 1858 erschienenen Schrift: Der Astrolog u. Seher zu München ꝛc. Mit dem (lith.) Horoskope des Kaisers Alexander II. (in 4.) 1. u. 2. Aufl. München 859. Giel. (Gummi.) gr. 8. (IV, 42 S.) 6 ngr.

— der Wegweiser an die rechte Behörde u. in das rechte Amtszimmer, oder: was der baierische Staatsbürger von der Gerichtsorganisation u. dem Notariatsgesetze wissen muß, wenn er sein Recht auf die billigste u. beste Weise wahren will. 2. verm. Aufl. München 862. Gummi. br. 8. (III, 91 S.) 6 ngr.

— Wegweiser durch München, s. Wegweiser.

Hauff

— **Ludwig Albert** (Schorndorff), De testamento nuncupativo. Disp. jur. Präs. **Burckhard Bardili.** Tübing. (Joh. Heinr. Reis) Jan. 1671. 40 S. (7.50) 13487
Widm. v.: Balthasar Raith.

— — Dasselbe. Tübing. 1746. 55 S. (6.80)

Hauff, M. (Hrsg.), s. Auerbach, Jakob: Biblische Erzählungen für die israelitische Jugend.

Hauff, M. G., zur Verständigung u. Vertiefung oder kurze evang. Betrachtgn. u. Lieder auf alle Tage des Jahrs. Nach seinem Tode, dem letzten Willen desselben gemäß, zum Druck befördert von A. F. Schmidt. Stuttgart 869. Belser's Verl. gr. 8. (686 S.) n. 1 ℛ︁𝓅 2 ngr.; in engl. Einb. n. 1 ℛ︁𝓅 12 ngr.

Hauff, M. J. G., catechet. Lehrbuch d. bibl. Geschichte f. reif. Schüler, u. f. Bibelfreunde überh. 8. ($9\frac{1}{2}$ B.) Reutlingen 839, Fleischhauer u. Spohn.
Vgl. Hauff, J. Gottlieb.

Hauff, Alc. Frhr. v., s.: Verzeichnis, alphabetisches, der Fernsprechteilnehmer im Oberpostdirektionsbez. Schwerin.

Hauff, Walter v., Sonntag in einem Schwabendorf am Schwarzen Meer. 2 S.

Hauff, Walther. Die Überwindung des Schopenhauerschen Pessimismus durch Friedrich Nietzsche. [Diss. Phil. Halle.] II + VI + 80 S. 8. Halle a. S., C. A. Kaemmerer & Co., 1904. [M. 1. 20]

Hauff, Walther, über Wiederanheilung vollständig vom Körper getrennter Hautstücke. Berlin 870. A. Hirschwald. gr. 8. (48 S. mit 1 Steintaf. in qu. Fol.) n. 15 ngr.

Hauff, Wilhelm, s.a. Clauren, H. (Pseud.).

Hauff, Wilhelm, s. Klassiker, moderne.

— fantastic adventures in the Bremen Rathskeller, transl. from the German by Mary Nolte. 8. (VI, 64 S.) Bremen 890. Nössler. n. 1. 50

— Almansor, s.: Jugendbibliothek, kleine.

—— die Bettlerin vom Pont des Arts, s. Bibliothek, Gabelsberger stenographische.

— die Bettlerin vom Pont des Arts, s.: Bibliothek der Gesamt-Litteratur d. In- u. Auslandes. — Meyer's Volksbücher.

— dasselbe, s.: Erzählungen, klassische, der Weltlitteratur. 11. Bd.

— die Bettlerin vom Pont des Arts, s.: Koehler's Bibliothek f. Alle.

— die Bettlerin vom Pont des Arts, s.: Museum.

— — s. Universal-Bibliothek.

dasselbe, s.: Volksbibliothek des Lahrer hink. Boten.

- die Bettlerin vom Pont des Arts. Stuttgart 867. Rieger'sche Verlagsh. 16. (131 S. mit 1 Holzschntaf.) cart. mit Goldschn. 15 ngr.

-- die Bettlerin vom Pont des Arts. Eine Erzählg. gr. 16. (148 S.) Leipzig 889. Fock. geb. m. Goldschn. n. 1. —

— die Bettlerin vom Pont des Arts. Eine Erzählg. Illustriert von Sigm. v. Sallwürk. (Illustr. Elzevier-Ausgaben.) gr. 16. (278 S.) Leipzig (901). H. Seemann Nachf. Geb. in Ldr. n. 3. —

Die Bettlerin vom Pont des Arts. Novelle von Wilhelm **Hauff**. In vereinf. deutscher Stenogr., (System Stolze-Schrey). Berlin: F. Schulze [1905.] (96 S.) 8° [Text stenogr.] [illegible]

— die Bettlerin vom Pont des Arts. Novelle. In vereinfachter deutscher Stenographie (System Stolze-Schrey). (96 S.) 8. Berlin (906). Frz. Schulze n 1 10; geb. in Leinw. n. 1 50

- das Bild des Kaisers, s.: Bibliothek der Gesamt-Litteratur d. In- u. Auslandes.

das Bild des Kaisers, s.: Hesse's, Max, Volksbücherei.

— dasselbe, s.: Meisterwerke unserer Dichter.

— dasselbe, s.: Meyer's Volksbücher.

Hauff, Wilh., das Bild d. Kaisers, s.: Museum.

— Das Bild des Kaisers, s.: Schatzgräber, der.

— das Bild des Kaisers, s.: Uebersetzungs-Bibliothek zu den italienischen Unterrichts-Briefen.

— das Bild des Kaisers, s.: Verein f. Verbreitung guter Schriften. Bern. Nr. 39.

— dass. — s. Volksbibliothek des Lahrer Hinkenden Boten.

— dasselbe, s.: Von Buch zu Buch.

— das Bild des Kaisers. Stuttgart 867. Rieger'sche Verlagsh. 16. (112 S. mit 1 Holzschntaf.) cart. mit Goldschn. n. 16 ngr.

Das Bild des Kaisers. Von Wilhelm Hauff. Zum Gebrauch in Fortbildungsschulen hrsg. v. Dr. Fritz Jonas, Städt. Schulinsp. in Berlin. *Berlin: L. Oehmigke 1899.* (107 S.) 8° [F.]
— Volksschriften. Neu hrsg. v. F. Jonas. H. 12. [illegible]

—— Contes orientaux. Traduits de l'Allemand par G. Revilliod. II Ts. 8. (26¾ B.) Genève 837, (Kessmann.)

Hauff, W., les contes orientaux, traduits de l'allemand par Gustave Revilliod. 8. (... S.) Genf 851, [Müller-Darier.]

Der junge Engländer. Märchen von Wilhelm **Hauff**. *Berlin: A. Weichert [1901].* (32 S.) 8° [F.]
— Indianer- u. Volksbibliothek. 308.

— der junge Engländer, } s.: Jugend- u.
— Fatme's Errettung. } Volksbibliothek.

— — die Errettung Fatmes, s. Volksbibliothek des Lahrer Hinkenden Boten.

Fatme's Errettung. Märchen von Wilhelm **Hauff**. *Berlin: A. Weichert [1901].* (31 S.) 8° [F.]
— Indianer- u. Volksbibliothek. 316. [illegible]

— Erzählungen, s.: Meyer's Volksbücher.

— Fairy tales, s.: Grimm, J. and W. Grimm.

— in der Feenwelt. Märchen. Für die Jugend ausgewählt u. m. Berücksicht. der neuen Rechtschreibg. bearb. v. Wilh. Krüger. Mit 3 schwarzen Textbildern sowie 3 farb. Bildern v. Eug. Hanetzog. (120 S.) 8. Berlin (906). Verlag Jugendhort. Geb. 1 40

— Gedichte, s.: Hempel's Klassiker-Bibliothek.

—— Gedichte. gr. 16. (68 S.) Berlin 879, Hempel. geb.

— Gedichte. 12. (68 S.) Berlin 884, Hempel. geb.

Gedichte u. Mährchen f. Söhne u. Töchter gebildeter Stände. — Schulausg. — gr. 16. (26½ B.) Stuttgart 842, Scheible, Rieger u. Sattler.

Hauff, Wilh., Gedichte und Märchen für Söhne und Töchter gebildeter Stände. Neue (Titel-)Ausg. mit 1 Stahlst. Stuttgart 853. Rieger. 16. (2 Bl., 418 S.) 15 ngr

Hauff, Wilh., Gedichte u. Märchen für Söhne u. Töchter gebildeter Stände. 9. Aufl. mit 1 Stahlst. Stuttgart 861. Rieger. 16. (480 S.) 20 ngr.

— Gedichte u. Märchen für Söhne u. Töchter gebildeter Stände. 10. Aufl. 865 u. 11. Aufl. Stuttgart 868. Rieger'sche Verlagsh. 16. (480 S. mit 1 Stahlst.) cart. 20 ngr.

— Gedichte u. Märchen für Söhne u. Töchter gebildeter Stände. 15. Aufl. mit 1 Stahlst. 8. (480 S.) Stuttgart 878. Rieger. n. 2. 40

— Gedichte u. Märchen f. Söhne u. Töchter gebildeter Stände. 19. Aufl. 8. (480 S. m. e. Stahlst.) Stuttgart 890. Rieger. geb. 2. 40

— Gedichte u. Novellen. Mit e. biograph. Einleitg. v. Ad. Kosahl. 12. (228 S.) Leipzig 899. M. Hesse. Geb. in Leinw. — 75

— Gedichte u. Skizzen, s.: Bibliothek der Gesamtlitteratur des In- u. Auslandes.

— Gedichte und Skizzen, s. Museum.

— die Geschichte von der abgehauenen Hand, } s.: Jugend- u. Volksbibliothek.

— die Geschichte von der abgehauenen Hand, s. Volksbibliothek des Lahrer Hinkenden Boten.

Die Geschichte von der abgehauenen Hand. Märchen von Wilhelm Hauff. *Berlin: A. Weichert [1901].* (32 S.) 8° [F.]
— Indianer- u. Volksbibliothek. 311.

— die Geschichte vom kleinen Muck, s. Volksbibliothek des Lahrer Hinkenden Boten.

— die Geschichte vom Kalif Storch, s. Bibliothek, deutsche, für Russen.

— Das Gespensterschiff, s.: Volkes, des, Lieblingsbücher.

Das Gespensterschiff. Eine Erzählung von Wilhelm Hauff. *Berlin: A. Weichert [1901].* (32 S.) 8° [F.]
— Indianer- u. Volksbibliothek. 307.

— das kalte Herz, s.: Büchersammlung, Gabelsberger stenographische.

Hauff, Wilhelm: Das kalte Herz, s. Jugend- u. Volksbibliothek.

— das kalte Herz, bearb. v. Fr. Wiesenberger, s.: Jugendschriften. Hrsg. v. Lehrerhausverein f. Oberösterreich.

— dasselbe, s.: Jugendschriften, Münchener. Nr. 2.

— Das kalte Herz, s.: Köhl's illustr. Kinderbücher.

— das kalte Herz, s.: Miniatur-Bibliothek classischer Dichterwerke.

— dasselbe, s.: Schatzgräber, der.

— das kalte Herz. Ein Märchen. (62 S.) 8. Chemnitz (906). H. Thümmler. n. — 20

Der Hirschgulden. Ein Märchen von W[ilhelm] Hauff. 2. Aufl. *Styrum: A. Spaarmann [1899?].* (32 S.) 8° [F.]
— Jugend-Bibliothek, Kleine. No 152. [m. 4Mg

— die Höhle v. Steenfoll, s.: Gabelsberger-Bibliothek.

— s.: Indianer-Bücher.

— die Karawane, s.: Jugendschriften, hrsg. vom Lehrerhausvereine f. Oberösterreich. 22. 23. Bdch.

— dasselbe, s.: Meyer's Volksbücher.

— die Karawane, s.: Volks-Bibliothek, allgemeine.

— die Karawane, s.: Volksbücher, Wiesbadener.

— die Carawane. Mit Illustrationen. 8. (152 S. mit eingedr. Holzschn., 3 Holzschntaf. u. 3 Chromolith.) Berlin 880. Liebau. geb. 1. 50

— die Karawane. 6 Märchen f. Söhne u. Töchter gebildeter Stände. 8. (16, 15, 19, 24, 23 u. 29 S. m. 6 Chromolith.) Lahr 886. Schauenburg. cart. n. — 60; geb. n. — 80

Die Karawane. Der Scheik von Alessandria und seine Sklaven. Von Wilhelm Hauff. Berlin: Scherl [1909]. 272 S. 8°
(Bibliothek August Scherl. Bd 524.) [m. 1911

— der Kohlenmunkpeter od. das kalte Herz. 8. (60 S.) Reutlingen 878. Enßlin & Laiblin. — 20

Hauff, Wlh., († d. 29. Nov. 1827.) Controvers-Predigt über H. Clauren u. den Mann im Monde, gehalten vor d. deutschen Publikum in d. Herbstmesse 1827. 8. Stuttg. 826. Brodhag.

Hauff, (W.,) Controvers-Predigt üb. H. Clauren u. den Mann im Monde, gehalten vor d. deutschen Publikum in d. Herbstmesse 1827. 8. Stuttg. 826, Franckh.

Hauff, Wilhelm: Lichtenstein,
s.: Bibliothek der Gesamt-Litteratur d. In- u. Auslandes. — Meyer's Volksbücher. — Museum. — Unterhaltungsbibliothek, Gabelsberger, stenographische.

— dasselbe, s.: Bücher, bunte.

— dasselbe. s.: Collection Spemann.

— dasselbe, s.: Handbibliothek, Cotta'sche.

— — s. Hausbibliothek deutscher Classiker

— dasselbe, s.: Hempel's Klassiker-Bibliothek.

— dasselbe, s.: Hesse's, Max, Volksbücherei.

— dasselbe, s.: Klassiker-Ausgaben, illustr., Minerva.

— dasselbe, s.: Romane, die besten, der Weltliteratur.

— dasselbe, s.: Schaffstein's Volksbücher f. die Jugend.

— dasselbe, s.: Universal-Bibliothek.

— dasselbe, od. Herzog Ulrich v. Württemberg, bearb. v. A. H. Fogowitz, s.: Universal-Bibliothek für die Jugend.

— dasselbe, s.: Volks-Bibliothek, allgemeine.

— dasselbe, s.: Volksbibliothek des Lahrer hinkenden Boten.

Hauff, Wih., Lichtenstein. Romant. Sage aus d. würtemberg. Geschichte. 3 Thle. gr. 12. Stuttg. 826. (Brodhag). 3 ℛ 18 gr

Hauff, (W.,) Lichtenstein. Romantische Sage aus d. würtemberg. Geschichte. 3 Thle. gr. 12. Stuttg. 826, Frankh. Rthlr.

— Lichtenstein. Romantische Sage aus der württembergischen Geschichte. Neue Separat-Ausg. Mit 2 Stahlst. Ebend. 854. 16. (422 S., 1 Kpfrst. u. Portrait in Stahlst.) 1 ℛ 6 ngr

— — Pracht-Ausg. mit vielen Illustr. (Holzschn. im Text) gez. von Jul. Nisle u. Jul. Schnorr. 2 Thle. Ebend. 855. 4. (156; 148 S. u. Titel in Holzschn.) n. 4 ℛ 8 ngr

— — 9. Aufl. Mit 2 Stahlst. u. 47 Holzschn.-Illustr. (im Text.) Ebend. (858.) 16. (428 S.) 1 ℛ 15 ngr

Lichtenstein. Romantische Sage aus der württembergischen Geschichte. 10. Aufl. Mit 2 Stahlst. u. 45 Holzschn. Illustr. Stuttgart 864. Rieger. 16. (V, 424 S.) geb. mit Goldschn. 1 ℛ 15 ngr

— Lichtenstein. Romantische Sage aus der württemberg. Geschichte. Mit 8 Vollbildern u. 37 Initialen, Holzschn. von Breidenbach & Co. Düsseldorf 868. Budich. 8. (374 S.) 18 ngr; in engl. Einb. n. 27 ngr

— — Stuttgart 868. Rieger'sche Verlagsh. 8. (308 S. mit 41 Illustr. von Offterdinger u. vielen Initialen in Holzschn. u. Portr. in Stahlst.) cart. n. 16 ngr

— Lichtenstein. Romantische Sage aus der würtemberg. Geschichte. Volks-Ausg. Mit 9 Illustr. v. Grot Johann, in Holz geschn. v. R. Brend'amour. 16. (479 S.) Leipzig 872. Hartknoch in Comm. n. 1. 80; geb. n. 2. 50

— dasselbe. Mit 4 Farbendruckbildern nach Aquarellen v. C. Offterdinger. gr. 8. (315 S.) Stuttgart 874. Thienemann. geb. n. 6. —

— dasselbe. Diamant-Ausg. Mit Zeichngn. (Holzschntaf. v. Paul Thumann, in Holz geschn. v. H. Günther. 16 (488 S.) Berlin 875. Grote. geb. m. Goldschn. n. 4. —

Hauff, Wilh., Lichtenstein. Romantische Sage aus der württembergischen Geschichte. 3 Bdchn. gr. 16. (107, 110 u. 126 S.) Berlin 879. Hempel. In 1 Bd. geb. n. 2. —

— Lichtenstein. Romantische Sage aus der württembergischen Geschichte. Mit 1 Stahlst. u. 45 Holzschn.-Illustr. 12. (439 S.) Stuttgart 882. Rieger. geb. m. Goldschn. 3. 80

— Lichtenstein. Romantische Sage aus der württemberg. Geschichte. Diamant-Ausg. Mit Zeichngn. von Paul Thumann, in Holz geschnitten von H. Günther. 3. Aufl. 32. (488 S.) Berlin 883. Grote. geb. m. Goldschn. n. 4. —

— dasselbe, in Gedichtform übertr. v. H. Boßhart. 12. (VI, 446 S.) Reutlingen 884. Kocher. geb. m. Goldschn. n. 4. —

—— dass. — Prachtausgabe. 10 Lfgn. Lex.-8. (374 S. mit Illustr.) [München 886, F. Arnold's Verlag.] Ulm, Ebner'sche Buchh. à Lfg. * 50 Pf. * cart. * ℳ 6.—.; geb. *

Hauff, Wilh., Lichtenstein. Romantische Sage aus der württemberg. Geschichte. Mit Zeichngn. v. P. Thumann, in Holz geschn. v. R. Brend'amour. 5., verb. Aufl. 8. (XII, 404 S.) Berlin 887. Grote. geb. n. 4. —; in Renaissance-Einbd. m. Goldschn. n. 5. —

— Lichtenstein. Romantische Sage aus der württemberg. Geschichte. Mit Einleitg. v. W. Bölsche. In 3 Tln. gr. 8. (IV, 326 S.) Leipzig 888. [Dürselen.] Berlin, R. Trenkel. geb. n. 2. 50

— dasselbe. 12. (395 S.) Leipzig 889. Fock. geb. m. Goldschn. n. 2. 40

— dasselbe. 12. (309 S.) Berlin 890. Warschauer. geb. n. 1. —

— Lichtenstein. Romantische Sage aus der württemberg. Geschichte. 8. (346 S.) Berlin 892. Friedberg & Mode. Geb. in Leinw. n. 1. 60

— dasselbe. 16. (339 S.) Leipzig 892. Versandt-Bureau (W. Fiedler). Geb. m. Goldschn. n. 1. 20

— dasselbe. 16. (434 S.) Ebd. 894. Geb. in Damast m. Goldschn. 2. —

— dasselbe. 8. (348 S.) Stuttgart 893. J. G. Cotta Nachf. Geb. in Leinw. n. 1. —

dasselbe. 8. (III, 307 S.) Leipzig 895. Th. Knaur. Geb. in Leinw. n. 1. —; m. Goldschn. n. 1. 50; in Seidendamast m. Goldschn. n. 2. —

-- dasselbe. 3 Bde. [Aus: „D. besten Romane d. Weltliteratur".] 12. (134, 193 u. 100 S. m. Abb.) Teschen 895. K. Prochaska. In 1 Leinwbd. 1. 50

[H.] Lichtenstein. Romant. Sage aus d. württemberg. Gesch. v. Wilhelm Hauff. M. Zeichngn v. Paul Thumann, in Holz geschn. v. R. Brend'-amour. 6. verb. Aufl. (Vorr.: [Gustav] Wendt.) *Berlin: G. Grote 1896.* (XII, 404 S., 10 Taf.) 1 Bd 8. [illegible]

dasselbe. Illustr. v. R. A. Zaumann. 2. Aufl. 8. (411 S.) Stuttgart 896. Greiner & Pfeiffer. Geb in Leinw. n. 3. —

-- dasselbe. In freier Bearbeitg. f. d. reif. Jugend v. Max Wuth. 8. (160 S. m. 4 Farbdr.) Stuttgart 898. Reutlingen, R. Bardtenschlager. Geb. 1. 80

[F.] Lichtenstein oder Herzog Ulrich von Württemberg. E. Erzählg aus d. vaterländ. Gesch. Von **Wilh. Hauff**. F. d. Jugend bearb. v. A. H[einrich] Fogowitz. M. 6 Ill. v. G. A. Closs. *Stuttgart, Berlin, Leipzig: Union 1898.* (101 S.) 1 Bd 8.
= **Universal-Bibliothek** f. d. **Jugend**. No 351 – 353. [98. 551

— Lichtenstein. Eine romant. Sage. 8. (372 S.) Dresden (899). A. Köhler. Geb. in Leinw. n. 2. —

— dasselbe. 12. (304 S.) Leipzig 899. M. Hesse. Geb. in Leinw. 1. —

— dasselbe. Illustr. v. R. A. Jaumann. 6.—10. Taus. 8. (414 S.) Stuttgart (900). Greiner & Pfeiffer. Geb. in Leinw. n. 3. —

— dasselbe. 12. (428 S. m. Titelbild.) Leipzig (901). G. Fock Verl. Geb. in Leinw. m. Goldschn. 2. —

— dasselbe. In freier Bearbeitg. f. die reifere Jugend v. Max Wirth. 8. (160 S. m. 4 Farbdr.) Stuttgart (901). Reutlingen, R. Bardtenschlager. Geb. 2. 50

— dasselbe. 8. (503 S. m. Bildnis.) Leipzig 902. C. Grumbach. Geb. in Leinw. 2. 25

Lichtenstein. Romant. Sage aus d. württemb. Geschichte von **Wilhelm Hauff**. *Stuttgart & Berlin: J. G. Cotta Nachf. [1902].* (348 S.) 8° [F.]
— **Handbibliothek**, Cotta'sche. No 33. [03. 14555

— dasselbe. Mit zahlr. Abbildgn. v. Carl Häberlin, G. A. Closs u. Walt. Zweigle, u. dem Bildnis des Dichters. Lex.-8. (208 S.) Stuttgart (902). Deutsche Verlags-Anstalt. Geb. in Leinw. n. 4. —

— dasselbe, f. die Jugend bearb. v. Anna Puchta. gr. 8. (116 S. m. 6 farb. Bildern.) Stuttgart (902). G. Weise. Geb. 1. 50

— Lichtenstein. Romantische Sage aus der württemberg. Geschichte. Mit Zeichngn. v. Paul Thumann, in Holz geschn. v. R. Brend'amour. 7. Aufl. (XII, 404 S.) 8. Berlin 903. G. Grote. Geb. in Leinw. n. 4. —

— dasselbe. Illustriert v. R. A. Jaumann. 11.—15. Taus. (414 S.) 8. Stuttgart (903). Greiner & Pfeiffer. Geb. in Leinw. n. 3. —

Lichtenstein. Romant. Sage von Wilhelm **Hauff**. In vereinf. deutscher Stenogr., Einigungs-System Stolze-Schrey. Berlin: F. Schulze [1904]. (480 S.) 8° [Ant. u. F.] [05. 6181

— dasselbe. Mit 60 Illustr. nach Naturaufnahmen aus den Honauer Festspielen v. Fritz Bergen. 1. u. 2. Aufl. (à 382 S. m. Bildnis) 8. Stuttgart (904. 906). K. Thienemann. Geb. in Leinw. n. 4. —; Prachtausg. n. 6. —; auf Kunstdr.-Pap., geb. in Moleskin m. Goldschn. n. 7. 50; in Ldr. m. Goldschn. n. 10. —

— dasselbe. Mit zahlreichen Abbildgn. v. Carl Häberlin, G. A. Closs u. Walt. Zweigle, u. dem Bildnis des Dichters. 6. Aufl. (208 S.) Lex.-8. Stuttgart (905). Deutsche Verlags-Anstalt Geb. in Leinw. n. 4. —

— Lichtenstein. In freier Bearbeitg. f. die reifere Jugend v. Max Wirth. (117 S. m. 4 Farbdr.) 8. Reutlingen (907). R. Bardtenschlager. Geb. 2. 50

— dasselbe. Romantische Sage. Der deutschen Jugend wiedererzählt v. Hanns Hanning. Mit 8 Chromobildern u. zahlr. Text-Illustr. Unter Berücksicht. der neuesten Rechtschreibg. (270 S.) gr. 8. Berlin (908). R. Gahl. Geb. in Leinw. 3. —

Lichtenstein. Erzählung von Wilhelm **Hauff**. Berlin: Scherl [1909]. 576 S. 8°
(Bibliothek August Scherl. Bd 82. 83.) [10. 13658

— dasselbe. Romantische Sage aus der württemberg. Geschichte. Mit (farb. Voll-)Bildern v. R. Trache. Buchschmuck v. Frdr. Hummel. (376 S.) 8. Reutlingen (910). Enßlin & Laiblin Geb. in Leinw. 3. —

— dasselbe. Mit 60 Illustr. nach Naturaufnahmen aus den Honauer Festspielen v. Fritz Bergen. 3. Aufl. (382 S. m. Bildnis.) 8. Stuttgart (910). K. Thienemann. Geb. in Leinw. 4.—; Prachtausg. 6.—; auf Kunstdr.-Pap., geb. in Moleskin m. Goldschn. 7.50; in Ldr. m. Goldschn. 10. —

Hauff, Wilh., Lichtenstein. Mit Illustr. v. Fritz Bergen. Jetzt: Stuttgart, Ant. Hoffmann.

(——) der Mann im Monde rc., s. Clauren, H.,

— dasselbe, s.: Bibliothek der Gesamt-Litteratur des In- u. Auslandes.

— dasselbe, s.: Hempel's Klassiker-Bibliothek.

— dasselbe, s.: Meyer's Volksbücher.

—— der Mann im Monde, s. Museum.

— der Mann im Monde, s. Universal-Bibliothek.

— der Mann im Mond, s.: Volks-Bibliothek, allgemeine.

CLAUREN, H. (d. i. *Wilh. Hauff*), Der Mann im Mond oder der Zug des Herzens ist des Schicksals Stimme. 2 Thle. Stuttgart, Gebr. Franck, 1826. 8°. Sehr selten! (30 Mk. Ferd. Schöningh, Osnabr., 1907.)
Weller, Lex. Ps. p. 116.

— der Mann im Mond oder der Zug des Herzens ist des Schicksals Stimme. Nebst der Controverspredigt über H. Clauren u. den Mann im Mond. gr. 16. (216 S.) Berlin 879. Hempel. geb. n. 1. 25

—— der Mann im Mond oder der Zug des Herzens ist des Schicksals Stimme. Pracht-Ausg. 8 Lfgn. Lex.-8. (238 S. mit Illustr.) [München 886, F. Arnold's Verlag.] Ulm, Ebner'sche Buchh. à Lfg. * 50 Pf. * cart. * ℳ 5.—.; geb. *

— der Mann im Monde, od. der Zug d. Herzens ist d. Schicksals Stimme. In 2 Tln., nebst e. Kontroverspredigt üb. H. Clauren u. den Mann im Monde. 8. (VI, 198 S.) Leipzig 888. [Dürselen.] Berlin, R. Trenkel. geb. n. 2. 50

— der Mann im Monde od. der Zug des Herzens ist des Schicksals Stimme. 12. (192 S.) Leipzig 899. M. Hesse. Geb. in Leinw. — 75

Hauff, Wilhelm: Märchen,
s.: Bibliothek der Gesamt-Litteratur des In- u. Auslandes.

— dasselbe, s.: Graeser's Jugendbibliothek.

— dasselbe, s.: Handbibliothek, Cotta'sche.

— dasselbe, s.: Hempel's Klassiker-Bibliothek.

— dasselbe, s.: Im Wundergarten.

— dasselbe, s.: Jugendbücher, Stuttgarter.

Hauff, Wilh., Märchen, s.: Jugend- u. Volksbücherei.

— dasselbe, s.: Meister des Märchens.

— dasselbe, s.: Meisterwerke unserer Dichter. — Museum. — Volksbibliothek d. Lahrer Hinkenden Boten. — Volks- u. Jugendschriften, ausgewählte.

— dasselbe, s.: Rister's illustr. Jugend- u. Volksbücher.

— dasselbe, s.: Quellen.

— dasselbe, s.: Schaffstein's Volksbücher f. die Jugend.

— dasselbe, s.: Universal-Bibliothek.

— dasselbe. s: Universal-Bibliothek für die Jugend.

— dasselbe, s.: Unterhaltungs-Bibliothek f. Kinder.

—— Mährchen, gesammelt u. nacherzählt. 5. Aufl. br. 12. (18 B. u. 2 Kpfr.) 839. * 1½ Thlr., 6. A. m. 6 Radir. v. J. B. Sonderland. gr. 16. (27½ B.) Stuttgart 842, [Scheible, Rieger u. Sattler.] *

— Märchen. 6. Aufl. Mit 6 Radirungen von J. B. Sonderland. gr. 16. Stuttgart 842, Brodhag'sche Buchh. n. 2 ₰

— Märchen. 8. Aufl. Mit 6 Radirungen von J. B. Sonderland. Ebend. 853. 16. (VIII, 432 S.) 1 ₰ 15 ngr.

— Märchen. Für die Jugend durchgesehen von Alb. Ludw. Grimm. Mit 4 Bildern in Farbendr., gezeichnet u. lith. von Heinr. Leutemann. Leipzig 870. Gebhardt. gr. 8. (III, 378 S.) geb. 1 ₰ 15 ngr.

Hauff. *Mährchen* von Wilhelm Hauff. Mit 42 Illustrationen von Theodor Weber, Theodor Hosemann und Ludwig Burger. Stuttgart, E. Hallberger [1871]. 2 Bl. 127 S. Royal 4°. Gepr. viol. Orlwd. m. goldgedr. Deckelkompos., Goldschn. 30.—

BrHobr. 364. R. 816. ★ Erstausgabe mit diesen Illustrationen in Holzschnitt. Gutes Ex.

— Märchen. Für die Jugend durchgesehen v. Alb. Ludw Grimm. Mit 4 Bildern in Farbendr., gezeichnet u. lith v. Heinr. Leutemann. 2. Aufl. gr. 8. (378 S.) Leipzig 874. Gebhardt's Verl. 4. 50

— Märchen. Hrsg. v. Adf. Stern. Illustr. Ausg. 8. (VII, 374 S. m. eingedr. Holzschn. u. Holzschntaf.) Berlin 878. Grote. geb. n. 4. —

— dasselbe. Für die Jugend durchgesehen v. Alb. Ludw. Grimm. Mit 4 Bildern in Farbendr., nach Aquarellen v. P. Grot Johann. 3. Aufl. gr. 8. (V, 378 S.) Leipzig 878. Gebhardt. geb. 4. 50

—— Märchen. Für die Jugend durchgesehen von Gust. Hofmann. Mit 8 Bildern in Farbendr. nach Originalen von Konr. Weigand. (III, 339 S.) 1881; 2. Aufl. gr. 8. (III, 338 S.) Leipzig 884, Oehmigke's Verlag. geb. *

— Märchen. Mit vielen Illustr. u. 4 Farbenbildern. 2. Aufl. gr. 8. (283 S.) Berlin 888. Liebau. geb. n. 4. —

— dasselbe. Für die Jugend durchgesehen v. G. Hofmann. Mit 8 Bildern in Farbendr. nach Originalen v. Konr. Weigand. 4. Aufl. gr. 8. (III, 332 S.) Leipzig 888. Oehmigke. geb. n. 3. —

Hauff's, Wilh., Märchen. Für die Jugend durchgesehen v. Fr. Hoffmann. Mit 5 Bildern in Farbendr., nach Orig.-Aquarellen v. W. Hoffmann. 4. Aufl. gr. 8. (III, 315 S.) Berlin 893. Leipzig, O. Drewitz Nachf. Kart. 4. 50

— dasselbe. 8. (330 S.) Stuttgart 893. J. G. Cotta Nachf. Geb. in Leinw. n. 1. —

— Märchen. gr. 8. (320 S. m. farb. Bildern.) Fürth 894. G. Löwensohn. Kart. 2. 50

— Märchen. Für d. Jugend durchges. v. Gust. Hofmann. M. 6 feinen Farbendr.-Bildern. 6. Aufl. gr. 8. (336 S.) Leipzig 898. A. Oehmigke. Geb. in Leinw. n. 3. —

— dasselbe. 1. u. 2. Bd. 4. Fürth, C. Schaller. Geb. 3. 25

1. Die Karawane. — Der Scheik v. Alessandria u. seine Sklaven. (Neue Aufl.) (124 S. m. 5 Farbdr.) 900. 1. 50
2. Das Wirtshaus im Spessart. (96 S. m. 5 Farbdr.) (898.) n. 1. 75

— dasselbe. Bearb. f. die Jugend. Mit 4 Bunt-, 8 Einschalte- u. 36 Textbildern v. Fritz Bergen. 1. u. 2. Aufl. 8. (à III, 217 S.) Geb. in Leinw. 2. 50
Stuttg.: Loewe 1900.

— dasselbe. Buchschmuck v. Rob. Weise. 4. (VI, 293 S.) Stuttgart (901). Union. Geb. in Leinw. n. 5. —

Märchen von Wilhelm Hauff. Buchschmuck von Robert Weise. 3. Aufl. *Stuttgart, Berlin, Leipzig: Union [1901].* (VI, 293 S.) 8° [F.]

— dasselbe. Auswahl, f. die Jugend bearb. u. m. (3) farb. Illustr. versehen. gr. 8. (126 S.) Berlin (902). Globus-Verlag. Geb. — 60

— dasselbe. 8. (684 S.) Leipzig 902. C. Grumbach. Geb. in Leinw. 2. 25

— dasselbe. Auswahl f. die Jugend. Mit 6 Einschalt- u. 30 Textbildern v. Fritz Bergen. Volks-Ausg. 4. Aufl. 8. (III, 160 S.) Stuttgart 902. Loewe. Geb. 1. 20

— dasselbe. Die Karawane. gr. 8. (III, 112 S. m. 6 farb. Bildern.) Stuttgart (902). G. Weise. Geb. 1. 50

Märchen von Wilhelm Hauff. *Stuttgart & Berlin: J. G. Cotta Nachf. [1903].* (330 S.) 8° [F.]
— Handbibliothek, Cotta'sche. No 49. (03. 14568

— dasselbe. Der Scheik v. Alessandria u. seine Sklaven. (100 S. m. 6 Farbdr.) gr. 8. Stuttgart (903). G. Weise. Geb. 1. 50

— dasselbe. Mit 18 farb. Vollbildern v. Walt. Zweigle. (V, 372 S.) gr. 8. Ebd. (903). Geb. in Leinw. 4. 50

— dasselbe. Das Wirtshaus im Spessart. (164 S. m. 6 Farbdr.) gr. 8. Ebd. (903). Geb. 2. —

Hauff's, Wilh., Märchen. Für die Jugend durchgesehen v. Gust. Hofmann. 8. Aufl. (336 S. m. 6 Farbdr.) 8. Leipzig (904). Einbeck, A. Oehmigke. Geb. in Leinw. 3. —

— dasselbe. Auswahl f. die Jugend. Mit 6 Einschalte- u. 30 Textbildern v. Fritz Bergen. Volks-Ausg. 7. Aufl. (III, 160 S.) 8. Stuttgart (905). Loewe. Geb 1. 20

— dasselbe. Bearb. f. die Jugend. Mit 4 Bunt-, 8 Einschalte- u. 36 Textbildern v. Fritz Bergen. 8. Aufl. (III, 217 S.) 8. Ebd. (905). Geb. 2. 50

— Märchen. Mit zahlreichen Illustr. v. Woldemar Friedrich, R. Leinweber u. A. (196 S.) Lex.-8. Stuttgart (905). Deutsche Verlags-Anstalt. Geb. in Leinw. n. 4. —

— dasselbe. Für die Jugend ausgewählt. (252 S. m. 5 Farbdr.) gr. 8. Berlin (906). Globus Verlag. Geb. in Leinw. n.n.n. 1. 10

— dasselbe, s.a.: Schaffstein's Volksbücher f. die Jugend.

Märchen von Wilhelm **Hauff**. Für Knaben u. Mädchen v. 10. Jahre an. T. 1–3. Köln a. Rh.: H & F. Schaffstein [1906]. 3 Bde 8° [J.]
1. Die Karawane. 2. Der Scheik von Alessandria u. s. Sklaven.
3. Das Wirtshaus im Spessart.
— **Volksbücher**, Schaffsteins, f. d. Jugend. Bd 30–32. [.6. 10367

— dasselbe. Mit 6 farb. Vollbildern v. Walt. Zweigle. (V, 372 S.) 8. Stuttgart (906). G. Weise. Geb. in Leinw. 3. —

— dasselbe. Bearb. f. die Jugend. Mit 4 Bunt-, 8 Einschalte- u. 36 Textbild. v. Fritz Bergen. 10. Aufl. (III, 217 S.) 8. Stuttgart (907). Loewe. Geb. in Leinw. 2. 50

— dasselbe. Auswahl f. die Jugend. Mit 4 Bunt- u. 41 Textbild. (III, 139 S.) Lex. 8. Ebd. (907). Geb. 3. —

Märchen von Wilhelm **Hauff**. Mit 6 Abb. von E. Zimmer. Stuttgart, Berlin, Leipzig: Union [1907]. (432 S.) 8° [J.]
— **Jugendbücher**, Stuttgarter. 2. [08. 2426

— Märchen. Für d. Jugend hrsg. v. Tony Schumacher. Mit zahlr. farb. Vollbildern u. Illustr. v. Willy Planck. (VIII, 186 S.) 8. Stuttgart (908). Levy & Müller. Geb. in Leinw. 4. —

— dasselbe. Auswahl f. die Jugend. Mit 6 Einschalte- u. 30 Textbildern v. Fritz Bergen. Volks-Ausg. 12. Aufl. (III, 160 S.) 8. Geb. 1. 20
Stuttg.: Loewe 1909.

— ausgewählte Märchen, s.: Hausbibliothek, kleine, f. die Jugend.

— ausgewählte Märchen. 12. (63 S.) Leipzig 893. Greßner & Schramm. Kart. n. — 50

— ausgewählte Märchen. Illustriert v. F. Schneider. gr. 8. (125 S. m. 8 Farbdr.) Berlin (890). R. Gahl. Geb. — 75; erhöht. Pr. 2. 25

— ausgewählte Märchen. Bilder v. Karl Fahringer. (201 S.) 8. Wien (905). Gerlach & Wiedling. Geb. in Leinw. n. 6. —

— dasselbe, s.a.: Greßler's, F. G. L., neue Jugendbücherei.

Ausgewählte Märchen von W[ilhelm] **Hauff**. Für d. Alter von 10–12 Jahren. Bdch. 1. 2. Langensalza: Greßler 1905–06. 8°
(F. G. L. Greßlers Neue Jugendbücherei. Bd 13. 15.) [11. 10386

(F) Hauff, W., Ausgewählte Märchen. Gr.-8°. (ill. 200 S.) geb. K 7.20
Wien: Fromme 1906.

— 35 Märchen, s.: Andersen, Hans Christian.

—— Märchen a. d. Morgenlande. 8. (152 m. Il. u. 3 Chromol.) Berl. 80. Liebau. geb. 1. 50

— Märchen u. Sagen. 8. (202 S. m. eingedr. Holzschn., 3 Holzschntaf. u. 4 Chromolith.) Ebend. 880. geb. 2. —

— sämmtliche Märchen. 8. (480 S. m. eingedr. Holzschn., 8 Holzschntaf. u. 11 Chromolith.) Berlin 880. Liebau. geb. 4. 50

Schönste Märchen von Wilhelm **Hauff**. Für d. Jugend ausgewählt u. mit Berücks. d. neuen Rechtschreibung bearb. von August Döring. Mit 3 Bild. von Eugen Hanetzog. Berlin: Jugendhort [1905]. (96 S.) 8° [J.]
= **Jugendhort**, 4. [.6. 10315

— schönste Märchen. Für die Jugend ausgewählt u. m. Berücksicht. der neuen Rechtschreibg. bearb. v. Wilh. Krüger. Mit 6 schwarzen Textbildern sowie 6 farb. Bildern v. Eug. Hanetzog. (120 u. 120 S.) 8. Berlin (906). Verlag Jugendhort. Geb. in Halbleinw. n. 2. 25; in Leinw., gr. 8. n. 3. —

— schönste Märchen f. die Jugend. Neue Ster.-Ausg. 8. (96 S. m. Bildern.) Reutlingen 888. Enßlin & Laiblin. cart. — 75

— Die schönsten Märchen, s.: Bechstein, Ludw.

— die schönsten Märchen. gr. 8. (192 S. m. 4 Farbdr.) Dresden (899). M. Fischer. Geb. 6. —

— dasselbe. 8. (128 S. m. 4 Farbdr.) Ebd. (899). Geb. 4. —

—— Mährchen f. Söhne u. Töchter gebild. Stände. 2. Ausg. 12. (8½ B.) Stuttgart 832, Metzler.
Erschien zuerst u. d. T.: Mährchenalmanach. 1. Jahrg. Ebendas. 1826.

Hauff, Wilh. *Märchen* für Söhne und Töchter gebildeter Stände. 9. Aufl. mit sechs Radirungen [inkl. Titel, in Braundruck] von J. B. Sonderland. Stuttgart, Rieger, 1861. 453 S. Kl.-8°. Einfacher Hlwd. d. Z. 35.—
Sehr hübsche Bilder (spez. d. Titel). — Ganz leicht am äußeren Rand beschnitten, vereinzelte Fleckchen.

Hauff. *Mährchen* für Söhne und Töchter gebildeter Stände. 14. Aufl. Mit über 100 Illustrationen von Offterdinger und Bertall, dem Stahlstich-Portrait Hauff's [gest. v. Dertinger nach I. M. Holder] und 6 Radirungen von J. B. Sonderland. Stuttgart, Rieger, 1875. Gestochener Titel, Porträt, 5 Tafeln, 428 S., 1 Bl. 1 Bl. (Anzeigen). 8°. Illustr. Or.Karton. (Rücken erneuert.) 32.—

— dasselbe, für Söhne u. Töchter gebildeter Stände. 2 Thle. gr. 16. (179 u. 138 S.) Berlin 879. Hempel. In 1 Bd. geb. n. 1. 50

— dasselbe. 16. Aufl. Mit über 100 (eingedr. Holzschn.-) Illustr. v. Offterdinger u. Bertall u. 6 Radirungen v. J. B. Sonderland. 8. (431 S.) Stuttgart 879. Rieger. cart. n. 4. —; in Leinw. geb. n.n. 5. —

—— Märchen für Söhne und Töchter gebildeter Stände. 17. Orig.-Aufl. Mit 91 Illustr. von Offterdinger und Bertall und 6 Radirungen von J. B. Sonderland. 8. (447 S.) Stuttgart 883, Rieger'sche Verlagsh. geb. in Halbleinw. geb. in Leinw.

— dasselbe. 18. Orig.-Aufl. Mit 91 Illustr. v. Offterdinger u. Bertall u. 6 Radirgn. v. J. B. Sonderland. 8. (447 S.) Stuttgart 888. Frankfurt a/M., Rieger Nachf. Kart. 4. —; geb. in Leinw. 5. 50

— dasselbe f. Söhne u. Töchter gebildeter Stände. Mit Einleitg. v. W. Bölsche. [Märchen als Almanach. Die Karawane. Der Scheik v. Alessandria u. seine Sklaven. Das Wirtshaus im Spessart.] gr. 8. (VII, 280 S.) Leipzig 888. [Dürselen.] Berlin, R. Trenkel. geb. n. 2. 50

— dasselbe f. Söhne u. Töchter gebildeter Stände. 8. (III, 308 S.) Berlin 892. Friedberg & Mode. Geb. in Leinw. n. 1. 40

— Märchen. Für Söhne u. Töchter gebildeter Stände. 12. (288 S.) Leipzig 899. M. Hesse. Geb. in Leinw. 1.—

—— Mährchenalmanach, s. Mährchenalmanach.

— Memoiren d. Satan, s.: Meyer's Volksbücher.

— Memoiren des Satans, s. National-Bibliothek sämmtl. deutscher Classiker.

— Memoiren d. Satan, s.: Volks-Bibliothek, allgemeine.

Hauff, Wilhelm, s. Mitteilungen aus den Memoiren des Satans.

—— Mitteilungen aus den Memoiren des Satans, s. Bibliothek der Gesamt-Litteratur des In- und Auslandes.
—— dass. — s. Meyer's Volksbücher.

— dasselbe, s.: Hempel's Klassiker-Bibliothek.

—— Mitteilungen aus den Memoiren des Satan, } s. Museum.

— dasselbe, s.: Universal-Bibliothek.

— Mittheilungen aus d. Memoiren d. Satans. 1r Thl. 2e Afl. u. 2r Thl. 8. Stuttg. 826—27, Frankh. à 1 Rthlr. 21 gr.

— Mittheilungen aus den Memoiren des Satan. 1r Thl. 2e Aufl. 8. Stuttg. 827, Frankh.

— Mittheilungen aus den Memoiren des Satans. Fortgesetzt v. H. v. Canitz. 4s Bdchn. A. u. d. T.: Steifereien des Satans auf der Erde. Aus dem diabolischen übersetzt von v. Canitz. 8. Bunzlau 839. Appun. 2/3 ₰ (1r—3r Thl. Stuttgart 826—29. (Brodhag.) kosten 5 5/12 ₰)

— Mittheilungen aus den Memoiren des Satan. 2 Bdchn. gr. 16. (228 S.) Berlin 879. Hempel. In 1 Bd. geb. n. 1. 25

— Mitteilungen aus den Memoiren d. Satans. Mit Einleitg. v. W. Bölsche. gr. 8. (X, 228 S.) Leipzig 888. [Dürselen.] Berlin, R. Trenkel. geb. n. 2. 50

— dasselbe. 12. (224 S.) Leipzig 899. M. Hesse. Geb. in Leinw. — 75

Hauff, Wilh., Mitteilungen aus den Memoiren des Satans. 8. (444 S.) Leipzig 902. C. Grumbach. Geb. in Leinw. 2. 25

— Mitteilungen aus den Memoiren des Satans, s. a. Bücher, die, des deutschen Hauses.

Mitteilungen aus den Memoiren des Satans von Wilhelm Hauff. Ill. v. E. Stern. Berlin: Buchverlag fürs Deutsche Haus 1909. 303 S. 8°
(Die Bücher d. Deutschen Hauses. Bd 75.) (09. 11316

— der kleine Muck, s.: Scholtze's, K., Märchen-Sammlung.

— der Zwerg Nase, s.: Jugend-Bibliothek, kleine.

— Zwerg Nase, s.: Jugend- u. Volksbibliothek.

— dasselbe, s.: Schatzkästlein, der.

— dasselbe, s.: Schatzkästlein's Jugendbücher.

Zwerg Nase. Erzählung von Wilhelm Hauff. *Berlin: A. Weichert [1901].* (32 S.) 8° [F.]
= Indianer- u. Volksbibliothek. 314.

— Zwerg Nase. Ein Märchen m. Bildern v. Walt. Tiemann. 4. (36 S.) Leipzig (901). H. Seemann Nachf. Geb. in Leinw. n. 4. —

— Der Zwerg Nase. Ein Märchen. (44 S.) 8. Chemnitz (909). H. Thümmler. — 20; kart. — 40

— Novellen, s.: Meyer's Volksbücher.

— dasselbe, s.: Hempel's Klassiker-Bibliothek.

— Novellen. 1r Bd. 8. Stuttg. 827, Frankh.

—— Novellen. 2. u. 3. Thl. gr. 12. Stuttgart 828, [Brodhag.] [2. (11 B.) 1 Thlr. 21 Gr., 3. (14 B.) 2 Thlr.]
1. Thl. Ebendas. 1827. 2 Thlr.

— Novellen. Hrsg. von Adf. Stern. Illustr. Ausg. 2 Bde. 8. (XXIII, 450; XIV, 527 S. mit eingedr. Holzschn. und Holzschntaf.) Berlin 878, Grote'sche Verlagsh. geb. * 8 —

—— Novellen. 2 Bdchn. 12. (391) Berl. 79, Hempel. In 1 Bd. geb. n. 2. —

— Novellen. Mit Einleitg. v. W. Bölsche. gr. 8. Leipzig 888. [Dürselen.] Berlin, R. Trenkel. geb. n. 2. 50
Vertrauliches Schreiben an Hrn. W. A. Spöttlich. Othello. Die Bettlerin vom Pont des Arts. Die Sängerin. Jud Süß. Die letzten Ritter v. Marienburg. Das Bild d. Kaisers. (III, 360 S.)

— Novellen. 8. (500 S.) Leipzig 902. C. Grumbach. Geb. in Leinw. 2. 25

— s.: Novellen, klassische.

Der Räuber Orbasan. Ein Märchen von W[ilhelm] Hauff. 2. Aufl. *Styrum: A. Spaarmann [1899?].* (32 S.) 8° [F.]
= Jugend-Bibliothek, Kleine. No 151. (01. 4868

— Othello, s.: Bibliothek der Gesamt-Litteratur des In- u. Auslandes.

— Othello, s.: Haus-Bibliothek für Stolze'sche Stenographie. — Museum. — Volksbibliothek d. Lahrer Hinkenden Boten.

— Othello, s.: Reuter's Bibliothek f. Gabelsberger Stenographen.

— Othello, } s. Universal-Bibliothek.

— Othello od. Das Schicksal des Fürstenhauses, s.: Volkes, des Lieblingsbücher.

— desselbe, s.: Volks-Bibliothek, allgemeine.

—— Othello. Novelle. In stenograph. Schrift übertr. u. autographirt v. Adf. Schöttner. 12. (48 S.) Dresd. 891, Reuter. * — 60
Vgl.: Reuters Bibliothek f. Gabelsberger Stenographen.

Hauff, Wilhelm: Phantasien im Bremer Ratskeller, s.: Bibliothek der Gesamt-Litteratur d. In- u. Auslandes. — Haus-Bibliothek f. Stolze'sche Stenographie.

— dasselbe, s.: Bibliothek, stenographische.

— dasselbe, s.: Elzevier-Ausgaben, illustr.

— dasselbe, s.: Hempel's Klassiker-Bibliothek.

— dasselbe, s.: Meisterwerke unserer Dichter.

— dasselbe, s.: Meyer's Volksbücher.

— dasselbe. s.: Museum.

— — s. National-Bibliothek sämmtl. deutscher Classiker u. Universal-Bibliothek.

—— dass. — } s. Universal-Bibliothek.

— dasselbe, s.: Volks-Bibliothek, allgemeine.

— Phantasien im Bremer Rathskeller; ein Herbstgeschenk für Freunde d. Weins. 8. Stuttg. 827. Brodhag. 21 K

Hauff, Wilhelm: Phantasien im Bremer Rathskeller: ein Herbstgeschenk für Freunde des Weines. Stuttgart: Franckh 1827. 132 S. -- Rüd. *

Hauff, Wilh., Phantasien im Bremer Rathskeller; ein Herbstgeschenk f. Freunde des Weines. Mit Illustr. (in Holzschn.) v. Braun & Schneider in München. gr. 8. (68 S.) Bremen 849. Kühtmann & Co. n. 24 ngr

— Phantasien im Bremer Rathskeller; ein Herbstgeschenk für Freunde des Weines. Bremen 865. Kühtmann & Co. gr. 8. (III, 51 S. mit Illustr. in Holzschn.) 15 ngr

— Phantasien im Bremer Rathskeller. Ein Herbstgeschenk f. Freunde d. Weines. Diamant-Ausg. (Mit (4) Illust v. Adf. Schmitz in Photogr.-Dr. 32. (120 S.) Berlin 871. Grote. cart. n. 1. 60; geb. m. Goldschn. n. 2. 25

— Phantasien im Bremer Rathskeller u. Skizzen. gr. 16. (107 S.) Berlin 879. Hempel. geb. n. — 80

— Phantasien im Bremer Rathskeller. Ein Herbstgeschenk für Freunde des Weines. Neue Ausg. der 1. Aufl. des Werkes. 12. (VII, 116 S.) Bremen 882. Schünemann. geb. m. Goldschn. n. 2. 50

— Phantasien im Bremer Rathskeller. Ein Herbstgeschenk f. Freunde d. Weines. 12. (62 S.) Leipzig 886. Lißn. geb. n. — 50

—— Phantasien im Bremer Rathskeller. Ein Herbstgeschenk für Freunde des Weines. 12. (62 S.) Leipzig 886, Lißner. geb. *

— Phantasien im Bremer Rathskeller. Ein Herbstgeschenk f. Freunde d. Weines. Neue Ausg. der 1. Aufl. d. Werkes. 2. Aufl. 12. (VI, 116 S.) Bremen 889. Schünemann. geb. m. Goldschn. n. 2. 50

— dasselbe. 12. (111 S.) Bremen 890. Heinsius Nachf. geb. m. Goldschn. n. 1. 50

— Phantasien im Bremer Ratskeller. Ein Herbstgeschenk f. Freunde d. Weines. 16. (56 S.) Leipzig 892. Versandt-Bureau (W. Fiedler). Geb. m. Goldschn. n. — 60

— Phantasieen im Bremer Ratskeller. Ein Herbstgeschenk f. Freunde des Weins. 12. (69 S.) Leipzig 895. [G. Fock, Verl.] Max Hesse's Verl. Geb. n. — 75

Hauff's, Wilh., Phantasieen im Bremer Ratskeller. Illustr. v. Hans Schwaiger. gr. 4. (75 S. m. Textbild. u. 3 Radirgn. Wien 895. Gesellschaft f. vervielfält. Kunst. Geb. in Leinw. n. 12. —

— Phantasieen im Bremer Ratskeller. — Novellen u. Skizzen. 12. (254 S.) Leipzig 899. M. Hesse. Geb. in Leinw. — 75

—— Phatasien u. Skizzen. gr. 12. (9 B.) Stuttgart 828, [Brodhag.]

— unter Piraten, s.: Unterhaltungsbibliothek.

Hauff, Wilh., der falsche Prinz, s.: Scholtze's, K., Märchen-Sammlung.

Der falsche Prinz. Ein Märchen von W[ilhelm] Hauff. 3. Aufl. *Styrum & Leipzig: A. Spaarmann [1899]*. (32 S.) 8° [F.]
— Jugend-Bibliothek, Kleine. No 150.

Hauff, Wilhelm, s. Reisen- und Länderbeschreibungen.

— die letzten Ritter v. Marienburg, } s.: Bibliothek der Gesamt-Litteratur d. In- u. Auslandes.

— die letzten Ritter v. Marienburg, s.: Büchersammlung f. Gabelsberger'sche Stenographen.

— die letzten Ritter v. Marienburg, } s.: Museum.

— die letzten Ritter v. Marienburg, } s. Universal-Bibliothek.

— dasselbe. Die Bettlerin vom Pont des Arts. Die Sängerin, s.: Volks-Bibliothek, allgemeine.

— Die letzten Ritter v. Marienburg, s.: Volksbibliothek d. Lahrer hinkenden Boten.

— die Sage vom Hirschgulden, s.: Jugend- u. Volksbibliothek.

Die Sage vom Hirschgulden. Märchen von Wilhelm Hauff. *Berlin: A. Weichert [1901].* (32 S.) 8° [F.]
— Indianer- u. Volksbibliothek. 315.

Hauff, Wilhelm: Die Sängerin, s. Universal-bibliothek.

—— die Sängerin, { s. Bibliothek der Gesamt-Litteratur des In- und Auslandes.

— die Sängerin, s.: Reuter's Bibliothek f. Gabelsberger Stenographen.- s.Museum.

Hauff, Wilhelm: Der Scheik v. Alessandria u. s. Sklaven, s. Volksbibliothek, allgemeine.

—— der Scheik von Alessandria und seine Sklaven, s. Universal-Bibliothek der Gabelsberger'schen Stenographie.
—— dass. — s. Meyer's Volksbücher.

— Der Scheik v. Alessandria u. seine Sklaven, s.: Volksbibliothek des Lahrer hinkenden Boten.

— der Scheik v. Alessandria u. seine Sklaven. Mit Illustr. 8. (126 S. m. eingedr. Holzschn., 2 Holzschntaf. u. 3 Chromolith.) Berlin 880. Liebau. geb. 1. 50

Hauff, Wilhelm. Der Scheik von Alessandria und seine Sklaven. [Märchen.] 100 S. 8. Bern, Haller, (März) 1906. fr. —.20
Verein für Verbreitung guter Schriften (Verein Bern). Nr. 60.

Saids Schicksale. Erzählung von Wilhelm Hauff. *Berlin: A. Weichert [1901].* (32 S.) 8° [F.]
— Indianer- u. Volksbibliothek. 312.

Hauff, Wilh., † (H. Clauren,) sämmtl. Schriften, geordnet u. mit e. Vorw. versehen v. G. Schwab. 36 Bdchn. Mit Hauff's Bildn. schmal 16. (266½ B.) Stuttgart 830, Brodhag. à 3 Gr.
Bdchn. 1. W. Hauff's Leben v. G. Schwab; H's. Gedichte. — 2—9. Lichtenstein. — 10. Othello. — 11. 12. Die Bettlerin v. Pont des Arts. — 13. Jud Süß. — 14. 15. Das Bild d. Kaisers. — 16. Die letzten Ritter v. Marienburg. — 17. Die Sängerin. — 18. Vermischte Aufsätze. — 19—24. Mittheilungen aus d. Memoiren d. Satan. — 25—30. Mährchen. — 31—34. Der Mann im Mond. — 35. Controverspredigt üb. d. Mann im Mond. — 36. Phantasien im Bremer Rathskeller.

— sämmtl. Schriften, geordnet u. mit einem Vorwort versehen v. G. Schwab. 36 Bdchn.) mit Hauff's Bildn. K. 16. Stuttg. 830, 31. Brodhag. 6 rℓ

—— Jud Süß, s. Bibliothek der Gesamt-Litteratur des In- und Auslandes.

— Jud Süss, s.: Ecksteine der neueren Literatur.

— Jud Süß, s.: Museum.

— dasselbe. s.: Universal-Bibliothek.

— dasselbe, s.: Volkes, des, Lieblingsbücher.

— dasselbe. Das Bild des Kaisers, s.: Volks-Bibliothek, allgemeine.

— dasselbe, s.: Volksbibliothek des Lahrer hinkenden Boten.

— dasselbe, s.: Volksbücher, Wiesbadener. Nr. 34.

— dasselbe, s.: Volksschriften.

— Jud Süß. Novelle, bearb. v. Hans Erdmann. 12. (120 S. m. 1 Bild.) Leipzig 893. H. Werther. Kart. n. — 75

Hauff, Wilhelm. Jud Süss. [Erzählung.] 82 S. 8. Bern, Haller, (Juni) 1905. fr. —. 15
Verein für Verbreitung guter Schriften (Verein Bern). Nr. 57.

Jud Süss. Novelle von Wilhelm Hauff. Berlin: Gerdes & Hödel 1910. 95 S. 8° [Text stenogr.]
(Ecksteine d. neueren Literatur. Bd 13.)

— three tales, s. Collection of German Authors.

Die unheimliche Waldschenke [Das Wirtshaus im Spessart. Ausz.] Eine Räubergesch. aus d. Spessart von W[ilhelm] Hauff. *Berlin: Tessaro-Verl. (1901).* (64 S.) 8° [F.]
= Indianer-Bücher. 29.

— Werke. Hrsg. von Adf. Stern. Illustr. Ausg. 4 Bde. 8. (XXIII, 450; XIV, 526; XV, 523 u. X, 417 S. m. eingedr. Holzschn. u. Holzschntafeln.) Berlin 878. 79. Grote. 11. —

— Werke. 4 Bde. 8. (402, 346, 425 u. 443 S.) Berlin 883. Friedberg & Mode's Sep.-Cto. n. 6. —

—— Werke. 4 Bde. 8. (402; 346; 425; 443 S.) Elberfeld 883, Loll's Nachf. geb. in Leinw.

Hauff's, Wilh., Werke. Hrsg. v. Max Mendheim. Kritisch durchgeseh. u. erläut. Ausg. 3 Bde. 8. (32, 444, 482 u. 558 S. m. Bildnis u. Fksm.) Leipzig 891. Bibliograph. Institut. Geb. in Leinw. n. 6. —; in Saffian n. 9. —

— Werke. Illustrirte Prachtausg. Mit mehr als 300 Illustr. hervorrag. deutscher Künstler. Hrsg. v. Cäsar Flaischlen. 40 Lfgn. gr. 8. (1. Bd. XVI, 504 S.; 2 Bd. VIII, 512 S.) Stuttgart 891. 892. Deutsche Verlags-Anstalt. à n. — 50 (2 Bde. geb. in Leinw.: à Bd. n. 12. 50)

— Werke in 4 Bdn. 8. (III, 435; III, 307; III, 427 u. III, 345 S.) Leipzig 895. Th. Knaur. Geb. in Halbleinw. 6. —; in 2 Bdn. 4. —; in Leinw. 6. —; in 2 Bdn. 4. —; fein in Leinw. 8. —; in 2 Bdn. 5. 50; in Halbfrz. 8. —; 8.50 u. 9. —; in 2 Bdn. 5. 50; 6. — u. 7. —; in Halbkalbldr. 12. —; in 2 Bdn. 8. —; in Halbsaffian 12. —; in 2 Bdn. 8. —; in Halbjuchten 12. —; in 2 Bdn. 8. —

dasselbe. Illustr. Pracht-Ausg. Hrsg. v. Cäs. Flaischlen. 2. Aufl. 2 Bde. Lex.-8. (XLII, 504 u. VIII, 512 S.) Stuttgart 898. Deutsche Verlags-Anstalt. Geb. in Leinw. n. 25. —
Erschien auch in 40 Lfgn. à n. — 50.

Hauff's, Wilh., Werke. Textabdr. der illustr. Prachtausg., hrsg. v. Cäsar Flaischlen. gr. 8. (XXXIX, 824 S. m. Bildnis.) Stuttgart (900). Deutsche Verlagsanstalt. Geb. in Leinw. n. 3. —; feine Ausg., geh. n. 5. —; geb. in Halbfrz. n.n. 7. —

— Werke. Neue reichillustr. Prachtausg. in 2 Bdn. In e. Auswahl hrsg. v. Osw. Marschner. Mit üb. 200 Abbildgn. v. E. Klingebeil, L. Berwald u. A. gr. 8. (X, 391 u. 346 S.) Leipzig (901). O. Maier. Geb. in Leinw. n. 4. —

Hauff's, Wilh., Werke. Textabdr. der illustr. Pracht-Ausg., hrsg. v. Cäsar Flaischlen. 2.–4. Aufl. (Je XXXIX, 824 S. m. Bildnis.) gr. 8. Stuttgart (903. 905). Deutsche Verlags-Anstalt. Geb. in Leinw. n. 3. –; feine Ausg. geh. n. 5. —; geb. in Halbfrz. n.n. 7. —

(Wilhelm) Hauffs Werke in 6 Tlen. Auf Grund d. Hempelschen Ausg. neu hrsg., mit Einl. u. Anm. versehen von Max Drescher. T. 1–6 [in 2 Bden]. Berlin, Leipzig, Wien, Stuttgart: Bong & Co. [1908]. 6 Bde 8° [F.]
1. Gedichte. Märchenalmanache. Hrsg. u. mit e. Lebensbild versehen. 2. Mitteilungen aus d. Memoiren d. Satan. 3. Der Mann im Monde. 4. Lichtenstein. 5. Novellen. 6. Phantasien u. Skizzen. Aus d. Nachlasse
(Goldene Klassiker-Bibliothek.) (08. 6339

Hauff's, Wilh., Werke. Textabdr. der illustr. Pracht-Ausg., hrsg. v. Cäsar Flaischlen. 5. Aufl. (XXXIX, 824 S. m. Bildnis.) gr. 8. Stuttgart (908). Deutsche Verlags-Anstalt. Geb. in Leinw. 3. —

Hauff, Wilhelm: Werke. Neue ill. Aus. in 2 Bden. Hrsg. von Prof. Dr. Karl Macke mit Orig.-Ill. von Edmund Brüning u. a. 18. Aufl. Bd. 1. 2. Berlin: Herlet [1909]. 8°

— dasselbe, s.: Bibliothek, Cotta'sche, der Weltlitteratur.

— dasselbe, s.: Klassiker-Bibliothek, deutsche.

— dasselbe, s.: Klassiker-Bibliothek, goldene.

— — s. National-Bibliothek sämmtl. deutscher Classiker.

— dasselbe, s.: National-Litteratur.

— dasselbe, s.: Volksbibliothek, Cotta'sche.

— dasselbe. s.: Wallroth's Klassiker-Bibliothek.

— ausgewählte Werke. Hrsg. m. Einleitgn. u. Erläuterungen v. O. Hellinghaus. 16. (VII, 440; VII, 119 u. XI, 67 S.) Münster 890. Aschendorff. n. 1. 20; geb. n. 1. 80

— prosaische u. poetische Werke. Nebst einer Biographie des Dichters von A. Lindner. 12 Bdchn. gr. 16. (68, 179, 138, 107, 110, 126, 228, 107, 208, 183, 216 S.) Berlin 879. Hempel. In 2 Bde. geb. n. 6. —

Hauff, Wlh., sämmtl. Werke. Ausgabe in 10 Bänden mit 10 Stahlst. 8. Stuttgart 837. Brodhag. n. 7¼ Thlr — 3e Gesammt-Ausg. letzter Hand. Neu durchgesehen u. ergänzt von Gust. Schwab. 1r—3r Bd. 16. Ebd. 840. Das Ganze in 5 Bden. 3 Thlr

Hauff's, Wlh., sämmtl. Werke. Herausgeg. v. Gust. Schwab. 3. Gesammtausg. letzter Hand. 4. u. 5. Bd. 16. Stuttgart 840. Brodhag'sche Buchh. Alle 5 Bde. 3¾ Thlr

Hauff, Wilhelm
Sämmtliche Werke. Mit des Dichters Leben von Gustav Schwab. 4.Gesammtausg. Neu durchgesehen u.ergänzt. Bd.1.2. 3 - 5. 6.7.10.11.12.13. 14 - 16. 17.18.
Stuttgart: Scheible, Rieger & Sattler 1846. 8°

— sämmtliche Werke mit des Dichters Leben von Gust. Schwab. 5. Gesammtausgabe. 5 Bde. Ebend. 853. gr. 16. (1. Bd.: 416 S.; 2. Bd.: 424 S.; 3. Bd.: 392 S.; 4. Bd.: 455 S.; 5. Bd.: 422 S.) 2 Thlr

— — 6. Gesammtausg. in 5 Bdn. Mit (6) Stahlst. Ebend. 854. 16. (416; 424; 392; 455; 422 S.) 3 Thlr 15 ngr

Hauff's, Wilh., sämmtliche Werke mit des Dichters Leben von Gust. Schwab. 7., stereot. Gesammt-Ausg. 2—15. (Schluß-) Lfg. gr. 16. Stuttgart 857, Rieger'sche Verlagsbuchh. [1. Bd. (S. 145—420.) 2—4. Bd. (1249 S.) 5. Bd. (III und 430 S. mit Portr. in Stahlst.) à Lfg. 4 Ngr.]
1. Lfg. Ebendas. 1856. 4 Ngr.

—— dass. — 8., stereot. Gesammt-Ausg. 15 Lfgn. gr. 16. Ebendas. 860. [1—3. Bd. (1212 S.) 4. Bd. (457 S.) 5. Bd. (430 S. mit des Verf. Portr. in Stahlst.) à Lfg. 4 Ngr.]

Hauff's, Wilh., sämmtliche Werke mit des Dichters Leben von Gust. Schwab. 9. ster. Gesammt-Ausg. 5 Bde. in 15 Lfgn. gr. 16. (2108 S. mit Portr. in Stahlst.) Stuttgart 1862,63, Rieger'sche Verlagsh. à Lfg. 4 Ngr.

—— dass. — 10. Gesammt-Ausg. 5 Bde. in 10 Halbbdn. 8. (2387 S. mit 6 Stahlst.) Ebendas. 864. à Halbbd. 6 Ngr.

Hauff's, Wilh., sämmtliche Werke. Amerikanische Ster.-Ausg. in 1 Bde. gr. 8. (617 S.) Philadelphia 865. (Schäfer & Koradi.) n. 5. —

— — mit des Dichters Leben von Gust. Schwab. 11. stereot. Gesammt-Ausg. 5 Bde. Stuttgart 866. Rieger'sche Verlagsh. gr. 16. (2097 S. mit Portr. in Stahlst.) 2 Thlr

— — 12. stereot. Gesammt-Ausg. Illustrirt von Carl Offterdinger. 5 Bde. Ebend. 868. gr. 16. (XXIV, 1493 S. mit eingedr. Holzschn. u. Portr. in Stahlst.) 2 Thlr

Hauff's, Wilh., sämmtliche Werke. 13. stereot. Gesammt-Ausg. 5 Bde. Stuttgart 869. Rieger'sche Verlagsh. 8. (III, 420, 410, 382, 457 u. 430 S. mit Portr. in Stahlst.) n. 1 Thlr 6 ngr

Hauff's, Wilh., sämmtliche Werke in 2 Bdn. Leipzig 870. Ph. Reclam jun. gr. 16. (III, 772 u. 827 S.) n. 20 ngr; in engl. Einb. n. 1 Thlr

—— dass. — Amerikanische Ster.-Ausg. in 1 Bde. gr. 8. (617 S.) Philadelphia 876, (Schäfer und Koradi.) *

Hauff's, Wilh., sämmtliche Werke, mit des Dichters Leben von Gust. Schwab. 16. stereotyp. Gesammt-Ausg. in 5 Bdn. Illustr. von Carl Offterdinger. Mit größeren Initialen von Hartmann u. Jul. Schnorr. 8. (321, 281, 264, 318 u. 308 S. mit dem Porträt des Verfassers in Stahlst. u. eingedr. Holzschn.) Stuttgart 877. Rieger. n. 6. 80

Hauff's, Wilh., sämmtliche Werke, mit des Dichters Leben von Gust. Schwab. 17. und 18. ster. Gesammt-Ausg. 5 Bde. 12. (419; 410; 382; 457; 430 S. mit 6 Stahlst.) Stuttgart 879,82, Rieger'sche Verlagsh. geb. *

Hauff's, Wilh., sämmtliche Werke. Illustr. Prachtausg. Illustrirt v. hervorrag. Münchener Künstlern. (In ca. 40 Lfgn.) 1—18. Lfg. Lex.-8. (1. Bd. 374 S. u. 2. Bd. S. 1—238 m. eingedr. Holzschn. u. Autotypien.) München 885. F. Arnold's Verl. à n. — 50

—— dass. — Illustrirte Prachtausg. Illustrirt von hervorragenden Münchener Künstlern. (In ca. 40 Lfgn.) 1.—18. Lfg. Lex.-8. (1. Bd. 374 S.; 2. Bd. S. 1—238 mit eingedr. Holzschn. und Autotypieen.) München 885,86, Arnold. à Lfg. * 50 Pf. *
Nicht weiter erschienen.

— sämtliche Werke. Mit e. biograph. Einleitg. v. A. Weile. 5 Bde. 8. (VIII, 316; III, 274; III, 232; III, 309 u. III, 389 S.) Berlin 888. Warschauer. geb. 5. —; in 2 Bde. geb. 3. 50

Hauff's, Wilh., Werke. Gesammtausg. Mit einer Biographie des Dichters und Einleitungen von Wilh. Bölsche. 12 Lfgn. oder 5 Bde. gr. 8. (VIII, 280; XII, 228; VI, 198; IV, 360; IV, 456 S. und Einleitung mit Biographie 22 S.) Leipzig 887,88, Dürselen. à Lfg. 50 Pf. geb. Luxus-Ausg. geb.

Hauff's, Wilh., Werke. Gesamtausg. Mit e. Biographie d. Dichters u. Einleitgn. v. W. Bölsche. 12 Lfgn. = 5 Bde. gr. 8. (1. Bd. VIII, 280; 2. Bd. XII, 228; 3. Bd. VI, 198; 4. Bd. IV, 360; 5. Bd. IV, 456 S. u. Einleitgn. m. Biographie 22 S.) Leipzig 888. 889. [Dürselen.] Berlin, R. Trenkel. à Lfg. — 50; cplt.: 6. —; geb. 8. —; Luxus-Ausg. geb. 12. —

dasselbe in 6 Bdn. 12. (224, 211, 294, 232, 256 u. 280 S. m. Bildnis.) Stuttgart (891). J. G. Cotta Nachf. In 3 Leinwbdn. n. 3. —

— dasselbe, m. des Dichters Leben v. Gust. Schwab. 21. ster. Gesammt-Ausg. 12. (420, 410, 382, 457 u. 430 S. m. 6 Stahlst.) Stuttgart 891. Frankfurt a/M., Rieger Nachf. Geb. in Leinw. n. 5. —

Hauff's, Wilh., sämtl. Werke. Mit einer Biographie des Dichters u. Einleitgn. v. Wilh. Bölsche. (2. Aufl.) Ausg. in 5 Bdn. gr. 8. (VIII, 280; XII, 228; VI, IV, 198; V, III, 360 u. V, IV, 456 S.) Berlin (892). R. Trenkel. In 3 Leinwbdn. n. 8. —; in 3 Liebhaberbdn. n. 12. 50; erm. Preis n.n. 4. — u. n.n. 7. —

— sämtliche Werke in 6 Bdn. 12. (224, 211, 294, 232, 256 u. 280 S. m. Bildnis.) Stuttgart 892. J. G. Cotta Nachf. In 3 Leinwbdn. n. 3. —

— dasselbe in 6 Bdn. Mit biograph. Einleitg. v. Herm. Fischer. 8. (272, 289, 348, 260, 288 u. 330 S. m. Bildnis.) Ebd. 893. In 3 Leinwbdn. n. 6. —

— dasselbe. 4 Bde. 8. (500, 444, 503 u. 684 S.) Gera (895). C. B. Griesbach. Geb. in Leinw. 8. —; in Halbfrz. 12. —

— dasselbe in 2 Bdn. 8. (VII, 318; VI, 255; IV, 220; 48 u. 316, 102, 93, 85, 113 u. 90 S. m. Bildn.) Halle 895. O. Hendel. Geb. in Leinw. 4. 50

— dasselbe in 6 Bdn. M. e. biograph. Einleitg. v. Adf. Kohut. 12. (228, 304, 224, 192, 288 u. 254 S. m. Bildnis.) Leipzig 895. [G. Fock.] Max Hesse. Geb. in 2 Leinw.-Bde. n. 3. 50; feine Ausg., auf starkem Papier, geb. in 2 Halbfrz.-Bde. n. 5. 50

Hauff's, Wilh., sämtliche Werke in 6 Bdn. Mit Portr. u. e. Biographie Hauffs v. Adf. Stern. 12. (III, 228, 304, 224, 192, 288 u. 254 S.) Leipzig (899). M. Hesse. In 2 Leinw.-Bdn. 3. 50; in 2 Halbfrz.-Bdn. n. 5. 50; in 2 Liebhaberhalbfrz.-Bdn. m. Goldschn. n. 7. —

— sämtliche Werke in 4 Bdn. (XVI, 503, 683, 500 u. 444 S. m. Bildnis.) 8. Leipzig 902. E. Grumbach. Geb. in Leinw. n. 8. —; in Halbfrz. n. 12. —

— sämtliche Werke in 2 Bdn. Neu hrsg. u. m. e. biograph. Einleitg. versehen v. Hans Hofmann. (Neue Aufl.) (767 u. 800 S. m. Bildnis.) kl. 8. Leipzig (905). Ph. Reclam jun. n. 2. 25; geb. in Leinw. n. 3. 50

—— das Wirtshaus im Spessart, s. Hausbibliothek, kleine, für die Jugend.
—— dass. — s. Meyer's Volksbücher.
—— dass. — s. Universal-Bibliothek der Gabelsberger'schen Stenographie.

— dasselbe. s.: Erzählungen d. deutschen Hausfreundes.

—— Das Wirtshaus im Spessart, s. Uebungs-Bibliothek, engl.

Hauff, Wilhelm: Ein Wirtshaus im Spessart, s. Volksbibliothek, allgemeine.

— Das Wirtshaus im Spessart, s.: Volksbibliothek des Lahrer hinkenden Boten.

Das | Wirtshaus | im Spessart | oder | der Ueberfall im Walde. | Eine Erzählung | von | W. Hauff. | Reutlingen. | Druck u. Verlag von Enßlin und Laiblin. (= *Reutlinger Volksbücher*, 23).
o. J., 47 S. + 1 S. Anzeigen, 160 × 100, U.-Fig.: *Dame an einem Tisch, schreibend, zwei wartende Männer*, 83 × 78. U.-Titel: ... oder | der muthige | Goldschmiedsjunge. Priv.-Bes.

— das Wirthshaus im Spessart od. der Ueberfall im Walde. Eine Erzählung. 8. (47 S.) Reutlingen 877. Enßlin & Laiblin. — 15

— dasselbe. Mit Illustr. 8. (202 S. m. eingedr. Holzschn., 3 Holzschntaf. u. Chromolith.) Berlin 880. Liebau. geb. 2. —

— d. Wirtshaus im Spessart. 12. (186 S.) Leipzig 893. Berlin, L. Lewin. Kart. n. 1. 20

— das Wirtshaus im Spessart. 12. (186 S.) Leipzig 893. Greßner & Schramm. Kart. n. 1. —

Das Wirtshaus im Spessart. Von Wilhelm Hauff. Berlin: Scherl [1909]. 235 S. 8°
(Bibliothek August Scherl. Bd 525.) [10. 13911

— im Zauberland. Märchen. Für die Jugend ausgewählt u. m. Berücksicht. der neuen Rechtschreibg. bearb. v. Wilh. Krüger. Mit 8 schwarzen Textbildern sowie 8 farb. Bildern v. Eug. Hanetzog. (120 S.) 8. Berlin (906). Verlag Jugendhort. Geb. n. 1. 40

Hauff d. J., Wilh., das Reich der Freude. Eine moderne Geschichte. Illustrirt v. Alb. Stähle u. Hans Volkert. 12. (135 S.) München 901. A. Schupp. n. 1. —; geb. n. 1. 50

Hauffe, Albertus Oscarus Theodorus: De Calomelanos usu in typho abdominali brevis expositio. Lipsiae (1853): Andrae. 32 S. 8°
Halle-Wittenberg, Med. Diss. v. 25. Okt. 1853
Geb. Eilenburg 22. 2. 1829. V.

Hauffe, R. Ungleiche Ausgänge, oder: Die Folgen der Trunksucht. Brandenburg a. d. H. 1885. 67 S. Mk. 1.80.

Hauffe, *Emil Max* Bruno [app. Arzt aus Eilenburg]: Über Frühoperation bei acuter Osteomyelitis ... Halle a. S., Druck v. E. Karras, 1895; 2 Bl., 23 S., 1 Bl. 8.
Halle, Med. Fak., Inaug.-Diss. v. 7. Aug. 1895

Hauffe, Christian Gotthold

BEGEBENHEITEN, Bewunderungswürdige, eines Uhrmachers, wie auch Dessen Reisen, Glück und Unglücksfälle auf dem Meere und unbewohnten Insuln; ingleichen Seine glückliche Zurückkunft in Deutschland (von *Christian Gotthold Hauffe*). Mit Titelkpf. Regensburg, bey Johann Leopold Montag 1770. 8°.

Tit. (roth u. schwarz) u. 404 S. Ullrich p. 171 vermuthet, daß eine Dame Verfasser ist. (?)

Hauffe, Chr. Gtl., s. Begebenheiten e. Kaufmannsbedienten.

BEGEBENHEITEN einiger Kaufmannsdiener (von *Christian Gotthilf Hauffe*, Buchhändler zu Nürnberg, geb. das. 1725). Nürnberg 1769. 8°.

Journal aller Romane, St. I, S. 90; Heinsius, B.-Lex.

— — Dasselbe, titulo: Merkwürdige Begebenheiten einiger reisenden Kaufmannsbedienten, welche auf Reisen zu Wasser und Lande sehr reich und glücklich worden. Frankfurt und Leipzig (Regensburg, Montag) 1781. 8°. (54 xr. Scheible, vor 1870; jetzt theurer!)

Kayser, Romane.

BEGEBENHEITEN, Merkwürdige, einer adelichen Pachterstochter in London etc. (von *Christian Gotthold Hauffe*). Regensburg, Montag, 1776. 8°.

Das Anon.-Lex. I. p. 148 hat „(ca. 1765)" ohne Ortsangabe (nach Will).

BEGEBENHEITEN einer adelichen Pachterstochter (von *Christian Gotthold Hauffe*). (c. 1765.)

Ohne nähere Angabe im Anon.-Lex. I. p. 148.

BEGEBENHEITEN, Seltsame, eines Hirtenbuben, welcher auf seinen Reisen durch Schiffbruch an eine mit Wilden bewohnte Insul verschlagen worden; alsdann aber mit vielem Reichthum wieder in sein Vaterland zurückgekommen. Von ihm selbst beschrieben. (Vf.: *Christian Gotthold Hauffe*.) Mit Titelkpfr. Frankfurt und Leipzig 1772. 8°. (7 Mk. 50 Pfg., etwas fleckiges Expl., Emil Hirsch, München, 1907.)

Anon.-Lex. I. p. 148 hat: „(c. 1765.)"

[Hauffe, Christian Gotthold]. Die wunderbaren Begebenheiten eines Britten, oder der betrügliche Schein vieler Weltbürgerinnen und süßer Herren, moralisch und historisch abgeschildert. Regensburg, J. L. Montag, 1769. Kl.8°. *Titelkupfer von Joh. Gottlieb Fridrich (Insel mit Schiffen)*, Titel in Rot und Schwarz, 2 Bl. 287 S. Benutzter Pbd. d. Z., Rücken beschädigt.

H.-G. I, 204.5 „Zahmer, übrigens recht seltener Roman". Holtzmann-Bohatta VI, 1948. Ullrich p. 168, 72. Erste Ausgabe dieser interess. Robinsonade. Ullrich nimmt als Verfasserin eine Jacobine W*** an, die um diese Zeit im selben Verlag einige ähnliche Schriften veröffentlichte. Das Vorwort ist unterzeichnet „L. C. G. — — der Britte". Es scheint sich aber um keine Übersetzung zu handeln.

MEINE Reisen zu Fuss. Oder Beobachtungen über menschliche Schwachheiten (von *Chrn. Gotthold Hauffe*). Frankfurt und Leipzig 1789. 8°. 432 S. (incl. Tit. u. 2 Bll. Vorr. d. Verlegers). (In Leipzig, Bibl. d. Börsenvereins d. dtsch. Buchh.) (6 Mk., schönes Expl. in alt. Ppb., Oskar Rauthe, Friedenau, 1908.)

S. 361 bis Schluss interess. Erörterungen über die Verleger, das Verlagsrecht und die Nachdrucker jener Zeit. — Anon.-Lex. III. p. 367 (nach Will).

Beiträge zur Kenntnis der Anwendung und Wirkung heisser Bäder, insbes. heisser Teilbäder. Aus d. Kreiskrankenhause Gr.-Lichterfelde W. Von Georg **Hauffe**, Hilfsarzt. Mit zahlr. Kurven. Berlin, Wien: Urban & Schwarzenberg 1906. (S. 63–172.) 8° [F.]
— **Klinik**, Wiener. 1906, H. 4/5. [o6. 5549

Hauffe, Geo., Beiträge zur Kenntnis der Anwendung u Wirkung heisser Bäder insbesondere heisser Teilbäder. Mit zahlreichen Kurven. (110 S.) Lex.-8. Wien 906. Urban & Schwarzenberg. n. 2. —

Sonderabdruck aus: „Wiener Klinik".

Hauffe, Georg, prakt. Arzt in Gr. Lichterfelde: Aus dem Kreiskrankenhause Gr. Lichterfelde W. Geheimrat Prof. Dr. Schwenninger. 233 Gelenkrheumatiker ohne Salizylpräparate behandelt. Borna-Leipzig 1906: R. Noske. (44 S.) 8°

Leipzig, Med. Fak., Ref. Hoffmann, Diss. v. 8. Mai 1906

Geb. 6. Aug. 73 Breslau; Wohnort: Groß-Lichterfelde; Staatsangeh.: Preußen; Vorbildung: Friedr.-Gymn. Breslau; Studium: Breslau 9 S.; Coll. 8. Mai 06; Approb. 9. Juni 04.]

Hauffe, Gustav

—— Diesterweg u. die Lehrerbildung. gr. 8. (III, 172 S.) [Bresl. 891, Freund.] Lpz., Paul. * 2 50

Hauffe, Gust., Entwickelungsgeschichte d. menschlichen Geistes. gr. 8. (XL, 655 S.) Leipzig 878. O. Wigand. n. 10. —

— dasselbe. 2. Aufl. gr. 8. (XL, 655 S.) Ebend. 882. n. 6. —

Hauffe, Gust., Entwicklungsgeschichte des menschlichen Geistes. Anthropologie. gr. 8. (XII, 408 S.) Minden 886, Bruns. * 7 —

Hauffe, Gust., volkstüml. Handbuch der humanen Ethik auf wissenschaftl. Grundlage, das Lehrer u. Eltern anleitet, e. v. trennenden Voraussetzungen religiöser oder metaphysischer Art freien ethischen Unterricht zu geben. (Preisschrift der deutschen Gesellschaft f. eth. Kultur.) 4 Bde. 8. Hohen-Neuendorf (908). R. Fuchs. Leipzig, H. Zieger. Geb. in Leinw. 25.50; erm. Pr. 16. —

1. (I. Tl. 1. Bd.) (III, 498 S.) Geb. 7.—. — 2. (I. Tl.) (IV u. S. 499—980.) Geb. 7.—. — 3. (II. Tl.) (III, 481 S.) Geb. 7.—. — 4. (II. Tl.) (IV, 338 S.) Geb. 4.50.

Hauffe, G., Herder in seinen Ideen zur Philosophie der Geschichte der Menschheit. 8. (127 S.) Borna 890. Jahnke. n. 1. 50

— die Kunst, dem Tode seine Schrecken zu rauben, oder wie kann man sich als Mensch auf den Tod vorbereiten. 8. (63 S.) Tharand 889. (Akadem. Buchhandlg.) — 60

Hauffe, Gust., die Kunst, das menschliche Leben zu verlängern u. zu verschönern. 8. (183 S.) Wiesbaden 892. H. Sadowsky. n. 2. —

Hauffe, G., Mutter, so sollst Du Deine Kinder lehren. (30 S.) Leipzig 1877. Siegismund & Volkening.

— Mutter, so sollst du deine Kinder lehren! Eine unentbehrl. Schrift für jede Mutter, für junge Damen als spätere Mütter, Erzieherinnen, Bonnen, Kindergärtnerinnen u. überhaupt f. Gebildete, als Complement zu d. Verf. philosophisch-psycholog. Studie: „Gedanken über Befähigung u. Ausbildung d. menschlichen Geistes, od.: Talente u. sogenannte besondere Anlagen hat der Mensch nicht". 2. Aufl. gr. 8. (30 S.) Leipzig 877. Siegismund & Volkening in Comm. n. — 50

— Mutter, so sollst du deine Kinder lehren! Ein Buch f. gebildete Frauen. 4., verb. Aufl. 8. (IV, 60 S.) Berlin 887. Cronbach. n. — 75

Hauffe, Gustav: Propädeutik der Philosophie. Insonderheit Die Entwicklg. d. Menschengeistes. 3. Aufl. [Lief. 1; nicht mehr erschienen.]
Soest: W. Tappen 1892. (32 S.) 8°

Hauffe, G., Prof. Dr. Eduard Beneke's Psychologie als Naturwissenschaft, bearb. v. G. H. 8. (IX, 117 S.) Borna 890. Jahnke. n. 1. 50

— das Recht der Tiere oder Beleuchtg. d. richt. Verhältnisses zwischen Tier u. Mensch in sittl. u. rechtl. Beziehg. Konkurrenz-Arbeit bei dem Preis-Ausschreiben d. allgemeinen Verbandes deutscher Tierschutz-Vereine in Cöln a/Rh. gr. 8. (181 S.) Soest 891. W. Tappen. n. 2. 40

Hauffe, Gust., Talente u. sogenannte besondere Anlagen hat der Mensch nicht! Gedanken üb. Befähigg. u. Ausbildg. d. menschl. Geistes. 2. verm. Aufl. gr. 8. (72 S.) Leipzig 876. Siegismund & Volkening. n. 1. —

— dasselbe, s.: Sammelmappe, pädagogische.

— Die grundlegenden Unterschiede zwischen Knaben- u. Mädchenschulen. Preisschrift. Preisgekrönt v. „Verein f. d. höh. Mädchenschulwesen im Königr. Sachsen". (212 S.) gr. 8. Hohen-Neuendorf (907). R. Fuchs. Kart. 3. 50

— das Verhältnis der Pädagogik Schleiermacher's zu den Prinzipien Pestalozzi's. gr. 8. (182 S.) Ebd. 892. n. 2. 40

— Welche Berührungspunkte bieten hinsichtlich ihrer Erziehungs- und Unterrichtsgrundsätze Herbart, Ziller und Diesterweg? (220 S.) Borna 1890. Jahnke.

— Die Wiedergeburt d. Menschen. Abhandlung üb. die sieben letzten Paragraphen v. Lessings Erziehg. d. Menschengeschlechts. Preisgekrönt v. der Aug. Jenny-Stiftg. 8. (300 S.) [Borna 890.] Lpz., Jahnke.

Die Wiedergeburt des Menschen. Abhandlung über d. 7 letzten Paragraphen von Lessings Erziehung d. Menschengeschlechts. Von Gustav Hauffe. 2. Aufl. *Leipzig: H. Barsdorf 1897.* (300 S.) 8° [F.] [illegible]

Hauffe, Hans, approb. Arzt aus Breslau: Aus d. Kgl. Med. Klinik zu Breslau. Ein Beitrag zur Kenntnis der Leberkolik durch Echinococcus hepatis. *Breslau 1901: Bresl. Genossenschafts-Buchdr.* (23 S.) 8°
Breslau, Med. Diss. v. 12. Juli 1901

Hauffe, Karl, a. Hukowy, Referendar: Das kaufmännische Retentionsrecht. Bromberg (1905): A. Dittmann. (50 S.) 8°
Erlangen, Jur. Fak., Ref. Sehling, Diss. v. 16. Jan. 1906
[illegible]

Hauffe, L., Ueber Bosnien und die Herzegowina mit Rücksicht auf gewerbliche Verhältnisse. 8°. Wien 1885.

Hauffe, Rud., frohe Botschaft im Liede. (XIII, 160 S. m. Bildnis.) 8. Dresden (909). C. L. Ungelenk. Geb. in Leinw. 2. 50

Hauffe, Rud., Liebesfrühling. Gedichte. (XI, 93 S.) 8. Dresden 903. E. Pierson. n. 2. —; geb. n. 3. —

— Wilhelm der Große im Liede. (V, 60 S. m. 1 Bildnis.) gr. 8. Ebd. 903. n. 1. 50; geb. n. 2. 50

Hauffe, Thdr., die reine Schreiblesemethode. E. Anleitg. z. Erteilg. d. ersten Schreibleseunterrichts. gr. 8 (48 S.) Leipzig 899. Dürr'sche Buchh. n. — 60

Hauffe, Thdr., die reine Schreiblesemethode. Eine Anleitg. zur Erteilg. des ersten Schreibleseunterrichts. 2. verb. u. verm. Aufl. gr. 8. (49 S.) Leipzig 901. Dürr'sche Buchh. n. — 60

Hauffe, Thdr., die reine Schreiblesemethode. Eine Anleitg zur Erteilg. des ersten Schreibleseunterrichts. 3. u. 4. durchgeseh. Aufl. (à 47 S.) gr. 8. Leipzig 905. Dürr'sche Buchh.

Hauffe, Thdr., die reine Schreiblesemethode. Eine Anleitg. zur Erteilg. des ersten Schreibleseunterrichts. 5., durchgeseh. Aufl. (47 S.) gr. 8. Leipzig 909. Dürr'sche Buchh. — 60

[F.] Die Schulrevisionen. Handreichg f. Schulaufsichtsbeamte v. Theodor Hauffe, Regiergs- u. Schulr. in Stettin. *Berlin: Reuther & Reichard 1897.* (IV, 220 S., 1 Bl.) 1 Bd 8.

— die Schulrevisionen. Handreichg. f. Schulaufsichtsbeamte. 2., verb. Aufl. gr. 8. (VI, 224 S.) Berlin 898. Reuther & Reichard. n. 2. 50; geb. n. 3. —

[F.] Die Schulrevisionen. Handreichg f. Schulaufsichtsbeamte v. Theodor Hauffe, Regiergs- u. Schulr. in Stettin. 2., verbess. Aufl. *Berlin: Reuther & Reichard 1899.* (VI, 223 S.) 1 Bd 8.

— die Schulrevisionen. Handreichung f. Schulaufsichtsbeamte u. method. Winke f. Lehrer. 3., verb. Aufl. (VIII, 217 S.) gr. 8. Berlin 904. Reuther & Reichard. n. 2. 50; geb. n.n. 3. 20

[F.] 120 Sprüche nach der vom kgl. Konsistorium f. d. Prov. Pommern getroffenen Auswahl schulgemäss erklärt v. Th[eodor] Hauffe, ... Schulr. in Stettin. *Breslau: F. Hirt 1896.* (79 S.) 1 Bd 8.

120 Sprüche nach der vom Kgl. Konsistorium f. d. Prov. Pommern getroffenen Auswahl schulgemäß erklärt von T[heodor] Hauffe, Reg.- u. Schulr. in Stettin. 2. Aufl. Breslau: F. Hirt 1904. (80 S.) 8° [F.] [illegible]

Hauffe, Th., die Volksschule u. die Lehrerbildung in Oesterreich nach ihren gesetzlichen Grundlagen u. ihrem gegenwärtigen Zustande. gr. 8. (VI, 91 S.) Gotha 887. Thienemann. n. 2. —

Hauffe, Walter: Gewichte und günstigste Abmessungen der durch Parallelträger versteiften Kabelbrücken. Dresden: Dressel 1910. 43 S. 8° ¶ Auch als Buch.
Dresden, Dr.-Ing.-Diss. v. 20. 7. 1910

Hauffen, Adf., s.: Beiträge zur deutsch-böhm. Volkskunde.

Hauffen, Adolf: Die dt. mundartl. Dichtung in Böhmen. — Prag: Calve 1903. 92 S.
Aus: Dt. Arbeit. Jg 1. 1901—1902. Erw. Abdr.

Hauffen, Adf., das Drama der klassischen Periode, s.: National-Litteratur, deutsche.

— Karl Egon v. Ebert, s.: Sammlung gemeinnütz. Vorträge.

[F.] Einführung in die deutsch-böhmische Volkskunde nebst e. Bibliographie. Von Adolf Hauffen. *Prag: J. G. Calve 1896.* (224 S.) 8.
= Beiträge z. deutsch-böhmischen Volkskunde. Bd 1. H. 1. [illegible]

Hauffen, Adolf. Neue Fischart-Studien. Mit Unterstützung der Gesellschaft zur Förderung deutscher Wissenschaft, Kunst und Literatur in Böhmen. VIII + 295 S. 8. Leipzig und Wien, Carl Fromme, 1908. (M. 5. 60)
Euphorion. ... Ergänzungsheft 7.

Hauffen, Adf., d. deutsche Sprachinsel Gottschee, Geschichte u. Mundart, Lebensverhältnisse, Sitten u. Gebräuche, Sagen, Märchen u. Lieder, s. a. Quellen u. Forschgn. z. Geschichte, Litteratur u. Sprache Österreichs u. s. Kronländer.

Hauffen, Dr. Adolf, Die deutsche Sprachinsel Gottschee. Geschichte und Mundart, Lebens-Verhältnisse, Sitten und Gebräuche, Sagen, Märchen und Lieder. Mit vier Abbildungen und einer Sprachenkarte. (Quellen und Forschungen zur Geschichte, Literatur und Sprache Oesterreichs und seiner Kronländer. Durch die Leo-Gesellschaft herausgegeben von Dr. J. Hirn und Dr. J. E. Wackernell. III. Band.) Gr.-8. (XVI, 465 S.) 4.80
Graz: Styria 1895.

Hauffen, Adolf: Das deutsche Haus in der Poesie, s. Sammlung gemeinnütziger Vorträge.

— d. Hexenwahn, s.: Sammlung gemeinnütz. Vorträge.

Huß eine Gans — Luther ein Schwan. Von Adolf **Hauffen.** Prag: Bellmann 1908. 28 S. 8°
Aus: Prager Deutsche Studien. H. 9 [09. 15755 4

Hauffen, Adolf: Theodor Körner, s. Sammlung gemeinnütziger Vorträge.

Hauffen, Adolf: Z. Kunde vom Wassermann. *Weimar 1898.*
in: **Forschungen** z. neueren Litteraturgeschichte. Festgabe f. R. Heinzel. [98. 11537

HAUFFEN, Adolf, Leben und Fühlen im deutschen Volkslied. Prag 1890. 8°.
Ist: Sammlung gemeinn. Vorträge Nr. 143.

Hauffen, Adolf: Über das Höritzer Passionsspiel, s. Sammlung gemeinnütziger Vorträge.

Hauffen, A., Caspar Scheidt, der Lehrer Fischart's, s.: Quellen u. Forschungen zur Sprach- u. Culturgeschichte der germanischen Völker.

Hauffen, Adolf: Shakespeare in Deutschland, s. Sammlung gemeinnütziger Vorträge.

Hauff-Gallerie. 12 Photogr. nach Orig.-Gemälden der Düsseldorfer Künstler E. Bosch, Ph. Grot-Johann u. Max Volkhart, photographisch reproducirt v. F. Bruckmann in München. Ausg. A. 1. Lfg. gr. Fol. (2 Bl.) Leipzig 879. Minden, Bruns. n. 20. —; einzelne Blätter à 12. —

Hauff-Gallerie. 12 Photogr. nach Orig.-Gemälden der Düsseldorfer Künstler E. Bosch, Ph. Grot-Johann u. Max Volkhart, photographisch reproducirt von F. Bruckmann in München. Ausg. B. (Cabinet.) 4 Lfgn. 8. (à 3 Bl.) Leipzig 879. Minden, Bruns. à n. 3. —; einzelne Blätter à 1. 20 (cplt. in Mappe: n. 13. 50)

Hauff-Gallerie. 12 Photogr. nach Orig.-Gemälden d. Düsseldorfer Künstler E Bosch, P Grot-Johann u. M Volkhart, photograph. reproducirt v. F Bruckmann in München. Asg. A. 1. Lfg. Fol. (2 Bl.) Lpzg 79, Eigendorf. n. 20. —; einz. Bl. à 12. —; Asg. B. (Cabinet) 4 Lfgn. (à 3 Bl.) 79. à n. 3. —; einz. Bl. à n. 1. 20; cplt. in Mappe. n. 13. 50

[F.] **Häufigkeitswörterbuch** der deutschen Sprache. Festgestellt durch e. Arbeitsausschuss d. deutschen Stenographie-Systeme. Hrsg. (unter ... Mitw. ...) v. F. W. Kaeding. (In 15 Lfgn.) *Steglitz b. Berlin: Selbstv.; (gedr. v. E. S. Mittler & Sohn) 1897. (98).* (VI, 671 S.) 1 Bd 4. (8.) [98. 3404

Haufingen, Paul v. (Rittmeister a. D. in München), Ludwig II., König v. Bayern. Sein Leben u. Ende. 2. Aufl. Hamburg, L. Gunther, 1886. 128 S. Blau Gzsrsb.

— — Dasselbe. 3. Aufl. Ibid. eod. 8°. 128 S. Blau Hsrsb.

Haeufl, Franz [app. Arzt]: Ein Fall von Leuchtgasvergiftung. ... München, k. Hof- u. Univ.-Buchdr. Dr. C. Wolf & Sohn, 1890; 83 S. 8°
München, Med. Fak., Inaug.-Diss. v. 1890

Häufler, J. V., kleine histor. Bilder-Gallerie aus Ungarn's denkwürd. Vorzeit. br. 8. (XII u. 260 S. mit 9 Lith.) Pest 847, Heckenast. (Leipzig, G. Wigand.) n. 2 ß 4 ngl

Haeufler, J. V.—. Buda-Pesth, historisch-topographische Skizzen von Ofen und Pesth und deren Umgebung von — — mit chromolithographirten Plänen von Ofen und Pesth und deren Umgebungen sammt 12 Ansichten und mehreren historischen Illustrationen.
Enthält: Historische Skizzen von Ofen und Pesth. (132 S.) — Andeutungen über die näheren und entfernteren Umgebungen von Ofen und Pesth. (84 S.) — Topographische Skizzen und Wegweiser von Ofen und Pesth. (322 S.) 8. Pesth. Verlag von Gustav Emich. 1854.

Haeufler J. V. und **Helder** J., Dr.: Archäologische Notizen, gesammelt auf einem Ausfluge nach Herzogenburg, Göttweih, Melk und Seitenstetten im September 1849.
1. Teil (mit 1 Taf.). Ar. 5. 120 . . . . vgr.
— — 2. Teil (mit 7 Taf.). Ar. 5. 523 . . . . vgr.
Separatabdruck

Häufler, J. V., Sprachenkarte d. österr. Monarchie sammt erklär. Uebersicht d. Völker dieses Kaiserstaates, ihrer Sprachstämme und Mundarten, ihrer örtl. u. numerischen Vertheilung. (1 Karte u. 1 Tab., nebst Text in gr. 8.) Pesth 846. (Emich.) $1^1/_2$ ß

— Versuch einer Sprachenkarte der österreichischen Monarchie. (2. Aufl.) gr. Fol. Lithochrom. Pesth 849. Emich. n. $^2/_3$ ß

Häufler, Joseph

— s. Desjardin, Atlas von Europa.

Häufler, Joseph. Erinnerung an die Schlachten im Marchfelde. 1. Die Schlachten von Aspern und Wagram etc. 2. Die Entscheidungsschlacht bei Dürnkrut etc. Quellengemäss dargestellt sammt einem Plane der letzteren Schlacht. (Aus „Darstellung der nächsten Umgebungen der Kaiser Ferdinands-Nordbahn zwischen Wien und Brünn".) 8. Wien 1839.

Häufler, J. Erinnerungen an die Schlachten auf dem Marchfelde. 8. Wien 1840.

Häufler, Jos., Panorama vom Schneeberge in Nieder-Oesterreich (2 Ellen Rhein. lang u. 7 Zoll breit), und Hemiorama vom Wechsel an der österreich-steiermärkischen Grenze (1 Elle $4^1/_2$ Zoll lang u. $7^1/_4$ Zoll breit). Nebst Andeutungen zur Ersteigung dieser Berge und 1 Kärtchen vom Schneeberge mit dessen Umgebungen. 8. (Mit 2 Ansichten.) Wien 841, Rohrmann, Hofbuchh. $1^2/_3$ ß

Häufler, Jos., histor.-geograph. Tableau des Oesterreich. Kaiserstaates, eine übersichtliche Darstellung der Geschichte dieses Staates, seiner Gebietsveränderungen, Wappen und Orden, nebst der Stammtafel der österreich. Regenten aus den Häusern Babenberg, Habsburg u. Lothringen, sammt der dazu gehörigen histor. Karte. (4 Bl. incl. Karte.) gr. Imp.-Fol. Wien 840. Beck. $1^1/_3$ ß feine Ausg. $2^1/_3$ ß

Häufler, W., praktische Anleitung zum Fangen der schädlichsten Raubthiere. Eine leicht faßl. Anleitung, wie man leicht u. doch sicher Raubthiere fangen kann, nebst einem Anh. der besten Kirrungen u. Witterungen für dieselben. Hrsg. v. einem alten prakt. Fachmann. 8. (II, 21 S.) Schweidnitz 881. Heege. — 75

Plan von Metz und den Vororten. Entworfen von Geometer **Haug**, Metz. Maßst. 1:10000. *Metz: R. Lupus 1904.* (1 Kartenbl. 51×50 cm, 2 Bl.) 8° [04.52:8

Rede am Grabe des Dr. Heinrich Friedrich Otto Abel, gehalten zu Leonberg den 31. Oktober 1854 von Haug und Klott. Leonberg. 1854. 8°.

Haug, A., lateinische Sprache. 8. München, Lentner.

HAUG, Albert (Leitershofen): Beobachtungen aus der medicinischen Klinik und Abtheilung des Professors von Gietl im allgemeinen Krankenhause zu München mit einer statistischen Übersicht des Jahres 1856/57. Heft 1.- München: Kaiser 1860. XXIV,192 S.
3.8.1857 - F 69
Diss.Ingolst.-Landsh.-Mchn

Haug, Alex. Max., evangel. luther. Geistlicher u. Lehrstand d. Königreichs Würtemberg, oder Verzeichniß sämmtl. Geistlichen u. Lehrer an d. Unterrichts-Anstalten im Königr. Würtemberg etc. 8. Stuttg. ... 12e Aufl. 815.

Haug, Balthasar

Haug, Balth., († d. 3. Jan. 1792.) die Alterthümer der Christen, z. Aufklärung der Schicksale u. Gebrauch der Kirche. 8. Stuttg. 785. (Löffler in Manh.) 1 fl weiß Pap. 1 fl 4 kr

— Pr. I — IV.: amoenitates gymnasticae. Auch u. d. T.: historia literaria Gymnasii illustr. Stuttg. 8. Manh. 780. Löffler. 16 kr

— d. Christ am Sabbath, besungen. 3 Thle. gr. 8. Stuttg. 763, 64. 2e Aufl. 778. (Löflund). 18 kr (g. Löffler in Manh.) 16 kr

— Einleit. in die mytholog. Tabellen. gr. 8. Heilbronn Eckebrecht. 772.

— kurze systemat. Encyklopädie über d. Nöthige u. Nützl. in Künsten u. Wissenschaften. gr. 8. Stuttg. 779.

Haug, Balthasar (Stamheim), De eo, quod justum est, circa relaxationem jurisjurandi secundum jus naturae consideratam. Diss. inaug. Präs. Christoph Friedrich Schott. Tübing. (Erhardt) 28. IV. 1753. 32 S. (6.20) 13490

— Gedicht an meinen Sohn bei seinem Eintritt ins Kloster. 4. Stuttg. 765. Sattler. 2 kr

— gelehrte Geschichte, in Tabellen, 1e u. 2e Tabelle. Fol. Ludwigsb. 770.

Haug, Balth.: Die Liederdichter des Wirtenbergischen Landgesangbuchs (u. a.), nebst ihren kurzen Lebensumständen. Stuttgart: Mäntler 1780.

Haug, Balthasar, s. M a g a z i n, Schwäbisches.

— Samml. von Abhandlungen, Gedichten u. Briefen 3 Thle. 8. Stuttg. 754, 55.

— Samml. u. Geschichte aller Würtemberg. gekrönten Dichter. 8. Stuttg. 776.

— Säze üb. die deutsche Sprache, Schreibart u. Geschmack. 4. Stuttg. 779.

Haug, Balth.: Der zweete Stiftungstag der Herzoglich-Wirtembergischen militärischen Pflanzschule auf der Solitude, den 14. Dezember 1772. Ludwigsburg: Cotta [1773].

STUNDEN, Müssige, in Stuttgart, Tübingen und auf dem Lande (von *Balthasar Haug*). Ulm 1761.
Anon Lex [illegible] (nach Kayser). — Rarl

Haug, Balthasar, s. S t u n d e n, müßige.

— drey Tabellen z. Literärhist. Fol. Mannh. Löffler. 771.

— zwey Tabellen z. Mythologie. 8. Ebend. 772.

— Versuch e. Literärhistorie d. Alten, in Tabb. gr. 8. Ludwigsb. 771. Eckebrecht. 7 kr 1r Beitr. z. Literärhistorie etc. 8. Ebd. 772.

Haug, Balth.: Das gelehrte Wirtemberg. Stuttgart: Hohe Carlsschule 1790.

— das gelehrte Würtemberg. gr. 8. Stuttg. 790. Autor. 1 fl 12 kr

— Zustand d. schönen Wissensch. in Schwaben. 8. Ulm, Bartholomäi. 762.

Haug, Balthasar, s. Z u s t a n d d. Wissenschaften in Schwaben

Haug, C. E., s. Empiriker, die.

Haug, Carl, s. H a u g, Karl.

Haug, Chr. Fr.

— Betracht. üb. den Ursprung d. deutschen Schauspiele u. d. deutschen Schauspieldichter. 8. Amsterd. 180..

Haug, Chr. Fr., Briefe aus Amsterdam über das neue Lustspiel u. die niederländ. Literatur. 8. Amsterd. 180.

Haug, E.

VORRATH, Theresia u. Nanette, von Walhausen, eine merkwürdige Kriminalgeschichte. Koblenz, Lassaulx, 1805. Gr. 8°. (10 ggr.) Rarl

Haug, Eduard

Haug, Ed., s.: Briefwechsel, der, der Brüder J. Geo. Müller u. Joh. v. Müller.

Haug, E. Der Briefwechsel der Brüder J. Georg Müller und Joh. v. Müller 1789 bis 1809. Frauenfeld 1891.

Haug, Eduard, s.: Dichterbuch, schweizerisches

Haug, Ed., Erläuterungen zu Baechtold's deutschem Lesebuch für höhere Lehranstalten der Schweiz, obere Stufe. gr. 8. (VIII, 144 S.) Frauenfeld 885, Huber. cart. *

— aus dem Lavater'schen Kreise. (J. G. Müller u. J. K. Häfeli.) I. gr. 8. Schaffhausen 894. (C. Schoch.) n. 1.60
Joh. Georg Müller als Lavaterschüler in Zürich. Progr. (IV, 69 S.)

Haug, Ed., aus dem Lavater'schen Kreise. II. Joh. Georg Müller als Student in Göttingen u. als Vermittler zwischen d. Zürichern u. Herder. Progr. gr. 8. (IV, 122 S.) Schaffhausen 897. (C. Schoch.) n. 2.10
(I. u. II.: n. 4. –)

— deutsches Lesebuch f. höhere Lehranstalten der Schweiz, s.: Baechtold, Jak.

[F.] Joh. Georg Müller als Lavaterschüler in Zürich v. Eduard Haug. Beil. z. Jahresber. des Gymn. Schaffhausen 1893/94. *Schaffhausen: Buchdr. v. J. Bachmann 1894.* (2 Bl., 69 S.) 1 Bd 8.
= Haug, E.: Aus dem Lavater'schen Kreise. [Th.] I. [97. 910

[F.] Joh. Georg Müller als Student in Göttingen u. als Vermittler zwischen den Zürichern u. Herder. Von Eduard Haug. Beil. z. Jahresber. d. Gymn. Schaffhausen 1896/97. *Schaffhausen: Buchdr. v. P. Schoch 1897.* (2 Bl., 122 S.) 1 Bd 8.
= Haug, E.: Aus dem Lavater'schen Kreise. [Th.] II. [97. 910

Haug, Emil. Beitrag zur Kenntniss der oberneocomen Ammonitenfauna der Puezalpe bei Corvara, s. Beiträge zur Paläontologie Oesterreich-Ungarns etc. 7. Bd.

Haug, Emil [aus Niederbronn (Unter-Elsass)]: Beiträge zu einer Monographie der Ammonitengattung Harpoceras .... Stuttgart, Schweizerbart'sche Verlagsh. (E. Koch), 1885; 142 S. u. 2 Taf. 8°.
Strassburg, Math.-Naturw. Fak., Inaug.-Diss. v. 1885.

Haug (Emil), Die geologischen Verhältnisse der Neocomablagerungen der Puezalpe bei Corvara in Südtirol. (Jahrb. d. k. k. Reichsanstalt, Band 37.) 1887. 8.

Haug, Ernst, des Republikaners Schwertfart. Kartons. 8. (XXII u. 298 S.) Bremen 851, Schlodtmann. 1⅙ ₰

Die Römischen Denksteine des Grossherzoglichen Antiquariums in Mannheim von Prof. FERDINAND HAUG. Wissenschaftliche Beigabe zu den Programmen des Gymnasiums zu Mannheim für die Schuljahre 1875/77. 1877. Programm Nr. 483. Gymn. Mannheim. Konstanz. Druck von Friedr. Stadler. (Publikation des Mannheimer Altertumsvereins.) 4°.

Ferdinand Haug. Die römischen Denksteine des Grossh. Antiquariums in Mannheim. 4°. 72 S. Mannheim. P 1876–1877

Haug, Ferd., Der römische Grenzwall in Deutschland. Vortrag ... (Mit 1 Karte.) Mannheim 1885. 8.
A. u. d. T.: Sammlung von Vorträgen, geh. im Mannheimer Altertumsverein. Ser. 1.

Haug, F. Der römische Grenzwall in Deutschland. Mit 1 Krt. Mannheim 1885. 29 S.

Haug, Ferd., u. G. Sixt, die römischen Inschriften u. Bildwerke Württembergs. Im Auftr. d. württemberg. Altertumsvereins hrsg. (1. Tl) gr. 8. (128 S. m. Abb.) Stuttgart 898. (W. Kohlhammer.) n. 3.—

Haug, Ferd., u. G. Sixt, die römischen Inschriften u. Bildwerke Württembergs. Im Auftrag des württemberg. Geschichts- u. Altertumsvereins hrsg. Mit 227 (bezw. 244) Abbildgn. u. 1 Fundkarte. 2. Tl. gr. 8. (XIX u. S. 129—415.) Stuttgart 900. W. Kohlhammer. n. 5. —; (kplt. n. 8.—)

Haug, F(erdinand): 1. Ueberblick über die Geschichte des Gymnasiums 1807—1899. 2. Vorgeschichte und Geschichte des Neubaues. [3.] Einweihungsfeier. *Mannheim 1900: Haas.* (S. 3—8, 17—25.) 4°
Mannheim, grossh. G, Festschr. 1899 (1901 no 670)**

Haug, Flamin Heinrich: Ludwigs v. des Brandenburgers Regierung in Tirol (1342 - 1361). Innsbruck 1906: Wagner. (109 S.) 8° ¶(Aus: Forschungen und Mitteilungen zur Geschichte Tirols u. Vorarlbergs Jg. 3 H. 4 u. Jg. 4 H. 1.)
München, Phil. Fak., Ref. v. Heigel, Diss. v. 4. Jan. 1906
[Geb. 28. Apr. 80 Salzburghofen, Bez.-A. Laufen; Wohnort: Bad Tölz; Staatsangeh.: Bayern; Vorbildung: Gymn. Freising Reife Juli 00; Studium: Lyzeum Freising 1, München 10 S.; Rig. 4. Jan. 06.]

Haug, Friedrich, s. Haug, Johann Christoph Friedrich

[Umschlagt.:] [F.] **Haug,** G. [Oberförster zu Blaubeuren]: Beitrag zu der Durchforstungsfrage .... (Aus: Allgem. Forst- u. Jagd-Zeitg, 1894 Jan.-Heft.) Frankfurt a. M., J. D. Sauerländer, 1894; 40 S., 1 Taf. 4.
Tübingen, Staatswiss. Fak., Inaug.-Diss. v. 1894

Haug, G., plastische Ornamente, Möbel, Zierstücke, Geräthschaften aller Zeiten. Zum Gebrauch für Bildhauer, Modelleure u. andere industrielle Künstler. 1. u. 2. Liefg. (à 3 lith. Taf.) Berlin 860. A. Jonas. Fol. Jede Liefg. n. 15 ngr.
einzelne Blätter à n. 6 ngr.

Haug, G. F. Kurze und deutliche Anleitung zum Gebrauch eines Sextanten und denen hierzu gehörigen Tafeln der Sonnenhöhen. Stuttgart 1794.

(Haug, G. F.,) kurze Einleitung in d. mathemat. Geographie, zugleich Erklärung d. Planeten-Systems, u. d. Entwurfes v. den nöthigsten Erklärn. aus d. mathemat. Geographie. 8. (2½ B.) Stuttgart 831, Steinkopf.

— s. 1) Einleitung in d. mathemat. Geographie. 2) Planetensystem.

(——) das Planeten-System, 1 lithogr. u. ill. Blatt. Imp.-Fol. (Stuttgart 830, Steinkopf.)

Haug, (G. F.) kleiner Schul-Atlas v. 4 Charten. Fol. Stuttgart 822, Steinkopf.

Haug, Gust., Alpenrosen. Sammlung von 3- u. 4stimm. Volks- u. Vaterlandsliedern. 2. Heft. Ausg. A f. Frauen- u. Töchterchöre. (IV, 158 S.) 8. St. Gallen 903. [Zweifel-Weber.] Zürich, Hug & Co. Geb. in Leinw. n.n. — 90

— dasselbe. Ausg. B f. Sekundarschulen u. Institute. (IV, 135 S.) 8. Ebd. 903. Geb. in Leinw. n.n. — 80
Das 1. Heft. s. Zweifel, B.

Haug, Gustav, appr. Arzt a. Gröningen: Beitrag zur Statistik der Hasenscharten. Tübingen 1904: H. Laupp jr. (25 S.) 8° ¶(Aus: Beiträge zur klinischen Chirurgie. Bd 44, H. 2.)
Tübingen, Med. Fak., Ref. v. Bruns, Diss. v. 30. Dez. 1904
[Geb. 8. März 80 Gröningen, O./A. Crailsheim; Wohnort: Tübingen; Staatsangeh.: Württemberg; Vorbildung: Sem. Urach Reife M. 98; Studium: Tübingen 7, München 1, Kiel 1 S.; Coll. 29. Dez. 04; Approb. 18. Mai 04.]

Haug, Gustav. Fünf Lieder für Frauenchor ⟨a capella⟩ componirt von G' H' [Musikdirektor, Gais]. Op. 26. 5 N^re^ Part[itur]. gr.-8. Leipzig, Fr. Portius, [1901]. Part. *No 1, 4, 5 je* M. —. 80, *No 2* —. 50, *No 3* 1. —; Stimmen *jeder No* —. 60
Nº 1. Schneeglöcklein. ⟨(Dichtung von) Dr. F(r[itz]) Rohrer.⟩ 5 S.
Nº 2. Die Verlassene. ⟨(Dichtung von) Jul(ius) Gersdorff.⟩ 3 S.
Nº 3. Hüte dich! ⟨(Dichtung von) Herm[ann] Lingg.⟩ 7 S.
Nº 4. Dorscholmische Frühling. ⟨(Dichtung von) Jul(ius) Gersdorff.⟩ 5 S.
Nº 5. Frühlingsdrang. ⟨4 stimmig.⟩ ⟨(Dichtung von) Elise Mathis-Montbrun.⟩ 5 S.

Haug, Gustav. Wie Gott will! ⟨Zur Confirmation.⟩ Dichtung von Agnes Franz, für gemischten Chor componirt von G' H'. Op. 27. Partitur *und* Stimmen. 3 *und* 4 *mal* 1 S. gr.-8. St. Gallen, Zweifel-Weber; Leipzig, Breitkopf & Härtel, [1904]. [Partitur fr. 1. —, Stimmen *je* —. 20]
Fest-Chöre. Nº 5.

Haug, H., vergleichende Erdkunde u. alttestamentliche geographische Weltgeschichte. Mit 10 Karten, davon 8 in Farbendr. 2 Hfte. gr. 4. (XI, 71 S. m. 1 Tab.) Gotha 894. Selbstverl. 4.—

Haug, H., das alte Testament v. „der v. Schiloh." Für jeden Wahrheitsliebenden dem wirkl. Inhalte nach zum ersten Male verständlich ausgeschrieben. 1. Bd. [Mit e. lith. Karte.] gr. 8. (LIX, 393 S.) Berlin 872. Grieben. n. 6. —

Das kurfürstliche Amt Dresden vom 14. bis zum 19. Jahrhundert. Von Heinrich Haug, Kanzleirat. *Dresden: W. Baensch 1902.* (IV, 80 S.) 8° [F.]
= Mitteilungen d. Vereins f. Geschichte Dresdens. H. 16.

Die Handelskammer zu Strassburg i. E. 1803—1903. Festschrift zur Erinnerung an ihr 100jähr. Bestehen. Im Auftr. d. Handelskammer verf. von Hugo Haug. — Strassburg: Els. Dr. u. Verl. Anst. 1903. 77 S. 8°

Haug, J., Anfangsgründe der Pflanzenkunde. Beschreibung von 36 bekannten Pflanzen nebst Zusammenstellg. der wichtigsten Formen der Pflanzenorgane. Zunächst für Schulpräparanden bearb. Ravensburg 869. Ulmer. gr. 8. (IV, 42 S.) n. 7 ngr.

Haug, J., Anfangsgründe der Pflanzenkunde. Beschreibung v. 36 bekannten Pflanzen nebst Zusammenstellg. der wichtigsten Formen der Pflanzenorgane. Zunächst f. Schulpräparanden bearb. 2. Aufl. Mit e. Anh. üb. die wichtigsten nutzbaren Pflanzenstoffe. gr. 8. (IV, 51 S.) Stuttgart 876. Ulmer. n. — 80

Haug, J., Beiträge zur Behandlung des Lesebuchs für die katholischen Volksschulen Württembergs. In Verbindung mit einigen Schullehrern herausg. (Abdruck aus dem Magazin für Pädagogik.) 4 Hefte. (à 5 Bgn.) Ravensburg 861. Dorn. gr. 8. n. 20 ngr.

— u. F. J. Hoos, die Grammatik in der Volksschule. Ravensburg 865. Dorn'sche Buchh. gr. 8. (IV, 74 S.) n. 12 ngr.

— — 2., umgearb. u. verm. Aufl. Ravensburg 868. Ulmer. gr. 8. (IV, 94 S.) n. 12 ngr.

Haug, J. (Hrsg.), s. Schulwochenblatt, Süddt. kath.

— kleine deutsche Sprachlehre. Zunächst für Schulpräparanden bearb. Ebend. 868. gr. 8. (IV, 86 S.) n. 12 ngr.

Haug, J., deutsche Sprachlehre. Insbesondere f. Schullehrer u. Schulamtslehrlinge. 2., umgearb. Aufl. gr. 8. (III, 100 S.) Freiburg i/Br. 877. Herder. n. — 80

— s. Uebungen, grammatische.

— grammatische Uebungen für deutsche Volksschulen. 3 Hefte. gr. 16. (14; 26; 33 S.) Freiburg im Br. 874, Herder'sche Verlagsh. cart.

— grammatische Uebungen f. die Volksschulen Elsaß-Lothringens. 1. Schülerhft. 6. Aufl. 16. (12 S.) Ebend. 876. n. — 10

— grammatische Übungen. Für die Volksschulen in Elsaß-Lothringen. Neue Ausg., bearb. v. R. Lippert. 1—3. Schülerhft. 12. Ebend. 882. n.n. — 48
1. 2. Aufl. (20 S.) n.n. — 12. — 2. 3. (34 u. 49 S.) à n.n. — 18

Haug, J. (II.), grammatische Übungen. Für die Volksschulen in Elsaß Lothringen Neue Ausg., bearb. von R. Lippert. 3 Schülerhefte. 12. Freiburg i. Br., Herder'sche Verlagsh. [1. Schülerheft. 2.—4. Aufl. (20 S.) 881—83. * * 12 Pf.; 2. Schülerheft. 2.—5. Aufl. (34 S.) 882—84. * * 18 Pf.; 3. Schülerheft. 2.—4. Aufl. (49 S.) 881—84. * * 18 Pf.] * *

Haug, J., grammatische Übungen. Für die Volksschulen in Elsaß-Lothringen. Neue Ausg., bearb. von R. Lippert. 3 Schülerhefte. 12. Freiburg i. Br. 885—87, Herder'sche Verlagsh. [1. Heft. 5.—8. Aufl. (20 S.) * * 12 Pf.; 2. Heft. 6.—8. Aufl. (34 S.) * * 18 Pf.; 3. Heft. 5. und 6. Aufl. (51 S.) * * 18 Pf.] * * 48 Pf.; cart. in 1 Bdchn. * *

Haug, J., grammatische Übungen. Für die Volksschulen in Elsaß-Lothringen Neue Ausg., bearb. v. R. Lippert. 1—3. Schülerheft. 12. Freiburg i/Br. 886. Herder. n.n. — 48
1. 7. Aufl. (20 S.) n.n. — 12. — 2. 7. Aufl. (34 S.) n.n. — 18. — 3. 5. Aufl. (49 S.) n.n. — 18

Haug, J., grammatische Übungen. Für die Volksschulen in Elsaß-Lothringen. Neue Ausg., bearb. v. R. Lippert. 3 Schülerhefte. 12. Freiburg i/Br., Herder. n.n. — 48; in 1 Bdchn. cart. n.n. — 55
1. 8. Aufl. (20 S.) 887. n.n. — 12. — 2. 9. Aufl. (34 S.) 889. n.n. — 18. — 3. 6. Aufl. (51 S.) 887. n.n. — 18.

Haug, J., grammatische Übungen. Für die Volksschulen in Elsaß-Lothringen. Neue Ausg., bearb. v. R. Lippert. 3 Schülerhefte. 12. Freiburg i/B., Herder. n.n. — 48; in 1 Bd. kart. n.n. — 55
1. 10. Aufl. (20 S.) 891. n.n. — 12. — 2. 10. Aufl. (34 S.) 892. n.n. — 18. — 3. 8 Aufl. (51 S.) 890. n.n. — 18.

Haug, J., grammatische Übungen. F. d. Volksschulen in Elsaß Lothringen. Neue Ausg., bearb. v. R. Lippert. 1.—3. Schülerhft. 12. Freiburg i/B. Herder. n.n. — 48
1. 12. Aufl. (20 S.) 898. n.n. — 12
2. 11. Aufl. (34 S.) 897. n.n. — 18
3. 9. Aufl. (51 S.) 896. n.n. — 18

Haug, J., grammatische Übungen. Für die Volksschulen in Elsaß-Lothringen. Neue Ausg., bearb. v. R. Lippert. 1.—3. Schülerhft. gr. 16. Freiburg i/B. Herder. n.n. — 53
1. 13. Aufl. (20 S.) 902. n. — 15
2. 12. Aufl. (34 S.) 900. n.n. — 18
3. 10. Aufl. (51 S.) 901. n.n. — 20

Haug, J., grammatische Uebungen. Für die Volksschulen in Elsaß-Lothringen. Neue Ausg., bearb. v. R. Lippert. 2. u. 3. Schülerheft. gr. 16. Freiburg i/B. 903. Herder. à n. — 20
2. 13. Aufl. (36 S.) 903. — 3. 11. Aufl. (51 S.) 904.

Haug, J., grammat. Übungen. Für die Volksschulen in Elsaß-Lothringen. Neue Ausg., bearb. v. Rud. Lippert. II. Schülerheft. 14. Aufl. (36 S.) kl. 8. Freiburg i/B. (910). Herder. — 20

Haug, J., Umwandlungs-Tabellen v. Gulden u. Kreuzer in Mark u. Pfennige u. umgekehrt; sodann v. Thalern in Mark u. endlich v. Franks u. Centimes in Mark u. Pfennige u. umgekehrt 4. rev. Aufl. gr. 16. (52 S.) Leutkirch 874. Roth. — 35

— dasselbe. 7. rev. Aufl. 8. (52 S.) Ebend. 874. n. 38

Haug, J. (II.), Umwandlungs-Tabellen von Gulden und Kreuzer in Mark und Pfennige und umgekehrt, sodann von Thalern in Mark und endlich von Franks und Centimes in Mark und Pfennige und umgekehrt. Berechnet und erläutert sowohl für den allgemeinen wie amtl. Gebrauch. 1.—5. Aufl. 35 Pf., und 6.—9. revid. Aufl. * 38 Pf.; 10. und 11. revid. Aufl. 8. (52 S.) Leutkirch 874,75, Roth.

Haug, J. (II.), Umwandlungs-Tabellen von Gulden und Kreuzer in Mark und Pfennige und umgekehrt; sodann von Thalern in Mark und endlich von Franks und Centimes in Mark und umgekehrt. Berechnet und erläutert sowohl für den allgemeinen wie amtl. Gebrauch. 12.—16. revid. und verb. Aufl., mit einem Anhang über außer Cours gesetztes Papiergeld. gr. 16. (55 S.) Leutkirch 876—78, Roth. * 40 Pf.; cart. * — 50

— dasselbe. 13. rev. u. verb. Aufl., m. e. Anh. über außer Cours gesetztes Papiergeld. gr. 16. (55 S.) Ebend. 876. n. — 40; cart. — 50

Haug, J., Umwandlungs-Tabellen v. Gulden u. Kreuzer in Mark u. Pfennige u. umgekehrt; sodann v. Thalern in Mark u. endlich v. Franks u. Centimes in Mark u. Pfennige u. umgekehrt. Berechnet u. erläutert sowohl für den allgemeinen, wie amtl. Gebrauch. 19., rev. u. verb. Aufl. 12. (52 S.) Leutkirch 880. Roth. n. — 40; cart. n. — 50

Haug, J., Umwandlungs-Tabellen v. Gulden u. Kreuzer in Mark u. Pfennige u. umgekehrt; sodann v. Thalern in Mark u. endlich v. Franks u. Centimes in Mark u. Pfennige u. umgekehrt. Berechnet u. erläutert sowohl f. den allgemeinen, wie amtl. Gebrauch. 20. Aufl. 12. (52 S.) Leutkirch 883. Roth. n. — 40; cart. n. — 50

— Universal-Tabellen zur schnellen u. sichern Berechnung der Zinsen von 1—1,000,000 Capital f. e. jede Währung. Mit e. Vergleichg. der bekanntesten Rechnungsmünzen. 8. (XV, 126 S.) Ebend. 875. geb. n. 2. 20

Haug, J., Universal-Zinstabellen f. e. jede Währung von 1—1,000,000 Capital. I. Das Jahr zu 365 Tagen, f. jeden Tag zu 1/4, 1/2, 3/4, 1, 1 1/4, 1 1/2, 1 3/4, 2, 2 1/4, 2 1/2, 2 3/4, 3, 3 1/4, 3 1/2, 3 3/4, 4, 4 1/4, 4 1/2, 4 3/4, 5, 5 1/4, 5 1/2, 5 3/4, 6, 6 1/4, 6 1/2, 6 3/4 % nebst Zeitberechnungstafel. II. Das Jahr zu 360 Tagen, von 1—29 Tagen u. 1—12

Monaten. Obigen Zinsfüßen sind hier noch weitere beigegeben: 1/8, 1/8, 1/8, 1/8, 1 1/8, 1 1/8, 1 1/8, 2 1/8 u. s. w. bis 6 1/8 % nebst Zeitberechnungstafel. III. Berechnung der Zinseszinsen, von 1—1000 Kapital f. 1—100 Jahre zu 3 1/4, 3 1/2, 3 3/4, 4, 4 1/2, 5, 5 1/2 %. Mit einer Vergleichg. der bekanntesten Rechnungsmünzen. 2. [Titel-]Ausg. (126 S.) 8. Stuttgart [875] 893. München, Allgemeine Verlags-Gesellschaft. Cart. n. 1

Haug, J. F., s. J. A. Leppichler, latein. Chrestomathie.

Haug, J. F., Uebungsbuch zum Uebersetzen aus dem Deutschen in das Lateinische f. mittlere u. obere Classen in drei Cursen, mit Anmerkungen u. Hinweisung auf die Sprachlehren von Bröder, Madvig u. Zumpt. gr. 8. (XVI u. 285 S.) Heilbronn 852, Scheurlen. n. 24 Ngr.

Haug's, J. F., Uebungsbuch zum Uebersetzen aus dem Deutschen in's Lateinische f. mittlere Classen. 1. u. 2. Abth. 2., gänzlich umgearb. Aufl., unter Mitwirkg. v. G. Kraut u. E. Märklin besorgt v. A. W. Rösch. gr. 8. (VIII, 142 u. VII, 144 S.) Heilbronn 873. Scheuerlen's Verl. à n. 1. 50

Haug, Johann Christoph Friedrich s.a. Hophthalmos, F. u. Frauenlob d. J. (Pseud.)

—— s. Almanach poetischer Spiele.

Haug, Fr., Almanach poet. Spiele f. das J. 1815 u. 16. Mit Kupf. 8. Frankf. Wilmanns. (à 1 Rthlr. 12 gr.)

— u. L. F. Weißer, epigrammat. Anthologie. 10 Bde. 12. Zürich 807—9. Orell. 10 Thlr. Velinp. 15 Thlr.

Haug, Jh. Cph. Fr., Bachus, Anti-Momus, Jocus u. Sphynx. 8. Ulm 823. Stettin. 2 Thlr.

HAUG, Fr., Bachus, Anti-Momus, Jocus und Sphinx. Enthält: Gesellschaftslieder, Epigramme, Anecdoten, Räthsel etc. Ulm 1823. 8°. 476 S. (2 Mk. G. Priewe, 1895.)

Haug, Johann Christoph Friedrich, s. Epigramme, 100.

— Epigrammen u. vermischte Gedichte. 2 Bde. 8. Berl. 805. (Brandenburg). 2 Thlr. Hbg. Pr. 18 Gr. Schrbp. 3 Thlr. 12 Gr. Hbg. Pr. 1 Thlr. Velinp. 6 Thlr. Hbg. Pr. 1 Thlr. 12 Gr.

— Fabeln für Jung u. Alt. In sechs Büchern. Mit 1 Kpf. 16. Heidelb. 828. Engelmann. 1 Thlr. 8 Gr.

— 200 Fabeln f. d. gebildete Jugend, größtentheils Nachbild. franz., engl., dän. u. span. Originale. 8. Ulm 823. Stettin.

— dass. 2te Aufl. 16. Brünn 823, Traßler.

— Gedichte. Auswahl in 2 Bänden. gr. 8. Hamb. 827, Hoffmann u. Campe, u. Leipz., Göschen-Beyer. 3 Rthl. Fein Pp.

Haug, Fr., Gedichte. Mit d. Bildn. des Verfassers (nach Danneckers Basrelief). 8. Stuttgart 840. Ebner u. Seubert. 2 Thlr.

— für Herz u. Geist; ein Taschenbuch auf d. J. 1801. 16. Ludwigsb. 800.

FRAUENLOB d. Jüngere (d. i. *Joh. Chp. Friedr. Haug*, geb. am 9. März 1761 zu Niederstotzingen in Würtemberg, zugleich mit Schiller auf d. Stuttg. Militärakad., 1816 Biblioth. u. Hofrath in Stuttgart, † 30. Jan. 1829), Huldigung den Würdigsten des schönen Geschlechts in 200 Epigrammen geweiht von —. Tübingen bei E. F. Hopfer de l'Arme. 1816. 48°. (2 Mk. 50 Pfg., unbeschn. Expl. im Orig.-Umschl., F. Waldau, Fürstenwalde, 1907.)

Erste seltene Ausgabe.

— — Dasselbe (mit veränd. Titel). Stuttgart 1817. 12°.

Citirt Goedeke.

— — Dasselbe (mit veränd. Titel). Tübingen 1833. 48°. 228 S. (2 Mk. 50 Pfg., unbeschn. im Orig.-Umschl., E. Frensdorff, 1907.)

— Huldigung des würdigsten u. schönen Geschlechts, in 200 Epigrammen dargebracht von Frauenlob d. jüng. 12. Stuttg. 817. (Metzler). 12 Gr. (NB. steht auch unter Frauenlob.)

Haug, J. Ch. F., Hyperbeln, zweihundert, auf Herrn Wahl's ungeheure Nase, s. Hyperbeln.

(——) magische Laterne, s. Laterne.

— poetischer Lustwald. Samml. von Gedichten älterer, größtentheils jetzt unbekannter Dichter. Mit 1 Kpf. gr. 8. Tübing. 819. Osiander. 1 Thlr. Velinp. 1 Thlr. 8 Gr.

Haug, Johann Christoph Friedrich, s. Miscellen, dramatische.

NEUJAHRSBÜCHLEIN für das Arbeitskästchen holder Frauen und Jungfrauen (von *Joh. Chp. Friedr. Haug*). Brünn 1820.

Anon.-Lex. III. p. 208 (Eigenbericht).

— Neujahrsbüchlein f. d. Arbeitskästchen holder Frauen. 12. Brünn 821, Traßler.

(——) Opferkranz auf d. Altar d. Geselligkeit, s. Sammlung d. besten deutschen Gesellschaftslieder.

Haug, Johann Christoph Friedrich, s. Panorama des Scherzes.

PANORAMA des Scherzes, zwölfhundert Anekdoten, Witzantworten, Schwänke, . . . Vom Vf. der Hyperbeln auf Wahl's große Nase (von *Joh. Christoph Haug*). Brünn 1820. 12°. (3 Kr. Josef Grünfeld, Wien, 1906.)
Anon.-Lex. III. p. 253 (nach Engelmann u. Kayser).

— Panorama d. Scherzes. 1200 Anekdoten, Witzantworten rc. 2 Bdchn. 8. Brünn 820, Traßler.

— Sammlung der besten deutschen Gesellschaftslieder, s. Hophthalmos.

Haug, Johann Christoph Friedrich, s. Sinngedichte.

SINNGEDICHTE von *F. H.* (d. i. *Joh. Christoph Friedr. Haug*). Frankfurt und Leipzig 1791. 8°. 110 S. (In Zürich, Stadtbibl.)
Anon.-Lex. IV. p. 87 (nach Goedeke, Meusel, Kayser u. dem Cat. d. genannten Bibl.) hat nur „Leipzig".

Haug's, J. Ch. F., ausgewählte Sinngedichte, s. Universal-Bibliothek Nr. 1136.

— epigrammat. Spiele. 8. Zürich 807. Orell. 12 gr

— Spiele der Laune u. des Witzes, in Epigrammen u. versificirten Anekdoten. 8. Tübing. 826. Osiander. 16 gr

Taschenbuch

dem Bacchus u. Jocus geweiht, von Friedrich F. Hophthalmos, der 7 freien Künste Magister (d. i. Joh. Christoph Friedr. Haug). Nebst *Anhang* von 100 der besten ältern u. neueren Gesellschafts- und Trinkliedern.) Mit Titelkpfr. Stuttgart bei J. F. Steinkopf. O. J. (1811). 8°. (12 Mk., schönes Expl. im illustr. Orig.-Carton, O. Rauthe, 1908.)

Haug, Johann Christoph Friedrich, s. Taschenbuch, d. Komus gewidmet.

Haug, Josef, Gymnasialassist.: Über die Drehung eines starren Körpers um seinen Schwerpunkt. *München 1902: C. Wolf & Sohn.* (17 S.) 8°
München, k. Theresien-G, P 1902*

Haug, J[osef]: Über die Knaben-Handarbeit im Dienste des naturkundlichen Unterrichtes. Ingolstadt 1910: Ganghofer. 33 S. 8°
Ingolstadt, k. G P 1910* [S 10. 162

Haug, Joseph: Über die Verwendung des Lichtbildes beim geographischen Unterrichte. Mit e. Anh.: Die geograph. Lichtbildersammlung d. K. hum. Gymn. Ingolstadt. Ingolstadt 1909: Ganghofer. 32 S. 8°
Ingolstadt, k. G P 1909* [S 09. 162

Haug, Karl, die Autorität der hl. Schrift u. die Kritik. Nach der Schrift u. den Grundsätzen Luthers dargestellt. gr. 8. (VIII, 91 S.) Straßburg i/E. 891. Straßburger Druckerei u. Verlagsanstalt. n. 1. 50

Haug, Karl, das Evangelium v. Jesu Christo. Neue Harmonie d. vier Evangelien, nebst e. erläut. Anh., f. d. christl. Volk hrsg. 8. (339 S. m. Titelbild.) Stuttgart 898. Buchh. d. Evang. Gesellschaft.
Geb. in Leinw. n. 2. —; fein in Leinw. n. 2. 40; geh. n. 1. 50

— die Frömmigkeit d. Menschengeschlechts im Lichte d. Christentums. Eine religionswissenschaftl. Untersuchung. gr. 8. (VII, 336 S.) Leipzig 899. A. Deichert Nachf. n. 4. 50

Haug, Carl Christian Friedrich. Mittheilungen aus seinem Leben und aus seinem Nachlasse . . . Stuttg. 1869. V: *Riecke, Carl Vict. v.* (Heyd)

Haug, Karl Friedrich

— Chronici Sindelfingensis, quae supersunt e manuscriptis Crusianis et Gabelcoverianis collecta atque digesta primum edidit, annotationibus illustr. etc. 4. Stuttgart 836. Liesching et Comp. 7/12 ₰

Haug, Karl Friedr., die allgem. Geschichte. 1. Bd. 1. u. 2. Hft. gr. 8. (à 6 B.) Stuttgart 841, Verfasser. à
Vgl. Börsenbl. f. d. d. Buchh. 1844. S. 2377.

Haug, Karl Fr., die Allgemeine Geschichte. 2. Heft. gr. 8. Stuttgart 841, Liesching u. Comp. (à) 9¼ ngl

Allgemeine Geschichte der alten Welt. Von Carl Friedrich Haug. Bd. 1. Stuttgart. 1841. 8°.
= Die Allgemeine Geschichte. Von Carl Friedrich Haug. Bd. 1.

Haug, L., ausführl. Nachrichten üb. 20 d. vorzügl. Taubstummen- und Blinden-Anstalten Deutschlands. Ergebniß einer im Auftrage der K. Würtemb. Commission f. die Erziehungshäuser unternommene Berufsreise. 12. Augsburg 845, Kollmann'sche B. ⅔ ₰

Haug, Ludw., Darstellung und Beurteilung der A. Ritschl'schen Theologie. Zur Orientierung dargeboten. 1. und 2. Abdr. gr. 8. (118 S.) Ludwigsburg 885, Neubert. *
Aus: Theologische Studien aus Württemberg, besonders abgedruckt.

Darstellung und Beurteilung der Theologie Ritschls. Zur Orientirung dargeboten von Ludwig Haug, † Pfarrer. 3. Aufl. *Stuttgart: D. Gundert 1895.* (159 S.) 8° [ot. 4394 11

— die evangelischen Kirchenstellen in Württemberg. Beschrieben. Hrsg. aus seinem Nachlaß von Aug. Schmid. Nebst einem Anhang, enthaltend die Einkommensbeschreibungen. Bearb. von Riehm. gr. 8. (VIII, 570 S. und Anhang 90 S.) Stuttgart 886, (Kohlhammer.) *

Haug, Ludw., ein offenes Wort wider Roms Anmaßung u. Deutschlands Bedrohung. Zum 16. Juni 1871 geschrieben. gr. 8. (40 S.) Heilbronn 871. Scheuerlen's Verl. — 60

Haug, M., Française u. Lanciers in deutschem Gewande. Für Tanz- u. Turnlehrer u. die tanz. Jugend bearb. schmal 8. (VI, 48 S.) Hof (900). R. Lion. n. — 50

Haug, M., Unser Mädchenturnen, Ulm 1893, 37 S., 8°.

Haug, M.: Unser Mädchenturnen. Ulm 1893. 66 S. Ulm, Städt. Höh. Mädchenschule 15. Jahresbericht 1892—93.

Haug, M., der Sechsschritt im Tanz- u. Turnsaal. gr. 8. (63 S., wovon 17 lith.) Hof 895. R. Lion. n. 1. 20

Haug, Maria, s. † Liebrecht, Maria.

Haug, Martin

Haug, Mart., über die ursprüngliche Bedeutung des Wortes brahma. [Aus den Sitzungsber. der k. b. Akad. der Wiss.] München 868. (Ackermann.) gr. 8. (23 S.) n. 6 ngr.

Haug, Mart., Brahma u. die Brahmanen. Vortrag in der öffentl. Sitzg. der k. Akademie der Wissenschaften am 28. März 1871 zur Feier ihres 112. Stiftungstages geh. gr. 4. (48 S.) München 871. (Franz.) n. 1. 80

— Über den Charakter der Pehlewisprache mit besonderer Rücksicht auf die Inschriften. Im Auszuge mitgetheilt. Aus den SMA. Jahrg. 1869. Bd. I. München 1869.

Haug, Mart., Confucius, der Weise China's, s. a. Sammlung gemeinverständl. wissenschaftl. Vorträge.

Haug M. Confucius, der Weise Chinas. (S!g wiss. Vortr. 333) Berlin 1880

— essay on the Pahlavi language. [From the Pahlavi-pazand glossary edited by Destur Hoshangji a. M. Haug.] gr. 8. (III, 152 S.) Stuttgart 871. (München, Th. Ackermann.) n. 4. —

Haug, Mart., die fünf Gâthâ's oder Sammlungen von Liedern und Sprüchen Zarathustra's, s. Abhandlungen für die Kunde des Morgenlandes.

— glossary a. index of the Pahlavi texts of the book of Arda Viraf, s.: Book, the, of Arda Viraf.

Haug, Martin: Die Inschrift des Moabiter-Königs Mescha. [Beilage zur Allgemeinen Zeitung Nr. 106, 1870.]

Haug, Martin: Die alten persischen Inschriften der Thomas-Christen in Süd-Indien. [Beilage zur Allgemeinen Zeitung Nr. 29. 1874.]

Haug, M., Die Trojanischen Inschriften. [Beilage zur Allgemeinen Zeitung. Nr. 32. 1874.] [Augsburg] 1874.

— das 18. Kapitel des Wendidád übersetzt u. erklärt. [Als Probe e. vollständ. Uebersetzg. dieses Werkes.] [Aus den Sitzungsber. der k. b. Akad. d. Wiss.] Ebd. 869. gr. 8. (54 S.) n. 10 ngr.

Haug, Martin. Die Kosmogonie der Inder. [Beilage zur Allgemeinen Zeitung No. 155. 156, 1873.] [Augsburg] 1873.

— Der spätere Parsismus. [Beilage zur Allgemeinen Zeitung Nr. 154. 1871.]

— über die Pehlewi-Sprache und den Bundehesh. Aus den Gött. gel. Anzeigen. Vollständigerer Abdruck. Göttingen 854. Dieterich. 8. (46 S.) 6 ngr.

— die Quellen Plutarchs in den Lebensbeschreibungen der Griechen neu untersucht. Gekrönte Preisschrift. Tübingen 854. Osiander. gr. 8. (XII, 98 S.) n. 15 ngr.

— vedische Räthselfragen u. Räthselsprüche. Uebersetzung u. Erklärung d. Dîrghatamâs-Liedes Rigv. 1,164. [Aus: „Sitzungsber. d. k. b. Akad. d. Wiss."] gr. 8. (61 S.) München 876. (Th. Ackermann.) n. 1. 60

— über Schrift und Sprache der zweiten Keilschrift-Gattung. Abdr. aus den Götting. gelehrten Anzeigen. Göttingen 855. Dieterich. 12. (46 S.) 6 ngr.

Haug, Mart., über den gegenwärtigen Stand der Zendphilologie mit besond. Rücksicht auf Ferd. Justi's sogen. altbaktrisches Wörterbuch. Ein Beitrag zur Erklärung des Zendawesta. Stuttgart 868. Grüninger. gr. 8. (71 S.) n. 21 ngr.

Haug, Martin, Verzeichniss der orientalischen Handschriften aus dem Nachlasse des Professor Dr. Martin Haug [von E. West u. a.]. München 1876.

— über das Wesen u. den Werth d. wedischen Accents. [Aus: „Abhandlgn. d. k. bayer. Akad. d. Wiss."] gr. 4. (107 S.) München 874. Franz in Comm. n. 4. 40

Haug, Otto: Exstirpation einer sarcomatösen Wanderniere. Ein Beitrag zur Kenntnis des primären Nierensarcoms. Halle 1885: Karras. 38 S. 8°
Halle-Wittenberg, Med. Diss v. 17. Febr. 1885
Geb. Reesdorf (Kr. Jerichow I) 26. 11. 1858. V.

HAUG, OTTO. Chemische Untersuchung der Cholesterinsäure. Tübingen, 1866.

Haug, Paul, a. Reesdorf: Ein Fall von Stieldrehung einer Parovarialcyste. Rostock 1907: Adlers Erben. (38 S.) 8°
Rostock, Med. Fak., Ref. Büttner-Sarwey, Diss. v. 4. März 1908
[Geb. 19. Juli 79 Reesdorf; Wohnort: Berlin; Staatsangeh.: Preußen; Vorbildung: Gymn. Torgau Reife M. 01; Studium: Halle 1, Berlin 5, Rostock 4 S.; Coll. 14. Febr. 07; Approb. 12. Febr. 08.]

Haug, R. [Dr., Assist. a. d. k. chirurg. Univ.-Poliklinik]: Über die Organisationsfähigkeit der Schalenhaut des Hühnereies und ihre Verwendung bei Transplantationen. Eine experimentelle chirurgisch-histologische Studie . . . München, [M. Rieger'sche Univ.-Buchh., 1889; VI + 72 S. u. 1 Taf. 8°
München, Med. Fak., Hab.-Schr. v. 1889

Haug Rob, Reiter-Festspiel zur Feier der Vermählung I. K.H.K.H. d. Prinzen u d. Prinzessin Wilhelm von Württemberg. 1886. (12 T) grfol nebst Textheft. Stuttgart

Haug, Roman, acht Briefe über christliche Kindererziehung. Mit 37 (eingedr. Holzschn.-) Illustr. 8. (151 S.) Einsiedeln 878. Benziger. 1. 40; geb. 1. 60

Haug, Rud., üb. d. Cholesteatom d. Mittelohrräume. Ein Ueberblick üb. d. gegenwärt. Stand d. Cholesteatomfrage, nebst ein. eigenen neuen Beobachtgn. zur Genese dieser Bildg. [Aus: „Centralbl. f. allg. Pathol. u. pathol. Anat."] gr. 8. (28 S.) Jena 895. G. Fischer. n. — 75

HAUG, Rudolph (München): Ueber einen Fall von Spina bifida combinirt mit Klumpfussbildung. Mit Abb.- München: Straub 1883. 26 S., Taf., 1 Bl.
26.7.1883 - Urk (Titel: De spina bifida.); Chr 1883/84,12
Diss. Ingolst.-Landsh.-Mchn.

Haug, Rud., über einen Fall von Spina bifida, combinirt mit Klumpfuss. Inaugural-Dissertation. gr. 8. (27 S. mit Abbild.) München 883. (Tübingen, Fues.) *

Haug, Rud., die Grundsätze e. sachgemässen Behandlung der acuten eitrigen Paukenentzündung (Prophylaxe, Therapie, sowie Bemerkgn. üb. e. neue Modification des Trommelfellschnittes), s.: Klinik, Wiener.

— die Grundzüge e. hygien. Prophylaxe der Ohrenentzündungen unt. bes. Berücksicht. d. allgem. hygien. Massnahmen, s.: Vorträge, klin., aus d. Gebiete d. Otologie u. Pharyngo-Rhinologie.

Haug, Rud., Hygiene des Ohres, s.: Bibliothek der Gesundheitspflege. 5. Bd.

— die Krankheiten des Ohres in ihrer Beziehung zu den Allgemeinerkrankungen f. praktische Ärzte u. Studirende. Mit 3 Fig. im Text u. 102 farb. Trommelfellbildern (Orig.). gr. 8. (VIII, 296 S. m. 6 Taf.) Wien 893. Urban & Schwarzenberg. n. 8. —

— das künstliche Trommelfell u. die zu seinem Ersatze vorgeschlagenen Methoden. Eine otolog. Studie. gr. 8. (43 S.) München 889. Th. Ackermann's Verl. n. 1. 20

Haug, Thun u. Lassen in d. Behandlg. etl. d. häufigsten Ohraffektionen. [Aus: „Deutsche Praxis".] gr. 8. (32 S.) München 898. Seitz & Schauer. n. 1. 20

Ⓢ **Haug**, Tun u. Lassen in der Behandlg. etc. der häufigsten Ohraffektionen. 898. Jetzt: München, Verlag der ärztl. Rundschau.

— s.: Vorträge, klin., aus d. Gebiete d. Otologie u. Pharyngo-Rhinologie.

Haug, S., ein fataler Irrtum d. bayer. Finanzministers?! Nicht 14 Millionen Fehlbetrag, sondern 20 Millionen Überschuß. (16 S.) 8. München 910. O. Th. Scholl. — 30

Haug, Walter: Die Beendigung des Dienstverhältnisses beim Handlungsgehilfen. Berlin 1910: G. Schade. 47 S. 8°
Leipzig, Jur. Diss. v. 25. Nov. 1910
[Geb. 30. April 88 Ettlingen; Wohnort: Basel; Staatsangeh.: Baden; Vorbildung: Gymn. Chur Reife O. 07; Studium: Basel 3, Berlin 2, Leipzig 2 S.; Rig. 2. Aug. 10.] [U 11. 2857

Haug, Wilh., rentable Hühnerzucht im kleinen u. großen. Zur Erlerng. f. jedermann aus der Praxis f. die Praxis beschrieben. 2. erweit. Aufl. 12. (39 S.) Michelstadt 902. F. Ramann. n. — 50
1. Aufl. (18 S.) Ebd. 900. n.n. — 30.

Hauger, Alex., Bord-Scenen. 12 Bilder (in Photograv.) aus dem Schiffsleben der k. u. k. Kriegsmarine nach photogr. Momentaufnahmen v. A. H. Fol. (1 Bl. Text.) Wien 893. (V. A. Heck.) In Leinw.-Mappe. 12. —

Hauger, Alois. Die Züchtung, Haltung und Nutzung des Rindes im Bezirk Pforzheim nach Lage der örtlichen und wirtschaftlichen Verhältnisse, die Folgen dieser Viehhaltung und diesbezügliche Verbesserungs-Vorschläge. Diss. Vet.-Med. Bern. 45 S. 8. Pforzheim, Buchdr. des «Städtischen Tagblatt», 1903.

Hauger, Anton. Bosnien, die Herzegowina u. das Feldeisenbahnwesen. Klgft., Bertschinger & Heyn, 1878. 111 S.

— die Eisenbahn im Dienste des Heeres. gr. 8. (24 S.) Wien 877. (Konegen.) n. 1. —

Hauger, Ant. Die Eisenbahn im Dienste des Heeres. (24) 8. Wien 1878 1,00.

Hauger, Ant., Hedwig. — Mutter Reinhold. Novellen. 8. (V, 185 S.) Wien 891. Bauer. n. 1. 80; geb. n. 2. 80

Hauger, E., die Rechtspolizeigesetzgebung f. das Großherzogth. Baden, nebst den dazu erlassenen Verordngn. u. Dienstanweisgn., größtentheils m. Anmerkgn. u. Erläutergn. versehen. Zum Handgebrauch f. Richter, Staatsanwälte, Verwaltungsbeamte 2c. 8. (IV, 409 S.) Mannheim 890. Bensheimer's Verl. n. 4. —; geb. n. 4. 50; Nachtrag. (70 S.) 891. n. — 80

Hauger, O., Bericht üb. die Belastung des eisernen Ueberbaues der Erlenbachbrücke bei km $18^5/_6$ der bad. Schwarzwaldbahn bis z. Eintreten des Bruches, s.: Organ f. d. Fortschritte d. Eisenbahnwes. Erg.-Hft.

Haugg, A., „Das hl. Buch". Enthüllte Mysterien des Fundaments der Esperantisten, s.: Pionier-Bibliothek.

— Edilo. Von Esperanto durch Ido zu Ilo, der Internaciona Linguo. (29 S.) 16. München 909. Pionier-Verlag. p — 20

— Methode Medires zur Erlernung der Internaciona Linguo (Ilo) in 15 Lekt. (93 S.) kl. 8. Ebd. 909. 1. 20

Haugg, A., Theorie u. Praktik der Hypnose u. Suggestion —Hypnotismus. Auf einheitl., wissenschaftl. Grundlage in leichtverständl. Weise dargestellt. (80 S.) 8. München 906. E. Scherzer.
Jetzt: München: Pioniervlg.

— Vortareto, e. ausführl. Taschenwörterbuch d. internaciona linguo (Ilo). Deutsch-internat. Nach den offiz. Wörterbüchern bearb. (80 S.) 16. Ebd. (909). — 50

Haugg, Franz [aus Donauwörth]: Über den Cysticercus cellulosae des Menschen mit einer Statistik aus den Sectionsbefunden des pathol. anat. Instituts zu Erlangen v. J. 1874 1889. . . Erlangen, k. b. Hof- u. Univ.-Buchdr. v. Fr. Junge (Junge & Sohn), 1890; 49 S. 8°
Erlangen, Med. Fak., Inaug.-Diss. v. Jul. 1889

Haugg, Fr. Xav. [Assistenzarzt I. Cl. K. Sächs. 6. Inf.-Reg. Nr. 105]: Ueber Tuberculose des Uvealtractus . . . Strassburg, Buchdr. C. Goeller, 1889; 26 S. 8°
Strassburg, Med. Fak., Inaug.-Diss. v. 1889

Haughton, William, the pleasant comodie of patient Grissill, s.: Chettle, Henry.

Haugk, s.a. Hauck.

Haugk, E., zwei Predigten von d. Menschen, die beinahe Christen sind u. von d. eidlichen Uebergabe unsers Herzens an Gott u. den Landesvater, 8. Leipz. 769. (W. Vogel). 2 gl

Haugk, Christian Gottlieb (Zwickau), An valeat rei hereditariae venditio ab herede facta invitio coherede. Präs. Christian Heinr. Breuning. Lpz. (Langenheim) 7. IV. 1775. 16 S. (5.—) 13493

— **Friedrich** (Zwickau), Observationem de fractura sterni et vertebrarum. Diss. med.-chir. Lpz. (Adolph Deutrich) 3. XII. 1816. 43 S. u. 1 Taf. Abbild. (J. F. Schröter del. & sc.) (6.40) 13494
Gewidm.: Christoph Euseb. Raschig, August Schoen. — Krankengesch. u. (deutsch.) Sektionsbefund d. Johann Friedrich Albrecht.

Haugk, Fritz, das Lichtpaus-Verfahren. Ausführliche Anleitg., auf mechan. Wege schnell u. mühelos mathematisch genaue Reproductionen v. Stichen, Karten, Zeichngn. u. dgl. zu erlangen. Für Ingenieure, Bauhandwerker, Techniker etc. Mit Abbildgn. (in eingedr. Holzschn.) 8. (47 S.) Berlin 875. Grieben. n. 1. 50

Haugk, Fritz, das Lichtpaus-Verfahren. Ausführliche Anleitung, auf mechan. Wege schnell und mühelos mathematisch genaue Reproductionen von Stichen, Karten, Zeichnungen u. dergl. zu erlangen. Für Ingenieure, Bauhandwerker, Techniker, Zeichner, Fabrikanten und Kunstliebhaber. 8. (47 S. mit Abbild. in eingedr. Holzschn.) Düsseldorf 877. (Berlin, Grieben.) * 1 50

— Repetitorium der praktischen Photographie. Praktisch-wicht. Mittheilgn. üb. Auswahl, Prüfg. u. Zusammensetzg. der photograph. Chemikalien; Beschreibg. aller photograph. Fehler u. der Mittel zu ihrer Vermeidg; Anleitg. zur Anfertigg. v. Transparentbildern, Vergrößergn., Trockenplatten, Ferrotypien, Bombé-Bildern 2c. 2c.; Behandlg. der Silber- u. Goldrückstände; viele anderweit. bewährte Vorschriften, Recepte u. sonst. wicht. Notizen. Für Anfänger, Amateure u. Fachmänner. gr. 8. (IX, 143 S. m. eingedr. Holzschn.) Weimar 875. B. F. Voigt. 2. 50

Haugk, Fritz, Repetitorium der praktischen Photographie. Praktisch-wichtige Mittheilungen über Auswahl, Prüfung u. Zusammensetzung der photographischen Chemikalien; Beschreibung aller photographischen Fehler u. der Mittel zu ihrer Vermeidung; Anleitung zur Anfertigung von Transparentbildern, Vergrößerungen, Ferrotypen, Bombé-Bildern 2c. Für Anfänger, Amateure u. Fachmänner bearb. 2., vielfach verb. u. durch eingehende Beschreibung des neuen Gelatine-Trocken-Verfahrens verm. Aufl. Mit 13 (eingedr. Holzschn.-)Abbildungen. gr. 8. (VIII, 143 S.) Weimar 880. B. F. Voigt. 2. 50

Haugk, Fritz, Repetitorium der prakt. Photographie. 3. Aufl., s.: Alpers jr., Geo., Führer durch d. prakt. Photographie.

—— und Friedr. Wilde, Vademecum des Amateur-Photographen. Ausführliche Anleitung, die Photographie, mittelst der neuen, äusserst empfindl. und haltbaren Gelatine-Emulsions-Platten, ohne eingehende Fachstudien leicht und sicher zu erlernen. Für Touristen, Architecten, Ingenieure, Maler und Alle, welche die Photographie zu industriellen und wissenschaftl. Zwecken, oder zum Vergnügen betreiben wollen, hrsg. gr. 8. (35 S. mit 1 Lichtdr.-Beilage nebst 1 lithogr. Taf.) Görlitz 881. (Schnoeberg, Heyde.) *

Ordinarius senior facult. jurid. Lips. viri liberi baronis **Johann Carl von Haugk** examen laudabil. Lpz. (Saalbach) 1795. 23 S. (4.—) 13495
Insunt responsor. juris 50—53.

Haugsted, Fr. Chr., thymi in homine ac per seriem animalium descriptio anatomica, pathologica et physiologica, iconibus XXXIV ad naturam delin. illustrata. Mit 3 Steintaf. 8 maj. Kopenh. 832. Reitzel. 3 ℳ 18 𝒦

Haugwitz, Graf, und Freiherr von Hardenberg. [Berlin 1878.] V: *Duncker, Max.* (Zuwachsverz. d. Bibliotheken in Zürich 1898 ff.)

Haugwitz, v., Betrachtungen über den Feldbienst der Kavallerie. gr. 8. (27 S.) Berlin 885, Bath. *

v. Haugwitz, Alfr., Vorschläge zur Beförderung von Fideicommiß-Stiftungen, nebst einigen Bemerkungen üb. d. Worte Aristokratie u. Verfassung. Ein Beitrag zur Würdigung der zwischen adeligen u. bürgerlichen Gutsbesitzern Mecklenburgs obwaltenden Streitigkeiten. gr. 8. (86 S.) Neubrandenburg 817. Brünslow. n. 1/3 ℳ

Haugwitz, C. W. v., poet. Versuche. 8. Erlang. Walther, (a. Breuning.) 793.
Vgl. Haugwitz, O. W. v.

Haugwitz, Cathinka Gräfin v., e. Kaisers Traum. Dichtung in 5 Gesängen. 8. (171 S.) Berlin 892. G. Grote. Kart. n. 3. —; geb. n. 4. —

An meine Brüder. [Von Christian Aug. Heinr. Kurt Graf v. Haugwitz.] Breslau: Löwe 1779. 30 S. 8°
Recens: Archiv f. Frmr u. Rosenkreuzer. 1 (1783) S. 451.
Kl. 421. Mystische Rapsodien über Stellen aus der Bibel. 23. 25.

Haugwitz, Ch. H. C., Graf von,) Fromme Erklärung der Freymaurerey von einem deutschen Meister. Erster Grad. (Rudolstadt. Geheimdruckerei ca. 1805.) 8. 52 S.
Vgl. Kloss 1983. — Abdruck für die Geheimacten des Engbundes, aus Schröders Ritualsammlung Nr. 12.

Haugwitz, Comte de, Fragment des mémoires inédits etc., s. Fragment.

Hirten-Brief an die wahren und ächten Freymäurer alten Systems. [Von Christian Aug. Heinr. Kurt Grafen v. Haugwitz.] [Leipzig: Böhme] 1785. VI, 248 S. 8°

[Dasselbe.] Neue Aufl. Ebendas. 1785. VI, 224 S. 8°

Ueber den Rosenorden. Ein Blättchen an schlesische und andere Damen, die diesen Orden nicht kennen. [Von Christian Heinr. Kurt Graf **v. Haugwitz.**] Breslau, Brieg u. Leipzig: Gutsch. 1786. 44 S. 8°
Kl. 2124. Selten. Von R. v. Grossing 1783 oder 1784 errichtet. Dieser Orden lieferte den Stoff zu dem Romane: Auch noch etwas für Ordens- u. Nichtordens-Leute, durch Madame Cagliostro ... 1787. Beigefügt ist die Rede einer Obervorstenerin nach einer geschehenen Aufnahme u. ein Verzeichn. der Obervorsteherinnen.

Haugwitz, E. von

(Haugwitz, v., Premierlieut. im 3. Garde-Grenadier-Reg. Königin Elisabeth.) Geschichte des 3. Garde-Grenadier-Regiments Königin Elisabeth im deutsch-französischen Krieg 1870/71, nebst Angaben aus der Zeit von 1871 bis 1880. Als Fortsetzung der „Beiträge zur Geschichte des 3. Garde-Grenadier-Reg. Königin Elisabeth 1859 bis 1870“ auf Befehl des Regiments-Commandos nach den Acten zusammengestellt. Mit 3 Bildnissen und 7 Karten. gr. 8. Berlin 1881.

Haugwitz, v. Geschichte des 3. Garde-Grenadier-Regiments Königin Elisabeth im deutsch-französ. Krieg 1870/71. Berlin 1881. 344 S.

Haugwitz, Eberh. Graf, Erinnerungslieder. 1870—1895. 8. (32 S.) Berlin 895. Liebel. n. —50

Haugwitz, Eberh. Graf, die Geschichte der Familie v. Haugwitz. Nach den Urkunden u. Regesten aus den Archiven v. Dresden, Naumburg, Breslau, Prag, Brünn u. Wien bearb. Mit 4 (farb.) Wappen- u. 14 Stammtaf. 2 Bde. (VIII, 248 u. 197 S.) Lex. 8. Leipzig 910. Duncker & Humblot. 16.—; geb. 20.—

Die Geschichte der Familie von Haugwitz. Nach d. Urkunden u. Regesten aus den Archiven von Dresden, Naumburg, Breslau, Prag, Brünn u. Wien bearb. von Eberhard Graf **Haugwitz**. Bd 1. 2. Leipzig: Duncker & Humblot 1910. 4°(8°)
1. Darstellung. Mit 4 Wappen- u. 14 Stammtaf. 2. Regesten. [10. 9190

Haugwitz, Eberh. Graf, der Palatin, seine Geschichte u. seine Ruinen. Mit e. Vorwort v. Chr. Hülsen. 8. (XIV, 182 S. m. Abbildgn. u. 1 farb. Plan.) Rom 901. Loescher & Co. n. 6.—; geb. in Halbpergament. n. 8.50

Haugwitz, G. W. v., Aurora. 1795. 8. Berlin, W. Oehmigke. 795.
Vgl. Haugwitz, Karl v.

Haugwitz, Gust. v., Entwurf einer Reorganisation des öffentlichen Unterrichts in weiblichen Handarbeiten. gr. 8. (IX, 136 S.) Liegnitz 877. Reisner. cart. n. 2.—

Haugwitz, Gust. v., aus Friedrichs des Großen Leben. Ein episch-lyr. Gedicht. Mit 1 Radirung von B. Mannfeld. 8. (VII, 270 S.) Berlin 883, v. Decker's Verlag. * geb. *

— das Lied vom Boberschwan. 12. (VIII, 210 S. mit 1 Lichtdr.) Hamburg 881. Grädener. n. 3.—; geb. n. 4.50

Haugwitz, Heinr. v., aus der Bahn gelenkt. Eine Erzählg. gr. 8. (200 S.) Lauban 900. G. Köhler. n. 2.—

Aus der Bahn gelenkt. Eine Erzählung von Heinrich v. **Haugwitz**. *Lauban 1900: R. Schirdewahn.* (200 S.) 8° [F.] [00. 5060 2

Haugwitz, Heinr. v., Buchenau u. Waldstein. Ein Roman. 8. (201 S.) Breslau 898. (E. Trewendt.) n. 2.—; geb. n. 3.—

[F.] Kleine Gespräche. Betrachtgn u. Bilder v. H. v. **Haugwitz**. *Breslau: E. Trewendt 1896.* (2 Bl., 70 S.) 1 Bd 8. [96. 6903

— kleine Gespräche. Betrachtgn. u. Bilder. gr. 8. (III, 70 S.) Ebd. 898. n. 1.20

[F. u. Ant.] Tiefen und Höhen v. Heinrich v. **Haugwitz**. *Breslau: E. Trewendt 1897.* (2 Bl., 200 S.) 1 Bd 8. [97. 4730

Haugwitz, Karl von (vgl. Haugwitz, G. W. von)
— Aurora 1795. 8. Berl. 795. W. Oehmigke. 20 K

v. Haugwitz, Karl, Gedichte. 8. Berl. 804. Unger. (Rücker). 16 K Velinp. 1 ℔ 8 K

Haugwitz, Karl v., poetische Klänge. 16. (9 B.) Waren 844, Kaibel.

v. Haugwitz, Karl, s. Vitzthum v. Eckstädt.

Haugwitz, Karl: Das masurische Volkstum bei Richard und Fritz Skowronnek. Lötzen (1910): Kühnel. S. 1—9. 4°
Lötzen, k. G P 1910 (11) [S 10. 163

Haugwitz, Luise von, s. a. Arminia (Pseud.)

v. Haugwitz, Louise, s. Manny u. Adelinde.

Haugwitz, Marie v. (M. Manuela), die Belagerung Wiens. Histor. Schauspiel in 5 Aufzgn. 8. (IV, 140 S.) Dresden 898. E. Pierson. n. 2.50; geb. n. 3.50

Haugwitz, Marie v. (M. Manuela), Gedichte. 8. (IV, 123 S.) Dresden 894. E. Pierson. n. 2.—; geb. m. Goldschn. n. 3.—

v. Haugwitz, O. W., poet. Versuche. 8. Erlang. 793. (Heyder). 10 K
Vgl. Haugwitz, C. W. v.

v. Haugwitz, Otto Graf, Blumen aus d. latein. Anthologie. 8 Bresl. 805. (Holäufer). 16 K

— Einhundert Epigramme. 8. Bresl. 828. J. F. Korn. 8 K

— Gedichte. 8. Bresl. 790. J. F. Korn. 6 K

— s. Juvenal's Satyren.

v. Haugwitz, Graf Paul, s. 1) Byron, Gefangener. 2) Th. Moore, Liebe der Engel.

Haugwitz, Rudolf: Beiträge zur Kenntnis der Sulfaminsäuren ... Königsberg, Buchdr. v. M. Liedtke, 1895; 1 Bl., 32 S., 2 Bl. 8.
Königsberg, Phil. Fak., Inaug.-Diss. v. 9. Aug. 1895

Haugwitz, Wolfram ab: De vi Novellae 115 in testamento militis. Halae (1869): Hendel. 36 S. 8°
Halle-Wittenberg, Jur. Diss. v. 20. Dez. 1869
Geb. Rosenthal b. Breslau 30. 6. 1846. V.

Haugwitz-Rosenthal, v., Beleuchtung der Schrift des Rittergutsbesitzers W. v. Fontaine auf Deutsch-Crawarn: die schlesische Landschaft als Creditinstitut. Breslau 867. Korn. gr. 8. (52 S.) 10 ngr.

— Werth der Entleuchtungen des Rittergutsbesitzers W. v. Fontaine auf Deutsch-Krawarn, betr. die schlesische Landschaft als Credit-Institut. Ebend. 868. gr. 8. (66 S.) n. 12 ngr.

Hauhecheln, homöopathische. Alt u. Neu f. Freund u. Feind. Von e. Namenlosen. (Const. Hering.) 1. Bündel. gr. 8. Jena 846. Frommann. n. 1/3 ℔

Hauhecheln, neue. Nr. 1—4. gr. 12. Philadelphia 860, Flugschriften-Verlag. [Leipzig, Wienbrack.]
Inhalt:
Nr. 1. Hering, Constant., homöopathische Lehr- und andere Stühle in „Berücksichtigung" der „Corporations- und anderen Autoritäten" des Dr. Alex. Göschen und Comp. in Berlin. (24 S.) 5 Ngr.
" 2. Der Doppelmops in der Homöopathie. Ein Beitrag zur Erkenntniß des Standpunktes. (24 S.) 5 Ngr.
" 3. Wisent, Vorschlag zur völligen Vertilgung der sogenannten Homöopathie auf wissenschaftlichem Wege. 2., viel verb., durch eine Zueignung an den Geschichtschreiber Wunderlich verm. Aufl. (64 S.) 10 Ngr.
" 4. Ostner, C., Anakardium als „Antikritikum." Sendbrief in Betreff der Lehr- und anderen Stühle Hering's wider Goeschen und Comp. Nebst einigen Musterbeispielen, wie Anzeigen zu schreiben seien, nach Art der Briefsteller für Stadt und Land. (11 S.) 2 Ngr.

Hauk, F., Taschen-Holzkubierer zur Ermittelung d. Massengehaltes v. liegenden Holzkörpern so wie v. stehenden Waldbäumen, berechnet nach Metermass. 16. (81 S.) Trebitsch 881. (Wien, F. Grottendiek.) Kart. n. 1. 20

Hauck, F., Taschenholzkubierer zur Ermittelung des Massengehaltes von liegenden Holzkörpern, sowie von stehenden Waldbäumen berechnet nach Metermaß. 16. (81 S.) Cart. In Comm. —.60
Wien: Grottendiek 1893.

Hauk, Georg Gustav Philipp

s.: Hauck, Georg Gustav Philipp

Hauk, J., et E. Goureau, Cours élémentaire d'histoire naturelle et de Physique. 8. Pétersbourg 835. (Dorpat. Glaeser.) n. 1 ₰

Hauk, J(osef), prakt. Arzt: Trauma der Magengegend und maligne Geschwulstbildung am Pylorus. Leipzig 1907: B. Georgi. (26 S.) 8°
Leipzig, Med. Fak., Ref. Hoffmann, Diss. v. 22. Febr. 1907
[Geb. 14. Aug. 73 Kunzendorf, Gratsch. Glatz; Wohnort: Bad Warmbrunn; Staatsangeh.: Preußen; Vorbildung: Gymn. Sagan Reife O. 95; Studium: Breslau 9 S.; Coll. 8. März 07; Approb. 1. Mai 08.]

Haukal, Abu-'l-Kasem ibn, viae et regna, s.: Bibliotheca geographorum arabicorum.

Hauke, Alfr., üb. d. Refractionsäquivalente der Elemente. [Aus: „Sitzungsbor. d. k. Akad. d. Wiss."] gr. 8. (29 S. m. 5 Fig.) Wien 896. (C. Gerold's Sohn) n. — 80

HAUKE, Franz
Über einige Fragen des Parlamentsrechtes. Inaugurationsvortrag, gehalten am 1. December 1900 von Dr. Franz Hauke. Czernowitz. 1901. Pardini. Gr.-8°. 24 S. K —.80

Hauke, Frz., die geschichtlichen Grundlagen des Monarchenrechts. Ein Beitrag zur Bearbeitg. des österreich. Staatsrechts. gr. 8. (IX, 146 S.) Wien 894. W. Braumüller. n. 3. —

Grundriß des Verfassungsrechts. Von Dr. Franz Hauke, Prof. Leipzig: Duncker & Humblot 1905. (VI, 166 S.) 4°(8°) [F.]
— Grundriß d. Österreich. Rechts in syst. Bearb. Bd 3, Abt. 1.

Hauke, Frz., Jahresbericht der k. k. Ober-Realschule am Schottenfelde, s. Jahresbericht.

Hauke, Fr., Lehrbuch der allgem. Waarenkunde f. kommerzielle u. techn. Lehranstalten, so wie zum Selbstunterrichte f. Handelsleute, Gewerbtreibende, Oekonomen etc. 3 Hfte. Lex. 8. Wien 850, Braumüller. n. 2 ₰

Hauke, Franz —. Lehrbuch der allgemeinen Waarenkunde für kommerzielle und technische Lehranstalten, so wie zum Selbstunterrichte für Handelsleute, Gewerbstreibende, Oekonomen, Kameralisten etc. Verfaßt von — —. 8. (774 und VIII. S.) Wien. Gedruckt bei Leop. Sommer. Wilhelm Braumüller. 1854.

Hauke, Fr., Lehrbuch der allgemeinen Waarenkunde für kommerzielle u. technische Lehranstalten, sowie zum Selbstunterrichte für Handelsleute, Gewerbetreibende, Oekonomen u. Kameralisten. 2., umgearb. Aufl. Wien 865. Braumüller. gr. 8. (IV, 733 S.) n. 3 ₰ 10 ngr.

Hauke, Frz., die Lehre von der Ministerverantwortlichkeit. Eine vergleichende Studie zum österreichischen Staatsrechte. gr. 8. (X, 153 S.) Wien 880. Hölder. n. 3. 60

— Leitfaden f. den Unterricht in der Geographie mit besonderer Rücksicht auf d. Kaiserthum Oesterreich. Für Real-, Handels- u. Gewerbeschulen. gr. 8. (X u. 286 S.) Ebd. 851. — 4. Aufl. gr. 8. (X u. 298 S.) Ebd. 852. n. 28 ngr

— Leitfaden für den Unterricht in der Geographie mit besonderer Rücksicht auf das Kaiserthum Oesterreich. Für Real-, Handels- u. Gewerbeschulen. 5—9. Aufl. Ebend. 854—55. gr. 8. (X. 297 S.) n. 28 ngr

Hauke, Fr. — Leitfaden für den Unterricht in der Geographie mit besonderer Rücksicht auf das Kaiserthum Oesterreich. Für Real-, Handels- und Gewerbsschulen von — —. Siebente, verbesserte Auflage. Wien, 1855. Druck von M. Auer in Wien. Wilhelm Braumüller. (X. 297 S. 8.)

Hauke, Fr., Leitfaden für den Unterricht in der Geographie mit besonderer Rücksicht auf das Kaiserthum Oesterreich. Für Real-, Handels- u. Gewerbeschulen. 10—14., verb. Aufl. Wien 856—62. Braumüller. gr. 8. (VII, 296 S.) n. 28 ngr

Hauke, Fr., *k. k. Prof. etc.* Leitfaden für den Unterricht in der Geographie, mit besonderer Rücksicht auf das Kaiserthum Oesterreich. Für Real-, Handels- und Gewerbeschulen. XI., verb. Aufl. *Wien* 1859. *W. Braumüller.* VII., 296 S. 8°. 1 fl. 20 kr. CM.

— Leitfaden für den Unterricht in der Geographie mit besond. Rücksicht auf das Kaiserth. Oesterreich. Für Real-, Handels- u. Gewerbeschulen. 15—20., umgearb. Aufl. Wien 865—70. Braumüller. gr. 8. (VI, 313 S.) n. 28 ngr

Hauke, Fr., Leitfaden f. den Unterricht in der Geographie m. besond. Rücksicht auf das Kaiserthum Oesterreich. Für Real-, Handels- u. Gewerbeschulen. 21. Aufl. gr. 8. (VI, 313 S.) Wien 873. Braumüller. n. 3. 60

Hauke, Frz., Sammlung v. Fällen u. Fragen aus dem österreich. Verfassgs.- u. Verwaltungsrechte. Für den akadem. Gebrauch bearb. (VII, 113 S.) 8. Leipzig 910. A. Deichert Nachf. 2.—; geb. 2.60

Hauke, Frz., Studien zum österreich. Verwaltungsrechte, s.: Abhandlungen, staatsrechtl., Festgabe f. Paul Laband.

Hauke Hans: John Redfords Moralplay „The play of Wit and Science" und seine spätere Bearbeitung. 1897 PN 1100 Diss. Wien, Univ.

Hauke Dr. H.: John Redford's Moralplay „The play of Wit and science" und seine spätere Bearbeitung. 35. Krems R. 04.
Progr.

Hauke, Ign., ein Apparat für künstliche Respiration u. dessen Anwendg. zu Heilzwecken insbesond. beim Lungenemphysem. Mit 2 (eingedr.) Holzschn. Wien 870. Braumüller. gr. 8. (29 S.) n. 10 ngr

Hauke, Ign., neue pneumatische Apparate u. ihre Anwendung in der Kinderpraxis. Mit 3 (eingedr.) Holzschn. [Aus: „Med. Jahrb."] gr. 8. (21 S.) Wien 876. Braumüller. n. 1. —

Hauke, Otto, Bankbeamter, Referendar a. D.: Der Krediteröffnungsvertrag. Breslau 1910: Schles. Volkszeitg. 83 S. 8°
Breslau, Jur. Diss. v. 10. Juli 1910, Ref. Meyer, Leonhard
[Geb. 30. Dez. 81 Breslau; Wohnort: Breslau; Staatsangeh.: Preußen; Vorbildung: Matthias-Gymn. Breslau Reife O. 01; Studium: Breslau 7 S.; Rig. 6. Mai 10.] [U 10. 493

Hauklewicz, Dr. H. Ritter von, Amtliche Zusammenstellung der für die Cassa Manipulation und das Dienstverhältniß der Cassabeamten im Allgemeinen zu beobachtenden Vorschriften, mit besonderer Rücksicht auf die Steuerämter. Gr.-8. (XLVIII, 634 S.) 4.—
Wien: Hof-u.Staatsdruckerei 1889.

Hau-kiu-tschoan, od.: Die gleichmäß. Heirath. Ein Chines. Sittengemälde. N. d. französ. Bearbeitung übertragen v. Mathias Weise. 8. (19½ B.) Leipzig 830, Hartmann.

Haukland, Andr., Ansiedler-Geschichten aus Nordland. Einzig autoris. Übersetzg. v. Ida Anders. Den Umschlag zeichnete Paul Arndt. (150 S.) 8. Berlin-Charlottenburg (910). A. Juncker Verl. 2.60; geb. n 3. 50

Haukland, Andreas, Bonsaks Erzählungen, s.: Bibliothek, realist.

— Das Meer u. d. grossen Wälder. 2 Erzählgn. (Verdeutscht v. Luise Wolf u. H. Klepetar.) (182 S.) 8. Ebd. (909). 2. 50

— Ol-Jörgen. I. u. II. Tl.: Kindheit u. Wandersehnsucht. Autoris. Übersetzg. aus d. Norweg. v. Luise Wolf. (168 S.) 8. Berlin (908). York-Verlag. 3. 50

Haul, J. Ad. Karl, die Vorbereitung zum heil. Sakramente der Firmung. Ein Lehr- und Erbauungsbuch. 8. (Mit 1 Stahlst.) Prag 843, Scheib. ¾ ß

(HAUL) VENANTIUS A S(ANCTA) BARBARA: Certamen forte oder starcker dess Heiligen Ignatii Loyolae Stiffter Soc. Jesu ... oder Lob-Red anno 1724 ... zu Gross-Wardein vorgetragen. Kaschau: Academische Buchdruckerey. (1724) (8 f.)

Häulen, Conrad Caspar: Jahr-Buch Alter und neuer Nachrichten, Oder Historische Beschreibung, Wie Der gütige GOTT von vielen hundert Jahren her, biß auf das jetzt-lauffende 1742. Jahr, Unser werthes Franckenland vielmahl mit gut und geseegneten Wein-Jahren erfreuet, aber auch mit schädlichen Miß-Jahren Vätterlich heimgesuchet hat; Wobey meistens der Wein-Preiß, und von mehr als 100. Jahren her der Getrayd-Preiß mit angemercket wird. Nebst angehängt-bey einem jeden Jahr sich zugetragener merckwürdigen Geschicht, Was sowohl durch Theurung und Hunger- Pest- Feuer- und Wassers-Noth, als auch in denen Hußiten-Marggräflich-Würzburgischen Bauren- 30. jährigen- Türcken- und Französischen Kriegen, sowohl Francken als andere Oerter ausstehen und empfinden müssen. Onolzbach: Messerer 1743. 112 S. -- 12*.20.22.43*.127.N 1

Hauler, Dr. Edmund, Das älteste Berner Bruchstück identificirt. (Aus den Sitzungsberichten der k. Akademie der Wissensch.) Gr.-8. (16 S.) In Comm. - .20
Wien: Tempsky 1889.

— neue Bruchstücke zu Sallust's Historien. [Aus: „Sitzungsber. d. k. Akad. d. Wiss."] Lex.-8. (66 S.) Ebd. 887. n. 1.—

Hauler, E., Zu den neuen lateinischen Bruchstücken der Thomasapokalypse und eines apostolischen Sendschreibens im Codex Vind. Nr. 16. Separatabdruck a. d. „Wiener Studien". 1908. Bd. XXX. Heft 2. 8°. (34 S.) † K 1.—
Wien: Gerold's S. 1909.

Hauler, Edm., s.: Didascaliae apostolorum fragmenta Veronensia latina.

— Epilegomena zu den Orléaner Sallustfragmenten. S.-A. s. a. 7 S.

Hauler, E., s.: Festheft der Wiener Studien zum 60. Geburtstage Professor Dr. Eugen Bormanns.

— De novis Sallustii Historiarum fragmentis. S.-A. 1886. 19 S.

Hauler, Edmund Zur Geschichte des griechischen Mimus. 8 (19 S.). Progr. K. k. Staatsg. im II. Bezirke Wien 1893.
Wieder abgedruckt und fortgesetzt in den Xenia Austriaca. I. Abtheilung (Wien 1893) S. 79—135.

Hauler, E., Junge Handschriften u. alte Ausgaben zu Sallust. S.-A. O. J. 19 S.

Hauler, E, Zur älteren römischen Literaturgeschichte. S.-A. 1902. 5 S. 4°.

Hauler, E., Neues aus dem Frontopalimpsest. Sonderabdruck a. d. „Wiener Studien" 1909. Jahrg. XXXI. Heft 2. 8°. (41 S.) †
Wien: Gerold's S.1910. K —.60

— Paläographisches, Historisches u. Kritisches z. Bembinus d. Terenz. S.-A. 1889. 20 S.

— Ein neues Palimpsestfragment zu Sallusts Historien. S.-A. 1886. 16 S. u. 1 Taf.

— Die Orléaner Palimpsestfragmente zu S.'s Historien. S.-A. s. a. 26 S.

Hauler, Edm., e. lateinische Palimpsestübersetzung d. Didascalia apostolorum. [Aus: „Sitzungsber. d. k. Akad. d. Wiss."] gr. 8. (54 S.) Ebd. 896. n. 1. 30

Hauler, E., Zum Pliniuspalimpseste Nonantulantus. S.-A. s. a. 8 S.

Hauler, E., Sallustcitate bei Fronto. S.-A. O. J. 10 S.

Hauler, Edmund: Zu Catos Schrift über das Landwesen. 8 (S. 3—30). Progr. K. k. Staatsg. im II. Bezirke Wien 1896.

— Ueber Sophron, Theokrit u. Herondas. S.-A. 1893. 15 S. 4°.

Hauler, E., Thesauri Latini specimen part. I—III. S.-A. 1886. 16 S.

— s.: Studien, Wiener.

Hauler Edmund: Terentiana. Quaestiones cum specimine lexici. Diss. Wien, Univ.
D: Wien, 1882.
1882 PN 253

Hauler, Edm., Terentiana. Quaestiones cum specimine lexici. gr. 8. (47 S.) Wien 882. Höldor. n. 1. 40

— s.: Zeitschrift f. die österr. Gymnasien.

Hauler, J.: De Fato, quale apud Homerum et Vergilium perhibetur. 9 S.–Ofen, Progr. 1858

Hauler, Johann

Hauler, Joh., e. österr. Schulmann. Nachruf, s. Fischer, Ludw.

Hauler, J., Aufgaben zur Einübung der lateinischen Sprache in einzelnen Sätzen u. zusammenhäng. Sätzen. 1. u. 2. Thl. gr. 8. Wien 874. 75. Hölder. n. 2. 80
1. Casuslehre. (V, 124 S.) n 1. 80
2. Moduslehre. (152 S.) n. 1. 50

Hauler, J., Aufgaben zur Einübung der lateinischen Syntax in einzelnen Sätzen u. zusammenhängenden Stücken, nach den Grammatiken von Karl Schmidt, Ellendt-Seyffert u. Ferd. Schultz. 1. Thl. Casuslehre. 2. Aufl. gr.8. (IV, 128 S.) Wien 878. Hölder. n. 1. 30

Hauler, J., Aufgaben zur Einübung der lateinischen Syntax in einzelnen Sätzen und zusammenhängenden Stücken, nach den Grammatiken von Karl Schmidt, Ellendt-Seyffert und Ferd. Schultz. 2 Thle. gr. 8. Wien, Hölder. *

Inhalt:

Thl. 1. Casuslehre. 3. Aufl. (IV, 158 S.) 881. *ℳ 1,50.; 4. Aufl. (IV, 144 S.) 882. *ℳ 1,36.; 5. Aufl. (IV, 144 S.) 884. *ℳ 1,28.

" 2. Moduslehre. 2. Aufl. (IV, 164 S.) 879.; 3. Aufl. (IV, 167 S.) 882; 4. Aufl. (IV, 168 S.) 884. *ℳ 1,50.

Hauler, J., Aufgaben zur Einübung der lateinischen Syntax in einzelnen Sätzen und zusammenhängenden Stücken nach den Grammatiken v. K. Schmidt, Ellendt-Seyffert u. F. Schultz. 1. u. 2. Thl. gr. 8. Wien 888. Hölder. n. 2. 44; geb. n.n. 3. 8

1. Casuslehre. 6., unveränd. Aufl. (IV, 144 S.) n. 1. 12; geb. n.n. 1. 44. — 2. Moduslehre. 5., unveränd. Aufl. (IV, 168 S.) n. 1. 32; geb. n.n. 1. 64.

Hauler, Joh. Aufgaben zur Einübung der lateinischen Syntax in einzelnen Sätzen u. zusammenhängenden Stücken nach den Grammatiken v. Karl Schmidt, Aug. Scheindler u. Ferd. Schultz. 2 Thle. gr. 8. Wien, Hölder. geb. in Leinw. * + 3 72

1. Casuslehre. 7. veränd. Aufl. (VIII, 168 S.) 890. * 1 32; geb. ** 1 72.
2. Moduslehre. 6. veränd. Aufl. (208 S.) 891. geb. ** 2 —.

Hauler, Joh., Aufgaben zur Einübung der lateinischen Syntax in einzelnen Sätzen u. zusammenhängenden Stücken nach den Grammatiken v. Karl Schmidt, Aug. Scheindler u. Ferd. Schultz. 1. u. 2. Thl. gr. 8. Wien, A. Hölder. Geb. n.n. 3. 72

1. Casuslehre. 8., durchgesch. Aufl. (168 S.) 892. n.n. 1. 72
2. Moduslehre. 6., veränd. Aufl. (208 S.) 891. n.n. 2. —

Hauler, Joh., Aufgaben z. Einübg. d. latein. Syntax in einz. Sätzen u. zusammenhäng. Stücken nach d. Grammatiken v. Karl Schmidt, Aug. Scheindler u. Ferd. Schultz. 1. Thl.: Casuslehre. 9., im wesentl. unveränd. Aufl. gr. 8. (168 S.) Wien 897. A. Hölder. Geb. n. 1. 72

Hauler, Joh., Aufgaben zur Einübung der lateinischen Syntax in einzelnen Sätzen u. zusammenhängenden Stücken nach den Grammatiken v. Karl Schmidt, Aug. Scheindler u. Ferd. Schultz. I. u. II. Thl. gr. 8. Wien, A. Hölder. Geb. in Leinw. n. 3. 92

I. Kasuslehre. 10., im wesentlichen unveränd. Aufl. (In der neuen Rechtschreibg.) (168 S.) 902. n. 1. 82
II. Moduslehre. 7., im wesentlichen unveränd. Aufl. (208 S.) 900. n. 2. 10

Hauler, Joh., Aufgaben zur Einübung der lateinischen Syntax in einzelnen Sätzen u. zusammenhängenden Stücken nach den Grammatiken v. Karl Schmidt, Aug. Scheindler u. Ferd. Schultz. II. Tl.: Moduslehre. 8. Aufl. Inhaltlich im wesentlichen unveränd., nach der neuen Rechtschreibg. hergestellter Abdr. der 7. Aufl. (208 S.) 8. Wien 906. A. Hölder.

Hauler, Dr. Johann, Aufgaben zur Einübung der lateinischen Syntax in einzelnen Sätzen und zusammenhängenden Stücken nach den Grammatiken von Karl Schmidt, Dr. August Scheindler und Dr. Ferdinand Schultz. I. Teil: Kasuslehre. 11., im wesentlichen unveränderte, sonach im Sinne des Min.-Erl. vom 21. Juli 1902, Z. 22286, zulässige Auflage. Wien 1907. A. Hölder. Geh. K 1.32, geb. K 1.82.

— zur Repetition. Sep.-Abdr. d. in der 5. Aufl. d. Uebungsbuches neu hinzugekommenen § 1 u. d. Stückes 5 der zusammenhäng. Uebgn. gr. 8. (16 S.) Wien 876. Bermann & Altmann. n. — 20

— lateinische Stilübungen für die oberen Klassen der Gymnasien u. verwandter Lehranstalten. Nach den Grammatiken von K. Schmidt u. Ellendt-Seyffert. Abth. für die 5. u. 6. Klasse. gr. 8. (VIII, 275 S.) Ebend. 878. n. 2. 60

—— lat. Stilübgn f. d. ob. Klassen d. Gymnasien u. verwandter Lehranstalten. Abth. f. d. 5. u. 6. Klasse. 8. (275) Wien 78, Hölder. n. 2. 60

—— lateinische Stilübungen für die oberen Klassen der Gymnasien und verwandter Lehranstalten. Nach den Grammatiken von K. Schmidt und Ellendt-Seyffert. Abthl. für die 5. und 6. Klasse. 2. Aufl. gr. 8. (VIII, 288 S.) Ebendas. 881. *

—— dass. — Abthl. für die 7. Klasse. gr. 8. (IV, 120 S.) Ebendas. 880. *

— dasselbe. Abth. für die 7. Klasse. gr. 8. (IV, 120 S.) Ebend. 881. n. 1. 20

Hauler, Dr. J., Lateinische Stilübungen f. d. oberen Classen d. Gymnasien u. verw. Lehranstalten. Abth. f. d. 8. Classe. 8. (112 S.) geh. 60 kr.
Wien: Hölder 1882.

— lateinische Stilübungen f. die oberen Classen der Gymnasien u. verwandter Lehranstalten nach den Grammatiken v. K. Schmidt u. Ellendt-Seyffert. 1. u. 2. Abth. Text m. Vorübgn. gr. 8. Ebend. 884. n. 5. —

1. Für die 5. u. 6. Classe. 3. Aufl. (Text X, 144 u. Vorübgn. 128 S.) n. 2. 60. — 2. Für die 7. u. 8. Classe. 2. Aufl. (Text S. 145—299 u. Vorübgn. S. 129—223.) n. 2. 40

— lateinische Stilübungen f. die oberen Klassen der Gymnasien u. verwandter Lehranstalten nach den Grammatiken v. K. Schmidt u. Ellendt-Seyffert. Text u. Vorübungen. 1. u. 2. Abth. à 2 Hfte. gr. 8. Ebd. 887. n. 4. 20

1. Für die 5. u. 6. Classe. 4. Aufl. (VI, 144 u. 128 S.) n. 2. 20. — 2. Für die 7. u. 8. Classe. 3. Aufl. (S. 145—298 u. 129—220.) n. 2. —.

Hauler, Dr. J., Lateinische Stilübungen für die oberen Classen der Gymnasien und verwandte Lehranstalten. I. Abtheilung. Text und Vorübungen für die 5. und 6. Classe. Fünfte, im Wesentlichen unveränderte Auflage. Gr.-8. (Text 144 S., Vorübungen 232 S.) Zusammen 1.10
Wien: Hölder 1894.

— latein. Stilübungen f. d. oberen Classen d. Gymnasien u. verw. Lehranst. n. d. Grammatiken v. K. Schmidt u. A. Scheindler. II. Abth. Text u. Vorübgn. f. die 7. u. 8. Classe. 4., im wesentl. unveränd. Aufl. gr. 8. (S. 145—296 u. 129—220.) Ebd. 895. n. 2. — (I. u. II.: n. 4. 20)

Hauler, Dr. Johann, Lateinische Stilübungen für die oberen Klassen der Gymnasien. 6. Auflage. Neu bearbeitet von Dr. Josef Dorsch und Dr. Josef Fritsch. Wien 1907. A. Hölder. Geh. K 2.70, geb. K 3.20.

Hauler, Dr. Johann, Lateinische Stilübungen für die oberen Klassen der Gymnasien und verwandter Lehranstalten. Neu bearbeitet von Dr. Josef Dorsch und Dr. Josef Fritsch. 7., im wesentlichen unveränderte, somit im Sinne des Min.-Erl. vom 24. August 1908, Z. 34522, allgemein zulässige Auflage. Wien 1909 A. Hölder.

Hauler, J., lateinisches Uebungsbuch für die zwei untersten Klassen der Gymnasien u. verwandter Lehranstalten. 2 Thle. Wien 866. Meyer. gr. 8. n. 26½ ngr.

1. Thl. Lateinisch-deutsche Uebungen. (IV, 211 S.) n. 14 ngr.
2. Thl. Deutsch-lateinische Uebungen. (177 S.) n.n. 12½ ngr.

— — 2. verb. Aufl. Ebend. 869. gr. 8. (III, 306 S.) n. 24 ngr.

—— dass. — In 2 Thln. 8. Aufl. 1871. *ℳ 2,40., und 4. Aufl. gr. 8. (V, 297 S.) Ebendas. 874. [Wien, Bermann und Altmann.] *

— lateinisches Uebungsbuch f. die zwei untersten Klassen der Gymnasien u. verwandter Lehranstalten. Nach den Grammatiken v. K. Schmidt, Ellendt-Seyffert u. F. Schultz. 1. u. 2. Abth. 5. Aufl. gr. 8. Ebend. 876. n. 3. 8
1. Für das erste Schuljahr. (IV, 132 S.) n. 1. 32
2. Für das zweite Schuljahr. (IV, 192 S.) n. 1. 76

— lateinisches Uebungsbuch für die 2 untersten Klassen der Gymnasien u. verwandten Lehranstalten. Nach den Grammatiken von K. Schmidt, Ellendt-Seyffert u. F. Schultz. Abth. für das 1. Schuljahr. 6. Aufl. gr. 8. (IV, 132 S.) Wien 878. Bermann & Altmann. n. 1. 32

— dasselbe. Abth. für das 2. Schuljahr. 6. Aufl. gr. 8. (IV, 208 S.) Ebend. 879. n. 1. 76

—— lat. Uebungsbuch f. d. zwei untersten Klassen d. Gymnasien u. verwandter Lehranstalten. 1. u. 2. Abth. 8. Wien, Bermann u. A. n. 3. 2
1. Für d. erste Schuljahr. 7. Afl. (132) 78. n. 1. 10
2. Für d. 2. Schuljahr. 7. Afl. (208) 80. n. 1. 92

—— lateinisches Uebungsbuch für die zwei untersten Klassen der Gymnasien und verwandter Lehranstalten. Nach den Grammatiken von K. Schmidt, Ellendt-Seyffert und F. Schultz. 2 Abthlgn. gr. 8. Wien, Bermann und Altmann. *

Inhalt:
Abthl. 1. Für das erste Schuljahr. 7. Aufl. (IV, 132 S.) 880. *ℳ 1,10.; 8. Aufl. (IV, 150 S.) 882. *ℳ 1,36.; 9. Aufl. (VI, 150 S.) 884. *ℳ 1,48.
» 2. Für das zweite Schuljahr. 7. Aufl. (IV, 228 S.) 881. *ℳ 1,92.; 8. Aufl. (IV, 224.) 883. *ℳ 1,90.

Hauler, Dr. Johann, Lateinisches Uebungsbuch für die zwei untersten Classen der Gymnasien und verwandter Lehranstalten. Nach den Grammatiken von K. Schmidt, Ellendt-Steiffert und F. Schulz. Abtheilung für das erste Schuljahr. 8. Auflage. Wien 1881. Bermann und Altmann. Preis 68 kr.
IV, 150 S.

—— lateinisches Übungsbuch für die zwei untersten Classen der Gymnasien und verwandter Lehranstalten nach den Grammatiken von K. Schmidt, Ellendt-Seyffert und F. Schultz. 2 Abthlgn. gr. 8. Wien, Bermann und Altmann. **

Inhalt:
Abthl. 1. Für das 1. Schuljahr. 10. mit Rücksicht auf die Instructionen veränd., und 11. unveränd. Aufl. (IV, 136 S.) 886,88. [*ℳ 1.20.; geb. **ℳ 1.48.] **ℳ 1.10.
» 2. Für das 2. Schuljahr. 9. unveränd. Aufl. (IV, 224 S.) 886. *ℳ 1.90.; geb. **ℳ 2.20.; 10. mit Rücksicht auf die Instructionen veränd. Aufl. (II, 192 S.) 887. **ℳ 1.60.; geb. **ℳ 1.90.

Vgl.: Heinrich, Ant., deutsche Grammatik für die österreich. Gymnasien.

Hauler, Dr. Joh., Anhang zur 11. Auflage des lateinischen Uebungsbuches für das erste Schuljahr. Wien 1889. Bermann & Altmann. Unentgeltliche Nachlieferung. (Min.-Erl. 28. Aug. 1889. Z. 17709.)

— lateinisches Übungsbuch f. die zwei untersten Classen der Gymnasien u. verwandten Lehranstalten nach den Grammatiken v. K. Schmidt, A. Scheindler u. F. Schultz. 11. Aufl. gr. 8. Wien 890. Bermann & Altmann. geb. n.n. 3. —
1. Für das 1. Schulj. 2. Ausg. (IV, 152 S.) n.n. 1. 20. —
2. Für das 2. Schulj. (XII, 207 S.) n.n. 1. 80.

— lateinisches Übungsbuch f. die 2 untersten Classen der Gymnasien u. verwandter Lehranstalten nach den Grammatiken v. K. Schmidt, A. Scheindler u. F. Schultz. Abth. f. das 1. Schulj. Ausg. A (f. die Grammatiken v. K. Schmidt u. F. Schultz). 12., veränd. Aufl. gr. 8. (IV, 120 S.) Wien 893. Bermann & Altmann. Geb. in Leinw. n. 1. 25

— dasselbe. Anh. Die Übungsbeispiele üb. die III. Declination §§ 11—24 (S. 3—8 u. S. 32—35), nach den Regeln der Schmidt'schen Schulgrammatik §§ 38—42) geordnet. gr. 8. (20 S.) Ebd. 893. n.n. — 20

— dasselbe. Ausg. B (f. die Grammatik v. A. Scheindler). 12., veränd. Aufl. gr. 8. (IV, 120 S.) Ebd. 893. Geb. in Leinw. n. 1. 25

— dasselbe. Abth. f. das 2. Schulj. 12., durchgeseh. Aufl. gr. 8. (210 S.) Ebd. 893. Geb. in Leinw. n. 1. 90

Hauler, Dr. Johann, Lateinisches Uebungsbuch für die zwei untersten Classen der Gymnasien und verwandten Lehranstalten. Abtheilung für das erste Schuljahr. Ausgabe A (für die Grammatiken von K. Schmidt und F. Schultz). Dreizehnte, im Wesentlichen unveränderte Auflage. Wien 1895. Bermann & Altmann. (Min.-Erl. v. 19. Juni 1895, Z. 14226.) Geheftet —.50
Gebunden —.70

— dasselbe. Ausg. B (f. d. Grammatik v. A. Scheindler). 13., im wesentl. unveränd. Aufl. gr. 8. (IV, 120 S.) Ebd. 897. Geb. in Leinw. n. 1. 25

— dasselbe. Abth. f. d. 2. Schulj. 13., durchgeseh. Aufl. gr. 8. (210 S.) Ebd. 896. Geb. in Leinw. n.n. 1. 90

— Lateinisches Übungsbuch f. d. 2 untersten Classen d. Gymnasien u. verw. Lehranst. nach d. Grammatiken v. K. Schmidt, A. Scheindler u. F. Schultz. Abth. f. d. 1. Schulj. Ausg. A (f. die Grammatiken v. K. Schmidt u. F. Schultz.) 14., im wesentl. unveränd. Aufl. gr. 8. (IV, 120 S.) Wien 897. [Bermann & Altmann.] A. Pichler's Wwe. & Sohn. Geb. in Leinw. n. 1. 25

HAULER Johann
Lateinisches Übungsbuch für die zwei untersten Classen der Gymnasien und verwandter Lehranstalten nach den Grammatiken von K. Schmidt, A Scheindler und F. Schultz von Dr. Johann Hauler. Abtheilung für das 2. Schuljahr. 14., im wesentlichen unveränderte Auflage. Mit Erlass des hohen k k. Ministeriums für Cultus und Unterricht vom 28. April 1899, Z. 10.599, zum Unterrichtsgebrauche allgemein zulässig erklärt. Wien. 1899. Pichlers W. & S. 8°. 210 S. fl. —.90, geb. fl. 1.10

HAULER, Johann
Lateinisches Uebungsbuch für die zwei untersten Classen der Gymnasien und verwandten Lehranstalten nach den Grammatiken von K. Schmidt, A. Scheindler und F. Schultz von Dr. Johann Hauler. Abtheilung für das 1. Schuljahr. Ausgabe A (für die Grammatiken von K. Schmidt und F. Schultz). 15. im wesentlichen unveränderte Auflage. Mit Erlass des hohen k. k. Ministeriums für Cultus und Unterricht vom 28. April 1899, Z. 10599, zum Unterrichtsgebrauche allgemein zulässig erklärt. Wien. 1899. Pichlers W. & S. 8°. IV, 120 S. fl. —.50, geb. fl. .70

HAULER, Johann

Lateinisches Uebungsbuch für die zwei untersten Classen der Gymnasien und verwandter Lehranstalten nach den Grammatiken von K. Schmidt, A. Scheindler und F. Schultz. Von Dr. Johann Hauler. Abtheilung für das zweite Schuljahr. 15. Auflage. Unveränderter Abdruck der mit Erlass des hohen k. k. Ministeriums für Cultus und Unterricht vom 28. April 1899, Z. 10599, zum Unterrichtsgebrauche allgemein zulässig erklärten 14. Auflage. Wien. 1901. Pichler's W. & S. Gr.-8°. 210 S. Geb. K 2.20

HAULER, Johann

Lateinisches Uebungsbuch für die zwei untersten Classen der Gymnasien und verwandter Lehranstalten nach den Grammatiken von K. Schmidt, A. Scheindler und F. Schultz. Von Dr. Johann Hauler. Abtheilung für das erste Schuljahr. Ausgabe A (für die Grammatiken von K. Schmidt und F. Schultz). 16. Auflage. Unveränderter Abdruck der mit Erlass des hohen k. k. Ministeriums für Cultus und Unterricht vom 28. April 1899, Z. 10599, zum Unterrichtsgebrauche allgemein zulässig erklärten 15. Auflage. Wien. 1901. Pichler's W. & S. Gr.-8°. IV, 120 S. Geb. K 1.40

Hauler, Dr. Johann, Lateinisches Übungsbuch für die zwei untersten Klassen der Gymnasien und verwandter Lehranstalten nach den Grammatiken von K. Schmidt, A. Scheindler u. F. Schultz. Abteilung für das erste Schuljahr. Ausgabe A (für die Grammatiken von K. Schmidt und F. Schultz). Wien 1903. A. Pichler's Witwe und Sohn. Preis, geheftet 1 K, gebunden 1 K 40 h.

— dasselbe. Ausg. B (f. die Grammatik v. A. Scheindler). 14. Aufl. Nach der neuen deutschen Rechtschreibg. bericht., sonst im wesentl. unveränd. Abdr. der 13. Aufl. (IV, 127 S.) 8. Ebd. 904. Geb. in Leinw. n. 1. 25

— dasselbe. Abtlg. f. das 2. Schulj. 16. Aufl. Nach der neuen deutschen Rechtschreibg. bericht., sonst im wesentlichen unveränd. Abdr. der 14. Aufl. (221 S.) 8. Ebd. 904. Geb. in Leinw. n. 1. 90

— lateinisches Uebungsbuch f. die 2 untersten Klassen der Gymnasien u. verwandter Lehranstalten nach den Grammatiken v. K. Schmidt, A. Scheindler u. F. Schultz. Abtlg. für das 1. Schulj. Ausg. A. (f. die Grammatiken v. K. Schmidt u. F. Schultz). 18., im wesentl. nahezu unveränd. Abdr. der 17. Aufl. (IV, 127 S.) 8. Wien 905. A. Pichler's Wwe. & Sohn. Geb. n. 1. 25

Hauler, Dr. Johann, Lateinisches Übungsbuch für die zwei untersten Klassen der Gymnasien und verwandter Lehranstalten nach den Grammatiken von K. Schmidt, A. Scheindler und F. Schulz. Abteilung für das zweite Schuljahr. 17., unveränderte, sonach gemäß Min.-Erl. vom 12. September 1904, Z. 31503, allgemein zulässige Auflage. Wien 1906. A. Pichlers Witwe und Sohn. Geh. K 1.80, geb. K 2.20.

Hauler, Dr. Johann, Lateinisches Übungsbuch für die zwei untersten Klassen der Gymnasien und verwandter Lehranstalten. Nach den Grammatiken von K. Schmidt, A. Scheindler und F. Schultz. Abteilung für das erste Schuljahr. Ausgabe A (für die Grammatiken von K. Schmidt und F. Schultz). 19., im wesentlichen unveränderte, sonach gemäß Min.-Erl. vom 13. September 1905, Z. 33673, allgemein zulässige Auflage. Wien 1907. A. Pichlers Witwe & Sohn. Geh. K 1.—, geb. K 1.40.

Hauler, Dr. Johann, Lateinisches Übungsbuch für die zwei untersten Klassen der Gymnasien und verwandter Lehranstalten nach den Grammatiken von K. Schmidt, A. Scheindler und F. Schultz. Abteilung für das erste Schuljahr. Ausgabe B (für die Grammatik von A. Scheindler). 15., im wesentlichen unveränderte, sonach gemäß Min.-Erl. vom 24. September 1904, Z. 32961, allgemein zulässige Auflage. Wien 1907. A. Pichlers Witwe & Sohn. Geh. K 1.—, geb. K 1.40.

Hauler, Dr. Johann, Lateinisches Übungsbuch für die erste Klasse der Gymnasien und verwandter Lehranstalten. Ausgabe A. (Für die Grammatiken von K. Schmidt und F. Schultz.) 20. Auflage. Auf Grund der von Dr. Edmund Hauler umgearbeiteten 12. Auflage durchgesehen und nach den neuen Lehrplänen eingerichtet von Dr. Josef Dorsch und Dr. Josef Fritsch. Wien 1909. A. Pichlers Witwe & Sohn. Geh. K 1.—, geb. K 1.40.

Hauler's, Joh., lateinisches Übungsbuch f. die 1. Klasse der Gymnasien u. verw. Lehranstalten. Ausg. A (f. die Grammatiken v. K. Schmidt u. F. Schultz.) 20. Aufl. Auf Grund d. v. Edm. Hauler umgearb. 12. Aufl. durchgesehen u. nach den neuen Lehrplänen eingerichtet v. Jos. Dorsch u. Jos. Fritsch. (IV, 130 S.) 8. Wien 910. A. Pichler's Wwe. & Sohn. Geb. 1. 25

— dasselbe f. die 2. Klasse der Gymnasien u. verwandter Lehranstalten nach den Grammatiken v. K. Schmidt, A. Scheindler u. F. Schultz. 18. Aufl. Auf Grund der von Edm. Hauler umgearb. 11. Aufl. durchgesehen u. nach den neuen Lehrpl. eingerichtet v. Jos. Dorsch u. Jos. Fritsch. (215 S.) 8. Ebd. 910. Geb. 1. 90

Hauler, J., de Theocriti vita et carminibus. Dissertatio philologica. Friburgi Brisg. 855. (Diernfellner.) 8. (67 S.) n. 7½ ngr.

Hauler, J. Wegweiser von Zürich. Verzeichniss sämmtlicher Strassen, Gassen, Brücken u. Plätze Zürichs nebst Plan. Kl. in-8°. 52 S. Zürich, Höhr & Fäsi. 1892 — 60

Hauler, Johann. Wegweiser von Zürich. Verzeichnis sämmtlicher Strassen. Gassen, Brücken u. Plätze Zürichs nebst Plan. Hrg. von J' H'. 8. Zürich.

[1. Aufl.] ([Mit] Nachtrag zu den gleichlautenden Strassen..., welche... 1892 in andere umgeandert wurden.) 1893.

Hauler, Joh., Wegweiser v. Zürich. Verzeichn. sämmtl. Straßen, Gassen, Brücken u. Plätze Zürichs nebst Plan. 2. Aufl. 16. (61 S.) Zürich 897. Fäsi & Beer. Kart. — 60

Hauler, J. Wegweiser von Zürich. Verzeichnis sämtl. Strassen, Gassen, Brücken und Plätze Zürichs nebst Plan. 3. Aufl. 16°. 77 S. Zürich, Fæsi & Beer. 1900. — 70

Hauler, Joh., Wegweiser v. Zürich. Verzeichnis sämtl. Straßen, Gassen, Brücken u. Plätze Zürichs, nebst Plan. 4. Aufl. 16. (79 S.) Zürich 903. Fäsi & Beer. Kart. n. — 70

Hauler, Johann. Wegweiser von Zürich. Verzeichnis sämtlicher Strassen, Gassen, Brücken u. Plätze Zürichs nebst Plan. Hrg. von J' H'. 5. Aufl. 80 S. 8. Zürich, Fäsi & Beer, 1906. [cart. fr. —. 70]

Hauler, Joh., Wegweiser v. Zürich. Verzeichnis sämtlicher Straßen, Gassen, Brücken u. Plätze Zürichs nebst Plan. 6. Aufl. (72 S.) 16. Zürich 909. Beer & Co. Kart. — 75

Haulik C.: Dissertatio inaug. medico-physiol. de nexu inter foetum et matrem. Vindob. 1830. 30 S. 2 Tvl. 4°.

Haulik, Cardinal Georg v., die Autorität als Princip der Ordnung u. des Wohlergehens in Kirche, Staat u. Familie. Im Anh.: Beleuchtung der beachtenswertheren Einwendungen gegen die Encyclica vom 8. Decbr. 1864. (Deutsch mit Autorisation Sr. Eminenz.) Wien 865. Mayer & Co. gr. 8. (56 S.) n. 4 ngr.

HAULIK, GEORG VON: Einwürfe gegen die Encyclica vom 8. Dezember 1865. Wien 1865. Verlag Mayer & Cie. Druck v. Ludwig Mayer. S. 35-56. - 210 mm

HAULIK VON VÁRALLYA, GEORG: Von der Freiheit in moralischer und in socialer Beziehung. Pastoral-Schreiben Seiner Eminenz des Agramer Erzbischofs Cardinal Georg von Haulik an den Dioecesan-Clerus vom 9. Februar 1868. Übersetzt aus dem lateinischen Original. Agram 1868: Buchdruck v. C. Albrecht u. Fiedler. Im Commissionsverlage der Fr. Suppan's Buchhandlung. 43 S. - 230 mm

Haulik, Georg von, Von der Gleichheit (Égalité) in moralischer und in socialer Beziehung. Pastoralschreiben vom 24. Jän. 1869 an den Agramer Diöcesan-Clerus. (Uebers. aus d. latein. Original.) 8°. Agram, Fr. Suppan (Albrecht u. Fiedler), 1869.

HAULIK VON VARALLYA, GEORG: Hirtenschreiben Seiner Excellenz, des hochwürdigsten Herrn Erzbischofs von Agram Georg Haulik von Várallya an den Klerus der Agramer Erzdiözese (d. d. Agram 20. Januar 1856). Aus dem Lateinischen übersetzt. Wien 1856. Gedr. bei den Edlen v. Ghelen'schen Erben. 29 S. - 220 mm

HAULIK, GEORG VON: Ueber Jugendunterricht und Erziehung. Pastoral-Schreiben vom 14. Februar 1869. Sr. Eminenz des Cardinal-Erzbischof Georg von Haulik an den Agramer Dioecesan-Clerus. (Übers. a. d. latein. Origin.). Agram 1869: C. Albrecht. Im Commissionsverlage der Fr. Suppan's Buchhandlung (Albrecht & Fiedler). 39 S. - 210 mm

Haulik, Georgius, *cardinalis etc.* Selectiores Encyclicae literae et dictiones sacrae. *Viennae. Typ. congreg. Mechitar.* Tom IV., IV, 347 S. und 1 Bl., 8°.
Der **IV. Bd.** enthält: Encyclicas, seu pastorales literas de annis 1854, 1855, 1856, 1857 et 1858, item dictiunculas variis occasionibus pronunciatas.

HAULIK VON VÁRALLYA, GEORG: Oesterreich der Konkordatenstaat. Wien 1859: Wilhelm Braumüller, k. k. Hofbuchhändler. Druck v. M. Auer. 47 S. - 250 mm

HAULIK, GEORG: Pastoral-Rede, welche Georg Haulik bei dem Antritt der Diöcesanregierung im Jahre 1838. am ersten Sonntage nach Epiphanie, am 7. Januar an den Clerus und das Volk gehalten hat. Aus dem Lateinischen übersetzt. Agram 1838: 48 S. - 200 mm

Haulik, Georg, *Cardinal, Erzbischof v. Agram.* Pastoralschreiben betreff der Drangsalen der kath. Kirche und des Jubilarablasses v. J. 1858 übersetzt aus dem latein. Originale. *Agram* 1858. *C. Albrecht.* 10 S. Fol. Ohne Pr.

HAULIK, GEORG: Rede Sr. Excellenz des Herrn Georg Haulik von Váralja, Agramer Bischofs, Abten der Heiligen Jungfrau Maria von Thopuszka etc. gehalten bei Gelegenheit der feierlichen Eröffnung des frommen Instituts der Barmherzigen-Schwester zu Agram am 14. April 1846. Agram 1846. Druck der k. k. National-Buchdruckerei von Dr. L. Gaj. 29 S. - 8°

Haulleville, Prosper Charles Alexandre, Baron von

Hauleville, Prosper-Charles-Alexandre de: Les institutions représentatives en Autriche. Paris, Bruxelles, Leipzig 1863. 175 S. 8°

Haulleville, Baron v., die Zukunft der katholischen Völker. Autoris. Uebersetzg. v. Phpp. Wasserburg. gr. 8. (VIII, 216 S.) Mainz 876. Kirchheim. 1. 80

Hault, Raoul de la, der Letzte seines Stammes, s.: **Bibliothek,** neo-mystische. Nr. 1.

Haumann, Ant., Kunstbestrebungen d. Gegenwart. gr. 8. (7 B.) Berlin 812. [Adolf u. Comp.]

Haumann, August: Ueber Gelenklipom, lipoma arborescens und Sehnenscheidenlipomatose . . . . Bonn, Univ.-Buchdr. v. Carl Georgi, 1887; 41 + 1 S. + 1 Bl. 8°.
Bonn, Med. Fak., Inaug.-Diss. v. 18. Febr. 1887.

Haumann, August, über Gelenklipom, lipoma arborescens und Sehnenscheidenlipomatose. Diss. Bonn 1887, Emil **Strauss. 8°. 41 S.**

Haumann, C. G., de differentia, qua Jesus appellatur filius Dei. Jen. 1814. 4.

Haumann, G. Gli., verbessertes ABC- u. Lesebuch. 2e Aufl. 2 Thle. 12. Gotha 834. Hennings. 1/3 Thlr.

Haumann, C. Gli., Kunst, in vier Wochen nach einer gründlichen Methode lesen zu lernen. 2 Thle. 8. Erfurt u. (Gotha) 812. Hennings. 10 Gr.

— Versuch einer Wiederherstellung der Bücher des Apollonius von Perga von den Berührungen, s. Apollonius v. Perga.

— allgemeines Wochenblatt für Kinder, eine Zeitschrift für zweckmäßige Bildung deutscher Jugend. 6 Hefte, in 2 Bänden. 8. Erfurt 817. (Otto). (à Bd. 12 Gr.) 1 Thlr.

Haumann, Eduard

Haumann, E. (Hrsg.), s. A s h e l m , Friedrich: Post-u.Formularheft f. Schule u. Haus.

Amerikanische Buchführung für Handel und Gewerbe. Lehrbuch z. Erlernung d. Buchführung f. Lehrer, Kaufleute u. Gewerbetreibende von [Eduard] **Haumann,** Dir. an d. Pflichtfortbildungsschule, u. [Ernst] Lietz, Lehrer. Berlin: E. S. Mittler & Sohn 1906. (VIII, 88 S.) 8° [04. 1906]

Haumann, E., Formular-Ordner, s.: Ashelm.

— u. J. Hoffmann, Geschäftsaufsätze 1–3. Berlin (906). F. Ashelm. n.n. — 70
1. (36 S.) 8. n.n. — 20. — 2. 3. (à 36 S.) Lex.-8. à n.n. — 25.

— u. J. Hoffmann, Geschäftsaufsätze. 1—3. Berlin (910). F. Ashelm. nn — 70
1. (36 S.) 8. nn — 20
2. 3. (à 36 S. m. Linienblatt.) Lex. 8. à nn — 25

Haumann, E., die Praxis des gewerblichen Rechnens, s.: **Dagefförde,** Herm.

— u. **Lietz,** Übungsbeispiele f. den ersten Unterricht in der amerikanischen Buchführung. (18 S.) gr. 8. Ebd. 909. — 25

— — Uebungsheft zur amerikanischen Buchführung. (18 S.) Imp. 4. Berlin (904). [M. Schnetter.] F. Ashelm. n.n. — 90

— — Übungsheft zur amerikanischen Buchführung m. Text zum Buchen. (Ausg. A m. Kontenbezeichng.) (15 S. u. Text 8 S. in 8.) 36×37 cm. Ebd. (909). — 60

— — dasselbe. Ausg. B (ohne Kontenbezeichng. m. Text zum Buchen.) (15 S. u. Text 8 S. in 8.) 36×37 cm. Ebd. (909). — 60

Haumann, Emil [pr. Arzt aus Dortmund]: Über Syringomyelie nebst Beschreibung eines neuen FALLES. [sic!] (Von der inneren Station des städs. [sic!] Luisenhospitals zu Dortmund.) . . . Greifswald, Druck v. Carl Sell, 1889; 21 + 1 S. + 1 Bl. 8°
Greifswald, Med. Fak., Inaug.-Diss. v. 13. März 1889

Haumann, Gust. Hnr., Aberwitz, Trugsinn und Frevel des namenlosen Erfinders von Dr. Bretschneiders Gewissen- und Gedankenlosigkeit. Ein Beitrag zur Erörterung der Symbolzwangsfrage für die evangelisch-protestant. Christenwelt. Mit einem einleitenden Vorworte an Bretschneider's Verehrer und an die Leser seiner Schriften. gr. 8. Weimar 842, Voigt. 2/3 Thlr.

Haumann, Gust. Hnr., Anti-Brenneke, od. bibl. Beweis, daß es mit d. bibl. Beweis des Hrn. Brenneke für Jesu 27jähr. leibhaftes Leben nach seiner Auferstehung auf Erden nichts ist. 8. Sondersh. (Ilmenau) 820. Voigt. 12 Gr.

Haumann, Gustav Heinrich, s. B e a t s o n , A.: Neues Ackerbausystem.

Haumann, Gustav Heinrich, s. Celnart, A.: Die Kunst den (Erd-)Boden etc. fruchtbar zu machen.

Haumann, Gustav Heinrich, s. Clarke, Ch. C.: 100 Wunder.

— das Ganze d. Seidenbaues, s. Schauplatz d. Künste, 44r Bd.

Haumann, G. H.: „Lebens-, Haus- und Vermögensgeschichte des Schulzen Lebrecht Feldmann zu Lindenhayn; oder getreue Erzählung, wie derselbe durch zweckmäßige Einrichtungen seiner Feld- und Hauswirthschaft, durch gründliche Verbesserung und geschickte Benutzung seiner Grundstücke, durch vermehrte und veredelte Viehzucht etc. aus einem armen Bauer der wohlhabendste und angesehendste Mann im Dorfe wurde". Ein Volksbuch. Ilmenau 1825 (Voigt).

Haumann, G. H.: „Ueber die zur Zeit in Deutschland herrschende Noth des landwirthschaftlichen Standes, ihre nothwendigen Folgen und die einzigen sichern Mittel, um für immer abzuhelfen", Berlin 1825.

Haumann, Gust. Hnr., Ueber die zur Zeit in Deutschland herrschende Noth des landwirthschaftlichen Standes. Mit 48 Holzschnitten. gr. 8°. Ilmenau, Voigt, 1825.

Haumann, Gust. Heinr., die Schafzucht in ihrem ganzen Umfange. Ein Hand- u. Hülfsb. f. Besitzer größerer u. klein. Schäfereien, so wie f. d. Landmann, der seine Schafzucht auf e. höh. Stufe d. Vollkommenheit bringen u. sie mit Nutzen u. Vortheil betreiben will. gr. 8. (37 B.) Weimar 839, Voigt.

Haumann, Gustav Heinrich, s. Schauplatz, neuer, d. Künste u. H. 33. Bd., auch 36. Bd.

Haumann, Gust. Hnr., prakt. Schweinezucht, od. gründl. Unterricht üb. Zucht, Pflege, Mast u. Benutzung d. Schweins, so wie üb. die Erkennung, Verhütung u. Heilung seiner Krankheiten. gr. 8. Weimar 838. Voigt. 3/4 ℛ︀

—— prakt. Schweinezucht. 1. Aufl. 838., u. neue Ausg. gr. 8. (à 14 B.) Weimar 841, Voigt.

Haumann, Gust. Hnr., seht! Der war Jesus. Hier ist die Antwort. — Amtsbrüderliche Erwiederung auf: Hört! Wer war Jesus? Hier fehlt die Antwort; oder biblische Beleuchtung des schriftmäß. Gutachtens über die Blätter für christl. Erbauung. gr. 8. Leipzig 843, Böhme. 1/2 ℛ︀

—— seht! Der war Jesus. Hier ist die Antwort. — Amtsbrüderliche Erwiderung auf: Hört! Wer war Jesus? Hier fehlt die Antwort; od. bibl. Beleuchtung des schriftmäßigen Gutachtens über die Blätter f. christl. Erbauung. gr. 8. (5 5/8 B.) Leipzig 843. [Geuther.]

Haumann, Karl, zur Lehre vom Zahnen der Kinder. Eine v. d. wissenschaftl. Vereine f. Aerzte u. Apotheker Mecklenburgs gekrönte Preisschrift. gr. 12. Rostock 845, Leopold. 1/2 ℛ︀

Haumann, Max, Napoleon. In e. Auswahl der denkwürdigsten Urtheile, Aussprüche u. Begebenheiten, so wie der interess. Anekdoten aus s. Leben. 2 Bde. gr. 16. (189 u. 153 S.) Graß 848, Ludewig. (à n. 1/3 ℛ︀) n. 2/3 ℛ︀

Die Kindsmörderin Martha Haumeser, geborene Guenat. | Beschreibung eines abscheulichen Kindsmordes welcher begangen wurde zu Elsenheim (Nieder-Rhein) gegen Ende des Jahres 1859.
Kol.: Mühlhausen, gedruckt bei J. P. Risler.
o. J. (1860), 1 Bl. zweiseitig bedruckt, 290 × 240.
BNP 4 Z. 77.

Hau-mich-aus! Zentralorgan f. Denkmalweihen u. Heimathsschmuck. [No 1.] (Berlin: Vorwärts 1904.) 2° [F.] [illegible]

Haun, August: Malerische Ansichten der röm. Baudenkmäler zu Pola in Istrien, s. Weyde, Julius.

Haun, August. Landschaftliche Studien, gezeichnet und lithographiert von Aug. Haun. Berlin. Fol.

Haun, Bernhardus: De hydrorhachitide. Halis (1836): Orphanotropheum. 31 S. 8°

Halle-Wittenberg. Med. Diss. v. 9. Aug. 1856

Geb. Merseburg 19. 9. 1832. V.

Haun, Christian Wilhelm

Viro doct. Christ. Wilh. Haun munus directoris gymn. Muehlhusani suscepturo fausta quaeque precantur rector et collegae gymn. Merseburgensis. Merseburg Febr. 1838. 4 S. (4.—) 13499

Gratul.: Wieck, Hiecke, Steinmetz, Tenner, Langer, Schmekel, Thielemann, Schneider.

Gratulationsgedicht. z. Geburtstage des Dir. Haun, 6. Apr. 2 S.
Mühlhausen, P 1840

Haun, C. W., De animi affectu atque consilio, quo Q. Horatius Flaccus carmen II, 14 composuisse videatur. Pr. 1850. 28 S. 4°. 1.50

Haun, Christ. Wilh. Blicke in die Vergangenheit, Gegenwart und Zukunft des Gymnasiums zu Mühlhausen. 38 S.
Mühlhausen, Progr. 1860

Haun, Christian Wilhelm (Subrector), Cyri disciplina puerili cum gymnasiorum rationibus comparata discipulis Cyri exemplum imitandum. (Wieck, Carl Ferdinand [Rector] Examinis a. 1832 vernalis in gymnasio Merseburgensi solennia celebranda). Merseburg (Kobitzsch's Erb.) 48 S. mit Schulnachr. (Namen.) (6.—) 13498

— — (Director), Jahresbericht über das Gymnasium zu Mühlhausen. — Angefügt ist eine Abhandlung De antiquissima Aegyptiorum historia des Subrector Dr. Mühlberg. Mühlhausen (Wilhelm Rode) 24. IV. 1838. 30 S. mit Namen. (4.50) 13500

Haun, Chrn. Wilh., die eigenthümliche Mission des Preussen-Namens. (Abdruck der Beilage zum Mühlhauser Gymn.-Programm 1859.) Mühlhausen 859. (Danner.) 4. (26 S.) n. 5 ngr.

Haun, Ch. W. Oratio memoriae Prof. Landvoigtii dicata. 22 S. .
Progr. Merseburg 1838

Haun, Ch. W. Rede. Zum Popperoder-Schüler-Blumenfeste. 30. Juni. 4 S.
Progr. Mühlhausen 1840

Haun, Ch. W. Rede am Popperoder Schüler-Blumenfeste. Gehalt. 30. Juni 1840. 4 S. . . . .
Progr. Mühlhausen 1841

Haun, Ch. W. Ueber Schulgesetzgebung. 28 S. . . . .
Progr. Mühlhausen 1841

— — **Jahresbericht über das Gymnasium zu Mühlhausen nebst einem Nachtrage zu d. vorjährigen Abhandlung: „Ueber Schulgesetzgebung". Mühlhausen (Wilhelm Rode) 21. u. 23. III. 1842. 28, 12 S. mit Namen u. Abb. (Grundr.) des neuen Schulgebäudes. (5.—) 13501**

Haun, C. W., Versuch e. Würdigung der Rede Ciceros für den Manilischen Gesetzvorschlag. Pr. 1827. 88 S. 4°. 1.25

Haun, Ch. W. Würdigung der Rede Cicero's für den Manilischen Gesetzvorschlag. 36 S. . . . .

Progr. Merseburg 1827

— **Eduard** (Merseburg), **De hydatidibus commentatio descriptione tumoris cujusdam hydatidosi addita. Diss. med. Halle (Hendel) 7. II. 1846. 42 S. mit Literatur u. Biogr. (M.: E. Burmann.) (6.—) 13502**
Oppon.: H. Behrens, G. Simon, O. Haun. — Gew.: Ernst Blasius, Christian Wilh. Haun (Vater).

Haun, Ew., wie Kandidat Daniel Amerika lieb gewann. 8. (VIII, 92 S.) Basel 896. R. Reich. n. 1.—

Haun, F., Gabelsbergers Vermächtnis. Ein Wort zur Förderg. der Stenographie unter den Gebildeten, gesprochen am 9. II. 1900 im Gabelsberger-Stenographen-Verein Marburg. gr. 8. (20 S.) Marburg 900. (Dresden, W. Reuter.) n. — 40

Haun Franz: Die Entstehung der Sage von der Doppelehe eines Grafen von Gleichen.
H. 1907 PN 2374 Diss.W...,Univ.

Haun, Friedrich Johannes [aus Schwachenwalde]: Bauer und Gutsherr in Kursachsen. Schilderg d. ländl. Wirtschaft u. Verfassg im 16., 17. u. 18. Jh. ... (Th. 1.) Strassburg, K. J. Trübner, 1891; 62 S. 8.
Strassburg, Rechts- u. staatswiss. Fak., Inaug.-Diss. v. 1891

Haun, Frdr. Johs., Bauer u. Gutsherr in Kursachsen, s. Abhandlungen aus dem staatswissenschaftlichen Seminar zu Strassburg.

Haun, Dr. Friedr. Jhs., Bauer und Gutsherr in Kursachsen. Schilderung der ländlichen Wirthschaft n. Verfassung im 16., 17. u. 18. Jahrhundert. (Abhandlg. aus d. staatswiss. Seminar zu Strassburg, Heft 9.) gr. 8°. Strassburg 1891.

Haun, Frdr. Johs., einige Beweise des Fermat'schen Satzes: $x^n + y^n \gtrless z^n$; $n > 2$. (10 S.) Lex. 8. Hamburg 908. H. Seippel. 2.—

Haun, F. J., das Recht auf Arbeit. Ein Beitrag zur Geschichte, Theorie u. prakt. Lösg. gr. 8. (108 S.) Berlin 889. Puttkammer & Mühlbrecht. n. 2. 40

Haun, Fritz, Literatur u. Bildungsarbeit. (41 S.) 8. Essen 907. G. D. Baedeker. —60

Haun, Heinrich [aus Rudolstadt]: **Diphtherie und Heilserum . Marburg, O. Ehrhardt's Buchdr., 1895; 1 Bl., 64 S. 8.**
Jena, Med. Fak., Inaug.-Diss. v. [6. Sept.] 1895

Haun, Johann Er. Chr.

— s. Abhandl. üb. d. Aufgaben d. Hamburg. Gesellschaft.

Haun, J. E. Ch. und Stark, Georg Christoph. Ueber die Aufgabe der Hamburger Gesellschaft zur Beforderung der Künste und Gewerbe: die Vergleichung der Erziehung der Waisenkinder, entweder in einem gewöhnlichen Waisenhause oder durch Bekostigung in oder ausser der Stadt u. s. w. betreffend. Zwei gekronte Preisschriften. *Hamburg.* (Beide auch besonders gedruckt). 1780

Haun, Jh. Er. Chr., († d. 22. März 1801.) Anweis. zu den Anfangsgründen d. Musik überhaupt u. des Klaviers insbesondere. 8. Erfurt ... Keyser. 3 gr.

— allgem. Schulmethodus. 8. Erfurt 801. Keyser. 1 gr.

Havn, Carolvs (geb. am 5 Apr. 1835 in Xanten): Qvid censendvm sit de haemorrhoide ... Bonnae, form. H. B. Koenig 1859. 31 S. 8.
Bonn, Med. Fak., Diss. v. 12 Juli 1859

Haun, Martin [aus Wetzendorf a. d. Unstrut]: Über die Magen-Darm-Schwimmprobe. . . . Berlin. Buchdr. v. Gustav Schade (Otto Francke) (1889); 30 S., 1 Bl. 8°
Berlin, Med. Fak., Inaug.-Diss. v. 20. Aug. 1889

Haun, Oscar, Referendar am Kgl. Amtsgericht Leipzig: Die Voraussetzungen des kaufmännischen Zurückbehaltungsrechts (§§ 369, 379 H.G.B.) unter besonderer Berücksichtigung der Rechtsprechung. Leipzig: Veit & Co. 1908. (78 S.) 8°
Leipzig, Jur. Fak., Diss. v. 15. Juli 1908
[Geb. 14. Mai 83 Raguhn; Wohnort: Leipzig; Staatsangeh.: Sachsen; Vorbildung: König-Albert-Gymn. Leipzig Reife O. 03; Studium: Leipzig 7 S.; Rig. 2. Febr. 07.]

Haun, Otto

— Predigt zum Feste der Einweihung des neuerbauten Kirchhauses zu Wetzendorf am 11. Decbr. 1867 gehalten. Naumburg 868. (Querfurt, Burow.) gr. 8. (8 S.) n. 2½ ngr.

Haun, Otto, „des Friedensfestes Predigt". Predigt zur Feier des Friedensfestes am 24. Sonntage nach Trinitatis den 11. Novbr. 1866 gehalten. Querfurt 867. Burow. gr. 8. (14 S.) n. 2½ ngr.

Haun, Otto, moderne Schlosser- u. Schmiedearbeiten. Eine Sammlg. leicht ausführbarer Entwürfe, enth.: Türen u. Türfüllgn., Tore u. Torbogen, Gitter u. Gitterfüllgn. aller Art, Brüstgn., Geländer, Abschlüsse, Einfriedigan., Ständer u. Stützen, Wand- u. Tragarme. Gedenk-, Reklame- u. Firmentaf., Zieranker, Bekröngn., Firstblumen, Wetterfahnen, Spitzen, Knäufe u. ähnlich. 24 Foliotaf. nebst erläut. Text. (III, 8 S.) Lex. 8. Leipzig 910. B. F. Voigt. In Mappe 9. —

Haunak, E., der Unterricht in der Geschichte, s.: Ausstellungs-Bericht, officieller.

Haunausek, Ed., kritische Bemerkungen üb. die organisatorischen Verhältnisse von Unterrichtsanstalten gewerblicher Richtung d. deutschen Reiches, der Schweiz u. Oesterreichs. gr. 8. (51 S. m. 1. Tab. in Imp.-Fol.) Wien 876. Gerold's Sohn in Comm. n. 1. —

HAUNER, Napoleon August (München): De febri puerperali. Accedunt observationes nonnullae circa hunc morbum in nosocomio Vindobonensi factae.- Monachii: Roesl 1836. 24 S.
2.7.1835 - Urk (Titel: De febri puerperali.); F 62
Diss. Ingolst.-Landsh.-Mchn.

Hauner, A. N., Grundzüge der physischen Erziehung der Kinder. [Aus den Vorlesungen im Kinderspitale.] München 868. Fritsch. 16. (151 S.) n. 15 ngr.; cart. n. 18 ngr.

Hauner, W. A., Beiträge zur Pädiatrik. (In 3 Bdn.) 1. Bd. gr. 8. (XI und 227 S.) Berlin 863, A. Hirschwald. *

Haunhorst, Hans, Kammergerichts-Referendar: Die Folgen der Beschlagnahme konkursfreier Gegenstände durch den Konkursverwalter — eine konkursrechtliche Studie an der Hand eines praktischen Falles. Berlin 1907: E. Streisand. (78 S.) 8° [F.]

Heidelberg, Jur. Fak., Ref. v. Lilienthal, Diss. v. 2. April 1907 [Geb. 20. Mai 83 Hückeswagen i. Rheinl.; Wohnort: Berlin; Staatsangeh.: Preußen; Vorbildung: Gymn. Barmen, Archigymn. Soest Reife O. 02; Studium: Bonn 3, Straßburg 1, Berlin 3 S.; Rig. 8. März 07.]

Haunss, Edwin: Die Unterlassung der Anzeige. (§ 139 R.St.-G.B.) Karlsruhe 1907: F. Thiergarten. (89 S.) 8°

Heidelberg, Jur. Fak., Ref. v. Lilienthal, Diss. v. 2. Aug. 1907 [Geb. 5. Febr. 78 Neuenburg a. Rh.; Wohnort: Karlsruhe; Staatsangeh.: Baden; Vorbildung: Gymn. Offenburg Reife Juli 96; Studium: Heidelberg 2, Berlin 2, Heidelberg 3 S.; Rig. 9. Juli 07.]

[Hauntinger, P. Johann Nepomuceu.] Entsprechen die ehrerbietigen Vorstellungen vom 3. Junius dem landesväterlichen Zurufe von 16. April. – und dem Danksagungs-Schreiben aller Gemeinden der alten Landschaft. an die Landeshoheit vom 29. April 1795. Eine vaterländische Frage, zur Belehrung... St. gallischer Landleute.... 8. *o. O.* 1795.

Hauntinger, N., süddeutsche Klöster vor 100 Jahren. Reise-Tagebuch. Hrsg. m. e. Einleitg. u. Anmerkgn. von G. Meier. [Schriften der Görres-Gesellschaft, II. Vereinsschrift für 1889.] gr. 8. (XV, 114 S.) Köln 889. (Bachem.) n. 1.80

Hau-Ordnung für die kaiserlichen Forsten des Reichslandes Elsass-Lothringen. - Strassburg 1871. 32 S.

Hauordnung für die Staats-, Gemeinde- u. Instituten-Waldungen in dem Reg.-Bez. Wiesbaden. 12. (31 S.) Wiesbaden 888. Bechtold & Co. cart. n. —20

Haupolder, J., Vorschule zum naturgeschichtlichen Unterricht. Aus eigener Anschauung u. Beobachtung des Lernenden sowohl für Elementar- als höhere Schulen dargestellt. Neuwied 861. van der Beeck in Comm. 8. (VI, 101 S.) n. 5 ngr.

Haupolder, Josef

Haupolder, Jos., geograph. Anschauungslehre, od. d. Gestaltungen u. Gebilde d. Erdoberfläche, als erster Unterr. in d. Erdbeschreib.; zunächst f. Schulen erläut. gr. 8. (7½ B.) Coblenz 830, Hölscher

Haupolder, Jos., d. ersten naturgeschichtl. Begriffe, aus eigener Anschauung u. Beobachtung des Lernenden in Pestalozzischer Lehrweise dargestellt. Zunächst als Vorbereitung zu dessen Lehrbuch der Naturgeschichte für Schulen. 8. Köln 838. Mathieux. n. 1/6 Thlr.

Haupolder, Jos., deutsche Beispiele z. Uebersetzen ins Lateinische f. mittlere Klassen. Mit Hinweisung auf die ausführl. Sprachlehren von Zumpt, Schulz u. Bröder. 1. Abthl. 12. (3½ B.) Bonn 845, Habicht. Thlr.

— s. Darstellung d. Gewächsreichs.

— Darstellung der gesammten Thierwelt nach Stufen, Classen u. Ordnungen, nebst deren Verbreitung auf Erden. Ein Leitfaden für den ersten Unterricht in der Thierkunde. gr. 12. Emmerich 835. Romen. 7 gr.

Haupolder, Jos., die vaterländ. Feyer d. 3. August. Allen Vaterlandsfreunden (gewid.). gr. 8. (2½ B.) Coblenz 830, (Hölscher.) Thlr.

Haupolder, J., die vaterländ. Feier des 3ten August. gr. 8. Coblenz 831. Hölscher. 4 gr.

— Kaiser Franz der Erste im Kampfe für die Freiheit Europas. Ein Heldenkranz aus d. Geschichte der neuesten Zeit, in Bildern unerschütterlicher Treue u. Anhänglichkeit an das Oesterreich. Kaiserhaus. Nebst des Kaisers wichtigsten Lebensereignissen, so wie den auf dessen letztes Geburtsfest u. Hinscheiden erschien. Dichtungen. Mit d. Bildn. d. Kaisers. gr. 12. Emmerich 836. (Leipzig, Hermann.) 5/12 Thlr.

— das Geburtsfest Sr. Maj. d. Königs Friedrich Wilhelms III. Ein Festbüchl. z. Begehung d. hoh. Tages sowohl f. d. öffentl. als gesellschaftl. Feyer. 8. (7 B. u. d. Bildn. d. Königs.) Emmerich 835, Romen.

— lateinische Lesestücke zur Einübung der Formenlehre. 12. (4½ B.) Linz 844. (Bonn, Habicht.) *

— die Natur der Wesen auf Erden, oder allgem. Darstellung d. Eigenschaften der Naturerzeugnisse. Für den Gymnasial- und Schulunterricht. 1e Abthl. Darstellung der allgem. Eigenschaften der drei Reiche der Natur, nebst e. Einleitung über Begriff, Ursprung u. Bedeutung d. Naturkunde. 8. Köln 834. Renard. 1/4 Thlr. — 2e Abthl. Die Natur der Pflanzenwelt. 8. Ebd. 835. 5/12 Thlr.

— Uebungsbuch für Anfänger in der latein. Sprache, enthalt. auserlesene deutsche Beispiele zum Uebersetzen ins Latein, rc. Nebst 2 Tabb. 8. Gießen 822. Ferber. 12 gr.

— Uebungsbuch für Anfänger in der latein. Sprache, enthalt. deutsche Beispiele zum Uebersetzen ins Lateinische, nebst einer vergleichenden Darstellung der Grundformen beider Sprachen u. mit steter Hinweisung auf Zumpts Sprachlehre. Nebst 2 Tabellen. 2e sehr verm. u. verb. Aufl. 8. Gießen 833. Ferber. 1/2 Thlr. — 3e verm. Aufl. 8. Ebd. 840. 1/2 Thlr.

Haupt [Sachliches Ordnungswort]

Haupt, A. Lebensabriss, s. Quade, G.

Haupt, Das, Johannis. Eine Heiligen-Sage am Joh-Feste ... 5811. Dresd. V: *Böttiger, Carl August.* (Kl)

Haupt, Das, Johannis: Am Joh.-Feste, den 24. Juni 1823 ... Dresd. 1823. V: *Böttiger, Carl August.* (Kl)

Haupt, Moriz, als akademischer Lehrer, s.: Belger, Ch.

Das Haupt Ferdinands von Schill. Mit dem Bildnisse. Braunschweig 1838. VIII 51 S. 8.

Haupt, Das, Ferdinands von Schill. 2. Ausg. Braunschweig 1839. V: *Vechelde, Carl Friedrich von.* (EB)

Haupt [Verfasser]

Haupt, erster Bericht über das Institut für Electricität, Heilgymnastik, Kiefernadel- und Kaltwasserbäder in Nassau a. d. Lahn. gr. 16. (64 S. mit 1 Stnt.) Wien 857. (Leipzig, Thomas.) *

Haupt, zweiter Bericht etc. Wiesbaden 858. (Leipzig, Thomas.) 16. (28 S.) n. 5 *ngr.*

Haupt. De mysteriorum Graecorum causis et rationibus. 19 S. Königsberg in N., Progr. 1853

Haupt: Die Bamberger Gärtnerei, ein Theil der freien Wirtschaft. 51 S.–Bamberg, Progr. 1866

Haupt. Gradmessungs-Beiträge. Kiel 1884. 4°. (Aus: Astronom. Nachrichten.)

Grossh. heßisches Museum. August Lucas. Jubiläums-Ausstellung. (Verf.: **Haupt**, [Assist. am Mus.].) *Darmstadt 1903: C. J. Winter.* (10 S.) 8° [03. 7108]

Haupt, der Schreibekrampf mit Rücksicht auf Pathologie u. Therapie. Wiesbaden 860. Kreidel in Comm. gr. 8. (36 S.) n. 10 *ngr.*

v. Haupt, die Temperamente des Menschen im gesunden und kranken Zustande. Inaug.-Dissert. Würzburg 856. Stahel. gr. 8. (76 S.) n. 10 *ngr.*

Haupt, A., Bernward v. Hildesheim. Erzählung aus Niedersachsens Vorzeit. 8. (III, 218 S.) Hildesheim 893. L. Steffen. n. 1. 80; geb. n. 3. –

Haupt, A. (I.), die Kunstwäscherei und Fleckenreinigung, Appretur und häusliche Kleinigkeitsfärberei. Praktische Anleitung zur Konservirung und selbständ. Wiederherstellung allerlei Haus- und Toilette-Gegenstände, wie: Kleidungsstücke, Tisch- und Leibwäsche, wollene, halbwollene und seidene Stoffe, Sammet, Atlas, Barège, Tüll, Mull, Batist, Spitzen, Korsets, Hüte, Schuhe, Schirme, Handschuhe, Federn, Stickereien, Pelzwerk, Shawls, Teppiche rc. Ein Ratgeber für junge Frauen und Töchter des Hauses. 8. (96 S.) Berlin 883, Mode's Verlag.

Haupt, A. (III.), Liedersammlung für die mittleren und oberen Klassen katholischer Schulen. 2. verm. und verb. Aufl. 8. (111 S.) Paderborn 883, Schöningh's Sortimentsb. 1. Aufl. erschien 1881 im Selbstverlage des Verfassers.

Haupt, A., Liedersammlung f. die mittleren u. oberen Klassen katholischer Schulen. 3., verb. Aufl. 8. (111 S.) Paderborn 888. Esser. n. — 50

Haupt, A., Liedersammlung f. d. mittl. u. oberen Klassen kathol. Schulen. 4., verb. Aufl. 8. (111 S.) Paderborn 894. J. Esser. n. — 50

Haupt, A., Liedersammlung für die mittleren u. oberen Klassen kathol. Schulen. 5., verb. Aufl. 8. (111 S.) Paderborn 901. J. Esser. n. — 50

Liedersammlung für die mittleren und oberen Klassen katholischer Schulen von A. **Haupt**. 6. Aufl. Paderborn: J. Esser [1905]. (111 S.) 8° [J.] [06. 3004]

Haupt, A., Sammlung zweistimmiger Lieder u. Gesänge mit Clavier-Begleitung. Zum Gebrauch für höhere Töchterschulen bearb. u. herausg. 859. (V, 58 S.) n. 8 *ngr.* — 2. verm. Aufl. Berlin 860. F. Schneider. 8. (VI, 91 S.) n. 10 *ngr.*

HAUPT, A. E. M. Verschiedene Gedichte theils durch Uebersetzung derer Oden des großen Philosophen de Sans-Souci theils durch eigne Ausarbeitung in teutscher Sprache an das Licht gestellt. Carlsruhe, M. Macklot, 1762. 8°. 239 S. 2 Bl. *mit zahlr. Holzschnitt-Zieraten u. 1 hubschen Holzschnittvign. (Trompeter)* am Schluß. Hldr. d. Z. m. Rv. 25.-- Nicht bei Goedeke und Fromm.

Haupt, Albr., der deutsche Backsteinbau der Gegenwart u. seine Lage. Auch e. Frage des Heimatschutzes. (72 S. m. Abb.) Lex. 8. Leipzig 910. H. A. L. Degener. — 60

Haupt, Albrecht: Der deutsche Backsteinbau der Gegenwart und seine Lage Auch e. Frage d. Heimatschutzes. 2. Aufl. Leipzig 1910. 8°

Haupt, Albr., Backsteinbauten d. Renaissance in Deutschland. gr. Fol. (25 Taf. m. 11 S. Text.) Frankfurt a/M. 899. H. Keller. In Mappe n. 25. —

Haupt, Albr., zur Baugeschichte des Heidelberger Schlosses. Neue Forschungsergebnisse üb. die Heidelberger Renaissancebauten. Lex.-8. (93 S. m. Abbildgn. u. 11 Taf.) Frankfurt a/M. 902. H. Keller. n. 5. —

Haupt, Albr. Die Baukunst der Renaissance in Portugal von den Zeiten Emmanuels d. Glücklichen bis zu dem Schlusse der spanischen Herrschaft. (In 2 Bdn.) 1. Bd.: Lissabon u. Umgegend. gr. 4. (VI, 156 S. m. eingedr. Abbildgn. u. 3 Taf.) Frankf. a. M. 890, Keller. * 18 —

— die Baukunst d. Renaissance in Portugal von d. Zeiten Emmanuel's d. Glücklichen bis zu d. Schlusse d. spanischen Herrschaft. 2. Bd. D. Land. 4. (VIII, (171 S. m. Abb.) Ebd. 895. n. 18. — (kplt. geb. n. 40. —)

Peter Flettner, der erste Meister des Otto-Heinrichsbaus zu Heidelberg … hrsg. von Albrecht **Haupt**, Prof. zu Hannover. Mit 15 Taf. u. 33 Abb. *Leipzig: K. W. Hiersemann 1904.* (98 S.) 4°(8°)
= Monographien, Kunstgeschichtliche. 1. [04. 13909]

Portugiesische Frührenaissance von Prof. Albrecht **Haupt**. *Berlin & Stuttgart: W. Spemann [1898].* (20 S., 8 Taf.) 2°
— Baukunst, Die. [Ser. 1,] H. 5. [94. 3. 7]

Haupt, Albr., die älteste Kunst, insbesondere die Baukunst der Germanen, von der Völkerwanderung bis zu Karl d. Grossen. (VIII, 289 S. m. Abbildgn. u. 50 [1 farb.] Taf.) Lex. 8. Leipzig 909. H. A. L. Degener. Geb. in Leinw. 20. —

— s.: Kunst u. Architektur im Dienste der Feuerbestattung.

— die bildende Kunst in Hannover zur Zeit der Kurfürstin Sophie, s.: Veröffentlichungen zur niedersächs. Geschichte. 6. Hft.

— s.: Palast-Architektur v. Ober-Italien u. Toscana.

Haupt, Albrecht, appr. Arzt a. Rauscha: Über einen verkalkten Tumor der Bursa präpatellaris. Freiburg (Baden) 1905: E. Kuttruff. (15 S.) 8°
Freiburg i. B., Med. Fak., Ref. Kraske, Diss. v. 1905
[Geb. 22. Aug. 77 Rauscha, Kr. Görlitz; Wohnort: Freiburg; Staatsangeh.: Preußen; Vorbildung: Gymn. Görlitz, Reife O. 00; Studium: München 2, Kiel 2, Straßburg 1, Berlin 2, Freiburg 2 S.; Coll. 13. Jan. 05.]

— Vergangenheit, Gegenwart u. Zukunft im Ziegelbau. Vortrag, geh. auf der 41. Hauptversammlg. des deutschen Vereins f. Ton-, Zement- u. Kalkindustrie E. V. (39 S. m. 25 Abb.) 32×24,5 cm. Berlin (905). Tonindustrie-Zeitg. 1. —

Verona, Vicenza, Mantua, Padua, Udine… hrsg. von Albrecht **Haupt**, Prof. in Hannover. Berlin: Wasmuth 1908. 23 S., 100 Taf. 2°
(Palast-Architektur von Ober-Italien u. Toscana. [4.]) [11. 10669 10]

— Schloss Wiligrad in Mecklenburg. Mit 18 Abbildgn. im Text u. 8 Bl. Zeichngn. (22 S.) Fol. Wiesbaden 903. C. W. Kreidel. n. 5. 40
Sonderabdr. a.: „Ztschr. für Architektur u. Ingenieurwesen".

Haupt, Alexander: Nonnulla de venenorum effectibus in corpus hominum et animalium sanum. 56 S., gbd.

Halae: Grunert 1838

Haupt, Andreas

— Daguerrotypen der Zeit. Dichtungen. 8. Bamberg 845, Züberlein. n. 1 ℳ

Haupt, Andr., Denk-Sprüche aus allen Jahrhunderten zu Nutz u. Frommen der studirenden Jugend. gr. 8. (XVIII, 66 S.) Bamberg 884. (Schmidt.) n. 1. —

Haupt, A., das öffentliche Erscheinen des heil. Vaters. Vortrag gehalten im kathol. Casino in Bamberg am 10. Mai 1870. Bamberg 870. Reindl. 8. (26 S.) 2 ngr.

Haupt, Andr., Bamberger Legenden u. Sagen. gr. 8. Bamberg 842. (Züberlein.) n. 2/3 ℳ

Haupt, Andr., Bamberger Legenden und Sagen. 2., um mehr als das Doppelte verm. Aufl. 8. (IX, 360 S.) Bamberg 877, Buchner'sche Buchh. *
geb. mit Goldschn. *

Haupt, Andr., Bamberger Legenden u. Sagen. 2., um mehr als das Doppelte verm. Aufl. 8. (IX, 360 S.) Bamberg 878. Buchner. n. 3. —; geb. m. Goldschn. n. 5. 40

Haupt, Andreas Dr. „Ueber einige Mängel im Gesellenstande". pg. 3—15. 4°. Fr. Humann'sche Off.
Bamberg. Progr. 1852/53

HAUPT, Andreas (Bamberg): Sancti Augustini circa sacramentum s.s. eucharistiae religio. (Titel nach der Urkunde.)
6.6.1856 - Urk: F 45
Diss.Ingolst.-Landsh.-Mchn.

— sind die Ultramontanen eine vaterlandslose Partei? 1. u. 2. Abdr. gr. 8. (79 S.) n. 6 ngr.
Bamberg: Reindl 1869.

Spaniologion. Kurze Erklärung der weniger geläufigen technischen Ausdrücke in der Liturgie, Kunst, im gewerblichen und landwirthschaftlichen Leben für Neopresbyter. — Von Dr. A. Haupt, L. P. — 1876. Bamberg, — 1—58 mit Vorwort.
Progr. Bamberg, K.Lyceum

Haupt, A., Spaniologion. Kurze Erklärg. der wenigen geläuf. techn. Ausdrücke in der Liturgie, Kunst, im gewerbl. u. landwirthschaftl. Leben f. Neopresbyter. gr. 8. (VI, 58 S.) Bamberg 876. Hübscher. 1. 20

Haupt, Antonie (Pseud.), s.a. Endler, Viktorine

Haupt, Antonie (Frau Viktorine Endler), tapfere Frauen der Reformationszeit. Charitas Pirkheimer. Maria, die Katholische, Königin v. England. 2 histor. Lebensbilder. 8. (III, 328 S. m. 21 Abbildgn.) Essen 903. Fredebeul & Koenen. n. 3. —; geb. in Leinw. n. 3. 60

Haupt, Antonie, das Geheimniß des Waldes von St. Arnual. Erzählung aus dem Saarbrücker Hofleben des vorigen Jahrh. 8. (62 S.) Trier 885, Paulinus-Druckerei. *

Die letzte Gräfin von Manderscheid. (Von Antonie Haupt [d. i. Viktorine Endler].) 2. Aufl. Trier: Paulinus-Dr. 1895. (217 S.) 8° [F.]
= Novellenkranz. Hrsg. von Dasbach. Bdch. 18. [95. 5865 5

—— Haideröslein, s. Bachem's Novellen-Sammlung.

Haupt, Antonie, Hexe u. Jesuit. Erzählung aus der Zeit d. 30jähr. Krieges. 1. u. 2. Aufl. 8. (184 S.) Trier 893. Paulinus-Druckerei. n. 1. 60

— Moselgeschichten, s.: Roman- u. Novellen-Schatz.1.17.

— der heilige Rock. Roman aus den Tagen der Kaiserin Helena. 12. (103 S.) Ebd. 891. n. — 75

Haupt, Antonie (Frau Viktorine Endler), Siege. 4 histor. Erzählgn. (126 S. m. Titelbild.) 8. Heiligenstadt (906). F. W. Cordier. n. 1. 50; geb. n. 2. —

Haupt, Antonie: Ein adliger Sproß, s. Dasbach's, Frdr., Novellenkranz.

Haupt, Antonie, (Frau Viktorine Endler), ein adliger Sproß, s.: Novellenkranz. 3. Bdchn.

—— ein adliger Sproß. Orig.-Novelle. 8. (108 S.) Trier 884, Paulinus-Druckerei. * 75 Pf.; geb. *

— redende Steine, s.a. Dasbach's, G. Frdr., Novellenkranz. 34. Bdchn.

Redende Steine. Geschichtl. Erzählungen aus d. Vergangenheit d. Trierer Landes von Antonie Haupt. Trier: Paulinus-Dr. 1902. (120 S.) 8° [F.]
= Novellenkranz. Hrsg. von F. Dasbach. Bdch. 34. [02. 9114 5

Haupt, Antonie, — Die Tochter d. Alamannenkönigs, } s.a. Dasbach's, Frdr., Novellenkranz.

Die Tochter des Alamannenkönigs. (Hist. Roman aus d. letzten Zeit d. gallisch-römischen Kaiserreiches von Antonie Haupt.) [Neue Ausg.] Trier: Paulinus-Dr. [1895]. (207 S.) 8° [F.]
= Novellenkranz, Dasbach's. Bd 25. [95. 4703

Die Tochter des Alamannenkönigs. (Hist. Roman aus d. letzten Zeit d. gallisch-römischen Kaiserreiches von Antonie Haupt.) 3. Aufl. Trier: Paulinus-Dr. 1904. (207 S.) 8° [F.]
= Novellenkranz, Dasbach's. Bd 25. [05. 1312

— der Weg zum Glück. Das goldene Dach zu Hildesheim, s.: Dasbach's Novellenkranz.

Haupt, Arthur

Haupt, Arth., Abgefaßt — fünf Monate Königstein! Eine kurze Schilderung der Festungshaft. 8. (32 S.) Leipzig 885, Roßberg'sche Buchh. *

Haupt, Arth., Torfstreu als Desinfections- und Düngemittel. gr. 8. (VII, 46 S. mit 9 Abbild.) Halle 884, Hendel. *

Haupt, Arth., Oberlieutenant, s.: Marnet-Bibliothek.

Haupt, August

Haupt, A., die Bedeutung der Erblichkeit der Tuberkulose im Vergleich zu ihrer Verbreitung durch das Sputum. Vortrag. [Aus: „Deutsche Medizinal-Zeitg."] gr. 8. (40 S.) Berlin 890. Grosser. n. — 60

Haupt, August: Ein Beitrag zur Kenntnis der lymphatischen Leukämie. Berlin 1909: Ebering. 30 S. 8°
Würzburg, Med. Diss. v. 12. Juni 1909, Ref. v. Leube
[Geb. 12. Febr. 85 Bad Soden; Wohnort: Berlin; Staatsangeh.: Preußen; Vorbildung: Gymn. Höchst Reife O. 03; Studium: Freiburg i. B. 1, Berlin 1, Würzburg 8 S.; Coll. 25. Nov. 08; Approb. 11. Juni 08.] [U 09. 4115

Haupt, Aug., neue Beiträge zur Bedeutung der Erblichkeit der Tuberkulose. Besprochen v. A. H. [Aus: „Deutsche Medizinal-Zeitg."] gr. 8. (18 S.) Berlin 891. E. Grosser. — 30

— die möglichen u. erlaubten Grenzen e. Prophylaxe der Tuberkulose vom Standpunkt der praktischen ärztlichen Erfahrung. Nach e. auf dem XI. internationalen medizin. Kongress in Rom geh. Vortrag. [Aus: „Deutsche Medizinal-Zeitg."] gr. 8. (34 S.) Ebd. 894. n. — 60

Haupt, August: Ueber Reduktion und Oxydation hochmolekularer Carbonsäuren. Heidelberg 1904: J. Hörning. (38 S.) 8°
Heidelberg, Naturw.-math. Diss. v. 1904

— Soden-les bains au Taunus. Guide et conseiller imprimé pour ceux qui font l'usage des eaux de Soden. Avec 1 carte des environs, une vue de Soden et un supplément contenant toutes les taux et les tarifs et les ordonnances et règlements de police des bains. Traduit par H. Bernheim. 12. (232 S.) Würzburg 889. Stuber's Verl. cart. n. 2. 50

Haupt, Aug., Soden am Taunus. Ein Rathgeber und Führer während des Kurgebrauches. 12. (176 S. mit 1 Karte der Umgegend, 4 Ansichten von Soden und einem Anhang, enthaltend sämmtl. Taxen und Tarife, sowie die badepolizeil. Verordnungen.) Würzburg 885, Stuber's Verlag. cart. *

— Soden am Taunus. Eine f. Aerzte bestimmte kurze Darstellg. der Sodener Curmittel u. ihrer Verwerthg. [Aus: „Die Heilquellen d. Taunus".] gr. 8. (47 S.) Wiesbaden 887. Bergmann. n. 1. —

— Soden am Taunus. Ein Rathgeber u. Führer während d. Kurgebrauches. Mit 1 Karte der Umgegend, 4 Ansichten v. Soden u. e. Anh., enth. sämmtl. Taxen u. Tarife, sowie die badepolizeil. Verordngn. 2. Aufl. gr. 16. (192 S.) Würzburg 892. A. Stuber's Verl. n. 2. —

Haupt, Aug., Soden am Taunus. Ein Rathgeber u. Führer während des Kurgebrauches. Mit 1 Karte der Umgegend, 1 Situationsplan v. Soden, 8 Ansichten u. e. Anh., enth. sämmtl. Taxen u. Tarife sowie d. badepolizeil. Verordngn. 3. verm. u. verb. Aufl. 12. (VI, 152 S.) Würzburg 902. A. Stuber's Verl. n. 2. —

Haupt, Aug., Soden am Taunus u. Umgebg. Ein Ratgeber u. Führer während des Kurgebrauches. Neu bearb. v. Aug. Haupt. Mit 1 (farb.) Karte der Umgeg., 1 Situationsplan v. Soden, 8 Ansichten u. e. Anh. 4. verb. Aufl. (V, 108 S.) kl. 8. Würzb. 910. C. Kabitzsch. Geb. 1. 40

Haupt, A. (H.), Soden am Taunus als klimatischer Winterkurort und Heilbad und die Neuenhainer Stahlquelle. Mit einem Vorwort: Ueber die neuesten Anschauungen hinsichtl. der tuberkulösen Infection und die Stellung der klimat. Kurorte zu denselben. 2. veränd. Aufl. 8. (77 S.) Würzburg 883, Stuber's Verlagsh.

— Tuberkelbacillen u. klimatische Kuren, s.: Sonderabdrücke der Deutschen Medicinal-Zeitung.

Haupt, Bernhard Friedrich (Altenburg), De luxationibus femoris traumaticis iisdemque recentibus, quae sectionibus certae factae sunt. Diss. chir. Lpz. (C. W. Vollrath) 30. XI. 1852. 21 S. mit Biogr. (M.: L. Kroehn.) (4.—) 13503
Gew.: J. G. Weissenborn.

Haupt, C., der Gesellschafts-Tanz in den Regeln der Convenienz. Praktisches Handbuch zur Wiederholg. u. Befestigg. d. in seinen Unterrichtsstunden verwendeten Lehrstoffes m. ausführl. Beschreibg. der Touren d. Contre-Tanzes u. der Quadrille à la cour, sowie der Claviermusik beider Tänze. 2. verm. u. verb. Aufl. 16. (83 S. m. 5 Bl. Notenbeilagen in qu. gr. 8.) Dresden 875. (Albrecht.) n. 1. 60

Haupt, C., A. Rebattu und G. Rudloff, Materialien für liturgische Gottesdienste. hoch 4. (44 S.) Gotha 884, F. A. Perthes. *M 3.60.; geb. *
Stimmen hierzu à *

Haupt, C., A. Rebattu u. G. Rudloff, Materialien f. liturgische Gottesdienste. hoch 4. (44 S.) Gotha 885. F. A. Perthes. n. 3. 60; geb. n. 4. —; Stimmen hierzu à n. — 20

Haupt: Orpheus, Homerus, Onomacritos sive theologiae et philosophiae initia apud Graecos. 13 S. – Koenigsberg i/N., Progr. 1864.

Haupt, C., Schleswig-Holstein-Lieder. Königsberg i/N. 864. Striese in Comm. 8. (28 S.) n. 5 ngr.

Schleswig-Holstein-Lieder. Zum Besten der hinterbliebenen Wittwen und Waisen preussischer Krieger v. C. Haupt. Königsberg i. d. N. (1864.) 8°
—— 3. Aufl. ebd. (1864.) 8°

Haupt, C. F. S., Englisches Vocabularium nach e. Anordnung, wodurch es als Hülfsbuch der Conversation brauchbar wird, mit Bezeichnung der Aussprache für Schulen u. zum Privatgebrauche. 8. (XIV u. 288 S.) Berlin 850, Herbig. 3/4 ℛ

Haupt, C. G. De Apollinis antiquissimo cultu. 24 S. . . .
Progr. Königsberg in d. Rmk. 1830

Haupt, C. G. Hecate et Hecatos, seu rerum divinar. humanarumq. ap. Graecos principia. 22 S. . . . .
Progr. Königsberg in d. Rmk. 1840

Haupt, C.G. De religione Cabirica. 24 S. . . . .
Progr. Königsberg 1834

Haupt, C. G. Die Staaten des Alterthums in der Dialektik ihrer Principien und Darstellung jedes einzelnen Staates im Alterthum als Resultat zweier principieller Gegensätze. 16 S. . .
Königsberg, Neum. Progr. 1845

Haupt, Carl, s. Haupt, Karl.

Haupt, Chr., Agesilaus in Asien. 4. (34 S.) Landsberg 874. Schäffer & Co. n. 1. —

Haupt, Chr., Haussecretair od. unentbehrl. Briefsteller, enth. alle Arten von Schreiben f. alle Fälle im Leben. 2. Aufl. 16. (VIII u. 128 S.) Leipzig 849, Klinkhardt. 1/8 ℛ

Christian Friedrich Haupt's Anleitung zu den arithmetischen Wissenschaften. Leipz. 8. 17 Bog. (9 gr.) 1740.

Haupt, C. F., Einleit. in d. arithmet. Wissensch. 8. Lpz. Breitkopf. 740.

— — dass. 8. Leipz. Böhme. 799.

— institutiones astronomiae sphaericae etc. c. fig. 8. Lemgov. Meyer. 742.

Haupt, E. Karte vom Riesen- und Eulengebirge. 1:150000. 1., 3. u. 5. Auflage. Glogau. Je 1 Bl. K. Ff.

E. Haupt. Karte vom Riesengebirge. Gestochen v. Prof. Friedrich Brose u. E. Biedermann. Massst. 1:150,000. Mit e. Wegweiser v. J. G. Kutzner. 7. Aufl. durchges. u. bericht. v. Dr. A. v. d. Velde. *Glogau: C. Flemming [1898].* (1 Kartenbl. 47 × 61 cm.) 8°

Haupt, E. H., De Isocratis epistulis prima, sexta, octava. Diss. 1873. 41 S. 1.50

Haupt, E. Th.: Über die sittliche Aufgabe der Schule. Wismar. 1867.
Schul-/Univ.- Schrift

Haupt, Egydius, Banater Kleenichkeite. 1. Bd. (158 S.) kl. 8. Temesvár 903. (Polatsek). n. 1. —

Haupt, Erhard Walt., Musik-Instrumentenkunde in Wort u. Bild, s.: Teuchert, Emil.

Haupt, Erich, Abendpredigt bei dem XXII. Kongreß für innere Mission in Bremen, s.: Lehmann.

Haupt, Erich (Mitarb.), s. Abendpredigten, Drei.

Haupt, Erich, die Aufgabe der religiösen Erziehung des Volkes im Katholicismus u. im Protestantismus. gr. 8. (25 S.) Leipzig 899. B. Richter. n. — 50

Haupt, Erich, die eschatologischen Aussagen Jesu in den synoptischen Evangelien gr. 8. (VIII, 167 S.) Berlin 895. Reuther & Reichard. n. 3. 60

— die Bedeutung der heiligen Schrift f. den evangelischen Christen. 1. u. 2. Aufl. gr. 8. (96 S.) Bielefeld 891. Velhagen & Klasing. n. — 80

Haupt: Berührungen des Alten Testaments mit der Religion Zarathustras. 23 S. – Treptow a/R., Progr. 1867.

Haupt, Erich, s.: Blätter, deutsch-evangelische.

Haupt, Erich, der erste Brief des Johannes. Ein Beitrag zur bibl. Theologie. Colberg 869. Post. gr. 8. (VII, 329 S.) n. 1 Thlr 12½ ngr.

— s.: Bundespredigten, evangelische.

— unsre Bürgschaft f. den Besitz des hl. Geistes. Predigt, am 1. Pfingsttage, den 21. Mai 1893, geh. 8. (15 S.) Halle a/S. 893. R. Mühlmann's Verl. — 15

— s.: Deutsch-Evangelisch.

Haupt, E., über die ferromagnetischen Eigenschaften v. Legierungen unmagnetischer Metalle, s.a. Heusler, Fr.

Haupt, Erich, aus Putbus a. Rügen: Über die ferromagnetischen **Eigenschaften** von Legierungen unmagnetischer Metalle. *Marburg 1903: R. Friedrich.* (46 S.) 8° ¶ Aus: Schriften d. Ges. z. Beförd. d. ges. Naturw. zu Marburg Bd 13, Abt. 5. Marburg, Phil. Diss. v. [18. Dez.] 1903

Haupt, Erich, d. Einheit im Geist. Predigt, b. d. Hauptversammlg. d. schleswig-holstein. Gustav-Adolf-Vereins in Preetz am 30. Juni 1896 geh. gr. 8. (10 S.) Preetz 896. J. M. Hansen. n. — 30

— Israels Erneuerung durch Samuel. Predigt über I. Sam. Cap. 7, Vers 2—6, 10—12, gehalten in Schleswig auf dem Jahresfeste des Landesvereins für innere Mission. 8. (14 S.) Flensburg 882. (Breklum, Christliche Buchhandlung.) n. — 20

—— s. Flugschriften d. Evangel. Bundes. —

Academiae Fridericianae Halensis ... rector Willibaldus Beyschlag cum senatu nomina civium suorum, qui in certamine litterario ... praemia reportaverunt, renuntiat novasque simul quaestiones in annum sequentem propositas promulgat. — Praemissa est commentatio Erici **Haupt** Ueber die ursprüngliche Form und Bedeutung der Abendmahlsworte. Halis, form. Gebauero-Schwetschkeianis, 1894; 28 S., 2 Bl. 4.

— zum Gedächtnis an Justus Jonas. Predigt üb. Phil. 3, v. 7—11, am 5. Juni 1893 in der Kirche zu St. Nicolai in Nordhausen geh. gr. 8. (14 S.) Nordhausen 893. (C. Haacke.) — 30

— die Gefangenschaftsbriefe (Briefe an die Kolosser, Epheser, Philipper u. an Philemon), s.a. Kommentar, krit.-exegetischer, üb. d. Neue Testament. VIII. IX.

Die Gefangenschaftsbriefe neu bearb. v. D. Erich **Haupt,** ... Prof. ... an d. Univ. Halle ... *Göttingen: Vandenhoeck & Ruprecht 1897.* (VI, 104, 212, 259, 195 S.) 1 Bd 8.
= **Meyer,** Heinr. Aug. Wilh.: Krit.-exeget. Kommentar üb. d. Neue Testament. 7. bezw. 6. Aufl. Abth. 8. 9. [97. 2563

Die Gefangenschaftsbriefe. Von d. 7. bezw. 6. Aufl. an neu bearb. von D. Erich **Haupt.** Prof., *Halle. Göttingen: Vandenhoeck & Ruprecht 1902.* (VI, 247, 118 S.) 8°
= **Meyer,** Heinr. Aug. Wilh.: Krit.-exeget. Kommentar über d. Neue Testament. 8. Aufl. Abt. 8. 9. [02. 1976

— „Herr, öffne ihm die Augen!" Predigt bei der Hauptversammlg. des sächs. Provinzialvereins des Evangel. Bundes, geh. im Dom zu Naumburg am 25. Septbr. 1894. 8. (14 S.) Halle 894. (R. Mühlmann's Verl.) — 15

'Ich werde nicht sterben, sondern leben.' Predigt z. Eröffnung d. 12. Generalversammlung d. Ev. Bundes in Nürnberg 1899 geh. von D. Erich **Haupt,** Prof. (Leipzig: C. Braun 1899.) (9 S.) 8° [Kopft. J.] [07. 17174

— Johannes der Täufer. Eine bibl. Betrachtg. Freunden der heil. Schrift dargeboten. 8. (04 S.) Gütersloh 874. Bertelsmann. n. 1. —

— die Kirche u. die theologische Lehrfreiheit. gr. 8. (IV, 64 S.) Kiel 881. Homann. n. 1. 20

— „Mein Reich ist nicht von dieser Welt", s.a. Flugschriften d. Evangelischen Bundes.

—— Mein Reich ist nicht von dieser Welt. Festpredigt. 8. (14 S.) Lpz. 890, Buchh. d. evangel. Bundes v. C. Braun. * — 20

Mein Reich ist nicht von dieser Welt. Evang. Predigten von P. Erich **Haupt.** *Halle a. S.: E. Strien 1903.* (IV, 155 S.) 8° [J.] [03. 13763

Haupt, die Pflicht der Kirche, die biblische Anschauung vom irdischen Gut im Gewissen der Gegenwart wieder lebendig zu machen. Vortrag. [Sonderdr.] (31 S.) Nürnberg 890. Joh. L. Schrag's Verl. n. — 40

— die Pflicht der Kirche, die biblische Anschauung vom irdischen Gut im Gewissen der Gegenwart wieder lebendig zu machen. Vortrag. [Aus den „Verhandlgn."] gr. 8. (31 S.) Nürnberg 891. J. L. Schrag. n. — 40

— dasselbe. 2. Aufl. 8. (VI, 40 S.) Ebd. 891. n. — 40

— Pilgerschaft u. Vaterhaus. Sechs Predigten. 8. (72 S.) Kiel 880. Haeseler. n. 1. 40

Haupt, E., Pilgerschaft und Vaterhaus. Predigten. 2., verm. Aufl. 8. (VI, 154 S.) Halle a/S. 890. Niemeyer. n. 2. —

Haupt, Erich, plus ultra. Zur Universitäts-Frage. 8. (62 S.) Halle 887, Niemeyer. *

Drei Predigten bei der 53. Hauptversammlung des Evangelischen Vereins der Gustav Adolf-Stiftung in Königsberg am 11. u. 12. Sept. 1900 geh. von Kons.R. D. [Erich] Haupt aus Halle a/S., Kons.R. D. [Gustav] Kawerau aus Breslau, Pfarrer D. P[aul] v. Zimmermann aus Wien u. zwei Ansprachen in d. Kindergottesdiensten ... *Leipzig: Selbstverl. d. Centralvorst. d. Ver. 1900.* (48 S.) 8° [J.]

— Bericht über d. 53. Hauptversammlung d. Ev. Vereins d. Gustav Adolf-Stiftung. 1900. [Anh.] [01. 3054

— s.a. Predigten, 3, bei der 53. Hauptversammlung des evangel. Vereins der Gustav-Adolf-Stiftung geh.

Haupt, s.: Predigten, 5, bei der 61. Hauptversammlung d. evang. Vereins der Gustav Adolf-Stiftung.

— s.: Predigten, 7, bei der 56. Hauptversammlung des evangel. Vereins der Gustav Adolf-Stiftung geh.

— der Sonntag u. die Bibel. [Aus: „Monatsschrift für Diakonie u. innere Mission".] gr. 8. (40 S.) Hamburg 878. Oemler. n. — 80

— s.: Studien u. Kritiken, theologische.

Zum Verständnis des Apostolats im Neuen Testament. Von Erich Haupt. Hälfte 1. Oster-Progr. 1895. Halle a. S., M. Niemeyer, 1895; 1 Bl., 62 S. 8.

Zum Verständnis des Apostolats im Neuen Testament. Von Erich Haupt. Hälfte 2. Oster-Progr. 1896. Halle a. S., M. Niemeyer, 1896; 1 Bl., 63—154 S. 8.

— s.: Vorträge, gottesdienstliche.

— was unsere Universitäten der Gründung der Universität Wittenberg danken. Rede bei der akadem. Erinnerungsfeier an die Gründg. der Universität Wittenberg in der Aula der Universität Halle, geh. 1. XI. 1902. gr. 8. (23 S.) Halle 902. E. Strien. n. — 50

— vom Wege zum Glauben. gr. 8. (25 S.) Ebd. 902. n. — 50
2 Sonderabdrucke aus: „Deutsch-evangel. Blätter".

— die pädagogische Weisheit Jesu in der allmählichen Enthüllung seiner Person. gr. 8. (35 S.) Gütersloh 880. Bertelsmann. n. — 60

— wie hat sich protestantische Charakterfestigkeit gerade in unseren Tagen zu bewähren? Vortrag, geh. den 1. Oktbr. 1891. gr. 8. (28 S.) Leipzig 892. Buchh. d. Evangel. Bundes v. C. Braun. n. — 25

— dasselbe, s.: Flugschriften d. Evangelischen Bundes.

Haupt, Erich, die alttestamentlichen Citate in den vier Evangelien erörtert. gr. 8. (VIII, 343 S.) Colberg 871. Post. n. 4. 50

Haupt, Ernst

Haupt, E. (J.) De nominum in *ευς* exeuntium flexione Homerica. Diss. 1883. 42 S.

Haupt, Ernst. Kurzgefaßte lateinische Formenlehre. 8. (IV, 52 S.) Berl. 890. Friedberg u. Mode. * — 60

Haupt [Dr.]: Über die deutsche Lyrik bis zu Walther von der Vogelweide. I. Teil. Annaberg, Druck v. C. E. Kästner, 1889; S. 1—32; 4°
Annaberg, k. RG nebst PG, OP 1889 (522)

— üb. die deutsche Lyrik bis zu Walther von der Vogelweide. 1. Tl. gr. 4. (32 S.) Annaberg 889. (Leipzig, Fock.) n. 1. —

Haupt, Ernst (Johannes) [Dr.]: Über die deutsche Lyrik bis zu Walther von der Vogelweide, II. Tl. (Forts. d. P-Beil. Annaberg 1889.) Schneeberg, Druck v. C. M. Gärtner, 1897; 1 Bl., 28 S. 4.
Schneeberg, k. G, OP 1897 (565)

Haupt, Ernst (Hrsg.), s. Töpfer-Zeitung, Deutsche.

Haupt, Ernst, lateinisches Verbalverzeichnis in alphabetischer u. systematischer Anordnung. Für den Schulgebrauch zusammengestellt. gr. 8. (IV, 63 S.) Hannover 893. C. Meyer. Kart. n. 1. —

Haupt, Ernst [aus Gross-Linichen (Kr. Dramburg)]: Wie beeinflussen organische Basen die Reaktion des Urins und seine Lösungsfähigkeit für Harnsäure ... Berlin, C. Vogts Buchdr., *1895:* 30 S., 1 Bl. 8.
Berlin, Med. Fak., Inaug.-Diss. v. 6. Dez. 1895.

Haupt, Ernst Friedrich

— Bemerkungen über den Unterricht in der Chemie auf Gymnasien. Aus dem neuen lausitzischen Magazin bes. abgedr. gr. 8. Ebend. 842. n. 1/6 ℛ

Haupt, Er. Fr., über Dr. Joh. Benedict Carpzov als Historiker. Aus dem neuen lausitzischen Magazin besonders abgedruckt. gr. 8. Görlitz 842, Heinze u. Comp. n. 1/6 ℛ

Haupt, Ernst Frdr., s.: Goethe, Gedichte ins latein. übertr.

— s. v. Goethe, Carmina X. — Hymni Sacri poetar. aliquot germanicorum.

— Ernst Friedrich (Zittau), De poena adulterii ex lege Julia coercendis adulteriis. — Accedit de suppliciis lenonum secundum nov. XIV. commentatio. Lpz. (Breitkopf & Haertel) 19. XII. 1797. 38, XIV S. (6.—) 13504

— Wilhelm u. Konrad, Brüder Nesen, Nikolaus von Dornspach u. M. Procopius Naso. gr. 8. Zittau 843. (Schöpssche Buchh.) n. 5/8 Thlr

Haupt, Friedrich

Haupt's, Fr., leichte Aufgaben zum Übersetzen aus dem Deutschen ins Lateinische. Quedlinb. 819. 8. 10 gr.

Haupt, Fr., leichte Aufgaben zum Uebersetzen aus dem Deutschen ins Lateinische, als Beispiele zu den syntaktischen Regeln der kleinen Bröderschen Grammatik. 8. Quedlinb. 820. 2e Aufl. 825. Basse. 8 gr.

Haupt, Fr., Bibelkunde. Neues Testament, 1s Heft, enthält die vier Evangelien. 8. Zürich 839. Höhr. 5 gr.

Haupt, Frdr., der Episcopat der deutschen Reformation, oder: Artikel 28 der Augsburger Confession. 1. Heft. Frankfurt a. M. 863. Heyder & Zimmer. gr. 8. (VI, 166 S.) 18 ngr.

Haupt, Friedr., der Episcopat der deutschen Reformation, oder: Artikel 28 der Augsburger Confession. 2. Heft. Luther u. der Episcopat. Frankfurt a. M. 866. Heyder & Zimmer. gr. 8. (VI, 289 S.) 27 ngr.

— Grundzüge der Staatsverfassungen d. Schweiz. Ein Anh. zur „Weltgeschichte". gr. 8. Zürich 843, Orell, Fueßli u. Co. 1/12 Thlr

— die grundstürzenden Irrtümer unsrer Zeit in Bezug auf die Kirche u. ihre Verfassung. Ein Aufruf zur gemeinsamen Tat des Kampfes u. der Abwehr. Frankfurt a. M. 870. Zimmer. gr. 8. (48 S.) n. 6 ngr.

Haupt, Fr., die grundstürzenden Irrtümer unserer Zeit in Bezug auf die Kirche u. ihre Verfassg.. Ein Aufruf zur gemeinsamen Tat d. Kampfes u. der Abwehr. 2. verm., durch e. apologetisch-histor. Anhang üb. den Episkopalismus, u. wider den Spiritualismus u. Independentismus schärfer begründete Aufl. gr. 8. (96 S.) Frankfurt a. M. 872. Zimmer. n. 1. 60

— Mustersammlung d. Beredsamkeit. Für d. Schule u. d. Leben. Lex.-8. (24 B.) Aarau 838, Sauerländer, Vrlsh. 1⅙ Thlr., weiß Pap.

— deutsche Poesie. Ein christl. Lebensbild. 2. (Titel-)Aufl. Zürich (860) 865. Meyer & Zeller. gr. 16. (XXII, 724 S.) 1 Thlr 15 ngr.; geb. mit Goldschn. 2 Thlr

— deutsche Prosa. Ein christliches Lebensbild. 2., völlig umgearb. Aufl. Ebend. 865. 16. (XVIII, 578 S.) 1 Thlr 15 ngr.

Haupt, Friedr., Herr Rupp im hessischen Odenwalde. Eine polem. Besprechung der kirchl. Zeitfragen. 8. (55 S.) Frankfurt a. M. 847, (Heyder &) Zimmer. n. 1/6 Thlr

— deutsche Sprache u. Literatur. Christlichen Schulen u. Familien gewidmet. 1. Theil. A. u. d. T.: Deutsche Poesie. Ein christliches Lebensbild. Eine Sammlung des nach Inhalt u. Form Vollendetsten unsrer poetischen Nationalliteratur, dargeboten der deutschen Jugend u. dem deutschen Familienkreiße. Zürich 860. Meyer & Zeller. 16. (XXII, 724 S.) 1 Thlr 15 ngr.

Haupt, Fr., deutsche Sprache u. Literatur. Christlichen Schulen u. Familien gewidmet. II. Thl. — A. u. d. T.: Deutsche Prosa. Ein christliches Lebensbild. Höheren Bildungsanstalten, insbesond. der modernen Bürgerschule, so wie dem christl. Familienkreise gewidmet. Mit einer Methodik als Vorwort. gr. 8. Zürich 841, Meyer u. Zeller. 1 Thlr

— Theses Ruppianae od. Votum über das Ruppische Zerwürfniß in dem Gust.-Ad.-Verein. 8. Frankfurt a/M. 846, Zimmer. n. 1/6 Thlr

— die Weltgeschichte, nach Pestalozzis Elementargrundsätzen, u. von christl. Lebensanschauung aus bearbeitet. Für die Schule u. das Haus. gr. 8. Hildburghausen 840. Bibliograph. Institut. n. 5/6 Thlr

— die Weltgeschichte. Ein Elementarwerk für das Volk und seine Schulen. 1. u. 2. Abthl. Biografischer Cursus. — Die organischen Erscheinungen des Staats- u. Volkslebens. Kirchen- u. Culturgeschichte. Ueberblick der Geschichte der Menschheit. gr. 8. Ebend. 842. (1. Abthl. 6¼ ngr — 2. Abthl. 8¾ ngr) ½ Thlr mit Anhang 7/12 Thlr

Haupt, Friedrich Wilhelm, pract. Arzt aus Berlin: Zwei Fälle von 'stenosierendem Sanduhrmagen'. *Kiel 1900: P. Peters.* (24 S.) 8°
Kiel, Med. Diss. v. [18. Sept.] 1900

Haupt, Fritz, Sigyn. Ein nord. Märchen aus der Wikingerzeit. (VII, 131 S.) 8. Dresden (906). E. Pierson. n. 2. —; geb. n. 3. —

Haupt, G., Führer durch Niederhessen unt. bes. Berücksicht. d. Umgeg. v. Cassel. Mit e. Uebersichtskarte 1:200,000. 8. (XXII, 359 S.) Cassel 896. L. Victor. Geb. n. 2. —

Haupt, G., Hilfsbuch bei Revision u. Leitung e. Postamts, s.: Porsuhn, W.

Haupt, G., De ratione brutorum. 10 l. Erf. 4°. (1. ed. Wittenb. 1665.)
1706

Haupt, Gabriel: Der Philosoph Seneka als Historiker. S. 27 bis 79. 8. Progr Kgl. Realgymn. *Würzburg* 1903.
I. Leben und Stellung. II. Datierung der Schriften. III. Standpunkt des S. IV. Zusammenfassende Darstellung der Regierung der einzelnen Kaiser.

— Gabriel Christian Anton (Wismar), De legato servitutis tacito. Diss. jur. Präs. Carl Friedrich Walch. Jena (Goepferdt) 12. III. 1796. 33 S. (6.—) 13505

Haupt, Georgius (Höchst)
Commentatio de lege, quam ad poetas comicos pertinuisse ferunt, annali.
Gissae: Lichtenberger 1847.
In: Diem sanctum quo XXV abhinc annis gymnas. Budingense...
Diss. phil. 22.3.1843. vorh. 26.

Haupt, Geo., programma gymnasii Budingensis. Insunt: G. Hauptii commentatio de lege, quam ad poetas comicos pertinuisse ferunt, annali. — Fr. Zimmermanni observationes aliquot Sophocleae. 4maj. (48 S.) Gissae 847. (Offenbach, Heinemann.) Thlr.

Haupt, O., commentationes archaeologicae in Aeschylum, s. a. Dissertationes philologicae Halenses.

Haupt, Georgius *Fridericus Guilelmus* [Pomeranus]: Commentationes archaeologicae in Aeschylum ... (Erscheint vollst. in: Dissert. philol. Halenses, vol. XIII.) Halis Sax., form. descr. E. Karras, 1895; 2 Bl., 31 S., 1 Bl. 8.
Halle, Phil. Fak., Inaug.-Diss. v. 2. Aug. 1895

— der Darmstädter Museumsstreit. Eine Verteidigungsschrift. (80 S.) gr. 8. Ebd. 904. n. — 50

Haupt, Geo., noch einmal zum Fall Lepsius. (28 S.) 8. Jena 904. E. Diederichs. n. — 50

Haupt, Geo., die Stollenanlagen. Leitfaden für Bergleute und Tunnelbauer. Unter besond. Berücksicht. der beim Stollenbau vorkommenden bergmänn. Gewinnungsarbeiten und der dabei angewandten Bohrmaschinensysteme. gr. 8. (XII, 250 S. mit 185 in den Text gedr. Holzschn.) Berlin 884, Springer. *

Haupt, Gottfried Jakob

Haupt, Gfrd Jak., Der gantze Rheinstrom von seinem Ursprung bis zu seinem Ausfluss ... Augsburg o. J. Fol. Kupf. u. kolor. . . . .

Haupt, Gustav: Beiträge zur Kenntnis der Oberflächengestaltung des Samlandes und seines Gewässernetzes. Mit 1 Höhenschichtenkarte. Königsberg i. Pr. 1907: R. Leupold. (90 S.) 4° ¶ (Aus: Schriften d. Physikalisch-Oekon. Ges. Königsberg Jg. 48, 1907.)
Königsberg, Phil. Fak., Ref. Hahn, Diss. v. 7. Febr. 1908
[Geb. 31. Dez. 83 Königsberg i. Pr.; Wohnort: Königsberg i. Pr.; Staatsangeh.: Preußen; Vorbildung: Realgymn. Königsberg i. Pr. Reife O. 03; Studium: Königsberg 8 S.; Rig. 22. Juli 07.]

Haupt, H., Jahresberichte üb. Dio Cassius. S.-A. s. a. 4 Hefte (ca. 60 S.)

Haupt, H., kleine Naturgeschichte der drei Reiche, s.: Smalian, Karl.

Haupt, H., Schule im Freien, s.: Steinbrück, O.

Haupt, H., Zeichen-Vorlagen im Dienste der Botanik, s. Steinbrück, O.

Die Eigenart der amerikanischen Predigt von Hans **Haupt**, Pastor. Gießen: A. Töpelmann 1907. (46 S.) 8°
— **Studien** z. prakt. Theologie. Bd 1, H. 3. [07. 8587

Haupt, Hans: Die Erfurter Kunst- und Handelsgärtnerei in ihrer geschichtlichen Entwicklung und wirtschaftlichen Bedeutung. Jena: G. Fischer 1908. (36 S.) 8° ¶ (Erscheint vollst. in: „Abhandlungen d. Staatswissenschaftl. Seminars“ Bd 5 H. 1.)
Jena, Phil. Fak., Ref. Pierstorff, Diss. v. 13. Dez. 1907
[Geb. 5. März 61 Arnswalde; Wohnort: Erfurt; Staatsangeh.: Preußen; Vorbildung: Gymn. Neustettin Reife M. 80; Studium: Halle 6, Jena 4 S.; Rig. 12. Nov. 07.]

Die Erfurter Kunst- und Handelsgärtnerei in ihrer geschichtlichen Entwickelung und wirtschaftlichen Bedeutung dargest. von Dr. Hans **Haupt**, Chefred. Jena: G. Fischer 1908. (VI, 205 S.) 8°
— **Abhandlungen** d. staatswiss. Seminars zu Jena. Bd 5, H. 1. [08. 1647

Namego. Eine Dichtung aus Alt-Preussens Vergangenheit von Hans **Haupt**. ⟨Berthold Stein.⟩ *Kindelbrück: K. Naumburg in Komm. [1901].* (X, 203 S.) 8° [F.] [02. 9104 3

— Staat u. Kirche in den Vereinigten Staaten v. Nordamerika, s.a. Studien zur praktischen Theologie. III, 3,

Staat und Kirche in den Vereinigten Staaten von Nordamerika. Von Hans **Haupt**, Pastor in North-Tonawanda. Gießen: Töpelmann 1909. 76 S. 8°
(Studien z. prakt. Theologie. Bd 3, H. 3.)

Haupt, Hans, s.: Warte, Thüringer.

Haupt, Hans, s.: Warte-Bibliothek, Thüringer.

Haupt, Hans-Armin, Kinder der Schuld. Roman. (260 S.) 8. Straßburg 907. J. Singer. 3. —

Haupt, Hans Georg, approb. Arzt aus Tharandt i. Sachs.: **Beiträge zur Kenntnis der Schwefelkohlenstoffvergiftung.** *Rostock 1902: H. Winterberg.* (86 S.) 8°
Rostock, Med. Diss. v. [30. Juli] 1902

Haupt, Heinr. Animadversiones in Julii Obsequentis prodigiorum librum. 20 S. Progr. G. *Bautzen* 1881.

Haupt, Herman

Haupt, Herm., Beiträge z. Reformationsgeschichte d. Reichsstadt Worms. Zwei Flugschriften aus d. J. 1523 u. 1524, hrsg. u. eingeleitet. 4. (31 u. XXVI S.) Gießen 897. J. Ricker. n. 2. —

Haupt, Herm., die deutsche Bibelübersetzung der mittelalterlichen Waldenser, in dem Codex Teplensis und der ersten gedruckten deutschen Bibel nachgewiesen. Mit Beiträgen zur Kenntniss der roman. Bibelübersetzung und Dogmengeschichte der Waldenser. gr. 8. (VII, 64 S.) Würzburg 885, Stahel'sche Universitäts-Buchh. *

[F.] Die alte Würzburger Burschenschaft 1817–1833. E. Beitr. z. Universitätsgesch. in d. Reaktionszeit v. Herman **Haupt**. M. 4 Vollb. – *Würzburg: Stahel 1898.* (SA. a. d. 'Festschrift z. 50j. Jubelfeier d. Würzb. Burschenschaft Arminia'.) (1 Bl., 38 S., 4 Taf.) 1 Bd 8. [98. 7517

— u. Geo. **Lehnert,** Chronik der Universität Giessen 1607—1907, s.: Giessen, die Universität, von 1607—1907.

Karl Follen und die Gießener Schwarzen. Beiträge z. Geschichte d. polit. Geheimbünde u. d. Verfassungs-Entwicklung d. alten Burschenschaft in d. J. 1815–1819. Von Herman **Haupt**. Mit 4 Bildertaf. (Gießen: A. Töpelmann 1907.) (VIII, 156 S.) 8° [F.]
Festgabe z. dritten Jahrhundertfeier d. Univ. Gießen.
— **Mitteilungen** d. Oberhess. Geschichtsvereins. N. F. Bd 15. [07. 14317

—— der römische Grenzwall in Deutschland nach den neueren Forschungen. Mit besond. Berücksicht. Unterfrankens geschildert. gr. 8. (54 S. mit 1 lithogr. Karte.) Würzburg 885, Stuber's Verlag. *

--Die geplante Gründung einer dt-anischen Republik in der Reaktionszeit. Nach ungedruckten Quel. (Sonderabdruck aus: Dte Revue, Juli, 1907) Stuttgart, 1907.

—— hussitische Propaganda in Deutschland, s. Taschenbuch, historisches, VII.

Haupt, Herman. Husitische Propaganda in Deutschland. [A.] 8. (Leipzig 1888.)

Haupt, Herm., de auctoris de vir. ill. libro quaestiones historicae. Dissertatio inauguralis. gr. 8. (47 S.) Francofurti 876. (Würzburg, Staudinger.) n. — 80

— s.: Quellen u. Darstellungen z. Geschichte d. Burschenschaft u. der deutschen Einheitsbewegung.

Haupt, Herm., e. oberrheinischer Revolutionär aus dem Zeitalter Kaiser Maximilians I., s.: Zeitschrift, westdeutsche, f. Geschichte u. Kunst.

Haupt, Herm., die religiösen Sekten in Franken vor der Reformation. gr. 8. (60 S.) Würzburg 882. Stuber. n. 2. —

Haupt, Herman, Prof. Dr., Oberbibliothekar: Renatus Karl Frh. v. Senckenberg (1751—1800). Mit 1 Portr. *Giessen 1900: v. Münchow.* (60 S.) 8°
Giessen, Festschr. zur Feier d. 100j. Todestages Senckenbergs 1900

— der waldensische Ursprung d. Codex Teplensis u. der vorlutherischen deutschen Bibeldrucke, gegen die Angriffe v. Frz. Jostes vertheidigt. Mit e. Anh. ungedruckter Aktenstücke u. zahlreichen Proben mittelalterl. deutscher Bibelübersetzgn. gr. 8. (45 S.) Würzburg 886. Stahel. n. 1. 20

— Voltaire in Frankfurt 1753. Mit Benutzg. v. ungedr. Akten u. Briefen d. Dichters. (113 S.) 8. Chemnitz 909. (Innentitel irrtümlich Berlin 905.) W. Gronau. 2. 50
Sonderabdruck aus: „Ztschr. f. französ. Sprache u. Litt."

Haupt, Herm., Waldenserthum u. Inquisition im südöstlichen Deutschland. [Aus: „Zeitschr. f. Geschichtswissenschaft".] gr. 8. (IV, 126 S.) Freiburg i/Br. 890. J. C. B. Mohr. n. 3. 20

Haupt, Hermann, Referendar: Die Ansprüche des Vermächtnisnehmers. Greifswald 1910: Abel. 60 S. 8°
Greifswald, Jur. Diss. v. 24. Sept. 1910, Ref. Frommhold
[Geb. 24. Aug. 88 Stargard i. Pom.; Wohnort: Breslau; Staatsangeh.: Preußen; Vorbildung: Stadt-Gymn. Stettin Reife M. 06; Studium: München 1, Tübingen 2, Berlin 1, Greifswald 3 S.; Rig. 14. Juli 10.] [U 11. 1589

Ohne Kraft keine Bewegung! Was ist d. Kraftquelle f. d. Achsendrehung u. Kreisbewegung d. Körper im Weltraum? Eine neue Theorie von Hermann **Haupt**. (Mit 1 Lichtdr.- u. 1 farb. Beil.) Dresden: Selbstverl. 1910. 159 S 8°
[Umschlagt.:] Neue astronomische Entdeckung! ... Die Kraftquelle d. Achsendrehung ... sowie mehrere andere neue Theorien von Hermann Haupt. [10. 17180

Haupt, Hugo: Zur Secretionsmechanik der extrafloralen Nektarien. München 1902: V. Höfling. (42 S.) 8°
Aus: Flora od. Allgem. Botan. Zeitung. Bd 90.
Leipzig, Phil. Diss. v. [3. März] 1902.

Haupt, Joachim Leopold, s. Haupt, Leopold.

Haupt, J(oannes) C(arolus) H(enricus) Adolphus: De chlorosi. [Praeses:] Carolus Henr[icus] Dzondi. Halae (1827): Baentsch. 32 S. 8°
Halle-Wittenberg, Med. Diss. v. 10. Dez. 1827
Geb. Löwenberg bei Oranienburg (Mittelmark) [nach Dt. Geschl.-Buch 19, 137: Hoppenrade 17. 10.] 1803. [V. in Sprengel's Progr.]

Haupt, Johann Thomas

Haupt, Jh. Thom., (✝ d. ... 1785.) Anfangsgründe d. christlichen Lehre. 8. Wismar 763. Rödner. 14 ß

— neue u. vollständige Auslegung des von Fohi, Chines. Kaisers, nachgelassenen Buchs Ye Kim. 8. Rost. 753. (Bödner in Schwerin). 3 ß

— gerettete Ehre e. Schöpfungsfestes 8. Rostock 754.

— theol. Gedanken v. e. Schöpfungsfeste. 8. Berl. Rüdiger 748.

— Gründe der Vernunft, zur Erläuterung u. zum Beweise d. Geheimnisse der heil. Dreieinigkeit. 8. Rostock 752. (Bödner in Schwerin). 16 ß

Haupt, Josef

Haupt, Jos., Albungen-Lied. Ein episches Gedicht aus der deutschen Sage in 12 Gesängen. Wien 861. Lechner. gr. 8. (278 S.) n. 2 ℳ

Haupt, Jos., üb. das mittelhochdeutsche Arzneibuch d. Meisters Bartholomaeus. [Aus „Sitzungsber. d. k. Akad. d. Wiss."] Lex.-8. (118 S.) Wien 872. Gerold's Sohn in Comm. n. 2. —

Haupt, Jos., Beiträge zur Kunde deutscher Sprachdenkmäler in Handschriften. I. Die Legende von der heiligen Maria Magdalena. (Aus den Sitzungsberichten 1860 der k. Akademie der Wissensch.) Wien 860. Gerold in Comm. gr. 8. (30 S.) n. 4 ngr.

— Beiträge zur Literatur der deutschen Mystiker. [Aus: „Sitzungsber. d. k. Akad. d. Wiss."] Lex.-8. (56 S.) Ebend. 874. n. — 80

Haupt, Jos., Beiträge zur Literatur der deutschen Mystiker. II. Hartung v. Erfurt. [Aus: „Sitzungsber. d. k. Akad. d. Wiss."] Lex.-8. (102 S.) Wien 879. Gerold's Sohn in Comm. n. 1. 60 (I. u. II.: n. 2. 40)

Haupt, Jos., über das mittelhochdeutsche Buch der Märterer. [Aus „Sitzungsber. d. k. Akad. d. Wiss."] Lex.-8. (90 S.) Wien 872. Gerold's Sohn in Comm. n. 1. 40

— über das mitteldeutsche Buch der Väter. [Aus „Sitzungsber. d. phil.-hist. Classe d. k. Akad. d. Wiss."] Lex.-8. (78 S.) Ebend. 871. n. 1. 20

— M. Cetius Faventinus u. e. Bienensegen aus der Hs. 387 der k. k. Hofbibliothek. [Aus „Sitzungsber. d. phil.-hist. Classe d. k. Akad. d. Wiss."] Lex.-8. (10 S.) Ebend. 871. n. — 20

— Bruder Philipps Marienleben. [Aus „Sitzungsber. d. k. Akad. d. Wiss."] Lex.-8. (64 S.) Ebend. 871. n.n. — 90

Haupt, Jos., der griechisch-römische Ringkampf. Die 15 berühmtesten Ringkämpfer d. Welt. — Ein Kampf zwischen dem Champion v. Holland, Dirk van den Berg u. dem Mittelgewichts-Champion Michael Hitzler. 8. (52 S. m. 42 Abbildgn.) München (900). (Leipzig, H. Dege.) n. 1.50

Haupt, J.: Griechisch-römischer Ringkampf in moderner Gestaltung. München 1899. 79 S. m. Abb.

Haupt, Jos., der moderne, kunstgerechte Ringkampf in 76 Abbildgn. aus der mehr wie 50jährigen Schule u. Praxis der Franzosen, deshalb auch „der neufranz. Ringkampf" genannt. Alle wicht. Stellgn., Griffe, Schwünge u. Paraden, ausgeführt v. Hitzler, Weber (Deutschland), Dirk v. d. Berg (Holland) Raicevich (Italien) u. den Meistern der Schule in Bordeaux in 70 Abbildgn. mit ausführl. Erläutergn., sowie deutsche u. französ. Benennung der Griffe, ferner Geschichte u. Reglement, Lebens- u. Trainierungs-Regeln etc. m. weiteren 6 Illustr. Biographie v. Carl Abs. 2. verb. u. bedeutend verm. Aufl. (99 S.) qu. 4. Leipzig (903). A. F. Schlöffel.

Haupt, Josef, Der moderne kunstgerechte Ringkampf, in 76 Abb., aus d. mehr als 50jähr. Schule u. Praxis d. Franzosen, deshalb auch „D. neufranzösische Ringkampf" genannt, . . . Geschichte u. Reglements, Lebens- u. Trainierungsregeln usw., Biographie v. Karl Abs, 11. verb. u. verm. Aufl., Leipzig 1903, 99 S., Quer-8°.

Haupt, Josef, Der von den Franzosen modernisierte griechisch-römische Ringkampf, m. 61 Ringergriffen nach photogr. Stellungen d. bedeutendsten Ringkämpfer gez., München, 79 S., Quer-8°.

Haupt, Jos., Die Sage vom Venusberg und dem Tannhäuser (S.-A.) 4°.

Haupt, Jos., Untersuchungen zur deutschen Sage. 1. Bd.: Untersuchungen zu Gudrun. Wien 866. (Gerold's Sohn.) gr. 8. (XI, 157 S.) n. 1 Thlr. 10 *ngr.*

— von dem Verhältnisse der Dichtung u. Geschichte nach Aristoteles. Vortrag, gehalten in der feierlichen Sitzung der kaiserlichen Akademie der Wissenschaften am 30. Mai 1881. gr. 8. (31 S.) Ebend. 881. n.n. — 30

Grossh. Hessisches Museum. Handzeichnungen und Bilder von Carl Stahl 1824–48. (Verf.: Jürgen Haupt.) *Darmstadt 1901: (C. F. Winter).* (8 S.) 8° [03. 361]

Haupt, K., die jurist. Bildungs-Stufen in Preußen. I. Hft. Die Studenten u. Kandidaten der Rechte. kl. 8. (Mit 2 Tab.) Quedlinburg 845, Ernst. n. 2/3 Thlr.

— dass. 2. Hft. Die Auskultatoren. kl. 8. Ebend. 845. Schrbp. n. 2/3 Thlr. — 3. Hft. Die Referendarien in Preußen. kl. 8. Ebend. 846. n. 2/3 Thlr. 1.—3. nur n. 1 3/4 Thlr.

Haupt, Karl, s.a. Haupt, Karl Joachim Thomas.

Haupt, Carl, Anleitung zum Verständnis der livianischen Darstellungsform. gr. 8. (IV, 86 S.) Leipzig 892. B. G. Teubner. n. 1.

Haupt, Karl Die Ansiedelung der Normannen in Unteritalien nach den Quellen dargestellt. 47 S. **Progr.** *Wittenberg* 1884.

Haupt, Carl, die Begründung der päpstlichen Macht diesseits der Alpen, s. Zeit- und Streitfragen, deutsche.

Haupt K, die Begründung der päpstlichen Macht diesseits der Alpen. (Zeit- und Streitfragen, Deutsche 153) Berlin 1881

Haupt, Karl Ein Beitrag zu der Frage nach Ziel und Methode des Geschichtsunterrichts an den Gymnasien. 38 S. *Wittenberg* 1883
Progr.

Haupt, Carl ⟨a. Ohlau i. Schlesien⟩: Ueber die Bildung von Pyrrolidonverbindungen aus Laevulinsäureester, Blausäure und meta-Derivaten des Anilins. (Berlin-Wilmersdorf: C. Arnold 1907.) (67 S.) 8°
Berlin, Phil. Fak., Ref. Gabriel, Diss. v. 26. Okt. 1907
[Geb. 31. Juli 80 Ohlau; Wohnort: Berlin; Staatsangeh.: Preußen; Vorbildung: Gymn. Wittenberg Reife O. 00; Studium: Freiburg i. B. 3, Berlin 10 S.; Rig. 29. Juli 07.]

Haupt, Carl [Prof.]: Melanchthons und seiner Lehre Einfluss auf Maximilian II. von Oesterreich. Wittenberg, Druck v. F. Wattrodt, *1897;* 61 S. 4.
Wittenberg, Melanchthon-G, OP 1897 (264)

Haupt, Karl Die Einführung der Hierarchie im Frankenreiche. Historische Abhandlung. 33 S. **Progr.** *Ohlau* 1879.

Haupt, Karl, die Fauna des Graptolithen-Gesteines. Ein Beitrag zur Kenntniss der silur. Sedimentärgeschiebe der norddeutschen Ebene. [Aus: „Neues lausitzer Magazin".] gr. 8. (85 S. mit 1 Tab. u. 5 autogr. Taf.) Görlitz 878. Remer. n. 2. —

Haupt, K. De Thucydidis quam vocant fide historica. Pr. 1875. 28 S. 4°. 2.—

— Livius-Kommentar f. den Schulgebrauch. 1.—8. Hft. gr. 8. Ebd. Kart. n. 7. 60
1—5. Kommentar zu Buch I, II, III, IV, V. (XIV, 46, 59, 88, 88, 132 S.) 891. à n. — 80. — 6. Kommentar zu Buch XXI. (IV, 255 S.) 892. n. 2. —. — 7. Kommentar zu Buch XII. III, 82 S.) 893. n. — 80. — 8. Kommentar zu Buch VI u. VII. (86 S.) 893. n. — 80.

Haupt, Carl, Livius-Kommentar f. d. Schulgebrauch. Kommentar zu Buch VIII bis X. gr. 8. (119 S.) Leipzig 895. B. G. Teubner. Kart. n. 1. 20

— Staat u. Kirche vor 800 Jahren, s. a. Sammlung gemeinverständlicher wissenschaftlicher Vorträge.

Haupt K. Staat und Kirche vor 800 Jahren. (Sammlung wiss. Vorträge 292) Berlin 1878

Haupt, Karl Der Stand des geistigen Lebens an der Universität Wittenberg, dargestellt an den Quaestiones und den Scripta publica aus den Jahren 1530 bis 1546. 4 (S. 69—110).
Progr.

Haupt, Carl [Oberl.]: Über die Verwertung des Livius im Geschichtsunterricht. I. Teil. Wittenberg, *Druck v. C. H. Schulze & Co. in Gräfenhainichen*, 1890; S. 3–62; 4°
Wittenberg, G, OP 1890

Haupt, Karl, Prof.: Was bringen uns die Lehrpläne von 1901, besonders für den Unterricht in der Geschichte und Geographie? *Wittenberg 1902: F. Wattrodt.* (S. 3—57.) 4°
Wittenberg, Melanchthon-G, OP 1902 (281)

Haupt, Karl August Friedrich

Haupt, Karl Aug. Friedr., Religion in ihrer dreifachen Beziehung auf Gott, Tugend u. Unsterblichkeit dargest. 8. (8 3/4 B.) Leipzig 837, Frohberger.

Haupt, Karl Aug. Fr., Religion oder Gott, Tugend u. Unsterblichkeit. 2. verb. u. verm. Aufl. gr. 8. Leipzig 843, Frohberger. 3/4 Thlr.

Haupt, Karl Gerhard

Haupt, Karl Ghrd., tabellar. Abriß der vorzügl. Religionen u. Religionsparteien der jetzigen Erdbewohner, insonderheit der christl. Welt. Nebst einer tabellar. Uebersicht d. Christenthums auf dem Erdboden. Fol. Quedlinb. 821. Basse. 1 Thlr. 16 gGr.

Haupt, Karl Gerh., allgem. wissenschaftl. Alterthumskunde (1. Abthl.), od. d. concrete Geist d. Alterthums in seiner Entwicklung u. in seinem System. 3 Bde. gr. 8. (47 3/4 B.) Altona 839, Hammerich.

— s. Aeschylea Orestia.

— s. Aeschyli Persae.

— Aeschylearum Quaestionum etc., s. Aeschylus.

— christl. Bet-Altar; ein Andachtsbuch für alle Zeiten, Umstände u. Verhältnisse des menschl. Lebens. 8. Quedlinb. 822. Basse. 1 Thlr. 8 gGr.

— Dichtungen. 1r u. 2r Bd. A. u. d. T.: Zobeir, romant. Trspl. in 5 Aufz. — König u. Vaterland. Patriotische Gedichte für Preußens reifere Jugend. Nebst e. Anhange: Röschen. 8. Landsberg u. Schwedt 833. Ende. 5/6 Thlr.

Haupt, K. G., Dichtungen. 1. u. 2. Bd. — A. u. d. T.: Zobeir, romant. Trauersp. in 5 Aufz. — König u. Vaterland. Patriot. Gedichte f. Preußens reif. Jugend. Nebst e. Anh.: Röschen. 8. (15¼ B.) Landsberg a. d. W. 833, [Wilmsen.]

— Gedächtnißpredigt auf Ihro Königl. Hoheit, die verw. Prinzessin von Schweden, Sophie Albertine, vormal. Fürstin-Aebtissin zu Quedlinburg. Nebst e. Anh., enthalt. die wichtigsten Lebensereignisse der Verewigten. gr. 8. Quedlinb. 829. Basse. 4 gr.

—— Handbuch f. Prediger rc., s. Fritsch, Joh. Heinr.

— Handbuch über die Religions-Kirchengeistl.- u. Unterrichts-Angelegenheiten in Preußen, nach den darüber erschien. Gesetzen u. Verordnungen rc., in alphabet. Materienfolge. 3 Bde. Auch u. d. T.: Samml. königl. Preuß. Gesetze rc., das Religions-Wesen betreff. 3 Bde. gr. 8. Quedlinb. 822—23. Basse. 5 Rthl. 20 gr. (1r u. 2r Bd. Auch u. dem T.: Samml. königl. Preuß. Gesetze, Patente, Edikte rc., das Religions- u. Unterrichtswesen d. christl. Confession betreffend rc. 3 Rthl. 4 gr. 3r Bd. A. u. d. T.: Handbuch über Religions-Angelegenheiten in Preußen rc. 2 Rthl. 16 gr.)

— Casual-Predigten, zum Besten d. Hoyer'schen Rettungsanstalt zu Quedlinburg für arme verwahrlosete Waisen- u. Verbrecher-Kinder, nebst vorangehenden Nachrr. üb. dieses Institut. gr. 8. Quedlinb. 826. Basse. 18 gr.

— bibl. Casual-Text-Lexicon, enth.: auserwählte Aussprüche d. h. Schrift, denen Predigten u. Reden z. Grunde zu legen sind rc. gr. 8. Quedlinb. 826. Basse. 1 Rthl. 12 gr.

Haupt, K. G., biblisches Casual-Text-Lexikon. Enthaltend: Auserwählte Aussprüche der heil. Schrift, die Predigten u. Reden zum Grunde zu legen sind rc. mit Hinzufügung solcher Bibelstellen, die homiletisch benutzt werden können an den vorzüglichsten jährl. Festen u. kirchlich ausgezeichneten Tagen rc. Für Geistliche aller Confessionen. Neu umgearb. u. in besond. Rücksicht auf die Forderga. der Gegenwart mit vielen neuen Artikeln verm. v. Joh. Frdr. Thdr. Wohlfarth. gr. 8. (VIII u. 448 S.) Quedlinburg 852, Basse. 1½ Rthl.

Haupt, K. G., biblisches Kasual-Text-Lexikon. 3., verm. u. nach dem rev. Bibeltext umgearb. Aufl. v. Joach. Hinkel. gr. 8. (III, 475 S.) Braunschweig 893. H. Wollermann. n. h. —; geb. n. 6. 50

— die Lehren d. Religion, erläutert durch Beispiele aus d. Bibel, aus d. Weltgeschichte u. aus dem prakt. Leben, zur Begründung christl. Weisheit, Tugend u. Glückseligkeit rc. 5 Bde. Mit dem Bildn. d. Verf. 8. Quedlinb. 828—30. Basse. 6 Rthl. 20 gr.

—— die Lehren d. Religion, erläut. durch Beyspiele aus d. Bibel, a. d. Weltgeschichte u. a. d. prakt. Leben, z. Begründung christl. Weisheit, Tugend u. Glückseligkeit, so wie z. Warnung v. Thorheiten u. Sünden. Ein Handb. f. Lehrer u. Prediger. In alphabet. Reihenfolge d. Materien. 5 Bde. 8. Quedlinburg, Basse. [1. A—Eint. (35½ B. u. H.'s Bildn.), 2. Eit—H. (34 B.), 3. J—O. (34¼ B.) 829., 4. P—S. (31 B.) à 1 Thlr. 8 Gr., 5. T—Z. (43 B.) 830. 1 Thlr. 12 Gr.]

—— Luther. Eine dramat. Tetralogie. gr. 8. Berlin, Kuhr. *
A. u. d. Titln.:
1. Trauersp.: Freie Wahl. — Daran: Die Entsagung. Lustsp. in 1 Aufz., Schlußstück d. Tetralogie: Luther. (10¼ B.) 836. * 20 Gr.
2. " Kaiser Karl d. Fünfte. Trauersp. in 5 Aufz. (8 B.) 837. * 20 Gr.
3. " Die Böhmen unter Thurn. Trauersp. in 5 Aufz. (8¼ B.) 837. * 20 Gr.

—— Quaestionum Aeschylearum, s. Aeschylus.

— biblische Real- u. Verbal-Encyklopädie in histor., geograph., phys., archäolog., exeget. u. praktischer Hinsicht; oder Handwörterbuch über die Bibel. 8. Quedlinb. 823 — 27, Basse. 1r—3r Bd. in 6 Abtheil. 1r u. 2r Bd. 1e Abtheil. 2 Rthl. 12 gr. 2r Bd. 2e Abtheil. 22 gr. 3r Bd. 1e Abtheil. 1 Rthl. 6 gr. 3r Bd. 2e Abtheil. 1 Rthl. 8 gr. 3r Bd. 3e Abtheil. 1 Rthl. 20 gr.

— bibl. Real- u. Verbal-Encyklopädie in histor., geograph., phys., archäolog., exeget. u. praktischer Hinsicht; od. Handwörterbuch über die Bibel. 8. Quedlinb. 823—28. Basse. 10 Rthl. 8 gr.

Haupt, Karl Gerh., s. Repertorium der Predigtentwürfe d. vorzügl. Kanzelredner.

—— Repertorium d. Predigtentwürfe d. vorzüglichsten Kanzelredner neuerer u. neuester Zeit. Ein Beitr. z. vergleich. Homiletik. In alphabet. Reihenfolge d. Materien. Für Prediger u. Candidaten d. Theologie. (1. Aufl.) 8. (43 B.) Quedlinburg 836, Basse.

—— dass. — 2 Bde. 2., verb. u. verm. Aufl. gr. 8. Ebds. 841. [1. A—M. (30½ B.), 2. N—Z. (26 B.) à 1¼ Thlr.]

Haupt, Carl Ghrd.: Samml. d. Königl. Preuss. Gesetze, Patente, Edicte u. s. w., das Religions-, Kirchen-, geistl. u. Unterrichtswesen der christl. Confessionen betreff. — A. u. d. T.: Handb. üb. d. Religions- u. s. w. Angelegenheiten nach den darüber f. d. christl. Confessionen erschienenen Gesetzen, Patenten, Edicten u. s. w. f. Königl. Preuss. evangel. u. kathol. Geistliche u. s. w. in alphabet. Materienfolge entworfen. 3 Bände. *Quedlinburg*, Basse. 821 — 23. 8. (3 Thl.)

— Unterr. üb. die allgem. königl. preuß. Wittwen-Verpflegungs-Anstalt zu Berlin u. d. Offizier-Wittwenkasse rc. Auch u. d. T.: Samml. von Reglements rc. 8. Quedlinb. 821. Basse. 16 gr.

Haupt, K. G.: „Ausführlicher Unterricht über die allgemeine königlich preussische Wittwenverpflegungs-Anstalt zu Berlin und die Officier-Wittwen-Casse", Quedlinburg und Leipzig 1822. — Vorh.: Preuß. Staatsbibl. Berlin.

— Vorschule zum Studium der griech. Tragiker. gr. 8. Berlin 826, Mylius.

Haupt, C. G., Vorschule z. Studium d. griechischen Tragiker. 1826. 104 S.

Haupt, Karl Joachim Thomas

Haupt, Karl Joach. Thom., der Alvil d. Sachsenspiegels u. seine Verwandten. Ein Beitrag zur vergleich. Mythologie. [Aus „Neues Lausitz. Magazin"] gr. 8. (39 S.) Liegnitz 870. Cohn.

Haupt, Carl Joach. Thom., über evangelische Kirchenzucht. Ein Conferenzvortrag mit einem Nachwort über die neue preuß. Presbyterial-Kirchenverfassung. Glogau 867. Flemming. 8. (55 S.) 6 ngr.

Haupt, Karl, Sagenbuch der Lausitz. [Gekrönte Preisschrift.] 2 Thle. [Abdruck aus dem Neuen Lausitzischen Magazin.] Leipzig 862, 63. Engelmann. Lex.-8. (XI, 279; VIII, 215 S.) 3 Rthl. 15 ngr.
Inhalt: 1. Thl. Das Geisterreich. 2 Rthl. — 2. Thl. Die Geschichte. 1 Rthl. 15 ngr.

—— Deutschlands große Stunde. 1870. Lieder und Gedichte. 16. (16 S.) Liegnitz 870. Cohn. **

— vom deutschen Volksthum. Ein Vortrag. gr. 16. (32 S.) Breslau 871. (Leipzig, Bredt.) n. — 50

Haupt, L. M., the Centennial Railway-Guide-Map of the City of Philadelphia. Fol. Philadelphia 875, (Schaefer und Koradi.) *

Haupt, Leopold

Haupt (Joach.) Leop., Allerlei von Dr. M. Luther, f. die Genossen unserer Zeit. Erstes Etwas: Von d. Sünde wider d. heil. Geist. 8. Leipz. 820. Kollmann. 10 gr

Haupt (J.) Leop. (Hrsg.), s. Anzeigen der Oberlausitzischen Gesellschaft der Wissenschaften.

Haupt, Leop., das goldene Büchlein v. der Nachfolge Christi, s.: Thomas v. Kempen.

— s. Burschengesänge, deutsche.

Haupt, (Joach.) Leop., Der Christ bei dem Hinblick auf gewaltsame Zerstörungen des Irdischen. Predigt am Brandgedächtnißfeste. 8. Görlitz 842, Heinze u. Comp. n. 1/12 ₰

— Zweites Etwas: Fürstenspiegel des 16. Jahrh. in einer Auslegung des 82. Psalms durch M. Luther. 8. Ebd. 820. 16 gr

—— Eulalia. Taschenbuch dramat. Spiele zu heiteren Familienfesten. 8. (6 B.) Görlitz 842, Heinze u. Comp.

Haupt, Leop., Geschichte der evangelischen Haupt- und Pfarrkirche zu St. Peter u. Paul in Görlitz. Festschrift zur Jubelfeier ihrer Einweihung am 14. Dezbr. 1457 rc. Görlitz 857. Heyn in Comm. 8. (30 S.) n. 2 ngr

— Kränze u. Blumen; eine Samml. Sonette. 8. Leipz. 819. Lehnhold. 10 gr

— Landsmannschaften u. Burschenschaft. Ein freies Wort üb. die geselligen Verhältnisse der Studirenden auf deutschen Hochschulen. Mit Beil., 6 Aktenstücke enthalt. gr. 8. Leipz. 820. Brockhaus. 1 ₰ 12 gr Daraus apart: Verfassungsurkunde der Jenaischen Burschenschaft. gr. 8. Ebd. 820. 8 gr

Haupt, (Joachim) Leopold, Landsmannschaften u. Burschenschaft. Ein freies Wort üb. die geselligen Verhältnisse d. Studierenden auf den teutschen Hochschulen, Altenburg u. Leipzig 1820, XVI u. 364 S., 8°.

— Liebe, Leben, Vaterland. Dichtungen. 8. Leipz. 820.

—— das neue Lied des Preußenvolkes. Predigt über Ps. 144, 9—11. Nach der wunderbaren göttl. Bewahrung Ihrer Maj. des Königs u. der Königin gehalten in der heil. Dreifaltigkeitskirche zu Görlitz am 1. Aug. 1844. gr. 8. (1 B.) Görlitz 844, Heinze u. Comp.

Haupt (J.) Leop., neues Lausitzisches Magazin, s. Magazin.

Haupt, Leop., Manoah. Friedenslieder zur Erbauung in Haus u. Kirche. Görlitz 866. (Köhler.) gr. 16. (X, 131 S.) n. 15 ngr.

Haupt, Leop., Prophetenstimmen. An d. Geschlecht dies. Zeit nach d. Ansprüchen d. heil. Seher d. Morgenlandes. gr. 8. (5½ B.) Grimma 841, Gebhardt.

Haupt, L., sechs alttestamentliche Psalmen, s. Psalmen.

Haupt, Leopold, s. Scriptores rerum Lusaticarum.

Haupt, Leopold, s. Volkslieder der Wenden.

Haupt, Ludwig

Haupt, L., Fibel, s.: Scharlach, F. — Steger.

Haupt, L., Fibel für den vereinigten Anschauungs-, Zeichen-, Schreib- u. Leseunterricht im ersten Schuljahre,
— Lesebuch,
— Schätze deutscher Literatur,
} s.: Scharlach, F.

Haupt, L.
— Lesebuch f. Volks- u. Bürgerschulen,
— Volksschullesebuch m. besond. Rücksicht auf die Provinz Sachsen,
} s.: Scharlach, F.

Haupt, deutsches Lesebuch f. höh. Mädchenschulen, s.: Blümer.

[F.] Hinaus in die Welt! Reisebilder v. Marie Haupt. *Münster i. W.: Selbstv.; (Dr.: Coppenrath) [1897].* (2 Bl., 140 S.) 1 Bd 8. [illegible]

Ein Sittlichkeitsapostel, oder Heinrich Schweizer, der Zeit Pfarrer in Wollish (von *Martin Haupt*). O. O. 1869. (In Zürich, Stadtbibl.)
Anon.-Lex. IV. p. 374 (nach dem Cat. genannter Bibl.)

Haupt, Max, approb. Arzt aus Zehlendorf b. Berlin: Aus d. Universitäts-Augenklinik zu Bonn. Ein Beitrag zur Frage nach dem Wesen der neuroparalytischen Hornhautentzündung. *Witten Ruhr, 1902: A. Pott.* (46 S.) 8°
Bonn, Med. Diss. v. 19. Apr. 1902

Haupt, Moriz, als akademischer Lehrer, s. Belger, Ch.

[Haupt, Mauricius: De asino bestia ominosa.] Berolini (1863). (S. 3-8) 4° ¶ Wieder abgedr. in d. Verf. Opuscula II 1876 S. 253-258.
Berlin, Ind. lect. W. S. 1863-64

— De asino bestia ominosa (ad Aristophanis aves 719). Pr. 1863. 8 S. 4°.

[Haupt, Mauricius: De attractione pronominum.] Berolini (1873). (S. 3-8) 4° ¶ Wieder abgedr. in d. Verf. Opuscula II 1876 S. 467-474.
Berlin, Ind. lect. S. S. 1873

— Beitraege zur Geschichte der hs. Ueberlieferung des Catullus u. Propertius. — U. den Namen des Dichters Propertius. S.-A. 1849. 10 S.

Haupt, M., Kritische Bemerkungen über Velleius Paterculus. S.-A. 1849. 10 S.

— M, Die Beziehungen der deutschen Philologie zur classischen. S.-A. 1848. 16 S.

—— und A. H. Hoffmann, altdeutsche Blätter, s. Blätter.

— Briefe an Ferd. Wolf, s.: Wolf, A.

[Haupt, Mauricius: Variarum lectionum capita septem.] Berolini (1872). (S. 3-9) 4° ¶ Wieder abgedr. in d. Verf. Opuscula II 1876 S. 451-457.
Berlin, Ind. lect. S. S. 1872

— variarum lectionum capita septem. gr. 4. (9 S.) Berlin 872. (Calvary & Co.) n. 1. 20

Haupt, M., Variarum lectionum capita VII. (Archil. in Stob. Anth. CXXIV). Pr. 1872. 9 S. 4°.

— Variarum lectionum capp. VII. (Cic. de leg. I 26). Pr. 1872. 9 S. 4°.

Haupt, M., Variarum lectionum capp. VII. (Leonidas Anthol. Palat. VII 504). Pr. 1872. 9 S. 4°.

Haupt, M., Variarum lectionum capp. VII (Lucret. I 230). Pr. 1872. 9 S. 4°. 2.—

Haupt, M., Variarum lectionum capp. VII. (Terent. Eunuch. II 8, 44). Pr. 1872. 9 S. 4°. —.90

[Haupt, Mauricius: De Q. Valerii Catulli carmine LXIV et de fraudibus S. Bosii disputatio.] Berolini (1855). (S. 3-19) 4° * Wieder abgedr. in d. Verf. Opuscula II 1876 S. 67-89.
Berlin, Ind. lect. S. S. 1855

[Haupt, Mauricius: Carmen Graecum de viribus herbarum, quod dicitur, ed. M. Haupt.] Berolini (1873). (S. 3-15) 4° * Wieder abgedr. in d. Hrsg. Opuscula II 1876 S. 475-489.
Berlin, Ind. lect. W. S. 1873-74

Haupt, Maur.: De carminibus bucolicis Calpurnii et Nemesiani. Berolini (1854). (37 S.) 4°
Berlin, Phil. Fak., Antrittsprogr. v. 12. Aug. 1854

Haupt, Maur., de carminibus bucolicis Calpurnii et Nemesiani liber. Lipsiae 854. Hirzel. gr. 4. (37 S.) n. 12 ngr

[Haupt, Mauricius: Commentatio de liberiore verborum in tragoediis Graecis collocatione.] Berolini (1860). (S. 3-7) 4° * Wieder abgedr. in d. Verf. Opuscula II 1876 S. 184-189.
Berlin, Ind. lect. W. S. 1860-61

Haupt, M., De liberiore verborum in tragoediis Graecis conlocatione (ad Aeschylum.) Pr. 1860. 7 S. 4°.

[Haupt, Mauricius: Colloquia Graeca (Ἑρμηνεύματα) ed. M. Haupt.] Berolini (1871). (S. 3-10) 4° * Wieder abgedr. in d. Hrsg. Opuscula II 1876 S. 441-459.
Berlin, Ind. lect. W. S. 1871-72

[Haupt, Mauricius: Commentatio de A. Gellii noctium Att. l. VI c. 20.] Berolini (1857). (S. 3-6) 4° * Wieder abgedr. in d. Verf. Opuscula II 1876 S. 121-125.
Berlin, Ind. lect. S. S. 1857

— Moriz v. Craon, s.: Festgaben f. G. Homeyer.

[Haupt, Mauricius: De Ionis Chii elegia altera.] Berolini (1862). (S. 3-10) 4° * Wieder abgedr. in d. Verf. Opuscula II 1876 S. 207-217.
Berlin, Ind. lect. W. S. 1862-63

[Haupt, Mauricius: De Sex. Propertii elegiis commentatio.] Berolini (1854). (S. 3-14) 4° * Wieder abgedr. in d. Verf. Opuscula II 1876 S. 53-66.
Berlin, Ind. lect. 1854-55

— Emendantur Sex. Propertii elegiae. (IV 1, 28. 5, 39. III 34, 53. 32, 35. IV 22,8. V, 6. 3.) Pr. 1854. 14 S. 4°. 1.—

— De Sexti Propertii elegiis commentatio. Pr. 1855. 14 S. 4°.

[Haupt, Mauricius: De Ammiani Marcellini historiarum emendatione disputatio.] Berolini (1868). (S. 3-20) 4° * Wieder abgedr. in d. Verf. Opuscula II 1876 S. 371-391.
Berlin, Ind. lect. S. S. 1868

[Haupt, Mauricius: De Ammiani Marcellini rerum gestarum libris disputatio altera.] Berolini (1874). (S. 3-10) 4° * Wieder abgedr. in d. Verf. Opuscula II 1876 S. 499-507.
Berlin, Ind. lect. S. S. 1874

[Haupt, Mauricius: De Aetnae carminis emendatione commentatio.] Berolini (1854). (S. 14-20) 4° * Wieder abgedr. in d. Verf. Opuscula II 1876 S. 26-31.
Berlin, Ind. lect. S. S. 1854

[Haupt, Mauricius: De catalectorum Vergilianorum emendatione.] Berolini (1859). (S. 3-13) 4° * Wieder abgedr. in d. Verf. Opuscula II 1876 S. 148-161.
Berlin, Ind. lect. S. S. 1859

Haupt, M., de emendatione Frontonis. Berlin 867. (Calvary & Co.) gr. 4. (11 S.) n. 8 ngr.

[Haupt, Mauricius: Epistolarum Frontonianarum emendationes.] Berolini (1867). (S. 3-11) 4° * Wieder abgedr. in d. Verf. Opuscula II 1876 S. 346-357.
Berlin, Ind. lect. S. S. 1867

[Haupt, Mauricius: Poetarum aliquot Latinorum carminum emendationes.] Berolini (1867). (S. 3-9) 4° * Wieder abgedr. in d. Verf. Opuscula II 1876 S. 338-345.
Berlin, Ind. lect. W. S. 1866-67

Haupt, M., Emendantur Lat. aliquot carmina. (Darin: Manilius I. 79 sq. IV. 248 sqq. 416 sq. V. 24.) Pr. 1866. 9 S. 4°. —.90

[Haupt, Mauricius: Librorum M. Tullii Ciceronis emendationes.] Berolini (1867). (S. 3-12) 4° * Wieder abgedr. in d. Verf. Opuscula II 1879 S. 358-370.
Berlin, Ind. lect. W. S. 1867-68

— Emendantur Ciceronis aliquot loci (de leg. I, 85. II, 84. de rep. I, 59 sq. de finib. II, 56. 71. V, 1. or. de lege agrar. II, 30. 96). Pr. 1867. 12 S. 4°. —.90

[Haupt, Mauricius: In L. Annaei Senecae scripta pedestria emendationes.] Berolini (1864). (S. 3-16) * Wieder abgedr. in d. Verf. Opuscula II 1876 S. 267-285.
Berlin, Ind. lect. W. S. 1864-65

[Haupt, Mauricius: In L. Annaei Senecae scripta philosophica emendationes.] Berolini (1866). (S. 3-24) 4° * Wieder abgedr. in d. Verf. Opuscula II 1876 S. 313-337.
Berlin, Ind. lect. S. S. 1866

[Haupt, Mauricius: Epistolae Colucci Salutati et Simonis Gynaci ed. M. Haupt.] Berolini (1856). (S. 3-9) 4° * Wieder abgedr. in d. Hrsg. Opuscula II 1876 S. 112-120.
Berlin, Ind. lect. W. S. 1856-57

Haupt, M., Exercitationes philologicae (Zu Meander com., Timon, Alexander Aetolus, Musaeus 96, 148). Pr. 1855. 11 S. 4°. 1.20

Zur Feier der Verbindung der Demoiselle Amalie Haupt mit Herrn Oberamtsregierungsadvocat Bierling durch Moritz Haupt. Am 8ten September 1825. Zittau (1825): J. G. Seyfert. [Hrsg.: Eduard Rehnisch.] o. O. (1900). 2 Bl. 4° (ω. 1835 7

—— und C. Lachmann, des Minnesangs Frühling, s. Minnesangs, des, Frühling.

Haupt, Moritz, s. Hartmann v. d. Aue: Erec.

Haupt, Moritz, s. Hartmann von Aue: Lieder u. Büchlein etc.

[Haupt, Mauricius: De Helladio Alexandrino et Besantinoo disputatio.] Berolini (1870). (S. 3-8) 4° * Wieder abgedr. in d. Verf. Opuscula II 1876 S. 421-427.
Berlin, Ind. lect. S. S. 1870

[Haupt, Mauricius: Commentatio de Irenaeo grammatico qui etiam Pacatus dicebatur.] Berolini (1871). (S. 3-8) 4° * Wieder abgedr. in d. Verf. Opuscula II 1876 S. 434-440.
Berlin, Ind. lect. S. S. 1871

Haupt, Moritz, s. Konrad v. Würzburg: Engelhard.

[Haupt, Mauricius: Cottidiani colloquii libellus ed. M. Haupt.] Berolini (1874). (S. 3-12) 4° * Wieder abgedr. in d. Hrsg. Opuscula II 1876 S. 508-520.
Berlin, Ind. lect. W. S. 1874-75

[**Haupt**, Mauricius: Libellus de paradisi fluminibus ed. M. Haupt.] Berolini (1869). (S. 3-8) 4° * Wieder abgedr. in d. Hrsg. Opuscula II 1876 S. 413-420.
Berlin, Ind. lect. W. S. 1869-70

[**Haupt**, Mauricius: Liber de diversis monstrorum generibus ed. M. Haupt.] Berolini (1863). (S. 3-28) 4° * Wieder abgedr. in d. Hrsg. Opuscula II 1876 S. 218-252.
Berlin, Ind. lect. S. S. 1863

Haupt, M., De locis nonnullis libelli περὶ ὕψους scriptoris, qui perperam Longinus appellatur. Pr. 1870. 7 S. 4°. —.75

[**Haupt**, Mauricius: De libello de sublimitate disputatio.] Berolini (1870). (S. 3-7) 4° * Wieder abgedr. in d. Verf. Opuscula II 1876 S. 428-433.
Berlin, Ind. lect. W. S. 1870-71

Haupt, Mor., Neidhart v. Reuenthal, s. Neidhart v. Reuenthal.

Haupt, M., Observationes criticae (societatis Lat. discipulorum.) Gel. 1839. 52 S.
— — Hab. 1841. 70 S.

— Observationes criticae. Lpz. (Breitkopf & Haertel) 11. IX. 1841. 70 S. (6.20) 13509

Haupt, Maur., Observationes criticae. 8maj. (4½ B.) Lipsiae 841, libr. Weidmann. *

Haupt, Maur., opuscula. Vol. I., II, et Vol. III pars. 1. gr. 8. Leipzig 875. 76. Hirzel. n. 28. —
1. Praefixa est Hauptii imago aeri incisa. (V, 406 S.) n. 10. — — II. (VI, 520 S.) n. 12. —. — III. 1.: (268 S.) n. 6. —

Haupt, Maur., opuscula. Vol. III. pars 2. gr. 8. (S. 269 —671.) Leipzig 876. Hirzel. n. 10. — (cplt.: n. 38. —)

Haupt, Moritz, s. O v i d i i Halieutica, Gratii et Nemesiani Cynegetica.

[**Haupt**, Mauricius: Praefatio interpretationis librorum sacrorum Goticae.] Berolini (1860). (S. 3-7) 4° * Wieder abgedr. in d. Verf. Opuscula II 1876 S. 407-412.
Berlin, Ind. lect. S. S. 1860

— Moritz (Zittau) u. Conrad Hermann (Leipzig), Quaestiones Catullianae. Lpz. (Weidmann/ C. P. Melzer) 9. IX. 1837. 100 S. (6.80) 13508

Haupt, M., Quaestiones Epicharmeae. Pr. 1861. 6 S. 4°.

[**Haupt**, Mauricius: De Epicharmi epigrammate.] Berolini (1861). (S. 3-6) 4° * Wieder abgedr. in d. Verf. Opuscula II 1876 S. 190-194.
Berlin, Ind. lect. S. S. 1861

[**Haupt**, Mauricius: Quaestiones Propertianae.] Berolini (1856). (S. 3-11) 4° * Wieder abgedr. in d. Verf. Opuscula II 1876 S. 101-111.
Berlin, Ind. lect. S. S. 1856

Rede zur Feier des Geburtstages Seiner Maj. des Königs am 22. März 1867 in der Aula der Friedr.-Wilh.-Univ. gehalten von Moriz **Haupt.** [Von dem Einfluss der Wissenschaften auf das Leben.] Berlin (1867). (15 S.) 4° * Wieder abgedr. in d. Verf. Opuscula II 1876 S. 1-11.

Haupt, Moritz, s. R u d o l f von d. Ems: Der gute Gerhard.

Sacra universitatis litterariae Fridericiae Guilelmae ante L. annos institutae die XV. mensis Oct. anni 1860 celebranda indicunt Rector et Senatus. [Verf. Mor. **Haupt.**] Berolini (1860). (16 S.) 4° * Wieder abgedr. in d. Verf. Opuscula II 1876 S. 12-25 und in: Urkunden zur Gesch. d. Jubelfeier der Kgl. Friedr.-Wilh.-Univ. zu Berlin hrsg. v. F. Ascherson. Berlin 1863 S. 1-15.

[**Haupt**, Mauricius: De scaena Acharnensium Aristophanis quae parodum sequitur disputatio.] Berolini (1872). (S. 3-10) 4° * Wieder abgedr. in d. Verf. Opuscula II 1876 S. 458-466.
Berlin, Ind. lect. W. S. 1872-73

Haupt, M., Ueber den Dichter Mucius Scaevola. S.-A. 1847. 5 S.

Haupt, M., Ueber eine Stelle des Callimachus und eine des Hermesianax. S.-A. 1849. 10 S. 1.—

Haupt, M., Einige Stellen aus d. Choliamben d. Phönix v. Kolophon. S. A. 1848. 48 u. 1 Taf. 1.

Haupt, Moritz (Hrsg.), s. T a c i t u s, P. Cornelius: Germania. 1855.

[**Haupt**, Mauricius: Testamentum porcelli ed. M. Haupt.] Berolini (1860). (S. 3-9) 4° * Wieder abgedr. in d. Hrsg. Opuscula II 1876 S. 175-183.
Berlin, Ind. lect. S. S. 1860

[**Haupt**, Mauricius: De Aristophanis Avium versibus nonnullis.] Berolini (1862). (S. 3-8) 4° * Wieder abgedr. in d. Verf. Opuscula II 1876 S. 201-206.
Berlin, Ind. lect. S. S. 1862

Haupt, M., Emendantur Aristophanis aves. (v. 57 s., 818 ss., 48 ss.) Pr. 1862. 8 S. 4°.

[**Haupt**, Mauricius: De nonnullis Callimachi versibus disputatio.] Berolini (1858). (S. 3-8) 4° * Wieder abgedr. in d. Verf. Opuscula II 1876 S. 141-148.
Berlin, Ind. lect. W. S. 1858-59

[**Haupt**, Mauricius: De nonnullis Aetnae carminis versibus et de metonymiis.] Berolini (1859). (S. 3-11) 4° * Erweitert hrsg. in d. Verf. Opuscula II 1876 S. 162-174.
Berlin, Ind. lect. W. S. 1859-60

[**Haupt**, Mauricius: De versu quodam Electrae Sophocleae.] Berolini (1865). (S. 3-12) 4° * Wieder abgedr. in d. Verf. Opuscula II 1876 S. 286-296.
Berlin, Ind. lect. S. S. 1865

[**Haupt**, Mauricius: De Euripidis Herculis furentis versibus quibusdam.] Berolini (1864). (S. 3-8) 4° * Wieder abgedr. in d. Verf. Opuscula II 1876 S. 259-266.
Berlin, Ind. lect. S. S. 1864

[**Haupt**, Mauricius: De versibus nonnullis Militis gloriosi fabulae Plautinae disputatio.] Berolini (1858). (S. 3-7) 4° * Wieder abgedr. in d. Verf. Opuscula II 1876 S. 135-140.
Berlin, Ind. lect. S. S. 1858

[**Haupt**, Mauricius: De Graecorum aliquot poetarum versibus nondum recte emendatis.] Berolini (1855). (S. 3-11) 4° * Wieder abgedr. in d. Verf. Opuscula II 1876 S. 90-100.
Berlin, Ind. lect. W. S. 1855-56

[**Haupt**, Mauricius: De versibus primis Metamorphoseon Ovidii.] Berolini (1861). (S. 3-8) 4° * Wieder abgedr. in d. Verf. Opuscula II 1876 S. 195-200.
Berlin, Ind. lect. W. S. 1861-62

[**Haupt**, Mauricius: De Sophoclis, Aristophanis, Theocriti versibus nonnullis.] Berolini (1865). (S. 3-10) 4° * Wieder abgedr. in d. Verf. Opuscula II 1876 S. 297-312.
Berlin, Ind. lect. W. S. 1865-66

Haupt, M., Emendantur poetarum aliqnot Graecorum versus nonnulli. (Sophokles, Elek v. 984 sqq. 1074 sqq. etc.) Pr. 1865. 16 S. 4°. —

[**Haupt**, Mauricius: De versu Theocriti XV, 77 disputatio.] Berolini (1868). (S. 3-11) 4° * Wieder abgedr. in d. Verf. Opuscula II 1876 S. 395-406.
Berlin, Ind. lect. W. S. 1868-69

— De versu Theocriti. (Darin: Arist. Vesp. 1183.) Pr. 1868. 6 S. 4°.

— — s.: V o l k s l i e d e r, französische.

Haupt, Mor., s. Von dem übelen Weibe.

Haupt, Moritz, s. W i n s b e k e, der.

Haupt, Moritz (Hrsg.), s. Z e i t s c h r i f t für deutsches Alterthum.

Haupt, O., u. E. Hesse, deutsche Sprachkunde f. d. Hand d. Kinder. 4 Hfte. 8. Dresden, A. Huhle. n. — 80
1. (2. u. 3. Schulj.) 2. Aufl. (32 S.) 898. n. — 15
2. (4. u. 5. Schulj.) 2. Aufl. (52 S.) 898. n. — 20
3. (6. u. 7. Schulj.) 2. Aufl. (64 S.) 898. n. — 25
4. (8. Schulj.) (41 S.) 897. n. — 20

Haupt, O. u. E. Hesse, deutsche Sprachkunde f. die Hand der Kinder. 1., 2. u. 4. Hft. 8. Dresden (900). A. Huhle. n. — 55
1. (2. u. 3. Schulj.) 3. Aufl. (32 S.) n. — 15
2. (4. u. 5. Schulj.) 3. Aufl. (52 S.) n. — 20
3. (8. Schulj.) 2. Aufl. (40 S.) n. — 20

Haupt, O., u. E. Hesse, deutsche Sprachkunde f. die Hand der Kinder. 1—3. Heft. 4. Aufl. Nach der Rechtschreibg. v. 1902. 8. Dresden, A. Huhle. n. — 60
1. (2. u. 3. Schulj.) (32 S.) 903. n. — 15
2. (4. u. 5. Schulj.) (52 S.) 903. n. — 20
3. (6. u. 7. Schulj.) (64 S.) 904. n. — 25

— kleines deutsches Wörterbuch. Zugleich Lehrerhft. z. deutschen Sprachkunde. 8. (87 S.) Ebd. 897. n. 1. —

Haupt, Oskar, a. Kassel, Hessen-Nassau: Beiträge zur Fauna des oberen Malm und der unteren Kreide in der argentinischen Cordillere. Stuttgart: E. Schweizerbart 1907. (50 S., 4 Doppeltaf.) 8° ¶ (Aus: Neues Jahrbuch für Mineralogie Beil.-Bd 23.)
Freiburg i. B., Phil. Fak., Ref. Steinmann, Diss. v. 1907
[Geb. 7. Mai 78 Kassel; Wohnort: Darmstadt; Staatsangeh.: Preußen; Vorbildung: Gymn. Kassel Reife M. 01; Studium: München 4, Freiburg i. B. 3 S.; Rig. 23. Febr. 06.]

Haupt, Otto, Matthias Claudius. Auswahl aus seinen Schriften. Posen 867. Merzbach. 8. (32 S.) 3 ngr.

Haupt, O., die Einweihung des neuen Realschulgebäudes z. Posen. Pr.
Schul-/Univ.-Schrift 1867.

Haupt, Otto, neue französische Handelskorrespondenz. Mit grammat. u. stilist. Erläutergn. Zum Gebrauche an Handelsschulen, kaufmänn. u. gewerbl. Fortbildungsschulen, sowie f. den geschäftl. Verkehr u. zum Selbstunterricht. (XVI, 283 S.) kl. 8. Stuttgart. 905. [Eßlingen, P. Neff] Berlin-Schöneberg, Langenscheidt's Verl.
Geb. in Leinw. n. 3. —

Haupt, Otto, neue französische Handelskorrespondenz. Mit grammat. u. stilist. Erläutergn. Z. Gebrauche an Handelsschulen, kaufmänn. u. gewerbl. Fortbildungsschulen, sowie f. den geschäftl. Verkehr u. z. Selbstunterricht. (Neue [Titel-]Ausg.) (XVI, 283 S.) kl. 8. Berlin-Schöneberg [905] 907. Langenscheidt's Verl. Geb. in Leinw. 3. —

Haupt, Otto, das Leben u. staatsmännische Wirken des Demosthenes, nach den Quellen dargestellt. Mit dem (lith.) Portrait des Demosthenes. Posen 861. Merzbach. gr. 8. (VIII, 192 S.) 1 ₰ 7½ ngr.

— Leben u. dichterische Wirksamkeit des Hans Sachs. Ebend. 868. gr. 8. (IV, 140 S.) 15 ngr.

Haupt, Otto *Emil*: Luther und Rabelais in ihren pädagogischen Beziehungen. . . . Langensalza, Druck v. H. Beyer & Söhne, 1890; 1 Bl., 47 S. 8°
Leipzig, Phil. Fak., Inaug.-Diss. v. [16. Okt.] 1890

Haupt, O. Ueber die Midiana des Demosthenes. Pr. 1857. 24 S. 4°.

Haupt, O., Hans Sachs. Vaterländisches Schauspiel in 5 Aufzügen. gr. 8. (III, 103 S.) Posen 890. Merzbach. n. 2. 50

Haupt, (Rud.) Otto (geb. Königsberg in d. Neum. 17. 9. 1824): De societate Chalcidica. Berolini (1847). (54 S.) 8°
Berlin, Phil. Diss. v. 16. Aug. 1847

Haupt, Otto, Demosthenische Studien. 1. Hft. gr. 8. (72 S.) Cöslin 852. (Colberg, Post.) n. 5/12 ₰

Haupt, Otto, und Heinr. Krahner, vocabularium latinum, ein Lern- u. Sprechbuch, nach dem Grundsatze der Ideenverknüpfung u. den Erfordernissen der zusammenhängenden Rede zusammengestellt. 1. Abth. für Quinta u. Quarta. Posen 857. Merzbach. 8. (VIII, 96 S.) n. 7½ ngr.

— — Ku tworzeniu zdán, wedlług związku wyobrżén ułożone. Spolszczył L e o p. K o e h l e r. 1. pierwsza na klasse V. i IV. Ebend. 857. 8. (VIII, 96 S.) n. 7½ ngr.

— u. Heinr. **Krahner**, vocabularium latinum, für Quinta u. Quarta nach sachlichen Gesichtspunkten zusammengestellt. 2. umgearb. Aufl. besorgt von O t t o H a u p t. Ebend. 863. 8. (VIII, 68 S.) 7½ ngr.

— u. Heinr. **Krahner**, vocabularium latinum für Quinta u. Quarta. Nach sachlichen Gesichtspunkten zusammengestellt. 3. verb. Aufl. besorgt von C a r l M o r i tz. Ebend. 868. gr. 16. (VIII, 76 S.) n. 7½ ₰

Haupt, Otto, u. Heinr. Krahner, vocabularium latinum f. Quinta u. Quarta. Nach sachl. Gesichtspunkten zusammengestellt. 4. verb. Aufl. besorgt v. C a r l M o r i tz. 8. (75 S.) Posen 873. Merzbach. n. — 75

Haupt, Ottomar, **A r b i t r a g e u. Paritäten. Praktische Darstellg. d. Arbitragegeschäftes in Wechseln, Fonds, Gold u. Silber m. allen bedeutenden auswärt. Plätzen. 8. (VIII 278 S.) Wien 874. Fr. Beck. n. 5. —**

Haupt, O, Arbitrage u. Paritäten. Suppl. Nachtrag d. stattgehabten Verändergn bis auf d. neueste Zeit. 8. (170) Wien 76, F Beck. n. 4. — (Hauptwerk u. Suppl.; n. 9. —; f. d. Abnehmer d. Suppl. n. 5. —

Haupt, Ottomar, **A r b i t r a g e** u. Paritäten. Suppl. Nachtrag der stattgehabten Veränderungen bis auf die neueste Zeit. Mit einer Paritäten-Tabelle von Silber (in qu. Fol.). 8. (VII, 170 S.) Wien 877. F. Beck. n. 4. — (Hauptwerk u. Suppl.: n. 9. —; f. die Abnehmer d. Suppl. n. 5. —)

H a u p t, Ottomar, Arbitrages et parités. Traité des opérations de banque contenant les usages commerciaux, la théorie des changes et monnaies et la statistique monétaire de tous les pays du globe. 6e édit. augmentée d'un supplément. 12. (XXVIII, 787 S.) Paris 883. (Berlin, Walther und Apolant.)
geb. ** *

Haupt, O., **arbitrages et parités.** Traité des opérations de banque, contenant les usages commerciaux, la théorie des changes et monnaies et la statistique monétaire de tous les pays du globe. 7. éd. complètement refondue et augmentée. gr. 8. (XI, 867 S.) Paris 887. Berlin, Walther & Apolant, Verl. geb. n.n. 10. —

Haupt, Ottomar, **arbitrages et parités.** Traité des opérations de banque contenant les usages commerciaux, la théorie des changes et monnaies, les dettes publiques et la statistique monétaire de tous les pays du globe. 8. éd., complètement refondue et augmentée. gr. 8. (XXI, 922 S.) Paris 894. Berlin, H. Walther. Geb. in Leinw. n.n. 12. —

— **der praktische Wiener Arbitrageur.** Eine Zusammenstellg. v. kaufmännischen Usancen u. Formeln f. das Arbitragegeschäft in Wechseln, Fonds, Münzen. Gold u. Silber m. allen bedeutenden Börsenplätzen. 8. (IV, 169 S.) Ebend. 871. geb. n. 4. —

Haupt, O., zur Frage ob directe oder indirecte Steuern. Eine gemeinverständl. Abhandlung. gr. 8. (26 S.) Minden 887, Schneider. *

— **Gold,** Silber u. Valuta-Herstellung. gr. 8. (IX, 59 S.) Wien 892. Frdr. Bock. n. 1. —

— **Gold,** Silber u. Währung. gr. 8. (IV, 240 S.) Ebend. 877. geb. n. 6. —

— **la hausse** de l'argent et l'emprunt Indien $4^1/_2\%$ en Roupies [Ruppe-Raper]. gr. 8. (39 S.) Paris 890. Berlin, Walther & Apolant, Verl. n. — 40

—— l'histoire monétaire de notre temps. gr. 8. (XV, 432 S.) Ebendas. 886. geb. **

— die **Silberwährung.** Referat. gr. 8. (37 S.) Wien 877. Manz. n. 1. —

Haupt O, die Silberwährung. (Schriften der Ges. österr. Volkswirte) Wien 1877

— die **Stellung** der Scheidemünze im deutschen Münzsystem. 8. (18 S.) Wien 878. F. Bock. — 60

Haupt, O., directe od. indirecte **Steuern?** Eine gemeinverständl. Abhandlg. 2. Aufl. 8. (26 S.) Berlin 897. E. Schneider. n. — 30

—— Währungs-Politik und Münz-Statistik. gr. 8. (XI, 181 S.) Berlin 884, Walther und Apolant. *

Haupt, Paul

Haupt, P., s.: **Beiträge** zur Assyriologie u. vergleichenden semitischen Sprachwissenschaft.

— s.: **Bibliothek, assyriologische.**

— s.: **Books, the sacred, of the Old and New testaments.**

Haupt, Paul, die sumerischen **Familiengesetze** in Keilschrift, Transcription u. Uebersetzung, nebst ausführl. Commentar u. zahlreichen Excursen. Eine assyriolog. Studie. gr. 4. (XII, 75 S.) Leipzig 879. Hinrichs' Verl. n. 12. —

— akkadische u. sumerische **Keilschrifttexte**, s.: **Bibliothek**, assyriologische.

— **Koheleth od. Weltschmerz in der Bibel. Ein Lieblingsbuch Friedrichs des Grossen. Verdeutscht u. erklärt. (VIII, 86 S) 8. Leipzig 905. J. C. Hinrichs' Verl.** n 1. 20

— Biblische **Liebeslieder.** Das sogen. Hohelied Salomos, unter steter Berücksicht. der Übersetzgn. Goethes u. Herders im Versmasse der Urschrift verdeutscht u. erkl. (LVI, 135 S.) 8. Leipzig 907. J. C. Hinrichs' Verl. 4.50; geb. in Leinw. 5. 50

Haupt, Paul. Das babylon. Nimrodepos, s. **Bibliothek**, assyriolog.

Purim. Address delivered at the annual meeting of the Soc. of Biblical Literature and Exegesis, New York, Dec. 27, 1905 by Paul Haupt, Prof. Leipzig: J. C. Hinrichs 1906. (52 S.) 8° [F. u. Ant.]
— **Beiträge** z. Assyriologie u. semit. Sprachwissenschaft. Bd 6, H. 2. 106. 13038

— s.: **Regenbogen-Bibel, die.**

— - s. **Schrader**, Eberh., die Keilinschriften.

— der keilinschriftliche **Sindfluthbericht.** Eine Episode des babylon. Nimrodepos. Habilitations-Vorlesung, geh. an der Universität Göttingen am 18. Decbr. 1880. Mit dem autogr. Keilschrifttext des babylon. Sindfluthfragmentes. gr. 8. (VI, 30 S.) Leipzig 881. Hinrichs' Verl. n. 2. —

—— die akkadische **Sprache.** Vortrag, gehalten auf dem fünften internationalen Orientalisten-Congresse zu Berlin. Mit dem Keilschrifttexte des fünfspalt. Vocabulars-K. 4225, sowie zweier Fragmente der babylon. Sindfluterzählung und einem Anhang von O. Donner über die Verwandtschaft der sumerisch-akkad. mit den ural-altaischen Sprachen. gr. 8. (XLIV, 48 S.) Berlin 883, (Asher und Comp. — Weidmann'sche Buchh.) *
Aus: Verhandlungen des fünften Orientalisten-Congresses, besonders abgedruckt.

Haupt, Paul, mathematische Theorie der Flugbahnen gezogener Geschosse. gr. 8. (VIII, 113 S.) Berlin 876. Voss. n. 2. —

Zum Andenken. Briefe u. einiges andere in gebundener Rede von R[ich.] Haupt. *[Schleswig] 1900: [Schlesw. Nachrichten].* (13 Bl.) 8° [F.]

Die natürliche Anziehungskraft der Landschaft, ihre Erhaltung und Erhöhung. Vortrag des Prof. Richard **Haupt** auf dem Verbandstage der schleswig-holsteinischen Bäder und Sommerfrischen in Sonderburg am 3. Juni 1905. [Sonderabdruck aus den Schleswiger Nachrichten. Schleswig. 1905.] 8°.

Haupt, Rich. u. Friedr. **Weysser.** Die Bau- u. Kunstdenkmäler im Kreise Herzogt. Lauenburg. Hrsg. im Auftrage der Kreisstände. 2 Tle. gr. 8. Ratzeb. 890. (Lpz., Ed. Strauch.) [1. (VIII, 210 S. m. Text-Abbildgn. u. 7 Lichtdr. Taf.) * 4 60; 2. Ergänzungsheft. (5 S. m. 8 z. Th. farb. Taf.) * 2 40.] * 7 —; geb. in 1 Bd. * * 8 50

Haupt, Rich. (II.), die Bau- und Kunstdenkmäler der Prov. Schleswig-Holstein, mit Ausnahme des Kreises Herzogt. Lauenburg. Im Auftrage der provinzialständ. Verwaltung bearb. 3 Bde. gr. 8. Kiel, Homann. [1. Bd. (XI, 575 S. mit 829 autotyp. Abbild. und 30 Lichtdr.) 887. * *M* 14.—; geb. * *M* 16.—; 2. Bd. (IV, 685 S. mit 853 autotyp. Abbild., 72 in Lichtdr. und 3 in Farbendr.) 888. * *M* 16.—; geb. * *M* 18.—; 3. Bd. 2 Tle. (XIV, 231 S. und Litteratur 51 S.) 889. à Tl. * *M* 2.—.] *
Die Ausgabe von Bd. 1 und 2 erfolgt in 26 Lfgn. zum Subscr.-Pr. à * *M* 1.—.

Siebenter Tag für Denkmalpflege, Braunschweig 27. 28. 9. 1906. Bemalung und Konservierung mittelalterlicher Holzskulpturen. Berichterstatter: [Richard] Haupt. Sonderabdruck aus den Verhandlungen am 27. Sept. 1906. Karlsruhe. 1906. 4°

Haupt, R., Beruf u. Bildungsgang d. Buchhändlers, als Verlags-, Sortiments-, Antiquariats-Buchhändler, Musikalien-, Kunst- u. Landkartenhändler u. Commissionär. [Aus „Was willst du werden?"] br. 8. (20 S.) Darmstadt 870. Köhler. — 75

Haupt, R., der Beruf u. Bildungsgang des Buchhändlers als Verlags-, Sortiments-, Antiquariatsbuchhändler, Musikalien-, Kunst- u. Landkartenhändler u. Commissionär. [Aus: „Mentor, was willst du werden?" 2. Abth. 2. Aufl.] 8. (23 S.) Darmstadt 878. Köhler. n.n. — 50

Haupt, Rich., abgerissene Blätter zur Kunde vaterländischer Alterthümer in Wagrien. 4. (11 S.) Ploen 880. (Hahn.) n. — 30

Haupt, Rich., s.: Domkirche, die, St. Petri zu Schleswig.

[F.] Die Domkirche St. Petri zu Schleswig. Z. Jahresfeste des Ver. f. inn. Miss. ... 1897 den Gästen als Festgabe dargeb. v. Prov.-Konservator (Richard Haupt). *Schleswig; ([Dr. v.] Gerhold & Thon, Neumünster) 1897.* (IV, 36 S.) 1 Bd 8. [97. 3007

Haupt, Richard: Die Domkirche St. Petri zu Schleswig. (Amtl. Führer.) Neue Bearb. Schleswig 1905: 'Schlesw. Nachrichten'. 35 S. 8°

Ueber die Erhaltung der Fußwege und das Recht der Nation am Walde. Ein Vortrag. (Verf.: Richard Haupt.) (Schleswig 1910: 'Schleswiger Nachrichten'.) 16 S. 8°
Aus: Schleswiger Nachrichten. [11. 1032 8

Zur Erinnerung an Franz Devantier, Direktor des Gymnasiums zu Eutin. Von Richard Haupt. — Eutin: Groos 1908. 39 S. 8°

Haupt, Richard (Provinzial-Konservator) Zur Erinnerung an Franz Devantier Direktor des Gymnasiums zu Eutin. 39 S. 8.
Progr. Großh. Oldenburg. Gymn. mit Realabt. *Eutin* 1908 (875).
Ein dazu gehöriges Bildnisblatt kann durch die Struvische Buchhandlung bezogen werden.

— die literarischen Erscheinungen der letzten 5 Jahre 1866—1870 auf dem Gebiete der Medicin u. Pharmacie, s.: Baldamus.

Haupt, R., die literarischen Erscheinungen 1865—1869 auf dem Gebiete der protestantischen Theologie, s. Baldamus, fünfjährige Fachcataloge.

Gedenkblatt an die Generalversammlung des Gesammtvereins der deutschen Geschichts- und Alterthumsvereine in Münster in Westphalen. 2. bis 5. Okt. 1898. Von Prov.-Konservator Prof. Dr. Richard Haupt. *Schleswig 1899: 'Schlesw. Nachrichten.'* [Fing. T.] (6 Bl.) 8° [00. 5061 8

Versteckte Gräber v. Richard Haupt. [Heidelberg. 1910.] 4° Sonderabdruck aus: Zeitschrift für Geschichte der Architektur. Jg. 3, H. 9.

Der Hauptaltar zu Witting [so statt: Hvidding] v. Richard Haupt. Ausschnitt aus: Zeitschrift für christliche Kunst. Jg. 12. (Düsseldorf. 1899.) 4°.

— s.: Hinrichs' fünfjähriger Bücher-Katalog.

Haupt, R., s.: Kayser's, Ch. G., vollständiges Bücher-Lexikon.

—— s. Kayser's, Chr. Glob., Index locupletissimus librorum.

Die Kirche St. Johannes des Täufers zu Oldenburg in Wagrien und ihre Vollendung v. Richard Haupt. Mit Bildern v. Albrecht Haupt. Oldenburg i. H.: Wascher 1907. 15 S. 8°.

Die Kirche zu Oldenburg in Wagrien und die Anfänge des Backsteinbaues v. R[ichard] Haupt. (München. 1902.) 1 Bl. Fol., geb. in 8° Ausschnitt aus: Allgemeine Zeitung. Jg. 1902. Nr. 146. Beilage.

Die Kirche von Segeberg v. Richard Haupt. (Segeberg. 1909.) 1 Bl. Fol., geb. in 4° Ausschnitt aus: Segeberger Kreis- und Tageblatt. 1909, Nr. 290.

Haupt, Rich. Die äussere Politik des Euripides. 2. Hälfte. 34 S. [1: Eutin 1870.] Progr. *Ploen* 1877.

— die äußere Politik des Euripides. 1. Hälfte. Berlin 870. Calvary & Co. gr. 4. (41 S.) n. 20 ngr.

— die äußere Politik des Euripides. 2. Hälfte. gr. 4. (34 S.) Ploen 877. (Berlin, Calvary & Co.) n. 1. — (cplt.: n. 3. —)

(Haupt, Richard:) Am letzten Geburtstage des Kaisers Wilhelm des Siegreichen. (Ueber den Schmerz.) Rede gehalten in der Ploener Gelehrtenschule (Ploen. 1888.) 8°

Über älteste Sakristeien. Ein Beitrag zur Frage nach den Unter- oder Schielfenstern v. Richard Haupt. [Heidelberg. 1908.] 4° Sonderabdruck aus: Zeitschrift für Geschichte der Architektur. Jg. 1, H. 5.

Schlußkarte zur Grundkarte von Deutschland. [Schleswig-Holstein.] Nach Fr. v. Thudichums Vorgange zur Eintragung geschichtlicher u. statistischer Beobachtungen dargeboten. Ausgearb. im Auftrage der Provinzialverwaltung Schleswig-Holsteins und als Handschrift hrgg. v. Rich[ard] Haupt. o. O. 1904. 1 Bl. Fol. 46/49 cm. Lithogr.

Die Türme des Doms zu Schleswig v. Richard Haupt. o. O. u. J. 1 Bl. Fol., geb. in 4°

Haupt, Ricard., de perfecti, plusquamperfecti, futuri exacti usu Euripideo. Dissertatio inauguralis philologica. Giessen 867. Ricker. gr. 8. (VI, 78 S.) n. 12 ngr.

—— die Vizelinskirchen. Baugeschichtliche Untersuchungen an Denkmälern Wagriens. Als ein Beitrag zur Anfangsgeschichte des Oldenburg-Lübecker Bistums und zur Schätzung seiner Quellenschriften. gr. 8. (VIII, 184 S. mit Abbild. und Rissen.) Kiel 884, Lipsius und Tischer.

Haupt, R., die Vizelinskirchen. Baugeschichtliche Untersuchgn. an Denkmälern Wagriens als e. Beitrag zur Anfangsgeschichte d. Oldenburg-Lübecker Bistums, sowie zur Schätzg. seiner Quellenschriften. Mit Abbildgn. u. Rissen. Mit e. Nachtrag verm. Ausg. gr. 8. (VIII, 190 S.) Ploen 888. Hahn. n. 4. —

Wie ist der Gottesdienst zu gestalten, um für die Gemeinde recht wirksam und fruchtbar zu sein? Ein Vortrag, von Prof. (Rich.) Haupt vor ... der Schleswiger Propsteisynode 1899 geh. u. ... als Anlage z. Synodalberichte gedr. Schleswig (1899): F. Johannsen. (19 S.) 8° [F.] [04. 117 8

Haupt, Robert: Drei Fälle von Echinococcusgeschwulst im weiblichen Becken. Halle a. S. 1902: C. A. Kaemmerer & Co. (30 S.) 8°
Halle, Med. Diss. v. 14. Mai 1902

Haupt, Rob., wechselt die Waffen! Ein vermittelnder Vorschlag zur Lösg. der Abrüstungsfrage. (37 S.) 8. Hamburg 908. C. H. A. Kloss. — 40

Haupt, Rud., s.: Taschenbuch, internat, f. Orientalisten.

Haupt, Stephan: Disposition der Aristotelischen Theorie des Dramas und Erklärung einiger Hauptpunkte derselben. S. 3 bis 19. 8. **Progr.** K. k. Gymn. *Znaim* 1907.

Haupt, Steph., Hellas. Griechisches Lesebuch. 2 Tle. 8. Leipzig 910. G. Freytag. — Wien, F. Tempsky. Geb. in Leinw. à 2. 50
1. Text. (245 S. m. 5 farb. Karten.)
2. Erklärende Anmerkungen u. fortlaufendes Wörterverzeichnis. (286 S.)

— Individualerziehung u. Drill od. Sollen wir die Jugend m. Milde od. m. Strenge erziehen? (15 S.) 8. Wien 908. F. Beck. — 50

Haupt, Stephan: Die Verse: Eurip. Medea 1181 u. 1182, Soph. Antig. 29 u. 30, 45 u. 46, Soph. Elektra 363, 495--498 erklärt, resp. emendiert. S. 19—29. 8. **Progr.** K. k. Gymn. *Znaim* 1907.

Hauptin, Th., Refraischeur, od. Anweisung z. Gefrornen. 8. Leipz. (Neureutter in Prag.) 789.

— Th. E., Ueb. den Gebrauch des Konjunktivs beim Homer. Tl. 1. Erörterung der Modustheorie im allgemeinen. Pr. 1888. 40 S. 4°. 1.50

Haupt, Theodor von, s.a. Peregrinus, Thdr.

HAUPT, Theod. v., Aehrenlese aus der Vorzeit. Tempori—Populo.
Elberfeld, bei H. Büschler. 1816. 8°. Illustr. Orig.-Ppbd.
4 Bll. u. 328 S. Dem Staatskanzler Fürsten v. Hardenberg gewidmet.
Darin u. a.: Päbstin Jutta (= Johanna). — Theater-Reglement von Paris, 1609. — Der Taucher; der Kampf mit d. Drachen. (Prosa-Erz., vgl. Schiller.) — Jan v. Leyden, König v. Münster, u. s. Stadtvogt u. Scharfrichter Knipperdolling, etc.

v. Haupt, (Mark.) Thdr., Aehrenlese aus der Vorzeit. 8. Elberf. 817. Schönian. 1 ℛ 8 ℊ

Haupt, Theodor von, s. Barthelemy, J. J.: Reise des jungen Anacharsis etc.

Haupt, Thdr., Bausteine zur Philosophie des Bergbaues. 1—3. Liefg. Leipzig 865—67. Felix. gr. 8. (235 S.) [1. u. 2. Liefg. à n. 15 ngr., 3. Liefg. n. 20 ngr.] n. 1 ℛ 20 ngr.

Haupt, Thdr., Bausteine zur Philosophie der Geschichte des Bergbaues. 4. Lfg.: Stationen in der Geschichte der Bergbaukunst. gr. 8. (133 S.) Leipzig 883, Felix.
1.--3. Lfg. Ebendas. 1865—67. *ℳ 5.

Haupt, Th. Geognostische und bergmännische Bemerkungen über die Insel St. Domingo. Aus Karsten's Archiv f. Mineral. Berlin 1843. 8

—— und Fr. Heldmann, Bibliothek merkwürd. Criminal- u. Rechtsfälle rc., s.a. Bibliothek.

— u. Fr. Heldmann, Bibliothek merkwürd. Criminal- u. Rechtsfälle d. älteren u. neuern Zeiten u. aller civilisirten Völker. 16—46 Bdchn. 12. Darmst. 830—31. Leske. 2 ℛ 16 ℊ

— die neue Biene. Neue Ausg. 8. Hamb. 814. (Herold jun.) 12 ℊ Postp. 16 ℊ

Haupt, Th. v., die neue Biene, neue Ausg. 8. Hamb. Vollmer. 814. Postp. Dru-p.

Haupt, Theodor von, s. Bignon: Geschichte von Frankreich.

– s. Blüthen aus Italien.

v. Haupt, (Mark) Thdr., Blüthenkränze. 8. Hamb. 811. (Herold jun.) 1 ℛ 10 ℊ

Haupt, Theodor von [Bearb.]
s. Chateaubriand, F.-A. de: Die Martyrn. 1810.

– s. Chateaubriand: Polit. Betrachtungen.

– s. Comte: Üb. d. Unmöglichkeit.

Haupt, Theod. v. (Hrsg.). s. Criminalprocedur gegen Fonk . . .

— Criminal-Procedur gegen d. Kaufmann P. A. Fonck aus Cöln. bei den Assisenhofe zu Trier. gr. 4. Cöln 822, Du-Mont-Schauberg.

HAUPT, T. von, Epheukraenze. Sammlung von Aufsätzen, Erzählgn. etc. Trier 1821. 8°. 314 S. (1 Mk. 80 Pfg. A. Bielefeld, 1911.)
Namensursprung deutscher Städte. — Urstand u. Kultur. — Rüstung der Bergwerke. — Kleidertracht im 14. Jahrh. — Hexenprocesse.

— Epheukränze, (kleine Erzählungen). 8. Trier 821. Gall. 1 ℛ 12 ℊ Schrbp. 1 ℛ 18 ℊ

v. Haupt, (Th.,) Epheukränze. 8. Trier 824, Gall.

Haupt, (Mark.) Theod. v., die Freiensteiner. Novelle. 8. (20 B.) Mainz 830, Kupferberg.

Haupt, Th. v. Hamburg und der Marschall Davoust. 8. 1814.

— Hamburg unter dem Marschall Davoust. Aufruf an die Gerechtigkeit. 8. (Leipz. 814. Gr. Fleischer). 8 ℊ Dass., französ. 8. Hamb. 814. Perthes u. B. 12 ℊ

— Hamburg u. d. Marschall Davoust. Aufruf an die Gerechtigkeit. 8. (Leipz. Gerh. Fleischer.) 814.

—— der musikal. Hausfreund, s. Hausfreund.

—— Hochverrathsproceß d. Minister Karl's X. v. Frankreich. Mit histor. Einleitung. 9 Bdchn. M. 4 Portr. 16. (81½ B.) Frankfurt a. M. 831, Sauerländer.

– s.a. Hochverrathsproceß.

— Jacobe, Herzogin zu Jülich, geborne Markgr. von Baden. Biographische Skizze. Mit Kpfern. gr. 8. Coblenz, Gelehrten-Buchh. 820.

— Jacobe, Herzogin zu Jülich, geborne Markgr. v. Baden. Biograph. Skizze. Mit Kpf. gr. 8. Coblenz 820, Hergt. 1 ℛ 4 ℊ

Cantate zur Johannes-Feyer. Von Theodor von Haupt. o. O. u. J. 1 Bl. 8°. [Kopftit.]
Ohne Noten: „Aus des Wahnes finster Nacht“ . . . 21.

v. Haupt, (Mark.) Thdr., theoret.-prakt. Commentar des Napoleonischen Gesetzbuchs. 1r Bd. 8. Hamb. 814. (Herold jun.) 1 ℛ 8 ℊ

— Mathilde; histor.-romant. Gemälde in 5 A. 8. Köln 821. Dumont-Schauberg. 18 ggr

— Mechthilde; histor.-romant. Gemälde. deutscher Vorzeit, in 5 Abtheill. gr. 8. Cöln 821. Dü:Mont-Schauberg. 12 ggr

— Mechtilde. Historisch-romantisches Gemälde deutscher Vorzeit. gr. 8. Göttingen 821, Dieterich.

— Monatrosen; eine Zeitschrift. 5 Hefte. 8. Düsseld. 817. Dänzer. 1 Rthlr 16 ggr

v. Haupt, (Th.,) Panorama von Trier u. seinen Umgebungen. 8. Trier 822, Lintz. 21 gr., weiß Pap.

v. Haupt, Thdr., Panorama von Trier u. seinen Umgebungen. 2e Aufl. 8. Trier 833. Lintz. 1 Rthlr

v. Haupt's, Th., Panorama v. Trier u. seinen Umgebungen. Aufs Neue herausg. v. Jacob Schneider. 3., gänzl. umgearb. Aufl. Mit Holzschn. u. 1 Plane v. Trier u. seinen Umgebgn. 8. Trier 846, Lintz'sche Buchh. geb. 1⅙ Rthlr

Haupt's, Theod. v., Panorama von Trier u. seinen Umgebungen. Auf's Neue herausg. von Jac. Schneider. 4. gänzlich umgearb. Aufl. Mit Holzschn. u. 1 Plane von Trier u. seinen Umgebungen. (Kpfrst. in Fol.) Trier 861. Lintz. 16. (XIX, 235 S.) n. 25 ngr

– s. Paris od. das Buch der Hundert u. Eins.

— malerische Reisen durch Holland u. Norddeutschland. N. Ausg. 2 Bde., mit Kpf. 8. Hamb. 814. (Herold jun.) 3 Rthlr 8 ggr

— malerische Reisen durch Holland u. Norddeutschland, N, Ausgabe. 2 Bde. m. K. 8. Hamb, Vollmer 814.

v. Haupt, Th., Schauspiele. 2 Bdchen. (Enthalt.: Harlekins Tücke, oder d. geprellte Alte. 6 ggr — Katharina v. Kurland. 10 ggr — Ali Pascha. 6 ggr — Ahasverus, der nie Ruhende. 6 ggr — Der Unbekannte. 8 ggr — Der Retter wacht! 11 ggr — Die Abenteuernacht. 10 ggr) 8. Mainz 825. Kupferberg. 2 Rthlr 6 ggr

— Skizzen. Enthaltend: Reminiszenzen aus Paris im Jahr 1818. Skizzen zu einem Gemälde des Aachener Kongresses. Novellen und Legenden. Kriminalfälle. Gedichte. Charaden. gr. 8. Düsseldorf, Schreiner. 819.

– s. Tasso's Nächte.

Haupt, (Mark.) Theod. v., Tell, heroisch-romant. Oper in 4 Akt., nach Jouy u. Bis frei bearb. Musik v. Rossini. gr. 8. (1 B.) Mainz ..., Schott's Söhne.

Haupt, Thdr., chronologische Uebersicht der wichtigsten Ereignisse beim Bergbau seit Wiederauffindung der Pandekten Justinians bis zur Einsetzung der Erbschachte. Braunschweig 861. Vieweg & Sohn. gr. Fol. (4 Bl.) n. 1 Rthlr

v. Haupt, Th. Triers Vergangenheit und Gegenwart. 2 Bde. Trier 1834 und 1822. 8°.

—— Triers Vergangenheit u. Gegenwart, e. histor.-topograph. Gemälde. 1. Thl. — A. u. d. T.: Panorama v. Trier u. seinen Umgebungen. 2., bericht. Aufl. gr. 12. (13⅓ B.) Trier 834, Lintz.

— unsere Vorzeit. Eingeführt durch H. Zschokke. 4 Bdchn. 16. Frankf. am M. 828. Sauerländer. 1 Rthlr 8 ggr

— trierisches Zeitbuch vom Jahr 58 vor Christi Geburt bis zum Jahr Christi 1821. gr. 12. Trier 822, Lintz.

Das häßliche junge Entlein. Märchendichtung nach Andersen. Für mittl. u. höh. Mädchenschulen von Therese Haupt. Comp. von A. Hart. Textbuch. *Kassel: O. Kuprion's Nachf. 1899.* (13 S.) 8° [F.]

Haupt, Therese, der Schreihansel u. das Lachprinzeßchen. Dramatisches Weihnachtsmärchen in 3 Aufzügen. Musik v. H. Pescatore. gr. 8. (84 S.) Berlin-Charlottenburg (900). M. Simson. n. 1. —

— vier Weihnachtsbäume, s.: Jugendbühne, die.

Haupt, Therese, wie Klein-Else d. Christkind suchen ging, s.: Universal-Bibliothek.

Haupt, W., zwei Angler am Rhein. Eine Erzählg. (62 S. m. Abb.) kl. 8. Kassel 905. J. G. Oncken Nachf. n. — 30

Haupt, W., Erlebnisse unter den Verwundeten aus der Schlacht bei Gravelotte den 18. Aug. 1870. 8. (56 S.) Hamburg 870. J. G. Oncken. n. — 30

Haupt, W., newest handbook for Berlin and environs. With a map of Berlin. gr. 16. (70 S.) Berlin 885, R. Kühn. *
Nicht mehr im Handel.

Haupt, W., Handbuch für den Unterricht in der deutschen Litteratur an höheren Mädchenschulen und Lehrerinnen-Seminarien, s. Plümer, E.

Leitfaden zur Vorbereitung auf die Prüfungen für die gehobenen Postunterbeamten-Stellen. Bearb. von W. **Haupt**, Oberpostassistent, Neuruppin, unter Mitw. der Lehrer (Fr[an]z) Gädemann u. Richter. (Abt. 1. 2.) Berlin: G. Siemens 1908. (328 S.) 8° [F.]

— 52 Lectionen in Fragen. Zum Gebrauch f. Sonntagsschullehrer. Mit e. Vorwort v. dem ältesten Sonntagsschullehrer unseres Bundes Joh. Oncken. 1. u. 2. Bdchn. 16. (VIII, 104 u. 95 S.) Ebend. 873. 74. à n. — 30

Haupt, W., deutsches Lesebuch für höhere Lehranstalten, s.: Plümer, E.

Haupt, W., der Vornehmste unter Dreien. Eine Erzählg. 12. (69 S. m. 3 Bild.) Hamburg 898. Cassel, Verlagshaus d. deutsch. Baptisten, J. G. Oncken Nachf. — 30

Haupt, W. Alb. Die Aetiologie der Diphtherie. gr. 8. (56 S.) Berl. 891, Behr's Verlag. * 1 20
Aus: Zeitschr. d. Berliner Ver. homöopath. Aerzte, besonders abgedruckt.

Haupt, W. Alb., die Pilze als Krankheitserreger. Ein Beitrag zur Aetiologie der Infectionskrankheiten. Mit 8 (eingedr.) Holzzeichnungen. [Aus: „Internat. homöopath. Presse".] gr. 8. (80 S.) Leipzig 877. Schwabe. n. 1. —

Haupt, Walter [aus Posen]: Zur Diagnose der Echinococcen im weiblichen Becken. Im Anschluss an einen in der Greifswalder gynäkologischen Klinik beobachteten Fall von Echinococcus des Netzes. . . . Greifswald, Druck v. Julius Abel, 1889; 38 S. 8°
Greifswald, Med. Fak., Inaug.-Diss. v. 10. Aug. 1889

Haupt, Walt., s.: Gespräch, e., zwischen e. Christen u. Juden.

Haupt, Walther: Über Nephritis syphilitica acuta im Frühstadium der Syphilis.
Berlin (1904): A. Wernicke & Co. (36 S.) 8°
Berlin, Med. Diss. v. 19. Apr. 1904

Haupt, Walth., Religionsbuch, f. die Hand der Schüler bearb. 2 Tle. 8. Tübingen 904. J. C. B. Mohr. n. 2. —; in 1 Bd. geb. n n. 2. 50
1. I—IV. Schulj. Heilige Bilder aus der Geschichte des Reiches Gottes. (XIX, 82 S.) n —75
2. V—VIII. Schulj. Die geschichtl. Entwicklung des Gottesreiches: Gesetz, Prophetie, Evangelium, Kirche. (XII, 183 S.)

Haupt, Walt., das Vaterunser, s.: Umfrid, Otto.

Haupt, Walt. C., die poetische Form v. Goethes Faust. Eine metr. Untersuchg. (81 S.) gr. 8. Leipzig 909. R. Haupt. 2. 80

[Kopit.:] [F.] Gulma, Die treue Negerin, oder Der Aufstand in Indien. Histor. Roman v. Dr. Werner **Haupt**. Bd 1. 2. *Neu-Weissensee-Berlin: E. Bartels [1897!].* 2 Bde 8.
1. (538 S.) 2. (1 Bl., 802 S.) [98. 2110

Haupt, Wilhelm

Haupt, Wilh., der Celsus des 2. Jahrhunderts verglichen mit dem herrschenden Geiste des 19. Jahrhunderts. 16. (16 S.) Köln 878, Verein zur Verbreitung christl. Schriften.
(Bonn: Schergens)

Haupt, Wilh., s.: Kalender f. das Baugewerbe.

Haupt, Wilh., üb. einige Seuchenkrankheiten der Hausthiere in Sibirien u. im südl. europ. Rußland, namentl. üb. die (auch bei Menschen vorkommende) sibirische Beulenseuche, die Rinderpest u. das bösartige Fieber. Mit Vorw. v. E. F. Gurlt. gr. 8. (26⅔ B.) Berlin 845, Aug. Hirschwald, Berl.

Haupt, Wilh., Über einige Seuchenkrankheiten der Haustiere in Sibirien. Mit Vorwort v. E. F. Gurlt. (428 S.) Berlin 45. Hirschwald. M. 5.50

Haupt, Willy: **Studien** zur Ausbildung der Methoden der Dampfdichtebestimmung und zur Feststellung ihrer praktisch erreichbaren Genauigkeitsgrenzen. *Königsberg i. Pr. 1901: H. Jaeger.* (74 S.) 8°
Königsberg, Phil. Diss. v. 23. Febr. 1904

Haupt- u. **Staatsaktionen**, Wiener, eingeleitet u. hrsg. v. Rud. Payer v. Thurn, s. a. Schriften des literar. Vereins in Wien. X.

Wiener: Haupt- und Staatsaktionen. Eingeleitet u. hrsg. von Rudolf Payer von Thurn. I Bd. Wien 1908. (Bd. X der Schriften des Literarischen Vereins in Wien.) Gr. 8°. (Kr. 10—.) (6 Kr., Origbd., Gilhofer & Ranschburg, 1910.)

Haupt-Annoncen-Blatt. –
Wuppertal. – 1. I. 1897 – 31. X. 1897.
Vorh. u. d. T.: Neues Haupt-Annoncenblatt, Tägliches.
Fortges. u. d. T.: Barmer Tageblatt.

Haupt-Annoncenblatt, Tägliches Neues. –
Wuppertal. – 2. II. 1880 – 31. XII. 1896.
Vorh. u. d. T.: Barmer Anzeiger.
Fortges. u. d. T.: Haupt-Annoncen-Blatt.

Die **Hauptartikel** der Schleswig-Holsteinischen Landesverfassung. Hovedartiklerne af den Slesvig-Holsteenske Landsforfatning. Apenrade. o. J. (1848?) 1 Bl. Fol.

Eine **Hauptaufgabe** des Katholicismus im 20. Jahrhundert. *Berlin: 'Arbeiter' 1903.* (32 S.) 8° [Umschlagt. F.]

Hauptbegriffe vom Branntwein, Branntweinbrennen u. Likörverfertigung 2c. Mit 1 Kpf. 8. Leipz. 801. Kummer. 8 gr

Haupt-Bericht über die Cholera-Epidemie des Jahres 1854 im Königr. Bayern. Erstattet von der kgl. Commission für naturwissenschaftliche Untersuchungen über die indische Cholera u. redig. von Aloys Martin. München 857. Literar.-artist. Anstalt. gr. 8. (XVI, 914 S. mit Holzschn. im Text u. 2 lith. Taf. in Fol., mit Atlas von 8 lith. Karten u. 9 lith. Tab. in Fol.) n. 4 ℳ 20 ₰

Hauptbericht über d. Ertragsfähigkeit u. Ausführbarkeit d. erzgebirg. Eisenbahn, erstattet v. provisor. Comité in Chemnitz. Ausgegeb. im März 1837. Fol. (10 B., 5 Stnt. u. 1 Tab.) Leipzig, (Hirschfeld.) *

Hauptbericht der Oberschlesischen Grubenbrand-Kommission. Hrsg. vom Oberschles. Berg- u. Hüttenmänn. Verein. Kattowitz 1910.

Haupt-Bericht der Handels- u. Gewerbe-Kammer in Budweis an das k. k. Ministerium f. Handel u. Volkswirthschaft üb. die Industrie, den Handel, die Credits- u. Verkehrsverhältnisse in den J. 1866 bis incl. 1870. gr. 8. (XII, 495 S.) Budweis 872. (Hansen.) n. 4. —

Hauptbericht der Handels- und Gewerbekammer für das Herzogthum Bukowina. An das hohe k. k. Minist. für Handel 2c., über die Verhältnisse des Handels, der Industrie und Verkehrsmittel 2c. für das J. 1851. — 4. Czernowitz, Joh. Eckhardt und Sohn. 1852.

Haupt-Bericht der Handels- und Gewerbekammer für das Erzherzogthum Oesterreich ob der Enns für die Jahre 1857, 1858 und 1859. 8. Linz 1860.

Hauptbericht d. 2. internationalen ornithologischen Congresses. Budapest, 1891. Im Auftrage d. königl. ung. Ministeriums f. Cultus u. Unterricht f. das Ausland hrsg. 2 Tle. Imp.-4. (1. Offizieller Tl. 237 S.; 2. Wissenschaftlicher Tl. 238/S. m. 2 Taf.) Budap. 892. (Berl., Friedländer u. Sohn.) * 20 —

Haupt-Bericht der preussischen Schlagwetter-Commission. Erstattet durch A. Hasslacher. 2 Hälften. gr. 8. (VI, 295 S.) Berlin 886. 887. Ernst & Korn. n. 10. —

— dasselbe. Anlagen dazu. 5. Bd. Mit 5 lith. Taf. gr. 8. (VIII, 167 S.) Ebd. 887. n. 12. —
(cplt. m. Anlagen: n. 60. —)

Haupt- und Schlussbericht der eidgenössischen Kommissarien im Kanton Schwyz über ihre Verrichtungen seit d. 15. Brachmon. 1838. Einsiedeln 1838. V: *Näff, Wilh.* & *Ad. Hertenstein.* (AarK)

Hauptbericht. Haupt- und Schlussbericht der eidgenössischen Repräsentanten im Kanton Wallis an den eidgenössischen Vorort. (Zürich, den 9. Hornung 1840.) [SA.] fol. [Zurich 1840.]

Hauptbericht und Statistik der Handels- und Gewerbekammer des Herzogtums Bukowina nebst topographisch-statistischer Darstellung des Kammerbezirkes mit Schlusse des Jahres 1861. Czernowitz: Verl. d. Handelskammer 1862.

Hauptbericht und Statistik über das Herzogtum Bukowina für die Periode 1862 – 1871. Hrsg. von der Bukowiner Handels- und Gewerbekammer. Lemberg: Verl. d. Handelskammer Czernowitz 1872.

— u. **Statistik** üb. das Herzogthum Bukowina f. die Periode vom J. 1862—1871. Hrsg. v. der Bukowinaer Handels- u. Gewerbekammer. gr. 8. (421 S. m. 2 Tab. in qu. 4. u. 2 lith. Karten in gr. Fol.) Czernowitz 873. Pardini. n. 8. —

Erster Hauptbericht über den Sterbe-Cassen-Verein der Fr. Mr. Logen im Or. Dresden aus den Verwaltungsjahren 1848—1850. [Dat.:] Dresden 1851. 2 Bl. 4° [Kopftit.] 110.

Hauptbericht über das Wirken des Gewerbevereins zu Dresden. 1842-46. 1850-54. 4° Dresden (1844-54)

Der **Hauptberuf** und der Nebenberuf der Bevölkerung des Grossherzogtums Mecklenburg-Schwerin nach der Berufs- und Betriebszählung vom 12. Juni 1907. Schwerin 1909: Bärensprung. XXVII, 319 S. 4°
(Beiträge z. Statistik Mecklenburgs. Bd 15, H. 4.) [illegible] 4

Aus der **Hauptbibliothek** der **Franckeschen Stiftungen.** Zur Begrüßung d. 47. Vers. deutscher Philologen u. Schulmänner in Halle a. S. dargebracht v. d. Kollegium der Lateinischen Hauptschule. *Halle a. S.: Waisenhaus 1903.* (63 S.) 8°
Halle, Latein. Haupt-S, Festschrift 1903

Hauptblätter, 100, der graphischen Kunst d. XV.—XVIII. Jahrh. (IV S. Text.) 42,5×31 cm. Berlin (902). Fischer & Franke. In Mappe n. 25.—; einzelne Bl. n. — 25

Hauptbrände, die drei, des Winters 1837—1838. Drei histor. Novellen vom Herausgeber des Schobri. (Inhalt: I. Der Brand des Winter-Palastes zu St, Petersburg. II. Die Börse zu London. III. Das italien. Opernhaus in Paris. 8. Leipzig 838. Klein. 7/8 ₰

Haupt- u. Hülfsbuch d. Banquiers, Waarenhändler u. Contoristen ꝛc. gr. 8. Leipz. 780. Weygand. 2 ₰

Haupt-Buch, zahnärztliches. gr. 8. (300 S. m. Abbildgn. u. Register.) Lpz. 892, G. Thieme. geb. in Leinw. * 5 —; (500 S.) * 7 —

Nachtrag, Siebenter — zum Haupt-Bücher-Verzeichniß der großen öffentlichen Leihbibliothek in Wien, am Kohlmarkt Nr. 1149 und 1150 im Hollauer'schen Hause, enthaltend die vom Januar 1854 bis Dezember 1854 neu aufgestellten Bücher. Wien. Druck von Leop. Sommer. (62 S. 8.) geh.

Hauptcatalog, s. Hautkatalog.

Hauptdaten aus d. alten, deutschen u. preuß. Geschichte. 3. Aufl. 12. (8 S.) Berlin 898. H. Sala. — 15

— d. **Weltgeschichte**. Zusammengest. f. d. Geschichtsunterr. in d. höh. Bürgerschule zu Rostock. gr. 8. (31 S.) Rostock 895. (H. Koch.) Kart. n. — 60

Hauptdaten der Weltgeschichte. Zusammengestellt f. den Geschichtsunterricht in der Realschule zu Rostock. 2., durchgeseh. Aufl. (37 S.) 8. Rostock 905. H. Koch. n. — 90

Hauptepoche, Die, der Weltgeschichte vor Christi Geburt. Zürich 1804. V: *Wessenberg, Ignaz Heinrich Carl Freih. von.* (GGr) (Ky) (MGT) (Kn) (Th)

Hauptepochen der schweizerischen Geschichte, für Schulen und Liebhaber. Luzern 1805. V: *Crauer, Franz Regio.* (BSchwLk V, 10c) (Cat. d. Stadtbibl. Zürich. Zürich 1864—97.)

Haupter, Hnr., Vier Gelegenheitsreden. 8. Grätz 824. Kienreich. 1/6 ₰

Häupter, gekrönte. Zur Naturgeschichte des Absolutismus. Nr. 1—13. 12. (Mit je 1 Bildnis) Berlin, H. Baake. à n. — 20 (1—10 in 2 Bde. geb. à Bd. n. 1. 50)
1. Katharina II. v. Rußland. (61 S.) 893.
2. August der Starke, Kurfürst v. Sachsen, König v. Polen. (64 S.) 893.
3. Karl Leopold, Herzog zu Mecklenburg-Schwerin. (63 S.) 893.
4. Papst Alexander VI. (64 S.) 893.
5. Ludwig XIV., König v. Frankreich. (64 S.) 893.
6. Philipp II., König v. Spanien. (64 S.) 893.
7. Friedr. Wilh. II., König in Preußen (1786—1797). (64 S.) 894.
8. Heinrich VIII., König v. England. (63 S.) 894.
9. Elisabeth v. Rußland. (64 S.) 894.
10. Louis Philipp u. seine Zeit. Von H. Lux. (63 S.) 894.
11. Papst Julius II. Von Vikt. Lenz. (64 S.) 894.
12. Friedr. II., gen. „Der Große". Von W. Paulsen. (63 S.) 894.
13. Caligula. Von Fel. Schmitt. (64 S.) 894.

Häupter, gekrönte. Zur Naturgeschichte d. Absolutismus. Nr. 14—25 (Schluß). 12. (M. je 1 Bildn.) Berlin, H. Baake. à n. — 20 (kplt. in 5 Bdn. geb. à Bd. n. 1. 50)
14. Ludwig XV., König v. Frankreich. (62 S.) 894.
15. Friedrich Wilhelm IV. Von Fedora Trnowsky. (64 S.) 894.
16. Iwan IV., d. Schreckliche v. Rußland. (59 S.) 894.
17. Jérôme Napoleon, König v. Westfalen. (61 S. m. 1 Stammtaf.) 894.
18. Isabella II., Königin v. Spanien. (60 S.) 894.
19. Wilhelm II., Kurfürst v. Hessen. (64 S.) 894.
20. Nero. (63 S.) 895.
21. Karl I. v. England. (63 S.) 895.
22. Karl Eugen v. Württemberg. (62 S.) 895.
23. Rudolf II., Kaiser v. Deutschland. Von J. St. (63 S.) 895.
24. Christine v. Schweden. (61 S.) 895.
25. Maria Theresia 1740—80. Von Jos. Stolzing. (64 S.) 895.

Häupter, jeztlebende, Frankreichs. 8. Zürich. 742.

Häupter. Die H' und Räthe Gemr. drei Bünde bundstäglich versammlet, an die Ehrs. Räthe und Gemeinden derselben. (Chur den 25ten Februar 1814.) fol. *o. O.*

Häupter, Die vornehmste jetzt lebende, löblicher Eydgenossenschaft. Zürich 1823. V: *Leu, Hans Jac.* (MI.)

Häupter. Die H' und Zuzug Gemr. drei Bünde an die Ehrs. Räthe und Gemeinden desselben. (Chur den 29ten Jenner 1814.) fol. *o. O.*

Häupterabschied. Häupter-Abscheid. (Geben den 23. Xbris 1794. Die Häupter gemeiner 3 Bünden .... [Mit] Nachtrag. Geben Chur, den 17. Merz 1795.) fol. *o. O. u. J.* [ca. 1795].

Die kriegerischen und politischen **Haupt-Ereignisse** in und um Wien seit Anfangs October 1848. Gedruckt bei Trowitzsch und Sohn. 1 Bl. Fol.
Flugblatt. Berlin, 25. Okt. 1848.

Haupterfordernisse, die, für eine einfache doch musterhafte Organisation u. Verwaltung des Straßenbauwesens, (von Geo. Ldw. Aug. Röder). 8. Darmst. 821. Heyer. 12 K

Hauptergebnis der eidg. Viehzählung im Kanton Bern vom 19. IV. 1901. Hrsg. vom kant. statist. Büreau. gr. 8. (4 S.) Bern 901. (A. Francke.) n. — 40

Hautergebnisse der gewerblichen Betriebszählung vom 14. Juni 1895. Berlin. 1898.
= Vierteljahrshefte zur Statistik des Deutschen Reichs, Jg. 7, 1898, Erg.-H. zu H. 1. 4°

Hauptergebnisse der österreichischen Eisenbahn-Statistik, s.a. **Nachrichten** üb. Industrie, Handel u. Verkehr.

Haupt-Ergebnisse der österr. Eisenbahn-Statistik 1875—87. Wien 1876—88. 4°. (Aus: Nachrichten über Industrie, Handel und Verkehr.)

Hauptergebnisse d. österr. Eisenbahn-Statistik in d. J. 1895 u. 1896. Nebst e. Anh., enth. d. Sammlg. der in d. J. 1895 u. 1896 auf d. Gebiete d. Eisenbahnwesens hinausgegeb. Normalien u. Constitutivurkunden, sow. d. ertheilten u. verlängerten Vorconcessionen. Bearb. v. statist. Departement im k. k. Eisenbahn-Ministerium. Lex.-8. (XLVIII, 569 u. XLVIII, 651 S.) Wien 897. 98. Hof- u. Staatsdruckerei. à n. 6. —

Hauptergebnisse der österreichischen Eisenbahnstatistik im Jahre 1897. Bearbeitet vom Statistischen Departement im k. k. Eisenbahn-Ministerium. Wien. 1898. Hof- und Staatsdruckerei. Lex.-8°. XLVII, 373 S. fl. 2.50

— dasselbe, Fortsetzg., s.: Nachrichten üb. Industrie, Handel u. Verkehr.

Hauptergebnisse. Endgültige Hauptergebnisse der eidg. Volkszählung vom 1. Dezember 1900 im Kanton Zürich. ([Hrg. durch] Das kantonale statistische Bureau. 1902 Januar 25.) 8 S. 8.

— der **Landtagswahlen** im Juli 1899. gr. 4. (30 S.) München 899. (J. Lindauer.) n.n. — 50
Sonderabdruck aus: „Zeitschr. d. k. bayer. statist. Bureau".

Hauptergebnisse der **Landtagswahlen** im Juli 1905. (112 S.) 4. München 905. (J. Lindauer.) n. 3. —
Sonderabdruck aus: „Ztschr. d. k. bayer. statist. Bureaus".

Hauptergebnisse der schweizer. Unfallstatistik im Berichtsjahre vom 1. April 1888 bis zum 31. März 1889. Vom statist. Bureau des eidg. Departements des Innern. In-4°. 12 S. Bern, Buchdr. K. J. Wyss. 1890.

Hauptergebnisse, die, d. **Unterrichtsstatistik** im Königr. Bayern f. d. Schulj. 1894/95 u. 1895/96. [Aus: „Zeitschr. d. k. bayer. statist. Bureau".] gr. 4. (à 18 S.) München 897. 98. (J. Lindauer.) à n. — 50

Hauptergebnisse der Volkszählung vom 1. Dezbr. 1870 im Kanton Bern. Mit e. erläut. Vorworte. Hrsg. v. der Direktion d. Innern. gr. 8. (XVI, 57 S.) Bern 871. Huber & Co. in Comm. n. 1. 60
Dasselbe ist auch in franz. Sprache zu gleichem Preise erschienen.

Hauptergebnisse der Eidgenössischen Volkszählung vom 1. Dezember 1900 im Kanton Zürich nach den Gemeinden und Bezirken. Mit zwei kartographischen Beilagen. Hrg. vom Kantonalen statistischen Bureau. Separatabdruck aus den Statistischen Mitteilungen des Kantons Zürich, Jahrg. 1901, Heft 1. XXIV + 19 S. 8. Winterthur, Geschwister Ziegler, 1903.

Hauptergebnisse, die, der Volkszählung im Kanton Luzern vom 1. Decbr. 1880 mit einem alphabet. Ortsverzeichniß. Zufolge Anordnung des Regierungsrathes bearb. vom Departement des Gemeindewesens. gr. 8. (120 S.) Luzern 884, Gebr. Räber.

Hauptergebnisse des auswärtigen Waarenverkehres Bosniens und der Hercegovina im Jahre 1899. Herausgegeben von der Landesregierung für Bosnien und die Hercegovina. Sarajevo. 1900. In Comm. Wien. Gerold's Sohn. Gr.-8°. 35 S. K 1.—

Hauptergebnisse des auswärtigen Waarenverkehres Bosniens und der Hercegovina im Jahre 1900. Herausgegeben von der Landesregierung für Bosnien und die Hercegovina. Sarajevo. 1901. Landesdruckerei. [In Comm. Gerold's Sohn. Wien.] Lex.-8°. 40 S. K 1.—

Hauptergebnisse des auswärtigen Waarenverkehres Bosniens u. der Hercegovina im J. 1901. Hrsg. v. der Landesregierg. f. Bosnien u. die Hercegovina. (42 S.) Lex. 8. Sarajevo, Wien, C. Gerold's Sohn. 1902. 1. —

— des auswärtigen **Waarenverkehres** Bosniens u. d. Hercegovina in d. J. 1902—1905. (V—VIII. Jahrg.) Hrsg. v. der Landesregierg. f. Bosnien u. die Hercegovina. (49, 69, 81 u. 82 S.) Lex.-8. Sarajewo 903 bis 906. Wien, A. Holzhausen. à n. 1. —

Hauptergebnisse des auswärtigen Warenverkehres Bosniens u. der Hercegovina in d. J. 1906—1909. (IX—XII. Jahrg.) Hrsg. v. der Landesregierg. f. Bosnien u. die Hercegovina. (80, 80, 83 u. 83 S.) Lex. 8. Wien 907—10. A. Holzhausen. à 1. —

Hauptergebnisse d. Warenverkehrsstat. d. dtschen Zollgebiets 1880. 4° (Berlin 1881)

Haupt-Erläuterungs-Bericht zu d. Projecten d. Regulierg d. Weichsel-Mündgn, entworfen bei d. k. Regierg zu Danzig durch Alsen u. Fahl. 8. (63 m. 2 Kart.) Danz. 77, Gruihn. n.n. 2. 50

Haupt-Erläuterungs-Bericht zu den Projecten der Regulierung der Weichsel-Mündungen, entworfen bei der königl. Regierung zu Danzig durch Alsen u. Fahl. Mit 2 (lith.) Karten. gr. 8. (63 S.) Danzig 877. Kafemann. cart. n.n. 2. 50

Haupt-Etat der Marine-Verwaltung des norddeutschen Bundes für d. J. 1868, 1869, 1870, u. Haupt-Etat der Mil.-Verw. d. norddeutschen Bundes für d. J. 1869, 1870 u. 1871. Berlin 1868—1871. 4°

Haupt-Etat d. Militärverwaltg d. Norddtsch. Bundes 1868—71. Berlin. 4. 4 Bde. (Haushalts-Etat 1868. — Anlage 4 1869. — Anlage 5 1870—71.)

Haupt-Etat d. Militärverwaltg (Königr. Preußen). Berl. 1848—68. 4. 20 Bde.

Preussischen (Ueber den) Haupt- und Finanz-Etat für 1841. gr. 8°. Breslau, Grass, Barth u. Co., 1841.

Haupt-Etat der Verwaltung der kaiserlichen Marine für das Jahr 1874. (Deutscher Reichstag 1. Legislatur-Periode. 4. Session 1873. Anlage V.) Mit Beilagen. (1 Bd. u. 1 Schuber.) 4. Berlin 1873.

— der Verwaltung des Reichsheeres. Für das Jahr 1872. (Deutscher Reichstag. 1. Legislatur-Periode. II. Session 1871. Anlage IV.) (1 Bd., 1 Schuber.) Für das Jahr 1873. (Deutscher Reichstag. 1. Legislatur-Periode. III. Session 1872. Anlage IV.) (1 Bd. 1 Schuber.) Für das Jahr 1874. (Deutscher Reichstag. 1. Legislatur-Periode. IV. Session 1873. Anlage IV und Nachtrag zu Anlage IV.) (1 Bd., 1 Schuber.) kl. Fol. Berlin 1871—1873.

Haupt-Etat der Verwaltung der Stadt Tilsit für das Etatsjahr 1900—1902. Tilsit o. J. 4°.
(Fortges. u. d. Tit.:)
Haushalts-Plan der Verwaltung der Stadt Tilsit f. d. Wirtschaftsj. 1903 ff. Tilsit o. J. 4°.
1903—1910.

Haupt-Exporteure u. Importeure, die, Europas. 1. Bd. Deutschland, Frankreich, Belgien-Holland, Italien. qu. 8. (156 S.) Hamburg 888. Pontt und v. Döhren. cart. 2. 20

Hauptfeste, Die drei, der christlichen Kirche. (Nach Lisco u. a.) Laibach 1855. V: *Elze, Theodor.* (HHBD IV, 21)

Hauptfinanzetat, württembergischer, für 1876-77 und 81-83. fol Stuttgart

Hauptfinanzetat des Königr. Württemberg für 1. April 1887—31. März 1889, nebst Anlagen. 4. (IV, 1085 S.) Stuttgart (889), Grüninger. n. 12. —

Hauptfinanzetat d. Königr. Württemberg f. 1. Apr. 1891 —31. März 1898, nebst Anlagen. gr. 4. (V, 1436 S.) Stuttgart 891. (Grüninger.) n. 18. —

Hauptfinanzetat für d Kgr. Württemberg. 1891 93-1904. 4° Stuttgart 1891-1904

Hauptfleisch, Geo., Liederbuch f. die katholische Jugend. 2. Aufl. (XVI, 140 S.) 16. Breslau (910). F. Goerlich. In Wachstuch nn — 35

— Liederbuch f. kath. kaufm. Jugendvereine. Hrsg. f. den Verband kathol. kaufm. Vereiniggn. Deutschlands. (XVI, 138 S.) 16. Ebd. (908.) In Wachstuch nn — 35

Hauptfleisch, H., Masswerkzeuge und Instrumente f. gewerbl. und wissenschaftl. Zwecke. Ein Vorlagewerk für den Fachzeichnenunterricht d. Präcisions-Mechaniker an gewerbl. Fortbildungsschulen u. anderen gewerbl. Lehranstalten. Gr.-Qu.-Fol. 32 Taf. in Tonfarbendr. Mit Textbeil. gr. 8. (55 S.) Wien, Alfred Hölder. In Umschlag 10 fl., in Mappe 10 fl. 50 kr. Text a parte 80 kr. 1884.

Hauptfleisch H, Messwerkzeuge und Instrumente für gewerbliche und wissenschaftliche Zwecke. Text 8° Atlas in 32 T qu Imp Wien 1884

Hauptfleisch, Johs., Leitfaden f. den Unterricht in der allgemeinen Waarenkunde. Zum Gebrauche f. Handelsschulen. gr. 8. (IV, 306 S.) Wien 873. Hölder. n. 7. 20

Hauptfleisch, Paul, die als fossile Algen (u. Bacterien) beschrieb. Pflanzenreste od. Abdrücke, s.: Engler, A., u. K. Prantl, d. natürl. Pflanzenfamilien.

— Rhodophyceae, s.: Schmitz, Fr.

Professor Julius v. Sachs. Gedächtnisrede geh. in d. Physikal.-med. Gesellschaft zu Würzburg v. Dr. Paul **Hauptfleisch,** Privatdoc. an d. Univ. Würzburg. M. d. Bildn. v. Sachs' u. e. chronol. Verz. s. Publicationen. *Würzburg: Stahel 1897.* (41 S., 1 Portr.) 8.
= Verhandlungen d. physikal. medic. Gesellschaft zu Würzburg. N. F. Bd 31. No 10. [98. 1800

Hauptfleisch, Paul [aus Landsberg a. W.]: Zellmembran und Hüllgallerte der Desmidiaceen . . . . (Aus: Mitth. a. d. Naturwiss. Ver. f. Neuvorp. u. Rügen. 1888.) Greifswald, Druck v. F. W. Kunike, 1888; 2 Bl. + 80 S. u. 3 Taf. 8°
Greifswald, Phil. Fak., Inaug.-Diss. v. 23. Jun. 1888

Hauptformen, die, der Erdoberfläche. Hrsg. zur Ergänzung der E. v. Seydlitz'schen Geographie. Oelfarbendr. Imp.-Fol. Breslau 882. F. Hirt. n. 4. —

Hauptformen, die, der Erdoberfläche. Verkleinerte Wiedergabe des großen farb. Wandbildes. (1 farb. Bl.) 15,5×23 cm. Breslau (908). F. Hirt. — 10

Hauptfragen, die 99, d. Unfallversicherung. Wer ist versichert? Was habe ich zu beanspruchen? Wie komme ich zu m. Rechte? Nach amtl. Material volkstümlich erörtert u. erklärt f. d. Arbeiter. 12. (79 S.) Berlin 896. H. Baake. n. — 25

Haupt-Führer durch den Theaterverlag Eduard Bloch. 9. Ausg. (XXXII, 492 S. m. Bildnissen.) gr. 8. Berlin (906). E. Bloch. 1. 25

O. v. P. Die Hauptgefechtsformationen der Infanterie mit Rücksicht auf die erhöhte Feuerwirkung der neuen Schuss-Waffen. Eine elementar-taktische Skizze. Mit 1 Figurentafel.
8. München 1867.

Hauptgefechtsformationen, Die, der Infanterie mit Rücksicht auf die erhöhte Feuerwirkung der neuen Schußwaffen. 2. Aufl. 1867. V: *Parseval, Otto von.* (Russell VIII, 664)

Hauptgefechtsformationen, die, der Infanterie mit Rücksicht auf die erhöhte Feuerwirkung der neuen Schuss-Waffen. Eine elementartakt. Skizze von O. v. P. (2. Aufl.) München 867. Lindauer'sche Buchh. gr. 8. (16 S. mit 1 lithogr. Fig.-Taf. in Fol.) n. 6 ngr.

Haupt- u. Nebengeleise. Eine Eisenbahnrundfahrt im Gebiete der poet. Litteratur. Von Quidam. 12. (III, 75 S.) Braunschweig 901. R. Sattler. n. 1. —

Das Kgl. Württembergische Haupt- und Landgestüt. [24 Photographieen von Pferden. Mit Text von Cäs. v. Hofacker in Marbach. 1875.] gr. 2°.

Hauptgewerkschaft, Die k. k. Innernberger, und ihr Eisenwerks-Betrieb in Steiermark und Österreich bis zum Jahre 1845 . . . Wien 1845. V: *Ferro, Franz Ritt. v.* (WFM II, S. 52)

Hauptgewinne, die, der königl. sächsischen Landes-Lotterie, welche seit 1832 bis Ende 1888 im Betrage von mehr als 3000 Mark gezogen worden sind, unter gleichzeit. Angabe der betr. Ziehungsjahre, nebst einigen statist. Uebersichten. gr. 8. (III, 56 S.) Zittau 889. Pahl. n. 1. —

Hauptgötter, Die, der Fabel in Kupfern. Mit ihrer Geschichte und ursprünglichen Beleuchtung. Wien 1793. Wien 1799. Wien [ca. 1805]. V: *Schisling, Franz.* (BGE ³III/103) (wrztg 1795, S. 3157) (R. Heise 936) (BiblPort)

Hauptgötter, die, d. Fabel. m. K. gr. 8. Wien, Schaumburg, 793.

HAUPTGÖTTER, Die, der Fabel. In (25 prächtigen) Kupfern (von J. Blaschke, J. Gerstner, J. G. Mansfeld, Jos. Stöber). Mit ihrer Geschichte u. ursprüngl. Bedeutung (von Schiessling, dem Uebersetzer des Palingenius). Wien 1799. Herausgegeb. von den Unternehmern von Ovids Verwandlungen. 4°.

Gestoch. Tit. (mit lat. Lett. u. grosser Vignette, mit Unterschrift Prometheus [irrig statt Memnon]), 125 bez. S. Text, 1 S. Inh. u. Verbess. Die Göttinnen meist recht verführerisch dargestellt. — Zuerst erschienen ebd. 1793. 4°. (4 Kr., um 1 Bl. defektes Expl. mit nur 24 Kpfrn., etw. fleckig, Victor Eytelhuber, Wien, 1904.)

— — Dasselbe, titulo: Die Hauptgötter der Fabel in (26) Kupfern (Jos. Stöber, J. Gerstner, J. G. Mansfeld, J. Blaschke, Kohl sc.). Mit ihrer Geschichte u. ursprüngl. Bedeutung. (Große Titelvign.: Prometheus, Jos. Stöber sc.). Wien, bei Phil. Jos. Schalbacher, o. J. (c. 1805). 4°.

Gestoch. Tit. (lat. Lett.), 26 Kpf. mit 125 S. Text, 1 S. Inh. u. Verbess. — Die hübschen Stiche z. Th. etwas frei (wie Venus, Ceres, die Grazien). — Längst vergriffen!

— die, d. Fabel in Kupf. mit d. Gesch. ꝛc. 4. Leipz. Liebeskind. 802.

— die, der Fabel in 24 Kupf. dargestellt, mit ihrer Geschichte u. ursprüngl. Bedeutung, verfaßt u. histor. beschrieben v. d. Uebersetzern d. Ovids Verwandl. (h. a. d. Tit.: Ovids Verwandlungen in Kupfern, 4r od. Suppl. Bd.) gr. 4. Augsb. Bürglen. 803.

— vergl. Ovid's Verwandlungen.

Hauptgötter, die, der Fabel in Kupfern mit kurzer Erklärung. 1s bis 9s Heft. gr. 8. Wien, Härter. 818—20.

Hauptgötter, die, der Fabel in Kupfern mit kurzer Erklärung. 1s—10s Heft. gr. 8. Wien 818—20, Härter. 5 ₰

Haupt-Grundgesetze, vier, d. hamburg. Verfass., f. Abdruck.

Haupt-Grundgesetze, vier, d. hamburg. Verfassung, mit erläut. Uebersicht. Neuer Abdruck. gr. 8. Hamb. 824, Campe.

— von denselben: Nachtrag. Betreff. d. älteren Recesse — die Bursprache, u. Zusätze zu der den 4 Haupt-Grundges. vorausgeschikten erläut. Uebersichten. gr. 8. Hamb. 825, Campe.

Hauptgrundsätze d. franz. Sprache. 8. Magdeb. Creutz. 780.

Die beiden Haupt-Grund-Verträge d. deutschen Bundes; die deutsche Bundes-Acte vom 8. Juni 1815, u. die Wiener-Schlussacte v. 15. Mai 1820. Nebst einigen der wichtigsten, denselben beizuzählenden u. sie ergänz. Bestimmungen üb. bundesverfassungsmässige Erledig. von Streitigkeiten unt. d. Bundes-Gliedern, üb. Abzug- u. Nachsteuer-Freiheit, üb. d. Presse u. d. Nachdruck, üb. d. Freiheit der Flussschifffahrt, üb. d. Militair-Verfass. d. Bundes u. üb. d. Verhältnisse d. Bundesfestungen. Zum Handgebr. zusammengestellt. *Stuttg.*, (Beck u. Fränkel.) 834. gr. 8. (1 Thl. 4 Gr.)

Haupt-Haushaltsplan der Stadt-Haupt-Kasse Köslin f. d. Rechnungsj. 1911 ff. Köslin (1910) ff. 4°

Haupthindernisse, über einige, welche d. Verfolgung d. Rechts von den Gerichtshöfen nach der Preuß. Proceß-Ordnung entgegenstehen. gr. 8. Berl. 831. Dümmler. ¼ ℛ

Die Hauptindustrien Deutschlands. Mit zahlr. Tab. u. 22 Kt. Leipzig: Teubner 1904. XII, 1047 S. 4°(8°)
(Handbuch d. Wirtschaftskunde Deutschlands Bd 3.) A 12. 5379 9

Hauptinhalt der sechs Briefe, die der Herr Hauptmann Friedrich Planta dem Herrn General [Johann Victor] von Travers übersenden wollen, welche aber... zu Chur von dem hier sich niedergesezten Tribunale des Löbl. Gottshausbundes den 21./1. Jenner/Hornung 1767. aufgefangen worden. 4. *o. O.*

Hauptinhalt des Christenthums. In kurzen Bibelsprüchen und Liederversen aus dem Schleswig-Holst. Gesangbuche. Schlesw. 1823. H: *Vent, Hans Lorenz Andreas.* (I.S)

Hauptinhalt der christlichen Lehre in Bibelsprüchen und Liederversen ... Friedrichsstadt 1805. V: *Ipsen, Ludw.* (MGT) (Ky) *Ipsen, Lor.* (Bruun, Bibl. Danica, I. 269.) (Collin, Anonymer. Kiobenh. 1869.)

Hauptinhalt d. christl. Lehre, in Bibelsprüchen u. Liederversen, mit Hinsicht auf d. Landeskatechismus, besonders f. meine Confirmanden, (v. L. Ipson). 8. Friedrichsstadt 805.

Hauptinhalt d. Lehre Jesu. 8. Rudolst. Klüger. 801.

— d. Lehre Jesu z. Gebr. beym Unterr. 8. Prag, Schönfeld. 784. Rthlr.

Hauptinhalt, Der, der Lehre Jesu Christi, zum Gebrauch bey dem Unterricht der Jugend ... Barby 1778. V: *Lieberkühn, Samuel.* (BrMm)

Hauptinhalt, der, der Lehre Jesu Christi, zum Gebrauch bei dem Unterricht in der Schule mit den evangel. Brüdergemeinen. (2e Ausg. Barby 1778 (von S. Lieberkühn.) 3e Aufl. unt. d. T.: Wahre Religionslehre der Herrnhut. Brüdergemeine. 8. Ebd. 784.) N. Aufl. 8. Ebd. 822. (Leipzig, Kummer.) ⅛ ₰ — (Die 1e Aufl. erschien 1774 unt. d. T.: Die Lehre Jesu Christi u. seiner Apostel, zum Unterricht für die Jugend in d. Evangel. Brüdergemeinde.)

Haupt-Instruction über Ausführung der Staats-Telegraphen-Anlagen. Vom 4. Juni 1858. Berlin, Decker. 1858. 4. (5¼ Bog.)

Haupt- und die Einführungs-Instruction, Die, in Beziehung auf das Pfandgesetz . . . des Königreichs Würtemberg. Stuttgart 1826. V: *Bolley, Hnr. Eduard Ferd.* (Kat. d. Bibl. d. dtsch. Reichstages. Berlin 1882.)

Haupt-Instruction zur organischen Einrichtung der fürstlichen Administration überhaupt ... Wien 1838. V: *Liechtenstein, Alois Fürst von.* (EB)

Haupt-Instruction, specielle, für die Hoch-Ehrwürdigen Brüder vom N. N. Handschrift ca. 1790. 4. 9 Bl.

Haupt-Karte des Parcellar-Catasters der Bürgermeisterei Burtscheid. 1 Bl. f.

Hauptkatalog, amtlicher, der Kunstausstellungen Regensburg 1910. (126 S 22 T) Regensburg 1910.

Hauptkatalog der Bibliothek des Landesgewerbevereins für das Großherzogth. Hessen üb. die J. 1837—1898. Bearb. v. G. Wagner. Hrsg. v. der großherzogl. Centralstelle f. die Gewerbe zu Darmstadt. gr. 8. (XXVIII, 874 S.) Darmstadt 899. (E. Roether.) n.n. 3. 20

Haupt-Catalog der deutschen, französischen, englischen, italienischen und spanischen Bücher in der grossen öffentlichen Leihbibliothek von Armbruster's Witwe und Friedr. Gerold in Wien. *Wien* 1859. *C. Gerold's S.* 431 S. 8°.
1 fl. 10 Oe. W.

Haupt-Catalog der armenischen Handschriften, hrsg. v. der Wiener Mechitaristen-Congregation. 1. Bd. 1. Hft. u. 2. Bd. 1. Hft. gr. 4. Wien, (Gerold & Co.). n.n. 3.50
I. Die armenischen Handschriften in Oesterreich. 1. Hft. Catalog der armen. Handschriften in der k. k. Hofbibliothek zu Wien v. Jacobus Dashian. (VIII, 49 S.) 891. n.n. 2. —
II. Die armenischen Handschriften in Deutschland. 1. Hft. Catalog der armen. Handschriften in der k. Hof- u. Staatsbibliothek zu München v. P. Gregoris Kalemkiar. (VIII, 37 S.) 892. n.n. 1.50

Haupt-Catalog der armenischen Handschriften, hrsg. v. d. Wiener Mechitharisten-Congregation. 1. Bd. 2. Buch. gr. 4. Wien 895. (Gerold & Co. — Leipzig, O. Harrassowitz). n.n. 60. — (I, 1. 2. u. II, 1.: n.n. 63.50)
Die armen. Handschriften in Österreich. 2. Buch. Katalog d. armen. Handschriften in d. Mechitharisten-Bibliothek zu Wien v. P. Jacobus Dashian. Gedruckt m. Unterstützg. d. kais. Akademie d. Wissenschaften in Wien. (XVII, 1164 S.) (1. u. 2: n.n. 62 —)

Haupt-Katalog der Allgemeinen Landes-Ausstellung 1891 in Prag zur Jubiläumsfeier der ersten Gewerbe-Ausstellung unter dem Protectorate Sr. Maj. Kaiser Franz Joseph I. Hrsg. vom Actions-Comité. Red. v. Jos. Fořt. 8. (VII, CCXX, 335 S. m. 1 Plan.) Prag 891. (Řivnáč.) n. 1.40

Haupt-Katalog pädagogischer, sprachlicher, mathematischer, geographischer, geschichtlicher, naturgeschichtlicher, physikalischer, chemischer, landwirthschaftlicher u. technologischer Lehr- u. Veranschaulichungsmittel, Apparate, Instrumente, Geräthschaften, Präparate etc. der Lehrmittelanstalt J. Ehrhardt & Co. in Bensheim. gr. 8. (VII, 118 S.) Bensheim 876. Lehrmittelanstalt. n. — 80

Haupt-Katalog der Leipziger Lehrmittel-Anstalt v. Dr. Osk. Schneider. gr. 8. (352 S. m. Abbildgn.) Leipzig 890. Leipziger Lehrmittel-Anstalt v. Dr. Osk. Schneider. cart. n.n. 1.10

Haupt-Katalog der öffentlichen Leihbibliothek des Johann Giontini, Buch-, Kunst- und Musikalienhändler in Laibach. I. Abth.: Bücher in deutscher Sprache. 8. (VI. 280 S.) Laibach, Giontini. 1861. 60 kr.

—— derselbe. II. Abth.: Bücher in französischer, italienischer und englischer Sprache. 8. (40 S.) Ebds. 1861. 20 kr.

Offizieller **Haupt-Katalog** der Berliner Gewerbe-Ausstellung 1896. Hrsg. im Auftr. d. Arbeitsausschusses d. Berl. Gew.-Ausst. *Berlin: R. Mosse (1896).* (1 Bl., LXIV, 256, 249 S., 1 Pl.) 1 Bd 8. 98. 1048

Offizieller **Haupt-Katalog** der Berliner Gewerbe-Ausstellung 1896. III. Pracht-Ausg. Hrsg. im Auftr. d. Arbeitsausschusses d. Berl. Gew.-Ausst. *Berlin: R. Mosse (1896).* (2 Bl., LXIV, 260, 249 S., 41 Taf.) 1 Bd 8. 97. 7311

— **officieller**, d. allgem. Gartenbau-Ausstellung in Hamburg 1897. 8. (184 S. m. Plan.) Hamburg 897. Ebd. n.n. 1. —; Suppl. (40 S.) n.n. — 30

Offizieller **Haupt-Katalog**. Große Gartenbau-Ausstellung. Düsseldorf 1904. Düsseldorf-Berlin: A. Scherl (1904). (139 S.) 8°

Haupt-Katalog, offizieller, der grossen Gartenbau-Ausstellung Düsseldorf 1904. (132 S. m. 2 Plänen.) 8. Düsseldorf (904). (Schmitz & Olbertz.) n. 1.40; erh. Preis n. 1.60

Hauptkatalog der Stadtbibliothek zu Crefeld. (Vorr.: Dr. [Waldemar] Bahrdt.) Crefeld 1908: Kramer & Baum. (188 S.) 8° 08. 9863 7

Hauptkatalog, systematisch-alphabetischer, der königl. Universitätsbibliothek zu Tübingen. 1. und 2. Heft. (Philosophie. Nach dem Stande vom 1. Juli 1853. — Allgemeine Schriften. Nach dem Stande vom 1. Juli 1855.) gr. 4. (VI und 63; IV und 122 S.) Tübingen 854. 56. (Laupp'sche Buchh.) [1. Heft * 8 Ngr., 2. Heft * 10 Ngr.] *

Hauptkatalog, systematisch-alphabetischer, der kgl. Universitätsbibliothek zu Tübingen. (1. 2. Heft.) Tübingen 854, 56. (Laupp.) gr. 4. (VI, 63; IV, 122 S.) (1.: n. 8 ngr; 2.: n. 10 ngr) n. 18 ngr
Vgl. Zuwachsverzeichniss etc.

Hauptkatalog, systematisch-alphabetischer, der königl. Universitätsbibliothek zu Tübingen. (3. Heft.) Theologie. Mit Einschluss des ersten Nachtrags nach dem Stand vom 1. Juli 1861. Tübingen 861. (Laupp'sche Buchh.) gr. 4. (V, 483 S.) n. 1 Thlr 10 ngr.

— — F. Geschichte u. ihre Hülfs-Wissenschaften. 1—3. Heft. Ebend. 869. 4. (S. 1—344.) n. 2 Thlr 10 ngr.

Hauptkrebsschaden, der, unserer Volksbildung. Ein Votum. 8. (72 S.) Quedlinburg 847, Basse. 1/3 Thlr

Hauptkriegstheater. Der Lauf des Rheins und der Seine und der angränzenden Länder, oder Postkarte von Ostfrankreich und Westdeutschland, mit Einschluss Hollands, der Schweiz und einem Theile des Kgrs Italien. (Aus dem Atlas von Mitteleuropa.) Leipzig, Hinrichs, 1814. 15 Bll. qu.-Fol.

HAUPT-LASTER, Die fünf, eines ruchlosen Weltkindes. O. O. 1720. 8°. 3 Bog. Rar!

Hauptlehren, Die, der lutherischen Bekenntnisschriften in wörtlichem Auszug gegenübergestellt den betreffenden Stellen der heiligen Schrift. Tübingen 1851. V: *Tafel, Joh. Frdr. Immanuel.* (Tübz 1851 —52, 42)

Hauptlehren, die, der Lutherischen Bekenntnißschriften in wörtlichem Auszuge gegenübergestellt den betreffenden Stellen der heil. Schrift. gr. 8. (22 S.) Tübingen 851, Verlags-Expedition. n. 2 ngr

— die, Jesu, u. Gesch. sein. letzten Leiden etc. 8. Leipzig, Dyk. 801.

Hauptlehren, die, der christlich. Religion. 8. Lübeck. (Bohn, Hamb.) 795.

Hauptlehren der Religion, für die, welche zur Confirmation vorbereitet werden. Von Ph. J. K. 8. Leipz. u. Dinkelsbühl 792. Schneider. 4 gr

— der Mosaischen Religion, für d. Unterricht d. Jugend. Verfaßt unter Aufsicht u. Leitung d. Ober-Rabbiner Abr. Bing, u. anerkannt von angeseh. Rabbinern. 8. München 827. (Landsh., Krüll; auch Thomann). 4 gr

Haupt- und Klassenlehrer. Eine Denkschrift, Sr. Exc. Hrn. Staatsminister Dr. v. Goßler unterthänigst überreicht von Klassenlehrern des Reg.-Bez. Düsseldorf. 1. und 2. Aufl. gr. 8. (46 S.) Wittenberg 886, Herrosé Verlag.

Hauptlehrerfrage, die, auf dem 18. rheinischen Lehrertage, s.: Abhandlungen, pädagogische.

Häuptling, der, v. Fallangia, s. a. Missionstraktate, kleine.

Häuptling, der, v. Fallangia. 3. Aufl. 16. (16 S.) Basel 880. Missionsbuchhandlung. n. — 4

Häuptlinge, niassische, od.: Er wird die Starken zum Raube haben, s.: Missions-Schriften, rheinische.

Häuptlinge, niassische, od.: Er wird die Starken zum Raube haben, s.: Missions-Traktate, rheinische. Nr. 127.

Kgl. polytechnische Schule zu Dresden. **Haupt-Liste** [der Studirenden, Zuhörer und Hospitanten], angefertigt am 18. 10. 1872 für das Professoren-Collegium.

Hauptmängel, üb. die, einiger Eisenhütten in Deutschl. s. a. Veltheim.

Hauptmängel, üb. die, einiger Eisenhütten in Deutschland. (von A. F. v. Veltheim). Nebst Bemerkk. über den Eisenhüttenhaushalt von B. F. J. Hermann. 8. Helmst. 790. Fleckeisen. 11 gr

Hauptmängel und Gewährfristen beim Viehhandel v. 27.3.99. (Gareis, Reichsgesetze 269) Giessen 1899

Hauptmängel, die, d. Gabelsberger'schen Kurzschrift (geschöpft aus d. Lehrbüchern d. hervorrag. Gabelsbergerianer). 4. Aufl. gr. 8. (8 S.) Berlin 896. (Leipzig, J. H. Robolsky.) n. — 10

Hauptmann [Sachliches Ordnungswort]

Hauptmann, der, Lustsp. von Preyer. 8. Breslau, Korn d. ält. 785.

Hauptmann, Der alte. Roman . . Leipz. 1859. V: *Temme, Jodocus Donatus. Hubert.* (Ky)

Hauptmann, der alte. Roman in 3 Bänden vom Verf. der „neuen deutschen Zeitbilder. (Von J. D. H. Temme.) Leipzig 859. Kollmann. 8. (2 Bll., 224; 2 Bll., 212; 2 Bll., 151 S.) n. 2 rp

Der **Hauptmann** von Cöpenick vor Gericht. Aktenmäßig dargest. mit zahlr. Abb. Berlin: Verlagshaus f. Volksliteratur u. Kunst [1906]. (32 S.) 8° [J.]
— Bibliothek, Aktuelle. Bd 2.

Hauptmann, Gerhart. Kritische Studien. (43 S. m. 1 Abbildg. u. 4 Taf.) gr. 8. Hirschberg 909. Schles. Druckerei u. Verlagsanstalt. — 50

Hauptmann [Verfasser]

Hauptmann, A., Grabmonumente. 1—3. Lfg. gr. Fol. (à 5 Bl. in Lichtdr.) Dresden 876. Gilbers. à n. 5. —

Hauptmann, A., Grabmonumente. 4—6. Lfg. Fol. (à 10 Bl. in Lichtdr.) Dresden 877. Gilbers' Verl. à n. 5. —

— moderne oramentale Werke der italienischen Renaissance. Hrsg. v. O. Damm. (In ca. 15 Lfgn.) Lichtdruck v. Römmler & Jonas. 1—20. Lfg. gr. Fol. (à 6 Taf.) Ebend. 873. 74. à n. 5. —

— dasselbe. 2. Aufl. 1—23. Lfg. gr. Fol. (à 6 Taf.) Ebend. 874. 75. à n. 5. —

Hauptmann A, moderne ornamentale Werke im Stile der italienischen Renaissance. (138 T) in 2 Mappen. fol Dresden 1876

Hauptmann, Alfr., „akute Ataxie" bei tuberkulöser Meningitis, s.: Mitteilungen aus den hamburg. Staatskrankenanstalten. XI, 6.

Hauptmann, Alfred: Über den histologischen Bau der kindlichen Eihäute bei normalem, vorzeitigem und verspätetem Blasensprunge. Leipzig 1905: G. Thieme. (38 S.) 8°
Heidelberg, Med. Fak., Ref. v. Rosthorn, Diss. v. 1905
[Geb. 29. Aug. 84 Gleiwitz; Wohnort: Heidelberg; Staatsangeh.: Preußen; Vorbildung: Gymn. Frankfurt a. M. Reife O. 00; Studium: Heidelberg 4, München 1, Heidelberg 5 S.; Coll. 23. Febr. 05; Approb. 11. Dez. 06.]

Hauptmann August: Berechtigung der neueren Sprachen an Realschulen. 20. Eger R. 01.
Progr.

Hauptmann, Carl, s. Hauptmann, Karl.

Hauptmann, Christian Siegmund Wilhelm

— comment. in Gen. IV. 7. 4. Gera 775. Roth.

Hauptmann, Christian Siegmund Wilhelm (Hrsg.), s. Hauptmann, Joh. Gottfr.: Collectio proverbiorum et sententiarum. – Notitia brevis auctorum vet. graec. et lat.– Schwanengesänge.

— Christian Sigismund Wilhelm, D. Joannis Gottfried Hauptmanni memorabilia quaedam bibliothecae instaurari coeptae successori ipsius viro Theodoro Joanni Abrahamo Schützio illustris Ruthenei directori recens constituto dedicat deque munere d. 10. III. 1784 feliciter suscepto observ. gratul. Gera (H. G. Roth). 8. S. (4.50) 13511

— e. Nachrr. von d. Vorstehern u. Lehrern d. gemeinschaftl. Gymnasiums zu Gera, beim Andenken an die vor 200 Jahren gescheh. Einweihung desselben. 8. Gera 808.

Hauptmann, E., die Berufskunde in der Fortbildungsschule. Im Auftrage der Stadt Straßburg bearb. 9 Tle. 8. Straßburg 905. E. van Hauten. n.n. 6. 35
Bäcker-Klasse. (53 S.) n.n. — 75. — Buchbinder-Klasse. (47 S.) n.n. — 70. — Friseur-Klasse. (47 S.) n.n. — 65. — Kellner-Klasse. (60 S.) n.n. — 75. — Klasse der Köche. (51 S.) n.n. — 70. — Konditorenklasse. (53 S.) n.n. — 70. — Metzger-Klasse. (41 S.) n.n. — 65. — Schneiderklasse. (43 S.) n.n. — 70. — Schuhmacherklasse. (59 S.) n.n. — 75.

— die Buchführung im Haushalte. 3. u. 4. Aufl. (à 15 S.) gr. 8. Gebweiler (905. 906.) J. Boltze. n.n. — 25

Hauptmann, E., die Buchführg. im Haushalte. 6. Aufl. (15 S.) gr. 8. Gebweiler (910). J. Boltze. nn — 25

— Buchführungsheft zur Erlernung der Anfangsgründe der gewerblichen Buchführung. 4. Aufl. (19 S.) gr. 8. Ebd. (905). n.n. — 25

— Buchführungsheft zur Erlerng. der Anfangsgründe der gewerbl. Buchführung. 6. verb. Aufl. (24 S.) gr. 8. Gebweiler (909). J. Boltze. nn — 30

Hauptmann, E., Erläuterungen z. elsass-lothringischen Schullesebuch. 1. Thl. Mittelstufe. gr. 8. (VII, 249 S.) Zabern (899—901.) A. Fuchs. n. 2. 40
Erschien auch in 4 Lfgn. à n. — 60.

— dasselbe. 2. Tl. Oberstufe. (In ca. 6 Lfgn.) 1.—5. Lfg. gr. 8. (S. 1—320.) Ebd. 899—902. à n. — 60

— Erläuterungen zum elsass-lothringischen Schullesebuch. 2. Tl. Oberstufe. 6. (Schluss-)Lfg. (IV u. S. 321—336.) gr. 8. Zabern (903). A. Fuchs. n. — 50 (Vollständig: n. 3. 50)

Hauptmann, E. G., die medicinischen Fakultäten d. Deutschen Reichs, Deutsch-Oesterreichs, der deutschen Schweiz u. der russ. Ostsee-Provinzen, sowie die m. ihnen verbundenen klin. Anstalten, medicin. u. naturwissenschaftl. Institute u. Sammlgn. [Aus: „Paul Börner's Reichs-Medicinal-Kalender".] 8. (38 S.) Leipzig 888. G. Thieme. n. 1. —

Hauptmann, Eduard, Fachlehrer an der k. k. keramischen Fachschule in Bechin, Constructionen von Gegenständen aus gebranntem Thon. Vorlagen für Gewerbeschulen, sowie für Werkstätten. 14 Blätter. Prag 1896. Selbstverlag des Verfassers. (Min.-Erl. v. 17. Oct. 1896, Z. 21601.) In Umschlag 7.—

Hauptmann, Ed., Constructionen v. Gegenständen aus gebranntem Thon. Vorlagen f. gewerbl. Fortbildungsschulen, Fachschulen, allgem. Handwerkerschulen., sow. f. Werkstätten. 2. [Titel-]Aufl. gr. Fol. (14 farb. Taf. m. 1 Bl. Text.) Wien (896) 898. C. Graeser. In Mappe n. 12. —

Hauptmann, Eduard, c. k. odborný učitel školy keramické v Bechyni, Konstrukce předmětů z pálené hliny. Předlohy pro školy odborné, všeobecné řemeslnické a pokračovací průmyslové jakož i dílny. Druhé vydání. 14 listů. (Construction zu Gegenständen aus gebranntem Thon. Vorlagen für Fachschulen, allgemeine Gewerbe- und Fortbildungsschulen und Werkstätten.) Gr.-Br.-Fol. (14 Blatt) 7.—
Wien: Graeser 1898.

Hauptmann, Emil

Hauptmann, E., zur Begründg. der nationalen Erdkunde, s. Aus Schule u. Leben.

Zur Begründung der nationalen Erdkunde. Von E[mil] **Hauptmann**. Strassburg i. E.: Bull 1910. 56 S. 8°
(Aus Schule u. Leben. H. 2, Abt. 2.)

Nationale Erdkunde. Von E. **Hauptmann**, Rektor in Straßburg i. E. Straßburg i. E.: F. Bull 1907. (XX, 206 S.) 8° [F.] [07. 1808]

— Der nationalen Erdkunde 2. Tl. Europa. (64 S.) gr. 8. Ebd. 908. 1.50

— Nationale Erdkunde. 2., verm. u. verb. Aufl. (2—6. Taus.) (VIII, 400 S.) gr. 8. Straßburg 911. F. Bull. 3.80; geb. in Leinw. 4. 50

Hauptmann, Emil: Über die thermische Tuberkulinreaktion bei Rindern, welche wiederholt und gleichartig tuberkulinisiert werden. 27 S. 4°
Wien, Vet.-med. Diss. v. [1910].
Aus: Tierärztl. Zentralblatt. Jg. 33, No 9–12.

Hauptmann F.: Anleitung zur Ertheilung des physikalischen Unterrichtes in der Volksschule mit Berücksichtigung der Apparatensammlung von Batka. 61. Klagenfurt L.-B.-A. 77. Progr.

Hauptmann F.: Über einige Arbeiten auf dem Gebiete der Elektricitätstheorie. 22. Graz L.-R. 76. Progr.

Hauptmann, F., e. Fahrt in's Land der Pharaonen m. e. Abstecher nach Palästina. gr. 8. (161 S.) Osnabrück 893. (G. Pillmeyer.) n. 1. 20

Hauptmann, Felix (Hrsg.), s. Allerlei aus alten Tagen.

Hauptmann, F., allerlei aus alten Tagen, s.: Bilder aus d. Geschichte v. Bonn u. s. Umgebg.

Hauptmann, Felix: Der Bonner Bannbegang, s. Bilder aus der Geschichte v. Bonn.

Bonn. Seine Geschichte, seine Sehenswürdigkeiten u. seine Umgebung. Fremden-Führer von Dr. F[elix] **Hauptmann**. *Bonn: P. Hauptmann 1900.* (122 S.) 8° [Ant. u. F.] [00. 8]

Hauptmann, Felix: Das fränkische Bonn, s. Bilder aus der Geschichte v. Bonn.

Bonn ums Jahr 1200. Geschildert von Dr. jur. F[elix] **Hauptmann**. Bonn: P. Hauptmann 1905. (37 S.) 8° [F.]
— **Bilder** aus d. Geschichte von Bonn u. s. Umgebung. 13. [07. 8]

Hauptmann, Felix: Geschichte v. Adelheidis-Pützchen, s. Bilder aus der Geschichte von Bonn.

— **Geschichte der Kevelaerer Bruderschaft. Zu ihrem 200jähr. Jubiläum nach dem Archiv der Bruderschaft dargestellt. (Bilder aus der Geschichte v. Bonn u. seiner Umgebg.) gr. 8. (79 S.) Ebd. 899.** n. — 70

Die Geschichte der Burg Godesberg. Von Dr. jur. F[elix] **Hauptmann**. Mit 5 Ill. Bonn: P. Hauptmann 1906. (82 S.) 8° [F.]
= **Bilder** aus d. Geschichte von Bonn u. s. Umgebung. 14. [07. 6840 5]

Hauptmann, Felix: Die Geschichte der Familie Wessel. Nach urkundl. Material zsgest.
Bonn 1901: P. Hauptmann. (116 S.) 8°

[F.] Zwei adelige Höfe in Oberdrees. Nach archival. Quellen geschildert v. Dr. iur. F[elix] **Hauptmann**. (SA. aus d. Rheinischen Geschichtsblättern. Jg. 3, No 1 u. 2, 1896.) *Bonn: Dr. d. P. Hauptmann'schen Buchdr. [1898].* (72 S., 4 Tab.) 1 Bd 4.

— **das Innere des Bonner Schlosses zur Zeit Clemens Augusts. Nach archival. Quellen geschildert. (Bilder aus der Geschichte v. Bonn.) gr. 8. (92 S. m. 11 Taf.) Bonn 901. P. Hauptmann.** n. 1. 50

Hauptmann, Felix: Die Junggesellen-Sodalität, s. Bilder aus der Geschichte von Bonn.

Zum Nordende Europas. Reisescizzen von Dr. F[elix] **Hauptmann**. Mit 36 Ill. *Bonn: P. Hauptmann 1900.* (132 S.) 8° [F.] [00. 5]

Hauptmann, Felix: Die Bonner Rheinfähre, s. Bilder aus der Geschichte von Bonn.

— **die Schutzpatrone v. Bonn, s.: Hürth, Th. H.**

Hauptmann, Felix: Die Ueberrumpelung Bonns am 22. Decbr. 1887, s. Bilder aus der Geschichte von Bonn.

Das Wappenrecht. Histor. u. dogmat. Darstellg der im Wappenwesen gelt. Rechtssätze. E. Beitr. z. deutschen Privatrecht. Von Dr. jur. F. Hauptmann. M. 2 Farbendrucktaf. u. 104 Textill. *Bonn: P. Hauptmann 1896.* (XVI, 583 S., 2 Taf.) 1 Bd 8. [97. 67

Hauptmann, F., das Wappenrecht der Bürgerlichen. Historisch u. dogmatisch dargestellt. gr. 8. (IV, 46 S.) Görlitz 882. Starke. n. 1. —

Hauptmann, Felix: Die Zerstörung Bonns im J. 1689, s. Bilder aus der Geschichte von Bonn.

Hauptmann, Frz., Methodik des Unterrichtes in der Naturlehre. s. a. Lehrbuch d. spec. Methodik. 8. Bd.

HAUPTMANN, Franz

Methodik des Unterrichtes in der Naturlehre. Von Franz Hauptmann. Mit 10 Abbildungen. 2. umgearbeitete und erweiterte Auflage. [Lehrbuch der speciellen Methodik für die österreich. Lehrer- und Lehrerinnen-Bildungsanstalten. Redigirt von Dr. Wilh. Zenz. 8.] Wien. 1899. Hölder. Gr.-8°. 56 S. fl. —.40
61

Hauptmann, F., Methodik des Unterrichtes in der Naturlehre. 3. Aufl. [Lehrbuch der speziellen Methodik. 8.] 8°. (ill. 62 S.) K —.90
Wien: Hölder 1909.

Hauptmann France, Računica za meščanske šole. I. del. Wien 1906. Schulbücherverlag. Geb. K —.80.

Hauptmann France, Računica za meščanske šole. II. del. Wien 1909. Schulbücherverlag. Geb. K —.80.

Hauptmann Franz, Računica za meščanske šole. III. del. Wien 1909. Schulbücherverlag. Geb. K 1.25.

Hauptmann, Franz, Rechenbuch für Knabenbürgerschulen. Ausgabe in 3 Teilen. I. Teil. Wien 1904. K. k. Schulbücherverlag.

Hauptmann Franz, Rechenbuch für Knabenbürgerschulen. Ausgabe in 3 Teilen. II. Teil. Wien 1904. K. k. Schulbücherverlag. Preis in Halbleinen gebunden 80 h.

Hauptmann Franz, Rechenbuch für Knaben-Bürgerschulen. Ausgabe in drei Teilen. III. Teil. Wien 1907. Schulbücherverlag. In Halbleinen geb. K 1.—.

Hauptmann, Gerh., der Apostel. Bahnwärter Thiel. Novellistische Studien. 8. (95 S.) Berlin 892. S. Fischer Verl. n. 1. 50; geb. n. 2. 25

Hauptmann, Gerh., der Apostel. Bahnwärter Thiel. Novellist. Studien. 3. Aufl. 8. (95 S.) Berlin 897. S. Fischer, Verl. n. 1. 50; geb. n. 2. 50

[Ant. u. F.] Gerhart Hauptmann. Der Apostel. Bahnwärter Thiel. Novellist. Studien. 4. Aufl. *Berlin: S. Fischer 1897.* (1 Bl., 95 S.) 1 Bd 8. [98. 6805

— Rose Bernd. Schauspiel in 5 Akten. 1—13. Aufl. (à 154 S.) 8. Ebd. 904. n. 2. 50; geb. in Leinw. n. n. 3. 50

Rose Bernd. Schauspiel in 5 Akten. Von Gerhart Hauptmann. 14. Aufl. *Berlin: S. Fischer 1904.* (154 S.) 8° [F.]

Rose Bernd. Schauspiel in 5 Akten. Von Gerhart Hauptmann. 15. Aufl. *Berlin: S. Fischer 1904.* (154 S.) 8° [F.]

Hauptmann, Gerh., Rose Bernd. Schauspiel in 5 Akten. 16. Aufl. (154 S.) 8. Berlin 908. S. Fischer, Verl. 2. 50

— dasselbe. Einzige autoris. Übersetzg. v. Jan Kasprowicz. (In poln. Sprache.) (V, 119 S.) 8. München (903). [Dr. J. Marchlewski & Co.] Etzold & Co. n. 1. 70

— der Biberpelz. Eine Diebskomödie. 8. (104 S.) Ebd. 893. n. 2. —

Hauptmann, Gerh., der Biberpelz. Eine Diebskomödie. 5.—8. Aufl. 8. (à 100 S.) Berlin 899. 900. S. Fischer, Verl. n. 2. —; geb. n. 3. —

Der Biberpelz. Eine Diebskomödie von Gerhart Hauptmann. 9. Aufl. Berlin: S. Fischer 1902. (100 S.) 8° [F.] [03. 3680 2

Der Biberpelz. Eine Diebskomödie von Gerhart Hauptmann. 10. Aufl. Berlin: S. Fischer 1902. (100 S.) 8° [F.] [08. 6341

— der Biberpelz. Eine Diebskomödie. 11. Aufl. (100 S.) 8. Berlin 906. S. Fischer, Verl. n. 2. —; geb. n. 3. —

— Der Biberpelz. Eine Diebeskomödie. 13. Aufl. (100 S.) 8. Ebd. 910. 2. —

—— College Crampton. Komödie in 5 Akten. 8. (72 S.) Ebd. 892. * 2 —

— College Crampton. Komödie in 5 Akten. 5. u. 6. Aufl. 8. (à 94 S.) Ebd. 899. n. 2. —; geb. n. 3. —

College Crampton. Komödie in 5 Akten von Gerhart Hauptmann. 7. Aufl. Berlin: S. Fischer 1904. (94 S.) 8° [F.] [05. 3681 2

College Crampton. Komödie in 5 Akten von Gerhart Hauptmann. 8. Aufl. Berlin: S. Fischer 1907. (94 S.) 8° [F.] [08. 6342

— Elga. 1—7. Aufl. (Je 87 S.) 8. Ebd. 905. n. 2. —; geb. n. n. 3. —

Hauptmann, G., das Friedensfest. Eine Familienkatastrophe. Bühnendichtung. 8. (V, 74 S.) Berlin 890. S. Fischer Verl. n. 2. —

— das Friedensfest. E. Familienkatastrophe. Bühnendichtg. 3. Aufl. 8. (VII, 100 S.) Ebd. 897. n. 2. —; geb. n. 3. —

— das Friedensfest. Eine Familienkatastrophe. Bühnendichtung. 4. u. 5. Aufl. 8. (à 105 S.) Ebd. 899. n. 2. —

Das Friedensfest. Eine Familienkatastrophe. Bühnendichtung von Gerhart Hauptmann. 7. Aufl. Berlin: S. Fischer 1907. (105 S.) 8° [F.] [08. 6343

— Griechischer Frühling. (1—7. Aufl.) (266 S. m 2 Vollbildern.) 8. Ebd. 908. 09 5.—; geb. 6.50; in Perg. 7. 50

Kaiser Karls Geisel. Ein Legendspiel von Gerhart Hauptmann. Berlin: S. Fischer 1908. (157 S.) 8° [F.] [08. 6344

Kaiser Karls Geisel. Ein Legendenspiel von Gerhart Hauptmann. 5. Aufl. Berlin: S. Fischer 1908. (157 S.) 8° [F.] [08. 14004 11

— Florian Geyer. 8. (304 S.) Ebd. 896. n. 4. —; geb. n. 5. 50

[F.] Gerhart Hauptmann. Florian Geyer. 3. Aufl. *Berlin: S. Fischer 1896.* (302 S., 1 Bl.) 1 Bd 8. [96. 2103

— Florian Geyer. 5. u. 6. Aufl. 8. (à 220 S.) Ebd. 899. n. 3. —; geb. n. 4. —

[F.] Die versunkene Glocke: E. deutsches Märchendrama v. Gerhart Hauptmann. 3. Aufl. *Berlin: S. Fischer 1897.* (4 Bl., 174 S., 1 Bl.) 1 Bd 8. [98. 7093 Gr

[F.] Die versunkene Glocke: E. deutsches Märchendrama v. Gerhart Hauptmann. 11. Aufl. *Berlin: S. Fischer 1897.* (4 Bl., 175 S.) 1 Bd 8. [97. 793

Die versunkene Glocke. Ein deutsches Märchendrama von Gerhart Hauptmann. 20. Aufl. *Berlin: S. Fischer 1897.* (175 S.) 8° [F.] [04. 3118 10

— die versunkene Glocke. E. deutsches Märchendrama. 38.—40. Aufl. 8. (à V, 175 S.) Ebd. 898. n. 3. —; geb. n. 4. 50

— die versunkene Glocke. Ein deutsches Märchendrama. 41.—50. Aufl. 8. (à V, 175 S.) Ebd. 899. 900. n. 3. —; geb. in Leinw. m. Goldschn. n.n. 4. 50

Die versunkene Glocke. Ein deutsches Märchendrama von Gerhart Hauptmann. 46. Aufl. *Berlin: S. Fischer 1900.* (175 S.) 8° [F.] [00. 4118

Die versunkene Glocke. Ein deutsches Märchendrama von Gerhart Hauptmann. 56. Aufl. Berlin: S. Fischer 1902. (175 S.) 8° [F.] [05. 3684 2

— die versunkene Glocke. Ein deutsches Märchendrama. 61—64. Aufl. (Je V, 175 S.) 8. Ebd. 906. n. 3. —; geb. in Leinw. m. Goldschn. n n. 4. 50; in Ldr. n. 5. —

— Die versunkene Glocke. Ein deutsches Märchendrama. 65—75. Aufl. (V, 175 S.) kl. 8. Ebd. 906—10. 3.—; geb. 4.50 u. 5. —

— Griselda. 1—6. Aufl. (153 S.) 8. Ebd. 909. 3.—; geb. n 4.—; in Perg. 6. —

— der rote Hahn. Tragikomödie in 4 Akten. 1.—3. Aufl. 8. (à 144 S.) Ebd. 901. n. 2. 50; geb. n.n. 3. 50

Der rote Hahn. Tragikomödie in 4 Akten von Gerhart Hauptmann. 4. Aufl. Berlin: S. Fischer 1901. (144 S.) 8° [F.] [05. 3683 2

Der rothe Hahn. Tragikomödie in 4 Akten von Gerhart Hauptmann. 8. Aufl. *Berlin: S. Fischer 1901.* (144 S.) 8° [F.]

— Hannele. Traumdichtung in 2 Tln. Illustr. v. Jul. Exter. gr. 4. (VII, 75 S.) Ebd. 894. n. 5. —; geb. n.n. 7. 50

Der arme Heinrich von Gerhart Hauptmann. Eine deutsche Sage. Mit Buchschmuck von Heinrich Vogeler. 1. bis 9. Taus. *Berlin: S. Fischer 1902.* (172 S.) 8° [F.]

— der arme Heinrich. Eine deutsche Sage. Mit Buchschmuck v. Heinr. Vogeler. 10—13. u. 14—23. Tausf. (Je 173 S.) 8. Ebd. 902. n. 3. 50; geb. n.n. 5. —

[F.] Fuhrmann Henschel. Schauspiel in 5 Akten v. Gerhart Hauptmann. *Berlin: S. Fischer 1899.* (3 Bl., 100 S.) 1 Bd 8. [98. 10996

Fuhrmann Henschel. Schauspiel in 5 Akten von Gerhart Hauptmann. 2. Aufl. *Berlin: S. Fischer 1899.* (100 S.) 8° [F.] [04. 309 4

Fuhrmann Henschel. Schauspiel in 5 Akten von Gerhart Hauptmann. 16. Aufl. *Berlin: S. Fischer 1899.* (100 S.) 8° [F.]

— Fuhrmann Henschel. Schauspiel in 5 Akten. Neue, der Schriftsprache angenäherte Fassg. 1.—12. Aufl. 8. (à 100 S.) Ebd. 899. n. 2. —; geb. n. 3. —

Fuhrmann Henschel. Schauspiel in 5 Akten von Gerhart Hauptmann. (Übertragung.) Neue, der Schriftsprache angenäherte Fassung. 15. Aufl. Berlin: S. Fischer 1909. 100 S. 8° [09. 15716

— Fuhrmann Henschel. Schauspiel in 5 Akten. Neue, der Schriftsprache angenäherte Fassg. 16. Aufl. (III, 100 S.) 8. Ebd. 909. 2. —

Hanneles Himmelfahrt. Traumdichtung in 2 Teilen von Gerhart Hauptmann. 3. Aufl. *Berlin: S. Fischer 1897.* (95 S.) 8° [F.] [04. 310 4

[F.] Hanneles Himmelfahrt. Traumdichtg in zwei Tln v. Gerhard Hauptmann. 4. Aufl. *Berlin: S. Fischer 1897.* (4 Bl., 95 S.) 1 Bd 8. [97. 941

— Hanneles Himmelfahrt. Traumdichtg. in 2 Tln. 7. u. 8. Aufl. 8. (à VII, 95 S.) Ebd. 899. n. 2. —; geb. n. 3. —

— Hanneles Himmelfahrt. Traumdichtung in 2 Tln. 9. u. 10. Aufl. 8. (à VII, 95 S.) Ebd. 900. n. 2. —; geb. n.n. 3. —

Hauptmann, Gerhart: Hanneles Himmelfahrt. Traumdichtung in zwei Teilen. 15. Aufl. Berlin: S. Fischer 1906. 95 S. 8°

— Hanneles Himmelfahrt. Traumdichtung in 2 Tln. 16. Aufl. (V, 95 S.) 8. Ebd. 906. n. 2. —; geb. in Leinw. m. Goldschn. n.n. 3. —

— Hanneles Himmelfahrt. Traumdichtg. in 2 Tln. 18—20. Aufl. (VII, 95 S.) 8. Ebd. 909. 10. 2.—; geb. 3. —

— Die Jungfern vom Bischofsberg. Lustspiel. 1—4. Aufl. (125 S.) 8. Ebd. 907. 3. —

— Michael Kramer. Drama in 4 Akten. 1.—10. Aufl. 8. (à 130 S.) Ebd. 900. 901. n. 2.—; geb. in Leinw. n.n. 3.—

Hauptmann's, Gerh., „einsame Menschen", s.: Kritik, freie

—— Einsame Menschen. Drama. 8. (VII, 112 S.) Ebd. 891. * 2 —

— einsame Menschen. Drama. 10. Aufl. 8. (VIII, 136 S.) Ebd. 898. n. 2. —; geb. n. 3. —

— einsame Menschen. Drama. 11.—14. Aufl. 8. (à VIII, 136 S.) Ebd. 899. 900. n. 2. —

Einsame Menschen. Drama von Gerhart Hauptmann. 13. Aufl. *Berlin: S. Fischer 1900.* (136 S.) 8° [F.]

Einsame Menschen. Drama von Gerhart Hauptmann. 17. Aufl. Berlin: S. Fischer 1903. (136 S.) 8° [F.] [05. 3684 2

Einsame Menschen. Drama von Gerhart Hauptmann. 19. Aufl. Berlin: S. Fischer 1906. (136 S.) 8° [F.] [06. 3903 11

— Einsame Menschen. Drama. 21—23. Aufl. (VI, 136 S.) 8. Ebd. 908—10. 2. —

Hauptmann, Gerhart, Promethidenloos. Eine Dichtung. gr. 8. (118 S.) Berlin 885, Issleib. *

— Der Narr in Christo Emanuel Quint. Roman. (Satzanordnung u. Einbandentwurf v. E. R. Weiß.) (540 S.) 8. Ebd. 910. 6.—; geb. n 7.50; in Ldr. n 9. —

Der Narr in Christo Emanuel Quint. Roman von Gerhart Hauptmann. 8. Aufl. Berlin: S. Fischer 1910. 540 S. 8°

Der Narr in Christo Emanuel Quint. Roman von Gerhart Hauptmann. 12. Aufl. Berlin: S. Fischer 1910. 540 S. 8° 11

— Schluck u. Jau. (Spiel zu Scherz u. Schimpf m. 5 Unterbrechgn.) 1.—10. Aufl. gr. 8. (à 172 S.) Ebd. 900. n. 3.—; geb. in Leinw. n n. 4. 50

— vor Sonnenaufgang. Soziales Drama. 1.—8. Aufl. 8. (108 S.) Berlin 889. 890. Conrad. n. 1.50; geb. n. 2. 40

Gerhart Hauptmann. Vor Sonnenaufgang. Soziales Drama. (6. Aufl.) Berlin: S. Fischer 1892. (108 S.) 8° [Ant. u. F.]
(Sammlung moderner Dramen.) 2

— vor Sonnenaufgang. Soziales Drama. 7. u. 8. Aufl. 8. (à 136 S.) Ebd. 899. n. 2. —; geb. n. 3. —

Vor Sonnenaufgang. Soziales Drama von Gerhart Hauptmann. 10. Aufl. Berlin: S. Fischer 1905. (136 S.) 8° [F.] 11

— Vor Sonnenaufgang. Soziales Drama. 11—13. Aufl. (136 S.) 8. Ebd. 907—10. 2. —

Bahnwärter Thiel. Der Apostel. Novellistische Studien von Gerhart Hauptmann. 5. Aufl. Berlin: S. Fischer 1899. (110 S.) 8° [F.] 2

Bahnwärter Thiel. Der Apostel. Novellist. Studien von Gerhart Hauptmann. 6. Aufl. *Berlin: S. Fischer 1899.* (110 S.) 8° [F.] 11

— Bahnwärter Thiel. Der Apostel. Novellistische Studien. 8. Aufl. (110 S.) 8. Ebd. 910. 2. —

— und Pippa tanzt! Ein Glashüttenmärchen in 4 Akten. 1—10. Aufl. (Je 109 S.) 8. Ebd. 906. n. 3. —; geb. n.n. 4. —; in Perg. n.n. 6. —

—— De Waber. [Die Weber.] Schauspiel aus den vierziger Jahren. Dialekt-Ausg. 8. (VII, 119 S.) Berl. 892, S. Fischer, Verlag. * 2 —; geb. * 2 75

— De Waber. (Die Weber.) Schauspiel aus den vierziger Jahren. Dialekt-Ausg. (2. Aufl.) [Anastat. Neudr.] (V, 119 S.) 8. Ebd. [892] 896. 2.—; geb. n 3. —

—— Die Weber. [Übertragung.] 2. Aufl. 8. (VII, 119 S.) Ebd. 892. * 2 —; geb. * 2 75

Gerhart Hauptmann. Die Weber. (Übertragung.) [De Waber, hochdeutsch.] Schauspiel aus d. vierziger Jahren. 5. Aufl. Berlin: S. Fischer 1894. (117 S.) 8° [Ant. u. F.] 2

— die Weber. (Übertragung.) Schausp. aus d. vierziger Jahren. 21. u. 22. Aufl. 8. (à VII, 119 S.) Ebd. 899. n. 2 —; geb. n. 3.

— die Weber. Schauspiel aus den vierziger Jahren. (Uebertragung.) 23.—26. Aufl. 8. (à V, 127 S.) Ebd. 900. 901. n. 2. —; geb. n.n. 3. —

Die Weber. Schauspiel aus den vierziger Jahren. Von Gerhart Hauptmann. (Uebertragung.) 24. Aufl. *Berlin: S. Fischer 1900.* (125 S.) 8° [F.]

Die Weber. Schauspiel aus d. vierziger Jahren. Von Gerhart Hauptmann. (Uebertragung.) 25. Aufl. *Berlin: S. Fischer 1901.* (125 S.) 8° [F.] 11

— die Weber. Schauspiel aus den vierziger Jahren. (Uebertragung.) 34—36. Aufl. (V, 127 S.) 8. Ebd. 905. 907. n. 2. —; geb. in Leinw. n.n. 3. —

— Die Weber. Schauspiel aus den vierziger Jahren. (Übertragg.) 37—40. Aufl. (V, 127 S.) 8. Ebd. 908—10. 2.—; geb. in Leinw. n 3. —

Gerhart Hauptmann. Gesammelte Werke in 6 Bden. Bd 1–6. Berlin: S. Fischer 1906. 6 Bde 8° [F.]
1. Soziale Dramen. (Vor Sonnenaufgang. Die Weber. Der Biberpelz. Der rote Hahn.)
2. Soziale Dramen u. Prosa. (Fuhrmann Henschel. Rose Bernd. Bahnwärter Thiel. Der Apostel.)
3. Familiendramen. (Das Friedensfest. Einsame Menschen. Kollege Crampton. Michael Kramer.)
4. Märchendramen. (Hanneles Himmelfahrt. Die versunkene Glocke. Der arme Heinrich.)
5. Florian Geyer.
6. Märchendramen u. Fragmentarisches. (Elga. Schluck u. Jau. Und Pippa tanzt. Helios. Das Hirtenlied. Inhaltsverz.)

Hauptmann, Gerh., gesammelte Werke in 6 Bdn. (VII, 450, 294, 435, 336, 193 u. 348 S.) 8. Berlin 906. S. Fischer, Verl. n. 24. —; geb. in Halbperg. n.n. 30. —; in Perg. n. 36. —

Gerhart Hauptmann. Gesammelte Werke in 6 Bden. (2. Aufl.) Bd 1–6. Berlin: S. Fischer 1910. 8°
1. Soziale Dramen. (Vor Sonnenaufgang. Die Weber. Der Biberpelz. Der rote Hahn.)
2. Soziale Dramen u. Prosa. (Fuhrmann Henschel. Rose Bernd. Bahnwärter Thiel. Der Apostel.)
3. Familiendramen. (Das Friedensfest. Einsame Menschen. Kollege Crampton. Michael Kramer.)
4. Märchendramen. (Hanneles Himmelfahrt. Die versunkene Glocke. Der arme Heinrich.)
5. Florian Geyer.
6. Märchendramen u. Fragmentarisches. (Elga. Schluck u. Jau. Und Pippa tanzt. Helios. Das Hirtenlied. Inhaltsverz.) 8

Hauptmann, Hans, geschleifte Burgen, s. a. Bücher, die, des deutschen Hauses.

Geschleifte Burgen. Von Hans Hauptmann. Berlin: Buchverl. fürs Deutsche Haus 1910. 292 S. 8°
(Die Bücher d. Deutschen Hauses. Bd 107.)

Auf tönernen Füßen. Roman von Hans Hauptmann. Ill. von Ferd. Götz. Berlin-Leipzig: Buchverl. fürs Deutsche Haus 1908. (304 S.) 8° [F.]
= Bücher, Die, d. Deutschen Hauses. Reihe 1. Bd 15.

Hauptmann, Hans, Gigantomachie. Roman. (583 S.) 8. Braunschweig (903). Leipzig. R. Sattler. n. 6. —; geb. n. 7. 50

Hauptmann, Hans, s. Swoboda's, Otto, Comtoir-Wissenschaften.

— steinigt ihn! Ein Liebesroman. (367 S.) 8. Ebd. (903). n. 4. —; geb. n. 5. 50

— wie Seine Hoheit verpöbelte. Roman. (256 S.) 8. Ebd. 904. n. 3. —; geb. n. 4. —

Hauptmann, *Gustav* Hermann *Otto* [pr. Arzt aus Sohland a. d. Spree, Kgr. Sachsen]: Aus d. Kgl. Univ.-Augenklinik zu Greifswald. Ein Fall von progressiver traumatischer Lähmung des III.—VII. Hirnnerven ... Greifswald, Druck v. J. Abel, 1897; 34 S. 8.
Greifswald, Med. Fak., Inaug.-Diss. v. 2. Juli 1897

Hauptmann, J. B., Warum sollen wir Schiller feiern? s. Sammlung gemeinnütziger Vorträge.

Hauptmann, Superint., (J. Ch.), das achte Gebot: „Du sollst nicht falsch Zeugniß reden wider Deinen Nächsten," dem Uebertreter desselben, G. v. C., auf seine Schmähschrift wider den Generalsuperint. Bischof Dr. Dräseke und auf seine „Danksagung an die Torgauer" zu Gemüthe geführt. 8. Torgau 841, Wienbrack'sche Buchh. n. 6¼ ngl

Hauptmann, (Superint.), So wir im Geiste leben, so lasset uns auch im Geiste wandeln. Predigt. gr. 8. Torgau 840. (Wienbrack.) 1/12 ngl

Hauptmann, J. M., Heinrich Bischof v. Passau. Ein kurzer Abriß seines Lebens u. Wirkens zunächst f. das christl. Volk der Diözese Passau entworfen. 8. (131 S.) Passau 875. Waldbauer. n. — 86

Hauptmann, Johann Gottfried: Das Abgeschmackte d. heutigen Religionsvertreter. 4° Gera 1782.

— — Agnomina quaedam Apollinis a muneribus illi singulatim tributis repetenda persequutus Apollinum nostrorum providentissimorum domini Heinrici II. totius inclutae stirpis senioris domini Heinrici XII. domini Heinrici XXIIII. et domini Heinrici XXX. junioris lineae Ruthenorum nominalia sacra. Gera (Jo. Heinrich Roth) 10. VII. 1768. 2 Bl. (3.—) 13543

— — Alcibiadem Andocideum. Gera (Wwe. Schrader) 1758. 4 Bl. (2.—) 13532

— — Andociden veterem oratorem Atticum. Gera (Jo. Ge. Schrader) 10. III. 1754. 6 Bl. (3.—) 13525

— — Annorum apud antiquos Germanos initium soli sacrum perquirit ortumque justitiae solem quo tempore quondam divinos caligini nostrae radios intulit. Gera (Wwe. Schrader) 26. XII. 1761. 4 Bl. (4.—) 13539

— — Annum rationis Dionysianae 1748 non unius sinistrae pacis multo magis autem dextrae illius quam Westphalicam dicunt propter memoriam saecularem ac per sese notabilem proponit simulque viris juven. Johann Friedrich et Christ. Friedrich v. Freiesleben academica inter Lipsienses studia verno tempore coepta non sine sincerissimis gaudiis gratul. Gera (Schrader) Mai 1748. 12 S. (4.50) 13519

— — Antiphontem priscum oratorem Atticum paucis verbis designat ac simul ad orationem qua musas nostras valere jubebit nob. juv. Carl Firedrich Freiesleben invitat. Gera (Jo. Ge. Schrader) April 1753. 12 S. (4.—) 13523

— — Apollinem paciferum contemplatus ad exoptatissimam Europae pacem. Gera (Jo. Heinrich Roth) 17. IV. 1763. 6 Bl. mit Namen. (3.50) 13540

— — Arma Demosthenis ad Petron. cap. V. v. 14. Gera (Jo. Heinrich Roth) 1768. 6 Bl. mit Namen. (4.—) 13544

— — (Haynens.) u. Christian Ernst Schmid (Rabenau/Misn.), De Atticismo. Lpz. (Jo. Christian Langenheim) 1737. 28 S. (6.30) 13514

— — Augusta sacra nominis Heinriciani cels. comit. ac dominis Heinrico II. Heinrico XII. Heinrico XXIIII. et Heinrico XXX. jun. lin. Ruthenis gratul. et Apollinis cognomina reliqua de nondum antea memoratis occasionibus repetita. Gera (Heinrich Gottlieb Roth) 11. VII. 1774. 2 Bl. (2.50) 13545

— — Bella cum Dario Xerxeque. Historiae Graecae spec. II. Gera (Wwe. Schrader) 19. II. 1758. 6 Bl. mit Namen. (2.—) 13533

— — Interna liberae Graeciae bella per Andociden illustrata. Historiae Graecae spec. III. Gera (Wwe. Schrader) 17. IX. 1758. 6 S. mit Namen. (3.—) 13534

— — Bellerophontem considerat. Gera (Wwe. Schrader) 11. IV. 1757. 4 Bl. (3.50) 13529

— Collectio proverbiorum Pontani et Koeberi. Francof. et Lips. 743. 8. 4 gr.

Hauptmanni, J. G., Collectio proverbiorum et sententiarum insignium atque usitatiorum. Gerae 743. 12. 3 gr.

— coll. proverbior. et sent. 8. Gerae, Rothe. 778.
(Hrsg.v.Chrn.Siegm.Wilh.Hauptmann.)

— collectio verbor. et sententiar. 8. Francof. et Lips. 743.

— — Comparatione brev. Germanorum antiquorum et hodiernarum Americae borealis gentium. Gera (Wwe. Schrader) Nov. 1760. 6 Bl. (4.20) 13538

— — Convicia magis prodesse virtuti quam adulationem tractatione I. quo tempore Lutherus olim divinam veritatem instaurare coepit. Gera (Schrader) 1752. 4 Bl. (3.50) 13521

— hebraici sermonis elementa etc. 8. Jen. Güth. 760.

— Entwurf einer allgem. Sprachlehre u. Betrachtt. der Schreibart. 8. Gera 752.

— — De exedris veterum non nihil disserit. Gera (Wwe. Winter) 1737. 6 Bl. (4.50) 13513

Hauptmanni, J. G., Fasciculus carminum Latinor. optimae notae. Lips. 742. 8. 6 gr.

Hauptmann, I. Gf., fascic. carminum lat. 8. Lips. Gleditsch. 742.

Hauptmann, Joh. Gfrd, [De foro judiciario antiquissimorum Germanorum.] Gerae 1753. 4. . . . . (D.)

— — Gedächtnißmaal dem verewigten Herrn Heinrich Christoph Schüßler Königl. Pohlnisch. u. Chursächs. Hof= und Justitienrath auch Kammer=Consulenten Erb= Lehn= und Gerichtsherrn zu Renns= und Gerßdorf, bey der seiner Stiftung gewidmeten Feyerlichkeit, aufgerichtet. Gera (Heinrich Gottlieb Roth) 13. X. 1776. 4 Bl. genealog. Biographie S.'s. (6.50) 13547

— — De Gorgia Leontino ad sollemn. orat. qua valere musas nostras jubebit discip. Gottfr. Ernst Stockmann (Gera) invitat. Gera (Schrader) 21. III. 1751. 4 Bl. u. 4 Bl. 19. IX. 1751. (3.50) 13520

— — Habenas ab eloquentiae studioso secundum Petronii c. V. v. 13. sq. Gera (Jo. Heinr. Roth) 23. II. 1766. 6 Bl. mit Namen. (3.50) 13541

— — Hiatum in verbis jungendis. Gera (Jo. Heinrich Roth) 14. IX. 1766. 6 Bl. mit Namen. (3.50) 13542

— Jo. Gottfr. (Hayn.), De Laconismo. Präs. Johann Erhard Kapp. Lpz. (Jo. Christian Langenheim) 4. II. 1736. 30 S. mit Widm. v. Präs. (6.30) 13512

— — Dissertationis de Laconismo. Gera (Roth) 18. IX. 1774. 6 Bl. mit Namen. (3.50) 13546

— — De priscis Graecarum nominatim Atticarum legum latoribus quo tempore quondam divinas leges innovare Lutherus coepit. Gera (Wwe. Schrader) 1759. 4 Bl. (2.—) 13536

— — Linum sistit ut nobil. juven. Herm. Friedrich Koecher (Osnabrück) in Jenensium academiam regredientem. Gera (Wwe. Schrader) 24. IX. 1760. 4 Bl. (4.—) 13537

— — De litteris Atticis comment. I. Gera (Wwe. Schrader) 19. IX. 1756. 6 Bl. mit Namen. (3.50) 13528

— — De Asiatica loquacitate non nihil disputat. Gera 28. VI. 1745. 4 Bl. (4.—) 13518

— s. Lycurgi oratio c. Leocratem.

Hauptmann, J. G., de Menandro atq. illius comoediis. Gerae. 743. 4.

— — Musas ambiguo jam certamine contendentes altera commentat. quae posterior est de recentioribus eruditionis adversariis. Gera (Schrader) 16. IX. 1753. 6 Bl. (3.50) 13524

Hauptmann, Joh. Gfrd, Germanorum antiquorum nomina contemplatus ad Augustum Heinricorum nostrorum evehitur. Gera 1761. Fol. . . . . [illegible]

— — Nomina Laconum ad antiquitates illorum illustrandas comparata. Gera (Roth) 23. II. 1777. 6 Bl. (3.50) 13548

— notitia brev. auctorum vet. graec. et latinor., ed. Chr. S. W. Hauptmann, 8. Gera 779. Rothe. 8 gr.

Hauptmann, J. G., de nuptiis Graecorum. Gerae 1743. 4.

— — De Orpheo fabulam primordiis emendationis. Gera (Wwe. Schrader) 1757. 4 Bl. (3.—) 13530

— — De ΠΑΡΕΝΘΥΡΣΩ. Gera (Wwe. Schrader) 14. III. 1756. 6 Bl. mit Namen. (3.—) 13527

— — De Pisistrato deque filiis illius tyrannis. Historiae Graecae quatenus potiss. ex Andocideis orationibus lucem accipit spec. I. Gera (Wwe. Schrader) 19. IX. 1757. 6 Blatt mit Namen. (3.50) 13531

— — De scriptoribus Atticis praefatio, clar. viro Christian Ernst Schmid quo die magistri Lipsiensis dignitatem jure ac merito consequebatur dicata. Lpz. (Langenheim) Febr. 1739. 12 S. (4.80) 13516

— — (Conrector), Laudabilem sub annorum initia gratulandi rationem strictim breviterque defendit simulque ad audiendas pias preces anno 1738 recens inchoato . . . invitat. Gera (Gottfr. Winter's Wwe.). 4 Bl. (2.—) 13515

— über einige Regeln d. Rechtschreibung u. der Deutschen überhaupt. 4. Gera 762.

— — Rem publicam Atticam Andocidae ductu. Lpz. (Wwe. Schrader) 24. IX. 1758. 4 Bl. (2.50) 13535

Hauptmann, Jh. Gf., Schwanengesänge, herausg von Chr. G. W. Hauptmann. Gera 782.

— — Silentium poeticum contemplatus ad memoriam Schüsslerianam invitat. Gera (Roth) 15. X. 1777. 4 Bl. (3.—) 13549

— — Institutionis suae rhetoricae specimen caput de exordiis orationum generatim spectatis. Gera (Jo. Ge. Schrader) 1755. 6 Bl. (3.50) 13526

— — De laudabilis educationis utilitatibus maximis. Gera (Jo. Ge. Schrader) 1752. 4 Blatt. (1.50) 13522

— — Utrum longior alicui vita voveri debeat strictim breviterque disquirit. Gera (Wwe. Winter) 1739. 6 Bl. mit Namen. (3.50) 13517

Hauptmann, Jos., die Kunst wohlhabend u. reich zu werden. Zuverlässige Regeln u. Anleitungen für jedes Geschäft. Aus der 50jährigen Praxis eines Geld- u. Geschäftsmannes. Leipzig 862. Schulbuchhandlung. 8. (IV, 39 S.) n. 10 ngr.

Hauptmann J, die Marmorierkunst und die Behandlung der neuen Bronzefarben. 2. Auflage. (28 S 14 T) Gera 1901

Hauptmann, Jos., die Marmorierkunst u. die Konservierung des Caragheengrundes f. e. lange Haltbarkeit sowie die Behandlung der neuen Bronzefarben u. Sonnenstrahlphantasien. Ein prakt. Leitfaden zum Erlernen des Marmorierens nach Halfers Methode. Mit 31 selbst marmorierten u. teilweise gelatinisierten Mustern in Grösse von 7×5 cm., sowie 7 Clichés. 3. vorb. u. verm. Aufl. (39 S. m. Abbildgn. u. 14 Taf.) gr. 8. Gera 906. Englert & Ruckdeschel. n. 2.50

Hauptmann, Karl, Bonn [wirkl. Name]
s.a. Ridder, Lucien de [Pseud.] [illegible]

Hauptmann, Carl, die Austreibung. Tragisches Schauspiel. (VIII, 166 S.) 8. München 906. G. D. W. Callwey. n. 3. —

Hauptmann, Carl, die Bedeutung der Keimblättertheorie für die Individualitätslehre und den Generationswechsel. Inaugural-Dissertation. gr. 8. (41 S.) Jena 883. (Deistung's Buchh.)

Hauptmann, C., Beiträge zu e. dynamischen Theorie der Lebewesen. I. Die Metaphysik in der modernen Physiologie. Eine krit. Untersuchg. gr. 8. (IX, 388 S.) Dresden 893. [L. Ehlermann.] Jena, G. Fischer. n. 8. —

Hauptmann, Carl, die Bergschmiede. Dramat. Dichtg. gr. 8. (107 S.) München 902. G. D. W. Callwey. n. 2.50

Ephraims Breite. Schausp. in 5 Akten von Carl **Hauptmann**. *Berlin: S. Fischer 1900.* (115 S.) 8° [F.] [00. 4469

— Einfältige, s.: Bibliothek moderner deutscher Autoren. 16. Bd.

Carl **Hauptmann**. Einfältige. Eine Studie. Umschlag von Alex. Hartmann. Wien & Leipzig: Wiener Verl. 1906. 150 S. 8° [A11.1317 2

Hauptmann, Carl, Einhart, der Lächler. Roman. 2 Bde. (311 u. 247 S.) 8. Berlin (907). Marquardt & Co. 7.—; geb. in Leinw. 10. —

Der 'Normale Geheimrath' der Kölnischen Zeitung und die Organisation der Handwerker, d. erste Schritt z. Erhaltung d. Mittelstandes. Von L. de Ridder [d. i. Karl **Hauptmann**]. [Bonn]: P. Hauptmann [1893]. 16 S. 8°
Aus: Deutsche Reichs-Zeitung. [11. 7119

Hauptmann, Karl: Des Königs Harfe. Ein Bühnenspiel. München: Callwey 1903. 159 S. 8°

Hauptmann, Karl: Aus Hütten am Hange. Kleine Erzählungen. München: Callwey 1902. 224 S. 8°

(Einfältige.) Judas. (Graf Michael.) Carl **Hauptmann**. München: Callwey 1909. 340 S. 8°

— Der Landstreicher, s.: Schatzgräber, der.

Hauptmann, Carl, Marianne. Schausp. in 3 Akten. 8 (97 S.) Berlin 894. S. Fischer, Verl. n. 2. —

— Mathilde. Zeichnungen aus dem Leben e. armen Frau. gr. 8. (356 S.) München 902. G. D. W. Callwey. n. 5. —

Carl **Hauptmann**. Mathilde. Zeichnungen aus d. Leben e. armen Frau. 2. Aufl. München: Callwey 1907. 350 S. 8° [10. 13418 2

— Miniaturen. (255 S.) 8. Ebd. 905. n. 3. —

Die Mosel von Coblenz bis Cochem. 14 Wanderbilder mit 44 Federzeichn. u. 2 Kt. von C[arl] **Hauptmann**. Bonn: Hauptmann [1909]. 152 S. 8° [09. 8077

Die Mosel von Cochem bis Bernkastel. Ein Wanderbuch mit 100 Feder- u. Bleistiftzeichnungen, 2 Wegekt., Gasthof- u. Tourenverzeichnis von C[arl] **Hauptmann**. Bonn: P. Hauptmann [1910]. VIII, 191 S. 8° [10. 5504

Moses. Bühnendichtung in 5 Akten. Carl **Hauptmann**. München: Callwey 1906. 234 S. 8° [11. 994 2

— Panspiele. (VII, 240 u. Liedbeilagen 11 S.) 8. Ebd. 909. 4.—; geb. 5. 50

[Ant. u. F.] Carl **Hauptmann**. Sonnenwanderer. *Berlin: S. Fischer 1897.* (1 Bl., 216 S.) 1 Bd 8. [97. 1457

Bonner Streifzüge. Wanderbilder von C[arl] **Hauptmann**. Mit Ill. (Bonn: P. Hauptmann 1907.) (69 S.) 8° [F.]
Aus: Deutsche Reichs-Zeitung. 1906. [07. 13430

Hauptmann, C., Bonner Streifzüge. Wanderbilder. Heft 1 u. 2. (69 u. 79 S. m. Abbildgn.) 8. Bonn (907. 08). P. Hauptmann. à — 80
Forts. s.: Hauptmann, C., Wanderbilder.

— aus meinem Tagebuch. gr. 8. (231 S.) Berlin 900. S. Fischer, Verl. n. 3. 50; geb. n. 5. —

Aus meinem Tagebuch. Carl **Hauptmann**. 2. verm. Aufl. München: Callwey 1910. 308 S. 8°

Waldleute. Schauspiel in 4 Akten von Carl **Hauptmann**. Stuttgart: Cotta 1896. 123 S. 8° [10. 8705

— Wanderbilder. Heft Nr. 3. 8. Ebd. 909. — 30
Streifzüge am Rhein. (74 S.)

Carl **Hauptmann**: Unsere Wirklichkeit. München: Callwey 1902. 31 S. 8° [11. 505 2

Hauptmann, Karl Gottlieb

Hauptmann, Carl Glieb., Gedichte. 4. verm. u. verb. Aufl. 8. (96 S.) Sebnitz 871. (Leipzig, deutsche Volksbuchh.) n. — 50

Hauptmann, Kurt, pract. Arzt aus Breslau: Aus d. Fraenckel'schen Hospital zu Breslau. Zur Atropinbehandlung des Ileus. *Breslau 1903: Th. Schatzky.* (49 S.) 8°
Breslau, Med. Diss. v. 12. Juni 1903

Hauptmann, Ludmil, u. Frz. Heritsch, die eiszeitliche Vergletscherung der Bösensteingruppe in den Niederen Tauern. (33 S. m. 6 Fig. u. 1 Karte.) gr. 8. Wien 908. (A. Hölder.) 1. 30
Sonderabdruck aus: „Sitzungsber. d. k. Akad. d. Wiss."

Hauptmann, M., graphische Statik. Eine Sammlg graphostat. Konstruktionszeichngn. nebst erläut. Text. Für den Zeichenunterricht des ausführ. u. angeh. Architekten, Ingenieurs u. Technikers. (5 Taf. m. Text am Fusse.) gr. Fol. Limbach (903). A. Stopp. n. 3. 50

Hauptmann, Moritz

Hauptmann, Mor., Briefe an Franz Hauser. Hrsg. v. Alfr. Schöne. 2 Bde. Mit Hauptmann's (photogr.) Bildniß. gr. 8. (XVI, 320 u. 311 S.) Leipzig 871. Breitkopf & Härtel. n. 10. 50

— Briefe an Ludwig Spohr u. Andere. Hrsg. v. Ferd. Hiller. Neue Folge der Hauptmann'schen Briefe. 8. (VI, 235 S.) Ebend. 876. 5. —

Hauptmann, M. Erläuterungen zu Joh. Sebastian Bach's Kunst der Fuge. Leipzig 1841.

— Erläuterungen ...... Neue, unveränderte Ausgabe. Leipzig 1881.

Hauptmann, M., s.: Harmoniesystem, das.

Hauptmann, Mor., die Lehre von der Harmonik mit beigefügten Notenbeispielen. Nachgelassenes Werk. Hersg. von Osc. Paul. Leipzig 868. Breitkopf & Härtel. gr. 8. (IV, 143 S.) 25 ngr.

Hauptmann, M., die Natur der Harmonik und der Metrik. Zur Theorie der Musik. gr. 8. (XII und 395 S.) Leipzig 853, Breitkopf und Härtel.

— die **Natur der Harmonik** u. der Metrik. Zur Theorie der Musik. 2. Aufl. gr. 8. (VIII, 375 S.) Ebend. 873. n. 7. 50

Hauptmann, M., the nature of harmony and metre. Transl. and edited by W. E. Heathcote. gr. 8. (XLVIII, 352 S.) London 888. (Leipzig, Breitkopf & Härtel.) geb. n.n. 15. —

Hauptmann, Mor., **Opuscula.** Vermischte Aufsätze. (Klang. Temperatur. Der Dreiklang und seine Intervalle. Dreiklang mit der pythagoräischen Terz. Zum Quintenverbot. Zur Auflösung des Dominantseptimenaccordes durch Erweiterung der Septime zur Octav. Einige Regeln zur richtigen Beantwortung des Fugenthemas. Das Hexachord. Authentisch und Plagalisch. Contrapunkt. Metrum. Zur Metrik. Ueber die Recitative in J. S. Bach's Matthäus-Passion. Kunstvollendung. Form in der Kunst. Ironie der Kunst. Männlich und Weiblich. Egoismus. Mechanik. Die Sinne.) gr. 8. (VI, 137 S.) Leipzig 874, Leuckart.

Hauptmann, M., s. Zeitung, allgem. musikalische.

Hauptmann, Peter: Kondensation von Tetramethylpyrazin mit Diacetyl. Weida i. Th. 1910: Thomas & Hubert. 35 S. 8°
Jena, Phil. Diss. v. 10. Sept. 1910, Ref. Wolff
[Geb. 31. Mai 83 Hamburg; Wohnort: Hamburg; Staatsangeh.: Hamburg; Vorbildung: Realgymn. am Zwinger Breslau Reife M. 03; Studium: Klausthal Bergakad. 2, Berlin 2, Jena 10 S.; Rig. 29. Juli 09.] [U 11. 2467

Hauptmann, R., Einschau in die Himmelskunde oder gemeinfaßl. Belehrgn. aus dem Gebiete der Astronomie. Mit 1 (lith.) Sternkarte (in Fol.) u. 31 in den Text gedr. Holzschn. 4. (IV u. 88 S.) Torgau 852. (Wienbrack.) 1/2 ₰

Hauptmann [illegible]
Berlin, Med. Diss. v. [illegible] Nov. [illegible]

Hauptmann, Salomo (geb. Rawitsch 14. 1. 1839). De diabete mellito. Berolini (1864). (30 S.) 8°
Berlin, Med. Diss. v. 8. Apr. 1864

Hauptmann, Wilhelm, Referendar am Kgl. Oberlandesgericht zu Breslau: Über die Bestrafung der Versuchshandlung im Falle des § 210 StGB. Borna-Leipzig 1906: R. Noske. (IX, 58 S.) 8° [J.]
Breslau, Jur. Fak., Ref. Gretener, Diss. v. 30. Juli 1906
[Geb. 10. Juli 77 Görlitz; Wohnort: Breslau; Staatsangeh.: Preußen; Vorbildung: Gymn. Görlitz Reife O. 97; Studium: Breslau 5, Marburg 3 S.; Rig. 18. Juli 06.]

Hauptmann-albertini. carlo. vulnera versi. (In deutscher Sprache.) (114 Bl.) 8. Dresden (904). E. Pierson. n. 5. —

Hauptmanns, des alten, Erzählungen vom Kriegs- u. Soldatenwesen. Ein Lesebuch für wißbegierige Knaben, insbesond. für diejenigen, welche sich dem Militärstande widmen wollen. Mit 9 lithogr. Tafeln. breit 8. Berlin 835. Gropius. 1 2/3 ₰

Hauptmann's Märchendrama „Die versunkene Glocke". Von H. B. gr. 8. (16 S.) Königsberg 897. B. Teichert. n. — 40

Hauptmassbuch f. Schuhmacher. Fol. (50 Blatt.) Altona 893. H. Franke. In Wachstuch kart. n. 3. —; 100 Blatt n. 5. —

Hauptmerkmale der neuen Rechtschreibung. Als Wandtafel für Schulen. 2—4. Aufl. qu. gr. Fol. Leipzig 881. Siegismund & Volkening. n. — 10; auf Pappe n. — 35

Hauptmerkmale d. neuen Rechtschreibg. Als Wandtafel f. Schulen. 4. Afl. Fol. Lpzg 80, Siegismund u. V. n. — 10; auf Pappe n. — 35

— dasselbe. 4. u. 5. Aufl. Ausg. für Sachsen. qu. gr. Fol. Ebend. 881. n. — 10; auf Pappe n. — 35

Über die erfolgreiche Verwendung von Kieferschienenverbänden bei Frakturen und Resektionen mit besond. Berücks. d. Zinnscharnierschiene. Von Zahnarzt Fr[iedrich] **Hauptmeyer**, Essen-Ruhr. Mit 31 Textabb. u. 3 Taf. Leipzig: G. Thieme 1908. (36 S.) 4°(8°)
= **Zahnheilkunde**, Deutsche, in Vorträgen. [N. F.] H. 3. [08. 2037

Hauptmomente, die, der Erdbeschreibung auf 52 (lith.) Vorlagen zum Schönschreiben in der deutschen Schrift nach der 3. Stufe der vorgeschriebenen Musterblätter u. dann auch in der latein. Schrift für die obern Schulklassen u. beim Privatunterricht. kl. 4. Bayreuth 845. (Buchner'sche Buchh.) In Etui n. 7/12 ₰

Hauptmomente, die, der Erdbeschreibung auf 52 (lith.) Vorlagen zum Schönschreiben in der deutschen Schrift nach der 3. Stufe der vorgeschriebenen Musterblätter, und dann auch in der lateinischen Schrift für die obern Schulklassen und beim Privatunterricht. 2. verm. u. verb. Aufl. Bayreuth 853. (Bamberg, Buchner.) 4. n. 22 ngl

Haupt-Momente der Geschichte der vorzügl. Staaten u. Völker von 1800 vor Christo bis 1833 nach Christo. Ein Lesebuch für junge Frauen u. Männer der gebildeten Stände. gr. 12. Leipzig 834. Weldmar; Wien, Tendler. 5/6 ₰

Hauptmomente der deutschen Grammatik. Kopenh. 1843. V: *Rung, Gg Fred. Frelsen.* (Collin, Anonymer. Kiobenh. 1869.)

Indiens geographisch-statistische Hauptmomente. G. M. 1857.

Hauptmomente aus dem Leben des Grafen Conrad von Blücher. Altona [1840]. V: *Eggers, Johannes Mart. Hnr.* (A)

Hauptmomente, Die, aus dem Leben des . . . Fürsten Friedrich Erdmann zu Anhalt-Cöthen-Pless. [Anh. 1798.] V: *Gottschalck, Caspar Frdr.* (StAt)

Hauptmomente aus dem Leben des Grafen Yorck von Wartenburg, Koenigl. Preussischen Generallieutenants. 8. Ilmenau 1832

Hauptmomente der kritischen Philosophie. Münster 1803. V: *Bürger, Gottfried August.* (Ky)

Hauptmomente d. kritischen Philosophie, (von G. A. Bürger). gr. 8. Münster 803. (Leipz. 825. Barth). 1 ₰

— einige, des gewöhnl. contradictorischen Verfahrens vor den ersten u. zweiten Instanzen, nach der französ. Gerichtsordnung. gr. 8. München 819. (Finsterlin). 3 ₰

Hauptmomente, einige, des gewöhnl. contradictorischen Verfahrens vor den ersten und zweiten Instanzen, nach der franz. Gerichtsordnung. gr. 8. München, Thienemann. 819.

„Hauptmomente des Wirkens der Rheinisch-Westindischen Compagnie, als Anhaltspunkt zur Beurtheilung der Sache, bei Gelegenheit der Generalversammlung vom 2. III. 1830 mitgetheilt von der Direktion", Elberfeld 1830. — Vorh.: Büch. des Reichsbankdirektoriums Berlin.

Haupt-Nachrichten zum Bundes- bezw. Reichs-Gesetzblatt von 1867—1886. gr. 4. (524 S.) Berlin 887. Puttkammer & Mühlbrecht. n. 3. —

Hauptner, Alfr. (Emil Otto) (geb. Demmin in Pomm. 17. 4. 1860): Ein Fall von gleichzeitiger Unterbindung der Arteria und Vena axillaris mit Resection des Nervus medianus und musculo-cutaneus ohne consecutive Gangrän und ohne Störungen der Sensibilität und Motilität. Berlin (1882). (38 S.) 8°
Berlin, Med. Diss. v. 28. Nov. 1882

Hauptner, F. W., das Ausbrüten der Eier durch künstliche Wärme. Nach seiner neuen und praktisch bewährten Brütmethode beschrieben, und durch Zeichnungen erläutert, nebst e. Anhang, enthaltend: die Beschreibung u. Zeichnung einer Vorrichtung, um große Quantitäten Wasser schnell etc. in Holzgefäßen zu kochen. Ein versiegeltes Couvert in gr. 8. Berlin 842, Hayn. n. 1 ℛ

— die Hausmannskost. Ein Kochbuch für Frauen mittleren u. gewöhnl. Standes etc. gr. 8. Ebend. 844. ⅔ ℛ

Hauptner, F. W., Kochbuch f. Haushaltungen aller Stände. 1. Aufl. (54¾ B.) 838., u. 2., verb. Aufl. gr. 8. (54½ B.) Berlin 841, Hayn. à

— Kochbuch für Haushaltungen aller Stände. 2., verb. Aufl. gr. 8. Ebd. 841. 3 ℛ — 3. verb. Aufl. gr. 8. Ebd. 845. 3 ℛ

Hauptner, F. W., Kochbuch für Haushaltungen aller Stände. 4. Aufl. (XVI und 872 S.) 1848. und 5., verb. und verm. Aufl. gr. 8. (XII und 867 S.) Berlin 851(52,) Hayn.

Hauptner, F. W., Kochbuch für Haushaltungen aller Stände. 6. verb. etc. Aufl. 855. — 7., verb. etc. Aufl. Berlin 858. Hayn. gr. 8. (XII, 867 S.) 3 ℛ

Hauptner, F. W., Kochbuch für Haushaltungen aller Stände. 8., verb. u. verm. Aufl. Berlin 862. Hayn. gr. 8. (XII, 867 S.) 3 ℛ

Hauptner, F. W., Kochbuch für Haushaltungen aller Stände. 9., verb. u. verm. Aufl. Berlin 867. Hayn's Erben. gr. 8. (XII, 867 S.) 3 ℛ

Hauptner, F. W., Kochbuch f. Haushaltungen aller Stände. 10. verm., nach dem neuen Maß- u. Gewichtssystem umgearb. Aufl. gr. 8. (XII, 865 S.) Berlin 873. Hayn's Erben. 9. —

Hauptner, F. W., Kochbuch für Haushaltungen aller Stände. 11., verm. u. verb. Aufl. gr. 8. (XII, 790 S.) Berlin 882. Hayn's Erben. 9. —; geb. n. 10. 50

Hauptner, F. W., Kochbuch f. Haushaltgn. aller Stände. 12., verm. u. verb. Aufl. gr. 8. (VIII, 790 S.) Berlin 896. S. Mode's Verl. Geb. in Leinw. 6. —

Hauptner, H: Hauptner-Scheren mit biegsamer Triebwelle sowie für Handgebrauch zur Schur von Pferden, Rindern, Schafen und Hunden. Berlin 1904

Instrumenten-Katalog für Thiermedicin u. Landwirthschaft d. Fabrik v. H. Hauptner, Berlin. (Berl.) 1893. 168 S. Fig. 4°.

Hauptner, H: Katalog der Fabrik thierärztlicher und landwirthschaftlicher Jnstrumente und Geräthe. Berlin 1888. 1893.
Nebst: Nachtrag. 1895

Hauptner, H: Jnstrumenten-Fabrik für Thiermedicin und Landwirthschaft: Katalog. (Deutsch, franz., engl.) Berlin 1900
Nebst: Ergänzung. 1902

Katalog d. Instrumenten-Fabrik f. Thiermedicin u. Landwirtschaft H. Hauptner ... (Berl) 1900. 243 S. Fig. 4°.
(M. fransk og eng. Undertit.; Tekst: tysk, fransk, eng. — De hermed udg. Afbildninger: Die thierärztlichen Lehranstalten d. Welt ... jf. 216).
— Jubiläums-Ausg. Berl 1907. 303 S. Fig. 1 Portr. 4°.

Hauptner, H: Katalog der Jnstrumenten-Fabrik für Tiermedizin und Tierzucht. Jubiläums-Ausg. 1857—1907. Berlin (1907)

Hauptner H.: Kennzeichen f. Tiere. Berl. 1904. 12 S. Fig. 4°.

Hauptner H.: Die thierärztlichen Lehranstalten d. Welt an der Jahrhundertwende. Ein Bilderwerk m. Angaben üb. Studienverhältnisse, Vorbildung, Frequenz etc. Berl. 1900. (25) S. Fig. 4°.
(M. fransk og eng. Undertit.; Forklaring tysk, fransk og eng.; Udg. som Tillæg til: Katalog d. Instrumenten-Fabrik ... H. Hauptner).

Hauptner, H: Neuheiten auf dem Gebiete der thierärztlichen Jnstrumenten-Technik aus den Jahren 1897 und 1898. Berlin 1897—1898

Hauptner, Th., die verwandelte Katze, — mein Trompeter f. immer, } s.: Bloch's, E., Theater-Correspondenz.

Hauptner, Thuiskon

Hauptner, Th. Die Ausbildung der Stimme. Neue theoretisch-praktische Gesangschule. [Dazu als] Supplement: Aussprache und Vortrag beim Gesange. Leipzig.

Hauptner, Th, Aussprache u. Vortrag b. Gesange m. Berücksicht d. neuesten wissenschaftl. Forschgn. auf diesem Gebiete. Ein Suppl. z. d. Vorf. „Ausbildg. d. Stimme". 2. Aufl. gr. 4. (IV, 55 S.) Leipzig 897. E. Eulenburg. Kart n. 3. —

150 Studentenlieder, ernste und launige, mit leichter Klavierbegleitung. Ein Suppl. z. Allgem. Reichscommersbuch sowie zu allen übrigen Commersbüchern hrsg. von Th[uiskon] **Hauptner**. Leipzig & Brüssel: Breitkopf & Härtel [1895] 171 S. 4° [09. 11002

Haeuptner, Willibald, Assistenzarzt am Johanniter-Ordens-Krankenhause in Sonnenburg (Neumark): Aus d. pathol. Abteilung d. Königl. hygien. Instituts in Posen. Über embryonale Adenosarkome der Niere. Greifswald 1907: F. W. Kunike. (34 S.) 8°
Greifswald, Med. Fak., Ref. Busse-Kallius, Diss. v. 28. Sept. 1907
[Geb. 10. Okt. 78 Cottbus; Wohnort: Sonnenburg; Staatsangeh.: Preußen; Vorbildung: Gymn. Cottbus Reife M. 97; Studium: Leipzig 2, Würzburg 2, Breslau 1, Freiburg i. B. 1, Greifswald 1, Freiburg i. B. 4 S.; Coll. 20. Sept. 07; Approb. 15. Juli 03.]

Haupt-Nivellements, die grossh. badischen, mit den Anschlüssen an die Nachbarstaaten. Herausg. von der Grossh. Oberdirection des Wasser- u. Strassenbaues. Karlsruhe 1885. 4°

Hauptpastor Cambyses u. Merz in Augsb. Messenertrag. Polit. Schreiben Kaiser Josephs des 2ten an ungar. Kanzler Grafen v. Palfy. Berechnung der Einkünfte u. deren Verwendung von Ungarn. Leipz. u. Klgft. (Walliser?). 1786.

Hauptpostulate. Die H' des Personals zur Revision des Besoldungsgesetzes der S(chweizerischen) B(undes)-B(ahnen). Eingabe der Vereinigten Eisenbahn-Personal-Verbände an die Herren Mitglieder des National- und Ständerates vom November 1909. [II + 3 S.] 8. St. Gallen, Zollikofer & Cie.

Hauptprüfungen von Kartoffeltrockenapparaten u. Kartoffelerntemaschinen, i. A. Arbeiten der deutschen Landwirtschaftsgesellschaft.

Hauptprüfungen von Kartoffeltrockenapparaten und Kartoffelerntemaschinen nebst Berichten über Prüfungen neuer Geräte u. Einzelprüfungen, u. chronolog. Verz. aller bisher. Maschinenprüfungen. Bearb. im Auftr. d. Vorst. d. Deutschen Landwirtschafts-Gesellsch. Berlin: Deutsche Landwirtsch.-Ges. 1909. 86, 76 S. 8°
(Maschinenprüfungen. H. 1.)
(Arbeiten d. Deutschen Landwirtschafts-Gesellschaft. H. 163)

Hauptpunkte,

— einige, aus Dr. Paulus Leben Jesu, hauptsächlich vom sittl. u. prakt. Standpunkte aus betrachtet u. beleuchtet. 8. Nördling. 830. Beck. 8 gr.

Hauptpunkte, üb. einige, d. päpstl. Oberprimats. 8. Frburg 789. Montag. 5 gr.

Hauptpunkte, über einige, des päpstl. Oberprimats rc., hat (Mayr in Salzburg).

Hauptpunkte, die, des Reichs-Civilprozesses für Nichtjuristen unter besonderer Berücksichtigung des in der Provinz Hessen-Nassau geltenden Rechts. [Aus: „Neue Frankf. Presse".] 8. (24 S.) Kassel 878. Hühn. n. — 60

Hauptpunkte, d., d. Reichs-Civilprozesses f. Nichtjuristen unter besond. Berücks. d. in d. Prov. Hessen-Nassau gelt. Rechts. 8. (24) Kass. 79, Hühn. n. — 60

Hauptquartier, das; Schspl. in 4 A. 8. Wien 806. Walllishausser. 6 gr.

Aus den Hauptquartieren Sr. Majestät des Königs. (Berlin 1866.) 8°. (Aus: Kgl. Preuß. Staatsanzeiger.)

Haupt-Rechnung des Kranken-Unterstützungs-Vereines für gesittete Frauen zu Mariahilf mit Schluß des Jahres 1854. Wien. 1855. Mechitharisten-Buchdruckerei. (28 S. 8.)

Schweiz. Mobiliar-Versicherungs-Gesellschaft. 44. Haupt-Rechnung, geschlossen mit 30. Juni 1870. 16 Stn. gr. 4. 1871.

Schweiz. Mobiliar-Versicherungs-Gesellschaft. 45. Haupt-Rechnung, geschlossen mit 30. Juni 1871. 16 Stn. gr. 4. 1872.

Schweiz. Mobiliar-Versicherungsgesellschaft. 46. Hauptrechnung. 1871/72. 17 Stn. gr. 4. 1872.

Schweiz. Mobiliar-Versicherungs-Gesellschaft in Bern. 47ste Hauptrechnung pr. 1872/73. 16 Stn. gr. 4. 1873.

Haupt-Rechnung, 49. der Schweiz. Mobiliar-Versicherungs-Gesellschaft. Neunundvierzigstes Versicherungsjahr, geschlossen mit 30. Juni 1875. 16 Stn. hoch 4. 1876.

Hauptrechnungs-Abschluß d. k. k. Reichshaupt- u. Residenzstadt Wien f. d. Verwaltungsj. 1893. Nebst e. Hefte erläut. Bemerkgn. sammt Special-Ausweisen. qu. gr. 4. (III, 733 u. XVI, 685 S.) Wien 894. (W. Braumüller.) n n. 16. —

Hauptrechnungs-Abschluß der k. k. Reichshaupt- und Residenzstadt Wien für das Verwaltungsjahr 1896, bestehend aus 4 Theilen. Quer-4. I. Thl. Inhalt: 1. Rechnungs-Abschluß über das baare Geld. 2. Rechnungs-Abschluß über die Einnahmen und Ausgaben an Werthpapieren. 3. Inventar über das Eigenthum der Commune Wien. (260 S.) II. Thl. Erläuternde Bemerkungen zum ersten Theile (328 S.) III. Thl. Special-Ausweise zum ersten Theile. (638 S.) IV. Thl. Besondere Nachweisungen. [Anhänge.] (535 S.) In Comm. 8. —
Wien: Braumüller 1898.

(F) **Hauptrechnungs-Abschluss** der k. k. Reichshaupt- und Residenzstadt **Wien** für das Verwaltungsjahr 1897, bestehend aus vier Theilen. I. Theil: 1. Rechnungsabschluss über das bare Geld. 2. Rechnungsabschluss über die Einnahmen und Ausgaben an Wertpapieren. 3. Inventar über das Eigenthum der Commune Wien. 264 S. II. Theil: Erläuternde Bemerkungen zum I. Theile. XVII, 339 S. III. Theil: Special-Ausweise zum I. Theile. XVIII, 638 S. IV. Theil: Besondere Nachweisungen. (Anhänge.) 616 S. Wien. 1898. Verlag des Gemeinderaths-Präsidiums. In Comm. Braumüller. Qu.-Fol. fl. 8.—

(F) **Hauptrechnungs-Abschluss** der k. k. Reichshaupt- und Residenzstadt **Wien** für das Verwaltungsjahr 1898, bestehend aus vier Theilen. I. Theil: 1. Rechnungsabschluss über das bare Geld. 2. Rechnungsabschluss über die Einnahmen und Ausgaben an Wertpapieren. 3. Inventar über das Eigenthum der Commune Wien. 265 S. I. Theil: Erläuternde Bemerkungen zum I. Theile. XVI, 336 S. III. Theil: Special-Ausweise zum I. Theile. XIX, 695 S. IV. Theil: Besondere Nachweisungen. (Anhänge.) 637 S. Wien. 1899. Verlag des Gemeinderaths-Präsidiums. In Comm. Braumüller. Qu.-Fol. fl. 8.—

Hauptrechnungs-Abschluß der k. k. Reichshaupt- u. Residenzstadt Wien f. das Verwaltungsj. 1899. 4 Thle. qu. Fol. (III, 316; III, XVI, 389; III, XX, 727 u. III, 662 S.) Wien 900. (W. Braumüller). n.n. 16. —

Hauptrechnungsabschluss der k. k. Reichshaupt- und Residenzstadt Wien für das Verwaltungsjahr 1905. 4°. 4 Teile. †
Wien: Gerlach & Wiedling 1905. K 16.—

Anonym: „Allgemeines ökonomisches Hauptrechnungsmanual zur bequemen und genauen Berechnung aller Vorräthe, Einnahmen und Ausgaben, auf das Jahr 1804; zum nützlichen Gebrauch für alle Eigenthümer, Pachtinhaber und Verwalter von Ritter- und Landgütern", Penig 1803 (Dienemann). Dasselbe für die ff. Jahre.

Hauptrechnungsmanual, ökonom., zur Berechnung aller Vorräthe, Einnahme u. Ausgabe, herausgeg. von E. D. Z. Fol. Penig 805. Dienemann. (Leich in Leipz.) 1 rß

Anonym: „Oekonomisches Hauptrechnungsmanual, zur schnellen und genauen Berechnung aller Vorräthe, Einnahmen und Ausgaben aufs Jahr 1821 und alle folgenden Jahre", Penig 1821 (Dieze)

Hauptregeln f. die Ernährung u. Pflege des Kindes im ersten Lebensjahre. (Von Siegert.) (4 S.) gr. 8. Bonn (906). (M. Hager.) n — 10

Hauptregeln für die [neue] deutsche Rechtschreibung. 10., verm. Abdr. gr. 8. (1 Bl.) Potsdam 880. Rentel's Verl. auf Pappe gezogen. — 10

Hauptregeln f. Skat- u. Kartenspieler jeder Art. 64. (3 S.) Leipzig 887. Siegismund & Volkening. — 10

Hauptregeln der griechischen Syntax. Im Anschluss an die Grammatiken von Curtius, v. Hartel und Hintner. Zusammengestellt von einem Schulmanne. Wien 1892. 2. Aufl. 1893. 4. Aufl. 1895. 5. Aufl. 1896. 6. Aufl. 1898. 7. Aufl. 1900. V: *Huemer, Johann.* (EB)

Hauptregeln der griechischen Syntax. Im Anschluß an die Grammatiken v. Curtius- v. Hartel u. Hintner. gr. 8. (IV, 32 S.) Wien 892, Hölder. * — 48

Hauptregeln der griechischen Syntax. Im Anschluß an die Grammatiken von Curtius, Hartel und Hintner. Zusammengestellt von einem Schulmanne. 2., unveränderte Auflage. 8. (32 S.) —.24
Wien: Hölder 1893.

Hauptregeln der griechischen Syntax. Im Anschlusse an die Grammatiken von Curtius, v. Hartel und Hintner. 3. durchgesehene Auflage. 8. (32 S.) —.24
Wien: Hölder 1893.

Hauptregeln der griechischen Syntax. Im Anschluß an die Grammatiken v. Curtius — v. Hartel u. Hintner. Zusammengestellt v. e. Schulmanne. 4. unveränd. Aufl. gr. 8. (IV, 32 S.) Wien 895. A. Hölder. n. — 48

Hauptregeln der griechischen Syntax. Im Anschlusse an die Grammatiken von Curtius — von Hartel und Hintner. Zusammengestellt von einem Schulmanne. 5. unveränderte Auflage. Gr.-8. (32 S.) —.24
Wien: Hölder 1896.

Hauptregeln d. griechischen Syntax. Im Anschl. an d. Grammatiken v. Curtius-v. Hartel u. Hintner. Zusammengest v. e. Schulmanne. 6., unveränd. Aufl. gr. 8. (IV, 32 S) Wien 898. A. Hölder. n. — 48

(F) Hauptregeln der Griechischen Syntax. Im Anschluss an die Grammatiken von Curtius — v. Hartel und Hintner. Zusammengestellt von einem Schulmanne. 7., unveränderte Auflage. Wien. 1900. Hölder. Gr.-8°. 32 S. K —.48

Hauptregeln der griechischen Syntax. Im Anschluß an die Grammatiken v. Curtius, v. Hartel u. Hintner. Zusammengestellt v. e. Schulmanne. 8., unveränd. Aufl. gr. 8. (IV, 32 S.) Wien 902. A. Hölder. n. — 48

— der griechischen Syntax. Im Anschluß an die Grammatiken v. Curtius, v. Hartel u. Hintner. Zusammengestellt v. e. Schulmanne. 9., durchgeseh. Aufl. (IV, 32 S.) gr. 8. Wien 904. A. Hölder. n. — 44

Hauptregeln der griechischen Syntax. Im Anschluß an die Grammatiken von Curtius-v. Hartel u. Hintner. Zusammengestellt v. e. Schulmanne. 10., durchgeseh. Aufl. (IV, 32 S.) gr. 8. Wien 910. A. Hölder. — 44

Haupt-Register, alphabetisches, zum Amtsblatt der Königl. Preuß. Regierung zu Merseburg und zur Gesetzsammlung für die Preuß. Staaten insoweit die in letzterer enthaltenen Gesetze und Verordnungen durch das Amtsblatt publicirt worden sind. 2. Thl.: 1843—1852. Herausg. unter Aufsicht der Königl. Regierung. Merseburg 853. Garcke. 4. (2 Bl., 108 S.) n. 22½ Ngr
(1. Thl.: 1816—42, bearb. von C. F. C. Roloff. Halle 846. Buchhdlg. d. Waisenh. n. 3 Thlr 10 Ngr)

Hauptregister, alphabetisches, üb. die im Amtsblatt d. württembergischen evangelischen Konsistoriums u. der Synode in Kirchen- u. Schulsachen seit 1855 abgedruckten Erlasse. Enth. Nr. 1—433. gr. 8. (53 S.) Stuttgart 890. (Deutsche Verlags-Anstalt). n. 1. —; Schulsachen allein (27 S.) n. — 50

Hauptregister, ausführliches, aller Gesetze in d. Badischen Regierungsblatt, s. a. Regierungsblatt, Badisches.

Hauptregister, Ausführliches alphabetisches, über alle Gesetze und Landesverordnungen in den ... Badischen Regierungsblättern ... Karlsruhe 1811. V: *Rheinländer, Carl Ludw. Theod.* (MGT) (Ky) (NN) (Schz)

Hauptregister, ausführl., über alle Gesetze u. Verordnungen in d. Badischen Regierungsblättern, von deren erster Erscheinung 1803 an bis Neujahr 1811, (v. K. L. Th. Rheinländer). gr. 4. Karlsr. 811. Braun. 2 Thlr

Ausführl. alphab. Hauptregist. üb. alle Gesetze u. Landesverordnn. in d. Grossh. Bad. Regier.-Blättern v. deren erstem Erschein. 1803 an bis Neujahr 1811. *Karlsruhe*, Macklot. 812. gr. 8. (2 Thl. 6 Gr.)

— zu den ersten 10 Bdn. von Meyer's Universum. Alphabetisch nach Ortsnamen, Ländern u. theilweise nach Provinzen geordnet. qu. gr. 4. Augsburg 845, M. Rieger'sche B. 1/6 Thlr

Haupt-Register zu den 10 Bdn. der neuen Folge der im amtl. Auftrage hrsg. Entscheidungen des Königl. Ober-Tribunals. gr. 8. (IV u. 209 S.) Berlin 852, C. Heymann. n. 1 Thlr

— drei, über alle 6 Theile d. k. k. Privileg. statuor. u. sanctionum pragmaticarum, das Herzogth. Schlesien betreff. 8. Bresl., W. G. Korn. 1 Thlr 12 Sgr

Hauptregister zur Gesetz-Sammlung für die Königlichen Preußischen Staaten von 1884—1903. Berlin. 1904. 4°.

Hauptregister zu den ersten fünf Jahrgängen des Justiz-Ministerialblatts für die Preuß. Gesetzgebung 2c., s. Justiz-Ministerialblatt.

— zu den Jahrgängen des Justiz-Ministerial-Blatts für die Preuß. Gesetzgebung u. Rechtspflege pro 1844—1848. Hrsg. mit Genehmigung des Justiz-Ministeriums. gr. 4. (153 S.) Berlin 849, C. Heymann. n. 5/6 Thlr

Hauptregister zum Justiz-Ministerial-Blatt, s. Justiz-Ministerial-Blatt.

Haupt-Register, Nick'sches, zum Regierungs-Blatt f. das Königr. Württemberg. Jahrg. 1895—1902. (205 S.) Lex.-8. Stuttgart 904. W. Kohlhammer. n. 3. —; geb. n. 4. —

—— zum Pfennig-Magazin der Gesellschaft zur Verbreitung gemeinnütziger Kenntnisse. Ueber die 10 ersten Jahrgänge: 1833—1842. hoch 4. (9½ B.) Ulm 843, Ebner'sche Buchh. *

Haupt-Register bezüglich Uebersicht der im Fache der Militär-Verwaltung vom Jahre 1845 bis einschließlich 1849 mittelst fünf Amtsbücher ergangenen Gesetze und Normal-Verordnungen. 4. (64 S.) Brünn. Gedruckt bei R. Rohrer's Erben. 1854.

Hauptregister üb. die Verhandlungen der Stände des Königr. Württemberg auf den Landtagen von 1856 bis 1906. Nebst Uebersicht üb. sämtl. gedruckte Verhandlgn. der württemberg. Landstände. (IV, 947 S.) 31,5×22,5 cm. Stuttgart 909. C. Grüninger. 12.50

HAUPTREPERTORIUM. – über alle 8 Bände des Kais. Königl. Theresianischen Gesetzbuches vom Jahre 1740 bis 1780 in einer chronologischen Ordnung und systematischen Verbindung . . . Mößle, Wien 1789. 1 vol. 525 S. + 1 Kpf.

Die Hauptresultate des jetzigen Krieges, oder der Kampf um die Weltherrschaft u. dessen Folgen. 8. Berlin 1810.

Hauptresultate d. Volkszählung in Bosnien u. d. Hercegovina v. 22. Apr. 1895, nebst Angaben üb. territoriale Eintheilg., öffentl. Anstalten u. Mineralquellen. Zusammengest. v. statist. Departement d. Landesregierg. Hrsg v. d. Landesregierg. f. Bosnien u. d. Hercegovina. (In deutscher u. bosn. Sprache, letztere in latein. u. cyrill. Schrift.) gr. 4 (VIII, CIV, 778 S. m. 1 Karte.) Sarajevo 896. (Wien, C. Gerold's Sohn.) n. 32. —; orm. Pr. n. 16. —

Hauptsache, die, d. Offenbar. Joh. aus Beugel gez. gr. 8. Tübingen, Cotta. 772.

Hauptsache, Die, der Offenbarung Johannis. Reuttlingen 1773. V: *Hahn, Philipp Matthaeus.* (BrMm)

Hauptsächlichste, das, von den Verhandlungen der beiden letzten Landtage 1830 u. 1831, für den theilnehmenden Vaterlandsfreund, zur Benutzung bei den bevorstehenden Landtage. In zwanglosen Heften herausg. von e. frühern Ständemitgliede. 1s Heft. Von der ständischen Thätigkeit in Hinsicht auf Verfassung, Gesetzgebung, Kirchen u. Schulen. gr. 8. Dresden und Leipzig 833. Arnold. 5/12 ℛ

Haupt-Sachregister zum Bundes- bezw. Reichs-Gesetzblatt von 1867 bis 1883 einschließlich. 4. (309 S.) Hagen 884, Risel und Comp. *

Haupt-Sachregister zum Bundes- bezw. Reichs-Gesetzblatt von 1867—1886. gr. 4. (524 S.) Berlin 888. (Puttkammer & Mühlbrecht.) n. 3. —

Haupt-Sachregister z. Bundes- bezw. Reichs-Gesetzblatt v. 1867 bis 1896. 4. (III, 719 S.) Berlin 897. (Puttkammer & Mühlbrecht.) n. 4. —

Hauptsachregister zur Landesgesetzgebung d. Herzogth. Sachsen-Gotha auf die Zeit vom 1. Jan. 1867 bis zum 1. Juli 1878. 4. (V, 102 S.) Gotha 879, Thienemann. * 2 —

—— dass. — vom 1. Juli 1878 bis zum 31. Decbr. 1890. 4. (45 S.) Ebd. 892. * 1 50

Hauptsätze,

— auserles., u. Abtheill. zu erbaul. Predigten über d. Evangel. Texte. 2 Thle. 8. Marb. 790. Krieger. 12 ℊ

Hauptsätze und Erklärungen jener physicalischer Versuche, welche auf dem akademischen Saale in München . . . angestellt werden . . . Münch. 1763. H: *Kennedy, Ildephons.* (BrMm) (Ky)

Hauptsätze u. Erläuterung d. physikal. Versuche zu München, (v. J. Kennedy). 8. München 763. Strobl. 5 ℊ

— die, der christlich-apostolisch-kathol. Gemeinde zu Schneidemühl beleuchtet vom Standpunkte der christlichen Freiheit. gr. 8. Leipzig 845. O. Wigand. 6 ngl

Hauptsätze, die, der Goniometrie und der ebenen und sphärischen Trigonometrie. 8. (IV und 43 S.) Jena 847, Hochhausen's Buchh. *

Hauptsätze für d. Konfirmandenunterricht n. Luther's Katechismus in d. Hof- u. Stadtparochie zu Meiningen. gr. 8. (1 B.) Meiningen 841, [Blum.] *

Hauptsätze für den Konfirmandenunterricht nach Luther's Katechismus in der Hof- u. Stadtparochie zu Meiningen. gr. 8. Meiningen 841, Keyßner'sche Hofbuchh. n. 1/12 ℛ

Hauptsätze, Moralische, aus den gewöhnlichen Evangelien zum Behuf für Prediger. Halle 1786. V: *Waldau, Gg Ernst.* (Ky) (MGT)

— moralische, aus d. gewöhnl. Evangelien, f. Prediger, (v. G. E. Waldau). 1e Liefer. gr. 8. Halle 786. Kümmel. 12 ℊ

Hauptschlacht gegen die Freigeister u. Jansenisten ꝛc. 4. Augsb. 782. Klett. 3 ℊ

Hauptschlachten, die, der fridericianischen, napoleonischen und modernen Periode, strategisch und taktisch beleuchtet von v. M. und Rh. gr. 8. (III, 314 S.) Hannover 887, Helwing's Verlag. *

Hauptschluß der außerordentlichen Reichsdeputation, s. J. V. Cammerer.

Hauptschluss der ausserordentlichen Reichsdeputation vom 25/2. 1803. Frankf. a. M. 1803. V: *Cämmerer, Johann Vincenz.* (EB)

Hauptschluß der ausserordentlichen Reichsdeputation vom 25. Febr. 1803 die Entschädigungen betr., mit der französischen Orig.-Ausfertigung der 47 ersten §§. Frankfurt a. M. 1803.

Hauptschluß d. außerordentl. Reichsdeputation v. 25. Febr. 1803, ꝛc. m. Anm. v. J. V. Cämmerer. 4. Regensb. Keyser. (a. Eichenberg in Frankf. u. Feind in Leipz.) 804.

— der hohen Reichsdeputation üb. die deutschen Entschädigungen. Dictatum Regensburg d. 26. Nov. 1802. 8. Kempten, Dannheimer. 3 gr

Hauptschlüssel zu dem Herrnhutischen Ehesakrament. Frankf. u. Leipz. [Jena] 1755. V: *Seidel, Joh. Glob.* (OL) (ML)

Hauptschlüssel zum herrnhut. Ehesacrament. 4. Jena 755. Hartung. 8 gr

Haupt-Schlüssel medizinische
Der medicinische Haupt-Schlüssel

s. a. Dietrich: Der medicinische Haupt-Schlüssel oder gründliche Einleitung zur vernünfftigen Cur aller innerlichen Kranckheiten des menschlichen Leibes...

Hauptschlüssel, Der medicinische, od. gründliche Einleitung zur vernünftigen Cur aller innerlichen Kranckheiten ... Leipzig 1729. V: *Dietericus, J. Chr.* (Hoffmann & Campe, Berlin, Katalog XXVI, S. 180) (Hdschr. Mitth. von Otto Kurz, Wien)

Hauptschlüssel, Der medicinische, oder gründliche Einleitung zur vernünftigen Cur aller innerlichen Krankheiten ... Leipzig 1739. V: *Dietrich* [?]. (EB)

— medicinischer, od. Einl. z. Cur aller innerl. Krankh. 4. Leipzig. 739.

— medicinischer, oder Einleit. zur Kur aller innerl. Krankheiten. 4. Bresl. 764. Seidel. 1 ℔ 12 gr

Hauptschlüssel zur Teutschen Sprache. Berlin 1802. V: *Kahlenberg, Gotthold.* (MGT)

Hauptschriften, Die beiden, der Rosenkreuzer, die Fama und die Confession ... Frankf. a. M. 1827. H: *Meyer, Johann Friedrich von.* (Kl) (Call)

Beyden (Die) Hauptschriften der Rosenkreuzer, die Fama und die Confession. Kritisch geprüfter Text mit Varianten und den seltenen lateinischen Original der zweyten Schrift; nebst Einleitung und angehängten Verzeichniss einiger andern Rosenkreuzerschriften. Frankfurt a. M., 1827. pp. xii-95, 8vo.

Hauptschriften, die beiden, d. Rosenkreuzer, die Fama u. die Confessionen. Kritisch geprüfter Text mit Varianten u. dem seltenen latein. Original der zweiten Schrift. gr. 8. Frankf. 827. Brönner. 12 gr

Die Hauptseligkeiten der Frankfurter Reichsverfassung. Ein warnendes Wort an die Bürger und Landleute in Bayern. München, G. Weiß. 1849. 16 S. 8°.

Haupt- u. Staats-Sittenspiegel f. Große u. Kleine, s. Briefe, d. von d. Eiche.

Haupt- und Staatssittenspiegel für Gross und Klein. Germanien [Hamburg] 1806. V: *Reichardt, Johann Friedrich.* (Wr)

Haupt-, Staats- und Sittenspiegel für Grosse und Kleine. Germanien [Hamburg] 1806. V: *Reichardt, Joh. Friedrich.* (Ky)

Hauptsprüche d. heil. Schrift nach d. gewöhnl. Evangelien geordnet, (v. Jh. Wlh. Fischer). 8. Bresl. 798. 2e A. 804. 3e A. — Graß, Barth u. Comp. 4 gr

— der heil. göttl. Schrift Alten u. Neuen Testaments. 8. Bresl. Graß, B. u. Comp. 3 gr

Hauptstadt, Die, der Gallier oder das neue Babylon. A. d. Franz. ... Ulm 1761. V: *Fougeret de Montbron, N.* Ü: *Köhler, Joh. Ludw.* (BGE) (Ky) (ML)

Hauptstadt, die, der Gallier, oder d. neue Babylon. Aus dem Französ., mit Anmerkk. (v. J. L. Köhler). 8. Ulm 761. (Stettin). 8 gr

HAUPTSTADT, Die, ohne Maske. (ca. 1860.)
Auf Berlin bezüglich?? (Suchte Antiquar Adolf Weigel, Lpz., 1907.)

Hauptstädte

— Europa's, die, in naturgetreuen Abbild. 1e Série. 1e u. 2e Lfrg. (à 1 lithogr. Blatt.) Roy.-Fol. Leipzig ... Schubert. à n. 1/3 ℔

Hauptstädte Europas, die, in naturgetreuen Abbildungen. 1. Serie. 3. Liefg. Breslau. Lithogr. Fol. Leipzig 841, Schubert. (à) 1/3 ℔

— dies. 4.—6. Liefg. Berlin, Brüssel, Wien, Turin. 3 Bl. Ebend. 842. à Bl. 1/3 ℔

Hauptstädte, die Europäischen, Nr. 1 — 14. Fol. Leipz., Joachim. (à 3 gr) 1 ℔ 18 gr

Hauptstädte, Die, der Welt ... Berlin 1836. V: *Lenz, Carl Ludwig.* (schr)

Hauptstädte, die, der Welt. Beschreibung u. Sittenschilderung. Mit 1 Stahlstich. gr. 4. Berlin 836. Heymann. n. 1 1/3 ℔

Hauptstädte, die, d. Welt. Reich illustr. Prachtwerk. Fol. (V, 683 u. XXVI S. m. Abb. u. 62 Taf.) Breslau 897. Schles. Buchdruckerei rc. Geb. n. 16. — Erschien auch in 20 Lfgn. à n. — 50 u. in Hftn. à n. — 10.

Die Hauptstationen der Leipziger ev. luth. Mission im Tamulenlande 1897. [Massst.: 1 : 2,300,000.] [o. O.] 1897. 1 Ktnbl. 4. (L) [illegible]

Hauptstock, A.: Über den Werth des Zeichenunterrichts auf Schulen. Neustadt. (Schlesien) 1867.
Schul-/Univ.-Schrift

Hauptstock, H., der Postzwang unter besond. Berücksicht. d. Gesetzes üb. das Postwesen d. Deutschen Reiches vom 28. Octbr. 1871. Studie. gr. 8. (51 S.) Neustadt O/S. 888. (Neiße, Graveur's Verl.) n. — 75

Hauptstock, der Postzwang unter besond. Berücksichtg. d. Gesetzes üb. d. Postwesen vom 28. Octbr. 1871. Studie. Neustadt O./S. 889.

Hauptstrassen-Karte von dem Preussischen Staate und den angrenzenden Ländern. (Herausgegeben auf hohen Befehl u. auch als Karte des ganzen nördlichen Deutschlands zu gebrauchen.) M. 1:750000. Berlin, Duncker u. Humblot, 1825. 9 Bll. Roy.-Fol. (6 1/2 ℛ)

Hauptstück, das erste, des Katechismus der christkathol. Religion von Dr. Hirscher als Probe einer Umarbeitung dieses Katechismus für die obere Klasse der Volksschulen zur öffentl. Prüfung allen Seelsorgern u. Lehrern Deutschlands vorgelegt. 8. Karlsruhe 843, Braun. n. 1/2 ℛ

Hauptstück, letztes, der Erkenntniß christl. Vollkommenheit, s. Haus- u. Taschengesetzbuch 4s Bdchn.

Hauptstücke, die, des Christenthums für Geist u. Herz der Jugend. 8. (28 S.) Altenburg 852, Jacob in Comm. n. n. 1/12 ℛ

Hauptstücke, die fünf, nebst einigen Gebeten und Hülfsmitteln für Geschichte, Geographie, deutsche Sprachlehre und Rechnen. 20.—54. Aufl. 16. (32 S.) Potsdam 868—74, Rentel's Buchh. *

Hauptstücke, die fünf, nebst einigen Gebeten u. Hülfsmitteln f. Geschichte, Geographie, deutsche Sprachlehre u. Rechnen. 42. Aufl. 16. (32 S.) Potsdam 872. Rentel. n. — 10

Hauptstücke, d. 5, nebst ein. Gebeten u. Hülfsmitteln f. Geschichte, Geographie, deut. Sprachlehre u. Rechnen. 57. Afl. 16. (32) Potsd. 76, Rentel's V. — 15

Hauptstücke, die 5, nebst Sprüche, Gebete und Hilfsmittel für Geschichte, Geographie, deutsche Sprachlehre und Rechnen. 72. Aufl. 8. (34 S.) Potsdam 885, Rentel's Verlag. * — 15
Mit kolor. Übersichtskarte von Deutschland * — 20
Mit kolor. Karte von Palästina * — 20
Mit beiden Karten * — 25

Hauptstücke, d. fünf, nebst Sprüche, Gebete u. Hilfsmittel f. Geschichte, Geographie u. deutsche Sprachlehre. 76. Aufl. 12. (34 S.) Potsdam (891). Berlin, J. Rentel. n. — 15; m. kolor. Übersichtskarte v. Deutschland od. Palästina à n. — 20; m. beiden Karten n. — 25

Hauptstücke, die fünf, des christlichen Glaubens. Leipzig (853). Klinkhardt. gr. 8. (8 S.) 25 Exempl. 7 1/2 nℊ

— die fünf, des kleinen Katechismus Dr. Martin Luther's. (Der Anhang enthält einige Morgen-, Mittag- und Abendgebete.) Colberg 854. Post. 8. (16 S.) 1 nℊ

Hauptstücke, die fünf, d. kleinen Katechismus M. Luther's, nebst einigen Anhängen u. einem Spruchverzeichnis. 8. (29 S.) Rummelsburg i/P. 889. Hasert's Sort. cart. n. — 20

— die fünf, des hessischen Landeskatechismus. gr. 8. Cassel 843, Hotop. 1 1/2 nℊ

Hauptstücke, die fünf, der christlichen Lehre, oder: Der kleine Katechismus M. Luther's. Mit Bibelstellen erläut. u. bestätiget zum Aufsagen in der Kirche (v. L. Wolff). 8. (67 S.) Braunschweig 850, Leibrock. n. 3 1/2 nℊ

Hauptstücke, die fünf, der christl. Religion.
1. Die heiligen 10 Gebote.
2. Der christliche Glaube.
3. Die Einsetzung der hl. Taufe.
4. Die Einsetzung des hl. Abendmahls.
5. Das Gebet unseres Herrn Jesu Christi.
In-8°, 4 S. Basel, Spittler. 1883. — 02

— die, des Heidelberger Katechismus in aller Kürze abgefaßt, für die schwächern Unterweiskinder zum Auswendiglernen, u. als Sonntagsbüchlein für die Erwachsenen zur Wiederholung. 8. (16 S.) Bern 851, Blom. n. 2 nℊ

Hauptstücke, die, des Katechismus Lutheri. 8. (16 S.) Oldenburg 878. Falkenberg. n.n. — 10

Hauptstücke, Die, der christlichen Lehre. Leipzig 1788. V: *Reisig, Johann.* (Russell VII, 2, 1288)

— die, d. christl. Lehre. 8. Leipz. F. C. W. Vogel. 788.

Hauptstücke, die, der christlichen Lehre, oder das christl. Glaubensbekenntniß, die zehn Gebote, das Gebet des Herrn, und die Einsetzungsworte der heil. Taufe u. des heil. Abendmahls in Bibelsprüchen u. Liederversen erläutert. Zum Gebrauch der Jugend. gr. 8. Bern 840, Jenni, Sohn. 1/8 ℛ

Hauptstücke, Die, der christlichen Lehre oder das christliche Glaubensbekenntniß, die zehn Gebote, das Gebet des Herrn . . . in Bibelsprüchen und Liederversen erläutert. Zum Gebrauch der Jugend Bern 1849. V: *Ziegler, Ludwig.* (BSchwLk V, 10c)

—— die, der christlichen Lehre für den Konfirmanden-Unterricht in einer evangelischen Gemeinde versuchsweise geordnet. Als Mscr. gedruckt. 12. Essen 869, Baedeker. geb. **

Haupstücke, die, d. christl. Lehre zum ersten unterricht. 8. Berl. 786. Maurers B. 2 ℊℊ

Hauptstücke, Die, der christlichen Religion, mit biblischen Denksprüchen verbunden. Plauen 1805. V: *Fischer, Joh. Frdr. Wilhelm.* (MGT) (Winer)

Hauptstücke, sechs, des Catechismi. 8. Bresl. Barth. 801.

Haupt-Stücke, die sechs, des Luther'schen Katechismus. Z. Schulgebrauch aufs Neue in den Druck besorgt u. mit e. kleinen Anh. von Sprüchen u. Liederversen versehen, v. W. Harnisch. 8. Halle 825, Anton.

I. Hauptstuffe, Nro 2, des dritten Theils V. Abtheilung, das Tafel-Ceremoniel enthaltend. Verordnung zum Druck ƒ. Δ 1748 [1788?]. 3 Bl. 2°
Abgedr. in: D. Brüder St. Joh. d. Evangelisten aus Asien. 1803 S. 196—200.
Kl. 2702.

Hauptsumma der theologischen Grundlehren Christiani Democriti [Dippel's] . . . O. O. 1733. V: *Edelmann, Johann Christian* [?]. (ML)

Hauptsünde, die große fleischliche, unter dem heutigen Geschlecht. Ein offener Brief an die liebe Jugend u. Warng. vor dem schrecklichsten Feind der Jugend od.: die geheime Sünde der Selbstbefleckg. Von H. St(achelhaus). 16. (32 S.) Emden 891. Gerhard. — 15

Hauptsünde, die große fleischliche, unt. d. heutigen Ge-Geschlecht. E. off. Brief an d. liebe Jugend u. Warng. vor d. schrecklichsten Feind d. Jugend od. d. geheime Sünde d. Selbstbefleckg. Von H. St(achelhaus). 3. Aufl. 16. (31 S.) Emden 895. A. Gerhard. — 10

Hauptsymbola, die, der Bekenntnisse christlichen Glaubens; das Augsburg. Glaubensbekenntniß, wie solches 1530 den 25. Juni übertragen worden ist, u. Dr. M. Luthers kl. Katechismus. gr. 8. Nürnb. 822. Endter. 4 gr

Hauptsymbole, die drei, oder Bekenntnisse des christlichen Glaubens und die Augsburgische Confession. gr. 8. Nürnberg 840, Raw'sche Buchh. 1/8 ₰ — Neue Aufl. 844. 1/8 ₰

Hauptsymbole, die drei, der christl. Kirche und die Augsburg. Confession, neu übers. von H. Reils. 8. Hamburg 839. Niemeyer. 1/8 ₰

— die drei, u. die Augsburgische Confession. Eine Gabe für evangel. Christen. 16. Kempten 845, Dannheimer. 1 3/4 ngr

— dass. mit dem kleinen luther'schen Katechismus. 16. Ebend. 845. 1/12 ₰

Hauptt heilungsacte. Haupt- und Generaltheilungsakte über das unmittelbare und mittelbare Staatsvermögen des Gesammtkantons Basel zwischen den beiden Kantonstheilen Basel-Stadttheil und Basel-Landschaft. (Bern. 1835, Aprill 13.) [SA.] fol. *o. O.*

Haupttreffer, der. Allgemeiner Verlosungsanzeiger. Zeitschrift f. Volkswirthschaft, Finanzwissenschaft, Verkehrs- u. Versicherungswesen. Beilage: Effecten-Controlbuch. Hrsg. v. Chefred.: Karl Rausch. Eigenthum der k. k. priv. allgemeinen Verkehrsbank. 1. Jahrg. Mai 1902—April 1903. Etwa 17 Nrn. gr. Fol. (à ca. 16 S.) Wien (I., Wipplingerstr. 28), Administration. n. 4.—

Haupttreffer, der. Allgemeiner Verlosungs-Anzeiger. Zeitschrift f. Volkswirtschaft, Finanzwissenschaft, Verkehrs- u. Versicherungswesen. Hrsg. u. Chefred.: Karl Rausch. Eigentum der k. k. priv. allgemeinen Verkehrsbank. 2.—6. Jahrg. 1903—1906. gr. Fol. à 24 Nrn. (à ca. 16 S.) Wien (I.. Wipplingerstr. 28), Administration. à Jhrg. n. 4.—
Erscheint nicht mehr.

Hauptugenden, die sieben, zu frommen Erwägungen, bargest. nach d. Schriften d. Card. Bona. M. 7 Kpfr. 8. ... Augsburg 831, Schlosser. Thlr.

Haupt-Uebersicht der politischen Eintheilung Ungarns in 5 Districte, 45 Comitate, 265 Stuhlverwaltungsbezirke. Fol. (1851).

Hauptübersicht der Grossen Provinzial-Mutterloge von Westphalen und Niedersachsen Friedrich zur grünenden Linde und der Loge Ferdinand zur Glückseligkeit in Magdeburg. 1808, 1809, 1810.
Selten. 21.

Friedrich z. grünenden Linde: **Hauptübersicht** der grossen Mutterloge Friedrich zur grünenden Linde in Magdeburg und der unter ihr arbeitenden St. Johannis-Loge Ferdinand zur Glückseligkeit in Magdeburg.
1811; 1812; 1814/15. 21.

Hauptübersicht von der Grossen Mutterloge Friedrich zur grünenden Linde im Orient zu Magdeburg und der unter ihrer Aufsicht arbeitenden und bis jetzt mit ihr verbundenen Freimaurerlogen sowie auch spezielles Verzeichnis der Mitglieder der St. Johannisloge Ferdinand zur Glückseligkeit. Für das Jahr 1812. [Magdeburg 1812]: Haenel. 16 S. 4°.
Selten. 358a.

Haupt-Uebersicht der Gesammt-Einnahmen und Ausgaben der Kassa des weiblichen Hilfspersonales beim Gremium der Seidenzeug-, Sammt- und Dünntuch-Fabrikanten in Wien vom 1. März 1853 bis 28. Februar 1854. 4. (2 Blätt.) Wien. Gedruckt bei A. Pichler's Wwe. und Sohn.

Haupt-Uebersicht der Gesammt-Einnahmen und Ausgaben der Kassa des weiblichen Hülfspersonales beim Gremium der Seidenzeug-, Sammt- und Dünntuch Fabrikanten in Wien. Vom 1 März 1854 bis 28 Februar 1855. Wien. Gedruckt bei A. Pichler's Witwe und Sohn. (4 Bl. 4.) 1855.

Haupt-Uebersicht der Gesammt-Einnahmen und Ausgaben der Meister-Kassa des Gremiums der Seidenzeug-, Sammt- und Dünntuch-Fabrikanten in Wien, vom 1. Jänner bis 31. December 1854. Wien. Gedruckt bei A. Pichler's Witwe und Sohn. (2 Bl. 4.) 1855.

Haupt-Uebersicht der Gesammt-Einnahmen und Ausgaben der Meister-Kassa des Gremiums der Seidenzeug-, Sammt und Dünntuch-Fabrikanten in Wien, vom 1. Jänner bis 31. Dezember 1855. Gedr. bei A. Pichlers Witwe & Sohn. (2 Bl. 4.)

Haupt-Übersicht über den Geschäftsumfang und die Ergebnisse der Zoll- und Reichssteuerverwaltung bei den Zollstellen 1908. 4° (Stuttgart 1909)

Hauptübersicht der Grossen National-Mutterloge der Preuss. Staaten z. d. 3 Weltkugeln und sämmtlicher unter ihrer Constitution arbeitenden Freimaurerlogen. 4 Bände. Berlin 1810 11, 1862, 1863 u. 1880.

Haupt-Übersicht über den Stand des landwirthschaftlichen Fortbildungs-Unterrichtes in Österreich zu Ende Febr. 1883. Zusammengestellt im k. k. Ackerbau-Ministerium. gr. 8. (7 S.) Wien 884, Hölder.
Aus: Statistische Monatsschrift, besonders abgedruckt.

Haupt-Uebersicht über die Verkehrs- und Geschäfts-Statistik der württembergischen Zollstellen 1909. 4° (Stuttgart 1910)

Haupt-Uebersicht über die der Stadt-Haupt-Kasse zu Königsberg i. Pr. zugewiesenen Verwaltungszweige pro 1. April 1899 1900—1904/05. Königsberg o. J. 4°. *[Fortges. u. d. Tit.]*
Abschlüsse d. städt. Kassen zu Königsberg i. Pr. f. d. Rechnungsj. 1905/06 [u.] 1906/07. Königsberg o. J. 4°. *[Fortges. u. d. Tit.:]*
Jahresabschluss des Stadthaushalts [von Königsberg i. Pr.] f. d. Rechnungsj. 1908. (Königsberg 1909.) 4°. *[Kopftit.]*.

Hauptübersicht des Warendurchganges in den Staaten des deutschen Zollvereins etc. im Jahre 1871. 4° (Berlin 1872)

Hauptübersicht der Zoll- und Reichssteuerverwaltung im Verwaltungsjahr 1880/81. Vom Königlichen Steuerkollegium Stuttgart. fol Stuttgart 1881

Haupt-Urkunden der württembergischen Landes-Grundverfassung. mit einem genauen Sachregister. (1.—3. Abth.) 8. Heidelberg 1815—1816.

Haupt-Urkunden d. Würtemberg. Landes-Grundverfassung, herausgeg. v. H. Eb. Gottl. Paulus. 4 Hefte. gr. 8. Heidelberg, Oswald. 816.

Hauptursache, die — des kleinen Brotes in Wien. Wien, K. Ueberreuter 1852. 8.

Hauptursachen der letztzeitigen finanziellen Niederlagen in Oesterreich. Hilferuf e. alten Soldaten! Sämmtlichen berath. Landtagen gewidmet vom Verf. gr.8. (13 S.) Lemberg 876. Zawadzki in Comm. n. — 60

Hauptursachen, die, der Unglücksfälle bei den deutschen Waffen, im J. 1806. gr. 8. Dresd. 806. Arnold. 8 K

Hauptursachen, Die wahrscheinlichen, der Unglücksfälle bei den deutschen Waffen im Jahre 1806. Aus den Bemerkungen eines Augenzeugen. 8. Jena 1807.

Haupt-Verlags-Katalog der St. Norbertus-Buch- und Kunstdruckerei in Wien III., Seidlgasse Nr. 8. (Norbertushaus.) 8. (72 S.) Gratis.
Wien: St.Norbertus 1889.

Hauptversammlung, 7., der evangelischen Allianz, geh. in Basel vom 31. Aug. bis 7. Septbr. 1879. Berichte u. Reden, hrsg. im Auftrag des Comité der Allianz durch Chrph. Johs. Riggenbach. 2 Bde. gr. 8. (XXIV, 1054 S.) Basel 879 u. 880. Bahnmaier. n. 9. —

NIEDERSÄCHSISCHER AERZTEVEREINSBUND.
1. Hauptversammlung. Hannover, den 15. März 1876. (Ohne bes. Titelblatt Hannover. Druck von August Grimpe.) 8°.
2. Hauptversammlung. Hannover, den 5. Mai 1877. (Ohne bes. Titelblatt. ib. —)
3. Hauptversammlung. Bremen, den 1. Juni 1878. (Ohne bes. Titelblatt. ib. —)
4. Hauptversammlung. Braunschweig, den 21. Juni 1879. (Ohne bes. Titelblatt.)
5. Hauptversammlung. Hannover, den 26. Juni 1880. (Ohne bes. Titelblatt. Hannover. Druck von August Grimpe.)
6. Hauptversammlung ... in Bremen am 24. Juni 1881. (Ohne bes. Titelblatt. ib. —)
7. Hauptversammlung ... zu Braunschweig am 8. Juni 1882. (Ohne bes. Titelblatt. ib. —)
8. Hauptversammlung ... zu Hannover am 14. Juli 1883. (Ohne bes. Titelblatt. ib. —)
9. Hauptversammlung ... zu Bremen am 7 Juni 1884. (Ohne bes. Titelblatt. — Hannover. Druck von August Grimpe.) 8°.
10. Hauptversammlung ... zu Braunschweig am 27. Juni 1885. (Ohne bes. Titelblatt. ib. —)

... HAUPTVERSAMMLUNG DES „AUSSCHUSSES FÜR WOHLFAHRTSPFLEGE AUF DEM LANDE".
(Heft 1.) 1., am 17. Februar 1897. Sonderabdruck aus „Das Land", Zeitschrift für die sozialen und volkstümlichen Angelegenheiten auf dem Lande. V. Jahrg. Nr. 11 vom 1. März 1897. Berlin 1897. Trowitzsch & Sohn. 8°.

— dasselbe, Fortsetzg., s. a. Bericht ꝛc.

BERICHT ÜBER DIE ... HAUPTVERSAMMLUNG DES AUSSCHUSSES FÜR WOHLFAHRTSPFLEGE AUF DEM LANDE.
(Heft 2.) 2. Hauptversammlung, am 17. Februar 1898 ... ib. 1898. --
(Heft 3.) 3. Hauptversammlung, am 15. Februar 1899 ... ib. 1899. --

Hauptversammlung, die 3., d. freien kirchlich-sozialen Konferenz zu Berlin am 19. u. 20. IV. 1898. 8. (III, 104 S.) Berlin 898. Buchh. d. Berliner Stadtmission. n. 1.50

— dasselbe, s. a.: Verhandlungen d. freien kirchlich-sozialen Konferenz.

Hauptversammlung, die 4., der freien kirchlich-sozialen Konferenz. s.: Verhandlungen.

Hauptversammlung, ... ordentliche, des Zechen-Verbandes. Essen (Ruhr.) 4° 1.—4. 1908—11.

Ordentliche **Hauptversammlung** des Zechen-Verbandes. 1. Essen (Ruhr) 1908: C. W. Haarfeld. 4°

ZUR ZWEITEN ORDENTLICHEN HAUPT-VERSAMMLUNG DES HARZ-VEREINS für Geschichte und Alterthumskunde am 18. und 19. Mai 1869 zu Quedlinburg. Wernigerode. 1869. Selbstverlag des Vereins. In Comm. bei H. C. Huch in Quedlinburg. 8°.

Hauptversammlung, 47., des Vereines deutscher Ingenieure. Zugleich die Feier seines fünfzigjährigen Bestehens am 11., 12. und 13. Juni 1906 in Berlin. Berlin 1906. Fol.

Hauptversammlung, vierte, des volkswirthschaftlichen Vereins für Südwest-Deutschland. Ulm, am 3. u. 4. Mai. 1. Flugblatt des volkswirthschaftlichen Vereins für Südwest-Deutschland. Frankfurt a. M. 863. Exped. des „Arbeitgeber." gr. 8. (39 S.) n. 4 ngr.

Die **Hauptversammlung** der Zentralstelle für das Gefangenen-Fürsorgewesen in der Provinz Hessen-Nassau im Central-Hotel zu Cassel am 20. Mai 1908. Cassel 1908: Becker & Rennert Nachf. (35 S.) 8° [F.]

Hauptversammlung des Zentralverbandes der Gemeindebeamten Preussens in Kiel vom 2.—4. Aug. 1902. Kiel. (1902.) 8°.

Hauptvertrag des zu Wien versammelten Congresses
s.a. Acte principal du Congres de Vienne

Hauptvertrag d. zu Wien versammelt. Congresses ꝛc., s. Bund der Deutschen ꝛc. 1r Bd. 3e Abtheil.

Haupt-Vertrag des zu Wien versammelten Congresses der europäischen Mächte ... nebst 17 besondern Verträgen. Abth. 1. — Hildburghausen: Comptoir f. Literatur 1815. IV,208 S. (Der Deutsche Bund. 1,3.)
12: J. publ. G. 126mb. 3. 7.
1.8133

Hauptverzeichnis d. Gegenstände im Jahnmuseum zu Freyburg a. U., 42 S., 8°.

Hauptverzeichnis der Leihbibliothek. Romane u. allgemeinwissensch. Werke in deutscher, engl., russ., franz., ital., span. Sprache. Berlin 1907. Kaufhaus d. Westens. Tauenzien-Strasse. Berlin: Kaufh. d. Westens 1907. (572 S.) 8°

Haupt-Verzeichniß der öffentlichen Leihbibliothek des Franz Hoffmaan in Tyrnau. (April 1853.) 8. (60 S.) Preßburg, C. J. Wigand 1853.

Hauptverzeichniss der von dem kaiserl. Patentamt in der Zeit vom 1. Juli 1877 bis zum 31. Dezbr. 1888 ertheilten u. noch in Wirkung stehenden Patente. Zugleich Register zu den Auszügen aus den Patentschriften. Jahrg. 1888. hoch 4. (V, 522 S.) Berlin 889. C. Heymann's Verl. n.n. 25. —; geb. n.n. 28. —

Hauptvogel, F., s. Oubert, Arbeitsbedingungen.

Hauptvogel, Franz

Hauptvogel, Fr., das grosse Geheimnis! (Shakespeare od. Bacon?) Satire. gr. 8. (32 S.) [Leipzig 896. C. Wild] Gotha, M. Hauptvogel. n. 1. —

— 's Meßherze, uffs Modernste behorcht u. beglobbt. Leipziger Localposse. 8. (55 S.) [Leipzig 897. F. Simon.] Ebd. n. — 50

Hauptvogel, Friedrich: Die dialektischen Eigentümlichkeiten der Inschriften von Thera. (I. Teil: Vokalismus.) S. 3—31. 8. (II. Teil: Konsonantismus.) S. 3—16. 8. Progr. K. k. Staats-Gymn. *Cilli* 1906. 1907.

Hauptvogel, Friedrich: Der Prager Kodex XIV A 14. Ein Beitrag zur Textkritik der lateinischen Uebersetzung der ἀρχαιολογία des Josephus. S. 17—23. 8. Progr. K. k. Staats-Gymn. *Cilli* 1907.

Hauptvoranschlag der Staats-Einnahmen und -Ausgaben des Grossherzogthums Hessen *[Jeder Bd nebst Anl. u. Nachtr.]*

Hauptvoranschlag d. k. k. Reichshaupt- u. Residenzstadt Wien f. d. Verwaltungsj. 1894. Nebst e. Hefte „Special-Ausweise". gr. 4. (III, 560 u. IV, 519 S.) Wien. (W. Braumüller.) n.n. 16. —

— dasselbe f. d. Verwaltungsj. 1895. Nebst einem Hefte „Special-Ausweise". gr. 4. (III, 606 u. IV, 528 S.) Ebd. n.n. 16. —

— dasselbe f. d. Verwaltungsj. 1896. Nebst einem Hefte „Special-Ausweise". gr. 4. (656 u. 590 S.) Ebd. n.n. 16. —

— dasselbe f. d. Verwaltungsj. 1897. Nebst einem Hefte „Special-Ausweise". gr. 4. (III, 766 u. IV, 592 S.) Ebd. n.n. 16. —

(F) **Hauptvoranschlag** der k. k. Reichshaupt- und Residenzstadt Wien für das Verwaltungsjahr 1899. 3 Theile. 1. Theil: Special-Voranschläge für die Verwaltungsgruppen I—XIII. Bilanz und Bedeckung. 2. Theil: Special-Ausweise zum 1. Theile. 3. Theil: Anhänge (Fondspräliminarien). Wien. 1898. Verlag des Gemeinderaths-Präsidiums. In Comm. Braumüller 4°. 386, 597, 221 S. fl. 8.-

Hauptvoranschlag der k. k. Reichshaupt- u. Residenzstadt Wien f. das Verwaltungsj. 1901. 3 Thle. gr. 4. (III, 458; IV, 629 u. III, 234 S.) Wien 900. (W. Braumüller). n.n. 16. —

(F) **Hauptvoranschlag** der k. k. Reichshaupt- und Residenzstadt Wien für das Verwaltungsjahr 1902. 1. Theil: Special-Voranschläge für die Verwaltungsgruppen I—XIII. Bilanz und Bedeckung. 2. Theil: Special-Ausweise zum 1. Theil. 3. Theil: Anhänge. (Fondspräliminarien.) 4°. (456, 635, 228 S.)
Wien: Braumüller 1902.

Hauptwerke d. Bibliothek d. Kunstgewerbe-Museums zu Berlin. Hrsg. v. der General-Verwaltg. der königl. Museen. 1.—6. Hft. 12. Berlin, G. Reimer. à n. — 35
1. Möbel u. Holzarbeiten. 2. Aufl. (IV, 27 S.) 901.
2. Dekorative Malerei. 2. Aufl. (IV, 28 S.) 902.
3. Dekorative Plastik. (IV, 29 S.) 896.
4. Ornament. 2. Aufl. (IV, 28 S.) 900.
5. Metall. (IV, 24 S.) 897.
6. Buchgewerbe. (IV, 30 S.) 898.

Hauptwerke der Bibliothek des Kunstgewerbe-Museums. Hrsg. v. der General-Verwaltg. der kgl. Museen zu Berlin. 1., 3, 4. u. 6. Heft. kl. 8. Berlin, G. Reimer. à n. — 35
1. Möbel u. Holzarbeiten. 3. Aufl. (29 S.) 906.
3. Dekorative Plastik. 2. Aufl. (30 S.) 906.
4. Ornament. Die Formen der angewandten Kunst. 3. Aufl. (32 S.) 906.
6. Buchgewerbe. 2. Aufl. (40 S.) 904.

Hauptwerke der Bibliothek des Kunstgewerbe-Museums. (Königl. Museen zu Berlin.) 2., 5., 7. u. 8. Heft. kl. 8. Berlin, G. Reimer. à nnn — 25
2. Dekorative Malerei. 3. Aufl. (33 S.) 908. — 5. Metall. 2. Aufl. (28 S.) 907. — 7. Kunsttöpferei. (26 S.) 908. — 8. Weberei u. Stickerei. (21 S.) 909.

Hauptwerke, die, der Kunstgeschichte in Orig.-Photographien. Nach den neuesten Forschgn. geschichtlich geordnet u. mit biograph. u. kunstgeschichtl. Notizen versehen v. Amsler & Ruthardt. 8. (X, 283 u. Reg. 28 S.) Berlin 889. Amsler & Ruthardt. geb. n.n. 3. 50

Hauptwerke des Sozialismus u. der Sozialpolitik. Hrsg. v. G. Adler. 1. u. 2. Heft. gr. 8. Leipzig, C. L. Hirschfeld. 1904.
1. Spence, Th., Das Gemeineigentum am Boden. Aus dem Engl. von F. v. Eichmann. Mit e. Einleitg. v. G. Adler. (31 S.) —. 50; geb. —. 90. — 2. Godwin, W., Das Eigentum. Aus dem Engl. v. M. Bahrfeldt. Mit e. Einleitg. v. G. Adler. (98 S.) 1. 50; geb. 1. 90.

Hauptwerke des Sozialismus u. der Sozialpolitik. Hrsg. v. G. Adler. 3. Heft. gr. 8. Leipzig, C. L. Hirschfeld. 1905. 2. —; geb. 2. 40.
3. Lamennais, F. de, Das Volksbuch. Aus dem Franz. v. A. Paetz. Mit e. Einleitg. v. G. Adler. (98 S.)

Hauptwerke des Sozialismus u. der Sozialpolitik. Hrsg. v. G. Adler. gr. 8. Leipzig, C. L. Hirschfeld. 1905.
4. Heft. Hall, Ch., Die Wirkungen der Zivilisation auf die Massen. Aus dem Engl. v. B. Oldenberg. Mit e. Einleitg. v. G. Adler. (82 S.) 1. 80; geb. 2. 20.

Hauptwerke des Sozialismus u. der Sozialpolitik. Hrsg. v. G. Adler. gr. 8. Leipzig, C. L. Hirschfeld. 1905.
5. Heft. Enfantin, P., Die Nationalökonomie des Saint-Simonismus. Aus dem Franz. v. A. Villavet. Mit e. Einleitg.: Saint-Simon u. der Saint-Somonismus, v. G. Adler. (110 S.) 2. 20; geb. 2. 60.

Hauptwerke des Sozialismus u. der Sozialpolitik. Hrsg. v. G. Adler. 6. Heft. gr. 8. Leipzig, C. L. Hirschfeld. 1906.
6. Heft. Considerant, V., Fouriers System der sozialen Reform. Aus dem Franz. v. H. Kantz. Mit e. einleit. Abhandlg.: Fourier u. der Fourierismus, v. G. Adler. (108 S.) 2. 20; geb. 2. 60.

Hauptwerke des Sozialismus u. der Sozialpolitik. Hrsg. v. G. Adler. gr. 8. Leipzig, C. L. Hirschfeld. 1906.
7. Heft. Ogilvie, W., Das Recht auf Grundeigentum. Aus dem Engl. v. A. M. Freund. Mit e. einleit. Abhandlg.: „Bodenreformer früherer Zeiten" v. G. Adler. (120 S.) '06. 2. 20; geb. 2. 60.

Hauptwerke des Sozialismus u. der Sozialpolitik. Hrsg. v. G. Adler. gr. 8. Leipzig, C. L. Hirschfeld. 1907.
8. Heft. Gray, J., Vom menschlichen Glück. Aus dem Engl. v. A. M. Freund. Mit e. einleit. Abhandlg.: „Der engl. Sozialismus im ersten Viertel des 19. Jahrh." v. G. Adler. (106 S.) 2. 20; geb. 2. 60.

Hauptwerke des Sozialismus u. der Sozialpolitik. Hrsg. v. G. Adler. gr. 8. Leipzig, C. L. Hirschfeld. 1908.
9. Heft. Ferri, E., Die revolutionäre Methode. Aus dem Ital. übers. u. m. Anmerkgn. versehen v. R. Michels. Mit e. einleit. Abhandlg.: „Die Entwicklg. der Theorien im modernen Sozialismus Italiens" v. R. Michels. (92 S.) 2. —; geb. 2. 40.

Hauptwerke des Sozialismus u. der Sozialpolitik. Hrsg. v. G. Adler. gr. 8. Leipzig, C. L. Hirschfeld. 1909.
10. Heft. Hodgskin, T, Verteidigung der Arbeit gegen die Ansprüche des Kapitals. Aus dem Engl. v. F. Raffel. Mit e. einleit. Abhandlg.: Der engl. Sozialismus zu Anfang des 19. Jahrh., v. G. Adler. (76 S.) 1. 20; geb. 1. 60.

Hauptwidersprüche, die, gegen den Grundtext der heiligen Schrift in den zwei protestantischen Bekenntnißschriften: Augsburgische Confession u. Apologie, nachgewiesen von einem Theologen. 12. (40 S.) Hannover 881. Helwing's Verlag. n. — 50

Hauptzahlen aus der alten, deutschen u. preußischen Geschichte. gr. 16. (8 S.) Berlin 890. A. Roch. Sala. n. — 20

Hauptzahlen d. Weltgeschichte f. Hamburger Schulen. gr. 8. (8 S.) Hamburg 895. C. Boysen. Kart. n. — 40

Hauptziel des österreichisch-russischen Krieges der Zukunft. Strategische Studie von J. P. gr. 8. (61 S.) Leipzig 883, Kasprowicz.

Hauptzüge aus dem Leben des Dr. Simon Rottmanner, Gutsbesitzer zu Ast. Rechten Vaterlandsfreunden zum Andenken. (v. Jos. Socher). 4. Landsh. 815. Thomann. 5 K

(Hauptzüge. Einige H' der Verfassung der ehemaligen Grafschaft Kyburg.) Njbl. s. [Escher, Heinrich I].

Hauptzusammenstellung der wirklichen Soll-Einnahmen u. -Ausgaben d. Grossherzogth. Hessen etc., s. Beiträge zur Statistik d. Grossherzogth. Hessen.

Haurand, C. W. Th., Ertragsberechnungen des Ackerbaues. Cassel 857. Bertram. Lex.-8. (32 S. u. 3 Tab., wovon 1 lith., in gr. Fol.) n. 10 ngr

Haurand, C. W. Th., Illustrirter Land-, forst- und volkswirthschaftlicher Kalender für das Jahr 1866. gr. 4. (168 u. 6 S.) Wien, Beck'sche Univ.-Buchh. (A. Hölder.) 1 fl. 50 kr.

Haurand, C. W. Th., Land-, forst- und volkswirthschaftlicher Kalender für das Jahr 1867. Die Vervollkommnung der Land-, Forst- und Volkswirthschaft in illustrirten Darstellungen; die neuesten Erfindungen und Erfahrungen in der Land-, Forst- und Volkswirthschaft, der Pferdezucht, Jagd, Sport rc. Mit vielen in den Text eingedruckten Holzschnitten. gr. 4. (168 S.) Wien, Beck'sche U.-B. (A. Hölder.) 1866. 1 fl. 50 kr.

Haurand, C. W. Th., Geographisch-physikalisch-statistische Karte von Deutschland mit Einschluss von ganz Oesterreich, Belgien, den Niederlanden, der Schweiz, Italien und einem Theile von Frankreich, England, Russland und der Türkei. M. 1 : 400 000. Lith., schwarz oder kolor. Wien, Leipzig, Purfürst, 1863. Imp.-Fol. — Mit geolog. lith. u. kolor. Karte in gr. Fol.

Haurand, C. W. Th., Reise- u. Geschäfts-Handbuch, Personen- u. Güter-Tarif der Eisenbahnen u. Dampfschiffe, Fahrzeit u. Entfernung zwischen den vorzüglichsten Städten, Post- u. Telegraphen-Verkehr, Maße, Gewichte u. Münzen in Europa, sowie die neuesten Zoll-Tarife des Zollvereins, Frankreichs, Oesterreichs rc. Wien 863. (Berlin, Th. Grieben.) 16. (216 S. u. 1 lith. Karte in Fol.) n. 24 ngr; mit 2 Karten n. 1 Thlr

— Reise- u. Geschäfts-Handbuch. Personen- u. Güter-Tarif der Eisenbahnen u. Dampfschiffe, Fahrzeit u. Entfernung zwischen den vorzüglichsten Städten, Post- u. Telegraphen-Verkehr, Maaße, Gewichte, Münzen u. neueste Zolltarife aller Länder. Berlin 864. Th. Grieben. 16. (208 S.) n. 10 ngr

Haurand, C. W. Th., die Vervollkommnung der Land-, Forst- u. Volkswirthschaft in illustrirten Darstellungen. Die neuesten Erfindungen u. Erfahrungen in der Land-, Forst- u. Volkswirthschaft, der Pferdezucht, Jagd, Sport rc. Wien 867. (Beck'sche Universitäts-Buchh.) gr. 4. (IV, 192 S. mit eingedr. Holzschn.) n. 1 Thlr

— — Jahrg. 1868. Ebend. gr. 4. (IV, 174 S. mit eingedr. Holzschn.) n. 1 Thlr

Haurand, C. W. Th. (Hrsg.), s. Zeitung, Allgemeine, f. dt. Land- u. Forstwirthe.

Hauréau, Barthélemy

Hauréau, B., Gallia christiana, s. Gallia.

Hauréau, M., Notice sur un poème contenu dans le numéro 886 des manuscrits de Cambrai. S.-A. 1884. 80 S. 4°. —.90

† **Haurenski zu Gard' Ebré, Erich,** (Heinr. Krause,) Alethophilus, s. Alethophilus rc.

Haurenski, Erich, zu Gard' Ebré, (Hnr. Krause,) Alethophilus, oder d. neue Glaube in d. Christenheit. Zur Prüfung dargelegt im Jubeljahre d. protest. Kirche 1830. Eine Fortsetzung d. Obscurus oder Carriere u. Geständnisse e. modernen Finsterlings. gr. 8. Neust. 831. Wagner. 1 Thlr 9 K

—— das wahre Christenthum rc., s. Christenthum.

Haurenski, Erich, zu Gard' Ebre, (Hnr. Krause,) Christenthum, das wahre, nach schrift- u. vernunftmäßiger Ansicht, oder der einzig richtige Weg zur Seligkeit. Ein Buch z. Belehrung u. Erbauung f. das Volk. 8. Neust. 832. Wagner. 12 K

Haurenski zu Gard' Ebré, Erich, (Hnr. Krause). Daguerreotypen des häuslichen u. ehelichen Lebens. gr. 8. Neustadt a. d. O. 843. Wagner. $1\frac{1}{2}$ Thlr

HAURENSKI, E., Daguerreotypen des häuslichen u. ehelichen Lebens. Neustadt a. der Orla 1843. 8°. 330 S. (7 Mk. 75 Pfg. Hugo Streisand, Berlin, 1908.)

Inhalt: Der Hagestolz. Junggesellen-Wirtschaften. Neue Bekanntschaften u. Umgebungen. Die Eifersucht. Der Hausfreund. Der Mucker-Club. Heiratsscheu vieler Männer u. ihre Gründe, u. vieles Andere.

—— Euthanatos, od. der Tod von seiner Lichtseite betrachtet, s. Euthanatos rc.

— Euthanatos, oder der Tod von seiner Lichtseite betrachtet, in Briefen. Ein Trostbuch f. die, welche an den Gräbern ihrer Lieben weinen, oder vor dem eigenen Grabe erbeben. gr. 8. Neust. 831. Wagner. 1 Thlr 9 K

Haurenski, Erich, Helianthos oder Erhebung des Gemüths zu dem Höchsten. Ein Erbauungsbuch für gebildete Christen. Dresden 859. (Breyer.) 4. (VI, 310 S. u. 8 color. Lithogr.) 1 Thlr 18 ngr; für Sachsen nur 1 Thlr 10 ngr

Haurenski zu Gard' Ebré, Erich, (Hnr. Krause), die Obscuranten-Secten dieser Zeit in ihrer Gefahr drohenden Stellung gegen die Throne, die Religion und die Menschheit, und wie sie entstanden sind, und wodurch ihr Aufhören zu bewirken ist. gr. 8. Weimar 841. Voigt. $\frac{1}{2}$ Thlr

—— Obscurus rc., s. Obscurus rc.

— Obscurus, oder Carriere u. Gegenstände e. modernen Finsterlings, in vertrauten Briefen gewechselt zwischen e. Bewohner d. Sonne u. dem eines Nebelsternes. gr. 8. Neust. 831. Wagner. 21 K

— Stimme e. Unbekannten an das edle Sachsenvolk nach d. traurigen Ereignissen im April 1831 vernommen u. wiederholt. gr. 8. Neust. 831. Wagner. 6 K

Haurenski zu Gard' Ebré, Erich, (Hnr. Krause), der Teufel als Bibelerklärer?! oder Beitrag zur Entscheidung über das Zwingende einer vernunftgemäßen Christenthums- u. Bibelansicht, sowie das Staats- und Sittengefährliche des Gegentheils. gr. 8. Altenburg 834. Literatur-Compt. 1½ ₰

Haurenski (ps.?), Der Teufel ein Bibelerklärer?! oder Beitrag zur Entscheidung über das Zwingende einer vernunftmäßigen Christenthums- u. Bibelansicht, sowie das Staats- u. Sittengefährliche des Gegentheils. Altenburg 1834. Gr. 8°. XVI u. 315 SS. Sehr selten! (1 Mk. 30 Pfg. Mindestgebot R. Zinke's Dresdner März-Auction 1906, no. 792.)

— die Zeichen der Zeit, oder die jetzigen Bewegungen in der Natur, in der bürgerl. und religiösen Welt, als Vorboten einer bessern Zukunft. gr. 8. Weimar 838. Voigt. ⅔ ₰

Hauri, Gotthilf. Die Rückkehr der Waldenser in ihre Thäler unter ihrem Pfarrer und Kriegsobersten Heinrich Arnaud. [Mit Porträt-Tafel.] 8. Basel 1885.

Hauri, H[ans]. Kurze Geschichte der Kirchgemeinde Wollishofen. (1702—1902.) Auf das 200jährige Jubiläum derselben im Auftrag der löbl. Kirchenpflege verfasst von H. H'.... [Mit 1 Wappenvignette.] 72 S. 8. Wollishofen, H. Hauser, 1902.

Hauri, Hans (Red.), s. Protestant, Der.

Hauri, J[ohann]. Das Christentum der Urgemeinde und das der Neuzeit. Ein Vortrag von D. J. Hauri, Pfarrer in Davos. 37 S. 8. Tübingen und Leipzig, J. C. B. Mohr, 1901. (M. —.75)

(Sammlung gemeinverständlicher Vorträge und Schriften aus dem Gebiet der Theologie und Religionsgeschichte. [Nr.] 24.)

Hauri, Joh., Davos, s.: Peters, Osw.

Hauri, J., die Landschaft Davos. Eröffnungsrede bei der 73. Jahresversammlg. der schweizer. naturforsch. Gesellschaft in Davos. 8. (28 S.) Davos 890. Richter. n. — 60

Hauri, J[ohannes]. Davos in alter und neuer Zeit. Festschrift von Dr J. H'. Den Teilnehmern an dem vom Deutschen Zentralkomitee für aerztliche Studienreisen veranstalteten Besuch in Davos 3. 5 September 1910, überreicht vom Verkehrsverein Davos. [Mit Illustrationen und 3 Tafeln.] 48 S. 4. (Davos-Platz,) Buchdr. Davos A.-G., 1910. [fr. 5. —]

Hauri, Johannes. Goethes Faust. Fünfzehn Vorträge. [Mit 1 Vignette.] VIII + 457 S. 8. Berlin-Zehlendorf, Conrad Skopnik, 1910. (M. 4. —, geb. 5. —)

— Festpredigt, an der Bundesfeier in Davos-Platz geh. 8. (15 S.) Davos 891. H. Richter. — 30

Hauri, J[ohann]. W(illem) J(an) Holsboer (1834–1898). [Necrolog. A.] 8. (Chur 1898.)

Hauri, Johannes: Der Islam in seinem Einfluss auf das Leben seiner Bekenner. Eine von der „Haager Gesellschaft zur Vertheidigung der christlichen Religion" gekrönte Preisschrift. Leiden (1881). XIV. 362 S. 8°.

Hauri, Johs., der Islam in seinem Einfluss auf das Leben seiner Bekenner. [Eine von der „Haager Gesellschaft zur Vertheidigung der christl. Religion" gekrönte Preisschrift.] gr. 8. (XIV, 361 S.) Leiden 882. Brill. n.n. 6. —

— le chemin de fer Landquart-Davos, s.a. L'Europe illustrée.

Hauri, J[ohann]. Le chemin de fer Landquart-Davos. Avec 30 Illustrations par J[ohann] Weber [dont 8 planches] (et une Carte). (L'Europe illustrée. № 143. 144.) 8. Zurich ([18]90).

— die Landquartdavos-Bahn, s.a. Wanderbilder, europäische.

Hauri, J[ohann]. Die Eisenbahn Landquart-Davos (*Umschlag: Die L'-D'-Bahn). Mit 29 (*Umschlag: 30) Illustrationen von J[ohann] Weber [wovon 8 Tafeln] (und einer Karte). (Europäische Wanderbilder. № 183. 184.) 8. Zürich ([18]90).

— the Landquart-Davos railway, s.a. Europe, illustrated.

Hauri, J[ohann]. The Landquart-Davos-Railway. With 29 Illustrations by J[ohann] Weber [8 Plates] (and a Map). (Illustrated Europe. № 133. 134.) 8. Zurich ([18]90).

— St. Petrus u. die Naturforscher. Der schweizer. naturforsch. Gesellschaft zur freundl. Erinnerung an die 73. Jahresversammlg. in Davos gewidmet. 8. (8 S.) Davos 890. Richter. n. — 40

Hauri, Johannes. Die Religion, ihr Wesen und ihr Recht. Populäre religionsgeschichtliche Vorträge. VIII + 392 S. 8. Berlin-Zehlendorf ⟨Wsb.⟩, Conrad Skopnik, 1909. (M. 4. —, geb. 5. —)

Hauri, Johannes. Tröstet mein Volk! Predigten von Dr. theol. J' H', Pfarrer ... in Davos. VIII + 298 S. 8. Davos, Verlag der Buchdr. Davos A.-G., 1906. [fr. 4.25, geb. 5.50]

Hauri, Johannes. Die Welträtsel und ihre Lösung. Populäre philosophisch-naturwissenschaftliche Vorträge von J' H' (Davos). VIII + 384 S. 8. Berlin-Zehlendorf, Conrad Skopnik, 1909. [M. 3.—]

— Die Welträtsel u. ihre Lösung. Populäre philosoph.-naturwissenschaftl. Vorträge. 2. Aufl. (VIII, 391 S.) 8. Ebd. 911. 3.50; geb. 4.50

1. Aufl. (VII, 380 S.) 909. 3.—; geb. 4.—.

Hauri, Nathanael

— Die Abschaffung der Leichenreden, e. Armutszeugnis u. e. Pflichtversäumnis der evangel. Kirche. (61 S.) 8. Basel 908. F. Reinhardt. nn — 65

Hauri, N., kurze Darstellung der christlichen Heilslehre f. Konfirmanden u. Konfirmierte. gr. 8. (76 S.) St. Gallen 893. Huber & Co. Kart. n. — 60

Hauri, N[athanael]. Kurze Darstellung der Christlichen Heilslehre für Konfirmanden und Konfirmierte. 2. Aufl. IV + 87 S. 8. Basel, Friedrich Reinhardt, (1903). [cart. fr. —.80]

Hauri, N., Dein ist die Kraft! 14 Predigten. gr. 8. (116 S.) St. Gallen 900. Buchh. der ev. Gesellschaft. n. — 80; geb. n. 1.60

— die Furcht d. Herrn ist der Weisheit Anfang. Sieben Predigten, geh. in der Kirche zu Staufberg u. der Gemeinde beim Abschied aufs neue geboten. 8. (IV, 88 S.) Basel 891. Jaeger & Kober. (Spittler) n. — 80

Hauri, N[athanael]. Eine Konfirmandenstunde über das 7. Gebot. Im Auftrage der Schweizer. Kommission für kirchliche Liebestätigkeit hrg. von N. Hauri, Pfarrer.... 2. Aufl. II + 16 S. 8. St. Gallen, Selbstverlag, [1901]. (fr. —.20; in Partien von 20 Ex. an fr. —.15)

Hauri, (N[athanael]). (Hermann) Kutters und (Johannes [d. i. Hans]) Fabers Kritik der Kirche. Von J. (*Umschlag: N.) H', Pfarrer in St. Gallen. (Separat-Abdruck aus der «Schweizerischen theologischen Zeitschrift» Jahrg. 22 ⟨1905⟩ Heft 1 und 2.) II + 43 S. 8. Basel, Friedrich Reinhardt, 1905. (fr. —.80)

Hauri, N[athanael]. Das Märchen und die Kindesseele. II + 36 S. 8. Zürich, Erhard Richter, 1907. (fr. —. 90)
Praktische Haus-Bibliothek des Schweizerischen Familien-Wochenblattes. № 3.

Hauri, N[athanael]. Die modernen Sexualtheorien und die christliche Ehe. 65 S. 8. St. Gallen, Fehr, 1909. [fr. 1. 20]

Hauri, N., d. Sonntagsunterricht a. d. gewerbl. Fortbildungsschulen d. deutschen Schweiz. Hrsg. im Auftr. d. schweizer. Gesellschaft f. Sonntagsfeier. gr. 8. (32 S.) St. Gallen 895. (Fehr'sche Buchh.) n. — 25

Hauri, N[athanael]. Wachet! Mahnworte und Ratschläge für junge Männer. Von N. Hauri, Pfarrer... in St. Gallen. 7. Aufl. II + 16 S. 8. St. Gallen, Selbstverlag, 1901. (fr. —. 20; in Partien von 30 Ex. an fr. —. 15, von 100 Ex. an fr. —. 13)

Hauri, N[athanael]. Was uns die Alten vom Rütlischwur erzählen. Ein Gedenkblatt zur 600jährigen Jubelfeier, (8. November 1307—) 8. November 1907. Mit Illustrationen von H[ans] Bachmann, M[artin] Disteli, Sal[omon] Gessner, R(ichard) Kissling, J[ost] Muheim, K[arl] Rahl, C[arl] W[ilhelm] Schurig, E[rnst] Stückelberg u. a. 40 S. 8. Emmishofen, Carl Hirsch & Johannes Blanke, 1907. (fr. —. 30)

Hauri, N. Worte der Mahnung an mein Patenkind. Eine Mitgabe f. d. Tauftag. Mit 1 Stahlst. In-12°. 50 S. Basel, C. F. Spittler. 1892. cart. 1' —

Haurisius, B. C.

— Gründe z. Erlern. der Universalhist. von Europa. Fol. Frankfurt. 741.

Haurisius, B. C., Scriptores hist. rom. lat. veteres. III Tom. c. fig. fol. Heidelb. Pfaehler. 743–48.

Haurowitz, H. v., die Armee u. das Sanitätswesen in ihren gegenseitigen Beziehungen. Wien 868. Gerold's Sohn. gr. 8. (V, 107 S.) n. 27 ngr

Haurowitz, H. v., die organische Entwickelung d. Menschen nach den neuesten Naturforschgn. gr. 8. (IV, 313 S.) Wien 871. Czermak. n. 5. —

— Erinnerungen an Corfu im Sommer 1869. Wien 870. Czermak. gr. 8. (147 S.) n. 1 ₰ 10 ngr

— das Militärsanitätswesen der Vereinigten Staaten von Nordamerika während des letzten Krieges nebst Schilderungen von Land u. Leuten. Stuttgart 866. G. Weise. gr. 8. (VIII, 350 S.) 2 ₰

Haurwitz, Sigismund [pr. Arzt]: Ein Beitrag zur Pathologie des Favus. '(Aus d. Kgl. dermatolog. Klinik zu Breslau.)' ... Breslau, Druck v. Th. Schatzky, 1892; 4 Bl., 55 S., 3 Bl. 8.
Breslau, Med. Fak., Inaug.-Diss. v. 31. März 1892.

Geradflügler (Orthoptera). A. Orthoptera genuina (Forficularia, Blattodea, Locustodea u. Gryllodea) von Charles Haury u. Dr. Ottokar Nickerl. Prag: Gesellsch. f. Physiokratie 1905. (14 S.) 8°
= Catalogus insectorum faunae bohemicae. 7.

Haury, Jakob [Dr.]: Zur Beurteilung des Geschichtschreibers Procopius von Cäsarea. München, Druck v. H. Kutzner, 1896; 46 S. 8.
München, k. Wilhelms-G, P 1897*

Haury, J., über die Herkunft der Kabiren u. üb. die Einwanderungen aus Südpalästina nach Böotien. (33 S.) gr. 8. München 908. J. Lindauer. 1. 50

Haury, Jakob [Dr]: Procopiana. Augsburg, Druck d. Litt. Inst. v. Haas & Grabherr, 1891; 37 S. 8°
Augsburg, k. RG, P 1891 •

Haury, Jakob [Dr.]: Procopiana. '(II. Tl.)' (Forts. d. P-Beil. Augsburg, RG 1891.) München, J. G. Weiss'sche Buchdr., 1893; 43 S. 8.
München, k. RG, P 1893

Haury, Jakob (Hrsg.), s. Procopius Caesar.: Opera omnia.

Haury, Jacobus: Quibus fontibus Aelius Aristides usus sit in declamatione, quae inscribitur ΠΑΝΑΘΗΝΑΙΚΟΣ. ... Augustae Vindelicorum, typ. cur. instit. liter. Haas & Grabherr, 1888; 1 Bl. + 33 + 1 S. 8°
München, Phil. Fak., Inaug.-Diss. v. 1888

Quibus fontibus Aelius Aristides usus sit in componenda declamatione, quae inscribitur Παναθηναικός. — Scrips. Dr. Jacobus Haury. — 1888, Augsburg, Haas und Grabherr. — S. 1—34.
Progr. Augsburg, Realgymn.

Haury, J., quibus fontibus Aelius Aristides usus sit in componenda declamatione, quae inscribitur Παναθηναικός. gr. 8. (34 S.) Augsburg 888. (Leipzig, Fock.) n. — 70

Haury, Sam. S., Briefe über die Ausbreitung des Evangeliums in der Heidenwelt. Allen Mennoniten in Nordamerika dargeboten. gr. 16. (109 S.) Halstead, Kan. 877. (Philadelphia, Schäfer & Koradi.) geb. n. 1. —

Haus [Sachliches Ordnungswort]

Haus, das, oder Familiensorgen u. Familienscenen, f. Skizzen aus dem Alltagsleben.

Haus: Fürs Haus
v. Nachrichten vom Zürichsee (II). Illustrierte Schweizer Hauszeitung.

Das Haus. Illustrirte Frauen-Zeitung. Sonntags-Beilage ... der „Post" I—II. Jahrgang 1869—1870. Verlag der Expedition der „Post" in Berlin.
Mit Abb. 2°
Erschienen bis 1871

Haus, das. Illustrirte Frauen-Zeitg. 2. Jahrg. 1870. 52 Nrn. (à 2 Bgn. mit eingedr. Holzschn. u. Schnittmustern.) Berlin, Wiegandt & Hempel, Sep.-Cto. Fol. 3 ₰ 10 ngr

Haus, das. Illustrirte Familien-Zeitung. 3. Jahrg. 1871. 52 Nrn. (2 B. m. eingedr. Holzschn.) Fol. Berlin 871. Strousberg's Verl. n. 8. —

Fürs Haus. Praktisches Wochenblatt für alle Hausfrauen I—XV. Jahrgang. Dresden, Verlag der Geschäftsstelle „Fürs Haus" 1882—1897
Mit Abb. 2°
XI ff: Verlag des „Deutschen Druck- und Verlagshauses" zu Berlin

Haus, das. Ausgeführte moderne Wohn- u. Geschäftshäuser in geometr. u. perspektiv. Darstellg. 72 Taf., davon 42 Lichtdr.-Taf. u. 30 Aquarell-Fksms. 6 Lfgn. (1 Bl. Text.) gr. Fol. Düsseldorf (905. 906). F. Wolfrum. Mit Mappe à n. 12 50

— dasselbe. Neue Folge. Fassaden moderner Geschäfts- u. Wohnhäuser, nach photograph. Aufnahmen mittels Lichtdr. wiedergegeben. 6 Lfgn. (72 Lichtdr.-Taf. m. 2 Bl. Text.) gr. Fol. Ebd. (906). à n. 7. 50

Haus, das. Ausgeführte mod. Wohn- u. Geschäftshäuser. Jetzt: Leipzig, Baumgärtner. Ermäss. Pr. n. 54. —; N. F. n. 40. —; zus. n. 80. —.

— das. Praktischer Ratgeber f. Hauseigentümer, Grundbesitzer u. Bauherren. Mit der Beilage „Die prakt. Hausfrau". Red.: H. v. Romatowski. 11. Jahrg. 1906. 52 Nrn. (à ca. 20 S. m. Abbildgn.) 4. Berlin, Hempel'scher Verlag. n. 4. 08

Haus, das. Praktischer Ratgeber f. Hauseigentümer, Grundbesitzer u. Bauherren. Mit der Beilage „Die prakt. Hausfrau". Red.: H. v. Romatowski. 13. Jahrg. 1907. 52 Nrn. (836 S. m. Abbildgn.) 32×23,5 cm. Berlin, Hempel'scher Verl. 3. 60

— dasselbe. Praktischer Ratgeber m. der Beilage „Die prakt. Hausfrau" nebst illustr. Unterhaltungs-Beilage, Moden-Beilage u. Schnittmusterbogen. Unterhaltende, belehr. Wochenschrift für's deutsche Haus. Red.: B. Radde, f. „die prakt. Hausfrau": Gertr. Schlüter. 4—6. Jahrg. 1908—1910. à 52 Nrn. (à ca. 16 u. 8 S.) 32×23,5 cm. Ebd. à Jhrg. 5. 20

Haus, Das, im Berg, seine Bewohner und Gäste in den Jahren 1830—1850. Zürich 1879. V: *Meyer, Hermann.* (zuwzür 1912)

Das Haus des Bildhauers. Schauspiel in 1 Aufzug. Aus d. Franz. übers. von P. Förster. Mit 1 Musikbeil. von Musikdir. P. E. Wagner. 2. Aufl. Paderborn: J. Esser [1903]. (31 S.) 8° [F.]
= Sammlung, J. Esser's, leicht aufführbarer Theaterstücke. H. 6. [04.11941 6

— das braune. W. M. Thackeray's Briefe an e. amerikan. Familie. Deutsche autoris. Ausg. v. Cecilie Mettenius m. Vorwort v. Arth. Bonus. (XXXII, 194 S.) 8. München (906). C. H. Beck. Geb. in Leinw. n. 4. —

Das Haus der Brüder. Eine Allegorie für die Schwestern. 18 2/11 21. o. O. [1821]. 8 S. 8°
Gedicht: „Es strebt empor auf Marmorsäulen . . ." Üb. Zweck, Geist u. stille Wirksamkeit d. Mrei. 342.

Haus, das christliche. Berlin (851). (Wohlgemuth.) 8. (32 S.) n. 2 ngr

Haus, das christliche. Wochenschrift zur Pflege des christl. Familienlebens. Hrsg. unter Mitwirkg. zahlreicher Geistlichen u. Laien v. Fach. 2. Jahrg. 1891. 52 Nrn. ([illegible]) [illegible] Dülmen, J. Horstmann. n. 2. —

Haus, d. christliche. Wochenschrift z. Pflege des christl. Familienlebens. Hrsg. unt. Mitwirkg. zahlr. Geistlichen u. Laien v. Fach. 3.—6. Jahrg. 1895—1898. à 52 Nrn. (Bog.) Lex.-8. Dülmen, J. Horstmann. à Jahrg. n. 2. —
Kann auch vierteljährlich bezogen werden. — Der 6. Jahrg. war von B. Horstmann redigiert.

— das christliche. Wochenschrift zur Pflege des christlich. Familienlebens. Hrsg. unter Mitwirkg. zahlr. Geistlichen u. Laien. Red.: B. Horstmann. 7.—10. Jahrg. 1899—1902. à 52 Nrn. Lex.-8. (à ca. 16 S.) Dülmen, J. Horstmann. à Jahrg. n. 2. —

Haus, das christliche. Wochenschrift zur Pflege des christl. Familienlebens. Hrsg. unter Mitwirkg. zahlreicher Geistlichen u. Laien. Red.: B. Horstmann. 11.—14. Jahrg. 1903—1906. à 52 Nrn. (à ca. 16 S.) Lex.-8. Dülmen, J. Horstmann. à Jhrg. n. 2. —

— das christliche. Wochenschrift zur Pflege des christl. Familienlebens. Hrsg. unter Mitwirkg. zahlreicher Geistlichen u. Laien. Red.: B. Horstmann. 15—18. Jahrg. 1907—1910. à 52 Nrn. (à ca. 16 S.) Lex. 8. Dülmen, J. Horstmann. à Jhrg. 2. —

Haus, das christliche. Ansprachen, geh. auf dem Volks- u. Familienabend des XII. deutschen Schulkongresses, Berlin, den 29. V. 1901. gr. 8. (36 S.) Berlin (901). F. Zillessen. n. — 40

— das christliche. Blätter zur Förderg. christl. Familienlebens u. christl. Kindererziehg. Jahrg. 1906. 12 Nrn. (à ca. 8 S.) Lex.-8. Berlin, F. Zillessen. n. 1. 60

— das christliche. Blätter zur Förderg. christl. Familienlebens u. christl. Kindererziehg. Red.: Fr. Zillessen. 2—5. Jahrg. 1907—1910. à 12 Nrn. (à Jhrg. 96 S.) Lex. 8. Berlin, F. Zillessen. Jhrg. 2 u. 3 à 1.20; Jhrg. 4 u. 5 à 1. —

— das, das Hans baute. Ausgestanzt. qu. 8. (16 S. m. z. Tl. farb. Illustr.) München 892. Nürnberg, Th. Stroefer. n. — 40

Haus, das, am Deich, s.: Schillingsbücher.

Das Deutsche Haus [auf der Weltausstellung in St. Louis 1904]. (Berlin [1904]: W. Büxenstein.) (28 S.) 8° [Umschlagt.] [05.11044

Haus, das deutsche, im Schmucke der Poesie u. Kunst. Hrsg. von Karl Dorenwell. Eingeführt von Jul. Sturm. Mit 12 Lichtdr.-Bildern nach Orig. von Th. Schüz. hoch 4. (VIII, 460 S. m. 14 Lichtdr.) Wolfenbüttel 881. Zwißler. 15. —; geb. n. 20. —

— ein deutsches, mit einer kleinen Weihnachts-Geschichte. 16. (26 S.) München 882. (Th. Ackermann.) n. — 20

— das, im Dienste der Schule. Ein wohlgemeintes Wort an christliche Hausväter und Hausmütter von J. G. M. (Mitschke.) Breslau 854. Dülfer in Comm. 8. (40 S.) 2½ ngr

Haus, dies ist zu verkaufen. Singspiel in 1 A. v. A. Duval, a. d. Franz. v. F. K. Hiemer. 8. Stuttgart, Magazin für Lit. 802.

— — — Lustsp. in 1 A. von A. Klebe. 8. Frankf. Simon. 802.

— — dasselbe, s. a. Lustspiele f. stehende Bühnen 1r Thl.

— - dasselbe, s. Schauspiele v. Fr. v. Weißenthurn 1r.

Haus, das, des Doktors, Vorspiel, s. Darlington.

Haus, Das, des Svend Dyring. Romantische Tragödie in 4 Acten. Aus d. Dän. Hamburg 1839. V: *Hertz, Henrik.* Ü: *Bentzen, Peter Chn.* (A) (Mitth. A. Rosenbaum.)

— das, des Svend Dyring. Romant. Tragödie in vier Acten. gr. 12. Hamburg 839. Perthes, Besser u. Mauke. n. ½ ℛ︀

Haus, das edle, der Sture, ein romant. Gemälde aus dem 16ten Jahrhundert, von Sophie May. 8. Berlin, Schüppel. 821.

Bündnerische Vereinigung f. Heimatschutz. Das Engadiner **Haus**. Nach Aufnahmen von J. Feuerstein, Schuls. Basel: A. Ditisheim [um 1907]. (7 S., 48 Taf.) 8° [Umschlagt.] (08. 6340

— das, der heiligen Familie. Monatliche Vereinsschrift f. alle Mitglieder des v. Sr. Heil. Papst Leo XIII. eingeführten „Allgemeinen Vereins der christl. Familien zu Ehren der hl. Familie v. Nazareth", enthalt. Bausteine zum Aufbau u. Ausbau der geistl. u. zeitl. Wohlfahrt in den Familien. Von mehreren Geistlichen u. Laien bearb. u. red. v. A. Wiehe. 1.—3. Jahrg. 1893—1895. à 12 Hfte. (2 Bog. m. Abbildgn.) gr. 8. Heiligenstadt, F. W. Cordier. à Jahrg. n. 1.—

— das, der heiligen Familie. Monatl. Vereinsschrift f. alle Mitglieder d. v. Papst Leo XIII. eingef. „Allgem. Vereins d. christl. Familien zu Ehren d. hl. Familie v. Nazareth", zugl. Bausteine z. Aufbau u. Ausbau d. geistl. u. zeitl. Wohlfahrt in allen Familien. Von mehr. Geistlichen u. Laien bearb. u. red. v. A. Wiehe. 4.—6. Jahrg. 1896—1898. à 12 Hfte. (à ca. 2 Bog.) gr. 8. Heiligenstadt, F. W. Cordier. à Jahrg. n. 1.—

— das, der hl. Familie. Monatliche Vereinsschrift f. die Mitglieder des v. Sr. Heil. Papst Leo XIII. eingeführten „Allgemeinen frommen Vereins der christl. Familien zu Ehren der hl. Familie v. Nazareth". Zugleich Bausteine zum Aufbau u. Ausbau der geistl. u. zeitl. Wohlfahrt in allen Familien. Von mehreren Geistlichen u. Laien bearb. u. red. v. Borggrefe. 7.—10. Jahrg. 1899—1902. à 12 Hfte. Lex.-8. (à ca. 20 S.) Heiligenstadt, F. W. Cordier. à Jahrg. n. 1.—
Die Jahrgge. 8 u. 9 sind v. B. Schmalfilen redigiert.

— das, der hl. Familie. Monatliche Vereinsschrift f. die Mitglieder des v. Sr. Heil. Papst Leo XIII. eingeführten „Allgemeinen frommen Vereins der christl. Familien zu Ehren der hl. Familie v. Nazareth". Zugleich Bausteine zum Aufbau u. Ausbau der geistl. u. zeitl. Wohlfahrt in allen Familien. Von mehreren Geistlichen u. Laien bearb. u. red. v. Borggrefe. 11.—14. Jahrg. 1903—1906. à 12 Hfte. (14. Jhrg. IV, 232 S.) Lex.-8. Heiligenstadt, F. W. Cordier. à Jhrg. n. 1.—

— das, der hl. Familie. Monatliche Vereinsschrift f. die Mitglieder des v. Sr. Heil. Papst Leo XIII. eingeführten „Allgemeinen frommen Vereins der christl. Familien zu Ehren der hl. Familie v. Nazareth". Zugleich Bausteine zum Aufbau u. Ausbau der geistl. u. zeitl. Wohlfahrt in allen Familien. Von mehreren Geistlichen u. Laien bearb. u. red. v. Borggrefe. 15—17. Jahrg. 1907—1909. à 12 Hefte. (à Jhrg. IV, 240 S.) Lex. 8. Heiligenstadt, F. W. Cordier. à Jhrg. 1.—

— dasselbe. Red.: Karl Eckardt. 18. Jahrg. 1910. 12 Hefte. (IV, 387 S. m. Abbildgn. u. Taf.) 8. Ebd. 1.20

Haus, Das, auf dem Felsen. Von dem Verfasser von: »Eine Falle« und »Ankunft zu Hause«. Aus d. Engl. Berlin Stuttgart 1794. V: *Gutscher, Friedrich.* (Schletter, Handb. d. jurist. Litt. Grimma 1843. S. 257.)

Haus, das, auf dem Felsen. Von der Verfasserin von „Eine Falle um einen Sonnenstrahl zu fangen ꝛc. Frei nach dem Englischen von F. T. Berlin 862. F. Schulze. 16. (152 S.) n. 12½ ngr.

— das fidele. Neueste Schnurren u. Schwänke f. lachlust. Leute. 16. (48 S.) Syrum 891. A. Spaarmann. — 20

— das fidele. Humorist. Familienblatt. Red.: Herm. Seyffert. 1. u. 2. Jahrg. 1898—1899. à 52 Nrn. (à 12 S. m. z. Tl. farb. Abb.) gr. 4. Berlin, Verlag d. Lust. Blätter. à Jahrg. n. 4.—
Kann auch vierteljährlich bezogen werden. — Zugleich Fortsetzg. von Lustiges Echo.

— das fidele. Humoristisches Familienblatt. Red.: Herm. Seyffert. 3. Jahrg. 1900. 52 Nrn. gr. 4. (à ca. 10 S. m. z. Tl. farb. Abbildgn.) Berlin, Verlag d. Lustigen Blätter. n. 4.—
Fortsetzung. f.: Jahrhundert, lachendes.

Haus, Ein, des Friedens für die Stadt Wien. Wien 1866. V: *Stöger, Johann, Nep.* (Jes)

Haus: Für Haus und Garten
v. Bernische Blätter für Landwirthschaft, Wald- und Gartenbau.

Haus, Das graue, oder die neuen Geheimnisse von Wien. Historischer Roman ... Wien 1876. V: *Bermann, Mor.* (EB)

— das graue, od. die neuen Geheimnisse v. Wien. Historischer Roman. In 24 Lfgn. Lex.-8. (1. Bd. 336, 2. Bd. 400 u. 3. Bd. 393 S.) Wien 875. 76. Hartleben. à n. — 50

Haus, Das, zur Haue am Fischmarkt in Zürich ... Zürich 1897. V: *Schulthess, Frdr.* (Zuwachsverz. d. Bibliotheken in Zürich 1898 ff.)

Haus, das heilige, zu Loretto, dessen Uebertragungen, sowie die geist. Wallfahrt zu dem heil. Hause zu Loretto. 8. (12 S.) Dülmen 886, Laumann'sche Verlagsh.

Das heilige **Haus** zu Loretto, dessen Uebertragungen sowie d. geistige Wallfahrt zu dem heiligen Hause zu Loretto. 3. Aufl. *Dülmen: A. Laumann 1902.* (16 S.) 8° [F.] (03. 17318

Haus und Herd: Band 1–46, Jan. 1873–1918.
Monthly. Sub-title. 1) Ein Familien-Magazin für Jung und Alt; 2) Eine Monatsschrift für die Familie und Sonntagsschule; 3) Ein illustriertes Familienblatt; 4) Eine illustrierte Monatsschrift für die Familie. Organ of Deutsche Methodistenkirche. Dated also at New York, Chicago & St. Louis. Merged with Der Christliche Apologete. Octavo, each issue 56–64 pages; title-page & contents, 4–8 pages; earlier volumes have "Jahrgang" on title-page, but "Band" at mast-head. Richly illustrated, including portraits [volume for 1877 has as many as 12 steel-engravings & 210 woodcuts]; an excellent paper for family reading, rather than a religious periodical. Subscription held by Harmony Society. Circulation: 1875, 5000; 1885, 8050; 1893, 9150; 1900, 8500; 1912, 9000; 1915, 8500. Edited by the Rev. Heinrich Liebhart, Jan. 1873–1895; by Dr. F. Nagler 1896–1900; by Friedrich Munz, 1900–12; by August Johann Bucher, 1912–18; assistant editors: H. A. Schröter; H. W. Liebhart; Friedrich Munz;; Otto Gilbert; J. J. Hoffmann, 1900–01; Friedrich Cramer, 1901–04; Albert Cramer, 1904–09; Carl Fritz, 1909–18. Published by Hitchcock & Walden, Jan. 1873? July? 1880, by Walden & Stowe, Aug. 2? 1880–May 1884; by Cranston & Stowe, June 2, 1884–May 1892; by Cranston & Curts, June 2, 1892–1899; by Curts & Jennings, Jan. ?–May 1900; by Jennings & Pye, June 7, 1900–May 1904; by Jennings & Graham, June 8, 1904–1915?; by Methodist Book Concern, 1916?–1918.
Cincinnati, OH

Für Haus und Heerd. Blätter zur Unterhaltung und Belehrung. Gratis-Beilage zum Kieler Tageblatt. 1886 ff. Fol.

Haus

— u. Herd. Illustr. Familien-Unterhaltungsblatt. Rathgeber f. häusl. Gesundheitspflege, Küche, Haushalt, Mode, Spiele. Gratis-Beilage zur offiziellen Zeitschrift „Das Rothe Kreuz". Schriftleitung: Frau H. Volchert. Jahrg. 1899. 24 Nrn. gr. 4. (à ca. 16 S.) Berlin, Verlag Das Rothe Kreuz. n. 4.—

— u. Herd. Serum gegen Volksvergiftg. 1—23. Bd. kl. 8. Berlin, Verlag der Sonntagsglocken. 4. 70

Gheri, Leop., Ephrata. An Arabiens Gestaden. (127 S.) 907. (Bd. 8. 9) — 40

— Die Gerechtigkeit der Menschen. Reise-Erzählung. — Martediten. Eine Reise ins Reich der Phantasie. (119 S.) 908. (Bd. 13. 14.) — 40

Gheri, Leop., die rächende Nemesis. Reiseerlebnisse. 2. Aufl. (110 S.) 906. (Bd. 3. 4.) — 40

— In den Schluchten des Cha-gan-alin. Roman aus der Tungaska. (438 S.) 908. (Bd. 17—23.) 1. 50

— An der Schwelle des Jenseits. — Satana. 2 Erzählgn. (62 S.) 906. (Bd. 1.) — 20

— Wilde Welt. Erlebnisse im brasilian. Urwald. (128 S.) 907. (Bd. 11. 12.) — 40

Hahn, Emilie, des Glückes Weg. — Marx, Emma, was die alte Kirchhofslinde mir erzählte. — Kolbe, E., im Schatten des Niederwaldes. (64 S.) 906. (Bd. 2.) — 20

Ketteler, Wilh. Eman. Frhr. v., Worte der Belehrung u. Ermahnung an christliche Eltern üb. ihre Pflichten bei der Vorbereitung ihrer Kinder zur 1. hl. Kommunion. (67 S.) 906. (Bd. 5.) – 20

Kolbe, E., im alten Glauben. Historische Erzählg. aus der „Reformationszeit" der Mark. — Stephan, Bruno, ein Anker im Schifflein des Lebens. (64 S.) 907. (Bd. 10.) — 20

— im Schatten des Niederwaldes, s.: Hahn, Emilie.

Krieg, J. J., der Pfarrer v. Schönberg. Eine Erzählg. aus der Zeit des preuß. Kulturkampfes. (128 S.) 908. (Bd. 15. 16.) — 40

Langer, Rich., Mutter-Gottes-Minne in den marianischen Zeiten des Kirchenjahres. (64 S. m. Abb.) 907. (Bd. 6.) — 20

Marx, Emma, was die alte Kirchhofslinde mir erzählte, s.: Hahn, Emilie, des Glückes Weg.

Schiffer, Peter, eine Blumenlese in Sage u. Dichtung. Geschildert. (63 S.) 907. (Bd. 7.) — 20

Stephan, Bruno, ein Anker im Schifflein des Lebens, s.: Kolbe, E., im alten Glauben.

Haus und Herd. Organ f. kath. Dienstmädchen-Vereine. Jg. 1 ff. — München: („Der Arbeiter") 1907 ff.

Haus, Das, des Herzogs von Brabant zu Köln. [Bonn 1878.] V: *Merlo, Johann Jacob.* (StBKöln I, 195)

Haus: Für Haus und Hof
v. Nachrichten vom Zürichsee (II)

Haus: Aus Haus, Hof und Garten
v. Bauernfreund.

Haus: In Haus und Hof
v. Aargauer Tagblatt. Aargauer Volksfreund.

Haus und Hof: 1880 - › Milwaukee, WI

(F) Haus u. Hof. Zeitschrift für Thierzüchter, Händler und Freunde. Mittheilungen über Jagd, Fischerei, Land-, Forst-, Teich- und Hauswirthschaft. Fachblatt für sämmtliche Zweige der Thierzucht, sowie für Aquarien, Terrarien und Zimmergärtnerei. Herausgegeben von Rudolf Ritter von Prus-Kobierski. [I. Jahrgang. 1899.] Wien. 1899. monatlich erscheinen 2 Nrn. Einzelne Nrn. fl. —.10, compl. fl. 3.—

— u. Hof in Verbindung m.: Österr. Blätter f. Geflügel-, Vogel-, Kaninchenzucht etc. (Früher: „Der Thierzüchter".) Fachblatt f. sämmtliche Zweige der Thierzucht, sowie f. Aquarien, Terrarien u. Zimmergärtnerei. Hrsg. u. Red.: Rud. Ritter v. Prus-Kobierski. 8. Jahrg. Juli 1902—Juni 1903. 21 Nrn. gr. 4. (à ca. 24 S.) Wien (XII/3, Oswaldgasse 4), Administration. 6. —

— u. Hof. Fachblatt f. Land- u. Forstwissenschaft, Tierzucht, Garten-, Obst- u. Weinbau, Haus- u. Kellerwirtschaft, Sport, Jagd u. Fischerei. (Mit „Feierabend", belletrist. Halbmonatsschrift, Verbands- u. Vereinsorgan.) Hrsg.: Heinr. Feige. Red.: Andreas Ring. 14. Jahrg. Novbr. 1906—Oktbr. 1907. 24 Nrn. (à ca. 16 u. 8 S. m. Abb.) Lex.-8. Wien, Verlag v. Haus u. Hof.) n. 8. —

Haus, Hof u. Feld. Ein Nachschlagebuch bewährter Erfahrgn. in Hauswirtschaft, Ackerbau u. Viehzucht. (Von K. F. J. Süss.) (32 S.) kl. 8. Leipzig (Gellertstr. 7/9) (907). Jul. Süss jun. — 25

Haus: Für Haus, Hof und Landwirtschaft
S. Geschäftsblatt für den obern Theil des Kantons Bern. Mittelländisches Volksblatt.

Haus, Das hohe. Parlamentsbilder aus Österreich. Wien 1896. V: *Wengraf, Edmund.* (EB)

— das hohe. Parlamentsbilder aus Oesterreich. Von? 12. (VII, 123 S.) Wien 896. (M. Perles.) n. 2. —

Haus, das, in welchem ich wohne, oder der Bau u. die Verrichtungen des menschlichen Körpers. Für Familien u. Schulen mit der für diese Bestimmung nothwendigen sittl. Rücksichtsnahme. Nach dem Engl. (v. Alcott) bearb. v. Aug. Frhrn. v. Hogguér. Mit 35 (eingedr.) Holzschn. gr. 8. (XII u. 180 S.) Leipzig 852, Baumgärtner. 18 ngr

— kein, ohne Gas! Hrsg. v. deutschen Verein v. Gas- und Wasserfachmännern. 12. (32 S.). Dessau 896. (München, R. Oldenbourg.) n. — 20

Für Haus und Küche. Eine Sammlung erprobter vorzüglicher Kochrecepte und Anweisungen für die Haushaltung. 8. (254 S.) Cart. 1.80
Wien: Perles 1891.

Haus und Land: Nov 15, 1905 - 1909?
Semi-monthly, of literary and family interest. Published by Haus und Land Publishing Co.
Chicago, IL

Haus: Für Haus und Landwirtschaft
v. Emmenthaler Nachrichten.

Haus, mein, u. seine Gäste. Mit einleit. Gedicht v. Emil Rittershaus. gr. 4. (96 S.) Elberf. 891, Lucas. geb. in Hlbfrz. * 6 — in Bastard-Leder-Pressg. * 12 —; in Kalb-Leder-Pressg. * 14 —

— mein, meine Welt. Monatsschrift f. d. geist. u. wirthschaftl. Leben d. Frau. (Fortsetzg. v. „Die prakt. Küche".) Hrsg. v. Johanna v. Sydow. Red.: Frdr. Melford. 1. Jahrg. März—Dezbr. 1895. 8.—10. Hft. (à 3 Bog. m. Abb.) Lex.-8. Berlin. [M. Pasch.] F. Schirmer. à Hft. — 50

— dasselbe. 2. Jahrg. Januar—Juli 1896. 1.—7. Hft. (à 3 Bog. m. Abb.) Lex.-8. Ebd. à Hft. — 50

— dasselbe. Halbmonatsschrift. Aug. u. Septbr. 1896. 2. Jahrg. 4 Hfte. Lex.-8. Ebd. à Hft. — 25

— dasselbe. 3. Jahrg. Oktbr. 1896—Septbr. 1897. 24 Hfte. (à ca. 24 S. m. Abb.) gr. 8. Ebd. 6. —; einz. Hfte. — 25
Weiter nicht erschienen.

Das neue Haus der Loge Minerva zu den drei Palmen in Leipzig. Kurze Geschichte des Baues, der Feier der Grundsteinlegung, des Richtfestes und der Einweihung des Hauses. Zur Erinnerung an den 17. Okt. 1886. zsgest. Leipzig 1886: Leiner. 60 S. 2 Taf. 8° 25.

—— das, des Grafen Dwinski, s. Süd, A. B. T.

— Rantzau, das. Eine Familien-Chronik. Celle 866. (Hamburg, Mauke Söhne.) gr. 8. (VIII, 221 S. mit 14 Steintaff., wovon 4 in Buntdr. u. 6 Tabb. in gr. 8., 4. u. Fol.) n. 3 ℛ

— das Rauhe. (18 Taf. m. IV S. Text.) qu. 16. Hamburg (904). Agentur des Rauhen Hauses. n. 1.50

— das Rauhe, in Bildern. Hamburg 866. Agentur des Rauhen Hauses. 16. (18 Holzschn. in Tondr.) In Couvert. n. 12 ngr.

—— Rothschild, das. Seine Geschichte und seine Geschäfte. Aufschlüsse und Enthüllungen zur Geschichte des Jahrhunderts, insbesond. des Staatsfinanz- und Börsenwesens. Zum erstenmale dargestellt. 7 Lfgn. gr. 8. Prag 857, Kober. [1. Thl. (320 S. mit lithogr. Titel.) 2. (221 S.) à Lfg. * 7 Ngr.] *

Das Haus der St. Johannisgilde in Riga. — Riga 1887: Müller. 36 S. 4°

Haus u. Schule. Hannoversches Zeitblatt. Red. v. Gust. Spieker. Jahrg. 1870. 52 Nrn. (à ½—1 Bgn.) Hannover 870. Meyer. gr. 4. n. 1 ℛ

— u. Schule. Hannoversches Zeitblatt. Red. v. Gust. Spieker. 2—5. Jahrg. 1871—1874. à 52 Nrn. (B.) gr. 4. Hannover, Meyer. à Jahrg. n. 4. —
Jg.4 unt.d.T.: Für Haus u.Schule.

— und Schule. Hannoversches Zeitblatt. Redig. von G. Spieker. 6. Jahrg. 1875. 52 Nrn. (Bog.) gr. 4. Hannover, Meyer.

—— dass. — 7. und 8. Jahrg. 1876 und 1877. à Jahrg. 52 Nrn. (Bog.) gr. 4. Hannover, Helwing'sche Verlagsb. à Jahrg.

—— dass. — Pädagogisches Zeitblatt. 9. und 10. Jahrg. 1878 und 1879. à Jahrg. 52 Nrn. (Bog.) gr. 4. Ebendas. à Jahrg.

— — Pädagogisches Zeitblatt. Hrsg. von G. Spieker. 10—13. Jahrg. 1879—1882. à 52 Nrn. (B.) gr. 4. Hannover, Meyer. à Jahrg. n. 5. —
cf.: Für Haus u. Schule.

— u. Schule. Pädagogisches Zeitblatt. Nebst pädagog. Litteraturbericht. Hrsg. v. G. Spieker. 14—17. Jahrg. 1883—1886. à 52 Nrn. (à 1—1½ B.) gr. 4. Hannover, Meyer. à Jahrg. n. 5. —

Haus u. Schule. Pädagogisches Zeitblatt. Nebst pädagog. Litteraturbericht. Begründet v. G. Spieker. Unter verantwortl. Leitung fortgef. v. A. Wendland. 18.—21. Jahrg. 1887—1890. à 52 Nrn. (à 1—1½ B.) gr. 4. Hannover, C. Meyer. à Jahrg. n. 5. —

—— u. Schule. Pädagogisches Zeitblatt. Nebst pädagog. Litteraturbericht. Begründet v. G. Spieker, [v. 21. Jahrg. ab] fortgef. v. Adf. Wendland. 20.—23. Jahrg. 1889—92. à Jahrg. 52 Nrn. (à Nr. 1—1½ Bog.) gr. 4. Hannov. 891. Meyer. à Jahrg. 5 —

— — dasselbe. 24. u. 25. Jahrg. 1893. 1894. à 52 Nrn. (à 1—1½ Bog.) gr. 4. Ebd. à Jahrg. n. 6 40

— u. Schule. Pädagog. Zeitblatt. Begr. v. G. Spieker. Unt. verantwortl. Leitg. fortgef. v. Adf. Wendland. 26—29. Jahrg. 1895-1898. à 52 Nrn. (à ca. 1 Bog.) gr. 4. Hannover, C. Meyer. à Jahrg. 6.40
Kann auch vierteljährlich bezogen werden.

— u. Schule. Pädagogisches Zeitblatt. Begründet v. G. Spieker, fortgeführt v. A. Wendland. Unter verantwortl. Leitg. hrsg. v. Karl Leimbach. 30.—33. Jahrg. 1899—1902. à 52 Nrn. gr. 4. (II, 418; II, 416; II, 430 u. II, 440 S.) Hannover, C. Meyer. à Jahrg. n. 6.40

— u. Schule. Pädagogisches Zeitblatt. Begründet v. G. Spieker, fortgeführt v. A. Wendland. Unter verantwortl. Leitg. hrsg. v. Karl L. Leimbach. 34.—36. Jahrg. 1903—1905. à 52 Nrn. (VIII, 428; X, 416 u. X, 438 S.) gr. 4. Hannover, C. Meyer. à Jhrg. n. 6.40

— — dasselbe. 37. Jahrg. Jan.-März 1906. 13 Nrn. (II, 124 S.) gr. 4. Ebd. n. 1.60
Erscheint nicht mehr.

— u. Schule. Berliner Monats-Blätter des Vereins für das Wohl der aus der Schule entlassenen Jugend. Red. v. Fr. d'Hargues. Neue Folge. 7. u. 8. Jahrg. 1881 u. 1882. à 12 Nrn. gr. 8. (à Nr. ca. 1½ B.) Berlin, Th. Hofmann in Comm. à Jahrg. n. 4. —

Haus, das schwarze, in Weiß-Rußland, (v. ... Dapping, geb. Otterbein). Mit 1 Kpf. 8. Heidelb. 810. Engelmann. 1 ℛ 12 gl.

Haus, d. schwarze, in Weißrußland. 8. Heidelberg, Mohr u. Z. 810.

Haus, Das Schweizer, s. Schweizerhaus, Das.

— das, am Seestrande. Novelle, dem Engl. nacherzählt von J. R. Lenz. 8. Hamburg 834. Herold. 1⅙ ℛ — dass., s. auch Wintergrün auf 1834.

— ein seliges. Joh. 2, 1—11. [Aus: „Beuggenblatt".] gr. 16. (16 S.) Basel 877. Spittler. n. — 8

— das, Gruit van Steen. Steffen Martes Schillerfeier. Unverhofftes Glück, s.: Jugend-Bibliothek, stenographische. 2. Bd.

—— das steinerne, und die Familie v. Melem in Frankfurt. gr. 8. (16 S.) Frankfurt a. M. 859(61), (Sauerländer's Sortiment.) **
Aus: Mittheilungen des Vereins für Geschichte und Alterthumskunde in Frankfurt, besonders abgedruckt.

das Trautberger, bei Castell u. Rüdenhausen, von den ersten Anfängen seiner Begründung bis zu seiner Eröffnung. gr. 8. (13 S.) Nürnberg 851, Riegel & Wießner in Comm. ⅙ ℛ

Haus, das, mit 2 Thüren. Ein Lustspiel in 3 Abtheilungen. Aus d. Spanisch. des Don P. Calderon de la Barca übers. von G. N. Bärmann. 8. Altona, Busch. 821.

— unser. Vier Erbauungsreden gehalten vor der christkatholischen Gemeinde zu Berlin im J. 1853. Berlin, Weidle. (Nelte.) 8. (15. 15. 16. 15 S.) Jede Rede 1 ngr.

— unser. (51 S. m. 2 Grundrissen im Text u. 4 Taf.) gr. 8. Prag 905. Germania, Lese- u. Redeverein der deutschen Hochschüler. (Nur direkt.) n. 2. —

— unser. Wochenschrift f. weibl. Hausangestellte. Organ der evang. Dienstbotenvereine Deutschlands. Im Auftrage der deutschen Kommission zur Lösg. der Dienstbotenfrage hrsg. vom Verbande der ev. Jungfrauenvereine Deutschlands unter Verantwortlichkeit v. Burckhardt. 2. Jahrg. 1910. 52 Nrn. (à ca. 8 S. m. Abbild.) Lex. 8. Berlin, (Buchh. des ostdeutschen Jünglingsbundes). 3.60

Haus, das weiße. (Novelle.) Nach Paul de Kock (v. P. Th.) 8. (18 B.) Hamburg 831, (Herold.)
Aus „Wintergrün 1831" besond. abgedruckt.

Haus und Welt. Blatt für Deutschlands Frauen. I.[—III.] Jahrgang. Berlin 1871—1874. Verlag von Franz Ebhardt.
Mit Abb. 2
Seit 1879 vereinigt mit dem „Berliner Modenblatt"

— u. Welt. Blatt f. Deutschlands Frauen. 1 u. 2. Jahrg. (Octbr. 1871 bis Septbr. 1873.) à 26 Nrn. (B. m. e. Beilage 4 S. in Imp.-Fol.) Fol. Berlin, Ebhardt. à Jahrg. 6. —; m. color. Modekpfrn. 15. —; Ausg. in 13 Hftn. à Hft. — 50

Haus u. Welt. Blatt f. Deutschlands Frauen. 3—5 Jahrg. (Octbr. 1873—Septbr. 1876.) à 26 Nrn. (B. m e. Beilage 4 S. in Imp.-Fol.) Fol. Berlin, Ebhardt à Jahrg. 8. —; m. color. Modekpfrn. 18. —; Ausgabe in 13 Hftn. à Hft. — 80

— u. Welt. Blatt für Deutschlands Frauen. 6—8. Jahrg. Oktbr. 1876—Septbr. 1879. à 24 Nrn. (2½ B. m. eingedr. Holzschn. u. Schnittmusterbeilagen.) Fol. Berlin, Berl. Modenblatt. à Jahrg. n. 8. —; m. 52 color. Modekpfrn. 18. —

Haus und Welt. Zeitschrift f. d. deutschen Frauen. Hrsg. v. M. Herbert [d. i. Therese Keiter] u. E[lisabeth] M[argarethe] Hamann. Jg. (1.) 1900 (= Sept. 1899 - Sept. 1900). [Mehr nicht ersch.] — Dortmund & Leipzig: Wulff (1900). 4°

Haus [Verfasser]

v. Haus, offenes Sendschreiben an den Landtagsabgeordneten Freiherrn Gust. v. Lerchenfeld. Augsburg 862. (Kollmann.) gr. 8. (12 S.) n. 2 ngr.

Haus, C., Lehr- u. Handbuch für Bader. (Auch Anfangsgründe für Zöglinge der niedern Chirurgie). Mit 1 ill. Steintaf. gr. 8. Augsburg 845, Kollmann. 1½ ₰

Haus, C., Lehr- u. Handbuch für Bader. Mit Zugrundelegung der Baderordnung im Königr. Bayern. Vom königl. bayer. Ober-Medizinalausschusse geprüft u. nach allerh. königl. Anordnung als Grundlage bei den Prüfungen der Bader in Bayern vorgeschrieben. 2., verb. Aufl. Mit e. illum. Steintaf. gr. 8. (VIII, 293 S.) Regensburg 877. Manz. n. 4. —

Haus, C. F., die Auscultation in Bezug auf Schwangerschaft. gr. 8. Würzb. 823. (Stahel). 8 gr

— Bocklet u seine Heilquellen, für Aerzte u. Nichtärzte beschrieben. Mit 1 Ansicht. 8. Würzb. 831. (Stahel). 16 gr

Haus, (C.), Seyn od. Nichtseyn der bisherigen Physikate in Bayern? Eine abgedrungene Entgegnung auf d. jüngste Schrift des Verf. der „Grundlinien zur Reform des Medizinalwesens auf korporativem Fuße," u. d. T.: „Bruchstück zu den Heine'schen Entwürfen zur Medizinalreform" u. s. w. mit Berücksichtigung der beantragten Bildung einer ärztlichen Corporation. gr. 8. (38 S.) Augsburg 850, Kollmann. 6 ngr

Haus, Ernst August

Haus, Er. Aug., († d. 1. März 1813.) Beiträge z. Berichtigung d. rechtl. Grundsätze über den Ersatz u. Vertheilung der Kriegsschäden. 8. Nürnb. 801. Stein. 14 gr

— über d. wahren Grund u. Natur d. lehenherrl. Gerichtsbarkeit in Deutschland. gr. 8. Würzb. 793. Rienner. 3 gr

Haus, Ernst August (Würzburg), De habitu antiquo municipiorum provincialium (Landstädte) medii aevi Germaniae ejusque ab hodierno discrimine. Diss. jur. Mainz (Andreas Crass) 31. XII. 1790. 84 S. (6.50) 13550

— s. Lehnherrlichkeit, über die.

— Versuch üb. den rechtl. Werth des Gerichtsgebrauchs sowohl an den deutschen Territorial- als höchsten Reichsgerichten. 8. Erl. 798. Palm. 6 gr

Haus, Jakob Josef

Haus, Jac. Jos.: „Elementa doctrinae juris philosophicae s. juris naturalis", 1824.

Haus, J. J.: Elementa doctrinae juris philosophicae sive juris naturalis. *Gandavi.* **(Weigel in** ***Leipzig.*****) 825. 8maj. (2 Thl. 8 Gr.)**

— Jacob Joseph (Würzburg), De vera indole processus possessorii summariissimi, adnexo principiorum codicis Bavarici judiciarii brevi examine. Diss. jur. Würzburg (Franz Ernst Nitribitt) 26. VIII. 1817. 95 S. (6.50) 13551

Haus, J. J.: De vera indole processus possessorii summarissimi; adnexo princip. Cod. bav. brevi examine. ***Würzb.*** **818. 8.**

Haus, J. J., Observations sur le projet de révision du Code pénal, présenté aux chambres Belges; suivies d'un nouveau projet. I. — III. Partic. gr.in-8. Gand 835, 36. (Bonn, Marcus) n. 4⅓ ₰

— Projet de Code pénal Belge. (Aus obig. Partic. III. abgedr.) gr. in-8. Gand 836. (Bonn, Marcus.) n. ⅔ ₰

— Pancratius Joseph (Würzburg), De potestatis politiae et criminalis nexu et differentia praecipue in causis criminalibus, plena criminis probatione deficiente, vel poena legali ad securitatem reipublicae haud sufficiente. Spec. jur. Präs. Johann Philipp Gregel. Würzburg (Franz Ernst Nitribitt) 31. VII. 1799. 60 S. (6.50) 13553

Haus, Phil. Ludwig

Haus, Phil. Ldw., († im Oct. 1802.) griech. Alterthümer, zum Gebrauch der Mainzer Schuljugend. gr. 8. Mainz 787. (Müller). 3 gr

Haus, P. L., Römische Alterthümer. Mainz 789. Th. I. 8.

— Alterthümerkunde von Germanien, oder Tacitus über Germaniens Lage, Sitten u. Völker; in ein System gebracht u. mit Zusätzen erläutert. 2 Thle. gr. 8. Mainz 791, 92. (Andreä in Frankf. am M.) 1 ₰

— Handbuch zu den geograph. Vorlesungen von Europa. gr. 8. Mainz 786. Kupferberg. 6 K

— Cäsars Krieg mit dem Germanier König Ariovist, kritisch betrachtet u. erläutert. 8. Mainz 790.

— s. ferner: 1) Jul. Cäsar, histor. Nachrr. 2) Cornelii Nepotis. 3) Eutropius. 4) Lucanus, Pharsalia. 5) Ovid's siebente Heroide. 6) Samml. der Uebersetz. röm. Prosaiker. VII. XIII.

Haus, Rich., des Kindes Führer beim Rechtschreiben. Regeln u. Wörterverzeichnis für die Hand der Schüler. 2. Aufl. 8. (18 S.) Crefeld 895. J. Greven. n. — 15
— vergl. Hauß.

Haus, Rudolf, approb. Arzt aus Frankfurt a. M.: **Myelitis** durch Echinococcus hydatidosus. *Rudolstadt [1901]: F. Mitzlaff.* (16 S.) 8° ¶ [Aus: Baumgarten's Arbeiten, 3.]
Tübingen, Med. Diss. v. 1901

Haus v. Hausen, Jos., Gleichenberg in Steiermark, sein Clima u. seine Quellen. Balneologische Skizze zur Anleitg. f. Curgäste. 2. verm. Aufl. 8. (116 S. m. Steintaf. in qu. gr. 4.) Wien 875. Braumüller. n. 2. —

Haus v. Hausen, Jos., Gleichenberg in Steiermark, sein Klima u. seine Quellen. Balneologische Skizze zur Anleitung für Curgäste. 3., umgearb. Aufl. Mit 1 (chromolith.) Karte. 8. (V, 113 S.) Wien 882. Braumüller. n. 2. —

Haus-A.B.C., Ein, zum 6. Februar 1861 ... [Leipz.] V: *Freytag, Gustav.* (cb)

Hausach [Schlagwort]

Hausach, s.: Schwarzwald.

Haus-Administrations-Buch. 3. revidirte Auflage. Nach dem neuen Personal-Einkommensteuer gesetz. Gr.-4. In Umschlag 1.—
— — Ergänzungsblatt. A. .03
— — dto. dto. III. .03
Wien: R.v.Offenheim's Selbstvlg.(in Komm. bei R.Lechner & Sohn) 1898.

Hausadvocat, der Bayerische. Eine durchaus praktische Anleitung zur Selbstbeschäftigung aller gerichtlichen u. außergerichtlichen Rechts-Angelegenheiten unter Zugrundelegung u. Allegirung der in Anwendung kommenden Provinzial- u. gemeinen Rechte, Gesetze u. Verordnungen, u. der Doktrinen berühmter Rechtsgelehrten. Zum Gebrauche für Jedermann in Bayern diesseits des Rheins verfaßt von einem praktischen Rechtsgelehrten. 2. sehr verm. Aufl. Würzburg 860. Kellner. gr. 8. (VI, 560 S.) 1 ℛ

Hausadvocat, d. rathgebende, für d. Bürger u. Landmann, od.: Verdeutschung u. deutl. Erklärung aller in der Gerichtssprache vorkommenden Fremdwörter; nebst Anweis. für Jedermann z. Selbstanfertigung gerichtl. Klagen, Gesuche u. Anträge. Ein gemeinnütz. Buch. Von e. Rechtsfreunde. 8. Graudenz 831. Röthe. (Berl., Englische B.) 6 K

Haus-Advokat, der rhein-preußische. Ein praktisches u. populäres Handbuch für Personen aller Stände, aus welchem sich ein Jeder, ohne anderweitige Unterstützung, über die im gewöhnlichen Leben am häufigsten zur Sprache kommenden Materien des rheinischen [französ.] Rechts Belehrung verschaffen u. sich in seinen, nach diesem Rechte zu beurtheilenden Prozeß- u. Rechts-Angelegenheiten Raths erholen kann. Herausg. von einem Justiz-Beamten. 863. (VIII, 160 S.) 15 *ngr.* — 2. vielfach verm. Aufl. Mülheim a. d. R. 864. Bagel. 8. (XII, 292 S.) $22\frac{1}{2}$ *ngr.*

Haus-Advokat, der rhein-preußische. Ein prakt. u. populäres Handbuch für Personen aller Stände, aus welchem sich ein Jeder über die im gewöhnl. Leben am häufigsten zur Sprache komm. Materialien des rhein. (französ.) Rechts Belehrung verschaffen u. sich in seinen nach diesem Rechte zu beurtheil. Prozeß- u. Rechts-Angelegenheiten Rathes erholen kann. HerSg. von einem Justiz-Beamten. 3. Aufl. Mülheim a. d. R. 866. Bagel. 8. (XII, 292 S.) $22\frac{1}{2}$ *ngr.*

Haus-Advokat, Der Rhein-Preussische. Ein praktisches und populäres Handbuch für Personen aller Stände ... 4. Aufl. Mühlheim a. d. R. ca. 1870. V: *Nebe-Pflugstaedt, A.* (stbKöln II, 86)

Haus-Advocat, der rhein-preußische. Ein prakt. u. populäres Handbuch f. Personen aller Stände, aus welchem sich ein Jeder üb. die im gewöhnl. Leben am häufigsten zur Sprache komm. Materien d. Rhein. [franz.] Rechts Belehrg. verschaffen u. sich in seiner, nach diesem Rechte zu beurtheil. Prozeß- u. Rechts-Angelegenheit Raths erholen kann. Hrsg. v. e. Justiz-Beamten. 5. verm. u. verb. Aufl. 8. (XII, 312 S.) Mülheim 873. Bagel. 2. 50

— dasselbe. 6. umgearb. u. verm. Aufl. 8. (XI, 309 S.) Ebend. 876. 2. 70

Haus-Advokat, der rhein-preußische. Ein prakt. Handbuch für Personen aller Stände, enth. eine populäre Erläuterung der im tägl. Verkehr zur Anwendung kommenden Vorschriften des rhein. Civilrechts, sowie eine übersichtl. Darstellung des gerichtl. Verfahrens. Hrsg. von einem Justiz-Beamten. 8., umgearb. u. vielfach verm. Aufl. 8. (XI, 343 S.) Mülheim 879. Bagel. 2. 70

Haus-Advokat, der Rhein-Preußische. Populäres Handbuch des rhein. Civilrechts, enthaltend zugleich eine übersichtl. Darstellung der Gerichtsverfassung und der allgemeinen Grundsätze des gerichtl. Verfahrens in Civil- und Strafsachen. 9. umgearb. und verm. Aufl. 8. (XVI, 476 S.) Mülheim 884, Bagel's Verlagsh.

Hausadvokat, rheinpreußischer. 10. Aufl., s.: Handbuch, praktisches, d. rheinischen Civilrechts.

Hausadvocat, der Sächsische, ein Rechtsfreund u. juristischer Rathgeber für unstudirte Geschäftsleute, zur Förderung einer genaueren Kenntniß der vaterländ. Civilgesetzgebung rc. (1. u. 2. Abthl.) — A. u. d. T.: Darstellung des gesammten, dermalen im Königreiche Sachsen geltenden Civilrechts, zunächst für Nichtjuristen bearbeitet von Jh. Fr. Aug. Diedemann. 1. u. 2. Abthl. gr. 16. Grimma 842, Verlags-Comptoir. à n. $\frac{5}{8}$ ℛ

Haus-Agenda, illustrirte. Ein Festgeschenk f. Frauen u. Töchter gebildeter Stände. gr. 4. (28 S. mit eingedr. Holzschn.) Leipzig 851, Spamer. n. $\frac{5}{12}$ ℛ cart. n. $\frac{1}{2}$ ℛ In Engl. Einb. n. n. $\frac{5}{6}$ ℛ

Haus-Agenda, illustrirte. Festgabe für Frauen und Töchter gebildeter Stände. (Neue Aufl.) Leipzig (856). Spamer. 4. (II, 28 S. mit Holzschn. im Text u. Titel in Holzschn.) n. 25 ngr

Haus-Almanach, allgemeiner, zur Unterhaltung u. Belehrung für das deutsche Volk. 1. Jahrg. 1847. Mit (eingedr.) Bildern. Lex. 8. (52 S.) Wesel, Bagel. — 2. Jahrg. 1848. Mit 4 (lith.) Bildern. gr. 8. (50 S.) Ebd. à n. 3½ ngr Mit Wandkalender à n. ⅙ ₰

Haus- u. Familien-Almanach, musikalischer, f. d. J. 1907. (Harmonie-Kalender 7. Jahrg.) (Umschlag: Harmonie-Kalender.) (136 S. m. Abbildgn.) gr. 8. Berlin Harmonie. n. 1. —

Haus- u. Familien-Almanach, musikalischer, f. d. J. 1909 (Harmonie-Kalender 22. Jahrg.), vereinigt m. „Boll's musikal. Haus- u. Familien-Kalender". Hrsg. v. Kurt Fliegel. (88 S. m. Abbildgn.) Lex. 8. Berlin, Harmonie. 1. —

Hausaltar, s. Volckmar, Wilh.

Hausaltar, der. Eine Sammlung alter guter Gebete zu täglichem Gebrauche für evangelische Christen. Berlin 854. Nesselmann u. Co. (Elbing, Neumann-Hartmann.) 8. (104 S.) 5 ngr

Haus-Altar, christlicher. Eine Sammlung christl. Lieder f. die häusl. Erbauung. Lex.-8. (23½ B.) Breslau 845, Gosohorsky's Buchh.

Hausaltar, christlicher. Eine Sammlung von 823 auserwählten Liedern für die häusliche Erbauung. 2. (Titel-)Ausg. gr. 8. (X u. 364 S.) Breslau (845) 851, Gosohorsky. n. ⅓ ₰

— christlicher, für alle Sonntage des Jahres. Ein Gebet- u. Erbauungsbuch in vorzügl. Predigten u. Betrachtungen der ausgezeichnetsten Kanzelredner älterer u. neuerer Zeit. Ausgewählt u. zusammengestellt v. Frdr. Hoffmann. 2 Bde. 2. mit 1 Titelkpfr. verm. Ausg. gr. 8. (IV. 783 u. 706 S.) Stuttgart 851, Frz. Köhler. In Engl. Einb. 1 ₰ 24 ngr

Hausamann, Oscar. von Männedorf (Ct. Zürich): Zur Kenntniss der Naphtoësäuren. Zür. Zürcher u. Furrer Dr. 1876. 62 S., 1 Bl. 8°.
Zürich, Phil. Diss. [v. 25. Juli 1876].

Hausammann, Alfred, [von Männedorf. Kt. Zürich]: Ueber Retentionsgeschwülste schleimigen Inhaltes in den weiblichen Genitalien. Zür. Zürcher u. Furrer Dr. 1876. 4 Bl., 88 S., 1 Taf. 8°.
[Zürich]. Med. Diss. [v. 17. März 1876].

Hausammann, Alfr., üb. Retentionsgeschwülste schleimigen Inhaltes in den weiblichen Genitalien. gr. 8. (VII. 88 S. m. 1 Steintaf.) Zürich 876. (Schweizer. Antiquariat.) n. 2. —

Hausandacht, zur, für Christen. gr. 8. Schlesw. 778. (Hammerich in Altona). 1 ₰

— für Mitglieder der Neuen Kirche; nebst Anleitung zur Selbstprüfung u. zum Verständniß des geistigen Sinns in der Schrift. Aus d. Engl. des Will. Mason, Predigers an der Neu-Jerusalemskirche in Manchester, u. Anderer, von einer Gesellschaft. gr. 8. Tübing. 832. Zu-Guttenberg. 22 ꝁ

Hausandacht, die tägliche, oder Anweisung wie eine christliche Familie ihre gemeinschaftliche Gottesverehrung halten kann. 8. (27 S.) Straßburg 851, Wwe. Berger-Levrault & Sohn. 3 ngr

Hausandachten für christliche Familien u. zum Privatgebrauche. 2. Aufl. Basel 870. Schneider. gr. 8. (66 S.) n. 5 ngr

Hausandachten f. christliche Familien u. zum Privatgebrauche. 4. Aufl. gr. 8. (66 S.) Basel 889. A. Geering. n. — 50

Hausandachten, meine. M. e. Vorwort v. C. Jatho. 8. (VI, 312 S.) Elberfeld 895. Baedeker. Geb. in Leinw. n. 2. —

Haus- u. Schul-Andachten für alle Tage eines Kirchenjahres, nach dem Neuen Testament. Barmen 866. Berlin, Beck. gr. 8. (IV, 420 S.) n. 20 ngr

Haus-Andachten, sonn- und festtägliche, nach dem sächs. Perikopenbuche, vierte Reihe, hrsg. von dem Pilger aus Sachsen. I. Hälfte des Kirchenjahres: Vom 1. Advent bis Pfingsten. gr. 8. (S. 1—128.) Dresden 852, Naumann. *

—— dass. — 2. Hälfte des Kirchenjahres: Die Trinitatiszeit. gr. 8. (IV und S. 129—240.) Ebds. 852. *

Hausandachten, tägliche. Nach älteren u. neueren luther. Werken. 6 Hfte. 8. Berlin 872. (Wiegandt & Grieben.) n. 3. —

1. Zur Adventszeit. (76 S.)
2. Zur Epiphanienzeit. (71 S.)
3. Zur Passionszeit. (130 S.)
4. Zur Oster- u. Pfingstzeit. (126 S.)
5. Zur Trinitatiszeit. [1. Hälfte.] (184 S.)
6. Zur Trinitatiszeit. [2. Hälfte.] (266 S.)

Hausandacht-Tafel, brandenburgische, aus Bibel u. Gesangbuch f. das Kirchenjahr aufgestellt. (82 S.) kl. 8. Langensalza (906). (Berlin, G. Nauck.) n. — 20

Haus-Apotheke, die. Volkstümliche Zeitschrift f. Belehrg. u. Aufklärg. in der Gesundheits- u. Krankenpflege. Red.: Reyher. 3. Jahrg. 1900. 12 Nrn. gr. 4. (à ca. 8 S.) Leipzig, R. Uhlig. n. 1. 20

— dasselbe. 4. Jahrg. 1901. 6 Nrn. Fol. (à 8 S.) Ebd. n. — 60
Erscheint nicht mehr.

— christliche, für altfränkische u. neumodische Haus- u. Herzübel vornehmer u. anderer Leute. Nach dem Abc geordnet. Von einem groben Westfalen. Soest 865. Nasse's Verlag. gr. 16. (180 S.) 12 ngr

— heilsame, f. den Landmann. 4. Insbruck, Wagner.

Höchst-nützliche Hauß-Apothecke [Hausapotheke], worinnen ein auserlesener Schatz köstlicher u. heilsamer Arzeneyen zu finden; welche in einem vornehmen Hauß zu Wien aus der berühmtesten Herren Medicorum Recepten colligiret...worden. ... Wien: Edlinger 1724. 298 [vielm.296] S. 8°

Hausapotheke, Kleine, oder Sammlung der besten Hausmittel für Kranke. Augsburg 1774. V: *Schreger, Odilo.* (Ky)

— kleine, oder Samml. der besten Hausmittel für Kranke. (Von Od. Schreger.) 3. Augsb. 774. N. Aufl. 788. Rieger. 5 ꝁ

— kleine, ein Geschenk f. Eheleute. 2 Bdchn. 8. Bresl. 831. Pelz. 11 ꝁ

— kleine, f. Frauenzimmer, von Kunststücken. 8. Tübing. 761. v. Cotta. 4 gGr

Haus-Apotheke, die, u. vorzügliches Kräuterbuch, in welchem die kostbaren Heilkräfte von über 100 Pflanzen u. Kräutern enthalten sind. Ein höchst unentbehrl. Hausschatz für jede Familie. Mügeln 865. (Leipzig, Senf.) 8. (48 S.) 5 ngr

Haus-Apotheke, die, u. vorzügliches Kräuterbuch, in welchen die kostbaren Heilkräfte v. üb. 100 Pflanzen u. Kräutern enthalten sind. Nebst e. Anh. v. anderen Heil- u. Abführungsmitteln, welche in jeder Hauswirthschaft immer vorräthig sein sollen. Ein höchst unentbehrl. Hausschatz f. jede Familie. 8. (48 S.) Mügeln 872. (Leipzig, G. Senf.) — 50

Haus-Apotheke, die, und vorzügl. Kräuterbuch, in welchem die kostbaren Heilkräfte von über 100 Pflanzen und Kräutern enthalten sind. Nebst Abführungs- und anderen Heilmitteln. 16. (72 S.) Leipzig 886, Vieweg. — 50

—— der Layen, z. Beruhigung v. d. Cholera-Krankheit. 8. (1 B.) Nürnberg 831, Riegel u. Wießner.

Hausapotheke, neue, eine Anweis. z. zweckmäßigen Anwendung mehrerer einfachen u. zusammengesetzten Arzneimittel. 8. Quedlinb. 811. Ernst. 12 gGr N. Aufl. 823, 30, 32. Ebd. 9 gGr

Hausapotheke, neue, eine Anweis. z. zweckmäßigen Anwendung mehrerer einfachen leicht zusammengesetzten Arzneimittel bei den gewöhnl. Krankheitsvorfällen anwendbar. Wohlfeil. Ausg. 8. Quedlinburg 822, Ernst.

—— neue, e. Anweisung z. zweckmäß. Anwend. mehr. einfacher, leicht zusammengesetzter Arzneimittel bei d. gewöhnl. Krankheitsvorfällen. 1., 2. u. 3., verm. Aufl. (à 9 B.) 8. Quedlinburg 830, 32, 33, Ernst. à

Hausapotheke, neue, oder nützl. Rathgeber bei den gewöhnl. Krankheitsfällen. Ein Buch für Jedermann. 3e Ausg. 8. Quedlinburg 836. Ernst. 3/8 Thlr

— neue, für Melancholie, Langeweile u. düstre Stunden; bestehend aus vielen Schächtelchen u. Büchschen, gefüllt mit Original-Anekdoten, interessanten Grab- u. komischen Illuminations-Inschriften. 8. Freiburg ... Waizenegger. 2/3 Thlr

Haus- u. Lach-Apotheke, neueste humoristisch-homöopathische, oder 200 und mehr humorist.-homöopath. Pillen, Pulver und Tropfen in Form von witzigen Gedanken, launigen Einfällen und lustigen Anekdoten, sehr gut einzunehmen für augenblickl. Verstimmungen, trübsel. Momente, langweil. Empfindungen u. Empfindungen von Langerweile. Gesammelt ꝛc. v. Dr. Anastasius Lachegern, einem Antipoden des längstverstorbenen Dr. Weinegern. 12. Grätz 836. Kienreich. 5/12 Thlr

— nützliche, für Menschen u. Vieh. 8. Leipz. 771. Compt. f. Litt. 4 gGr

— nützliche, um in kurzer Zeit schnelle Hülfe in Krankheiten der Menschen zu leisten. Oder der kleine Hausdoktor für Familien in der Stadt u. auf dem Lande. gr. 12. Ulm 837. Ebner. 1/6 Thlr

Hausapotheke Reiseapotheke

Haus- und Reiseapotheke. Th.2, 25 S.(S.75 - 99), gbd.

Meissen: Uz (1804)
in: Der rechtschaffene Professionist, ein Taschenbuch für alle Handwerker. Neue Aufl. Th.1 - 2. (1804)

Hausarchiv f. alle Stände, Jahrg. 1808. 4. Münster, (Waldeck). 1 Thlr 8 gGr

Haus-Arznei-Büchlein neues nützliches

Ein gantz neues sehr nutzliches Hauß-Artzney-Büchlein vor allerhand inn- und äusserliche Gebrechen deß Menschlichen Leibs... 100 S., gbd.

Augspurg: Schmidt 1738

Hausarzneimittel, die, u. deren schickliche Anwendung in Krankheiten, nebst einer genauen Anweis., aus denselben allerlei nützl. Arzneien, als Pflaster, Salben, Essenzen, Tinkturen, Syrupe, Thee u. dgl. zu verfertigen. Für Aerzte u. Familienväter in der Stadt u. auf dem Lande, von e. prakt. Arzte. 8. Arnstadt 832. Mirus. 12 gGr

— die, und deren schickliche Anwendung in Krankheiten, nebst e. genauen Anweisung, aus denselben allerlei nützliche Arzneien, als Pflaster, Salben, Essenzen, Tinkturen, Syrupe, Thee u. dergl. zu verfertigen. (N. Ausg.) 8. Leipzig 838. Reimann jetzt Melzer. 1/2 Thlr

— die besten u. wirksamsten, gegen die im gemeinen Leben am häufigsten vorkommenden Krankheiten u. Uebel der Menschen. So wie ferner: Regeln zur Lebensverlängerung, das Verhalten bei vorkommender Vergiftung ꝛc. Mit besonderer Beziehung auf Auswanderer zusammengestellt u. hrsg. v. C. B. 8. (82 S.) Landsberg 850, Volger & Klein. 1/3 Thlr

Hausarzneimittel, die besten, gegen alle Krankheiten der Menschen. Nebst Hufeland's Haus- u. Reiseapotheke. 8. Quedlinburg 837. Ernst. 1/2 Thlr — (N. Ausg.) 8. Ebd. 838. 1/2 Thlr 4e Ausg. 840. 1/2 Thlr

—— 500 beste, geg. alle Krankheiten d. Menschen. Auch: Die Wunderkräfte d. kalten Wassers nebst Hufeland's Haus- u. Reiseapotheke. 1—4., verb. u. verm. Aufl. 8. (12 3/4, 13, 14 u. 11 1/2 B.) Quedlinburg 837—41, Ernst'sche Buchh. à

Hausarzneimittel, 500 beste, gegen alle Krankheiten der Menschen. Auch: Die Wunderkräfte des kalten Wassers nebst Hufeland's Haus- u. Reiseapotheke. 4. verb. u. verm. Aufl. 8. Quedlinburg 841, Ernst'sche Buchh. 1/2 Thlr — 5. verb. Aufl. 8. Ebend. 842. 1/2 Thlr — 6. Aufl. 8. Ebend. 843. 1/2 Thlr — 7. verb. u. verm. Aufl. 8. Ebend. 844. 1/2 Thlr — 8. verb. Aufl. 8. Ebend. 846. 1/2 Thlr

Hausarzneimittel, 500 beste u. sichere, gegen alle Krankheiten der Menschen ꝛc. Nebst Hufelands Haus- u. Reise-Apotheke ꝛc. 8. Bautzen 849, Reichel. Verklebt. n. 1/3 Thlr

Hausarzt, der, s. Lincke, C. G.

Hausarzt: Der Hausarzt.
v. St. Galler Stadt-Anzeiger.

Hausarzt, d., od. Anweis. zu e. gesunden, frohen u. langen Leben. gr. 8. Berl. ... Littfas. (Krause). 1 Thlr 4 gGr

Hausarzt, der, oder gründliche Anweisung, wie man sich ein gesundes, frohes u. langes Leben verschaffen kann. Für alle Stände. gr. 8. Halle, Colditzsche B. 5/6 Thlr

— der, eine Schrift f. Jedermann. 8. Schwerin 798. Bödner. 6 gGr

Hausarzt, Der. Ein Freund und Rathgeber für Hausväter und Landwirthe ... Hamburg 1811. 1815. V: *Boye, Philipp.* (Schr) (A) »1810« (Ky)

— der, ein Freund u. Rathgeber bei Nothfällen, wo die Hülfe des Arztes fehlt, (v. P. Boye). 8. Hamb. 810. N. Aufl. 815. (Aue in Altona). 4 ℛ

—— der, populäre Gesundheitszeitung für Gebildete aller Stände. Red.: Ludw. Engelsberg. 1. Bd. (14 Nrn.) gr. 8. (216 S.) Wien 862. (Seidel und Sohn.) *

Hausarzt, der, populäre Gesundheitszeitung für Gebildete aller Stände. Herausg. u. redigirt von Dr. Ludwig Engelsberg. 2. Band. (1863. 1. Semester.) Lex. 8. (392 S.) Wien, Seidel & Sohn in Comm.

— der, populäre Gesundheitszeitung für Gebildete aller Stände. Red.: Ludw. Engelsberg. Jahrg. 1863. 52 Nrn. (à 1 Bgn.) Wien. (Leipzig, Wengler.) gr. 8. n. 2 ℛ 20 ngr

Hausarzt, der. Bewährte Mittel gegen die meist vorkomm. Krankheiten der Menschen. Unentbehrlich für Stadt und Land. gr. 16. (64 S.) Reutlingen 864. (Stuttgart, Fischhaber.)

Hausarzt, der. Bewährte Mittel gegen die am meisten vorkomm. innerl. und äußerl. Krankheiten der Menschen. Durchgesehen und geprüft von einem prakt. Arzte. 2.—4. Aufl. gr. 16. (64 S.) Reutlingen 869,73,74, Enßlin und Laiblin.

Hausarzt, der. Bewährte Mittel gegen die am meisten vorkommenden innerl. und äußerl. Krankheiten der Menschen. Durchgesehen und geprüft von einem prakt. Arzte. 5. Aufl. gr. 16. (64 S.) Reutlingen 876, Enßlin und Laiblin's Verlagsh.

— der. Zeitschrift f. volksthüml. Heil- u. Gesundheitspflege. Hrsg. unter Mitwirkg. v. H. J. Germann, A. Mayner, H. Oidtmann u. A. v. Thdr. Hahn. 1. Jahrg. 1876 12 Nrn. (à 1—1½ B.) gr. 8. St. Gallen 876. Berlin Grieben in Comm. n. 4. —

Hausarzt, der. Zeitschrift für volksthümliche Heil- u. Gesundheitspflege. Hrsg. unter Mitwirkung v. A. Meyner, H. Oidtmann u. A. v. Thdr. Hahn. 2. Jahrg. 1877. 12 Nrn. (à 1—1½ B.) gr. 8. St. Gallen. Leipzig, Grieben in Comm. n. 4. —

— der. Zeitschrift zur Verbreitung nützlicher Kenntnisse aus dem Gebiete der Heilkunde u. Anleitung zu zweckmässiger Selbsthilfe in Krankheitsfällen. Red.: O. Reyher. 1. Jahrg. Juli 1880—Juni 1881. 24 Nrn. (B.) Fol. Leipzig, Gebr. Jensen. n. 5. —

Hausarzt, der. Wochenschrift f. Gesundheitspflege u. naturwissenschaftl. Heilkunst. Hrsg. u. Red.: Johs. Harbeck. 8. Jahrg. Juli 1890—Juni 1891. 52 Nrn. (1½ B.) gr. 4. Lübeck, Harbeck. n. 4. —
s.: Volksarzt, der.

Hausarzt, der. Wochenschrift zur Förderg. der Volkswohlfahrt, insbesondere durch Gesundheitspflege u. Volksheilkunde. Red.: Johs. Harbeck. 9. Jahrg. 1892. 52 Nrn. (à ca. ¾ Bog.) gr. 8. Berlin, Exped. d. Hausarzt. n. 2. —

Hausarzt, der. Zeitschrift z. Förderg. d. Volkswohlfahrt, insbes. durch Gesundheitspflege u. Volksheilkunde. Hrsg. von Johs. Harbeck. Jahrg. 1896. 10 Nrn. (Bog.) gr. 8. Flensburg, Geschäftsstelle. n. 1. —

— dasselbe, Fortsetzg., s.: Volksarzt, d. deutsche.

Hausarzt, allgemeiner, für Stadt u. Land. Ein helfender Rathgeber in gesunden u. kranken Tagen. Enthaltend die Regeln, wie man einen gesunden Körper bewahren, einen schwachen kräftigen, Krankheiten vorbeugen, sie mildern u. heben kann. Nebst einer gedrängten Anweisung wie sich das Weib während der Schwangerschaft, Entbindung u. im Wochenbette zu verhalten hat u. welche Pflege man dem Kinde während seiner ersten Tage u. Jahre u. in Erkrankungsfällen angedeihen lassen muß. 2. verm. u. verb. Aufl. der Ossan'schen Diätetik für Landleute besorgt v. W. Meyer. gr. 8. (VI u. 269 S.) Leipzig 850, Baumgärtner. 24 ngr

Der Amerikanische Hausarzt: Jahrgang 1, no. 1—3, Oct. 1894, Feb., Mar. 1895.
Medical monthly, with slight irregularity. Sub-title: Familienblatt zur Beförderung der Volkswohlfahrt, insbesondere durch die Homöopathie, Naturheilmethode und die Naturgemäße Lebensweise. Place of publication varies: Pomeroy, Iowa, no. 2—3. Octavo, each issue 16 pages; illustrated. Edited & published by Dr. med. Staads, pract. homöopath. Arzt.
Essex, IA

— der beste u. wohlfeilste, für Stadt u. Land. Ein Rathgeber zu vielfach erprobten sympathet. und Hausmitteln, gegen Gicht, Kopf- u. Zahnschmerz, Frost-, Brand- u. Bruchschäden, Gelbsucht, Fieber u. viele a. Uebel. 8. Altenburg 836. Expedition des Eremiten. ½ ℛ

Hausarzt, der, für Brustkranke, oder medicin. Noth- u. Hülfsbüchlein sowohl für Solche, welche bereits an Schwindsucht, Brustentzündung, Brustcatarrh u. dergl. Uebeln leiden, als auch für diejenigen, welche sich dagegen sicher verwahren wollen. Von einem Arzte. 8. Leipzig 835. Rostosky u. Jackowitz. 5/12 ℛ

— diätetischer, s. Reil.

Hausarzt, Diaetetischer. Aurich 1785. V: *Reil, Joh. Chn.* (Ludwig)

— der homöopathische. Zeitschrift für rationelle Heil- u. Gesundheitspflege. Hrsg. v. Chr. Bennecke. 1. Jahrg. Octbr. 1876—Septbr. 1877. 12 Nrn. (à ½—1 B.) gr. 8. Zerbst, Luppe. n. 2. —

— der homöopathische, für Unterleibskranke. Ein Rathgeber u. Helfer für Kranke, welche an Kopfschmerz, Ohrensausen, Zahnschmerz, Asthma, Husten ꝛc. u. Hämorrhoidalbeschwerden leiden. 8. (34 S.) Halle 848, Knapp. ¼ ℛ

Hausarzt, kleiner homöopathischer, für den Familiengebrauch, nebst einer Charakteristik der wichtigsten homöopath. Arzneimittel u. genauer Angabe der Arzneigabengröße für jeden Einzelfall. Nach den besten deutschen u. engl. Werken bearb. v. einem prakt. Arzte. 8. (151 S.) Leipzig 880. Dr. W. Schwabe. n. 1. —

— der, für Kranke u. Gesunde. Zeitschrift zur Verbreitung richtiger Kenntnisse u. Einsichten über Erhaltung u. Befestigung, sowie über Wiederherstellung der Gesundheit u. des Körperwohles. Im Verein mit mehreren Aerzten hrsg. v. W. Hildesheim. 1847. April bis Decbr. 9 Hfte. hoch 4. Berlin, Hempel. (à n. 6 ngr) 1 ℛ 24 ngr

Haus- und Landarzt, der. Enthaltend 500 bewährte, theils sympathetische Hausarzneimittel. Von einem alten praktischen Arzte. Mit Anhang von Dr. Hufeland's Haus- und Reiseapotheke u. W. Lees Franzbranntwein u. Salz ꝛc. Herisau 854. (Meisel.) 16. (2 Bl., IV, 216 S.) 10 ngr
3. Aufl. s.: Haus-u. Landarzt, Der praktische.

— mein. 6 Thle. (Titel-Ausg. v. „Hand- u. Hausschatz zur Pflege der Gesundheit".) 8. Stuttgart 893. A. Brettinger. In 1 Leinw.-Bd. geb. n. 6. —; auch in 8 Lfgn. à — 60
1. 2. Medizinisches Hauslexikon in 2 Bdn. Mit 2 lith. Taf. u. Anh. üb. Bäder, Milch- u. Luftkuren ꝛc. Bearb. v. F. Dornblüth, Dyrenfurth, Gollner, v. Guérard, S. Ruhemann. (XII, 196 u. 192 S.)
3. Das Kind in kranken Tagen. Seine Pflege u. Warte. Hausärztliche Ratschläge v. Gollner. (V, 95 S.)
4. Gesundheitslehre in hygieinischen Briefen. Gemeinverständliche Belehrgn. der Hygieine v. Gollner. (VIII, 111 S.)
5. Das Kind in gesunden Tagen. Hausärztliche Ratschläge zur Verhütg. geist. u. körperl. Gebrechen unserer Kinder. Bearb. v. F. Dornblüth. (VIII, 152 S.)
6. Das Weib in gesunden u. kranken Tagen. Der Hausarzt der Frau u. Jungfrau. Bearb. v. Dyrenfurth. (VIII, 95 S.)

Hausarzt, d. neue, od. medizin. Hülfsbuch bei d. gewöhnl. Krankheiten u. Unglücksfällen. 8. Ebend. 812.

Hausarzt, d. neue, od. medicin. Hülfsbuch bei den gewöhnl. Krankheiten u. Unglücksfällen. Wohlf. Ausg. 8. Quedlinburg 822, Ernst.

Hausarzt, der neue, ein treuer Rathgeber bei allen erdenklichen Krankheitsvorfällen in jedem Alter; nach Hufeland, Rust u. Tissod(t) bearb. für Nichtärzte. 8. Quedlinb. 812. N. Aufl. 822 u. 30. Ernst. 16 K

— der neue, ein treuer Rathgeber bei allen erdenklichen Krankheitsvorfällen in jedem Alter ꝛc., nach Hufeland, Rust, Richter und Tissot, nebst einer Hausapotheke. 8. Quedlinburg 838. Ernst. 3/4 ℛ — 2e Aufl. 839. 3/4 ℛ

Hausarzt, der neue. Ein treuer Rathgeber bei allen erdenklichen Krankheitsvorfällen in jedem Alter. Nach Hufeland, Rust, Richter u. Tissot, nebst einer Haus-Apotheke; bearb. für Nichtärzte. 3. verb. Aufl. gr. 8. (VIII u. 328 S.) Quedlinburg 849, Ernst. — 4. verb. Aufl. gr. 12. (XII u. 240 S.) Ebd. 852. 5/6 ℛ

Haus-Arzt, der neue. Ein treuer Rathgeber bei allen erdenklichen Krankheits-Vorfällen in jedem Alter, vorzüglich für Diejenigen, welche an Magenübel, fehlerhafter Verdauung, Verschleimung ꝛc. leiden nach Hufeland, Rust, Richter u. Tissot, nebst einer Haus-Apotheke, bearb. für Nichtärzte. 5. Aufl. 860. (XII, 250 S.) — 6. verb. Aufl. Quedlinburg 862. Ernst. 8. (XII, 268 S.) 25 ngr

— der neue. Ein treuer Rathgeber bei allen erdenklichen Krankheitsvorfällen in jedem Alter, vorzüglich für Diejenigen, welche an Magenübel, fehlerhafter Verdaug., Verschleimg. ꝛc. leiden, nach Hufeland, Rust, Richter u. Tissot, nebst e. Haus-Apotheke bearb. für Nichtärzte. 7. verb. Aufl. Quedlinburg 871. Ernst. 8. (XII, 272 S.) 25 ngr

— der neue. Ein treuer Rathgeber bei allen erdenklichen Krankheitsvorfällen in jedem Alter, vorzüglich für Diejenigen, welche an Magenübel, fehlerhafter Verdauung, Verschleimung ꝛc. leiden, nach Hufeland, Rust, Richter u. Tissot, nebst einer Haus-Apotheke, bearb. f. Nichtärzte. 8., verb. Aufl. 8. (XV, 264 S.) Quedlinburg 878. Ernst. 2. 50

—— d. neue. Ein treuer Rathgeber bei allen erdenkl. Krankheitsvorfällen in jedem Alter. 8. Afl. 8. (264) Quedlinb. 79, Ernst. 2. 50

—— der neue. Ein treuer Rathgeber bei allen erdenkl. Krankheitsvorfällen in jedem Alter, vorzüglich für Diejenigen, welche an Magenübel, fehlerhafter Verdauung, Verschleimung, Schnupfen, Husten, Hypochondrie, Gliederreißen, Krämpfen, Fieber, Hämorrhoiden und Hautkrankheiten leiden, nach Hufeland, Rust, Richter und Tissot, nebst einer Haus-Apotheke, bearb. für Nichtärzte. 9. verb. Aufl. 8. (XV, 278 S.) Quedlinburg 883, Ernst'sche Buchh.

— der neue. Ein treuer Ratgeber bei allen erdenkl. Krankheitsvorfällen in jedem Alter, vorzüglich f. Diejenigen, welche an Magenübel, fehlerhafter Verdaug., Verschleimg., Schnupfen, Husten, Hypochondrie, Gliederreißen, Krämpfen, Fieber, Hämorrhoiden u. Hautkrankheiten leiden, nach Hufeland, Rust, Richter u. Tissot, nebst e. Haus-Apotheke, bearb. f. Nichtärzte. 10., verb. Aufl. 8. (XV, 278 S.) Halberstadt 894. Ernst. 2. 50
11.Aufl.s.Hausarzt, Der praktische.

— neuer, für d. Damen; aus d. Engl. 8. Altenb. 773. (Hennings in Neisse). 10 K

— der neueste, nach den Grundsätzen der Naturheilkraft, oder Belehrung, sich bei Abwesenheit des Arztes in den häufigsten und gefährlichsten Krankheiten durch den Gebrauch der einfachsten Mittel schnelle Hülfe zu verschaffen u. insbesond. durch die innere u. äußere Anwendung des kalten Wassers die Gesundheit zu erhalten, den Krankheiten vorzubeugen u. die vorhandenen vollkommen zu heilen. Nebst einer Anweisung zur Selbstbereitung der darin vorgeschlag. Mittel und einer vollständ. Diätetik. Lex.-8. Pesth 838. Hartleben. (Leipz., Frohberger.) 1/2 ℛ

— der prakt., enthaltend nahe an 1000 erprobte Heilmittel gegen alle im menschl. Leben vorkomm. Krankheiten u. Zufälle ꝛc., nebst Hufelands Haus- u. Reiseapotheke. 2. umgearb. u. verm. Aufl. 8. Schaffhausen 843, Brodtmann. 1/2 ℛ — 3. verm. Aufl. 8. Ebend. 845. 1/2 ℛ

— der praktische, enth. über 1000 erprobte Haus- u. Heilmittel gegen alle im menschl. Leben vorkommenden Krankheiten ꝛc., ferner: die Anweisung, ein sehr hohes Alter zu erreichen, die Gesundheit zu bewahren, den Körper zu verschönern ꝛc., dann eine Anleitung für Auswanderer, wie sie sich zur See zu verhalten haben ꝛc. nebst Hufeland's Haus- u. Reiseapotheke. 4. stark verm. u. durchweg verb. Aufl. 8. (IV u. 222 S.) Schaffhausen 852, Brodtmann. 1/2 ℛ

Hausarzt, der praktische. Bewährte Hausmittel gegen alle vorkomm. Krankheiten der Menschen. Nach Sternberg. (80 S.) 8. Neuweißensee (905). E. Bartels. — 75; geb. 1. —

Hausarzt, der praktische. Ein treuer Ratgeber zur schnellen u. sachgemäßen Hilfeleistg. in vielen Krankheitsfällen sowie zu e. vernunftgemäßen Gesundheitspflege m. Angabe der bewährtesten Haus- u. Heilmittel. Mit Dr. Hufeland's Haus- u. Reiseapotheke. 11. bedeut. verm. u. verb. Aufl. (VIII, 299 S.) 8. Leipzig (910). Ernst. 2. 50
1.-10.Aufl.s.Hausarzt, Der neue.

Haus- u. Landarzt, der praktische, od. 500 der besten, theils sympathetischen Hausarzneimittel. Mit Beigabe v. Dr. Hufeland's Haus- u. Reiseapotheke u. W. Lee's Hülfe ohne Arzt, od. Franzbranntwein u. Salz. 3. Aufl. 16. (VIII, 216 S.) Herisau 875. Meisel. — 90
1.Aufl.s.Haus-u.Landarzt, Der.

Haus- und Landarzt, der praktische. 3. Aufl. 16. Herisau 875. Zürich, Schmidt. *

Haus- und Landarzt, der praktische, oder 500 der besten, theils sympathischen Hausarzneimittel. Mit Beigabe von Dr. Hufeland's Haus- und Reiseapotheke und W. Lee's Hülfe ohne Arzt oder Franzbranntwein und Salz. In-16°, 216 S. Zürich, Cäsar Schmidt. 1879 1 —

— Sorgfältig. u. getr. Hauss- u. Land-Arzt. 8. Tübingen 756.

— u. Landarzt, d. sorgfältige. 8. Ulm 756. Wohler. 10 kr

Hausarzt

— der sympathetische, od. die enthüllten Zauberkräfte der Natur. Eine Sammlung der bewährtesten sympathetischen u. magnet. Curarten. 12. (6 B.) Schwäb. Hall 813, Haspel'sche Buchh. *

Haus- u. Reisearzt, der sympathetische, oder die enthüllten Zauberkräfte der Natur. Von einem alten Schäfer. 8. Ulm 845, Seitz. 1/2 ß

Hausarzt

— der unentbehrliche. 130 Hausmittel. Nebst einer Anleitung zum Gebrauche des Wassers als Heilmittel in den bezeichneten krankhaften Zuständen. 8. (80 S.) München 852, Fleischmann. 6 ngr

— unser. Wochenschrift f. Gesundheitspflege, Naturheilkunde u. Lebenskunst. Hrsg.: Fehlauer. 1. Jahrg. Oktbr. 1894—Septbr. 1895. 52 Nrn. (Bog.) 4. Berlin, Geschäftsstelle „Unser Hausarzt". n. 4. —

— unser. Wochenschrift f. Gesundheitspflege, Naturheilkunde u. Lebenskunst. Hrsg.: Fehlauer. 2. u. 3. Jahrg. Oktbr. 1895—Septbr. 1897. 24 Nrn. (à ca. 12 S.) 4. Berlin, W. Möller. à Jahrg. 4. —

— dasselbe. Monatsschrift f. Gesundheitspflege rc. 4. u. 5. Jahrg. Oktbr. 1897—Septbr. 1899. à 12 Nrn. (à ca. 4 Bog.) 4. Ebd. à Jahrg. n. 4. —
Kann auch vierteljährlich bezogen werden.

Hausarzt, unser. Monatsschrift f. Gesundheitspflege, Jugenderziehung u. Lebenskunst. Schriftleitung: Fehlauer. 8. Jahrg. 1902. 12 Nrn. gr. 8. (IV, 292 S.) Berlin, Verlag „Unser Hausarzt". 3. —
Die Jahrgänge 5—7 sind vergriffen.

— unser. Monatsschrift f. Gesundheitspflege, Erziehg. u. Heilkunde. Mit der Reform-Rundschau: Von neuer Kultur. Hrsg. v. C. H. Fehlauer. 9.—12. Jahrg. 1903—1906. à 12 Nrn. (à 24 S.) 8. Berlin, G. Eichler. à Jhrg. 3. —

— unser. Monatsschrift f. Gesundheitspflege u. Lebenskunst, Diät- u. Wasserheilkunde. Mit dem Beiblatt: Mutter u. Kind. Hrsg. v. C. H. Fehlauer unter Mitarbeit v. Allinson, Siegfr. Blümel, Max Böhm u. a. 13—16. Jahrg. 1907—1910. à 12 Nrn. (IV, 260, IV, 240; IV, 232 u. IV, 248 S.) 8. Berlin-Zehlendorf, Verlag „Unser Hausarzt". à Jahrg. 3. —
Vergriffen. Die Monatsschrift erscheint vom 1. April 1911 an in Weimar u. d. T.: Hausarzt-Zeitschrift.

Hausarzt, der, am Wochenbett und in der Kinderstube. Eine Liebesgabe für treue, sorgsame Mütter zur Belehrung über ihre eigene und ihrer Kinder Gesundheitspflege, sowie über das diätetische Verhalten bei eintretenden Krankheiten und die ersten Hülfeleistungen bei denselben vor Ankunft des Arztes. Von D. F. L. Durchges. u. geprüft von K. A. Koch. (K. Chrn. Anton.) Mit einem (lith.) Schwangerschaftskalender. 853. 22 1/2 ngr — 2. (Titel-) Aufl. Leipzig 858. Voigt. 8. (XII, 164 S.) 15 ngr

— der wohlfeilste, in der Brieftasche. Ein augenblicklicher u. verläßlicher Rathgeber, um sich selbst u. seinen Angehörigen bei plötzlichen Unglücks- oder Krankheitsfällen ohne Hülfe eines Arztes sowohl durch zweckmäßige Behandlung als auch passende Anwendung von wohlfeilen u. erprobten sogenannten Hausmitteln schnell Rettung oder Erleichterung zu verschaffen. Nebst Angabe von mehr als 500 Hausmitteln mit besonderer Rücksicht auf deren Unschädlichkeit u. der Einrichtung einer Reise-Apotheke u. einer gemeinfaßlichen Darstellung des Lebens-Magnetismus. 7., verm. Aufl. Brünn 865. Karafiat. 16. (IV, 104 S.) n. 4 ngr

— der wohlfeilste, in der Brieftasche. Ein augenblickl. u. verläßl. Rathgeber, um sich selbst u. seinen Angehörigen bei plötzlichen Unglücks- oder Krankheitsfällen ohne Hilfe eines Arztes sowohl durch zweckmäßige Behandlung, als auch passende Anwendung von wohlfeilen u. erprobten sogenannten Hausmitteln schnell Rettung oder Erleichterung zu verschaffen. Nebst Angabe von mehr als 500 Hausmitteln, mit besonderer Rücksicht auf deren Unschädlichkeit u. der Einrichtung einer Reise-Apotheke u. einer gemeinfaßlichen Darstellung des Lebensmagnetismus. Ein unentbehrliches Handbüchlein für Jedermann, insbesondere aber für Familienväter in der Stadt u. auf dem Lande, Fabriksherren, Ökonomen, Gutsbesitzer rc., überhaupt für Jene, welche im Geschäfts- oder Familienleben einen zahlreichen Hausstand führen. In alphabet. Ordnung verfaßt von einem menschenfreundlichen Arzte. 8. Aufl. 16. (96 S.) Brünn 880. Karafiat. — 40

— der wohlfeilste, für Stadt u. Land. Ein Rathgeber zu vielfach erprobten sympathet. u. Hausmitteln gegen Gicht, Kopf- u. Zahnschmerz rc. Gesammelt u. hrsg. zum Besten Derer, denen ärztl. Hülfe nicht immer nahe steht. 8. (VIII u. 24 S.) Gera 849, Kanitz. 3 ngr

— der zuverlässige, oder: das Buch vom gesunden u. kranken Menschen. Mit einigen 100 Haus-Arzneimitteln u. Recepten. Ein unentbehrl. Hausschatz u. pract. Rathgeber bei allen Krankheitsfällen. Bearb. nach den neuesten Fortschritten der Wissenschaft von einigen populären Aerzten. Mügeln 863. (Leipzig, Senf.) 8. (96 S.) 7½ ngr

— der zuverlässige, od.: das Buch vom gesunden und kranken Menschen. Mit einigen Hundert Haus-Arznei-Mitteln u. Recepten. Ein unentbehrl. Hausschatz u. prakt. Rathgeber bei allen Krankheitsfällen. Bearb. nach den neuesten Fortschritten der Wissenschaft v. einigen populären Aerzten. 16. (119 S.) Mügeln 872. (Leipzig, G. Senf.) 1. —

— der zuverlässige, oder das Buch vom gesunden u. kranken Menschen. Mit einigen Hundert Hausarznei-Mitteln u. Recepten. Ein unentbehrlicher Hausschatz u. praktischer Rathgeber bei allen Krankheitsfällen. Bearb. nach den neuesten Fortschritten der Wissenschaft v. einigen populären Aerzten. gr. 16. (119 S.) Mügeln 878. (Leipzig, G. Senf.) 1. —

Ueber **Hausaufgaben.** Konferenzvortrag von S. B. Bielefeld: A. Helmich [1905]. (13 S.) 8° [F.]
— **Abhandlungen,** Pädagogische. H. 87. [05. 1447]

GV57
9

Hausaufgaben, für Schreib- u. Rechnungs-Schüler in Volksschulen, od. Aufgaben zur Selbstbeschäftigung der Schüler. 8. Landsh. 820. 2e Aufl. 823. Krüll. 4 gr.

Hausball, der, s.: National-Bibliothek, deutsch-österreichische.

Hausball, der, s.: Neudrucke, Wiener.

HAUSBALL, Der. Eine Erzählung von *V****. Wien 1781. 8°. Sehr selten! (3 Mk. 50 Pfg. die vorige Firma, 1894; jetzt theurer!)

— — Dasselbe. (Neudruck.) Ebd. 1883. 8°. (2 Mk., Geschenkexemplar in roth Maroquin m. reicher Goldpressung u. Goldschn., die vorige Firma.)

Ueber die Schrift der Hausball. Von *J. B. L—z.* Wien 1781. 8°.
Karajan's Bibl. II. no. 1628. — Rar!

Hausbau, der,. Lustsp. in 3 Aufz. in Knittelversen. 8. Lpz. Linke.

Hausbau, der; Lstspl. in Knittelversen (von A. Mahlmann). 8. Leipz. 801. (Hinrichs). 9 gr.

Hausbau, Der. Lustspiel in Knittelversen und drei Akten. Leipzig 1810. V: *Mahlmann, Siegfr. Aug.* (EE) »1801« (Ky)

Hausbedarf, der. Ratgeber f. Haus, Küche u. Garten. Red.: Hans Weißbach. 1. Jahrg. Oktbr.—Dezbr. 1902. 6 Nrn. Fol. (à ca. 8 S.) Hamburg, Albrecht & Weißbach. —60

Hausbedarf, der. Ratgeber f. Haus, Küche u. Garten. Red.: Hans Weißbach. 1. Jahrg. 2.—4. Viertelj. Jan.—Septbr. 1903. 18 Nrn. (à ca. 8 S.) Fol. Hamburg, Albrecht & Weißbach. 1.80
Erscheint nicht mehr.

Anonym: „Hausbedarf zur Beförderung der sittlichen Bildung des Landmannes", Breslau 1801 (Gehr & Co.). A. u. d. T.: „Regeln für das Verhalten der Eheleute, Hausväter und Hausmütter auf dem Lande".

— zur Beförderung der sittlichen Bildung des Landmannes. 8. Bresl. 801. Gehr. (Kayser). 10 gr.

— zur Beförder. d. sittl. Bildung d. Landmanns. 8. Bresl. Kaiser. 808.

— christlicher, f. Kranke u. Leidende. Ein Erbauungsbuch. Mit e. Vorr. v. C. F. A. Steinkopf. 8. Stuttg. 818. Steinkopf. 16 gr.

— f. Frauenzimmer. 2 Bde. Halle, Ruff.

— f. Frauenzimmer. m. K. 16. Leipzig. Böhme.

— für Frauenzimmer, mit 4 Kpf. 16. Leipz., (Cnobloch). 9 gr.

Hausbedarf für Frauenzimmer z. Bildung d. Herzens u. des Geschmacks, z. Beförderung nützl. Kenntnisse rc. 2 Bde., mit Kpf. 8. Halle 802. (Reinicke u. Comp.) 2 Thlr.

— jurist., für Jedermann. 8. Breslau 835. Schletter. 2/3 Thlr.

Hausbedarf, Kleiner, um glücklich zu werden . . . Leipz. 1798—1800. V: *La Roche, Marie Sophie geb. Gutermann.* (schl)

— kleiner, f. Frauenzimmer, um glücklich zu werden. 2 Thle. 8. Leipz. 798—800. Andrä. 1 Thlr. 8 gr.

— kleiner, f. Freunde des Scherzes. Herausgeg. v. K. Müchler. Mit 1 ill. Kpf. 8. Berlin 824. Lüderitz.

Anonym: „Landwirthschaftlicher Hausbedarf, zunächst für den sächsischen Landmann, d. i. die Grundwahrheiten der landwirthschaftlichen Betriebsamkeit. Eine Preisschrift von einem sächsischen Bauern", Grimma 1839 (Verlagscompt.).

Haus- u. Marktbedarf für Sachsens Bewohner. Ein unentbehrlicher Rechnenmeister und Hülfsbuch für Jedermann bei Einführung der neuen Münzverfassung. 12. Leipzig 841. Friese. 1/6 Thlr.

Anonym: „Oekonomisch-moralischer Hausbedarf für Mädchen von reifem Alter und angehende Gattinnen, von einer Freundin ihres Geschlechts", 2 Bändchen, Leipzig 1797, 1798 (Supprian).

Hausbedarf, Oeconomisch moralischer, für Mädchen von reiferem Alter . . . Leipzig 1798—99. V: *Gürnth, Christiane Dorothea geb. Hentschel* [?]. (Ky) (MGT) (schl) (HS) V: *La Roche, Marie Soph. geb. Gutermann* [?]. (ErschDL)

— ökonom.-moralischer, f. Mädchen vom reiferen Alter, (von Chr. Doroth. Gürnth). 2 Thle. 8. Leipz. 798, 99. (Mittler). 2 Thlr. 20 gr.

Hausbedarf für Verlobte und Neuverehelichte und solche, die es noch werden wollen. Neue durchgesehene und verbesserte Auflage. Leipzig 1821. V: *Voigt, Christian Friedrich Traugott.* (BGE III³, 103/104)

Hausbedarf, wissenschaftlicher, für die Jugend. Eine kleine Hausbibliothek in 21 Bdchen. gr. 12. geb. in Futteral. Nürnberg, Campe. 821.
(Daraus ist einzeln zu haben: Erdkunde 4 Gr. Geographie 2 Thle 8 Gr. Weltgeschichte 4 Gr. Anthropologie 6 Gr. Naturgeschichte der Säugthiere 6 Gr. der Vögel 6 Gr. der Fische 6 Gr. der Insekten 6 Gr. Botanik 6 Gr. Naturlehre 4 Gr. Astronomie 6 Gr. Sprachlehre 4 Gr. Rechtschreibung 4 Gr. Logik 4 Gr. Mythologie 6 Gr. berühmte Männer 6 Gr. berühmte Deutsche 6 Gr. deutsche Geschichte 4 Gr. Sitten- und Klugheitslehre 4 Gr. Räthsel und Charaden 4 Gr.)

— wissenschaftl., f. die Jugend. Eine kleine Hausbibliothek in 21 Bdchen. gr. 12. Geb. in Futteral. Nürnb. 821. Campe. 4 Thlr.
2e u. folg. Aufl., s. G. C. Jerrer.

H. HAUSBERG, Die Soester Fehde im fünfzehnten Jahrhundert. Trier. 1882. Fr. Lintz'sche Buchdruckerei. 8°.

Hausberg, [Heinrich], Dr.: [Bericht über seine Herbstreise mit den Primanern nach dem Riesengebirge.] *Lübeck 1900: Gebr. Borchers.* (S. 120—123.) 4°
Lübeck, Katharineum, OP 1900 (775)

Hausberg, [Heinrich], Dr.: [Bericht über seine Herbstreise mit den Primanern nach Thüringen.] *Lübeck 1901: Gebr. Borchers.* (S. 70—73.) 4°
Lübeck, Katharineum, OP 1901 (788)

[illegible]
Bericht über die mit den Primanern nach Thüringen unternommene Herbstreise. 4 (S 75—78). Katharineum *Lübeck* 1899
Progr.

Hausberg, *Heinrich* [Dr.]: *Bericht über eine Schülerfahrt nach dem Harze im Herbst 1895.* Lübeck, Druck v. Gebr. Borchers, 1896; 66—69 S. 4.
Lübeck, Katharineum, OP 1896 (759)

Hausberg, [Heinrich]: [Bericht über eine Schülerfahrt nach dem Rhein im Herbst 1897.] *Lübeck 1898: Gebr. Borchers.* (71—72 S.) 4°
Lübeck, Katharineum, OP 1898 (783)

Hausberg, *Heinrich* [Dr.]: *Bericht über eine Schülerfahrt nach dem Riesengebirge im Herbst 1896.* Lübeck, Druck v. Gebr. Borchers, 1897; 53—57 S. 4.
Lübeck, Katharineum, OP 1897 (771)

Hausberg, *Heinrich* Die wichtigsten Ergebnisse der Afrika-Forschung seit 1876. 4 (30 S., 1 Karte).
Progr. Katharineum *Lübeck* 1887 (676).

Hausberg, *Heinrich* [Dr.]: *Schülerfahrt nach dem Thüringer Walde im Jahre 1894.* Lübeck, Druck v. Gebr. Borchers, 1895; 77—79 S. 4.
Lübeck, Katharineum, OP 1895 (767)

Hausberg, Heinrich: Zwanzig Jahre Schülerreisen am Katharineum. Lübeck 1908: Borchers. S. 3—30. 8°(4°)
Lübeck, Katharineum OP 1908 (938) [S 08. 172

Haus- u. Grundbesitz, der Populäres Wochenblatt für Haus- u. Grundbesitzer. Red.: W. Beißenherz. 1. Jahrg. Oktbr. 1895—Decbr. 1895. 13 Nrn. (Bog.) Fol. Sagan, C. Koeppel's Hofbuchdr. n. —60

— dasselbe. Populäres Wochenblatt f. d. preuß. Haus- u. Grundbesitzer-Vereine. 2.—4. Jahrgang 1896—1898. à 52 Nrn. (Bog.) Fol. Ebd. à Jahrg. n. 2.—
Kann auch vierteljährlich bezogen werden.

Haus- u. Grundbesitz, der. Populäres Wochenblatt f. die preuß. Haus- u. Grundbesitzer-Vereine. Red.: W. Beißenherz. 5. u. 6. Jahrg. 1899 u. 1900. à 52 Nrn. Fol. (à ca. 4 S.) Sagan, C. Koeppel's Hofbuchdr. à Jahrg. n. 2.—

Hausbesitzer, der. Seine Rechte gegenüber seinem Vorbesitzer, Gläubiger, Nachbar, Mieter u. den Behörden, m. e. Menge von Formularen zu Anträgen u. Verträgen. Hrsg. v. dem Verfasser d. neuen preuß. Rechts-Anwalts. 8. (III, 132 S.) Mülheim 887. Bagel. cart. 1. 20

Hausbesitzer, der. Hand- u. Nachschlagebuch f. Hausbesitzer u. Hausverwalter. Hrsg. vom Hausbesitzervereine in Reichenberg. (VI, 183 S.) gr. 8. Reichenberg 903. (P. Sollors.) n.n. 3. 40

Hausbesitzer, der. Praktische Ergebnisse aus dem Fragekasten des Grundbesitzer-Vereins Südwest u. Süd, eingetragener Verein, Berlin. Unter Mitwirkg. der Syndici des Vereins Jul. Stadthagen u. Frz. Raatz bearb. vom Vereinsausschuß. (X, 397 S.) 8. Berlin (SW. 61 Belle Alliance-Platz 6) 907, Geschäftsstelle des Grundbesitzer-Vereins Südwest u. Süd. Kart. 2. 25

Hausbesitzer, der Berliner, Noth u. Klage. Von einem Leidensgenossen. gr. 8. (56 S.) Berlin 880. Staude. n. —80

— die, v. **Frankfurt a/M.** u. Bockenheim. Nach amtl. Quellen zusammengestellt. 12. (III, 196 S. m. 1 chromolith. Plan.) Frankfurt a/M. 888. Mahlau & Waldschmidt. 4. —

— der sächsische. Hilfs- u. Rechtskalender f. d. J. 1891. Hrsg. auf Veranlassg. d. allgemeinen Hausbesitzer-Vereins zu Dresden. (28 u. 88 S.) Dresden, Hönsch & Tiesler. geb. n. 1. 25

Hausbesitzer, der sächsische. Hilfs- u. Rechtskalender f. d. J. 1892. 2. Jahrg. gr. 8. (XXVI, 100 u. 10 S.) Dresden, Hoensch & Tiesler. Kart. n. 1. 25

Hausbesitzer-Kalender auf d. J. 1901. Bearb. v. H. Colditz. gr. 16. (87 S. m. Schreibkalender.) Leipzig, O. Leiner. Geb. 1. 50.
Vgl. Hausbesitzerkalender für das Deutsche Reich.

Hausbesitzer-Kalender f. d. J. 1911 des Bundes schlesisch-posenscher Haus- u. Grundbesitzervereine u. neuen Breslauer Haus- u. Grundbesitzervereins e. V. (171 S.) 16. Breslau, (P. Förster.) —40

Hausbesitzer-Kalender, deutscher, f. d. J. 1891—1893. Hrsg. u. bearb. im Auftrage d. Centralverbandes der Haus- u. städt. Grundbesitzer-Vereine Deutschlands v. Frz. Günsburg. 2.—4. Jahrg. gr. 16. XXIII, Schreibkal., 98 S.; XXIV, Schreibkal., 112 S.; XXVI S., Schreibkal., 118 S.) Berl., C. Heymann. geb. à Jahrg. * 1 50
Der 1. Jahrg. erschien im Selbstverlage d. Herausgebers.

Hausbesitzer-Kalender, deutscher, f. d. J. 1895. Hrsg. u. bearb. v. Frz. Günsburg. 6. Jahrg. gr. 16. (XXXII S., Schreibkalender u. 142 S.) Berlin, C. Heymanns Verl. Geb. in Leinw. n. 1. 50

Hausbesitzer-Kalender, deutscher, für d J. 1898 u. 1899. Hrsg. u. bearb. i. Auftr. d. Centralverbandes d. städt. Haus- u. Grundbesitzer-Vereine Deutschlands von Frz. Günsburg. 9. u 10. Jahrg. gr. 16. (XX S., Schreibkalender u. 180 S.) Berlin. [A. W. Hayn's Erben.] Deutscher Verl. Kart. n. 2. —; erm. Pr. n 1. —

Hausbesitzer-Kalender, deutscher, f. d. J. 1900. Begründet im Auftrage des Centralverbandes der städt. Haus- u. Grundbesitzer-Vereine Deutschlands v. F. Günsburg. Im Anh. nach dem bürgerl. Gesetzbuche bearb. v. R. Bieber. 11. Jahrg. 12. (XV S., Schreibkalender u. 148 S.) Berlin. Deutscher Verlag. Geb. in Leinw. 2. —

Hausbesitzer-Kalender, deutscher, f. d. J. 1901. Begründet v. F. Günsburg. Im Anh. nach dem bürgerl. Gesetzbuche bearb. v. R. Bieber. 12. Jahrg. 12. (XV S., Schreibkalender u. 149 S.) Berlin, Deutscher Verlag. Geb. in Leinw. 1. 50.

Hausbesitzer-Kalender, deutscher, f. d. J. 1903. Begründet im Auftrage des Centralverbandes der städt. Haus- u. Grundbesitzer-Vereine Deutschlands v. Frz. Günsburg. Im Anh. nach dem bürgerl. Gesetzbuche bearb. v. Rich. Bieber. 14. Jahrg. 12. (XIV S., Schreibkalender u. 158 S.) Berlin, Deutscher Verlag. Geb. in Leinw. 1. 50

Hausbesitzer-Kalender, deutscher f. d. J. 1905. Begründet v. F. Günsburg, bearb. v. R. Bieber. 16. Jahrg. (XIII S., Schreibkalender, 20 u. 183 S.) kl. 8. Berlin, Deutscher Verlag. Geb in Leinw. 1. 50.

Hausbesitzer-Kalender, deutscher f. d. J. 1906. Begründet v. F. Günsburg, bearb. v. R. Bieber 17 Jahrg. (XIII S., Schreibkalender, 20 u. 191 S.) kl. 8. Berlin, Deutscher Verlag. Geb in Leinw. 1. 50.

— deutscher, f. d. J. 1907. Begründet im Auftrage des Centralverbandes der städt. Haus- u. Grundbesitzer-Vereine Deutschlands v. Frz. Günsburg. Im Anh. nach dem bürgerl. Gesetzbuche bearb. v. Rich. Bieber. 18. Jhrg. (XI S., Schreibkalender, 20 u. 191 S.) kl. 8. Berlin, Deutscher Verlag. Geb. in Leinw. n. 1. 50

Hausbesitzer-Kalender f. das Deutsche Reich auf d. J. 1902. 2. Jahrg. Bearb. v. H. Colditz. gr. 16. (138 S. m. Schreibkalender.) Leipzig, O. Leiner. Geb. 1. 20.
Vgl. Hausbesitzerkalender.

— f. das Deutsche Reich auf d. J. 1903. 3. Jahrg. Bearb. v. Hugo Colditz. gr. 16. (128 S. u. Schreibkalender.) Leipzig, O. Leiner. Geb. n. 1. —

Hausbesitzer-Kalender f. das Deutsche Reich auf d. J. 1904. 4. Jahrg. Bearb. v. H. Colditz. (128 S. u. Schreibkalender.) gr. 16. Leipzig, O. Leiner. Geb. —. 80.

Hausbesitzer-Kalender f. das Deutsche Reich auf d. J. 1905. 5. Jahrg. Bearb. v. Hugo Colditz. (128 S. u. Schreibkalender.) 16. Leipzig, O. Leiner. Geb. — 60
Erscheint nicht mehr.

Die **Hausbesitzerkammer**. Verhandlungen d. 9. ordentl. Landesverbandstages 1906 in Berlin. (Vorr.: [Georg] Baumert.) Spandau 1906: R. Graßmann, Stettin. (16 S.) 8° [F.]
— **Mitteilungen** d. Preuß. Landesverbandes städt. Haus- u. Grundbesitzer. H. 25.

Die **Hausbesitzerkammerfrage**. Spandau 1909.

Hausbesitzer-Zeitung, allgemeine deutsche. 1. Jahrg. 1889. 24 Nrn. (à 1—2 B.) Imp.-4. Stuttgart 889. Kaliwoda. n. 6. 40

Hausbesitzer-Zeitung, bayerisch-pfälzische. Monatsschrift f. die Haus- u. Grundbesitzer-Vereine Bayerns. Eigentum des Grund- u. Hausbesitzervereins Kaiserslautern. Organ des Hausbesitzervereins Kaiserslautern. Schriftleitung: Carl Kröckel. 12—14. Jahrg. 1907—1909. à 12 Nrn. (à ca. 4 S.) 31×22 cm. Kaiserslautern, (H. Kayser.) à Jahrg. 2. —
Kann nicht mehr durch den Buchhandel bezogen werden.

Hausbesitzer-Zeitung, deutsche. Organ f. die amtl. Bekanntmachgn. des Central-Verbandes der Haus- u. städt. Grundbesitzer-Vereine Deutschlands. 1. Jahrg. 1894. 24 Nrn. (à ca. 2 Bog.) gr. 4. Dresden. (Leipzig, E. Haberland.) n. 4. —

Hausbesitzer-Zeitung, deutsche. Organ für d. amtl. Bekanntmachgn. d. Central-Verbandes d. städt. Haus- u. Grundbesitzer-Vereine Deutschlands, sow. Organ d. Landesvereins d. Hausbesitzer im Königr. Sachsen. Begr. v. Th. Gampe. Red.: G. Springer. 2.—5. Jahrg. 1895—1898. à 24 Nrn. (à ca. 12 S.) gr. 4. Dresden-Blasewitz, Steinkopf & Springer. à Jahrg. n. 4. —
Kann auch vierteljährlich bezogen werden.

Hausbesitzer-Zeitung, deutsche. Fachblatt f. die Interessen des städt. Haus- u. Grundbesitzes. Organ f. die amtl. Bekanntmachgn. des Central-Verbandes der städt. Haus- u. Grundbesitzer-Vereine Deutschlands. Begründet v. Th. Gampe. Red.: G. Springer. 6.—9. Jahrg. 1899—1902. à 24 Nrn. gr. 4. (à ca. 16 S.) Dresden, M. Hölzer. à Jahrg. n. 4. —

Hausbesitzer-Zeitung, deutsche. Fachblatt f. die Interessen des städt. Haus- u. Grundbesitzes. Organ des Zentral-Verbandes der städt. Haus- u. Grundbesitzer-Vereine Deutschlands usw. Red.: Geo. Springer. 10.—13. Jahrg. 1903—1906. à 24 Nrn. (à ca. 12 S.) gr. 4. Dresden, M. Hölzer. à Jhrg. n. 4. —

— deutsche. Fachblatt f. d. Interessen des städt. Haus- u. Grundbesitzes. Organ des preuß. Landes-Verbandes der städt. Haus- u. Grundbesitzervereine usw. Red.: Geo. Springer. 14. Jahrg. 1907. 24 Nrn. (à ca. 16 S.) 30,5×22,5 cm. Dresden, M. Hölzer. 4. —

Hausbesitzer-Zeitung, deutsche, Monatsschrift d. Verbandes ost- u. westpreußischer Haus- u. Grundbesitzer-Vereine. Red.: G. Springer. 1. Jahrg. Juli—Dezbr. 1898. 6 Nrn. (à ca. 1 Bog.) gr. 4. Ebd. n. 2. —
Kann auch vierteljährlich bezogen werden.

Hausbesitzer-Zeitung, deutsche. Monatsschrift d. Verbandes ost- u. westpreuß. Haus- u. Grundbesitzer-Vereine. Red.: G. Springer. 2.—5. Jahrg. 1899—1902. à 12 Nrn. gr. 4. (à ca. 16 S.) Ebd. à Jahrg. n. 2. —

— — deutsche. Monatsschrift des Verbandes ost- u. westpreuss. Haus- u. Grundbesitzer-Vereine. Red. G. Springer. 8 Jahrg. 1905. 12 Nos. Dresden, M. Hölzer. Vierteljährl. —. 50.

— — deutsche. Monatsschrift des Verbandes ost- u westpreuss Haus- u. Grundbesitzer-Vereine. Red. G. Springer 9 Jahrg 1906 12 Nos. 4. Dresden, M. Hölzer. Vierteljährl — 50.

— deutsche. Monatsschrift des Verbandes ost- u. westpreuß. Haus- u. Grundbesitzer-Vereine. Red.: Geo. Springer. 10. Jahrg. 1907. 12 Nrn. (à ca. 16 S.) 30,5×22,5 cm. Ebd. 2. —

— deutsche. Organ des Verbandes ostpreuß. Haus- u. Grundbesitzer-Vereine. Begründet von Th. Gampe. Red.: Geo. Springer. 1904—1906. à 12 Nrn. (à ca. 16 S.) gr. 4. Ebd. à Jhrg. n. 2. —

Hausbesitzer-Zeitung, deutsche. Organ des Verbandes ostpreuß. Haus- u. Grundbesitzer-Vereine. Red.: Geo. Springer. 10. Jhrg. 1907. 12 Nrn. (à ca. 16 S.) 30,5×22,5 cm. Dresden, M. Hölzer. 2. —

— deutsche, für d. Prov. Brandenburg. Organ des Verbandes der Brandenburg'schen Haus- u. Grundbesitzer-Vereine, zugl. Organ f. d. amtl. Bekanntmachgn. d. Central-Verbandes d. städt. Haus- u. Grundbesitzer-Vereine Deutschlands. Red.: G. Springer. 2. Jahrg. 1898. 24 Nrn. (à ca. 12 S.) gr. 4. Ebd. n. 4. —
Kann auch vierteljährlich bezogen werden.

— deutsche, f. die Prov. Brandenburg. Organ d. Verbandes der Brandenburg'schen Haus- u. Grundbesitzer-Vereine, zugleich Organ f. die amtl. Bekanntmachgn. des Central-Verbandes der städt. Haus- u. Grundbesitzer-Vereine Deutschlands. Red.: G. Springer. 3.—6. Jahrg. 1899—1902. à 24 Nrn. gr. 4. (à ca. 16 S.) Ebd. à Jahrg. n. 4. —

Hausbesitzer-Zeitung, deutsche, f. die Prov. Brandenburg. Organ des Verbandes der brandenburg. Haus- u. Grundbesitzer-Vereine, zugleich Organ für die amtl. Bekanntmachgn. des Central-Verbandes der städt. Haus- u. Grundbesitzer-Ver. Deutschlands. Red.: Geo. Springer. 1904—1906. à 24 Nrn. (à ca. 12 S.) gr. 4. Dresden, M. Hölzer. à Jhrg. n. 4. —

— deutsche, f. die Prov. Brandenburg. Organ des Verbandes der brandenburg. Haus- u. Grundbesitzer-Vereine, zugleich Organ f. die amtl. Bekanntmachgn. des Zentral-Verbandes der städt. Haus- u. Grundbesitzer-Vereine Deutschlands. Red.: Geo. Springer. 10. Jahrg. 1907. 24 Nrn. (à ca. 16 S.) 30,5×22,5 cm. Dresden, M. Hölzer. 4. —

Elbinger **Haus- und Grundbesitzer-Zeitung.** 'Wohnungs-Anzeiger.' Offizielles Organ d. Elbinger Haus- u. Grundbesitzer-Vereins. (Beilage z. 'Altpr. Zeitung.') Jg. 1–4. Elbing 1902–05: H. Gaartz (1905, No 19 ff.: A. Petzold). 4 Bde 4° [Kopft. F.]
1. 1902–03. 2. 1903–04. 3. 1904. 4. 1905. [od. 318. 10

Haus- u. Grundbesitzerzeitung. Zentral-Organ f. den deutschen Haus- u. Grundbesitz. 1. Jahrg. April—Dezbr. 1908. 18 Nrn. (à ca. 16 S.) 31×22,5 cm. Dresden, M. Hölzer. nnn 4. —
Kann nicht durch den Buchhandel bezogen werden.

Hausbesitzer-Zeitung,

— **schlesische.** Organ des Bundes schlesisch-posenscher Haus- u. Grundbesitzer-Vereine u. des neuen Breslauer Haus- u. Grundbesitzer-Vereins (e. V.) zu Breslau. Red.: Max Nickel. 11. Jahrg. 1910. 52 Nrn. (à ca. 8 S.) 39×28 cm. Breslau, P. Förster. nn 2. —

Hausbesuch, der, oder herzliche Ansprache eines Seelenhirten an die Glieder seiner theuern Gemeine. gr. 12. Elberfeld 837. Hassel. 1/8 ₰

Hausbesuch, der, in d. Waldhütte. 16. (Mit 1 Lithogr. u. Titelvign.) Straßburg 846, Levrault. geb. 3 ngl

Hausbesuch, der, in der Waldhütte. gr. 16. (27 S.) Barmen 878. Wiemann in Comm. n. — 16

Hausbesuch, d., in d. Waldhütte. 16. (27) Barm. 79, Wiemann. n. — 16

Der Hausbesucher : 1888–?
Religious monthly. Edited & published by the Rev. E. A. Wier.
Buffalo, NY

Monatlicher Hausbesucher : 1881–?
Monthly. Ein Familienblatt zur Belehrung und Unterhaltung. Wegweiser zu der deutschen bischöflichen Methodistenkirche.
Springfield, IL

Haus-Bibel, die, oder die ganze Heilige Schrift alten u. neuen Testaments, nach der deutschen Uebersetzung Dr. Martin Luther's. Eine Prachtausg. mit 52 Stahlst. u. 1 Karte von Palästina (in Kpfrst.). Hildburghausen 855. Bibliograph. Institut. gr. 4. n. 3 ₰ 20 ngl

Hausbibel. Die Heilige Schrift des Alten und Neuen Testaments. Nach der deutschen Uebersetzung von Dr. Martin Luther. 4. (IV, 954; II, 283 S.) Leipzig 870, Brockhaus.
geb. M 13.; in Leder *M 16.; mit Goldschn. *M 18. und * Mit Schließen *

Haus-Bibel. Die ganze hl. Schrift, nach dem Urtext u. m. Berücksicht. der besten Uebersetzgn. hrsg. v. Frz. Eug. Schlachter. 1. Probedruck. (VIII, 723 S. m. Titelbild.) 33×23,5 cm. Biel 907. (Bonn, J. Schergens.) Geb. nn 12.50; in Halbfrz. nn 13.50; m. Goldschn. nn 15.50; in Ldr. nn 16.50; m. Goldschn. nn 18.50

Haus-Bibel [**Biblia,** deutsch]. Die ganze heilige Schrift. Nach d. Urtext u. m. Berücks. d. besten Übersetzungen hrsg. von Franz Eugen Schlachter. 1. Probedr. Biel: Verl. d. 'Miniatur-Bibel' 1907. VIII, 723 S. 4° A 12 3005

Haus-Bibel, erklärte, s. Richter, H.

Haus- u. Familien-Bibel. Die heilige Schrift des alten u. neuen Testaments nach M. Luthers deutscher Uebersetzung. Mit vielen hundert eingedr. (lith.) Abbildungen, Christuskopf u. Karte von Palästina. 2. (Titel-)Ausg. [Mit dem Umschlagstitel: Bilder-Bibel für Haus u. Familie.] 19 Hfte. gr. 4. (A. T.: 1872 S. N. T.: 441 S. m. eingedr. Lithogr. u. 1 lith. Charte.) Meißen 850, Goedsche. (à 6 ngl) 3 ₰ 24 ngl

Haus- u. Familien-Bibel, große illustr., od. d. ganze hl. Schrift d. Alten u. Neuen Testaments n. d. deutschen Übersetzg. Dr. Mart. Luthers. (Durchges. im Auftr. d. deutschen evang. Kirchenkonferenz.) M. erklär. Anmerkgn. v. Paul Langbein u. and. evang. Geistlichen u. m. d. besten bildl. Darstellgn. d. bedeutendsten Künstler. 3 Bde. Fol. Reutlingen, Enßlin & Laiblin. Geb. 34. —; m. Goldschn. 38. 50
Altes Testament, 2 Bde. (680 u. 498 S. u. Anh. 104 S.) 897. 98. Geb. à 12. 50; m. Goldschn. à 14. —
Neues Testament. (472 S. u. Familienchronik 8 S.) 896. Geb. 9. —; m. Goldschn. 10. 50
Erschien auch in 42 Hftn. à n. — 50.

Hausbibel, illustrierte. Nach der deutschen Übersetzung von Mart. Luther. Mit üb. 1000 Abbildgn., Karten, Erläutergn. u. e. Familien-Chronik. 35 Hfte. 4. (X, 1694 S.) Berlin 888. Pfeilstücker. à n. — 50 (cplt.: n. 17. 50; geb. in Leinw. m. Rotschn. n. 22. 50; m. Goldschn. n. 24. 50; in Chagrinldr. m. Rotschn. n. 25. —; m. Goldschn. n. 27. —; in Kalbldr. m. Rotschn. n. 30. —; m. Goldschn. n. 32. —; in Schweinsldr. n. 40. —)

Hausbibel, illustrierte. Nach der deutschen Übersetzung von Mart. Luther. Mit üb. 1000 Abbildgn., Karten, Erläutergn. u. e. Familien-Chronik. 2., unveränd. Aufl. 6 Abtlgn. 4. (X, 1693 S.) Berlin 890. Pfeilstücker. à n. 3. — (cplt. geb.: n. 22. 50 bis n. 50. —)

Hausbibel, kleine kathol., des N. Test., oder bibl. Handbuch mit Carriere's Erläuter. 2 Thle. 8. Frankf. 772. Vandüren. 1 ₰ 8 gl Mit Kpf. 1 ₰ 16 gl

Haus-Bibliothek. 1—50. Bdchn. 16. Berlin 877—80. Janke. à — 15
1—6. Die Hosen des Herrn von Bredow. Von W. Alexis [W. Häring]. 7. Aufl. (360 S.)
7—10. Zwischen Himmel u. Erde. Erzählung v. Otto Ludwig aus Eisfeld. 5. Aufl. (211 S.)
11. Das Märchen vom todten Kinde v. Otto Ludwig aus Eisfeld. Aus dem Nachlasse des Dichters. (46 S.)
12. 13. Der Erbförster. Trauerspiel in 5 Aufzügen v. Otto Ludwig. (99 S.)
14. 15. Die Rechte des Herzens. [Paul u. Eugenie.] Trauerspiel in 5 Aufzügen v. Otto Ludwig aus Eisfeld. [Aus dem Nachlaß des Dichters.] (79 S.)
16—25. Der Piratenlieutenant. Roman v. Balduin Möllhausen. 2. Aufl. (568 S.)
26. 27. Die Stützen der Gesellschaft. Schauspiel in 4 Aufzügen v. Henrik Ibsen. Für die deutsche Bühne bearb. v. Emil J. Jonas. (95 S.)
28—32. Vor Jena. Roman nach den Aufzeichnungen eines königl. Offiziers vom Regiment Gensd'armes v. George Hesekiel. 5. Aufl. (260 S.)
33. 34. Wie sie lieben u. hassen. Erzählung aus den Alpen von P. K. Rosegger. (128 S. m. Portr. des Verf. in Holzschn.)
35—38. Das Fischermädchen. Erzählung v. Björnstjerne Björnson. Aus dem Norweg. übers. v. Emil J. Jonas. 2., durchgeseh. Aufl. (192 S. m. Portr. des Verf. in Holzschn.)
39—42. Die Geschichte einer Mine v. Bret Harte. Aus dem Amerikan. (176 S.)
43—45. Der Notar v. Argostoli. Von A. R. Rhangabé. (107 S.)
46—50. Der Artschwinger. Roman v. Rob. Schweichel. 3. Aufl. (194 S.)

Haus-Bibliothek. Begründet von Wilh. Redenbacher, fortgesetzt von Karl H. Mann. Monatsausgabe. 1. Lfg. 16. Schaffhausen 878. Mann. n. — 20
Die Bettelmannsküche oder Gottes Gericht über einen undankbaren Sohn. Eine Erzählung aus den Zeiten des 30jährigen Krieges v. Karl Wild. 3. Aufl. (S. 1—32.)

— — dasselbe. Wochenausgabe. 1. Lfg. 16. Ebend. 878. n. — 20
Durch einen Raubmörder. — Der schwarze Pilger. — Frau Amtmann. 3 Erzählungen für das deutsche Christenvolk v. Ernst Haltaus. (S. 1—32.)

— Auslese von Werken der bedeutendsten Schriftsteller des In- u. Auslandes. 16. Leipzig 881. Stuttgart, Dietz. à — 20; geb. à — 60
1. Hans Dampf in allen Gassen. Novelle v. Heinr. Zschokke. 3. Aufl. (73 S.)
2. Von der Macht des Gemüths, durch den bloßen Vorsatz seiner krankhaften Gefühle Meister zu sein, v. Immanuel Kant. Hrsg. u. m. Anmerkungen versehen v. C. W. Hufeland. (48 S.)
3. Hermann u. Dorothea. Von Wolfg. v. Goethe. (78 S.)
4. Egmont. Ein Trauerspiel in 5 Aufzügen von W. v. Goethe. (96 S.)
5. Phädra. Trauerspiel in 5 Aufzügen v. Racine. Uebersetzt v. Frdr. Schiller. 2. Aufl. (56 S.)
6. Emilia Galotti. Ein Trauerspiel in 5 Aufzügen v. G. E. Lessing. (78 S.)
7. Der Nachtwächter. Eine Posse in Versen u. 1 Aufzuge v. Thdr. Körner. (28 S.)
8. Macbeth. Ein Trauerspiel in 5 Aufzügen v. Shakespeare. Zur Vorstellung auf dem Hoftheater zu Weimar eingerichtet v. Frdr. Schiller. (78 S.)
9. Graziella. Von Lamartine. Uebers. v. Alphonse Levy. (119 S.)
10. Ueber komische Sprachfehler, Wortspiele 2c. Aus: C. J. Weber's „Demokritos". (80 S.)
11. Die sieben weisen Meister. Ein Volksbuch. (126 S.)
12. Der Scherz, das Epigramm u. das Bonmot. Aus: C. J. Weber's „Demokritos". (68 S.)
13. Der Prozeß um des Esels Schatten. Von Wieland. (99 S.)
14. Die Schule der Frommen. Lustspiel in 3 Aufzügen v. Karl Immermann. (100 S.)
15. Der Kranke in der Einbildung. Komödie in 3 Aufzügen. Aus dem Franz. des Molière von Demetr. Schrutz. (70 S.)
16. Ueber die bürgerliche Verbesserung der Weiber u. über weibliche Bildung. Von T. G. v. Hippel. (102 S.)
17. Marion de Lorme. Drama in 5 Acten v. Vict. Hugo. Frei bearb. v. Fdr. Rüffer. (96 S.)
18. Der Wildfang. Lustspiel in 1 Aufzug v. Frdr. Rüffer. (24 S.)
19. Der Menschenfeind. Ein Fragment v. Frdr. Schiller. (32 S.)
20. Ausgewählte Lebensbeschreibungen des Plutarch. 1. Hft.: Lykurg. (54 S.)
21. 22. Edelsteine deutscher Dichtung. Sammlung lyr. u. lyrisch epischer Gedichte. 1. Thl.: Lyrische Gedichte. (96 S.)
23. Dasselbe. 2. Thl.: Balladen u. Romanzen. (S. 97—141.)
24. Dasselbe. 3. Thl.: Zeitgedichte, Epigramme u Sentenzen. (VI u. S. 145—188.)
25. Lichtenberg's Vertheidigung zweier Juden gegen den Vorwurf, aus niedrigen Beweggründen zum Christenthum übergetreten zu sein. (39 S.)
26. Der Verbrecher aus verlorener Ehre. Eine wahre Geschichte von Frdr. Schiller. (29 S.)
27. Der Mann nach der Uhr oder der ordentliche Mann. Ein Lustspiel in 1 Aufzuge von G. v. Hippel. (40 S.)
28. Chamisso, Adelb. v., Peter Schlemihl's wundersame Geschichte. Mit einem Nachwort von Bruno Geiser. (80 S.)
29. Wittich, Manfred, das Volk und die Literatur. Literar.-wissenschaftliche Abhandlungen. (62 S.)
30. 31. Schiller, Friedr., der Geisterseher. (135 S.)
32.—34. Blanc, Louis, vor fünfzig Jahren. Geschichte der Juli-Revolution. (156 S.)
35. Chamisso, Adelb. v., ausgewählte Gedichte. (55 S.)

Hausbibliothek. 1.—11. Bd. gr. 8. Karlsruhe, Evangel. Schriften-Verein f. Baden. cart. n. 11. 80; geb. n. 18. 50
1. Echte u. falsche Edelsteine. Erzählung v. Adelh. v. Rothenburg, geb. v. Zastrow. (123 S.) 887. n. 1. —; geb. n. 1. 50
2. Die Rose v. Benares. Von Martha Eitner (Erich Norden). (92 S.) 887. n. 1. —; geb. n. 1. 50
3. Gib Smith, der Missionar. Von Martha Eitner (Erich Norden). Fortsetzung v. „Die Rose v. Benares". (119 S.) 888. cart. n. 1. —; geb. n. 1. 50
4. Ludwig Richter, der Maler d. deutschen Hauses. Ein Volksbüchlein f. Jung u. Alt v. J. Köhnlein. Mit e. Portr. Richter's u. Abbildgn. im Text. (139 S.) 888. cart. n. 1. —; geb. m. Goldschn. n. 1. 50
5. Bernhard Göler, e. Ritterleben aus der Reformationszeit, nach Urkunden zusammengestellt v. E. A. v. Göler. (76 S. m. Bildern.) 888. cart. n. — 80; geb. n. 1. 50
6. Aus der Heimat f. die Heimat. Von E. Frommel. (147 S.) 888. cart. n. 1. 50; geb. n. 2. 50
7. Reiseskizzen aus Spanien. Von C. Ahles. (III, 138 S.) 888. cart. n. 1. 50; geb. n. 2. 50
8. Allerlei Gotteswege. Volkserzählungen v. Th. Hoffmann. (139 S.) 889. cart. n. 1. —; geb. n. 1. 50
9. Peterchen im Moore. Eine Erzählg. aus dem Hessenlande v. Adelh. v. Rothenburg. (103 S. m. 1 Titelbild v. M. Loewe.) 889. cart. n. 1. —; geb. n. 1. 50
10. Die Waise. Von Martha Eitner (Erich Norden). 890. n. 1. —; geb. n. 1. 50
11. Johannes Mettenheimer. Eine Erzählung aus dem J. 1529. Von Th. Hoffmann. 891. n. 1. —; geb. n. 1. 50

Hausbibliothek. 1., 2., 12.—14. Bd. 8. Karlsruhe, Evangel. Schriftenverein. Kart. Geb. in Leinw. n. 7. —
1. Echte u. falsche Edelsteine. Erzählung von Adelheid v. Rothenburg, geb. v. Zastrow. 2. Aufl. (123 S.) 891. n. 1. —; geb. n. 1. 50
2. Die Rose v. Benares. Von Martha Eitner [Erich Norden]. 2. Aufl. (IV, 92 S.) 891. n. 1. —; geb. n. 1. 50
12. Martin Reiser. Wunderbare Lebensführg. e. Arztes, erzählt von G. H. v. Schubert. (169 S.) 892. n. 1. 50; geb. n. 2. —
13. Nur treu! Vier Erzählgn. v. A. Schaller. (III, 92 S.) 893. Geb. n. 1. —
14. Das erste u. das letzte Weihnachtsfest. Arm u. doch reich. 2 Erzählgn. v. G. W. Bacher. (110 S.) 894. Geb. n. 1. —

Hausbibliothek. 16.—17. Bd. 8. Karlsruhe, Evang. Schriftenverein. Geb. in Leinw. à n. 1. —
15. E. verlorener Sohn. Erzählg. v. Ottokar Schupp. (79 S.) 895.
16. Des Dorfes Liebling. Erzählg. von Martha Eitner (Erich Norden) (112 S.) 895.
17. Gertrud, d. Dorfwaise oder: Wie e. zerbrochenes Ringlein z. goldenen Kette wurde. Erzählg. von A. Schaller. (III, 99 S.) 896.

— Dasselbe. 2. Aufl. 3. u. 9. Bd. gr. 8. Ebd. Kart. à n. 1. —; geb. in Leinw. à n. 1. 50
3. Gib Smith der Missionar. Von Martha Eitner (Erich Norden). Fortsetzg. von „Die Rose v. Benares". (119 S.) 896.
9. Peterchen im Moore. Eine Erzählg. aus d. Hessenlande von Adelheid v. Rothenburg. Mit e. Titelbild von M. Loewe. (103 S.) 897.

Hausbibliothek. 1. u. 18. Bd. 8. Karlsruhe, Ev. Schriftenverein. Geb. in Leinw. à n. 1. —
1. Echte u. falsche Edelsteine. Erzählung. Von Adelheid v. Rothenburg, geb. v. Zastrow. 4 Aufl. (127 S.) 902.
18. Herzog, der kleine, od.: Richard ohne Furcht. Eine Erzählg. aus alter Zeit. (Von C. M. Yonge.) Neubearb. v. O. Roller. (143 S.) 903.

— die. Verzeichnis d. besten Werke deutscher u. verdeutschter ausländ. Litteratur. Von A. v. W. gr. 8. (XV, 24 S.) Altenburg 902. St. Geibel. — 50

Haus-Bibliothek, die. Zugleich e. Führer durch die populär-wissenschaftl. Literatur Deutschlands. (80 S. m. Abbildgn.) kl. 8. Leipzig (905). H. Zieger. n. — 30

Haus-Bibliothek, allgemeine, zur angenehmen Unterhaltung für alle Stände. Eine Sammlung der gediegensten und besten Romane und Novellen aller Völker. Berlin 857. Nelte. gr. 8.
1. Veriton der Rächer seiner Familie oder der Schatz der Peruanerin. Historischer Roman aus den Zeiten der Religions-Kriege in Frankreich von A. von Gondrecourt. Nach dem Französ. bearb. von A. H. Brandrupp. 2 Thle. 2. Aufl. (2 Bl., 956 S.) 3 ℳ

Hausbibliothek des Anzeigers des Westens: 1855 ?
Semi-annual. Contains reprints of fiction, folksongs, articles, etc. Editor: Heinrich Börnstein. Published by publishers of Anzeiger des Westens.
St. Louis, MO

— belletristische. Eine Sammlung der besten deutschen Originalromane. (In 12 Bdn.) Frankfurt a. M. 857, 58. Meidinger. 8. Jeder Bd. n. 15 ℳ
1. Bd.: Rheder und Matrose. Ein Hamburger Roman. Von E. Willkomm. (652 S.)
2. Bd.: Der Amerika-Müde. Amerikanisches Kulturbild von Ferd. Kürnberger. (504 S.)
3. Bd.: Erich Randal. Historischer Roman aus der Zeit der Eroberung Finnlands durch die Russen im J. 1808 von Thdr. Mügge. (830 S.)
4. Bd.: Charlotte Ackermann. Ein Hamburger Theater-Roman aus dem vorigen Jahrhundert von Otto Müller. (153 S.)
5. Bd.: Ekkehard. Eine Geschichte aus dem 10. Jahrhundert von Jos. Vict. Scheffel. (463 S.)
6. Bd.: Die Familie Ammer. Deutscher Sittenroman von Ernst Willkomm. (724 S.)
7. Bd.: Afraja. Roman von Thdr. Mügge. (553 S.)

Haus- u. Schul-Bibliothek, biblische, od. Kinderbibel. 12. 731.

Haus-Bibliothek, christliche. Ausgewählt v. Aug. Gebauer. (In 24 Liefg.) 1.—4. Liefg.: H. Müller's geistliche Erquickstunden. 4 Liefg. gr. 16. Stuttgart 845, Cast'sche Buchh. à 1/8 ℳ

— dies. 5.—12. Liefg.: H. Müller's geistliche Erquickstunden. 5. u. 6. Liefg. — u. G. Tersteegens, Erbauliches u. Erschauliches. 1.—6. 16. Ebend. 845. à 1/8 ℳ

— dies. 13.—19. Liefg.: Heil. Seelenlust von Fr. Spee, Angelus Silesius u. Novalis. — Evangelisches. Aus Jos. Mich. Sailer's relig. Schriften für evangel. Christen. 16. Ebend. 845. à 1/8 ℳ

— dies. 20.—24. Liefg.: Fenelon, Perlen christl. Weisheit. — Stimmen evangel. Wahrheit. 16. Ebend. 846. à 1/8 ℳ

Hausbibliothek, christliche. Nr. 1—13. 8. Gotha, Missionsbuchh. P. Ott. 3. 75
Andrae, Hedw., eine kleine Zeltgeschichte. (80 S.) (909.) (Nr. 8. 9.) — 50
Bunyan, John, die Pilgerreise nach der seligen Ewigkeit. (168 S.) Leipzig (903.) (Nr. 3. 4.) — 50
Caspari, K. H., der Schulmeister u. sein Sohn. Eine Erzählg. aus dem 30jähr. Kriege. (134 S.) Leipzig (903.) (Nr. 6.) — 40
Kaltnerer, A., Gerhard Tersteegen. (48 S.) (910.) (Nr. 10.) — 30
Glasdon, Aug., Fidelia Fiske od. Fruchtbarer Dienst. Ihre Arbeit in Persien. (35 S.) (910.) (Nr. 13.) — 30
Nathusius, Marie, aus dem Tagebuch e. armen Fräuleins. (132 S.) Leipzig (903.) (Nr. 7.) — 30
Roth, Alfr., aus stillen Tiefen. Dem Leben nacherzählt. (46 S.) (910.) (Nr. 11. 12.) — 50
Stretton, Hesba, süß Heim. (84 S.) Leipzig (903.) (Nr. 5.) — 30
Vogel, Jette, ein Kinderherz in düsterm Haus. Eine Kindergeschichte f. Mädchen von 8—12 Jahren. Aus dem Engl. übers. v. H. M. (40 S.) (905.) (Nr. 2.) — 30
Ziele, hohe. Die Geschichte e. Frauenlebens von H. v. R. (48 S.) (909.) (Nr. 1.) — 35

— deutsche. Nr. 1—3. 8. Lübeck, [Schmidt und Erdtmann.] Schmidt. à Nr. *
geb. à Nr. *
Inhalt:
Nr. 1. Petöfi, Alex., Wolken [Felhök]. Lyrischer Cyklus. Zum erstenmale ins Deutsche übersetzt, nebst einer Biographie des Dichters aus bisher unbenutzten Quellen von Hugo Meltzl v. Lomnitz (123 S.) 382.
„ 2. Zschokke, Heinr., das Goldmacherdorf. (152 S.) 883.
„ 3. Heyden, Friedr. v., das Wort der Frau. Eine Festgabe. (126 S.) 884.

— deutsche. 1.—9. Bd. 12. Anklam 892. A. Schmidt's Verl. Kart. n. 6. 70
1. Pastertöchterleins Irrfahrten. Von M. Christlieb. (117 S.) n. — 60; geb. n. 1. —
2. Der Bruder d. Lieutenants. Von M. Christlieb. (160 S.) n. — 75; geb. n. 1. 20
3. 4. Die Nachbarhäuser. Von Else v. Manteuffel. (253 S.) n. 1. 20; geb. n. 1. 60
5. Aus der Heimat. Drei Erzählgn. v. L. Ideler (U. Derelli). 2. Aufl. (141 S.) n. — 70; geb. n. 1. 25
6. Ein Edelmann. Dem Leben nacherzählt v. L. Ideler (U. Derelli). (249 S.) n. 1. 20; geb. n. 1. 60; eleg. geb. n. 1. 75
7. Ephen. Drei Erzählgn. v. L. Ideler (U. Derelli). (161 S.) n. — 75; geb. n. 1. 25
8. Aus vergangenen Tagen. Zwei Erzählgn. v. A. Kurras. (85 S.) n. — 50; kart. n. — 70
9. Glaubensheilung. Von Alfr. T. Schofield. Autoris. Übersetzg. aus dem Engl. v. Gräfin Elisabeth Groeben. (142 S.) n. 1. —

— deutsche. Sammlung kulturhistor. Romane, Novellen ꝛc. 1.—4. Bd. 8. Wolfenbüttel 892. J. Zwißler. 10. —; Einzelpr. à n. 4. —; geb. à n. 5. —
1. Wie e. Tiroler Büeblein deutsch-national wurde. Die Geschichte e. Kindes. Nach den Aufzeichngn. e. Freundes. (387 S.)
2. Der Schreiber v. Konstanz. Eine Rheinseegeschichte aus den Tagen d. Minnesangs v. Frz. Lechleitner. 2. (Titel-) Ausg. (IX, 412 S.)
3. Die Alsinge. Altdeutsches kulturhistor. Zeitbild v. Marie Hanstein. Mit einführ. Worten v. Fel. Dahn. 3. (Titel-) Ausg. (219 u. 229 S.)
4. Unterm Löwensteine. Alte Geschichten aus e. ungeschriebenen, aber wahrhaft. Chronika. Von Ludw. Hänselmann. 2. (Titel-) Ausg. (XII, 303 S.)

— deutsche. 6. Bd. 8. Wolfenbüttel 896. J. Zwißler. n. 3. —; geb. n. 4. — (1.—5.: n. 13. —)
Ikarus. Eine Reisenovelle v. H. Mellin. (Mit Vorwort v. Leop. Witte.) (IV. 323 S.)

— deutsche. 5. Bd. 8. Wolfenbüttel, J. Zwißler. n. 3. —; geb. n. 4. —
Ikarus. Eine Reisenovelle. Von H. Mellin. 3. Aufl. (VIII, 324 S.) 898.

— dasselbe, Fortsetzung, s.: Zwißler's (deutsche) Hausbibliothek.

Haus- und Reisebibliothek, deutsche. 1.—4. Bd. 8. Leipzig, [Schloemp.] L. Senf. *
Inhalt:
Bd. 1. Wernick, Fritz, Paris und die Weltausstellung 1878. Feuilletonistische Streifzüge [Herbsttage in Paris (1875). Das neue Paris (1878).] (141 S.) 878. * ℳ 1.
„ 2. 3. Stern, Adf., Bilder und Skizzen. 2 Bdchn. (230 S.) 878. à * ℳ 1.
„ 4. Wernick, Fritz, Reisebilder aus Südfrankreich. (147 S.) 879. (* ℳ 1.50.) * ℳ 1.

Deutsche Haus- und Reise-Bibliothek. Bd 1—9. *Nauen: M. Freyhoff [1892].* 8.
[96. ...]

[F.] Brandkäthe. Aus den Papieren e. Dorfschulmeisters. Von A. Linden [d. i. Luise Förster]. *Nauen: M. Freyhoff [1892].* (157 S.) 1 Bd 8.
= Haus- u. Reise-Bibliothek, Deutsche. Bd 1. [96. 1872

[F.] Anca. E. Cirkusgeschichte v. A[nton] v. Perfall. *Nauen: M. Freyhoff [1892].* (117 S.) 1 Bd 8.
= Haus- u. Reise-Bibliothek, Deutsche. Bd 2. [96. 1870

[F.] Die Grubenarbeiter. Soz. Roman aus d. Gegenwart. Von A. Linden [d. i. Luise Förster]. *Nauen: M. Freyhoff [1892].* (1 Bl., 377 S.) 1 Bd 8.
= Haus- u. Reise-Bibliothek, Deutsche. Bd 3. [96. 1872

[F.] Sühne. Novelle v. Konrad Telmann [d. i. Konrad Zitelmann]. *Nauen: M. Freyhoff [1892].* (107 S.) 1 Bd 8.
= Haus- u. Reise-Bibliothek, Deutsche. Bd 4. [96. 1872

[F.] Schiefmund. Dorfgeschichte v. Konrad Telmann [d. i. Konrad Zitelmann]. *Nauen: M. Freyhoff [1892].* (146 S.) 1 Bd 8.
= Haus- u. Reise-Bibliothek, Deutsche. Bd 5. [96. 1872

— — deutsche. 1.—6. Bd. 8. Nauen 892. M. Freyhoff. n. 8. —

1. Brandkäthe. Aus den Papieren e. Dorfschulmeisters. Von A. Linden. (157 S.) n. 1. —
2. Anca. Eine Cirkusgeschichte von A. Frhr. v. Perfall. gr. 8. (117 S.) n. 2. —
3. Die Grubenarbeiter. Sozialer Roman aus der Gegenwart. Von A. Linden. (377 S.) n. 2. —
4. Sühne. Novelle v. Konr. Telmann. (167 S.) n. 1. —
5. Schiefmund. Dorfgeschichte v. Konr. Telmann. (146 S.) n. 1. —
6. Eine gute Partie. Roman aus dem Börsenleben v. H. Abt. (160 S.) n. 1. —

Hausbibliothek, dramatische. Eine Sammlg. leicht aufführbarer Theaterstücke f. Liebhaber-Bühnen u. Familienkreise. Hrsg. v. Ernst Götzinger. (Titel-Ausg. d. „Dramatischen Unterhaltungs-Blätter".) gr. 8. (198 S.) St. Gallen 889. Hasselbrink & Ehrat. n. 1. 20

-- christlicher Erzählungen. 1.—4. Bd. (Neue Titel-Ausg.) 8. Norden 890. Soltau. à n. 1. —; geb. à n. 1. 50

1. Mein Wilhelm. Novelle v. Julie Westphal. (V, 211 S.) 879.
2. Philipp Elsen. Ein Lebensbild v. C. Winter. Mit e. Vorwort v. Past. Freytag. (VI, 219 S.) 879.
3. Der Geiger Mickwausch. Erzählung aus dem Wendischen v. Frieda Francesco. (IV, 142 S.) 877.
4. Ungetauft. Ein Bild aus der Vergangenheit f. die Gegenwart v. Elise v. Fernhain. (V, 248 S.) 880.

-- für die deutsche Familie. Geleitet von Wilh. Hoffmann. 1. Bd. Stuttgart 856. Paulus. 8. (472 S.) 1 ₰ 12 ngl

Inhalt: Dschulamerk oder die Nestorianer. Eine christliche Erzählung von ihren Sitten, Leiden u. Glaubensproben. Aus dem Engl. der Mrs. Webb. Mit einer Einleitung von W. Hoffmann. einzeln 1 ₰ 21 ngl

— geheimwissenschaftliche. Sammlung hervorrag. Schöpfgn. der okkultist. Weltlitteratur. I. Bd. 1.—10. Lfg. gr. 8. München, F. C. Mickl. n. 4. —

1—7. Nach dem Tode. Die Rätsel des Lebens, des Todes u. der ewigen Existenzenkette, wissenschaftlich u. vernunftgemäss gelöst. Von Leon Denis. Aus d. Franz. v. Rud. Gruenwald. 1.—7. Lfg. (S. 1—295.) 901. n. 3. —
8—10. Geistliche u. weltliche Flagellation. Von Frz. Unger. — Nach dem Tode. Von Leon Denis. (16 u. 16 S.) — Der Weg zum Heil. 5. u. letzter Tl. des Werkes: Nach dem Tode. Die Rätsel des Lebens, des Todes u. der ewigen Existenzenkette, wissenschaftlich u. vernunftgemäss gelöst. Von Leon Denis. Aus dem Franz. v. Rud. Gruenwald. (S. 17—77.) 902. n. 1. —

— dasselbe. Mit der Beilage: Das Reich der Übersinnlichen. Red. v. Frz. Unger. (II. Bd.) 11.—16. Hft. 8. Ebd. n. 5. 50

11—13. Das Rätsel d. Unsterblichkeit. — Im Werden d. Welten. Von C. Flammarion. — Das Nichts des Todes. Von F. Unger (61 u. 16 S.) 902. n. 2. —
14—16. Das Wörtherkreuz. Romantik, Realismus u. Organisation im Spiegel e. Kampfes f. die Rechte der Frau. Eine seltsame Geschichte. Von Frz. Herndl. 2. Aufl. (199 S. m. Titelbild.) 903. n 3. 50

Hausbibliothek der Germania: 1875? - ?
A publisher's series, rather than a serial. Heartman's Catalog, Jan. 1946, lists the following. 1. Ansiedler von Kanada: Eine Erzahlung; Der Einsiedler von Ruatan. Milwaukee, n. d. 12 mo. 2. Letzte Fahrt der Lillie Dale. Eine Begebenheit auf dem Mississippi. Tokeah, eine Erzahlung aus der amerikanischen Vergangenheit. Milwaukee, n. d. 3. Abraham Lincoln: Der grosse Staatsmann und edle Menschenfreund. Milwaukee, n. d. (Hausbibliothek), Band 10, no. 12. Source of German-American literature. Volume 2 reprints 2 Sealsfield stories.
Milwaukee, WI

— hamburgische. Hrsg. im Auftrage der Gesellschaft hamburg. Kunstfreunde, der patriot. Gesellschaft u. der Lehrervereinigg. f. die Pflege d. künstler. Bildg. (2., 3. u. 10.—12. Bd.) 8. Hamburg, A. Janssen. Geb. in Leinw. n. 4. 40

(2.) Unser Elternhaus. Von Paul Hertz. 18.—20. Taus. (99 S.) 906. Geb. n. — 50
(3.) Uli der Knecht. Von Jerem. Gotthelf. 9.—11. Taus. (VI, 390 S.) 906. Geb. n. 1. 30
(10.) Prinz Friedrich v. Homburg. — Der zerbrochene Krug. Von Heinr. v. Kleist [1767—1811]. 1.—3. Taus. (195 S.) 906. Geb. n. — 80
(11.) Erinnerungen aus den Kriegszeiten 1806—1813. Von Frdr. v. Müller. 1.—3. Taus. (VIII, 183 S.) 906. Geb. n. — 80
(12.) Neun Novellen. Von Timm Kröger. Auswahl. 1.—5. Taus. (138 S.) 906. Geb. 1. —
Die übrigen Bände s. die betr. Einzeltitel.

— hamburgische. Hrsg. im Auftrage der Gesellschaft hamburg. Kunstfreunde, der patriot. Gesellschaft u. der Lehrervereinigg. f. d. Pflege der künstler. Bildg. kl. 8. Hamburg A. Janssen.

Alexis, Willib. (W. Häring), die Hosen des Herrn v. Bredow. Vaterländischer Roman. 1. bis 5. Taus. (361 S.) 908. (Bd. 15.) Geb. in Leinw. 1. 25
— Der Werwolf. Vaterländischer Roman. 1—3. Taus. (475 S.) 909. (Bd. 17.) Geb. in Leinw. 1. 50
Arndt, Ernst Mor., meine Wanderungen u. Wandelgn. m. dem Reichsfreiherrn Heinrich Karl Friedrich v. Stein. 1—3. Taus. (210 S.) 909. (Bd. 18.) Geb. in Leinw. 1. —
Goos, Berend, Erinnerungen aus meiner Jugend. 1—5. Taus. (237 S.) 907. (Bd. 13.) Geb. in Leinw. 1. —
Goethe, die Leiden des jungen Werther. 1—5. Taus. (128 S.) 907. (Bd. 14.) Geb. in Leinw. — 60
Gotthelf, Jerem., Uli der Pächter. 1—5. Taus. (439 S.) 910. Geb. in Leinw. 1. 40
Hebbel, Frdr., meine Kindheit. — Die einsamen Kinder. — Gedichte. Auswahl v. Gust. Falke. 9—11. Taus. (143 S.) 908. (Bd. 4.) Geb. in Leinw. — 75
Hertz, Emma Dina, geb. Beets, die Urgrosseltern Beets. 6—10. Taus. (76 S.) 908. (Bd. 7.) Geb. in Leinw. — 50
Hertz, Paul, unser Elternhaus. 21—25. Taus. (94 S.) 907. (Bd. 2.) Geb. in Leinw. — 50
Jean Paul, das Idyll v. Kuhschnappel. Aus: „Siebenkäs". 1—5. Taus. (259 S.) 910. Geb. in Leinw. 1. —
Immermann, Karl, der Oberhof. 4—6. Taus. (366 S.) 907. (Bd. 9.) Geb. in Leinw. 1. 50
Kröger, Timm, 9 Novellen. Auswahl. 6—10. Taus. (138 S.) 909. Geb. in Leinw. 1. —
Müller, Frdr. v., Erinnerungen aus den Kriegszeiten 1806—1813. 4—6. Taus. (VIII, 183 S.) 907. (Bd. 11.) Geb. in Leinw. — 80
Perthes, Wilh., u. Agnes Perthes, aus der Franzosenzeit in Hamburg. Erlebnisse. 1—5. Taus. (91 S. m. 2 Karten.) 910. Geb. in Leinw. — 70
Reineke Fuchs. Aus dem Niederdeutschen v. Karl Simrock. 1—5. Taus. (223 S.) 909. Geb. in Leinw. 1. —
Rex, Ina, Nivellierarbeit der Zeit. 1—5. Taus. (119 S.) 910. Geb. in Leinw. — 60
Rist, Joh. Geo., Lebenserinnerungen. Hrsg. v. G. Poel. (Gekürzt.) 2 Bde. 1—3. Taus. (271 u. 229 S.) 908. (Bd. 16.) Geb. in Leinw. 2. —
Die neueren Bände erschienen ohne Bandbezeichng.

Haus- u. Handbibliothek des Nothwendigsten u. Nützlichsten f. jede deutsche Familie. 1. Abtheil. Religion. (Für Protestanten.) 1r u. 2r Bd. Auch u. d. T.: **Baur, S.**, Erhebungen des Herzens zu Gott, am Morgen u. Abend u. bei andern Veranlassungen. 2 Bde. Mit 1 Steindr. gr. 8. Kempten 831. Dannheimer. 2r Subscr.-Pr. 1 ₰ 8 g (vergl. Baur.)

Haus- u. Handbibliothek d. Nothwendigsten u. Nützlichsten f. jede deutsche Familie. IV Abthln. gr. 8. Kempten, Dannheimer.

Abthl. I. Religion. — A. u. d. Ttln.:
a) Für Protestanten.
Baur, S., Erhebungen d. Herzens zu Gott am Morgen u. Abend, u. bei and. wicht. Veranlassungen. Ein Familienbuch. 2 Bde. (36 1/4 B. u. 1 Stndr.) 831. à 16 Gr. 1 Thlr. 8 Gr.
b) Für Katholiken.
Häglsperger, Frz. Seraph., Heiligthum f. häusl. Selbsterbauung. Zwei Reihen geistl. Betrachtn. nebst e. kleinen Hausaltare, z. Gebr. denk. u. gemüthvoller Katholiken (20 B.) 831. 16 Gr.

Abthl. II. Gesundheitspflege. — A. u. d. T.:
Hertel, J. G., der belehr. Hausarzt, od. medizin. Hausbuch f. Nichtärzte. 2 Bde.
Bd. 1. Der Mensch im gesunden Zustande. (18 B.) 832. 16 Gr.
= 2. Der Mensch im kranken Zustande. (25 B.) 834. 16 Gr.

Abthl. III. Der Haussekretair, 2 Bde. — A. u. d. Ttln.:
Bd. 1. Rumpf, J. D. F., der Haussekretär. Ein vollständ. Handbuch z. Abfassung aller Gattungen v. Briefen u. schriftl. Aufsätzen, wie sie im gewöhnl. Leben u. in d. bürgerl. Verhältnissen vorkommen, zur Selbstbelehr. (24½ B.) 833. 16 Gr.
: 2. Dobel, Karl Friedr., Verteutschungsbuch d. in uns. Sprache gangbaren fremden Wörter u. Redensarten, nach d. Buchstabenfolge geordnet. Neue, stark verm. u. verb. Ausg. (24 B.) 833 16 Gr.

Haus- u. Handbibliothek des Nothwendigsten u. Nützlichsten für jede teutsche Familie. IV. Abthl. 1r Bd. A. u. d. T.: Der Haussekretär. Ein vollständ. Handbuch zur Abfassung aller Gattungen von Briefen u. schriftlichen Aufsätzen, wie sie im gewöhnl. Leben und in den bürgerl. Verhältnissen vorkommen, zur Selbstbelehrung; von J. D. F. Rumpf. gr. 8. Kempten 833. Dannheimer. Subscr.-Pr. 2/3 ℛ (Wird einzeln zu 3/4 ℛ abgelassen.)

IV. Abtheil. Unterricht in den nothw. Kenntnissen f. das bürgerl. Leben. Der Haussecretär. 2r Bd. Auch u. dem T.: Verdeutschungsbuch der in unserer Sprache gangb. fremden Wörter u. Redensarten, nach der Buchstabenfolge geordnet von K. Fr. Dobel. Neue, stark verm. u. verb. Ausg. Lexicon-8. Kempten, 833 (832). Dannheimer. 18 K (vergl. Dobel.)

Abthl. IV. Unterricht in d. nothwendigsten Kenntnissen f. d. bürgerl. Leben. — A. u. d. Ttln.:
Wagner, J. A., Handbuch d. Naturgeschichte. 1. Bd. Naturgesch. d. Thierreichs. (19 B.) 831. 16 Gr.
Cammerer, Ans. Andr. (Casp.), Handbuch d. neuesten Erdkunde, d. Unterricht u. d. Freunden dies. Wissenschaft geweihet. (28 B.) 835. 12 Gr.
Nal. dess. „Lehrbuch d. neuest. Erdkunde," 7. Aufl.

Hausbibliothek, historische. Hrsg. v. Frdr. Bülau. 1. Bd. Geschichte Friedrichs des Großen v. Frz. Kugler. 3. Aufl. gr. 8. (VI u. 423 S. m. 1 Portr. in Stahlst.) Leipzig 847, Lorck. n. 1 ℛ

— dies. 2. Bd. H(endrik) Conscience. Geschichte von Belgien. Aus d. Flämischen v. O. L. B. Wolff. gr. 8. (XII u. 420 S. m. 1 Stahlst.) Ebd. 847. n. 1 ℛ

— dies. 3. Bd. Geschichte des Kaisers Napoleon v. P. M. Laurent. 2. verb. Aufl. gr. 8. (XII u. 564 S. m. 1 Stahlst.) Ebd. 847. n. 1 ℛ

— dies. 4. Bd. Geschichte Joseph's des Zweiten. Von A. J. Groß-Hoffinger. gr. 8. (X u. 337 S. m. 1 Portr. in Stahlst.) Ebd. 847. n. 1 ℛ

— dies. 5. Bd. Erzherzog Karl von Oesterreich u. die Kriege v. 1792—1815. Von A. J. Groß-Hoffinger. gr. 8. (X u. 426 S. m. 1 Portr. in Stahlst.) Ebd. 847. n. 1 ℛ

— dies. 6. Bd. Nelson u. die Seekriege von 1789—1815. Von Jurien de la Gravière. gr. 8. (VIII u. 359 S. m. 1 Portr. in Stahlst.) Ebd. 847. n. 1 ℛ

— dies. 7. Bd. Geschichte Peters des Großen v. Ed. Pelz. [Treumund Welp.] gr. 8. (XIV u. 336 S. m. 1 Portr. in Stahlst.) Ebd. 848. n. 1 ℛ

— dies. 8. Bd. Johann Huß u. das Concil zu Costnitz, nach E. de Bonnechose. gr. 8. (VIII u. 334 S. m. 1 Portr. in Stahlst.) Ebd. 848. n. 1 ℛ

— dies. 9. Bd. Geschichte der französischen Revolution [1789—1815] v. F. A. Mignet. gr. 8. (XVI u. 472 S. m. 1 Stahlst.) Ebd. 848. n. 1 ℛ

— dies. 10. Bd. Geschichte von Nordamerika [bis 1848] nach E. Williards. Mit dem (in Stahl gest.) Portr. Geo. Washington's. gr. 8. (VI u. 382 S.) Ebd. 848. n. 1 ℛ

— dies. 11. Bd. Geschichte von Dänemark von der ältesten bis auf die neueste Zeit, nach C. F. Allen. Mit dem (in Stahl gest.) Portr. Christians IV. gr. 8. (VIII u. 280 S.) Ebd. 849. n. 1 ℛ

— dies. 12. Bd. Geschichte der Februar-Revolution in Frankreich nach Alph. de Lamartine. Mit dem (in Stahl gest.) Portrait Lamartine's. gr. 8. (VIII u. 470 S.) Ebd. 849. n. 1 ℛ

— dies. 13. Bd. Geschichte des Kaisers Maximilian des Ersten v. Karl Haltaus. Mit dem (in Stahl gest.) Portr. Maximilians. gr. 8. (VIII u. 273 S.) Ebd. 850. n. 1 ℛ

— dies. 14. Bd. Geschichte der englischen Revolution bis zum Tode Karls I. v. Frz. Guizot. Mit dem Portr. Karls I. (in Stahlst.) gr. 8. (VIII u. 447 S.) Ebd. 850. n. 1 ℛ

— dies. 15. Bd. Geschichte der Wiener Revolution v. F. A. Nordstein. Mit dem Portr. des Erzherzogs Johann (in (in Stahlst.) gr. 8. (VIII u. 447 S.) Ebd. 850. n. 1 ℛ

Hausbibliothek, historische. Hrsg. v. Frdr. Bülau. 16 Bd. Das Leben Mohammed's v. Washington Irving. Mit dem Portr. Mohammed's (in Stahlst.) gr. 8. (254 S.) Leipzig 850, Lorck. n. 1 ℛ

— dies. 17. Bd. Geschichte Karl's des Großen v. Joh. Frdr. Schröder. Mit dem Portr. Karl's (in Stahlst.) gr. 8. (319 S.) Ebd. 850. n. 1 ℛ

— dies. 18. Bd. Geschichte von Norwegen nach Andr. Faye. Bis auf die neueste Zeit fortgeführt. gr. 8. (VIII u. 304 S. m. 1 Stahlst.) Ebd. 851. n. 1 ℛ

— dies. 19. Bd. Der Hansabund von seiner Entstehung bis zu seiner Auflösung. Von Gust. Gallois. Mit dem Portr. Jürgen Wullenweber's (in Stahlst.) gr. 8. (VIII u. 374 S.) Ebd. 851. n. 1 ℛ

— dies. 20. Bd. Geschichte von Spanien nach Ascargorta. Bis auf die neueste Zeit fortgeführt. Mit dem Portr. Philipp's II. (in Stahlst.) gr. 8. (VIII u. 426 S.) Ebd. 851. n. 1 ℛ

— dies. 21. Bd. Geschichte der Königin Maria Stuart v. F. A. Mignet. Mit dem Portr. Maria Stuart's nach Zucchari (in Stahlst.) gr. 8. (VIII u. 432 S.) Ebd. 851. n. 1 ℛ

— dies. 22. Bd. Geschichte Gustav Adolph's nach der 1. Aufl. des schwed. Orig. des Andr. Fryxell. Mit dem Portr. Gustav Adolph's nach Anton van Dyk (in Stahlst.) gr. 8. (VIII u. 320 S.) Ebd. 852. n. 1 ℛ

— dies. 23. Bd. Geschichte Frankreichs von den ältesten Zeiten bis zum Ausbruch der Revolution. Nach der 7. Aufl. des franz. Orig. des Emil de Bonnechose. Mit dem Portr. Richelieu's nach Phil. Champagne (in Stahlst.) gr. 8. (VIII u. 451 S.) Ebd. 852. n. 1 ℛ

— dies. 24. Bd. Der Herzog von Malborough u. der spanische Erbfolgekrieg. Nach der 2. vollständig umgearb. engl. Orig.-Ausg. des Archibald Alison. Mit dem Portr. Malborough's nach Kneller (in Stahlst.) gr. 8. (XII u. 384 S.) Ebd. 852. n. 1 ℛ

— dies. 25. Bd. Geschichte Peter's des Grausamen. Aus dem Franz. des Prosper Mérimée. Mit dem Portr. Peter's nach A. Carniceero (in Stahlst.) gr. 8. (VIII u. 383 S.) Ebd. 852. 1 ℛ

— historische. Herausg. von Friedr. Bülau. Leipzig 853—58. Lorck. 8. Jeder Bd. n. 1 ℳ

1. Bd.: Geschichte Friedrichs des Großen von Frz. Kugler. 4. verb. Aufl. (4 Bl., 400 S. u. Portr. in Stahlst.)

3. Bd.: Geschichte des Kaisers Napoleon von P. M. Laurent. 3. verb. Aufl. (XI, 482 S. u. Portr. in Stahlst.)

26. Bd.: Geschichte Franz Sforza's und der italienischen Condottieri. Von Friedr. Steger. Mit dem Portr. Franz Sforza's (in Stahlst.). (VIII, 345 S.)

27. Bd.: Geschichte des Osmanischen Reichs von der Eroberung Konstantinopels bis zum Tode Mahmud's II. Von Bapt. Poujoulat. Uebers. und bis auf die neueste Zeit fortges. von Jul. Seybt. (XII, 320 S. u. 1 Stahlst.)

28. Bd.: Das Russische Reich seit dem Wiener Congreß. Aus dem Französ. des Grafen de Beaumont-Vassy. Mit dem Portr. des Kaisers Nikolaus I. (251 S. u. 1 Stahlst.)

29. Bd.: Geschichte Kaiser Karl's des Fünften von Ludw. Storch. Mit dem Portr. Karl's nach Tizian (in Stahlst.). (269 S.)

30. Bd.: Geschichte der alten und mittleren Zeit. In biographischer Form bearb. Von Adf. Geisler. (XXII, 443 S.)

31. Bd.: Geschichte der neueren Zeit. (1500—1815.) In biographischer Form bearb. von Adf. Geisler. (X, 609 S.)

32. Bd.: Geschichte der neuesten Zeit. (1815—1854.) Von Adf. Geisler. (VIII, 532 S.)

33. Bd.: Geschichte der Kalifen. Vom Tode Mohamed's bis zum Einfall in Spanien. Von Washington Irving. (VIII, 333 S.)

34. Bd.: Geschichte der Englischen Republik bis zum Tode Cromwells von Frz. Guizot. Mit dem Portr. Cromwells (in Stahlst.). (116 S.)

35. Bd.: Das türkische Reich in historisch-statistischen Schilderungen. Von Chr. Molbech, F. R. Chesney u. C. H. Michelsen. (VI, 326 S.)

36. Bd.: Geschichte des Russischen Reiches von der ältesten Zeit bis zum Tode des Kaisers Nikolaus I. von J. H. Schnitzler. Deutsch von Ed. Burkhardt. (4 Bl., 214 S.)

37. Bd.: König Attila und seine Zeit. Schilderungen u. Sagen aus der Geschichte des 5. Jahrhunderts von Amedée Thierry. Deutsch von Ed. Burckhardt. (V, 300 S.)

38. Bd.: Die Söhne und Nachfolger Attila's. Schilderungen aus der Geschichte des 6. Jahrh. von Amedée Thierry. Deutsch von Ed. Burckhardt. (VIII, 206 S.)

39. Bd.: Geschichte des Neuern Italiens. Von der ersten französischen Revolution bis zum Jahre 1850. Aus dem Engl. des Rich. Heber Wrightson von Jul. Seybt. (XVI, 264 S. u. Portr. Pius IX. in Stahlst.)

40. Bd.: Geschichte Richard Cromwells und der Wiederherstellung des Königthums in England von Frz. Guizot. Mit dem Portr. des Generals Monk (in Stahlst.). (VI, 297 S.)

—— dass. — Suppl.-Bd., s. Boehn, v., Blüthe und Verfall des Osmanenreichs in Europa.

Hausbibliothek

— homöopathische. Nr. 1—4. 16. Leipzig 881. 82. Dr. W. Schwabe. n. 3. 30

1. Die häutige Bräune oder der Croup der Kinder. Ein Beitrag zu ihrer Erkennung, nebst Anweisung, derselben bei dem ersten Auftreten nach den Grundsätzen der Homöopathie zu begegnen. Für Eltern u. Freunde des homöopath. Heilverfahrens hrsg. v. Hugo Billig. Nebst einem Anhang über die brandige Rachenbräune [Diphteritis] u. deren Behandlung v. Carl Heinigke. 3., verb. Aufl. (66 S.) n. — 50

2. Die Krankheiten der ersten Lebensjahre u. ihre homöopathische Behandlung, nach eigenen Erfahrungen zusammengestellt v. H. Goullon. 2. Aufl. (XVI, 128 S.) n. 1. 20

3. Kurze Anleitung zum richtigen Gebrauch der wichtigsten homöopathischen Arzneimittel in den alltäglichen leichteren Erkrankungsfällen. Von Th. Bruckner. 10., autoris. Aufl. (118 S.) n. — 80

4. Kleines medicinisches Taschen-Wörterbuch oder Erklärung v. ca. 2000 in medicinischen Werken am häufigsten vorkommenden Fremdwörtern m. genauer Angabe der Aussprache. 2., verm. u. verb. Aufl. (VI, 54 S.) n. — 80

Hausbibliothek, homöopathische. Nr. 5—7. 16. Leipzig 883. Dr. W. Schwabe. n. 2. —

5. Die Cholera u. ihre schnelle u. sichere Heilung durch die Homöopathie. Nach den neuesten u. besten Erfahrgn. zusammengestellt v. e. homöopath. Arzte. 7. Aufl. (20 S.) n. — 50

6. Die Functionsheilmittel Dr. Schüßler's od. kleiner homöopathischer Hausarzt zur biochemischen Behandlung der Krankheiten nach Dr. Schüßler's Methode v. Th. Robert. (168 S.) cart. n. 1. 50

7. Die Anwendung der Vorbeugungs-Mittel in der Homöopathie als Grundlage e. rationellen Laienmedicin v. Th. Bruckner. (2. Aufl.) (III, 35 S.) n. — 50

— homöopathische. Nr. 4, 6, 8, 9, 10, 28, 29. 16. Leipzig, Dr. W. Schwabe. n. 5. 50

4. Kleines medicinisches Taschen-Wörterbuch od. Erklärg. v. ca. 3000 in medicin. Werken am häufigsten vorkomm. Fremdwörtern m. genauer Angabe der Aussprache. 3., verm. Aufl. (IV, 98 S.) 889. cart. n. 1. —

6. Die Funktionsheilmittel Schüßler's od. kleiner homöopath. Hausarzt zur biochem. Behandlg. der Krankheiten nach Schüßler's Methode, v. Th. Robert. 2. Aufl. (177 S.) 887. n. 1. 50

8. Ein ausgezeichnetes Mittel gegen Diphtheritis, v. G. Eichler. 3., verb. Aufl. (49 S.) 887. n. — 50

9. Die Anwendung der in d. Homöopathie gebräuchlichen äußerlichen Heilmittel, namentlich der Arnica, Calendula, Hamamelis, Ruta, Hypericum etc., nebst einer Anleitg. zur Behandlg. der Verwundgn., Verletzgn., Verstauchgn., Verrenkgn., Verbrenngn. u. Erfriergn. Für Nichtärzte bearb. v. e. prakt. Arzt. 4., verm. Aufl. (VII, 80 S.) 885. cart. n. — 50

10. Der homöopathische Federviehazt od. leicht verständl. Anweisg., wie jeder Landwirth u. Züchter sein erkranktes Federvieh auf homöopath. Wege selbst heilen kann. Bearb. v. Fr. Schröter. 2. Aufl. (VIII, 80 S.) 886. n. 1. —

28. Die Heilung der Zahnschmerzen durch homöopathische Arzneien als Prüfstein der Wahrheit der Homöopathie. Zur Nachprüfg. Jedermann empfohlen v. einem homöopath. Arzte. 4., verb. Aufl. (47 S.) 888. n. — 50

29. Die Diphtheritis. Eine Anleitg. zur Verhütg. u. Behandlg. der katarrhal. Rachenentzündgn., sowie der brand. Rachenbräune od. Diphtheritis nach hygien. u. homöopath. Grundsätzen. 3., verm. Aufl. (47 S.) 889. n. — 50

s.: Huisbibliotheek.

— homöopathische. Nr. 3—6, 9, 28 u. 30. 16. Leipzig, Dr. W. Schwabe. n. 5. 20

3. Kurze Anleitung zum richtigen Gebrauch der wichtigsten homöopathischen Arzneimittel in den alltäglichen leichteren Erkrankungsfällen. Von Th. Bruckner. 11., autoris. Aufl. (118 S.) 893. n. — 80

4. Kleines medicinisches Taschen-Wörterbuch od. Erklärg. v. ca. 3000 in medicin. Werken am häufigsten vorkomm. Fremdwörtern m. genauer Angabe der Aussprache. 4., verm. u. verb. Aufl. (IV, 106 S.) 891. Kart. n. 1. —

5. Die Cholera u. ihre schnelle u. sichere Heilung durch die Homöopathie. Nach den neuesten u. besten Erfahrgn. zusammengestellt v. e. homöopath. Arzt. [illegible], verm. Aufl. ([illegible] S.) 892. n. — 50

6. Die Funktionsheilmittel Dr. Schüßler's od. kleiner homöopath. Hausarzt zur biochem. Behandlg. der Krankheiten nach Dr. Schüßler's Methode v. Th. Robert. 3. Aufl. (189 S.) 893. n. 1. 50

9. Die Anwendung der in der Homöopathie gebräuchlichen äußerlichen Heilmittel, namentlich der Arnica, Calendula, Hamamelis, Ruta, Hypericum etc., nebst e. Anleitg. zur Behandlg. der Verwundgn., Verletzgn., Verstauchgn., Verrenkgn., Verbrenngn. u. Erfriergn. Für Nichtärzte bearb. v. e. prakt. Arzte. [illegible], verm. Aufl. (VI, [illegible] S.) 89[illegible]. n. — 60

28. Die Heilung der Zahnschmerzen durch homöopathische Arzneien als Prüfstein der Wahrheit der Homöopathie. Zur Nachprüfg. Jedermann empfohlen v. Th. Bruckner. [illegible] Aufl. ([illegible] S.) 894. n. — 50

30. [illegible] Aufl. ([illegible]) n. — [illegible]

— homöopathische. Nr. 2, 4, 8, 31—33 u. 36. 16. Leipzig, Dr. W. Schwabe. n. 4. —
2. Die Krankheiten der ersten Lebensjahre u. ihre homöopathische Behandlung, nach eigenen Erfahrungen zusammengestellt. Von H. Goullon. 3. verm. Aufl. bearb. v. H. Goullon. (XVI, 144 S.) 899. Geb. n. 1. 20
4. Taschenwörterbuch, kleines medicinisches, od. Erklärg. von ca. 4000 in medicin. Werken am häufigsten vorkomm. Fremdwörtern m. genauer Angabe der Aussprache. 5. verm. u. verb. Aufl. (IV, 154 S.) 898. Kart. n. 1. 50
8. Ein ausgezeichnetes Mittel gegen Diphtheritis. Von G. Eichler. 3. verm. u. verb. Aufl. (49 S.) 887. n. — 50
31. Gebrauchsanweisg. zur homöopathischen Feld-Apotheke m. 8 Mitteln. [Aus: „W. Schwabe's homöopath. Hausthierarzt".] (21 S.) 896. n. — 20
32. Anweisg. zum Gebrauche der bei Hämorrhoidalleiden u. Stuhlverstopfg. am häufigsten zur Anwendg. kommenden acht Hauptmittel. Nach den besten homöopath. Werken. (10 S.) 896. n. — 20
33. Gebrauchsanweisg. zur homöopathischen Reise-Apotheke. Von H. Goullon. (29 S.) 896. n. — 20
36. Ueber Säuglings- u. Kindes-Ernährg. Von Hengstebeck. [Aus: „Populäre Zeitschr. f. Homöopathie".] (19 S.) 899. n. — 20

— homöopathische. Nr. 37—40. 16. Leipzig, Dr. W. Schwabe. n.n. 1.20
37. Anweisung zur homöopathischen Heilung des Rheumatismus. Von e. homöopath. Arzt. Mit Special-Apotheke. (16 S.) (901.) n. — 20
38. Der Monatsfluß. Von G. Sieffert. [Aus: „Leipz. populäre Ztschr. f. Homöopathie".] (27 S.) 904. n. — 20
39. Das Zahnen. Von G. Sieffert. [Aus: „Leipz. populäre Ztschr. f. Homöopathie".] (36 S.) 905. n. — 30
40. Kalbefieber u. Milzbrand. Ein Wort der Belehrg. üb. das Wesen beider Krankheitsformen u. deren spezif. Behandlg. Von C. Böhm. (48 S.) 906. n.n. — 60

Hausbibliothek, homöopathische. Nr. 4, 6, 9, 10, 29 u. 30. 16. Leipzig, Dr. W. Schwabe. nn 6. 05
ABC der homöopathischen Praxis. 14. verb. Aufl. (XIV, 56 S.) 910. (Nr. 30.) — 40
Anwendung, die, der in der Homöopathie gebräuchlichen äußerlichen Heilmittel, namentlich der Arnica, Calendula, Hamamelis, Ruta, Hypericum etc., nebst e. Anleitg. zur Behandlg. der Verwundgn., Verletzgn., Verstauchgn., Verenkgn., Verbrennugn. u. Erfriergn. Für Nichtärzte bearb. v. e. prakt. Arzte. 6. verm. Aufl. (VI, 60 S.) 898. (Nr. 9.) Kart. — 60
Diphtherie, die. Eine Anleitg. zur Verhütg. u. Behandlg. der katarrhal. Rachenentzündgn., sowie der brand. Rachenbräune od. Diphtherie nach hygien. u. homöopath. Grundsätzen. 4. verm. Aufl. (47 S. m. 1 Abb.) 896. (Nr. 29.) — 50
Robert, Th., die Funktions-Heilmittel Dr. Schüßler's od. Kleiner homöopath. Hausarzt zur biochem. Behandlg. der Krankheiten nach Dr. Schüßler's Methode. Durchgesehen u. berichtigt v. Wilh. Scharff. 5. Aufl. (211 S.) 907. (Nr. 6.) Kart. 1. 50
Schröter, Fr., der homöopath. Federvieharzt od. Leicht verständl. Anweisg., wie jeder Landwirt u. Züchter sein erkranktes Federvieh als: Tauben, Hühner, Truthühner, Gänse u. Enten auf die einfachste, schnellste, sicherste u. wohlfeilste Art auf homöopath. Wege selbst heilen kann, u. aus welcher sonst noch vieles Wissenswerte in Bezug auf die Naturgeschichte, Zucht u. Pflege dieser Tiere zu erfahren ist. Auf Grund langjähr. eigener Erfahrgn. u. den besten Quellen bearb. 3. Aufl. (VIII, 84 S.) 907. (Nr. 10.) Kart. nn 1. 25
Taschenwörterbuch, kleines medizinisches, od. Erklärg. v. ca. 4500 in medizin. Werken am häufigsten vorkomm. Fremdwörtern m. genauer Angabe der Aussprache. 7. verm. u. verb. Aufl. (178 S.) 908. (Nr. 4.) Kart. 1. 80

Hausbibliothek, illustrirte. Die neuesten und interessantesten Romane des Auslandes. Mit Illustr. (Holzschn. im Text). Nach Zeichnungen berühmter Künstler. Hamburg (853, 54). Verlags-Comptoir. 4. Jede Liefg. n. 1½ ngr
1. Bd.: Die Ritter des Landsknecht. Von Foudras und Montepin. Uebertr. von Wachenhusen. (159 Sp.) 22½ ngr
2. Bd. Der Bandit von London von Harrison Ainsworth. Mit 38 Holzschn. (2 Bl., 304 Sp.) 19½ ngr

— illustrierte. Zur Unterhaltg. u. geist. Anregg. 1. u. 2. Jahrg. (Der Bibliothek Willkommen 4. u. 5. Jahrg.) Septbr. 1900—Aug. 1902. à 14 Bde. 8. (à ca. 250 S.) Berlin, W. Bobach & Co. Geb. in Leinw. à Bd. — 75
Fortsetzung s.: Bobach's illustr. Roman-Bibliothek.

— der Jugend. Berlin (853—55). Hasselberg. 8. Jedes Bdchn. 10 ngr
1. Bdchn.: Onkel Tom's Schicksale. Erzählungen für die Jugend von Mrs. Beecher Stowe. Für die deutsche Jugend bearb. von Max Schasler. 2 Bdchn. (3 Bl., 170 S. u. 1 Holzschn.; 2 Bl., 176 S. u. 1 Lithogr.)
3. Bdchn.: Die kleinen Waisen. Oder: Gottes Fügungen in Menschenschicksalen. Seitenstück zu „Heinrich und Marie." Von Amalie Schoppe, geb. Weise. Mit 6 color. Kpfrn. (2 Bl., 187 S.) 18 ngr
4. Bdchn.: Der Augenarzt. Eine Erzählung für die Jugend von Julie Burow (Frau Pfannenschmidt). (3 Bl., 173 S.) 10 ngr

Hausbibliothek, Juristische, für die Sächsischen Staatsbürger aller Stände. Leipzig 1835. H: *Kind, Emil.* (Schletter, Handb. d. jurist. Litt. Grimma 1843. S. 245.)

Hausbibliothek ausländischer Classiker. 1—17. Hft 8. Leipzig 875. 76. Violet. à n. — 50
1. Bd. Geschichte Karls XII., Königs v. Schweden, v. Voltaire 3 Hfte (250 S.)
2. Bd. Wilhelm Tell od. die freie Schweiz v. Florian, übers. v. B. Rath. (68 S.)
3. Bd. Numa Pompilius, der zweite König v. Rom, v. Florian übers. v. B. Rath. 3 Hfte. (211 S.)
4. Bd. Skizzenbuch v. Washington Irving. Deutsch v. Jenny Piorkawska. 5 Hfte. (381 S.)
5. Bd. Erzählungen e. Großvaters v. Walter Scott. Deutsch v Jenny Piorkawska. 3 Hfte. (VI, 226 S.)
6. Bd. Die Abenteuer d. Telemach v. Fénelon. Deutsch v. Thdr Schmidt. 1. u. 2. Hft. (S. 1—160.)

Haus-Bibliothek ausländischer Classiker. 18—28. Hft. 8. Leipzig 877—82. Violet. à n. — 50
18—20. Die Abenteuer des Telemach v. Fénélon. Deutsch v. Thdr. Schmidt. 3—5. (Schluß-) Hft. (S. 161—400.)
21. (8. Bd.) Rollin's berühmte Männer des Altertums. Uebers. v. Arnold Kirsch. (71 S.)
22. 23. Rollin's Geschichte Alexanders des Großen. Uebers. v. Arnold Kirsch. (154 S.)
24. 25. Betrachtungen über die Größe der Römer u. deren Verfall, v. Montesquieu. Uebers. v. Otto Dresemann. 2 Hfte. (146 S.)
26—28. Geschichte Friedrichs des Großen v. Paganel. Uebers. v. Arnold Kirsch. (VI, 244 S.)

Hausbibliothek ausländischer Classiker. 29—32. Hft. 12. Leipzig, Violet. à n. — 50
29. 30. [11. Bd.] Geschichte Theodosius d. Großen v. Fléchier. Uebers. v. Arnold Kirsch. 2 Hfte. (VI, 162 S.) 883.
31. 32. [12. Bd.] Geschichte d. 1. Kreuzzuges v. Michaud. Uebers. v. Arnold Kirsch. 2 Hfte. (136 S.) 885.
31. 32. Michaud, Geschichte des ersten Kreuzzuges. Uebersetzt von Arnold Kirsch. 2 Hefte. (136 S.) 884.

— ausländischer Klassiker. 33.—36. Hft. 12. Leipzig 890. Violet. à n. — 50
33. 34. Das unheilvolle Schicksal der großen Armee Napoleon's im J. 1812 [Moskau u. Beresina]. Von P. Graf v. Ségur. Uebers. v. B. Basler. 2 Hfte. (VI, 154 S.)
35. 36. Geschichte d. dritten Kreuzzuges v. Michaud. Uebers. v. B. Basler. 2 Hfte. (140 S.)

— ausländischer Classiker. 1. u. 2. Hft. 12. Leipzig 892. W. Violet. à n. — 50
Geschichte Karls XII., Königs v. Schweden, v. Voltaire. 2. Aufl. 1. u. 2. Hft. (S. 1—160.)

Hausbibliothek deutscher Classiker. Illustrirte Ausg. ihrer Meisterwerke. 1—32. Bd. Berlin 867—70. Grote'sche Verlagsh. 8. Jeder Bd. n. 8 ngr.; geb. n.n. 13 ngr.

1. Bd. Voß, Joh. Heinr., Luise. Ein ländl. Gedicht in 3 Idyllen. (XX, 106 S. mit eingedr. Holzschn. u. 6 Holzschntaff. u. mit Zeichnungen von Paul Thumann, in Holz geschn. von R. Brend'amour.)

2. 3. Bd. Goethe's Meisterwerke. Mit Illustr. deutscher Künstler. 3 u. 4. Bd. Faust. Eine Tragödie. (XXXI, 471 S. mit eingedr. Holzschn. u. 9 Holzschntaff. u. mit Zeichnungen von Adf. Schmitz. in Holz geschn. von R. Brend'amour.)

4. Bd. — — 5. Bd. Hermann u. Dorothea. Mit Zeichnungen von Ernst Bosch, in Holz geschn. von R. Brend'amour. (XVI, 91 S. mit 8 Holzschntaff.)

5. Bd. — — 7. Bd. Egmont. Ein Trauerspiel. Mit Zeichnungen von Paul Thumann, in Holz geschn. von R. Brend'amour. (XVI, 91 S. mit eingedr. Holzschn. u. 6 Holzschntaff.)

6. 7. Bd. Schiller's Gedichte. (XXIV, 368 S. mit eingedr. Holzschn. u. 16 Holzschntaff.) In engl. Einb. n. 20 ngr.; mit Goldschn. n. 1 ß

8. Bd. Schiller's Maria Stuart. (XV, 168 S. mit eingedr. Holzschn. u. 5 Holzschntaff.) In engl. Einb. n. 20 ngr.; mit Goldschn. n. 22½ ngr.

9. 10. Bd. Hauff, Wilh., Lichtenstein. Romantische Sage aus der württemb. Geschichte. (XII, 404 S. mit eingedr. Holzschn. u. 9 Holzschntaff.) In engl. Einb. n. 28 ngr.; mit Goldschn. n. 1 ß

11. Lessing, G. E., Minna v. Barnhelm oder das Soldatenglück. Ein Lustspiel in 5 Aufzügen. Mit Zeichnungen von Carl Hoff u. Ludw. Pietsch. (X, 103 S. mit eingedr. Holzschn. u. 7 Holzschntaff.) In engl. Einb. n. 15 ngr.; mit Goldschn. n. 17½ ngr.

12. Bd. — Nathan der Weise. Ein dramat. Gedicht in 5 Aufzügen. Mit Zeichnungen von Gabr. Max u. Ferd. Rothbart. (XVI, 185 S. mit eingedr. Holzschn. u. 6 Holzschntaff.) In engl. Einb. n. 20 ngr.; mit Goldschn. n. 22½ ngr.

13. 14. Bd. Goethe's Gedichte. Mit Zeichnungen von Ludw. Pietsch, Ferd. Piloty u. A. (XXVII, 524 S. mit eingedr. Holzschn., 14 Holzschntaff. u. Portr. in Holzschn.) In engl. Einb. n. 1 ß 2½ ngr.; mit Goldschn. n. 1 ß 6 ngr.

15. Bd. Goethe's Torquato Tasso. Ein Schauspiel. Mit Zeichngn. von Paul Thumann. (XI, 123 S. mit eingedr. Holzschn. u. 4 Holzschntaff.) In engl. Einb. n. 15 ngr.; mit Goldschn. n. 17½ ngr.

16. 17. Bd. Schiller's Wallenstein. Ein dramatisches Gedicht. Mit Zeichnungen von Engelbert Seibertz, in Holz geschn. von R. Brend'amour. (XX, 350 S. mit eingedr. Holzschn. u. 12 Holzschntaff.) Einzeln n. 20 ngr.; in engl. Einb. n. 28 ngr.; mit Goldschn n. 1 ß

18. Bd. Herder, der Cid. Nach span. Romanzen besungen. Mit Zeichnungen (auf 6 Holzschntaff.) von A. v. Werner. (XII, 156 S.)

19. Goethe's Götz v. Berlichingen mit der eisernen Hand. Ein Schauspiel. Mit Zeichnungen von Ferd. Rothbart, in Holz geschn. von R. Brend'amour. (XV, 115 S. mit eingedr. Holzschn. u. 6 Holzschntaff.) In engl. Einb. n. 15 ngr.; mit Goldschn. n. 17½ ngr.

20. Bd. Schiller's Don Carlos, Infant von Spanien. Ein dramat. Gedicht. Mit Zeichnungen von Adf. Schmitz, in Holz geschn. von R. Brend'amour. (XV, 267 S. mit eingedr. Holzschn. u. 6 Holzschntaff.) Einzeln n. 18 ngr.; in engl. Einb. n. 25 ngr.; m. Goldschn. n. 27½ ngr.

21. Bd. Lessing, Emilia Galotti. Ein Trauerspiel in 5 Aufzügen. Mit Zeichnungen von Ludw. Pietsch, in Holz geschn. von A. v. Steindel. (85 S. mit eingedr. Holzschn. u. 6 Holzschntaff.) In engl. Einb. n. 15 ngr.; mit Goldschn. n. 17½ ngr.

22—25. Bd. Goethe, aus meinem Leben. Wahrheit u. Dichtung. 4 Thle. Mit Zeichnungen von Paul Thumann u. Portr. von C. Gussow, in Holz geschn. von H. Günther. (XV, 446 u. 335 S. mit eingedr. Holzschn. u. 15 Holzschntaff.) Einzeln n. 1 ß 20 ngr.; in engl. Einb. 2 ß 5 ngr.; mit Goldschn. n. 2 ß 10 ngr.

26. Bd. Schiller, die Räuber. Ein Schauspiel. Mit Zeichnungen von A. v. Werner, in Holz geschn. von Ad. Cloß. (XV, 146 S. mit eingedr. Holzschn. u. 6 Holzschntaff.) Einzeln n. 12 ngr.; in engl. Einb. n. 20 ngr.; mit Goldschn. n. 22½ ngr.

27. Bd. Goethe, die Wahlverwandtschaften. Ein Roman. Mit Zeichnungen von Leop. Venus. (XIV, 255 S. mit eingedr. Holzschn. u. 5 Holzschntaff.) Einzeln n. 18 ngr.; in engl. Einb. n. 25 ngr.; mit Goldschn. n. 28 ngr.

28. Bd. — Leiden des jungen Werthers. Mit Zeichnungen von H. Lüders. (XVI, 129 S. mit eingedr. Holzschn. u. 5 Holzschntaff.) Einzeln n. 10 ngr.; in engl. Einb. n. 17½ ngr.; mit Goldschn. n. 20 ngr.

29. Bd. — Reineke Fuchs. Mit Zeichnungen von Paul Meyerheim, in Holz geschn. von R. Brend'amour. (IX, 147 S. mit eingedr. Holzschn. u. 9 Holzschntaff.) Einzeln n. 20 ngr.; in engl. Einb. n. 28 ngr.; mit Goldschn. n. 1 ß

30. Bd. — Iphigenie auf Tauris. Ein Schauspiel. Mit Zeichnungen von H. Lossow u. A. Gnauth, in Holz geschn. von Adf. Cloß. — Clavigo. Ein Trauerspiel. Mit Zeichnungen von P. Grot Johann, in Holz geschn. von R. Brend'amour. (XVI, 81 S. mit eingedr. Holzschn. u. 5 Holzschntaff. u. VIII, 56 S. mit eingedr. Holzschn. u. 4 Holzschntaff.) Einzeln à n. 8 ngr.; in engl. Einb. à n. 15 ngr.; mit Goldschn. à n. 17½ ngr.

31. 32. Bd. — Wilhelm Meister's Lehrjahre. 2 Thle. Mit Zeichnungen von Paul Thumann u. W. Friedrich, in Holz geschn. von Adf. Cloß u. A. (XIII, 280 u. 331 S. mit eingedr. Holzschn. u. 12 Holzschntaff.) Einzeln n. 1 ß 6 ngr.; in engl. Einb. n. 1 ß 15 ngr.; mit Goldschn. n. 1 ß 18 ngr.

Hausbibliothek deutscher Classiker. Illustrirte Ausg. ihrer Meisterwerke. 33—51. Bd. 8. Berlin 871. 72. Grote. à n. — 80

33. Italienische Reise v. Goethe. Mit Zeichngn. v. W. Friedrich u. C. Gussow. in Holz geschn. v. Otto Roth u. A. (VIII, 322 S. m. 3 Holzschntaf.)

34. Italien v. Goethe. Mit Zeichngn. v. W. Friedrich u. C. Gussow, in Holz geschn. v. Otto Roth u. A. (272 S. m. 3 Holzschntaf.)

35. West-östlicher Divan. In 12 Büchern v. Goethe. Mit Zeichngn. v. Ernst Bosch, in Holz geschn. v. Louis Ruff. (VII, 144 S. m. 6 Holzschntaf.)

36. Die natürliche Tochter. Ein Trauerspiel v. Goethe. Mit Zeichngn. v. C. Offterdinger, in Holz geschn. v. Adf. Cloß. (XVI, 112 S. m. 3 Holzschntaf.)

37. Wilhelm Tell. Schauspiel v. Schiller. Mit Illustr. von A. v. Werner, in Holz geschn. v. R. Brend'amour u. A. Cloß, u. e. Einleitg. v. Gust. Wendt. (XX, 148 S. m. eingedr. Holzschn. u. 7 Holzschntaf.) — Die Braut v. Messina od. die feindl. Brüder v. Schiller. Mit Illustr. v. P. Grot Johann, in Holz geschn. v. R. Brend'amour, u. e. Einleitg. v. Gust. Wendt. (XIV, 120 S. m. eingedr Holzschn. u. 4 Holzschntaf.)

38. 39. Geschichte d. Abfalls der vereinigten Niederlande v. der spanischen Regierg. v. Schiller. Mit Illustr. v. Wold. Friedrich, in Holz geschn. v. H. Günther, G. Treibmann u. A. u. e. Einleitg. v. Gust. Wendt. (XVI, 360 S. m. eingedr. Holzschn. u. 6 Holzschntaf.)

40. Die Jungfrau v. Orleans. Eine romant. Tragödie v. Schiller. Mit Illustr. von A. v. Werner, in Holz geschn. v. H. Günther u. A. Neumann u. e. Einleitg. v. Gust. Wendt. (XII, 156 S. m. eingedr. Holzschn. u. 5 Holzschntaf.)

41. Uebersetzungen v. Schiller. 1. Bd. Iphigenie in Aulis. — Macbeth. Mit Illustr. v. J. Ehrentraut u. P. Grot Johann, in Holz geschn. v. R. Brend'amour. (195 S.)

42. 43. Uebersetzungen v. Schiller. 2. Bd. Turandot. — Der Parasit. — Der Neffe als Onkel. — Phädra. Mit Illustr. v. E. Bosch, J. Ehrentraut, W. Friedrich, P. Grot Johann u. Ad. Schmitz in Holz geschn. v. R. Brend'amour u. A. (316 S.)

44. Erzählungen u. Nachlaß v. Schiller. Mit Zeichngn. v. Frdr. Wilh. Heine u. Paul Thumann, in Holz geschn. v. A. Neumann, u. e. Einleitg. v. Gust. Wendt. (X, 210 S.)

45. Geschichte d. dreißigjährigen Krieges v. Schiller. Mit Illustr. v. Wilh. Diez, geschn. v. W. Hecht, (in Holzschn. u. auf 10 Holzschntaf.) u. e Einleitg. v. Gust. Wendt. (XII, 395 S.)

46. Die Verschwörung d. Fiesco zu Genua. Ein republikan. Trauerspiel v. Schiller. Mit Illustr. v. A. Liezen Mayer u. J. G. Füllhaas, geschn. v. A. Roth u. W. Aarland (in eingedr. Holzschn. u. auf 4 Holzschntaf.) u. e. Einleitg. v. Gust. Wendt. (120 S.) — Kabale u. Liebe. Ein bürgerl. Trauerspiel v. Schiller. Mit Illustr. v. H. Lossow in Holz geschn. v. Cloß u. Ruff (eingedr. u. auf 6 Holzschntaf.) u. e. Einleitg. v. Gust. Wendt. (VIII, 114 S.)

47. Die bezauberte Rose. Romantische Erzählg. in 3 Gesängen v. Ernst Schulze. Mit Illustr. v. P. Grot Johann u Emil Schmidt, in Holz geschn. v. R. Brend'amour u. W. Aarland, u. e. Einleitg. v. Ernst Hermann. (79 S. m. eingedr. Holzschn. u. 7 Holzschntaf.) geb. n.n. 1. 30

48—51. Thdr. Körner's sämmtliche Werke. 1. illustr. Ausg. 2 Bde. Mit Zeichngn. v. Ludw. Burger, Wold. Friedrich u. A., in Holz geschn. v. Klitzsch u. Rochlitzer u. A. v. Steindel, u. e. Einleitg. v. Ernst Hermann. (XI, 360 u. III, 358 S. m. je 8 Holzschntaf.) geb. à Bd. n.n. 2. 25

— griechischer u. römischer Classiker. 1. u. 2. Lfg. 8. (à 5 B.) Stuttgart 874. Nübling. à n. — 50

1. Homer's Werke. Deutsch in der Versart der Urschrift v. J. J. C. Donner. 1. Thl. Die Ilias. 3. Aufl. (XII u. S. 1—10.)
2. Sueton's Kaiserbiographien verdeutscht v. Adph. Stahr. 2. Aufl. (S. 1—8.)

Hausbibliothek, kleine. 2. (Titel-)Ausg. Nr. 1—6. Reudnitz (864) 868. Pfeil. 8. Jede Nr. 5 ngr.

1. Der häusliche Comfort als Bedingung des Wohlseins im Hause. (142 S.)
2. Das Geschenk oder die Kunst, in allen Fällen der Sitte gemäß zu erfreuen. (96 S.)
3. Complimentir-Buch. Die Lehre vom guten Anstand u. feinen Ton. (96 S.)
4. Der Redner oder die Kunst öffentlich zu sprechen. Praktisches Lehrbuch des Vortrages im öffentl. u. gesellschaftl. Leben. (96 S.)
5. Die Corpulenz u. ihre Selbstbehandlung. Anweisung die Fettleibigkeit naturgemäß zu bekämpfen. (96 S.)
6. Das Haus-Theater. Anleitung zur Einrichtung u. Aufstellung kleiner Bühnen, sowie der Ausführung theatral. Stücke u. dramat. Scherze in Familienkreisen. (96 S.)

— kleine. 8 Bde. 8. Leipzig 887. Hinrichs' Verl. à n. 1. —; geb. à n. 1. 50

1. Blenchen. Eine Erzählg. von Anna v. Werder. 3. Ausg. (264 S.)
2. An der Waldecke. Eine Erzählg. von Anna v. Werder. 3. Ausg. (304 S.)
3. Frau Ludwike. Eine Erzählung von Anna v. Werder. 3. Ausg. (256 S.)
4. Professor Irrgang. Eine Erzählung von Anna v. Werder. 2. Ausg. (336 S.)
5. Errungen. Erzählung aus dem Quäkerleben v. Emma Marshall. Deutsch v. Marie Morgenstern. 2. Ausg. (375 S.)
6. Von Herzen treu. Eine Familiengeschichte v. Emma Marshall. Deutsch v. Marie Morgenstern. 2. Ausg. (361 S.)
7. Der Lorbeerbaum. Eine altmod. Liebesgeschichte v. d. Verf. v. „John Halifax, Gentleman". Deutsch v. Else Erdmann. 2. Ausg. (166 S.)
8. Weihnachten in deutscher Dichtung v. A. Freybe. 3. Ausg. (243 S.)

Hausbibliothek, kleine, für die Jugend hrsg. von Thdr. Weyler. Nr. 1—60. 8. Leipzig 887,88, Greßner und Schramm. à Nr.

Inhalt:

Nr. 1. Hey, Wilh., 60 ausgewählte Fabeln. (32 S.)
„ 2. Schwab, Gust., der gehörnte Siegfried, für die Jugend wiedererzählt. (32 S.)
„ 3. Chamisso, Adb. v., der Mann ohne Schatten oder Peter Schlemihl's wundersame Geschichte. Der Jugend erzählt. (32 S.)
„ 4. Zschokke, Heinr., Hans Dampf in allen Gassen. Erzählung. (32 S.)
„ 5. Musäus, J. K. A., zwei Legenden von Rübezahl dem Berggeist. (36 S.)
„ 6. Fouque, Friedr. Baron de la Motte, Undine. Erzählung. (52 S.)
„ 7. Andersen, H. C., Bilderbuch ohne Bilder. Für die Jugend ausgewählt. (32 S.)
„ 8. Eberhard, A. G., Hanchen und die Küchlein. (64 S.)
„ 9. Marvel, J., Traumbilder. Erzählung. Für die Jugend bearb. (40 S.)
„ 10. Schmid, Chr. v., die Ostereier. Erzählung. (45 S.)
„ 11. Swift, Jonathan, Gullivers Reise nach Liliput. Der Jugend erzählt. (38 S.)
„ 12. Hauff, Wilh., ausgewählte Märchen. (56 S.)
„ 13. Campe, Joach. Heinr., Robinson der Jüngere. Erzählung für die Jugend. (87 S.)
„ 14. Gaudy, Frz. Frhr., venetianische Novellen. (56 S.)
„ 15. Schwab, Gust., die schöne Magelone. Erzählung. (43 S.)
„ 16. 17. Verne, Jul., zwanzigtausend Meilen unter'm Meere. Erzählung. Für die Jugend bearb. 2 Bde. (55, 52 S.)
„ 18. Gärtner, Max Herm., Kaiser Wilhelms Kinderjahre. 1797—1812. Nach den besten Quellen für die deutsche Jugend bearb. (36 S.)
„ 19. —— Kaiser Wilhelms Jugendzeit. (42 S.)
„ 20. Niebuhr, B. G., griechische Heroengeschichten. Seinem Sohne erzählt. (43 S.)
„ 21. Aus dem Westen Afrikas. Nach Herm. Roskoschny bearb. (36 S.)
„ 22. Heine, Heinr., die Harzreise. Für die reifere Jugend bearb. (50 S.)
„ 23. Musäus, J. K. A., noch 3 Legenden vom Rübezahl. (52 S.)
„ 24. Deutschland zur See. Kriegsfahrten unserer deutschen Flotte. Nach authent. Quellen. (24 S.)
„ 25. 26. Cooper, J. F., der letzte der Mohikaner. Eine Indianer-Geschichte. 2 Bde. (37, 46 S.)
„ 27. Gotthelf, Jerem., der Sonntag des Großvaters. Erzählung. (39 S.)
„ 28. Dickens, Charles, das Heimchen am Herde. Ein Hausmärchen. (32 S.)
„ 29. Schmid, Chrph. v., der Weihnachtsabend. (40 S.)
„ 30. Kerner, Justinus, die Heimatlosen. Erzählung. (31 S.)
„ 31. Brentano, Clemens, der Ring Salomonis. Erzählung. (38 S.)
„ 32. Schlegel, A. W. v., Morayzela. Eine maur. Erzählung. (32 S.)
„ 33. Steffens, H., Gebirgsmärchen. (24 S.)
„ 34. 35. Reinick, Rob., ausgewählte Märchen. 2 Bde. (36; 35 S.)
„ 36. 37. Niebuhr, B. G., historische Erzählungen aus der römischen Geschichte. Für die reifere Jugend. 2 Bde. (à Bd. 32 S.)
„ 38. Hoffmann, E. T. A., Spieler-Glück. Eine Erzählung. (31 S.)
„ 39. Pichler, Karoline, zwei Idyllen. (23 S.)
„ 40. Musäus, J. A., der Schatzgräber. Ein Märchen. (40 S.)
„ 41. Eberhard, A. G., Zauberkünste. Ein Märchen. (36 S.)
„ 42. Hoffmann, E. T. A., Meister Martin und seine Gesellen. Eine Erzählung. (64 S.)
„ 43. Schwab, Gust., die Schildbürger. Aus den deutschen Volksmärchen. (45 S.)
„ 44. Enoch Arden. Nach Alfr. Tennyson's gleichnam. Dichtung frei bearb. (29 S.)
„ 45. Andersen, H. C., Winterabend-Geschichten. (32 S.)
„ 46. Körner, Thdr., vier Erzählungen. [Die Harfe. Hans Heilings Felsen. Die Tauben. Die Rosen.] (38 S.)
„ 47. Immermann, Karl, der neue Pygmalion. Eine Erzählung. (50 S.)
„ 48. Schmid, Chr. v., Heinrich v. Eichenfels. Erzählung. (40 S.)
„ 49. Lohmann, Friederike, der Dom zu Magdeburg. Eine Volkssage. (22 S.)
„ 50. Houwald, Ernst v., zwei Erzählungen. (31 S.)
„ 51. —— Rübezahl und seine Schwestern. Ein Märchen. (36 S.)
„ 52. —— die Reise in das Riesengebirge. Fortsetzung des Vorigen. (48 S.)
„ 53. —— Rübezahl unter den Menschen. Schluß des Vorigen. — Die Brandhexe. Ein Märchen. (34 S.)
„ 54. Lohmann, F., Möhrenscheiben. Ein Wintermärchen. (34 S.)
„ 55. 56. Reinick, R., kleine Erzählungen. 2 Bdchn. (34; 33 S.)
„ 57. —— noch drei Märchen. (47 S.)
„ 58—60. Hauff, W., das Wirtshaus im Spessart. 3 Bdchn. (59; 63; 47 S.)

Hausbibliothek, kleine, für die Jugend, hrsg. v. Thdr. Weyler. Nr. 1—60. 8. Leipzig 887—889. Greßner & Schramm. à n. — 20

Inhaltsübersicht in alphabet. Ordnung:

Andersen, H. C., Bilderbuch ohne Bilder. Für die Jugend ausgewählt. (32 S.) (Nr. 7.)
— Winterabend-Geschichten. (32 S.) (Nr. 45.)
Brentano, Clemens, der Ring Salomonis. Erzählung. (38 S.) (Nr. 31.)
Campe, J. H., Robinson der Jüngere. Erzählung f. die Jugend. (87 S.) (Nr. 13.)
Chamisso, A. v., der Mann ohne Schatten od. Peter Schlemihl's wundersame Geschichte. Der Jugend erzählt. (32 S.) (Nr. 3.)
Cooper, J. F., der letzte der Mohikaner. Eine Indianer-Geschichte. 2 Bde. (37 u. 46 S.) (Nr. 25. 26.)
Deutschland zur See. Kriegsfahrten unserer deutschen Flotte. Nach authent. Quellen. (24 S.) (Nr. 24.)
Dickens, Ch., das Heimchen am Herde. Ein Hausmärchen. (32 S.) (Nr. 28.)
Eberhard, A. G., Hannchen u. die Küchlein. (64 S.) (Nr. 8.)
— Zauberkünste. Ein Märchen. (36 S.) (Nr. 41.)
Fouqué, Undine. Erzählg. nach Frdr. de la Motte Fouqué. (52 S.) (Nr. 6.)
Gärtner, M. H., Kaiser Wilhelm's Jugendzeit. (42 S.) (Nr. 19.)
— Kaiser Wilhelm's Kinderjahre. 1797—1812. Nach den besten Quellen f. die deutsche Jugend bearb. (36 S.) (Nr. 18.)
Gaudy, F., Venetianische Novellen. (56 S.) (Nr. 14.)
Gotthelf, Jer., der Sonntag d. Großvaters. Erzählg. (39 S.) (Nr. 27.)
Hauff, W., ausgewählte Märchen (56 S.) (Nr. 12.)
— das Wirtshaus im Spessart. 3 Bdchn. (59, 63 u. 47 S.) (Nr. 58—60.)
Heine, Heinr., die Harzreise. Für die reifere Jugend bearb. (50 S.) (Nr. 22.)
Hey, W., 60 ausgewählte Fabeln. (32 S.) (Nr. 1.)
Hoffmann, E. T. A., Meister Martin u. seine Gesellen. Eine Erzählg. (64 S.) (Nr. 42.)
— Spieler-Glück. Eine Erzählg. (31 S.) (Nr. 38.)
Houwald, E. v., zwei Erzählungen. (31 S.) (Nr. 50.)
— die Reise in das Riesengebirge. Fortsetzung d. Märchens: Rübezahl u. seine Schwestern. (48 S.) (Nr. 52.)
— Rübezahl u. seine Schwestern. Ein Märchen. (36 S.) (Nr. 51.)
— Rübezahl unter den Menschen. Schluß d. Märchens: Rübezahl und seine Schwestern. Die Brand-Hexe. Ein Märchen. (34 S.) (Nr. 53.)
Immermann, K., der neue Pygmalion. Eine Erzählg. (50 S.) (Nr. 47.)
Kerner, J., die Heimatlosen. Erzählung. (31 S.) (Nr. 30.)
Körner, Th., vier Erzählungen. [Die Harfe. Hans Helling's Felsen. Die Tauben. Die Rosen.] (38 S.) (Nr. 46.)
Lohmann, Friederike, der Dom zu Magdeburg. Eine Volkssage. (22 S.) (Nr. 49.)
— Möhrenscheiben. Ein Wintermärchen. (34 S.) (Nr. 54.)
Marvel, J., Traumbilder. Für die Jugend bearb. (40 S.) (Nr. 9.)
Musäus, J. K. A., zwei Legenden v. Rübezahl dem Berggeist. (36 S.) (Nr. 5.)
— noch drei Legenden vom Rübezahl. (52 S.) (Nr. 23.)
— der Schatzgräber. Ein Märchen. (40 S.) (Nr. 40.)
Niebuhr, B. G., historische Erzählungen aus der römischen Geschichte. Für die reifere Jugend. 2 Bde. (à 32 S.) (Nr. 36. 37.)

— griechische Heroengeschichten. (43 S.) (Nr. 20.)
Bichler, Karoline, zwei Idyllen. (23 S.) (Nr. 39.)
Reinick, Rob., kleine Erzählungen. 2 Bdchn. (34 u. 33 S.) (Nr. 55. 56.)
— ausgewählte Märchen. 2 Bde. (36 u. 35 S.) (Nr. 34. 35.)
— noch drei Märchen. (47 S.) (Nr. 57.)
Roskoschny, H., aus dem Westen Afrikas. (36 S.) (Nr. 21.)
Schlegel, A. W. v., Morayzela. Eine maur. Erzählg. (32 S.) (Nr. 32.)
Schmid, Chr. v., Heinrich v. Eichenfels. (40 S.) (Nr. 48.)
— die Ostereier. Erzählg. (45 S.) (Nr. 10.)
— der Weihnachtsabend. (40 S.) (Nr. 29.)
Schwab, G., die schöne Magelone. Erzählung. (43 S.) (Nr. 15.)
— die Schildbürger. Aus den deutschen Volksbüchern. (45 S.) (Nr. 43.)
— der gehörnte Siegfried. Für d. Jugend wiedererzählt. (32 S.) (Nr. 2.)
Steffens, H., Gebirgsmärchen. (24 S.) (Nr. 33.)
Swift, J., Gulliver's Reise nach Liliput. Der Jugend erzählt. (38 S.) (Nr. 11.)
Tennyson. Enoch Arden. Nach Alfr. Tennyson's gleichnam. Dichtg. frei bearb. (29 S.) (Nr. 44.)
Verne, J., zwanzigtausend Meilen unter'm Meere. Für die Jugend bearb. 2 Bde. (55 u. 52 S.) (Nr. 16. 17.)
Zschokke. Hans Dampf in allen Gassen. Erzählg. nach Heinr. Zschokke. (32 S.) (Nr. 4.)

—— kleine katholische. 1. Bdchn. Aussprüche der heil. Schrift u. der Kirchenväter üb. Kleiderpracht u. Moden, zur Warnung u. Belehrung gesammelt v. Herm. Lohmann. 16. (5 B.) Düsseldorf 844. [Cöln, Roschütz u. Comp.] Thlr.

—— dass. 2. Bdchn. Des heil. Franziskus von Assisi, Briefe, Belehrungen u. Gebete. Aus d. Latein. v. Herm. Lohmann. 1. Hft. 16. (5½ B.) Ebds. 844.

— kleine, der Land- u. Hauswirthschaft. Ein getreuer Rathgeber für Landwirthe, besonders für den kleinen Landwirth u. den Bauer. (In ca. 25 Hftn.) 1—5. Hft. A. Rothe, der Landmann. ꝛc. gr. 8. (XII u. 304 S. m. eingedr. Holzschn.) Glogau 852. 53, Flemming. (à 3 Ngr) ½ ℛ (siehe: Rothe, A., der Landmann.)

Hausbibliothek, kleine, der Land- und Hauswirthschaft. Ein getreuer Rathgeber für Landwirthe, besonders für den kleinen Landwirth und den Bauer. 6—20. Heft. Mit Holzschn. im Texte. Glogau 853, 54. Flemming. gr. 8. Jedes Heft 3 Ngr

2. Thl.: Allgemeines Vieharzneibuch oder des alten Schäfers Thomas aus Bunzlau in Schlesien seine Kuren an Rindvieh, Schweinen, Schafen, Ziegen und den übrigen Hausthieren. 5. verm. Aufl. (XX, 418 S.)

3. Thl.: Der Arzt als Hausfreund. Ein treuer und zuverlässiger Rathgeber für Familien-Väter und Mütter bei den Krankheiten eines jeden Alters und Geschlechts. Bearb. nach den neuesten Fortschritten der Wissenschaft von S. Rupprecht. 2. verm. u. verb. Aufl. (XVI, 489 S.)

— kleine medicinische, zum Heil der Menschheit für Gesunde u. Kranke hrsg. von prakt. Aerzten. 1. Hft. Die Hartleibigkeit od. Verstopfung, gemeiniglich Unterleibsbeschwerden genannt, ist keine Krankheit der Gedärme, physiologisch nachgewiesen nebst Anleitung zur Heilung dieser Krankheit ꝛc., nach d. engl. Original v. Eduard Johnsohn. gr. 12. (36 S.) Hamburg 848, Schuberth & Co. n. ⅙ ℛ

— dies. 2. Hft. Die asiatische Cholera, ihre Entstehung, Verhütung u. Heilung. Von einem prakt. Arzte. gr. 12. (24 S.) Ebd. 848. n. ⅙ ℛ

— dies. 3. Hft. Das erste Buch f. Mütter. Goldene Lehren zur naturgemäßen Entwickelung u. Ernährung der Kinder. Für Eltern u. Erzieher. Nebst einem Anh.: Anti-Tod's acht Feldzüge, od.: Die Kunst die Pforten d. Todes in's menschl. Leben zu verringern. Von Hoefft. 2. Abdr. gr. 12. (71 S.) Ebd. 848. ¼ ℛ

— dies. 4. Hft. Anweisung, ungegohrnes Brod — das allein f. die Gesundheit dienliche — zu backen. Mit Anmerkungen üb. dessen Eigenschaften in medicin. u. ökonom. Hinsicht, v. W. C. Johnson. Aus d. Engl. übers. gr. 12. (35 S.) Ebd. 848. n. ⅙ ℛ

— dies. 5. Hft. Die Standpunkte der Aerzte u. Laien u. ihre Stellung zu der wissenschaftlichen Medicin. Kritisch beleuchtet von C. C. E. Rusch. gr. 12. (72 S.) Ebd. 848. n. ⅓ ℛ

Hausbibliothek

— culturgeschichtliche. Leipzig 857. Lorck. 8. Jeder Bd. n. 1 ℛ

1. Bd.: Westslavischer Märchenschatz. Ein Charakterbild der Böhmen, Mährer und Slowaken in ihren Märchen, Sagen, Geschichten, Volksgesängen u. Sprüchwörtern. Deutsch bearb. von Jos. Wenzig. Mit (16 S.) Musikbeilagen. (XIV, 320 S.)

— für Länder- und Völkerkunde. Herausg. von Karl Andree. Leipzig 854—57. Lorck. 8. Jeder Bd. n. 1 ℛ

1. Bd.: Eine Weltumsegelung mit der Schwedischen Kriegsfregatte Eugenie (1851—53). Von N. J. Anderson. Deutsch von K. L. Kannegießer. (VIII, 384 S.)
2. Bd.: Reise-Erinnerungen aus Sibirien von Chph. Hansteen. Deutsch von H. Sebald. (VIII, 215 S.)
3. Bd.: Die Krim und Odessa. Reise-Erinnerungen aus dem Tagebuche des Karl Koch. (X, 1 Bl., 224 S.)
4. Bd.: Süd-Rußland und die türkischen Donauländer in Reiseschilderungen von L. Oliphant, Shirley Brooks, Patrik O'Brien und Warington W. Smyth. (VII, 286 S.)
5. Bd.: Die Kaukasischen Länder und Armenien in Reiseschilderungen von Curzon, K. Koch, Macintosh, Spencer und Wilbraham. Herausg. von Karl Koch. (XI, 335 S.)
6. Bd.: Die Afrikanische Wüste und das Land der Schwarzen am obern Nil. Nach dem Französ. des Grafen d'Escayrac de Lauture. (XI, 307 S.)
7. Bd.: Wanderungen durch die Mongolei und Thibet zur Hauptstadt des Tale Lama. Von Huc und Gabet. In deutscher Bearb. herausg. von Karl Andree. (XXXII, 360 S.)
8. Bd.: Wanderungen durch das Chinesische Reich. Von Huc und Gabet. In deutscher Bearbeitung herausg. von Karl Andree. (XXXII, 364 S.)
9. Bd.: Die Staaten von Central-Amerika insbesondere Honduras, San Salvador und die Moskitoküste. Von E. G. Squier. In deutscher Bearbeitg. herausg. von Karl Andree. (XLVIII, 275 S. u. 1 lith. Taf. in qu. Fol.)
10. Bd.: Buenos Ayres und die Argentinischen Provinzen. Nach den neuesten Quellen. Herausg. von Karl Andree. (XX, 426 S.)
11. Bd.: Wanderungen in Australien und Vandiemensland. Nach G. C. Mundy. Deutsch bearb. von Friedr. Gerstäcker. (XII, 271 S.)
12. Bd.: Zwei Nordpolarreisen zur Aufsuchung Sir John Franklins von Elisha Kent Kane. Deutsch bearb. von Jul. Seybt. Mit 2 (lith.) Karten (in 8. u. 4.). (XXIX, 298 S.)
13. Bd.: Wanderungen durch Texas und im mexicanischen Grenzlande. Von Frederick Law Olmsted. Aus dem Engl. (XIX, 286 S.)

Hausbibliothek, s. Lorck's Hausbibliothek.

— medicinische. Sammlung populär-medicin. Vorträge. Unter Mitwirkg. hervorrag. Fachgenossen hrsg. v. Ludw. Loewe. 1—10. Hft. gr. 8. Leipzig 883. 84. Denicke. n. 4. 20

1. Die Schwindsucht v. Ludw. Loewe. (17 S.) n. — 30
2. Die Diphteritis v. Ludw. Loewe. (18 S.) n. — 30
3. Die Krankheiten d. Ohres v. Ludw. Loewe. (21 S.) n. — 40
4. Die Krankheiten der Nase v. Ludw. Loewe. (19 S.) n. — 40

5. Die Wundbehandlung v. Ludw. Loewe. (18 S.) n. — 30
6. Die Halskrankheiten v. Ludw. Loewe. (22 S.) n. — 49
7. Die ansteckenden Krankheiten v. Ludw. Loewe. (22 S.) n. — 40
8. Die Augenkrankheiten v. Leo Stiehl (30 S.) n. — 50
9. 10. Die Ernährung d. Menschen u. die Magenkrankheiten v. F. Wedel. (114 S.) n. 1. 20

— medicinische. Sammlung populär-medicin. Vorträge. Unter Mitwirkung hervorrag. Fachgenossen hrsg. von L. Loewe. 11.—13. Hft. 8. Leipzig, Denicke. n. 2. 50
11. Die Gicht u. ihre gründliche Heilung v. O. Reyher. (24 S.) 887. n. — 50
12. Führer f. junge Mütter v. O. Reyher. (84 S.) 888. n. 1. —
13. Die Harnkrankheiten von Th. Sommerfeld. (68 S.) 889. n. 1. —

— medizinische. Nr. 1 u. 3. 8. Aachen [H. Köster]. Leipzig, M. Spohr. n. 1. 60
1. Die Nervosität. (Neurasthenie.) Ihre Ursachen, Verhütg. u. Behandlg. Von A. Hoffmann. (48 S.) (905.) n. — 75
3. Die Erkältungskrankheiten. Ihre Entstehg., Verhütg. u. Behandlg. Von J. Wagner. (46 S.) (905.) n. — 75
Nr. 2 ist noch nicht erschienen.

— medizinische. Nr. 14—21. 8. Leipzig, M. Spohr. à 1. —
Fehringer, A., was muß man v. Ehegeheimnissen u. Säuglingspflege wissen? Zweck der Ehe, Beischlaf, Schwangerschaft u. Übelsein. Verhütg. der Fehl- u. Frühgeburt, Verhalten nach der Entbindg., Beschwerde beim Stillen u. Nichtstillen. Milchfluß, nebst: Wie die junge Mutter ihr Kind pflegen, nähren u. kleiden muß. Hand- u. Hilfsbuch f. Verlobte u. Neuvermählte. (62 S.) (907.) (Nr. 14.)
— Hautkrankheiten. Wesen, Ursachen u. Heilg. Hautpflege, Friesel, Krätze, Wunden, Geschwüre, Abszesse, Finnen, aufgesprungene Haut- u. Frostschäden, Hautwassersucht, Kupferausschlag, Blutschwär, Sommersprossen, Warzen, Pocken, sowie Naturheilverfahren u. Kosmetik. (52 S.) (908.) (Nr. 20.)
— Krankheiten älterer Kinder. Ursachen u. Heilg. Beschreibg. sämtl. Krankheiten älterer Kinder, nebst prakt. Ratschlägen üb. richt. Pflege derselben u. Angabe vorzügl. wirk. Heilmittel. Unentbehrl. Ratgeber f. Eltern u. alle, welche mit Erziehg. u. Pflege der Kinder zu tun haben. (55 S.) 908. (Nr. 18.)
— Krankheiten der Säuglinge, Ursachen u. Heilg. Beschreibung sämtl. Krankheiten unserer Lieblinge nebst prakt. Ratschlägen üb. richt. Pflege derselben behufs Erlangung der Gesundheit. Unentbehrl. Ratgeber f. Mütter. (62 S.) (907.) (Nr. 15.)
— Magenkrankheiten. Beschreibg., Ursache, Heilg. Verdorbener Magen, magenreinig. Mittel, Magensäure, Sodbrennen, gastr. Krankheit, gastr. Fieber, Magen- u. Verdauungsschwäche, Magenkrampf, Magenschmerzen, sowie Entzündgn., Magen- od. Unterleibshusten, Diätfehler u. Kopfschmerz, Blähungen. Anh. Heilkunst des Prießnitz-Gräfenberg gegen Unterleibsbeschwerden. (72 S.) (907.) (Nr. 16.)
— Nervenkrankheiten u. Hämorrhoiden. Wesen, Ursache u. Heilg. Nervenschwäche u. ihre Stärkg., Nervenfieber, Nervenschwindsucht u. -Lähmg., Nervenschlag, Hypochondrie, sowie verschiedene moderne Nervenkrankheiten, die Hämorrhoidalbeschwerden, fließ. u. blinde goldene Adern, Schleimhämorrhoiden, sowie goldene Adern der Geschlechtsteile u. Urinwerkzeuge. Anh.: Nasenbluten, Bluthusten u. Blutbrechen. (71 S.) (908.) (Nr. 19.)
— Rheumatismus u. Gichtleiden. Beschreibung, Ursache u. Heilg. Abhärtung des Körpers, rheumat. Fieber, Rheumatismus der Körperteile, als des Kopfes, der Augen, des Halses, Nackens, Rückens, der Brust usw., rheumat. Affektionen der Schleimhaut der Luftröhre usw., sowie die Gicht, ihr Wesen, ihre Arten, die Verhütg. u. Heilg. (59 S.) (906.) (Nr. 17.)
— Unterleibsleiden. Wesen, Ursachen u. Heilg. Nahrungsmittel als Krankheitsursachen, Darmentzündg., Verfessenheiten im Darmkanale, Bauchwassersucht, Blähsucht, Durchfall, Verstopfg., Ruhr, Cholera, Typhus, Kolik, Bauchschmerzen, sowie übermäß. Monatsfluß, schmerzhafte Monatsreinigg. u. der Nutzen des Reisens f. Unterleibskranke. Aerztl. Ratgeber f. jedermann. (63 S.) (908.) (Nr. 21.)

— medizinische, f. Jedermann. 1. Bd. gr. 8. Wangen, P. Kluge. n. 1. 60
Ratgeber f. Herz- u. Nervenkranke (Neurasthenie). Mit Berücksicht. d. Marbacher Heilmethode verf. Von F. Schmidt. (78 S.) 905.

Hausbibliothek, medicin., für Stadt u. Land, od. Rath u. sichere Hülfe in allen Krankheiten des Menschen, nach den Erfahrr. der berühmt. Aerzte. 16 Bdchn. Auch u. d. T.: Sichere Anleit. sich von Rheumatismus, Hämorrhoiden, Gicht, Kolik ꝛc. zu befreien. 8. München 831. Fleischmann. 9 ℛ

Hausbibliothek, medicinische, für Stadt u. Land, oder Rath und sichere Hülfe in allen Krankheiten des Menschen, nach den Erfahrungen der berühmtesten Aerzte. 16 Bdchn. 2e Aufl. ... München 835. Fleischmann. 3/8 ℛ

— naturärztliche. Hrsg. v. Prager. 1.—6. Bdchn. gr. 8. Leipzig, R. Roßberg. à n. 1. —
1. Die Störungen der Periode u. die Beschwerden der Frauen in den Wechseljahren. Ihre Ursachen, Verhütg. u. naturgemäße Behandlg. Von Prager. Mit erläut. Abbildgn. (59 S.) 901.
2. Der Weißfluß der Frauen u. Jungfrauen unter besond. Berücksicht. der Entzündgn. der weiblichen Unterleibsorgane. Ihre Ursachen, Verhütg. u. naturgemäße Behandlg. Von Prager. Mit erläut. Abbildgn. (42 S.) (901.)
3. Kinderlose Ehen, deren Ursachen u. Verhütg., nebst Anh.: Ueber die verschiedenen Verfahren zur Vermeidg. der Empfängnis. Von Prager. Mit erläut. Abb. (VI, 38 S.) (901.)
4. Die Verlagergn. u. Geschwülste der weiblichen Unterleibsorgane. Ihre Ursache, Verhütg. u. naturgemäße Behandlg. Von Prager. Mit erläut. Abbildgn. (37 S.) (901.)
5. Die Leiden der Frauen vor, während u. nach der Niederkunft. Von Prager. Mit erläut. Abbildgn. (VI, 57 S.) (901.)
6. Blutarmut u. Bleichsucht, deren Ursachen, Verhütg u. naturgemäße Behandlg. Von Prager. Mit erläut. Abb. (V, 27 S.) (902.)

(H) — naturärztliche. 6 Bde. 901. 902. Jetzt: Leipzig, A. J. Krug.

— naturwissenschaftliche. Leipzig 854, 55. Lorck. 8. Jeder Bd. n. 1 ℛ
1. 2. Bd.: Der Geist in der Natur von Hans Chrn. Oersted. Deutsch von K. L. Kannegießer. Neue Ausg. vollständig in 2 Bdn. 1. Bd. Mit Biographie und Portr. (in Stahlst.) (XXXIX, 347 S.) — 2. Bd. Mit den neuen Beiträgen. (XVIII, 290 S.)
3. Bd.: Chemische Bilder aus dem Alltagsleben. Von James Johnston. Aus dem Engl. (XVI, 460 S.)
4. Bd.: Die Erde, die Pflanzen und der Mensch. Naturschilderungen von Joakim Frederik Schouw. Aus dem Dänischen unter Mitwirkung des Verf. von H. Zeise. Mit der Biographie des Verf. von P. L. Möller und seinem Portrait nach Marstrand (in Stahlst.). 2. Aufl. (XV, 266 S.)
5. Bd.: Handbuch der Witterungskunde zur Belehrung und Unterhaltung für alle Stände von G. A. Jahn. Mit 26 in den Text eingedr. Holzschn. (VIII, 304 S.)
6. Bd.: Katechismus der Naturlehre zur Erklärung der wichtigsten Erscheinungen des täglichen Lebens auf Grund des gegenwärtigen Standes der Wissenschaft von E. C. Brewer. Nach der 9. englischen und nach der von dem Verf. verm. u. verb. französ. Ausg. Durchges. von Oswald Marbach. (XII, 330 S.)

Haus- und Jugendbibliothek, neue, s. Jugend- und Hausbibliothek.

Haus- und Volksbibliothek, neue katholische, zur Befestigung und Kräftigung des Glaubens. Herausg. von Jos. Chowanetz. 1—8. Bd. Osnabrück 853, 54. Fredewest. (Overwetter.) 12. Jeder Bd. n. 5 ngℛ; einzeln à n. 6¼ ngℛ
1. Bd.: Kurze und deutliche Antworten auf die am meisten verbreiteten Einwendungen gegen die sogenannten Ultramontanen (röm. Katholiken). Ein Seitenstück zu Abbé von Ségur's Antworten ꝛc. Von Jos. Chowanetz. (XII, 178 S.)
2. Bd.: Die Moral der Reformatoren und ihrer Schüler. Wortlich entnommen den Schriften Luthers, Calvins, Zwinglis ꝛc. Mit harmlosen Glossen begleitet ꝛc. von Jos. Chowanetz. 1. Probe. (XII, 153 S.)
3. Bd.: Leben und Wirken des Cardinals und Fürstbischofs Melchior von Diepenbrock, des unvergeßlichen Vorkämpfers für kirchliche Wahrheit und Freiheit. Ein Bild der Erhebung und Erquickung für alle edle und katholische Herzen. Nebst einer übersichtlichen Darstellung seiner Predigten, Hirtenbriefe ꝛc. Von Jos. Chowanetz. (161 S.)

4. Bd.: Bürgerlicher Katechismus für Katholiken und wahrhaft Conservative. Ein treuer Begleiter für Jedermann im öffentlichen sowohl wie im Privatleben 2c. Nach kirchlichen und bewährten weltlichen Schriften dargestellt von Jos. Chowanetz. (144 S.)
5. Bd.: Die Geschichte der Kirche Christi, dargestellt in dem Leben der Heiligen Gottes. Von den ältesten bis zu den jüngsten Zeiten, kurz und faßlich bearbeitet von Jos. Chowanetz. (XII, 142 S.)
6. Bd.: Der Fels Petri, oder die Wahrheit der katholischen Kirche bewiesen durch das Zeugniß ihrer Gegner. Ein mit den unkatholischen Theologen vorgenommenes scharfes Examen 2c. Nach dem Hauptwerke des berühmten Joh. Nikol. Weißlinger S. J. bearb. von Jos. Chowanetz. (VIII, 109 S.)
7. Bd.: Beschreibung sämmtlicher Mönchs- und Nonnenorden, sowie der religiösen Congregationen der katholischen Kirche 2c. Ihre Geschichte, Stiftung, Ausbreitung 2c.; nebst Nachrichten über das Leben ihrer Stifter. Ein Büchlein für die Gegenwart. Von Jos. Chowanetz. (149 S.)
8. Bd.: Katholische Taschen-Encyklopädie oder allerkürzestes erklärendes, nachweisendes Wörterbuch der wichtigsten im kirchlichen Leben 2c. vorkommenden Namen, Sachen, Begriffe und Ausdrücke. Ein Noth- und Hülfsbüchlein für alle Katholiken. Nach den besten Quellen verfaßt von Jos. Chowanetz. (VI, 147 S.)

Haus- und Volksbibliothek, neue katholische, zur Befestigung und Kräftigung des Glaubens. Herausg. von Jos. Chowanetz. 9—12. Bd. Neisse 855. Burckhardt. (Graveur.) 12. Jeder Bd. n. 5 ngr; einzeln à n. 6 ngr
9. Bd.: Geschichtlicher Wahrheitsspiegel, worin in einer Reihe populärer Gespräche die wichtigsten Geschichtsverdrehungen älterer und neuerer Zeit 2c. nach- und zurückgewiesen werden. Von Jos. Chowanetz. (2 Bl., 150 S.)
10. Bd.: Die Missionen der katholischen Kirche. Ihr Begriff, ihr Wesen, ihre Geschichte und gegenwärtige Lage; ihre Behörden, Institute, Vereine und ihre heutige Statistik. Nebst einer Schilderung des Lebens und Wirkens 2c. in unseren neuesten Missionen 2c. Nach authentischen Quellen 2c. In Kürze dargestellt von Jos. Chowanetz. (VI, 122 S.)
11. Bd.: Drei Dutzend Tractätlein aus der Basler Fabrik. Katholisch abgefertigt von Jos. Chowanetz. (X, 109 S.)
12. Bd.: Das Leben und Wirken der großen heiligen Väter, Lehrer und Schriftsteller der abend- und morgenländischen Kirche. Oder biographische Populär-Patrologie. In umfassender Kürze dargestellt von Jos. Chowanetz. (VIII, 120 S.)

— — (Neue Folge.) Jahrg. 1858. 6 Bdchn. Wien, Wendelin. 16. n. 1 ℛ 6 ngr; einzelne Bdchn. à n. 8 ngr
1. Bdchn.: Einst und Jetzt. Altkatholische Bilder mit modernen Randzeichnungen. Von Jos. Chowanetz. (IX, 107 S.)
2. Bdchn.: Die Wohlthaten der katholischen Kirche! Oder: Was leistet der Katholicismus für die Menschheit und für die Welt? Nach dem Französ. des Abbé Pinard frei bearb. von mehreren Katholiken. (VIII, 112 S.)
3. Bdchn.: Das Buch der arbeitenden Klassen. Nach dem Französ. des Abbé Mullois übers. von Bernh. Thurn, bearb. u. herausg. von J. Chowanetz. (VII, 130 S.)
4. Bdchn.: Geschichte der Schöpfung nach der Bibel u. Geologie. Oder: Stimmt die Heilige Schrift mit der Erdkunde überein? Bearb. von J. Chowanetz. (VII, 92 S.)

— neue, vorzüglicher deutscher Romane und Novellen. Herausg. von F. Stein. Weißenfels 854. Stein. (Halle, Hendel.) 8. Jeder Bd. n. 10 ngr
1. 2. Bd.: Aus dem Leben. Novellen von F. Brunold. (3 Bl., 172; 3 Bl., 147 S.)

Hausbibliothek, neue, für Stolze'sche Stenographen. Hrsg. von G. Schroeder u. S. Alge. 1. u. 2. Bd. 8. Basel. (Leipzig, Robolsky.) cart. à n.n. 1. —
1. Meister Martin der Küfner u. seine Gesellen. Eine Erzählg. v. E. T. A. Hoffmann. (63 autogr. S.) 888.
2. Der Träumer. Novelle v. A. Kopisch. (45 autogr. S.) 889.

— neue, f. Stolze'sche Stenographen. Hrsg. v. G. Schroeder u. S. Alge. 3. u. 4. Bd. Ebd. Kart. à n. 1. —
3. D. Entscheidg. bei Hochkirch. E. Erzählg. aus d. siebenjähr. Kriege v. Fr. Lohmann. gr. 8. (48 S.) (895.)
4. D. Wunderstab. Erzählg. v. Dav. Hess. 8. (56 S.) 896.

Hausbibliothek, neue, für Stenographen, nach dem Einigungssystem Stolze-Schrey. Bd. 1—3. 8°. Wetzikon, H. Bebie. 1898–1899. à 1 35
1. *Zschokke, H.* Das Abenteuer in der Neujahrsnacht. 48 S. — 2. *Goethe, W. v.*, Hermann u. Dorothea. 80 S. — *Meyer, C.*, Das Kind der Hexe. 56 S.

— neue, f. Stenographen nach d. Einigungssystem Stolze-Schrey. Hrsg. v. G. Schroeder u. S. Alge. 1. u. 2. Bd. 8. Wetzikon 898. (Leipzig, J. H. Robolsky.) Kart. à n.n. 1. —
1. Das Abenteuer d. Neujahrsnacht. Novelle. Von Heinr. Zschokke. (48 S.)
2. Hermann u. Dorothea. Von W. v. Goethe. (79 S.)

Hausbibliothek, neue, f. Stenographen nach dem Einigungssystem Stolze-Schrey. Hrsg. v. G. Schroeder u. S. Alge. 3. u. 4. Bd. 8. Wetzikon. (Leipzig, J. H. Robolsky.) Kart. à n.n. 1. —
3. Das Kind der Hexe. Erzählung aus dem 30jähr. Krieg. Von C. Meyer. (56 S.) 899.
4. Das erfüllte Versprechen. Erzählung. Von Jak. Frey. (63 S.) 900.

(Hausbibliothek. Neue H' [für Stenographen nach dem Einigungssystem Stolze-Schrey. Band] 2.) 8. Wetzikon bei Zürich, Hermann Bebie, 1904. [geb. fr. 1. 35]
s. Eckstein, Ernst.

Hausbibliothek

— deutscher Novellen u. Romane. Mit Beiträgen von Friedr. Gerstäcker, Max Ring, Julie Burow, Johs. Scherr, Edm. Höfer, Levin Schücking, C. v. Holtei, Ernst Fritze, Louise Mühlbach. 1. Serie. 24 Liefgn. (16 Bde.) Leipzig 865. E. J. Günther. 8. Jede Liefg. n. 4 ngr
(Wien: Markgraf) Einzeln jeder Bd. n. 20 ngr
Gerstäcker, Friedr., Der Flatbootmann. Amerikan. Erzählung. (240 S.)
Schücking, Levin, Günther von Schwarzburg. Histor. Roman in 2 Bdn. (450 S.)
Mühlbach, Louise, Kaiser Leopold der Zweite u. seine Zeit. Histor. Roman. 3 Bde. (728 S.)
Scherr, Johs., Rosi Zurflüh. Eine Geschichte aus den Alpen. (248 S.)
Holtei, C. v., Ein Mord in Riga. Erzählung. (247 S.)
Höcker, Gust., Der beseelte Schatten. Roman. 2 Bde. (429 S.)
Burow, Julie (Frau Pfannenschmidt), Künstlerliebe. Novelle. (259 S.)
Ring, Max, Der Geheimrath. Ein Lebensbild. (249 S.)
Elfried v. Laura, Eine reiche Erbin. (256 S.)
Corvinus, Jakob (Wilh. Raabe), Der heilige Born. Blätter aus dem Bilderbuche des 16. Jahrh. 2 Bde. (518 S.)
Hoefer, Edm., Vergangene Tage. Geschichten. (268 S.)

— patriotische. Hrsg. von v. Wenckstern. 1.—4. Hft. 8. Braunschweig, Patriotischer Verlag Schlegel. n. 3. 50
1. Der letzte Ritt des „alten Fritz". Von P. Klose. (30 S. m. 1 Bild.) 888. n. — 50
2. Kaiser Wilhelm-Buch. Charakterzüge u. Anekdoten aus dem Leben Kaiser Wilhelms des Großen. (95 S. m. Bildern.) 888. n. — 50
3. Kaiser Friedrich-Buch. Lebensbeschreibung, Charakterzüge u. Anekdoten. (94 S. m. Bildern.) 888. n. — 50
4. Fundgrube f. Vereinsvorstände u. Festordner. (320 S.) 889. n. 2. —

— patriotische. 1. Bd. gr. 8. Leipzig, K. F. Pfau. n. — 50
König Georg v. Sachsen. Ein deutsches Fürstenleben. Dem deutschen Volke gewidmet. Von Karl Fr. Pfau. Mit e. Portr. (30 S.) (906.)

Hausbibliothek. Praktische H'-B' des Schweizerischen Familien-Wochenblattes. № 1—3 u. 5—7. 8. Zürich, Erhard Richter, 1907—1908.

№ 1. 1907 s. Rheiner, G[uido] — № 2. 1907 s. Hiller, Eduard — № 3. 1907 s. Hauri, N[athanael] — № 5. 1907 s. Rheiner, G(uido) — № 6. 1908 s. Kinderdeclamatorium — № 7. 1908 s. Declamatorium.

— prakt., des schweizerischen Familien-Wochenblattes. Nr. 1—3 u. 5—7. 8. Zürich, Schweiz. Druck- u. Verlagshaus. 5. 40

Deklamatorium f. Erwachsene f. die Festtage in d. Familie. Hrsg. v. der Red. d. schweiz. Familien-Wochenblattes. (71 S.) 908. (Nr. 7.) 1. 20

Hauri, N., das Märchen u. die Kindesseele. (36 S.) 907. (Nr. 3.) — 80

Hiller, Eduard, die Genußmittel der Völker. (48 S.) 906. (Nr. 2.) — 80

Kinder-Deklamatorium (f. alle festl. Anlässe i. d. Familie.) Hrsg. v. der Red. des schweiz. Familien-Wochenblattes. Neujahrswünsche f. Kleinere u. Größere. Wünsche zu Geburts- u. Namenstagen. Weihnachtsverse u. kleine Aufführgn. Album- u. Postkarten-Verse. Gedichte zu Polterabenden u. Hochzeiten u. zu Jubiläen überhaupt. Kinder-Vorträge f. verschiedene festl. Anlässe. (55 S.) 908. (Nr. 6.) 1. —

Rheiner, Guido, der Kampf m. der Bleichsucht. Gemeinverständl. Ratschläge. (65 S.) 907. (Nr. 5.) 1. —

— Gesundheitl. Winke f. Frauen u. Töchter. 2. Aufl. (32 S.) 907. (Nr. 1.) — 60

Nr. 4 ist noch nicht erschienen.

Haus- und Reise-Bibliothek. 1. Bd.: Ein gefährlicher Mensch. Novelle von Schmidt-Weißenfels. 8. (126 S.) Berlin 873, Mosse. *

—— —— 1.—4. Bd. 8. Berlin 870, May. [Leipzig, Sack.] à Bd. ℳ 1.

Inhalt:

Bd. 1. Friedrich, Friedr., Tolle Streiche. Zwei Erzählungen. (III, 156 S.)
" 2. Ziemßen, Ludw., Heimath und Fremde. Novelle. (193 S.)
" 3. Sechs humoristische Geschichten. (III, 173 S.)
" 4. Fritze, Ernst, ein geheimnißvoller Tod. Erzählung. (191 S.)

Haus- u. Reise-Bibliothek. 4. Bd. 8. Berlin 871. May. 1. —

Ein geheimnißvoller Tod. Erzählung v. Ernst Fritze. (191 S.)

Haus- u. Reisebibliothek. Erzählungen aus der weiten Welt. Nr. 1213—1218. 8. Mülheim 882. Bagel. à — 80

1213. Treuherz od. Trapper u. Steppenräuber. Schilderungen aus dem Natur- u. Menschenleben im fernen Westen v. A. H. Fogowitz. (125 S.)
1214. Der Gorilla-Jäger. Erlebnisse u. Abenteuer e. Deutschen in Westafrika von Otfr. Mylius. (144 S.)
1215. In heißer Zone oder die Elfenbein-Jäger. Abenteuer u. Erlebnisse zweier Deutschen in Südwest-Afrika v. Otfr. Mylius. (144 S.)
1216. Die Indianerburg. Erlebnisse u. Abenteuer e. Deutschen im fernen Westen von Otfr. Mylius. (144 S.)
1217. Der Schatz des Seeräubers. Erlebnisse u. Abenteuer e. Deutschen in Central-Amerika u. West-indien v. Otfr. Mylius. (135 S.)
1218. Der Zug nach der Silbermine oder die Indianer vor der Mesa desierta. Eine Erzählung aus dem nördlichen Mexiko v. Otfr. Mylius. (144 S.)

Haus- u. Reise-Bibliothek. Nr. 20—23, 24, 24a, 25, 25a, 26 u. 26a. Weimar 890, 91, Jüngst u. Comp. * 4 25

20. 21. Schott, Clara. Der Waldwächter. 8. (125 S.) * 1 —.
22. Thom, Herm. Zwei Novellen. 8. (64 S.) * — 50.
23. Dulll, Gust. Humoresken in ungebundener u. in gebundener Rede. 12. (56 S.) * — 50.
24. 24a. Volko, Elise. Ohne Sang u. Klang. Novelle. 8. (136 S.) * — 75.
25. 25a. Koch-Breuberg, Friedr. François u. Charlotte. Eine Episode aus den Schreckenstagen v. Lyon. 8. (149 S.) * — 75.
26. 26a. Schack v. Igar [Elfriede Jatsch]. Eine Schweizerreise. Novelle. 8. (124 S.) * — 75.
Nr. 1—13, s. Jüngst's Reise-Bibliothek. — Nr. 14—18, s. Jüngst's Haus- u. Reise-Bibliothek. — Nr. 19 ist noch nicht erschienen.

Haus- und Schulbibliothek oder Kinderbibel . . . Dresden 1738. V: *Neumeister, Johann Christoph.* (ML)

— für Stolze'sche Stenographen, hrsg. v. G. Schröder. 1—12. Bd. 8. (Autogr.) Basel. (Leipzig, Robolsky.) n.n. 12. 40

1. Wilh. Hauff's Märchen. 1. Abth.: Märchen als Almanach. Die Karawane. (111 S.) 877. n.n. 1. 20
2. Dasselbe. 2. Abth.: Der Scheik v. Alessandria u. seine Sklaven. (95 S.) 877. n.n. 1. 10
3. Dasselbe. 3. Abth.: Das Wirthshaus im Spessart. (159 S.) 877. n.n. 1. 70
4. Egmont. Ein Trauerspiel in 5 Aufzügen von W. v. Göthe. (86 S.) 878. n.n. 1. 20
5. Peter Schlemihl's wundersame Geschichte. Mitgetheilt v. Adb. v. Chamisso. (61 S.) 879. n.n. — 80
6. Die Jungfrau v. Orleans. Eine romant. Tragödie von Frdr. v. Schiller. (106 S.) 879. n.n. 1. 20
7. Phantasien im Bremer Rathskeller. Ein Herbstgeschenk f. Freunde d. Weines v. Wilh. Hauff. (48 S.) 879.
8. Das Abenteuer der Neujahrsnacht. Novelle v. Heinr. Zschokke. (47 S.) 879. n.n. — 80
9. Drei venetianische Novellen von Frz. v. Gaudy. (72 S.) 885. n.n. 1. —
10. Zwei Genfer Novellen v. Rud. Toepffer. Col d'Anterre. Das Thal v. Trient. (60 S.) 885. n.n. — 80
11. Ein Carnevalsfest auf Ischia. Von Aug. Kopisch. (52 S.) 885. n.n. — 80
12. Des Lebens Ueberfluss. Novelle v. Ludw. Tieck. (76 S.) 885.

Haus- u. Taschen-Bibliothek f. Freunde u. Liebhaber uns. Herrn u. Heilandes Jesu Christi, v. Gotthilf v. Allernoth. 1. Bdchn. — A. u. d. T.: Goldkörner aus alten Schachten. 12. (7½ B.) Meißen 830. [Leipzig, Vetter u. Rostosky.]

—— ders. 2. Bdchn. — A. u. d. T.: Der rechte Weg z. ewigen Leben, v. Jakob Böhm(e). Neu aufgelegt u. mit B's. Bildn. u. Handschrift bereichert. 12. (11½ B.) Ebds. 830.

— ausgewählter Unterhaltungsschriften, enthaltend die besten Werke deutscher, französischer, englischer, schwedischer rc. Schriftsteller und Schriftstellerinnen. Berlin 854. Lindow. 8.

4. Bd.: Haideblumen. Novellen von Alex. Franz. (400 S.) 20 ngr

Hausbibliothek für das deutsche Volk aller Stände. In zwanglosen Heften hg. von einem Freund und Mitkämpfer für Freiheit und Recht. Strassburg 1833. H: *Glümer, Karl Weddo von.* (Grillparzer-Jb. 21, S. 28) (Zeitschr. f. Büch. 1923, S. 88)

Haus- u. Volksbibliothek. 1.—8. Bd. 8. Lpz.-Reudnitz 890, Osw. Schmidt. * 8 50

1. Eitner, Martha. Auf Schloß Heinrichswaldau. (110 S.) * — 75.
2. Hesekiel, Ludovica. Neue Häuser. Die Steinschleifer v. Golling. Zwei histor. Erzählg. (134 S.) * 1 —.
3. Norden, Erich. Herab u. Hinauf. Vier Erzählgn. (127 S.) * — 75.
4. —— Der Sonnenwirt. (109 S.) * — 75.
5. —— Der Vagabund. (149 S.) * 1 —.
6. Jost, Ed. Das Wort d. Kaisers. Erzählung aus der Geschichte e. ehemal. deutschen Reichsstadt. (III, 172 S.) * 1 25.
7. 8. Hanstein, Marie. Die Alfinge. Altdeutsches kultur-histor. Zeitbild. 2 Bde. (Neue [Titel-]Ausg.) (219, 229 S.) * 3 —.

„Vollständige Haus- und Landbibliothek" durch Adrian Glorez von Mähren und Continuation derselben, Regensburg 1701 und 1702, 2 Theile. Neuauflage Nürnberg 1719.

Haus- u. Schul-Bibliothek, vollständige f. die Zwecke u. Bedürfnisse d. innern Mission. In Verbindung m. Andern hrsg. v. C. A. Staudenmeyer. In 52 Bdchn. m. vielen Abbildgn. (in eingedr. Holzschn.) 1. Bdchn. Erstes Bilder-Lesebuch zur Uebung der Lautirmethode, zum Anschauungsunterricht u. zu Verstandesübungen, m. Verbindung des Unterrichts im Rechnen, in Haus u. Schule f. Kinder v. 3—8 Jahren. 32. (104 S.) Stuttgart 851, Missions-Verlag. 3 ngr

Haus- u. Schul-Bibliothek, vollständige rc. 2—7. Bdchn. Das Geschichtenbuch. Erzählungen für Kinder von 4 bis 12 Jahren. 6 Thle. 32. (128. 132. 126. 108. 112 u. 116 S. m. 1 Holzschn. in 16.) Stuttgart 851, Missions-Verlag. (à 3 ngr) 18 ngr

— dies. 8—10. Bdchn. Die biblische Geschichte des alten u. neuen Testaments in 160 Abschnitten. Für Schulen u. Familien. 3 Thle. 32. (123. 108 u. 175 S.) Ebd. 851. (à 3 ngr) 9 ngr

— dies. 11 u. 12. Bdchn. Das Liederbuch. Lieder u. Gedichte. 2 Thle. 32. (84 u. 68 S.) Ebd. 851. (à 3 ngr) 6 ngr (1—12: 1 rf 6 ngr)

— der Weltliteratur. 1. Bd. 1. Hft. gr. 16. Leipzig 871. deutsche Volksbuchh. n. — 30
Lessing's humanistische Schriften. Hrsg. v. Max Moltke. 1. Bdchn. Die Erziehung d. Menschengeschlechts. — Ernst u. Falk. (69 S.)

Haus- u. Reisebibliothek,

— — Wiener. 1. Hft. gr.16. (56 S.) Wien 878. Czaki. n. — 40

— — Wiener. 1. Heft. gr. 16. (56 S.) Wien 879, Czaki'sche Buchh. *

Haus- u. Familien-Bilder-Bibel, oder die ganze heil. Schrift des alten u. neuen Testaments, nach der deutschen Uebersetzung Dr. Martin Luther's, mit Holzstichen. 1e—20e Lfrg. schmal gr. 4. Stuttgart 835—40. Metzler. (à Lfrg. 1/6 rf) 3 1/3 rf — 21e—23e Lfrg. Mit 13 Abbildd. gratis.

Haus-Bilder-Bibel, große. Die heil. Schrift des alten und neuen Testaments. Mit Einleitung von Chr. Blumenhardt, mit Anmerkung von Thdr. Heintzeler und mit einer Vorrede von F. A. Hauber. Mit 800 Illustr. nach Zeichnungen von A. Schnorr, in Holz geschn. von Allgaier und Siegle. (In 30 Heften.) 1.—15. Heft. gr. 4. (S. 1—792; Einleitung S. 1—40.) Ulm 871—75, Ebner. à Lfg. 50 Pf.

Haus-Bilder-Bibel, große. Die heil. Schrift des alten und neuen Testaments. Mit Einleitungen von Chr. H. Blumhardt, mit Anmerkungen von Thdr. Heintzeler und mit einer Vorrede von F. A. Hauber. Mit 800 Illustr. nach Zeichnungen von J. Schnorr in Holzschn. von Allgaier und Siegle. 16.—29. Heft. 4. (Altes Testament S. 793—1276 und Einleitung S. 41—272; Neues Testament S. 1—216.) Ulm 876—79, Ebner'sche Buchh. à Lfg. 50 Pf.
1.—15. Heft. Ebendas. 1871—75. à 50 Pf.

Haus-Bilder-Bibel, große. Die heil. Schrift d. alten u. neuen Testaments. Mit Einleitungen von Chr. H. Blumhardt, mit Anmerkungen von Thdr. Heintzeler u. m. e. Vorrede von F. A. Hauber. Mit 300 Illustr. nach Zeichnungen v. J. Schnorr in Holzschn. von Allgaier u. Siegle. 21—34. (Schluß-)Hft. 4. (A. T. S. 905—1390, N. T. S. 161—460 u. Einleitung S. 49—272.) Ulm 877—81. à — 50 (cplt. geb. in Leinw. m. Saffian-Lederrücken n. 21. —; in Bockleder mit Goldschnitt n.n. 24. —; in Kalbleder mit Goldschnitt n.n. 25. —)

Haus-Bilder-Bibel, große. Die heil. Schrift d. alten u. neuen Testaments nach Dr. Martin Luther. Mit Einleitungen v. Chr. Blumhardt, mit Anmerkungen von Th. Heintzeler, m. e. Vorrede v. F. A. Hauber. Mit 320 Illustr. nach Zeichngn. v. J. Schnorr in Holzschn. 2., verb. Aufl. (In 34 Hftn.) 1. u. 2. Hft. 4. (VIII u. S. 1—88 u. Einleitg. S. 1—16.) Ulm 890. Ebner. à — 50

Haus-Bilder-Bibel, große. Die heil. Schrift d. alten u. neuen Testaments, nach Martin Luther. Mit Einleitgn. v. Chrph. Blumhardt, m. Anmerkgn. v. Thdr. Heintzeler, m. e. Vorrede v. F. A. Hauber. Mit 320 Illustr. nach Zeichngn. v. J. Schnorr in Holzschn. 2., verb. Aufl. 3.—34. (Schluß-)Hft. 4. (Altes Testament S. 89—1390, Neues Testament 460 S. u. Einleitg. S. 17—66.) Ulm 890. 891. Ebner. à — 50 (kplt.: geb. in Leinw. m. Ldr.-Rücken n. 21. —; in Bockldr. n.n. 24. —; in Saffianldr. m. Goldschn. n.n. 25. —)

Haus- und Unterhaltungsblatt, oder der Lesefreund. 1r Jahrg. 1819 und 2r. 1820. 4. Dessau. (Leipzig, Kollmann in C.) (Jahrg. 1819 2 Thlr. 4 Gr. Jahrg. 1820 18 Quart, 14 Gr.)

Haus- u. Wirthschaftsblatt. Mit besond. Berücksichtig. d. Gesundheit u. d. häusl. Oekonomie. Redig. v. Wilh. Andresse. 1—6. Jahrg. 1835—40. à 12 Hfte. (52 Nrn.) — A. u. d. T.: Encyklopädie d. Hauswirthschaft u. Gesundheitskunde, v. Wilh. Andresse. 1—6. Bd. gr. 4. Berlin, [Heymann.] * 7 2/3 Thlr., hrbgs. Pr. *
Einzeln: 2—6. Jahrg. à * 1 Thlr. 8 Gr. Der 1. Jahrg. wird nicht apart verkauft.

„Haus- und Wirthschaftsblatt für sorgsame Hausfrauen und solche, die es werden wollen, mit besonderer Rücksicht auf die Gesundheit und häusliche Oekonomie und Ordnung", redigiert von Dr. Andresse, 1.—6. Jahrgang, je 12 Hefte, Berlin 1835—1840 (Heymann).

Haus- u. Wirthschaftsblatt für sorgsame Hausfrauen und solche, die es werden wollen. Mit besond. Berücksichtigung der Gesundheit und der häusl. Oekonomie. Redigirt von Dr. Andresse. 1r—7r Jahrg. 1835—1841. gr. 4. Berlin 835—40. (Burmeister.) (1r J. 1 rf, 2r—7r J. à 1 1/3 rf — 1r—6r J. zusammen nur 3 1/2 rf)

Haus- u. Wirthschafts-Blatt. Mit besonderer Berücksichtigung der Gesundheit u. der häusl. Oekonomie, herausgeg. von Wlh. Andresse. 7. u. 8. Jahrg. 1841 u. 1842. gr. 4. Berlin 841. 42. Burmeister. à n. 1 1/3 rf

Hausblätter. Herausg. von F. W. Hackländer und Edm. Hoefer. 1—4. Jahrg. 1855—58. à 24 Hefte (à 5 Bgn.). Stuttgart, Krabbe. gr. 8. Jeder Jahrg. 4 rf 24 ngr

Hausblätter. Herausg. v. F. W. Hackländer u. Edm. Hoefer. 5—10. Jahrg. 1859—64. à 24 Hefte. (à 5 Bgn.) Stuttgart, Krabbe. gr. 8. Jeder Jahrg. 4 rf 24 ngr

Hausblätter. Hersg. von F. W. Hackländer u. Edm. Hoefer. 11—13. Jahrg. 1865—67. à Jahrg. 24 Hefte. (à 80 S.) gr. 8. Stuttgart, Krabbe. Jeder Jahrg. 4 rf 24 ngr

— Neue illustrirte Zeitung. 3. Jahrg. 1857. 52 Nrn. (à 1 Bgn. mit Holzschn. im Text.) Ebend. n. 2 rf 20 ngr
Jg.1 u.2 s.:Hausblätter,Illustrirte, für Schleswig,...

—— Ein Buch zur Unterhaltung und Belehrung. Eine Sammlung von allgemein verständl. und gemeinnütz. Mittheilungen, insbesond. von Orig.-Novellen, Volkserzählungen, Lebensbildern rc. Hrsg. von Mor. Günther. 1. Bd. 12 Lfgn. à Lfg. 4 Bog.) 4. Auerbach i. V. 865. (Meerane, Moritz.) à Lfg. 3 Ngr.

Hausblätter. Interessante Romane, Novellen, Kriminalgeschichten, Humoresken ꝛc., sowie Schilderungen der hervorragendsten Ereignisse aus Gegenwart und Vergangenheit. 30 Lfgn. (à Lfg. 4 Bog.) hoch 4. Dresden 885, A. Wolf. à Lfg. 20 Pf.
Vergriffen.

—— Tägl. Andachten für die Hausgemeine. Der Mensch lebet von einem jegl. Wort, das durch den Mund Gottes geht. Hrsg. vom Evangel. Bücherverein. 10. Aufl. Ster.-Abdr. gr. 8. (IV, 736 S.) Berlin 886, Evangel. Bücherverein. * geb. von *M 2.40. bis *

Hausblätter, Breslauer. –
– 1. I. 1863 – 30. VI. 1871.
Fortges. u. d. T.: Schlesische Volkszeitung.

— erzgebirgische. Herausg. von Elfried v. Taura. Jahrg. 1861. 12 Hefte. (à 3 Bgn. mit Holzschn.) Annaberg, Ronne. gr. 4. n. 2 ₰

—— Red.: Ludw. Ronne. Jahrg. 1862. 11 Hefte. (à 3 Bgn. mit Holzschn.) Ebend. gr. 4. n. 1 ₰ 10 ngr

— illustrirte, für Schleswig, Holstein, Lauenburg. 1. Jahrg. 1855. (39 Nrn.) — 2. Jahrg. 1856. 52 Nrn. (à 1 Bgn. mit Holzschn. im Text.) Mit Lithogr. Altona, Lange. gr. 4. Vierteljährlich n. 18 ngr
Fortsetzung hierzu:
Hausblätter. Neue illustrirte Zeitung.

Hausblätter, schweizerische. Wochenschrift f. natürl. Gesundheits- u. Krankenpflege, gesunde Erziehung, prakt. Hauswirtschaft, Wohlstand u. Familienglück. Red.: J. M. Stäheli u. Leop. Schwarz. 1. Jahrg. 1894. 52 Nrn. (½ Bog.) gr. 8. Zürich, Expedition. n. 3. —

Hausblätter, schweizerische, f. natürl. Gesundheits- u. Krankenpflege, gesunde Erziehung u. prakt. Hauswirtschaft. Organ d. Vereins f. Volksgesundheitspflege u. Naturheilkunde in Zürich. Red.: Leop. Schwarz. 2. Jahrg. 1895. 24 Nrn. (Bog.) gr. 8. Zürich, Expedition. n. 2. 40

— vaterländische. 1. Serie. 74 Hfte. gr. 8. Berlin, W. Dünnhaupt. à — 10; (kplt. in 2 Leinw.-Bdn. 12. —)
1—6 u. 19—21. Kaiser Wilhelm der Große. Ein Lebensbild f. das deutsche Volk. Von Otto de Grahl. (144 S. m. Abbildgn. u. 9. Taf.)
7—12 u. 22—25. Otto v. Bismarck. Ein Lebensbild. Dem deutschen Volke gewidmet. Von Karl Strecker. Mit vielen Illustr., darunter 30 Orig.-Aufnahmen aus dem Bismarck-Museum in Schönhausen mit Genehmigg. Sr. Durchlaucht des Fürsten Bismarck. (160 S.) (899.)
13—18 u. 36—44. Wie das deutsche Reich geworden ist. 1848—1871. Ein Gedenkbuch, dem deutschen Volke dargebracht. Bearb. nach den neuesten Darstellgn., insbesondere Heinr. v. Sybel's Werke: „Die Begründg. des Deutschen Reiches durch Wilhelm I. Von Herm. v. Petersdorff. Mit 70 Bildnissen u. Ansichten. (248 S.) (899.)
26—35, 45—54 u. 71—74. Der Krieg zwischen Frankreich u. Deutschland in den J. 1870/71. Unter Zugrundelegg. des großen Generalstabswerkes bearb. Von J. Schelbert. (Neue illustr. Volks-Ausg. in 30 Hftn.) Mit 44 Karten u. Schlachtenplänen, 22 Portr. u. vielen Bildern im Text u. auf Taf. 171. bis 175. Tausd. (390 S.) (899.)
55—70. Die Kriege v. 1864 u. 1866. Neue m. Bildern verm. Volksausg. Unter Zugrundelegg. der großen Generalstabswerke bearb. Von J. Schelbert. Mit 40 Karten u. Schlachtenplänen, 20 Portr. u. vielen Bildern im Text u. auf Taf. (253 S.) 900.

— Warnsdorfer. Familien-Zeitschrift f. Belehrg. u. Unterhaltg. 12.—15. Jahrg. 1895—1898. à 24 Nrn. (à ca. 2 Bog. m. Abb.) gr. 4. Warnsdorf, A. Opitz. à Jahrg. n. 2. —

Hausblätter, Warnsdorfer. Familien-Zeitschrift f. Belehrg. u. Unterhaltg. Red.: Ed. Bayand. 17.—19. Jahrg. 1899—1901. à 24 Nrn. gr. 4. (à ca. 16 S. m. Abb.) Warnsdorf, A. Opitz. à Jahrg. n. 2. —

— dasselbe. 20. Jahrg. 1902. ca. 24 Nrn. gr. 4. (à ca. 16 S. m. Abbildgn.) Ebd. n. 2. 40

Hausblätter, Warnsdorfer. Familien-Zeitschrift f. Belehrg. u. Unterhaltg. Red.: Ed. Bayand. 21.—24. Jahrg. 1903—1906. à 24 Nrn. (à Jhrg. IV, 384 S. m. Abbildgn.) gr. 4. Warnsdorf, A. Opitz. à Jhrg. n.n. 2. —

Hausblätter, Warnsdorfer. Familien-Zeitschrift f. Belehrg. u. Unterhaltg. Red.: Eduard Bayand. 25—28. Jahrg. 1907—1910 à 24 Nrn. (à ca. 16 S. m. Abbild.) Lex. 8. Warnsdorf, A. Opitz. à Jahrg. 2. —

Hausbote, der Schweizerische. Kalender auf das Jahr 1853—1856 von Thdr. Meyer-Merian. 1—4. Jahrg. Mit Holzschn. (im Text.) Basel, Schweighauser'sche Verlhdlg. Jeder Jahrg. 15 ngr

Hausbrand, Eugen

Hausbrand, E., Hilfsbuch f. den Apparatebau. Mit 40 Tab. u. 159 Textfig. 8. (V, 112 S.) Berlin 901. J. Springer. Geb. in Leinw. n. 3. —

Hausbrand, E., Hilfsbuch f. den Apparatebau. 2., verb. Aufl. (VII, 117 S. m. 157 Fig. u. 43 Tab.) 8. Berlin 909. J. Springer. Geb. in Leinw. 3. 60

HAUSBRAND, E.: Das Trocknen mit Luft und Dampf. Erklärungen, Formeln und Tabellen für den praktischen Gebrauch. - Berlin 1898. 64 S., 2 Taf. - 2. Aufl. ebd. 1903. - 3. verm. Aufl. ebd. 1908. - 4. verm. Aufl. ebd. 1911. - 5. stark verm. Aufl. ebd. 1920. VIII, 185 S., Abb., 9 Taf., 35 Tab.

Hausbrand, E., das Trocknen m. Luft u. Dampf. Erklärgn., Formeln u. Tabellen f. d. prakt. Gebrauch. gr. 8. (VII, 64 S. m. Fig. u. 2 Taf.) Berlin 898. J. Springer. Geb. in Leinw. n. 3. —

Das Trocknen mit Luft und Dampf. Erklärungen, Formeln u. Tabellen f. d. prakt. Gebr. Von E[ugen] Hausbrand, Obering. 2. verm. Aufl. Mit Textfig. u. 2. Taf. *Berlin: J. Springer 1903.* (VII, 88 S.) 8°

Das Trocknen mit Luft und Dampf. Erklärungen, Formeln u. Tabellen f. d. prakt. Gebr. Von E[ugen] Hausbrand. 3. verm. Aufl. Mit Textfig. u. 3 Taf. Berlin: J. Springer 1908. (VIII, 120 S.) 8°

— Verdampfen, Kondensiren u. Kühlen. Erklärgn., Formeln u. Tabellen f. den prakt. Gebrauch. Mit 21 Fig. im Text u. 76 Tab. 1. u. 2. durchges. Aufl. gr. 8. (XVIII, 390 S.) Ebd. 899. 900. Geb. in Leinw. n. 9. —

Verdampfen, Kondensieren und Kühlen. Erklärungen, Formeln u. Tabellen f. d. prakt. Gebr. Von E[ugen] Hausbrand, Oberingen. in Berlin. Mit 21 Fig. u. 76 Tab. 3., durchges. Aufl. Berlin: J. Springer 1904. (XVIII, 400 S.) 8°

— Verdampfen, Kondensieren u. Kühlen. Erklärungen, Formeln u. Tabellen f. den prakt. Gebrauch. 4., verm. Aufl. (XX, 426 S. m. 86 Fig. u. 74 Tab.) 8. Ebd. 909. Geb. in Leinw. 10. —

Hausbrand, E., die Wirkungsweise der Rectificir- u. Destillir-Apparate, m. Hülfe einfacher mathemat. Berechngn. dargestellt. gr. 8. (III, 107 S. m. 4 Fig., 14 Taf. u. 18 Tab.) Berlin 893. J. Springer. n. 5. -; geb. n. 6. —

Die Wirkungsweise der Rektifizier- und Destillier-Apparate, mit Hilfe einfacher mathemat. Betrachtungen dargest. von E[ugen] **Hausbrand.** 2. Aufl. Mit 18 Fig. nebst 19 Tab. *Berlin: J. Springer 1903.* (VIII, 113 S.) 8° [03. 15993

Hausbrand, Julius: Dissertatio luxationis sic dictae musculorum refutationem sistens. Berolini 1814. (24 S.) 8° *. Nachgeliefert von dem am 2. Mai 1812 promovierten Verf.

Berlin, Med. Diss. v. [2. Mai 1812]

Erleichterungen im Zollverkehr. (Verf.: [Richard August Hugo] **Hausbrand.**) Berlin: Puttkammer & Mühlbrecht 1909. IV, 133 S. 4°(8°)

(Veröffentlichungen d. mitteleurop. Wirtschaftsvereins. H. 9.) [10. 965

Hausbrand, s.: Zeitschrift f. Zollwesen u. Reichssteuern.

Hausbrot. Schlichte Morgen- u. Abend-Andachten. Von der Verf. des Liedes: „So nimm denn meine Hände" (Julie Hausmann). 8. (VII, 749 S.) Kassel (899). E. Röttger. n.n. 3. —; geb. in Leinw. n.n. 4. 50; m. Goldschnitt n.n. 5. —

Hausbrot. Märchen u. Sagen. — Ritter- u. Räuber-, Hexen- u. Wildschützen-Geschichten — Familien-Erzählgn. u. Lebensbilder — Lieder — Sprüche — Sitten u. Gebräuche, vom Volke ersonnen, gesammelt u. dem Volke unverfälscht zurückgegeben vom Onkel Ludwig in Verbindung m. Rich. v. Kralik. 1—12. Bdchn. kl. 8. Donauwörth, L. Auer. Kart. à 1. —

1. Schloßfräulein, die, vom Kirchberg. — Schloß Diamantstein. — Die Gottes- u. die Teufelsmühle bei Venningen. — Der Dirlitzen- od. Wichtelesberg bei Zirgesheim. — Der Frauenstein bei Riedenburg. 5 Volkssagen. (208 S.) 907.
2. Florian, der Findling. — Sage vom Silberberg. — Der Drachenfels. — Sage vom Schullerloch. — Die stumme Büßerin. — Das Mutter-Gottes-Bild v. Buggenhofen. — Das Astloch im Sargdeckel. — Der See im Ries ist abgelaufen. (200 S.) 907.
3. Gotteszell u. der Triefenrieder Feuerberg. — Der Bauer v. Krauthausen. — Der Teufelsfelsen bei Riedenburg. — Der Hütersbua v. Apfeldrach. Vier Volkssagen. (200 S.) 907.
4. Taufpatin, die wundersame. Sagen üb. König Ludwig II. Der Wallerstein. Die Stoara am Zuchthaus. Der Glasberg. Das Linsengericht. Die Sage v. Fronhofen. 7 Volkssagen. (108 S.) 907.
5. Sennenfelder-Kobl, der, in Amerika. Der Schatzberg. Das Geschichtle v. Eheteufel. Sage v. der Entstehg. des Klosters Ettal. Die armen Seelen in Prettelshofen. 5 Volkssagen. (207 S.) 907.
6. Wie man beim Jägerbauern die Sage vom Hans Däumling erzählte. Das wilde G'jäg. Die Wetterhexe. Sage v. dem Bergmännlein. Sage v. dem Haimann od. Bockelmann u. v. den Irrwürzen. Sage v. den Zwergen. Sage v. den Heidemännchen. Sage v. dem friedl. Geiste v. Hagenried. Das Ameisenhaus. Unsers Herrgotts Bevollmächtigter. Die ewige Schande. Der Kohlenpeter. 12 Volkssagen. (204 S.) 907.
7. Die Hexe vom Klausenberg. Hans v. Wellenmeier. Das vierte Gebot. 3 Volkssagen. (204 S.) 907.
8. Der Guckkastenmann. Drei Hexen-Geschichten. Zwei Volkserzählgn. (192 S.) 908.
9. Liese v. Dinkelsbühl. Sage v. Riedenburg. Zwei Sagen v. Randeck im Altmühltale. Die zwei goldenen Herzen. Vier Volkssagen. (192 S.) 908.
10. Der schneidige Jägerfritz. Der letzte Falkensteiner. Der alte Hamster. Die silbernen Hände. 4 Volkssagen. (204 S.) 908.
11. Die Hexe v. Blocksberg. Der Wandersg'sell. Der schwarze Jäger. Die Sage v. der Kirche Habsberg bei Neumarkt in der Oberpfalz. Vier Volkssagen. (184 S.) 908.
12. Die Königstochter, die nicht lachen wollte. Der falsche Eid. Die Geschichte vom Otterbauern im bayerischen Wald. Die Wichtel im Dirlitzenberg. Sage vom Schwarzenbergerhof zwischen Wörnitzstein u. Bissingen. Sage v. Trochtelfingen. Sechs Volkssagen. (188 S.) 908.

Haus-Brod, geistliches, in 12 Stücklein gebrochen. Ein Gebet-, Lese- und Unterweisungsbuch für Christen, die ein Verlangen nach dem Himmel haben. Nebst einigen übriggeblieb. Stücklein, enthalt. einige Lehren für gewisse Stände. gr. 12. (Mit Titelkpfr.) Grätz 837. Kienreich. 5/8 ℛ︎

Hausbuch

— enthltd.: tägliche Andachten durch das ganze Kirchenjahr in Auszügen aus Luther's Kirchen-Postille. (Evangelien und Episteln.) Mit einem Vorwort von (L. A.) Petri. Berlin 853. W. Schultze in Comm. gr. 8. (IV, 771 S.) n. 1 ℛ︎

Haus-Buch, enth.: tägliche Andachten durch das ganze Kirchenjahr in Auszügen aus Luther's Kirchen-Postille. (Evangelien u. Episteln.) Mit einem Vorwort von Petri. 3., verm. u. verb. Aufl. Elberfeld. Berlin 867. W. Schultze. gr. 8. (IV, 779 S.) n. 1 ℛ︎.

Haus-Buch, enthaltend tägliche Andachten durch das ganze Kirchenjahr in Auszügen aus Luther's Erklärung des Alten Testaments. (1. Buch Mose, der Propheten u. Psalmen.) Mit einem Vorwort von Besser. Berlin 858. W. Schultze. gr. 8. (2 Bl., 771 S.) n. 1 ℛ︎ 5 ngr

— Tägliche Andachten für die Hausgemeine. Hersg. vom evangel. Bücher-Verein. 2. Aufl. Berlin 870. (Wiegandt & Grieben.) Lex.-8. (V, 664 S.) n. 20 ngr

Hausbuch. Tägliche Andachten f. die Hausgemeine. Hrsg vom evangel. Bücher-Verein. 3. Aufl. gr. 8. (V, 736 S.) Berlin 871. Wiegandt & Grieben in Comm. n. 2. 25

Hausbuch. Tägliche Andachten für die Hausgemeine. Hrsg. vom evangel. Bücher-Verein. 4.—7. Aufl. gr. 8. (IV, 736 S.) Berlin 872—79, (Wiegandt und Grieben.) *

Hausbuch. Tägliche Andachten für die Hausgemeine. Hrsg. vom evangel. Bücher-Verein. 8. und 9. Aufl. gr. 8. (IV, 736 S.) Berlin 882,83, (Wiegandt und Grieben.) *
geb. in Pappbd. *ℳ 2,40.; in Halbfrz. *

— Tägliche Andachten f. die Hausgemeine. Der Mensch lebet v. e. jeglichen Wort, das durch den Mund Gottes geht. Hrsg. vom Evangelischen Bücher-Verein. 10. Aufl. Ster.-Abdr. gr. 8. (IV, 736 S.) Berlin 886. Evangel. Bücherverein. n. 2. —; geb. von n. 2. 40 bis n. 5. 50

— enth. tägliche Andachten durch das ganze Kirchenjahr in Auszügen aus Luther's Kirchen-Postille. [Evangelien u. Episteln.] Mit e. Vorwort v. Petri. 3. Aufl. gr. 8. (783 S.) Cottbus 875. (Leipzig, Böhme & Drescher.) n. 2. 50

Haus-Buch, enth.: tägliche Andachten durch das ganze Kirchenjahr in Auszügen aus Luthers Kirchenpostille. [Evangelien u. Episteln.] Mit e. Vorwort v. Petri. 4. Aufl. gr. 8. (783 S.) Kottbus 878. Gotthold-Expedition. 2. 50; geb. 2. 70; in Halbfrz. 3. 20

Hausbuch. Dem evangel. Christenvolke in tägl. Betrachtungen nach der Ordnung des Kirchenjahres dargeboten. Nebst 2 Anhängen von Gebeten und 4 Bibellesetafeln. gr. 8. (IV, 450 S.) Erlangen 885, Deichert'sche Verlagsh. Nachf. *
geb. **

Hausbuch. Hrsg.: Herm. Kiehne. 1. Jahrg. April 1886— März 1887. 24 Lfgn. (B. m. je 1 Lichtdr.) Lex.-8. Wernigerode. (Norden, Fischer Nachf.) n. 6. —

Hausbuch. Miniatur-Monatsschrift f. deutsche Dichtg. Unter Mitwirkg. der hervorragendsten deutschen Dichter u. Schriftsteller hrsg. v. H. Kiehne. 2. Bd. 1887/88. 12 Hfte. (3 B.) 12. Wernigerode. (Norden, Fischer Nachf.) n. 6. —
Fortsetzg. u. d. T.:
Hausbuch deutscher Dichtung.

— Taschenbuch für deutsche Hausfrauen auf d. J. 1890. Hrsg. v. R. Claußner. gr. 16. (391 S.) Leipzig 890. Verlag zum Greiffen. n. — 50

Hausbuch. Den christl. Eheleuten z. Gedächtniß ihrer Trauung. 4. Aufl. 12. (82 S.) Neumünster 895. Buchh. d. Schleswig-Holstein. Schriften-Vereins. Geb. in Leinw. n. — 50

Hausbuch. Den christl. Eheleuten zum Gedächtnis ihrer Traug. Hrsg. v. der Neumünster'schen Propstei-Synode. 26.—29. Taus. (32 S.) 8. Neumünster (905). (G. Schnippel Nachf.) Geb. n. — 50

Haus- u. Handbuch, allgemeines christkatholisches, für alle nach Belehrung, Tugend u. Vollkommenheit strebende Christen. Gesammelt u. herausgeg. v. einem kathol. Geistlichen. 2 Bde. 7. Aufl. gr. 8. (Mit 1 Titelkupf.) Augsburg 845, Schlosser. 5/6 ₰ — Mit 40 Kupf. 1 1/3 ₰

Haus- und Handbuch, Allgemeines christkatholisches, für alle nach Belehrung, Tugend und Vollkommenheit strebenden Christen ... 8. u. 9. Aufl. Augsb. 1848—49. V: *Haunstetter, Meinrad Leonhard.* (Th)

Haus- u. Handbuch, allgemeines christkatholisches, f. alle nach Belehrung, Tugend u. Vollkommenheit strebende Christen zum Wohl der Menschheit u. zur Beförderung unserer heil. Religion gesammelt u. herausgeg. von einem kathol. Geistlichen. 2 Bde. 8. Aufl. gr. 8. (692 S.) Augsburg 848, Schlosser. 5/6 ₰ Mit 12 Kpfrn. 1 1/12 ₰ Mit 10 Kpfrn. 1 1/3 ₰ — 9. (Titel-)Aufl. 2 Bde. gr. 8. Ebd. 850. 3/4 ₰ Mit 40 Kpfrn. 1 1/4 ₰

Haus- und Handbuch, allgemeines christkatholisches, für alle nach Belehrung, Tugend u. Vollkommenheit strebende Christen zum Wohl der Menschheit u. zur Beförderung unserer heiligen Religion gesammelt u. herausg. von einem kathol. Geistlichen (Meinrad Leonh. Haunstetter). 2 Bde. 11. Aufl. mit 8 bibl. Kpfrn. aus dem alten Testament. Augsburg 857. Schlosser. gr. 8. (1 Bl., 190; 240 S. u. lith. Titel.) 1 ₰

Haus- u. Andachtsbuch zur Beförderung wahrer häuslicher Gottesverehrung. Herausg. von S. Klein, A. L. Munyay u. M. F. Rumann. 2 Bde. gr. 8. Kaschau 826, jetzt Heckenast in Pesth. 2 ₰ (Verl. S. Klein.)

Hausbuch. Das Aerztliche H' für Gesunde und Kranke. Mit 430 Abbildungen und 27 meist farbigen Tafeln. Hrg. von Dr. med. Carl Reissig in Hamburg, unter Mitwirkung von ... Prof. Dr. [Theodor] Kölliker, Leipzig ... Dr. [Otto] Naegeli, Ermatingen.... IV + 992 S. 8. Leipzig, F. C. W. Vogel, 1904. [geb. M. 15. —]
(Mitarbeit von Prof. K' für Chirurgische Erkrankungen, Dr. N' für Behandlung von Krankheitserscheinungen durch Handgriffe.)

— christkatholisches. Gesammelt von einem Weltpriester. 2 Thle. gr. 8. Wien ... 2e Aufl. 821. Schaumburg u. Comp. 3 ₰ 4e Aufl., mit 1 Kpf. gr. 8. Ebd. 825. (Leipz., Fr. Fleischer). 3 ₰ 4e Aufl., 2 Thle. gr. 8. Wien 830. Wimmer. 2 ₰ 16 ₰

Hausbuch, Christkatholisches; gesammelt von einem Weltpriester. 4. Aufl. Wien 1825. H: *Schmid, Frz.* (Schmal)

— christkathol., gesammelt von einem Weltpriester. 6e Aufl. 2 Thle. (Mit Titelkpfr.) gr. 8. Wien 835. (Gerold.) n. 3 7/12 ₰

Haus-Buch, christliches, eine Sammlung von Gebeten u. Liedern in den Morgen- u. Abendstunden auf die Festzeiten u. für die besondern Verhältnisse u. Anliegen des Lebens, welche zugleich Lavater's Gebetbuch in sich schließt. A. u. d. T.: Joh. Kasp. Lavater's Morgen- und Abend-Gebete auf alle Tage der Woche. Nebst einer Sammlung von Gebeten u. Liedern auf die wichtigsten Angelegenheiten des Lebens. 2r stark verm. Abdruck der neuen, mit Vorwissen der Familie des Verf. veranstaltete Ausg. Mit Titelbild. gr. 8. Blaubeuren 834. (Stuttgart, Neff.) 1 ₰

Hausbuch, christliches, oder religiöse Betrachtungen auf alle Tage im Jahre, für alle Lebensalter, Geschlechter und Stände. Hrsg. von H. W. Meißner und Joh. Fr. Wilh. Reinhard. 2 Bde. (18 Hefte.) gr. 8. Leipzig, Thenau. I. (VI und 650 S.) 847., 2. (328 S.) 848. (à Heft 6 Ngr.)

— christliches. 114 Choräle zum Hausgottesdienste. Texte ausgewählt, bearb. u. mit einer Vorrede versehen von H. M. Sengelmann; die dazu gebräuchl. Melodien für eine Singstimme mit Pianoforte oder Orgel eingerichtet von Organist G. Armbrust. Hamburg (857.) Fr. Schuberth. qu. gr. 4. (IV, 67 S.) 1 ₰

Hausbuch, christliches. Gebete u. Lieder für Morgen u. Abend u. für die besonderen Zeiten u. Verhältnisse des christlichen Lebens von Joh. Casp. Lavater u. Anderen aus älterer u. neuerer Zeit. 3., neu durchgesehene u. verm. Aufl. Mit Lavater's (lith.) Bildniß. Stuttgart 863. Liebrecht & Co. gr. 8. (XVI, 502 S.) 1 ₰

—— christliches. Gebete und Lieder für Morgen und Abend und für die besond. Zeiten und Verhältnisse des christl. Lebens von Joh. Casp. Lavater und Anderen aus älterer und neuerer Zeit. Volks-Ausg. mit Lavaters Bildniß. 7 Lfgn. gr. 8. (XVI, 447 S.) Stuttgart 871, Stöckhardt. à Lfg. 50 Pf.

— christliches. Gebete u. Lieder f. Morgen u. Abend u. f. die besonderen Zeiten u. Verhältnisse d. christl. Lebens v. Joh. Casp. Lavater u. A. aus älterer u. neuerer Zeit. 5. neu durchgeseh. Aufl. Mit Lavaters Bildniß (in Steindr.) gr. 8. (XVI, 447 S.) München 873 Koch & Co. n. 4. —; geb. 4. 60

— dasselbe. Mit 2 Stahlst. 16. (IX, 547 S.) Ebend. 873 n. 2. —; geb. m. Goldschn. n. 3. —

Hausbuch, christliches, u. Familienchronik d. Eheleute ... Mitgabe d. Kirche am Tage d. Trauung. 4. (44 S. m. Titelbild.) Gießen, E. Roth. Geb. in Leinw. m. Goldschn. n. 1. 50

— dasselbe. Ausg. f. Hessen. 8. (36 S. m. Titelbild.) Ebd. 895. Geb. n. — 60

— christliches, u. Familienchronik d. Eheleute ... Mitgabe d. Kirche am Tage d. Trauung. 3. Aufl. 8. (55 S. m. Abb.) Gießen 896. E. Roth. Geb. n. — 60

Hausbuch, christliches, u. Familienchronik der Eheleute.... Mitgabe der Kirche am Tage der Traug. 4. Aufl. gr. 8. (55 S.) Gießen 899. E. Roth. n. — 50; geb. n. — 70

— dasselbe. Ausg. f. das Großherzogt. Hessen. Hrsg. im Einverständnis m. dem großherzogl. hess. Ober-Konsistorium. (52 S.) gr. 8. Ebd. (903). Geb. in Leinw. n.n. — 50; m. Goldschn. n.n. 1. —

— dasselbe. Ausg. f. Rheinprovinz u. Westfalen. Hrsg. v. dem rhein. Prov.-Ausschuß f. innere Mission. (56 S.) gr. 8. Ebd. 903. Geb. in Leinw. n.n. — 50; m. Goldschn. n.n. 1. —

Hausbuch, christliches, u. Familienchronik der Eheleute ... 5. Aufl. (42 S.) 8. Gießen (905). A. Töpelmann. Geb. n. — 60

Hausbuch, christliches, u. Familienchronik der Eheleute ... Hrsg. v. rhein. Prov.-Ausschuß f. innere Mission. 8. Aufl. Ausg. f. Rheinprov. u. Westfalen. (56 S.) gr. 8. Gießen (910). E. Roth. Geb. in Halbleinw. — 50; in Leinw. m. Goldschn. n 1. —

— christliches, in Morgen- und Abendgebeten auf alle Festzeiten, alle Tage des Jahres u. für besondere Fälle des Lebens, geschöpft aus den gediegensten Werken gottseliger Männer, besonders der älteren Zeit. 2 Bde. in 12 Lfrgg. 1e — 7e Lfrg. gr. 8. (Mit Golddruck.) Stuttgart 839, 40. Metzler. à 1/4 Rthlr

Hausbuch, christliches, in Morgen- u. Abendgebeten auf alle Festzeiten, alle Tage des Jahres u. für besondere Fälle des Lebens, geschöpft aus den gediegensten Werken gottseliger Männer, besonders der älteren Zeit. 8.—12. (letzte) Liefg. gr. 8. Stuttgart 840—42, Metzler'sche Buchh. à 1/4 Rthlr

— christliches, in Morgen- u. Abendgebeten auf alle Festzeiten, alle Tage d. Jahres u. f. besondere Fälle d. Lebens geschöpft aus den gediegensten Werken gottsel. Männer besonders der älteren Zeit. In 12 Lfgn. 2. umgearb Aufl. Mit e. Titelbild (in Holzschn.) nach Guido Reni Lex.-8. (1. Bd. VIII, 496 u. 2. Bd. 484 S.) Stuttgart 873. Metzler. à n. — 50; cplt. geb. n. 7. 50

— christliches, in Morgen- u. Abendgebeten auf alle Festzeiten, alle Tage des Jahres u. f. besondere Fälle d. Lebens, geschöpft aus den gediegensten Werken gottseliger Männer besonders der älteren Zeit. 3. (Titel-)Aufl. 2 Bde. Mit e. Titelbild nach Guido Reni (Holzschntaf.) gr. 8. (VIII, 496 u. IV, 484 S.) Stuttgart 877. Metzler's Verl. n. 4. —; geb. n. 5. 75

Haus-Buch, christliches, zur Uebung des Gebets, s. Erbauungsbuch, häusliches, 2. Thl.

Hausbuch, deutsches, neue Ausg., s. Schatzbuch der Romane.

Hausbuch, Deutsches (katholisches), hrsg. von *Guido Görres*. Bd. 1. Mit vielen Holzschn. (nach *C. Blaas*, *Mart. Schön*, *Kasp. Braun*, *F. Overbeck*, *Franz Graf Pocci*, *Knouth*, *E. Steinle*, *W. Kaulbach*, *J. Geisser*, *Brandmayr*, *J. Rehle*, *L. Gregori* u. *Schlothauer*). München, in Commiss. der liter.-artist. Anstalt, 1846. Gedr. bei Joh. Geo. Weiss. 4°. Hsrsb. VIII 184 S.

— deutsches, herausgeg. von G. Görres. (Mit eingedruckten Holzschn.) 1.—5. Hft. gr. 4. München 846, Literar.-artist. Anstalt. à n. 8 ngr

— Deutsches, hrsg. v. Guido Görres. (Mit Holzschnitten.) (1. Bd.) 6. Hft. gr. 4. (VIII S. u. S. 161—184.) München 847, Literarisch-artist. Anstalt. n. 8 ngr (1. Bd. cart. n. 1 Rthlr 22 ngr) — Jahrg. 1847 oder II. Bd. 6 Hfte. gr. 4. (VIII u. 181 S. m. eingedr. Holzschn.) Ebd. in Comm. (à Hft. n. 8 ngr) cart. n. 1 Rthlr 22 ngr

— deutsches. 1.—10. Hft. gr. 8. Weimar 889. 890. Weißbach. à — 10

Ein tiefes Geheimnis. Von Ed. Werner. — Sein eigener Verräter. Roman von Th. Almar. — Erlöst. Roman von B. v. der Lancken. — Der Flötenspieler von Bornim. Von L. v. Sacher-Masoch. — Hand u. Ring. Roman aus dem Engl. v. Anna Katharina Green. (240 S. m. 2 Holzschntaf.)

— deutsches, s. a. Weißbach's deutsches Hausbuch.

— deutsches. Redact.: E. Globig. 3.—6. Bd. Octbr. 1889—Septbr. 1893. à Bd. 52 Nr. (à Nr. 2 Bog. m. Illustr.) Mit monatl. Beiblatt: Neueste Moden f. unsere Damen. (à Nr. 1 Bog. m. Schnittmustern.) gr. 4. Berl., Globig. à Jahrg. * 5 60

— deutsches. Red. u. Hrsg.: F. W. Nebe. 4. Bd. Oktbr. 1890—Septbr. 1891. 52 Nrn. (2 B. m. Illustr.) Mit monatl. Beiblatt: Neueste Moden f. unsere Damen. (B. mit Schnittmustern.) gr. 4. Berlin, Verlag des „Deutschen Hausbuches". n. 5. 60

— deutsches. 1. u. 2. Jahrg. (à 160 S. m. Abbildgn.) gr. 8. Mainz 903. Druckerei Lehrlingshaus. à n. — 80

— deutsches, für Stadt und Land, oder Bildungsbibliothek für Geist u. Herz. 1e Abthl., Länder- u. Völkerkunde. 1e Lfrg. gr. 8. Dresden 839. Gerh. Fleischer. 3/8 Rthlr — 2e Abthl., Naturlehre. 1e Lfrg. gr. 8. Ebd. 839. 3/8 Rthlr — 3e Abthl., die Grundelemente der Mechanik. 1e Lfrg. (Mit 12 Steindrucktaf.) gr. 8. Ebd. 839. 1/2 Rthlr

— Deutsches, f. Stadt u. Land. Hrsg. v. E. F. August. 1. Jahrg. Mit einer Bildergallerie aus der Deutschen Geschichte. 8. (128 S. m. 4 Holzschnitttaf. u. eingedr. Holzschn.) Berlin 850, Klemann. — 2. Jahrg. Mit 2 Bildern aus der Deutschen Geschichte (in Holzschn.) u. 1 Stahlst. 8. (128 S.) Ebd. 851. — 3. Jahrg. Mit 4 Stahlst. 8. (128 S.) Ebd. 852. à 1/1 Rthlr

— deutscher Dichtung. Halbmonatsschrift. Hrsg.: H. Kiehne. 3. Jahrg. 1888/89. 24 Nrn. (1 1/2 B.) 12. Nordhausen. Leipzig, [G. Wolf] Levien. n. 6. —

Vorh.unt.d.T.: Hausbuch.
Ab Jg.10.1896 unt.d.T.: Deutsche Lyrik.

— für die christlichen Eheleute. Hrsg. v. der Neumünsterschen Propstei-Synode. 1. u. 2. Aufl. 8. (32 S.) Neumünster 887. 888. Buchhandlg. d. Schleswig-Holstein. Schriftenvereins. geb. n. — 50

— Eidgenoss.: Schweizer. 8. Bas. 706.

— zur Erbauung für Christen in der Einsamkeit. 2 Thle. 8. Coburg 800. (Riemann). 1 Rthlr 16 gr

Evangelisches Hausbuch. Erw. Anhang z. Rheinisch-Westfäl. Gesangbuch. Hrsg. nach d. Beschlüssen d. 25. Rhein. u. d. 22. Westfäl. Provinzialsynode. Dortmund: W. Crüwell 1904. (337 S.) 8° [F.] 105. 461 6

Evangelisches Hausbuch für Deutsche im Ausland. Hrsg. v. d. Dt. Ev. Kirchenausschuß. Bln '07. IV, 298 S. 1: Et 17772. 11.
— 2. Aufl. '10. IV, 304 S. 1: Et 17772^{2}. 5. 8. 9.
— 3. Aufl. '12. IV, 304 S. 1: Et 17772^{3}. 2–5. 7–11.

Evangelisches Hausbuch für Deutsche im Ausland. Hrsg. v. d. Deutsch. Ev. Kirchenausschuß. Berlin: E. S. Mittler & Sohn 1907. (IV, 298 S.) 8° [F.] 108. 2038

— evangelisches, f. Deutsche im Ausland. Hrsg. v. dem deutschen evangel. Kirchenausschuß. 2. Aufl. (IV, 304 S.) kl. 8. Berlin 910. E. S. Mittler & Sohn. Geb. in Leinw. 1.20; in Ldr. 1. 30

Hausbuch, gemeinnütziges u. unterhaltendes, f. d. Bürger u. Landmann. Mit 6 Bildn. in Steindr. gr. 8. Erfurt 826, Müller.

„Gemeinnütziges Haus- und Wirthschaftsbuch, oder untrügliches Mittel, das Ungezlefer aus Häusern und Gärten zu vertreiben, die Nahrungsmittel zu erhalten, wirthschaftliche Dinge zu prüfen, krankhafte Theile des Körpers zu heilen etc. für den Bürger und Landmann", Leipzig 1835 (Wagner).

Haus- u. Wirthschaftsbuch, gemeinnütziges, oder untrügliche Mittel, krankhafte Theile des Körpers, besond. da, wo schnelle Hülfe nöthig ist, glücklich zu heilen, die gewöhnl. Krankheiten der Hausthiere zu heben, manche in der Wirthschaft unentbehrliche Dinge zu prüfen ꝛc., sowie die gewöhnl. Arten schädlichen Ungeziefers schnell und sicher zu vertreiben. gr. 8. Leipzig 835, 2e Aufl. .. Wagner. 1/2 ꝛꝭ

Haus- u. Landwirthschafts- u. Familienbuch, gemeinnützl., für alle Stände, insbesond. für mittl. Haushaltungen, od. Samml. bewährt gefund. Vortheile in der Land- u. Städtischen Hauswirthschaft, um solche mit Nutzen zu betreiben. 8. Leipz., Joachim. 1 ꝛꝭ

— Landwirthschafts- u. Familienbuch. Leipz. (Röwer in Commiss.) 809.

Haus- und Handbuch, für Frauen und Mädchen. siehe Hausfrau, die Wienerische.

Haus- u. Familienbuch, illustrirtes, mit Farbendruckbildern. Erzählungen, Geschichten u. Bilder aus dem Leben der Natur u. der Gesellschaft. Herausg. von F. Menk Dittmarsch. Jahrg. 1860 u. 61. à 26 Hefte (à 2½–3 Bgn. mit Holzschn. u. Holzschntaf. in Buntdr.) Leipzig, Schrag. gr. 4. Jedes Heft 5 ngr.

— Jahrg. 1862 u. 63. à 26 Hefte (à 2½–3 Bgn. mit Holzschn. u. Holzschntaf. in Buntdr.) Wien, Typogr. literar.-artist. Anstalt. gr. 4. Jedes Heft 5 ngr.

Haus- u. Familienbuch, illustrirtes, mit Farbendruckbildern. Erzählungen, Geschichten u. Bilder aus dem Leben, der Natur u. der Gesellschaft. Red.: Braun v. Braunthal. Jahrg. 1865. 24 Hefte. (à 2½–3 Bog. mit eingedr. Holzschn. u. 1 Chromolithogr.) Wien, Expedition. gr. 4. Jedes Heft 5 ngr.

Hausbuch für Katholiken. Zur moralisch-religiösen Unterhaltung gewidmet für Jung und Alt. Wien. 1855. Druck und Verlag von L. C. Zamarski. (158 S. 8.)

Katholisches Hausbuch: Band 1–10, 1865–1871.
Issued in weekly "Lieferungen." Variations in numbering. Volumes paged continuously, with title-page and contents issued. Edited by Heinr. Temke, Theodor Nöthen, & Gottfried Prieth, 1865–71. Published by S. Zackel. Band 1–6 also as Jahrgang 1–3, the former on volume title-page; Band 7–10 also as Jahrgang 4–7. Sub-title: Eine Zeitschrift für christliche Erbauung, Unterhaltung und Belehrung.
New York, NY

— katholisches, f. 1888. Ein Jahrbuch zur Erbauung, Belehrung u. Unterhaltung f. Alt u. Jung. 4. (238 Sp. m. Illustr.) Würzburg, Etlinger. — 75

— dasselbe, f. 1889–1891. 2.–4. Jahrg. (à ca. 240 Sp. m. Illustr.) Ebd. à Jahrg. n. — 50
Forts.unt.d.T.: Kath.Jahrbuch f.Erbauung, Belehrung u.Unterhaltung. Jg.9.1896 ff.

— katholisches, auf alle Sonn- u. Festtage des Kirchenjahres, zur Beförderung häuslicher Andacht. 1r Thl. gr. 8. München 832. (Landsh., Krüll). 18 ꝁ

— katholisches, auf alle Sonn- und Festtage des Kirchenjahres, zur Beförderung häusl. Andacht. 2r Thl. gr. 8. München 832. (Landshut, Krüll.) ¾ ꝛꝭ — 1r Thl. (N. Ausg.) u. 2r Thl. gr. 8. Sulzbach 834. v. Seidel. 1 ꝛꝭ — (N. Ausg.!) 2 Thle. 8. (München 835. Jaquet.) 1 ꝛꝭ

Hausbuch, kleines, christkathol., für jeden einzelnen Tag des Jahres aus den Denksprüchen, Lehren u. Beispielen d. Heiligen; nebst e. Andachtsübung f. die heil. Messe u. Uebungen üb. die 4 letzten Dinge. Aus d. Französ. frei übersetzt von J. P. Silbert. gr. 12. Wien 828. Wallishauser. 1 ꝛꝭ 6 ꝁ

— kleines christkatholisches, für jeden einzelnen Tag des Jahres, aus den Denksprüchen, Lehren u. Beispielen der Heiligen. Nebst einer Andachtsübung für die heilige Messe und Uebungen über die vier letzten Dinge. Aus d. Franz. frei übers. von J. P. Silbert. 2e verm. Aufl. gr. 12. Wien 840. Wallishauser. 1½ ꝛꝭ

Hausbuch

— für Landwirthe. Stuttgart 861. Schiller. 4. (160 S.) 21 ngr.

— Landwirthschafts- u. Familienbuch, f. alle Stände ꝛc. 8. Wittenb. Kühn. 810.

— deutscher Lyrik. Monatsschrift m. Kunstblättern in Lichtdr. Hrsgbr.: Herm. Kiehne. 1.–4. Bd. Oktbr. 1889–Septbr. 1893. à Jahrg. 12 Hefte. (à Heft 2½ Bog.) 16. Nordh., H. Kiehne. à Jahrg. ** 6 —

— deutscher Lyrik. Monatsschrift mit Kunstblättern in Lichtdr. Hrsg.: Herm. Kiehne. Oktbr. 1891–Septbr. 1892. 12 Hfte. (1½ Bog.) 16. Nebst Diamant-Bibliothek. (1½ Bog.) 24. Nordhausen H. Kiehne. n.n. 6. —

— dasselbe. Vierteljahrsschrift f. Dichtkunst u. Kritik. Mit Kunstblättern in Lichtdr. Hrsg.: Herm Kiehne. 10. Bd. 4 Hfte. gr. 16. (1. Hft. 32 S. u. 16 S. in 32. m. 2 Lichtdr.) Ebd. 894. n. 6. 40

— d. Lyrik deutscher Frauen. E. Sammelwerk zeitgenöss. Lyrik deutscher Dichterinnen. Hrsg. u. geleitet von Otto Mühle. 1. Jahrg. 1896. 12 Nrn. (à ca. 20 S.) 8. Großenhain, H. Starke. n. 4. —

— mittelalterliches. Bilderhandschrift des 15. Jahrh. mit vollständ. Text u. facsimilirten Abbildungen. Hrsg. vom Germanischen Museum. Leipzig 866. Brockhaus' Sort. Fol. (VIII, 53 S. mit 29 Kpfrtaff. in Fol., gr. Fol. u. qu. Imp.-Fol.) cart. n. 12 ꝛꝭ

— mittelalterliches. Bilderhandschrift des 15. Jahrh., mit vollständ. Text. Mit einem Vorworte von A. Essenwein. [Neuer Abdr.] Fol. (XII, 53 S. mit 28 Kpfrt. in Fol., gr. Fol. und qu. Imp.-Fol. und facs. Abbild.) Frankfurt a. M. 887, Keller. In Pergament

Hausbuch, mittelalterliches. Probeheft. Fol. (XII, 18 S. mit 6 Kpfrt.) Ebendas. 887. *

— neues, für christliche Unterhaltung. Erzählungen, Novellen, Gedichte ꝛc. Mit Originalbeiträgen von Isab. Braun, H. Breusing, M. Brühl, Seb. Brunner ꝛc. Hrsg. von Ludw. Lang. 1–8. Bd. à 6 Lfgn. (Jahrg. 1858–61.) à Jahrg. 2 Bde. Lex.-8. (à Lfg. ca. 80 S.) Augsburg, Schmid'sche Verlagsbuchh. à Lfg. * 8 Ngr. à Bd. *

— neues, für christliche Unterhaltung. Erzählungen, Novellen, Gedichte ꝛc. Mit Originalbeiträgen von Conr. v. Bolanden, Isab. Braun, M. Brühl, G. Dreyer ꝛc. Herausg. von Ludw. Lang. Jahrg. 1859–63. à 2 Bde. à 6 Liefgn. (à 5 Bgn.) Augsburg, Schmid. Jahrg. 859–61.: à Liefg. n. 8 ngr.; 62 u. 63: à Liefg. 7½ ngr.

— und Wirthschaftsbuch, neuestes, für Frauenzimmer. 8. Wien. 797.

— neuverfaßt., wornach man sich bei allen Wirthschafts-verricht. 2c. zu verhalten. 2 Thle. 8. Nürnb. 720-24. Schneider u. W.

Hausbuch, nützl. u. angenehmes, enth. eine Samml. von Kunststücken mancherlei Art, als: Lakkir-, Beitzen-, Koch-, Einmach-, Wein-, Liqueur-, ökonom. u. allerhand curiöse Künste u. bewährte Hausmittel. 8. Leipz. 816. Rein. 8 gr

— nützliches, f. Freunde d. Chemie, der Haus- u. Landwirthschaft, der Künste u. Handwerker. 8. Düsseld. 812. (Imhoff-Schwarz in Köln). (Düsseld. Gondon)

— ökonomisches, s. Allerlei, nützliches

Anonym: „Oekonomisches Haus- und Wirthschaftsbuch, als Rathgeber in mancherlei Vorfällen im häuslichen Leben", Ulm 1837 (Ebner). Auch u. d. T.: „Nützliches Allerlei, oder allerhand auf Erfahrung gegründete Vortheile in der Haus- und Landwirthschaft für Hausväter und Hausmütter".

Hausbuch

— ökonom.-medicinisches, oder Samml. von Vorschriften, die auf das Hauswesen Beziehung haben. 2 Thle. gr. 8. Berl. 804 u. 805. 3 ℛ (Taubert in Leipz.) 2 ℛ 18 gr

— ökonomisch-medizinisches, oder Samml. von Vorschriften, die auf's Hauswesen Beziehung haben. 2 Bde. gr. 8. 1804 — 1805. Jetzt Recht in Berlin. 2 ℛ

Hausbuch, Oekonomisch-medicinisches, oder Sammlung von Vorschriften . . . Riga 1804—6. V: *Friebe, Wilhelm Christian.* (Ky) (R-N)

Anonym: „Oekonomisch medicinisches Hausbuch, oder Sammlung von Vorschriften, die aufs Hauswesen Bezug haben", 2 Bände, Riga 1804 und 1806 (Hartmann).

— ökonomisch-medicin., od. Samml. a. Vorschriften d. auf's Hauswesen Beziehung haben. 2 Thle. gr. 8. Berlin, Himburg. 804-6. (à 1 Rthlr. 12 gr.)

— ökonomisch-medicinisches, 2 Thle. gr. 8. Riga, Hartmann. 805-6. (1r 1 Rthlr. 2r 1 Rthlr. 8 gr.)

— und Wirthschaftsbuch, österreichisches. 8. Wien. 744.

Haus-, Schul- u. Kirchenbuch für Christen des luther. Bekenntnisses. Herausgeg. von Wlh. Löhe. (In 2 Thln.) 1. Thl. in 5 Abtheil. gr. 8. Stuttgart 845, S. G. Liesching. n. 7/12 ℛ

Haus-, Schul- u. Kirchenbuch für Christen des luther. Bekenntnisses hrsg. von Wilh. Löhe. 1. Thl. in 5 Abthlgn. 1. Abth. 2 Aufl. A. u. d. T.: Enchiridion. Der kl. Catechismus M. Luthers für die gemeinen Pfarrherren u. Prediger. Mit Worterklärungen. 2. Aufl. 8. (32 S.) Stuttgart 847, S. G. Liesching. n. 1/12 ℛ

Haus- und Kunstbuch, unentbehrliches, enthaltend leichtfaßl. Anleitung zum Seifensieden 2c. s. Siegel, M. A., Haus- u. Kunstbuch.

Haus- u. Kunstbuch, unentbehrliches, enthaltend: Anleit. z. Seifensieden, Lichtgießen, u. Ziehen, Essigbrauen, Einmachen u. s. w. 12e Ausg. 8. Regensburg 827, Daisenberger.

— für christliche Unterhaltung. Erzählungen, Novellen, Gedichte, Legenden, Sagen 2c. Herausg. von Ludw. Lang. 1—8. Bd. à 12 Liefgn. (à 2—3 Bgn.) Mit 1 Stahlst. Augsburg 853—58. Schmid. Lex.-8. Jede Liefg. n. 4 ngr

— Land- u. Wirthschaftsbuch, d. vollst. sogen. Sächsische u. Brandenb. m. K. 4. Nürnb. Riegel. 730.

Haus- u. Kunstbuch, vortheilhaftes, enth. die neuesten Entdekkungen u. Erfindungen im Reiche der Natur u. der Kunst. 2e unveränd. Aufl. gr. 8. Hamm 820. Schulz. 1 ℛ 20 gr

Hausbuch

— vortreffl., f. Frauen u. Mädchen, ein Pendant zum Wiener Kochbuch. 8. Wien, Gerold. 791.

Schreibp.

Anonym: „Weibliches Haus- und Kunstbuch, oder Sammlung des Wissensnöthigsten aus der Oekonomie, Hauswirthschaft, Kochkunst, Kellerei und allen andern weiblichen Beschäftigungen", 2 Bände, Grätz 1804 (Tusch).

Hausbuch

— des geographischen Wissens. Eine systemat. Encyklopädie der Erdkunde für die Bedürfnisse der Gebildeten jeden Standes. Frei bearb. nach dem „Abrégé de Géographie" des A. Balbi von Cannabich, Littrow, Sommer, Wimmer u. Zeune. 2 Bde. in 8 Lfrgg. gr. 8. Günz 833, 34. Reichard. (Leipzig, Volckmar.) 5 ℛ

Anonym: „Haus-Buch, worinn zu sehen, wie das Rindvieh, Schaafe, Schweine, Gänse, Calecutische und andre Hüner, auch Tauben und Bienen zu warten und in allen Zufällen zu curieren; II. zweyter Theil, wie mit dem Acker-Bau, Wiesen und Gärten, Obst-Bäumen, und andern Pflantzen umzugehen", Nürnberg 1714.

Hausbücher. Nr. 1—14. 16. Stuttgart 881. 82. Gundert. cart. in Leinw. à n.n. — 50

1. Das Heizen unserer Zimmer durch den Regulirfüllofen oder wie in Wohnräumen e. gleichmäßige Wärme hergestellt werden kann. Mit 7 (eingedr.) Abbildungen. Von Geo. Pöbelt. (47 S.)
2. Die dankbarsten Zimmerpflanzen oder praktische Anleitung zur Pflege der für bürgerliche Wohnräume passendsten Blumen u. Blattpflanzen. Auf langjährige Erfahrung gegründet. Von Anna Fraenckel. Mit 6 (eingedr.) Abbildungen. 2., durchgeseh. Aufl. (87 S.)
3. Das Spiel im häuslichen Kreise. Ein Rathgeber f. die Familie. Von Iwan Gesse. (55 S.)
4. Der Hauskeller. Anleitung zur Behandlung desselben u. zur Aufbewahrung v. Wein, Bier, Obstmost, Kartoffeln 2c. Nebst e. Anweisung zur Verbesserung kranker Weine nach den bewährtesten Recepten. Von J. G. Maier. (63 S.)
5. Das bürgerliche Wohnhaus, oder wie sollen wir unsere Wohnräume einrichten u. ausstatten? Mit Betonung der gesundheitl. u. ästhet. Forderungen. Von Ed. Stahl. Mit 8 (eingedr.) Holzschn. (75 S.)
6. Die Hausfrau in Küche u. Speisekammer. Praktische Anleitung zur ökonom. Einrichtung der Küche u. zur richtigen Behandlung des Herdes, der Koch- u. Küchengeschirre im bürgerlichen Hause. Eine zeitgemäße Gabe f. Frauen u. Mädchen, sowie f. strebsame Köchinnen. Unter Mitwirkung v. Fachmännern hrsg. von Anna Fraenckel. Mit 17 (eingedr. Holzschn.-)Abbildungen. (73 S.)
7. Der Gesundheitsfreund. Ein Wegweiser zur Erhaltung der Gesundheit u. zur Vermeidung von Krankheit. Für Haus u. Familie v. F. E. Clasen. (61 S.)

8. Die menschliche Bekleidung in der häusl. Praxis, vornehmlich in ihren Beziehungen zur Gesundheitspflege. Mit besond. Berücksichtigung e. rationellen Fußbekleidung u. Wollkleidung nach G. Jäger. Von Emil Schlegel. Mit 10 (eingedr.) Holzschn. (70 S.)
9. Rathgeber in Geldgeschäften. Belehrungen üb. die Anlage in Werthpapieren, über Wechsel u. Lebensversicherung. Nebst Winken für die prakt. Führung des Haushaltungsbuchs. Für Kapitalisten, Geschäftsleute u. sorgl. Hausväter. Von C. Hohl. (51 S.)
10. Verstehst Du den Kalender? Ein Büchlein über Fest- u. Zeitrechnung, über Kalenderheilige u. Feiertage, Sonne u. Mond, Wetter u. Wetterregeln ꝛc. f. Jedermann, insbesondere f. Lehrer. Von J. G. Maier. (70 S.)
11. Die Nahrungsmittel u. ihre Fälschungen. Für die Hausfrauen dargestellt von F. Haberkorn. (59 S.)
12. Der Obstbau. Kurzgefaßte Anleitung zur Anlage u. Pflege des Obstgartens v. O. Hüttig. (59 S.)
13. Bewegungsspiele im Freien zur Gesundung des Körpers u. Erfrischung des Geistes. Für das heranwachsende Geschlecht v. F. E. Clasen. (71 S.)
14. Auf der Eisenbahn. Belehrungen über den Betrieb u. die Einrichtungen der deutschen Eisenbahnen. Zur Benutzung sowohl beim Reisen, als beim Versandt v. Gepäck, Thieren u. Gütern. Nebst e. Anhang über einige Reiserouten. Von O. Proß. (63 S.)

Hausbücher, ärztliche, s. Weller, K.

Hausbücher, ärztliche. (Hrsg. von Carl Weller.) 1—3. (Heft.) gr. 16. Leipzig 857—59, Hübner. à (Heft) * 10 Ngr.

Inhalt:

Heft 1. Weller, Carl, das Licht des Auges und dessen Erhaltung und Pflege im gesunden wie kranken Zustande. (VIII und 136 S.)
„ 2. —— Taschenbuch der Gesundbrunnen, Bäder, Curorte und Heilanstalten Deutschlands, der Schweiz und der angrenzenden Länder, nebst Anleitung zum Gebrauch der Trink- und Bade-Curen. (VI und 152 S.)
„ 3. —— Rathgeber für Brustkranke und Alle, die es nicht werden wollen. (IV und 136 S.)

Hausbücher, Deutsche, zu Lust u. Lehre f. Leser aller Stände. (Mit eingedr. Holzschn.) Nr. 1. Die Wunder der Pflanzenwelt. 8. (34 S.) Stuttgart 849, K. Müller. 2 ngr

— dies. Nr. 2. Die Wunder der Urwelt; die Koralleninseln der Südsee. 8. (48 S.) Ebd. 849. 3 ngr

— dies. Nr. 3. Erzherzog Karl v. Oesterreich. Ein Heldenleben. Von Karl Pfaff. 8. (32 S.) Ebd. 849. 2 ngr

— dies. Nr. 4. Friedrich der Große v. Preußen. Ein Heldenleben. Von Karl Pfaff. 8. (34 S.) Ebd. 849. 2 ngr

— dies. Nr. 5. Johann Wolfgang v. Goethe's Leben. Eine Festgabe zum einhundertjähr. Jubelfeste der Geburt des Dichters. 8. (24 S.) Ebd. 849. 2 ngr

— dies. Nr. 6. Friedrich v. Schiller. Ein Dichterleben. 8. (24 S.) Ebd. 849. 2 ngr

Hausbücher

— gemeinnützliche, für den Bürger u. Landmann wie für jede Haushaltung. 1—6. Buch. Dresden 861, 62. Klemm. gr. 8. Jedes Buch 22½ ngr

1. Buch: Allgemeines hauswirthschaftliches Recept-Lexicon. Eine wahre Fundgrube der Ersparniß u. des Wissens für jeden Bürger u. Landmann. Mit Benutzung der vorzüglichsten deutschen, französ. u. engl. Literatur bearb. u. herausg. von Emil Winckler. (XV, 244 S.)
2. Buch: Die goldene Schatzkammer der Hauswirthschaft. Ein unentbehrliches Familienbuch für jeden Bürger u. Landmann ꝛc. von Emil Winckler. (XXVI, 222 S.)
3—5. Buch: Das goldene Buch der Landwirthschaft. Eine Quelle der neuesten Erfahrungen u. des Wissens in allen Zweigen der rationellen Oeconomie, mit Einschluß der gesammten Viehzucht u. der Jagdnutzung ꝛc. Mit Benutzung der vorzüglichsten deutschen, französ. u. engl. Literatur bearb. u. herausg. von Emil Winckler. 3 Thle. (LXIV, 582 S.)
6. Buch: Lehrbuch der gesammten Kunstwäscherei u. Kleinigkeitsfärberei, sowie der Fleckenreinigungskunst, Hauswäscherei u. Appretur ꝛc. nebst allen damit in Verbindung stehenden technischen Vortheilen, Rezepten u. Geheimnissen der berühmtesten Fachleute, Lehrer u. Lehrerinnen dieser Branchen. Ein Buch für jede Haushaltung. Unter Mitwirkung von Fachleuten gesammelt u. in mehr als 300 Capiteln mitgetheilt von H. Klemm jun. 2. Aufl. (XVI, 188 S.)

Hausbücher, gesundheitliche. 30., 40. u. 41. Bd. gr. 8. Berlin 897. W. Möller. n. 4.50

30. Korpulenz. Ihre Ursachen, Verhütg. u. Heilg. durch einf. diätet. Mittel. Von Jul. Vogel. 22. Aufl., nach d. neuesten wissenschaftl. Forschgn. bearb. v. J. Gollner. (80 S.) n. 1.50
40. Der Nerven-Naturarzt. Populär-naturärztl. Ratschläge f. Nervenkranke u. solche, die es nicht werden wollen. Von Bilfinger. (53 S. m. Bildnis.) n. 1.—; geb. n. 1.50
41. Die Geschlechts-Krankheiten. Ihre Ursachen, ihr Wesen u. ihre naturgemäße Behandlg. Anh.: Die Lichtbehandlg. der Geschlechts-Krankheiten. Gemeinverständlich dargest. Von Fischer. (106 S.) n. 2.—

— dasselbe, Fortsetzg., s.: Hausbücher f. Gesundheitspflege.

— f. Gesundheits-Pflege. 2., 3., 4., 6., 9., 11., 12., 14., 22. u. 29. Bd. gr. 8. Berlin, W. Möller. n. 8.85

2. D. Influenza. Ihr Wesen, ihre Ursachen u. naturgem. Behandlg. Allgemein verständl. dargest. Von Fischer. (64 S.) 897. n. 1.—
3. D. Hustenkrankheiten d. Kinder u. d. Erwachsenen, ihre Entstehg., Behandlg. u. Verhütg. Ein Ratgeber f. Jedermann. Von Paul Niemeyer. 4. Aufl., hrsg. v. Carl Gerster. M. 5 Abb. (75 S.) 898. n. 1.—
4. Die Erkältungs-Krankheiten (rheumat., katarrhal. u. sogen.), ihre Ursachen, Behandlg. u. Verhütg. Ein Ratgeber f. Jedermann. Von Paul Niemeyer. 3. Aufl., durchges. u. hrsg. v. Carl Gerster. (61 S.) 898. n. 1.
6. Sofort. Schmerzstillg. durch Handgriffe insbes. bei Atemnot — Aufstoßen — Brechreiz — Blutleere im Gehirn — Blutandrang — Herzangst, starkes Herzklopfen — Verdauungsbeschwerden — Magenkrampf — Ischias — Kopfschmerzen — Globus — Migräne — Schlaflosigkeit — Keuch- od. Stickhusten — versch. Nervenschmerzen — Schwindelgefühl u. s. w., zur Erleichg. f. Jedermann gemeinverständl. beschrieben u. durch 9 Abb. erläutert. Von Reinh. Gerling. 1. u. 2. Aufl. (à 32 S.) 898. n. —.50
9. Die naturgem. Pflege d. Augen von d. Kindheit bis z. Greisenalter. Populärer Vortrag. Von Rindfleisch. M. 5 Fig. 3. Aufl. (28 S.) 898. n. n. —.35
11. Bart- u. Kopf-Flechten, ihre Entstehg., Verhütg. u. Heilg. Von Spohr. (36 S.) 897. n. —.50
12. Ueb. d. Unwohlsein bei Frauen. Von Klara Muche. 4. Aufl. (42 S.) 898. n. 1.—
14. Die Krankheiten d. Herzens, ihre Formen, Ursachen, Verhütg. u. diätetisch-hygien. Behandlg. Von J. Herm. Baas. Mit 3 in den Text gedr. Holzschn. 3., verb. Aufl. (68 S.) 897. n. 1.—
22. Erste Hilfe b. Unglücksfällen. Anleitg. z. Behandlg. bei Blutgn., Schnitten, Stichen, Quetschgn., Verrenkgn., Brüchen, Knochenbrüchen, Eisenbahn- u. Dampfboot-Unfällen, Verbrenngn. u. Verbrühgn., Explosionen, Bissen toller Hunde, Entzündgn., Cholera, Diarrhöe, Augenverletzgn., Erstickgn., Vergiftgn., Schlaganfällen, Sonnenstich, Blitzschlag, Ertrinkgn. u. s. w. Von Alfr. Smee. Anh.: Das Wasser-Heilverfahren. Mit 16 Abb. 2. Aufl. (35 S.) 898. n. —.50
29. D. Frauenkrankheiten, deren Verhütg. u. hygien. Behandlg., m. Einschluß e. Gesundheitspflege f. Frauen u. Mädchen. Von J. Herm. Baas. 2., verb. Aufl. (84 S. m. Abb.) 898. n. 2.—

Hausbücher f. Gesundheitspflege. 1., 5.—7., 11.—13., 15., 19., 26., 31., 34.—36., 40., 42.—45., 47. u. 49. Bd. gr. 8. Berlin, W. Möller. n. 25. 75

Inhaltsübersicht in alphabetischer Ordnung:

Baas, J. Herm., die Augenkrankheiten, deren Pflege u. Verhütung, m. Einschluß e. Darstellg. des Brillengebrauchs bei Gesichtsfehlern. Mit 20 Abbildgn. 2. verb. Aufl. (108 S.) 899. (Bd. 26.) n. 1. 50

Bilfinger, Bleichsucht u. Blutarmut. Ihre Entstehg., naturgemäße Heilg. u. Verhütg. Naturärztliche Ratschläge f. Jedermann. (91 S.) 899. (Bd. 1.) n. 1. 25

— der Nerven-Naturarzt. Populär-naturärztl. Ratschläge f. Nervenkranke u. solche, die es nicht werden wollen. 3. verm. Aufl. (76 S. m. Bildnis u. 2 Abbildgn.) 902. (Bd. 40.) n. 1. —; geb. 1. 50

Cornelius, Liete, so bleibt ihr gesund von der Wiege bis zum Grabe. Winke u. Ratschläge f. den ganzen Lebenslauf des Weibes unter besond. Berücksicht. der Pubertäts- u. Wechsel-Jahre. 1. u. 2., unveränd. Aufl. (à 49 S. m. Abbildgn.) (902.) (Bd. 47.) n. 1. —; geb. 1. 50

Emmel, Ed., das Wasserheilverfahren bei Kinderkrankheiten. Anleitung zur naturgemässen Behandlg. verschied. Kinderkrankheiten. (V, 127 S. m. 22 Abb.) 899. (Bd. 15.) n 2. —

Gerling, Reinh., sofortige Schmerzstillung durch Handgriffe insbesondere bei Atemnot — Aufstoßen — Brechreiz — Blutleere im Gehirn — Blutandrang — Herzangst, starkes Herzklopfen — Verdauungsbeschwerden — Magenkrampf — Ischias — Kopfschmerzen — Globus — Migräne — Nasenbluten — Schnupfen — Schlaflosigkeit — Keuch- od. Stickhusten — versch. Nervenschmerzen — Schwindelgefühl — Wadenkrampf u. s. w., zur Erlerng. f. Jedermann gemeinverständlich beschrieben u. durch Bilder erläutert. 4. verm. Aufl. (30 S.) 899. (Bd. 6.) n. — 50

Goliner, J., die Magen-, Leber- u. Darm-Krankheiten. Ihre Ursachen, Verhütg. u. diätet. Behandlg. 2. verm. u. verb. Aufl. Mit 5 Abb. u. 1 Taf. (137 S.) 900. (Bd. 31.) n. 2. —

— die Unterleibsbrüche. Gemeinverständl. Belehrgn. f. jeden Bruchleidenden. Neue [Titel-]Ausg. (60 S. m. 2 Abb.) (892.) (Bd. 19.) n. 1. —

Grünfeld, die Massage. Ihr Wesen, ihre Bedeutg. u. Anwendg. Ein prakt. Lehrbuch f. gebildete Laien. Mit 17 Abbildgn. u. 1 Titelbild. 2. verb. u. verm. Aufl. (96 S.) (900.) (Bd. 34.) n. 1. 50

— die Zimmer-Gymnastik, ihre Bedeutung u. Anwendung, m. besond. Berücksicht. der schwedischen Heilgymnastik. Für gebildete Laien faßlich dargestellt. Mit 82 Abbildgn. 2. verb. u. verm. Aufl. (111 S.) (901.) (Bd. 35.) n. 2. —

Horn, die Haut-Krankheiten, ihre Ursachen, Verhütung u. naturgemässe Behandlung, allgemein verständl. dargestellt. 2. verb. u. verm. Aufl. (109 S. m. 1 Abb.) (900.) (Bd. 36.) n. 1. 50

Keibel, Erich, wie sollen wir rauchen? Aerztliche Anleitg. zur Vermeidung der Schädlichkeiten des Tabakgenusses. 3. Aufl. (53 S.) 899. (Bd. 43.) n. 1. —

Muche, Frau Klara, über das Unwohlsein bei Frauen. Anh.: Einiges üb. Unterleibs-Leiden. 5. Aufl. (15. Taus.) (56 S.) (900.) (Bd. 12.) n. 1. —

Müller, Aug., so wirst du v. deiner Nervosität befreit! Erprobte ärztl. Ratschläge f. nervöse Menschen. (52 S.) (902.) (Bd. 19.) n. 1.

Niemeyer, Paul, Hämorrhoiden u. Leibesverstopfung. Ihre Ursachen, Behandlg. u. Verhütg. Ein Ratgeber f. Jedermann. 3. Aufl., durchgesehen u. hrsg. v. Carl Gerster. (94 S. m. Abbildgn.) 899. (Bd. 7.) n. 1. 50

Roth, Nieren- u. Blasen-Krankheiten. Gemeinverständliche Belehrgn. u. Ratschläge üb. die Krankheiten der Harnorgane. 2. verb. u. verm. Aufl. Mit 2 Abbildgn. (77 S.) (901.) (Bd. 5.) n. 1. — ; geb. 1. 50

Spohr, Bart- u. Kopfflechten, ihre Entstehung, Verhütung u. Heilung. 2. verm. u. verb Aufl. (37 S.) 903. (Bd. 11.) n. — 50

Weil, Rud., Leitfaden f. die Untersuchung des Urines zur rechtzeitigen Erkennung v. Krankheiten. Für Laien nach einfachen Methoden zusammengestellt. 1. u. 2. unveränd. Aufl. (à 25 S. m. 10 Abbildgn.) (901.) (Bd. 44.) n. — 50

— gesunde Lungen! Die richt Atmg., das naturgemäßeste u. wichtigste Hilfs- u. Heilmittel bei Erkrankgn. der Atmungsorgane u. gewisser chron. Krankheitszustände. Sicherster Schutz gegen die Lungenschwindsucht. (96 S. m. 1 Taf. u. 37 Abb.) 901. (Bd. 45.) n. 1. 50

— die Lungenschwindsucht. Ihre Verhütg., Verlauf u. mögl. Heilung. (69 S. m. 1 Taf.) 899. (Bd. 42.) n. 1.

Weiton, Haar-Krankheiten u. die Pflege des Haares im gesunden u. kranken Zustande. Nach d. neuesten Erfahrgn. volkstüml. dargest. (82 S. m. 1 Taf.) (900.) (Bd. 13.) n. 1. 50

Den 46. Bd. bildet: Kühner, A., die Nervenschwäche. Berlin 892.

Hausbücher f. Gesundheitspflege. 14. 24. 25. 28. 30. 40. 41. 44. 46. 48. u. 50.—52. Bd. 8. Oranienburg, H. Möller. n. 17. 25

Allinson, der Gelenkrheumatismus. Ursachen, Verhütg. u. e. bewährtes, einfaches Heilverfahren. Berechtigte deutsche Ausg. v. Fehlauer. [Aus: „Unser Hausarzt".] (16 S.) Berlin (902.) (Bd. 50.) n. — 50

Baas, J. Herm., die Krankheiten des Herzens, ihre Formen, Ursachen, Verhütung u. diätetisch-hygienische Behandlung. Mit 3 in den Text eingedr. Holzschn. u. e. farb. Herzphantom. 4. verb. Aufl. (68 S.) (905.) (Bd. 11.) n. 1. —

Bilfinger, der Nerven-Naturarzt. Populär-naturärztl. Ratschläge f. Nervenkranke u. solche, die es nicht werden wollen 4. unveränd. Aufl. Mit Portr. des Verf. u. 2 Text-Abbildgn. (76 S.) Berlin (901). (Bd. 40.) n. 1. —

Cornelius, Liete, was müssen junge Frauen üb. den Verlauf v. Schwangerschaft, Geburt u. Wochenbett wissen? (75 S.) Berlin (901). (Bd. 51.) n. 1.

Fischer, die Geschlechts-Krankheiten. Ihre Ursachen, ihr Wesen u. ihre naturgemäße Behandlg. Gemeinverständlich dargestellt. 2. verm. Aufl. (122 S.) Berlin (903). (Bd. 41.) n. 3. —

Funke, Th., Heilung der Gicht u. Korpulenz. Neu bearb. v. Kühner. (Umschlag: 2. Aufl.) (33 S.) Berlin (901). (Bd. 21.) n. 1. —

Kühner, A., die Bevölkerungsfrage u. ihre glückliche Lösung durch die Frau. Aerztliche Ratschläge u. Aufklärgn. (91 S.) Berlin (904). (Bd. 28.) n. 1. —

— vorzeitige Nervenschwäche m. besond. Berücksicht. der Geschlechtsnervenschwäche, Impotenz - Pollutionen etc. sowie deren Behandlung nach eigenem Verfahren. Auf Grund reicher neuer Kasuistik bearb. 10. gänzlich umgearb. Aufl. (107 S.) Berlin 906. (Bd. 46.) n. 2. 50
8. Aufl. (116 S.) 901. n. 2.—.

Müller, Aug., ihr sollt keusch u. züchtig leben! Ein Weck- u. Mahnruf an die Eltern u. die reife Jugend, verbunden m. erprobten ärztl. Ratschlägen zur Heilg. der Onanie u. ihrer Folgen. (VII, 85 S.) Berlin (903). (Bd. 48.) n. 1. —; geb. n. 1. 50

Thilo, Maria v., die Hygiene des Weibes. Ein ärztl. Frauenbuch m. besond. Berücksicht. der Entwicklungsjahre, Eheleben u. Wechseljahre, Frauen- u. Kinderkrankheiten. (VIII, 212 S. m. Abbildgn.) Berlin 904. n. 2. —

— was sage ich meiner Tochter v. den Entwicklungsjahren? (84 S. m. Abbildgn.) Berlin (904). (Bd. 52.) n. — 50

Vogel, Jul., Korpulenz. Ihre Ursachen, Verhütg. u. Heilg. durch einfache diätet. Mittel. 23. u. 24. Aufl., nach den neuesten wissenschaftl. Forschgn. bearb. v. J. Goliner. (40 S.) Berlin (903. 904). n. 2. —; geb. n. 2. 50

Weil, Rud., Leitfaden f. die Untersuchung des Urines zur rechtzeitigen Erkennung v. Krankheiten. Für Laien nach einfachen Methoden zusammengestellt. 3. verb. u. 4. unveränd. Aufl. (29 S. m. 10 Abbildgn. u. 1 farb. Taf.) Berlin (903.) (Bd. 44.) n. — 75

Hausbücher f. Gesundheitspflege. 7., 17., 32., 33., 40., 44. u. 45. Bd. 8. Oranienburg, W. Möller. 9. —

Bilfinger, der Nerven-Arzt auf hygienisch-biolog. Grundlage. Ratschläge f. Nervenkranke u. solche, die es nicht werden wollen. 5. überarb. Aufl. (77 S. m. Bildnis u. 2 Abb.) (910.) (Bd. 40.) 1. 50

Goliner, die Ernährung des kranken Menschen, insbesondere der Magen- u. Darmleidenden. Ein populärer Wegweiser f. die diätet. Pflege. 2. verb. Aufl. (75 S.) (907.) (Bd. 32.) 1. —

Kühner, B., Hals-, Kehlkopf- u. Lungen-Krankheiten, ihre Ursachen, Behandlg. u. Heilung nach d. biolog. Verfahren. Mit 5 Abb. (68 S.) (907.) (Bd. 33.) 1.50; geb. 2. —

Muche, Klara, über den physischen u. moralischen Einfluß der Mutter auf ihr Kind vor der Geburt. 14. Aufl. (32 S.) (908.) (Bd. 17.) — 50

Niemeyer, Paul, Hämorrhoiden u. Leibesverstopfung. Ihre Ursachen, Behandlg. u. Verhütg. Ein Ratgeber f. jedermann. 4. Aufl., durchgeseh. u. hrsg. v. Karl Gerster. (84 S. m. Abb. auf 1 Taf.) (907.) (Bd. 7.) 1.50; geb. 2. —

Weil, Rud., Leitfaden f. die Untersuchung des Urines zur rechtzeitigen Erkennung v. Krankheiten. Für Laien nach einfachen Methoden zusammengestellt. 5. erweit. Aufl. (36 S. m. 10 Abbild. u. 1 farb. Taf.) 909. (Bd. 44.) 1.

— Gesunde Lungen! Die richtige Atmg., das naturgemäßeste u. wichtigste Hilfs- u. Heilmittel bei Erkrankgn. der Atmungsorgane u. gewiss. chron. Krankheitszustände. Sicherster Schutz gegen die Lungenschwindsucht. 2. durchgeseh. u. erweit. Aufl. (96 S. m. Fig. u. 1 Taf.) 910. (Bd. 45.) 2. —

Haus- u. Herz-Bücher. Nr. 1—5. 16. Ziegenrück, Ziegenrücker Kolportage Verein. à — 10

1. D. kleine Katechismus f. d. gem. Pfarrherrn u. Prediger. Durch D. Mart. Luther. (32 S.) 891.
2. 3. D. schönsten Gedichte Goethes u. Schillers. (128 S.) 895.
4. D. Briefe d. Paulus a. d. Kolosser u. an Philemon. Aufs Neue verdeutscht durch Mart. v. Gerlach. (16 S.) 894.
5. [illegible]. Von Gthlf. Heinr. v. Schubert. (48 S.) 895.

Hausbücher, medizinische. 1—29. Hft. gr. 8. Berlin 872—76. Denicke's Verlag. Subscriptionspr. à n. — 30; Einzelpr. à n. — 50

1. Die Cholera u. die Mittel sie zu bekämpfen. Ein Raths- u. Hülfsbuch f. Jedermann, wie f. Gemeindeverwaltgn., Sanitätsbehörden ꝛc. v. Jul. Vogel. (29 S.)

2. 3. Das Scharlachfieber. Seine Ursachen, Verhütg. u. Heilg. Ein Rathgeber f. Jedermann v. Adf. Baginsky. (80 S.)

4. 5. Die landläufigen Hustenkrankheiten, ihre Behandlg. u. Verhütg. Ein Rathgeber f. Jedermann v. Paul Niemeyer. 2. verm. u. verb. Aufl. Mit 6 (eingedr. Holzschn.) Abbildgn. (68 S.)

6. 7. Die Erkältungskrankheiten. Ihre Ursachen, Behandlg. u. Verhütg. Von Paul Niemeyer. Mit 1 Abbildg. (in eingedr. Holzschn.) (64 S.)

8. Die Diphtheritis. Ihre Ursachen, Verhütg. u. Heilg. v. P. Sachse. (35 S.)

9. 10. Der Brechdurchfall u. die Verdauungskrankheiten der Kinder. Ihre Ursachen, Verhütg. u. Heilg. Von Adf. Baginsky. (64 S.)

11—13. Die Hämorrhoiden. Ihre Ursachen, Behandlg. u. Verhütg. v Paul Niemeyer. Mit 10 Abbildgn. (in eingedr. Holzschn.) (95 S.)

14. 15. Der Typhus. Seine Formen, Ursachen u. Verhütg. Nebst Anhang üb. die Trinkwasser-Untersuchg. Von J. Herm. Baas. Mit e. Abbildg. (eingedr. Holzschn.) (84 S.)

16. 17. Bleichsucht u. Migräne (Kopf-Kolik.) Nervosität u. Hysterie. Ihre Ursachen, Verhütg. u. Heilg. Ein Rathgeber f. Jedermann v. Adf. Baginsky. (64 S.)

18—20. Krummer Rücken, flache Brust, Plattfuß. Ihre Ursachen, Behandlg. u. Verhütg. Ein Rathgeber f. Jedermann v. Paul Niemeyer. Mit 15 Abbildgn. (in eingedr. Holzschn.) (94 S.)

21. Die Hausapotheke, enth. die unentbehrl. Hausmittel. Zusammengestellt v. S. Mühsam u. A. Baginsky. (32 S.)

22. 23. Die Fieberkrankheiten. Ihre Ursachen, Verhütg. u. Heilg. m. besond. Berücksicht. der Kaltwasserbehandlg. Ein Rathgeber f. Jedermann v. Adf. Baginsky. (64 S.)

24—27. Die Krankheiten d. menschlichen Haares u. die Haar-Pflege. Von J. Pincus. (VIII, 124 S.)

28. 29. Die Krankheiten d. Herzens, ihre Formen, Ursachen, Verhütung u. diätetisch-hygieinische Behandlung. Von J. Herm. Baas Mit 3 in den Text gedr. Holzschn. (56 S.)

Hausbücher, medicinische. 30—54. Hft. gr. 8. Berlin 877—80. Münchhoff. Subscr.-Pr. à n. — 30

30. Die Masern u. der Keuchhusten. Ihre Ursachen, Verhütung u. Heilung. Ein Rathgeber f. Jedermann von H. J. Baske. (39 S.) Einzelpr. n. — 50

31—35. Bäder u. Badekuren. Von S. Hahn. (VIII, 151 S.) Einzelpr. n. 2. —

36. 37. Die Parasiten d. menschlichen Körpers. Ihre Entstehung, Lebensweise u. Vertreibung. Von M. Dyrenfurth. Mit 27 in den Text gedr. (Holzschn.-)Abbildungen. (IV, 86 S.) Einzelpr. n. 1. —

38—40. Die Krankheiten der Zähne u. des Mundes, nebst e. Anh.: Zahnpflege u. Zahnersatz von W. v. Gnorard. Mit 46 (eingedr. Holzschn.-)Abbildungen. (VIII, 112 S.) Einzelpr. n. 1. 50

41. 42. Die Unterleibsbrüche, ihre Ursachen, Entstehungsart, Hauptformen, Verhütung u. Behandlung v. J. Herm. Baas. Mit 10 (eingedr. Holzschn.-) Abbildungen. (46 S.) Einzelpr. n. 1. —

43—46. Die Skrofelkrankheit. Ihre Entstehung, Verhütung u. Behandlung. Von Paul Niemeyer. Mit 3 (eingedr. Holzschn.-)Abbildungen. (104 S.) Einzelpr. n. 1. 50

47—50. Die Gifte u. Gegengifte. Ein Rathgeber für Jedermann über Natur, Wirkung u. Behandlung der Gifte, zugleich mit Rücksicht auf gewerbl. Vergiftungen von M. Dyrenfurth. (IV, 140 S.) Einzelpr. n. 1. 50

51. Die erste Hülfe bei Unglücksfällen. Anleitung zur Behandlung bei Blutungen, Schnitten, Stichen, Quetschungen, Verrenkungen, Brüchen, Knochen-Brüchen, Eisenbahn- u. Dampfboot-Unfällen, Verbrennungen u. Verbrühungen, Explosionen, Bissen toller Hunde, Entzündungen, Cholera, Diarrhöe, Augenverletzungen, Erstickungen, Vergiftungen, Schlaganfällen, Sonnenstich, Blitzschlag, Ertränkungen 2c. Von Alf. Smee. Mit 10 (eingedr.) Holzschn. (32 S.) Einzelpr. n. — 50

52. 53. Die Krampfkrankheiten, deren Entstehung, Verhütung u. Behandlung. Von Pet. Kaatzer. (III, 48 S.) Einzelpr. n. 1. —

54. Die Lebenskunst, Handbuch einer vernunftgemäßen Gesundheitslehre d. Körpers u. Geistes von Jul. Nagel 3. Aufl. 1. Lfg. (32 S.) Einzelpr. n. — 50

dasselbe 24—27. Hft. gr. 8. Ebend. 879. n. 1. 50
Die Krankheiten des menschlichen Haares u. die Haar-Pflege. Von J. Pincus. 2., verm. Aufl. (VIII, 129 S.)

Hausbücher, medicinische.
[Leipzig, Hucke.] Berlin, Hampel.

Hausbücher, medicinische. 5., 7., 13., 14., 24—29. Bd. gr. 8. Berlin, Hampel. n. 11. 50

5. Die Diphtheritis. Von Paul Sachse. 2. Aufl. (VI, 30 S.) 884. n. — 50

7. Die Hämorrhoiden. Ihre Ursachen, Behandlg. u. Verhütg. Ein Rathgeber f. Jedermann v. Paul Niemeyer. Mit 9 Abbildgn. 2. Aufl. (IV, 83 S.) 884. n. 1. 50

13. Die Krankheiten d. menschlichen Haares u. die Haar-Pflege. Von J. Pohl-Pincus. 3. Aufl. (VIII, 131 S.) 885. n. 1. 50

14. Die Krankheiten d. Herzens, ihre Formen, Ursachen, Verhütung u. diätetisch-hygieinische Behandlung. Von J. Herm. Baas. 2. Aufl. Mit 3 in den Text gedr. Holzschn. (III, 53 S.) 884. n. 1. —

24. Die Seekrankheit. Ihre Ursachen, Behandlg. u. Verhütg. Ein Rathgeber f. Jedermann v. Emil Nagel. (39 S.) 876. n. — 50

25. Die Epilepsie, nach Ursachen u. Wesen, Verhütg. u. Behandlg. dargestellt v. M. Dyrenfurth. (IV, 60 S.) 885. n. 1. —

26. Die Augenkrankheiten, deren Pflege u. Verhütung, m. Einschluß e. Darstellg. d. Brillengebrauchs bei Gesichtsfehlern v. Herm. Baas. Mit 20 Abbildgn. (IV, 128 S.) 885. n. 1. 50

27. Das Stottern, seine Ursachen u. seine Heilung. Für Eltern, Lehrer u. Erzieher dargestellt v. J. Ruff. (VII, 83 S.) 885. n. 1. 50

28. Die Cholera auf ihrem neuesten Standpunkte. Von R. Koch. (IV, 42 S.) 886. n. — 50

29. Die Frauenkrankheiten, deren Verhütg. u. hygiein. Behandlg. m. Einschluß e. Gesundheitspflege f. Frauen u. Mädchen v. J. Herm. Baas. Mit 9 Holzschn. (III, 103 S.) 887. n. 2. —

Hausbücher, medicinische. 30.—38. Bd. gr. 8. Berlin-Friedenau, Hampel. n. 14. 50

30. Die Krankheiten d. Nieren u. der Harnblase. Ihre Erscheingn., Verhütg. u. Behandlg. Von H. Baas. Mit 12 Abbildgn. (IV, 76 S.) 887. n. 1. 50

31. Die Magen-, Leber- u. Darm Krankheiten. Ihre Ursachen, Verhütg. u. diätet. Behandlg. Von J. Gollner. Mit Abbildg. (96 S.) 887. n. 2. —

32. Die Ohrenkrankheiten, deren Verhütung u. hygienische Behandlung. Von K. Lichtenberg. Mit 14 in den Text gedr. photozinkogr. Abbildgn. (105 S.) 888. n. 2. —

33. Die Ernährung d. kranken Menschen, insbesondere der Magen- u. Darmleidenden. Ein populärer Wegweiser f. die diätet. Pflege. Von Gollner. (114 S.) 888. n. 2. —

34. Die Massage. Ihr Wesen, ihre Bedeutung u. Anwendung. Für gebildete Laien faßlich dargestellt v. Grünfeld. Mit Abbildgn. (65 S.) 888. n. 1. —

35. Die Zimmergymnastik. Ihr Wesen, ihre Bedeutung u. Anwendung. Für gebildete Laien faßlich dargestellt v. Grünfeld. Mit 50 Abbildgn. (64 S.) 888. n. 1. —

36. Die Hautkrankheiten. Ihre Ursachen, Verhütg. u. Behandlg., allgemein verständlich dargestellt v. Horn. (84 S. m. 1 Abbildg.) 889. n. 1. 50

37. Die Kaltwasserkuren, gemeinverständlich dargestellt von Axel Winckler. (51 S. m. 25 Abbildgn.) 890. n. 1. —

38. Ueber Schwitzbäder —, russische Dampfbäder —, Kastendampfbäder —, Kiefernadeldampfbäder —, örtl. Dampfbäder —, Weingeistdampfbäder —, röm., römisch-irische od. türkisch-röm. Heißluftbäder —, Sandbäder —, nebst e. Anh.: Das Dampfbad im Hause —, Zeltdampfbäder —, Bettdampfbäder —, Rohrbankdampfbäder u. s. w. Von Axel Winckler. (127 S. m. 35 Abbildgn.) 890. n. 2. 50

Hausbücher medicinische. 13. u. 39. Bd. gr. 8. Berlin-Friedenau, M. Hampel. n. 4. 50

13. Die Haarkrankheiten, ihre Behandlung u. die Haarpflege. Von J. Pohl-Pincus. 4., erweit. Aufl. (173 S.) 891. n. 2. 50

39. Die Seebäder u. ihre Anwendung. Ein Handbuch f. Badegäste v. Axel Winckler. (VIII, 141 S.) 892. n. 2.

— dasselbe, Fortsetzg., s.: Hausbücher, gesundheitliche.

Hausbücher, medizinische. Nr. 1—4. 8. Wien 896. G. Szelinski. n. 4. —

1. Hygiene d. Auges. Ursachen, Verhütg. u. Heilg. d. Augenkrankheiten, populär-wissenschaftl. dargest. v. Adf. Wittner. Hrsg. v. Wiener Volksbildungs-Verein. (88 S.) 897. n. 1. —
2. Die Nervosität d. Frauen. Ihre Symptome u. Heilg. Von J. Wilhelm. (III, 91 S.) 896. n. 1. —
3. Diät f. Nervenkranke. Wie sollen Nervöse, Nervenschwache, Rückenmarks-, Gehirnkranke u. Epileptische leben u. welche Speisen u. Getränke dürfen sie genießen? Für Nervenkranke aller Stände. Verf. v. J. Wilhelm. 2. [Titel-]Aufl. (57 S.) (894) 897. n. — 80
4. Der Gesundheits-Sport in s. Anwendg. beim gesunden u. kranken Menschen. Jugendspiele, Turnen, Touristik, Rudersport, Radfahren, aktive u. passive Gymnastik, Massage, Elektricität sow. auch and. sportl. Uebgn. u. deren Wert f. die Gesundheit. Von J. Wilhelm. 2. [Titel-]Aufl. (VII, 104 S. m. 12 Abb.) (894) 897. n. 1. 20

— medizinische. Nr. 1—11. Wien, G. Szelinski. n. 6.85

Godat, Leo, wie soll man die Kneipp'schen Wasseranwendungen gebrauchen? Anleitung, die Gesundheit zu festigen u. zu erhalten. (50 S.) kl. 8. (901.) (Nr. 10.) n. — 50

Rathgeber f. Lungenkranke. Auf Grund eigener Beobachtgn. Von Sanitas. (III, 51 S.) kl. 8. 898. (Nr. 8.) n. — 50

Wie kann jedermann Geschlechtskrankheiten u. deren Folgen auf natürlichem Wege heilen u. solchen vorbeugen? 1. Der Tripper. (Von Leo Godat.) (28 S.) kl. 8. (905.) (Nr. 9.)

Wilhelm, J., Diät f. Nervenkranke. Wie sollen Nervöse, Nervenschwache, Rückenmarks-, Gehirnkranke u. Epileptische leben u. welche Speisen u. Getränke dürfen sie genießen? Für Nervenkranke aller Stände. 3., verm. u. verb. Aufl. (III, 64 S.) kl. 8. 902. (Nr. 3.) n. — 70

— Führer f. Nervenkranke. Welche Heilanstalten, Sanatorien, Wasserheilanstalten, Bäder u. Curorte etc. sollen Nervenkranke jeder Art u. aller Stände besuchen u. welche Curmethoden sollen sie benützen? (62 S.) kl. 8. 905. (Nr. 5.) n. — 70

— der Gesundheits-Sport in seiner Anwendung beim gesunden u. kranken Menschen. Eine populär-wissenschaftl. Abhandlg. üb. Jugendspiele, Turnen, Touristik, Rudersport, Radfahren, active u. passive Gymnastik, Massage, Elektricität sowie auch andere sportl. Uebgn. u. deren Werth f. die Gesundheit. Mit 14 Abb. im Text. (VII, 104 S.) kl. 8. 894. (Nr. 4.) n. — 70

Wilhelm, J., Heilung der Nervosität u. der Neurasthenie. Wie kann sich jeder Nervöse u. überhaupt Nervenkranke auf naturgemäße Weise selbst behandeln u. heilen? 5. verm. u. verb. Aufl. Volksausg. (67 S.) 8. 906. (Nr. 11.) n. 1. —

— die Naturärzte u. das neue Naturheilverfahren, seine Vortheile u. Mängel. Für Gesunde u. Kranke aller Stände. (47 S.) kl. 8. 899. (Nr. 7.) n. — 35

— die Nervosität der Frauen. Ihre Symptome u. Heilg. (III, (91 S.) kl. 8. 896. (Nr. 2.) n. — 70

— Ratgeber f. Herzkranke. Herzleiden, organ. u. nervöser Natur, Verkalkg. der Blutgefäße etc. (48 S.) kl. 8. 905. (Nr. 6.) n. — 60

Wittner, Adf., Hygiene des Auges. Ursachen, Verhütg. u. Heilg. der Augenkrankheiten, populär-wissenschaftlich dargestellt. Hrsg. vom Wiener Volksbildungs-Verein. (88 S.) kl. 8. 897. (Nr. 1.) n. — 70

Hausbücherei. Hrsg. v. Chr. G. Hottinger. (In 101 Bdn.) 14. Bd.: Kulturgeschichte. Von Karl Ferd. Vict. Obertimpfler. 12. (160 S.) Straßb. i. E. 891, Hottinger. cart. * — 80
Subscr.-Pr. f. das vollständ. Werk * 30 —

1.—13. Bd. noch nicht erschienen.

Hausbücherei, der deutschen Dichter-Gedächtnis-Stiftung. 1.—19. Bd. kl. 8. Hamburg-Großborstel, Deutsche Dichter-Gedächtnis-Stiftg. Geb. in Leinw. n. 18. 70

Balladenbuch. 1. Bd.: Neuere Dichter. (495 S.) 904. (Bd. 6. 7.) n. 2. —

Goethes Briefe in kleiner Auswahl. 2 Bde. 1749—1832. Hrsg. u. biographisch erläutert von Wilh. Bode. Mit 2 Bildnissen Goethes v. J. H. W. Tischbein u. J. Stieler. (169 u. 197 S.) 906. (Bd. 18. 19.) n. 2 —

— Götz v. Berlichingen m. der eisernen Hand. Ein Schauspiel. (178 S.) 903. (Bd. 2.) n. — 80

Heinebuch. Eine Auswahl aus Heinr. Heines Dichtgn., hrsg. u. eingeleitet v. Otto Ernst. Mit e. Bilde Heines. (203 S.) 906. (Bd. 17.) n. 1. —

Humoristen, deutsche. Eine Auswahl humorist. Erzählgn. 1. Bd. (221 S.) 903. (Bd. 3.) n. 1. —

— dasselbe. 2. Bd. Clemens Brentano. E. Th. A. Hoffmann, Heinrich Zschokke. (222 S.) 904. (Bd. 4.) n. 1. —

— dasselbe. 3. Bd. Hans Hoffmann. Otto Ernst. Max Eyth. Helene Böhlau. (196 S.) 904. (Bd. 5.) n. 1. —

Kleist, Heinr. v., Michael Kohlhaas. Nach e. alten Chronik. Mit e. Bildnis Kleists, Vollbildern v. Ernst Liebermann u. Einleitg. v. Ernst Schultze. (170 S.) 903. (Bd. 1.) n. — 90

Kurz, Herm., der Weihnachtsfund. Eine Volkserzählg. (209 S.) 904. (Bd. 8.) n. 1. —

Mörike, Eduard, Auswahl aus den Dichtungen. Hrsg. u. eingeleitet v. J. Loewenberg. Mit e. Bilde Mörikes v. Weiß. (235 S.) (Bd. 16.) n. 1. —

Novellenbuch. 1. Bd. Conr. Ferd. Meyer. Ernst v. Wildenbruch. Friedrich Spielhagen. Detlev v. Liliencron. (194 S.) 904. (Bd. 9.) n. 1. —

— dasselbe. 2. Bd., Dorfgeschichten. Ernst Wichert. Heinrich Sohnrey. Wilhelm v. Polenz. Rudolf Greinz. (199 S.) 904. (Bd. 10.) n. 1. —

— dasselbe. 3. Bd. Geschichten aus deutscher Vorzeit. Adf. Schmitthenner, J. J. David, Wilh. Hauff. (246 S.) 905. (Bd. 14.) n. 1. —

— dasselbe. 4. Bd. Seegeschichten. Joach. Nettelbeck, Wilh. Jensen, Wilh. Hauff, Wilh. Poeck, Hans Hoffmann, Johs. Wilda. (179 S.) 905. (Bd. 15.) n. 1. —

Schiller, Fdr. v., Ausgewählte Briefe. 1 Bd. Ausgewählt u. eingeleitet v. Eug. Kühnemann. Mit Bildnis Schillers von J. H. v. Dannecker. (226 S.) 905. (Bd. 12.) n. 1. —

— dasselbe. 2. Bd. Ausgewählt u. eingeleitet v. Eug. Kühnemann. Mit Bildnis Schillers v. L. Schmidt. (302 S.) 905. (Bd. 13.) n. 1. —

— philosophische Gedichte. Ausgewählt u. eingeleitet v. Eug. Kühnemann. Mit Bildnis Schillers v. A. Graff. (230 S.) 905. (Bd. 11.) n. 1. —

Hausbücherei d. deutsch. Dichter-Gedächtnis-Stiftung. 3., 5—7., 20—32. u. 34—36. Bd. kl. 8. Hamburg, Deutsche Dichter-Gedächtnis-Stiftg.
Geb. in Leinw. 22. —

Auer, Grethe, Marrakesch. Mit Einleitg. v. Hans Bloesch u. e. Bilde Grethe Auers. 1—10. Tauf. (192 S.) 910. (Bd. 36.) Geb. in Leinw. 1. —

Balladenbuch. 1. Bd.: Neuere Dichter. 11—20. Tauf. (498 S.) 908. (Bd. 6. 7.) Geb. in Leinw. 2. —

— dasselbe. 2. Bd.: Aeltere Dichter. 1—10. Tauf. (518 S.) 907. (Bd. 25. 26.) Geb. in Leinw. 2. —

David, Jac. Jul., mährische Dorfgeschichten. Mit e. Einleitg. v. Alex. v. Weilen u. 1 Bilde J. J. Davids. 1—10. Tauf. (146 S.) 910. (Bd. 34.) Geb. in Leinw. 1. —

Eyth, Max, Geld u. Erfahrung. Mit e. Bildnis Eyths, e. Einleitg. v. Carl Müller u. Bildern v. Thdr. Herrmann. 1—10. Tauf. (176 S.) 909. (Bd. 32.) Geb. in Leinw. 1. —

Finckh, Ludw., Rapunzel. Mit e. Einleitg. v. Mart. Lang u. e. Bilde Ludwig Finckhs. 1—10. Tauf. (159 S.) 910. (Bd. 35.) Geb. in Leinw. 1. —

Humoristen, deutsche. 1. Bd. Pet. Rosegger. Fritz Reuter. Wilh. Raabe. Alb. Roderich. 26—30. Tauf. (221 S.) 907. (Bd. 3.) — 75; geb. 1. —

— dasselbe. 3. Bd. Hans Hoffmann. Otto Ernst. Max Eyth. Helene Böhlau. 26—35. Tauf. (196 S.) 909. (Bd. 5) — 75; geb. 1. —

— dasselbe. 4. u. 5. Bd. Humoristische Gedichte. 1—10. Tauf. (352 S.) 908. (Bd. 29. 30) Geb. in Leinw. 2. —

— dasselbe. 6. Bd. Humorist. Erzählgn. v. E. Th. A. Hoffmann, A. Bayersdorfer, Bettina v. Arnim, Henry F. Urban, Fr. Th. Vischer, Ludw. Thoma. 1—10. Tauf. (160 S.) 908. (Bd. 31) Geb. in Leinw. 1. —

Immermann, Karl, preuß. Jugend zur Zeit Napoleons. Nach seinen „Memorabilien" hrsg. u. eingeleitet v. Wilh. Bode. Mit e. Bilde Immermanns. 1—10. Tauf. (171 S. m. 3 Taf.) 907. (Bd. 27) Geb. in Leinw. 1. —

Luther, Martin, als deutscher Klassiker. Auswahl aus seinen Dichtgn. u. Schriften, nebst e. Einführg. v. Eug. Lessing. Mit e. Bilde Luthers v. Luk. Cranach. 1—10. Tauf. (176 S.) 908. (Bd. 28) Geb. in Leinw. 1. —

Novellenbuch. 5. Bd. Frauennovellen. Clara Viebig, Lulu v. Strauß u. Torney, Lou Andreas-Salomé, Marthe Renate Fischer. 1—10. Tauf. (198 S.) 907. (Bd. 22) Geb. in Leinw. 1. —

— dasselbe. 6. Bd. Kindheitsgeschichten. Ad. Schmitthenner, Helene Aeckerle, Meinrad Lienert, Marga v. Rentz, Hans Land, Ad. Bayersdorfer, Charlotte Niese, Thom. Mann. 1—10. Tauf. (199 S.) 907. (Bd. 23) Geb. in Leinw. 1. —

— dasselbe. 7. Bd. Kriegsgeschichten. Karl Bever, Heinr. v. Kleist, W. v. Conrady, Max v. La Roche, Detlev v. Liliencron, Thdr. Fontane. 1—10. Tauf. (170 S.) 907. (Bd. 24) Geb. in Leinw. 1. —

Weihnachtsbuch, deutsches. Eine Sammlg. d. schönsten u. beliebtesten Weihnachtsdichtgn. in Poesie u. Prosa. 6—10. Tauf. (113 S.) 905. (Bd. 20. 21) Geb. in Leinw. 1. —

Hausbücherei

— rheinische. Hrsg. v. Erich Liesegang. 1.—16. Bd. 8. Wiesbaden, E. Behrend. à n. — 50;
geb. in Leinw. à n. — 75

Frey, Jak., ausgewählte Erzählungen. Bd. 1.—3. Mit Einleitg. v. Jak. Bosshart. 1. Bd.: Der Statthalter. — Der Schützenader. (160 S.) 906. (Bd. 6.)

— dasselbe. 2. Bd.: Heimkehr. — Der Diebesbann. — Der Breitenhans. (160 S.) 906. (Bd. 7.)

— dasselbe. 3. Bd., Das erfüllte Versprechen. — Das Vaterhaus. — Der arme Schwingerkönig. (166 S.) 906. (Bd. 8.)

Horn, W. O. v., Ausgewählte Erzählungen. Hrsg. m. Einleitg. v. Erich Liesegang. 1. Bd. Aus der Schmiede. — Die Deserteure. (175 S.) 906. (Bd. 1.)

— dasselbe. 2. Bd. Meine erste Braut. — Die Elfer. — Das Mariechen. (170 S.) 906. (Bd. 2.)

— dasselbe. 3. Bd. Vor, während u. nach dem Rhein-Uebergang Blüchers bei Caub. — Aus dem Leben e. Vogelsbergers in Krieg u. Frieden. — Der Freiersmann. (163 S.) 906.

— dasselbe. 4. Bd. Die Geschichte v. den zwei Müllerskindern. Eine rhein. Schmugglergeschichte. (162 S.) 906. (Bd. 4.)

Kurz, Herm., ausgewählte Erzählungen. Mit Einleitg. v. Erich Liesegang. 1. Bd. Der Feudalbauer. — Die beiden Tubus. — Ein Donnerwetter im Hornung. (160 S.) 906. (Bd 10.)

— dasselbe. 2. Bd. Eine reichsstädtische Glockengießerfamilie. — Das Witwenstüblein. (162 S.) 906. (Bd. 11.)

— dasselbe. 3. Bd. Das weiße Hemd. — Das Arkanum. — Wie der Großvater die Großmutter nahm. — Wiederfinden. — Das gepaarte Heiratsgesuch. — Den Galgen! sagt der Eichele. (146 S.) 906. (Bd. 12.)

Pasqué, Ernst, auf dem Dom-Kranen. Eine Erzählung aus Kölns Vergangenheit. Mit Einleitg. v. Alfons Paquet. (146 S. m. Titelbild.) 906. (Bd. 9.)

Pfarrius, G., Bastel Jakob. — Die Klause am Sulmenbach. Hrsg. m. Einleitg. v. Erich Liesegang. (149 S.) 906. (Bd. 5.)

Philippi, Fritz, Westerwälder Volkserzählungen. Mit Einleitung v. Walth. Schulte vom Brühl. 1. Bd. „Freibier". — Das Stoppelkalb. (132 S.) 906. (Bd. 13.)
Scholz, Bernh., die Jericho-Rose. Eine Erzählung aus dem Rheingau. Mit Einleitg. v. Erich Liesegang. 2 Tle. (293 S.) 906. (Bd. 14. 15.) In 1 Bd. geb. n. 1.85
Zahn, Ernst, Verena Stadler. Mit Einleitg. v. H. E. Jenny. (144 S.) 906. (Bd. 16.)

— rheinische. (Meisterwerke deutscher Erzähler.) Hrsg. v. Erich Liesegang. 17—35. Bd. 8. Wiesbaden, E. Behrend. à — 50; geb. in Leinw. à — 75
Alexis, Wilh., Herr v. Sacken. Hans Preller v. Laufien. 2 Novellen. Mit Einleitg. v. Erich Liesegang. (163 S.) 908. (Bd. 27)
Becker, Aug., auf Waldwegen. Mit Einleitg. v. Erich Liesegang. (168 S.) (909.) (Bd. 31)
Brackel, Ferdinande Freiin v., der Lenz u. ich u. du. Herzensinstinkt. 2 Novellen. Mit e. Einleitg. v. E. M. Hamann. (158 S.) (910.) (Bd. 34)
David, J. J., das Höferecht. Roman. Mit Einleitg. v. Ernst Kammerhoff. (129 S.) 909. (Bd. 30)
Diefenbach, Heinr., die Scholle. Ein Bauernroman aus Nassau. Mit Einleitg. v. Walth. Schulte v. Brühl. 2 Tle. (203 S.) (909.) (Bd. 32. 33)
Fischer, Wilh. (Graz), der Greifenprinz. Die himmelblaue Stadt. 2 Novellen. Mit Einleitg. v. Karl W. Gawalowski. (125 S.) 908. (Bd. 26)
Gall, Luise v., Frauenleben. Ausgewählte Novellen. Mit Einleitg. v. Erich Liesegang. 2 Bde. (160 u. 153 S.) 907. (Bd. 19. 20)
Haarhaus, Jul. R., der Bopparder Krieg. Eine rhein. Novelle. Mit Einleitg. v. C. L. A. Pretzel. (161 S.) 907. (Bd. 21)
König, Heinr., ein geprüftes Herz. Nur die Stolgebühr. 2 Erzählgn. Mit Einleitg. v. Erich Liesegang. (147 S.) 907. (Bd. 17)
Müller v. Königswinter, Wolfg., mit Hammer u. Meißel. Mit Einleitg. v. Erich Liesegang. (172 S.) 908. (Bd. 22)
— Haus Bullenheim. Mit Einleitg. v. Erich Liesegang. (163 S.) 908. (Bd. 23)
Nordheim, H. (Henriette v. Schorn), Geschichten aus Franken. Ausgew. Erzählgn. Mit Einleitg. v. Erich Liesegang. (160 S.) 909. (Bd. 29)
Roquette, Otto, Vogel flieg aus! Mit Einleitg. v. Erich Petzet. (129 S.) 908. (Bd. 24)
Schücking, Levin, der Dämon. Die Bestechung. 2 Novellen. Mit Einleitg. v. L. L. Schücking. (136 S.) 908. (Bd. 25)
Sperl, Aug., der Oberst. Der Jaquin. Mit Einleitg. v. G. Fritz. (149 S.) 908. (Bd. 28)
Stern, Adf., die Wiedertäufer. Mit Einleitg. v. Herm. Anders Krüger. (128 S.) 907. (Bd. 18)
Widmann, Adf., ausgewählte Erzählungen. Mit e. Einleitg. v. Erich Liesegang. (107 S.) (910.) (Bd. 35)

Hausbüchlein

— allgem. verständl., welches die gefährliche Krankheit, d. Croup oder die heutige Bräune, auch Halsentzündung etc. zu erkennen u. zu verhüten lehrt. Frankf., Bock. (Leipz., J. Müller). 4 gr

Haus-Büchlein, biblisches, auf das J. 1856, enthltd. tägliche Bibel-Lectionen für den Hausgottesdienst, so wie Bibelsprüche für jeden Tag des Jahres, nebst anderer Lectüre zur Erbauung und Belehrung. (Mit Holzschn. im Text verziert.) Bremen, Heyse in Comm. 8. (48 S.) n. 2 ngr
Dasselbe mit astronom. Kalender, vgl.: Familien-Kalender, christlicher.

Hausbüchlein, christliches. Eine Sammlg. meist alter, bewährter Gebete u. Lieder, bes. üb. d. Heilsordng. 11. Aufl. 12. (128 S.) Stuttgart 898. Buchh. d. Evang. Gesellschaft. Geb. in Leinw. n. — 35

— christliches, für Gesundheit u. langes Leben. Nach Hufeland u. Andern bearb. für den Bürger u. Landmann, von einem Freunde derselben. Nebst einem Anhange: Noth- u. Hülfsbüchlein gegen Feuersgefahr. 8. Northeim 842. (Osterode u. Goslar, Sorge.) n. 1/24 rß

— f. Eheleute, kl. Etuiform. Freyberg 827, Craz u. G.

Hausbüchlein für angehende Eheleute. Eine Anweisung, wie man eine beglückte u. friedliche Ehe zu führen vermag. 16. Frankfurt 841. Dörina. 3/8 rß

Hausbüchlein für Eheleute u. Ehelustige. Berlockform. Weißenf. Böse. Dieb.

HAUSBÜCHLEIN für Eheleute und Ehelustige. Enth. 1. die 10 Gebote für Eheleute. 2. Hausregeln für Ehemänner. 3. Hausregeln für Eheweiber. 1797. Berlockenformat.
Ehestandsalmanach II. p. 287.

Hausbüchlein für Eheleute u. Ehelustige. Mit 6 Vign. 12. Karlsr. 819. 2e Aufl. 824. Müller. 8 gr

Haus-Büchlein f. Eheleute u. Ehelustige. Zollgröße. Liegnitz 825, Leonhardt.

Haus-Büchlein für Eheleute und Ehelustige. $1^1/_2$ Zoll hoch. Coburg 837. Riemann. 1/8 rß — Neueste Aufl. (In Versen.) Ebd. 838. 1/8 rß Mit Goldschnitt u. in Futteral 1/4 rß

Hausbüchlein | für | Eheleute | und | Ehelustige. | Reutlingen. | Verlag von Enßlin und Laiblin. (= *Reutlinger Volksbücher*, o. Nr.).
Ohne Angabe des Druckers, o. J., 32 S., 97 × 57.
LBS d. D. oct K 3378.

Hausbüchlein für Eheleute u. Ehelustige. Reutlingen 870. Enßlin & Laiblin. 64. (32 S.) 1 ngr

Hausbüchlein f. Eheleute u. Ehelustige. 64. (32 S.) Reutlingen 875. Enßlin & Laiblin. — 10

Hausbüchlein für Eheleute u. Ehelustige. 128. (10 S.) Olmütz 878. (Prag, Rytka.) cart. n. — 72; geb. n. — 88

NÜTZLICHES Hausbüchlein, worinn unterschiedliche sowohl geistliche als weltliche Hausmittel, wie sich ein Hausvater gegen Gott, gegen den Nächsten, und gegen sich selbst, wie auch in seinen Hausgeschäften. Temeswar 1806: Klapka. (16) 304 S. - 160 mm

- Dass. Temeswar 1808: Klapka. 16, 304 S. - 160 mm

— für alle Stände. 16 Bdchn. 8. Leipz. 796. (Joachim). 4 gr

Hausbüchlein f. das Volk u. seine Freunde. Eine Sammlung v. Erzählungen, Märchen u. Schilderungen aus dem Leben d. Volks. Ausgewählt u. hrsg. v. Heinr. Pröhle. Mit einer Einleitung über die volksthüml. Literatur in Deutschland. 2 Bde. 8. (1: LIV u. 233 S. 2: X u. 278 S.) Leipzig 852, Avenarius & Mendelssohn. n. 1 rß

Haus- u. Wirthschaftsbüchlein, oder Anweisung von der allseitigen Benutzung der Früchte, Gemüse, so wie des Schlachtens, Einpökelns etc. A. u. d. T.: Der treue Begleiter vom Kochbüchlein, lehrt Früchte u. Kräuter, Gemüs' u. so weiter Jahr aus und Jahr ein des Nutzens uns freun etc. 32. Erfurt 840. Hennings u. Hopf. 1/12 rß

Anonym: „Haus- und Wirthschaftsbüchlein, oder Anweisung zu der allseitigen Benutzung der Früchte, Gemüse, so wie des Schlachtens, Einpökelns etc.", Erfurt 1840 (Hennings); a. u. d. T.: „Der neue Begleiter vom Kochbüchlein".

Haus- u. Wirthschaftsbüchlein für Bürger u. Landmann, Hausfrauen u. Dienerinnen, oder Anweisung von der allseitigen Benutzung der Früchte, Gemüse, so wie des Schlachtens, Einpökelns etc. 2. Aufl. 24. Erfurt 843, Hennings u. Hopf. 1/12 rß

Hausburg, Halali! Des deutschen Jägers Liederbuch. Nach dem von verschiedenen Forstbeamten u. Jägern gelieferten Material gesammelt u. zusammengestellt. gr. 16. (II, 206 u. 13 S. m. Kaiserbildnis.) Mühlheim a/R. 892. J. Bagel. Geb. in Leinw. 1.60

[J.] Halali! Des deutschen Jägers Liederbuch. Nach dem v. verschiedenen Forstbeamten u. Jägern gelieferten Material ges. u. zsgest. v. **Hausburg**, Hauptm. ... M. d. Bildn. Sr. Maj. d. Kaisers. *Mülheim a. d. R.: J. Bagel [1893].* (1 Bl., II, 206 S., 1 Bl., 1 Portr.) 1 Bd 8. [94. 700

Hausburg. Des deutschen Soldaten Liederbuch. Lieder der deutschen Reichs-Armee u. der kaiserl. Marine, nach v. verschied. Regimentern geliefertem Material gesammelt u. zusammengestellt. 2. verm. Aufl. 16. (VIII, 335 S. m. 1 Bildnis.) Berl. 892. Habel. cart. * — 80
1. Aufl., s. Soldaten, des deutschen, Liederbuch.

Hausburg, Merktafel der preußischen vaterländischen Geschichte von 1700 bis auf die Gegenwart. Für die Mannschaft des königl. preuß. Heeres. gr. 16. (7 S.) Metz 900. B. Müller. — 15

— Zusammenstellung der Ortsentfernungen von Metz, enth. die Angabe der Entfernungen von Metz nach sämmtl. auf der Generalstabskarte (Section Metz 1884; 1: 100,000) verzeichneten deutschen Ortschaften nach den kürzesten gangbaren Landwegen (m. der genannten Section). Die Entferngn. sind vom Südwest-Eingange zur Kathedrale v. Metz aus gerechnet. gr. 8. (15 S.) Metz 894. G. Scriba. n. — 60

Hausburg, Zusammenstellg. d. Ortsentfernungen v. Metz, enth. d. Angabe d. Enferngn. v. Metz nach sämmtl., auf d. Generalstabskarte (Section Metz 1884; 1 : 100,000) verzeichn. deutschen Ortschaften nach d. kürzesten gangbaren Landwegen (m. d. genannten Section). Die Entferngn. sind v. d. Thoren aus nach d. Kirchen d. Ortschaften gerechnet. 2., vollst. umgearb. Aufl. 8. (IV, 33 S. m. 1 Karte.) Metz 898. G. Scriba. n. 1. —

Hausburg, [O.]: Die Verfälschung der Nahrungsmittel u. das Reichsstrafgesetzbuch. Bericht an den deutschen Landwirthschaftsrath. Berlin 1877.

Hausburg, O., Die Verwerthung der meteorologischen Beobachtungen der Deutschen Seewarte für die Landwirthschaft. Berlin 1880.

Hausburg, O.: Der Vieh- und Fleischhandel von Berlin. Reform-Vorschläge mit Bezugnahme auf d. neuen städt. Central-Viehmarkt- u. Schlachthofanlagen. Mit 2 lithogr. Taf. Berlin 1879. IV, 148 S.

Hausburg, O., Landwirthschaftliche Zollpolitik. 7 Artikel über die Frage: Welche Stellung hat die deutsche Landwirthschaft zur neuesten zollpolitischen Bewegung zu nehmen? Hrsg. vom Verein zur Förderung der Handelsfreiheit. 8⁰. Berlin 1878.

Hausch, Friedr., vollständ. arithmet. Taschenbuch z. Gebr. f. ganz Deutschland, od. treuer Rathgeber f. alle Classen v. Handelsleuten, Gewerbtreibenden, 2c. in allen deutschen Ländern bei Entwerfung v. Ueberschlägen, Anfertigung v. Conti, Berechn. d. Procente, Revisionen, bei planimetr. u. stereometr. Ausmessungen 2c. ganz besond. aber bei schnellster Zinsraten- u. Münzenberechnung. gr. 12. (28½ B.) Stuttgart 836. [Scheible, Rieger u. Sattler.]

Hausch, Fr., arithmet. Taschenbuch zum Gebrauch für ganz Deutschland, oder treuer Rathgeber für alle Klassen von Handelsleuten, Gewerbtreibenden, Kassenbeamten, Landwirthen, Kapitalisten 2c. in allen deutschen Ländern bei Entwerfung von Ueberschlägen, Anfertigung von Conti, Berechnung der Procente, Revisionen, bei planimetrischen u. stereometrischen Ausmessungen 2c., ganz besonders aber bei schnellster Zinsraten- und Münzberechnung. gr. 12. Stuttgart 836. Scheible, jetzt Gaul u. Tonger. 1½ ₰

— die Zahlenrechnung, in ihren reinen Elementen dargestellt u. auf die verschied. Forderungen der prakt. Geometrie und des kommerziellen Lebens angewendet. gr. 8. Leipzig u. Stuttgart 835. Scheible's Verlags-Expedition, jetzt Literatur-Comptoir. 1 ₰

Hausch, Otto: Zur Casuistik der Mediastinaltumoren ... M. 2 Taf. Giessen, grossh. Hof- u. Univ.- Dr. C. v. Münchow, 1896; 27 S., 2 Taf. 8⁰
Giessen, Med. Fak., Inaug.-Diss. v. 1896

Hauschel, F. S.

Hauschel, Magazin f. Pädagogik u. Didaktik, s. Magazin.

Hauschel, Fridol., Feld-Predigt, gehalten am Tage d. Trauergottesdienstes f. die am 30. Novbr. u. 2. Dezbr. 1870 vor Paris gefallenen deutschen Krieger am 3. Adventsonntag, den 11. Dezbr. in der Kirche zu Chennevières u. Ormesson. 2. Aufl. gr. 8. (16 S.) Tübingen 871. Fues. — 20

HAUSCHEN, Das rothe, unter der Linde, oder Abentheuer eines Genies zu Sarepta. Ein satyrisch-komischer Roman. 2 Bdchn. Leipzig, Joachim, 1813. 8°. (2 Rthl.) Selten!

Häuschen, das, am Waldheck, s.: Hausfreund, Hamburger.

— das zuckerige, od. Hansel u. Gretel. Ein lust. Bilderbuch für brave Kinder. [Ausgestanztes Haus.] gr. 4. (6 Farbendr. m. Versen.) Eßlingen 890. J. F. Schreiber. cart. n. 1. —

Häuschen, das zuckerige, od. Hansel u. Gretel. Ein lust. Bilderbuch f. brave Kinder. (Ausgestanzt.) gr. 4. (6 farb. Taf. m. 6 Bl. Text.) Eßlingen 892. J. F. Schreiber. Kart. n. 1. —

Katalog ausgewählter, hervorragender Kunstsachen und Antiquitäten der Sammlung des H. Architekten Alfred Hauschild in Dresden ... Versteigerg zu Köln ... durch J. M. Heberle ... *Köln: Dr. v. M. Dumont-Schauberg 1898.* (3 Bl., 23 S., 4 Taf.) 1 Bd 4. [98. 11830

Hauschild, August Ferdinand (Dresden), Superioritas territorialis fons operarum venaticarum principi a subditis debitarum. Diss. jur. Präs. Carl Gottfr. v. Winckler. Lpz. (Saalbach) 14. XI. 1786. 42 S. (6.—) 13554

Hauschild, Chr. Gf., († d. 19. Mai 1819.) Betrachtt. im Reiche d. Religion u. Tugend. 8. Leipz. 786. (Engbloch). 1 ₰

— **Christian August** (Wermsdorf/Misnicus), De retorsione Saxonica speciatim quod ad tacitas hypothecas attinet. Disp. jur. Präs. Christian Hanack. Wittbg. (Schlomach) 13. I. 1759. 32 S. (6.—) 13555

Hauschild, E. (Red.), s. Nachrichten, Innsbrucker.

Hauschild, Ed. Ferdinand

Hauschild, Ed. Fd., der Dom zu Cöln. Gedicht in drei Hymnen. gr. 4. Dresden 843. (Leipzig, Leo. H. Fritzsche.) 1/3 ₰ — Velinpap. 1/2 ₰

Hauschild, Ed. Ferd., Psyche, oder der Becher Giamschid's. Ein pers. Märchen. 8. (19 S.) Muskau 852. (Hoyerswerda, Erbe.) n. 1/6 ₰

Hauschild, Ed. Ferd., Psyche, oder der Becher Giamschid's. Ein pers. Märchen. 8. (19 S.) Muskau 853. (Hoyerswerda, Erbe.) *

Hauschild, Ernst, Abriß der tonsprachlichen Zeichenlehre. Für höh. Volksschulen bearb. gr. 8. (IV u. 22 S.) Mülhausen im Elsaß 849. Rißler. n. 4 ngr

Hauschild, Ernst, Abriß der tonsprachlichen Zeichenlehre. Für höhere Volksschulen bearb. 3. Aufl. Basel 870. Schneider. gr. 8. (V, 21 S.) n. 4 ngr

— Blicke in die Geschichte der neueren Tonkunst. Eine akadem. Antritts-Vorlesung gehalt. den 16. Mai 1849. gr. 8. (IV u. 32 S.) Ebd. 849. n. 6 ngr

Hauschild, Ernst, über den sogenannten rhythmischen Choral. Ein Vortrag, in der Baseler Predigergesellschaft gehalten den 16. Februar 1854. Mühlhausen. (Basel, Bahnmaier.) 8. (33 S.) n. 7½ ngr

— Immanuel. Gedichte. Bern 865. Heuberger's Verlag. 16. (XV, 112 S.) 12 ngr

Hauschild, Dr. E. Männerchöre zum Gebrauch der evangel. Missionsanstalt in Basel. 259 Lieder. 4. Aufl. Basel, Missionsbuchhandlung. 1886 4 50 geb. 5 50

Hauschild, E., s. Männerchöre zum Gebrauch der evangelischen Missionsanstalt in Basel.

Hauschild, Ernst. Geistliche Männerchöre, gesammelt von E. H. 5., neubearbeitete und revidierte Aufl., hrg. von Dr. Rudolf Löw. XII + 552 S. 8. Basel, Basler Missionsbuchh., 1907. [geb. fr. 4.—] N 5788

(*Die früheren Auflagen sind u. d. T.:* Männ' zum Gebrauch der evangelischen Missionsanstalt in Basel ... *1858—1886 ersch.*)

— Sammlung ein-, zwei-, drei- u. vierstimmiger Lieder u. Gesänge, zum Gebrauche bei dem Singunterrichte in der Communal-Primärschule zu Mülhausen im Elsaß. 2. (Titel-)Aufl. gr. 8. (XXIV u. 227 S.) Mülhausen im Elsaß (844) 852. Frankfurt a. M., Zimmer'sche Sort.-B. (Völcker.) n. 24 ngr

Hauschild, Ernst, allgemeine Tonsprachlehre, od. Versuch e. wissenschaftl. Darstellung der Elemente d. Tonkunst, sowie der Melodik, Harmonik, Rhythmik, nebst ein. das Musikalisch-Conventionelle behandelnden Anhange. 16. (9 B. u. Musikbeil.) Leipzig 843, Hartknoch.

Hauschild, Ernst, Schweizerisches Volksliederbüchlein f. Schule u. Haus bearb. u. m. kurzen Nachrichten über das Leben der im Buche vorgeführten Dichter u. Tonsetzer hrsg. 2. verb. u. verm. Aufl. gr. 8. (X u. 243 S.) Mülhausen im Elsass 850. (Basel, Bahnmaier.) n. 24 ngr

—— schweizerisches Volksliederbüchlein für Schule und Haus bearb. und mit kurzen Nachrichten über das Leben der im Buche vorgeführten Dichter und Tonsetzer hrsg. 3., gänzlich umgearb. Aufl. gr. 8. (X und 288 S.) Mülhausen 860. (Basel, Bahnmaier's Verlagsb.) Thlr. *

— tonsprachliche Zeichenlehre, Elementar-Theorie der Tonkunst. Basel 862. Schneider. gr. 8. (VIII, 75 S.) n. 13⅓ ngr

Hauschild, Ernst Innocenz

— Anleitung zum Uebersetzen aus dem Deutschen in das Franz., mit fortlaufender Hinweisung auf die franz. Grammatik. Nebst e. Anhange über die franz. Verskunst. gr. 8. Dresden u. Leipzig 834. Arnold. Prän.-Pr. 3/4 ₰

— Anleitung zum Uebersetzen aus dem Deutschen in das Französische. 2. verb. Ausg. gr. 8. Dresden u. Leipzig 842, Arnold. 1/2 ₰

Hauschild, Ernst Innoc., über formale u. reale Bildung. Bei Gelegenheit der ersten öffentl. Prüfung der Schüler d. modernen Gesammtgymnasiums zu Leipzig hrsg. gr. 8. (24 S.) Leipzig 849, Klinkhardt. 3 ngr

— die Bildungselemente der deutschen, franz. u. engl. Sprache, in 9 öffentl. Vorträgen dargestellt. gr. 8. (X u. 142 S.) Ebd. 847, Hinrichs. 5/6 ₰

Hauschild, Ernst Innocenz, leipziger Blätter, über Erziehung und Unterricht, s. Blätter.

Hauschild, Er. Innoc., Bolivar u. San Martin, oder der Befreiungskampf auf der südamerikan. Halbinsel in den J. 1808—1826. Für die deutsche Jugend bearb. Nebst dem in Stahl gest. Portrait Bolivars u. 1 Karte. 16. Leipzig 844, Teubner. 27 ngr

Hauschild, Ernst Innocenz, s. Bouilly, Conseils à ma fille.

Hauschild, E. I., 50 pädagogische Briefe aus der Schule an das Elternhaus. Bremen 860. Strack. 8. (VIII, 351 S.) n. 1 ₰

Hauschild, E. I., 40 pädagogische Briefe aus der Schule an das Elternhaus. gr. 8. (IV und 247 S.) Leipzig 862, Gräbner. *

Hauschild, E. I., 30 pädagogische Briefe aus der Schule an das Elternhaus. (Pädagogische Briefe. 3. Folge.) Leipzig 865. Priber. 8. (IV, 253 S.) n. 27 ngr

—— Dictionnaire étymologique de la langue franç. tiré de la grammaire des langues romanes de Fréd. Diez. — A. u. d. T.: Etymologisches Wörterbuch der französ. Sprache nach Friedr. Diez, sowie Frisch, Roquefort, Noël u. Carpentier, auf Diez's Grammatik der roman. Sprachen. gr. 8. (9¾ B.) Leipzig 842, Hinrichs'sche Buchh.

— Dictionnaire étymologique de la langue française tiré de la grammaire des langues Romanes de Fr. Diez. — A. u. d. T.: Etymologisches Wörterbuch der französ. Sprache nach Fr. Diez, so wie Frisch, Roquefort, Noël u. Carpentier, mit Verweisung auf Diez's Grammatik d. roman. Sprachen. gr. 8. Leipzig 843, Hinrichs. 3/4 ₰

Hauschild, Ernst Innoc., Dictionnaire grammatical de la langue française. — Grammat. Handwörterbuch d. französ. Sprache, neu u. selbstständig bearb. gr. 8. (20 B.) Leipzig 837, Hinrichs'sche Buchh.

Hauschild, Ernst Innocenz, s. Dumas, A., histoire de Napoléon.

Hauschild, E. J., *Dr.*, *Schul-Direktor in Brünn.* Elementarbuch der böhmischen Sprache für Deutsche. Nach der kalkulirenden Methode bearbeitet. I. Kurs. *Brünn* 1857. Druck u. Verl. v. *Carl Winiker.* VI, 92 S. 8⁰. 27 kr.

Hauschild, E. J., Elementarbuch der deutschen Sprache nach der kalkulirenden Methode. Ein Lehr- u. Lesebuch. 1. u. 2. Kursus. Leipzig 854. Renger. (Fries.) gr. 8. (XXIV, 264; VIII, 202 S.) 1.: 1 ₰; 2.: 22 1/2 ngl

— Elementarbuch der engl. Sprache, nach der sogenannten calculirenden Methode bearb. gr. 8. Leipzig 846, Renger'sche Buchh. 9 ngl

— und John Mickelthwate, Elementarbuch der engl. Sprache, nach der calculirenden Methode bearb. 2. Aufl. gr. 8. (VI und 84 S.) Leipzig 850, Renger'sche Buchh.

— u. John Mickelthwäte, Elementarbuch der engl. Sprache, nach der calculirenden Methode bearb. 2. Aufl. gr. 8. (VI u. 84 S.) Leipzig 851, Renger. 9 ngl

— und John Mickelthwate, Elementarbuch der englischen Sprache, nach der kalkulirenden Methode bearb. 3. Aufl. Leipzig 855. Graul. (Fries.) gr. 8. (VI, 105 S.) 9 ngl

— Elementarbuch der französ. Sprache nach der sogen. calculirenden Methode, für alle diejenigen, welche nach dem ersten Cursus von Ahns prakt. Lehrg. unterrichtet worden sind. gr. 8. Ebend. 846. 9 ngl

— Elementarbuch der französischen Sprache nach der calculirenden Methode. 1. Cursus. 2. verb. Aufl. gr. 8. (X u. 120 S.) Leipzig 851, Renger. — 3. Aufl. gr. 8. (136 S.) Ebd. 852. — 2. Cursus. 2. verb. Aufl. A. u. d. T.: Elementarbuch der französ. Sprache nach der calculirenden Methode, f. alle Diejenigen, welche nach dem 1. Cursus v. Ahn's prakt. Lehrgang unterrichtet worden sind. 2. verb. Aufl. gr. 8. (XVI u. 124 S.) Ebd. 851. (à 9 ngl) 1 u. 2: 18 ngl

— Elementarbuch der französischen Sprache nach der kalkulirenden Methode. 1. Kursus. 4. Aufl. Leipzig 855. Graul. (Fries.) gr. 8. (1 Bl., 136 S.) 9 ngl

— — 2. Kursus; für alle Diejenigen, welche nach dem ersten Kursus von Ahn's prakt. Lehrgang unterrichtet worden sind. 3. verb. Aufl. Ebend. 857. (Fries.) gr. 8. (XVI, 118 S.) 9 ngl

— Elementarbuch der französischen Sprache nach der kalkulirenden Methode. 1. Kursus. 5. Aufl. gr. 8. (136 S.) Leipzig 859. Fries.

— zweihundert kleine Erzählungen zum Lesen und Wiedererzählen, Abschreiben u. Verbessern rc. Mit einem französ. Wörterschatze. 1. u. 2. Hundert. (2 Bdchn.) Neue Ausg. Leipzig 857. Klinkhardt. 16. (2 Bl., 76, 16; 136, 15 S.) 1.: 3 ngl; 2.: 4 1/2 ngl

— über Erziehung und Unterricht der Kinder in und außer dem elterlichen Hause, auf dem Lande und in der Stadt; nebst einigen in größeren oder kleineren Schülerkreisen gehaltenen Morgenandachten. 8. Leipzig 840. Einhorn. 1/4 ₰

— Formulaire grammatical. Règles pour le 1. et le 2. cours du livre élémentaire. Suivi d'un système grammatical, par lequel ces mêmes règles se placent dans l'ordre logique adopté par les meilleures grammaires françaises. 2. Edition. gr. 8. (IV und 52 S.) Leipzig 851, Renger'sche Buchh.

— das Moderne Gesammtgymnasium zu Leipzig hat nicht nur eine psychologisch-pädagogische Seite für den Lehrer u. Erzieher, sondern auch eine politisch-sociale Bedeutung für den Staatsmann. 8. Schulschrift. Leipzig 854. Dürr'sche Buchhdlg in. Comm. gr. 8. (14 S.) 1 1/2 ngl

Hauschild, Ernst Innoc., ausführl. deutsche Grammatik. Zugleich als Beleucht. der nach Becker'schen Grundsätzen, namentl. v. Raim. Jac. Wurst, f. d. Volksschule bearbeit. deutschen Grammatik. 1. Abthl. od.: Nr. 1—4. u. 2. Bd. (Abthl.) od. Nr. 5. u. 6. 8. Leipzig, Klinkhardt. Thlr. A. u. d. Ttln.:

Abthl. 1. Anti-Wurst. Kleine deutsche Sprachlehre in katechet Form. No. 1—4.

No. 1. Einleit. in d. deutsche Sprachlehre. Satzlehre, d. einzelne einfache Satz. (3 B.) 839. 4 Gr.

" 2. Formenlehre, das Zeitwort. (11 B.) 839. 12 Gr.

" 3. Satzlehre, der einzelne erweiterte Satz. (9 B.) 840. 8 Gr.

" 4. Formlehre: das Hauptwort. (5 1/4 B.) 840. 6 Gr.

Hauschild, Er. Innocenz, ausführl. deutsche Grammatik. Zugleich als Beleuchtung der nach Becker'schen Grundsätzen, namentlich von Raim. Jacob Wurst, für die Volksschule bearb. deutschen Grammatik. 1e Abthl. oder Nr. 1—4. A. u. d. T.: Anti-Wurst. Nr. 1—4. 8. Leipzig 840. Klinkhardt. 1 1/4 ₰ — Nr. 4. A. u. d. T.: Anti-Wurst. Kleine deutsche Sprachlehre in katechet. Form. Nr. 4. Formenlehre: das Hauptwort. 8. Ebd. 840. 1/3 ₰ (Vergl. Anti-Wurst.)

— ausführl. deutsche Grammatik. Zugleich als Beleuchtung der nach Becker'schen Grundsätzen, namentlich von Raim. Jac. Wurst, für die Volksschule bearb. deutschen Grammatik. 5. Numm. od. 2. Bd. 1. Hft.: Satzlehre. (Anti-Wurst Nr. 5.) 8. Leipzig 841, Klinkhardt. 7/12 ₰

— dass. 6. u. letzte Nummer (von „Anti-Wurst") oder 2. Bd. 2. Hft. Das Verhältnißwort u. Umstandswort; das Fürwort rc. Nebst Register über das ganze Werk. 8. Ebend. 842. 1/2 ₰ Beide Bände 2 1/3 ₰

— franz. Grammatik, nebst Wörterbuch. gr. 8. Dresden u. Leipzig 834. Arnold. 1 ₰ — Beilage dazu, zur Rechtfertigung, Bereicherung und theilweisen Berichtigung seiner Grammatik. gr. 8. Ebd. 834. 1/12 ₰

Hauschild, Ernst Innocenz, s. Jussieu, L. de: Simon de Nantua. Télémaque moderne.

Hauschild, Ernst Innocenz, s. Lafontaine, fables choisies.

— die Lautlehre der deutschen Sprache, als Mittel zur Kunst des mündlichen Vortrages, sowie als Grundlage zur Anbahnung des Sprachverständnisses u. der Rechtschreibung, für Lehrer, Erzieher u. Sänger bearbeitet. Leipzig 853. Baumgärtner. gr. 8. (XI, 98 S.) 12 ngl

— Leçons françaises, s. Noël.

Hauschild, E. J., des Kindes erstes Lese- und Schreibebuch. Nach der kalkulirenden Methode bearb. (Mit 24 lith. Bildern im Text.) Leipzig 856. Dürr'sche Buchhdlg. 8. (X, 46 S. u. 35 lith. S.) n. 8 ngl

— des Kindes zweites Lesebuch, s. Schmidt, Auguste.

— s. Nothwendigste, das, aus der Formenlehre der franz. Sprache.

— Pestalozzi, über den Staat. Rede bei der Feier d. Pestalozzi-Festes am 12. Jan. 1851 zu Leipzig gehalt. u. bei Gelegenheit d. 3. Berichtes üb. das moderne Gesammtgymnasium in Leipzig veröffentlicht. gr. 8. (36 S.) Leipzig 851, Klinkhardt. 3 ngr

— die leibliche Pflege der Kinder zu Hause u. in der Schule. Gemeinfaßlich dargestellt u. mit 40 Abbildgn. erläutert. Leipzig 858. Brockhaus. gr. 8. (X, 195 S. u. 2 Holzschnitttaf. in qu. Fol.) n. 24 ngr

—— die leibliche Pflege der Kinder zu Hause und in der Schule. Gemeinfaßlich dargestellt und mit 40 Abbildungen erläutert. 2. Aufl., durchgesehen und ergänzt von Schildbach. 5 Hefte. 8. (288 S. mit eingedr. Holzschn.) Leipzig 866,67, Priber. à Heft * 5 Ngr. *

— — 2. verb. Aufl. Durchgesehen u. ergänzt von Schildbach. 2.(Titel-)Ausg. Ebend. 869. 8. (IV, 288 S.) 15 ngr

—— Rechtfertigung des offenen Bittschreibens an die in Evangelicis beauftragten Herren Staatsminister, s. Rechtfertigung.

Hauschild, Ernst Innocenz, s. Recueil de chants à une, à deux, à trois etc.

— deutsche Schulgrammatik. Höherer Kursus. gr. 8. Ebend. 841. 1/2 rf

— französische Schulgrammatik. 2. umgearb. Aufl. in 2 Thln. — 1. Thl.: Die Lehre von der Aussprache u. die Tabellen der Formenlehre. gr. 8. Dresden u. Leipzig 842, Arnoldische Buchh. 1/6 rf

— dass. 2. Thl.: Die angewandte Formenlehre u. die Satzlehre. gr. 8. Ebend. 842. 1/4 rf

— Französische Schulgrammatik. 2. umgearb. Aufl. in 2 Thln. 2. (Titel-)Ausg. gr. 8. (1: VI u. 36 S. 2: VI u. 90 S.) Leipz. (842) 850, Arnold. 6 ngr

Hauschild, Ernst Innocenz, s. Ségur, histoire de Napoléon.

- Nouveau théâtre, s. Théâtre.

Hauschild, E. J., Theorie des französ. Artikels. gr. 8. München 830. Palm. 14 gr

Hauschild, Er. Innocenz, Theorie des franz. Artikels. Neue wohlfeil. Ausg. gr.8. Dresden u. Leipzig 834. Arnold. 7/12 rf

Hauschild, Ernst Innocenz, s. Voltaire, la Henriade.

—— Vorübungen zum Schreiben. 2 Blatt. Lithogr. 4. Leipzig 862, Gräbner. *

— I. Was mache ich Sonntags früh mit meinen Kindern? II. Sollen wir in den Religionsstunden die Begriffserklärungen aus unsern Kindern heraus nehmen, oder sollen wir sie ihnen geben? III. Wie läßt sich auf den mathematischen Unterricht die kalkulirende Methode anwenden? 7. Schulschrift des modernen Gesammtgymnasiums in Leipzig. Nebst einer Beilage. Leipzig 854. Dürr'sche Buchhdlg. in Comm. gr. 8. (52 S.) n. 4 ngr

— I. Welche Erfolge darf sich der Unterricht in der deutschen Sprache von der Anwendung der kalkulirenden Methode versprechen? II. Wie kann sich die Schule an der Sorge für die nöthige Leibesbewegung unserer Kinder, sowie für deren körperliche Uebung u. Ausbildung, betheiligen? Zwei Schulfragen in dem Leipziger Lehrerverein am 19. Jan. u. 2. Febr. 1853 behandelt, u. bei Gelegenheit des 5. Berichts über das Moderne Gesammtgymnasium in Leipzig veröffentlicht. Leipzig 853. Geldig in Comm. gr. 8. (34 S.) n. 3 ngr

Hauschild, F. A., Rathgeber für alle Diejenigen, welche eine Wasserkur gebrauchen wollen. Eine vollständ. Belehrung üb. den innerl. u. äußerl. Gebrauch des kalten Wassers. Mit besond. Rücksicht auf das Heilverfahren in den berühmtesten Wasserheilanstalten zur deutl. Belehrung für die, welche zu Hause eine Kaltwasserkur in ihrem ganzen Umfange anwenden wollen. 8. Quedlinburg 843, Basse. 5/12 rf

Hauschild, F. Chr. Fd.

Hauschild, F. C. F., Carmina omnia. 8 maj. (5 1/4 B.) Altenburgi 833, Schnuphase.

Hauschild, F. Chr. Fd., der wahre Christ, od. schriftgemäße Darstellung d. christl. Glaubenslehre, nebst e. Deduktion des göttl. Ursprungs derselben, für Leser aus den gebild. Ständen. Mit e. vollständ. Sachregister. gr. 8. Leipz. 831. Baumgärtner. 1 rf 12 gr

— drei Predigten bei Gelegenheit der Amtsveränderung gehalten. gr. 8. Altenb. 820. (Schnuphase). 6 gr

— wodurch zeigt sich ächte Religiosität christl. Landeseinwohner zur Zeit eines verheerenden Krieges. Predigt. gr. 8. Altenb. 813. Schnuphase. 2 gr

— **Franz Theod.** (Dresden), De jure trajiciendi flumina. Diss. jur. Lpz. (Staritz) 21. XII. 1826. 34 Seiten. (6.—) 13556

Hauschild, G., Nachklänge aus dem Betsaale. Fünf Erbauungsreden, gehalten in der Bürgerschule zu Zwickau. Zwickau 854. Richter in Comm. gr. 8. (VII, 38 S.) n. 6 ngr

Hauschild, Georg

— Betr. üb. d. Leiden Christi rc. 8. Ebend. 738.

Hauschild, Geo., Erweis, daß d. wahre Christenth. keine Last rc. 8. Züllich. (Frommann in Jena.) 734.

— **Gottlob August** (Naumburg), Varia juris Saxonici meletemata. Präs. Ernst Gottfried Christian Klügel. Wittbg. (Tzschidrich) 23. VI. 1784. 8 S. (4.20) 13557

Hauschild, G[ustav] R[ichard], Prof.: **Beiträge** zu einem Quellenlesebuche für die Kirchengeschichte. *Frankfurt a. M. (1899): Gebr. Knauer.* (S. III—XLII.) 4°
Frankfurt a. M., Goethe-G, P 1899 (412)

Hauschild, *Gustav Richard*: Beiträge zu einem Quellenlesebuche für die Kirchengeschichte. I. Für die alte Kirchengeschichte. (Umschlagtitel: . . . für die Kirchengeschichte.) 4 (S. III—XLII). **Progr.** Goethe-G. *Frankfurt a. M.* 1899 (412).

— Grundsätze e. Kirchengeschichte in entwickelnder Darstellung f. höhere Lehranstalten. 1. Hälfte. Alte Kirchengeschichte m. e. Vor- u. ausführl. Urgeschichte, Tabellen u. e. (lith.) Karte (in qu. gr. 4.) gr. 8. (VII, 111 S.) Ebend. 876. n. 1. 60

Hauschild, G. R. Die Grundsätze und Mittel der Wortbildung bei Tertullian. Leipzig, R. II. Ordnung, 1876. 30 S. gr. 4. (Berücksichtigt auch die Erhaltung der tertullianischen Neubildungen in den romanischen Sprachen.)
Progr.

Hauschild, G. R., die Grundsätze u. Mittel der Wortbildung bei Tertullian. gr. 4. (II, 30 S.) Leipzig 876. Himly in Comm. n. 1. —

Hauschild, GR d. Grundsätze u. Mittel d. Wortbildg bei Tertullian. 4. (30)' Lpzg. 76, Zangenberg u. H. n. 1. —

Hauschild, G. R. Die (über) Grundsätze und Mittel der Wortbildung bei Tertullian. 30, 56 S.
Progr. Rsch. *Leipzig* 1876. G. *Frankfurt a/M.* 1881.

Hauschild, G. R., **die Grundsätze u. Mittel der Wortbildung bei Tertullian. 2. Beitrag. 4. (55 S.) Leipzig 881. Zangenberg & Himly in Comm. n. 1. — (1. u. 2.: n. 2. —)**

Hauschild, *Gustav Richard*: Des En d'identité semitische Herkunft und bibelsprachliche Entwickelung. 8 (S. 151 - 171).
Festschrift z. Einweihung des Goethe-G *Frankfurt a. M.* 1897.
Nicht im Tauschverkehr
Progr.

Hauschild, G. R., latein. Lese- u. Übungsbuch. 1. Tl. Für Sexta. gr. 8. (XVI, 151 S.) Leipzig 896. F. Brandstetter. Kart. n. 1. 20; Wörterbuch (51 S.) kart. n. — 40

Hauschild, G. R., lateinisches Lese- u. Übungsbuch. 2. Tl. Für Quinta. gr. 8. (XII, 217 S.) Leipzig 899. F. Brandstetter. Kart. n. 1. 80; Wörterbuch (62 S.) kart. n. — 50

— die rationale Psychologie u. Erkenntnisstheorie Tertullian's. 4. (78 S.) Ebend. 880. 1. 50

Hauschild, G. R. Tertullians Psychologie und Erkenntnistheorie. 77 S. **Progr.** G. *Frankfurt a. M.* 1880.

Hauschild, G. R., die Verbindung finiter u. infiniter Verbalformen desselben Stammes in einigen Bibelsprachen. [Erweit. Sonderabdr. aus: „Berichte d. Freien deutschen Hochstiftes".] gr. 8. (34 S.) Frankfurt a/M. 893. Gebr. Knauer. **n. — 80**

Hauschild, G. R[ichard], Prof.: Das Verhältnis von Goethes „Romeo und Julia" zu Shakespeare's gleichnamiger Tragödie. Frankfurt a. M. 1907: Gebr. Knauer. (57 S.) 4°
Frankfurt a. M., Goethe-G OP 1907 (484)

Hauschild, H. M. Cable Code for Underwriters and their agents and correspondents. Bremen 1895.

Hauschild, H. M. (Red.), s. Schützen- u. Wehr-zeitung, Dt.

Hauschild, Heinrich [aus Bremen]: Entstehung einer Darmfistel 21 Jahre nach Sectio Caesarea .... Bremen, Druck v. H. M. Hauschild, 1885: 16 S. 8°.
Würzburg, Med. Fak., Inaug.-Diss. v. 1885.

Hauschild, Heinrich, Entstehung einer Darmfistel 21 Jahre nach Sectio Caesarea. Diss. Würzburg 1885, Stahelsche Univ.-Buchh. 8°. 16 S.

Hauschild, Heinrich, prakt. Arzt a. Frankfurt a. M.: Ueber Herzwunden und deren Behandlung. Leipzig 1906: B. Georgi. (68 S.) 8°
Leipzig, Med. Fak., Ref. Trendelenburg, Diss. v. 7. Aug. 1906
[Geb. 8 März 76 Leipzig; Wohnort: Frankfurt a. M.; Staatsangeh.: Preußen; Vorbildung: Gymn. Offenbach Reife O. 97; Studium: Würzburg 1, Leipzig 3, München 1, Straßburg 1, Erlangen 3 S.; Coll. 10. Aug. 06; Approb. 3. Aug. 03.]

Hauschild, Herbert, Referendar a. Dresden: Das Reichsgesetz über die Erwerbung und den Verlust der Reichs- und Staatsangehörigkeit vom 1. Juni 1870 in seiner Anwendung auf die deutschen Schutzgebiete. Tübingen 1906: H. Laupp jr. (x, 84 S.) 8° ¶[= Abhandlungen a. d. Staats-, Verwaltungs- u. Völkerrecht Bd 2 H. 3.]
Leipzig, Jur. Fak., Diss. v. 1. Sept. 1906
[Geb. 12. Juni 80 Dresden; Wohnort: Dresden; Staatsangeh.: Sachsen; Vorbildung: Vitzthumsches Gymn. Dresden Reife O. 99; Studium: Leipzig 1, Genf 1, Berlin 2, Leipzig 3 S.; Rig. 24. Juni 03.]

Die Staatsangehörigkeit in den Kolonieen. Von Dr. jur. Herbert **Hauschild** in Dresden. Tübingen: J. C. B. Mohr 1906. (xv, 87 S.) 8°
= **Abhandlungen** aus d. Staats-, Verwaltungs- u. Völkerrecht. 2, 3. (07. 460

— Johann Adolph (Dresden), De jure successionum ex jure naturae et Romanorum institutis. Dissert. jur. Präs. August Gotthelff Schmuck. Wittenbg. (Johann Samuel Gerdes) 14. XI. 1758. 24 S. (5.50) 13558

Hauschild, Johann Friedrich

— Anleit. zur Wechselkunde, nebst d. nöthigen Erklärung der beid. Wechselgeschäften gebräuchl. Kunstausdrücke. 8. Dresden 810. Fr. Fleischer in Leipz. 18 K N. Aufl. 8. Frankf. am M. 817. Veselli. 20 K

Hauschild, Johann Friedrich: „Theoretisch-practische Anleitung zur Wechselkunde", Frankfurt a. M. 1817. — Vorh.: Com. Bibl. Hamburg. — 2. umgearb. und verm. Auflage, ebenda 1828, vorh.: Bücherei der Industrie- und Handelskammer Leipzig. — 3. verm. und verb. Auflage, ebenda 1845, vorh.: Com. Bibl. Hamburg.

Hauschild, Jh. Fr., theoret.-prakt. Anleitung zur Wechselkunde. 3. verb. u. verm. Aufl. gr. 8. Frankfurt a/M. 845, Jaeger'sche Buchh. 1 ℔

Hauschild, Joh. Friedr., theoret.-prakt. Anleitung zur Wechselkunde, s. a. Comptoir-Handbuch, allgem., 8. Thl.

Hauschild, J. F., Beitrag zur neuern Münz- u. Medaillen-Geschichte, v. 15ten Jahrh. bis jetzt; nebst e. raisonirend. Verzeichniß e. Samml. in allen Klassen, mit Anmerkk. 8. Dresd. 805. Arnold. 1 ℔ 4 gl

— — De fructibus a malae fidei possessore restituendis eorumque usuris. Disp. jur. Erlangen (Walther) 21. VII. 1764. 31 S. (6.—) 13560
Gew.: Leopold Nicolaus Frh. v. Ende (Altjessnitz). — Widm. v.: Jo. Theophil Cober (Bautzen), Bernhard Samuel Matolay v. Zolna (Wien; dtsch.), F. C. Rudel (Holstein; dtsch.).

— Frankfurter Geschäfts-Handbuch. Enthaltend die Maß-, Gewichts-, Münz-, Kurs- u. Wechsel-Verhältnisse, wie auch die Handels-Usanzen u. Handels-Anstalten der freien Stadt Frankfurt, nebst Beiträgen zur allgem. Maßkunde. gr. 8. (Mit 1 Tab.) Frankfurt a/M. 845, Streng. **n. 1⅓ ℔**

Hauschild, Joh. Frdr., zur Geschichte des deutschen Maß- u. Münzwesens in den letzten sechzig Jahren. Frankfurt a. M. 861. Hermann'sche Verlhdlg. gr. 8. (VI, 118 S.) n. 20 ngr.

— Johann Friedrich (Dresden), Singularia quaedam de syndicis et instrumento syndicatus. Präs. Ernst Martin Chladen. Wittbg. (Schlomach) 3. XI. 1757. 28 S. (5.50) 13559
Gew.: Johann Leonhard Hauschild (Vater).

Hauschild, Jh. Fr., Vergleichung der engl. Maaße u. Gewichte mit den franz. und mit denen der Stadt Frankfurt a. M. gr. 8. Frankfurt a. M. 833. Jäger. 1/8 ℛ

— Vergleichungs-Tafeln der Gewichte verschiedener Länder und Städte, nebst den neuesten Verordnungen u. Untersuchungen über Maaße u. Gewichte, wie auch mehreren Beiträgen zur Berichtigung der Gewichtskunde. Zugleich als Ergänzung u. Fortsetzung der von demselben herausg. 3n Aufl. des Maaß- u. Gewichtsbuches von Geo. Casp. Chelius. gr. 8. Frankfurt a. M. 836. Jäger. 2/3 ℛ

Hauschild, Joh. Frdr., Vorschlag zu einem allgem. deutschen Maß-, Gewicht- u. Münz-System. Der hohen verfassunggebenden deutschen Reichsversammlung zu Frankfurt a. M. vom Verf. überreicht. gr. 8. (VI u. 36 S.) Frankfurt a. M. 849, Streng. 1/4 ℛ

Hauschild, Johann Leonhard: „Juristische Abhandlungen von Bauern und deren Frohndiensten, auch der in Rechten gegründeten Vermuthung ihrer natürlichen Freyheit, ingleichen von verschiedenen ..... Vorschlägen zu einer Verbesserung der Justiz", Dresden (Gerlach) und Leipzig (Breitkopf) 1771. — Vorh.: Bibl. des Kammergerichts Berlin — Ec. 433 — des Oberlandesgerichts Celle — Md. 7 — und des Germ. Museums Nürnberg. — Dasselbe, „aus Urkunden und Handschriften vermehrt", herausgegeben von J. C. Kuhn, Leipzig 1785 (Hilscher).

Hauschild J. L.: Juristische Abhandlungen v. Bauern u. deren Frohndiensten ... ingleichen v. verschiedenen irrigen od. guten Vorschlägen zu einer Verbesserung d. Justiz ... Dressd. u. Leipz. 1771. 306 S.

— Beyschriften von Bauern u. Frohnen. 8°. Dresden 1744.

Hauschild, Joh. Leonh.: Gerichts-Verfassung d. Teutschen, wie solche v. 8. bis zum 14. Saec. üblich gewesen. 4. *Leipzig*, 741. Goethe. (12 Gr.)

— Gerichtsverf. d. Deutsch. v. 8-14n Säcul. 4. Leipz. Klaubarth. 741.

— Irrthümer in Beurtheilung d. Justizgebrechen. 8. Dresd. 756. (Gerlach). 4 gl

— Joh. Leonh. (Bornsheyn. Misn.; Dresden), De jure protimiseos et retractus circa servitia et operas liberorum subditorum in elect. Sax. dominis competente. Diss. jur. Rector Christoph Ignaz v. Guden. Präs. Tob. Jac. Reinhard. Erfurt (Grosch) 30. X. 1726. 24 S. (6.—) 13561

Hauschildius, Joh. Leonhardus: „Opusculum historico-iuridicum praesumtionem pro libertate naturali in causis rusticorum .... ab impugnationibus Estorianis .... vindicans. Adiuncta est: Nova basis seu structura iuris naturae fundamentalis .... vel: Neue und richtige Grundlegung des natürlichen Rechts ...", Dresdae 1738. — Vorh.: Oberlandesgericht Celle. — Md 4.

— de praesumtionibus. 8. ibid. 738.

Hauschild, Johann Wilhelm

Hauschild, Jh. Wlh., die Arithmetik. Ein Handbuch für alle Stände. gr. 8. Nordhausen 844. (Förstemann.) n. 1/2 ℛ

Hauschild, Jh. Wlh., d. theoret. u. prakt. Bauhandwerker, oder die Arbeiten des Zimmermanns in Beziehung auf Land-, Wasser- u. Prachtbau &c. 1. Heft. Mit 3 lithogr. Tafeln. 4. Nordhausen 843, Förstemann. n. 1/2 ℛ

— der belehrende Rechenmeister, oder: Die Kunst, in 8 Tagen alle arithmetischen Aufgaben, welche bei Geschäftsleuten, Gewerbtreibenden u. Beamten vorkommen, schnell u. sicher lösen zu lernen. gr. 8. Quedlinburg 846, Ernst. 2/3 ℛ

Karl HAUSCHILD — Das Verhältnis Herzog Georgs des Bärtigen zu Luther und zur Reformation
Dissert. Prag 1906/07.

Hauschild, Kurt: Über hämorrhagische Masern.
Leipzig 1901: B. Georgi. (29 S.) 8°
Leipzig, Med. Diss. v. (18. Juni) 1901

Hauschild, L., Beobachtgn. üb. Heeresverhältnisse, Land u. Leute in Süd-Europa. I. u. II. Thl. 8. Berlin 893. R. Eckstein Nachf. n. 6. 50
I. Spanien u. Portugal. (VIII, 363 S.) n. 3. 50
II. Italien. (IX, 192 S.) n. 3. --

Hauschild, L., Oberst im osmanischen Generalstabe und Lehrer an der osmanischen Generalstabsschule. 50 Exerzierplatz-Aufgaben für das geschlossene Exerzieren im Bataillon. (Aus: „Braumüllers militärische Taschenbücher", Bd. 15.) 8. Wien und Leipzig 1903.

Hauschild, L., Italien, Land und Leute. Reise-Erinnerungen. Berlin (o. J.)

Lösungen taktischer Aufgaben aus den Aufnahmeprüfungen zur Kriegsakademie 1886–1900 mit Berücks. d. Felddienst-Ordnung vom 1. Jan. 1900 von L. Hauschild, Oberstlt. *Berlin: E. S. Mittler & Sohn 1900.* (83 S.) 8° [F.]

Hauschild, L., Lösungen taktischer Aufgaben aus den Aufnahmeprüfungen zur Kriegsakademie 1886 bis 1901, m. Berücksicht. der Felddienst-Ordng. vom 1. I. 1900. 2. Aufl. gr. 8. (IV, 90 S.) Berlin 902. E. S. Mittler & Sohn. n. 1. 60; geb. in Leinw. n.n. 2. 50
1. Aufl. (IV, 83 S.) Ebd. 900 à gleich. Preise.

Lösungen taktischer Aufgaben aus den Aufnahmeprüfungen zur Kriegsakademie 1886 bis 1903 von L. Hauschild, Oberst im Osman. Generalstab. 3. verm. u. umgearb. Aufl. *Berlin: E. S. Mittler & Sohn 1903.* (131 S.) 8° [F.]

Angewandte Übungen zur Operations- und Gefechtslehre. Nach einer auf d. Kriegsakademie vorgetragenen Studie d. Gen.Majors Meckel von [L.] Hauschild, Oberst im Osman. Generalstabe. Mit 3 Karten d. Gebiets zw. Vogesen u. Marne. *Berlin: E. S. Mittler & Sohn 1903.* (VII, 220 S.) 8° [F.]

Hauschild, L., kriegsgeschichtliche angewandte Uebungen. Die Operationen an der Iser im Juni 1866, s. a. Beiheft zum Militär-Wochenblatt. 1904. Hft. 4. 5.

Kriegsgeschichtliche angewandte Übungen. Die Operationen an der Iser im Juni 1866. Von L. Hauschild, Hauptm. a. D. Mit 1 Karte. *Berlin: E. S. Mittler & Sohn (1904).* (S. 125–202.) 8° [F.]
— Militär-Wochenblatt. 1904. Beih. 4. 5.

Hauschild, Max, Referendar und bacc. jur. in Gera-Untermhaus: Ein Beitrag zur rechtlichen Natur des landesherrlichen Ehescheidungsrechts. Borna-Leipzig 1907: R. Noske. (VIII, 57 S.) 8° [Ѯ.]
Leipzig, Jur. Fak., Diss. v. 24. Juni 1907
[Geb. 14. Febr. 84 Groitschen, Reuß j. L.; Wohnort: Gera; Staatsangeh.: Reuß j. L.; Vorbildung: Gymn. Rutheneum Gera Reife O. 02; Studium: Kiel 1, Berlin 4, Kiel 1 S.; Rig. 31. Okt. 05.]

Unschuldig verurteilt oder Weihnachts-Leid und Freud. Lebensbild mit Gesang in 1 Akte von Max Koch. Musik von Max **Hauschild**. Leipzig: R. Gleißenberg [1908]. (24 S.) 8° [Ѯ.]
= **Apollotheater**. No 2. (08. 10791)

Hauschild, M(ax) W(olfgang): Untersuchungen über die Pigmentation im Auge verschiedener Menschenrassen und die Pigmentation im Säugetierauge überhaupt. Mit 6 Taf. Stuttgart: Schweizerbart 1909. 72 S. 8° ¶ (Aus: Zeitschrift f. Morphol. u. Anthropol. Bd 12.)
München, Phil. Diss. v. 8. Juni 1909, Ref. Ranke
[Geb. 24. Aug. 83 Dresden; Wohnort: Dresden; Staatsangeh.: Sachsen; Vorbildung: Vitzth. Gymn. Dresden Reife O. 04; Studium: Phil. Oxford 1, Med. Berlin 3, München 1, Freiburg i. B. 3 S.; Rig. 8. Juni 09.] [U 10. 3652

— Maximilian Joseph (Dresden), Varias juris civilis quaestiones. Präs. Christian Gottlob Biener. Lpz. (Carl Tauchnitz) 13. IV. 1797. 30 Seiten. (5.50) 13562

Hauschild, Oscarus: De sermonis proprietatibus, quae in Philippicis Ciceronis orationibus inveniuntur. Halis Saxonum 1885: Karras. 34 S. 8°
Halle-Wittenberg, Phil. Diss. v. [9. Juli] 1885
Geb. Torna b. Zeitz 27. 12. 1860. V.
Ersch. vollst. in: Dissertationes philologicae Halenses. Vol. 6. Halis Sax. 1885. S. 233—305.

Hauschild, O., de sermonis proprietatibus, quae in Philippicis Ciceronis orationibus inveniuntur, s. Dissertationes philologicae Halenses.

Hauschild, Oscar, Dr.: Die verstärkende Zusammensetzung bei Eigenschaftswörtern im Deutschen. [T. 1.] *Hamburg 1899: Lütcke & Wulff.* (29 S.) 4°
Hamburg, Wilhelm-G, OP 1899 (770)

Hauschild, Osc., die verstärkende Zusammensetzung bei Eigenschaftswörtern im Deutschen. Progr. gr. 4. (29 S.) Hamburg 899. (Herold.) n.n. 1. 50

Hauschild, R. H., die Krätze in zwei Tagen heilbar. 8. (1 ½ B.) Quedlinburg 843, Basse.

Hauschild, R. H., die Krätze in zwei Tagen heilbar. Oder: Das wahre Wesen der Krätze u. die Art ihrer Verbreitung, so wie über die wichtigsten ältern u. neuern Heilmethoden derselben rc. 2. Aufl. 8. (21 S.) Quedlinburg 847, Basse. ¼ ß

Hauschild, Richard, s. Hauschild, Gustav Richard.

— Salomon Friedrich (Sonnenwalde / Laus.), De praescriptione juris bona sub pacto de retrovendendo alienata relvendi, ad Const. Sax. Elect. I. P. II. Spec. jur. Saxon. Präs. August Friedrich Schott. Lpz. (Jo. Fried. Langenheim) 9. IX. 1767. 15 S. (5.—) 13563

— Salomon Rudolph (Altenburg), De adhaesione minus principali per alterius leuterationis vel appellationis renunciationem non exspirante. Diss. jur. Präs. Gottlieb Sturm. Wittbg. (Schlomach) 10. IV. 1734. 28 S. mit Widm. v. Präs. (6.—) 13564

Hauschild, Willibald, k. k. Major. Praktische Situations Zeichnungslehre zum Selbstunterricht im Ablesen der Pläne und deren Ausführung in der schwarzen Manier; verbunden mit der à la vu Aufnahme, mit Berücksichtigung specialer Anwendung in den verschiedenen technischen Zweigen und namentlich des Eingehens in die Kriegstaktik, sowie der Land- und Seekarten: gestützt auf den gegenwärtigen Standpunkt der reinen Wissenschaften, in Hinblick des allgemeinen Schulplanes. (Mit 6 Tafeln.) (Donation Liechtenstein.) 8. Wien 1866.

Hauschildt, Hermannus, Holsatus: De Porphyrio philosopho Macarii Magnetis apologetae christiani in libris Αποκριτικων auctore. Bonn 1907: C. Georgi. (67 S.) 8°
Heidelberg, Phil. Fak., Ref. Dieterich, Diss. v. 14. Nov. 1907
[Geb. 18. Jan. 81 Westdorf; Wohnort: Erbach (Odenwald); Staatsangeh.: Preußen; Vorbildung: Gymn. Hadersleben Reife O. 00; Studium: Kiel 4, Bonn 4, Kiel 3 S.; Rig. 30. Juli 07.]

[Umschlagt.:] [Ѯ. u. Ant.] Der Kampf gegen die Waarenhäuser. Pract. Vorschl. z. Beseitigg ders. Von J. W. **Hauschildt**. Der Untergang d. Mittelstandes im Kaufmanns- u. Gewerbestande bedingt durch d. Ueberhandnehmen d. grossen Waarenhäuser, deren Filialen . . . *(Friedberg a. Qu.: H. Andres) [1897?].* (20 S.) 1 Bd 8. (98. 300)

Hauschildt, J. W., der Kampf geg. d. Waarenhäuser. Pract. Vorschläge z. Beseitigg. derselben. D. Untergang d. Mittelstandes im Kaufmanns- u. Gewerbestande bedingt durch d. Ueberhandnehmen d. großen Waarenhäuser, deren Filialen, d. Fabrikniederlagen, d. Consum-Vereine, d. Einkaufsvereine, d. Versandtgeschäfte, u. d. Hausirhandels. 3. Taus. 8. (20 S.) Friedeberg a/Qu. 897. A. Dresler. n. — 35

— dasselbe. (Neue Ausg.) 12. (40 S.) Ebd. 897. n. — 50

Hauschildt, Johann: Über das Verhalten des allgemeinen Körpergewichtes bei Pneumonie und Typhus ...
München, Buchdr. v. M. Ernst, 1888; 37 S. 8°
München, Med. Fak., Inaug.-Diss. v. 1889

Hauschka, Alois, über die Ausbildung der Infanterie für den Kampf im Walde. [Aus: „Streffleur's österreich. militär. Zeitschr.“] gr. 8. (24 S.) Wien 878. Seidel & Sohn in Comm. n. 1. —

Hauschka, A, üb. d. Ausbildg d. Infanterie f. d. Kampf im Walde. 8. (24) Wien 79, Seidel u. S. n. 1. —

Hauschka, Alois, über die Ausbildung der Infanterie für das Waldgefecht. 2. Aufsatz. gr. 8. (35 S. mit 2 Taf.) Wien 885, (Seidel und Sohn.) *
Aus: Streffleur's österreichische militärische Zeitschrift, besonders abgedruckt. — Vergriffen. — 1. Aufsatz. Ebendas. 1879. *ℳ 1.—.

Hauschka, Alois. Die Ausbildung der Infanterie f. das Gefecht im Walde. 3. Aufl. gr. 8. (51 S. m. 2 Karten.) Wien 890, Seidel u. Sohn. * 2 —

Hauschka, Alois, die Schule der Führung f. Officiere der Fusstruppen. Mit 16 Beispielen. 1. u. 2. Aufl gr. 8. (IV, 104 S. m. 4 Fig. u. 11 Taf.) Wien 893. L. W. Seidel & Sohn. n. 4. —

Hauschka, Dr. Dominik Jos. — Compendium der speziellen Pathologie und Therapie als Leitfaden für seine Vorlesungen. Von — —. I. Theil. Wien. 1855. Gedruckt bei J. Stöckholzer v. Hirschfeld. Wilhelm Braumüller. (352 S. 1 Bl. gr. 8) geh.

Hauschka, Dr. Dominik Josef — Kompendium der speziellen Pathologie und Therapie als Leitfaden für seine Vorlesungen von — — 2ter Theil. Wien, 1857. Gedr. bei Jos. Stöckholzer v. Hirschfeld in Wien. Wilh. Braumüller. (XII, 578 S. 8.)

Hauschka, F. Kompend. d. gerichtl. Arzneikunde. Wien 1857.

Hauschka, Heinrich, k. k. Hauptmann etc. Die Belagerungen von Malghera und Venedig vom 27. April bis 22. August 1849, als dem Tage der Capitulation. Für die Geschichte des k. k. 40. F. M. Lt. Ritter von Rossbach Linien-Regts. in Folge höheren Auftrages verfasst. (Lithographiert.) 8. (Ohne Ort u. Jahr.)

Haeuschkel, Bruno: Die Technik der Erzählung im Beowulfliede. *Breslau 1904: H. Fleischmann.* (97 S.) 8°
Breslau, Phil. Diss. v. 5. Juli 1904

[F.] Abschied. Roman v. A[uguste] Hauschner. *Berlin: A. Deubner 1897.* (165 S.) 1 Bd 8.

Hauschner, Auguste, Doktor Ferenczy u. andere Novellen. 8. (339 S.) Berlin, Bibliograph. Bureau. n. 4. 50

— Doktor Ferenczy. 2., wohlf. [Titel-]Ausg. 8. (339 S.) Ebd. (893) 896. 1. 50

— Frauen unter sich. 12 Gespräche. 8. (III, 211 S.) Dresden 901. E. Reißner. n. 2. —; geb. n. 3. —

Hauschner, A., Daatjes Hochzeit, s.: Bibliothek Langen, kleine.

Hauschner, Auguste, Kunst. Roman. (424 S.) 8. München 904. A. Langen. n. 4. —; geb. n. 5. —

— Lehrgeld. Roman. (Umschlag: Geschichte e. Ehe.) 8. (260 S.) Berlin 899. Vita. n. 3. —

Hauschner, Auguste, die Familie Lowositz. Roman. (424 S.) 8. Berlin 908. E. Fleischel & Co. 6.—; geb. 7. 50

— dasselbe. Roman in 2 Bdn. 2. Bd. Rudolf u. Camilla. (VI, 373 S.) 8. Ebd. 910. 5.—; geb. 6. 50

— die sieben Naturen des Dichters Clemens Breißmann. (197 S.) 8. Breslau 906. Berlin, S. Schottlaender's schles. Verlagsanstalt. n. 2. —; geb. n. 3. —

[F.] A[uguste] Hauschner. Die Unterseele. Novellen. *Berlin: Vita [1898].* (110 S.) 1 Bd 8.

— zwischen den Zeiten. Roman. (273 S.) 8. München 906. A. Langen. n. 3. —; geb. n. 4. —

Hauschoralbuch. Alte und neue Choralgesänge mit vierstimmigen Harmonien und mit Texten. Gütersloh 1844. 8. Aufl. 1878. V: *Eickhoff, F. H.* (Russell IV, 981)

Hauschoralbuch. Alte u. neue Choralgesänge mit 4stimmigen Harmonieen u. mit Texten. gr. 8. Gütersloh 844, Bertelsmann. 1/2 Thlr

Hauschoralbuch. Alte u. neue Choralgesänge m. vierst. Harmonieen und mit Texten. 2. Aufl. Lex. 8. (XVI u. 240 S.) Gütersloh 850, Bertelsmann. 2/3 Thlr geb. 5/6 Thlr

Hauschoralbuch. Alte und neue Choralgesänge mit vierstimmigen Harmonien u. mit Texten. 3. Aufl. 853. — 4. Aufl. 855. — 5. verb. Aufl. Gütersloh 858. Bertelsmann. Lex.-8. (XVIII, 256 S.) n. 1 Thlr

Hauschoralbuch. Alte u. neue Choralgesänge mit 4stimmigen Harmonien u. mit Texten. 6., verb. Aufl. Barmen 864. Bertelsmann. Lex.-8. (XIV, 260 S.) n. 1 Thlr

Hauschoralbuch. Alte u. neue Choralgesänge mit vierstimm. Harmonien u. mit Texten. 6., verb. Aufl. 2. Abdr. Gütersloh 868. Bertelsmann. Lex.-8. (XIV, 260 S.) n. 1 Thlr; geb. mit Goldschn. n. 1 Thlr 20 Ngr.

Hauschoralbuch. Alte u. neue Choralgesänge m. vierstimmigen Harmonien u. Texten. 7. verb. Aufl. gr. 8. (XVI, 256 S.) Gütersloh 871. Bertelsmann. n. 3. —

Hauschoralbuch. Alte u. neue Choralgesänge mit vierstimm. Harmonien u. mit Texten. 8. Aufl. gr. 8. (XVI, 256 S.) Gütersloh 878. Bertelsmann. n. 3. —; geb. n. 3. 60

Hauschoralbuch. Alte und neue Choralgesänge mit vierstimm. Harmonien und mit Texten. 9. Aufl. gr. 8. (XVI, 256 S.) Gütersloh 883, Bertelsmann. *M 3.; geb. *

Hauschoralbuch. Alte u. neue Choralgesänge m. vierstimm. Harmonien u. m. Texten. 10. Aufl. gr. 8. (XVI, 256 S.) Gütersloh 887. Bertelsmann. n. 3. —; cart. n. 3. 60

Haus-Choralbuch, schlesisches. E. Auswahl aus d. Melodieen d. schles. Melodieenbuches, unt. Berücksicht. d. Liederschatzes d. „Gesangbuches f. evang. Gemeinden Schlesiens" vierstimm. gesetzt f. häusl. Gebrauch. (Hrsg. v. G. Kawerau.) gr. Lex.-8. (VIII, 157 S.) Breslau 898. W. G. Korn. n. 4. —

Haus-Choral-Melodien-Buch. (Von Bennemann.) 1. Thl. qu. gr. 4. (6¾ B.) Halle 845. (Schmidt's Verl.) *

Haus-Chronik, s.: Dürer's, A., Federzeichnungen u. Holzschnittwerk.

Haus-Chronik. Hrsg. v. Kasp. Braun u. Frdr. Schneider. 1. Bd. 12 Hfte. Imp. 4. (IV u. 384 S. m. eingedr. Holzschn.) München 851, 52, Braun & Schneider. (à 1/3 Thlr) 4 Thlr geb. n. 4 2/3 Thlr

Haus-Chronik. Herausg. von K. Braun und F. Schneider. 2. Bd. (Jahrg. 1853.) 12 Hefte. München, Braun u. Schneider. Imp.-4. (2 Bl., 384 S. mit Holzschn. im Text.) Jedes Heft 10 Ngr

Haus-Chronik, die. Interessantes aus Gegenwart u. Vergangenheit. 1. u. 2. Lfg. à 22 Hfte. m je 1 color. Holzschntaf. gr. 4. (349 S.) Dresden 875. 76. Verl. der Chronik. à Hft. — 30

Haus-Chronik. Gedenkblätter der Familie. 4. (184 S. zu Eintragungen mit 12 Illustr. in Holzschn.) Leipzig 886, Zehl. geb. mit Goldschn. * 8 —
Mit Photogr.-Album (für 6 Kabinet- und 12 Visitkartbilder) * 12 —

Hauschronik, allgem., 1s Heft. 8. Leipz. 817. Joachim. 9 gl

Haus-Chronik f. christkathol. Familien. gr. 4. (Mit Illustr.) Innsbruck 846, Wagner'sche Buchh. 27 ngl

Haus- und Familien-Chronik. Hrsg. und zusammengestellt von Martin Gerlach. Text von Paul v. Zimmermann. gr. 4. (104 S. mit 52 Illustr. und Schreibtaf. in altdeutschem Charakter in Gold- und Farbendr.) Wien 888, Gerlach und Schenk. * 15 —
In gepreßtem Ledereinbd. * 20 —
Mit Metallecken und Schließe * 25 —

Haus- u. Familien-Chronik. 2. Aufl. 2. Taus. Lex.-8. (32 S.) Berl. 891, Wolff. geb. in Leinw. m. Goldschn. * 2 —

Haus- u. Familien-Chronik. VI. Aufl. 6. Taus. Lex. 8. (32 S.) Berlin 898. (Frankfurt a/M., Jaeger's Verl.) Geb. in Leinw. 3. —

Haus-Chronik meinen Anverwandten und Freunden ... gewidmet. Hamb. 1822. V: *Cramer, Andr. Wilh.* (Ky) (MGT) (schz) (schles)

— meinen Anverwandten u. Freunden gewidmet, (v. A. W. Cramer). gr. 8. Hamb. 822. Fr. Perthes. 1 rℓ 4 gl Schrbp. 1 rℓ 12 gl

Haus-Chronik, Hohenzollerische. gr. 4. (483 S., m. allegor. Federzeichngn. umrahmt, u. 22 Heliogravüren auf weißem Pap.) Berlin 889. Mittler & Sohn. geb. in Halbldr. n. 50. —; m. Heliogravüren auf chines. Pap. geb. in Halbldr. n. 60. —; in Ldr. n. 70. —

Die **Hauschronik** der Familie Holl (1487–1640), insbesond. d. Lebensaufzeichnungen des Elias Holl, Baumeisters d. Stadt Augsburg. Hrsg. von Christian Meyer. München: Selbstverl. 1910. 89 S. 8°
[10. 850]

Hauschronik, Meines Vaters; ein launiger Beytrag zur Lebensweisheit, Menschen- und Weltkunde ... Erfurt 1790. V: *Göchhausen, Ernst Aug. Anton von.* (MGT)

Hauschteck, A., die Neubildung der inneren Verwaltung in Preußen. gr. 8. (VIII, 80 S.) Berlin 878. v. Decker. n. 1. 20

Hauschteck, A, d. Neubildg d. inneren Verwaltg in Preussen. 8. (80) Berl. 79, v. Decker. n. 1. 20

Hauschteck, A., die Organe für die Rechtspflege in ihrer gegenseitigen Begrenzung. Systematisch u. — in Vergleichung mit der preuß. u. rhein preuß. Justiz-Verfassung, sowie mit den für die Staatsanwaltschaft geläufigsten Reform Vorschlägen — kritisch dargestellt. Berlin 862. G. Reimer. gr. 8. (VIII, 72 S.) 10 ngr

— Preußens innere Verwaltung in der Krisis ihrer Neubildung. gr. 8. (XII, 57 S.) Ebend. 876. n. 1. —

Hauschteck, Wolfg., Reform des akademischen Lebens und kein Ende! 8. (47 S.) Heidelberg 885, Burow's Verlag. *

Hauschteck, Wolfg., Reform d. akademischen Lebens u. kein Ende! 8. (47 S.) Heidelberg 885. Weiss' Sort. n. 1. —

Hausdienst-Ordnung für das hannov. Kadetten-Korps nebst Anh. 4. Aufl. Hannover 1862. 79 S.

Hausding, Alfred

Hausding, A., Bericht über die Gifhorner Torfmaschinen-Concurrenz u. Ausstellung, nebst dem Urtheil der Prüfungs-Commission. Im Auftrage des Ausstellungs-Comités zusammengestellt u. bearbeitet. gr. 8. (34 S.) Berlin 877. Parey in Comm. n. 1. —

Hausding, A., d. Fremdwortfrage f. Behörden, Fachwissenschaft u. Gewerbe, nebst e. Verdeutschungswörterbuch, enth. üb. 6000 hierbei in Betracht komm. Fremdwörter unter Aufzählg. derjenigen, f. welche zur Zeit e gute Verdeutschg. nicht bekannt ist. Als Denkschrift bearb. gr. 8. (VIII, 194 S.) Berlin 896. C. Heymann's Verl. n. 1. 60; geb. n. 2. —

[F.] Die **Fremdwortfrage** für Behörden, Fachwissenschaft und Gewerbe nebst e. Verdeutschgswörterb. enth. üb. 6000 hierbei in Betracht komm. Fremdwörter ... Als Denkschr. bearb. v. A. **Hausding**, Mitgl. d. Kais. Patentamtes. *Berlin: K. Heymanns 1897.* (VI S., 1 Bl., 194 S.) 1 Bd 8.
[97. 1774

— d. Fremdwortübel. Würdigg. zweier, im Januarheft d. Preuß. Jahrbücher erschien. Abhandlgn. v. Franz Sandvoß u. Paul Cauer üb. d. Bestrebgn. d. Allgem. Deutschen Sprachvereins u. s. Anhänger. Lex. 8. (III, 16 S.) Berlin 898. W. Ernst & Sohn. — 50

[F.] Das **Fremdwortübel**. Würdigg zweier, im Januarheft d. Preuss. Jahrbücher erschien. Abhandlgn v. Franz Sandvoss u. Dr. Paul Cauer üb. d. Bestrebgn d. Allgem. Deutschen Sprachver. u. s. Anhänger v. A. **Hausding**, Mitgl. d. Kaiserl. Patentamtes. 2. u. 3. Taus. *Berlin: W. Ernst & Sohn 1898.* (2 Bl., 16 S.) 1 Bd 8.
[98. 6826

Hausding, A., Handbuch der Torfgewinnung u. Torfverwertung m. besond Berücksicht. der erforderlichen Maschinen u. Geräte nebst deren Anlage- u. Betriebskosten. 2., wesentlich erweit. Aufl. (XII, 501 S. m. 151 Abbildgn.) gr. 8. Berlin 904. P. Parey. Geb. in Leinw. n.n. 15. —

Hausding, A., die Heizungs-, Ventilations- und Trocken-Anlagen, Dampf-, Koch-, Wasch- und Bade-Einrichtungen der Actiengesellschaft Schäffer und Walcker in Berlin. Enthaltend: Allgemeine Beschreibung, Tabellen und Angaben für Beurtheilung und Berechnung der verschiedenen Anlagen, Anlage- und Betriebskosten, besondere Constructionen, sowie Zeichnungen und Beschreibungen ausgeführter Musteranlagen. Zusammen mit über 100 Holzschn. und 11 lithogr. Taf. in Buntdr. gr. 8. (VIII, 224 S.) Berlin 884, (Polytechn. Buchhandlung.) geb. * *

Hausding, A: Der Torf, seine Gewinnung und Verwerthung. Vortrag. Berlin 1877

Hausding, A., industrielle Torfgewinnung u. Torfverwerthung, m. besond. Berücksicht. der dazu erforderl. Maschinen u. Apparate nebst deren Anlage u. Betriebskosten f. Moorbesitzer u. Moorbewohner, Industrielle etc. nach eigenen Erfahrgn. u. Untersuchgn. bearb. Mit 103 (eingedr.) Holzschn. gr. 8. (XVI, 317 S.) Berlin 876. Polytechn. Buchh. n. 12. —

HAUSDING, A.: Industrielle Torfgewinnung und Torfverwerthung mit besonderer Berücksichtigung der dazu erforderlichen Maschinen und Apparate nebst deren Anlage- und Betriebskosten für Moorbesitzer und Moorbewohner, Industrielle ... nach eigenen Erfahrungen und Untersuchungen bearbeitet. - Berlin 1876. XVI, 317 S., 103 Holzschn. - 2. Aufl. u. d. T.: Handbuch der Torfgewinnung und Torfverwertung... ebd. 1904. XII, 501 S., 151 Abb.

— die Torfwirthschaft Süddeutschlands u. Oesterreichs mit besonderer Berücksichtigung der Verwerthung des Torfes in der Grossindustrie u. beim Eisenbahn-Betriebe. An Se. Exc. den Hrn. Staats- u. Handels-Minister Achenbach u. Se. Exc. den Hrn. Staats- u. Landwirthsch.-Minister Friedenthal erstatteter Reisebericht. Mit 2 lith. Taf. gr. 8. (65 S.) Berlin 878. Parey. n. 2. 50

Verdeutschungswörterbuch der hauptsächlichsten in der Fach-, Handels- und Verwaltungssprache vorkommenden Fremdwörter. Ein Handbuch f. d. tägl. Gebr. von A[lfred] **Hausding**, Geh. Reg.R. 2. wes. Aufl. *Berlin: C. Heymann 1903.* (XXIII, 207 S.) 8° [F.] [03. 3316

Hausding, Friedrich, Referendar in Angermünde: Das Recht der Notwehr und des Notstandes nach dem Bürgerlichen Gesetzbuch Schwedt a. O. 1905: A. Volkmann. (45 S.) 8° [F.]
Rostock, Jur. Fak., Ref. Bernhöft, Diss. v. 15. Jan. 1906
[Geb. 18. Sept. 76 Bernstein, Kr. Soldin; Wohnort: Angermünde; Staatsangeh.: Preußen; Vorbildung: Gymn. Wittstock Reife M. 97; Studium: Berlin 6 S.; Rig. 13. Okt. 05.]

Hausding, Kurt: Jean Galbert de Campistron in seiner Bedeutung als Dramatiker für das Theater Frankreichs und des Auslandes. Leipzig 1903: O. Schmidt. (96 S.) 8°
Leipzig, Phil. Diss. v. [21. Apr.] 1903

Hausdoktor, der,. Lustsp. in 3 Aufz. v. Ziegler. 8. Wien, Wallishausser.

Hausdoktor, der, od. „die Selbsthilfe". Eine volksthümliche Belehrung über die Heilung aller Krankheiten der Menschen, nebst Gesundheitslehre für alle Stände, ohne Arzt, Apotheke u. Gifte. 600 bestbewährter Rezepte u. sogen. Hausarzneimittel. Nach den neuesten Fortschritten der Wissenschaft u. mit besonderer Berücksichtigung der besten selten bekannt gewordenen Hausarzneimittel nebst einem Anhang: Kur der Siphilis. Mitarbeiter: L. Polatscheck, H. Kreß, M. Lang. 3. Aufl. gr. 16. (103 S.) Zittau 878. (Leipzig, Fischer.) 1. —

— dasselbe. 4. Aufl. 8. (108 S. m. 3 Steintaf.) Ebend. 880. 1. 50

Der Hausdoktor: Jahrgang 1–36, Apr. 1889–1925?
Monthly. Subtitle: 1) Familienblatt zur Belehrung für Gesunde und Kranke, und zur Nutzanwendung im täglichen Leben, 1889–1925; 2) Monatsschrift für vernünftige Lebens- und Heilweise. Official organ of the Internationaler Naturopathischer Verein und der Naturärzte, Butler, N.J. Absorbed Amerikanische Kneippblätter, and Der Naturopath und Gesundheitsratgeber. Place of publication varies: Butler, N.J. [Benedict Lust, editor and owner, was head of Erholungsheim Jungborn at Butler], 1914–1925. Quarto, then octavo, each issue 12–16 pages, illustrated.
Edited by Dr. Franz Felix Boegner, 1889–92; by Dr. Arthur Kahn, 1893–95; by Dr. A. von Grimm, 1896–97, by Dr. Gustav Pingsten, 1897–1904; by Dr. A. Kammerer, 1906–14, by Dr. Benedict Lust, 1914–25.
Published by The Doctor Publishing Co., 1889–1907?; by M. Wolfram, 1908?–1914, by Dr. Benedict Lust, 1914–25.
New York, NY

Hausdoctor, der. Wochenschrift f. naturgemäße Lebens- u. Heilweise. Nur f. Erwachsene reifen Alters. Hrsg. v. den gesundheitl. Mitarbeitern der Zeitschrift „Fürs Haus". Begründet v. Arth. v. Studnitz. 1.–4. Jahrg. Oktbr. 1889—Septbr. 1893. à Jahrg. 52 Nrn. (à Nr. ½ Bog.) gr. 8. [Dresd., Geschäftsstelle „Fürs Haus".] Berl., Deutsches Druck u. Verlagshaus. 1. Jahrg. * 3 —; 2.—4. Jahrg. à * 4 —

Hausdoctor, der. Wochenschrift f. naturgemäße Lebens- u. Heilweise. Hrsg. von den gesundheitl. Mitarbeitern der Zeitschrift „Fürs Haus". Red.: J. Gräfe. 2. Jahrg. Oktbr. 1890—Septbr. 1891. 52 Nrn. (½ B.) gr. 8. Dresden, Geschäftsstelle „Fürs Haus". n. 4. —

Hausdoctor, der. Wochenschrift f. naturgemäße Lebens- u. Heilweise. Nur f. Erwachsene reifen Alters. Hrsg. v. den gesundheitl. Mitarbeitern der Zeitschrift „Fürs Haus". Begründet von Arth. v. Studnitz. Red.: J. Gräfe. 3. u. 4. Jahrg. Oktbr. 1891—Septbr. 1893. à 52 Nrn. (½ Bog.) gr. 8. Berlin, Deutsches Druck- u. Verlagshaus. à Jahrg. n. 4. —

— dasselbe. Schriftleiter: Zehlauer. 5. Jahrg. Oktbr. 1893—Septbr. 1894. 52 Nrn. (½ Bog.) gr. 8. Ebd.

— **Wochenschrift f. naturgem. Lebens- u. Heilweise. Nur f. Erwachsene reifen Alters. Hrsg. v. d. gesundheitl. Mitarbeitern d. Wochenschrift „Fürs Haus". Begründet von Arth. v. Studnitz. Schriftleiter: H. v. Raven. 6. u. 7. Jahrg. Oktbr. 1894—Septbr. 1896. à 52 Nrn. (à ca. 10 S.) gr. 8. Berlin, Deutsches Druck- u. Verlagshaus.** à Jahrg. n. 4. —

— dasselbe m. d. Beilage: „Hausdoktor f. d. Tierwelt". Red. v. Hirschfeld. 8. u. 9. Jahrg. Oktbr. 1896—Septbr. 1898. à 52 Nrn. (à ca. 10 S.) gr. 8. Ebd. à Jahrg. n. 4. —
Kann auch vierteljährlich bezogen werden.

Hausdoctor, der. Wochenschrift f. naturgemäße Lebens- u. Heilweise m. der Beilage „Hausdoktor f. die Tierwelt". Begründet v. Arth. v. Studnitz. Red. v. Schulze u. E. Köhler. 10.—14. Jahrg. Oktbr. 1898—Septbr. 1903. à 52 Nrn. gr. 8. (à ca. 8 S.) Berlin, Deutsches Druck- u. Verlagshaus. à Jahrg. n. 1. —
Die Jahrgge. 10 u. 11 sind v. Hirschfeld redigiert.

Hausdoktor, der. Wochenschrift f. naturgemäße Lebens- u. Heilweise mit „Hausdoktor f. die Tierwelt". Begründet von Arth. v. Studnitz. Red. von Arendt u. E. Köhler. 16.—18. Jahrg. Oktbr. 1903—Sept. 1907. (à 52 Nrn.) 15.–17. Jhrg. IV, 416; IV, 416 u. IV, 424 S.) Lex.-8. Berlin, Deutsches Druck- u. Verlagshaus. à Jhrg. n. 4.—

Hausdoctor, der. Wochenschr. f. naturgemäße Lebens- u. Heilweise m. „Hausdoktor f. die Tierwelt". Begründet v. Arth. v. Studnitz. Red. v. A. Orthey. 19—22. Jahrg. Oktbr. 1907—Septbr. 1911. à 52 Nrn. (19—21. Jahrg. IV, 416; IV, 420 u. IV, 416 S.) Lex. 8. Berlin, Deutsch. Druck- u. Verlagshaus. à Jhrg. 4.—; geb. 5. —
Vom 1. IV. 1911 an: Schlachtensee, Kulturverlag.

Hausdoktor, der. Bewährte Hausmittel geg. d. meisten vorkomm. Krankheiten b. d. Menschen. E. gewissenhafter u. zuverläss. Ratgeber. M. Anh. I: Hausapotheke. M. Anh. II: Urinkunde. Gesammelt v. e. erfahr. Hausvater. 8. (159 S.) [Regensburg 898. C. Stahl.] München Aug. Schupp. n. 2. —

— der. Bewährte Hausmittel gegen die meisten vorkomm. Krankheiten bei den Menschen. Ein gewissenhafter u. zuverläss. Ratgeber. Mit Anh. I: Hausapotheke. II: Urinkunde. III: Pflege Schwerkranker. Gesammelt v. e. erfahrenen Hausvater. 3. [Titel-]Aufl. 8. (159 S.) München [898.] (900). A. Schupp. n. 1. —

Hausdoctor, der neue. Wochenschrift f. Naturheilkunde. Begründet u. hrsg. von Meyner, J. Gräfe u. G. Ruhmann. 1. Jahrg. April—Septbr. 1893. 26 Nrn. (½ Bog.) gr. 8. Dresden, G. Ruhmann. n. 2. —

— dasselbe. 2. Jahrg. I.—III. Quart. Oktbr. 1893—Juni 1894. 39 Nrn. (½ Bog.) gr. 8. Ebd. n. 3. —
Fortsetz. s.: Wilz, K. E., neuer Hausdoktor.

Haus-Doctor, der, f. Stadt u. Land, oder Rath u. Hülfe f. alle Krankheiten d. Menschen. Ein medicin., auf vieljähr. Erfahrung gegründetes Noth- u. Hülfsbuch f. Familien. 2 Bde. 8. München 824. Fleischmann. 16 gr.

Haus-Doktor, der, f. Stadt u. Land. Fünfzigjährige Erfahrungen, gesammelt an den Krankenbetten in der Civilpraxis, u. in den größten Civil- u. Militär-Spitälern der bedeutendsten Hauptstädte. Enthaltend die besten Mittel zur sicheren Heilung selbst der hoffnungslosesten Krankheiten u. Gebrechen ꝛc. In allgemein verständl. Schreibart hrsg. v. einem prakt. Arzte. 2. verb. Aufl. Mit einem merkwürd. Anh.: Enthülltes Geheimniß der Erzeugung des Menschen. gr. 8. (261 S.) München 850, Fleischmann. 3/4 ₰

— der vollständige. 600 bewährte Hausarzneimittel gegen d. meist vorkomm. Krankheiten d. Menschen. als: Abführungsmittel, After, Athem kurzer ꝛc. ꝛc. Unentbehrlich f. Stadt u. Land. 12. (96 S.) Reutlingen (900). R. Bardtenschlager. — 40

Hausdorf, F. Ueber die mit dem hiesigen kathol. Gymn. verbundene Erziehungsanstalt, Convictorium zu St. Joseph genannt. 10 S.
Progr. Breslau,k. 1828

Hausdorf, Sal., Betrachtungen üb. d. 53. Cap. Esaiä. 8. Budiss. 716.

— Passionsbetrachtungen üb. d. 22. Ps. 8. Zittau. 754.

Hausdorf, Urb. Gottl., andächt. Kind Gottes. 8. Budiss. 729.

— Kirchen- u. Reformhist. d. Stadt Zittau. 8. Ebendaselbst. 752.
Vgl.Haussdorf.

Hausdorf, W. Th., der glückl. Pharospieler, od. das Pharo von allen Seiten beleuchtet, nebst e. neuen ꝛc. Spielmethode desselben. 8. Leipz. 825. Lauffer. 14 gr.

Hausdorf, Woldemar Salomo, De haereticis Halensibus. Diss. acad. Präs. Carl Benjamin Acoluth. Wittbg. (Tzschiedrich) 24. VII. 1752. 18 Seiten. (5.50) 13566

Hausdorf, W. S., de ordinatione Timothei. Viteb. 1754. 4.

Bericht über die Thätigkeit der Johannis-Loge „Galilei" während des Decenniums vom 12. Dec. 1871 bis 12. Dec. 1881. Von Jos. **Hausdorfer.** Budapest 1882: Fanda. 27 S. 8⁰
Abgedr. in: O. 8 (1882) S. 7—8, 14—16, 22—24, 28—30.
Tt. 525. 193.

Hausdörfer, *Ernst* Arthur: Über die Einwirkung von Anilin auf Chloressigsäure. . . . Leipzig-Reudnitz, Druck v. Schmidt & Baumann, 1891; 60 S., 1 Bl. 8⁰
Leipzig, Phil. Fak., Inaug.-Diss. v. [30. Apr.] 1891

Hausdörfer, Heinrich Christian, s. Hausdörffer, Heinrich Christian.

Hausdorff, F., die Graduierung nach dem Endvorlauf, s.: Abhandlungen d. königl. sächs. Gesellsch. d. Wissensch. Mathem.-physik. Cl. 31. VI.

Hausdorff, Felix [Dr.]: Über die Absorption des Lichtes in der Atmosphäre . . . [Aus: Ber. üb. d. Verh. d. kgl. sächs. Ges. d. Wiss., Math.-phys. Cl. 1895.] Leipzig, Druck v. Breitkopf & Härtel, 1895; 83 S. 8.
Leipzig, Phil. Fak., Hab.-Schr. v. 25. Juli 1895

Hausdorff, Felix [aus Leipzig]: Zur Theorie der astronomischen Strahlenbrechung . . . (Aus: Ber. üb. d. Verh. d. K. Sächs. Ges. d. Wiss., math.-phys. Cl. 1891.) Leipzig, Druck v. Breitkopf & Härtel, 1891; 1 Bl., 481–506 S., 1 Bl. 8.
Leipzig, Phil. Fak., Inaug.-Diss. v. [5. Febr.] 1892

Geschichte der St. Johannis-Freimaurerloge „Alfred zur Linde" im Or. zu Essen a. d. Ruhr. 1859—1909. Festschrift zur Lichteinbringung in den Neubau des Tempels am 12. Dez. 1909. Verf. von Georg **Hausdorff.** Als Hs. gedr. [Essen 1909.] 126 S. 2 Taf. 8⁰
Nebst Verzeichn. der Mitgl. der Loge von 1859–1909 u. graphische Darst. der Mitgl.-zahl, entworfen von Fr. Schmidt. 142.

Hausdorff, Geo., die Reinigung d. Kesselspeisewassers, s. Heidepriem, Eug.

Hausdorff, Georg [aus Breslau]: Das Wurmsamenöl . . . . Jena. Druck v. G. Neuenhahn, 1886; 60 S. 8⁰.
Jena, Phil. Fak., Inaug.-Diss. v. 1886.

Hausdörffer, E. De artis historicae apud Graecos incrementis atque de Thucy-
Pr. 1846. 30 S. 4⁰.

Hausdörffer, E.: Die Rede der Platäer u. die Erwiederung darauf von den Thebanern: Thucydides lib. III. cap. 52 bis 68 incl. Eutin. 1865. 4⁰. 16 S.
Schul-/Univ.-Schrift

Hausdoerffer, Ernst Heinrich (Chemnitz), De aeris in corpus humanum ingressu et morbosa in eo genesi. Lpz. (Langenheim) 28. IX. 1753. 30 S. (6.—) 13565
Gew.: Franz Christoph Haertel (Schneeberg).

Hausdörffer, H., Lehrbuch der lateinischen Sprache für Anfänger. I. Abthl.: Kleine latein. Schulgrammatik. 2. Abthl.: Uebungsstücke. gr. 8. (IV und 188 S.) Braunschweig 851, J. H. Meyer.

Hausdörffer, H., De servis ac libertinis, qui et apud Graecos et apud Romanos doct
laude floruerunt. Pr. 1856. 20 S. 4⁰.

— H. C. F. F., De Thucydidis prooemio. Diss. 1835. 25 S.

Trigonometrische Tabellen zum Gebrauch bey Forst- und Feld-Vermessungen in gebirgigten Gegenden... Entworfen von Heinrich Christian Hausdörffer. Helmstadt: Fleckeisen 1800. 63 S. 8⁰

Im Deutschen **Hause.** Ein Ratgeber u. Helfer f. d. gesamte häusl. Leben d. deutschen Familie. Unter Mitw. von ... Hrsg. von Luise Holle. Mit etwa 900 Text-Abb., 24 Taf. in Autotyp. u. 8 Taf. in Dreifarbendr. (Bd 1. 2.) *Hanau: F. König [1903].* 2 Bde 8⁰ [F.] 04. 01 4

IM Hause der Wollust. (Geschildert in 15 Capiteln). (4 Mk., eine böhmische Firma, 1901, mit folgender lächerlicher Notiz:)

„Ein junger Maler, der seine Studienreise in Italien beendet hat, kommt zurück nach seinem Heimatsorte. Von unbekannter Hand wird derselbe zu einem Rendezvous eingeladen, dem er Folge leistet. Die Umstände, wie er bei den Damen, die der höheren Gesellschaft angehören, eingeführt wird, sind interessant und spannend geschildert, die Freuden des Vergnügens, die er bei ihnen durchkostet, lassen den Leser nicht zu Athem kommen."

IM Hause der Wollust. Geschildert in 15 Kapiteln. Boston 1899. Kl. 8°. 78 S.
[E. III, 427.]
Verb. d. AG. Chemnitz II 607/02.

IM Haus der Wollust. Geschildert in 15 hochinteressanten Kapiteln. Madrid, Heinrich Scheuermann, 1905.
Verb. d. Ldg. III Berlin A. 4 J. 197/12.

Hause, Benedict

Hause, B., die Aufnahme. Eine Erzählung aus der 1. Hälfte unseres Jahrhunderts. gr. 8. (283 S.) Eisenach 877. Frankfurt a/M., Kauffmann in Comm. n. 2. 50

Hause, B., ungleiche Ausgänge oder die Folgen der Trunksucht. Eine Erzählung für Jung und Alt. 8. (67 S.) Brandenburg 885, Wiesike. — 60

Hause, Benedict, der goldene Boden. Eine Erzählung für die israelit. Jugend. 8. (136 S.) Eisenach 886. (Frankfurt a. M., Kauffmann.) ** 1 50

Hause, Bened., d. Erbfeindschaft, } s.: Universal-Bibliothek, jüdische.

— drei Erzählungen. 8. (III, 228 S.) Frankfurt a/M. 895. J. Kauffmann. n. 2. 50

— Esther, Königin v. Persien u. Medien. Ein Drama in 5 Aufzügen. [Stoff: Der Inhalt des bibl. Buches Esther.] gr. 8. (105 S.) Ebend. 880. n. 1. 50

Hause, Benedict, Esther, Königin von Persien und Medien. Ein Drama in 5 Aufzügen. [Stoff: Der Inhalt des bibl. Buches Esther.] 2. verb. Aufl. gr. 8. (VII, 104 S.) Eisenach 885. (Frankfurt a. M., Kauffmann.) ** 1 50

Hause, Benedict, die Gotteslehre in ihrer Wahrhaftigkeit und Vollkommenheit. Predigt, gehalt. am Schebuothfeste des J. der Welt 5612 (1852) zu Neukirchen. gr. 8. (15 S.) Fulda 852, Müller. 3 sgr

Hause, Benedict, die Gotteslehre in ihrer Wahrhaftigkeit und Vollkommenheit. Predigt, gehalten am Schebuothfeste des J. der Welt 5612 (1852) zu Neukirchen. gr. 8. (15 S.) Fulda 853, Müller'sche Buchh.

Hause, B., aus dem jüdischen Leben. Novellen. 1. Bd. gr. 8. (356 S.) Eisenach 884. (Frankfurt a. M., Kauffmann.) *

Hause, B., Leichenreden. 2. u. 3. Bd. 8. Frankfurt a/M. 890. Kauffmann. n. 2. 70 (1—3.: n. 3. 90)
2. (IV, 129 S.) n. 1. 20. — 3. (III, 131 S.) n. 1. 50.
Der 1. Bd. ist vergriffen.

Hause, Benedict: Eine bekannte Melodie, s. Universal-Bibliothek, Jüdische.

Hause, Bened., Palästina. Kurzgefaßte Beschreibg. Palästina's [nach der Stammeseintheilg.] für Freunde des heil. Landes u. für israelit. Schulen. Cassel 868. Meßner in Comm. 8. (VIII, 72 S.) n. 6 ngr.

Hause, Bened., Predigt bei d. Einweihung d. neuen Synagoge in Oberaula, am 15. Sept. 1837. gr. 8. (1½ B.) Hersfeld 839, Schuster.

—— drei Predigten, vorgetragen in d. Synagogen zu Sterbfritz u. Oberaula. gr. 8. (3½ B.) Hersfeld 837, Schuster.

—— religiöse Reden bei freudigen Familienereignissen nebst einem Anhang. 2., mit 9 Reden und 2 Toasten verm. Aufl. 8. (VIII, 218 S.) Frankfurt a. M. 885, Kauffmann. * 2 —

— religiöse Reden b. freud. Familienereignissen, nebst e. Anh. 3. Aufl. Neudr. d. 2., m. 9 Reden u. 2 Toasten verm. Aufl. 8. (VIII, 218 S.) Ebd. 896. n. 2, —

—— 60 Toaste f. alle festlichen Ereignisse d. israelitischen Familien- u. Vereinslebens. 8. (IV, 195 S.) Ebd. 892. * 2 80

Hause, Carl, s.: Kalender f. Arends'sche Stenographen.

Hause, Paul, Referendar a. Genthin: Die rechtliche Natur der Auslobungserklärung nach Gemeinem Recht und nach dem Bürgerlichen Gesetzbuche. Borna-Leipzig 1905: R. Noske. (VII, 47 S.) 8°
Leipzig, Jur. Fak., Diss. v. 17. Febr. 1905
[Geb. 14. Febr. 79 Erxleben; Wohnort: Jerichow b. Genthin; Staatsangeh.: Preußen; Vorbildung: Gymn. Goslar Reife O. 98; Studium: Genf 2. München 3. Berlin 3. Halle 1 S.; Rig. 27. März 03.]

Hause, Paul: Die Pädagogik des Spaniers Johannes Ludwig Vives und sein Einfluss auf Joh. Amos Comenius. . . . Erlangen, k. b. Hof- u. Univ.-Buchdr. v. F. Junge, 1890; 69 S. 8°
Erlangen, Phil. Fak., Inaug.-Diss. v. 1890

Hause, W., christliches Vergißmeinnicht f. Kinder, s.: Universalbibliothek, christl. Nr. 3.

Hause, Wenzeslas

Hause, W., Méthode complette de Contrebasse, appr. et adoptée p. la direction du Conservatoire de musique à Prague p. s. à l'ét. dans cet établissement. I. Partie. Fol. Mayence 828. Schott fils. 2 fl 6 gr II. Partie, cont. 90 Exercices, tant pour les commençans, que pour ceux qui ont déja fait quelques progrès. Fol. les mêmes. 828.

Hausegger, Frdr. v., d. Anfänge d. Harmonie. Ein Beitrag z. Geschichte d. Entwicklg. d. musikal. Ohres. [Aus: „Allg. Musikzeitg."] 8. (76 S.) Charlottenburg 895. (Wien, C. Konegen.) n. 1. —

Hausegger, Friedr. v., Bismarck als Vertreter deutschen Geistes. Festrede, gehalten in der Versammlung des Deutschen Vereines in Graz am 30. März 1885. gr. 8. (16 S.) Graz 885, (Goll.) *

Hausegger, Frdr. v., Gedanken eines Schauenden. Gesammelte Aufsätze. Hrsg. von Siegm. v. Hausegger. (XI, 549 S. m. Bildnis.) gr. 8. München 903. Verlagsanstalt F. Bruckmann. n. 10. —; geb. n. 12. —

Hausegger, Frdr. v., das Jenseits d. Künstlers. 8. (XII, 311 S.) Wien 893. C. Konegen. n. 4. —

Hausegger, Friedrich von. Unsere deutschen Meister. Bach, Mozart, Beethoven, Wagner. München 1901. H: *Louis, Rudolph.* (Berl)

Hausegger, Frdr. v., unsere deutschen Meister. Bach, Mozart, Beethoven, Wagner. gr. 8. (XV, 244 S.) München 901. Verlagsanst. F. Bruckmann. n. 5. 60; geb. in Halbpergament n. 7. —

—— die Musik als Ausdruck. gr. 8. (III, 196 S.) Wien 885, Konegen. geb. * 3 —
—— dass. — 2. verm. und verb. Aufl. 8. (III, 237 S.) Ebendas. 887. * 3 —

— d. künstlerische Persönlichkeit. Lex.-8. (45 S.) Wien 897. (C. Konegen.) n. 1. 50

Hausegger, Frdr. v., Richard Wagner u. Schopenhauer. gr. 8. (39 S.) Leipzig 878. Gebr. Senf. — 75

— Richard Wagner u. Schopenhauer. Eine Darlegung der philosophischen Anschauungen R. Wagners an der Hand seiner Werke. 2., verm. Aufl. gr. 8. (52 S.) Leipzig 892. F. Reinboth. n. 1. —

® **Hausegger,** Frdr. v., Wagner u. Schopenhauer. 892. Jetzt: Leipzig, O. Esseger.

Hausegger, Siegmund von (Hrsg.), s. Hausegger, Friedr. v.: Gedanken eines Schauenden.

Alexander Ritter, ein Bild s. Charakters u. Schaffens von Siegmund v. **Hausegger**. Mit 12 Vollbild., Faks. u. Musikbeil., sowie unveröffentl. Briefen Richard Wagners u. seiner Familie. Berlin: Marquardt & Co. [1907]. (161 S.) 8° [F.]
— **Musik**, Die. Bd 26. 27. [07. 17992

[F.] Zinnober. Humor.-fantastische Handlg in 3 Aufz. Nach E. T. A. Hoffmann's Erzählg 'Klein Zaches, genannt Zinnober'. Dichtg u. Mus. v. Siegmund v. **Hausegger**. *Graz: Selbstv.; Buchdr. R. Withalm & C. 1891.* (78 S., 1 Bl.) 1 Bd 8. 97. 4021

Zinnober. Humorist.-fantast. Handlg in 3 Aufz. nach E. T. A. Hoffmanns Erzählg: 'Klein Zaches, genannt Zinnober'. Dichtg u. Musik v. Siegmund v. **Hausegger.** Vollst. Klavierausz. m. Text v. Tondichter. .. *Berlin. Koln, Leipzig: A. Ahn [1896].* (5 Bl., 290 S.) 1 Bd 4. 98. 3785

Hausegger, Siegmund von: Zinnober. Humoristisch-fantast. Handlung in 3 Aufz. nach E. T. A. Hoffmann's Erzählung: 'Klein Zaches, gen. Zinnober'. Dichtung u. Mus. von –. Berlin. Köln & Leipzig: A. Ahn 1897. (78 S.) 8° = Operntext-Bibliothek. Ahn's. No 60.

Hausehre, die. Schausp. in 5 Aufz. 8. Ebend. 801.

Hausehre, die, s. O. A. Hannamann.

Hausehre, Die. Schauspiel in 5 Aufz. Wien 1804. V: *Hannamann, O. A.* (GGr)

Hauseigenthümer und Herbergbesitzer der k. bayer. Haupt- und Residenzstadt München 1861 ... München 1861. V: *Prantl, F. A.* (Bücher-Samml. d. hist. Ver. v. u. f. Oberbayern. Münch. 1867.)

Häusele, Joh., Rechenaufgaben f. Aspiranten-, Kapitulanten- u. Unteroffiziersschulen. (V, 129 S.) gr. 8. München 905. R. Oldenbourg. Kart. n.n. 1. —
Lösungen. (69 S. m. 1 Tab.) Kart. n.n. 1. 50

— dasselbe. I. u. II. Uebungsheft dazu. 4. Ebd. 905. nn. — 45
I. Rechnerisches aus der Funktion des Kammerunteroffiziers, Furiers, Kücheunteroffiziers u. Gewehrunteroffiziers. (48 S.) n.n. — 25
II. Rechnerisches aus d. Funktion d. Feldwebels. (32 S.) n.n. — 20

Häuselmann, C., üb. die circulären Abreissungen der normalen Vaginalportion während der Geburt. Inaug.-Diss. gr. 8. (23 S.) Biel 889. (Bern, Huber & Co.) n. — 50

Häuselmann, Jacob

Häuselmann's, J., Agenda f. Zeichenlehrer. 1. u. 2. Abtlg. qu. 16. Zürich 887. Orell Füssli Verl. cart. à n. 1. 50
1. Die geometrische Formbildung. 4., 5. u. 6. Schulj. (30 Taf. m. eingedr. u. 2 Bl. Text.)
2. Die vegetabilische Formbildung. 7. Schulj. (36 Taf. mit eingedr. Text.)

Häuselmann's, J., Agenda f. Zeichenlehrer. III. Abteilg. Die ornamentale Formbildg. 8. Schulj. qu. 16. (36 Taf. m. eingedr. u. 4 S. Text.) Zürich 887. Art. Instit. Orell Füssli, Verl. n. 1. 50
(kplt. in 1 Bd. kart.: n. 4. —)

Häuselmann, J. Agenda für Zeichenlehrer. 3 Abth. in 1 Bande. 102 Taf. u. 4 S. Text. Quer in-8°. Zürich, Orell Füssli & Co. 1890. Cart. 4 —

—— Anleitung zum Studium der dekorativen Künste. Ein Handbuch für Kunstfreunde und Künstler, Kunsthandwerker und Gewerbetreibende, Zeichenlehrer und Schüler höherer Unterrichtsanstalten. gr. 8. (VIII, 186 S. mit 296 in den Text gedr. Illustr.) Ebendas. 885. *

Häuselmann, J. Cours moderne de dessin. 1re partie. In-fol. obl., 8 p. av. 60 planches. En carton. Zürich, Orell Füssli & Cie. 1886. 25 —

— cours moderne de dessin d'après les données les plus récentes de la science pédagogique et de l'art du dessin. 2 parties contenant 120 planches. qu. gr. 4. Avec: Douze thèses sur la méthode et le but du dessin scolaire, servant en même temps d'instruction concernant l'emploi du Cours moderne de dessin. gr. 8. (8 S.) Ebd. 888. In Mappe n. 30. —

— kleine Farben-Lehre f. Volks- u. kunstgewerbliche Fortbildungsschulen. Auszug aus „Populäre Farben-Lehre". Mit 2 Farbentaf. u. 3 Holzschn.) gr. 8. (36 S.) Ebd. 889. n. 1. 40

Häuselmann, J[acob]. Kleine Farben-Lehre für Volks- und kunstgewerbliche Fortbildungsschulen. 2., unveränderte Aufl. Mit 2 Farbentafeln und 3 Holzschnitten. 36 S. 8. Zürich, Orell Füssli, (1906). (fr. 1. 80.)

Häuselmann, J., populäre Farbenlehre für den Gebrauch in Mittelschulen, Gymnasien, Seminarien, Fortbildungs- u. Gewerbeschulen, sowie zum Selbstunterricht f. Künstler u. Laien. Nach den neuesten Ergebnissen der Wissenschaft bearb. Mit 3 (eingedr.) Holzschn. u. 8 Farbenbeilagen. gr. 8. (95 S.) Zürich 882. Orell, Füssli & Co. n. 4. —

Häuselmann, J. Das Kunstzeichnen für Volks- u. Mittelschulen mit besond. Berücksichtig. seiner volkswirthschaftl. Bedeutung in Entwickelung des Kunstgeschmackes durch die Ornamentik. In-4⁰. Biel, Selbsverlag des Herausgebers. 1879.

I. Theil:
Geradlinige Figuren und Verzierungsformen. 24 Tfln. 3 50

II. Theil:
1. Die gebogene Linie in ihrer Entwickelung zu Verzierungsgebilden und Theilen des Ornaments. 20 Tfln. 3 50
2. Das einfache Flachornament in blossen Umrissen. 20 Tfln. 3 50

III. Theil:
1. Flachornamente in blossen Umrissen und feinen Formübergängen u. leicht schattirte Ornamente. 20 Tfln. 4 —

— Manuel de poche de l'instituteur pour l'enseignement du dessin. 400 motifs à dessiner au tableau noir. 3e édit. qu. 16. (25 S. mit 75 Stnt.) Ebendas. 884. cart. *

Häuselmann, J[acob]. Manuel de poche de l'instituteur pour l'enseignement du dessin. 400 Motifs à dessiner au tableau noir. 6e éd. 23 p. + 77 planches. 8-obl. Zurich, Art. Institut Orell Füssli, [1903]. [cart. fr. 3. —]

Häuselmann, J., Original-Zeichnungs-Vorlagen, enthltd. das Landschaftszeichnen. 1. u. 2. Abth. Biel (858.) (Bern, Blom) qu. 4. (à 18 lith. Bl.) 1.: n. 26 ngr; 2.: n. 28 ngr n. 1 rf 24 ngr

Häuselmann, J., Original-Zeichnungs-Vorlagen, enthaltend das Landschaftszeichnen. 1 u. 2. Abthlg. (à 18 lith. Bl.) Biel 859. (Bern, Blom.) 1.: n. 26 ngr; 2.: n. 28 ngr

Häuselmann, Jacob (Hrsg.), s. Ornament.

Häuselmann's Schüler-Vorlagen. 1.—4. Serie (à 20 Tafeln). In-8⁰. Zürich, Orell Füssli & Cie. 1887. à — 85

Häuselmann, J[acob]. Häuselmanns Schüler Vorlagen Serie 1 *u.* 2. 2. Aufl. IV S. 8. + *je* 20 Tafeln, *in Couvert*, quer-8. Zürich, Art. Institut Orell Füssli, [1901]. (à M. [= fr.] —. 85 die Serie)

Diese ... Vorlagen sind auch in vergrössertem Massstabe ... erschienen als Heft 3 *u.* 4 der Modernen Zeichenschule von J. Häuselmann.

— die Stylarten des Ornaments in den verschiedenen Kunstepochen. Vorlagenwerk mit Text zum Gebrauch in Secundar- und Gewerbeschulen, Seminarien und Gymnasien. 2 Hefte. gr. 4. Ebendas. [1. Heft. (24 Stnt.) 880. *M 5,50.; 2. Heft. (12 Stnt.) 882. *M 4.] In Mappe *

— dass. — Für Secundar-, Gewerbe-Schulen, Seminarien, Gymnasien. 2. Aufl., enthaltend 36 (lithogr.) Taf. gr. 4. Ebendas. 884. In Mappe *

— Studien u. Ideen üb. Ursprung, Wesen u. Stil d. Ornaments. Mit üb. 80 Illustr. 2., verm. Aufl. 8. (III, 123 S.) Ebd. 889. n. 2. 80

— u. R. **Ringger,** Taschenbuch für das farbige Ornament zum Schul- u. Privatgebrauch, zu künstlerischen u. kunstgewerblichen Arbeiten. qu. 8. (17 S. mit 51 Chromolith.) Ebend. 882. n. 7. —

Häuselmann J u S Ringger, Taschenbuch f. d. farb. Ornament. (17 S 51 T) Zürich 1883

— et E. **Ringger,** petit traité d'ornements polychromes. Manuel de poche à l'usage des écoles et des personnes qui désirent s'instruire seules avec des applications aux beaux-arts et aux arts industriels. qu. 8. (13 S. m. 51 Chromolith.) Ebend. 884. cart. n. 7. —

— moderne Zeichenschule. Methodisch geordnetes Vorlagenwerk f. Volksschulen, Mittelschulen u. kunstgewerbl. Schulen. 6 Hfte. qu. gr. 4. Ebend. In Mappe. n. 34. —

1. Die Elementarformen geradliniger Ornamente. (20 lith. u. chromolith. Taf. m. 1 Bl. Text.) 884. n. 4. —
2. Die Elementarformen bogenliniger Ornamente. (20 Chromolith.) 885. n. 6. —
3. Stilisirte Blatt- u. Blumenformen, einfache Flachornamente antiken u. modernen Stils. (20 lith. u. chromolith. Taf.) 885. n. 6. —
4. Die Spirale als Grundform d. vegetabilen Ornaments. (20 z. Thl. farb. Steintaf. m. Text. 8 S. in 8.) 886. n. 6. —
5. u. 6. Freie Composition u. Ornamente in Farben. (à 20 Chromolith.) 886.

—— moderne Zeichenschule. Methodisch geordnetes Vorlagenwerk für Volksschulen, Mittelschulen und kunstgewerbl. Schulen. 2.—6. Lfg. qu. gr. 4. Ebendas. 885. Einzelpr. à Lfg. in Mappe * 6 —

Häuselmann, J. Das Zeichnen-Taschenbuch des Lehrers. 400 Motive f. das Wandtafelzeichnen. 1.—3. Aufl. Quer in-8⁰, 24 S. und 75 Tafeln. Zürich, Orell Füssli & Cie. 1880. 4 —

— das Zeichen-Taschenbuch d. Lehrers. 400 Motive für das Wandtafelzeichnen. 2—4., verm. u. verb. Aufl. qu. 16. (25 S. m. 75 Steintaf.) Ebend. 880. n. 4. —

— des Lehrers Zeichen-Taschenbuch. 400 Motive für das Wandtafelzeichnen. 5. verb. Aufl. qu. 16. (32 S. mit 77 Stnt.) Ebendas. 883. *

—— das Zeichentaschenbuch des Lehrers. 400 Motive zum Wandtafelzeichnen. 6. Aufl. kl. qu. 8. (32 S. mit 75 Taf.) Ebendas. 885. * 4 —

Häuselmann, J[acob]. Des Lehrers Zeichen-Taschenbuch. 400 Motive für das Wandtafelzeichnen. 7. Aufl. 30 S. + 77 Tafeln. quer-8. Zürich, Art. Institut Orell Füssli, [1903]. ([cart. fr. 3. —,] M. 4. —)

— letztes Zeichentaschenbuch f. den Lehrer. 300 Motive f. das Wandtafelzeichnen. qu. gr. 16. (6 S. u. 82 Taf. m. eingedr. Text.) Ebd. 892. Kart. n. 3. 20

Hauselmann, L., s. Urkundenbuch d. Stadt Braunschweig.

Erlebnisse und Erinnerungen eines kriegsfreiwilligen 8. Husaren aus den Jahren 1870/71 von F(ritz) **Hausemann,** Pfarrer em. Bonn: C. Georgi 1908. (99 S.) 8° [08. 4304 5]

Hausemann, Fritz: Erlebnisse und Erinnerungen eines kriegsfreiwilligen 8. Husaren aus den Jahren 1870–71. 2. verm. u. verb. Aufl. Bonn 1909: Ludwig. 117 S. 8⁰

Hausemann, F., u. A. Stenger, Unterscheidungslehren der evangelisch-protestantischen u. der römisch-kathol. Kirche. Mit e. Anh.: Kurzer Inhalt der h. Schrift. 1.—3. Aufl. 8. (23 S.) Kreuznach 888. Schmithals. n. — 10

Hausemann, F., u. A. Stenger, Unterscheidungslehren d. evang.-protestant. u. d. röm.-kathol. Kirche. M. e. Anh.: Kurzer Inhalt d. hl. Schrift. 5., verb. Aufl. 12. (24 S.) Dortmund 895. Köppen. n.n. — 10

Hausemann, F., u. A. Stenger, Unterscheidungslehren d. evangelisch-protestantischen u. der römisch-katholischen Kirche. Mit e. Anh.: Kurzer Inhalt der H. Schrift. 8. verb. Aufl. m. Berücksicht. der neuen Orthographie. 8. (24 S.) Dortmund 902. Köppen. n.n. — 10

HAUSEN, v.: Antrag, den Erlass eines Waldschutzgesetzes (für Sachsen) betr. - o. O. o. J. 43 S.

Hausen, A., Die Familie von Hausen auf Stotternheim, insbesondere deren letzte Glieder Frl. Diet. Christ. Charl. u. Charl. Christ. Sophie von Hausen. Stotternheim 1864.

Hausen, A., weitere Untersuchungen üb. den grünen u. gelben Chlorophyllfarbstoff. [Aus: „Sitzungsber. d. Würzb. phys.-med. Gesellsch."] gr. 8. (4 S.) Würzburg 886. Stahel. n. — 30

Hausen, C. A.

— Churf. Leichengrüfte, m. K. 4. Dresden, Gerlach. 728.

— pietas melica s. liber. cantion. 12. Dresden, Gerlach. 710.

— Religionsprüf. v. d. natürl. z. d. christl. Relig. rc. 4. Ebend. 730.

— theologia paracletica, d. i. Unterr. v. Kreuz u. Trost. in Predigt. 2 Thle. 4. Ebend. 723-25.

Hausen, Carl Renatus von, s. Hausen, Karl Renatus von.

Hausen, Christian August

— — **Brevi consideratione de matheseos semiotica. Lpz. (Heinrich Christoph Takk) 1. V. 1715.** 6 Bl. (4.80) 13572

— elem. matheseos. p. I. c. fig. 4. Görl. Campert. 734.

— — Ad solenni promotionis magistrorum invitat. Lpz. (Joh. Christ. Langenheim) 21. II. 1737. 16 S. mit Namen. (3.50) 13573
[De fossilibus.]

Hausenius, C. A., Novus profectus in historia electricitatis, post obitum auctoris, praematuro fato nuper extincti, ex M. S. editus. Lps. 4°.
1743

Hausen, C. A., novi profect. in hist. electricitatis. 8. Lps. et Quedlb. Ernst. 745.

— — u. **Joh. Georg Rubius** (Sondershausen/Thür.), De ellipsibus infinitis propositiones geometricae. Lpz. (Andreas Zeidler) 14. VII. 1714. 44 S. u. 1 Tfl. mit 20 Zeichn. (6.40) 13571

Ad solennia promotionis Magistrorum d. 16 Febr. 1741. h. l. q. c. celebranda Rectorem acad. magnificum illustrissimos comites, utriusque reipubl. Proceres nec non generosissimos et nobilissimos academiae cives decenter invitat Decanus *Christian. August. Hausen* **Prof. Mathes. (inest diss. de reactione.) Lipsiae ex officina Langenhemiana. 4. 16 S.** 1741.

Hausen, Clemens Frh. v. s. Hausen, Klemens Frh. v.

Hausen, David: * Das assyrisch-babylonische Punktations- und Accentuations-System. 100 S. 8° (4°)
Halle-Wittenberg, Phil. Diss. v. 6. Juli 1870
Geb. Gr.-Glogau (Niederschles.) 15. 10. 1848. V.

Hausen, Emil, aus Stolp i. P.: Ueber **Morphologie** und Anatomie der Aloïneen. *Berlin [1900]: Mesch & Lichtenfeld.* (50 S.) 4° (8°) ¶ Aus: Verhandlungen d. Botan. Vereins d. Prov. Brandenburg.
Heidelberg, Naturw.-math. Diss. v. 1900

Der schwarze Jack. Ein Seeabenteuer aus d. stillen Ocean von Ernst **Hausen**. *Berlin: A. Weichert [1899].* (30 S.) 8° [F.]
= **Indianer- u. Volksbibliothek.** 356.

Hausen, Friedrich: Die Kampfschilderungen bei Hartmann von Aue und Wirnt von Gravenberg. Halle a. S. 1884: Karras. 52 S. 8°
Halle-Wittenberg, Phil. Diss. v. 20. Nov. 1884
Geb. Merseburg 2. 10. 1859. V.
Ersch. vollst. im Buchhandel Halle: Niemeyer 1885.

Hausen, Friedr., die Kampfschilderungen bei Hartmann v. Aue und Wirnt v. Gravenberg. gr. 8. (112 S.) Halle 885, Niemeyer. *

Hausen, s.: Realienbuch, Nicolaisches.

Hausen, Fridericus [Dr.]: De Antiphontis tetralogiis. Berlin, R. Gaertner, 1892; 31 S. 4.
Berlin, VIII. st. HB, OP 1892 (115)

Hausen, H. Frhr. v., allgemeine Militair-Encyclopädie, s. Militair-Encyclopädie, allgemeine.

Die neue Lehre. ⟨Aus d. Zeit d. Einführung d. Reformation in Litauen u. Polen.⟩ Hist. Schauspiel in 5 Akten von Hans v. **Hausen**. Lissa i. P.: F. Ebbecke 1905. (143 S.) 8° [F.] [05. 10418

Hausen, Heinr. Frhr. v., die Akademie der Wucherer. Humoreske. Dresden 866. (Burbach.) gr. 8. (42 S.) n. 8 *ngr.*

Hausen, Heinr. v., Ich bin von einem Jesuiten erzogen. Eine kurze u. wahre Geschichte. 2. Aufl. Darmstadt 861. Kichler. gr. 8. (16 S.) 3 *ngr.*

Hausen, J. C., Leichengrüfte d. Churf. u. Herz. z. Sachsen in Leichenpred. u. Nachr. rc. 4. Ebend. 792.

v. Hausen, Josephine, s. 1) Neumond. Ein Hausfreund für Kinder. 2) Oberon.

Hausen, Carl Renatus von, Abhandlungen und Materialien zum neusten deutschen Staatsrecht und Reichsgeschichte des Jahres . . . seit dem Absterben des letzten Churfürsten von Bayern Maximilian Joseph. Theil 1—3. Jahrg. 1778. Thl. 4—5. Jahrg. 1779. Berlin u. Leipzig 1778. 79. 8.

— Anhang zu den Abhandlungen und Materialien zum neuesten deutschen Staatsrecht und Reichsgeschichte den Beytritt des Kaysers und der deutschen Reichsstände zum Teschenschen Frieden betreffend. Berlin und Leipzig 1780. 8.

HAUSEN, (K. Ren.): Abhandll. u. Materialien d. neuest. deutschen Staatsr. u. z. Reichsgesch. auf das J. 1778—79. *Berlin*, Decker. 779—80. 6 Thle. 8. (4 Thl. 4 Gr.)

Hausen, Karl Renatus von (Hrsg.), s. Abhandlungen u. Materialien zum neuesten teutschen Staatsrecht u. Reichshistorie.

— Pr. Beitrag zur Litt. d. Staatsrechts: 1r—7r Beitrag. 4. Frankf. a. d. O. 791—95. Acad. B.

Hausen, Karl Renat., († d. 20. Sept. 1805.) Beschreib. der zwei Jubelfeiern der Universität Frankfurt a. d. O., bei Veranlass. des bevorsteh. 3ten Jubelfestes am 26. Apr. 1806. 8. Frankf. a. d. O. 806. Acad. B. 8 Gr.

— allgemeine Bibliothek der Geschichte u. Rechte in Deutschland. 5 Stcke. (1r Bd., 4 Stcke. 2n Bds. 1s Stck.). 8. Halle 767. (Laue in Berl.) 1 Thl. 6 Gr.

— v. d. Bildung d. Kurfürsten Johann Georg auf hiesig. (Frankfurt.) Universität rc. 8. Frankf. a. d. O. 804.

— Biographie Herzog Maxim. Jul. Leopolds v. Braunschweig rc. Mit 1 Pl. u. 2 Ansichten. 8. Frkf. a. d. O. 785. Acad. B. 1 Thl.

Hausen, Karl Renat., Daries, als academ. Lehrer geschildert. 4. Frankf. a. d. O. 791. Acad. B. 2 Gr.

Hausen. Carl Renatus: Nach den Quellen ausgearbeitete Darstellung des Weinbaues und des mit einheimischen Weinen getriebenen inländischen und ausländischen Handels in den Marken Brandenburg von 1173 bis auf gegenwärtige Zeit. Nebst ökonomischen Grundsätzen, nach welchen der ehemals blühende Weinbau in den Marken Brandenburg wieder hergestellt werden könne, abgefaßt von Anton Bernhard Thiele. Berlin: Hartmann 1798. XVI, 192 S. -- 43. Frei 100*

Hausen, Karl Renat., nach d. Quellen ausgearbeitete Darstell. d. Weinbaues u. d. mit einheim. Weinen getriebenen in- u. ausländ. Handels in d. Marken Brandenburgs, v. 1173 bis auf gegenwärtige Zeit. Nebst ökonom. Grundsätzen, nach welchen d. ehemalige blühende Weinbau in d. Marken wieder hergestellt werden könne, v. Ant. Bernh. Thiele. gr. 8. Berlin, 1798. (Leipzig, Steinacker). — 17½

— von dem Einflusse d. Geschichte auf das menschl. Herz. 8. Halle 770. Schwetschke u. S. 6 Gr.

— — **Programma de fatis studii politici apud gentes usque ad saeculum XVII.** Lpz. (Loeper) 1763. 24 S. (4.50) 13568

HAUSEN, C. Renat.: Glorreiche Folgen d. Teschnischen Friedens für Teutschlands Reichsverfass. *Frankf. a. O.* 779. 8.

— Geschichte d. Universität u. Stadt Frankfurt a. d. O. gr. 8. Frankf. a. d. O. 800. 2e Aufl. 806. Acad. B. 1 Thl.

— Gesch. d. Herzogth. Magdeburg rc. gr. 8. Halle. (Graffé in Leipz.) 772.

— pragmat. Geschichte d. Protestanten in Deutschland. 1r Thl. gr. 8. Halle 767. (Laue in Berl.) 18 Gr. Dass. gr. 8. Ebd. 767. (Ebd.) 1 Thl.

Hausen, Karl Renatus (Präs.), s. Glave, Karl Georg Gottfried: Origo atque vicissitudines suffragii liberarum S. R. J. civitatum in comitiis . . .

— polit. Historie d. 18ten Jahrh. bis 1709. 2 Thle. 8. Regensb. 763, 64. Montag u. W.) 1 Thl. 8 Gr.

KLOTZ, Christian Adolph (geb. 13. Novbr. 1738 zu Bischofswerda, † als Prof. d. Beredsamkeit u. Kgl. preuß. Geheimrath zu Halle 31. Dezbr. 1771). — Hausen, Carl Renatus („ordentl. Lehrer d. Geschichte u. Bibliothekarius auf der Universität Frankfurt u. s. w.", 1740—1805), Leben und Character Herrn Christian Adolph Klotzens, Königlich-Preußischen Geheimbden-Raths und ordentlichen Professors der Weltweisheit und Beredsamkeit auf der Universität Halle u. s. w., entworfen von Herrn —. Mit K's Medaillon-Portr., Brustbild, halblinks, Rosenberg pinx. Halae, Stock sc. Lipsiae 1771. Halle im Magdeburgischen, verlegts Carl Hermann Hemmerde. 1772. 8°. (In Berlin, Magistrats-Bibl.)

Tit., 4 Bll. Zuschr. an die Leipziger Professoren, Hofräthe D. Carl Ferd. Hommel u. D. Carl Andreas Bel [dat. Halle, d. 12. April 1772], 2 Bll. Vorber., 93 S. (S. 87 bis 93 Verz. d. K'schen Schriften), 1 Bl. Verlag d. Firma. — Der Vf. Hansen hat sich durch diese Skandal-Biographie seines ehemal. Freundes ein Schanddenkmal gesetzt. Vgl. auch Goethe, sämmtl. Werke (Ausg. in 40 Bdn.) Bd. 32, S. 91 ff. — Sehr rar!

— Leben u. Charakter Chr. Adolph Klotz's. gr. 8. Halle 772. Schwetschke u. S. 8 Gr.

— Pr. üb. die Litt. des Staatsrechts u. d. Geschichte d. Preuß. Monarchie. 4. Frankf. a. d. O. 794. Acad. B.

-- von d. Macht d. Beispiele in Monarchien, e. Rede. 8. Frankf. a. d. O. 773. Strauß. 3 Gr.

— Maximil. Jul. Leopold, Herzog zu Braunschweig, histor. Denkschrift. gr. 8. Berl. 785. Rottmann. 6 Gr. N. verm. Aufl., s. oben: Biographie.

— d. Nationalvorurtheile, ein Buch für alle Stände. 1r Thl. 8. Frankf. a. d. O. 773. Acad. B. 16 Gr.

Hausen, Carl Renatus (Leipzig) u. **Christian Gottfried Meisner** (Görlitz), Notitiam Saxoniae sub Carolo Magno. Lpz. (Langenheim) 6. V. 1761. 48 S. (6.—) 13567

Hausen, Karl Renatus von, s. Portefeuille, Historisches.

— von d. Prälatenrechte d. deutschen Universitäten. 8. Frankf. a. d. O. 788. Acad. B. 1 Gr.

— Rede von e. weisen Einrichtung d. acad. Studien. 8. Halle 770. Schwetschke u. S. 2 Gr.

— Samml. verm. Schriften üb. einige Gegenstände der Geschichte. gr. 8. Halle 766. (Laue in Berl.) 8 Gr.

— allerneueste Staatskunde von Holland. 4 Stcke. 8. Berl. 785. Rottmann. 2 Thl.

— Staatskunde d. preuß. Monarchie. 2 Stücke. gr. 8. Frankf. 789, 92. (Sander). 1 Thl.

— Staatsmaterialien u. histor.-polit. Aufklärungen für d. Publikum, vorzügl. zur Kenntniß d. deutschen Vaterlands. 2 Bde à 6 Stücke. gr. 8. Dessau 783, 84.

Uebersicht der Colonien-Einwanderung in den Preussischen Staat unter dem Churfürsten Friedrich Wilhelm dem Grossen und seinen Nachfolgern, bis zum Absterben Friedrichs des Zweiten, von 1640 bis 1786. Eine Einladungsschrift zu der öffentlichen Versammlung der Königl. Gesellschaft der Wissenschaften und Künste, zur Feier des Tages-Festes König Friedrich Wilhelm des Dritten, am 3. August 1800, von C. R. Hausen, Z. Z. Rector der Universität, und öffentl. ordentl. Lehrer der Geschichte, mehrerer Acad. Mitgl. und der Königl. Gesellschaft d. Wissenschaft. und Künste Präses. Frankfurt an der Oder. 1800. 8.

— von einigen bisher unbekannten Verhältnissen d. Königr. Polen zc. gr. 8. Frankf. a. d. O. 795. Acad. B.

— Vermächtniß für alle Stände. 8. Halle 770. Schwetschke u. S. 16 𝒦

— — (Lehrer a. d. Univers. Frankfurt), Versuch einer kritischen Ausgabe der lateinischen Geschichtsschreiber des mittlern Zeitalters. — Schriftsteller von der Regierung Kaiser Ludwig des Frommen 814 bis 840. Als e. Fortsetzg. v. J. S. Semlers Versuch, usw. Halle 1761. Berlin (Wilhelm Dieterici) o. J. (ca. 1800). 30 Seiten. (5.50) 13569

HAUSEN, Carl Renatus 1740 - 1805
Carl Renatus Hausens ... Versuch einer Geschichte des menschlichen Geschlechts.
Erster [- Vierter und letzter] Theil.
Halle: Hemmerde. 1771 [- 1781]. 8°.
Bayerische Staatsbibliothek München

— Versuch e. Geschichte d. menschl. Geschlechts. 4 Thle. 8. Halle 771—81. Schwetschke u. S. 5 ℛ 4 𝒦

— Versuch e. pragmat. Geschichte d. 18ten Jahrh. 8. Halle 766. (Laue in Berl.) 10 𝒦

— pragm. Gesch. d. 18. Jahrh. 8. Halle, Curt. 766.

— de claro libro, der Weiß-Kunig. 4. Frankf. a. d. O. 775. Acad. B. 2 𝒦

— Zusätze u. Anmerkk. zu Guthrie's allgem. Weltgeschichte. 8. Leipz. 767.

Hausen, Klaus v., Frühling u. Liebe. Gedichte. (183 S.) kl. 8. Leipzig 909. Verl. f. Literatur, Kunst u. Musik. 2.50

Hausen, Clem. Frhr. v., s.: Beiträge, auszugsweise, z. Familiengeschichte d. Freiherren v. Hausen.

Der Fürstenzug auf dem Sgraffito-Fries am Königl. Schloße zu Dresden. ⟨Gedanken bei Betrachtung desselben.⟩ Von Clemens Frh. v. Hausen. *Dresden: C. Heinrich (1903).* (XIII, 254 S.) 8° [F.] (03. 15306

Hausen, C. Frhr. v., practische Heraldik. Dem Adel u. den Patriziern gewidmet. gr. 8. (30 S. m. 10 Taf.) Görlitz 887. Starke. n. 2. —

Hausen, Clem. Frhr. v., die Heraldik im Sinne der Ornamentik. Ein Wort zur Beherzigung. gr. 8. (VIII, 24 S.) Dresden 878. v. Grumbkow. n. — 75

Hausen, C Frhr. v., d. Heraldik im Sinne v. Ornamentik. Ein Wort z. Beherzigg. 8. (24) Dresd. 79. v. Grumbkow. n. — 75

— Vasallen-Geschlechter der Markgrafen zu Meißen, Landgrafen zu Thüringen u. Herzoge zu Sachsen bis zum Beginn d. 17. Jahrh. Auf Grund d. im königl. Haupt-Staatsarchiv zu Dresden befindl. Urkundenmaterials zusammengestellt. 1. Hälfte. gr. 8. (232 S.) Berlin 890. C. Heymann's Verl. n. 6. —

Hausen, Clem. Frhr. v., Vasallen-Geschlechter der Markgrafen zu Meißen, Landgrafen zu Thüringen u. Herzoge zu Sachsen bis zum Beginn d. 17. Jahrh. Auf Grund d. im königl. Haupt-Staatsarchiv zu Dresden befindl. Urkundenmaterials zusammengestellt. 2. u. 3. (Schluß-) Hft. gr. 8. (V u. S. 233—613.) Berlin 891. 893. C. Heymanns Verl. à n. 6. — (kplt.: n. 18. —)

Hausen, Maria, Andachtsbüchlein f. katholische Christen, s.: Rette, A.

— Gebetsperlen. Kurzgefaßtes Gebetbuch f. katholische Christen. (128 S. m. Titelbild.) 32. Saarlouis (904). F. Stein Nachf. Geb. n. — 40

— Heilige Maria, bitte f. uns, s.: Rette, Aloys.

Hausen, Maria, Herr, segne uns! Gebetsperlen f. Stunden d. Andacht. (304 S. m. Titelbild.) 9,5×5,7 cm. Saarlouis 910. F. Stein Nachf. Geb. in Leinw. — 70

— Maria, meine Zuflucht, s.: Rette, Aloys.

Das fromme Schulkind. Lehr- u. Gebetbüchl. f. d. kath. Schuljugend. Hrsg. von Maria Hausen. *Saarlouis: Hausen & Co. [1901].* (192 S.) 8° [F.] (01. 3613 5

Hausen, Maria, das fromme Schulkind. Lehr- u. Gebetbüchlein f. die kathol. Schuljugend. 16. (192 S. m. Titelbild.) Saarlouis 901. F. Stein Nachf. — 30; geb. in Leinw. n. — 40; m. Goldschn. n. — 55

— das fromme Schulkind. Lehr- u. Gebetbüchlein f. die kathol. Schuljugend. 3. Aufl. (192 S m Abbildgn. u. Titelbild.) 16. Saarlouis 906. F. Stein Nachf. n. — 30; geb. in Leinw. m. Goldschn. n. — 60

— Das fromme Schulkind. Lehr- u. Gebetbüchlein f. d. kathol. Schuljugend. 4. Aufl. (192 S. m. farb. Titel u. Titelbild.) 16. Saarlouis 908. F. Stein Nachf. — 30; geb. in Leinw. — 40

Hausen, Wilhelm

Hausen, Wlh., († d. 26. Nov. 1781.) d. singende Büßer. 8. (Augsb.) 775. Wolff. 3 𝒦

— d. gute Christ in seinen Pflichten. 4 Thle. 8. Dillingen 769—73. N. Aufl. 8. Augsb. 781. Wolff. 2 ℛ

Hausen, Wilh., der gute Christ und seine Pflichten. Ein Unterrichtsbuch in Erklärungen, Beispielen u. Aussprüchen für kathol. Familien, Prediger u. Lehrer. Neu herausg. von Fr. Ant. Häckler. 5 Thle. Freiburg im Br. 855, 56. Herder. 12. (305; XII, 256; VI, 167; 168; IV, 230 S.) 1 ℛ 25 ngr

Hausen, Wilh., der gute Christ u. seine Pflichten. Ein Unterrichtsbuch f. kathol. Familien, Prediger u. Lehrer. Neu bearb. u. m. Beispielen, Gleichnissen u. Aussprüchen verm. v. Frz. Ant. Häckler. 2. erweit. Aufl. 1. u. 2. Bd. 8. (XII, 640 u. VI, 665 S.) Freiburg i. B. 873. 74. Herder. à 3. —

Hausen, W., der gute Christ u. seine Pflichten. Ein Unterrichtsbuch f. kathol. Familien, Prediger u. Lehrer. Neu bearb. u. m. Beispielen, Gleichnissen u. Aussprüchen vermehrt v. Frz. Ant. Häckler. 2., erweit. Aufl. Neue (Titel-)Ausg. 2 Bde. 12. (XVIII, 1305 S.) Freiburg i/B. 890. Herder. n. 3. —; geb. in Leinw. n. 4. —

— der gute Christ in seinen vornehmsten Pflichten durch Sittenlehren kurz u. klar unterrichtet. Ein kathol. Hausbuch für Geistliche u. für Familien. Neu herausg. von Ant. Rauscher. 5 Thle. Regensburg 855, 56. Manz. 8. 2 ℛ 28½ ngr
1. Thl.: Von der Vermeidung der Sünden. (341 S.) 18 ngr
2. Thl.: Von der Ausübung der Tugenden. (420 S.) 25½ ngr
3. Thl.: Von der Werthschätzung der Wohlthaten Gottes. (261 S.) 15 ngr
4. Thl.: Von der Heiligung der gewöhnl. Werke u. Verrichtungen. (240 S.) 15 ngr
5. Thl.: Von der Erfüllung der Standespflichten. (254 S.) 15 ngr

— d. neue singende Christ. 8. Dillingen 779. (Wolff in Augsb.) 9 $\mathscr{K}$

Hausen, Wilh. S. J., der singende Christ, s. a. Schwägler, Matth.

— d. singende Christ, oder lehrr. Gesänge von ewigen Wahrheiten. kl. 8. Augsb. 762. Wolff. 6 $\mathscr{K}$

— d. allerbesten Gebete, welche v. Ihro Päpstl. Heiligkeit Pius VI. erklärt u. ausgelegt. N. A. 12. Augsb. 817. Kranzfelder. 3 $\mathscr{K}$

— die Haus-Mission. Eine kurze Zusammenstellung der christlichen Wahrheiten, welche bei der Mission vorgetragen worden, nebst einem Anhange von Gebeten. Neu herausg. von Fr. X. Himmelstein. Würzburg 853. Stahel. 16. (VIII, 331 S.) 5 ngl

— — 3. mit Litaneien verm. Aufl. Ebend. 858. 16. (VIII, 328 S.) 5 ngl

Hausen, W., die Haus-Mission. Eine kurze Zusammenstellung der christl. Wahrheiten, welche bei der Mission vorgetragen werden, nebst e. Anh. v. Gebeten. Neu hrsg. v F. X. Himmelstein. 6., verb. Aufl. gr. 16. (VIII, 351 S.) Würzburg 889. Bucher. n. — 60

— immerwährende Haus-Mission in einer gedrängten Zusammenstellung der wichtigsten Glaubens- und Sittenlehren, die auf Missionen vorgetragen werden. Neu herausg. u. vermehrt mit einem vollständigen Gebetbuche. Mit (4 lith.) Bildern. Einsiedeln 856. Benziger. 24. (476 S.) 8 ngl

— tägl. Hausmission, d. i. christl. Lebensordnung. 8. Dillingen 765. 14e A. 785. 6 $\mathscr{K}$, N. A. 817 u. 22. Augsb., Kranzfelder. 10 $\mathscr{K}$

Hausen, Guilielm, tägliche Haus-Mission, d. i.: Christl. Lebensordnung nach Anleitung der abgehalt. apostol. Mission, zum allgem. Nutzen u. Gebrauch eines jeden Christen, in geistl. Lehrstücke zusammengezogen Neu verm. u. hrsg. v. einem kathol. Geistlichen. 18. (587 S.) Landshut 847, Thomann. ¼ ℛ

Hausen, Wilh., die Heiligkeit des Priesters, dargestellt in dem heiligen Petrus, dem Apostel- u. Priesterfürsten, Erwägungen u. Betrachtungen zu Geistessammlungen. Nach der 2. Ausg. aus dem Latein. übers. von Ant. Rauscher. Regensburg 854. Manz. 32. (537 S.) 11¼ ngl

Hausen, Wilh., Jesus unser Vorbild u. Führer auf dem Wege standesmäßiger christlicher Vollkommenheit. Ein Handbüchlein für heilsbeflissene Seelen. Neu in zeitgemäßer Sprache herausg. Aachen 859. Cremer. 8. (143 S.) 10 ngr

— d. christl. Kind, in guter Sitten- u. Glaubenslehre auf e. kurze angenehme Art reimenweis unterrichtet. 8. Augsb. 777. Wolff. 2 $\mathscr{K}$

— Leben u. Tugenden Philipp Jenningen, 8. Dilling. 766. (Wolff in Augsb.) 4 $\mathscr{K}$

— Leben u. Tugenden d. apostolischen Dieners Gottes Philipp Jeningen, aus der Gesellschaft Jesu. Frei bearb. 8. (160 S.) Regensburg 873. Manz. 1. 80

— Philothea's Missions-Andenken, oder: die gottliebende Seele auf dem königlichen Wege der Nachfolge Jesu Christi. Neue nach den früheren approb. Ausg. durchges. u. verb. Aufl. Mit einem Anh. von Morgen-, Abend-, Meß-Andachten etc. Neuburg a. d. D. 856. Prechter. 24. (VI, 198 S.) 6 ngl

— die Perle der Hausmission. Oder Anleitung in einer christlichen Lebensordnung die Früchte der apostol. Mission zu bewahren. Neu herausg. u. mit einem vollständ. Gebetbuch verm. von Fr. Ant. Häckler. Ebend. 853. 18. (X, 458 S. u. 4 Lithogr.) 10 ngl

Hausen, Wilh., die Perle der Hausmission. Oder Anleitung in einer christl. Lebensordnung die Früchte der apostol. Mission zu bewahren. Neu hersg. u. mit einem vollständ. Gebetbuche vermehrt von Fr. Ant. Häckler. 3. Aufl. Einsiedeln 865. Gebr. Benziger. 8. (447 S. mit 5 lithogr. Bildern.) 10 ngr

— sanctitas sacerdotalis in S. Petro per triduum sacr. 8. Dilling. 764. (Ingolst., Krüll). 8 $\mathscr{K}$

— d. christl. Schulmeister in seinem wichtigen Schulamte kurz u. wohl unterrichtet, 8. Dilling. 766.

— von den Standespflichten der Christen. Ein Unterrichtsbuch für kathol. Familien, Prediger u. Lehrer. Neu hersg. von Frz. Ant. Häckler. (Sep.-Ausg. von Hausen, der gute Christ, 5. Thl.) Freiburg im Br. 865. Herder'sche Verlagsh. 12. (IV, 230 S.) 11 ngr

— von der Uebung der Tugenden. Ein Unterrichtsbuch für kathol. Familien, Prediger u. Lehrer. Neu hersg. von Frz. Ant. Häckler. (Sep.-Ausg. von Hausen, der gute Christ, 2. Thl.) Ebend. 865. 12. (V, 256 S.) 13 ngr

— wunderbare Unschuld u. Buße d. heil. Aloysius Gonzaga, in 12 Betrachtt. vorgestellt u. auf 6 Samstage eingerichtet. 12. Dilling. 768. N. A. Augsb. 817. Kranzfelder. 4 $\mathscr{K}$

— vertraul. Unterhalt. m. Jesu, auf jed. Tag. d. Mon. 8. Augsb. Wolf. 790.

Hausen, Wlh., kräftigste u. werkthät. Verehrung d. heil. Herzens Jesu. 12. Augsb., Kranzfelder. 2 $\mathscr{K}$

Hausen, Wilhelm. Der Weg des Heiles ... Cöln 1878. H: *Schneider, Joseph.* (Jes)

— königl. Weg zur Vollkommenheit. 8. Augsb. 773. N. A. 778 u. 92. Wolff. 4 $\mathscr{K}$

— königlicher Weg zur standesmäßigen, christlichen Vollkommenheit durch eine werkthätige Nachfolge Jesu Christi. Neu herausg. und mit einem Anhange der gewöhnlichen Gebete versehen von einem Priester der Diöcese Rottenburg. Schaffhausen 860. Hurter. 16. (XII, 218 S.) n. 10 ngr

— der wahre und sichere Weg zur standesmäßigen christlichen Vollkommenheit durch werkthätige Nachfolge Jesu Christi. Allen gottliebenden Seelen geöffnet. Neu herausg. von einem Priester der Diöcese Rottenburg. Nebst allgem. Andachtsübungen. Einsiedeln 854. Benziger. 24. (384 S. u. 4 Lithogr.) 7 ngl

— der wahre u. sichere Weg zur standesmäßigen christlichen Vollkommenheit durch werkthätige Nachfolge Jesu Christi. Allen gottliebenden Seelen eröffnet. Neu herausg. von einem Priester der Diözese Rottenburg. Nebst allgemeinen Andachtsübungen. 2. revid. Aufl. Mit 4 (lith.) Bildern. Einsiedeln 862. Gebr. Benziger. 24 (379 S.) 7 ngr.

— d. social. Welt. 8. Ebend.

— von den Wohlthaten Gottes u. dem Danke der Christen. Ein Unterrichtsbuch für kathol. Familien, Prediger u. Lehrer. Neu hersg. von Frz. Ant. Häckler. (Sep.-Ausg. von Hausen, der gute Christ, 3. u. 4. Thl.) Ebend. 865. 12. (X, 325 S.) 16 ngr.

Hausen, Willy, a. Lissa i. P., Referendar: Nach welchen Grundsätzen bestimmt sich die Haftung des Testamentsvollstreckers gegenüber den Erben, gegenüber anderen im Testamente Bedachten und gegenüber Anderen? ⟨beantwortet unter Berücks. d. geschichtl. Entwickelung u. d. Rechtsprechung.⟩ Lissa i. P. 1911: Schmädicke. XI, 56 S. 8°
Erlangen, Jur. Diss. v. 25. Juli 1910, Ref. Oertmann
[Geb. 11. Sept. 88 Zeitz; Wohnort: Bojanowo; Staatsangeh.: Preußen; Vorbildung: Gymn. Lissa Reife M. 06; Studium: Freiburg i. B. 1, Berlin 1, Breslau 4 S.; Rig. 25. Nov. 10.] [U 11.811

Hausenbichler, Aug., s.: Sanitäts-Bericht des österr. Küstenlandes.

Hausenblas Adolf: 200 Aufsatzthemen patriotischen Inhaltes. (9). Krumau 91.
Progr.

Hausenblas, *Adolf* Zur einheitlichen Behandlung der Syntax im Gymnasial-Unterricht. 8 (S. 3—27). Communal-G. *Komotau* 1888.
Progr.

Hausenblas, Adolf: Ostfränkische Lauterscheinungen in der *nordwestböhmischen* Mundart. Mies '06. 21 S. Mies, Staats-Ober-G., P. 1906.

Hausenblas, Adolf: Die Brüxer Mundart. (Erster Theil: Vocalismus.) 8 (S. 3—42).
Progr. Erstes k. k. Staatsg. im II. Bezirke *Wien* 1898.

Hausenblas, Alfred

Hausenblas, Alfr., Grundzüge des Sanitätsdienstes in vorderster Linie bei den drei Hauptwaffen. (V, 74 S.) gr. 8. Wien 903. L. W. Seidel & Sohn. n. 2. —

Hausenblas, Alfr., d. Sanitätsdienst bei e. Infanterie-Truppen-Division im Felde. Dargest. an e. concreten Beispiele. [Aus: „Streffleur's österr.-militär. Zeitschr."] gr. 8. (IV, 91 S. m. 1 Karte.) Wien 896. (W. Braumüller.) n.n. 2. —

Hausenblas, Alf., die mehrtägige Thätigkeit e. Infanterie-Truppen-Division u. ihrer Theile. 3 Hfte. gr. 8. Wien, L. W. Seidel & Sohn. à n. 5. —
1. Mit 5 Karten u. 7 Beilagen. (IV, 150 S.) 900.
2. Mit 8 Beilagen. (IV, 152 S.) 901.
3. Mit 9 Beilagen. Nach dem Exercier-Reglement f. die k. u. k. Fusstruppen (Entwurf) vom J. 1901 bearb. (IV, 180 S.) 902.

Hausenblas J.: Einige Aufgaben über Kegelschnittslinien, die sowohl mit Hilfe der neueren Geometrie als auch mit Hilfe der darstellenden Geometrie gelöst werden können,. 15. u. 2 Taf. Prossnitz R. 78.
Progr.

Hausenblas, J.: Über Rückungsflächen . Ein Beitrag zur Theorie der krummen Flächen. 38 S. – Prossnitz, P 1884

Hausenblas J.: Was ist darstellende Geometrie und welchen Zweck verfolgt dieselbe als Unterrichtsgegenstand an der R.? 10. Prossnitz R. 82.
Progr.

Hausenstein, Wilh., d. Bauern-Bruegel, s. Illustratoren, klassische. VI.

Der Bauern-Bruegel. Von Dr. W(ilhelm) Hausenstein Mit 60 Abb. München & Leipzig: Piper 1910. 143 S. 4°(8°)
(Klassische Illustratoren. 6.) [09. 17992

Hausenstein, Wilhelm, cand. hist.: Die Wiedervereinigung Regensburgs mit Bayern im Jahre 1810. München 1905: Kastner & Callwey. (60 S.) 8° (Erschien vollst. bei J. Lindauer, München in Komm.)
München, Phil. Fak., Ref. v. Heigel, Diss. v. 8. Juni 1905
[Geb. 17. Juni 82 Hornberg, Baden; Wohnort: München; Staatsangeh.: Bayern; Vorbildung: Gymn. Karlsruhe Reife Juli 00; Studium: Heidelberg 3, Tübingen 1, München 4 S.; Rig. 8. Juni 05.]

Hausenstein, Wilh., die Wiedervereinigung Regensburgs m. Bayern im J. 1810. (Zur Beurteilung Karls v. Dalberg.) Nach archival. Quellen. Diss. (V, 164 S.) gr. 8. München 905. J. Lindauer. n. 2. —

Hausentwässerung, die, unter besond. Berücksicht. der f. die Stadt Köln gültigen Verordnungen, m. 6 Taf. Hrsg. v. dem Architekten- u. Ingenieur-Verein f. Niederrhein u. Westfalen. gr. 8. (IV, 33 S.) Köln 887. Du Mont-Schauberg. n. 2. —

Hauser [Sachliches Ordnungswort]

Hauser, Kaspar, s.a. Linde, A. von der.

Hauser, Kaspar, oder der Findling. Romantisch dargestellt . . . Schw. Hall 1834. V: *Seybold, Friedrich.* (ABJP) (Ky)

— oder der Findling. Romantisch dargestellt von *** (Fr. Seybold). 8. Schw. Hall 834. Haspel. (Stuttg., Balz.) $1^{3}/_{4}$ ngr

Hauser, Caspar, oder Andeutungen zur Enthüllung mancher Geheimnisse . . . Regensb. 1837. V: *Albersdorf, Carol. Gräfin von.* (EB) »oder die richtige Enthüllung der Geheimnisse . . . 2. Aufl. 1839.« (ABJP) V: *Arnim, W. C. von.* (schz)

Hauser, Kaspar, oder Andeutungen zur Enthüllung mancher Geheimnisse über Hauser's Herkunft, die Ursache seiner Gefangenhaltung u. Ermordung, Zergliederung des mitgebrachten Briefes, Bezeichnung des Mörders, dann Beleuchtung der Verhältnisse des Lords Stanhope gegen Hauser u. dessen nächste Umgebung. Herausg. von W. C. Gr. A. gr. 8. Regensburg 838. (Manz.) n. $^{5}/_{6}$ ℛ — dass. 1s u. 2s Bdchn. 2e verm. u. verb. Aufl. gr. 8. München 839. Fleischmann. (1s B. $^{1}/_{2}$ ℛ, 2s B. $^{2}/_{3}$ ℛ) $1^{1}/_{6}$ ℛ

Hauser, Kaspar, oder d. richtige Enthüll. d. Geheimnisse üb. Hausers Herkunft, die Ursache seiner Einsperrung, Dauer ders., Zergliederung u. Bedeut. des an d. k. b. Rittmeister mitgebrachten Briefes, nähere Bezeichn. d. Mannes, der Hauser als Kind erhalten, u. ihn dann als Jüngling nach Nürnberg zurückgebracht hat, ꝛc. Hrsg. v. W. C. Gr. v. A. 1. u. 2. Bdchn. 2., verm. u. verb. Aufl. gr. 8. ($14^{3}/_{4}$ B.) München 839, Fleischmann.

Hauser, Kaspar. Seine Lebensgeschichte und der Nachweis seiner fürstlichen Herkunft. Aus nunmehr zur Veröffentlichung bestimmten Papieren einer hohen Person. Von .... von K .... Regensburg bei Alfred Coppenrath 1883. V: *Fischer . . . von Karlsruhe.* (B. Seligsberg, Bayreuth, Cat. Nr. 321, S. 6, Nr. 129) (niblport)

Hauser, Kaspar. Seine Lebensgeschichte u. der Nachweis seiner fürstl. Herkunft. Aus nunmehr zur Veröffentlichung bestimmten Papieren einer hohen Person. Von v. K. gr. 8. (IV, 130 S.) Regensburg 883. Coppenrath. n. 3. —

r. K . . . ., Kaspar Hauser. Seine Lebensgeschichte u. der Nachweis seiner fürstl. Herkunft. Aus nunmehr zur Veröffentlichung bestimmten Papieren einer hohen Person. 2. Aufl. Regensburg, A. Coppenrath, 1883. Gr. 8°. Cat.*) IV--13) S.

Hauser, Kaspar. Seine Lebensgeschichte u. der Nachweis seiner fürstl. Herkunft. Aus nunmehr zur Veröffentlichg. bestimmten Papieren einer hohen Person. Von von K. 3. Aufl. gr. 8. (IV, 130 S.) Regensburg 883. Coppenrath. n. 3. —

Hauser, Kaspar. Seine Lebensgeschichte und der Nachweis seiner fürstl. Herkunft. Aus nunmehr zur Veröffentlichung bestimmten Papieren einer hohen Person. Von F .... v. K .... 2. Aufl. 8. (IV, 130 S.) Regensburg 885. Coppenrath.

Hauser, Kaspar, der Thronerbe Badens. Paris [Bern] 1840. 2. A. 1843. 3. A. 1847. V: *Seiler, F. Sebastian.* (Engj) (Wr) (ABJP) (Schz)

Hauser, Caspar, d. Thronerbe Badens. 3. Aufl. gr. 12. (7 1/12 B.) Paris .... (Bern, Jenni, Sohn.)

Hauser. Kaspar H' der Thronerbe von Baden. Frankfurt 1848 s. [Seiler, Sebastian].

Hauser, Maria, oder das gräßliche Attentat zu Erfurt. gr. 8. (Mit wohlgetroff. Portr.) Leipzig 846, Jurany. 1/4 ℛ

Hauser [Verfasser]

Hauser, Aufsätze, all. Religions- u. Volkslehr. Deutschl. gew. 2 Thle. 8. Wien, Hörling. 783–87.

Hauser, (Prof.) Beleuchtung des sittlichen Guten u. Bösen in Erzählungen für Kinder von mittlerm Alter. Mit ill. Kpf. 8. Gotha 818. Hennings. 12 K

Hauser, über Lungensarcine, s. Beiträge zur pathologischen Anatomie, experimentellen Pathologie und praktischen Medicin.

Hauser, Adolf

Hauser, A., Elementa latinitatis in etymologischer Ordnung für die beiden untersten Klassen gelehrt. Schulen. 1854. 71 S. 1.—

Hauser, Adf., Elementa Latinitatis in etymologischer Ordnung für die unteren Klassen gelehrter Schulen bearb. 854. (VII, 71 S.) 7 1/2 ngr. — 2. verm. Aufl. Carlsruhe 858. Groos. gr. 8. (IX, 131 S.) 10 ngr.

Hauser, Adf., elementa latinitatis in etymologischer Ordnung für die unteren Klassen gelehrter Schulen bearb. 3. verb. Aufl. Carlsruhe 861. Groos. gr. 8. (X, 136 S.) n. 10 ngr.

Hauser, Adf., Elementa latinitatis in etymologischer Ordnung für die unteren Klassen gelehrter Schulen bearb. 4., verb. Aufl. Karlsruhe 865. Groos. gr. 8. (X, 138 S.) n. 10 ngr.

Hauser, Adf., elementa latinitatis in etymologischer Ordnung f. die unteren Klassen gelehrter Schulen bearb. 5. verb. Aufl. gr. 8. (X, 144 S.) Karlsruhe 872. Groos n. 1. —

Dr. Adolf Hauser. Die Gedichte des Horaz metrisch erklärt und eingeleitet. 47 S. Lahr, P 1874

— Grundriß der griechischen Geschichte für die mittleren Gymnasialklassen. Ein method. Versuch. Lahr 868. Schauenburg. gr. 8. (V, 50 S.) n. 6 ngr.

Dr. Adolf Hauser. Studien zu einer wissenschaftlichen Syntax der lateinischen Sprache. Erster Teil. 112 S. Karlsruhe, P 1864

Dr. Adolf Hauser. Studien zu einer wissenschaftlichen Syntax der lateinischen Sprache. Zweiter Teil. 101 S. Karlsruhe, P 1867

Hauser, Aloys. Anleitung zur Technik der Oelmalerei. Berlin 1885. 8°.

Hauser, A., Anleitung zur Technik der Oelmalerei. 2., durchgeseh. Aufl. gr. 8. (28 S.) München 889. Hirth. — 50

Hauser, Alois, Anleitung zur Technik der Oelmalerei. 4. Aufl. gr. 8. (28 S.) München 891. G. Hirth. — 50

— Grundzüge der ornamentalen Formen- u. Styllehre, s. a. Zeichenunterricht, der, u. seine Hilfswissenschaften.

Hauser A, Grundzüge der ornamentalen Formen- und Stillehre. (Fellner und Steigl, Zeichenunterricht III) Wien 1888

Hauser, Alois, üb. Säulenordnungen. Drei populär[e] Vorträge geh. im k. k. österreich. Museum am 10. 17. u. 24. März 1872. 8. (61 S. m. eingedr. Holzschn. Wien 872. Hölder. n. 1. 2(

Hauser, Alois, Säulenordnungen. Wandtafeln zum Studium der wichtigsten architektonischen Formen der griechischen und römischen Antiken und der Renaissance. Wien. A. Hölder. (Min.-Erl. v. 19. Mai 1894, Z. 5470.) 1877–92.

Tafel I Griechisch-dorische Ordnung
" II Jonische Ordnung
" III Attisch-jonische Ordnung — à 5.—
" IV Korinthische Ordnung
" V Römisch-dorische und jonische Ordnung

" VI Römisch-korinthische Ordnung 3.60
" VII Römisch-Comp. Ordnung 3.60
" VIII Italienische Renaissance, freistehende Säulen durch Bögen verbunden 3.60
" IX Italienische Renaissance, Combination v. Gebälk u. Bogenstellung 3.60
" X Italienische Renaissance, korinthische Ordnung 3.60
(Auf Leinwand je circa 1.50 mehr.)

Hauser, Alois, Säulen-Ordnungen. Wandtafeln zum Studium der wichtigsten architekton. Formen der griech. u. röm. Antike u. der Renaissance. Im Auftrage des k. k. Ministeriums f. Cultus u. Unterricht verf. 1. Serie: Tafel III u. IV. à 2 Blatt. Chromolith. Imp.-Fol. Mit Text. gr. 4. (2 Bl.) Wien 878. 80. Hölder. à n. 10. —; auf Leinw. m. Stäben à n. 14. 40

Hauser, A, Säulen-Ordnungen. Wandtafeln z. Studium d. wichtigsten architekton. Formen d. griech. u. röm. Antike u. d. Renaissance. 1. Serie: Taf III u. IV à 2 Blatt. Chromol. Fol. Mit Text. 4. (à 2 Bl.) Wien 79. 80, Hölder. à n. 10. —; auf Leinw. m. Stäben à n. 14. 40

—— dass. — Taf. V. 1 Bl. Mit 1 Bl. Text. gr. 4. Ebendas. 881. *M 6.; auf Leinw. mit Stäben *
1.—3. Taf. Ebendas. 1877—79. à *M 10.; auf Leinw. mit Stäben *M 14,40.

Hauser, Alois, Säulen-Ordnungen. Wandtafeln zum Studium der wichtigsten architekton. Formen der griech. u. röm. Antike u. der Renaissance. Im Auftrage d. k. k. Ministeriums f. Cultus u. Unterricht verf. 1. Serie. Taf. V—VII à 2 Bl. Chromolith. qu. gr. Fol. Mit Text. gr. 4. (à 2 Bl.) Wien 885. Hölder. à n. 7. 20; auf Leinw. m. Stäben à n.n. 10. —

—— Säulen-Ordnungen. Wandtafeln zum Studium der wichtigsten architekton. Formen der griech. und röm. Antike und der Renaissance. Im Auftrage des k. k. Ministeriums für Cultus und Unterricht verfasst. 1. Serie Taf. VI, VII, und 2. Serie Taf. VIII. qu. gr. Fol. (à Taf. 2 Bl. Chromolithogr.) Mit Text. gr. 4. (à Taf. 2 Bl.) Wien 883 —88, Hölder. à Taf. *
Auf Leinw. mit Stäben à Taf. *
Taf. I—IV. Ebendas. 1877—80. à *M 10.—.; auf Leinw. mit Stäben à *M 14.40. ——

Hauser, Alois, Säulen-Ordnungen. Wandtafeln zum Studium der wichtigsten architektonischen Formen der griechischen und römischen Antike und der Renaissance. 2. Serie, Tafel IX und IX a (mit 2 S. Text). Gr.-Fol. Lithographie mit Tondruck 6.—
Dieselben auf Leinen mit polirten Stäben Ebda. 1890. 8.—

Hauser, Alois, Säulen-Ordnungen. Wandtafeln zum Studium der wichtigsten architektonischen Formen der griechischen und römischen Antike und der Renaissance. 2. Serie, Tafel X: Italienische Renaissance, korinthische Ordnung. A. Leopardo, Grabmal Vendramin in Venedig. Imp.-Fol. Lithogr. Mit Text (4. 3 S.), roh 3.60, aufgespannt mit Stäben 5.—
Wien: Hölder 1892.

—— Spalato und die römischen Monumente Dalmatiens. Die Restaurirung des Domes zu Spalato. Zwei Vorträge, gehalten am 17. Febr. 1876 und 11. Jänner 1883 im k. k. österr. Museum für Kunst und Industrie in Wien. gr. 8. (52 S. mit 1 Plan und 2 Text-Illustr.) Ebendas. 883.

— Styl-Lehre der architektonischen u. kunstgewerblichen Formen. Im Auftrage d. k. k. Ministeriums f. Cultus u. Unterricht verf. 1 Th. A u. d. T. Styl-Lehre der architektonischen Formen d. Alterthums. Mit 17 (eingedr.) Orig.-Holzschn. gr. 8. (IX 142 S.) Ebend. 877. n. 2. —

—— Styl-Lehre der architektonischen und kunstgewerblichen Formen. Im Auftrage des k. k. Ministeriums für Cultus und Unterricht verfasst. 1.—3. Thl. gr. 8. Ebendas. *M 9,20.; geb. in Leinw. *M 10,40.; eleg. geb. *

Inhalt:

Thl. 1. Styl-Lehre der architekton. Formen des Alterthums. 2. Aufl. (IX, 144 S. mit 173 eingedr. Orig.-Holzschn.) 882. *M 2,40.; geb. in Leinw. *M 2,80.; eleg. geb. *M 4,40.
» 2. Styl-Lehre der architekton. Formen des Mittelalters. (VIII, 132 S. mit 115 eingedr. Orig.-Holzschn.) 884. *M 2.; geb. in Leinw. *M 2,40.; eleg. geb. *M 4,30.
» 3. Styl-Lehre der architekton. Formen der Renaissance. (176 S. mit 100 eingedr. Orig.-Holzschn.) 1880. *M 6.; 2. Aufl. (X, 176 S. mit 100 eingedr. Orig.-Holzschn.) 880. *M 4,80.; geb. in Leinw. *M 5,20.; eleg. geb. *M 6,80.

— Styl-Lehre der architektonischen u. kunstgewerblichen Formen. 1. u. 3. Thl. gr. 8. Ebd. n. 6. —; geb. in Leinw. n. 6. 90
1. Styl-Lehre der architektonischen Formen des Alterthums. 3. Aufl. (IX, 144 S. m. 173 Holzschn.) 894. n. 2. 40; geb. n. 2. 80
3. Styl-Lehre der architektonischen Formen der Renaissance. 3. Aufl. Mit 100 Orig.-Holzschn. (X, 178 S.) 891. n. 3. 60; geb. n. 4. 10

Hauser, Alois, Styl-Lehre d. architekton. u. kunstgewerbl. Formen. Im Auftr. d. Ministeriums f. Cultus u. Unterricht verf. 2. Thl. Styl-Lehre d. architekton. Formen d. Mittelalters. 2. Aufl. gr. 8. (VIII, 140 S. m. 115 Holzschn.) Wien 899. A. Hölder. n. 2. —

— neue archaeologische Untersuchungen auf Samothrake, s.: Conze, A.

Hauser, Alwin, Conjugations-Schema für französische Zeitwörter. gr. 4. (68 S.) Innsbruck 887, Wagner'sche Universitäts-Buchh. *

-- practische französische Conversations-Grammatik nebst e. Verzeichniss v. 2500 mercantil. u. techn. Ausdrücken. 8. (327 S.) Lindau 874. Ludwig. 4. -

Hauser's, Alwin, französische Conversations-Grammatik. Leichtfassliche Methode zur pract. Ausbildg. durch gegenseit. u. Selbst-Unterricht. Nebst e. Verzeichniss v. 2500 techn. u. mercantil. Ausdrücken aus dem gesammten Verkehrswesen. 2. Ausg. 8. (IV, 327 S.) Innsbruck 876. Wagner. n. 3. -

— französische Conversations-Grammatik f. den Schul- u. Privatgebrauch. 3., verb. Aufl. 8. (VI, 208 S.) Ebd. 887. n. 1. 60

Hauser, Anton

Hauser, Ant. Kleines Beichtbüchlein. Bußunterricht m. Beichtgebeten nach d. Herrn Parabel vom „verlorenen Sohn". 1. u. 2. Aufl. 32. (31 S.) Augsb. 892, Literar. Institut v. Dr. M. Huttler. * — 05

Hauser, Ant., kleines Beichtbüchlein. Bußunterricht m. Beichtgebeten nach d. Herrn Parabel vom „verlorenen Sohn". 5. Aufl. 32. (85 S.) Augsburg 892. Literar. Institut von Dr. M. Huttler. n.n. — 5

Hauser, Ant., Beichtgedenkblättchen zur Vorbereitung auf den Empfang des heil. Bußsacramentes f. Jung u. Alt. 16. (16 S.) Dülmen 878. Laumann. — 6

Hauser, Ant., Beichtgedenkblättchen zur Vorbereitung auf den Empfang des heil. Bußsacramentes für Jung und Alt. 16. (16 S.) Dülmen 879, Laumann'sche Verlagsh. — 6

Hauser, Ant., Bußunterricht z. Wiederholg. d. Notwendigsten a. d. Lehre v. hl. Bußsakrament f. Groß u. Klein. Eine Beigabe z. Beichtbüchlein. 24. (24 S.) [Augsburg 895. Literar. Institut v. Dr. M. Huttler.] Regensburg, Nationale Verlagsanstalt. n.n. — 05

— d. glückliche Ehe. Lehr- u. Gebetbüchl. f. Erwachsene, welche in d. Stand d. Ehe zu treten gedenken, sow. im bes. f. Braut- u. Eheleute. 6., verb. Aufl. d. Trauungs-Andenken. 16. (XVI, 334 S. m. farb. Titelbild.) Donauwörth 896. L. Auer. Geb. in Leinw. n. 1. 30; m. Goldschn. n. 2. —; in Ldr. m. Goldschn. n. 3. —; u. m. Schließe n. 3. 50

Hauser, Ant., die glückliche Ehe. Lehr- u. Gebetbüchlein f. Erwachsene, welche in den Stand der Ehe zu treten gedenken, sowie im besondern f. Braut- u. Eheleute. 11. Aufl. 16. (XVI, 352 S. m. 1 Farbdr.) Donauwörth (902). L. Auer. Geb. in Leinw. n. 1. —

Hauser, Ant., die glückliche Ehe. Lehr- u. Gebetbüchlein f. Erwachsene, welche in den Stand der Ehe zu treten gedenken, sowie im besondern f. Braut- u. Eheleute. 14. u. 15. Aufl. (à XVI, 352 S. m. 1 Farbdr.) 16. Donauwörth (904. 906.) L. Auer. Geb. in Leinw. n. 1.—; in Ldr. n. 1.60 u. n. 2.50

Hauser, Ant., die glückliche Ehe. Lehr- u. Gebetbüchlein f. Erwachsene, welche in den Stand der Ehe zu treten gedenken, sowie im besond. f. Braut- u. Eheleute. 18. Aufl. (367 S. m. 1 Farbdr.) 16. Donauwörth (909). L. Auer. Geb. in Leinw. 1. —

— u. Al. Kinzel, Entwurf e. Katechismus f. die kathol. Jugend. In Verbindg. m. e. Anzahl Katecheten bearb. u. hrsg. 8. (VIII, 199 S.) Kempten (901). J. Kösel. n. — 80; geb. in Halbleinw. n. — 95; in Leinw. n. 1.—

Hauser, A., ein Firmungs-Andenken mit einem Weckruf an die katholische Jugend deutscher Zunge. 5. Aufl. 16. (64 S.) Donauwörth 882, [Buchh. des kathol. Erziehungsvereins.] Auer. geb.

— Gedenkblättchen zur Erinnerung an den Trauungstag der Eltern. 16. (8 S.) — 3
Dülmen: Laumann 1878.

—— Gedenkblättchen z. Erinnerg an d. Trauungstag d. Eltern. 16. (8) Ebd. 79. — 3

— Gedenkblättchen zur Erinnerung an den Weihetag des Seelsorgers [Ritus bei Ertheilung der kirchl. Weihen]. 16. (16 S.) Ebend. 878. — 6

—— Gedenkblättchen z. Erinnerg an d. Weihetag d. Seelsorgers [Ritus bei Ertheilg d. kirchl. Weihen]. 16. (16) Ebd. 79. — 6

— Gedenkblättchen f. Firmlinge u. Gefirmte zur Vor- u. Rückerinnerung an die heil. Firmung. 16. (16 S.) Ebend. 878. — 6

—— Gedenkblättchen f. Firmlinge u. Gefirmte zur Vor- u. Rückerinnerg an die heil. Firmg. 16. (16) Ebd. 79. — 6

— Gedenkblättchen zur Rückerinnerung an den Empfang des heil. Sacramentes der Taufe für Jung u. Alt. 32. (15 S.) Ebend. 878. — 5

— Gedenkblättchen zur Vorerinnerung an den Empfang der hl. Sterb-Sacramente, im Besonderen der hl. Oelung u. an die letzten Dinge für Jung u. Alt. 32. (16 S.) Ebend. 878. — 5

— Gedenkblättchen zur Vor- u. Rückerinnerung an den Empfang der hl. Communion im Besonderen der ersten. 64. (47 S.) Ebend. 878. n. — 10

— Gedenkbüchlein zur Vor- u. Rückerinnerung an den Empfang der ersten 5 hl. Sacramente. Mit 2 Beigaben: Der Weihetag des Seelsorgers, der Trauungstag der Eltern, f. Jung u. Alt. 16. (144 S.) Ebend. 878. — 45

—— Gedenkbüchlein zur Vor- u. Rückerinnerg an d. Empfang d. ersten 5 hl. Sacramente. 16. (144) Ebd. 79. — 45

Hauser, Ant., Karfreitagsbüchlein für jung und alt. 16. (40 S.) Donauwörth 886, Auer.

— Karfreitagsbüchlein f. jung u. alt. 3. Aufl. 16. (48 S.) Donauwörth 891. L. Auer. — 15

— Karfreitagsbüchlein f. jung u. alt. 17. u. 18. Aufl. (à 48 S.) 16. Ebd. (906). — 15

— Karfreitagsbüchlein f. jung u. alt. 22. Aufl. (48 S.) 16. Ebd. (909). — 15

— Kirchenjahrs-Büchlein f. Jung u. Alt. Nr. 1—3. 16. Augsburg 892. Literar. Institut von Dr. M. Huttler. n. — 16

1. Die hl. Weihnachtszeit. (28 S.) n. — 5
2. Die hl. Osterzeit. Mit e. Beigabe: Fasttage in der Diözese Augsburg. (35 S.) n. — 6
3. Die hl. Pfingstzeit. (24 S.) n. — 5

Hauser, A., Kreuzweg-Büchlein f. Jung u. Alt. Zur Ausübg. d. Apostolates d. Gebets. 32. (16 S.) Augsburg 890. Literar. Institut v. Dr. M. Huttler. f. 100 Stück n. 4. —

—— Lourdes, die Wunderstätte der Gegenwart. Kurze Zusammenstellung dessen, was dort geschah, für Gläubige und Ungläubige. 8. (31 S.) Augsburg 887, Literar. Institut von Dr. M. Huttler.

— Lourdesbuch. Ein Gebetbuch m. Beschreibung von Lourdes u. dessen, was dort geschehen. 16. (IV, 287 S. m. 1 Bild.) Ebd. 893. n. — 60; geb. in Leinw. n. — 90

— s.: Maria-Lourdes-Predigten.

—— kleines Meßbüchlein f. Jung u. Alt, enth. die ständ. Meßgebete, wie der Priester sie betet, u. die Gesangstexte, wie der Chor sie singt, in latein. u. deutscher Sprache, m. kurzer Erklärg. der heil. Messe. Auch zu gemeinsamem Gebrauch. 1.—3. Aufl. 32. (56 S.) Augsb. 892, Literar. Institut v. Dr. M. Huttler. * — 80

— kleines Meß-Büchlein f. Jung u. Alt, enth. die ständ. Meßgebete, wie der Priester sie betet, u. die Gesangstexte, wie der Chor sie singt, in latein. u. deutscher Sprache, mit kurzer Erklärung der hl. Messe. Auch zu gemeinsamem Gebrauch. 6. Aufl. 32. (63 S.) Augsburg 893. Literar. Institut von Dr. M. Huttler.

—— Die heilige Messe nach Wort u. Geist der Kirche. Ein Lehr- u. Gebetbüchlein. Meßerklärg. f. jung u. alt, im besondern f. Zöglinge v. Instituten, Studienanstalten u. kirchl. Musikschulen. 3. gänzl. umgearb. u. 4. Aufl. 16. (204 S. m. 1 Farbendr.) Donauwörth 889,91, Auer. geb. * 1 —

—— Meßerklärung für Jung und Alt im Besonderen zum Gebrauche in kirchlichen Musikschulen. 16. (78 S.) Neuburg 874, Buchh. des kathol. Erziehungs-Vereins. *

— Oster-Glöcklein. 24. (24 S.) Ebend. 878. — 10

—— Ostor-Glöcklein. 24. (24) Ebd. 79. — 10

— Taufglöcklein f. Jung u. Alt. 16. (16 S.) Augsburg 890. Literar. Institut v. Dr. M. Huttler. f. 100 Stück n. 4. —

—— Trauungs-Andenken. Lehr- und Gebetbüchlein für Erwachsene, welche in den Stand der Ehe zu treten gedenken, sowie im besonderen für Braut- und Eheleute. 4. neu durchges. Aufl. 16. (XVI, 287 S. mit 1 Farbendr.) Donauwörth 888, Auer. * 80 Pf.; geb. von * M 1.—. bis *
3. Aufl. Ebendas. 1882 u. d. T.: Trauungs-Andenken.

—— s. Trauungs-Andenken.

Hauser, Ant., Trauungs-Andenken. Lehr- u. Gebetbüchlein f. Erwachsene, welche in den Stand der Ehe zu treten gedenken, sowie im besonderen f. Braut- u. Eheleute. 5., verm. Aufl. 16. (XVI, 320 S. m. 1 Farbendruck.) Donauwörth 893. L. Auer. Geb. in Leinw. n. 1. 30

— Verseh-Büchlein, enth. die kirchl. Gebete bei Spendg. der hl. Wegzehrg. u. der hl. Oelg., sowie die Generalabsolution u. die Gebete der Seelaussegng. 16. (47 S.) Augsburg 892. Literar. Institut v. Dr. M. Huttler. n. — 7

— ein Wort an katholische Firmpathen, zugleich an Eltern v. Firmlingen gerichtet. 16. (8 S.) Ebend. 878. — 3

—— ein Wort an kath. Firmpathen, zugleich an Eltern v. Firmlingen gerichtet. 16. (8) Ebd. 79. — 3

Hauser, Geistl. Rat A. Ein Wort zur Mässigkeitsbewegung in Deutschland. Augsburg 1895. Mk. .10.

Hauser, A., Ceremonien-Büchlein enth. die Erklärg. d. Ritus der heil. Sakramente u. d. hl. Opfers. Für Schule u. Haus. 1. u. 2. Bdchn. 16. Augsburg 872. 73. Kranzfelder. — 50
1. Ein Taufandenken. (32 S.) — 20
2. Ein Firmungsandenken, m. e. Weckruf an die christkathol. Jugend Deutschlands. (47 S.) — 30

— dasselbe. 1—3. Hftchn. Mit je 1 Stahlst. 16. Neuburg 875. Buchh. d. kathol. Erziehungs-Vereins. n. — 90
1. Ein Tauf-Andenken — zur Rückerinnerung. — 2., umgearb. Aufl. (48 S.) n. — 25
2. Ein Firmungs-Andenken m. e. Weckruf an die katholische Jugend deutscher Zunge. 4., verm. Aufl. (56 S.) n. — 25
3. Meßerklärung f. Jung u. Alt. [Zugleich e. Communion-Andenken.] 2. Aufl. Eine Beigabe zu jedem Gebetbuche, im Besonderen auch zum Gebrauche in kirchl. Musikschulen. (96 S.) n. — 40

Einführung in die städtische Bodenreform. Referat, erstattet dem 3. deutsch-österr. Städtetage zu Teplitz-Schönau ⟨1904⟩ von Dr. Arthur Hauser, Teplitz. (2. u. 3. Taus.) Berlin: 'Bodenreform' [1905]. (22 S.) 8° [F. u. Ant.]
= Zeitfragen, Soziale. 17. 1905

Hauser, August [appr. Arzt aus Freising]: Ueber den Morbus maculosus Werlhofii .... München, K. Hof- u. Univ.-Buchdr. v. Dr. C. Wolf & Sohn, 1887; 21 + 1 S. 8°.
München, Med. Fak., Inaug.-Diss. v. 1887.

Hauser, August, ueber den Morbus maculosus Werlhofii. Diss. München 1887, A. Buchholz. 8°. 21 S.

Hauser, Berth., (✝ 1786) Elementa philosophiae ad rationem et experientiae ductum conscripta. VII Tom., cum fig. 8. Augsb. 756—62. Wolff. 7 ß 20 gr

Hauser, B., philosophia. VIII Tmi. c. fig. 8. Augsb. Wolf. 756–64.

Hauser, Carl, s. Hauser, Karl.

Hauser, Caspar, s. Hauser, Kaspar.

Hauser, Chr. C. Julii Caesaris commentariorum de bello gallico et de bello civili textus, qui vocatur, cum praeceptis grammaticis ab eodem scriptore in libris de analogia traditis comparatio. XXI S. 8. Progr. *Villach* 1883.

Hauser, Chr. Der participiale Dativ des örtlichen und geistigen Standpunktes nach Ursprung und Gebrauch bei den lat. Schriftstellern. 19 S. 8. Progr. G. *Bozen* 1878.

Hauser, Chr.: De Quintiliani Praeceptis et usu nomina graeca declinandi. 21. Saaz 1875. Progr.

Hauser, Chrn., Sagen aus dem Paznaun u. dessen Nachbarschaft. Gesammelt u. hrsg. 8. (IV, 121 S.) Innsbruck 894. Wagner. n. 1. 20

Hauser, Eduard Paul, in der Schule Jesu, des göttlichen Kreuzträgers. Religiöse Vorträge. gr. 8. (46 S.) Stuttgart 903. München, J. Roth. n. — 50

(B) Hauser, Eduard Paul, in d. Schule Jesu. 903. Jetzt: Mergentheim. C. Ohlinger.

— Von Zeit zu Ewigkeit. 12 kurze religiöse Vorträge. Hrsg. v. Ant. Hauser. (47 S.) 8. Regensburg 908. F. Pustet. — 60; geb. in Leinw. n 1. 10

Hauser, Eduard Paul, des Kindes Weg zum Himmel. Kindervorträge, geh. im Kindheit-Jesu-Verein u. im Herz-Jesu- u. Marien-Verein. Hrsg. v. Ant. Hauser. (III, 62 S.) 8. Regensburg 906. F. Pustet. n. — 60; geb. in Leinw. n. 1. —

Hauser, Emanuel [aus Wien]: Die Entwickelung der Viehzucht in Preussen von 1816 bis 1883 mit Rücksicht auf die zwei einheitlichen Zählungen 1873 und 1883 für das ganze Deutsche Reich .... Halle a/S., *Otto Hauthal (O. Pätz'sche Buchdr.) Naumburg a/S.*, 1887; 1 Bl. + 91 + 1 S. 8°.
Halle, Phil. Fak., Inaug.-Diss. v. [11. Jun.] 1887.

Hauser, Emanuel, die Entwickelung der Viehzucht in Preussen von 1816 bis 1883 mit Rücksicht auf die zwei einheitlichen Zählungen von 1873 und 1883 für das ganze Deutsche Reich. Diss. Halle 1887. 8°. 91 S.
Sonder-Abdruck aus: Sammlung nationalökonomischer und statistischer Abhandlungen, hrsg. von Joh. Conrad. IV. Band 5. Heft. Jena, Gustav Fischer.

Hauser, E., die Entwickelung der Viehzucht in Preussen von 1816—1883, s. Sammlung nationalökonomischer u. statistischer Abhandlungen.

Hauser, Emanuel Jacobus. Schoenenbergensi-Tigurinus: De talipedibus varis. Tur. ex offic. Zürch. et Furr. 1839. 22 S., 1 Taf., 1 Bl. 4°. Zürich, Med. Diss. v. 23. März 1839.

Bericht über das am 1. August 1887 gefeierte 350jährige Stiftungsfest der K. Lateinschule zu Weissenburg a. S. Von Emil Hauser, Stdl. — 1888, Weissenburg a. S., ebenda. S. 3 12.
Progr. Weissenburg a. Sand (Mittelfr.).
Kgl. isolierte Lateinschule

Hauser, Emil: Vom Schweizerischen Juristenverein preisgekrönt. Die Haager Uebereinkunft vom 12. Juni 1902 betreffend Ehescheidung und Trennung von Tisch und Bett in ihren Einwirkungen auf das schweizerische Recht. Basel: Helbing & Lichtenhahn 1909. 91 S. 8
Leipzig, Jur. Diss. v. 14. April 1909
[Geb. 8. Nov. 85 Wadenswil, Kt. Zürich; Wohnort: Winterthur; Staatsangeh.: Schweiz; Vorbildung: Gymn. Winterthur Reife M. 04; Studium: Zürich 3, München 1, Leipzig 2, Bern 1 S.; Rig. 23. Okt. 08.] [U 09. 2536

Hauser, Erich, Referendar: Die Erkennbarkeit des Pfandrechts. Wiesbaden 1905: L. Schellenberg. (62 S.) 8°
Marburg, Jur. Fak., Ref. Leonhard, Diss. v. 20. März 1905
[Geb. 5 Sept. 80 Höchst a. M.; Wohnort: Höchst; Staatsangeh.: Preußen; Vorbildung: Lessinggymn. Frankfurt a. M. Reife O. 98; Studium: München 4, Marburg 4 S.; Rig. 6. Juli 03.]

Hauser, F., und A. Elfinger, der physische Mensch, s. Elfinger.

Hauser, F. A., die Natur-Bleiche. Praktische Anweisung nach der Bielefelder Methode Leinwand u. leinen Garn m. wenigen Kosten u. ohne besondere Vorrichtungen längstens in vier Wochen rein weiß zu bleichen. 2. verb. Aufl. 8. Leipzig 850. (Hunger.) Verklebt. n. 1/3 ℛ

Hauser, F. P., Umrechnungs-Tabelle (f. englisches Geld). (2 S.) gr. 8. Hamburg (905). (J. Kriebel.) n. — 20

Hauser, F. P., Umrechnungs-Tabelle (f. engl. Geld). (2 S. auf Karton.) 8. Hamburg (909). (C.H.A.Kloss.) — 20

Das Rhein-Mainische Verbandstheater, s. Vorgeschichte u. erste Tätigkeit im Frühjahr 1907, sowie Vorschläge f. s. Weiterführung. Im Auftr. d. Rhein-Mainischen Verbandes f. Volksbildung, bearb. von Felix **Hauser**. Leipzig: Quelle & Meyer 1907. (44 S.) 8° [ö.]
= **Volkskultur,** Die. No 2. [07. 13837

Hauser, Franz

Hauser, Frz., Gesanglehre für Lehrende und Lernende. hoch 4. Leipzig 866, Breitkopf und Härtel. *

Hauser, F., Gesanglehre für Lehrende und Lernende. hoch 4. (IV, 190 S.) Leipzig 890. Breitkopf & Härtel. 6. —

Sammlung (Franz) **Hauser-Karlsruhe.** Versteigerung zu Leipzig ... 1905. 1. 2. Leipzig: C. G. Boerner 1905. 2 Bde 8° [Umschlagt.]
1. Musik. Stammbücher um 1600. Frühe Holzschnittbücher u. Inkunabeln. Jh. d. Reformation. Litt. d. 17. Jhs. Goethe u. d. Romantik. (Vorr.: Hermann Kretzschmar.)
2. Kupferstiche alter Meister. Alte Handzeichnungen. Franz. u. engl. Stiche d. 18. Jhs. Chodowiecki.
(C. G. Boerner. Auktion 80.) [05. 4060

Hauser, Frz., das freiwillige Hinken [Coxalgia], seine Entstehung, Erkenntniß u. Behandlung. gr. 8 (VIII u. 203 S.) Olmütz 848, Hölzel. n. 28 ngℛ

Hauser, Franz: Versuch einer pathologisch-therapeutischen Darstellung des Schwammes der harten Hirnhaut und der Schädelknochen. 61 S., gbd., 3 Taf.
Olmütz: typ.Skarnitzl 1843

Hauser, Frz., Versuch einer patholog.-therapeut. Darstellung des Schwammes der harten Hirnhaut u. der Schädelknochen. Mit 6 lithogr. Tafeln. gr. 8. Olmütz 843. (Wien, Tendler u. Schaefer.) 5/6 ℛ

Hauser, Frz., ein Weg zur Liebe. Eine Dichtung. 1. und 2. Aufl. 8. (61 S.) Berlin 888, Conrad. *ℳ 1.50.; geb. *

Hauser, Frz., e. Weg zur Liebe. Eine Dichtg. 8. (Titel-) Aufl. 8. (61 S.) Berlin 893. C. F. Conrad. n. 1.50

Hauser, Franciscus Josephus (Vindobonnensis)
De paracentesi pectoris. Dissertatio inauguralis. Gissae 1827. 31 S.
Diss. med. 21.1.1827. vorh. 7.

Hauser, Fridolin. Carcinoma vaginæ. ⟨Im Anschluss an 7 Fälle aus der Frauenklinik zu Basel.⟩ Diss. Med. Basel. II + 30 S. 8. Sarnen, Louis Ehrli. 1910.

Hauser, Friedrich

— „Narcisso", Bronzestatuette in Neapel. S.-A. 1889. 6 S. m. 2 Abb. 4°.

Hauser, Friedr. Die neu-attischen Reliefs. 4. (V, 202 S. m. 3 Taf. u. 1 Tab.) Stuttg. 889, Wittwer's Verlag. * 6 —

Hauser, Friedrich: Untersuchung von Bronsonwiderständen. 1911. 59 S., 11 Taf. 8° ¶ Ausz. in: Physik. Zeitschrift. Jg. 12. München, Dr.-Ing.-Diss. v. 14. 12. 1910

Hauser, Frdr., griech. Vasenmalerei, s.: Furtwängler, A., u. K. Reichhold.

Hauser, Friedrich [aus Stuttgart]: Verzeichniss der neu-attischen Reliefs. . . . Stuttgart, *Druck v. A. Bonz' Erben,* 1889; 2 Bl. + 83 S. u. 3 Taf. 8°
Strassburg, Phil. Fak., Inaug.-Diss. v. 1889

Hauser, Fritz, [und] Oehninger, C[arl] J[ohannes]. Die Alpenflora. 130 Abbildungen in Farbenkunstdruck auf 24 Tafeln. Mit besonderer Berücksichtigung der Ostalpen. Nach der Natur gemalt von Baron F' H'. Hrg., mit Einleitung und begleitendem Text versehen von C. J. Oehn'. [Mit Text-Illustrationen und illustriertem Umschlag.] II + 79 S. 8. Graz, C. J. Oehninger, 1908. [geb. M. 4.30]

Hauser, Fritz, die Anfertigung der Metall-„Archivplatte", s.: Bericht der Phonogramm-Archivs-Kommission der kaiserl. Akademie der Wissenschaften in Wien. VI.

Hauser, F., Nr. VIII der Berichte der Phonogrammarchivskommission der kaiserlichen Akademie der Wissenschaften. Ein Apparat zur Kopierung phonographischer Schrift von Edison-Walzen auf die Platten des Archivphonographen. [Aus: Sitzungsber. d. k. Akad. d. Wiss., mathem.-naturw. Klasse.] Gr.-8°. (ill. 6 S.) †
Wien: Hölder 1906. K —.45

— Über einen Apparat zur Kopierung phonographischer Schrift von den Platten des Archivphonographen auf Edison-Walzen. Aus dem Anzeiger der mathematisch-naturwissenschaftlichen Klasse der Kaiserlichen Akademie der Wissenschaften in Wien vom 19. November (Jahrgang 1908, Nr XXIV) separat abgedruckt. . . . .
(16. Bericht der Phonogramm-Archivs-Kommission der kaiserl. Akademie d. Wissensch. in Wien.)

— Gebrauchsanweisung f. die Type III des Archivphonographen, s.: Bericht der Phonogramm-Archivs-Kommission d. kaiserl. Akad. der Wissenschaften in Wien. VII.

Hauser, F., Eine Methode zur Aufzeichnung phonographischer Wellen. [XIV. Bericht der Phonogramm-Archivs-kommission der kaiserl. Akademie der Wissenschaften in Wien.) [Aus: Sitzungsber. d. k. Akad. d. Wiss., mathem.-naturw. Klasse.] Gr.-8°. (ill. 8 S.) † K —.35
Wien: Hölder 1908.

— über einige Verbesserungen am Archivphonographen. III. Bericht der Phonogrammarchiv-Kommission der kaiserl. Akademie der Wissenschaften in Wien. (10 S. m. 2 Fig.) Wien 903. (A. Hölder.) n. — 30
Sonderabdruck aus: „Sitzungsber. d. k. Akad. d. Wiss." — Die beiden ersten Berichte sind nicht als Sonderdruck erschienen.

Hauser, G. A. L. F. „Anmerkungen zur Geschichte des Weinstocks. 1°. pg. 3—8. 4°. C. H. Beck.
Nördlingen, Progr. 1856/57

Hauser, G. A. L. F. „Beschreibung der Bäume und Sträucher, sowie Aufzählung der sämmtlichen übrigen Gewächse des botanischen Gartens der Königlichen Landwirthschafts- und Gewerbschule zu Nördlingen nebst einer Untersuchung über das „ligustrum" und die „κύπρος" der Alten". pg. 3 bis 18. 4°. Beck'sche Off.
Nördlingen, Progr. 1853/54

Hauser, G. A. L. F. „Beschreibung der Bäume und Sträucher des botanischen Gartens . . . zu Nördlingen". pg. 17—22. 4°. (Forts. des Prgrs. vom Jahre 1853/54.) C. H. Beck'sche Off.
Nördlingen, Progr. 1854/55

Hauser, G. A. L. F. „Beschreibung der Bäume" etc. pg. 23—28. 4°. C. H. Beck'sche Buchd.
Nördlingen, Progr. 1855/56

Hauser, G. A. L. F. „Prodromus Florae Nordlingensis". Systematische Aufzählung der in der Gegend von Nördlingen wild wachsenden und am häufigsten cultivirten Gewächse. Sect. I. pg. 3—16. 4°. C. H. Beck.
Nördlingen, Progr. 1857/58

Hauser, G. A. L. F. „Prodromus Florae Nordlingensis". Sect. II. pg. 17—26. 4°. C. H. Beck'sche Buchd.
Nördlingen, Progr. 1858/59

Hauser, G. A. L. F. „Prodromus Florae Nordlingensis". Sect. III. pg. 27—38. 4°. C. H. Beck'sche B.
Nördlingen, Progr. 1859/60

Hauser, Georg Frh. von

— Abhandlung über die Befestigungskunst. Neubearb. T. 1. Mit 1 Atl.
Wien 1826. 674 S. 4°
(Frühere Aufl. s. Abhandlung über die Befestigungskunst.)

Hauser, Georg Freiherr v., Major im Geniecorps. Die Artillerie, oder die Waffenkunde. (Mit 10 Taf.) 8. Wien 1818.

v. Hauser, Frhr. Geo., (im Dec. 1828.) d. Artillerie, od. d. Waffenkunde. gr. 8. Wien 819. Gerold. 5 ℔ 8 ℋ

Hauser, G. Frh. v. Die Befestigung der Staaten nach den Grundsätzen der Strategie. Mit Taf.
Wien 1817. 294 S.

— d. Befestigung d. Staaten nach den Grundsätzen d. Strategie. Mit 5 Steintaf. gr. 8. Wien 817. Armbruster. 2 ℔

Hauser, G. Frh. v. Die Minen u. der unterirdische Krieg. Mit Taf.
Wien 1817. 164 S. 8°

— Militärisches Taschenbuch. Mit Taf.
Wien 1828. 380 S.

— militär. Taschenbuch (für Ingenieure). Mit 11 Steint. gr. 12. Wien 828. 2e A. 831. Gerold. 2 ℔ 16 ℋ

(Hauser, Oberstlieut. Georg Freiherr v.) Versuch über die Taktik von G. F. v. H. Mit 7 Steintafeln. 534 S. gr. 8. Wien 1824.

Hauser, Gottfried: Über die Elektrolyse des Estersalzes der Monobenzylmalonsäure sowie des dibenzylessigsauren Kaliums mit fettsauren Salzen. 1901. 51 S. 8°
München, Dr.-Ing.-Diss. v. 8. 7. 1901

Hauser, Gustav

Hauser, G., das Cylinderepithel-Carcinom d. Magens u. d. Dickdarms. Mit 12 Taf. gr. 8. (VIII, 268 S.) Jena 890. Fischer. n. 15. —

Hauser, Gust., primärer Echinococcus multilocularis d. Pleura u. der Lunge m. Entwicklung multipler Metastasen namentlich im Gehirn. gr. 8. (24 S. m. 2 Taf.) Leipzig 901. A. Deichert Nachf. n. 1. 60
Sonderabdruck aus: „Festschr. d. Univ. Erlangen f. Prinzreg. Luitpold".

Hauser, Gust., üb. Fäulnissbacterien u. deren Beziehungen zur Septicämie. Ein Beitrag zur Morphologie der Spaltpilze. Mit 15 Taf. in Lichtdr. gr. 8. (III, 94 S.) Leipzig 885. F. C. W. Vogel. n. 12. —

Die Geschichte des Lehrstuhles für pathologische Anatomie und das neue Pathologische Institut in Erlangen von Dr. phil. et med. Gustav Hauser, Prof. Mit 3 Taf. u. 6 Pl. Jena: G. Fischer 1907. (48 S.) 4° [07. 1584]

Hauser, Gust., das chronische Magengeschwür, sein Vernarbungsprocess und dessen Beziehungen zur Entwicklung des Magencarcinoms. gr. 8. (80 S. mit 7 lithogr. Taf.) Leipzig 883, F. C. W. Vogel.

Hauser, Gustav. Dr. phil. et med., kgl. ord. Prof. d. allgem. Pathologie u. pathol. Anatomie: Über das Princip der Zweckmäßigkeit bei pathologischen Vorgängen, insbesondere bei der Entzündung. (Enthält auch: Bericht über das Studienjahr 1906/07, erstattet von dem Prorektor Prof. Dr. Paul Ewald (S. 24—30) und Anhang: Universitätsinstitute betr. (S. 31—48). Erlangen 1907: Junge & Sohn. (S. 1—23) 4°
Erlangen. Rede beim Antritte des Prorektorates 1907

— Über das Prinzip der Zweckmässigkeit bei pathologischen Vorgängen, insbesond. bei der Entzündung. Rede, beim Antritt des Prorektorates der kgl. bayer. Friedrich-Alexanders-Universität Erlangen am 4. XI. 1907 geh. (Mit Anh., betr. die Verhältnisse u. die wissenschaftl. Betätigg. der einz. Universitätsinstitute auf Grund der Sonderberichte der Direktionen. (48 S.) Lex. 8. Erlangen 907. (Th. Blaesing.) 1. 20

Hauser, G., Über die Protozoen als Krankheitserreger und ihre Bedeutung für die Entstehung der Geschwülste. (Sep.-Abdruck a. d. Biolog. Centralblatt. B. XV. No. 18 u. 19). Leipzig 95. Ed. Besold. M. 1.—

Hauser, G., üb. d. Protozoen als Krankheitserreger u. ihre Bedeutg. f. d. Entstehg. d. Geschwülste. (Rede, geh. zum Eintritt in d. mediz. Fakultät u. d. akadem. Senat d. kgl. Universität Erlangen.) [Erweit. Sonderabdr. aus: „Biolog. Centralbl."] gr. 8. (22 S.) Leipzig 895. A. Georgi. n. 1. —

HAUSER, Hans (Oettingen): Über den Geschwulstcharakter des Chorioangioma Placentae.- Esslingen: Bechtle 1910. 16 S.
10.4.1910 - Chr 1909/10,24; U 10.3514
Diss.Ingolst.-Landsh.-Mchn.

Hauser, Hans, aus Wädenswil: Zur Oxydtheorie der Knallgaskette. Zürich 1906. 38 S. 8°. [17. VII. 06.]
Zürich. Phil. Diss. II. S. 1905/1906.

Hauser, Hans. Zur Oxydtheorie der Knallgaskette. Diss. Phil. [II.] Univ. Zürich. [Mit Figuren.] 37 S. 8. Zürich, Gebr. Leemann & Co., 1906.

Hauser Hans: Quellen und Geschichte von Thomas Southernes „Fatal Marriage" und „Oroonoko".
II. 1908 PN 2494 Diss.Wien, Univ.

Hauser, Heinr., die Elemente des Landbaues für Landschulen u. praktische Landwirthe. 2. durchges. Aufl. Aarau 856. Christen. 8. (IV, 28 S.) 4 ngr

Hauser, H[einrich]. Das Schulturnen im Kanton Graubünden. [Hrg. vom] Kantonal-Turnverein Graubünden. Separatabdruck aus dem Jahresbericht des Bündnerischen Lehrervereins [Jahrg. 24. Mit 1 Tabelle]. 55 S. 8. Chur, Hermann Fiebig, 1906.

Hauser, Heribert, gepr. Arzt a. Waibstadt (Baden): Untersuchungen über den Vaccineerreger. Freiburg i. Br.: Speyer & Kaerner 1905. (34 S.) 8°
Freiburg i. B., Med. Fak., Ref. Schottelius, Diss. v. 1905
[Geb. 22. Apr. 81 Waibstadt; Wohnort: Karlsruhe; Staatsangeh.: Baden; Vorbildung: Gymn. Freiburg Reife Juli 99; Studium: Heidelberg 4, Kiel 1, Freiburg 5 S.; Coll. 3. März 05.]

Hauser, Hubert. Illustrierter Führer durch die Stadt Friesach (Kärnten). 2. verm. u. verb. Aufl., (Friesach.) Selbstverl. (v. Waldheim in Wien.) 1890. 159 S. — 3. verm. u. verb. Aufl. (Klgft., v. Kleinmayr.) 1905. 183 S. (1. Aufl. als Anh. zu „Hauser, H., Geschichte der Stadt Friesach.)

Hauser, Hub. Führer durch die Stadt Friesach in Kärnten u. deren Umgebung, nebst geschichtl. Daten vom J. 750 bis Jänner 1890. 2. verm. u. verb. Aufl. 12. (V, 159 S. m. Abbildgn.) Friesach 890. (Klagenf., v. Kleinmayr.) * 1 —

Hauser, Hub., illustrierter Führer durch Stadt Friesach (Kärnten) u. deren Umgebung, nebst geschichtl. Daten vom J. 860 bis 1905. 3., verm. u. verb. Aufl. (VIII, 184 S. m. Abbildgn., 1 eingedr. Kartenskizze, 2 Vollbildern u. 2 Plänen.) 8. Klagenfurt 905. (J. Heyn.) Geb. in Leinw. nn 2. —

Hauser, Hubert. Kurz gefaßte Profan- u. Kirchen-Geschichte der Stadt Friesach in Kärnten 810 bis 1884. Klgft., Bertschinger, (1884). 135 S.

Hauser, Hub., kurz gefasste Profan- und Kirchengeschichte der Stadt Friesach in Kärnten 810 bis 1884, nebst einem Führer für Fremde und Einheimische. 12. (133 S.) Friesach 884. (Klagenfurt, Heyn.)

Hauser, Hugo Karl, Rechtspraktikant: Zwangsvollstreckung in Hypotheken. Karlsruhe i. B. 1906: G. Braun. (108 S.) 8°
Freiburg i. B., rechts- u. staatsw. Fak., Ref. R. Schmidt, Diss. v. 1906
[Geb. 26. Aug. 80 Offenburg; Wohnort: Offenburg; Staatsangeh.: Baden; Vorbildung: Gymn. Offenburg Reife M. 99; Studium: München 3, Berlin 1, Heidelberg 1, Freiburg i. B. 2 S.; Rig. 8. Febr. 04.]

Zwangsvollstreckung in Hypotheken. Von Dr. Hugo Karl **Hauser**. Karlsruhe i. B.: G. Braun 1906. (VII, 107 S.) 8°
= Abhandlungen, Freiburger, a. d. Geb. d. öffentlichen Rechts. H. 8

Hauser, J. A., Glaube, Hoffnung, Liebe. Gebetbüchlein f. kindl. Seelen. 2. Aufl. (192 S.) 10,5×6,5 cm. Saarlouis 909. F. Stein Nachf. — 24; geb. in Leinw. — 30

— Palmgärtlein. Gebetbüchlein f. kindl. Seelen. 2. Aufl. (192 S.) 10,5×6,5 cm. Ebd. 909. — 24; geb. in Leinw. — 30

Hauser, J. B. Versuch über das Schöne in der Musik. 26 S. . . . .
Progr. Erfurt k. 1834

Hauser, J. B. Ueber die Wahl eines Berufes. Zunächst in Beziehung auf solche, die sich dem Studiren widmen wollen. 9 S. . .
Progr. Erfurt k. 1827

Hauser, J. F.: Das Verhalten des Wassergases in der Atmosphäre und die Natur der Electricität und des Magnetismus.
Stuttgart 1881.

Hauser, J. H., Erhöre uns Gott! Ein vollständ. Gebet- u. Erbauungsb. f. gebild. kathol. Christen. Zur Kirchen- u. Haus-Andacht f. d. ganze Jahr. 16. (24 B., 4 Kpfrt. u. gest. Ttl. m. Goldschrift.) Wien 839, Haas'sche Buchh.

Hauser, J. M., Aphorismen über Gesetzgebrng mit Hinblicken auf jene Bayerns. München 1846. Druck d. k. Hofbuchdr. von J. Rösl. 8°. Cart.
52 S., 1 Bl. Err. Dem k. geh. Staats- u. Reichsrathe Grafen v. Arco Exc., gewidm. — 1. Ueber nationale Bildung. 2. Ueber Civil-Process-Gesetzgebung. 3. Ueber Staf-Gesetzgebung.

Hauser, Ida (geb. Backhausen), Kirchen-Lieder in geschichtlicher Folge. Gesammelt u. mit Initialen u. Randverzierungen ausgestattet. 3 Liefgn. Düsseldorf 866,67. Breidenbach & Comp. Fol. (39 Chromolithogr.) Jede Liefg. n. 5 ₰ 20 ngr; compl. 17 ₰; in engl. Einb. n. 20 ₰; in Leder geb. n. 24 ₰

Hauser, Ida, geb. Backhausen, Sprüche der heiligen Schrift. 6 (chromolitbogr.) Blumenkarten. 1. und 2. Serie. qu. 16. Hamburg 883, Agentur des Rauhen Hauses. à Serie * M 1.20. *

—— dass. — 6 (chromolithogr.) Blumenkarten. 3. und 4. Serie. 12. Ebendas. 884. à Serie * M 1,20. *

Johann Hauser's Anfangsgründe der Zahlen- und Buchstaben-Rechenkunst. Konstanz. 8. 1779.

Hauser, Joh., Märtyrer. Vaterländ. Trauersp. (in 5 Aufzügen). Ein dramat. Versuch. gr. 8. (103 S.) Zürich 895. C. Schmidt. n. 1. 40

[Hauser, Johann Jacob.] Gedenkblatt zur Erinnerung an die, durch ... Friedrich Fiala, Bischof von Basel, am 23. Mai 1886 vorgenommene feierliche Consecration der Marienkirche in Basel. [Mit 7 Tafeln.] 4. [Basel.]

Hauser, Johann Kaspar: De colchico autumnali. Tur. typ. Or. Fuessl. et soc. 1835. 13 S., 1 Bl. 8°
Zürich, Med. Diss. v. 27. April 1835.

Hauser, Johann Nep. (Red.), s. Kunstblätter, Christliche.

Hauser, Josef — Neue Buchstabenschrift mit Vorreden über Schrift und Orthographie. Josef Hauser, Diurnist beim k. k. Steueramt, Verfasser und Verleger. Salzburg, 1856 Druck der Duyle'schen Hofbuchdruckerei. (27 S. 4. Mit 8 lithogr. Blättern.)

Hauser, Jos., Geschichte der Hofmark und Pfarrei Tegernbach, k. Bezirksamts Rottenburg in Niederbaiern. Nach urkundl. Quellen bearb. 8. (103 S. mit 3 Lichtdr.-Taf.) Regensburg 888, (Coppenrath's Verlag.) cart. *

Hauser, Josef: Zur Geschichte der körperlichen Züchtigung in der Erziehung. Augsburg 1909: Heiligensetzer & Pinzenöller. 40 S. 8°
Augsburg, k. RG P 1909* [S 09. 163

Hauser, Josef: Zur Geschichte der körperlichen Züchtigung in der Erziehung. 40 S. 8. **Progr.** Kgl. Realgymn. *Augsburg* 1909.
I. Die Kulturvölker des Orients. II. Die Griechen und Römer. III. Das Mittelalter. IV. Die Zeit der Reformation und des Humanismus. V. Das Zeitalter der Aufklärung. VI. Die Pädagogik der neuen und neuesten Zeit. Schluß.

Hauser, Jos., Ideen über Gegenstände d. öffentl. u. Privatrechts. 1s Heft. 8. Landsh. 831. (Thomann; a. Schorner in Straubing.) 6 K

Hauser, Jos., Ideen üb. Gegenstände d. öffentlichen u. Privat-Rechts. 1. Hft. 8. (4 B.) Straubing 832, (Schorner.)

Die Münzen und Medaillen der im Jahre 1156 gegründeten (seit 1255) Haupt- und Residenzstadt München mit Einreihung jener Stücke, welche hierauf Bezug haben. Systemat. geordnet, z. Teil neu beschrieben, mit biogr.-hist. Notizen u. 42 Lichtdrucktaf. versehen von Josef **Hauser**. München: J. Hauser 1905. (XXXII, 318 S.) 8°

Hauser, Jos, die Münzen u. Medaillen der im J. 1156 gegründeten (seit 1255) Haupt- u. Residenzstadt München, m. Einreihg. jener Stücke, welche hierauf Bezug haben. Systematisch geordnet, zum Teil neu beschrieben, m. biographisch-histor. Notizen u. 42 Lichtdruck-Taf. versehen. (XXXII, 318 S.) gr. 8. München (905). (H. Hugendubel. — J. Lindauer.) n.n. 12. 50

Hauser, Joseph: Quintilian und Rudolf Agricola. Eine pädagog. Studie. Günzburg (1910): Paul. 59 S. 8°
Günzburg, k. G P 1910* [S 10. 164

Hauser, Joseph: Quintilian und Rudolf Agricola. Eine pädagogische Studie. 59 S. 8. **Progr.** K. hum. Gymn. *Günzburg* 1910.
Einleitung. I. Pädagogische Zeitströmungen. II. Erziehungsideal des Quintilian und Agricola. III. Bildungsinhalt. IV. Methode des Lernens. Schluß. Rodolphi Agricolae Phrysii Epistola „De formando studio".

Josef Hauser. **Rede an das Publikum über die Notwendigkeit und den Nutzen öffentlicher Lehranstalten.** Konstanz. P 1800

Hauser, Jos., Sternschrift, Schrift der Richtungen, Fahrstralen oder Curven, sammt Uebersicht anderer Schriftsysteme. Salzburg 861. (Mayr.) 16. (VIII, 58 S.) n. 14 ngr.

Hauser, K., Madeleine oder die Rose der Champagne, s. Engländer, L.

Hauser, Carl, med. pract. in Stäfa (von Fontaines, Kt. Neuenburg): Zur supravaginalen Amputation des schwangeren myomatös degenerirten Uterus. [S.A. aus: Archiv für Gynaekologie. Bd 41, S. 222–243.] Leipz. A. Th. Engelhardt Dr. 1891. 24 S., 1 Taf. 8°.
Zürich, Med. Diss. [v. 5. Dec. 1891].

Hauser, Karl, die gesamte Anatomie in 90 Vorträgen. Auf Grundlage der in den Prüfungsordngn. vorgeschriebenen Prüfungsaufgaben unter Berücksicht. der neuen Nomenclatur bearb. (In 5 Hftn.) 1.—4. Hft. 8. Berlin 901. M. Günther. n. 6. 35
1. Histologie u. Histogenese. (Vorträge 1—20.) (VI, 56 S.) n. 1. —
2. Osteologie u. Syndesmologie. (Vorträge 21—40.) (V u. S. 55—118.) n. 1. 35
3. Splanchnologie, Angiologie, Neurologie u. Aesthesiologie. Eingeweide, grosse Gefässe, Centralnervensystem u. Sinnesorgane. Ihr Bau u. ihre Entwickelg. (Vorträge 41—60.) (VII u. S. 119—252.) n. 2. 50
4. Myologie, Neurologie, Angiologie. Muskeln, Fascien, Nerven, Gefässe. (Vorträge 61—78.) (V u. S. 253—327.) n. 1. 50

Hauser, Karl, die gesamte Anatomie in 90 Vorträgen. Auf Grundlage der in den Prüfungsordnungen vorgeschriebenen Prüfungsaufgaben unter Berücksicht. der neuen Nomenclatur bearb. 5. Heft. Topographie. (Vorträge 79—90.) (X u. S. 329—351.) 8. Berlin 902. M. Günther. n. — 60 (Vollständig: n. 6. 95)

Hauser, K. Baron, Ausgrabungen im Zollfelde. 16. (30 S.) Klagenfurt 881, (v. Kleinmayr.)
Aus: Klagenfurter Zeitung, besonders abgedruckt.

Anorganische Chemie. [Verf.: Dr. med. Karl **Hauser**.] *Berlin: M. Günther 1897.* (VII, 62 S.) 8°
— Mentor, Günther's, f. d. Tentamen physicum. 1.

Hauser, Karl, organische Chemie, } s. a. Günther's Mentor f. d. Tentamen physicum.

Organische Chemie. Ein kurzes Repetitorium nebst Angabe leicht ausführbarer, grundlegender Experimente f. Mediziner, Pharmaceuten u. Chemiker bearb. von Dr. Karl **Hauser** in Berlin. *Berlin: M. Günther 1901.* (IX, 45 S.) 8°
= Mentor, Günther's, für d. Tentamen physicum. 2.

Hauser, Karl, Entwickelungsgedanke u. Christentum. (23 S.) 8. Berlin (910). Buchh. des ostdeutschen Jünglingsbundes. —25

Experimentalphysik. 2., verb. Aufl. [Verf.: Dr. med. Karl **Hauser**.] *Berlin: M. Günther 1900.* (VII, 119 S.) 8°
— Mentor, Günther's, f. d. Tentamen physicum. 3.

— s.: Fragen d. modernen Geisteslebens.

Hauser, Karl Freih. v. Führer durch das historische Museum des Rudolfinums in Klgft. Klgft., v. Kleinmayr. 1884. 104 S. — 2. verb. Aufl. 1885. 106 S. — 3. verb. Aufl. 1890. 88 S. (Die übrigen Aufl. v.: „Führer" u. „Katalog, Neuer".)

Hauser, K. Baron, Führer durch das historische Museum d. Rudolfinums in Klagenfurt. 4., verb. Aufl. 12. (88 S.) Klagenfurt 893. F. v. Kleinmayr.

Hauser, Karl Freih. v. Die alte Geschichte Kärntens von der Urzeit bis Kaiser Karl dem Großen. Klgft., v. Kleinmayr, 1893. 155 S.

— u. Ludw. Schwartzenberger, Grundriss der normalen Anatomie. Ein Repetitorium der Histologie, Anatomie u. Entwickelungslehre auf Grund der „Prüfungsordng. f. Aerzte" (vom 28. 5. 1901) bearb. Mit zahlreichen Abbildgn. im Text. In 5 Bdn. 2. Aufl. v. Dr. Hausers „Anatomie in 90 Vorträgen". (XII, 482 S.) 8. Ebd. 907. n. 10. 50; in 1 Bd. geh. n. 7. 50; geb. in Leinw. n.n. 8. 50
1. Histologie v. Sch. (S. 1—144.) 3. 50. — 2. Entwicklungslehre v. H. (S. 145—196.) 1. 50. — 3. Osteologie, Syndesmologie, Myologie v. H. (S. 199—309.) 2. 20. — 4. Splanchnologie, Aesthesiologie v. H. (S. 313—388.) 1. 50. — 5. Angiologie, Neurologie, Topographie v. H. (S. 391—482.) 1. 80

— Grundriss der Entwicklungslehre (Embryologie), auf Grund der Prüfungsordnung f. Aerzte vom 28./5. 1901 f. Studierende bearb. (IV u. S. 145—196 m. Abbildgn.) 8. Ebd. 906. n. 1. 50; geb. n. 2. —
Sonderabdruck aus: „Anatomie in 90 Vorträgen".

Hauser, Karl: Grundriß der Zoologie, s.a. Günther's Mentor f. d. Tentamen physicum.

Grundriss der Zoologie. Ein Compendium f. Mediziner, Veterinärmediziner u. alle, welche Zoologie als Nebenfach betreiben, bearb. von Dr. Karl **Hauser**, Berlin. Mit 10 Taf. *Berlin: M. Günther 1903.* (VII, 107 S.) 8°
— Mentor, Günther's, f. d. Tentamen physicum. 5.

Hauser, Karl Freih. v. Kärntens Karolingerzeit von Kaiser Karl dem Großen bis Heinrich I. 788 bis 918. Klgft., v. Kleinmayr, 1894. 69 S.

[Kopft.:] [J.] **Hauser,** Karl [Landgerichtssekr. in Memmingen]: Zur Lehre vom strafrechtlichen Vorsatz. [In 2 Heften.] (Aus: Gerichtssaal, Bd LIV.) [o. O.], *1896*: 44, 25 S. 8.
Tübingen, Iur. Fak., Inaug.-Diss. v. 1896

Hauser, Karl, a. Berlin: Das kraniologische Material der Neu-Guinea-Expedition des Dr. Finsch ⟨1884/85⟩ und eine Schädelserie aus Neu-Irland. (Berlin: M. Günther 1906.) (401 S.) 8°
Berlin, Phil. Fak., Ref. v. Luschan, Diss. v. 28. Apr. 1906
[Geb. 19. März 69 Berlin; Wohnort: Berlin; Staatsangeh.: Preußen; Vorbildung: Luisenstädt. Gymn. Berlin Reife O. 90; Studium; Jena 3, Berlin 16 S.; Rig. 22. Febr. 06.]

— die **Maximaldosen** in Versen. Eine neue Methode zur leichten Erlernung der m. Maximaldosen versehenen Arzneimittel. Nach der ed. IV. der pharmacopoea Germanica bearb. 8. (16 S.) Berlin 902. M. Günther. n. — 60

— Natur u. Bibel in d. Harmonie ihrer Offenbarungen, s.: Riem, Johs.

—— der Markt Obervellach. gr. 8. (72 S.) Klagenfurt 883, (Liegel.) *
Aus: Carinthia, besonders abgedruckt.

—— die Römerstrassen Kärntens. 8. (III, 35 S. mit 1 Karte.) Wien 886, Hölder. *
Aus: Mittheilungen der Anthropologischen Gesellschaft in Wien, besonders abgedruckt.

— Allerhand Schauspieler in der Tierwelt (Mimikry u. Schutzfärbung), s.a.Lichtbildervorträge. I.

Hauser, Karl: Allerhand Schauspieler in der Tierwelt (Mimikry u. Schutzfärbung). Godesberg: Naturwiss. Verl. [1908]. 21 S. 8° [Umschlagt.] (Lichtbildervorträge. Nr 1.)

— Tannenzauber. Ein Sylvestermärchen. (23 S.) 8. Berlin (909). Buchh. d. ostdeutschen Jünglingsbundes. p — 40

Hauser, Casp., Nafels. Dissertatio inauguralis physico-medica de aere intra oeconomiam corporis humani.
Basel, med. Diss. 1733.

Hauser, Caspar. Bilder aus der Geschichte der Mörsburg. Von (**Umschlag:* Die Mörsburg. Bilder aus ihrer Geschichte von) Kaspar Hauser. Hrg. vom Historisch-Antiquarischen Verein Winterthur. [Illustriert.] IV + 46 S. 8. Winterthur, Buchdr. Winterthur, 1903.

Hauser, Caspar. Bilder aus der Geschichte der Mörsburg. Von Dr. K' H'. Hrg. (**Umschlag:* Die M'. B' aus ihrer G' von Dr. K' H'. Der Allgemeinen geschichtforschenden Gesellschaft der Schweiz bei Anlass ihrer Jahresversammlung in Winterthur am 10. und 11. September 1906 überreicht) vom Historisch-Antiquarischen Verein Winterthur. [Illustriert.] IV + 45 S. 8. Winterthur, Buchdr. W', 1906.

Hauser, Kasp., s.: **Bosshart, Laurencius, Chronik.**

Hauser, K., Geschichte d. Stadt, Herrschaft u. Gemeinde Elgg. Hrsg. v. d. Zivilgemeinde Elgg. gr. 8. (XXII, 727 S. m. Abb, 8 Taf. u. 1 Karte.) Elgg 895. (Winterthur, M. Kieschke.) n. 6. —

Hauser, Kaspar, das Augustiner Chorherrenstift Heiligenberg bei Winterthur (1225—1525), s.a.Neujahrsblatt der Stadtbibliothek Winterthur. 243.

Hauser, Caspar. Das Augustiner Chorherrenstift Heiligenberg bei Winterthur ⟨1225—1525⟩, von Dr. K' H'. ([Mit 1 Tafel und einer Beilage:] Anniversarium des Chorherrenstiftes H' ... 1342.) 80 S. 4. Winterthur, Geschwister Ziegler, 1907. [fr. 2. —]
Neujahrsblatt der Stadtbibliothek Winterthur 1908. Stück 243.

Hauser, Caspar. 1. Die Sammlung in Wintherthur ⟨1260—1528⟩, 2. Das Augustinerkloster Mariazell auf dem Beerenberge bei Winterthur ⟨1355—1525⟩; von Dr. K' H'. [Mit Urkunden-Beilagen, 1 Abbildung und 1 Tafel.] 64 S. 4. Winterthur, Geschwister Ziegler, 1906. [fr. 1. —]
Neujahrsblatt der Stadtbibliothek Winterthur für 1907. Stück 242.

Hauser, C[aspar]. Das Sondersiechenhaus zu St. Georg bei Winterthur 1287—1828. Von K. Hauser. [Mit 1 Tafel.] 64 S. 8. Winterthur, Geschw. Ziegler, 1901.
Neujahrsblatt der Hülfsgesellschaft von Winterthur ... 1901. [Stück] 39.

Hauser, C[aspar]. Der Hof Sulz bei Mörsburg. Ein Beitrag zur Heimatkunde des Bezirkes Winterthur von K. H'. [A.] 8. Winterthur 1894.

Die Freiherrn von Wart. Von K[aspar] **Hauser.** Winterthur 1896: Geschw. Ziegler. (48 S.) 4° [F.]
— **Neujahrs-Blatt** d. Stadtbibliothek in Winterthur. St. 233/34. [06. 6097

Die Wellenberg zu Pfungen. Von K[aspar] **Hauser.** Winterthur 1898: Geschw. Ziegler. (41 S.) 4° [F.]
— **Neujahrs-Blatt** d. Stadtbibliothek in Winterthur. St. 235/36. [06. 6098

Hauser, Kasp., Winterthur zur Zeit des Appenzellerkrieges. Mit Subvention des Stadtrates Winterthur hrsg. v. historisch-antiquar. Verein Winterthur. gr. 8. (132 S.) Winterthur 899. (A. Hoster). n. 2. 50

Hauser. [Caspar Fridolin]. Saint Christophore martyr et les Christophore. Opuscule dédié à... Christophore Cosandey,... évêque de Lausanne. [E.] 8. Fribourg 1880.

Hauser, [Caspar Fridolin]. Courte notice historique sur Barberêche. 8. Fribourg 1882.

Hauser, [Caspar Fridolin]. Notice historique sur Cournillens. 8. Fribourg 1880.

Hauser, Lorenz

Hauser, L., die Entwicklung der Reichsgesetzgebung u[nd] das bürgerliche Recht u. der Plan sowie die Methode [für] die privatrechtl. Codification. [Aus; „Zeitschrift f. Reichs- u. Landesrecht."] gr. 8. (64 S.) Nördlingen 874. Be[ck.] n. 1. 5[0]

Hauser, die deutsche Gerichtsverfassung. [Aus: „Zeitschr. f. Reichs- u. Landesrecht".] gr. 8. (182 S.) Nördlingen 878. Beck. n. 3. —

Hauser, d. deut. Gerichtsverfassg. 8. (182) Nördl. 79, Beck. n. 3. —

Hauser, Lor., Stellvertretung im Besitze. Ein Beitrag zur Besitzlehre. Leipzig 870. B. Tauchnitz. gr. 8. (98 S.) 15 *ngr.*

Hauser, L., die Verfassung d. deutschen Reiches in den Grundzügen u. Verhältnissen zu den Einzelstaaten insbesond. zu Bayern. gr. 8. (XV, 106 S.) Nördlingen 871. Beck. 2. 10

Hauser, Lorenz (Hrsg.), s. Zeitschrift für Reichs- und Landesrecht ...

Hauser, Ludwig, aus Tuttlingen: Über den Einfluss des Druckes auf die Viscosität des Wassers. *Stuttgart 1900: A. Bonz' Erben.* (48 S.) 8°
Tübingen, Naturw. Diss. v. 1900

Hauser, Ludwig (Darmstadt)
Ein Fall von Hydrocele capitis congenita clausa.
Giessen: Brühl 1867. 32 S. u. 1 Taf. 2 Bl. Thesen.
Diss. med. 29.5.1867. vorh. 26. 7.

Hauser, M., Methode, d. Lesen u. Schreiben ohne Buchstabiren zu lehren. gr. 8. Wien 796. Trattner. 3 ℛ

Hauser, M., d. Lesen u. Schreiben ohne Buchstabiren zu lehren. gr. 8. Wien, Tendler. 796.

Hauser, Markus, üb. das heilige Abendmahl. Matth. 26, 26—28. 8. (8 S.) Basel 876. Spittler. n. — 3

Hauser, Mark., d. Gleichnis v. den zehn Jungfrauen. Vortrag. Geh. in Heidelberg in d. evang. Kapelle. gr. 16. (16 S.) Dinglingen (897). (Frankfurt a/M., J. Schergens.) n. — 08

Hauser, Mark., am Gnadenthrone. Gedanken üb. das Gebet nebst köstl. Gebetserhörgn. 2. Aufl. 8. (159 S.) Zürich 898. (Basel, Kober). Geb. in Leinw. n. 1. 50

Hauser, Mark., am Gnadenthrone. Gedanken üb. das Gebet nebst köstl. Gebetserhörgn. 3. Aufl. (159 S.) kl. 8. Wandsbek (907). Hamburg, Verlagsbuchh. „Bethel". 1.—; geb. 1. 50

Hauser, Markus, Heimat-Klänge. gr. 16. (231 S.) Basel 877. Spittler. n. 1. —

— Hoffnungsblicke. Tägliche Andachten. Aus dessen Schriften zusammengestellt u. hrsg. v. Alb. Jung. Mit Vorwort v. L. H. Rappard. (375 S. m. Bildnis.) 8. Ebd. (901.) Geb. in Leinw. 2. 50

— was haben Jesu Jünger in dem hl. Geiste. [Aus: „Das Wirken des hl. Geistes in d. Seelenwelt".] gr. 8. (16 S.) Potsdam (901). Verlag „Siloah". n. — 20

— s.: Wirken, das, des hl. Geistes in der Seelenwelt.

Hauser, Mathias Freiherr v., k. k. Oberlieut. Analytische Abhandlung der Anfangsgründe der Mathematik. Zum Gebrauche der k. k. Ingenieur-Akademie. (Mit 38 Taf.) (3 Bde.)
8. Wien 1778—1786.

— Analytische Abhandlung der Anfangsgründe der Mathematik. Neu bearbeitet von Wilhelm Kluger von Teschenberg und Michael Lenker, k. k. Hauptm. 1. Th. Allgemeine Rechenkunst. 2. Th. Die Messkunst. 3. Th. Einleitung zur höheren Geometrie. (Mit 62 Taf.) (3 Bde.) 8. Wien 1816--1823.

v. Hauser, (M. Freihr.,) Analyt. Abhandlung d. Anfangsgr. d. Mathematik. 1r Thl. Rechenkunst. 2r Thl. Meßkunst. 1r Abschnitt. Beide neu bearb. v. W. Kluger v. Teschenburg. 816 u. 19, 1r 2 Rthl. 8 gr. 2r 3 Rthl. 12 gr. M. Kupf. gr. 8. Wien, Tendler u. v. M.

— dass. 2r Abschn. m. 35 Kpf. 823. 4 Rthl. 16 gr. 3r Thl. Einleit. z. höhern Geometrie, neu bearb. v. M. Lanker. Mit 10 Kupft. gr. 8. Wien 816. 3 Rthl. Tendler u. v. M.

Hauser, Max: Ueber Isocumalinsäure.
Strassburg i. E. 1898: C. & J. Goeller. (49 S.) 8°
Tübingen, Naturw. Diss. v. 1898

Hauser, Maximilian, k. u. k. Hauptmann, Behelf für Stabsofficier-Aspiranten etc. zur Verfassung und Lösung von taktischen und applicatorischen Aufgaben. Mit 2 Tafeln, 3 Skizzen u. 8 Oleaten. Gr.-8. (90 S.) 1.80
Wien: Braumüller 1897.

Hauser, Max., Behelf f. Stabsofficiers-Aspiranten etc. z. Verfassg. u. Lösg. v. takt. u. applicator. Aufgaben. M. 2 Taf., 3 Skizzen u. 8 Oleaten. gr. 8. (III, 90 S.) Wien 898. W. Braumüller. n. 3. --

Hauser, Maximilian, k. u. k. Hauptmann, Behelf für Stabsofficiers-Aspiranten etc. II. Theil. Ueber Wesen, Anlage und Durchführung von applicatorischen und Kriegspiel-Uebungen, erläutert an 6 Beispielen. Mit 2 Skizzen u. 5 Oleaten. Gr.-8. (III, 111 S.) 1.80
Wien: Braumüller 1898.

Hauser, M., Behelf für Stabsoffiziers-Aspiranten. 2. Teil. 2. Aufl. [Braumüller's milit. Taschenb. Bd. 13.] 8°. (ill. 124 S. mit 5 Oleaten) geb. K 3.60
Wien: Braumüller 1903.

Hauser, Max, Behelf für Stabsoffiziers-Aspiranten etc. zur Verfassung u. Lösung v. taktischen u. applikatorischen Aufgaben, s. a. Braumüller's militärische Taschenbücher. 12. u. 13. Bd.

— 50 Exerzierplatz-Aufgaben f. das geschlossene Exerzieren im Bataillon, s. a. Braumüller's militärische Taschenbücher. 15. Bd.

Hauser, M., 50 Exerzierplatz-Aufgaben für das geschlossene Exerzieren im Bataillon. [Braumüllers militarische Taschenbücher. 15. Bd.] 8°. (109 S.) geb. K 1.80
Wien: Braumüller 1903.

Hauser, Miska

Hauser, M., Aus dem Wanderbuche eines österreichischen Virtuosen. Briefe aus Californien, Südamerika u. Australien. Gesammelt u. herausg. 2 Bde. Leipzig 859. Herbig. 8. (VIII, 231; 1 Bl., 241 S.) 2 ₰ 7½ ngr

Hauser, Notker, Der Schulherodes oder der Liberalismus in der Schule. Würzburg, Woerl, 1881, 8°, 19 S., 20 Pf.

Hauser, N., der Schulherodes, s. d. Compaß für das katholische Volk.

— Toleranz u. Intoleranz, s.: Broschüren, Frankfurter zeitgemäße.

Hauser, Otto, 1848. Roman. (VIII, 418 S.) kl. 8. Stuttgart 906. A. Bonz & Co. n. 4. 20; geb. in Leinw. n. 5. 40

Hauser, Otto, Alt-Wien. Roman. (416 S.) 8. Stuttgart 911. A. Bonz & Co. 5.—; geb. in Leinw. 6. --

— Angelika u. Malwine. Erzählung. 1. u. 2. Tausd. (V, 328 S.) kl. 8. Ebd. 906. n. 3. 20; geb. in Leinw. n. 4.20

Hauser, Otto, zur Behandlung der Fractura patellae. Diss. München 1886, A. Buchholz. 8° 64 S.

HAUSER, Otto (Karlsruhe): Zur Behandlung der Fractura patellae.- München: Wolf 1886. 64 S.
21.1.1886 - Chr 1885/86,17; Jv 1885/86,164

Diss. Ingolst.-Landsh.-Mchn.

Hauser, Otto: Beiträge zur Chemie des Wismuts. Über eine neue Trennung von Chlor und Jod. Leipzig 1902: Metzger & Wittig. (71 S.) 8°
München, Phil. Diss. v. 1902

Die chinesische Dichtung von Otto **Hauser**. Mit 9 Vollbild. Berlin: Marquardt & Co. [1908]. (07 S.) 8°
— **Literatur**, Die. Bd 34. [08. 14,70

Die japanische Dichtung von Otto **Hauser**. Mit 2 Kunstbeil. u. 12 Vollbild. Berlin: Bard, Marquardt & Co. [1904]. (65 S.) 8°
— **Literatur**, Die. Bd 5. [05. 2734

— aus fremden Gärten. Metrische Uebertragungen. 8. Großenhain 906. Baumert & Ronge. n. 1. —
Li-Tai-Pa. Gedichte. Aus dem Chines. (102 S.)

— Die Familie Geßner. Roman. (560 S.) kl. 8. Stuttgart 909. A. Bonz & Co. 7.—; geb. in Leinw. 8. —

Hauser, Otto, Grundriss der Kinderheilkunde m. besond. Berücksicht. der Diätetik. gr. 8. (XII, 318 S.) Berlin 894. Fischer's medicin. Buchh. Geb. n. 7. —

Hauser, Otto, **Grundriss d. Kinderheilkunde m. besond. Berücksicht. der Diätetik. 2., gänzl. umgearb. Aufl.** gr. 8. (XVI, 443 S.) Wiesbaden 901. J. F. Bergmann. n. 8. —

— s.: Hiob, das Buch.

— d. Hygiene d. Arbeit (Gewerbehygiene). E. kurze Uebersicht üb. d. beim Gewerbebetrieb übl. u. noch anzustreb. Reformen. [Aus: „H., Hygiene in 30 Vorträgen".] gr. 8. (72 S.) Ebd. 895. n. 1. —

Hauser, d. ges. Hygiene in 30 Vorträgen. E. Leitfaden f. d. hygien. Studium u. e. Vademecum f. d. medicin. Staatsprüfgn. gr. 8. (IX, 486 S.) Berlin 895. M. Günther. n. 9. —
Erschien auch in 16 Lfgn. à n. — 60.

Die gesamte Hygiene in 30 Vorträgen. E. Leitf. f. d. hygien. Stud. u. e. Vademecum f. d. medicin. Staatsprüfgn v. Dr. med. [Otto] **Hauser** in Berlin. *Berlin: M. Günther 1896.* (1 Bl., IX, 486 S., 1 Bl.) 1 Bd 8. [96. 3n

Hauser, Otto, Lehrer Johannes Johansen. Erzählung. 1. u. 2. Aufl. 12. (à V, 242 S.) Stuttgart 902. A. Bonz & Co. n. 2. 40; geb. in Leinw. n. 3. 60

— Lucidor der Unglückliche. Erzählung. 1. u. 2 Aufl. (à 200 S.) kl. 8. Stuttgart 905. A. Bonz & Co. n. 2. —; geb. in Leinw. n. 3. —

— die belgische Lyrik von 1880—1900. Eine Studie u. Übersetzgn. 8. (152 S.) Großenhain 902. Baumert & Ronge. n. 2. —; geb. n. 3. —

— die dänische Lyrik von 1872—1902. Eine Studie u. Uebersetzgn. (178 S.) 8. Großenhain 904. Baumert & Ronge. n. 2. —; geb. n. 3. —

— die japanische Lyrik von 1880—1900. Eine Studie u. Uebersetzgn. (94 S.) 8. Ebd. 904. n. 1. —; geb. n. 1. 75

Die niederländische Lyrik von 1875–1900. Eine Studie u. Übersetzungen von Otto **Hauser**. *Grossenhain: Baumert & Ronge 1901.* (190 S.) 8° [F.] [01. 10245

Hauser, O. Ein römisches Militär-Hospiz (aufgedeckt bei Baden im Aargau). Mit 4 lithograph. Taf. In-4°. 8 S. Stäfa, Buchdruckerei E. Gull. 1897.
*** Sonderabdruck aus dem Wochenblatt des Bezirkes Meilen.

Hauser, Otto, ein römisches Militär-Hospiz. [Aus: „Wochenbl. d. Bez. Meilen".] gr. 4. (8 S. m. 4 Taf.) Stäfa 897. Zürich IV, Sonneggstr. 47, Selbstverlag d. Verf.

— **Mutter u. Sohn.** Bürgerliches Drama aus den sechziger Jahren. (94 S.) 12. Stuttgart 908. A. Bonz & Co. n. 1. 20; geb. in Leinw. n. 2. —

— ethnographische Novellen. 12. (VII, 165 S.) Stuttgart 901. A. Bonz & Co. n. 1. 80; geb. in Leinw. n. 2. 80

— ein abgesetzter Pfarrer. Erzählung. (VII, 369 S.) 12. Ebd. 904. n. 3. 60; geb. in Leinw. n. 4. 80

— Ein abgesetzter Pfarrer. Erzählg. 2. Aufl. (V, 369 S.) kl. 8. Stuttgart 904. A. Bonz & Co. 3.60; geb. in Leinw. 4. 80

— der Reigen der schönen Frauen. (Buchausstattung v. Willy Bormann.) (60 S.) 8. Ebd. (905). n. 1. —; geb. in Leinw. m. Goldschn. n. 1. 50

— Runen. Gedichte. (53 S.) 8. Ebd. 908. 2.—; geb. in Leinw. 3. —

— Spinoza. Roman. Deckel, Titelblatt u. Buchschmuck v. J. B. Cissarz. (392 S.) kl. 8. Ebd. 907. 4.20; geb. in Leinw. 5. 40

Hauser u. Kreglinger, die Typhus-Epidemie in Triberg in den J. 1884 u. 1885, vom ätiolog., klin. u. sanitäts-polizeil. Standpunkte aus bearb. Mit 3 lith. Taf. gr. 8. (V, 197 S.) Berlin 887. Hirschwald. n. 6. —

— Die Urform der Psalmen. Das erste Buch des Psalters in metr. Umschrift u. Uebersetzg. (XI, 187 S.) gr. 8. Grossenhain 907. Baumert & Ronge. 4. —

Hauser, Otto. Vindonissa. Das Amphitheater Vindonissa. Verfasst als erste vorläufige Publikation d. Gesellsch. „Pro Vindonissa." 8°. 15 S. m. 2 Plänen u. Anhg.: Der Kampf um Vindonissa. (Aktenmässige Darstellung.) 8°. 19 S. Stäfa, E. Gull. 1898. Gratis

Hauser, Otto: ... Das Amphitheater Vindonissa. Verf. als erste, vorläufige Publik. d. Gesellsch. 'Pro Vindonissa'. 2. Aufl. Stäfa 1898: E. Gull. (15 S., 2 Pl.) 8°

Hauser, Otto. Vindonissa. Das Standquartier römischer Legionen. Nach seinen Ausgrabungen in Wort und Bild dargestellt von O' H', Archäologe. (Text,) 58 Lichtdrucktafeln, 4 Photocolortafeln, 2 Pläne, ein Situationsplan der einzelnen Fundstellen, 2 Textpläne [und 12 Figuren im Text]. VI + 23 S. 4. Zürich, Polygraphisches Institut A.-G., 1904. [geb. fr. 30. —]

— Weltgeschichte der Literatur. 2 Bde. Mit 31 Taf. in Farbdr., Holzschn. u. Kupferätzg. (XII, 509 u. VIII, 498 S.) Lex. 8. Leipzig 910. Bibliograph. Institut. Geb. in Leinw. à 10. —

Hauser, Otto: Weltgeschichte der Literatur. Leipzig und Wien
Bd 1. Der Orient, die Antike, die Romanen. 1910
Bd 2. Die Germanen, Slawen, Türken, Magyaren und Finnen. 1910

Hauser, P., prakt. Rechenbuch 2c., s. Diesterweg, A. F. W.

Hauser, Paul, a. Thal bei Klagenfurt in Kärnten: Oberkärntnerische Malereien aus der Mitte des fünfzehnten Jahrhunderts. Drei Kapitel aus dem in Buchform erscheinenden Werke: Die mittelalterliche Malerei in Oberkärnten. Klagenfurt 1905: F. v. Kleinmayr. (47 S.) 8°
München, Phil. Fak., Ref. Riehl, Diss. v. 18. Juli 1901
[Geb. 1. Aug. 68 Thal b. Klagenfurt; Wohnort: Klagenfurt; Staatsangeh.: Österreich; Vorbildung: I. Staatsgymn. Graz Reife Juli 85; Studium: Wien 4, München 8 S.; Rig. 18. Juli 01.]

Hauser, Paul, oberkärntnerische Malereien aus der Mitte d. 15. Jahrh. Eine kunstgeschichtl. Studie. (47 S. m. 8 Taf.) gr. 8. Klagenfurt 905. (F. v. Kleinmayr.) n. 2. —

Hauser, Paul M.

Hauser, Paul, Die Aequator-Durchgänge des Mondes. Eine Untersuchungs-Probe des Mond-Einflusses auf die Witterung. Buccari bei Fiume 1886.

Hauser, Paul M., Das Klydoskop. Graphisches Tellurium und Darstellung der wirksamsten Anziehungs-Stellungen von Sonne u. Mond zur Erde. Für das Jahr 1882. gr. 8. (20 S.) Mit einer Tafel. geh. 40 kr.
Wien: Gerold 1882.

Hauser, Paul M., das Klydoskop. Graphisches Tellurium u. Darstellung der wirksamsten Anziehungs-Stellungen von Sonne u. Mond zur Erde. Für das Jahr 1882. Mit einer (lith.) Taf. gr. 8. (20 S.) Wien 882. Hartleben. — 75

Hauser, Richard, a. Zschortau: Die deutschen Überseebanken. Jena 1906: G. Fischer. (37 S.) 8° ¶ (Erscheint vollst. als: Abhandlungen d. staatswiss. Seminars Bd 3 H. 4.)
Jena, Phil. Fak., Ref. Pierstorff, Diss. v. 4. Sept. 1906
[Geb. 30. Juli 83 Zschortau; Wohnort: Weimar; Staatsangeh.: Sachsen-Weimar; Vorbildung: Realgymn. Weimar Reife O. 03; Studium: Jena 6 S.; Rig. 3. März 06.]

Die deutschen Überseebanken. Von Dr. R. **Hauser.** Jena: G. Fischer 1906. (96 S.) 8°
= **Abhandlungen** d. staatswiss. Seminars zu Jena. Bd 3, H. 4.

Hauser, R[udolf]. Ein praktisches Hühnerhaus. Von R. H', Pfrundweid-Kempten. Mit vier Bildern. Separatabdruck aus der «Tierwelt», Jahrg. [15,] 1905 [Nr. 5—8]. II + 13 S. 8. Aarau, H. R. Sauerländer & Co. [fr. —. 40]

Hauser, Rud., deutsch-poln. Sprachführer f. Gutsbesitzer u. Industrielle, die poln. Arbeiter zu beschäftigen gezwungen sind, u. f. deutsche Ansiedler in polnischer Umgebg. (VIII, 60 S.) kl. 8. Köslin (908). C. G. Hendeß. 1. —

Hauser, Siegfried, a. Rust ⟨Baden⟩: Über Reduktion einiger Metalloxyde durch Gase. Straßburg i. E.: J. Singer 1907. (87 S.) 8°
Straßburg, Math.-naturw. Fak., Ref. Thiele, Diss. v. 1907
[Geb. 17. Aug. 73 Rust (Baden); Wohnort: Straßburg i. E.; Staatsangeh.: Baden; Vorbildung: Hob. Lehranstalten Kenzingen, Ettenheim, Karlsruhe, Realgymn. Mannheim Reife Sommer 92; Studium: T.H. Karlsruhe 8, Univ. Straßburg 13, T.H. Berlin 1 S.]

Hauser, **Uriel, († ...) instructio fundamentalis cantus choralis ad usum reformatae Provinc. Tyrol. D. Leopoldi Ord. fratrum minorum accommodata. 8. Augsb. 765.**

Hauser, Wilhelm

Hauser, W., üb. Armenkinderpflege. Vortrag, m. erläut. Zusätzen u. Erklärgn. 3. Aufl. gr. 8. (VII, 174 S. m. 1 farb. Karte.) Karlsruhe 894. G. Braun. n. 1. 50

[F.] Die Fürsorge für Wöchnerinnen und deren Angehörige. Zwei Berichte erstattet im Auftr. des Ver. v. Medizinalr. Dr. med. [Wilh.] **Hauser** in Donaueschingen u. Bürgermeister a. D. Dr. jur. [Emil] Münsterberg in Berlin. *Leipzig: Duncker & Humblot 1897.* (2 Bl., 47 S.) 1 Bd 8.
= **Schriften** d. deutschen **Vereins** f. Armenpflege u. Wohlthätigkeit. H. 30. [97. 5536

Hauser, Wilh., Hilfstabellen f. die Berechng. eiserner Träger m. besond. Rücksichtnahme auf Eisenbahn- u. Strassenbrücken, s.: Stöckl, Carl.

Hauser, u. Düttmann, die Kranken- u. Hauspflege auf d. Lande, s. a. Schriften des deutschen Vereins f. Armenpflege. 44. Hft.

Hauser, [Wilhelm], und [Augustin Bernhard Theodor] Düttmann: Die Kranken- und Hauspflege auf dem Lande. — Leipzig: Duncker & Humblot 1899. 99 S. 8° (Schriften des dt. Vereins für Armenpflege und Wohltätigkeit. 44.)

Hauser, Wilh., Lachpillen. Die heitersten u. lustigsten Humoresken, Anekdoten u. Witze in schwäb. Mundart. (79 S.) 12. Stuttgart 904. B. Mähler. n. — 80; kart. n. 1. —

Hauser, Wilhelm, a. Endingen: Über Resultanten- und Discriminantenbildung in der Theorie der elliptischen Thetafunktionen. Borna-Leipzig 1907: R. Noske. (40 S.) 8°
Erlangen, Phil. Fak., Ref. Noether-Gordan, Diss. v. 30. Mai 1907
[Geb. 10. Aug. 83 Endingen (Baden); Wohnort: Erlangen; Staatsangeh.: Baden; Vorbildung: Realgymn. Karlsruhe Reife Juli 02; Studium: München 2, Heidelberg 1, Erlangen 4 S.; Rig. 11. Febr. 07.]

Hauser, W., die Säuglingssterblichkeit, ihre Ursachen u. ihre Bekämpfung. gr. 8. (24 S. m. 1 graph. Taf.) Leipzig 901. B. Konegen. n. 1. —
Sonderabdruck aus: „Der Kinder-Arzt".

— so spricht der Stuttgarter! Die originellsten Stuttgarter Kraftausdrücke, Schlagwörter u. Redensarten. (63 S.) 12. Stuttgart 908. R. Lutz. n. — 50

Hauser=Edel, C., Blumen u. Liebe. Ein Strauß v. Li[illegible] 8. (158 [illegible]) München 893. C. H. Beck. Mit Goldschn. n. 1.20

Hauser=Edel, C., Gedichte. 8. (IX, 159 S.) München 899. C. H. Beck. Geb. in Leinw. m. Goldschn. n. 3. 50

Hauser=Edel, C., den Treuen treu. Erinnerungsblätter an zwei teure Abgeschiedene. 8. (67 S.) München 890. Beck. n. 1. 20

Hauser & Sobotka: Die Fabriks-Etablissements in Stadlau b. Wien und Morio s. d. Hanna. (Französ., Engl. u. Deutsch) Wien 1900

Häuser, altbergische, in Bild u. Wort. Mit 20 Lichtdr.-Taf. u. 90 Text-Abbildgn. nach Orig.-Aufnahmen v. Wilh. Fülle u. e. Orig.-Holzschn. v. Meinhard Jacoby. Text v. Otto Schell. Einleitg. v. Heinr. Wieynk. (68 S.) 35×27 cm. Barmen 907. W. Fülle.
Geb. in Leinw. 20.—; erm. Pr. 15. —

Hamburgs

— — berüchtigte Häuser. Dargestellt in historischer, criminalistischer u. socialer Beziehung. Hamburg 1851. 8°. 278 S. (3 Mk. M. Glogau jr., Hamb., 1906; 10 Mk., unbeschn., Adolf Weigel, c. 1906; 7 Mk. Oskar Rauthe, Berlin, 1908; 4 Mk., mit d. Jahrz. „1841", defekt, Adolf Weigel, 1910.)

Häuser, 263, abgebrannt in d. City v. London am 19. XI. 1897. gr. 8. (15 S. m. 2 Abb.) Wytikon-Zürich 897. G. Schilde. — 15

Häuser, A., über Dampfmaschinen ꝛc., s. Heimann, W.

Häuser, Ad., latein. Muster, zum Gebrauch d. studirenden Jugend aus den besten Classikern gesammelt. 8. Köln, Imhoff-Schwarz. 3 Ngr.

Haeuser, Georg [aus Karlsruhe in Baden]: Über die Fundamentaldeterminanten der allgemeinen, homogenen, linearen Differentialgleichungssysteme ... Dresden, Druck v. B. G. Teubner, 1892; 32 S., 1 Bl. 8.
Heidelberg, Naturw.-math. Fak., Inaug.-Diss. v. [1. März] 1893

Häuser, J. A., die Gipsbrennerei im Kleinen oder: Praktische Anweisung d. roh gemahlnen Gips, in jeder beliebigen Quantität ohne Brennofen u. kostspielige Apparate in einer Stunde so zu brennen, daß derselbe der Bindekraft des englischen gleich ꝛc. Für Stereotypgießereien ꝛc. 8. Leipzig 850, Hunger. Versiegelt. baar n. n. 3 Thlr.

Häuser, Johann Ernst

— kurze faßl. Anweisung zum Stimmen des Fortepiano. Mit 17 Notenbeispielen u. Abbildd. u. 1 Steindr. 8. Quedlinburg 833. Basse. 1/2 Thlr.

Häuser, Joh. Ernst, kurze faßl. Anweisung z. Stimmen d. Fortepiano. M. 17 Notenbeisp. u. Abbildn. 8. (2 B. u. 1 B. Stndr.) Quedlinburg 835, Basse.

Häuser, Jh. Er., Elementarbuch für die allerersten Anfänger des Pianofortespiels, in 120 instruct. Uebungsstücken. Nebst einer kurzen Beschreibung einer vereinfachten u. sichern Methode d. Clavierunterrichts. 4. Leipzig ... Hofmeister. 1 Thlr.

Häuser, J. E., Elementarbuch für d. allerersten Anfänger d. Fortepiano-Spiels, in 120 instructiven Uebungsstücken. Nebst einer kurzen Beschreib. e. vereinfachten u. sichern Methode beim Clavierunterrichte. gr. 4. Halberst. 832. (Schreck in Leipz.) 1 Thlr.

— Geschichte des christl., insbesondere des evangel. Kirchengesanges und der Kirchenmusik, von Entstehung des Christenthums an bis auf unsere Zeit. Nebst Andeutungen u. Vorschlägen zur Verbesserung des musikal. Theiles des evangel. Cultus. Ein historisch-ästhetischer Versuch. Mit 4 Abbildd. u. 24 Musikbeilagen. gr. 8. Quedlinburg 834. Basse. 2 1/2 Thlr.

— d. musikal. Gesellschafter. Eine Samml. vorzügl. Anekdoten, Miscellen u. lustiger Geschichtchen über d. berühmten Tonkünstler alter u. neuerer Zeit, oder über Musik im Allgemeinen. Mit 1 Abbild. gr. 12. Meißen 830. Goedsche. 1 Thlr. 6 Ngr.

—— der musikal. Gesellschafter. Eine Samml. vorzügl. Anecdoten, Miscellen, u. lust. Geschichtchen üb. d. berühmt. Tonkünstler alter u. neu. Zeit, od. üb. Musik im Allgem. M. 1 Abbild. gr. 12. (13 B.) Meißen 830. [Leipzig, Vetter u. Rostosky.]

— Guitarre-Schule. Oder leichtfaßl. Anweisung zum Guitarrespiel für alle Diejenigen, welche ohne Beihülfe eines Lehrers dasselbe erlernen wollen. Nebst instructiv. Uebungsstücken. qu. gr. 4. Quedlinburg 833. Basse. 1/2 Thlr. — 2e verb. Aufl. qu. gr. 4. Ebd. 834. 1/2 Thlr. — 2s u. 3s Hft. Enthalt.: Instructive Uebungsstücke für den ersten Unterricht ꝛc. Von C. Henning. Ebd. 836. 2/3 Thlr.

Haeuser, J. E., Guitarre-Schule. Oder leichtfaßl. Anweisung zum Guitarrespiel für alle Diejenigen, welche ohne Beihülfe eines Lehrers dasselbe erlernen wollen. Nebst instructiven Uebungsstücken. 2. verb. u. verm. Aufl. qu. gr. 4. (Mit 1 Abbild.) Quedlinburg 842, Basse. 1/2 Thlr.

Haeuser, J. E., Guitarre-Schule, od. leichtfassliche Anweisg. zum Guitarrespiel für alle Diejenigen, welche ohne Beihülfe e. Lehrers dasselbe erlernen wollen. Nebst instructiven Uebungsstücken. 3., verb. u. verm. Aufl. Quedlinburg 869. Basse. qu. gr. 4. (IV, 24 S.) 15 ngr.

—— musikal. Jahrbüchlein, s. Jahrbüchlein.

—— der instructive Lehrmeister f. Anfänger im Pianofortespiel. In method. fortschreit. Uebungsstücken. 1. u. 2. Hft. 99. Werk. qu. gr. 4. Quedlinburg, Basse. à
Hft. 1. 136 Uebungsstücke. (7 B.) 840.
- 2. 46 Desgleichen. (6 1/2 B.) 842.

Haeuser, Joh. Ernst, der instructive Lehrmeister f. Anfänger im Pianofortespiel. In methodisch fortschreitenden Uebungsstücken. 3. Hft. 99. Werk. qu. gr. 4. (IV u. 48 S.) Quedlinburg 850, Basse. 5/6 Thlr. (1—3: 2 2/3 Thlr.)

— musikal. Lexikon, oder Erklärung u. Verdeutschung aller in d. Musik vorkomm. Ausdrücke, Benennungen u. Fremdwörter, mit Bezeichnung d. Aussprache in alphabet. Ordnung. 16 Bdchen. 8. Meißen 828. Goedsche. 16 Ngr.

—— musikal. Lexikon, od. Erklärung u. Verdeutschung d. in d. Musik vorkomm. Ausdrücke, Benennungen u. Fremdwörter, mit Bezeichn. d. Aussprache, in alphabet. Ordn. Ein unentbehrl. Hand- u. Hülfsbuch f. Musiklehrer ꝛc., sowie f. angeh. Musiker u. überh. alle Freunde d. Musik, welche sich üb. d. Ausdrücke in d. Musik zu belehren, das Nöthigste v. d. Tonwerkzeugen zu wissen u. d. Wichtigste v. d. vorzügl. Tonsetzern u. Tonkünstlern d. letzten Zeit zu erfahren wünschen. 2., verb. u. sehr verm. Aufl. 2 Bde. gr. 8. (28 1/2 B.) Meißen 833, Goedsche. Thlr.
Die 1. Aufl. erschien Ebendas. 1828. unt. etwas anderem Tit.

— neue Pianoforte-Schule. Oder theoret.-prakt. Anweisung, das Pianofortespiel nach neuer erleichternder Methode in kurzer Zeit richtig, gewandt u. schön spielen zu lernen. Nach J. Hummel's Grundsätzen. gr. 4. Quedlinburg 833. Basse. 11/12 Thlr.

—— neue Pianoforte-Schule. Od. theoret. prakt. Anweis., das Pianofortespiel nach neuer erleichternder Methode in kurzer Zeit richtig, gewandt u. schön spielen zu lernen. Nach J. N. Hummels Grundsätzen f. Musiklehrer u. Anfänger, sowie auch z. Selbstunterr. bearb. Op. 58. (2. Aufl.) qu. gr. 4. (6 1/4 B.) Quedlinburg 836, Basse.

— neue Pianoforte-Schule. Oder theoretisch-prakt. Anweisung, das Pianofortespiel nach neuer erleicht. Methode in kurzer Zeit richtig, gewandt u. schön spielen zu lernen. Nach J. N. Hummel's Grundsätzen für Musiklehrer u. Anfänger, sowie auch zum Selbstunterricht bearb. Op. 58. qu. gr. 4. Ebend. 842. 11/12 Thlr.

— die Singestunden am Fortepiano: Oder methodisch geordnete Elementar-Gesangübungen. Nebst vielen erheiternden u. den Gesangunterricht zweckmäßig begründ. Uebungsstücken u. Liedern mit Pianofortebegleitung. Für Solche, welche neben dem Pianofortespielen zugleich auch singen lernen wollen. qu. gr. 4. Quedlinburg 838. Basse. 11/12 ℛℊ

Neue **Häuser-Administrations-Ordnung** für die Stadt Berlin und deren Umgegend. (Vom 1. 9. 1840.) Berlin 1840.

Häuser-Administrations-Ordnung f. Berl. u. Umgegend v. J. 1840. Berl. 879.

Häuserbuch. Konstanzer H'. Festschrift zur Jahrhundertfeier der Vereinigung der Stadt Konstanz mit dem Hause Baden. Hrg. von der Stadtgemeinde. Band 1: Bauwesen und Häuserbau, mit 182 Abbildungen und einem Kupferstich [Tafel], bearb. von Dr. phil. Fritz Hirsch ... in Bruchsal. (Titel- und Deckenzeichnung von J[oseph] Sattler.) XVI + 284 S. 4. Heidelberg, Carl Winter, 1906. [geb. M. 20.—]

Häuserbuch. Konstanzer H'. Festschrift zur Jahrhundertfeier der Vereinigung der Stadt Konstanz mit dem Hause Baden. Hrg. von der Stadtgemeinde. Band 2: Geschichtliche Ortsbeschreibung. 1. Hälfte: Einleitung. Bischofsburg und Niederburg. Mit Titelbild und einem Stadtplane, bearb. von Dr. Konrad Beyerle, Professor in Göttingen, und Dr. Anton Maurer, am Stadtarchive zu Konstanz. Buchschmuck von Joseph Sattler. XVI + 572 S. 4. Heidelberg, Carl Winter, 1908. [geb. M. 30.—]

HÄUSER- UND FAMILIEN-CHRONIK DER STADT OTTWEILER. Zusammengestellt, mit einer allgemeinen Einleitung und einer Karte des Stadtbannes versehen, und herausgegeben von dem Vereine für Geschichte und Alterthum zu Ottweiler. Heft 1—5. Trier, 1870—1872. Fr. Lintz'sche Buchdruckerei. 8°.

Häuser-Kataster der k. k. Reichshaupt- u. Residenzstadt Wien. Verf. auf Grund des vom k. k. österr. Finanz-Ministerium u. der Gemeinde Wien zur Verfügung gestellten Quellenmaterials. 17 Hefte. (VIII, 574 S.) Fol. Wien 905. J. Lenobel. à n. 6. 70; Sammelkasten dazu n.n. 4. 25
Atlas dazu s.: Wien, Generalstadtplan

„**Häuser-Kataster** der k. k. Reichshaupt- u. Residenzstadt Wien", verf. auf Grund des vom k. k. österr. Finanz-Ministerium u. der Gemeinde Wien zur Verfügg. gestellten Quellenmateriales. Ergänzungsblatt. Novbr. 1905—Oktbr. 1906. 12 Nrn. (Nr. 1. 12 S.) 40,5×30,5 cm. Wien, J. Lenobel. 40. —

Häuser-Kataster der k. k. Reichshaupt- u. Residenzstadt Wien. XXI. Bezirk. Verf. auf Grund des vom k. k. österr. Finanz-Ministerium u. der Gemeinde Wien zur Verfügg. gestellten Quellenmaterials. (II u. S 575—619.) 40,5×31 cm. Wien 906. 07. J. Lenobel. 25. —
Atlas dazu s.: Wien, General-Stadt-Plan

— dasselbe. Ergänzungsblatt. Novbr. 1906 — Oktbr. 1907. 12 Nrn. (à ca. 4 S.) Fol. Ebd. n. 20. —

— dasselbe. Ergänzungsblatt. 3—5. Jahrg. Novbr. 1907 —Oktbr. 1910. à 12 Nrn. (à ca. 8 S.) 40×30 cm. Ebd. à Jhrg. 20. —

Häuser-Kataster der k. k. Reichshaupt- u. Residenzstadt Wien, verf. auf Grund des vom k. k. österr. Finanz-Ministerium u. der Gemeinde Wien zur Verfügg. gestellten Quellenmateriales. Ergänzungsblatt. 5. Jahrg. Novbr. 1909—Oktbr. 1910. 12 Nrn. (Nr. 1. 4 S.) 4. Wien, J. Lenobel. Halbjährl. 10. —; einz. Nrn. 2. 50.

Häuserplan des Kurortes Meran. gefalzt K 1 20
Meran: Ellmenreich 1909.

Häuser-Schema der k. k. Hauptstadt Graz, enthalt. das vollständ. Verzeichniß aller Häuser der Stadt u. Vorstädte mit der neuen u. alten Nummerirung und deren Besitzer. qu. 8. Grätz 838. Kienreich. 7/12 ℛℊ

Häuser-Schema der k. k. Hauptstadt Gratz. Mit ihren sämmtlichen Vorstädten und allen Neubauten. Mit genauer Angabe der Hausbesitzer, der neuen und alten Nummerirung ꝛc. Nebst einem Anhange enthaltend die k. k. polit. Inst. und Militär-Behörden. 8 (133—304 S.) Gratz, J. A. Kienrich 1853.

Häuser-Schema, Neuestes, durchaus verbessertes und vermehrtes — der k. k. Reichshaupt- und Residenzstadt Wien mit ihren 34 Vorstädten, allen Neubauten, der Brigittenau und den Praterhütten. Mit genauer Angabe der Hausnummern, Hauseigenthümer, ... sowie einem alphabetisch geordneten Namens Verzeichnisse sämmtlicher Hauseigenthümer. Nach den neuesten amtlichen Quellen bearbeitet. Jahrgang 1853 — 1854. Mit einem neuen Plane der Stadt, sämmtlicher Vorstädte ꝛc. Zweite Ausgabe. Mit allen angränzenden Ortschaften, welche noch zu dem Polizei-Rayon der k. k. Reichshaupt- und Residenzstadt Wien gehören. 8. (XXII, 598 und 270 S.) Wien. A. Dorfmeister's Druck und Verlag.

Pesther Häuser-Schema. Uebersicht der neuesten Gassen- und Hausnummer-Ordnung in Pesth. Nach amtlichen Aufnahmen. Pesth, Landerer und Heckenast 1852. 8.

Häuser-Schema, Pester —. Uebersicht der Gassen- und Hausnummern-Ordnung, sowie Namen der Hausinhaber in der k. Freistadt Pest. Verfasst nach den neuesten ämtlichen Aufnahmen. *Pest* 1858. Verl. von *Landerer & Heckenast*. 71 S. 8°. 40 kr. Ö.-W.

Häuser- u. Strassenschema der kön. Hauptstadt Prag, Wyschehrad sammt den Vorstädten Karolinenthal u. Smichow. *Prag. Gottl. Hause S.* VI, 114 S., 8°.

Häuserschema der Ortsgemeinde Weikersdorf. *Wien* 1858. Druck von *M. Lell.* — *Ed. Sieyer*, k. k. lith. Anst. 32 S., 8°.

Häuserschema d. St. Wien. 8. Wien, Gerold. 802.

Häuserschema v. Wiener-Neustadt. gr. 8. (28 S.) Wiener-Neustadt 892. A. Folk. n. — 40

Häusersteuerordnung, Großherzogl. Badische, mit 6 Beilagen. gr. 8. Frankf. a. M. 811. Hermann. 4 K

[Haeuseruntersuchung.] Häuser- u. Wohnungsuntersuchung in den Gemeinden Differdingen . . . des Grossherzogtums Luxemburg. Tl 1. 2. Luxemburg 1908. 1909. 8°.
1: Häuserstatistik. 1908.
2: Wohnungsstatistik. 1909.

Häuserverzeichnis. Amtliches H'-V' der Stadt Schaffhausen. Hrg. von der Stadtpolizei. 1907. II + II + 83 S. 8. Schaffhausen, H. Meier & Cie, 1907. [fr. 1.—]

Häuser- u. Einwohner-Verzeichniß der Residenzstadt Meiningen. Auf Grund amtl. Mittheilgn. zusammengestellt. Juli 1876. gr. 8. (54 S.) Meiningen 876. Brückner & Renner. n. 1. —

Häuser-Verzeichnis der Gemeinde Gries 1901. Bozen: Selbstverl. d. Gemeinde Gries [1901]. 35 S. 8°

Häuser-Verzeichniß der Landeshauptstadt Laibach. Amtliche Ausg. Deutsch und slowenisch. 8. (94 S.) Laibach 876, (v. Kleinmayr und Bamberg.) cart. * 1 30

Häuser-Verzeichniß der königl. bayerischen Kreishauptstadt Landshut. Hinsichtlich ihrer neuesten Eintheilung und der Namen ihrer Besitzer. Ausgefertigt im Jahre 1856. Landshut, Thomann. gr. 4. (28 S.) 7 1/2 ngr

Häuser-Verzeichniß der Provinzial-Hauptstadt Linz und des Marktes Urfahr. 8. Linz 834. Hümer. (Haslinger.) 1/3 rß

Häuserverzeichnis m. den Namen der Hauseigentümer nebst Angabe der Bewohner e. jeden Hauses der Stadt Fürth. gr. 8. (99 S.) Fürth 886. Eßmann. n. — 60

Häuserverzeichnis mit den Namen der Hauseigentümer nebst Angabe der Bewohner eines jeden Hauses der Stadt Fürth. gr. 8. (89 S.) Fürth 886, Schmittner. *

Häuser- u. Straßen-Verzeichnis d. kgl. bayer. Stadt Kulmbach, nebst Uebersicht d. Stadtdistrikte. gr. 8. (20 S.) Kulmbach 894. M. Rehm. n. — 20

Hauses, d., Segen. Bilder u. Lieder aus Kindertagen. 12. (12 farb. S.) Leipzig 890. Baldamus, Sep.-Cto. cart. m. Goldschn. n. — 90

— des, Sonnenschein. Lieder u. Bilder stillen Glückes. 8. (12 farb. S.) Ebd. 890. cart. m. Goldschn. n. 1. 20

Hauset, du, s. *Duhauset.*

Anonym: „Neuestes Hausetuis für Damen, ein kleiner Hausbedarf und Rathgeber in Hinsicht einiger der wichtigsten ihnen obliegenden Verrichtungen und Arbeiten", Leipzig 1808 (Köhler); 2. verm. Auflage Köln 1815.

Hausetui, neuestes, f. Damen, ein kleiner Hausbedarf in Hinsicht d. ihnen obliegenden Verrichtungen, 2te Ausg. 32. Leipz. Köhler. 815. Rthlr.

Hausetui, neues, f. Damen, ein kleiner Hausbedarf in Hinsicht d. ihnen obliegenden Verrichtungen. 2e Ausg. 32. Leipz. 832. Köhler. 1 rß

Hauseur, Wilh. Jos., Erklärung der hl. Messe, s.: Handbibliothek, katechetische. 33. Bdchn.

Hausfabrik, Neue, für Frauenzimmer . . . Berlin 1801. V: *Gürnth, Christiane Dorothea geb. Hentschel.* (MGT) (Ky) (Schl) (Engoec)

Hausfabrik, neue, f. Frauenzimmer, (v. Chr. Doroth. Gürnth). 1r Bd., mit Kpf. (Auch u. d. T.: Unterricht z. Anbau u. Bearbeit. des Flachses.) gr. 8. Berl. 801. Maurers B. 1 rß 12 gr Engl. Pap. 1 rß 18 gr

Haus-Fleiß, der. Illustr. Sammelblätter z. Förderung nützl. Beschäftiggn. im Hause. 1. Bd. 1896. 24 Nrn. (à 16 S.) gr. 4. Leipzig-Gohlis, Geschäftsstelle. n. 4. —

Hausfrau: Die Hausfrau
v. Schweizerische Illustrierte Zeitung (Zh).

— die. Blätter für das Hauswesen zur Belehrung u. Unterhaltung. 1. u. 2. Jahrg. 1869 u. 1870. à 48 Nrn. (B.) hoch 4. Leipzig, Minde. Jeder Jahrg. 1 rß 12 ngr.

Hausfrau, die. Blätter f. das Hauswesen zur Belehrg. u. Unterhaltg. 3. u. 4. Jahrg. 1871 u. 1872. à 48 Nrn. (B.) hoch 4. Leipzig, Minde. à Jahrg. n. 5. 20

— die. Deutsche Blätter f. Hauswesen u. Familienleben. Red.: Fritz Pfannkuch. Jahrg. 1873 u. 1874. à 48 Nrn. (B. m. eingedr. Holzschn.) hoch 4. Berlin, Luckhardt. à Jahrg. n. 6. —

Hausfrau, die. Organ für die gesammten Frauen-Interessen, sowie für die Interessen der Mitglieder des Ersten Wiener Consum-Vereins. 4.—8. Jahrg. 1880—1884. à Jahrg. 52 Nrn. (Bog.) Fol. Wien, Administration. à Jahrg. **

Die Hausfrau : 1892—1894?

Semi-monthly. Journal of home and family interest. Quarto, each issue 8 pages. Edited & published by Adolf Deimel.
New York, NY

Hausfrau, die. Organ f. den bürgerl. Haushalt in Stadt u. Land. Red.: R. Birnbaum. 29. Jahrg. 1893. 52 Nrn. (à ca. 1 1/2 Bog.) gr. 4. Berlin, F. Harnisch & Co. n. 4. —
Fortsetzg. s.: Für die Frau.

Die Hausfrau : 1902—? Milwaukee, WI

Monatsschrift f. d. Frauenwelt Amerikas.

Hausfrau, die. Wochenschrift f. die deutsche Familie in Stadt u. Land m. den 14-täg. illustr. Beilagen: Blätter f. Mode u. Handarbeit u. Sonntagszeitg. Red.: H. Schlichting. 3. Jahrg. 1903. 52 Nrn. (à ca. 8 u. 4 S.) gr. 4. Stuttgart, Zeller & Schmidt. 4. —

— dasselbe. Wochenschrift f. Unterhaltung, Hauswirtschaft, Mode, Handarbeiten 2c. Mit Beilage: Illustriertes Unterhaltungsblatt. Red.: Fr. Wilhelm. 4. u. 5. Jahrg. 1904 u. 1905. à 52 Nrn. (à ca. 8 u. 4 S. m. Schnittbog.) gr. 4. Ebd. à Jhrg. 6. 20
Erscheint nicht mehr.

Hausfrau

— bayerische. Illustrierte Familien-Wochenschrift f. Unterhaltg. u. Belehrg., Mode u. Hauswirtschaft. Red.: Frau Thea Platzen. Jahrg. 1905. 52 Nrn. (à ca. 16 S.) 4. Nürnberg. München, Verlag der Hausfrau. n. 4. 80
Vgl. Hausfrau, Münchner.

Hausfrau, die besorgte, f. d. Winter, od. Anweis. zum Abbacken, Einmachen, Einlegen, Aussieden u. Aufbewahren des Obstes u. and. grünen Gartenfrüchte 2c. 8. Pirna 809. 3e Aufl. 824. Friese. 12 gr
4. Ausg. s.: Hausfrau, Die wirthliche.

Breslauer **Hausfrau.** Wochenschrift f. Hauswirtschaft, Mode, Handarbeiten u. Unterhaltung. Mit d. Beilagen: 'Kindermode' u. 'Für Jung-Schlesien'. [Jg. 1. 1903/4.] (Breslau: Deutsches Druck- u. Verlagshaus [1904].) 4° [F.] [05. 10190 2

Hausfrau, die deutsche. Ein Schausp. in 3 Akten, von Aug. v. Kotzebue. 8. Leipz. Kummer. 813. — gr

Hausfrau, die deutsche. Organ f. d. bürgerl. Haushalt in Stadt u. Land. Red.: Ida Anders. Jahrg. 1895 u. 1896. à 52 Nrn. (Bog.) gr. 4. Halberstadt, J. Briest. à Jahrg. 4. —

— dasselbe. Red.: N. v. Thuemen. Jahrg. 1897. 26 Nrn. (Bog. m. Abb.) gr. 4. Harsleben, J. Briest. n. 1. 20

— dasselbe. Red.: Hans Briest. Jahrg. 1898. 52 Nrn. (Bog. m. Abb.) gr. 4. Halberstadt. Ebd. n. 1. 20
Kann auch vierteljährlich bezogen werden.

Hausfrau, die deutsche. Organ f. den bürgerl. Haushalt in Stadt u. Land. Red.: Hans Briest. 11. Jahrg. 1899. 52 Nrn. gr. 4. (à ca. 8 S. m. Abbildgn.) Harsleben, J. Briest. n. 2. —

— dasselbe. 12. Jahrg. 1900. 52 Nrn. gr. 4. (à ca. 8 S.) Ebd. 2. 60
Fortsetzung, s.: Frauenzeitung, Halberstädter.

— die deutsche. Illustr. Wochenblatt zur Förderung des häusl. Wohlstandes u. des Familienglückes. 3. Jahrg. Octbr. 1900—Septbr. 1901. 60 Nrn. gr. 4. (à ca. 16 S.) Dresden, A. Wolf. n. 6. —
Früher u. d. T.: Hausfrau, d. prakt. — Erscheint nicht mehr.

Deutsche Hausfrau: Sept. 1904—1955.

Monthly. Sub-title: Monatschrift für die Deutschen Frauen Amerika's, Sept. 1904 ? Title varies: Die Deutsche Hausfrau und Modernes Journal, July 1906 —Dec. 1908; Die Deutsche Hausfrau, Jan. 1909 —Dec. 1927?; Die Hausfrau, Jan.? 1928 —1954. Absorbed Modernes Journal für Deutsche Frauen. Dated also at Minneapolis, Minn., Sept. 1905—1910? Large quarto [but, small folio, Sept. 1904—Sept. 1913], each issue 18—36 pages; illustrated. Circulation: 1905, 150,000; 1910, *106,711*; 1920, 55,543; 1930, 58,743; 1940, 52,908; 1950, 52,000; 1954, 49,315. Edited by H. H. Coleman, Sept. 1904—1954? Published by The Herold Co., Sept. 1904 – Aug.? 1905; by Hausfrau Publishing Co., Sept. 1905—1954.
Milwaukee, WI

Hausfrau, Die deutsche, in der Küche, ein Handbuch der praktischen Kochkunst . . . Leipzig 1825. V: *Biegon v. Czudnochowska, Leop. L. v. geb. Hasper.* (EB)

Hausfrau, die deutsche. Ein Handbuch d. praktischen Kochkunst, s. Czudnochowska.

— die deutsche. Ein Handbuch d. prakt. Kochkunst, s. Biegon.

Hausfrau, die deutsche, in der Küche 2c. 2 Thle. 2e Ausg. gr. 8. Leipzig 839. Lehnhold,

— die deutsche, an ihre Mitschwestern; ein Neujahrsgeschenk. 12. Frankf. a. M, 818. Sauerländer. 4 fl

Hausfrau

— der deutschen, Soll u. Haben. Wirthschaftsbuch f. alle Tage d. Jahres. gr. 4. (24 S.) Leipzig 879. M. Hesse's Verl. cart. n. 1. —

— der deutschen, Soll u. Haben. Wirthschaftsbuch f. alle Tage des Jahres. gr. 4. (25 S.) Leipzig 894. M. Hesse. Kart. n. 1. —

Hausfrau, der deutschen, Wäschebuch. gr. 8. (64 S.) München 886. Literar. Institut v. Dr. M. Huttler & Co. — 50

Hausfrau, der deutschen, Wäschebuch. gr. 8. (64 S.) München 887, (Literar. Institut von Dr. M. Huttler und Comp.)

— der deutschen, Wäschebuch. gr. 8. (64 S.) München 890. Literar. Institut v. Dr. M. Huttler. n. — 50

— — Wirthschaftsbuch. gr. 8. (32 S.) (Ebendas.) 887. *

— der deutschen, Wirthschafts-Buch. Ein Notizbuch f. die tägl. Bedürfnisse im Haushalte. hoch 4. (32 S. m. Randeinfassgn.) München 890. (Hergl.) n. 1. —

— dasselbe. (Aeltere Ausg.) Mit Zeichngn. v. O. Hupp. hoch 4. (32 S.) Ebd. 890. n. 1. —

Hausfrau, die fleißige, in Küche u. Keller. Nützliche Unterhaltungen über die Küche u. deren Einrichtung, die Speisekammer, d. Keller u. and. ökonomische Gegenstände. Nebst einem Verzeichniß des nothwendigen Küchengeräthes. 8. Nürnberg 841. (Winter.) 5/12 ₰

Hausfrau, Gattin, Mutter. Gedanken über Frauenbildung, den Gebildeten ihres Geschlechts gewidm. Zugleich ein Beitrag z. Frauenfrage. — Halle: Hendel 1870. 151 S. 8°

Hausfrau, Gattin u. Mutter, die. gr. 8. (IV, 465 S.) Milwaukee, Wis. 880. (Philadelphia, Schäfer & Koradi.) geb. n. 8. —

Hausfrau, die geschickte. Eine Sammlung guter Recepte und Vorschriften zum Kochen, Braten, Kuchen-Backen, und Einmachen von Früchten. gr. 16. (38 S.) Harrisburg 852. (Philadelphia, Schäfer und Koradi.) *

Hausfrau: Für Hausfrau und Heim
v. Schweizerische Allgemeine Volkszeitung

Anonym: „Die junge Hausfrau vor der Toilette, am Näh- und Putztisch, als Wirthschafterin und Bewirtherin. Ein Taschenbuch, welches Anleitung giebt zu allen Gegenständen des Putzes und Haushalts von Charl. L.", Ilmenau 1827 (Voigt).

HAUSFRAU, Die junge, vor der Toilette etc. etc. Ein Taschenbuch von *Charlotte L****. Mit 19 Abbildgn. Ilmenau 1827. 12°. X u. 311.

— die kleine. In 12 (color. Holzschn.-)Bildern v. Th. Hosemann m. Text. 8. (24 S.) Berlin 876. Winckelmann & Söhne. — 60

Hausfrau, die kluge, od. Anweisung in einigen Stunden eine perfecte Köchin zu werden. 12. (VIII u. 75 S.) Weißenfels 850, Sueß in Comm. 1/6 ₰

Hausfrau, die kluge u. einsichtige, vom bürgerlichen Stande, das wirksamste u. nützlichste Festgeschenk für unsere lieben Frauen u. erwachsenen Töchter hinsichtlich ihrer Stellung als Tochter, Gattin u. Mutter u. in Berücksichtigung anderer verschiedenster häuslicher u. bürgerlicher Lebensverhältnisse, nebst einer vollständ. u. gründl. Anleitung zur ordnungsmäßigen Führung eines wohlgeregelten Haushaltes u. zur Begründung eines bleibend häuslichen Glückes. 3. Aufl. St. Gallen 868. Altwegg-Weber. 8. (637 S.) 1 ₰ 10 ngr.; geb. in Halbleinw. 1 ₰ 18 ngr.; eleg. geb. 1 ₰ 22 ngr.

Anonym: „Die kluge und wirthliche Hausfrau. Ein unentbehrliches Handbuch für Hausfrauen", 2 Bände, Leipzig 1819, 1821 (Sommer).

— die kluge u. wirthschaftl. Ein unentbehrl. Handbuch f. Hausfrauen u. f. Wirthschaftvorsteherinnen 2c. 2 Bde. 8. Lpz. 820. (W. Nauck). 1 ꝛf 8 𝔤𝔤

— die, auf dem Lande. Blätter f. das gesamte ländl. Haus- u. Wirtschaftswesen. Red.: G. O. Bossert. 4. Jahrg. 1903. Nr. 1 u. 2. (16 S.) Fol. Leipzig (Fritzsche & Schmidt).

Hausfrau, Leipziger. Wochenschrift f. Hauswirtschaft, Mode, Handarbeiten u. Unterhaltg. Mit Kindermode u. Für Jung-Leipzig. Red.: E. Klemenz. Jahrg. 1903. Jan.—Septbr. 39 Nrn. (à ca. 10 S. u. 4 S. in gr. 8 m. Abbildgn.) Fol. Leipzig, Geschäftsstelle der „Leipziger Hausfrau". n 1.95

— dasselbe. Red.: C. Augat u. Dorothee Goebeler, f. Moden: Rose Lindermann. 2.—4. Jahrg. Oktbr. 1903—Septbr. 1906. à 52 Nrn. (à ca. 8 S. u. 4 S. in gr. 8 m. Abbildgn.) 4. Ebd. à Jahrg. 2. 60; m. Schnittmusterbog. 3. 80

Hausfrau, Leipziger. Wochenschrift f. Hauswirtschaft, Mode, Handarbeiten u. Unterhaltg. Mit Kindermode u. „Für unsere Kleinen". Red.: Frau Elisab. Thielemann, Gust. Hofmann, Bettina Flied, f. Moden: M. v. Kramer. 9. Jahrg. Oktbr. 1910—Septbr. 1911. 52 Nrn. (à ca. 14 S. u. 4 S. in gr. 8. m. Abbildgn.) 34×24,5 cm. Leipzig, Geschäftsstelle der „Leipziger Hausfrau". 3.64; m. Schnittmusterbog. 6. 24

— Münchner. Wochenschrift f. Hauswirtschaft u. Mode, Handarbeiten u. Unterhaltg. Mit der Beilage: Für die Jugend u. e. Romanbeilage. Red.: Frau Alwine Senger. Jahrg. 1904 u. 1905. à 52 Nrn. (à ca. 16 S. u. 4 S. in gr. 8.) 4. Nürnberg. München, Verlag der Hausfrau. à Jahrg. 4. 80
Erscheint auch u. d. T.: Bayerische Hausfrau. — Fränkische Hausfrau. — Nürnberger Hausfrau. — Pfälzische Hausfrau.

Hausfrau: Die praktische Hausfrau
v. Illustrierte Schweizer Hauszeitung.

— die praktische. Illustr. Wochenblatt z. Förderung des häusl. Wohlstandes u. d. Familienglückes. Red.: Paul Staberow. 1. Jahrg. Oktbr. 1898 — Septbr. 1899. 53 Nrn. (à ca. 16 S.) gr. 4. Dresden, A. Wolf. n. 5. 20; einz. Nrn. — 10
Kann auch vierteljährlich bezogen werden.

— die praktische. Illustr. Wochenblatt zur Förderg. des häusl. Wohlstandes u. des Familienglückes. Red.: Paul Staberow. 2. Jahrg. Octbr. 1899—Septbr. 1900. 60 Nrn. gr. 4. (à ca. 16 S.) Ebd. n. 6. —
Fortsetzung, s.: Hausfrau, die deutsche.

— praktische! Als treuer zuverläss. Hausfreund diene diese Broschüre der Hausfrau zur Erleichterg. ihrer häusl. Tätigkeit u. als Helfer zur Erlangg. e. schmucken angenehmen Heims. (Von K. F. J. Süss.) (32 S.) kl. 8. Leipzig (Gellertstr. 7/9) (907). Jul. Süss jun. — 25

— die praktische u. sparsame. Anleitung zur Führg. des Haushalts nebst mehr als 800 Ratschlägen f. junge Hausfrauen. Von Frau Helene. 4. verm. u. verb. Aufl. 16.—18. Taus. (149 S.) kl. 8. Zürich (905). Th. Schröter Nachf. Geb. in Leinw. n. 1. 60

Hausfrau, der praktischen, Kochbuch. Zum Einschreiben selbst gesammelter Recepte. Mit 16 Kunstblättern nach Aquarellen v. O. Weinberg. gr. 8. (V, 276 S.) Stuttgart 888. Greiner & Pfeiffer. geb. n. 5. 50

Anonym: „Die sparsame Hausfrau, oder Belehrungen zur Reinigung und Aufbewahrung der Kleider, Metalle, Lichter, Nahrungsmittel etc., wohlfeile Heizung und Beleuchtung der Zimmer, Pflege der Kinder, Regeln gegen Dienstboten etc. nebst sehr vielen guten Kochrecepten etc., ein Geschenk für gute Hausmütter; aus dem Französ. übersetzt, mit Zusätzen vermehrt", Ulm 1832 (Ebner).

— die sparsame, oder Belehrungen zur Reinigung u. Aufbewahrung der Kleider, des Goldes, Silbers u. a. Metalle; Lichter-, Seifen- u. Essigbereitung; vom Waschen; Einkauf, Zubereitung u. Aufbewahrung aller Nahrungsmittel; wohlfeilste Heizung u. Beleuchtung der Zimmer; Pflege der Kinder, u. Regeln f. u. gegen Dienstboten. Nebst sehr vielen guten Koch-Recepten u. a. gemeinnützl. weibl. Beschäftigungen. Ein Geschenk f. gute Hausmütter. Aus d. Französ. übers. u. mit Zusätzen vermehrt. (1r Thl.) 8. Ulm 832. Ebner. 18 𝔤𝔤

— die sparsame. Ein Geschenk für gute Hausmütter. Aus d. Franz. übersetzt u. mit Zusätzen verm. 2 Bdchn. Mit 1 Steindruck. 8. Ulm 834. Ebner. 3/4 ꝛf

Hausfrau, die spekulative. Eine Sammlung erprobter Mittel zur Verminderung der Kosten im Haushalte. Reichenberg 863. (Jungbunzlau, Uhl.) 8. (15 S.) n. 3½ ngr.

— Wiener. (Praktische) Wochenschrift f. Hauswirtschaft, Mode, Handarbeiten u. Unterhaltg. Mit den Beilagen „Kindermode" u. „Für unsere Kleinen". Red.: Frl. Elise Fajtmajer (E. v. Reizenhofen). 8. Jahrg. Oktbr. 1910—Septbr. 1911. 52 Nrn. (à ca. 12 S. u. 4 S. in gr. 8. m. Abbildgn.) 34×24,5 cm. Wien, Deutsches Druck- u. Verlagshaus. 6. 60

— die Wienerische, in allen ihren Geschäften, s. J. Gartler, Wiener Kochbuch, 2r Thl.

Anonym: „Die Wienerische Hausfrau in allen ihren Geschäften, oder nützliches Hausbuch für Frauenzimmer und Mädchen, in 6 Absätzen", Wien 1809 (Richter); 5. und 6. umgearb. und verb. Auflage, Wien 1814 und 1816 (Gerold); 8. Auflage ebenda 1828.

— die Wienerische, in allen ihren Geschäften, oder nützliches Hausbuch für Frauen und Mädchen, welches viele bewährte Lehren, Wirthschafts- und Regeln zur Erhaltung der Gesundheit und Schönheit des schönen Geschlechts enthält (des bewährten Wienerischen Kochbuchs von J. Gartler und B. Hickmann, 2ter Theil) 9te verb. Aufl. gr. 8. Wien, Gerold. 818.

— die wirthliche, ein nützlicher Anhang zu jedem Koch- u. Wirthschaftsbuche. 4e Ausg. (der „besorgten Hausfrau für den Winter, von Marie Holle"), verb. u. vermehrt von Karl Lenz. 8. Leipzig 834. Friese. ½ ꝛf

Hausfrau, der. Wirtschaftsbuch von O Hupp. (32 S) schmal fol München (1889)

— der, Wirthschaftsbuch. schmal Fol. (32 S. m. Zierleisten.) Ebd. 890. n. 1. —

Hausfrauen-Kalender 1894. 16. (88 S. m. Zierstücken u. 1 Bildnis.) Leipzig, R. Claußner. n. — 50

Hausfrauen-Kalender, deutscher. Nebst Koch-Recept-Buch. Hrsg. von Caroline Freifrau v. Friesen. 1. und 2. Jahrg. 1882 und 1883. 4. (VI, 278 S.; Koch-Recept-Buch 40.; VII, 294 S.; Koch-Recept-Buch 53 S.) Norden, Soltau's Verlag. à Jahrg. *
Nicht weiter erschienen.

— deutscher, f. d. J. 1891—93. 1.—3. Jahrg. Hrsg. v. der Red. d. Familienblattes: Häuslicher Ratgeber. 8. (à Jahrg. 142—182 S.) Bresl., Schneeweiß. à Jahrg. — 50

— deutscher, f. d. J. 1898. Hrsg. v. der Red. d. Frauenblattes: Häuslicher Ratgeber. 8. (182 S. m. Abbildgn.) Breslau, R. Schneeweiß. n. — 50

Hausfrauen-Kalender, deutscher. 6. Jahrg. 1896. 4. (XVI, 70 S. m. Abb.) Breslau, Berlin, R. Schneeweiß. n. — 50

Hausfrauen-Kalender, deutscher, 1891. Hrsg. v. Sophie Roberts. 8. (127 u. 16 S. Wäschebuch.) Nürnberg, Hennings. — 30

Hausfrauen-Kalender, deutscher, f. 1893. Nebst Haushaltungsbuch. 3. Jahrg. 8. (80 S.) Nürnb., Hennings. cart. — 60

— deutscher, f. 1894. Nebst Haushaltungsbuch u. 16 Wäschetabellen. 4. Jahrg. 8. (16, 36 u. 32 S.) Nürnberg, B. Hennings. Kart. n. — 60

Hausfrauen-Kalender, Illustrirter, pro 1895. XVI. Jahrg. Herausgeg. von der Redaction d. „Wiener Hausfrauen-Zeitung". 8. (XXVII, 114 S., mit Wäschezetteln.) In Umschlag gebunden —.60
Derselbe in roth. Leinwand geb. 1.—
Wien: Perles 1894.

Hausfrauen-Kalender, Illustrirter, pro 1899. XX. Jahrgang. Herausgegeben von der Redaction der „Wiener Hausfrauen-Zeitung". In Umschlag gebunden —.60
Derselbe elegant gebunden in rother Leinwand 1.—
Wien: Perles 1898.

— illustr. deutscher, f. d. J. 1895. Hrsg. v. der Red. der Monatsschrift: „Die prakt. u. sparsame Hausfrau". 12. (214 S.) Frankfurt a/M. Jaeger's Verl. — 50

— illustr. deutscher, f. d. J. 1896. Hrsg. v. d. Verlage von „Die prakt. u. sparsame Hausfrau". 12. (212 S.) Frankfurt a/M., Jaeger's Verl. n. — 50

Hausfrauen-Kalender, Illustrirter österreichisch-ungarischer, für alle Stände, auf das Jahr 1890. 14. Jahrg. 8. (96 S.) —.50
Wien: Dittmarsch 1889.

Hausfrauen-Kalender, Illustrirter österr.-ungar., für das Schaltjahr 1892. 16. Jahrg. Gr.-8. (64 S.) Geb. —.60
Wien: Dittmarsch 1891.

— illustrirter österr.-ungar., auf d. J. 1893. Hrsg. v. F. Menk-Dittmarsch. 17. Jahrg. gr. 8. (XXXIV, 36, 16, 16, 16, 82, 32 u. 20 S.) Wien. (Leipzig, Literar. Anstalt A. Schulze.) Kart. n. 1.—

Hausfrauen-Kalender, Illustr. Wiener für 1882. 7. Jahrg. herausg. v. R. Popper. 8. (224 S.) geh. 56 kr. In Comm.
Wien: D.Löwy 1881.

— livländischer, f. d. J. 1899. Nebst Haushaltungsbuch u. 52 Wäschetabellen. 8. Jahrg. Hrsg. v. Marra Korth, geb. Götz. 8. (78 S.) Riga, A. Stieda. Kart. n. 1. 50

Hausfrauen-Kalender, livländischer, f. 1902. Nebst Haushaltungsbuch u. 52 Wäschetabellen. 11. Jahrg. Hrsg. v. Marra Korth, geb. Götz. 8. (78 S.) Riga, Jonck & Poliewsky. 1. 50

Hausfrauen-Kalender, livländischer, f. d. J. 1906. Nebst Haushaltungsbuch u. 52 Wäschetabellen. 15. Jahrg. Hrsg. v. Marra Korth, geb. Götz. (105 S.) 8. Riga, Jonck & Poliewsky. n. 1. 20

Hausfrauen-Kalender, livländischer, f. d. J. 1910. Nebst Haushaltungsbuch u. 52 Wäschetabellen. 19. Jahrg. Hrsg. v. Marra Korth, geb. Götz. (95, 14 u. 104 S.) 8. Riga, Jonck & Poliewsky. 1. 20

— neuer schwäbischer, f. 1903, hrsg. v. Tony Schumacher. 4. (XXX, 32 u. 8 S. m. Abbildgn.) Stuttgart, Fleischhauer & Spohn. — 30

— dasselbe. (Einbd.: Damen-Kalender.) 16. (39 S.) Ebd. Geb. in Leinw. m. Goldschn. u. durchsch. — 60

— neuer schwäbischer, f. 1907. 6. Jahrg. Mit Schreibtafel f. jeden Monat u. e. Haushaltungsbuch, nebst unterhalt. Anh. m. vielen Bildern. (66 S.) gr. 8. Stuttgart, Fleischhauer & Spohn. n. — 30

— neuer schwäbischer, f. 1911. 10. Jahrg. Mit Schreibtafel f. jeden Monat u. e. Haushaltungsbuch, nebst unterhalt. Anh. m. vielen Bildern. (64 u. 13 S.) gr. 8. Stuttgart, K. Daser. — 30

Hausfrauenkalender

— Rigascher, f. d. J. 1887. Hrsg. v. der Redaction der Rigaschen Hausfrauen-Zeitg. 8. (146 S.) Riga 887. (Kymmel's Sort.) cart. n. 2. —

— Rigascher, f. d. J. 1899. Hrsg. von M. v. Redelien. 9. Jahrg. 12. (180 S. m. Abb.) Riga, R. Kymmel's Sort. n. 1. 60

— Rigascher. f. d. J. 1903. Hrsg. von M. v. Redelien. 13. Jahrg. 12. (266 S. m. Abb.) Riga, R. Kymmel's Sort. n. 1. 60

— Rigascher, f. d. J. 1907. Hrsg. v. M. v. Redelien. 17. Jahrg. (248 S.) kl. 8. Riga, R. Kymmel's Sort. n. 1. 60

— Rigascher, f. d. J. 1910. Hrsg. von M. v. Redelien. 20. Jahrg. (122 u. 105 S.) kl. 8. Riga, R. Kymmel. 1. 60

Hausfrauenkalender. Schweizerischer Hausfrauenkalender (*Umschlag:* Hausfrauen-Kalender). Nebst Haushaltungsbuch 1901. [Illustriert.] [IV + 80 S.] 4. Grüningen, J. Wirz. [fr. —. 40]

Hausfrauenkalender. Schweizerischer Hausfrauenkalender. Nebst Haushaltungsbuch. 1902. [Illustriert.] [IV + 80 S.] 4. Grüningen, Zürich, J. Wirz. (fr. —. 40)

Hausfrauenkalender. Schweizerischer Hausfrauenkalender. Nebst Haushaltungsbuch. 1903. [Illustriert.] [IV + 80 S.] 4. Grüningen, Zürich, J. Wirz. (fr. —. 40)

Hausfrauenkalender. Schweizerischer Hausfrauenk' (*1907: H'-K') Nebst Haushaltungsbuch... . [Illustriert.] [IV + 80 S.] 4. Grüningen-Zürich, J. Wirz.
... 1904 *u.* ... 1905 *u.* ... 1906. (*je* fr. —. 40). — ... 1907. fr. —. 40
... Schaltjahr 1908. (Jahrg. 16.) (fr. —. 40)
... für das Jahr 1909 (Jahrg. 17.) (fr. —. 40)

Hausfrauenkalender. Schweizerischer H'-K' Nebst Haushaltungsbuch für das Jahr 1910. Jahrg. 18. [Illustriert.] [IV + 88 S.] 4. Grüningen, J. Wirz. fr. —. 40

Hausfrauenkalender. Schweizerischer H'-K' Nebst Haushaltungsbuch für das Jahr 1911. Jahrg. 19. [Illustriert.] [IV + 88 S.] 4. Grüningen, J. Wirz. fr. —. 40

(F) **Taussigs illustrierter Wiener Hausfrauenkalender** pro 1906. 27. Jahrg. 8°. (134 S.) K 1.20
Wien: M.Perles 1905.

(F) **Taussigs illustrierter Wiener Hausfrauenkalender** pro 1907. 28. Jahrg. 8°. (121 S.) K 1.20
Wien: M.Perles 1906.

(F) **Taussigs illustrierter Wiener Hausfrauenkalender** pro 1910. 31. Jahrg. 8°. (130 S.) K 1.20, geb. K 2.—
Wien: M.Perles 1909.

— Wiener illustr., s. a. Taussig.

Hausfrauen-Zeitung v. Schaffhauser Intelligenzblatt

Hausfrauen-Zeitung. Wochenschrift f. Frauen u. Mädchen zur Förderung ihrer Ausbildung in allen Zweigen des Hauswesens. Hrsg. v. Frdr. Dörner. 1. u. 2. Jahrg. 1881 u. 1882. à 52 Nrn. Fol. (à Nr. ca. 2 B.) Berlin, Dörner. à Jahrg. 5. 20

Hausfrauen-Zeitung. Wochenschrift f. Frauen u. Mädchen zur Förderg. ihrer Ausbildg. in allen Zweigen d. Hauswesens. Hrsg. v. Frdr. Dörner. 3. u. 4. Jahrg. 1883 u. 1884. à 52 Nrn. (2 B.) Fol. Berlin, Dörner. à Jahrg. 5. 20
Erscheint nicht mehr.

— Wochenschrift für die gebildete Frauenwelt. Mittheilungen für Haushalt, Kindererziehung und häusl. Gesundheitspflege. Zugleich Correspondenzblatt für denk. Hausfrauen. Redact.: E. Berninger. 1. Jahrg. 1883. 52 Nrn. (à Nr. 2 Bog.) Fol. München. (Jena, Mauke.)

— dass. — 2. Jahrg. 1884. 9 Nrn. (à Nr. 2 Bog.) Fol. (Ebendas.) *
Nicht weiter erschienen.

— Wochenschrift f. die gebildete Frauenwelt. Mittheilungen f. Haushalt, Kindererziehg. u. häusl. Gesundheitspflege. Zugleich Correspondenzblatt f. denk. Hausfrauen. Red.: E. Berninger. 2. Jahrg. 1884. 52 Nrn. (2 B.) Fol. München. (Jena, Mauke). n. 5.—
Erscheint nicht mehr.

Hausfrauen-Zeitung, allgemeine. Wochenschrift für häusl. Erziehung und das gesammte Hauswesen. Hrsg. von Frau Meta Dieckhoff. 1. Jahrg. Octbr. 1878—Septbr. 1879. 52 Nrn. (à 1—3 Bog.) Fol. Köln, (Neubner.) * 10 —

Hausfrauen-Zeitung, allg. Wochenschrift f. häusl. Erziehg u. d. ges. Hauswesen. Hrsg v. M Dieckhoff. 1—3. Jahrg. Octbr. 1878—Septbr. 1881. à 52 Nrn. (à 1—3 B.) Fol. Lpzg, Exped. à Jahrg. n. 10. —

— allgemeine. Wochenschrift für häusl. Erziehung, Gesundheitspflege und das gesammte Hauswesen. Hrsg. von Meta Dieckhoff. 2.—5. Jahrg. Octbr. 1879—Septbr. 1883. à Jahrg. 52 Nrn. (à Nr. 1—3 Bog.) Fol. Köln, Expedition. à Jahrg. *

— dass. — Hrsg. unter Mitwirkung der hervorragendsten deutschen Schriftsteller und Schriftstellerinnen. 6. Jahrg. Oktbr. 1883—Septbr. 1884. 52 Nrn. (à Nr. 2—2½ Bog.) Fol. Leipzig, R. Lincke. *M 10. Billige Ausg. *

— dass. — 7. Jahrg. Oktbr. 1884—Septbr. 1885. 52 Nrn. (à Nr. 1—3 Bog.) Fol. Leipzig, Verlag der Allgem. Frauenzeitung. *M 10. Billige Ausg. *

Hausfrauen-Zeitung, allgemeine. Wochenschrift für häusl. Erziehung, Gesundheitspflege, Hauswesen und Unterhaltung. Hrsg. unter Mitwirkung der hervorragendsten deutschen Schriftsteller und Schriftstellerinnen. 8. und 9. Jahrg. Oktbr. 1885—Septbr. 1887. à Jahrg. 52 Nrn. (à Nr. 1—3 Bog.) Fol. Leipzig, Verlag der Allgemeinen Frauenzeitung. Ausg. A. à Jahrg. *
Bill. Ausg. B. à Jahrg. *

— dass. — Hrsg. unter Mitwirkung hervorragender deutscher Schriftsteller und Schriftstellerinnen, Ärzte und Pädagogen. 9. Jahrg. Oktbr. 1886—Septbr. 1887. 52 Nrn. (à Nr. 1—3 Bog.) Fol. Leipzig, Reinboth. Ausg. A. *
Bill. Ausg. B. *

Hausfrauen-Zeitung, allgemeine. Wochenschrift f. häusl. Erziehg., Gesundheitspflege, Hauswesen u. Unterhaltg. 10. 11. Jahrg. Oktbr. 1887—Septbr. 1889. à 52 Nrn. (2 B.) gr. 4. Leipzig, Reinboth. à Jahrg. n. 4. —

Hausfrauen-Zeitung, allgemeine. Wochenschr. f. häusl. Erziehg., Gesundheitspflege, Hauswesen u. Unterhaltg. Mit 14täg. Mode- u. Handarbeits-Beilagen. 12.—15. Jahrg. 1889—1892. à Jahrg. 52 Nrn. (Bog.) gr. 4. Kindelbrück. — Lpz., Allg. Hausfrauenzeitung. à Jahrg. * 4 —

Hausfrauen-Zeitung, allgemeine. Wochenschrift f. häusl. Erziehg., Gesundheitspflege, Hauswesen u. Unterhaltg. Mit 14täg. Mode- u. Handarbeits-Beilage. 14. u. 15. Jahrg. 1891. 1892. à 52 Nrn. (Bog.) gr. 4. Kindelbrück, K. Naumburg. à Jahrg. n. 4. —

— dasselbe. 16. Jahrg. Jan.—März 1893. 13 Nrn. (Bog.) gr. 4. Leipzig. Berlin, R. Lesser. n. 1. —
Vom 1. Apr. 1893 an mit „Hausmütterchen" verschmolzen.

Hausfrauen-Zeitung, bayerische illustrierte. Praktischer Ratgeber f. alle Hausfrauen. (Haus-Orakel.) Red.: Hans Pröbster. 1. Jahrg. 2.—4. Viertelj. Jan.—Septbr. 1904. 18 Nrn. (à ca. 12 S. m. Abbildgn.) 4. München [F. Stein.] H. Hoper. n. 1. 80
Das 1. Viertelj. erschien u. d. T.: Haus-Orakel.

— dasselbe, m. den Beilagen: „Nah u. Fern", „Mode u. Handarbeit", „Feld u. Garten", „Spiel u. Sport", „Handel u. Wandel". Red.: Elise Boß. 2. Jahrg. Oktober 1904—Septbr. 1905. 52 Nrn. (à ca. 16 S. m. Schnittbog.) 4. Ebd. n. 5. 20

Hausfrauen-Zeitung, deutsche. Organ d. Berliner Hausfrauen-Vereins. Hrsg. v. Frau Lina Morgenstern u. Frau Maria Gubitz. 1—3. Jahrg. 1874—76. à 52 Nrn. (1½ B.) gr. 4. Berlin. W. Peiser's Verl. à Jahrg. n. 4. —

— deutsche. Organ d. Verbandes deutscher Hausfrauen-Vereine. Hrsg. von Frau Lina Morgenstern. 4—6. Jahrg. 1877—1879. à 52 Nrn. (à 1—1½ B.) gr. 4. Berlin, W. Peiser's Verl. à Jahrg. n. 4. —

— deutsche, für die gesammten Frauen- und Familien-Interessen. Special-Organ des Berliner Hausfrauen-Vereins, mit einer monatl. Gratisbeilage: „Die Kochschule", Theorie und Praxis der Ernährungslehre und Kochkunst. Hrsg. und redig. von Frau Lina Morgenstern. 7. und 8. Jahrg. 1880 und 1881. à Jahrg. 52 Nrn. (à Nr. 1—1½ Bog.) gr. 4. Berlin, H. S. Hermann. à Jahrg. *

— dass. — Central-Organ der Frauenbildungs-, Erwerbs- und Hausfrauenvereine, mit einer monatl. Gratisbeilage: „Das Lesekränzchen", ausgewählte Novellen. Hrsg. und redig. von Frau Lina Morgenstern. 9. Jahrg. 1882. 52 Nrn. (à Nr. 1—1½ Bog.) gr. 4. Ebendas. *

— deutsche, f. die gesammten Frauen- u. Familien-Interessen. Organ f. Frauenbildungs-Erwerbs- u. Hausfrauenvereine, sowie f. alle Interessen d. Hauses u. der Familie, m. e. monatl. Gratisbeilage: „Das Lesekränzchen", ausgewählte Novellen. Hrsg. u. red. v. Frau Lina Morgenstern. 10. u. 11. Jahrg. 1883 u. 1884. à 52 Nrn. (à 1—1½ B.) gr. 4. Berlin, Deutsche Hausfrauenzeitung. à Jahrg. n. 4.80

XI. Verlag Lina Morgenstern. — XII ff. Verlag der Deutschen Hausfrauen-Zeitung

— deutsche. Wochenschrift für den häusl. und socialen Beruf der Frau, sowie pract. Rathgeber für Haus, Küche, Gesundheitspflege und Erziehung. Hrsg. und redig. von Frau Lina Morgenstern. 12. Jahrg. 1885. 52 Nrn. (à Nr. 2 Bog. mit illustr. Mode- und Handarbeitsbeilage.) gr. 4. Berlin, [F. und P. Lehmann.] Expedition. *

— dass. — Hrsg. und redig. von Frau Lina Morgenstern. 13. und 14. Jahrg. 1886 und 1887. à Jahrg. 52 Nrn. (à Nr. 1½—2 Bog.) gr. 4. Berlin, Expedition. à Jahrg. *

— dass. — Wochenschrift für die gesammten Interessen der Frauenwelt, mit einem Unterhaltungsblatt für die Feierstunden in der Familie. Hrsg. und redig. von Frau Lina Morgenstern. 15. Jahrg. 1888. 52 Nrn. (à Nr. 1½ Bog.) gr. 4. Ebendas. *

— dasselbe. Mit e. Unterhaltungsblatt f. die Feierstunden in der Familie u. der Monatsschrift „Für junge Mädchen". 16. u. 17. Jahrg. 1889 1890. à 52 Nrn. (1½ B.) gr. 4. Ebd. à Jahrg. n. 6. —

— deutsche. Wochenschrift f. die gesamten Interessen der Frauenwelt, m. e. Unterhaltungsblatt f. die Feierstunden in der Familie u. der Monatsschrift „Für junge Mädchen". Hrsg. u. geleitet v. Frau Lina Morgenstern. 18.—21. Jahrg. 1891—1894. à 52 Nrn. (1½ Bog.) gr. 4. Berlin, Expedition. à Jahrg. n. 6. —

Hausfrauen-Zeitung, deutsche. Allein. Organ d. Berliner Hausfrauenvereins. Wochenschrift f. d. Interessen d. ges. Frauenwelt. m. e. Unterhaltungsblatt f. d. Feierstunden i. d. Familie. Hrsg. u. geleitet d. Lina Morgenstern. 22. u. 23. Jahrg. 1895—1896. à 52 Nrn. (à 12 S.) gr. 4. Berlin, Verlag d. deutschen Hausfrauenzeitg. à Jahrg. n. 6. —

— dasselbe. Wochenschrift f. d. nation. u. internat. Frauenbewegg. Organ d. Vereins z. Förderg. d. Frauenerwerbs durch Obst- u. Gartenbau. Hrsg. u. geleitet v. Lina Morgenstern. 24. u. 25. Jahrg. 1897—1898. à 52 Nrn. (à 12 S.) gr. 4. Ebd. à Jahrg. n. 6. —
Kann auch vierteljährlich bezogen werden.

Hausfrauen-Zeitung, deutsche. Wochenschrift f. die gesamten Interessen der Frauen, des Familienlebens, der Frauenbewegg. u. des Allwohls. Mit e. Unterhaltungsblatt f. die Familie, e. Jugendzeitg. f. Knaben u. Mädchen (dreimal monatlich) u. e. Butterickschen Modeblatt (monatlich). Organ des Berliner Hausfrauenvereins. Hrsg. u. geleitet v. Frau Lina Morgenstern. Gegründet 1874. 26.—29. Jahrg. 1899—1902. à 52 Nrn. gr. 4. (à ca. 12 S. m. Abbildgn.) Berlin, Verlag der deutschen Hausfrauen-Zeitg. à Jahrg. n. 6. —

— deutsche. Wochenschrift f. die gesamten Interessen der Frauen, des Familienlebens, der Frauenbewegg. u. des Allwohls. Mit e. Unterhaltungsblatt f. die Familie, e. Jugendzeitg. f. Knaben u. Mädchen (viermal monatlich). Organ des Berliner Hausfrauenvereins. Hrsg.: Paul Lorenz. Leiterin des allgemeinen Teils: Frau Lina Morgenstern. Gegründet 1874. 31. u. 32. Jahrg. 1904 u. 1905. à 52 Nrn. (à ca. 12 S. m. Abbildgn.) gr. 4. Berlin, L. Morgenstern. à Jhrg. n. 6. —
Fortsetzung, s.: Frauen-Reich.

Hausfrauenzeitung

— hamburgische. Prakt. Zeitschrift. Sprechsaal f. die Frauenwelt. Redactrice: Ella v. Kronburg. Redact.: Carl Ohmann. 1.—6. Jahrg. Octbr. 1886—Septbr. 1892. à Jahrg. 24 Nrn. (à Nr. 1¼ Bog. m. jährl. 12 Kunstbeil.) gr. 4. Hamb., Ohmann. à Jahrg. * 4 —
Salon-Ausg. à Jahrg. * 10 —
Vierteljährlich * 1 25; Salon-Ausg. * 3 —

— Hamburgische. Praktische Zeitschrift. Sprechsaal f. die Frauenwelt. Chefred.: Ella v. Kronburg. Chefred.: Carl Ohmann. 7. Jahrg. 1893. 24 Nrn. (à ca. 1½ Bog.) gr. 4. Hamburg-Borgfelde, C. Ohmann. n. 4. —; vierteljährlich n. 1. —; Salon-Ausg. n. 10. —; vierteljährlich n. 3. —

— Hamburgische. Prakt. Zeitschrift. Sprechsaal f. d. Frauenwelt. Chefred.: Ella v. Kronburg. Chefred.: Carl Ohmann. 9. Jahrg. 1895. 24 Nrn. (à 12 S.) gr. 4. Hamburg-Borgfelde, C. Ohmann. n. 4. —; Salon-Ausg. n. 10. —

— dasselbe. 10.—12. Jahrg. 1896—1898. à 24 Nrn. (à 12 S.) gr. 4. Ebd. à Jahrg. 4. —

Hausfrauen-Zeitung, Illustrirte, Wochenblatt. Herausg. R. Popper. Wien, Selbstverlag. Viertelj. 75 kr. 1884.

Hausfrauenzeitung

— Schleswig-Holsteinische. Prakt. Zeitschrift. Sprechsaal für die Frauenwelt. Redactrice: Ella v. Kronburg. Redact.: Carl Ohmann. 1.—5. Jahrg. 1888—1892. à Jahrg. 24 Nrn. (à Nr. 1½ Bog.) gr. 4. Ebd. à Jahrg. * 3 —; Salon-Ausg. à Jahrg. * 6 —
Vierteljährl. * 1 —; Salon-Ausg. * 2 —

— schleswig-holsteinische. Prakt. Zeitschrift. Sprechsalon f. d. Frauenwelt. Chefred.: Ella v. Kronburg. Chefred.: Carl Ohmann. 7. Jahrg. 1895. 24 Nrn. (à 12 S.) gr. 4. Ebd. n. 3. —; Salon-Ausg. n. 6 —

— dasselbe. 8.—10. Jahrg. 1896—1898. à 24 Nrn. (à 12 S.) gr. 4. Ebd. à Jahrg. n. 4. —

Hausfrauenzeitung: Schweizerische Hausfrauen-Zeitung
v. Echo vom Zürichberg. Schaffhauser Intelligenzblatt.

— Wiener. Organ des Wiener Hausfrauen-Vereins. Hrsgbr.: Adf. Taußig. 1.—5. Jahrg. 1875—1879. à Jahrg. 52 Nrn. (Bog.) Imp.-4. Wien, (Perles.) 1875—1877 à ** 9 60
1878 und 1879 à * 8 —

— Wiener. Organ des Wiener Hausfrauen-Vereines. Hrsgbr.: Adf. Taußig. 6.—10. Jahrg. 1880—1884. à Jahrg. 52 Nrn. (Bog.) Fol. Wien, (Perles.) à Jahrg. *

— Wiener. Organ des Wiener Hausfrauen-Vereines. Hrsgbr.: Adf. Taußig. 11.—14. Jahrg. 1885—1888. à Jahrg. 52 Nrn. (Bog.) Fol. Wien, (Perles.) à Jahrg. **

— Wiener. Organ d. Wiener Hausfrauen-Vereines. Hrsg.: A. Taußig. 13.—16. Jahrg. 1887—1890. à 52 Nrn. (B.) Fol. Wien, (Perles). à Jahrg. n. 10. —

Hausfrauen-Zeitung, Wiener. Organ f. hauswirtschaftl. Interessen. Hrsg.: Adf. Taussig. 17.—20. Jahrg. 1891—1894. à 52 Nrn. (à ca. 1 Bog.) Fol. Wien, (M. Perles). à Jahrg. n. 10. —

— Wiener. Organ f. hauswirthschaftl. Interessen. Hrsg.: Adf. Tauszig. 21.—24. Jahrg. 1895—1898. à 52 Nrn. (à 8 S.) Fol. Wien (M. Perles). à Jahrg. n. 10. — Kann auch halbjährlich bezogen werden.

— Wiener. Organ f. hauswirtschaftl. Interessen. Red.: Adf. Tauszig. 25.—27. Jahrg. 1899—1901. à 52 Nrn. Fol. (à ca. 8 S.) Wien (M. Perles). à Jahrg. n.n. 10.—

— Wiener. Organ f. hauswirtschaftl. Interessen. Hrsg. u. Red.: Jos. H. Tauszig. 29.—31. Jahrg. 1903—1905. à 52 Nrn. (à ca. 12 S. m. Abbildgn.) gr. 4. Wien (M. Perles). à Jhrg. n.n. 10. —

Hausfrauen-Zeitung, Wiener. Organ f. hauswirtschaftl. Interessen. Mit der illustr. Jugendbeilage „Für unsere Kleinen". Hrsg. u. Red.: Jos. H. Tauszig. 32. u. 33. Jahrg. 1906 u. 1907. Je 52 Nrn. (à ca. 16 S. m. Abbildgn. u. 4 S. in Lex. 8.) 36×26 cm. Wien (M. Perles). à Jhrg. nn 10. —

Hausfreuden. Handbüchlein f. Mütter beim ersten Unterricht. br. 8. (67 S.) Berlin 848, Bessers Verl. (Frz. Duncker). n. 18 ngr

Hausfreund (auch: Der Hausfreund)
v. Appenzeller Volksfreund (II), Schweizerische Bodensee-Zeitung. Bülach-Dielsdorfer Volksfreund. Der Landbote (Zh). Schweizer Kriminal-Zeitung. Volksblatt aus dem Bezirk Andelfingen. Zofinger Tagblatt. Zofinger Volksblatt.

Hausfreund: Der Hausfreund, oder Beiträge zu einem angenehmen und nützlichen Leben
v. Der Waldstätter-Bote.

— s. a.: Köhler's Wirtschaftsfreund.

Hausfreund. Literarische Beilage zur „Saratowschen Deutschen Zeitung"

Hausfreund, der — Zur Belehrung und Unterhaltung im häuslichen Kreise.
Zugabe zum Pusterthaler Boten. 1/4 Bogen in 8°.
Vgl. Hausfreund, Christlicher.

— der,. Singsp. in 3 A. a. d. Franz. d. Marmontel. 8. Frankf. Andreä. 774.

Hausfreund, Der, ein Singspiel a. d. Franz. nach Marmontel. Meiningen 1788. Ü: *Faber, Johann Heinrich.* (GGr) (ML) (Ky)

Hausfreund, der,. Singsp. a. d. Franz. 8. Memmingen, Seiler. (a. Kösel in Kempten.) 788.

– der, e. Wochenschrift, Juli — Dec. 1798 u. Jahrg. 1799. 8. Hildesh., Gerstenberg. 2 ₰ 6 gr

Hausfreund, der, oder Lehren u. Klugheitsregeln in den nöthig. Angelegenheiten d. bürgerl. u. häusl. Lebens. 1r u. 2r Besuch. 8. Erfurt 802, 3. Keyser. (à 10 gr) 20 gr

Hausfreund, Der, oder das geheime Buch . . . Nürnberg 1806. V: *Löbenstein-Löbel, Eduard Leop.* (MGT) (Ky)

– der, oder das geheime Buch; e. Anweis., die Fruchtbarkeit unfruchtbarer Weiber zu befördern. Als Anh. zum Rathgeber beim Beischlafe. (Von Ed. L. Lobenstein-Löbel.) 8. Nürnb. 806. 2e Aufl. 809. Wind. 12 gr

Hausfreund, Der, eine Wochenschrift. Berlin 1807. H: *Cölln, Gg Friedrich Wilib. Ferd. von & Otto Frdr. Theod. Heinsius.* (MGT)

Hausfreund, Der, eine Quartalschrift. Paderborn 1820. H: *Schütz, Ernst.* (MGT)

† **HAUSFREUND,** Der. Eine Wochenschrift zur Erheiterung geselliger Freistunden. Herausg. von C. Geisheim. Jahrgang 1—12 (1821—32). Breslau, Grass, Barth. — Fortsetzung: Der Humorist. Eine Wochenschrift zur Erheiterung geselliger Freistunden. Herausgegeben von C. Geisheim. Ebd. 1833. 830 S. [Mehr nicht erschienen]. 8°.

Hausfreund, der, Monatsschrift f. d. arbeitsfreien Stunden d. Bürgers. Hrsg. v. Carl Burger. 1—12. Jahrg. 1823—34. 8. (à 24 B.) Bayreuth, Grau. à

— der, Monatsschrift für die arbeitsfreien Stunden des Bürgers. Herausg. von Carl Burger. 10r — 13r Jahrg. 1832 — 35. 8. Bayreuth, Grau. à J. 1 ₰

Hausfreund, Der. –
Hagen. – 11. III. 1826 – 30. XI. 1841.
Fortges. u. d. T.: Hagener Kreisblatt.

Hausfreund, Der, ein gemeinnütziges Wochenblatt für alle Stände. O. O. 1829. H: *Prätzel, Carl Gottlieb.* (schr)

Hausfreund, der, ein gemeinnütziges Wochenblatt f. alle Stände. Herausgeg. von K. G. Prätzel. 1829. gr. 4. Hamb., Nestler u. M. 2 ₰ 12 gr

— der, ein Tagblatt für Gewerbswesen, Gemeinnütziges, Land- u. Hauswirthschaft, Tagsneuigkeiten ꝛc. April — Dec. 1838. 4. Augsburg, Kranzfelder. 1/2 ₰ — ders. für 1839, u. d. T.: Hausfreund, der erzählende, ein Unterhaltungsblatt. 104 Numm. 4. Ebd. 2/3 ₰

„Der Hausfreund; ein Tageblatt für gemeinnütziges Gewerbewesen, Land- und Hauswirthschaft etc.", 156 Nummern, Augsburg 1839 (Kollmann).

– der, ein augsburger Morgenblatt. 9. Jahrg. 1846. 365 Nrn. (1/4 B. m. Titvign.) gr. 4. Augsburg, Fahrmbacher.

— der, ein gemeinnütziges Unterhaltungsblatt. 1r — 3r Jahrg. 1838 — 40. 52 Numm. Mit Titelvign. gr. 4. Leipzig, Pönicke u. Sohn. (à n. 2 ₰) 6 ₰
Forts. s.: Hausfreund, Der sächsische.

Hausfreund, der, (eine Beilage zur landwirthschaftl. Dorfzeitung). 1r Jahrg. 1840. 26 Numm. (1/2 Bog.) 4. Arnstadt, Meinhardt. n. 1/3 ₰

Der Hausfreund: July? 1811 › Cattawissa, PA
Edited & published by Alexander Kramer.

— der. Eine unterhaltende u. belehrende Zeitschrift für Alle, namentlich für den gebildeten Bürger u. Landmann. Herausgeg. von Wlh. Leu. 1. Jahrg. 12 Hfte. 8. Grünberg 844, Levysohn. n. 12 ngl

—— der. Eine christliche Zeitschrift der vereinigt-evangelischen Synode des Nordwestens. Redig. von Herm. Müller. 1 Jahrg. Juli 1849 bis Juni 1860. 24 Nrn. (Bog.) gr. 4. Detroit, Mich. (Philadelphia, Schäfer und Koradi.) *

Hausfreund, der. Neue Folge des „Panorama". Red. v. Jul. Brunotte [Ed. Julius]. 18. [der neuen Folge 1.] Jahrg. 1851. 12 Hfte. gr. 8. (528 S.) Prag, Haase Söhne. 1 ₰ 16 ngr.

—— ders. — für das J. 1852. Mit lehrreichen Nachrichten und lustigen Erzählungen. 4. (48 S. mit eingedr. Holzschn.) Ebds. 851. *

Der Hausfreund : June 25, 1851—?

Weekly. Edited & published by Otto Wüstrich.

St. Louis, MO

Der Hausfreund : Oct. 1852—? Milwaukee, WI

Edited by P. V. Deuster.

— der. Kirchliches Volksblatt f. Mecklenburg. Red.: Kracht. 1. Jahrg. Juli 1852—Juni 1853. 26 Nrn. gr. 4. (1/2 B.) Neubrandenburg, Brünslow. 1/2 ₰

— der. Kirchliches Volksblatt für Mecklenburg. 2—4. Jahrg. 1853—55. Red.: Kracht. — 5. u. 6. Jahrg. 1856 u. 57. Red.: Ahrendt. à 24 Nrn. (à 1/2 Bgn.) Neubrandenburg, Brünslow. 4. Jeder Jahrg. n. 10 ngr.

— der. Ein Magazin interessanter Erzählungen u. Novellen. Red.: G. Doeger. 1. Jahrg. Mai 1852 — April 1853. 26 Nrn. 4. (B.) Tangermünde, Doeger. n. 24 ngr.

Hausfreund, der. Ein Magazin interessanter Erzählungen u. Novellen. Red.: G. Doeger. 2. Jahrg. 1853. 12 Liefgn. (à 2 Bgn.) Tangermünde, Doeger. 4. n. 24 ngr.

—— dass. — Redig. von Dems. (3. und 4.) Jahrg. 1854 und 1855. à Jahrg. 24 Nrn. (1/2 Bog.) gr. 4. Ebds. à Jahrg. *

Hausfreund

— der. Eine Sammlung von Erzählungen und Geschichten mit vielen Holzschn. In 3 Abthlgn. Leipzig 853. G. Wigand. gr. 8. (104, 104, 104 S. mit 3 Stahlst., 6 Holzschn. u. Holzschn. im Text.) 15 ngr.

— der. Eine Sammlung von Erzählungen u. Geschichten mit Stahlst. u. Holzschn. 2. Bd. [4—6. Abthlg.] Leipzig 856. G. Wigand. gr. 8. (292 S. m. Holzschn., 6 Holzschntaf. u. 8 Stahlst.) 15 ngr.

— 3. Bd. [7—9. Abthlg.] Ebend. 859. gr. 8. (248 S. m. Holzschn., 32 Holzschntaf. u. 6 Stahlst.) 15 ngr.

4. Bd. [10—12. Abthlg.] Ebend. 862. gr. 8. (272 S. m. 18 Holzschntaf. u. 3 Stahlst.) 15 ngr.

— der. Eine Sammlung von Erzählungen u. Geschichten mit Stahlst. u. Holzschn. 5. u. 6. Bd. (13—18. Abthl.) Leipzig 866,69. G. Wiegand. br. 8. (324 S. mit 32 Holzschntaff. u. 3 Stahlst. u. 328 S. m. 21 Holzschntaff. u. 3 Stahlst.) Jeder Bd. 15 ngr.

— der. Eine Sammlg. v. Erzählgn. u. Geschichten mit Stahlst. u. Holzschn. 7. Bd. [19—21. Abth.] br. 8. (304 S. m. 21 Holzschntaf. u. 3 Stahlst.) Leipzig 872. G. Wigand. 1. 50

Enthält Nieritz' Volkskalender Jahrg. 1870, 1871 u. 1872 ohne Kalendarien.

Der Hausfreund : 1853—1903?

Monthly edition of CENTRAL NEW YORK DEMOKRAT. Reported in Jubiläums-Ausgabe of UTICA DEUTSCHE ZEITUNG, 1903.

Utica, NY

Der Hausfreund : 1854—? Sandusky, OH

GyAIZ: 15. III. 1859. 5 Jg.

—— der. Eine christl. Zeitschrift. Hrsg. von der deutschen vereinigt-evangel. Synode in Nord-Amerika. Redig. von Fischer. 1—4. Jahrg. Juli 1854 bis Juni 1858. à Jahrg. 24 Nrn. (Bog.) gr. 4. Sandusky. (Philadelphia, Schäfer und Koradi.) à Jahrg. *

Der Hausfreund : Mar. 23, 1854—? Weissport, PA

Weekly. Edited & published by Henry Günther & A. Schwegler.

— der. Sammlung interessanter Erzählungen u. Novellen zur Unterhaltung und Belehrung im häuslichen Kreise. 1. Sammlung. Erfurt (855.) Müller. 4. (1 Bl., 146 S. u. 12 Lithogr.) 5 ngr.

Der Hausfreund ... 10.—12. 14.—16. 20.—22. 25.—30. Jahrgang. Berlin. Verlag der Hausfreund-Expedition E. Graetz ... 1867—1869. 1871—1873. 1877—1879. 1882—1887. Mit Abb. 4°

XVI ff.: Leipzig. Verlag von Thiele & Freese. — XX ff.. Leipzig. Verlag des Hausfreundes. — XXV Leipzig A. Bergmann. — XXVI ff. Breslau Druck und Verlag von S. Schottlaender.

Erschienen 1858—1901

Hausfreund, der. Illustrirtes Familienbuch. Red.: Hans Wachenhusen. 2—7. Bd. à 12 Hefte (à 3 Bgn. m. Holzschn.). Berlin 860—63. Verlags Comptoir. gr. 4. Jeder Jahrg. 2 ₰

Bd. 1 s.: Hausfreund, Der illustrirte.

Hausfreund, der. Illustrirtes Familienbuch. Redigirt von Hans Wachenhusen. Mit Holzschnitten. 6. Bd. 12 Hefte. gr. 4. (à 6 Bg.) Wien. Förster & Bartelmus. 1864

Hausfreund, der. Illustrirtes Familienbuch. Redigirt von Hans Wachenhusen. 7. Bd. 12 Hefte. (à 6 Bgn.) gr. 4. Wien, Bartelmus. 1864 à 50 kr.

—— dass. — 8.—10. Jahrg. 1865—67. à Jahrg. 52 Nrn. (à 2 Bog. mit eingedr. Holzschn.) gr. 4. Berlin, Expedition. à Jahrg.
Ausg. in 16 Heften. à Heft

Hausfreund

Der Hausfreund. Illustrirtes Familienbuch. Hrsg. von Hans Wachenhusen. Jg. ...
Berlin: Graetz 4°
10 (1867), Nr 25-37.38-47. 11 (1868), Nr 1-12.37-48.

Inhalt:
Romane, Erzählungen, Skizzen.- Reisen und Schilderungen von Land und Leuten.- Wissenschaftliche und gemeinnützige Aufsätze.- Historisches, Charakteristiken und Biographien.- Feuilleton.- Illustrationen.- Gedichte.-

—— der. Illustrirtes Volksblatt. Hrsg. von Hans Wachenhusen. 11.—16. Jahrg. 1868—1873. à Jahrg. 52 Nrn. (à 2 Bog. mit eingedr. Holzschn.) gr. 4. Berlin, Expedition. Ausg. in 16 Heften à Heft * 50 Pf.; à Jahrg. *

— dasselbe. 16. Jahrg. 1873. Supplement-Heft. gr. 4. (S. 753—816.) Ebend. 874. n. — 50

— Illustrirtes Familienblatt. Red.: Moritz Lilie, W. Krüger u. H. Roskoschny. 17—20. Jahrg. 1874—1877 à 52 Nrn. (2 B. m. eingedr. Holzschn.) gr. 4. Leipzig, Verlag d. Hausfreund. à Jahrg. n. 6. 40; in Hftn. à — 50

— der. Illustrirtes Familienblatt. Red. v. Herm. Roskoschny. 21. Jahrg. 1878. 52 Nrn. (2 B. m. eingedr. Holzschn.) Mit Gratis-Beilage: Hausschatz f. Unterhaltung u. Belehrung. 2. Bd. Jahrg. 1878. 26 Nrn. (½ B.) gr. 4. Breslau, Schottländer. n. 6. 40; in 26 Hftn. à — 35

— dasselbe. 22—24. Jahrg. 1879—1881. à 52 Nrn. (2 B. m. eingedr. Holzschn.) gr. 4. Ebend. à Jahrg. n. 6. —; in 26 Hftn. à — 30

— dasselbe. Begründet v Hans Wachenhusen. Red.: Herm. Tischler. 25. Jahrg. 1881/82. 52 Nrn. (à 2—3 B. m. eingedr. Holzschn.) gr. 4. Ebend. 6. —

Hausfreund, der. Illustriertes Familienblatt. Red.: Karl Teschner. 26—29. Jahrg. 1882—1886. à 52 Nrn. (2 B. m. eingedr. Holzschn.) gr. 4. Breslau, Schottländer. à Jahrg. 6. —; in Hftn. à — 30

—— Illustr. Familienblatt. Redact.: Karl Teschner. 29.—32. Jahrg. 1885/86, 1886/87, 1887/88 und 1888/89. à Jahrg. 52 Nrn. (à Nr. 2 Bog. mit eingedr. Holzschn.) gr. 4. Breslau, Schottländer. à Jahrg. * In 26 Heften à

Hausfreund, der. Illustrirtes Familienblatt. Red.: O. Wilda. 30.—33. Jahrg. Oktbr. 1886—Septbr. 1890. à 52 Nrn. (2 B.) gr. 4. Breslau, Schles. Verlags-Anstalt. à Jahrg. n. 6. —; in 26 Hftn. à n. — 30

— der. Illustrirtes Familienblatt. Red.: Osk. Wilda. 35. u. 36. Jahrg. Octbr. 1891—Septbr. 1893. à 52 Nrn. (2 Bog.) gr. 4. Breslau, Schlesische Verlags-Anstalt. à Jahrg. n. 6. —; in 26 Hftn. à — 30

— dasselbe. 37. Jahrg. Oktbr. 1893—Dezbr. 1894. 65 Nrn. (2 Bog.) gr. 4. Ebd. n. 7. 50; in Hftn. à — 30

Hausfreund, der. Familienblatt. Red.: Osk. Wilda. 38. u. 39. Jahrg. 1895—1896. à 52 Nrn. (à 2 Bog.) gr. 4. Breslau, Schles. Buchdruckerei rc. à Jahrg. n. 6. —; in Hftn. à — 30

– dasselbe. 40. Jahrg. (Jan.—Septbr.) 1897. 39 Nrn. (à 2 Bog.) gr. 4. Ebd. n. 4. 50

Hausfreund, der. Familienblatt. Red.: Osk. Wilda. 41. u. 42. Jahrg. Oktbr. 1897—Septbr. 1899. à 52 Nrn. (à 2 Bog.) gr. 4. Breslau, Schles. Buchdruckerei rc. à Jahrg. n. 6. —; in Hftn. à — 30
Kann auch vierteljährlich bezogen werden.

Hausfreund, der. Illustrirtes Familienblatt. Red.: Osk. Wilda. 43. u. 44. Jahrg. Oktbr. 1899—Septbr. 1901. à 52 Nrn. Nebst Beilagen à 13 Nrn.: 1. Der Kinderfreund. — 2. Die Küche. — 3. Die Mode. — 4. Das Möbel. gr. 4. (à ca. 16 u. 4 S.) Breslau, Schles. Buchdruckerei rc. à Jahrg. 6. —; auch in 26 Hftn. à — 30
Fortsetzung s.: Wochen-Zeitung, neue, illustrierte.

— der. Oder: Wohlmeinender Rathgeber für Krankenzimmer, Haushaltung, Landwirthschaft, Gartenkunst, Industrie und Gewerbe in bewährten Recepten. Trier 859 Lintz. 16. (324 S.) 12½ ngr.

— der. Illustrirter Kalender. 1861. Ein Familienbuch für Belehrung u. Unterhaltung. Marburg, Koch. 8. (160 S. m. Holzschn. u. 1 Holzschntaf.) 6 ngr.

— der. Evangelisches Kirchenblatt, hersg. von einem Vereine unirter Prediger. 8—13. Jahrg. 1862—68. à Jahrg. 24 Nrn. (Bog.) gr. Fol. Chicago, Ill. (Philadelphia, Schäfer & Koradi.) Jeder Jahrg. n. 2 $ 10 ngr.

Der **Hausfreund.** Kirchliches Volksblatt. Hrgg. v. Jasper Wald. Jg. 8. Eckernförde. 1862. 4°.

—— der. Kleiner katholischer Kalender für das gemeine Jahr 1862. 1. Jahrg. Mit 12 Monats-Illustrationen und mehreren Holzschnitten. gr. 8. (47 S. u. Anhang: Alphabet. Verzeichniß der Jahrmärkte.) Prag. Styblo. 24 kr.

—— Kleiner katholischer Kalender für das Schaltjahr 1864. 3. Jahrg. 4. (54 S.) Prag. Styblo. 24 kr.

Hausfreund

—— der. Sammlung interessanter Novellen, Erzählungen, Skizzen aus der Geschichte und der Natur, Gedichte, Anekdoten, Aphorismen rc. Zur Unterhaltung und Belehrung im häusl. Kreise. 4. Jahrg. 8. (III, 146 S. mit 4 Orig.-Stahlst.) Berlin 869, Boettcher.

—— dass. — 5. Jahrg. Mit Beiträgen von Geo. Hiltl, Jenny Hirsch, Aug. Silberstein. 8. (III, 148 S. mit 5 Orig.-Stahlst., zahlreichen eingedr. Holzschn. und 1 lithogr. Eisenbahn- und Verkehrskarte von Deutschland in qu. Fol.) Ebendas. 870.

—— dass. — Mit Beiträgen von Jenny Hirsch, Karl Ruß, Rich. Andree rc. 6. Jahrg. mit vergleichenden Tab. der neuen Maaß- und Gewichtskunde. 8. (160 S. mit eingedr. Holzschn. und 4 Stahlst.) Ebendas. 871.

Vgl. Hausfreund, Der illustrirte.

— der. Katholischer Kalender für 1870. Köln u. Neuß. Schwann. 16. (160 S. mit eingedr. Holzschn. u. 2 Holzschntaff. wovon 1 in qu. 4.) n. 5 ngr; Ausg. ohne Kalend. n. 4 ngr.

— — Ausg. in 8. (XXXII, 176 S. mit in den Text eingedr. Holzschn., 8 Holzschntaff. u. 1 lith. Notenbeilage.) n. 10 ngr; cart. n. 12½ ngr; ohne Kalendarium n. 8 ngr.

—— dass. — für 1871. 16. (160 S. mit eingedr. Holzschn. und 2 Holzschntaf., wovon 1 in qu. 4.) Ebendas. 870. * Ohne Kalendarium *

—— dass. — für 1872 und 1873. 8. (XVI, 184; XVI, 168 S., mit eingedr. Holzschn.) Freiburg i. Br. 871,72, Herder'sche Verlagsh. à Jahrg. *

—— dass. — für 1874 und 1875. Hrsgbr.: Pachtler. 8. (168; XII, 200 S., mit eingedr. Holzschn.) Ebendas. 873,74. à Jahrg. *

Hausfreund, der. Katholischer Kalender für 1876. Hrsg. von G. M. Pachtler. 8. (193 mit eingedr. Holzschn.) Freiburg i. Br., Herder'sche Verlagsh. 1 —

—— dass. — für 1877 und 1878. Hrsg. von G. M. Pachtler. 8. (142 S. mit eingedr. Holzschn. und 1 Stnt. in 4.; XXXII, 151 S. mit eingedr. Holzschn. und 1 Holzschntaf.) Amberg, Habbel. à Jahrg. * — 80

—— dass. — für 1879 und 1880. Hrsg. von Jos. Spillmann. 8. (XVI, 160; XVI, 159 S. mit eingedr. Holzschn. und Holzschntaf.) Ebendas. à Jahrg. * — 80

Hausfreund: Der Hausfreund (Be)
① Schweizer Blätter zur Unterhaltung und Belehrung für das Volk ⑤ 1872–1892 ⑥ 4° ⑦ Wochenblatt ⑧ Bern: Lang & Comp.; Suter & Lierow ⑩ Oswald Schön; ab 1874: eine Anzahl schweizerischer Schriftsteller ⑪ Otto Sutermeister ⑫ Unterhaltungsblatt ⑬ BGSZ ⑭ Be: L, S ⑮ Gratisbeilage von: «Berner Tagespost», «Berner Post und Tagblatt der Stadt Bern» und «Allgemeine Zeitung für Dorf und Stadt».

—— der. Schweizer Blätter zur Unterhaltung und Belehrung für das Volk. Hrsg. von einer Anzahl schweizer. Schriftsteller. 1.—8. Jahrgang. Octbr. 1872—Septbr. 1880. à Jahrg. 52 Nrn. (Bog.) gr. 4. Bern, (Huber und Comp.) à Jahrg. *

Hausfreund, der. Schweizer Blätter zur Unterhaltung und Belehrung für das Volk. Hrsg. von einer Anzahl. schweizer. Schriftsteller. 9.—13. Jahrg. Oktbr. 1880—Septbr. 1885. à Jahrg. 52 Nrn. (Bog.) gr. 4. Bern, (Huber und Comp.) à Jahrg. *

Hausfreund, der. Schweizer Blätter zur Unterhaltung und Belehrung für das Volk. Redact.: O. Sutermeister. 14. und 15. Jahrg. Oktbr. 1885—Septbr. 1887. à Jahrg. 52 Nrn. (Bog.) gr. 4. Bern, (Huber und Comp.) à Jahrg. *

Hausfreund, der. Schweizer Blätter zur Unterhaltung und Belehrung für das Volk. Redaction: *O. Sutermeister.* 52 Nrn. in-4⁰. XVI. Bd. 1887—88. Bern, Suter & Lierow. Jährlich 4 —

Hausfreund, der. Schweizer Blätter zur Unterhaltung und Belehruug für das Volk. Redaktion: *O. Sutermeister.* 52 Nrn. in-4⁰. XVII. Bd. 1888—89. Bern, Suter & Lierow. Jährlich 4 —

— Schweizer Blätter zur Unterhaltg. u. Belehrg. f. das Volk. Red.: O. Sutermeister. 15.—18. Jahrg. Oktbr. 1886—Septbr. 1890. à 52 Nrn. (B.) gr. 4. Bern, (Huber & Co.). à Jahrg. n. 4. 40

Der **Hausfreund.** Illustr. Blätter zur Unterhaltung u. Belehrung. Mit Gratisbeilage: Schweizer illustr. Extrablatt. 19. Jahrgang 1890/91. (52 N⁰). Hrsg. von *J. Frey.* N⁰ 1. Gr. in-4⁰. 8 u. 4 S. Zürich, Verlag des „Hausfreund". Jährlich 5 — Weltpostverein 8 —

Hausfreund, der. Illustrirte Blätter zur Unterhaltg. u. Belehrg. Hrsg. unter Mitwirkg. e. Reihe schweiz. Schriftsteller v. Otto Erb. 20. u. 21. Jahrg. Oktbr. 1891—Septbr. 1893. à 52 Nrn. (Bog.) gr. 4. Zürich. (Bern, H. Körber.) à Jahrg. n. 5. —

Hausfreund: Der Hausfreund (Zh)
① Illustrierte Blätter zur Unterhaltung und Belehrung ⑤ 1873—1891—? ⑥ 2° ⑦ Wochenblatt ⑧ Wädenswil: A. Stutz ⑨ Illustriertes Extrablatt (seit 1890) ⑪ Jean Frey, Zürich (?—1890—9. 5. 1891), Otto Erb, Zürich (16. 5. 1891—30. 4. 1891—?) ⑫ Unterhaltungsblatt mit illustrierten Berichten über Tagesereignisse ⑬ Be: L (12. 4. 1890—30. 4. 1891).

Der Hausfreund: 1872—1875? **Richmond, IN**
Weekly. Circulation: 1875, 500 (est.). Edited & published by M. Walterman.

Der Hausfreund: Nov. 12, 1873—April 17, 1939. **Milwaukee, WI**
First owner and publisher: Georg Brumder. Very popular weekly.

— **der.** Wochenblatt f. das kathol. Volk. 1. u. 2. Jahrg. 1874 u. 1875 à 52 Nrn. (1/2—3/4 B. m. eingedr. Holzschn.) Lex.-8. Amberg, Habbel. à Jahrg. n. 2. —

— dasselbe. 3. Jahrg. 1876. 52 Nrn. (à 1/2—3/4 B. mit eingedr. Holzschn.) Lex.-8. Ebend. 2. 40

— der. Wochenblatt f. das kathol. Volk. 4. Jahrg. 1877. 52 Nrn. (à 1/2—3/4 B. m. eingedr. Holzschn.) Lex.-8. Ebend. 2. 40

— dasselbe. 5. u. 6. Jahrg. 1878 u. 1879. à 52 Nrn. (à 1/2—3/4 B. m. eingedr. Holzschn.) Lex.-8. Ebend. à Jahrg. 2. 60

Hausfreund

— der, 1875. Augsburger Schreibkalender hrsg. von der Redact. des Wochenblattes für's christliche Volk. 4. (24 S.) Augsburg 874, Schmid's Verlag.

— der, 1876 und 1877. Augsburger Schreibkalender hrsg. von der Redaction des Wochenblattes für's christl. Volk. 4. (51; 56 S. mit eingedr. Holzschn.) Augsburg, Schmid'sche Verlagsh. Jahrg. 1876 27 Pf.; Jahrg. 1877 — 30

— dass. — 1878—1880. Augsburger Schreibkalender. gr. 4. (56; 54; 60 S. mit eingedr. Holzschn.) Ebendas. à Jahrg. — 30

— der. Augsburger Schreibkalender. 1881—1885. 4. (à Jahrg. ca. 60 S. mit eingedr. Holzschn.) Augsburg, Schmid'sche Verlagsh. à Jahrg.

— Augsburger Schreibkalender 1886—1889. 4. (à Jahrg. ca. 60 S. mit Illustr. und 1 Wandkalender.) Augsburg, Schmid's Verlag. à Jahrg.

— der. Augsburger Schreibkalender 1890—1893. 16.—19. Jahrg. 4. (à Jahrg. ca. 50 S. m. Abbildgn. u. Wandkalender.) Augsb., Schmid's Verlag. à Jahrg. — 30

— der. Augsburger Schreibkalender 1895. 21. Jahrg. 4. (56 S. m. Abbildgn. u. Wandkalender.) Augsburg, B. Schmid's Verl. — 30

— der. Augsburger Schreibkalender 1899. 25. Jahrg. 4. (40 u. 19 S. m. Abb. u. Wandkal.) Augsburg, B. Schmid's Verl. — 30

— der. Augsburger Schreibkalender 1903. 29. Jahrg. 4. (40 u. 16 S. m. Abbildgn. u. Wandkalender.) Augsburg, B. Schmidt's Verl. — 30

— der. Augsburger Schreibkalender 1907. 33. Jahrg. (40 u. 21 S. m. Abbildgn. u. Wandkalender.) Lex.-8. Augsburg, B. Schmid. — 30

- der. Augsburger Schreibkalender 1911. 37. Jahrg. Hrsg. v. G. Wagner. Den astronom. Tl. lieferte Adalb. Eckerlein, O.S.B. (44 u. 20 S. m. Abbildgn. u. Wandkalender.) Lex. 8. Augsburg, B. Schmid. — 30

Hausfreund. Evangel. Volks-Kalender. Jg 1, 1880 ff. — Warschau: Mietke [1879] ff.

— **der.** Illustrirter Familien-Kalender f. d. J. 1885. 5. Jahrg. gr. 8. (126 S.) Buffalo, N. Y. Chicago, (Mühlbauer & Behrle). 1. —

Hausfreund, der. Illustrirter Familien-Kalender für die J. 1886—1889. 9. Jahrg. gr. 8. (à Jahrg. ca. 128 S. mit Bildern in Tondr. und zahlreichen Illustr. im Text.) Buffalo, N. Y. Chicago, (Mühlbauer und Behrle.) à Jahrg.

— Illustrirter Familien-Kalender f. d. J. 1890. 10. Jahrg. gr. 8. (132 S. m. Illustr. u. 12 Bilder in Tondr.) Chicago, Ill., (Mühlbauer & Behrle). n. 1. —

— der. Illustrirter Familien-Kalender f. d. J. 1893. 13. Jahrg. gr. 8. (144 S. m. Textillustr. u. 12 Bildern in Tondr.) Chicago, Ill., (Mühlbauer & Behrle). n. 1. —

Der Hausfreund: Jahrgang 1—5, no. 1, Feb. 1889—Oct. 1892
Monthly. Sub title: Ein monatliches Familienblatt zur Belehrung und Unterhaltung. Organ der deutschen Methodisten-Gemeinde. Kirchlicher Anzeiger. Organ of the Deutsche Methodisten-Kirche. Large quarto, each issue 4 pages. Edited by C. D. Hemrich & J. C. Leist, & published by the City Mission Publishing Co., of Pittsburgh, Pa., in the interests of the German M. E. Church of Newton.
Newton, KS

Hausfreund, Der. Evangelischer Kalender für Oesterreich Ungarn 1892. Kl.-4. (193 S.) Cart. Währing: C. Stock. —.75

Hausfreund, Der, Evangelischer Kalender für Oesterreich-Ungarn 1894. 4. (218 S.) Cart. —.75
Währing: C. Stock.

— der. Evangelischer Kalender f. Oesterreich-Ungarn. 1895. 4. (188 S. m. Abbildgn.) Wien, C. Stock. Kart. 1.50.

Der **Hausfreund**. Zeitschr. für Gemeinde und Haus. Organ der Baptistengemeinden in Polen. Jg. I ff. – Lodz: „Kompas" (früher: Knoff) 1895 ff.

Der Hausfreund: Jahrgang 1–28, no. 1125, Aug. 1897–Nov. 26, 1924.
Fortnightly. Sub-title: Ein deutsches Unterhaltungsblatt für die Feierstunden. Beginning with Jahrgang 3, no. 4, Oct. 4, 1899, issued alternate weeks with DEUTSCH-AMERIKANISCHER FARMER, and numbered with H prefixed to issue number.
Title varies: DER HAUSFREUND UND DEUTSCH-AMERIKANISCHER FARMER, Oct. 4, 1899–Nov. 26, 1924. Large quarto, each issue 8 pages; paged continuously; illustrated
Edited by Christ. Landmann, & published by Press Publishing Co., 1897–1924.
Lincoln, NE

— der. Illustrirter Kalender f. d. J. 1898. 4. (76 S. m. 1 Farbdr. u. 1 Wandkalender.) Berlin, Spiller & Co. — 50

— der. Christlicher Volkskalender auf d. Jahr 1899. 16. Jahrg. M. farb. Wandspruche z. Aufhängen u. 1 Wandkalender als Gratisbeigaben. 4. (248 Sp. m. Abb.) Kassel, E. Röttger. n. — 40

— der. Christlicher Volkskalender auf d. J. 1902. 19. Jahrg. Hrsg. v. Heinr. Möller. Mit farb. Wandspruche zum Aufhängen u. 1 Wandkalender als Gratisbeigaben. 4. (242 Sp. m. Abbildgn.) Kassel, E. Röttger. n. — 40

— der. Illustrierter Familien-Kalender auf d. J. 1906. 23. Jahrg. (79 S. m. 1 Taf. u. Wandkalender. 8. Kassel, F. Lometsch. n. — 40
Fortsetzung, s.: Volkskalender, hessischer.

Hausfreund: Jahrgang 1, no. 1, Oct 1899–1941? Sao Paulo
Weekly

— der, ev.-luth. Kalender auf d. J. 1899. Hrsg. v. O. H. Th. Willkomm. 16. Jahrg. gr. 8. (119 u. 14 S. m. Abb., 1 Wandkal. u. 1 Blumenkarte.) Zwickau, J. Herrmann. n. — 40

— der ev.-luth. Kalender auf d. J. 1903. Hrsg. v. O. H. Th. Willkomm. 19. Jahrg. gr. 8. (110 u. 16 S. m. Abbildgn., 1 Farbdr. u. Wandkalender.) Zwickau, J. Herrmann. n. — 40

— der, ev.-luth. Kalender auf d. J. 1911. Hrsg. v. O. H. Th. Willkomm. 27. Jahrg. (112 u. 16 S. m. Abb. u. Wandkalender.) 8. Zwickau, J. Herrmann. — 40

Hausfreund. Der Hausfreund. Kalender für das Schweizer-Volk. Hrg. vom Verein für Verbreitung guter Schriften Section Bern. Jahrg. 1. 1901. [Illustriert.] IV + 112 S. 4. Bern, A. Benteli & Co. fr. —. 40

Hausfreund. Der Hausfreund. Kalender für das Schweizer-Volk. Hrg. vom Verein für Verbreitung guter Schriften Section Bern. Jahrg. 2. 1902. [Mit Illustrationen und 3 Tafeln.] IV + 112 S. 4. Bern, A. Benteli. fr. —. 40

Hausfreund. Der Hausfreund. Kalender für das Schweizer-Volk. [Jahrg. 3,] 1903. [Mit Illustrationen und 2 Tafeln.] IV + 128 S. 4. Bern, A. Benteli. fr. —. 40

Hausfreund. Der Hausfreund. Kalender für das Schweizer-Volk. 1904. [Mit Illustrationen und 2 Tafeln.] IV + 144 S. 4. Bern, A. Benteli. fr. —. 40

Hausfreund. Der H'. Kalender für das Schweizer-Volk. 1905. [Mit Illustrationen und 2 Tafeln.] IV + 128 S. 4. Bern, A. Benteli. fr. —. 40

Hausfreund. Der H'. Kalender für das Schweizer-Volk. 1906. [Mit Illustrationen und 1 Tafel.] IV + 128 S. 4. Bern, A. Benteli. fr. —. 40

Hausfreund. Der H'. Kalender für das Schweizer-Volk. 1907. [Mit Illustrationen und 1 Tafel.] IV + 128 S. 4. Bern, A. Benteli. fr. —. 40

Hausfreund. Der H'. Kalender für das Schweizer-Volk. 1908. [Mit Illustrationen und 1 Tafel.] IV + 128 S. 4. Bern, A. Benteli & Co. fr. —. 40

Hausfreund. Der H'. Kalender für das Schweizer-Volk. 1909. [Mit Illustrationen und 1 Tafel.] IV + 128 S. 4. Bümpliz, Buch- und Kunstdr. Benteli A.-G. fr. —. 40

Hausfreund. Der H'. Kalender für das Schweizer-Volk. 1910. [Mit Illustrationen und 1 Tafel.] IV + 128 S. 4. Bümpliz, Benteli A.-G. fr. —. 40

Hausfreund. Der H'. Kalender für das Schweizer-Volk. 1911. [Mit Illustrationen und 1 Tafel.] IV + 114 S. + *Anzeigen*. 4. Bümpliz. Benteli A.-G. fr. —. 40

Der **Hausfreund**. Ill. Monatsschrift f. d. christl. Leben. Hrsg. von Emil Richter. No 1. Berlin: E. Richter 1906. 4° [F.] 06. 15039

Hausfreund, der. Illustrierte Monatsschrift f. das christl. Leben. 1. Jahrg. Mai—Dezbr. 1906. 8 Nrn. (à ca. 8 S.) 4. Berlin, Emil Richter. n. — 80

Hausfreund, der. Illustr. Monatsschrift f. das christl. Leben. 2. Jahrg. 1907. 12 Nrn. (à ca. 8 S.) 34×26 cm. Berlin, Emil Richter. 1. 20

Der **Hausfreund**. Kirchl. Monatsblatt d. ev. Gemeinde Langenweddingen. Hrsg. von Ernst Moeller, Superint. a. D. Als Hs. gedr. Jg. 1. Langenweddingen 1906: O. Hasert in Rummelsburg. 8° [F.] 08. 1690 3

— der. Schweizerisches Wochenblatt zur Unterhaltg. u. Belehrg. f. das Volk. (Ehemals „Neuer Hausfreund".) Red.: Eug. Sutermeister. 28. Jahrg. Oktbr. 1909—Septbr. 1910. 52 Nrn. (IV, 416 S.) 30,5×23,5 cm. Bern, Stämpfli & Co. Postfrei nn 5. 60
Vergl.: Hausfreund, neuer.

Hausfreund, der. Illustrierter Familien-Kalender f. Stadt u. Land f. d. J. 1910. Mit e. ausführl. Verzeichnis aller Messen u. Jahrmärkte. 3. Jahrg. (82, VIII u. 23 S. m. 1 Taf. u. Wandkalender.) gr. 8. Winterberg, J. Steinbrener. — 50

Hausfreund: Aargauischer Hausfreund
① Brugger Anzeiger. Publikationsorgan für Stadt und Bezirk Brugg sowie die Umgebung (1. 1. 1907). Offizielles Organ der Bauernpartei des Bezirkes Brugg (1919). Offizielles Organ der Aargauischen Bauern- und Bürgerpartei (1920) ④ Brugger General-Anzeiger ⑤ 1864—1939 ⑥ 2° ⑦ wöchentlich 2× ⑧ Brugg: Dülli. Effingerhof (seit 1867). Zeitungs-Verein (1. 1. 1903—24. 11. 1906). Effingerhof (seit 25. 11. 1906) ⑩ Buchdrucker Dülli (bis 1866). Effingerhof (1867—1900). Brugger Zeitungs-Verein AG (1903—1906). Effingerhof (seit 1903) ⑫ zuerst freisinnig, dann Bauernpartei ⑬ Brugger Tagblatt 1950, Nr. 71 ⑭ Be: L (1913—1939) ⑮ Auf den 1. 1. 1907 wurde der Brugger Anzeiger mit dem Hausfreund verschmolzen. -- BGSZ 12 (S. 150) kennt noch eine Zeitung »Der Aargauische Hausfreund« mit Gründungsjahr 1865. Es handelt sich aber um die gleiche Zeitung.

J. D.: „Der allgemeine Hausfreund auf dem Lande, oder vollständige Beschreibung aller beim Acker-, Garten- und Obstbau, bei der Viehzucht, dem Forstwesen, der Fischerei, in Bausachen und andern Theilen der Oekonomie vorkommenden Beschäftigungen und nützlichem Erbrebe. Alles nach den erprobten Vorschriften und eignen Erfahrungen", 1. Teil: „Feldwirthschaft", 2. Teil: „Hauswirthschaft", München 1828 (Lindauer); Neue Auflage u. d. T.: „Neuer Hausfreund . . . .", ebenda 1830.

—— altmärkischer. Kalender f. d. J. 1890—93. 8.—11. Jahrg. 8. (à Jahrg. ca. 130 S. m. Illustr.) Stendal, Nachtigal. à Jahrg. ** — 40

— altmärkischer. Kalender f. d. J. 1890. 11. Jahrg. 8. (46 u. 71 S. m. Illustr.) Stendal, Nachtigal. n.n. — 40

— altmärkischer. Kalender f. d. J. 1899. Gegr. 1880 v. C. F. Nachtigal, d. Verein f. Inn. Mission in d. Altmark 1895 übergeben. Hrsg. v. P. Boy u. L. Lange. 20. Jahrg. 8. (40 u. 78 S. m. Abb.) Stendal, Verein f. Inn. Mission in d. Altmark. n. — 40

— altmärkischer. Kalender f. d. J. 1900. Gegründet 1880 v. C. F. Nachtigal, dem Verein f. Innere Mission in der Altmark 1895 übergeben. Hrsg. v. L. Lange. 21. Jahrg. 8. (40 u. 97 S. m. Abbildgn.) Stendal, Verein f. Innere Mission in der Altmark. n. — 40

Der Amerikanische Teutsche Hausfreund und Baltimore Calender: Baltimore, MD
Nos 1–26, 1822–1846
Edited and published by Johann T. Hanzsche

Hausfreund

— der ärztliche. Zur Förderung der Gesundheitspflege und Kenntniß des menschlichen Körpers u. der Natur Aerzten u. Nichtärzten gewidmet von R. Froriep. 1. Bd. 52 Nrn. (à 1 Bgn. mit Lithogr.) Weimar 853. Landes-Industrie-Comptoir. gr. 8. n. 5 rß

— — 2. Bd. 52 Nrn. (à 1 Bgn. mit lith. Abbildgn.) Erlangen (857.) Enke. gr. 8. n. 3 rß 4 ngr

— der ärztliche. Organ f. Gesundheitslehre, Natur- u. Heilkunde, dem gebildeten Publikum gewidmet Hrsg.: Heinr. Koch. Jahrg. 1874 u. 1875 à 24 Nrn. (à 1—2 B.) 4. Dresden. Berlin. Grieben. à Jahrg. n. 4. —

—— ärztl. Organ f. Gesundheitslehre, Natur- u. Heilkunde. Hrsg. v. A Moschkau. Mitred.: R Schmidt. 4. Jahrg. 1876. 12 Nrn. (à 1—2 B.) 4. Dresd. Berl., Grieben. n. 3. —

— der ärztliche. Gemeinverständl. Belehrgn. f. Gesunde u. Kranke. Hrsg. v. A. Kühner. 1. Jahrg. 1895. 24 Nrn. (Bog. m. Abb.) gr. 4. Leipzig, R. Böhm. 2. 40

— dasselbe. 2. Jahrg. Jan.—Juni 1896. 12 Nrn. (Bog. m. Abb.) gr. 4. Ebd. 1. 20
Weiter nicht erschienen.

— ärztlicher. Gemeinverständliche Monatsschrift f. häusl. Gesundheitspflege. Unter Mitwirkung v. Professoren u. prakt. Aerzten hrsg. v. F. E. Clasen. 1. u. 2. Jahrg. 1904 u. 1905. à 12 Nrn. (à ca. 8 S.) Lex.-8. Hamburg, C. Jensen. à Jhrg. n. 1. 60

Hausfreund, der Badische. Kalender für die Jahre 1841—1844. 4. Heidelberg 840—43, Groos. à n. 1/12 rß

Haus- und Kinderfreund, Barmer. Redact.: Thümmel. 17.—21. Jahrg. 1875—1879. à Jahrg. 52 Nrn. (à 1/2 Bog.) gr. 4. Barmen, (Wiemann.) à Jahrg. *

Haus- u. Kinderfreund, Barmer. Red.: Kind. 22—24. Jahrg. 1880—1882. à 52 Nrn. (1/2 B.) gr. 4. Barmen, Wiemann in Comm. à Jahrg. n. 3. —
cf.: Kinderfreund, Barmer.

Haus- u. Kinderfreund, Barmer. Red.: Kind. 25. Jahrg. 1883. 52 Nrn. (1/2 B.) gr. 4. Barmen, (Wiemann). n. 3. —
cfr.: Sonntagsblatt, Barmer.

Haus und Bauernfreund: 1873–1901 Milwaukee, WI
Weekly. Published by Germania Press.

—— bergischer, für das J. 1878. 1. Jahrg. 8. (128 S. mit 1 Holzschntaf.) Lindlar, Stelberg'sche Buchh. *

—— dass. — Kalender für das katholische Volk für die J. 1879 und 1880. 2. und 3. Jahrg. Hrsg. von W. Vogel. 8. (134; 148 S. mit eingedr. Holzschn.) Ebendas. à Jahrg. *

— Bergischer. Kalender für das kathol. Volk für das Jahr 1881. Illustr. 4. Jahrg. Hrsg. v. W. Vogel. 8. (154 S. m. eingedr. Holzschn.) Lindlar, Stelberg. — 50

— der Brandenburgische. Ein Kalender f. den Bürger u. Landmann auf d. J. 1822—24. 4. Berl., Dümmler. (822. 9 ngr 23 u. 24. à 10 ngr) 1 rß 5 ngr

— der, des katholischen Bürgers u. Landmanns, herausgeg. von mehrern Geistlichen. Redig. v. C. Schröder. 1. Jahrg. 1843. 52 Numm. (Bog.) gr. 4. Vechta 843. (Bremen, Kaiser.) n. 1 7/8 rß

Der Christliche Hausfreund: Jahrgang 1, no. 1–51, Apr 1, 1826–Mar. 31, 1857
Weekly. Lutheran in character. Large quarto, each issue 4 pages. Edited & published by Joseph Ehrenfried. Printed by Johann Bar, Lancaster.
Lancaster, PA

— der christliche, eine Samml. von Betrachtungen, Lebensbeschreibungen, geschichtl. Mittheilungen u. Gedichten zur Belehrung u. Erbauung für Solche, welche nach dem Wege des Heils fragen. Herausg. v. S. Richter. gr. 8. Frankfurt 834. Brönner. n. 11/12 rß — 2e neu geordnete Aufl. A. u. d. T.: Hausfreund, der christl., Samstagsblatt rc. 1r Jahrg. 1834. gr. 8. Ebd. 837. 11/12 rß

— der christliche, Samstagsblatt zur Erbauung der Seelen in Christo. Herausg. von dem evangel. Vereine in Frankfurt a. M. durch S. Richter. Jahrg. 1835—1840. à 52 Numm. (1/2 Bog.) Mit Vignetten. gr. 8. Frankfurt a. M., Brönner. (à Jahrg. 3/4 rß) 4 rß

— der Christliche. Samstagblatt zur Erbauung der Seelen in Christo. Herausgeg. von dem evangel. Vereine in Frankfurt a/M. durch S. Richter u. Dr. Glöckler. 7.—11. Jahrg. 1840—1844. à 52 Numm. (1/2 Bog.) Mit Vign. gr. 8. Frankfurt a/M., Brönner. à 3/4 rß

— ders. 12. u. 13. Jahrg. 1845 u. 1846. Redakt.: B. Hoppe. Ebend. à 3/4 rß

— der christliche. Red.: evangel. Verein, B. Hoppe. 14—19. Jahrg. 1847—1852. à 52 Nrn. gr. 8. (14—16. à Nr. 1/2 Bog. Mit eingedr. Holzschn. — 17—19. à Nr. 1 Bog.) Frankfurt a. M., Brönner. 14—16: à 3/4 rß 17—19: à n. 2/3 rß

— der christliche. Red.: B. Hoppe. 20—25. Jahrg. 1853—58. à 26 Nrn. (à 1 Bgn.) Frankfurt a. M., Brönner. gr. 8. Jeder Jahrg. n. 20 ngr

— der christliche. Red.: B. Hoppe. 26. Jahrg. 1859. 26 Nrn. (à 1 Bgn.) Frankfurt a. M., Brönner. gr. 8. n. 20 ngr

— 27—31. Jahrg. 1860—64. à 26 Nrn. (à 1 Bgn.) Ebend. gr. 8. Jeder Jahrg. n. 27 ngr

Hausfreund, der christliche. Redakt.: B. Hoppe. 29.—31. Jahrg. 1862—64. à Jahrg. 26 Nrn. (Bog.) gr. 8. Frankfurt a. M., [Winter.] à Jahrg. *

— — Redakt.: B. Hoppe. Organ für innere Mission. 32. Jahrg. 1865. 26 Nrn. (Bgn.) Frankfurt a.M., (Winter.) gr. 4. n. 27 ngr.

— der christliche, für 1841. (Volkskalender.) 4. Schaffhausen. (Basel, Spittler u. Comp.) 3 ngr 2 ₰

— der christliche. Eine gemeinn. Samml. von religiösen Vorträgen u. Abhandlungen über Hauptwahrheiten d. Christenthumes. 1. u. 2. Heft. gr. 8. Magdeburg 846, Falckenberg u. Comp.

Ab H.3 unt.d.T.: Christlicher Hausfreund.

—— der christliche. Monatsschrift. Hrsg. von J. Goßner. 1—6. Jahrg. 1847—52. à Jahrg. 12 Hefte. (à 32 S.) Mit Stnt. 8. Berlin, (W. Schultze. — J. A. Wohlgemuth.) à Jahrg. **

Die ersten beiden Jahrg. wurden von J. Goßner und J. W. Leschke herausgegeben.

— der christliche. Monatsschrift. Hrsg. v. J. Goßner u. J. W. Leschke. 1. u. 2. Jahrg. 1847 u. 1848. à 12 Hfte. Mit Lith. 8. (à Hft. 32 S.) Berlin, J. A. Wohlgemuth in Comm. — Hrsg. v. Johs. Goßner. 3—6. Jahrg. 1849 —1852. à 12 Hfte. 8. (à Hft. 32 S.) Ebd. à Jahrg. baar n. n. 5/6 ₰

Forts.unt.d.T.: Der christliche Hausfreund f.innere u.äußere Mission.

Hausfreund

— der christliche. Red.: Kolbe. 1. Jahrg. Octbr.—Decbr. 1849. 7 Nrn. 8. (1/2 B.) Sommerfeld. (Guben, Berger.) n. 1/12 ₰ — (2 u. 3.) Jahrg. 1850 u. 1851. à 26 Nrn. 8. (1/2 Bog.) Ebd. à Jahrg. n. 1/3 ₰

der christliche. Red.: Kolbe. Jahrg. 1861 u. 62. à 26 Nrn. (à 1/2 Bgn.) Sommerfeld. (Berlin, W. Schultze.) gr. 8. Jeder Jahrg. n. 16 ngr.

—— der christliche. Redakt.: Kolbe. Jahrg. 1862—67. à Jahrg. 26 Nrn. (1/2 Bog.) gr. 8. Sommerfeld. (Berlin, W. Schultze.) à Jahrg. *

— — Jahrg. 1868 u. 69. à Jahrg. 26 Nrn. (1/2 Bgn.) Sommerfeld, Mertsching. gr. 8. Jeder Jahrg. n. 10 ngr.

—— der christliche. Jahrg. 1875—1879. à Jahrg. 26 Nrn. (à 1/2 Bog.) gr. 8. Sommerfeld, (Mertsching.) à Jahrg. *

—— der christliche. Jahrg. 1880. 26 Nrn. (à Nr. 1/2 Bog.) gr. 8. Sommerfeld, (Mertsching.)

Nicht weiter erschienen.

— der christliche. Vom Verf. der Schriften: „Der reine u. unbefleckte Gottesdienst." „Christenthum u. Positivismus." Aus dem Französ. übers. Hamburg 867. W. Oncken. 8. (IV, 208 S.) n. 18 ngr.

— — 2. Aufl. Ebend. 870. 16. (263 S.) n. 8 ngr.

— der christliche. Vom Verf. der Schriften: „Der reine u. unbefleckte Gottesdienst." Christenthum u. Positivismus. „Aus dem Franz. übersetzt. 2. Aufl. 16. (263 S.) Hamburg 872. Koch. — 60

— der christliche. Ein Kalender f. Freunde christl. Sinnes u. Wandels auf d. J. 1899. 4. (36 S. m. Abb.) Ansbach, C. Brügel & Sohn. — 18; durchsch. n. — 20

— der christliche. Ein Kalender f. Freunde christl. Sinnes u. Wandels auf d. J. 1903. 4. (60 S. m. Abbildgn.) Ansbach, C. Brügel & Sohn. Durchsch. — 20

Hausfreund, der christliche. (Umschlag: Hausfreund-Kalender.) Ein Kalender f. Freunde christl. Sinnes u. Wandels auf d. J. 1907. (40 u. XVIII S.) gr. 8. Ansbach, C. Brügel & Sohn. Durchsch. — 20

— der christliche. (Umschlag: Hausfreund-Kalender.) Ein Kalender f. Freunde christl. Sinnes u. Wandels auf d. J. 1911. (40 u. XVIII S. m. 1 Taf.) gr. 8. Ansbach, C. Brügel & Sohn. — 20

Hausfreund. Der christliche H', verbunden mit «Der Christenfreund». Ein Abreisskalender (*Umschlag:* Neukirchener Abreiss-Kalender) für das liebe Christenvolk deutscher Zunge..., mit biblischen Betrachtungen für jeden Tag, Erzählungen und Gedichten. Zum Besten des Neukirchener Erziehungsvereins in Verbindung mit einer Reihe von Mitarbeitern hrg. von A Haarbeck ... und J[acob] Haarbeck.... Schweizer-Ausgabe. [Mit illustriertem Umschlag.] 8. Neukirchen, Kreis Mörs, Buchh. des Erziehungsvereins. fr. 1. — (= M. —. 75) —

(*Schweizer.* Mitarbeiter: Pf. [Albert] Baumgartner; Prof. [Frédéric] Bettex; Pf. [Carl] Bohnenblust; Pf. [Charles] Correvon; Pf. A[lfred] Keller; Pf. Dr. [August] Langmesser; Missionspred. [Samuel] Limbach; Pf. [Friedrich] Oehninger; Pf. Em[anuel] Preiswerk; [Carl Heinrich] Rappard, Inspekt.; Pf. A[lexander] Vömel; Pf. [Eugen] Zoller.)

... auf das Schaltjahr 1908. II + 366 doppelseitige Bl. — ... auf das Jahr 1909. III + 365 doppelseitige Bl.

— der christliche, verbunden m. „der Christenfreund". Ein Abreißkalender f. das liebe Christenvolk deutscher Zunge auf d. J. 1911, m. bibl. Betrachtgn. f. jeden Tag, Erzählgn. u. Gedichten. Hrsg. v. A. Haarbeck u. J. Haarbeck. kl. 8. Neukirchen, Buchh. d. Erziehungsvereins. — 75

— der christliche, für den Bürger und Landmann auf das Jahr 1853—1858. Freiburg im Br., Wangler. 4. Jeder Jahrg. 2 ngr

—— der christliche, für den Bürger und Landmann auf die J. 1857 und 1858. 4. Freiburg im Br., Wangler. [Jahrg. 1857. (64 S. mit eingedr. Holzschn.) 1858. (66 S. und 4 Holzschnt. in qu. Imp.-4.)] à Jahrg. *

Hausfreund

— der christliche für innere und äußere Mission. Missionsschrift. Herausg. von Johs. Goßner. 7—11. Jahrg. 1853 —57. à 12 Hefte (à 2 Bgn.). Berlin, W. Schultze. 8. Jeder Jahrg. nn. 25 ngr

Jg.1-6 s.:Hausfreund, Der christl.

— der christliche, für innere und äußere Mission. Missionsschrift. Begründet von Johs. Goßner. Herausg. von Büchsel. 12. Jahrg. 1859. 12 Hefte (à 2 Bgn.). Berlin, W. Schultze in Comm. 8. nn. 25 ngr.

— — 13. u. 14. Jahrg. 1860 u. 61. à 12 Hefte (à 2 Bgn.). Herausg. von J. D. Prochnow. Ebend. 8. Jeder Jahrg. nn. 25 ngr.

— — 14—17. Jahrg. 1861—64. à 12 Hefte (à 2 Bgn.). Herausg. von J. D. Prochnow. Ebend. 8. Jeder Jahrg. 1 ₰

— — für innere u. äußere Mission. Begründet von Johs. Goßner. Hersg. von J. D. Prochnow. 18—20. Jahrg. 1865—67. à Jahrg. 12 Hefte (à 32 S.). Berlin, Buchh. des Missions-Vereins. 8. Jeder Jahrg. n. 20 ngr.

—— der christliche, für innere und äußere Mission. Hrsg. von H. Ansorge. 21.—24. Jahrg. 1868—1871. à Jahrg. 12 Hefte. (à 32 S.) 8. Berlin, Buchh. des Missions- und Frauen-Kranken-Vereins. à Jahrg. *

—— dass. — Hrsg. von Plath. 25.—27. Jahrg. 1872—1874. à Jahrg. 12 Hefte. (à 2 Bog.) 8. Ebendas. à Jahrg. *

— der christliche, f. innere u. äußere Mission. Hrsg. v. H. Ansorge u. Plath. 23—29. Jahrg. 1871—1876 à 12 Hfte. (à 2 B.) 8. Berlin. Buchh. d. Goßner'schen Mission. à Jahrg. n. 2 —

— der christliche, f. äußere u. innere Mission. Hrsg. u. red. von Plath. 30. u. 31. Jahrg. 1877 u. 1878. à 12 Hfte. (2 B.) 8. Berlin, Buchh. d. Goßner'schen Mission. à Jahrg. n. 2. —

Hausfreund

— christl., od. Auswahl religiöser Aufsätze f. die häusl. Erbauung. 8. Halle 815. Waisenhaus B. 6 ℊ

— christlicher. Eine gemeinn. Samml. von religiösen Vorträgen u. Abhandlungen über Hauptwahrheiten d. Christenthums. Zusammengestellt von Chr. Gtl. Brandis. 3. Hft. gr. 8. Ebend. 846. (à) 1/4 ℛ

H.1 u.2 unt.d.T.: Der christliche Hausfreund.

— christlicher. Eine gemeinnützige Sammlung von relig. Beiträgen u. Abhandlungen üb. Hauptwahrheiten d. Christenthums. Zusammengestellt von Chr. Gtlieb. Brandis. 4 u. 5. Hft. gr. 8. (S. ... — 480.) Magdeburg 817, Falckenberg & Co. à 1/4 ℛ (5 Hfte. 1 1/4 ℛ)

Christlicher Hausfreund: June 3, 1848—1860

Bi-weekly. Organ of the Deutsche Vereinigt-Evangelische Synode in Nord Amerika. Edited & published by the Reverends Dethlefs, Fischer & Schaad.
Continued as Christlicher Hausfreund (Chicago, Ill.).
Cincinnati, OH

Hausfreund, Christlicher —. Ein Sonntagsblatt für den Bürger und Landmann. (Zugabe zum Pusterthaler Boten) Druck von J. G. Mahl. Redigirt unter dessen Verantwortlichkeit. kl. 8. 18[illegible]

[illegible] Hausfreund, [illegible]

Hausfreund, christlicher —. Ein Sonntagsblatt für jede christliche Familie, Zugabe zum Pusterthaler Boten. Erscheint in 8 Redaktion, Druck und Verlag von J. G. Mahl in Brunek. 1[illegible].

Christlicher Hausfreund: 1863—1870

Weekly. Organ of Deutsche Vereinigt-Evangelische Synode in Nord-Amerika. Edited by [illegible] Hartmann 1863—64, by E. Gumann, [illegible] 1870; published by George E. Gross
Chicago, IL

Christlicher Hausfreund: Jahrgang 1—[illegible], Jan. 1879—Dec. 19, 1935

Monthly, 1879—85, semi-monthly, 1886—94, weekly, 1895—1935. Sub-title: Eine illustrierte Monatsschrift, 1879—July 1884, Eine christliche Halbmonatsschrift, Aug. 1, 1884—[illegible]. [illegible] quarto, each 8—16 p. Organ of Siebenten-Tags-Adventisten. Various issues have "Sonder-[illegible]" [illegible] Stimme der Wahrheit, 1879—81, Stimme der Wahrheit und Prophetischer Erklärer, 1882—86?, Herold der Wahrheit und Prophetischer Erklärer, 18[illegible]—1890, Christlicher Hausfreund, 1891—1935, Zeichen der Zeit. Place of publication [illegible] Battle Creek, Mich., 1879—Apr. 1915, College View, Nebr., Apr. 8, 1915—Feb. 1916, [illegible], Ill., Mar. 2, 1916—1935.
[illegible] Edited & published by S. T. A. Missions Verein, 1879—86; Edited by [illegible], 1882—83, by A. Kunz, 1884—[illegible], by Theo. Valentiner, 1893—1906; Published by Internationale Traktat-Gesellschaft der Siebenten-Tag Adventisten, 1887?—1890; by Review & Herald Publishing Co., 1891—94, by Seventh Day Adventist Publishing Association, 1895—[illegible], by Pacific Press Publishing Assoc., [illegible]—1935.
Brookfield, IL

—— christlicher. Illustr. Familienkalender. 1893. 4. (76 S.) Stuttg., Verlag d. Evangel. Gemeinschaft. — 25

— christlicher. Illustr. Familienkalender. 1895. 19. Jahrg. 4. (76 S.) Stuttgart, Christl. Verlagshaus. — 25

— christlicher. Illustr. Familienkalender. 1899. 23. Jahrg. 4. (82 S. m. 1 Farbdr.) Stuttgart, Christl. Verlagshaus. — 25

— christlicher. Illustrirter Familienkalender. 1903. 27. Jahrg. 4. (56 u. 16 S. m. 2 Taf.) Stuttgart, Christl. Verlagshaus. — 25

— christlicher. Illustrirter Familienkalender. 1907. 31. Jahrg. (82 S. m. 2 Taf.) gr. 8. Stuttgart, Christl. Verlagshaus. — 25

— christlicher. Illustrierter Familienkalender. 1911. 35. Jahrg. (56 u. 16 S. m. 2 Taf.) gr. 8. Stuttgart, Christl. Verlagshaus. — 25

Christlicher Hausfreund: Jahrgang 1, no. 1—10, Apr. 15—July 8, 1898?

Supplement to Hillsboro Post. Quarto, each issue 4 pages. Edited by the Rev. J. W. Fast, Jansen, Nebr.
Hillsboro, KS

Hausfreund. Christlicher H'. Illustrirter Familienkalender. 4. Bern, Christliches Verlagshaus.

1901 Jahrg. 25. [Mit 1 Tafel.] IV + 84 S. [fr. —. 40]
1902. Jahrg. 26. [Mit 1 Tafel.] IV + 124 S. fr. —. 40
1903. Jahrg. 27. [Mit 2 Tafeln.] IV + 128 S. fr. —. 40
1904. Jahrg. 28. [Mit 1 Tafel.] IV + 136 S. fr. —. 40
1905. Jahrg. 29. [Mit 2 Tafeln.] IV + 140 S. fr. —. 40
1906. Jahrg. 30. [Mit 2 T'.] IV + 120 S. fr. —. 40
1907. Jahrg. 31. [Mit 2 T'.] IV + 104 S. fr. —. 40
1908. Jahrg. 32. [Mit 2 T'.] IV + 104 S. fr. —. 40

Hausfreund. Christlicher H'. Illustrirter Familienkalender. 4. Bern, Christliches Verlagshaus. fr. —. 40

1910. Jahrg. 34. [Mit 2 Tafeln] IV + 108 S.
1911. Jahrg. 35. [Mit 2 T'.] IV + 104 S.
1912. Jahrg. 36. [Mit 2 T'.] IV + 104 S

— christlicher. Hrsg. v. B. Mehmke. 1. u. 2. Jahrg. Oktbr. 1909—Septbr. 1911. à 52 Nrn. (à ca. 4 S. m. Abbildgn.) Lex. 8. Stuttgart, Holland & Josenhans. à Jhrg. p 1. —

— christlicher, für das evangelische Westfalen. Herausg. von einem Verein westfälischer Geistlichen. Jahrg. 1860 u. 61. à 12 Hefte (à 2 Bgn.). Münster, Brunn. gr. 8. Jeder Jahrg. n. 12½ ngr

— Herausg. von einem Verein westfälischer Geistlichen. Unter Mitwirkung von Smend, Kobmann u. Krummacher, red. von Bossart. Jahrg. 1862. 12 Hefte (à 2 Bgn.). Ebend. gr. 8. n. 15 ngr

4. u. 5. Jahrg. 1863 u. 64. à 12 Hefte (à 2 Bgn.). Münster, Obertüschen. gr. 8. Jeder Jahrg. n. 15 ngr

— christlicher, für das evangelische Westfalen. Hersg. von einem Verein westfäl. Geistlicher. Unter Mitwirkung von Smend, Kohmann u. Krummacher, redig. von Bossart 6. u. 7. Jahrg. 1865,66. à Jahrg. 12 Hefte (à 32 S.). Münster, Obertüschen. gr. 8. Jeder Jahrg. n. 15 ngr

Hausfreund

—— der deutsche, Wochenschr. f. Belehr. u. Unterhalt. in mannichfalt. Form. 1 — 5. Jahrg. 1838 — 42. 4. Nördlingen, Beck'sche Buchh. à

Der 1. Jahrg. hat d. Zusatz: Ein gemeinnütz. Wochenbl. f. alle Stände (ausgegeb. in 104 Nrn.); der 2—4. J. nur den: Eine gemeinnütz. Wochenschrift f. Belehr. u. Unterhalt. in mannichfalt. Form. (2. u. 3. à 52 Nrn., 4. in 12 Hftn. ausgegeb.); 5. J. wieder in 52 Nrn. (Bog.)

— der Deutsche. Wochenschrift für Belehrung u. Unterhaltung in mannichfaltiger Form. 4.—6. Jahrg. 1841—1843. à 52 Numm. (Bog.) 4. Nördlingen, Beck'sche Buchh. à 1 1/6 ₰

— der deutsche. Eine Monatsschrift zur Verbreitung der nöthigen u. nützlichsten Kenntnisse unter dem Mittelstande. Volksthümlich geschrieben von einem Vereine wissenschaftl. gebildeter Männer u. herausgeg. von J. H. M. v. Poppe. Mit erläut. Abbild. u. Kart. 1. u. 2. Jahrg. oder 1.—3. Bd. à 6 Hfte. gr. 8. Stuttgart 843—45, Balz — Becher. n. 1 ₰ 24 ngl cart. n. 2 ₰ 3 ngl

— ders. 3. Jahrg. 1846. oder 4. u. 5. Bd. à 6 Hfte. gr. 8. Ebend. 846, Becher. 2 ₰ 12 ngl cart. 2 ₰ 18 ngl

Hausfreund

—— deutscher. Ein Kalender für Stadt und Land auf die J. 1878—1880. (1.—3. Jahrg.) 4. (à 48 S. mit eingedr. Holzschn.) Herborn, Buchh. des Nassauischen Colportagevereins. à Jahrg. *

—— deutscher. Ein Kalender für Stadt und Land auf die J. 1880—1885. 4. (à Jahrg. ca. 50 S. mit eingedr. Holzschn.) Stuttgart, Rupfer. à Jahrg. *

—— deutscher. Ein Kalender für Stadt und Land auf die J. 1881—1885. 4. (à Jahrg. 48 S.) Herborn, Buchh. des Nassauischen Colportagevereins. à Jahrg.
Auch in Ausg. für Hessen-Nassau, Rheinland und Westphalen und Thüringen.

—— deutscher, ein Kalender für Stadt und Land auf die J. 1886—1889. 4. (à Jahrg. 50 S. mit Illustr.) Herborn, Buchh. des Nassauischen Colportagevereins. à Jahrg. * — 20

—— deutscher. Ein Kalender für Stadt und Land auf die J. 1886—1889. 4. (à Jahrg. ca. 50 S. mit eingedr. Holzschn.) Stuttgart, Rupfer. à Jahrg. * — 20

—— deutscher. Ein Kalender f. Stadt u. Land auf d. J. 1890—93. 4. (à Jahrg. ca. 50 S. m. Bildern u. 1 Wandkalender.) Herborn, Buchh. d. Nassauischen Colportagevereins. à Jahrg. * — 20

— deutscher, e. Kalender f. Stadt u. Land auf d. J. 1895. 4. (48 S. m. Bildern u. Wandkalender.) Herborn, Buchh. des Nass. Colportagevereins. n. — 20

— deutscher, e. Kalender f. Stadt u. Land auf d. J. 1895. 4. (51 S. m. Wandkalender.) Stuttgart, H. Keller. — 20

— deutscher, e. Kalender f. Stadt u. Land auf d. J. 1899. 4. (63 S. m. Abb. u. Wandkal.) Herborn, Buchh. d. Nass. Colportagevereins. n. — 20

— dasselbe. 4. (64 S. m. Abb. u. 1 Wandkal.) Stuttgart, H. Zeller. — 20

— deutscher, e. Kalender f. Stadt u. Land auf d. J. 1903. 4. (64 S. m. Abbildgn. u. Wandkalender.) Herborn, Buchh. des nass. Colportagevereins. n. — 20

— dasselbe auf d. J. 1903. 4. (72 S. m. Abbildgn.) Stuttgart, Zeller & Schmidt's Verl. — 20

— deutscher, e. Kalender f. Stadt u. Land auf d. J. 1907. (64 S. m. Abbildgn. u. Wandkalender.) gr. 8. Herborn, Buchh. des nass. Colportagevereins. n. — 20

— dasselbe. (29 u. 7 S. m. Abbildgn.) gr. 8. Stuttgart, K. Daser. — 10; große Ausg. (46 u. 8 S.) — 20

— deutscher, e. Kalender f. Stadt u. Land d. J. 1911. (64 S. m. Abbildgn. u. Wandkalender.) gr. 8. Herborn, Buchh. des nass. Colportagevereins. — 20

— dasselbe auf d. J. 1911. (40 S. m. Abbildgn.) gr. 8. Stuttgart, K. Daser. — 10; große Ausg. (56 S.) — 20

Deutscher Hausfreund: no. 1, Aug. 1879—; New Orleans, LA

Hausfreund

— der, von der Donau. Nützliches, Erbauliches u. Unterhaltendes für den Bürger u. Landmann. 1. Jahrg. 2. verb. u. verm. Aufl. der „Winterabende." Mit Abbild. 12. Ulm 844, Seitz. 1/4 ₰

— der elsässische. Ein Wochenblatt zur Unterhaltung u Belehrung für Jung u. Alt. 1. Jahrg. Novbr. 1862 bis Octbr. 1863. 52 Nrn. (1/2 Bgn.) Straßburg, Dapfer-Bentz. gr. 8. n. 16 ngr

Emmenthaler Hausfreund
v. Emmenthaler Nachrichten.

— der erzählende, in den Stunden der Erholung, oder Magazin interessanter Novellen, Erzählungen, biograph. Züge, historischer Kriegsbegebenheiten, Anekdoten und Schwänke. 1r Jahrg. 1838. 104 Numm. Mit 12 lithogr. Abbildd. u. Titelvign. gr. 4. Zweibrücken, Keller. n. 3 ₰

— erzgebirgischer. Ein ächtes Familienbuch für den lieben Landsmann im Erzgebirge, in ganz Sachsen und im gesammten deutschen Vaterlande. Herausg. unter Mitwirkung mehrerer beliebter Schriftsteller von J. L. Schlesinger. Mit 14 color. Abbildgn. Oederan 862. Schlesinger. 4. (224 S.) 1 ₰ 12 ngr; für Sachsen nur 1 ₰ 5 ngr

Hausfreund, der evangelische. Kalender für die J. 1860 und 1861. Redig. von Vict. Hornyánszky. (5. und 6. Jahrg. des „Kalender's für das evangel. Volk.") 4. (à 110 S. mit eingedr. Holzschn.) Pest, (Osterlamm.) à Jahrg. Thlr. *

—— dass. — Kleine Ausg. 4. (56 S. mit eingedr. Holzschn.) (Ebendas.) 860. *

—— der evangelische. Kalender für die J. 1862—64. Hrsg. von Vict. Hornyánszky. (7.—9. Jahrg. des „Kalenders für das evangelische Volk.") br. 8. (à Jahrg. 48 S.) Pest, (Gebr. Lauffer.) *

Der Evangelische Hausfreund: 1887—; Milwaukee, WI
Published by Ev. Publikations-Committee.

Hausfreund

— evangelischer. Familienblatt zur Förderg. evang.-christl. Lebens. Hrsg. v. C. A. Witz u. Paul v. Zimmermann. Schriftleiter: Edm. Lindner. 7.—9. Jahrg. Novbr. 1896—Oktbr. 1899. à 24 Nrn. (à 2 Bog.) gr. 4. Wien, Evang. Hausfreund. à Jahrg. n. 6. —
Erschien bis Novbr. 1896 u. d. Titel: Hausfreund, der Wiener evang.

— evangelischer. Familienblatt zur Förderg. evangelisch-christl. Lebens. Hrsg. v. C. A. Witz-Oberlin u. Paul v. Zimmermann. Schriftleiter: Jul. Ergenzinger. 10.—12. Jahrg. Oktbr. 1899—Septbr. 1902. à 24 Nrn. hoch 4. (à ca. 16 S.) Wien (I, Kärtnerstr. 17), Administration. à Jahrg. 6. —

— evangelischer. Familienblatt zur Förderg. evangelisch-christl. Lebens Hrsg. v. C. A. Witz-Oberlin u. Paul v. Zimmermann. Schriftleiter: Jul. Ergenzinger. 13.—16. Jahrg. Oktbr. 1902—Septbr. 1906. à 24 Nrn. (à ca. 16 S.) hoch 4. Wien, Stähelin & Lauenstein. à Jhrg. 6. —

— evangelischer. Familienblatt zur Förderg. evangel.-christl. Lebens. Hrsg. v. C. A. Witz-Oberlin u. Paul v. Zimmermann. Schriftleiter: Jul. Ergenzinger. 19. u. 20. Jahrg. Oktbr. 1908—Septbr. 1910. à 24 Nrn. (à ca. 32 S.) 30,5×21 cm. Wien, Sallmayer'sche Buchh. à Jhrg. 6. —

— evangelischer. Abreißkalender m. Schriftbetrachtgn. auf alle Tage des J. 1911. Verf. v. vielen evangel. Predigern. kl. 8. Stuttgart, Christl. Verlagshaus. — 75

— evangelischer, für Pommern. 1. Jahrg. 1870. 52 Nrn. (½ Bgn.) Stettin, v. der Nahmer in Comm. gr. 4. n. 1 ₰ 10 ngr

— evangelischer, f. Pommern. Red.: Bramsfeld. 2. Jahrg. 1871. 52 Nrn. (½ B.) gr. 4. Stettin. v. der Nahmer in Comm. n. 4. —

— dasselbe. 3—7. Jahrg. 1872—1876 à 52 Nrn. (½ B.) Ebend. à Jahrg. n.n. 3. —

— evangelischer, für Pommern. Redact.: Brandt. 6.—10. Jahrg. 1875—1879. à Jahrg. 52 Nrn. (Bog.) Fol. Stettin, v. der Nahmer. à Jahrg. **
Erscheint von 1880 ab u. d. T.: Pommerscher Hausfreund.

Hausfreund

— der evang.-lutherische, auf die J. 1884 und 1885. (1. und 2. Jahrg.) Hrsg. von O. H. Th. Willkomm. gr. 8. (à Jahrg. 80 S.) Zwickau. (Dresden, H. J. Naumann.) à Jahrg. *

— der evangelisch-lutherische. Kalender auf die J. 1886—1889. Hrsg. von O. H. Th. Willkomm. 2.—5. Jahrg. gr. 8. (80; 93; 109; 150 S. mit eingedr. Holzschn. und Taf.) Zwickau. (Dresden, H. J. Naumann.) à Jahrg. * — 40

— der evangel.-luther. Kalender auf d. J. 1890—93. Hrsg. v. O. H. Th. Willkomm. 6.—9. Jahrg. gr. 8. (XL, 114 S. m. Illustr.; 112, XIII S.; 128 S.; 131 S. m. Abbildgn., je 1 Farbendr. u. Wandkalender.) Zwickau. (Dresd., H. J. Naumann.) à Jahrg. * — 42

— der ev.-lutherische. Kalender auf d. J. 1895. Hrsg. v. O. H. Th. Willkomm., 11. Jahrg. gr. 8. (184 S. m. Abbildgn. u. 1 Blumenkarte.) Zwickau, J. Herrmann. n. — 40

— der evangel.-luther. Kalender auf d. J. 1907. Hrsg. v. O. H. Th. Willkomm. 23. Jahrg. (108 u. 16 S. m. Abbildgn. u. Wandkalender.) 8. Zwickau, J. Herrmann. n. — 40

Farmers' Hausfreund: 1882?–1885? Fond Du Lac, WI
Supplement to Nordwestlicher Courier.

Hausfreund

— der fränkische. Ein Volks-Kalender für die J. 1886—1889. 38.—41. Jahrg. 4. (à Jahrg. 40—50 S. mit Illustr.) Würzburg, (Stuber's Verlag.) à Jahrg. — 20

— der fränkische. Ein Volkskalender f. d. J. 1890—1892. 42.—44. Jahrg. 4. (à Jahrg. ca. 50 S. m. Bildern.) Würzb., (Stuber's Verlag). à Jahrg. * — 20

— der fränkische. Ein Kalender f. Stadt u. Land auf d. J. 1899. 51. Jahrg. 4. (64 S. m. Abb. u. 1 Wandkal.) Würzburg, Steib. n. — 20

— der fränkische. Ein Volkskalender f. d. J. 1903. 55. Jahrg. 4. (47 S. m. Abbildgn.) Würzburg. Veitshöchheim, Etlinger. n. — 20

— der fränkische. Ein Volks-Kalender f. d. J. 1907. 59. Jahrg. (70 S. m. Abbildgn.) gr. 8. Würzburg, Etlinger. n. — 20

— der fränkische. Ein Kalender f. Stadt u. Land auf d. J. 1910. 62. Jahrg. (59 u. 3 S. m. Abbildgn.) gr. 8. Würzburg, W. Ott. — 20

Hausfreund

— Hamburger. Nr. 1—10. 8. Hamburg 885. Agentur d. Rauhen Hauses. à n. — 20

1. Der Mutter Gebet. Von Erich Norden. (36 S.)
2. Meister Lautenschläger. Von J. Boy. (36 S.)
3. Am Sonntage. (48 S.)
4. Heimgebracht. Frei nach dem Engl. der Mrs. Stuart-Phelps. (36 S.)
5. Die Heimkehr. 2. Aufl. (47 S.)
6. Aus tiefer Noth. Von Armin Stein. 2. Aufl. (36 S.)
7. Der Bajazzo u. seine Mutter. 4. Aufl. (48 S.)
8. Marie. Eine Dorfgeschichte. 5. Aufl. (36 S.)
9. Mutterliebe. Von Emil Frommel. 4. Aufl. (48 S.)
10. Des Orgelmanns Kind. Nach dem Leben gezeichnet v. J. Boy. (48 S.)

— Hamburger. Nr. 11—40. 8. Hamburg 889. Agentur d. Rauhen Hauses. à n. — 20

11. Die Macht der Liebe. Von B. Lösche. (48 S.)
12. Monica. Ein Lebensbild. Von Fr. Ahlfeld. 8. Aufl. (48 S.)
13. Martha, die Stiefmutter. Eine Dorfgeschichte v. Marie Nathusius. 7. Aufl. (47 S.)
14. Der Schulze Gottlieb zu Neuendorf. 4. Aufl. (47 S.)
15. Hans Middleton. Aus dem Engl. 4. Aufl. (43 S.)
16. Friedrich der Weise, Churfürst v. Sachsen, der Beschützer d. evangel. Glaubens. 4. Aufl. (71 S.)
17. Luise Scheppler, Oberlin's gottsel. Dienstmagd. Zur 100jähr. Gedächtnißfeier ihres Dienstantritts als Kleinkinderlehrerin. Dargestellt v. F. W. Bodemann. Nebst Luise's Bildniß. 8., bericht. Aufl. (48 S.)
18. Joh. Heinr. Stobwasser's Lebensgeschichte. 5. Aufl. (59 S.)
19. Die Bauermagd. 4. Aufl. (44 S.)
20. Die Waldensercolonie in Calabrien. (47 S.)
21. Feurige Kohlen. Von A. Stein. 2. Aufl. (47 S.)
22. Im Dachkämmerlein. Von A. Stein. 2. Aufl. (47 S.)
23. Elisabeth Merz. 7. Aufl. (47 S.)
24. Ein Brand aus dem Feuer. (36 S.)
25. Mutter Dorothea. Eine Geschichte f. die liebe Osterzeit. Von O. Brenneckam. (36 S.)
26. Henner u. Amrei. Geschichte aus dem Elsaß v. O. Brenneckam. (48 S.)
27. Drei Sylvesterabende. Von L. Walther. (36 S.)
28. Vater u. Sohn. Von E. Norden. (48 S.)
29. Schneidermeister u. Flickschneider. Von M. Karstens. (47 S.)
30. Hans Unruh u. Franz Wohlgemuth. 5. Aufl. (47 S.)
31. Der Köhlermeister Hillebille. 3. Aufl. (36 S.)
32. Aus e. Frauenleben.
33. Drei Märtyrer der evangelischen Kirche. 3. Aufl.
34. Aus e. Knabenleben. Von E. Litzmann. 2. Aufl.
35. Eine Heideblume. Von M. Karstens.
36. Harte Zucht. Von M. Karstens.
37. Das Häuschen am Waldheck. Frei nach dem Dän.
38. In engen Schranken. Von E. Kühn.
39. Magdalena Lenz od. Muttertreue. 5. Aufl.
40. Des Greises Heimat.

(Nr. 32—40: à ca. 48 S.)

— Hamburger. Nr. 41—54. 12. (Mit je 1 Bild.) Hamburg, Agentur d. Rauhen Hauses. à n. — 20
41. Der Freihof. 3. Aufl. (36 S.) 890.
42. Herzog Christoph v. Württemberg, der Vater, Freund, Hirt u. Erleuchter seines Volkes. Von F. A. Burbach. 4. Aufl. (48 S.) 890.
43. Ein Sonntagskind. Von M. Eltner. (36 S.) 890.
44. Johann Friedrich der Großmütige, Kurfürst v. Sachsen, der evangel. Bekenner u. Märtyrer, v. F. A. E. Burbach. 6. Aufl. (47 S.) 890.
45. Der Hüter Israels schläft nicht. Nach e. wahren Begebenheit erzählt v. H. Berthold. (36 S.) 890.
46. Wer ist stärker? Eine Erzählg. v. E. Kühn. 891. (48 S.)
47. Aus dem Leben e. Haushälterin. (48 S.) 892.
48. Magister Hahn. 4. Aufl. (48 S.) 892.
49. Die Lutherbibel im Joachimsthal. Vier Weihnachtsgeschichten v. Otto Brennekam. 2. Aufl. (48 S.) 892.
50. Fred. Erzählung v. Ad. Gründler. (48 S.) 892.
51. Getraute Treue. Erzählung v. E. Kühn. (48 S.) 892.
52. Der Agent. Erzählung nach dem Leben. (36 S. m. Abbildgn.) 894.
53. Gustav Adolf, König v. Schweden. Zur Jubelfeier des 300 jähr. Geburtstages Gustav Adolfs am 9. Dezbr. 1894. Dem deutschen Volke erzählt v. E. Friederichs. 2. Aufl. (48 S. m. Abbildgn.) 891.
54. Amalie Sieveking. Die Freundin der Armen u. Kranken. Zum Gedächtnis ihres 100 jähr. Geburtstages. (36 S. m. Bildnis.) 894.

— Hamburger. Nr. 55—57. 12. Hamburg, Agentur d. Rauhen Hauses. à n. — 20
55. Die Liebe überwindet alles. Erzählg. v. A. Moeller. (36 S. m. 1 Abb.) 897.
56. In Baracken. Von M. Karstens. Frei n. d. Engl. (36 S. m. 1 Abb.) 897.
57. Der Herr behütet d. Einfältigen. Von A. Moeller. (36 S.) 898.

Hausfreund, Der Hessische.

Darmstadt 1822. H: *Schlez*, *Joh. Ferd.* (MGT)

— der Hessische; auch u. d. T.: der rheinische Bote; ein Volkskalender für 1822 — 33. Mit Holzschnitten. 8. Darmst., Leske. à 3 ℛ f. 833. 2 ℛ

Hausfreund, Der Hessische, für das Jahr 1829[—43]. Darmstadt. H: *Ritsert*, *Friedrich*. (HS II, 596) (Zeitschr. f. Büch. 1923, S. 88)

— der Hessische, für d. Jahr 1841. Zum 19n Male herausg. (Mit Holzschnitten.) 4. Darmstadt 840. Leske. n. 1/12 ℛ

—— der hessische, für die J. 1847—52. Mit eingedr. Holzschn. Darmstadt, Leske. à Jahrg.
Erschien seit dem Jahre 1823. Ebendas. à Jahrg. 2½ Ngr.

— der Hessische, f. das J. 1852. Zum 30. Mal hrsg. 4. (XVIII u. 44 S. m. eingedr. Holzschn.) Darmstadt, Leske. 1/12 ℛ — f. d. J. 1853. Zum 31. Mal hrsg. 4. (VI u. 58 S. m. eingedr. Holzschn.) Ebd. 1/12 ℛ

— der Hessische, für das Jahr 1853—59. Zum 31—37. Mal herausg. A. u. d. T.: Der rheinische Bote. Ein Hausfreund für Rheinhessen. Mit Holzschn. im Text. Darmstadt, Leske. 4. Jeder Jahrg. n. 2½ ngr

der hessische, für die Jahre 1859—63. Zum 37—41. Mal herausg. A. u. d. T.: Der rheinische Bote. Mit Holzschn. (im Text.) Darmstadt, Leske. 4. Jeder Jahrg. n. 2½ ngr

— der hessische, für die J. 1864—70. Zum 42—48. Mal herausg. Darmstadt, Winter's Buchdruckerei. 4. Jeder Jahrg. (ca 60. S. mit eingedr. Holzschn.) n. 2½ ngr
Wird auch u. d. T.: Der rhein. Bote zu gleichen Preisen ausgegeben.

— der hessische. Zum 55. Mal hrsg. f. d. J. 1877. 4. (146 Sp. m. eingedr. Holzschn.) Darmstadt, Winter'sche Buchdr. n.n. — 25

—— d. hessische. Zum 58. Mal hrsg. f. 1880. 4. (128 m. Il.) Darmst., Winter'sche Buchdr. n.n. — 25

—— der hessische. Zum 59.—63. Mal hrsg. für die J. 1881—1885. 4. (à Jahrg. ca. 160 Sp. mit eingedr. Holzschn.) Darmstadt, Winter'sche Buchdruckerei. à Jahrg. **

—— der hessische. Zum 64.—67. Mal hrsg. für die J. 1886—1889. 4. (à Jahrg. ca. 150 Sp. mit Illustr.) Darmstadt, Winter'sche Buchdr. à Jahrg. ** — 25

—— der hessische. Zum 68.—71. Mal hrsg. f. d. J. 1890—1893. 4. (145; 144; 168; 168 Sp. m. Bild.) Darmst., Winter. à Jahrg. ** — 25

— der hessische. Zum 73. Mal hrsg. f. d. J. 1895. 4. (172 Sp. m. Bildern.) Darmstadt, C. F. Winter'sche Buchdr. n.n — 25

— d. hessische. Zum 77. Mal hrsg. f. d. J. 1899. 4. (190 Sp. m. Abb.) Darmstadt, C. F. Winter'sche Buchdr. n. — 25
A. u. d. T.: Bote, der rheinische.

— der hessische. Zum 81. Mal hrsg. f. d. J. 1903. 4. (136 Sp. m. Abb.) Darmstadt, C. F. Winter'sche Buchdr. n. — 25
Erscheint auch u. d. T.: Bote, der rheinische.

— der hessische. Zum 85. Mal hrsg. f. d. J. 1907. (204 Sp. m. Abbildgn.) 8. Darmstadt, C. F. Winter'sche Buchdr. n. — 25
Auch u. d. T.: Bote, der rheinische.

— der hessische. Zum 88. Mal hrsg. f. d. J. 1910. (208 Sp. m. Abbildgn.) 8. Darmstadt, C. F. Winter'sche Buchdr. — 25
Erscheint auch u. d. T.: Bote, der rheinische.

Der Homoeopathische und Diaetische Hausfreund: Band 1, July 1852—June 1853.
Monthly. Octavo. Title varies?: DER HOMOEOPATH UND DIAETISCHER HAUSFREUND. Edited by Conrad Bär, & published by Dr. Dioclesian Lewis & Conrad Bär.
Buffalo, NY

Der Homoeopathische Hausfreund für die Vereinigten Staaten: Band 1, no. 1—12, Mar. 1—Sept. 1, 1857?
Semi-monthly. Quarto, each issue 16 pages. Edited & published by Dr. J. Conzelmann "unter Mitwirkung tüchtiger Homöopathen."
Hermann, MO

Hausfreund, der, in Hütten und Pallästen. Herausgeg. von Karl Steffens. In 12 Liefg. mit 12 Stahlst. 4. Berlin 842, Simion, Verlags-Buchh. n. 1⅙ ℛ — 2.—4. Jahrg. 1844—1846. à 12 Liefg. Mit Stahlst. 4. Ebend. à n. 1⅙ ℛ (Einzelne Liefg. à n. 3½ ngr)

— der, in Hütten u. Palästen. Hrsg. von Carl Steffens. 5. Jahrg. 1847. 12 Lfgn. Mit Stahlst. gr. 4. Berlin, Simion. n. 1⅙ ℛ Einzelne Lfgn. à n. 3½ ngr

— hygienischer. Mit Unterstützg. u. Orig.-Beiträgen v. Arndt, v. Bergmann, Däubler usw. hrsg. v. Geo. Flatau. 12. (VIII, 188 S.) Berlin (902). Vogel & Kreienbrink. Geb. in Leinw. n. 1. —
Vergl.: Kalender, allg. hygienischer.

— hygienischer. Mit Unterstützg. u. Orig.-Beiträgen v. Arndt, v. Bergmann, Däubler u. a. hrsg. v. Geo. Flatau. (VI, 144 S. m. 1 Abbildg.) 8. Berlin (904). Vogel & Kreienbrink. Geb. in Leinw. n. 1. —

— der illustrirte. Ein Familienbuch für alle Stände. Redig. unter Mitwirkung von Hans Wachenhusen. 1—8. Bd. à Bd. 12 Lfgn. (à 8 Bog. mit eingedr. Holzschn.) gr. Lex.-8. Berlin 859. 60, Verlags-Comptoir. à Lfg. 5 Ngr. à Bd. 2 Thlr.
Die Fortsetzung erschien unter dem Titel: Hausfreund, der. Illustrirtes Familienbuch rc., vgl. diesen.

— der illustrirte. Ein Familienbuch für alle Stände. 1. Bd. 12 Hefte (à 3 Bgn. mit Holzschn. im Text). Berlin, Verlags-Comptoir. (Huber u. Co.) Lex.-8. Jedes Heft n. 5 ngr

Hausfreund: Der Illustrierte Hausfreund
② Der Illustrirte Hausfreund (Februar 1869—1883) ③ Der deutsche Arbeiter ④ Illustrierter Hausfreund (Beilage zu «Appenzeller Sonntagsblatt») ⑤ Januar 1869—1883 ⑥ 2° (1869—1877), 4° (1878—1883) ⑦ Monatsblatt ⑧ St. Gallen: Joh. Buff (Januar 1869—Mai 1870); Basel: C. F. Spitteler (?) (Juni 1870—1877); Herisau: Suter & Scherzinger (1878); Stuttgart: E. Greiner'sche Hofbuchdruckerei (1879), Greiner & Pfeffer (?—1883) ⑩ Evangelische Gesellschaft in St. Gallen ⑫ religiöses Blatt; während des Krieges 1870/71 heftige Angriffe gegen Frankreich, dessen Niederlage als Gottesgericht angesehen wird ⑭ Be: L ⑮ C. F. Spittler, Basel, als Drucker unsicher; angeführt als Kommissionär; während der Zeit vom Juni 1870 bis zum Ende des Jahres außerdem in Kommission bei Max Matthies in Berlin.

— der illustrirte. 1—6. Bd. à 12 Nrn. (½ B. mit eingedr. Holzschn.) gr. Fol. Basel 869—75. St. Gallen, Huber & Co. n. 11. 20
1—4. à n. 2. —. — 5. u. 6. à n. 1. 60.

— der illustrirte. Jahrg. 1876. 12 Nrn. (B. m. eingedr. Holzschn.) gr. Fol. Basel, Spittler in Comm. n. 1. 60

Hausfreund, der illustrirte. Band XIII. In-fol., 96 S. St. Gallen, Buchh. der Evangelischen Gesellschaft. 1882. 1 60

— dass. — Neue Serie. 1.—3. Jahrg. 1877/78, 1878/79, 1879/80. à Jahrg. 12 Nrn. (à 2 Bog. mit eingedr. Holzschn.) Fol. St. Gallen, Buchh. der Evangelischen Gesellschaft. à Jahrg. *

— der illustrirte. Neue Serie. 4.—8. Jahrg. 1880—1884. à Jahrg. 12 Nrn. (à Nr. 2 Bog. mit eingedr. Holzschn.) St. Gallen, Buchh. der Evang. Gesellschaft. à Jahrg. *

— dass. — s. Gemeinschaftsblatt zur Beförderung des auf Gottes Wort gegründeten Christenthums.

— der illustrirte. Neue Serie. 9.—12. Jahrg. 1885—1888. à Jahrg. 12 Nrn. (à Nr. 1 Bog. mit eingedr. Holzschn.) Fol. St. Gallen, Buchh. der Evangel. Gesellschaft. à Jahrg. * 1 20

— der illustrirte. Neue Serie. 11.—13. Jahrg. 1887—1889. à 12 Nrn. (2 B. m. eingedr. Holzschn.) Fol. St. Gallen, Buchhandlg. d. Evangel. Gesellschaft. à Jahrg. n. 1. 20

— dasselbe. 14. Jahrg. 1890. 12 Nrn. (B. m. eingedr. Holzschn.) Fol. Ebd. n. 1. 50

— der illustrirte. Neue Serie. Jahrg. 1891—1894. à 12 Nrn. (Bog.) gr. 4. St. Gallen, Buchh. der Evangel. Gesellschaft. à Jahrg. n. 1. —

— der illustr. Neue Serie. Jahrg. 1895—1898. à 12 Nrn. (Bog.) gr. 4. St. Gallen, Buchh. d. Evangel. Gesellsch. à Jahrg. n. 1. —

— der illustrirte. Jahrg. 1899—1902. à 12 Nrn. Fol. (à ca. 8 S.) Basel. (St. Gallen, Buchh. der ev. Gesellschaft.) à Jahrg. n. 1. —

— der illustrierte. Oktbr. 1902—Septbr. 1907. à 12 Nrn. (à 8 S.) 4. Basel. (St. Gallen, Buchh. der ev. Gesellschaft.) à Jhrg. n. 1. —

— der illustrierte. Oktbr. 1907—Septbr. 1911. à 12 Nrn. (à 8 S.) 34×23,5 cm. Basel. (St. Gallen, Buchh. der ev. Gesellschaft.) à Jahrg. 1. —

Hausfreund, der illustrirte. Sammlung interessanter Novellen rc. 5. Jahrg. Mit Beiträgen von Geo. Hiltl, Jenny Hirsch, Aug. Silberstein rc. Mit 5 Orig.-Stahlst., zahlreichen (eingedr.) Holzschn. u. e. (lith.) Eisenbahn- u. Verkehrskarte von Deutschland (in qu. Fol.) Ebend. 870. 8. (III, 148 S.) 7½ ngr
Vgl. Hausfreund, Der.

Der illustrierte Hausfreund zur Unterhaltung und Belehrung
s. Thüringer Volks-Kalender für Heimath und Fremde. *Neuauflage*.

— der illustrirte, zur Unterhaltung und Belehrung. Mit Original-Beiträgen von Frdr. Gerstäcker, Ludw. Bechstein, L. Brehm rc. Mit Illustr. in Holzschn. 1—3. Jahrg. Altona 861—63. Verlagsbureau. br. 8. (205; 200; 152 S.) Jeder Jahrg. 6 ngr

Hausfreund: Illustrierter Hausfreund v. Appenzeller Sonntagsblatt.

— illustrierter. 1902. Kalender f. Stadt u. Land. 4. (64 u. 16 S. m. 1 Farbdr. u. Wandkalender.) Stuttgart. C. Weber & Co. — 30

— illustrierter. 1907. Kalender f. Stadt u. Land. (16, 8, 8 u. 18 S.) gr. 8. Stuttgart, C. Weber & Co. — 10

— illustrierter, 1911. Kalender f. Stadt u. Land. (65 S.) gr. 8. Stuttgart, K. Daser. — 20

— illustrierter ärztlicher, volkstümliche Blätter der Gesundheitslehre, populär-wissenschaftl. medicin. Wochenschrift. Hrsg.: L. Weinbuch. Jahrg. 1903. April—Dezbr. 39 Nrn. (à ca. 8 S.) gr. 8. München, Geschäftsstelle. n. 3. —

Haus- u. Bauernfreund, illustrierter. Unpolitisches alpenländ. Familienblatt. Hrsg.: Rud. Türke, Schriftleiter: Jos. Steiner-Wischenbart. 1. Jahrg. Oktbr. 1910—Septbr. 1911. (à ca. 24 S.) 32×24 cm. Graz (Sporgasse 21), Illustrierter Haus- u. Bauernfreund. 6. —

— der joviale, s. Gräffer, F.

Haus- und Schulfreund, israelitischer. Ein Rathgeber bei der Erziehung u. dem Unterrichte der israelit. Jugend in Haus u. Schule, und Organ für das Gemeindeleben u. den Cultus. Unter Mitwirkung des Lehrer-Vereins u. vieler Erzieher herausg. von A. Treu u. E. Hecht. 1. Jahrg. Juli —Decbr. 1858. 12 Nrn. (à 1 Bgn.) Münster, Deiters in Comm. Lex.-8. n. 22½ ngr

Hausfreund

— der, für Katholiken. Ein Belehrungs- u. Unterhaltungsbuch für Familien jeden Standes u. Alters. Bearb. v. einem kathol. Geistlichen. (Neue Ausg.) gr. 8. Aachen 842, Hensen u. Comp. ½ ß

— der katholische, ein Sonntagsblatt mit passenden Bildern versehen, zur Belehrung, Warnung u. Erbauung, unter Mitwirkung mehr. kathol. Geistlichen, insbesond. auch des Verf. des Kalenders für Zeit u. Ewigkeit, redig. von Ant. Westermayer. (1. Jahrg.) 1846. 12 Hefte oder 52 Numm. (à 1 Bog.) Roy.-4. Regensburg 846, Pustet. 1½ ß

— der katholische, ein Sonntagsblatt zur Belehrung, Warnung u. Erbauung, unter Mitwirkung mehrerer kathol. Geistlichen red. von Ant. Westermayer. 2—5. Jahrg. 1847—1850. à 52 Nrn. Imp. 4. (Bog.) (3 - 5. Jahrg.) Mit Literaturblatt. 12 Nrn. Imp. 4. (½ Bog.) Regensburg, Pustet. — eingeführt von Ant. Westermayer, fortges. von Ludw. Lang. 6. Jahrg. 1851. 52 Nrn. Imp. 4. (B.) Mit 1 Stahlst. als Prämie. Ebd. — red. v. Ludw. Lang. 7. Jahrg. 1852. 52 Nrn. Imp. 4. (Bog.) od. in 12 Hftn. Mit 1 Stahlst. als Prämie. Ebd. à Jahrg. 1½ ℛ

— der katholische, ein Sonntagsblatt zur Erbauung, Belehrung u. Unterhaltung, unter Mitwirkung von mehreren katholischen Geistlichen redig. von Ludw. Lang. 8—11. Jahrg. 1853—56. à 52 Nrn. (à 1 Bgn.) Mit 1 Stahlst. als Prämie. Regensburg, Pustet. Imp. 4. Jeder Jahrg. 1 ℛ 15 ngr

— katholischer, 1848 v. A. M. Brühl, Westermayer, Keller u. A. 8. (72 S. m. 1 Stahlst. u. 3 Holzschn.) Gleiwitz, Landsberger. 2 ngr

— katholischer. 1. Bd. 6 Hfte. gr. 8. (1. Hft. 160 S.) Würzburg 874. Woerl. à Hft. — 70

— katholischer. Erzählungen und Gemeinnütziges aus dem Hausfreund-Kalender für 1872 bis 1876. 8. (182; 168; 168; 200; 167 S. mit vielen eingedr. Holzschn.-Abbild.) Freiburg i. Br. 882, Herder'sche Verlagsh. geb.

Katholischer Hausfreund: May 1883 - 1910

Roman Catholic weekly. Sub title: Ein Wochenblatt zur Förderung von christl.-katholischem Wissen und Leben. After 1906? "katholisch" dropped. Dated also at St. Charles, Mo., 1883 - 84. Circulation: 1885, 2030; 1905, 2600; 1910, 1750, Quarto, each issue 16 pages. Edited & published by the Rev. H. Brockhagen, 1883 - 97; by R. Stocklaufer, 1898 - 1900, by William Westhoff, 1901 - 05; by the Rev. H. Brockhagen, 1906 - 10.
O'Fallon, MO

— katholischer. Red.: A. Kugelmeier. Jahrg. 1902. 52 Nrn. hoch 4. (à ca. 8 S.) Lohausen. Dülken, F. W. Kugelmeier. Vierteljährlich n. — 50
Vergl.: Seelenfreund, der.

— katholischer. Red.: A. Kugelmeier. 6.—9. Jahrg. 1903—1906. à 52 Nrn. (416, 416, 416 u. 424 S.) 4. Oberhausen. Dülken, F. W. Kugelmeier. à Jhrg. n. 2. —

— katholischer. Red.: A. Kugelmeier. 1907—1910. à 52 Nrn. (à Jahrg. 416 S.) 32×23,5 cm. Heiligenhaus. Dülken, Sprecher am Niederrhein. à Jahrg. 8. —

Hausfreund, Der kleine, oder wie man befreit man sich von dem verschiedenartigen Ungeziefer . . . Leipzig 1833. V: *Lenz, Carl (= Carl Zehmen).* (Engoec)

— der kleine. Eine Sammlung bewährter Rezepte für den häusl. Gebrauch von Luxp. Tdetslefspa. 2 Sammlungen. 8. (39; 51 S.) Regensburg 883, Verlagsbureau. à Sammlung * 50 Pf. *

— der kleine. Eine Sammlung bewährter Rezepte für den häusl. Gebrauch von †Luxp. Tdetslefspa [Apfelstedt.] 1. und 2. Sammlung. 2. Aufl. 8. (38; 52 S.) Hildburghausen 886, Verlags-Bureau. à Sammlung — 50

— der kleine, f. Familien d. Bürgerstandes. Eine Samml. erprobter Mittel u. Recepte rc. 8. Marb. 823. Garthe.

Hausfreund, kleiner homöopathischer. Kurze Anweisg. zum Gebrauche der homöopath. Volksapotheke. Nach den besten homöopath. Lehrbüchern zusammengestellt von e. Volksfreunde. gr. 16. (16 S.) Leipzig 875. Webel in Comm. n.n. — 25

— kleiner homöopathischer. Ein Ratgeber für Jedermann. Zugleich Anweisung zum Gebrauch der homöopath. Volks-Apotheke. Nach den besten homöopath. Lehrbüchern u. eigner Erfahrung zusammengestellt v. einem Volksfreund. 4., vielfach verm. u. verb. Aufl. gr. 8. (III, 153 S.) Leipzig 882. Marggraf's homöopath. Officin. n. 1. —

— kleiner homöopathischer. Ein Ratgeber f. Jedermann. Zugleich Anweisg. zum Gebrauch der homöopath. Volks-Apotheke. Zusammengestellt v. e. Volksfreunde. 5., verm. Aufl. gr. 8. (III, 182 S.) Leipzig 890. (Dr. W. Schwabe.) n. 1. —; geb. n. 1. 50

— kleiner homöopathischer. E. Rathgeber f. Jedermann. Zugl. Anweisg. z. Gebr. d. homöopath. Volks-Apotheke. Nach d. besten homöopath. Lehrbüchern u. eig. Erfahrg. zusammengest. v. e. Volksfreunde (Adf. Fauth). 6., vielfach verm. u. verb. Aufl. gr. 8. (V, 194 S. m. Bildn.) Leipzig (894). A. Marggraf. n. 1. —; geb. in Leinw. n. 1. 50

— kleiner homöopathischer. Ein Rathgeber f. Jedermann. Zugleich Anweisg. zum Gebrauch der homöopath. Volks-Apotheke. Nach den besten homöopath. Lehrbüchern u. eigner Erfahrg. zusammengestellt v. e. Volksfreunde. (Adf. Fauth.) 7. vielfach verm. u. verb. Aufl. (III, 199 S. m. Bildnis.) 8. Leipzig 901. Täschner & Co. Geb. in Leinw. 1. 50

Hausfreund, Der, für Künstler, Kaufleute und Landwirthe . . . Leipzig 1824. H: *Trommsdorff, Frdr. Wilh.* (Ky)

— der, f. Künstler, Kaufleute u. Landwirthe. Eine Samml. der nützl., auf vieljähr. Erfahrung gegründ. Erfindungen. 8. Lpz. 824. 12 ℊℊ Hbg. Pr. Ebd. 828. Weygand. 6 ℊℊ

— Leipziger. Kalender f. d. J. 1875. Hrsg. v. Otto Moser. gr. 16. (144 S. m. 1 Holzschntaf. u. eingedr. Holzschn.) Leipzig 874. Bauer. n. 1. —

— der Leitmeritzer, ein einfältiges u. gar nützliches Volksbüchlein für unsere lieben Bürger u. Bauersleute, worin allerlei auserwählte Historien rc. enthalten sind. (1r Thl.) A. u. d. T.: Der ewige Jude, die Schildbürger von Utopien, u. viele andere Legenden, Mährlein rc. Mit 4 schönen Bildern. 8. Prag, Leitmeritz u. Teplitz 837. Medau. cart. 5/12 ℛ — (2r Thl.) A. u. d. T.: Fortunat mit dem Säckel und Wünschhütlein, die Historie von den Bettelsöhnen u. dem Eremiten rc. Mit 4 schönen Bildern. 8. Ebd. 838. 3/8 ℛ

Hausfreund, Der Livländische, für Stadt und Land. Auch als Anhang zum Doerptschen Kalender. Dorpat 1831. H: *Asmuss, Martin.* (R-N)

Lutherischer Hausfreund: Jahrgang 1—8, 1885 - Dec. 15, 1892?

Monthly. Organ of the General-Synode der Evangelisch-Lutherischen Kirchen in den Vereinigten Staaten von Amerika. Large quarto, each issue 8 pages. Circulation: 1890, 2200. Edited by J. D. Severinghaus & published by the German Publishing Co.
Chicago, IL

Hausfreund, Märkischer. –
Gelsenkirchen. – 1865 – 1. I. 1902?
Fortges. u. d. T.: Gelsenkirchener Zeitung.

Medizinischer Hausfreund: no. 1 3, Sept. 1857- -Apr. 1858?
Intended to appear monthly, but irregular.
Allentwon, PA

— medicinischer. Red.: Th. Köhler. 1. Jahrg. 1881. 24 Nrn. (1/2 B.) gr. 4. Kassel, Hühn in Comm. n. 2. —

— dasselbe. 2. Jahrg. 1882. 24 Nrn. (1/2 B.) gr. 4. Ebend. n. 3. —

Mönchguter Hausfreund. (Hrsg. von Johannes Medenwaldt.) Jg. 1. (Rummelsburg i. P. 1907: Hafert.) 8⁰

— Mülheimer. Hrsg. von dem Curatorium d. evangel. Vereinshauses. Red. v. C. Wolff. Jahrg. 1879. 52 Nrn. (1/4 B. m. eingedr. Holzschn.) Lex.-8. Mülheim a. d. Ruhr. Leipzig, Böhme in Comm. n. 1. 20

—— Mülheimer. Hrsg. von dem Curatorium des evang. Vereinshauses. Redact.: G. Berchter. 2.—6. Jahrg. 1880—1884. à Jahrg. 52 Nrn. (à Nr. 1/4 Bog.) Lex.-8. Mülheim a. Rh., Bagel's Verlag. à Jahrg. *
Mit dem „Kinderfreund“ zusammen à Jahrg.

—— Mühlheimer. Hrsg. von G. A. Berchter. 7.—10. Jahrg. 1885—1888. à Jahrg. 52 Nrn. (à Nr. 1/2 Bog.) 4. Mülheim a. R., Buchh. des evangel. Vereinshauses. à Jahrg. 1 20

—— Mülheimer. Hrsg. v. G. A. Berchter. 11.—14. Jahrg. 1889—1892. à Jahrg. 52 Nrn. (à Nr. 1/2 Bog.) 4. Mülh. a. R., Buchh. d. evangel. Vereinshauses. à Jahrg. 1 20

Hausfreund, Mülheimer. Hrsg. v. dem Curatorium des evang. Vereinshauses. Red.: G. A. Berchter. 16. Jahrg. 1894. 52 Nrn. (1/2 Bog.) gr. 4. Mülheim a/R., Buchh. d. Evang. Vereinshauses. 1. 20

— d. musikal., 1r—10r Jahrg. 1820—31. Herausg. von Th. v. Haupt. Mit Steindr. u. Musikbeil. 4. Mainz, Schott's Söhne. 820—25. à 12 gr 1826—28. à 8 gr 1829—30. 16 gr 1831. 18 gr) 5 ℔ 20 gr

Haus-Freund, Musikalischer- 1822. 1824. 1826. 1828. Musicalischer Hausfreund für 1829 und 1830 herausgegeben von Th. v. Haupt. Mainz.

— musikalischer. Blätter f. ausgewählte Salonmusik. 1.—4. Jahrg. Octbr. 1887—Septbr. 1891. à 24 Nrn. (1 1/4 B.) gr. 4. Leipzig, C. A. Koch. à Jahrg. n. 4. —

— musikalischer. Blätter f. ausgewählte Salonmusik. Red.: Otto Fuchs. 5.—8. Jahrg. Oktbr. 1891—Septbr. 1895. à 24 Nrn. (à ca. 1 Bog.) gr. 4. Leipzig, J. Sengbusch. à Jahrg. n. 4. —

— musikalischer. Blätter f. ausgew. Salonmusik. Red.: Ernst Böttcher. 9.—11. Jahrg. Octbr. 1895—Septbr. 1898. à 24 Nrn. (à ca. 10 S.) gr. 4. Leipzig, J. Sengbusch. à Jahrg. n. 4. —
Kann auch vierteljährlich bezogen werden.

Hausfreund, naturärztlicher, f. Alle, die gesund bleiben u. gesund werden wollen. Red.: A. Kühner. 1. Jahrg. 1897. 12 Nrn. (Bog.) gr. 8. Wemding, A. Hellmuth. n. 1. 20
Weiter nicht erschienen.

—— der neue. Illustrirter Volkskalender für Stadt und Land. 1877—1885. 1.—9. Jahrg. 4. (à Jahrg. 60—70 S. mit eingedr. Holzschn.) Bremen, Verlag des Tractathauses.
Jahrg. 1880—1884 à *
Jahrg. 1885 *

—— der neue. Illustrirter Volkskalender für Stadt und Land. 1886—1889. 10.—13. Jahrg. 4. (à Jahrg. 60—70 S. mit eingedr. Holzschn. und 1 Chromolithogr.) Bremen, Verlag des Tractathauses. à Jahrg. * — 25

—— der neue. Illustr. Volkskalender f. Stadt u. Land. F. d. J. 1890—1893. 4. (à Jahrg. ca. 67 S. m. eingedr. Holzschn. u. 1 Chromolithogr.) Bremen, Verlag d. Traktathauses.
à Jahrg. * — 25; ohne Chromolithogr. à Jahrg. * — 20

— der neue. Illustr. Volkskalender f. Stadt u. Land f. d. J. 1894. 18. Jahrg. 4. (62 S. m. 1 Chromolith.) Bremen, Verl. d. Traktathauses. n. — 25;
ohne Chromolith. n. — 20

— der neue. Illustr. Volkskalender f. Stadt u. Land. 1895. 4. (62 S. m. 1 Farbendr.) Bremen, Verl. d. Traktathauses. n. — 25

Hausfreund, der neue. Illustr. Volkskalender f. Stadt u. Land. 1903. 27. Jahrg. 4. (56 S. m. Abbildgn.) Bremen. Verlag des Traktathauses. n. — 20; m. Titelbild n. — 25
Erscheint in Ausgaben f. Nordostdeutschland, Nordwestdeutschland, Königr. Sachsen und Nordostdeutschland und für Süddeutschland.

— der neue. Illustr. Volkskalender f. Stadt u. Land. 1907. 31. Jahrg. (74 S. m. Abbildgn.) 8. Bremen, Buchh. u. Verlag des Traktathauses. — 20; m. Titelbild — 25
In Ausgaben f. Nordostdeutschland, Nordwestdeutschland, Königr. Sachsen u. Nordostdeutschland u. f. Süddeutschland erschienen.

Hausfreund, der neue. Illustr. Volkskalender f. Stadt u. Land. 1909. 33. Jahrg. (82 S. m. Abb.) 8. Bremen, Buchh. u. Verlag des Traktathauses. — 25; m. 1 Farbdr. — 30
In Ausgaben f. Nordostdeutschland, Nordwestdeutschland, Königr. Sachsen u. Nordostdeutschland u. f. Süddeutschland.

— der neue allgemeine, auf d. Lande, od. vollständ. Beschreib. aller beim Acker-, Garten- u. Obstbau, bei d. Viehzucht 2c. vorkomm. Beschäftigungen u. nützl. Betriebe 2c., von J. D. 1r Thl. Feldwirthschaft; 2r Thl. Hauswirthschaft. Von J. D. Mit 17 Holzschn. gr. 8. Münch. 828. N. Aufl. 830. J. Lindauer. 1 ℔

Hausfreund

— neuer. Schweizer Blätter zur Unterhaltung u. Belehrg. f. das Volk. Hrsg. v. e. Anzahl schweizer. Schriftsteller. Gegründet v. Arnold Lang. Red. v. Wwe. A. Lang-Wildermuth u. A. Lang, Sohn. 18.—20. Jahrg. Oktbr. 1899—Septbr. 1902. à 52 Nrn. gr. 4. (à ca. 12 S. m. Abbildgn.) Bern, Stämpfli & Co. à Jahrg. n.n. 5. 20

— neuer. Schweizer Blätter zur Unterhaltg. u. Belehrg. f. das Volk. Hrsg. v. e. Anzahl schweizer. Schriftsteller. Gegründet v. Arnold Lang. 21.—25. Jahrg. Oktbr. 1902—Septbr. 1907. à 52 Nrn. (21.—24. Jhrg. IV, 594; IV, 600; IV, 612 u. IV, 576 S. m. Abbildgn.). 4. Bern, Stämpfli & Co. à Jhrg. n.n. 5. 20

— neuer. Schweizer Blätter zur Unterhaltg. u. Belehrg. f. das Volk. Gegründet v. Arnold Lang, hrsg. v. e. Anzahl schweizer. Schriftsteller. Red.: Eug. Sutermeister. 27. Jahrg. Oktbr. 1908—Septbr. 1909. 52 Nrn. (IV, 440 S.) 31×23,5 cm. Bern, Stämpfli & Co. 5. 20
Forts. s.: Hausfreund, der.

— neuer. Erzählungen f. Alt u. Jung. Nr. 1—12. gr. 8. Hamburg (901). Agentur des Rauhen Hauses. n. 1. —; einzelne Nrn. n. — 10

1. Ein Vaterherz. Von Heinr. Sohnrey. (16 S. m. Abbildgn.)
2. Tante Hanne. Von C. v. Levetzow. (16 S.)
3. Ein Opfer. Eine wahre Geschichte, nacherzählt. Von E. Kühn. (S. 33—48.)
4. Das Marienbild. Von Fr. Welck. — Wozu er taugte. Von C. v. Levetzow. (S. 81—96 m. Abbildgn.)
5. Das Weihnachtsgeschenk. Von Heinr. Sohnrey. (14 S.)
6. Hanna. Von Mary Wilkins. (16 S. m. Abbildgn.)
7. Unsere Nachbarin. Von C. v. Levetzow. (22 S. m. Abb.)
8. Herzog Ernst der Fromme. Ein Lebensbild. Von H. Petrich. (16 S. m. Abbildgn.)
9. 10. Eidsel. Von C. v. Levetzow. (40 S. m. Abbildgn.)
11. 12. Mutterliebe. Von Emil Frommel. 6. Aufl. (28 S. m. 1 Abb.)

— neuer. Erzählungen f. Alt u. Jung. (I. Serie.) 10 Hfte. (à ca. 16 S.) gr. 8. Hamburg (902). Agentur des Rauhen Hauses. n. 1. —; einzelne Hfte. n. — 10

— dasselbe. 2. Serie. 5 Hfte. (23, 29, 22, 40 u. 28 S.) gr. 8. Ebd. (902). n. 1. —; einzelne Hfte. n. — 20

— dasselbe. (III. Serie.) 10 Hfte. (à ca. 16 S.) 8. Ebd. (903). n. 1. —; einzelne Hefte n. — 10

— dasselbe. (Neue Serie.) 6 Hefte. (Je 16 S.) 8. Ebd. (905). n. — 60; einzelne Hefte n. — 10

— dasselbe. Volks- u. Jugenderzählgn. (Neue Serie.) 10 Hfte. (à ca. 16 S.) 8. Ebd. (906). à n. — 10

— neuer. Volks- u. Jugenderzählgn. (Neue Serie.) 5 Hefte. (à 16 S.) 8. Hamburg 909. Agentur des Rauhen Hauses. à p — 10

Hausfreund, neuer rheinländischer, für das Jahr 1882. 4. (50 S. m. eingedr. Holzschn.) Tauberbischofsheim. Lang. — 15

Haus- u. Volksfreund, neuer, v. J. H. Meyer, s. National-Kalender.

Hausfreund, neuester Mährisch-Schlesischer, — für 1853 mit Illustr. Brünn, Winniker. 4.

Hausfreund, Neuester mährisch-schlesischer — Gemeinnütziger Volks- und Geschäfts-Kalender, auf das Jahr 1854. Dreizehnter Jahrgang. Mit Illustrationen und Tabellen. 8. (112 S.) Brünn. Druck und Verlag von Karl Winiker.

Hausfreund, Neuester mährisch-schlesischer —. Gemeinnütziger Volks- und Geschäfts-Kalender auf das gemeine Jahr 1855. 14. Jahrgang (Mit Illustrationen und Tabellen.) 4. (90 S. und 7 Blätt.) Brünn. Druck und Verlag bei Karl Winiker.

Hausfreund, Neuester mährisch-schlesischer —. Gemeinnütziger Volks- und Geschäfts-Kalender auf das Schaltjahr 1856. Fünfzehnter Jahrgang. (Mit Illustrationen und Tabellen.) Brünn. Druck und Verlag von Karl Winiker. (90 S. 14 Bl. 4.) Mit dem Bildnisse des Alexander Freiherrn von Bach, J. U. Dr., Minister des Innern, k. k. wirkl. geheimer Rath rc.

Hausfreund, neuester mährisch-schlesischer — Gemeinnütziger Volks- und Geschäftskalender auf das gemeine Jahr 1857. 16. Jahrg. (Mit Illustrationen und Tabellen.) Brünn, Druck und Verlag von Karl Winiker. Troppau bei Otto-Schüler. (87 S. 8 Bl. 4. Mit dem Bildnisse des Halil Pascha, Großadmiral der Pforte.)

Hausfreund, neuester mährisch-schlesischer — Gemeinnütziger Volks- und Geschäftskalender auf das gemeine Jahr 1858. 17. Jahrg. Mit Illustrationen und Tabellen. Brünn. Dr. und Verlag von Karl Winiker. (86 S. 7 Bl. 4.)

Hausfreund, neuester, mähr.-schles. — Gemeinnütziger Volks- und Geschäfts-Kalender. Achtzehnter Jahrgang. Mit Illustrationen u. Tabellen. *Brünn*. Druck u. Verl. v. *Carl Winiker*. 93 S. 6 Bl. 4°. Als Titelbild das Grab des Panduren-Obersten Franz Freih. v. Trenk.

INHALT. Ein Schwank aus Joseph Haydn's Jugendleben. — Der Pandurenoberst Franz Freiherr von Trenk.

Hausfreund, neuester, mährisch-schlesischer. Gemeinnütziger Volks- und Geschäftskalender auf das gemeine Jahr 1862. 21. Jahrg. mit Illustrationen und Tabellen. kl. 4. (86 S.) Brünn, Winiker. 40 kr.

— neuester mährisch-schlesischer. Gemeinnützer Volks- u. Geschäfts-Kalender auf das gemeine Jahr 1863. 22. Jahrg. Brünn, Winiker. 4. (96 S. mit Illustr. u. Tab.) cart. n. 8 ngr.

Hausfreund, neuester, mährisch-schlesischer. Gemeinnütziger Volks- u. Geschäfts-Kalender auf das gemeine Jahr 1866. 25. Jahrg. Mit Illustrationen und Tabellen. (84 S.) Brünn, Winiker. cart. 40 kr.
— — Derselbe böhmisch. Ebds. 40 kr.

Hausfreund, neuester mährisch-schlesischer. Gemeinnütziger Volks- und Geschäfts-Kalender für Böhmen, Mähren und Schlesien auf die J. 1875—1880. 34.—39. Jahrg. Mit Illustrationen und Tabellen. 4. (à ca. 100 S. mit eingedr. Holzschn. und Holzschntaf. in Imp.-Fol.) Brünn, Winiker's Buchh. cart. à Jahrg. *

Hausfreund, neuester mährisch-schlesischer. Gemeinnütziger Volks- und Geschäfts-Kalender für Böhmen, Mähren und Schlesien auf die J. 1881—1885. 40.—44. Jahrg. 4. (105; 117; 125; 119; 119 S. je mit eingedr. Holzschn., Holzschntaf. und Tabellen.) Brünn, Winiker's Buchh. cart. à Jahrg. *

— neuester mährisch-schlesischer. Gemeinnütziger Volks- und Geschäfts-Kalender für Mähren, Schlesien und Böhmen auf die J. 1886—1889. 45.—48. Jahrg. 4. (à Jahrg. 120—130 S. mit Illustr. und Tab.) Brünn, Winiker. cart. à Jahrg. * — 90

Erscheint auch in czechischer Sprache.

Hausfreund, Neuester mährisch-schlesischer. Gemeinnütziger Volks- und Geschäftskalender für Mähren, Schlesien, Böhmen und Niederösterreich auf das gemeine Jahr 1890, enthaltend 365 Tage. 49. Jahrg. Mit einer Specialkarte von Mähren und Abbildungen. Kl.-4. (190 S.) Cart. —.45

Brünn: Winiker.

Hausfreund, Neuester mährisch-schlesischer. Gemeinnütziger Volks- u. Geschäftskalender für Mähren, Schlesien, Böhmen u. Niederösterreich auf das gemeine Jahr 1891, enthaltend 365 Tage. 50. Jahrg. Mit Titelbild und 21 Abbildgn. Kl.-4. (202 S.) Cart. —.45
Brünn: Winiker.

Hausfreund. Neuester mährisch-schlesischer. Gemeinnütziger Volks- und Geschäftskalender für Mähren, Schlesien und Böhmen auf das Schaltjahr 1892. 51. Jahrg. Mit Illustrationen und Tabellen. 4. (198 S.) Cart. —.45
Brünn: Winiker.

Hausfreund, Neuester mährisch-schlesischer. Gemeinnütziger Volks- und Geschäfts-Kalender für Mähren, Schlesien und Böhmen auf das gemeine Jahr 1893. LII. Jahrg. Mit Illustrationen und Tabellen. 4. (198 S.) Cart. —.45
Brünn: Winiker.

Hausfreund, Neuester mährisch-schlesischer. Gemeinnütziger Volks- und Geschäftskalender f. Mähren, Schlesien und Böhmen auf das Gemein-Jahr 1894. LIII. Jahrg. 4. (194 S.) Cart. —.45
Brünn: Winiker.

— **neuester mährisch-schlesischer.** Gemeinnütziger Volks- u. Geschäfts-Kalender f. Mähren, Schlesien u. Böhmen auf d. J. 1895. 54. Jahrg. gr. 4. (177 S. m. Abbildgn. u. 1 Taf.) Brünn, C. Winiker. Kart. n. — 90

Hausfreund, Neuester mährisch-schlesischer. Gemeinnütziger Volks- und Geschäftskalender für Mähren, Schlesien und Böhmen, sowie für Niederösterreich auf das Schaltjahr 1896. LV. Jahrgang. 4. (198 S.) Cart. —.45
Brünn: Winiker.

Hausfreund, Neuester mährisch-schlesischer. Gemeinnütziger Volks- und Geschäftskalender für Mähren Schlesien, Böhmen und Niederösterreich auf das gemeine Jahr 1897. 56. Jahrg. Mit Illustrationen und Tabellen. 4. (206 S.) Cart. —.45
Brünn: Winiker.

Hausfreund, Neuester mährisch-schlesischer. Gemeinnütziger Volks- u. Geschäftskalender für Mähren, Schlesien, Böhmen u. Niederösterreich auf das gemeine Jahr 1898, enthaltend 365 Tage. 57 Jahrgang. Mit zwei Titelbildern und 20 Abbildgn. Kl.-4. (207 S.) Cart. Brünn: Winiker. —.45

— **neuester mährisch-schlesischer.** Gemeinnütziger Volks- u. Geschäfts-Kalender f. Mähren, Schlesien, Böhmen u. Nieder-Oesterreich auf d. J. 1899. 58. Jahrg. gr. 4. (156 S. m. Abb. u. 1 Taf.) Brünn, C. Winiker. Kart. n. — 90

(F) **Neuester mährisch-schlesischer Hausfreund.** Gemeinnütziger Volks- und Geschäftskalender für Mähren, Schlesien und Böhmen auf das Gemeine Jahr 1900. LIX. Jahrgang mit Illustrationen und Tabellen. Brünn. Winiker. 4°. 179 S. Cart. fl. —.45

(F) **Neuester mährisch-schlesischer Hausfreund.** Gemeinnütziger Volks- und Geschäftskalender für Mähren, Schlesien und Böhmen. Auf das gemeine Jahr 1901. LX. Jahrgang. Mit Illustrationen und Tabellen. Brünn. Winiker. Gr.-8°. 198 S. Cart. K — 90

(F) **Neuester mährisch-schlesischer Hausfreund,** Gemeinnütziger Volks- und Geschäftskalender für Mähren, Schlesien und Böhmen auf das Gemeine Jahr 1902. LXI. Jahrgang mit Illustrationen und Tabellen. Brünn. Winiker. 4°. 186 S. mit 1 Tafel Cart. K —.90

— **neuester mährisch-schlesischer.** Gemeinnütziger Volks- u. Geschäfts-Kalender f. Mähren, Schlesien u. Böhmen auf d. J. 1903. 62. Jahrg. gr. 4. (165 S. m. Abbildungen u. 1 Taf.) Brünn, C. Winiker. Kart. — 90

(F) **Neuester mährisch-schlesischer Hausfreund.** Gemeinnütziger Volks- und Geschäftskalender für Mähren, Schlesien, Böhmen, Niederösterreich auf das Schaltjahr 1904. 63. Jahrg. 4°. (192 S.) kart. K —.90
Brünn: Winiker.

(F) **Neuester mährisch-schlesischer Hausfreund.** Gemeinnütziger Volks- und Geschäftskalender für Mähren, Schlesien und Böhmen auf das gemeine Jahr 1905. 64. Jahrg. Lex.-8°. (187 S.) K —.90
Brünn: Winiker.

— **neuester mährisch-schlesischer.** Gemeinnütziger Volks- u. Geschäfts-Kalender f. Mähren, Schlesien, Böhmen u. Nieder-Österreich auf d. J. 1907. 66. Jahrg. (161 S. m. 31 Abbildgn., Tabellen u. 1 Taf.) gr. 8. Brünn, C. Winiker. Kart. — 90

(F) **Neuester mährisch-schlesischer Hausfreund.** Gemeinnütziger Volks- und Geschäftskalender für Mähren, Schlesien und Böhmen auf das Schaltjahr 1908. LXVII. Jahrg. Lex.-8°. (179 S.) K —.90
Brünn: Winiker.

Neuester mährisch-schlesischer Hausfreund. Gemeinnütziger Volks- und Geschäftskalender für Mähren, Schlesien, Böhmen und Niederösterreich für das Jahr 1909. 68. Jahrg. Lex.-8°. (175 S.) K —.90
Brünn: Winiker.

— **neuester mährisch-schlesischer.** Gemeinnütziger Volks- u. Geschäfts-Kalender f. Mähren, Schlesien u. Böhmen auf d. J. 1911. 70. Jahrg. (163 S. m. Abbildgn., Tab. u. 1 Taf.) gr. 8. Brünn, C. Winiker. Kart. — 90

— **neuester rheinländischer,** für das Jahr 1882. 4. (24 S.) Ebend. n. — 10

Hausfreund

— **niederrheinischer.** Ein christl. Kalender f. Stadt u. Land. 4. (62 u. 6 S. m. Abb., 1 Farbendr. u. 1 Wandtaf.) Düsseldorf, C. Schaffnit. — 25

— **Nürnberger.** Ein gemeinnütziges, unterhalt. Volksblatt für gebild. Leser. Jahrg. 1841. 156 Numm. gr. 8. Nürnberg. (Winter.) $1\frac{2}{3}$ ℛ

— **Oldenburgischer,** f. 1847—1852. gr. 8. Oldenburg, Stalling. à n. $\frac{1}{6}$ ℛ

— **Osnabrückische,** zur Beförderung der Landeswohlfahrt, unter Mitwirkung d. technischen u. Handelsvereins in Osnabrück. Herausgeg. von J. J. F. Arendt. 1. Jahrg. 1844. 12 Numm. (Bog.) 4. Osnabrück 844, Rackhorst. n. $\frac{2}{3}$ ℛ

— der Osnabrückische, zur Beförderung der Landeswohlfahrt. Unter Mitwirkung des technischen u. Handelsvereins zu Osnabrück. Hrsg. von J. J. F. Arendt. 3. Jahrg. 1847. Nr 34—45. gr. 4. (B.) Osnabrück, Rackhorst. u. 2/3 ℛ

— der pädagogische. Zeitschrift f. populäre Psychologie u. Erziehungskunst, Correspondenzblatt für Erziehungsvereine und Organ f. die Verbindg. v. Schule u. Familie. Unter Mitwirkg. bewährt. Fachmänner hrsg. v. S. Dessau. 1. u. 2. Jahrgang. 1871 u. 1872. 12 Hfte. gr. 8. (1. Hft. 40 S.) Stuttgart. Werther. à Jahrg. 4. 80

— patriotischer. Wochenblatt zur Unterhaltung u. Verständigung üb. die Fragen der Gegenwart. Red.: Geo. Hesekiel. 1. Jahrg. 1848. April—Decbr. 39 Nrn. 4. (Bog.) Zeitz, Webel. u. 3/4 ℛ

— der physisch-chemische, eine Zeitschrift, herausg. v. Göttling. Jg. 1804 z. 12 Hft. 8. Jena, Akad.

Hausfreund

der poetische. Spenden der Muse für die Stunden der Freude und des Leides im Kreise der Familie. (2. Ausg.) Hamburg 859. Dütschke. gr. 8. (276 S.) 18 ngr

—— der poetische, bei allen vorkomm. fröhl. u. traur. Familienereignissen. Nebst e. Kranze auserles. Geistesblüthen zu Stammbuchsaufsätzen. 12. (4 B.) Eisenberg, Schöne.

— d. poetische, bei allen vorkommenden fröhl. u. traurigen Familienereignissen. 12. Eisenb. 829. Schöne. 6 gℓ

— der poetische, bei allen vorkommenden fröhlichen und traurigen Familienereignissen. 2e Aufl. 12. Eisenberg 836. Schöne. 1/4 ℛ

— der poetische, bei allen vorkommenden fröhlichen u. traurigen Familienereignissen. 3. Ausg. 12. Eisenberg 841, Schöne. 1/4 ℛ

Hausfreund, der poetische, bei allen vorkommenden fröhlichen u. traurigen Familienereignissen. Eine Sammlung von Gedichten ꝛc. 4. Aufl. 21. (IV u. 96 S.) Eisenberg 847, Schöne. 1/4 ℛ

— der poetische, bei allen vorkommenden fröhlichen und traurigen Familienereignissen. Sammlung von Gedichten beim Jahreswechsel, bei Geburtstagen, Hochzeiten, Jubelhochzeiten ꝛc. Nebst einem Kranze auserlesener Geistesblüthen zu Stammbuchsaufsätzen. Ein unentbehrliches Noth u. Hülfsbüchlein für Jedermann. 5. gänzlich umgearb., mit acrostischen Liebeskränzen, Polterabendscherzen, Toasten, Blumensprache ꝛc. verm. u. verb. Aufl. Eisenberg 854. Schöne. 12. (IV, 108 S.) 9 ngr

Haus- u. Familienfreund, der poetische, eine vollständige Aushülfe mit den besten u. neuesten Gedichten zu Glückwünschen für alle mögliche Lebensverhältnisse ꝛc., ferner: Lieder für fröhliche Gesellschaften ꝛc., Trinksprüche, Wiegenlieder, Stammbuchaufsätze, Grabschriften, Gedichte bei Todesfällen, bei feierl. Empfang u. Abschied u. a. Gelegenheiten. Mit Musikbeilagen als Prämie für die Subscribenten. In Verbindung mit Mehren herausgeg. von Herm. von Sydow. 1.—3. Liefg. gr. 8. Chemnitz u. Schneeberg 841, Goedsche, Lehn. à 1/4 ℛ

— der poetische, eine vollständige Aushülfe mit den besten u. neuesten Gedichten. Herausgeg. von Herm. von Sydow. 4.—8. Lieferg. gr. 8. Ebend. 841, 42. à 1/4 ℛ

Der Hausfreund und Post : Jan. 1889–1893?

Weekly, 1889–92? as Der Deutsche Hausfreund. Followed by Neue Washtenaw Post. Later Washtenaw Post-Tribune.
Ann Arbor, MI

Der Hausfreund und Post : Jan. 1889–1902?

Independent weekly. Title varies: Der Deutsche Hausfreund, 1889–92. Circulation: 1890, 1818; 1895, 2550; 1900, 2550. Edited & published by P. G. Sukey, 1889–92; by Sukey & Paul, 1893–96; by Louis J. Liesemer, 1897–99; by Theophilus Stanger, 1900, by Hausfreund-Post Publishing Co., 1901–02.
Detroit, MI

— d. Preußische, für den denkenden Bürger u. Landmann. Eine allgemeinnützl., belehr. u. unterhalt. Wochenschrift. Herausg. v. C. Schwarz. 1r Jahrg. 46 Quart. 1831. Mit 3 Bildnissen, u. 2r Jahrg. 1832. 52 Numm. Mit 12 Bildnissen. 4. Berl., Bechtold u. H. (1831. 1 ℛ 1832. 4 ℛ) 5 ℛ

— Prignitzer. 1906. Kalender u. Nachschlagebuch üb. kaiserl., königl. u. städt. Behörden der Ost- u. Westprignitz, sowie Ortschaftsverzeichnis der Kreise Ost- u. Westprignitz, ferner Ruppin m. Angabe des Amtsgerichts, Postbestellanstalt u. Amtsvorsteherbezirks. (XII, 21, 48 u. 8 S. m. Abbildgn.) gr. 8. Pritzwalk, C. Lemke. — 40
Erscheint nicht mehr.

Protestantischer Haus-Freund : 1885?–1899?

Evangelical monthly. Circulation: 1890, 3500; 1895, 5000; 1899, 5000. Edited & published by the Rev. Edward Voss, 1885–89; edited by the Rev. Henry Haefner, 1890–99; published by the Rev. Edward Voss, 1890–92; by the Rev. J. A. Voss, 1893–98, by C. G. Wagner, 1899.
Cincinnati, OH

Hausfreund

— der, als Rathgeber u. Gesellschafter. 8. Leipz. 805. Joachim. 1 ℛ 8 gℓ

Der Reformirte Hausfreund : Jahrgang 1–37, Jan. 1, 1867–Dec. 31, 1903

Fortnightly. Subtitle: Herausgegeben unter der Aufsicht einer Committee der Deutsch Reformirten Synode von Nord Amerika. Merged with Kirchenzeitung (Cleveland). Small folio, each issue 4 pages, paged continuously. Edited & published by the Rev. Benjamin Bausman, Jan. 1, 1867–Dec. 1871; edited by the Rev. Benjamin Bausman, 1872–98; by Daniel Miller, 1899–1903; published by Daniel Miller, 1872–1903. Printed in Office of Reading Adler, 1867–71.
Reading, PA

Hausfreund: Religiöser Hausfreund
v. Volksblatt, zunächst für Sargans, Gaster und Seebezirk.

— rheinischer. Familienblatt zur Unterhaltg. u. Belehrg. 1. Jahrg. Aug. 1893—Juli 1894. 56 Lfgn. (2 Bog.) gr. 4. Köln, Rhein. Volksschriften-Verlag, 23. Erlker. à Lfg. 10

Hausfreund, Der Rheinländische, oder: Neuer Kalender . . . Carlsruhe 1808—11. H: *Hebel, Johann Peter.* (Ky) (MGT) ›1818—20, 22—25. 27. (AarK)

— d. Rheinländische, oder: Neuer Kalender, mit lehrr. Nachr. u. lustigen Erzählungen. (herausg. von J. P. Hebel). 4. Karlsr. 808—11. ... Fortsetz. unt. d. T.: Rheinischer Hausfreund, od. allerlei Neues, zu Spaß u. Ernst, auf 1814, 15.

Hausfreund, Rheinischer, oder allerley Neues, zu Spass und Ernst . . . Carlsruhe 1814—15. H: *Hebel, Johann Peter.* (MGT)

Hausfreund, Der rheinländische, auf das Jahr 1816. Karlsruhe 1816. H: *Schreiber, Alois Wilhelm.* (GGr) (MGT) (NN)

— der Rheinländische, od. neuer Kalender f. d. J. 1849—1852. Mit lehrreichen Nachrichten u. lustigen Erzählungen. 4. (à 48 S. m. eingedr. Holzschn.) Pforzheim, Flammer & Hoffmann. (Stuttgart, Scheitlin.) 1849: 3 ngr 1850—1852: à n. 2 ngr

Hausfreund, der Rheinländische, oder neuer Kalender für das Jahr 1858 u. 1859. Mit lehrreichen Nachrichten u. lustigen Erzählungen. Pforzheim, Flammer. 4. (à 24 Bl. mit Holzschn. im Text.) Jeder Jahrg. n. 2 ngr

Hausfreund, der rheinländische, oder neuer Kalender für die Jahre 1860—62. Mit lehrreichen Nachrichten u. lustigen Erzählungen. Pforzheim, Flammer. 4. (à 24 Bl. m. Holzschn.) Jeder Jahrg. n. 2 ngr

— rheinländischer. Historischer Kalender m. lehrreichen Nachrichten u. lustigen Erzählungen für das Jahr des Heils 1882. 4. (42 S. m. eingedr. Holzschn.) Tauberbischofsheim, Lang. n. — 20

—— der sächsische, ein Unterhaltungsbl. f. gebild. Leser aller Stände. 1—5. Jahrg. 1838—42. à 52 Nrn. (Bog.) Mit Abbildn. u. Lithogr. gr. 4. Leipzig, Pönicke u. Sohn. à J. *
Der 1—4. Jahrg. erschien ohne d. Zusatz: der sächsische.

— der Sächsische, ein Unterhaltungsblatt für gebildete Leser aller Stände. 4.—6. Jahrg. 1841—1843. à 52 Numm. (Bogen.) Mit à 6 ausgezeichn. Stahlst. u. Lithogr. gr. 4. Leipzig, Pönicke u. Sohn. à n. 2 ℛ

Hausfreund, Sächsischer —. Ein Kalender für Siebenbürgen zur Unterhaltung und Belehrung auf das Jahr 1855. Neue Folge des siebenbürgisch-deutschen Volksbuches. Herausgegeben unter Verantwortung des Verlegers. XVII Jahrgang. 8. (8 Blätt. 176 S.) Kronstadt. Druck und Verlag von Johann Gött.

Hausfreund, sächsischer — Ein Kalender für Siebenbürgen zur Unterhaltung und Belehrung auf das J. 1858. Neue Folge des siebenbürgischen deutschen Volksbuches. 20. Jahrg. Kronstadt. Dr. und Verlag von Johann Gött. (158 S. 1 Bl. 8.)

—— sächsischer. Kalender für Siebenbürgen für das Gemeinjahr 1861. Hrsg. von E. v. Trauschenfels. 23. Jahrg. 8. (138 S.) Kronstadt, Gött.

— sächsischer. Illustrirter Volkskalender f. d. J. 1875. Hrsg. v. Otto Moser. gr. 16. (100 S. m. e. Holzschntaf. u. eingedr. Holzschn.) Leipzig. Bauer. n. — 75

Hausfreund, Der schlesische,
als Rathgeber und Gesellschafter. Eine Zeitschrift . . . Breslau u. Schweidnitz 1808.
II: *Krebs, Carl Joseph.* (Ky) (MGT)

— d. Schlesische, als Rathgeber in Gesellschaften, in 12 Heften. Mit Kpf. 8. Bresl. 808. Barth. 3 ℛ

Schleswig-Holsteinischer Hausfreund. Mit Original-Beiträgen heimischer Schriftsteller. Bd. 1—3. Garding. [1868—70.] 8°.

— schleswig-holsteinischer. Mit Original-Beiträgen heim. Schriftsteller. 3 Bdchn. 16. (80; IV, 98 u. 118 S.) Garding 871. Altona, Sorge. à — 30

— der, aus Schwaben. Das schönste, unterhaltendste u. belehrendste Familienbuch. 3 Bdchn. Reutlingen 859. Rupp & Baur in Comm. 16. (à 192 S.) Jedes Bdchn. n. 5 ngr

Hausfreund. Schweizer H'. Illustrirter Volkskalender für Stadt und Land auf das Jahr 1901. [Jahrg. 6.] IV + 100 S. 4. Zürich, Christliche Vereinsbuchh. fr. —. 40

— der schweizerische, für den Bürger u. Landmann. Quartalschrift für Technologie, Land- u. Hauswirthschaft. Jahrg. 1830. 4 Hfte., mit Abbildd. 4. Aarau, Christen. 3/4 ℛ

Hausfreund, der, für Stadt u. Land. Volksbuch der Verbreitung gemeinnütziger Kenntnisse, Erfindungen, Entdeckungen u. Erfahrungen im Gebiete der Naturkunde, der Gewerbsthätigkeit, vorzüglich des Fabrik- u. Manufacturwesens, der Künste u. Handwerke etc. Herausg. von einem Vereine Geschäftsmänner. Mit vielen Abbildungen. 8. Erfurt 840. F. W. Andreä. 1/4 ℛ

— stenographischer. Red.: Specht. Jahrg. 1894. 52 Nrn. (1/2 Bog.) gr. 8. Berlin, G. Oehmke. 1. 50

— stenographischer. Red.: Specht. Jahrg. 1895—1898. à 52 Nrn. (à 8 S.) gr. 8. Berlin (G. Oehmke). à Jahrg. n. 6. —
Kann auch vierteljährlich bezogen werden.

— stenographischer. Red. im Auftrage des Stenographenverbandes Stolze-Schrey v. Fritz Specht. Jahrg. 1899—1902. à 52 Nrn. gr. 8. (à ca. 8 S.) Berlin, Buchh. d. Stenographen-Verbandes Stolze-Schrey. à Jahrg. 6. —

— stenographischer. Red. im Auftrage des Stenographenverbandes Stolze-Schrey v. Fritz Specht. Jhrg. 1903—1906. à 52 Nrn. (à ca. 8 autogr. S.) gr. 8. Berlin (Gerdes & Hödel). à Jhrg. n. 6. —

— stenographischer. Im Auftrage des Stenographenverbandes Stolze-Schrey red. v. H. Coprian. Jahrg. 1907—1910. à 52 Nrn. (à Jahrg. 416 autogr. S.) gr. 8. Berlin, Buchh. des Stenographen-Verbandes Stolze-Schrey. à Jhrg. 6. —

Sonderheft des Stenographischen Hausfreundes. Bdch. 1.
Berlin: Steffenhagen (1909). 8°

Hausfreund

— Thüringer. Familienblatt f. Stadt u. Land. 1. Jahrg. 1873. 52 Nrn. (B.) gr. 4. Erfurt. Stenger. n. 3. 20

— dasselbe. 2. Jahrg. 1874. 24 Hfte. gr. 4. (1. Hft. 16 S.) Ebend. 3. 60

—— Thüringer. Familienblatt für Stadt und Land. 3.—7. Jahrg. 1875—1879. à Jahrg. 52 Nrn. (Bog.) gr. 4. Erfurt, Stenger. à Jahrg. *

—— Thüringer. Fest-Nummer zur 400jähr. Geburtstagsfeier Dr. Martin Luther's. Fol. (12 S. mit eingedr. Holzschn. und 1 Holzschntaf.) Schmalkalden 884, Wilisch. **

— d. unterhaltende. Eine Samml. charakteristischer Anekdoten. 8. Karlsr 818. Braun. 12 ℛ

— unterhaltender. Eine Auswahl von Erzählungen, Novellen, histor. Aufsätzen ꝛc. der besten älteren u. neueren Schriftsteller des In- u. Auslandes. Gesammelt u. hrsg. von Aug. Ludw. Schellhorn. 1. Bd. 8. (256 S.) Magdeburg 852, Quednow in Comm. 16 ngr

Der unterweisende Hausfreund für die Provinz Brandenburg. Ein Handb. f. alle Stände üb. die wichtigst. Theile des öffentl. Geschäfts- u. geselligen Lebens, Privatverkehrs, der Verfassung, Verwaltung u. Mittel des Staates, so wie der Rechte u. Pflichten seiner Bewohner, mit besond. Berücksichtigung dessen, was zunächst die Provinz Brandenburg betrifft; nach d. best. Hülfsmitteln u. Quellen zusammengestellt u. bearbeitet. Nebst ein. Anh.: (Kurzgefasstes Verdeutschungs-Handwörterbuch d. fremden Ausdrücke u. Redensarten.) *Breslau*, Schulz u. Comp. 834. gr. 8. (1 Thl. 16 Gr.)
Dass. Werk bearb. f. d. Provinzen Sachsen, Westphalen, Schlesien, Ost- u. West-Preußen, Posen, à 1 Thlr. 16 Gr. — Für d. Rheinprovinzen, 1 Thlr. 20 Gr.
Sämmtliche Schriften haben im Allgemeinen gleichen Inhalt. Das Eigenthümliche einer jeden Provinz wird durch Cartons ergänzt.

Anonym: „Der unterweisende Hausfreund für Schlesien und die Oberlausitz; ein Rathgeber für Jedermann über die wichtigsten der Privat- und öffentlichen Verhältnisse des bürgerlichen Lebens im Staate, namentlich den schriftlichen Verkehr in Geschäfts- und anderen Angelegenheiten, die Rechte und Pflichten des Preußischen Unterthanen, die allgemeine vaterländische Staatskunde und eine specielle Darstellung Schlesiens und der Oberlausitz. Nach den besten Quellen und Erfahrungen zusammengestellt und bearbeitet durch eine Gesellschaft Gelehrter, Beamten und Geschäftsmänner", 6. verm. und verb. Auflage, Breslau 1839 (Schulze & Co.).

Anonym: „Der unterweisende Hausfreund für Schlesien und die Oberlausitz; ein Rathgeber für Jedermann über die wichtigsten Privat- und öffentlichen Verhältnisse des bürgerlichen Lebens im Staate, namentlich des schriftlichen Verkehrs in Geschäfts- und anderen Angelegenheiten, der Rechte und Pflichten des Preußischen Unterthanen, der allgemeinen vaterländischen Staatskunde und einer speziellen Darstellung Schlesiens und der Oberlausitz. Nach den besten Quellen und Erfahrungen zusammengestellt und bearbeitet durch eine Gesellschaft Gelehrter, Beamten und Geschäftsmänner", 6. verm. und verb. Auflage, Breslau 1839 (Schulze & Co.).

— der vaterländische. Unterhaltungen und Studien aus dem Natur- und Menschenleben. Hrsg. von Fr. Ed. Keller. 1. Bd. 5 Hefte. gr. 8. (1. Heft 64 S. mit eingedr. Holzschn.) Gütersloh 856, Bertelsmann.

— der vaterländische. Unterhaltungen u. Studien aus dem Natur- u. Menschenleben. Herausg. von Fr. Ed. Keller. 1. u. 2. Bd. à 5 Hefte (à 4 Bgn.). Mit vielen in den Text gedr. Abbildgn. (Holzschn.) Gütersloh 857. Bertelsmann. gr. 8. Jedes Heft 6 ngr

— der Voigtländische, zur Belehrung u. Unterhaltung für Alle, die auf Bildung Anspruch machen. Herausgeg. von mehreren Gelehrten. 1.—3. Lfg. gr. 8. Greiz 844, 45, Schumann. à n. 4 ngr

— und Volksfreund, der, s. National-Kalender für die deutschen Bundesstaaten.

Hausfreund. Der wahre H'. Ein wertvoller Ratgeber in kranken Tagen. [Hrg. von der] Bruchbandagenfabrikation J[aco]b Hügi, Röthenbach bei Herzogenbuchsee. II + 55 S. 8. [Bern, Karl Baumann, 1903.]

Hausfreund, Der wahre Frankfurter, oder protest., kathol., israel. Kalender a. d. J. . . . .
1837.
Frankfurt.

Hausfreund, Der Wiener evangelische. Zeitschrift zur Förderung des evangelisch-christlichen Lebens. Herausgeber Carl Stock. Redigirt v. Georg Boß. II. Jahrg 24 Nrn. Kl.-4. 3.–, halbjährig 1.50
— I. Jahrg. complet. Kl.-4. (384 S.) In Lwd. geb. 1890/91. 4.50
Währing: C.Stock.

Hausfreund, Der Wiener evangelische. Zeitschrift zur Förderung des evangelisch-christlichen Lebens. Redigirt von Georg Boß. III. Jahrgang 1893. 12 Nrn. 4. 3.—
Währing: C.Stock.

Hausfreund, Der Wiener evangelische. Zeitschrift zur Förderung des evangelisch-christlichen Lebens. IV. Jahrgang 1893. 24 Nrn. 4. Ebda. 3.—

— der Wiener evangelische. Zeitschrift zur Förderg. des evangelisch-christl. Lebens. In Verbindg. m. gleichgesinnten Freunden hrsg. v. Carl Stock, 5. Jahrg. Novbr. 1894—Oktbr. 1895. 24 Nrn. (2 Bog.) hoch 4. Wien, C. Stock. n. 6.—

— d. Wiener evangelische. Zeitschrift z. Förderg. d. evang.-christl. Lebens. 6. Jahrg. Novbr. 1895—Oktbr. 1896. 24 Nrn. (à 2 Bog.) gr. 4. Wien, Evang. Hausfreund. n. 6.—

— dasselbe, Fortsetzg., s.: Hausfreund, evangelischer.

Haus- u. Wirthschaftsfreund. Illustr. Zeitschrift f. Land- u. Forstwirthschaft, Gartenbau, Geflügelzucht, Jagd u. Fischerei. Illustr. Unterhaltungsblatt. Red.: Geo. Weber. Jahrg. 1894. 52 Nrn. (2 Bog) gr. 4. Melle, F. E. Haag. n. 3.—

Haus- u. Wirtschaftsfreund. Illustr. Zeitschrift f. Land- u. Forstwirtschaft, Gartenbau, Geflügelzucht, Kaninchenzucht, Jagd, Fischerei, Hauswirtschaft. Lesehalle m. spann. Romanen, Erzählgn., humorist. Ecke, Litteratur-Tabelle, Arbeitsmarkt. 12. u. 13. Jahrg. 1898—1899. à 52 Nrn. (à ca. 12 S.) gr. 4. Leipzig-R., Alfr. Jesch, Verlag. à Jahrg. n. 3.—

Haus- u. Wirthschaftsfreund, der wohlberathene u. wohlerfahrene, oder Samml. von 308 der besten ökonom. u. leicht anwendbarsten Mittel, Kunststücke und Haushaltungsvortheile, höchst nützlich für den Bürger u. Landmann. Von L. K....l. 8. Straubing 846, Schorner'sche Buchh. 1/4 ß

— der wohlerfahrene. Eine Sammlung von mehr als 100 nützl., vorzügl., prakt. Mittel u. Recepte, welche durch Anwendung bewährt gefunden u. zum Theil für hohe Preise ausgeboten worden sind. Unentbehrl. Rathgeber für Jedermann in Stadt u. Land. Camenz 865. Krausche. 16. (VI. 65 S.) n. 2 ngr

Hausfreund, J. B., Universal-Taschen-Gratulant, s. Universal-Taschen-Gratulant.

Hausfreunde, Die. Ein Lustspiel . . . München 1774. V: *Topor Morawitzky, Theodor Graf.* (Oberbayr. Archiv 51, Heft 2) (Zeitschr. f. Büch. 1923, S. 88)

Hausfreunde, die,. Schausp. in 5 A. v. A. W. Iffland. 8. Berlin, Wilh. Oehmigke. 807.

Hausfreunde, die; Schausp. in 5 Aufz. v. A. W. Iffland. Mit 3 K. 8. Berl. N. Societätsbuchh. 808.

Hausfreunde, die, oder die hoffnungsvolle Morgendämmerung. Eine Erzählung. Tübingen 856. Verlags-Expedition. 8. (2 Bl., 252 S.) n. 15 ngl.

Hausfreunde, liebe. Ein unzerreißbares Bilderbuch. Mit 8 Buntbildern u. Text. Fol. (10 farb. S., auf Pappe.) Stuttgart (902). Loewe. Geb. 2. 50

Hausfreunde, unsere. Ein Bilderbuch für die lieben Kleinen. Mit lust. Versen und 6 feinen Farbdr.-Bildern. qu. 4. (6 S. Text.) Stuttgart 886, Loewe. cart. * — 60
Auf Leinw. * 1 —

Hausfreunde, unsere. (Farb.) Bilder m. unterhalt. Text fürs kleine Volk. Lex.-8. (16 S.) Elberfeld 803. S. Lucas. — 75

Hausfreunde, unsere. 12 Photograv. nach Gemälden moderner Meister. qu. Fol. (1 Bl. Text.) München 896. Jos. Albert. In Mappe 30. —

— unsere. qu. gr. 8. (12 S. m. farb. Abbildgn.) Reutlingen (902). R. Bardtenschlager.
Auf Pappe, geb. od. in Leporelloform — 75

Hausfreunde, unsere lieben. (13 S. m. farb. Abbildgn. auf Pappe.) qu. kl. 8. Stuttgart (905). W. Nitzschke.
In Leporelloform 1. 50

Unsere Hausfreunde aus der Tierwelt. Zwölf Bilder nach Aquarellen von Fedor Flinzer. Mit Erzählungen und Schilderungen von H. Paul nebst Gedichten von Ilse Maul. Glogau, C. Flemming [1888]. 4 Bl. 24 S. und 12 farbige Tafeln. Gr.-4°. Farbig illustr. Or.Kartonbd. m. Leinenrücken. 22.—
★ Originalausgabe. Prächtiges Bilderbuch. — Gutes Ex., ein wenig gelockerter Einbd.

Hausfreundin, die, f. 1900. Ein Jahrbuch auf den Weihnachtstisch der Frauenwelt. Hrsg. v. Augusta Bender. 8. (111 S.) Eberbach, Verl. der Hausfreundin. n. — 30
Vergl.: Bender, Aug.

Hausfreund-Kalender, der christliche, s.: Hausfreund, der christl.

Hausfreund-Kalender, illustrirter, für das J. 1875. 4. (72 S. mit eingedr. Holzschn. und 1 Holzschntaf.) Leipzig 874, Thiele und Freese. *

Hausfreund-Kalender, illustr., f. 1877. 4. (88 m. H.) Lpzg, Bergmann. — 50

Hausfreund-Kalender, illustrirter, f. d. J. 1877. 4. (88 S. m. eingedr. Holzschn.) Leipzig, Höhme. — 50

Hausfreund-Kalender, illustrirter, für die J. 1883 und 1884. 4. (à Jahrg. 74 S. mit eingedr. Holzschn. und Chromolithogr.) [Dresden, Schöne.] Leipzig, G. Wolf. à Jahrg. [illegible]
— dass. — für das J. 1885. 4. (80 S. mit eingedr. Illustr. und 1 Chromolithogr.) Leipzig, G. Wolf. [illegible]

Hausfreund-Kalender, der kleine, f. 1899. 8. (28 u. 8 S. m. Abb.) Berlin, A. Weichert. — 10

Hausfreund-Kalender für Neurußland. Begr. 1892 v. Rud. Reichert. 200 S. Verlag Abraham Kroker. Baptistisch. 1925

— schlesischer. 1906. (145 u. VII S. m. Abbildgn., 1 Taf. u. Wandkalender.) Lex.-8. Neurode, W. W. (E.) Klambt. — 50

HAUSS-FRIEDE, Angenehmer, d. i. Ursachen, Mittel u. Einleitung (?), warum, wie u. wodurch vom ersten Tage der Ehe an durch das Mittel biß zum Ende unter Christl. Ehe-Leuten wahre Liebe, unverfälschte Treue, billiger Gehorsam u. Christl. Einigkeit zu erhalten, dadurch Gottes reicher Seegen u. gutes Gewissen zu empfahen u. nachgehends der Himmel zu ererben. Leipzig, Aug. Martini. 1715. 8°. 11 Bogen.
Frf. u. Lpz. O. M. V. 1715. B 3a; M. M. V. 1715. B 2b; Cat. Meissner II. (In den beiden Mess.-Verz. ohne Formatsangabe.)

Hausfrieden. Lustsp. v. A. W. Iffland. 8. Lpz. Göschen 799.

Hausfriz, Georg Lorenz (Nürnberg), De Caesare designato successore imperii antiqui commentarius ad illustrandum historiam Augustam. Nürnberg (Johann Stein) 1737. 158 S. (9.50) 3575
Gew.: Hieron. Wilh. Ebner v. Eschenbach (Artelshofen . .), Jacob Sigism. Pfinzing v. u. zu Henfenfeld u. Kirchensittenbach, Adam Rudol. Geuder v. Heroldsberg (Stein, Unternhof), Georg Christ. Volcamer v. Kirchensittenbach.

Hausfritz, Geo. Laur., de Caesare, designato successore imp. antiq. 4. Nürnb. Raspe. 737.

Hausgarten, der. Monatsschrift für den bürgerl. Gartenbau, für Blumen-, Obst- und Gemüsekultur. Beiblatt zur „Deutschen Gärtner-Zeitung". Redact.: Ludw. Moeller. 1.—4. Jahrg. 1880—1883. à Jahrg. 12 Nrn. (Bog.) gr. 4. Erfurt. (Leipzig, H. Voigt.) à Jahrg.
Nicht weiter erschienen.

Hausgärten. Skizzen u. Entwürfe aus d. Wettbewerb d. Woche. Berlin A. Scherl 1908. (XVIII, 119 S.) quer-8°
= Woche, Die. Sonderh. [13.] [illegible]

Hausgärten. Skizzen u. Entwürfe aus dem Wettbewerb der Woche. (XVIII, 118 S. m. Abb. u. 6 farb. Taf.) 22,5×30,5 cm. Berlin 908. A. Scherl. Kart. 3 —

Hausgärten, die, auf dem Lande, ihre Anlage, Bepflanzung u. Pflege. Hrsg. vom Verein für Pomologie u. Gartenbau in Meiningen. Hft. XX der Vereinsschriften. Mit einem immerwährenden Garten-Kalender. gr. 8. (VII, 90 S. m. 7 autogr. Taf.) Meiningen 877. (v. Eye.) n.n. 1. —

— dasselbe. 2., durchgesehene Aufl. Mit 23 in den Text gedr. Holzschn., incl. 4 Gartenplänen. 8. (VIII, 74 S.) Berlin 878. Parey. n. 1. —

Hausgärten, die, auf dem Lande, ihre Anlage, Bepflanzung und Pflege. Hrsg. vom Verein für Pomologie und Gartenbau in Meiningen. 3. durchges. Aufl. 8. (VIII, 83 S. mit 23 in den Text gedr. Abbild.) Berlin 884, Parey.

Hausgärten, die, auf d. Lande, ihre Anlage, Bepflanzg. u. Pflege. Hrsg. v. Verein f. Pomologie u. Gartenbau in Meiningen. 4., durchges. Aufl. 8. (VIII, 83 S. m. 21 Abb.) Berlin 898. P. Parey. n. 1.

Hausgebetbüchlein f. fromme Familien. Anleitung, um jeden Tag gottselig anzufangen, fortzusetzen u. zu beschließen u. zum gemeinschaftl. Gebrauch f. alle Tage d. Jahres eingerichtet. gr. 12. (84 S. m. 1 Lith.) Dülmen 851. (Coesfeld, Wittneven Sohn.) n. n. 3 ngl.

Haus- u. Schulgebete f. die christl. Jugend. Gesammelt von Friedr. Stephan u. Aug. Ströse. 8. (24 S.) Bernburg 847, Gröning. 1/8 ₰

Hausgeflügel, unser. Ein ausführl. Handbuch üb. Zucht, Haltg. u. Pflege unseres Hausgeflügels. 1. Tl.: Das Großgeflügel. Mit 382 Textabbildgn., 16 farb., 47 schwarzen Bildertaf. u. 1 Doppeltaf., zumeist nach photograph. Aufnahmen. Mit Unterstützg. v. B. Blancke u. unter Mitwirkg. v.: Bade, Beck-Corrodi, Becker u. a. hrsg. v. Fritz Pfenningstorff. 25 Lfgn. (VIII, 816 S.) gr. 8. Berlin (903). F. Pfenningstorff. à n. — 50

— dasselbe, 2. Bd., s.: Taubenrassen, unsere.

Hausgeflügel, unser. Ein ausführl. Handbuch üb. Zucht, Haltg. u. Pflege unseres Hausgeflügels. Hrsg. v. Fritz Pfenningstorff. 1. Tl.: Das Großgeflügel. 2 Bde. 2., verm. u. verb. Aufl. Bearb. v. B. Blancke unter Mitwirkg. v. Bade, Beck-Corrodi, Becker u. a. gr. 8. Berlin (908). F. Pfenningstorff. 15.—; geb. 20.—; auch in 30 Lfgn. à — 50

1. Rassenkunde. Mit 144 Textabbildgn., 29 farb. u. 37 schwarzen Bildertaf. (VIII, 456 S.) Einzelpr. 9.50; geb. 12. —
2. Haltung, Pflege, Zucht u. Verwertung des Geflügels. Mit 240 Textabbildgn., 3 farb. u. 11 schwarzen Bildertaf., sowie 1 farb. u. 2 schwarzen Doppeltaf. nebst dem zerlegbaren Modell e. Brutapparates. (VIII, 452 S.) Einzelpr. 9.50; geb. 12. —

Die **Hausgehülfin**. Wöchentl. Unterhaltungsblatt f. d. Angehörigen d. dienenden Standes. Hrsg. u. verantwortl. Red. Otto Pupke. Jg. [1.] 1908, No 1–5. [Mehr nicht erschienen.] Berlin: O. Pupke 1908. (Getr. Pag.) 2° [F.] [08. 2771

Haus-Gemälde-Galerie. Eine Auswahl der besten Gemälde berühmter fremder zeitgenöss. Meister in Farbendr. I. Bd. 32 Lfgn. (Je 6 Bl. m. je 1 Bl. Text u. III S. Text.) gr. 4. Frankfurt a/M. (905). (O. Brandner.) à n. 1. 60

Hausgenossen, unsere. Ein Leporello-Album m. 15 feinen, bedruckten Vollbild. u. 3 illustr. Textseiten (auf Pappe). qu. 4. Eßlingen 896. J. F. Schreiber. Kart. n. 3. —

dasselbe B. Für die Hausfrau. schmal Fol. (105 S.) 910. Kart. n. 1. 10

Hausgenossen, unsere. (12 [10 farb.] Taf. auf Pappe.) qu. Lex.-8. Nürnberg (905). Th. Stroefer. Kart. 3. —; in Leporelloform 3. —

(F) **Hausgerta**, Blim-Blim. 8°. (31 S.) K 1.—
Wien: C. Czelinski 1907.

Haus-Gesangbuch. 200 geistliche Lieder insbesond. zum Gebrauche beim Haus-Gottesdienste nach der evangel. Haus-Agende von G. Chr. Dieffenbach. Hrsg. von J. P. Schäfer. 8. (XII und 196 S. mit Melodien-Büchlein 49 lithogr. S.) Friedberg 857, Scriba's Buchh. *

Haus-Gesangbuch, das älteste lutherische (Färbefaß-Enchiridion), 1524. Mit Einleitg. (Geschichte der luther. Gesangbücher) u. textkrit. Kommentar hrsg. v. Frdr. Zelle. (127 S. m. Abbildgn.) gr. 8. Göttingen 903. Vandenhoeck & Ruprecht. n. 4. —

Hausgesangbuch, evangelisches, s. Kirchen- und Haus-Gesangbuch, evangelisches.

Vollständiges **Hauß- und Kirchen-Gesang-Buch**, zu Gottes Ehren und Nöthigem Gebrauch derer, der ungeänderten Augsburgischen Confeßion, sowol Breßlauischen als auch anderer … des Landes Schlesien, zugethanen Kirchen [Herausgegeben von C. NEUMANN]. Zum vierdten mahl auffgelegt, viel vermehrt … und gebessert. Nebst einer besonderen Vorrede und einem Anhange von Allerhand Gebethen. Breslau, C. Brachvogel, 1716. 12 Bl. 574 S. 24 Bl., 74 S.

Hausgeschichten, s. Bibliothek, europäische.

Hausgesetz der als Tochterlogen der Grossen Loge von Hamburg arbeitenden Logen Absalom, St. Georg, Emanuel, Ferdinande Caroline, Ferdinand zum Felsen. Hamburg 1893: Altschwager. 33 S. 8° [Umschlagtit.] 25 a.

Hausgesetz der unter der Grossen Loge von Hamburg vereinigten 5 Logen Absalom, St. Georg, Emanuel, Ferdinande Caroline und Ferdinand zum Felsen. Beschlossen in der allgemeinen Meister-Versammlung am 2. Mai 1898. Von der Grossen Loge bestätigt am 14. Mai 1898 und sofort in Kraft getreten. Hamburg 1898: Rademacher. 77 S. 8°
[N. Ausg. u. d. Tit.:]
Gemeinsames **Hausgesetz** der unter der Grossen Loge von Hamburg vereinigten 5 Logen Absalom, St. Georg, Emanuel, Ferdinande Caroline und Ferdinand zum Felsen. Beschlossen in der allgemeinen Meister-Versammlung. Von der Grossen Loge bestätigt und in Kraft getreten. Hamburg 1906: Rademacher. 77 S. 4° [Umschlagtit.]
[N. Ausg. u. d. Tit.:]
Hausgesetz der unter der Grossen Loge von Hamburg vereinigten 5 Logen Absalom, St. Georg, Emanuel, Ferdinande Caroline und Ferdinand zum Felsen. Beschlossen von der allgemeinen Meisterversammlung am 5. Juni 1909, bestätigt von der Grossen Loge am 12. Juni 1909. Hamburg 1909: Lührs. 72 S. 8°

[Dasselbe.] [Entwurf.] Ebendas. 1909. 70 S. 8°

Stadthagen: **Hausgesetz** der Loge Albrecht Wolfgang im Or. Stadthagen und des Freimaurer-Kränzchens in Bad Nenndorf, bestätigt von der Grossen Loge von Hamburg am 12. Nov. 1910. [Stadthagen 1910: Hegemeister.] 29 S. 8° 411.

Hausgesetz der Loge Constantia zur Zuversicht in Konstanz. [Konstanz 1908: Reuss & Itta.] 35 S. 8°.

Hausgesetz der Freimaurer-Loge „Dankward zum Rauhen Stein" im Or. Braunschweig. Braunschweig 1907: Hess. 20 S. 8° 25 a.

Hausgesetz, Einsetzungsurkunde und Anschlussvertrag der unter Ermächtigung der Grossen Mutterloge des Eklektischen Bundes im Gr. Or. Frankfurt a. M. arbeitenden Freimaurerloge „Hermann zur Beständigkeit" im Or. Breslau. Breslau [1896]: Grass, Barth & Co. 15 S. 8⁰ [Umschlagtit.] 142.

Hausgesetz der unter der Verfassung der Ehrw. Grossen Mutterloge des Eklektischen Freimaurerbundes im Gr.·. Or.·. Frankfurt a. M. arbeitenden Johannis-Loge Ernst für Wahrheit, Freundschaft und Recht im Or.·. von Coburg. [Coburg] 1901. 12 S. 8⁰ [Umschlagtit.] 138.

Hausgesetz für die ger. und vollk. St. Johannis-Loge Friedrich zur ernsten Arbeit im Or. Jena. [Leipzig 1889: Findel.] 4 S. 8⁰ [Kopftit.]

[Dasselbe.] [Dat. v. 15. Okt. 1895.] Jena o. J.: Vopelius. 6 S. 8⁰ [Kopftit.]
1889 in 157; 1895 in 245.

Haus-Gesetz der Loge Friedrich Wilhelm zum eisernen Kreuz im O.·. Bonn. Hrsg. 1857, neu durchges. und erg. 1898. Bonn [1898]: Georgi. 10 S. 8⁰ 61.

Hausgesetz im Geschlechte der Grafen und Herren v. Giech nebst Motiven. Mit einem Vorw. herausg. von C. F. v. Gerber. Tübingen 858. Laupp. gr. 8. (VIII, 184 S.) n. 1 ♂

Rudolstadt: **Haus-Gesetz** der Johs-Loge „Günther zur Eintracht" Rudolstadt. [Dat.:] Rudolstadt 1900. 8 S. 8⁰ [Kopftit.] 3.

Hausgesetz der unter der Verfassung der Ehrw. Grossen Loge von Hamburg arbeitenden ger. u. vollk. Johannis-Loge „Gustav Adolf zur Gerechtigkeit" im Or. von Magdeburg. [Magdeburg 1908: Sorgler.] 11 S. 8⁰ 193.

Haus-Gesetz der unter Constitution der Gr. L. von Hamburg arbeitenden Loge Hammonia zur Treue im Or. Berlin. Genehmigt von der ehrw. Grossen Loge von Hamburg in deren Sitzung vom 24. Juni 1895. Für BBr. als Hs. gedr. [Berlin 1895: Herold.] 6 S. 8⁰

[Dasselbe.] Beschlossen durch die Mitglieder-Versammlung am 1. Mai 1905. Berlin 1905: Denter & Nicolas. 11 S. 8⁰ [Umschlagtit.]
[N. Ausg. u. d. Tit.:]
Hausgesetz für die Johannis-Loge Hammonia zur Treue Or. Berlin. Nach den Beschlüssen der Meister- und Mitglieder-Versammlungen vom 7. Febr. und 26. Sept. 1910. Genehmigt von der Grossen Loge von Hamburg am 12. Nov. 1910. [Berlin 1910: Denter & Nicolas.] 10 S. 8⁰ [Umschlagtit.]

Hausgesetz der vollk. und ger. Joh.-Loge „Humanitas" im Or. Berlin. Beschlossen in der Meister-Versammlung am 27. März 1903. Bestätigt von der Grossen Loge von Hamburg am 23. Mai 1903. Berlin 1903: Mier & Glasemann. 7 S. 8⁰
[Erw. Ausg. u. d. Tit.:]
Ger. und vollk. Joh.-Loge „Humanitas" Or. Berlin. Hausgesetz. Regulativ des Sterbegelder-Fonds. — Regulativ des Witwen- und Waisen-Fonds. Berlin 1906: Mier & Glasemann. 15 S. 8⁰

Hausgesetz der Freimaurer-Loge Johannes zum wiedererbauten Tempel in Ludwigsburg. 1888. [Ludwigsburg 1888: Greiner & Ungeheuer.] 3, 16 S. 8⁰ [Umschlagtit.]
Im Vorw.: Allgem. mrische Grundsätze. 193.

Hausgesetz der unter der Ehrw. Grossen Loge von Hamburg arbeitenden ger.·. u. vollk.·. Joh. Loge „Zur Wahrheit am Rhein" Or.·. Cöln a. Rh. E. V. Beschlossen in der Meisterversamml. vom 16. Mai 08 bestätigt von der Gross[e] von Hamburg am 14. 11. 08. o. O. u. J. 6 Bl. 8⁰ [Umschlagtit.] 255.

Hausgesetz der Johannisloge zu den 3 Cedern im Or. Stuttgart, s. Hausgesetze für die Loge zu den 3 Cedern in Stuttgart. Neue Bearbeitung.

Hausgesetz der Johannis-Loge „Zur Siegenden Sonne" Or. Berlin. Gegründet am 15. Juni 1907. Installiert am 6. Juli 1907. Beschlossen in der Mitgliederloge vom 19. Juli 1907. Bestätigt von der Grossen Loge v. Hamburg am 9. Nov. 1907. [Berlin 1907: Ringer & S.] 10 S. 8⁰ 25a.

Quedlinburg: **Hausgesetz** für die Johannis-Loge „Zur Goldenen Waage" in Quedlinburg. [Quedlinburg 1893: Voges.] 13 S. 8° [Umschlagtit.] 369.

Hausgesetz der unter Konstitution der Grossen Loge von Hamburg arbeitenden Berliner Johannis-Logen. Genehmigt von der Ehrw. Grossen Loge von Hamburg in deren Sitzung am 14. Mai 1898. Berlin [1898]: Denter & Nicolas. 13 S. 8°
[Erw. Ausg. u. d. Tit.:]
Hausgesetz der unter Konstitution der Ehrw. Grossen Loge von Hamburg arbeitenden ger. und vollk. vereinigten Berliner Johannis-Logen und Satzungen der Friedrich Ludwig Schroeder-Stiftung für Witwen und Waisen verstorbener Mitglieder der vereinigten Berliner Johannis-Loge. Berlin o. J.: Denter & Nicolas. 16 S. 8°

Hausgesetz für die L. „Irene" in Tilsit. 1877.
[Dasselbe.] Tilsit 1899: Reyländer & S. 11 S. 8° [Umschlagtit.]
1877 in 24; 1899 in 3.

Heilbronn: **Hausgesetz** der Johannisloge Karl zum Brunnen des Heils im Or. Heilbronn. Beschlossen in der Meisterloge vom 29. Okt. 1880. Stuttgart 1881: Metzler. 16 S. 8° [Umschlagtit.]
Tt. 1134. 430.

Haus-Gesetz der Johannis-Loge „Carl zum Felsen" in Altona. Altona-Ottensen [1894]: Adolff. 11 S. 8°
Enth. auch das Statut der Witwen- u. Waisen-Unterstützungskasse u. die Satzungen für die Ökonomie-Kommission. 193.

Hausgesetz der Loge Carl zur Wartburg in Eisenach. [Eisenach 1898.] 10 S. 8° 121.

Hausgesetz, das königl. sächsische, vom 30. Decbr. 1837 nebst den Ergänzungsgesetzen. Zugleich als Nachtrag zu der 1875 erschienenen Walter'schen Ausg. der Verfassungsgesetze d. Königr. Sachsen. 8. (24 S.) Leipzig 890. Roßberg. n. — 60

Karlsruhe: **Hausgesetz** der Loge Leopold zur Treue im Or. Karlsruhe. Karlsruhe o. J.: Thiergarten. 47 S. 8°. [Umschlagtit.] 21.

Haus-Gesetz der nach dem System der Grossloge zur Sonne im Or. von Bayreuth arbeitenden ger. und vollk. St. Johannis-Loge Leopold zur Treue im Or. Karlsruhe. Gegründet als Loge „Karl zur Einigkeit" am 26. Okt. 1786, erneuert als Loge „Leopold zur Treue" am 15. Nov. 1847. Von dem Bundesrate der „Bundes- und Grossloge zur Sonne" in Bayreuth genehmigt am 25. Juni 1909. [Karlsruhe 1909: Thiergarten.] 48 S. 8°
Mit einem geschichtl. Vorw. u. dem Verzeichn. der bisherigen Stuhlmstr.

Haus-Gesetz der als Tochterloge der Grossen Loge von Hamburg arbeitenden Loge Lessing in Valparaiso. Hamburg 1895: [Drexel]. 7 S. 8° [Umschlagtit.]

[Dasselbe.] Bestätigt durch die Grosse Loge am 8. Febr. 1908. Valparaiso 1908. 7 S, 4°

Hausgesetz der Johannesloge „Die Leuchte am Goldenen Horn" i. O. Constantinopel. Gegründet 3. Febr. 1894. Konstantinopel 1908: Loeffler. 6 S. 8°

Oberstein: **Hausgesetz** der Loge zum Felsentempel i. O.·. Oberstein. Genehmigt von der Grossen Loge zu Hamburg am 12. Febr. 1904. Oberstein [1904]: Hehner. 2 Bl. 8° [Umschlagtit.] 193.

Merseburg: **Haus-Gesetz** der Loge zum goldenen Kreuz im Or. zu Merseburg. [Merseburg 1886: Stollberg.] 20 S. 8° 23.

Hausgesetz der Loge zu den drei Sternen zu Rostock, beschlossen in der Meisterloge vom 4. Dec. 1878. [Rostock 1879: Beyer-Röbel.] 10 S. 8° [Umschlagtit.]
Tt. 1132.

Worms: **Hausgesetz** [und Ortsgesetz] der Loge „Zum Wiedererbauten Tempel der Bruderliebe" im Or. Worms vom 25. März und 2. Mai 5874. Worms [1874]: Boeninger. 19 S. 8°

[Dasselbe.] Im Or. Worms. 1894. Ebendas. [1894]. 14 S. 8°

Nebst Statut für die Sterbekasse, Witwen- u. Waisen-Stiftung der Loge u. a. m.
1874 in 25; 1894 in 193.

Hausgesetz der Johannis-Loge „Phönix zur Wahrheit“ Hamburg. Gegründet am 19. Mai 1906. Installiert am 9. Juni 1906. Beschlossen in der Mitgliederloge vom 11. Juni 1906. Bestätigt von der Grossen Loge von Hamburg am 23. Juni 1906. [Hamburg 1906.] 9 S. 8° 193.

Hausgesetz der Provinzial-Grossloge von Hamburg im Or. Berlin. (Vereinigung der Grossloge Kaiser Friedrich zur Bundestreue und der Johannislogen Hammonia zur Treue und Friedrich Ludwig Schroeder.) Festgestellt nach dem definitiven Beschlusse der Grossen Loge von Hamburg am 10. Mai 1902. Berlin 1902: Unger. 20 S. 8°

Provisorisches **Haus-Gesetz** der Loge Hammonia zur Treue Or. Berlin. Eingeführt Johannis 1893. Als Ms. f. BBr. gedr. [Berlin 1893]: Denter & Nicolas. 8 S. 8° [Umschlagtit.] 25 a.

Revidirtes **Hausgesetz** der St. Joh. Loge Eugenia zum gekrönten Löwen in Danzig. Gültig vom 24. Juni 1836 ab. Danzig [1836]: Müller. 31 S. 8° [Umschlagtit.] 97.

Königsberg in Pr.: **Hausgesetz** für die St. Johannis-Loge zum Todtenkopf und Phönix. Königsberg 1849: Dalkowski. 14 S. 8° [Umschlagtit.]

[Dasselbe.] Ebendas. 1879. 14 S. 8°

Haus-Gesetz der Johannis-Loge Friedrich Ludwig Schröder Or. Berlin. Beschlossen in der Mitglieder-Versammlung am 24. März 1908, genehmigt von der Grossen Loge von Hamburg in der Versammlung am 15. Mai 1909. Berlin 1909: Kohlschmidt. 4 Bl. 8°. 430.

Hausgesetz der unter der Verfassung der Ehrw. Grossen Loge von Hamburg arbeitenden g. u. v. Johannesloge Settegast zur deutschen Treue in Breslau beschlossen in der Meister-Versammlung am 3. Dez. 1906, bestätigt von der Grossen Loge zu Hamburg am 15. Juni 1907. Breslau [1907]: Grass, Barth & Co. 2 Bl. 8° [Umschlagtit.] 193.

Hausgesetz der Johannis-Loge „Victoria“ zu Berlin. Beschlossen in der Meisterversammlung am 12. März 1908. Bestätigt von der Grossen Loge [von Hamburg] am 12. Juni 1909. Berlin 1909: Unger. 7 S. 8° 25 a.

Haus- u. Taschengesetzbuch, kleines, für Freunde des Rechts u. der Größe u. einer dadurch begründeten friedl. Ruhe. 2e Aufl. 8. Bresl. 820. Schöne. 10 g.

Haus- u. Taschengesetzbuch, kleines, f. Freunde d. Rechts, d. Gesetze u. ein. dadurch begründ. friedl. Ruhe. 4. Thl. — A. u. d. T.: Letztes Hauptstück d. Erkenntniß christl. Vollkommenheit. 16. (8 B. u. Ttlkpfr.) Camenz 835. Kittlitz, Jobel.

1. u. 2. Thl. Ebendas. 1826, 27. 1 Thlr. 10 Gr., 3. Thl. Liegnitz 826, Kuhlmey. 1 Thlr. 6 Gr.

Haus- u. Taschengesetzbuch, kleines, für Freunde des Rechts, der Gesetze u. einer dadurch begründeten friedl Ruhe. 4r Thl. A. u. d. T.: Letztes Hauptstück der Erkenntniß christl. Vollkommenheit. 16. Camenz 835. (Kittlitz Jobel.) 5 gr. — 1r — 3r Thl. s. E. A. W. Schmelz.

Haus-Gesetze der Johannis-Loge „Augusta“ im Or. Augsburg. Angenommen in der Generalversammlung vom 27. Febr. 1896. [Nebst] Erg. Bayreuth 1896: Mühl. 20 S. 1 Bl. 8° [Umschlagtit.]
138; Erg. in 3.

Hausgesetze und Beamteninstruktion der Loge zum aufgehenden Licht an der Isar Or.·. München. Genehmigt in der Beratungsloge vom 29. Dez. 1902, neubearb. in der Beratungsloge vom 6. Febr. 1911. München o. J.: Franz. 29 S. 8°

Hausgesetze der Loge Constantia zur Zuversicht im Or. Konstanz. Hrsg. 1887. Konstanz [1887]: Stadler. 30 S. 8°
137.

Hausgesetze der ger.·. u.·. vollk.·. St.·. Joh.·. Loge „Albrecht Dürer“ im Or.·. Nürnberg. [Nürnberg 1903.] 23 S. 8° [Umschlagtit.]

Beigefügt die Statuten der Witwen- u. Waisenkasse der Loge.

Bayreuth: **Haus-Gesetze** der Johannis-Loge „Eleusis zur Verschwiegenheit" im Orient Bayreuth. Bayreuth 1897: Mühl. 42 S. 8°. [Umschlagtit.] 21.

Friedenau: **Haus-Gesetze** der ger. und vollk. St. Johannis-Loge „Fichte zur Selbstbeherrschung" im Or. Berlin, gegründet am 15. März 1901. Friedenau [1901]: L. Schultz. 45 S. 8° 25 a.

Haus-Gesetze der St. Johannis-Loge „Furchtlos und Treu" Or. Heilbronn. Gestiftet am 5. Dez. 1909. o. O. u. J.: Wulle. 8 S. 8° 225.

Die Hausgesetze des fürstlichen Hauses Fürstenberg. Tübingen 1870.

Haus-Gesetze der ger. und vollk. St. Johannis-Loge „Galilei zur Ewigen Wahrheit" im Or. Berlin gegründet am 4. April 1897. Bayreuth o. J.: Mühl. 40 S. 8° 429.

Hausgesetze der unter der Verfassung der Ehrw. Gr. Loge von Hamburg arbeitenden Johannisloge zu den drei Cedern im Or. Stuttgart. Beschlossen in der Meisterloge vom 20. Mai 1899, genehmigt von der Gr. Loge am 24. Juni 1899. Stuttgart 1899: Metzler. 40 S. 8° [Umschlagtit.] 193.

Hausgesetze der unter der Konstitution der Ehrw. Gr. Loge von Hamburg arbeitenden Johannisloge zu den drei Cedern im Or. Stuttgart. Stuttgart 1899: Metzler. 40 S. 8° [Umschlagtit.]
2. Entwurf. 140.

Hausgesetze der ger. u. vollk. Joh[s] Loge „Zum Frankfurter Adler" im Or. Frankfurt a. M. Frankfurt a. M. 1890: Mahlau & Waldschmidt. 12 S. 8° [Umschlagtit.] 25 a.

Hausgesetze der ger. und vollk. Joh. Loge zum goldenen Hirsch im Or. zu Oldenburg. Oldenburg 1902: Littmann. 11 S. 8° 347.

Haus-Gesetze der Johannesloge „Zur Hoffnung" in Swakopmund. Bestätigt von der Grossen Loge von Hamburg am 14. Nov. 1908. Hamburg [1908]: Rademacher. 7 S. 8°

Trier: **Haus-Gesetze** der Johannis-Loge zum Verein der Menschenfreunde in Trier. Trier [1905]: Sonnenburg. 16 S. 8° [Umschlagtit.] 193.

Osterode i. Ostpr.: **Hausgesetze** der Johannes-Loge „Auf dem Wege zum Osten" Or.·. Osterode Ostpr. Osterode Ostpr. [1893]: Albrecht. 19 S. 8°

Hausgesetze der □ Carl z. d. drei Adlern in Erfurt. 1. Anweisung für die dienenden Brr und den Br. Kastellan. 2. Vertrag mit dem Br. Kastellan der □. 3. Bestimmungen über die Benutzung der Logen-Räume. (Hrsg. zum 1. Jan. 1891.) Erfurt [1891]: Ohlenroth. 21 S. 8° [Umschlagtit.] 128.

Hausgesetze der unter der Constitution [1903: Verfassung] der Ehrw. Gr. Loge von Hamburg arbeitenden g. u. v. St. Johannis-Loge Carl zur gekrönten Säule in Braunschweig. Braunschweig 1880: Herzogl. Waisenhaus-Buchdr. 10 S. 8° [Umschlagtit.]

[Dasselbe.] Genehmigt von der Ehrw. Gr. Loge von Hamburg am 7. Febr. 1903. o. O. u. J. 8 S. 8°
[Umschlagtit.:] Neue Hausgesetze.

Hausgesetze der unter der Grundverfassung der Grossen National-Mutterloge zu den drei Weltkugeln [in Berlin] arbeitenden ger. und vollk. St. Johannisfreimaurerloge Carl August zu den 3 Rosen Or. Jena. [Kahla 1899: Beck.] 14 S. 8° [Umschlagtit.] 157.

Haus- und Kassen-Gesetze der „Joh.-Loge Herder" im Or. Bremen. Errichtet unter Bezugnahme auf die Verfassung der Grossen Loge von Hamburg und der unter ihr vereinigten Tochterlogen, genehmigt im Juni 1902. Bremen [1902]: Guthe. 10 S. 8° [Umschlagtit.] 71.

Hausgesetze der Freimaurerloge „Libanon zu den drei Cedern“ im Or.·. Erlangen. Beschlossen in der Generalversammlung v. 13. März 1892 und genehmigt durch die Grosse Mutterloge des Eklektischen Freimaurerbundes in Frankfurt a. M. durch Beschluss vom 26. Aug. 1892. Erlangen 1893: Vollrath. 13 S. 8° [Umschlagtit.] 8.

Hausgesetze der unter dem Schutze der Gross-L. zu Hamburg stehenden Loge „Zur Brüderlichkeit“ im Or. Bucarest. Bucarest: Thiel & Weiss 1885. 26 S. 8°. [Umschlagtit.]

Hausgesetze der Loge „Zur Brudertreue an der Elbe“ im Or.·. Hamburg in Erg. der Verfassung des Eklektischen Freimaurerbundes vom 17. Mai 1896. Genehmigt von der Ehrw. Grossloge am 20. Nov. 1902. [Hamburg 1902.] 25 S. 8° [Kopftit.] 193.

Hausgesetze für die □ zu den drei Cedern in Stuttgart. Beschlossen und sanctionirt in der sehr ehrw. Conferenz dieser □ am 3. März 1841. Stuttgart: Kreutzer 1841. 40 S. 8°

[Dasselbe.] [Neuer Abdr.] Stuttgart 1844: Metzler. 40 S. 8°

[Dasselbe.] [Neuer Abdr.] Stuttgart 1854: Kienzler. 40 S. 8°
[N. Bearb. u. d. Tit.:]
Hausgesetz der Johannisloge zu den drei Cedern im Or. Stuttgart. Beschlossen in der Meisterloge vom 10. Juni 1880. Stuttgart 1881: Metzler. 16 S. 8° [Umschlagtit.]
Tt. 1128—1130.
[N. Bearb. u. d. Tit.:]
Hausgesetze der unter der Konstitution der Ehrw. Gr. Loge von Hamburg arbeitenden Johannisloge zu den drei Cedern im Or. Stuttgart. Beschlossen in der Meisterloge vom [29. Mai 1899]. Stuttgart 1899: Metzler. 40 S. 8°

Haus-Gesetze der Loge zur Einigkeit in Frankfurt a. M. Frankfurt a. M. 1900: Mahlau & Waldschmidt. 8 S. 8° [Umschlagtit.]
Entwurf. 140.

Haus-Gesetze der Loge zur Einigkeit (eingetragener Verein) in Frankfurt a. M. Frankfurt a. M. 1901: Mahlau & Waldschmidt. 8 S. 8° [Umschlagtit.] 25a.

Neubrandenburg: **Hausgesetze** der Loge zum Friedensbunde Or. Neubrandenburg vereinbart und einstimmig angenommen in der allgemeinen Logen-Konferenz vom 9. April 1900. Bestätigt von der Ehrw. Grossen Loge von Hamburg am 19. Juni 1900. Demmin [1900]: Gesellius. 8 S. 8° [Umschlagtit.]

[Dasselbe] vereinbart und angenommen in geöffneter Loge am 12. Dez. 1908. Bestätigt von der Ehrw. Grossen Loge von Hamburg am 15. Mai 1909. Neubrandenburg [1909]: Ahrendt. 8 S. 8° [Umschlagtit.] 1900 in 193; 1909 in 331.

Hausgesetze der Loge zu den drei Kronen. Königsberg 1871: Hartung. 13 S. 8° [Umschlagtit.]

[Dasselbe.] Ebendas. 1888. 15 S. 8°

[Dasselbe.] Königsberg 1898: Krause & Ewerlien. 15 S. 8°

Hausgesetze der Loge zu den 3 Sternen in Rostock. Beschlossen in der Meisterloge am 13. Dez. 1905 und in der Lehrlingsloge am 16. Jan. 1906. Bestätigt von der Grossen Loge in Hamburg in der Quartals-Versammlung am 10. Febr. 1906. Rostock 1906: Boldt. 16 S. 8°
Nebst Satzungen der Polick- u. der Brekenfeld-Stiftung. 193.

Wismar: **Hausgesetze** der Loge „Zur Vaterlandsliebe“ in Wismar. Wismar 1910: Willgeroth & Menzel. 8 S. 8° 455.

Hausgesetze für die Mitglieder der ger. u. vollk. St. Johannis-Loge zur Ceder i. O. von Hannover. [Dat.:] Hannover 1869: [Jänecke]. 2 Bl. 8° [Kopftit.] 215.

Hausgesetze der Loge Reuchlin im Or.·. Pforzheim. Hrsg. 1894. [Pforzheim 1894.] 46 S. 8° 147.

Haus-Gesetze der unter der Constitution der Ehrw. Grossen Mutterloge des Eklektischen Freimaurerbundes i.·. Gr.·. Or.·. Frankfurt a. M. arbeitenden St. Johannis-Loge zur Wahrheit und Treue Or.·. Heidelberg. Heidelberg [1899]: Hanzelky. 9 S. 8⁰ [Umschlagtit.] 140.

Haus-Gesetze der St. Johs-Loge zum Füllhorn in Lübeck. Neubearb. 1887. Hs. f. Brr. Lübeck 1887: Gebr. Borchers. 18 S. 8⁰ 282.

Bremerhaven: **Hausgesetze** der ger. und vollk. St. Joh.-Loge zu den drei Ankern im Or. Bremerhaven. Bremerhaven 1887: Remmler & v. Vangerow. 12 S. 8⁰

[Dasselbe] bestätigt von der Grossen Loge von Hamburg am 19. Nov. 1904. o. O. u. J. 12 S. 8⁰

Haus-Gesetze der ger.·. und vollk.·. St.·. Johannisloge zur Kette i.·. O.·. München. München 1904: [Axmann]. 100 S. 8⁰ 13.

Württemberg: **Hausgesetze** der verbundenen St. Johannis-□□ des Hamburger Gross-□-Verbandes in Württemberg, der □ zu den drei Cedern in Stuttgart, installirt am 29. Nov. 1840, □ Carl zu den drei Ulmen in Ulm, installirt am 6. März 1844, □ Carl zum Brunnen des Heils in Heilbronn, installirt am 9. April 1855, □ Carl zu den sieben Burgen in Hall, installirt am 25. Aug. 1861. Beschlossen und sanctionirt im Jahr 1863. [Cannstatt 1863: Rapp.] 52 S. 8⁰
Tt. 1131.

Haus-Gesetze und Satzungen des Verwaltungsrates, Statuten des Vereins, sowie der Wohlfahrtskasse der Freimaurerloge Carl zum aufgehenden Licht in Frankfurt a. M. Frankfurt a. M. 1899: Knauer. 28 S. 8⁰ [Umschlagtit.] 25 a.

Hausgesetze der Loge Sokrates zur Standhaftigkeit in Frankfurt am Main. [Nebst] Nachtr. [vom 23. Dez. 1899]. Frankfurt a. M. 1894. [1899]: Werner & Winter. 8⁰ [Umschlagtit.]
Hausgesetze. 16 S. 1894.
Nachtr. 1 Bl. [1899.]
Nebst einigen geschichtl. Daten u. Verzeichn. der M. v. St. von 1801—1894. 140. 358.

Allenstein: **Hausgesetze** der Loge Stein an der Alle zu Allenstein. [Dat. v. 1. April 1892.] Mohrungen o. J.: Harich. 8 S. 8⁰ [Kopftit.] 2.

Buenos-Aires: **Haus-Gesetze** der Johannis-Loge „Teutonia" im Or. Buenos Aires. [Buenos Aires 1903]: Tjarks & Co. 7 S. 8⁰ 193.

Haus-Gesetze der unter der Grossloge „Zur Sonne" in Bayreuth arbeitenden ger. u. vollk. St. Joh.-Loge Theodor zum bergischen Löwen im Or.·. Düsseldorf. — Gegründet am 23. Okt. 1896 im Or.·. Rath — Düsseldorf. Verlegt nach Düsseldorf am 20. Nov. 1897. [Dat. v. 21. Jan. 1900.] Leipzig o. J.: Findel. 8 S. 8⁰ 115.

Haus-Gesetze der ger. und vollk. Johannis-Loge Walhalla zum aufgehenden Licht im Or. Regensburg. [Dat. v. 23. Febr. 1908.] Bamberg [1908]: Handels-Druckerei. 41 S. 8⁰
[Beigedr.:] Satzungen der Unterstützungs-Kasse, Regensburg. 1907. 147.

Wolfenbüttel: **Hausgesetze** der unter der Constitution [1903:] Verfassung der Ehrw. Grossen Loge von Hamburg arbeitenden g. u. v. St. Johannis-Loge Wilhelm zu den drei Säulen in Wolfenbüttel. Nach gesetzlicher Genehmigung eingeführt Johannis 1879. Als Ms. f. Brr. [Wolfenbüttel 1879]: Strube & Berking. 49 S. 8⁰

[Dasselbe.] Nach gesetzlicher Genehmigung eingeführt Johannis 1903. [Wolfenbüttel 1903.] 37 S. 8⁰
Tt. 1133. 1879 in 25 a; 1903 in 193.

Hausgesinde, Das. Eine komische Oper in einem Act. Wien 1814. V: *Gewey, Franz Carl.* (EB)

Hausgesinde, das, komische Oper in 1 Akt, und dessen 2r Theil.: der gebesserte Lorenz, Posse mit Gesang in 1 Aufz. 8. Wien, Wallishauser. 814. Beyde Theile

Hausgesinde, unser, e. Aufruf an gebild. deutsche Hausväter u. Hausmütter, v. Just Sittewald. gr. 8. (4 B.) Leipzig 832, Barth.

Hausgespenst. Lustspiel d. Plautus. gr. 8. Berl. Weiß. 809.

Hausgottesdienst, der, s. Schriften, kl., z. Beförderung d. christl. Glaubens ꝛc., No. 17.

— der. 8. Augsb. 832. Raw. 1 K

Hausgottesdienst, der, seine Nothwendigkeit, Grundlage und heilsame Einrichtung, dargestellt in drei Gesprächen. Carlsruhe 854. Gutsch. 12. (28 S.) 2 ngl

Hausgottesdienst, tägl., eines Christen. 8. Dresd. 765. Gerlach. 3 K

Hausgreuel, s.: Flugschrift, 44., des Dürerbundes zur ästhetischen Kultur.

Haushahn, Der, ein Faschingsstück in zween Aufzügen. Aufgeführt im kk. Schauspielhause am Kärnthnerthore. O. O. 1783. V: *Rautenstrauch, Johann.* (E. Schlesinger: Johann Rautenstrauch. Wien 1897)

Haushalt, der moderne. Praktisches Wirtschaftsblatt f. die Hausfrau. Zeitschrift des deutschen Frauenbundes zur Förderg. u. Pflege häusl. Lebens. Red.: Frau Marie Amberg. 3. Jahrg. April 1909—März 1910. 26 Nrn. (à ca. 20 S. m. Abb.) 31×23,5 cm. Georgenthal, H. Müller. 5. 20
Erscheint nicht mehr.

Haushalt, Der, von Sir Thomas More . . . übers. von Adolf Bacmeister. Stuttg. 1861. V: *Manning, Anne.* (Tübz 13, 13)

Haushalt, der, von Sir Thomas More. Aus dem Tagebuch seiner Tochter Margareta. Nach der 4. Aufl. aus dem Engl. übers. von Adf. Bacmeister. Stuttgart 861. Mäcken. 8. (VII, 172 S.) 20 ngr.

Haushalt, der, der Stadtgemeinde Ried mit Schluß des Verwaltungs-Jahres 1860. fl. 4. Ried, Kränzl. 1861. 10 kr.

Haushalt, Der städtische, Tübingens im Jahre 1750 bis auf unsere Zeit. Tübingen 1863. V: *Baur, Louis.* (Tübz 10, 31)

Haushalt, der städtische, Tübingens vom Jahre 1750 bis auf unsere Zeit. Historisch-statistisch beleuchtet vom Verf. der „Rückblicke auf die Vergangenheit Tübingens." Tübingen 863. (Osiander.) gr. 8. (376 S.) n. 1 ⁊ 10 ngr.

Haushalter, kl. u. nützl. 12. Magdeb. 795. (Lauffer in Lpz.) 4 K

Haushalter, der preuß., u. fertige Kaufmann. Oder vollständ. Preis-Tabn. in Silbergeld, woraus f. ⅛ bis 400 Stck., Cent., Pf., Ellen, Maß u. dergl., jed. verlangte Preis, v. Pfennig zu Pfennig steigend, bis 8 Thlr. d. Stck., sogleich ersehen werden kann. Ein nützl. Handb. bei jed. Ein- u. Verkauf. 8. (23 B.) Quedlinburg 831, Basse.

Anonym: „Der sorgfältige und rechtsverständige Haushalter", Franckfurt 1718.

Haushalter, der treue, üb. Gottes Geheimnisse. Eine Pastoralschrift des 18. Jahrh. neu hrsg. u. schriftglaubigen Dienern der Evangel. Kirche zumal den angehenden u. künftigen dargeboten v. Heinr. Mor. Lincke. gr. 8. (X u. 69 S.) Grimma 850, Gebhardt. 12 ngl

Haushalter und Kaufmann, Der vollkommene, oder Sammlung von **Haushaltungs-** Holz- Intereß- Rabatt- Münz- Maaß- und Gewichts-Tabellen . . . Berlin 1787. V: *Michelsen, Joh. Andr. Chn.* (Schedel, Handb. d. Litt. f. Kaufleute. Leipz. 1796. S. 84.)

Anonym: „Der wohlerfahrene Böhmische und Oesterreichische Haushalter", Leipzig 1717.

Haushalter, Bruno

Haushalter, B., über die Anlage mittelalterlicher Burgen. Nachgewiesen an der Burgruine Greifenstein. [Aus: „Schwarzb.-Rudolst. Landeszeitg."] 12. (23 S.) Rudolstadt 880. Hofbuchdruckerei. n. — 50

Haushalter, B., ein Schwarzburger Dichter (Berthold Sigismund). Festrede zur Feier des Geburtstages Sr. Durchlaucht d. Fürsten Georg zu Schwarzburg-Rudolstadt. Am 23. Nov. 1875 im fürstl. Gymnasium geh. gr. 8. (15 S.) Rudolstadt 876. Müller. n. — 20

— eine ethnographische Fahrt nach Böhlen am. 16. u. 17. Aug. 1881. Vortrag, in der meteorologischen Gesellschaft zu Rudolstadt gehalten. [Aus: „Schwarzb.-Rudolst. Landeszeitg."] 12. (24 S.) Ebend. 882. n. — 50

Haushalter, Bruno Die Grenze zwischen dem hochdeutschen und dem niederdeutschen Sprachgebiete östlich der Elbe. 4 (50 S. 2 Sprachkarten). Progr. G. u. Rprg. *Rudolstadt* 1886 (653).

Haushalter, B., die Grenze zwischen dem hochdeutschen und dem niederdeutschen Sprachgebiete östlich der Elbe. 4. (50 S. mit 2 photolithogr. Sprachkarten.) Halle 886, Tausch und Grosse. * 1 60

—— die Mundarten des Harzgebietes. Vom Verein für Erdkunde zu Halle am 28. Febr. 1884 gekrönte Preisschrift. gr. 8. (21 S. nebst 1 chromolithogr. Karte.) Halle 884, Tausch und Grosse. *

—— d. „neue" Orthographie. Vortrag. 12. (25) Rudolst. 80, Hofbuchdr. — 30

— die „neue" Orthographie. Vortrag, am 1. Apr. 1880 im Rudolstädter Gewerbeverein geh. [Aus: „Schwarzb.-Rudolst. Landeszeitg."] 12. (25 S.) Ebend. 880. — 30

Haushalter, B., Plato als Gegner der Dichter. Pr. 1875. 16 S. 4°. 4.50

Haushalter, B., die Sprachgrenze zwischen Mittel- u. Niederdeutsch von Hedemünden an der Werra bis Stassfurt an der Bode. Mit 1 (chromolith.) Karte. gr. 8. (21 S.) Halle 883. Tausch & Grosse. n. 1. 20

— das Sprechen im Chor, die sicherste Einübung der Elemente. Mit besond. Berücksicht. d. latein. u. d. geograph Unterrichts. gr. 8. (36 S. m. 1 Steintaf. in qu. Fol.) Lüneburg 873. Engel. n. 1. —

— der Vokalismus der Rudolstädter Mundart. Vortrag, zum Geburtstage Sr. Durchl. des Fürsten Georg zu Schwarzburg-Rudolstadt am 23. Novbr. 1881 im fürstl. Gymnasium geh. [Aus: „Schwarzb.-Rudolstädt. Landeszeitg."] 12. (20 S.) Ebend. 881. — 30

Haushalter, C., civil- u. criminalrechtliche Abhandlungen aus dem gemeinen u. Preußischen Rechte. gr. 8. Quedlinburg 841, Basse. 5/12 ℔

— Bürgerbuch für die K. Preuß. Lande. Ein unentbehrl. Rathgeber für den Preuß. Bürger u. Landmann über die am häufigsten zur Anwendung kommenden Gesetze. 1.—4. Liefg. 16. Halberstadt 845, 46, Lindequist u. Schönrock. à $6^1/_4$ ngl

— dass. 2. Aufl. 16. Ebend. 846. 5/12 ℔

Haushalter, C., Bürgerbuch f. die K. Preuß. Lande. Ein prakt. Rathgeber f. den Bürger u. Landmann üb. die am häufigsten vorkommenden Gesetze. 2. (Titel-) Aufl. gr. 16. (197 S.) Quedlinburg (846) 850, Ernst. 1/2 ℔

Haushalter, C., Entgegnung auf die Nachschrift des Redacteurs der leipziger Musikzeitung, Hrn. Dr. Fr. Brendel zu meinem Aufsatze über die prakt. Resultate des Mozartvereins. gr. 8. (16 S.) Erfurt 856, Körner's Verlag. Thlr.
Aus des Verf. Geschichte des Mozart-Vereins, besonders abgedruckt.

Haushalter, C., Erinnerungsblatt an das große Musikfest zu Magdeburg am 12., 13., 14., 15. Juni 1856. gr. 8. (16 S.) Magdeburg 856, Heinrichshofen'sche Buchh.

— das Preuß. Gerichtsverfahren mit Rücksicht auf die mit dem 1. Decbr. 1846 stattfindenden Abänderungen, oder deutliche Anweisung, Schuldforderungen jeder Art ohne Beiziehung eines Rechtsgelehrten einzuklagen, nebst den nöthigen Formularen zu den verschied. Proceßarten. Für d. Preuß. Bürger u. Landmann. 2 Liefg. 8. Ebd. 846. 1/2 ℔

— das preußische Gerichtsverfahren mit Rücksicht auf die mit dem 1. Decbr. 1846 stattfindenden Abänderungen, oder deutl. Anweisung, Schuldforderungen jeder Art ohne Beiziehung eines Rechtsgelehrten einzuklagen, nebst den nöthigen Formularen zu den verschied. Prozeßarten. Für den preuß. Bürger und Landmann. 1. und 2. Heft. 8. (IV und 166 S.) Halberstadt 847. [Halle, Knapp.]

— das Preuß. Gerichtsverfahren. 3. Hft. A. u. d. T.: Das Preuß. Kriminalverfahren. Enth.: I. Das Verfahren nach d. Kriminalordnung vom 11. Decbr. 1805. II. Das Verfahren nach d. Gesetze vom 17. Juli 1846. Als Anhang: III. Darstellung der Privatverbrechen nach Preuß. Rechte u. der gesetzl. Vorbeugungsmittel gegen Verbrechen. Für den Preuß. Bürger u. Landmann. 8. (VIII u. 96 S.) Halberstadt 847, Lindequist u. Schönrock. (Quedlinburg, Ernst.) 1/4 ℔

— d. Geschäftsmann f. d. kgl. preuß. Lande. 2 Lfgn. in 1 Bde. 16. (14 B.) Halberstadt 846, Lindequist u. Schönrock.

— der Geschäftsmann zu Rechts-Verträgen. Eine prakt. Anweisung zu Geschäftsbriefen, Verträgen, insbesondere zu Kauf-, Tausch-, Mieth-, Pachtverträgen ꝛc. nebst übersichtl. Darstellung der Stempelgesetze, so wie auch der Gebührentaxen der Gerichte u. Rechtsanwalte. Durch ausführliche Formulare erläutert. 2 Thle. (in 1 Bd.) Neue (Titel-) Ausg. gr. 16. (222 S.) Quedlinburg (846) 850, Ernst. 1/2 ℔

— Geschichte des Mozart-Vereins. Denkschrift zur 100jähr. Jubelfeier Mozarts, actenmäßig dargestellt. Erfurt 856. Körner's Verlag. gr. 8. (XII, 54 S. u.: Entgegnung auf die Nachschrift des Red. der Leipziger Musikzeitung, Hrn. Dr. Fr. Brendel, zu meinem Aufsatze über die prakt. Resultate des Mozart-Vereins 16 S.) n. 10 ngl; die Entgegnung apart 3 ngl

— Ist die Immediat-Justiz-Examinations-Kommission verantwortlich zu machen? Ein offenes Sendschreiben an den Preuß. Landtag. gr. 8. (31 S.) Halle 848, (Braunschweig) Schwetschke & Sohn. 3 ngl

Haushalter, C. (Red.), s. Monatshefte, Harzer.

— das staatsrechtliche Verhältniß der evangelischen Geistlichkeit im Allgemeinen und in Ehesachen insbesondere nach gemeinem und preußischem Rechte. Nebst einer Kritik des Gutachtens des Kron-Syndikats, betr. den Zwang evangel. Pfarrer zur Trauung geschiedener Ehegatten. Quellenmäßig bearb. 1. u. 2. Aufl. Wernigerode 856. (Quedlinburg, Huch.) 8. (VI, 114 S.) n. 15 ngl

— ein Cyklus v. Vertheidigungsschriften in polit. Untersuchungen der Neuzeit. Ein Beitrag zur Revision der Preuß. Strafgesetzgebung. gr. 8. (XII u. 64 S.) Halle 849, (Braunschweig) Schwetschke & Sohn in Comm. n. 8 ngl

Haushalter, Franz: Die Gemeindekrankenversicherung, Unfallversicherung und gemeindliche Armenpflege .... München, Theodor Ackermann, k. Hof-Buchh., 1888; 1 Bl. + 61 + 1 S. 8°
München, Staatswirtsch. Fak., Inaug.-Diss. v. 1888

Haushalter, F., die Gemeindekrankenversicherung, Unfallversicherung u. gemeindliche Armenpflege. Eine volkswirthschaftl. Studie üb. die Wirkgn. der Reichs-Versicherungsgesetze. gr. 8. (62 S.) München 888. Th. Ackermann's Verl. n. 1. 20

Haushalter, Fritz. Über das Vorkommen von Schweineseuchebakterien und diesen ähnlichen Bakterien in den Tonsillen des Schweines. Diss. Vet.-Med. Bern. *Kopftitel:* Arbeiten aus dem Hygienischen Institut der Kgl. Tierärztlichen Hochschule zu Berlin. Leiter Prof. Dr. med. [Robert] Ostertag. 48 S. 8. Strassburg, Elsass-Lothr. Druckerei und Lithographie-Anstalt, 1907.

Haushalter, Carl Ludw., merkwürdige fossile Thierüberreste aus der Algäuer Molasse. Inaug.-Abhandlung. München 855. (Kaiser.) gr. 4. (16 S. u. 2 lith. Taf. in 4. u. Fol.) n. 10 ngl

Haushalter, Martha. Einnahmen- und Ausgaben-Buch für schweizerische Hausfrauen. Bearb. von Martha Haushalter. ([Titelzeichnung von] J[ohannes] Stauffacher.) [II + 92 S.] 4. Chur, Stebli & Keel, [1902]. [cart. fr. 2. 50]

Anonym: „Der standesgemässe, kluge und richtige Haushälter, oder die Kunst, die Wirthschaft grosser Herren im Stadt- und Landleben wohl einzurichten, und die allgemeine Pflicht der Ober- und Unterbedienten vorzuschreiben, nebst allerlei Essenzen und Säfte, Kraftwasser zu verfertigen, ingleichen der wohlerfahrene Baumeister ....", Leipzig 1757.

Haushälterin, die; Lstspl. 8. Leipz. 767. Dyck. 6 gl

Haushälterin, die junge, auf d. Lande, (von J. R. Nöthinger). 2 Hefte. 8. Bern 179..

Anonym: „Die so kluge als künstliche von Arachne und Penelope wohl unterwiesene Haushälterinn", Nürnberg 1733 (Endter).

Haushaltsbuch für das J. 1877. schmal Fol. (184 S.) Hannover, Klindworth. cart. * *

—— dass. — für das J. 1878. schmal Fol. (145 S.) Ebendas. cart. *

—— dass. — für das J. 1879. Ausg. A. und B. schmal Fol. (à 102 S.) Ebendas. cart. à * *

—— dass. — für das J. 1880. schmal Fol. (102 S.) Ebendas. cart. *

Haushaltsbuch für die J. 1880—1884. (Ausg. a, b, c.) schmal Fol. (à Jahrg. ca. 120 S.) Hannover, Klindworth's Verlag. geb. à Jahrg. *

Haushaltsbuch für das Jahr 1881. schmal. Fol. (102 S.) Hannover, Klindworth. cart. n. 1. —

Haushaltsbuch 1888. Ausg. A—C. schmal Fol. (à 104 S.) Hannover, Klindworth. cart. à * 1 20
Inhalt:
A. Für den Hausherrn. — B. Für die Hausfrau. — C. Für jeden Haushalt.

Haushaltsbuch 1890. A. Für den Hausherrn. schmal Fol. (105 S.) Hannover, Klindworth. cart. n. 1. 20

— dasselbe. B. Für die Hausfrau. schmal Fol. (105 S.) Ebd. cart. n. 1. 20

— dasselbe. C. Für jeden Haushalt. schmal Fol. (105 S.) Ebd. cart. n. 1. 20

Haushaltsbuch 1894. A. Für den Hausherrn. schmal Fol. (104 S.) Hannover, Klindworth. Kart. n. 1. 10

— dasselbe. B. Für die Hausfrau. schmal Fol. (105 S.) Ebd. Kart. n. 1. 10

— dasselbe. C. Für jeden Haushalt. schmal Fol. (105 S.) Ebd. Kart. n. 1. 10

Haushaltsbuch, 1898. A. Für d. Hausherrn. schmal Fol. (105 S.) Hannover, Klindworth. Kart. n. 1. 10

— dasselbe. C. Für jeden Haushalt. schmal Fol. (105 S.) Ebd. Kart. n. 1. 10

Haushaltsplan (Haushaltsetat) des Kreises Bordesholm für 1910 ff. Bordesholm. (1910 ff.) Fol.

Haushalts-Etat des Norddeutschen B u n d e s für das Jahr 1868 u. 70.
(Berlin. 1867 u. 69.) Fol. m.

Haushalts-Etat [der] Stadt Duisburg f. d. Etatsjahre 1899—1902. Duisburg o. J. 4°.
[Fortges. u. d. Tit.:]
Haushaltsplan [der] Stadt Duisburg f. d. Rechnungsj. 1903 ff. Duisburg o. J. 4°.
1903—1908.

Haushalts-Etat der Stadtgemeinde Görlitz.

Haushaltsetat des Kreises Hadersleben für das Etatsjahr 1900—1908. Hadersleben. 19(00)—08. 4°

Haushalts-Etat [der] Residenzstadt Cassel.

Haushalts-Etat der Stadtgemeinde Köln f. d. Etatsj. 1900/1901 ff. Köln o. J. 4°.
1901/02—1907/08
[Fortges. u. d. Tit.:]
Haushalts-Plan der Stadtgemeinde Cöln f. d. Etatsj. vom 1. April 1909 bis 31. März 1910. Köln o. J.
1909/10. 1910/11 (nebst 1 Nachtr. 1910 II.

Haushalts-Etat des Kreises Ober-Barnim f. d. Rechnungsj. 1910 ff. Freienwalde (1910) ff. 4°

Haushalts-Etat der Stadt Potsdam.

Haushaltsetat des Deutschen Reichs für 1877-78 nebst Anlagen. 4° Berlin

Haushalts-Etat für die Schutzgebiete nebst Anlagen. Jg. 1902. 1903. 1906. 1907. 1908. Berlin, 1901—1907.

Haushalts-Etat f. die Schutzgebiete auf das Rechnungsj. 1907 nebst Anlagen. 4. Berlin '06, W. Moeser 5. 50.
Hieraus einzeln: Entwurf e. Gesetzes betr. die Feststellung des Haushalts-Etats f. die Schutzgebiete auf das Rechnungsj. 1907. (13 S.) —. 30. — I. Etat f. das ostafrikanische Schutzgebiet. (63 S.) —. 90. — II. Etat f. das Schutzgebiet Kamerun. (48 S. m. 1 Karte.) 1. —. — III. Etat f. das Schutzgebiet Togo. (84 S.) —. 50. — IV. Etat f. das südwestafrikanische Schutzgebiet. (81 S.) 1. 20. — V. Etat f. das Schutzgebiet Neu-Guinea. (23 S.) —. 35. — VI. Etat f. die Verwaltung der Karolinen, Palau, Marianen u. Marschall-Inseln. (21 S.) —. 35. — VII. Etat f. das Schutzgebiet Samoa. (27 S.) —. 50. — VIII. Etat f. das Schutzgebiet Kiautschou. (14 S.) —. 70.

Haushalts-Etat f. die Schutzgebiete auf d. Rechnungsj. 1909 nebst Anlagen. (III, I, 17, 72, 54, 29, 71, 17, 19, 17, 84 u. 3 S.). Berlin, W. Moeser 1908.
Hieraus einzeln: Entwurf e. Gesetzes, betr. die Feststellung des Haushalts-Etats f. die Schutzgebiete auf d. Rechnungsj. 1909. (I, 17 S.) —. 25. — I. Etat f. das ostafrikanische Schutzgebiet. (72 S.) —. 75. — II. Etat f. das Schutzgebiet Kamerun. (54 S.) —. 60. — III. Etat f. das Schutzgebiet Togo. (29 S.) —. 35. — IV. Etat f. das südwestafrikanische Schutzgebiet. (71 S.) —. 75. — V. Etat f. das Schutzgebiet Neu-Guinea. (17 S.) —. 25. — VI. Etat f. die Verwaltung der Karolinen, Palau, Marianen u. Marschall-Inseln. (19 S.) —. 25. — VII. Etat f. das Schutzgebiet Samoa. (17 S.) —. 25. — VIII. Etat f. das Schutzgebiet Kiautschou nebst Anh. Etat f. die Verwaltung des ostasiatischen Marinedetachements. (84 S.) —. 90. — IX. Etat der Schutzgebietsschuld. (3 S.) —. 10.

Haushalts-Etat f. d. Schutzgebiete auf d. Rechnungsj. 1910 nebst Anlagen. (III, I, 38, 70, 56, 27, 65, 27, 17. 142 u. 3 S.) Berlin, M. Moeser. 1909.
Hieraus einzeln: Entwurf e. Gesetzes, betr. die Feststellung des Haushalts-Etats f. die Schutzgebiete auf d. Rechnungsj. 1910. (I, 38 S.) —. 40. — I. Etat f. das ostafrikanische Schutzgebiet. (70 S.) —. 75. — II. Etat f. das Schutzgebiet Kamerun. (56 S.) —. 60. — III. Etat f. das Schutzgebiet Togo. (27 S.) —. 35. — IV. Etat f. das südwestafrikanische Schutzgebiet. (65 S.) —. 75. — V. Etat f. das Schutzgebiet Neu-Guinea einschliesslich der Inselbezirke der Südsee. (27 S.) —. 35. — VI. Etat f. das Schutzgebiet Samoa. (17 S.) —. 25 — VII. Etat f. das Schutzgebiet Kiautschou u. das ostasiatische Marinedetachement. (142 S.) 1. 45. — VIII. Etat der Schutzgebietsschuld. (3 S.) —. 10.

Haushalts-Etat f. die Schutzgebiete auf d. Rechnungsj. 1908—1911 nebst Anlagen. 31×22 cm. Berlin, W. Moeser). nnn 15. 35
1908. (III, 15, 71, 51, 36, 107, 26, 23, 20 u. 44 S.) 907. nnn 4. 25
1909. (III, I, 17, 72, 54, 29, 71, 17, 19, 17, 84 u. 3 S.) 908. nnn 4. —
1910. (III, I, 38, 70, 56, 27, 65, 27, 17, 142 u. 3 S.) 909. nnn 4. 50
1911. (III, I, 16, 44, 33, 16, 41, 14, 12, 59 u. 3 S.) 910. nnn 2. 60
Hieraus einzeln (Jahr 1911):
Entwurf e. Gesetzes, betr. die Feststellung des Haushalts-Etats f. die Schutzgebiete auf das Rechnungsj. 1911. (I, 16 S.) nnn — 25
I. Etat f. das ostafrikanische Schutzgebiet. (44 S.) nnn — 50
II. Etat f. das Schutzgebiet Kamerun. (33 S.) nnn — 40
III. Etat f. das Schutzgebiet Togo. (16 S.) nnn — 20
IV. Etat f. das südwestafrikanische Schutzgebiet. (41 S.) nnn — 50
V. Etat f. das Schutzgebiet Neu-Guinea einschließlich der Inselbezirke der Südsee. (14 S.) nnn — 20
VI. Etat f. das Schutzgebiet Samoa. (12 S.) nnn — 20
VII. Etat f. das Schutzgebiet Kiautschou u. das ostasiatische Marinedetachement. (59 S.) nnn — 65
VIII. Etat der Schutzgebietsschuld. (3 S.) nnn — 10

Haushalts-Etats der Stadt Schönebeck a. Elbe. [1.] Für d. Etatsj. 1908. Schönebeck a. Elbe (1908): Wullstein. 4°
[Die früheren sind nicht im Dr. erschienen.] [og. 10098

Haushalts-Kalender, hannoverscher, 1896. 166 Jahrg. Hrsg: Fr. Schmidt. 4. (88 S. m. Abb.) Hannover (Hannover u. Celle, Schulbuchh.) — 50

— dasselbe, Fortsetzg., s.: Haushaltungs-Kalender.

Haushalts-Plan der Stadt Aachen.

Haushaltsplan (Haushaltungsplan) der Stadt Altona für das Rechnungsjahr (Etatsjahr) . . . (Altona.) 4°
1887/88. 1890/91—1917.
Fortges. u. d. T.:
Stadthaushaltsplan Altona 1918 ff. Altona. (1918 ff.) 4°

Haushaltsplan d. Stadt Barmen 1910. Barmen 1910.

Haushalts-Plan der Stadtgemeinde Beuthen O.-S.

Haushaltsplan I (der Haupt-Rechnung der Kreis-Kommunal-Kasse) des Kreises Bitterfeld f. d. Rechnungsj. v. 1. April 1910 bis 31. März 1911 ff. (Bitterfeld 1910) ff. 4°

Haushaltsplan (Haushaltsetat) des Kreises Bordesholm für 1910 ff. Bordesholm. (1910 ff.) Fol.

Haushaltsplan der Stadtgemeinde Dortmund f. d. Rechnungsj. 1899—1903. Dortmund 1899—1903. 4°.
[Fortges. u. d. Tit.:]
Haushaltspläne der städtischen Verwaltung zu Dortmund f. d. Rechnungsj. 1904 (1. April 1904—1905) ff. Dortmund 1904 ff. 4°.
1904—1910.

Haushalts-Etat [der] Stadt Duisburg f. d. Etatsjahre 1899—1902. Duisburg o. J. 4°.
[Fortges. u. d. Tit.:]
Haushaltsplan [der] Stadt Duisburg f. d. Rechnungsj. 1903 ff. Duisburg o. J. 4°.
1903—1909.

Haushaltsplan der Stadtkasse Duisburg-Meiderich f. d. Rechnungsj. 1906 ff. (Duisburg-Meiderich 1906 ff.) 4°.
1906. 1907.

Haushalts-Plan [der] Stadt Duisburg-Ruhrort f. d. Rechnungsj. 1906 ff. (Duisburg 1906 ff.) 4°.
1906. 1907.

Haushalts-Plan der Gemeinde Eidelstedt im Kreise Pinneberg für das Rechnungsjahr 1909 ff. Eidelstedt. (1909 ff.) Fol.

Haushaltsplan über die ordentlichen Einnahmen und Ausgaben der Stadtgemeinde Soest f. 1902 (1. April 1902 bis 31. März 1903) ff. Soest 1902 ff. 8°

Haushaltsplan der Stadt Elberfeld.

Haushalt-Plan der Stadt Frankfurt a. M.

Haushaltsplan der Stadt Halberstadt.

Haushaltsplan der Gemeinde Hohenwestedt im Kreise Rendsburg für das Rechnungsjahr 1909 ff. Hohenwestedt. (1909 ff.) Fol.

Haushalts-Plan der Stadt Husum für das Rechnungsjahr . . .
Husum. Fol.
1904 ff.

Haushaltsplan der Kämmerei-Haupt-Kasse zu Thorn.
[1908/09 ff. fortges. u. d. Tit.:]
Haushaltsplaene der Stadtgemeinde Thorn f. 1908/09 ff. Thorn 1908

Haushalts-Plan der Kämmerei-Kasse der Stadt Bochum f. d. Rechnungsj. 1900 ff. Bochum 1900 ff. 4°.
1900. 1905—1910.
1910 *[u. d. Tit.:]*
Zusammenstellung der Haushaltspläne der Stadt Bochum . . .

Haushalts-Plan der Kämmerei-Kasse der Stadt Bochum.
[1905 f. fortges. u. d. Tit.:]
Haushalts-Plaene der Stadt Bochum f. d. Rechnungsj. 1905. 1906. Bochum [1905. 1906]. 4°
[Fortges. u. d. Tit.:]
Kaemmerei-Haushaltsplaene der Stadt Bochum f. d. Rechnungsj. 1907—1910. Bochum (1907—1910). 4° *[Umschlagtit.]*

Haushalts-Etat der Stadtgemeinde Köln f. d. Etatsj. 1900/1901 ff. Köln o. J. 4°.
1901/02—1908/09.
[Fortges. u. d. Tit.:]
Haushalts-Plan der Stadtgemeinde Cöln f. d. Etatsj. vom 1. April 1909 bis 31. März 1910. Köln o. J
1909/10. 1910/11 [nebst:] Nachtr. 1910/11.

Haushaltsplan der Stadt Krefeld.

Haushaltsplan der Stadt Mölln i./Lbg. für das Rechnungsjahr 1908/09 ff. Mölln i./Lbg. (1908 ff.) 4°

Haushaltsplan der Stadt Münster.

Haushalts-Plan der Stadt Ratzeburg für das Rechnungsjahr 1904 ff. Ratzeburg. (1904 ff.) 4°

Haushalts-Plan der Stadtgemeinde Saarbrücken, Kreis Saarbrücken, Reg.-Bez. Trier, f. d. Rechnungsj. 1900. O. O. u. J. 2°.
[Fortges. u. d. Tit.:]
Bericht über die Ergebnisse der Gemeinde-Verwaltung f. 1905 ff. u. Haushalts-Pläne der Stadt Saarbrücken f. d. Rechnungsj. 1906 ff. O. O. u. J. 4°.
1905/1906—1910.

Haushaltsplan der Stadt Segeberg für das Rechnungsjahr 1908 ff. Segeberg. (1908 ff.) Fol.

Haushaltsplan des Kreises Steinburg für das Rechnungsjahr . . .
Itzehoe. Fol.
1891/92. 1894/95 ff.

Haushalts-Plan der Gemeinde Stellingen-Langenfelde im Kreise Pinneberg für das Rechnungsjahr 1909 ff. Stellingen-Langenfelde. Fol.

Haushaltsplan der Stadt Tönning für das Rechnungsjahr 1904 ff. Tönning. (1904 ff.) Fol.

Haushalts-Plan der Stadt Trier f. d. Etatsj. 1907 ff. Trier (1907 ff.) 8°.
1907 (1907/08)—1910 (1910/11).

Haushalts-Plan der Verwaltung der Stadt Tilsit f. d. Wirtschaftsj. 1903 ff. Tilsit 1903–10. 4°
Vorher unt. d. T.: Haupt-Etat der Verwaltung der Stadt Tilsit ...

Haushaltsplan der Stadt Wandsbek pro 1889/90; Wandsbek. 1899; 1892/93 – 1894/95, ebd. 1892–94; für das Rechnungsjahr 1896/97.
Wandsbek. 1896. 4°

Haushalts-Plan der Stadt Wiesbaden.

Haushalts-Plan der Kämmerei-Kasse der Stadt Bochum.
[1905 f. fortges. u. d. Tit.:]
Haushalts-Plaene der Stadt Bochum f. d. Rechnungsj. 1905. 1906. Bochum [1905. 1906]. 4°
[Fortges. u. d. Tit.:]
Kaemmerei-Haushaltsplaene der Stadt Bochum f. d. Rechnungsj. 1907—1910. Bochum (1907—1910). 4° *[Umschlagtit.]*

Haushaltsplaene der Stadt Elbing.

Haushaltsplaene der Stadt Erfurt.

Haushaltsplaene der Stadt Halle a. d. Saale f. d. Rechnungsj. 1899—1907. Halle a. S. 1899—1907. 4°.
[Fortges. u. d. Tit.:]
Stadt-Haushaltsplan von Halle a. d. Saale f. d. Rechnungsj. 1908 ff. Halle a. S. 1908 ff. 4°.
1908—1910.

Haushaltsplaene der Kgl. Haupt- und Residenzstadt Hannover.

Haushaltsplaene der Stadt Linden f. d. Rechnungsj. 1906 ff. Linden 1908 ff. 4°.
1908. 1906. 1909. 1909.

Haushalts-Plaene der Stadt Magdeburg.

Haushaltspläne der Stadt Oberhausen Rhld. [1.] F. d. Rechnungsjahre 1898/99. *Oberhausen (1898): R. Kühne.* 4° 03. 6481 8

Haushalts-Pläne d. Stadt Recklinghausen f. 1911. Recklinghausen o. J. 8°

Haushaltspläne der Stadt Rixdorf. [1.] 1905. Rixdorf-Berlin (1905): Mier & Glasemann. 4° [F.] 07. 7646

Haushaltsplan der Kämmerei-Haupt-Kasse zu Thorn.
(1908/09 ff. fortges. u. d. Tit.:)
Haushaltsplaene der Stadtgemeinde Thorn f. 1908/09 ff. Thorn 1908

Haushalts-plan der Stadtgemeinde Dortmund f. d. Rechnungsj. 1899—1903. Dortmund 1899—1903. 4°.
(Fortges. u. d. Tit.:)
Haushaltspläne der städtischen Verwaltung zu Dortmund f. d. Rechnungsj. 1904 (1. April 1904—1905) ff. Dortmund 1904 ff. 4°.
1904—1910.

Haushaltsrechner, s.a. Haushaltungsrechner.

Haushaltsrechner, d. Hamburgische, od. Anweis., wie man, ohne rechnen zu können, alle und jede Rechnung nach Mark u. Schilling richtig ausgerechnet finden kann. gr. 8. Lüneb. 813. Herold u. W. 1 ß

Haushalts-Rechner, Lüneburg'scher, bei d. Ein- u. Verkauf aller Waaren nach Zahl, Maaße u. Gewicht, v. einem Pfennig bis zu e. Thlr., so wie auch Längen-, Flächen- u. Körpermaaße verschied. Länder, d. Landwirthschaft betreff., nebst Zins-Tabn. v. 1 bis 1000 Thlr. zu $2^1/_2$ bis 6 Proc., auf e. Jahr u. auf e. Monat. 16. (5 B.) Lüneburg 831, Herold u. Wahlstab.

Haushalts-Reglement für das Chur-Braunschw.-Läneb. Artillerie-Regiment. (1788). Hannover 1789. 8°.

Haushalts-Reglement für die Chur-Braunschweig-Lüneb. leichten Dragoner. Hannover 1784. 8°.

Haushalts-Reglement für die Chur-Braunschweig-Lüneburgische Infanterie in Friedens- auch Kriegs-Zeiten. 8. Hannover 1786.

Haushalts-Spiegel für die Bauersleute in d. Geest-Gegenden in dem Königr. Hannover, zunächst in einem Theile des Fürstenthums Lüneburg. Herausg. auf Veranlassung d. königl. Landwirthschafts-Gesellschaft in Celle. gr. 8. Hannov. 828. Hahn. 8 gr

Haushalts-Voranschlag der Stadt Brandenburg a. H.

Haushaltung, die. Illustrirtes Journal für Hausfrauen aller Stände. Herög. u. redig. von Fernand Stamm. 1. u. 2. Jahrg. Septbr. 1864 bis August 1866. à Jahrg. 24 Nrn. (Bgn. mit eingedr. Holzschn.) Wien, Expedition. gr. 4. Jeder Jahrg. n. 2 ß 15 ngr

Haushaltung, Die. Illustrirtes Journal für Hausfrauen aller Stände. Eigenthümer und verantwortlicher Redacteur: Friedrich v. Geitler. 4. Jahrg. 1867. 24 Nrn. 4° (a 1 Bg. und Beilage unter dem Titel: „Allgemeine Küchenzeitung". 12 Nrn. a 1 Bg.) Wien, Geitler.

— die deutsche. Familien-Journal für Erwerbs- u. Haushaltungskunde. Redakt. Friedr. Bensch. 1. Jahrg. 1866. 52 Nrn. (à 1—2 Bgn.) Berlin, (E. Mecklenburg.) gr. 4. n. 2 ß

HAUSHALTUNG, Die, nach der Mode oder Was soll man für eine Frau nehmen? Ein Lustspiel von drey Aufzügen (von *Franz v. Heufeld*). Wienn 1765. 8°. (42 xr. L. Rosenthal, 1873.)
Anon.-Lex. II. p. 268 hat „o. O. (1764)" (nach Kayser, Meusel u. Goedeke).

Haushaltung, die, nach d. Mode. Lstspl. in 4 A. (von Frz. Heufeld). 8. Leipz. 781. Barth. 6 gr

Haushaltung d. drei göttl. Personen rc. 8. Hildburgh. 752. Hanisch. 6 gr

Haushaltung, Die, eines Studirenden auf der Universität . . . Lübeck 1782. V: *Schlegel, Gottlieb.* (KY) (MGT)

— die, eines Studirenden auf der Universität, (von G. Schlegel). 8. Lübeck 782. Niemann u. Comp. 2 gr

Haushaltung in Vorwerken. Ein landwirtschaftl. Lehrbuch aus der Zeit des Kurfürsten August v. Sachsen. Nach den Handschriften hrsg. v. Hub. Ermisch u. Rob. Wuttke. (XLVIII, 315 S. m. 20 Abbildgn. u. Titelbild.) Lex. 8. Leipzig 910. B. G. Teubner. 14.—; geb. 18.—

Haushaltungen, die beiden, eine Erzählung für die reifere Jugend. Aus d. Französ. frei übersetzt. (Mit 2 Lithogr.) 12. Straßburg 842, Wittwe Levrault. $^1/_3$ ß — color. $6^1/_4$ ngr

Haushaltungen, die landwirthschaftlichen, s.: Beiträge zur Statistik der innern Verwaltung des Großherzogth. Baden.

Berner Haushaltungsblatt — vormals Berner Geschäftsblatt
v. Berner Geschäftsblatt.

Haushaltungsblatt: Schweizerisches Haushaltungsblatt
Haushaltungsblatt: Zentralschweizerisches Haushaltungsblatt
v. Tagblatt für die Kantone Luzern, Uri, Schwyz, Unter- und Obwalden und Zug.

Haushaltungs-Buch für das Jahr 1845. gr. Folio. St. Gallen 844, Scheitlin u. Zollikofer. $^1/_2$ ß

Haushaltungsbuch pro 18—. gr. 4. (28 S.) Duisburg 859. (Mülheim a. d. R., Bagel.) cart. * —

Haushaltungsbuch. gr. 4. (56 S.) St. Gallen 862, Scheitlin und Zollikofer. cart. *
Vgl. Haushaltungsbuch, Praktisches.

Haushaltungsbuch. Ausgaben für alle Tage des Jahres. Carlsruhe 867. Creuzbauer'sche Buchh. gr. 8. (56 Steintaf.) cart. n. 10 ngr

Haushaltungs-Buch. Ausgaben für alle Tage des Jahres. gr. 8. (56 S.) Mergentheim 878. Nemnich. cart. — 75

Haushaltungs-Buch. Ausgaben f. alle Tage d. Jahres. 8. (56) Mergenth. 79. Nemnich. — 75

Haushaltungsbuch, herausgegeben von C. H. Ludwig. 21. verm. u. verb. Aufl. In-4°, 58 S. Zürich, Verlag von H. C. Ludwig. 1879. cart. 1. 60

Haushaltungsbuch für das Jahr 18—. In-4°, 56 S. Zürich, Cäsar Schmidt. 1880. 1 50

— für das Jahr 1880. 2. Aufl., verb. u. verm. von Susanna Müller. gr. 4. (56 S.) Zürich, Schmidt. cart. n. 1. 50

Haushaltungsbuch. Neue Aufl. In-4°. Zürich, Meyer & Zeller. 1883. cart. 2 —

Haushaltungsbuch für das Jahr 1888. In-4⁰, 57 S. Zürich, Meyer & Zeller. Cart. 2 —

Haushaltungs-Buch für das J. 18.. 4. (31 S.) Eisleben 888, Gräfenhahn. cart. 1 —

Haushaltungsbuch f. d. J. 1890. 4. (30 S.) Baden-Baden, Sommermeyer. n. — 30

Haushaltungs-Buch. (Hrsg. v. Anna Zöllner.) gr. 8. (159 S.) Leipzig 894. E. Heitmann. Geb. in Leinw. 3. —

— f. d. J. 189.. 4. (55 S.) Schweidnitz 895. (G. Brieger.) Geb. n. 1. —

Mit Gott. Haushaltungsbuch geführt von ... angefangen den ... beendet den ... *Halberstadt: Meyer (1897).* (II, 208 S.) 1 Bd 8.

Haushaltungsbuch. M. Kalender f. 1899. 4. (Schreibkalender.) Halberstadt, H. Meyer. Geb. in Leinw. n.n. 2. —

Haushaltungsbuch. (Einband: Meyer's Haushaltungsbuch.) Mit Kalender f. 1901. 4. (Schreibkalender.) Halberstadt, H. Meyer. Geb. in Leinw. n.n. 2. —

— 1901. A. Für den Hausherrn. schmal Fol. (105 S.) Hannover [Klindworth]. B. Pokrantz. Kart. n. 1. 10

— dasselbe. B. Für die Hausfrau. schmal Fol. (105 S.) Ebd. Kart. n. 1. 10

— dasselbe. C. Für jeden Haushalt. schmal Fol. (105 S.) Ebd. Kart. n. 1. 10
Erscheint nicht mehr.

Haushaltungsbuch f. d. J. 19.. (28 S.) 4. Nebst Wandkalender f. 1903. (2 Bl.) qu. gr. 8. Lahr, G. A. Wagenmann. Kart. n. 1. —

Haushaltungsbuch. Hrsg. v. Beamten-Wirtschafts-Verein zu Berlin. [1.] Für d. J. 1905. Berlin: C. Heymann 1904. 4° [F.] [05. 15097]

– f. d. J. 1906. Hrsg. vom Beamten-Wirtschafts-Verein zu Berlin, E. G. m. b. H. (70 S.) Lex.-8. Berlin, C. Heymann. Geb. n. — 80

Haushaltungsbuch für d. Bürger u. Landmann. 2 Thle. 8. Leipz. 791, 92. (W. Rauck). 18 K

Anonym: „Des galanten Frauenzimmers Haushaltungsbuch", Leipzig 1741 (Gleditsch).

Haushaltungs- u. Merkbuch, Fromme's. Als Vorwort: Die 10 Gebote d. Hauswesens v. Ottilie Bondy. gr. 8. (176 S.) Wien 887. Fromme. geb. in Leinw. n. 3. 20; in Ldr. n. 4. 20

Haushaltungs- u. Merkbuch, Fromme's. Mit Vorwort: Die zehn Gebote d. Hauswesens v. Ottilie Bondy. gr. 8 (176 S.) Wien 891. C. Fromme. Geb. in Leinw. n. 3. 20; in Ldr. n.n. 4. 20

Haushaltungsbuch, Großes, s. Haushaltungsbuch, Wiener.

Haushaltungsbuch für Hausfrauen. 4. (200 S.) In Leinwand geb. 2.40
Neutitschein: R.Hosch 1897.

— des Hausherrn f. d. J. 1903. (Hrsg. v. Alb. Hintrager.) schmal Fol. (63 S.) Stuttgart (Süddeutsches Verlags-Institut). Kart. n. 1. —

— des Hausherrn f. d. J. 1907. (Hrsg. v. Alb. Hintrager.) (59 S.) 4. Stuttgart (Süddeutsches Verlags-Institut). Kart. n. 1. —

Haushaltungsbuch des Hausherrn f. d. J. 1909. (Hrsg. v. Alb. Hintrager.) (59 S.) 33×21 cm. Stuttgart, (Süddeutsches Verlags-Institut). Kart. 1. —

Haushaltungsbuch. Kaiser's II' für das Jahr 19—. Feines Schreibpapier, Praktische Einteilung, Fleischeinteilungstabelle etc., Notizkalender, Portotarif. ([Mit 1 Figur und] Kalender für ... 1906.) [IV + 64 S.] 4. Bern, Kaiser & Co. ([cart.] fr. 1. 30)

Haushaltungs-Buch, Münchener. Fol. (40 S.) München 885. Kellerer. cart. n. 1. 20

— neues. 10. Aufl. gr. 4. (26 S.) Karlsruhe 888. Gutsch. cart. n. 1. —

— neues, f. die praktische Hausfrau. (28 S.) 4. Bern (905). Stämpfli & Co. n. — 60; kart. n. — 80

—— neuestes, für alle Verhältnisse verwendbar eingerichtet. Fol. (119 S.) Kreuzburg 885, Praetorius. cart. * 2 40

Anonym: „Oekonomisches Haushaltungs- und landwirthschaftliches Hand- und Kunstbuch für Rittergutsbesitzer und Pächter ..., herausgegeben von einem alten Oekonomie-Verwalter in Schlesien", o. O. 1805 (Leipzig, Köhler).

Haushaltungsbuch, praktisches. 862. n. 15 ngr. — 7., verb. u. verm. Aufl. St. Gallen 864. Scheitlin & Zollikofer. 4. (56 S.) n. 16 ngr.
Vgl. Haushaltungsbuch.

— praktisches. 7—9., verb. Aufl. St. Gallen 864—68. Scheitlin & Zollikofer. gr. 4. (56 S.) cart. n. 16 ngr.

Haushaltungsbuch, praktisches. 11. Aufl. 4. (56 S.) St. Gallen 875. Scheitlin & Zollikofer. n. 1. 60

Haushaltungsbuch, Praktisches. 15. Aufl. 128 Blatt Tabellen. Imp. in-4⁰. St. Gallen, Huber & Co. (E. Fehr). 1890. Cart. 1 60

Haushaltungsbuch, praktisches. 16. Aufl. In-4⁰. 28 Bl. St. Gallen, Fehr'sche Buchhdlg. 1895. 1 60

—— praktisches, f. die sparsame Hausfrau auf d. J. 1892. hoch 4. (125 S.) Straßb. i. E., Straßburger Druckerei u. Verlagsanstalt. geb. in Leinw. * 1 50

— praktisches, f. die sparsame Hausfrau auf d. J. 1893. (Hrsg. v. Charlotte Buchenau.) Lex.-8. (125 S.) Leipzig, E. Strauch. Geb. in Leinw. n. 1. 50

Haushaltungsbuch, Praktisches, für die sparsame Hausfrau auf das Jahr 1894. 4. (86 S.) In Lnwd. geb. In Comm. 1. -
Wien: Lechner.

— f. den Schreibtisch deutscher Hausfrauen, s.: Moser, Paul.

— für alle Stände. 4. (37 S.) Leobschütz 871. Schiffmann. 1. 20

— für alle Tage des Jahres. gr. 8. (72 S.) Esslingen 880. Langguth. cart. n. 1. —; geb. in Leinw. 1. 25

— Wiener, für die J. 1884 und 1885. Für den tägl. Gebrauch eingerichtet und durch Beispiele erklärt, nebst Küchenkalender, Wäsche-Zetteln und Notiz-Kalender. Fol. (60 S.) Wien, Perles. geb. à Jahrg. *

—— Wiener, für die J. 1886—1889. 3.—6. Jahrg. Für den tägl. Gebrauch eingerichtet und durch Beispiele erklärt, nebst Küchen-Kalender, Wäsche-Zetteln und Notiz-Kalender. Fol. (à Jahrg. 60 S.) Wien, Perles. cart. à Jahrg. * 2 50

Haushaltungsbuch, Wiener, für das Jahr 1890. 7. Jahrgang. Für den täglichen Gebrauch eingerichtet und durch Beispiele erklärt, nebst Küchen-Kalender, Wäschezetteln und Notiz-Kalender. Fol. (56 S.) Geb. 1.25
Wien: Perles.

Haushaltungsbuch, Wiener, f. d. Jahr 1891. 8. Jahrgang. Für den täglichen Gebrauch eingerichtet und durch Beispiele erklärt, nebst Küchenkalender, Wäschezetteln und Notizkalender. Fol. (56 S.) Geb. 1.25
Wien: Perles.

—— Wiener, f. d. J. 1893. 10. Jahrg. Für den tägl. Gebrauch eingerichtet u. durch Beispiele erklärt, nebst Küchen-Kalender, Wäsche-Zetteln u. Notiz-Kalender. Fol. (III, 56 S.) Wien, Perles. cart. * 2 50

Haushaltungsbuch, Wiener, für das Jahr 1894. 11. Jahrgang. Für den täglichen Gebrauch eingerichtet u. durch Beispiele erklärt, nebst Küchenkalender, Wäschezetteln und Notizkalender. Folio. (56 S.) Geb 1.25
Wien: Perles.

Haushaltungsbuch, Wiener, für das Jahr 1895. 12. Jahrgang. Für den täglichen Gebrauch eingerichtet und durch Beispiele erklärt, nebst Küchenkalender, Wäschezetteln und Notizkalender. Folio. (56 S.) Gebunden 1.25
[illegible]

Haushaltungsbuch, Wiener, für das Jahr 1896. XIII. Jahrg. Für den täglichen Gebrauch eingerichtet und durch Beispiele erklärt, nebst Küchenkalender, Wäschezetteln und Notizkalender. Hoch-4. (56 S.) Elegant geb. 1.25
[illegible]

Haushaltungsbuch, Wiener, für das Jahr 1897. XIV. Jahrg. Für den täglichen Gebrauch eingerichtet und durch Beispiele erklärt, nebst Küchenkalender, Wäschezetteln und Notizkalender. Hoch-4. (56 S.) Elegant geb. 1.25
[illegible]

Haushaltungsbuch, Wiener, für das Jahr 1898. XV. Jahrg. Für den täglichen Gebrauch eingerichtet und durch Beispiele erklärt, nebst Küchenkalender, Wäschezetteln und Notizkalender. Hoch-4. (56 S.) Elegant geb. 1.25
Wien: Perles.

Haushaltungsbuch, Wiener, für das Jahr 1899. XVI. Jahrgang. Für den täglichen Gebrauch eingerichtet und durch Beispiele erklärt, nebst Küchenkalender, Wäschezetteln und Notizkalender. Hoch-4. (56 S.) Elegant geb. 1.25
Wien: Perles.

— Wiener, f. d. J. 1903. 20. Jahrg. Für den tägl. Gebrauch eingerichtet u. durch Beispiele erklärt, nebst Küchen-Kalender, Wäsche-Zetteln u. Notiz-Kalender. Fol. (IV, 56 S.) Wien, M. Perles. Kart. n. 2. 50

Wiener Haushaltungsbuch für das Jahr 1904. 21. Jahrg. Fol. (56 S.) geb. K 2.50
Wien: Perles.

Wiener Haushaltungsbuch für das Jahr 1905. 22. Jahrg. Fol. (56 S.) K 2.50
Wien: Perles.

— Wiener, f. d. J. 1907. 24. Jahrg. Für den tägl. Gebrauch eingerichtet u. durch Beispiele erklärt, nebst Küchen-Kalender, Wäsche-Zetteln u. Notiz-Kalender. (IV, 52 S.) Fol. Wien, M. Perles. Kart. n. 2. 50

Wiener Haushaltungsbuch für das Jahr 1908. XXV. Jahrg. Fol. K 2.50
Wien: Perles.

Großes Haushaltungsbuch für 1909. XXVI. Jahrg. Lex.-8°. (56 S.) K 2.50
Wien: M. Perles 190[illegible].

Wiener Haushaltungsbuch für das Jahr 1910. XXVII. Jahrg. 4°. K 2.50
Wien: Perles.

— Wiener, f. d. J. 1911. 28. Jahrg. Für den tägl. Gebrauch eingerichtet u. durch Beispiele erklärt, nebst Küchen-Kalender, Wäsche-Zetteln u. Notiz-Kalender. (IV, 56 S.) 33,5×21,5 cm. Wien, M. Perles. Geb. in Halbleinw. 2. 50

Haushaltungs-Buchführung, die, in einfacher, übersichtlicher Darstellung. (Von Alfr. Riessberger.) qu. 4. (3 S. Text m. Formularen.) Wien 894. (Leipzig, Literar. Anstalt A. Schulze.) Geb. n. 3. —

Haushaltungsbüchlein. Hrsg. von Otto Clemen. Leipzig: Haupt 1910. S. 25–41. 8°
(Flugschriften aus d. ersten Jahren d. Reformation. Bd 4, H. 2, [2.]) [illegible]

Haushaltungs-Jahrbuch der deutschen Frau. 1905. (IV, 64 S.) 4. Leipzig, Verlag der „Deutschen Moden-Zeitg." 1. —
Erscheint nicht mehr.

Haushaltungs-Journal. Fol. Altbg. (Benj. Fleischer in Lpz.)

— Fol. Luzern, Anich.

Haushaltungskalender, s. Kalender.

Haushaltungs-Kalender, s. Geschichts-, Haushaltungs- und Garten-Kalender.

Haushaltungskalender

— 1881—1885. Fol. (à Jahrg. ca. 55 S.) Lahr, Schauenburg. à Jahrg.

Haushaltungs-Kalender. Fol. (59 S.) Lahr 887. Schauenburg. geb. 1.50

Haushaltungs-Kalender. Ausgabe-Buch f. alle Tage d. Jahres. gr. 8. (52 S.) Darmstadt 885. Jonghaus. n. — 60

Haushaltungs-Kalender pro 1899, XV. Jahrgang. Praktisches Notizbuch. Schmal-Folio. (XXIV, 228 S.) Geb. —.75
Wien: Perles.
Vgl. Haushaltungsnotizbuch.

— allgemeiner, auf d. J. Christi 1874 f. d. Landdrostei-Bezirke Stade u. Lüneburg berechnet v. H. A. Jungclaus. 4. (48 S.) Stade, Pockwitz. n.n. — 40

— dasselbe auf d. J. Christi 1875. 4. (48 S. m. eingedr. Holzschn.) Ebend. — 25

— allgemeiner, auf die J. Christi 1876—1880 für die Landdrostei-Bezirke Stade und Lüneburg berechnet von H. A. Jungclaus. 4. (à ca. 48 S. mit eingedr. Holzschn.) Stade, Pockwitz. à Jahrg.

— allgemeiner, auf die J. Christi 1881—1885 für die Landdrostei-Bezirke Stade und Lüneburg berechnet von H. A. Jungclaus. 4. (à Jahrg. ca. 48 S. mit eingedr. Holzschn.) Stade, Pockwitz. à Jahrg. *

— allgemeiner, auf die J. 1885—1889, für die Reg.-Bez. Stade und Lüneburg. 4. (à Jahrg. 52 S.) Stade, Pockwitz. à Jahrg. * — 25

— allgemeiner. Für d. J. 1890—93. 40.—43. Jahrg. 4. (à Jahrg. 48 S.) Stade, Pockwitz. à Jahrg. — 25

— allgemeiner, auf d. J. 1894. Für die Reg.-Bezirke Stade u. Lüneburg berechnet v. J. A. Jungclaus. 4. (56 S. m. Abbildgn.) Stade, A. Pockwitz. 25

Haushaltungs-Kalender, allgemeiner, auf d. J. 1899. Für d. Reg.-Bezirke Stade u. Lüneburg in mitteleurop. Zeit berechnet v. J. A. Jungclaus. 4. (50 S. m. Abb.) Stade, A. Pockwitz. — 25

Haushaltungs-Kalender, allgemeiner, auf d. J. 1903. Für die Reg.-Bezz. Stade u. Lüneburg in mitteleurop. Zeit berechnet v. J. A. Jungclaus. 4. (59 S. m. Abbildgn.) Stade, A. Pockwitz. — 25

Haushaltungs-Kalender, allgemeiner, auf d. J. 1907. Für die Reg.-Bezz. Stade u. Lüneburg in mitteleurop. Zeit berechnet v. H. Janßen. (52 S. m. Abbildgn.) gr. 8. Stade, A. Pockwitz. — 25

Haushaltungs-Kalender, allgemeiner, auf d. J. 1911. Für die Reg.-Bezz. Stade u. Lüneburg in mitteleurop. Zeit berechnet v. H. Janßen. (63 S. m. Abbildgn.) gr. 8. Stade, A. Pockwitz. — 25

Haushaltungskalender, allgemeiner Preuß., auf d. Gemein-Jahr 1847. 12. (Mit eingedr. Holzschn.) Berlin 846, Hübenthal u. Comp. n. 1/6 ℛ

Haushaltungs-Kalender, allgem. Preußischer, auf d. J. 1848—1851. 8. (48: 124 S. 49: 102 S. 50: 103 S. 51: 100 S.) Berlin, Hübenthal & Co. à n. 1/6 ℛ

— ders. auf d. Schalt-J. 1852. 8. (126 S.) Berlin, Nelte. n. 1/6 ℛ

— ders. auf d. J. 1853. 8. (110 S.) Berlin, Moeser & Kühn. n. 1/6 ℛ

— allgemeiner Preußischer, auf das Jahr 1854—1859. Berlin, Moeser. 8. Jeder Jahrg. n. 5 ngr

— allgemeiner preußischer, auf die J. 1864—68. 8. (XLIV und 64 S., 92 S., 92 S., 62 S., XXXIV und 72 S.) Berlin, Moeser. à Jahrg. *

— allgemeiner preußischer, auf die J. 1866—70. Berlin, Moeser. 8. Jeder Jahrg. (ca. 70 S.) n. 5 ngr

Haushaltungs-Kalender auf das Jahr 1856—1859 für die Königl. Preußischen Provinzen Brandenburg, Pommern und Sachsen. Mit 1 Stahlst. Berlin, Trowitzsch u. Sohn. 4. Jeder Jahrg. n. 8 ngr; geb. n. 8½ ngr

Haushaltungs-Kalender auf die Jahre 1860—65. Für die Königlich Preußischen Provinzen Brandenburg, Pommern u. Sachsen. Mit 1 Stahlst. Berlin, Trowitzsch & Sohn. 4. Jeder Jahrg. n. 8 ngr; geb. n. 8½ ngr

Haushaltungs-Kalender auf die J. 1866—70. Für die Königl. Preuß. Provinzen Brandenburg, Pommern u. Sachsen. Berlin, Trowitzsch & Sohn. 4. Jeder Jahrg. (58—60 S. mit 1 Stahlst.) n. 8 ngr; geh. n. 8½ ngr

Haushaltungs-Kalender auf die J. 1869—1875 für die königl. preuß. Provinzen Brandenburg, Pommern und Sachsen. 4. (à 56 S., mit 1 Illustr., Holzschntaf.) Berlin, Trowitzsch und Sohn. à Jahrg. **

Haushaltungs-Kalender auf das Gemeinjahr 1877 f. die königl. preuß. Provinzen Brandenburg, Pommern u. Sachsen. Mit 1 Illustr. (Holzschntaf.) 4. (58 S.) Berlin, Trowitzsch & Sohn. n.n. — 75

Haushaltungs-Kalender auf die J. 1881—1885 für die königl. preuß. Provinzen Brandenburg, Pommern und Sachsen. 4. (à Jahrg. ca. 56 S. mit je 1 Holzschntaf.) Berlin, Trowitzsch und Sohn. à Jahrg. **

— auf die J. 1886—1889 für die königl. preuß. Provinzen Brandenburg, Pommern und Sachsen. 4. (à Jahrg. 56 S. mit 1 Titelbild.) Berlin, Trowitzsch und Sohn. à Jahrg. ** — 75

Haushaltungs-Kalender auf d. J. 1890—93 f. die königl. preuß. Provinzen Brandenburg, Pommern u. Sachsen. 4. (56; 56; 61; 64 S. m. Illustr. u. je 1 Wandkalender.) Berl., Trowitzsch u. Sohn. à Jahrg. ** — 75

Haushaltungs-Kalender auf d. J. 1895 f. die königl. preußischen Provinzen Brandenburg, Pommern u. Sachsen. 4. (68 S. m. Illustr. u. 1 Wandkalender.) Berlin, Trowitzsch & Sohn. n.n. — 75

— auf d. J. 1899 f. die kgl. preuß. Provv. Brandenburg, Pommern u. Sachsen. 4. (84 S. m. Abb. u. 1 Wandkal.) Berlin, Trowitzsch & Sohn. n.n. — 75

— auf d. J. 1903 f. die königl. preußischen Prov. Brandenburg, Pommern u. Sachsen. 4. (77 S. m. Abbildgn., Titelbild u. Wandkalender.) Berlin, Trowitzsch & Sohn. — 50

— auf d. J. 1905 f. die königl. preußischen Provv. Brandenburg, Pommern u. Sachsen. (88 u. VIII S. m. Abbildgn., 1 Farbdr. u. Wandkalender.) Lex.-8. Berlin, Trowitzsch & Sohn. — 50
Fortsetzg. s.: Trowitzsch's Kalender f. Stadt u. Land.

Cellescher Haushaltungs-Kalender auf das Jahr... für die churfürstl. Braunschweig-Lüneburgschen Lande. 1802. Lauenburg: Meyer [1801]. 8°

1802: [1801.]

Haushaltungs-Kalender, cellescher, auf das J. 1861. Für die königlich-hannoverschen Lande. 4. (56 S.) Hannover. (Celle, Schulze'sche Buchh.) *

Haushaltungs-Kalender, Cellescher, auf die J. 1862—67. Hannover. (Celle, Schulze'sche Buchh.) 4. Jeder Jahrg. (56 S.) n. 6 ngr.

—— Cellescher, auf die J. 1870—1872. 4. (à 48 S.) Hannover. (Celle, Schulze'sche Buchh.) à Jahrg. *

—— dass. — auf das J. 1873. Nebst Preis- und Reductions-Tab. für die am 1. Jan. 1872 in Kraft getretenen neuen Maße und Gewichte. 4. (64 S.) Ebendas. *

—— Cellescher, auf die J. 1874—1880. 144.—150. Jahrg. Nebst Vergleichungs-Tabellen der hannover. Maße mit den neuen Maßen rc. 4. (à ca. 56—64 S. mit eingedr. Holzschn.) Hannover. (Celle, Schulze'sche Buchh.) à Jahrg. *

—— Cellescher, auf die J. 1881—1885. 151.—155. Jahrg. 4. (à Jahrg. ca. 65 S. mit eingedr. Holzschn. und je 1 Holzschntaf.) Hannover. (Celle, Schulze'sche Buchh.) à Jahrg. *

Haushaltungs- und Wirtschafts-Calender, Fränkischer, auf das Jahr 1770 bis 1780. Schwabach. H: *Hirsch, Joh. Chph.* (KY 3/150) (BIBLPORT)

Haushaltungs- und Wirthschaftskalender, Fränkischer, auf die Jahre 1787—1794. Schwabach. V: *Forstner, Georg Ferdinand von.* (MGT)

Haushaltungs- und Garten-Kalender auf das Jahr 1861. Hannover. (Celle, Schulze.) 12. (48 S.) n. 3 ngr.

Haushaltungs- und Garten-Kalender auf die J. 1862—67. 12. (à 48 S.) Hannover. (Celle, Schulze'sche Buchh.) à Jahrg. *

Haushaltungs-, Geschäfts- u. Geschichts-Kalender, gemeinnütziger, auf das Schalt-Jahr 1832 Mit 1 Steindruck, (General Chassé's Bildniß) u. Vignetten. 4. Halle, Kümmel. 6 gr. Das Dutzend. 2 ₰ 8 gr.

Haushaltungs-, Geschäfts- u. Geschichts-Kalender, gemeinnütz., a. d. J. 1832—35. (1—4. Jahrg.) Mit Stndrn. u. Vign. 4. Halle 831—34, Kümmel. à

Haushaltungs-, Geschäfts- u. Geschichts-Kalender für das Gemein-Jahr 1839. gr. 4. (Mit 2 Ansichten u. 1 Steintafel.) Halle 838. Kümmel. 5 gr

Haushaltungs-, Geschäfts- u. Geschichtskalender, gemeinnütziger, auf d. Gemeinjahr 1847. Mit vielen Holzschn. 4. Halle, Knapp. n. 6¼ ngr

Haushaltungs- und Geschichtskalender für Liebhaber des Angenehmen und Nützlichen, auf das Jahr 1792 . . . Dahlen u. Leipzig 1792 . . . V: *Cadner, Johann Gottlob.* (MGT)

Haushaltungskalender

— — hannov., f. 1878. 148. Jahrg. 4. (61) Ebd. n. — 50

—— hannoverscher, 1886—1889. 156.—159. Jahrg. Hrsg. vom hannover. Lehrerverein. Redakt.: G. Lehzen. 4. (à Jahrg. 80 S. mit Abbild.) Hannover und Celle, Schulbuchhandlung. à Jahrg. * — 50

Forts.s.: Haushaltskalender, Hannoverscher.

— hannoverscher, 1899. 169. Jahrg. Hrsg. z. Besten d. hannov. Ruhelehrerstiftg. Hrsg.: Fr. Schmidt. 4. (80 S. m. Abb. u. 1 Wandkal.) Hannover. (Hannover u. Celle, Schulbuchh.) — 50

— hannoverscher, 1902. 172. Jahrg. Hrsg. Fr. Schmidt. 4. (74 S. m. Abbildgn.) Hannover. (Hannover u. Celle, Schulbuchh.) — 50

Haushaltungs- und Wohlfahrts-Kalender, illustrirter Dresdner, auf die J. 1880—1885. 4. (à Jahrg. 64 S. mit eingedr. Holzschn.) Dresden, A. Köhler. Jahrg. 1880—1883 à Jahrg. 1884 und 1885 à

Lauenburgischer Haushaltungs-Kalender auf das Jahr . . . Ratzeburg. 8°
1842. 1843. 1845.
N. F. Jg. 2—10. 1907—15. Jg 13—15, 1918—22. Jg. 17 ff., 1925 ff.

—— Münchener. Ausgabe-Buch für alle Tage des Jahres. 4. (46 lithogr. S.) München 874, Beck. *

— Münchener, f. d. Schaltj. 1876. Mit verschiedenen gemeinnütz. Notizen. 4. (52 S.) München, Kellerer. n. — 50

—— neuer für die J. 1882—1885. 1.—4. Jahrg. Mit (lithogr.) Plänen der Wiener Theater. schmal Fol. (à Jahrg. 160 S.) Wien, Perles. cart. à Jahrg. *

Haushaltungs- und Schreib-Kalender, Neuester Gratzer — für Jedermann auf das Schaltjahr 1856 von 366 Tagen. 3. Jahrgang. Grätz. Druck, Papier und Verlag von Josef A. Kienreich. (68 S. 7 Bl. kl. 4.)

Haushaltungs- und Schreibkalender, neuester Gratzer — für Jedermann, auf das gemeine Jahr 1857 von 365 Tagen. 4ter Jahrgang. Gratz. Druck, Papier und Verlag von Josef A. Kienreich. (64 S. 4.)

Haushaltungs-, Geschäfts- und Schreibkalender für Jedermann auf das Gemeinjahr 1858 von 365 Tagen. 5. Jahrg. Gratz. Druck, Papier und Verlag von Jos:f Kienreich. (70 u. 14 S. 4.)

Haushaltungs-, Geschäfts- und Schreibkalender, neuester Gratzer, für Jedermann auf das Gemein-Jahr 1862. 9. Jahrgang. 4. (79 S.) Gratz, Kienreich. 30 kr.

Haushaltungskalender

— — Pirnaischer ökonomischer, auf die J. 1880—1885. Große Ausg. 4. (74 S. mit Illustr., 1 Chromolithogr. und 1 Wandkalender.) Pirna, Eberlein. à Jahrg. *
Mittle Ausg. (58 S. mit Illustr.) à Jahrg. *
Kleine Ausg. (34 S. mit Illustr.) à Jahrg. *

—— Pirnaischer ökonomischer und, auf die J. 1886—89. Große Ausg. 4. (100 S. mit Illustr., 1 Chromolithogr. und 1 Wandkalender.) Pirna, Eberlein. à Jahrg. * — 50
Mittle Ausg. (86 S. mit Illustr.) à Jahrg. * — 38
Kleine Ausg. (54 S. mit Illustr.) à Jahrg. * — 20

— Pirnaer ökonom., 1895. Große Ausg. 4. (72 S. m. Abbildgn., 1 Farbendr. u. Wandkalender.) Pirna, F. J. Eberlein. — 50; mittle Ausg. (56 S. m. Abbildgn.) — 38; kleine Ausg. (40 S. m. Abbildgn.) — 20

Haushaltungs-Kalender, Pirnaer ökonom., 1899. Große Ausg. 4. (76 u. 4 S. m. Bildern, 4 Taf., 1 Farbdr. u. 1 Wandkal.) Meißen, H. W. Schlimpert. — 50

— dasselbe. Mittle Ausg. 4. (60 S. m. Bild., 4 Taf. u. 1 Wandkal.) Ebd. n.n. — 35

dasselbe. Kleine Ausg. 4. (44 S. m. Bild.) Ebd. — 20

— Pirnaer ökonom., 1903. Große Ausg. 4. (80 u. 5 S. m. Abbildgn., 2 Taf., 1 Farbdr. u. 1 Wandkalender.) Meißen, H. W. Schlimpert. — 50

— dasselbe. Mittle Ausg. 4. (65 u. 5 S. m. Abbildgn., 2 Taf. u. 1 Wandkalender.) Ebd. n. — 35

— dasselbe. Kleine Ausg. 4. (41 u. 5 S. m. Abbildgn.) Ebd. — 20

— Pirnaer öconom. 1907. Große Ausg. (71 u. 5 S. m. Abbildgn., 2 Taf., 1 Farbdr. u. Wandkalender.) gr. 8. Meißen, H. W. Schlimpert. — 50

— dasselbe. Mittle Ausg. (55 u. 5 S. m. Abbildgn., 2 Taf. u. Wandkalender.) gr. 8. Ebd. — 35

— dasselbe. Kleine Ausg. (39 S. u. 5 S. m. Abbildgn.) gr. 8. Ebd. — 20

— Pirnaer öconom. 1910. Große Ausg. (79 u. 5 S. m. Abbildgn., 3 Taf., 1 Farbdr. u. Wandkalender.) gr. 8. Meißen, H. W. Schlimpert. — 50

— königl. sächs. gnädigst privilegirter Pirnaischer oeconom., 1911. Mittle Ausg. (64 u. 5 S. m. Abbildgn., 2 Taf. u. Wandkalender.) gr. 8. Ebd. — 35

— dasselbe. 1910. Kleine Ausg. (39 u. 5 S. m. Abbildgn.) gr. 8. Ebd. — 20

Haushaltungskalender

— praktischer, für das Schaltjahr 1880. Handbuch für Hausfrauen, Kaufleute u. Gewerbetreibende. Red. von E. Libicki. schmal Fol. (284 S.) Wien, Perles in Comm. cart. n. 1. 20

Haushaltungs-Kalender, Praktischer, pro 1882. hoch-8. (160 S.) geb. 60 kr.
Wien: Perles.

— practischer u. bewährter, f. d. J. 1895 v. Leopoldine Beran. 4. (61 S.) Brünn, R. Knauthe. Kart. n. 1. —

— praktischer u. bewährter, f. d. J. 1899 v, Leopoldine Beran. 4. (63 S.) Brünn, R. Knauthe. n. 1. —

— praktischer u. bewährter, f. d. J. 1903 v. Leopoldine Beran. 16. Jahrg. 4. (76 S. m. 1 Plan.) Brünn, Karafiat & Sohn. Kart. n. 1. 20

Haushaltungs-Kalender, praktischer u. bewährter f. d. J. 1907, v. Leopoldine Beran. 20. Jahrg. (63 S.) Lex.-8. Brünn, Karafiat & Sohn. Kart. n. 1. 20

(F) Praktischer und bewährter Haushaltungskalender für das Schaltjahr 1908. 21. Jahrg. Lex.-8° K 1.20
Brünn: Karafiat & Sohn.

— praktischer u. bewährter f. d. J. 1910, v. Leopoldine Beran. 23. Jahrg. (75 S.) gr. 8. Brünn, Karafiat & Sohn. Kart. 1. 20

Haushaltungs-Calender, Kgl. Sächs. gn. priv. Oeconomischer oder, (1819.) M. 4 Kpf. (L. Richter) a. 1 Bl., H.-B. 9.
Pirna.

„Hausshaltungs-, Reise- und Hand-Calender, Verbesserter Immerwährender, Darinnen I. nicht allein die in Calendern vorkommende Nahmen . . . ., sondern auch die Planeten . . . . umständig abgehandelt werden, II. Folgen die Monat-Tabellen . . . ., III. Wird von denen Messen und Märckten . . . . anietzo durch und durch vermehret / mit mehrern Figuren befördert von Turanophilo", Erfurt 1719 (Joh. Mich. Funcke). — Vorh.: StB Nürnberg.

Haushaltungs-, Geschichts- und Garten-Kalender, vereinigter, s. Geschichts-, Haushaltungs- und Garten-Kalender.

Haushaltungs-Kassen-Tagebuch nach amerikanischem System. gr. 8. (107 S.) Dresden 902. H. Henkler. Geb. in Halbleinw. n. 2. 50

Haushaltungskunde, s. Clima, Marie.

Haushaltungskunde. Lehr- u. Lesebuch für Mädchen zum Gebrauch in der Sonntags- u. Fortbildungsschule sowie in der Familie. Hrsg. v. e. Schulinspektor u. einigen Lehrern. 2. Aufl. gr. 8. (X, 236 S.) Stuttgart 902. Muth. Geb. n. 1. —

Haushaltungskunde und Naturlehre. Lehrbuch f. Mädchen-Oberklassen d. Volksschule. Hrsg. von e. Kommission d. Vereins kath. deutscher Lehrerinnen, Bezirksverband Essen. 2. Aufl. *Düsseldorf: L. Schwann 1901.* (XII, 163 S.) 8° [F.] [illegible] 6

Haushaltungs- u. Naturkunde. Lehrbuch f. Mädchen-Oberklassen der Volksschule. Hrsg. v. e. Kommission des Vereins kathol. deutscher Lehrerinnen, Bez.-Verband Essen. 2 Tle. 8. Ebd. n. 3. 60; Einbde. à n. — 40
1. Haushaltungskunde u. Naturlehre. 3., verb. Aufl. (XII, 158 S. m. Abbildgn.) 902. n. 1. 60
2. Naturbeschreibung. (VIII, 206 S. m. Abbildgn.) 902. n. 2. —

Haushaltungs- u. Naturkunde. Lehrbuch f. Mädchen-Oberklassen der Volksschule. Hrsg. v. e. Kommission des Vereins kathol. deutscher Lehrerinnen, Bez.-Verband Essen. 1. Tl. Haushaltungskunde u. Naturlehre. 4., verb. Aufl. (XII, 164 S.) 8. Düsseldorf 904. L. Schwann. n. 1. 60; geb. n. 2. --

Haushaltungs- u. Kochkunde, praktische. Ein Leitfaden für unsere Frauen u. Töchter. 8. (63 S.) Zürich 882. (Schröter.) n. 1. —

Anonym: „Die Haushaltungskunst, oder Anweisung für Hausväter und Hausmütter, mit möglichst geringem Aufwand an Zeit, Mühe und Geld den höchst möglichen Lebensgenuss zu erwerben und Schaden und Nachtheil zu vermeiden", Königsberg 1819 (Unzer).

Anonym: „Die Haushaltungskunst im Kriege und in der Theurung, nebst den dazu gehörigen Polizeyanstalten und einer Anzeige der vornehmsten statt des Brodes zur Nahrung dienenden Gewächse", Stuttgart 1771 (Metzler).

Die *Haushaltungs-Kunst* im Kriege u. in der Theurung nebst ... einer Anzeige d. vornehmsten Pflanzen u. Gewächse, die statt d. Brodes z. Nahrung dienen können. Stutg. 1771. (80, 160) S.

Anonym: „Wichtige Haushaltungskunst des menschlichen Lebens", Berlin 1756 (Lange).

— wichtige, des menschl. Lebens, nebst andern Betrachtt. rc. Aus d. Engl. v. S. Chr. Küster. 8. Berl. 761. N. A. 763. Lange. 6 gl

Haushaltungskunst des menschlichen Lebens; a. d. Engl. Mainz u. Frankf. a. M. 1785. V: *Dodsley, James* [?]. Ü: *Schiller, Joh. Frdr.* (ErschDL) (ErGr)

Anonym: „Haushaltungskunst des menschlichen Lebens", Mainz 1785 (Vollmer).

Haushaltungskunst, wichtige, des menschl. Lebens rc. Aus d. Engl. v. Jh. Fr. Schiller. 8. Mainz ... N. Aufl. 8. Ebd. 786. (Kupferberg). Dass., engl. u. deutsch. 8. Ebd. 786. 16 gl N. Aufl., s. *Manuel* de touts les âges.

— — dass. a. d. Engl. 8. Frankf. Varrentrapp. 786.

— — dass. engl. u. deutsch. 8. Ebend. 786.

Haushaltungskunst des menschl. Lebens, englisch und deutsch, neue Aufl. 8. Mainz, Kupferberg. 815.
Schreibp.
(s. Oeconomy of human lise.)

Anonym: „Wohleingerichtete Haushaltungskunst, wie [illegible] Früchte, Getreide und andere Dinge zu rechter Zeit [illegible] auch zu erkennen sind", Nürnberg 1760 (Felsecker).

Haushaltungskunst, wohleingerichtete, 8. Nürnb. 760. Riegel u. W. 3 gl

Haushaltungskünste, nutzbare u. ökonom. Wissenschaften. 8. Glogau ... C. F. Günther. 2 gl

Anonym: „Haushaltungskünste und ökonomische Wissenschaften zur Nahrung, Gesundheit und Erhaltung eines fröhlichen Gemüths", [illegible] 1736 (Günther).

„Hausshaltungs-Lexicon", Nürnberg 1745.

— 2 Thle. 8. Nürnb. 745.

Allgemeines Haushaltungs-Lexicon, Darinnen nicht allein alles dasjenige zu finden ist, Was zu Erhaltung der Gesundheit zu wissen nöthig, sondern auch wie ein jeder ein Vermögen erlangen, dasselbe vermehren und erhalten soll. Ferner, ... Ingleichen, wie die Gärtnerey zu führen, die Kräuter-Wissenschaft fortzusetzen, Wein- und Acker-Bau anzurichten, ... Th. 1-3. Leipzig: Blochberger 1749-51. -- 4.15.21*.ÖNB

Haushaltungslexikon, allgem. rc. 3 Thle. 4. Leipzig, Blochberger. 749-52.

Compendieuses und Nutzbares Haußhaltungs-Lexicon, Worinnen Alle beym Feld-Acker- Garten- und Wein-Bau, Wiesewachs, Holtzungen, Jägerey, Fischerey, Bierbrauen, Vieh-Zucht, und sonst bey dem Haußhalten vorkommende Wörter und Redens-Arten gründlich und deutlich erkläret. ... In Alphabetische Ordnung gebracht, und mit sonderbaren Fleiß zusammen getragen von einem Liebhaber Oeconomischer Wissenschafften. Chemnitz: Stößel 1728. 1056 Sp. -- 7*
--- Dass. Andere u. verb. Aufl. Th.1.2. Ebd. 1740. -- 1*.8
--- Dass. Th.1.2. Bamberg: Göbhard 1752. -- 21*

Vollständiges und sehr nutzbares Haushaltungs-Lexicon, worin alle die beim Feld-, Acker-, Garten- und Weinbau, Wiesenwachs, Holzungen, Jägerei, Fischerei, Bierbrauen, Viehzucht und sonst bei dem Haushalten vorkommenden Sachen und Redensarten nicht nur gründlich und deutlich beschrieben worden, sondern auch deren Thiere und Kräuter Eigenschaft, Natur, Gebrauch und Mißbrauch auf das treulichste untersucht werden, in alphabetische Ordnung gebracht, mit sonderbarem Fleiss zusammengetragen und in 2 Theile getheilt von einem Liebhaber oeconomischer Wissenschaften. - Nürnberg 1745

Anonym: „Vollständiges und sehr nutzbares Haushaltungslexicon", 2 Teile, Bamberg 1752.

—— Vollständiges und sehr nutzbares. 4. Aufl. Bamberg 1754. 8. . . . . [illegible]

Anonym: „Unerschöpfliches Haushaltungs- und Wirthschafts-Magazin für Hausmütter, Kammerjungfern, Stubenmädchen . . . .", 2 Bände, Grätz 1793 (Ferstl).

Haushaltungs- u. Wirthschaftsmagazin, 2 Thle. 8. Grätz 793. Kienreich. 1 fl

Anonym: „Haushaltungs- und Wirthschaftsmagazin", 2 Teile, Leipzig 1793 (Reinicke).

Haushaltungsmanual. Fol. Altenb. 816. (Brockhaus in Lpz.) 16 gl

Haushaltungsnachrichten, mit Anweis. für Hausmannsküche. 8. Stralf. 791. Löffler. 1 fl 6 gl

Haushaltungs-Notizbuch, für 1885. 1. Jahrg. schmal Fol. (IV, 156 S.) Wien 884, Perles. cart. *

Haushaltungs-Notizbuch pro 1886—1890. 2.—6. Jahrg. Prakt. Einschreibebuch auf alle Tage des Jahres für Hausfrauen. gr. 8. (à Jahrg. XX, 228 S.) Wien, Perles. cart. à Jahrg. * 1 50
Früher u. d. T.: Haushaltungskalender erschienen.

Haushaltungsplan der Stadt Altona für das Etatsjahr 1891/92 -- 1894/95. (Altona. 1891–94.) 1896/97. ebd. 1897. 4°

Haushaltungsplan der Stadt Altona [illegible] (Altona. 1902 [illegible])

Haushaltungsplan der Stadt Barmstedt in Holstein für das Rechnungsjahr 1908 ff. Barmstedt. (1908 ff.) Fol.

Haushaltungsplan des Fleckens der Stadt Bredstedt für das Rechnungsjahr 1898/99 ff. Bredstedt. 1898 ff. Fol.

Haushaltungs-Plan der Stadt Burg a. Fehmarn für das Rechnungsjahr . . . Burg. 8°
1897/98. 1899/1900. 1900. 1902 ff.

Haushaltungsplan der Stadt Eckernförde für das Rechnungsjahr 1896/97 ff. Eckernförde. 1896 ff. 4°

Haushaltungsplan der Stadt Elmshorn. [1.] Für d. Rechnungsjahr v. 1. Apr. 1894 bis 31. März 1895. Elmshorn 1894: J. Schüthe. 4° [F.]

Haushaltungsplan der Stadt Flensburg für das Rechnungsjahr . . . Flensburg. 4°
1875—1892/93. 1894/95 ff.

Haushaltungsplan der Stadt Flensburg für das Rechnungsjahr vom 1. April 1903 — Ende März 1904. Flensburg. 1903. 4° k.

Haushaltungsplan der Stadt Garding für das Rechnungsjahr . . . Garding. Fol.
1896/97. 1899/1900. 1900. 1904—1906. 1910 ff.

Haushaltungsplan der Stadt Glückstadt für das Rechnungsjahr . . . Glückstadt. Fol.
1891/92. 1892/93. 1894/95. 1895/96. 1897/98 ff.

Haushaltungsplan der Stadt Hadersleben für das Jahr 1890/91 nebst Jahresbericht, Ortsstatut, sowie Anlagen. Hadersleben. o. J. 4°.
—— für das Rechnungsjahr 1895/96 nebst Jahresbericht und einer vergleichenden Uebersicht des Haushaltungsplans und der Rechnungsergebnisse für 1893/94. Hadersleben. 1895. 4°.

Haushaltungs-Plan der Stadt Hadersleben für das Jahr . . . Hadersleben. Fol.
1896/97. 1897/98. 1899—1900. 1902 ff.

Haushaltungsplan der Stadt Heide für das Etatsjahr 1896/97 ff. Heide i. H. 1897 ff. Fol.

Haushaltungsplan 1876 ...
in: Bericht über die Verwaltung u.d. Stand der Gemeindeangelegenheiten der Stadt Heiligenhafen. 1874 ff.

Haushaltungsplan für die Stadt Heiligenhafen für das Jahr . . . Heiligenhafen. 8°
1882/83. 1883/84. 1885/86. 1886/87. 1888/89. 1891/92. 1896/97. 1897/98. 1899—1901. 1903 ff.

Haushaltungsplan der Stadt Kellinghusen für das Rechnungsjahr 1897/98 ff. Kellinghusen. Fol.

Haushaltungsplan der Stadt Krempe für . . . Krempe. 4° u. Fol.
1896/97—1906. 1908—1911. 1913. 1914. 1917. 1924 ff.

Haushaltungsplan der Stadt Marne für das Rechnungsjahr 1899 ff. Marne. (1899 ff.) 4°

Haushaltungsplan der Stadt Marne. [1.] Für das Rechnungsjahr 1901. Marne (1901): L. Altmüller. 4° [F.]

Haushaltungsplan der Stadt Meldorf. Meldorf. Fol.
1896/97. 1899. 1900. 1902 ff.

Haushaltungsplan der Stadt Neustadt für das Rechnungsjahr vom 1. April . . . bis ult. März . . .
1890/91—93/94. Neustadt. 1890—93; 1895/96 ff. ebd. 1895 ff. 4° k.

Haushaltungsplan der Stadtgemeinde Oldenburg i./H. 1905 ff. Oldenburg i./H. (1905 ff.) 4°

Haushaltungsplan der Stadt Oldesloe für das Rechnungsjahr 1895/96 ff. . . . Oldesloe. o. J. 4°

Haushaltungsplan der Stadt Oldesloe für das Rechnungsjahr 1903 ff. Oldesloe. o. J. 4°.

Haushaltungs-Plan der Stadt Plön für das Rechnungsjahr 1901 ff. Plön. (1901 ff.) 8°, 4° u. Fol.

Haushaltungsplan der Stadt Preetz für das Rechnungsjahr 1907 ff. Preetz. (1907 ff.) Fol.

Haushaltungsplan der Stadt Rendsburg für das Etatsjahr 1886/87 ff. Rendsburg. 1886 ff. 8° u. 4°

Haushaltungsplan der Stadtgemeinde Schleswig für das Rechnungsjahr 1904 ff. Schleswig. (1904 ff.) 4°

Haushaltungs-Plan der Invaliditäts- und Altersversicherungsanstalt Schleswig-Holstein für das Rechnungsjahr 1896 ff. Kiel. 1896 ff. 4°.

Haushaltungsplan der Stadt Wesselburen für das Rechnungsjahr 1909 ff. Wesselburen. 1909 ff. 4°

Haushaltungs-Plan der Stadt Westerland für das Rechnungsjahr 1906 ff. Westerland-Sylt (1906 ff.) Fol.

Haushaltungsplan der Stadt Wilster für das Rechnungsjahr . . . Wilster. Fol. u. 4°
1899/1900. 1900/01. 1902/03 ff.

Haushaltungs-Rechenbuch f. Jedermann, u. auf jedes Jahr. 4. Wien, Geistinger.

Haushaltungsrechner, s.a. Haushaltsrechner.

Haushaltungs-Rechner, der hamburgische. gr. 8. Läneb. Herold u. W. 8o5.

Haushaltungs-Rechner, Lüneburgischer, bei dem Ein- u. Verkauf aller Waaren nach Zahl, Maaß u. Gewicht, von einem Pfennig bis zu einem Thaler, so wie auch Längen-, Flächen- u. Körpermaaße verschied. Länder rc. 16. Lüneb. 831. Herold u. Wahlstab. 6 gr

Haushaltungs-Rechnungen Nürnberger Arbeiter. Ein Beitrag z. Aufhellung d. Lebensverhältnisse d. Nürnberger Proletariates. Bearb. im Arbeiter-Sekretariat Nürnberg. (Vorr.: Ad. Braun.) Nürnberg: Arbeiter-Sekr. 1901. (XXXII, 109 S.) 8° [F.]

Haushaltungs-Rechnungen zweier Arbeiter bei der Firma H. J. Salomon Kistenfabrik Altona u. Hamburg f. d. Jahr 1905. o. O. [1906]. (100 Bl.) 4°

Haushaltungsrechnungen, 320, von Metallarbeitern. Stuttgart 1909 (159 S)

Haushaltungs-Rechnungen hamburgischer Volksschullehrer. Bearb. von d. Statist. Kommission d. 'Gesellsch. d. Freunde d. vaterländ. Schul- u. Erziehungswesens'. (Vorr.: Gustav Schönfeldt.) Hamburg: C. Boysen 1906. (III, 102 S.) 8°

Haushaltungsrechnungen und Wohnungsverhältnisse von 10 Barmer Arbeiterfamilien. (Bearb. v. Statist. Amt d. Stadt.) Barmen 1909: Langewiesche. 32 S. 4°
(Beiträge z. Statistik d. Stadt Barmen. H. 5.)

Haushaltungs-Rechnungsbuch. Hannover 866. Klindworth. Fol. (32 S.) cart. 15 ngr.

Haushaltungsregister, üb. Ausgaben u. Einnahmen. 4. Hamb. 773. Herold. 16 gr.

Haushaltungsschule, die. Ein Lernbüchlein f. die Schülerinnen der Haushaltungsschule. Hrsg. v. e. Kommission des Verbandes Arbeiterwohl. 1.—20. Taus. (156 S.) kl. 8. M.-Gladbach 906. Zentralstelle d. Volksvereins f. das kath. Deutschland.

Haushaltungsschule, die. Ein Lernbüchlein f. die Schülerinnen der Haushaltungsschule. Hrsg. v. e. Kommission des Verbandes Arbeiterwohl. 2. Aufl. 21—50. Taus. (188 S. m. Abbildgn.) kl. 8. M. Gladbach 907. Zentralstelle des Volksvereins f. das kath. Deutschland. — 45

Haushaltungs- u. Kochschule, deutsche. Zeitschrift f. das gesamte Koch- u. Haushaltungs-Schulwesen, Pensionate, landwirtschaftl. Haushaltungs- u. Molkerei-Schulen. Mit Zentral-Organ f. Mädchen-Fortbildungs-Schulen. Zeitschrift f. das gesamte weibl. Fortbildungs-Schulwesen. Organ der Vereine: Zentral-Verband deutscher Pensionate. Verein f. wirtschaftl. Frauenschulen auf dem Lande usw. Begründet v. Frau Mathilde Kelterborn. Red.: Ernst Kelterborn. 2. u. 3. Jahrg. 1909 u. 1910. à 24 Nrn. (452 u. 436 S.) 31×23,5 cm. Göttingen, E. Kelterborn. à Jhrg. 8. —

Haushaltungs-Schule des Kreises Siegen. (Wanderschule.) Siegen 1905: W. Vorländer. (18 S.) 8° [J.] [07. 13421

Haushaltungssprüche, goldene, in Plakatform z. Einrahmen. St. Gallen. F. J. Moriell. 1887

Haushaltungs-Tagebuch. gr. 8. (64 S.) Hannover 866, Klindworth. cart.

Haushaltungs-Tagebuch für deutsche Frauen. Nebst 365 Speise-Zetteln auf alle Tage im Jahre u. Wäschetabellen. 12. Erfurt 846, Müller'sche Buchh. Schreibp. n. 1/3 ℛ

Haushaltungs-Tagebuch für deutsche Frauen. Nebst 365 Speise-Zetteln auf alle Tage im Jahre und Wäschtabellen. 12. (272 S.) Erfurt 848, Müller'sche Vrlgsh. Thlr. *

Haushaltungs-Tagebuch für deutsche Frauen. Nebst 365 Speise-Zetteln auf alle Tage im Jahre u. (4) Wäschetabellen. Erfurt (853), Müller'sche Sorthdlg. 12. (264 S.) n. 14 ngr

Haushaltungs-Tagebuch für deutsche Frauen. Nebst 365 Speise-Zetteln auf alle Tage im Jahre und (4) Wäschetabellen. 12. (261 S.) Erfurt 854, Müller'sche Buchh. *

Anonym: „Haushaltungstaschenbuch für Frauenzimmer", für die Jahre 1785, 1786, 1787 Stuttgart (Metzler).

Haushaltungsunterricht, der, s.: Schriften d. deutschen Vereins f. Armenpflege u. Wohlthätigkeit.

Der Haushaltungsunterricht. Vorbildung von Lehrkräften im In- u. Auslande Leipzig 1891. 8°

Haushaltungsvortheile, für Hausmütter rc. 8. Salzb. 808. Mayr. 11 gr.

„Allgemeine Haushaltungs- und Land-Wissenschaft, aus den neusten und sichersten Erfahrungen", Aus dem Englischen. 1. Teil Hamburg 1758. 2.–5. Teil Leipzig 1763–1768 (Gleditsch). — Vorh. Stadtbibliothek Koblenz

Haushaltungs- u. Landwirthschaft, allgemeine, aus d. neuesten u. sichersten Erfahrungen. Aus d. Engl. (v. Gr. Pt. v. Hohenthal). 5 Thle. gr. 8. Hamb. 759 — 68.., 5 ℛ 18 gr. (2r — 5r Thl. bei Brockhaus in Leipz.) 4 ℛ 6 gr.

Haushaltungs- und Landwirthschaftswissenschaft, Allgemeine, aus den sichersten und neuesten Erfahrungen und Entdeckungen geprüft . . . Hamb. u. Leipz. 1763—68. V: *Hohenthal, Peter Graf von.* (ML) (Ky) (OL) (Engoec)

Allgemeine Haushaltungs- und Landwissenschaft, aus den sichersten und neuesten Erfahrungen und Entdeckungen, geprüfet und in Ausübung gebracht von Einer ökonomischen Gesellschaft in England. Th.1-5. Hamburg & Leipzig: Holle 1763-68. -- 36*

„Haushaltungswörterbuch, oder Sammlung von Vorschriften und Anweisungen für das Hauswesen zur Erhaltung der Früchte, Gemüse, Zubereitung des Caffee's und andrer Getränke, des Weins etc. und zur Besorgung des Kellers, Hühnerhofes etc.", 2 Bände, Frankfurt a. M. 1822 (Guilhaumann); 2. unver. Auflage, ebenda 1826.

Haushaltungszeitung, oder Tagebuch vom Feldbau, von einigen Hülfsmitteln für d. Landleute, in Ermangelung e. Arztes u. Wundarztes. 12 Stcke. 8. Heilbr. 781. Claß. 1 ℛ 6 gr.

„Haushaltungszeitung oder Tagebuch vom Feldbau, von der Haushaltung und von einigen Hülfsmitteln für die Landleute in Ermangelung eines Arztes und Wundarztes", Stück 1—12, Heilbronn 1781 (Eckebrecht).

Hausheer, Jakob: Kommentar des Abû Ga'far Aḥmad Ibn Muḥammad An-Naḥḥâs zur Mu'allaka des Zuhair. Halle a. S. 1905: (W. F. Kaestner, Göttingen). (20 S.) 8° ¶ (Erscheint vollst. bei Reuther & Reichard in Berlin.)
Halle, Phil. Fak., Ref. Praetorius, Diss. v. 20. Sept. 1905
[Geb. 11. Okt. 65 Wollishofen bei Zürich; Wohnort: Zürich; Staatsangeh.: Schweiz; Vorbildung: Gymn. Zürich Reife M. 84; Studium: Zürich 8, Halle 2 S.; Rig. 19. Juni 05.]

Hausheer, J[acob]. Die Mu'allaka des Zuhair mit dem Kommentar des Abû Ga'far Aḥmad Ibn Muḥammad An-Naḥḥâs. Nebst einer Einleitung und Anmerkungen hrg. von Dr. J. H. (Zürich). 33 + 35 S. 8. Berlin, Reuther & Reichard, 1905. [M. 3. —]
Teil 2: Text, mit arabischem Titel.

Hausheer, S. Bleuler-, s. B l e u l e r - Hausheer.

Hausherr, Franz Sigism. (Zosnensis [= Zossen] / Mark), Historiam seculi sexti fabulis variorum maculatam. Präs. Jo. Andreas Schmid. Helmstedt (Georg Wolfgang Hamm) Dez. 1714. 22 S. (6.—) 13576

Hausherr, Louis, Berlin u. Spandau. Selbsterlebnisse aus d. Berliner Schreckenstagen vom 18. u. 19. März 1848. gr. 8. (16 S.) Leipzig 848, Mocca in Comm. n. 3 ngr

Hausherr, Melchior

Hausherr, M., Alles zur größeren Ehre Gottes! Gebet- und Andachtsbuch für Jung und Alt. 24. (575 S. mit 3 Stahlst.) Einsiedeln 883, Gebr. Benziger.

Hausherr, M., über die Andacht zum heiligsten Herzen unseres Herrn Jesus Christus. Eine Stimme aus den Tagen der seligen Margaretha M. Alacoque. 8. (518 S.) Dülmen 888. Laumann'sche Verlagsh. 4. —

— die drei heil. Jugendpatrone u. Marienverehrer: Der sel. Johannes Berchmanns u. die heil. Aloysius u. Stanislaus, nebst den übrigen heil. u. sel. Scholastikern aus der Gesellschaft Jesu. Mit besonderer Berücksichtigung der Aloysius- u. Marien-Andachten, namentlich d. Maimonats. Mit 3 Stahlst. 16. (XIV, 340 S.) Mainz 877. Kirchheim. n. 2. —

— die drei heil. Jugendpatrone u. Marienverehrer: die heil. Johannes Berchmans, Aloysius u. Stanislaus, nebst den übr. heil. u. sel. Scholastikern aus der Gesellschaft Jesu. Mit besond. Berücksicht. der Aloysius- u. Marien-Andachten, namentlich d. Maimonats. 2. Aufl. 12. (XIV, 339 S. m. 3 Stahlst.) Mainz 892. F. Kirchheim. n. 2. 20; geb. in Callico n. 3. 60

— die drei durch Leo XIII. 1888 heilig gesprochenen Mitglieder der Gesellschaft Jesu: Johannes Berchmans, Scholastiker, Petrus Claver, Negerapostel, Alphons Rodriguez, Laienbruder. Ein kurzer Lebensabriß m. Andachtsübgn. zu ihren Ehren. Mit 3 Bildern. [Aus: „Himmelskrone".] 16. (32 S.) n. — 20
Einsiedeln: Benziger 1888.

Hausherr, Melch., der selige Johannes Berchmans, Vorbild der christl. Jugend, zur Nachahmung u. Verehrung dargestellt. Mainz 866. Kirchheim. gr. 16. (VI, 198 S. mit 1 Stahlst.) n. 8 ngr.

— der heil. Johannes Berchmans, als e. Vorbild der christl. Jugend zur Verehrg. u. Nachahmg. dargestellt. Zur Heiligsprechungsfeier. 3. Aufl. Mit Bildniß. 12. (IV, 131 S.) Mainz 888. Kirchheim. — 70; geb. n. 1. —

Hausherr, Melchior, Blüthensträußlein für den Herz-Jesu-Altar aus dem Garten der Jüngerin des heiligsten Herzens, der sel. Marg. Maria Alacoque. 16. (32 S.) Dülmen 886, Laumann'sche Verlagsh. *
Aus: Perlenkranz, besonders abgedruckt.

— Canisiusbüchlein, enthltd. das Seligsprechungsbreve, das Leben u. die Verehrung des sel. Petrus Canisius, ersten deutschen Jesuiten. (Für die Seligsprechungsfeier, sowie für eine beständ. Verehrung der Seligen besonders geeignet.) Freiburg im Br. 865. Herder'sche Verlagsh. 12. (144 S.) n. 4 ngr.

Hausherr, M., Canisiusbüchlein. Tugend- u. Ehrenkranz auf das Grab des sel. Petrus Canisius, ersten deutschen Jesuiten u. Apostels von Deutschland. Festgabe zur 300jähr. Jubelfeier zu Freiburg im Jahre 1881. 2., verm. u. verb. Aufl. Mit dem (Stahlst.-)Porträt des Seligen als Titelbild. 12. (XI, 179 S.) Freiburg i/Br. 882. Herder. n. — 80

— Canisiusbüchlein. Tugend- u. Ehrenkranz auf das Grab d. seligen Petrus Canisius, ersten deutschen Jesuiten u. Apostels v. Deutschland. 3., verm. (Titel-)Ausg. 12. (VII, 181 S. m. Bild in Stahlst.) Freiburg i/Br. 889. Herder. n. — 60

— Compendium ceremoniarum sacerdoti et ministris sacris observandarum in sacro ministerio. 6 Abthlgn. Freiburg im Br. 866. Herder'sche Verlagsh. 12. (184 S.) 12 ngr.;
Einzelne Abtheilungen 2 ngr.

— compendium ceremoniarum sacerdoti et ministris sacris observandarum in sacro ministerio. Ed. II. emendata et multis aucta. 12. (XVI, 185 S.) Ebd. 887. 1. 50

Hausherr, M., compendium ceremoniarum sacerdoti et ministris sacris observandarum in sacro ministerio. Ed. III. emendatior. 16. (XII, 177 S.) Freiburg i/B. 891. Herder. 1. 50; geb. in Leinw. n. 2. —

Hausherr, Melch., S. J, Compendium caeremoniarum sacerdoti et ministris sacris observandarum in sacro ministerio. Ed. IV. secundum novissima S. R. C. decreta emendata a Aug. Lehmkuhl S J. (XIV, 179 S.) kl. 8. Freiburg i/B. 904. Herder. n. 1. 60;
geb. in Leinw. n. 2. 20

Hausherr, M., die geheiligte Handarbeit. Lebensbilder aus dem Stande der Laienbrüder der Gesellschaft Jesu. gr. 8. (XVI, 328 S.) Mainz 873. Kirchheim. 2. 70

Hausherr, M., römisch-katholischer Hausprediger. Unterweisungen über die wichtigsten Glaubens- und Sittenlehren. Auf alle Sonn- und Festtage des Jahres. Nach J. G. Kugler bearb. unter besond. Berücksicht. von Gemeinden ohne Seelsorger und für solche Christen, welche am Kirchenbesuche verhindert sind. Anhang: Anleitung zu Gottesdienst, Taufe, Eheschließung, Tod und Begräbniß ohne Priester. 10 Hefte. Lex.-8. (680 S.) Regensburg 876, Pustet.
à Heft 60 Pf. 6 —

— die Herrlichkeiten des göttlichen Herzens Jesu in seiner Verehrung, wie sie ist und sein soll nach den Offenbarungen der sel. M. M. Alacoque. Belehrungen und Anmuthungen aus und nach den Schriften der Seligen, nebst einer Zusammenstellung der verschiedenen Herz-Jesu-Andachten. 12. (480 S. mit 1 Stahlst.) Einsiedeln 884, Gebr. Benziger. geb. *

Die Herrlichkeiten des göttlichen Herzens Jesu in seiner Verehrung, wie sie ist und sein soll nach den Offenbarungen der sel. M. M. Alacoque. Belehrungen ... aus u. nach d. Schriften d. Seeligen ... Von M[elchior] Hausherr, S. J. Neue rev. Ausg. Einsiedeln, Köln: Benziger & Co. 1900. (640 S.) 8° [J.] [07. 1066]

Hausherr, M[elchior]. Herz-Jesu-Büchlein der seligen Margaretha Maria Alacoque, zum allgemeinen Gebrauche bearb. von M. Hausherr, S. J. Neu durchgesehen von Peter Vogt, S. J. [Mit Vignetten und 2 Tafeln.] 311 S. 8. Einsiedeln *etc.*, Benziger & Co. A. G., 1907. [geb. fr. 1. — *u.* 2. 15]

— Herz-Jesu-Gebetbüchlein der seligen Margaretha Maria Alacoque, zum allgemeinen Gebrauche bearb. 32. (238 S. m. 1 Stahlst.) Einsiedeln 888. Benziger & Co. geb. n. — 60

— Himmelskrone der Gesellschaft Jesu. Andachten zu allen Heiligen u. Seligen der Gesellschaft Jesu, nebst einer Auswahl anderer beliebter Andachts-Uebungen. (Gebetbuch für alle Christen. 16. (576 S. m. 1 Stahlst.) Einsiedeln 882. Benziger. 1. 35

Hausherr, M[elchior]. Himmelskrone. Eine Sammlung der üblichsten und beliebtesten Gebete und Andachten. Nebst (*Ausg. 1:* einer Auswahl von) Andachtsübungen zu den Heiligen und Seligen der Gesellschaft Jesu. Von M. Hausherr, S. J. 4. Aufl. Neu bearb. von Peter Vogt, S. J. [Mit Illustrationen und 2 Tafeln.] 8. Einsiedeln *etc.*, Benziger & Co. A. G., 1901.
1. Ausg. 576 S. [geb. fr. 2. 25 *bis* 5. 75]
2. Ausg. 798 S. [geb. fr. 2. 50 *u.* 3. 50]

Hausherr, M., Ignatiusbüchlein. Betrachtungen u. Andachtsübungen zu Ehren des heil. Ignatius von Loyola, Stifters der Gesellschaft Jesu. Mit verschiedenen anderen Gebeten zum täglichen Gebrauch. 16. (XVI, 287 S. m. 1 Stahlst.) Einsiedeln 880. Benziger. — 80

— die große Canonisation zur St. Petersfeier von 1867 in Lebensbildern der neuen Heiligen u. Seligen dargestellt. Mainz 867. Kirchheim. 8. (60 S.) n. 2⅓ ngr.

Hausherr, M. Kern der Herz-Jesu-Andacht nach den Schriften und Offenbarungen der sel. M. M. Alacoque. Anleitung für Novene und Octav des Herz-Jesu-Festes, nebst Morgen-, Abend- und Messgebet und andern Andachts-Uebungen zu Ehren des hlgst. Herzens Jesu. Mit Stahlstich des hlgst. Herzens Jesu. In-32°, 160 S. Einsiedeln, Benziger. 1883. — 40

Kern der Herz-Jesu-Andacht, nach den Schriften u. Offenbarungen d. sel. M. M. Alacoque, nebst Morgen-, Abend-, Meß-, Beicht- u. Kommuniongebeten von derselben Seligen. Mit Anleitung f. Novenen, Fest-Octav u. andere Andachtsübungen zum hlst. Herzen Jesu. Von M[elchior] Hausherr, S. J. (4. Aufl.) *Einsiedeln, Köln: Benziger & Co. [um 1903].* (160 S.) 8° [F.] [03. 14933

— Leben des sel. Alphons Rodriguez, Laienbruders der Gesellschaft Jesu. Paderborn 868. Junfermann. 8. (X, 302 S.) n. 18 ngr.

— Die neun Liebesdienste zu Ehren des göttlichen Herzens Jesu. Neun Blätter mit je einer Photographie, zum Austheilen in geistlichen Genossenschaften und Vereinen, sowie zum Privatgebrauch. Einsiedeln, Benziger. 1883.

— Dasselbe in französ., engl. und lateinischer Sprache. 1 25

Hausher, Melch., der heilige Paschasius Radbertus. Eine Stimme über die Eucharistie vor 1000 Jahren. Mainz 862. Kirchheim. gr. 8. (XVI, 484 S.) 1 ₰ 10 ngr.

— Perlenkranz aus der Schatzkammer d. göttl. Herzens Jesu. Erwägungen u. Gebete, aus den Schriften der sel. Margaretha Maria Alacoque f. den Herz-Jesu-Monat zusammengestellt u. hrsg. als Festschrift zur 200jährig. Erinnerg. an die erste Herz-Jesu-Festfeier in Parey 1885/6—1886. 16. (VIII, 503 S. m. 1 Portr.) Dülmen 886. Laumann. n. 1. —; geb. von n. 1. 50 bis n. 12. —

—— dass. — Erwägungen, Beispiele und Gebete aus den Schriften und Briefen der sel. Margaretha Maria Alacoque, für den Herz-Jesu-Monat, sowie für den tägl. Gebrauch in Kirche und Haus zusammengestellt. 2. unveränd. Aufl. 16. (VIII, 504 S. mit 2 Bildern.) Ebendas. 886. *
geb. von *M 1.50. bis *

— Perlenkranz aus der Schatzkammer d. Herzens Jesu. Erwägungen, Beispiele u. Gebete, aus den Schriften u. Briefen der sel. Margaretha Maria Alacoque f. den Herz-Jesu-Monat, sowie f. den tägl. Gebrauch in Kirche u. Haus zusammengestellt. 3., verm. Aufl. 16. (VIII, 672 S. m. 1 Bild.) Dülmen 887. Laumann. n. 1. —; geb. von n. 1. 50 bis n. 10. —

— dasselbe. 4. Aufl. 16. (VIII, 680 S. m. 1 Bild.) Ebd. 890. n. 1. —; geb. n. 1. 50

Hausherr, M., S. J., Perlenkranz. Ein Herz-Jesu-Monat aus den Schriften der sel. Margaretha Maria Alacoque. Neu besorgt v. W. Eberschweiler, S. J. 5. Aufl. 12. (VII, 451 S. m. 1 Bildn.) Dülmen 897. A. Laumann. Geb. in Leinw. n. 1. 50

— die große Petersfeier in Rom am 29. Juni 1867 nach ihrem Wesen u. ihrer Bedeutung gewürdigt. Mainz 867. Kirchheim. 8. (IV, 114 S.) 4½ ngr.

—— die Verheißungen des heiligsten Herzens Jesu in ihrer ursprünglichen Fassung und eigentlichen Bedeutung nebst Abbitte und Weihegebet nach der sel. Margaretha Maria Alacoque. 16. (8 S.) Salzburg 885, Pustet. *
Aus: „Kern der Herz-Jesu-Andacht" und „Herrlichkeiten" rc., besonders abgedruckt.

— die Verheißungen d. heiligsten Herzens Jesu in ihrer ursprünglichen Fassung u. eigentlichen Bedeutung nebst Weihe, Novene, Litanei u. Sühn-Gebet. 24. (16 S. m. 1 Lichtdr.) Einsiedeln 883, Benziger. pro Dutz. 1. 80

Hausherren, Die. Ein Lustspiel in zwey Aufzügen. Aufgeführt auf dem kk. priv. Theater an der Wien. Wien gedruckt bey Matthias Andreas Schmidt 1804. V: *Richter, Josef.* (GGr V/319, Nr. 47/51) (Hans Viktor Pisk: Josef Richter. Diss. Wien 1927. S. 159—160)

— die; Lstspl. in 2 Aufz. 8. Wien 804. v. Mösle. 6 gr.

Hausherren, die drei. Lstspl. in 3 A. 8. Wien, Wallishausser. 6 gr.

Hausherren, Die drei. Lustspiel in 3 A. Wien 1807. V: *Voll.* (GGr)

Hausherren-Kalender 1899. 1. Jahrg. — Das Recht d. Hausbesitzers im Miethvertrage von Hugo v. Baltz-Balzberg. — Die Steuern v. Hausbesitz von Frdr. Leiter. 8. (XVI, 94 S.) Wien, M. Perles. n. 2. —

Hausherren-Kalender 1900. 2. Jahrg. — Das Recht des Hausbesitzers im Miethvertrage von Hugo v. Baltz-Balzberg. — Die Steuern vom Hausbesitz von Frdr. Leiter. 8. (XVI, 94 S.) Wien, M. Perles. n. 2. —

(F) Oesterreichischer Hausherren-Kalender 1901. III. Jahrgang. Neu bearbeitet und vermehrt. Ein praktischer Rathgeber für Hausbesitzer und Hausadministratoren. Wien. Perles. 8°. XXXII, XIV, 61, IV, 32 S. K 2.—

Hausherren-Kalender, österreichischer, 1902. 4. Jahrg. Neu bearb. u. vermehrt. Ein prakt. Rathgeber f. Hausbesitzer u. Hausadministratoren. (XXXII. XIV. 61. IV u. 32 S.) 8. Wien, Perles. 2. —

Oesterr. Hausherren-Kalender 1903. 5. Jahrg. Gr.-8°. (61 S.) K 2.
Wien: Perles.

Hausherrn-Kalender, österreichischer, 1904. 6. Jahrg. Ein prakt. Rathgeber f. Hausbesitzer u. Hausadministratoren. (XXXII, XIV, 61 u. 2 S) 8. Wien, Perles. 2. —

Hausherren-Kalender, österreichischer, 1905. 7. Jahrg. Ein prakt. Ratgeber f. Hausbesitzer u. Hausadministratoren. (XXXII, XXI, 61 u. 2 S.) kl. 8. Wien, Perles. 2. —

Hausherren-Kalender, österreich., 1906. 8. Jahrg. Ein prakt. Ratgeber f. Hausbesitzer u. Hausadministratoren. (XXXII, XXI, 61 u. II S.) kl. 8. Wien, M. Perles. n. 2. —

Hausherren-Kalender, österreichischer, 1907. 9. Jahrg. Ein prakt. Ratgeber f. Hausbesitzer u. Hausadministratoren. (XVI, XXI, III, 61 u. 4 S.) 8. Wien, Perles. 2. —

Hausherren-Kalender, österreichischer, 1908. 10. Jahrg. Ein prakt. Ratgeber f. Hausbesitzer u. Hausadministration. (XVI, XXI, III, 61 u. 4 S.) 8. Wien, Perles. 2. —

Hausherren-Kalender, österreichischer, 1909. 11. Jahrg. Ein prakt. Ratgeber f. Hausbesitzer u. Hausadministratoren. (II, XVI, XXI, III, 61 u. IV S.) 8. Wien, M. Perles. 2. —
— — 12 Jahrg. 1910. (II, XVI, XXI, III, 61 u. IV S.) 8. Ebenda. 2. —

Hausherren-Kalender, österreichischer, 1911. 13. Jahrg. Ein prakt. Ratgeber f. Hausbesitzer u. Hausadministratoren. (II, XVI, 16, III, 61 u. IV S.) 8. Wien, M. Perles. 2. —

Hausherren-Kalender, österreichischer, f. d. J. 1895. Bearb. v. Frz. Mayrhofer u. Thom. Weber gr. 16. (188 S.) Wien, L. Weiss. Geb. in Leinw. n. 2. —

Hausherren-Kalender, Oesterreichischer, für das Jahr 1896. Bearbeitet von Franz Mayrhofer und Thomas Weber. 16. (134 S.) In Leinwand geb. 1.20
Wien: L. Weiss.

Hausherren-Kalender, Wiener, nebst vollständ. Adreß- Geschäfts- u. Auskunfts-Buch f. d. J. 1875. Hrsg. v Jos. Wesfely. gr. 8. (VI, 271 S.) Wien 874. Fromme n. 4. —

Haushofer, Emma, s. Haushofer - Merk, Emma u.: Merk, Emma.

Eine Manöver-Kavalleriedivision im kriegsmäßigen Lichte. Von K. Haushofer, Hauptm. Mit Skizzen. Berlin: E. S. Mittler & Sohn 1906. (S. 106–148.) 8° [J.]
= Militär-Wochenblatt. 1906, Beih. 4.

Haushofer, Carl, üb. d. Asterismus u. die Brewster'schen Lichtfiguren am Calcit. Ein Beitrag zur Physik der Krystalle. Habilitationsschrift. München 865. Rieger'sche Buchh. gr. 8. (V, 44 S. mit 6 Steintaff. in qu. Fol.) n. 20 ngr.

Haushofer, K. Die Aufgaben der technischen Hochschule auf dem Gebiete der allgemeinen Bildung. München, 1889.

HAUSHOFER, K.
Beiträge zur mikroskopischen Analyse. I. Ueber die Anwendung der concentrirten Schwefelsäure in der mikroskopischen Analyse. München, 1886. 8vo.

Haushofer, Carl. Die Entstehung der Alpen. Von Dr. K. H.... Mit 12 Figuren im Text. [A.] 8. ([München] 1886.)

— Hülfstabellen zur Bestimmung der Gesteine (Gebirgsarten) mit Berücksichtigung ihres chem. Verhaltens. München 867. Lindauer'sche Buchh. gr. 8. (VII, 151 S.) 22½ ngr.

Haushofer, Karl, Franz v. Kobell. Eine Denkschrift. gr. 4. (28 S.) München 884, (Franz'sche Buchh.) *

Haushofer, K., die Constitution der natürlichen Silicate auf Grundlage ihrer geolog. Beziehgn. nach d neueren Ansichten der Chemie. gr. 8. (III, 153 S. Braunschweig 874. Vieweg & Sohn. n. 4. —

Haushofer, Karl, ideale geologische Landschaftsbilder. [Aus: „Paläontolog. Wandtafeln, zusammengestellt u. hrsg. von Karl A. Zittel u. Karl Haushofer".] Taf. 1—4 à 4 Blatt. Chromolith. Imp.-Fol. Nebst Text. gr. 8. (5 S.) Kassel 882. Fischer. n. 8. —

Haushofer, K., Leitfaden f. die Mineralbestimmung. gr. 8. (X, 235 S. m. 56 Abbildgn.) Braunschweig 892. F. Vieweg & Sohn. n. 5. —

Ueber einige mikroskopisch-chemische Reactionen. München, 1886. 8vo.

Haushofer, K., mikroskopische Reactionen. Eine Anleitung zur Erkennung verschiedener Elemente und Verbindungen unter dem Mikroskop als Supplement zu den Methoden der qualitativen Analyse. gr. 8. (VII, 162 S. mit 137 eingedr. Illustr.) Braunschweig 885, Vieweg und Sohn. *

Haushofer, K., und C. Hoffmann, Specialkarte der Ostalpen. Oetzthaler Gruppe. 1. und 2. Sect.: Similaun und Wildspitze. 1 : 50,000. Fol. München 874, (Lindauer'sche Buchh.) à Section *

Haushofer, K., und C. Hoffmann, Specialkarte der Ostalpen. Oetzthaler Gruppe. Nach den neuesten Aufnahmen bearb. Hrsg. vom deutschen und österreich. Alpenverein. 3.—6. Sect. Chromolithogr. Fol. München 876,77, (Lindauer'sche Buchh.) à Sect. *
Inhalt:
Sect. 3. 4. Weisskugel und Glockthurm. 1 : 50,000.
» 5. 6. Timbler Joch und Hochwilde. 1 : 50,000.

Haushofer, K., paläontologische Wandtafeln u. geologische Landschaften, s.: Zittel, K. A.

Haushofer, Karl (Red.), s. Zeitschrift des deutschen u. des österreich. Alpenvereins.

Haushofer, M., die Entwässerung des Donaumooses bei Neuburg, hier die Verbesserg. der wasserwirtschaftl. Verhältnisse u. Kulturzustände im Donaumoose. Im Auftrage des königl. bayer. Staatsministeriums des Innern bearb. im J. 1906. Mit e. Karten-Beilage. (VI, 235 S.) Lex. 8. Augsburg 907. (Lampart & Co.) 4. 50

Haushofer, Max

Haushofer, M., Abriß der Handelsgeographie. [Aus: „Handbuch der gesammten Handelswissenschaften".] gr. 8. (VIII, 228 S.) Stuttgart 879. Maier. n. 3. —

— Abriß der Handelsgeographie f. Handelsschulen u. verwandte Lehranstalten, sowie zum Selbstunterricht. 2., neu bearb. u. verm. Aufl. gr. 8. (IV, 226 S.) Stuttgart 888. [Maier.] Berlin, Verlag für Sprach- und Handelswissenschaft. n. 3. —

Haushofer M, Abriss der Handelsgeographie. 3. Auflage. (83 S) (Maier-Rothschild-Bibliothek 1) Berlin 1894

Haushofer, Max, Abriß d. Handelsgeographie, — Abriß der Handelsgeschichte, } s. a. Maier-Rothschild-Bibliothek.

— Abriß der Handelsgeschichte. [Aus: „Handbuch der gesammten Handelswissenschaften".] gr. 8. (IV, 92 S.) Ebend. 879. n. 1. 60

— Abriß der Handelsgeschichte f. Handelsschulen u. verwandte Lehranstalten, sowie zum Selbstunterricht. 2., verm. Aufl. gr. 8. (III, 97 S.) Ebd. 888. n. 1. 80

Haushofer, M., Abriss der Handelsgeschichte f. Handelsschulen u. verwandte Lehranstalten sowie zum Selbstunterricht bearb. 5. vollständig neubearb. Aufl. (III, 66 S.) Berlin '09, Verlag f. Sprach- u. Handelswissenschaft. 2. —; geb. in Leinw. 3. —
Maier-Rothschild-Bibliothek, 2. Bd.

Haushofer, Max, s. Alpen, Die Salzburger.

Haushofer, M., die Salzburger Alpen, s. a. Köhler C. P. C.

Haushofer, M., und C. P. C. Köhler, die Salzburger Alpen. 20 Lfgn. qu. 4. Darmstadt 874. Altona, Send.

— Alpenlandschaft u. Alpensage in den bayerischen Bergen, s.a. Bibliothek, bayerische.

Haushofer M, Alpenlandschaft und Alpensage in den bayrischen Bergen. (Bayrische Bibliothek 21) Bamberg 1890

Haushofer, M., Arbeitergestalten aus den bayerischen Alpen, s.a. Bibliothek, bayerische.

Haushofer M, Arbeitergestalten in den Alpen. (Bayr. Bibl. 4) Bamberg 1890

— Ein Beitrag zur Handelsgehilfenfrage. 8⁰. Berlin 1891.

Haushofer, Max, Bevölkerungslehre, s.a. Aus Natur u. Geisteswelt.

Haushofer, M., Bevölkerungslehre. (VI, 128 S.) 8. Leipzig, B G. Teubner. 1904. 1. —; geb. in Leinw. 1. 25.
(Aus Natur u. Geisteswelt Bd. 50.)

Haushofer, Max, allerhand Blätter. Geschichten. 8. (III, 291 S.) Stuttgart 899. A. Bonz & Co. n. 2. 50; geb. in Leinw. n. 3. 60

— der Chiemsee, s.a. Wanderbilder, europäische.

Haushofer, Max: Der Chiemsee. Mit 14 Illustrationen und einer Karte. (Europäische Wanderbilder. No. 215.) Zürich [1893]. 36 S. 8⁰.

— Darstellung der Weltverkehrsmittel in der Gegenwart. [Aus: „Handbuch der gesammten Handelswissenschaften".] gr. 8. (VII, 64 S.) Ebend. 879. n. 1. 60

— s.: Deutschen, den, Oesterreichs!

— d. Ehefrage im Deutschen Reich, s.a. Existenzkampf, der, der Frau im modernen Leben.

Haushofer, Max, Die Ehefrage i. deutschen Reiche. »D. Existenzkampf d. Frau i. modernen Leben. Heft 3.« (45 S.) Berlin 1895. Taendler.

— Eisenbahngeographie, s.a. Handbuch des Eisenbahnwesens.

Haushofer, Max, Eisenbahngeographie. Eine Darstellung des modernen Weltverkehrs m. besond. Berücksichtg. der Eisenbahnen. (In ca. 6 Lfgn.) 1—3. Lfg gr. 8. (192 S.) Stuttgart 875. Maier. à n. 1. —

Haushofer M, Finanzwissenschaft. (Maier-Rothschild-Bibliothek 5) Berlin 1894

Der Gast der Einsamkeit u. andere Gedichte von Max Haushofer. Stuttgart & Berlin: J. G. Cotta Nachf. 1907. (VI, 133 S.) 8° [F.] [07. 17877

Haushofer, Max, Gedichte. München 864. Fleischmann. 16. (VIII, 191 S.) 22½ ngr.

Haushofer, Max, *Gedichte*. 2. Aufl. München, E. A. Fleischmann's Buchh. (Aug. Rohsold), 1865. 12⁰. Orig.-Srsb. m. Goldtit. auf Deckel u. Goldschnitt; gebr.
VIII—190 S., 1 Bl. Err. Inh.: 1. Lieder. 2. Sonette. 3. Geschichte. 4. Vermischtes.

Haushofer, Max, Gedichte. 2. Aufl. 866. n. 22½ ngr., 3. (Titel-)Aufl. München 867. Merhoff's Verlag. gr. 16. (VIII, 191 S.) 18 ngr.; geb. mit Goldschn. 25 ngr.

— Geschichten zwischen Diesseits u. Jenseits [e. moderner Todtentanz]. Bildlicher Schmuck nach Zeichngn. v. Kunz Meyer. 8. (III, 283 S.) Leipzig 888. Liebeskind. n. 5. —

— Geschichten zwischen Diesseits u. Jenseits. Ein moderner Totentanz. Bildlicher Schmuck nach Zeichngn. v. Kunz Meyer. 2. Aufl. (V, 244 S.) 8.
Stuttgart: Cotta 1910.

— Gevattersprüche, s.: Ganghofer, Ludw.

An des Daseins Grenzen. Geschichten u. Phantasien von Max Haushofer. Mit d. Bilde d. Verf. München: C. H. Beck 1908. (VI, 264 S.) 8° [F.] [08. 6776

— An des Daseins Grenzen. Geschichten u. Phantasien. 2. unveränd. Aufl. (1.—4. Taus.) (VI, 264 S. m. Bildnis.) 8. München 908. C. H. Beck. Geb. in Leinw.

— Grundzüge des Eisenbahnwesens, } s.a. Handbuch des Eisenbahnwesens.

— Grundzüge des Eisenbahnwesens in seinen ökonom. polit. u. rechtl. Beziehung. gr. 8. (VI, 230 S.) Ebend 873. 6. —

— Grundzüge d. allgemeinen Handelslehre. [Aus: „Handbuch der gesammten Handelswissenschaften".] gr. 8. (VIII, 104 S.) Stuttgart 879. Maier. n. 2. —

— Grundzüge der Industrie- u. Fabrik-Betriebslehre. [Aus: „Handbuch der gesammten Handelswissenschaften".] gr. 8. (VII, 79 S.) Ebend. 879. n. 1. 60

— Grundzüge der Nationalökonomie. [Aus: „Handbuch der gesammten Handelswissenschaften".] gr. 8. (VIII, 110 S.) Ebend. 879. n. 2. —

Haushofer, Max, Grundzüge der Nationalökonomie. 2. vollständig neu bearb. Aufl. gr. 8. (112 S.) Stuttgart 883 Maier. *

— Grundzüge der politischen Ökonomie, s.: Maier-Rothschild-Bibliothek. 4. Bd.

Haushofer, Paulus u. Schmidt: Handbuch des Eisenbahnwesens in ökonomischer, rechtlicher, administrativer und technischer Beziehung. Stuttgart 1875—77. 6 Bände. 8⁰.
Bd. 1: Grundzüge des Eisenbahnwesens in seiner ökonomischen, politischen und rechtlichen Beziehung von Dr. M. Haushofer.
Bd. 2: Bau und Ausrüstung der Eisenbahnen von Rud. Paulus.
Bd. 3: Die Verwaltung der Eisenbahnen und die Buchführung im Eisenbahnbetriebe von L. Schmidt.
Bd. 4: Eisenbahngeographie von Dr. M. Haushofer.
Bd. 5. 1: Eisenbahndienst von Rud. Rohr. Einleitendes und Allgemeines. Stations-, Betriebs- u. Telegraphendienst.
2: Personen-Expeditionsdienst und Stationskassenverwaltung. Güter-Expeditionsdienst. Allgemeiner Verwaltungs- u. Bureaudienst.

— Rud. Paulus u. L. Schmidt, Handbuch d. Eisenbahnwesens in ökonom., rechtl., administrativer u. techn. Beziehg. Zum Selbststudium für Eisenbahnbeamte, Aspiranten d. Bahndienstes u. alle Eisenbahn-Interessenter gemeinfaßlich bearb, 14 Lfgn. gr. 8. (1. Bd. VI, 330 2. Bd. X, 374 u. 3. Bd. VIII, 199 S. m. eingedr. Holzschn.) Ebend. 875. à n. 1. —

— — — dasselbe. 15. Lfg. [2. Reihe. 1. Lfg.] Eisenbahngeographie v. M. Haushofer. Ebend. 876. (S 1—64.) n. 1. —

— s.: Handbuch der gesammten Handelswissenschaften.

— Handbuch der gesammten Handelswissenschaften, s.: Maier-Rothschild.

—- Handlexikon des ganzen kaufmänn. Wissens, s. Maier's Handlexikon.

— Thurnhamers letzte Heimfahrt, s. a. Schulze's Zehnpfennigbücher in vereinfachter deutscher Stenographie. Nr. 30.

Thurnhamers letzte Heimfahrt. Ein altbayr. Charakterbild von M[ax] Haushofer. In vereinf. deutscher Stenogr. (System Stolze-Schrey). Berlin: F. Schulze [1904]. (16 S.) 8°.
= Zehnpfennigbücher, Schulzes. No 30. [05. 7389

Haushofer, Max: Das Jenseits im Lichte der Politik u. der modernen Weltanschauung. München: Lehmann 1905 [1904].

— das Jenseits im Lichte der Politik u. der modernen Weltanschauung. (46 S.) gr. 8. München 905. J. F. Lehmann's Verl. n. 1. —

—— der Industriebetrieb. Ein Handbuch für Industrielle, Kaufleute rc. sowie zum Gebrauche an techn. Schulen. gr. 8. (VIII, 302 S.) Stuttgart 874, Maier. *

— der Industriebetrieb. Ein Handbuch der Geschäftslehre f. techn. Beamte, Industrielle, Kaufleute etc. sowie zum Gebrauche an techn. Schulen. 2., vollständig umgearb. Aufl. (XI, 423 S.) gr. 8. München (904). [E Koch.] A. H. Müller. n. 10. —; geb. n. 13. —

— Der Industriebetrieb. Ein Handbuch der Geschäftslehre f. techn. Beamte, Industrielle, Kaufleute etc. sowie zum Gebrauche an techn. Hochschulen. 2., vollst. umgearb. Aufl. (Neue [Titel-]Ausg.) (XI, 423 S.) gr. 8. München [904] (907). Halle, A. H. Müller. 10.—; geb. 13. —

Haushofer, Max, der ewige Jude. Ein dramat. Gedicht in 3 Theilen. 8. (IX, 501 S.) Leipzig 886. Liebeskind. n. 6. —

— der ewige Jude. Ein dramat. Gedicht in 3 Thln., 2., durchgeseh. Aufl. 8. (VIII, 501 S.) Leipzig 894. A. G. Liebeskind. n. 6. —; geb. in Halbfrz. n. 8. —

— s.: Jugend, d. studierende, u. d. Alkoholfrage.

Haushofer, Max: Die studierende Jugend ..., s. Bollinger, Otto

— Die Karikatur. (S. 207—234 m. Abbild. u. 6 Taf.) 36×27 cm. München (901). F. Hanfstaengl. 4. — Sonderabdruck aus: „Die Kunst unserer Zeit“.

Haushofer, Max, das deutsche Kleingewerbe in seinem Existenzkampfe gegen die Großindustrie, s. Zeit- und Streitfragen, deutsche.

Haushofer M, das deutsche Kleingewerbe in seinem Existenzkampfe gegen die Grossindustrie. (Zeit- und Streitfragen 218) Berlin 1885

— Der landwirthschaftliche Credit. Versuch einer wissenschaftlichen Darstellung des Wesens und der Entwickelung des landwirthschaftlichen Credits und seiner Anstalten mit besonderer Würdigung der Creditvereine verglichen mit Creditbanken und des Pfandbriefsystems bei beiden. Gekr. Preisschrift. gr. 8°. München, E. A. Fleischmann, 1865.

Die Landschaft. Von Prof. Dr. Max Haushofer. Mit 108 Abb. u. 6 Kunstbeil. *Bielefeld & Leipzig: Velhagen & Klasing 1903.* (125 S.) 4°(8°) [F.]
= Sammlung Illustrierter Monographien. 12. [04. 3894

[F.] Lebenskunst und Lebensfragen. Ein Buch für's Volk v. Max Haushofer. *Ravensburg: O. Maier [1897].* (VIII, 441 S.) 1 Bd 8. [97. 7481

— Lebenskunst u. Lebensfragen. Ein Buch für's Volk. —2. Aufl. (VIII, 441 S.) 8. Ravensburg (906). O. Maier. n. 2. —; geb. in Leinw. n. 2. 50

— Lehr- u. Handbuch d. Statistik in ihrer neuester wissenschaftlichen Entwickelung. gr. 8. (VIII, 520 S.) Wien 872. Braumüller. n. 8. —

— Lehr- u. Handbuch der Statistik. 2., vollständig umgearb. Aufl. gr. 8. (VI, 520 S.) Wien 882. Braumüller. n. 8. —

— die Ludwig-Maximilians-Universität zu Ingolstadt, Landshut u. München in Vergangenheit u. Gegenwart, s.: Auf deutschen Hochschulen.

—— s. Maier-Rothschild.

Oberbayern. München u. bayer. Hochland. Von Prof. Dr. Max Haushofer. Mit 102 Abb. u. 1 Karte. *Bielefeld & Leipzig: Velhagen & Klasing 1900.* (120 S.) 4°(8°) [F.]
= Land u. Leute. 6.

— Politische Ökonomie. 3 Teile. (Maier-Rothschild-Bibliothek 3-5) Berlin 1894

— Planetenfeuer. Ein Zukunftsroman. 8. (334 S.) Stuttgart 899. J. G. Cotta Nachf. n. 3. 50; geb. n. 4. 50

— Prinz Schnuckelbold. Märchendichtung. (168 S.) kl. 8. Stuttgart 906. A. Bonz & Co. n. 1. 80; geb. in Leinw. n. 2. 80

— Der Schutz d. Natur, s.: Veröffentlichungen d. bayer. Landesausschusses f. Naturpflege. Hft. 1.

[F.] Der moderne Sozialismus. Von Max Haushofer. *Leipzig: J. J. Weber 1896.* (IX, 301 S.) 1 Bd 8.
= Katechismen, Webers illustrirte. No 154. [96. 6404

—— der kleine Staatsbürger. Ein Wegweiser durch's öffentl. Leben für das deutsche Volk. 1. und 2. Aufl. 16. (VIII, 264 S.) Stuttgart 883,84, Maier. * 60 Pf.; cart. * geb. in Leinw. * 80 Pf.; eleg. geb. *

— der kleine Staatsbürger. Ein Wegweiser durch's öffentl. Leben f. das deutsche Volk. 3., vollständig neu bearb. Aufl. 8. (VIII, 280 S.) Berlin (902). Verlag f. Sprach- u. Handelswissenschaft. Kart. n. 1. —

Der kleine Staatsbürger. Ein Wegweiser durch's öffentl. Leben f. d. deutsche Volk. Von Max Haushofer. 5. vollst. neu bearb. Aufl. Berlin: Verl. f. Sprach- u. Handelswiss. 1910. VIII, 280 S. 8° [11. 3960

Haushofer, M. Die Stellung des Technikers im modernen Staate. München 1898.

— vom Land Tirol, s.: Defregger, Frz. v.

Tirol. Von Prof. Dr. Max Haushofer. Mit 200 Abb. nach photogr. Aufn. u. 1 Karte. *Bielefeld & Leipzig: Velhagen & Klasing 1899.* (198 S.) 4°(8°) [F.]
— Land u. Leute. 4. [00 148

Tirol und Vorarlberg. Von Prof. Dr. Max Haushofer. Mit 202 Abb. u. 1 Karte. 2. Aufl. *Bielefeld & Leipzig: Velhagen & Klasing 1903.* (206 S.) 4°(8°) [F.]
— Land u. Leute. 4. [04. 4108

Haushofer, Max. Tirol und Vorarlberg. 3. Aufl. bearb. von A[ugust] Rothpletz. Mit 176 Abbildungen, darunter [6 schwarze Tafeln,] 6 Farbendrucke [auf 4 Tafeln] nach Gemälden von Prof. Peter Paul Müller, 11 Profile und eine farbige Karte. VI + 190 S. gr.-8. Bielefeld und Leipzig, Velhagen & Klasing, 1909. [geb. M. 4.—]
Land und Leute. Monographien zur Erdkunde. ... hrg. von A[lbert] Scobel. [Band] 4....

Haushofer, Max, Unhold, der Höhlenmensch, u. Anderes. 12. (VI, 189 S.) München 880. Th. Ackermann. cart. n. 2. 70

—, *Unhold, der Höhlenmensch*, und Anderes. München, Theod. Ackermann, 1882. Kl. 8°. Eleg. roth. Srsb.
In Versen. VI—189 S. 1. Unhold. 2. Malerlieder. 3. Buntes. 4. Liebchen Höllenbrut. 5. Bergreise. 6. Joh. Wülfing. 7. Aus der Präexistenz. 8. Der Brunnen der Vergessenheit.

— die Verbannten. Ein erzähl. Gedicht. 8. (VII, 535 S.) Leipzig 890. Liebeskind. n. 8. —; geb. n.n. 9. 50

— die Verbannten. Ein erzähl. Gedicht. 2. Aufl. 8. (VII, 534 S.) Stuttgart 900. J. G. Cotta Nachf. n. 8. —; geb. n. 9. —

Haushofer, Max, Alexander v. Wagner. (S. 41—72 m. Abbildgn. u. 12 Taf.) 36×27 cm. Münch. (900). F. Hanfstaengl. 8. —
Sonderabdruck aus: „Die Kunst unserer Zeit".

—— Wie gewinnt u. sichert sich der Kaufmann dauernde Stellung? Eine Beleuchtg. der Handelsgehilfen-Frage. gr. 8. (32 S.) Berl. 892, Verlag f. Sprach- u. Handelswissenschaft. * — 50

— die Zukunft der Arbeit nach den Entwickelungsgesetzen der Producte. Ein Beitrag zur Wirthschaftslehre. München 866. Fleischmann's Buchh. gr. 8. (IV, 127 S.) 12 ngr.

Haushofer-Merk, Emma, s.a. Merk, Emma.

Unter der Asche. Novelle von Emma Haushofer-Merk. Berlin: A. Goldschmidt 1908. (104 S.) 8° [F.]
(Goldschmidts Bibliothek f. Haus u. Reise.) [07. 15454

— Seine Frage u. andere Novellen, s.: Reclam's Novellen-Bibliothek.

— dasselbe, s.: Universal-Bibliothek.

Haushofer-Merk, Emma: Seine Frage u. andere Novellen. Mit e. Vorw. (von Dr. O[skar] F[riedrich] Damm.) Leipzig: Reclam [1909]. 101 S. 8°
(Universal-Bibliothek. 5086.)

— Neue Frauen, alte Liebe. Roman. (194 S.) 8. Berlin 910. A. Goldschmidt. 2.—; geb. in Leinw. 3. —

Frauengestalten. Erzählungen von Emma (Haushofer)-Merk. Mit Ill. von W. Roegge. Berlin, Leipzig: H. Hillger [1906]. (128 S.) 8° [F.]
— Bücherschatz, Kürschners. No 503. [07. 13380

Sepps Geist. Eine Erzählung aus d. bayrischen Bergen von Emma Merk [d. i. Haushofer]. Berlin: F. Schulze [1905]. (26 S.) 8° [Textstenogr.]
— Daheim. Stenographen-Bibliothek. Bd 13.

Haus- und Schul-Homer, deutscher. Für die Jugend nach E. Wiedasch's metrischer Uebertragung bearb. und hrsg. von W. Wiedasch. Mit einem Vorwort von Fr. Kohlrausch. 3 Thle. gr. 8. Stuttgart 857, Metzler'sche Buchh. Verlags-Conto. Thlr. *
Inhalt:
Thl. 1. Homer's Ilias. Für die Jugend in Schule und Haus. (XII und 240 S.) * 14 Ngr.
" 2. Homer's Odyssee. Für die Jugend in Schule und Haus. (238 S.) * 14 Ngr.
" 3. Erläuterungen zur Ilias und Odyssee des deutschen Haus- und Schul-Homer. (48 S.) * 2 Ngr.

Haeusi, W. Schwizer Dorfbilder. In-8°. 136 S. Bern. W. Keiser. 1892. 2 —; geb. 2 80

Hausirer, der kleine, od. Ehrlich währt am längsten, s.a. Jugend-Bibliothek, neue illustrirte.

Hausirer, der kleine, oder Ehrlich währt am längsten. Eine Geschichte aus dem Elsaß für das Alter von 10—14 Jahren von Dr. D. gr. 16. (214 S. mit vielen Illustr. in Holzschn.) Leipzig 874, Hirt und Sohn. geb. *

Hausirer, d. St. Petersburger. 3 Hefte, m. Kpf. u. deutschem u. französ. Text. gr. 8. Leipz. 705. Gräff. (Wienbrack). 6 ngß 4 K

Hausiererfranz: Der Hausiererfranz v. Der Bote für Berg und Tal.

Hausiergewerbe (Das) in Triest. Schriften d. Vereins f. Sozialpol., Bd. 82. gr. 8°. Leipzig 1899.

Hausierhandel in Klagenfurt. Verordnung des Handels-Ministeriums im Einvernehmen mit den Ministerien des Innern und der Finanzen vom 11. Februar 1897, betreffend das Verbot des Hausierhandels im Gebiete der Landeshauptstadt Klagenfurt. Gr.-8. (4 S.) —.06
Klagenfurt: Heyn 1897.

Hausierhandel und unlauterer Wettbewerb. Gutachten erstattet vom Centralvorstand des Schweizerischen Gewerbevereins an das Eidgen. Handelsdepartement. IV + 62 S. kl.-4. Bern, Verlag des Schweizerischen Gewerbevereins (Komm. Büchler & Co., Bern), 1901. [fr. 1. —]
Gewerbliche Zeitfragen. Heft 18.

Hausierwesen, Das, in Wien ... Wien 1885. V: *Markowich, Joh.* (EB)

Hausig, F., Dr. Capadose, e. christlicher Israelit. E. Lebensbild. (IV, 80 S.) kl. 8. Berlin 890. Hauptverein f. christl. Erbauungsschriften. Kart. — 60

Hausig, F., der gräflich Wernigerödische Kanzler Julius Leopold v. Caprivi als Kirchenliederdichter. [Erweit. Bearbeitg. aus: „Evangel. Kirchenzeitg."] gr. 8. (29 S.) Berlin 890. Geo. Nauck. n. — 50

Hausig, F., Christ u. Jude. Vortrag wider den Judenhaß. Neuer Abdruck. 8. (12 S.) Berlin 878. Rothberger & Co.? n. — 20

— die lebendige Hoffnung d. Christen. Eine bibl. Betrachtg. üb. 1. Petri 1, 3—9. 8. (19 S.) Berlin 887. Hauptverein f. christl. Erbauungsschriften. n. — 20

Hausig, F., das dunkle Jahr von Dundee. Eine Erzählung aus der schott. Reformation. Berlin 868. (E. Beck.) 8. (126 S.) cart. n. 7½ ngr.

— Joseph u. das alte Ägypten. 8. (31 S.) Ebd. 887. — 30

Hausig, F., die Lieder des Schul-Lesebuchs für die Provinz Pommern von Wetzel, Menzel u. Richter. Herausg. u. mit 2- u. 3stimmigen Sätzen versehen. Pyritz 863. Backe. 8. (60 S.) 3 ngr.

— die Macht des Wortes Gottes. Lebensbilder aus der schott. Reformation. Berlin 869. (W. Schultze.) 8. (110 S.) cart. n.n. 6⅓ ngr.

— die Poesie des Sabbath. Vortrag. 8. (16 S.) Ebend. 878. n. — 30

— Pomponia oder das Evangelium am Hofe des Kaisers. Eine Erzählg. aus der ersten christl. Zeit. Mit 18 Illustr. (in Holzschn.) Nach dem Engl. Ducherow 869. (Berlin, E. Beck.) Lex.-8. (238 S.) n. 1 ₰ 15 ngr.; in engl. Einb. n. 2 ₰

— Pomponia od. das Evangelium am Hofe d. Kaisers. Eine Erzählg. aus der ersten christl. Zeit. Nach dem Engl. 2. Aufl. gr. 8. (238 S. m. 18 Illustr.) Anklam 886. Schmidt's Verl. geb. n. 3. —

Hausig, F., Lord Shaftesbury. Ein christl. Lebensbild. 8. (20 S.) Berlin 891. Deutsche evangel. Buch- u. Tractat-Gesellschaft. n. — 15

Hausig-Kloxin [Übers.]
s. Mulock, Dinah Maria: Jugend-Erinnerungen ... 1870.

Hausindustrie, die deutsche, s. Schriften d. Vereins f. Socialpolitik.

Die deutsche **Hausindustrie.** Bd 1-5. — Leipzig: Duncker & Humblot 1889-91. 8° (Schriften des Vereins für Sozialpolitik. 39-42. 48.)
1. Stieda, Wilh.: Litteratur, heutige Zustände u. Entstehung d. deutschen Hausindustrie. 1889.
2. Die Hausindustrie i. nördl. Thüringen. Berichte v. H(ermann) Lehmann [u. a.] 1889.
3. Berichte aus d. Hausindustrie im südwestl. Deutschland. Von (Max) Graf von Armansperg [u. a.] 1889.
4. Berichte aus d. Hausindustrie in Berlin, Osnabrück, im Fichtelgebirge u. in Schlesien. 1890.
5. Lehr, Adolf: Die Hausindustrie in d. Stadt Leipzig u. ihrer Umgebung. 1891.

Hausindustrie u. Heimarbeit in Deutschland u. Österreich, s. Schriften des Vereins f. Socialpolitik.

Hausindustrie und Heimarbeit in Deutschland und Österreich. 1. Bd.: Süddeutschland und Schlesien. 2. Bd.: Die Hausindustrie der Frauen in Berlin. 3. Bd.: Mittel- und Westdeutschland. 4. Bd.: Gesetzgebung, Statistik und Übersichten. (506, 616, 550 und 277 S.) Ebd. 1899. 11.60, 15.60, 12.40

Hausindustrie, die, in der Schweiz. Auszug aus d. Ergebnissen der eidg. Betriebszählg. vom 9. VIII. 1905. Hrsg. v. statist. Bureau des eidg. Departements des Innern. Les industries à domicile en Suisse. (XII, 50 S.) Lex. 8. Bern 909. A. Francke. 1. —

Die Holz verarbeitende Hausindustrie Oesterreichs. Ein Commentar zur hausindustriellen Abtheilung der Gruppe IX (Classe 49—54) auf der Welt-Ausstellung Paris 1900. Redigirt von Reg.-Rath Prof. G. Lauboeck. Mit 35 Abbildungen. Wien. [1900. In Comm.] Hölder. Gr.-8°. 112 S. K 3.—

Hausirer, s. Hausierer.

Hausius, Karl Glo., († d. 17. Juli 1825.), s. 1) ABC-Buch. 2) Bilderschule, kleine. 3) Handbuch, geograph. 4) Materialien zur Geschichte. 5) Pferdeliebhaber, d. kleine. 6) Raum u. Zeit.

[HAUSIUS, Karl Gottlob] 1754 - 1825
Geographisches Handbuch für die Jugend und Liebhaber der Geographie
In vier Abtheilungen, mit 17 Charten
[Erste - Vierte Abtheilung.]
Leipzig: Friedrich August Leo. 1797. 8°.
Bibliothèque Nationale Paris: Bd. 1, 3, 4
Ausg. identisch mit Ausg. Leipzig 1794-1805 [Kayser, III, 28] ? Konnte nicht gefunden werden.

Hausius, M. C. G., die 4 Jahreszeiten, od. belehrende u. erzähl. Darstellungen d. bekanntesten Gegenstände, die die Natur in d. 4 Hauptabtheil. d. Jahres z. Erhaltung u. zum Nutzen u. Vergnügen d. Menschen hervorbringt ꝛc. mit vielen Illum. K. 4. Leipz. Leo. 813.

(K. Glo. **Hausius**): Materialien z. Geschichte d. krit. Philosophie; nebst e. histor. Einleit. z. Gesch. d. Kant. Philosophie. *Lpz.*, Breitkopf. 793. 3 Samml. gr8° 3 ₰

Hauska, Ferd., Compendium der gerichtlichen Arzneikunde. Wien 857. Braumüller. gr. 8. (279 S.) n. 1 ₰ 20 ngr.

Hauska, Ferd., Compendium der gerichtlichen Arzneikunde. 2. umgearb. Aufl. Wien 869. Braumüller. gr. 8. (VIII, 251 S.) n. 1 ₰ 20 ngr.

Hauska, Ferd., Compendium der Gesundheits-Polizei, Wien 859. Braumüller. gr. 8. (VIII, 303 S.) n. 2 ₰

HAUSKA, Leo: Theorie der Strebwerkskonstruktion unter Voraussetzung daß die Biegungsbeanspruchung des mehrfach unterstützten Trägers hervorgerufen wird durch eine Last, welche nach einer linearen Funktion längs des Trägers verteilt ist. - Wien 1907. 58 Bl., Tab. u. Abb. (Hdschr.)- Diss. Hochsch. f. Bodenkultur Wien 1908

Hauskabale, die; oder die Schwiegermutter u. Schwiegertochter. Lustsp. von Kretschmann. 8. Leipz. Dyk. 786.

— auf das Jahr 1841. Für das geheime Plauderstübchen der Dorfzeitungs-Gemeinde. Von einem Beisitzer des Plauderstübchens. Zur Belehrung u. Kurzweil. Mit 1 Kunstbeilage, den Prinzen Albert von Sachsen-Coburg-Gotha u. die Königin Victoria von England vorstellend. 1r Jahrg. 8. Erfurt 841. Otto. n. ⅓ ₰ (Vergl. Unterhaltendes.)

Hauskalender auf d. J. 1841. Für den Bürger u. Landmann Schlesiens u. benachbarte Gegend. 8. Glatz 841, Pompejus. n. 1/6 ₰

Hauskalender für d. J. 1844 u. 1845. 8. (à 4 1/4 B.) Magdeburg, Baensch. à *

Haus-Kalender für 1848. Hrsg. von K. F. Klöden. 8. (96 S. m. 1 Bildn. des reg. Königs v. Preußen in Stahlst. in 4. als Beilage.) Berlin, Simion. n. 6 ngr

— f. d. J. 1853. Nebst Aderlaßmännchen u. etwelchen probaten Hausmitteln f. das junge u. alte Volk. Eine Epistel f. Zeit u. Leut' von Aloys Weisenburger. 4. (51 S. m. eingedr. Holzschn.) Mainz, Kirchheim & Schott. n. 2 ngr

Haus-Kalender für das Jahr 1854. Nebst Aderlaßmännchen und etwelchen probaten Hausmitteln für Wucherer, Bauern u. Herrenleut'! Eine Epistel für Zeit u. Leut' von Aloys Weisenburger. 4. Jahrg. Mainz, Schott. 4. (56 S. mit Holzschn. im Text.) n. 2 ngr

— für das Jahr 1855—57. Nebst Aderlaßmännchen u. etwelchen probaten Hausmitteln für die Sabbatschänder aus Stadt und Dorf ꝛc. von Aloys Weisenburger. 5—7. Jahrgang. Mainz, Fr. Schott. 4. (à 51 S. mit Holzschn. im Text.) Jeder Jahrg. n. 2 ngr

— für das Jahr 1858. Nebst einigen g'spassigen, gepfefferten Beigaben für die Bursche, Weiber, Männer und alte Jungfern von Aloys Weisenburger. 8. Jahrg. Mainz, Fr. Schott. 4. (53 S. mit Holzschn. im Text.) n. 2 ngr

— für das Jahr 1859. Nebst einigen halb-g'spassigen und dreiviertels gepfefferten Beigaben f. die Stadtleute, Bauern, Wittwen, Herrschaften, Mägde ꝛc. von Aloys Weisenburger. 9. Jahrg. Mainz, F. Schott. 4. (52 S. mit Holzschn. im Text.) n. 2 ngr

Haus-Kalender für das Jahr 1860. Ohne Aderlaßmännchen, weil jetzt das Blut mit Kanonen u. Bajonnetten abgezapft wird; wofür einige ernste, dreiviertels gesalzene u. gepfefferte Beigaben, lustige Geschichten u. Anekdoten für die Städter, Bauern, Herrschaften ꝛc. von Aloys Weisenburger. 10. Jahrg. Mainz, Schott. 4. (56 S. m. Holzschn.) n. 2 ngr

— für das Jahr 1861. Mit einer absonderlichen Geschichte eines Kupferkreuzers. Herausg. von Aloys Weisenburger. 11. Jahrg. Ebend. 4. (48 S. m. Holzschn.) n. 2 ngr

— für das Jahr 1862. Nebst Aderlaßmännchen u. etwelchen probaten Hausmitteln für das Geistlich' u. Weltlich' Volk von Aloys Weisenburger. 12. Jahrg. Ebend. 4. (57 S. m. Holzschn.) n. 2 ngr

— für das Jahr 1863. Nebst Aderlaßmännchen u. etwelchen probaten Hausmitteln für das Heiden-, Christen- u. Türkenvolk von Aloys Weisenburger. 13. Jahrg. Ebend. 4. (60 S. m. Holzschn.) n. 2 ngr

Haus-Kalender für das Jahr 1854. 4. (20 S. mit eingedr. Holzschn.) Darmstadt 853, Leske. *

Hauskalender für 1861. 16. Wien, Dorfmeister.

— für das Jahr 1864 u. 65. In Verbindung mit mehreren katholischen Geistlichen herausg. von H. J. Berthes. Ebend. 4. (56; 62 S. m. Holzschn.) Jeder Jahrg. n. 2 ngr

— für die J. 1866—68. In Verbindung mit mehreren kathol. Geistlichen hersg. von H. J. Berthes. Mainz, Kirchheim. 4. Jeder Jahrg. (40—62 S. mit eingedr. Holzschn.) 2 ngr

Haus-Kalender für das J. 1869. In Verbindung mit mehreren Freunden des Volkes hrsg. von H. J. Berthes. 4. (40 S. mit Illustr. und 1 großen Darstellung in Holzschn. in qu. Fol.) Mainz 868, Kirchheim. *

Haus-Kalender für das J. 1869. 11. Jahrg. Berlin 868. Böttcher. 8. (XXX, 57 S.) n. 5 ngr

Haus-Kalender 1887. 12. (XXXIV, 132 S. m. Illustr.) Cöslin, Hendeß. — 50

Haus-Kalender für d. J. 1891—1893. (In altdeutscher farb. Ausstattg.) Hrsg. v. K. M. Rohrer. schmal Fol. (à Jahrg. 16 S.) [Münch.] Nürnb., Stroefer. à Jahrg. * 1 —

Hauskalender

— allgemeiner, für 1846. Mit 1 Stahlst. 8. Breslau 845, Schuhmann. n. 1/6 ₰

— allgemeiner, f. 1848—1851. [1—4. Jahrg.] 8. (1: 82 S. 2: .. S. 3: .. S. 4: XXXII u. 58 S.) Breslau, Trewendt & Granier. à n. 1/6 ₰

Haus-Kalender, allgemeiner, für 1853—59. 6—12. Jahrg. Breslau, E. Trewendt. Jeder Jahrg. n. 5 ngr; mit Papier durchsch. n. 6 ngr

— allgemeiner, auf die Jahre 1860—62. 13—15. Jahrg. Breslau, Trewendt. 8. Jeder Jahrg. n. 5 ngr

Haus-Kalender, allgemeiner, auf die Jahre 1863—71. 16—24. Jahrg. Nach dem Normal-Kalender für den Meridian von Berlin. Breslau, Trewendt. 8. Jeder Jahrg. (ca. 96 S.) n. 5 ngr; durchschossen jeder Jahrg. n. 6 ngr

Haus-Kalender, allgemeiner, für 1869—1875. 22.—28. Jahrg. 8. (à 40—106 S. mit eingedr. Holzschn.) Breslau, Trewendt. à Jahrg. * Durchschossen à Jahrg. *

Haus-Kalender, allgemeiner, auf d. Schaltj. 1876 29. Jahrg. Mit 1 Stahlst. u. 3 in den Text gedr. Holzschn. 8. (XL 72 S.) Breslau, Trewendt. n. — 40; cart. n. — 5(

— allgemeiner, auf die J. 1853 und 1854. 8. Schneidemühl, Eichstädt. à Jahrg. *

— allgemeiner, auf das Gemein-Jahr 1854. 3. Jahrg. Schneidemühl, Eichstädt. 8. (18 Bll., 36 S., 14 Bll.) n. 5 ngr

Haus-Kalender, Allgemeiner — für das Jahr 1854, welches ein gemeines Jahr von 365 Tagen ist. 4. Lemberg. Druck und Verlag des Michael F. Poremba.

Haus-Kalender, Allgemeiner — — für das Jahr 1855. Dritter Jahrgang. 4. Lemberg. Druck und Verlag des Michael Franz Poremba.

—— allgemeiner, auf das J. 1865. 8. (XVIII und 136 S. mit eingedr. Holzschn. und 1 Holzschntaf.) Wien, Wenedikt. *

— allgemeiner auf die J. 1866—67 Wien, Wenedikt. 8. (XVIII, 159 S., u IV, 143 S mit eingedr. Holzschn.) Jeder Jahrg. n. 8 ngr.

—— allgemeiner, für 1887—1889. 1.—3. Jahrg. Mit Jahrmarkts-Verzeichniß für die Prov. Schlesien, Posen und den Reg.-Bez. Frankfurt a. O. gr. 8. (à Jahrg. ca. 40 S.) Schweidnitz, Heege. à Jahrg.

—— allgemeiner, f. 1890—93. Mit dem Jahrmarkts-Verzeichniß v. Schlesien, Posen, Brandenburg, Pommern u. Ost- u. Westpreußen. 4.—7. Jahrg. gr. 8. (à Jahrg. ca. 45 S. m. Text-Abbildgn. u. 1 Wandkalender.) Schweidnitz, Heege. à Jahrg. — 25
Mit 1 Farbendr. à Jahrg. — 30

Haus-Kalender, allgemeiner, f. 1891. Mit dem Jahrmarkts-Verzeichniß f. Schlesien, Posen, Ost- u. Westpreußen u. den Reg.-Bez. Frankfurt a/O. 5. Jahrg. gr. 8. (45 S. m. Text-Abbildgn. u. 1 Wandkalender.) Schweidnitz 890. Heege. n. — 25; m. 1 Farbendr. n. — 30

Haus-Kalender, allgemeiner, f. 1895. Mit dem Jahrmarkts-Verzeichniß f. Schlesien, Posen, Brandenburg, Pommern, Ost- u. Westpreußen. 9. Jahrg. gr. 8. (76 S. m. Abbildgn., 1 Farbendr. u. 1 Wandkalender.) Schweidnitz, L. Heege. — 25

Haus-Kalender, allgemeiner, f. 1899. Mit d. Jahrmarkts-Verzeichniß f. Schlesien, Posen, Brandenburg, Pommern, Ost- u. Westpreußen. 13. Jahrg. gr. 8. (96 S. m. Abb., 1 Farbdr. u. 1 Wandkalender.) Schweidnitz, L. Heege. — 25

Haus-Kalender, allgemeiner, f. 1903. Mit dem Jahrmarkts-Verzeichnis für Schlesien, Posen, Brandenburg, Pommern, Ost- u. Westpreußen. 17. Jahrg. gr. 8. (92 S. m. Abbildgn., 1 Farbdr. u. Wandkalender.) Schweidnitz, L. Heege. n. — 25

Haus-Kalender, allgemeiner, f. 1907. Mit dem Jahrmarkts-Verzeichnis f. Schlesien, Posen, Brandenburg, Pommern, Ost- u. Westpreußen. 21. Jahrg. (99 S. m Abbildgn., 1. Farbdr. u. Wandkalender.) gr. 8. Schweidnitz, L. Heege. n — 25

Haus-Kalender, allgemeiner, f. 1911. Mit dem Jahrmarkts-Verzeichnis f. Schlesien, Posen, Brandenburg, Pommern, Ost- u. Westpreußen. 25. Jahrg. (98 S. m. Abbildgn., 1 Farbdr. u. Wandkalender.) gr. 8. Schweidnitz, L. Heege. — 30

Allgemeiner sehr curieuser und immerwährender Hauß-und Reise-Calender [Hauskalender], oder Oeconomisch-u. eines jeden nützlicnes Hauß-u. Handbuch... Hrsg. von Uranophilus. Voritzt aufs neue übersehen, verb. u. mit d. 4. Th. ...verm. durch Tharsandern [d.i. F. G. Wilhelm Jegener.] Berlin: Haude 1733. 446 S. 8°

Haus- u. Familien-Kalender, allgemeiner, auf d. J. 1891. 4. (45 S. m. Textabbildgn., 1 Farbendr. u. 1 Wandkalender.) Freiburg i/Schl., Heiber. — 25

Haus- u. Familien-Kalender, allgemeiner, 1911. (57 S. m. Abbildgn.) gr. 8. Stuttgart, K. Daser. — 20

Haus-Kalender Allgemeiner galizischer — auf das Schaltjahr nach Christi Geburt 1856. Zum Gebrauche aller Bewohner Galiziens eingerichtet. 7. Jahrgang. Lemberg, Verlags-Expedition und Buchdruckerei von E. Winiarz. (43 Bl. 4.)

Galizischer Hauskalender, Allgem., 1884. 4. Wien, Eduard Winiarz. 50 kr.

Haus- u. Geschichts-Kalender, allgem., a. d. J. 1830. 4. (4½ B.) Nordhausen, (Köhne.)

Haus- u. Geschichts-Kalender, allgemeiner, auf d. J. 1830. 4. Nordhaus. 829. Landgraf. 7 gl.

Hauskalender

—— allgemeiner, für Schlesien, Posen, Ost- und Westpreußen auf die J. 1880—1885. 8. (à Jahrg. 48 S. mit eingedr. Holzschn.) Breslau, Goerlich's Verlag. à Jahrg.

—— allgemeiner, für Schlesien, Posen, Ost- und Westpreußen auf das J. 1886. 8. (48 S. mit Illustr.) Breslau, Goerlich.

—— allgemeiner, für alle Stände auf die J. 1869—1875. 35.—41. Jahrg. 16. (à 48 S.) Glogau, Flemming. à Jahrg. *

— allgemeiner, für alle Stände auf die J. 1876—1880. 42.—46. Jahrg. 8. (à 48 S.) Glogau, Flemming.
à Jahrg. — 45
durchschossen à Jahrg. — 50

Hauskalender, allgemeiner, für alle Stände auf die J. 1881—1885. 47.—51. Jahrg. 8. (à Jahrg. 48 S.) Glogau, Flemming. à Jahrg. *
durchsch. à Jahrg. *

—— allgemeiner, für alle Stände auf das J. 1886. 52. Jahrg. 8. (122 S. mit 1 Holzschn.-Portr.) Glogau, Flemming. *
durchsch. *
Erscheint nicht mehr.

Haus-Kalender, algemeiner, des fereins für fereinfachte deutsche rechtschreibung auf die järe 1879 und 1880. (1. und 2. Jahrg.) 8. (32, 84; 32, 88 S.) Bremen, Kühtmann und Comp. à Jahrg. * — 30

—— algemeiner, des fereins für fereinfachte deutsche rechtschreibung auf die järe 1879—1881. 1.—3. järg. 8. (84; 88; VIII, 111 S.) Bremen, [Kühtmann und Comp.] Heinsius. Jahrg. 1879 und 1880 à *
Jahrg. 1881 *
Fortsetzung u. d. T.: Kalender des algemeinen fereins für fereinfachte deutsche rechtschreibung.

Haus- und Wirtschaftskalender. Allgemeiner - für das Jahr ... von dem Verfasser der ökonomischen Zeitung. Rehm. Wien. Jahrg. 1791.

Haus- und Geschichts-Kalender, Alter u. Neuer, auf das J. 1856. Für das Königreich Preußen rc. Hierzu 1 Stahlst. Berlin, Trowitzsch u. Sohn. 4. (62 S.) n. 9 ngr

Haus- u. Geschichts-Kalender, alter u. neuer, auf d. J. Christi 1873, welches e. Gemeinj. v. 365 Tagen ist. Für das Königr. Preußen u. benachbarte Länder berechnet. Hierzu e. Illustr. (Holzschntaf.) 4. (60 S.) Berlin, Trowitzsch & Sohn. n. — 85; geh. n. — 90

Haus- und Geschichtskalender, alter und neuer, auf die J. 1886—1889. Für die königl. preuß. Provinzen Ost- und Westpreußen. 4. (à Jahrg. 60 S. mit 1 Holzschntaf.) Berlin, Trowitzsch und Sohn. à Jahrg. 1 —

Haus- u. Geschichtskalender, alter u. neuer, auf d. J. 1890—1893. Für das Königr. Preußen u. benachbarte Länder berechnet. 4. (56; 61; 60; 63 S. m. Illustr. u. 1 Wandkalender.) Berl., Trowitzsch u. Sohn. à Jahrg. * — 90

Haus- u. Geschichtskalender, alter u. neuer, auf d. J. 1895. Für das Königr. Preußen u. benachbarte Länder berechnet. 4. (67 S. m. Illustr. u. 1 Wandkalender.) Berlin, Trowitzsch & Sohn. n. — 90

Haus- u. Geschichtskalender, alter u. neuer, auf d. J. 1899. Für d. Königr. Preußen u. benachbarte Länder berechnet. 4. (84 S. m. Abb. u. 1 Wandkal.) Berlin, Trowitzsch & Sohn. n. — 90

Haus- u. Geschichtskalender, alter u. neuer, auf. d. J. 1903. Für das Königr. Preußen u. benachbarte Länder berechnet. 4. (77 S. m. Abbildgn., Titelbild u. Wandkalender.) Berlin, Trowitzsch & Sohn. — 50

Haus- u. Geschichtskalender, alter u. neuer, auf d. J. 1907, f. das Königr. Preußen u. benachbarte Länder berechnet. (96 S. m. Abbildgn., 1 Farbdr. u. Wandkalender.) Lex.-8. Berlin, Trowitzsch & Sohn. — 50

Haus- u. Geschichtskalender, alter u. neuer, auf d. J. 1911, f. das Königr. Preußen u. benachbarte Länder berechnet. (112 S. m. Abbildgn., 1 Farbdr. u. Wandkalend.) Lex.8. Berlin, Trowitzsch & Sohn. — 40

Americanischer Haus- und Wirthschafts-Calender: no. 1—[16], 1780 - 1797.
None published for 1791. Edited & published by Melchior Steiner & Carl Cist, 1780—81; by Melchior Steiner, 1782 - 90; by Melchior Steiner & Heinrich Kämmerer, 1792 - 97.
Philadelphia, PA

Haus- u. Wirthschaftskalender, Anhaltischer, f. d. J. 1888. 4. (48 S.) Dessau, Art'l. — 25

Haus- u. Wirthschaftskalender, Anhaltischer, f. d. J. 1891. 4. (45 S.) Dessau, Art'ls Verl. n. — 30

Haus-Kalender, aufricht. 100jähr., nebst Anweis. üb. d. Verrichtungen gut eingericht. Haushaltungen im Ackerbau u. Fischerei, so wie auch Auswahl d. Besten f. e. kleine Hausapotheke u. Heilungsmittel f. mancherlei Krankheiten. 8. (6 B.) Leipzig 834, Drobisch.

Haus-Kalender, aufrichtiger 100jähr., nebst Anweisung über die Verrichtungen gut eingerichteter Haushaltungen im Ackerbau u. Fischerei, so wie auch Auswahl des Besten für eine kleine Hausapotheke u. Heilungsmittel für mancherlei Krankheiten. 8. Leipz. u. Nordhaus. 840. Müller. (Drobisch.) 1/6 ₰

— aufrichtiger hundertjähriger, von 1834 bis 1934 hinsichtlich der Ostertabelle, Sonnen- u. Mondfinsternisse m. Bestimmung der eintretenden Witterung u. einer sehr verständl. Beschreibung des Planetensystems rc. Nebst Anweisung über die Verrichtungen gut eingerichteter Haushaltung im Ackerbau u. Fischerei so wie auch Auswahl des Besten f. e. kleine Hausapotheke rc. Ein sehr nützl. Hülfsbüchlein f. bedächtige Hausväter. 2. (Titel-)Aufl. 8. (128 S.) Nordhausen (834) 852. (Buchting.) 1/6 ₰

Haus- und Familienkalender

— — Bamberger illustr., 1895. 8. (160 u. 36 S. m. 1 Farbendr. u. Wandkalender.) Bamberg, Buchner's Sort. n. — 50

Barbyer Hauskalender. [Jg. 1.] Für d. J. 1905. Lokal-Kalender f. Stadt u. Amt Barby, Gnadau ... *Barby: H. Kropp (1905).* 8° [F.] [04. 16756

— Barbyer, f. d. J. 1906. Lokal-Kalender f. Stadt u. Amt Barby, Gnadau, Groß- u. Klein-Rosenburg, Pömmelte, Glinde, Wespen, Tornitz, Werkleitz, Walternienburg, Kämeritz, Flötz, Gödnitz, Gütergluck. (76 S. m. Abbildgn.) 8. Barby, H. Kropp. — 15

Haus- u. Ehestandskalender, Baierischer, f. d. Bürger u. Landmann auch z. sichern Gebrauche in Gerichtsstuben u. für schwangere Frauen a. d. J. . . . .
1811. M. Titelholzschn.
Sulzbach.

Haus- und Familien-Kalender, bayerischer illustrirter, auf die J. 1882—1885. (1.—4. Jahrg.) Mit 1 Oelbruckgemälde und 1 Wandkalender. 4. (à Jahrg. 64 S.) Leipzig, Bergmann. à Jahrg.

Haus- und Familien-Kalender, bayerischer illustrirter, auf die J. 1886—1889. (5.—8. Jahrg.) 4. (à Jahrg. 88 S. mit 1 Oelbruck-Gemälde und 1 Wandkalender.) Leipzig, Bergmann. à Jahrg. — 50

Hauskalender.— Bayerischer Haus- u. Landwirthschaftskalender. Hrsg. v. Landwirthschaftlichen Verein in Bayern. München 1846–1933.
Vgl.: Haus- u. Landwirthschafts kalender

Hauskalender

—— Breslauer, für 1881. 8. (48 S.) Breslau, Goerlich's Verlag.
Nicht weiter erschienen.

— Breslauer katholischer, f. 1903, nebst Gottesdienstordng. u. vielen anderen kirchl. Nachrichten. gr. 16. (190 S. m. 1 Abbildg. u. 1 Bildnis.) Breslau, F. Goerlich. — 50

— Breslauer katholischer, f. 1906. Mit Gottesdienstordng. sämtl. kath. Kirchen u. Nachrichten üb. Klöster, Schulen, Wohlfahrtseinrichtgn., Vereinswesen rc. 4. Jahrg. (168 S. m. 1 Abbildg.) kl. 8. Breslau, F. Goerlich. — 30

— Bukarester deutscher, für das Jahr 1881. 1. Jahrg. hoch 4. (XXXVI, 19 S. m. 1 lith. Plan.) Bukarest, Degenmann. n. 1. 20

Hauskalender für das Herzogthum Bukowina für das Jahr 1863. 9. Jahrg. 4. Czernowitz. Pardini in Comm. 40 kr.

Hauskalender, Bukowiner, für das Jahr 1894, welches ein gemeines Jahr von 365 Tagen ist. 31. Jahrg. Gr.-8. (134 S.) —.40
Czernowitz: Pardini.

— Bukowiner, f. d. J. 1895. 32. Jahrg. gr. 8. (128 S.) Czernowitz, (H. Pardini). n.n. — 80

Bukowiner Hauskalender für das Jahr 1896, welches ein Schalt-Jahr von 366 Tagen ist. 33. Jahrg. 8. (152 S.) —.40
Czernowitz: Pardini.

Hauskalender, Bukowiner, für das Jahr 1898, welches ein gemeines Jahr von 365 Tagen ist. 35. Jahrg. 8. (148 S.) —.40
Czernowitz: Pardini.

Hauskalender, Bukowiner, für das Jahr 1899, welches ein gemeines Jahr von 365 Tagen ist. 36. Jahrgang. 8. (155 S.) —.40
Czernowitz: Pardini.

(F) Bukowiner Haus-Kalender für das Jahr 1900, welches ein gemeines Jahr von 365 Tagen ist. XXXVII. Jahrgang. Czernowitz. [In Comm. Pardini.] Gr.-8. 152 S. * fl. —.40

Bukowiner Haus-Kalender für das Jahr 1902. 39. Jahrg. Gr.-8°. (154 S.) K —.80
Czernowitz: Pardini.

— Bukowiner, f. d. J. 1903. 40. Jahrg. gr. 8. (103 u. 75 S.) Czernowitz. (H. Pardini.) n. — 80

Bukowinaer Hauskalender für das Jahr 1904. 41. Jahrg. Gr.-8°. (79 S.) † K —.80
Czernowitz: Pardini.

— Bukowiner, f. d. J. 1907. 44. Jahrg. (201 S.) 8. Czernowitz (H. Pardini). n. — 80

(F) Bukowiner Hauskalender für das Jahr 1908. XLV. Jahrg. Gr.-8°. (194 S.) * K —.80
Czernowitz: Pardini.

— Bukowiner, f. d. J. 1910. 47. Jahrg. (95 u. 89 S.) 8. Czernowitz, (H. Pardini.) nn — 60

Hauskalender. Christkatholischer H'-K'. [Mit Illustrationen und 1 Tafel.] 4. fr. —. 50
1906. Jahrg. 16. IV + 96 S. Olten, Christkatholischer Schriftenverlag.
1907. Jahrg. 17. IV + 106 S. Basel, Christkatholisches Schriftenlager.
1908. [Jahrg. 18.] IV + 100 S. Basel, Chr' Schr'.
1909. [Jahrg. 19.] IV + 102 S. Basel, Chr' Schr'.
1910. [Jahrg. 20.] IV + 108 S. Basel, Chr' Schr'.
1911. [Jahrg. 21.] IV + 104 S. Basel, Chr' Schr'.

— christkatholischer, 1911. (98 S. m. Abb. u. 1 Taf.) gr. 8. Basel. (Aarau, H. R. Sauerländer & Co.) — 50

Hauskalender, christlicher, f. d. J. 1872. Mit vielen christl. Bildern, Liedern, Denksprüchen, Geschichten etc. 52 Stn. 4. Luzern, Gebr. Räber. —. 20

Hauskalender, christlicher, für d. Jahr Christi 1888. 55. Jahrg. Kl. in-4°. Luzern, Gebr. Räber. — 25

Hauskalender, christl., 1899. 66. Jahrg. 4°. 80 S. Luzern, Räber & Cie. — 30

Hauskalender, christl., auf das Jahr 1901. 4°. 64 S. Luzern, Räber & Co. 30

— christlicher, für alle Jahre des Lebens. gr. 8. (102 S.) Gera 881, Kanitz'sche Sortimentsb. *
cart. mit Goldschn. *

— christlicher, f. alle Jahre d. Lebens. gr. 8. (102 S.) Gera 888. Kanitz' Verl. cart. m. Goldschn. n. 1. 50

— Danziger, für 1859. Mit 1 (lith.) Titelkpfr.: Das Industrie-Ausstellungs-Gebäude in Danzig. Danzig, Bertling. 8. (19 Bll., 16 S.) n. 5 ngr

Hauscalender, Des jüngern Wilhelm Denkers. Nürnberg 1792-94.
V: *Schlez, Johann Ferdinand.* (MGT)

Haus-Kalender, Deutscher — für 1853. Mit Bildern. Prag, Kath. Gerzabek. 4.

Haus-Kalender, Deutscher — für das gemeine Jahr 1854. Ein nützliches und unterhaltendes Hausbuch für Jedermann. Der astronomische Kalender nach Bearbeitung des Dr. J. Ph. Kulik. Mit vielen Bildern. 4. Prag. Druck und Verlag von Kath. Gerzabek.

Haus-Kalender, deutscher — für das gemeine Jahr 1855. Ein nützliches und unterhaltendes Handbuch für Jedermann. Der astronomische Kalender, nach Bearbeitung des Dr. J. Ph. Kulik. Mit vielen Bildern. Dritter Jahrgang. 4. (120 S. 9 Blätt. u. 1 Abbildg.) Prag. Druck und Verlag von Kath. Gerzabek

Haus-Kalender, Deutscher — für das Schaltjahr 1856. Der astronomische Kalender nach Bearbeitung des Dr. J. Ph. Kulik. Mit vielen Bildern. Vierter Jahrgang. Druck und Verlag von Kath. Gerzabek in Prag. (144 S. 4.) Titelbild: (Belagerung von Sebastopol.)
Inhalt: Jahresbuch des Unterhaltenden: Erzählungen und Gedichte.

Hauskalender, deutscher — für das gemeine Jahr 1857. Mit vielen Bildern. 5ter Jahrg. Druck und Verlag von Katharina Gerzabek in Prag. (144 S. 4.)

Hauskalender, deutscher — für das gemeine Jahr 1858. Mit vielen Bildern. 6. Jahrg. Druck und Verlag von Kath. Gerzabek. (72 S. 4.)

Hauskalender, deutscher — für das gemeine J. 1858. Mit vielen Bildern. 6. Jahrg. Dr. und Verlag von Kath. Gerzabek in Prag. (144 S. 4.)

— deutscher, für das gemeine Jahr 1861. Mit vielen Bildern. 9. Jahrg. 4. (144 S.) Prag 860, Gerzabek.

— deutscher, für das gemeine Jahr 1867. Mit vielen Bildern. 15. Jahrg. (l. 8. (144 S.) Prag, Dr. F. Skrejšovský. cart. 45 kr.
— — Dieselbe kleinere Ausgabe. (72 S.) Ebd. 27 kr.

— deutscher, 1889. Entworfen und gezeichnet v. A. Müller, hrsg. v. K. Juda. Fol. (16 color. S.) München, Stroefer. n. 1. —

— deutscher. Ao. D. 1903. schmal Fol. (31 S.) Brünn. Nürnberg, Th. Stroefer. 1. —

— dasselbe, 1907. (32 S. m. farb. Abbildgn.) schm. Fol. Brünn. Nürnberg, Th. Stroefer. 1. —

— deutscher, 1910. (32 S. m. farb. Abbildgn.) 32,5×19 cm. Brünn. Nürnberg, Th. Stroefer. 1. —

Hauskalender, Deutscher, pro 1894 Altdeutscher Kalender. Folio. (28 S.) —.60
Brünn: Rohrer.

— deutscher, 1895. schmal Fol. (28 S. in farb. Rokoko-Ausstattg.) Brünn, R. M. Rohrer. n. 1. 20

— deutscher, 1897. schmal Fol. (32 S. in farb. Rokoko-Ausstattg.) Brünn, R. M. Rohrer. n. 1.20

— deutscher. 1903. schmal Fol. (32 S. m. farb. Abbildgn.) Brünn, R. M. Rohrer. n. 1.20

Haus-Kalender, deutscher. 1906. (32 S. m. farb. Abbildgn.) schm. Fol. Brünn, R. M. Rohrer. n. 1.20

— deutscher, 1910. (32 S. m. farb. Abbildgn.) 32,5×19 cm. Brünn, R. M. Rohrer. 1.20

Haus-Kalender, Deutscher — für den Bürger, Gewerbs- und Landmann auf das Jahr nach der Geburt Jesu Christi 1855. Zum Gebrauche für Katholiken, Evangelische, Griechen und Israeliten. 4. Groß-Becskerek, gedruckt bei Franz Paul Pleitz.

Haus-Kalender, Deutscher — für den Bürger, Gewerbs- und Landmann auf das Schaltjahr nach der Geburt Jesu Christi 1856. Zum Gebrauche für Katholiken, Evangelische, Griechen und Israeliten. Groß-Becskerek. Gedruckt und zu haben bei Franz Paul Pleitz. (23 Bl. 4.)

Haus- und Familienkalender

— — deutscher illustr., f. Elberfeld u. Barmen. 1895. 4. (80 u. 16 S. m. 1 Farbendr. u. Wandkalender.) Elberfeld, G. ten Winkel. — 50

Hauskalender

—— deutscher, für die Prov. Ostpreußen, Westpreußen, Pommern, Posen und Schlesien auf die J. 1888 und 1889. 20. und 21. Jahrg. 12. (à Jahrg. ca. 200 S. mit vielen Holzschn.) Thorn, E. Lambeck. à Jahrg. *
Die früheren Jahrge. erschienen u. d. T.: Hauskalender für die Prov. Ostpreußen ꝛc.

— deutscher, f. Stadt u. Land. 1895. 4. (50 S. m. Abbildgn., 1 Buntdr. u. Wandkalender.) Berlin, Evangel. Vereinsbuchh. n. — 25

— deutscher, f. Stadt u. Land. 1899. 4. (65 S. m. Abb., 1 Farbdr. u. Wandkal.) Berlin, Schriftenvertriebsanstalt. — 25
In verschiedenen Ausgaben für Baden, Bayern, Brandenburg, [illegible], [illegible], Ost- u. Westpreußen, Pommern, Rheinland, Sachsen, Schlesien, Schleswig-Holstein, Westfalen u. Württemberg.

— deutscher, f. Stadt u. Land. 1903. 4. (56 u. VIII S. m. Abbildgn., 1 Farbdr. u. Wandkalender.) Berlin, Schriftenvertriebsanstalt. — 25
Erscheint auch in Ausgaben f. Brandenburg, Hessen-Nassau, die Lausitz, Mecklenburg, Oldenburg, Ostpreußen, Posen, Königr. u. Prov. Sachsen, Süddeutschland, Thüringen, Westfalen u. Westpreußen.

— dasselbe, f. Stadt u. Land. 1907. 14. Jahrg. (56 u. VIII S. m. Abbildgn., 1 Farbdr. u. Wandkalender.) gr. 8. Berlin, Schriftenvertriebsanstalt. — 25
Auch in Sonderausgaben f. Brandenburg, Hannover, Hessen-Nassau, die Lausitz, Ostpreußen, Pommern, Rheinland, Königr. Sachsen, Prov. Sachsen, Schlesien, Schleswig-Holstein, Süddeutschland, Thüringen, Westfalen u. Westpreußen.

— deutscher, f. Stadt u. Land. 1911. 18. Jahrg. (56 u. VIII S. m. Abbildgn., 1 Farbdr. u. Wandkalender.) gr. 8. Berlin, Schriftenvertriebsanstalt. — 25
Erscheint auch in besonderen Ausgaben f. Brandenburg, Hannover, Hessen-Nassau, die Lausitz, Pommern, Posen, Rheinland, Sachsen, Schlesien, Schleswig-Holstein, Thüringen, Westfalen u. Westpreußen.

Haus- und Werkstatt-Kalender, deutscher, für die J. 1884 und 1885 (1. und 2. Jahrg.), zugleich Führer für das gewerbl. Leben. Mit in den Text gedr. Holzschn. und 1 Plan von Deutschland, sämmtl. Eisenbahnlinien enthaltend. Hrsg. von F. C. Glaser. Ausg. A. gr. 16. (à Jahrg. ca. VIII, 256 S.) Berlin, (Polytechn. Buchhandlung.) à Jahrg. *

Haus- u. Dorfkalender d. alten Vaters Gerhard, e. fränk. Landmanns f. d. . . . Jahr d. Freiheit
1792 (4. Jg.)
Strassburg.

Haus- u. Dorfkalender des alten Vater Gerhard. 8. Straßb. 792. Acad. B. 4 gl

Haus- und Familienkalender

—— Dresdner, für die J. 1880—1885. 18.—23. Jahrg. 4. (à Jahrg. 72 S. mit eingedr. Holzschn., 1 Chromolithogr. und 1 Wandkalender.) Dresden, Tittel. à Jahrg.

Haus- u. Ehestandskalender für d. Bürger u. Landmann ꝛc., auf d. J. 1802 bis 1817. 4. Salzb., v. Seidel. (à J. 2 gl) 1 ₰ 8 gl

Haus- und Familienkalender

— — Erlanger, f. 1894. 8. (6, 160 u. 16 S. m. Abbildgn.) Erlangen, Th. Blaesing. n. — 40

— — Erlanger, f. 1898. 5. Jahrg. 4. (52 u. 7 S. m. Abb., 1 Farbdr. u. Wandkal.) Erlangen, Th. Blaesing. n. — 20

Hauskalender

—— ermländischer, für 1886—1889. [St. Adalberts-Kalender.] 30.—33. Jahrg. Hrsg. von Jul. Pohl. 8. (à Jahrg. ca. 100 S. mit Illustr.) Braunsberg, Huye's Buchh. à Jahrg. *
Frühere Jahrge. u. d. T.: Hauskalender, illustr. katholischer. Leipzig, Peter's Verlag.

Haus-Kalender, ermländischer, f. 1890—1893. [Sankt Adalberts-Kalender.] 34.—37. Jahrg. Hrsg. v. Jul. Pohl. gr. 8. (128; 101; 102; 128 S. m. Abbildgn.) Braunsberg, Huye. à Jahrg. * — 50
Mit dem Umschlag-Titel: Jul. Pohl's illustr. kathol. Hauskalender.

— ermländischer, f. 1895. [Sankt Adalberts-Kalender.] 39. Jahrg. Hrsg. v. Jul. Pohl. gr. 8. (128 S. m. Abbildgn.) Braunsberg, Huye. n. — 50

— ermländischer, f. 1899. (Sankt Adalberts-Kalender.) 43. Jahrg. Hrsg. v. Jul. Pohl. gr. 8. (128 S. m. Abb. u. 2 Taf.) Braunsberg, Huye. n. — 50

Haus-Kalender, ermländischer, f. 1903. (Sankt Adalberts-Kalender.) 47. Jahrg. Hrsg. v. Jul. Pohl. gr. 8. (126 S. m. Abbildgn.) Braunsberg, Huye. n. — 50

— ermländischer, f. 1907. (Sankt Adalberts-Kalender.) Hrsg. v. Paul Bader. (Umschlag: Julius Pohl's illustrierter Hauskalender.) (116 S. m. Abbildgn. u. Wandkalender.) 8. Braunsberg (Bender). n. — 50

— ermländischer, f. 1911. (St. Adalberts-Kalender.) Hrsg. v. Paul Bader. (Umschlag: Julius Pohl's illustr. Hauskalender.) 55. Jahrg. (117 S. m. Abbildgn., 1 Taf. u. Wandkalender.) 8. Braunsberg, (H. Grimme.) — 50

Haus- und Wirtschaftskalender

—— —— Erzgebirgischer, auf die J. 1886—1889. 32.—35. Jahrg. 4. (à Jahrg. ca. 30 S.) Schneeberg, Goedsche'sche Buchh. à Jahrg. * — 20

— — erzgebirgischer, auf d. J. 1891. 37. Jahrg. 4. (33 S.) Schneeberg, Goedsche. — 20

— — erzgebirgischer illustr., auf d. J. 1895. 41. Jahrg. 4. (33 S.) Schneeberg, B. F. Goedsche. — 20

Haus- u. Wirthschafts-Kalender, erzgebirgischer illustr., auf d. J. 1899. 45. Jahrg. 4. (33 S.) Schneeberg, B. F. Goedsche. — 20

Haus- u. Wirthschafts-Kalender, erzgebirgischer illustrirter, auf d. J. 1903. 49. Jahrg. 4. (33 S.) Schneeberg, B. F. Goedsche. — 20

Haus- u. Wirtschafts-Kalender, erzgebirgischer illustrirter, auf d. J. 1907. 53. Jahrg. (30 S.) 8. Schneeberg, B. F. Goedsche. — 20

Haus- u. Wirtschafts-Kalender, erzgebirgischer illustr., auf d. J. 1909. 55. Jahrg. (32 S.) 8. Schneeberg, B. F. Goedsche. — 20

Hauskalender

— evangelischer, 1897. Hrsg. v. Herm. Faulhaber. 4. (62 u. 8 S. m. Abb. u. Wandkalender.) Passau, M. Waldbauer. n. — 25

Haus- u. Familienkalender f. d. J. 1894. 32. Jahrg. 4. (73 S. m. Abbildgn., 1 Buntdr., 1 Taschen- u. 1 Wandkalender.) Dresden, F. Tittel Nachf. — 50

Haus- u. Familien-Kalender f. d. J. 1898. 36. Jahrg. 4. (80 S. m. Abb., 1 Farbdr. u. Wandkal.) Dresden, F. Tittel Nachf. — 50

Haus- u. Familien-Kalender f. d. J. 1903. 41. Jahrg. 4. (70 S. m. Abbildgn., 1 Farbdr. u. Wandkalender.) Dresden, F. Tittel Nachf. — 50

Haus- u. Familien-Kalender f. d. J. 1905. 43. Jahrg. (71 S. m. Abbildgn., 1 Farbdr. u. Wandkalender.) gr. 8. Dresden, F. Tittel Nachf. — 50

— — f. Stadt u. Kreis Mettmann f. d. J. 1899. 4. (68 S. m. Abb., 1 Farbdr. u. 1 Wandkal.) Mettmann, H. v. der Heyden. — 40

— — der „Dresdner landwirtschaftl. Presse". 1902. 4. (52 S. m. Abbildgn., Wand- u. Portemonnaie-Kalender.) Dresden, E. H. Meyer. n. — 50

— — der „Dresdner landwirtschaftl. Presse". 1906. (52 S. m. Abbildgn. u. Wand-Kalender.) Lex.-8. Dresden, E. H. Meyer. n. — 50

— — der „Dresdner landwirtschaftlichen Presse". 1910. (54 S. m. Abbildgn. u. Wand- u. Portemonnaie-Kalender.) Lex.-8. Dresden, E. H. Meyer. — 50

Fideler Haus- und Familienkalender für das Schaltjahr 1904. Lex.-8°. (156 S.) K —.90, geb. K 1.—
Wien: Hassenberger.

(F) Fideler Haus- und Familienkalender für das Jahr 1907. Gr.-8°. (207 S.) K —.80
Wien: Hassenberger.

Haus- u. Adreß-Kalender, Frankenberger, auf d. J. 1894. Mit e. Plan des deutschen Reichstagssitzungssaales u. e. Wandkalender. 4. (36 u. 78 S. m. Abbildgn.) Flöha, A. Peitz & Sohn. — 50

Haus-Kalender, Freiwaldau-Gräfenberger — auf das Schaltjahr 1856 nach der Geburt Jesu Christi, welches ein Jahr von 366 Tagen ist. Für alle Stadt- und Landbewohner. Freiwaldau. Gedruckt und zu haben bei Ernest Titze. (32 S. 8.)
Inhalt: Der Kumanier.

Hauskalender, Freiwaldau-Gräfenberger — auf das Gemeinjahr 1858 nach der Geburt Jesu Christi, welches ein Jahr von 365 Tagen ist. Für alle Stadt- und Landbewohner. 4ter Jahrg. Freiwaldau, Druck und Verlag von Ernest Titze. (32 S. 8.)

Freiwaldau-Gräfenberger Hauskalender auf das Gemeinjahr nach Christi Geburt von 365 Tagen 1891. 37. Jahrg. 8. (80 S.) —.17
Freiwaldau: Titze.

Hauskalender, Freiwaldau-Gräfenberger, auf das Schaltjahr von 366 Tagen. 1892. 38. Jahrg. Gr.-8. (80 S.) —.17
Freiwaldau: Titze.

Haus-Kalender, Freiwaldau-Gräfenberger, auf das Gemeinjahr von 365 Tagen. 1893. 39. Jahrgang. Gr.-8. (72 S.) —.17
Freiwaldau: Titze.

Hauskalender, Freiwaldau-Gräfenberger, auf das Gemeinjahr von 365 Tagen 1894. Für Stadt- und Landbewohner. Gr.-8. (72 S.) —.17
Freiwaldau: Titze.
Forts.s.:Hauskalender, Mährisch-schlesischer.

Haus- u. Familienkalender, Fürther, f. 1892 u. 1893. 8. (VIII, 163; XII, 176 S. m. Bildern.) Fürth, A. Schmittner. à Jahrg. * — 50

— — Fürther, f. 1894. Lex.-8. (7, 80 u. VII S. m. Bildern.) Fürth, A. Schmittner. n. — 40

Hauskalender

— galizischer, für die J. nach Christi Geburt 1863—68. 14—19. Jahrg. Lemberg, Winiarz. 4. Jeder Jahrg. n. 8 ngr.

Haus- u. Gartenkalender auf d. Jahr 1818. 4. Leipzig, 1818. Sommer. (Nauck.)

Haus-, Garten- und Wirthschafts-Kalender des Boten für das Saalthal, auf die J. 1875—1880. 4. (à Jahrg. ca. 64—72 S. mit eingedr. Holzschn.) Halle, Hendel. à Jahrg.

Hauskalender

— gemeinnützig-belehrender, westphälischer. 1r—3r Jahrg. 1829, 30 u. 33. Dortmund, Krüger. (à 1/6 Rthlr) 1/2 Rthlr

— gemeinnütziger, für die Jahre 1838—41. gr. 4. Sulzbach, v. Seidel. (à 1/8 Rthlr) 1/2 Rthlr

— ders. für Katholiken und Protestanten für die Jahre 1839 und 1840. gr. 8. Ebd. à 1 1/2 gr

— gemeinnütziger, auf d. J. 1845—1847. gr. 4. Sulzbach 845, 46, v. Seidel'sche Buchh. à n. 1/6 Rthlr

— gemeinnütziger, auf d. J. 1848—1852. gr. 4. Sulzbach, v. Seidel. à 6 1/4 ngr

—— gemeinnütziger, für die J. 1858—62. gr. 4. (à Jahrg. ca. 44 S.) Sulzbach, v. Seidel'sche Buchh. à Jahrg.
Mit Tab. durchschossen

— gemeinnütziger, für die Jahre 1860—65. (Mit Holzschnitten.) Sulzbach, v. Seidel. gr. 4. Jeder Jahrg. n. 4 ngr

—— gemeinnütziger, für die J. 1869—1875. gr. 4. (à 44—50 S. mit eingedr. Holzschn.) Sulzbach, v. Seidel'sche Buchh. à Jahrg. *
Mit Tabelle *

Haus-Kalender, gemeinnütziger, für die J. 1876—1880. gr. 4. (64; 68; 60; 60; 72 S. mit eingedr. Holzschn.) Sulzbach, v. Seidel'sche Buchh. à Jahrg. * — 30
Mit Einnahms- und Ausgabs-Tab. * — 40

—— gemeinnütziger, auf die J. 1881—1885. 44.—48. Jahrg. 4. (à Jahrg. 64 S.) Sulzbach, v. Seidel'sche Buchh. à Jahrg. *
Mit tabellirtem Schreibpap. durchsch. à Jahrg. *

—— gemeinnütziger, auf die J. 1886—1889. 49.—52. Jahrg. gr. 4. (64; 64; 128; 72 S. mit Illustr.) Sulzbach, v. Seidel'sche Buchh. à Jahrg. *
Mit tabellirtem Schreibpap. durchsch. à Jahrg. *

—— gemeinnütziger, auf d. J. 1890—1893. 53.—56. Jahrg. gr. 4. (72; 72; 64; 64 S. m. Illustr. u. 1 Karte.) Sulzbach, v. Seidel. à Jahrg. * — 30; m. tabell. Schreibp. durchsch. à Jahrg. * — 40

— gemeinnütziger, auf d. J. 1895. 58. Jahrg. gr. 4. (64 S. m. Illustr. u. 1 Taf.) Sulzbach, J. E. v. Seidel. n. — 30; m. tabelliertem Schreibpap. durchsch. n. — 40

— gemeinnütziger, auf d. J. 1899. 62. Jahrg. gr. 4. (64 S. m. Abb.) Sulzbach, J. E. v. Seidel. n. — 30; m. tabelliertem Schreibpap. durchsch. n. — 40; Münchener Ausg. (16 u. 64 S.) n. — 40 u. n. — 50

— gemeinnütziger, auf d. J. 1903. 66. Jahrg. gr. 4. (64 S. m. Abbildgn.) Sulzbach, J. E. v. Seidel. n. — 30; m. tabelliertem Schreibpap. durchsch. n. — 40; Münchener Ausg. n. — 40 u. n. — 50

— gemeinnütziger, auf d. J. 1907. 70. Jahrg. (64 S. m. Abbildgn.) Lex.-8. Sulzbach, J. E. v. Seidel. n. — 30; m. tabelliertem Schreibpap. durchsch. n. — 40; Münchener Ausg. n. — 40 u. n. — 50

— gemeinnütziger, auf d. J. 1911. 74. Jahrg. (64 S. m. Abbildgn.) Lex. 8. Sulzbach, J. E. v. Seidel. — 30; m. Schreibpap. durchsch. — 40; Münchener Ausg. — 40 u. — 50

Gemeinnütziger Haus= und Adreß=Kalender auf das Jahr ... Für d. Regierungsbez. Arnsberg. Hrsg. ... v. C. A. Düser.
Arnsberg: C. A. Düser [1823]. 8°
4/1823: 130 S.

Haus- u. Schreib-Kalender, gemeinnütziger, auf das Jahr 1849 u. 1850. 1 u. 2. Jahrg. 4. (52 u. 58 S.) Nördlingen, Beck. à n. 4 ngr

Haus-Kalender, gemeinnütziger, auf d. J. 1849—1852. 4. Nördlingen, Beck. 1849 u. 50 à 1/12 Rthlr 1851 u. 52 à n. n. 3 ngr

— gemeinnütziger, auf das Jahr 1853—1856. 5—8. Jahrg. Nördlingen, Beck. Jeder Jahrg. 3 ngr

— gemeinnütziger, für das Jahr 1853—1859. (Mit Holzschn. im Text.) Sulzbach, v. Seidel. 4. Jeder Jahrg. n. 4 1/2 ngr; mit Papier durchsch. n. 5 ngr

Hauskalender

— gemeinnütziger, unterhaltender u. illustrirter vaterländischer, für Ungarn u. Siebenbürgen auf das Gemeinjahr 1865. Für Katholiken, Protestanten, Griechen u. Juden berechnet von Franz Albert v. Monte-Dego. Kaschau, Werfer. 4. (53 S.) n. 6 ngr

—— gemeinnütziger, unterhaltender, illustrirter, vaterländischer, für Ungarn und Siebenbürgen auf die J. 1881—1885. 49.—53. Jahrg. 4. (à Jahrg. ca. 65 S. mit eingedr. Holzschn.) Kaschau, Werfer. à Jahrg.

—— gemeinnütziger, unterhaltender, illustrirter, vaterländischer, für Ungarn und Siebenbürgen auf die J. 1886—1890. 54.—58. Jahrg. 4. (à Jahrg. ca. 88 S. mit eingedr. Holzschn. und je 1 Chromo-Titelbild.) Kaschau, Werfer. à Jahrg.

Haus- und Wirthschafts-Kalender, Geraer illustrirter, für 1880—1885. 4. (à Jahrg. 38 S. mit eingedr. Holzschn.) Gera, Ißleib und Rietzschel. à Jahrg. *

—— —— Geraer illustrirter, Fortsetzung nach Jahrg. 1885, s. Landeskalender, Reußischer, Geraer Haus-, Wirthschafts- und Comptoir-Kalender.

Friedrich Gerhard's Hauskalender 1859?—1889? New York, NY

Haus- und Geschäfts-Kalender für 1884. In-4°. Zürich, Schröter. 1 —

Haus- u. Wirthschaftskalender, Groitzscher, f. Freunde d. Geselligkeit f. 1881. 1. Jahrg. 4. (52 m. Ill.) Groitzsch, Beirich. n. — 40

—— —— Groitzscher, für Freunde der Geselligkeit auf die J. 1881 und 1882. 1. und 2. Jahrg. 4. (à Jahrg. 52 S. mit eingedr. Holzschn.) Groitzsch, Beirich. à Jahrg. *
Nicht weiter erschienen.

Hauskalender, Gr.-Becskereker — auf das J. 1858. Groß-Becskerek, gedr. und zu haben bei Frz. Paul Pleitz. (16 Bl. 4.)

—— Groß-Becskereker, für 1861. Hrsg. von Paul Pleitz. 11. Jahrg. 4. (82 S.) Groß-Becskerek 860.

Haus Kalender. Gr.-Becskereker, auf das Jahr 1862, für den Bürger, Gewerbs- und Landmann zum Gebrauch für Katholiken, Evangelische, Griechen und Israeliten. 12. Jahrg. kl. 8. Gr.-Becskerek, Pleitz. 20 kr.

Haus- und Wirthschafts-Kalender, Großenhainer, 1875—1880. 31.—36. Jahrg. Große Ausg. 4. (à Jahrg. ca. 72 S. mit eingedr. Holzschn., Taf. ꝛc.) Großenhain. (Meißen, Schlimpert.) à Jahrg.

—— dass. — 1875—1880. 31.—36. Jahrg. Mittlere Ausg. 4. (à Jahrg. 56 S. mit eingedr. Holzschn. ꝛc.) à Jahrg.

—— Grossenhainer, 1880. 37. Jahrg. Grosse Asg. 4. (72 m. H. u. 1 Chromol.) Grossenh. Meiss., Schlimpert. n. — 50; mittle Asg. (56 m. H. u. 1 Chromol.) n. — 40

— — Großenhainer, 1885. 42. Jahrg. Große Ausg. 4. (88 S. m. Holzschntaf. u. 1 Chromolith.) Meißen, Schlimpert. n. — 50; mittle Ausg. (58 S. m. 4 Holzschntaf.) — 40; kleine Ausg. (34 S.) n. — 20

— — Großenhainer, 1888. 45. Jahrg. Große Ausg. 4. (70 S. m. Illustr., 1 Chromolith. u. 1 Wandkalender.) Meißen, Schlimpert. n. — 50; mittle Ausg. (60 S.) — 35; kleine Ausg. (42 S.) — 25

Haus- und Familienkalender

—— —— großer, illustrirter, auf die J. 1880—1885. Jahrbuch des Nützlichen und Unterhaltenden für Staatsbürger jeden Berufes. 4. (à Jahrg. ca. 144 S. mit vielen Illustr.) Winterberg i. Böhm., Steinbrener's Verlag. à Jahrg. * cart. à Jahrg. * 75 Pf.; geb. *

—— —— großer, illustrirter, auf die J. 1886—1889. Jahrbuch des Nützlichen und Unterhaltenden für Staatsbürger jeden Berufes. 4. (à Jahrg. ca. 150 S. mit vielen Illustr.) Winterberg, Steinbrenner. à Jahrg. * — 75 cart. à Jahrg. * 80 Pf.; geb. à Jahrg. * 1 —

—— —— großer illustrirter, auf d. J. 1890—1893. Jahrbuch d. Nützl. u. Unterhalt. f. Staatsbürger jeden Berufes. 4. (à Jahrg. ca. 150 S.) Winterberg, Steinbrener. à Jahrg. * — 90; cart. * 1 — geb. in Hlbleinw. * 1 20

— — großer illustrirter, auf d. J. 1891. Jahrbuch d. Nützlichen u. Unterhaltenden f. Staatsbürger jeden Berufes, als: Geistliche, Beamte, Künstler, Geschäftsmänner jeder Art, Landleute u. insbesondere f. Gemeinde-Organe. 4. (128 u. 32 S.) Winterberg, Steinbrener. n. — 90; cart. n. 1. —; geb. in Halbleinw. n. 1. 20

Haus- u. Familien-Kalender, Großer illustrirter, auf das Schaltjahr 1892. Jahrbuch des Nützlichen und Unterhaltenden für Staatsbürger jeden Berufes. Mit vielen Illustrationen. 4. (128 S. u. Jahrmärkte-Verzeichniß) —.45, cart. —.50
Winterberg: Steinbrener.

Haus- u. Familien-Kalender, Großer illustrirter, auf das Jahr 1893. Jahrbuch des Nützlichen und Unterhaltenden für Staatsbürger jeden Berufes. Mit vielen Illustrationen. 4. (128 S. u. Jahrmärkte Verzeichniß) —.45. cart. —.50
Winterberg: Steinbrener.

Haus- und Familien-Kalender, Großer illustrirter, auf das Jahr 1894. Jahrbuch des Nützlichen und Unterhaltenden für Staatsbürger jeden Berufes. Mit vielen Illustrationen. 4. (128 S. und Jahrmärkte-Verzeichniß) —.45
Cartonnirt —.50
Winterberg: Steinbrener.

Haus- und Familien-Kalender, Großer illustrirter, auf das Jahr 1895. Jahrbuch des Nützlichen und Unterhaltenden für Staatsbürger jeden Berufes. Mit vielen Illustrationen. 4. (128 S. und Jahrmärkte-Verzeichniß) —.45
Cartonnirt —.50
Winterberg: Steinbrener.

Haus- und Familien-Kalender, Großer illustrirter, auf das Jahr 1896. Jahrbuch des Nützlichen und Unterhaltenden für Staatsbürger jeden Berufes. Mit vielen Illustrationen. 4. (128 S.) und Jahrmärkte-Verzeichniß) —.45
Cartonnirt —.50
Winterberg: Steinbrener.

Haus- u. Familien-Kalender, Großer illustrirter, auf das Jahr 1897. Jahrbuch des Nützlichen und Unterhaltenden für Staatsbürger jeden Berufes. Mit vielen Illustrationen. 4. (128 S. und Jahrmärkte-Verzeichniß) —.45, cart. —.50
Winterberg: Steinbrener.

Haus- u. Familien-Kalender, Großer illustrirter, auf das Jahr 1898. Jahrbuch des Nützlichen und Unterhaltenden für Staatsbürger jeden Berufes. Mit vielen Illustrationen. 4. (128 S. und Jahrmärkte-Verzeichniß) —.45, cart. —.50
Winterberg: Steinbrener.

— — großer illustrirter, auf d. J. 1899. Jahrbuch d. Nützlichen u. Unterhalt. f. Staatsbürger jeden Berufes, als: Geistliche, Beamte, Künstler, Geschäftsmänner jeder Art, Landleute, u. insbes. f. Gemeinde-Organe. 4. (128 u. XX S. m. 3 Taf.) Winterberg, J. Steinbrener. n. — 60

(F) Grosser, illustrirter Haus- und Familien-Kalender für das Jahr 1900. Jahrbuch des Nützlichen und Unterhaltenden für Staatsbürger jeden Berufes, als: Geistliche, Beamte, Künstler, Geschäftsmänner jeder Art, Landleute, und insbesondere für Gemeinde-Organe. Mit vielen Illustrationen. Winterberg. Steinbrener. Gr.-8°. 128, XX, XVI S. K — 90, cart. K 1.—

(F) Grosser illustrierter Haus- und Familienkalender für das Jahr 1905. Gr.-8°. (144 S.) K 1.—
Winterberg: Steinbrener.

— — großer illustrierter, f. d. J. 1907. Jahrbuch des Nützlichen u. Unterhaltenden f. Staatsbürger jeden Berufs, als: Geistliche, Beamte, Künstler, Geschäftsmänner jeder Art, Landleute, u. insbesondere f. Gemeinde-Organe. (144, XVI u. XVI S. m. Abbildgn., 1 Taf. u. 1 Wandtaf.) gr. 8. Winterberg, J. Steinbrener. — 60; geb. — 80

(F) Grosser illustrierter Haus- und Familienkalender für das Jahr 1908. Gr.-8°. K —.90. geb. K 1.—
Winterberg: Steinbrener.

— — großer (illustr.) f. d. J. 1911. Jahrbuch des Nützlichen u. Unterhaltenden f. Stadt u. Land. (Gemütlicher Erzähler.) 36. Jahrg. (II, 128, VIII u. 22 S. m. z. Tl. farb. Abbildgn., 7 Taf. u. Wandkalender.) gr. 8. Winterberg, J. Steinbrener. — 60; geb. — 80

Haus- und Schreib-Kalender, Großer kärntnerischer. Klgft., Gelb, 1822. Quart.

Haus- und Wirtschaftskalender

—— —— Haase'scher, auf die J. 1880—1885. Ein Volksbuch für Unterhaltung und Fortbildung. Redig. von Jos. Willomitzer, der eigentl. Kalender von Karl Hornstein. 10.—15. Jahrg. Mit je 1 (farb.) Titelbild und vielen eingedr. Illustr. 4. (à Jahrg. ca. 105 S.) Prag, Haase. à Jahrg.

Hauskalender

— hannoverscher, auf das Jahr 1878. 148. Jahrg. Nebst Vergleichungs-Tabellen der hannov. Maße m. den neuen Maßen rc. 4. (61 S.) Ebend. n. — 50

— hannoverscher, f. Stadt u. Land. 1899. 4. (65 S. m. Abb., 1 Farbdr. u. Wandkal.) Berlin, Schriftenvertriebsanstalt — 25

— hannoverscher, f. Stadt u. Land. 1901. 4. (68 S. m. Abb., 1 Farbdr. u. Wandkalender.) Berlin, Schriftenvertriebsanstalt. — 25

Haus- u. Historien-Kalender 1871. Kleine Ausg. 4. (60 S.) Stolpen, Schneider. n. — 20; mittlere Ausg. (74 S.) n. — 38; große Ausg. (98 S. m. 1 Holzschn.) n. — 50

Haus- und Wirtschaftskalender, Historischer, fuer Ungarn, Siebenbuergen ...
Landerinn Witwe, Ofen Jg. 1788.

Haus-Kalender, Hundertjähriger. Hg.: Chr. v. Hellwig. (1810.) 6. Aufl. M. Titelk. u. Holzschn. Grätz.

Hundertjähriger **Hauskalender.** *Fortsetzung*
s. **Hundertjährige Ephemeriden für astronomische und ökonomische Dilettanten.**

— 100jähriger, d. h. für das ganze menschliche Leben gültiger, für Zeit u. Ewigkeit, nach den kirchl. sichtbaren Himmelszeichen; oder über die von Gott beabsichteten Wirkungen der 7 heil. Sakramente. gr. 8. Augsburg 815, M. Rieger'sche Buchh. 1/8 ₰

— 100jähriger, d. h. für das ganze menschl. Leben gültiger, für Zeit u. Ewigkeit. Ueber Sommer-, Winterbau u. Herbstsaat, nach dem apostol. Glaubensbekenntnisse. Von Simon Buchfelner. 2. Hft. 2. Aufl. 8. (77 S.) Augsburg 817, Rieger. 1/8 ₰ (1 u. 2. 1/4 ₰)

Hauskalender

—— Jenaischer illustrirter, für Stadt und Land auf das J. 1889. 4. (52 S.) Jena, Pohle. *
Sämtliche Jahrgänge sind vergriffen.

— — jenaischer illustrierter, f. Stadt u. Land auf d. J. 1889—1893. 1. (43; 43; 44; 42 S. m. je 1 Wandkal.) Jena, Pohle. à Jahrg. — 20

— jenaischer illustr., f. Stadt u. Land auf d. J. 1896. 4. (42 S. m. 1 Wandkalender.) Jena, H. Pohle. — 20

- jenaischer illustrierter, f. Stadt u. Land auf d. J. 1899. Mit genauem Jahrmarkts-Verzeichnis auf Grund amtl. Quellen u. e. Geschäfts-Anzeiger. 4. (42 S. m. 1 Wandkal.) Jena, H. Pohle. - 20

— jenaischer illustrierter, für Stadt u. Land auf d. J. 1903. Mit genauem Jahrmarkts-Verzeichnis auf Grund amtl. Quellen u. e. Geschäfts-Anzeiger. 4. (48 S. m. Wandkalender.) Jena, H. Pohle. — 20

— jenaischer illustrierter, f. Stadt u. Land auf d. J. 1906. Mit genauem Jahrmarkts-Verzeichnis auf Grund amtl. Quellen u. e. Geschäfts-Anzeiger. (50 S. m. Wandkalender.) gr. 8. Jena, H. Pohle. — 20

Hauskalender

—— des Boten für das Saalthal illustrirter, für die J. 1873—1875. Des „verbesserten Haus-Kalenders" 35.—37. Jahrg. gr. 16. (à 167—192 S. mit zahlreichen Abbild. in Holzschn.) Halle, Hendel. *

— des Boten für das Saalthal, illustrirter, für die J. 1875—1880. Des verb. Haus-Kalenders 37.—42. Jahrg. gr. 16. (à Jahrg. ca. 148 S. mit zahlreichen Abbild. in eingedr. Holzschn. und 1 Chromolithogr.) Halle, Hendel. à Jahrg. — 50

—- illustrirter Bozener, für die J. 1880—1885. 19.—24. Jahrg. 4. (à Jahrg. ca. 104 S. mit eingedr. Holzschn.) Bozen, Wohlgemuth'sche Buchh. Jahrg. 1880—1883 à
Jahrg. 1884 und 1885 à

Bozner Hauskalender, Illustrirter. f. das Schaltjahr 1884. XXI. Jahrg. 4. (88 S.) Bozen. J. Wohlgemuth. 24 kr.

—— illustrirter Bozener, für die J. 1886—1889. 25.—28. Jahrg. 4. (à Jahrg. 100—120 S. mit eingedr. Holzschn.) Bozen, Wohlgemuth'sche Buchh. à Jahrg.

Hauskalender, Illustrirter Bozner, für das gemeine Jahr nach der gnadenreichen Geburt Jesu Christi 1894 XXXI. Jahrg. 4. (128 S.) —.24
Bozen: Auer.

Hauskalender, Illustrirter, Bozner, für das gemeine Jahr nach der gnadenreichen Geburt Jesu Christi 1895. XXXII. Jahrg. Gr.-8. (136 S.)
Bozen: Auer. —.24

Hauskalender, Illustrirter Bozner, für das Schaltjahr nach der gnadenreichen Geburt Jesu Christi 1896. XXXIII. Jahrg. Gr.-8. (134 S.) —.24
Bozen: Auer.

Hauskalender, Illustrirter Bozner, für das gemeine Jahr nach der gnadenreichen Geburt Jesu Christi 1897 XXXIV. Jahrg. Gr.-8. (101 S.)

Hauskalendrr, Illustrirter Bozner, für das gemeine Jahr nach der gnadenreichen Geburt Jesu Christi 1898. XXXV. Jahrg. Kl.-4. (106 S.) —.24
Bozen Auer.

Hauskalender, Illustrirter Bozner, für das gemeine Jahr nach der gnadenreichen Geburt Jesu Christi 1899. XXXVI. Jahrgang. Kl.-4. (140 S.) —.25
Bozen: Auer.

(F) Illustrirter Bozner Haus-Kalender für das gemeine Jahr nach der gnadenreichen Geburt Jesu Christi 1900. XXXVII. Jahrgang. Bozen. Auer & Co. 4°. 147 S. fl. —.25

(F) Illustrierter Bozner Haus-Kalender für das gemeine Jahr nach der gnadenreichen Geburt Jesu Christi 1901. XXXVIII. Jahrgang. Bozen. Auer & Co. Gr.-8°. 148 S. K —.50

(F) Illustrirter Bozner Haus-Kalender für das gemeine Jahr nach der gnadenreichen Geburt Jesu Christi 1902. XXXIX. Jahrgang. Bozen. Auer & Co. 4°. 164 S. K —.50

— illustrierter Bozner, f. d. J. 1903. 40. Jahrg. 4. (120 S.) Bozen, A. Auer & Co. n. — 50

Illustrierter Bozner Hauskalender für das Schaltjahr nach der gnadenreichen Geburt Jesu Christi 1904. 41. Jahrg. Lex.-8°. (ill. 184 S.) K —.50
Bozen: Auer.

(F) Illustrierter Bozner Hauskalender für das Jahr 1905. 42. Jahrg. Lex.-8°. (184 S.) * K —.50
Bozen: Auer.

— illustrierter Bozner, f. d. J. 1907. 44. Jahrg. (128 S.) gr. 8. Bozen, A. Auer & Co. n. — 50

(F) Illustrierter Bozner Hauskalender für das Schaltjahr 1908. 45. Jahrg. Gr.-8°. (176 S.) K — 50
Bozen: A.Auer & Co.(vorm.J.Wohlgemuth).

(F) Illustrierter Bozner Hauskalender für das Jahr 1911. XLVIII. Jahrg. Gr.-8°. (180 S.) K —.50
Ebda.

Haus- und Familienkalender

—— —— illustrirter, für die J. 1882—1885. (1.—4. Jahrg.) Zum Besten der deutschen Ferien-Colonien. 4. (à Jahrg. 79 S. mit eingedr. Holzschn., 1 Chromolithogr. und 1 Wandkalender.) Leipzig, Bergmann. à Jahrg.

— — illustrirter, f. d. J. 1894. 4. (65 u. 8 S. m. 1 Oeldr.-Bild u. 1 Wandkalender.) Berlin, Friedrichs & Co. — 50

— — illustr., f. 1899. 4. (86 u. 8 S. m. 1 Wandkal., 1 Portemonnaie-Kalender u. 1 Farbdr.) München, C. Haushalter. — 50

— — illustr., f. d. J. 1899. (Deutscher illustr. Familien-Kalender.) 4. (55 u. 15 S. m. Abb., 1 Farbdr. u. Wandkal.) Berlin, A. Weichert. — 50

— — illustrierter, f. d. J. 1903. (Deutscher illustr. Familien-Kalender.) 4. (47 u. 16 S. m. 1 Farbdr. u. Wandkalender.) Berlin, A. Weichert. — 50

— — illustrierter, für d. J. 1907. (Deutscher illustr. Familien-Kalender.) (49 u. 16 S. m. 1 Farbdr. u. Wandkalender.) gr. 8. Berlin, A. Weichert. — 50

— — illustrierter, f. d. J. 1911. (Deutscher illustr. Familien-Kalender.) (44 u. 16 S. m. 1 Farbdr. u. Wandkalender.) gr. 8. Berlin, A. Weichert. — 50

Haus- und Familienkalender

— — illustrierter. 1905. (16, 32 u. 24 S. m. Wandkalender.) gr. 8. Stuttgart, C. Weber & Co. — 20
Fortsetzg., s.: Geschichten- u. Bilder-Kalender, illustr.

(F) Illustrierter Haus- und Familienkalender für das Jahr 1910. Gr.-8°. (208 S.) K —.80, geb. K 1.—
Wien: Hassenberger.

— — (illustrierter), f. d. J. 1911. 9. Jahrg. Red. v. Eduard Hassenberger. (208 S. m. 1 Farbdr.) gr. 8. Wien, E. Hassenberger & Co. — 80; geb. n 1. —

Haus- und Familienkalender

— — illustr. f. Heidelberg u. Umgebung. Jahrg. 1899. 4. (16, 72 u. 16 S. m. 1. Farbdr., Wandkal. u. Portemonnaiekal.) Heidelberg, J. Hörning. n. — 50

— — illustr. f. Stadt u. Kreis Mettmann auf d. J. 1900. 2. Jahrg. 4. (56 S. m. 1 Farbdr. u. 1 Wandkalender.) Mettmann, H. v. der Heyden. — 30

Haus- und Familienkalender

—— —— illustrirter Gothaischer, für die J. 1887—1889. 4. (à Jahrg. ca. 72 S. mit Illustr., 1 Chromolithogr., 1 Wandkalender, 1 Portemonnaiekalender, 1 Portefeuillekalender und 1 Album von Thüringen.) Gotha, Glaeser. à Jahrg. * — 50

—— —— illustr. Gothaischer, auf d. J. 1890—93. 16.—19. Jahrg. 4. (40; 72; 72; 72 S. m. je 1 Wand-Kalender rc.) Gotha, Glaeser. à Jahrg. * — 50

— — illustr. Gothaischer, auf d. J. 1895. 21. Jahrg. 4. (64 u. 8 S. m. farb. Bild, Wandkalender u. Beilage: „Du musst lachen", 12, 32 S.) Gotha, C. Glaeser. n. — 50

— — illustr. Gothaischer, auf d. J. 1897. 4. (55 S. m. 1 Farbdr. u. Wandkal.) Gotha, C. Gläser. n. — 50

Haus- u. Familien-Kalender, illustrirter Greifswalder, f. d. J. 1877. 4. (76 S. m. eingedr. Holzschn.) Greifswald, Bindewald. n. — 50

Hauskalender

—— illustrirter, f. Halle u. den Saalkreis auf d. J. 1890—92. 4. (à Jahrg. 48 S.) Halle a. S., Peter. à Jahrg. * — 30

—— illustrirter hannoverscher. 1880. (1. Jahrg.) 4. (72 S. mit eingedr. Holzschn. und 1 Chromolithogr.) Hannover, Meyer. * — 50

—— illustrirter hannoverscher, 1881 und 1882. 4. (à Jahrg. 72 S. mit eingedr. Holzschn. und 1 Chromolithogr.) Hannover, Meyer. à Jahrg. *
Nicht weiter erschienen.

Hauskalender

—— illustrirter katholischer, auf die J. 1863—68. 7.—12. Jahrg. Hrsg. von Jul. Pohl. 8. (à ca. 96 S. mit eingedr. Holzschn. und 1 Holzschntaf.) Braunsberg, Peter. à Jahrg. *
—— s. Pohl's, Jul., illustrirter Haus-Kalender.

— illustrirter katholischer auf die J. 1866—69. 10—13. Jahrg. Herg. von Jul. Pohl. Leipzig, Peter. 8. Jeder Jahrg. (ca. 96 S. mit eingedr. Holzschn. u. 1 Holzschntaf.) n. 6 ngr.

—— illustrirter katholischer, auf die J. 1870—1880. Hrsg. von Jul. Pohl. gr. 8. (à Jahrg. ca. 100 S. mit eingedr. Holzschn. und 1 Holzschntaf.) Leipzig, Peter's Verlag. à Jahrg. * — 50

—— illustrirter katholischer, für 1881—1885. Hrsg. von Jul. Pohl. 25.—29. Jahrg. (Große Ausg.) 8. (à Jahrg. 112 S. mit Holzschn.) Leipzig, Peter's Verlag. à Jahrg. * Kleine Ausg. (64 S.) à Jahrg. *
Forts.s.:Hauskalender, Ermländischer.

—— illustrirter katholischer, [Bischofs-Kalender] auf die J. unseres Heils 1876—1880. Zur Belehrung und Erbauung für Stadt und Land hrsg. von mehreren Geistlichen des Erzbisth. Bamberg und der Diöcese Würzburg. 23.—27. Jahrg. Pracht-Ausg. mit vielen dem Texte beigedr. feinen Holzschn. verziert. 4. (à Jahrg. 46—48 S. mit 1 Stnt. oder Holzschntaf. und eingedr. Holzschn.) Würzburg, Etlinger'sche Buchh. à Jahrg. * — 30
Feine Ausg. à Jahrg. * — 50

—— dass. — [Bischofs-Kalender] auf die J. 1881—1885. Zur Belehrung und Erbauung für Stadt und Land hrsg. von mehreren Geistlichen des Erzbisth. Bamberg und der Diöcese Würzburg. 28.—32. Jahrg. 4. (à Jahrg. ca. 48 S. mit eingedr. Holzschn. und 1 Holzschntaf.) Würzburg, Etlinger'sche Buchh. à Jahrg. *

—— illustrirter katholischer [Bischofs-Kalender], auf die J. 1886 und 1887. Zur Belehrung und Erbauung für Stadt und Land hrsg. von mehreren Geistlichen des Erzbisth. Bamberg und der Diöcese Würzburg. 33. und 34. Jahrg. 4. (à Jahrg. 46 S. mit eingedr. Holzschn. und 1 Holzschntaf.) Würzburg, Etlinger'sche Buchh. à Jahrg. *

—— dass. — auf die J. 1888 und 1889. Zur Belehrung und Erbauung für Stadt und Land hrsg. von mehreren Geistlichen der Bisthümer Bamberg, Freiburg und Würzburg. 35. und 36. Jahrg. 4. (à Jahrg. 46 S. mit eingedr. Holzschn. und 1 Holzschntaf.) Ebendas. à Jahrg. *

—— illustrierter katholischer, (Bischofs-Kalender) auf d. J. 1890—1893. Zur Belehrg. u. Erbaug. f. Stadt u. Land hrsg. v. mehreren Geistlichen der Bisthümer Bamberg, Freiburg u. Würzburg. 37.—40. Jahrg. 4. (46; 48; XIV, 40; 56 S.) Würzb., Etlinger.
à Jahrg. — 30

— illustr. katholischer, (Bischofs-Kalender) auf d. J. 1896. Hrsg. v. mehreren Geistlichen der Bistümer Bamberg, Freiburg u. Würzburg. 42. Jahrg. 4. (50 u. 16 S.) Würzburg, Etlinger. — 30

— illustrirter katholischer (Bischofs-Kalender), auf das J. 1899. Zur Belehrg. u. Erbaug. f. Stadt u. Land hrsg. v. mehr. Geistlichen d. Bisthümer Bamberg, Freiburg u. Würzburg. 46. Jahrg. 4. (64 u. 8 S. m. Wandkal.) Würzburg, Etlinger. — 30

— illustrirter katholischer (Bischofs-Kalender), auf d. J. 1903. Zur Belehrg. u. Erbaug. für Stadt u. Land hrsg. v. mehreren Geistlichen der Bisthümer Bamberg, Freiburg u. Würzburg. 50. Jahrg. 4. (60 u. 8 S. m. Wandkalender.) Würzburg. Veitshöchheim, Etlinger. — 30

- illustrierter katholischer (Bischofs-Kalender), auf d. J. 1907. Zur Belehrg. u. Erbaug. f. Stadt u. Land hrsg. v. mehreren Geistlichen der Bistümer Bamberg, Freiburg u. Würzburg. 54. Jahrg. (56 u. 8 S. m. Wandkalender.) gr. 8. Würzburg, Etlinger. — 30

— illustrierter katholischer, (Bischofs-Kalender) auf d. J. 1911. Zur Belehrg. u. Erbaug. f. Stadt u. Land hrsg. v. mehreren Geistlichen der Bistümer Bamberg, Freiburg u. Würzburg. 58. Jahrg. (78 u. 9 S. m. Wandkalender.) gr. 8. Würzburg, W. Ott. — 30

— illustrirter Kieler f. d. J. 1877. 4. (76 S.) Kiel, Haeseler. n. — 50

Illustrirter Haus-Kalender für die Grafschaft-Mansfeld. Jg. 1. 2. Auf d. J. 1902–03. Eisleben: Eisleber Tagebl. [1901–02]. 8° (4°) [Umschlagt.]

Haus- und Familienkalender

— — illustr. Neubrandenburger. 1894. 12. (160 u. 8 S.) Neubrandenburg, O. Nahmmacher. n. — 50

— — illustr. Offenbacher, f. 1894. 8. (160 u. 4 S.) Offenbach, Th. Steinmetz. n. — 40

— — illustr. Offenbacher, 1899. 4. (53 u. 5 S. m. 1 Wandkal.) Offenbach, Th. Steinmetz. — 25

Hauskalender

— illustr. protestantischer, f. d. J. 1894. 4. (76 u. 12 S.) Budapest, (V. Hornyánszky). n. — 60

Haus- u. Volks-Kalender, illustrirter verbesserter, für das Schaltjahr 1880, für die königlich preußischen Provinzen Brandenburg, Pommern, Westpreußen ꝛc. Mit einem Titelbilde (Holzschntaf.) u. zahlreichen (eingedr.) Illustr. gr. 16. (XXXII, 124 S.) Landsberg a/W., Volger & Klein. n. — 50

Haus- und Volks-Kalender, illustrirter verbesserter, für die J. 1881—1885, für die königl. preuß. Provinzen Brandenburg, Pommern, Westpreußen ꝛc. gr. 16. (à Jahrg. ca. 136—146 S. mit eingedr. Holzschn.) Landsberg a. d. W., Volger und Klein. à Jahrg.

Haus- u. Werkstatt-Kalender, illustrirter, 1887, für Bäcker, Müller — Brauer — Buchbinder, Cartonnagenmacher — Conditore, Cafétiers — Confectionäre, Modisten — Damen-Schneider — Fleischer, Wurstfabrikanten — Friseure, Raseure, Heilgehilfen — Herren-Schneider — Hôteliers, Gastwirthe — Hutmacher, Kürschner — Maurer-, Zimmermeister — Metallarbeiter, Klempner — Optiker, Mechaniker — Glaser, Anstreicher — Schlosser, Schmiede — Schuhmacher, Gerber — Tapezierer, Decorateure — Tischler, Drechsler — Uhrmacher, Gold- u. Silberarbeiter u. verwandte Berufszweige. Zur Belehrg. u. Unterhaltg. f. Meister u. Gehilfen im gewerbl. u. im Familienleben. 20 Ausg. gr. 8. (à 160 S.) Berlin, Steinitz. à n. 1. —

— immerwährender katholischer. Ein vollständ. Hausbuch f. kathol. Familien. Von zwei Priestern der Diöcese Brixen. 2 Bde. in 15 Lfgn. gr. 4. (1. Bd. 730 S. 2. Bd. 488 S. m. 1 Holzschntaf. in qu. gr. Fol. u. 4 lith. Taf.) Innsbruck 848—51, Wagner. 1. Bd. Lfg. 1—3. 9—14. 2. Bd. Lfg. 4—8. 15. (à Lfg. 9 ngr) 1½ ꝛf

Haus-Kalender, immerwährender katholischer. Ein vollständiges Hausbuch für katholische Familien von Nikolaus Rothmüller und J. E. Mitterrutzner. Mit einer Vorrede des hochwürdigsten Fürstbischofs Vinzenz von Brixen. 2. vermehrte und verbesserte Auflage. Mit vielen schönen Holzschnitten. 1. 2. Lfg. gr. 4. (S. 1—160.) Innsbruck, Wagner'sche U.-B. 1867

— für das österreichische Kaiserthum, oder Geschäfts-, Unterhaltungs- u. Lesebuch auf das Jahr 1845, für alle Klassen des Adels, der Geistlichkeit, des Militairs, der Honoratioren u. Bürger der gesammten Oesterr. Monarchie. Mit 1 Abbild. von Wildbad Gastein. 4. Wien 844, Strauß Wtw. u. Sommer. geb. ¾ ꝛf

Katholischer Haus-Kalender : 1848–. Baltimore, MD
Roman Catholic almanac. Edited & published by Maximilian Oertel.

— katholischer, für 1849. Unter Mitwirkung von kathol. Geistlichen u. Laien hrsg. Mit mehreren (4) Lith. 2. Jahrg. 12. (156 S. m. eingedr. Holzschn.) Crefeld, Klein. n. 8 ngr
— für 1851 u. 1852. 3 u. 4. Jahrg. Jeder m. 2 Stahlst. 8. (à 156 S. m. eingedr. Holzschn.) Ebd. à n. 1/4 rℓ (vgl. Volks-Hauskalender.)

— katholischer, für 1853. Herausg. von kathol. Geistlichen u. Laien. (5. Jahrg.) Mit 2 feinen Stahlst. Crefeld, Klein. 8. (155 S.) n. 7 1/2 ngr

— katholischer, für das Jahr 1851 von einem kathol. Geistlichen. Mit einem Aderlaßmännchen u. etwelchen probaten Hausmitteln für das ledige u. verheirathete Manns- u. Weibs-Volk. 4. (52 S. m. eingedr. Holzschn.) Neustatt a. d. Haardt. Frankfurt a. M., Lizius in Comm. n. 2 ngr

— katholischer, auf das Jahr 1854—1858. Zur Belehrung u. Erbauung für Stadt u. Land herausg. von mehreren Geistlichen des Bisthums Würzburg. 1—5. Jahrg. Mit mehreren Abbildgn. (Holzschn. im Text.) Würzburg, Etlinger. 4. Jeder Jahrg. 4 ngr

katholischer, auf das Jahr 1859. Zur Belehrung für Stadt und Land herausg. von mehreren Geistlichen des Bisthums Würzburg und des Erzbisthums Bamberg. 6. Jahrg. Mit mehreren Abbildgn. (in Holzschn.) 1. u. 2. Aufl. Würzburg, Etlinger. 4. (48 S.) 4 ngr

KATHOLISCHER Hauskalender. Oberwarth (Felsöör) 1888(-1916): Schodisch. - 230 mm

katholischer, für das Bisthum Osnabrück auf das Jahr 1863 u. 64. Osnabrück, Richard. 4. (71 S.) 63.: n. 6 ngr; 64.: n. 5 ngr

— katholischer, für das Bisthum Osnabrück auf das J. 1865. Osnabrück, Richard. 8. (XVIII, 130 S.) n. 4 1/2 ngr

— katholischer, auf das J. 1867. Hrsg. unter Mitwirkung mehrerer Herren von G. Behnes. 5. Jahrg. 8. (96 S.) Papenburg, Lüken. *

— katholischer, auf das J. 1870. Hrsg. unter Betheiligung mehrerer Mitarbeiter von B. Hülmann. 8. Jahrg. 8. (128 S. mit 1 Stahlst.) Osnabrück 870, Overwetter.

Haus- und Geschäfts-Kalender, Klagenfurter. Ein Jahrbuch für alle Bewohner Kärntens. Klgft., Leon. (v. Kleinmayr,) 1848—. Quart. (Von 1887 an: Klagenfurter Haus-, Geschäfts- u. Adreß-Kalender.)

Klagenfurter Haus- und Geschäfts-Kalender auf das Gemeinjahr nach der Geburt Christi 1855. Ein Jahrbuch für alle Bewohner Kärntens. VIII. Jahrgang. 4. (96 S.) Klagenfurt. Druck und Verlag der Joh. Leon'schen Buchhandlung.

Haus- und Geschäftskalender, Klagenfurter — auf das gemeine Jahr nach der Geburt Christi 1857. Ein Jahrbuch für alle Bewohner Kärntens. 10. Jahrg. Klagenfurt. Druck und Verlag der Johann Leon'schen Buchhandlung. (96 S. 8 Bl. 4.)

Haus- und Geschäftskalender, Klagenfurter — für das Gemeinjahr nach Christi Geburt 1858. Ein Jahrbuch für alle Bewohner Kärntens. 11. Jahrg. Klagenfurt. Druck und Verlag des Johann Leon. (96 S. 4.)

Haus- und Geschäfts-Kalender, Klagenfurter —. Ein Jahrbuch für alle Bewohner Kärntens. XII. Jahrg. *Klagenfurt.* Druck und Verl. der *Johann Leon'schen* Buchhandl. 96 S., 4 Bl. 4°.
INHALT. Kaiser Maximilians I. Lebensgefahren. — Die Sage vom polnischen Faust und seinem Famulus. — Gesetz über Stempelmarken. — Die neue österr. Währung.

Haus- und Geschäfts-Kalender, Klagenfurter, 1875—1880. Ein Jahrbuch für alle Bewohner Kärntens. 28.—33. Jahrg. 4. (à Jahrg. 96 S.) Klagenfurt, v. Kleinmayr. cart. à Jahrg. * — 84

Haus- und Geschäfts-Kalender, Klagenfurter, 1881—1885. Ein Jahrbuch für alle Bewohner Kärntens. 34.—38. Jahrg. 4. (à Jahrg. 96 S.) Klagenfurt, v. Kleinmayr. cart. à Jahrg. **

Haus- u. Geschäfts-Kalender, Klagenfurter, für das Jahr 1883. Ein Jahrbuch für alle Bewohner Kärntens. 36. Jahrg. 4. (104 S.) Klagenfurt, v. Kleinmayr. cart. n.n. — 84

— — dasselbe. 36. Jahrg. 4. (104 S.) Klagenfurt, Leon son. cart. n. — 80

Haus- und Geschäfts-Kalender, Ferd. v. Kleinmayr'scher Klagenfurter, für die J. 1886—1889. Ein Jahrbuch für alle Bewohner Kärntens. 39.—42. Jahrg. 8. (à Jahrg. ca. 120 S.) Klagenfurt, v. Kleinmayr. cart. à Jahrg. ** — 84

Kleinmayr's, Ferd. v., Klagenfurter Illustrirter Haus- und Geschäfts-Adreß-Kalender für das Schaltjahr 1892. Ein Jahrbuch für alle Bewohner Kärntens. 45. Jahrgang. 4. (144 S.) Cart. * —.40
Klagenfurt: v.Kleinmayr.

Kleinmayr's, Ferd. von, illustrirter, Klagenfurter Haus- und Geschäfts-Adreß-Kalender für das Gemeinjahr 1893. Ein Jahrbuch für alle Bewohner Kärntens. Neue Folge. 46. Jahrg. 4. (146 S.) Geb. —.42
Klagenfurt: v.Kleinmayr.

Haus-, Geschäfts- und Adresss-Kalender, Klagenfurter, für das Schaltjahr 1888. Ein Jahrbuch für alle Bewohner Kärntens. XLI. Jahrgang. 4°. (132 S.) Klagenfurt, Joh. Leon sen. Cart.
(Vgl.: Schreibkalender, Klagenfurter.)

Haus-, Geschäfts- und Adreß-Kalender, Klagenfurter, für das J. 1889. Ein Jahrbuch für alle Bewohner Kärntens. 42. Jahrg. 4. (117 S.) Klagenfurt, Leon sen. cart. * — 80

Haus-, Geschäfts- und Adreß-Kalender, Klagenfurter, für das Jahr 1890. Ein Jahrbuch für alle Bewohner Kärntens. 43. Jahrg. 4. (120 S.) Cart. —.42
Klagenfurt: Leon sen.

Haus-, Geschäfts- u. Adreß-Kalender, Klagenfurter, f. d. J. 1891. 44. Jahrg. Ein Jahrbuch f. alle Bewohner Kärntens. 4. (122 S.) Klagenfurt, Leon sen. cart. n. — 80

Haus-, Geschäfts- u. Adreß-Kalender, Klagenfurter, f. d. J. 1892. 45. Jahrg. Ein Jahrbuch f. alle Bewohner Kärntens. 4. (114 S.) Klagenfurt 890, Leon sen. cart. * — 80

Haus-, Geschäfts- und Adreßkalender, Klagenfurter, für das Gemeinjahr 1893. Ein Jahrbuch für alle Bewohner Kärntens. 46. Jahrg. 4. (163 S.) cart. Ebda. —.40

Haus-, Geschäfts- u. Adress-Kalender, Klagenfurter, f. d. J. 1894. Ein Jahrbuch f. alle Bewohner Kärntens. 47. Jahrg. 4. (166 S. m. 1 Abbildg.) Klagenfurt, J. Leon son. Kart. n. — 80

Haus-, Geschäfts- und Adreßkalender, Klagenfurter, 1895. 48. Jahrgang. Gr.-8. (171 S.) Cartonnirt —.40
Klagenfurt: Leon.

Haus-, Geschäfts- u. Adress-Kalender, Klagenfurter, f. d. J. 1897. Ein Jahrbuch f. alle Bewohner Kärntens. 50. Jahrg. 4. (II, 184 S. m. 1 Abb.) Klagenfurt, J. Leon sen. Kart. n. — 80

Haus-, Geschäfts- und Adreßkalender, Klagenfurter, für das Jahr 1898. 51. Jahrgang. Gr.-8. (184 S.) Cart. —.40
Klagenfurt: Leon.

Haus-, Geschäfts- und Adreßkalender, Klagenfurter, für das Jahr 1899. 52. Jahrgang. Gr.-8. (176 S.) Cart. —.40
Klagenfurt: Leon.

(F) Klagenfurter Haus-, Geschäfts- und Adress-Kalender für das Gemeinjahr 1900. Ein Jahrbuch für alle Bewohner Kärntens. LIII. Jahrgang. Klagenfurt. Leon. Gr.-8°. 159 S. Cart. K 1.—

(F) Klagenfurter Haus-, Geschäfts- und Adress-Kalender für das Gemeinjahr 1901. Ein Jahrbuch für alle Bewohner Kärntens. LIII Jahrgang. Klagenfurt. Leon. Gr.-8°. 180 S. Cart. K 1.—

Haus-, Geschäfts- u. Adress-Kalender, Klagenfurter, f. d. J. 1903. Ein Jahrbuch f. alle Bewohner Kärntens. 56. Jahrg. 4. (II, 230 S. m. Abbildgn.) Klagenfurt, J. Leon son. Kart. n. 1.—

Haus-, Geschäfts- u. Adreß-Kalender, Klagenfurter, u. Kalender f. d. k. k. Landwirtschaftsgesellschaft f. Kärnten f. d. J. 1906. Ein Jahrbuch f. alle Bewohner Kärntens. 59. Jahrg. (II, 216 S. m. Abbildgn.) gr. 8. Klagenfurt, J. Leon sen. Kart. 1.—

(F) Klagenfurter Haus-, Geschäfts- und Adresskalender für das Jahr 1907. 60. Jahrg. Lex.-8°. (215 S.) Ebda. K 1.—

(F) Klagenfurter Haus-, Geschäfts- und Adreßkalender und Kalender für die k. k. Landwirtschaftsgesellschaft für Kärnten. 1909. 62. Jahrg. Lex.-8°. (221 S.) Ebda. K 1.—

(F) Klagenfurter Haus-, Geschäfts- und Adreßkalender für das Jahr 1910. 63. Jahrg. Lex.-8°. (235 S.) Ebda. K 1.—

Haus-, Geschäfts- u. Adreß-Kalender, Klagenfurter, u. Kalender f. die k. k. Landwirtschaftsgesellschaft f. Kärnten f. d. J. 1911. Ein Jahrbuch f. alle Bewohner Kärntens. 64. Jahrg. (II, 230 S. m. Abbildgn.) gr. 8. Klagenfurt, J. Leon sen. Geb. 1.—

—— kleiner, auf die J. 1880—1885. 4. (à Jahrg. 64 S. mit Illustr.) à Jahrg. *
Winterberg: Steinbrener.

—— kleiner, auf die J. 1886—1889. 4. (à Jahrg. 60—80 S. mit Illustr.) Ebendas. à Jahrg. * — 40

—— kleiner, auf d. J. 1890—1893. 4. (à Jahrg. ca. 75 S. m. Abbildgn.) Ebd. à Jahrg. * — 50

Haus- und Familienkalender, Kleiner, auf das gemeine Jahr 1891. 4. (48 S. u. Jahrmärkte-Verzeichniß) —.25
Winterberg: Steinbrener.

Haus- und Familien-Kalender, Kleiner, auf das Jahr 1893. 4. (48 S. und Jahrmärkte-Verzeichniß) —.25
Winterberg: Steinbrener.

— — Kleiner, auf das Jahr 1895. 4. (48 S. und Jahrmärkte-Verzeichniß) —.25

— — Kleiner, auf das Jahr 1896. 4. (48 S und Jahrmärkte-Verzeichniß) —.25

— — Kleiner, auf das Jahr 1897. 4. (48 S. und Jahrmärkte-Verzeichniß) —.25

Kleiner, auf das Jahr 1898. 4. (48 S. und Jahrmärkte-Verzeichniß) —.25

— — kleiner, auf d. J. 1899. 4. (48, XX u. XVI S. m. Abb.) Ebd. n. — 50

— — kleiner, für d. J. 1907. (48, XVI u. XVI S.) gr. 8. Winterberg, J. Steinbrener. — 35

(F) Kleiner Haus- und Familienkalender für das Schaltjahr 1908. Gr.-8°. K —.50
Winterberg: Steinbrener.

— — kleiner, f. d. J. 1911. (48 u. XVI S.) gr. 8. Winterberg, J. Steinbrener. — 45

Hauskalender, kleiner, für Mähren und Schlesien für das Jahr 1859. I. Jahrgang. Mit Abbildungen der neuen Münzen. *Brünn.* Druck und Verl. v. *Buschak & Irrgang.* 96 S 8°. 21 Nkr.
INHALT. Zur Statistik Brünns und des Brünner Kreises. — Die erste Fahrt auf der Eisenbahn von Brünn nach Wien — Ein Teufelsbündner-Process in Iglau. — Der Wirth mit dem verdrehten Genick. Eine österreichische Sage. — Eine merkwürdige Kriminalgeschichte aus alter Zeit. — Der geprügelte Bauer im Kontrolorgange.

— kleiner Oberlausitzer, f. das deutsche Volk. 1894. Lex.-8. (88 S. m. Bildern.)
Lpz.: Breitkopf & Härtel.

—— kleiner practischer. 1881 und 1882. 1. und 2. Jahrg. 16. (79; 80 mit je eingedr. Holzschn.) Köln, Bachem. à Jahrg. F
Nicht weiter erschienen.

—— kleiner preußischer, auf die J. 1858—62. 1—5. Jahrg. 8. (à Jahrg. ca. XVIII und 50 S.) Erfurt, Bartholomäus.

Haus- und Wirthschaftskalender, Kleiner Temesvárer. — auf das J. nach Christi Geburt 1858, welches ein Gemeinjahr von 365 Tagen ist. Temesvár. Druck und Verlag von Förk und Kompagnie. (10 Bl. 4.)

Hauskalender, Ferd. v. Kleinmayr'scher, s. Hauskalender, Klagenfurter, ...

Hauskalender für die deutschen Kolonisten in Rußland. — Druck v. A. Schulze, Odessa 1892—1906

Haus- und Familienkalender

— — Kottbuser, f. 1895. 2. Jahrg. 4. (IV, 82 u. 16 S. m. Abbildgn., 1 Farbendr., 1 Portotab. u. 1 Wandkalender.) Kottbus, A. Petersdorf & Co. 50

— — Kottbuser, f. 1899. 6. Jahrg. Lex.-8. (73 u. 7 S. m. Abb., 1 Farbdr., 1 Wand- u. 1 Portemonnaiekal.) Kottbus, A. Petersdorf. — 50

Churpfalzbayerischer Hauskalender für den Bürger und Landmann. Amberg 1802.

HAUS-CALENDER, Lächerlich- curieuser und unfehlbarer, bestehend in einem Gespräch zwischen Pantalon und Hansswurst. O. O. u. J. (17**). 4°. Rar!

Haus- und Landwirthschafts-Kalender für deutsche Ansiedler im südlichen Rußland auf das Jahr 1889. 8. (152 S.) Odessa, (Berndt's Verlag.) [20 Kopeken.] — —

Haus- und illustrirter Landwirthschafts-Kalender zur Belehrung u. Unterhaltung. 1892. 16. Jahrg. Gr.-8. (96 S.) —.50
Wien: Dittmarsch.

Haus- und Landwirthschafts-Kalender für Süd-Deutschland [Oesterreich inbegriffen] auf das Jahr 1865. Herausg. von C. Fraas. Red. von R. Meyer. München, (Lindauer.) 16. (VIII, 392 S. u. 1 lith. Karte in 4.) n. 1 ℛ︎

Haus- und Landwirthschafts-Kalender des landwirthschaftlichen Vereins für Bayern auf das Jahr 1854—1858. München, Literar.-artist. Anstalt. (Mit Holzschn. im Text.) gr. 4. Jeder Jahrg. 7½ ngr
Vgl. Hauskalender, Bayerischer, ...

Haus- und Landwirthschafts-Kalender des landwirthschaftlichen Vereins für Bayern auf die J. 1857—61. gr. 4. (à Jahrg. 84 S. mit eingedr. Holzschn.) München, Literarisch-artistische Anstalt. à Jahrg. Thlr.

Haus- u. Landwirthschafts-Kalender, des landwirthschaftlichen Vereins für Bayern auf die J. 1866—69. München, (Lindauer'sche Buchh.) gr. 4. Jeder Jahrg. (100 S. mit 1 Karte in Holzschn. u. mit eingedr. Holzschn.) n. 8 ngr

Haus- und Landwirthschafts-Kalender des landwirthschaftlichen Vereins für Bayern auf die J. 1869—1874. Mit vielen Illustr. (in Holzschn.) und einer Uebersichtskarte der Eisenbahnen von Mitteleuropa (in Holzschn.). gr. 4. (93 S.) München, (Lindauer'sche Buchh.) 1869—1871 à *
1872—1874 à *

—— —— dass. — auf das gemeine J. 1875. Mit vielen Illustr. (in eingedr. Holzschn.) und einer (lithogr.) Uebersichtskarte der Eisenbahnen von Mittel-Europa. 4. (89 S.) München, J. A. Finsterlin.

Haus- und Landwirthschafts-Kalender des landwirthschaftlichen Vereins in Bayern auf die J. 1876—1880. Mit vielen (eingedr. Holzschn.-)Illustr. und 1 (lithogr.) Uebersichtskarte der Eisenbahnen von Mitteleuropa. gr. 4. (à Jahrg. 88—92 S.) München, (J. A. Finsterlin — Lindauer'sche Buchh.)
Jahrg. 1876 *
Jahrg. 1877—1880 à *

Haus- und Landwirthschafts-Kalender des landwirthschaftlichen Vereins in Bayern auf die J. 1881—1885. Mit (eingedr. Holzschn.-)Illustr. nebst 1 (lithogr.) Uebersichtskarte der Eisenbahnen von Mitteleuropa. 4. (à Jahrg. 92 S.) München, (J. A. Finsterlin.) à Jahrg.

—— —— des landwirthschaftlichen Vereins in Bayern auf die J. 1886—1889. Hrsg. vom General-Comité des landwirthschaftl. Vereins. gr. 4. (à Jahrg. 92 S. mit Illustr. und je 1 Uebersichtskarte der Eisenbahnen von Mitteleuropa und des Königr. Bayern.) München, (J. A. Finsterlin. — Lindauer'sche Buchh.) à Jahrg. * — 80

Haus- u. Landwirthschafts-Kalender d. landwirthschaftl. Vereins in Bayern, auf d. J. 1890—1893. Mit Illustr. u. je 1 Uebersichtskarte der Eisenbahnen v. Mitteleuropa u. d. Königr. Bayern. Hrsg. vom General-Comité d. landwirthschaftl. Vereins. gr. 4. (à Jahrg. 92 S.) Münch., (Lindauer). à Jahrg. * — 80

Haus- u. Landwirthschafts-Kalender des landwirthschaftlichen Vereins in Bayern auf d. J. 1895. Mit Illustr u. je 1 Uebersichtskarte der Eisenbahnen des Königr. Bayern u. v. Mitteleuropa. Hrsg. vom General-Comité des landwirthschaftl. Vereins. gr. 4. (92 S.) München, (J. Lindauer). n. — 80

Haus- u. Landwirthschafts-Kalender d. landwirthschaftl. Vereins in Bayern auf d. J. 1899. M. Illustr. u. je 1 Uebersichtskarte d. Eisenbahnen d. Königr. Bayern u. v. Mitteleuropa. Hrsg. v. bayer. Landwirthschaftsrath. gr. 4. (92 S.) München (J. Lindauer). n. — 80

Haus- u. Landwirthschafts-Kalender des landwirthschaftlichen Vereins in Bayern auf d. J. 1903. Mit Illustr. u. je 1 Uebersichtskarte der Eisenbahnen des Königr. Bayern u. v. Mitteleuropa. Hrsg. vom bayer. Landwirthschaftsrath. gr. 4. (92 S.) München (J. Lindauer). n. — 80

Haus- u. Landwirtschafts-Kalender des landwirtschaftl. Vereins in Bayern auf d. J. 1907. Mit Monatsbildern v. W. Kaulbach, je 1 Uebersichtskarte der Eisenbahnen des Königr. Bayern u. von Mitteleuropa u. 1 Wandkalender. Hrsg. vom bayer. Landwirtschaftsrat. (94 S.) Lex.-8. München (J. Lindauer). n. — 80

Haus- u. Landwirtschafts-Kalender des landwirtschaftlichen Vereins in Bayern auf d. J. 1911. Hrsg. v. bayer. Landwirtschaftsrat. (97 S. m. Abbildgn., 1 Karte, 1 Farbdr. u. Wandkalender.) Lex. 8. München, (J. Lindauer.) — 80

Hauskalender

— Leipziger, auf d. J. 1896. 12. (XVI, 73 S.) Leipzig, R. Claußner. n. — 50

Haus-Kalender, Leipziger, für alle Stände auf das Jahr 1865. Leipzig, Roßberg. 4. (16 Bl., 64 S. m. Holzschn.) n. 5 ngr.

Haus-Kalender, Lemberger — f. d. Jahr 1853. Lemberg, Frz. Poremba. 4.

— Lichtenfelser, für Stadt u. Land auf das Jahr 1881. 4. (42 S.) Lichtenfels, Ehrhard. n. — 20

—— Luxemburger, für die J. 1863—67. Hrsg. von J. Müllendorff. 1.—5. Jahrg. 8. (ca. XXXVIII und 130 S. mit vielen Abbildungen in eingedr. Holzschn.) Luxemburg, Brück. à Jahrg.

—— Luxemburger, für die J. 1868—1873, hrsg. von J. Müllendorff. 6.—11. Jahrg. Mit Holzschn., Preisräthseln und den Jahrmärkten von Luxemburg und der ganzen Umgegend. 8. (à 164—168 S.) Luxemburg, Brück. à Jahrg.

—— dass. — für die J. 1874 und 1875, gegründet von J. Müllendorff, hrsg. von J. B. Fallize. 12. und 13. Jahrg. Mit Holzschn., Preisräthseln und den Jahrmärkten von Luxemburg und der ganzen Umgegend. 8. (à 168 S.) Ebendas. à Jahrg. *

—— Luxemburger, für die J. 1877—1880, gegründet von J. Müllendorff, hrsg. von J. B. Klein. 15.—18. Jahrg. Mit (eingedr.) Holzschn., Preisräthseln, Adreßkalender und den Jahrmärkten von Luxemburg und der ganzen Umgegend. 8. (à Jahrg. 166—168 S.) Luxemburg, Brück. à Jahrg. * — 50

— Luxemburger, f. d. J. 1890, gegründet v. J. Müllendorff. 28. Jahrg. 8. (144 S. m. Abbildgn.) Luxemburg, Brück. n. — 50

Hauskalender, Luzerner, auf das Schaltjahr Christi 1880. In-4°, 22 S. Luzern, Meyer'sche Buchdruckerei. — 25

—— Luzerner, auf die J. 1880—1885. 75.—80. Jahrg. 4. (à Jahrg. ca. 40 S. mit Holzschn.) Luzern. (Bern, Jenni.) à Jahrg. *

Haus-Kalender, Luzerner, auf das Jahr Christi 1889. 84. Jahrg. In-4°, 64 S., mit Illustrat. Luzern, Meyer'sche Buchdruckerei (H. Keller). — 30

Hauskalender. Luzerner Haus-Kalender auf das Jahr Christi 1901. Zum Jubeljahr. Jahrg. 100. [Mit Illustrationen und 1 Tafel in Farbendruck.] [IV + 104 S.] 4. Luzern, H. Keller. [fr. —. 25]

Hauskalender. Luzerner Haus-Kalender auf das Jahr Christi 1902. Jahrg. 101. [Illustriert.] [IV + 80 S.] 4. Luzern, H. Keller. [fr. —. 25]

Hauskalender. Luzerner Haus-Kalender auf das Jahr Christi 1903. Jahrg. 102. [Illustriert.] [IV + 80 S.] 4. Luzern, H. Keller. [fr. —. 25]

Hauskalender. Luzerner Haus-Kalender auf das Schaltjahr Christi 1904. Jahrg. 103. [Illustriert.] [IV + 76 S.] 4. Luzern, H. Keller. [fr. —. 25]

Hauskalender. Luzerner H'-K'... [Illustriert.] 4. Luzern, H. Keller.
... auf das Jahr Christi 1905. Jahrg. 104. [76 S.] [fr. —. 30]
... auf das Jahr Christi 1906. Jahrg. 105. [80 S.] [fr. —. 25]
... auf das Jahr Christi 1907. Jahrg. 106. [84 S.] [fr. —. 30]
... auf das Schaltjahr Christi 1908. Jahrg. 107. [96 S.] fr. —. 30

Hauskalender. Luzerner H'-K' auf das Jahr Christi 1910. Jahrg. 109. [Illustriert.] [100 S.] 4. Luzern, H. Keller. fr. —. 30

— Magdeburger, für das Jahr 1842—1845. Mit (2) lith. Abbild. Neue Folge, 1.—4. Jahrg. 8. Magdeburg, Baensch. à n. 1/6 ₰

— Magdeburger für das J. 1869. Nebst e. richt. Jahrmarkts-Verzeichn. 1. Jahrg. Magdeburg 869. (Heinrichshofen.) 8. (53 S.) n. 5 ngr.

Hauskalender

— für Mähren u. Schlesien für das J. 1868. Troppau, Kolck. 8. (96 S.) 4 ngr.

Haus-Kalender, mährisch-schlesischer (früher: Freiwaldau-Gräfenberger), auf d. J. 1896. Für alle Stadt- u. Land-Bewohner. 42. Jahrg. gr. 8. (65 S. m. 1 Farbendr.) Freiwaldau, B. Titze. n. — 30

— Mainzer, für das Jahr 1864. Herausg. von einem katholischen Geistlichen. Mit mehreren Holzschn. Mainz, Haas. 4. (56 S.) 2 ngr.

— Merseburger, auf das Jahr 1855—1859. Merseburg, Garcke. 8. Jeder Jahrg. n. 5 ngr.

—— merseburger, auf die J. 1858—61. 8. (à Jahrg. ca. 65 S.) Merseburg, [Stollberg.] à Jahrg. *

—— Merseburger, auf das J. 1863. 8. (68 S.) Merseburg, Stollberg.

Haus- und Landwirtschaftskalender, Monatlicher auf das Jahr ...
Hartl, Wien 1779–1781.

Haus- u. Wirthschafts-Calender, monatl. 12 Stck. 8. Wien, Bernhardi. 780.

Hauskalender, moralischer, immerwähr., zur Beförderung des physischen Wohls der Menschheit. Mit 1 Kpf. Taschenformat. Prag 816. Enders. 8 gr.

— Münchener, auf das Jahr 1865. Sulzbach, v. Seidel. 4. (32 S.) 3 ngr.

Haus- u. Schreib-Kalender, Münchner, f. Groß u. Klein, f. 1907. (35 S. m. farb. Abbildgn. u. Ornamenten.) 4. München, Druck u. Verlag der Münchener Neuesten Nachrichten, Knorr & Hirth. n. 1. —

Haus- und Familienkalender

— — Neisser, f. 1892 „Am Neissestrand". 12. (IV, 167 S. m. Bildern.) Neisse, J. Graveur. — 50

—— —— Neubrandenburger, f. 1892 u. 1893. 8. (162; 176 S. m. Holzschn.) Neubrandenb., Nahmmacher. à Jahrg. * — 50

Haus- u. Familien-Kalender, Neubrandenburger ill., 1896. 8. (128 u. 16 S. m. Wandkal.) Neubrandenburg, P. Christiansen. n. — 50

Hauskalender

— der neue christliche, für die J. Christi 1869—1875. Mit vielen Bildern (Holzschn.), Liedern, Denksprüchen, Geschichten, Gesprächen etc. zur Belehrung und Erbauung. 36.—42. Jahrg. 4. (à 48—52 S. mit eingedr. Holzschn.) Luzern, Gebr. Räber. à Jahrg.

— der neue christliche, für die J. Christi 1876—1880. Mit christl. Bildern, Liedern, Denksprüchen, Geschichten, Gesprächen etc., zur Belehrung und Erbauung. 43.—47. Jahrg. 4. (à Jahrg. 44—52 S. mit Holzschn.) Luzern, Gebr. Räber. à Jahrg. — 30

Hauskalender, der neue christliche, für die J. 1881—1885. 48.—52. Jahrg. 4. (à Jahrg. ca. 46 S. mit 2 Holzschntaf.) Luzern, Gebr. Räber. à Jahrg.

— der neue christliche, für die J. 1886—1889. 53.—56. Jahrg. 4. (à Jahrg. 50—60 S. mit Illustr.) Luzern, Räber. à Jahrg.

— der neue christliche, für d. J. 1891—1893. Dem kathol. Volke gewidmet. 58.—60. Jahrg. 4. (49; 56· 61 S. m. Abbildgn.) Luzern, Gebr. Räber u. Comp. à Jahrg. * — 35

— der neue christliche, f. d. J. 1894. 61. Jahrg. 4. (52 S. m. Bildern.) Luzern, Gebr. Räber & Co. — 30

Hauskalender, der neue christliche, für 1896. 63. Jahrg. Mit Abb. In-4°. 60 S. Luzern, Räber & Co. — 30

— d. neue christliche, f. d. J. 1899. Dem kathol. Volke gewidmet. 66. Jahrg. 4. (61 S. m. Abb.) Luzern, Räber & Co. — 30

Hauskalender. Der neue Christliche Hauskalender für das Jahr Christi 1901. Dem katholischen Volke gewidmet. Jahrg. 68. [Illustriert.] IV + 80 S. 4. Luzern, Gebrüder Räber. [fr. —. 30]

Hauskalender. Der neue Christliche Hauskalender für das Jahr Christi 1902. Dem katholischen Volke gewidmet. Jahrg. 69. [Illustriert.] IV + 88 S. 8. Luzern, Gebrüder Räber. [fr. —. 30]

Hauskalender. Der neue Christliche Hauskalender für das Jahr Christi 1903. Dem katholischen Volke gewidmet. Jahrg. 70. [Illustriert.] IV + 84 S. 4. Luzern, Gebrüder Räber. [fr. —. 30]

Hauskalender. Der neue Christliche Hauskalender für das Jahr Christi 1904. Dem katholischen Volke gewidmet. Jahrg. 71. [Illustriert.] IV + 88 S. 4. Luzern, Gebrüder Räber. [fr. —. 30]

Hauskalender. Der neue Christliche H' für das Jahr Christi 1905 *u.* 1906. Dem katholischen Volke gewidmet. Jahrg. 72 *u.* 73. [Illustriert.] *je* IV + 96 S. 4. Luzern, Gebrüder Räber. [*je* fr. —. 30] P

Hauskalender. Der neue Christliche H' für das Jahr Christi 1907. Dem katholischen Volke gewidmet. Jahrg. 74. [Illustriert.] IV + 96 S. 4. Luzern, Gebrüder Räber. [fr. —. 30]

Hauskalender. Der neue Christliche H' für das Jahr Christi 1908. Dem katholischen Volke gewidmet. Jahrg. 75. [Illustriert.] IV + 88 S. 4. Luzern, Gebrüder Räber. [fr. —. 30]

Hauskalender. Der neue Christliche H' auf das Jahr Christi 1909 *u.* 1910. Dem katholischen Volke gewidmet. Jahrg. 74 [*d. i.* 76] *u.* 77. [Illustriert.] *je* IV + 96 S. 4. Luzern, Gebrüder Räber. [*je* fr. —. 30]

— der neue christliche, f. d. J. 1911. Dem kathol. Volke gewidmet. 78. Jahrg. (76 S. m. Abbildgn.) 8. Luzern, Räber & Co. — 30

Haus-Kalender, Neu eingerichteter Freiwaldau-Gräfenberger — auf das Jahr 1855. Für alle Stadt- und Landbewohner. 8. (32 S.) Freiwaldau, gedruckt bei Ernst Titze.

Haus-Kalender, Neuer — für das gemeine Jahr nach der gnadenreichen Geburt unsers Heilandes Jesu Christi 1854. 4. Bregenz. Druck und Verlag von J. N. Teutsch.

Haus-Kalender, Neuer — für das Schaltjahr nach der gnadenreichen Geburt unseres Heilandes Jesu Christi 1856. Enthaltend: Die Genealogie des durchlauchtigsten Kaiserhauses von Oesterreich, die Zeit- und Festrechnung, die Aspekten der Planeten, den Mondeslauf, die Witterungsanzeige, den Auf- und Untergang der Sonne in jeder Woche, die neue astronomische Praktik, das Märkte-Verzeichniß, nebst Skalen zur Bemessung der Stempel-Gebühren nach dem Werthe der Urkunden. Bregenz, Druck und Verlag von J. N. Teutsch.

Hauskalender, neuer — für das gemeine Jahr nach der gnadenreichen Geburt unsers Heilandes Jesu Christi 1857. Bregenz. Druck und Verlag von J. N. Teutsch. (8 Bl. 4.)

Neuer Hauskalender auf d. Jahr 1871. 101. Jahrgang. Mit Holzschn. 32 Seiten. 4. Zug J. M. A. Blunschi. —. 20

Neuer Hauskalender f. 1873. 103. Jahrgang. 32 Stn. 4. Zug, Blunschi. —. 20

Neuer Hauskalender auf d. J. 1874. 104. Jahrgang. 32 Stn. 4. Zug, J. M. A. Blunschi. —. 20

Hauskalender, Neuer, auf das Schaltjahr 1880. 110. Jahrgang. In-4°, 28 S. Zug, Blunschi. — 20

Hauskalender. Neuer Haus-Kalender auf das Jahr nach der Geburt ... Christi 1901—1903. Jahrg. 131—133. [Illustriert.] [32 *u.* 32 *u.* 40 S.] 4. Zug, Blunschi. *à* fr. —. 20

Hauskalender. Neuer Haus-Kalender auf das Schaltjahr nach der Geburt ... Christi 1904. Jahrg. 134. [Illustriert.] [40 S.] 4. Zug, Blunschi. fr. —. 20

— neuer, allgemeiner, illustrirter. 1862. 10. Jahrgang. 4. (XXIV. 208 S.) Wien, Benedikt. 60 kr.

— neuer, für den Bürger u. Landmann auf 1847. 12. (80 S.) Danzig, Gerhard. n. 1/6 ₰ — auf das Jahr 1850 u. 1851. 12. (82 u. 96 S.) Berlin, Gerhard. 1850: 6 ngl 1851: n. n. 1/6 ₰

Haus- u. Ehestandskalender

— — neuer, f. d. Bürger u. Landmann etc. auf 1802—10. 8. Sulzbach, Seidel. (à 2 gr.)

Hauskalender

HAUS- und Ehestandskalender, Neuer, für den Bürger und Landmann, auf das Jahr 1807. Nürnberg, Seidel. 4°. (2 gr.)

Haus- u. Ehestands-Kalender, neuer, f. d. Bürger u. Landmann rc. auf d. Jahre 1811–15. 8. Sulzbach, Seidel. (à 2 gr.)

Haus- und Familienkalender

— — neuer, f. d. J. 1898. M. Chromobild u. Wand-Almanach. 12. Jahrg. 4. (56 u. 7 S. m. Abb.) Dresden, M. Fischer. — 50

— — neuer f. d. J. 1902. 16. Jahrg. 4. (48 u. 8 S. m. Abbildgn., 1 Farbdr. u. Wandkalender.) Dresden, H. Grünberg. — 30

— neuer gemeinnütziger, f. d. J. 1903. 3. Jahrg. 12. (80 u. 38 S. m. Abbildgn.) Neuhaldensleben, C. A. Eyraud. — 25

Haus-Kalender, Neuer gemeinnütziger und unterhaltender, Vaterländischer — für Ungarn und Siebenbürgen, für Katholische, Evangelische und Griechen, auf das gemeine Jahr 1854, welches ein Jahr von 365 Tagen ist. 29. Jahrgang. 4. (56 S.) Kaschau. Gedruckt und im Verlage bei Karl Werfer.

— neuer gemeinnütziger, für das deutsche Volk auf das Jahr 1817. Vom Herausg. von Vater Strüf's Feierabend rc. Mit (eingedr.) Bildern. gr. 8. (36 S. u. 3 Bog. in gr. Fol.) Ulm, Seitz. 1/12 ℛ︎

Neuer Haus- und Landwirtschaftskalender. Odessaer Kalender. Gegr. 1863–1915. Jg. 1–47. Neuer-Hauswirtschaftskalender für deutsche Ansiedler im südlichen Rußland. Odessa: Verlag L. Nitzsche. Aufl. bis 20 000. Beilagen: Landwirtschaftliches; Unterhaltungsblatt; Illustrierte; Ratgeber für Feld und Haus

Neuer Haus- und Landwirtschaftskalender für die dt. Ansiedler im südl. Rußland. Jg 1–47. – Odessa: Nitzsche 1865–1915.

Haus-Kalender, Neuer Lemberger — auf das Jahr nach Christi Geburt 1854. 4. Lemberg. Druck und Verlag von Joseph Schnayder's Witwe, 1853.

Haus-Kalender, Neuer Salzburgischer — auf das Schaltjahr 1856. Salzburg Oberer'sche (Endl und Penker) Buchdruck. (16 S. 16.)

Hauskalender, neuer Salzburgischer — auf das gemeine Jahr 1857. Druck und Verlag der Oberer'schen Buchdruckerei. (16 Bl. 16.)

Hauskalender, neuer Salzburgischer — auf das gemeine Jahr 1858. Verlag der J. Oberer'schen Buchhandl. Oberer'sche (Endl und Penker) Buchdr. (16 Bl. 12.)

Hauskalender, Neuer salzburgischer, auf das gemeine Jahr 1887. 32°. (30 S.) Salzburg, Oberer's sel. Witwe. fl. —.10.

Hauskalender, Neuer Salzburgischer, auf das gemeine Jahr 1894. 24. (32 S.) —.10
Salzburg: Oberer(Oellacher).

Hauskalender, Neuer Salzburgischer, auf das Schalt-Jahr 1896. 24. (32 S.) —.10
Salzburg: Oberer.

Hauskalender, Neuer Salzburgischer, auf das Jahr 1897. 24. (32 S.) —.10
Salzburg: Oberer.

— neuer salzburgischer, auf d. J. 1898. 24. (32 S.) Salzburg, Oberer's sel. Wwe. n.n. — 20

— neuer salzburgischer, auf d. J. 1901. 24. (31 S.) Salzburg, Oberer's sel. Wwe. — 12

Neuer Salzburgischer Hauskalender für das Schaltjahr 1904. 16°. K —.12
Salzburg: Oberer.

(F) Neuer salzburgischer Hauskalender auf das Gemeinjahr 1905. 16°. K —.12
Salzburg: Oberer.

— neuer salzburgischer, auf d. J. 1907. (31 S.) 16. Salzburg, Oberer. — 12

Neuer salzburgischer Hauskalender auf das Schaltjahr 1908. 16°. K —.15
Salzburg: Oberer.

Haus- und Wirthschafts-Schreibkalender, neuer Salzburgischer — auf das gemeine Jahr nach unsers Herrn und Heilandes Jesu Christi gnadenvoller Geburt 1857 berechnet auf die geographische Lage von Salzburg zu 30 Gr. 41 Min. östlicher Länge, und 47 Gr. 48 Min. nördl. Breite. In welchem nebst der Beschreibung der vier Jahreszeiten und der Witterung, die Genealogie des allerhöchsten kaiserlichen Hauses von Oesterreich, die merkwürdigsten Zeitrechnungen, die neueste Münztabelle, die Reduktionstabelle rc. rc. eine kurze Geschichte des römischen Volkes rc. enthalten sind. Salzburg. Druck der Oberer'schen Buchdruckerei. Verlag der J. Oberer'schen Buchhandl. (30 Bl. 4.)

Haus- und Wirthschafts-Schreibkalender, neuer Salzburgischer — auf das gemeine Jahr nach unsers Herrn und Heilandes Jesu Christi gnadenvoller Geburt 1858. Verlag und Dr. der J. Oberer-schen Buchdr. in Salzburg. (24 Bl. gr. 8.)

Haus- und Wirthschafts-Schreib-Kalender. Neuer salzburgischer, auf das gemeine Jahr nach unseres Herrn und Heilandes Jesu Christi gnadenvoller Geburt 1887. gr. 8°. (80 S.) Salzburg. Oberer. fl. —.20.

— u. Wirthschafts-Schreibkalender, neuer salzburgischer, auf das Schaltjahr nach unseres Herrn und Heilandes Jesu Christi gnadenvoller Geburt 1888. 8°. (94 S.) Salzburg, Oberer fl. —.30.

Haus- und Wirthschafts-Schreib-Kalender, Neuer salzburgischer, auf das gemeine Jahr 1893. Kl.-4. (64 S.) - .30
Salzburg: Oberer's Wwe.

Haus- und Wirthschafts-Schreibkalender, Neuer Salzburgischer, auf das Jahr nach unseres Herrn und Heilandes Jesu Christi gnadenvoller Geburt 1894. 4. (76 S.) Ebda. —.30

Haus- u. Wirthschafts-Schreibkalender, neuer salzburgischer, auf. d. Jahr 1895. 4. (XXVIII, 75 S. m. Abbildgn.) Salzburg, Oberer's sel. Wwe. n. — 50

Haus- und Wirthschafts-Schreibkalender, Neuer Salzburgischer, auf das Jahr nach unseres Herrn und Heilandes Jesu Christi gnadenvoller Geburt 1896. 4. (73 S.) Ebda. —.30

Haus- und Wirthschafts-Schreibkalender, Neuer Salzburgischer, auf das Jahr nach unseres Herrn und Heilandes Jesu Christi gnadenvoller Geburt 1897. 4. (71 S.) Ebda. —.30, geb. —.36

Haus- u. Wirthschafts-Schreibkalender, neuer salzburgischer, auf d. J. 1898. 4. (XXVIII, 70 S. m. Abb.) Salzburg, Oberer's sel. Wwe. n.n. — 50

(F) Neuer Salzburgischer Haus- und Wirthschafts-Schreibkalender auf das Jahr nach unseres Herrn und Heilands Jesu Christi gnadenvoller Geburt 1901, in welchem nebst der Beschreibung der vier Jahreszeiten und der Witterung, die Genealogie des allerhöchsten kaiserlichen Hauses von Oesterreich, alphabetisch geordnetes Verzeichnis der Taufnamen, die merkwürdigsten Zeitrechnungen, die Berechnung der Stempelklassen, die ankommenden und abgehenden Posten und Boten, sowie die in Salzburgs Umkreis abzuhaltenden Jahr- und Viehmärkte etc. enthalten sind. Salzburg. Oberer. Gr.-8°. 72 S. K —.50

Haus- u. Wirthschafts-Schreibkalender, neuer salzburgischer, auf d. J. 1901. 4. (XXVIII, 72 S. m. Abbildgn.) Salzburg, Oberer's sel. Wwe. — 60

(F) Neuer Salzburgischer Haus- und Wirthschafts-Schreibkalender auf das Gemeinjahr 1903. Gr.-8°. (69 S.) K —.50
Oberer's sel. Witwe (Jos. Oellacher) in Salzburg.

Neuer Salzburgischer Haus- und Wirtschafts-Schreibkalender auf das Schaltjahr nach unseres Herrn und Heilandes Jesu Christi gnadenvoller Geburt 1904. Gr.-8°. (ill. 74 S.)

(F) Neuer salzburgischer Haus- und Wirtschafts-Schreibkalender auf das gemeine Jahr 1905. Gr.-8°.

(F) Neuer Salzburgischer Haus- und Wirtschaftsschreibkalender für das Jahr 1907. Gr.-8°. (102 S.) K — 50

Neuer salzburgischer Haus- und Wirtschafts-Schreibkalender auf das Schaltjahr 1908. Gr.-8°. (102 S.) K —.50

Haus- u. Wirtschafts-Schreib-Kalender, neuer salzburgischer, auf d. J. 1911. (111 S. m. Abbildgn.) 8. Salzburg, Oberer. — 40

Hauskalender

— neuer schleizer, für Stadt und Land des Fürstenth. Reuß jüngerer Linie auf das J. 1861. 4. (32 S.) Schleiz, Hübscher's Buchh. **
Durchschossen **

— neuer (Thürig'scher), auf d. J. 1869 u. 70. Luzern 869. Gebr. Räber. 4. Jeder Jahrg. (31 S.) n. 2 ngr.

— neuer verbesserter, auf das Gemein-Jahr 1837. (Mit Holzschnitten.) 8. Burg 837. Otto. n. 1/6 ℛ

Haus-, Volks- u. Wirthschafts-Kalender, neuer, für 1869. Dippoldiswalde. (Leipzig, Priber.) 4. (38 S. mit eingedr. Holzschn.) n. 2½ ngr; größere Ausg. (60 S. mit eingedr. Holzschn. u. 1 Holzschntaf. in qu. Fol.) n. 4 ngr.

Haus- u. Anekdoten-Kalender, neuester, auf das Jahr 1817 u. 1818. 24 u. 25. Jahrg. 4. (124 u. 130 S.) Wien, Lechner. 24: 1/3 ℛ 25: n. 1/4 ℛ

Haus-Kalender, Neuester Salzburger — auf das Jahr nach der gnadenreichen Geburt unsers Erlösers und Seligmachers Jesu Christi 1856, welches ein Schaltjahr ist und 366 Tage hat. Berechnet für die geogr. Lage von Salzburg zu 30° 41' östl. Länge und 47° 48' nördl. Breite. Salzburg. Im Verlage der Mayr'schen Buchhandlung. (32 S. 16.)

Hauskalender, neuester Salzburger — auf das Jahr nach der gnadenreichen Geburt unsers Erlösers und Seligmachers Jesu Christi 1858, welches ein gemeines Jahr ist und 365 Tage hat. Salzburg, zu haben in der Mayr'schen Buchhandlung. Zaunrith'sche Buchdr. (32 S. 12.)

—— neuester Salzburger, auf das Jahr nach der gnadenreichen Geburt unseres Erlösers und Seligmachers Jesu Christi 1862, welches ein gemeines Jahr ist und 365 Tage hat. 16. (32 S.) Salzburg, Mayrische Buchh. 10 kr.

Haus- und Landwirthschafts-Kalender, neu verbesserter Pirnaer, auf das J. 1863—68. 4. (à 38 S.) Pirna, Diller und Sohn. à Jahrg. *
Mit Anh. (62 S. mit 2 Stnt. in Tondr. in qu. 4.) à Jahrg. *

Haus- u. Landwirthschafts-Kalender, neu verbesserter Pirnaer, auf die J. 1865—70. Pirna, Diller & Sohn. 4. Jeder Jahrg. (38 S.) n. 2 ngr; Mit Anh. (62 S. mit 2 Steintaff. in Tondr. in qu. 4.) Jeder Jahrg. n. 3¾ ngr.

— — neu verbesserter Pirnaer, auf d. J. nach der Geburt Christi 1875. 4. (34 S. m. eingedr. Holzschn.) Pirna, Diller & Sohn. n. — 20

Haus-Wirthschafts- und Volks-Kalender, neuverbesserter Pirnaer, 1880—1885. Große Ausg. 4. (à Jahrg. 74 S. mit Illustr., 1 Chromolithogr. und 1 Wandkalender.) Pirna, Eberlein. à Jahrg. *
Mittle Ausg. (à Jahrg. 58 S. mit Illustr.) à Jahrg. *
Kleine Ausg. (à Jahrg. 34 S. mit Illustr.) à Jahrg. *

Haus-, Wirthschafts- u. Volks-Kalender, neuverbesserter Pirnaer, auf d. J. 1890—93. Kleine Ausg. 4. (à Jahrg. ca. 85 S. m. Illustr.) Pirna, Eberlein. à Jahrg. — 20; Mittlere Ausg. (ca. 100 S. m. Illustr.) — 38; Große Ausg. (ca. 120 S. mit Illustr., 1 Farbendr. u. 1 Wandkalender.) — 50

— — neu verbesserter Pirnaer, 1899. Kleine Ausg. 4. (44 S. m. Bild.) Ebd. — 20

— — — neuverbesserter Pirnaer, 1903. Kleine Ausg. 4. (41 u. 5 S. Abbildgn.) Ebd. — 20
Die mittle Ausg. f. u. d. T.: Historien- od. Geschichts- u. Volks-Kalender, Pirnaischer.

— — — neuverbesserter Pirnaer, auf das Jahr 1907. Kleine Ausg. (37 u. 5 S. m. Abbildgn.) 8. Ebd. — 20
Die mittle Ausg. f. u. d. T.: Historien- oder Geschichts- u. Volks-Kalender, Pirnaischer.

— — — neuverbesserter Pirnaer, auf d. J. 1911. Kleine Ausg. (40 u. 5 S. m. Abbildgn.) gr. 8. Ebd. — 20
Die mittle Ausg. erscheint u. d. T.: Historien- od. Geschichts- u. Volks-Kalender, Pirnaischer.

Hauskalender

— Niederlausitzer illustrirter, f. Stadt u. Land auf d. J. 1890. 4. (48 S.) Guben, Sallis. n. — 25

Niederunger illustrierter **Haus-** und Familien-**Kalender**. Jg. 1. Heinrichswalde, Ostpr.: Sahmel (1910). 8°
Gratis-Beil. zu d. Kreisnachrichten. [illegible] 10

Haus- und Historien-Kalender, norddeutscher, 1869. 4. (91 S. mit 1 Stnt. in qu. Fol.) Stolpen, Schneider. [Hanzsch's Verlag.] *

— — 1871. Kleine Ausg. 4. (60 S.) Ebendas. *
Mittlere Ausg. (74 S.) *
Große Ausg. (98 S. mit 1 Holzschntaf.) *
Fortsetzung u. d. T.: Der neue deutsche Reichsbote.

Hauscalender, Nützlicher gemeinnütziger, oder der richtige Bote Baden 1811—54. H: *Deibold, Jacob* & *Joseph Deibold.* (Bibliogr. d. Schweiz. Landeskunde. Bern 1892 ff. I. b.)

Haus- und Familienkalender

— — obererzgebirgischer, 1911. (68 S. m. Abbildgn. u. Wandkalender.) gr. 8. Annaberg, Graser's Sort. — 30

Hauskalender

— Oberlausitzer, f. das deutsche Volk 1891—1893. Hrsg. v. dem Komitee zur Errichtg. der Oberlausitzer Ruhmeshalle u. d. Kaiser-Friedrich-Museums in Görlitz. Lex.-8. (84; 99; 105 S. m. Text-Abbildgn., 1 Farbendr. u. 1 Wandkalender.) [Görlitz, Tzschaschel.] Lpz., Breitkopf u. Härtel. à Jahrg. * — 50

— Oberlausitzer, f. das deutsche Volk 1894. Lex.-8. (119 S. m. Bildern, 1 Farbendr. u. 1 Wandkalender.) Leipzig, Breitkopf & Härtel. n. — 60

Haus-Kalender, oberschlesischer illustrirter, für Stadt u. Land auf d. J. 1889. gr. 4. (ca. 50 S.) Gleiwitz, Verlag des Gleiwitzer Intelligenzblattes. n. — 15

Haus- und Familienkalender

— — Offenbacher, f. 1893. 8. (176, 4 S. m. Abbildgn.) Offenb., Steinmetz. * — 40

Hauskalender

— Oldenburger, 1890—1893. Gemeinnütz. Familien-Kalender. gr. 16. (à Jahrg. ca. 250 S. m. Text-Bildern, 1 Stahlst. u. 4 Holzschn.-Taf.) Berne, Bessin. à Jahrg. — 50

— der Oldenburgische, oder Hausfreund auf das Jahr 1847—1852. 21—26. Jahrg. 4. Oldenburg, Stalling. à n. 1/12 ℛ

— der Oldenburgische, oder Hausfreund auf d. J. 1853—1858. 27—32. Jahrg. Oldenburg, Stalling. 4. Jeder Jahrg. nn. 2 1/2 ngr

— der oldenburgische, oder Hausfreund auf die J. 1858—62. 32—36. Jahrg. 4. (à Jahrg. 28 S.) Oldenburg, Stalling's Verlag. à Jahrg. * *

— der oldenburgische, oder Hausfreund auf die J. 1863—68. 37.—42. Jahrg. 4. (à Jahrg. 28 S.) Oldenburg, Stalling's Verlag. à Jahrg. *

— der oldenburgische, oder Hausfreund auf die J. 1875—1880. 49.—54. Jahrg. 4. (à Jahrg. 28 S. mit eingedr. Holzschn.) Oldenburg, Stalling. à Jahrg. * — 20

— der oldenburgische, oder Hausfreund auf die J. 1881—1885. 55.—59. Jahrg. 4. (à Jahrg. 28 S. mit eingedr. Holzschn.) Oldenburg, Stalling. à Jahrg. *

Haus-Kalender, der oldenburgische, oder Hausfreund auf die J. 1885—1888. 60.—62. Jahrg. 4. (à Jahrg. 28 S. mit Holzschn.) Oldenburg, Stalling's Verlag. à Jahrg. — 20
— dass. — auf das J. 1889. 63. Jahrg. 4. (30 S. mit Illustr.) Ebendas. — 15

— der oldenburgische, od. Hausfreund auf d. J. 1890—1893. 64.—67. Jahrg. 4. (à Jahrg. ca. 30 S. m. Bildern.) Oldenb., Stalling's Verlag. à Jahrg. — 20

— der oldenburgische, od. Hausfreund auf d. J. 1894. 68. Jahrg. 4. ([illegible] m. [illegible] u. 1 Wandkalender.) Oldenburg, G. Stalling's Verl. n. — 20

— der oldenburgische, od. Hausfreund auf d. J. 1899. 73. Jahrg. 4. (30 S. m. Abb.) Oldenburg, G. Stalling's Verl. — 15

— der oldenburgische, od. Hausfreund auf d. J. 1903. 77. Jahrg. 4. (31 S. m. Abbildgn.) Oldenburg, G. Stalling's Verl. — 15

— der oldenburgische, od. Hausfreund auf d. J. 1907. 81. Jahrg. (31 S. m. Abbildgn.) gr. 8. Oldenburg, G. Stalling's Verl. n. — 15

— der oldenburgische, od. Hausfreund auf d. J. 1911. 85. Jahrg. (56 S. m. Abbildgn.) gr. 8. Oldenburg, G. Stalling's Verl. — 15

Hauskalender

— für das Bisthum Osnabrück und das Großherzogthum Oldenburg. 1885—1889. 24. (à Jahrg. 128 S.) Osnabrück, Wehberg. à Jahrg. * — 20

— österreichischer, für das J. 1867. Mit einem Anhange: Oesterreich. Familien-Hausbuch. Wien, (Dirnböck's Buchh.) 4. (398 S.) geb. n. 20 ngr

Hauskalender, Oesterreichischer, für Stadt und Land auf das Jahr 1893. 10. Jahrgang. Illustrirtes Jahrbuch der Unterhaltung u. Belehrung mit Tabellen. Gr.-8. (XXIV, 140 S.) —.40
geb. —.50
Warnsdorf: Sieber.

Hauskalender, Oesterreichischer, für Stadt und Land auf das Jahr 1894. 11. Jahrgang. Illustrirtes Jahrbuch der Unterhaltung und Belehrung, mit Tabellen. Gr.-8. (142 S.) —.40
Gebunden —.50
Warnsdorf: Opitz.

— österreichischer, f. Stadt u. Land auf d. J. 1899. Illustr. Jahrbuch d. Unterhaltg. u. Belehrg. m. Tabellen für wirthschaftliche Aufzeichngn., Jahrmarktverzeichnissen, Jahres-Rückschau u. sämmtl. kalendar. Behelfen. 16. Jahrg. gr. 8. (XXIV, 120 u. XXIII S.) Warnsdorf, A. Opitz. n. — 80

(F) Oesterreichischer Hauskalender für Stadt und Land auf das Jahr 1901. Illustrirtes Jahrbuch der Unterhaltung und Belehrung mit Tabellen für wirthschaftliche Aufzeichnungen, Jahrmarktverzeichnissen, Jahres-Rückschau und sämmtlichen kalendarischen Behelfen. (XVIII. Jahrgang.) Warnsdorf. 1901. Opitz. Gr.-8°. **XXIV, 120, XXIII S.** K —.70, cart. K —.90

(F) Oesterreichischer **Hauskalender für Stadt und Land auf das Jahr 1902. Illustrirtes Jahrbuch der Unterhaltung und Belehrung mit Tabellen für wissenschaftliche Aufzeichnungen, Jahrmarktverzeichnissen, Jahres-Rückschau und sämmtlichen kalendarischen Behelfen. XIX. Jahrgang. Warnsdorf. 1902.** Opitz. Gr.-8°. **XXXII, 120, XXIII S. mit 1 Tafel** K —.70

— österreichischer, f. Stadt u. Land auf d. J. 1903. Illustrirtes Jahrbuch der Unterhaltg. u. Belehrg. mit Tabellen f. wirthschaftl. Aufzeichngn., Jahrmarktverzeichnissen, Jahres-Rückschau u. sämmtl. kalendar. Behelfen. 20. Jahrg. gr. 8. (XXXII, 120 u. XXIII S.) Warnsdorf, A. Opitz. n. — 60; kart. n. — 80

— österreichischer, f. Stadt u. Land auf d. J. 1907. Illustriertes Jahrbuch der Unterhaltg. u. Belehrg. m. Tabellen f. wirtschaftl. Aufzeichngn., Jahrmarktsverzeichnissen, Jahres-Rückschau u. sämtl. kalendar. Behelfen. 24. Jahrg. (XXXII, 120 u. XXIV S.) gr. 8. Warnsdorf, A. Opitz. n. — 70; geb. n. — 80

— österreichischer, f. Stadt u. Land auf d. J. 1911. Illustr. Jahrb. der Unterhaltg. u. Belehrg. m. Tabellen f. wirtschaftliche Aufzeichngn., Jahrmarktverzeichnissen, Jahres-Rückschau u. sämtl. kalendar. Behelfen. 28. Jhrg. (XXXII, 120 u. XVIII S. m. 1 Farbdr.) gr. 8. Warnsdorf, A. Opitz. — 80; geb. n 1. —

— ostfriesischer, auf die J. 1880—1885. 8. (à Jahrg. ca. 72 S.) Norden, Soltau's Verlag. à Jahrg.

— ostfriesischer, auf die J. 1886—1889. 8. (à Jahrg. 72 S.) Norden, Soltau. à Jahrg. * — 25

— ostfriesischer, auf d. J. 1890—1893. 8. (à Jahrg. 72 S. m. Abbildgn.) Norden, Soltau. à Jahrg. — 25

— ostfriesischer, auf d. J. 1895. 8. (72 S. m. Abbildgn.) Norden, D. Soltau. — 25

— ostfriesischer, auf d. J. 1899. 8. (80 S. m. Abb.) Norden, D. Soltau. n. — 25

— ostfriesischer, auf d. J. 1903. 8. (88 S. m. Abb.) Norden, D. Soltau. n. — 25

— ostfriesischer, auf d. J. 1907. (104 S. m. Abbildgn.) 8. Norden, D. Soltau. n. — 25

— ostfriesischer, auf d. J. 1911. (104 S. m. Abbildgn.) 8. Norden, D. Soltau. — 25

Hauskalender

— für die Provinzen Ostpreußen, Westpreußen, Pommern, Posen und Schlesien auf die J. 1878—1880. 10.—12. Jahrg. 16. (à Jahrg. 200—208 S. mit vielen eingedr. Holzschn.) Ebendas. à Jahrg. — 50
Vorh.unt.d.T.: Hauskalender f.d.Prov. Preußen,...

— für die Provinzen Ostpreußen, Westpreußen, Pommern, Posen und Schlesien auf die J. 1881—1885. 13.—17. Jahrg. 12. (à Jahrg. ca. 201 S. mit vielen Holzschn.) Thorn, E. Lambeck. à Jahrg.

— für die Provinzen Ostpreußen, Westpreußen, Pommern, Posen und Schlesien für die J. 1886 und 1887. 18. und 19. Jahrg. 12. (180; 200 S. mit vielen Holzschn.) Thorn, E. Lambeck. à Jahrg. * — 50
Die weiteren Jahrge. s. u. d. T.: Hauskalender, deutscher.

— für die Provinzen Ostpreußen, Westpreußen, Pommern, Posen u. Schlesien f. d. Jahr 1891. 23. Jahrg. 16. (LXXIV, 119 S. m. Holzschn.) Thorn, E. Lambeck. n. — 50

— ost- und westpreußischer, für das J. 1869. 1. Jahrg. 8. (XXX, 48 S. mit vielen eingedr. Holzschn.) Thorn. (Königsberg, Theile's Buchh.) *

— dass. — auf das Gemeinj. 1873. Zur Unterhaltung und Belehrung für alle Stände. 8. (XXVIII, 71 S. mit eingedr. Holzschn.) Königsberg, Hartung'sche Verlagsdr. *

— Ost- u. West-Sternberger, f. d. J. 1910. Ein Familienkalender u. zugleich e. statist. Nachschlagewerk f. d. Bewohner der Kreise Ost- u. West-Sternberg. 5. Jhrg. (128 S. m. Abb.) gr. 8. Drossen, R. Knuth & Sohn. — 25

Haus- und Familienkalender

— — Passauer, 1895. 4. (80 u. 16 S. m. Abbildgn., 1 farb. Taf. u. Wandkalender.) Passau, M. Waldbauer. — 30

Haus-Kalender, patriotischer. Hrsg. von v. Wenckstern. 8. Jahrg. 1895. 8. (153 S. m. Text-Bildern, 1 Farbendruck u. 1 Wandkalender.) Braunschweig, Patriot. Verlag Schlegel. — 50

— patriotischer. 12. Jahrg. 1899. gr. 8. (147 u. 26 S. m. Abb., 1 Farbdr., 3 Taf. u. Wandkal.) Braunschweig, Patriot. Verlag Schlegel. n. — 50;
seine Ausg., geb. n. 1. —

— patriotischer. 14. Jahrg. 1901. gr. 8. (171 S. m. Abbildgn. u. 4 Taf.) Braunschweig, Salzgitter, Patriot. Verl. Schlegel. (Nur direkt.) — 50; kart. — 60

HAUS-, Wirthschafts- u. Volks-Kalender, Kgl. Sächs. gnäd. concess., Pirnaer, für 1862. Mit illustr. Titelbl., 4 lithogr. Beilagen (auf 2 Bll.) u. 2 Textholzschn. Pirna, Diller u. Sohn. 4°. 30 Bll.

Haus-, Wirthschafts- und Volks-Kalender, Pirnaer, auf die J. 1885—1889. Große Ausg. 4. (à Jahrg. ca. 100 S.) Pirna, Eberlein. à Jahrg. * — 50
Mittlere Ausg. (à Jahrg. ca. 80—90 S.) à Jahrg. * — 35
Kleine Ausg. (à Jahrg. ca 50—60 S.) à Jahrg. * — 20

Haus-, Wirtschafts- u. Volkskalender, Pirnaer (königl. sächs.), 1895. Große Ausg. 4. (72 S. m. Abbildgn., 1 Farbendr. u. Wandkalender.) Pirna, F. J. Eberlein. — 50; mittle Ausg. u. d. T.: Königl. sächs. Pirnaischer Historien od. Geschichts- u. Volks-Kalender (56 S. m. Abbildgn.) — 38; kleine Ausg. (40 S. m. Abbildgn.) — 20

Hauskalender

—— pommerscher, 1886. Mit dem Verzeichniß der Jahrmärkte der Provinzen Ost- und West-Preußen, Brandenburg, Pommern und Posen. 8. (XXXIV, 164 S. mit 1 Titelbilde in Photographiedr. und zahlreichen Holzschn.) Cöslin, Hendeß. * — 50

—— pommerscher, 1886—1888. 12. (à Jahrg. 130—160 S. mit Illustr.) Ebendas. à Jahrg. — 50

— Pommerscher, 1888. 12. (32 u. 172 S. m. Illustr. u. 2 Lichtdr.) Cöslin, Hendeß. n. — 50

— pommerscher, f. 1899. 4. (64 u. 5 S. m. Abb.) Lahr, M. Schauenburg. — 20

Haus- u. Familien-Kalender, pommerscher, f. 1900. 4. (64 u. 5 S. m. Abbildgn.) Lahr, M. Schauenburg. — 20

— pommerscher, f. 1903. 4. (64 u. 5 S. m. Abbildgn.) Lahr, M. Schauenburg. — 20
Erschien für 1900 u. d. T.: Haus- u. Familienkalender.

— pommerscher, f. 1906. (64 u. 5 S. m. Abbildgn.) 8. Lahr, M. Schauenburg. — 20

—— für die Provinzen Preußen, Pommern, Posen und Schlesien auf die J. 1869—1875. 1.—7. Jahrg. 16. (à 92—116 S. mit vielen eingedr. Holzschn.) Thorn, Lambeck. à Jahrg. *

—— für die Provinzen Preußen, Pommern, Posen und Schlesien auf die J. 1876 und 1877. 8. und 9. Jahrg. 8. (à Jahrg. 210 S. mit vielen eingedr. Holzschn.) Thorn, E. Lambeck. à Jahrg. * — 50

— für die Provinzen Preußen, Pommern, Posen u. Schlesien auf das Gemeinjahr 1878. 10. Jahrg. Mit vielen (eingedr.) Holzschn. 16. (76 u. 132 S. m. 1 Steintaf.) Thorn, E. Lambeck. n. — 50
Forts.unt.d.T.: Hauskalender f.d.Prov. Ostpreußen,...

Haus-Kalender, preußischer, für die J. 1863—68. 5.—10. Jahrg. 8. (à 70—80 S.) Erfurt, Bartholomäus. à Jahrg. *

—— preußischer, für die Jahre 1869—1873. 11.—15. Jahrg. 8. (à 80—96 S.) Berlin, Böttcher. *

— preußischer, f. das Gemeinj. 1873. 15. Jahrg. 8. (XLVI, 12 S.) Berlin, Haack. n. — 50

— preußischer, für das J. 1870. 12. Jahrg. 3. Aufl. Berlin, Böttcher. 8. (XXX, 66 S. mit eingedr. Holzschn. u. 1 Holzschntaf.) n. 5 ngr

Haus- u. Volkskalender, Preußischer, f. das Großherzogth. Posen u. die angrenzenden Provinzen auf das Jahr 1850 u. 1851. 8. (1850: 72 u. XXXVI S. 1851: 60 u. XXXVI S.) Trzemeßno, Olawski. à 6 ngr

Hauskalender

— gnädigst privilegirter neuer u. verbesserter Arnstädter auf d. Schaltj. 1872. 4. (32 S.) Arnstadt, Frotscher — 15

—— gnädigst privilegirter neuer und verbesserter Arnstädter, auf die J. 1873—1880. 4. (à 40 S.) Arnstadt, Frotscher. à Jahrg. — 15

—— gnädigst privilegirter neuer und verbesserter Arnstädter, auf die J. 1881—1885. 4. (à Jahrg. 40 S.) Arnstadt, Frotscher. à Jahrg.

Haus- und Wirtschaftskalender

— Querfurter. 1895. 4. (60 u. 16 S. m. Abbildgn., 1 Farbendr. u. Wandkalender.) Querfurt, W. Schneider. n. — 60

Anonym „Haus-, Reise- und Hand-Calender", Erfurt 1717.

Hauskalender

— rheinischer, f. Stadt u. Land. 1899. 4. (65 S. m. Abb., 1 Farbdr. u. Wandkal.) Berlin, Schriftenvertriebsanstalt. — 25

— rheinischer, f. Stadt u. Land. 1901. 4. (60 u. VIII S. m. Abbildgn., 1 Farbdr. u. Wandkalender.) Berlin, Schriftenvertriebsanstalt. — 25

—— rheinisch-westfälischer, auf das J. 1885. 17. Jahrg. Illustrirt nach Orig.-Zeichnungen Düsseldorfer Künstler. 16. (230 S.) Düsseldorf, F. Bagel.
Früher u. d. T.: Prämienkalender, illustrirter.

—— rheinisch-westfälischer, auf die J. 1886—1888. 18.—20. Jahrg. Illustrirt nach Orig.-Zeichnungen Düsseldorfer Künstler. à Jahrg. 2 Thle. 16. und 12. (à Jahrg. 214, 61 S.) Düsseldorf, F. Bagel. à Jahrg. — 50
—— dass. — auf das J. 1889. 21. Jahrg. Illustrirt nach Orig. Zeichnungen Düsseldorfer Künstler. 4. (90 S. mit 1 Wandkalender.) Ebendas. — 50

—— rheinisch-westfälischer, auf d. J. 1890—1892. 22.—24. Jahrg. Illustr. nach Orig.-Zeichngn. Düsseld. Künstler. 4. (88; 86; 83 S. m. je 1 Wandkalender u. 1 Farbendr.) Düsseld., F. Bagel. à Jahrg. — 50
Nicht weiter erschienen.

—— herzogl. sächsisch altenburgischer, s. Geschichts- und Hauskalender.

Haus- und Wirthschafts-Kalender, königl. sächs. concess. Großenhainer. 1881—1885. 38.—42. Jahrg. Große Ausg. 4. (à Jahrg. ca. 82 S. mit eingedr. Holzschn., 1 Stnt. und 1 Chromolithogr.) Meißen, Schlimpert. à Jahrg.
Mittle Ausg. (à Jahrg. ca. 57 S. mit eingedr. Holzschn. und 1 Stnt.) à Jahrg.
Kleine Ausg. (à Jahrg. ca. 34 S.) à Jahrg.

—— —— kgl. Sächs. concess. Großenhainer, 1886—1889. 43.—46. Jahrg. Große Ausg. 4. (à Jahrg. 70 S. mit Illustr., 1 Chromolithogr. und 1 Wandkalender.) Meißen, Schlimpert. à Jahrg. * — 50
Mittlere Ausg. (à Jahrg. 60 S.) à Jahrg. — 40
Kleine Ausg. (à Jahrg. 42 S.) à Jahrg. — 20

— — — königl. sächsischer concess. Großenhainer. 1890—1893. 47.—50. Jahrg. Große Ausg. 4. (à Jahrg. ca. 90 S. m. Text-Bildern, 1 Farbendr. u. 1 Wandkalender.) Meißen, Schlimpert. à Jahrg. * — 50; mittl. Ausg. (à Jahrg. ca. 75 S.) à Jahrg. * — 40
Die kleine Ausg. f. u. d. T.: Anekdoten- u. Unterhaltungs-Kalender, Großenhainer.

Haus- u. Wirthschafts-Kalender, königl. sächsischer concess. Großenhainer. 1895. 52. Jahrg. Große Ausg. 4. (86 S. m. Bildern, 3 Taf., 1 Farbendr. u. Wandkalender.) Meißen, H. W. Schlimpert. n. — 50

— — dasselbe. Mittle Ausg. 4. (70 S. m. Bildern, 2 Taf. u. Wandkalender.) Ebd. n. — 40
Die kleine Ausg. f. u. d. T.: Anekdoten- u. Unterhaltungs-Kalender, Großenhainer.

— — königl. sächsischer concess. Großenhainer. 1899. 56. Jahrg. Große Ausg. 4. (76 u. 4 S. m. Bild., 4 Taf., 1 Farbdr. u. 1 Wandkal.) Meißen, H. W. Schlimpert. — 50

— — dasselbe. Mittle Ausg. 4. (60 S. m. Bildern, 4 Taf. u. 1 Wandkal.) Ebd. — 40

— — königl. sächsischer concess. Großenhainer. 1903. 60. Jahrg. Große Ausg. 4. (80 u. 5 S. m. Abbildgn., 1 Taf., 1 Farbdr. u. 1 Wandkalender.) Meißen, H. W. Schlimpert. — 50

— — dasselbe. Mittle Ausg. 4. (65 u. 5 S. m. Abbildgn., 1 Taf. u. 1 Wandkalender.) Ebd. — 40
Kleine Ausg. f. u. d. T.: Anekdoten- u. Unterhaltungs-Kalender, Großenhainer.

— — königl. sächs. concess. Großenhainer. 1907. 64. Jahrg. Große Ausg. (71 u. 5 S. m. Abbildgn., 2 Taf., 1 Farbdr. u. Wandkalender.) gr. 8. Meißen, H. W. Schlimpert. — 50

— — dasselbe. Mittle Ausg. (55 u. 5 S. m. Abbildgn., 2 Taf. u. Wandkalender.) gr. 8. Ebd. — 40
Die kleine Ausg. f. u. d. T.: Anekdoten- u. Unterhaltungs-Kalender, Großenhainer.

— — kgl. sächs. concess. Großenhainer. 1911. 68. Jahrg. Große Ausg. (80 u. 5 S. m. Abbildgn., 3 Taf., 1 Farbdr. u. Wandkalender.) gr. 8. Meißen, H. W. Schlimpert. — 50

— — dasselbe. Mittle Ausg. (64 u. 5 S. m. Abbildgn., 2 Taf. u. Wandkalender.) gr. 8. Meißen, H. W. Schlimpert. — 40
Die kleine Ausg. erscheint u. d. T.: Anekdoten u. Unterhaltungs-Kalender, Großenhainer.

Haus- und Wirtschaftskalender

— — königl. sächsischer concessionirter Schneeberger, auf d. J. 1873. Mit (eingedr.) Holzschn. 4. (16 S.) Schneeberg, Goedsche. n. — 20

Haus-, Wirthschafts- und Volks-Kalender, königl. sächs. gnäd. concess. für 1869—1875. 4. (à 40—80 S. mit eingedr. Holzschn. und 4 Holzschntaf.) Pirna, Diller und Sohn.

Haus-, Wirtschafts- u. Volks-Kalender, königl. sächs. concess., 1899. Große Ausg. 4. (76 u. 4 S. m. Bildern, 4 Taf., 1 Farbdr. u. 1 Wandkalender.) Meißen, H. W. Schlimpert. — 50

Haus-, Wirtschafts- u. Volks-Kalender, königl. sächs. concess., 1903. Große Ausg. 4. (80 u. 5 S. m. Abbildgn., 2 Taf., 1 Farbdr. u. 1 Wandkalender. Meißen, H. W. Schlimpert. — 50

— — — dasselbe. Mittle Ausg. 4. (68 u. 5 S. m. Abbildgn., 4 Taf. u. 1 Wandkalender.) Ebd. n. — 35

Haus-, Wirtschafts- u. Volks-Kalender, königl. sächs. concess. 1907. Große Ausg. (71 u. 5 S. m. Abbildgn., 2 Taf., 1 Farbdr. u. Wandkalender.) gr. 8. Ebd.

Haus-, Wirtschafts- u. Volks-Kalender, königl. sächs. gnäd. concess. 1911. Große Ausg. (80 u. 5 S. m. Abbildgn., 3 Taf., 1 Farbdr. u. Wandkalender.) gr. 8. Meißen, H. W. Schlimpert. — 50

Haus-Kalender, herzogl. sächsischer Saalfeldischer, f. Stadt u. Land auf d. J. 1874. 4. (33 S.) Saalfeld, Wiedemann. — 15; durchschossen — 30

Salzburger Hauskalender für das Jahr 1909. 16°. (31 S.)
Salzburg: Pustet. K —.15

(F) Salzburger Hauskalender auf das Jahr 1910. 16°.
Salzburg: Pustet. K —.15

Haus- und Wirthschafts-Schreibkalender, Salzburgischer — auf das Jahr 1858, welches ein gemeines Jahr ist, und 365 Tage hat. Salzburg, zu haben in der Duyle'schen Buchdr. (22 Bl. 4.)

Hauskalender

— schlesischer, f. Stadt u. Land. 1899. 4. (65 S. m. Abb., 1 Farbdr. u. Wandkal.) Berlin, Schriftenvertriebsanstalt. — 25

— schlesischer, f. Stadt u. Land. 1901. 4. (60 u. VIII S. m. Abbildgn., 1 Farbdr. u. Wandkalender.) Berlin, Schriftenvertriebsanstalt. — 25

— Schleswig-Holsteiner, f. Stadt u. Land. 1899. 4. (65 S. m. Abb., 1 Farbdr. u. Wandkal.) Ebd. — 25

— Schleswig-Holsteiner, f. Stadt u. Land. 1901. 4. (68 S. m. Abbildgn., 1 Farbdr. u. Wandkalender.) Ebd. — 25

— schleswig-holsteinischer, s. a. Meyn, L.

—— schleswig-holsteinischer, auf die J. 1869—1875. 1.—7. Jahrg. Hrsg. von L. Meyn. 16. (à ca. 142 S. mit eingedr. Holzschn.) Garding, Lühr und Dircks. 1.—6. Jahrg. à * 7. Jahrg. *

—— schleswig-holsteinischer, auf die J. 1876—1880. 8.—12. Jahrg. Hrsg. von L. Meyn. 16. (à Jahrg. 190 S. mit eingedr. Holzschn. und 1 Holzschntaf.) Garding, Lühr und Dircks. à Jahrg. — 40

Haus- und Berg-Kalender, Schneeberger, auf die J. 1886—1889. 1.—4. Jahrg. 4. (à Jahrg. ca. 30 S.) Schneeberg, Goedsche'sche Buchh. à Jahrg. * — 20

Haus- u. Berg-Kalender, Schneeberger, auf d. J. 1891. 37. Jahrg. 4. (33 S.) Schneeberg, Goedsche. — 20

Haus- u. Bergkalender, Schneeberger illustr., auf d. J. 1895. 41. Jahrg. 4. (33 S.) Schneeberg, B. F. Goedsche. — 20

Haus- u. Bergkalender, Schneeberger illustrirter, auf d. J. 1899. 46. Jahrg. 4. (33 S.) Schneeberg, B. F. Goedsche. — 20

Haus- u. Berg-Kalender, Schneeberger illustrirter, auf d. J. 1903. 49. Jahrg. 4. (33 S.) Schneeberg, B. F. Goedsche. — 20

Haus- u. Berg-Kalender, Schneeberger illustrierter, auf d. J. 1907. 53. Jahrg. (30 S.) 8. Schneeberg, B. F. Goedsche. — 20

Haus- u. Berg-Kalender, Schneeberger illustr., auf d. J. 1909. 55. Jahrg. (32 S.) 8. Schneeberg, B. F. Goedsche. — 20

Hauskalender

—— Schönburger, auf die J. 1875—1878. 4. (à Jahrg. ca. 40 S. mit Holzschn.-Illustr.) Glauchau, Witzsch. à Jahrg. * — 20

—— dass. — auf das Schaltj. 1880. Zum Gebrauch für das Königr. Sachsen und die angrenz. Länder. 4. (40 S. mit Holzschn.-Illustr.) Waldenburg. (Glauchau, Burow's Buchh.) * — 20
Jahrg. 1879 ist nicht erschienen.

—— Schönburger, auf die J. 1881—1885. Zum Gebrauch für das Königr. Sachsen und die angrenz. Länder. 4. (à Jahrg. 42 S. mit Bildern, eingedr. Holzschn. und 1 Lichtdr.) Waldenburg. (Glauchau, Peschke.) à Jahrg. *

—— Schönburger, auf die J. 1886—1889. Zum Gebrauch für das Königr. Sachsen und die angrenzenden Länder. 4. (à Jahrg. ca. 40 S. mit Illustr.) Waldenburg. (Glauchau, Peschke.) à Jahrg. * — 20

—— Schönburger, auf d. J. 1890—1893. Zum Gebrauche f. das Königr. Sachsen u. die angrenz. Länder. 4. (à Jahrg. ca. 40 S. m. 1 Lichtdr.) Waldenb. (Glauchau, A. Peschke.) à Jahrg. * — 20

— Schönburger, auf d. J. 1895. Zum Gebrauch f. das Königr. Sachsen u. die angrenz. Länder. 4. (52 S. m. 1 Bildnis.) Waldenburg. (Glauchau, A. Peschke.) n. — 20

— schönburgischer, auf d. J. 1899. Z. Gebrauche f. d. Königr. Sachsen u. d. angrenz. Länder. 4. (53 S. m. 1 Taf.) Waldenburg (Glauchau, A. Peschke.) n. — 20

— schönburgischer, auf d. J. 1903. Zum Gebrauche f. d. Königr. Sachsen u. die angrenz. Länder. 4. (52 S. m. 1 Taf.) Waldenburg. (Glauchau, A. Peschke.) n. — 20

— schönburgischer, auf d. J. 1907. Zum Gebrauche f. das Königr. Sachsen u. die angrenz. Länder. (53 S. m. 1 Taf.) 8. Waldenburg. (Glauchau, A. Peschke.) — 20

— schönburgischer, auf d. J. 1909. Zum Gebrauche f. das Königreich Sachsen u. die angrenz. Länder. (53 S. m. 1 Taf.) 8. Waldenburg. (Glauchau, A. Peschke.) nn — 20

Haus- und Schreibcalender.

1704. Zürich. H: *Fäsi, Joh. Jac.* (Cat. d. Stadtbibl. Zürich. Zürich 1864—97.)

Haus- und Schreib-Kalender 1887—1889. (Renaissance-Ausg.) schmal Fol. (à Jahrg. 40 S. mit eingedr. farb. Illustr. und Ornamenten.) München, Knorr und Hirth. à Jahrg. * 1 —

Haus- u. Schreib-Kalender f. 1890—1893. [Renaissance-Ausstattg.] schmal. Fol. (à Jahrg. 40 S. m. farb. Bildern u. Ornamenten.) Münch., Knorr u. Hirth. à Jahrg. * 1 —

Haus- u. Schreibkalender f. 1895. Renaissance-Ausstattg. schmal Fol. (40 S. m. farb. Bildern u. Ornamenten.) München, Knorr & Hirth. n. 1. —

Haus- u. Schreibkalender f. 1899. Renaissance-Ausstattg. schmal Fol. (40 S. m. farb. Abb. u. Ornamenten.) München, Druck u. Verlag der „Münchner Neuesten Nachrichten". n. 1. —

Haus- u. Schreibkalender f. 1903. Renaissance-Ausstattg. schmal Fol. (40 S. m. farb. Abbildgn. u. Ornamenten.) München, Druck u. Verlag der „Münchener Neuesten Nachrichten". n. 1. —

Haus- u. Schreib-Kalender, 1910. (24 S. m. farb. Abbildgn. u. Ornamenten.) 30,5 × 23,5 cm. München, Druck u. Verl. der Münchener Neuesten Nachrichten, Knorr & Hirth. 1. —

Haus-Calender, fürstl. Schwarzburg-Rudolstädtischer, auf d. J. 1879. 4. (31 S.) Rudolstadt, Froebel. — 15

—— fürstl. Schwarzburg-Rudolstädter, auf die J. 1881—1885. 4. (à Jahrg. 31 S.) Rudolstadt, Hofbuchdruckerei. à Jahrg.

—— fürstl. Schwarzburg-Rudolstädter, auf die J. 1886—1889. 4. (à Jahrg. 34 S.) Rudolstadt, Hofbuchdruckerei. à Jahrg.

Haus-Kalender, süddeutscher, f. Stadt u. Land. 1911. 18. Jahrg. (56, 13 u. XVIII S. m. 1 Farbdr. u. Wandkalender.) gr. 8. Berlin, Schriftenvertriebsanstalt. — 25

Haus-Kalender der Sunlight-Seife für 1901, hrg. von der Seifenfabrik Helvetia in Olten. ([Illustriert. — Mit einer] Gratis-Beilage: Schnittmuster-Bogen.) IV + 64 S. 4. [Basel, Fr. Reinhardt.]

— sympathetischer, f. das Jahr 1850 u. 1851. Ein Kunst- u. Wunderbuch, enth. die wichtigsten, aus den seltenen Schriften des Theophrastus Paracelsus, Albertus Magnus u. Anderer gezogenen sympathet. u. magnetischen Mittel gegen die schwersten Krankheiten u. Gebrechen, sowie wundersame Geheimnisse zum Nutzen u. Vergnügen für Jedermann, besonders für jede Haushaltung. gr. 12. (à 48 S.) Schw. Hall, Haspel. à n. 6 ngr

— u. **Taschen-Kalender.** 1844, 1845, 1846. Herausgeg. von K. F. Kloden. 12. Berlin, Simion. à n. 1/6 ß

— u. **Taschenkalender.** 1847. gr. 16. Sulzbach, v. Seidel. Mit historischen Notizen und Vignetten. 1/12 ß — mit Schreibtab. 1/8 ß

Hauskalender

— Thüringer, f. Stadt u. Land. 1899. 4. (65 S. m. Abb., 1 Farbdr. u. Wandkal.) Berlin, Schriftenvertriebsanstalt. — 25

— Thüringer, f. Stadt u. Land. 1901. 4. (56 u. VIII S. m. Abbildgn., 1 Farbdr. u. Wandkalender.) Berlin, Schriftenvertriebsanstalt. — 25

Haus- und Familienkalender

—— thüringischer, auf die J. 1880—1885. 8. (à Jahrg. 80 S. mit eingedr. Holzschn.) Hildburghausen, Gadow und Sohn. à Jahrg.

—— [Thüring'scher] auf die J. nach der gnadenreichen Geburt Jesu Christi 1869—1875. 223.—229. Jahrg. 4. (à 32 S.) Luzern, Gebr. Räber. à Jahrg.

—— [Thüring'scher] auf die J. nach der gnadenreichen Geburt Jesu Christi 1876—1880. 230.—234. Jahrg. 4. (à Jahrg. 32 S.) Luzern, Gebr. Räber. à Jahrg. — 30

Hauskalender [Thüring'scher], auf die J. 1881—1885. 235.—239. Jahrg. 4. (à Jahrg. ca. 38 S. mit eingedr. Holzschn.) Luzern, Gebr. Räber. à Jahrg.

—— [Thüring'scher], auf das J. 1886. 240. Jahrg. 4. (29 S.) Luzern, Räber. * — 30

—— dass. — auf die J. 1887—1889. 241.—243. Jahrg. 4. (à Jahrg. ca. 30 S.) Ebendas. à Jahrg. * — 20

—— [Thüring'scher], auf d. J. 1891—1893. 245.—247. Jahrg. 4. (34; 42; 42 S. m. Abbildgn.) Luzern, Gebr. Räber u. Comp. à Jahrg. — 30

—— (Thüring'scher) auf d. J. 1894. 248. Jahrg. 4. (41 S. m. Bildern.) Luzern, (Gebr. Räber & Co.). n. — 20

— Thüringscher, f. d. J. 1898. 252. Jg. In-4⁰. 52 S. m. Abb. Luzern, Räber & Cie. — 20

Thüring'scher Hauskalender 1899. 253 Jahrg. 4⁰. 60 S. Luzern, Räber & Cie. — 20

Hauskalender. ⟨Thüring'scher⟩ Haus-Kalender auf das Jahr nach der gnadenreichen Geburt Jesu Christi 1901. Jahrg. 255. [Illustriert.] IV + 64 S. 4. Luzern, Gebr. Räber. [fr. —. 20]

Hauskalender. ⟨Thüring'scher⟩ Haus-Kalender auf das Jahr nach der gnadenreichen Geburt Jesu Christi 1902. Jahrg. 256. [Illustriert.] IV + 64 S. 4. Luzern, Gebr. Räber. [fr. —. 20]

Hauskalender. ⟨Thüring'scher⟩ Haus-Kalender auf das Jahr nach der gnadenreichen Geburt Jesu Christi 1903. Jahrg. 257. [Illustriert.] IV + 64 S. 4. Luzern, Gebr. Räber. [fr. —. 20]

Hauskalender. ⟨Thüring'scher⟩ Haus-Kalender auf das Jahr nach der gnadenreichen Geburt Jesu Christi 1904. Jahrg. 258. [Illustriert.] IV + 68 S. 4. Luzern, Gebr. Räber. [fr. —. 20]

Hauskalender. ⟨Thüring'scher⟩ H'-K' auf das Jahr nach der gnadenreichen Geburt Jesu Christi 1905 u. 1906. Jahrg. 259 u. 260. [Illustriert.] *je* IV + 76 S. 4. Luzern, Gebr. Räber. [*je* fr. —. 20]

Hauskalender. ⟨Thüring'scher⟩ H'-K' auf das Jahr nach der gnadenreichen Geburt Jesu Christi 1907. Jahrg. 261. [Illustriert.] IV + 72 S. 4. Luzern, Gebr. Räber. [fr. —. 20]

Hauskalender. ⟨Thüring'scher⟩ H'-K' auf das Jahr nach der gnadenreichen Geburt Jesu Christi 1908. Jahrg. 262. [Illustriert.] IV + 72 S. 4. Luzern, Gebr. Räber. [fr. —. 20]

Hauskalender. ⟨Thüring'scher⟩ H'-K' auf das Jahr nach der gnadenreichen Geburt Jesu Christi 1909. Jahrg. 263. [Illustriert.] IV + 76 [*d. i.* 80] S. 4. Luzern, Gebr. Räber. [fr. —. 20]

Hauskalender. ⟨Thüring'scher⟩ H'-K' auf das Jahr nach der gnadenreichen Geburt Jesu Christi 1910. Jahrg. 264. [Illustriert.] IV + 80 S. 4. Luzern, Gebr. Räber. [fr. —. 20]

—(Thüring'scher), auf d. J. 1911. 265. Jahrg. (64 S. m. Abbildgn.) 8. Luzern, Räber & Co. — 20

— — Torgauer. 6. Jahrg. 1898. 4. (53 S. m. Abb.) Torgau, P. Schultze. — 30

Hauskalender, unentbehrlicher, f. d. Jahr 826, 32. Hamm, Wundermann.

—— vaterländischer, für Ungarn und Siebenbürgen für die J. 1863—68. 31.—36. Jahrg. (à 48 S.) Kaschau, Werfer. à Jahrg. *

— verbesserter, auf das Schalt-Jahr 1832. Mit e. richtigen Jahrmarktsverzeichnisse. einer Abhandlung über d. Cholera, Anekdoten, einer Silbergroschentabelle u. einer Tafel zur Stellung d. Uhr. (Mit Titelvign.) 8. Halle 832, Kümmel. 4 gr

—— verbess., a. d. J. 1832—35. (1—4. Jahrg.) 8. Mit Vign. Halle 831—34, Kümmel. à

—— verbesserter, f. d. J. 1836—39. (5—8. Jahrg.) Nebst e. richt. Jahrmarktsverzeichnisse, einige Vorschriften f. d. Hauswirthschaft, Anekdoten rc. 8. Halle, Kümmel. à *

— verbesserter, für d. Gemein-Jahre 1839—1841. Nebst einem richtigen Jahrmarktsverzeichnisse, einigen Vorschriften für die Hauswirthschaft, Anekdoten, 1 Silbergroschentabelle u. 1 Tafel zur Stellung der Uhr. 8. Halle 838—840, Kümmel. (à n. 1/8 ℛ) 3/8 ℛ

— verbesserter, auf das Gemeinjahr 1847. Mit vielen Holzschnitten. 8. Halle, Knapp. n. 4 ngr

— verbesserter, auf das Jahr 1850. Mit Holzschn. 8. (60 S.) Halle, Knapp. n. 4 ngr

— verbesserter, auf das J. 1851—1859. 13—21. Jahrg. Halle, Schroedel u. Simon. 8. Jeder Jahrg. n. 4½ ngr

— verbesserter, auf die Jahre 1860—65. 20—25. Jahrg. Halle, Schrödel & Simon. 8. Jeder Jahrg. n. 4½ ngr

— verbesserter, auf die J. 1866—71. 28—30. Jahrg. Halle, Schrödel & Simon. 8. Jeder Jahrg. (64 S.) n. 4½ ngr

— verbesserter, auf d. Schaltj. 1872. 34. Jahrg. 8. (IV, 64 S.) Halle, Schroedel & Simon. n.n. — 45

—— verbesserter, auf die J. 1875—1880. Nebst einem richtigen Jahrmarktsverzeichniß. 8. (à Jahrg. 88—96 S.) Quedlinburg, Ernst'sche Buchh. à Jahrg. — 50

—— verbesserter, auf das J. 1881. Nebst einem richtigen Jahrmarktsverzeichniß. 8. (ca. 96 S.) Quedlinburg, Ernst'sche Buchh.
Nicht weiter erschienen.

—— verbesserter, für die J. 1880—1885 für die Provinzen Brandenburg, Pommern, Ost- und West-Preußen, Posen, Schlesien, Sachsen, nebst den angrenz. Landestheilen: Altenburg, Anhalt, Bremen, Hamburg, Koburg-Gotha, Lübeck, Mecklenburg rc. 8. (à Jahrg. ca. 160 S. mit 1 chromolithogr. Titelbilde und zahlreichen Illustr.) Landsberg a. d. W., Volger und Klein. à Jahrg.

—— verbesserter, für die J. 1886—1889. 12. (à Jahrg. ca. 160 S. mit 1 chromolithogr. Titelbilde und zahlreichen Illustr.) Landsberg a. d. W., Volger und Klein. à Jahrg. * — 50
A. u. d. T.: Kaiserkalender.

— verbesserter, s. 1890—92. Mit e. Titelbilde u. zahlr. Illustr. 12. (à Jahrg. ca. 150 S.) Landsb. a. W., Volger u. Klein. à Jahrg. — 50

„Verbesserter aufrichtiger 100jähriger Hauskalender; nebst Anmerkungen über die Verrichtungen gut eingerichteter Haushaltungen im Ackerbau und Fischerei, sowie auch Auswahl des Besten für eine kleine Hausapotheke und Heilmittel für mancherlei Krankheiten", Halle 1831 (Kümmel).

Hauskalender ... des Deutschen Volksbildungsvereines in Rumänien. Jg. 1. Bukarest: Selbstverl. (1909). 8° [10. 7033]

Hauskalender des Deutschen Volksbildungsvereines in Rumänien. (2: Jahrbuch d. Dt. Volksbildungsver. in Rumänien. Hauskalender.) Jg. 1. 2. 1910—11. Bukarest.

Haus- u. Werkstatt-Kalender, bearb. v. Glaser, neue Bearbeitung, s.: Reymann, C., Führer f. d. gewerbliche Leben.

— westfälischer, für Stadt und Land, s. a. Reichsbote, deutscher.

— westfälischer, für Stadt und Land auf die J. 1880—1885. 4. (à Jahrg. 80 S. mit eingedr. Holzschn., Holzschntaf. ꝛc.) Bielefeld, Velhagen und Klasing. à Jahrg. *

West-Sternberger **Hauskalender**. (Hrsg. f. d. Bewohner d. Kreises 'West-Sternberg' mit e. Statistik desselben von d. Red. d. West-Sternberger Zeitung in Drossen.) Jg. 1. Drossen: R. Knuth 1906. 8° [J.] [05. 18093]

Haus- und Wirthschafts-Kalender, des Boten für das Saalthal, auf das J. 1875. 4. (80 S.) Halle, Hendel. *

Haus- u. Wirthschafts-Kalender d. Boten, f. das Saalthal, auf d. J. 1876. 4. (68 S. m. eingedr. Holzschn. u. 1 Holzschntaf.) Halle, Hendel. — 50

Haus-, Wirthschafts- und Volks-Kalender. 1863—68. 4. (à 76 S. mit eingedr. Holzschn. und. 4 Stnt.) Pirna, Diller und Sohn. à Jahrg. *

Der nach Art L. C. v. Hellwig wohleingerichtete hundertjährige *Haus-Calender*. 5. u. verb. Aufl. Leipz. 1764. 236 S.

Haus- und Wirtschaftskalender

— — Zeitzer illustrirter, für 1883. 4. (38 S. m. eingedr. Holzschn.) Zeitz, Langenberg. n. — 25

Haus-Kanzel, christliche, für alle Sonntage des Jahres. Auswahl vorzügl. Predigten u. erbaulicher Betrachtungen der ausgezeichnetsten Kanzelredner älterer u. neuerer Zeit. 1. u. 2. Bd. a 6 Liefg. gr. 8. Mannheim 842, (43), Hoff. (à 1/4 Thlr) 3 Thlr

Hauskanzel, evangelische. Ein Jahrg. Predigten der berühmtesten evangel. Kanzelredner von Luther bis auf die neueste Zeit auf alle Sonn-, Fest- u. Feiertage des Jahres. Nebst einem Anh. von neun weiteren Predigten. Mit einem Vorwort von Ed. Emil Koch. 6 Hefte. Stuttgart 866, 67. Belser's Verlag. gr. 8. (999 S.) 1 Thlr 24 ngr

Hauskanzel, evangelische. Ein Jahrg. Predigten der berühmtesten evangel. Kanzelredner von Luther bis auf die neueste Zeit auf alle Sonn-, Fest- und Feiertage d. Jahres. Nebst e. Anh. v. neun weiteren Predigten. Mit e. Vorwort v. Ed. Emil Koch. Neue Subscriptions-Ausg. in 12 Lfgn. gr. 8. (999 S.) Stuttgart 872—74. Belser. à n. — 40

Haus-Kapelle zur Feier des Kirchenjahres. Schrifttexte u. Gebete aus dem XV. Jahrhundert m. Zeichngn. v. Louise Wolf, hrsg. v. L. Schoeberlein. 1—6. Lfg. gr. 4. (XIV S. à 5 Bl. Text m. 5 Kpfrst.) Göttingen 875. 76. Vandenhoeck & Ruprecht's Verl. à n. 6. —

Haus-Kapelle zur Feier des Kirchenjahres. Schrifttexte u. Gebete aus dem 15. Jahrhundert mit Zeichnungen von Louise Wolf, hrsg. von L. Schoeberlein. 7—12. (Schluß-)Lfg. gr. 4. (à 5 Kpfrst. m. 5 Bl. Text.) Göttingen 877. Vandenhoeck & Ruprecht's Verl. In Mappe. à n. 6. —

Haus-Kapelle zur Feyer des Kirchenjahrs. Schrifttexte und Gebete aus dem XV. Jahrh., mit Zeichnungen von Louise Wolf, hrsg. von L. Schoeberlein. 2. (Titel-)Aufl. 12 Lfgn. gr. 4. (XXIV S. mit 60 Kpfrt., Titel in Kpfrst. und 60 Bl. Erklärungen.) Göttingen (877)885, Vandenhoeck und Ruprecht's Verlag. à Lfg. * ℳ 3.—.; in Mappe * 36 — geb. * 46 —

Hauskatechismus, christl., od. Kern d. christl. Glaubenslehre in Frage u. Antworten, nebst erbaul. Liederversen. 12. Halle 822. (Waisenhaus B.) 3 gGr

Hauskauf u. Hausbesitz. Praktische Auskunft üb. sächs. Rechtsbestimmungen bei Grund-Erwerb u. -Eigentum. Hrsg. v. e. sächs. Rechtsanwalt. 2. Aufl. gr. 8. (45 S.) Dresden 896. [Hönsch & Tiesler.] E. H. Meyer. n. — 60

Hauskauf u. **Hausbesitz** nebst Gesetz, betr. Sicherg. d. Baugewerken u. Bauhandwerker v. J. 1896. Prakt. Auskunft üb. sächs. Rechtsbestimmngn. bei Grund-Erwerb u. -Eigentum. Hrsg. v. e. sächs. Rechtsanwalt. 2., verm. Aufl. gr. 8. (45 S.) Dresden 896. Hönsch & Tiesler. n. — 60

Hauskirche oder Bibelkalender u. Gebete für die tägliche Erbauung im christl. Kirchenjahre. gr. 12. (139 S.) Heidelberg 850, K. Winter. n. 6 Ngr — 2. Thl.: Christenlehre u. Christenlieder. Vom Verf. des Missionsbüchlein (Ernst Fink). gr. 12. (IV u. 111 S.) Ebd. 852. n. 6 Ngr (cmplt. n. 12 Ngr)

Hauskirchlein. Ein Christenthumsblatt, vorzugsweise für Diejenigen, welche den öffentl. Gottesdienst nicht besuchen können, weil sie ihres Orts nicht befriedigt werden oder krank sind, und welche keine gottesgelehrte Zeitschrift lesen. Herausg. von J. K. G. Müglich. 1r Jahrg. 1834. Mai — Decbr. 36 Numm. gr. 4. Grimma 834. Verlags-Compt. 1 2/3 Thlr

Haus- Reis- u. Kirchen-Kleinod gläubiger Christen. 18. Basel, Thurneysen. 705.

Haus-, Reise- u. Kirchen-Kleinod, gläubiger Christen, bestehend in 20 lehr- u. geistreichen Betrachtungen, zusammengetragen aus vieler gottseliger Lehrer ausgegangenen Andachten, Gebetbücher, Trostschriften u. s. w. Neueste Ausg. 8. (XVI u. 560 S. m. 1 Holzschn.) Schaffhausen 848, Schalch. 19 ngr

Hausknecht, der drollige, oder d. französ. Revolutionstraum. 8. Prag 793. S[t]einfeld. 4 gr

Hausknecht, ein gebildeter, s. Bloch's, E., Dilettanten Bühne.

Hausknecht, der, u. d. Wäscherin, od. Leonhartl u. Gatschinka. Parodie d. Ballade: Leonardo u. Blandine v. Bürger. gr. 8. ... Wien 832, Wimmer.

Hausknecht, Balth., s. 1) Beschreib. aller Länder. 2) Beschreibung aller Religionen. 3) Briefwechsel zur wahren Empfindung.

Hausknecht, Edwin. Die moderne bürgerliche Wohnung. Skizzen u. Entwürfe vollst. Wohnungseinrichtgn. in verschiedenen Stilarten, Intérieurs u. einzelne Möbel, nebst e. Anh.: Moderne Sitzmöbel. Fol. (30 Taf. m. 1 Bl. Text.) Wien 892, Thiel u. Schkerl. In Mappe * 25 —

Hausknecht, Edwin, die moderne bürgerliche Wohnung. Skizzen u. Entwürfe vollständ. Wohnungseinrichtgn. in verschiedenen Stilarten, Intérieurs u. einzelne Möbel, nebst e. Anh.: Moderne Sitzmöbel. Fol. (30 Taf. m. 1 Bl. Text.) Wien 893. Thiel & Schkerl. In Mappe. n. 25. —

Hausknecht, Emil, Auswahl englischer Gedichte, — Auswahl französischer Gedichte, } s.: Gropp, Ernst.

Hausknecht, Emil. Auswahl französischer u. Auswahl englischer Gedichte, s. Schulbibliothek, französische u. englische.

Hausknecht, Emil, Dir. Prof. Dr.: [Bericht über seinen Lebenslauf und seine Schriften.] *Kiel 1901: A. F. Jensen.* (S. 25—26.) 4° [F.]
Kiel, OR m. Reform-RG, P 1901 (319)

Hausknecht, Emil: Amerikanisches Bildungswesen. — Berlin: Gaertner 1894. 29 S. 4°
Berlin, 2. Städt. Realsch. (Höh. Bürgersch.) OP 1894 (117).

Hausknecht, Emil, Dir. Prof. Dr.: Entwicklung der Schule. *Kiel 1901: A. F. Jensen.* (S. 30—31.) 4° [F.]
Kiel, OR m. Reform-RG, P 1901 (319)

— s.: Floris and Blauncheflur.

— Englisch-deutsches Gesprächsbuch, s. Sammlung Göschen.

Hausknecht, Emil. Englisch-deutsches Gesprächsbuch. 136 S. 8. Leipzig, G. J. Göschen, 1909. (geb. M. —. 80)
Sammlung Göschen. (Nr. 424.)

— Kommentar zur Auswahl englischer Gedichte, s.: Gropp, Ernst.

—— Kommentar z. Auswahl französischer Gedichte, s. Gropp, Ernst.

— the English reader. Ergänzungsband zu The English student, Lehrbuch zur Einführg. in die engl. Sprache u. Landeskunde. gr. 8. (IV, 119 u. Wörterbuch 23 S. m. Abbildgn.) Berlin 894. Wiegandt & Grieben. Geb. in Leinw. n.n. 1. 50

— the English reader. Ergänzungsbd. zu The English student. Lehrbuch zur Einführg. in die engl. Sprache u. Landeskunde. 2. Ster.-Aufl. gr. 8. (IV, 119 u. 23 S. m. Abbildgn.) Berlin 899. Wiegandt & Grieben. Geb. in Leinw. n. 1.50; erhöht. Pr. n.n. 1. 80

— The English reader. Ergänzungsbd. zu The English student, Lehrbuch zur Einführg. in die engl. Sprache u. Landeskunde. 3. Ster.-Aufl. (IV, 119 u 23 S. m. Abbildgn.) gr. 8. Berlin (901). Wiegandt & Grieben. Geb. in Leinw. n.n. 1. 80

—— s. Sammlung englischer Denkmäler.

— The English scholar. Special of the English student for beginners in the higher forms. Lehrb. zur Einführg. in d. engl. Sprache, Landeskunde u. Geisteswelt f. d. oberen Klassen höherer Lehranstalten unter Mitwirkg. v. Alfr. Rohs. (VIII, 304 S. m. Abbildgn. u. Karten.) Nebst: Vocabulary. (116 S. m. 1 Karte.) 8. Berlin 910. Wiegandt & Grieben. Geb. in Leinw. u. geh. nn 2. 75

Hausknecht, Emil, the English scholar. — Jetzt: Leipzig, G. K. Sarasin.

Hausknecht, Emil (geb. (Treskow bei Neu-Ruppin) 23. 5. 1853): Ueber sprache und quellen des mittelenglischen heldengedichts vom Sowdan of Babylon. Berlin (1879). (40 S.) 8°
Berlin, Phil. Diss. v. 20. März 1879

— the English student. Lehrbuch zur Einführg. in die engl. Sprache u. Landeskunde. gr. 8. (IV, 268 m. Abbildgn. u. Wörterbuch 83 S.) Ebd. 894. Geb. in Leinw. n.n. 2. 50

— Beiwort zu The English student u. The English reader. Lehrbuch zur Einführg. in die engl. Sprache u. Landeskunde, unter Mitwirkg. v. Arth. Twentyman verf. 8. (23 S.) Ebd. 894. n. — 40

— the English student. Lehrb. z. Einführg. in d. engl. Sprache u. Landeskunde. 3. Aufl. gr. 8. (IV, 292 u. vocabulary 118 S. m. Abb. u. 1 farb. Karte.) Berlin 898. Wiegandt & Grieben. Geb. in Leinw. u. geh. n.n. 3. —

— Beiwort zu The English Student u. The English Reader, Lehrbuch z. Einführg. in d. engl. Sprache u. Landeskunde, unt. Mitwirkg. v. Arth. Twentyman verf. 3. Abdr. 8. (22 S.) Ebd. 897. n. — 40

— the English student. Lehrbuch zur Einführg. in die engl. Sprache u. Landeskunde. 4. Aufl. gr. 8. (IV, 348 u. 134 S. m. Abbildgn. u. 2 farb. Karten.) Ebd. 900. Geb. in Leinw. u. geh. n.n. 3. 40

— The English student. Lehrbuch zur Einführg. in die engl. Sprache u. Landeskunde. 8., seit der 5. bis zur Thronbesteigung Eduards VII. fortgeführte Aufl. (IV, 366 u. 144 S. m. Abbildgn. u. 2 farb. Karten.) 8. Ebd. 905. Geb. u. geh. n.n. 3. 50; Beiwort. 4. Abdr. (23 S.) n. — 20

— The English student. Lehrbuch zur Einführg. in die engl. Sprache u. Landeskunde. 10. Aufl. (VI, 384 u. 139 S. m. 1 farb. Karte u. 1 farb. Plan). 8. Ebd. 909. Geb. in Leinw. nn 3. 60
Jetzt: Lpz.: G.K.Sarasin.

Hausknecht, F., Leitfaden zum Studium der Marine-Artillerie. Nach den besten Quellen bearb. Mit 5 Kpfrtaf. (in gr. Fol.) gr. 8. (XVI u. 396 S.) Wien 852, Gerold. 3 *ß* 24 *ngr*

HAUSKNECHT, FERD(INAND): Ein Wort des Heils, bey Gelegenheit der Einweihung des Calvarienberges zu Mehadia. Temesvar (Temeswar) o. J.: Josef Klapka. 16 S. - 8°

Berliner Handwerker-Verein. Erinnerungen aus den Jahren 1859-1905. Festschrift z. Einweihung d. neuen Vereinshauses Sophienstr. 18 am 21. Nov. 1905. (Verf.: H[ermann] **Hausknecht.**) (Berlin 1905: Riefenstahl, Zumpe & Co.) (62 S.) 8° [F.] [07. 6149 11

Hausknecht, J.

— Christenmuth am Krankenbette. Predigt über Lukas X, V. 30—34. Gehalten nach Ausbruch d. Cholera-Krankheit am 25. Sept. 1831, in d. Bethause d. evang. Gemeinde H. C. zu Wien. gr. 8. Ebd. 832. 3 gr.

Hausknecht, (Consistor.-Rath), J., was geziemt uns bei dem Andrange d. jetzt verheerenden Seuche? Predigt über Epheser V, V. 15—18. Gehalten am 17. Juli 1831 in d. Bethause d. evangel. Gemeinde H. C. zu Wien. gr. 8. Wien 832, Wallishauser. 3 gr.

Hausknecht, J. F., über Werne und sein Gnadenbild. 8. (79 S. mit Abbild. in Holzschn.) Salzkotten 877, v. Sobbe. **

Hausknecht, J. G., Abschiedspredigt, d. 3. Febr. 1788 in Bockenheim gehalten. 8. Frankf. a. M., Gebhardt u. K. 3 gr.

Hausknecht, Carl, Referendar: Die rechtliche Natur der Delcrederehaftung im Kommissionsgeschäft. Straßburg i. E. 1910: Du Mont Schauberg. 42 S. 8°
Heidelberg, Jur. Diss. v. 5. Sept. 1910, Ref. Schröder
[Geb. 5. Okt. 86 Gebweiler; Wohnort: Straßburg; Staatsangeh.: Elsaß-Lothringen; Vorbildung: Gymn. Gebweiler Reife Juli 05; Studium: Berlin 1, Bonn 1, Straßburg 4 S.; Rig. 4 März 10.] [U 11. 2011

Hausknecht, Werner, d' Nochberschaft, an dramat. Scherz i eim Akt i St. Galler Mundart. 8. (16 S.) St. Gallen 891. (W. Hausknecht.) n. — 60

Werner Hausknecht, Buchhandlung und Antiquariat in St. Gallen ⟨Schweiz⟩. Weihnachts-Katalog. Nr. 101. IV + 56 S. 8. [1900.]

Werner Hausknecht, Buchhandlung und Antiquariat in St. Gallen, ⟨Schweiz⟩. 8.
Antiquarischer Katalog. Nr. 102. 64 S. 1901.
Nr. 103. Weihnachts-Katalog. 64 S. [1901.]

Werner Hausknecht, Buchhandlung und Antiquariat in St. Gallen ⟨Schweiz⟩. 8.
Antiquarischer Katalog. Nr. 104. 64 S. [1902.]
Antiquarischer Katalog. Nr. 105. Paedagogik... 64 S. [1903.]
No. 106. Weihnachts-Katalog. 64 S. [1902.]
Antiquarischer Katalog. Nr. 107. 64 S. 1903.

Haus-Kreuz, das, s. Theater, das, des Auslandes.

Haus- u. Wirthschaftskunst, adeliche. 8. Erfurt. 757.

— — od. was jeder Verwalter an jed. Tage zu verrichten hat. 8. Lpz. Sommer.

Hauslab Franz Ritter von: Über seine im Jahre 1817 ausgeführte Aufnahme der Gletschergruppe des Ötztales. S. 1. 8l . . . . vgr.
Separatabdruck

Hauslab, Frz. Ritter v., über die Bodengestaltung in Mexiko u. deren Einfluss auf Verkehr u. militärischen Angriff u. Vertheidigung. Vor dem als Einleitung: Ueber den Vorgang bei Verfassung eines strateg. Entwurfes zum Angriff oder der Vertheidigung eines Staates. [Aus „Oesterreich. militär. Zeitschrift".] Wien 864. (Gerold's Sohn.) gr. 8. (23 S. mit 1 chromolithogr. Höhenschichtenkarte von Mexiko in Fol., ferner 3 geographisch- u. strategisch-schemat. Skizzen auf 1 lith. Platte in 4.) n. 1 *ℛ* 20 *ngr*

Hauslab, Fr. R. v., Erdkarte mit Horizontalschichten. (Nach Mercator's Projection.) Fol. Wien 875, Artaria und Comp. *

—— Karte von Mittel- und Süd-Europa, mit Horizontal-Schichten nach Steinhauser. Fol. Ebendas. 875. *
Schwarz mit Curven *

— über die charakteristischen Kennzeichen der geschichtlichen Entwickelungs-Abschnitte der Kriegertracht vom Beginn des 16. bis zu jenem des 19. Jahrh. [Aus „Oesterreich. militär. Zeitschrift".] Ebend. 865. gr. 8. (13 S. mit 5 Steintaff. in Fol. u. qu. gr. Fol.) n. 10 *ngr*

Hauslab, Ritter v., über die Naturgesetze der äusseren Formen der Unebenheiten der Erdoberfläche. Lex.-8. (13 S.) Wien 874, (Gerold's Sohn.) *
Aus: Sitzungsberichte der k. Akademie der Wissenschaften, besonders abgedruckt.

Hauslab, Oberlieut. Versuche über die Anwendung der Lithographie für die Situationszeichnung, gemacht auf allerhöchsten Befehl Sr. kaiserl. Hoheit des Erzherzogs Johann. 14 Blätter. 4. Wien 1825.

Hausladen, Georg Michael [cand. med. aus Lichtenwald]: Ein Beitrag zur Kenntniss der Laugenvergiftung ... [o. O.], *1897*; 2 Bl., 30 S., 1 Bl. 8.
München, Med. Fak., Inaug.-Diss. v. 1897

Hausladen, Johann Josef

— s. Fastenpredigten.

Hausladen, J. J., Fastenpredigten. 16 Bdch. gr. 8. Bresl. Korn d. ält. 795.

Hausladen, Jh. Jos., († d. 5. Januar 1791.) Lobrede auf den heil. Bernhard. 4. Bresl. 782.

— Rede an d. letzten Tag d. 1780sten Jahres. 4. Bresl. 781.

Häusle, Hugo, Eichendorff's Puppenspiel: Das Incognito, s.: Quellen u. Studien, deutsche.

HAEUSLE, Johannes Michael: Collectanaea et excerpta ad dijudicatonem historico-dogmaticam monothelismi. — (1848) VIII, 582, V S. 4° (Handschr.) Dss. 88
Diss. Wien, Univ.

Häusle, Joh. Mich., darf die Wiener Hochschule paritätisch werden? Nach einer vorgäng. Beleuchtung der sogenannten öffentl. Meinung über diesen Gegenstand in 100 kurzen Schlusssätzen beantwortet. Wien 865. Sartori. gr. 8. (VII, 390 S. mit 10 Beilagen.) n. 2 *ℛ*

— Johs. Ronge, s. Stimmen, katholische, aus Oesterreich.

Häusle, J. M., Joh. Ronge in Wien, oder: Der sog. Teutsch-Katholicismus von Alban Stolz. Wien, Sartori, 1868, gr. 8°, 32 S., 4. Aufl., 20 Pf. (Kath. Stimmen a. Österr. Heft 6.)

Häusle, Johann Michael (Red.), s. Volksfreund, Österreichischer.

Häusle, Jh. Mch., was ist der kathol. Priester? Beantwortet in einer Primizpredigt am 9. Sonnt. nach Pfingsten 1844. gr. 8. Wien 844, Mayer u. Co. 6¼ *ngr*

Häusle, Ein freimüthiges Wort für die Reform der theologischen Studien in Österreich. Wien, 1849.

Häusle, Johann Michael (Red.), s. Zeitschrift für d. gesamte kath. Theologie.

Hausleben, das, eine Charakterzeichnung von Fr. Laun. 8. Dresden, Hilscher. 820.

Haus- und Herzensleben, katholisches, beleuchtet vom Schimmer des ewigen Lichtes. Eine Sammlung religiöser Gedichte von † Cord. Peregrina [Cordula Schmid.] 12. (330 S.) München 888, Pfeiffer's Verlag. *M 1.—; geb. * 1 50

Hauslegende, kleine katholische, für alle Stände. Mit 250 Beispielen von Heiligen. Von J. M. 3 Samml. (in 1 Bde.) Mit Titelbild. 8. Luzern 846. (Augsb., Kollmann.) 3/4 ß

Hauslegende, kleine katholische, für alle Stände. Mit 250 Beispielen von Heiligen. Von J. M. 3 Sammlungen (in 1 Bde.) Mit Titelb. 8. (538 S.) Luzern 847. (Augsburg, Kollmann.) 3/4 ß

Hauslegenden von dem ewigen Juden Ahasverus, wie auch von einem wälschen Herzog, der in das himmlische Jerusalem gelanget. (Mit Titelbild.) 8. Prag, Leitmeritz u. Teplitz 837. Medau. 1/8 ß

Hauslehrer, Der, eine Wochenschrift. Göttingen 1775. H: *Wedekind, Rudolph.* (Ky) (ML)

Hauslehrer, der, oder Beitrag zur Beförd. d. Wahrheit. gr. 8. Götting. 775. Vandenhöck u. R. 1 ß

Hauslehrer, Der, oder Beiträge zum Privatunterricht in den nöthigsten Lehrgegenständen. Prag 1778. V: *Schindler, Amand.* MV: *Steinsky, Franz Anton.* (GGr VI, 721)

— der, nach Raff's Lehrart, ausgearb. von e. Gesellschaft pädagog. Gelehrten, u. herausg. von W. F. Hezel. 3 Thle. (1r, 2r A. u. d. T.: d. sich selbst lehrende kl. Lateiner. 2 Thle. à 9 gr 3r A. u. d. T.: d. sich selbst lehrende kleine Franzose. 10 gr 8. Altenb. 796—98.) (Hennings in Neisse). 1 ß 4 gr

Hauslehrer, der. Wochenschrift f. d. geist. Verkehr m. Kindern. Hrsg. v. Berth. Otto. März 1901—Febr. 1902. 52 Nrn. hoch 4. (à ca. 16 S.) Leipzig, K. G. Th. Scheffer. n. 6. 40

— dasselbe. Verantwortlich: Berth. Otto u. Th. Scheffer. 2. Jahrg. 1902. 52 Nrn. 4. (à ca. 12 S.) Ebd. n. 6.40

— der Wochenschrift für den geist. Verkehr m. Kindern. Hrsg. u. red. v. Berth. Otto. 3.—6. Jahrg. 1903—1906. à 52 Nrn. (720, 800, 800 u. 748 S.) Lex.-8. Groß-Lichterfelde, Verlag des Hauslehrers. à Jhrg. n. 6. 40
Erschien bis Dezbr. 1904 in Leipzig.

Hauslehrer, der. Wochenschrift f. den geist. Verkehr m. Kindern. Mit Beilage: Geschichten in Altersmundart. Hrsg. u. red. v. Berth. Otto. 7.—10. Jahrg. 1907—1910. à 52 Nrn. (à ca. 12 S. u. 8 S. in 8.) Lex. 8. Großlichterfelde, Verlag des Hauslehrers. à Jhrg. 6. 40

Hauslehrer, der. Von Ludwig u. Willy. (79 S. m. Abbildgn.) gr. 8. Mainz (906). (Saarbach's News Exchange.) n. 1. —

Hauslehrer-Schriften. 1 u. 2. gr. 8. Ebd. à n. — 60
1. Der Leipziger Bankkrach als Erscheinung unseres Wirtschaftslebens, gemeinverständlich dargestellt. Von Berth. Otto. [Aus: „Der Hauslehrer".] (96 S.) 901. n. 1. —; ermäß. Pr. n. — 60
2. Polen u. Deutsche. Ein Mahnwort an die deutsche Jugend. Von Berth. Otto. [Aus: „Der Hauslehrer".] (63 S.) 902.

Hauslehrer-Schriften. 3 u. 4. 8. Leipzig, K. G. Th. Scheffer à n. — 60
3. Ein innerer Feind. Von Berth. Otto. (II, 85 S.) 903.
4. Unser Besuch im Kieler Kriegshafen. Von Berth. Otto. Sonderdruck aus dem „Hauslehrer", veranstaltet auf Veranlassung des deutschen Flottenvereins. 1. bis 10. Taus. (III, 110 S.) 905.

Hauslehrer-Schriften. 3. u. 4. 8. Leipzig. Großlichterfelde, K. G. Th. Scheffer. à — 60
Otto, Berth., unser Besuch im Kieler Kriegshafen. Sonderdr. aus dem „Hauslehrer", veranstaltet auf Veranlassung des deutschen Flottenvereins. 17—18. Taus. (II, 94 S.) 907. (Nr. 4.)
— Ein innerer Feind. 4. u. 5. Aufl. (II, 85 S.) 908. (Nr. 3.) — 60

Hausleier, Meine. [Gedichte.] Frankfurt u. Leipzig [Stuttgart] 1785. V: *Duttenhofer, Jacob Hnr.* (Ky) (GGr) (MGT)

Hausleyer, meine, 8. Stuttgard. Erhard. 786.

Hausleier, meine, (Gedichte, v. Jak. H. Duttenhofer). 8. Stuttg. 786. Löflund. 6 gr

Häuslein, Jh. Andr., († d. 26. Dec. 1779.), s. Xenophon, Etwas von Ephesus.

Hausleiter, s.: Gaben, mancherlei, s. Geist u. Herz.

Hausleiter & Eisenbeis, Berlin. 2 Musterbücher: Öfen, Kamine etc. Berlin

Häusler, Der, und seine Umgebung. Schilderung aus dem Volksleben ... A. d. Schwed. von C. Eichel. Leipzig 1844. V: *Knorring, Sophie Gräfin von geb. Tieck.* (EF) (Ky)

Häusler, der, u. seine Umgebung. Schilderung aus dem Volksleben von der Verf. der Standesunterschiede, Frauen, Freunde, Cousinen, Axel, Täuschungen, Skizzen 2c. (Gräfin Knorring.) Aus dem Schwed. von C. Eichel. 2 Thle. 8. Leipzig 844, Kollmann. 2 3/4 ß

Festschrift für das 50jähr. Geschäfts-Jubiläum der Kreis-Sparkasse zu Bolkenhain am 1. Okt. 1908. Verf. v. Rendant Haeusler. — Bolkenhain (1908): Hendess. 35 S. 8° [Umschlagt.]

Haeusler, der Peru-Guano, ein Beitrag zur Lösung der Düngerfrage. 15 Sten. 8. Basel. 1875.

Haeusler, Christian Wilhelm Gottlieb (Eisenberg / Altenb.), Dissertatio de exheredatione in allodiis et feudis bona mente facta. Präs. Fried. Gottlieb Zoller. Lpz. (Walther) 1. III. 1782. 18 Seiten. (5.50) 12698
Gew.: Johann Frh. v. Rothkirch u. Trach (Beersdorf, Steudenitz . .).

Haeusler, Franz [prakt. Arzt aus Schlesien]: Ueber einen Fall von progressiver perniciöser Anämie in Folge multipler Osteosarkome .... Greifswald, Druck v. Julius Abel, 1885; 31 S. 8°.
Greifswald. Med. Fak., Inaug.-Diss. v. 22. Aug. 1885.

Haeusler, Franz, über einen Fall von progressiver perniciöser Anämie in Folge multipler Osteosarkome. Diss. Greifswald 1885, Jul. Bindewald. 8⁰. 31 S.

Häusler Heinrich: Die zeitbestimmenden Partikeln im Französischen.
H. 1910 PN 2937 Diss. Innsbruck, Univ.

Häusler, Herm., Grundstufe der Heimatkunde. 1. Tl.: Heimatkundlicher Lehr- u. Lernstoff f. alle Schulen Deutschlands. Ein Beitrag zur Belebg. u. Wiederholg. d. ersten heimatkundl. Unterrichts. Mit 17 in den Text gedr. Zeichngn. 8. (40 S.) Berlin 891. H. Spamer. n. — 35

— dasselbe. Berliner Ausg. 2. Tl. Heimatkunde v. Berlin u. Umgebg. Ein Beitrag zur Belebg. u. Wiederholg. d. ersten heimatkundl. Unterrichts. Mit 3 in den Text gedr. Zeichngn. u. e. Übersichtskarte v. Berlin u. Umgebg. 8. (40 S.) Ebd. 891. n. — 35
(1 u. 2. in 1 Bd. kart.: n. — 60)

Häusler, Carl Samuel, Aphorismen, populaire, (über Obstbaumzucht rc.) 16. (173 S.) Hirschberg 852, Nesener in Comm. n. 1/3 ₰

— die Lehre von der Anwendung der selbst erfundenen Holzcemente. gr. 8. (XVI u. 69 S.) Ebd. 851, in Comm. n. 1/3 ₰

Häusler, Carl Samuel: Die ächte Obstwein-Fabrikation für jede Haushaltung oder die Kunst, sich aus Aepfeln und Birnen auf leichte Weise, und fast ohne Kosten, einen wohlfeilen, bald genießbaren, gesunden und höchst angenehmen Cider; einen viele Jahre lang dauernden, kräftigen, balsamischen Obstwein; und einen veredelten, ja wahrhaft edlen gleich dem besten Rebenwein dauernden Wein darzustellen, aus eigenen Erfahrungen, treu und wahr, zum allgemeinen Nutzen, nicht nur für denjenigen, der sich Obstwein machen will; sondern auch für jeden Weinbergsbesitzer, jeden, der Weine gährt und damit umgeht, für jeden Weinhändler von höchster Wichtigkeit, mitgetheilt und herausgegeben.
Hirschberg: Thomas in Comm. o.J. [um 1825]. 100 S. -- 21°
Neue Ausg. 1830. --

Häusler, C. Sm., d. ächte Obstwein-Fabrikation für jede Haushaltung. 8. Hirschb. 825. (Nesener). 22 K

Häusler, C. S., die ächte Obstweinfabrikation nach eigner bewährter Erfahrung. (Neue Ausg.) 8. (7 B.) Hirschberg 830, (Nesener.)

HÄUSLER, MATHIAS: Jährlich verpflichte Lob- und Ehren-Rede / Über das Geheimnuß der Allerheiligsten Dreyfaltigkeit / Welche an dem Hohen Titular-Fest des Ordens der Allerheiligsten Dreyfaltigkeit Von Erlösung gefangener Christen / So in bemeldter Ordens-Kirchen zu Klein-Maria-Zell in Alt-Ofen Anno 1765. den 2. Junii Vor zahlreicher Gegenwart Einer Hochlöblichen Ertz-Bruderschaft erwehnten Ordens / da sie ihre Würdens-Wahl bestättiget und vollbracht, abgestattet Der ehrsame und tugendsame Jüngling Mathias Häusler, Supremae classis Grammatices Studiosus. Ofen 1765: Leop. Frantz Landerer. 6 f. - 200 mm

Erklärung In Sachen die gegen die Irrenanstalt zu Hornheim erhobenen Beschuldigungen betreffend v. (O.) Haeusler. Braunschweig. 1862. 8°.

Häusler, P. J., der Panslavismus. 1. Bd. gr. 8. (93 S.) Berlin 886. Stankiewicz. n. 1. 50

Haeusler, Ricardus: De proprietate quadam elocutionis Aeschyleae. Berolini 1889 (54 S.).
Berlin, Diss. v. 17.6.1889.

Die Lagenidenfauna der Pholadomyenmergel von Saint-Sulpice (Val de Travers)' v. Dr. Rudolf Haeusler. Abt. 1. *Zürich: Dr. v. Zürcher & Furrer 1893.* 4.
— Abhandlungen d. Schweizerischen paläontolog. Gesellschaft. Vol. 20, [No] 3. [98. 8693

Haeusler, Rud., die Lagenidenfauna der Pholadomyenmergel v. Saint-Sulpice (Val de Travers). I. Abtlg. [Aus: „Abhandlgn. der schweizer. paläontolog. Gesellsch." Vol. XX.] gr. 4. (40 S. m. 5 Taf.) Zürich 893. (Basel, Georg & Co.) n.n. 6. 40

Haeusler, Rudolf. Monographie der Foraminiferen-Fauna der schweizerischen Transversarius-Zone. Mit 15 Tafeln. Abhandl. Schweizer. Paläont. Ges. Vol. 17. 4. Zürich 1890.

— Monographie der Foraminiferen-Fauna der schweizerischen Transversarius-Zone. [Aus: „Abhandlgn. d. schweiz. paläontolog. Gesellsch."] gr. 4. (134 S. m. 15 Taf.) Zürich 890. (Berlin, Friedländer & Sohn.) n.n. 16. —

— notes sur la distribution des Lituolides dans les terrains jurassiques de la Suisse. [Aus: „Mémoires de la société paleontolog. suisse".] gr. 4. (42 S.) Genève 893. Ebd. n.n. 5. 60

Haeusler, Rudolf. Mitglied mehrerer ausländ. geolog. Gesellschaften [von Lenzburg. Kt. Aargau]: Untersuchungen über die microscopischen Structurverhältnisse der Aargauer Jurakalke mit besonderer Berücksichtigung ihrer Foraminiferenfauna (mit 150 Originalabbildungen)'. Brugg Fisch Wild u. Cie Dr. 1881. 47 S., 2 Taf. 8°.
Zürich. Phil. Diss. [v. 29. Juli 1881].

Häusler, Wilhelm [pr. Arzt aus Gross-Weigelsdorf (Schlesien)]: Ein Fall von Ovarialkystom als Complication von Schwangerschaft und Geburt. . . . Nürnberg, *W. Tümmel,* 1890; 29 S. 8°
Erlangen, Med. Fak., Inaug.-Diss. v. 1890

Haeusler, Wilh., Geschichte des Fürstenth. Oels bis zum Aussterben der Piastischen Herzogslinie. gr. 8. (VIII, 487 S.) Breslau 883, Max und Comp.

Häusler. Wilh.: Das Preußische Notariat. E. Handbuch für Notare in den Provinzen, wo die allgemeine Gerichts-Ordnung gilt. Breslau 1845.

Häußler, Wlh., das Preuß. Notariat. Ein Handbuch für Notare in den Provinzen, wo die allgem. Gerichts-Ordnung gilt. 1. Hft. Die allgem. Bestimmungen, die bei Aufnahme von Notariats-Acten zu beobachten sind. gr. 8. Breslau 846, Leuckart. 1/4 ₰

Häusler, Wilh., das preußische Notariat. Ein Handbuch für die Notare in den Provinzen, wo die allgem. Gerichtsordnung gilt. 2. und 3. (letztes) Heft. gr. 8. (S. 53—232.) Breslau 847, Leuckart.
1. Heft. Ebendas. 1846. 7½ Ngr.

—— s. Urkundensammlung zur Geschichte des Fürstenth. Oels.

Hausleutner, Em. Fdr.

—, Em. Fr., praes. Jo. Chr. Reil, De locis in apoplexia affectis. 47 pp. Hal. 8°. 1795

Hausleutner, Em. Fdr., Warmbrunn u. seine Schwefelquellen. Mit (3) lithogr. Abbildd. u. 1 Kärtchen. gr. 8. Hirschberg 836. (Nesener.) 1 ₰

[Hausleutner, Fr. W. Hugo:] Ein neuer Faust. Zur Karnevalsfeier der Hallenser 'Lumpia'. Frei nach Goethes Faust v. Sturmfeder.
Erfurt: F. Bartholomäus; (Übergekl.: Berlin: E.Bloch) [1894]. (1 Bl., 83-111 S.) 8⁰
= Festspiel-Halle, Deutsche. H. 24.

Sonnenlieder von **Sturmfodor** [d. i. Fr. W. Hugo Hausleutner]. *Warmbrunn: M. Leipelt in Komm. 1899.* (145 S.) 8° [F.]

Hausleutner, (Frid. Gust. Hugo) (geb. Hirschberg in Schles. 1814): De angina membranacea. Berolini (1844). (26 S.) 8°
Berlin, Med. Diss. v. 14. Okt. 1844

Hausleutner, Philipp Wilhelm Gottlieb

— 1. Anquetil-Duperron, Entdeckungsreise. 2) Beschreib. d. Westmünster-Abtei. 3) Gallerie d. Nationen. 4) Geschichte d. Araber. 5) Handbuch d. Erdbeschreib. v. Europa. 6) C. F. Hübner, Skizze. 7) Metastasio, opere. 8) Mirabeau, Originalbriefe. 9) Reich, das türk. 10) Toderini, Liter. 11) C. J. Trouvé, Erläuter.

Hausleutner, Ph. Wlh. Gtl., († d. 13. Mai 1820.) Schwäbisches Archiv. 7 Stücke. Mit Kpf. gr. 8. Stuttg. 789—93. (Löflund). 1 Thlr 8 gr Sonnewald das. 1 Thlr 6 gr

Hausleutner, Ph. Wlh. Gtl., neue latein. Chrestomathie. gr. 8. Stuttg. 786, 2e A. 794. 3e A. 796, Steinkopf. 12 gr

— Neue Latein. Chrestomathie für die untern und mittlern Klassen. Stuttg. 787. 8. 18 gr. Eb. 796. 8.

Hausleutner, W. P., neue lat. Chrestomathie. gr. 8. Stutg. Steinkopf. (Gräff, Lpz.) 796. Rthlr.

— Gallerie der Nation. s. Gallerie.

Hausleutner, Ph[ilipp] W[ilhelm] G[ottlieb]. Gallerie der Nationen. Herausgegeben von Ph. W. G Hausleutner .. Stuttgart, bei Johann Friedrich Ebner .. 1792—1800
7 Hefte. 4°.
I. Asiaten, 1. Heft. 1792: Umschlagtit., 1 Bl., 20 S.; 10 Taf.
II: Amerikaner, 1. Heft. 1793: Umschlagtit., 1 Bl., 20 S.; 8 Taf
III: Europæer, 1. Heft. 1794: Umschlagtit., 1 Bl., 20 S.: 8 Taf
IV: Afrikaner, 1. Heft. 1795: Umschlagtit., 1 Bl., 20 S.; 8 Taf.
V Asiaten, 2. Heft. 1796: Umschlagtit., 1 Bl., 20 S., 8 Taf.
VI. Amerikaner, 2 Heft 1799: Umschlagtit., 1 Bl., 20 S.; 5 Taf
VII· Europaer, 2. Heft 1800: Umschlagtit 1 Bl., 20 S., 7 Taf
Die Tafeln in kol Kupferst von L. Ebner Gottlr. Gerhardt, Haas u H Dunker

Hausleutner, P. W., u. C. L. **Lotter,** Handbuch der Erdbeschreibung von Europa, insbesondere von Deutschland. Mit Einleitung und Vorrede von Fr. Chr. Franz. 2. Ausgabe. Stuttgart 1818. 8.

Hausleutner, Ph. Wlh. Gtl., s. 1) Metastasio, d. Sanftmuth d. Titus. 2) Theodor, König, e. Oper.

— Wortregister, latein. u. deutsch, zu den ersten 4 Abtheill. d. Chrestomathie. gr. 8. Stuttg. 809. Steinkopf. 6 gr

Hausleutner, Rud. (Frid. Erdmann.) (geb. Rawitsch 25. 2. 1828): De rhinoplastice. Accedit tab., novam B. Langenbeck nasi curti reficiendi methodum explanans. Berolini (1851). (33 S.) 8°
Berlin, Med. Diss. v. 25. Febr. 1851

Hauslexikon, das, vollständ. Handb. prakt. Lebenskenntnisse f. alle Stände. (Hrsg. v. Gust. Th. Fechner.) 4—8. (letzt.) Bd. (à 6 Hfte.) (Halbbäder—Zygophillum.) gr. 8. (285½ B.) Leipzig 836—38, Breitkopf u. Härtel. à Hft. * ⅓ Thlr., Vlnp. * ½ Thlr. * 7½ Thlr., Vlnp. *
1—3. Bd. Ebendas. 1834, 35. * 4 Thlr. 12 Gr., Vlnp. * 9 Thlr.

— das, vollständiges Handbuch prakt. Lebenskenntnisse für alle Stände. (Herausgeg. von G. Th. Fechner.) 8 Bde. 2. Aufl. mit vielen Abbild. gr. 8. Leipzig 841, Breitkopf u. Härtel. (à n. 1½ Thlr) n. 12 Thlr

— dass. — (Hrsg. v. Gust. Th. Fechner.) 8 Bde. X—3. 2. Aufl. Mit viel. Abbild. u. dazu gehör. erläut. Texte. gr. 8. (447⅓ B. u. 65 Stnt.) Ebds. 841, 42. à Bd. * 1½ Thlr. *

— dass. — Abbildungen zu vorstehendem m. erläut. Texte. 8 Hfte. gr. 8. (63 lith. Taf. u. 5¾ B. Text.) Ebds. 841, 42. à * ¼ Thlr. *

Hauslexikon, das. Encyklopädie praktischer Lebenskenntnisse für alle Stände. Herausg. unter Mitwirkung namhafter Gelehrter u. Techniker von Heinr. Hirzel. 3., gänzlich neu bearb. Aufl. 1—3. Liefg. Leipzig 858. Breitkopf u. Härtel. Lex. 8. (1. Bd.: 1 Bl., 902 S.) Jede Liefg. 20 ngr; Velinpapier 1 Thlr 5 ngr

Hauslexikon, das. Encyklopädie praktischer Lebenskenntnisse für alle Stände. Herausg. unter Mitwirkung namhafter Gelehrter und Techniker von Heinr. Hirzel. 3., gänzlich neu bearb. Aufl. 4—18. (letzte) Liefg. Leipzig 859—62. Breitkopf & Härtel. Lex.-8. (2. Bd.: 910 S.; 3. Bd.: 950 S.; 4. Bd.: 950 S.; 5. Bd.: 954 S.; 6. Bd.: 1108 S. m. Holzschn. im Text.) Jede Liefg. 20 ngr; Velinpapier 1 Thlr 5 ngr

Haus- und Familien-Lexikon, illustrirtes. Ein Handbuch für das praktische Leben. 1—62. Heft. Leipzig 860—64. Brockhaus. Lex.-8. (1. Bd.: XV, 800 S.; 2. Bd.: 812 S.; 3. Bd.: 799 S.; 4. Bd.: 796 S.; 5. Bd.: 796 S.; 6. Bd.: 794 S.; 7. Bd.: S. 1—160. m. Holzschn. im Text.) Jedes Heft 7½ ngr

Haus- u. Familien-Lexikon, illustrirtes. Ein Handbuch für das prakt. Leben. (Mit 2382 Abbild. in Holzschn.) 63—70. (Schluß-)Heft. Leipzig 866. Brockhaus. (7. Bd. S. 161—779.) Jedes Heft 7½ ngr

— — Neue wohlf. Ausg. 7 Bde. in 70 Heften. Ebend. 867. Lex.-8. 11 Thlr 20 ngr; geb. 13 Thlr 16 ngr

Haus- und Wirthschafts-Lexicon, illustr., s. Dietrich.

Hauslexikon, medizinisches, v. F. Dornblüth, Dyrenfurth, Goliner, v. Guérard, S. Ruhemann, s.: Hausarzt, mein.

Haus-Lexicon, medicinisches, oder 1000 Heilmittel gegen alle Krankheiten der Menschen u. diätetische Anweisungen zur Erreichung eines hohen Alters. Gesammelt u. hrsg. v. mehreren prakt. Aerzten. 8. (IV u. 276 S.) Dresden 851, Schäfer. — 2. Aufl. 8. (IV u. 276 S.) Ebd. 851. n. ⅔ Thlr

Haus- u. Reise-Taschen-Lexicon, medicinisches, oder 1000 Heilmittel gegen alle Krankheiten der Menschen u. diätetische Anweisungen. Von mehreren prakt. Aerzten. 3. Aufl. 16. (VI u. 346 S.) Dresden 852, Schaefer. n. 24 ngr

Haus- und Reise-Taschen-Lexicon, medicinisches, oder 1000 Heilmittel gegen alle Krankheiten der Menschen und diätetische Anweisungen. Von mehreren praktischen Aerzten. 4. Aufl. Dresden 853. Schaefer. 16. (3 Bl., 346 S.) n. 24 ngr

— medicinisches, oder 1000 Heilmittel gegen alle Krankheiten der Menschen und diätetische Anweisungen zur Erreichung eines hohen Alters. Gesammelt und herausg. von mehreren praktischen Aerzten. Neue (Titel-)Ausgabe. Leipzig (851) 853. Deckmann. 8. (IV, 276 S.) n. 10 ngr

— medicinisches. Ein treuer Rathgeber bei den Krankheiten eines jeden Alters und Geschlechts. Mit einem Anhang, enthaltend die bewährtesten Hausmittel. 5. verm. Aufl. bearb. von Thdr. Hennig. Leipzig 862. Deckmann. gr. 8. (IV, 242 S.) n. 20 ngr

Hauslexikon, medicinisches. Ein treuer Rathgeber bei den Krankheiten eines jeden Alters u. Geschlechts. Mit einem Anh., enthltd. die bewährtesten Hausmittel. 5., verm. Aufl. bearb. von Thdr. Hennig. Leipzig 865. [Berlin, Mode's Verlag.] gr. 8. (IV, 242 S.) n. 20 ngr

Haus- u. Gesundheitslexikon, medizinisches. Ein Nachschlagebuch f. Gesunde u. Kranke. Bearb. v. e. bewährten Mediziner. 8. (492 S.) Leipzig 892. [M. F. Pfau.] Zürich, Th. Schröter. n. 4. —; geb. in Leinw. n. 5. —; auch in Lfgn. à — 40

Haus- u. Gesundheitslexikon, medizinisches. E. Nachschlagebuch f. Gesunde u. Kranke. Bearb. unt. Mitwirkg. bewährter Mediziner. 3. [Titel-]Ausg. 8. (492 S.) Leipzig-Thonberg (892) 897. E. Kunze. Geb. in Leinw. n. 3. 50

— neues, eine Handbibliothek für jede Haushaltung, herausg. von e. Vereine Gelehrter, so wie prakt. Haus- u. Landwirthe. 1r Bd. 1s—3s Hft. gr. 8. Leipzig 840. Polet. (à n. 1/6 ℛ) 1/2 ℛ — Patentpap. (à n. 1/4 ℛ) 3/4 ℛ

Hauslexicon, neues, eine Handbibliothek für jede Haushaltung, herausgeg. von einem Vereine Gelehrter, so wie prakt. Haus- u. Landwirthe. 1. Bd. 4.—6. Hft. u. 2. Bd. 1.—3. Hft. gr. 8. Leipzig 840—45, Polet. à n. 1/6 ℛ

Hauslexikon, neues. Eine Handbibliothek für jede Haushaltung. Mit Abbildgn. II. Bd. 4—6. Hft. (Erbse — Forelle.) gr. 8. (S. 209 — 448.) Leipzig 847, Polet. à n. 1/6 ℛ (I u. II. Bd.: n. 2 ℛ)

— neues. Eine Handbibliothek für jede Haushaltung. Herausg. von einem Vereine Gelehrter sowie praktischer Haus- u. Landwirthe. Mit erläut. Abbildgn. 3—6. Bd. (à 6 Hefte). Leipzig 853—55. Polet. gr. 8. (2. Bd.: S. 419—480; 3. Bd.: 480 S.; 4. Bd.: 480 S.; 5. Bd.: 418 S.) Jedes Heft n. 5 ngr

Hauslever. meine, s. weiter oben Hausleier.

Häuslichkeit u. Welt. Schausp. in 5 A. v. C. H. Bindseil. 8. Dortmund, Blothe. (Mallinkrodt.) 799.

Hauslieder. Sammlung ernster und heiterer Lieder zur geselligen Unterhaltung; sammt den Melodieen; zunächst für Tugendbündnisse. 2. verm. Aufl. Passau 857. Elsässer u. Waldbauer. 16. (VIII, 112 S.) n. 4 ngr

Hauslieder-Sammlung ernster und heiterer Lieder zur geselligen Unterhaltung; sammt den Melodieen; zunächst für Tugendbündnisse. 2., verm. Aufl. 16. (VIII und 112 S.) Passau 857, Elsässer und Waldbauer. *

Hauslieder, 22 schöne geistl., v. M. Luther, N. Hermann, P. Gerhard u. a., mit Fleiß ausgewählt u. zum Nutzen des christl. Volks hrsg. v. Heinr. Alex. Seidel. (Abgedr. aus den Schillings-Büchern.) 24. (90 S.) Hamburg 848, Agentur des Rauhen Hauses. 4½ ngr

„Ueber das Häuslings-, Schutz- und Dienstgeld in Beziehung auf den in der 2. Kammer der allgemeinen Ständeversammlung des Königr. Hannover proponirten Antrag an das Gouvernement, dasselbe bei den Königl. Rentämtern aufzuheben", Lüneburg 1831 (Herold & Wahlstab in Komm.).

Ueber d. Häuslings-, Schutz- u. Dienstgeld, in Bezieh. auf den in d. 2. Kammer d. allg. Ständeversamml. d. K. Hannover proponirten Antrag an d. Gouvernement, das Häusl.-, Schutz- u. Dienstg. d. kgl. Renteien aufzuheben. *Lüneburg*, Herold u. Wahlstab. 834. 8. (3 Gr.)

Haeuslmair, Joan. Bapt., tentamen medicinae clinicae, seu pathologiae et therapiae hydropum practicae. 8maj. (11 B.) Monachii 846, Fleischmann. *

Hausloh, Friedrich, aus Hamburg: **Die Aufrechnung mit Forderungen Dritter.** *Hamburg 1899: O. Buchholz.* (40 S.) 8° Göttingen, Jur. Diss. v. [15. März] 1899

Hausloh, Frdr., d. Aufrechnung m. Forderungen Dritter. Diss. gr. 8. (40 S.) Hamburg 899. (Göttingen, Vandenhoeck & Ruprecht.) n. 1. 20

Haus-Mädchen, das deutsche. Prakt. Wirtschaftsblatt f. die Hausfrau. Illustrierte Zeitschrift f. die in Haus u. Küche beschäftigten Mädchen. Red.: Frau Marie Amberg. 1. Jahrg. April 1907—März 1908. 26 Nrn. (à ca. 20 S.) 31,5×24 cm. Georgenthal, H. Müller. 5. 20
Fortsetzung s.: Für unser Haus-Mädchen.

Hausmagd, die fromme christliche —. Bregenz 1856. Gedr. bei Joh. N. Teutsch. (2 Bl. 8.)

(U.-Titel:) Die geistliche Hausmagd, | oder: | Betrachtung des bittern Leidens Jesu | Christi bei den täglichen Hausgeschäften. | *(Text).*
Kol.: Bei J. Lutzenberger in Burghausen.
o. J., 4 S. n. n., 146 × 85.
Diöz.-B. Rottenburg.
Spamer: *Geistliche Hausmagd* S. 174.

Die geistliche Hausmagd, | oder | Betrachtung | des bittern Leidens Jesu Christi bei den | taeglichen Hausgeschaeften.
Kol.: Mülhausen. Buch. von P. Baret und Sohn.
o. J., 4 S. n. n., 156 × 102.
Arch. Haut-Rhin, Colmar 1. T. 444.
W. Brückner: Populäre Druckgraphik Europas. Deutschland. München 1969, Fig. 7, S. 14. – Nicht bei Adolf Spamer: Der Bilderbogen von der »Geistlichen Hausmagd«. Bearb. von M. Hain. Göttingen 1970 (= *Veröff. d. Inst. f. mitteleurop. Volksforschung*, A 6). –

Die GEISTLICHE Hausmagd. Betrachtung des bittern Leiden Christi bei den täglichen Hausgeschäften. Pest 1860: Joh. Gyurián. 15 S. - 16°

Hausman, Joachim, aus Lemberg i. Galiz.: **Ueber Niederschlagbildung in Gallerten.** *(Lemberg 1904: W. A. Szyjkowski.)* (59 S.) 8°
Berlin, Phil. Diss. v. 28. Mai 1904

Hausmaninger, Viktor

Hausmaninger, V., Feldstärke-Messungen an e. Ruhmkorff'schen Elektromagneten, s.: Czermak, P.

Hausmaninger, Vict., über die Veränderlichkeit des Diffusionscoëfficienten zwischen Kohlensäure und Luft. Lex.-8. (17 S.) Wien 882, (Gerold's Sohn.) *

—— Versuche über den Stoss von Kautschukcylindern. Lex.-8. (14 S. mit 2 eingedr. Holzschn.) (Ebendas.) 883. **
Vorstehende zwei Schriften sind aus: Sitzungsberichte der k. Akademie der Wissenschaften, besonders abgedruckt.

Hausmann, Markus Nikolaus. O. O. [1824.] V: *Ell, Berend Andresen.* (LS)

Anonym: „Der sorgfältige Hausmann, bestehend in allerhand raren Künsten, Wissenschaften des Kochens, und bewehrten Artzney-Kunst", Altorf 1712.

Hausmann, A., Beobachtungen üb. das gelbe Fieber. Mit einleit. Bemerkgn. v. C. Gerhardt. Mit 1 lith. Taf. [Aus: „Verhandlgn. d. phys.-med. Gesellsch. in Würzb."] gr. 8. (7 S.) Würzburg 884. Stahel. n. 1. —

Hausmann, Ad., Börsen-Handbuch. 3. und 4. Jahrg. des Verzeichnisses der durch die vereideten Makler der Berliner Börse gehandelten Effecten und Producte. Nachweis der Zahlstellen. — Usancen. gr. 16. (à Jahrg. 111 S. mit 1 Tab. in Fol.) Berlin 874,75, Grieben. à Jahrg. *

Hausmann, A(lbert), Assistent a. d. Poliklinik für große Haustiere der Kgl. Tierärztl. Hochschule zu Berlin: Aus der chirurgischen Klinik der Kgl. Tierärztlichen Hochschule zu Berlin. Untersuchungen über die partielle Zerreißung der Beugesehnen im Bereiche der Zehe des Pferdes. Mit 5 Abb. auf Tafel I u. II und 7 Fig. im Text. Stuttgart 1905: Union. (31 S.) 8°
Gießen, Verein. Med. Fak., Ref. Pfeiffer, Diss. v. 6. Mai 1905
[Geb. 8. Dez. 76 Unnenberg; Wohnort: Berlin; Staatsangeh.: Preußen; Vorbildung: Realgymn. Essen Reife M. 97; Studium: Hannover 4, Berlin 4 S.; Rig. 22. Dez. 04.]

Hausmann, Anton, approb. Arzt: **Hernia** muscularis des Musculus tensor fasciae latae. *Greifswald 1904: J. Abel.* (38 S.) 8°
Greifswald, Med. Diss. v. 9. Febr. 1904

Hausmann, Arthur, aus St. Gallen: I. Über das Vorkommen von Filixsäure und Aspidin in Farnkrautextrakten des Handels und den Nachweis einiger anderer krystallinischer Körper in verschiedenen Farnkräutern. II. Beiträge zur Kenntnis der Flavaspidsäure. *Leipzig 1899: Metzger & Wittig.* (44 S.) 8°
Leipzig, Phil. Diss. v. [3. Aug.] 1899

Hausmann, Aug. [gepr. Rechtspraktikant bei d. Generaldirektion der k. b. Staatseisenbahnen]: Die Beleidigung gesetzgebender Versammlungen und politischer Körperschaften und die rechtliche Natur der Ermächtigung ... München, M. Rieger, 1892; 3 Bl., 44 S. 8.
München, Jur. Fak., Inaug.-Diss. v. 1892

Hausmann, B., Albrecht Dürer's Kupferstiche, Radirungen, Holzschnitte und Zeichnungen, unter besonderer Berücksichtigung der dazu verwandten Papiere und deren Wasserzeichen. Mit 1 Holzschn.- u. 8 (lith.) Taf. Abbildgn. der Wasserzeichen. Hannover 861. Hahn. 4. (2 Bl., 130 S.) n. 2 ℛ 10 ngr.

(Hausmann, B.) Verzeichniss der Hausmann'schen Gemählde-Sammlung in Hannover. Braunschweig 1831. 8°

Hausmann, Bernh., Erinnerungen aus dem 80jährigen Leben eines Hannoverschen Bürgers. gr. 8. (388 S.) Hannover 874, Hahn'sche Buchh. *

Hausmann, C. D., d. Hefen nach ihrer brauchbaren Beschaffenheit, besten Bereitung, Erhaltung u. Vermehrung, nebst gründl. Belehrung über d. Gährung überhaupt. 8. Quedlinb. 825. Basse. 8 gGr.

Hausmann, C. F., s. Hausmann, Karl F.

Hausmann, Christian. Rud. (geb. Niesky in d. Lausitz 14. 8. 1814): Observationes de herniarum incarceratarum operatione. Berolini (1862). (32 S.) 8°
Berlin, Med. Diss. v. 21. Juni 1862

Hausmann, E. C. J. (Hrsg.), s. Zeitung, Allgemeine, f. Blumistik, ...

Hausmann, Ed.: Sylvester. Neujahrsfestspiel. Berlin: E. Bloch (1898). (13 S.) 8°
= Festspielhalle, Deutsche. H. 27.

Hausmann, Elise, allerlei f. Jungfrauenvereine. M. e. Vorwort v. Joh. Quandt. (III, 256 S.) 8. Bremen 907. J. Morgenbesser. Geb. 2. —

Hausmann, Emmerich, a. Steinau a. d. Oder: Anatomische Untersuchungen an Nolina recurvata Hemsley. Dresden 1907: C. Heinrich. (47 S.) 8°
Straßburg, Math.-naturwiss. Fak., Ref. Graf zu Solms-Laubach, Diss. v. 29. Juli 1907
[Geb. 28. Mai 81 Cöln; Wohnort: Steinau a. d. Oder; Staatsangeh.: Preußen; Vorbildung: Aloysianum Opladen, Gymn. Cleve, Nakel a. d. Netze Reife O. 01; Studium: Breslau 2, Berlin 1, Straßburg 13 S.]

Hausmann, F., Bemerkungen und Ideen über Gegenstände der militärischen Veterinärkunde. (76 S.) Hannover 54. Schmorl u. v. Seefeld. M. 1.20

Hausmann, Familie, s. Schuhe, d. seidnen.

Hausmann, Ferdinand [pr. Arzt aus Flehingen (Baden)]: Aus d. chirurg. Klinik in Strassburg. Ueber Genu varum adolescentium im Anschl. an e. infolge v. Rachitis tarda entstand. Fall ... Strassburg i. E., Buchdr. v. C. Goeller, 1893; 38 S. 8.
Strassburg, Med. Fak., Inaug.-Diss. v. 1893

HAUSMANN, Ferdinand (Tittmoning): Zusammenstellung der 1876 und 1877 operirten Fälle im städt. allgem. Krankenhaus l.I.- München 1879.
7.8.1879 - Urk (Titel: De operationibus chirurgicis per annum 1876/77 in clinica chirurgica Monacensi factis.); Chr 1879/80,14
Diss.Ingolst.-Landsh.-Mchn.

Hausmann, Franz [aus Frankfurt a. M.]: Über die Totale Exstirpation des Schulterblattes ... *Frankfurt a. M., F. K. Heydt, 1892;* 2 Bl., 76 S. 8.
Erlangen, Med. Fak., Inaug.-Diss. v. 19. Febr. 1892

v. **Hausmann,** Frz. Frhr., Flora von Tirol. Ein Verzeichniss der in Tirol u. Voralberg wild wachsenden u. häufiger gebauten Gefasspflanzen. Mit Berücksichtigung ihrer Verbreitung u. örtl. Verhaltnisse verf. u. nach Kochs Synopsis der deutschen Flora geordnet. 2 Hfte. 8. 1. Hft. Enthalt: die I. u. II. Unterklasse der dicotyledonischen Gefässpflanzen. (VIII u. 576 S.) 2. Hft. Enthält: die III. u. IV. Unterklasse der dicotyl.- dann die mono- u. acotyledonischen Gefässpflanzen. (II S. u. S. 577 — 1084.) Innsbruck 851. 52, Wagner. 4 ℛ 12 ngr.

Hausmann, Frz. v., Flora von Tirol. Ein Verzeichniss der in Tirol und Vorarlberg wild wachsenden und häufiger gebauten Gefässpflanzen. Mit Berücksichtigung ihrer Verbreitung u. örtlichen Verhältnisse verfasst und nach Koch's Synopsis der deutschen Flora geordnet. Mit einem Anhange, enthaltend: Die Literatur der Flora des Landes und Notizen über die zu selber Bezug habenden Botaniker — zweifelhafte und irrige ältere Angaben — Höhenmessungen — einen Vergleich mit den Nachbar-Floren etc. — ein vollständiges Synonymen-Register und Nachträge zur Flora. 3. Heft. (Schluss.) Innsbruck 854. Wagner. 8. (XIV, S. 1085—1614.) 1 ℛ

— Höhenmessungen von Tirol und Vorarlberg, mit Beifügung der betreffenden Gebirgsarten zum Gebrauche für Botaniker zusammengestellt und nach den vier Kreisen des Landes geordnet. 8. (32 S.) Innsbruck 853, Wagner'sche Buchh. *

Hausmann, Frz., genetischer Lehrg. für den Schreibunterricht in der Volksschule. (I, 24 Bl.) 8. Marburg a/D. (909). C. Scheidbach. 1. —

Hausmann, Frz. v., Schlüssel zum erleichterten Bestimmen der Gattungen unserer Flora. Separat-Abdruck aus der Flora von Tirol. Ebend. 853. 8. (1 Bl., S. 1085—1150.) n. 6 ngr.

Hausmann's, Frz., kleine Schriften. Nebst e. Anh.: Handschriftl. Nachlass v. Hausmann m. Satzfehlerverbessergn. zu s. grossen Werke: Ueb. d. Ursachen u. Bedinggn. d. Krankheit. Gesammelt u. hrsg. v. C. Bojanus sen. gr. 8. (IV, 188 u. 12 S.) Leipzig 895. A. Marggraf. n. 1. 50

— Uebersicht der Ordnungen, Gattungen und Arten der Flora von Tirol. Separat-Abdr. aus der Flora von Tirol. Ebend. 853. 8. (1 Bl., 94 S.) n. 8 ngr.

Hausmann, Frz., über die Ursachen u. Bedingungen der Krankheit. Leipzig 867. Fr. Fleischer. Lex.-8. (VIII, 871 S. mit 6 Steintaff.) 5 ₰ 15 ngr.

Hausmann, Franz, Referendar in Sterkrade: Die Verpflichtung des Mäklers zur Erfüllung und seine Haftung aus dem Vertrage nach bürgerlichem Recht. Borna-Leipzig 1906: R. Noske. (XI, 60 S.) 8° [J.]
Heidelberg, Jur. Fak., Ref. Schröder, Diss. v. 26. März 1906
[Geb. 26. Juni 77 Büttgen, Bez. Düsseldorf; Wohnort: Büttgen; Staatsangeh.: Preußen; Vorbildung: Gymn. Düsseldorf Reife O. 00; Studium: Heidelberg 1, Berlin 2, Bonn 2 S.; Rig. 26. Jan. 06.]

Hausmann, Friedrich Karl

— — Animadversiones de executione sententiae ab Augusto imperialis camerae judicio de restituendis episcopo Leodiensi juribus latae directoribus circuli Westphalici mandata. Lpz. (Klaubarth) 10. II. 1791. 40 S. (5.50) 13580

Hausmann, Fr. Karl, († d. 27. Mai 1822.) Beitrr. zur Kenntniß d. Kursächs. Landesversammlung. 3 Thle. 8. Leipz. 798—800. Leupold. 1 ₰ 8 gr

Hausmann, F. K.: Beitr. z. Kenntniss d. kursächs. Landtage. *Leipzig*, Leupold. 1—3r Th. 798—800. 8. (à 12 Gr.)

Hausmann, F. K.: „Kurze Darstellung einiger Verhältnisse des Bürgerstandes in den Meissnischen und Thüringischen Provinzen des Kurhauses Sachsen", Leipzig 1797 (Schwickert).

— kurze Darstell. einiger Verhältnisse des Bürgerstandes in der Meißnischen u. Thüringischen Provinzen, 8. Leipz. 798. Schwickert. 6 gr

— Kursächs. Landtagsverordnung, gr. 8. Leipz. 799. (W. Nauck). 16 gr

Eb.: Kursächs. Landtagsordn., nebst Beilagen, Bemerkk. u. e. Anh. *Leipz.*, Sommer. 799. 8. (12 Gr.)

Hausmann, Friedr. Carl (Pirna), Antliae novae hydraulico=pneumaticae mechanismus et descriptio. Comment. mathemat.-physica. Präs. Carl Friedr. Hindenburg. Lpz. (Saalbach) 10. III. 1787. 32 S. u. 1 Tfl. Abb. (Thönert sc.) (5.50) 13577

— — u. **Ernst August Ludwig v. Teubern** (equite Misnico), De lineis spiralibus specimen. Leipzig (Klaubarth) 6. X. 1790. 24 S. u. 1 Taf. Abbild. (5.50) 13579

— — Specimen observationum de Comitibus Palatinis Franciae et Germaniae. Präs. Christ. Gottl. Richter. Lpz. (Klaubarth) 4. III. 1790. 48 Seiten. (6.—) 13578

Hausmann, G., gebräuchliche pharmaceutische Formeln für das Laboratorium aus der Pharmacopoe für das Königr. Hannover 1861. 1 Tab. in Imp.-Fol. Celle 866. Schulze'sche Buchh. 12 ngr

Hausmann, G., u. A. **Wünsche**, Lesebuch f. höhere Mädchenschulen. 1. Bd., 2. Bd. 1. Abtlg. u. 5. Bd. 1. Abtlg. gr. 8. Leipzig 886. Fues. geb. n.n. 4. 45
1. 2. Schulj. (X, 182 S.) n.n. 1. 20
2. I. 3. Schulj. (VIII, 192 S.) n.n. 1. 25
5. I. Oberstufe [9. Schuljahr], enth. Leseproben f. die ältere deutsche Litteraturgeschichte. (X, 242 S.) n.n. 2. —

Hausmann, G., u. A. **Wünsche**, Lesebuch f. höhere Mädchenschulen. 2. Bd. 2. Abtlg., 3. u. 4. Bd. à 2 Abtlgn. u. 5. Bd. 2. Abtlg. gr. 8. Leipzig 887. Reisland. geb. n.n. 12. 90 (cplt.: n.n. 17. 35)
II. 2., 4. Schulj. (VII, 239 S.) n.n. 1. 80. — III. 1., 5. Schulj. (VII, 273 S.) n.n. 2. 20. — III. 2., 6. Schulj. (VI, 281 S.) n.n. 2. 20. — IV. 1., 7. Schulj. (V, 281 S.) n.n. 2. 20. — IV. 2. Oberstufe. [8. Schulj.] (II, 284 S.) n.n. 2. 20. V. 2. Oberstufe. [10. Schulj.], enth. Lesestoff f. die deutsche Litteraturgeschichte zum Gebrauch in höheren Schulen. hrsg. v. G. Hausmann. 2. Tl. (XIII, 317 S.) n.n. 2. 30.

Hausmann, G., u. A. **Wünsche**, Lesebuch f. höh. Mädchenschulen. III. Bd. 1. u. 2. Abtlg. Neu bearb. Aufl. gr. 8. Leipzig 901. O. R. Reisland. Geb. à n.n. 2. 20
III. 1, 5. Schulj. (VI, 254 S.) — III. 2. 6. Schulj. (VI, 290 S.)

Hausmann, G., u. A. **Wünsche**, Lesebuch f. höhere Mädchenschulen. I. Bd. u. II.—IV. Bd. à 2 Abtlgn. Neu bearb. Aufl. gr. 8. Leipzig, O. R. Reisland. Geb. n.n. 13. 05
I. 2. Schulj. (XI, 172 S.) 902. n.n. 1. 20
II, 1. 3. Schulj. (VIII, 224 S.) 903. n.n. 1. 25
2. 4. Schulj. (VII, 232 S.) 903. n.n. 1. 80
III, 1. 5. Schulj. (VI, 253 S.) 903. n.n. 2. 20
2. 6. Schulj. (VI, 290 S.) 903. n.n. 2. 20
IV, 1. 7. Schulj. (V, 281 S.) 903. n.n. 2. 20
2. Oberstufe. (8. Schulj.) (IV, 298 S.) 904. n.n. 2. 20

Hausmann, Gottlob (vgl. Haussmann, Gottlob)

Hausmann, Glo., Geschichte der in den J. 1816 u. 17 in d. Landvoigtei am untern Neckar ausgebrochenen Schafpockenseuche; nebst e. Anleit. zur Impfung. 8. Stuttg. 818. Metzler. 4 gr

Hausmann, Gust., s.: Defander, Gust. H.

HAUSMANN, Hans: Der Bayrische Hopfenbau und die Bayrischen Hopfenbauern.- (München) 1901. 71 S.
7.3.1901 - Chr 1900/01,17; Jv 1900/01,232
Diss. Ingolst.-Landsh.-Mchn.

Hausmann, Hans, Referendar im Bez. d. Kammergerichts: Das Tier und die Tierestat als Grenze der Haftung für Tierschaden (§ 833 B.G.B.) in der modernen Theorie und Praxis. *Potsdam 1901: Krämer.* (84 S.) 8°
Rostock, Jur. Diss. v. [10. Aug.] 1904

Hausmann, Heinr., am Allerseelentag, s. Theater-Repertoir, wiener.

Hausmann, Heinr., am Allerseelentag oder: Das Gebet auf dem Friedhofe, s.: Volkstheater, österreichisches. 1.

Hausmann, Hermann [aus Dornheim '(Bayern)']: Beitrag zum Empyema antri Highmori ... Würzburg, Druck v. F. Fromme, 1893; 44 S. 8.
Würzburg, Med. Fak., Inaug.-Diss. v. 1893

Hausmann, J., deutsche Lieder. 16. (VI, 51 S.) Reichenbach i/Schl. 880. Hoefer. n. — 80

Hausmann J, Nürnberglicht und Sauerstoff. (35 S) Berlin 1905

Hausmann, J. M., d. künstl. Bleicherei d. Leinen u. d. Baumwolle; nebst vereinfachtem Verfahren d. Zubereitung d. türk. Roths rc. 8. Elberf. 817. Mannes. (Leipz., Engelmann). 4 gr

— neue, mit Ersparniß verbund. Verfahrungsart, Baumwolle u. Linnen schön u. ächt türk. roth zu färben. Aus d. Französ. v. M. Hoffmann. 8. Leipz., Joachim. 8 gr

Hausmann, neu erfundene Verfahrungsart Baumwollen und Linnen türk. roth zu färben. 8. Lpz. Joachim. 804.

— **Jo. Jacob** (Bautzen), De crisibus. Diss. semiot. Präs. Christian Vater. Wittbg. (August Koberstein) Okt. 1719. 18 Bl. (6.—) 13581

— — De uteri procidentia. Diss. med. Präs. Mart. Gotthelff Loescher. Wittbg. (Wwe. Gerdes) 21. XII. 1728. 20 S. (5.50) 13582

Die Jahreszeiten. Festspiel in 4 Bild. von Johannes **Hausmann**. Muhlhausen i. Th.: G. Danner [1905]. (24 S.) 8° [F.]
= **Festspiele** No 6. [06. 1450 3

Hausmann, Johs., Sommerpsalmen od. Weihestunden in der Pfarrgartenlaube. (VII, 214 S.) kl. 8. Dresden 909. E. Pierson. 3.—; geb. n 4.—

Hausmann, Johann Friedrich Ludwig: Über eine lagerähnliche, basaltische A u s f ü l l u n g am Ochsenberge, Dransfeld. 1834.

— s. K. F. Becker, Anweis., Salpeter.

Hausmann, Joh. Friedr. Ludw., Beiträge zur Kenntniß der Eisenhohofen-Schlacken, nebst einem geologischen Anhange. (Aus den Studien des Göttingischen Vereins Bergmännischer Freunde.) Göttingen 854. Dieterich. 8. (VI, 102 S.) n. 16 ngr

Hausmann, Joh., Frdr. Ludw., Beiträge zur metallurgischen Krystallkunde. [Aus dem IV. Bd. d. Abhandlgn. der konigl. Gesellschaft der Wissensch. zu Göttingen] gr. 4. (54 S.) Gottingen 850, Dieterich. n. 2/3 rß

— neue Beitrage zur metallurgischen Krystallkunde. Ein Nachtrag zu den Beitragen zur metallurg. Krystallkunde etc. [Aus dem 5. Bd. der Abhandlungen der Königl. Gesellschaft der Wissensch. zu Gottingen.] gr. 4. (14 S.) Ebd. 852. n. 4 ngr

Krystallogische Beiträge. Von Johann Friedrich Ludwig Hausmann. Braunschweig: Reichard 1803. IV, 74 S. 8°

-- krystallog. Beiträge, mit Kpf. 4. Braunschw. 803, Reichard. 1 rß N. Aufl. 4. Ebd. 822. Vieweg. 1 rß

Hausmann, Johann Friedrich Ludwig: Norddeutsche B e i t r ä g e zur Berg- und Hüttenkunde. Braunschweig 1806–07. 3 Stücke.

— norddeutsche Beitrr. zur Berg- u. Hüttenkunde. 3 Stcke. gr. 8. Braunschw. ... N. A. 822. Vieweg. 1 rß 12 gr

— Bemerkk. üb. d. blättrige Eisenblau von Bodenmais, mit 1 Kpf. gr. 4. Münch. 820. (Franz). 4 gr (Auch in d. Denkschriften d. Acad. d. W.)

Entomologische Bemerkungen. [Verf.: Johann Friedrich Ludwig Hausmann.] Braunschweig: Verf. 1799. 64 S. 8°

Hausmann, Jh. Fr. Ldw., geologische B e m e r k u n g e n über die Gegend von Baden bei Rastadt. Aus dem 2. Bande der Abhandlungen der Königl. Gesellschaft der Wissenschaften zu Göttingen. gr. 4. Göttingen 844, Dieterich'sche B. n. 1/2 rß

— Bemerkungen uber Gyps u. Karstenit. Aus dem 3. Bd. der Abhandlungen der Konigl. Gesellschaft der Wissensch. zu Göttingen. gr. 4. (46 S. m. 1 lith. Taf.) Ebd. 847. n. 16 ngr

Hausmann, J F L. Bemerkungen über d. Krystallisationssystem des Karstenites 1851

— Bemerkungen uber den Zirkonsyenit. [Aus dem 5. Bd. der Abhandlungen der konigl. Gesellschaft der Wissensch. zu Göttingen.] gr. 4. (30 S.) Ebd. 852. n. 8 ngr

Hausmann Ueber die geologische Beschaffenheit des Harzes. (Berg- und hüttenmannische Zeitung Jahrg. 2 Stück 1—3 1843 S. 1- 20 31—39 u 41—45) Freiberg u. Berlin 1843 8°

—— über die Bildung des Harzgebirges. Ein geolog. Versuch. Nebst 1 Taf. m. Gebirgsdurchschnitten. gr. 4. (19 1/2 B.) Göttingen 842. Dieterich'sche Buchh. *

Hausmann, J F L. Ueber eine von Kochsalz herruhrende pseudomorphische Bildung im Muschelkalke der Wesergegend. (Aus den Studien des Göttingischen Vereines) 1849 8

— Ueber eine pseudomorphische Bildung des Brauneisensteins vom Silberberge bei Bodenmais in Baiern (Aus den Nachrichten von d Univ und d kongl. Gesellschaft der Wissensch zu Gottingen) Gottingen, 1853 8

Hausmann, Johann Friedrich Ludwig: Die B l e i g e - w i n n u n g im südl. Spanien im J. 1829. (Aus den Studien des Göttingischen Vereins.) 1849. 8°

Hausmann, Joh Friedr Ludw, Ein Blick auf die aussere Geschichte der Koniglichen Gesellschaft der Wissenschaften zu Gottingen in ihrem ersten Jahrhundert Gottingen 1852. 4°

— Comment. de arte ferr. conficiend. veterum inprimis Graecorum et Romanorum. 4maj. Götting. 819. Dieterich. 10 gr

H a u s m a n n, J. F. L., c o m m e n t. de arte ferri conficiendi veterum inprimis Graecorum atque Romanorum. 4maj. Götting., Dieterich. 820.

— Commentat. de confectione vasorum antiquor. fictilium, quae vulgo etrusca appellantur. 4maj. Gottiugae 824, Dieterich.

Hausmann. J F L. De Apenninorum constitutione geognostica commentatio. (Aus d Abh. der Gottinger Akad Vol. V.) Gottingen. 1822. 4.

H a u s m a n n, (J. Fr. L.,) Commentat. de Apenninorum constitutione geognostica. 4maj. Götting. 824, Dieterich.

— De origine saxorum, per Germaniae septemtrionalis regiones arenosas dispersorum commentatio (Aus den Verhandlungen der Göttinger Gesellsch der Wissensch.) Gottingae 1831. 8

—— de origine S a x o r u m, per Germaniae septemtrionalis regiones arenosas dispersor. comment. 4maj. ... Gottingae 832, Dieterich.

H a u s m a n n, Io. Frid. Ludw., Commentatio de usu experientiar. metallurgicar. ad. disquisitiones geolog. adjuvandas. 4maj. (4 1/4 B.) Gottingae 838, libr. Dieterich.

Hausmann. J. Fr. Lud. De Hispaniae constitutione geognostica. (Aus den Abh. d. Gottinger Akad. d Wissensch.) Gottingae 1831 4.

—— de H i s p a n i a e constitutione geognostica. 4maj. ... Gottingae 832, Dieterich.

— über den E i n f l u s s der Beschaffenheit der Gesteine auf die Architektur. (Aus den Abhdlgn. der k. Gesellsch. d. W. in Göttingen.) Ebend. 858. 4. (54 S.) n. 16 ngr

Entwurf eines Systems der unorganisirten Naturkörper. Von Joh[ann] Friedr[ich] Ludw[ig] Hausmann. Cassel: Thurneysen 1809. 141 S. 8°

Hausmann. J F L. Ueber die Erscheinung des Anlaufens der Mineral-Korper (Aus den Studien des Gottingischen Vereines) Gottingen. 1849. 8.

— über die durch Molekularbewegungen in starren leblosen Körpern bewirkten F o r m v e r ä n d e r u n g e n. Aus den Abhdlgn. d. k. Gesellsch. d. W. zu Göttingen. Ebend. 856. gr. 4. (II, 177 S.) n. 1 rß 15 ngr

Hausmann (Joh. Friedr. Ludw.), Ueber das Gebirgssystem der Sierra Nevada und das Gebirge von Jaen im südlichen Spanien. Göttingen 1842. gr. 4.

— Grundlinien e. Encyklopädie d. Bergwerkswissenschaften. 8. Götting. 811.

— Grundlinien d. Forstwissenschaft. 8. Götting. 811.

— Grundlinien d. Geognosie. 8. Götting. 812.

Handbuch der Mineralogie. Von Jo[ann] Friedr[ich] Ludw[ig] Hausmann. Bd 1–3. Göttingen: Vandenhoeck & Ruprecht 1813. 8°

Bd 1: Die Einleitung und vom Systeme, die Klasse der Kombustibilien und aus der Klasse der Inkombustibilien die Unterordnung der Metalloxyde enthaltend.
Bd 2: Aus der Klasse der Inkombustibilien die Unterordnung der Erden enthaltend.
Bd 3: Aus der Klasse der Inkombustibilien die Ordnungen der Oxydoide, Säuren und Salze enth.

Hausmann, Joh. Friedr. Ludw., Handbuch d. Mineralogie. 1. Thl. 2., gänzl. umgearb. Ausg. — A. u. d. T.: Versuch e. Einleit. in d. Mineralogie. M. 2 Kpfr. u. 1 Stnt. gr. 8. (45 B.) Göttingen 828, Vandenhoeck u. Ruprecht.

Hausmann, J. F. L., Versuch einer Einleitung in die Mineralogie. Göttingen, 1828. 687 S. mit 2 Taf.

Hausmann, Jh. Fr. Ldw., Handbuch der Mineralogie. 2. Thl. System und Geschichte der Mineralkörper. 1.—3. Abthl. 2. gänzlich umgearb. Ausg. gr. 8. Göttingen 845, Vandenhoeck u. Ruprecht. à 1 3/8 rß.

— Handbuch der Mineralogie. 2. Thl. System u. Geschichte der Mineralkörper. 4. u. letzte Abthlg. 2. gänzlich umgearb. Ausg. gr. 8. (654 S. m. 1 Kpfrtaf. in qu. gr. 4.) Göttingen 847, Vandenhoeck & Ruprecht. 2 2/3 rß (2. Thl. cmplt. 5 3/4 rß)

—— Kleinigkeiten in bunter Reihe. Bemerkn. u. Betrachtn. üb. Gegenstände d. Natur u. Kunst. 1. Bdchn. 8. (18 3/4 B.) Göttingen 839, Dieterichsche Buchh.

Hausmann, J. F. Naturwissenschaftliche Kleinigkeiten in bunter Reihe. Bd. 1. Göttingen, 1839.

Hausmann, Joh. Frdr. Ludw., Kleinigkeiten in bunter Reihe. Bemerkungen u. Betrachtungen über Gegenstände der Natur u. Kunst. 2. Bdchn. Göttingen 859. Dieterich. 12. (X, 376 S.) n. 1 rß 10 ngr.

— Ueber die Krystallformen des Cordierit's von Bodenmais in Baiern. Göttingen. 1859. 4.

— einfaches Mittel, d. Beköstigung d. vor dem Feinde stehenden Heere zu erleichtern. 8. Götting. 815. (Vandenhöck u. R.) 4 gGr

Hausmann, Johann Friedrich Ludwig (Hrsg.), s. Notizenblatt des Vereins bergmänn. Freunde zu Göttingen.

— observationes de Pyrite gilvo, hepatico et radiato auctorum, c. tabb. III. aen. 8maj. Götting. 814. Dieterich. 10 gGr

— Observationes de Pyrite gilvo, hepatico et radiato auctorum, c. tab. III aen. 8maj. ibid. 816.

Hausmann, Joh. Fr. Ludwig: Reise durch Skandinavien in den Jahren 1806 und 1807. Th. 1. 2. 3. 4. Göttingen 1811 1816. 2 Bde. XII, 336 S., 3 Tf.; XIV, 321 S., 3 Tf.; IV, [illegible] S., 1 Kte [illegible]; IV, 472 S., 5 Tf. 8°.

— Reise durch Skandinavien, in d. Jahren 1808 u. 7. 5 Thle, mit 22 Kpf. gr. 8. Götting. 811—18. Röwer, 9 rß 8 gGr

De animalium exsanguium Respiratione. Commentatio.. Auctore Ioanne Friderico Ludovico Hausmann. Hannoverae: Sabn 1803. VI, 70 S. 8°

— Salzbrunner Skizzen. Breslau 855. Max u. Co. in Comm. 16. (V, 69 S.) n. 8 ngr

—— Specimen crystallographiae metallurgicae. Gottingae 1819. 4.

— specimen crystallographiae metallurgicae. 4maj. Götting. 820. Dieterich. 8 gGr

— specimen de rei agrariae et saltuariae fundamento geologico. 8maj. Götting. 823. Dieterich. 9 gGr

— Specimen de rei agrariae et saltuariae fundamento geologico. 4maj. Göttingae 824, Dieterich.

Hausmann, J. F. L. Specimen de relatione inter corporum naturalium anorganicorum indoles chemicas atque externas. (Aus den Commentationen der Göttinger Akad. der Wiss.) Göttingae. 1813. 4.

Hausmann, J. F., Specimen de relatione inter corporum naturalium anorganicorum indoles chemicas atque externas, 4maj. Gotting, Dieterich. 813,

— über d. Streichen u. Fallen d. Grundgebirgsschichten im Norden von Europa. gr. 4. Münch. 809. (Franz). 4 gGr

Hausmann (J. F. L.). Ueber das Streichen und Fallen der Grundgebirgs-Schichten im Norden von Europa. (Sep.-Abdr.) (1812.) 4.

— Studien des Götting. Vereins Bergmänn. Freunde rc., s. Studien.

— Uebersicht d. jüngeren Flötzgebilde im Flußgebiete d. Weser, mit vergleichender Berücksichtigung ihrer Aequivalente in einigen andern Gegenden Deutschlands, u. in d. Schweiz, gr. 8. Gött. 824. (Lauffer in Leipz.) 1 rß 16 gGr

Hausmann, Joh. Frdr. Ldwg, Uebersicht der jüngeren Flötzgebilde im Flussgebiete d. Weser mit vergleichender Berücksichtigung ihrer Aequivalente in einigen andern Gegenden von Deutschland u. in der Schweiz. Göttingen 1825. gr. 8.

—— Umrisse nach d. Natur. (Geolog.-mineralog. Inhalts.) 8. (12 1/2 B.) Göttingen 831, Dieterich.

— Untersuchungen über d. Formen d. leblosen Natur. 1r Bd., mit 16 Kpft. gr. 4. Götting. 821. Vandenhöck u. R. 5 rß 12 gGr

— Untersuchungen üb. die Formen d. leblosen Natur. 1r Bd., mit 16 Kpfrt. gr. 4. Göttingen 822, Vandenhöck u. R.

HAUSMANN, Johann Friedrich Ludwig: Versuch einer geologischen Begründung des Acker- und Forstwesens. Aus dem Latein. übers. von Franz Körte. - Berlin 1825. 62 S. - (Annalen d. Landwirtsch. Bd. 14, Stück 2)

— Versuch e. geolog. Begründung des Acker- u. Forstwesens. Aus d. Latein. von Frz. Körte. 8. Berl. 825. Rücker. 8 gGr

Versuch eines Entwurfs zu einer Einleitung in die Oryktognosie. Von Johann Friedrich Ludwig Hausmann. Braunschweig u. Helmstedt: Fleckeisen 1805. XIV, 183 S. 8°

Hausmann, Johann Friedrich Ludwig: Über das V o r k o m m e n der Bleierze in den Gegenden des Mississippi zwischen dem 41. u. 43. Breitengrade und die dortige Bleigewinnung, aus einem v. D. D. Owen erstatteten Bericht. (Aus d. Studien d. Göttingischen Vereins.) Göttingen. 1849. 8°

— Ueber das Vorkommen des Dolomits am Hainberge bei Göttingen. (Aus den Nachrichten von der Univ. und der k. Akad. d. Wissensch. zu Göttingen.) Göttingen. 1853. 8.

— über das Vorkommen von Quellengebilden in Begleitung des Basaltes der Werra- u. Fulda-Gegenden. (Aus d. Abhdlgn. d. k. Gesellsch. d. W. in Göttingen.) Göttingen 858. Dieterich. gr. 4. (1 Bl., 50 S.) n. 16 ngr

Hausmann, Johann Friedrich Ludwig, s. W a h l e n b e r g , G.: Bericht ...

HAUSMANN, Johann Friedrich Ludwig: Ueber den gegenwärtigen Zustand und die Wichtigkeit des Hannoverschen Harzes. - Göttingen 1832. XX, 411 S., 16 Anl. - (Betr. Forstwesen S. 263-304)

—— über d. gegenwärt. Zustand u. d. Wichtigkeit d. Hannoverschen Harzes. M. 16 Anlagen (Tabn.) gr. 8. (31¼ B. incl. Anlagen.) Göttingen 832, Dieterich.

Hausmann, Johann Michael

— kurze Darstell. einiger Eigenschaften einer gewissen krummen Linie. 4. Riga 826.

Hausmann, Jh. Mch., entomolog. Regeln d. latein. Grammatik für d. ersten Anfänger. Mit 1 Tab. 8. Dorpat 818.

Hausmann, Johann Stephan

— s. 1) W. Hunter, Betrachtung. 2) Taschenbuch für deutsche Wundärzte.

Hausmann, Jh. Steph., († d. 24. Oct. 1784.) Beurtheilung d. Hawkinschen Methode, den Blasenstein zu operiren. 4. Braunschw. 781. Schulbuchh. 2 gl

— de morbis venereis larvatis. (Diss. inaug. med.) 4. Gött. 778. Dieterich. 2 gl

Hausmann, Josef

Hausmann, Jos., Lehrbuch der englischen Sprache f. zweiklassige Handelsschulen u. Gewerbeschulen. (VIII, 244 S.) gr. 8. Wien 908. A. Hölder. Geb. in Leinw. 2. 60

Hausmann, Julie v., Blumen aus Gottes Garten. Lieder u. Gedichte. gr. 16. (405 S. m. Bildnis.) Herborn 902. Buchh. des Nass. Colportagevereins. Geb. in Leinw. n. 2. —; m. Goldschn. n. 2. 40

Hausmann, Julie, s.: Hausbrot.

Hausmann, Julius. Beiträge zur Kenntniss des Galloflavins. (Bern) Lemberg, 1896.

Hausmann, Julius [aus New-York]: Zur Kenntnis der Indenderivate. . . . Berlin, A. W. Schade's Buchdr. (L. Schade), 1880; 1 Bl. + 46 S. + 1 Bl. 8°
Berlin, Phil. Fak., Inaug.-Diss. v. 29. Jul. 1880

Hausmann, Julius, Die olympischen Spiele einst und jetzt, E. vergleich. Betrachtung a. Anlaß ihr. Wiedereinführung, Smichow 1896, 11 S., Gr.-8°.

Hausmann, K. Fr., allgem. Geschmackslehre für Liebhaber der schönen Künste, so wie für Lehrer in höhern Schulen. 8. Zerbst 830. Kummer. 8 gl

— d. Kunst d. Schweigens. 8. Zerbst 825.

— Muth bei Demuth! Demuth bei Muth! 8. Zerbst 821.

— s. ausführl. Nachr. von d. herzogl. Töchterschule.

— Nachr. für Eltern u. Schulfreunde von d. neuen Töchterschule zu Zerbst. 8. Zerbst 806.

— über Schulfreunde, besonders über Fürsten als Schulfreunde. 8. Zerbst 818.

— kurzgefaßte deutsche Sprachlehre. 8. Zerbst 826. Kummer. 6 gl

— die Vorschriften über Paßwesen, Paßkarten, Reisen der Militärpersonen rc. mit Erläuterungen u. Sachregister. Nürnberg 866. (J. L. Schmid's Verlag.) 8. (VIII, 64 S.) n.n. 10 ngr

— Wolfgang, Fürst zu Anhalt, Mitbegründer d. evangel. Verbesserung. gr. 8. Zerbst 817. (Kummer). 4 gl

Hausmann, K. Fr., alphabetische Zusammenstellung der nach der Allerhöchsten Verordnung vom 29. Juli 1863 und dem Polizeistrafgesetzbuche über den Hausir-Handel, den Betrieb der Wandergewerbe und der Handelsreisenden im Königreich Bayern diesseits des Rheins geltenden Bestimmungen nebst Abdruck dieser Verordnung und einem vollständigen Verzeichniß der freien Gewerbe u. Erwerbsarten. Nürnberg 863. (Stein.) 8. (VIII, 152 S.) n. 16 ngr

Hausmann, K. Fr., alphabetische Zusammenstellung der nach der Allerhöchsten Verordnung vom 29. Juli 1863 u. dem Polizeistrafgesetzbuche über den Hausir-Handel, den Betrieb der Wandergewerbe u. der Handelsreisenden im Königr. Bayern diesseits des Rheins geltenden Bestimmungen nebst Abdr. dieser Verordnung u. einem vollständ. Verzeichniß der freien Gewerbe u. Gewerbsarten. 1—3. Nachtrag. Nürnberg. (Stein's Buchh.) 8. [1. Nachtrag. (S. 153—166.) 865. n. 2 ngr, 2. u. 3. Nachtrag. (S. 167—186.) 866. n. 3 ngr] n. 5 ngr

Hausmann, Karl, s. Juvenal's sechszehn Satyren.

HAUSMANN, Karl (Kassel): De telis in corde recenter ortis. (Titel nach der Urkunde)
1.12.1860 - Urk; Chr 1860/61.14
Diss.Ingolst.-Landsh.-Mchn.

Hausmann, Karl F., Beiträge zum Unterricht in der Raumlehre. Mit 37 Fig. auf 6 (lith.) Taf. gr. 8. (104 S.) Langensalza 885. Beyer & Söhne. n. 1. —

Hausmann, Carl F., Aus der Natur, s. Breithaupt's Vermächtniß. 2. Thl.

Hausmann, Carl F., das Turnen in der Volksschule. Ein Beitrag zur allgemeinen Einführung geregelter Körperübungen. Weimar 862. Böhlau. 8. (VI, 86 S. m. 1 lith. Taf. u. 8 S. Musikbeil.) n. 7½ ngr.

Hausmann, Carl F., das Turnen in der Volksschule m. Berücksicht. d. Turnens in den höheren Schulen. Ein nach dem neuesten Standpunkte der Turnkunde bearb. Lehrbuch. 2., durchaus umgearb. u. stark verm. Aufl. Mit 96 dem Texte eingefügten Holzschn. 8. (XII, 246 S.) Weimar 873. Böhlau. n. 2. 40

Hausmann, CF, d. Turnen in d. Volksschule m. Berücksicht. d. Turnens in d. höh. Schulen. 3. Afl. 8. (264 m. Il.) Weim. 76, Böhlau. n. 2. 50

Hausmann, Carl F., das Turnen in der Volksschule mit Berücksichtigung des Turnens in den höheren Schulen. Ein nach dem neuesten Standpunkte der Turnkunde bearb. Lehrbuch. 4., verb. u. verm. Aufl. Mit 107 dem Text eingefügten (Holzschn.-)Abbildungen. gr. 8. (XV, 276 S.) Weimar 882. Böhlau. n. 2. 60

Hausmann, L. Bericht über eine Instructionsreise durch das südliche Deutschland, Ungarn und Galizien in den Jahren 1839 und 1840. Hannover, 1843.

Hausmann, Leop.: Geschichte des Vereins Berliner Molkereibesitzer, unter Berücks. seiner Vorgeschichte u. d. Anfänge d. Molkereiwesens in Berlin. Anh.: Blanck, Hermann: Rathschläge in wichtigen Rechtsangelegenheiten. Berlin 1902. 48 S.

Hausmann, Leopold [in Basel]: Ueber Trematoden der Süsswasserfische. Genève 1897. 42 S. 8°. 1 Tafel. (Separatabdruck aus der „Revue Suisse de Zoologie", Bd. 5.)
Basel. Phil. Diss. 1896/97.

Hausmann, Ludwig, Musterblätter neuester Wagen, Pferdegeschirre u. s. w. Eine Sammlung von Zeichnungen für Geschirr- und Wagenfabrikanten, sowie für Besitzer und Liebhaber von Pferden und Equipagen. 12 lith. Blätter mit (15 S.) Text in 8. Dresden 854. Kuntze. qu. Fol. n. 3 ₰

Hausmann, M., Theorie u. Berechnung elektrischer Leitungen, s.: Gallusser, H.

Hausmann, Matthias Geschichte des ehemaligen päpstlichen Alumnates in Dillingen. 124 S. 8. Progr. *Dillingen* 1883.

Hausmann, Mathias, Geschichte der päpstlichen Reservatfälle. Ein Beitrag zur Rechts- u. Sittengeschichte. Regensburg 868. Pustet. gr. 8. (XII, 388 S.) n. 1 ₰ 24 ngr.

Hausmann, Max. Zur Anatomie und Pathogenese der Divertikel der vorderen Oesophaguswand. Diss. Med. Bern. ([Mit 1 Tafel. Separatabdruck aus Rudolf] Virchow's Archiv [für pathologische Anatomie und Physiologie ...], Bd. 168. [1902.]) 61 S. 8. Berlin, Georg Reimer, 1902.

Hausmann, Otto, in's Ahrthal. Lustige Wallfahrt mit fröhlichen Zechern. 16. (83 S.) Elberfeld 880. Löwenstein & Co. n. 1. —

Hausmann, Otto, zerstreute Blätter. Gedichte. 12. (VII, 196 S.) Elberfeld 886, Bädeker'sche Buchh. *
geb. mit Goldschn. *

Hausmann, O., Freud u. Leid. Gedichte. 12. (VII, 192 S.) Elberfeld 888. Bädeker. n. 3. —;
geb. m. Goldschn. n. 4. 50

Hausmann, Otto, ausgewählte Gedichte. Mit e. Bildnis des Dichters aus d. J. 1892 u. e. biograph. Skizze desselben v. Hörter. (XVI, 208 S.) kl. 8. Elberfeld 907. A. Martini & Grüttefien. Geb. in Leinw. 4.

Hausmann, Otto. Neue Gedichte. 12. (VII, 192 S.) Elberfeld 890, Baedeker. * 3 —; geb. * 4 50

Hausmann, Otto, aus der Mappe. Gedichte. 12. (III, 176 S.) Elberfeld 894. Baedeker. n. 2. 50

Hausmann, Otto, Mosaik. Gedichte. 12. (IV, 203 S.) Elberfeld 897. Baedeker. n. 3. —; geb. n. 4. 50

— nach der Mosel. Von Coblenz bis Trier. Trinkfahrt in den verschiedensten Stadien. gr. 16. (77 S.) Ebend. 878. n. 1. —

Hausmann, Otto, nach der Mosel. Von Coblenz bis Trier. Trinkfahrt in den verschiedensten Stadien. gr. 16. (77 S.) Elberfeld 879, Löwenstein und Comp. *

Hausmann, Otto (geb. Niesky in Schles. 26. 1. 1846): Ueber vibrionäre Parasiten. Berlin (1870). (43 S.) 8°
Berlin, Med. Diss. v. 6. Mai 1870

— aus d. alten Reichsstadt, s. a. Hirsch, Karl.

[F.] Aus der alten Reichsstadt. Tonbilder f. Soli, Männerchor u. Orch. Dichtg v. Otto Hausmann. Mus. v. Karl Hirsch. 120. Werk. *Quedlinburg: Ch. F. Vieweg [1896].* (31 S.) 1 Bd 8. [97 1773

Hausmann, Otto, humoristisch-satyrische Reise-Skizzen — Cöln bis Mainz — m. 55 Radirgn. (in eingedr. Holzschn.) v. Herm. Würz. gr. 8. (72 S.) Elberfeld 876. Löwenstein & Co. n. 2. —

Hausmann, Paul, pflanzet Waldbäume! Ein Leitfaden f. den Landwirt. (16 S.) 8. Schweidnitz (909). L. Heege. — 25

Hausmann, R., s.: [Baer, Karl Ernst v.] Aus den Jugendjahren von Karl Ernst v. Baer.

Hausmann, Raph., s.: Plant's, Fridolin, neuer Führer durch Meran.

Hausmann, Raphaelus (Josephus) (*geb. Breslau 9. 5. 1837*): De situ laterali in fracturis crurum adhibendo. Vratislaviae (1864). (36 S.) 8°
Breslau, Med. Diss. v. 5. Nov. 1864

Hausmann, Raph., über die Weintraubenkur mit Rücksicht auf Erfahrungen in Meran. 1. und 2. verm. und verb. und 3. Aufl. 8. (32 S.) Meran 873,77,79, Plant.

Hausmann, Raph., über die Weintraubenkur mit Rücksicht auf Erfahrungen in Meran. 3. Aufl. 8. (32 S.) Meran 878. Plant. n. — 72

— die Weintraubenkur m. Rücksicht auf Erfahrungen in Meran. 5., völlig umgearb. u. erweit. Aufl. 8. (52 S.) Meran 894. F. Plant. n. 1. —

— die Weintraubenkur m. Rücksicht auf Erfahrungen in Meran. 6. verb. Aufl. (52 S.) 8. Meran 905. F. Plant. n. 1. —

Hausmann, Richard: Ein zeitgenössischer Bericht über die Grenzen des russischen Staates in der Mitte des 16. Jahrhunderts. (Russische Revue. Bd. 3. Heft 9. S. 270—288.) St. Petersburg 1872. 19 S. 8°.

Grabfunde aus Estland. E. archäolog. Studie v. Rich. Hausmann. Nebst 1 Pl. u. 4 Taf. in Lichtdr. Hrsg. v. d. Estländ. Literär. Gesellsch. *Reval: F. Kluge 1896.* (3 Bl., 54 S., 1 Pl., 4 Taf.) 1 Bd 4. [96. 6598

Hausmann, Rich., s. Renner's, Joh., livländ. Historien.

Hausmann, Rich., das Ringen der Deutschen u. Dänen um den Besitz Estlands bis 1227. Leipzig 870. Duncker & Humblot. gr. 8. (V, 107 S. mit 1 lith. Karte in qu. 4.) n. 24 ngr.

Hausmann, R. Studien zur Geschichte des Königs Stephan von Polen. I. 8. Dorpat 1880.

Hausmann, Rudolf, appr. Arzt a. Eisleben: Experimentelle Untersuchungen über die Ausnutzung verschieden zusammengesetzter Zuckerclysmen. Halle a. S. 1905: C. A. Kaemmerer & Co. (31 S.) 8°
Halle, Med. Fak., Ref. v. Mering, Diss. v. 24. Mai 1905
[Geb. 14. Juli 79 Eisleben; Wohnort: Eisleben; Staatsangeh.: Preußen; Vorbildung: Gymn. Eisleben Reife O. 00; Studium: Halle 4, München 1, Halle 5 S.; Coll. 20. Mai 05; Approb. 11. März 05.]

Hausmann, S. (Hrsg.), s. Anzeiger, Photographischer.

Denkmäler der Baukunst im Elsaß. Hrsg. von Dr. S[ebastian] **Hausmann** u. Prof. Dr. E[rnst] Polaczek. 100 Lichtdrucktaf. (In 20 Lfgen.) Dazu 1 ill. Textbd. Straßburg i. E.: W. Heinrich 19[03–]06. 1 Bd gr. 2°, 1 Bd 4° Taf. [1903 06.]
Textbd. In geschichtl. Zusammenhange dargest. von Prof. Dr. Ernst Polaczek. 1906.
[Nebent.:] Monuments d'Architecture d'Alsace. Publ. par S. Hausmann et E. Polaczek. [06. 8..

Hausmann, S., s. a. Denkmäler der Baukunst im Elsass.

Hausmann, Sebastian, die Grund-Entlastung in Bayern, s. a. Abhandlungen aus dem staatswissenschaftlichen Seminar zu Strassburg i/E.

Hausmann, Dr. Seb., Die Grundentlastung in Bayern. Wirthschaftsgeschichtlicher Versuch. (Abhandlungen aus d. staatswiss. Sem. zu Strassburg, Heft 10.) gr. 8°. Strassburg, Trübner, 1892.

Die Kaiser-Wilhelms-Universität Strassburg. Ihre Entwicklg u. ihre Bauten. M. Benutzg amtl. Quellen bearb. v. Dr. S[ebast.] Hausmann, Univ.-Sekr. *Strassburg i. E.: W. Heinrich 1897.* (4 Bl., 224 S., 22 Taf.) 1 Bd 2.(4.) [97. 2942

— Kunstdenkmäler, elsässische u. lothring.

Hausmann, S., die evangel. Stadtkirche zu Freudenstadt u. ihre Kunstschätze. Mit 12 Lichtdr.-Taf. nach eig. Aufnahmen. (20 S.) 32×24,5 cm. Freudenstadt 908. J. Schlaetz. 3. 50

— d. kaiserl. Universitäts- u. Landesbibliothek in Strassburg. Festschrift z. Einweihg. des neuen Bibliotheksgebäudes. gr. 8. (III, 51 S. m. 7 Abb.) Strassburg 895. K. J. Trübner, Verl. n. 1. 80

Hausmann, S.: Die grundherrliche Verfassung Bayerns in der zweiten Hälfte des 18. Jahrhunderts . . . . Strassburg, Karl J. Trübner, 1888; 3 Bl. + 78 S. 8°
Strassburg, Rechts- u. Staatsw. Fak., Inaug.-Diss. v. 1888

Hausmann, Thdr., die methodische Intestinalpalpation mittels der topographischen Gleit- u. Tiefenpalpation u. ihre Ergebnisse m. Einschluss der Ileocoecalgegend u. m. Berücksicht. der Lageanomalien des Darmes. (VII, 160 S. m. 9 Abbildgn. u. 2 Taf.) Lex. 8. Berlin 910. S. Karger. 4. 50

— Über das Tasten normaler Magenteile. Nebst Bemerkgn. zur Höhenbestimmg. der Bauchorgane. (38 S.) Lex. 8. Ebd. 907. 1. —
Sonderabdruck aus: „Archiv f. Verdauungskrankh."

Hausmann, U. F. (vgl. Hausmann, W. F.)
— über Entzündung. Abdruck eines Aufsatzes aus Holscher's Annalen der Heilkunde. gr. 8. Hannover 836. Helwing. 5 gl

Hausmann, U. F., Gutachten über die Lungenseuche d. Rindviehes. Auf Veranlassung d. Königl. Ministeriums d. Innern gedruckt. Hannover 47.

Hausmann U. F.: Ueber die Zeugung u. Entstehung d. wahren weiblichen Eies bei den Säugethieren u. Menschen. Gekr. Preisschr. Hann. 1840. 136 S. 10 Tvl. 4o.

—— über die Zeugung u. Entstehung d. wahren weibl. Eies bei d. Säugethieren u. Menschen. Eine v. d. kgl. Societät d. Wissensch. zu Göttingen gekr. Preisschr. gr. 4. (18½ B. u. 10 z. Thl. ill. Kpfrt.) Hannover 840, Helwingsche Hfbh. *

Hausmann, Ulr., Beiträge zur Kenntniss des Botulins. Inaugural-Dissertation. gr. 8. (60 S.) Göttingen 876. (Vandenhoeck & Ruprecht.) n. 1. 20

Hausmann, V. W., ländliche Silhouetten. Heitere Erzählungen aus Stadt u. Dorf. (185 S.) gr. 8. Wien (903). [Oesterreich. Verlagsanstalt]. J. Deubler. 2. —; geb. 3. —

HAUSMANN, Viktor (Ratibor): Zur Casuistik und Therapie der habituellen Schulterluxation.- München: Ernst 1888. 24 S.
18.7.1888 - Chr 1888/89,17; Jv 1888/89,214
Diss. Ingolst.-Landsh.-Mchn.

Hausmann, W., der Anschauungs-Unterricht in der Volksschule [Aus: „Rhein. Schulmann".] gr. 8. (28 S.) Neuwied 894. Heuser's Verl. n. — 40

Der Anschauungs-Unterricht in der Volksschule. Von W. Hausmann *Neuwied & Leipzig: Heuser 1894.* (28 S.) 8° [F.]
— [Schule, Für die, aus der Schule. II. 31.]

Hausmann, W., die Bergpredigt Jesu, erklärt zum Gebrauche in Volks- u. Mittelschulen. gr. 8. (IV, 58 S.) Neuwied 889. Heuser's Verl. — 75

Hausmann, W., fünf Briefe über die Erziehung in den ersten Lebensjahren, auf Grund der „Levana" von Jean Paul ausgearb. 8. (44 S.) Lüdenscheid 882. (Leipzig, Siegismund & Volkening.) n. — 60

Hausmann's, W., Stereoskopen-Bilder z. Prüfg. auf binoculares Sehen u. zu Uebungen für Schielende. Mit einführ. Bemerkungen v. A. Bielschowsky. (8 S. m. Abbildgn. qu. 16. Leipzig 905. W. Engelmann. n. 1. 80

Hausmann's, W., 20 Stereoskopen-Bilder zur Prüfung auf binoculares Sehen u. zu Übungen für Schielende. (40 Bl. 5,1×7,4 cm. m. Apparat.) Mit einführ. Bemerkgn. v. A. Bielschowsky. 2., verb. Aufl. (9 S. m. 2 Abbildgn.) 7,7×16,2 cm. Leipzig (907). W. Engelmann. In Umschlag 2. —

Hausmann, W. F. (vgl. Hausmann, U. F.): Über Entzündung. Hannover 1837. 32 S.
Aus: Hannoversche Annalen für d. ges. Tierheilkunde. Bd 1, H. 3.

Hausmann, Walther [app. Arzt aus Dresden]: Ein Fall von kongenitalem multilokulären Adenokystom der Nieren ... Leipzig, Druck v. Bär & Hermann, 1895; 59 S. 8.
Leipzig, Med. Fak., Inaug.-Diss. v. 6. Mai 1895

Hausmann, Walth., e. Fall v. kongenitalem multilokulären Adenokystom d. Nieren. Diss. gr. 8. (59 S.) Leipzig 895. (Buchhdlg. G. Fock.) n. 1. —

Hausmann, Werner: Über Bau, Wachstum und Entwickelung der Krallen der Säugetiere, vorzüglich der Talpa Europaea und des Dasypus novemcinctus. *Leipzig (1899): Hesse & Becker.* (77 S.) 8°
Leipzig, Phil. Diss. v. [27. Febr.] 1899

Hausmann, Guernerus (geb. Münster in Westf. 25. 3. 1816): De lienitide. Berolini (1838). (32 S.) 8°
Berlin, Med. Diss. v. 30. Aug. 1838

Hausmann, Wilhelm, Gerichtsreferendar: Die Entführung. §§ 236—238 Str.-G.-B. Elberfeld 1907: E. Dick. (97 S.) 8°
Heidelberg, Jur. Fak., Ref. v. Lilienthal, Diss. v. 18. März 1907
[Geb. 21. Dez. 83 Elberfeld; Wohnort: Elberfeld; Staatsangeh.: Preußen; Vorbildung: Gymn. Barmen Reife O. 03; Studium: Freiburg i. B. 1, Berlin 1, München 1, Bonn 4 S.; Rig. 16. Jan. 07.]

Hausmann, Wilh., Kegel-Struwwelpeter. Lustige Verse zu fröhl. Kegelbrüder Nutz u. Frommen. Mit Zeichngn. v. Eduard Winkler. (35 S.) gr. 8. München 910. Verlag des „Theater- u. Vergnügungs-Anzeiger". 1. —

Hausmann, Wilh., das Reichsgesetz betr. die Abzahlungsgeschäfte vom 16. Mai 1894, s.: Taschen-Gesetzsammlung.

Hausmann, Wilh., die Schädigung der preuss. Staats-Einnahmen durch Erbschaftssteuerrecht, Börsengesetz u. Staatswissenschaft. gr. 8. (63 S.) Berlin 902. C. Heymann. n. 1. —

— die Veräußerung beweglicher Sachen gegen Ratenzahlung (das sog. Abzahlungsgeschäft) nach dem preußischen allgemeinen Landrechte u. dem Entwurfe e. bürgerlichen Gesetzbuches f. das Deutsche Reich unter Berücksicht. d. österreich. Gesetzentwurfes, betr. „die Veräußerg. bewegl. Sachen geg. Ratenzahlg." gr. 8. (X, 201 S.) Berlin 891. v. Decker. n. 4. —

— Verkehrssteuern. Ein Beitrag zur Vermehrg. der Reichseinnahmen. 1. u. 2. Aufl. gr. 8. (VIII, 99 S.) Berlin 894. C. Heymanns Verl. n. 2. —

Hausmann, Wilh., die neuen Verkehrs- u. Erbschaftssteuern. Vortrag, geh. im Nationalliberalen Verein zu Berlin am 10. I. 1906. (24 S.) gr. 8. Berlin 906. A. Haußmann. n. — 50

Hausmannskost, siehe „Volksbücher, 4. Lfg.

Hausmannskost

Hausmannskost. Neuer Abdruck des Schönsten und Besten aus älteren Schriften zum Nutzen und Vergnügen des Volkes. Bdchn 1.
Berlin: Rieß (1848). 196 S. 8°
(Volksbücher. 4. Lfg.)

Hausmannskost. Illustrirte Blätter für das Volk u. die Familie. Red. von Wolfg. Bernhardi. 1. Jahrg. 1870. 14 Hefte (à 4 Bgn. mit eingedr. Holzschn.). Berlin 870. Schlesinger's Verl. gr. 4. Jedes Heft 4 ngr

Hausmannskost, die. Ein praktisches Kochbuch in 400 zuverlässigen u. selbstgeprüften Rezepten für bürgerliche Haushaltungen von einer praktischen Köchin. 8. (IV, 140 S.) Würzburg 877. Keller. n. — 75; cart. n. 1. —

Hausmannskost, die. Ein prakt. Kochbuch in 550 zuverläss. und selbstgeprüften Rezepten für bürgerl. Haushaltungen von einer prakt. Köchin. 10. Aufl. 8. (IV, 202 S.) München 886, Keller. ℳ 1.—.; geb. *

Hausmannskost! Ein auf Sparsamkeit u. Wohlgeschmack berechnetes Kochbuch. 12. (XII, 84 S.) Berlin 891. Gebr. Radetzki. — 50

— für Geist u. Herz. Hrsg. von Otfr. Mylius. 1. u. 2. Jahrg. 1865 u. 1866. à Jahrg. 12 Nrn. (à 2 Bgn. mit eingedr. Holzschn.) Stuttgart, Expedition. Lex.-8. 1 Jahrg. 1 Thlr 6 ngr., 2. Jahrg. 1 Thlr

Hausmannskost zur Nahrung ... Dresden 1811. V: *Hänsch, Frdr. Aug.* (MGT)

Hausmedicamente. 8. Ulm 784. Bartholomäi. 5 Kr

Hausmeister, Ein Wiener. Komisches Intermezzo. Wien [1890]. V: *Bartl, Hans* (EB)

Hausmeister, J. Aug., s. Da Costa, Einiges aus Seinem Leben.

Hausmeister, J. A., die Judenmission, ein gedrängter geschichtlicher Vortrag bei der evangel. Allianz in Paris nebst Bericht über diese Allianz-Versammlung. Basel 856. Schneider. 8. (35 S.) n. 4 ngr

Hausmeister, J. Aug., Leben u. Wirken des Pastors J. J. Börling, gest. den 21. Aug. 1844. 8. (IV u. 104 S.) Basel 852, Schneider. n. 1/8 Thlr

Hausmeister, J. A., merkwürdige Lebens- und Bekehrungsgeschichten, nebst interessanten Aeußerungen bekehrter Israeliten. gr. 8. Basel 835. Schneider. 5/12 Thlr

Hausmeister, J. A., die evangelische Mission unter Israel. Winke u. Mittheilungen. Mit dem Lebenslauf des Verewigten. Herausg. von Ernst Fink. Basel 861. Schneider. 8. (VI, 68 S.) 7½ ngr

— der Unterricht u. die Pflege jüdischer Proselyten. Ein Beitrag zum Religionsunterricht u. zur Seelenpflege überhaupt. 8. (VI u. 124 S.) Heidelberg 852, K. Winter. n. 16 ngr

— Worte der Liebe an meine Brüder nach dem Fleisch, die Kinder Israel. 16. Basel 833. (Stuttgart, Steinkopf.) 1/12 Thlr

— Züge aus dem Leben u. Wirken des seligen Joh. Pet. Goldberg, Missionar unter Israel. gr. 12. (VI u. 84 S.) Basel 848. Schneider. n. 1/4 Thlr

Hausmeister, Max, la dette portugaise. Protêt contre le contrat projeté et proposition pour le rétablissement des finances. gr. 8. (33 S.) Stuttgart 893. (Strecker & Moser.) n. — 50

Hausmeister, Max, die Mittel zur geistigen Hebung des Judentums. gr. 8. (32 S.) Stuttgart 900. Süddeutsches Verlags-Institut. n. — 50

Hausmeister, Max, s.: Sozial-Harmonie, die.

— d. Steuerentwürfe der württemberg. Regierung, d. Notwendigkeit ihrer Ablehng. u. geeign. Gegenvorschläge. gr. 8. (67 S.) Stuttgart 895. J. B. Metzler's Verl. n. 1. —

Hausmeister, Max, die Vorzüge der Doppelwährung. gr. 8. (VII, 88 S.) Stuttgart 883. Maier. n. 1. 20

Hausmeister- u. Sperrstund-G'frett. Eine Großstadt-Frage. Beantwortet von Dietrich Schlüsselbart. gr. 4. (16 S. m. eingedr. Illustr.) Wien 880. Sallmayer's Buchhandlung. — 30

Haus- u. Staatsminister, der, von Nassau, mit sich selbst in Fehde. (Aus Benzel-Sternaus Verfassungsfreund abgedruckt.) gr. 8. Hanau 831. König. 2 gr

Haus-Mission, katholische. Ein Lehr- und Betrachtungsbuch, worin außer dem Inhalte der gewöhnlichen Missionspredigten verschiedene Belehrungen und Ermahnungen enthalten sind. Vom Verf. des: „Der h. Rosenkranz, das schönste u. heiligendste Gebet." 2. Aufl. 856. — 3. Aufl. Cöln und Neuß (858). Schwann. 12. (XI, 372 S. u. 1 Stahlst.) 15 ngr

Haus-Mission, katholische. Ein Lehr- u. Betrachtungsbuch, worin außer dem Inhalte der gewöhnlichen Missionspredigten verschiedene Belehrungen u. Ermahnungen enthalten sind. Vom Verf. des „der heilige Rosenkranz, das schönste u. heiligendste Gebet." 4. Aufl. Köln 864. Schwann. 12. (XII, 372 S. u. 1 Stahlst.) 15 ngr

Haus-Mission, vollständige, dem katholischen Volke hinterlassen von den Lazaristen-Vätern. Ein Lehr- u. Erbauungsbuch. 5. Aufl. 2 Thle. in 1 Bd. Lex.-8. (466 u. 358 S.) Düsseldorf 880. Schwann. 8. —

Hausmittel, s. Plato.

Hausmittel. 8. Magdeb. 799. v. Schütz. 18 gr

— aufrichtige u. geprüfte, zum Theil bisher geheim gehaltener Recepte u. Erfahr., als: Vorschriften zum Färben, Lakiren, Beizen u. Firnissen rc. 8. Manh. 825. 2e Aufl. 831. Löffler. 12 gr

Hausmittel, aufrichtige u. geprüfte, bisher geheim gehalt., als Vorschriften z. Färben, Lackiren, Beitzen u. Firnissen; Mittel z. Vertilgung d. Ratten rc.; Bereit. u. Verbess. d. Weine; Verfert. verschied. Liqueure, feiner Pomaden; Anweis. z. Fleckausmachen; Tinten-Recepte; so wie erprobte Mittel e. prakt. Arztes z. Reinigung d. Haut rc.; e. vorzügl. Augenwasser rc. 2., verm. Aufl. 8. (9 B.) Mannheim 830, Löffler.

Hausmittel, das beste, oder Franzbranntwein u. Salz, das sicherste u. schnellste Heilmittel gegen innere u. äußere Entzündungen, Kopf-, Zahn- u. Ohrenschmerz rc. dessen Bereitung u. Anwendung von dem Erfinder William Lee. Nach dem Franz. bearb. 8. (VIII u. 23 S.) Solothurn 851, Scherer. n. 3 ngr

— zum Besten d. Bürger- u. Bauerstandes rc. gr. 8. Zürich 814. Orell. 9 gr

Hausmittel, die, der Deutschen. Herausgeg. von einem Verein prakt. Aerzte. 1.—6. Liefg. 16. Leipzig 846, R. D. Schulze. à 6 ngr

— die bewährtesten, der Deutschen. Hrsg. von einem Vereine prakt. Aerzte. 2. stark verm. Aufl. 16. (XVI u. 368 S.) Leipzig 852, Thenau. 1/2 rthlr

— für Bräute u. junge Weiber, sich die Liebe u. Treue der Männer zu erwerben u. zu erhalten. N. A. 12. Lpz. 817. Centr.-Cpt. 8 gr (A. u. d. T.: Die Kunst, mit Männern glücklich zu sein.)

— für junge Ehefrauen, sich die Liebe ihrer Gatten zu erhalten. 32. Wien, Wimmer. 4 gr

Hausmittel, erprobte. Eine Sammlung von vorzügl. Recepten u. Vortheilen in der Haus- u. Landwirthschaft rc. Mit Berücksichtig. des Neuesten in diesem Fache. Mügeln 868. (Leipzig, Senf.) 24. (72 S.) 5 ngr

HAUSMITTEL, 25, für junge Ehemänner, sich der Liebe und Treue ihrer Gattinnen zu versichern. Mit nettem Titel-Medaillonportr. eines jungen Mannes (F. J. Brückner del. et sc. Leipzig 1804). Arkadien, o. J. (Cöthen, Aue, 1804.). 12°. Illustr. grüner Orig.-Cartonbd.

VIII (incl. gestoch. Tit.) u. 70 S. 1. Werde nicht ihr Sclav. 2. Erwirb dir ihr Vertrauen u. ihre Hochachtung. 3. Reize ihre Sinnlichkeit nicht zu sehr. 4. Traue nicht zu viel. 5. Suche immer neu zu scheinen. 6. Sey nicht eifersüchtig. 7. Verwahre deine Frau vor böser Gesellschaft. 8. Verletze nie die Delicatesse. 9. Liebkose deine Frau nicht zu sehr etc. etc. — Zahm. Weller. fing. Druckorte, sub „1805".

— 25 nützliche, f. junge Ehemänner, sich die Treue u. Liebe ihrer Gattinnen zu versichern. 12. Leipz. 805. N. Aufl. 816. (Aue in Altona). 12 gr

— (25), für junge Ehemänner. 8. Leipzig, Jacobäer. 816.

— in leichten Krankheitsfällen, als: (allein 11 Palliativ-Mittel) bei Zahnschmerzen, ferner: bei Kopfschmerz, Schweiß d. Füße, Hühneraugen, Magenkrampf, Verwundungen, Sodbrennen, Schreck u. Aergerniß, Geschwulst d. Mandeln, Kolik rc. rc 1. Aufl. Breslau 830, (Aderholz.) 3 Gr.

Hausmittel in leichten Krankheitsfällen (allein eilf Palliativ-Mittel.) 2e Aufl. 8. Breslau 834. Richter. 1/12 rthlr

Haus- u. Heilmittel, natürliche u. sympathische, f. Menschen u. Vieh. Ein unentbehrl. Ratgeber u. das beste Arzneibuch mit mehr als 100 erprobten Mitteln gegen alle denkbaren Leiden. (64 S.) kl. 8. Neuweißensee (905). E. Bartels. — 50

— neun u. achtzig bewährte, in allerlei Zufällen. 1e Samml. 12. Leipz. 808. Knobloch. 4 gr

— neun und achtzig bewährte, in allerley Zufällen. 1ste Sammlung. 8. Leipzig, Cnobloch. 818.

— nützliche, od. Handbuch f. Hausväter rc. gr. 8. Nordhaus. 799. Groß. 12 gr

Hausmittel, 40 erprobte nützliche, f. den Bürger- u. Landmann, von C. W. Lemgo 821. (Meyer). 6 gr

Hausmittel-Apotheke, oder Sammlung vieler, aus dem allgemeinen Anzeiger u. mehreren vorzügl. medicin. Schriften zum Besten der leidenden Menschheit als zuverlässig empfohlenen einfachen u. zusammengesetzten Heil- u. Hülfsmittel gegen eine große Anzahl von Krankheiten, Gebrechen u. Unglücksfällen rc. Als freundliche Zugabe Hufeland's Haus- u. Reise-Apotheke. Herausg. von Joh. Ph. Heinse. 8. Blumenau 838. (Saalfeld, Riese; Hildburghausen, Kesselring.) n. 3/4 rthlr

Hausmittel-Buch, s. Dorfbote, der.

Hausmittel-Buch, Das. Eine Auswahl alter und neuer Hausmittel. Wien 1892. V: *Reibmayr, Albert.* (EB)

Hausmittel-Buch, das. Eine Auswahl alter u. neuer Hausmittel, zum Gebrauche unserer deutschen Hausfrauen. Zusammengestellt v. e. Arzte. 8. (127 S.) Wien 892. G. Szelinski. n. 1. 20; geb. in Leinw. n. 1. 80

Haus- und Heilmittel Kalender: 1870? ?
„Eine unschätzbare Sammlung der erprobten Recepte für Stadt und Land." Edited by Hoffmann & Merwitz.
Philadelphia, PA

Hausmittelschatz. Verzeichnis der bewährtesten u. gebräuchlichsten Hausmittel u. kurzer Wegweiser f. deren Verwendung. (Von K. F. J. Süss.) (32 S.) kl. 8. Leipzig (Gellertstr. 7/9) (907). Jul. Süss jun. — 25

Hausmühle, d. französ. Ein ungemeiner Gewinn für jeden Bürger u. Landwirth. Mit 1 Zeichn. 8. Münch. 820. Lentner. 5 gr

Hausmusik, Blätter f. musikal. Anregg. u. Unterhaltg. 1. Jahrg. Juni—Aug. 1896. 6 Nrn. (à ca. 8 S.) gr. 4. Berlin. Weimar, H. Lüstenöder. n. 1. 50
Weiter nicht erschienen.

Hausmusik, deutsche, mit Bildern. 1. Bd. A. u. d. T.: Ausgewählte Lieder von Bach bis auf die Gegenwart. Mit Illustr. von C. Beckmann, R. Cronau, F. Flinzer etc. [Lichtdr.-Reproduction von A. Naumann & Schröder in Leipzig u. A.] Hrsg. von Carl Reinecke. Imp.-4. (IV, 78 S. m. 16 eingedr. Lichtdr.) Leipzig 881. Schloemp. geb. m. Goldschn. n. 16. —

Hausmusik, deutsche, m. Bildern. 1. Bd. Ausgewählte Lieder von Bach bis auf die Gegenwart. (Neue Ausg.) gr. 4. (III, 78 S.) Hannover 889. L. Oertel. geb. m. Goldschn. n. 10. —

Hausmusik, deutsche, aus vier Jahrhunderten. Ausgewählt u. zum Vortrag eingerichtet, nebst erläut. Text v. H. Leichtentritt. Notenausg. 1. Bd. (110 S.) Lex.-8. Berlin 907. Marquardt & Co. Kart. n. 5. —; Luxusausgabe auf Japanpap. n. 30. —

Hausmutter, die deutsche. Schspl. in 5 A. 8. Manh. 790. Löffler. 9 gr

— die deutsche. Schausp. v. Soden. 8. Augsb. Stdtb. 797.

— — dasselbe. 8. Nurnb. Zeh. 797.

— die erfahrene, auf d. Lande, e. wahres Noth- u. Hülfsbuch für Bauersleute rc. 8. Pirna 808. 2e Aufl. 812. Friese. 12 gr

HAUS-MUTTER, Erwünschte. — Gedicht, in welchem hervorgehoben wird, welche guten Eigenschaften eine Hausfrau haben muss, beginnend: Wer mit dem 1. Spiess hat lang genung gerennet, u. endigend: So haftn besser Glück als Peter Filtz u. Ich. O. O. u. J. (c. 1700). 8°. 2 Bll. Rarl (9 Mk. Jacques Rosenthal, c. 1903.)

Hausmutter, d., in allen ihren Geschäften, s. Germershausen.

Hausmutter, Die, in allen ihren Geschäften. Leipzig 1777—81. V: *Germershausen, Christian Friedrich.* (Ky) (MGT)

— — dies. im Ausz. s. Auszug.

Hausmutter, die junge, in allen ihren Geschäften. Ein belehrendes Lesebuch nach der Hausmutter von Germershausen, f. junge Töchter des Mittelstandes rc. 8. Magdeb. 811. (Lpz., Lauffer). 20 gr

Anonym: „Die junge Hausmutter in allen ihren Geschäften. Ein belehrendes Lesebuch nach der Hausmutter von Germershausen; für junge Töchter des Mittelstandes, um die Stadt- und Landwirthschaft zu erlernen; nach Campes Lehrart bearbeitet", Magdeburg 1811 (v. Schütz); neue wohlfeilere Ausgabe 1815.

Die Hausmutter als Köchin, oder Unterricht in den ersten Grundregeln und Handgriffen beym Kochen.. Leipzig: Kurich 1809. XVI, 430 S., 4 Faltbl. 8°

— die, als Köchin, od. Unterricht im Kochen. 8. Lpz. 809. (Brockhaus). 1 rß

Anonym: „Die ökonomische Hausmutter; oder praktischer Unterricht in der Oekonomie, Hauswirthschaft, Kochkunst, Zuckerbäckerey, Kellerey, für deutsche wirthschaftliche Weiber und Mädchen", 3 Bände, Erfurt 1803 (Hennings).

— d. ökonom., od. prakt. Unterricht in d. Oekonomie, Kochkunst rc. 3 Bde. 8. Erf. (u. Gotha) 803, 4. Hennings. 3 rß

— d. vollkommene in allen ihren Geschäften. Hamburg, Vollmer.

Hausmütterchen
v. Schweizer Kriminal-Zeitung;

Hausmütterchen, das. Wochenschrift zur Unterhaltung u. Belehrg. f. junge Mädchen. Hrsg. v. H. Waldemar. 1. Jahrg. 1889/90. 52 Nrn. (B.) hoch 4. Ueckermünde, Kaulfuß. n. 4. —

Hausmütterchen, das. Wochenschrift zur Unterhaltg. u. Belehrg. f. junge Mädchen. Hrsg. v. H. Waldemar. 1.—3. Jahrg. Oktbr. 1889—Septbr. 1892. à 52 Nrn. (à ca. 1 Bog.) hoch 4. Zürich, Th. Schröter. — Leipzig, Verlag des Hausmütterchen. à Jahrg. n. 4. —

— dasselbe. Familienwochenblatt zur Unterhaltg. u. Belehrg. Red.: Th. Schröter. 4. Jahrg. Oktbr. 1892—Juni 1893. 39 Nrn. (à ca. 1 Bog.) hoch 4. Ebd. n. 4. —

— dasselbe. 5. u. 6. Jahrg. Juli 1893—Juni 1895. à 52 Nrn. (à ca. 1 Bog.) hoch 4. Ebd. à Jahrg. n. 4. —

Hausmütterchen: Das fleißige Hausmütterchen
v. Schweizer Kriminal-Zeitung.

HAUSMÜTTERCHEN, DAS FLEISSIGE. Mitgabe in das praktische Leben für erwachsene Töchter. Mit 5 lithogr. [gefalt.] Tafeln [Schnitt- u. Strickmuster]. Herisau, Meisel, 1860. 2 Bl. 267 S. 8°. Hübscher schwarzer Orlwd. mit Blind- u. Goldpressung. Kochrezepte u. praktische Winke. 12.—

Hausmütterchen, das fleißige. Schweizerische Monatsschrift für weibl. Arbeiten, Moden, Hauswirthschaft u. Unterhaltung. 2. Bd. Jahrg. 1866. 12. Nrn. (à 1½ Bgn.) Mit lith. Musterbogen. Herisau, Meisel's Buchh. gr. 8. 2 ℛ

Das fleißige **Hausmütterchen.** Weibliche Muster- und Arbeitszeitung für Schule und Haus. Dritter [und] Fünfter Jahrgang. Druck und Verlag von Orell, Füßli & Comp. in Zürich. 1867 [und] 1869.
Mit Abb. 4°
Erschienen 1865—1870

— — Weibliche Muster- u. Arbeitszeitung für Schule u. Haus. 3—6. Jahrg. 1867—70. à Jahrg. 12 Nrn. (à 1—1½ Bgn. mit eingedr. Holzschn.) Mit lith. Musterbogen u. Beilagen. Zürich, Orell, Füßli & Co. Lex.-8. Jeder Jahrg. n. 1 ℛ 10 ngr.

Hausmuttercalender über die jeden Monat vorfallenden vornehmsten Geschäfte der Hausmütter. Leipzig 1781. V: *Germershausen, Christian Friedrich.* (MGT)

Hausmutterkalender, üb. die monatl. Geschäfte d. Hauswirthschaft. gr. 8. Leipz. 781. (Brockhaus). 6 ggr

Hausnadel Ed. Die Wandlerin auf Olovec. Wien, Edler v. Schmidbauer ꝛc. 1852. 8.

Hausnarr, der, e. Erzähl. v. Karl Stein. 8. Berl. Kunst u. Ind. Comt. 810.

Hausnarr, der, Erzählung von K. Stein. 2 Bände. 8. Berlin. 811. Jetzt Schlesinger. Rtblr.

Hausnarre, der,. Lustsp. von Steinmüller. 8. Mannheim, Löffler. 791.

Hausner, A., die Fabrikation der Conserven u. Canditen. Vollständige Darstellung aller Verfahren der Conservirung für Fleisch, Früchte, Gemüse, der Trocknenfrüchte, der getrockneten Gemüse, Marmeladen, Fruchtsäfte u. s. w. u. der Fabrikation aller Arten von Canditen, als: candirter Früchte, der verschiedenen Bonbons, der Rocks-Drops, der Dragés, Pralinées u. s. w. Mit 18 (eingedr. Holzschn.-)Abbildungen. 8. (IV, 358 S.) Wien 877. Hartleben. 4. 50

Hausner A. d. Fabrikat. d. Konserven u Kanditen. (Bibl. Chem.-techn. 23) Wien 1877

Hausner, A., die Fabrikation der Conserven u. Canditen. Eine Darstellg. aller Verfahren der Conservirg. f. Fleisch, Früchte, Gemüse, der Trockenfrüchte, der getrockneten Gemüse, Marmeladen, Fruchtsäfte ꝛc. u. der Fabrikation aller Arten v. Canditen, als candirter Früchte, der verschiedenen Bonbons, der Rocks-Drops, der Dragées, Pralinées ꝛc. 2., verb. Aufl. Mit 27 Abbildungen. 8. (VIII, 365 S.) Wien 887. Hartleben. n. 4.50; geb. n. 5.30

Hausner, A., die Fabrikation d. Conserven u. Canditen. E. Darstellg. aller Verfahren d. Conservirg. f. Fleisch, Früchte, Gemüse, der Trockenfrüchte, d. getrockneten Gemüse, Marmeladen, Fruchtsäfte, d. gegohr. Getränke u. s. w. u. d. Fabrikation aller Arten v. Canditen, als candirter Früchte, d. verschiedenen Bonbons, der Rocks-Drops, d. Dragées, Pralinées ꝛc. 8., verb. u. verm. Aufl. 8. (VIII, 328 S. m. 28 Abb.) Wien 899. A. Hartleben. n. 4. 50; geb. n. 5. 30

Berl HAUSNER — Die Abhängigkeit der Biebelexegese Saadjás von Targum und Midrasch auf Grund der arabischen Jesaiasübersetzung
Prag, Phil.Diss.1900/01.

Hausner, C. G., s. neues phraseolog. Wörterbuch.

Hausner, Ernst: Die politischen und rechtlichen Verhältnisse des Patriarchates Aquileja unter Ottobonus.
Diss. Wien, Univ. 1909.

Hausner, Fr. Wlh., vollständ. Anleit. zur richtigen Aussprache d. engl. Wörter, mit e. kleinen Dictionnaire. gr. 8. Frankf. 793. Jäger. 1 ℛ (Erschien 1797 ohne d. Verf. Namen unt. d. T.: Anweis. d. Engl. richtig zu lesen u. auszusprechen.) 8. Ebd. 3e Aufl., mit e. Vorrede v. J. B. Meidinger. Ebd. 807. 1 ℛ

— engl. Grammatik, oder prakt. Unterricht, d. engl. Sprache in kurzer Zeit fehlerfrei zu erlernen. 8. Leipz., Joachim. 16 ggr Dass. 12. Straßb., Levrault. 14 ggr

— französ.-engl. Grammatik. 8. Paris 805.

— Phraseologia anglo-germanica, oder Samml. von mehr als 60,000 engl. Redensarten. Mit e. Vorrede von Jh. Reinh. Forster. 2 Thle. 8. Straßb. 798. (Levrault). 3 ℛ 6 ggr (auch Hinrichs in Leipz.) 4 ℛ 12 ggr

— Praseologia Anglo-germ. oder Sammlung von mehr als 60000 Engl. Redensarten. 2 Thle. 8. Lpz. Hinrichs. (a. Levrault in Strasb. 801.

— — dasselbe. gr. 8. Basel, Thurneisen.

— Uebungsstunden in d. engl. Sprache, oder Samml. auserlesener engl. Aufsätze, Geschichten u. Anekdoten, zum Uebersetzen ins Deutsche ꝛc. gr. 8. Leipz. 806. Gr. Fleischer. 1 ℛ 8 ggr

— gründl. Unterweisung in d. engl. Sprache, oder Darstell. aller Regeln d. engl. Sprache ꝛc. gr. 8. Leipz. 805. Gr. Fleischer. 1 ℛ 8 ggr

Hausner, Hrn. Jos. (Red.), s. Armee, die k.k. österreichisch-ungarische.

Hausner, Josef, k. k. Major der Monturs-Verwaltungs-Branche etc. Darstellung der Textil-, Kautschuk- und Leder-Industrie mit besonderer Rücksicht auf Militär-Zwecke. Mit 493 Abbild. und 1 Tafel. 8. Wien 1875.
— — 2. bedeutend vermehrte Auflage. Mit 527 Holzschn. und 4 lithographirten Tafeln. 8. Wien 1876.

Hausner, Jos., Darstellung der Textil-, Kautschuk- u. Leder-Industrie m. Rücksicht auf Militärzwecke. 2. bedeutend verm. Aufl. Mit 527 (eingedr.) Holzschn. u. 4 lith. Taf. Lex.-8. (XV, 570 S. m. 1 Tab. in qu. Fol.) Wien 876. Manz. n. 16. —

Hausner, Jos., Darstellung der Textil-, Kautschuk- u. Leder-Industrie mit Rücksicht auf Militärzwecke. 2., bedeutend verm. Aufl. Neue billige Volks-(Titel) Ausg. Mit 505 (eingedr.) Holzschn., 3 lith. Taf. u. 1 Tab. Lex.-8. (XV, 570 u. 11 S.) Wien (1876) 878. Manz. n. 7. 20

Hausner, Jos., Darstellung der Textil-, Kautschuk- und Leder-Industrie mit Rücksicht auf Militärzwecke. 2. bedeutend verm. Aufl. Neue billige Volks(Titel-)Ausg. 6 Lfgn. Lex.-8. (XV, 570, 11 S. mit 505 eingedr. Holzschn., 3 lithogr. Taf. und 1 Tab.) Wien 879, Manz'sche Hofbuchh. à Lfg. * ℳ 1,20. *

Hausner, L., Ehrenbezeigungen. Nach den Bestimmungen des Dienst- u. Exerzier-Reglements für die k. k. Fusstruppen zusammengestellt. 8. (43 S.) Olmütz 876. (Wien, Hölzel.) n. — 50

— Handbuch für Offiziere aller Waffen. Nach den organ. Bestimmungen für das k. k. Heerwesen, den bestehenden Reglements u. Vorschriften, sowie mit Benützung der besten militärischen Werke zusammengestellt. 8. (III, 234 S. m. Tab.) Olmütz 877. (Wien, Hölzel.) cart. n. 3. 40

Hausner, Otto, Budgetrede vom 29. April 1881. gr. 8. (50 S.) Wien 881. Rosner. n. 1. —

Hausner, Otto, Deutschthum u. Deutsches Reich. Aufl. 1 u. 2. Wien 1880. gr. 8.

— Deutschthum u. Deutsches Reich. 2. Aufl. gr. 8. (37 S.) Ebend. 880. n. 1. —

— das menschliche Elend, } s. a. Sammlung öffentlicher Vorträge u. Reden.

Hausner, Otto, das menschliche Elend. Geschichte seiner Auffassung und Entwurf einer Statistik desselben. gr. 8. (23 S.) Wien 879, (Perles.) *

Hausner. Otto. Das menschliche Elend. Geschichte seiner Auffassung und Entwurf einer Statistik desselben. 1. und 2. Aufl. 8°. Wien, Commiss.-Verl. von Perles, 1879. (Sammlung öffentl. Vorträge und Reden, hrsg. von der Red. der „Alma Mater.)

— u. **Wolski**, Oesterreichisch oder Kosakisch? Reden in der Adressdebatte des österreichischen Abgeordnetenhauses. gr. 8. (47 S.) Wien 878. Rosner. n. — 40

Hausner, Otto, vergleichende Statistik von Europa. 2 Bde. Lemberg 865. Milikowski. gr. 8. (XIII, 465 S., 586 S.) n. 4 ₰

Hausner, Otto, Versuch e. vergleichenden Monographie der Carl-Ludwig-Bahn. gr. 8. (145 S.) Lemberg 875. Wien, Gerold's Sohn in Comm. n. 1. 80

— über den Zweikampf, s. Sammlung öffentlicher Vorträge und Reden.

Hausnudel, die; od. d. Frau Mahm von Wien, bey ihrem Herrn Vetter in Cipeldau. Lustsp. in 4 Aufz. v. Eberl. 8. Wien, Rehm. 797.

Hausnummern-Buch der Stadt Hof f. 1889. gr. 8. (21 S.) Hof, R. Lion. n. — 60

Hausnummern-Buch d. Stadt Hof f. 1897. gr. 8. (19 S.) Hof, R. Lion. n. — 60

Hausnummern-Büchlein des Stadtbezirks Bayreuth mit (lithogr.) Stadtplan (in gr. 4.) u. einem Wegweiser in alphabet. Ordnung. Bayreuth 866. Giessel. 8. (77 S.) 7⅓ ngr.

Hausnummern-Verzeichnis der Stadt u. Vorstädte in Klgft. nebst einem alphabetischen Register sämmtlicher Hausbesitzer. Klgft., Leon, 1878. Quart. 36 S. (V. auch: „Numerirung, Neue" und „Verzeichnis".)

Hausnummernverzeichniß der Stadt u. Vorstädte Leipzigs. Nebst Tabelle, durch deren Hülfe man jedes Haus den Augenblick finden kann. 8. Leipz. 819. (Nauck). 3 ₰

Haus-Orakel. Halbmonat-Zeitschrift. Red.: Karl Boß. Oktbr. — Dezbr. 1903. 6 Nrn. (à ca. 16 S. m. Abbildgn.) 4. München [F. Stein], H. Hoßer. n. — 60
Fortsetzung s.: Hausfrauen-Zeitung, bayer. illustr.

Hausordnung. I. Für die Kerkersträflinge erster Kategorie mit einem Anhange über die Behandlung der zu Profoßen-Arrest Verurtheilten und der Untersuchungs-Gefangenen, welche nicht zum Mannschaftsstande gehören. 4. (14 S.) Wien 878, Hof- und Staatsdruckerei. *

—— dass. — II. Für die in den Militär-Gefängnissen verwahrten Kerkersträflinge zweiter Kategorie, dann für Arrest-Sträflinge und Untersuchungs-Gefangene, welche zum Mannschaftsstande gehören. 4. (14 S.) Ebendas. 878. *

—— dass. — III. Für die Kerker-Sträflinge zweiter Kategorie in den Militär-Strafanstalten. 4. (12 S.) Ebendas. 878. *

Hausordnung für das Abgeordnetenhaus des Reichsrathes. XI. Session. Wien 1895: Hof- u. Staatsdr. 21 S. 8° 110. 559

Frauenverein für Mässigkeit und Volkswohl (in Zürich). Haus-Ordnung für die Angestellten. (Juni 1901.) II + 7 S. 8. Zürich, Art. Institut Orell Füssli.

Haus-Ordnung für die Arrest- und Correctionshäuser in den Rheinprovinzen. *Coblenz.* 1827

Großh. Technische Hochschule Karlsruhe. **Hausordnung** für das Aulagebäude. [1898.]

Haus-Ordnung für die Bewohner des Salingre-Stiftes (v. 29. Apr. 1881). *(Stettin 1900: L. Pasenow.)* (6 S.) 8° [F.] [illegible] 9

Haus-Ordnung für die Bewohner der Salomon Joseph und Marianne Hertz-Stiftung in Altona. *Altona 1901: H. W. Köbner & Co.* (7 S.) 8° [F.] [illegible]

Haus- und Dienstordnung für die in der Verwaltung des Ministeriums des Innern stehenden ehemaligen Kantongefängnisse der Rheinprovinz. Berlin 1895. 115 S. 8° A 13. 10606

Haus- und Dienstordnung für das Zucht- und Tollhaus zu Celle vom Jahre 1732. Berlin 1909: [Strafanstaltsverwaltung]. 29 S. 4°
(Statistik der z. Ressort d. Kgl. Preuß. Minist. d. Innern gehörenden Strafanstalten. 1907, Beil. A.)

Hausordnung der ger.·. u. vollk.·., unter dem Schutze der Ehrw. Gr.-L.·. v. Ungarn arbeitenden, Joh.-□ „Eintracht" im Or.·. Neudoerfl. Neudoerfl: Selbstverl. d. Loge. Wien: Schneeberger 1880. 11 S. 8° [Umschlagtit.]
Tt. 1207. 358.

Hausordnung der Königlichen Elisabethschule. Berlin, Druck v. A. W. Hayn's Erben, 1895; 26—27 S. 4.
Berlin, k. Elisabeth-S, OP 1895**

Hausordnung für die Trinkerheilstätte Ellikon a. d. Thur. Zürich 1889. 2 8.

Hausordnung [des Freimaurer-Krankenhauses zu Hamburg. Unterz.:] Der Vorstand des Freimaurer-Krankenhauses. o. O. u. J. 1 Bl. 2°. [Kopftit.] 1.

Haus-Ordnung der Freimaurer-Loge zur Harmonie genehmigt von der allg. Ber. am 5. Nov. 1909. [Chemnitz 1909: Tetzner & Zimmer.] 2 Bl. 8° [Kopftit.] 87.

Arnswalde: **Haus-Ordnung** der St. Johannes-Loge Friedrich Wilhelm zur Hoffnung im Or. Arnswalde. Bestätigt am 29. Okt. 1890. [Arnswalde 1890: Wendt.] 13 S. 8° [Umschlagtit.] 23.

Haus- und Geschäfts-Ordnung der unter dem Schutze der Gross-L.·. von Ungarn für die drei Johannis-Grade arbeitenden g.·. u.·. v.·. Loge „Zur Brüderlichkeit" im Or.·. Bucarest. Gegründet am 3. Tage des II. Monats 5873. Bucarest 1875: Thiel & Weiss. 39 S. 8° [Umschlagtit.] 193.

Haus- und Geschäfts-Ordnung im I. Grade der g.·. und v.·. ▭ „Zur Grossmuth" im Or.·. Budapest. Amtliche Ausg. Budapest: Selbstverl. d. ▭ 1875. 31 S. 8° 858.

Haus- und Gesellschafts-Ordnung der Loge Janus. [Bromberg 1893: Gruenauer.] 8 S. 8° [Kopftit.] 79.

Haus- und Gesellschafts-Ordnung der Loge zum bekränzten Cubus. Angenommen in der Meister-Conferenz der Loge „Zum Bekränzten Cubus" Gnesen, den 19. Jan. 1899. [Havelberg 1899: Kärger.] 8 S. 8° [Kopftit.] 3.

Hausordnung der Herzogl. technischen Hochschule zu Braunschweig (v. 18. 10. 1877).

Hausordnung der Herzogl. technischen Hochschule zu Braunschweig (v. 1. 5. 1892).

Hausordnung der Königlichen Technischen Hochschule zu Danzig. (Danzig. d. 8. Nov. 1904. Rektor u. Senat. Genehmigt durch Erlass d. Minist. d. geistl., Unterr.- u. Medizinal-Angelegenh. v. 13. Febr. 1905.) (Danzig 1905.) (2 Bl.) 8° [Kopft. J.] 10

Hausordnung der Kgl. Technischen Hochschule zu Danzig (v. 13. 2. 1905). ¶ Abgedr. in: Damm 1909. S. 249 f.

Hausordng d. Hospitals z. heil. Geist i. Lübeck v. J. 1824. Fol.

Hausordnung der ehrw.·., vol.·. und ger.·. L.·. „Hyram" No. 140 unter dem Schutze des Gr.·. Or.·. Vereinigtes Lusitanien von Portugal. Or.·. T[urn]-Séverin (Rumänien) 1./13. Jan. 1886. Bukarest 1886: Tagbl. 21 S. 8° [Umschlagtit.] 358.

Haus-Ordnung für die Insassen des Kuhberg-Stifts in Stettin. *(Stettin 1900: L. Pasenow.)* (6 S.) 8° [J.] 9

Hausordnung für das Pharmazeutische Institut der Universität Berlin in Steglitz-Dahlem. (Berlin 1903: L. Simion Nf.) (8 S.) 8° [Kopft.]

[J.] **Haus-** und Klassen**ordnung** der Cäcilienschule. Oldenburg, Schulzesche Hof-Buchdr., 1893; 72—76 S. 8. Oldenburg, Cäcilien-S, P 1893**

Haus- und Klassenordnung für die Ober-Real- und Vorschule zu Oldenburg. Oldenburg, Druck v. G. Stalling, 1891; S. 43—45; 4° Oldenburg, st. OR u. VS, P 1891 (664)

Haus- und Klassenordnung für die Ober-Real- und Vorschule zu Oldenburg. 4 (S. 43—45 der Schuln.). **Progr.** Städt. Oberrsch. u. Vrsch. *Oldenburg* 1893 (667).

Hausordnung der ger.·. und vollk.·. ▭ Columbus zum Weltmeer im Or. Pressburg. [Pressburg 1877: Angermayer.] 2 Bl. 4° [Kopftit.] Tt. 1206. 439.

Haus-Ordnung f. d. städt. Kranken-Anst. z. Magdeburg. Magdeburg 1830.

Hausordnung für das von Professor Dr. Josef Hyrtl gestiftete Landes-Waisenhaus in der Schöffelvorstadt Mödling. Mödling 1900. V: *Schöffel, Jos.* (EB)

Haus- und Lehrstunden-Ordnung des Lehr- und Erziehungs-Institutes zu Friedrichstadt-Dresden. o. O. [um 1850] 1 Bl. 51,5 : 41,5 cm. [Kopftit.] 21.

Haus-Ordnung für das Personal der in den Kriegsgebäuden und ausserhalb derselben untergebrachten Abteilungen, Bureaus und Ämter. Ausgegeben mit Erlass Praes. Nr 7910 von 1904. 4. Wien (1904).

Haus-Ordnung für das Personal der in den k. und k. Kriegsgebäuden untergebrachten Bureaux, Abtheilungen und Aemter. Beilage A. Instruction für den Aufsichtsdienst. B. Instruction für den Portier (im Auszuge). (Reichs-Kriegs-Ministerium.) gr. 8. (Wien 1892.)

Haus-Polizei- und Straf-Ordnung für das Landarmen- und Arbeitshaus zu Benninghausen. *Berlin.* 1821

Haus- und Schulordnung für die Kriegs-Schule zu Potsdam. Potsdam 1860. 12 S.

Haus- u. Schul-Ordnung f. die Lehrlinge d. Ackerbau-Schule in Hohenheim. U. St. o. A. 11 S. P.

Haus-Ordnung für das Brendel'sche Stift. *(Potsdam [1901]: O. Burr.)* (6 S.) 8° [Kopft. F.]

Haus- und Tagesordnung des Schleswig-Holsteinischen Feierabendhauses für Lehrerinnen zu Schleswig. Kiel. 1903. 8°

Hausordnung der Loge „Treue" im Or. Pressburg. Wien 1910. 19 S. 8°. [Umschlagtit.] 21.

Hausordnung für die **Universitätsbibliothek zu Freiburg** i. B. Genehmigt durch Erlaß vom 8. Oktober 1903. *Freiburg i. B. 1903: K. Schillinger.* (16 S.) 8° [Umschlagt.] [F.]

Hausordnung der unter dem Schutze der Ehrw. Joh.·.-Gr.·.-L·. von Ungarn arbeitenden g.·. und v.·. Johannis-Frmr-□ Verschwiegenheit im Or.·. Pressburg. Genehmiget durch das Ehrw. Gross-Beamten-Collegium in der Sitzung vom 7 Sept. 5877. Pressburg 1877: Wigand. 8 S. 8°
Tt. 1205. 439.

Hausordnung für das Victoriastift in Dahme. [Dat.:] Berlin den 17. August 1895. 6 S. 8°. [Umschlagtit.] 21.

Krankenasyl Wald. Haus-Ordnung. 1901 Januar. 1 S. fol. Wald, H. Hess.

Hausotter, Alois, Beiträge für den Fortbildungsunterricht, verbunden mit erweiterten, speziell mehrklassigen Landschulen. 8. (64 S.) Wien 878. Enders. n. — 48

Hausotter, C. H., De suspecta Flori fide. 1847. 24 S. 4°.

Hausotter, Christian Heinrich

— — De proconsulis dignitate apud Romanos. Lpz. (Jo. Christ. Langenheim) 12. XI. 1748. 19 Seiten. (5.—) 13586
Gew.: Gottfried Wilhelm Küstner.

HAUSOTTER, Ch. H.: Hist. legum romann. quae omnes ab orig. rom. imper. usq. ad tempora Augusti latas leges sistit etc. *Lpz.,* Gessner. 751. 8. (6 Gr.)

— hist. legum romanarum. 8. Lps. Gerner. 751.

— — Consecrationis originem causas et ritum apud Romanos. Schleusingen (Fleischer) 1748. 20 S. (5.—) 13585
Gew.: Benedict Christian Deer.

Hausotter, Chr. Hnr., († ...) Samml. einiger Casualpredigten. gr. 8. Jena 766, Cuno. 6 gr.

Hausotter, Christian Heinr. (Leipzig), Vitam et placita Critolai Phaselitae philosophi peripatetici. Präs. Johann Bened. Carpzov. Lpz. (Christ. Benj. Bittorff) 18. XII. 1743. 44 S. mit Widm. v. Präs. (6.20) 13584

Hausotter, E., das Kuhländchen im geistigen Bilde seiner Schönheit. Ernste u. heitere Erzählgn. (VI, 181 S.) 8. Neutitschein 904. (R. Hosch.) Geb. in Leinw. n. 2. 60

Hausotter, J., s.: Jahrbuch des Volksschulwesens in Tirol.

Hausotter Dr. J.: Zum grammatischen Unterrichte in der d. Sp. als Unterrichtssprache an L.-B.-A. u. Ln.-B.-A. 27. Innsbruck L.-B.-A. 76. Prog.

Hauspersonal, das (früher „Deutsche Dienstboten-Zeitg."). Einziges Fachblatt f. den häusl. Beruf. Hrsg. v. Emma Föllmer. 3. Jahrg. 1910. 52 Nrn. (à ca. 16 S. m. Abbildgn.) Lex. 8. Berlin, H. Pilger. 3. 80
Vgl.: Dienstboten-Zeitung, deutsche.

Hauspeter, der. Kalender für Stadt und Land. 1883—1885. Mit je 1 Chromobild und 1 Wandkalender. 1.—3. Jahrg. 4. (à Jahrg. 72 S. mit eingedr. Holzschn.) Leipzig, F. E. Fischer. à Jahrg.

Hauspferdearzt, der erfahrne, ein Noth- u. Hülfsbuch f. Oekonomen rc. 8. Quedlinb. Basse. 810.

Der erfahrne *Haus-Pferdearzt* ... Nach Kersting, Rohlwes u. Sander bearb. v. einem prakt. Pferdearzt. Quedlinb. 1811. 144 S.

Hauspferdearzt, d. erfahrne. 2e Aufl. 8. Quedlinb. 818. Basse. 12 gr.

Hausplage, die; Lstspl. in 5 A. (von Jos. Bernh. Pelzel). 8. Wien, Wallishausser. 5 gr.

Hausplage, Die; Lustspiel in fünf Akten. Wien 1770. V: *Pelzel, Joseph Bernhard.* (Ky)

Hauspoet, der, eine Sammlung launiger Gedichte rc. s. Solbrig.

Hauspoet. Eine Sammlg. v. Gedichten u. Szenen f. allerlei festl. Gelegenheiten. 1. Bd. (63 S.) 12×19,5 cm. Berlin-Schöneberg (909). G. E. Nagel. 1. —

Hauspoet, der fertige, f. alle Gelegenheiten des Lebens. Stammbuch- u. Gedenksprüche. Festreden, Ansprachen u. Toaste. Heitere Vorträge in Poesie u. Prosa. gr. 16. (62 S.) Wien 893. C. Daberkow. n. — 35

Die Hauspost : 1888—? **Milwaukee, WI**
Family paper.

Haus-Postille, eine alte. Das ist: Erklärung aller sonn- u. festtäglichen heil. Evangelien u. Episteln des ganzen Kirchen-Jahres. Zur Förderung der häusl. Andacht; insonderheit zum Frommen des Landmannes u. der Bürger; zum Besten der Volksschullehrer u. des neu angehenden Clerus. Neu bearb. u. herausgeg. von einem ehemal. Pfarrer d. Diöcese Augsburg. Nebst approb. Anhange: Lesungen über die heil. Gebräuche u. Ceremonien der kathol. Kirche, nach dem Laufe des Kirchenjahres von Petrus Lechner. Nebst 1 Stahlstich. gr. Lex. 8. Augsburg 842, Kollmann. 1 rß

Hauspostille, christkathol. od. Erbau- und Belehr Buch f. alle St. gr. 8. Wien, Hörling. 786.

Hauspostille, christkatholische, d. i. Predigten a. alle S.- u. Festtage. 2 Bde. gr. 8. Salzb. Duvle. 808. Rthl.

Hauspostille, Christkatholische nützliche, auf alle Sonn- und Feyertägliche Episteln und Evangelien des gauzen Jahres . . . Linz 1784. V: *Eybel, Joseph Valentin.* (Ky) (WBL) (MGT)

— christkathol. nützliche, rc. 1r — 3r sonntägl. Thl., (v. J. V. Eybel). gr. 8. (Linz) 784. 6 Thle. gr. 8. Wien 787. Wucherer. 2 rß 16 gr

— a. alle Evangelien. 2 Thle. Fol. Wien, Trattner. 754.

Hauspostille, Evangelische, auch für den kirchlichen Gebrauch. Halle 1831—35. H: *Uhle, F. L. & Franz Bogisl. Westermeier.* (zu) (Winer)

Hauspostille, evangel., auch f. d. kirchl. Gebr., enthalt. Predigten üb. d. Sonn- u. Festtagsevangelien u. einige freygewählte Texte (hrsg. v. F. L. Uhle u. F. A. B. Westermeier), 5 Bde. gr. 8. Halle, Buchh. d. Waisenhauses.

Bd. 1. Predigten v. ersten Adventssonntage an bis zum Sonntage Estomihi, nebst drei Predigten f. d. Sonntage Invocavit, Reminisc. u. Palmarum. 1—3. Aufl. (à 18 1/2 B.) 827, 32, 35. à 8 Gr.

" 2. Zwölf Passionspredigten üb. Texte aus d. Leidensgeschichte, f. d. Sonntage Invocavit bis Palmarum, nebst e. Charfreitagspredigt üb. e. freigewählten Text, u. zwey Osterpredigten üb. d. gewöhnl. Evangelien. 1., u. 2. Aufl. (à 20 1/2 B.) 828, 33. à 8 Gr.

" 3. Predigten v. 1. Sonntage nach Ostern an bis z. 2. Sonntage nach Trinit. (19 B.) 831. 10 Gr.

" 4. Predigten v. 3. bis 9. Sonntage nach Trinitatis. (10 B.) 833. 6 Gr.

" 5. Predigten v. 10. Sonntage nach Trinitatis bis zum Schluß. (13 1/2 B.) 834. 8 Gr.

— die sogen. Gothaische, üb. d. Evang. rc. 8. Gotha. 727.

Haus-Postille, katholische, auf die sonntäglichen Episteln u. Evangelien des Kirchenjahres, darlegend die katholische Glaubens- u. Sittenlehre aus der heiligen Schrift u. den Kirchenvätern. Von einem Priester u. Gottesgelehrten der katholischen Kirche. Neu bearb. von Joh. Mart. Dür. Freiburg im Br. 862. Herder. gr. 8. (754 S.) 1 rß 8 ngr.

Hauspostille, Neue christliche, d. i. Predigten auf alle Sonn- und Festtage des katholischen Kirchenjahres . . . Salzburg 1806. V: *Pauer (Paur), Joseph Valentin.* (MGT) »1800« (Ky) »Neue christkatholische« (schmal)

— neue christl., d. i. Predigten auf alle Sonn- u. Festtage d. kathol. Kirchenjahrs rc., (v. J. V. Paur). 2 Bde. gr. 8. Salzb. 800. Duyle. 1 rß 12 gr

— ökonomische, od. Samml. d. Vorschriften u. Mittel in Krankheiten, im Ackerbau rc. 8. Wien 791. Rehm. 1 rß 12 gr

— ökonomisch-technische, enthalt. gemeinnützige Gegenstände aus d. Haushaltungs- u. Wirthschaftskunde, geprüft durch vieljähr. Erfahrung. 1s Heft. 8. Berl. 822. (Recht). 6 gr

— ökonomisch-technische, enthaltend gemeinnützige Gegenstände aus der Haushaltungs- u. Wirthschaftskunde, geprüft durch vieljährige eigene Erfahrung u. anwendbar in jeder städtischen und ländlichen Haushaltung. 8. 1822. Jetzt Recht in Berlin. 1/4 rß

— auf alle Sonn- und Festt.-Episteln und Evangelien. 6 Thle. gr. 8. Ebend. 787.

Hauspostille für Verliebte.
(1798). (1. einzig. Bd.) Tit., 2 Bl., 300 S.
Dasselbe erschien u. d. Titel: Taschenbuch für Verliebte. S. d. o. O. (Leipzig.) Hayn-G., III, 105.

HAUSPOSTILLE für Verliebte. (Pikante Erzählgn. u. Gedichte.) Erstes (einz.) Bdchn. O. O. (Leipzig, Meyer) 1798. 8°.
Tit., 2 Bll. Vorr. u. 300 SS., 1 Bl. Meyer'scher Verlag. Inh.: Lebensphilosophie f. Jünglinge. E. freye Uebers. eines alten heidnischen Gedichts. (6 achtzeil. Strophen.) 2. Gelegenheit macht Diebe. 3. Die Nachtwandler. (Pikante poet. Erzähl. in 4 Gesängen.) 4. Der betrogene Eifersüchtige. 5. An Sophien. (Gedicht in 10 vierzeil. Str.) 6. Louise, bey d. Erinnerung an ihren treulos geword. Geliebten. (3 siebenzeil. Str.) 7. Der schnelle Entschluss. E. trostreiche Begebenheit f. alte Jungfern. 8. Adolph u. Ferdinand. Ein (verfängl.) Dialog. 9. Die Dorfkirms. 10. Die beyden Kasten. 11. Die Mutter u. die Tochter. (Poet. Dialog.) 12. Auszug aus d. grossen Wörterbuche f. Verliebte. (Derb-pikant.) 13. Die edeldenkende Maitresse. (Unvollendet, da ein zweites Bdchn., welches am Schluss versprochen wird, nicht erschien.)

— für Verliebte. (1s Bdchn.): (enth. Gedichte u. prosaische Erzähll.) 8. ohne Druckort. 802. (Leipz., W. Nauck). 1 rß

Hauspräceptor, der umsonst lehrende. 8. Ulm. 752.

Hausprediger, Christkatholischer, oder Glaubens- und Sittenlehren in Betrachtungen an Sonn- und Feyertagen . . . Augsburg 1798. V: *Kugler, Joseph.* (Jes)

Hausprediger, christkathol., oder Glaubens- u. Sittenlehren in Betrachtungen an Sonn- u. Feiertagen rc. 3 Thle. gr. 8. Augsburg 798. Wagner. 1 rß 4 gr

Hausprivilegium, Das grosse oesterreichische, von 1156 und das Archivswesen in Bayern. München 1832. V: *Hormayr zu Hortenburg, Joseph Freih. von* [?]. (Wa)

Hausprivilegium, das große österreichische, von 1156 u. das Archivwesen in Baiern. gr. 4. Münch. 832. Franz. 14 gr

Hausrath, Jährlicher, oder Neu und Alter Kalender. Zürich 1719. 20. 25. 27. 29. 30. 32. 33. 35—37. 39—58. 59—99. H (1719—20): *Fäsi, Joh. Jac.* H (1725—58): *Vogel, Joh. Hnr.* (Cat. d. Stadtbibl. Zürich. Zürich 1864—97.)

Haus-Rath, Jährlicher, oder Neu- u. alter Calender, a. d. J. . . . . Nach d. Eydgen. u. Züricherischen Meridiano gerichtet d. J. Müller. 1769. M. Holzschn. Zürich.

Hausrath, nützl., eine Auswahl erprobter Mittel für bürgerliche u. ländliche Haushaltungen. 2 Bdchn. gr. 8. Lpz. 817. Baumgärtner. 1 ℔ 8 ℊ (Aus d. Magazin aller neuen Erfindungen abgedruckt.)

Hausrath, Adolf, s.a. T a y l o r , George (Pseud.)

Hausrath, Adf., Peter Abälard. Ein Lebensbild. 8. (VI, 313 S.) Leipzig 893. Breitkopf & Härtel. n. 6. —;
= [Hausrath: Weltverbesserer im Mittelalter. 1.]

Hausrath, Adf. (George Taylor), die Albigenserin. Erzählung. 8. (250 S.) Leipzig 902. Breitkopf & Härtel. n. 4. —; geb. n. 5. —

[F.] Aleander und Luther auf dem Reichstage zu Worms. E. Beitr. z. Reformationsgesch. v. Adolf **Hausrath**. *Berlin: G. Grote 1897.* (4 Bl., 392 S.) 1 Bd 8. [97. 7779

Antinous. Hist. Roman aus d. röm. Kaiserzeit von George Taylor [d. i. Adolf **Hausrath**]. Mit d. Bildn. d. Antinous. 7. Aufl. Leipzig: Hirzel 1909. VIII, 375 S. 8° [11. 4834 II

Hausrath, Adf. Arnold v. Brescia. 8. (IV, 181 S.) Lpz. 891, Breitkopf u. Härtel. n. 3 —
= [Hausrath: Weltverbesserer im Mittelalter. 2.]

— alte Bekannte. Gedächtnisblätter. I—III. 8. Leipzig S. Hirzel. n. 11. 80; geb. n. 15. —
I. Zur Erinnerg. an Julius Jolly. (VI, 325 S.) 899. n. 5. —; geb. n. 6. —
II. Zur Erinnerg. an Heinrich v. Treitschke. (VI, 146 S.) 901. n. 2. 80; geb. n. 4. —
III. Erinnerungen an Gelehrte u. Künstler d. bad. Heimat. (VII, 220 S.) 902. n. 4. —; geb. n. 5. —

Hausrath, Adf., die oberrheinische Bevölkerung in der deutschen Geschichte. 8. (40 S.) Heidelberg 871, Bassermann'sche Verlagsh. (* 50 Pf.)

Hausrath, Adolf: Zur E r i n n e r u n g an Julius Jolly. Leipzig: S. Hirzel 1899. (VI, 325 S.) 8°
= Hausrath: Alte Bekannte. 1.

Zur Erinnerung an Heinrich von Treitschke von Adolf **Hausrath**. *Leipzig: S. Hirzel 1901.* (VI, 146 S.) 8° [F.]
— **Hausrath**: Alte Bekannte. 2. [01. 11898

Hausrath, Adolf. Erinnerungen an Gelehrte und Künstler der badischen Heimat. — *A. u. d. T.:* Alte Bekannte. Gedächtnisblätter von Adolf Hausrath. [Band] 3.... VIII + 220 S. 8. Leipzig, S. Hirzel, 1902. [M. 4. —]

Hausrath, Adolf, Dr., Grh. Bad. Geh. Kirchenrat u. o. ö. Prof. d. Theol., d. Z. Prorektor: **Geschichte der theologischen Facultät zu Heidelberg im neunzehnten Jahrhundert.** (Enthält ausserdem: Chronik d. Universität für 1900/01 u. Preis-Verteilung.) *Heidelberg 1901: J. Hörning.* (S. 1—22.) 4°
Heidelberg, Rede am Geburtst. d. sel. Grossherzogs Karl Friedrich 1901

— Geschichte der alttestamentlichen Literatur. Heidelberg 864. J. C. B. Mohr. gr. 8. (130 S.) n. 14 ngr.

— Karl Holsten. Worte d. Erinnerg., gesprochen bei d. Gedächtnisfeier am 29. I. 1897 in d. Aula d. Universität zu Heidelberg. gr. 8. (1[illegible] S.) Heidelberg 897. O. Petters. n. — 50

— Jesus u. die neutestamentlichen Schriftsteller. 2 Bde. (XII, 700 u. V, 516 S.) 8. Berlin 908. 09. G. Grote. à 6. —; geb. à 8. —

Unter dem Katalpenbaum. Erzählungen von Adolf **Hausrath** (George Taylor). *Leipzig: S. Hirzel 1899.* (228 S.) 8° [04. 1981

Hausrath, Adf., der Ketzermeister Konrad von Marburg. Heidelberg 861. K. Groos. gr. 8. (V, 57 S.) n. 8 ngr.

Hausrath, Adf., Luthers Leben. 2 Bde. 3. Taus. (XV, 580 u. 504 S. m. 2 Taf.) gr. 8. Berlin 905. G. Grote. n. 16. —; geb. n. 20. —
1. Aufl. (XV, 573 u. 504 S.) 904. n. 16. —; geb. n. 20. —.

[F.] Pater Maternus. Roman aus d. sechzehnten Jh. v. Adolf **Hausrath** '(George Taylor)'. 1.—4. Taus. *Leipzig: S. Hirzel 1898.* (1 Bl., 377 S.) 1 Bd 8. [98. 10997

Hausrath, A., der Apostel Paulus. Heidelberg 865. Bassermann. gr. 8. (172 S.) n. 24 ngr.

— **der Apostel Paulus.** 2. verm. Aufl. Mit 2 lith. Karten (in 4.) gr. 8. (VIII, 503 S.) Ebend. 872. n. 6. —; geb. n. 6. 80

— **Potamiäna.** Erzählung. 1.—3. Aufl. 8. (à 240 S.) Stuttgart 901. A. Bonz & Co. n. 3. —; geb. in Leinw. n. 4. 20

— **religiöse Reden u. Betrachtungen.** gr. 8. (XXII, 190 S.) Leipzig 873. Brockhaus. n. 3. —; geb. n. 4. —

Hausrath, Adf., religiöse Reden u. Betrachtungen. 2., verm. Aufl. 8. (XXVIII, 279 S.) Leipzig 882. Brockhaus. n. 4. —; geb. n. 5. —

— Martin Luthers Romfahrt. Nach e. gleichzeit. Pilgerbuche erläutert. 8. (XIV, 99 S.) Berlin 894. G. Grote. Kart. n. 2. —

— Richard Rothe u. seine Freunde. 1. Bd. gr. 8. (IX, 403 S.) Berlin, 902. G. Grote. n. 8. —; geb. in Leinw. n. 9. —

— **Richard Rothe u. seine Freunde.** 2. Bd. (XII, 571 S.) gr. 8. Ebd. 906. n. 10. —; geb. n. 11. —
Bd. 1 Ebd. 902. n. 8. —; geb. n. 9. —.

Hausrath, Adf., kleine Schriften religionsgeschichtlichen Inhalts. gr. 8. (VII, 514 S.) Leipzig 883. Hirzel. n. 7. 50; Einbd. n. n. 2. —.

— **David Friedrich Strauß u. die Theologie seiner Zeit.** 1. Thl. gr. 8. (VIII, 423 u. Beilagen 68 S.) Heidelberg 876. Bassermann. n. 8. —

— **David Friedrich Strauß u. die Theologie seiner Zeit.** 2. Thl. gr. 8. (VI, 398 u. Beilagen 19 S.) München 878. Bassermann. n. 6. — (cplt.: n. 14. —)

— der Vier-Capitel-Brief des Paulus an die Corinther. Heidelberg 870. Bassermann. gr. 8. (IV, 28 S.) 6 ngr.

— Weltverbesserer im Mittelalter. I—III. gr. 8. Leipzig 895. Breitkopf & Härtel. n. 17. —; geb. n. 20. —
I. Peter Abalard. (Neue [Titel-]Ausg.) (IX, 313 S.) (893.) n. 6. —; geb. n. 7. —
II. Arnold v. Brescia. (Neue [Titel-]Ausg.) (IV, 184 S.) (891.) n. 3. —; geb. n. 4. —
III. Die Arnoldisten. (V, 438 S.) n. 8. —; geb. n. 9. —

— neutestamentliche Zeitgeschichte. (In 2 Thln.) 1. Thl. Die Zeit Jesu. Ebend. 868. gr. 8. (XVI, 450 S.) n. 2 $\mathscr{P}$ 24 ngr.

— neutestamentliche Zeitgeschichte. 3. Thl. Die Zeit der Märtyrer u. das nachapostolische Zeitalter. gr. 8. (VII, 644 S.) Ebend. 873. 74. n. 11. — (cplt.: 29. —)

— dasselbe. 3 Thle. 2. Aufl. gr. 8. Ebend. 873—75. n. 29. —
1. Die Zeit Jesu. (XVI, 400 S.) n. 10. —
2. Die Zeit der Apostel I. (X, 418 S.) n. 9. —
3. Die Zeit der Apostel II. (VIII, 510 S.) n. 10. —

— dasselbe. 3. Aufl. 1. Thl. Die Zeit Jesu. gr. 8. (XVI, 515 S.) Ebend. 878. n. 10. —

—— neutestamentl. Zeitgeschichte. 1., 3. u. 4. Thl. 8. Ebd. à n. 10. — (cplt: n. 39. —)
1. Die Zeit Jesu. 3. Afl. (515) 79.
3. Die Zeit d. Apostel II. 2. Afl. (510) 75.
4. Das nachapostol. Zeitalter. 2. Afl. (465) 77.

Hausrath, August

Hausrath, Aug., zwei Antrittspredigten, nach Uebernahme des vierten Ordinariats bei der Hof- u. Stadtgemeinde zu Karlsruhe gehalten. gr. 8. Karlsruhe 840. Holtzmann. n. 1/6 $\mathscr{P}$

Hausrath, Aug., s. Epistel aus den Bergen.

Hausrath, Augustus [Heidelbergensis]: Philodemi περὶ ποιημάτων libri secundi quae videntur fragmenta . . . Bonnae, typ. Caroli Georgi univ. typogr., 1888: [nur Titelbl., Vita u. Thesen] 3 Bl. 8°
Bonn, Phil. Fak., Inaug. Diss. v. 13. Aug. 1888

Hausrath, Augustus [Heidelbergensis]: Philodemi περὶ ποιημάτων libri secundi quae videntur fragmenta . . . Lipsiae, typ. B. G. Teubneri, 1889: 28 S. 8°
Bonn, Phil. Fak., Inaug.-Diss. v. 13. Aug. 1888

Hausrath, Aug. Philodemi περὶ ποιημάτων libri secundi quae videntur fragmenta, conlegit, restituit, inlustravit A. H. gr. 8. (66 S.) Lpz. 889. Teubner. n. 2 —
Aus: Jahrb. f. class. Philol. 17. Suppl.-Bd., besonders abgedruckt.

Hausrath, August: Antike Lyrik. Übersetzungsproben aus Pindar u. Bakchylides. *Karlsruhe 1902: F. Gutsch.* (S. 40—45.) 4°
Karlsruhe, großh. G, Festschr. 1902 (681)

Hausrath, August: Antike Lyrik. Übersetzungsproben aus Pindar und Bakchylides. S. 40—45. 4.
In: Festschrift zum 25. April Großherz. Gymn. *Karlsruhe* 1902 (681).
Pind. Ol. XIV. Bakch. III. 10—67. XVI 15—35. Des Theseus Meerfahrt. Des Theseus Nahen. Die Bakch. auch in des Verf. u. August Marx' Griechische Maerchen. *Jena* 1913.
Progr.

—— Predigten. 1. Samml. gr. 8. (15 B.) Karlsruhe 838, Groos.

Hausrath, Aug., Predigten. 2. Samml. gr. 8. Karlsruhe 843, Holtzmann. 1 $\mathscr{P}$ (1. 2: 2 $\mathscr{P}$)

— Rede bei der Beerdigung des Frhrn. Jul. Göler v. Ravensburg den 6. Sept. 1843 zu Karlsruhe gehalten. gr. 8. Ebend. 843. n. 1/12 $\mathscr{P}$

— Rede am Grabe des Großherzogl. Badischen Staatsministers ꝛc. Ludw. Winter. gr. 8. Karlsruhe 836. Groos. 1 1/2 gr

—— Rede am 4. Säcularfeste d. Erfind. d. Buchdruckerkunst am 24. Juni 1840 nach ein. Festzuge in d. größern Stadkirche zu Karlsruhe gehalten. gr. 8. (1 B.) Karlsruhe, Holtzmann.

—— der Sonntag-Abend, s. Sonntag-Abend.

Hausrath, Aug., Untersuchungen zur Überlieferung der äsopischen Fabeln. [Aus: „Jahrbb. f. class. Philol.", 21. Suppl.-Bd.] gr. 8. (68 S.) Leipzig 894. B. G. Teubner. n. 2. —

August Hausrath. Worte am Grabe des Grossh. Badischen Kirchenrats und Dr. der Theologie Jakob Friedrich Theodor Zandt, gesprochen den 24. April 1843. 8 S.
Karlsruhe, P 1843

Hausrath, Hans [Großh. Bad. Forstpraktikant]: Beitrag zur Geschichte der natürlichen Verjüngung in der Schirmschlagform. Eine historische Studie auf dem Gebiete des Waldbaues. . . . Langensalza, Druck v. H. Beyer & Söhne, 1891; 1 Bl., 42 S. 8°
München, Staatswirtsch. Fak., Inaug.-Diss. v. 1891

HAUSRATH, Hans: Beitrag zur Geschichte der natürlichen Verjüngung in der Schirmschlagform. Eine historische Studie auf dem Gebiete des Waldbaues. - Langensalza 1891. 42 S. - Diss. Univ. München 1891. - (Forstwiss. Cbl. Jg. 13, 1891)

Hausrath, Hans, Forstgeschichte d. rechtsrhein. Theile d. ehemaligen Bisth. Speyer. gr. 8. (VI, 202 S. m. 1 Karte.) Berlin 898. J. Springer. n. 4. —

Hausrath, Hans, der deutsche Wald, s. a. Aus Natur u. Geisteswelt.

Der deutsche Wald. Von Prof. Dr. Hans **Hausrath** in Karlsruhe. Mit 15 Textabb. u. 2 Karten. Leipzig: B. G. Teubner 1907. (130 S.) 8° [J.]
— **Natur**, Aus, u. Geisteswelt. Bdch. 153. 07. 9086

Hausrath, Hans, Dr., (großh. bad. Forsttaxator): Die Waldwegbauten des Forstbezirks St. Blasien. 1895. 30 S., 1 Kt. 8° ¶ Aus: Forstwissenschaftl. Centralblatt. Jg. 17. Karlsruhe Te. H., Hab.-Schr. v. 5. 2. 1896

Hausrath, Herbert, aus Karlsruhe: **Über eine Differentialmethode zur Bestimmung kleiner Gefrierpunktsdepressionen und einige Anwendungen derselben.** *Königsberg i. Pr. 1901: L. Krause & Ewerlien.* (64 S.) 8°
Göttingen, Phil. Diss. v. [16. März] 1901

Hausrath, Herb., über e. Differentialmethode zur Bestimmung kleiner Gefrierpunktsdepressionen u. einige Anwendungen derselben. Diss. gr. 8. (64 S. m. 1 Taf.) Königsberg 901. (Göttingen, Vandenhoeck & Ruprecht.) n. 1. 60

Eine Differentialmethode zur Messung kleiner Widerstände und ihre Anwendung zur genauen Abgleichung von Starkstrommeßwiderständen. Von Dr. H. **Hausrath**, Karlsruhe. Mit 11 Abb. Stuttgart: F. Enke 1905. (S. 425—472.) 8°
— **Sammlung** Elektrotechnischer Vorträge. Bd 7, H. 12. 05. 10157

Hausrath, Herbert, Dr.: Die Untersuchung elektrischer Systeme auf Grundlage der Superpositionsprinzipien. Berlin: Springer 1907. 126 S. 8° ¶ Auch als Buch.
Karlsruhe Te. H., Hab.-Schr. v. 4. 4. 1907

Nützliches Haus- und Weinrechenbüchlein, herausgegeben von *Gli. Fischer.* Tübingen, Fues. 134 S. 12.
Tübing. gel. Zeit. 1785. p. 265. 1785

Hausrechner

— u. Faullenzer, in welchem man eine richtige Berechnung von 1 bis 100 Stücke, Pfund, Maaß, Ellen, Loth oder was es immer sein mag, à 2 bis 59 Xr. findet. 8. Regensb. ... 2e Aufl. ... Daisenberger. 6 gr (Aus d. neuen 100jähr. Kalender abgedr.)

Hausrechner, d. allzeit fertige. (3e Aufl. des „sogenannt. Faullenzer.") 8. Ulm 808. Wohler. (Ebner). 8 gr

— d. unentbehrliche, darinnen die Berechnung d. Weine zu Fuder, Ohm, Viertel u. Maaß nach d. verschied. Eichen 2c. ausgerechnet ist. 8. Manh. 800. Löffler. 12 gr

Anonym: „Der unentbehrliche Hausrechner, darin die Berechnung der Weine zu Fuder, Viertel, Maass, nach den verschiedenen Arten, eine vollständige Interessen-Rechnung von 4—6 p. Ct., sowie ferner von ge- und verkauften Waaren vom Stück zu 2 kr. bis zu 1 fl. ausgerechnet ist; für Hausväter, Hausmütter und Kaufleute", Mannheim 1809 (Löffler).

Anonym: „Nützliche Haus- und Wirthschaftsrechnungen, die zu Ersparung vieler Zeit und Mühe auf herrschaftlichen, Ritter- und anderen Gütern jährlich mit gutem Vortheil gebraucht werden; mit 20 Tabellen und Beylagen", Leipzig 1731 (Brauns Erben).

Haus-Regeln, ein Geschenk für Braut- und Eheleute. 1. Aufl. 1862, und 2. Aufl. 128. (63 S.) Barmen 874, Wiemann.
cart. * 20 Pf.; cart. mit Goldschn. **
geb. mit Goldschn. *

Hausregeln, e. Geschenk f. Braut- u. Eheleute. 3. Aufl. 128. (63 S.) Barmen 896. D. B. Wiemann.
Geb. m. Goldschn. n. — 50

— indische, s.: Abhandlungen f. die Kunde d. Morgenlandes.

Haus- Land- und Wirthschafts-Regeln, m. K. 4. Nrnb. Riegel. 772.
illum.

Haus-Regulativ der g.·. u.·. v.·. St.·. Joh.·. □ Galilei im Or. Ofen. Budapest 1874: Posner'sche Rastrir-Anstalt. 96 S. 8°
Tt. 1208. **Nebst** Verfassung der Grloge von **Ungarn für die 3 Joh.grade** u. **Statuten der Pester Loge zur Einigkeit im Vaterlande.**

Hauss, A., die Sozialdemokraten. Schwank in 3 Akten. (32 S.) 8. Mülhausen i/E. (908). Ch. Baby. — 60

HAUSS, A. Fr. C. G.: De principiis, a quibus pendet legum sibi contrariarum auctoritas, si quae varior. locor. constitutiones collidunter ob singularem causae, de qua agitur, indolem et naturam, in prim. de usu regulae „Locus regit actum" recte determinando. Dissert. *Gottingae*, Dieterich. 824. 4. (12 Gr.)

Hauß, C., d. Gesetz zur Bekämpfg. d. unlaut. Wettbewerbes. V. 27. Mai 1896. Für die gerichtl. u. gewerbl. Praxis erläutert. 8. (IV, 123 S.) Berlin 896. J. Guttentag.
Geb. in Leinw. n. 3. —

Hauß, Charles

Hauß, Ch., Dannehǫlz. Wihnachts-Stimmungsbild in e. Uffzug in Stroßburjer Ditsch. Mit-ere Deckezeichng. vun Ch. Bastian. 12. (26 S.) Straßburg (899). Schlesier & Schweikhardt. n. 1. —

Eulogius Schneider. Vadderländischs Schauspiel in 4 Akt vun Charles Hauß. *Straßburg: L. Beust 1903.* (111 S.) 8° [F.] [03. 3338]

Hauß, Johann Christoph H.

Hauss, J. Christoph. Die Rumfordische Suppe und deren allgemeinere Einführung, besonders in kleinen Städten und auf dem Lande. gr. 8. *Hannover, Hahn.* 1806

Hauß, Jh. Cph. H., Versuch über d. Rumfordsche Suppe u. deren allgem. Einführung. gr. 8. Hannov. 806. Hahn. 16 gr

Hauß, K., der Pionier der Balimission. Aus dem Leben v. Ferdinand Ernst. (72 S. m. Abbildgn. u. 1 Karte auf dem Umschl.) 8. Basel 910. Basler Missionsbuchh. — 20

Hauß, Richard (vgl. Haus, Richard)

— des Kindes Führer beim Rechtschreiben. Regeln u. Wörterverzeichnis f. die Hand der Schüler. 8. (18 S.) Ebd. 893. n. — 15

[F.] Nicht durchs Auge! Vorschlag z. e. Neugestaltg d. Unterr. im Rechtschreiben nebst e. prakt. Anleitg z. Behandlg dieses Lehrgegenstandes. Von Richard Hauss, Lehrer ... in Crefeld. *Crefeld: J. Greven 1893.* (2 Bl., 76 S.) 1 Bd 8. [96. 318]

(**Haussammlung** und Rechnung nebst Geschäfts-Uebersicht der Helferkommission der Gesellschaft freiwilliger Armenfreunde und des Frauenvereins für Armen- und Krankenpflege. Kiel. 1882.) 4°, in Fol. gebunden.

Haussa-Texte, Zwei. Herausgegeben von Rudolf Prietze.
[SA, aus der „Zeitschrift für afrikanische und oceanische Sprachen." Jahrgang III, Heft 2.]
[Berlin 1897.]

Gelsenkirchen: **Haussatzungen** der Johannisloge „Glück auf zum Licht" im Or. Gelsenkirchen. Witten a. d. Ruhr 1907: Rott. 14 S. 8°. 358.

Gummersbach: **Haus-Satzungen** der Johannis-Freimaurerloge „Zur Obergbergisch. Treue" im Or. Gummersbach. [Dat. v. 9. Juni 1908.] [Gummersbach 1908: Luyken.] 2 Bl. 8° [Kopftit.] 183 a.

Haussatzungen der vereinigten Freimaurerlogen Minerva zum vaterländischen Verein und Rhenana zur Humanität im Or.·. Köln a. Rhein. [Köln 1900.] 19 S. 8° [Umschlagtit.] 193.

Siegen: **Haussatzungen der St.·. Joh.·. Loge „Zu den drei Eisernen Bergen" im Or.·. Siegen. Siegen 1909: Vorländer.** 32 S. 8° 400.

Haus-Säugethiere, einheimische u. fremde. 12 color. Bl. mit kurzer Beschreibung (1 Blatt). qu. Roy.-Fol. Eßlingen 845, Schreiber. 1½ ß

Hausschatz

— s. auch Wiedefeld, K. W.

Hausschatz, der. Ein unentbehrliches Wirthschaftsbuch für Hausfrauen und Jungfrauen aller Stände, zur Beförderung der Häuslichkeit, des Wohlstandes und Familienglücks. 8. (VI und 956 S.) Nebst Prämie: Vollständiges Kochbuch für alle Haushaltungen. 8. (16 S.) Berlin 853, Sacco.

Hausschatz, der. Ein unentbehrliches Wirthschaftsbuch für Hausfrauen und Jungfrauen aller Stände, zur Beförderung der Häuslichkeit, des Wohlstandes und Familienglücks. Berlin 854. Sacco. 8. (IV, 956 S.) 2 ß 15 ngr

Der Haus-Schatz : 1870? -?
Supplement to IOWA STAATS ANZEIGER. Sub-title: Zeitschrift zur Unterhaltung und Belehrung. Large quarto, each issue 8 pages.
Des Moines, IA

Hausschatz, der. Lebensspeise für jeden Tag im Monat. Fol. (31 Bl.) Breklum 878. Christl. Buchh. Mit polirter Holzrolle zum Aufhängen. n. 3. —

Hausschatz, der. Lebensspeise für jeden Tag im Monat. Fol. (31 S.) Breklum 879, Christl. Buchh.
Mit polirter Holzrolle zum Aufhängen *

Der Haus-Schatz : 1881? - Sept. 13, 1920.
Weekly, issued as supplement to GEGENWART (with extra subscription rate), and to MONTAGS-BLATT. Sub-title: Zeitschrift zur Unterhaltung und Belehrung.
Appleton, WI

Der Haus-Schatz : 1883? - 1885? Menasha, WI
Supplement to WINNEBAGO ANZEIGER.

Hausschatz, der. Illustrirter Volks-Kalender für 1887—1889. 4. (à Jahrg. ca. 64 S. mit eingedr. Illustr. und 1 Chromolithogr.) Berlin, Werthmann. à Jahrg.

Hausschatz, der. 1891—1893. Illustr. Volks-Kalender. 4. (à Jahrg. ca. 50 S. m. 1 Farbendr.) Berl., Werthmann. à Jahrg. — 50

Hausschatz, der. 1907. Illustr. Volks-Kalender. 27. Jahrg. (XVI, 48 S. m. 2 farb. Taf.) gr. 8. Weißensee, E. Bartels. — 50

Hausschatz, der. 1911. **Illustrierter Volks-Kalender.** 31. Jahrg. (14, 16, 15 u. 18 S. m. 1 Taf. u. Wandkalender.) gr. 8. Weißensee, E. Bartels. - 50

Hausschatz, allgemeiner, s. J. B. Hoffmann.

— allgemeiner, ein neuer zuverlässiger Rathgeber für Jedermann. Gesammelt u. herausgeg. v. J. B. Hoffmann. 1r Thl. Neue Aufl. u. 2r Thl. gr. 12. Landshut 826, Michaelis. à 12 gr.

Haus- u. Wirthschaftsschatz, allgem., s. a. Dietrich, Ew. Chr. Vict.

Haus- und Wirthschafts-schatz, Allgemeiner, oder der Reichthum unsrer Haushaltung . . . Meissen 1826—27. V: *Dietrich, Ewald Chn Vict.* (Engoec)

— allgemeiner, herausg. von Ew. Dietrich. 1s—8s Hft. 2e (im Titel) veränd. Aufl. 8. Meißen 829. Gödsche, 2 ß

— für kunstgewerbliche Arbeiten. 1. Jahrg. April 1902—März 1903. 12 Hfte. schmal Fol. u. gr. 4. (à ca. 4 Taf.) Berlin, W. Schultz-Engelhardt. Gebrochen in schmal Fol. n. 12. —; einzelne Hfte. n. 1. 50

— dasselbe. Sep.-Ausg. 1. Weihnachtsheft. (4 farb. Taf.) gr. 4. Nebst Prämie. (1 farb. Taf.) 59×49 cm. Ebd. n. 2. —

— für kunstgewerbliche Arbeiten. 2. u. 3. Jahrg. April 1903—März 1905. à 12 Hefte. (à ca. 5 [z. Tl. farb.] Taf.) schmal Fol. u. gr. 4. Berlin, W. Schultz-Engelhard Nachf.
Gebrochen in schmal Fol. à Jhrg. n. 12 —
Erscheint nicht mehr.

Hausschatz, Belletristischer —. Romanen-Bibliothek für alle Stände. Enthaltend Original-Romane deutscher Schriftsteller. Die Geheimnisse der Damenwelt. Sittengemälde aus der Gegenwart. Herausgegeben von Ludwig Wysber. I. Serie, 1. und 2. Lieferung. 8. Wien. Gedruckt bei Adalb. della Torre. Verlag von Karl Hölzel. 1854.
Enthält: Des Herzens Tiefen und Untiefen. Roman von Arthur Alren. (I. Band., VI., S. 1—148.)

Hausschatz, bibliographischer. Systematische Uebersicht der vorzüglichsten Werke der neueren deutschen Literatur, welche zur Belehrung u. Unterhaltung so wie als Fest-Geschenke für Erwachsene u. für die Jugend empfohlen werden können. 3. Bearbeitung 1865. Leipzig 865. Wuttig. br. 8. (112 S.) n. 8 ngr

— christ-katholischer, oder: der Katholik in seiner häusl. Gottesverehrung, auf alle Tage des Jahres; nebst einer kurzen Erklärung aller sonn- u. festtägl. Evangelien. (2 Thle.) 1. Thl., die Erlösung. Vom 1. Sonntag im Advent bis Pfingsten. gr. 8. (Mit 1 Stahlst.) Berlin 845, Moeser u. Kühn. n. 2 ß — 2. Thl. Von Pfingsten bis zum letzten Sonnt. nach Pfingsten. Mit 1 Stahlst. gr. 8. Ebend. 846. n. 2 ß — compl. Ladenpr. n. 4 ß — geb. n. 5 ß

—— der christliche. Nach älteren und neueren luther. Werken. Von dem Verf. von „Liturgie" und „Trostbuch für Trauernde, Kranke und Arme". 2. Aufl. gr. 8. (IV, 637 S.) Anklam 885. (Leipzig, Buchh. des Vereinshauses.) geb. **

Hausschatz, christlicher — Ein Beiblatt zum Gmundner Wochenblatt. Verantw. Red. Druck u. Verl. v. *Joh. Habacher.*
Erscheint in Gmunden, ½ Bog. in 8°.

Hausschatz, christlicher, oder gediegene Predigtsammlung auf alle Sonn- u. Festtage des Jahres von den vorzügl. Kanzelrednern der neuesten Zeit. 1.—5. Hft. gr. 8. Guben 845, Bölitz. à 1/6 ℳ

Hausschatz, christlicher. Kurze Morgen- u. Abendgebete üb. Stellen d. heil. Schrift auf alle Tage im Jahre, nebst Anhängen f. Sonn- u. Festtage, sowie für andere wichtige Tage. 2. wohlf (Titel-)Aufl. Mit 1 Stahlst. 8. (VI u. 128 S.) Reichenbach (846) 851. (Leipzig, C. L. Fritzsche.) n. 1 ℳ 6 ngr

Hausschatz, christlicher. Nr. 1—4. 12. Breslau, Köhler. à Nr.

Inhalt:

Nr. 1. 2. Kolde, C. Ad., Jesuiten-Geschichten aus Schlesien, dem deutschen Volke in Erinnerung gebracht. 2 Bdchn. (VIII, 276 S.) 883.

» 3. 4. —— Züge aus dem Leben evangelischer Christen Schlesiens. 2 Bdchn. (VI, 156; IV, 159 S.) 884.

—— christlicher. Nr. 5 und 6. 8. Breslau 885, Köhler. à Nr. *

Inhalt:

Nr. 5. Bernhard, Wilh. Aug., evangelische Glaubenszeugen aus Luthers und Calvins Tagen. I. Evangelische Märtyrer im 1. Jahrzehnt der Reformation. (VIII, 107 S.)

» 6. —— dass. — II. Evangelische Bekennerinnen und Märtyrerinnen aus den Frühlingstagen der Reformation. (IV, 138 S.)

1.—4. Heft. Ebendas. 1883,84. à * 80 Pf.

—— christlicher. Ein Gedenkbuch auf alle Tage des Jahres in Bibelworten und dazu passenden Aussprüchen aus den Werken der Kirchenväter der ersten 5 Jahrhunderte. Mit Einleitung von Ed. C. Aug. Riehm. 8. (XII, 366 S.) Basel 885, Riehm. geb. *

— christl., zur Beförderung religiöser Lebensweisheit für Alle, die Gott fürchten u. recht thun wollen, ein Trost-, Bet- u. Erbauungsblatt, besonders f. häusl. Frömmigkeit. 1r Bd. gr. 8. Lpz. (824). Centr.-Cpt. 2 ℳ weiß Pap. 2 ℳ 16 ℊ

— deutscher. I—III. 8. Bielefeld 894. A. Helmich. n. 1. 60; kart. n. 2. 40; geb. in Leinw. n. 3. 20

I. Die Sühne. Eine Erzählg. aus unseren Tagen f. Jung u. Alt. Von C. Rademacher. (81 S.) n. — 50; kart. n. — 75; geb. n. 1. —

II. Der Knüppelgeneral. Eine Erzählg. aus der Zeit des berg. Bauernaufstandes 1813. Von C. Rademacher. (91 S.) n. — 60; kart. n. — 90; geb. n. 1. 20

III. Malerfranz. Eine Erzählg. f. Jung u. Alt. Von C. Rademacher. (66 S.) n. — 50; kart. n. — 75; geb. n. 1. —

Hausschatz, deutscher. IV—VIII. 8. Bielefeld 895. A. Helmich. à n. — 50; kart. à n. — 75; geb. in Leinw. à n. 1. — (I.—VIII.: n. 4. 10; kart. n. 6. 15; geb. n. 8. 20)

IV. D. Schatz am Eigelstein. Eine Erzählgn. aus Köln von C. Rademacher. (69 S.)

V. D. Geheimnis d. Heldeburg. Eine Erzählg. v. C. Rademacher. (68 S.)

VI. Auf der Halltg. E. Erzählg. Von C. Rademacher. (69 S.)

VII. Durch e. Kind. Eine Erzählg. aus d. Volksleben der Gegenwart v. C. Rademacher. (64 S.)

VIII. Vor d. Tode bewahrt. Eine Erzählg. aus d. Volksleben d. Gegenwart v. C. Rademacher. (77 S.)

— deutscher. X u. XI. 8. Bielefeld, A. Helmich. 1. 35

Krämer, A., Sagen aus Westfalen, zur Unterstützg. u. Belebg. des heimatkundl. Unterrichts sowie als Gabe, für die Jugend u. das Volk ausgewählt u. hrsg. (87 S.) (910.) (XI.) — 60

Seepe, Alfr., Schill u. seine Tapferen. Zur 100jähr. Wiederkehr ihrer Todestage f. Volk u. Jugend erzählt. Im Anh.: Lützow u. seine schwarze Schar. (2 Erzählgn.) (116 S.) (909.) (X.) — 75

Hausschatz, deutscher, in Wort u. Bild f. d. J. 1873 zur Unterhaltg. u. Belehrg. Mit illustr. Originalbeiträgen v. M. Bach, L. v. Erlburg, J. M. Hägele ꝛc. hoch 4. (176 S. m. eingedr. Holzschn.) Regensburg 872. Pustet. 1. 80

— dasselbe f. 1874. Lex.-8. (VIII, 184 S.) Ebend. 2. —; geb. 2. 40

— deutscher, in Wort u. Bild. 1. u. 2. Jahrg. Oktober 1874 bis Septbr. 1876. à 52 Nrn. (B.) Fol. Ebend. à Jahrg. n. 7. 20

— deutscher, in Wort u. Bild. Red.: Venanz Müller. 3.—9. Jahrg. Oktbr. 1876—Septbr. 1883. à 52 Nrn. (2 B. m. eingedr. Holzschn.) gr. 4. Regensburg, Pustet. à Jahrg. 7. 20; in 18 Hftn. à — 40

—— deutscher, in Wort und Bild. Redact.: Venanz Müller. 7.—11. Jahrg. Oktbr. 1880—Septbr. 1885. à Jahrg. 52 Nrn. (à Nr. 2 Bog. mit eingedr. Holzschn.) gr. 4. Regensburg, Pustet. à Jahrg. (oder in 18 Heften à 40 Pf.)

—— deutscher, in Wort und Bild. Redact.: Venanz Müller. 12.—14. Jahrg. Oktbr. 1885—Septbr. 1888. à Jahrg. 18 Hefte. (à Heft 6 Bog. mit eingedr. Holzschn.) gr. 4. Regensburg, Pustet. à Heft * 40 Pf.; à Jahrg. *

— dasselbe. Red.: Heinr. Keiter. 15.—17. Jahrg. Octbr. 1888—Septbr. 1891. à 52 Nrn. (2 B.) gr. 4. Ebd. à Jahrg. 7. 20; in 18 Hftn. à — 40

Hausschatz, deutscher, in Wort u. Bild. Red.: Heinr. Keiter. 18.—21. Jahrg. Oktbr. 1891—Septbr. 1895 à 52 Nrn. (2 Bog.) gr. 4. Regensburg, F. Pustet à Jahrg. n. 7. 20; in 18 Hftn. à — 40

Hausschatz, deutscher, in Wort u. Bild. Red.: Heinr. Keiter. 22.—25. Jahrg. Oktbr. 1895—Septbr. 1899. à 52 Nrn. (à 2 Bog.) gr. 4. Regensburg, F. Pustet. à Jahrg. n. 7. 20; in 18 Hftn. à — 40

Kann auch vierteljährlich bezogen werden.

Hausschatz, deutscher, in Wort u. Bild. Chefred.: Otto Denk. 26.—29. Jahrg. Oktbr. 1899—Septbr. 1903. à 52 Nrn. gr. 4. (à ca. 16 S.) Regensburg, F. Pustet. à Jahrg. 7. 20; auch in 18 Hftn. zu — 40

— deutscher, in Wort u. Bild. Chefred.: Otto Denk. Red. f. Österreich-Ungarn: Eduard Achterling. 30—33. Jahrg. Oktbr. 1903—Septbr. 1907. à 24 Hefte. (à ca. 32 u. 8 S. m. 1 farb. Taf.) 4. Regensburg, F. Pustet. à Jhrg. 7. 20; geb. 9. 80

— deutscher, in Wort u. Bild. (Illustr. Familien-Zeitschrift.) Chefred.: Otto Denk. Red. f. Oesterreich-Ungarn: Eduard Achterling, 34.—36. Jhrg. Oktbr. 1907—Septbr. 1910. à 24 Hefte. (VIII, 960; VIII, 952 u. VIII, 952 S.) 32,5×23,5 cm. Regensburg, F. Pustet. à Jhrg. 7. 20

— dasselbe. Für die Hausschatz-Chronik-, Frauen- und Jugendbeilage verantw.: C. Dransfeld. Verantw. f. Österreich-Ungarn: Eduard Achterling. 37. Jahrg. Oktbr. 1910—Septbr. 1911. 52 Hefte. (à ca. 16 S.) 30,5×22,5 cm. Ebd. 7. 20

— deutscher Erzählung. Ausgewählte u. neue Werke von Mor. Hartmann, Otto Müller u. Wilh. Raabe. 1. Serie. 16 Hefte. Stuttgart 866—69. E. Ebner. 8. Jedes Heft n. 4 ngr.

1. 4. 6. 9. Hft. Hartmann, Mor., der Krieg um den Wald. Eine Historie in 12 Kapiteln. (317 S.)

2. 5. 8. 10. 13—16. Hft. Müller, Otto, Bürger, ein deutsches Dichterleben. Roman. (1. Bd. 288 S., 2. Bd. 272 S.)

3. 7. 12. Hft. Raabe, Wilh., die Chronik der Sperlingsgasse. (240 S.)

11. Hft. Hartmann, Mor., Tagebuch aus Languedoc u. Provence. (1. Bd. S. 1—64.)

Eine Fortsetzung des Hausschatzes in neuer Serie erscheint nicht.

— christlicher Erzählungen in Serien v. 6 Bdn. 1. Jahrg. 6 Bde. (Neue [Titel-]Ausg. 8. Berlin (900.) Buchh. der Berliner Stadtmission. Geb. n. 6. —

1. Unter Tannen u. Palmen. Erzählungen. Von Ernst Evers. 2. Aufl. (VII, 199 S.) [897.]
2. Weihnachtssterne — Osterlicht. Gesammelte Fest-Erzählgn. Von Otto Brenneкam. (V, 138 S.) [895.]
3. Heimat u. Fremde. Eine Erzählung aus dem Volke. Von Helene Dalmer. (143 S.) [897.]
4. Die steinernen Tafeln. Erzählgn. Von Rob. Wendlandt. (IX, 138 S.) [899.]
5. Berliner Mädchen. Erzählung aus dem Leben der Großstadt. Von Renate Lindner. (146 S.) [896.]
6. Erlebtes u. Erlauschtes f. einsame u. gemeinsame Stunden. Von B. Mercator. (166 S.) [897.]

Erscheint nicht weiter.

— evangelischer, in Gebeten u. Liedern zur Förderung der häusl. Gottesverehrung. Aus den bewährtesten Erbauungsbüchern v. Arndt, Bullinger, Eubach, Schmolk, Stark u vielen andern gesammelt u. auf Veranstalten der evangelischen Gesellschaft in Zürich hrsg. gr. 8. (XX u. 432 S.) Zürich 849, Hanke in Comm. — 3. Aufl. gr. 8. (XXIV u. 500 S.) Ebd. 851, in Comm. n. 1/2 ℛ

— evangelischer, in Gebeten und Liedern zur Förderung der häuslichen Gottesverehrung. Aus den bewährtesten Erbauungsbüchern v. Arndt, Bullinger, Eubach, Schmolk, Stark, Lavater, Bunsen u. vielen A. gesammelt und auf Veranstalten der ev. Gesellschaft in Zürich herausg. 5. Aufl. 853. 8 ngr — 6. Aufl. Zürich 857. Depot der evangel. Gesellschaft. gr. 8. (XXIV, 500 S. u. 1 Stahlst.) 15 ngr

Hausschatz, evangelischer, in Gebeten und Liedern zur Förderung der häuslichen Gottesverehrung. Aus den bewährtesten Erbauungsbüchern von Arndt, Bullinger, Eubach, Schmolk ꝛc. gesammelt und auf Veranstalten der evangelischen Gesellschaft in Zürich herausg. 7. Aufl. Zürich, Depot der evangel. Gesellschaft. gr. 8. (XXIV, 500 S. u. 1 Stahlst.) 15 ngr

— evangelischer, in Gebeten u. Liedern zur Förderung der häuslichen Gottesverehrung. Aus den bewährtesten Erbauungsbüchern von Arndt, Bullinger, Eubach ꝛc. hersg. 8. Aufl. Zürich 867. Depot der evangel. Gesellschaft. gr. 8. (XX, 500 S. mit 1 Stahlst.) 15 ngr; geb. n. 22½ ngr

— evangelischer in Gebeten u. Liedern zur Förderung der häuslichen Gottesverehrung. Aus den bewährtesten Erbauungsbüchern v. Arndt, Bullinger, Eubach ꝛc. gesammelt u. auf Veranstalten der evangel. Gesellschaft in Zürich hrsg. 9. Aufl. gr. 8. (XX, 500 S.) Zürich 874. Depot der evangel. Gesellschaft. geb. n. 3. —

— evangelischer, in Gebeten u. Liedern zur Förderung der häuslichen Gottesverehrung. Aus den bewährtesten Erbauungsbüchern v. Arndt, Bullinger, Eubach u. vielen andern gesammelt u. auf Veranstalten der evangel. Gesellschaft in Zürich hrsg. 10. Aufl. gr. 8. (XX, 508 S. m. 1 Stahlst.) Zürich 891. Depot der evangel. Gesellschaft. Geb in Halbleinw. n. 1. 80; in Leinw. n. 2. 25; m. Goldschn. n. 3. 75

— evangelischer, in Gebeten u. Liedern zur Förderung der häuslichen Gottesverehrung. Aus den bewährtesten Erbauungsbüchern v. Arndt, Bullinger, Eubach, Schmolk, Stark, Lavater, Bunsen u. vielen andern gesammelt u. auf Veranstalten der evangel. Gesellschaft in Zürich hrsg. 11. Aufl. (XIX, 499 S.) 8. Zürich 905. Buchh. der ev. Gesellschaft. Geb. in Halbleinw. n. 2. —

Hausschatz

— für die christliche Familie. 1. Bd.: Langenstein und Boblingen von M. Nathusius. 8. (220 S.) Magdeburg 888, Schäfer's Buchh. * 90 Pf.; geb. *

— f. die christliche Familie. 2. u. 3. Bd. 8. Magdeb. 889, Schäfer. geb. in 1 Bd. * 2 50

Nathusius, Marie. Elisabeth. Eine Geschichte, die nicht m. der Heirat schließt. 2 Tle. (211; 311 S.)
1. Bd. Ebd. 1888. * — 90; geb. * 1 50.

Hausschatz der Grossen Loge Kaiser Friedrich zur Bundestreue. Berlin [1893]. H: *Schauer, Gustav.* (wolfstieg I, 69)

— der Großen Loge Kaiser Friedrich zur Bundestreue. 1893. 8. (144 S.) Berlin 893. E. Goldschmidt. Geb. in Leinw. m. Goldschn. n. 3. —

— der Großen Loge Kaiser Friedrich zur Bundestreue, 2. Aufl., s.: Hausschatz f. deutsche Freimaurer.

— dasselbe, s.: Hecke, Gust., Meisterworte.

— geistlicher. Neues Gebetbuch f. fromme Christen in allen Lagen des Lebens. (Von einem Ungenannten.) (XX, 346 S.) 8. Kropp (892). Buchh. „Eben-Ezer“. Geb. in Leinw. n. 2. 30

— geistlicher, für fromme Seelen. 1. Jahrg. (543 S.) 8. Paderborn 878. Bonifacius-Druckerei. 2. 40

— geistlicher, für fromme Seelen. 1. Jahrg. 8. (543 S.) Paderborn 879, Bonifacius-Druckerei.

— geistlicher, für fromme Seelen. 2—4. Jahrg. 8. (à ca. 540 S.) Paderborn 880—82. F. Schöningh. à Jahrg. 2. 40

— dasselbe. 5. Jahrg. 5—7 Hfte. (à ca. 7 B.) 8. Paderborn, Bonifacius-Druckerei. 2. 40

— geistlicher, f. fromme Seelen. 6—8. Jahrg. à 5—6 Hfte. (à ca. 7 B.) 8. Paderborn 884—86. Bonifacius-Druckerei. à Jahrg. 2. 40

Hausschatz, geistlicher, für fromme Seelen. 7.—10. Jahrg. 1884/85, 1885/86, 1886/87, 1887/88. à Jahrg. 4—5 Hefte. (à Heft ca. 10 Bog.) 8. Paderborn, Bonifacius-Druckerei. à Jahrg.

— geistlicher, f. katholische Christen. 11.—13. Jahrg. 1888/89. 1889/90. 1890/91. à 4—5 Hfte. 8. (à Hft. ca. 120 S.) Ebd. à Jahrg. 2. 40

— geistlicher, f. katholische Christen. 14.—17. Jahrg. Novbr. 1891—Oktbr. 1895. à 4—5 Hfte. (à ca. 8 Bog.) 8. Paderborn, Bonifacius-Druckerei. à Jahrg. 2. 40

— geistlicher, f. katholische Christen. 18.—21. Jahrg. Novbr. 1895—Oktbr. 1899. à 4—5 Hfte. (à ca. 6 Bog.) 8. Paderborn, Bonifacius-Druckerei. à Jahrg. 2. 40

— geistlicher, f. katholische Christen. 22. Jahrg. Novbr. 1899—Oktbr. 1900. 4 Hfte. 8. (550 S.) Paderborn, Bonifacius-Druckerei. 2. 40
Erscheint nicht mehr.

Haus- u. Wirthschaftsschatz, gemeinnütziger, enthaltend 300 erprobte und leicht anwendbare Hausmittel u. Wirthschaftsrecepte für alle Fälle des Lebens, in der Stadt u. auf dem Lande. 16. Nordhausen 838. Fürst. 1/2 ℛ

Haus- u. Wirthschaftsschatz, gemeinnütziger, enth. 500 erprobte u. leicht anwendbare Hausmittel u. Wirthschaftsrecepte f. alle Fälle des Lebens, in der Stadt u. auf dem Lande. Von einem erfahrenen Hausvater. (Neue Titelausg.) 16. (XII u. 144 S.) Leipzig 849. Schmidt. 1/2 ℔

Hausschatz

— gemeinnützigster, für Mann u. Frau. Oder: wohlfeilste Bildungs-Bibliothek für jedes bürgerl. Haus. Bearbeitet v. Fr. Abegg, M. G. Franz, Auguste Klehn. 1.—3. Bdchn. 1. Bdchn.: Franz, Grundriß der Lehre vom Menschen in seinem Einzelleben, wie in seinem Gattungs- u. Eheleben. — 2. Bdchn.: Abegg, Grundlinien der Natur-, Erd- u. Himmelskunde. — 3. Bdchn.: Abegg, Abriß des Wissenswürdigsten aus der Welt-, Staaten- u. Völkergeschichte. gr. 8. Berlin (u. Nordhausen) 842—44, A. Büchting. (1. 1/3 ℔ 2. 5/12 ℔ 3. 5/12 ℔) 1 1/6 ℔

— der Gesundheit. E. Handbuch f. d. gesunden u. kranken Menschen. Hrsg. v. Irus u. A. gr. 8. Berlin 891. Wiener. Geb. n. 6. —
D. Hygiene d. modernen Gesellschaft v. P. Irus. (88 S.) — D. Hygiene d. Nahrungsmittel von E. F. Rain. (78 S.) — Soziale Hygiene. Von K. Georg. (62 S.) — D. Kulturkampf geg. d. Tod. D. soziale Bedeutg. d. neuen Heil-Aera v. K. Georg. (60 S.) — D. Heilmethode d. Tuberkulose d. Professor Koch, f. welt. Kreise bekannt gemacht v. Max Birnbaum. 4. Aufl. (67 S.)

—— der goldene, s. Heilmann, A.

Der | goldene Hausschatz. | Ein | unentbehrliches Familienbuch | für | Haus- & Landwirthschaft. | Reutlingen. | Druck und Verlag von Robert Bardtenschlager. (= *Nro.* 154). o. J., 96 S., 158 × 104, U.-Vignette: *Früchte des Feldes*, 32 × 75.
LBS d. D. oct K 3381.

— der goldene. Ein unentbehrl. Handbuch für alle Stände. Enthaltend eine außerordentlich reichhalt. Zusammenstellung der neuesten Vorschriften, Belehrungen u. Erfahrungen namhafter Männer in Gewerbs- u. Wirthschaftskunde. 8. (IV u. 48 S.) Wernigerode 852. (Halberstadt, Frantz.) n. 6 ngr

— der goldene. Ein unentbehrliches Handbuch für alle Stände. Enthltd. eine außerordentlich reichhaltige Zusammenstellung der neuesten Vorschriften, Belehrungen u. Erfahrungen namhafter Männer in Gewerbs- u. Wirthschaftskunde. 2. verm. Aufl. Wernigerode (858.) (Quedlinburg, Huch.) 24. (3 Bl., 88 S.) n. 6 ngr

— der goldene Rathgeber zu allen Verrichtungen in u. außer dem Hause. Aus den Papieren eines alten Oeconomen. Oederan 865. Schlesinger'sche Buchh. 16. (31 S.) 2 1/2 ngr.

Hausschatz, der goldene, Ein unentbehrliches Familienbuch rc. 8. I—III. Abth. à 80 kr., IV—V. Abth. à 20 kr. nur baar.
Wien: L. Fi`cht 1881.

— der goldene, das werthvollste u. unentbehrlichste Familienbuch für Haus- u. Landwirthschaft. Mit den erprobtesten Mitteln u. Recepten über Blumenzucht, Feld-, Garten-, Gemüse-, Obst- u. Weinbau, die vortheilhafteste Viehzucht; Krankheiten der Menschen u. Thiere; Gebäude, Wohnungen, Geräthe, Kleidungsstücke, Conservirung u. Verbesserung der Nahrungsmittel; Vertilgung schädlicher Thiere u. des Ungeziefers, die vortheilhafteste Bereitung schmackhafter Speisen u. Getränke, Erkennung der Nahrungsmittel-Verfälschungen rc. Ster.-Ausg. 8. (96 S.) Reutlingen 878. Enßlin & Laiblin. — 30

—— der goldene, das werthvollste und unentbehrlichste Familienbuch für Haus- und Landwirthschaft. Mit den erprobtesten Mitteln und Recepten über: Blumenzucht, Feld-, Garten-, Gemüse-, Obst- und Weinbau, die vortheilhafteste Viehzucht; Krankheiten der Menschen und Thiere; Gebäude, Wohnungen, Geräthe, Kleidungsstücke, Conservirung und Verbesserung der Nahrungsmittel; Vertilgung schädl. Thiere und des Ungeziefers; die vortheilhafteste Bereitung schmackhafter Speisen und Getränke; Erkennung der Nahrungsmittel-Verfälschungen rc. Ster.-Ausg. 8. (96 S.) Reutlingen 879, Enßlin und Laiblin's Verlagsh. — 30

— goldener, enthaltend viele nützliche Anweisungen für die Hausfrau und den Landbauer. Nebst einer großen Anzahl erprobter Hausmittel u. Wirthschaftsrecepte. Bern 860. (Blom.) 8. (135 S.) n. 10 ngr.

Haus- und Familien-Schatz, goldener, oder 400 entschleierte Geheimnisse aus dem Nachlasse der bewährten Oekonomen u. Chemiker Dan. Groos, Andr. Schulze u. Nathusius Krumm. 4. Aufl. Stuttgart 862. Fischhaber. 12. (144 S.) n. 20 ngr.

Hausschatz

— goldener, für sorgsame Hausväter und kluge Hausmütter. Ein unentbehrliches Volks-Hausbuch rc. 2. Aufl. Wien (853.) Leipzig, Hunger. 16. (VIII, 422 S.) n. 10 ngr

— der große deutsche, od. das Buch d. begriffenen Welt. Eine Quelle des Reichthums u. der Wohlfahrt für Jedermann. Belehrungen u. Aufklärungen über alle Zweige des menschlichen Wissens aus dem Gebiete der Naturwissenschaften, der Länder- u. Völkerkunde, der Geschichte u. Geographie, des Staats- u. Völkerrechts, des Handels u. der Gewerbe, der Haus- u. Landwirthschaft, der Literatur u. schönen Künste. Mit über 2000 in den Text gedr. Abbildgn. (in Holzschn.) 22 Lfgn. hoch 4. (VI u. 700 S.) Leipzig 849. 50, O. Wigand. (à 3 ngr) 2 ℔ 6 ngr cart 2 ℔ 12 ngr — 2. (Titel-)Aufl. hoch 4. Ebd. 852. 2 ℔ 12 ngr

Hausschatz, Der grosse deutsche. Eine Quelle des Reichsthum und der Wohlfahrt für Jedermann. Belehrungen und Aufklärungen über alle Zweige des menschlichen Wissens aus dem Gebiete der Naturwissenschaften, der Länder- und Völkerkunde, der Geschichte und Geographie, des Staats- und Völkerrechts, des Handels etc. Mit in den Text gedruckten Abbildungen. 8. Leipzig 1851.

— der große österreichische. Eine National-Bibliothek für alle Stände. 1—11. Liefg. Wien 856. Zamarski. (Typogr.-liter.-artist. Anstalt.) gr. 8. Jede Liefg. 8 ngr
Inhalt: Der Stadt- und Landadvokat nach den neuesten gesetzlichen Vorschriften. Ein prakt. Handbuch für alle Stände des österr. Kaiserstaates, enthltd. eine gründliche, mit mehr als 500 Beispielen u. Formularen versehene Belehrung zur Selbstverfassung der in Geschäften aller Art vorkommenden Verträge u. Urkunden, auch zur Selbstvertretung vor allen Staats- u. Gemeindebehörden in den sich so vielfältig ergebenden Angelegenheiten zusammengestellt aus den von mehreren prakt. Herren Beamten gelieferten Beiträgen durch die Rechtsgelehrten Werner und F. J. Schopf. (VIII, 448 S.)
Biographisches Lexikon des Kaiserthums Oesterreich, enthltd. die Lebensskizzen der denkwürdigen Personen, welche 1750 bis 1850 im Kaiserstaate u. in seinen Kronländern gelebt haben. Von Constant v. Wurzbach. 1—4. Liefg. (S. 1—384.)
Das Kaiserthum Oesterreich. Geografisch, statistisch, topografisch mit alfabet. Ortslexikon. Nach den neuesten Daten u. amtlichen Quellen begonnen von Adf. Schmidl, fortgesetzt von W. F. Wärhanek. 1—3. Liefg. (S. 1—288.)
Die Schriftsteller Oesterreichs in Reim und Prosa auf dem Gebiete der schönen Literatur; aus der ältesten bis auf die neueste Zeit. Mit biograph. Angaben u. Proben aus ihren Werken. Von L. Scheyrer. 1. Lfg. (IV, S. 1—96.)

Hausschatz. Der große österreichische —. Eine Nationalbibliothek für alle Stände. 7—15. Lieferung. Wien, 1856 Druck und Verlag von L. C. Zamarski. (8.)
Enthält: Lieferung 7. 9. 12. 15. Das Kaiserthum Oesterreich. Geographisch, statistisch, topographisch mit alphabethischem Ortslexikon. Nach den neuesten Daten und ämtlichen Quellen begonnen von Dr. Ad. Schmidl, fortgesetzt von Prof. W. F. Warhanek. 2—5. Lieferung. (S. 97—480.) — Lieferung 8. 11. 14. Biographisches Lexikon des Kaiserthums Oesterreich, umfassend die Lebensskizzen der denkwürdigen Personen des Jahrhunderts 1750 bis 1850 im Kaiserstaate und seinen Kronländern, von Dr. Constant v. Wurzbach. 3—5. Lieferung. (S 193—482. Baumgartten, Maximilian Freih. v. Blumenthal.) Ende des 1. Theiles. — Lieferung 10. 13. Die Schriftsteller Oesterreichs in Reim und Prosa auf dem Gebiete der schönen Literatur, aus der ältesten bis auf die neueste Zeit. Mit biographischen Angaben und Proben aus ihren Werken. Von L. Scheyrer. 1. 2. Lieferung. (IV. S. 1—192.)

Hausschatz, Der große österreichische —. Eine National-Bibliothek für alle Stände. 16—21. Lieferung. Wien, 1857. Verlag von L. C. Zamarski. Universitäts-Buchdr. (8.)
Inhalt: Das Kaiserthum Oesterreich. Geographisch, statistisch, topographisch, mit alphabetischem Ortslexikon. Nach den neuesten Daten und ämtlichen Quellen begonnen von Dr. Ad. Schmidl, fortgesetzt von Prof. W. F. Warhanek. 16. Lieferung. S. 481—641. XXXVIII.) — Biographisches Lexikon des Kaiserthums Oesterreich, umfassend die Lebensskizzen der denkwürdigen Personen des Jahrhunderts 1750—1850 im Kaiserstaate und seinen Kronländern von Dr. Constant v. Wurzbach. 7. u. 8. der ganzen Sammlung. 19 und 20. Lief. des gr. österr. Hausschatzes.) — Die Schriftsteller Oesterreichs in Reim und Prosa auf dem Gebiete der schönen Literatur, aus der ältesten bis auf die neueste Zeit. Mit biographischen Angaben und Proben aus ihren Werken. Von L. Scheyrer. 3te des ganzen Werkes, 21. Lieferung. (S. 193—288.)

— der, für Haus- u. Landwirthschaft. 500 Anweisungen. Populäre Belehrung zur Erhaltung u. Verbesserung von Nahrungsmitteln, Getränken, u. häuslichen, sowie gewerblichen Bedürfnissen. Pflege der Hausthiere. Ein Handbuch für jedes Haus. gr. 16. (104 S.) Zittau 878. (Leipzig, Fischer.) 1. —

Hausschatz, der, für Haus- und Landwirthschaft. 500 Anweisungen. Populäre Belehrung zur Erhaltung und Verbesserung von Nahrungsmitteln, Getränken, und häusl., sowie gewerbl. Bedürfnissen. Pflege der Hausthiere. Ein Handbuch für jedes Haus. gr. 16. (104 S.) Zittau 879. (Leipzig, Fischer.) 1 —

Hausschatz, homöopathischer. 1. u. 2. Hft. 8. Hagen 886. Risel & Co. n. 1 25
1. Homöopathische Lebensregeln f. Gesunde u. Kranke. Ein Wort der Belehrg. f. Jedermann v. J. P. Moser. 2. Aufl. (80 S. m. 4 Chromolith.) n. — 75
2. Die Diphtheritis [brandige Halsbräune, Rachencroup] u. ihre sicherste homöopathische Heilung. Ein Wort der Belehrg. f. alle Eltern v. J. P. Moser. 2. Aufl. (37 S.) n. — 50

— homöopathischer, 3. u. 4. Hft. 8. Hagen 886. H. Risel & Co. n. 4. 50 (1.—4.: n. 5. 75)
3. Homöopath. Heilerfolge. Beiträge z. homöopath. Krankenbehandlg. (m. Angabe d. Heilmittel) v. J. P. Moser. (4., vollständig umgearb. Aufl.) (IV, XVI, 350 S.) n. 3. —
4. Kleiner homöopath Hausthierarzt. E. Ratgeber f. Viehbesitzer v. H. Fischer. 2 Thle. in 1 Bd.hn. (Krankheiten d. Pferde, d. Rindviehes, d. Schafe, Ziegen u. Schweine.) (VIII, 143 S.) n. 1. 50

Humoristischer **Hausschatz**. In vereinfachter deutscher Stenographie, Stolze-Schrey. Hrsg. von Franz Schulze. Bd 1. Berlin: F. Schulze 1909. 8° A 18. 10707

—— humoristischer, für gesellschaftliches Leben in 6 Abthlgn. Mit vielen Illustr. 2., unveränd. Aufl. gr. 8. (349 S. mit eingedr. Holzschn.) Berlin 861, Schlingmann. *

— humoristischer, für gesellschaftliches Leben in 6 Abtheilungen. Mit vielen Illustr. (in Holzschn.) 2. Aufl. 860. — 3. unveränd. Aufl. Berlin 862. Schlingmann. gr. 8. (349 S.) 1 ₰ 15 ngr.

— humoristischer, für's deutsche Volk. Hrsg. von Ernst Eckstein. 1—6. Bd. Berlin 877. 78. Eckstein Nachf. à n. 3. —; geb. à n. 4. —
1. Humoristische Erzählungen von Jean Paul, Ludw. Börne, Frz. Frhrn. Gaudy, Karl Weisflog, Levin Schücking, Paul Heyse, Frdr. Wilh. Hackländer. (VII, 306 S.)
2. Humoristische Erzählungen von Chrph. Mart. Wieland, Mor. Aug. v. Thümmel, Wilh. Hauff, Wilh. v. Merckel, Frdr. Spielhagen, Wilh. Raabe, Hugo Rosenthal-Bonin. (312 S.)
3. Humoristische Erzählungen von Joh. Pauli, Joh. Gottw. Müller, Karl Gutzkow, Jul. Rodenberg, Jul. Stettenheim, Ludw. Anzengruber. (312 S.)
4. Humoristische Erzählungen von Joh. Peter Hebel, Karl Immermann, Willib. Alexis, Wilh. Heinr. Riehl, Sacher-Masoch, Rich. Schmidt-Cabanis, Heinr. Seidel. (311 S.)
5. Humoristische Erzählungen von Abraham a Santa Clara, Heinrich Zschokke, Ludwig Steub, Friedrich Schlögl, Ad. v. Winterfeld, Herm. Presber, Arn. Wellmer. (313 S.)
6. Humoristische Erzählungen von J. W. v. Goethe, Wilh. Fr. Waiblinger, Berth. Auerbach, E. Cohnfeld, H. Schaumberger, P. K. Rosegger. (297 S.)

— humoristischer, für's deutsche Volk. Hrsg. v. Ernst Eckstein. 5. u. 6. Bd. 8. Berlin 883. Eckstein Nachf. à n. 3. —; geb. à n. 4. —
5. Humoristische Erzählungen v. Abraham a Santa Clara, Heinr. Zschokke, Ludw. Steub, Frdr. Schlögl, Adph. v. Winterfeld, Herm. Presber, Arnold Wellmer. (313 S.)
6. Humoristische Erzählungen von Joh. Wolfg. v. Goethe, Wilh. Frdr. Waiblinger, Berth. Auerbach, Emil Cohnfeld, Heinr. Schaumberger, P. K. Rosegger. (297 S.)

Hausschatz, humoristischer, für's deutsche Volk. Hrsg. von Ernst Eckstein. Neue Folge. 1—6. Bd. 8. Berlin 879—81. Eckstein Nachf. à n. 3. —; geb. à n. 4. —
1. Humoristische Erzählungen von Adph. Frhrn. v. Knigge, Adf. Glaßbrenner, Hieron. Lorm, Adf. Wilbrandt, Karl Emil Franzos. (307 S.)
2. Humoristische Erzählungen von E. T. A. Hoffmann, Jul. Mosen, Fritz Reuter, Ernst Kossak, Rich. Leander, Phpp. Lenz. (316 S.)
3. Humoristische Erzählungen von Chrph. v. Grimmelshausen, Joh. Karl Aug. Musäus, G. A. Bürger. (302 S.)
4. Humoristische Erzählungen von Erasmus von Rotterdam, Mart. Luther, Ludw. Tieck, Ludw. Börne, Frz. Frh. Gaudy, Feod. Wehl —, sowie das Volksbuch: Eulenspiegel. (V, 306 S.)
5. Humoristische Erzählungen von Joh. Agricola, Jörg Wickram, Clem. Brentano, Rob. Heller, Ernst Wichert, Fritz Mauthner, Edwin Bormann, Geo. Bötticher. (315 S.)
6. Humoristische Erzählungen von Mart. Montanus, Jean Paul, Heinrich Zschokke, Wilhelm Schröder, Otto Müller Max Barack, Richard Schmidt-Cabanis, Paul Schumann. (310 S.)

— dasselbe. Neue Folge. 6. Bd. 8. Ebend. 883. n. 3. —; geb. n. 4. —

Humoristische Erzählungen v. Martin Montanus, Jean Paul, Heinr. Zschokke, Wilh. Schröder, Otto Müller, Max Barack, Rich. Schmidt-Cabanis, Paul Schumann. (310 S.)

—— humoristischer, f. das deutsche Volk. Hrsg. v. Ernst Eckstein. Neue Ausg. 6 Bde. 8. (320; 324; 324; 307; 322; 332 S.) Berl. 892, Eckstein Nachf. à Bd. * 2 —; geb. à Bd. ** 3 50

—— dass. — Neue Ausg. (In 30 Lfgn.) 1. Lfg. 8. (1. Bd. S. 1—64.) Ebd. 892. * — 40

Humoristischer **Hausschatz** für das deutsche Volk, hrsg. von Ernst Eckstein. Bd 1. Stuttgart & Berlin: J. G. Cotta Nachf. [1905]. 8° [F.]

— **Handbibliothek**, Cotta'sche. No 115. [04. 1907

— dasselbe, s.: Eckstein, Ernst, humoristische Erzählungen deutscher Autoren.

— illustrirter. Unterhaltung u. Belehrung. Romane des In- u. Auslandes, Schilderungen aus allen Welttheilen, See- u. Landabenteuer, Abhandlungen aus den Gebieten der Natur rc. 1—3. Bd. à 16 Liefgn. (à 3—4 Bgn. m. Holzschn.) Berlin 860—63. Sacco. gr. 4. Jede Liefg. 5 ngr

— — Red.: Rob. Springer. 4. Bd. 16 Liefgn. (à 5 Bgn. m. Holzschn.) Ebend. 864. gr. 4. Jede Liefg. 5 ngr

—— der Jugend, s. Jugend, der, Hausschatz.

Der Jugend Hausschatz. Ein Buch für die reifere Jugend und zum Vorlesen im häuslichen Kreise. Mit 12 fein colorirten [lithogr.] Bildern [inkl. Titel], Stuttgart, Hallberger, [ca. 1855]. VIII, 484 S., 8°. Or.-Leinen mit Kv. 25.—

Bilder aus der Naturkunde, der Geographie und der Geschichte. Die Bilder stellen Tiere, histor. Szenen, eine Ansicht von Jerusalem u. a. dar.

— der Jugend. Ein Buch für die reifere Jugend und zum Vorlesen im häuslichen Kreise. Mit 12 (lith.) fein color. Bildern. 855. — 2. unveränd. Aufl. Stuttgart (856) E. Hallberger. gr. 8. (VIII, 484 S.) 1 Thlr 15 ngr

Der Jugend Hausschatz. Mit 12 fein colorirten Bildern [= Chromolithogr.] 3. verm. Aufl. Stuttgart und Leipzig, Hofmann & Hohl [1863]. VIII, 496 S. 8°. Goldgepr. roter Orlwd. 14.—

— der Jugend. Ein Buch f. die reifere Jugend sowie zum Vorlesen im häusl. Kreise. Nach den besten Quellen bearb. Mit 12 fein color. (lith.) Bildern. 3. verm. Aufl. gr. 8. (VIII, 484 S.) Stuttgart 874. Risch. geb. 4. 50

—— für die deutsche Jugend, s. Wagner, Herm.

— für Jung und Alt. Eine Zeitschrift zur Bildung für Geist u. Herz. Unter Mitwirkung von Freunden herausg. von Frz. Jos. Mieus. (1.) Jahrg. 1858. 10 Hefte (à 2½ Bgn.). Münster, Theissing. gr. 8. n. 1 Thlr 10 ngr

Hausschatz, katholischer. Blätter f. christl. Familien. Ratgeber f. Land- u. Hauswirtschaft, Garten-, Obst- u. Weinbau, Fisch-, Geflügel- u. Bienenzucht. Schriftleitg.: H. Stadelmeier. 5. Jahrg. Septbr. 1902—Aug. 1903. 12 Hfte. gr. 8. (à ca. 16 S.) Launingen, St. Johannes-Buchh. n. 1. 20; einzelne Hfte. n. — 10

— katholischer. Blätter f. christl. Familien. Ratgeber f. Land- u. Hauswirtschaft, Garten-, Obst- u. Weinbau, Fisch-, Geflügel- u. Bienenzucht. Schriftleitung: H. Stadelmeier. 6. u. 7. Jahrg. Septbr. 1903—Aug. 1905. à 12 Hefte. (à ca. 16 u. 4 S.) gr. 8. Launingen, St. Johannes-Buchh. à Jahrg. n. 1. 20

— der kleine ökonomische, enth. über 170 der besten Hausmittel für alle mögl. Fälle im häusl. Leben. 8. Straubing 846, Schorner. 4 ngl

— kleiner, z. Nutzen f. Jedermann, enthält: histor. Merkwürdigkeiten, Erzählungen rc. 8. Quedlinb. 827. Ernst. 6 ßl

—— kleiner, z. Nutzen f. Jedermann, enthält histor. Merkwürdigkeiten, Erzählungen, Anekdoten, rc. (2. u. 3. Bdchn.) (A. d. „neuen Volks- u. Hauskalender" f. 1828, 29. abgedr.) 8. (7½ u. 8 B.) Quedlinburg, Ernst. à

(1. Bdchn.) Ebendas. 1827. 6 Gr.

— komischer, für Stadt u. Land. Eine Auswahl des Neuesten u. Besten aus dem Gebiete der Komik. Hrsg. v. der Redaktion d. Komikers. 4 Hfte. 16. (XVI u. 328 S.) Berlin 851, Janke. (à n. ⅙ Thlr) n. ⅔ Thlr

— komischer, für die ganze Welt. Eine Sammlung des Neuesten u. Ausgezeichnetsten zum Vortrage in geselligen Kreisen. Mit Originalbeiträgen von L'Arronge — A. Braß — L. Eichler — Ad. Glaßbrenner u. a. m. 1. Heft. breit 8. (Mit 1 Musikbeil.) Das Lied vom Magen. (Pendant z. Lied v. Herzen. Text v. J. Lasker.) Berlin 846, Hofmann u. Comp. ⅙ Thlr

— komischer, für die ganze Welt. Eine Sammlung des Neuesten u. Ausgezeichnetsten zum Vortrage in geselligen Kreisen. II—VIII. Hft. 8. Berlin 846. 47, Hoffmann & Co. à n. ⅙ Thlr (8 Hfte. n. 1⅓ Thlr)

Hausschatz, komischer, für die ganze Welt. Eine Sammlung des Neuesten u. Ausgezeichnetsten zum Vortrage in geselligen Kreisen. Komische Gedichte, humoristische Aufsätze, Berliner Scherze u. s. w. Neue Taschen-Ausg. 859. — (Neue Aufl.) Berlin 864. Reymann. 16. (217 S.) n. 10 ngr

— älterer Kunst. (In 20 Lfgn.) 1.—12. Lfg. Fol. (60 Bl. Radiergn. m. IV S. Text.) Wien (901. 902). Gesellsch. f. vervielfältig. Kunst. à n. 3. —

— älterer Kunst. 13 - 20. (Schluss-)Heft. (40 Bl. Radiergn. m. 14 S. Text.) Fol. Wien (902. 903.) Gesellschaft f. vervielfält. Kunst. à n. 3. —; Leinw.-Mappe n.n. 3. —

— deutscher Kunst der Vergangenheit. 2. gr. 4. Berlin, Fischer & Franke. Subskr.-Pr. n. — 80; Einzelpr. n. 1. —

[Rembrandt.] — Aus Rembrandts Radierungen. Mit e. Einleitg.: Des Künstlers Persönlichkeit u. sein Werk (v. Severin Rüttgers.) Hrsg. vom Jugendschriften-Ausschuß des allgemeinen Lehrervereins Düsseldorf. (20 Taf. m. IV S. Text.) (906.) Hft. 1, s.: Dürer, Albr., unserer Lieben Frauen Leben.

— deutscher Kunst der Vergangenheit. Hrsg. v. Jugendschriften-Ausschuß des Allgem. Lehrer-Vereins Düsseldorf. 3. -15. Heft. Berlin, Fischer & Franke. Subskr.-Pr. à — 80; Einzelpr. à 1. 20

Beham, Hans Sebald, die Planeten. 7 Orig. Holzschn. — Die Lebensalter des Menschen. 10 Holzschn. des Monogrammisten MB nach Zeichngn. v. Tobias Stimmer. Mit e. Einleitg. v. Wilh. Niemeyer. (17 Taf. m. 6 S. Text.) 37×27 cm. (907.) (Hft. 6.)

[Chodowiecki.] Aus den Kupferstichen Daniel Chodowieckis. Mit e. Einleitg. v. Severin Rüttgers. (42 Bl. u. S. m. 13 S. Text.) 8. (908.) (Hft. 9.)

[Cranach.] Aus Cranachs Holzschnitten. Mit e. Einleitung: Des Künstlers Persönlichkeit u. sein Werk v. Benno Rüttenauer. (17 Taf. m. IV S. Text.) 38,5×29 cm. (907.) (Hft. 3.)

[Dürer.] Aus Albrecht Dürers Kupferstichen. (22 Taf. m. IV S. Text.) 30×25 cm. (907.) (Hft. 5.)

— Das Leiden Christi. 12 Holzschnitte. (Genannt die Große Passion.) Mit Einzelbeschreibgn. v. E. Hakon. (12 Bl. m. 6 S. Text.) 38×29 cm. (908.) (Hft. 8.)

— Die heimlich offenbarug iohnis. 16 Holzschn. Mit e. Einleitg. u. m. Text v. M. Escherich. (31 S.) 43,5×32 cm. (909.) (Hft. 14.)

Federzeichnungen, 20, altdeutscher Meister aus dem Besitz des kgl. Kupferstichkabinetts zu Berlin, ausgewählt u. eingeleitet v. Jaro Springer. (18 Taf. m. IV S. Text.) 38×28 cm. (909.) (Hft. 13.)

Holbein der Jüngere, Hans, der Totentanz. 40 Holzschn. Fksm.-Nachbildgn. der 1. Ausg. m. e. Einleitg. v. Jaro Springer. (40 Taf. m. XI S. Text.) 8. (907.) (Heft 4)

Holzschnitte deutscher Meister aus der Blütezeit der Holzschneidekunst (1. Hälfte des 16. Jahrh.). Mit e. Einleitg. u. Text v. Severin Rüttgers. (21 Taf. m. VI S. Text.) 38×28 cm. (909.) (Heft 12)

Kleinmeister, die, e. Auswahl aus dem Werk der deutschen Kupferstecher nach Dürer (1. Hälfte des 16. Jahrh.). (34 Bl. m. 8 S. Text.) 8. (908.) (Heft 10)
Landschaften, niederländische. Eine Auswahl aus d. radierten Werk der niederländ. Maler-Radierer des 17. Jahrh. (21 Bl. m. 6 S. Text.) 37×28,5 cm. (908.) (Heft 11)
Ostade, Adriaen van, aus den Radierungen. Ausgewählt u. eingeleitet v. Severin Rüttgers. (35 Bl. m. 10 S. Text.) 8. (907.) (Heft 7)
Rembrandt, aus R.'s Radierungen. Neue Folge. (21 Bl. m. 6 S. Text.) (909.) (Heft 15)

— moderner Kunst. Eine Auswahl d. besten Radirgn. nach Gemälden moderner Meister. (In 20 Hftn.) 1.—17. Hft. Fol. (85 Taf. m. 2 S. Text.) Wien 897—898. Gesellschaft f. vervielfältig. Kunst. à Hft. n. 3.—

— moderner Kunst. Eine Auswahl der besten Radirgn. nach Gemälden moderner Meister. 18.—20. Hft. Fol. (16 Taf. m. 15 S. Text.) Ebd. 899. à n. 3.—; (kplt. in Leinw.-Mappe n. 65.—)

Hausschatz für das Gesellige Leben und für Festliche Veranstaltungen. Bd. 1. Berlin: H. Steinitz 1900. 8°

Hausschatz, Lengericher. 1—4. Bd. 8. Lengerich, Bischof & Klein. Geb. in Leinw. à 1. 25
Schulze, Otto, Gelegenheitsgedichte, Deklamatorien u. Aufführungen f. christliche Vereine. Gesammelt u. hrsg. (112 S.) (908.) (Bd. 2)
Gelegenheits-Gedichte f. alle Fest- u. Feiertage des Hauses. Gesammelt u. hrsg. (96 S.) (908.) (Bd. 1)
Rätselschatz I. Für die gebildete deutsche Familie. (96 S.) (908.) (Bd. 3)
– Dasselbe II. Für die Kinder des deutschen Hauses. (96 S.) (908.) (Bd. 4)

— medicin., e. Auswahl von bewährten Hülfsmitteln bei der güldenen Ader, beim Bandwurm rc. 8. Lpz., Centr.-Cpt. 12 gl

— medicinischer. Ein unentbehrl. Handbuch für jede Haushaltung hrsg. v. mehreren Aerzten. 2 Bde. oder 4 Lfgn. 8. 1 u. 3. Lfg. oder 1. Bd. 600 der besten Hausarzneimittel gegen alle Krankheiten des Menschen, dann eine ausführliche Beschreibung der Wunderkräfte des kalten Wassers rc. (230 S.) 2 u. 4. Lfg. oder 2. Bd. Die Ehe, geschildert von Seite der Moral, Natur u. Medicin. (220 S.) Augsburg 849, v. Jenisch & Stage. (à Lfg. n. 7 ngl) n. 28 ngl

— musikalischer, der Deutschen, s. Fink, G. W.

Haus- und Familienschatz, neuer. Erzählungsbibliothek für Jedermann. 1—30. Bd. (Neue Titel-Ausg.) Wittenberg 856. Mohr. 8. Jeder Band 5 ngl
1. Bd.: Der Wahnsinnige. Eine Erzählung aus Südamerika von F. Gerstäcker. (854.) (3 Bl. 181 S.)
2. Bd.: Jacob Sturm, oder: Tagebuch eines Dorfschulmeisters. Von Gust. Nieritz. (847.) (139 S.)
3. Bd.: Der Dorfgelehrte. Eine Erzählung für das Volk von A. L. Lua. (853.) (220 S.)
4—6. Bd.: Der Korn-Zehnten. Erzählung aus der Ditmarsischen Geschichte. Von Heinr. Schmidt (Smidt). 3 Bde. (850.) (482 S.)
7. 8. Bd.: Onkel Tom's Hütte. Eine Negergeschichte. Von H. B. Stowe. 2 Bde. (852.) (650 S.)
9. Bd.: Der Fünfnummern-Teufel. Eine Erzählung aus dem Leben. Von Heinr. Smidt. (850.) (162 S.)
10. Bd.: Die Landstürmer in Tirol. Eine Erzählung von L. P. Schwalbe. (849.) (118 S.)
11. Bd.: Ernst Will, oder: Das Leben in der Gemeinde zu Strebmannsdorf. Zum Nutz und Frommen erzählt von K. F. W. Wander. (850.) (170 S.)
12. 13. Bd.: Die Fürstenschule. Eine Erzählung für Jedermann von Gust. Nieritz. 2 Bde. (851.) (268 S.)
14. Bd.: Ein höheres Gericht, oder: Die junge Griechin am Hofe Nero's. Eine Erzählung für das Volk u. die Jugend von Ferd. Schmidt. (851.) (134 S.)
15. Bd.: Drei Monate auf der Insel Cuba. Ein Gemälde aus dem Negerleben von Herm. von Gerdauen. (851.) (178 S.)
16. 17. Bd.: Historische Gemälde für gebildete Leser u. Freunde der Geschichte. Von J. H. L. Fischer. 2 Bde. (851.) (290 S.)
18. Bd.: Bilder aus dem Volksleben. Aus den Schriften deutscher Volksschriftsteller gesammelt von Ferd. Schmidt. (848.) (XI, 162 S.)
19. Bd.: Anton Bartels, oder: Die betrogene Einfalt. Eine Erzählung für das Volk von Aug. Rehfeldt. (853.) (200 S.)
20. Bd.: Die Meistersänger. Eine Erzählung aus der frühern Zeit. Von L. P. Schwalbe. (853.) (107 S.)
21. 22. Bd.: Handwerk und Studium. Eine Volks-Erzählung von Max Ring. 2 Bde. (X, 236 S.)
23. Bd.: Thomas Steinweg und seine Schwester. Eine Volks-Erzählung von F. Drenkhan. (853.) (115 S.)
24. Bd.: Der Bauer Hans, oder: Hilf Dir selbst, so hilft Dir Gott. Von Otto Lettau. (854.) (140 S.)
25. Bd.: Geschichtliche Erzählungen für gebildete Leser und Freunde der Geschichte. Von J. H. L. Fischer. (851.) (139 S.)
26. Bd.: Am Strande. Bilder aus dem Küstenleben Frankreichs. Nach d. Französ. (854.) (181 S.)
27. 28. Bd.: Charles Ball, der Negersclave. Leben und Abenteuer eines Negers während seines 40jähr. Sclavenlebens in verschied. Staaten Amerika's. Erzählt von ihm selbst. 2 Bde. (854.) (X, 432 S.)
29. 30. Bd.: Kienseppli, oder: Almosen und Wohlthaten. Eine Erzählung von Th. Meyer-Merian. 2 Thle. (855.) (251 S.)

Haus- u. Conversations-Schatz, neuester. Eine Festgabe für Frauen u. Jungfrauen. 2e Aufl. 16. Kiel 837. Universitäts-Buchh. 1 ₰

Hausschatz, neuester, für Stadt u. Land, enthalt. eine auserles. Sammlung v. Erfahrungen, welche zum Nutzen rc. dienen. 12. Ilmenau 824. Voigt. 12 gl

Hausschatz, Nürnbergischer. Eine Sammlg. v. Denkwürdigkeiten aus Nürnbergs Vergangenheit u. Gegenwart. Hrsg. v. e. Vereine v. Liebhabern vaterstädt. Dinge. 1. u. 2. Bdchn. gr. 16. Nürnberg 872. 73. v. Ebner. n. 3. 20
1. Nürnberg. Zuverlässiger Führer durch die Stadt u. ihre Sehenswürdigkeiten. Für Einheimische u. Fremde nach den besten Quellen u. eigener Anschaug. bearb. v. e. alten Nürnberger. Mit e. (chromolith.) Plane der Stadt (in qu. 4.) 3., gänzlich umgearb. u. verb. Aufl. (XII, 94 S.) n. 1. 20
2. Konrad Grübel u. seine Nachfolger in der Nürnberg. mundartl. Dichtg. Eine Auswahl nürnberg. Gedichte m. biographisch-bibliograph. Notizen üb. die Dichter. Hrsg. v. Joh. Priem. (XVI, 214 S.) n. 2. —

— patriotischer. Unterhaltungsblätter für das deutsche Volk. 1. Jahrg. 1884. 28 Hefte. (à Heft 2 Bog. mit 2 Chromolithogr.) gr. 8. Leipzig, Bergmann. *

— patriotischer. Illustr. Unterhaltungsblätter f. das deutsche Volk u. Heer. II. Jahrg. 28 Hfte. gr. 8. (1. Hft. 32 S. m. 1 Lichtdr.-, 8 farb. u. 1 photolith. Taf.) Berlin 893. P. Kittel. à Hft. n. — 50
Vorh. u. d. T.: Unser Vaterland in Waffen. I. 1892.

— patriotischer. Hrsg. v. Paul Kittel. III. Bd. 4. Berlin, P. Kittel. n. 15. —; geb. in Leinw. m. Goldschn. n. 20. —
Deutschlands Ruhmeshalle in Wort u. Bild im 19. Jahrh. Hrsg. v. Paul Kittel in Verbindg. m. hervorrag. Fachmännern. Red. v. Herm. Müller-Bohn. Mit 50 Taf. in Farbendr., 16 schwarzen Kunstbeilagen u. 82 Textabbildgn. nach eigens für das Werk geschaffenen Originalen v. R. Knötel, E. Röchling, Willy Stöwer, L. Sütterlin, J. v. Kulas. (VIII, 800 S.) (900.) Erschien auch in 25 Lfgn. à n. — 60.

Hausschatz

— deutscher Poesie u. Prosa. Ausgewählte Sammlung volksthümlicher Stücke aus den Meisterwerken der deutschen Literatur, sowie Unterhaltendes u. Belehrendes aus Geschichte, Geographie u. Naturwissenschaft. Dem deutschen Volke u. seiner Jugend dargeboten. Mit Illustr. von Bürkner in Dresden u. A. gr. 8. (X, 578 S.) Hannover 880. Meyer. n. 1. 60; cart. n. 2. —

—— englischer Poesie, s. Poets, the.

— politischer, der Deutschen. I. Bismarck; II. Stein, s.: Hillger's, Herm., illustrierte Volksbücher.

— politischer, für deutsche Staatsbürger. Erklärendes Taschenwörterbuch der Rechte u. polit. Anschauungen freier Völker. Ein unentbehrl. Handbuch f. Zeitungsleser rc. Hrsg. v. Wenzel Messenhauser. 2. wohlf. Ausg. 16. (IV u. 187 S.) Leipzig 849. Spamer. n. 5/12 ₰

— praktischer, der Heilkunde. Ein unparteiischer Ratgeber, Gegenüberstellg. der Heilanwendgn. sämtl. heut. Methoden Allopathie, Homöopathie, Naturheilkunde (Lahmann, Bilz, Kneipp, Platen), Elektrotherapie, Baunscheidtismus rc. nebst den vielgebräuchl. Hausmitteln u. den Heilmitteln d. medizin. Industrie. Nach d. Angaben allererster Autoritäten. Nebst e. Anführg. hervorrag. Spezialisten, Kurorte rc., u. e. Rezeptschlüssel. Mit mehr. zerlegbaren Modellen des menschl. Körpers. Mit viel. Illustr. u. farb. Taf. (In 25 Hftn.) 1. u. 2. Hft. gr. 8. (S. 1—112.) Leipzig (902). F. Lipp. à — 50

— praktischer, der Heilkunde. Ein unparteiischer Ratgeber, Gegenüberstellg. der Heilanwendgn. sämtl. heut. Methoden Allopathie, Homöopathie, Naturheilkunde (Lahmann, Bilz, Kneipp, Platen), Elektrotherapie, Baunscheidtismus etc. nebst den vielgebräuchl. Hausmitteln u. den Heilmitteln der medizin. Industrie. Nach den Angaben allererster Autoritäten. Nebst e. Anführg. hervorrag. Spezialisten, Kurorte etc., u. e. Rezeptschlüssel. Mit mehreren zerlegbaren Modellen des menschl. Körpers. Mit vielen Illustr. u. farb. Taf. 3—25. (Schluß-)Heft. (S. 113—1224.) gr. 8. Leipzig (903). [F. Lipp.] Cöthen, P. Dünnhaupt. à — 50 (Vollständig geb. in Leinw. 15. —; in 2 Bde. geb. 20. —)

— dasselbe. 26—30. Heft. (1—5. Ergänzungsheft.) (XXII, XLII u. S. 1225—1473 m. 1 farb. Taf.) gr. 8. Ebd. (903). à n. — 50

— praktischer, der Heilkunde. Ein unparteiischer Ratgeber, Gegenüberstellg. der Heilanwendgn. sämtl. heut. Methoden Allopathie, Homöopathie, Naturheilkunde (Lahmann, Bilz, Kneipp, Platen), Elektrotherapie, Baunscheidtismus etc. nebst den vielgebräuchl. Hausmitteln u. den Heilmitteln der medizin. Industrie. Mit mehreren zerlegbaren Modellen d. menschl. Körpers, vielen Illustr. u. farb. Taf. 2 Bde. (Neue [Titel-]Ausg.) (XXII, 906 u. XIII, 560 u. XXXVI S.) Lex. 8. Cöthen [903] (907). P. Dünnhaupt. Geb. in Leinw. 22. —

Hausschatz, religiöser, für katholische Familien und Leser aller Stände. Zur Bildung des Geistes, Veredlung des Herzens und Erheiterung des Gemüthes. Abhandlungen u. Aufsätze, Erzählungen, Biographien, Bilder aus der Gegenwart und Vergangenheit, Gedichte, Sagen rc. Herausg. unter Mitwirkung von Mehreren von Mart. Huber. 1. Bd. (12 Liefgn.) Innsbruck 854. Wagner. gr. 8. (XVI, 642 S.) n. 1 ₰ 18 ngf

Hausschatz, Religiöser — für katholische Familien und Leser aller Stände. Zur Bildung des Geistes, Veredlung des Herzens und Erheiterung des Gemüthes. Abhandlungen und Aufsätze, Erzählungen, Biographien, Bilder aus der Gegenwart und Vergangenheit, Gedichte, Sagen, Betrachtungen, Darstellungen aus dem kirchlichen Leben und Wirken, Auszüge aus guten neuen Schriften, Miscellen rc. Herausgegeben unter Mitwirkung von Mehreren von Martin Huber. Erster Band. 12. Lieferung. Innsbruck 1856. Druck und Verlag der Wagner'schen Buchhandlung. (XIV. S. 1 Blatt. S. 557—624. 8.) Schluß des I. Bandes.

—— schwäbischer. Belehrendes und Unterhaltendes aus Schwabens Vergangenheit und Gegenwart in Wort und Bild, in zwanglosen Bdn. hrsg. von G. Maisch. 1. Bd. 12. (IV, 203 S. mit 4 Lichtdr.) Eßlingen 885, Graph. Kunstanstalt.

Schweizer Hausschatz
v. Das Vaterland.

Schwyzer Hausschatz
v. Schwyzer-Zeitung.

— christl. Volkskunst. 1—4. Heft. 30,5×23 cm. Konstanz, Christl. Buch- u. Kunstverlag C. Hirsch. à 1. —
Gebhardt, Eduard v., „siehe, ich bin bei euch alle Tage". 14 Bilder nach Gemälden des Meisters m. begleit Worten d. Hl. Schrift. Mit 1 Portr. des Meisters nach e. Radierg. v. Ernst Forberg. Geleitwort u. Bilder-Erläuterg. v. Rud. Burckhardt. 1—6. Taus. (32 S.) (910.) (Heft 1)
Raffael. Eine bibl. Kunstgabe in 20 Bildern nach Gemälden d. Meisters nebst dazu gehör. Schriftabschnitten. Mit Raffaels Selbstbildnis. Geleitwort, biograph. Einleitg. u. erläut. Text v. Rud. Pfleiderer. 1—6. Taus. (32 S.) (910.) (Heft 4)
Richter, Ludw., „Gottes Lieb' in Ewigkeit". 25 bibl. Bilder nach Holzschn. des Meisters mit den Worten der Hl. Schrift. Mit 1 Portr. des Meisters. Geleitwort v. Joh. Frdr. Hoff. 1—6. Taus. (32 S.) (910.) (Heft 3)
Uhde, Fritz v., „ich verkündige euch große Freude". 14 Bilder nach Gemälden d. Meisters m. begleit. Worten d. Hl. Schrift. Mit 1 Portr. des Meisters. Geleitwort, biograph. Einleitg. u. erläut. Text v. Lic. R. Schmid. 1—6. Taus. (32 S.) (910.) (Heft 2)

—— wirthschaftlicher. Praktische Vorschriften und Vorschläge für alle Vorkommnisse in der Hauswirthschaft und im tägl. Leben. 8 Lfgn. 8. (III und 512 S.) Leipzig 866,67, Abel. à Lfg. * 5 Ngr.

Anonym: „Haus- und Wirthschaftsschatz, nebst 500 erprobten und leicht anwendbaren Hausmitteln und Wirthschaftsrecepten für alle Fälle des Lebens in der Stadt und auf dem Lande", Nordhausen 1838 (Fürst).

Haus- u. Wirthschaftsschatz zum Nutzen f. Jedermann. 1r—4r Thl. Quedlinb., Ernst. 1 ₰ (Aus d. neuen Volks- u. Hauskalender f. 1827—30 abgedruckt.)

— des Wissens. Gesamt-Subskription. 1.—112. Hft. gr. 8. (Mit Abbildgn.) Berlin 892—894. [W. Pauli's Nachf.] Neudamm, J. Neumann. à — 30

Entwickelungsgeschichte der Natur v. Wilh. Bölsche. 1.—24. Hft. (1. Bd. V, 806 S.; 2. Bd. S. 1—160 m. Abbildgn. u. Tafeln.) [Hft. 2, 6, 10, 14, 17, 19, 32, 39, 43, 57, 63, 70, 73, 83, 85, 87, 89, 91, 93, 95, 101, 105, 110, 112.]

Geschichte der Weltlitteratur v. Jul. Hart. 1.—23. Hft. (1. Bd. VIII, 847 S.; 2. Bd. S. 1—80 m. Abbildgn. u. Tafeln.) [Hft. 3, 7, 11, 15, 23, 25, 27, 31, 33, 37, 47, 49, 55, 68, 72, 74, 76, 78, 80, 82, 84, 99, 107.]

Das Tierreich v. Heck, Paul Matschie, v. Martens, Schäff, Bruno Dürigen, Ludw. Staby, E. Krieghoff u. a. 1.—25. Hft. (1. Bd. II, 833 S.; 2. Bd. S. 1—160 m. Abbildgn. u. Tafeln.) [Hft. 1, 5, 9, 13, 21, 29, 35, 40, 42, 44, 46, 48, 50, 52, 54, 56, 58, 60, 62, 64, 66, 97, 103, 109, 111.]

Weltgeschichte v. M. Reymond. 1.—40. Hft. (1. Bd. VII, 959 S.; 2. Bd. VI, 711 S. m. Abbildgn. u. Karten.) [Hft. 4, 8, 12, 16, 18, 20, 22, 24, 26, 28, 30, 34, 36, 38, 41, 45, 51, 53, 59, 61, 65, 67, 69, 71, 75, 77, 79, 81, 86, 88, 90, 92, 94, 96, 98, 100, 102, 104, 106, 108.]

— des Wissens. Gesammt-Subskription. 113.—224. Hft. gr. 8. (M. Abb.) Neudamm 895—898. J. Neumann. à Hft. n. — 30

Entwickelungsgeschichte der Natur von Wilh. Bölsche. 25.—40. Heft. (2. Bd. V u. S. 161—839 m. Abb., Karten u. Taf.) (Heft 113—117, 119, 121, 123, 125, 127, 129, 131, 135, 136, 138, 140.)

Geschichte d. Weltlitteratur u. d. Theaters aller Zeiten u. Völker v. Jul. Hart. 24.—40. Heft. (2. Bd. VIII u. S. 81—1037 m. Abb. u. Taf.) (Heft 118, 120, 122, 124, 126, 128, 130, 132—134, 137, 139, 141, 142, 147, 157, 168.)

Kunstgeschichte v. Max Schmid, nebst Geschichte der Musik u. Oper von Cl. Sherwood. 1. u. 2. Heft. (S. 1—80 mit 1 farb. Tafel.) (Heft 219, 221.)

Länder- u. Völkerkunde von F. W. Lehmann. 1.—21. Heft. (1. Bd. V, 791 S.; 2. Bd. S. 1—48 m. Abb., Karten u. Taf.) (Heft 189—192, 195, 197, 198, 200—205, 207—209, 212—214, 216, 224.

Das Mineralreich von Gürich. 1.—16. Heft. (S. 1—544 mit Abb. u. Taf.) (Heft 178, 180, 184—186, 193—194, 196, 206, 210, 211, 217—218, 220, 222, 223.)

Das Pflanzenreich von K. Schumann u. E. Gilg. 1.—20. Heft. (V, 858 S. m. Abb. u. Taf.) (Lfg. 145, 146, 148—150, 152, 154, 156, 158, 159, 161, 162—167, 169—171.)

Die Physik von H. Maser. Heft 1—5. (S. 1—192 mit Abb. u. Taf.) (Heft 181, 182, 188, 199, 215.)

Das Tierreich von Heck, Paul Matschie, v. Martens, Bruno Dürigen, Ludw. Staby, E. Krieghoff. 26.—40. Heft. (2. Bd. V u. S. 161—1390 m. Abb. u. Taf.) Heft 143, 144, 151, 153, 155, 160, 172—177, 179, 183, 187.)

— des Wissens. 225.—274. Hft. gr. 8. (Mit Abbildgn.) Neudamm 899—902. J. Neumann. à — 50

Gürich, Geo., das Mineralreich. 17.—20. (Schluß-)Hft. (V u. S. 545—754 m. 1 farb. Taf.) (Hft. 225 u. 229—231.)

Lehmann, F. W. Paul, Länder- u. Völkerkunde. 22.—40. (Schluß-)Hft. (2. Bd. VII u. S. 49—854 m. 5 [4 farb.] Taf.) (Hft. 226—228, 234, 237, 238, 240—242, 245—248 u. 256—261.)

Maser, H., die Physik. 6.—12. Hft. (1. Bd. S. 193—448 m. 1 farb. Taf.) (Hft. 236, 244, 250, 253, 267, 269 u. 273.)

Schmid, Max, Kunstgeschichte, nebst Geschichte der Musik u. Oper v. Cl. Sherwood. 3.—15. Hft. (S. 81—576 m. 7 [2 farb.] Taf.) (Hft. 232, 233, 236, 239, 243, 249, 254, 255, 262, 265, 268, 270, 274.)

Vogtherr, Max, die Chemie. 1.—7. Hft. (S. 1—256 m. 2 [1 farb.] Taf.) (Hft. 251, 252, 263, 264, 266, 271, 272.)

— des Wissens. 275—320. (Schluß-)Heft. (Mit Abbildgn.) gr. 8. Neudamm (903—906.) J. Neumann. à — 80

Maser, Herm., Paul Richert, Alex. Kühns, die Physik. 13—20. Heft. (1. Bd. VIII u. S. 449—972, m. 1 Karte.) (Hft. 275, 278, 279, 282—284, 289, 291.)

— — — dasselbe. 21—40. (Schluß-)Heft. 1183 Abbildgn. im Text. 10 Taf. in feinstem Farbendr. (2. Bd. V, 773 S.) (Hft. 295, 298, 302 u. 304—320.)

Schmid, Max, Kunstgeschichte, nebst Geschichte der Musik u. Oper v. Cl. Sherwood. 16—20. (Schluß-)Heft. (XII u. S. 577—842 m. 2 [1 farb.] Taf.) (Hft. 280, 281, 286—288.)

Vogtherr Max, die Chemie. 8—20. Heft. (VII u. S. 257 bis 847.) (Hft. 276, 277, 285, 290, 292—294, 296, 297, 299 bis 301 u. 303.)

Das Werk wird nur noch in geb. Bänden ausgegeben.

Hausschatz des Wissens. Abb. im Text, Taf. Abt. 1–11. ⟨Bd 1–17.⟩ Neudamm: J. Neumann 1893–[1907]. 17 Bde 8° [F.]

Abt 1 ⟨Bd 1 u. 2⟩ — Bölsche, Wilhelm: Entwickelungsgeschichte d. Natur. Bd 1. 1894. 2. 1896.

2 ⟨Bd 3 u. 4⟩ — Maser, Hermann, Paul Richert u. Alexander Kühns: Die Physik. Bd 1. (1904.) 2. [1906.]

3 ⟨Bd 5⟩ — Vogtherr, Max: Die Chemie. [1905.]

4 ⟨Bd 6⟩ — Gürich, Georg: Das Mineralreich. [1899.]

5 ⟨Bd 7⟩ — Schumann, K[arl], u. E[rnst] Gilg: Das Pflanzenreich. (1897.)

6 ⟨Bd 8 u. 9⟩ — Heck, (L[udw.]) (auf d. Umschl. von H. 1–9: Ernst Schäff), Paul Matschie, [Eduard] v. Martens, Bruno Dürigen, Ludwig Staby, E. Krieghoff: Das Tierreich. Bd 1. 1894. 2. 1897.

7 ⟨Bd 10 u. 11⟩ — Lehmann, F[riedrich] W[ilhelm] Paul: Länder u. Völkerkunde. 1. Europa. [1899.] 2. Außereuropa. [1901.]

8 ⟨Bd 12 u. 13⟩ — Reymond, M[or. v.]: Weltgeschichte. Bd 1. 2. 1893.

9 ⟨Bd 14⟩ — Schmid, Max: Kunstgeschichte nebst e. kurzen Abriss d. Geschichte d. Musik u. Oper von Dr. Clarence Sherwood. [1903.]

10 ⟨Bd 15 u. 16⟩ — Hart, Julius: Geschichte d. Weltlitteratur u. d. Theaters aller Zeiten u. Völker. Bd 1. 1894. 2. 1896.

11 ⟨Bd 17⟩ Gesamtreg. zsgest. u. hrsg. von d. Verlagsbuchhandl. [1907.] [08.18837]

— dasselbe. 1., 8., 12., 13. u. 15. Bd. gr. 8. Ebd. 892—894. Geb. in Leinw. à n. 7. 50

1. Entwickelungsgeschichte der Natur v. Wilh. Bölsche. (In 2 Bdn.) Gegen 1000 Abbildgn. im Text. Zahlreiche Taf. in Schwarz- u. Farbendr. 1. Bd. (V, 806 S.)

8. Das Tierreich v. Heck, Paul Matschie, v. Martens, Bruno Dürigen, Ludw. Staby, E. Krieghoff. (In 2 Bdn.) Gegen 1000 Abbildgn. im Text, zahlreiche Taf. in Schwarz- u. Farbendr. 1. Bd. (VI, 832 S.)

12. 13. Weltgeschichte v. M. Reymond. In 2 Bdn. Gegen 1000 Abbildgn. im Text, 10 Karten in Farbendr. (1. Bd. V, 959 S.; 2. Bd. VI, 711 S.)

15. Geschichte der Weltlitteratur u. d. Theaters aller Zeiten u. Völker v. Jul. Hart. (In 2 Bdn.) Gegen 1000 Abbildgn. im Text, zahlreiche Taf. in Schwarz- u. Farbendr. 1. Bd. (VI, 847 S.)

dasselbe. 2., 7., 9. u. 16. Bd. gr. 8. Ebd. à n. 6.—; geb. in Leinw. à n. 7. 50

2. Entwickelungsgeschichte d. Natur von Wilh. Bölsche. (In 2 Bdn.) Gegen 1000 Abb. im Text. Zahlr. Taf. in Schwarz- u. Farbendr. 2. Bd. (V, 839 S.) 895.

7. Das Pflanzenreich von K. Schumann u. E. Gilg. (V, 858 S. m. üb. 500 Abb. u. 6 farb. Taf.) 896.

9. Das Tierreich. Von Heck, Matschie, v. Martens, Bruno Dürigen, Ludw. Staby, E. Krieghoff. (In 2 Bdn.) M. 1455 Abb. im Text. Zahlr. Taf. in Schwarz- u. Farbendr. 2. Bd. (V, 1390 S.) 897.

16. Geschichte der Weltlitteratur u. d. Theaters aller Zeiten u. Völker von Jul. Hart. (In 2 Bdn.) Gegen 1000 Abb. im Text. Zahlr. Taf. in Schwarz- u. Farbendr. 2. Bd. (VIII, 1037 S.) 896.

— dasselbe. IV. Abtlg. 6. Bd. u. VII. Abtlg. 10 u. 11. Bd. gr. 8. Ebd. Geb. in Leinw. à n. 7. 50

IV. 6. Das Mineralreich. Von Geo. Gürich. 621 Abbildgn. im Text, 8 Taf. u. Beilagen in Schwarz- u. Farbendr. (V, 754 S.) 899.

VII. 10. Länder- u. Völkerkunde. Von F. W. Paul Lehmann. (In 2 Bdn.) 1024 Abbildgn. im Text. 11 Taf. in Farbendruck. 1. Bd.: Europa. (V, 791 S.) (898.)

11. Dasselbe. 2. Bd.: Außereuropa. (V, 854 S.) (901.)

— dasselbe. Abtlg. II. (Bd. 3 u. 4.) Abtlg. III. (Bd. 5) u. Abtlg. XI. (Bd. 14.) gr. 8. Ebd. Geb. in Leinw. à n. 7. 50; erhöht. Pr. à Bd. in Leinw. 9. —; in Halbldr. 11. —

3. Die Physik. Von Herm. Maser, Paul Richert u. Alex. Kühns. (In 2 Bdn.) 1183 Abbildgn. im Texte. 10 Taf. in feinstem Farbendr. 1. Bd. (VIII, 972 S.) (904.)

4. Dasselbe. 2. Bd. (773 S.) (906.)

5. Die Chemie. Von Max Vogtherr. 421 Abbildgn. im Texte. 5 Taf. in Farbendr. (VII, 847 S.) (905.)

14. Kunstgeschichte. Von Max Schmid. Nebst e. kurzen Abriß der Geschichte der Musik u. Oper v. Clarence Sherwood. 411 Abbildgn. im Texte. 10 Taf. in Schwarz- u. Farbendr. (XII, 842 S.) (903.)

— des Wissens. Abtlg. XI (Bd. 17). Gesamtregister, zusammengestellt u. hrsg. v. der Verlagsbuchhandlg. (IX, 330 S.) gr. 8. Neudamm (907). [J. Neumann.] Berlin, Th. Knaur Nachf. 4.50; geb. in Leinw. 6.—; in Halbfrz. 8.—; f. Abnehmer der ganzen Sammlg. unentgeltlich.

Hausschatz-Bibliothek. (Extraabdr. von auserwählten Erzählgn. aus der Zeitschrift: Deutscher Hausschatz in Wort u. Bild.) 1. u. 2. Bdchn. 8. Regensburg, F. Pustet. à 1.50; geb. in Leinw. à n. 2.—
1. Marcia de Laubly. Novelle. Von M. Maryan. Genehmigte Übersetzg. von F. v. Barmen. (428 S.) 902.
2. Der Schutzgeist des Kaisers v. Birma. Reiseerzählung. Von Ugo Mioni. Berechtigte Übersetzg. aus dem Ital. v. Hedw. Berger. (392 S.) 902.

Hausschatz-Bibliothek. (Extraabdr. v. auserwählten Erzählgn. aus der Zeitschrift: Deutscher Hausschatz in Wort u. Bild.) 3—7. Bdchn. 8. Regensburg, F. Pustet à 1.50; geb. in Leinw. à n. 2.—
3. Stolze Seelen. Roman. Von Elise Orzeszko — Die böse Sieben. Roman. (232 u. 192 S.) 903.
4. Fährmannskinder. Roman. Von Ant. Schott. — Auf der Tauernhöhe. Eine Wandergeschichte. (306 u. 52 S.) 903.
5. Ein Kreuzweg. Erzählung aus Böhmen. Von Heinr. Baar. — Eine Bettlerin. Erzählung aus Böhmen. Autoris. Übersetzg. aus dem Czech. v. Jos. Vondrák. (170 u. 167 S.) 904.
6. Michels Liebeswerben. Irischer Sittenroman. Von Mrs. Rhys. Autoris. Übersetzg. von Freifrau v. Fircks. (340 S.) 905.
7. Im Lande der Samurai. Roman aus der Geschichte des modernen Japan. Von A. Hruschka. — Das Kreuz im Osten. Episode a. d. russisch-japan. Kriege. (258 u. 52 S.) 906.

Hausschatz-Bibliothek. (Extraabdr. v. auserwählt. Erzählgn. aus d. Zeitschrift: Deutscher Hausschatz in Wort u. Bild.) 8. u. 9. Bdchn. kl. 8. Regensburg, F. Pustet. à 1.50; geb. in Leinw. à n 2.10
Schlippenbach, Freifr. G. v. (Herb. Rivulet), Höhenmenschen. Roman. Das Kind u. ich. Novelle. (271 u. 59 S.) 910. (8. Bdchn.)
Walter, J., aus drangvollen Zeiten. Erlebnisse e. Priesters während der französ. Revolution. Nach e. Mskr. erzählt. — Schlippenbach, Freifr. G. v. (Herb. Rivulet), in Dur u. Moll. Novelle. — Schlippenbach, Freifr. G. v. (Herb. Rivulet), Wirrsale. Erzählg. (207, 56 u. 63 S.) 910. (9. Bdchn.)

Hausschatz-Kalender, illustr. für d. katholische Familie. Großer kathol. Unterhaltungs-Kalender, d. auch nach Ablauf d. Jahres s. Werth behält. E. treuer Kamerad f. d. langen Winterabende, f. d. Sonn- u. Festtagsnachmittage u. alle and. Tage d. J. 1899, d. viel Schönes zu erzählen, in trüben Stunden aufzuheitern u. Neues zu berichten weiß. 4. (X, 96 S, S. 33—80, VIII S., S. 33—80, S. 33—96 u. 16 S. m. 3 Farbdr.) Winterberg, J. Steinbrener. Kart. n. 1.20

Hausschatz-Kalender, illustr., f. die katholische Familie. Großer kathol. Unterhaltungs-Kalender, der auch nach Ablauf des Jahres seinen Werth behält. Ein treuer Kamerad f. die langen Winterabende, f. die Sonn- u. Festtagsnachmittage u. alle anderen Tage des J. 1902, der viel Schönes zu erzählen, in trüben Stunden aufzuheitern u. Neues zu berichten weiß. 4. (XVI, 96 S., S. 33—96, S. 33—128, 4 S., S. 129—134 u. 10 S. m. 8 [2 farb.] Taf.) Winterberg, J. Steinbrener. Kart. n. 1.20

Hausschatz-Kalender, illustrierter, f. die katholische Familie. Großer kathol. Unterhaltungs-Kalender, der auch nach Ablauf des Jahres seinen Wert behält. Ein treuer Kamerad f. die langen Winterabende, f. die Sonn- u. Festtagsnachmittage u. alle anderen Tage d. J. 1907, der viel Schönes zu erzählen, in trüben Stunden aufzuheitern u. Neues zu berichten weiß. 3 Bde. (184 S., S. 33—100, 33—96, VI u. 12 S. m. 11 Taf. u. 1 Wandkalender; 128 S., S. 33—100, 33—96, VI u. 12 S. m. 8 Taf. u. 1 Wandkalender u. 128 S., S. 49 bis 144, 97—128, VI u. 12 S. m. 12 Taf. u. 1 Wandkalender.) gr. 8. Winterberg, J. Steinbrener. Geb. à n. 1.20

Hausschatz-Kalender, illustrierter (z. Tl. farbig), f. d. kathol. Familie. Großer kathol. Unterhaltungs-Kalender, der auch nach Ablauf des Jahres seinen Wert behält. Ein treuer Kamerad f. d. langen Winterabende, f. die Sonn- u. Festtagsnachmittage u. alle anderen Tage d. J. 1911, der viel Schönes zu erzählen, in trüben Stunden aufzuheitern u. Neues zu berichten weiß. 3 Bde. 18. Jahrg. (II, 128 S., S. 33—98, 33—96, V u. 13 S. m. Taf. u. Wandkalender, II, 128 S., S. 33—100, 33—96, V u. 13 S. m. z. Tl. farb. Abb., Taf. u. Wandkalender u. II, 128 S., S. 49—144, 97—128, V u. 13 S. m. z. Tl. farb. Abbildgn., Taf. u. Wandkalender.) gr. 8. Winterberg, J. Steinbrener. Geb. in Halbleinw à 1.20

Hausschleicher, der,. Posse in 2 A. v. J. W. v. Schütz. 8. Altona, Bechtold. 801.

Hausschlüssel, der goldene. Er schließt der sorgsamen Hausfrau einen Schatz der ausgewähltesten und doch leicht anwendbarsten Vorschriften über alle Zweige der Hauswirthschaft auf; er lehrt ihr alle Arten Stoffe zu waschen, zu färben und von Obst-, Fett- u. andern Flecken zu reinigen ꝛc. Von der Verf. des Familientisches. Weimar (853.) Rauschke u. Schmidt. 8. (VI, 42 S.) 5 ngl.

Hausschreiber, Der verständige, nach dem neuesten Geschmack als Brieffertiger und Geschäftsmann. Eine praktische Anweisung zur guten Schreibart von Briefen. Hermannstadt [1836]. V: *Hochmeister, Martin.* (PK 2/136) (BIBLPORT)

Haus (-Schul): **Nutzliche und erbauliche Haus- Kunst- und Lust-Schul**
① Darinnen Monathlich allerhand gute Regeln Geheimnüsse und Künste entdecket und getreulich mitgetheilt werden / zu jedermans großem Nutz und Vergnügen ② Fortsetzung der Monathlichen Haus- Kunst- und Lust-Schul (Mai 1733—März 1734) ⑤ April 1733—März 1734 ⑥ 8° ⑦ Monatsblatt ⑧ Basel ⑩ Bericht-Haus zu Basel (Johannes Burckhardt) ⑬ BGSZ: 99 (p. 67—68, Nr. 35) ⑭ Be: L ⑮ Enthält praktische Ratschläge für das häusliche Leben. Anstandsregeln für junge Herren und Damen. Abhandlungen über die Pflichten der Eheleute, Kinder, Dienstboten und Kaufleute.

(U.-Titel:) Geistlicher Hausschutz : unter denen die glorwürdigsten Namen | Jesus, Maria, Josef. *(Text).*
o. O., o. J., 4 S. n. n., 116 × 81.
Diöz.-B. Rottenburg.

Hausschwamm-Forschungen. In amtl. Auftrage hrsg. v. A. Möller. 1—3. Heft. Lex. 8. Jena, G. Fischer. 22.20
1. (IV, 154 S. m. 5 Taf.) 907. 7.20
2. Die Hausschwammfrage v. juristischen Standpunkte. Von K. Dickel. (IV, 110 S.) 909. 3.—
3. Die Lenzites-Fäule des Coniferenholzes. Von Rich. Falck. Mit Zeichngn. v. Olga Theomin. (XXXII, 234 S. m. 24 Abb. u. 7 [3 farb.] Taf.) 909. 12.—

Haussding, Friedrich [Oberl. Dr.]: Bemerkungen zur Atlasfrage. Breslau, Buchdr. Lindner (1889); XVIII S. 4°
Breslau, k. OR, OP 1889 (204)

Haussding, Fridericus: De Demosthene Atheniensium in bello Peloponnesio duce. Halae (1870): Ploetz. 36 S. 8°
Halle-Wittenberg, Phil. Diss. v. 22. Juni 1870
Geb. Drebkau (Niederlausitz) 1. 7. 1845. V.

Haussding, Helene, Gedichte. (80 S.) 8. Leipzig 909. Modernes Verlagsbureau. 2.—; geb. 3.—

HAUSSDORF, Urb. Gottl., Gottgeheiligte Erstlinge christlicher Ehegatten, d. i. christliche Hochzeits- u. Ehestands-Lieder. Budissin 1725. 8°. Sehr selten!
Bibl. J. J. Schwabii II.
— s. a. **Hausdorf.**

Haußdorff, Bernh. Theodor (Bernstad/Laus.), Foeminarum Saxonicarum negotia absque curatoribus valida. Diss. jur. Präs. Tobias Jac. Reinharth. Erfurt (Grosch) 9. II. 1728. 35 Seiten. (6.30) 13587
Gew.: Aug. Christoph Grf. v. Wackerbarth.

Haußdorff, Paul Christian. BREVIA // CONSULUM // LAUBANENSIUM // ENCOMIA, // Oder: // Kurtzgefaste Poetische Lob=Sprüche löbl. Regenten, // Welche sich // Als sorgfältige Väter durch ihre weißliche Regierung // Um die Königl. u. Churfürstl. Sächs. Sechs=Stadt // LAUBAN, // von einigen Seculis her wohl verdient gemacht; // Allwo zugleich // Die beygefügten Historischen Anmerckungen // von den vornehmsten Merckwürdigkeiten // dieser Stadt /// Als ein compendieuses CHRONICON dienen können. // Wohlmeynend ausgefertiget /// Von // M. Paul Christian Haußdorffen /// Lauba-Lusato. // Anno 1719. // Lauban, gedruckt und zu finden bey Nicolao Schillen. - 76 Seiten.

— **Valerius Traugott** (Bernstad/Laus.), De possessione ab onere probationis non relevante. Diss. jur. Rector Christoph Ignaz v. Guden. Präs. Tob. Jacob Reinharth. Erfurt (Grosch) 23. I. 1727. 36 S. (6.—) 13588

Hausse und Baisse oder ein Ehepaar an der Börse, s. Auf den Brettern.

Hausse, Ludw. v. la, wie erkennt man Krankheiten?, s.: Grethlein's praktische Hausbibliothek. 15. Bdchn.

Haus-Segen. Zwölf Bilder (in Kpfrst.) aus dem Leben Jesu nach Gemälden berühmter Meister. Leipzig (855.) Hartung. gr. 4. 1 ℛ 10 ngr; einzelne Bl. à $7\frac{1}{2}$ ngr

CHRISTKATHOLISCHER Haus-Segen des heiligen Apostels Jakobi. Essegg o. J. Gedruckt mit Diwaltischen Schriften. 1 f. - 400 mm

Haussegen, christl., die d. Hausvater d. Hausleuten Abends laut vorbeten soll. 4. Salzb. 808. Duyle, Das Buch. 8 K

Haussegen, Christlicher. Passau 1889. V: *Krick, Lothar.* (Russell XVI, III, 1, 1421)

Haussegen, christlicher, und goldene Lebensregeln. 128. (48 S. mit Illustr.) München 884, Knorr und Hirth.

Haussegen, christlicher, in ausgewählten Morgen- u. Abendgebeten auf die Wochentage u. kirchl. Feste nebst Gebeten für besond. Zeiten u. Lagen. Zu Trost u. Erbauung f. evangel. Christen hrsg. v. Joh. Sam. Sondermann. Prachtausg. in 1 Bd. mit 5 Orig.-Stahlst. u. allegor. Titelbilde. 3. Aufl. 4. (XVI u. 368 S.) Nürnberg 848, Lotzbeck. $1\frac{2}{3}$ ℛ

Haussegen, christlicher, in ausgewählten Morgen- und Abendgebeten auf die Wochentage und kirchl. Feste nebst Gebeten für besondere Zeiten und Lagen. Zu Trost und Erbauung für evangel. Christen hrsg. von Joh. Sam. Sondermann. Prachtausgabe mit 7 Stahlst. und allegor. Titelbilde. 4. Aufl. 1853. 1 Thlr. 20 Ngr., und 5. Aufl. 4. (XX und 400 S.) Nürnberg 856, Lotzbeck.

— christlicher, s. Sondermann.

Haussegen aus Dr. M. Luthers Schriften, s. Pasig.

Haussekretär.—

Haussecretär oder unentbehrlicher Briefsteller, enthalt. alle Arten von Schreiben für alle Fälle im Leben. Von Christian. 16. Ulm 844, Seitz. $\frac{1}{4}$ ℛ

Haus- u. Geschäfts-Secretär für die Großherzogthümer Mecklenburg, enth.: einen reichhaltigen Briefsteller für das Familien- u. Geschäftsleben. Vollständig in 10—12 Liefg. 1.—8. Liefg. gr. 8. Schwerin 845, 846, Kürschner'sche Buchh. à n. $6\frac{1}{4}$ ngr

—— neuer, für die Großherzogthümer Mecklenburg. 9—12. Lfg. gr. 8. (356 S.) Schwerin 847, [Hildebrand.] à Lfg. * $6\frac{1}{4}$ Ngr. *
1—8. Lfg. Ebendas. 1845—46. * 1 Thlr. 20 Ngr.

Haus- u. Geschäfts-Secretair u. rechtskundiger Rathgeber für die Großherzogthümer Mecklenburg. gr. 8. (764 S.) Schwerin 847. (Hildebrand.) n. 3 ℛ

Haussekretair, der, für Handwerker und Gewerbtreibende. Bearb. und herausg. von einer Gesellschaft Juristen, Gelehrter, Kaufleute und Innungs-Vorstände. 2 Bde. Berlin (854.) Preuß. Literatur-Comtoir. (Streerath u. Co.) 8. (512; 512 S.) n. 1 ℛ 24 ngr

Haussecretär, der nassauische. Ein gemeinfaßl. Hand- u. Nachschlagebuch für die prakt. Rechts-, Lebens- u. Verkehrsverhältnisse. 2 Abthlgn. Wiesbaden 865. Limbarth. Lex.-8. (500 S.) n. 2 ℛ

Haus- und Geschäfts-Secretair, neuester. Ein praktisches Formularbuch zu schriftlichen Abfassungen in allen Lebens-Verhältnissen. Berlin 863. Schlingmann. 16. (IV, 188 S.) 10 ngr.

Haussecretair, neuester österr., in schriftl. Aufsätzen, od. Musterbuch zur Abfassung aller im Geschäfts- u. gemeinen Leben, so wie freundschaftl. Verhältnissen vorkommenden Aufsätze. Nebst e. deutschen u. französ. Titularbuche. Von Fr. H. B... h. gr. 8. Kaschau 828. 2e Aufl. 832. (Pesth, Wigand). 1 ℛ 12 K

Haus-Secretair, neuester, in schriftl. Aufsätzen, oder Musterbuch zur Abfassung aller im Geschäfts- u. gemeinen Leben, so wie in freundschaftl. Verhältnissen vorkomm. Aufsätze. Ein Hand- und Hülfsbuch für Personen jeden Standes. Enthalt.: Ueber den Briefstyl überhaupt, dann Förmlichkeiten u. äußerer Wohlstand der Briefe; Titulatur: an Weltliche, Geistliche, Frauenzimmer und an Stellen; Glückwünschungsbriefe, zu Geburts-, Namens- und Neujahrstagen, zu Verehelichungen, Geburten, Beförderungen u. anderen Gelegenheiten rc. Nebst einem deutschen u. franz. Titulatur-Buche rc. 4e ganz umgearb. Aufl. gr. 8. Pesth 840. Heckenast. $1\frac{1}{3}$ ℛ

— d. prakt., für verschied. Gattungen Menschen. 8. Wien 794. Gerold. 20 K

— der, für die Schweiz, oder Musterbuch zur Abfassung aller im Geschäfts- u. gewöhnl. Leben, so wie in freundschaftl. Verhältnissen vorkomm. Aufsätze. Ein Handbuch für alle Stände. 2. unveränd. Aufl. 3 Hefte. gr. 8. Zürich 841, Schultheß. 1 ℛ — Supplement. gr. 8. Ebd. 844. $\frac{3}{8}$ ℛ

Haus=Secretair, der unterweisende, für das Königr. Sachsen. Ein Handbuch für alle Stände über die wichtigsten Theile des öffentl. Geschäftslebens, den täglichen Verkehr, die Verfassung, Verwaltung und Mittel des Staates, so wie über die Rechte u. Pflichten seiner Bewohner. In Verbindung mit einer theoret.=prakt. Anleitung zur Abfassung aller Arten schriftl. Aufsätze. Nebst e. Verdeutschungs=Wörterbuche der in der Gerichts=, Umgangs= u. Kunstsprache häufig vorkomm. fremden Ausdrücke u. Redensarten. Nach den besten Quellen bearb. von e. Sächs. Gelehrten. (I.) 1e — 7e Lfrg. u. II. 1e — 4e Lfrg. gr. 8. Leipzig 835. Staritz. (à Lfrg. 1/4 ℛ) 2 1/4 ℛ — 12e — 15e (u. letzte) Lfrg. A. u. d. T.: Erklärendes Handwörterbuch der in d. Gerichts= u. Umgangssprache vorkomm. Redensarten u. Kunstausdrücke. (4 Hfte.) 2 Thle. gr. 8. Ebd. 835, 36. 1 ℛ

Der unterweisende Haus-Secretair für d. Königr. Sachsen. Ein Handb. für alle Stände. 2 Thle.: Allgem. Theil: Darstell. der Verfass., gemeinnütz. Anstalten u. milden Stiftungen d. Königr. Sachsen, nebst Anleitung zur Fertig. schriftl. Aufsätze. — Besond. Theil. Eine Darstellung der in d. tägl. Leben vorkomm. Rechtsgeschäfte u. Rechtsmittel, nebst e. Anleit. z. Fertig. schriftl., vorzügl. jurist. Aufsätze, u. e. Anh., die Lehre v. Maassen, Gewichten u. Münzen enthalt. Bearb. v. Albert Berger. 2e unveränd. wohlfeile Ausg. *Leipzig*, Polet. (835. 36.) 837. gr. 8. (1 Thlr. 12 Gr.)

— dass. mit dem Anhange: Erklär. Handwörterbuch ꝛc. Ebd. 837. 2 1/4 ℛ (Vergl. Hand=Wörterbuch.)

Haus=Secretär, der unterweisende, für das Königreich Sachsen. Ein nützliches Handbuch für alle Stände, enthaltend die wichtigsten Theile des öffentlichen Geschäftslebens, des täglichen Verkehrs, Verwaltung des Staates, sowie die Rechte u. Pflichten seiner Bewohner. In Verbindung mit einer praktischen Anleitung zur Abfassung aller Arten schriftlicher Aufsätze. 3. gänzlich umgearb. Aufl. (In 12—15. Liefg.) 1—7. Liefg. Leipzig 862. E. Schäfer. gr. 8. (1. Abth.: S. 1—435.) Jede Liefg. 7 1/2 ngr.

Haus=Sekretär, der vollkommene, in der Westentasche. Ein vollständ. Muster=Briefsteller ꝛc. 16. (VIII u. 216 S.) Wien 848. Dorfmeister. (Leipzig, Hunger.) n. 8 ngr

— der wohlunterrichtete, ein kundiger Rathgeber im prakt. Geschäftsleben für alle Arten schriftl. Aufsätze, Briefe, Eingaben, öffentl. Bekanntmachungen ꝛc., zunächst für die Bewohner des Königreichs Sachsen. ... Grimma ... Verlags=Compt. 1/2 ℛ

Haußen, C., der Heilsweg. Ein Handbuch zur Ertheilg. e. erweckl. Religionsunterrichts u. zur eigenen Erbaug. im Anschluß an den v. der Bezirkssynode Wiesbaden hrsg. evangel. Katechismus bearb. gr. 8. (VII, 338 S.) Gotha 892. F. A. Perthes. n. 5.—

HAUSSEN, Johann Salomon: Theoretisch-praktische Anweisung zum Plan- und Situationszeichnen zunächst für Forstmänner, auch für Kameralisten und Ökonomen. Auf die sächsische Zeichenmanier begründet. - Gotha 1822. 62 S., 7 Taf. - (= XII. Tl. 2. Bd. von: Die Forst- und Jagdwissenschaft nach allen ihren Theilen für angehende und ausübende Forstmänner und Jäger. Hrsg. v. J. M. Bechstein, fortges. v. Laurop)

Haußer, J. S., (nach Meusel: Joh. Jul. R. Haußen.) († den 26. Nov. 1827.) theoret.=prakt. Anweis. zum Plan= u. Situationszeichnen, zunächst f. Forstmänner, auch Cameralisten. Mit 7 Kpft. gr. 8. Gotha (822.) Hennings. 1 ℛ 16 gr (A. u. dem T.: Bechstein's Forst= u. Jagdwissenschaft. 12r Thl. 2r Bd.)

— theoretisch=prakt. Anleitung zum Plan= und Situationszeichnen ꝛc. Mit 7 Kpfrtaf. gr. 8. ... Jetzt Hennings u. Hopf in Erfurt. 1 2/3 ℛ

Haußen, K., mehr Ernst gegen die Sünde. Predigt, geh. am 1. I. 1905. (14 S.) 8. Herborn 905. Buchh. des nass. Colportagevereins. — 10

Haußen, K., s.: Rechenheft.

Haußen, K., der Rechenschüler, s.: Dönges, Ph.

Haussener, Jean (Stallmeister im eidgenössischen Remontendepot). Praktische Anleitung im Pferdewesen für Herr u. Knecht zu Stadt u. Land. — Vom eidg. Militärdepartement empfohlen. In-8⁰, 64 S. Bern, E. W. Krebs. 1882. 1 —

Haußener, J., praktische Anleitung im Pferdewesen für Herr u. Knecht zu Stadt u. Land. 3. Aufl. 8. (64 S.) Bern 887. Buchler. n. 1.—

Haussener, Jean. Praktische Anleitung im Pferdewesen für Herr u. Knecht zu Stadt u. Land. 3. Aufl. 8. (64 S.) Bern 891, Michel u. Büchler. * 1 —; französ. Ausg. * 1 —

Haussener, Jean, praktische Anleitung im Pferdewesen f. Herr u. Knecht zu Stadt u. Land. 5. Aufl. 8. (64 S.) Bern 891. Michel & Büchler. n. 1.—; franz. Ausg. n. 1.—

— (maître d'écurie). Guide pratique pour les soins à donner aux chevaux à l'usage du maître et du valet en ville et à la campagne. Recommandé par le département fédérale militaire. In-8⁰, 68 S. Bern, E. W. Krebs. 1882. 1 —

(v. Haussonstamm.) Versuch einer Zusammenstellung der Materialien für das Forschen der Geschichte des Revolutionskrieges i. J.

Haußer, Predigt bei der Eröffnung der schlesischen Provincial=Synode in Breslau am 14. Novbr. 1869 gehalten. Görlitz 870. Wollmann. (16 S.) n. 2 1/2 ngr

Hausser, A. Transport Verwundeter mittels Eisenbahnen. Tarnow. (O. J.)

Hausser, Albert, appr. Tierarzt a. Ludwigsburg: Aus d. Inst. f. Seuchenlehre d. Tierärztl. Hochsch. zu Stuttgart. Vorstand: Zwick. Bakteriologische Untersuchungen über Geflügeldiphtherie. Jena: Fischer 1908. 49 S. 8⁰ ¶(Aus: Centralblatt f. Bakt. etc. Abt. 1. Bd 48, H. 5.)
Gießen, Veterinär-Med. Diss. v. 21. Mai 1909, Ref. Olt
[Geb. 4. Jan. 83 Bissingen; Wohnort: Stuttgart; Staatsangeh.: Württemberg; Vorbildung: Gymn. Ludwigsburg Reife Juni 00; Studium: Stuttgart Tierärztl. Hochsch. 9 S.; Rig. 28. Febr. 08.] [U 09. 1147

Haußer, C., d. Amtsbezirk Schwetzingen. F. d. Unterricht in d. Heimatkunde bearb. gr. 16. (31 S. m. Abb. u. 1 Karte.) Schwetzingen 898. O. Schwarz. n.n. — 25

Haußer, C., Predigt zur Feier der Uebergabe von Paris und des Waffenstillstandes, gehalten am 29. Jan. 1871, Nachm. 4 Uhr in der Schloßkirche zu Pforzheim. gr. 8. (8 S.) Pforzheim 871, Flammer. *

Hausser, Emil Das Bergbaugebiet von Markirch. 4 (19 S.).
Progr. Rsch. (verbunden mit Lateinschulklassen) *Markirch* 1893 (524).
„Die der Abhandlung beigegebene Karte (im Maßstabe von 1:12 500, Größe 68×54 cm.) kann zum Preise von 60 Pf. von dem Verfasser bezogen werden."

Hausser, Emil, das Bergbaugebiet v. Markirch. Progr. gr. 4. (19 S. m. 1 Karte.) Markirch 893. (Strassburg, J. H. E. Heitz.) n.n. 1. 20

Das Bergbaugebiet von Markirch von **Emil Hausser**, Oberl. a. D. Mit 1 Karte. 2. verm. Aufl. *Strassburg: J. H. E. Heitz 1900.* (48 S.) 8°
— Beiträge z. Landes- u. Volkskunde v. Elsass-Lothringen. H. 25.

HAUSSER, Gualb. Balth., Aechte Quellen u. Grundursachen, warum viele Ehen unglücklich gerathen? oder eine zweckmäßige Anweisung für diejenigen, so sich zu verehlichen entschlüssen, samt verschiedenen Gesprächen zwischen einem Seelenhirt u. Brautleuten, welche auch zur Belehrung u. gewöhnlichen Examen vorteilhaft dienen können. Budweis 1793. 8°. Rar! (4 Kr. A. H. Huber, Salzburg, 1908.)

Hausser, J., Schwäbisch-Hall u. seine Umgebung. Ein Führer für Fremde u. Einheimische. Mit einem (lith.) Plan der Stadt, m. Lith., einem Holzschn., einem (lith.) Plan von Wilhelmsglück u. einer (lith.) Karte der Umgegend. gr. 16. (IV, 208 S.) Schw.-Hall 878. German. — Staib in Comm. cart. u.n. 3. —

Haußer, J. J., das neue Wunderhorn. Sammlung von Gedichten f. die deutschen Volksschulen. gr. 16. (VIII u. 188 S.) Schw. Hall 849. (Haspel.) 1/4 ℛ

Haußer, Johann Salomon, s. Haußen, Johann Salomon.

Hausser, Karl, Die technische, kaufmännische und kunstgewerbliche Ausbildung der Handwerker. Eine zeitgemässe Betrachtung mit praktischen Vorschlägen für die Hebung und Besserung der Lage des gewerblichen Mittelstandes. gr. 8°. Dresden, C. O. Lehmann, 1897. 51 S.

Hausser, Carl, der Handwerker auf der Höhe der Zeit. Leitfaden f. die Vorbereitg. zur Meisterprüfg., unter Mitwirkg. v. Fachmännern bearb. (III, 111 S.) gr. 8. Mannheim (903). J. Bensheimer's Verl. Kart. n. 1. —

— Lehr- u. Lesebuch f. bad. Fortbildungsschulen u. z. Selbstbelehrg. gr. 8. (VIII, 223 S.) Mannheim 895. J. Bensheimer's Verl. Geb. in Halbleinw. n. 1. 50

Haußer, Karl, Lehr- u. Lesebuch f. kaufmännische u. gewerbliche Fortbildung. Zum Gebrauche an Handels- u. gewerbl. Fortbildungsschulen u. zur Selbstbelehrg. bearb. 2. Aufl. gr. 8. (VIII, 244 S.) Mannheim 899. J. Bensheimer's Verl. Geb. in Halbleinw. n. 1. 60; in Leinw. n.n. 2. 10

Hausser, M., für Haus u. Herz. Ein Album mit Orig.-Beiträgen deutscher Dichter u. Dichterinnen. 8. (X, 220 S.) Breslau 881. Schletter. geb. n. 5. —

Hausser, M., für Haus und Herz. Ein Album mit Orig.-Beiträgen deutscher Dichter und Dichterinnen. 8. (X, 220 S.) Breslau 882, Schletter'sche Buchh. geb. *

Hausser, M., für Haus u. Herz. Ein Album m. Orig.-Beiträgen deutscher Dichter u. Dichterinnen, gesammelt u. hrsg. 2., verb. Aufl. 8. (X, 228 S. m. e. Portr. in Lichtdr.) Striegau 890. Wattenbach. geb. m. Goldschn. n. 5. —

Haußer, Mathias Frh. von, s. Hauser, Mathias Frh. von.

Häusser, Caroline, s. Häusser, Karoline.

Häusser, Emil

Häusser, E., lebendige Grammatik. Schulmethode f. die leb. Sprachen. gr. 8. (35 S.) Potsdam 902. A. Stein. n. — 80
Sonderabdruck aus: „Der Unterricht".

Der Rabe von Edgar Allan Poe. Zwei metrische Uebersetzungen des Gedichtes von Emil Häußer und Paul Schäfenacker. (Im Anhang drei Gedichte Poe's, übersetzt von Häußer.) 20 S. 4. Großh. Realgymn. *Mannheim* 1906 (zu 779).
Progr.

Haeusser, E., Selbstunterrichtsbriefe f. die englische Sprache, unter Mitwirkung von Fachmännern bearb. 1.—9. Brief. gr. 8. (S. 1—144.) Karlsruhe 890. J. Bielefeld's Verl. 8. 50

Haeusser, E., Selbstunterrichtsbriefe f. die modernen Sprachen, unter Mitwirkg. v. Fachmännern nach eigener Methode bearb. Englisch. 10.—27. Brief. gr. 8. (S. 145—436.) Karlsruhe 891. 892. J. Bielefeld's Verl. à n. 1.— (kplt.: n. 26. 50)

— Selbstunterrichtsbriefe zur Erlernung der englischen Sprache, unter Mitwirkg. v. Fachmännern nach eigener Methode bearb. Englisch. Verf. v. H. u. R. Kron, unter Mitwirkg. v. Christopher Darling, B. A. Verb. Neubearbeitg. 27 Briefe. gr. 8. (434 u. 51 S.) Karlsruhe (901). J. Bielefeld. In Leinw.-Mappe n. 20. —

— u. R. Kron, Methode Haeusser. Selbstunterrichtsbriefe zur Erlerng. der englischen Sprache, verf. unter Mitwirkg. v. Christopher Darling, B. A. (Umschlag: 5. Aufl.) 27 Briefe. (IV, 432 u. 50 S.) gr. 8. Ebd. (904. 905). In Mappe n. 18. —

— u. R. Kron, Methode Haeusser. Selbstunterrichtsbriefe zur Erlerng. der englischen Sprache, verf. unter Mitwirkg. v. Christopher Darling, M. A. 6. Aufl. (400, II u. 50 S.) gr. 8. Ebd. (909). In Mappe 20.—; auch in 26 Briefen à 1.— u. 1 Probebrief — 50

— dasselbe f. die französische Sprache. 1.—8. Brief. gr. 8. (S. 1—128.) Ebd. 890. 7. 50

Haeusser, E., Selbstunterrichtsbriefe f. die modernen Sprachen, unter Mitwirkg. v. Fachmännern nach eigener Methode bearb. Französisch. 9.—32. Brief. gr. 8. (S. 129—512.) Karlsruhe 891—893. J. Bielefeld's Verl. à n. 1.— (kplt.: n. 31. 50)

— dasselbe. 1. Suppl., s.: Kron, R., guide épistolaire.

— dasselbe. Suppl. 2 Briefe. gr. 8. (36 S.) Ebd. 893. n. 2. —

— dasselbe. Fach-Suppl. f. Heer u. Marine. Bearb. unter Mitwirkg. v. Offizieren. 2 Briefe. gr. 8. (40 S.) Karlsruhe 892. J. Bielefeld's Verl. n. 2. —

— dasselbe. Französisch. Verf. v. H. u. R. Kron. Verb. Neubearbeitg. 32 Briefe u. 2 Supplemente. gr. 8. (514 u. 48 S.) Ebd. (901). In Halbleinw.-Mappe n. 25. —

— — dasselbe zur Erlerng. der französischen Sprache unter Mitwirkg. e. französ. Fachmannes verf. (Umschlag: 6. Aufl.) 32 Briefe u. Suppl. I u. II. (IV, 514 u. 48 S.) gr. 8. Ebd. (904. 905). In Mappe n. 22. —

— — Methode Haeusser. Selbstunterrichtsbriefe zur Erlerng. der französischen Sprache, unter Mitwirkg. e. französ. Fachmannes verf. 7. Aufl. (IV, 512, II u. 48 S.) gr. 8. Ebd. (909). In Mappe 22.—; auch in 31 Briefen u. 2 Suppl. à 1.— u. 1 Probebrief — 50

— dasselbe f. die italienische Sprache. 1.—9. Brief. gr. 8. (S. 1—144.) Ebd. 890. 8. 50

— dasselbe. Italienisch. 10.—24. Brief. gr. 8. (S. 145—392.) Ebd. 891—893. à n. 1.— (kplt.: n. 23. 50)

— dasselbe. Italienisch. Bearb. unter Mitwirkg. v. C. B. Giusti. 3. Aufl. 24 Briefe. (392 S.) Ebd. (901). In Halbleinw.-Mappe n. 18.—

Haeusser, E., Methode Haeusser. Selbstunterrichtsbriefe zur Erlerng. der italienischen Sprache, verf. unt. Mitwirkg. v. C. B. Giusti. (Umschlag: 4. Aufl.) 24 Briefe. (IV, 392 S.) gr. 8. Karlsruhe (904. 905). Freiburg i. B. J. Bielefeld. In Mappe n. 16.—

— u. C. B. Giusti, Methode Haeusser. Selbstunterrichtsbriefe z. Erlerng. der italien. Sprache. Neue Bearbeitg. (IV, 392 S. m. 1 Taf.) gr. 8. Ebd. (909). In Mappe 20.—; auch in 23 Briefen à 1.— u. 1 Probebrief — 50

— u. J. Raikin, Selbstunterrichtsbriefe f. die russische Sprache, unter Mitwirkung von Fachmännern bearb. 1.—19. Brief. gr. 8. (S. 1—304.) Ebd. 890. 18. 50

— u. J. Raikin, Selbstunterrichtsbriefe f. die russische Sprache, unter Mitwirkg. v. Fachmännern bearb. 20.—32. Brief. gr. 8. (S. 305—512.) Ebd. 891. à n. 1.— (kplt.: n. 31. 50)

— — dasselbe. Suppl. 3 Briefe. gr. 8. (52 S.) Ebd. 891. n. 3.—

— — dasselbe. Fach-Suppl. f. Heer u. Marine. Bearb. unter Mitwirkg. v. Offizieren. 2 Briefe. gr. 8. (36 S.) Ebd. 892. n. 2.—

— u. J. Raikin, Methode Haeusser. Selbstunterrichtsbriefe zur Erlerng. der russischen Sprache, unter Mitwirkg. v. Fachmännern bearb. (Umschlag: 3. Aufl.) 32 Briefe u. 3 Suppl. (IV, 512 u. 52 S. m. Fig. u. 3 Taf.) gr. 8. Ebd. (904. 905). n. 25.75; Mappe dazu n. 1.25; auf einmal bezogen n. 25.—

— u. J. Raikin, Methode Haeusser. Selbstunterrichtsbriefe zur Erlerng. der russ. Sprache, unter Mitwirkg. v. Fachmännern bearb. Neubearbeitg. v. O. Pirrß. (IV, 512 u. 52 S. m. 4 Taf.) gr. 8. Ebd. (909). In Mappe 30.—; auch in 31 Briefen u. 3 Suppl. à 1.— u. 1 Probebrief — 50

— dasselbe f. die spanische Sprache. 1.—9. Brief. gr. 8. (S. 1—144.) Ebd. 890. 8. 50

— dasselbe. Spanisch. 10.—25. (Schluss-)Brief. gr. 8. (S. 145—400.) Ebd. 891—894. à n. 1.— (kplt.: n. 24. 50)

— dasselbe zur Erlerng. der spanischen Sprache, bearb. unt. Mitwirkg. v. Eduardo Kirchner. (Umschlag: 2. Aufl.) 25 Briefe. (IV, 320 S.) gr. 8. Ebd. (904. 905). n. 18.50; Mappe dazu n. 1.25; auf einmal bezogen n. 18.—

Haeusser, E., Methode Haeusser. Selbstunterrichtsbriefe z. Erlerng. d. span. Sprache. Neubearb. v. Leiffholdt. (IV, 400 S. m. 1 Taf.) gr. 8. Freiburg i/B. (909). J. Bielefeld. In Mappe 20.—; auch in 24 Briefen à 1.— u. 1 Probebrief — 50

Häusser, Emil: Mündlich-Grammatische Sprach- und Sprechmethode für den Schulunterricht in den lebenden Sprachen. Hrsg. von Prof. Paul Schäfenacker. Mannheim 1908: Boos. 20 S. 4°

Mannheim, großh. RG P 1908 (817) [S 08. 358

Häußer, F.: Die chemische Verwertung des Stickstoffs.
Dortmund, 1910. 24 S.

Häusser, F[riedrich], Kgl. Lehrer an d. Industriesch. Kaiserslautern: Untersuchungen über explosible Leuchtgas-Luftgemische. 1905. 41 S., 1 Taf. 4° ¶ Auch in: Mitteilungen über Forschungsarbeiten auf d. Gebiete d. Ingenieurwesens. H. 25; Ausz. in: Zeitschrift d. Vereines deutscher Ingenieure. Bd 50. 1906, Halbj. 1.
München, Dr.-Ing.-Diss. v. 28. 7. 1904

Häusser, Friedrich Emil

— Shakespeare's Julius Cäsar. Dramaturgische Taf. Fol. Ebend. 878. n. — 25

Haeusser, Frdr. Emil, Goethe's Iphigenie auf Tauris. Dramaturgische Taf. Fol. Mannheim 878. Bensheimer. n. — 25

— Literatur-Taf. der deutschen Classiker. Imp.-Fol. Ebend. 878. n. — 25

— Schiller's Maria Stuart. Dramaturgische Taf. Fol. Ebend. 878. n. — 25

— Lessing's Minna von Barnhelm. Dramaturgische Taf. Fol. Ebend. 878. n. — 25

— das Rheingold. Vorspiel zu der Trilogie: Der Ring der Nibelungen von Rich. Wagner. In Prosa erzählt zur Einführung in das Textbuch u. mit einer den Inhalt des Stückes übersichtlich darstellenden [dramaturg.] Taf. (in qu. gr. Fol.). gr. 8. (17 S.) Ebend. 879. n. — 50

— Schiller's Wilhelm Tell. Dramaturgische Taf. Fol. Ebend. 878. n. — 25

— die Walküre. 1. Tag aus der Trilogie: Der Ring des Nibelungen von Rich. Wagner. In Prosa erzählt zur Einführung in das Textbuch u. mit einer den Inhalt des Stückes übersichtlich darstellenden [dramaturg.] Taf. (in qu. gr. Fol.). gr. 8. (23 S.) Ebend. 878. n. — 50

— die Walküre. Erster Tag aus der Trilogie: Der Ring des Nibelungen von Rich. Wagner. In Prosa erzählt zur Einführung in das Textbuch und mit einer den Inhalt des Stückes übersichtlich darstell. [dramaturg.] Taf. (in qu. gr. Fol.). gr. 8. (23 S.) Ebendas. 879. * — 50

Häußer, Caroline, der Bergschreck, s. Universal-Bibliothek Nr. 2349.

Häußer, Caroline (Caroline Eichler), der Bergschreck. Volksstück m. Gesang in 4 Akten. Musik v. Herm. Müller. gr. 8. (73 S.) München 887. (Rubinverlag.) n. 1.

Häusser, Caroline, Dämmer-Stunden. Gedichte. 8. (IV, 76 S.) München 884, Staegmeyr'sche Verlagsh.
geb. mit Goldschn. *

—— Grüße aus Nord und Süd. Novellen-Cyclus. 10 Lfgn. oder 2 Bde. 8. (346 S.) München 885, Staegmeyr.
[à Lfg. ** 40 Pf.; à Bd. * ℳ 2.—.] à Bd. * 50 Pf. *

—— 's Resei. Genrebild aus dem Gebirge. Musik von Karl Menter. 8. (82 S.) (Ebendas.) 884. *

— 's Resei. Genrebild aus d. Gebirge. Musik v. Karl Menter. 8. (32 S.) Ebd. (898.) n. 1. —

Häusser, Ldw., die Anfänge der klassischen Studien zu Heidelberg. Beitrag zur pfälzischen Gelehrtengeschichte. Festgabe zur Feier der 40jähr. Anwesenheit Friedr. Creuzers. gr. 8. Heidelberg 844, Mohr. 1/4 Thlr

Haeusser, [Ludwig]: Bericht des Ausschusses des Deutschen Abgeordnetentages über das oesterreichische Reformprojekt (Reformakte) erstatt. in d. Sitz. d. Abgeordnetentag. zu Frankfurt a. M. am 21. Aug. 1863. Berlin 1863.

Häusser, Ludw., zur Beurtheilung Friedrichs des Großen. Sendschreiben an Dr. Onno Klopp. Heidelberg 862. J. C. B. Mohr. gr. 8. (76 S.) n. 10 ngr

Häusser, Ludw., Denkwürdigkeiten zur Geschichte der Badischen Revolution. gr. 8. (VI u. 679 S.) Heidelberg 851, C. F. Winter. n. 1 Thlr 26 ngr

Häusser, Ludw., deutsche Geschichte vom Tode Friedrichs des Großen bis zur Gründung des deutschen Bundes. 4 Thle. Berlin 854—57. Weidmann. gr. 8. 12 Thlr 22 1/2 ngr
1. Thl.: Bis zum Frieden von Basel. (1795.) 854. (XV, 683 S.) 3 Thlr
2. Thl.: Bis zu den Schlachten von Jena und Auerstädt. (14. Oktbr. 1806.) 855. (XVI, 803 S.) 3 Thlr 15 ngr
3. Thl.: Bis zu Napoleons Flucht aus Rußland (1812). 856. (XV, 676 S.) 3 Thlr
4. Thl.: Bis zur Bundesacte vom 8. Juni 1815. 857. (XII, 835 S.) 3 Thlr 7 1/2 ngr

Häusser, Ludw., Deutsche Geschichte vom Tode Friedrichs des Grossen bis zur Grundung des deutschen Bundes. 2., veränd. u. vermehrte Aufl. 4 Bde. Berlin, Weidmann, 1859—60. Gr. 8°. Eleg. Hschwsldrbde.
„Das Hauptwerk über die bezeichnete Epoche, welches die erste genaue, ausführl. u. kritisch gesichtete Geschichte der für Deutschland so wichtigen Zeit gibt. – Eine ehrenvolle Anerkennung wurde dem Vf. durch Zuerkennung des grossen Wedekindischen Preises für das beste deutsche Geschichtswerk zu Theil." (Klüpfel.)
„Nicht umgearb., aber im Einzelnen vielfach stilistisch verbess. u. stofflich ergänzte Auflage. Am meisten Neues findet sich im 4. Bde., sowohl in Beschreibung der Schlachten, als in Darlegung der polit. u. diplomat. Vorgänge." (K.)
1: X—542 S. 2: XIV—641 S. 3: XI—542 S. 4: XIV—697 S.
Die erste Ausgabe erschien 1654—57, die dritte 1851—63, die vierte 1869.

—— deutsche Geschichte vom Tode Friedrichs des Großen bis zur Gründung des deutschen Bundes. 3., verb. und verm. Aufl. 2.—8. Halbbd. gr. 8. (1. Bd. XI und S. 289—598., 2. Bd. XX und 750 S., 3. Bd. XI und 578 S., 4. Bd. X und 711 S.) Berlin 862,63, Weidmann'sche Buchh. à Halbbd. * 25 Ngr.
. 1. Halbbd. Ebendas. 1861. * 25 Ngr.

Häusser, Ludw., deutsche Geschichte vom Tode Friedrichs des Großen bis zur Gründung des deutschen Bundes. 4. unveränd. Aufl. 4 Bde. Berlin 869. Weidmann. gr. 8. (1. Bd. 598 S.; 2. Bd. XX, 750 S.; 3. Bd. XI, 578 S.; u. 4. Bd. X, 711 S.) n. 6 Thlr 20 ngr

— Geschichte der rheinischen Pfalz auf ihren politischen, kirchlichen u. literar. Verhältnissen. (In 2 Bden.) 1. u. 2. Bd. gr. 8. Ebend. 845. Subscr.-Preis n. 2 1/3 Thlr

— Geschichte der rheinischen Pfalz nach ihren politischen, kirchlichen u. literarischen Verhältnissen. 2. (Titel-) Ausg. (In 10 Liefgn.) 1. 2. Liefg. Heidelberg (845.) 856. Mohr. gr. 8. (1. Bd.: S. 1—320.) Jede Liefg. n. 10 ngr

— Geschichte der französischen Revolution 1789—1799. Hersg. von Wilh. Oncken. Ebend. 867. gr. 8. (XXIV, 607 S.) 2 Thlr 22 1/2 ngr

Häusser's, Ludw., Geschichte der französischen Revolution 1789—1799. Hrsg. von Wilh. Oncken. 2. Aufl. gr. 8. (XXIV, 606 S.) Berlin 877. Weidmann. n. 8. —

Häusser's, Ludw., Geschichte der französischen Revolution. 1789—1799. Hrsg. v. Wilh. Oncken. 3. Aufl. gr. 8. (XXIV, 606 S.) Berlin 891. Weidmann. n. 12. —

— Geschichte des Zeitalters der Reformation 1517—1648. Hersg. von Wilh. Oncken. Ebend. 868. gr. 8. (XXIV, 867 S.) 3 Thlr 22 1/2 ngr

— Geschichte des Zeitalters der Reformation 1517—1648. Hrsg. von Wilh. Oncken. 2. Aufl. gr. 8. (XII, 816 S.) Ebend. 879. n. 12. —

Häusser, Ludwig. Ludwig Häussers Geschichte des Zeitalters der Reformation 1517—1648. Hrg. von Wilhelm Oncken.... 3. Aufl. XVI + 816 S. 8. Berlin, Weidmann, 1903. [M. 12.—]

— über die Teutschen Geschichtsschreiber vom Anfange des Frankenreichs bis auf die Hohenstaufen. gr. 8. Heidelberg 839. Mohr. 1/2 Thlr

Haeusser, Ludwig [aus Heidelberg, Assistenzarzt an d. K. psychiatr. Klinik]: Aus d. K. psychiatr. Klinik zu Greifswald. Gicht und Psychose. . . . Greifswald, Druck v. Julius Abel, 1890; 20 S. 8°
Greifswald, Med. Fak., Inaug.-Diss. v. 27. Febr. 1890

— s. Lesebuch der poet. National-Literatur d. Deutschen, 2. Thl.

Häusser, Ludwig (Hrsg.), s. List, Friedrich: Gesammelte Schriften.

— die Reform des deutschen Bundestags. Eine Berichterstattung an die in Frankfurt a. M. versammelten Abgeordneten. Frankfurt a. M. 863. Boselli. gr. 8. (16 S.) n. 4 ngr

Häusser, Ludwig. Ueber die Regierung Karl Friedrichs. (Rede zum Geburtsfeste des höchstseligen Großherzogs Karl Friedrich von Baden und zur akademischen Preisvertheilung am 22. November 1864.) Heidelberg 1864. 35 S. 4.

Häusser, Ldw., die Sage vom Tell, auf's Neue kritisch untersucht. Eine von der philosoph. Facultät der Universität Heidelberg gekrönte Preisschrift. gr. 8. Heidelb. 840. Mohr. 2/3 Thlr

Häusser, Ludwig. Schleswig-Holstein, Dänemark und Deutschland. Kurze Darstellung ihres geschichtlichen Verhältnisses. Heidelberg, C. F. Winter 1846. 53 S. 8.

Schleswig-Holstein, Dänemark und Deutschland. Kurze Darstellung ihres geschichtlichen Verhältnisses. Von Ludwig Häusser. Heidelberg. 1846. 12°.
—— 2. Aufl. Heidelberg. 1846.

— gesammelte Schriften. (In 4 Bdn.) 1. u. 2. Bd. Zur Geschichts-Literatur. gr. 8. (VIII, 792 u. V, 847 S.) Ebend. 869, 70. n. 8 Thlr 25 ngr

—— Gesammelte Schriften. In 4 Bdn. 1. und 2. Bd.: Zur Geschichts-Literatur. gr. 8. Berlin, Weidmann'sche Buchh. [1. Bd. (VIII, 792 S.) 869. (*M 13.); 2. Bd. (V, 847 S.) 873. (*M 13,50.)] à Bd. *M 14. *

— Karl Freiherr vom Stein. Eine Skizze. Mit dem Portr. Stein's (in Holzschn.). 859. — 2. Aufl. Leipzig 861. Weber. gr. 8. (14 S.) n. 2½ ngr

Häusser, Nic., der Schwerenöter u. andere Humoresken. 8. (69 S.) Berlin (902). C. Messer & Co. — 50

Häussermann, J[ohannes], aus Stuttgart: Ueber die **Produkte** der Chlorwasserstoffentziehung aus Säurechloriden unter besonderer Berücksichtigung der Einwirkung tertiärer Basen. *Tübingen: F. Pietzcker 1902.* (60 S.) 8°
Tübingen, Naturw. Diss. v. 1902

Häussermann, Karl

Häussermann, d. Elektricität im Dienste d. chem. Industrie. Rede, geh. z. Feier d. Geburtsfestes d. Königs an d. techn. Hochschule Stuttgart am 25. Febr. 1895. gr. 8. (16 S.) Stuttgart 895. K. Wittwer. n. — 80

Häussermann, C., industrielle Feuerungsanlagen. 1. Hälfte. gr. 8. (IV, 79 S. m. 72 Fig.) Stuttgart 894. J. B. Metzler's Verl. n. 4. —

— industrielle Feuerungsanlagen. 2. Hälfte. gr. 8. (V u. S. 81—152 m. Fig.) Stuttgart 897. J. B. Metzler's Verl. n. 4. —

Haeussermann, Carl, s.: Handwörterbuch, neues, der Chemie.

Häussermann, Carl, die Industrie der Theerfarbstoffe. Übersichtlich dargestellt. gr. 8. (III, 96 S.) Stuttgart 881. Metzler's Verl. n. 3. —

Häussermann C, A Nobel u d. Erfind. d. Nitroglycerinpulv. (11 S) Stuttgart 1904

— Sprengstoffe u. Zündwaaren. Uebersicht üb. die bis zum 26. Juni 1893 ausgegebenen deutschen Patentschriften in Klasse 78. gr. 8. (IV, 133 S. m. Abbildgn.) Ebd. 894. n. 4. —

Häussermann C, Wesen und Wirkungsweise der modernen Explosivstoffe. (8 S) Stuttgart 1903

Haussez, Charles le Mercher de Longpré B^on d'

Voyage d'un exilé de Londres a Naples et en Sicile, en passant par la Hollande, la Confédération Germanique, le Tyrol et l'Italie. Par le B^on d'Haussez. T. 1.2. Bruxelles: Dumont 1835. 8°

v. Haussez, Baron ..., Reise eines Verbannten durch Holland, Rheinpreußen, Nassau, die Großherzogthümer Hessen u. Baden, Würtemberg, Baiern, Tyrol nach Italien und Sicilien. Mit Anmerkk. deutsch bearb. von Fd. Frhrn. von Biedenfeld. 2 Thle. gr. 8. Weimar 835. Voigt. 3 ß

Haussig, J.: Bericht des deutschen Vereins f. Jugendsparkassen.

[J.] Die Schulsparkassen. Von Pfarrer **Haussig** in Wandlitz ... *Bielefeld: A. Helmich [1897].* (11 S.) 8.
— Abhandlungen, Pädagogische. N. F. Bd 1. H. 7. [St. 2015

Hausknecht, Georg [aus Berlin]: Ueber die negative Natur organischer Radikale. Ueber die Constitution gemischter Azoverbindungen. Einige neue Reaktionen des Phenylhydrazins.... Göttingen, Druck d. Dieterich'schen Univ.-Buchdr. (W. Fr. Kaestner), 1889; 41 + 1 S. 8°
Göttingen, Phil. Fak., Inaug.-Diss. v. 6. März 1889

Haussknecht, G., üb. die negative Natur organischer Radikale. Ueber die Constitution gemischter Azoverbindungen. Einige neue Reaktionen d. Phenylhydrazins. Inaug.-Diss. gr. 8. (41 S.) Göttingen 889. (Vandenhoeck & Ruprecht's Verl.) n. 1. —

Haussknecht, Karl

— Ein Beitr. z. Flora d. Fichtelgebirges. (S. 123—139.) gr. 8. Ebd. 902. — 50

Haussknecht, C., drei neue Cruciferen-Gattungen, der orientalischen Flora. (S. 68—76.) gr. 8. Weimar 897. (C. Steinert.) — 50
2 Sonderabdrucke aus: „Mitteilungen d. thür. botan. Vereins".

Haussknecht, C., Monographie der Gattung Epilobium. Imp.-4. (IX, 318 S. mit 23 Stnt. und Verbreitungstabelle.) Jena 884, Fischer. *

— Systematische u. floristische Notizen. (S. 21—34.) gr. 8. Ebd. 895. — 50

— Symbolae ad floram graecam. Aufzählung der im Sommer 1885 in Griechenland gesammelten Pflanzen. 7 Hfte. (215 S. u. S. 18—77.) gr. 8. Ebd. 893—99. 6. —
2 Sonderabdrucke aus „Mitteilgn. d. thür. botan. Ver."

Haußknecht, [Otto]: [Professor Baumeister Hieronymus † 28. Oktober 1900.] S. 19—20. 4.
Progr. Kgl. Ober-Realschule *Gleiwitz* 1901 (242).

[J.] **Haussknecht**, *Otto* [Prof. Dr., Vertr. d. Dir.]: Berechtigungen der Ober-Realschüler auf Grund erlangter Zeugnisse. — Berechtigung der Fachschüler, insofern dieselben im Besitz des Berechtigungsscheines für den einjährig-freiwilligen Militärdienst sind. Gleiwitz, Neumanns Stadtbuchdr., *1893;* 37—39 S. 4.
Gleiwitz O/S., k. OR u. techn. Fach-S, OP 1893 (228)

[J.] **Haussknecht**, *Otto* [Prof. Dr., Dir.]: *Bericht über seine Einführung als Direktor der Anstalt.* Gleiwitz, Neumann's Stadtbuchdr., *1895;* 24—25 S. 4.
Gleiwitz O/S., k. OR u. techn. Fach-S, OP 1895 (229)

[J.] **Haussknecht**, *Otto* [Prof. Dr., Dir.]: *Bericht über die Feier des 25jährigen Bestehens der Anstalt und über den Abschied des Direktors Adolf Wernicke.* Gleiwitz, Neumann's Stadtbuchdr., *1895;* 22—24 S. 4.
Gleiwitz O/S., k. OR u. techn. Fach-S, OP 1895 (229)

Haussknecht, Otto *(geb. Berlin 22. 6. 1844)*: Ueber einige Derivate der Erucasäure. Breslau 1869. (60 S.) 8°
Breslau, Phil. Diss. v. 27. Juli 1869

Haussknecht, Otto [Prof. Dr.]: Ein Gang durch die elektrische Ausstellung in Frankfurt a/M. 1891. (Zwei Vortr., geh. am 2. u. 11. Dez. 1891 im Gewerbe-Ver. zu Gleiwitz.) Gleiwitz, Neumann's Stadtbuchdr., *1892;* 31 S. 4.
Gleiwitz O.S., k. OR u. techn. Fach-S, OP 1892 (213)

Haussknecht, Otto, Lehrbuch der Chemie und chemischen Technologie für Real-Gymnasien, Ober-Real- und Gewerbe-Schulen. Zugleich ein Leitfaden bei Vorlesungen und beim Selbststudium. gr. 8. (XV, 469 S. mit 86 in den Text eingedr. Fig.) Hamburg 883, Voss. *

[F.] **Haussknecht,** *Otto* [Prof. Dr., Dir.]: *Die Stiftungen und Stipendien der kgl. Ober-Realschule.* Gleiwitz, Neumann's Stadtbuchdr., *1895;* 34—35 S. 4.
Gleiwitz O/S., k. OR u. techn. Fach-S, OP 1895 (229)

[F.] **Haussknecht,** *Otto* [Prof. Dr., Dir.]: *Geheimer Regierungsrath Direktor a. D. Adolf Wernicke, gest. am 5. Okt. 1895.* Gleiwitz, Neumann's Stadtbuchdr., *1896;* 22—24 S. 4.
Gleiwitz O/S., k. OR u. techn. Fach-S, OP 1896 (230)

Haussknecht, W. [cand. chem. aus Berlin]: **I. Untersuchungen uber den flussigen und festen Phosphorwasserstoff. II. Ueber den Ersatz der Amidogruppe im Anilin und seinen Homologen durch Halogen und Rhodan.** . . . Berlin, A. W. Schade's Buchdr. (L. Schade), 1890; 39 S. 8°
Heidelberg, Phil. Fak., Inaug.-Diss. v. 13. Mai 1890

Haussleiter, Friedrich: Über Fragen der Sittlichkeit bei Sophokles und Euripides. Erlangen 1908: Jacob. VI, 101 S. 8°
Erlangen, Phil. Diss. v. 6. Okt. 1908, Ref. Roemer
[Geb. 25. Nov. 82 Kronach; Wohnort: Antwerpen; Staatsangeh.: Bayern; Vorbildung: Altes Gymn. Nürnberg Reife Juli 01; Studium: Erlangen 5, Berlin 1, München 4 S.; Rig. 26. Juli 07.] [U 09. 825

Haußleiter, Gottlob

Haußleiter, G., deutsch-evangelische **Aufgaben** in unsern Kolonien. Vortrag, geh. bei der 21. Generalversammlg. des Evangel. Bundes in Braunschweig am 6. X. 1908. (15 S.) 8. Leipzig (908). Halle, Verlag des Evangel. Bundes. nn — 10

— dasselbe, s.: **Aufgaben,** deutsch-evangelische im Auslande u. in Österreich.

Haußleiter, G., zur Eingeborenen-Frage in Deutsch-Südwest-Afrika. Erwägungen u. Vorschläge. (48 S.) 8. Berlin 906. M. Warneck. n. — 40
Sonderabdruck aus: „Allg. Missions-Ztschr."

— Die evangel. **Mission** in den deutschen Schutzgebieten. Vortrag, geh. bei der 23. Generalversammlg. d. evangel. Bundes in Chemnitz am 27. IX. 1910. (24 S.) 8. Halle 910. Verlag des ev. Bundes. — 25

Haußleiter, Heinrich: Zur Theorie der Pfaffschen Systeme. Berlin: Trenkel 1909. 59 S. 8°
Greifswald, Phil. Diss. v. 17. Mai 1909, Ref. Engel
[Geb. 17. Okt. 86 Erlangen; Wohnort: Greifswald; Staatsangeh.: Preußen; Vorbildung: Gymn. Greifswald Reife O. 05; Studium: Greifswald 2, Göttingen 1, Greifswald 4 S.; Rig. 6. Febr. 09.] [U 09. 1527

Haußleiter, J., die Brüder Grimm in ihrer Bedeutung für das deutsche Volk. Ein Vortrag. 8. (26 S.) [Nördlingen 885.] München, Beck'sche Verlagsh. *

Haussleiter, Johs., d. Aufbau d. **altchristlichen Literatur.** Eine krit. Untersuchg., nebst Studien zu Cyprian, Victorinus u. Augustin. [Aus: „Gött. gelehrte Anzeigon".] Lex.-8. (45 S.) Berlin 898. Weidmann. n. 1. —

Haußleiter, Johs., die **Autorität** der Bibel. 6 Vorträge, im Greifswalder Ferienkurs f. Lehrer u. Lehrerinnen geh. (V, 77 S.) 8. München 905. C. H. Beck. n. — 80

Beiträge zur Würdigung der Offenbarung des Johannes und ihres ältesten lateinischen Auslegers, Victorinus von Pettau. Rede z. Antritt d. Rektorats d. Univ. Greifswald 1900 von D. Dr. **Johannes Haussleiter,** Prof. *Greifswald: J. Abel 1900.* (20 S.) 8°
— **Festroden** d. **Universität Greifswald.** No 9. [01. 9990

Benennungen der Christen im neuen Testament. Rede z. akad. Feier d. Geburtst. S. M. d. Kaisers . . . am 27. Jan. 1898 v. . . . **Johannes Haussleiter,** o. Prof. . . . in Greifswald. *Greifswald: J. Abel 1898.* (1 Bl., 17 S.) 1 Bd 8.
= **Festroden** d. **Univ. Greifswald.** No 4. [94. 7311

Göttliche Berufung und erziehliche Befähigung der Mutter. Vortrag geh. auf d. 15. Deutschen Ev. Schulkongress zu Ansbach von Prof. D. [Johannes] **Haussleiter**-Greifswald. Berlin [1907]: Gutenberg. 8 S. 8° [10. 10451 9

— s.: **Bibelfrage, die, in der Gegenwart.**

Haußleiter, Johs., der **Buchstabe** tödtet, aber der Geist macht lebendig. Bibelfestpredigt. 8. (15 S.) Riga 892. (L. Hoerschelmann.) n. — 40

Die vier Evangelisten. Vorträge von Prof. D. Dr. [Johannes] **Haussleiter.** München: C. H. Beck 1906. (90 S.) 8° [F.] [06. 3964 9

— s.: **Forschungen** zur Geschichte d. neutestamentlichen Kanons u. der altkirchlichen Literatur.

— die Geschichtlichkeit des Johannesevangeliums, s.: **Hefte** zum „Alten Glauben". 9.

— der **Glaube** Jesu Christi u. der christl. Glaube. Ein Beitrag zur Erklärg. d. Römerbriefes. gr. 8. (IV, 62 S.) Leipzig 891. A. Deichert Nachf. n. — 60

Die Glaubenserziehung, wie sie Jesus geübt hat. Vortrag von D. Dr. J[ohannes] **Haussleiter,** Prof. Leipzig: Dörffling & Franke 1904. (20 S.) 8° [F.]
Aus: Allg. ev.-luth. Kirchenzeitung. [Jg. 37.]

Über die Grundlagen des Lebens Jesu. Von Prof. D. J[ohannes] **Haussleiter**-Greifswald. (Hamburg: Schloessmann 1907.) 37 S. 8° [Kopft.]
Aus: Jesus Christus f. unsere Zeit, dargest. in Vorträgen. 1907. [10. 16937 9

Haussleiter, Johs., Grundlinien der Theologie Joh. Christ. K. v. Hofmanns, s.: **Quellenschriften** zur Geschichte des Protestantismus.

— **Jesus.** 6 Vorträge. (III, 98 S.) 8. München 911. C. H. Beck. 1.20; geb. 1.80

— s.: **Jesus Christus** f. unsere Zeit.

Leben und Werke des Bischofs Primasius von Hadrumetum. — Von Dr. J. **Haussleiter,** Stdl. — 1887, Erlangen, E. Th. Jacob. — S. 3—55.
Progr. Erlangen, K. Gymn.

Haussleiter, J., Leben u. Werke d. Bischofs Primasius v. Hadrumetum. Eine Untersuchung. gr. 8. (55 S.) Erlangen 887. (Metzer.) n. 1. 35

Haussleiter, *Johannes* Leben und Werke des Bischofs Primasius von Hadrumetum. Eine Untersuchung. 8 (55 S.).
Progr. Studienanst. *Erlangen* 1887.
„Schliefslich erkläre ich mein Gymnasialprogr. . . . für antiquiert: die zwei ersten Bogen finden sich unverändert in gegenwärtigem Buche [Forschungen zur Geschichte des neutestamentlichen Kanons und der altkirchlichen Literatur. IV. Teil. Erlangen u. Leipzig 1891], der Rest des Programmes ist in verbesserter Gestalt in die späteren Teile der Arbeit übergegangen." (Verf. l. c. p. V.)

Luther im römischen Urteil. Eine Studie von Prof. Johannes **Haussleiter.** Leipzig: E. F. Steinacker 1904. (32 S.) 8° [F.]
Aus: Allgem. Zeitung, Beilage. 1904, No 3—5.

— **Melanchthon-Kompendium.** Eine unbekannte Sammlg. eth., polit. u. philosoph. Lehrsätze Melanchthons in Luthers Werken. gr. 8. (VIII, 172 S.) Greifswald 902. J. Abol. n. 3. 60

Der Missionsgedanke im Evangelium des Lukas. Ein Beitrag z. Würdigung d. dritten Evangeliums. Vortrag geh. 1904 von D. Dr. Johannes **Haußleiter.** Barmen: Wupperth. Traktat-Ges. 1904. (21 S.) 8°
— **Salz** u. Licht. 9. [05. 7790 9

Paulus. Vorträge von Prof. D. Dr. [Johannes] **Haußleiter**. München: C. H. Beck 1909. (90 S.) 8° [J.] [08. 1:755

Haußleiter, Johannes: P r o b l e m e des Matthäus-Evangeliums. Zwei Ferienkursvorträge.
Gütersloh: C. Bertelsmann 1901.(30 S.) 8°
= Beiträge z. Förderung christl. Theologie. Jg. 5, H. 6.

Festschrift der Kgl. Universität Greifswald zu Melanchthons vierhundertjährigem Geburtstag. Aus der Schule Melanchthons. Theolog. Disputationen u. Promotionen zu Wittenberg in d. Jahren 1546—1560. Von D. Dr. Johannes **Haussleiter** Ord. Prof. d. Theol. Greifswald, Druck v. J. Abel, 1897; VIII, 163 S. 8.

— s.: **Studien, Greifswalder.**

Haussleiter, J., De versibus Pastoris Hermae Latinis I. Diss. 1884. 34 S.

— zur **Vorgeschichte** des apostolischen Glaubensbekenntnisses. Ein Beitrag zur Symbolforschg. gr. 8. (VII, 58 S.) München 893. C. H. Beck. n. 1. 20

— die Universität **Wittenberg** vor dem Eintritt Luthers. Nach der Schilderg. des Mag. Andr. Meinhardi vom J. 1507. 2. Abdr. m. Textbeilagen. (88 S.) gr. 8. Leipzig 903. A. Deichert Nachf. n. 1. 60

Zwei apostolische Zeugen für das Johannes-Evangelium. Ein Beitrag z. Lösung d. Johanneischen Frage. Von D.Dr.Johannes **Haußleiter**, Prof. in Greifswald. *München: C. H. Beck 1904.* (58 S.) 8° [03. 13307

— d. christl. **Zukunftshoffnung** im Lichte v. 1. Kor. 15. Vortrag, geh. auf d. Barmer Pastoralkonferenz am 9. Aug. 1895. gr. 8 (24 S.) Barmen 895. Wupperthaler Traktat-Gesellschaft. n. — 40

Haußleiter, Karl, Abschiedspredigt, geh. üb. 1. Cor. 13, 13 am 25. Sept. 1892. gr. 8. (11 S.) Nürnberg 892. J. Ph. Raw. n. — 20

Haußleiter, K., fürs Leben. D. Katechismus als Gabe f. Konfirmanden u. Konfirmierte. 2., durchgeseh. u. m. e. Anh. verm. Aufl. gr. 8. (IV, 135 S.) München 898. C. H. Beck. Geb. n. — 60

Haußleiter, K., fürs Leben. Der Katechismus als Gabe f. Konfirmanden u. Konfirmierte. 3. Aufl. gr. 8. (IV, 137 S.) München 899. C. H. Beck. Geb. n. — 60

Haußleiter, K., fürs Leben. Der Katechismus als Gabe f. Konfirmanden u. Konfirmierte. 5. u. 6. durchgeseh. Aufl. (IV, 152 S.) 8. Ebd. 904. 905. Geb. n. — 70

Haußleiter, K., fürs Leben. Der Katechismus als Gabe f. Konfirmanden u. Konfirmierte. 7. durchgeseh. Aufl. (IV, 152 S.) 8. München 906. C. H. Beck. Geb. — 70

Haußleiter, Carl, Liederfrische. 24 Lieder u. Liederweisen f. das erste Schuljahr. 1. u. 2. Hft. gr. 16. (20 u. 28 S.) Nürnberg 874. Löhe. à n.n. — 20

Haußleiter, Carl, Liederfrische. 30 Lieder u. Liederweisen für das 2. Schuljahr. 2. Hft. 2. Aufl. gr. 16. (28 S.) Nürnberg 878. Löhe. n.n. — 25

Häußler, C. F., s. H ä u ß l e r , Karl Friedrich.

Häußler, Emil, Referendar: Das nach Artikel 57 des Einführungsgesetzes zum Bürgerlichen Gesetzbuche geltende Privatfürstenrecht (in Anlehnung an das Königlich Sächsische Hausgesetz vom 31. Dezember 1837 und seine Nachträge). Borna-Leipzig 1909: Noske. VI, 61 S. 8°
Leipzig, Jur. Diss. v. 10. Mai 1909
[Geb. 14. Aug. 81 Lößnitz i. Erzgeb.; Wohnort: Zwickau i. S.; Staatsangeh.: Sachsen; Vorbildung: Gymn. Schneeberg Reife O. 01; Studium: Lausanne 1, Leipzig 1, Tübingen 2, Leipzig 4 S.; Rig. 10. Febr. 05.] [U 09. 2528

(**Haeussler**, Ernst und Fritz Harbst): Kolonisation in Rio Grande do Sul und das „Taquary"-Projekt. — Bln (1903): Pass & Garleb. 63 S. mit 43 Abb. u. 2 Kt 4°

Häussler, Ewald: Beziehungen der atmosphärischen Isothermen zu der Massenerhebung der Mitteldeutschen Gebirgsschwelle. Halle a. S. 1909: Kaemmerer. VIII, 81 S. 8°
Halle, Phil. Diss. v. 22. Sept. 1909, Ref. Philippson
[Geb. 19. März 78 Roßlau; Wohnort: Roßlau; Staatsangeh.: Anhalt; Vorbildung: Oberrealsch. d. Franckeschen Stiftungen Halle Reife M. 05; Studium: Halle 7 S.; Rig. 20. Febr. 09.] [U 10. 1744

H ä u s s l e r, Gotthold. Verzweifelt. Geschichte eines Theologie-Studierenden. (Novelle.) 2. Aufl. 94 S. 8. Leipzig und Zürich, Th. Schröter, 1904. [fr. 1. 25]
1. Aufl. anonym in Dresden erschienen 1902.

Häußler, Gust., Schopenhauers u. Nietzsches Pessimismus. Darstellung u. Kritik. (39 S.) gr. 8. Halle 910. F. F. Ch. Müller. 1. —

Haeussler, J. W., Beiträge zur mechan. Wärmetheorie, insbesond. die mathematische Behandlung der von der Wärme geleisteten inneren Arbeiten. gr. 8°. 76 S. Leipzig, Teubner. 1882.
M. 1.20

H a e u s s l e r, J. W., Beiträge zur mechanischen Wärmetheorie, insbesondere die mathemat. Behandlung der von der Wärme geleisteten inneren Arbeiten. gr. 8. (76 S.) Leipzig 883, Teubner.

Häußler, Jean, dunkle **Ehrenmänner**. Berliner Schwank in 3 Akten. 8. (139 S.) Berlin 894. F. Schlosser. Kart. n. 1. 80

Häußler, Jean, d. Kreuzotter, s.: **Elßner**, Johs.

— die **Sünde** wider den Heiligen Geist. Tragödie in 5 Akten. 12. (151 S.) Ebd. 894. n. 1. 80

Häussler, Joseph: Ueber die Beziehungen des Sexualsystemes zur Psyche überhaupt und zum Cretinismus ins Besondere. 48 S., gbd., 3 Taf.

Würzburg: typ.Becker 1826

JB 4.523

Häußler, J., über d. Beziehungen d. Sexualsystems zur Psyche überhaupt u. zum Cretinismus insbesondere. Mit 3 Steintaf. gr. 8. Würzb. 826. (Strecker). 8 gr

Häußler, Karl Friedrich

— Instruktorium über die Errichtung von sogen. Holzsaat- u. Pflanzschulen u. die Erziehung u. Pflege der Holzpflanzen in denselben. 1 Blatt in Fol. Rottweil 845, Setzer. 1/6 ₰

HÄUSSLER, Karl Friedrich: Tabelle über das forstliche Verhalten der wichtigsten deutschen Waldbäume. - Ludwigsburg 1839. 2. Aufl. u. d. T.: Das forstliche Verhalten der wichtigsten deutschen Waldbäume in gedrängter Kürze. Ein Vademecum für Forstleute etc. und Freunde der spec. Forstbotanik. Stuttgart, Wildbad 1841. XIV, 161 S.

Häußler, C. F., das forstliche Verhalten der wichtigsten deutschen Waldbäume in gedrängter Kürze. Ein Vademecum für Forstleute rc. u. Freunde der spec. Forstbotanik. 2. verm. u. veränd. Aufl. 8. Stuttgart u. Wildbad 841, Sonnewald'sche Buchh. n. 1 ₰

Haeußler, Osk., König Albert von Sachsen und die sächsische Armee. Ein Buch für Sachsens Heer und Volk. 8. (IV, 72 S. mit 1 Holzschn.-Portr.) Leipzig 881, Ruhl.

Haeußler, Osk., König Albert von Sachsen und die sächsische Armee. 2. verm. Aufl. Lex.-8. (V, 136 S. mit Holzschn.-Portr.) Leipzig 886, Ruhl. *

Haeußler, O. Die Gefangennahme der sächs. Armee bei Pirna. (Dresden 1903.) 4°. (Aus: Kamerad.)

Haeußler, O. Der Überfall von Hochkirch in der Nacht vom 13. zum 14. 10. 1758. Dresden 1903. 4°. (Aus: Kamerad.)

Häussler, Paul. Über den Einfluss der Constitution auf das Drehungsvermögen optisch-activer Substanzen. Diss. Phil. Basel. [Mit 1 Tabelle.] 75 S. 8. Basel, Froese & Co., 1910.

Häußler, Wilhelm, s. Häusler, Wilhelm.

Haussleutner, Ernst Friedrich (Plessna [= Pleß] / Schles.), De domino serviente ad praedii servientis refectionem obligato. Diss. jur. Präs. Johann Tobias Richter. Lpz. (Langenheim) 13. XII. 1753. 22 S. (6.—) 13589
Gew.: Joh. Erdm. u. Seyfr. Grf. v. Promnitz (Pleß . .). — Widm. v. Präs.

Haußman, Baronin Selma, Gedichte. 16. (42 S.) Innsbruck 888. Wagner. n. — 80
(s. auch Haußmann)

Haussmann, Aug., voyage en Chine Cochinchine Inde et Malaisie. 1 Partie. — Voyage. — Du Cap au Nord de la Chine. gr. 8. (482 S.) Paris 847. (Franck.) n. $2^2/_3$ ₰

Haussmann, C., Wildbald im Schwarzwald, s.: Wagner.

Haussmann, C., Wildbad im Schwarzwald, s.: Woerl's Reisehandbücher.

Haußmann, Conrad, s. Haußmann, Konrad.

Haussmann, David

Haussmann, D., die Bindehautinfection der Neugeborenen. gr. 8. (III, 175 S.) Stuttgart 882. Enke. n. 6. 60

Haussmann, D., über die Entstehung der übertragbaren Krankheiten des Wochenbettes. Versuche und Beobachtungen. gr. 8. (114 S. mit eingedr. Holzschn.) Berlin 875, Hirschwald. 3 —

Haussmann, D., die Parasiten der weibl. Geschlechtsorgane des Menschen u. einiger Thiere. Nebst einem Beitrag zur Entstehung des Oidium albicans Rob. Mit 3 (lith.) Taff. Abbildgn. Berlin 870. A. Hirschwald. gr. 8. (V, 144 S.) n. 1 ₰ 6 ngr.

—— die Parasiten der Brustdrüse. 2. Thl. der Parasiten der weibl. Geschlechtsorgane. gr. 8. (IV, 80 S.) Berlin 874. Hirschwald. *

— über das Verhalten der Samenfäden in den Geschlechtsorganen des Weibes. gr. 8. (54 S.) Berlin 878. Hirschwald. n. 1. 20

—— über das Verhalten der Samenfäden in den Geschlechtsorganen des Weibes. gr. 8. (54 S.) Ebendas. 879. * 1 20

Haussmann, Dav. (geb. Ratibor 23. 7. 1839): De versione spontanea. Berolini (1862). (32 S.) 8°
Berlin, Med. Diss. v. 6. Aug. 1862

Haussmann, *Friedrich* Emil [aus Brandis]: Die Einwirkung von Aethylamin auf 6-Aethoxylcumalin-3,5-dicarbonsäurediäthylester . . . Leipzig-R., Druck v. O. Schmidt, 1894; 90 S., 1 Bl. 8.
Leipzig, Phil. Fak., Inaug.-Diss. v. [24. Jan.] 1894

Haussmann, Emil, die Einwirkung v. Aethylamin auf 6 - Aethoxylcumalin - 3,5 - dicarbonsäurediäthylester. Diss. gr. 8. (90 S.) Leipzig 894. (E. Gräfe.) 1. 50

Haußmann, Friedrich, Rechtsanwalt: Der Irrtum im alten und im neuen Recht. Stuttgart 1907: W. Kohlhammer. (62 S.) 8° [F.]
Tübingen, Jur. Fak., Ref. Geib, Diss. v. 14. Juli 1907
[Geb. 8. Febr. 57 Stuttgart; Wohnort: Stuttgart; Staatsangeh.: Württemberg; Vorbildung: Gymn. Stuttgart Reife M. 76; Studium: Zürich 1, München 2, Berlin 1, Tübingen 3 S.]

Haußmann, Frdr., s.: Verfassungsrevision.

Haussmann, Fritz, Referendar: Die Rechtsbehelfe des auf Grund arglistiger Täuschung Enterbten. Zugleich ein Beitrag zur Lehre vom Anfechtungsrecht ⟨unter besonderer Berücksichtigung der Konkurrenz des Anfechtungsrechtes und des Schadenersatzanspruches aus § 826 B.G.B.⟩ Berlin 1908: A. Haussmann. (50 S.) 8°
Heidelberg, Jur. Fak., Ref. Endemann, Diss. v. 1908
[Geb. 10. Nov. 85 Ratibor; Wohnort: Ratibor; Staatsangeh.: Preußen; Vorbildung: Gymn. Ratibor Reife O. 04; Studium: München 1, Berlin 1, Freiburg i. B. 1, Berlin 3 S.; Rig. 30. Juli 07.]

Haussmann, Glo., Geschichte u. Behandlung der 1816 u. 17 ausgebrochenen Schafpockenseuche. 8. Stuttgart 18. Metzler. M. —.50

— s. a. **Hausmann.**

Haußmann, Heinrich Karl

— die Ansprache der evangelisch-protestant. Kirche an ihre geistig gebild. Mitglieder, zur Förderung kirchlichen Lebens. Auf Veranlassung mehrseit. Aeußerungen über die Bußtags-Predigt des Hofpredigers Zimmermann, beleuchtet in e. Sendschreiben. gr. 8. Darmstadt 837. (Pabst.) $^1/_8$ ₰

Haußmann, Hnr. Karl, Katechismus der christl. Religion in evangel. Lauterkeit, gestützt auf die heilige Schrift u. die Vernunft. Nach den Bedürfnissen der Zeit verfaßt. gr. 8. Darmstadt 836. Pabst. $^5/_{12}$ ₰

Haußmann, Hnr. Carl, der Pietismus als der Urfeind aller wahren Religiosität insbesond. des Christenthums u. der evangel.-protestant. Kirche rc. 1. u. 2. Hft. 8. (Mit 1 Tab.) Darmstadt 845, Diehl. 1. n. $^1/_6$ ₰ 2. n. $^1/_2$ ₰ (Beide Hfte. (compl.): n. $^2/_3$ ₰)

Haußmann, J. G. F., evangel. Antworten auf kathol. Fragen. Eine Zuschrift an die evangel. Gemeinde O.- u. U.-Gröningen aus Anlaß d. „offenen Sendschreibens" ihres katholisch gewordenen vormal. Pfarrers Haas an dieselbe. 8. Stuttgart 844, J. F. Steinkopf. $^1/_{12}$ ₰

— Geschichte der heil., ökum. u. allgem. Kirchenversammlung zu Trient (v. 13. Dec. 1545 bis 5. Dec. 1563). Eine Jubiläumsschr. für das deutsche christl. Volk. gr. 8. Ebend. 846. 1/3 ₰

Haußmann, J. G. F., die biblische Lehre vom Menschen dargestellt, mit besond. Rücksicht auf die Aufgabe der Pädagogik. gr. 8. (115 S.) Stuttgart 848, Belser. 14 ngr

Haußmann, J. G. F., homöopathisches Noth- u. Hülfsbüchlein für Haus u. Familie in den gewöhnlicheren Krankheitsfällen. Reutlingen 867. Fleischhauer & Spohn. gr. 8. (VIII, 292 S.) 25 ngr

— der moderne Pantheismus als Religion, in seinen jüngsten Manifestationen vom Standpunkt des christl. Theismus beurtheilt. gr. 8. Stuttgart 845, S. G. Liesching. n. 1/6 ₰

Untersuchungen über Sprache und Stil des jungen Herder. Von Dr. phil. Johannes **Haussmann**. Leipzig: Fock 1907. XII, 114 S. 8°

Haussmann, Joh. Heinrich (Meiningen), De restituenda prudentiae civilis vera methodo item de doctrina Nicolai Machiavelli praeparationem. Disquis. litter. et polit. Präs. Joh. Fried. Christ Lpz. (Breitkopf) 8. VI. 1729. 22 S. (5.50) 13590

Die erdmagnetischen Elemente von Württemberg und Hohenzollern. Gemessen u. berechnet f. 1. Jan. 1901 im Auftr. u. unter Mitw. d. K. Württemb. Meteorol. Zentralstation. Von Karl **Haußmann**. Hrsg. von d. K. Stat. Landesamt 1903. (Vorr.: Prof. Dr. A(ugust) Schmidt.) *Stuttgart 1903: W. Kohlhammer.* (V, 160 S.) 4° 03. 1018

Haußmann, K., Die Erdbebenstation der Technischen Hochschule in Aachen. Essen-Ruhr. 1907. 10 S. mit 15 Abb. u. 1 Taf.

Haussmann, Karl, magnetische Messungen im Ries u. dessen Umgebung. (138 S. m. 8 Taf.) Lex.-8. Berlin 904. (G. Reimer.) Kart. n. 9. —
Sonderabdruck aus: „Abhandlgn. d. preuss. Akad. d. Wiss."

Haussmann, Karl, s.: Mitteilungen aus dem Markscheidewesen.

Haussmann, [Karl], Assist.: Untersuchung einiger Methoden der Grubenmessung. 1897. 32 S., 3 Taf. 8°
Stuttgart Te. H., Hab.-Schr. v. 13. 3. 1896

Haußmann, Conr., Eisenbahnpolitik, Tarifreform u. preußisch-hessische Eisenbahngemeinschaft. Rede in der Sitzg. des württemberg. Landtags vom 9. V. 1901. Nach dem amtl. Stenogramm. gr. 8. (58 S.) Stuttgart 901. (C. Grüninger.) n. — 50

Haußmann, Conr., das persönl. Regiment vor d. Tribunal. Rede, geh. im Reichstag am 11. XI. 1908. (38 S.) 8. München 909. A. Langen. — 30

— „Im Tau d. Orchideen" u. andere chinesische Lieder aus drei Jahrtausenden, in dtsch. Strophen gebracht. (VIII, 143 S.) 8. Ebd. (907). 2.—; geb. 3.50; Luxusausg. 20. —

„Im Tau der Orchideen" und andere chinesische Lieder aus drei Jahrtausenden, in deutsche Strophen gebracht (verfasst) von *Conrad Haußmann* (dem würtemb. Reichstags-Abgeordneten). München 1907. 8°. VIII—143 S. (Br. Mk. 2—; 20 Expll. auf Japanpap., in Seide.)
Kurz besprochen von Dr. Alfred Kind in: Blätter f. Bibliophilen. Heft 2, März 1908, S. 110.

— s.: Verfassungsrevision.

— **Maximilian** (Heilbronn), De metamorphosi morborum. Diss. pathol. Präs. Herm. Fried. Autenrieth. Tübing. (Gust. Bähr) Juli 1835. 25 Seiten. (5.50) 13591
Gew.: Carl Georg v. Wächter (Leipzig). — Widm. v. Präs.

Haussmann, Otto, Bericht über die Wirksamkeit der Universitäts-Augenklinik zu Tübingen vom 1. I. bis 31. XII. 1901. Diss. (26 S.) gr. 8. Tübingen 903. F. Pietzcker. n.n. — 80

Haussmann, R. Der I. Deutsche Bankiertag zu Frankfurt a. M. Den Theilnehmern gewidmet. Berlin 1902.

Haussmann, Baronin Selma, Gedichte. 16. (42 S.) —.40
Innsbruck: Wagner 1909.
Vgl. Haußman, Selma.

Haußner, A., Wiederholungsaufgaben zum Uebersetzen ins Lateinische. 1. u. 2. Bdchn. gr. 8. Erlangen 891. F. Junge. n. 1. 60
1. Der Lehrstoff der I. Klasse d. Gymnasiums. (IV, 46 S.) n. — 60. — 2. Der Lehrstoff der II. Klasse d. Gymnasiums. (IV, 85 S.) n. 1. —.

Haußner, A., Wiederholungsaufgaben z. Übersetzen ins Lateinische. 1., 3. u. 4. Bdchn. gr. 8. Erlangen, Fr. Junge. n. 2. 80
(1.—4. u. Uebersetzg. zu 3. u. 4. n. 5. 80)
1. D. Lehrstoff d. I. Klasse d. Gymnasiums. 2., verm. Aufl. (IV, 71 S.) 895. n. — 80
3. D. Lehrstoff d. III. Klasse d. Gymnasiums. (IV, 99 S.) 895. n. 1. —
4. D. Lehrstoff d. IV. Klasse d. Gymnasiums. (IV, 114 S.) 898. n. 1. —; Uebersetzung (71 S.) n. 1. —

— dasselbe. Uebersetzung. 3. u. 4. Bdchn. gr. 8. (67 u. 71 S.) Ebd. 896. 98. à n. 1. —

Haussner, Alfr., Handbuch der mechanischen Technologie, s.: Karmarsch.

— die Herstellung u. Prüfung des Papieres, s.: Müller, Ernst.

Haussner, Alfr., der Holländer. Eine krit. Betrachtg. seiner Arbeitsweise, m. Bezug auf die Einzelabmessgn. seiner Teile u. die verarbeiteten Fasern. gr. 8. (134 S. m. 38 Abbildgn.) Stuttgart 902. A. Bergsträsser. n. 4. —

— Ingenieur-Laboratorien. (III, 67 S. m. 5 Taf.) gr. 8. Wien 903. Druckerei- u. Verlags-A.-G. vorm. R. v. Waldheim. n. 3. —

— Vorlesungen über mechanische Technologie der Faserstoffe, Spinnerei, Weberei, Papierfabrikation. Mit vielen Abbildgn. im Text u. 7 Taf. 1. Tl. (244 S.) Lex.-8. Wien 906. F. Deuticke. n. 7. —

Haussner, Alfr., Vorlesungen üb. mechan. Technologie der Faserstoffe, Spinnerei, Weberei, Papierfabrikation. 2. (Schluss-)Tl. (XII u. S. 245—514 m. Abbildgn. u. 1 Taf.) Lex. 8. Wien 907. F. Deuticke. 7. —
I. Tl. Ebd. 906. 7.—

Haußner, Geo., d. Kunst, Gußstahl u. Gußeisen auf Schmiedeeisen zu schweißen. Für Eisenwerke, Mechaniker u. Eisenarbeiter. 8. Leipzig 843, Schmaltz. 1/12 ₰

Haussner, Georg. Ueber Minjak-lagam. Ein Beitrag zur chemischen Kenntniss der Balsame aus der Familie der Dipterocarpeen. (Erlangen) Halle a. S., 1883.

Haußner, Robert (Hrsg.), s. Abhandlungen über die regelmäßigen Sternkörper.

Haussner, Robert [aus Naumburg a/Saale]: Die Bewegung eines von zwei festen Centren nach dem Newton'schen Gesetze angezogenen materiellen Punktes ... Göttingen, Druck d. Univ.-Buchdr. v. W. Fr. Kastner, 1889; 38 S., 1 Bl. u. 5 Taf. 8°
Göttingen, Phil. Fak., Inaug.-Diss. v. 29. Okt. 1888

Haussner, R., die Bewegung e. v. 2 festen Centren nach dem Newton'schen Gesetze angezogenen materiellen Punktes. Inaug.-Diss. gr. 8. (38 S. m. 5 Taf.) Göttingen 889. (Vandenhoeck & Ruprecht's Verl.) n. 1. 80

Haussner, Robert (Hrsg.), s. Dirichlet, Gustav Lejeune: Untersuchungen über verschiedene Anwendungen...

Haussner, Rob., darstellende Geometrie, s. a. Sammlung Göschen.

Darstellende Geometrie von Dr. Robert **Haußner.** 2., verm. u. verb. Aufl. T. 1. Leipzig: Göschen 1904. 8°
(Sammlung Göschen. 142.)

Haussner R, darstellende Geometrie. 2. Auflage. I. II.
(Sammlung Göschen 142. 143) 16° Leipzig 1908

Haußner, Robert (Hrsg.), s. Schering, Ernst: Gesammelte math. Werke.

Haußner, Robert: Tafeln für das Goldbach'sche Gesetz. Halle: Dr. v. E. Karras; In Comm. bei W. Engelmann in Leipzig 1897. (214 S.) 4°
= Acta, Nova, Academiae Caes. Leopoldino-Carolinae Germ. naturae curiosorum. T. 72. No 1.

Haussner, Robert [Dr.]: Zur Theorie der Bernoulli'schen und Euler'schen Zahlen ... (Aus: Nachr. v. d. Kgl. Ges. d. Wiss. ... zu Göttingen v. J. 1893. Nr. 21.) Göttingen, Druck d. Dieterich'schen Univ.-Buchdr., 1891; 35 S. 8.
Würzburg, Phil. Fak., Hab.-Schr. v. 1894

Haussner, Wilhelm Adolph (Plauen/Vogtld.), De graviditate abdominali. Diss. med.-obstetr. Lpz. (C. H. Hossfeld) 5. III. 1844. 30 S. (5.—) 13592
Gew.: Carl Handt. — Krankengesch. d. Maria Hoffmann.

Häussner, J[oseph], Dir. Dr.: [Prof. Dr. Georg Bünger, gest. am 25. Sept. 1898.] *Baden-Baden 1899: E. Kölblin.* (S. 3—4.) 4°
Baden, grossh. G, MP 1899 (641)

— Cruquius u. die Horazkritik. 1884. S. A. 13 S.

— Cruquius und die Horazkritik. 54 S **Progr.** *Bruchsal* 1884.

Häussner, J., Cruquius u. die Horazkritik. gr. 4. (54 S.) Leipzig 884. (Freytag.) n. 1. 60

— Jahresber. üb. die Litt. zu Horatius f. d. Jahre 1887—1889. S. A. 1890. 72 S. 1.20
— — f. d. Jahre 1890 u. 1891. S. A. 1891. 41 S. 1.—
— — f. d. Jahre 1892—96. S. A. 1897. 76 S. 1.20

Häussner, Jos. Die deutsche Kaisersage. 49 S. *Bruchsal* 1882.
Vgl. dess. Unsere Kaisersage. (56 S.) 8. Berlin 1884, Habel. 1 Mk.
Progr.

Häußner, Jos., unsere Kaisersage, s. a. Sammlung gemeinverständlicher wissenschaftlicher Vorträge.

Häussner J, unsere Kaisersage.
(Sammlung gemeinverstandlicher wissenschaftlicher Vorträge 440) Berlin 1884

Haeussner, Jos. De horatianorum carminum libri quarti octavo. 29 S. **Progr.** G. *Freiburg i. Br.* 1876.

Häussner, J. [Dr.]: Die handschriftliche Überlieferung des L. Iunius Moderatus Columella (de re rustica) mit einer kritischen Ausgabe des X. Buches. Karlsruhe, Druck d. G. Braun'schen Hofbuchdr., 1889; 38 S., 1 Taf. 4°
Karlsruhe, grossh. G, P 1889 (575)

Häussner, *Joseph* Die handschriftliche Überlieferung des L. Junius Moderatus Columella (de re rustica) mit einer kritischen Ausgabe des X Buches. 4 (38 S. u. Taf. fol. 104[a] des cod. Sangerman. wiedergebend). **Progr.** G. *Karlsruhe* 1889 (575).

Häussner, Karl, Rechtspraktikant: Lotterie und Ausspielung im heutigen Strafrecht. Heidelberg 1900: K. Rössler. (VIII, 81 S.) 8°
Heidelberg, Jur. Fak., Ref. v. Lilienthal, Diss. v. 16. Mai 1906
[Geb. 30. Nov. 82 Bruchsal; Wohnort: Baden-Baden; Staatsangeh.: Baden; Vorbildung: Gymn. Baden-Baden Reife Juli 01; Studium: Heidelberg 2, Berlin 1, München 1, Freiburg i. B. 1, Kiel 1, Heidelberg 1 S.; Rig. 7. März 06.]

Haussorge, die nöthige, oder wenn ein Hausvater sich selbst curiren kann. 8. Nrnbg. Felsecker. 727.

Hausspiegel, christlicher, oder Unterricht über den Ehe- u. Hausstand. kl. 8. Frankfurt a/M. ..., Zimmer. 1/8 ₰

Hausspiegel, christlicher, oder Unterricht über den Ehe- und Hausstand. Mit einer Vorrede von D. Glaubrecht. 2. (Titel-) Ausg. Frankfurt a. M. (845.) 854. Heyder u. Zimmer. 8. (85 S.) 3¼ ngl

Hausspiegel, kathol., f. Eheleute u. deren Hausgenossen, in welchem enthalten sind weise Lehren u. fromme Gebete, welche von Christen oft u. wohl beherzigt werden sollten. 12. (35 S.) Crefeld 849. Klein. 2 ngl

Hausspiegel, kl., f. Landleute. 8. Landsh. 813. Thomann. 1 K

Der Curiose HAUS-SPIEGEL Nosce Te Ipsum.
Darinnen alle gescheute Liebhaber ihre eigene Fehler selbst ersehen, und auch darbey perfect erkennen lernen, Welche die groste Narren auff dieser Welt seyn. Mit curioser Titelvignette. Prag, zufinden bey Caspar Wussin, [ca. 1740]. 96 S.

Haussprüche, deutsche, aus Tirol. Gesammelt v. W. O. 16. (40 S.) Innsbruck 871. Wagner. n. — 40

Anonym: „Der von Gott begeisterte Hausstand", Nürnberg 1710/1714.

Der von Gott gesegnete Hauss-Stand. Nürnberg 1710–14.

Hausstand, der, des Menschen nach biblischem Begriff, namentlich in Bezug auf die Ehe, von S. v. N. 16. (38 S.) Bonn 882, Schergens.

Hausstandssorgen, große u. kleine, besprochen u. hoffentlich erleichtert v. Frau Anneliese. 8. (129 S.) Stuttgart (899). Schwabacher. Geb. in Leinw. n. 2. —

Haussteuer oder Hausrath für meine l. neu angehenden Eheleute Johann Heinrich und Barbara Lavater. O. O. 1790. V: *Lavater, Johann Kaspar.* (schstr S. 125)

Haussuchung und Verhaftung, s. Verhaftung.

Haustadt, Geo., die gebesserten Trunkenbolde. Oder: Schrecklich sind die Folgen des Branntwein-Genusses, aber auch der größte Branntwein-Trinker kann sich bessern u. wieder glücklich werden. Fünf Erzählungen, z. Nutzen Aller, besond. der Landleute mitgetheilt. gr. 12. Münster 841, Deiters. 1/8 ß

Haustadt, Georg, katechetische Unterredungen üb. den Katechismus für größere Schüler von B. Overberg. Bearb. u. zur Erleichterung der schweren Kunst, gut zu katechisiren, hrsg. 3 Thle. in 7 Hftn. 8. (VIII. 400. 582 u. 368 S.) Münster 847. 48, Deiters. (1–5. Hft. à n. 1/3 ß 6 u. 7. Hft. n. 1/3 ß) n. 2 ß

— katechetische Unterredungen über die göttlichen Tugenden. Nach Anleitung des Overberg'schen Katechismus. 8. Ebend. 843. 1/4 ß

Haustaedt, Gustav [app. Arzt aus Giessen]: Die Hauptursachen der Harnbeschwerden alter Männer. . . . Strassburg i. E., Buchdr. C. Goller, 1880; 46 S., 1 Bl. 8°
Strassburg, Med. Fak., Inaug.-Diss. v. 1880

Hainlin, Joh. Ludw. Friedrich (Herausgeber): „Die Haustafel; Ein ökonomisches Wochenblatt", Berlin 1790 (Januar—Juni).

— f. die Würtemberg. Bürger. 8. Stuttg. 794. Steinkopf. 3 ℛ

Haustafel, frommer Christen tägliche, 1 Bog. in Fol., mit Einfassung. Siegen 835. Friedrich. 1 1/2 ℛ, farb. Druck 1/12 ß

Haustafel, Christliche. Görlitz 1799. V: *Gottschling, Paul Rudolph.* (MGT) (OL)

Haustafel, christl., für alle Stände, aus d. heiligen Schrift. 8. Leipz. 788. Schneider. 8 ℛ

—— für christl. Familien. — Aussprüche Jesu nach d. vier Evangelisten; nebst beigefügten Liederversen. 1 Blatt mit Vign. u. Einfass. gr. Fol. Kreuznach 828, Kehr.

Haustafel über den teutschen Genitiv, Dativ und Accusativ. Mitau 1809. V: *Krüger, Wilhelm Georg.* (R-N) (Ky) (Adel)

Haustafel, nützliche, für Jedermann oder Berechnung, wie viel Mehl u. Kleie nach Abzug der Müllermetze u. des sonstigen Abganges aus einer bestimmten Quantität Getreide gemahlen werden kann, u. wie viel eine nach dem Gewichte bestimmte Quantität Mehl Teig u. Brod gebe. Fol. (Arnstadt 845, Meinhardt.) 1/12 ß

Haustafel, unentbehrl., in d. Cholera-Noth f. Jedermann, insbesond. aber f. d. Bürger u. Landmann, od.: gründl. u. deutl. Uebersicht d. Kennzeichen d. Cholera, der sichersten Schutzmittel geg. dies. u. alles dess., was bei e. Ausbruche derselben bis z. Ankunft d. Arztes zu thun ist. Von e. prakt. Arzte im Großhrzgth. Posen. 1 Bog. gr. Fol. Glogau 831, [Flemming.]

— unentbehrliche, in der Cholera-Noth, für Jedermann. gr. Fol. Glogau u. Lissa 831. N. Günter'sche B. 1 1/2 ℛ

—— für d. preuß. Volk. Roy.-Fol. Danzig 840, Gerhard. * 1/2 Thlr., chin. Pap. *

— für das Preuß. Volk. (Enthält: Die wohlgetroff. Portraits Friedrich Wilhelm III. u. Friedrich Wilhelm IV. — Das Testament des Hochseligen Königs Majestät u. den jenes Testament begleit. Erlaß Sr. Majestät des jetzt regierenden Königs.) 1 mit passenden Emblemen geschmücktes u. sauber lithogr. Blatt in gr. Fol. Danzig 841, Gerhard. n. 1/2 ß — Chines. Pap. n. 2/3 ß

Haustedt, Lorenz

Haustedt, L., Chronik v. Bordelum u. den fürstl. Reußischen Kögen. (240 S. m. 1 Bildnis.) gr. 8. Bordelum 899. (Breklum, Christl. Buchhandlg.) n. 2. —

Haustein, Alfred

Der geographische Unterricht im 18. Jahrhundert. Eine krit.-hist. Quellenstudie von Dr. A. **Haustein**. Langensalza: H. Beyer & Söhne 1906. (58 S.) 8°
= **Magazin**, Pädagogisches. H. 276. 107. 7830

Haustein, Alfredus: De genetivi adiectivis accomodati in linqua [!] Latina usu. Halis Saxonum 1882: o. Dr. 86 S. 8°
Halle-Wittenberg, Phil. Diss. v. [1. Dez.] 1882
Geb. Merseburg 4. 10. 1855. V.
Im Buchhandel Halis Saxonum: Leipzig: Fock 1882. 85 S.

Haustein, Herm., die Befreiung des ganzen Grundeigenthums von der Gold- und Silber-Despotie. Zweites Lesebuch für Jeden, welcher Geld und Arbeit sucht. Winterthur 851. (Hegner.) gr. 8. (25 S. u. 3 Tab. in 4. u. Fol.) n. 7 1/2 ngr

Haustein, Herrm., zweiter Bericht über die weiteren Verhandlungen bei den Stadtverordnungen zu Annaberg in Betreff der Beziehungen der dasigen römisch-kathol. Kirche zu dem Jesuitenorden u. dem Jesuitismus. gr. 8. Annaberg 845. (Rudolph u. Dieterici.) n. 4 ngr

Haustein, Herm., die Geschäftswelt im Lichte der Wissenschaft. gr. 8. (30 S.) Zwickau 872. (Haustein.) — 75

— das Grund-Eigenthum und sein bestes Recht. Erstes Lesebuch für Jeden, welcher Geld und Arbeit sucht. Winterthur 851. Steiner. gr. 8. (20 S.) 7 1/2 ngr

Haustein, Herman, Medizinalprakt.: Über hämatogene Lymphdrüsentuberkulose. Leipzig 1909: Hirzel. S. 117—129. 8°
¶(Aus: Arbeiten auf d. Gebiete d. pathol. Anatomie u. Bakteriol. aus d. pathol.-anatom. Inst. zu Tübingen. Bd 7.)
Tübingen, Med. Diss. v. 16. Juni 1909, Ref. v. Baumgarten
[Geb. 31. Aug. 83 Ulm; Wohnort: Cannstatt; Staatsangeh: Württemberg; Vorbildung: Realgymn. Ulm Reife Sommer 02; Studium: Tübingen 5, München 1, Kiel 1, Berlin 1, Tübingen 2 S.; Coll. 4. Nov. 08; Approb. 13. Juli 09.] [U 09. 3937

— s. Mittheilungen der Verhandlungen bei den Stadtverordneten in Annaberg.

Haustein, Herm. Thdr., Handfesten zur Erleichterung des Hypothekar-Credits zunächst für Städte des Königreichs Sachsen. 2. vervollständ. u. verb. Aufl. Chemnitz 868. Focke. 8. (42 S.) n. 8 ngr

Haustein, J. G., faßl. Anweis., den Rechenunterricht in d. Volksschulen nach d. gewöhnl. Methode erfolgreich zu ertheilen. Ein Leitfaden zunächst für diejenigen Lehrer, welche in den zu Neuzelle u. Rubland abgehalt. Lehrcursen einen theoret. u. prakt. Rechenunterricht empfangen haben. Mit Holzschnitten zur Veranschaulichung. 8. Landsb. a. d. W. 831. Ende. 12 gℓ

Haustein, Johann August Friedrich (Meissen), Dissertatio observationes quasdam ad paragraphum primam legis Saxonicae electoralis novissimae de citatione edictali in causis civilibus. Präs. Carl Gottfried v. Winckler. Lpz. (Klaubarth) 15. VIII. 1782. 16 S. (5.—) 13594
Gew.: Heinrich Friedrich Innocent Apel (Ermlitz, Trautschen).

Kurzgefasstes Lehrbuch der Harmonie und ihrer Anwendung f. die Zither von Josef **Haustein**. Hamburg: R. Wächtler [um 1904]. (151 S.) 8° [06 3903

Haustein, Karl, Raucher-Kniffe od. die Kunst, jede schlechte Tabaksorte u. jede schlechte Zigarre m. Leichtigkeit gut schmauchbar u. duftig zu machen, nebst d. Bekanntgabe e. erprobten, sehr einfachen Mittels, wie man sich Pfeifenspitze u. Pfeifenrohr jederzeit gut reinigen kann. Ratgeber f. Alle, welche an bill. Tabaksorten od. Zigarren gewöhnt sind, m. bes. Berücksicht. d. schlechten Zeiten, in welchen man notwendigerweise auch beim Rauchen sparen muß. Verf. u. allen Rauchern gewidmet. 3. [Titel-]Aufl. (XVI, 39 S.) 16. Wien [890] 908. F. C. Mickl. -- 70

Haustein, P., Form u. Farbe im Flächenschmuck, s.: Rochga, R.

Haustein, Paul, a. Trier: Wirtschaftliche Lage und soziale Bewegungen im Kurfürstentum Trier während des Jahres 1525. Halle a. S. 1907: C. A. Kaemmerer & Co. (45 S.) 8°
Halle, Phil. Fak., Ref. Droysen, Diss. v. 30. Jan. 1907
[Geb. 18. Juni 81 Trier; Wohnort: Halle a. S.; Staatsangeh.: Preußen; Vorbildung: Gymn. Saarbrücken Reife O. 02; Studium: Tübingen 2, Halle 8 S.; Rig. 6. Jan. 06.]

Haustempel, der, oder die Stunden der Andacht nach H. Zschokke u. A. Dresden 871, Radelli. ℳ 3.; geb.

Haustempel, der. Ein Erbauungsbuch f. christl. Familien aller Confessionen. Auszugsweise hrsg. Mit vielen Abbildgn. 1--10. Hft. gr. 8. (S. 1—380 m. 10 Steintaf.) Dresden 871. Tittel. à — 30

Haustempel, des frommen Christen, s. a. Christen, des frommen, Haustempel.

Haustempel, des frommen Christen. Ein Gebet- und Erbauungsbuch für gottergebene, gläubige Christenherzen. (12 Lfgn.) 8. (VII und 359 S. mit 11 Stahlst. und 1 Stnt. in Fol.) Schneeberg 851—52, Gärtner.

— Sächsischer, f. Stadt u. Land. Eine vollständige Sammlung v. Predigten, Betrachtungen u. Homilien sächs. Prediger, auf alle Sonn- u. Festtage des Kirchenjahres, über sämmtl. bibl. Abschnitte des Predigtbuchs f. die evangel. Kirchen des Königr. Sachsen. Hrsg. v. Herm. Gust. Hasse u. Wilh. Naumann. 1. Jahrg.: Ueber die Evangelien. gr. 8. 1. Hälfte. Vom 1. Advent-Sonnt. bis zum Feste der Himmelfahrt Christi. 3 Hfte. (IV u. 251 S.) — 2. Hälfte. Vom Sonnt. vor Pfingsten bis zum letzten Trin.-Sonntag. (VI u. 211 S.) Grimma 849, Verlags-Comptoir. (1. Hälfte. 1 u. 2. Hft. à n. 1/3 ₰ 3. Hft. 1/4 ₰ 2. Hälfte 3/4 ₰) 1 2/3 ₰

Haustheater, das, s. Cabinetsbibliothek.

— das, s. Hausbibliothek, kleine.

— das, s. Wallner, E.

Haus-Theater. Nr. 1—3. Leipzig 869, 70. Thiele's Buchdr. gr. 8. Jede Nr. n. 5 ngr.
1. Tageblatt Nr. 367, Beilage Nr. 3. Schwank in 1 Aufzuge von Rob. Jonas. [Den Bühnen gegenüber Mscr.] (16 S.)
2. Eine Reise wider Willen. Lustspiel in 1 Aufzuge von Rob. Jonas. [Den Bühnen gegenüber Mscr.] (24 S.)
3. Gift. Lustspiel in 1 Aufzuge von Rob. Jonas. (24 S.)

Haus-Theater. Nr. 4—6. [Den Bühnen gegenüber Mscr.] gr. 8. Leipzig 871. Thiele & Co. à n. — 50
4. Vielliebchen. Lustspiel in e. Aufzuge v. Rob. Jonas. (16 S.)
5. Austerlitz od. Waterloo? Lustspiel in e. Aufzuge v. Rob. Jonas. (25 S.)
6. Unter dem Weihnachtsbaum. Genrebild in e. Aufzuge v. Rob. Jonas. (16 S.)

Haus-Theater, 1—7. u. 6—9. Hft. gr. 8. Leipzig 877. Freese. à — 50
1. Tageblatt Nr. 367, Beilage Nr. 3. Schwank in 1 Aufzuge von Rob. Jonas. 2. Aufl. (16 S.)
2. Eine Reise wider Willen. Lustspiel in 1 Aufzuge von Rob. Jonas. 2. Aufl. (16 S.)
3. Gift. Lustspiel in 1 Aufzuge von Rob. Jonas. (24 S.)
4. Vielliebchen. Lustspiel in 1 Aufzuge von Rob. Jonas. 2. Aufl. (16 S.)
6. Unter dem Weihnachtsbaum. Genrebild in 1 Aufzuge von Rob. Jonas. 2. Aufl. (16 S.)
7. Originale. Lustspiel in 1 Akt von Rich. Fleischer. (44 S.)
8. „Ach, du lieber Augustin" oder Im Hause spuckt's! Schwank in 1 Aufzuge von Th. Rodowicz. (24 S.)
9. Liebessieg. Lustspiel in 1 Akt von Joh. Pohl. (30 S.)

— Eine Sammlg. deutscher Original-Lust- u. Schauspiele v. M. B. 1. Bdchn. 8. (44 S.) Graz 874. Cieslar. — 60

— Eine Sammlung deutscher Orig.-Lust- u. Schauspiele von M. B. 1. u. 2. Bdchn. 8. (44 u. 49 S.) Graz 878. Cieslar. à n. — 60

Haustier, Das, in Hinsicht seiner Pflege und Benutzung, mit Angabe der zweckmässigsten Heilmittel bei den Krankheiten desselben, nebst einer Technologie, insof. sie sich auf landwirtschaftl. Gegegenst. bezieht. (Neue Ausg.) (194 S.) 8. Breslau 47. Kühn. (Leipzig. G. E. Schulze.) M. 1.50

Hausthierarzt, der. Die innerlichen u. äußerlichen Krankheiten der Pferde, Rinder, Schafe, Ziegen, Schweine, Hunde u. d. Federviehes, die Verhütg. u. Behandlg. derselben nach den Grundsätzen der homöopath. Heilmethode bearb. v. anerkannt tücht. homöopath. Thierärzten im Verein m. erfahrenen Landwirthen hrsg. v. Willmar Schwabe. 2. verm. u. verb. Aufl. Mit 50 (eingedr.) Abbildgn. gr. 8. (451 S.) Leipzig 871. Schwabe. n. 3. —

Haustierarzt, Der, in prakt. Behandlung der Krankheiten des Rindviehs, ... s. Lang.

Haustierarzt, Der, für den amerikanischen Farmer und Viehzüchter.
Milwaukee 1881.

Hausthierarzt, illustrirter, s. Schwabe, Willmar.

Haus-Thierarzt, der praktische. Ein treuer Rathgeber die innern u. äußeren Krankheiten der Pferde, Rinder, Schafe, Schweine u. des Federviehes zu erkennen, sammt Angabe von mehr als 500 der bewährtesten Arznei- u. Hausmittel, dieselben auch schnell u. sicher zu heilen. Nebst einer Anleitung zur richtigen Pflege, sowie zur Erkenntniß des Alters der Pferde u. Ochsen ꝛc. Ein unentbehrl. Hilfsbuch für Landwirthe u. jeden Viehbesitzer. Steyr (853)866. Sandböck. 8. (263 S.) n. 8 ngr.

— der praktische, oder Freund in der Noth. Ein unentbehrl. leicht faßl. Rathgeber für Landwirthe, Fuhrleute, u. Wirthschafterinnen, bei allen Krankheiten der Hausthiere, als: Pferde, Horn- u. Federvieh mit Angabe der bewährtesten Arznei- u. Hausmittel ꝛc. Neue Aufl. Neuhaus 866. Landfraß & Sohn. 8. (272 S.) n. 9 ngr.

Haustier-Arzt, der praktische, od. Anweisgn. f. Landwirthe u. Viehbesitzer, wie man sein Vieh füttern, warten u. pflegen soll. (96 S. m. Abbildgn.) 8. Neuweißensee (905). E. Bartels. n. 1. 20

Haustiere

— die, ein unterhalt. u. belehrendes Bilderbuch f. d. Jugend. (Mit 16 illum. Taf. u. so vielen Blättern Text.) qu. gr. 4. Stuttgart 843, Hoffmann'sche Verlags-Buchh. 1 Thlr.

— die. Ein neues Bilderbuch freundl. Scenen u. Geschichten. Mit 16 (color.) Abbild. qu. 4. Neu-Ruppin 845, Kühn. (Leipzig, Thomas.) n. 1/2 Thlr.

— die, ein neues Bilderbuch zur Lust und Belehrung für die Jugend. Fürth (857.) Löwensohn. gr. 8. (8 lith. u. color. Bl.) 3 ngr.

Hausthiere, die. Ein belehrendes Bilderbuch für die Jugend. Stuttgart (857.) Scheitlin. 8. (8 lith. u. color. Taf. mit Text.) 4 ngr.

Hausthiere. qu. 4. (12 ill. Stnt. in Tondr.) Düsseldorf 861, [Elkan und Comp.] *

Hausthiere. Düsseldorf 862. Elkan & Co. (Breidenbach & Co.) qu. 4. (12 lith. u. color. Taf.) n. 12 ngr.

—— Bilderbuch für kleine Kinder. 1869, (Neue Ausg.) 4. (8 Chromolithogr.) Langensalza 874, Verlags-Comptoir. cart. *

— Bilderbuch f. kleine Kinder. 4. (8 Chromolith.) Langensalza 874. Beyer & Söhne. n. 1. —

Hausthiere. qu. 8. (8 Chromolithogr.) Leipzig [Wesel] 873, Düms.

Hausthiere. Ein Bilderbuch. 4. (8 Chromolith. m. 10 S. Text.) Eßlingen 878. Schreiber. cart. n. 1. 30

—— die. Ein unzerreißbares Bilderbuch für gute Kinder. qu. 4. (12 Chromolithogr. auf Carton mit 2 S. Text.) [Leipzig 883, Cavael.] Görlitz, Förster's Verlag. geb. *

Hausthiere. 4. (8 Chromolithogr. mit 10 S. Text.) Eßlingen 884, Schreiber. geb. *

Haustiere. qu. 4. (12 S. m. farb. Bildern.) Leipzig-Reudnitz 889. Schmidt & Römer. cart. — 30

Haustiere, die. Ein unzerreißbares Bilderbuch f. gute Kinder. Kleine Ausg. qu. 4. (8 farb. Taf. auf Karton.) Leipzig 893. A. Foerster. Geb. n. 1. 50

— dasselbe. Mit Verschen v. Herm. Pilz. (Neue Ausg. auf Leinw.) qu. 4. (12 farb. Taf. m. 2 Bl. Text.) Ebd. 893. Geb. n. 2. 50

— dasselbe. Leporello-Album. Kleine Ausg. qu. 4. (8 farb. Taf. auf Pappe.) Ebd. 893. n. 1. 60

— dasselbe. Große Ausg. qu. 4. (12 farb. Taf. auf Pappe m. 2 Bl. Text.) Ebd. 893. 2. [illegible]

Haustiere. Fol. (16 farb. S. ohne Text, auf Pappe.) Wesel (902). W. Düms. Geb. 1. 50

Haustiere. (Gezeichnet v. Rich. Scholz.) (Malbuch.) 2 Sorten. (4 farb. u. 4 schwarze Bl.) qu. kl. 8. Mainz (906). J. Scholz. — 60; in 1 Bd. kart. 1. —

Haustiere. (7 S. m. farb. Abbildgn. auf Pappe.) 33,5×21 cm. Weißensee-Berlin (910). E. Bartels. Geb. 2. —

— die, ihre Abstammung, Zähmung, Lebensweise im wilden u. zahmen Zustande, ihr Nutzen u. ihre Beziehungen auf Künste, Gewerbe u. Civilisation, nebst Beispielen und Anekdoten zur Erläuterung ihres Charakters und ihrer geistigen Fähigkeiten, sowie einer Schilderung der Sitten und Gebräuche mehrerer Nationen in Bezug auf dieselben. Nach d. Engl. bearb. Mit 28 Originalholzschn. gr. 12. Leipz. 834 Baumgärtner. 1 Thlr.
(VIII, 231 S.)

Hausthiere, die, nebst ihrer Beschäftigung u. Verwendung. Ein nützl. u. unterhalt. Bilderbuch für die Jugend. Mit 80 Haupt- u. Nebenbildern u. erklärendem Text. qu. 4. (Mit 1 color. Taf.) Nürnberg 846, Zeh'sche Buchh. geb. 2/3 Thlr.

—— die, nebst ihrer Beschäftigung u. Verwendung. Ein nützl. u. unterhalt. Bilderbuch für d. Jugend. Mit 80 Haupt- u. Nebenbildern u. erklärendem Text. qu. 4. (1 3/4 B. u. 11 ill. Taf.) Nürnberg 846. [Lotzbeck.]

— die, in Bildern, Beschreibungen und Erzählungen für die Jugend dargestellt. Berlin (855.) Riese. qu. 4. (48 S. u. 12 color. Lithogr.) 20 ngr.

— die, in 12 (color.) Bildern (in Holzschn.) dargestellt. Berlin 863. Riese. 16. (30 S.) 7 1/2 ngr.

— die, dargestellt in 12 Bildern nebst Text. Frankfurt a. M. 856. Krebs-Schmitt. 16. (16 S. mit color. Lithogr. im Text.) n. 7 ngr.

— die lieben. Festgabe für artige Kinder in Wort u. Bild. Neu-Ruppin 867. Leipzig, Oehmigke. 4. (16 color. Steintaf.) cart. 12 ngr.

— die lieben. Bilder u. Reime f. art. Kinder. qu. 8. (8 color. Steintaf. m. Text.) Stuttgart 875. Nitzschke. — 60

— die lieben. Ein Bilderbuch f. die lieben Kleinen. Mit lust. Versen u. 6 feinen Farbendr.-Bildern. qu. 4. (6 S. Text.) Stuttgart 887. Loewe. cart. — 60; Ausg. auf Leinw., geb. n. 1. —

— die liebsten, der Kinder. 8 (lith. u.) fein color. Taf. Gleichzeitig zum Nachzeichnen u. Coloriren bestimmt. Stuttgart 863. Nitzschke. qu. 4. 12 ngr.

Haustiere

— die, u. ihr Nutzen. qu. Fol. (8 color. Steintaf.) Stuttgart 873. Eger & Distler. geb. 1. 15

— dasselbe. qu. Fol. (16 S. m. 8 color. Steintaf.) Ebend. 873. geb. 1. 80

- die, u. ihr Nutzen. Eine kurze Beschreibung der von den Hausthieren, sowohl im leb. wie im geschlachteten Zustande zu gewinn. Rohprodukte u. deren stufenweise Verarbeitung bis zu den fert. Erzeugnissen. [Text I zu Hestermann's technolog. Schul-Museum.] gr.8. (27 S.) Hamburg 877. Vetter. n. — 50

-- die, u. ihr Nutzen. 2 Hfte. 8. (à 10 S. m. 5 farb. Bildern.) Wesel 893. W. Düms. à — 10

Haustiere, Unsere. -

—— Lederpappenbilderbuch. 8. (8 farb. Taf. in qu. 4.) Wesel, Düms. geb. 1. —

— unsere. Onze huis-dier. — Nos animaux domestiques. — Our domestic animals. — qu. 4. (12 color. Steintaf. auf Carton.) Ebend. 873. geb. 1. 40

— unsere. gr.4. (6 Chromolith.) Stuttgart 877. G. Weise. cart. 1. 20; geb. 1. 50

—— unsere. Sechs Bilder in Farbendr. mit Versen von Klara Reichner. Leinwand-Bilderbuch. gr. 4. Stuttgart 884, G. Weise. geb.

—— unsere. Ein unzerreißbares Bilderbuch. 2 Sorten. gr. 8. (à Sorte 6 Chromolithogr. in qu. 4. auf Carton.) Wesel 884, Düms. geb. à Sorte

Hausthiere, unsere. Ein Leinwand-Bilderbuch. qu.gr.4. (8 Chromolith.) Wesel 886. Düms. geb. 1. 50

—— unsre. qu. 4. (6 Chromolithogr.) Stuttgart 888, G. Weise.
Auf Pappe, cart. 50 Pf.; auf Leinw.

—— dass. — qu. gr. 4. (6 Chromolithogr.) Ebendas. 888. cart. Auf Leinw. ℳ 1.80.; mit Text von Klara Reichner Auf Pappe

—— unsere. qu. gr. 8. (8 Chromolithogr.) Reutlingen 888, Enßlin und Laiblin. geb.
Unzerreißbar, geb.
Ausg. mit Text (8 S.) geb.

— dasselbe. qu. 4. (8 Farbendr. auf Pappe nebst 8 S. Text m. Bildern.) Ebd. 889. n. 2. —

— unsere. Ein Bilderbuch f. die lieben Kinder. 4. (8 farb. Taf. m. 9 S. Text.) Eßlingen 889. Schreiber. cart. n. — 80

— unsere. 2 Hfte. 8. (à 5 farb. Taf. auf Leinw. m. Text.) Ebd. 893. à — 50

— unsere. qr. gr. 8. (12 S. m. z. Tl. farb. Abbildgn.) Konstanz (899). E. Hirsch. — 25

— unsere. 4. (16 S. m. farb. Abbildgn.) Reutlingen (902). R. Bardtenschlager. Auf Pappe, geb. 2. 50

— unsere. (4 farb. Bildertaf. m. 4 S. Text.) gr. 4. Ebd. (903). — 80; 4. (6 Farbdr.) — 15

— dasselbe. (13 farb. S. auf Pappe.) gr. 8. Ebd. (905). In Leporelloform 2. 50

— unsere. Ein Anschauungsbilderbuch f. kleine Leute. (6 farb. S. m. eingedr. Text, auf Pappe.) gr. 8. Nürnberg (909). Th. Stroefer. Kart. 1. —

— dasselbe, in Bildern u. Geschichten. gr. 4. (6 Chromolith. auf Carton m. 6 S. Text.) cart. 2. 70
Stuttg.: Weise 1877.

— unsre lieben. qu. 4. (12 Chromolith.) Ebd. 888. cart. — 50; auf Leinw. 1. 50

— dasselbe. qu. gr. 4. (12 Chromolith.) Ebd. 888. cart. 1. 50; m. Text v. Klara Reichner 2. —; auf Leinw. (ohne Text) 2. 50

Haustiere, unsre lieben. 2 Sorten. qu. 4. (à 6 Farbdr. m. Verschen.) Stuttgart 897. G. Weise. à — 40; in 1 Bd. kart. — 75; unzerreißbar, auf Pappe, geb. 1. 25; als Leporello-Album, auf Pappe, 1. 25

— unsre lieben. (6 Farbdr.) qu. 4. Stuttgart (903). G. Weise. — 15

— unsere lieben, u. Ringel Ringel Reihe. qu. 12. (22 farb. Blatt m. untergedr. Text, in Leporelloform.) Stuttgart (901). G. Weise. Kart. 1. —

— unsere liebsten. Reutlingen 870. Enßlin & Laiblin. qu. 4. (8 color. Steintaff. in Tondr.) 9 ngr.

—— unsere liebsten. qu. 4. (8 color. Stnt.) [Stuttgart 876, Neugebauer und Votteler.] Nürnberg, Neugebauer's Verlagsh. cart. — 75

Haustiere, Unsere,
— dasselbe, u. ihr Nutzen. 4. (12 S. m. farb. Bildern.) Leipzig-Reudnitz 889. Schmidt & Römer. cart. n. — 50

—— die, im Verhältnisse zu d. Gewerben, Künsten, Wissenschaften u. d. Lebensweise d. Menschen. A. d. Engl. v. *r. (Gtfr. Wilh. Becker.) M. 26 Abbildn. (auf farb. Pap.) 8. (23¼ B.) Leipzig 834, Weber.

Hausthiere, die, im Verhältnisse zu d. Gewerben, Wissenschaften u. Künsten. Für die Jugend u. ihre Freunde. Nach dem Engl. 2 verb. Aufl., mit e. Anh.: „die Hausvögel" bereichert. 16. (VI u. 343 S. m. 10 Abbildgn.) Leipzig 847, H. Fritzsche. 1 ℛ; col. n. 1½ ℛ

Hausthiere, die, ihre Zucht, Kenntniß, Pflege, Abrichtung, Heilung u. Handel, als Fortsetz. der Zeitung f. die Pferdezucht etc. Herausg. von S. v. Tennecker. 1r Bd., 4 Hfte. u. 2r Bd. 1s, 2s Hft. gr. 8. Leipz. 805. Seeger.

Hausthiere, die, ihre Zucht, Wartung, Pflege u. Nutzen. Mit 9 illum. Kpfrn. Leipzig, Seeger. 816.

Hausthierfreund, der, ein praktisches Unterweisungsbüchlein für alle Landwirthe u. Viehhalter, insbesondere für die Landwirthe u. Grundbesitzer in Württemberg, Hohenzollern-Sigmaringen, Hechingen u. in Baden, um bei An- u. Verkäufen von verschiedenen Hausthieren sich der gesetzl. Vorschriften mit Erfolg selbst bedienen zu können, nebst einem Haus-Doktor. Freiburg im B. 867. G. Mayer. 16. (IV, 82 S.) cart. n. 9 ngr

Haustraditionen, welfische, u. deutsche National-Interessen. Vier Episoden aus der neueren deutschen Geschichte. Leipzig 868. Quandt & Händel. gr. 8. (55 S.) n. 7½ ngr

Haustyrann, der, Schausp. in 5 Aufz. nach Düval von Hell. 8. Leipz. Hinrichs. 809.

Haustyrann, der, Schauspiel in 5 Akten von Al. Düval; übersetzt von W. A. Iffland. 8. Berlin, Braunes. 812. (Rücker.)

Hausuhr, geistliche — oder:
Wie wichtig und wie flüchtig,
Wie eilig und wie heilig
Die Zeit und Stunde ist.
Ein Lebensbild zur nützlichen Beschauung zu allen Stunden des Tages, besonders, wenn die Uhr schlägt. Aus den berühmten Sonntagspredigten des Pater Alois, Kapuziner-Ordens-Priesters zu Prag 1856, entnommen. Selbstverlag des Josef Rudl. Prag, 1856. Druck bei M. J. Landau. (16 S. 8.)

Hausungezieser, das, seine Lebensweise u. seine Vertilgung, s.: Miniatur-Bibliothek.

Hausvater, Der, eine ökonomische Schrift. Hannover 1766—73. H: *Münchhausen, Otto Freih. von.* (Ky) (WÖ) (ML) (CBH) (Petz) 1768—74. (Kat. d. Bibl. d. techn. Hochsch. Berlin 1900.)

— der, e. ökonom. Schrift, (von Frhrn. Otto v. Münchhausen). 5 Bde. u. 6n Bds. 1s Stck. u. Zugabe. gr. 8. Hannov. 764—74. Helwing. 11 ₰ Hbg. Pr. 8 ₰ Schrbp. 14 ₰ 6 gl (6r Bd. A. u. d. T.: Die Natur d. Dinge, nach e. neuen Theorie erklärt.)

Hausvator, d., e. ökonom. Schrift (v. Frhrn Otto v. Münchhausen). 5 Bde u. 6. Bd 1. Stck u. Zugabe. gr. 8. Hannover, 1765—73. Neue Aufl. 1772—74. 1. Bd. 4. Aufl. 1782. Helwing. (11. —) 8. —

Hausvater, der, a. d. Franz. des Diderot. 8. Wien, Krauß. 777.

Hausvater, der. 8. Wien ... Trattner. 3 gl

Hausvater, Der. Ein Gedicht. Leipzig 1798. V: *Müller, Carl Ludwig Methusalem.* (GGr) (Ky) (MGT) (NN)

— der, ein Gedicht, (v. K. L. M. Müller). 8 Lpz. 798. Linke. 4 gl

Hausvater, d., od. das liebt sich und warum? v. A. Lafontaine. 3 Thle. m. K. 8. Halle, Renger. 810.
Velinpap.

Hausvater, der, oder Altes u. Neues zur Unterhaltung u. Erheiterung, Belehrung u. Erbauung für das evangel. Christenvolk. Herausg. v. Sickinger Boten. 4. Frankf. a/M. 840, Zimmer. 1¾ ngl — Vgl. Schiller, J., der Sickinger Bote.

Hausvater, der. Evangelisch-kirchl. Monatsblatt f. Leipzig u. Umgegend. In Verbindg. m. Jäger, Müller u. anderen Mitarbeitern hrsg. v. Ebeling. 1. u. 2. Jahrg. Oktbr. 1891—Septbr. 1893. à 12 Nrn. (à ca. 1 Bog.) gr. 8. Leipzig, (E. Baldamus). à Jahrg. n. 1. 20

— dasselbe. 3. Jahrg. Oktbr. 1893—Septbr. 1894. 12 Nrn. (à ca. 1 Bog.) gr. 8. Ebd. n. 1. 50

Hausvater, der. [illegible] Monatsblatt f. Leipzig u. Umgegend. [illegible] m. Holscher, Jäger, Müller u. and. Mitarbeitern hrsg. v. Ebeling. 4.—8. Jahrg. Oktbr. 1891 [illegible] à 12 Nrn. (à ca. 28 S. m. Abb.) gr. 8. Leipzig (E. Baldamus). à Jahrg. 1. 50

Hausvater, der. Evangelisch-kirchl. Monatsblatt f. Leipzig u. Umgegend. In Verbindg. m. Gotthard, Jäger, Müller u. anderen Mitarbeitern hrsg. v. Ebeling. 9. Jahrg. Oktbr. 1899—Septbr. 1900. 12 Nrn. gr. 8. (à ca. 32 S. m. Abbildgn.) Leipzig (Kößling). 1. 50

— dasselbe. 10. Jahrg. Oktbr. 1900—Septbr. 1901. 12 Nrn. gr. 8. (à ca. 28 S. m. Abbildgn.) Ebd. n.n. 1. 90

— dasselbe. 11. u. 12. Jahrg. Oktbr. 1901—Septbr. 1903. à 12 Nrn. gr. 8. (à ca. 32 S. m. Abbildgn.) Ebd. à Jahrg. n.n. 2. 10

Hausvater, der. Evang.-kirchl. Monatsblatt f. Leipzig u. Umgegend. In Verbindg. m. Hanitzsch, Köhler, Krebs u. andern Mitarbeitern hrsg. v. Hauschild. 13.—16. Jahrg. Oktbr. 1903—Septbr. 1907. à 12 Nrn. (à ca. 24 S. m. Abbildgn.) gr. 8. Leipzig (Kößling). à Jhrg. n.n. 2. 10
Die Jhrgge. 13 u. 14 sind noch v. Ebeling hrsg.

Hausvater, der. Evang.-kirchl. Monatsblatt f. Leipzig u. Umgegend. Hrsg.: Ebeling. Red.: Frdr. Richter u. Gerh. Fuchs. 17—20. Jhrg. Oktbr. 1907—Septbr. 1911. 12 Nrn. (à ca. 24 S.) gr. 8. Leipzig(-Neustadt, Eisenbahnstr. 53), Expedition. à Jhrg. 1. 60

Hausvater, der. Jetzt: Leipzig, P. Eger.

Hausvater, Der bayerisch-ökonomische, oder Schriften der Gesellschaft in Burghausen. Nürnb. 1783—84. H: *Hillesheim, Alois Friedrich von.* (Engoec) »1778—86« (Ky)

— bayerisch ökonomische, oder Schr. der Gesellschaft in Burghausen. 5 Thle. 8. Nürnberg, Stein. 783-84.

Haus-Vater, der christliche, in andächtigen Morgen- und Abend-Gebeten zur Verherrlichung des Namens Jesu rc. von Christhold. 3te unveränd. Aufl. gr. 12. Reutlingen, Stahl. 819. Rthlr.

Hausvater, Der teutsche, für die teutsche Schaubühne zu München. 1780. V: *Gemmingen, Otto Heinrich Freiherr von.* (Flaischlen, Gemmingen. Stuttg. 1890. S. 86 ff.) (GGr) (Mn)

— der deutsche, od. die Familie. Schausp. von Gemmingen. 8. Berlin, Himburg. 784.

— — dass. gr. 8. Mannheim, Schwan. 791.

Anonym: „Der erfahrne Hausvater auf dem Lande; ein wahres Noth- und Hülfsbuch für Bauersleute . . . .", Pirna 1808 (Friese). 2. Auflage ebenda 1812.

Hausvater, Der in der Schafzucht erfahrne, od. kurzer u. deutlicher Unterricht üb. die Schafzucht, f. denkende Landleute u. zum Gebrauch in Landschulen. Mit Fig. Halle 1805. Dietlein.

— der erfahrene, an seinen wandernden Sohn. 8. Nürnb. 786. Zeh. 3 gr

— best. im Hausmedicament. 8. Ulm, Bartholomäi. 767.

Anonym: „Der kluge Hausvater; oder der von Gott eingesetzte und verordnete Haus- und Nährstand", 3 Theile, Tübingen 1732 (Heerbrandt).

Anonym: „Der kluge Hausvater oder allerley, durch vieljährige Erfahrung bewährte Mittel, sich in haus- und landwirthschaftlichen Vorfällen zu helfen und sich Vortheile zu machen", Berlin 1809 (Kirchmeyer).

— d. kluge u. belehrende. 8. Leipz. 797. Linke. 10 gr

Der kluge *Hausvater* beym wirthschaftlichen Geschäfte d. Aufbehaltung verschiedener wirthschaftlicher Producte u. einiger anderer Dinge. Leipz. 1767. 150 S.

Anonym: „Der kluge Hausvater beym wirthschaftlichen Geschäft der Aufbehaltung der Producte . . . .", Leipzig 1769 (Hilscher).

— d. kluge, bei d. landwirthschaftl. Geschäften. 8. Leipz. 769. Compt. f. Litt. 4 gr

Anonym: „Kluger Haus-Vater, verständige Haus-Mutter, vollkommener Land-Medicus, wie auch erfahrner Ross- und Vieharzt", Leipzig 1709. Die Schrift wird oft fälschlich (auch von W. Roscher „Die Geschichte der Nationalökonomik in Deutschland", München 1874, S. 270) für ein Erzeugnis Johann Joachim Bechers gehalten. Der Verfasser ist aber Sturm. Der Verleger hatte diese Schrift lediglich unter dem Namen Bechers herausgebracht, um ihr einen besseren Absatz zu verschaffen.

Hausvater, Der, in systematischer Ordnung . . . Leipzig 1783—86. V: *Germershausen, Chn Frdr.* (JStBbH) (MGT) & *Heinrich Ludwig Manger.* (Ky)

— der, in systemat. Ordnung, (v. Chr. Fr. Germershausen u. H. L. Manger). 5 Thle. gr. 8. Hannov. 783—86. Hahn. 8 rthl 12 gr (2r Thl. Auch u. d. T.: Manger, die ökonom. Bauwissenschaft. 8. Lpz. 785.) (Gnobloch). 1 rthl

— der sorgsame und erfahrne, bei Einquartierungen in Kriegszeiten u. bei Durchmärschen. Ein Rathgeber, wie man sich gegen Freund u. Feind rc. zu benehmen hat. gr. 8. Leipz. Joachim. 813.

Anonym: „Der sorgsame und erfahrne Hausvater bei Einquartierungen in Kriegszeiten und bei Durchmärschen; ein Rathgeber, wie sich gegen Freund und Feind und bei andern Vorfällen im Kriege zu benehmen sey", neue und verm. Auflage, Leipzig 1814 (Joachim).

Anonym: „Der Hausvater in der Stadt und auf dem Lande", Augsburg 1767 (v. Jenisch & Stage).

Hausvater, Der im Christenthum unterrichtende. Hirschberg 1735. V: *Siegert, Gottlob David.* (Myl)

Hausvater, der im Christenthum unterrichtender. 8. Hirschb. (Siegert in Liegnitz.) 735.

Anonym: „Der in allen Fällen der Oekonomie unterrichtende Hausvater. Für Stadt- und Landwirthschaft belehrend", Nordhausen 1805 (Nitsche).

— der in allem der Oekonomie unterrichtende. gr. 8. Nordhausen, Nitzsche. 805.

Hausväter, an alle deutsche, und Hausmütter, üb. den Verbrauch ausländ. Producte u. Waaren. 8. Lpz. Linke. 800.

Hausvater-Bericht, Einfältiger, über die Christliche Religion an seine Kinder . . . Hamb. 1804. V: *Claudius, Matthias.* (GGr)

Hausvater-Kalender, verbesserter, auf 1847. 4. (70 S.) Jena, Frommann. n. 1/6 rthl

Der Sorgfältige Haus- und Wirthschafts-Verwalter, Welcher durchs gantze Jahr zeiget, Was so wohl in Wirthschafts-Rechnungen, Als auch im Haus-Wesen, Acker-Bau, Vieh-Zucht, Gärtnerey und anderen Oeconomischen Sachen, in Acht zu nehmen und zu verrichten ist, damit ein guter Nutzen daraus erfolget, ... Und bey dieser neuen Aufl. Mit einem wohl eingerichteten Koch- und Trenchier-Büchlein . . . . Breßlau & Leipzig: Pietsch 1746. 708 S. -- 29*

--- Dass u. d. T.: Der Sorgfältige, Neuvermehrte Haus- und Wirthschafts-Verwalter, . . . Ebd. 1751. 678 S. -- 1*

Haus- und Wirthschaftsverwalter, der sorgfältige, 2 Thle. 4. Bresl. Pietsch. 746. 63.

Hausvieh-Arzneybuch f. den Stadt- u. Landmann. V. einem Liebhaber d. Viehzucht. Tübing. 1788. 239 S.

Hausvieharzneybuch, f. den Stadt- und Landmann. 8. Tüb. Heerbrand. 788.

Hausvieharzneikunst für den Stadt- und Landmann. Tübingen 1788. V: *Reuss, Christian Friedrich.* (Ky)

Hausvieharzneikunst für d. Stadt- u. Landmann, (v. Chr. Fr. Reuß). 8. Tübing. 788. (Osiander). 9 gr

Hausvögel, die, in den Verhältnissen zu den Wissenschaften, Künsten, Gewerben u. der Lebensweise der Menschen. Von *r. 8. (VI u. 68 S.) Zwickau 851, Verein zur Verbreitung von Volksschriften. n. 4 ngr

Hauswald, Aug. Wilh., († d. 16. April 1804.), s. 1) C. v. Montesquieu, d. Geist d. Gesetze u. dessen Betrachtt. 2) Tasso's Jerusalem.

Hauswald, F. M., Dornröschen der älteste deutsche Volksmythus. Ein Beitrag zur Sagenforschung. Berlin 867. F. Schulze's Buchh. 16. (VII, 58 S.) cart. n. 8 ngr

Hauswald, Jh. Fr., († . . .), s. Betrachtt. über d. Verbesser. d. Justizwesens.

Hauswald, Joh. Frdr., De nomine Hermanni ad Joh. Gfr. Hermannum. Dresdae 1746. 4. . . . . (D.)

Hauswald, Carl Friedrich (Dresden), An spuria a viro legitimo in matrimonium ducta macula nativitatis liberetur. Quaestio juris controv. Präs. Christian Heinr. Breuning. Lpz. (Rumpf) 5. V. 1772. 8 S. (4.80) **13595**

Hauswald, Phil., das Kaliblau. Ausführliche Anweisung, diese Farbe auf die wohlfeilste Weise und ausgezeichnet schön nach allen vorhandenen Methoden auf Wolle, Baumwolle, Leinen und Seide zu färben, so wie dasselbe zweckmäßig in der Zeugdruckerei anzuwenden. Für Färbereibesitzer, Manufacturisten, Fabrikanten und Techniker. Quedlinburg 853. Basse. 8. (38 S.) 7 1/2 ngr

Hauswaldt, Hans: Achsenbilder flüssiger Krystalle, s. Vorländer, Daniel.

Interferenz-Erscheinungen an doppeltbrechenden Krystallplatten im konvergenten polarisirten Licht. Photographisch aufgenommen von Hans Hauswaldt in Magdeburg. Mit e. Vorw. von Th[eodor] Liebisch in Göttingen. *Magdeburg: J. G. Hauswaldt 1902.* (18 S., 33 Taf.)

Interferenz-Erscheinungen an doppeltbrechenden Krystallplatten im konvergenten polarisirten Licht (N. F. u. Reihe 3: Interferenz-Erscheinungen im polarisirten Licht). Photogr. aufgenommen von Hans **Hauswaldt.** [Reihe 1.] N. F. Reihe 3. Magdeburg 1902–07: J. G. Hauswaldt. 4°
[Reihe 1.] Mit e. Vorw. von Th[eodor] Liebisch. 1902. N. F. 1904. Reihe 3. 1907. [11. 3160

Joh. Gottl. Hauswaldt (Schokoladenfabrik), Magdeburg. — Berlin: Eckstein [1910]. 20 S. 2° [Kopft.] (Dt. Industrie, dt. Kultur. 8, 3.)

Hauswalt, Jo. Friedr.: De rerumpublicarum notitia in academia diligentissime excolenda, s. Assmann, Valentin Jacob

Hauswesen, das christliche, gegenüber seinen Verunstaltungen durch den Zeitgeist, mit besonderer Berücksichtigung der prakt. Bedürfnisse. Eine Stimme aus der Gemeinde v. e. Familienvater. 8. (88 S.) Frankfurt a. M. 847, (Heyder &) Zimmer. n. 1/1 ₰

Hauswesen, das christliche, gegenüber seinen Verunstaltungen durch den Zeitgeist, mit besonderer Berücksichtigung der praktischen Bedürfnisse. Eine Stimme aus der Gemeinde von einem Familienvater. 2. Aufl. Frankfurt a. M. 854. Heyder u. Zimmer. 8. (83 S.) n. 7 ngr

Hauswesen, das christliche, gegenüber seinen Verunstaltungen durch den Zeitgeist, m. besond. Berücksicht. der prakt. Bedürfnisse. Eine Stimme aus der Gemeinde von einem Familienvater. 3. Aufl. 8. (62 S.) Augsburg 878. Preyß. — 50

Das **Hauswesen** in seinem ganzen Umfange. Bdch. 1. Guben: A. Koenig 1905. 8° [F.]

Hauswirth, Der. Eine ökonomische Schrift . . . Dresden 1784—86. H: *Mitsching, Ernst Gottlob.* (MGT) (OL) (Ky) (Adel)

— der, eine ökonom. Schrift, (v. E. G. Mitsching); 2 Thle. 4. Dresd. 784—86.

Hauswirth, der belehrende u. rathgebende 2c. 8. Frankf. u. Lpz. 786. J. F. Korn in Bresl. 6 K

Anonym: „Der in seiner Haushaltung curlöse und bemühete Hauswirth und sorgfältige Bauersmann", Berlin 1737.

— d. erfahrene, 1r Bd. gr. 8. Liegnitz 798. Siegert. 1 ₰

— d. geschäftige, s. Obst- u. Pflanzengärtner, Anhang.

Anonym: „Der geschäftige Hauswirth oder gemeinnützige Anweisung, wie man sich in Wirthschaftssachen viele Vortheile und Erleichterungen verschaffen kann", Leipzig 1797, 1801 (Rein).

Der **Hauswirth** und Miether. E. Handbuch sämmtlicher, den Hauswirth so wie den Miether angehenden allgemeinen, gesetzlichen u. andern Vorschriften. Berlin 1839.

Hauswirth u. Miether, der. Ein Handbuch sämmtlicher, den Hauswirth so wie den Miether angehenden allgem. gesetzlichen und polizeil. Vorschriften. Mit einem bauwissenschaftl. Nachtrag. gr. 8. ... Jetzt Heymann in Berlin. 1½ ₰

Anonym: „Der sorgfältige Hausswirth und curieuse Bauersmann", Leipzig 1732.

Hauswirth, Alfred, Arzt von Saanen (Bern): Aus der chirurgischen Klinik zu Bern. Die chirurgische Behandlung der Varicocele. Bern 1905. 47 S. 8°. [8. II. 05.]
Bern. Med. Diss. 1904/1905.

Hauswirth, Alfred. Die chirurgische Behandlung der Varicocele. Diss. Med. Bern. *Kopftitel:* Aus der chirurgischen Klinik zu Bern. 47 S. 8. Bern, Neukomm & Zimmermann, 1905.

Hauswirth, Ernest, *Dr., Archivar.* Abriss einer Geschichte der Benediktiner-Abtei U. L. F. zu den Schotten in Wien. *Wien* 1858. *Mechitaristen.* 166 S., 4°. Ohne Pr.
Mit dem Anhange: Catalogus religiosorum ordinis S. P. Benedicti monaster. B. M. V. ad Scotos Viennae et S. Stephani, reg. apost. de Telky in Hungaria. MDCCCLVIII. a condito monasterio DCC. (25 S.) — Als Festgabe zur 7. Secularfeier der Abtei.

Hauswirth, Ernest, Abriß einer Geschichte der Benedictiner-Abtei U. L. F. zu den Schotten in Wien. Wien 863. (Mechitharisten-Congregations-Buchh.) gr. 4. (166 S.) n. 1 ₰ 18 ngr

HAUSWIRTH, Ernst: Augustinus et manichaeismus. — (1847) 78 S. 8° (Handschr.) Diss. 71
Diss. Wien, Univ.

Jahresbericht des vereinigten k. k. Gymnasiums zu den Schotten in Wien am Schlusse des Schuljahres 1853. Mit einem Programm. 4. (42 S.) Wien. Druck. v. K. Gerold u. Sohn 1853.
Inhalt: Stand der Wissenschaft in Wien unter Kaiser Maximilian I. Von Dr. E. Hauswirth. — Schulnachrichten.

[Hauswirth, Hans.] Beatenberg, 1150 m. ü. M., Berner Oberland. [Illustrierter Führer, mit 1 Karte.] VI + 37 S. 8. (Bern, A. Benteli, [1906].) (fr. —. 50)

[Hauswirth, Hans.] St. Beatenberg, 1150 m. ü. M., Berner Oberland (Schweiz). [Illustrierter Führer, mit 1 Karte.] VI + 40 S. 8. (Bümpliz-Bern, Benteli A.-G., [1910].) [fr. —. 50]

Hauswirthin

— d. besorgte, od. Anweis. zum Aufbewahren u. Einmachen aller Sorten von Obst u. Gemüsen, so wie z. Verfertigung von Conserven, Syrup, Zuckerwerk u. Zuckergebackenem. Ein Anhang zu jedem Kochbuche, von Emilie S... 8. Leipz. 812. (Knobloch). 16 K (Aus Czerbolinsky Conditor abgedr.)

Hauswirthin, Die fromme, oder Gespräch von denen besonders in Würthshäusern nothwendigen Tugenden . . . Augspurg 1745. 2. Ausg. 1758. V: *Felder, Felix.* (Goovaerts, Ecrivains de l'ordre de Prémontré I. Bruxelles 1899.)

— d. gelehrige, ein Handbuch f. Frauenzimmer, welches die ganze Kochkunst in 872 Rubriken umfaßt. 8. Osnabr. 808. Crone. (Lpz., Centr.-Cpt.)

Anonym: „Die gelehrige Hauswirthin, Handbuch für Frauenzimmer", 3. verm. und verb. Auflage, Osnabrück 1814 (Crone); neue Auflage Mannheim 1816 (Löffler), auch u. d. T.: „Neues gemeinnütziges Kochbuch"; 4. verb. Auflage Osnabrück 1819 (Crone); 5. verb. und verm. Auflage ebenda 1827.

— die gelehrige, ein Handb. f. Frauenzimmer, welches die ganze Kochkunst in 872 Rubriken umfaßt. 3te verbess. Aufl. 8. Osnabr. Crone. 815.

Hauswirthin, die gelehrige, ein Handbuch für Frauenzimmer rc. Mit einem Anhange vom Kochen, Fleiß, Sparsamkeit, Transchiren u. Vorlegen. 4te verb. Aufl. 8. Osnabrück, Crone. 820.

Hauswirhin, die gelehrige; ein Handb. f. Frauenzimmer, welches die ganze Kochkunst umfaßt. Nebst zwei Abschnitten v. Kochen, Fleiß, Sparsamkeit rc. 5e Aufl. 8. Heidelberg 827, (Oswald.)

Hauswirthin, Die gute, oder weibliche Beschäftigung in allen Monaten des Jahres ... Leipzig 1797. V: *Gürnth, Christiane Dorothea geb. Hentschel.* (MGT) (Ky) (Engoec) (schl)

Hauswirthin, die gute, od. weibl. Beschäftigung in allen Monaten des Jahres, z. Bildung d. Frauenzimmer, (v. Chr. Doroth. Gürnth). 8. Leipz. 797. Mittler. 21 K

Anonym: „Die gute Hauswirthinn; oder weibliche Beschäftigungen in allen Monaten des Jahres, zur Bildung junger Frauenzimmer, welche ihre Oekonomie auf das vortheilhafteste zu führen wünschen; nebst diätetischen Regeln", Leipzig 1797 (Supprian).

Haus(-wirtschaft): Haus- und Landwirtschaft v. Schweizerische Freie Volks-Zeitung.

Haus- u. Landwirthschaft, die, der Ostseeprovinzen Rußlands, v. J. R. 1s Heft. A. u. d. T.: Beobachtt. in Bezug auf Rußlands kolossale Branntweinbrennereien rc. Mit 1 Kpf, gr. 8. Weimar 823. Ind.-Compt. 21 K

Neuer Hauswirtschafts Calender: Nos. 1 11, 1798 1808?
Cover-title: Alles hat seine Zeit. Published by Gottlob Jungmann und Comp., 1798 1801; by Jungmann & Bruckmann, 1802 05, by Gottlob Jungmann, 1807 08.
Reading, PA

Neuer Hauswirthschafts Calender : no. 1—17, 1799—1815?
Published by Heinrich Schweitzer, 1799—1807; by Heinrich Schweitzer, Philadelphia, jointly with Jacob Schnee, Lebanon, 1808; by Johnson & Warner, 1809?—1810; by Jacob Meyer, 1811?; by Johnson & Warner, 1812?—1815.
Philadelphia, PA

Neuer Hauswirthschafts Calender : 1808—1814.
Published by Jacob Schnee, in 1808 for first time in Lebanon, with Heinrich Schweitzer at Phila., 1808; by Jacob Schnee, Lebanon, 1809—14.
Lebanon, PA

Hauswirtschaftskunst, Adliche, nebst einer köstlichen Arzney gegen alle Gebrechen der Pferde. 8vo. Erfurt 757.

Adeliche *Hauswirthschafts-Kunst* ... Nebst e. Anh. v. einer köstlichen Arzeney wider allerhand Gebrechen u. Krankheiten d. Pferde. Schleusingen (177*?). 111 S.

Anonym: „Der Hauswirthschaffts-Verwalter, welcher zeiget, was durchs gantze Jahr in Rechnungen, Hauswesen und Ackerbau in acht zu nehmen, nebst approbirten Vieh- und Ross-Artzneyen", Leipzig 1712.

Hauswirthschaftszeitung, allgemeine, redigirt von F. Günther in Jena. 1. Jahrg. 1841. 52 Numm. (1/2 Bog.) gr. 8. Arnstadt, Meinhardt. n. 2/3 ß

Hauswelf, Just. Christ., apostol. Trostquelle u. s. w. 8. Hamb. 729.

Hauszeitung, Deutsche. Zur Besprechung u. Förderung unserer nächsten u. wichtigsten Angelegenheiten u. zur Verbreitung der Jedermann u. jedem Haushalt nützl. Lebenskenntnisse. Hrsg. v., dem Dresdner Verein für's Leben. Red. v. E. am Ende. 1—3. Jahrg. 1850—1852. à 24 Nrn. hoch 4. (B.) Dresden. Radeberg, am Ende. 1850 : 1 ß 1851 u. 1852 : à n. 1 ß

Hauszeitung, deutsche. Baustücke zum Leben und Chronik gemeinnütziger Bestrebungen, insbesondere des Dresdner Vereins für's Leben. 4—6. Jahrg. 1853—55. à 12 Nrn. (à 1 1/2 Bgn.) Dresden (am Ende.). 4. Jeder Jahrg. n. 1 ß

Schweizer Hauszeitung: Illustrierte Schweizer Hauszeitug
① 1. Untertitel: Älteste Familien- und Frauen-Zeitung der Schweiz (1. 10. 1910—13. 6. 1914) ③ Schweizer Hauszeitung (nicht aufgenommen) ④ Illustrierter Familienfreund - Schweizer Hauszeitung ⑤ 1. 10. 1910—26. 9. 1925 ⑥ 4° ⑦ Wochenblatt ⑧ Bellinzona: Buch- und Kunstdruckerei AG vormals Colombi (1. 10. 1910—23. 5. 1914); Luzern: C. J. Buchner AG ⑨ Welt und Leben (1910—9. 5. 1914: 4°: Monatsbeilage). Übrige Beilagen nicht aufgeführt ⑩ die Drucker ⑪ Buch- und Kunstdruckerei AG vormals Colombi, Bellinzona (1910—23. 5. 1914); G. Lutz, Luzern (30. 5. 1914—5. 8. 1916); Frau M. Hürbin, Luzern (16. 8. 1916—26. 9. 1925) ⑫ Das Blatt enthält Bildberichte über Tagesereignisse ⑭ Be: L.

Haus- u. Küchenzeitung. Redacteur: C. G. Gotthold. 2. Jahrg. 1842. 52 Numm. (1/2 Bog.) Mit Abbild. Lex.-8. Arnstadt, Meinhardt. n. 2/3 ß

Haus-Zeitung, Schweizer. Sonntagsblatt für Familie und Haus, mit Beilage „Der Samariter". Organ für die Interessen d. Samaritervereine, des Verbandes zum „Rothen Kreuz", Ferienkolonien, Schul- und Kinderhygieine, sowie öffentlicher und privater Gesundheitspflege und Gemeinnützigkeit. I. Jahrg. 1888/89. 52 Nrn. gr. in-4°. Zürich, H. Streicher, Commissionsverlag v. Cäs. Schmidt. Jährlich 5 —

Haus-Zeitung, Schweizer, für Belehrung u. Unterhaltung. Mit 4 Gratisbeilagen u. Spezialrubrik: Aerztlicher Sprechsaal. Die prakt. Hausfrau. Mode u. Heim. Die Kinderstube. Die gemeinnützige Schweizerin. Offizielles Organ d. Schweizer. gemeinnütz. Frauen-Vereins. Red.: J. Würthner. 2. Jahrg. 1889/90. 52 Nrn. (1 1/4 B.) gr. 4. Zürich, (Meyer & Zeller). n. 6. 80

Haus-Zeitung, Schweizer, für Belehrung und Unterhaltung. Mit 4 Gratisbeilagen und Spezialrubrik (Aerztlicher Sprechsaal): „Die praktische Hausfrau. Mode und Heim. Die Kinderstube. Die gemeinnützige Schweizerin." Offiz. Organ des Schweizer. gemeinnütz. Frauen-Vereins. 2. Jahrg. 1889—90. (52 N°). Gr. in-4°. Zürich, J Würthner. Vierteljährl. 1 50

Hauszeitung, Schweizer. Mit Beilagen: Stunden am Arbeitstische. Arbeits- u. Schnittmusterbögen. Saisonbilder der neuesten Pariser Moden. Die praktische Hausfrau. Der Jugendfreund. Die gemeinnützige Schweizerin. Zentralorgan f. die Interessen der schweizer. Frauenvereine. Red.: Frau Rosalie Wirz-Baumann. 22.—24. Jahrg. Oktbr. 1891—Septbr. 1894. à 52 Nrn. (2 Bog.) gr. 4. Zürich, Wirz-Baumann & Co. à Jahrg. n. 5. —

f.: Stunden am Arbeitstisch.

Hauszeitung, Schweizer. Mit Beilagen: Stunden am Arbeitstische. Arbeits- u. Schnittmusterbögen. Saisonbilder d. neuesten Kleidermoden. D. prakt. Hausfrau. D. Jugendfreund. D. gemeinnütz. Schweizerin, Zentralorgan f. d. Interessen d. schweizer. Frauenvereine. Red.: Frau Rosalie Wirz-Baumann. 25.—27. Jahrg. Oktbr. 1894—Septbr. 1897. à 52 Nrn. (à ca. 2 Bog.) gr. 4. Bellinzona, Schweizer. Verlagsanstalt (Colombi & Co.) à Jahrg. n. 5. —

Hauszeitung, Schweizer. Mit Beilagen: Jugendfreund. Prakt. Hausfrau. Stunden am Arbeitstische m. Arbeits- u. Schnittmusterbögen nebst Modebild. D. gemeinnütz. Schweizerin, Zentralorgan f. d. Interessen d. schweiz. Frauenvereine. Red.: Rosalie Wirz-Baumann, Maja Matthey, B. Beuttner. 28. u. 29. Jahrg. Oktbr. 1897—Septbr. 1899. à 52 Nrn. (à ca. 8 u. 12 S. in 8.) gr. 4. Ebd. à Jahrg. n. 5. —

Hauszeitung, Schweizer. Aelteste Familien- u. Frauen-Zeitg. der Schweiz. Mit Beilagen: Jugendfreund. Modebilder. Praktische Hausfrau. Stunden am Arbeitstisch m. Schnittmustern. Welt u. Leben. Red.: Frl. F. C. Graf. 30.—33. Jahrg. Oktbr. 1899—Septbr. 1903. à 52 Nrn. gr. 4. (à ca. 8 u. 8 S.) Bellinzona, E. E. Colombi & Co. à Jahrg. n. 4. —

Hauszeitung, schweizer. Aelteste Familien- u. Frauen-Zeitg. der Schweiz. Gratis-Beilagen: Jugendfreund. Modebilder. Stunden am Arbeitstisch m. Schnittmusterbog. Praktische Hausfrau. Welt u. Leben. Red.: Ulr. Farner. 35. Jahrg. Oktbr. 1904—Septbr. 1905. 52 Nrn. (à ca. 8 S.) 4. Bellinzona, E. E. Colombi & Co. n. 8. —

Haus- u. Wirthschaftszeitung, Süddeutsche, zur Verbreitung nützlicher Kenntnisse u. Erfahrungen für das Haus- u. Wirthschaftswesen. Herausgeg. in Verbindung mit Mehreren von Lechmüller. I. Bd. I. Thl. gr. 8. München 815. (Jaquet.) n. 1/4 ₰

Hauszeitungskalender. Illustrierter Schweizer-H'-K' pro 1909 u. pro 1910. [Jahrg. 1 u. 2.] Redaktion: Ulrich Farner ..., unter gefäll. Mitwirkung schweiz. Schriftsteller und Schriftstellerinnen. je 88 S. 8. Bellinzona, S. A. Stab. Tipo-Litogr. già Colombi ⟨Verlag der Schweizer-Hauszeitung⟩. (je fr. 1. —)

Hauszmann, A. Das Elisabeth-Spital. Budapest 1884.

AUF die blanke Haut. Erzählungen aus dem Gebiete von Rute, Stock und Peitsche. 4 Bde. O. O. u. J. (190*). 8°. (à Mk. 2—.)

Haut, Die ehrliche; ein komischer Roman. Mainz u. Hamburg 1803. V: *Witte*, *Carl.* (Kat. Harrwitz 101, 46.)

Haut, d. ehrliche, ein komischer Roman, v. d. Frau v. Genlis. 8. Hambg. Vollmer. 803.

Haut, die ehrliche. 8. Hamb. ... (Herold jun.) 12 gr

Haut, Oberlehrer, u. Dr. Schriefer, deutsches Lesebuch für die Jugend, zum Gebrauche in latein. Schulen. 1r Thl. gr. 8. Bamberg 834. Dresch. 5/12 ₰

Haut, Alois. Luzern, das alte Heimathland der Gesellschaft Jesu. Kurze geschichtliche Notizen, zur Beherzigung besonders für meine Mitbürger in der Stadt Luzern. Hrg. von A. Hautt.... 8. Luzern 1844.

Haut, Alois s. Wie gewisse Leute im Kanton Luzern es... meinen. Luzern 1841.

Haut, Jos., Geschichte der k. Studien-Anstalt Dilingen nach den Quellen dargestellt. 1. Liefg. Dilingen 854. Aulinger. 8. (S. 1—116 u. 1 Kpfrtaf.) 7 1/2 ngr

Geschichte der k. Studien-Anstalt Dilingen in den ersten hundert Jahren, von ihrer Entstehung bis zum westphal. Frieden, 1548—1648, nach den Quellen dargestellt von Joseph Haut, G. P. — 1854. Ebend. — S. 3 115 in 8.
Progr. Dillingen

Hautboisten, die,. Lustsp. v. Bröckelmann. 8. Cassel, Griesbach. 797.

Haute nouveauté, la, des modes parisiennes. Journal avec gravures, illustrations et modèles de confection donnant les modes les plus nouvelles et les plus riches de la fashion parisienne, 4. Jahrg. 1874. 24 livrs. (1/2 B.) à 3 planches color. Fol. Basel 874. Bureau f. techn. Literatur. n. 27. —; Edit av. 2 planches color. n. 18. —; Petite édit. av. 1 planche color. n. 10. —

Häute und Leder vormals Kampffmeyersche Zeitung. Tageszeitung f. Industrie u. Handel. Jg. 49, No 1. Berlin. O. L. Salomon 1906. 2°
Auf s. u. d. T.: Zeitung f. Lederfabrikation; Gerber-Zeitung; Schuh u. Leder 106.7434

Häute u. Leder, vormals Kampffmeyersche Zeitung. Tageszeitung f. Industrie u. Handel. Red.: Carl Sohmalfeld. 49. Jahrg. März 1906—Febr. 1907. Etwa 310 Nrn. (à ca. 4 S.) Fol. Berlin, Kampffmeyer'scher Zeitungsverl. 20. —

Häute u. Leder, vormals Kampffmeyersche Zeitung. Tageszeitung f. Industrie u. Handel. Red.: Carl Schmalfeldt. 50—53. Jahrg. 1907—1910. à etwa 310 Nrn. (à ca. 6 S.) 41,5×29,5 cm. Berlin, Häute u. Leder. à Jhrg. 20. —

Hautefeuille, Gräfin v. Die gebannte Seele. Eine religiöse Idylle. Aus dem Franz. frei bearbeitet usw. Münster 1838. B: *Bornstedt, Luise von.* Vgl. RASSMANN 1866, S. 37. (DARP)

Hautefeuille, Gräfinn, d. gebannte Seele. Eine religiöse Idylle. Aus d. Franz. frei bearb. von der Verfasserinn der „Pilgerklänge einer Heimathlosen," und der „Legende von der heil. Katharina J. M." gr. 12. Münster 838. Katholischer Bücher-Verlag. (J. H. Deiters.) 5/12 ₰

Hautefeuille, L. B., quelques questions de droit international maritime, à propos de la guerre d'Amérique. gr. 8. (74 S.) Leipzig 861, Franck'sche Verlagsbuchh.

Hautepierre, J. C.

— abrégé encyclopédique de toutes les sciences, augmentée de l'histoire universelle jusqu'à nos jours. II Vols. Mit Kpf. u. Kart. 8. Bresl. 804. W. G. Korn.

Hautepierre, art épistolaire, ou ouvrage élémentaire etc. gr. 8. Bresl. W. G. Korn. 806.

Hautepierre, J. C., l'art épistolaire, ou ouvrage élémentaire pour apprendre à bien écrire des lettres etc. gr. 8. Bresl. 806. ... Ed. III. 822. W. G. Korn. 1 ₰

— grammaire française, expliquée en polon. etc. 8. Bresl. 806. W. G Korn. 1 ₰ 8 gr

— tableau historique des Rois de Pologne, servant de lecture instr. à la jeunesse. Avec un vocabulaire en pol. et allemand. II Tom. 8. Bresl. 807—10. W. G. Korn. 3 ß

— Tableau historique de la vie des rois de la Pologne servant de lecture instr. à la jeunesse av. un Vocabul. en pol. et allemand. II Tom. 8. Bresl. G. Korn. 807–10. (I. 1 Rthlr. 8 gr. II. 1 Rthlr. 16 gr.)

Hauter, A., wirtschaftl. Eisenbahn-Erkundungen im mittl. u. nördl. Deutsch-Ostafrika. s.: Fuchs, Paul.

Hauter, Chr. Die Weine der Pfalz. Speyer. Kranzbühler [um 1900]. 7 S. -- 107*

(Hauterive, Bl.) Frankreichs politische Lage und Verhältnisse, gegen das übrige Europa in dem Laufe des XVIII. und zu Anfang des XIX. Jahrhunderts. 8. Leipzig 1801.

d'Hauterive, Gustavus (geb. 1827 in Olpe Westf.): De dysenteria ... Bonnae, ex typogr. C. F. Krueger (1859). 33 S., 1 Bl. 8.
Bonn, Med. Fak., Diss. v. 27 Mai 1859

Hautesierck, Richard von

Hautesierk, de. Formulae medicamentorum nosodochiis militaribus adaptatae digestae et auctae. Jenae 1763.

v. *Hautesierk*, Rich., formulae medicamentor. etc. 8. Frkf. 763. Gollner. 4 gl.

Richard von Hautesierk ([Hautesierck:] Recueil d'observations de médecine des hôpitaux militaires. [Deutsch:]) Sammlung medicinischer und chirurgischer Wahrnehmungen. Aus d. Franz. übers. durch Joseph Eyerel. Bd 1. Lübeck: Donatius 1779. 8°
Bd 1: 1779.

— Samml. medicin.-chirurg. Wahrnehmungen; aus d. Französ. v. Jos. Eyerel. 1r Bd. gr. 8. Lübeck 779. Riemann u. C. 8 gl.

v. Hauteville, (K.,) Fragen, welche man nothwendig beantworten, wenn man bei e. Arzte Rath suchen will, f. Landbewohner. 8. Züllichau 823, Darnmann.

v. Hauteville, K., Fragen, welche man nothwendig beantworten muß, wenn man bei einem Arzte Rath suchen will, für Landbewohner. 8. Züllichau 823. (Serig in Leipz.) 1 gl.

Hauth, August, a. Schlettstadt im Elsaß: Zur Kenntnis der Phytosterine. Freiburg (Baden) 1907: E. Kuttruff 1907. (44 S.) 8°
Freiburg i. B., Phil. Fak., Ref. Gattermann, Diss. v. 1907
[Geb. 1. Sept. 78 Schlettstadt; Wohnort: Schlettstadt; Staatsangeh.: Elsaß-Lothringen; Vorbildung: Gymn. Schlettstadt Reife Juli 97; Studium: Freiburg i. B. 7 S.; Rig. 14. Juni 07.]

Hauth, Ernst [app. Arzt aus Saar-Union]: Beitrag zur Lehre des Ersatzes von Knochendefekten ... Strassburg, Univ.-Buchdr. v. J. H. E. Heitz, 1891; 68 S. 8.
Strassburg, Med. Fak., Inaug.-Diss. v. 1891

Hauth, Jo. Philipp (Zweibrücken), De recta linguarum discendarum ratione. Diss. philol. Präs. Georg Christian Hullbauer. Jena (Jo. Fried. Schill) Juli 1739. 24 S. (6.30) 13597
Widm. v.: Friedrich Andreas Hallbauer, Elias Friedrich Schmersahl (Danneberg/Lüneburg).

Hauth, Matth., die Verbindung der Schule mit der Kirche. Trier 869. Lintz' Verl. gr. 8. (40 S.) 5 ngr.

Über die Flächen, von deren Krümmungslinien ein System in parallelen Ebenen sich befindet. · Von P. Rupert Hauth, O. S. B. — 1902, Landshut, J. Thomann. — P. 3–33.
Progr. Metten, Benediktiner-Gymn.

Hauthal, Dr. Ferd. Die sächsische Armee der Gegenwart in Wort und Bild. Mit 20 colorirten Tafeln u. Titelbild.
2. Aufl. Fol. Leipzig 1859.

Hauthal, Ferd., Beiträge zur Geschichte, Verbesserung, Feststellung, Erklärung des Textes der Satiren des Persius. 2 Thle. Mit der vollständ. Abbild. des Fragmentes des Palimpsesten im Vatican zu Rom. — 1r Thl. A. u. d. T.: Aulus Persius Flaccus. 1r Theil: Text nach den ältesten u. besten engl., franz., schweiz., italien. u. deutsch. Mss. u. nach d. wichtigsten Drucken vom XV - XIX. Jahrhundert; metrisch-rhythm. Uebersetzung u. kritische Anmerkk. gr. 8. Leipzig 837. Hinrichs. $2^{1}/_{2}$ ß

Hauthal, Ferd., genannt F. F. Franke, der große Christoph. Nebst einem von C. Begas gezeichn. u. lith. Bilde u. kunst- u. literarhistor. Bemerkungen. Roy.-4. (10 B.) Berlin 843, T. Trautwein'sche Buchh.

Hauthal, Ferd., über den Codex Heinianus oder Barcellonensis des Horaz u. des Akron. gr. 8. (IV u. 47 S.) Bonn 847, Habicht. 1/3 ß

Hauthal, F., Acronis et Porphyrionis commentarii in Q. Horatium Flaccum. P. I. 1859. 61 S. u. 1 Taf. 5.—

(Hauthal, Ferd.) Geschichte der Sachsischen Armee von ihrer Reorganisation nach dem siebenjährigen Kriege bis auf unsere Zeit. Leipzig. Herm. Emil Schrader 1858.
Text u. Tafelband. 4° u. 2°.
Text: IV – 172 S. Tafelband: 42 Taf. in kol. Lithogr.
Verfasser nennt sich unter der Vorrede
Dasselbe. 2. Aufl. Leipzig. H. E. Schrader 1859
172 S., III Bl.; 61 Taf. 2°.

— s. Persii Fl. Aul., Satira.

Hauthal, Rudolf, a. Hamburg: Beiträge zur Geologie der argentinischen Provinz Buenos Aires. Gotha 1904: J. Perthes. (17 S.) 4° ¶ (Aus: Petermanns Geographischen Mitteilungen 1904.)
Straßburg, Math.-naturwiss. Fak., Ref. Benecke, Diss. v. 1904
[Geb. 3. März 54 Hamburg; Wohnort: La Plata, Argentinien; Staatsangeh.: Hamburg; Vorbildung: Gymn. Christianeum Altona Reife O. 74; Studium: Jena, Tübingen, Leipzig, Stuttgart T.H., Straßburg 8 S.; Rig. 26. Febr. 04.]

Prof. Rudolf Hauthal. Büsserschnee (Nieve penitente). *Buenos Aires: G. v. Woerden & Co. in Komm. [um 1902].* (27 S.) 8°
— Veröffentlichungen d. Deutschen Akademischen Vereinigung in Buenos Aires. Bd 1, H. 5. [03. 3139 9

Hauthaler, Sigm., Moralphilosophie des klassischen Alterthums. Aus den Werken der griech. und röm. Autoren gesammelt und systemat. geordnet. Salzburg 857. Mayr in Comm. 8. (XVI, 532 S.) n. 1 ß 10 ngr.

Hauthaler, Willibald

Hauthaler W.: Abstammung u. nächste Verwandschaft des Erzbischofs Eberhard II. v. Salzburg. (44) Salzburg Priv. 76.
Progr.

Hauthaler, Willibald, Fragment e. alten Salzburger Necrologiums [Saec. XII—XV.] [Aus: „Arch. f. österr. Geschichte."] Lex.-8. (14 S.) Wien 875. Gerold's Sohn in Comm. n.n. — 30

Hauthaler Willibald: Die Arnonischen Güterverzeichnisse („Notitia Arnonis" und „Breves Notitiae") nebst einem Anhange. 52. Salzburg Priv. G. 98.
Progr.

Hauthaler, Willib., Cardinal Matthäus Lang u. die religiös-sociale Bewegg. s. Zeit (1517—1540). Zumeist nach Salzburger Archivalien. 1. u. 2. Thl. von 1517 bis Oktbr. 1524. [Aus: „Mitthlgn. d. Gesellschaft f. Salzb. Landeskde."] gr. 8. (140 S.) Salzburg 896. (H. Dieter.) n 2. —

Hauthaler W.: Libellus decimationis de anno 1285. Ein Beitrag zur kirchlichen Topographie v. Steiermark und Kärnten im 13. Jahrh. Aus dem vaticanischen Archive. (28.) Salzburg Priv. 87.
Progr.

Hauthaler, Willib., libellus decimationis de anno 1285. Ein Beitrag zur kirchl. Topographie von Steiermark und Unterkärnten im 13. Jahrh. Aus dem Vaticanischen Archive hrsg. gr. 8. (28 S.) Salzburg 887, (Mittermüller.) *

Hauthaler, P. Willibald: E. Salzburgisches Registerbuch d. XIV. Jhs. *Wien 1893.*
in: Xenia Austriaca. Bd 1. [97-396]

Hauthaler Willibald: Ein Salzburgisches Registerbuch des XIV. Jahrhunderts. (52). Salzburg. Priv. G. 93.
Progr.

— aus den vaticanischen Registern. Eine Auswahl von Urkunden und Regesten, vornehml. zur Geschichte der Erzbischöfe von Salzburg bis zum J. 1280. Lex.-8. (86 S.) Wien 887, (Gerold's Sohn.) *
Aus: Archiv für österreichische Geschichte, besonders abgedruckt.

Hauthaler, W., aus den vaticanischen Registern. Eine Auswahl v. Urkunden u. Regesten, vornehmlich zur Geschichte der Erzbischöfe v. Salzburg bis zum J. 1280. [Aus: „Archiv f. österr. Geschichte".] Lex.-8. (86 S.) Wien 887. (Tempsky.) n. 1. 40

Hauthaler, Willib., O. S. B., s.: Urkundenbuch, Salzburger.

— d. Cardinals u. Salzburger Erzbischofs Matthäus Lang Verhalten z. religiösen Bewegg. s. Zeit (1519—1540). [Aus: „Jahrb. d. Leo-Gesellsch. 1895".] gr. 8. (20 S.) Wien 895. (St. Norbertus.) n. — 36

Haut-Heil! Mittheilungen eines Greises über eine erfolgreiche Art der Hautpflege aus seinen mehrjähr. am eigenen Leibe gemachten Erfahrungen. gr. 8. (23 S.) Wien 885, (Pichler's Wwe. und Sohn.) * — 50

Hautin, Charles, das Ganze der höheren und niederen Magie oder Enthüllung der überraschendsten u. neuesten Kunststücke aller Art: Taschenspielerkünste, arithmetische Kunststücke, Karten-Kunststücke mit u. ohne Apparat. Mit 89 Abbildgn. (auf 8 lith. Taf.) Nordhausen 862. Büchting. 8. (X, 151 S.) 15 ngr.

Hautkrank! einschließlich Haarkrank!, s.: Flugschriften, hygienische. 5. Hft.

Hautkrankheit, v. J. G. Reinhard's, s. Historia pathol.

Hautkrankheiten, die häufigsten, s.: Miniatur-Bibliothek.

Hautle, Albert, Rechtsanwalt, Goldach, Kt. St. Gallen, Schweiz: Der Gläubigerschutz im Aktienrechte. Leipzig: O. Wigand 1907. (251 S.) 8°
Leipzig, Jur. Fak., Diss. v. 18. Juni 1907
[Geb. 27. Sept. 70 Appenzell; Wohnort: Goldach, Kt. St. Gallen; Staatsangeh.: Schweiz; Vorbildung: Feldkirch Philosophieexamen Juli 92; Studium: München 2, Berlin 1, Straßburg 1, Bern 5 S.; Rig. 23. Febr. 07.]

Der Gläubigerschutz im Aktienrechte von Dr. jur. Albert **Hautle**, Rechtsanw. Berlin: Puttkammer & Mühlbrecht 1907. (251 S.) 8° [08. 1194

Der Stand der schweizerischen Binnen-Schiffahrtsfrage. Von Dr. A. **Hautle**-Hättenschwiller. Vortrag geh. 1910. o. O. (1910). 11 S. 8° [Kopft.]
(Nordostschweizerischer Verband f. Schiffahrt Rhein-Bodensee. Verbandsschrift [Nr 5.]) A 12. 1160

Hautle-Hättenschwiller, A[lbert]. Verbands-Politik. Referat von Dr. A. H'-H' an der 2. ordentlichen Generalversammlung des Nordostschweizerischen Verbandes für Schiffahrt Rhein-Bodensee vom 11. September 1910, in der Tonhalle St. Gallen. [7 S.] 4. [Rorschach, J. M. Cavelti-Hubatka, 1910.] [fr. —. 50]

Haeutle, archivalische Reisen im vorigen Jahrh. [Aus: „Archiv f. österr. Geschichte".] Lex.-8. (48 S.) Wien 876. Gerold's Sohn in Comm. n. — 60

Häutle, Christian, s. Bibliothek des litterarischen Vereins in Stuttgart CLV.

Haeutle, Chrn., kleine Beiträge zur bayerischen Landes- und Wittelsbachischen Familien-Geschichte. gr. 8. (VII und 103 S.) Augsburg 861, (Schmid'sche Verlagsbuchh.) *

Haeutle, Chrn., Beiträge zur Landes-, Fürsten- und Kultur-Geschichte der deutschen Staaten mit besonderer Rücksicht auf Bayern-Pfalz und auf das Haus Wittelsbach. Herausg. aus archivalischen Quellen. 1. Heft. München 864. Fleischmann. gr. 8. (VII, 104 S.) 16 ngr.

Reindl'sche Chronik, Die, von München von 1403, bez. 1580 bis 1756. I. Abth., von 1403, bez. 1580 bis incl. 1731. II. Abth., das Jahr 1742 umfassend. Zum erstenmale herausgegeben von Christian **Haeutle**. Sonderabdruck aus dem „Jahrbuch für Münchner Geschichte" III. und IV. Jahrg. 8. (Bamberg 1889—1890.)

Haeutle, Dr. Chrn., Heinr. Konr. Föringer. Eine Lebensskizze. Mit Portr. (Medaillon-Brustbild in Lichtdr. v. *J. Albert*). München 1881. Imp.-8°. Cart.
88 S. Mit Facsim. unter d. Portr. — S.-A. aus d. 42. u. 43. Jahresber. d. hist. Ver. v. Oberbayern, S. 127—212.

Haeutle, Chrn., Genealogie des erlauchten Stammhauses Wittelsbach von dessen Wiedereinsetzung in das Herzogthum Bayern [11. Septbr. 1180] bis herab auf unsere Tage. Nach Quellen neu bearb. u. zusammengestellt. München 870. Manz. gr. 4. (XV, 219 S.) n. 2 ₰ 12 ngr.; auf Schreibpap. n. 3 ₰; auf Velinpap. n. 3 ₰ 15 ngr.

Haeutle, Chrn., Geschichte der Residenz in München von ihren frühesten Zeiten herab zum J. 1777, s. Seidel, G. F., die königl. Residenz in München.

Häutle, Dr. Christian (k. Reichsarchivrath etc.), die *Wittelsbacher* als Herzoge, Kurfürsten u. Könige von Bayern vom Jahre 1180 an bis herab auf unsere Zeit. Geschichtl. Skizzen u. Bilder aus Anlass d. *700jährigen Wittelsbachischen Regierungs-Jubiläums* in Bayern nach 8 Gruppen entworfen u. zusammengereiht. Mit zahlr. Kunstbeilagen in photograph. Lichtdrucke von *J. Albert*, k. bayer. Hofphotogr. Augsburg, Gebr. Reichel, 1880. Fol. Orig.-Pracht-Lwdbd. m. reicher Silberpress. (Wappen).
Prachtdruck m. Frontispice, schönem Portr. König Ludwig's II. u. 102 num. S., jede mit reich ornament. Holzschnitt-Bordüre.

Haeutle, Chrn., die fürstlichen Wohnsitze der Wittelsbacher in München, I. Die Residenz, s. a. Bibliothek, bayerische.

Häutle Ch, die Fürstlichen Wohnsitze der Wittelsbacher in München. I. Die Residenz. (Bayerische Bibliothek 27-28) Bamberg 1892

HÄUTLE, Eugen (Augsburg): Ueber Aneurysmen der Aorta.- München: Wolf 1878. 31 S.
20.3.1878 - Urk (Titel: De aneurismate aortae.); Chr 1877/78,10
Diss.Ingolst.-Landsh.-Mchn.

Häutle, Willibald

W. Häutle, Entwurf zur Herstellung und Erhaltung eines Verhältnisses zwischen Einnahmen und Ausgaben der ackerbautreibenden Klassen.
1827 Augsburg

Häutle, W.: „Die Landwirthschaft in Bayern, wie sie ist, wie sie sein könnte und sein sollte; oder 16jährige Erfahrungen und Beobachtungen auf einem Landguthe in Bayern. Geschöpft und angewandt auf den Privat- und Nationalhaushalt und auf die Vereinigung der Zoll-Linien zwischen Bayern und Württemberg", Regensburg 1829 (Pustet in Comm.).
- Dass. Nürnberg 1837.

Hautli, [Johann Nepomuk]. Das Wildkirchlein und die Ebenalp im Kanton Appenzell. Auf Verlangen... zum Druck befördert von Doktor H. ([Mit Anhang:] Verzeichnis der auf der E. und deren nächsten Umgebungen vorkommenden Berg- und Alpenpflanzen. Von... [Caspar Tobias] von Zollikofer....) 2. Aufl. 8. St. Gallen 1839.

Haut-Rhein — La Basse Partie du Cercle du — divisé en tous ses Etats et Souverainetés, ou sont le Landgraviat de Hesse etc. avec les Seigneuries de Wetteravie, Elect. du Palatinat, Duché de Würtemberg, Duchés de la Lorraine, de Deuxponts, de Nassau etc. Dressé sur divers Mémoires par W. C. Buna V. D. M. Frankfurt a. M. bei Heinr. Lud. Broenner 1740? Gravé par A. Reinhardt. 1: 200,000. 6 Bl.

Haut Rhin, Le, depuis les Alpes jusqu'à Mayence. Collection de 140 vues pittoresques, gravées sur acier at accompagnées d'un texte historique et descriptif. Darmstadt 1861. Lex.-8.

Hautsch, Ernestus, Holzmindensis: De quattuor evangeliorum codicibus Origenianis. Gottingae 1907: Dieterich. (101 S.) 8° ¶ (Erscheint vollst. in deutscher Sprache.)
Göttingen, Phil. Fak., Ref. Leo-Schwartz, Diss. v. 5. Febr. 1908
[Geb. 18. Juni 83 Holzminden; Wohnort: Holzminden; Staatsangeh.: Braunschweig; Vorbildung: Gymn. Holzminden Reife O. 02; Studium: München 1, Bonn 2, Berlin 4, Göttingen 6 S.; Rig. 13. Nov. 07.]

Hautsch, Ernst, die Evangelienzitate des Origenes, s. a. Texte u. Untersuchungen zur Geschichte der altchristlichen Literatur. III. 4. II a.

Die Evangelienzitate des Origenes von Ernst **Hautsch**, Dr. phil. Leipzig: Hinrichs 1909. 169 S. 8°
Erschien zuerst als Inaug.-Diss. Göttingen 1907 u. d. T.: De quattuor evangeliorum codicibus Origenianis
(Texte u. Untersuchungen z. Geschichte d. altchristl. Literatur. 34, 2a) [illegible]

— Der Lukiantext des Oktateuch, s. a. Mitteilungen des Septuaginta-Unternehmens. I.

Hautsch, Ernst: Der Lukiantext des Oktateuch. (Berlin: Weidmann 1910.) 28 S. 8°
Aus: Nachrichten der K. Gesellsch. d. Wiss. zu Göttingen. Phil.-hist. Kl. 1909. (Mitteilungen des Septuaginta-Unternehmens der K. Gesellsch. d. Wiss. zu. Göttingen. 1.)

Hautsch, F., Aufgabensammlung mit Auflösungen aus dem Gebiete der Maschinenmechanik zur Uebung u. Wiederholung des mechanischen Studiums für Schüler der Maschinenbauschulen u. angehende Techniker. Elementar bearb. gr 8. (III, 128 S. m. eingedr. Fig.) Leipzig 878. Knapp. cart. n. 3. —

Hautsch, F., Aufgabensammlung mit Auflösungen aus dem Gebiete der Maschinenmechanik zur Uebung und Wiederholung des mechanischen Studiums für Schüler der Maschinenbauschulen und angehende Techniker. Elementar bearb. gr. 8. (III, 128 S. mit eingedr. Fig.) Leipzig 879, Knapp. cart. *

Hautsch, F., Aufgabensammlung m. Auflösungen aus dem Gebiete der Maschinenmechanik zur Uebung u. Wiederholung des mechanischen Studiums f. Schüler der Maschinenbauschulen u. angehende Techniker. Elementar bearb. Neue (Titel-)Ausg. gr. 8. (III, 128 S. m. Fig.) Fulda 893. J. J. Arnd. Kart. n. 3. —

— Leitfaden zum Gebrauch beim Entwerfen der Maschinenelemente. Elementar behandelt u. leicht fasslich zusammengestellt. gr. 4. (163 autogr. S. m. Fig.) Holzminden 882. Müller. n. 4. 50

Hautsch, F., Leitfaden zum Gebrauch beim Entwerfen der Maschinenelemente. Elementar behandelt u. leicht fasslich zusammengestellt. 2., umgearb. Aufl. 4. (67 S. m. 50 Taf.) Holzminden 889. Müller. geb. n. 7. 50

— allgemeine Maschinenkunde für den Gebrauch von Architekten, Bau- u. Zimmermeistern zum Selbstunterrichte, sowie als Lehrbuch für Baugewerkschulen. 1. Thl. gr. 8. (112 S. m. eingedr. Holzschn.) Leipzig 880. Knapp. n. 2. 40

Hautsch, F., die stationären Transmissions-Dampfmaschinen. Elementare Behandlung der wichtigsten Faktoren der Dampfmaschinen. Für angehende Techniker. Lex.-8. (III, 143 S. mit Fig.) Holzminden 886, Müller. * 5 —

Hautt s. Haut.

Hauttmann jun. Der Todtentanz in der sogenannten Todtenkapelle der St. Marienkirche zu Lübeck. Gezeichnet nach dem Original. 4°.

Hauttmann, Max: Der kurbayerische Hofbaumeister Joseph Effner ⟨Schleissheim⟩. (Gekr. Preisschr.) Strassburg 1912: Heitz. 82 S. 8° ¶ (Vollst. als: Studien z. dtsch. Kunstgesch. H. 164. 1913.)
München, Phil. Diss. v. 19. Juli 1910, Ref. Riehl, Wolters
[Geb. 10. Febr. 88 Landau i. Pf.; Wohnort: München; Staatsangeh.: Bayern; Vorbildung: Gymn. Zweibrücken Reife Juli 06; Studium: München 4, Berlin 1, München 3 S.; Rig. 19. Juli 10.] [U 12. 6495

Hautz, Johann Friedrich

J. F. Hautz. Die erste Gelehrtenschule reformierten Bekenntnisses, oder Geschichte des Paedagogiums zu Heidelberg unter dem Kurfürsten Friedrich III. von der Pfalz in den Jahren 1565—1577. Nach handschriftlichen, bis jetzt noch nicht benützten Quellen bearbeitet und nebst den wichtigsten Urkunden herausgegeben. VIII. u. 65 S. Heidelberg, P 1855

Hautz, Joh. Friedr., die erste Gelehrtenschule Reformirten Glaubensbekenntnisses in Deutschland oder Geschichte des Pädagogiums zu Heidelberg unter dem Kurfürsten Friedrich III. von der Pfalz in den J. 1565—1577. Nach handschriftl. bis jetzt noch nicht benutzten Quellen bearb. u. nebst den wichtigsten Urkunden herausg. Heidelberg 855. (Mohr.) gr. 8. (VIII, 65 S.) n. 10 ngr

—— Zur Geschichte der Universität Heidelberg, nebst einigen darauf bezüglichen noch nicht gedruckten Urkunden. gr. 8. (III und 28 S.) Heidelberg 852, J. C. B. Mohr. *
Aus: Heidelberger Jahrbücher J. 1852, besonders abgedruckt.

Hautz, Joh. Frdr., Geschichte der Universität Heidelberg. Nach handschriftlichen Quellen nebst den wichtigsten Urkunden, nach dessen Tode herausg. u. mit einer Vorrede, der Lebensgeschichte des Verf. u. einem alphabetischen Personen- u. Sachregister versehen von Karl Alex. v. Reichlin-Meldegg. 2 Bde. (in 14 Liefgn.). Mannheim 862—64. Schneider. gr. 8. (LXVI, 477 S.; XVI, 507 S.) n. 4 Thlr 20 ngr

Hautz, Joh. Frdr., Geschichte der Neckarschule in Heidelberg v. ihrem Ursprunge im 12. Jahrh. bis zu ihrer Aufhebung im Anfange des 19. Jahrh. Bearb. nach handschriftl. bis jetzt noch nicht gedr. Quellen u. nebst den wichtigsten Urkunden hrsg. gr. 8. (XII u. 200 S.) Heidelberg 849, J. C. B. Mohr. 3/4 ℳ

Derselbe. Urkundliche Geschichte der Stipendien und Stiftungen an dem Grossherzoglichen Lyceum zu Heidelberg, mit den Lebensbeschreibungen der Stifter. Nebst den Stipendien der Universität Heidelberg, den Bernhardschen Pfälzerstipendien an der Universität Utrecht und dem Neuspitzer Familienstipendium. 1. Heft. VI. u. 41 S. Heidelberg, P 1856

Derselbe. Urkundliche Geschichte der Stipendien und Stiftungen des Grossherzoglichen Lyceums und der Universität zu Heidelberg. Nebst den Ehmschen und den Bernhardschen Pfälzerstipendien an der Universität Basel und Utrecht, dem Neuspitzerschen Familienstipendium und einem Anhange über den Geldwerth in früherer und jetziger Zeit. 2. Heft. VIII. u. 128 S. Heidelberg, P 1857

— urkundliche Geschichte der Stipendien und Stiftungen an dem Großherzogl. Lyceum zu Heidelberg mit den Lebensbeschreibungen der Stifter. Nebst dem Ehmschen u. den Bernhard'schen Pfälzer-Stipendien an den Universitäten Basel u. Utrecht und dem Neuspitzer'schen Familien-Stipendium u. einem Anhang über den Geldwerth in früherer und in jetziger Zeit. 2 Hefte. Heidelberg 856, 57. (Mohr.) gr. 8. (XV, 128 S.) n. 12 ngl

— Jubelfeier der 300jähr. Stiftung des Lyceums zu Heidelberg. Nebst den der Anstalt zugegangenen Zuschriften u. den bei der Feier gehalt. Reden. gr. 8. (VI u. 94 S.) Ebd. 847. 3/8 ℳ

— die Juristen-Facultät der Universität Heidelberg unter der Regierung des Kurfürsten Friedrich III. von der Pfalz von dem Jahre 1559 bis zum Jahre 1576. Aus der „Akad. Monatsschrift" abgedruckt. Leipzig 853. Bethmann. Lex.-8. (20 S.) n. 4 ngl

Hautz, Joan. Frider., Jacobus Micyllus Argentoratensis, Philologus et Poeta, Heidelbergae et Rupertinae Universitatis olim decus. Commentatio historico-literaria. 8 maj. (4½ B.) Heidelbergae 842, J. C. B. Mohr.

J. F. Hautz. Lycei Heidelbergensis origines et progressus. Disseritur etiam de schola Nicrina et contuberniis Heidelbergae olim constitutis. VI. u. 142 S. nebst 2 nicht nummerierten Seiten für den Index. Heidelberg P 1846

Hautz, Joan. Frider., Lycei Heidelbergensis origines et progressus. Disseritur etiam de schola Nicrina et Contuberniis Heidelbergae olim constitutis. Commentatio historico-literaria, quam ad Lycei festum saeculare tertium pie celebrandum ex monumentis literarum fide dignissimis iisque maximam partem ineditis conscripsit. 8 maj. (9⅔ B.) Heidelbergae 846, J. C. B. Mohr. Thlr. ·

Derselbe. Statuten der Schülerbibliothek des Grossherzoglichen Lyceums in Heidelberg. 8 S. Heidelberg, P 1852

Hautzinger, Amélie: Die weibliche Berufswahl. Handbuch f. Frauenbildung u. Frauenerwerb. M. e. Anh.: Studien- u. Stipendienfonds, Unterstützungs- u. Pensionsanstalten. — Berlin: Steinitz 1894. 214 S. 8°

Hautzinger, Ferd., der Kupfer- u. Silber-Segen des Harzes die natürliche Quelle des deutschen Volksreichthums vom historischen, volkswirthschaftlichen u. mercantilen Standpunkte dargestellt. gr. 8. (III, 164 S.) Berlin 877. (Bohne.) n. 5. —

Hautzsch, Johann Gottfried (Ölsnitz/Vogtl.), De praenumeratione expensarum parti adversae, lite pendente, facienda. Von Verlag oder Vorschuß der Process-Kosten. Diss. jur. Präs. Heinrich Hildebrand. Altdorf (Heinr. Meyer) Jan. 1707. 32 S. (6.30) 13598

— — Dasselbe. Ed. II. (Kohles.) (6.—) 13599

al-Haūū Quasim

— — Die Verwandlungen des Abu Seid von Serug, oder die Makamen des Hariri, in freier Nachbildung von Friedrich Rückert. 2. vervollständigte Auflage. Band I. II. Stuttgart und Tubingen 1837.

— — Die Verwandlungen des Abu Seid von Serug oder die Makamen des Hariri von Friedrich Rückert. Dritte Auflage. Band I. II. 2 voll. Stuttgart und Tübingen 1844.

Hauvette-Resnault, A., De archonte rege. Diss. 1884. 122 S.

Hauviller, Emil: Die Veredlung der Weine mittelst der selectionnierten Hefen des Instituts La Claire, zubereitet nach dem System von Prof. Georges Jacque... ... Vertreter für Deutschland Emil Hauviller. Mülhausen [1905]: Brinkmann. 23 S. -- 121*

Analecta Argentinensia. Vatikan. Akten u. Regesten z. Gesch. d. Bistums Strassburg im XIV. Jh. ⟨Johann XXII, 1316–1334⟩ u. Beiträge z. Reichs- u. Bistumsgesch. von Dr. Ernst Hauviller. Bd 1. *Strassburg: E. van Hauten 1900.* 4°(8°) [oo. 7664]

Hauviller, Ernst, s. a. Analecta Argentinensia.

Hauviller, Ernst, les archives révolutionnaires du département de la Moselle à Metz. I. District de Briey. — II. District de Longwy. — III. Actes et correspondance des représentants du peuple. (33 S.) Lex. 8. Paris 910. Metz, G. Scriba. 2. —
Sonderabdruck aus: „Annales révolut."

Bausteine zur Geschichte der Hohkönigsburg. Urkunden, Akten u. Regesten aus d. Zeit d. 15. bis 17. Jhs. Im Auftr. d. Hohkönigsburg-Vereins bearb. u. hrsg. von Ernst Hauviller. Straßburg: K. J. Trübner 1908. (XI, 51 S.) 8° [08. 1931]

— Die Erhaltung der Siegel, ihre Bedeutung f. die histor. Hülfswissenschaften, ihr kunst- u. kulturgeschichtlicher Wert. (Nach e. Vortrage geh. in der Festsitzg. des Vereins „Herold" zu Berlin am 2. XI. 1909.) (23 S. m. 1 Taf.) Lex. 8. Metz 910. G. Scriba. 1. ·

— Frankreich u. Elsass im 17. u. 18. Jahrh. Ein Gedenkblatt zur 30jähr. Wiederkehr der Vereinigg. des Elsasses m. dem deutschen Reiche. gr. 8. (XI, 57 S.) Strassburg 900. E. van Hauten. n. 1. 50

⑥ · Frankreich u. Elsass. 900. Jetzt: Metz, G. Scriba. Erm. Pr. 1. ·

Franz Xaver Kraus. Ein Lebensbild aus d. Zeit d. Reformkatholizismus. Von Dr. Ernst Hauviller. Mit 3 Autotyp. u. e. Anh. unedierter Briefe, Gedichte u. kirchenpolit. Schriftstücke. *Colmar i. E.: W. Roock 1904.* (VIII, 154 S.) 8°

Franz Xaver Kraus. Ein Lebensbild aus d. Zeit d. Reformkatholizismus von Dr. Ernst Hauviller. Mit 3 Autotyp. u. e. Anh. unveröffentl. Briefe, Gedichte u. kirchenpolit. Schriftstücke. 2. Ausg. München: J. F. Lehmann 1905. (VI, 154 S.) 8° [05. 10]

— Pius X. als Großinquisitor u. Erzieher. Die Enzyklika gegen die Modernisten, ihre Bedeutg. f. Staat u. Kirche. (16 S.) gr. 8. Frankfurt a/M. 907. Neuer Frankfurter Verlag. — 30

— Der Syllabus. Über seine Entstehg., sein Wesen u. seine Ergänzg. durch Pius X. (Bibliothek der Aufklärg.) (48 S.) 8. Frankfurt a/M. 907. Neuer Frankfurter Verlag. — 50

Hauviller, Ernst [aus Rixheim '(Els.)']: Ulrich von Cluny ... (Erscheint vollst. als Heft III d. III. Bds von: Kirchengesch. Stud. hrsg. v. Knöpfler, Schrörs u. Sdralek.) Münster i. W., H. Schöningh, 1896; 1 Bl., 32 S. 8.
Berlin, Phil. Fak., Inaug.-Diss. v. 27. Juni 1896

Ulrich von Cluny. E. biogr. Beitr. z. Gesch. d. Cluniacenser im 11. Jh. Von Ernst **Hauviller,** Dr. d. Philos. *Münster i. W.: H. Schöningh 1896.* [S. 1—32 erschien als Berl. Diss. 1896.] (VIII, 85 S., 1 Bl.) 8.
— Studien, Kirchengeschichtliche. Bd III. Heft III. 97.615

— Der Ultramontanismus. (16 S.) 8. München 907. J. F. Lehmann's Verl. p — 10
Sonderabdruck aus: „Deutsches Reich u. Volk".

Hauvilleriana. Ein Beitrag zur elsäss. Publizistik. (1. Hauviller üb. den elsäss. Klerus. Von Joder. 2. Hauviller u. seine neueste Schrift. Von Judex. 3. Die Hauvilleriade. Von Lucian Landsmann.) 12. (56 S.) Straßburg (901). (F. X. Le Roux & Co.) n.n. 60

Hauwelmeyer

— **Johann Heinrich** (Hamburg), Titulum digestorum de optione vel electione legata. Präs. Georg Christian Gebauer. Gött. (Abrah. Vandenhoeck) 9. IX. 1747. 40 S. (6.40) 13601

Hauy, René Just

— Darstell. d. Theorie d. Elektricität u. d. Magnetismus nach den Grundsätzen d. heil. Aepinus. Aus d. Französ. von J. K. A. Murhard. Mit 7 Kpft. 8. Altenb. 801. Schnuphase. 1 ℛ𝓉 Mit n. Titel Leipz. 809. Hinrichs. 1 ℛ𝓉 4 𝒢𝓇

Hauy, R. J., Ebenmaßgesetz d. Krystallbildung. Uebersetzt von J. F. Chr. Hessel. Mit e. Vorrede von K. C. v. Leonhard. gr. 8. Frankf. 819. Hermann. 20 𝒢𝓇 Hbg. Pr. 10 𝒢𝓇

Hauy: Ebenmaassgezets d. Krystall-Bildung. Uebers. u. m. Anmerk. begl. v. F. C. Hessel. M. e. Vorr. v. C. C. v. Leonhard. Frankf. a. M. 1819. 115 S. 2 Tvl.

Haüy, Ueber die Elektricität der Mineralkörper; übersetzt von v. Leonhard. Frankfurt 1811. 8.

— über d. Elektricität d. Mineralkörper. Uebers. v. K. C. v. Leonhard. Mit 1 Kpf. 8. Frankf. 812. (Hermann). 6 𝒢𝓇

— über den Gebrauch physikal. Kennzeichen zur Bestimmung geschnittener Edelsteine, übersetzt v. K. C. v. Leonhard. gr. 8. Lpz. 818. Lauffer. 10 𝒢𝓇

— Grundlehren d. Physik. Aus d. Französ., mit Anmerkk. von J. G. L. Blumhof, mit e. Vorrede u. Anmerkk. v. J. H. Voigt. 1r u. 2r Bd., mit 24 Kpf. gr. 8. Weimar 804. Industr.-Compt. 3 ℛ𝓉 12 𝒢𝓇

— Handbuch d. Physik für den Elementarunterricht. Aus d. Französ., mit Anmerkk. u. Zusätzen v. Chr. Sam. Weiß. 2 Bde, mit Kpf. gr. 8. Leipz. 804, 5. Reclam. 5 ℛ𝓉 12 𝒢𝓇

(Traité de minéralogie. [Deutsch:]) Lehrbuch der Mineralogie, ausgearb. von [René Just] Hauy. ... Aus d. Franz. übers. u. m. Anm. vers. von Dietrich Ludwig Gustav Karsten (3.4 u. Christian Samuel Weiß). Th. 1-4. Paris & Leipzig: Reclam 1804-10. 8°

Th. 1.2: 1804.
Th. 3: 1806.
Th. 4: Mit Zusätzen aus Haüys Tableau comparatif des résultats de la cristallographie et de l'analyse chimique vers. 1810.

— Lehrbuch d. Mineralogie. 4 Thle, mit 86 Kpf. Aus d. Französ., mit Anmerkk. u. Zusätzen von D. L. G. Karsten u. Chr. Sam. Weiß. gr. 8. Leipz. 805—10. Reclam. 20 ℛ𝓉

Hauzeur, Jules, Französisch f. Kaufleute u. Gewerbetreibende, s.: Knörk, Otto.

Hauzinger, Anton: Disputatio pathologica de morbis sporadicis internis militum in castris existentium... 88 Bl., gbd.

Viennae Austriae: typ. Voigt 1736

JB 3.515

Havana — Neu und verbesserter Plan d. St. und Hafens — auf der Ins. Cuba mit den Wasser-Tiefen, Sandbänken und Klippen nochmahlen übersehen v. Pr. Chassereau Anno 1739. Norimb. in Officina Homanniana. 1 : 32,000. 1 Bl.

HAVANNA, Feine. Starker Tabak. Erste Kiste. Berlin W, Jaques Albachary, Kunstverlag Mohrow, (um 1900.) Kl. 8°.
Verb. d. Ldg. I Berlin 3 E. J. 554/02.

Havanna, feine. Pikante Lektüre. 1.—20. Bd. (à ca. 32 S.) schmal 8. Berlin (906). Verlag moderner Lektüre. n. — 10

Havanna, feine. Pikante Lektüre. 21.—25. Bd. (à ca. 32 S.) schmal 8. Berlin (907). Verlag mod. Lektüre. à — 10

HAVANNAS, Feine, ein Cigarrenkistchen, nicht mit Cigarren, aber mit starkem Tabak für Junggesellen, pikfein farbig illustr. Selten! (So von E. Demuth, Straßb. i. E., 1900 für Mk. 6— offerirt.)

Havard, Henry, les merveilles de l'art hollandais, exposées à Amsterdam en 1872. gr. Fol. (135 S. m. 5 Photogr.) Arnhem 873. Leipzig, Harrassowitz in Comm. n.n. 26. —

— objets d'art et de curiosité tirés des grandes collections hollandaises. Eaux-fortes par M. Greive et Taanman. hoch 4. (184 S. m. eingedr. Holzschn. u. 4 Kpfrst.) Berlin 874. C. Pfeiffer. n. 10. 50; Holl. Pap. n. 16. 50

Havard, Henry, eine malerische Reise nach den toten Städten der Zuydersee. Autoris. Ausg. Aus dem Franz. Mit 10 (Holzschn.-)Illustr. gr. 8. (XII, 351 S.) Jena 882. Costenoble. n. 6. —

Havard, H., e. malerische Reise nach den toten Städten der Zuydersee. Autoris. Ausg. Aus dem Franz. Mit 10 Illustr. 2. (Titel-)Aufl. gr. 8. (XII, 351 S.) Jena 889. Costenoble. n. 3. —

— les quatre derniers siècles. Etude artistique illustrée par J. B. Madou. 1. u. 2. Livr. Fol. (63 S. m. 2 Photolith.) Ebend. 874. à n. 2. 60

Havas, Béla: Über Eisenblech-emaille. Beziehungen zwischen physikalischer Beschaffenheit und chemischer Zusammensetzung derselben. 1910. 112 S. 8°
¶ Vgl. Chemiker-Zeitung. Jg. 33. 1909; Sprechsaal. Jg. 43, Halbj. 2. S. 727 f. Jg. 44, Halbj. 1. S. 6 f. 188 f. 207 ff. 220 ff.
Karlsruhe, Dr.-Ing.-Diss. v. 2. 3. 1910

Havas, Jos. Ant., d. Börse. Ein verlässl. Führer, Warner u. Rathgeber f. Jedermann in Börse-Angelogenheiten. Informationsbuch f. Capitals-Anlage u. Speculation, sammt Börse-Lexikon u. Compass. gr. 8. (184 S.) Budapest 891. C. Grill. n. 3. —

Havass, R., Staatsrechtliche Karte des ungarischen Reiches. 1:1,000,000. Farbdr. Nebst Text (in ungar., kroat., deutscher u. französ. Sprache). (15 S.) 8. Budapest (Rudolfsquai 8), Ungar. geograph. Institut. 1910. 1. 70.

Have anima. »Ruhe sanft in heil'gem Frieden ...« O. O. [1832]. V: *Riemer, Friedrich Wilhelm.* (Bresl 31, S. 89)

Have, s. Tom Have.

Have, E. G. Tom.

— Abhandl. wie auf dem Lande Feuersgefahr vermindert werden könne. 8. Ebend. 802.

Have, E. G. Tom.: Bemerkk. u. Vorschläge, wie im Herzogth. Bremen die Aufheb. u. Vertheil. der Gemeindelasten am vortheilhaftesten vorzunehmen ist. *Celle,* Schulze. 800. gr. 8. (8 Gr.)

Hävecker, Johann Heinrich

— Abc. der evangel.-luther. Grundveste göttl. Wahrheit. 4. Lpz. Junius. 710.

— Chronik von Kalbe, Aken u. Wansleben. mit Fig. Fol. Halberst. Gantsch. 720.

— Einleit. z. rechtschaff. Christenthum. 8. Stettin. 733.

— Erklärung der Epist. P. an den Philemon. 4. Magdeb. Scheidhauer. 709.

— Königssaal oder Predigten üb. die Bücher der Könige. 4. Lpz. Junius.

Hävecker, Johann Heinrich (Hrsg.), s. Scriver, Christian: Heilige ... Haußhaltung.

Hävecker, J. H., Vorschl. z. Ausübung d. Gottseligk. 8. Lpz. 712.

Havekoss, A[ugust]: Bildung, Schulbildung, weibliche Schulbildung. Wismar 1909: Eberhardt. VIII S. 4°
Wismar, st. HT OP 1909 [273] [S 09. 164

Das Evangelium. Von August **Havekoß,** Oberl. Berlin-Südende: Fröbel-Oberlin-Verl. 1905. (94 S.) 8°

Havel. Bois-Reymond, René du, Eislaufkarte der Havel. Tegel bis Ketzin. 1:50,000. 66×65 cm. Farbdr. Berlin 905. D. Reimer. n. — 60; auf Leinw. in Taschenformat n. 2. —

Havel. Groll, M., die Strombauprojekte an der Unter-Havel. (Umschlag: Karte der Unter-Havel.) 1:25,000. Hrsg. v. dem Fischerei-Verein f. die Prov. Brandenburg. 83,5×66,5 cm. Farbdr. Berlin (908). (S. Schropp.) — 75

— Straube, Jul., Karte des Havelgebietes zwischen Spandau u. Potsdam. (Umschlag: Straube's Karte: Tiefenkarte der Havel von Spandau bis Potsdam nebst Übersichtskarte des Teltow-Kanals.) 1:15,000. 60,5×78,5 cm. Farbdr. Berlin (910). J. Straube. 1. 50

Havelberg, s.: Geologische Karten (Preussen).

Havelbote, der. Jahrbuch f. das Gebiet der unteren Havel auf d. J. 1902. Hrsg. v. Frdr. Johnsen u. Walth. Specht. 12. (148 S. m. Abbildgn., 1 Farbdr. u. Wandkalender) Rathenow (M. Babenzien). n. — 50
Erscheint nicht mehr.

Havelburg, Wolff

Havelburg, W., s. Lépine, R., die Fortschritte der Nierenpathologie.

Die Ursache des gelben Fiebers und die Resultate der prophylaktischen Behandlung desselben. Von W[olff] **Havelburg,** Rio de Janeiro-Berlin. Leipzig: Breitkopf & Härtel 1905. (24 S.) 8°
= **Sammlung** klinischer Vorträge. N. F. No 390. [05. 6906

Havelburg, Wolff (geb. Pasewalk 13. 9. 1855): Ueber das Verhalten des Kochsalzes im physiologischen und pathologischen Zustande des Körpers. Berlin (1878). (30 S.) 8°
Berlin, Med. Diss. v. 26. Okt. 1878

Havelka, J.: Die Ausbreitung der Frankenherrschaft über die Alemannen und Bajovaren. 13 S. 4° – U.-Hradisch, ROG., Progr. 1870.

Havelka: Wie sind Xenophons Berichte über den Krieg zwischen Theben und Sparta und namentlich seine Schilderung des Epaminondas aufzufassen? 9 S. –U. Hradisch, Progr. 1869

Havelland [Schlagwort]

Havelland. Lübke, Herm., das Havelland. Für den Schulgebrauch bearb. 1:200,000. 32×41 cm. Farbdr. Berlin (909). Fussinger. — 25

Havelland [Verfasser]

Havelland, Ph., s. Warte, die.

Havelmüller (Emil Jacobsen), moderne Kunst u. Überkunst in unmodernem Lichte. (38 S.) 8. Berlin 908. Mayer & Müller. — 80

Havelok, ed. by F. Holthausen, s.: Texts, old and middle English. 1.

Havelok. Mit Einl., Glossar u. Anm. hrsg. von F[erdinand] Holthausen. 2. verm. u. verb. Aufl. Mit 1 Taf. Heidelberg: Winter 1910. XVI, 133 S. 8°
(Alt- u. mittelenglische Texte. 1.) [11. 1308 8

Hauelok be Dane, s. Hohmann, Ludwig.

Havemann, Diagramme üb. d. Tragfähigkeit sämmtl. Normal-Profile der I u. [Eisen etc., s.: Richter.

Havemann u. G. van Muyden, Schlüssel zu den mathematischen u. französischen Aufgaben, s.: Wedell, v., Vorbereitung f. das Examen zur Kriegs-Akademie.

Havemann, August Conrad: Anleitung zur Beurtheilung des äussern Pferdes in Beziehung auf dessen Gesundheit und Tüchtigkeit zu verschiedenen Diensten. Hannover 1792. 230 S.
— 3. Aufl. 1822. VIII, 296 S.

Havemann, Aug. Konr., († 1819.) Anleit. zur Beurtheil. d. äußern Pferdes, in Bezieh. auf dessen Gesundheit u. Tüchtigkeit. 8. Hannov. 792. 2e A. 805. 3e A. 822. Hahn. 20 gr

Havemann A. C.: Anleitung z. Beurtheilung d. äussern Pferdes in Beziehung auf dessen Gesundheit u. Tüchtigkeit zu verschiedenen Diensten. 2. verb. u. verm. Aufl. Hann. 1805. 295 S.

Havemann A. C.: Das Innere d. Pferdes in seinen Knochen u. Muskeln bildlich dargestellt u. erklärt ... Wien u. Triest 1816. 24 S. 1 Tvl. P.

Havemann, Aug. Conr., Das Innere d. Pferdes i. sein. Knochen u. Muskeln, bildl. dargest. u. erklärt f. angehende Tierärzte etc. E. Beitrag z. Äusseren des Pferdes. Mit 2 Kpf. 8. Wien 20. Geistinger. M. 1.75

— s. Jak. White, Handb. d. Pferdearzneikunde.

Havemann, Ferd., Anleitung und Grundriß zu R. Séguin's französischer Kaninchenzucht, um mit geringen Kosten in der Zucht des zahmen Kaninchens einen überall einträgl. Erwerbszweig zu begründen. Mit einem Anh.: Die Pariser Kaninchenküche. 2. verb. Aufl. 16. (44 S. mit 1 Tab. in gr. 8. und 1 Stnt. in gr. 4.) Quedlinburg 874, Ernst'sche Buchh.

Havemann, Ferd., Anleitung u. Grundriß zur rationellen (R. Séguin's) Kaninchenzucht, um m. geringen Kosten in der Zucht des zahmen Kaninchens e. überall einträgl. Erwerbszweig zu begründen. 3., umgearb. u. verb. Aufl., besorgt v. Johs. Borchart. 8. (IV, 42 S.) Halberstadt 894. Ernst. n. 1. —

Havemann, Ferd., Anleitg. zu R. Séguin's französischer Kaninchenzucht. Mit e. Anh.: Die Pariser Kaninchenküche. 4. umgearb. u. verb. Aufl. v. Johs: Borchart. 8. (IV, 42 S.) Leipzig (900). Ernst. 1. —

Havemann, Ferd., die rationelle Riesen-Kaninchenzucht. Ein Handbuch f. angeh. Züchter. Mit 18 Abbild. u. e. Anh.: Die Pariser Kaninchenküche. 5. umgearb. u. verb. Aufl. (VII, 53 S.) 8. Leipzig (909). Ernst. 1. —

Havemann, F(rid.) Car. (geb. Oberndorf bei Bremen 24. 12. 1798): Dissertatio semiotica de respirationis strepitu intra fauces resonante. Berolini (1825). (27 S.) 8°
Berlin, Med. Diss. v. 20. Aug. 1825

Havemann, G. S., der Preußische Kinderfreund, s. a. Lesebuch, allgem. deutsches.

Havemann, G. S., allgem. deutsches Lesebuch, zur Belehrung u. angenehmen Unterhaltung d. Jugend von 8 bis 14 Jahren. 8. Danzig 828. Gerhard. 16 gr (Erschien bereits 1825 unter dem T.: G. S. Havemann, d. preuß. Kinderfreund. Mit 2 Anh.)

Havemann, H. C., Inhaber Borchers & Nentwich: Katalog über Maschinen, Werkzeuge und Bedarfsartikel für Hoch- und Tiefbau usw. Berlin 1898. 1902

Havemann, Hans [app. Arzt aus Dobbertin]: Ueber das Wachsthum von Mikroorganismen bei Eisschranktemperatur ... Rostock, C. Boldt'sche Hof-Buchdr., 1894; 21 S. 8.
Rostock, Med. Fak., Inaug.-Diss. v. [10. Sept.] 1894

Havemann, Jo. Werner (Lübeck), De coactione, ad munera et officia publica, speciatim juxta jus Lubecense. Disp. jur. Präs. Ern. Jo. Frid. Manzel. Rostock (Jo. Jac. Adler) 28. VIII. 1755. 32 Seiten. (6.30) 13603
Widm. v.: Präs., Jacob Christian Vogel (Lübeck).

Havemann, K.

Rechnen und Geometrie. Von **Havemann**, Ing., Dir. zu Mülhausen i. E. Mit 51 Abb. Hannover: M. Jänecke 1908. (94 S.) 8°
— **Bibliothek** d. gesamten Technik. Bd 71. [08. 11067 7

Havemann, C., Sammlung v. Rechenaufgaben f. Maschinenbauer, Schlosser, Mechaniker usw. der Fortbildungsschulen. Hrsg. im amtl. Auftrage. (IV, 106 S. m. 147 Fig.) 8. Leipzig 905. B. G. Teubner. Kart. n. 1. 60

Havemann, O. G. C., der erste Brief St. Pauli an die Thessalonicher der Gemeinde Jesu Christi ausgelegt. gr. 8. (IV, 64 S.) Erlangen 875, Deichert. *

Havemann, Wilhelm

-- s. Archiv, vaterl., des histor. Vereins f. Niedersachsen.

Havemann, Wilh., Darstellungen aus der inneren Geschichte Spaniens während des XV., XVI. u. XVII. Jahrh. gr. 8. (VI u. 422 S.) Göttingen 850, Dieterich. 2 ℛ

Havemann, Wlh., Elisabeth, Herzogin von Braunschweig-Lüneburg, geborene Markgräfin von Brandenburg. Ein Beitrag zur Reformations- u. Sittengeschichte des XVI. Jahrhunderts. gr. 8. Göttingen 839. Dieterich, n. 5/6 ℛ

(— und H. C. C. Lübecking,) christl. Gesangbuch f. Schulen rc., s. Gesangbuch.

Geschichte des Ausgangs des Tempelherrenordens. Von Wilh. **Havemann.** Stuttgart u. Tübingen: Cotta 1846. XIV, 382 S. 8°
Enthält die gesamte ältere Litteratur üb. die Tempelherren S. I–XIV. 23.

— Geschichte der Lande Braunschweig u. Lüneburg für Schule u. Haus. 1r u. 2r Bd. gr. 8. Lüneburg 837, 38. Herold und Wahlstab. (à n. $1^1/_3$ ℛ) $2^2/_3$ ℛ

— dass. — Supplement, s. Bildersaal, vaterl., Bildnisse rc.

Havemann, W., Geschichte der Lande Braunschweig und Lüneburg. (1—3. Bd.) 1. Bd. 853. (XXII, 801 S.) n. 2 ℛ 20 ngr. — 2. Bd. 855. (XVI, 751 S.) n. 3 ℛ. — 3. Bd. 857. (XVIII, 832 S.) n. 2 ℛ 20 ngr. Göttingen, Dieterich. gr. 8. n. 8 ℛ 10 ngr

— Geschichte der italienisch-franz. Kriege von 1494 bis 1515. (1r Thl.) A. u. d. T.: Geschichte der Kämpfe Frankreichs in Italien unter Karl VIII. gr. 8. Hannover 833. Hahn. 7/8 ℛ — 2r Thl. A. u. d. T.: Geschichte der Kämpfe Frankreichs in Italien unter Ludwig XII. gr. 8. Göttingen 835. Vandenhöck u. Ruprecht. 2 ℛ

— Handbuch der Geschichte d. Lande Braunschweig u. Lüneburg. gr. 8. Lüneburg 838. Herold u. Wahlstab. 5/12 ℛ

— Handbuch d. neuern Geschichte, s. Straß, F., Handb. d. Weltgesch., 4. Thl.

— das Kurfürstenthum Hannover unter 10jähriger Fremdherrschaft 1803 bis 1813. gr. 8. (56 S.) Jena 867, F. Frommann. *

Havemann, Wlh., die Kirchenreformation der Stadt Göttingen. 8. Göttingen 842, Dieterich'sche B. n. 1/6 ℔

Havemann, Wilh., das Leben des Don Juan d'Austria. Eine geschichtl. Monographie. gr. 8. (VII und 291 S.) Gotha 865, F. A. Perthes. *

— **Magnus II.**, Herzog zu Braunschweig u. Lüneburg. Eine biograph. Skizze. gr. 8. (2 1/4 B.) Lüneburg 830, Herold u. Wahlstab.

— Mittheilungen aus dem Leben von Michael Neander. Ein Beitrag zur Reformations- und Sittengeschichte des XVI. Jahrhunderts. gr. 8. Göttingen 841, Vandenhoeck u. Ruprecht. 1/4 ℔

— Francisco Ximenez. [Abgedruckt aus den Göttinger Studien 1847.] gr. 8. (63 S.) Göttingen 847, Vandenhoeck & Ruprecht. 1/3 ℔

Havemann, Wl. Franz Ximenez (63) 8. Göttingen 1848. 1,00.

Hävemeier, Rudolf: Daz himelriche, ein bairisches Gedicht aus dem 12. Jahrhundert. . . . (= Progr. d. Gymn. in Bückeburg v. 1891.) Bückeburg, Druck d. Grimme'schen Hofbuchdr., 1891; 2 Bl., 32 S., 1 Bl. 4°
Göttingen, Phil. Fak., Inaug.-Diss. v. [9. Jul.] 1890

Hävemeier, Rud., daz himilriche, e. bairisches Gedicht aus dem 12. Jahrh. Diss. gr. 4. (32 S.) Bückeburg 891. (Göttingen. Vandenhoeck & Ruprecht.) n. 1. 40

Hävemeier, Rudolf Daz himilriche, ein bairisches Gedicht aus dem 12. Jahrhundert. (Umschlagtitel: . . Gedicht des 12. Jahrhunderts.) 4 (32 S.).
Prog Fürstl. Adolfinum. G. u. Rprg. *Bückeburg* 1891 (703).

Haven, Pet. von

— comment. analyt. in epist. P. ad. Titum. 4. Halae, Hemmerde et S. 748.

Haven, Pet. ab, dänische Grammatik. 8. Altona. 753.

— Reisen in Rußland, aus dem Dänischen. 8. Kopenhag. Rothe. 744.

Haven-Othing, Amand, mit ausgestrookter Zungo! Lockeroion u. Nockoroion. 8. (V, 97 S.) Dresden 901. E. Pierson. n. 1. 50; geb. n. 2. 50

Havenecker, A., kurze Geschichte der älteren höheren Lehranstalt und des späteren Progymnasiums zu Warburg bis zum Jahre 1547. Warburg.
Schul-/Univ.-Schrift 1867

Havenstein, Eduard: Friedrich von Hardenbergs ästhetische Anschauungen. Verbunden mit einer Chronologie seiner Fragmente. ⟨T. B, Abschn. 1—3.⟩ (Berlin: Mayer & Müller 1908.) VII, 52 S. 8° ¶(Ersch. vollst. als: Palaestra. H. 84. 1909.)
Berlin, Phil. Diss. v. 30. Nov. 1908, Ref. E. Schmidt
[Geb. 20. Sept. 82 Witzmitz; Wohnort: Halensee; Staatsangeh.: Preußen; Vorbildung: Gymn. z. grauen Kloster Berlin Reife O. 01; Studium: Bonn 1, Berlin 9 S.; Rig. 30. Juli 08.] [U 09. 184

Friedrich von Hardenbergs ästhetische Anschauungen. Verbunden mit e. Chronologie s. Fragmente. Von Eduard **Havenstein**. Berlin: Mayer & Müller 1909. IX, 114 S. 8°
(Palaestra. 84.) [09. 9331 4

Havenstein, Ernst, aus Poppelsdorf b. Bonn, Referendar in Bonn: **Das Erlöschen der Schuldverhältnisse durch Erfüllung nach dem bürgerlichen Gesetzbuch.** *Bonn 1904: C. Georgi.* (89 S.) 8°
Erlangen, Jur. Diss. v. 10. Febr. 1904

Havenstein, Gustav

Havenstein, G., Beiträge zur Kenntniß der Leinpflanze u. ihrer Cultur. Physiologisch u. landwirthschaftlich begründet Mit 2 Steindr.-Taf. (in qu. Fol.) Inaugural-Dissertation. gr. 8. (60 S. m. 2 Tab. in qu. Fol.) Göttingen 874. (Vandenhoeck & Ruprecht's Verl.) n. 2. —

Beiträge zum landwirtschaftlichen Schul- und Genossenschaftswesen. Im Auftr. d. landwirtsch. Ver. f. Rheinpreußen hrsg. von d. Generalsekr. Landesökon.R. Dr. [Gustav] **Havenstein**. Bonn: C. Georgi 1904. (V, 256 S.) 4°(8°) [F.] [03. 13830

Havenstein, e. landwirthschaftliche Buchführung f. den kleinen u. großen Besitzer. Im Auftrage d. landwirthschaftl. Vereines f. Rheinpreußen hrsg. 2., durchgeseh. Aufl. Fol. (8 S. m. Formularen.) Bonn 890. (Habicht.) Geb. n.n. 4. —

Havenstein, eine landwirthschaftliche Buchführung f. kleine u. große Betriebe z. Gebr. in d. Praxis u. in landwirthschaftl. Schulen. Im Auftr. d. landwirthschaftl. Vereins f. Rheinpreußen hrsg. 5., gänzl. neu bearb. Aufl. Mit e. d. Buchgn. e. ganzen Jahres umfass. prakt. Beispiel, e. Besprechg. d. f. d. Landwirthschaft wichtigsten Bestimmgn. d. Einkommensteuergesetzes v. 24. IV. 1891 u. e. Beispiel f. d. Steuererklärung. gr. 8. (IV, 111 S.) Bonn 897. (C. Georgi.) n. 2. —

Havenstein, eine landwirthschaftl. Buchführg. f. kleine u. große Betriebe z. Gebrauche in der Praxis u. in landwirthsch. Schulen. Im Auftrage des landwirthsch. Vereins f. Rheinpreußen hrsg. 6. durchgeseh. Aufl. Mit e. die Buchgn. e. ganzen Jahres umfass. prakt. Beispiel, e. Besprechg. der f. die Landwirthschaft wichtigst. Bestimmgn. d. Einkommensteuergesetzes v. 24. VI. 1891 u. e. Beispiel f. die Steuererklärg. gr. 8. (IV, 111 S.) Nebst 3 Geschäftsbüchern in Fol. Bonn 899. (C. Georgi.) n. 4. —

Havenstein, neuere Erfahrungen auf dem Gebiete des genossenschaftlichen Revisionswesens, s. Genossenschaftsbibliothek, deutsche landwirtschaftliche.

Havenstein, Gustav: Neuere Erfahrungen auf dem Gebiete des genossenschaftlichen Revisionswesens. Darmstadt: Verl. des Reichsverbandes der dt. landw. Genossenschaften 1910. = Deutsche landwirtschaftliche Genossenschaftsbibliothek. 16. DGK

Havenstein, Gustav: Alte und neue Genossenschaften im Auslande. Bonn 1893.

Havenstein, f.: Kuhmilch, die.

Havenstein, Der Personalkredit des ländlichen Kleingrundbesitzes in der Rheinprovinz. Schriften des Vereins f. Sozialpolitik, Bd. 74. gr. 8°. Leipzig 1896.

Der Landwirtschaftliche Verein für Rheinpreussen (Bonn) und seine Wirksamkeit. Festschrift zur Feier seines 50jähr. Bestehens. Von [Gustav] Havenstein. — Bonn: Verein 1883. X, 512 S.

Havenstein, der landwirthschaftliche Verein für Rheinpreußen und seine Wirksamkeit. Festschrift zur Feier seines 50jähr. Bestehens. Lex.-8. (X, 512 S.) Bonn 883, (Habicht.) *

Was verdanken unsere Genossenschaften ihren Zentraleinkaufsstellen?, s. Genossenschaftsbibliothek, deutsche landwirtschaftliche.

— Was verdanken unsere Genossenschaften ihren Zentraleinkaufsstellen. Ein Beitrag zur Frage des genossenschaftlichen Einkaufs von landwirtschaftlichen Bedarfsartikeln durch die örtlichen Bezugsgenossenschaften und ihre Zentraleinkaufsstellen. 8⁰. Darmstadt, Reichsverband der deutsch. landwirtsch. Genossensch., 1910. (Deutsche landwirtsch. Genossenschaftsbibliothek, Bd. 17.)

— die Wurm- oder Stockkrankheit, ihre Verbreitung u. Bekämpfung. 8. (26 S.) Bonn 880. Strauß. cart. n. — 60

Havenstein, Gustav (Hrsg.), s. Zeitschrift, Rheinische, f. d. Wein-, Obst- u. Gartenbau.

Havenstein, Kurt, Flammende Tiefen. Gedichte. (VI, 143 S. m. Bildnis.) 8. Berlin 906. H. Klockhaus. n. 2. —; geb. in Leinw. n. 3. —

Havenstein, Kurt, dunkle Wonnen. Bekenntnis eines Verzweifelnden. (89 S.) kl. 8. Berlin 906. Herm. Walther. n. 1. —

Havenstein, Mart., Friedrich Nietzsche e. Jugendverderber? Eine Verteidigungsschrift. (59 S.) 8. Leipzig 906. J. Zeitler. n. 1. 20

Das Fischereirecht der Mark Brandenburg. Festschrift z. 25jähr. Bestehen d. Fischerei-Ver. f. d. Prov. Brandenburg von P[aul] Havenstein. Kammerger.R. *Berlin: F. Vahlen 1903.* (130 S.) 8° [F.]

Havenstein, Paul, die Zollgesetzgebung d. Reichs, enth. das Vereinszollgesetz, nebst Kommentar u. Nebengesetzen, den Zolltarif m. Abändergn. durch die Handelsverträge, den deutsch-österreich. u. deutsch-schweizer. Handelsvertrag. gr. 8. (VIII, 264 S.) Berlin 892. H. W. Müller. n. 6. —; geb. n.n. 6. —

— die Zollgesetzgebung des Reichs, enth. die Zollgesetze u. zollverwaltungsrechtl. Vorschriften des Reichs nebst Erläutergn., den Zolltarif m. seinen Abändergn. durch die Handelsverträge, die Handelsverträge m. Belgien, Oesterreich-Ungarn, Rußland u. der Schweiz. 2. neu bearb. Aufl. (VII, 408 S.) gr. 8. Berlin 906. H. W. Müller. n. 7. 50; geb. n. 8. 50

Havenstein, (Wilh. Heinr.,) die Heiligung in dem Herrn. Predigten. gr. 8. Züllichau 822, Darnmann.

Havenstein, Wlh. Hnr., d. Heiligung in dem Herrn. Predigten. gr. 8. Züllichau 822. (Serig in Leipz.) 21 K

Havenstein, Wilh. Heinr., geistliche Reden an die Freunde Jesu unter den Gebildeten. Aus seinem Nachlaß gesammelt u. mit biographischer Notiz herausg. von Henri Tollin. Frankfurt a. O. 866. (Harnecker & Co.) gr. 8. (XLVI, 504 S. mit photogr. Portr.) n. 1 ₰ 15 ngr.

— d. große Verbindung d. christl. Welt, für d. Verbreitung d. Bibel, — welch ein beseligender Anblick! — Predigt, gehalten auf Veranlassung d. 10jähr. Stiftungsfeier d. Bibelvereins zu Buchwald. gr. 8. Hirschb. 825. Krahn. 3 K

Haver, Christian. (geb. Schwerte in Westf. 9. 7. 1841): De acuto articulorum rheumatismo kalio iodato sanando. Berolini (1865). (34 S.) 8°
Berlin, Med. Diss. v. 4. Aug. 1865

Haver, Frz. Val. de, memoriale actionum et interdictorum. 4. Wetzl. Winkler. 740.

— ordinatio studii imperialis camerae de ao. MCLV. etc. II: Tmi. 4. ibid. 735.

Haver, Friedrich (Limburg/Westf.), De perspiratione cutanea. Diss. med. Bln. (Aug. Petsch) 27. X. 1829. 32 S. mit Biogr. (M.: Möller.) (6.—) 13605
Oppon.: J. Martins, H. Quincke, G. Deutecom. — Gew.: D. u. C. Haver.

Haver, Gust. (geb. Schwerte 11. 11. 1813): De nephritide acuta. Berolini (1838). (32 S.) 8°
Berlin, Med. Diss. v. 1. Aug. 1838

Haver, Carl, Beleuchtung des Ordinations-Formulars der Berliner Gen.-Synode. 12. Barmen 846, Sartorius. n. 4 ngl

Haver, Carl, Beleuchtung des Ordinations-Formulars der Berliner General-Synode. 12. (35 S.) Barmen 847, Sartorius. n. 4 ngr

— Lasset eure Lenden umgürtet sein u. eure Lichter brennen! Ein durch die lichtfreundl. Bestrebungen veranlaßter, brüderlicher Zuruf an die wahren Glieder der evangel. Kirche im Rheinland u. Westphalen gerichtet. gr. 8. Elberfeld 845, Bädeker. n. 1/6 ₰

Haver, Rudolf, Referendar a. Schwerte a. d. Ruhr: **Der Selbsthilfeverkauf nach dem Bürgerlichen Gesetzbuch.** Borna-Leipzig 1908: R. Noske. (X, 70 S.) 8°
Erlangen, Jur. Fak., Ref. Oertmann, Diss. v. 25. April 1908
[Geb. 15. Dez. 81 Schwerte; Wohnort: Schwerte; Staatsangeh.: Preußen; Vorbildung: Archigymn. Soest Reife O. 01; Studium: Göttingen 5, Münster 3 S.; Rig. 3. März 08.]

Haver, Walter: Die **Gattungsschuld.** *Berlin (1900): E. Ebering.* (VIII, 35 S.) 8° ¶(Gekr. Preisschr.) — [Erschien vollst. 1900 als: Rechts- u. Staatswiss. Studien, H. 11.]
Berlin, Jur. Diss. v. 27. Sept. 1900

Die Gattungsschuld. Von Dr. Walter Haver. *Berlin: E. Ebering 1900.* (123 S.) 8°
— Studien. Rechts- u. Staatswissenschaftliche. H. 11.

Haverbeck, Curt [aus Guben]: Beiträge zum Pyopneumothorax subphrenicus ... Berlin, Buchdr. v. G. Schade, *1892*; 36 S., 2 Bl. 8.
Berlin, Med. Fak., Inaug.-Diss. v. 2. Apr. 1892

Haverfield, F. J., Notes on the epigraphic evidence as to the date of Hadrian's wall. S. A. 1892. 20 S.

Havergal, Frances Ridley

—— s. Ballestrem, Eufemia Gräfin. Verborgene Blüten.

Havergal, Frances Ridley, Bruey, eine kleine Mitarbeiterin Jesu. Frei aus dem Engl. 8. (119 S. mit Titelbild.) Basel 886, Spittler. ** — 65

Havergal, Frances Ridley, des Königs Einladung oder tägliche Betrachtungen über das Kommen zu Christo. Autoris. deutsche Ausg. von Eugenie v. Monsterberg. 8. (III, 122 S.) Basel 883, Spittler. *

Havergal, Frances Ridley, dem HErrn geweiht. Frei nach dem Engl. 8. (XIV, 157 S.) Basel 882. Spittler. n. — 80; geb. n. 1. 60

—— dem Herrn geweiht. Frei nach dem Engl. (XIV, 157 S.); 2. Aufl. 12. (173 S.) Ebendas. 883. *

Havergal, F. R., dem HErrn geweiht. Frei nach dem Engl. 3. Aufl. 12. (173 S.) Basel 887. Spittler. n. — 80

Havergal, Frances Ridley, dem HErrn geweiht. Frei n. d. Engl. 5. Aufl. 12. (164 S.) Ebd. 898. n. — 80; geb. in Leinw. n. 1. 60

Havergal, Frances Ridley, dem Herrn geweiht. Frei nach dem Engl. 6. Aufl. (12. u. 13. Taus.) (164 S.) 17,5×11 cm. Basel 908. Kober. — 80; geb. in Leinw. 1. 60

Havergal, Frances Ridley. Mein König oder tägliche Betrachtungen für des Königs Kinder. In-12°. Neuchâtel, Ferd. Beck. 1887. 1 —

—— Morgen-Glocken oder Gedanken beim Erwachen für die Kleinen. Uebers. von Eugenie v. Monsterberg. 8. (66 S.) Frankfurt a. M. 882, Schriften-Niederlage des Evangel. Vereins. * 40 Pf.; geb. *
In losen Blättern in Umschlag zu gleichem Preise.

— kleine Ruhekissen. Gedanken vor d. Schlafengehen f. uns. Kleinen. 12. (68 S.) Ebd. 898. n. — 40; in Leinw. kart. n. — 80

—— Eine Stunde mit Jesus! 32. (32 S.) 1880. * 8 Pf.; 2. Aufl. 8. (24 S.) Basel 884, Spittler. *

—— eine Stunde mit Jesus. 3. und 4. Aufl. 8. (24 S.) Ebendas. 885,86. * — 8

Havergal, Frances Ridley, e. Stunde m. Jesus. 5. Aufl. 12. (24 S.) Basel 892. Jaeger & Kober. n. — 8

Havergal, F. R. Eine Stunde mit Jesus. 7. Aufl. In-12°. 16 S. Basel, Jäger & Kober. 1896. — 10

Havergal, Frances Ridley, eine Stunde m. Jesus. 8. Aufl. 12. (16 S.) Basel 898. Kober. n. — 08

— Eine Stunde m. Jesus. 11. Aufl. (16 S.) kl. 8. Ebd. 908. — 08

— Im Thronsaal. Tägliche Andachten f. die Kinder des Königs. (121 S.) kl. 8. Wandsbek (908). Hamburg, Verlagsbuchh. „Bethel". Geb. in Leinw. m. Goldschn. 1.50

(Havergal, Maria V. G.)

Havergal, Frances Ridley. Erinnerungen aus ihrem Leben, aufgezeichnet v. ihrer Schwester. Frei nach dem Engl. bearb. Mit 1 (Stahlst.-) Portr. v. F. R. Havergal u. 8 Landschaftsbildern (in Holzschn.). 8. (VII, 263 S.) Basel 884 Spittler. n. 2. 40; geb. n. 3. 60

(Havergal, Maria V. G.) Ewig, einzig, völlig dein! Frances Ridley Havergal (1836–1879). Erinnerungen aus ihrem Leben, aufgezeichnet von ihrer Schwester. Frei nach dem Englischen bearbeitet. 2. Aufl. Mit 1 Portrait [Tafel] von F. R. H. und drei Landschaftsbildern. 8. Basel 1896.

Havergal, Frances Ridley. Erinnergn. aus ihrem Leben, aufgezeichnet v. ihrer Schwester. Frei nach d. Engl. bearb. Mit 1 Portr. v. F. R. Havergal u. 8 Landschaftsbild. 2. Aufl. 8. (IV, 238 S.) Basel 896. Kober. n. 2. 40; geb. in Leinw. n. 3. 60

Haverkamp, Ernst [aus Werden, Rheinpr.]: Das Fibromyoma uteri als Geburtshinderniss .... Würzburg, Becker's Univ.-Buchdr., 1886; 44 S. 8°.
Würzburg, Med. Fak., Inaug.-Diss. v. 1886.

Haverkamp, Ernst, das Fibromyoma uteri als Geburtshinderniss. Diss. Würzburg 1886, Stahelsche Univ.-Buchh. 8°. 44 S.

Haverkamp, Carl (geb. am 5 Dez. 1846 in Werden a. d. Ruhr): Ueber Placenta praevia ... Bonn, Druck v. F. Krüger (1870). 28 S., 2 Bl. 8.
Bonn, Med. Fak., Diss. v. 18 Juli 1870

Haverkamp, Ludwig

Haverkamp, L., die Nordsee-Insel Sylt. Ihr Erwerbsleben u. ihre sozialen Verhältnisse, historisch betrachtet. Mit 1 Karte. (VI, 66 S.) Lex. 8. Berlin 908. R. Trenkel. 3. —

Haverkamp, Ludwig, a. Wattenscheid i. W.: Die wirtschaftlichen und sozialen Wandlungen auf der nordfriesischen Insel Sylt. Eine nationalökon. Studie. Berlin: R. Trenkel 1908. (VI, 66 S.) 8°
Heidelberg, Phil. Fak., Ref. Gothein, Diss. v. 10. April 1908
[Geb. 24. März 80 Wattenscheid; Wohnort: Wattenscheid; Staatsangeh.: Preußen; Vorbildung: Gymn. Bochum Reife M. 04; Studium: Lausanne 1, Berlin 1, Kiel 3, Heidelberg 3 S.; Rig. 29. Febr. 08.]

Haverkampius, Sigebertus, Sigeberti Haverkampii // Anmerckungen // Uber die // Zwey Müntz-Tafeln, // Darauf // Ein und viertzig alte Müntzen, welche zur Erläuterung unterschiedlicher // Stellen des Josephi dienen können, vorgestellet // werden.
siehe Josephus, Flavius: Sämtliche Werke.

Haverland, Anna, lose Blätter. Skizzen. 12. (V, 114 S.) Düsseldorf 891. F. Bagel. Geb. m. Goldschn. n. 3. —

Haverland, Franz. Beiträge zur Kenntniss der in den Früchten von Phytolacca decandra (Kermesbeeren) enthaltenen Bestandtheile. Erlangen, 1892.

Der Soester Daniel, oder: Das Spottgedicht Gerhard Haverlands. Nach dem Originalmanuscript des Dichters herausgegeben und mit historischen erläuternden Anmerkungen versehen von L. F. v. Schmitz. Soest, 1848. 8°.

Haverland, G., der soester Daniel, Spottgedicht, s. Daniel.

Hävernick, H., Beitrag zur vergleichenden Beurtheilung der Pferdezucht-Verhältnisse aller deutschen Länder. Die Pferdezucht in Mecklenburg. Eine historisch-statist. Skizze. 2. Ausg. gr. 8. (VI, 68 S.) Berlin u. Leipzig 876. H. Voigt. n. 1. 20

Haevernick, H. Kartenskizze von Zulu-Land und den Goldfeldern der Südafrikanischen Republik. Nach C. Mauch, F. Jeppe, G. Colley u. A. 1:1850000. Gotha 1885. 1 Bl. c. A. Sch.

— Promemoria u. 99 Thesen zur deutschen Pferdezuchtfrage. „Altes u. Neues". gr. 8. (III, 52 S.) Ebend. 876. n. 1. 20

Hävernick, Heinrich Andreas Christian

Hävernick, Heinr. A. Ch., Handbuch d. histor.-krit. Einleitung in d. alte Testament. 1. Thl. 1. u. 2. Abthl. u. 2. Thl. 1. Abthl. gr. 8. Erlangen, Heyder. [1. 1. (20¼ B.) 836. 1⅙ Thlr., 2. (40½ B.) 837. 2⅓ Thlr., 2. 1. (23 B.) 839. 1$^{5}/_{12}$ Thlr.]

Haevernick, Hnr. Andr. Chr., Handbuch d. historisch-kritischen Einleitung in das Alte Testament. 2. Thl. 2. Abthl. gr. 8. Erlangen 844, Heyder. 1$^{5}/_{6}$ ℳ (I—II. 2: 6$^{3}/_{4}$ ℳ)

Hävernick's, Heinr. Andr. Chr., Handbuch der historisch-krit. Einleitung in das alte Testament. 3. Thl. ausgearb. von Carl Friedr. Keil. gr. 8. (VI und 519 S.) Erlangen 849. [Frankfurt a. M., Heyder und Zimmer.]
1. und 2. Thl. Ebendas 1836—44. 6 Thlr. 22½ Ngr.

Hävernick's, H. Andr. Chr., Handbuch der historisch-kritischen Einleitung in das Alte Testament. 1. Thl. 1. u. 2. Abth. 2. Aufl. durchges., verb. u. zum Theil umgearb. von C. F. Keil. Frankfurt a. M. 854, 56. Heyder u. Zimmer. gr. 8. 3 ℛ 15 ngl
1. Abth.: Allgemeine Einleitung in das alte Testament. (XIV, 454 S.) 1 ℛ 21 ngl
2. Abth.: Specielle Einleitung in den Pentateuch. (VIII, 583 S.) 1 ℛ 24 ngl

Hävernick, H. A. Chr., Commentar über d. Buch Daniel. gr. 8. Hamb. 832. Fr. Perthes. 3 ℛ

Haevernick, Hnr. Andr. Chr., Commentar über den Propheten Ezechiel. gr. 8. Erlangen 843, Heyder. 2⅔ ℛ

Haevernick, Henricus, Symbolae ad defendendam authentiam vaticinii Jesaiae cap. XIII—XIV, 23. Commentatio I. [Einführungsschrift.] Regimontii Borussorum 1842.

—— Symbolae ad defendendam authentiam vaticinii Jesaiae cap. XIII—XIV. 23. Comment. I. 8maj. (3 B.) Regimonti Boruss. 843. (Fratres Bornträger.) *

Haevernick, Henr. Andr. Christ.: Theses theologicae. Berolini (1831). (2 Bl.) 4°
Berlin, Theol. Thes. v. 13. Aug. 1831

— neue krit. Untersuchungen über das Buch Daniel. gr. 8. Hamburg 838. Fr. Perthes. 7/12 ℛ

— Vorlesungen üb. die Theologie des Alten Testaments, hrsg. v. Heinr. Aug. Hahn. Mit e. Vorwort v. J. A. Dorner. gr. 8. (XVI u. 254 S.) Ebd. 848. 1⅙ ℛ

Hävernick's, Heinr. Andr. Christ., Vorlesungen über die Theologie des Alten Testaments herausg. von Heinr. Aug. Hahn. Mit einem Vorw. von J. A. Dorner. 2. Aufl. mit Anmerkungen u. Zusätzen herausg. von Herm. Schultz. Frankfurt a. M. 863. Heyder & Zimmer. gr. 8. (XIV, 285 S.) n. 1 ℛ 10 ngr

Haevernick, O., Geschichte d. großherzogl. Mecklenburgischen Füsilier-Regiments Nr. 90, s.: Brochem, P. v.

Havers, Clopt., novae quaed observat. de ossibus etc. c. fig. 8. Amst. Wasberg. 731.

Havers, Josef

Havers, J., Schülerbuch zu d. Verf. „Unterricht im Deutschen". Enth. Stoff zu schriftl. Übgn. in der Sprachlehre f. die Oberstufe mehrklass. Volksschulen. 12. (90 S.) Aachen 892. A. Jacobi & Co. n. — 40

Havers, J., Schülerbuch zu d. Verf. „Unterricht im Deutschen." Enth. Stoff zu schriftl. Übgn. in der Sprachlehre f. mehrklass. Volksschulen. 3 Hfte. 8. Aachen 895. A. Jacobi & Co. à n. — 20
I. Mittelstufe. (II, 40 S.)
II. Untere Oberstufe. 2. u. 3. Aufl. (II, 48 S.)
III. Obere Oberstufe. 2. Aufl. (II, 61 S.)

Havers, J., Schülerbuch zu des Verf. „Unterricht im Deutschen". Enth. Stoff zu schriftl. Übgn. in der Sprachlehre f. mehrklass. Volksschulen. 3 Hfte. 12. Aachen, A. Jacobi & Co. à n. — 20
1. Mittelstufe. 6. Aufl. (II, 40 S.) (899.)
2. Untere Oberstufe. 8. Aufl. (II, 48 S.) (899.)
3. Obere Oberstufe. 9. Aufl. (II, 61 S.) (899.)

Havers, J., sprachliche Selbständigkeit als Ziel des deutschsprachlichen Unterrichtes in der Volksschule. Eine theoretisch-prakt. Anleitg. f. den gesamten Unterricht im Deutschen. (XVI, 644 S.) gr. 8. Aachen 909. A. Jacobi & Co. Geb. in Leinw. 7. —

Havers, J. Der Unterricht im Deutschen auf Grundlage d. Lesebuches. Ein prakt. Lehrgang f. d. gesamten deutsch-sprachl. Unterricht in mehrklass. Volksschulen. Unter Zugrundelegg. der Crüwell'schen Lesebücher, f. Mittel- u. Oberklassen kath. Volksschulen bearb. 2 Bde. gr. 8. Aachen, Jacobi u. Comp. * 4 80; geb. * 7 —
1. Theorie. Praxis: Unter- u. Mittelstufe. (IV, 325 S.) 891. * 2 —; geb. * 3 —.
2. Praxis: Oberstufe. (IV, 425 S.) 892. * 2 80; geb. * 4 —.

— der Unterricht im Deutschen auf Grundlage d. Lesebuches. Ein prakt. Lehrgang f. den gesamten deutschsprachl. Unterricht in mehrklass. Volksschulen. Unter Zugrundelegg. der Crüwellschen Lesebücher f. Mittel- u. Oberklassen kath. Volksschulen. Ausg. A. f. sämtl. Bezirks- u. Provinzial-Ausgaben der Crüwellschen Lesebücher ausschließlich derjenigen f. Westfalen u. Trier. 2 Bde. gr. 8. Ebd. n. 4. 80; geb. n. 7. —
1. Theorie. — Praxis: Unter- u. Mittelstufe. 2. Aufl. (IV, 325 S.) 893. n. 2. —; geb. in Leinw. n.n. 3. —
2. Praxis: Oberstufe. 2. Aufl. (IV, 427 S.) 894. n. 2. 80; geb. n. 4. —

— dasselbe. Ausg. B. f. die westfäl. u. die Trierer Ausg. der Crüwellschen Lesebücher. 2 Bde. gr. 8. Ebd. n. 4. 80; geb. in Leinw. n. 7. —
1. Theorie. — Praxis: Unter- u. Mittelstufe. 2. Aufl. (IV, 331 S.) 893. n. 2. —; geb. n. 3. —
2. Praxis: Oberstufe. 2. Aufl. (IV, 431 S.) 894. n. 2. 80; geb. n. 4. —

— d. Unterricht im Deutschen auf Grundlage d. Lesebuches. Ein prakt. Lehrgang für d. ges. deutsch-sprachl. Unterricht in mehrklass. Volksschulen. Unt. Zugrundelegg. der Crüwellschen Lesebücher f. Mittel- u. Oberschulen kath. Volksschulen bearb. Ausg. A. f. sämtl. Bezirks- u. Provinzial-Ausgaben d. Crüwellschen Lesebücher ausschließl. derjen. f. Westfalen u. Trier. 1. Bd. Theorie. — Praxis; Unter- u. Mittelstufe. 3. Aufl. gr. 8. (IV, 325 S.) Ebd. 895. n. 2. —; geb. in Leinw. n.n. 3. —

— dasselbe. 2. Bd. Praxis: Oberstufe. 3. Aufl. gr. 8. (IV, 427 S.) Ebd. 896. n. 2 80; geb. in Leinw. n. 4. —

[F.] Der Unterricht im Deutschen auf Grundlage des Lesebuches. Ein prakt. Lehrgang f. d. ges. deutsch-sprachl. Unterr. in mehrklass. Volksschulen ... bearb. v. J[osef] **Havers**. Ausg. B. f. d. westfäl., Trierer u. Düsseldorfer Ausg. der Crüwellschen Leseb. 3. verm. u. verb. Aufl. Bd I. II. *Aachen: A. Jacobi & C. 1896.* 2 Bde 8.
I. Theorie. — Praxis: Unter- u. Mittelstufe. (2 Bl., 348 S.)
II. Praxis: Oberstufe. (2 Bl., 430 S.)

— der Unterricht im Deutschen auf Grundlage des Lesebuches. Ein prakt. Lehrgang f. den gesamten deutschsprachl. Unterricht in mehrklass. Volksschulen. Unter Zugrundelegg. der Crüwellschen Lesebücher f. Mittel- u. Oberklassen kath. Volksschulen bearb. Ausg. A f. sämtl. Bezirks- u. Prov.-Ausgaben der Crüwellschen Lesebücher ausschließl. derjenigen f. Westfalen u. Trier. 1. Bd. Theorie. — Praxis: Unter- u. Mittelstufe. 4. Aufl. gr. 8. (IV, 325 S.) Ebd. (899). n. 2. —; geb. in Leinw. n. 3. —

— Ausg. B. f. die westfäl., Trierer u. Düsseldorfer Ausgabe d. Crüwellschen Lesebücher. 1. Bd. Theorie. — Praxis: Unter- u. Mittelstufe. 4., verm. u. verb. Aufl. gr. 8. (III, 348 S.) Ebd. 898. n. 2. —; geb. in Leinw. n.n. 3. —

— dasselbe. Ausg. B zu den Crüwellschen Lesebuchausgaben f. Westfalen, Trier, Düsseldorf, Koblenz, Sachsen u. Schlesien. 2 Bde. gr. 8. Ebd. 901. n. 4. 80; geb. in Leinw. n. 7. —
I. Theorie. — Praxis: Unter- u. Mittelstufe. 5. Aufl. (III, 348 S.) n. 2. —; geb. n. 3. —
II. Praxis: Oberstufe. 5., verm. u. verb. Aufl. (IV, 445 S.) n. 2. 80; geb. n. 4. —

— Kleines Wörterbuch der deutschen Sprache f. Volks- u. Fortbildungsschüler. (XI, 280 S.) kl. 8. Ebd. (909.) Kart. — 60

Havers, Wilhelm, a. Aachen: Das Pronomen der Jener-Deixis im Griechischen. Straßburg: K. J. Trübner 1905. 98 S.) 8° ¶ (Aus: Indogermanische Forschungen Bd 10.)
Leipzig, Phil. Fak., Ref. Brugmann, Windisch, Diss. v. 13. Dez. 1905
Geb. 5. Jan. 79 Aachen; Wohnort: Aachen; Staatsangeh.: Preußen; Vorbildung: Kaiser Karls-Gymn. Aachen Reife O. 99; Studium: Tübingen 1, München 1, Münster 6 S.; Rig. 6. April 05.]

Haversaat, Ad. Chr., Vertheidigung d. Plinius'schen Briefe über d. Christen, gegen d. Einwürfe d. Dr. Semler. 8. Götting. 788. Vandenhöck u. R. 8 gr

Havestadt, B.: Aliquot observationes de odis Horatii. S. 14-22.– Emmerich, Progr. 1869.

Havestadt, B., Parallel-Syntax des Lateinischen u. Griechischen. 1. Thl.: Die Lehre von der Übereinstimmung des Prädicats, des Attributs, der Opposition etc., die Casuslehre, die Lehre vom Adjectivum, Numerale u. Pronomen. Emmerich 863. Romen. gr. 8. (VII, 150 S.) n. 20 ngr.

Havestadt, B., Parallel-Syntax des Lateinischen u. Griechischen. 2. Thl. Die Syntax des Verbums. Emmerich 867. Romen. gr. 8. (VI, 183 S.) n. 20 ngr.

Havestadt, B. De poesia lyrica disseritur. Emmerich, G., 1869. 14 S. 4. Progr.

Havestadt: De M. Tullii Ciceronis primis principiis philosophiae moralis. 16 S. – Emmerich, Progr. 1857.

Havestadt, Bernh.

Havestad, Bernh., (†...) Childúgú, sive res Chilenses, vel descriptio status tum naturalis tum civilis cum morali regni populique Chilensis. II Voll., c. fig. 8. Münster 777. Coppenrath. 2 Rthlr 20 gr

Havestadt, Bernardi, Chilidúgú sive tractatus linguae chilensis. Edit. novam immutatam curavit Jul. Platzmann. 2 vol. 8. (XVI, 952 S. mit 10 Lichtdr.-Taf.) Leipzig 884, Teubner. *

Havestadt, Bern., Chilidúgu. Lachrymae salutares. Editionem novam immutatam curavit Jul. Platzmann. 8. (78 S.) Leipzig 898. [B. G. Teubner.] O. Harrassowitz. n. 3. —; ermäss. Pr. n.n. 2. —

Havestadt, Christian u. M. Contag

—— —— Süd-West-Kanal Berlin-Wannsee. Projekt einer Linie über Wilmersdorf. Unter Benutzung des amtl. Materials, betreffend die Projekte eines Berliner Südkanals, und der Broschüre von R. Wagner: „Zur Entwicklung Berlins und Charlottenburgs. Nothwendigkeit der Erbauung eines Südwest-Kanals", sowie unter Mitwirkung des Verf. der vorgenannten Broschüre im Auftrage des Vereins der Westvorstadt von Berlin bearb. Lex.-8. (61 S. mit 6 Taf. in Lithogr. und Holzschn.) Ebendas. 883. *

Havestadt, Chrn., die Dock- und Hafenanlagen in Liverpool und Birkenhead. Imp.-4. (III, 17 S. mit 1 Kpfrt.) Berlin 886, Ernst und Korn. * 8 —

Havestadt, Chr., die Eisenbahn-Anlagen in Liverpool u. Birkenhead. Mit 5 Kpfrtaf. [Aus: „Ztschr. f. Bauwesen".] Imp.-4. (16 S.) Berlin 887. Ernst & Korn. n. 5. —

Festschrift zur Einweihung des Teltowkanals durch S. Maj. d. Kaiser u. König Wilhelm II. Im Auftr. d. Kreises Teltow verf. von Christian **Havestadt,** Baurat. Berlin 1906: R. Rohde. (104 S.) 2°

Havestadt u. Contag, die Leipziger Canal-Frage, im Auftrag d. Rathes der Stadt u. der Handelskammer zu Leipzig unter Berücksicht. aller bisher. Vorschläge u. Entwürfe in wirthschaftl. u. techn. Hinsicht erörtert. gr. 8. (68 S. m. 1 farb. Übersichtskarte u. Profilen.) Leipzig 892. (J. C. Hinrichs' Verl.) n. 2. 50

Mitteilung der Teltowkanal-Bauverwaltung über den elektrischen Schiffszug und die elektrische Treidelei auf dem Teltowkanal. Hrsg. von Ch. **Havestadt** u. M. Contag. Berlin, 1905. 7 S. mit 1 Taf.

—— und M. Contag, Project einer neuen Oder-Weichsel-Verbindung mittelst eines Oder-Warthe-Netze-Canals. Unter Benutzung der Studien von G. Tolkmitt generell bearb. gr. 8. (47 S. mit 1 Lichtdr.-Taf., sowie mehreren Holzschn. im Text.) Berlin 883, Springer. *

Havestadt u. Contag, Großschiffahrtskanal Riesa-Leipzig, nach dem Entwurfe v. H. u. C. (Auszug aus dem Orig.-Entwurf, im Auftrage des Raths der Stadt Leipzig gedr.) Fol. (III, 16 S. m. 1 Karte.) Leipzig (899). (J. C. Hinrichs' Sort.) n. 1. 40

— — Schiffbarmachung der Luppe u. Verbesserg. des Hochwasserabflusses in der Elsteraue nach dem Entwurfe v. H. u. C. Auszug aus dem Orig.-Entwurf. Fol. (I, 20 S. m. 2 [1 farb.] Taf. u. 1 farb. Karte.) Leipzig 902. (J. C. Hinrichs' Verl.) n. 6. —

Havestadt, Chrn., die Sundhäfen von Dänemark u. Schweden. Mit 3 (Kpfr.-)Taf. Imp.-4. (8 S.) Berlin 881. Ernst & Korn. n. 4. —

Havestadt, Ch. Der Teltow-Kanal. (Sonderdruck aus der Deutschen Bauzeitung 1903, Organ des Verbandes deutscher Architekten- und Ingenieur-Vereine.) Berlin.

Havestadt, Christian, Reg.-Bauführer: Über die Verwendung von Heberverschlüssen bei Kammerschleusen. 1907. 70 S., 2 Taf. 8° ¶ Auch bei Ernst in Berlin 1908. Berlin, Dr.-Ing.-Diss. v. 1. 11. 1907

Havestadt, Christian, über die Verwendung v. Heberverschlüssen bei Kammerschleusen. Theoretische Untersuchgn. üb. das Hebersystem, unterstützt durch Versuche an der Machnower Schleuse des Teltowkanals. (V, 70 S. m. Abbild. u. 2 Taf.) Lex. 8. Berlin 908. W. Ernst & Sohn. 3. —

— die Wasser- u. Landverbindungen Rotterdams u. seine Erweiterungsbauten auf Feyenoord. Mit 1 (lith.) Taf. [Aus: „Ztschr. f. Bauwesen".] Imp.-4. (11 S.) Ebend. 881. n. 2. —

Havestadt, J., s.: Schematismus der Diözese Münster.

Havet, Erneste, Kritik über „das Leben Jesu" von E. Renan. Aus dem Französ. Berlin 864. H. Müller. gr. 8. (44 S.) 7½ ngr.

Havet M. L., Éloquence et philologie. 1885. 20 S.

Havet, M. L., L'histoire de la prose avant Varron. Gel. 1882. 12 S.

Haveyra, M., Odette, s. Familienfreund.

Havichhorst, Aloys, institut. logicae, audit. usib. accomm. 8. Münster 776. Ed. n. auct. et corr. Fd. Ueberwasser. 8. ibid. 798. Coppenrath. 10 gr Aschendorff. 12 gr

Havighorst, Johann (Präs.), s. Garenfeld, Joh.: Theses philologicae ex antiquitate Romana.

Havixbeck, Iosephus (geb. am 21 Nov. 1832 in Nottuln Westf.): De inflammatione corporis vitrei experimenta ... Bonnae, form. C. Georgi 1859. 30 S., 1 Bl., 1 Taf. 8.
Bonn, Med. Fak., Diss. v. 28 Dez. 1859

Havixbeck, Wilhelm: Ueber die Blutgeschwülste der äusseren weiblichen Genitalien vor, während und nach der Geburt. Halle (1869): Plötz. 28 S. 8°
Halle-Wittenberg, Med. Diss. v. 20. Febr. 1869
Geb. Havixbeck (Landkr. Münster) [14. 2. 1836]. V.

Havlasa, Quido, výběr zpěváku nevyhnutelných hudebnich vědomosti mimo některa cvičeni ve zpěvu. Zvláště pro zpěvácké spolky. Neuhaus 863. Jansky. 8. (16 S.) n. 2 *ngr.*

Havlíček, Jaroslav, Ingenieur, aus Jlok (Kroatien): Untersuchung der Leistungsschwankungen bei elektrisch angetriebenen Kompressoren. Zürich 1908. 47 S. und zwei Tafeln. 8°. [3. XI. 08.]
Zurich. Phil. Diss. 11. 8. 1908/09.

Havlíček, Jaroslav. Untersuchung der Leistungsschwankungen bei elektrisch angetriebenen Kompressoren. Diss. Phil. [II.] Univ. Zürich. [Mit Figuren und 2 Tafeln.] 47 S. 8. Zürich, Gebr. Leemann & Co., 1908.

Havlíček-Borovský, K., die Taufe des Zaren Wladimir. Uebers. v. Vict. Vohryzek. (56 u. VI S. m. Abbildgn.) 8. Prag (906). Grosman & Svoboda. n. 1. —

Havránek, Ladislaus, Ungar u. Kroat. Lebensbilder d. neuesten Zeit aus Ungarn, Kroatien u. Galizien. 2 Bdchn. 8. Meißen 846, Gödsche. $1^2/_3$ ℔

Haw, Jac., Aëroplan System Haw-Sauer, s.: Sauer, Arth.

Haw, Johann

Haw, J., König Alkohol. Ein Aufruf zum Kampfe gegen den Erbfeind. (102 S.) kl. 8. Essen 904. Fredebeul & Koenen. n. — 50

König Alkohol. Ein Aufruf z. Kampfe gegen den Erbfeind. Von J[oh.] **Haw**, Pfarrer in Wintersdorf. (2. Aufl.) Essen-Ruhr: Fredebeul & Koenen 1905. (104 S.) 8° [F.] [o4. 555]

Haw, J., König Alkohol. Ein Aufruf zum Kampfe gegen den Erbfeind. 24.—43. Taus. (76 S.) 8. Essen (910). Fredebeul & Koenen. p — 25

Haw, J., eine gute Beicht', s.: Volksbibliothek, kathol. 4.

— etwas aus dem dunklen Jenseits, | s.: Volksbibliothek, katholische.
— der Himmel auf Erden, |

— die Hölle, s.: Volksbibliothek, kathol. 16.

Hawaii, das Paradies des stillen Oceans. Vortrag ... Düsseldorf 1899. V: *Jost, H. E. Walter.* (Berl)

Haward, Aug., s. Sprößlinge.

Haweis, Hugh Reginald

Haweis, H. R., Asche zu Asche. Ein Präludium zur Leichenverbrenng. Aus den Engl. v. Mor. Busch. Autoris. Ausg. 8. (X, 224 S.) Leipzig 875. Weber. n. 4. —

Haweis, Mr., die Tonkunst u. ihre Meister. Aesthetisches, Biographisches u. Instrumentales. Mit e. Anh.: Musik in England. Nach dem engl. Original Music and Morals. Deutsch v. Workhard. Redaktionell bearb. u. eingeleitet v. Alex. Moszkowski. gr. 8. (XIII, 264 S.) Berlin 886. Klemann. n. 6. —; geb. n.n. 7. 50

Haweis, Mr., die Tonkunst u. ihre Meister. Aesthetisches, Biographisches u. Instrumentales. Mit e. Anh.: Musik in England. Nach dem engl. Original Music and Morals. Deutsch v. Workhard. Redaktionell bearb. u. eingeleitet v. A. Moszkowski. 2. (Titel-)Aufl. gr. 8. (XIII, 264 S.) Berlin 887. Klemann. n. 3. 50; geb. n.n. 4. 75

Hawel, Rud., Erben des Elends. (359 S.) 8. Wien 906. Akadem. Verlag Dr. W. Schultz & Co. n. 4. —

— das Eselshirn u. andere Geschichten. (III, 147 S.) 8. Ebd. 906. n. 3. —

Hawel, Rud., Frieden. Eine Legende in 3 Bildern. Musik v. Fritz Lange. 8. (VII, 44 S.) Wien 903. Wiener Verlag. 1. —

— aus meiner Heimat. Novellen. (VII, 198 S.) kl. 8. Ebd. 904. n. 2. —; geb. n.n. 3. —

Hawel R.: „Huldigung.“ Festgedicht zum 24. April 1879. Wiener-Neustadt L.-B.-A. 79.
Progr.

— kleine Leute. Roman. 1. u. 2. Taus. 2 Bde. (780 S.) kl. 8. Ebd. 904. n. 6. —; geb. n.n. 8. —

— Märchen f. große Kinder u. andere Geschichten. gr. 8. (135 S.) Leipzig 900. Neu-Weißensee, H. W. Th. Dieter. n. 3. —; geb. in Leinw. n. 4. —

— die Politiker. Komödie in 5 Aufzügen. Umschlag v. Ernst Juch. (155 S.) kl. 8. Ebd. 904. n. 2. — ; geb. n.n. 3. —

Hawel, Rud., im Reiche der Homunkuliden. Roman. (429 S.) 8. Wien 910. Huber & Lahme Nachf. 4. —

— Mutter Sorge. Wiener Volksstück in 4 Aufzügen. 8. (153 S.) Wien 902. Wiener Verl. n. 2. —; geb. n.n. 3. —

Rudolf **Hawel**. Mutter Sorge. Wiener Volksstück in 4 Aufz. (Wien): Wiener Verl. 1907. (153 S.) 8° [F.] [o8. 1409]

Hawel, Walter, a. Gotthardschacht, Kreis Beuthen O/Schl.: Das schmückende Beiwort in den mittelhochdeutschen volkstümlichen Epen. Greifswald 1908: F. W. Kunike. (143 S.) 8°
Greifswald, Phil. Fak., Ref. Reifferscheid, Diss. v. 29. Juli 1908
[Geb. 2. März 86 Morgenroth O.-S.; Wohnort: Gotthardschacht b. Beuthen; Staatsangeh.: Preußen; Vorbildung: Gymn. Beuthen Reife O. 05; Studium: Marburg 1, Breslau 1, Greifswald 4 S.; Rig. 12. Febr. 08.]

Eduard HAWELKA   Joannis Hinderbachii Episcopi Tridentini, Historiae rerum, a Friderico tertio Imperatore Gestorum, continuatio. Eine kritische Studie zur Geschichte Kaiser Friedrich III.
Phil.Diss.Prag 1887/88.

Hawelka Dr. Eduard: Die Fortsetzung der Geschichte Friedrichs III. von Johannes Hinderpach v. Rauschenberg. (Eine kritische Studie zur Geschichte Friedrichs III.). (?) 21. Sternberg R. 96. u. 97.
Progr.

Die Rechte an öffentlichen Wegen in Österreich. Von Dr. Fritz **Hawelka**. Wien & Leipzig: Deuticke 1910. x, 160 S. 8°
(Wiener Staatswissenschaftl. Studien. Bd 9, H. 3.) [10. 11773]

Studien zum österreichischen Friedhofsrecht. Von Dr. Fritz **Hawelka**. *Wien & Leipzig: F. Deuticke 1904.* (IX, 75 S.) 8°
— **Studien**, Wiener Staatswissenschaftliche. Bd 6, H. 1.

Gedichte von Karl **Hawelka**. Budweis: A. Blaha 1893. (89 S.) 8° (07. 871)

Hawerkamp, Adolf (Soest/Westf.), Ein Fall von Exarticulatio femoris. Diss. med.-chir. Bln. (G. Schade [O. Francke]) 25. V. 1878. 32 S. m. Biogr. (4.50) 13608
Oppon.: Otto Hertel, Carl Augstein, Reinhard Casper.

Hawerkamp, Bernh.

Hawerkamp, B., deutsches Lesebuch für die Mittel- u. Oberklasse der Volksschule. 2 Thle. 1. Thl. Für die Mittelklasse. 8. Beckum 844. Arnsberg. (Ritter.) n. 1/6 ℛ

— dass. 2. Thl. Für die Oberklasse. 8. Ebend. 845. n. 1/3 ℛ

Hawerkamp, Bernh., Schulgebete. 8. Schwelm 835. Scherz. 1/6 ℛ

Hawerkamp, B., kalligraph. Wandtafeln. Lithogr. Roy.-Fol. (22 Blätter.) Soes 830. (Hamm, Schulz.)

Hawerland, Frau, u. ihre Söhne. Schauspiel in 4 Aufzügen v. Aristus. (48 S.) 8. Leipzig (904). (Leipziger Buchdruckerei.) n. 1,50

Im äußersten Osten [In the Uttermost East]. Von Korea über Wladiwostok nach d. Insel Sachalin. Reisen u. Forschungen unter d. Eingeborenen u. russ. Verbrechern. Von Charles H. **Hawes**. Autor. Uebers. aus d. Engl. Mit 87 Ill. u. 5 Karten. Berlin: K. Siegismund 1905. (XVI, 575 S.) 8° [F.] (06. 18..

Ⓑ **Hawes**, Ch. H., im äußersten Osten. 905. Jetzt: Berlin, Schreiter.

Hawes, W(illiam) (Hrsg.):

s.: Abhandlungen der Londner Königlichen Gesellschaft zur Rettung Verunglückter und Scheintodter, vom Jahre 1774 bis 1784... (Transactions of the Royal Humane Society from 1774 to 1784. Dt.) Übers.und mit einigen Anmerkungen begleitet von Christian August Struve. Bd 1. Breslau, Hirschberg u.Lissa: 1798

Hawich, Christoph. Abbildung des römischen Monuments in Igel. Mit einem erläuternden Texte von **Johann Mathias Neurohr.** Trier 1826. Fol.

Hawich, Chr., Abbild. d. röm. Monuments in Igel. Mit erläut. Text v. J. M. Neurohr. gr. Roy. Fol. Trier 826. (Magazin f. Ind. in Leipz.) 4 ℛ

Hawich, Ch. Situations-Plan der Stadt Trier. Trier 1826. 1 Bl. c. L. Ff.

Rede am fünfundvierzigsten Geburtsfeste Seiner Majestät Friedrich Wilhelm des Dritten Königs von Preussen, Grossherzogs von Posen den 3. Aug. 1815 gehalten bei Begehung dieses festlichen Tages in der Loge zum bekränzten Cubus im Or.·. zu Gnesen von J. J. Hawich. Posen [1815]: Decker & Co. 8 S. 8⁰ [Umschlagtit.]
Preis des Königs. 23.

Hawickhorst, Heinrich, aus Oldenburg: Über die **Geographie bei Andrea de'Magnabotti**. *Halle a. S. 1901: (F. Junge in Erlangen).* (37 S.) 8° [Umschlagt.] ¶(Die Forts. erscheint in: Roman. Forschungen, Bd 13, H. 2.)
Halle, Phil. Diss. v. 18. Mai 1904

Hawison, J., Skizzen von Ober-Canada, in häusl., örtl. u. volksthüml. Hinsicht. Nebst einigen prakt. Belehrungen für Auswanderer aller Klassen. Nach d. Engl. 8. Jena 822. Bran. 1 ℛ

***Hawkesworth*, J.**, Almoran and Hamet; an oriental Tale. 8. Mainz 785. (Varrentrapp). N. Ausg. 814. Kupferberg. 5 ₰ Schrbp. 8 ₰

Hawkesworth, J., s. A l m o r a n and Hamet.

Hawkesworth, John. Auszug der Reisebeschreibung. [Berlin 177?] Ü: *Campe, Joachim Heinrich.* (StAt)

H a w k e s w o r t h , John: Beschreibung einer Reise....
s. Byron, John

Hawkesworth, John: Geschichte der See-Reisen und Entdeckungen im Süd-Meer, welche auf Befehl Sr. Grossbrittannischen Majestät unternommen, und von Byron, Wallis, Carteret und Cook im „Dolphin", der „Swallow" und dem „Endeavour" nacheinander ausgeführt worden sind. Aus den Tagebüchern der verschiedenen Befehlshaber und den Handschriften Joseph Banks verfasst. Aus dem Englischen übersetzt von Johann Friedrich Schiller. Mit vielen .... Kupfern und einer Menge See- und Land-Charten .... Bd. 1. 2. 3. Berlin 1774. 3 Bde. 459; VII, 408; VIII, 413 S. 4°.

— Geschichte d. Seereisen u. Entdeckungen im Südmeere, welche auf Befehl d. Königs v. England ausgeführt worden; aus d. Engl. (v. J. F. Schiller). 3 Bde, mit Kpf. gr. 4. Berl. 774. Spener. 15 ℛ 4 Bde, mit Kpf. gr. 8. Ebd. 775. 5 ℛ

HAWKESWORTH, Dr. (John). Geschichte der See-Reisen nach dem Südmeere. (I) welche von

Commodore Byron	Capitain Carteret
Capitain Wallis	und Capit. Cook

im Delphin, der Swallow, und dem Endeavour nach einander ausgeführt worden sind. (I) von — beschrieben und nun in einen Auszug gebracht. (Uebersetzt von Joh. Heinr. M e r c k, dem bekannten Mentor und intimen Freunde Goethe's.) Mit (9) Kpfrn. (incl. 1 Karte der Südsee). 3 Thle. Frankfurt und Leipzig, bey Johann Georg Fleischer, 1775. 8⁰. (22 Mk. 50 Pfg., etwas stockfl., Oskar Rauthe, Berlin, 1909.)
Ganz cplt. mit allen Kpfrn. von nicht geringer Seltenheit. I: 192 S. (incl. 22 S. Vorst.). II: 240 S. III: 194 S., 1 Bl. Errata, 1 Bl. Anweisung an den Buchbinder u. Erklärung der Kupfertafeln. — Anon.-Lex. II. p. 270 (nach Meusel).
E t h n o g r a p h i s c h - P i k a n t e s in Th. I, S. 120—121; II, S. 20, 87—90, 131—134; III, S. 192—193.

[HAWKESWORTH John]. Reisen der Engländer im stillen Meer u. in der .... Welt. 3 Bde. Wien 1792.

Hawkins, C., u. R. **Liston**, therapeut. u. operat. Chirurgie, s.: P r a x i s, die chirurgische, II. Bd.

H a w k i n s, F. R. S., Bisset, Germany; the spirit of her history, literat., social condition, and national economy; illustr. by reference to her physical, moral and political statistics, and by comparison with other countries. 2. edit., augmented and carefully revised. 18. (740 Seit.) Frankfort o. M. 839, Jugel. *

H a w k i n s, J. Is., das Amerikanische Arzneihaltige Dampfbad, als Schutzmittel geg. Ansteckung u. als d. schnellste, kräft. u. sicherste Heilmittel d. Cholera, so wie als e. erprobtes Mittel z. Wiederherstellung od. Belebung verminderter Lebenskräfte, nach eig. Erfahr. dargestellt. Nebst 3 Abbild. gr. 8. (1 B.) Berlin 831, Th. Enslin.

Hawkins-Ambler, Geo. A., s.: Jacobsohn, Paul, d. vornehme Kunst Kranke zu pflegen.

Hawle, Ign., u. A. J. C. **Corda**, Prodrom einer Monographie der böhmischen Trilobiten. Mit 7 (lith.) Tafeln Abbildgn. gr. 4. (176 S. mit 1 Tab. in Fol.) Prag 847, Calve. n. 3 ℛ

Hawle (J.) und **Corda** (A. J. C.), Prodrom einer Monographie der böhmischen Trilobiten. Mit 7 Tafeln Abbildungen. (Aus den Abhandl. der Königl.-böhm. Gesellsch. der Wissensch.) Prag 1847. 4. Mit 7 Taf. Abb.

HAWLICZEK, Franciscus: De concilio Basiliensi. — (1877) 70 S. 4° (Handschr.) Diss. 350
Diss. Wien, Univ.

Hawliczek, J., über das Eikosylon, ein Derivat des Braunkohlenparaffins, s.: Lippmann, E.

Hawlik, Ernst, zur Geschichte d. Baukunst, der bildenden u. zeichn. Künste im Markgrafth. Mähren. Ein Werkchen f. Einheim. u. Fremde. 12. (3⅓ B.) Brünn 838, Gastl.

—— dass. — Zusätze u. Verbesserungen dazu. gr. 8. (1¾ B. u. 2 Holzschn., ½ Roy.-Fol.) Brünn 841, Gastl. *

Hawlik, Er., Taschenbuch zur Aufmunterung vaterländ. Talente. 12. Brünn 802.... 2r u. 3r J. unt. d. Tit.: Taschenbuch für Mähren. 12. Ebd. 803, 4.

-- Taschenbuch für Mähren u. Schlesien. Brünn (808.).

Hawlitscheck, J. N., Anweisung für Mannskleider-Verfertiger, zum Selbstunterricht, nach vorgezeichneter Maaßeintheilung aus freier Hand zuzuschneiden. Mit 1 Steintaf. gr. 8. Leipzig 834. (Reimann.) 5/6 ₰ — 5e verm. u. verb. Aufl. gr. 8. Ebd. 840. (Hunger.) n. 2/3 ₰

Hawlitscheck, (Schneidermstr.) J. N., Anweisung f. Mannskleider-Verfertiger zum Selbstunterricht nach vorgezeichneter Maaßeintheilung aus freier Hand zuzuschneiden. Ferner: Oekonomische Tucheintheilung zu jedem Kleidungsstücke. Dabei als Anhang: Die nöthigen u. für den Gewerbsmann wissenswürdigsten u. unentbehrl. Regeln, verbunden mit den wichtigsten Geschäfts-Briefen. Mit 32 Abbild. 6. verm. u. verb. Aufl. gr. 8. Leipzig 841. (Hunger.) n. ¾ ₰ — 7. verm. u. verb. Aufl. Mit 40 Abbild. gr. 8. Ebend. 842. baar 5/6 ₰ — 8. verm. u. verb. Aufl. Mit 30 Abbild. gr. 8. Ebend. 843. baar 5/6 ₰ — 9. Aufl. Mit 40 Abbild. gr. 8. Ebend. 844. baar 5/6 ₰ — 10. Aufl. Mit 40 Abbild. gr. 8. Ebend. 845. baar 5/6 ₰ — 11. verm. Aufl. Mit 50 Abbild. gr. 8. Ebend. 846. baar 5/6 ₰

Hawlitscheck, J. N., Anweisung zum Selbstunterricht für Mannskleider-Verfertiger nach dem eingetheilten Pariser geometrischen Maaßstabe aus freier Hand zuzuschneiden. Ferner: Ein Reductions-Schema worauf sich 38 eingetheilte Maaße in 35 verschied. Größen befinden zur Erleichterung u. zur Schnelligkeit des Zuschneidens. Nebst einer sehr wichtigen anatom. Darstellung f. verschied. Abweichungen des Körperbaues. Mit mehr als 50 Abbildgn. (auf 2 lith. Taf. in gr. Fol.) 12. verm. u. verb. Aufl. gr. 8. (IV u. 30 S.) Leipzig 848. (Hunger.) — Mit mehr als 70 Abbildgn. (auf 2 lith. Tafeln in gr. Fol.) 13. sehr verm. u. verb. Aufl. gr. 8. (32 S.) Ebd. 850. — 14. sehr verb. u. verm. Aufl. gr. 8. (32 S.) Ebd. 851. — Mit 80 der wichtigsten Abbildgn. (auf 2 lith. Taf. in gr. Fol.) 15. sehr verb. u. verm. Aufl. gr. 8. (32 S.) Ebd. 852. n. n. 5/6 ₰

— die vollständige Schneiderkunst. Nachtrag zu der 15. Aufl. Mit Abbildungen der neuesten Pariser Modeschnitte auf einem (lith.) Bogen (Taf. III.) (in gr. Fol.). Leipzig 853. Hunger. gr. 8. nn. 15 ngl

Hawlitscheck, J. N., Anweisung zum Selbstunterricht für Mannskleider-Verfertiger nach dem eingetheilten Pariser geometr. Maaßstabe aus freier Hand zuzuschneiden. Ferner: ein Reductions-Schema, rc. zur Erleichterung und zur Schnelligkeit des Zuschneidens. Nebst einer sehr wichtigen Darstellung für verschiedene Abweichungen des Körperbaues. Neu bearb. u. herausg. Mit 80 der wichtigsten Abbildgn. 16. sehr verb. u. verm. Aufl. Leipzig 854. Hunger in Comm. gr. 8. (32 S. u. 2 lith. Tafeln in gr. Fol.) n. 1 ₰ 5 ngl

— — Mit einem Reductions-Schema rc. Mit 3 (lith.) Tafeln (in gr. Fol.), worauf 90 Abbildgn. rc. Neu bearb. rc. 17. sehr verb. Aufl. 855. (36 S.) — 18. sehr verb. rc. Aufl. Ebend. 856. gr. 8. (34 S.) n. 1 ₰ 5 ngl

— Schnellzuschneide-Karte. Zuschnitt für elegante u. moderne Herrenkleider, ganz neu bearbeitet u. gezeichnet. Lithograph. Nebst Erklärung. Imp.-Fol. Leipzig 840. (Hunger.) n. 1 ₰

Hawlitschek, Aug., üb. Angelsport. gr. 8. (V, 215 S. m. 1 Titelbild.) Wien 892. A. W. Künast u. 3. 60

Hawlitschka, R. Le livre de Montesquieu „considérations sur les causes de la grandeur des Romains et de leur décadence" rapporté avec l'histoire universelle de Bossuet. Gleiwitz, G., 1874. 17 S. 4.

Hawlitschka, R., die Ministerial-Erlasse, betr. die Gehaltsverhältnisse der Elementarlehrer seit dem J. 1852 im Auszuge zusammengestellt. gr. 8. (IV, 24 S.) Breslau [Leipzig] 868, Leuckart.

Hawlitzky, Wilhelm, Gerichtsreferendar: Der Begriff und die Besonderheiten des Fixkaufes nach Handelsrecht. Borna-Leipzig 1906: R. Noske. (VIII, 59 S.) 8° [J.]
Heidelberg, Jur. Fak., Ref. Schröder, Diss. v. 12. Juli 1906
[Geb. 2. Nov. 81 Salzwedel; Wohnort: Nowawes; Staatsangeh.: Preußen; Vorbildung: Lessing-Gymn. Berlin Reife O. 01; Studium: Berlin 6 S.; Rig. 29. Mai 06.]

Haworth, Adrian Hardy

Haworth, (A. H.;) Saxifrageorum enumeratio. Accedunt Rerisimes plantarum. (Du Revisiones etc. auch m. besond. Titel.) London 821, Wood.

Haworth, A. H., Synopsis Plantarum succulentarum cum descriptionibus, synonymis, locis, observationibus culturaque. Usui hortorum Germaniae accomodata. (Ed. Fr. v. Paula Schrank). 8 maj. Nürnb. 1819. Schrag. 2. 16

Haworth, Harold Firth, M. Sc. (Vict.), B. Eng. (L'pool) 1851 Exhibition Scholar of the University of Liverpool: Die elektrischen Eigenschaften des Porzellans. Zürich 1906. 92 + 2 S. 8°. [3. V. 06.]
Basel. Phil. Diss. 1905/1906.

Haworth, Harold Firth. Die elektrischen Eigenschaften des Porzellans. Diss. Phil. Basel. [Mit 6 Figuren und 14 Curven.] 93 S. 8. Zürich, Aktien-Buchdr., 1906.

Haworth, Walter Norman: Abwandlungsprodukte der Nitrosochloride semicyklischer Kohlenwasserstoffe. Göttingen 1910: Dieterich. 50 S. 8°
Göttingen, Phil. Diss. v. 14. Sept. 1910, Ref. Wallach
[Geb. 19. März 83 Chorley; Wohnort: Chorley; Staatsangeh.: Großbritannien; Vorbildung: Univ. Manchester B. Sc. Juni 06; Studium: Manchester 13, Göttingen 3 S.; Rig. 27. Juli 10.] [U 11. 1496

Hawranek: Chemische Zusammensetzung eines Mergels und eines Hippuritenkalkes aus der Gosau sowie einiger antiker Bronze. S. 11. 374 . . . . —.04
Separatabdruck

Hawranek, Alfr., die Marchbrücke in Ungarisch-Hradisch. (16 S. m. Abbildgn.) 4. Wien 906. (Brünn, R. Knauthe.) n. 1. 50
Sonderabdruck aus: „Ztschr. d. österr. Ingenieur- u. Architekten-Ver."

Hawranek, Alfr., durch e. Kette versteifte Träger m. aufgehobenem Horizontalzug. (25 S. m. 26 Abbild.) Lex. 8. Leipzig 910. W. Engelmann. 1. 20
Sonderabdruck aus: „Der Eisenbau".

Hawranek, Karl, Einführung in die erste Hilfe bei Unfällen, s.: Spiegel, Ign.

Hawránka, Frantiska, krizownjka a kaplana, nedelnj kazanj. Djl I—IV. gr. 8. Prag 846, 47, Calve'sche B. à ¾ ₰

Hawrlant, Franz Horaz als Freund der Natur nach seinen Gedichten. I. Theil. 8 (S. 3—29).
Progr. K. k. Staats-Oberg. *Landskron i. Böhm.* 1895.

Hawrlant, Franz: Horaz als Freund der Natur nach seinen Gedichten. II. Theil. 8 (26 S.). III. Theil. 8 (S. 1—22).
Progr. K. k. Staats-Oberg. *Landskron i. Böhm.* 1896. 1898.

GV57
22

Hawthorne, Geraldine, s.: Collection of British authors.

Hawthorne, John, B. A. aus Kircubbin (Irl.): **Beiträge zur Kenntnis des Morphins.** *Jena 1903: G. Neuenhahn.* (38 S.) 8°
Jena, Phil. Diss. v. (28. Juli) 1903

Hawthorne, Julian

Hawthorne, J., der große Bankdiebstahl,
— der verhängnisvolle Brief,
— ein tragisches Geheimnis,
} s.: Lutz' Kriminal- u. Detektiv-Romane.

Hawthorne, J., der große Bankdiebstahl,
— der geheimnißvolle Brief,
— ein tragisches Geheimnis,
} s.: Sammlung ausgewählter Kriminal- u. Detektiv-Romane.

Hawthorne, J., Dust, s. **Asher's Collection of English** Authors.

Hawthorne, J., u. Gerh. Keller, vier Erzählungen. 8. Münster 880. Aschendorff. 1.40
Mrs. Gainsboroughs Diamanten von J. Hawthorne. — Die Familie Netelhouck. Ein Ammenmärchen. Glück. Von Gerh. Köller. (211 S.)

— Fürst Saronis Frau. Das Perlmuschelhalsband, s.: **Universal-Bibliothek.**

Ein tragisches Geheimnis [A tragic mystery]. Roman von J[ulian] **Hawthorne.** Stuttgart: R. Lutz [1908]. (250 S.) 8° [J.]
(Bibliothek August Scherl. Folge 1, Bd 29. 30.) [08. 12054

— Archibald Malmaison, s.: Universal-Bibliothek.

[J. u. Ant.] Eines Andern Schuld. (An Other Crime.) Kriminal-Roman a. d. amerikan. Leben v. J[ulian] Hawthorne. *Berlin: R. Jacobsthal [1898].* (246 S., 1 Bl.) 1 Bd 8.
— Detektiv-Romane, Amerikanische. Bd VIII.

— sich selbst verbannt, s.: **Knortz,** Karl.

Hawthorne, Nathaniel, das **rote A.** Deutsch v. Margarete Jacobi. 8. (VII, 296 S.) Stuttgart 897. R. Lutz. n. 3. —; geb. in Leinw. n. 4. —

— Blithedale, s.: **Bibliothek, Amerikanische, 15 u. 16. Bd.**

Hawthorne, Nathaniel, Blithedale. Ein Roman. Deutsch von Aug. W. Peters. 8. (348 S.) Bremen 870, Kühtmann und Comp.

Hawthorne, Nath., the **Blithedale romance, s. Authors,** standard american.

Hawthorne, Nathaniel: The Blithedaleromance, s. Dürr's Collection of standard American authors.

— the **house of the seven gables, s. Authors, standard** american.

Hawthorne, Nathaniel: The house of seven gables, s. Dürr's Collection of standard American authors.

Hawthorne, Nathaniel, the scarlet letter, s.: Collection of British authors. vol. 226.

Hawthorne, N., the scarlet letter. A romance. 8. (317 S.) Leipzig 887. Gressner & Schramm. geb. n. 3. —

Hawthorne, Nathaniel, Miriam oder: Graf u. Künstlerin. Nach dem Engl.: Transformation. Deutsch von Clara Marggraff. Autorisirte Ausgabe. 3 Bde. Leipzig 862. Günther. 8. (620 S.) n. 2 ₰

Hawthorne, Nathaniel, **Passages from the English Note-Books, s. Collection of British Authors.**

— der Scharlachbuchstabe, s. **Bibliothek,** amerikanische.

— der Scharlachbuchstabe. Nach der 2. Aufl. aus dem Engl. übers. v. Wilh. E. Drugulin. 2 Bde. 8. (240 u. 222 S.) Leipzig 851, Kollmann. 1½ ₰

— Septimius, s.: Asher's collection of engl. authors.

— das Sieben-Giebel-Haus, s.: **Bibliothek,** Europäische, 540—542. Bd.

— the snows-image, s.: **Authors,** modern English.

Hawthorne, Nathaniel, the great stone face, hrsg. v. Heinr. Saure, s.: **Authors,** modern English. X.

— twice-told tales, s. **Authors,** standard american.

Hawthorne, Nathaniel: Twice-told tales, s. Dürr's Collection of standard American authors.

Hawthorne, N., Transformation, s. Collection of british authors.

— sämmtliche Werke. Aus dem Engl. 1. Bd. Der Scharlachbuchstabe. Aus dem Engl. übertr. v. L. Du Bois. 8. (314 S.) Bielefeld 851, Velhagen & Klasing. 1 ₰

— dies. 2 u. 3. Bd. Das Haus der sieben Giebel. Deutsch v. Aug. Dietzmann. 2 Bde. 8. (226 u. 232 S.) Ebd. 851. 1⅓ ₰

— dies. 4 u. 5. Bd. Zwei mal erzählte Geschichten. Ausgewählt u. aus dem Engl. übertr. v. L. Du Bois. 2 Bde. 8. (206 u. 181 S.) Ebd. 852. 1⅓ ₰

— Wonder book for boys and girls. Students-Tauchnitz edition. (Nr. 39.) Hrsg. v. E. Roos. schmal 8. (XII, 107 S.) Leipzig 900. B. Tauchnitz. n. — 70; kart. n. — 80; Anmerkgn. u. Wörterbuch (56 S.) n. — 40

Hawtry, C. S., kurzer Bericht von d. Ursprunge, d. Fortschritten u. dem Erfolge d. Londoner Bibelgesellschaft zur Ausbreit. d. Christenthums unter den Juden etc. Aus d. Engl., nach d. 2n Aufl. gr. 8. Leipz. 824. Voß. 8 gr

Hax, Georg, Leitfaden für Wassersprünge, 3. verb. Aufl., Berlin 1897, 32 S., 16°.

Hax, W., Löwenburg. Eine Geschichte aus Schwabens Vergangenheit. Mit 6 Abbildgn. v. H. Kley. gr. 8. (III, 223 S.) Bremen 892. M. Heinsius Nachf. Geb. in Leinw. n. 4. —

Haxo, die künstliche Fisch-Erzeugung. Die Befruchtung und Ausbrütung der Fischeier auf künstlichem Wege als eine der nutzenbringendsten Entdeckungen dargestellt. In Berichten über die Ichthyogenie auf Grund der neuesten in Frankreich, England und Deutschland gemachten Fortschritte und Erfahrungen. 853. (79 S. m. Holzschn. im Text.) n. 12½ ngr. — 2. verm. Aufl. Leipzig 855. Spamer. (Neumeister.) 8. (96 S. m. Holzschn. im Text.) 15 ngr.

Haxthausen, A. v., Mädchenleben. Novelle. Preisgekrönt. 8. (284 S.) Paderborn 879. F. Schöningh. n. 3. —

-- dasselbe. 2. Aufl. 12. (III, 290 S.) Ebend. 882. n. 1. 60; geb. n. 2. 50

Haxthausen, A. v., Mädchenleben. Preisgekrönte Novelle. 3. Aufl. 8. (274 S.) Paderborn 889. F. Schöningh. n. 2. —; geb. n. 3. —

Haxthausen, A. v., Mädchenleben Preisgekrönte Novelle. 4. Aufl. 8. (III, 274 S.) Paderborn 894. F. Schöningh. n. 2. —; geb. n. 3. —

Haxthausen, A. v., Mädchenleben. Preisgekrönte Novelle. 5. Aufl. 8. (278 S.) Paderborn (900). F. Schöningh. n. 2. —; geb. n. 3. —

Haxthausen, A. v., Mädchenleben. Preisgekrönte Novelle. 6. Aufl. (III, 267 S.) 8. Paderborn (906). F. Schöningh. n. 2.—; geb. n. 2. 80

Haxthausen, A. v., Mädchenleben. Preisgekrönte Novelle. 6. Aufl. (III, 267 S.) 8. Paderborn (907). F. Schöningh. 2.—; geb. 2. 80

Haxthausen, August de (Hrsg.), s. Abhandlungen, Vier, über das constitutionelle Princip.

Haxthausen, A. Frh. v., über d. Agrarverfassung in Norddeutschland u. deren Conflicte in d. gegenwärt. Zeit. 1. Thl. 1. Bd. — A. u. d. T.: Ueber d. Agrarverfassung in d. Fürstenth. Paderborn u. Corvey, nebst Vorschlägen, die d. Grund u. Boden belastenden Rechte u. Verbindlichkeiten daselbst aufzulösen. gr. 8. (19 B.) Berlin 829, Reimer.

Haxthausen, A. Freiherr von: „Ueber die Agrarverfassung in den Fürstenthümern Paderborn und Corvey und deren Conflicte in der gegenwärtigen Zeit, nebst Vorschlägen, die den Grund und Boden belastenden Rechte und Verbindlichkeiten daselbst aufzulösen", (a. u. d. T.: „Ueber die Agrarverfassungen in Norddeutschland, 1. Theil, I. Band"), Berlin 1829 (Reimer). — Vorh.: Preuß. Staatsbibl. Berlin und Com. Bibl. Hamburg.

Haxthausen, A. de, Considérations sur la nature, les conditions et les effets du principe constitutionnel, s. Considérations.

Haxthausen, Aug. de, Etudes sur la situation intérieure, la vie nationale et les institutions rurales de la Russie. Édition franç. 2 Vol. gr. 8. Hanovre, libr. Hahn. [1. (XVI und 469 S.) 847., 2. (V und 525 S.) 848. à Vol. * 3 Thlr. 15 Ngr.] *

Haxthausen, Aug. de, études sur la situation intérieure, la vie nationale et les institutions rurales de la Russie. Édition française. Vol. III. Berlin 853. Behr. gr. 8. (X, 710 S.) n. 3 ℛ 20 ngl
Vol. 1. 2. (Hannover 847—48) jetzt Ebend. n. 6 ℛ 25 ngl

— les forces militaires de la Russie sous les rapports historiques, statistiques, ethnographiques et politiques. (Extrait du 3. vol. des Études sur la Russie.) Ebend. 853. gr. 8. (240 S.) n. 1 ℛ 7 1/2 ngl

[Haxthausen, Aug. Frh. v.]: Gutachten über den nach den Beschlüssen eines Königlichen Hohen Staatsraths red. Entwurf einer ländlichen Gemeinde-Ordnung für die Provinzen Westphalen u. Rheinland. [Nebst] Nachtrag. [Berlin 1833. 34.]

— über d. Heilkraft d. Mineralwassers, besonders d. Moor- oder Schlammbades bei Muskau. Mit e. Vorwort von J. N. Rust. gr. 8. Berl. 826. Reimer. 8 ggr

Haxthausen, Aug. Frh. v.: Die Kaspelgerichte und Kohrgerichte in Pommern, e. Ueberrest alter Volksgerichte. Berlin 1840.

— die Kriegsmacht Rußlands in ihrer historischen, statistischen, ethnographischen u. politischen Beziehung. [Abdr. aus dem 3. Bd. der Studien über Rußland.] gr. 8. (VIII u. 208 S.) Berlin 852, Behr. n. 1 ℛ

—— das constitutionelle Princip, s. Princip.

Haxthausen, Baron Aug. de, la question religieuse en Pologne. Mémoire rédigé en 1856, précédé d'une introduction et accompagné de notes par le P. Gagarin, de la Compagnie de Jésus. 8. (68 S.) Berlin 877. Behr. 1. 20

— Studien über die inneren Zustände, das Volksleben u. insbesondere die ländlichen Einrichtungen Rußlands. 2 Thle. gr. 8. (1. Thl: XX u. 492 S. 2. Thl.: VIII u. 584 S.) Hannover 847. (Berlin, Behr.) n. 5 1/3 ℛ — 3. Thl. gr. 8. (VIII u. 640 S.) Berlin 852. Behr. n. 3 ℛ (cmplt. n. 8 1/3 ℛ)

— Transkaukasia. Andeutungen über das Familien- und Gemeindeleben u. die socialen Verhältnisse einiger Völker zwischen dem Schwarzen u. Kaspischen Meere. Reiseerinnerungen u. gesammelte Notizen. 2 Thle. Mit 1 Titelkpfr., 2 Lithogr., zahlreichen Holzschn. (im Text) u. 1 (lith.) Karte. Leipzig 856. Brockhaus. gr. 8. (XVIII, 339; VII, 300 S.) 1.: n. 2 ℛ 15 ngl; 2.: n. 2 ℛ 25 ngl. n. 5 ℛ 10 ngl; die Karte einzeln n. 8 ngl

v. Haxthausen, Aug. Frhr., über den Ursprung u. die Grundlagen d. Verfassung in d. ehemals slavischen Ländern Deutschlands im Allgemeinen u. des Herzogthums Pommern im Besondern. Eine Einladungsschrift zur Erörterung u. litterarischen Besprechung. gr. 8. Berlin 842. (Krause.) 1/12 ℛ

v. Haxthausen, Frhr. Aug., die ländliche Verfassung in den einzelnen Provinzen der preuß. Monarchie. 1r Bd. A. u. d. T.: Die ländl. Verfassung in den Provinzen Ost- u. West-Preußen. 2e Abthl. Die Beschaffenheit, Bebauung, Bevölkerung und Eintheilung dieser Provinzen. — Die ländl. Rechtsverfassung derselben. Mit Tabell. gr. 8. Königsberg 839. Gebr. Bornträger. 1 2/3 ℛ

Haxthausen, Aug. v., die ländliche Verfassung in den einzelnen Provinzen der Preußischen Monarchie. Fortgesetzt im amtlichen Auftrage von Alex. Padberg. 2. Bd.: Die ländliche Verfassung in der Provinz Pommern. Von Alex. Padberg. Stettin 861. (Gutberlet.) gr. 8. (XI, 345 S.) n. 1 ℛ 20 ngr

—— die ländliche Verfassung Rußlands. Ihre Entwickelungen und ihre Feststellung in der Gesetzgebung von 1861. gr. 8. (XVI und 424 S.) Leipzig 866, Brockhaus. *

(Haxthausen, Aug. Frh. von,) Geistliche Volkslieder mit ihren ursprünglichen Weisen. Paderborn 1850. 4.

Haxthausen, Hugo Augustus ab: Acidum phosphoricum urinae et excrementorum. Halis Saxonum (1860): Gebauer-Schwetschke. 54 S., 1 Tab. 8°
Halle-Wittenberg, Med. Diss. v. 13. Juni 1860
Geb. Renneisdorf (Kr. Neisse) 27.4.1833. V.

Haxthausen, Johann Ludwig

Haxthausen, J. L., die venerische Krankheit der Pferde. Eine monograph. Beilage zu den Handbüchern der Kameralisten, Medizinalbeamten, Thierärzte, Pferdezüchter u. Oekonomen. gr. 8. Breslau 839. Hirt. 1/2 ℛ

Haxthausen J. L.: Die venerische Krankheit d. Pferde. Breslau 1839. 60 S. P.

Haxthausen, Joan. Ludov., geb. Stargard 1798. De vi naturae medicatrice. Berolini (1824). ([illegible] S.) 8°
Berlin, Med. Diss. v. 9. Apr. 1824

Haxthausen, Werner Frhr. v., über die Grundlagen unserer Verfassung. Mskr. 1833. Unveränd. Abdr. mit einer Lebensskizze, nebst Portr. u. Fcsm. d. Verf. (in Stahlst.). Neu hrsg. von seinem Schwiegersohne. gr. 8. (XXXIX, 248 S.) Paderborn 881. F. Schöningh. n. 3. —

Haxthausen, Werner Freiherr von. Über die Grundlagen unserer Verfassung . . . Neu herausg. . . . Paderborn 1881. H: *Brenken, Hermann Freih. von u. zu.* (Kat. d. Bibl. d. deutsch. Reichstages. Berl. 1882.)

Haxthausen-Abbenburg, F. L. M. von, Fünf Briefe über die Stellung des Katholicismus in Frankreich u. England. Münster 1851.

Eine Ferienreise. Lustspiel in 2 Aufz. Von **Berta Hay.** *Paderborn: F. Schöningh [1903].* (32 S.) 8° [F]
= **Theater** f. d. weibliche **Jugend.** 20.

Hay, D. R., die Gesetze der Farbenharmonie, s. Schauplatz, neuer, der Künste etc. 172. Bd.

Hay DR, die Gesetze der Farbenharmonie. Aus dem Englischen von L Hüttmann. (Schauplatz der Künste und Handwerke 172) Weimar 1848

Hay, Drummond, Marokko u. seine Nomadenstämme, s. Weltpanorama, 57.—60. Bd.

Hay, Edvinus Adalbert(us): De sinu rhomboidali in medulla spinali avium. Halis (1844): Ruff. 25 S. 8°
Halle-Wittenberg, Med. Diss. v. 10. Aug. 1844
Geb. Königsberg i. Pr. 13. 12. 1821. V.

Hay, Fr., kurze Schulgebete u. Gesänge für kathol. Schulen, mit Berücksichtigung der Kirchenfeste. 2. verm. Aufl. kl. 8. Arnsberg 841, Ritter. 1/12 Thlr

Hay, Frank W(illiam): Über die Elektolyse und die trockene Destillation einiger Salze der Pimelinsäure.
Leipzig 1903: Metzger & Wittig. (28 S.) 8°
Leipzig, Phil Diss. v. [Aug.] 1903

Hay, Johann Leopold v., s. Müller, Wilib.

Hay, John, Robert Burns. Basel, Realschule 1888.
Progr.

Hay, John, Ueber den Einfluss der Sprache auf die Geistesentwicklung mit besonderer Berücksichtigung des Englischen. Basel, Gewerbeschule 1878.
Progr.

Hay, Sir John Dalrymple, Ashanti u. die Gold-Küste sowie unsere Kenntniss darüber. Aus dem Engl. 8. (58 S.) Berlin 874. Stilke. n. 1. 20

HAY, LEOPOLD VON: Circularschreiben des Herrn Leopold von Hay, Bischofes zu Königrätz, an die Geistlichkeit seiner Diöces, über die Toleranz vom 20-ten November 1781. Aus dem Lateinischen ins Deutsche übersetzt. Pressburg 1781: Bey. Joh. Mich. Landerer. 8 S. - 8°

Hay, Moritz, Erfahrung über die Impfung mit Kuh-Lymphe. Vortrag, geh. im Vereine der Aerzte Nieder-Oesterreichs, Section Wien, in der Sitzung vom 8. Mai 1878. gr. 8. (14 S.) Wien 878. (Perles.) n. 1. —

Hay, M., die Kuhpockenimpfung in Deutschland, Holland, Belgien u. Österreich. gr. 8. (VI, 98 S.) Wien 890. Perles. n. 1. —

Hay, Wlh., Versuch von d. Häßlichkeit; aus d. Engl. 8. Bresl. 755. (Gosohorsky). 4 gr

HAY, Ritter William, Die Hässlichkeit. Ein Versuch. Von dem . . Nach der zweiten Londonschen Auflage von 1754 übers. Breslau 1759. 8°. (In Berlin: Nh 266, no. 4.)

Hay, W., Vers. v. d. Häßlichkeit. a. d. Engl. 8. Bresl. Meyer. 759.

— Religion d. Philosophen. Aus d. Engl. (von J. J. Eschenburg). gr. 8. Braunschw. 782. Schulbuchh. (Vieweg). 10 gr

Hay, William. Religion der Philosophen. A. d. Engl. Braunschweig 1782. Ü: *Eschenburg, Johann Joachim.* (Ky)

Hayakawa, M[asataro], aus Japan: Über Additionsprodukte α-β-ungesättigter Ketone. Erlangen 1905: Junge & Sohn. (88 S.) 8°
Erlangen, Phil. Fak., Ref. Fischer, Diss. v. 3. Mai 1904
[Geb. 25. Dez. 69 Fukuoka; Staatsangeh.: Japan; Vorbildung: Mittelschule Tokio Reife 92; Studium: Physikalische Schule in Tokio 6, Charlottenburg T.H. 4, Halle 6, Erlangen 2 S.; Rig. 16. Dez. 04.]

HAYASHI, Toshiro (Hiroshima): Die Dauerheilungen bei Sarkomen der langen Röhrenknochen mit Amputationen, Exartikulationen und Resektionen.- München: Wolf 1910. 84 S.
23.5.1911 - Chr 1910/11,26; U 11.5657
Diss. Ingolst.-Landsh.-Mchn.

Hayata, B., Enumeratio plantarum in insula Formosa sponte crescentium. s.: **Matsumura,** J.

Hayberg, H. M.

Eine schnelle Methode z. Bestimmung d. Fettgehaltes homogenisierter Milch. Berl. 1909. 4 S. (Sartr.). 4°.

Natürliche Auslese und Rassenverbesserung v. **John B. Haycraft,** Prof. . . . am Univ. Coll. in Cardiff. Autoris. deutsche Ausg. v. Dr. Hans Kurella. *Leipzig: G. H. Wigand 1895.* (x, 216 S.) 1 Bd 8.
= **Bibliothek** f. **Socialwissenschaft.** Bd 2. [98. 6758

[F.] Weihnachtslicht. Von M. S. **Haycraft.** Berechtigte Übs. a. d. Engl. *Berlin: Christl. Zeitschriftenver. 1896.* (40 S.) 1 Bd 8.
= **Jugend-Bibliothek** [d. Christl. Zeitschriftenvereins]. [No 18.] [98. 9580

Haycraft, M. S., Weihnachtslicht. — Berecht. Übersetzg. aus d. Engl. — Westphal, J., D. Weihnachtsrose. — Vilmar, Emma, Stille Nacht. — Braun, H., Bruderliebe. 12. (40, 23, 21 u. 23 S. m. 4 Farbdr.) Berlin 896. Schriftenvertriebsanstalt. Kart. — 50; Haycraft, Weihnachtslicht allein (40 S.) — 20

Hayd, Heinr., Abälard und seine Lehre im Verhältniß zur Kirche und ihrem Dogma. Eine historische Abhandlung ausgearb. aus einer der theologischen Fakultät München übergebenen dissertatio inauguralis. Regensburg 863. Pustet. gr. 8. (438 S.) 1 Thlr 6 ngr.

Hayd, Heinrich, Das Buch der Psalmen. In gereimtem Versmaße übersetzt. München, (Finsterlin,) 1863. 8°, IV u. 484 S., 2 Mk.

Hayd, Heinrich, approb. Arzt aus Calw: Aus d. med. Klinik in Tübingen. Ein Fall von chronischer halbseitiger Bulbärparalyse. *Tübingen: F. Pietzcker 1901.* (24 S.) 8°
Tübingen, Med. Diss. v. 1901

Hayd, Heinr., das Buch Job. In gereimtem Versmaaße übers. und mit den nöthigen Erklärungen versehen. 8. (VIII und 244 S.) München 859, (Lentner'sche Buchh.) *

Hayd, H., Das Buch Job. In gereimtem Versmaße übersetzt und mit den nötigen Erklärungen versehen. München, Lentner, 1860, 8°. 3 Mk.
Recens. Litt. Bl. der Sion. 32. Jahrgang, Mai, Nro 1.

Hayd, H.: Die Prinzipien alles Seienden bei Aristoteles und den Scholastikern. 1. 2. Hälfte. 87 S. 8° – Freisingen, Progr. 1871. 1872.

Hayd, H., Wesen und Ursprung der menschlichen Seele. Freising, (Datterer,) 1888, 66 S., Progr. der kgl. Studienanstalten.
Über die Schrift Gutberlet, Philos. Jahrb. d. Görresges. Bd. 2 (1889), S. 182–1.

Der freie Wille als tiefste Wurzel der menschlichen Persönlichkeit. – Von Dr. Heinrich Hayd, L.-P. – 1887, Freising, ebenda. – S. 1–54.
Progr. Freising, K. Lyzeum und Gymnasium

Hayd, Oscar: Zur Casuistik der Gehirnsyphilis . . . . München, Druck v. M. Ernst (vorm G. Pollner), 1886; 31 S. 8°.
München, Med. Fak., Inaug.-Diss. v. 1886.

Hayd, Oscar, zur Casuistik der Gehirnsyphilis. Diss. München 1886, A. Buchholz. 8°. 31 S.

Hayd, Otto. Geschichte des Männergesangvereines zu Friesach in Kärnten. (St. Veit, Schlick, 1894.) 64 S.

Hayd, Stephan., Auctoritas textus Hebraei asserta contra Houbigantium aliosque una cum positionibus ex hermeneutica sacra Vet. et N. Test. Freiburg, 1780, 4°, 7 Bg.

Hayd, Steph., Introductio hermeneutica in sacros Novi Testam. libros ad usum suorum auditorum. Wien, Trattner, 1777, 8°.
Recens. Nova Bibl. Frib. III, 116–119.

von der Hayde, W. G. Repertorium der Polizei-Gesetze und Verordnungen in den Königl. Preussischen Staaten; *und Magdeburg*. 1819 — 1822.

The Geology of Spiti, with parts of Bashahr and Rupshu. By H. H. Hayden, B. A., Deputy Superint. Publ. by order of the Gov. of India. *Calcutta: Off. of the Geol. survey; Berlin: Friedländer & Sohn 1904.* (129, VI S.) 4°
— Memoirs of the geological survey of India. Vol. 36, p. 1.

Hayden, Sidney: George Washington, s. Thost, Gustav.

SAINT-FLOUR und Justine oder Geschichte zweier Liebenden wie es wenige giebt (von *Anton Adolph Hayder*). Berlin 1795.
Anon.-Lex. IV. p. 6 (nach Kayser).

Hayder, A. A., s. Saint-Flour.

Hayder Leonard: Charakteristik des Paedagogen in der Sophokleischen Elektra. 13. Sanok. 93. Progr.

Hayder, Robert *Georg Karl August* [pr. Arzt aus Schöppenstedt]: Beitrag zur Behandlung höchstgradiger Myopie durch Aphakie . . . Greifswald, Buchdr. C. Sell, 1896; 52 S., 1 Bl. 8.
Greifswald, Med. Fak., Inaug.-Diss. v. 14. März 1896

Haydinger, Franz. Prinz Eugen der edle Ritter in den Kriegs- und Siegesliedern seiner Zeit. Eine Festgabe zur feierlichen Enthüllung des Prinz-Eugen-Monumentes. In 150 Exemplaren als Geschenk für Freunde gedruckt. (Mit 1 Gedichte von Jos. Haupt.) 8. Wien 1865.

HAYDINGER, Fr. Hans Weitenfelders Lobspruch der Weiber und Heiratsabrede zu Wien. Mit einer Einleitung und Anmerkungen von J. Feifalik. Wien 1861. 8°. 48 S.

Haydn [Sachliches Ordnungswort]

Haydn, Biographie nach mündl. Erzählungen.

Haydn, Joseph. Seine kurze Biographie und ästhetische Darstellung seiner Werke. Bildungsbuch für junge Tonkünstler. Seitenstück zu Mozarts Geist [An.-Lex. II, 5700]. Erfurt 1810. Neue Aufl. 1825. V: *Arnold, Ign. Ferd.* [*Theod. Ferd. Cajetan*]. Vgl. Ersch II, 2 (1840), Nr. 4656 b (DARP) (List & Francke 335/360)

Haydn, Jos.; Bildungsbuch für junge Tonkünstler, Seitenstück zu Mozarts Geist. 8. Erfurt 810. 2e A. 826. Müller. (Weygand in Leipz.) 18 ½ (vergl. Dies.)

Haydn, (J.) seine kurze Biographie u. ästhetische Darstellung seiner Werke, Bildungsbuch f. junge Tonkünstler. Neue unveränd. Aufl. 8. Erfurt 825, Müller.

— Gallerie d. berühmtesten Tonkünstler des 18ten u. 19ten Jahrh. 1r u. 2r Bd. 8. Ebend. 810.

Haydn, Joseph, und sein Bruder Michael. Zwei bio-bibliographische Künstler-Skizzen. (Von Constant. Wurzbach v. Tannenberg.) gr. 8. (48 S.) Wien 861, (Lechner's Universitäts-Buchh.) *

Haydn, Joseph, und sein Bruder Michael. Zwei biobibliographische Künstler-Skizzen. (Von Constant. Wurzbach v. Tannenberg.) Wien 862. (Lechner.) gr. 8. (48 S.) n. 12 ngr.

Haydn, Mozart, Beethoven, ihr Leben und ihre Werke. Dresden 1866. V: *Am Ende, Christian Gottlob Ernst.* (Haan)

Haydn, Mozart, Beethoven, ihr Leben und ihre Werke. 3 erläut. Vorträge für Spieler und Hörer. gr. 8. (58 S.) Dresden 866, am Ende. *

Haydn, Mozart, Beethoven, ihr Leben u. ihre Werke. Drei erläut. Vorträge f. Spieler u. Hörer. 2. Aufl. gr. 8. (58 S.) Dresden 876, v. Zahn. n. 1. 20

Haydn [Verfasser]

Haydn, E., ein Mann seiner Zeit, s.: Kühling's, A., Volks-Schaubühne.

Haydn, J. (Jeannette Haymon), gute u. schlechte Früchterl' u. Oberbayr. Hochlandsskizzen. schmal 8. (VII, 172 S.) Mannheim 897. J. Bensheimer's Verl. n. 1. 50

Haydn, J., aus dem Genielande. 17 Künstler-Skizzen. (205 S.) 8. Mannheim (904). J. Bensheimer's Verl. n. 1.50

Haydn, J., Münchner Leut'. 12 humorist. Skizzen. (86 S.) 8. München 907. Hans Sachs-Verlag. 1. 20

— im Reiche d. Musen. 12 Künstlerskizzen. 8. (183 S.) Ebd. 896. n. 1. 50; geb. in Leinw. m. Goldschn. 2. 50

Haydn, Josef

Haydn, Jos., s. Leben u. s. Werke, s.: Reissmann, A.

Haydn, Jos., s. Niggli, A. — Pohl, C. F. — Seeburg, F. v.

—— s. Gumprecht, Otto, musikalische Lebens- und Charakterbilder.

HAIDEN (HAYDN), JOSEPH: Armida oder: Der Heerzug nach Jerusalem. Oper. Nach Torquato Tasso bearbeitet von Xavier Giržik (Libretto). Ofen 1791. (Druck. Univ.) 48 S. - 170 mm

Tobias' Heimkehr [Il ritorno di Tobia]. Oratorium in 2 T. Text von Giov. Gastone Boccherini (Luchese). Musik von Josef **Haydn**. (Textbuch.) Musikal. u. textl. Einrichtung von G[ustav] A[dolf] Glossner. Wien-Leipzig: Univ.-Ed. [1906]. 24 S. 8°
(Universal-Edition. No 2015.) A 12.7014

Haydn, Jos., Jahreszeiten, s.: Breitkopf & Härtel's Textbibliothek. 33.

Haydn, Jos., die Jahreszeiten, } s. Mode's, G., Textbibliothek.

Haydn, Jos., die Jahreszeiten, } s.: Text-Bibliothek des Musikführers.

Thomson. »Die Jahreszeiten.« In Musik gesetzt von Jos. Haydn. 8. (32 S.) St. Pölten, A. Pichler's Witwe und Sohn 1853.

Schottische Lieder nach den Original-Melodien gesetzt mit Begleitung von Klavier, Violine u. Cello ⟨auch f. Klavierbegleitung allein⟩ von **Joseph Haydn**. Auswahl aus d. engl. Orig.-Ausg. in deutscher Übers. (von Dr. Rud. Genée). [Nebst] Stimmen. *Berlin: A. Deneke; Leipzig: Hofmeister (1901).* (23, 4, 4 S.) 4° [01. 12443

—— die Ochsenmenuett, s. Mode's, G., Operntext-Bibliothek.

[F. u. Ant.] Unvollendetes Oratorium. Arie '(Bass-Solo)' u. Chor '(gem. Chor)' m. Begl. d. Orch. Comp. v. **Joseph Haydn** ... (Hrsg.: Josef Liebeskind.) Deutscher Text v. Ludwig Hopf. Partitur. *Leipzig: Gebr. Reinecke (1894).* (39 S.) 1 Bd 4. [96. 4615

[F. u. Ant.] Unvollendetes Oratorium. Arie '(Bass-Solo)' u. Chor '(gem. Chor)' m. Begl. d. Orch. Comp. v. **Joseph Haydn**. Bearbeitg des Clavierausz. v. Josef Liebeskind. Deutscher Text v. Ludwig Hopf. Clavierauszug. *Leipzig: Gebr. Reinecke (1894).* (15 S.) 1 Bd 4. [96. 4616

— Rückkehr d. Tobias, } s.: Mode's, G., Textbibliothek.

— Schöpfung, s.: Breitkopf & Härtel's Textbibl. 34.

— dasselbe, s.: Mode's, G., Textbibliothek.

Haydn, Josef: Die Schöpfung, s. Text-Bibliothek des Musikführers.

HAYDN, JOSEPH: Die Schöpfung. In Musik gesetzt von Joseph Haydn. Wien 1799. Gedr. bey M. A. Schmid. 24 S. - 8°
- Dass. Wien 1805. o. Dr. 24 S. - 8°

HAYDŇ, JOSEPH: Die Schöpfung. (Oratorium. Text von Goffredo van Swieten. Libretto). Ofen 1800. Gedr. mit kön. Universitäts-Schriften. 24 S. - 160 mm

HAYDN, JOSEPH: Die Schöpfung. In Musik gesetzt von Joseph Haydn. (Textbuch). Pest 1801: Patzko. 24 S. - 170 mm OSZK
- Dass. u. d. Zusatztitel: Dargestellt auf dem Preßburger Theater unter Joh. Chr. Kuntz. (Text von Goffredo van Swieten.) Preßburg 1801. Gedr. mit Weberischen Schriften. 24 S. - kl. 8°
- Dass. u. d. Zusatztitel: Bey Gelegenheit einer Familienfeyer des Verlegers aufgeführt. Kaschau (1803): Franz Landerer v. Föskút. 16 S. - 8° Petrik
- Dass. m. d. T.: Die Schöpfung vom Herrn Joseph Haydn, vorgestellt in der adelichen Musikversammlung zu Oedenburg am 22. März 1805. Oedenburg 1805. Gedr. bey Jos. Ant. Sieß. 22 S. - 8°

HAYDN, JOSEPH: Die Schöpfung. Grosses Oratorium. Pest 1836: Beimel. 16 S. - 100 mm

- Dass. Pesth 1838: Trattner-Károlyi. 8 S. - 8°
- Dass. Kronstadt 1838: Joh. Gött. 24 S. - 8°
- Dass. Wien 1881: Pichler. 24 S. - 180 mm
- Dass. Preßburg 1886: Angermayer. 15 S. - 160 mm

Schöpfung, die — Oratorium in drei Abtheilungen. In Musik gesetzt von Josef Haydn. Wien. Gedruckt bei Karl Ueberreuter. Wallishausser'sche Buchhandl. (23 S. 8.) 1857.

Die Schöpfung. Oratorium f. gemischten Chor, Soli u. Orchester von Joseph **Haydn**, aufgeführt durch d. Singakademie ... 1866. [Textbuch.] Königsberg i. Pr. 1866: R. Gruel. (10 S.) 8° [Ant. u. F.] Jos. 8662 10

Die Schöpfung von Josef **Haydn**. Für gemischten Chor, Deklamation u. Klavier z. prakt. Gebr. an höh. Lehranst. eingerichtet von Fr. Kriegeskotten. [Textbuch.] Berlin-Gr. Lichterfelde: Ch. F. Vieweg [1905]. (8 S.) 8° [F.] (Jos. 6918

Haydn's, Jos., handschriftliches Tagebuch aus der Zeit seines zweiten Aufenthaltes in London 1794 u. 1795. Als Mskr. zur 100. Wiederkehr seines Todestages, 31. V. 1909, in Druck gelegt v. Joh. Ev. Engl. Mit 1 Portr. u. 4 Schriftnachbildgn. (60 S.) 8. Leipzig 909. Breitkopf & Härtel. 3.—; geb. n 4.—; numer. Ausg. n 12.—

— Worte d. Erlösers, s.: Breitkopf & Härtel's Textbibliothek 35.

HAYDN, JOSEPH: Die Worte des Heilands am Kreutze. In Musik gesetzt von Joseph Haydn, Doktor der Tonkunst und Kapellmeister in wirklichen Diensten Sr. Durchlaucht des Hrn Fürsten Esterhazy. Oedenburg 1796: Druck. Sieß.

HAYDN, JOSEPH: Die Worte des Heilands am Kreuze, welche in der Kirche des k. k. Milit. Invaliden Hauses zu Tyrnau jährlich am heiligen Charfreytage abgesungen werden mit Singstimmen, in Musik gesetzt von Herrn Joseph Haydn, Doktor der Tonkunst Tyrnau 1803. o. Dr. 8 S. Zell. Panth.
- Dass. u. d. T.: Die Worte des Heilands am Kreutze. Oedenburg 1805: Sieß. 10 S. - 8°

- Dass. u. d. T.: Die sieben letzten Worte des Erlösers am Kreuze. Ein Oratorium in Musik gesetzt von Hrn Joseph Haydn, gegeben in Pesth in der Kirche des k. Seminariums am Charfreytage den 8. April 1814. o. O. 1814. o. Dr. 8 S. - 8° OSZK. Petrik
- Dass. u. d. T.: Die Worte des Erlösers am Kreutze, ein großes Oratorium, in Musik gesetzt von H. Jos. Haydn. Komorn 1832. Gedr. bei Franziska Weinmüller. 4 f. - 8°
- Dass. u. d. T.: Die sieben Worte des Erlösers am Kreuze, in Musik gesetzt von Josef Haydn. Pressburg 1837. Gedr. bey. Ant. Edlen von Schmid. 4 f. - 8°

Haydn, Ludwig, appr. Arzt: Statistisch-Klinische **Mitteilungen** über das runde Magengeschwür. Erlangen 1905: Junge & Sohn. (25 S.) 8°
Erlangen, Med. Fak., Ref. Penzoldt, Diss. v. 12. Okt. 1905
[Geb. 2. Febr. 77 Unterhöhenstetten; Wohnort: Unterhöhenstetten; Staatsangeh.: Bayern; Vorbildung: Gymn. Passau Reife 98; Studium: München 7, Erlangen 7 S.; Coll. 25. Sept. 05; Approb. 22. Sept. 05.]

Haydn, Michel, deutsches Hochamt. 8. (8 S.) Wien 888, Pichler's Wwe. und Sohn. * — 8

Haydn's, Michael, Partitur-Fundament. Herausg. vom Benedictiner P. Martin Bischofreiter. qu. Fol. Salzburg 837, (Oberer.) 1 ℔

Haydn-Zentenarfeier. Unter dem A. H. Protektorate Sr. k. u. k. apost. Maj. Franz Joseph I. III. Kongress der internationalen Musikgesellschaft Wien, 25.—29. V. 1909. Bericht vorgelegt vom Wiener Kongressausschuss. (690 S. m. 9 Taf.) gr. 8. Wien 909. Artaria & Co. — Leipzig, Breitkopf & Härtel.
Geb. in Leinw. 18.—

Haydock's Zeugniß. Eine Familien-Geschichte aus der Zeit d. amerikan. Bürger-Krieges. Von L. C. W. gr. 8. (245 S.) Berlin 892. Deutsche Evangel. Buch- u. Tractat-Gesellschaft. n. 2.—; geb. n.n. 2. 70

Haydot, N., Christianisme et philosophisme, ou veritable sources du bonheur et du malheur de la société. gr. in-8. (Trier 834. Lintz.) n. $1^1/_3$ ♂

Hayduck, Fritz: Über die B e d e u t u n g des Eiweiß im Hefenleben. Ein zusammenfassender Bericht über Arbeiten des Instituts für Gärungsgewerbe zu Berlin.
Berlin 1906

Hayduck, Fritz, aus Marienburg: Ueber **Versuche** zur Darstellung eines Tetraoxyindigos. *(Berlin 1904: E. Ebering.)* (73 S.) 8°
Berlin, Phil. Diss. v. 12. März 1904

HAYDUCK, M. Ueber die Orthoamidotoluolparasulfosäure. Greifswald, 1874.

Hayduck, M., s.: Wochenschrift f. Brauerei.

Hayduck, Michael

Hayduck, M., Bemerkungen zur Physik des Aristoteles. Pr. 1871. 14 S.

Hayduck, M., über die Echtheit des Sophistes u. Politikos. 1. Thl. Greifswald 864. (Koch.) 4. (29 S.) n. 10 *ngr.*

Hayduck, Mich. Emendationes aristoteleae. S. 10—19. *Meldorf* 1877.
Progr.

— Observat. criticae in aliquot locos Aristotelis. Pr. 1873. 16 S. 4°. *2.—*

Hayduck, Waldemar, de Cratyli Platonici fine et consilio. Breslau 869. (Mälzer.) gr. 1. (20 S.) n. $7\frac{1}{2}$ *ngr.*

Hayduck, Waldemarus *(geb. Stralsund 27. 12. 1836)*: De Spinozae natura naturante et natura naturata. Vratislaviae (1867). (52 S.) 8° *[Im Buchhandel 1867 bei Gosohorsky in Breslau.]*
Breslau, Phil. Diss. v. 23. Juli 1867

Hayduk, Joh.: Der Diamagnetismus. 13 S.– Stanislau. Progr. 1856.

Haye — Plan de la — en Hollande contenant ses Places, Palais et edifices, dressé de nouveau par M. Seutter etc. A Augsbourg. Ohne M. 1 Bl.

Haye, s.a. L a h a y e .

Haye, Alphonse de la, Fiat Justitia, s.: Lehmann's jüdische Volksbücherei.

Haye, C. F. W., Denkwürdigkeiten Landshuts u. benachbarten Oerter. 8. Landsh. 827. (Hentze in Bresl.) 16 *K*

Haye, Thomas, s. H a y e s , Thomas.

Die Sanntaler Alpen (Steiner Alpen) von Dr. August v. **Hayek**, Privatd. Mit 14 Abb. u. 1 Karte. Jena: G. Fischer 1907. (173 S.) 4°(8°)
— **Abhandlungen** d. K. K. Zool.-Bot. Gesellschaft in Wien. Bd 4, H. 2.
[07. 14328

Hayek, Aug. v., die Centaurea-Arten Österreich-Ungarns. gr. 4. (189 S. m. 3 Fig., 12 Taf. u. 12 Bl. Erklärgn.) Wien 901. (C. Gerold's Sohn). n. 14. 20
Sonderabdruck aus: „Denkschr. d. k. Akad. d. Wiss."

Hayek, Aug. v., Exkursion auf den Wiener Schneeberg. (11 S. m. 1 Abbildg. u. 1 Taf.) Lex.-8. Wien 905. F. Deuticke. n. 1. —
Sonderabdruck aus: „Führer zu den wissenschaftl. Exkursionen des II. internat. botan. Kongresses, Wien 1905".

Exkursion auf den Wiener Schneeberg. Von Dr. August v. **Hayek**. Mit 1 Titelbilde u. 1 Textabb. Wien: Selbstverl. d. Organisationskomitees 1905. (11 S.) 4°(8°)
— **Führer** z. d. wissenschaftl. Exkursionen d. 2. internat. bot. Kongresses, Wien 1905. 6.
[05. 12033

Hayek, Aug. v., Flora v. Steiermark. Eine systemat. Bearbeitg. der im Herzogt. Steiermark wildwachs. od. im Grossen gebauten Farn- u. Blütenpflanzen nebst e. pflanzengeograph. Schilderg. des Landes. (In ca. 18 Heften.) I. Bd. 1.—3. Heft. (S. 1—240 m. Abbild.) Lex. 8. Berlin 908. Gebr. Borntraeger. Subskr.-Pr. à 3.—

— monographische **Studien** üb. die Gattung Saxifraga. I. Die Sektion Porphyrion Tausch. (99 S. m. 2 Taf., 2 Karten u. 4 Bl. Erklärgn.) 4. Wien 905. (A. Hölder.) n. 7. 20
Sonderabdruck aus: „Denkschr. d. k. Akad. d. Wiss."

Hayek, Aug. v., die Vegetationsverhältnisse von Schladming, s.: Eberwein, Rich.

Hayek, Frz., Versuch e. Eintheilung d. Rechnungsrubriken bey Güterverwaltungen in Absicht auf d. Evidenzstellung d. reinen Jahresertrágnisses e. jeden Haupt-Nutzungszweiges; sohin Erzielung d. höchst mögl. Revenue e. Herrschaft. gr. 8. (7 B.) St. Pölten 829. (Wien, v. Mösle sel. Wtwe. u. Braumüller.)

Hayek, G., Compendio di geografia, s.: Zucalli, M.

— Geografia e statistica della Monarchia austroungarica, s.: Zucalli, M.

Hayek G. und **Zucalli M.,** Erstes deutsches Übungsbuch für italienische allgemeine Volksschulen. Nach dem Übungsbuche von H. Schreiner und Dr. J. Bezjak bearbeitet. Primo corso di esercizi tedeschi per le scuole popolari generali italiane. Compilato secondo il „deutsches Übungsbuch" di H. Schreiner e Dr. J. Bezjak. Wien 1909. Schulbücherverlag. Geb. K —.90.

Hayek G. und **Zucalli M.,** Zweites Deutsches Übungsbuch für italienische allgemeine Volksschulen. Nach dem Übungsbuch von H. Schreiner und Dr. J. Bezjak bearbeitet. Secondo corso di esercizi tedeschi per le scuole popolari generali italiane. Compilato secondo il „Deutsches Übungsbuch" di H. Schreiner e Dr. Beziak. Wien 1910. Schulbücherverlag. Geb. K 1.15.

Hayek, Gust. v.: Das A n t i m o n . 37 S. 8° – Wien. OR. Jos., Progr. 1869.

—— s. **Artus**, Willib., Hand-Atlas sämmtl. medicinisch-pharmaceut. Gewächse.

—— s. **Bill**, Joh. Geo., Grundriß der Botanik.

Hayek, Gust. v., Grundriss der Zoologie f. den landwirthschaftlichen Fortbildungs-Unterricht. Im Auftr. d. hohen k. k. Ackerbau-Ministeriums verfasst. Mit 289 (eingedr. Holzschn.-)Abbildgn. gr. 8. (III, 305 S.) Wien 876. Gerold's Sohn. n. 5. 20

Hayek, Gust. v., s.: **Handatlas,** grosser, der Naturgeschichte aller drei Reiche.

Hayek, Dr. G. v., Handbuch der Zoologie. Wien 1877—81. 8°. Bd. I: Protozoa, Coelenterata, Echinodermata und Würmer. Mit 816 Abbildungen. Bd. II: Arthropoda. Mit 1224 Abbildungen.

Hayek, Gust. v., Handbuch der Zoologie. 1.—4. Lfg. Lex.-8. (S. 1—320 mit eingedr. Holzschn.) Wien 874, Gerold's Sohn. à Lfg. * *M* 3,60.; *

—— **Handbuch** der Zoologie. 5.—9. Lfg. gr. 8. Ebendas. [5. Lfg. (1. Bd. S. 321—400 mit 145 eingedr. Holzschn.) 876. * *M* 3,60.; 6. Lfg. (VI, S. 401—437 mit 53 eingedr. Holzschn.) 877. * *M* 2.; 7. Lfg. (2. Bd. S. 1—80 mit 124 eingedr. Holzschn.) 878. * *M* 3,60.; 8. und 9. Lfg. (S. 81—240 mit 363 eingedr. Holzschn.) 879. à Lfg. * *M* 3,60.] *
1.—4. Lfg. Ebendas. 1874. * *M* 14,40.

Hayek, Gust. v., Handbuch der Zoologie. 10.—17. Lfg. Mit (eingedr. Holzschn.-)Abbild. gr. 8. Wien 880, Gerold's Sohn. [10. Lfg. 2. Bd. (S. 241—320.); 11. Lfg. (S. 321—400.) 880. à * *M* 3,60.; 12. und 13. Lfg. (III, S. 401—518.) 881. * *M* 5,60.; 14.—17. Lfg. 3. Bd. (S. 1—320.) 882—84. à * *M* 3,60.]
1.—9. Lfg. Ebendas. 1874—79. * *M* 30,80.

Hayek, Gust. v., Handbuch der Zoologie. 18. und 19. [3. Bd. 5. und 6.] Lfg. gr. 8. (IV, S. 321—460 mit 229 Abbild.) Wien 885, Gerold's Sohn. à Lfg. *M 3.60. * 7 20
1.—17. Lfg. Ebendas. 1874—84. *M 58.—.

Hayek, G. v., Handbuch d. Zoologie. 4. Bd. 1. Abth. Vertebrata allantoidica: reptilia, aves. gr. 8. (240 S. m. 428 Abbildgn.) Wien 889. Gerold's Sohn. n. 6. — (I—IV, 1.: n. 68. 20)

Hayek, Gust. v., Handbuch der Zoologie. IV. Bd. II. Abth. (Schluss.) Vertebrata allantoidica (Schluss): Aves, Mammalia. gr. 8. (VI u. S. 241—579 m. 742 Abbildgn.) Wien 893. C. Gerold's Sohn. 6. 80
Ermässigter Preis: à Bd. 5. —; geb. 6. —; 4 Bde. kplt.: 20. —; geb. 24. —.

H a y e k, *Gustav* v. Lehrplan der russischen Gymnasien. Nach: Lehrpläne der Gegenstände, die vorwalten (hauptsächlich getrieben werden) in den männlichen Gymnasien des Ministeriums der Volksaufklärung. Petersburg 1889. 8 (S. 5—23). Progr. Staatsg. im III. Bezirk *Wien* 1890.

— illustrirter Leitfaden der Naturgeschichte d. Thierreiches. Für die unteren Classen der Mittelschulen. Mit 470 (eingedr. Holzschn.-)Abbildgn. gr. 8. (III, 284 S.) Ebend. 876. n. 2. 40

— Leitfaden der Zoologie. Für die oberen Classen der Gymnasien, Realschulen u. verwandten Anstalten. 2., verb. Aufl. Mit 324 (eingedr.) Abbildungen. gr. 8. (III, 195 S.) Wien 882. Pichler's Wwe. & Sohn. n. 2. 40

Hayek, G. v. (Hrsg.), s. O r n i s .

Hayek, G. v.: Die Tiefsee-Untersuchungen an Bord des britischen Kriegsschiffes „Porcupine" im J. 1869 und ihre wichtigsten Resultate. 17 S. 8°. – Wien ROG. Ld., Progr. 1870.

— s.: Volks-Atlas, grosser, der Naturgeschichte aller drei Reiche.

— Wirthschafts-Feinde aus dem Thierreich. Mit 155 in den Text gedr. Holzschn. 8. (III, 156 S.) Berlin 878. Parey. geb. n. 2. 50

—— Wirthschafts-Feinde aus dem Thierreich. 8. (III, 156 S. mit 155 in den Text gedr. Holzschn.) Berlin 879. Wiegandt, Hempel und Parey. geb. *

Die Unverträglichkeit der Arzneimittel. Eine systemat. Zusammenstellung unverträgl. Kombinationen d. Arzneimittel, welche in d. österr. Pharmakopoe ⟨Ed. 8.⟩ u. im deutschen Arzneibuch ⟨Ed. 4.⟩ aufgenommen sind. Von Dr. Hermann v. **Hayek**, Innsbruck. Wien: Manz 1907. (V, 265 S.) 8° [07. 170

Hayek, J., deutsches Lesebuch f. italienische Bürgerschulen, s.: Zucalli, M.

Hayek-Aliprandi, Adf., Kavallerie-Maschinengewehr-Abteilungen. (38 S. m. Abbildgn.) gr. 8. Wien 907. L. W. Seidel & Sohn. 1. 60

Armand **Hayem**. Nachlass. Wahrheit u. Schein. 'Lieben u. Denken'. Mit e. Briefe von Alexander Dumas. [Œuvres posthumes. Vérités et Apparences.] Aus d. Franz. (von S. F.-B). *Leipzig: Duncker & Humblot 1893.* (XV, 191 S.) 8° [93. 3032

Hayem, Georges, Verlauf der Magenverdauung im pathologischen Zustande. Autoris. deutsche Ausg. v. W. Lewin. (VIII, 195 S. m. 41 Fig.) 8. Berlin 907. A. Hirschwald. 4. —

Hayen, H. W., u. E. D. v. Buttel, der Richter als Geschworner? oder Geschwornengerichte mit Mündlichkeit, Oeffentlichkeit und Anklage? In Briefen. gr. 8. Oldenburg 843, Schulze. 7/8 ßf

Hayen, W., oldenburgisches Kirchenrecht. Vorschriften u. Entscheidgn. f. die evangelisch-luther. Kirche d. Herzogth. Oldenburg. gr. 8. (VIII, 448 S.) Oldenburg 888. Schulze. n. 6. —

HAYEK Josef. Neuer Beweis d. Verwandtschaft d. Ungarn mit d. Lappländern. Wien 1794

Hayes, Jacques des (Hrsg.), s. C a n i s i u s , Petrus: Catholischer Catechismus.

Hayes, Isaak Israel

Hayes, J. J.: Das offene Polar-Meer. Eine Entdeckungsreise nach dem Nordpol. Aus dem Englischen von J. E. A. M a r t i n. Nebst 3 Karten und 6 Illustrationen in Holzschnitt. Jena 1868. XXIII. 389 S.
= Bibliothek geographischer Reisen und Entdeckungen älterer und neuerer Zeit Bd. 1. 8°.

Hayes, J. J., das offene Polar-Meer. Eine Entdeckungsreise nach dem Nordpol. Aus dem Engl. v. J. E. A. Martin. Nebst 3 (chromolith.) Karten u. 6 Illustr. (in Holzschn.) Neue Ausg. gr. 8. (XXIII, 389 S.) Gera 874. Griesbach. geb. 8. 50

Thomas Hayes [A serious and friendly Address to the public on the consequences of neglecting coughs and colds. Deutsch:] Ernstliche Warnung vor den gefährlichen Folgen vernachlässigter Katarrhe. Nebst e. Unterricht von der Kur der Lungenschwindsucht, des Keuchhustens und der Engbrüstigkeit. Nach der 3. Londner verm. Ausg. aus d. Engl. übers. von Christian Friedrich Michaelis [1727-1804]. Leipzig: Tilescher 1787. XXI, 166 S. 8°

Haye's, Thom., Warnung vor den gefährl. Folgen vernachlässigter Katarrhe; aus d. Engl. v. Chr. Fr. Michaelis 11. 8. Leipz. 787. Compt. f. Lit. 8 gr.

Hayessen, Militair-Strafgesetzbuch, s. Militair Strafgesetzbuch.

Hayessen, Carl Friedrich (Oldenburg), De divortio ejusque poenis inprimis si matrimonium ex causa adulterii dissolvitur. Diss. jur. Heidelberg (Johann Michaël Gutmann) Okt. 1816. 48 Seiten. (5.50) 13610

Hayessen, C. F., de Divortio ejusque poenis imprimis si matrimonium ex Causa adulterii dissolvitur. 8maj. (Heidelbergae, Groos in comm.) 816.

Haygarth, H. W., Buschleben in Australien. Aus dem Engl. von M. B. Lindau. 8. (XVIII und 284 S.) Leipzig 849, Arnoldische Buchh.

Haygarth, John, Entwurf, d. Blattern zu verbannen u. eine allgem. Impfung einzuführen; aus d. Engl. (v. J. B. Bonzel). Mit e. Anh. v. Prof. Reich. 8. Gotha 799, Perthes. 10 gr.

Haygarth, John. Entwurf, die zufälligen Blattern zu verbannen . . . Gotha 1799. Ü: *Bonzel, Johann Baptist.* (Ky) (MGT)

John Haygarths [Haygarth: An Inquiry how to prevent the small-pox. Deutsch:] Untersuchung wie den Blattern zuvorzukommen sey. Aus d. Engl. übers. von Joh[ann] Fr[iedrich] Ludw[ig] Cappel. Berlin & Stettin: Nicolai 1786. XVI, 100 S. 8°

Haykens, Rolf, kurze Geschichten. gr. 16. (119 S.) Nürnberg 889. Ballhorn. n. 2. —

Hayker, Dr. Franz — Praktische Anleitung zur christkatholischen Seelsorge nach den Grundsätzen des heiligen Alphonsus von Liguori, Bischofes zu St. Agatha der Gothen und Stifters der Versammlung des allerheiligsten Erlösers, bearbeitet von — —. Dritte mit einer Anleitung zur Katechetik vermehrte und verbesserte Auflage. Wien, 1856. Druck und Verlag von Karl Ueberreuter. (508 S. 8.)

HAYKER, Franciscus: De relatione inter V. et N. Testamentum. — (1834) 32 S. 8° (Handschr.) Diss. 39
Diss. Wien, Univ.

Hayler, Max, prakt. Arzt in [illegible]: **Décollement de la peau et des couches sous-jacentes. Die traumatische Ablösung der Haut von den tiefer liegenden Schichten durch Lymphe.** *Erlangen 1898: F. Junge.* (23 S.) 8°
Erlangen, Med. Diss. v. 1898

Hayley, William. Das Leben (John) Miltons von Wilhelm H', Esq. Nach der zweyten (ansehnlich vermehrten) Ausgabe aus dem Englischen übersetzt. 2 Hälften. 8. Winterthur 1797.

Hayley, Wilh., Leben Miltons; aus d. Engl. 2 Hefte. 8. Winterth. 797. Steiner. 1 ß 6 gl

— d. Triumph d. Frohsinns; e. Gedicht in 6 Gesängen. Aus d. Engl. 8. Zürich 787. Orell. 10 gl

Versuch, Ein philosophischer, historischer und moralischer, über die alten Jungfern. Von einem Freunde der Schwesterschaft, aus dem Englischen (des *William Hayley*, geb. 1745, † 1820, übers. v. Chrn. Felix Weisse). 3 Bde. Leipzig, bey Weidmanns Erben und Reich. 1786. 8°. (1⅓ Rthl.) (Im British Museum.) (12 Mk. H. Kerler, Ulm, 1892; 15 Mk. E. Frensdorff, Berlin, 1907; 5 Mk. Frdr. Klüber, München, 1906: „Vieles pikant".)

Haym, Rudolf, zum Gedächtniss. Neue Briefe von Karoline v. Humboldt. Hrsg. u. erläutert von Alb. Leitzmann. gr. 8. (III, 152 S.) Halle 901. M. Niemeyer. n. 3. 60

Haym, Hans: Über die Erkenntnis der Wirklichkeit. Halle (1883): [illegible] 43 S. 8°
Halle-Wittenberg, Phil. Diss. v. 19. Nov. 1883
Geb. Halle a. d. S. 29. 11. 1860. V.

Haym, J. G. Ueber den Anfang der bildenden Kunst bei den Griechen, mit Beziehung auf Homer. 19 S. . . . .
Progr. Lauban 1837

Haym, J. G. Über die Kunstbestrebungen der Griechen nach den Zeiten Homers. 13 S.
Lauban, Progr. 1847

Haym, J. G. De Apollinis origine et cultus vi, quam ad Hellenes habuerit, quaeritur. 17 S. . . . .
Progr. Lauban 1841

Haym, J. G.: De Apollinis origine et cultus vi, quam ad Hellenes habuerit, quaeritur. 12 S.– Lauban, Progr. 1853.

Haym, J. G. De C. Titio (oratore). 9 S. . . . .
Progr. Lauban 1832

Haym, Konrad

Haym, Conr., De puerorum in re scaenica graecorum partibus, s. a. Dissertationes philologicae Halenses.

Haym, *Ioannes Theophilus* Conradus [Saxoborussus]: **De puerorum in re scaenica Graecorum partibus . . . (Erscheint vollst. in: Dissert. philol. Halenses, vol. XIII.) Halis Sax., form. descr. E. Karras, 1897; 2 Bl., 34 S., 1 Bl. 8.**
Halle, Phil. Fak., Inaug.-Diss. v. 2. Juli 1897

Haym, K., was ist v. Sprachreinheit u. Sprachreinigung zu halten? (45 S.) 8. Leipzig 910. Xenien-Verlag. 1. —

Haym, Nic. Franc., Bibliotheca italiana IV Tom. 8. Milan. (Gleditsch in Leipz.) 803.

Haym, Nic. Franc., thesaurus britannicus, s. museum nummarium etc. T. I., c. fig. 4maj. Wien 760. Krauss. 3 ß 8 gl T. II. 4. Wien 761. Trattner. 2 ß 16 gl (Levrault in Strassb.) 3 ß

Haym, Nicolaus Franciscus: „Thesauri Britannici seu museum numarium, quo continentur numi Graeci et Latini", 2 Bände, Vindobonae 1763, 1765. — Vorh.: Bibl. des Oberlandesgerichts Celle —

Haym, Nicolaus Franciscus und Khell, Josephus. Thesauri Britannici pars altera, seu museum nummarium complexum nummos graecos et latinos omnis metalli et formae necdum editos. Vindobonae 1764. 4°.

Haym, Robert, Feuerbach u. die Philosophie. Ein Beitrag zur Kritik Beider. gr. 8. (IV u. 102 S.) Halle 847, Heynemann. ½ ß

— die Krisis unserer religiösen Bewegung. gr. 8. (108 S.) Ebd. 847. ½ ß

Gesammelte Aufsätze von Rudolf **Haym**. (Hrsg.: Wilhelm Schrader.) *Berlin: Weidmann 1903.* (V, 628 S.) 8° [F.]

Haym, Rud., die Autorität, welche fällt u. die, welche bleibt. Ein populär-philosoph. Aufsatz. gr. 8. Halle 846, Heynemann. ⅙ ß

Haym, Rudolfus: De rerum divinarum apud Aeschylum conditione particula I. Halae (1843): o. Dr. 60 S. 8°
Halle-Wittenberg, Phil. Diss. v. 31. Aug. 1843
Geb. [Grünberg (Schles.) 5. 10. 1821]
Im Buchhandel Berlin: Amelang 1843. — Die Arbeit lag vor dem Examen gedruckt vor. — Verf. erlebte die Diplomerneuerung 1893 als ordentlicher Professor der Philosophie in Halle.

— de rerum divinarum apud Aeschylum conditione. Part. I. 8maj. Berlin 843, Amelang. (Gaertner.) n. ⅓ ß

[Haym, Rudolf]: Gesenius. Eine Erinnerung für seine Feunde. Berlin 1842.

Haym, R., Hegel und seine Zeit. Vorlesungen über Entstehung u. Entwickelung, Wesen u. Werth der Hegel'schen Philosophie. Berlin 857. Gaertner. gr. 8. (VIII, 512 S.) n. 2 ß 20 ngl

Haym, R., Herder nach seinem Leben und seinen Werken dargestellt. 1. Bd. gr. 8. Berlin, Gärtner. [1. Hälfte. (I—X, S. 1—310.) 877. *ℳ 6.; 2. Hälfte. (XI—XIV, S. 311—748.) 880. *ℳ 9.] *

Haym, R., Herder, nach seinem Leben und seinen Werken dargestellt. 2. (Schluß-)Bd. gr. 8. (XV, 864 S.) Berlin 885, Gaertner's Verlag. * 20 —
1. Bd. Ebendas. 1877, 80. *ℳ 15.—.

— Wilhelm von Humboldt. Lebensbild und Charakteristik. Berlin 856. Gaertner. gr. 8. (XIV, 641 S.) n. 3 ß 10 ngl

— s.: Humboldt, Wilh. v., Briefe an Georg Heinrich Ludwig Nicolovius.

Haym, Rudolf (Hrsg.), s. Jahrbücher, Preußische.

Haym, R., das Leben Max Dunckers, erzählt. Mit Max Dunckers Bildniß (in Photograv.). gr. 8. (VII, 470 S.) Berlin 891. R. Gaertner. n. 10. —; geb. n.n. 12. —

Haym, Rud., aus meinem Leben. Erinnerungen. Aus dem Nachlaß hrsg. Mit 2 Bildnissen. gr. 8. (III, 303 S.) Berlin 902. [R. Gaertner.] Weidmann. n. 4. —; geb. in Leinw. n. 5. —

— s. Lessing, Bernh. de St. Pierre und ein Dritter.

Haym, R., Die deutsche Nationalversammlung bis zu den Septemberereignissen. Ein Bericht aus der Partei des rechten Centrums. Frankfurt a. M., Jügel, 1848. 160 S. 8°.

Haym, R., Die deutsche Nationalversammlung von den Septemberereignissen bis zur Kaiserwahl. Ein weiterer Parteibericht. Berlin, Amelang, 1849. V, 362 S. 8°.

Haym, R., Die deutsche Nationalversammlung von der Kaiserwahl bis zu ihrem Untergange. Ein Schlußbericht. Berlin, Amelang, 1850. 200 S. 8°.

Haym, Rudolfus: De pulchri atque artis notione. Particula 1. Halis (1850), Gebauer. 59 S. 8°
Halle-Wittenberg. Phil. Hab.-Schr. v. 29. Juni 1850

Haym, Rudolf: Rede bei der Gedächtnissfeier des Fürsten Bismarck in der Aula der Königlichen vereinigten Friedrichs-Universität Halle-Wittenberg am 2. November 1898. *Halle a. S. 1898: Gebauer-Schwetschke.* (13 S.) 4°

(Haym, Rudolph.) Reden und Redner des ersten vereinigten preußischen Landtags. Berlin, Duncker u. Humblot 1847. IV 482 S. 8.

Haym, R., Arthur Schopenhauer. (Abgedr. aus dem 14. Bde. der preuß. Jahrbücher.) Berlin 864. G. Reimer. gr. 8. (113 S.) 15 ngr.

Haym, R., die romantische Schule. Ein Beitrag zur Geschichte des deutschen Geistes. Berlin 870. Gaertner. gr. 8. (XII, 951 S.) n. 4 ₰

— die romantische Schule. Ein Beitrag zur Geschichte d. deutschen Geistes. (Anastat. Neudr.) gr. 8. (XII, 951 S.) Ebd. 870. (902). n. 16. —

Die Romantische Schule. Ein Beitrag z. Geschichte d. deutschen Geistes von Rudolf Haym. 2. Aufl. (Hrsg.: W. S.) Berlin: Weidmann 1906. (XII, 950 S.) 8° [J.]

Haym, Rudolph. Die romantische Schule. Neue Auflage. Berlin 1906. H: *Schrader, Wilhelm.* (EB)

Haym, Rudolf, s. Selbstgespräche. Ein Versuch u.s.w.

Haym, Thomas, s.a. Hayme, Thomas.

Haym, Thom., digesta juris Saxonici od. Ausz. d. sächs. Rechte. 8. Leipz. Gleditsch. 734.

— — Fortsetz. s. Richter.

— lexicon juris saxonici od. Sachsenrecht. 12. Lpz. C. W. Vogel. 736.

— — juris controversi od. allgem. deutsch jurist. Lexicon. 8. Lpz. Gleditsch. 738.

— — juris criminal od. Ausz. d. peinl. Rechts. 12. Ebend. 733.

— de stilo curiae s. processu etc. II Tmi. 4. Lps. C. W. Vogel. 734.

Hayman Felix Hugo. Einwirkung von schwefliger Säure auf Tiglinaldehyd. S 97. Hb. 922 . . . . vgr.
Separatabdruck

Haymann

— s. a. Haeymann, Heymann.

Haymann, de κλήρῳ vere et false sic dicto. Lips. 1746. 4.

Haymann, Adph. Thdr., Otto Fürst v. Bismarck-Schönhausen. Deutscher Reichskanzler. Charakterbild im Lichte seiner Zeit, mit Portr. in Holzschn. Metrisch frei dargestellt. gr. 8. (22 S.) Dresden 871, (Schöpff.) [Demuth.] *

— Johann Gottfried v. Herder. Sein Leben u. Wirken im Lichte seiner Zeit. Nebst (lith.) Portr. gr. 8. (43 S.) Ebend. 871. n. — 75

— Bernhard August v. Lindenau. Sein Leben u. Wirken im Lichte seiner Zeit. Nebst Portr. in Lith. gr. 8. (17 S.) Ebend. 871. n. — 60

— Ariston Platon. Sein Leben und Wirken im Lichte seiner Zeit. gr. 8. (18 S. nebst Portr. in Lithogr.) Ebendas. 871. *

— Friedrich Wilhelm Joseph Schelling. Sein Leben und Wirken im Lichte seiner Zeit. Nach gedr. und ungedr. Quellen. gr. 8. (14 S. mit 1 eingedr. Holzschn.) Ebendas. 871. *

Haymann, Alexander (Rossaviensis), De anomaliis sacci herniosi ejusque diagnosi ab intestinis in herniotomia. Diss. chir. Lpz. (Wilh. Staritz) 23. III. 1847. 19 S. (4.80) 13613
Gew.: Friedrich v. Manteuffel.

Haymann, Alfred [app. Arzt aus Regensburg]: Beobachtungen aus dem Kgl. Garnison-Lazaret München über Atmungsanomalie und Traumatische Neurose ... München, *Druck d. Verl.-Anst. vorm. G. J. Manz*, 1892; 48 S. 8.
München, Med. Fak., Inaug.-Diss. v. 1892

Haymann, Burkhard, Post- u. Eisenbahn-Karte von Deutschland u. den angrenzenden Ländern. Dresden, Gottschalck, 1857. Imp.-Fol. Lith. u. illum. . . . . [illegible]
—, — Ausg. f. 1858. Ebenda 1858. Imp.-Fol. . . . . [illegible]
—, — Ausg. f. 1859. Ebenda 1859. 4 Bll. Lith. u. illum. . . . . Br. Mus.

Haymann, Christoph

— Anmerkk. über Dr. Hollazens Messian. Religion. 8. Lpz. 753. (Brockhaus). 3 gl.

— Anm. üb. Hollazens messian. Relig. 8. Lpz. Gleditsch. 753.

— Auszug aus d. bibl. Theologie in Tabellen. 4. Bautzen 775—77. Richter. 6 gl.

— harmon. Bemerkk. bei den Sonn- u. Festtags-Evangelien. 6 Bde. 8. Bautzen 777—82. Deinzer. 2 ₰ 8 gl.

— **M. Christoph** (Pforta), De adornanda paraphrasi totius codicis biblici Germanico-Latina consultatio. Lpz. (Schniebes) Juli 1738. 4 Bl. (4.—) 13614

— — Conventus symmystarum tamquam necessarium et utile admodum, hodie autem plerumque neglectum, emendationis publicae ac privatae adminiculum, plurimum reverendis in dioecesi Misnensi symmystis commendat. Meissen (Schulz) 25. VI. 1757. 10 Bl., tlws. dtsch. (4.—) 13615

-- — (Sup.) Dasselbe. Meissen 19. VI. 1764. 4 Bl. (2.20) 13616

— Pforrtisches Denkmal. 4. Bauz. Richter. 759.

— Erkenntn. d. Wahrheit ꝛc. aus d. Evangel. im Abr. 2 Thle. 8. Glauche, Deinzer. 749.

— biblisch=harmonische Geschichte d. ersten Welt. 8. Görlitz 759. Deinzer. 10 ℊℊ

— Grundrisse f. Predigten üb. d. Evangel. 8. Leipz. 752.

— — d. üb. d. Gesch. d. erst. Welt geh. Donnerst.=Predigten. 8. Bauz. 759.

— — f. Predigt. 1754. 8. Görl. Deinzer. 755.

— d. Kennzeichen d. alten u. neuen Menschen, in Predigten. 8. Glauchau 750. Deinzer. 4 ℊℊ

— d. Kennzeichen d. alt. u. n. Menschen in Predigten. 8. Görl. Deinzer. 750.

Haymann, Cph., († d. 7. Juni 1782.) Samml. alter u. neuer Nachr, von Armen=, Schul= u. Waisenhäusern. 4 Thle. 8. Görlitz 754, 55. 8 ℊℊ

Haymann, Ch., Nachr. v. Armen= Schul= u. Waisenhäusern. 4 Thle. 8. Görl. 757.

— Vers. e. bibl. Theologie in Tabell. 8. Ebend. 758.

— Welt= u. Kirchengesch. 4 Stck. 8. Görl. Deinzer. 759.

— bibl.=harmon. Welt= u. Kirchengeschichte, 3 Stücke. 8. Görlitz 760. Deinzer. 10 ℊℊ

Haymann

— Christoph Johann Gottfried (Porta-Misenus), Aeneida curae dei de coloniis imaginem. Präs. Johann Friedrich Hiller. Wittbg. (Ephr. Gottl. Eichsfeld) 1761. 34 S. (6.20) 13617

— zwei Anmerkk. über Nieuport's Handbuch d. röm. Alterthümer. gr. 8. Dresd. 786. Gerlach. 14 ℊℊ

HAYMANN, C. J. G.: Betrachtung der Buche als ein Bild des wohlverdienten Mannes. - Friedrichstadt 1773. 2 Bog.

— Denkmal an Gott, nach erlebtem Amts=Jubiläum. 8. Dresd. 813.

— kurze Geschichte d. christl. Liebe u. Wissenschaften, u. Ehrendenkmal eines Mitgliedes derselben. 4. Dresd. 780.

-- — Vermittelst dieser Gedächtnis=Schrift der zweyhundertjährigen Erbauung der Annen=Schule ladet zu einem Jubel= und Abschieds=Actus ein. Dresden (Harpeter) 26. IV. 1779. 20 Seiten. (5.50) 13621
Enth.: Kurze Abhandl. üb. den Klee. — Schulgeschichte (mit kurzen Biogr.).

— bibl. Lehrbuch d. christl. Religion für d. Jugend. 8. Dresd. 811. Hilscher. 5 ℊℊ

— — Notae quaedam ad Reitemeierianam Zosimi editionem, viris M. Carl Friedrich Wirthgen et M. Carl Christian Koch munia sacra templi Annaei adeuntibus. Friedrichstadt (Gerlach) 1786. 8 S. (4.20) 13622

Haymann, Cph. Jh. Gf., († d. 2. Juni 1816.) Dresdens theils neuerlich gestorbene, theils jetzt lebende Schriftsteller u. Künstler. Mit Register. gr. 8. Dresd. 808. Walther. 1 ℔ 16 ℊℊ

— — Sententia de cura idiotismorum praecipua. Friedrichstadt (Jo. Martin Lehmann) 1767. 6 Bl. (3.50) 13618

— — Stricturis aliquot interpretationis codicis sacri Castalioneae propositis. Dresden (Harpeter) 30. V. 1775. 8 S. (2.—) 13620

Haymann, Christoph Joh. Gottfried, s. Übersicht u. Bemerkungen zu J. C. Anschütz's Einleitung.

— Versuch e. poet. Uebersetzung d. 2 ersten Bücher Ovids, s. Ovid, Verwandlungen.

— poet. Uebers. d. Ovids. 4. Ebend. 772.

— — (Rector zu S. Anna), Vindiciae Horatii adversus perraultum. Dresden (Harpeter) 13. V. 1771. 15 S. (4.50) 13619

Haymann, Dom., acht Predigten über d. Leiden u. Sterben unseres Herrn. 1r Jahrg. gr. 8. Bresl. 789. J. F. Korn. 8 ℊℊ

Haymann, F., geb. Berghaus, Aufruf zum Kampfe in 8 Volksliedern. gr. 8. Münster 816. (Coppenrath). 4 ℊℊ

Haymann, Franz: Der Begriff der Volonté générale als Fundament der Rousseauschen Lehre von der Souveränität des Volks. *Leipzig: Veit & C. 1897.* (57 S.) 8°
Halle, Jur. Diss. v. 4. Okt. 1897

Haymann, Frz., Freilassungspflicht u. Reurecht. Ein quellenkrit. Beitrag zur Kondiktionenlehre. (63 S.) gr. 8. Berlin 905. F. Vahlen. n. 1. 50

Die Schenkung unter einer Auflage nach römischem und deutschem bürgerlichen Recht. Habilitationsschrift an d. Akad. f. Sozial- u. Handelswiss. zu Frankfurt a. M., vorgelegt von Dr. Franz **Haymann**, Ger. Ass. Berlin: F. Vahlen 1905. (184 S.) 8° [F.] 07. 8878

Haymann, Frz., Jean Jacques Rousseau's Sozialphilosophie. gr. 8. (XI, 403 S.) Leipzig 898. Veit & Co. n. 10. —

Haymann, H. Theod., dialog. de mentis hum. libertate. 4. Ienae. 743.

Haymann, Hermann: Kinderaussagen. Halle a. S.: Marhold 1909. 43 S. 8°
(Sammlung zwangloser Abhandlungen aus d. Geb. d. Nerven- u. Geisteskrankheiten. Bd 8, H. 7.)

Haymann, Hermann, a. Laupheim: Zur Lehre vom geborenen Verbrecher. Laupheim 1907: A. Klaiber (Dölter, Emmendingen). (72 S.) 8°
Freiburg i. B., Med. Fak., Ref. Hoche, Diss. v. 1907
[Geb. 14. März 79 Laupheim; Wohnort: Freiburg i. B.; Staatsangeh.: Württemberg; Vorbildung: Gymn. Schwäb. Hall Reife M. 01; Studium: München 6, Berlin 2, Freiburg i. B. 2 S.; Coll. 30. Nov. 06.]

Haymann, Johann Gf.

Haymann, J. G. Neueröffnetes Kriegs- und Friedens-Archiv über die nach Ableben Kaiser Karls VI. in u. um Deutschland entstandenen Kriege. Bd 1. 2. Leipzig 1744. 1745.
Bd 1. Begebenheiten von 1743 bis 1. Aug. 1744.
Bd 2. Begebenheiten vom 1. Aug. 1744 bis 1. Jan 1745

Haymann, J. G. u. J. H. Spindler. Neueröffnetes Kriegs- und Friedens-Archiv über die nach Ableben Kaiser Karls VI. in und um Deutschland geführten Kriege. Bd 1—5. Leipzig 1744—46. 8°.

Haymann, J. Gf. Neu eröffnetes Kriegs- und Friedensarchiv über die nach Ableben Carls VI. entstandenen Kriege. 70 Th. 8. Görlitz 1744—49. 17,50.

Haymann, Jh. Gf., († d. 3. Dec. 1799.), s. Staats- u. Reise-Geographie.

Haymann, Karl [aus München]: Über das Verhalten der Natriumsalze von Phenolen gegen Mono- und Dichloressigester ... Heidelberg, Univ.-Buchdr. v. J. Hörning, 1895; 37 S., 1 Bl. 8.
Heidelberg, Naturw.-math. Fak., Inaug.-Diss. v. [18. Juni] 1895

Haymann, L., s. 1) S. Jarchi, ausführl. Commentar. 2) J. C. Prichard, Darstell. d. Aegypt. Mythologie. 3) Thirlwall's Geschichte von Griechenland.

HAYMANN, Ludwig (München): Ein Fall von ulcus ventriculi perforans bei einem Säugling.- München: Wolf 1903. 37 S.
17.7.1903 - Chr 1903/04.15; Jr 1903/04,324
Diss.Ingolst.-Landsh.-MChn.

Haymann, Theodor, Assistenzarzt am ländl. Krankenh. Meißen: ⟨Aus d. chirurg. Universitätsklinik zu Leipzig - Director: Geh. Rath Prof. Dr. Trendelenburg.⟩ Amniogene und erbliche **Hasenscharten.** *Berlin 1903: L. Schumacher.* (47 S.) 8°
Leipzig, Med. Diss. v. (1. Mai) 1903

Haeymann

— s. a. **Haymann, Heymann.**

Haeymann, Conrad Traugott (Borna), An hypotheca tacita in bonis administratorum fisci praestita cautione pecuniaria cesset. Präs. Christian Heinr. Breuning. Lpz. (Langenheim's Erb. & Klauberth) 11. X. 1779. 8 S. (4.—) 12702

Hayme, Thomas, s.a. H a y m , Thomas.

Hayme, Thomas (Reinsberg/Misn. Leipzig), De causa debendi. Diss. jur. Rector Christoph Ignaz v. Guden. Erfurt (Grosch) 16. VI. 1723. 19 S. (5.—) 13623
Gew.: Adrian Steger.

Hayme, Thom.: Allgemeines Teutsches Juristisches Lexicon, worinnen alle in Teutschland übliche Rechte . . . abgehandelt werden. Leipzig 1738.

Lexicon juris criminalis, od. kurzgefasster Auszug des in peinlichen Fällen üblichen Rechts, in alphabet. Ordn. vorgetragen v. Thom. HAYMEN. Nebst angefügt. P. G. O. *Leipzig.* 733. 12.

Haymenerle, Frz. von, Freimüthige Gedanken über die damalige Vertheilung der Armuth etc. 8°. Wien, Rehm, 1790.

Haymenerle, Fr. v., freymüthige Gedanken üb. d. damalige Vertheilung d. Armuth 2c. 8. Wien, Rehm. 796.

Haymerle, Heinr. Frhr. v., Rückblick auf sein Leben, s.: Arneth, A. Ritter v.

Haymerle, Alois Ritter v., Biographie des k. k. Feldmarschall Josef Graf Radetzky v. Hradetz. Geschrieben zur Erinnerung an den großen Feldherrn der k. k. Armee. (Feine Ausg.) 8. (48 S. mit Bild.) Wien 886, Hölder. * — 60
Volks-Ausg. * — 24

Haymerle, Alois Ritter v., Oberstlieut. des Generalstabes. Ueber Generalstabs-Schulen. (Separat-Abdruck aus dem 2. Bande des „Organ der milit.-wissenschaftl. Vereine".) 8. Wien 1871.

Haymerle, Alois Ritter v., italicae res. Mit 2 (lith.) Karten-Skizzen. [Aus: „Streffleur's oesterr. militär. Ztschr."] 1. u. 2. Aufl. gr. 8. (144 S.) Wien 878. (Seidel & Sohn.) n. 4. —

Haymerle, Alois Ritter v., Italicae res. 1. und 2. Aufl. gr. 8. (144 S. mit 2 lithogr. Karten-Skizzen.) Wien 879, (Seidel und Sohn.) *
Aus: Streffleur's oesterreichische militärische Zeitschrift, besonders abgedruckt.

—— **Ultima Thule. England und Russland in Central-Asien.** gr. 8. (136 S. mit 1 photolithogr. und color. Karte.) Wien 885, (Seidel und Sohn.) * 2 60
Aus: Streffleur's österreichische militärische Zeitschrift, besonders abgedruckt.

Haymerle, Alois Ritter v., das strategische Verhältniss zwischen Oesterreich u. Russland. Ein Beitrag zum Studium der Militär-Geographie. Mit e. (lith.) Uebersichtskarte der russ. Eisenbahnen [in qu. Fol.] [Aus der österreich. militär. Zeitschrift.] Lex.-8. (133 S.) Wien 872. (Seidel & Sohn.) n. 4. —

— das strategische Verhältniss der Schweiz zu den Nachbarstaaten. Ein Beitrag zum Studium der Militär-Geographie. [Aus „oesterreich. militär. Zeitschrift."] gr. 8. (82 S.) Ebend. 871. n. 2. —

Haymerle, Franz, Ritter von

Haymerle, Frz. Ritter v., s.: Centralblatt f. d. gewerbl. Unterrichtswesen in Österreich.

Haymerle, F. Ritter v., biographische Charakterbilder auf dem Gebiete d. Gewerbes, der Kunst u. Industrie. 8. (VI, 99 S.) Wien 888. Hölder. geb. n. — 50

— biographische Charakterbilder auf d. Gebiete des Gewerbes, d. Kunst u. Industrie. 2. Aufl. [Aus: „H., Lesebuch f. Gewerbeschulen".] 8. (VI, 99 S.) Wien 891. A. Hölder. Kart. n. — 72

Ewigkeitsmenschen. Biogr. Charakterbilder dargest. von Dr. Franz R' v. **Haymerle.** Halle a. S.: Hendel (1910). VI, 188 S. 8°
(Bibliothek d. Gesamtliteratur d. In- u. Auslandes Nr 2210—18.) 11. 15667 3

HAYMERLE, Franz, Ritter von
(F) **Der weibliche Fachunterricht und dessen Organisierung mit Rücksicht auf die praktischen Bedürfnisse des Lebens. Eine Studie von Dr. Franz Ritter von Haymerle. Wien. 1900. Hölder. Gr.-8°. 88 S.** K 1.20

Haymerle, F. Gedichte. 16. (186) Wien 77, Faesy u. F. n. 4. 80

Haymerle, Frz., Gedichte. gr. 16. (IV, 186 S.) Wien 877. Frick in Comm. cart. n. 4. 80

Haymerle, F. v., Deutsches Lesebuch für weibliche Berufsschulen. Gr.-8°. (299 S.) geb. K 2.20
Wien: Schulbüchervlg. 1909.

Haymerle, Frz. Ritter v., deutsches Lesebuch f. kaufmännische Fortbildungsschulen. gr. 8. (VI, 159 S.) Wien 891. A. Hölder. Kart. n. n. 1. —

Haymerle's, Frz., deutsches Lesebuch f. kaufmännische Fortbildungsschulen. 2. Aufl., bearb. u. hrsg. v. Karl Preißler. (V, 232 S.) gr. 8. Wien 903. A. Hölder. Kart. n. 2.—

Haymerle, Frz. Ritter v., deutsches Lesebuch für Gewerbeschulen [Werkmeisterschulen, gewerbl. Fachschulen und verwandte Lehranstalten]. gr. 8. (XII, 339 S.) Wien 884, Hölder. cart.

— deutsches Lesebuch für Gewerbeschulen [Werkmeisterschulen, gewerbl. Fachschulen u. verwandte Lehranstalten]. 2. Aufl. gr. 8. (XIV, 339 S.) Ebd. 888. cart. n.n. 2. 40

Haymerle, Dr. Franz R. v., Deutsches Lesebuch für Gewerbeschulen (Werkmeisterschulen, gewerbliche Fachschulen und verwandte Lehranstalten). 3. unveränderte Auflage. Wien 1891. Alfred Hölder. (Min.-Erl. 17. August 1891. Z. 14946.) Gebunden 1.20

— deutsches Lesebuch f. Gewerbeschulen (Werkmeisterschulen, gewerbl. Fachschulen u. verw. Lehranst.), bearb. u. hrsg. v. Osw. Koller. 4., umgeänd. Aufl. gr. 8. (VI, 354 S.) Ebd. 896. Kart. n. 2. 50

— deutsches Lesebuch f. Gewerbeschulen (Werkmeisterschulen, gewerbl. Fachschulen u. verwandte Lehranstalten), bearb. u. hrsg. v. Osw. Koller. 5., im wesentl. unveränd. Aufl. gr. 8. (VI, 354 S.) Ebd. 900. Kart. n. 2. 50

— dasselbe f. Gewerbeschulen (Werkmeisterschulen, gewerbliche Fachschulen u. verwandte Lehranstalten), bearb. u. hrsg. v. Osw. Koller. 6. Aufl. Inhaltlich im wesentlichen unveränd., nach der neuen Rechtschreibg. hergestellter Abdr. der 5. Aufl. (VI, 364 S.) gr. 8. Ebd. 904. Geb. n. 2. 20

— dasselbe f. commercielle Lehranstalten (zweiclassige Handels- u. verwandte Schulen). gr. 8. (XII, 351 S.) Ebd. 891. Kart. n.n. 2. 40

(F) Deutsches Lesebuch für commercielle Lehranstalten (zweiclassige Handels- und verwandte Schulen), herausgegeben von Dr. Franz Ritter von Haymerle. 2. unveränderte Auflage. (Ergänzungsdruck.) Mit Erlass des hohen k. k. Ministeriums für Cultus und Unterricht vom 24. Juli 1899, Z. 15.965, zum Unterrichtsgebrauche an zweiclassigen Handelsschulen u. für den Vorbereitungsjahrgang und die I. Classe der höheren Handelslehranstalten (Handelsakademien) allgemein zugelassen. Wien. 1899. Hölder. Gr.-8°. XII, 351 S. Geb. fl. 1.20

— deutsches Lesebuch f. kommerzielle Lehranstalten (zweiklassige Handels- u. verwandte Schulen). 3. Aufl., bearb. u. hrsg. v. Ign. Pölzl. gr. 8. (VII, 387 S.) Ebd. 902. Kart. n. 2. 60

— dasselbe f. kommerzielle Lehranstalten (zweiklassige Handels- u. verwandte Schulen.) 4. Aufl., bearb. u. hrsg. v. Ign. Pölzl. (VII, 387 S.) gr. 8. Ebd. 904. Kart. n. 2. 25

Haymerles Deutsches Lesebuch für kommerzielle Lehranstalten. 5. Auflage, bearbeitet und herausgegeben von Professor J. Pölzl. Wien 1906. A. Hölder. Geb. K 2.60.

Haymerle, Dr. Franz Ritter von, Deutsches Lesebuch für kommerzielle Lehranstalten (zweiklassige Handels- und verwandte Schulen). 6. Auflage. Bearbeitet und herausgegeben von Professor J. Pölzl. Wien 1909. A. Hölder. Geb. K 2.60.

— alte Lieder. Ausgewählte Dichtgn. Neue Aufl. (128 S.) kl. 8. Wien (904). [Oesterreich. Verlagsanstalt.] J. Deubler. 1. 80; geb. 2. 50

Haymerle, Frz. Ritter v., s.: Schiller, Frdr. v., in seinen Briefen.

HAYMERLE, Franz Ritter von
(F) Unser Unterrichts- und Wehrsystem und dessen Rückwirkung auf die Berufswahl. Eine Studie von Dr. Franz Ritter von Haymerle. Wien. 1901. Hölder. Gr.-8°. 38 S. K —.80

Haymerle, Heinr. Frhr. v., Rückblick auf sein Leben, s. Arneth, A., Ritter v.

Haymon, Jeannette, s.: Haydn, J.

Hayn

— s. a. Hain.

Hayn, Frau v., s.: Hoff, Emilie v.

Hayn, Albert: Abhandlungen aus dem Gebiete der Geburtshülfe. 108 S., gbd.

Bonn: Weber 1828

Hayn, Albert, Beiträge zur Lehre vom schräg-ovalen Becken. Eine Abhandlung. Imp.-4. (51 S. mit 1 Stnt.) Königsberg 852, Koch.

Hayn, Alfons Über Shakespeare's Narren. 12 S. *Friedland Pr.* 1880.
Progr.

Hayn, Alfred [pr. Arzt aus Berlin]: Zur Diagnose und Therapie der Spina bifida ... Berlin, Buchdr. v. G. Schade, *1893*; 30 S., 1 Bl. 8.
Berlin, Med. Fak., Inaug.-Diss. v. 20. Jan. 1893

Hayn, Arminius (*geb. Breslau 25. 5. 1840*): Observationes aliquot de confessione in processu criminali. Vratislaviae 1861. (36 S.) 8°
Breslau, Jur. Diss. v. 16. Aug. 1861

Die Erzdioecese Coeln (mit genauer Einzeichnung d. Dekanats- u. Kreisgrenzen sowie Bezeichnung d. Dekanatsorte u. Pfarreien etc.). (Gez. v. C. F. Hayn, Vicar zu Schönstein.) Maaßst. 1 : 320.000. (2. erg. Aufl.) (*Cöln: J. & W. Boisserée 1901; Lith. C. Hellfarth in Gotha.*) (1 Kartenbl. 44×50 cm mit Legende.) 8° [Kopft.] [kol.]
[Umschlagt.:] Karte d. Erzdioecese Köln ... von C. F. Hayn†.

Hayn, F. von: De diversissima dyspnoeae Origine ..., s. Cartheuser, Joh. Friedr. (Präs.)

Hayn, Franz: Die Klausnersche Reaktion und ihre klinische Verwertbarkeit für die Diagnose der Lues. Breslau 1909: Breslauer Genossensch.-Buchdr. 26 S. 8°
Breslau, Med. Diss. v. 1. April 1909, Ref. Neißer
[Geb. 7. Aug. 81 Breslau; Wohnort: Breslau; Staatsangeh.: Preußen; Vorbildung: Elisabeth-Gymn. Breslau Reife O. 00; Studium: Breslau 9 S.; Coll. 24. März 09; Approb. 19. Apr. 05.] [U 09. 553

Hayn, Friedrich [aus Dresden]: Bahn-Bestimmung des Cometen 1862 III. ... Leipzig, Druck v. G. Reusche, 1889; 2 Bl. + 56 S. 4°
Göttingen, Phil. Fak., Inaug.-Diss. v. 20. Jul. 1888

Hayn, F., Bahnbestimmung d. Cometen 1862 III. Inaug.-Diss. gr. 4. (56 S.) Leipzig 889. (Göttingen, Vandenhoeck & Ruprecht's Verl.) n. 2. 80

Selenographische Koordinaten von Friedrich Hayn. Abh. 1. *Leipzig: B. G. Teubner 1902.* 4°(8°)
— Abhandlungen d. K. Sächs. Gesellschaft d. Wiss. Math-phys. Kl. Bd 27, No 9.

Hayn, Frdr., Selenographische Koordinaten, s.: Abhandlungen d. königl. sächsischen Gesellschaft d. Wissenschaften, Mathemat.-physik. Klasse. 29. I.

Hayn, Frdr., Selenographische Koordinaten, s.: Abhandlungen der königl. sächsischen Gesellschaft der Wissenschaften. Mathemat.-physik. Klasse. 30. I.

Reichs-Marine-Amt. Astronomische Ortsbestimmungen im deutschen Schutzgebiete der Südsee. Ausgef. im Auftrage d. Reichs-Marine-Amts v. Dr. [Friedr.] Hayn, Astronom d. Sternwarte zu Leipzig. *Berlin: Reichsdr. 1897.* (2 Bl., 89 S., 5 Taf., 2 Kt.) 1 Bd 4.

Hayn, G., d. Postulat d. Buchdruckergesellen, 8. Berl. 802. Maßdorf. 4 K

Hayn, Gerhard: Der Grundsatz ne bis in idem und § 380 der Strafprozeßordnung. Ostrowo: Hoffmann 1909. VIII, 31 S. 8°
Breslau, Jur. Diss. v. 4. Aug. 1909, Ref. Gretener-Leonhard
[Geb. 2. Juli 84 Ostrowo; Wohnort: Ostrowo; Staatsangeh.: Preußen; Vorbildung: Gymn. Ostrowo Reife O. 05; Studium: München 1, Berlin 2, Breslau 3 S.; Rig. 18. Febr. 09.] [U 09. 478

Hayn, Hugo

— —. Bibliotheca erotica et curiosa Monacensis. Verzeichniss französ., italien., span., engl., holl. u. neulateinischer Erotica u. Curiosa, von welchen keine deutschen Uebersetzungen bekannt sind. Zusammengestellt auf der Kgl. Hof- u. Staats-Bibliothek zu München und mit bibliographischen Anmerkgn. u. Marktpreisen versehen. Berlin, Max Harrwitz, 1889. Kl. 8⁰. (Mk. 4—.) 2 Bll., IV—86 S. (5 Mk. Carl Beck, Lpz., 1908.)
Ernst Frensdorff, Berlin, Anz. 22, vom März 1907: „Diese Arbeit des bekannten Bibliographen bildet eine wertvolle Ergänzung seiner Bibliotheca Germ. erotica und ist für den Kultur- u. Litteraturgeschichtsforscher ein unentbehrliches Hülfsmittel."

NAY, H. (d. i.: *Hugo Hayn*), Bibliotheca Germanorum erotica. Verzeichniss der gesammten deutschen erotischen Literatur mit Einschluss der Übersetzungen. Leipzig (gedr. in Stuttgart bei Rupfer) 1875. Gr. 8⁰. (6 Mk. Theod. Ackermann, München, Cat. 49.)
Nur in kleiner Auflage gedruckt u. nicht im Handel.
— —, Dasselbe. Exemplar auf Schreibpapier. (10 Mk. der Vorige.)
Längt vergriffen und sehr selten!

Hayn, Hugo, bibliotheca Germanorum erotica. Verzeichniss der gesammten erotischen Literatur mit Einschluss der Uebersetzungen, nebst Angabe der fremden Originale. 2. durchaus umgearb., sehr stark verm., durch Beifügung der Berliner und Münchener deutschen erot. Bücherschätze bereicherte und mit Antiquar-Preisen verseh. Aufl. gr. 8. (IV, 483 S.) Leipzig 885, Unflad. * 18 —

—— bibliotheca Germanorum gynaecologica et cosmetica. Verzeichniss deutscher sexueller und cosmet. Schriften mit Einschluss der Uebersetzungen, nebst Angabe der Originale. Unter besond. Berücksicht. der älteren populären Medicin und Beifügung von Antiquarpreisen bearb. Zugleich Suppl. zur 2. Aufl. der „Bibliotheca Germanorum erotica". gr. 8. (158 S.) Ebendas. 886. * 6 —

Hayn, H., bibliotheca Germanorum nuptialis. Verzeichniss v. Einzeldrucken deutscher Hochzeitgedichte u. Hochzeitscherze in Prosa von Mitte d. XVI. Jahrh. bis zur Neuzeit. Mit Anmerkgn., Angabe v. Bibliotheken u. Marktpreisen zusammengestellt. Suppl. zu Goedeke's „Grundriss zur Geschichte der deutschen Litteratur" u. Hayn's „Bibliotheca Germanorum erotica". 12. (VI, 89 S.) Köln 890. Teubner. n. 4. —

Vier neue Curiositäten-Bibliographien. Bayerischer Hiesel. Amazonen-Literatur. Halsbandprozess und Cagliostro. Bibliotheca selecta erotica-curiosa Dresdensis. Sämtlich zum ersten Male übersichtlich zusammengestellt von Hugo Hayn. Jena: Schmidt 1905. 88 S. 8⁰. 21.

— thesaurus librorum Philippi Pfister, Monacensis. Catalogus bibliothecae selectae. Verzeichniss e. auserlesenen Sammlg. Bavarica, Monacensia, Judaica, sowie v. Werken aus allen Wissenschaften, wobei Rara u. Curiosa, im Besitze d. kgl. bayer. Regierungsrathes Philipp Pfister zu München, Schlossgutsbesitzer auf Eurasburg. Mit Anmerkungen u. Registern hrsg. gr. 8. (VIII, 603 S.) München 888. (Uebelen.) n. 20.—

Uebersicht der (meist in Deutschland erschienenen) Litteratur über die angeblich von Juden verübten Ritualmorde und Hostienfrevel. Zum 1. Male zsgest. von Hugo **Hayn** ... Jena: H. W. Schmidt 1906. (30 S.) 8° [06. 13190 S

— Vorschlag zu e. Lesebibliothek f. junge Frauenzimmer. Ein bibliographisch-erot. Curiosum vom J. 1780. Mit Anmerkgn. u. e. Verzeichniß scherzhafter Cataloge [livres imaginaires] hrsg. 12. (63 S.) Borna 889. Jahnke. n. 1. 50

— —. Vorschlag zu einer Lesebibliothek für junge Frauenzimmer. Ein bibliographisch-erotisches Curiosum vom Jahre 1780. Mit Anmerkgn. und einem Verzeichniss scherzhafter Cataloge (livres imaginaires). Borna-Leipzig, Jahnke, 1889. Kl. 8⁰. (Mk. 1,50.)
Reproduktion eines Abschnittes aus d. 6. Band der „Raritäten. Ein hinterlassenes Werk des Küsters von Rummelsburg" (Carl Friedr. Wegener). — Thatsächlich existiren die meisten der hier besprochenen Erotica und Curiosa noch heute.

Hayn, Hugo, Tugendhafter Jungfrauen und Jungengesellen Zeitvertreiber. Ein weltliches Liederbüchlein des 17. Jahrhunderts aus von Meusebachs Sammlung in der Berliner öffentlichen Bibliothek. Als Beitrag zur Geschichte des deutschen Volkslieds. Köln, Franz Teubner. 1890. 8⁰. (Mk. 1,50.)
Correkter Abdruck.

Ignaz Hayn

Monstri unicum pedem referentis Descriptio anatomica. Berolini (1824:) Starck. 12 S. 8°

Berlin, Med. Diss. v. 13. Sept. 1824

Hayn, Ign., die Nahrungsmittel in ihren diätetischen Wirkungen. gr. 8. Berlin 842, Liebmann u. Comp. Em. Mai. 1/2 ℛ jetzt 1/12 ℛ

Hayn, Ign., die Nahrungsmittel in ihren diätet. Wirkungen rc. ferner von dem Gebrauch des Rauch- u. Schnupf-Tabacks. 2. revid. Abdr. gr. 8. (VIII u. 88 S.) Quedlinburg 850, Ernst. 1/2 ℛ

Hayn, Johann Adam

— — **De autoritate domini qua consensum in alienando vel onerando feudo respicienda. Diss. jur. Präs. Jo. Christian Schroeter. Jena (Werther) 12. II. 1729. 120 S. (9.—)** 13625
Gew.: Franz Erwin Rudolph Grf. v. Schoenborn-Buchheim (Wiesendheid . .).

— **Johann Gottlieb** (Lauban/Laus.), De lege **patris determinante impensas educationis sui pupilli. Specim. jur. controv. Präs. Christian Heinrich Breuning. Lpz. (Breitkopf) 1. III. 1766. 8 Seiten. (4.50)** 13626

Stubenmädchen, Das listige, oder der Betrug von hinten (von der Schauspielerin *Juliane Hayn*). 1784.

Hayn, Kasimir, Ritter Hilger Quattermart von der Stessen. Ein Beitrag zur Familien- und Stadtgeschichte Kölns im 14. Jahrhundert. Diss. Münster 1888. 8°. 43 S.
Sonder-Abdruck aus: Münsterische Beiträge zur Geschichtsforschung, hrsg. von Thdr. Lindner. Heft 12. Paderborn 1888, Ferdinand Schöningh.

Hayn, K., Ritter Hilger Quattermart v. der Stessen, s. a. Beiträge, Münsterische, zur Geschichtsforschung.

Hayn, Leopoldus *(geb Leobschütz 7. 7. 1824)*: Documenta ad historiam rei pharmaceuticae Silesiae. Vratislaviae (1847). (30 S.) 8°

Breslau, Med. Diss. v. 11. Okt. 1847

Hayn, P., der Ursprung der Grubenwasser. Die wichtigste Frage d. Steinkohlen-Bergbaues. Mit 6 graph. Darstellgn. gr. 8. (110 S.) Freiberg 887. Craz & Gerlach. n. 4. —

Hayn, P. Versuch einer Erklärung des plötzlichen Auftretens schlagender Wetter bei raschem Sinken des Barometerstandes. Waldenburg, 1885.

Hayn, (Carolus) Paulus (Guilielmus) *(geb Breslau 17.9.1803)*: De balneis vaporeis Russicis eorumque in corpus humanum effectu. Vratislaviae (1832). (31 S.) 8°

Breslau, Med. Diss. v. 20. März 1832

Haynacher, F., die Kindheitsgeschichte unseres Heilandes Jesu Christi. Für die Jugend in 7 Oeldr.-Bildern nach Aquarellen. Mit bibl. Text, Spruch u. Lied. 8. (28 S.) Berlin 876. (Großmann.) cart. n. 1. 80;
die 7 Oeldr.-Bilder ap. ohne Text. 16. n. — 75

HAYNALD, Ludovicus: De daemoniacis. — (1840) 58 S. 8° (Handschr.)
Diss. Wien, Univ. Diss. 126

Haynald, Ludw., Denkrede auf Dr. Eduard Fenzl, auswärtiges Mitglied der ungar. Akademie der Wissenschaften, gelesen in der Gesammtsitzung der Akademie am 27. Octbr. 1881. Vom Verf. autoris. deutsche Ausg. gr. 8. (41 S. mit Portr. in Lichtdr.) Budapest 885, Buchdruckerei des Franklin-Vereins. — —
Nicht im Handel.

Haynald, Dr. Ludwig, Bischof von Siebenbürgen, Rede, gehalten in der Sitzung des ungar. Oberhauses zu Pest am 17. Juni 1861. kl. 8. (39 S.) Hermannstadt. Steinhaussen. 1861. 12 kr.

Haynau [Schlagwort]

Haynau, s.: Goldberg.

Haynau [Verfasser]

Haynau, L. Frh. v., ist es dem Interesse anderer deutschen Staaten angemessen, sich d. kgl. baier. Zollsysteme anzuschließen? — Beleuchtet nach d. Grundsätzen d. ration. Staatswirthschaft, vorzügl. in Bezieh. auf Baiern, Wirtemberg, Sachsen, Baden, die beiden Hessen u. Nassau. gr. 8. (5½ B.) Leipzig 823, Wienbrack.

—— wie können alle Europ. Staaten d. Getreidepreise auf d. Produktionspreis erhalten, der den Landbauenden geg. zu niedrige Preise u. d. Consumenten geg. zu hohe Getreidepreise schützt? — Nebst e. diese Maßregel bezweck. Gesetzesvorschlag üb. d. Getreidehandel. 8. (4½ B.) Stuttgart 828, Metzler.

Haynau, Vict. v., Blätter aus der Mappe eines Criminalisten. 1. Hft. gr. 8. (VIII und 168 S.) Marburg 852, Elwert'sche Universitäts-Buchh.

Hayne, Anton: Theoretisch-praktische Darstellung der in der Thierheilkunde bewährten diätetischen, pharmaceutischen und chirurgischen Heilmittel nach ihrer Natur, ihren Wirkungen und ihrem Gebrauche. Bd 1, 472 S., gbd.

Wien: typ.Strauß 1833

Hayne, Ant., theoret.-prakt. Darstellung der in der Thierheilkunde bewährten diätetischen, pharmaceutischen u. chirurgischen Heilmittel nach ihrer Natur, ihren Wirkungen und ihrem Gebrauche. 2 Bde. gr. 8. Wien 833. (Mayer u. Comp.) n. 3⅓ ℛ

Hayne, Anton: Handbuch über die besondere Krankheits-Erkenntniß- und Heilungslehre der sporadischen und seuchenartigen Krankheiten der nutzbaren Hausthiere, in Bezug der richtigen Erkenntniß ihres Charakters, Sitzes, der Art ihres pathologischen Prozesses, Grundes, ihrer Größe, planmäßigen und methodischen, kurativen, präservativen, veterinär-polizeilichen und gerichtlichen Behandlung und Vergleichung mit den Leiden der Menschen. 767 S., gbd.

Wien: Selbstverlag 1844

JB 5.922

Hayne, Ant., Handbuch üb. die besond. Krankheits-, Erkenntniß- u. Heilungslehre d. sporadischen u. seuchenartigen Krankheiten d. nutzbaren Hausthiere rc. gr. 8. Wien 844. (Braumüller u. Seidel.) n. 3 ℛ

— Handbuch der Zoo-Pathologie u. Therapie oder: planmäßige, methodische, mittelrechte Erkenntniß des Charakters, Sitzes, der Art, Ursache u. Größe, so wie kurative, präservative, veterinär-polizeiliche, gerichtliche u. vergleichende Behandlung der sporad. u. seuchenart. Krankheiten d. Haussäugethiere. 2. verb. Aufl. gr. 8. (XXXII u. 738 S.) Ebd. 852. n. 3⅓ ℛ

Hayne, Ant., theoretisch-praktisches Lehrbuch der Entzündung, ihrer Vorausgänge: Reaktion, Kongestion, Blutung, u. ihrer Uebergänge: Fehler der Horngebilde, krankhafte Absonderung von Schleim, Serum rc. als pathologische Grundprocesse aller sporad. u. seuchenartigen, äußerl. u. innerl. Krankheiten der nutzbaren Hausthiere, in Bezug ihrer Erkenntniß, Ursachen, Schätzung, Heilung rc. — oder Ausmittelung der 5 diagnost. u. therapeut., in der angehängten Fragtabelle angegebenen Punkte. Nebst einer ausführl. Einleitung zur Begründung des Vorgetragenen u. Regelung der Bedingungen d. Lebens rc. 2. verb. u. verm. Aufl. gr. 8. (XII u. 410 S. m. 1 Tab. in gr. Fol.) Wien 849, Braumüller. 2½ ℛ

Hayne, Anton: Die Seuchen der nutzbaren Haussäugethiere, in Bezug ihrer Erkenntniß, Ursachen, Behandlung, Vorbauung durch therapeutische und veterinär-polizeyliche Mittel und Vergleichung mit den Krankheiten der Menschen. 504 S., gbd.

Wien: typ.Grund 1836

— die Seuchen der nutzbaren Haussäugethiere, in Beziehung ihrer Erkenntniß, Ursachen, Behandlung, Vorbauung durch therapeut. u. veterinär-polizeil. Mittel u. Vergleichung mit den Krankheiten der Menschen. Mit 2 Tabell. u. Titelvign. gr. 8. Wien 836. (Mayer u. Comp.) n. 3 ℛ

— Die Seuchen der nutzbaren Haussäugetiere, in Bezug ihrer Erkenntnis, Ursachen, Behandlung, Vorbauung durch therapeutische u. veterin.-polizeiliche Mittel, und Vergleichung mit den Krankheiten der Menschen. gr. 8. Wien 38. Mayer & Co. M. 9.—

—— Untersuchungen üb. d. Erkenntniß, Ursachen, Bedeut. u. Behandl. d. Fieber bey d. nutzbaren Haussäugethieren. Lex.-8. (13 B.) Wien 831, Sollinger.

Hayne A.: Untersuchungen üb. die Erkenntniss, Ursachen, Bedeutung u. Behandlung d. Fieber bey den nutzbaren Haussäugethieren. Wien 1831. 106 S.

Hayne, A(nton): Untersuchungen über die Erkenntniß, Ursachen, Behandlung der Entzündung und ihrer Uebergänge bey den nutzbaren Haussäugethieren. 327 S., gbd., 1 Tab.

Wien: Sollinger 1830

Hayne, A[nton]: Untersuchungen über die Erkenntniss, Ursachen, Behandlung der Entzündung und ihrer Uebergänge bei den nutzbaren Haussäugethieren. Wien 1830. VI, 326 S.
— 2. Aufl. [u. d. Tit.:] Theoretisch-praktisches Lehrbuch der Entzündung, ihrer Vorausgänge: Reaktion, Kongestion, Blutung, u. ihrer Übergänge ... 1849. X, 410 S.

Hayne, Friedrich Gottlob

Hayne, F. Gottl. (Mitarb.), s. A b b i l d u n g e n d. deutschen Holzarten.

Hayne, Fr. Gottl. (Mitarb.), s. A b b i l d u n g e n d. fremden in Deutschland ausdauernden Holzarten.

— botan. Bilderbuch, s. J. F. P. Dreves.

Hayne, Frid. Gottlob: De coloribus corporum naturalium praecipue animalium vegetabiliumque determinandis commentatio physiographica. Berolini: J. E. Hitzig 1814. (26 S.) 4°
Berlin, Phil. Fak., Antrittsprogr. v. [20. Okt.] 1814

— **Commentatio physiographica de coloribus corporum naturalium, praecipue animalium vegetabiliumque determinandis, c. tab. aen. 4maj. Berl. 814. Dümmler. 8 ℊ**

— Darstell. u. Beschreib. der in d. Oekonomie u. Technologie gebräuchl. Gewächse. 1s Heft, mit 6 ill. Kpft. gr. 4. Berl. 809. Reimer. 1 ß 12 ℊ

Getreue Darstellung und Beschreibung der in der Arzneykunde gebräuchlichen Gewächse, wie auch solche, welche mit ihnen verwechselt werden können. Von Friedrich Gottlob Hayne. Bd 1-13. Berlin: Verf. 1805-37. 4
Bd 1: 1805.
Bd 2: 1809.
Bd 3: 1813.
Bd 4: 1816.
Bd 5: 1817.
Bd 6: 1819.
Bd 7: 1821.
Bd 8: 1822.
Bd 9: 1825.
Bd 10: 1827.
Bd 11: 1830.
Bd 12: Von F.G. Hayne, J[ohann] F[riedrich] Brandt [1802-1879] und J[ulius] T[heodor] C[hristian] Ratzeburg. 1833.
Bd 13: Fortges. von J[ohann] F[riedrich] Brandt und J[ulius] T[heodor] C[hristian] Ratzeburg. 1837.

Hayne, Fr. Glo., getreue Darstell. u. Beschreib. der in d. Arzneikunde gebräuchl. Gewächse, wie auch solcher, welche mit ihnen verwechselt werden können. 11 Bde, jeder in 8 Lieferr., mit 48 ill. Kpf. gr. 4. Berl. 802—28. (Sander). 132 ß

— Getreue Darstellung und Beschreibung der in der Arzneykunde gebräuchlichen Gewächse, wie auch solcher, welche mit ihnen verwechselt werden können. 6 Bände mit illumin. Kupfern. gr. 4. Berlin, Flittner (in Comm.) 1805—819. (jeder Band von 8 Lieferungen mit 48 Kupfern 12 Thlr.)

— getreue Darstellung u. Beschreibung, d. in d. Arzneikunde gebräuchl. Gewächse, wie auch solcher, welche mit diesen verwechselt werden können. 3 Bde. jeder Band von 8 Heften u. 4r Bd. 1s u. 2s Heft, mit illum. Kupf. gr. 4. Halle, Hemmerde u. Schwetschke. 811—15. (jedes Heft 1 Rthlr. 8 gr.) 8

— getreue Darstellung u. Beschreib. d. in d. Arzneykunde gebräuchl. Gewächse, wie auch solcher, welche mit ihnen verwechselt werden können. XI. u. XII. Bd. (à 8 Lfgn.) gr. 4. (96 ill. Kpfrt., H's. Portr. u. 25 B. Text.) Berlin 830, 33. (Leipzig, Hofmeister.) à Bd. 10 Thlr.
1—X. Bd. (à 8 Lfgn.) Ebendas. 1805—27. 100 Thlr.

Friedrich Gottlob Hayne's [Getreue Darstellung und Beschreibung der in der Arzneykunde gebräuchlichen Gewächse.] Darstellung und Beschreibung der Arzneygewächse welche in die neue preussische Pharmacopöe aufgenommen sind nach natürlichen Familien geordnet u.erl. von Joh[ann] Fr[iedrich] Brandt [1802-1879] und Jul[ius] Theod[or] Christ[ian] Ratzeburg, unter Mitw. d. ersten Verf. Bd 1 - 3. Berlin: Verf.; Hirschwald in Komm. 1829-34. 4
Bd 1: 1829.
Bd 2: 1830.
Bd 3: 1834.

Hayne, Fr. Glo., Darstell. u. Beschreib. d. Arzneigewächse, welche in d. neuen Preuß. Pharmakopöe aufgenommen sind. Nach natürl. Familien geordnet u. erläutert v. J. Fr. Brandt u. Jul. Th. Chr. Ratzeburg. 1e—14e Lief. Jede mit 10 color. Taf. u. Text. gr. 4. Berl. 827—32. Hirschwald. (à Lief. 1 ß 8 ℊ) 18 ß 16 ℊ

Hayne, Fr. Glo., Darstellung u. Beschreibung der Arzneygewächse, welche in die neue Preuß. Pharmacopoe aufgenommen sind, nach natürl. Familien geordnet u. erläutert von Jh. Fr. Brandt u. Jul. Th. Chr. Ratzeburg, unter Mitwirkung des ersten Verfassers. XV—XX. Lfrg. Jede mit 10 Kpfrtaf. gr. 4. Berlin 833—37. (Hirschwald.) (à Lfrg. n. 1 1/3 ß) 8 ß — Dec. 1—20. Mit 200 ill. Kpfrtaf. 828—37. (à Lfrg. n. 1 1/3 ß) 26 2/3 ß

Hayne's, Fr. Glo., Darstellung u. Beschreibung der Arzneigewächse, welche in die neue Preuß. Pharmacopöe aufgenommen sind, nach natürl. Familien geordnet und erläutert von Jh. Fr. Brandt u. Jul. Thdr. Chr. Ratzeburg. Lfg. 21 u. 22. gr. 4. (à 10 illum. Kupfertaf. u. Text.) Berlin 841. (Hirschwald.) à n. 1 1/3 ß

H a y n e ' s, Friedr. Glob., getreue Darstellung u. Beschreibung der in der Arzneikunde gebräuchl. Gewächse, wie auch solcher, welche mit ihnen verwechselt werden können, fortges. v. J. F. Klotzsch. 14. Bd. 1. Hft. gr. 4. (3 B. u. 12 ill. Taf.) Berlin 843, Nicolaische Buchh. *
14.Bd.2.Hft.Ebda.1846.

HAYNE, Friedrich Gottlob: Dendrologische Flora oder Beschreibung der in Deutschland im Freien ausdauernden Holzgewächse. Ein Handbuch für Kameralisten, Forstmänner und Landwirte. Berlin 1822. 245 S., 1 Taf. - Auch u.d.T.: Dendrologische Flora der Umgegend und der Gärten Berlins

— d e n d r o l o g i s c h e F l o r a od. Beschreib. d. in Deutschland im Freien ausdauernden Holzgewächse. Mit 1 Kpf. 8. Berlin, 1822. (Sander). (Reimer.) 1. 10

Hayne, Friedrich Gottlob, s. H a l l e , J. S.: Die deutschen Giftpflanzen.

— **termini botanici iconibus illustrati, oder botan. Kunstsprache; durch Abbildd. erläutert. Mit e. Vorr. v. Willdenow. 1r Bd. in 10 Heften. Mit 50 ill. Kpft. 2r Bd., 1s—5s Heft, mit 15 ill. Kpft. kl. Fol. Berl. 799—817. (Sander). 29 ß 8 ℊ**

Hayne, J. C. G., Königl. Preuss. Ingenieur etc. Abhandlung über die K r i e g s k u n s t d e r T ü r k e n, von ihren Märschen, Lägern, Schlachten und Belagerungen etc.; desgleichen derjenigen Völker, welche unter dem Osmanischen Schutze stehen, als: Griechen, Armenier, Araber, Drusen, Kurden, Jesiden, Tatern, Wallachen, Moldauer u. d. gl. nebst einer militärischen Geschichte der drey letzten Türkenkriege in Ungarn. In zweyen Theilen. Mit 10 Kupfertafeln. (Donation Liechtenstein.) 8. Berlin und Stettin 1783.

Hayne, J. C. G. Abhandlung über die Kriegskunst der Türken, nebst militärischer Geschichte der drei letzten Türkenkriege in Ungarn. (XXXVI 451) 8 Berlin und Stettin 1783.

— Abhandl. über d. Kriegskunst d. Türken. Mit 10 Kpft. 8. Berl. 783. Nicolai. 1 ß 8 ℊ

Hayne, J. C. G., k. preuss. Ingenieur. Abhandlung über die Kriegskunst der Türken, von ihren Märschen, Lagern, Schlachten und Belagerungen etc.; dessgleichen derjenigen Völker, welche unter dem osmanischen Schutze stehen. Mit 10 Kupfern. Neu verbess. Ausg. (2 Th. in 1 Bde.) 8. Wien 1788.

Hayne, J. C. G. Abhandlung über die Kriegskunst der Türken, von ihren Märschen, Lagern, Schlachten u. Belagerungen &c. Mit Kpftaf. Neue verb. Aufl. Wien 1788. 455 S.

Hayne, J. C. G. Deutliche u. ausführliche Anweisung, wie man das milit. Aufnehmen nach dem Augenmaß ohne Lehrmeister erlernen könne. Mit Taf. Dessau 1782. 368 S.
— - Neue unveränd. Aufl. Leipzig 1794.

Hayne, J. C. G., († 1790.) Anweis., d. militär. Aufnehmen nach d. Augenmaße zu erlernen. Mit 10 Kpf. gr. 8. Dessau 782. Mit n. Tit. 807. (Wienbrack in Leipz.) 2 ß 12 ℊ

— Versuch über d. Luftmaschine des Montgolfier, mit Kpf. 8. Berl. 784. Nicolai. 1 ß

Hayne, Josef

Hayne, J., gemeinnütz. Unterr. über d. schädl. u. nützl. Schwämme. gr. 12. Wien 830. Volke. 6 ℊ

Haynecoius, Mart., Almansor, der Kinder Schulspiegel, s.: Neudrucke pädagogischer Schriften.

Haynecoius, M., Hans Pfriem, s.: Neudrucke deutscher Litteraturwerke d. 16. u. 17. Jahrh.

Hayneck, E. v., Landkinder. Novellen. 8. (V, 174 S.) Bonn 899. E. Moos. 3.—

Landkinder. Novellen von E. v. Hayneck. *Bonn & Leipzig: E. Moos 1900.* (174 S.) 8° [F.]

Haynel, Adolph Ferdinand (Lommatzsch), Analecta ad historiam circuitus sanguinis. Diss. histor.-med. Jena (Schreiber & Co.) 2. X. 1820. 32 S. (5.50) 13629
Gew.: Carl Gottlob Haynel (Vater).

Haynel, E., englischer Dolmetscher für Auswanderer, s. Über's Meer.

Haynel, Carl Frdr., Wahrheit — u. nur Wahrheit über Nord-Amerika u. amerikan. Leben in allen seinen Verhältnissen. Für Auswanderungslustige nach selbstgemachten Erfahrungen offen u. treu niedergeschrieben. 8. (VIII u. 147 S.) Leipzig 851, Voigt. — Nebst einer wohlgemeinten dringenden Wärnung vor Betrug bei ihrer Ankunft in New-York. 2. verm. Aufl. 8. (VIII u. 152 S.) Ebd. 851. 1/2 ß

Haynel, Karl Glo., Communionbuch, eine Anleit. zur würdigen Feier d. Abendmahls, nebst einigen Morgen- u. Abendandachten. Mit 1 Kpf. 8. Meißen 820. Goedsche. 14 ℊ

Haynel, Woldemar (Hrsg.), s. Hebbel, Friedr.: Agnes Bernauer. — Die Nibelungen.

Haynel, Woldemar *Claudius:* Gellerts Lustspiele ... Leipzig, Druck v. A. Th. Engelhardt, 1896; VIII, 87 S. 8.
Leipzig, Phil. Fak., Inaug.-Diss. v. [8. Juni] 1896

Haynel, Wold., Gellerts Lustspiele. Ein Beitrag z. deutschen Litteraturgeschichte d. 18. Jahrh. gr. 8. (VIII, 87 S.) Emden 896. W. Haynel. n. 1.60

Haynemann

— s. a. **Haineman(n).**

Haynemann, Christian Ehrenreich (Sturzens. Misnic.), De laudemio. Von der Lehn=Waare de casu ad casum non extendendo. Diss. jur. Präs. Abraham Kaestner. Lpz. (Joh. Heinrich Richter) 19. III. 1734. 40 S. (6.30) 13630
Gew.: Johann Christian v. Kiesenwetter (Dittersbach . .). — Widm. v.: Präs., Christian Ehrenfried Behrnauer (Bautzen), Johann Heinrich Steinberger (Schleiz; dtsch.), Abr. Gotthelff Kaestner (Leipzig).

HAYNEMANN, Theod.: Grundzüge der Referirkunst in Rechtssachen. *Cella*, Schulze. 827. 8. (16 Gr.)

Hayner, Chr. Aug. Fürchteg., Aufforderung an Regierungen, Obrigkeiten u. Vorsteher d. Irrenhäuser zur Abstellung einiger schweren Gebrechen in d. Behandlung d. Irren. 8. Leipz. 818. Göschen. 6 ℊ

Hayner, (Dr.,) Nachricht v. d. Verpflegungsanstalt zu Waldheim in Sachsen. gr. 8. Leipz. 822. (Cnobloch.)

— über d. Verlegung der, vorzügl. zur Aufnahme geisteskranker Personen bestimmten königl. sächs. Landesversorgungsanstalt zu Waldheim in d. Gebäude d. Schlosses zu Colditz. 8. Dresd. 829. Walther. 3 ℊ

Haynes, F., der Erbe v. Alingford, s.: Unterhaltungsbibliothek, katholische.

Hayneufve, Julien. Heiliges Jahr, oder Geist- und Lehrreiche Betrachtungen über das gantze Leben und Leyden Jesu Christi . . . Augsburg 1760. Ü: *Jäger, Anton.* (Jes)

Hayneufe, Julian, heil. Jahr, od. Betrachtt. über d. Leben u. Leiden Christi, auf alle Tage im Jahr. Aus d. Französ. v. Ant. Jäger. 4 Thle. 8. Augsb. 760. Rieger. 2 ß 8 ℊ

— achttägige geistl. Uebungen üb. d. Grundsätze d. Christenthums. 8. Augsb. 760. Rieger. 5 ℊ

Hayneufve, J. Weg der Wahrheit zu dem vollkommenen geistlichen und ewigen Leben . . . A. d. Franz. O. O. 1735. Ü: *Hayner, Johann.* (Jes)

Haynlé, Jos., der lithograph. Umdruck, s.: Klimsch's graphische Bibliothek. IV.

Haynisch, Jo. Christoph

Jo. Chr. Haynisch progr. Homerum artis medendi peritum fuisse. Schleiz 1736. f.

Haynisch, J. C., de pecunia, quam Judas proditionis praemium accepit. Schleiz. 1736. 4.

Haynisch, Jo. Christoph (Vogtland), Systema Copernicanum scripturae sacrae non esse oppositum. Präs. Jo. Bernhard Wideburg. Jena (Ritter) Sept. 1724. 28 S. (6.50) 13631
Gew.: Gottfried Lindner, Johann Christoph Steinberger.

Haynócsi, Daniel. Laudatio funebris, qua Eugenium Franciscum Sabaudiae et Pedemontii ducem, gloria rerum pace belloque gestarum immortalem prosecutus est. 4. Viennae 1737.

Häyrén E.: Zwei Variationserscheinungen. Helsingf. 1903. (4) S. (Särtr.). P.

Hays, Harold M., 700 diagnostisch-therapeutische Ratschläge f. die chirurg. Praxis, s.: Brickner, Walt. M.

Haysan's, Franz, komische Abentheuer, s. Bibliothek, wohlfeile, von Unterhaltungsschriften. 226 Bdchn.

Haysans, Franz, kom. Abentheuer. Seltsame Geschichte eines ungerathenen Sohnes, der Verwalter, Scheerenschleifer, Matrose, Colonie-Aufseher, Negerfürst u. Spion war, auch 2 mal gehängt wurde. 8. Leipz. 828. E. Klein. 12 gr

Haysdorf, H. F. von, Neue geographische Charte der Kaiserl. Reichs- und angrenzenden Posten. Augsburg 1791. 8. . . . .

— Geographische Postkarte, verfasst und gezeichnet im J. 1794; verbessert u. neu herausg. 1810. . . . Kupferst., schw. . . . .

Haysdorff, Jacob Heinrich (Frankfurt), De reservato postarum Caesaris proprio, et qua tali a statibus imperii agnito. Ad illustrand. §. III. & IV. art. XXVIII. capitul. Caesar. noviss. Dissert. jur. Präs. Joh. Heinr. Bocris. Bamberg Sept. 1745. 77 S., tlws. dtsch. (7.—) 13632

Hayti [Schlagwort]

Hayti, s.: Seekarten.

Haytler, Abraham, aus Warschau: Synthese des 2-Methyl-5-Methoxycumarons. ⟨Aus dem organisch-chemischen Laboratorium der Universität Bern.⟩ Bern 1909. 25 S. 8°. [2. VII. 09.]
Bern. Phil. Diss. 1909/10.

Haytler, Abraham. Synthese des 2-Methyl-5-Methoxycumarons. Diss. Phil. Bern. 25 S. 8. Bern, W. Wälchli, 1909.

Hayum, Simon [Justizref. in Stuttgart]: Der Schiedsvertrag. Tübingen, Druck v. W. Armbruster & O. Riecker, 1892; Bl., 110 S., 1 Bl. 8.
Tübingen, Jur. Fak., Inaug.-Diss. v. 1892

Hayum, Simon. Der Schiedsvertrag. Diss. gr. 8. (111 S.) Tübingen 892, (Fues). * 2 —

Hayward, Edgar, a. Frankfurt a. M.: Ein Fall von Invagination des Coecums. Freiburg i. Br.: Speyer & Kaerner 1907. (37 S.) 8°
Freiburg i. B., Med. Fak., Ref. Kraske, Diss. v. 1907
[Geb. 8. April 84 Frankfurt a. M.; Wohnort: Freiburg i. B.; Staatsangeh.: Preußen; Vorbildung: Goethe-Gymn. Frankfurt a. M. Reife O. 02; Studium: Marburg 1, Freiburg i. B. 4, München 1, Bonn 1, Freiburg i. B. 3 S.; Coll. 26. Juli 07; Approb. S.-S. 07.]

Hayward, F H . Drei historische Erzieher: [Johann Heinrich] Pestalozzi, [Friedrich] Fröbel, [Johann Friedrich] Herbart. Autorisierte Übersetzung aus dem Englischen von Gustav Hief. 63 S. 8. Leipzig, London und Paris, A. Owen & Co., 1906. [M. 1.60]

(B) Hayward, F. H., drei histor. Erzieher. 906. Jetzt: London, Siegle, Hill & Co.

Hayward, Joh., betrübt. Seelen Heiligthum in Andacht ꝛc. 8. Hamb. Brand. 734.

Hayyûg, The weak and geminative verbs in Hebrew by Abû Zakariyyâ Yahyâ ibn Dâwud of Fez, known as H. The Arabic text now published for the first time by Morris Jastrow jr. Published through the aid of the „Deutsche morgenländ. Gesellschaft“ and the „Société des études juives“. gr. 8. (LXXXV, 271 S.) Leiden 897. Buchh. u. Druckerei vorm. E. J. Brill. n.n. 10. —

v. Haza-Radlitz, Albert, s. 1) Bouhours, das Leben des heil. Ignatius. 2) Lambruschini, Werke. — Dess. kathol. Gebet- u. Betrachtungsbuch. 3) Leitsterne. 14r u. 15r Thl. 4) Leopardi, Katechismus u. dess. Abhandl. über Staatsreformen.

v. Haza-Radlitz, Alb., s. de Maistre, Versuch über d. Ursprung u. Wachsthum d. Constitutionen.

v. Haza-Radlitz, Skizze eines Planes wie Seitens des Staats der Verarmung der niederen Volksklassen vorgebeugt, resp. auf welche Weise u. mit welchen Mitteln denselben fortdauernd Arbeit geschafft werden könnte. gr. 8. (33 S.) Posen 849, Gebr. Scherk in Comm. n. 1/6 ₰

Haza-Radlitz, (Albert) v. Skizze eines Planes wie seitens des Staats der Verarmung der niederen Volksklassen vorgebeugt, resp. auf welche Weise und mit welchen Mitteln denselben fortdauernd Arbeit geschafft werden könnte. Posen, Gebrüder Scherk 1850. 33 S. 8.

Haza-Radlitz, Albert von,) Verteidigung der röm.-kath. Kirche u. deren Lehren u. Gebräuche gegen die Angriffe u. Anfeindungen des Herrn Diakonus u. Pastor Schmidt zu Coswig. Von einem Katholiken zu Cöthen. 1. Abteilung. Offenbach, Hauch, 1827, 8°, 58 S.
Katholik 1827, Bd. 26 S. 110—1. Vorzügliche Apologie des Katholicismus. Über die wertlose Widerlegungsschrift eines luther. Polemikers s. a. a. O. 1829, Bd. 30 S. 116—8. Über den Konvertiten H.-Radlitz vgl. Rosenthal, Konvertitenbilder Bd. I, Abteil. 1, S. 438.

Haza-Radlitz, Hedw. v., das moderne Gemälde. Lustspiel in 2 Akten. (16 S.) kl. 8. Paderborn 910. Junfermann. — 40

Die Strandhexe. Von Hedwig v. Haza-Radlitz. *Boppard: Marienheim [1899].* (16 S.) 8° [Umschlagt. F.]
= Erzählungen f. Schulkinder. Ser. 2, H. 12. [... 709 5

— Buntes Völkchen, s. a. Sonnenschein.

Haza-Radlitz, Hedwig von. Buntes Völkchen. Erzählungen. Mit farbigen Bildern [2 Tafeln] von M[elchior] Annen. 1. Tausend. 121 S. 8. Einsiedeln..., Benziger & Co. A. G., 1910. (geb. M. 1.—)
Sonnenschein. Geschichten für Kinder ihre und Freunde. Bändchen 8....

HAZAI, Samuel

Applicatorisch-taktische Aufgaben. Abgeleitet aus den Operationen und Gefechten an der Iser vom 23. bis 29. Juni 1866. Als Lehrbehelf für den kgl. Ung. Landwehr-Stabs- und höheren Officiers Curs, dann für das Selbststudium und für die Ausbildung der Truppen-Officiere. Verfasst im Auftrage des Landwehr-Stabsofficiers-Curs-Commandos von Samuel Hazai. Mit 55 Beilagen (1 ordre de bataille, 5 Kartenblätter, 49 Skizzen). Budapest. 1899. [In Comm. Wien. Seidel & Sohn.] Gr.-8°. IX, 280 S. Geb. K 8.—

Hazal, Harry, der fliegende Stern, oder Tecumseh und der Prophet. Historischer Roman. Aus dem Engl. übers. von Heinr. Hohmann. br. 8. (230 S.) Cassel 861, Scheel.

Hazard, Felix, Referendar: Der Umfang der Vollmacht des Handlungsreisenden. Leipzig: Wigand 1908. 53 S. 8°
Leipzig, Jur. Diss. v. 4. Jan. 1909
[Geb. 23. März 84 Leipzig; Wohnort: Leipzig; Staatsangeh.: Sachsen; Vorbildung: Thomassch. Leipzig Reife O. 03; Studium: Leipzig 3, München 1, Leipzig 4 S.; Rig. 8. Febr. 07.] [U 09. 2537

Hazard, Corn., kathol. Kirchengesch. 3 Thle. m. K. Fol. Mainz. 727.

Hazard, Lor., Triumph d. wahr. Kirche üb. d. Juden. 8. Cöln, Perrenon. 776.

— — dasselbe. 8. Münst. Aschendorff.

Hazard, Robert, aus Metz: Über gemischte Disulfone. *Greifswald 1902: H. Adler.* (49 S.) 8°
Greifswald, Phil. Diss. v. 2. Aug. 1902

Hazard, Rowland G., zwei Briefe üb. Verursachung u. Freiheit im Wollen, gerichtet an John Stuart Mill. Mit e. Anh. üb. die Existenz d. Stoffes u. unsere Begriffe d. unendl. Raumes. Im Auftr. d. Verf. aus dem Engl. übers. gr. 8. (341 S.) New-York 875. Leipzig, Hermann in Comm. n. 6. —

Hazay, Jul., die Mollusken-Fauna v. Budapest m. besond. Rücksichtnahme auf die embryonalen u. biologischen Verhältnisse ihrer Vorkommnisse. [Aus: „Malakozoolog. Blätter".] gr. 8. (IX, 187 S. m. 15 z. Th. color. Steintaf.) Kassel 881. Fischer. n. 8. —

Hazay, Oe. v., die wertvollsten Lieder der deutschen, französischen, italienischen, russisch-deutschen u. englischen Gesangs-Literatur. (111 S.) 20,5×10,5 cm. Leipzig 909. F. Schuberth jr. 1. —

Hazé, J. H., caeremoniale romanum rubricas chori officiorum pontificalium, necnon quarundam aliarum functionum ecclesiasticarum comprehendens, ad usum ecclesiarum, cathedralium, collegiatarum et parochialium. Leodii 862. (Mainz, Kirchheim.) gr. 12. (VIII, 232 S.) n. 22½ ngr.

Hazefirah. Hebräische Zeitschrift hrsg. v. S. Slonimski. Red.: S. M. Lipschitz. 1. Jahrg. 1874. 52 Nrn. (B.) Fol. Berlin, Benzian. n.n. 12. —

Hazefirah. Hebräische Zeitschrift. Hrsg. von S. Slonimski. 2.—6. Jahrg. 1875—1879. à Jahrg. 52 Nrn. (Bog.) 4. Warschau, Selbstverlag. à Jahrg. * *

Hazel, Harry, die drei Seeräuber oder die Jungfrau der Insel. Aus dem Engl. übers. von Carl H. A. Hoyer. Lemgo 854. Meyer. 8. (221 S.) 18 ngr.

Hazelhoff-Roelfzema, G. H. B., Annotat. nonnullae in Isocratis Euagoram. Diss. 1887. 71 S. 1.50

Verzeichnis der in den deutschen Bundes-Staaten seit dem Jahre 1737 vorhanden gewesenen und noch vorhandenen Freimaurer-Logen. Nebst einer Uebersicht der gegenwärtig activen Logen in Frankreich, den Niederlanden, Belgien, Dänemark und Schweden. [Hrsg. von Hazelius.] (Ms. f. Frmr.) Dresden: Heinrich 1846. 26 S. 2° [Umschlagtit.]
Auszug in: Erwinia. 1 (1847) S. 360—361.
Recens: A. 12 (1846—1847) S. 250—251.

Hazelius, J. A. Eine Stimme aus Schweden über den Krieg zwischen Deutschland und Frankreich, seine nächsten Ursachen und Folgen. (2. Aufl.) Berlin 1871. 8°. (1. Aufl. 1870.) (Verm. Jähns.)

Hazelius, J. A., eine Stimme aus Schweden üb. den Krieg zwischen Deutschland u. Frankreich, seine nächsten Ursachen u. Folgen. gr. 8. (48 S.) Berlin 871. Leipzig, Allg. deutsche Verl.-Anst. n. — 75

Hazeltine, Harold Dexter, s.: Beiträge, rechtswissenschaftliche.

Hazeltine, Harold Dexter, zur Geschichte der Eheschliessung nach angelsächsischem Recht. (38 S.) gr. 8 Berlin 905. F. Vahlen. n. 1.20
Sonderabdruck aus: „Festgabe f. B. Hübler".

Die Geschichte des englischen Pfandrechts von Dr. jur. Harold Dexter **Hazeltine,** Cambridge. Breslau: M. & H. Marcus 1907. (XVI, 372 S.) 8° —Untersuchungen z. Deutschen Staats-u. Rechtsgeschichte. H. 92.

Hazleton Volksblatt : Apr. 1872 –1906?
Independent weekly; supported Tilden. United with Das Journal, to form Volks-Journal.
Circulation: 1872, 540 (est.); 1880, 650; 1890, 700; 1905, 700.
Edited & published by Rudolph Stutzbach, 1872–73; by Rudolph F. Stutzbach & Peter Dershuck, [also as: Dershuk, Derschuck], 1873–74; by Peter Dershuck, 1875?–80; by Peter Dershuck & Lewis, 1881; by Anton Schneider, 1882–91; by Peter Schneider, 1892–1906. Other editors: L. Krayczyczeck, 1877; M. Frankel, 1875.
Hazleton, PA

Hazlitt, William. Geschichte Napoleons. Aus dem Englischen übersetzt und mit kritischen und erläuternden Anmerkungen versehen von Johann Sporschil. (2 Bde.) 8. Leipzig 1835.

Hazlitt, Will., Geschichte Napoleons. Aus d. Engl. übersetzt u. mit krit. u. erläut. Anmerkk. versehen von Joh. Sporschil. 2 Bde. 2e Ausg. gr. 8. Leipzig 840. Otto Wigand. 1½ ℳ

— dass. s. auch Familien-Bibliothek.

— Shakspeare's Leben, s. Shakspeare's sämmtl. Werke von A. Böttger u. A. Supplement.

Hažmuka, Wenzel Zur Theorie der unendlichen Reihen. 26, 57 SS. 8. Progr. *Nikolsburg* 1883. 1884.

Haimuka, Wenzel Der mathematische Unterricht am Obergymnasium im Sinne des neuen Lehrplanes und der ihm angeschlossenen Instructionen. 8 (32 S.). Staats-G. *Nikolsburg* 1887. Progr.

Hazuka, Wenzel, Dr. theol., a. Hracholusk in Boehmen: Beiträge aus den altbabylonischen Rechtsurkunden zur Erklärung des Hammurabi-Kodex. T. 1. (Leipzig 1907: A. Pries.) (37 S.) 8° ¶(Erscheint vollst. in: Beitraege z. Assyriologie u. semit. Sprachw. 6.)
Berlin, Phil. Fak., Ref. Delitzsch, Diss. v. 29. Juni 1907
[Geb. 22. Sept. 75 Hracholusk (Böhmen); Wohnort: Prag; Staatsangeh.: Österreich; Vorbildung: K. K. Staatsgymn. Budweis Reife Juli 94; Studium: Prag 10, Berlin 6 S.; Rig. 22. Nov. 06.]

Hazura, Karl

— und Benedikt Rudolf. Über Chlor- und Bromderivate des Phloroglucins. S. 92. II. 731 . . . . vgr.
Separatabdruck

Hazura, Karl u. A. Grüßner

— — Zur Kenntnis des Olivenöls. S. 97. IIb. 881 . . . . vgr.
Separatabdruck

— — Zur Kenntnis einiger nicht trocknender Öle. S. 98. IIb. 312 . . . . . . vgr.
Separatabdruck

Hazura Karl: Über Nitroresorcinsulfosäure (mit 1 Holzschnitt). S. 88. II. 312 . . . . . vgr.
Separatabdruck

— Über trocknende Ölsäuren. Vorläufige Mitteilung. S. 94. II. 796 . . . . vgr.
Separatabdruck

— und Friedreich A.: Über trocknende Ölsäuren. 3. Abhandlung. S. 95. II. 472 . vgr.
Separatabdruck

— Über trocknende Ölsäuren. 4. Abhandlung. S. 95. II. 1050 . . . . vgr.
— — 5. Abhandlung. S. 97. IIb. 151 . . . . vgr.
Separatabdruck

— und Grüßner A.: Über trocknende Ölsäuren. 6. Abhandlung. S. 97. IIb. 160 . . vgr.
— — — 7. Abhandlung. S. 97. IIb. 431 . . . . vgr.
Separatabdruck

— Über trocknende Ölsäuren. 8. Abhandlung. S. 98. IIb. 181 . . . . vgr.
Separatabdruck

— Über die Oxydation ungesättigter Fettsäuren mit Kaliumpermanganat. S. 97. IIb. 463 . . . . vgr.
Separatabdruck

Hazura, Karl u. A. Grüßner

— — Über die Oxydation ungesättigter Fettsäuren mit Kaliumpermanganat. S. 97. IIb. 884 . . . . vgr.
Separatabdruck

— und Julius Paul: Über Resorcinäther. S. 89. II. 673 . . . . vgr.
Separatabdruck

— Untersuchungen über die Hanfölsäure. 2. Abhandlung. S. 95. II. 468 . . . . . . vgr.
Separatabdruck

TRÖDLER- oder Tändlerwesen (Ueber das —) in München . . . (von *Johann von Hazzi*). München 1791.
Anon.-Lex. IV. p. 204 (nach Meusel u. dem Neuen Nekrolog). Kayser hat „1792". — Sehr selten!

— s.a. über d. Trödler- od. Tändlerwesen.

HAZZI, Joseph: Die echten Ansichten der Waldungen und Förste; gegenwärtig über das Zweckwidrige und Ungerechte des Forstregals oder der Forstpolizey mit Forschlägen der nothwendigen Reformen. - Die echten Ansichten der Waldungen und Förste; gegenwärtig über ihre Purifikationen, sammt der Geschichte des Forstwesens im Allgemeinen vorzüglich in Baiern. - 2. Bd. u. d. T.: Die echten Ansichten der Waldungen und Förste; gegenwärtig über das Gemeinschädliche der Beybehaltung der Staatsförste, oder der sogenannten Kammeralforstregie, mit dem Detail der baierischen Kammeralforststatistik, zur Beleuchtung der Kammeralforststatistik im Allgemeinen. - München 1805. 2 Bd. VI, 304 S. u. XII, S. 305-783

v. Hazzi, Jos., d. ächten Ansichten d. Waldungen u. Forste; gegenwärtig üb. ihre Purifikationen rc. 8. München 805. Lentner. 3 ℛ 8 ℊ

Hazzi, Jos. (kurpfalzbaier. Generallandesdirektionsrath in München), *statistische Aufschlüsse über das Herzogthum Baiern*, aus ächten Quellen geschöpft. Ein allgem. Beitrag z. Länder- u. Menschenkunde. 4 Bde. in 9 Thln. (9 voll.) Mit 1 Karte, 6 illum. Kpfrn. (*oberbayer. Trachtenbilder*) u. 11 Tabellen (sämmtl. bei Bd. 1). Nürnberg, in der Steinschen Buchhdlg., 1801—8. 8⁰. Hfrzbde., hübsches Expl.

Ausser Vor- u. Nachstücken: I: 426; II: 536, 188; III: 460, 470—878, 879—1270; IV: 52?, 204, 571 S. — Selten cplt.!

Ueber Hazzi (geb. 1768 in Abensberg, 1826 geadelt, Staatsrath etc., † 21. Mai 1845 auf s. Gute Oelkofen in Oberbayern) s. auch „Zeitgenossen." Neue Reihe: XI. Leipzig, Brockhaus, 1823, S. 139—157.

— statist. Aufschlüsse über d. Herzogth. Baiern, aus ächten Quellen geschöpft. 4 Bde, mit 11 ill. Kpf., 1 Karte u. 11 Tabellen. gr. 8. Nürnb. 801—9. Stein. 21 ℛ 16 ℊ

— — Suplementband, welcher d. Eintheilung d. Königsreichs enthält. gr. 8. Ebend. 810.

Hazzi, üb. Auswandern u. Fremde. Ein Beytrag zur Gesetzgebung. 8. Dortmund, Gebr. Mallinckrodt. 812.

— über Auswandern u. Fremde. Ein Beitrag zur Gesetzgebung. 8. Dortm. 812. (Wundermann in Hamm). 8 ℊ

— Progr. Ueber Behandlung, Fütterung u. Mästung d. Viehes. 8. Münch. 820. Fleischmann. 8 ℊ

Hazzi, von, über Behandlung, Futter u. Mästung des Viehes der Landwirthschaft. Ein Programm. 8. München, Fleischmann. 821.

v. Hazzi, Jos., Beobachtungen u. Bemerkk. auf einer Reise 1836 nach Frankreich u. England. 2 Hefte. gr. 8. München 837. (Fleischmann.) (1s H. $^1/_2$ ℛ 2s H. $^3/_4$ ℛ) n. $1^1/_4$ ℛ

J. v. Hazzi, Beobachtungen und Bemerkungen auf einer Reise 1836 nach Frankreich und England. Landwirtschaftliche Studienreise des b. Staatsrats unter ständigem Vergleich mit B. (W)
Mü. 1837-38.

Hazzi (J.), von: „Betrachtungen über Theuerung und Noth der Vergangenheit und Gegenwart", München 1818 (Lindauer). — Vorhanden: Com. Bibl. Hamburg, Preuß. Staatsbibliothek Berlin.

HAZZI, Josef v.: Über den Dünger. - München 1821. - 2. Aufl. ebd. 1822. - 3. Aufl. u. d. T.: Über den Dünger, zugleich aber auch über das Unwesen dabei in Deutschland ... ebd. 1824. - 4. Aufl. ebd. 1825. - 5. Aufl. ebd. 1828. - 6. Aufl. ebd. 1836

— über den Dünger. Mit e. Beilage über d. Hornviehstallungen d. königl. würtemberg. Versuchs-Lehranstalt zu Hohenheim, nebst einigen Notizen über d. Düngerbereitungart daselbst, vom Direktor v. Schwerz. Nebst e. 2n u. 3n Beilage, sammt 3 Steint. u. 2 Holzschn. gr. 4. Münch. 821. 2e A. 822. 3e A. 824. 4e A. 825. 5e verb. A., mit 4 Beil., 4 Steindr. u. 2 Holzschnitten 828. Fleischmann. 16 ℊ

Hazzi, Jsf von, Über den Dünger, zugleich aber auch über das Unwesen in Deutschland ..., Mit Steinzeichnungen. München 18(21.22. gr. 4.

Hazzi v.: Ueber den Dünger, zugleich aber auch üb. das Unwesen dabei in Deutschland ... M. einer Beilage ... v. v. Schwerz. Dann einer 2. ... u. einer 3. Beilage ... 3. wieder verm. Aufl. Münch. 1824. (60) S. 3 Tvl. 4⁰.

v. Hazzi, (Staatsr.) über den Dünger. Mit einer Beilage über die Hornviehstallungen d. kön. würtemb. Versuchs-Lehranstalt zu Hohenheim, nebst einige Notizen üb. d. Düngerbereitungsart das., vom Direktor v. Schwerz. Nebst e. 2n u. 3n Beil., sammt 3 Steintaf. u. 2 Holzschn. 4e Aufl. gr. 4. München 825. Fleischmann.

Hazzi. Ueber den Dünger. 5. A. München 1829. 4.

— über den Dünger. Zugleich aber auch über das Unwesen dabei in Deutschland. Mit 5 Beilagen, 4 Steinzeichnn. u. 4 Holzschn. 6e neuerdings sehr verm. Aufl. gr. 8. München 836. Fleischmann. $^3/_4$ ℛ

— über Feldpolizei, als d. Grundfeste d. Landwirthschaft, sammt e. Entwurfe einer umfassenden Feld- oder Landwirthschafts-Polizei-Ordnung. gr. 8. Münch. 831. J. Lindauer. 12 ℊ

Hazzi, Jsf von, Gekrönte Preisschrift über Güter-Arrondirung, mit der Geschichte der Cultur und Landwirthschaft von Deutschland und einer statistischen Übersicht der Landwirthschaft von jedem Kreise des Kgrs Bayern, dann 2 ill. Flur-Karten. München 1817.18?. 8. . . . . (D.)

— über Güterarrondirung, sammt d. Geschichte der Kultur u. Landwirthschaft von Deutschland, u. einer statist. Uebersicht der Landwirthschaft v. jedem Kreise d. Königr. Baiern. Mit 2 Flurkart. (Gekrönte Preisschrift.) gr. 8. Münch. 818. Fleischmann. 2 ℛ 8 ℊ

— über d. Islamismus, das Türkthum, dann die Sache der Griechen, u. Europens Pflichten dabei. gr. 8. Münch. 822. Fleischmann. 1 ℛ

Hazzi, Jos. (churfl. Generallandes-Direktionsrath in München), Isopsephos, od. der ausgemittelte gleiche *Kalkul zur Grundsteuer eines Staates*, nebst d. Geschichte u. vollen Uebersicht d. *bairischen Finanzen* zur Beleuchtung des Finanzwesens im Allgemeinen. München u. Leipzig, bey Jos. Lentner u. Heinr. Gräff. 1802. 8⁰. Ppb.

124 S. (incl. 4 Bll. Vorr.), 2 Tabellen, 2 Bll. Lentner'sche Verlags-Anzeigen.

Hazzi, Jos. von. Ισοψηφος oder ausgemittelter gleicher Calcul zur Grundsteuer eines Staates, nebst der Geschichte und vollen Uebersicht der baier. Finanzen zur Beleuchtung des Finanzwesens im Allgemeinen. 8⁰. München, Lentner, 1802. Nachtrag dazu: Ebd. 1804.

— Katechismus der baierischen Landes-Kulturgesetze rc. 2 Thle. Mit Kpf. gr. 12. Bamb. 804—6. J. Lindauer. (a. Fleischmann in München). 16 ℊ

— neuester Katechismus des Feldbaues z. allgem. Gebrauche f. Landwirthe rc. 8. München 827. Fleischmann.

v. Hazzi, Jos., neuester Katechismus des Feldbaues, zum allgem. Gebrauche der Landwirthe, Bauern u. besonders auch der Landschulen. 12. Münch. ... 3e Aufl. 828. Fleischmann. 10 ℊ

Hazzi v.: Neuester Katechismus d. Feldbaues ... 3. Aufl. Münch. 1828. 282 S.

Hazzi, (Jos.) v., neuester Katechismus d. Feldbaues, z. allgem. Gebrauche f. Landwirthe, Bauern u. auch f. Schulen. 3., wohlf. Ausg. 12. (12 B.) München 846, Fleischmann. Thlr.

Hazzi, (Jos.) v., neuester Katechismus des Feldbaues, zum allgem. Gebrauche für Landwirthe, Bauern und auch für Landschulen. 4., unveränd. (Titel-)Ausg. 12. (VI und 282 S.) München 851(52,) Fleischmann.

— Katechismus über die Zucht, Behandlung u. Veredlung der Rindvieh-Gattungen, dann ihre landwirthschaftl. Benützung für große u. kleine Landwirthe, dann landwirthschaftl. Schulen. Mit 14 Holzschn. gr. 8. München 836. (Fleischmann.) $^2/_3$ ℛ

Hazzi v.: Katechismus üb. die Zucht, Behandlung u. Veredlung d. Rindvich-Gattungen ... Münch. 1836. 202 S. 7 Tvl.
— — Wohlfeile Ausg. (etc.). (m. lidt ændret Tit.). Sst. 1846. 202 S. 7 Tvl.

— Katechismus d. Zucht, Behandlung u. Veredlung d. Rindvieh-Gattungen u. ihrer landw. Benützung, für Landwirthe u. landw. Schulen. Mit 14 Holzschn. Wohlf. Ausg. gr. 8. (Mit 1 Tab.) Ebend. 846. 12 ngl

— Katechismus der Zucht, Behandlung u. Veredlung der Rindvieh-Gattungen u. ihrer landwirthschaftl. Benützung. Mit 14 Holzschn. (auf 8 Taf.) 3. unveränd. (Titel-)Ausg. gr. 8. (IV u. 202 S. m. 1 Tab. in gr. Fol.) Ebd. (846) 852. 12 ngl

— Katechismus über die Zucht, Wartung, Pflege, Mästung, Fleisch- od. Schinkenräucherung u. Krankheiten der Schweine f. große u. kleine Landwirthe, dann landwirthschaftl. Schulen. Mit 5 Holzschnitten. gr. 8. München 839. (Fleischmann.) n. 3/8 ß

Katechismus der Zucht, Wartung, Pflege, Mastung rc. der Schweine f. Landwirthe u. landw. Schulen. Mit 5 Holzschn. Wohlf. Ausg. gr. 8. Ebend. 846. 8 ngl

— Katechismus der Zucht, Wartung, Pflege, Mastung, Fleisch- od. Schinken-Räucherung u. der Krankheiten der Schweine. Mit 5 Holzschn. 3. unveränd. (Titel-)Ausg. gr. 8. (92 S.) Ebd. (846) 852. 8 ngl

— Lehrbuch d. Seidenbaues f. Deutschland u. besond. für Baiern, od. vollständ. Unterricht über d. Pflanzung u. Pflege der Maulbeerbäume, dann Behandlung d. Seidenwürmer, sohin üb. die ganze Seidenzucht. Mit 1 ill. Abbild. der ganzen Seidenzucht u. mehreren Holzschnitts-Abdrücken. gr. 4. Münch. 826. Fleischmann. 1 ß 16 gl

HAZZI, v.: Lehrbuch des Seidenbaus für Deutschland und besonders für Bayern, oder vollständiger Unterricht über die Pflanzung und Pflege der Maulbeerbäume, dann Behandlung der Seidenwürmer sohin über die ganze Seidenzucht. - München 1826. 107 S., 1 Taf., 1 Tab.

— (nun Staatsrath v.), über die *Pferderennen* als wesentliches Beförderungs-Mittel der bessern, vielmehr edlen *Pferdezucht in Deutschland und besonders in Bayern.* München, J. Lindauer, 1826. Gr. 8°. Gleichzeit. rosa Ppb. m. Fileten u. Goldschn.
151 S. u. 1 S. Lindauer'sche Verlags-Anz.

HAZZI, Josef: Über das Rechtliche und Gemeinnützige bei Kultur und Abtheilung der Weiden und Gemeindewaldungen in Baiern. - München 1802. 60 S.

— üb. das Rechtliche u. Gemeinnützige bei Kultur d. Weiden. 8. Münch. 802. Fleischmann. 6 gl

— Rede über d. Wohnung d. landwirthschaftl. Vereins oder den Tempel d. Ceres, gehalten am 4. Juni 1820. 8. Münch. 820.

v. Hazzi, (Staatsr.) Sendschreiben an Hrn. **** Deputirten bei der 2n Kammer d. Landstände in Baiern, üb. den Entwurf d. Gesetzes f. landwirthschaftl. Kultur. 8. München 822, Fleischmann. Rthlr.

— über d. Standpunkte d. baier. Verfassungsurkunde von 1818. gr. 8. München 1e u. 2e Aufl. 819. Lindauer. 14 gl

v. Hazzi, Jos.: Ueber die Standpuncte der Baier. Verf.-Urk. in Bez. and. Constitutionen. (1., 2. Aufl.) *München*, Lindauer. 819. 8. (14 Gr.)

— Statistik von München, mit 1 Karte u. Tabelle. 8. Nürnb. 807. Stein. 8 gl

Ueberblick, wahrer, der Geschichte der baierischen Nation, oder das Erwachen der Nationen nach einem Jahrtausend. (Verf. *Hazzi?*) Strassburg 1800. 8°. 75 S. Mit 3 Beibdn. Hfrzb. (aus Föringer's Bibl.).

— über d. Veredlung d. landwirthschaftl. Viehstandes, zugleich d. Grundlage d. Wohls u. Reichthums einer Nation. gr. 8. München 824. J. Lindauer. 16 gl

Hazzi v.: Ueber die Veredlung d. landwirthschaftlichen Viehstandes zugleich die Grundlage d. Wohls u. Reichthums einer Nation. Münch. 1824. 128 S.

Hazzi, Staatsrath (Jos.) v. (1768—1845), über d. 25 jähr. Wirken d. landwirthschaftl. Vereins in Bayern u. d. Central-Landwirthschafts- od. Oktoberfestes .... Eine Rede. geh. bei d. doppelten Jubelfeier in d. öffentl. Versamml. am 6. Octob. 1835. München 1835. (In Commiss. bei Fleischmann.) 4°. Cart.*)
2 Bll., 41 S., XXIII S. Beilagen. — Culturgeschichtl. interessant.

Hazzi, Jos. von: „Ueber das 25jährige Wirken des landwirthschaftlichen Vereins in Bayern und das Central-Landwirthschafts- oder Octoberfest, zugleich den vollständigen Rechenschaftsbericht hierüber enthaltend", eine Rede, gehalten bei der doppelten Jubelfeier in der öffentlichen Versammlung vom 6. October 1835, München 1835 (Fleischmann in Komm.).

J. v. Hazzi, Das Central-Landwirtschafts- oder Oktoberfest; eine Rede, gehalten am 3. April 1820. Mü. 1820.
(Vi)

Head, the, of the family, s. Collection of british authors.

Head, Barclay Vincent

Head, B. V., on the chronological sequence of the coins of Syracuse. gr. 8. (VIII, 80 S. m. 14 photolith. Taf.) London 874. (Berlin, Weidmann.) geb. n.n. 8. —

Head, Sir George, a home tour through the Manufacturing Districts of England, in the summer of 1835. New edition. gr. 8. London 836. (Black et Armstrong.) n. 2 ß

Die Sensibilitätsstörungen der Haut bei Visceralerkrankungen. Von Henry Head, ... London Hospital. Deutsch hrsg. v. Dr. Wilhelm Seiffer, Assistenzarzt an d. ... Nerven-Klinik zu Halle a. S. M. e. Vorw. v. H. Geheimr. Prof. (E[duard]) Hitzig. Nebst 124 Holzschn. im Text u. 7 Taf. *Berlin: A. Hirschwald 1898.* (XI, 346 S., 1 Bl., 7 Taf., 2 Erl.-Bl.) 1 Bd 8. [98. 6324

Head, John, einige Bemerkungen über Locomobilen, nebst Angaben über deren Construction u. allgemeine Einrichtung. 2. Aufl. Lex.-8. (62 S. m. eingedr. Holzschn. u. Tab.) Hannover 877. Schmorl & v. Seefeld. n. 2. —

Headley, J. T. Die grosse Rebellion. Eine Geschichte des Bürgerkrieges in den Ver. Staaten. Hartford, Connecticut 1866. Ü: *Ansorge, Carl.* (Hdschr. Mitth. von Friedrich Müller, München.)

Headley, J. T., die große Rebellion. Eine Geschichte des Bürgerkrieges in den Vereinigten Staaten. Illustrirt mit zahlreichen feinen Stahlst. nach Origin.-Zeichnungen tüchtiger Künstler. (In 2 Bdn.) 1. Bd. Hartford, Conn. 863. — Glogau, Flemming. Lex.-8. (520 S. u. 15 Stahlst.) n. 4 ß 15 ngr.

Headley, J. T., Waldleben in Amerika, s. Waldleben.

Heald, Edmund, (geb. Lancaster in Engl. 17. 4. 1798): De somni causis Berolini (1831). (28 S.) 4°
Berlin, Med. Diss. v. 12. Apr. 1831

Heald, Fred de Forest: Gametophytic regeneration as exhibited by mosses, and conditions for the germination of cryptogam spores. *Leipzig 1897: O. Schmidt.* (68 S. mit Taf.) 8°
Leipzig, Phil. Diss. v. [16. Febr.] 1898

Healey, Mary, e. Sommerroman. Mit Autorisation der Verf. aus dem Engl. übersetzt v. Amalie Schmidt. 2 Thle. 8. (III, 146 u. III, 162 S.) Leipzig 873. Kollmann. n. 4. —

Health Resort. The H' R' of Bürgenstock on the Lake of Lucerne. With 1 Coloured Plate. 14 Illustrations [4 Plates]. Plan, Map, etc. (Illustrated Europe. № 173.) 8. Zurich [1900].

Health-Resort. The H.-R. of Franzensbad. Zurich s. [Hardmeyer-Jenny. Jacob].

Health Resorts in the Grisons. Davos-Platz (1910) s. (Hasselbrink, Friedrich).

Health Resorts. Health and Pleasure Resorts on the Jura-Simplon Railway, the largest and most picturesque in Switzerland. Tourist's Map and useful Notes for Travellers. Published by the Company 1901. 585/506 mm. 1 Bl. fol., *mit Text auf der Rückseite* 1 + 9 p. 8.
Titel auf dem Blatt: Tourist's Map of Western and Central Switzerland, Jura-Simplon Railway 1901. Property of the Jura-Simplon Ry C.... Skale 1:400 000. Drawn by X[aver] Imfeld. Engraver: Lips, Berne.

Healy, Mary, s.: Bigot, Madame.

Lafcadio **Hearn**. Buddha. [Gleaning in Buddah-fields.] Neue Geschichten u. Studien aus Japan. (Einzig autor. Übers. aus d. Engl. von Berta Franzos. Buchschm. von Emil Orlik.) Frankfurt a. M.: Rütten & Loening 1910. 268 S. 8° (11. 7230 11

— Gleanings in Buddha-Fields, s. a. Collection of British authors.

Gleanings in Buddha-fields. Studies of hand and soul in the far east. By Lafcadio **Hearn**. Copyright ed. Leipzig: Tauchnitz 1910. 286 S. 8°
(Collection of Brit. Authors. Tauchnitz Ed. Vol. 4204.) (10. 12379

— Glimpses of unfamiliar Japan, s. a. Collection of British authors.

Glimpses of unfamiliar Japan. By Lafcadio **Hearn**. Copyright ed. (Ser. [1.] 2.) Leipzig: Tauchnitz 1907. 8°
(Collection of British authors. Tauchnitz Ed. Vol. 3994. 4164.) (11. 3747

Hearn, Lafcadio, Izumo. Blicke in das unbekannte Japan. Einzig autoris. Uebersetzg. aus dem Engl. v. Berta Franzos. 1. u. 2. Taus. Buchschmuck v. Emil Orlik. (314 S.) 8. Frankfurt a/M. 907. Literar. Anstalt. n. 5.—; geb. n. 7.—

Lafcadio **Hearn**. Izumo. Blicke in d. unbekannte Japan. (Einzig autor. Übers. aus d. Engl. v. Berta Franzos 3. u. 4. Taus. Buchschmuck von Emil Orlik.) Frankfurt a. M.: Rütten & Loening 1907. (314 S.) 8° (07. 13661

— Kokoro; hints and echoes of Japanese innner life, s. a. Collection of British authors.

Kokoro. Hints and echoes of Japanese inner life. By Lafcadio **Hearn**. Copyright ed. Leipzig: Tauchnitz 1907. 280 S. 8°
(Collection of British authors. Tauchnitz Ed. Vol. 3957.) (11. 8714

Lafcadio **Hearn**. Kokoro. (Einzig autor. Übers. aus d. Engl. v. Berta Franzos.) Mit Vorw. v. Hugo v. Hofmannsthal. (Buchschmuck von Emil Orlik.) Frankfurt a. M.: Rütten & Loening 1905. (289 S.) 8° (07. 13602

— Kokoro. Mit Vorwort von Hugo v. Hofmannsthal. Einzig autoris. Uebersetzg. aus dem Engl. v. Berta Franzos. Buchschmuck v. Emil Orlik. (290 S.) 8. Ebd. (906.) n. 5.—; geb. n. 7.—

Lafcadio **Hearn**. Kokoro. (Einz. autor. Übers. aus d. Engl. von Berta Franzos.) Mit Vorw. von Hugo v. Hofmannsthal. (Buchschmuck von Emil Orlik. 9. u. 10. Taus.) Frankfurt a. M.: Rütten & Loening 1907. (290 S.) 8° (08. 17904 11

Kwaidan. Stories and studies of strange things. By Lafcadio **Hearn**. Copyright ed. Leipzig: Tauchnitz 1907. 255 S. 8°
(Collection of British authors. Tauchnitz Ed. Vol. 3987.) (11. 8741

— dasselbe, s.: Collection of British authors.

— Kwaidan. Seltsame Geschichten u. Studien aus Japan. (Einzig autoris. Übersetzg. aus dem Engl. v. Berta Franzos. 1.—3. Taus. Buchschmuck v. Emil Orlik.) (196 S.) 8. Frankfurt a/M. 909. Literar. Anst. 5.—; geb. 7.—

— Kyushu. Träume u. Studien aus dem neuen Japan. Einzig autoris. Übersetzg. aus dem Engl. v. Berta Franzos. 1.—3. Taus. Buchschmuck v. Emil Orlik. (296 S.) 8. Frankfurt a/M. 908. Literar. Anstalt. 5.—; geb. 7.—

Lafcadio **Hearn**. Lotos. Blicke in d. unbekannte Japan. (Einzig autor. Übers. aus d. Engl. von Berta Franzos. 1. bis 4. Taus. Buchschmuck von Emil Orlik.) Frankfurt a. M.: Rütten & Loening 1906. (304 S.) 8°

Lafcadio **Hearn**. Lotos. Blicke in d. unbekannte Japan. (Einzig autor. Übers. aus d. Engl. von Berta Franzos. 5.–6. Taus. Buchschmuck von Emil Orlik.) Frankfurt a. M.: Rütten & Loening 1907. (304 S.) 8° (08. 17905 11

— Out of the East, s. a. Collection of British authors.

Out of the East. Reveries and studies in new Japan. By Lafcadio **Hearn**. Copyright ed. Leipzig: Tauchnitz 1910. 286 S. 8°
(Collection of Brit. Authors. Tauchnitz Ed. Vol. 4205.)

— The romance of the milky way and other studies and stories, s. a. Collection of British authors.

The Romance of the Milky Way and other studies and stories by Lafcadio **Hearn**. Copyright ed. Leipzig: Tauchnitz 1910. 202 S. 8°
(Collection of British Authors. Tauchnitz Edition. Vol. 4216.) (10. 14643

Hearne, R. P., der Luftkrieg, m. e. Geleitwort v. Sir. Hiram Maxim. Autoris. Übersetzg. v. Kraushaar. Mit 57 Illustr. nach Photographien, Plänen u. alten Stichen. (255 S.) gr. 8. Berlin 909. K. Siegismund. (Urspr. Pr. 6.—; geb. in Leinw. 7.—)

Hearne, Sam., Reise vom Fort Prinz Wallis in d. Hudsonsbai nach dem nördl. Weltmeer; aus d. Engl. von M. Chr. Sprengel. 8. Halle 796. Renger. 15 gr.

— Dass.; aus d. Engl. von Forster, s. Magazin d. merkwürd. Reisebeschreibb. 4r Thl.

Hearne, Samuel, Reise von dem Prinz von Wallis-Fort an der Hudsons-Bay bis zu dem Eismeere in den Jahren 1769 bis 1772. (Aus dem Englischen übersetzt. Mit Anmerkungen von Johann Reinhold Forster.) Berlin 1797

Hearne, Samuel: Tagebuch seiner Reise von Fort Prinz Wallis in der Hudsonsbay nach dem nordlichen Weltmeer. [Aus: S. Hearne: A journey from Prince Wales's Fort to the Northern Ocean. London 1795.]
in: Sprengel's Auswahl von Nachrichten zur Aufklärung der Völker- und Länderkunde. Bd. 7. S. 97–325. Halle 1797. 8°.

Heartsease or the brother's wife, v. Collection of british authors.

Heath, Charles

— Shakspeares Frauenbilder, eine Sammlung weiblicher Portraits zu d. sämmtl. Schauspielen d. Dichters. Nach Originalzeichnungen, von den berühmt. Künstlern Englands gestochen. 15 Hefte. (à 3 Stahlst. u. 3 Bl. Text.) Lex. 8. London u. Berlin 836—38. Asher. 12½ ℛ In Leinwand cart. 13½ ℛ — In Maroquin mit Goldschn. 15 ℛ — Colorirt 30 ℛ

Heath, Charles, d. Deutschen Dichter Frauensaal. Eine Sammlung weibl. Bildnisse als Zierden zu den classischen Dichtern Deutschlands. 16—8s Hft. (à 3 Stahlst. u. 3 Bl. Text.) Lex. 8. London u. Berlin 836, 37. Asher. à Heft ⅔ ℛ

Heath, Charl., s. Gallerie der Helden aus A. v. Tromlitz Werken.

Heath, Chr., Krankheiten der Kieferknochen. Drei Vorlesgn., abgeh. an dem „royal college of surgeons of England". Autoris. Uebersetzg. gr. 8. (118 S. mit 64 Illustr.) Berlin 890. (Bohne.) geb. n.n. 3.50

Heath, R. S., Lehrbuch der geometrischen Optik. Deutsche autoris. u. rev. Ausg. v. R. Kanthack. gr. 8. (XIII, 386 S. m. 155 Fig.) Berlin 894. J. Springer. n. 10.—

Heaumier, Jacques, lectures choisies, s.: Plattner, Phpp.

Heaumier, J., Schlüssel zu dem französ. Unterrichtswerk, s.: Plattner, Ph.

– französ. Unterrichtswerk, s.: Plattner, Phpp.

Das Büchlein **Heb mich auf!** Der deutschen Jugend gewidmet vom Dürerbunde. Kieler Ausg. München. 1910. 8°

Hebamme, Des getreuen Eckharts Unvorsichtige, ... Leipzig 1715. V: *Ettner, Joh. Chph.* (Kat. d. Bibl. Fr. Schnitzer-München 1902. S. 20.)

Hebammenbuch, Preussisches. 2. Ausgabe. Berlin 1850. V: *Schmidt, Jos. Herm.* (Ky)

Hebammen-Buch, Preußisches. (Gekrönte Preisschrift von J. H. Schmidt.) 2. Ausg. 2 Thle. gr. 8. 1. Thl. A. u. d. T.: Lehrbuch der Geburtskunde f. die Hebammen in den Königl. Preuß. Staaten. 2. Ausg. Mit 29 (Stahlst.-)Taf. Abbildgn. (XVI u. 400 S.) — 2. Thl. A. u. d. T.: Fragebuch der Geburtskunde f. die Hebammen in den Königl. Preuß. Staaten. 2. Ausg. Mit e. clinischen Anhange. (XXII u. 170 S.) Berlin 850. A. Hirschwald in Comm. (1: n. 2⅓ ℛ 2: n. ⅔ ℛ) n. 3 ℛ

Hebammenbuch, ungarisches, womit Kraft der vom königl. ung. Minister f. Cultus u. Unterricht im Einvernehmen m. dem kgl. ung. Minister d. Innern unt. Zahl 60.000 erlassenen Verordng. die Ausbildung d. diplomirten Hebammen u. die Ausübung der Hebammenkunst in Ungarn gesetzl. geregelt wird. (Amtl. Ausg.) gr. 8. (338 S. m. Abbildgn.) Budapest 902. (Dobrowsky & Franke). Geb. in Leinw. n.n. 3. 10

Hebammenbüchlein, christliches. Ludwigsburg 860. Riehm in Comm. 8. (16 S.) 2 ngr.

Hebammen-Kalender, deutscher, f. d. J. 1889—1893. 1.—5. Jahrg. 16. (VIII, 296; 311; IV, 302; IV S., Schreibkalender u. 67; 84 S. u. Schreibk.) Berl., Staude. geb. in Leinw. à Jahrg. * 1 —
Ausg. f. d. Königr. Sachsen (à Jahrg. ca. 75 S. m. Schreibkalender) à Jahrg. * 1 —

Hebammen-Kalender, deutscher, f. d. J. 1894. VI. Jahrg. 16. (VIII S., Schreibkalender u. 74 S. m. 11 Formularen.) Berlin, E. Staude. Geb. in Leinw. n. 1. —

Hebammen-Kalender, deutscher, f. d. J. 1899. XI. Jahrg. 16. (XXVIII S., Schreibkalender u. 169 S. m. Abb. u. 1 Bildn.) Berlin, E. Staude. Geb. in Leinw. n. 1. –

Hebammen-Kalender, deutscher, f. d. J. 1903. 15. Jahrg. gr. 16. (XX S., Schreibkalender u. 205 S. m. Abb. u. 1 Bildn.) Berlin, E. Staude. Geb. in Leinw. n. 1. –

Hebammen-Kalender, deutscher, f. d. J. 1907. 19. Jahrg. (XVI S., Schreibkalender u. 225 S. m. Abbildgn. u. 1 Bildnis.) 16. Berlin, E. Staude. Geb. in Leinw. n. 1.—

Hebammen-Kalender, deutscher, f. d. J. 1911. 23. Jahrg. (XII S., Schreibkalender u. 243 S. m. Formularen u. 1 Bildnis.) 16. Berlin, E. Staude. Geb. in Leinw. 1. —

Hebammen-Kalender, Oesterreichischer, mit theilweiser Benützung des „Lehrbuches der Geburtshilfe für Hebammen" des Herrn Hofrath Prof. Dr. Gustav Braun, bearbeitet und herausgegeben von Dr. Emil Ekstein, Operateur und Frauenarzt in Teplitz i. B. Mit dem Porträt des Herrn Hofrath Prof. Dr. Gustav Braun. I. Jahrgang. 1895 (147 S., mit Notizblätter!) Cartonnirt 8°.
Wien: Perles.

Hebammen-Kalender, Oesterreichischer, pro 1896, mit theilweiser Benützung des „Lehrbuches der Geburtshilfe für Hebammen" des Herrn Hofrath Prof. Dr. Gustav Braun, bearbeitet und herausgegeben von Dr. Emil Ekstein, Operateur und Frauenarzt in Teplitz i. B. Mit dem Porträt des Dr. Karl Freiherr von Rokitansky. II. Jahrgang 8. (150 S., mit Notizblätter.) Cartonnirt .80
Wien: Perles.

Hebammen-Kalender, Oesterreichischer, pro 1897. III. Jahrgang. Herausgegeben von Dr. Emil Ekstein, Frauenarzt in Teplitz. 8. (216 S., mit Notiz-Kalender.) Eleg. geb. —.80
Wien: Perles.

Hebammen-Kalender, Oesterreichischer, pro 1898. IV. Jahrgang. Herausgegeben von Dr. Emil Ekstein, Frauenarzt in Teplitz. Mit 16 Abbildungen. 8. (218 S.) Eleg. geb. —.80
Wien: Perles.

— österreichischer, pro 1899, m. theilweiser Benützung d. Lehrbuches der Geburtshilfe f. Hebammen von Gust. Braun u. Piskaček bearb. u. hrsg. v. Emil Ekstein. 5. Jahrg. 8. (218 S. m. 16 Abb., 1 Lichtdr. u. Notizkal.) Wien, M. Perles. Kart. n. 1. 60

(F) Oesterreichischer Hebammen-Kalender pro 1900 von Dr. Emil Ekstein. VI. Jahrgang. Mit 16 Abbildungen. Wien. 1900. Perles. 8°. 222 S. Mit Notizkalender. Geb. fl. —.80

(F) Oesterreichischer Hebammen-Kalender pro 1901 von Dr. Emil Ekstein. VII. Jahrgang. Mit 16 Abbildungen. Wien. 1901. Perles. 8°. 222 S. mit Notizkalender. Cart. K 1.—

(F) Oesterreichischer Hebammen Kalender pro 1902. Bearbeitet nach dem Lehrbuche für Hebammen von Prof. Dr. Piskaček Von Dr. Emil Ekstein. VIII. Jahrgang. Mit 16 Abbildungen. Wien. Perles. 8°. 222 S. Mit Notizkalender. Geb. K 1.60

— österreichischer, pro 1903. Bearb. nach d. Lehrbuch f. Hebammen v. Piskaček v. Emil Ekstein. 9. Jahrg. 8. (222 S. m. 16 Abbildgn., 1 Bildnis u. Notizkalender.) Wien, M. Perles. Kart. n. 1. 60

Ekstein, E., Österreichischer Hebammen-Kalender für das Jahr 1904. 10. Jahrg. 8°. (ill. 220 S.) K 1.60
Wien: Perles.

(F) **Österreichischer Hebammenkalender** für das Jahr 1905. 11. Jahrg. 8°. (ill. 220 S.) K 1.60
Wien: Perles.

— österreichischer, f. d. J. 1907. Bearb. nach dem Lehrbuche f. Hebammen v. Piskaček v. Emil Ekstein. 13. Jahrg. (236 S. m. 12 Abbildgn., 1 Bildnis u. Notizkalender.) 8. Wien, M. Perles. Geb. n. 1. 60

(F) Österr. Hebammenkalender für das Jahr 1908. 14. Jahrg. 8°. (256 S.) K 1.60
Wien: Perles.

(F) Österreichischer Hebammenkalender für das Jahr 1909. XV. Jahrg. Gr.-8°. (256 S.) K 1.60
Wien: Perles.

(F) Österreichischer Hebammenkalender für das Jahr 1910. XVI. Jahrg. Gr.-8°. (450 S.) K 1.60
Wien: Perles.

— österreichischer, f. d. J. 1911. Bearb. nach dem Lehrbuche f. Hebammen v. Piskaček v. Emil Eckstein. 17. Jahrg. (260 S. m. 12 Abbildgn., Notizkalender u. 1 Bildnis.) 8. Wien, M. Perles. Geb. 1.60

Hebammenkalender. Schweizerischer H'. Praktisches Hilfsbuch für 1904 von Dr. G[uillaume] Rossier, Professor ... in Lausanne.... Übersetzt von Dr. med. (Th[eophil]) Gloor ⟨Echallens⟩ und mit einem Vorwort von Herrn Professor Dr. [Otto] von Herff ⟨Basel⟩. [Jahrg. 1.] VIII [+ 198] + 88 S. 8. Genf, Soc. Suisse d'Edition; Aarau, Komm. H. R. Sauerländer & Co. [geb.] fr. 2. —

Hebammenkalender. Schweizerischer H' für 1905. Praktisches Hilfsbuch von Dr. G[uillaume] Rossier, Professor ... in Lausanne.... Übersetzt von Dr. med. (Th[eophil]) Gloor ⟨Echallens⟩ und mit einem Vorwort von Herrn Professor Dr. [Otto] von Herff ⟨Basel⟩. [Jahrg. 2.] XIV + VIII [+ 192] + IV + 88 S. 8. Genf, Soc. Suisse d'Edition: Aarau, Komm. H. R. Sauerländer & Co. [geb.] fr. 2.—

Hebammenkalender. Schweizerischer H' für 1906. [Jahrg. 3.] Praktisches Hilfsbuch von Dr. G[uillaume] Rossier, Professor ... in Lausanne.... Übersetzt von Dr. med. (Th[eodor]) Gloor ⟨Echallens⟩ und mit einem Vorwort von Herrn Prof. Dr. [Otto] von Herff ⟨Basel⟩. XIV + VIII [+ 192] + IV + 88 S. 8. Lausanne, Soc. Suisse d'Edition; Aarau, Komm. H. R. Sauerländer & Co. [geb.] fr. 1.50

Hebammenkalender. Schweizerischer H' für 1907. [Jahrg. 4.] Praktisches Hilfsbuch von Dr. G[uillaume] Rossier, Professor ... in Lausanne.... Übersetzt von Dr. med. (Th[eodor]) Gloor ⟨Echallens⟩ und mit einem Vorwort von ... Professor Dr. [Otto] von Herff ⟨Basel⟩. XVI + VIII [+ 224] + IV + 104 S. 8. Lausanne, Soc. Suisse d'Edition; Aarau, Komm. H. R. Sauerländer & Co. [geb.] fr. 1.50

Hebammenkalender. Schweizerischer H' für 1908. [Jahrg. 5.] Praktisches Hilfsbuch von Dr. G[uillaume] Rossier, Professor ... in Lausanne.... Übersetzt von Dr. med. (Th[eodor]) Gloor ⟨Echallens⟩ und mit einem Vorwort von Herrn Professor Dr. [Otto] von Herff ⟨Basel⟩. VIII [+ 224] + VIII + IV + 108 S. 8. Lausanne, Soc. Suisse d'Edition: Aarau, Komm. H. R. Sauerländer & Co. [geb.] fr. 1.50

Hebammenkalender. Schweizerischer H'.... Praktisches Hilfsbuch von Dr. G[uillaume] Rossier, Professor ... in Lausanne.... Übersetzt von Dr. med. (Th[eodor]) Gloor ⟨Echallens⟩ und mit einem Vorwort von ... Professor Dr. [Otto] von Herff ⟨Basel⟩. [Mit Vignetten.] 8. Lausanne, Soc. Suisse d'Edition; Aarau, Komm. H. R. Sauerländer & Co. [geb.] fr. 1.50
... für 1909. [Jahrg. 6.] X + 96 Text-S. + *Inserate.*
... für 1910. [Jahrg. 7.] X + 99 Text-S. + *Inserate.*

Hebammenkatechismus, s. Vetter.

Hebammenkatechismus, auch noch ein, (von J. Fehr). 8. Rothenb. 778. Hermstädt. 6 gr

Hebammen-Lehrbuch. Hrsg. im Auftr. d. Kgl. Preuß. Minist. d. geistl. Angeleg. Mit zahlr. Abb. Berlin: J. Springer 1904. (VIII, 387 S.) 8° [F.] [03. 6643]

Hebammen-Lehrbuch. Hrsg. im Auftr. d. Kgl. Preuß. Minist. d. geistl. ... Angelegenheiten. Mit zahlr. Abb. Ausg. 1905. Berlin: J. Springer 1905. (X, 393 S.) 8° [F.] [06. 3016]

Hebammen-Lehrbuch, Preussisches. Hsg. im Auftrag des Ministeriums ... Berlin 1892. B: *Dohrn, Rud.* (Berl)

Hebammen-Lehrbuch, preußisches. Hrsg. im Auftrage d. Ministers der geistl., Unterrichts- u. Medizinal-Angelegenheiten. gr. 8. (XII, 291 S. m. 43 Holzschn.) Berlin 892. A. Hirschwald. Geb. in Leinw. n. 4.50

HEBAMMEN-Ordnung, Erneute, eines Raths der Stadt Nürnberg. Dat. den 11. April 1755. 4°. 16 Bll. (3 Mk. B. Seligsberg, Bayreuth, 1906.) Selten!

— gemeinnützige, f. Unterricht der Entbindungskunst. 4. Wetzlar 778. Winkler. 4 gr

— hochfürstl. Markgräfl. (Badische). 8. Karlsr. 808. Braun. 2 gr

Hebeammen-Ordnung f. d. Herzogt. Holstein. Glückstadt 1765. 4.

Hebammenordnung, Regensburger. 4. Regensb., Montag u. W. 4 gr

Hebammen-Ordnung. Für das Herzogthum Schleswig. De Dato Christiansburg zu Copenhagen d. 18. Febr. 1765. Schleswig. (1765.) 4° k.

Hebammen-Ordnung, Zittauische erneuerte und vermehrte. Zittau 1793. H: *Hirt, Friedrich Wilhelm Ludwig.* (OL) (MGT)

Hebammenunterricht, geistl., zum Gebrauch d. christl. Hebammen 2c. 8. Augsb. 802. Kranzfelder. 4 gr

Allgemeine deutsche **Hebammenzeitung.** (43 ff.: Zeitschrift z. Förderung d. Hebammenwesens.) Chef-Red.: [Georg] Winter; Red. des Hebammenteils: O[lga] Gebauer. 13 ff.: Schriftl.: [Alfred] Koblanck. (44 ff.: Hrsg. v. S[igfrid] Hammerschlag.) Jg. 1 ff. — Berlin (35, 13 ff.: Osterwieck): Staude 1886 ff. 4°
1, 1–4 u. d. T.: Berliner Hebammen-Zeitung.
39–42 mit d. Beil.: Zeitschrift z. Förderung des Hebammenwesens.

Hebammen-Zeitung, allgemeine deutsche. Chefred.: Winter, verantwortlich f. den ärztl. Theil. Red. f. den übrigen Theil O. Gebauer. 1. Jahrg. 1886. 24 Nrn. (B.) gr. 4. Berlin, Staude. 6. —

Hebammen-Zeitung, allgemeine deutsche. Chefredacteur: Dr. Winter. Red. d. Hebammentheils: O. Gebauer. 2.—5. Jahrg. 1887—1890. à 24 Nrn. (B.) gr. 4. Berlin, Staude. à Jahrg. n. 6. —

Hebammen-Zeitung, allgemeine deutsche. Chefred: Winter. Red. d. Hebammentheils: O. Gebauer. 6.–9. Jahrg. 1891—1894. à 24 Nrn. (Bog.) gr. 4. Berlin, E. Staude. à Jahrg. n. 6. —

Hebammen-Zeitung, allgemeine deutsche. Chefred.: Winter. Red. d. Hebammentheils: O. Gebauer. 10.—13. Jahrg. 1895—1898. à 24 Nrn. (à ca. 2 Bog.) gr. 4. Berlin, E. Staude. à Jahrg. 6. —
Kann auch vierteljährlich bezogen werden.

Hebammen-Zeitung, allgemeine deutsche. Hrsg.: Winter. Schriftleiter: Koblanck. Schriftleiterin d. Hebammentheils: O. Gebauer. 14.—17. Jahrg. 1899—1902. à 26 Nrn. gr. 4. (à ca. 16 S.) Berlin, E. Staude. à Jahrg. 6. —

Hebammen-Zeitung, allgemeine deutsche. Hrsg.: Winter. Schriftleiter: Koblanck. Schriftleiterin f. den Hebammenteil: Frau O. Gebauer. 18.—21. Jahrg. 1903—1906. à 26 Nrn. (VIII, 504; VIII, 480; VIII, 512 u. VIII, 512 S.) gr. 4. Berlin, E. Staude. à Jhrg. 6. —

Hebammen-Zeitung, allgemeine deutsche. Hrsg.: Winter. Schriftleiter: Koblanck. Schriftleiterin f. den Hebammenteil: Frau O. Gebauer. 22.—25. Jahrg. 1907—1910. à 26 Nrn. (VIII, 512; VIII, 522; VIII, 576 u. VIII, 596 S. m. Abb.) 30×22,5 cm. Berlin, E. Staude. à Jahrg. 6. —

Sächsische **Hebammenzeitung.** Hrsg. [Paul] Zweifel. Schriftl. Th. Leisewitz. Für d. Hebamment. verantw.: [Hedwig] Hohlfeld. Jg. 1 ff. — Dresden: Zahn & Jaensch 1903 ff. 4°

— sächsische. Hrsg.: Die Direktoren der königl. Frauenkliniken u. Hebammenlehranstalten in Dresden u. Leipzig Leopold u. Zweifel. Schriftleiter: H. Füth u. Weindler. Für den Hebammenteil verantwortlich: Frau Patzig u. Frau Wollblock. 3. Jahrg. 1906. 12 Nrn. (VI, 154 S. m. 34 Abbildgn. u. 1 Portr.) 4. Dresden, v. Zahn & Jaensch. n. 3. —
Vergl.: Vereins-Hebammen-Zeitung, sächsische.

— sächsische. Hrsg.: Die Direktoren der königl. Frauenkliniken u. Hebammenlehranstalten in Dresden u. Leipzig Leopold u. Zweifel. Schriftleiter: F. Weindler. Für den Hebammenteil verantwortlich: Frau Patzig u. Frau Wollblock. 4.—7. Jahrg. 1907—1910. à 12 Nrn. (IV, 148; VI, 160; VI, 164 u. IV, 156 S. m. Abbildgn.) 31×23 cm. Dresden, v. Zahn & Jaensch. à Jahrg. 3. —

— schweizerische. Offiz. Organ des schweizer. Hebammen-Vereins. Red.: A. Kalt. 6. Jahrg. 1899. 12 Nrn. hoch 4. (à ca. 12 S.) Elgg (Ct. Zürich), E. Hofmann. n.n.n. 2. 50
Nicht durch den Buchhandel zu beziehen.

— schweizerische. Populär wissenschaftl. Organ f. Geburtshilfe, Kranken- u. Kinderpflege. Unter Red. v. mehreren Aerzten hrsg. 10. u. 11. Jahrg. 1903 u. 1904. à 12 Nrn. (à ca. 8 S.) hoch 4. Elgg, E. Hofmann. (Nur direkt.) à Jhrg. n. 3. 20

Hebar Anton: Studien über das Seelenleben des taubstummen Kindes.
H. 1909 PN 2642 Diss. Wien, Univ.

Hebart, Joh. Alb. Ludw., Für den Chiliasmus. Ein Gutachten über die Predigt des Herrn Pfr. Löhe über Phil. 3, 7—11 u. über die Entgegnungen des Herrn Pastors J. Diedrich. Nürnberg 859. Raw. gr. 8. (26 S.) n. 3 ngr.

— die natürliche Theologie des Apostels Paulus, comparativ dargestellt. Ebend. 860. gr. 8. (54 S.) n. 8 ngr.

Hebart, Joh. Alb. Ludw., die zweite sichtbare Zukunft Christi. Eine Darstellung der gesammten bibl. Eschatologie in ihren Hauptmomenten, im Gegensatz zu vorhandenen Auffassungen bearb. u. auch f. das Verständniß v. Nichttheologen eingerichtet. gr. 8. (XIV u. 215 S.) Erlangen 850, Bläsing. 27 ngr

Hebbe, Johann Gustav: Nachrichten von den Azorischen Inseln, besonders von der Insel Fayal. Aus dem Schwedischen auszugsweise übersetzt und mit Anmerkungen begleitet von Rühss.
in: Bibliothek der neuesten und wichtigsten Reisebeschreibungen. Bd 23. Weimar 1805. IV, 52 S. 8°.

Hebbel [Sachliches Ordnungswort]

Hebbel. Ein verkleinertes Bild seines Gedankenlebens. Zusammengestellt v. Egon Friedell, s.: Aus der Gedankenwelt grosser Geister. 10. Bd.

Hebbel, Friedrich, s. Klassiker, moderne.

Hebbel, Friedrich. Cassel 1854.
V: *Ruge, Arnold.* (Friedrich Hebbel, Briefe. Hsg. von R. M. Werner. Berl. V (1906), 39.)

— in der zeitgenössischen Kritik, hrsg. v. H. Wütschke, s. a. Literaturdenkmale, deutsche, des 18. u. 19. Jahrh.

(Deutsche Literaturdenkmale des 18. und 19. Jahrhunderts. Nr. 143. 3. F. Nr. 23.)
Hebbel in der zeitgenössischen Kritik. Hrgg. und mit Anmerkungen versehen v. H. Wütschke. Berlin. 1910. 8°

Hebbel [Verfasser]

Hebbel, die Taktik der Feldartillerie, s.: Handbuch f. schweizerische Artillerie-Offiziere.

Hebbel, Friedrich

Hebbel, Friedr., zur Biographie desselben, s. Frankl, L. A.

Hebbel's, Friedr., Biographie, s.: Kuh, E.

Hebbel. Rede z. Enthüllg. d. H.-Denkmals, s.: Krumm, H.

— Auswahl v. Gedichten in Prosa, s.: Hebbelbuch.

— Agnes Bernauer, s.: Meisterwerke, die, der deutschen Bühne.

— dasselbe, s.: Koch's deutsche Klassikerausgaben.

— dasselbe, s.: Meyer's Volksbücher.

— dasselbe, hrsg. v. Berth. Schulze, s.: Schulausgaben, deutsche.

— dasselbe, s.: Universal-Bibliothek.

— Agnes Bernauer. Ein deutsches Trauerspiel in 5 Aufzügen. Wien 855. Tendler u. Co. 8. (136 S.) n. 1 ℔ 10 ngr

Hebbel, Friedrich: Agnes Bernauer. Ein deutsches Trauerspiel in 5 Akten. Mit e. Vorbemerkung u. d. Bilde d. Dichters.
Halle a. S.: O. Hendel (1901). (IV, 84 S.) 8°
(Bibliothek d. Gesamtlitteratur d. In- u. Auslandes. No 1535.)

— Agnes Bernauer, s. a. Bibliothek der Gesamtlitteratur.

Agnes Bernauer. Ein deutsches Trauerspiel in 5 Akten von Friedrich Hebbel. Hrsg. von Dr. Woldemar Haynel, Oberl. in Linden. *Bielefeld & Leipzig: Velhagen & Klasing 1904.* (XII, 116 S.) 8° [J.]
— Sammlung, Velhagen & Klasings, dtsch. Schulausg. Lfg 108.

— dasselbe, hrsg. v. Woldem. Haynel, s. a. Velhagen & Klasing's Sammlung deutscher Schulausgaben.

— Agnes Bernauer. Ein deutsches Trauerspiel in 5 Akten. Für Schule u. Haus hrsg. v. Ferd. Hoffmann. (176 S. m. Bildnis.) kl. 8. Münster 910. Aschendorff. Geb. 1. 10

(Neuere Dichter für die studierende Jugend, hrgg. v. A. Bernt u. J. Tschinkel.)
Agnes Bernauer. Ein deutsches Trauerspiel in 5 Aufzügen v. Friedrich **Hebbel.** Mit einer Einführung v. Josef Pohl Wien. 1910. 8°

— dasselbe, s.a. Dichter, neuere, f. die studierende Jugend.

— Briefe. Unter Mitwirkg. Fritz Lemmermayers v. Rich. Maria Werner hrsg. Nachlese in 2 Bdn. gr. 8. Berlin 900. B. Behr's Verl. n. 8. —; geb. n. 10. —; f. Abnehmer der sämmtl. Werke n. 5. —; geb. n. 7. —
1. 1833—1852. (IX, 438 S.) — 2. Nebst Nachträgen u. e. chronologischen Verzeichnis sämmtlicher Briefe Hebbels. (401 S.)

— Briefe. Ausgewählt u. biographisch verbunden v. Kurt Küchler. Mit 4 Bildern u. 1 Fksm. 1. u. 2. (Umschlag-) Aufl. (XIII, 309 S.) gr. 8. Jena 908. H. Costenoble. 2.80; geb. n 3. 50

Hebbel's, Frdr., Briefwechsel m. Freunden u. berühmten Zeitgenossen. Mit e. Vorwort hrsg. v. F. Bamberg. Nebst den Bildnissen Hebbel's u. Bamberg's, gestochen v. A. Krüger. 1. Bd. gr. 8. (XIV, 460 S.) Berlin 890. Grote. n. 12. —

— Briefwechsel m. Freunden u. berühmten Zeitgenossen. Mit e. Vorwort u. e. Epilog zu Hebbel's literar. Nachlaß hrsg. v. Fel. Bamberg. 2. Bd. gr. 8. (616 S.) Berlin 892. G. Grote. n. 15. — (1 u. 2.: n. 27. —)

— Die drei Brüder u. and. Erzählungen, s.: Gotthelf, Jerem.

— Demetrius, ergänzt u. bearb. v. Heinr. Teweles, s.: Universal-Bibliothek.

Hebbel, Frdr., Demetrius. Eine Tragödie. [Nachgelassenes Werk.] Hamburg 864. Hoffmann & Campe. 8. (XVI, 241 S.) 1 ℛℬ

Friedrich **Hebbels** Demetrius. Vollendet von Otto Harnack. Stuttgart & Berlin: Cotta (1910). 130 S. 8°
(Cotta'sche Handbibliothek. Nr 101.) [10. 13243

— Demetrius, vollendet v. Otto Harnack, s.a. Handbibliothek, Cotta'sche.

Hebbel, Friedr., der Diamant. Eine Komödie in 5 Acten. 12. (178 S.) Hamburg 847, Hoffmann & Campe. 1 ℛℬ

[Friedrich] **Hebbels** Dramaturgie [Werke, Ausz.]. Drama u. Bühne betr. Schriften, Aufsätze, Bemerkungen Hebbels, gesammelt u. ausgewählt von Wilhelm v. Scholz. München & Leipzig: G. Müller 1907. (385 S.) 8° [F.]
— **Dramaturgie**, Deutsche. Bd 1. [07. 8984

Durch Irren zum Glück. Tagebuchblätter von Friedrich **Hebbel.** (Hrsg.: W. B.) 1.–10. Taus. Berlin: B. Behr 1907. (VI, 405 S.) 8° [07. 9407

— Durch Irren zum Glück. Tagebuchblätter. 16—20. Taus. (XVI, 409 S.) 8. Berlin (908). B. Behr's Verl. 2.—; geb. 3.—
1—10. Taus. (VIII, 405 S.) 907. 2.—; geb. 3.—

— Erzählungen, s.: Bibliothek der Gesamtlitteratur des In- u. Auslandes.

— Erzählungen und Novellen. Pesth 855. Heckenast. 16. (2 Bl., 154 S.) n. 20 ℛℬ

Hebbel, Frdr., Gedankengold. Sprüche. Aus seinen Tagebüchern, Briefen u. Gedichten ausgewählt v. Emil Wolff. 12. (86 S. m. Bildnis.) Berlin 899. G. Grote. n. 1. 60

— Gedichte, s.: Universal-Bibliothek.

Hebbel, Friedr., Gedichte. 8. (16½ B.) Hamburg 842, Hoffmann u. Campe.

— Gedichte. Gesammt-Ausgabe stark verm. u. verb. Stuttgart 857. Cotta. 8. (X, 475 S.) 2 ℛℬ 15 ngℛ

— Gedichte. (Auswahl, Textrevision u. Einleitg. v. Jul. Bab. Pantheon-Ausg.) (XLV, 227 S. m. Bildnis.) 16. Berlin (908). S. Fischer, Verl.
Geb. in Ldr. m. Goldschn. 3.—: in Perg. 4.—

— ausgewählte Gedichte, s.: Meyer's Volksbücher.

— dasselbe, s.: Bibliothek der Gesamtlitteratur des In- u. Auslandes.

— neue Gedichte. Mit Portr. des Verf. (in Stahlst.) 8. (X u. 215 S.) Leipzig 848, Weber. n. 1⅓ ℛℬ

— sämtliche Gedichte in 2 Bdn. Mit alphabet. Verzeichnis der Anfangsworte. 12. (238 u. 283 S.) Leipzig (900). M. Hesse. In 1 Leinw.-Bd. 1. 50

— — Genoveva. Tragödie in 5 Acten. 8. (15 B.) Hamburg 843, Hoffmann u. Campe.

HEBBEL, Friedrich
(F) Genoveva. Tragödie in fünf Acten von Friedrich Hebbel. [Allgemeine National-Bibliothek. 250—251.] Wien [1900.] Daberkow. 8°. 136 S. K —.40

— Genoveva. s.a. National-Bibliothek, allgem.

Genoveva. Tragödie in 5 Akten von Friedrich **Hebbel**. Mit e. Einl. von Richard Specht. *Stuttgart & Berlin: J. G. Cotta Nachf. [1903].* (168 S.) 8° [F.]
— **Handbibliothek**, Cotta'sche. No 71. [04. 2504

— Gyges u. sein Ring, s.: Bibliothek der Gesamtlitteratur des In- u. Auslandes.

— Gyges u. sein Ring, hrsg. v. Rich. Maria Werner, s.: Meisterwerke, die, der deutschen Bühne.

— Gyges u. sein Ring. s.: Meyer's Volksbücher.

Hebbel, Friedrich: Gyges u. s. Ring, s. Nationalbibliothek, Allgem.

— dasselbe, s.: Universal-Bibliothek.

Hebbel, Friedrich —. Gyges und sein Ring. Eine Tragödie in 5 Akten von — —. Wien, 1856 Verlag von Tendler und Komp. Druck von L. C. Zamarski (vorm. J. P. Sollinger.) 8. (120 S.) geh.

Friedrich] Hebbel-Brevier von C. Schroeder. *Berlin: Schuster & Loeffler 1904.* (188 S.) 8° [04. 16757

Hebbelbuch, hrsg. v. Paul Lorentz, s.: Schulausgaben, deutsche.

— Herodes u. Mariamne, s.: Meisterwerke, die, d. deut. Bühne.

— Herodes u. Mariamne, s.: Universal-Bibliothek.

— Herodes u. Mariamne. Eine Tragödie in 5 Acten. 8. (202 S.) Wien 850, Gerold. n. 1 1/3 ℳ

Herodes und Mariamne. Eine Tragödie in 5 Akten von Friedrich Hebbel. Für d. Schulgebr. hrsg. von Dr. Robert Petsch, Privatd., Würzburg. *Bielefeld & Leipzig: Velhagen & Klasing 1902.* (XVII, 123 S.) 8° [F.]
= Sammlung, Velhagen & Klasings, deutscher Schulausg. Lfg 95. [03. 10694

— dasselbe, hrsg. von Rob. Petsch, s. a. Velhagen & Klasing's Sammlung deutscher Schulausgaben.

(F) Hebbel, Fr., Herodes und Marianne. [Allg. National-Bibliothek. Nr. 307–308.] 8°. (121 S.) K —.20
Wien: Daberkow 1902.

Hebbel, Friedrich: Herodes u. Mariamne, s.a. Nationalbibliothek, Allgemeine. Nr. 307–308.

Herodes und Mariamne. Eine Tragödie in 5 Akten von Friedrich Hebbel. Mit e. Vorbemerkung u. d. Bilde d. Dichters. Halle a. S.: O. Hendel [1905]. (IV, 96 S.) 8° [F.]
(Bibliothek d. Gesamtlitteratur d. In- u. Auslandes. No 1919.) [06. 3503

— Herodes u. Mariamne, s. a. Bibliothek der Gesamtliteratur.

(Deutsche Schulausgaben, hrgg. v. J. Ziehen. Nr. 63.)
Herodes und Mariamne. Eine Tragödie in 5 Akten v. Friedrich Hebbel. Hrgg. v. Heinrich Deckelmann. Leipzig, Dresden, Berlin. 1901. 8°

— dasselbe, hrsg. v. H. Deckelmann, s. a. Schulausgaben, deutsche.

— Judith, s.: Bibliothek der Gesamtlitteratur des In- u. Auslandes.

— dasselbe, s.: Grosse, J., gesammelte Werke.

— dasselbe, s.: Meisterwerke, die, der deutschen Bühne.

— Judith, s.: Meyer's Volksbücher.

Hebbel, Friedrich: Judith, s. Nationalbibliothek, Allgemeine. Nr. 176/77.

— dasselbe, s.: Universal-Bibliothek.

Hebbel, Friedr., Judith. Eine Tragödie in 5 Act. 8. (9 B.) Hamburg 841, Hoffmann u. Campe.

Hebbel, Frdr., Judith. Eine Tragödie in 5 Acten. 2. Aufl. 8. (112 S.) Hamburg 873. Hoffmann & Campe. n. 3. —

Judith. Eine Tragödie in 5 Aufz. von Friedrich Hebbel. Mit e. Einl. von Richard Specht. *Stuttgart & Berlin: J. G. Cotta Nachf. [1904].* (74 S.) 8° [F.]
= Handbibliothek, Cotta'sche. No 86. [04. 1303

— Judith. Eine Tragödie in 5 Akten. (Mit 10 Vollbildern, 10 Vignetten u. Einbd.-Zeichng. v. Thom. Thdr. Heine.) 2. Aufl. (III, 72 S.) 8. München 908. H. v. Weber. 6.—; Büttenausg. 10.—; Luxusausg. 30.—

— Julia. Ein Trauerspiel in 3 Akten. Nebst e. Vorrede u. e. Abhandlung: „Abfertigung e. aesthet. Kannegießers." 8. (XLIV u. 115 S.) Leipzig 851, Weber. n. 1 ℳ

— meine Kindheit. Gedichte. Auswahl v. Gust. Falke. (Hamburgische Hausbibliothek. Hrsg. im Auftrage d. Gesellschaft hamburg. Kunstfreunde, d. patriot. Gesellschaft u. d. Lehrervereinigg. f. die Pflege d. künstler. Bildg.) 1. bis 8. Taus. (94 S.) 8. Hamburg 903. 904. A. Janssen. Geb. in Leinw. n. — 50.

— Meine Kindheit. Mit 3 Radiergn. v. Leo Kayser. (69 S.) 8. Eisenach 908. (H. Jacobi.) Geb. 3. —

— dasselbe. Die einsamen Kinder. Gedichte, s.: Hausbibliothek, hamburgische.

— dasselbe. Mutter u. Kind, s.: Volksbücher, Wiesbadener.

(Die Bücher der Rose. 5.)
Der heilige Krieg. Friedrich Hebbel in seinen Briefen, Tagebüchern, Gedichten. Hrgg. v. Hans Brandenburg. Geschmückt v. Käte Vesper-Waentig. München-Ebenhausen. [1907.] 8°
—— München-Ebenhausen u. Leipzig. (1911.) 8°

— in seinen Briefen, Tagebüchern, Gedichten, s. a. Bücher, die, d. Rose.

— Maria Magdalena, s.: Bibliothek der Gesamtlitteratur des In- u. Auslandes.

— Maria Magdalene, s.: Meisterwerke, die, der deutschen Bühne.

Hebbel, Friedrich: Maria Magdalena, s. Meyer's Volksbücher.

Hebbel, Friedrich: Maria Magdalena, s. Nationalbibliothek, Allgem.

— dasselbe, s.: Universal-Bibliothek.

— Maria Magdalene. Ein bürgerliches Trauerspiel in 3 Acten. Nebst e. Vorwort, betreff. das Verhältniß d. dramat. Kunst zur Zeit u. verwandte Puncte. 8.
Hamb.: Hoffmann & Campe 1844.

Maria Magdalene. Ein bürgerl. Trauerspiel in 3 Aufz. von Friedrich Hebbel. Mit e. Einl. von Richard Specht. *Stuttgart & Berlin: J. G. Cotta Nachf. [1904].* (62 S.) 8° [F.]
= Handbibliothek, Cotta'sche. No 87. [04. 1304

— Meisterdramen. 5 Tle. in 1 Bde. Mit Einleitgn. u. Anmerkgn. v. Rich. Maria Werner. Mit des Dichters Bildnis u. e. Stammbuchblatte als Handschriftprobe. (Die Meisterwerke der deutschen Bühne. Hrsg. v. Geo. Witkowski.) (XIX, 185; XV, 72; XII, 58; XIV, 48 u. XIV, 57 S.) kl. 8. Leipzig (905). M. Hesse. Geb. in Leinw. n. 2. —

— Meisterdramen. 6 Tle. in 1 Bde. Mit Einleitgn. u. Anmerkgn. v. Rich. Maria Werner u. Max Koch. Mit des Dichters Bildnis u. e. Stammbuchblatt als Handschriftprobe. (Die Meisterwerke der deutsch. Bühne. Hrsg. v. Geo. Witkowski.) (XIX, 185; XV, 72; XII, 58; XIV, 48; XIV, 57 u. XXVIII, 102 S.) kl. 8. Leipzig (907). Hesse & Becker Verl. Geb. in Leinw. 2. —

Friedrich Hebbel's ausgewählte Meisterwerke. Mit e. Vorw. von Dr. Edward Stilgebauer. Ill. *Berlin, Leipzig, Wien & Stuttgart: Bong & Co. 1902.* (440 S.) 8° [F.]
(Ill. Klassiker-Bibl. Beigabe von: 'Zur guten Stunde'. 1902.)

Hebbel, Friedr., Michel Angelo. Ein Drama in 2 Akten. Wien 855. Tendler u. Co. 16. (60 S.) n. 16 ngl

— Mutter u. Kind, s.: Meyer's Volksbücher.

— Mutter und Kind. Ein Gedicht in 7 Gesängen. [Von dem Comite der Tiedge-Stiftung in Dresden mit dem Preise gekrönt.] Ebend. 859. 16. (V, 215 S.) 1 ℳ

— Mutter u. Kind. Ein Gedicht in 7 Gesängen. Illustr. v. Ernst Liebermann. (Illustr. Elzevier-Ausgaben.) gr. 16. (138 S.) Leipzig (901). H. Seemann Nachf. Geb. in Ldr. n. 3. —

Mutter und Kind. Ein Gedicht in 7 Gesängen von Friedrich Hebbel. Mit e. Einl. von Richard Specht. *Stuttgart & Berlin: J. G. Cotta Nachf. [1904]*. (70 S.) 8° [F.]
— Handbibliothek, Cotta'sche. No 88.

Hebbel, Fr., eine Nacht im Jägerhause, s.: Bücher, bunte.

— die Nibelungen, s.: Bibliothek der Gesamtlitteratur des In- u. Auslandes.

— dasselbe, s.: Meisterwerke, die, der deutschen Bühne.

— dasselbe, s.: Meyer's Volksbücher.

Hebbel, Friedrich: Die Nibelungen, s. Nationalbibliothek, Allgem.

— dasselbe, hrsg. v. A. Rehme, s.: Schulausgaben, deutsche.

— dasselbe, s.: Universal-Bibliothek.

— die Nibelungen. Ein deutsches Trauerspiel in 3 Abtheilungen. 2 Bde. Ebend. 862. 8. (VI, 428 S.) 2 ℳ

Die Nibelungen. Ein deutsches Trauerspiel in drei Abtheilungen v. Friedrich Hebbel. 2. Aufl. Hamburg. 1871. 8°.
(= Hebbels Werke, hrgg. v. Emil Kuh. Bd. 5.)

— die Nibelungen. Ein deutsches Trauerspiel in 3 Abthlgn. 3. Aufl. 8. (372 S.) Hamburg 874. Hoffmann & Campe. n. 4. 50

Die Nibelungen. Ein deutsches Trauerspiel in 3 Abt. von Friedrich Hebbel. Für d. Lektüre in Schulen hrsg. von Dr. H. Gaudig. *Bielefeld & Leipzig: Velhagen & Klasing 1900.* (XVI, 160 S.) 8° [F.]
— Sammlung, Velhagen & Klasings, Deutscher Schulausg. Lfg 84. [00. 4088

— dasselbe, hrsg. v. H. Gaudig, s.: Velhagen & Klasing's Sammlung deutscher Schulausgaben.

— die Nibelungen. Ein deutsches Trauerspiel in 3 Abtlgn. Für den Schulgebrauch hrsg. v. Alfr. Neumann. 12. (272 S.) Leipzig 902. G. Freytag. Geb. n. 1. 50

— dasselbe. Kritische Ausg., eingeleitet u. besorgt v. R. M. Werner. [Aus: „Sämtl. Werke".] (XLVIII, 387 S.) 8. Berlin 906. B. Behr's Verl. Geb. in Leinw. 3. —

Die Nibelungen. Ein deutsches Trauerspiel in 3 Abt. von Friedrich Hebbel. Für Schule u. Haus hrsg. von Theodor Büsch, Prof. zu Münstereifel. (Vorr.: Prof. Dr. P[eter] Meyer, Gymn.-Dir., Münstereifel.) Münster i. W.: Aschendorff 1906. (271 S.) 8° [F.]
(Aschendorff's Sammlung auserlesener Werke d. Literatur.) [07. 3459

Die Nibelungen. Ein deutsches Trauerspiel in 3 Abt. von Friedrich Hebbel. Zum Schulgebr. hrsg. von C. Schmitt, Seminarlehrer in Osnabrück. Paderborn: F. Schöningh 1906. (312 S.) 8° [F.]
— Ausgaben, Schöninghs, deutscher Klassiker. Bd 37. [07. 11306

— dasselbe, s. a. Schöningh's, Ferd., Ausgaben deutsch. Klassiker.

(F) Hebbel, F., Die Nibelungen. Ein deutsches Trauerspiel in drei Abteilungen. Für den Schulgebrauch hrsg. v. A. Neumann. [Freytags Schulausgaben und Hilfsbücher f. d. deutschen Unterricht] 8°. (272 S.) geb. K 1.80
Wien: Tempsky 1906.

Die Nibelungen. Ein deutsches Trauerspiel in 3 Abt. von Friedrich Hebbel. Hrsg. von Dr. Woldemar Haynel. Bielefeld, Leipzig, Berlin: Velhagen & Klasing 1907. (XII, 255 S.) 8° [F.]
— Sammlung, Velhagen & Klasings, deutscher Schulausg. Lfg D. 84. [08. ..75

— Die Nibelungen. Ein deutsches Trauerspiel in 3 Abteilgn. Für den Schulgebrauch hrsg. v. Alfr. Neumann. 1. Aufl. (2. Abdr.) (272 S.) kl. 8. Leipzig 907. G. Freytag. — Wien, F. Tempsky. Geb. 1. 50

Die Nibelungen. Ein deutsches Trauerspiel in 3 Abt. von Friedrich Hebbel. Paderborn: F. Schöningh [1907]. (VI, 193 S.) 8° [F.]
— Textausgaben, Schöninghs, alter u. neuer Schriftsteller. 44. 45. [07. 14394

— dasselbe, s. a. Schöningh's, Ferd., Textausgaben alter u. neuer Schriftsteller.

(Velhagen & Klasings Sammlung deutscher Schulausgaben. Lfg. 84.)
Die Nibelungen. Ein deutsches Trauerspiel in 3 Abt. v. Friedrich Hebbel. Hrgg. v. Woldemar Haynel. Bielefeld. 1910. 8°

(Neuere Dichter für die studierende Jugend. hrgg. v. A. Bernt u. J. Tschinkel.)
Die Nibelungen. Ein deutsches Trauerspiel in 3 Abt. v. Friedrich Hebbel. Mit einer Einführung v. Anton Wallner. Wien 1910. 8°

— dasselbe, hrsg. v. A. Wallner, s. a. Dichter, neuere, f. d. stud. Jugend.

— der Rubin. Ein Märchen-Lustspiel in 3 Acten. Lex. 8. (103 S.) Leipzig 851, Geibel. 1 ℳ

Der Rubin. Ein Märchen-Lustspiel in 3 Akten von Friedrich Hebbel. Mit e. Vorbemerkung u. d. Bilde d. Dichters. Halle a. S.: O. Hendel [1905]. (IV, 48 S.) 8° [F.]
(Bibliothek d. Gesamtlitteratur d. In- u. Auslandes. No 1928.) [06. 3503

— der Rubin, s. a. Bibliothek der Gesamtlitteratur.

— Schnock. Ein niederländisches Gemälde. 16. (VIII u. 106 S. m. eingedr. Holzschn.) Leipzig 850, Weber. In Engl. Einb m. Goldschn. 1 ℳ

— Schnock u. and. Novellen, s. a. Bücher, die, d. deutsch. Hauses.

Schnock u. andere Novellen von Friedrich Hebbel. Berlin: Buchverlag fürs Deutsche Haus 1909. 288 S. 8°
(Die Bücher d. Deutschen Hauses. Bd 76.) [09. 11317

Hebbel's, Frdr., Tagebücher. Mit e. Vorwort hrsg. v. Felix Bamberg. Nebst e. (heliogr.) Portr. Hebbels nach Rahl u. e. Abbildg. seiner Todtenmaske. (In 2 Bdn.) 1. Bd. gr. 8. (XXIV, 381 S.) Berlin 885. Grote. n. 9. —

— Tagebücher. Mit e. Vorwort hrsg. v. F. Bamberg. Nebst e. Portr. Hebbel's nach Rahl u. e. Abbildg. seiner Todtenmaske. 2. Bd. Lex.-8. (592 S.) Ebd. 887. n. 15. — (cplt.: n. 24. —)

— Tagebücher in 4 Bdn. Auf Grund der Quellen ausgewählt u. m. e. Einleitg., sowie m. erläut. Anmerkgn. hrsg. v. Herm. Krumm. Mit des Dichters Bildnis u. e. Stammbuchblatte als Handschriftprobe. (XXIV, 279, 280, 324 u. 359 S.) kl. 8. Leipzig (904). M. Hesse. In 2 Leinw.-Bdn. n. 8. —; auf bess. Pap. in 2 Halbfrz.-Bdn. n. 6. —; Luxusausg. in 1 Liebhaberhalbfrzbd. n. 6. —

[F.] Aus Friedrich Hebbels Tagebüchern. Auswahl. *Halle a. d. S.: O. Hendel (1897).* (VI S., 1 Bl., 324 S., 1 Portr.) 1 Bd 8.
= Bibliothek d. Gesamtlitteratur d. In- u. Auslandes. No 1011—1015.

Hebbels Tragische Theorie. 1. Das Wesen des Dramas, erläutert durch Hebbels eigene Aussprüche v. Richard Graf von Schwerin. Rostock i. M. 1903. 8°.

— ein Trauerspiel in Sicilien. Tragicomödie in 1 Act. Nebst e. Sendschreiben an H. T. Rötscher. Lex. 8. (59 S.) Leipzig 851, Geibel. n. 2/3 ℳ

Hebbel's, Frdr., Werke. Neu durchgeseh. Ausg. 8 Tle. in 2 Bdn. 12. (208, 207, 204, 150, 226, 219, 208 u. 206 S.) Berlin 894. Bibliograph Anstalt, A. Warschauer. Geb. in Leinw. n. 4. 50

— dasselbe. Neu durchgeseh. Ausg. Auswahl in 1 Bde. 12. (X, 208; VII, 206; 57, 111, 146 u. 224 S.) Ebd. 894. Geb. in Leinw. n. 2. 50

— dasselbe. Auswahl in 1 Bde. Mit e. Vorwort v. Osc. Linke. 8. (XIV, VIII, 264; 440 u. 136 S. m. Bildnis.) Halle 894. O. Hendel. 2. 50; geb. 3. —; in imit. Halbfrz. 3. 50

(Meyers Klassikerausgaben in 150 Bänden.)
Hebbels Werke hrgg. v. Karl Zeiß. Kritisch durchgesehene und erläuterte Ausgabe.
Bd. 1—4. Leipzig u. Wien. (1899—1900.) 8°.

— Werke. Hrsg. v. Karl Zeiß. Kritisch durchgeseh. u. erläuterte Ausg. 4 Bde. 8. (399, 405, 379 S. m. Bildnis u. 1 Fksm. u. 404 S.) Leipzig 899. 900. Bibliograph. Institut. Geb. in Leinw. n. 8. —; in Saffian n. 12. —

Hebbel's, Fr., Werke, s. a. Klassiker-Bibliothek, goldene.

(Friedrich) Hebbels Werke in 10 Tlen. Hrsg., mit Einl. u. Anm. versehen von Theodor Poppe. T. 1–10 [in 5 Bden]. Berlin, Leipzig, Wien, Stuttgart: Bong & Co. [1908]. 10 Bde 8° [F.]
1. Gedichte. Mutter u. Kind, hrsg. u. mit e. Lebensbild versehen.
2. Judith. Genoveva. Der Diamant.
3. Maria Magdalene. Ein Trauerspiel in Sicilien. Julia. Herodes u. Mariamne. Der Rubin. Michelangelo.
4. Agnes Bernauer. Gyges u. s. Ring. 5. Die Nibelungen. Demetrius.
6. Moloch. Kleinere dramat. Fragmente.
7. Erzählende Werke. Erzählungen u. Novellen. Autobiographisches. Reiseeindrücke.
8. Aesthet. u. krit. Schriften. 9. 10. Tagebücher. 1. 2.
(Goldene Klassiker-Bibliothek.) 08. 6347

Hebbel, Friedrich: Werke. Neu ill. Ausg. Hrsg. von Prof. Dr. Karl Macke. Ill. von Hermann Tischler. Berlin: Herlet [1909]. XXIV, 423 S. 8°

— ausgewählte Werke. (In 6 Bdn.) Hrsg. u. m. Einleitgn. versehen von Rich. Specht. 8. Stuttgart, J. G. Cotta Nachf. In 3 od. 6 Leinw.-Bdn. n. 6. —; in 3 Halbfrzbdn. n. 9. —
1. Biographische Einleitg. Gedichte. Mutter u. Kind. (328 S. m. Bildnis.) (903.)
2. Judith. — Genoveva. — Maria Magdalene. (304 S.) (903.)
3. Herodes u. Mariamne. — Michel Angelo. — Agnes Bernauer. — Gyges u. sein Ring. (372 S.) (903.)
4. Die Nibelungen. — Moloch. (345 S.) (903.)
5. Novellen u. Erzählungen. — Meine Kindheit. — Schriften zur Theorie der Kunst. (311 S.) (904.)
6. Aus Tagebüchern u. Briefen. Mit e. Anh. bisher unveröffentlichter Briefe. (398 S.) (904.)

Friedrich Hebbel's sämmtliche Werke. (Hrgg. v. Emil Kuh.) Bd. 1—12. Hamburg. 1865—67. 8°.

Hebbel's, Friedr., sämmtliche Werke. 12 Bde. Hamburg 865—68. Hoffmann & Campe. 8. (CXVIII, 4411 S.) 12 ℳ

Hebbel, Frdr., sämmtliche Werke. (Hrsg. v. H. Krumm.) 12 Bde. 8. (244, 253, 238, 176, 263, 284, 248, 272, 278, 236, 234 u. 283 S.) Hamburg 892. Hoffmann & Campe's Verl. n. 12. —; in 4 Leinenbde. geb. n. 16. —, auch in 24 Halbbdn. à n. — 50
I. Judith. Genoveva. — II. Diamant. Maria Magdalena. Trauerspiel in Sicilien. Julia. — III. Herodes u. Mariamne. Rubin. Michel Angelo. — IV. Agnes Bernauer. Gyges u. sein Ring. — V. Nibelungen. — VI. Demetrius. Fragmente. — VII. Gedichte. — VIII. Nachgelassene Gedichte u. Epigramme. Mutter u. Kind. — IX. Schnock. Novellen. Reiseeindrücke. — X. Zur Theorie der Kunst. Charakteristiken. — XI. XII. Kritiken. Literaturbriefe. Literarische Aufsätze.

Hebbel's, Frdr., sämtl. Werke in 12 Bdn. M. Einleitg. u. Anmerkgn. hrsg. v. Emil Kuh, neu hrsg. v. Herm. Krumm. M. e. biograph. Einleitg. v. Adf. Stern. 8. (XXIV, 244; 253, 288, 176, 263, 275, 248, 272, 278, 236, 284 u. 283 S. m. Bildn.) Leipzig 898. [G. Fock, Verlag.] Max Hesse. In 4 Leinw.-Bdn. n. 6. —; in Halbfrz. n. 9. 50; in Liebhaber-Halbfrz. m. Goldschn. n. 12. 50

— dasselbe. Mit e. biograph. Einleitung v. Adf. Stern. 12 Bde. 12. (XXIV, 244, 253, 238, 176, 263, 275, 248, 272, 278, 236, 234 u. 283 S. m. Bildnis.) Hamburg (899). Hoffmann & Campe, Verl. In 4 Leinw.-Bdn. n. 6. —

— dasselbe in 12 Bdn. Mit Einleitg. u. Anmerkgn. v. Emil Kuh. Neu hrsg. v. Herm. Krumm. Mit Hebbels Bildnis, e. Briefe in Fksm., sowie e. Biographie u. Charakteristik Hebbels vom Hrsg. 12. (LXXI, 238, 283, 244, 253, 238, 176, 263, 284, 278, 236, 234 u. 275 S.) Leipzig (900). M. Hesse. n. 4. —; in 3 Halbleinw.-Bdn. n. 5. —; in 4 Leinw.-Bdn. n. 6. —; in 4 Halbfrz.-Bdn. n. 9.50; in 4 Liebhaber-Halbfrz.-Bdn. n. 12.50; in 12 Leinw.-Bdn. à n. 1. —

Friedrich Hebbel. Sämtliche Werke. Hist.-krit. Ausg. besorgt von Richard Maria Werner. Abt. [1], Bd 1–12. Abt. 2, Bd 1–4. Abt. 3, Bd 1–8. Berlin: B. Behr 1901–07. 24 Bde 8° [F.]
[Abt. 1], Bd 1. Dramen 1. ⟨1841–1847.⟩ Judith. Genoveva. Der Diamant. 1901.
2. Dramen 2. ⟨1844–1851.⟩ Maria Magdalene. Ein Trauerspiel in Sicilien. Julia. Herodes u. Mariamne. 1901.
3. Dramen 3. Der Rubin. Michel Angelo. Agnes Bernauer. Gyges u. s. Ring. Ein Steinwurf. Verkleidungen. 1901.
4. Dramen 4. ⟨1862.⟩ Die Nibelungen. 1901.
5. Dramen 5. ⟨1830–1863.⟩ Fragmente, Pläne. 1902.
6. Dramen 6. ⟨1864.⟩ Gedichte 1. Gesamt-Ausg. 1857. Gedichte 2. Aus d. Nachlaß. 1857–1863. 1902.
7. Gedichte 3. Nachlese. 1828–1859. 1903.
8. Novellen u. Erzählungen. Mutter u. Kind, Pläne u. Stoffe. ⟨1835–1863.⟩ 1902.
9. Vermischte Schriften 1. ⟨1830–1840.⟩ Jugendarbeiten. Hist. Schriften. Reiseeindrücke 1. 1902.
10. Vermischte Schriften 2. ⟨1835–1841.⟩ Jugendarbeiten 2. Reiseeindrücke 2. Krit. Arbeiten 1. ⟨1839–1841.⟩ 1903.
11. Vermischte Schriften 3. ⟨1843–1851.⟩ Krit. Arbeiten 2. 1903.
12. Vermischte Schriften 4. ⟨1852–1863.⟩ Krit. Arbeiten 3. 1903.
Abt. 2. Tagebücher. Bd 1. Hamburg. Heidelberg. München. Hamburg. Nr. 1–1865. 1903.
2. 1840–1844. Hamburg. Kopenhagen. Hamburg. Paris. Rom. Nr. 1866–3277. 1903.
3. 1845–1854. Rom. Neapel. Rom. Wien. Nr. 3278–5265. 1903.
4. 1854–1863. Marienbad. Wien. Kollektaneen, Gedanken u. Erinnerungen. Nr. 5266–6347. Reg. 1903.
Abt. 3. Briefe. Bd 1. 1829–1839. Wesselburen. Hamburg. Heidelberg. München. Nr. 1–91. 1904.
2. 1839–1843. Hamburg. Kopenhagen. Hamburg. Paris. Nr. 92–172. 1905.
3. Paris. Rom. Neapel. Rom. Wien. Nr. 173–228. 1905.
4. 1847–1852. Wien. Berlin. Wien. München. Nr. 229–394. 1906.
5. 1852–1856. Wien. Marienbad. Wien. Gmunden. Wien. Nr. 395–560a. 1906.
6. 1857–1860. Wien. Gmunden. Weimar. Gmunden. Wien. Paris. Wien. Nr. 561–698. 1906.
7. 1861–1863. Wien. Weimar. Gmunden. Norddeutschland. Wien. London. Gmunden. Wilhelmsthal. Wien. Gmunden. Baden. Wien. Nr. 699–902. 1907.
8. 1832–1862. Nachträge. Zusätze. Berichtigungen u. Ergänzungen. Unzugängl. u. verlorene Briefe. Reg. Beil. Nr. 903–951. 1907. 08. 6321

Hebbel, Frdr., sämtliche Werke. Historisch-krit. Ausg., besorgt v. Rich. Maria Werner. (In 12 Bdn.) 1.—8. Bd. gr. 8. Berlin, B. Behr's Verl. à n. 2. 50; geb. à n. 3. 50; auch in 24 Halbbdn. à n. 1. 25
1. Dramen I. (1841—1847.) Judith. — Genoveva. — Der Diamant. (LVII, 493 S.) 901.
2. Dramen II. (1844—1851). Maria Magdalene. — Ein Trauerspiel in Sicilien. — Julia. — Herodes u. Marianne. (XLIV, 477 S.) 901.
3. Dramen III. (1851—1858). Der Rubin. — Michel Angelo. — Agnes Bernauer. — Gyges u. sein Ring. — Ein Steinwurf. — Verkleidungen. (LXI, 492 S.) 901.
4. Dramen IV. (1862.) Die Nibelungen. (XLVIII, 397 S.) 901.
5. Dramen V. (1830—1863.) Fragmente, Pläne. (XLII, 387 S.) 902.
6. Dramen VI. Demetrius (1864). Gedichte I. Gesamt-Ausg. 1857. Gedichte II. Aus dem Nachlaß. 1857—1863. (XLII, 473 S.) 902.
7. Gedichte III. Nachlese. 1828—1859. (XLIX, 479 S.) 903.
8. Novellen u. Erzählungen. — Mutter u. Kind. — Pläne u. Stoffe. (1835—1863.) (LVIII, 453 S.) 902.

Hebbel, Frdr., sämtliche Werke. Historisch-krit. Ausg., besorgt v. Rich. Maria Werner. 9.—12. (Schluß-)Bd. gr. 8. Berlin, B. Behr's Verl. à n. 2. 50; geb. à n. 3. 50
9. Vermischte Schriften I. (1830—1840.) Jugendarbeiten. — Historische Schriften. — Reiseeindrücke I. (XXXII, 440 S.) 902.
10. Dasselbe II. (1835—1841.) Jugendarbeiten II. — Reiseeindrücke II. — Kritische Arbeiten I. (1839—1841.) (XXIX, 467 S.) 903.
11. Dasselbe III. (1843—1851.) Kritische Arbeiten II. (VII, 474 S.) 903.
12. Dasselbe IV. 1852—1863.) Kritische Arbeiten III. (XXXVI, 467 S.) 903.

— dasselbe. I. Abtlg. Neue Subskr.-Ausg. (2. unveränd. Aufl.) 12 Bde. 8. Ebd. à n. 2. 50; geb. in Leinw. à n. 3. 50; in Halbfrz. m. Goldschn. à n. 4. 50
1. Dramen I (1841—1847). Judith. — Genoveva. — Der Diamant. (LVII, 493 S.) 904.
2. Dasselbe II (1844—1851). Maria-Magdalene. — Ein Trauerspiel in Sicilien. — Julia. — Herodes u. Marianne. (XLIV, 477 S.) 904.
3. Dasselbe III (1851—1858). Der Rubin. — Michel Angelo. — Agnes Bernauer. — Gyges u. sein Ring. — Ein Steinwurf. — Verkleidungen. (LXI, 492 S.) 904.
4. Dasselbe IV (1862). Die Nibelungen. (XLVIII, 397 S.) 904.
5. Dasselbe V (1830—1863). Fragmente, Pläne. (XLII, 387 S.) 904.
6. Dasselbe VI. Demetrius. (1864.) — Gedichte I. Gesamt-Ausg. 1857. — Gedichte II. Aus dem Nachlaß 1857—1863. (XLII, 473 S.) 904.
7. Gedichte III. Nachlese. 1828—1859. (XLIX, 479 S.) 904.
8. Novellen u. Erzählungen. — Mutter u. Kind. — Pläne u. Stoffe. (1835—1863.) (LVIII, 453 S.) 904.
9. Vermischte Schriften I. (1830—1840.) Jugendarbeiten. — Historische Schriften. — Reiseeindrücke I. (XXXII, 440 S.) 904.
10. Dasselbe II. (1835—1841.) Jugendarbeiten II. — Reiseeindrücke II. — Kritische Arbeiten I. (1839—1841.) (XXXII, 467 S.) 904.
11. Dasselbe III. (1848—1851.) Kritische Arbeiten II. (VII, 474 S.) 904.
12. Dasselbe IV. (1852—1863.) Kritische Arbeiten III. (XXXVI, 467 S.) 904.

— dasselbe. 2. Abtlg. Tagebücher. 4 Bde. gr. 8. Ebd. 903. Subskr.-Pr. f. Abnehmer der 1. Abtlg. à n. 2. 50; geb. à n. 3. 50; f. Abnehmer der 2. Abtlg. à n. 3. —; geb. à n. 4. —
1. 1835—1839. Hamburg — Heidelberg — München — Hamburg. Nr. 1—1865. (XVIII, 433 S.)
2. 1840—1844. Hamburg — Kopenhagen — Hamburg — Paris — Rom. Nr. 1866—3277. (VI, 450 S.)
3. 1845—1854. Rom — Neapel — Rom — Wien. Nr. 3278—5265. (VI, 468 S.)
4. 1854—1863. Marienbad — Wien. Kollektaneen, Gedanken u. Erinnergn. Nr. 5266—6347. Register. (XXVI, 472 S.)

Hebbel, Frdr., sämtliche Werke. Historisch-krit. Ausg., besorgt v. Rich. Maria Werner. II. Abtlg. Tagebücher. 4 Bde. Neue Subskr.-Ausg. (3., unveränd. Aufl.) 8. Berlin 905. B. Behr's Verl. Subskr.-Pr. f. Abnehmer der 1. Abtlg. à n. 2. 50; geb. à n. 3. 50; f. Abnehmer der 2. Abtlg. à n. 3. —; geb. à n. 4. —
1. 1835—1839. Hamburg — Heidelberg — München — Hamburg. Nr. 1—1865. (XVIII, 433 S.)
2. 1840—1844. Hamburg — Kopenhagen — Hamburg — Paris — Rom. Nr. 1866—3277. (VI, 450 S.)
3. 1845—1854. Rom — Neapel — Rom — Wien. Nr. 3278—5265. (VI, 468 S.)
4. 1854—1863. Marienbad — Wien. Kollektaneen, Gedanken u. Erinnergn. Nr. 5266—6347. Register. (XXVI, 472 S.)

— dasselbe. III. Abtlg. 1.—6. Bd. 8. Ebd. à n. 2. 50; geb. in Leinw. à n. 3. 50; in Halbfrz. m. Goldschn. à n. 4. 50; f. Abnehmer nur der II. u. III. Abtlg. à n. 3. —; bezw. à n. 4. — u. à n. 5. —
1. Briefe. 1. Bd. 1829—1839. Wesselburen — Hamburg — Heidelberg — München. Nr. 1—91. (VIII, 416 S.) 904.
2. Dasselbe. 2. Bd. 1839—1843. Hamburg — Kopenhagen — Hamburg — Paris. Nr. 92—172. (VIII, 370 S.) 905.
3. Dasselbe. 1844—1846. Paris — Rom — Neapel — Rom — Wien. Nr. 173—228. (VII, 355 S.) 905.
4. Dasselbe. 1847—1852. Wien — Berlin — Wien — München. Nr. 229—394. (X, 425 S.) 906.
5. Dasselbe. 1852—1856. Wien — Marienbad — Wien — Gmunden — Wien. Nr. 395—560a. (X, 370 S.) 906.
6. Dasselbe. 1857—1860. Wien — Gmunden — Weimar — Gmunden — Wien — Paris — Wien. Nr. 561—698. (X, 366 S.) 906.

— Sämtliche Werke. Historisch-krit. Ausg., besorgt v. Rich. Maria Werner. III. Abtlg. 7. u. 8. (Schluß-)Bd. 8. Berlin, B. Behr's Verl. à 2.50; geb. in Leinw. 3.50; in Halbfrz. m. Goldschn. 4.50; f. Abnehmer nur der II. u. III. Abtlg. 3.—; bezw. 4.— u. 5. —
7. Briefe. 7. Bd. 1861—1863. Wien — Weimar — Gmunden — Norddeutschland — Wien — London — Gmunden — Wilhelmsthal — Wien — Gmunden — Baden — Wien. Nr. 699—902. (XII, 415 S.) 907.
8. Dasselbe. 8. Bd. 1832—1862. Nachträge — Zusätze — Berichtiggn. u. Ergänzgn. — unzugängl. u. verlorene Briefe — Register — Beilage. Nr. 903—951. (VIII, 294 u. 50 S.) 907.

Friedrich **Hebbels** sämtliche **Werke** in zwölf Bänden. Nebst Auszügen aus d. 'Tagebüchern' u. e. Ausw. von 'Briefen' d. Dichters. Hrsg. u. eingel. von Adolf Stern. Bd 1—12. *Berlin-Leipzig: Th. Knaur Nachf. [1902.]* 12 Bde 8° [F.]
1. Charakteristik Hebbels. Judith. Genoveva.
2. Der Diamant. Maria Magdalena. E. Trauerspiel in Sicilien. Julia.
3. Herodes u. Marianne. Der Rubin. Michel Angelo.
4. Agnes Bernauer. Gyges u. s. Ring. Demetrius.
5. Die Nibelungen. Dramat. Fragm. 6. 7. Gedichte.
8. Schnock. Erzählungen u. Novellen. Meine Kindheit. Reiseeindrücke.
9. 10. Krit. Schriften. T. 1. 2. Ältere krit. Aufsätze aus Gutzkows Telegraph von 1839 u. 1840.
11. Aus Hebbels Tagebüchern. 12. Briefe.

[03. 6.97

— dasselbe in 12 Bdn. Nebst Auszügen aus den „Tagebüchern" u. e. Auswahl v. „Briefen" des Dichters. Hrsg. u. eingeleitet v. Adf. Stern. 8. (XXXVIII, 215, 221, 217, 301, 334; VIII, 256, 171; III, 258; III, 288, 287, 175 u. 277 S.) Berlin (902). Th. Knaur Nachf. In 4 Leinw.-Bdn. n. 6. —

Hebbel, Friedrich: Sämtliche Werke. Hrgg. u. mit einer biographisch-literarischen Einleitung versehen v. Adolf Bartels. Mit 1 Bildnis des Dichters nach Joseph Kriehuber. Stuttgart und Leipzig. [1904.] 8°

— dasselbe. Hrsg. u. m. e. biographisch-literar. Einleitg. versehen v. Adf. Bartels. Mit e. Bildnis des Dichters nach Jos. Kriehuber. (XXXII, 1023 S.) gr. 8. Stuttgart (906). Deutsche Verlags-Anstalt. Geb. in Leinw. n. 4. —

Friedrich **Hebbel**: Sämtliche Werke nebst den Tagebüchern und einer Auswahl der Briefe (Säkularausg.) hrgg. v. Paul Bornstein. (Bd. 1 ff.) München u. Leipzig. o. J. 8°

— mein Wort üb. das Drama! Eine Erwiederung an Prof. Heiberg in Copenhagen. gr. 8. (2½ B.) Hamburg 843, Hoffmann u. Campe.

Kriegserinnerungen eines Achtundvierzigers. Von Hans Groth **Hebbel**. Hrsg. von Adolf Bartels. Glückstadt: M. Hansen (1907). (111 S.) 8° [F.]

[08. 1743

Hebbel, Hans Groth, Kriegserinnerungen e. Achtundvierzigers. Hrsg. v. Adf. Bartels. (111 S.) 8. Glückstadt (908). M. Hansen. 1. —

Hebbel, Karl, Mußestunden. Fünf kleine Schau- und Lustspiele zur Veredlung und Unterhaltung der Jugend. 8. (72 S.) Elberfeld 868, Langewiesche. *

Hebbel-Forschungen. Hrsg. v. R. M. Werner u. W. Bloch-Wunschmann. Nr. 1—4. 8. Berlin-Zehlendorf, B. Behr's Verl. 12.—; geb. 16.—
Frenkel, Joach., Friedrich Hebbels Verhältnis zur Religion. (VI, 103 S.) 907. (Nr. 2.) 2.50; geb. 3.50
Krumm, Johs., die Tragödie Hebbels. Ihre Stellg. u. Bedeutg. in d. Entw. d. Dramas. (IV, 124 S.) 908. (Nr. 3.) 2.50; geb. 3.50
Kutscher, Arth., Friedrich Hebbel als Kritiker des Dramas. Seine Kritik u. ihre Bedeutg (XI, 229 S.) 907. (Nr. 1.) 4.—; geb. 5.—
Meszlény, Rich., Friedrich Hebbels Genoveva. Eine Monographie. (175 S.) 910. (Nr. 4.) 3.—; geb. 4.—

Hebbel-Kalender. Ein Jahrbuch hrsg. von Richard Maria Werner u. Walther Bloch. [1.] Für 1905. *Berlin: B. Behr 1904.* 8° [F.]

Hebbel-Kalender f. 1905. Ein Jahrbuch, hrsg. v. Rich. Maria Werner u. Walth. Bloch. (236 S. m. 1 Bildnis.) kl. 8. Berlin, B. Behr's Verl. Geb. in Leinw. n. 2.—

Hebberling, Maximilian (Darmstadt)
Beitrag zur analytischen Kenntnis des Thalliums.
[In: Liebigs Annalen d. Chemie, Bd 134, S. 11 ff.]
Dr. phil. Giessen 28.2.1868.

Hebdenstreit gen. LaRoche, Nikolaus: De causis constitutarum civitatum, s. Thurneysen, Joh.Rudolf (Praes.)

Hebdomas Mariana divisa in diversas orationes, palmos . . . [Augustae Vind.] 1738. V: *Zwickhlin, Ant.* (SO) (JES)

Hebdomas sacerdotalis seu brevis methodus singulis hebdomadae diebus devote ss. missae sacrificium celebrandi. In usum concinnata rr. dd. sacerdotum. Innsbruck 863. F. Rauch. 16. (78 S.) 4½ ngr.

Hebdomas sacra divisa in diversas orationes, psalmos . . . Augustae Vind. 1737. V: *Zwickhlin, Ant.* (JES)

Hebdomas sancta pii Sacerdotii . . . Lucernae 1703. V: *Szoranyi, Georg.* (SO) (JES)

Hebdomas sancta pii sacerdotis, cont. util. meditationes etc. 8. Kempt. 774. Kösel. 2 gr

— — idem liber. 8. Augsb. Wolf. 759.

Hebe [Sachliches Ordnungswort]

Hebe, ein Pendant zu Ganymed. Germanien [Berlin] 1782. V: *Winkler von Mohrenfels, Joseph Johann Paul Carl Jacob.* (KY) (ML) (BrMm) H: *Cranz, Aug. Friedrich.* (WR) (BB)

Hebe, e. Pendant z. Ganymed. (Von Jos. Winkler.) 8. Germanien 782. (Reimer in Berl.) 16 gr

Hebe. Gera 1785—86. H: *Müller, Christian Carl Friedrich.* (KY) (MGT)

—(e. period. Schrift f. Jünglinge, v. Chr. Karl Fr. Müller). 1r Bd. 4 Stcke., 2r Bd. 2 Stcke. 8. Gera 785—87. Beckmann. 3 rß

— e. Vierteljahrschrift für d. Jugend, herausg. von H. Große. 1e u. 2e Quartal. 8. Görlitz 806. (Anton in Halle). 1 rß 8 gr Schrbp. 1 rß 16 gr

— Zeitung f. heitere u. ernste Unterhalt. Redig. von M. Rothe, Herloßsohn u. L. v. Alvensleben. 1r—6r Jahrg. 824—29, mit Vign. u. Kpf. kl. Fol. Leipz., Magazin f. Ind. (à 6 rß) 36 rß Hbg. Pr. à Jahrg. 4 rß 7r u. 8r Jahrg. f. 1830, 31. Ebd. Literar. Museum. à Jahrg. 6 rß 16 gr 9r Jahrg. für 1833, Jan.—Sept. gr. 4. Ebd., Franke. 5 rß
Vorh.unt.d.T.: Neue Zeitung für die Jugend.

—— Zeitung f. heitere u. ernste Unterhaltung. Jahrg. 1828—33. Redig. v. Ludw. v. Alvensleben † (Gust. Sellen). à 156 Nrn. (½ Bog.) kl. Fol. u. 4. Leipzig.
Jahrg. 1828. Nebst Beibl: Didaskalien f. d. Bühne, v. W. Bernhardi. Mit Vign. kl. Fol. Lpz., Magazin f. Ind. 6 Thlr.
„ 1829. Nebst: Literar.-krit. Beibl. Mit Kpfrn. u. Vign. kl. Fol. Lpz., Magaz. f. Ind. 6 Thlr.
„ 1830. Nebst: Literar.-krit. Beibl. gr. 4. Altenburg. (Lpz., Hartmann.) 6 Thlr. 16 Gr.
„ 1831., 32. gr. 4. Lpz., Literar. Museum. à 6 Thlr. 16 Gr.
„ 1833. Mit d. Zusatz: Blätter f. heit. u. ernste Unterhalt. gebildeter Stände, statt: Zeitung rc. Jan.—Sept. gr. 4. Lpz., Franke. 5 Thlr.
Jahrg. 1826—27., hrsg. v. Rothe u. Herloßsohn. Lpz., Magaz. f. Ind. à 6 Thlr. —

— Eine poetisch-musikal. Toilettengabe mit novellistischen u. dramat. Beiträgen, Gedichten, Räthseln rc., von Fr. Kind, Th Hell, Krug v. Nidda, Caroline Leonhardt, Hohlfeldt, R. Roos, L. Peters, W. Kuhn, H. Meinert, A. Prölß, Ludwig, Winter, Zichnert rc. u. von Gustav Pr. v. W., J. Otto, E. Erfurt, B. Meyer, R. Roch, H. Petschke, A. Weiß, E. Hering, G. Tschütter, u. F. Hünten. Mit 1 Kpf., 1 Steindr. u. 12 Devisen. br. 8. Dresd. u. Pirna 832. Friese. Geb. mit Goldschn. 1 rß 8 gr

Hebe. Eine Toilettenausgabe mit novellist. u. dramat. Beiträgen, Gedichten, Räthseln. Mit 1 Kpfr. u. 1 Steindr. Billige Ausg. breit 8. Leipzig 843, Friese. n. 5/12 rß

Hebe, eine Samml. v. Erzähln., Gedichten, Räthseln u. Charaden f. d. Jugend beiderlei Geschlechts v. Emilie Feige, gen. Sabina Eberhardt. br. 8. (14 B. u. Ttlkpfr.) Berlin 835, G. Gropius. (?)

Hebe [Verfasser]

Hebe, P.: Über die Längenänderungen von Registrierpapier durch Witterungseinflüsse, s. Wiebe, H.F.

Hebe, P.: Über das Verhalten der Aneroide etc. s. Wiebe, H.F.

HEBEBRAND, AUGUST. Ueber die Einwirkung von Ammoniak, Aminen und Amidophenolen auf Benzochinon. Freiburg, 1883.

Hebebrand, Lina, u. Emil Leuttner, Leitfaden f. d. Hand der Koch- u. Haushaltungsschülerinnen. Auf Grund prakt. Erfahrgn. zusammengest. u. bearb. gr. 8. (64 S.) Wittenberg 895. R. Herrosé. n. —50

Hebecke, P., Heimatkunde des Kreises Schleusingen. (IV, 66 S.) 8. Schleusingen (905). M. Schewe. Kart. n. —50

Deutsche Rechtschreibung. Die deutsche Rechtschreibung im Anschl. an Sprachstücke u. mit Anwend. von Schreibschrift. Für d. Schulgebr. bearb. von P. Hebecke. H. 1—3. *Halle a. S.: H. Schroedel 1900.* 3 Bde 8° [F.]

Hebecke, P., Übungsaufgaben z. deutschen Sprachlehre, s.: Damm, H.

Hebeisen, Gustav: Die radikale und die konstitutionelle Partei in Baden am Vorabend des Frühjahrsaufstandes von 1848. Freiburg i. B. 1909: Wagner. 50 S. 8° ¶(Ersch. vollst. in: Zeitschr. d. Gesellsch. f. Beförd. d. Geschichts-, Altert.- u. Volksk. v. Freiburg. Bd 25.)
Freiburg i. B., Phil. Diss. v. 1909, Ref. Meinecke
[Geb. 5. Febr. 75 Veringendorf; Wohnort: Veringendorf; Staatsangeh.: Baden; Vorbildung: Baseler kantonale Prüfungskomm. Reife O. 07; Studium: Freiburg i. B. 9 S.; Rig. 12. März 09.] [U 09. 1013

Hebeisen, Hans

Hebeisen, H., Bürgen thut Würgen. Ein Mahnwort an Alle. gr. 8. (24 S.) Zürich 888. Schröter & Meyer. n. — 40

Hebekunst, die deutsche, in der edeln Arithmetik. 8. Frkfr. 740.

Hebel [Sachliches Ordnungswort]

Hebel, der eiserne, d. Volkswohlstandes. Imp. 4. (8 S.) Stettin 851, Saunier in Comm. baar n. 4 ngr

Hebel, J. P. Festgabe zu seinem 100. Geburtstage. Briefe Hebels an Freund und Freundin; dichterische Grüße an sein Andenken; über die Basler Mundart; Basler Helgen. Herausg. von Frdr. Becker. 860. n. 2 rf — 2., wolfeile. Ausg. Basel 862. Bahnmaier. Lex.-8. (XX, 350 S. u. 7 lith. Taf. in 8. u. Fol.) n. 1 rf

Hebel [Verfasser]

Hebel, ..., catechismo christiano. Tradotto dal tedesco per le chiese evangeliche nelle vallate di Poschiavo e Pregaglia. gr. 12. Coira ... Grubenmann. 5/12 rf

Hebel, Bened., der bayerische Bauernverein. Einige Worte der Belehrg. u. Ermunterg., nebst prakt. Winken zur Gründg. u. ersten Leitg. v. Obmannschaften, zunächst f. Schwaben. 8. (32 S.) Augsburg 899. Literar. Institut v. Dr. M. Huttler. n.n. — 15

Hebel, Bened., der bayerische Bauernverein. Worte der Belehrg. nebst prakt. Winken zur Gründg. u. Leitg. v. Obmannschaften. 2. Aufl. (IV, 48 S.) 8. Augsburg 904. Literar. Institut v. Dr. M. Huttler. n. — 20

— dasselbe, s.: ABC-Büchlein, politisches.

Hebel, F. W., deutsche Heldensagen u. geschichtliche Erzählungen aus Bayerns Königshaus. Für Schule u. Haus bearb. Mit Gedichten u. Bildern. 1. u. 2. Aufl. 1.—5. Tauf. (72 S.) 8. Kaiserslautern 906. E. Crusius. n. — 60

Hebel, F. W., deutsche Heldensagen u. geschichtliche Erzählungen aus Bayerns Königshaus. Für Schule u. Haus bearb. Mit Gedichten u. Bildern. 5. verb. Aufl. (84 S.) 8. Kaiserslautern 911. E. Crusius. — 60

Pfälzische Sagen. Hrsg. von F. W. **Hebel**. Mit 18 Bild. Kaiserslautern: Crusius 1906. XVI, 175 S. 8° [11. 3393

— pfälzische Sagen. 2. Aufl. (XVI, 176 S. m. 22 Abbildgn.) kl. 8. Ebd. 906. Geb. in Leinw. n. 2. —
1. Aufl. (XVI, 176 S. m. 18 Abb.) 906. 2. —; geb. 2. 40.

— Pfälzische Sagen. 2. Sammlg. Mit Buchschmuck v. A. Kohl. (173 S. m. Abbildgn.) kl. 8. Ebd. 908. Geb. in Leinw. 2. 40

Hebel, Johann Peter

—— Briefe. Hrsg. von Otto Behaghel. 1. Sammlung: Briefe an K. Ch. Gmelin, an die Straßburger Freunde, an Justinus Kerner. Mit 1 Bildniß Hebels in Lichtdr. gr. 8. (XII, 314 S.) Karlsruhe 883, Reuther. *

Hebel, Johann Peter. Nachtrag zu den Briefen von J. P. H. an einen Freund. ([Hrg. von] Fr[iedrich] Aug[ust] Nüsslin.) 8. Mannheim 1862.

J. P. Hebel. Einladung zu den öffentlichen Prüfungen, welche vom 29. März an in dem hiesigen Lyceum sollen gehalten werden.
Programm der Vorträge des Redeaktus:
1) Kurz wäre das menschliche Leben? Nein, es ist lang (lateinisch).
2) Nil mortalibus arduum est, coelum ipsum petimus (deutsch).
3) Jedes Zeitalter stellt grosse Muster für die Nachwelt auf (französisch).
4) Lobrede auf den König Porsenna (lateinisch).
5) Die fehlerhafte Seite im Charakter Ciceros (deutsch).
6) Über die Klage, dass sich die Zeiten immer ins Schlimmere veränd... (deutsch).
Karlsruhe, P 1811

Hebel, Johann Peter. J. P. Hebels ausgewählte Erzählungen u. Gedichte. Hrg. von O[tto] Fritz u. K[arl] Lauer. Mit Originalbildern (*Umschlag*: Illustriert) von Hans Thoma u. Hermann Daur. II + XII + 92 S. 8. Karlsruhe i. B., J. Lang, 1907. [cart. M. 1.50]

— ausgewählte Erzählungen des rheinländischen Hausfreundes, s.: Büchersammlung f. Gabelsberger'sche Stenographen.

—— ausgewählte Erzählungen des Rheinländischen Hausfreundes, s. Universal-Bibliothek für die Jugend.

—— Ausgewählte Erzählungen d. rheinländischen Hausfreundes, s. Volksbibliothek d. Lahrer hinkenden Boten.

Hebel, Joh. Pet., ausgewählte Erzählungen des rheinl. Hausfreundes. Für die reifere Jugend, insbesondere für Volks- u. Schul-Bibliotheken hrsg. v. Karl Stöber. 8. (VIII u. 245 S.) Pforzheim 847, Flammer u. Hoffmann. (Stuttgart, Scheitlin). 1/3 rf Mit 2 Kpfrn. u. in Engl. Einb. n. 24 ngr

Hebel's, Joh. Pet., ausgewählte Erzählungen des Rheinländischen Hausfreundes. Herausg. von K. Stöber. 2. Aufl. Stuttgart 853. Scheitlin. (Pforzheim, Flammer.) 8. (VIII, 235 S.) 10 ngr

— — Mit Zeichnungen von Rothbart, Holzschnitte von Allgaier und Siegle. Ebend. 853. 8. (VIII, 242 S. mit Holzschn. im Text.) n. 16 ngr

— — Mit 17 Holzschn. Nach Zeichnungen von Rothbart. 2. Aufl. Ebend. 861. gr. 8. (VIII, 242 S.) n. 18 ngr

Hebel's, J. P., ausgewählte Erzählungen des rheinländischen Hausfreundes. Für die Jugend, insbesondere für Volks- u. Schulbibliotheken. Herausg. von Karl Stöber. 3. Ausg. Pforzheim 861. Flammer. gr. 8. (VIII, 235 S.) n. 10 ngr

— ausgewählte Erzählungen des rheinländischen Hausfreundes. Für die Jugend, insbesondere für Volks- u. Schulbibliotheken. HerSg. von Karl Stöber. 4. Ausg. Lahr 868. Schauenburg. 8. (VI, 234 S.) n. 10 ngr; cart. n. 12 ngr

— ausgewählte Erzählungen d. Rheinländischen Hausfreundes. Für die Jugend, insbesondere f. Volks- u. Schulbibliotheken hrsg. v. Karl Stöber. 5. Aufl. gr. 16. (XX, 251 S.) Lahr 874. Schauenburg. n. 1. —; m. 16 eingedr. Holzschn. geb. n. 2. —

— des rheinländischen Hausfreundes ausgewählte Erzählungen. Mit 5 Bildern (Holzschntaf.) v. H. Lüders 8. (VI, 144 S.) Bremen 875. Nordwestdeutscher Volksschriften-Verl. n. 1. —

Hebel's, J. P., ausgewählte Erzählungen des Rheinländischen Hausfreundes. Für die Jugend, insbesondere f. Volks- u. Schulbibliotheken. Hrsg. v. K. Stöber. 6. Aufl. Mit 16 Holzschn. v. Allgaier & Siegle nach Zeichngn. v. Rothbart. 8. (XX, 266 S. m. 4 Chromolith.) Lahr 887. Schauenburg. cart. n. 2. —; ohne Chromolith., geh. n. 1. —

— des rheinländischen Hausfreundes ausgewählte Erzählungen. Mit 5 Bildern v. H. Lüders. 12. (144 S.) Reutlingen 893. Enßlin & Laiblin. Kart. in buntem Umschlag. — 60

Hebel's ausgew. Erzählungen d. rheinländ. Hausfreundes. Für d. Jugend, insbes. f. Volks- u. Schulbibliotheken. Hrsg. v. Karl Stöber. 7. Aufl. M. 16 Holzschn. v. Allgaier u. Siegle n. Zeichngn. v. Rothbart. 12. (XVIII, 266 S.) Lahr 896. M. Schauenburg. n. 1. —; kart. m. 5 Farbendr. n. 1. 50

— ausgew. Erzählungen d. rheinländ. Hausfreundes. 1. Bdchn. 7. Aufl. M. 9 Illustr. Hrsg. (in stenograph. Schrift nach d. Einigungssystem) v. G. Schröder. 12. (66 S.) Wetzikon 898. (Leipzig, J. H. Robolsky.) Kart. n. — 60

— dasselbe. 2. Bdchn. 2. Aufl. Hrsg. v. G. Schröder. (In stenograph. Schrift.) 12. (IV, 64 S. m. 9 Illustr.) Ebd. 899. Kart. n. — 60

Ausgewählte Erzählungen des rheinischen Hausfreundes. Von Joh. Peter Hebel. *Münster i. W.: Aschendorff 1899.* (128 S.) 8° [F.]
— Volks- u. Jugendschriften, Ausgewählte. Bdch. 55. [99. 4637

— ausgewählte Erzählungen des rheinländischen Hausfreundes. Für die Jugend, insbesondere f. Volks- u. Schulbibliotheken. Hrsg. v. Karl Stöber. 8. Aufl. Mit 16 Holzschn. v. Allgaier u. Siegle nach Zeichngn. v. Rothbart. 12. (XVII, 232 S.) Lahr 900. M. Schauenburg. Kart. n. 1. 50

— des rheinländischen Hausfreundes ausgewählte Erzählungen. Mit 5 Bildern v. H. Lüders. Ster.-Ausg. 12. (144 S.) Reutlingen (901). Enßlin & Laiblin. — 25

Hebel, [Johann Peter]. Hebel's ausgewählte Erzählungen des Rheinländischen Hausfreundes. Hrg. von Dr. G[eorg] Schröder. 2 Bändchen. *je* Mit 9 Illustrationen. *je* II + 66 S. 8. Wetzikon bei Zürich, Hermann Bebie, 1903. [cart. *je* fr. —. 75]
Bändchen 1: 9. Aufl. — Bändchen 2: 3. Aufl.

Hebel, [Johann Peter]. Hebel's ausgewählte Erzählungen des Rheinländischen Hausfreundes. Kleine Ausgabe. Hrg. von Dr. G[eorg] Schröder. 2 Bändchen. *je* 18 S. 8. Wetzikon bei Zürich, Hermann Bebie, [1904]. [*je* fr. —. 25]
Bändchen 1: Mit 4 Illustrationen. — Bändchen 2: Mit 3 Illustr'.

— dasselbe. Kleine Ausg. Hrsg. v. G. Schröder. 1. u. 2. Bdchn. kl. 8. Ebd. 905. à n.n. — 20
I. Mit 4 Illustr. (18 S.) — II. Mit 3 Illustr. (18 S.)

— Erzählungen d. rheinländischen Hausfreundes. 2 Abthlgn. Neue wohlfeile Ausg. gr. 16. Leipzig 870. Dyk. n. — 50
1. 1803—1813. (240 S. m. 1 Holzschntaf.) — 2. (125 S.)

Erzählungen des rheinischen Hausfreundes von J[ohann] P(eter) Hebel. (Neue Folge d. 'Schatzkästleins'.) Im Auftr. d. Altonaer Prüfungsausschusses f. Jugendschr. hrsg. von A. Volquardsen. Mit e. Einl. d. Hrsg. u. d. Bilde d. Dichters. *Halle a. S.: O. Hendel (1900).* (VI, 164 S.) 8° [F.]
(Bibliothek d. Gesammtlitteratur d. In- u. Auslandes. No 1437—38.) [01. 12499

— Erzählungen des rheinischen Hausfreundes, s. a. Bibliothek der Gesamtlitteratur.

Erzählungen des rheinischen Hausfreundes von J[ohann] P[eter] Hebel. (Neue Folge d. 'Schatzkästleins'.) *Hilchenbach: L. Wiegand [1902].* (164 S.) 8° [F.]
= Sammlung, Wiegands, guter Jugendschriften. 6.

Hebel, Joh. Pet., Erzählungen d. rheinischen Hausfreundes. Ausgewählt u. hrsg. v. d. Prüfungsausschuß Elberfeld d. Verbandes deutsch. Schul- u. Lehrervereine. 7. Tauf. (127 S. m. 4 Vollbildern.) kl. 8. Charlottenburg (910). Schiller-Buchh. Geb. in Leinw. 1. 20

110 Ausgewählte Erzählungen von Johann Peter Hebel. Aus d. sämtl. Jahrgängen d. 'Rhein. Hausfreundes' zsgestellt. Für Kinder von 10—12 Jahren. *Langensalza: F. G. L. Gressler 1901.* (192 S.) 8° [F.]
= Jugendbücherei, F. G. L. Gresslers Neue. Bd 6.

Hebel, Joh. Pet., 110 ausgewählte Erzählungen, s. a. Greßler's, F. G. L., neue Jugendbücherei. 6. Bd.

— kurze Erzählungen. Neue Ster.-Ausg. 12. (64 S.) Reutlingen (902). Enßlin & Laiblin. Kart. — 30

— kurze Erzählungen. Neue Ster.-Ausg. (64 S.) 8. Reutlingen (903). Enßlin & Laiblin. — 20

— Erzählungen aus dem Schatzkästlein des rheinländischen Hausfreundes. 12. (72 S. m. 4 Farbdr.-Bildern.) Reutlingen (900). R. Bardtenschlager. Kart. n. — 70

— s.: Erzählungen, die schönsten, f. die Jugend.

— Erzählungen u. Schwänke, s.: Gerlach's Jugendbücherei. 14.

Hebel, J. P., allemannische Gedichte, s. Bibliothek der Gesamt-Litteratur des In- und Auslandes.

— dasselbe, s.: Hesse's, Max, Volksbücherei.

— — s. Universal-Bibliothek.

Hebel, Jh. Pt., Allemanische Gedichte f. Freunde ländlicher Natur u. Sitten. 8. Karlsr. 1e, 2e Aufl. 803. 4e Aufl. 808. Macklot: 1 ℛ 8 ℊ (anonym). 5e vollst. A. 8. Aarau 820. Sauerländer: mit Kpf. 2 ℛ Velinp. 2 ℛ 16 ℊ Dass. 8. Ebd. 821. Wohlf. Ausg. 12 ℊ 12.

Hebel, J. P. Alemannische Gedichte umzudeutschen versucht . . . Königsb. 1811. Ü: *Scheffner, Joh. Gg.* (GGr)

Hebel, J., allemannische Lieder umzudeutschen, versucht v. J. G. S. 12. Königsb. Nicolovius. 811.

Hebel, Jh. Pt., allemannische Gedichte in hochdeutscher Mundart, (von J. G. Scheffner). 12. Königsb. 811. 2e Aufl. 817. Univers.-B. 14 ℊ 2r Thl. (aus d. neuen Aufl. für d. Besitzer d. ersten besonders abgedruckt). 12. Ebd. 817. 6 ℊ

— allemann. Gedichte, f. Freunde ländl. Natur u. Sitten, nach der 5ten Originalausgabe ins Hochdeutsche übertragen, (von Fr. Girardet). 16. Leipz. 821. Hartknoch. 1 Thlr 8 gr

— Dieselb. Aus d. allemann. Mundart übers. v. J. Val. Adrian. 8: Stuttg. 824. v. Cotta. 1 Thlr

Hebel, (J. P.,) Allemannische Gedichte. Mit Kupf. 5e Aufl. Aarau 826, Sauerländer.

— Dieselb. ins Hochdeutsche metrisch übertr., von O. E. Freih. v. Budberg. gr. 12. Heidelb. 826. Groos. 1 Thlr

— dieselben ins Hochdeutsche metrisch übertr. v. O. Freih. v. Budberg. gr. 12. Heidelb. 827, Groos.

— dieselben; neue Ausg, 12. Aarau 827, Sauerländer. 12 gr. weiß Papier.

—— Allemannische Gedichte. (Für Freunde ländl. Natur u. Sitten.) 6., vollständ. Orig.-Ausg. (M. 3 Kpfr. u. Titvign.) 12. (13½ B.) Aarau 831, [Sauerländer, Brlsh.]

—— allemannische Gedichte. 7., vollständ. Orig.-Ausg. gr. 18. (272 Seit. u. Titvign.) Aarau 838, Sauerländer, Brlsh. M. 3 Kpfrt.

Umrisse, hierzu, s. Niele, J.

— Allemanische Gedichte. Für Freunde ländlicher Natur u. Sitten. 8. vollständige Original-Aufl. Mit der Abbild. von Hebels Denkmal in Karlsruhe. gr. 18. (kl. 8. 288 Seiten.) Aarau 842, Sauerländer. Weiß Pap. ⅔ Thlr — Wohlf. Ausg. auf halbweiß Pap. ⅓ Thlr

— Allemannische Gedichte f. Freunde ländlicher Natur u. Sitten. Ins Hochdeutsche übertr. v. R. Reinick. Mit Bildern (in eingedr. Holzschn.) nach Zeichngn. v. L. Richter. gr. 8. (VI u. 218 S.) Leipzig 851, G. Wigand. n. 1⅔ Thlr; geb. n. 2 Thlr

—— allemannische Gedichte für Freunde ländlicher Natur und Sitten. Ins Hochdeutsche übertr. von R. Reinick. 2., durchgeseh. Aufl. br. 8. (VIII und 222 S. mit Bildern in eingedr. Holzschn. nach Zeichnungen von Ludw. Richter.) Leipzig 853, G. Wigand. *

Hebel, plattdeutscher. Eine freie Uebersetzung der Hebel'schen allemannischen Gedichte von Joh. Meyer. Hamburg 859. Hoffmann & Campe. 8. (VIII, 290 S.) 1 Thlr

—— dass. — Ins Hochdeutsche übertr. von R. Reinick. Mit Bildern nach Zeichnungen von Ludw. Richter. 3. Aufl. gr. 16. (VIII und 222 S. mit eingedr. Holzschn.) Leipzig 859, G. Wigand. geb. *

—— allemannische Gedichte. Für Freunde ländlicher Natur und Sitten. 11., vollständ. Orig.-Aufl. 16. (XVI und 268 S.) Aarau 860, Sauerländer. geb.

— allemannische Gedichte. Für Freunde ländl. Natur u. Sitten. Vollständige wohlfeile Orig.-Aufl. Aarau 865. Sauerländer's Verl. gr. 16. (XV, 176 S.) 10 ngr

— — Neue vollständ. Orig.-Ausg. Ebend. 865. 16. (XV, 271 S. mit 1 Stahlst.: Hebels Bild u. Facs.) geb. mit Goldschn. 1 Thlr

— dass. — Ins Hochdeutsche übertragen von R. Reinick. Mit Bildern (in eingedr. Holzschn.) von Ludw. Richter. 5. Aufl. gr. 16. geb. *

Leipz.: Wigand 1869.

—— dass. — Vollständige bericht. Ausg. Mit Einleitung, den verschiedenen Lesarten, vermehrtem Wörterbuch und Bemerkungen zur allemann. Mundart. gr. 16. (172 S.) Leipzig 870, Dyk'sche Buchh. *

—— dass. — hrsg. und erläut. von Ernst Götzinger. gr. 8. (XXIX, 204 S. mit 1 Karte in Kpfrst., gr. 4.) Aarau 873, Sauerländer's Verlag. *

—— dass. — Für Freunde ländl. Natur und Sitten. Neue revid. Volksausg. gr. 16. (XVI, 176 S.) Ebendas. 873.

HEBEL, JOHANN PETER. *J. P. Hebel's allemannische Gedichte* für Freunde ländlicher Natur und Sitten im allemannischen Originaltext. Mit [95 Holzschnitt-]Bildern von LUDWIG RICHTER. Leipzig, G. Wigand, 1872. VIII, 232 SS. Kl.-8°. Roter Or.Leinenbd. mit Blind- und Goldpressung. Goldschnitt. 55.—

Rümann 1966. H.-B. 1705/99, 2886. ★ Erste Ausgabe des alemann. Textes mit den Richter-Illustrationen. Gutes Ex. Rücken etwas berieben.

— dasselbe. 8. (XXI, 108 S.) Berlin 873. Grote. n. — 60; geb. n. 1. —

Hebel's, J. P., allemanische Gedichte. Für Freunde ländlicher Natur und Sitten. Neue vollständ. Orig.-Ausg. Mit einem Stahlst.: Hebel's Bild und Facs. 16. (XIV, 287 S.) Aarau 876, Sauerländer's Verlag. geb. mit Goldschn. *

Hebel's, J. P., allemannische Gedichte für Freunde ländlicher Natur u. Sitten im allemannischen Orig.-Text. Mit (eingedr. Holzschn.-) Bildern nach Zeichnungen von Ludw. Richter. 2. Aufl. 8. (VIII, 232 S.) Leipzig 882. O. Wigand. cart. n. 3. 50; geb. m. Goldschn. n. 4. —

—— allemannische Gedichte. Für Freunde ländl. Natur und Sitten. Neue revid. Volksausg. 3. Aufl. 8. (XIV, 176 S.) Aarau 886, Sauerländer's Verlag. ℳ 1.—; geb. 1 40

— allemannische Gedichte für Freunde ländlicher Natur u. Sitten. Ins Hochdeutsche übertr. v. R. Reinick. 12. (VIII, 168 S.) Leipzig 889. Fock. geb. m. Goldschn. n. 1. 50

— dasselbe. Ins Hochdeutsche übertr. v. R. Reinick. Mit Bildern nach Zeichngn. v. Ludw. Richter. 7. Aufl. 12. (X, 222 S.) Leipzig 893. G. Wigand. Geb. in Leinw. m. Goldschn.

— allemannische Gedichte f. Freunde ländlicher Natur u. Sitten im allemannischen Orig.-Text. Mit Bildern nach Zeichngn. v. Ludw. Richter. 3. Aufl. 8. (VIII, 232 S.) Leipzig 894. G. Wigand. Geb. in Leinw. m. Goldschn. n. 4. —

— dasselbe. Neue rev. Volksausg. 4. Aufl. 8. (XIV, 176 S.) Aarau 895. H. R. Sauerländer & Co. n. 1. —

— alemannische Gedichte. Für Freunde ländl. Natur u. Sitten. M. Bildern u. Zeichngn. v. Curt Liebig. hoch 4. (XXIV, 181 S.) Freiburg i/B. 899. P. Waetzel. Kart. n. 12. —

Hebel, J. P., allemannische Gedichte. Mit Bildern v. C. Liebich. Jetzt: Freiburg i/B., C. Troemer. Erm. Pr. n. 3. —.

— alemanische Gedichte. Mit Einleitg. v. H. Albrecht. Illustr. v. K. Kögler. gr. 8. (XLV, 206 S. m. Bildnis.) Karlsruhe (900). J. Lang. Geb. in Leinw. n. 6. —

Hebel, J(ohann) P(eter). J. P. Hebels Alemannische Gedichte. Mit Einleitung von H Albrecht. Illustriert von K Kögler. [Mit Porträt.] XLVIII + 208 S. 8. Karlsruhe, J. Lang, [1901]. [geb. M. 6. —]

Hebel, Joh[ann] P[eter]. Allemannische Gedichte. Für Freunde ländlicher Natur und Sitten. Neue revidierte Volksausgabe. 5. Aufl. XVI + 176 S. 8. Aarau, H. R. Sauerländer & Comp., 1902. [geb. fr. 1. 60]

Hebel, Johann Peter. Allemannische Gedichte, (Auswahl,) auf Grundlage der Heimatsmundart des Dichters für Schule und Haus hrg. von Otto Heilig. XVI + 138 S. 8. Heidelberg, Carl Winter, 1902. [geb. M. 1. 20]

Hebel, Johann Peter. Alemannische Gedichte. Für Freunde ländlicher Natur und Sitten. Mit Bildern nach Zeichnungen von Curt Liebich. 2. Aufl. besorgt von Dr. Adolf Sütterlin. XXIV + 183 S. gr.-8. Lahr in Baden, Gross & Schauenburg, [1904]. [geb. M. 5. 50]

Hebel, Johann Peter. Allemannische Gedichte. (Auswahl.) Mit hochdeutschen Übertragungen von Robert Reinick und Bildern von Ludwig Richter. Ausgewählt vom Hamburger Jugendschriften-Ausschuss. IV + 96 + IV S. 8. Leipzig, Georg Wigand, 1904. [cart. M. —. 90]

Hebel, Johann Peter

Ausgewählte allemannische Gedichte.
Hildburghausen: Bibliogr. Inst. 1830. 127 S. 8°
(Miniatur-Bibliothek der Deutschen Classiker. Lfg. 77)

— Ausgewählte alemanische Gedichte, hrsg. v. E. Burger, s. a. Auswahl f. die Schule aus den Werken deutscher Dichter.

Hebel, J(ohann) P(eter). J. P. Hebels ausgewählte alemannische Gedichte, Von E[mil] Burger (*Umschlag: von Ludwig Sevin). [Mit 1 Porträt und 1 Karte.] 85 S. 8. Karlsruhe, J. J. Reiff, [1908]. (geb. M. —. 50)

Literaturgeschichtliches Lesebuch in einzelnen Bändchen, von Ludwig Sevin (*Umschlag: Auswahl für die Schule aus den Werken deutscher Dichter). Bändchen 5... .

— zwölf Allemanische Gedichte, sorgfältig rev. u. vollständig erläut., m. 9 Federzeichnungen v. Hans Brendel, nebst 5 ausgewählten Melodieen mit Klavierbegleitg. u. dem (lith.) Bildniß u. Facsimile d. Dichters. gr. 4. (VI u. 26 S.) Winterthur 847, Steiner. n. 1 ₰ 6 ngr

—— zwölf allemannische Gedichte, sorgfältig revid. und vollständig erläut., mit 9 Federzeichnungen von Hans Brendel, nebst 5 ausgewählten Melodieen mit Klavierbegleitung. gr. 4. (VI und 26 S. mit Hebel's Bildn. und Facsim. in Stndr.) Winterthur 840, Steiner'sche Buchh. *

— s.: Gesunden.

— bibl. Geschichten f. die (protest.) Jugend. 2 Bdchn. 8. Stuttg. 822. 2e Aufl. 824. v. Cotta. 18 gr Schrbp. 1 ₰ N. Aufl., 2 Bdchn. 8. Ebd. 830. 8 gr

— biblische Geschichten f. die kathol. Jugend; eingerichtet von e. kathol. Geistlichen. 2 Bdchn. 8. Stuttg. 825. v. Cotta. 12 gr (a. Herder in Rotweil). 12 gr

— biblische Geschichten. Für die Jugend bearbeitet. Neue unveränd. Aufl. in Stereot. 2 Bdchn. 8. (1: IV u. 239 S. 2: IV u. 220 S.) Stuttgart 847, Cotta. 1/3 ₰

— biblische Geschichten. Für die Jugend bearbeitet. Neue unveränderte Aufl. in Stereotypen. 2 Bdchn. Stuttgart 853. Cotta. 8. (IV, 239; IV, 220 S.) n. 10 ngr

—— biblische Geschichten. Aufs Neue hrsg. und für Schule und Haus bearb. von Geo. Längin. 1. und 2. Ausg. 8. (XVIII, 258 S.) Karlsruhe 873, Braun'sche Hofbuchh. geb. *

— Drollige Geschichten, s. a. Quellen.

Hebel, J[ohann] P[eter]. Drollige Geschichten. Auswahl aus Schatzkästlein und Erzählungen des rheinländischen Hausfreundes von J. P. H'. 4. Aufl. [Mit Vignetten.] 64 S. 8. München, Verlag der Jugendblätter ⟨C. Schnell⟩, [1909]. [cart.] M. —. 20

Quellen. Bücher zur Freude und zur Förderung. Hrg. von Heinrich Wolgast. (Band 5.)

— Geschichten aus dem rheinischen Hausfreunde, s. a. Spamer's, Otto, neue Volksbücher. Nr. 16.

— Geschichten aus dem rheinischen Hausfreunde. Nebst e. Lebensskizze des Dichters. Mit 58 Text-Abbildgn. u. e. Titelbilde nach Zeichngn. v. W. Claudius, C. H. Schmolze, T. Stauber u. a. gr. 8. (VI, 170 S.) Leipzig (902). O. Spamer. n. 1. 50; geb. in Leinw. n. 2. —

— Geschichten f. jung u. alt. Neue Ster.-Ausg. 12. (64 S.) Reutlingen (902). Enßlin & Laiblin. Kart. — 30

— Geschichten f. jung u. alt. Neue Ster.-Ausg. (64 S.) 8. Reutlingen (903). Enßlin & Laiblin. — 20

— kleine Geschichten aus dem Schatzkästlein des rheinländischen Hausfreundes. 8. (71 S.) Leipzig 894. Greßner & Schramm. Kart. — 60

— Geschichtenbuch, s.: Jugendschriften, hrsg. v. Lehrerhausverein f. Oberösterreich.

— Vom rheinischen Hausfreund, s.: Bücher, die, d. deutsch. Jugend.

—— rheinländ. Hausfreund, s. Bildermann, 1. Hft.

— Rheinländischer Hausfreund od. neuer Kalender f. d. J. 1853. Mit lehrreichen Nachrichten u. lustigen Erzählungen. 4. (48 S. m. eingedr. Holzschn.) Pforzheim 852. (Stuttgart, Scheitlin.) n. 2 ngr

— Rheinländischer Hausfreund oder Neuer Kalender für das Jahr 1856 u. 1857. Mit lehrreichen Nachrichten und lustigen Erzählungen. Pforzheim, Flammer. 4. Jeder Jahrg. n. 2 ngr

—— rheinländischer Hausfreund für die J. 1880—1885. 4. (à Jahrg. ca. 52 S. mit eingedr. Holzschn. und 1 Chromolithogr.) Lahr, Schauenburg. à Jahrg.

Hebel's, rheinländischer Hausfreund für das Jahr 1883. Einzig rechtmäß. Ausg. 4. (52 S. m. eingedr. Holzschn. u. 1 Chromolith.) Lahr, Schauenburg. — 30

—— rheinländischer Hausfreund für die J. 1886—1889. Einzig rechtmäß. Ausg. 4. (à Jahrg. 52 S. mit Bildern.) Lahr, Schauenburg. à Jahrg.

Hebel's rheinländischer Hausfreund f. d. J. 1889—1891. Einzig rechtmäß. Ausg. 4. (à ca. 60 S. m. Abbildgn.) Lahr, Schauenburg. à — 20

— dasselbe f. d. J. 1892—1895. Einzig rechtmäß. Ausg. (à ca. 64 S.) hoch 4. Lahr, M. Schauenburg. à — 20

— rheinländischer Hausfreund f. d. J. 1899. (Einz. rechtmäß. Ausg.) 4. (64 S. m. Abb.) Lahr, M. Schauenburg. — 20

Hausfreund. (J[ohann] P[eter]) Hebels Rheinländischer H' ⟨Einzig rechtmässige Ausgabe⟩ für.... [Illustriert.] 4. Lahr, J. H. Geiger. *je* M. —. 20

.. für 1901 *u.* ... für 1902. *je* IV + 64 [+ 8] S.
... für 1903 *u.* ... für 1904. *je* IV + 64 [+ 16] S.
... für 1905 *u.* ... für 1906. IV + 64 [+ 20] *u.* IV + 64 [+ 24] S.
Ausgaben für 1904 u. für 1906 am Schluss mit Verzeichnis der schweizerischen Märkte.

Hausfreund. (J[ohann] P[eter]) Hebels Rheinländischer H' ⟨Einzig rechtmässige Ausgabe⟩ für 1907. IV + 64 [+ 20] S. 4. Lahr, J. H. Geiger. M. —. 20
Am Schluss mit Verzeichnis der schweizerischen Märkte 1907.

— dasselbe (einzig rechtmäßige Ausg.) f. 1907. (64 u. IV S. m. Abb.) gr. 8. Lahr, M. Schauenburg. — 20

— dasselbe (einzig rechtmäßige Ausg.) f. 1911. (65 u. IV S. m. Abb.) gr. 8. Lahr, M. Schauenburg. — 20

—— dass. — [seit der Gründung durch J. P. Hebel 75.—80. J.] für die J. 1880—1885. 4. (à Jahrg. ca. 100 S. mit eingedr. Illustr.) Tauberbischofsheim, Lang. à Jahrg. *
Ausg. für Norddeutschland (à Jahrg. 110 S.) à Jahrg. *

—— dass. — 1886—1889. [Seit der Gründung durch J. P. Hebel 81.—84. Jahr.] 4. (à Jahrg. ca. 100 S. mit Illustr.) Tauberbischofsheim, Lang. à Jahrg. *

— dasselbe [seit der Gründg. durch J. P. Hebel 85 Jahre] f. d. J. 1889. 4. (92 S. m. Bildern.) Tauberbischofsheim, Lang. n. — 30

— rheinländischer Hausfreund (Seit der Gründg. durch J. P. Hebel 86. — 91. Jahrg.) f. d. J. 1890 — 1894. (à ca. 100 S. m. Abbildgn.) 4. Karlsruhe, J. Lang. à n. — 30

— rheinländ. Hausfreund (seit d. Gründg. durch J. P. Hebel 95 Jahre) f. d. J. 1899. 4. (120 u. 8 S. m. Abb.) Tauberbischofsheim, J. Lang. n. — 30

— dasselbe (seit der Gründg. durch J. P. Hebel 99 Jahre) f. d. J. 1903. 4. (107 u. 8 S. m. Abbildgn.) Karlsruhe, J. Lang. — 30

— rheinländischer Hausfreund (seit der Gründg. durch J. P. Hebel 103 Jahre) f. d. J. 1907. (96, 4 u. 9 S. m. Abbildgn. u. Wandkalender.) gr. 8. Karlsruhe, J. Lang. — 30; Ausg. f. die Schweiz. (104 S. m. Abb.) — 30

— Rheinländischer Hausfreund (seit d. Gründg. durch J. P. Hebel 107 Jahre) f. d. J. 1911. (100 u. 13 S. m. Abb. u. Wandkalender.) gr. 8. Karlsruhe, J. Lang. — 30

Hebel, J[ohann] P[eter]. Zwei Idyllen aus J. P. Hebels alemannischen Gedichten von Ferdinand Lamey. 28 S. 8. Freiburg ⟨Baden⟩, J. Bielefeld, 1910. [M. —. 50]

— christl. Katechismus, aus dessen hinterlassenen Papieren herausg. 8. Karlsr. 828. 2e Aufl. 829. Müller. 6 K

Hebel, Johann Peter. 7 Lieder von J' P' H'. Komponist unbekannt. Für zweistimmigen Chor gesetzt. II + 8 S. 8. Basel, Friedrich Reinhardt, 1904.

— aus Johann Peter Hebel's ungedruckten Papieren. Nachträge zu seinen Werken, Beiträge zu seiner Charakteristik. Hrsg. v. Geo. Laengin. (VIII, 228 S.) 8. Tauberbischofsheim 882. Karlsruhe, J. Lang.
Geb. in Leinw. ermäß. Preis n. 1. 50

—— Poésies complètes, traduites et suivies de scènes champêtres par Max Buchon. gr. 16. (VII und 250 S. mit Portr. in Stahlst.) Berne 853, Dalp. *

— et Auerbach, scènes villageoises de la forêt-noire traduites par Max Buchon. (Auerbach: Tolpatsch. La pipe. Geneviève. Toinette. Le Buchmayer. Les frères ennemis. — Poésies de Hébel.) Berne 853. Dalp. 12. (XX. 195 S.) 18 ngr

Hebel. Schatzkästlein (Treasure Box). With Introduction &c., by H. Schünemann (London ed. of German Classics). Post in-8vo. 94 pp. Edinburgh, Oliver & Boyd. 1879. 2 —

Aus dem Schatzkästlein [des rheinischen Hausfreundes] von J[ohann] P[eter] Hebel. Für d. Jugend ausgewählt u. mit Berücks. d. neuen Rechtschreibung bearb. von Theodor Schumann. Mit 3 Bild. von Eugen Hanetzog. Berlin: Jugendhort [1905]. (96 S.) 8° [J.]
= Jugendhort. 5.

— Schatzkästlein ausgewählter Erzählungen, s. a. Jugend- u. Volksbibliothek, deutsche.

Hebel, J[ohann] P[eter]. J. P. Hebel's Schatzkästlein ausgewählter Erzählungen. (Mit 18 Bildern von Wilh[elm] Rögge.) 128 S. 8. Stuttgart, J. F. Steinkopf, [1902]. (cart. M. —. 75)
(Deutsche Jugend- und Volksbibliothek. Bändchen 186.)

— Schatz-Kästlein d. rheinischen Hausfreundes, s.: Bibliothek der Gesamt-Litteratur d. In- u. Auslandes.

—— dass. — s. Erzählungen des deutschen Hausfreundes.

—— dass. — s. Meyer's Volksbücher.

—— Schatzkästlein des rheinischen Hausfreundes, s. Museum. — Volks- und Jugend-Bibliothek.

— Schatz-Kästlein, s. Volksbibliothek, deutsche.

Hebel's, J. P., Schatzkästlein ꝛc., s. Universal-Bibliothek.

— dasselbe in einem Auszuge, s.: Volks- u. Jugend-Bibliothek, österreichische.

— Schatzkästlein des Rheinischen Hausfreundes. gr. 8. Tübing. 811. Unveränd. Aufl. 818 u. 828. v. Cotta. 18 K

—— Schatzkästlein d. rhein. Hausfreundes. Neue Aufl. 8. (19 B.) Stuttgart 827, Cotta.

Hebel's, J. P., Schätzkästlein des rheinischen Hausfreundes. N. Aufl. gr. 8. Stuttgart 833. v. Cotta. 3/4 ℔

— Schatzkästlein des rhein. Hausfreundes. Mit 60 Holzschn. 8. Stuttgart 846, Cotta'sche Buchh. 1 ℔ — Dass. Stereotyp-Ausg. 8. Ebend. 845. n. 1/2 ℔

—— Schatz-Kästlein des rheinischen Hausfreundes. 8. (X und 340 S. mit 60 Holzschn.) Stuttgart 847, Cotta'sche Buchh.

—— dass. — (Neue) Stereotyp-Aufl. 8. (VIII und 306 S.) Stuttgart 850, Cotta'sche Buchh. *

—— Schatzkästlein des rheinischen Hausfreundes. gr. 16. (VIII, 200 S. mit 60 eingedr. Holzschn.) Stuttgart 869, Cotta'sche Buchh. *

—— dass. — Mit 60 Illustr. nach den Orig.-Holzschn. copirt. In stenograph. Schrift autographirt von V. Biechy. 1. Aufl. 1871, und 2. verb. Aufl. 8. (X, 221 lithogr. S.) Augsburg 875, Lampart und Comp. *M. 2,40.; cart. *M. 2,80.; geb. *

— Schatzkästlein d. rheinischen Hausfreundes. Mit 60 (eingedr.) Holzschn. 8. (VIII, 200 S.) Stuttgart 876 Cotta. n. — 80; geb. n. 1. 40

— dasselbe. Mit 60 (eingedr.) Illustr. In stenogr. Schrift autogr. v. V. Biechy. 3., verb. Aufl. 8. (X, 221 S.) Augsburg 882. Lampert & Co. n. 2. 40; cart. n. 2. 80; geb. n. 3. 60

—— dass. — In stenogr. Schrift autogr. v. V. Biechy. 4. verb. Aufl. (In 5 Lfgn.) 8. (Mit Illustr.) Augsburg 885,86. [Lampart und Comp.] Stuttgart, Waag. à Lfg. 40 Pf. *

HEBEL. *Schatzkästlein* des rheinischen Hausfreundes. Berlin, G. Pohlmann [ca. 1885]. 216 S. 1 Bl. m. 4 farb. Tafeln. 8°. Farb. Orlwd. 9.—

Hebel, J. P., Schatzkästlein d. rheinischen Hausfreundes. Mit 60 Holzschn. (Neue elegante Ausg.) 8. (VIII, 282 S.) Stuttgart 888. Cotta Nachf. n. 1. 10

— Schatzkästlein d. rheinischen Hausfreundes. 16. (207 S.) Leipzig 892. Versandt-Bureau (W. Fiedler). Geb. m. Goldschn. n. — 90

Hebel, J[ohann] P[eter]. Schatzkästlein des rheinischen Hausfreundes. 271 S. 8. Hamm i. Westf., Breer & Thiemann, 1901. ([M. —.90,] Jede Nummer M. —. 30)
(Kleine Bibliothek. Nr. 65/67.)

Schatz-Kästlein des rheinischen Hausfreundes von J[ohann] P[eter] **Hebel**. *Hilchenbach: L. Wiegand [1902].* (186 S.) 8° [F.]
= Sammlung, Wiegands, guter Jugendschriften. 5.

Schatz-Kästlein des rheinischen Hausfreundes von J[ohann] P[eter] **Hebel**. [1. 2.] *Hilchenbach: L. Wiegand [1902].* 2 Bde 8° [F.]
[2] = N. F. u. d. T.: Erzählungen des rhein. Hausfreundes.
(Wiegands Sammlung guter Jugendschriften.)

— dasselbe, s. a. Sammlung guter Jugendschriften. 5. Bd.

— Schatzkästlein, d. rheinischen Hausfreundes. 8. (VIII, 282 S. m. 60 Holzschn.) Stuttgart (902). J. G. Cotta Nachf. Geb. in Leinw. n. 1. 20

Hebel, J(ohann) P(eter). Schatzkästlein des Rheinischen Hausfreunds. In freier Auswahl für die Jugend hrg. von R[udolf] Reichhardt. Mit vier Farbendruckbildern [Tafeln], sowie 30 Textillustrationen [und illustriertem Umschlag] nach Originalen von O[tto] Kubel. VIII + 152 S. 8. Stuttgart, Loewe, [1905]. [geb. M. 3. —]
Volksausg., ohne die 4 Tafeln. [1905.] [geb. M. 1. 80]

Hebel, J(ohann) P(eter). Schatzkästlein des rheinischen Hausfreundes. Mit 84 Abbildungen [und 1 Porträt-Tafel] nach Originalzeichnungen von Adolf Glattacker. XII + 287 S. 8. Konstanz, Ernst Ackermann, [1906]. [geb. M. 2. 75]

— Schatzkästlein des rheinischen Hausfreundes. (64 S.) kl. 8. Konstanz (906). C. Hirsch. Kart. — 25

Schatz-kästlein des rheinischen Hausfreundes von J[ohann] P[eter] **Hebel**. Mit 60 Holzschn. (Cotta'sche Orig.-Ausg.) Stuttgart & Berlin: Cotta [1909]. VIII, 282 S. 8°
(Cotta'sche Handbibliothek. Nr 156.) [09. 15576

— dasselbe, s. a. Handbibliothek, Cotta'sche.

— Schatzkästlein d. rheinischen Hausfreundes. Ausgewählt u. hrsg. v. d. Prüfungsausschuß Elberfeld d. Verbandes deutscher Schul- u. Lehrervereine. 8. Taus. (127 S. m. 4 Vollbildern.) kl. 8. Charlottenburg (910). Schiller-Buchh. Geb. in Leinw. 1. 20

—— dass. — für die Jugend. Aus den „sämmtlichen Erzählungen" ausgewählt und mit einer biograph. Einleitung versehen von Pet. Diehl. Mit 12 Holzschn.-Illustr. von Erdmann Wagner. gr. 8. (VIII, 166 S.) Stuttgart 875, Thienemann. cart. *

HEBEL. *Schatzkästlein* für die Jugend. Aus Johann Peter Hebels sämmtlichen Erzählungen ausgewählt und mit einer biographischen Einleitung versehen von Peter Diehl. Mit zwölf Holzschnitt-Illustrationen von ERDMANN WAGNER. Stuttgart. Jul. Hoffmann [ca. 1880]. VIII, 166 SS. 4°. Original-Halbleinen. 12.—
Hübsche Illustrationen im Stile Menzels. — Einband am Rücken lädiert u. lose.

— Schatzkästlein für die Jugend. Aus seinen sämmtl. Erzählungen ausgewählt u. mit einer biogr. Einleitung versehen von P. Diehl. 3. Aufl. gr. 8. (176 S. mit 12 Tondruckbildern nach Zeichngn. v. E. Wagner.) Stuttgart 888. Thienemann's Verlag. cart. n. 4. —

— Schatzkästlein f. d. Jugend. Aus H.'s sämtl. Erzählgn. ausgew. u. m. e. biograph. Einleitg. vers. v. Pet. Diehl. 4. Aufl. M. 2 Bildn. Hebels, 1 Nachbildg. s. Handschrift, 5 Textillustr. u. 12 Tondr.-Bild. nach Zeichngn. v. Erdm. Wagner. gr. 8. (158 S.) Stuttgart 896. K. Thienemann. Geb. in Leinw. n. 3. —

Hebel, Johann Peter. Schatzkästlein für die Jugend. Aus Johann Peter Hebels sämtlichen Erzählungen ausgewählt und mit einer biographischen Einleitung versehen von Peter Diehl. 5. Aufl. Mit zwei Bildnissen Hebels, einer Nachbildung seiner Handschrift, fünf Textillustrationen und zwölf Tondruckbildern [sowie einem Farbendruckbild auf dem Einband] nach Zeichnungen von Erdmann Wagner. 158 S. 8. Stuttgart, K. Thienemann, [1901]. [geb. M. 3.—]

Hebel, Joh. Pet., Schatzkästlein f. die Jugend. Aus des Verf. sämtl. Erzählgn. ausgewählt u. m. e. biograph. Einleitg. versehen v. Pet. Diehl. 6. Aufl. Mit 2 Bildnissen Hebels, e. Nachbildg. seiner Handschrift, 5 Textillustr. u. 12 Tondruck-Bildern nach Zeichngn. v. Erdmann Wagner. (158 S.) 8. Stuttgart (906). K. Thienemann. Geb. in Leinw. n. 3. —

— Schatzkästlein f. die Jugend. Aus d. Verf. sämtl. Erzählgn. ausgewählt u. m. e. biograph. Einleitg. versehen v. Pet. Diehl. 7. Aufl. Mit 2 Bildnissen Hebels, e. Nachbildg. seiner Handschrift, 5 Textillustr. u. 12 Tondr.-Bildern nach Zeichngn. v. Erdmann Wagner. (158 S.) 8. Stuttgart (908). K. Thienemann. Geb. in Leinw. 3. —

Hebel, [Johann Peter]. Hebels Schatzkästlein, für die Jugend bearb. von Anna Puchta. Mit sechs Bildern in Farbendruck [auf dem Einband und 5 Tafeln]. 118 S. 8. Stuttgart, Gustav Weise, [1902]. [geb. M. 1. 50]

Hebel's, J. P., Werke, s.: National-Litteratur, deutsche.

Hebel's, J. P., Werke. (Ausg. in fünf Bdn.) Mit Hebel's Bildn., Vaterhaus in Hausen u. Facsimile. 16. Karlsruhe 843, Müller'sche Hofbuchh. (à $^{3}/_{8}$ ℛ) $1\,^{7}/_{8}$ ℛ — Dies. Ausg. in 3 Bdn. 8. Ebend. 846, 47. (à 12 ngr) 1 ℛ 6 ngr

— Werke. 2. Ausg. in 3 Bdn. Mit Hebel's Bildniß (in Stahlst.), 1 (lith.) Facsimile seiner Handschrift, 2 Stahlst. u. 4 Musikbeilagen (in 4.). Karlsruhe 853. Müller. 8. (VIII, 332; 2 Bl., 282; 2 Bl., 242 S.) Jeder Bd. n. 14 ngr

Hebel's, J. P., Werke. 2 Bde. 1. Aufl. 868. u. 2. Aufl. Berlin 869. Grote. 16. (VIII, 344 u. VI, 314 S.) n. 10 ngr

Hebel's, J. P., Werke. Wohlfeile Ausg. in e. Bde. 16. (667 S. m. e. Holzschntaf.) Leipzig 871. Dyk. n. — 90

— dasselbe. Neue rev. Aufl. m. Hebel's Bildniß. 3 Bde. 8. (880 S.) Stuttgart 871. 72. Koch & Co. geb. 4. —

Hebel's, J. P., Werke. 2 Bde. 1.—6. Aufl. 16. (VIII, 344; VI, 314 S.) Berlin 868—75, Grote'sche Verlagsh. (*M 1.) *
geb. in 1 Bd. *
geb. in 2 Bdn. *

—— dass. — Mit einer Einleitung von Gust. Wendt. 2 Bde. 1. Aufl. 1873, und 2. Aufl. 8. (XII, 303; VI, 285 S.) Ebendas. 874. (*M 1,50.) *
geb. in 1 Bd. *

—— dass. — Neue, revid. Aufl. mit Hebel's (lithogr.) Bildniß und Biographie. 3 Bde. in 15 Lfgn. 8. (V, 263; 311; 264 S.) München 873, Homolatsch. [Stuttgart, Koch und Comp.] à Lfa. 45 Pf. *

Hebel's, J. P., Werke. Mit Einleitg. v. Gust. Wendt. 2 Thle. in 1 Bde. 5. Aufl. 8. (XX, 303 u. VI, 285 S.) Berlin 889. G. Grote. Geb. in Leinw. n. 3.—

Hebel's, Joh. Pet., Werke. Mit Einleitg. v. Gust. Wendt. 2 Tle. in 1 Bd. 8. Aufl. (XX, 303 u. VI, 285 S.) 8. Berlin 905. G. Grote. Geb. in Leinw. n. 3.—

Hebel, J(oh.). P(et.), sämmtl. Werke. 8 Bde. (In 4 Lfgn. ersch.) 8. (159½ B., H's. Bildn. u. 4 Musikbeil. 4.) Karlsruhe 832—34, Müller.
Enth.: Allemannische Gedichte. — Alleman. u. hochdeutsche Gedichte (u. H's. Lebensbeschreib.) — Erzählungen d. rheinländ. Hausfreundes. — Biblische Erzählungen. — Bibl. Aufsätze. — Predigten. — Liturg. u. andere Beiträge, nebst Katechismus. — Vermischte Aufsätze.

Hebel's, J. P., sämmtl. Werke. N. Ausgabe. 8 Bde. Mit dem Bildnisse u. Leben Hebel's u. 3 Musikbeill. 8. Carlsruhe 837—38. Müller. 4 ℛ

Hebel, Johann Peter. J' P' Hebels sämtliche poetische Werke, nebst einer Auswahl seiner Predigten, Aufsätze und Briefe, in sechs Bänden. Hrg. und erläutert von Ernst Keller. Mit des Dichters Bildnis [Tafel], zwei Abbildungen, einem Briefe als Handschriftprobe [Tafel] und einem Wörterbuch der alemannischen Mundart. 8. Leipzig, Max Hesse, (1905). [M. 2.—, geb. in 2 Bde. 3.—, feine Ausg. 4.50, Luxusausg. 6.—]
Band 1. Inhalt: Hebels Leben und Schaffen. [Mit 2 Abbildungen und 2 Tafeln.] VIII + 152 S. — Band 2. I': Alemannische Gedichte. Hochdeutsche Gedichte. Wörterverzeichnis zu den alemannischen Gedichten. 256 S. — Band 3 u. 4. I': Schatzkästlein des Rheinischen Hausfreundes. 2 Abteilungen. 256 u. 324 S. — Band 5. I': Biblische Geschichten. 219 S. — Band 6. I': Predigten, Vermischte Aufsätze, Briefe. 104 + 16 S.
(Max Hesses Neue Leipziger Klassiker-Ausgaben.)

Johann Peter Hebels sämtliche poetische Werke nebst e. Auswahl s. Predigten, Aufsätze u. Briefe in 6 Bden. Hrsg. u. erl. von Ernst Keller. Mit d. Dichters Bildn., 2 Abb., 1 Briefe ... u. e. Wörterbuch d. alemann. Mundart. Bd 1–6. Leipzig: M. Hesse [1906]. 6 Bde 8° [J.]
1: Hebels Leben u. Schaffen. 2: Alemann. Gedichte. Hochdeutsche Gedichte. Wörterverzeichnis zu d. alem. Gedichten. 3. 4: Schatzkästlein d. Rhein. Hausfreundes. Abt. 1. 2. 5: Bibl. Geschichten. 6: Predigten, Vermischte Aufsätze, Briefe.
(Max Hesses neue Leipziger Klassiker-Ausgaben.) [illegible] 2

Hebel, Johann Peter: Drei Wünsche, s. Auerbach, Berthold: Die feindlichen Brüder.

— die drei Wünsche, s.: Zehnpfennig-Unterhaltungshefte f. National-Stenographen. Nr. 2.

Hebel, Karl, approb. Arzt: Ein Fall von Lungenabszeß nach Aspiration einer Getreideähre mit Ausgang in Pyämie. *Rostock 1903: C. Hinstorff.* (33 S.) 8°
Rostock, Med. Diss. v. [30 Juni] 1903

Hebeler, G: Ueber die Explosions- und Feuergefährlichkeit des Petroleums. Berlin 1897

Hebeler, Heinrich: Über den Wärmeverbrauch beim Auflösen von Salzen in der wäßrigen Lösung. Jena 1905: B. Vopelius. (40 S.) 8°
Jena, Phil. Fak., Ref. Winkelmann, Diss. v. 7. Aug. 1905
[Geb. 24. Juli 82 Gerstungen a. d. Werra; Wohnort: Gerstungen; Staatsangeh.: Sachsen-Weimar; Vorbildung: Realgymn. Eisenach Reife O. 00; Studium: Jena 8 S.; Rig. 28. Apr. 05.]

Hebelermeer, s.: Geologische Karten. Karte (Preussen).

HEBELOCH, Marie, u. ihre Reize. Panorama in 12°, enth. 6 Darstellgn., wobei 4 sotad., u. 1 ebensolches Klappbild auf Glacé-Pap., im rosa Orig.-Umschl.

Hebelwirkung, Ueber die, der Kandare und Vorschläge zur Verbesserung der Kavallerie-Kandaren. Beihft. z. „Milit.-Wochenblatt". — Berlin 1872.

Hebemaschinen u. Transport-Vorrichtungen. Unter red. Mitwirkg. v. Paul Stülpnagel, s.: Wörterbücher, illustr. techn., in sechs Sprachen. 7. Bd.

Hebenstein, Julius: Gliederung der gelesensten Lebens-Beschreibungen des Cornelius Nepos. S. 1–19. 8.
Progr. K. k. Staatsgymn. *Ried* 1905.

Hebenstreit, Alois, Jesus unser Vorbild. 7 Fastenpredigten gehalten in der Hof- u. Domkirche zu Graz. Graz 866. Ferstl'sche Buchh. 8. (88 S.) n. 12 ngr.

Hebenstreit, Alois, das menschliche Leben e. Reise aus der Zeit in die Ewigkeit. Sechs Fastenpredigten. gr. 8. (84 S.) Graz 871. Moser. n. 1.—

Hebenstreit, Alois, das menschliche Leben e. Reise aus d. Zeit in die Ewigkeit. 6 Fastenpredigten. 2. rev. Aufl. 8. (83 S.) Graz 896. U. Moser. n. 1.—

Hebenstreit, Alois (Red.), s. Wahrheitsfreund, Katholischer.

Hebenstreit, August, approb. Arzt aus Jugenheim a. d. B.: Die Totalexstirpation der Vagina bei primärem Carcinom. *Strassburg i. E. 1900: C. & J. Goeller.* (42 S.) 8°
Strassburg, Med. Diss. v. 1900

Hebenstreit (Carl). Beiträge zur Kenntniss der Urgesteine des nordöstlichen Schwarzwaldes. (Inaugural-Dissert. Würzburg.) Würzburg 1877. 8.

Hebenstreit, Christoph Wilhelm

Hebenstreit, Cph. Wlh., († d. 21. Dec. 1809.) s. *Observationes* ad moralem.

Hebenstreit, Cl., neuer franz. Sprach-Cursus, oder höherer Unterricht in der franz. Sprache, mit Rücksicht auf ihre geschichtl. Entwickelung; nach den besten franz. Schriftstellern, besond. für Diejenigen, welche sich in dieser Sprache möglichst vervollkommnen u. mit d. Geiste derselben recht vertraut machen wollen bearbeitet. gr. 8. Nürnberg 834. (Riegel u. Wießner,) 1 ℛ

Hebenstreit, Ernst Benjamin Gottlieb, s. Abhandlungen, physikal. u. philos. d. Gesellschaft zu Manchester.

Hebenstreit, Ernst Benjamin Gottlieb (Hrsg.):

s.: Bell, Benjamin: Abhandlung von den Geschwüren und deren Behandlung. (A Treatise on the theory and management of ulcers. Dt.) Neue verbess. Ausg., Bd 2: Zusätze... Leipzig: 1793

JB 3.270/2

Hebenstreit, E(rnst) B(enjamin) G(ottlieb) (Hrsg.):

s.: Bell, Benjamin: Lehrbegriffe der Wundarzneykunst. (A System of surgery. Dt.) Leipzig: 1787 - 1790

JB 3.271

Hebenstreit, E(rnst) B(enjamin) G(ottlieb) (Hrsg.):

s.: Bell, Benjamin: Lehrbegriffe der Wundarzneykunst. (A System of surgery. Dt.) 2.verm.Ausg. Th.1 - 5/1. Leipzig: 1791 - 1798

JB 3.272

Hebenstreit, Ernst Benjamin Gottl(ieb) (Ed.):

s.: Bergman, Torbern (Olof): Opuscula physica et chemica. Holmiae, Upsaliae et Aboae, Lipsiae: 1779 - 1787

JB 308

— — De uteri concretione morbosa. Lpz. (Klaubarth) 5. VI. 1801. 23 S. (5.50) 13640

— — De potulentorum cura in republica bene ordinata ad sanitatis leges componenda. Sectio I de aqua. Fraterni amoris pignus esse voluit. Lpz. (Langenheim) 8. X. 1778. 32 S. (5.50) 13635
Gew.: Heinrich Michael Hebenstreit, I. E. F. (Bruder).

Hebenstreit, E(rnst) B(enjamin) G(ottlieb) (Übers.):

s.: Darwin, Erasmus: Phytonomie oder philosophische und physische Grundsätze des Acker- und Gartenbaues. (Phytologia, or the philosophy of agriculture and gardening. Dt.) Bd 1 - 2. Leipzig: 1801 - 1802

JB 51

Hebenstreit, Ernst Benjamin Gottlieb: Entwurf einer ökonom. Zoologie, s. Ludwig, Christian Friedrich.

— — u. **Christian Gotthelf Friedrich Webel,** Curae sanitatis publicae exempla. Lpz. (Sommer) 25. VIII. 1779. 40 S. (6.—) 13636
Gew.: Johann Adolph Scharf, Johann Gottlieb Bosseck, Johann Christian Hebenstreit (Leipzig).

— — Dasselbe. Dissert. altera. Lpz. (Sommer) 11. IV. 1783. 42 S. (5.50) 13637

— — De aquae natura aerea secundum recentiorum chemicorum experimenta disp. Lpz. (Sommer) 29. VI. 1785. 34 S. u. 1 Tfl. mit 5 Abb. (delin. Hebenstreit, sc. J. L. Fischer). (5.50) 13638

— — u. **Christian Gottlieb Wendler** (Dresden), Doctrinae physiologicae de turgore vitali brevis expositio. Lpz. (Sommer) 3. VII. 1795. 35 S. (6.—) 13639

– s. Falconer: Bemerkungen.

– s. Fontana, F.: Beobachtungen.

– s. Fourcroy: Beobachtungen.

– s. Gardiner: Bemerkungen.

Hebenstreit, Ernst Benjamin Gottlieb (Hrsg. u.Comm.):

s.: Gilibert, Jean Emanuel: Sammlung praktischer Beobachtungen und Krankengeschichten. (Adversaria medico-practica prima, seu annotationes clinicae... Dt.) Leipzig: 1792

JB 2.315

Hebenstreit, Ernst Benjamin Gottlieb: Von den Grenzen der Heilkräfte der Natur. 18 S. (S.431 - 448), gbd.

Leipzig: Gräff 1792
in: Gilibert, Jean Emanuel: Sammlung praktischer Beobachtungen und Krankengeschichten. (Adversaria medico-practica prima, seu annotationes clinicae. Dt,) Mit... Anmerkungen hrsg.von E.B.G.Hebenstreit. 1792

JB 2.315

Handbuch der militairischen Arzneikunde für Feldärzte und Wundärzte, in Garnisonen u. Kriegslazarethen. Nach d. Plane e. engl. Werks von [Robert] Hamilton [1749-1830]. [Verf.: Ernst Benjamin Gottlieb Hebenstreit.] Th.(1) - 3. Leipzig: Weygand 1790. 8°

Hebenstreit, E(rnst) B(enjamin) G(ottlieb) (Hrsg.):

s.: Hunter, John: Versuche über das Blut, die Entzündung und die Schußwunden. Nebst einer Nachricht von dem Leben des Verfassers. (A Treatise on the blood, inflammation and gun-shot wounds. To which is prefixed a short account of the author's life by Everard Home. Dt.) Bd 1 - 2/1-2. Leipzig: 1797 - 1800

JB 3.321

Hebenstreit, über die Krisis der Krankheiten, s. Ideler.

Hebenstreit, Ernst Benjamin Gottlieb: Lehrsätze der medicinischen Polizeywissenschaft. 262 S., gbd.

Leipzig: Dyk 1791

JB 5.437

Hebenstreit, Ernst Benj(amin) Gottl(ieb): Lehrsätze der medizinischen Polizeywissenschaft. Zum Gebrauche akademischer Vorlesungen entworfen. 2.verm.Aufl. 196 S., gbd.

Wien: mit v.Ghelenschen Schriften 1806

JB 5.438

– s. Marum v.: Beobachtungen.

– s. Papon's Reise.

– s. Samml. v. Abhandlungen f. Wundärzte.

Hebenstreit, Ernst Benj. Gottlieb (Leipzig), Schediasma de corporum animalium fabrica animarum facultatibus accommodata. Lpz. (Jacobäer) Juli 1778. 23 S. (5.—) 13634
Gew.: Carl Adolph Caesar.

Hebenstreit, Ernst Benjam(in) Gottl(ieb) (Ed.):

s.: Scheele, Karl Wilhelm: Opuscula chemica et physica. Ex Suecico Latine vertit Gottfried Heinrich Schaefer. Lipsiae: 1788 - 1789

JB 321

– s. Sulliwan: Übersicht.

– s. Wallerius, J. G.: Mineralsystem.

Hebenstreit, Fr., (Chr. Aug. Fischer,) s. Mendoza y Rios.

— **Friedrich August Christian** (Leipzig), Conspectus rerum in schola obstetricia Lipsiensi quadriennio 1843, 1844, 1845 et 1846 gestarum. Diss. obstetr. Lpz. (Carl Heinrich Hossfeld) 31. III. 1847. 29 S. (5.50) 13641
Gew.: Johann Christian Gottfr. Joerg. — Krankengeschichte d. Christiane Wilhelmine Büttner.

— **Georg Ernst** (Leipzig), De dispensatione divina ab obligatione legis IV. et VIII. decalogi. Präs. Johann Friedrich Bahrdt. Lpz. (Langenheim) 9. VIII. 1759. 18 S. (5.50) 13642

Hebenstreit, G. E., de Jamblichi, philosophi Syri, doctrina, christ. religioni, quam imitari studet, noxia. Lips. 1764. 4.

Hebenstreit, Geo. Er. († 1781.) Sciagraphia s. tabulae synopticae theol. dogmat. 4. Leipz. 770. Edit. alt. 779. Dürr. 12 gr.

— tabulae duae univ. theologiae dogmat. Fol. Leipz. 771. Dürr. 3 gr.

(— —). — Ordinarius senior facult. jurid. Lips. summos in jure honores viro **Heinrich Michael Hebenstreit** (Leipzig). — Rhapsodiae supplementa. Lpz. (Langenheim) 17. X. 1778. 19 S. mit Biogr. H.'s. (M.: Ch. E. Bosseck.) (4.50) 13647

Hebenstreit, Heinrich Michael (Präs.), s. Hebenstreit, Joh. Gotthold Leberecht: Meditationes ... ad jus politiae spectantes.

— **Heinrich Michael** (Leipzig), Historia jurisdictionis ecclesiasticae ex legibus utriusque codicis illustrata. Diss. I. Präs. Jo. Theophil Seger. Lpz. (Breitkopf) 11. XI. 1773. 48 S. (6.20) 13643
Gew.: Christian Gotthelf Frh. v. Gutschmid, Jacob Heinrich Born (Wildenborn, Suksdorf).

— — Dasselbe. Ed. II. Lpz. (Langenheim's Erb. & Klaubarth) 1780. 44 S. ohne Widm. (6.—) 13644

— — u. **Georg Christoph Richter** (Leipzig), Dasselbe. Diss. II. Lpz. (Breitkopf) 21. XII. 1776. 62 S. (6.20) 13645
Gew.: Jo. Friedrich Mager.

— — Dasselbe. Diss. III. Lpz. (Breitkopf) 8. X. 1778. 49 S. (6.—) 13646
Gew.: Jo. Christoph Clauder.

— — De interrogatione testium in secreto disserit. Lpz. (Langenheim's Erb. & Klauberth) 20. XII. 1780. 27 S. (5.50) 13648

Hebenstreit, J. C., de Judaeo Roma exule. Lips. 1714. 4.

Hebenstreit, J. C., de pentecoste veterum. Lips. 1715. 4.

Hebenstreit, J. C., de sabbato ante legem mosaicam existente. Lips. 1748. 4.

Jo. Chr. Hebenstreit (resp. Jo. Erdm. Valter) diss. aquilae natura e sacris litteris et hac vicissim ex historia naturali et monumentis veterum illustratae. Lips. 1747. 4.

Hebenstreit, Johann Christian

— — Ad actum solennem licentiae summorum in theologia honorum capess. ampl. candidato. Lpz. (Langenheim) 18. IV. 1752. 16 S. (4.50) 13652
Biogr. v. Benjamin Gottlieb Clemens (Beuthen a. Oder/Schles.; M.: Müller).

— — Ad solennia doctoralia duorum theolog. licentiatorum. Lpz. (Langenheim) 29. IV. 1751. 24 S. (2.—) 13651
Christian Gottlob Eichler (Hoeckendorff / Misn.), Christian August Crusius (Leuna/Merseburg).

— **Joh. Christian** (Neustadt a. O./Vogtl.) u. **Joh. David Hebenstreit**, De *BAKXOIC* ad illustrandum זמורה Ezech. IIX., 17. Lpz. (Müller) 2. VI. 1713. 16 Bl. (7.—) 13649

Hebenstreit, Johannes Christianus. De recente doctissimi cujusdam viri circa punctorum vocalium ... originem et auctoritatem conjectura ... [Einladungsschrift.] Lipsiae 1731.

— — (Klein-Jena b. Naumburg), De salubri morborum per crises exitu. Disp. med. Präs. Samuel Theodor Quelmalz. Lpz. (Langenheim) 30. VIII. 1748. 44 S. (6.20) 13650

Hebenstreit, Johann Christoph: De Fonte medicamentorum remotas vias purgantium,
s. Hebenstreit, Joh. Ernst: Palaeologia therapiae. Spec. 29.

— **Johann Christoph** (Neustadt a. O./Vogtl.), Melchisedecus *ΑΠΑΤΩΡ ΑΜΗΤΩΡ*, ex Hebr. VII, 3. philologice illustratus. Präs. Christian Friedrich Bauer (Hopfgarthen/Misn.). Lpz. (Wwe. Christoph Fleischer) 8. V. 1720. 10 Bl. (6.—) 13653

Hebenstreit, Johann David: De Bakchois ...,
s. Hebenstreit, Johann Christian.

Ordinis medici decanus senior ... memoriam viri **Johann Ernst Hebenstreit** ... oratione anniversaria. Lpz. (Langenheim) 5. XII. 1758. 16 S. (4.50) 13691
Fines officii medentium in morbis contagio nocentibus.

Jo. Ern. Hebenstreit περὶ ἀναφωνήσεως, de declamatione, antiquae gymnasticae parte, ad Pauli Aeginetae l. 1. c. 19. progr. Lips. (1753.) 4.

— — Aetii Amideni ἀνεκδότων lib. IX. cap. XXVIII., exhibens tenuioris intestini morbum, quem Ileon et Chordapsum dicunt. Una cum veterum super hac aegrotatione sententiis. Lips. 1757 4.

— anthropologia forensis. 8. Leipz. 750. Junius. 20 gl

Io[annis] Ern[esti] Hebenstreit Anthropologia forensis sistens medici circa rempublicam causasque dicendas officium cum rerum anatomicarum ac physicarum quae illud attinent expositionibus. Lipsiae: Lankisch 1751. 626 S. 8°

Hebenstreit, Jo(hann) Ern(st): Anthropologia forensis sistens medici circa rempublicam causasque dicendas officium cum rerum anatomicarum ac physicarum quae illud attinent expositionibus. Editio altera. 662 S., gbd., 4 Taf.

Lipsiae: Lankisch 1753

— anthropologia forens. Lips. Junius. 753.

— aetiologia chymica, invest. 4. Leipz. 757. Langenheim. 6 gl

Hebenstreit, J. Ern., De basi calvariae. Lps. 4°. *Haller*, Bibl. anat. II, 268.

1738

— — Duo cadavera feminina alterum ad usus anatomicos ad usus chirurgicos alterum publ. propon. de diploe ossium. Lpz. (Langenheim) 21. X. 1740. 4 Bl. (4.—) 13659

Hebenstreit, Jo. Ern., Diss. de capitonibus. Lps. 4°. Auch: *Haller*, Coll. diss. anat. VI, 309.

1743

Hebenstreit, Jo(hann) Ern(st): De homine sano et aegroto carmen, sistens physiologiam, pathologiam, hygienen, therapiam, materiam medicam, praefatur de antiqua medicina carmen etc. 364 S., gbd.

Lipsiae: Lanckisch 1753

JB 997

Hebenstreit, Jh. Er., de homine sano et aegroto. Carmen sist. physiologiam, hygienen, therapiam etc. 8. Leipz. 753. (Brockhaus). 1 ℔ 12 gl

— — De corpore delicti medici secantis culpa incerto diss. Lpz. (Langenheim) 28. IX. 1743. 16 Seiten. (4.—) 13663

— Joh. Ernst, De declamatione, antiquae gymnasticae parte quaedam praefatus anatomen publicam cadaveris virilis. Lpz. o. J. 16 S. (4.—) 13655

— — Devotam majestati Augusti Magni Africam oratione panegyrica qua antiquitatum Romanarum per Africam repertarum memoriam recolit. Lpz. (Langenheim) 20. XI. 1733. 56 S. (6.50) 13657

Hebenstreit, Johann Ernst (Präs.), s. E l h a r d , Joh. Chr.: De suspecta Valetudine.

— Erklärungen griech. Wörter von Krankh. 4. Leipz. Gleditsch. 760.

— Exegesis nominum Graecorum, quae morbos definiunt. Erklärungen griech. Wörter von Krankheiten d. Körpers. 4. Leipz. 767. Gleditsch. 16 gl

Hebenstreit, I. Ernestus: Exercitationes adolescenti aetati salubres (Resp.) Fridericus Samuel Sparr.
Leipzig. Med. F., Diss. 1745

Io[annes] Ernestus Hebenstreit: De Foetu vegetabili (Lipsia 1747: Langenheim.) XXIV S. 8°

[Einladungsschrift zur Dr. med.- Promotion von Johann Andreas Lehmann. Leipzig, 5. Mai 1747]

Hebenstreit, Johann Ernst, s. H e i n , A.: Pharmacia rationalis.

Hebenstreit, J. E., Diss. de homicida delirante ejusque criteriis et poena. Lps. 4°.

1723

Jo. Ern. Hebenstreit progr. de medicis archiatris et professoribus. Lips. 1741. 4.

Io[annes] Ernestus Hebenstreit: De Metaschematismo morborum. [Resp.:] Ioannes Gottlob Meyer[?]. Lipsiae (1747:) Langenheim. 40 S. 8°

Leipzig, Med. Diss. v. 27. Okt. 1747

Hebenstreit, J. E., De methodo cerebrum incidendi disserit, et ad audiendum anatomen corporis masculini qua totius corporis humani fabricam expositurus est, omnes quorum interest, convocat. 8 pp. Lps. 4°.

1739

Hebenstreit, Jo. Ern., resp. J. Carl Puscher, De morbis a pervigilio. 31 pp. Lps. 4°. 1740

— — De insectorum natalibus diss. Lpz. (Langenheim) 5. IV. 1743. 16 S. u. 1 Tfl. Abb. (J. A. Schwabe del., Sysang sc.). (4.50) 13662
Anton Heins (Hamburg).

Hebenstreit, J. E. (Praes.): Apoplexiae per epilepsiam salutae observatio, s. B u r d a c h, C. F. (Resp.)

Jo[annes] Ernestus Hebenstreit: De ordinibus conchyliorum methodica Ratione instituendis. [Resp.:] Johannes Oesaur. Lipsiae (1729:) Breitkopf. 28 S. 8°

Leipzig, Med. Diss. v. 13. März 1729

— — Ordo morborum causalis specim. I. De methodo morbos ordinante. Lpz. (Langenheim) 15. X. 1754. 16 S. mit Biogr. v. Christian Friedrich Stempel (Bautzen; M.: J. E. Plaz). (5.50) 13684

— — Dasselbe. II. De genere morborum ad artis usum constituendo. Lpz. (Langenheim) 18. X. 1754. 16 S. mit Biogr. v. Heinrich Otto Bosseck (Leipzig; M.: S. E. Bohn). (6.—) 13685

— — Dasselbe. III. De charactere ad genera morborum constituenda optimo. Lpz. (Langenheim) 8. VIII. 1755. 16 S. mit Biogr. v. Christian Amandus Gebhardt (Lauban; M.: M. R. Hoffmann). (6.—) 13686

— — Dasselbe. IV. De notionibus simplicibus ad constituendos morborum ordines ex solidorum indole. Lpz. (Langenheim) 10. IX. 1756. 20 S. mit Biogr. v. Johann Christian Kranz (Dresden; M.: E. E. Stoy.) (5.50) 13687

— — Dasselbe. V. Notiones morborum simplices, ex rationibus fluidorum. Lpz. (Langenheim) 17. IX. 1756. 24 S. mit Biogr. v. Johann Ludwig Seeber (Dresden; M.: D. C. Zimmermann). (6.—) 13688

— — Dasselbe. VI. Limites generum morbi. Lpz. (Langenheim) 19. XI. 1756. 16 S. mit Biogr. v. Georg Gottlob Küchelbecker (Linda b. Neustadt a. Orla; M.: A. M. Leidel). (6.—) 13689

Hebenstreit J. E.: De organis piscium externis ... (Progr.). Lips. 1733. 20 S.

— — *ΠΑΛΑΙΟΛΟΓΙΑ THERAPIAE* specim. I. Veterum de morbis curandis placita recent. sentent. aequat. Lpz. (Langenheim) 28. V. 1748. 20 S. mit kurz. Biogr. v. Joh. Christoph Hanicke (Mittweida). (4.50) 13664

— — Dasselbe. II. De officio medici forensis. Lpz. (Langenheim) 28. VI. 1748. 24 S. mit Biogr. v. Friedrich Ackermann (Reichenbach/Vogtl.; M.: J. R. Mals.) (5.—) 13665

— — Dasselbe. III. Prophylaxin morborum. Lpz. (Langenheim) 16. VIII. 1748. 24 S. mit Biogr. v. Franz Grutzmacher (Danzig; M.: D. C. Schmid.) (5.—) 13666

— — Dasselbe. IV. Diaetam prophylacticam in genere. Lpz. (Langenheim) 30. VIII. 1748. 16 S. mit kurz. Biogr. v. Jo. Christian Hebenstreit (Naumburg). (4.20) 13667

— — Dasselbe. V. Diaetam prophylacticam ad morbos primarum viarum. Lpz. (Langenheim) 6. IX. 1748. 16 S. mit kurz. Biogr. v. Friedrich Gottlob Jacobi (Leipzig). (4.20) 13668

— — Dasselbe. VI. Diaetam prophylacticam ad morbos viarum remotiorum. Lpz. (Langenheim) 13. IX. 1748. 20 S. mit Biogr. v. Jacob Roelcke (Hamburg; M.: E. Schwartzkoph.) (4.50) 13669

Johann Ernst Hebenstreit

Παλαιολογιας Therapiae specimen ... 7.
Lipsiae (1748): Langenheim. 8°

Specimen 7: De tempore in morbis. [Resp.:] Godofredus Hoswiz. (1748.)

Leipzig, Med. Diss. v. 13. Dez. 1748

— — Dasselbe. XVII. De haemorrhagiis criticis. Lpz. (Langenheim) 19. IX. 1749. 16 S. mit Biogr. v. Joh. Friedrich Knicker (Zwickau; M.: A. M. Oberlein.) (4.50) 13670

— — Dasselbe. XX. De indicationibus communibus. Lpz. (Langenheim) 17. X. 1749. 16 S. mit Biogr. v. Benjamin Gottlieb Faber (Breslau; M.: R. Engel.) (4.50) 13671

— — Dasselbe. XXII. Indicatio mutans solida. Lpz. (Langenheim) 6. II. 1750. 16 S. mit Biogr. v. Johann Gottlob Israelis (Luckau / N.-Laus.; M.: A. M. Annemüller.) (4.80) 13672

— — Dasselbe. XXIII. De indicatione vitali. Lpz. (Langenheim) 24. III. 1750. 12 S. mit Biogr. v. Rudolph Traugott Hartmann (Zwickau; M.: E. Ch. Herold.) (4.20) 13673

— — Dasselbe. XXIV. De indicatione evacuatoria. Lpz. (Langenheim) 16. IV. 1750. 32 S. mit Biogr. v. Johann Gabriel Thilo (Danzig; M.: C. Brieveau). (5.50) 13674

— — Dasselbe. XXVI. De cognoscendis medicamentorum facultatibus. Lpz. (Langenheim) 7. VIII. 1750. 20 S. mit Biogr. v. Anton Ridiger (Leipzig; M.: M. M. Herbst) u. Biogr. d. Vaters Andreas Ridiger (Rochlitz). (7.—) 13675

— — Dasselbe. XXVII. De fonte auxiliorum diaetetico. Lpz. (Langenheim) 17. IV. 1751. 24 S. mit Biogr. v. Johann Gottfried Jancke (Bautzen; M.: Ch. P. March). (4.80) 13676

— — Dasselbe. XXVIII. De fonte auxiliorum therapeutico medico deque fluentibus ex illo medicamentis primas vias purgantibus. Lpz. 25. VI. 1751. 24 S. mit Biogr. v. Friedrich Gottlieb Hiebner (Annaberg; M.: A. C. Lahl). (5.—) 13677

— — (Präs.) u. **Johann Christoph Hebenstreit**, Dasselbe. XXIX. De fonte medicamentorum remotas vias purgantium. Lpz. (Langenheim) 19. V. 1752. 28 S. (5.50) 13678
Gew.: Joh. Chn., Joh. Mich., Jo. Chph. u. Joh. Ernst Hebenstreit.

— — Dasselbe. XXX. De antispasticis. Lpz. (Langenheim) 19. V. 1752. 12 S. mit Biogr. v. Johann Christoph Hebenstreit (Friesdorff/Thür.; M.: C. W. Heins). (4.50) 13679

— — Dasselbe. XXXI. De alterantibus. Lpz. (Langenheim) 4. VIII. 1752. 20 S. mit genealog. Biogr. v. Christian August Kaysler (Pegau; M.: E. S. Metzner). (6.—) 13680

— — Dasselbe. XXXII. De fonte auxiliorum chirurgico. Lpz. (Langenheim) 11. IV. 1753. 16 S. mit Biogr. v. David Wipacher (Leipzig; M.: Ch. M. Lange). (5.—) 13681

— — Dasselbe. XXXIII. De chirurgia partium mollium. Lpz. (Langenheim) 24. VIII. 1753. 16 S. m. Biogr. v. Thomas Georg Suter (Wolgast/Pom.; M.: B. E. Wittmutz). (5.—) 13682

— — Dasselbe. XXXV. Chirurgiam efficaciorem eorum, quae auferenda vel reponenda sunt. Lpz. März 1754. 16 S. mit Biogr. v. Christian Gotthilf Kiesling (Werda b. Zwickau; M.: M. C. Fritsch). (5.—) 13683

Jo. Ern. Hebenstreit palaeologia therapiae, qua veterum de morbis curandis placita potiora recentiorum sententiis aequantur. Accedit eiusdem ordo morborum caussalis. Nunc primum iuncta edidit, praefationem, vitam auctoris, notulas qualescunque indicemque rerum adiecit Chr. Godofr. Gruner. Halae 1779. 8.

— palaeologia therapiae, qua veterum de morbis curand. placita potiora recentiorum aequantur. ed. Chr. Gf. Gruner. 8 maj. Halle 779. Gebauer. 3 ₰

Io[annes] Ernestus Hebenstreit: Funiculi umbilicalis humani Pathologia. [Resp.:] Iohannes Andreas Lehmann. Lipsiae (1737 [vielm. 1747]:) Langenheim. 48 S. 8°

Leipzig, Med. Diss. v. 5. Mai 1737 [vielm. 1747]

— pathologia metrica s. de morbis carmen. 8. Lips. Klaubarth. 740.

— physiologia metrica s. de usu partium carmen. 8. ibid. 739.

HEBENSTREIT, JOHANN ERNST.
Progressus de notionibus chymicis apud veteres. Lipsiæ, 1756. 4to.

— — De medici cadavera secantis religione diss. Lpz. (Langenheim) 24. II. 1741. 12 S. (4.—) 13660
Georg Christian Hahn (Liegnitz).

Hebenstreit, Johann Ernst, s. Schwenke, Chr. G.: D. gesunde Landleben.

— — Tentamen philologicum medicum super Aetii Amideni synopsis medicorum veterum libris octo post illos octo quos Aldus Manutius Venetiis 1534 evulgavit. Qui supersunt nondum editis ex manuscripto Gunzii sistens libri seu sermonis novi aliquot capita graece et latine. Lpz. (Breitkopf) 1757. 32 S. (6.50) 13690

— — De vermibus anatomicorum administris diss. Lpz. (Jo. Christian Langenheim) 1741. 16 S. u. 1 Tfl. Abb. (J. A. Schwabe del. Sysang sc.) (4.50) 13661
August Traugott Troppanneger (Leipzig).

— — (Neustadt a. O./Vogtl.), De viribus minerarum et mineralium medicamentosis. Disp. med. Präs. Johann Caspar Kuchler. Lpz. (Jo. Christian Langenheim) 5. V. 1730. 48 S. (6.50) 13656
Gew.: Jo. David Hebenstreit (Vater). — Widm. v. Präs.

Hebenstreit, Johann Ernst (Hrsg.):

s.: Woyt, Johann Jakob: Gazophylacium medico-physicum oder Schatz-Kammer Medicinisch- und natürlicher Dinge... 16.Aufl. Leipzig: 1767

JB 508

Hebenstreit, Johann Friedrich

Speculorum ustoriorum von Brennspiegeln breuis Idea, Praef. M. J. Fried. Hebenstreit, Resp. Christ. *Käßner*. Lipf. 4 B. 1727.

Hebenstreit, J. F., de Juda *Ἰσκαριώτῃ*. Viteb. 1712. 4.

— — (Neustadt a. Orla/Vogtl.), Dissertationem de Lycurgi legibus, quas Lacedaemone de puerorum educatione tulit. Präs. M. Abraham Krigel. Lpz. (Schede) 1726. 32 S. (6.20) 13693

Hebenstreit, J. F., de variis Christianorum nominibus Jen. 1713. 8.

Hebenstreit, J. F., (Jen. 1710. 4.) de mulieris *αἱμοῤῥοούσης* statua.

— Jo. Friedrich (Jena u. Weimar), *ΚΑΛΟΣ ΣΤΡΑΤΙΩΤΗΣ* vel: Episcopus Miles occasione 2. Tim. II, 3. Lpz. (Immanuel Titius) 12. XII. 1720. 74 Seiten. (7.—) 13692

Hebenstreit, Johann Gotthold Leberecht

Hebenstreit, Jh. Gtthld. Lebr., (†d. April 1828.) s. Geschichte Karls.

— Jo. Gotthold Leberecht (Chemnitz), Meditationes nonnullas ad jus politiae spectantes. Präs. Heinrich Michael Hebenstreit. Lpz. (Bueschel) 5. VII. 1782. 31 S. (6.—) 13694
Gew.: Carl Friedrich Freystein. — Widm. v. Präs.

Hebenstreit, Johann Paul

Hebenstreit, J. P., de canonibus apostolorum. Jen. 1701. 4.

— philosophia prima seu fundamental. 8. Jenae. 720.

Hebenstreit, Jh. Paul, systema theologicum reu. et observat. ed. J. E. Schubert. 4maj. Jena 767. Cröker. 5 ₰

Hebenstreit, Jul., süddeutsche Buchhändler-Zeitung, s. Buchhändler-Zeitung.

Hebenstreit, P., de primis christianis imperatoribus. Jen. 1702. 4.

Hebenstreit, P. P. C., instructions philosophiques et morales, ou maximes qu'un jeune homme doit observer en entrant dans le monde. 12. Wien 811. Geistinger. 8 K

Hebenstreit, Paul: Untersuchungen ueber Sulfonsäurecyamide. . . . Leipzig, Johann Ambrosius Barth, 1890; 26 S. + 1 Bl. 8°
Leipzig, Phil. Fak., Inaug.-Diss. v. 19. Febr. 1890

Hebenstreit, Wilhelm

Hebenstreit, Dr. Wlh., Dictionarium editionum tum selectar. tum optimar. auctorum classicorum et Graecorum et Romanorum ad optimos Bibliographorum libros collatum emend., supplevit notulisque criticis instruxit. Praemittitur praefatio, acced. indices. 12maj. Wien 828. Armbruster. 1 ₰ 20 K

Hebenstreit, Wlh., wissenschaftlich-literarische Encyklopädie der Aesthetik. Ein etymologisch-kritisches Wörterbuch der ästhetischen Kunstsprache. 10 Liefg. Lex.-8. Wien 842, (43,) Gerold. (à 1/2 ₰) 5 ₰

Hebenstreit, Wilh., wissenschaftl.-literär. Encyklopädie der Aesthetik. Ein etymolog.-krit. Wörterbuch der ästhetischen Kunstsprache. 2. wohlf. Ausg. 10 Lfgn. gr. 8. (LXXXVIII u. 994 S.) Wien 847, Gerold. (à n. 8 ngr) n. 2 2/3 ₰

(——) der Fremde in Wien rc., s. Fremde, der.

FREMDE, Der, in Wien, und der Wiener in der Heimath . . . . (von *Wilhelm Hebenstreit*). Wien 1829. (In Leipzig, Bibl. d. Börsenvereins d. deutsch. Buchhändler).

Hebenstreit, Wld., der Fremde in Wien u. der Wiener in d. Heimath. Möglichst vollständ. Auskunftsbuch für den Reisenden nach Wien u. während seines Aufenthalts in der Residenz; auch genaue Anzeige alles dessen, was für Fremde u. Einheimische in Wien sehenswerth u. merkwürdig ist. Mit 1 Plane der innern Stadt. 3e verm. u. durchaus verbess. Aufl. 12. Wien 836. Armbruster. 7/8 ₰

— der Reisende nach Wien u. der Aufenthalt des Reisenden in Wien. Ein vollständ. Auskunftsbuch über Alles, was für den in Wien anwesenden Reisenden sehenswerth u. merkwürdig ist. Mit 3 Plänen. 16. Wien 843, Tauer u. Sohn. 3/4 ₰

— das Schauspielwesen. Dargestellt auf dem Standpunkte d. Kunst, der Gesetzgebung u. d. Bürgerthums. gr. 8. Wien 843, Fr. Beck. 1 3/4 ₰

— **Wilhelm Gustav** (Neustadt-Weimar), De similitudine inter vitae sanae et morbosae decursum. Diss. med. Jena (Schreiber & Co.) 18. VII. 1823. 20 S. (5.50) 13695
Gew.: Carl Wilhelm Stark.

Hebentanz-Kaempfer, Lucy v., **Bleibet im Hause**. Ein Beitrag zur Frauenfrage. (181 S.) gr. 8. Paderborn 908. F. Schöningh. n. 1.50; geb. n. 2.40

— **Taubenflug**. Roman. (426 S.) 8. München (908). [Allgemeine Verlags-Gesellschaft.] Regensburg, J. Habbel. n. 4.—

Hebentanz-Kaempfer, Lucy v., Taubenflug. Roman. 2. Aufl. (598 S.) kl. 8. Regensburg (910). J. Habbel. Geb. in Leinw. 5.—

Heber, August Gottlob Rudolph (Eisleben), De singulari terroris effectu. Diss. med. Lpz. (Staritz) 14. XII. 1832. 28 S. (5.50) 13696
Gew.: Carl Schwabhaeusser. — Krankengesch. d. Eduard Baumgaertel.

Heber, Eduard [aus Niedersachswerfen, Hannover]: Ueber die Reduction des Ortho-, meta- und para-Toluolazometakresetols ... Heidelberg, Univ.-Buchdr. v. J. Hörning, 1894; 49 S., 1 Bl. 8.
Heidelberg, Naturw.-math. Fak., Inaug.-Diss. v. [6. Nov.] 1893

Heber, Franz Alexander: Böhmens Burgen, Vesten und Bergschlösser. Bd 1—7. — Prag und Leitmeritz: Medau 1843—1849.

Heber, Frz. Alex., Böhmens Burgen, Vesten u. Bergschlösser. 1. u. 2. Bd. à 10 Hfte. qu. 4. (Mit 78 Ansichten, 22 Situationspl., 1 Grundriß u. 2 Karten.) Prag u. Leitmeritz 843, 44, Medau. 5 ₰

Heber, Frz. Alex. Böhmens Burgen, Vesten und Bergschlösser. Gesammelt von ... fortgesetzt von Mehreren. 8.—10. Heft. (Schluß des 7. Bandes). Mit Bildern. Quer 4. (165—268 S.) und 2 Bl.) Prag, C. W. Medau 1853.

Heber, Frits: Die Postsparkassen als Volks- und Staatsbanken. Tübingen 1908: Laupp. VII, 191 S. 8° ¶ (Ersch. auch als: Zeitschr. f. d. gesamte Staatswissensch. Erg.H. 27.)
Leipzig, Phil. Diss. v. 3. Sept. 1908, Ref. Bücher, Eulenburg
[Geb. 21. Febr. 86 Osterwald b. Wunstorf; Wohnort: Elvershausen; Staatsangeh.: Preußen; Vorbildung: Latina Halle a. S. Reife O. 05; Studium: Leipzig 6 S.; Rig. 3. März 08.] [U 09. 2980

Die Postsparkassen als Volks- und Staatsbanken. Von Dr. Fritz **Heber**. Tübingen: H. Laupp 1908. (XI, 190 S.) 8°
= **Zeitschrift** f. d. gesamte Staatswissenschaft. Erg.H. 27. 08. 1339

Heber, Geo., **Elektrizität** u. **Pflanzenwachstum**. Vortrag, geh. in der elektrotechn. Gesellschaft zu Leipzig. gr. 8. (81 S. m. 10 Abbildgn.) Leipzig 902. Schulze & Co. n. 1.—

Elektrotherapie. Die Technik u. Anwendung elektr. Apparate in d. ärztl. Praxis. Von Georg **Heber**, Elektro-Ing., u. Georg Zickel, Dr. med. Mit 147 Abb. Berlin & Leipzig: W. Rothschild 1906. (VI, 278 S.) 8° 07. 13481 II

— elektrische **Entladungen**. Ein elektropoet. Hand- u. Lesebuch zur Belehrg., Unterhaltg. u. Belustigg. f. elktrohumorist. Gemüter. Angehäuft u. zur Entladg. gebracht. 8. (148 S.) Ebd. 902. n. 1.50; geb. n. 2.—

— **Wunderkuren**. Humoristisch-satir. Streifzüge. (88 S.) gr. 8. Ebd. 903. 3.—; geb. 3.75

Heber, Geo., des **Hauptes Zierde**. Schnurrhaariges aus dem menschl. Leben. (IV, 140 S.) 8. Leipzig 903. H. Buschmann. 1.—

Heber, Georg Michael

— — **Tractatus de fiducia magistratus** ex. L. 32. ff. de Injur. vel Von Ungerechten Obrigkeitl. Ambts=Trotz. Aschersleben (Gottlob Ernst Struntz) 1705. 72 S. (7.—) 13701
Respond. v. J. 1684: Joh. Gottfr. Büttner. — Widm. a. denselben v.: Präs., Paul Gottfried Sperling, Hanß Friedrich von Werthern (dtsch.), Gottfried Wagner (dtsch.), M. Joh. Christ. Büttner (Pastor zu St. Ulrich [Bruder]; dtsch.) —

Die Feuerwehr im Kampfe mit dem entfesselten Element. Beweglich lebendes Bild in 12 Verwandlungen nebst begleit. Text von Heinrich **Heber**. Mühlhausen i. Th.: G. Danner [1905]. (20 S.) 8° [F.]
= **Sammlung** lebender Bilder. No 33. 05. 9418 3

Heber, Henriette, geistige Erfahrungen über Gott, das Jenseits und das Reich der Geschiedenen. Dresden (856.) Breyer. 8. (43 S.) 5 ngl

Arithmetisches Emblema, in welchem die species in ganzen und gebrochenen Zahlen auch die sogenannte Italien. oder Welsche Practica, samt allen nütz- und üblichen Handels-Rechnungen etc. vorgestellet werden von *Johann Georg Heber*. Budissin. 8. 14 B. 1723.

Heber, J. Geo., arithmet. Embema. 8. Bautzen. (Groll, Dresd.) 723.

[F.] **Heber**, *Heinrich Rudolf* Max [Mitgl. d. Predigerkoll. St. Pauli zu Leipzig]: Gutachten und Reformvorschläge für das Vienner Generalconcil 1311—1312 ... Leipzig, Druck v. Fischer & Wittig, 1896; 4 Bl., 74 S., 1 Bl. 8.
Leipzig, Phil. Fak., Inaug.-Diss. v. [9. Jan.] 1897

Heber, Max, unsere Jugendschriften, s.: **Bausteine**, Heine. 3.

Heber, Philipp

Heber, Ph., die **Diakonissen** nach ihrer Geschichte und Bedeutung in der evangel. Kirche. Als Beitrag zum Diakonissenhaus in Darmstadt den verehrlichen Vorsteherinnen desselben dargebracht. Darmstadt 858. Würtz in Comm. gr. 8. (16 S.) n. 2 1/2 ngl

Heber, P., Geschichte des Großherzogthums Hessen. gr. 8. Offenbach a. M. 837. Wächtershäuser; jetzt Heinemann. n. 3/6 ₰

— Geschichte der Stadt Offenbach. Nach Urkunden u. Quellen bearbeitet. Mit 1 lithogr. Ansicht der Stadt im J. 1655. gr. 8. Frankfurt a. M. 838. Schmerber. 1 ₰

— die vorkarolingischen christlichen **Glaubenshelden** am Rhein und deren Zeit. Nebst einem Anh. über Siegfried den Drachentödter. Nach den Quellen dargestellt. Frankfurt a. M. 858. Broenner. 8. (VI, 370 S. u. 1 Lithogr.) n. 1 ₰ 20 ngl

Heber, Ph., die vorkarolingischen christlichen Glaubenshelden am Rhein u. deren Zeit. Nebst einem Anhang über Siegfried den Drachentödter. Nach den Quellen dargestellt. 2. (Titel-)Aufl. Göttingen (858)867. Vandenhoeck & Ruprecht's Verlag. gr. 8. (VI, 370 S.) n. 24 ngr.

Heber, Phl., die Gültigkeit des Augsburgischen Bekenntnisses als Lehrnorm d. evang.-protest. Landeskirche d. Großherzogthums Hessen. Urkundlich nachgewiesen. gr. 8. Frankfurt a/M. 846, Zimmer. n. 8¾ ngl

Heber, Ph., üb. die Kennzeichen der alten Gaugränzen. Eine Abhandlg. zur 25 jähr. Jubelfeier des histor. Vereins f. das Großherzogth. Hessen den 22. Novbr. 1860. (Mit 3 Holzschn. u. 1 Gaugränzkarte.) 4. (20 S.) Darmstadt 1860. (A. Bergsträsser.) n. — 40

Heber, Ph., Ludwig der Deutsche, erster König des deutschen Reichs und dessen zu Lorsch zu erneuerndes Grabdenkmal. Darmstadt 862. Würtz in Comm. gr. 8. (24 S.) n. 2½ ngr.

— die 9 vormaligen Schottenkirchen in Mainz u. in Oberhessen, im Zusammenhang m. den Schottenmissionen in Deutschland. gr. 8. (III, 156 S.) Ebd. 860. n. — 40

— Waldo, Kaiser Karls des Großen geistlicher Rath, und die älteren Waldenser. Eine geschichtliche Studie. Abdr. aus dem „Wahren Protestant." Basel 858. Bahnmaier. gr. 8. (60 S.) n. 6 ngl

Heber, Reginald, († d. 4. Oct. 1833.) Leben u. Nachrichten üb. Indien, nebst e. Abriß d. Geschichte d. Christenthums in Indien; herausg. v. Fr. Krohn. 2 Bde, mit Hebers Bildn. gr. 8. Berl. 831. Dümmler. 3 ꝛβ 12 gl

—— Nachrichten über Indien, s. Taschenbuch zc. f. d. Jugend bearb. Entdeckungsreisen, 6. Bdchn.

—— Reise durch d. obern Provinzen v. Vorderindien zc., 2 Bde., s. Bibliothek, neue, d. wichtigst. Reisen, 58. u. 60. Bd.

Heber, Sigvard, die neue Hochgebirgsbahn in Norwegen Kristiania—Bergen. Reisebeschreibg. Etwas üb. d. Geschichte u. den Bau d. Bergensbahn. Geolog. Verhältnisse u. Vegetation auf dem Hochgebirge samt e. Beschreibg. v. 40 Fuss- u. Skitouren m. d. Stationen d. Hochgebirges als Ausgangspunkt. Hrsg. auf Veranlassg. d. Verkehrsdirektors der norweg. Staatsbahnen. (96 S. m. 122 Abb.) 8. Kristiania (909). J. W. Cappelen. 1.65; m. Karte 2.20

Heber, Sigvard, mit der Bergensbahn nach den Fjorden an d. Westküste Norwegens. (Deutsch.Ausg.) (40 S. m. Abb. u. 1 Taf.) 23,5×32,5 cm. Kristiania (909). J. W. Cappelen. 2.—; geb. n 3.85

Heberden, William: Commentarien über den Verlauf der Krankheiten und ihre Behandlung. (Commentarii de morborum historia et curatione. Dt.) Übers.mit Anmerkungen von Johann Friedrich Niemann. 480 S., gbd.

Leipzig: Barth 1805

JB 2.384

— Comment. de morbor. hist. et curatione, cur. Soemmering. 8. maj. Francf. Varrentrapp. Schrbp.

— commentarii de morborum historia et curatione, cur. S. T. Sömmerring. 8maj. Frankf. 804. Boselli. 1 ꝛβ 14 gl

Heberdeni, G., Opera medica, s. Scriptorum classicor. de praxi med., Vol. X.

Heberden's, William, ärztliche Schriften, übersetzt von Jh. Karl Fr. Trautner. gr. 8. Nürnberg 840, Bauer u. Raspe. (Jul. Merz.) 1⅔ ꝛβ

Heberdey, Dr. phil. P. Philipp, Künstliche Antimonik und Wismuth-Krystalle aus der k. k. Hütte in Příbram. Mit 8 Textfiguren. Gr.-8. (13 S.) —.25

Wien: F.Tempsky 1895.

Heberdey, P. Phpp., künstl. Antimonit- u. Wismuthkrystalle aus der k. k. Hütte in Přibram. [Aus: „Sitzungsber. d. k. Akad. d. Wiss."] Lex.-8. (13 S. m. 8 Fig.) Wien 898. (C. Gerold's Sohn.) n. — 50

— Künstliche Antimonit- und Wismutkristalle aus der k. k. Hütte in Příbram (mit 8 Textfiguren). S. 104. 1. 254 . . . . —.50
Separatabdruck

Heberdey, Philipp: Die Kegelschnitte. S. 3—35. 8.
Progr. K. k. Ober-Gymn. zu den Schotten *Wien* 1905.

— Krystallmessungen. [Aus: „Sitzungsber. d. k. Akad. d. Wiss."] Lex.-8. (6 S. m. 7 Fig.) Ebd. 894. n. — 30

— dasselbe. II. [Aus: „Sitzungsber. d. k. Akad. d. Wiss."] gr. 8. (27 S. m. 28 Fig.) Ebd. 896. n. 1.10

Heberdey, Rudolf

— u. Ernst Kalinka, Bericht üb. 2 Reisen im südwestl. Kleinasien, ausgef. im Auftr. d. kaiserl. Akademie d. Wissenschaften (Widmg. Sr. Durchl. d. regier. Fürsten Johann v. u. zu Liechtenstein). [Aus: „Denkschr. d. k. Akad. d. Wiss."] gr. 4. (56 S. m. 1 Karte u. 1 Tab.) Wien 896. (C. Gerold's Sohn.) n. 5.50

Heberdey, R. u. E. Kalinka, L'inscription philosophique d'Oenoanda. 8.-A. 1897.

Opramoas. Inschriften vom Heroon zu Rhodiapolis. Im Auftr. d. kleinasiat. Comm. d. Kais. Akad. d. Wiss. neu bearb. v. Rudolf Heberdey. *Wien: A. Hölder 1897.* (1 Bl., 71 S., 5 Taf.) 1 Bd 4. [97. 44]

Heberdey Rudolf: De Pausaniae descriptione Graeciae quaestiones selectae.
H. 1886 PN 431 Diss. Wien, Univ.

Heberdey, Rud., u. Adf. Wilhelm, Reisen in Kilikien, ausgef. 1891 u. 1892 im Auftr. d. kaiserl. Akademie d. Wissenschaften (Widmg. Sr. Durchl. d. regier. Fürsten v. u. zu Liechtenstein), beschrieben v. H. u. W. M. 1 Karte v. Heinr. Kiepert. [Aus: „Denkschr. d. k. Akad. d. Wiss."] gr. 4. (168 S. m. Abb.) Wien 896. (C. Gerold's Sohn.) n. 18.70

Heberdey, Rud., die Reisen des Pausanias in Griechenland, s. Abhandlungen des archäologisch-epigraphischen Seminars der Universität Wien.

Heberdey, R., Die Reisen d. Pausanias in Griechenland. 1894. 116 S. m. 2 Kart. 9.—

Heberer, Ferdinand

Heberer, F. Plan der Haupt- und Residenzstadt Darmstadt mit Bessungen. 1:8000. Darmstadt 1894. 1 Bl. L.

Uebersichtskarte der Umgegend von Darmstadt. In Uebereinstimmg m. d. vorl. neuesten Specialkt. entw. u. gez. v. F[erdinand] Heberer. '(4. verb. Aufl.)' Masst. 1:30,000. *Darmstadt: A. Bergstraesser [1896?].* 1 Ktnbl. gr. 2. (-) [97. 600]

Hn. *Johann Michael Heberers.* gewesenen Chur-Pfältzischen Kanzley-Registratoris zu Heydelberg, aus der Chur-Pfältzischen Stadt Bretten, gebürtig, Chur-Pfältzischer Robinson, oder: Zehnjährige Reysen, durch Europam, Asiam, Africam, in die Königreiche Egypten, Syrien, Cypern, Pamphiliam, Siciliam, Maltham, Rhodis, etc. und die Kayserthümer Constantinopel und Trapezont oder Derbent. Und dessen dreyjährige harte Dienstbarkeit, unter denen Türcken und Heyden, darauf erfolgten wunderbaren Erlösung in Constantinopel, und glückliche Retour in sein Vaterland, dann weiter in die Königreiche Böhmen, Polen, Schweden und Dännemarck. Erster Teil. Franckfurt und Leipzig, 1747. 8°. (12 Mk. J. Halle, München, c. 1905: 2 Thle. in 1 Bde.).

Titel, Vorrede 3 Bl. unbeziffert; Dedikation 3 Bl. unbeziffert; „des alten Authoris Vorrede an den Günstigen Leser" (in Versen) S. 1—2; „kurzer Inhalt der 4 Bücher" S. 3—4; Text S. 5—178.

— — Zweyter Theil. Neu aufgelegt, und mit vielen Landschafften neuen Merckwürdigkeiten versehen, von *F. D. L. N. P. C.* Mit Titelkpfr. Franckfurt und Leipzig, Anno 1748. 8°. (So der Titel!)

Text S. 1—330; am Schlusse: „Ende des zweyten Theils". (Beide Theile u. den folg. alten Druck besitzt Prof. Dr. Ullrich.)

Das Buch ist nur eine Modernisierung des alten Reisewerkes des Kreuzbruders *Heberer:* Aegyptiaca servitus, die wahrhafte Beschreibung einer dreijährigen Dienstbarkeit und nachherigen Reisen in Böhmen, Polen, Schweden etc. Heydelberg 1610.

Heberer, Michael, der Pfälzer Robinson. Reisen, Abenteuer u. türk. Sklaverei des M. H. aus Bretten 1582—88, v. ihm selbst erzählt. Neu hrsg. v. Albr. Thoma. (VIII, 258 S. m. Abbildgn.) kl. 8. Lahr 906. M. Schauenburg. Geb. in Leinw. n. 3. —

— Johann Wolffgang (Weissenburg/Norico.), **De arrogatione, ejusdemque effectibus, tam quoad jus vetus, quam novum, adjecta similitudine, quam sortitur cum unione prolium. Diss. jur. Altdorf (Heinrich Meyer) 20. II. 1699. 28 Seiten. (6.50)** **13704**

Gew.: Chn. Ern. u. Joh. Friedr. Grf. v. Pappenheim. — Widm. v. Heinrich Hildebrand, Rudolph Christian Göckel.

— — Dasselbe. Altdorf (Jod. Wilh. Kohles) 1725. 24 S. ohne Widm. (6.—) **13705**

Heberer, Richard: Lehrgang für das Projektionszeichnen, s. Puff, Louis

Heberer, R., Lehrgang f. das Zirkelzeichnen, s.: Puff, L.

Heberle, . Die Anfänge des Anabaptismus in der Schweiz. [A.] 8. [Stuttgart 1858.]

Heberle, E., das neue Aufbereitungswerk zu Falun m. selbstthät. mechan. Vorrichtgn. u. vollständ. Continuität d. Betriebes. Mit 2 lith. Taf. [Aus „Berg- u. hüttenmänn. Zeitg. v. 1872".] gr. 4. (25 S. m. 2 Steintaf. in qu. Fol. u. qu. gr. Fol.) Leipzig 873. Felix. n. 3. —

Heberle, Ernst, Assistenzarzt im Inf.-Reg. Kais. Wilh. (2 Württ.) No 120 aus Ulm a. d. Donau: Ueber isolierte gonorrhoische Infektion präputialer und paraurethraler Gänge. *Leipzig 1903: B. Georgi.* (23 S.) 8°
Leipzig, Med. Diss. v. (31. Juli) 1903

Heberle, Fl.

Heberle, F., die Feldbereinigung in Württemberg nach dem Gesetze vom 30. März 1886. Mit Benützg. der amtl. Materialien übersichtlich u. zusammenhängend dargestellt. 8. (X, 90 S.) Tübingen 886. Osiander. geb. n. 1. 20

Heberle, F., die Feldbereinigung in Württemberg nach dem Gesetz vom 30. März 1886. Mit Benützg. der amtl. Materialien übersichtlich u. zusammenhängend dargestellt. 2. Aufl. Mit e. Anh., enth. das Feldbereinigungsgesetz vom 30. März 1886 in Verbindg. m. der Vollzugsverfügg. vom 19. Juni 1886. 8. (X, 192 S.) Tübingen 887. Osiander. n. 1. 20

Heberle, F., Gesetz, betr. die Rechtsverhältnisse der Staatsbeamten, sowie der Angestellten an den Latein- u. Realschulen. Vom 28. Juni 1876. Textausgabe m. Erläuterungen nach den amtl. Quellen. Mit e. Pensionstabelle. gr. 8. (VII, 223 S.) Stuttgart 876. Kohlhammer. n. 2. —

Heberle, F., Handbuch für württembergische Standesbeamte. 8. (XII, 152 u. Anlagen 144 S.) Laupheim 876. (Müller.) 3. —

Heberle, Fl., Muster für Eintragungen in die Standesregister mit Erläuterungen. gr. 8. (VII, 81 S.) Stuttgart 883. Kohlhammer.

— die Ordnung d. Gewerbebetriebes im Umherziehen u. d. Marktverkehrs im Königr. Württemberg. 8. (VI, 82 S.) Stuttgart 874. Rieger. n. 1. 20

Katalog von Gemälden alter und neuzeitiger Meister aus verschiedenem Besitz, u. a. aus e. rhein. Schlosse. Versteigerung zu Köln a. Rh. ... 1906 ... bei J. M. **Heberle** (H. Lempertz' Söhne). Köln: M. Dumont-Schauberg 1906. (32 S.) 4° [illegible]

Katalog von vortrefflichen Gemälden älterer und neuerer Meister. Sammlungen: Rentner Friedrich Baars, † Oldenburg, Dr. C. Bennert, Godesberg, etc. Versteigerung zu Köln bei J. M. **Heberle** (H. Lempertz' Söhne). *Köln 1900: M. Du Mont Schauberg.* (38 S.) 4° [illegible]

Katalog der bedeutenden Gemälde-Sammlungen der Herren Albert Jaffé, Hamburg, und Wilhelm Bauer, † Düsseldorf ... Versteig. zu Köln 1900 bei J. M. **Heberle** (H. Lempertz' Söhne). *Köln: M. DuMont Schauberg (1900).* (39 S.) 4° [illegible]

Katalog von vortrefflichen Kunstgegenständen und Antiquitäten aus den Sammlungen: Reg.-Baumeister W. Forst † zu Köln, Rentner H. C. Könen † zu Köln, L. Metchovsky zu Brüssel etc. Versteig. zu Köln d. 20. u. 21. Dec. 1899 durch J. M. **Heberle** (H. Lempertz' Söhne). *Köln 1899: M. Du Mont Schauberg.* (31 S.) 4° [illegible]

Heberle, J. M.: Katalog von Kunstsachen und Antiquitäten aus der Sammlung H. Wencke, Hamburg (80 S 33 T) 4° Köln 1898

Katalog ausgewählter Kunstsachen, Einrichtungs- und Ausstattungs-Gegenstände aus den Sammlungen der Herren Dr. C. Bennert zu Godesberg, Jacob Kessler † zu Köln etc. Töpfereien, Fayencen ... Versteig. zu Köln 1900 durch J. M. **Heberle**. *Köln 1900: M. DuMont Schauberg.* (40 S.) 4°

Katalog mehrerer kleineren Kunstsammlungen und Nachlässe, darunter die Sammlung Frh. v. Thünefeld, Bn v. Trausche [!], † Roseneck, Wilhelm Maeschig, sowie kleinere Beiträge aus verschied. Besitz, u. a. von Schloß Schoeneck ... Versteigerung zu Köln ... 1906 bei J. M. **Heberle** (H. Lempertz' Söhne). Köln 1906: M. Dumont-Schauberg. (78 S.) 4° [illegible]

Katalog der Münzen- und Medaillen-Sammlungen der verstorbenen Herren Kaufm. Ernst Blass zu Köln, Peter Fuchs zu Liblar, Kaufm. Majerus zu Marburg u. a. Versteigerung zu Köln ... durch J. M. **Heberle**. *Köln 1899: Ph. Gehly.* (66 S.) 8°

Heberle, J. M.: Katalog einer reichhaltigen Sammlung vorzüglicher Gemälde neuerer Meister, dabei eine Anzahl Gemälde aus früh. Dombau-Prämien-Collecten ... Versteig. zu Köln ... 18. u. 19. Dec. 1899 durch –. (H. Lempertz' Söhne). Köln 1899: M. Du Mont Schauberg. (35 S.) 4° (8°)

Katalog der ausgewählten und reichhaltigen Sammlungen von Kupferstichen, Radirungen ... aus d. Nachl. der Herren Pfarrer Leonh. Grubenbecher zu Köln, Regierungsr. A. Hellweg zu Frankfurt a. M., Rentner Jac. Kessler zu Köln etc. Versteigerung zu Köln ... durch J. M. **Heberle** (H. Lempertz' Söhne). *Köln 1900: Ph. Gehly.* (92 S.) 8° [illegible]

Heberle, J. M.: Katalog der vortrefflichen Sammlungen von Gemälden älterer Meister der Herrn Reg.-Baumeister W. Forst, zu Köln, L. Metchovsky zu Brüssel u. A. Gemälde vorwiegend niederländ. u. deutscher Meister. Versteig. zu Köln d. 13. Dec. 1899 durch –. (H. Lempertz' Söhne).
Köln 1899: M. Dumont Schauberg. (30 S.) 4°

Sammlung alter und moderner Kunstsachen, Möbel und Ausstattungsgegenstände, Gemälde etc. von R Schweder, Berlin (v. J.M Heberle.) (98 S 19 T) 4° Köln 1900

Deutsche Zunft-Abteilung des Nordischen Museums zu Stockholm. Versteigerung zu Köln 25. bis 30. April 1910 bei J. M. Heberle (H. Lempertz' Söhne). Köln (1910): DuMont Schauberg. 105 S. 4° [10. 6123 6

Heberle, J[ulius]: Aus welchen Gründen ist der beendete Versuch stets geringer zu strafen als das vollendete Verbrechen? *Biberach a/Riss 1896: Dorn & Heberle.* (46 S.) 8°
Erlangen, Jur. Diss. v. 1896

Topogr. Karte des Truppenübungsplatz Münsingen u. Umgegend, nach d. amtl. Originalplan in 1:12500 entw. u. gez. v. Karl Heberle, Major ... Masst. 1:25000. *[Stuttgart]: J. Weise [1898].* 1 Ktnbl. quer-4. [98. 1174

[R.] **Heberle,** Max Alois [Rechtspraktikant]: Hypnose und Suggestion im deutschen Strafrecht ... München, J. Schweitzer, 1893; 1 Bl., 48 S. 8.
Erlangen, Jur. Fak., Inaug.-Diss. v. 1893

Heberlein. Frein automatique à friction, système Heberlein. Winterthur ca. 1880. 4.

Heberlein, Alex., aus vergangenen Tagen. (Gedichte.) (88 S.) kl. 8. Leipzig 907. Verlag f. Literatur, Kunst u. Musik. 2.—; geb. n 3. —

Heberlein, B., Beiträge zur Geschichte der Burg u. Stadt Wolgast. (444 S.) gr. 8. Wolgast 892. H. Elsner. n. 12. —

Heberlein, Georg [von Wattwil]: Zur Kenntnis der unsymmetrischen (a) Phenylhydrazinderivate. Genf 1896. 74 S. 8°.
Basel. Phil. Diss. 1896/97.

Heberlein, George (Hrsg.), s. Richmond County Journal.

Heberlein, *Karl Ernst* Johannes [aus Stettin]: Operation eines Colon-Carcinoms mit partieller Leberresection, nebst epikrit. Bemerkgn u. e. Zusammenstellg analoger Fälle ... Greifswald, Buchdr. C. Sell, 1897; 54 S., 1 Bl. 8.
Greifswald, Med. Fak., Inaug.-Diss. v. 4. März 1897

Heberlein, Kuno B. [aus Braubach a. Rhein (Preussen)]: Beiträge zur Kenntnis des Tellur's. Strassburg 1898. 120 S. mit 7 Fig. im Text. 8°.
Basel. Phil. Diss. 1898/99.

Heberlin

— s. a. **Häberlen, Häberlin.**

Heberlin, der habituelle Schwachsinn des Mannes. Zoologisch-sociale Studie. (104 S.) 8. Dresden 903. E. Pierson. n. 2.—; geb. n. 3.—

— dasselbe. (Umschlag: 2. Aufl.) (VII, 105 S.) 8. Ebd. 903. n. 2.—; geb. n. 3.—

Ⓢ**Heberlin,** d. habituelle Schwachsinn d. Mannes. 903. Jetzt: Berlin, Verlag Berlin-Wien.

— Joh. Georg (Lobeda/Thüring.), Dissert. jurid. de eo quod justum est circa festum paschatis. Vom Rechte des Oster=Fests. Exercit. jurid. Präs. Christ. Wildvogel. Jena (Christ. Franz Buch) 1736. 47 S., tlws. dtsch. (6.50) 13711

Heberling, Friedrich, appr. Arzt aus Landsberg a. d. W.: **Ueber Strangulationsileus. Mit kasuist. Beiträgen aus d. Leipziger chirurg. Universitäts-Klinik d. St. Jakob-Krankenhauses.** *Leipzig 1901: B. Georgi.* (94 S.) 8°
Leipzig, Med. Diss. v. (28. Juli) 1901

Heberling, Frid. Guil. (geb. Wittenberg a. E. 4. 3. 1842): De myopia. Berolini (1865). (31 S.) 8°
Berlin, Med. Diss. v. 21. Dez. 1865

Heberling, Theod. Jos., Vergleichende Darstellung des Protestantismus, insbesondere des lutherischen, mit sich selbst, oder: Wie hat sich der Protestantismus aus seinem Princip entwickelt u. bis heute gestaltet? Auch als ein Beitrag zur Irenik unter den durch den Glauben getrennten Christen. Mainz, Kupferberg. 1837. gr. 8°. 2,50 Mk.
Recens. v. Dr. Appel, Pletz' Neue theol. Ztschr. 1838, Bd. 1 S. 88—92.

Heberling, Theod. Jos., Das kath. Glaubensbekenntnis, wie es bei der Priesterweihe beschworen wird in Bezug auf das an Se erzbisch. Gnaden zu Freiburg gerichtete Sendschreiben des ehemal. Prof. der KGeschichte daselbst Dr. K. A. v. Reichlin-Meldegg geprüft u. beleuchtet. Augsburg, Kollmann (jetzt Regensb., Verlagsanst.), 1832, 8°, 75 Pf.
Katholit 1833, Bd. 48 S. 128 f.

Heberling, Th. Jos., der Süddeutsche Schulfreund. Ein Lese- u. Unterrichtsbuch für vorgerücktere Klassen der kathol. Volksschulen. Freiburg im Br. 853. Wagner. 8. (2 Bl., X, 442 S.) n. 10 ngl.

Heberling, Th. Jos., der süddeutsche Schulfreund. Ein Lese- u. Unterrichtsbuch für vorgerücktere Klassen der katholischen Volksschulen. 2. Aufl. Freiburg im Br. 859. Wagner. 8. (XII, 443 S.) n. 10 ngr.

Heberrer, Hugo Alb(ert.) Aemil. (geb. Danzig 14. 3. 1813): Synopsis anginae membranaceae, tussis convulsivae et asthmatis millari. Berolini (1838). (37 S.) 8°
Berlin, Med. Diss. v. 11. Aug. 1838

Hébert (de Garnay), L. M., der kleine magnetische Katechismus, od. Anfangsgründe des Mesmerismus. Nach der 2. Aufl. aus dem Französ. übersetzt. Berlin (854.) F. Schneider. 16. (54 S. m. Holzschn. im Text.) n. 5 ngl.

Hébert, Marcel, das religiöse Gefühl im Werke Richard Wagners. Jesus v. Nazareth. — Tetralogie. — Tristan u. Isolde. — Parsival. M. e. Einleitg. v. Hans Paul Frhrn. v. Wolzogen. Übers. v. A. Brunnemann. 8. (165 S.) München 895. [A. Schupp.] Leipzig, Feodor Reinboth. n. 2.—

Hébert, Marcel, das religiöse Gefühl im Werke Richard Wagners. Jesus v. Nazareth. — Tetralogie. — Tristan u. Isolde. — Parsival. Mit e. Einleitg. v. Hans Paul Frhrn. v. Wolzogen. Übers. v. A. Brunnemann. 2. [Titel-] Aufl. 8. (165 S.) Leipzig [895.] (899). F. Reinboth. n. 2.—

Ⓢ**Hébert,** M., d. religiöse Gefühl in d. Werke Wagners. 899. Jetzt: Leipzig, G. Esseger.

Hébert, Marcel, Jours d'épreuve, s.: Brunnemann, A.

Hébert, R. A., die Nahrungsstoffe, s. **Weissenborn, W.,** die Nahrungsstoffe des Menschen.

HEBESACK, Louise, Flugblatt, beginnend: „Unterzeichneter (?) gibt ..." O. O. u. J.
Verboten v. L.-G. Wien, 4. October 1890. § 516. („Sebesack" ist sicher Druckf. im oesterr. Cat. der verbotenen Bücher.)

Hebestreit, Bruno: Antrittsrede. Mühlhausen i. Th.: Danner (1909). S. 8—13. 8°
Mühlhausen i. Th., G OP 1909 (332) [8 09. 165

Hebestreit, Bruno, was ist preußisch? Eine Kaisergeburtstagsrede. (40 S.) 8. Halle 907. Buchh. des Waisenhauses. —50

Hebestreit, Bruno: Die Weltlage des deutschen Reiches. Kaisersgeburtstagsrede 1909. Mühlhausen i. Th.: Danner (1909). S. 14—21. 8°
Mühlhausen i. Th., G OP 1909 (332) [S 09. 166

Hebestreit, C(arl), Arzt aus Breitenworbis: Ein **Beitrag** zur Lehre von der Neuritis gravidarum und Neuritis puerperalis. *Leipzig 1900: B. Georgi.* (22 S.) 8°
Leipzig, Med. Diss. v. (30. Juni) 1900

Hebich, Missionar Samuel, in Basel. Ein Gespräch sammt Anhang, einige Auszüge aus nachgeschriebenen Predigten enthaltend. (Aus dem Volksboten abgedr., verm. u. vervollständigt.) Mit Hebich's (lith.) Portr. Basel 860. (Schneider.) gr. 8. (39 S.) n. 4 ngr.

Hebich, Samuel H'. Basel 1872 s.a. [Gundert, Hermann, und Mögling, Hermann Friedrich].

Hebich, Samuel. Ein Beitrag zur Geschichte der indischen Mission. Von zwei Mitarbeitern d. Verewigten. gr. 8. (320 S.) Basel 872. Bahnmaier. n. 1. 40

Hebich, Sam., Aehrenlese aus Vorträgen in der Weihnachts- u. Passionszeit. Nebst einigen Missions- u. Privatstunden. Barmen 869. (Buchh. der evangel. Gesellsch.) gr. 8. (112 S.) cart n. 12 ngr.

Hebich, Sam., Aphorismen aus den Vorträgen. (190 S.) 8. Gotha (905). Missionsbuchh. P. Ott. n. 1. 25

Hebich, Sam., das Geheimniß vom Wesen u. Willen d. dreieinigen Gottes u. unserer ewigen Erwählung. Praktisch dargelegt in 60 Predigten. Nebst Anh. v. Briefen rc. 2 Thle. in 1 Bd. gr. 8. (XII, 401 u. IV, 395 S.) Stuttgart 876. Buchh. d. Evangel. Gesellschaft. — Basel, Missionsbuchh. in Comm. n. 4. 80

Hebich, Sam., d. Geheimnis v. Wesen u. Willen d. dreieinig. Gott u. uns. ewigen Erwählg. Prakt. dargelegt in 60 Predigten. 1. Tl. Ueber Apostelgesch. 18—20. Eph. 1—3. 2. Aufl. gr. 8. (XII, 405 S.) Waiblingen 897. (C. Günther.) (Stuttgart, A. Brettinger.) n. 2. 20; kart. n. 2. 80; geb. n.n. 3. 20

—— 39 Predigten aus dem Römerbrief und der Passionsgeschichte. Gehalten im Saal der evangel. Gesellschaft zu Stuttgart. 8. (870 S.) Barmen 870, (Buchh. der evangelischen Gesellschaft.) *

— 16 Predigten aus dem 1. Thessalonicherbriefe. Nebst 15 Privatvorträgen aus dem Evangelium Johannis. Ebend. 868. 8. (VIII, 208 S.) geb. n. 24 ngr.

Hebich, Sam., ein Vortrag über Apostelgeschichte, Cap. 26, 14—18. Vers, gehalten den 9. Febr. 1863 in Schaffhausen. Von einem Zuhörer nachgeschrieben. Schaffhausen 863. Schalch. gr. 8. (16 S.) 1⅓ ngr.

— 15 Vorträge, gehalten in der St. Leonhardskirche zu Stuttgart. Nebst des Verf. (lith.) Bild u. Lebensabriß. 3. Aufl. Stuttgart 1861. J. F. Steinkopf in Comm. 8. (XII, 203 S.) n. 14 ngr.

Hebicht, Guil. Aen(oth.) Flor(entin.) Herm. (geb. Müncheberg in d. Mark 18. 4. 1837): De signis physicis morborum cordis. Berolini (1862). (32 S.) 8°
Berlin, Med. Diss. v. 1. Aug. 1862

Hebig, C., Aufgaben aus dem bürgerlichen Rechnen, s.: Fries, A. de.

Hebig, C., 52 Choräle. Bremen 862. Gesenius. 8. (2 Bl., 34 S.) n. 3 ngr.

— 52 Choräle. 2. Aufl. gr. 8. (32 S.) Halle 871. Gesenius. n. — 40

— zwölf Lieder für gemischten Chor gesammelt u. herausg. 1. Heft. Partitur. Ebend. 863. 4. (16 S.) 7½ ngr.

—— Liedersammlung. 1. und 2. Heft. 2. Aufl. gr. 8. Halle 871, Gesenius. 1. Heft * 30 Pf.; 2. Heft * 50 Pf.; *

— Liedersammlung. 2. Hft. 2. Aufl. gr. 8. (56 S.) Ebend. 872. n. — 50

— dasselbe. 3. Hft. Ausgabe f. Töchterschulen. 2. Aufl. gr. 8. (56 S.) Ebend. 874. n. — 70

—— dass. — 3. Heft. Ausg. für Knabenschulen. 2. Aufl. gr. 8. (72 S.) Ebendas. 876. *
Ausg. für Töchterschulen. 2. Aufl. Ebendas. 1874. * 70 Pf.

Hebig, C., Liedersammlung. 1. Hft. 3. Aufl. gr. 8. (34 S.) Halle 877. Gesenius. n. — 30

— Liedersammlung für Knabenschulen. 3 Hefte. Ebend. 862. gr. 8. n. 12 ngr.
Inhalt: 1. Heft: 42 zwei-stimmige Gesänge. (32 S.) n. 3 ngr. — 2. Heft: 52 ein- u. zweistimmige Gesänge u. 4 Canons. (48 S.) n. 4 ngr. — 3. Heft: 46 ein-, zwei-, drei- u. vierstimmige Gesänge. (55 S.) n. 5 ngr.

— Liedersammlung für Töchterschulen. 3 Hefte. Bremen 861, 62. Geisler's Verlag. 8. n. 12 ngr.
1. Heft. (IV, 40 S.) n. 3 ngr. — 2. Heft. (56 S.) n. 4 ngr. — 3. Heft. (IV, 80 S.) n. 5 ngr.

Hebig, C., Rechenfibel. D. Zahlen v. 1 bis 10, 1 bis 20 u. v. 20 b. 100. Neu bearb. v. H. Schultze. 4. Aufl. gr. 8. (32 S.) Bremen 897. W. Valett & Co. Geb. n.n. — 50

Hebig, G. J. C., botan. Forsthandbuch, s. Chr. Wagner.

Hebing, Cornel, Anleitung zur Holzmalerei, s.: Lahnek, Fr.

— die Holz- u. Marmormalerei. Anleitg. zur prakt. Ausführg. Auf Grund eigener Erfahrgn. verf. u. m. vielen erläut. Illustr. versehen. (VI, 152 S.) 8. Leipzig (904). Jüstel & Göttel. n. 4. —

Hebing, Cornel., die Holz- u. Marmormalerei. Anleitg. zur prakt. Ausführg. Auf Grund eigener Erfahrgn. verf. u. m. vielen erläut. Illustr. versehen. 2. durchgeseh. u. verb. Aufl. (VIII, 152 S.) 8. Leipzig 909. Jüstel & Göttel. 4. —

— Farbige Holz-Maser-Bilder, s.: Mappe-Mal-Vorlagen.

— Kammzug- u. Lasur-Arbeiten, s.: Mappe-Mal-Vorlagen.

— Linoleum u. seine Verarbeitung, s.a. Flugblätter, technische. der deutschen Malerzeitung die Mappe. Nr. 12.

Hebing, C: Linoleum und seine Verarbeitung. München (1908)

— s.: Maler-Kalender, illustr. deutscher.

— 20 Marmor-Vorlagen, s.: Mappe-Mal-Vorlagen. I.

— Die Materialien d. Maler-, Anstreicher-, Lackierer-, Tüncher- u. Vergolder-Gewerbes. (315 S.) gr. 8. München (910). G. D. W. Callwey. 6. —

— Oelfarbe u. Oelfarbanstriche. (III. 152 S.) 8. Ebd. (909). 4. —

— die Praxis der Lackierkunst. Vollständige Anleitg. zur Ausübg. der Möbel-, Blech- u. Wagenlackierg. (VIII, 142 S.) 8. Leipzig (903). Jüstel & Göttel. n. 2. 50

— Die Praxis der Lackierkunst. Vollständ. Anleitg. zur Ausübg. der Möbel-, Blech- u. Wagenlackierg. 2. Aufl. (VIII, 142 S.) fl. 8. Leipzig (909). Jüstel u. Göttel. 2. 50

— Sonnenuhren an Fassaden, s.: Flugblätter, technische, der deutschen Malerzeitung die Mappe. Nr. 11.

— Vergoldung u. Bronzierung. Prakt. Anleitg. zur Ausführg. aller Vergoldgn. u. Bronzierungsarbeiten, soweit sie f. das Malergewerbe in Betracht kommen. (V. 211 S.) 8. München (907). G. D. W. Callwey. 5. —

Hebler, F., tableau des rapports réels des changes de toutes les places considérables de l'Europe et autres, tels qu'ils se trouvent à présent, suivi d'une table des différentes monnaies étrangères, avec leurs poids, leurs titres et leurs valeurs intrinsèques. gr. 8. Bern 822. Jenni. 10 ℛ

— théorie des comptes courans avec intérêts; précédée des principes des proportions et des conjointes, du calcul des interêts etc. gr. 4. Bern ... Jenni. 3 ℛ

Hebler, Friedrich Wilh., Prof., diplom. Maschinen-Ingenieur und gewesener Artillerie-Officier. Das kleinste Kaliber oder das zukünftige Infanteriegewehr. I. Bd. (1. u. 2. Th.) Mit 4 Tabellen und 2 Taf. II. Bd. (3. Th.; Schluss des Werkes.) Mit 16 Tabellen und 5 Taf. (2 Bde.)
8. Zürich und Leipzig 1886 und 1891.

Hebler, Friedr. Wilh., das kleinste Kaliber oder das zukünftige Infanteriegewehr. gr. 8. (VII, 142 S. mit 4 Tab. und 2 Taf.) Zürich 886, Alb. Müller. *

Hebler, Frdr. Wilh., das kleinste Kaliber od. das zukünftige Infanteriegewehr. 2. Bd. Mit 16 Tab. u. 5 Taf. gr. 8. (XVI, 174 S.) Zürich 891. Alb. Müller. n. 10. — (kplt.: n. 15. —)

Hebler, F. W. Das kleinste Kaliber od. das zukünftige Infanteriegewehr. Anh. I. Mit 33 Tab. u. 8 Tfln. Gr. in-8°. XI, 241 S. Zürich, A. Müller. 1894. 12 —

Cantate ad laudem Domini! Latein. u. deutsche kirchl. Gesänge f. 3 Knabenstimmen u. 1 Männerstimme (auch f. gemischten Chor) z. Gebr. an höh. Lehranst. ... von K. Hebler, Gesanglehrer, [&] E[dmund] Scharbach, Sem.-Lehrer. Münster i. W.: Aschendorff 1907. (XIII, 158 S.) 8° [J.] [od. 4364]

Hebler, Karl

Hebler, C., philosophische Aufsätze. Leipzig 869. Fues. gr. 8. (V, 168 S.) n. 24 ngr

— Aufsätze über Shakespeare. Bern 865. Dalp'sche Buchh. 8. (X, 200 S.) n. 24 ngr

Hebler, C., Aufsätze üb. Shakespeare. 2., beträchtlich verm. Ausg. 8. (XII, 294 S.) Bern 874. Dalp. 3. 20

Hebler, Carl. Ein Besuch bei Arthur Schopenhauer. Aus dem literarischen Nachlass von C. H. SA. 8. Berlin 1899.

Hebler, C., Elemente e. philosophischen Freiheitslehre. gr. 8. (VIII, 182 S.) Berlin 887. G. Reimer. n. 4. —

Hebler, [Carl]. Zum hundertsten Geburtstag [Johann Gottlieb] Fichte's. Seine Grundsätze über Wesen und Bestimmung des Gelehrten. Ein Vortrag... an der Hochschule Bern gehalten. SA. 8. Bern 1862.

Hebler, Carl, Lessingiana. gr. 4. (17 S.) Bern 877. (Dalp.) n. — 80

Hebler, Karl: Lessingiana. (Glückwunsch z. Tüb. Univ.-Jubiläum.) Bern: Fischer 1877. 4°.

Hebler, C., Lessing-Studien. Bern 862. Huber & Co. gr. 8. (2 Bl., 195 S.) 1 ℛ 6 ngr

— die Philosophie gegenüber dem Leben, s. Sammlung gemeinverständl. wissenschaftl. Vorträge. 20. Heft.

Hebler, L., Zeugnisse d. göttl. Waltens im tägl. Leben. Glaubenstärkende, lehrreiche Erzählgn., aus christlichen Wochenblättern d. letzten 20 Jahre gesammelt. 8. (VI, 348 S.) Bern 894. Bureau d. Evang. Gesellschaft. n. 2. 50; geb. n. 3. 75

Hebler, R. A. C., Shakspeare's Kaufmann von Venedig. Ein Versuch über die sogenannte Idee dieser Komödie. Bern 854. Huber u. Co. 8. (2 Bl., 132 S.) 12 ngr

Hebold, E., Schreib-Schule für Blinde. Berlin 859. W. Schultze in Comm. gr. 8. (16 S. u. 2 lith. Taf.) n. 5 ngr

Hebold, Kurt: Karl Heinrich Heydenreichs Individual-Pädagogik, dargestellt mit besonderer Berücksichtigung seiner Philosophie, Psychologie und Ästhetik. Weida i. Th. 1909: Thomas & Hubert. 109 S. 8°
Leipzig, Phil. Diss. v. 19. April 1910, Ref. Volkelt, Barth
[Geb. 1. Juli 78 Remse; Wohnort: Bautzen; Staatsangeh.: Sachsen; Vorbildung: Sem. Bautzen bis O. 99, Disp. v. 27. Okt. 09; Studium: Leipzig 7 S.; Rig. 12. Nov. 09.] [U 10. 3149

Hebold, Maximilianus: De infinitivi syntaxi Euripidea. Halis Saxonum 1881: Lintz in Trier. 87 S. 8°
Halle-Wittenberg, Phil. Diss. v. [21. März] 1881
Geb. Berlin 16. 6. 1855. V.

Hebold, Otto (geb. am 26 Apr. 1856 in Bonn): Aus d. anat. Institut zu Bonn. — Ein Beitrag zur Lehre von der Sekretion und Regeneration der Schleimzellen ... Bonn, Druck v. J. Trapp (1879). 33 S., 1 Bl. 8.
Bonn, Med. Fak., Diss. v. 6 Aug. 1879

Hebopfer, Bremisches und Verdisches freiwilliges, zum Dienste der Wissenschaft ... Stade 1751—53. V: *Pratje, Joh. Hnr. & Andere.* (ErschDL) (Ky)
Forts. u. d. T.: Brem- und Verdische Bibliothek. Hamburg 1754 ff.

Hebopfer, Brem. u. Verdisches freiwilliges, zum Dienste der Wissenschaft u. d. Theologie insonderheit. (v. Jh. Hnr. Pratje u. A.) 2 Bde oder 8 Beiträge. 8. Stade 751—63. 2 ℛ

Hebopfer, Freiwilliges Berlinisches, von allerhand in die Theologie lauffenden Materien. Berlin 1715—22. V: *Reinbeck, Johann Gustav.* (Myl)

— freywillige, von allerhand in die Theologie laufenden Materien. 1r Bd. 48 Beytr. 8. Berlin, Rüdiger. 715—730.

HEB-OPFER, HESSISCHES. Theologischer und Philologischer Anmerckungen. Band I (= 1.—10. Stück nebst Register). Gießen, J. Ph. Krieger, 1734. 8°. Pgt. (etwas bestoßen). 60.—

Kirchner, Das deutsche Zeitschriftenwesen S. 97.
Erster Band der durch den als Liederdichter und namhaften Theologen bekannten JOH. JAC. RAMBACH (1693—1735) begründeten Zeitschrift, von der im ganzen 6 Bände erschienen.

— Hessisches, theol. u. philos. Anmerk. 60 Stck. 8. Gießen. 733—59.

Hebra, Ferdinand

— Atlas der Hautkrankheiten, s. Baerensprung, v.

(Hebra u. Elfinger.) Atlas der Hautkrankheiten. Text von Hebra, Bilder von Ant. Elfinger. Herausg. durch die k. Akad. d. Wissenschaften. 1. u. 2. Liefg. Wien 856, 58. Braumüller in Comm. gr. Fol. (VIII, S. 1—18 u. 17 lith. Taf. in Farbendr. mit lith. Cartons dazu.) n. 33 ß 10 ngr
Inhalt: 1. Liefg.: Lupus. n. 20 ß. — 2. Liefg.: Favus, Herpes tonsurans, Pityriasis versicolor, Alopecia areata. n. 13 ß 10 ngr

Hebra, Ferd., und Ant. Elfinger, Atlas der Hautkrankheiten. Text (von Ersterem), Bilder (von Letzterem). Hrsg. durch die kaiserl. Akademie der Wissenschaften. 1. Lfg.: Lupus. Imp.-Fol. (VIII und S. 1—5 mit 20 Stnt., wovon 10 in Farbendr.) Wien 856, (Gerold's Sohn.) *

—— und Ant. Elfinger, Atlas der Hautkrankheiten. Text (von Ersterem), Bilder (von Letzterem). Hrsg. durch die kaiserl. Akademie der Wissenschaften. 2. Lfg.: Favus, Herpes tonsurans, Pityriasis versicolor, Alopecia areata. Imp.-Fol. (S. 6—18 mit 14 Stnt., wovon 7 in Farbendr.) Wien 858, (Gerold's Sohn.) In Mappe. *

(— und Ant. Elfinger.) — Atlas der Hautkrankheiten. Text von Hebra, Bilder von Ant. Elfinger u. C. Heitzmann. Herausg. durch die kaiserl. Akademie der Wissenschaften. 3. u. 4. Liefg. Wien 859, 64. Gerold in Comm. gr. Fol. n. 43 ß 10 ngr
Inhalt: 3. Liefg. Seborrhoea, Ichthyosis, Psoriasis, Lichen. (S. 19—30. u. 20 lith. Taf.) n. 20 ß — 4. Liefg. Eczema. (15 S. u. 24 lith. Taf.) n. 23 ß 10 ngr

Hebra, Ferd., Atlas der Hautkrankheiten. Bilder von Ant. Elfinger u. Carl Heitzmann. Hersg. durch die kaiserl. Akad. der Wissenschaften. 5. Liefg. Scabies. Prurigo. Excoriationes. Wien 865. (Gerold's Sohn.) Imp.-Fol. (41 S. mit eingedr. Holzschn. u. 22 Steintaff., wovon 11 in Buntdr.) In Mappe. n. 23 ß 10 ngr

— — 6. Liefg. Herpes. Erythema exsudativum. Ebend. 867. Imp.-Fol. (XII, 16 S. mit 24 Steintaff., wovon 12 in Buntdr.) In Mappe. 23 ß 10 ngr

— — 7. Liefg. Acne disseminata. Sycosis. Acne rosacea. Milium. Vitiligoidea. Molluscum. Lichen pilaris. Ebend. 870. Imp.-Fol. (27 S. mit 24 Steintaff., wovon 12 in Buntdr.) In Mappe n. 23 ß 10 ngr

Hebra, Ferd., Atlas der Hautkrankheiten. Bilder v. Ant. Elfinger u. Carl Heitzmann. Hrsg. durch die k. Akad. d. Wiss. 8—10. (Schluss-)Lfg. gr. Fol. Wien 873—76. Gerold's Sohn. n. 194. —; (cplt.: n. 634. —)

8. Albinismus, Leucoderma, Lentigo, Chloasma, Argyria, Naevus verrucosus, homo notis compunctis. (III, 12 S. m. 20 Steintaf., wovon 10 in Buntdr.) n. 64. —
9. Roseola, Urticaria, Pemphigus vulgaris, Pemphigus foliaceus, Impetigo herpetiformis. (III, 16 S. m. 10 Chromolith.) n. 65.
10. Tylosis, Papilloma, Sycosis framboësisformis, Rhynoscleroma, Cheloidea, Lymphangioma, Hypertrichiasis, Sarcoma melanodes, Carcinoma melanodes. (III, 18 S. m. 10 Chromolith.) n. 65. —

Hebra, Fd., geschichtliche Darstellung der größeren chirurgischen Operationen, mit besond. Rücksicht auf Edlen v. Wattmann's Operations-Methoden. gr. 8. Wien 842, Mörschner. 2⅙ ß

Hebra, Ferd., acute Exantheme und Hautkrankheiten, s. Handbuch der speciellen Pathologie und Therapie.

Hebra, Ferd., und M. Kaposi, Lehrbuch der Hautkrankheiten, s. Handbuch der speciellen Pathologie und Therapie.

—— und Mor. Kaposi, Lehrbuch der Hautkrankheiten. 2. Aufl. (Separatabdruck aus Virchow's Pathologie und Therapie.) 1. Bd. in 2 Lfgn. gr. 8. Stuttgart, Enke. [1. Lfg. (S. 1—302.) 872. *M 5,60.; 2. Lfg. (S. 303—733.) 874. *M 8.] *

Hebra, Ferdinand (Red.), s. Wochenblatt d. Zeitschrift der k. k. Gesellschaft d. Ärzte zu Wien.

Hebra, Ferdinand (Red.), s. Zeitschrift d. k. k. Gesellschaft d. Ärzte zu Wien.

Hebra, H. E., s. 1) M. Cardelli, Handbuch. 2) de Fontenelle, Handbuch. 3) Mérimée, Handbuch für Kunst- und Zimmermaler.

Hebra, Hans von

Hebra, H. v., die moderne Behandlung der Hautkrankheiten, s.: Zeit- u. Streitfragen, klinische.

Hebra, H. v., die Elephantiasis Arabum, s. Klinik, Wiener.

Hebra, Dr. H. v., Die Elephantiasis Arabum. Sep.-Abdr. gr. 8. (68 S. m. 11 Holzschn.) Wien, Urban & Schwarzenberg. 1 fl. 50 kr. 1885

Hebra, H. v., ein Fall von symmetrischem, partiellem, congenitalem Defect der Cutis,
—— Untersuchungen über die Schichten der menschlichen Oberhaut,
} s. Mittheilungen aus dem embryologischen Institute der k. k. Universität in Wien.

Hebra, H. v., die krankhaften Veränderungen der Haut und ihrer Anhangsgebilde mit ihren Beziehungen zu den Krankheiten des Gesammtorganismus. gr. 8. (XVII, 546 S. mit 85 Abbild. in Holzschn.) Braunschweig 884, Wreden. * geb. *

Hebräer, mit Rücksicht auf den Commentar des Dr. Tholuck zu diesem Briefe. Nebst einem Anhange über die Stunden christl. Andacht von Dr. Tholuck. gr. 8. Leipzig 840 Schwickert. ¾ ß

Hebraeus, Leo, Leben, Werke und Lehren, s. Zimmels, B.

The Hebrew: vol. 1–49, no. 6, 1863–1912.

Weekly. Jewish paper, largely in English and Yiddish, but with one page in German. Circulation: 1870, 3,250 (est.); 1880, 1800; 1890, 2400; 1910, 1250 (est.). Edited by Conrad Jacoby, & published by Philo Jacoby, 1863–74, edited & published Philo Jacoby, 1875–1912.
San Francisco, CA

The Hebrew Leader: vol. 1–34, 1858–Dec. 1882.

Jewish weekly, printed largely in English, but with German section, Oct. 1865–Oct. 1871. Circulation: 1870, 3000. Folio, each issue, 8 pages illustrated. Irregularities in numbering. Edited & published by Jonas Bondi, 1859–64, by Samuel A. Lewis, 1875–82.
New York, NY

Hebriden, s.: Kolonien.

Hebron Herald: Jg. 1–17, No. 46, June 1899–March 24, 1916.

Weekly. Republican, 1905–15; Independent, 1915–16. Published in English and German. Place of publication varies: New Salem, N. D., 1898–Feb. 9, 1906. Title varies: DIE WACHT AM MISSOURI, 1898–Apr. 1916; 2) DIE WACHT AM MISSOURI UND NEW SALEM ANZEIGER. Circulation: 1905, *1000*; 1919, 525. Edited & published by Bernhard Oppenheim, 1898–1905; by Fred. Westermann, 1905–1915; by P. S. Jungers, 1915–1916; edited by R. W. Kniss & published by Edward Sullivan, 1918–19. Forced to change name to English during World War.
Hebron, ND

HERS, Wilhelm (Schönenbeck): Ein Fall von Leberabszess. (Titel nach der Urkunde)
26.7.1894 – Urk: Chr 1894/95,20
Diss. Ingolst.-Landsh.-Mchn.

Hebting, Josef, approb. Arzt aus Freiburg i. B.: Über **Harnblasendivertikel** mit besonderer Berücksichtigung ihrer Entstehung. *Freiburg i. B. 1903: Ch. Lehmann's Nachf.* (27 S.) 8°
Freiburg i. B., Med. Diss. v. 1903

Hebung (Die sittliche) der untern Volksklasse. Mit besond. Rücksicht auf das Landvolk und die Mässigkeitsvereine. gr. 8°. Königsberg, Tag u. Koch, 1845.

Zur **Hebung** unserer Wehrkraft zu Lande. Militär. Betrachtungen u. Vorschläge. Berlin: Voss 1910. 153 S. 8° Lit. 7651

Hecataeus, Abderit., Eclogae s. fragmenta libri de antiquit. Hebraeor. 8. Altonae, Korte. 730.

Hecataei, Abd., Eclogae sive Fragmenta. Graece, c. not. Jos. Scaligeri suoq. commentar. ed. P. Zornius. Alton. 730. 8. 6 gr.

Hecataei Milesii Fragmenta. — Scylacis Caryandensis Periplus. Ed. Rud. Henr. Klausen. Addita est tabula geographica. (qu. gr. Fol.) 8 maj. (20¾ B.) Berolini 831, Reimer.

Hecataei, Mil., Historica; itemq. Charonis et Xanthi omnia. Colleg. emend. et explicuit Fr. Creuzer. Heidelb. 806. 8. 1 rthl. 6 gr. Auch unter dem Titel: *Historicor. Graecor. antiq. fragm.*

***Hecataei* Milesii historia; itemq. Charonis et Xanthi omnia. Colleg., emend. et explic. Fr. Creuzer. 8 maj. Heidelb. 806. Mohr. 1 ℛ 6 𝒢 Schrbp. 1 ℛ 16 𝒢 (Vergl. *Fragmenta* histor. Graecorum etc.)**

Hecate. Ein literarisches Wochenblatt . . . Leipzig 1823. H: *Müllner, Adolph Amandus Gottfried.* (Ky) (EE)

Hecate, Die dreigestaltete, und ihre Rollen in den Mysterien . . . Wien 1823. V: *Köppen, Peter von.* (Gi)

Hecatonis librorum fragmenta, s. Panaetius.

Hechaluz. החלוץ Wissenschaftliche Abhandlungen über jüdische Geschichte, Literatur und Alterthumskunde. Dritter Jahrgang. Druck von *D. H. Schrenzel* in *Lemberg* 1856. 178 S. 8°.
Enthält: Originalaufsätze von verschiedenen Autoren.

Hechalutz. Wissenschaftliche Abhandlungen über jüdische Geschichte, Literatur und Alterthumskunde. 2. Aufl. 8. Wien 866, J. Knöpflmacher. *

Hechel, Carl, arithmetische Aufgaben f. Gymnasien, Realschulen u. ähnl. Lehranstalten. gr. 8. (V, 197 S.) Reval 871. Kluge. n. 2. —

—— dass. — Auflösungen dazu. 8. (57 S.) Ebendas. 871. cart. *

— Auflösungen dazu. 8. (57 S.) Ebend. 872. n. 1. 20

— Aufgaben aus der Buchstabenrechnung u. Algebra nebst ihren Auflösgn. f. den Gebrauch in Gymnasien u. Realschulen. gr. 8. (IV, 207 S.) Ebend. 874. n. 3. —

— Auflösungen dazu. gr. 8. (78 S.) Ebend. 874. n. 1. 50

Hechel, Carl, stereometrische Aufgaben nebst ihren Auflösungen, für den Gebrauch in höheren Lehranstalten bearb. 2 Hefte. Reval 865, 66. Kluge's Verlag. gr. 8. (VII, 248 S. mit eingedr. Holzschn.) 1. Heft n. 20 ngr., 2. Heft n. 24 ngr. n. 1 ℛ 14 ngr.

Hechel, Carl, die ebene analytische Geometrie mit zahlreichen Uebungsaufgaben, für höhere Lehranstalten bearb. Riga 858. (Leipzig, Volckmar.) gr. 8. (V, 58 S. m. Holzschn.) n. 18 ngr.

— die ebene analytische Geometrie m. zahlreichen Uebungsaufgaben, f. höhere Lehranstalten. 2., verb. Aufl. gr. 8. (VIII, 64 S. m. eingedr. Holzschn.) Ebend. 870. n. 1. 50

—— die ebene analytische Geometrie mit zahlreichen Uebungsaufgaben für höhere Lehranstalten. 3. verb. Aufl. gr. 8. (VI, 62 S. mit eingedr. Holzschn.) Ebendas. 879. * 1 50

Hechel, Carl, Compendium der Geometrie nach Legendre für den Schulgebrauch bearb. 3. Thl.: Lehrbuch der sphärischen Trigonometrie mit zahlreichen Anwendungen auf reine prakt. Geometrie, mathemat. Geographie, Geodäsie und Astronomie. Zum Gebrauche in den obersten Klassen der Gymnasien und der höheren Realschulen, sowie zum Selbstunterricht. gr. 8. (VII, 72 S.) Reval 868, Kluge's Verlag. *
1. und 2. Thl. Ebendas. 1865,66. *ℳ 3.

— Compendium der Planimetrie nach Legendre für den Schulgebrauch bearb. 2. Aufl. Ebend. 865. gr. 8. (IV, 68 S. mit eingedr. Holzschn.) n. 15 ngr.

— Compendium der Planimetrie nach Legendre f. den Schulgebrauch bearb. 3. neu bearb. Aufl. gr. 8. (72 S. m. eingedr. Holzschn.) Ebend. 874. n. 1. 50

Hechel, Carl, Compendium der Planimetrie. 4. verb. Aufl. gr. 8. (IV, 72 S. mit eingedr. Fig.) Reval 883, Kluge's Verlag. *

— Compendium der Stereometrie nach Legendre für den Schulgebrauch bearb. 2. Aufl. Ebend. 866. gr. 8. (IV, 76 S. mit eingedr. Holzschn.) n. 15 ngr.

Hechel, Carl, Compendium der Stereometrie, nach Legendre für den Schulgebrauch bearb. 3., verb. Aufl. gr. 8. (VIII, 84 S. m. eingedr. Holzschn.) Reval 877. Kluge. n. 1. 50

Hechel, Carl, Kompendium der Stereometrie, nach Legendre für den Schulgebrauch bearb. 4. verb. Aufl. gr. 8. (III, 84 S. mit Fig.) Reval 886, Kluge. *

—— Lehrbuch der Buchstabenrechnung und Algebra für Gymnasien und Realschulen, sowie zum Selbstunterricht bearb. gr. 8. (VIII, 300 S.) Ebendas. 869. *

— Lehrbuch der Elementargeometrie, für den Schulgebrauch bearb. 1. Thl. Planimetrie. 2., verm. u. verb. Aufl. Dorpat 862. (Leipzig, Kohler.) gr. 8. (IV, 64 S. m. Holzschn.) 18 ngr.

— Lehrbuch der ebenen Trigonometrie nebst zahlreichen Uebungsaufgaben, für den Schulgebrauch und den Selbstunterricht bearb. Dorpat 861. (Leipzig, Volckmar.) gr. 8. (VII, 92 S. m. Holzschn.) n. 20 ngr.
Auflösungen dazu (7 S.) n. 3 ngr.

— Lehrbuch der sphärischen Trigonometrie, m. zahlreichen Anwendungen auf reine u. prakt. Geometrie, mathemat. Geographie, Geodäsie u. Astronomie. Zum Gebrauche in den obersten Klassen der Gymnasien u. der höheren Realschulen, sowie zum Selbstunterrichte bearb. 2. Aufl. gr. 8. (VII, 72 S. m. eingedr. Fig.) Ebend. 879. n. 1. 50

— Leitfaden f. den Unterricht in der Buchstabenrechnung u. Algebra im Anschluß an die Sammlung algebraischer Aufgaben. gr. 8. (124 S.) Ebend. 874. n. 2. 40

—— Leitfaden zum Unterrichte in der ebenen Trigonometrie für den Gebrauch in Schulen bearb. gr. 8. (48 S. mit eingedr. Holzschn.) Ebendas. 870. *

— Leitfaden zum Unterrichte in der ebenen Trigonometrie, für den Gebrauch in Schulen bearb. 2. Aufl. gr. 8. (IV, 48 S. m. eingedr. Fig.) Ebend. 879. n. 1. 50

Hechelmann, Adf., Burchard der Rothe, Bischof von Münster u. kaiserlicher Kanzler, 1098—1118. Nach den Quellen bearb. [Aus: Zeitschrift für vaterländ. Geschichte u. Alterthumskunde Westfalens.] Münster 866, Regensberg. gr. 8. (54 S.) n. 10 ngr.

Hechelmann: Ueber die Entwickelung der Landeshoheit der Bischöfe von Münster bis zum Ende d. 13. Jahrh. 25 S. – Münster, Progr. 1868.

—— Hermann II., Bischof von Münster (1174—1203) und Bernhard II., Edelherr zu Lippe (1140—1224). Zwei Lebensbilder aus der älteren westfäl. Geschichte nach den Quellen und Urkunden hrsg. gr. 8. (153 S.) Münster 866, Regensberg. *

Hechelmann, A., Lehrbuch der Weltgeschichte, s.: Welter.

Hechelmann, Adolf, Quaestiones aliquot de historia Monasteriensi tempore Hermanni II. Episcopi (1174—1203). Dissertatio historica. gr. 8. (III und 77 S.) Münster 861, (Coppenrath.)

Hechelmann, Adolf Wanderungen der Westfalen im Mittelalter. 13 S. Progr. *Warburg* 1877.

Hechelmann, Adolf Westfalen und die französische Emigration. 4 (S. 3—27). Progr. G. Theodorianum *Paderborn* 1887 (339).

Hechelmann, A., Zeittafeln zu Welter's Weltgeschichte. 8. (30 S.) Münster 881. Coppenrath. cart. n. — 50

— Zeittafeln zu Welters Weltgeschichte. 2. Aufl. gr. 8. (44 S) Münster i/W. 891. Coppenrath. Kart. n. — 60

— Zeittafeln zu Welters Weltgeschichte. 3. Aufl. (64 S.) 8. Münster 908. Universitäts-Buchh. F. Coppenrath. Kart. — 60

Hechelmann, Bernhard, Militär-Intendantur-Referendar in Münster i. W.: **Das Soldatentestament in geschichtlicher Entwickelung.** *Greifswald 1902: J. Abel.* (60 S.) 8°
Greifswald, Jur. Diss. v. [29. Aug.] 1902

Hechenberger, Geo., über die drei Grundleiden der jetzigen Menschheit, ihren Ursprung und ihre naturgemäße einfache Heilart. Etwas Erprobtes zum Heile und Troste der vielen Kranken aller Stände und zur Einigung der entzweiten Heilsystematiker. Naturwissenschaftlich dargestellt. Ulm 857. Sailer in Comm. 8. (31 S.) n. 5 ngl.

Hechenberger, Geo., über die Heilkräfte des Schwefelwassers zu Unterladis und die beste Art, diese gute Naturgabe zu benützen. Innsbruck 859. (F. Rauch.) 8. (15 S.) 3 ngr.

— zu einer naturgesetzlichen Realschule für die Haus- und Landwirthschaft. 2 Thle. Innsbruck 862. (Wagner.) 16. (104 S.) n. 16 ngr.

— — 3. Thl. Hygiene für die Hausthiere. Innsbruck 863. Wagner in Comm. 16. (48 S.) n. $7\frac{1}{2}$ ngr.

Hechenberger, Johann Georg: Colocyntholologie oder Beobachtungen über die vortrefflichen, viel zu wenig beachteten Heilkräfte der Colocynthis, nebst praktischen Ansichten über Psychiytrik. 34 S., gbd.

Innsbruck: mit Wagnerschen Schriften 1840

JB 1.597

— Grundriß zu einem Organon der spezifischen Seelenheilkunst, vorzüglich für die Landpraxis gemeinfaßlich dargestellt. 8. Wien 841, Beck. $\frac{3}{8}$ ℛ︎

— Hygiea Tirols, oder Belehrung über einige wichtige, viel zu wenig beobachtete Fehler in der Gesundheitspflege. Nach treuer Beobachtung f. alle Eltern, Jugendlehrer u. Freunde des Menschenwohles faßlich dargestellt. 1. u. 2. Theil. 8. Ebend. 841 u. 46. 1. n. $\frac{1}{4}$ ℛ︎ 2. n. 6 ngl.

Hechenberger, Joh. Georg, Hygiea Tirols, od. Belehrung üb. einige wichtige, viel zu wenig beachtete Fehler in d. Gesundheitspflege. 2. Thl. gr. 8. (2 B.) Innsbruck 846. (Wagnersche Buchh.) *

Hechenberger, Joh. Geo., Hygiea Tirols, od. faßliche Belehrung üb. Gesundheitspflege u. einige vorzügliche Gebrechen. III. Thl.: Originale Geburtstechnik bei Hausthieren. 8. (19 S.) Innsbruck 850. (Wagner.) n. 3 ngl (I—III.: n. $16\frac{1}{2}$ ngl.)

— über eine wichtige Nosologie u. Therapie der exsudativen Augenhaut-Entzündungen. Nach treuer Beobachtung besonders f. d. Landpraxis dargestellt. 8. Ebend. 842. n. $\frac{1}{4}$ ℛ︎

Hechenberger, Wolfg., Salzburgs Giftpflanzen zum Gebrauch f. Schulen u. zur Belehrung für Jedermann, natürl. getrocknete Pflanzen in Dr. Hoppe's Manier (mit beigedr. Text). 1—3 Heft. Fol. Salzb. 804—6

Hechenberger (W.). Salzburgische Giftpflanzen. Salzburg, 1810. fol.
Illustrated by dried specimens.

— dreifache Sekundizfeier zu St. Johann in Tyrol ꝛc. Eine Rede. 8. Salzb. 860. Mayr. 2 ½ ſ

Hecher, Joh. Nep., der kostbare Preis unserer Erlösung. Fünfzehn Kanzel-Vorträge zur Verehrung des heil. Blutes Jesu Christi, gehalt. im Monat Juli 1852 in München. 8. (IV u. 166 S.) München 852. Leipzig, Thomas in Comm. n. ½ ℛ

Hecher, Josef

Hecher, Jos., lebende Bilder in religiösen Dichtungen. I—III. 2. Aufl. 8. Stuttgart 895. J. Roth. n. 1. 60
I. Passions-Blumen. Begleitender Text zur Darstellg. leb. Bilder aus dem Leiden u. der Verherrlichg. Christi. (49 S.) n. — 60
II. Marien-Rosen. Text zur Erläuterg. leb. Bilder der Geheimnisse d. hl. Rosenkranzes. (62 S.) n. — 60
III. Märzen-Veilchen. Text zu lebenden Bildern aus dem Leben des Nährvaters Christi. (32 S.) n. — 40

Hecher, Jos., Frauengestalten am Leidenswege des Herrn. 7 Fastenpredigten üb. die Buße. (148 S.) gr. 8. München 903. J. J. Lentner. n. 1. 50

— die ägyptische Fürstentochter. Ein Weihnachtsspiel in 3 Aufzügen. 8. (53 S.) Ebd. 895. n. — 60

— die Kreuzesschule. David u. Christus. Ein geistl. Festspiel in 7 Handlgn. m. 9 leb. Bildern. Musik v. Wilh. Müller. Offizielles Textbuch. (103 S. m. 1 Taf.) 8. München (905). (C. A. Seyfried & Co.) n. — 80

Hecher, Jos., die sieben Kreuzesworte Jesu Christi. Fastenpredigten, geh. in d. Allerheiligen-Hofkirche zu München 1893. 3. Aufl. gr. 8. (84 S.) München 898. J. J. Lentner. n. 1. —; geb. in Leinw. n. 1. 60

— die sieben Kreuzesworte Jesu Christi. Fastenpredigten, geh. in der Allerheiligen-Hofkirche zu München 1893. 4. Aufl. (84 S.) 8. München 906. J. J. Lentner. n. 1. —; geb. n. 1. 50

— d. Lamm Gottes. Fastenpredigten. 8. (96 S.) Stuttgart 895. J. Roth. n. — 90

— das Lamm Gottes. Fastenpredigten. 2. Aufl. (96 S.) 8. München (905). J. Roth. n. 1. —

Hecher, Jos., das Lamm Gottes. Fastenpredigten. 2. Aufl. (Neue [Titel-]Ausg.) (96 S.) 8. Mergentheim [905] (908). C. Ohlinger. 1. —

— Lia. Erzählung aus dem Geburtsjahre Christi. (224 S. m. Titelbild.) kl. 8. München (900). C. A. Seyfried & Co. Geb. in Leinw. n. 1. 20

— das Muttergotteskindel. Eine Münchener Geschichte aus dem 16. Jahrh. (222 S. m. Titelbild.) kl. 8. Ebd. (902.) Geb. in Leinw. n. 1. 20

— die Perle v. Rom. Erzählung aus dem 3. Jahrh. (144 S. m. Titelbild.) kl. 8. Ebd. (901). Geb. in Leinw. n. 1. 20

— Predigten üb. das Vaterunser. E. Cyklus Predigten f. alle Sonn- u. Festtage von Allerheiligen b. z. Feste d. Apostelfürsten Petrus u. Paulus, geh. in der Allerheiligen-Hofkirche zu München. 8. (VIII, 366 S.) Ebd. 898. n. 3. —

— Predigten üb. das Vater unser. Ein Cyklus Predigten f. alle Sonn- u. Festtage von Allerheiligen bis zum Feste der Apostelfürsten Petrus u. Paulus. 2. Aufl. (VIII, 278 S.) gr. 8. Hamm 906. Breer & Thiemann. n. 3.—

Dietlinde Trozza, s.a. Bayernbücher. 2.

— Dietlinde Trozza. Erzählg. aus Bayerns Urgeschichte. (VIII, 262 S. m. Titelbild.) kl. 8. München (901). C. A. Seyfried & Co. Geb. in Leinw. n. 1. 20

Hechfellner, Mathias: Josef Egger, k. k. Schulrat und Gymnasial-Direktor i. P. †. Ein Nachruf. S. 42—44. 8.
Progr. K. k. Staats-Gymn. *Innsbruck* 1907.

Hechfellner, M[athias]: Geschichte des Schlosses Thaur. 45 S., 1 Abb. 8. Progr. K. k. Staats-Gymn. *Innsbruck* 1901.

Geschichte des Schlosses Thaur. Von M[athias] Hechfellner, Prof. *Innsbruck: Wagner in Komm. 1901.* (45 S.) 8° [oc. 8194

Hechfellner, Mathias: Zur Geschichte des Schlosses und Gerichtes Vellenberg. Ein geschichtlicher Versuch von M. H. (Umschlagtitel: ... Vellenberg.) 8 (S. 3—42).
Progr. K. k. Staats-G. *Innsbruck* 1896.

Hechfellner, Matth. Über eine Innsbrucker Handschrift des Vergil. S. 46—54. 8. Progr. G. *Innsbruck* 1880.

Hechfellner, *Mathias*: Katalog der Lehrerbibliothek des k. k. Staats-Gymnasiums zu Innsbruck. (Umschlagtitel: ... bibliothek (I. Theil.) 8 (S. 3—40). ... (Umschlagtitel: bibliothek (II. Theil.) 8 (S. 41—62). (III. Theil, Schluss.) 8 (S. 63—86). Progr. K. k. Staats-G. *Innsbruck* 1898. 1899. 1900.

. Hechfellner, Mathias, Pantl, Emerich, Nezbeda, Anton: Zuwachs der Lehrerbibliothek 1900—1909. — Zuwachs der Tiroliensien-Bibliothek 1900—1909. S. 87—90. S. 91—95. S. 47 bis 49. S. 101—102. S. 103—104. S. 105—106. S. 107. S. 109. S. 111—113. S. 115—118. 8.
K. k. Staats-Gymn. *Innsbruck* 1901. 1902. 1903. 1904. 1905.
Progr. 1906. 1907. 1908. 1909. 1910.

Hechingen, s.: Alb, schwäb. Karte.

Hechingen, s.: Württemberg. Höhenkurvenkarte.

Hechinger, F., Königin Mode. Novellen. 8. (224 S.) Berlin (900). K. Siegismund. n. 2. —

HECHINGER, Julius (Nürnberg): Ueber traumatische Entstehung des Sarkoms.- München: Kastner & Callwey 1903. 45 S.
9.7.1903 - Chr 1903/04,15; Jv 1903/04,324
Diss.Ingolst.-Landsh.-Mchn.

Hechler. Beerdigungswesen und Feuerbestattung nach hessischem Recht. Amtliche Handausgabe mit Motiven, Erläuterungen und einem Sachregister. Darmstadt. Staatsverlag 1906. Dasselbe in „Gesundheitspflege", amtliche Handausgabe, letztes Heft.

Hechler, s.a. Beerdigungswesen u. Feuerbestattung nach hessischem Recht.

Hechler, der Schlacht- und Viehhof zu Chemnitz. Durch einen Anhang erweiterter Sonder-Abdr. aus der Zeitschrift des Architekten- und Ingenieur-Vereins zu Hannover. Fol. (40 Sp. mit 12 lithogr. Zeichnungen.) Hannover 885, Schmorl und v. Seefeld. cart. *

Hechler, Emil, der Erdbeerfreund. Prakt. Ratgeber üb. Kultur u. ration. Verwertg. d. verschied. Varietäten uns. Erdbeerarten f. Haushaltg. u. Handel. Nebst Anh. üb. d. Monatserdbeere u. üb. Erdbeertreiberei. gr. 8. (127 S. m. Abb.) Erfurt 898. J. Frohberger. Kart. n. 2. —

Hechler, Emil, d. Erdbeerfreund. Prakt. Ratgeber üb. Kultur u. rationelle Verwertg. d. versch. Varietäten uns. Erdbeerarten. gr. 8. (127 S. m. Abb.) Erfurt 898. Leipzig, Amthor. Kart n. 2. —

Hechler, Friedrich Hans [pr. Arzt aus Frankfurt a/O. '(Brandenb.)']: Ueber den diagnostischen Wert der Lymphdrüsenschwellung in den Oberschlüsselbeingruben, besonders in der linken, bei Magenkrebs ... *Berlin, Druck v. A. Winser, 1897;* 32 S. 8.
Berlin, Med. Fak., Inaug.-Diss. v. 25. Juni 1897

Hechler, K., modernes Christentum. 8. (101 S.) Leipzig 899. Baum. n. 1.50; ermäß. Pr. n. 1.—

— ein neuer Glaube. 8. (176 S.) Ebd. (899). n. 1.50

Hechsel, Alex., s. Bandinel, J., der afrikan. Sclavenhandel.

Hecht, der. Humoristische flieg. Blätter. 2. u. 3. Jahrg. 1892/93. 1893/94. à 52 Nrn. gr. 4. (à ca. 1½ Bog. m. Abbildgn.) Berlin, G. E. Nagel. Vierteljährlich n.n. 1.30; jährlich n. 4.80

Hecht, der gallische, s. Was wir wissen müssen.

Hecht, A., vereinfachte amerikanische Buchhaltung. Fol. (17 S.) Mainz 887. (Kern's Verl.) n. 8.—

Hecht, A. [app. Arzt]: Der primäre Scheidenkrebs. ... Würzburg, ohl & Hecker'sche Buchdr., 1891: 30 S. 8°
München, Med. Fak., Inaug.-Diss. v. 1891

Hecht, A., der Selbstinstallateur elektrischer Hausanlagen. Prakt. Anleitg. für Jedermann, elekt. Haustelegraphen, Telephone, Glühlampen u. s. w. zuverlässig u. ohne Mühe selbst anzulegen. 2. verb. Aufl. Mit 67 Abbildgn. nebst Schaltungsskizzen u. Voranschlägen. 8. (46 S.) Leipzig 902. Meißen, Kobisch. n. —60

Hecht, A., der Selbstinstallateur elektrischer Hausanlagen. Praktische Anleitg. f. Jedermann, elektr. Haustelegraphen, Telephone, Glühlampen u. s. w. zuverlässig u. ohne Mühe selbst anzulegen. 3. verb. u. verm. Aufl. Mit 68 Abbildgn. nebst Schaltungsskizzen u. Voranschlägen. (47 S.) kl. 8. Leipzig 906. Hachmeister & Thal. n. —60

Hecht, A., der Selbstinstallateur elektr. Hausanlagen. 5. Aufl. v. W. Knoblock, s.: Lehrmeister Bibliothek.

Hecht, Adf., klinische Semiotik, s.: **Pick**, Alois.

Die Faeces des Säuglings und des Kindes. Die Bedeutung u. Technik ihrer Untersuchung. Von Dr. Adolf F. **Hecht**, Wien. Mit e. Vorw. von Prof. Dr. Th[eodor] Escherich. Berlin, Wien: Urban & Schwarzenberg 1910. VI, 186 S. 8° [11. 886: 11

Hecht, Art., das königl. sächs. Gesetz üb. die Zwangsvollstreckung wegen Geldleistungen in Verwaltungssachen, s.: Handbibliothek, juristische.

Hecht, Arthur H[ermann], Referendar: Über die Rechtsgeschäfte und den Wohnsitz Minderjähriger nach englischem und deutschem Privatrecht. Cassel 1910: Trömner. VIII, 44 S. 8°
Leipzig, Jur. Diss. v. 28. Mai 1910
[Geb. 6. Mai 83 Kassel; Wohnort: Kassel; Staatsangeh.: Preußen; Vorbildung: Wilhelms-Gymn. Kassel Reife M. 01; Studium: München 2, Berlin 1, München 2, Münster 3 S.; Rig. 24. Nov. 06.] [U 10. 2736

Hecht, Arth. Rud., moderne kirchl. Kunst in Österreich-Ungarn. Gesammelt u. hrsg. 1. u. 2. Heft. (à 15 Lichtdruck-Taf.) 41×31,5 cm. Wien, A. Schroll & Co. à 10.—
1. Malerei, figurale. (910.) — 2. Altäre, Tischlerarbeiten, figurale Plastik, Metallgeräte etc. (910.)

Hecht, Aug., über die Einwirkung v. Benzoësäure auf Bariumparanitro- u. Brom-Benzoat. Inaugural-Dissertation. gr. 8. (45 S.) Göttingen 878. (Vandenhoeck & Ruprecht.) n. —80

Hecht, Benno, Anleitung zur Krystallberechnung. Mit 1 Taf. u. 5 auf Pauspap. gedr. Hülfsprojektionen. gr. 8. (V, 76 S.) Leipzig 893. J. A. Barth. n. 3.—

Q. D. B. V. Lectiones cursorias quas ... Benno **Hecht** phil. Dr. Über die Ausdehnung der Krystalle durch die Wärme ad docendi facultatem rite impetrandam d. XXIII Apr. ... habebit indicit Arthurus **Ludwich** ... ordinis philos. h. t. Decanus. Regimonti Borussorum, ex offic. Leopoldiana, 1887; 1 Bl. 4°.

Hecht, Benno [Dr.]: Beitrag zur theoretischen Erklärung der Interferenzerscheinungen, welche Platten aus Zwillingskrystallen im konvergenten polarisierten Lichte zeigen. Königsberg, Hartungsche Buchdr., 1896; 1—21 S., 1 Taf. 4.
Königsberg i. Pr., st. RG, OP 1896 (20 [viehn. 10])

Hecht, Benno: Ueber die Form der Losungen algebraisch auflosbarer Gleichungen von Primzahlgraden, insbesondere vom fünften und siebenten Grade .... Königsberg i. Pr., Buchdr. v. R. Leupold. 1885: 4 + 35 S. 4°.
Königsberg, Phil. Fak., Inaug.-Diss. v. 2. Nov. 1885.

Hecht, B., über die Form der Lösungen algebraisch auflösbarer Gleichungen von Primzahlgraden, insbes. vom 5. u. 7. Grade. Inaug.-Diss. 4. (32 S.) Königsberg i. Pr., (Koch's Antiqu.). n.n. 1.—

Hecht, Benno, (Dr.): **Zusammenstellung** des mathematischen Lehrstoffes für die untere und die mittlere Stufe des Realgymnasiums. *Königsberg 1903: Hartung.* (52 S.) 8°
Königsberg i. Pr., st. RG, OP 1903 (18)

Hecht, Bernhard: Wandungssarkom des Uterus mit Metastasen in der Scheide, der Bartholin'schen Drüse und der Harnblase. Metz 1908: Jauch. 21 S. 8°
Heidelberg, Med. Diss. v. 1908, Ref. v. Rosthorn
[Geb. 23 April 84 Metz; Wohnort: Metz; Staatsangeh.: Elsaß-Lothringen; Vorbildung: Gymn. Metz Reife M. 02; Studium: Straßburg 1, München 2, Freiburg i. B. 4, Heidelberg 3 S.; Coll. 20 Dez 07; Approb. 18. Jan. 09.] [U 09. 1957

Hecht, C., Betrachtungen u. Wünsche über die Unzulänglichkeit der bisherigen Maßregeln gegen Beerdigung der Scheintodten. (Aus den Annalen der Staats-Arzneikunde, Vr Jahrg. 3s Hft. besond. abgedr.) gr. 8. Freiburg 840. Fr. Wagner. ¼ ℛ

Hecht, C., de Sadducaeismo Annae et Caiphae. Buding. 1719. 4.

Hecht, C., de secta scribarum. Francof. 1737. 4.

Hecht, C. D., de eo, quod contradictorium est in iure Danico. 4. Odens. 743.

Hecht, C. J. W., Mehl- u. Schroot-Tabelle als zuverlässigstes Hülfs- u. Auskunfts-Mittel f. Müller, Bäcker, Mehlhändler rc. ingl. f. Steuer- u. Waage-Beamten rc. um ohne Berechnung bequem ersehen zu können, wie viel aus den Körnermengen v. 1 Pfund bis zu 50 Zentner an Mehl u. Kleie od. Schroot zu erzielen u. v. dem Müller dem Mahlgaste auf Grund der bestehenden gesetzl. Vorschriften zurückzugewähren ist. gr. 8. (49 S.) Schweidnitz 851, Heege in Comm. n. ⅙ ℛ

— Tabelle zur leichten Ermittelung der Geldbeträge v. Chaussee-Geld-Quittungen in den Mengen v. 1—100,000 Stück, nebst e. Tafel, welche dem Unkundigen nachweist, wie viel er bei jeder einzelnen vorkommenden Abfertigung zu erheben hat, ingl. nebst e. Nachweisung, wie viel in 1 Bogen bis 15 Buchen Chausseezettel enthalten sind. Ein anerkannt unentbehrliches Hilfsmittel f. Einnehmer u. Pächter rc. 3. sehr verb. u. verm. Aufl. 4. (17 S.) Ebd. 850, in Comm. n. ⅙ ℛ

Hecht, C. J. W., Tabelle zur leichten Ermittelung der Geldbeträge von Chaussee-Geld-Quittungen in den Mengen von 1—100,000 Stück und von 1 Bogen bis 100 Buch, nebst einer Erhebungs-Tafel rc. Für Einnehmer und Pächter auf Staats- und Aktien-Chausseen, desgl. für Rendanten rc. 4. sehr verb. und verm. Aufl. 4. (23 S.) Schweidnitz 868, (Heege.) *

— vollständige Zins-Coupons-Tabelle, in den Werthbeträgen v. 1 bis 1000 Stück. Ein Rechenknecht f. Steuer-Einnehmer, Kassen-Beamte, Geschäftsleute rc. br. 8. (15 S.) Ebd. 851. 3 ngr

(Hecht, C. L., Heusinger, Cph. F. und Ihling, J. C.): „Leipziger Handwörterbuch der Handlungs-, Comptoir- und Waarenkunde, nebst einem europäischen Handlungs-Adress-Buche, die Firmen und Geschäfte der wichtigsten Handlungshäuser in ganz Europa enthaltend", 2 Teile in 3 Bänden. Band 1 und 2: Wörterbuch von A--Z; Band 3: deutsche, englische und französische Handelsliteratur, Buchhaltungskunde, Formulare für alle Handelsgeschäfte, europäisches Adressbuch Leipzig 1819 (Brockhaus). — Vorh.:

Com. Bibl. Hamburg, Bücherei der Industrie- und Handelskammer Leipzig, Bibl. des Kammergerichts Berlin — Qd. 268² —.

Lass. s. a.: H a n d w ö r t e r b u c h...

Hecht, Carl, s. H e c h t , Karl.

Hecht, Chr.

H e c h t , C., Beweis aus Vernunft und Schrift für den Glauben der Kinder. Brem. 1745. 8.

— vom G l a u b e n der Kinder in Mutterleib: ꝛc. 8. Bremen, Saurmann. 745.

Hecht, Chr., C o n s i l i u m Tridentinum. 8. Marb. Krieger. 752.

— H i s t o r i e d. Tridentin. Concil. aus Sarpi, Palavicini u. a. Schr. 8. Frkf. Krieger. 742.

Hecht, Chr. Heinrich: A n d e n k e n eines Zeugen d. Wahrheit d. 15ten Jahrh., Franz Zararabella. 8⁰. Greitz 1775. Sieghart.

Hecht, Chr. Hnr., († d. 8. Juli 1801.) diplomat. Geschichte d. Kalandbrüderschaft zu Prettin in Kursachsen. 8. Greitz 775. Sieghart. 3 gl.

Hecht, C. H. Geschichte des Bergfleckens Sosa. 8 Hof 1778. Grau.

— Verbindlichkeit, sich zu der von Jesu gestifteten Religion zu bekennen. 8. Greiz 774. Sieghart.

— V e r b i n d l i c h k e i t, sich zu der v. Jesu gestift. Relig. zu bekennen. 8. Graz, Sieghart. 775.

Hecht, Chr[istian]: Ist es wünschenswert und möglich, den Unterricht in der elementaren Mathematik an der höheren Mädchenschule einzuführen? Kiel 1905: A. F. Jensen. (S. 1—10.) 4°
Kiel, st. HM P 1905 [139]

— F. Kundt, Lehrbuch der elementaren Mathematik. Als Ergänzg. zu dem „Rechenbuch f. Mädchenschulen" bearb. 1. Tl.: Planimetrie. (VI, 126 S.) 8. Ebd. 904. n.n. 1. 30; geb. 1. 60

Hecht, C., Lehrbuch der elementaren Mathematik. Als Ergänzg. zu dem „Rechenbuch f. Mädchenschulen" bearb. 2. Tl.: Arithmetik. (VI, 156 S.) 8. Bielefeld 906. Velhagen & Klasing. Geb. n. 1. 80

Lehrbuch der elementaren Mathematik. Als Ergänzung zu d. 'Rechenbuch f. Mädchenschulen', bearb. von C[hristian] Hecht, Kiel. 2. Aufl. T. 1. Bielefeld & Leipzig: Velhagen & Klasing 1907. 8° [J.] 108. 5416

Hecht, C., mathemat. Lehrbuch f. höh. weibl. Bildungsanstalten, s.: Wetpel, G.

Hecht, C[hristian]: Über Notwendigkeit und Gestaltung des Unterrichts in der elementaren Mathematik an der höheren Mädchenschule. Vortrag. — Bielefeld u. Leipzig: Velhagen & Klasing 1905. 23 S. 8⁰

Hecht, Christian (Halle), De obsidione binarum S. R. Imperii liberarum civitatum Francofurti ac Aquisgrani in dissidiosa duorum imperatorum electione ab altero eorum olim ex observantia quadam imperiali instituta. Schediasma histor. ac jur. publ. Germanici. Frankfurt a. M. (Wolffg. Christoph Multz) 1724. 16 S. (6.30) 13712

Hecht, C., P r a x i s des Rechenunterrichts. Methodische Anleitg. zur Erteilg. des Rechenunterrichts, insbesondere z. Gebrauch des Rechenbuches. gr. 8. (VIII, 212 S.) Bielefeld 902. Velhagen & Klasing. n. 2.40; geb. in Leinw. n. 2.80

Hecht, C., Rechenaufgaben für Schüler in Mittel- u. mehrklassigen Volksschulen. 1. u. 2. Schuljahr. 8. Mühlhausen i/Th. 880. Heinrichshofen. n. — 45
1. (40 S.) n. — 25. — 2. (32 S.) n. — 20

Hecht, C., Rechenaufgaben für Schüler in Mittel- und mehrklassigen Volksschulen. 2 Hefte. 8. Mühlhausen i. Th., Heinrichshofen'sche Buchh. [1. Heft. (40 S.) 880. * 25 Pf.; 2. verb. und verm. Aufl. (48 S.) 884. * 25 Pf.; 2. Heft. (32 S.) 883. * 20 Pf.; 2. verb. und verm. Aufl. (43 S.) 883. * 25 Pf.]

Hecht, C., Rechenaufgaben f. Schüler der Unterklassen in Mittel- u. Volksschulen. 1. u. 2. Hft. 2. Aufl. 8. (48 u. 48 S.) Mühlhausen i/Th. 884. 85. Heinrichshofen. à n. — 25; geb. à n. — 35

Hecht, C., R e c h e n a u f g a b e n f. Schüler der Unterklassen in Mittel- und Volksschulen. 1. u. 3. Hft. 3. Aufl. 8. (à 48 S.) Mühlhausen i/Th. 887. 890. Heinrichshofen. à n. — 25

Hecht, C. Rechenaufgaben f. Schüler der Unterklassen in Mittel u. Volksschulen. 2. Heft. 3. verb. u. verm. Aufl. 8. (18 S.) Mühlhausen i. Th. 890, Heinrichshofen. * — 25
1. Heft. Ebd. 1887. * — 25.

Hecht, C., R e c h e n a u f g a b e n f. Schüler der Unterklassen in Mittel- u. Volksschulen. 1. u. 3. Hft. 8. Mühlhausen i/Th. 893. Heinrichshofen. n. — 55; geb. n. — 75
1. 4. Aufl. (48 S.) n. — 25; geb. n. — 35. 3. (64 S.) n. — 30; geb. n. — 40.

Hecht, C., R e c h e n a u f g a b e n f. Unter- u. Mittelklassen in Mittel- u. Volksschulen. 2. Hft. 4. Aufl. 12. (48 S.) Mühlhausen i/Th. 897. Heinrichshofen. n. — 25; geb. n. — 35

— R e c h e n a u f g a b e n f. Unter- u. Mittelklassen in Mittel- u. Volksschulen. 1. Hft. Der Zahlenkreis von 1—20. Addition u. Subtraktion im Zahlenkreise von 1—101. Einmaleins. (Multiplikand: 1—5; Multiplikator: 1—10.) 5. Aufl. 12. (48 S.) Mühlhausen i/Th. 900. Heinrichshofen. n. — 25; geb. n. — 35

— Rechenbuch f. L e h r e r i n n e n s e m i n a r e u. verwandte Anstalten in 2 Tln. gr. 8. Bielefeld 900. Velhagen & Klasing. Geb. n. 2. 60
1. (IV, 110 S.) n. 1. —. — 2. (195 S.) n. 1. 60.

— dasselbe. Auflösungen. gr. 8. (27 u. 28 S.) Ebd. 900. à n. — 50

— Rechenbuch f. Lehrerinnenseminare u. verwandte Anstalten in 2 Tln. 3. Aufl. 8. Ebd. 905. Geb. n. 2. 60
1. (VI, 108 S.) n. 1. —. — II. (VI, 194 S. m. Fig.) n. 1. 60.

— Rechenbuch f. L e h r e r i n n e n s e m i n a r e u. verwandte Anstalten in 2 Tln. 2. Tl. 4. Aufl. (VI, 194 S.) 8. Bielefeld 907. Velhagen & Klasing. Geb. 1. 60

— u. K. Pohl, Rechenbuch f. Mädchenmittelschulen (in 6 Tln.) Auf Grund der Bestimmgn. üb. die Neuordng. des Mittelschulwesens in Preußen v. 3. II. 1910 bearb. I. u. II. Tl. 8. Ebd. 911. — 85
I. (Für d. 1. Schulj. d. Unterstufe.) (II, 50 S.) — 35
II. (Für d. 2. Schulj. d. Unterstufe.) (II, 51 S.) — 50

[F.] Rechenbuch für Mädchenschulen in 5 Heften v. C. Hecht . . . Ausg. B f. Volksschulen. H. 1—5. u. Auflösungen H. 3—5. *Bielefeld & Leipzig: Velhagen & Klasing 1896. 97.* 8 Bde 8.
1. 1896. (64 S.) Auflösungen. 3. 1897. (15 S.)
2. 1896. (40 S.) 4. 1897. (16 S.)
3. 1896. (48 S.) 5. 1897. (20 S.)
4. 1896. (48 S.)
5. 1896. (80 S.)
198. 1319 Mr

Hecht, C., Rechenbuch f. Mädchenschulen in 5 Hftn. Ausg. B f. Volksschulen. 1. Hft. 8. (43 S.) Bielefeld 901. Velhagen & Klasing. n. — 30

— dasselbe in 5 Heften. Ausg. B f. Volksschulen I.—V. u. Ergänzungsheft. 8. Ebd. n. 2. —
I. 3. Aufl. (44 S.) 906. n. — 30. — II. 2. Aufl. (40 S.) 903. — 30. — III. 2. Aufl. (48 S.) 903. — 30. — IV. 2. Aufl. (56 S.) 903. — 30. — V. 2. Aufl. (84 S. m. 6 Fig.) 903. — 50. — Ergänzungsheft. (32 S.) 903. — 30.

—— Rechenbuch f. Mädchenschulen in 7 Heften. gr. 8. Bielefeld 890, Velhagen u. Klasing. [1. Heft. (24 S.) * — 25. — 2. Heft. (36 S. * — 30. — 3. Heft. (32 S.) * — 30. — 4. Heft. (44 S.) * — 35. — 5. Heft. (44 S.) * — 35. — 6. Heft. (56 S.) * — 50. — 7. Heft. (87 S.) * — 75.] 1 2 80
—— dass. — Auflösungen. 4.—7. Heft. gr. 8. (16; 15; 19; 19 S.) Ebd. 891. à Heft * — 50
Zum 1.—3. Heft sind Auflösungen nicht erschienen.

— Rechenbuch f. Mädchenschulen in 7 Hftn. 2., neubearb. u. verb. Aufl. gr. 8. Bielefeld, Velhagen & Klasing. n. 3. 5
1. (32 S.) 893. n. — 25. — 2. (36 S.) 893. n. — 30. — 3. 4. (40 u. 44 S.) 893. à n. — 35. — 5. (48 S.) 893. n. — 40. — 6. (64 S.) 892. n. — 50. — 7. (116 S.) 892. Kart. n. — 90.

— dasselbe. Auflösungen. 4.—7. Hft. 2. Aufl. gr. 8. Ebd. à n. — 50
4. (15 S.) 893. — 5. (15 S.) 893. — 6. (20 S.) 892. — 7. (28 S.) 893.
Zum 1.—3. Hft. sind Auflösungen nicht erschienen.

— Rechenbuch f. Mädchenschulen in 7 Hftn. Ausg. A f. höh. u. mittl. Schulen. gr. 8. Bielefeld, Velhagen & Klasing. n. 3. 05
1. 4. Aufl. (32 S.) 898. n. — 25. — 2. 4. Aufl. (36 S.) 898. n. — 30. 3. 4. (40 u. 44 S.) 897. à n. — 35. — 5. (48 S.) 897. n. — 40. 6. 5. Aufl. (72 S.) 898. n. — 50. — 7. (117 S.) 896. Kart. n. — 90.

— Rechenbuch f. Mädchenschulen in 7 Hftn. Ausg. A f. höhere u. mittlere Schulen. gr. 8. Ebd. n. 3. 05
I. 5. Aufl. (32 S.) 900. n. — 25. — II. 7. Aufl. (36 S.) 902. n. — 30. — III. 7. Aufl. (40 S.) 902. n. — 35. — IV. 7. Aufl. (44 S.) 901. n. — 35. — V. 7. Aufl. (48 S.) 901. n. — 40. — VI. 7. Aufl. (72 S.) 901. n. — 50. — VII. 7. Aufl. (128 S. m. Fig.) 902. Kart. n. — 90.

— dasselbe. 7. Hft. Auflösungen. 2. Aufl. gr. 8. (28 S.) Ebd. 902. n. — 50

— Rechenbuch f. Mädchenschulen in 7 Heften. Ausg. A f. höhere u. mittlere Schulen. 8. Ebd. n. 3. 05
I. 8. Aufl. (32 S.) 905. n. — 25. — II. 10. Aufl. (36 S.) 906. n. — 30. — III. 11. Aufl. (40 S.) 906. n. — 35. — IV. 12. Aufl. (44 S.) 906. n. — 35. — V. 11. Aufl. (48 S.) 905. n. — 40. — VI. 13. Aufl. (72 S.) 906. n. — 50. — VII. 11. Aufl. (128 S. m. Fig.) 905. Kart. n. — 90.

— dasselbe. V. u. VI. Hft. Auflösungen. gr. 8. Ebd. à n. — 50
V. 2. Aufl. (15 S.) 893. — VI. 3. Aufl. (24 S.) 904.

— Rechenbuch f. Mädchenschulen in 7 Heften. Ausg. A. f. höh. u. mittl. Schulen. 8. Ebd. 907. 3. 05
I. 10. Aufl. (32 S.) — 25. — II. 11. Aufl. (36 S.) — 30. — III. 12. Aufl. (40 S.) — 35. — IV. 13. Aufl. (44 S.) — 35. — V. 13. Aufl. (48 S.) — 40. — VI. 15. Aufl. (72 S.) — 50. — VII. 13. Aufl. (125 S. m. Fig.) Kart. — 90

Rechenbuch für schleswig-holsteinische Schulen v. Christian **Hecht.** Schleswig. 8°
Ausg. A für Knabenschulen. H. 1—7. 1909.
Ausg. B für Mädchenschulen. H. 1—6. 2. Aufl. 1911.
Ausg. C für weniger gegliederte Stadtschulen und für Landschulen. Bearb. v. C. P. Christiansen. T. 1—3. 4. Aufl. 1914—24.

Hecht, C., Rechenbuch f. schleswig-holsteinische Schulen. Ausg. A f. Knabenschulen. 7 Hefte. 2. Aufl. 8. Schleswig 910. J. Ibbeken. 3. 80
1. (72 S.) — 30. — 2. (44 S.) — 35. — 3. (48 S.) — 40. — 4. (58 S.) — 45. — 5. (66 S.) — 50. — 6. (134 S.) Kart. — 90. — 7. (68 S.) Kart. — 70.

— Rechenfibel z. Rechenbuch f. Mädchenschulen. Ausg. B f. Volksschulen. 8. (24 S.) Ebd. 901. n. — 25

Hecht, Chrn. (ps.), Nihil zine rattione zuffizientes. Der nach Mathematischer Methode getreulich unterrichtete Schuster-Geselle, zur gründlichen Erlernung dieses gar edlen Handwercks oder nunmehro Schumacher-Wissenschafft aus metafysischen und ontrologischen Gründen heraus gewickelt von dem Wissenschafftlichen Hoff-Schuster in Dresden Jobst Herm. Chrn. Müller. Gedruckt in Allerheiligen-Stätt (1738). 4°. 16 S.

Hecht, Christian: Untersuchung, in wie ferne die Juden Gott dem Herrn ein Gebet zuschreiben?

— wie fördert die Schule durch den Rechenunterricht die hauswirtschaftliche Bildung der Mädchen, s. a. Sammlung pädagogischer Vorträge.

Hecht, C.: Wie fördert die Schule durch den Rechenunterricht die hauswirtschaftliche Bildung der Mädchen? — Bielefeld: Helmich (1893). 18 S. 8° (Sammlung pädagog. Vorträge. Bd 5, H. 12.)

Hecht, Daniel Friedrich

Hecht, (Dan. Fr**d**r.) Beispiele u. Aufgaben aus der allgem. Arithmetik u. gemeinen Geometrie. 8. Freyberg 824, Craz u. G.

Hecht, Dan. Fr., Beispiele u. Aufgaben aus der allgemeinen Arithmetik und gemeinen Geometrie. Zum Gebrauche bei seinem Lehrbuche über Arithmetik und Geometrie. 2. verb. u. verm. Aufl. (Bearb. vom Gewerbsschullehrer Hallbauer.) gr. 8. Freiberg 844, Gerlach. n. 1/3 ℛ

Hecht, Von den quadratischen und kubischen Gleichungen, von den Kegelschnitten und von den ersten Gründen der Differential- und Integral-Rechnung. Leipzig. 1824. 8.

— von den quadrat. u. kubischen Gleichungen, von den Kegelschnitten, u. von den ersten Gründen d. Differential- u. Integral-Rechnung. 8. Leipz. 825, Reclam.

— Nachtrag z. d. ersten Gründen d. Differential- u. Integral-Rechnung. 8. Leipz. 827, Reclam.

Hecht, D. F., erste Gründe der mechanischen Wissenschaften, enthaltend die ersten Gründe der Statik fester Körper, der Hydrostatik, der Aerostatik, der Dynamik, der Hydraulik und der Aerodynamik. Mit Kupf. 8. Freyberg, Craz und Gerlach. 819.

— erste Gründe der mechan. Wissenschaften. 2. verb. u. verm. Aufl. (B. Prof. Weisbach.) M. 10 Kpft. 8. Ebd. 843. 1 2/3 ℛ

Hecht, D. F. Erste Gründe der mechanischen Wissenschaften. 2. Auflage. Freiberg 1843. H: *Weisbach, Julius.* (Ky) (EngMt) (BiblMath)

— Einfache Construktion z. Bestimmung d Kreuzlinie zweier Gänge, nebst e. Anweis., um mit Hülfe d. Kreuzlinie einen verworfenen Gang wieder aufzusuchen. Mit 2 lithogr. Tafeln. gr 8 Leipz. 825, Voß.

Hecht, D. F., Einfache Konstruktion zur Bestimmung der Kreuzlinie zweier Gänge. Leipzig, 1825. 16 S. mit 2 Taf.

— Lehrbuch d. Arithmetik u. Geometrie. 1r Curs., mit 2 Kpf. 8. Frberg 812, Graz u. G. 8 ℊℊ. 2r Curs., (enth. d. allgem. Arithmetik, d. gemeine Geometrie u Trigonometrie). 8. Ebd. 814. 2e Aufl., mit 8 Kpft. 8. Ebd. 826.

Hecht, Fr. D., Lehrbuch d. Arithmetik u. Geometrie. 1r Thl. mit 2 K. 8. Ebend. 813.

— Lehrbuch d. Aritmetick u. Geometrie. 2r Curs. 2e Aufl. Mit 8 Kpft. 8. Freyberg 827, Craz u. G.

Hecht, Dan. Fr., Lehrbuch der Arithmetik u. Geometrie. Zum Gebrauche bei dem Unterrichte an den Bergschulen verfasset. 1. Cursus, enthaltend die gemeine Arithmetik. 2. zeitgemäß umgearb. u. verm. Aufl. 8. Freiberg 840, Craz u. G. ⅓ ß

Hecht, Dan. Friedr., Lehrbuch der Arithmetik und Geometrie. 2. Cursus. 3., vielfach verm. u. verb. Aufl. Mit 8 Kpfrtaf. A. u. d. T.: Lehrbuch d. allgemeinen Arithmetik, der gemeinen Geometrie u. der ebenen u. sphärischen Trigonometrie. Freiberg 853. Craz u. Gerlach. 8. (4 Bl., 351 S.) n. 1 ß

Hecht, Dan. Friedr., Lehrbuch d. Markscheidekunst. M. 11 Kpfrt. (incl. 3 ill.) 8. (17 B.) Freyberg 829, Craz u. Gerlach.

— Tafel zur Berechnung der Längen und Breiten für Sohlen = 1. Zum Gebrauch der Vorlesungen über theoretische Markscheidekunst. Mit 1 Kupf. gr. 8. Ebend. 819.

Hecht (D. F.), Tafel zur Berechnung der Seigerteifen und Sohlen für die Länge der flachen Schnur = 1. Freyberg 1814. 8. Ebd.

Hecht, E., Der moderne Bauernkrieg, oder der Kampf der Agrarier gegen die Städte. 8⁰. Nürnberg 1901.

Hecht, E., Die bauliche Entwickelung Nürnbergs unter besonderer Berücksichtigung der Arbeiterwohnungsfrage. 8⁰. Nürnberg 1898.

Hecht, E., s.: Nürnberg, Festschrift etc.

Hecht, Ed. Aug., Aliquot vestigia antiquitatum Romanarum in Taciti Germania latentium. Fribergae 1828. 8. . . . . (D.)

Hecht, Emanuel

Hecht, Eman., vollständige Biegungstabellen der hebräischen Haupt-, Zeit-, Verhältniß- u. Nebenwörter, nach einer neuen übersichtlichen u. anschaulichen Weise. Für die Hand der Schüler. Kreuznach 858. Voigtländer. gr. 8. (63 S.) n. 6 ngl

—— Fibel, s. Haesters.

Hecht, Eman., ספר החיים oder vollständiges Gebet- und Erbauungsbuch zum Gebrauche bei Kranken, Sterbenden, in dem Trauerhause und auf dem Friedhofe. Mit neuer deutscher Uebersetzung, neuen Betrachtungen, Gebeten, thalmud. Sprüchen und Erzählungen, hebr. und deutschen Grabschriften 2c. 8. (VIII und 367 S.) Brilon 856. (Leipzig, Hunger.) * *

—— biblische Geschichte nebst skizzirter Geographie und einer Karte von Palästina für die israelitische Schuljugend. 3. Aufl. 1857. * 6 Ngr. und 4., verb. und verm. Aufl. gr. 8. (128 S. mit 1 lithogr. Karte in qu. 4.) Fulda 859, Müller'sche Buchh. * *

Hecht, Eman., biblische Geschichte nebst skizzirter Geographie und einer (lith.) Karte von Palästina für die israelitische Schuljugend. 4. Aufl. 859. — 5. Aufl. Fulda 864. Müller. gr. 8. (128 S.) n. 8 ngr

Hecht, Eman., biblische Geschichte nebst skizzirter Geographie u. einer (lith.) Karte von Palästina für die israelit. Schuljugend. 6. Aufl. Fulda 868. Nehrkorn. gr. 8, (128 S. mit 1 lith. Karte.) n. 8 ngr

Hecht, Eman., biblische Geschichte nebst skizzirter Geographie u. e. (lith.) Karte v. Palästina (in qu. 4.) f. die israelit. Schuljugend. 7. Aufl. gr. 8. (127 S.) Fulda 873. Nehrkorn. n. — 80

Hecht, Eman., biblische Geschichte nebst skizzirter Geographie u. einer (lith.) Karte v. Palästina für die israelitische Schuljugend. 8. Aufl. gr. 8. (127 S.) Fulda 877. Nehrkorn. n. — 80

Hecht, Eman., biblische Geschichte f. Kinder von 6 bis 9 Jahren. 8. (2½ B.) Fulda 842, Müller'sche Buchh. *

Hecht, Eman., biblische Geschichte f. die israelit. Schuljugend. 2. völlig umgearb. Aufl. 8. (104 S.) Fulda 849, Müller. n. 5½ ngl

— biblische Geschichte für die israelitische Schuljugend. 3., verb. 2c. Aufl., nebst einer skizzirten Geographie u. 1 (lith.) Karte von Palästina (in 4.). Fulda 857. Müller. 8. (128 S.) n. 6 ngl; die Karte allein 1½ ngl

— Israels Geschichte von der Zeit des Bibel-Abschlusses bis zur Gegenwart. Für Schüler jüdischer Lehranstalten, höherer Bürgerschulen u. Gymnasien, für Familien u. Schulbibliotheken. Mit einem Vorwort von L. Philippson. Leipzig 855. Baumgärtner. 8. (XII, 320 S.) 21 ngl

— Israel's Geschichte von der Zeit des Bibel-Abschlusses bis zur Gegenwart. Für Schüler jüd. Lehranstalten, höherer Bürgerschulen u. Gymnasien, für Familien u. Schulbibliotheken. Mit einem Vorworte von L. Philippsohn. 2. Aufl. verm. u. verb. von M. Kayserling. Leipzig 865. Baumgärtner's Buchh. gr. 8. (XVI, 335 S.) 24 ngr

— kleine hebräische Grammatik nach unterrichtlichen Grundsätzen. Kreuznach 859. Voigtländer. 8. (V, 62 S.) n. 5 ngr

— Handbuch der israelitischen Geschichte von der Zeit des Bibel-Abschlusses bis zur Gegenwart, für Schüler jüd. Lehranstalten, höherer Bürgerschulen u. Gymnasien, für Familien- u. Schulbibliotheken. 3., gänzlich umgearb. Aufl. von M. Kayserling. gr. 8. (VI, 176 S.) Leipzig 879. Baumgärtner. n. 3. —

Hecht, Eman., Handbuch der israelitischen Geschichte von der Zeit des Bibel-Abschlusses bis zur Gegenwart. Für Schüler jüdischer Lehranstalten, höherer Bürgerschulen und Gymnasien, für Familien und Schulbibliotheken. Bearb. von M. Kayserling. 4. Aufl. (VI, 176 S.) 1881. * ℳ 2,40.; 5. verm. und verb. Aufl. gr. 8. (VI, 176 S.) Leipzig 884. Baumgärtner's Buchh.

Hecht, Eman., דרך למורי הקריאה oder Handbüchlein für hebräische Leseschüler. gr. 8. (Mit Titelvign.) Fulda 842, Müller'sche Buchh. n. ¹⁄₁₂ ß

Hecht, Eman., Handbüchlein für hebräische Leseschüler. Eine methodisch bearb. hebräische Lesefibel. 2. völlig neu umgearb. u. doppelt starke Ausg. 8. (38 S.) Mainz 848. (Le Roux.) n. ⅛ ß

— Handbüchlein für hebräische Leseschüler. Eine methodisch bearb. hebräische Lesefibel. 3. verb. u. mit methodisch geordneten kaligraph. Vorschriften für die jüdische Currentschrift verm. Aufl. Kreuznach 853. Voigtländer. 8. (2 Bl., 42 S. u. 2 lith. Bl.) n. 3⅓ ngr

— Handbüchlein für Leseschüler des Hebräischen. Eine methodisch bearb. hebräische Lesefibel. 4. verb. Aufl. Ebend. 858. 8. (48 S.) n. 3 ngr

— Handbüchlein für Leseschüler des Hebräischen. Eine methodisch bearb. hebräische Lesefibel. 5. verb. Aufl. Ebend. 861. 8. (48 S.) n. 3½ ngr

—— Handbüchlein für Leseschüler des Hebräischen. Eine method. bearb. hebräische Lesefibel. 7. verb. Aufl. 8. (48 S.) Kreuznach 869, Voigtländer. *

—— Handbüchlein für Leseschüler des Hebräischen. Eine method. bearb. hebräische Lesefibel. 8. verb. Aufl. 8. (48 S.) Kreuznach 875, Voigtländer. cart. * — 40

Hecht, Eman., Handbüchlein für Leseschüler des Hebräischen. Eine method. bearb. hebr. Lesefibel. 10. verb. Aufl. 8. (44 S.) Leipzig 887, Roßberg'sche Buchh. geb. *

— die Heilsquelle. Vollständiges hebräisches Gebetbuch mit deutscher Uebersetzung. Nebst einem Anhang mit deutschen Gebeten. Brilon 861. Friedländer. 8. (460 S.) n. 12 ngr

— das Judenthum. Ein Religionsbuch für höhere Schulen und gebildete Familien. Kreuznach 860. Voigtländer. 8. (XV, 366 S.) n. 28 ngr

—— „Kelch des Heils." Ein Andachtsbuch für Frauen und Jungfrauen jüd. Glaubens zum Haus- und Synagogengebrauch. 2. Aufl. 8. (151 S.) Brilon 865, Friedländer. geb. *

Hecht, E., u. M. Kayserling, Lehrbuch der jüd. Geschichte u. Literatur. Ursprünglich bearb. v. H. u. K. 8. Aufl. Völlig neu bearb. in Verbindg. m. Biach v. Doctor. Ausg. f. Deutschland. (VII, 228 u. 61 S.) 8. Leipzig 909. G. Engel. Geb. 2. 40

— — dasselbe. Von der Zerstörg. des ersten Tempels bis zur Gegenwart. Für Obergymnasien u. verwandte Lehranstalten. 8. Aufl., m. e. Beihefte: Proben zur jüd. Literatur. Neu bearb. in Verbindg. m. Max Doctor v. Adf. Biach. Ausg. f. Österreich-Ungarn. (IX, 242 u. IV, 98 S.) 8. Ebd. 909. Geb. u. geh. 2. 60

— Lehr- und Lesebuch, s. Haesters' Fibel rc. für israelit. Schulen bearb. von Hecht.

Hecht E, Hebräische Lesefibel. Essen 1874

Hecht, Eman. Hebräische Lese-Fibel. Nach einer neuen Methode. 20. Aufl. 8. (37 S.) Essen 892, Baedeker. * — 28; geb. * — 38
Vgl.: Haesters, Albert. Fibel. Für israelit. Schulen bearb.

—— שירי זמרה Liederbuch für israelitische Schulen. 8. (IV und 68 S.) Kreuznach 860, Voigtländer. *

— Liederbuch für israelitische Schulen. 2. Aufl. 8. (IV, 68 S.) Ebendas. 868. * — 50

— der Pentateuch in lehrreichen und erbaulichen Betrachtungen, Erzählungen und Gedichten. St. Wendel 862. (Berlin, Gerschel.) gr. 8. (456 S.) n. 1 ℳ

— der Pentateuch, grammatisch zergliedert. Nebst sprachlichen Erläuterungen von Raschi u. vollständigen Biegungstabellen. Für Schüler des Hebräischen auf Gymnasien, Universitäten u. Clerikalseminarien, sowie für angehende israelit. Lehrer. Braunschweig 858. Schulbuchhandlung. gr. 8. (VIII, 441 S.) n. 1 ℳ 10 ngr

—— über Sabbath- u. Feiertagsschulen nach deren Einrichtung. gr. 8. (4¼ B.) Fulda 843, Müller'sche Buchh.

— der Trostbecher, zum Gebrauche im Kranken- und Trauerhause und auf dem Friedhofe. Berlin 861. Gerschel. 8. (46 S.) n. 5 ngr

Hecht, Eman., der Uebersetzungslehrer. Ein methodisches Hülfsmittel zum Uebersetzen des Pentateuchs u. der Pesach-hagadah, wie der Bücher: Esther, Ruth und Echa. Nebst kleiner hebräischer Sprachlehre. 2. umgearb. u. stark verm. Aufl. Kreuznach 859. Voigtländer. 8. (VI, 129 S. und Anhang: Kleine hebräische Grammatik nach unterrichtlichen Grundsätzen. 62 S.) n. 12½ ngr; Anhang allein n. 5 ngr

— Uebersetzungslehrer. Ein method. Hülfsmittel zum Uebersetzen des Pentateuchs u. der Pesach-Hagadah, wie der Bücher: Esther, Ruth u. Echa. Nebst einem hebr. Lehr- u. Uebungsbuche f. Schulen. 3. Aufl. Neu bearb., verb. u. verm. v. A. Cahn. 8. (189 S.) Kreuznach 877. Voigtländer. n. 1. 50

—— אִמְרֵי בִינָה oder Versuch, das Hebräische durch deutsche Worte lesen zu lernen. 8. (84 S.) Kreuznach 858, Voigtländer. *

— Vokabularium zum Gebetbuch. Nach methodischer Stufenfolge. 2. verm. u. verb. Aufl. Ebend. 859. 8. (56 S.) n. 4 ngr

— [illegible] Die hebräische Vorschule, ein Uebersetzungsbuch für Kinder von 7 bis 10 Jahren. Ebend. 859. 8. (VII, 212 S.) n. 12½ ngr

Hecht, F., das Homiliar des Bischofs von Prag, s. Beiträge zur Geschichte Böhmens.

Die Mannheimer Banken 1870 bis 1900. Beiträge z. prakt. Bankpolitik. Von Dr. Felix Hecht. *Leipzig: Duncker & Humblot 1902.* (153 S.) 8°
= Forschungen. Staats- u. socialwissenschaftl. Bd 20, H. 6.

Hecht, Felix, Bankwesen u. Bankpolitik in den süddeutschen Staaten. 1819—1875. Mit statist. Beilagen. gr. 8. (IV, 185 S. m. III, 29 S. Tab. in qu. gr. 4.) Jena 880. Fischer. n. 5. 40

Hecht, F. Die Befreiung des ländlichen Grundbesitzes von Hypothekenschulden durch Annuitäten und Lebensversicherung. (Als Manuskript gedruckt.) 1893.

Hecht, Felix, ein Beitrag zur Geschichte der Inhaberpapiere in den Niederlanden. gr. 8. (X, 171 S.) Erlangen [Stuttgart] 869, Enke. (*ℳ 2,60.) *

Hecht, Fel.: Die staatliche Besteuerung der Aktiengesellschaften in Deutschland. Stuttgart 1891.
(S.-A. a.: Finanzarchiv, hrsg. von G. Schanz, Jg. 7, Bd. [illegible])

Hecht, Fel., Der europäische Bodenkredit. Bd. 1. Die Entschuldung des ländlichen Grundbesitzes. Die Entwicklungsgeschichte der staatlichen und provinziellen Bodenkreditinstitute in Deutschland seit 1890. gr. 8°. Leipzig, Duncker u. Humblot, 1899.

Hecht, Fel., der europäische Bodenkredit. 1. Bd. Die Entschuldg. des ländl. Grundbesitzes. Die Entwicklungsgeschichte der staatl. u. provinziellen Bodenkreditinstitute in Deutschland seit 1890. gr. 8. (XX, 452 S.) Leipzig 900. Duncker & Humblot. n. 10. —

Hecht, Fel., Die ländlichen Darlehen der rheinischen Hypothekenbank. Mittheilungen aus der Praxis. 1892.

Hecht, F. Einrichtung eines Giro-Bankverkehrs zwischen Deutschland und Österreich-Ungarn. Vortrag in der gemeinsamen Konferenz der mitteleuropäischen Wirtschaftsvereine für Deutschland, Österreich und Ungarn in Wien am 19. November 1906.

Die Entschuldung des Ländlichen Grundbesitzes (Die Hypothekentilgungs-Versicherung). Von Dr. Felix **Hecht**, Bad. Geh. Hofrath. Als Ms. gedr. Mannheim 1899: M. Hahn & Co. (34 S.) 4° [F.] (07. 735 11

Die Fortschritte des Deutschen Sparkassenwesens seit dem Jahre 1880. Von Felix **Hecht**. *Mannheim 1894: M. Hahn & Co.* (85 S.) 8° [F.]

FELIX HECHT, Die Geschäftssteuer auf Grundlage des Schlussnotenzwangs. Kritik und positive Vorschläge. 4. Auflage. Stuttgart. 1885. J. G. Cotta'sche Buchhandlung. 8°

Hecht, Fel., die Geschäftssteuer auf Grundlage des Schlussnotenzwangs. Kritik und positive Vorschläge. 5. und 6. Aufl. gr. 8. (41 S.) Stuttgart 885,86, Cotta'sche Buchh. Nachf. *

— die Rheinische Hypotheken-Bank in Mannheim. 3. Aufl. gr. 8. (67 S.) Straßburg 874. Schneider's Verl. n. 2. —

Die deutschen Hypothekenbanken. Von Dr. Felix **Hecht**. Bd 1. *Leipzig: Duncker & Humblot 1903.* 8° [F.]
= **Hecht**: Die Organisation d. Bodenkredits in Deutschland. Abt. 2, Bd 1. (03. 13766

Hecht, Fel., s.: Jahrbücher des europäischen Bodenkredits.

—— die römischen Kalendarienbücher, s. Abhandlungen, rechtsgeschichtliche.

Hecht, Fel., die Credit-Institute auf Actien u. auf Gegenseitigkeit. 1. Bd. Das Börsen- u. Actienwesen der Gegenwart u. die Reform d. Actien-Gesellschafts-Rechts. gr. 8. (XV, 366 S.) Strassburg 874. Schneider. 9. —

— Die Landbank in Berlin. Schriften d. Vereins f. Sozialpol., Bd. 111. gr. 8°. Leipzig 1903.

Die Landschaften und landschaftsähnlichen Kreditinstitute in Deutschland. Von Dr. Felix **Hecht**. Bd 1. Leipzig: Duncker & Humblot 1908. 8° [F.]
= **Hecht**: Die Organisation d. Bodenkredits in Deutschland. Abt. 3, Bd 1. (08. 17507

-- die Mündel- u. Stiftungsgelder in den deutschen Staaten. gr. 8. (VIII, 292 S.) Stuttgart 875. Cotta. n. 5. 50

Hecht. F. Die Organisation des Bodenkredits in Deutschland. Leipzig.
1. Abt. Die staatlichen und provinziellen Bodenkreditinstitute in Deutschland.
1. Band: Entwickelungsgeschichte und Statistik. 1891.
2. „ Organische Satzungen. 1891.
2. „ Die deutschen Hypothekenbanken.
1. Band: Die Statistik der deutschen Hypothekenbanken. 1903.
3. „ Die Landschaften und landschaftsähnlichen Kreditinstitute in Deutschland.
1. Band. Die Statistik. 1908.

Hecht, Fel. Die Organisation d. Bodenkredits in Deutschland. (In 3 Abtlgn.) 1. Abtlg.: Die staatl. u. provinziellen Bodenkreditinstitute in Deutschland. 2 Bde. gr. 8. (XII, 639; XI, 486 S.) Lpz. 891, Duncker u. Humblot. * 24 —

Hecht, Fel., die Organisation des Bodenkredits in Deutschland. II. Abtlg.: Die deutschen Hypothekenbanken. 1. Bd. Die Statistik der deutschen Hypothekenbanken. Mit dem Prtr. des Verf. nach F. v. Lenbachs Gemälde. (XXXIII, 796 S.) gr. 8. Leipzig 903. Duncker & Humblot. n. 25.—

— Die Organisation des Bodenkredits in Deutschland. III. Abtlg. Die Landschaften u. landschaftsähnl. Kreditinstitute in Deutschland. 1. Bd.: Die Statistik. (XLV, 607 S. m. 5 Tab. u. 3 Kurventaf.) gr. 8. Leipzig 908. Duncker & Humblot. 25. —
I. u. II. I. 655. 891. 903. 40. - ; geb. 57. —.

Hecht, F.: Die Organisation des Personalkredits für den ländlichen Kleingrundbesitz in Deutschland. Leipzig 1897.

—— der Rechtsweg in Reichsstempelsachen. Die Strafen der modernen Stempelgesetze. 4. Aufl. gr. 8. (23 S.) Ebendas. 885. *

Hecht, Felix, zur Reform des Aktiengesellschaftsrechts, s.: Zeitfragen, volkswirthschaftliche.

Hecht, Fel.: Die Stempelrevision bei Aktiengesellschaften nach dem Reichsstempelgesetz vom 1. Juli 1881. Stuttgart 1884.

Hecht, Fel. Das badische Steuersystem und die Gesetz-Entwürfe einer Kapitalrentensteuer und eine allg. Einkommensteuer betr. gr. 4°. Strassburg, Schneider, 1874.

Hecht, F. Die Tilgung der Hypothekenschulden durch Annuitäten und Lebensversicherung. Speyer 1894.

—— die Warrants (Lager- und Lagerpfandscheine). Mit Beiträgen zur Geschichte und Statistik des Lagerhauswesens. [Beilageheft zur Zeitschrift für Handelsrecht, Bd. XXIX.] gr. 8. (X, 259 S. mit Tab. und Formularen.) Stuttgart 884, Enke.

Hecht, P. Ferdinand —. Geschichte der Verehrung Sankt Anna's, Mutter der allerseligsten Jungfrau Maria, zu Zettlitz bei Karlsbad. Nebst einem Anhange von Beicht-, Kommunion-, Meß-Gebeten und Liedern zur heil. Anna. Von ——. Karlsbad. 1854. Gedruckt bei Gebrüder Franieck. (132 S. u. 2 Bild. 8.)

Hecht, Franz [aus Bromberg]: Ergebnisse der in der Frauenklinik zu Halle in den letzten 8 Jahren ausgeführten Ovariotomieen ... Halle a. S., Hofbuchdr. v. C. A. Kaemmerer & C., 1895; 41 S., 1 Bl. 8.
Halle, Med. Fak., Inaug.-Diss. v. 15. Juni 1895

Hecht, P. Franz Xaver. Rede. am jährlichen Gedächtnisstage des H. Abts Bernhard den 26. August 1804 in ... St. Urban, gehalten von P. F. X. H.... 8. Luzern 1805.

Hecht, F. X. J., Rede am jährl. Gedächtnißtage des heil. Abts Bernhard, d. 24. Aug. 1804. 8. Luzern, Anich. 5 gl

Hecht, Friedrich August

— — **Beantwortung einiger Einwürfe gegen den Nutzen öffentlicher Bibliotheken insbesondere der Freybergischen Schulbibliothek.** Freyberg (Joh. Chph. Friedr. Gerlach) 6. V. 1802. 8 S. (4.50) 13724

— — **Solemnia semisecularia viri Carl Gottlob Hunger archidiac. ad aedem B. Virginis Freiberg. merit. et muneribus variis sacris per quinquaginta annos magna cum laude functi actu scholast. celebr. indicit et de commodis quae e controversiis de religione ejusque impugnatione nasci possunt, agit.** Freiberg (Barthel) 1789. 20 Seiten. (4.50) 13714

— — **De variis interpretandi generibus corumque recto usu.** Freiberg (Gerlach) 1809. 8 S. (3.50) 13726

— — De impedimentis rei scholasticae hodie objectis. Comment. I. Freiberg (Gerlach) 1798. 8 Seiten. (3.—) 13722

— — Dasselbe. II. Freiberg (Gerlach) 1799. 8 S. (3.—) 13723

— — Fortsetzung der historischen Nachricht von einigen alten Druckschriften in der Freybergischen Schulbibliothek. Freyberg (Joh. Chph. Friedr. Gerlach) 22. III. 1804. 8 S. (4.20) 13725

— Friedrich August (Gymnas. Freyb. colleg. III.), Viro Johann Christian Hand inspectori eccles. graviss. in schola Portensi provinc. gratul. et de necessitate disciplinae scholasticae contra recentiores quosdam brev. diss. Freyberg (Barthel) 1779. 4 Bl. (4.50) 13713

— — Pietas in virum praenob. atque doct. M. Christian Friedrich Junger (Chemnitz) rector. gymnas. Freibergens. merit. d. 15. cal. Oct. 1794 e vivis ereptum declarata a collegis gymnasii Freibergensis. Freiberg (Gerlach) 19. cal. Nov. 1794. 12 S. mit Biogr. (M.: J. E. Clemann) u. Schriftenverz. J.'s. (6.50) 13715

— — (Rector), De re scholastica Anglica cum Germanica comparata. Comment. II. Freiberg (Gerlach) 1795. 8 S. (3.—) 13716

— — Dasselbe. III. Freiberg (Gerlach) März 1796. 8 S. (3.—) 13717

— — Dasselbe. IV. Freiberg (Gerlach) 19. VIII. 1796. 8 S. (3.—) 13718

— — Dasselbe. V. Freiberg (Gerlach) Mai 1797. 8 S. (3.—) 13719

— — Dasselbe. VI. Freiberg (Gerlach) Okt. 1797. 8 S. (3.—) 13720

— — Dasselbe. VII. Freiberg (Gerlach) 22. III. 1798. 8 S. (3.—) 13721

Hecht, Georg: Beitrag zur Kenntniss der sterischen Hinderung chem. Reaktionen.
Erlangen 1897: E. Th. Jacob. (20 S.) 8°
Erlangen, Phil. Diss. v. 14. Juli 1897

Hecht, Georg, Gerichts-Assessor: Der § 830 B.G.-B. *Bromberg 1902: A. Dittmann.* (51 S.) 8°
Rostock, Jur. Diss. v. [30. Aug.] 1902

Hecht, Gottfried

— — Rei heraldicae inter Germanos speciatim Saxonas auspicia exquirit. Luckau April 1717. — Joh. Ehrenfried Zschackwiz notis de observationibus quibusdam illustravit. Halle (Joh. Chn. Hilliger) 1738. 22 S. (6.50) 13729

— — Dissertatio de dignitate ac praestantia critices Luccaviae. Wittbg. (Fincel) Mai 1718. 6 Bl. (4.50) 13728

Hecht, Gfrd, Germania sacra et literata, sive de origine ac progressu rei sacrae atque politioris in Germania doctrinae. Vittembergae 1717. 8. . . . . (D.)

Hecht, G., Germania sacra et literata. 8. Viteb. Zimmermann. 717.

— — De Gerone primo Lusatiae marchione non duce contra ill. Cocceium et Ludwigium dissertatio I. Luckau Mai 1719. Wittenbg. (Wwe. Gerdes). 4 Bl. (3.50) 13730

— — Dasselbe. II. Luckau Okt. 1720. Wittenbg. (Gerdes). 8 Bl. (4.—) 13731

— — Dasselbe. Ed. II. Wittenbg. (Wwe. Scheffler) 1750. 30 S. (6.50) 13732

— de Henrici Guelfi, Bojariae et Sax. ducis insignibus gentilitiis Commentatio. 4. ibid. 715.

— Reformationshist. 8. ebend. 718.

— **Gottfried** (Jüterbog), Res memorabiles perantiquae Saxonum urbis Jutreboci. Disp. histor. Präs. Conr. Sam. Schurzfleisch. Wittbg. (Hake) 1707. 16 Bl. (6.50) 13727

Hecht, Grund (ps.), Ein offenes Wort an Herrn Justus Wallfisch. (Verfasser von: „Beweis, daß die Frauenzimmer keine Menschen sind".) Nebst einigen Bemerkungen über die sogen. Schmutzliteratur. 2te Aufl. Leipzig, Paul H. Jünger (1861). 8°. (1 Ngr.)
Anzeige d. Verlegers; Weller, Lex. Ps. p. 248.

Hecht, Gust., gesangmethodische Anmerkungen zu 50 Volksliedern. gr. 8. (16 S.) Quedlinburg 888, Vieweg. *
Aus: Der Gesangunterricht etc., besonders abgedruckt.

Hecht, Gust., Aufgabenheft z. Akkordlehre (Übgn. im Aussetzen) f. Präparanden-Anstalten. Ergänzungsheft zu d. 1. Heft d. Elementar-Musiklehre v. Zimmer-Hecht wie zu jedem andern gleichart. Lehrwerke. (60 S.) kl. 8. Berlin-Gross-Lichterfelde (910). Ch. F. Vieweg. —40

Aufgabenheft zur Harmonielehre von G[ustav] Hecht. *Quedlinburg: C. F. Vieweg 1902.* (66 S.) 8°
= Zimmer, Friedrich: Elementar-Musiklehre. 18. Aufl. 1. 2. [Anh.]
[02. 1296] 3

Aufgabenheft zur Harmonielehre von Gustav **Hecht,** Sem. Lehrer in Köslin. Im Anschluß an d. Neubearb. von Fr. Zimmers Harmonielehre. 5. u. 6. Taus. Berlin-Gr. Lichterfelde: Ch. F. Vieweg [1906]. (66 S.) 8° [07. 1003]

— Aufgabenheft zur Harmonielehre. Im Anschluss an die Neubearbeitg. v. Fr. Zimmers Harmonielehre. 9—11. Taus. (66 S.) kl. 8. Ebd. (910). —40

Hecht, Gust., deutsches Bauen. Eine Sammlg. v. Entwürfen m. Benützg. der v. Schülern d. herzogl. Baugewerkschule in Holzminden unter Leitg. des Hrsgs. angefertigten Blätter. (60 Taf. m. VII S. Text.) gr. 8. Dresden 908. G. Kühtmann. 3.—; geb. in Leinw. 3.60

Choralbuch zum Gebrauch des Evangel. Gesangbuches für die Provinz Pommern, vierstimmig f. Orgel oder Harmonium (Klavier). Im Auftr. d. Prov.-Synode bearb. von Gustav **Hecht.** Op. 45. (Vorr.: [Heinrich] Poetter.) *Stettin: J. Burmeister 1900.* (XVI, 227 S.) 8° (quer-4°)

Hecht, Gust., Choralbuch zum Gebrauche d. evangel. Gesangbuches f. die Prov. Pommern, vierstimmig f. Orgel od. Harmonium (Klavier). Im Auftrage der hochwürd. Prov.-Synode u. nach den Beschlüssen der Choralbuch-Kommission bearb. Op. 45. Mit e. Geleitswort v. Poetter. 1. u. 2. Aufl. qu. gr. 4. (à XVI, 227 S.) Stettin 902. J. Burmeister. n. 5.50; geb. n. 6.50

Choralbuch zum Gebrauche des Evangel. Gesangbuches für die Provinz Pommern, vierstimmig f. Orgel oder Harmonium ⟨Klavier⟩ ... bearb. von Gustav **Hecht,** Musikdir. Opus 45. Mit e. Geleitswort d. Herrn Gen.Superint. D. [Heinrich] Poetter. 3. Aufl. Stettin: J. Burmeister 1905. (XVI, 227 S.) quer-8°

Hecht, Gust., hundert Choräle der evangelischen Kirche, vierstimmig u. leicht ausführbar für den Gebrauch in Haus u. Kirche harmonisirt. Op. 10. qu. 4. (VIII, 64 S.) Stettin 880. Brandner. n. 2. 50

- Choral-Melodieenbuch für die Schulen der Prov. Pommern. Auf Veranlassg. des königl. Konsistoriums, des königl. Prov.-Schulkollegiums u. der königl. Regierg. bearb. 1. u. 2. Aufl. gr. 8. (à 36 S.) Ebd. 902. n. -- 25

Choral-Melodieenbuch für die Schulen der Provinz Pommern ... bearb. von G[ustav] Hecht, Musikdir. [1. 2.] *Stettin: J. Burmeister 1902–1903.* 2 Bde 8° [Umschlagt. F.]
1. 3. Aufl. 1903. 2. Fortsetzung 1902.

Choral-Melodieenbuch für die Schulen der Provinz Pommern. Auf Veranlassung d. Kgl. Konsistoriums ... bearb. von G[ustav] Hecht, Sem.-Lehrer, Köslin. 6. Aufl. Stettin: J. Burmeister 1908. (35 S.) 8° [Umschlagt. F.] [08. 8809 9

— zweites Choral-Melodienbuch. Fortsetzung des auf Veranlassg. des königl. Konsistoriums, des königl. Prov.-Schulkollegiums u. der königl. Regierg. hrsg. „Choral-Melodieenbuchs für die Schulen der Prov. Pommern". gr. 8. (64 S.) Ebd. 902. n. —80

— zweites Choral-Melodienbuch. Fortsetzung des auf Veranlassg. des königl. Konsistoriums, des königl. Prov.-Schulkollegiums u. der königl. Regiergn. hrsg. „Choral-Melodienbuchs f. die Schulen der Prov. Pommern". 2. Aufl. (64 S.) 8. Ebd. 905. n. — 80

— 2. Choral-Melodienbuch. Fortsetzg. des auf Veranlassg. des königl. Konsistoriums, des königl. Prov.-Schulkollegiums u. der königl. Regiergn. hrsg. „Choral-Melodienbuchs f. die Schulen der Prov. Pommern". 4. Aufl. (64 S.) 8. Ebd. 910. — 80

Hecht, Gust. Deutschland üb. alles! Patriotische Lieder f. die weibl. Jugend. Zum Gebrauche in mittleren u. höheren Mädchenschulen hrsg. 2 Hefte. 8. Quedlinb. 889, Vieweg. * — 70
1. Für Unter- u. Mittelklassen. (32 S.) * — 20.
2. Für Oberklassen. (55 S.) * — 50.

— **Elementar-Musiklehre, s.: Zimmer, Frdr.**

Praktische Ergebnisse der Harmonielehre. Eine Anl. f. angehende Organisten z. Bildg v. Schlüssen, einfachen Choraleinl. u. Überleitgn. Für Seminare u. Organistenschulen als Ergänzgsb. zu jeder Harmonielehre bearb. u. hrsg. v. Gustav Hecht. 2. Aufl. *Quedlinburg: Vieweg 1897.* (IX, 138 S.) 1 Bd 8. [98. 553 IIa

Hecht, Gust., prakt. Ergebnisse d. **Harmonielehre.** E. Anleitg. f. angeh. Organisten z. Bildg. v. Schlüssen, einfachen Choraleinleitgn. u. Überleitgn. Für Seminare u. Organistenschulen als Ergänzungsbuch zu jeder Harmonielehre bearb. u. hrsg. 2. Aufl. gr. 8. (VII, 138 S.) Quedlinburg 898. Ch. F. Vieweg. n. 2. —

Frisch gesungen! 90 Volkslieder u. volkstüml. Lieder. Für höh. Lehranst. z. Gebr. in fröhl. Feierstunden hrsg. von Gustav Hecht, Kgl. Musikdir. *Quedlinburg: C. F. Vieweg [1899].* (134 S.) 8° [F.] [00. 618

Frisch gesungen! 90 Volkslieder u. volkstüml. Lieder. Für höh. Lehranst. hrsg. von Gustav Hecht. 2. Aufl. *Quedlinburg: C. F. Vieweg [1901].* (136 S.) 8° [F.] [02. 9003 3

— der **Gesangunterricht** in der ein- u. dreiklassigen Volksschule. Eine prakt. Anweisg. in d. Methode desselben f. Seminaristen u. Lehrer. gr. 8. (VIII, 82 S.) Ebd. 887. n. 1. 20

Der Gesangunterricht in der ein- und dreiklassigen Volksschule. E. prakt. Anweisg in d. Methode desselben f. Seminaristen u. Lehrer v. Gustav Hecht, Kgl. Musikdir. ... 2. verb. Aufl. *Quedlinburg: Ch. F. Vieweg 1895.* (VIII, 92 S.) 1 Bd 8. [96. 4647

Der Gesangunterricht in der ein- und dreiklassigen Volksschule. Eine prakt. Anweisung in d. Methode desselben f. Seminaristen u. Lehrer von Gustav Hecht, Seminarl. in Köslin. 3., verb. Aufl. *Berlin-Gr. Lichterfelde: Ch. F. Vieweg [1903].* (VIII, 93 S.) 8° [04. 2596

Hecht, Gust., Gesetz üb. die Sicherung der Bauforderungen, s.: Frank, Ludw.

— **Kompositionslehre** f. angehende Organisten. Ein Ergänzungsbuch zu jeder Harmonielehre. Für Seminare u. Organistenschulen bearb. u. hrsg. gr. 8. (X, 138 S.) Ebd. 890. n. 2. —

Merkbüchlein für angehende evangelische Organisten. Prakt. Fingerzeige z. würdigen Ausübung d. Amtes f. alle, die sich auf d. Organistenberuf vorbereiten. Von Gustav Hecht, Sem.Lehrer. Berlin-Gr.Lichterfelde: Ch. F. Vieweg [1905]. (32 S.) 8° [07. 8094

— Notenschreibschule, s.: Zimmer, Fr.

— **Tidian.** Dichtg. (nach e. Harzsage) v. Karl Hey. Für Solostimmen, Chor u. Orchester komponiert v. H. Op. 84. Textbuch. 8. (12 S.) Ebd. 895. — 20

Hecht, Gustav Heinrich: Colbert's **Bevölkerungs- und Gewerbepolitik.** *Tübingen 1898: H. Laupp jr.* (69 S.) 8° ¶(Aus: Volkswirtschaftliche Abhandlungen der badischen Hochschulen, Bd 1.)
Freiburg i. B., Phil. Diss. v. 1898

Colbert's politische und volkswirtschaftliche Grundanschauungen v. Dr. Gustav Heinrich Hecht. *Freiburg i. B.; Leipzig & Tübingen: J. C. B. Mohr 1897.* (1 Bl., v, 69 S.) 1 Bd 8.
= Abhandlungen, Volkswirtschaftl., d. Badischen Hochschulen. Bd 1. H. 2. [98. 3134

Hecht, H: Über verschiedene im Handel befindliche feuerfeste Steine. Vortrag. Berlin 1908. (Aus: »Bericht über die 20. ordentliche Haupt-Versammlung des Vereins deutscher Fabriken feuerfester Produkte«)

Hecht, Hans, s.: Percy, Thomas u. William Shenstone.

Hecht, Hans: Die Sprache der altenglischen Dialoge Gregors des Grossen. ⟨Die Vokale der Stammsilben in den HSS. C und O.⟩ 1. *Berlin: Mayer & Müller 1900.* (37 S.) 8°
¶(Erscheint vollst. nach Hrsg. d. Textes d. Gregors-Dialoge.)
Berlin, Phil. Diss. v. 10. März 1900

Hecht, Hans. Bischof Wærferths von Worcester Übersetzung der Dialoge Gregors des Grossen über das Leben und die Wundertaten italienischer Väter und über die Unsterblichkeit der Seelen. Einleitung von H' H' (Bern). IV + IV + 184 S. 8. Hamburg, Henri Grand, 1907. [M. 8. —]
Bibliothek der angelsächsischen Prosa. Begründet von Christian W(ilh[elm]) M(ich[ael]) Grein. Fortgesetzt unter Mitwirkung mehrerer Fachgenossen von Richard Paul Wülker. Band 5.... Abteilung 2....
Die Übersetzung Wærferths selbst, hrg. von H' H' — Bibliothek. Band 5 [Abteilung 1] —, *ersch. 1900.*
(S.a.: W a e r f e r t h.)

Hecht, Heinr., Curventafeln zum Traciren v. Eisenbahnen,. Chausseen etc. m. erläut. Texte u. Fig. f. Ingenieure, Geometer, Baumeister, Bauunternehmer u. Techniker überhaupt. br. 8. (84 S. m. eingedr. Holzschn.) Braunschweig 871. Vieweg & Sohn. n. 1. 20

Hecht, Heinrich, aus Magdeburg: F. E. Neumann's **Methode zur** Bestimmung der Wärmeleitungsfähigkeit schlecht leitender Körper in Kugel- und Würfelform und ihre Durchführung an Marmor, Glas, Sandstein, Gyps sowie Serpentin, Basalt, Schwefel, Steinkohle. *Königsberg i. Pr. (1903): L. Krause & Ewerlien.* (54 S.) 8°
Königsberg, Phil. Diss. v. 27. Febr. 1903

Hecht, Heinrich August

— Antonin, oder d. edelste Erholung in den Ruhestunden des Lebens. 8. Zwickau 827. (Gebr. Schumann). (Weber in Ronneb.)

— d. wahre u. falsche Erziehung d. Kinder durch Hauslehrer. 8. Zwickau 827. (Gebr. Schumann). (Weber in Ronneb.) 18 K

Hecht, Hnr. Aug.; Geschichte d. göttl. Fürsorge für Entstehung, Fortbildung u. Vollendung d. wahren Religion. 8. Ronneb. 823. Fr. Schumann. (a. Weber das.) 1 ℛ 6 K

Hecht, Hnr. Aug., der schöne Halley, ein Komet, den wir mit d. Jahre 1834 wieder zu erwarten haben. Mit einer gemeinfaßl., Jedermann verständlichen Belehrung üb. Kometen überhaupt. Mit 3 Zeichnn. gr. 8. Ilmenau 833. Voigt. 1/3 ℛ — 2e unveränd. Aufl. gr. 8. Ebd. 834. 1/3 ℛ — 3e unveränd. Aufl. gr. 8. (Weimar) 834. Ebd. 1/3 ℛ

Hecht, H. A., die Hauptstücke des Christenthums, wie sie ein Lehrer in Volksschulen, ein Hausvater den Seinen nach Luthers Anleitung erklären soll. 8. Eisenberg, Schöne. 820.

— d. Kirchweihfest in Eisenberg. 8. Eisenb. 819.

Hecht, Heinr. Aug., der dreißigjährige Krieg u. der westphäl. Friede mit Hinzufügung der besondern Schicksale vieler Orte, allgemein faßlich beschrieben u. dargestellt. 10 Hfte. Mit 1 Stahlst. 8. (XII u. 511 S.) Altenburg 848, Helbig. (à n. 4 ngr) n. 1 1/3 ℛ

Hecht, Heinr. Aug., der dreißigjährige Krieg und der westphälische Friede mit Hinzufügung der besondern Schicksale vieler Orte, allgemein faßlich beschrieben u. dargestellt. 2. (Titel-)Ausg. Mit dem Stahlst. Wallenstein. 10 Hefte. Plauen (848) 855. Schröter. 8. (1 Bl., 511 S.) 1 ℛ

(——) die Lehre d. symbol. Bücher uns. evangel.-luther. Kirche, gemeinfaßl. dargest. z. Jubeljahre 1830. Nebst d. Augsburg. Confession in neuer Verdeutschung. gr. 8. (12½ B.) Neustadt a. d. O. 829, Wagner.

— s. Lehre, die, d. symbol. Bücher.

— Noth-, Trost- u. Hülfsbüchlein f. Schullehrer, vornehmlich auf dem Lande. Allen Behörden u. Freunden, auch allen Feinden derselben gewidmet. 8. Eisenb. 821. Schöne. 12 gr. 2e wohlf. Ausg. 830. 10 gr.

— Was haben Diejenigen, welche Pfarrer werden wollen, im Voraus zu bedenken? Unentbehrliche Winke und Rathschläge für Candidaten des Predigtamtes und junge Geistliche, sowie für Alle, welche den wichtigen Beruf eines Pfarrers, Predigers und Seelsorgers wählen wollen. Nach vierzigjähriger Erfahrung zusammengestellt. Dresden 854. Adler u. Dietze. gr. 8. (VI, 102 S.) n. 12 ngr

— d. Wichtigkeit d. Pfarrer für d. Staat. 8. Ronneb. 824. Fr. Schumann; (a. Weber das.).

— die Zeichen an d. Sonne, als bedenkliche Vorboten übler Schicksale der Erde u. ihrer Bewohner. Oder: ob wirklich die Sonne immer dunkler u. kleiner werde? Zeitgemäß betrachtet in einer faßl. Belehrung üb. d. Sonne. gr. 8. Weimar 837. Voigt. 1/3 ℛ

Hecht, Hermann [aus Neuhof (bei Stralsund)]: **Ueber die Einwirkung von Monaminen auf Citronensäure. Ein Beitrag zur Geschichte der Citronensäure .... Berlin, Druck v. Julius Feiertag (1887); 44 S. 8°.**
Berlin, Phil. Fak., Inaug.-Diss. v. 30. Apr. 1887.

Hecht, Hermann, über die Einwirkung von Monaminen auf Citronensäure. Ein Beitrag zur Geschichte der Citronensäure. Diss. Berlin 1887, Mayer & Müller. 8°. 44 S.

Hecht, Herm., Handbuch d. gesammten Thonwaarenindustrie, s.: Kerl, Bruno.

Hecht, Hermann, Dr. phil.: **Untersuchungen über einige zwischen Porzellan- und Feldspath-Steingut bestehende Beziehungen. Berlin: Thonindustrie-Zeitung 1897. 23 S. 8° ¶ Aus: Thonindustrie-Zeitung. Jg. 21.**
Berlin. Te. II., Hab.-Schr. v. 25. 3. 1897

Hecht, Hugo, s. Hugo, Armed.

HECHT, Hugo (Mainz): Beiträge zur Lehre von den Kehlkopfabscessen.- München: Kastner & Lossen 1895. 85 S.
20.6.1895 - Chr 1894/95,22; Jv 1894/95,201
Diss. Ingolst.-Landsh.-München.

Hecht, Hugo, Gedichte. gr. 16. (VI, 165 S.) Berlin 888, Zenker. geb. mit Goldschn. *

Hecht, Hugo, Gedichte. 12. (VI, 218 S.) Oranienburg 896. (E. Freyhoff.) n. 1.50; geb. in Leinw. n. 2.—

Hecht, Hugo, Verbreitung der Geschlechtskrankheiten an den Mittelschulen. (14 S.) gr. 8. Leipzig 908. J. A. Barth. — 30
Sonderabdr. a.: „Ztschr. f. Bekämpfg. d. Geschlechtskrankh."

Hecht, J.: Anleitung zum Universaleuropäischen Postrecht. *Pressburg.* 749. 8.

Hecht, Johann, ODEON // PICRUM, // in // AURORAM, TEREBINTHUM, // & HESPERUM // Distinctum: // h. e. // Unterschiedlicher Autorum // Teutsche // Danck- Buß- Bet- Lehr- und // Trost-Lieder /// Für die Studierende Jugend // Ins Latein übersetzet /// Und // In die Morgen- Mittags- // und Abend-Stunden // abgetheilet // von // Joh. Hechten / Käyserl. // gecrönten Poeten / und Ludim. zu Wa- //chau / unter der Inspection zu Leipzig. // LEIPZIG /// Bey Johanñ Elisab. und Beata Sophia Cörnerin // 171o. - 18 Blatt (nicht paginiert) Titelkupfer, Titelblatt und Vorrede. - 524 S. und noch 5 Blatt (nicht paginiert) Register.

Hecht, Johs., die Wirklichkeit als Erzieherin. Grundlegende Vorarbeit f. e. rationelle Lösg. der socialen Frage. gr. 8. (VII, 136 S.) Leipzig 893. (M. Oelsner.) n. 2.

— Johann Benjamin (Leipzig), **De usu orthographiae latinae. Diss. critica.** Präs. Gottlieb Kortte. Lpz. (Imman. Titius) o. J. [1721.] 40 S. (6.20) 13734
Ftsg. (S. 41—72) s. Kortte, G.

Hecht Josef: Zur Kenntnis der Phenylitakonsäure. S 112. II b. 19.. . . . . vgr.
Separatabdruck

Kurze Darstellung der Analysen, Wirkungen und Anwendung der Mineralquellen zu Kaiser-Franzensbad bei Eger, geschöpft aus den Werken der berühmtesten Ärzte. Nebst der Versendungsart dieser Wasser. Ges. u. hrsg. von Joseph August Hecht. Eger 1824: Kobrtsch. IV,62 S. 8

Hecht, Carl, Anti-Bamberger. Kritik der „Stichworte der Silberleute". gr. 8. (IV, 130 S.) Berlin 894. Puttkammer & Mühlbrecht. n. 2.—

Hecht, C.: „Darstellung der Gründe, worauf die doppelte Buchhaltung beruht; enthält eine Anleitung zur Erlernung der doppelten italienischen Buchhaltung", Frankfurt a. M. 1808 (Jäger).

Hecht, C., Darstell. der Gründe, worauf eine doppelte Buchhaltung beruhet. 8. Heidelb. Gulm. (Jäger, Frankf. in Comm.) 808.

Hecht, Karl, Hand- u. Hülfsbuch zum Abstecken von Eisenbahn- u. Strassenkurven m. besond. Rücksicht auf die Verwertung der Kegelschnitte. Nebst Anh.: Theorie der Rechenschieber, Rechenschieber f. Kreisabsteckg., Verständigungssignale. Mit Tabellen, Fig., Beispielen u. e. Formular. Zum prakt. Gebrauche f. Eisenbahn- u. Strassenbauingenieure u. Vermessungsbeamte. 2 Tle. 1. Text. 2. Tabellen. gr. 8. (VI, 127 u. III, 231 S.) Dresden 893. G. Kühtmann. n. 12.—

Hecht, Karl, Hulfsbuch zum Abstecken v. Kreisbögen m. Rücksicht auf die parabolischen Übergangskurven. Nebst Anh.: Verständigungssignale. Mit Tabellen, Fig., Beispielen u. 1 Formular. Zum prakt. Gebrauche f. Eisenbahn- u. Strassenbauingenieure u. Vermessungsbeamte. gr. 8. (IV, 99 S.) Dresden 893. G. Kühtmann. n. 4. 40; geb. n. 5.

Die rückwirkende Kraft des künftigen Reichsgesetzes über den Versicherungsvertrag. Gutachten von Dr. jur. K. Hecht, R. Kimmig, Dr. jur. M[ax] Georgii. Berlin: E. S. Mittler & Sohn 1907. (57 S.) 8° = Veröffentlichungen d. Deutschen Vereins f. Versich.-Wiss. H. 14.

— Lehrbuch der reinen u. angewandten Mechanik f. Maschinen- u. Bautechniker. Elementar in leichtfassl. Weise dargestellt m. Rücksicht auf den in Maschinenbau- u. Bauschulen fortschreit. Unterricht in der Mathematik, u. m. zahlreichen Beispielen aus der Praxis versehen. 1. Bd.: Die reine Mechanik. Mit 241 Beispielen, 419 Fig. u. e. Tabellenanh. gr. 8. (VIII, 412 u. 30 S.) Ebd. 892. n. 9. —; geb. n. 10. —

Hecht, Karl, Lehrbuch der reinen u. angewandten Mechanik f. Maschinen- u. Bautechniker. Elementar in leichtfassl. Weise dargestellt m. Rücksicht auf den in Maschinenbau- u. Bauschulen fortschreit. Unterricht in der Mathematik, u. m. zahlr. Beispielen aus der Praxis versehen. 2. u. 3. Bd. gr. 8. Dresden, G. Kühtmann. n. 21. —; geb. n. 24. —
2. Die Festigkeitslehre. Mit 175 Beispielen, 295 Fig. u. e. Tabellenanh. (VII, 385 u. 31 S.) 900. n. 9. —; geb. n. 10.—
3. Die graph. Methoden. Mit 225 Beispielen, 593 Fig. u. e. Anh. (VII, 600 S.) 904. n. 12. —; geb. n. 14. —
Bd. 1. Ebd. 892. n. 9. —; geb. n. n. 10. —.

Hecht, Karl: Die öffentlichen Realversicherungen des badischen Landesrechts. *Emmendingen 1898: Druck- u. Verlagsges.* (96 S.) 8°
Freiburg i. B., Rechts- u. staatswiss. Diss. v. 1898

Hecht, Carl, zur Reform der Actien-Gesetzgebung. Vortrag, gesprochen im volkswirthschaftl. Verein zu Frankfurt a. M. am 19. Febr. 1884. gr. 8. (32 S.) Frankfurt a. M. 884, Sauerländer's Verlag.

— 66 Thesen zur Währungsfrage. gr. 8. (24 S.) Frankfurt a/M. 893. Gebr. Fey. n. — 60

[F.] Übungsbuch für den Unterricht in der einfachen Buchführung. Z. Gebr. in Fortbildgs- u. Handelsschulen wie beim Selbstunterr. Von C[arl] Hecht, Lehrer ... in Kiel. *Bielefeld & Leipzig: Velhagen & Klasing 1898.* (48 S.) 1 Bd 8.

— Übungsbuch f. den Unterricht in der einfachen Buchführung. Zum Gebrauch in Fortbildungs- u. Handelsschulen wie beim Selbstunterricht. 2. Aufl. (48 S.) 8. Bielefeld 907. Velhagen & Klasing. — 50

— Übungsbuch f. den Unterricht in der hauswirtschaftlichen Buchführung. Für den Gebrauch in Schule u. Haus bearb. gr. 8. (35 S.) Hannover 902. C. Meyer. — 30

Hecht, K.: „Versuch einer Theorie der Registraturlehre; als Anleitung zur zweckmässigsten Einrichtung und Führung gemeiner Registraturen, mit Beziehung auf Bibliothekeneinrichtung; durch Beyspiele erläutert", Heidelberg 1808 (Mohr & Zimmer).

— d. Waaren- u. Zins-Rechner, oder Tabellen zur Bestimmung d. Geldbeträge für Waaren, als auch d. Zinsen u. Provisionen. gr. 8. Heidelb. 813. Weber. 1 ℛ

Hecht, Carl, die Wegeordng. f. die Prov. Posen v. 15. VII. 1907 unter Berücksicht. d. Wegeordnungen f. die Prov. Sachsen v. 11. VII. 1891 u. f. die Prov. Westpreußen v. 27. IX. 1905. Erläut. v. H. (XII, 396 S.) gr. 8. Berlin 909. C. Heymann. 12. —

Hecht, Karl Adolf
Hecht, Car. Adolph. (geb. Stralsund 1816). De renibus in morbo Brightii degeneratis. Berolini (1839). (20 S.) 4°
Berlin, Med. Diss. v. 16. Juli 1839

Hecht, Laur., Armer-Seelen-Monat oder Andachtsübungen für 30 Tage zum Troste der armen Seelen im Fegfeuer, bestehend in Betrachtungen, Gebeten, Beispielen 2c. Nach der 3. französ. Ausgabe bearb. und mit auf diese Andacht bezüglichen Morgen-, Abend-, Beicht- 2c. Gebeten vermehrt. Nebst einem Vorwort über Entstehung und Einrichtung des Armer-Seelen-Monats. 2., verb. u. verm. Aufl. Mit 1 Titelkpfr. Schaffhausen 863. Hurter. 16. (XIV, 336 S.) 12 ngr

Hecht, Laurenz (Bearb.), s. a. Armen-Seelen-Monat.

Hecht, Laurenz, Bericht über die Bekehrung 2c., s. a. Bericht.

— Bericht über die wunderbare Bekehrung des jungen Israeliten Maria Alphons Ratisbonne zu Rom im Jan. 1842. Entnommen aus d. zuverläss. Schriften v. G. Görres, M. A. Ratisbonne selbst, Th. v. Bussières, Graf Th. Walsh, Graf O'Mahony, Abbé Dufriche-Desgenettes u. A. 2. verm. Aufl. 8. Ebend. 843. $6^1/_4$ ngl

— s. Erzbruderschaft des heil. Herzens Mariä. — Duguesne, A. B., die erhabenen Vorzüge Mariens.

Hecht, Laur., die Erzbruderschaft des heiligsten und unbefleckten Herzens Mariä zur Bekehrung der Sünder, als ein außerordentl. Mittel empfohlen, auf leichte Weise das große Werk der Bekehrung d. Sünder zu befördern 2c. gr. 8. (Mit 1 Lithogr.) Einsiedeln 842, Gebr. Benziger. $^1/_6$ ℛ

Hecht, Laurenz, Erzbruderschaft d. heiligsten u. unbefleckten Herzens Mariä zur Bekehrg. der Sünder, errichtet in der Pfarrkirche Unserer Lieben Frau vom Siege zu Paris. Ein Auszug aus den Werken: „Handbuch und Annalen dieser Erzbruderschaft," berichtend deren Entstehung, Verbreitg. u. Wirkungen in den merkwürdigsten wunderbaren Bekehrgn. u. Heilungen. 14. verb. u. verm. Aufl. 18. (358 S. m. 2 Lithogr.) Einsiedeln 848, Gebr. Benziger. 8 ngl — 15. verb., mit den gewöhnl. Gebeten eines Katholiken u. m. zweckmäß. Andachtsübgn. f. die Mitglieder der Erzbruderschaft verm. Ausg. 12. (358 S.) Ebd. 850. 7 ngl — 16. verb., m. den gewöhnl. Gebeten 2c. verm. Ausg. 12. (360 S. m. 1 Lith.) Ebd. 852. 7 ngl

— Unsere Liebe Frau von La Salette od. Erscheing. d. sel. Jungfrau auf den Alpen v. La Salette u. deren außerordentl. Wirkungen. Ausgezogen aus den frühern u. neuesten zuverläss. Berichten. Mit der Abbildg. der Erscheing. u. den Bildn. der 2 Hirtenkinder. 18. (72 S.) Ebd. 848. 3 ngl

— Geschichte der Erscheinung der sel. Jungfrau zweien Hirtenkindern auf d. Berge v. La Salette, in Frankreich, d. 19. Herbstmonat 1846, u. deren außerordentl. Wirkungen, entnommen aus d. frühern u. neuesten zuverläss. Berichten. 4. sehr verm., m. d. Abbildg. der Erscheing. u. den Bildn. der 2 Hirtenkinder gezierte Ausg. 18. (144 S.) Ebd. 848. $4^1/_2$ ngl

— Heilig, heilig, heilig ist der Herr Gott Sabaoth, s. Heilig.

— wunderbare Heilungen zweier adeligen Jünglinge zu Freiburg in der Schweiz durch eine Reliquie des zu Argenteuil verehrten heil. Leibrockes unsers Herrn Jesu Christi. Aus d. Französ. 12. Ebend. 845. 2 ngl

— der Katholik in seiner Andacht z. kostbarsten Blute Jesu Christi. Mit 2 Lithogr. 18. Ebend. 843. $6^1/_4$ ngl — 5. Aufl. 12. Ebend. 846. 8 ngl

— der Katholik in seiner Andacht z. kostbarsten Blute Jesu Christi. Gebetbuch besond. z. Gebr. d. Mitglieder d. Erzbruderschaft 2c., enth. d. Geschichte derselben, die frommen Uebungen, eine kurze Lebensgeschichte d. ehrw. Kasp. v. Bufalo, u. die auf seine Fürbitte gewirkten Wunder. 4. Aufl. 18. (6 B.) 844. $6^1/_4$ Ngr. u. 5. Aufl. 12. ($10^3/_4$ B. u. 2 Stnt.) Einsiedeln 846, Gebr. Benziger.

— der Katholik in seiner Andacht zum kostbarsten Blute Jesu Christi. Gebetbuch besonders zum Gebrauche der Mitglieder der Erzbruderschaft d. kostbarsten Blutes Jesu Christi, enth. die Geschichte derselben, die frommen Uebungen ꝛc. e. kurze Lebensgeschichte des ehrw. Kaspar v. Bufalo, u. die auf seine Fürbitte gewirkten Wunder. Mit dessen (lith.) Bildniß. 7. verb. Aufl. 12. (288 S. m. 1 Lith.) Ebd. 850. 7 ngr.

— der selige Benedikt Joseph Labre, französischer Pilger. Apostolisches Schreiben über seine Tugenden und Seligsprechung nebst einigen seiner Denksprüche, Gebete und Wunder. Mit 1 (lith.) Abbildg. des sel. B. J. Labre. Einsiedeln 860. Gebr. Benziger. 12. (96 S.) 3½ ngr.

Hecht, Laurenz, s. Lebensgeschichte, Kurze, des kanonis. Alph. Maria v. Ligouri ...

—— der heil. Leibrock uns. Herrn Jesu Christi in der Pfarrkirche zu Argenteuil, u. die durch ihn gewirkten Wunder. Nebst ein. kurz. Geschichte d. heil. Rockes zu Trier. 1. Ausg. (4 B.) 844. 5 Ngr. u. 2., verb. u. verm. Ausg. 18. (240 S. u. 1 Stnt.) Einsiedeln 845, Gebr. Benziger.

— daraus apart: Kurze Geschichte d. heil. Leibrockes ꝛc. 1¼ ngr

Hecht, P. Laurenz, die Lilie im Garten Gottes. Ein Unterrichts- u. Gebetbuch f. kathol. Jungfrauen. 6., ganz neu bearb. u. verm. Aufl. Mit (4 lith.) Bildern. 32. (381 S.) Einsiedeln 870. Benziger. — 70

Hecht, Laurenz, die vierzehn heiligen Nothhelfer der besonderen Verehrung der Gläubigen auf's Neue vorgestellt. Einsiedeln 856. Benziger. 24. (96 S. u. 1 Lithogr.) 2½ ngr

— die vierzehn heiligen Nothhelfer der besondern Verehrung der Gläubigen aufs Neue vorgestellt. 2., mit den vorzüglichsten Andachtsübungen der Katholiken verm. Aufl. Ebend. 859. 12. (189 S. u. 4 Lithogr.) 4½ ngr.

Hecht, Leopold: Über die Natur des Sulfammoniums und ein Beitrag zur spektrometrischen Untersuchung eines Gemisches mehrerer lichtabsorbierender Stoffe. [1910.] 57 S. 8⁰ ¶ Vgl. Zeitschrift f. anorgan. Chemie. Bd 70. 1911.
Danzig, Dr.-Ing.-Diss. v. 31. 5. 1910

Hecht, Ludwig [app. Arzt]: Über die Dermoidcysten der Augenhöhle. . . . Würzburg, Becker's Univ.-Buchdr., 1891; 23 S. 8°
Würzburg, Med. Fak., Inaug.-Diss. v. 1891

Hecht, Ludw., üb. die Dermoidcysten der Augenhöhle. Diss. gr. 8. (23 S.) Würzburg 891. (Wiesbaden, Bergmann.) n.n. 1. —

Nützliche Winke über d. bestehenden Eisenbahn- u. Dampfschiffs-Verbindungen u. d. vorhand. Verkehrserleichterungen. Auf nach Masuren! (Verf.: **Max Hecht.**) Hrsg. von d. Masurischen Dampfer-Comp. zu Lötzen. Sommer 1899. *([Königsberg i. Pr.: C. Th. Nürnberger] 1899.)* (16 S.) 8° [Umschlagt. F.] [04. 8597 10

Hecht, M., die griechische Bedeutungslehre. Eine Aufgabe der klass. Philologie. gr. 8. (VI, 166 S.) Leipzig 888. Teubner. n. 4. 40

Hecht, Max, der metaphorische Bedeutungswandel, s. a. Festschrift zur Feier des 600jährigen Jubiläums des Kneiphöfschen Gymnasiums zu Königsberg i. Pr.

Hecht, Max, Prof. Dr.: Der metaphorische Bedeutungswandel. Mit besonderer Rücksicht auf seine Entstehung. (Königsberg i. Pr. 1904: Hartung.) (24 S.) 8°
Königsberg, Kneiphöfisches G Festschrift z. Feier d. 600jähr. Jubiläums (9)

Hecht, M., Zur homerischen Beredsamkeit. S.-A. s. a. 12 S.

Hecht, Max Orthographisch dialektische Forschungen auf Grund attischer Inschriften. 37 S. **Progr.** Wi. G. *Königsberg* 1885.

Hecht, *Ferdinand Max* Orthographisch-dialektische Forschungen auf Grund attischer Inschriften. Zweiter Teil. 4 (16 S.). **Progr.** Friedrichs-G. *Gumbinnen* 1886 (4).

Hecht, Max, orthographisch-dialektische Forschungen auf Grund attischer Inschriften. 1. u. 2. 4. Königsberg. (Leipzig, Fock.) n. 1. 60
1. (37 S.) 885. n. 1. —. — 2. (16 S.) 886. n. — 60

Hecht, Max, Führer durch Beynuhnen, e. Kunstschöpfung in Litauen. gr. 8. (28 S.) Gumbinnen 892. (C. Sterzel.) n.n. — 50

Hecht, Max, Führer durch Beynuhnen, e. Kunstschöpfg. in Litauen. 2. Aufl. 12. (68 S.) Gumbinnen 896. (C. Sterzel.) n. — 60

Führer durch Beynuhnen, eine Kunstschöpfung in Litauen. Von Prof. Dr. Max **Hecht**, Gymn.-Oberl. in Königsberg. 3. verb. Aufl. Gumbinnen: C. Sterzel 1904. (63 S.) 8° [F.] [05. 4583 10

Führer durch Schwarzort und Umgebung. Von Dr. F. Stern [d. i. Dr. Max **Hecht**, Oberl. in Gumbinnen]. Königsberg i. Pr.: [W. Koch in Komm.] 1894. (20 S.) 8° [F. u. Ant.] [07. 15455

— biblische Geschichten, — Ausg. f. die Oberstufe — erzählt u. m. dem gesamten Religionsstoffe der Volksschule in sachl. Zusammenhang gebracht. 3. Aufl. 8. (VIII, 352 S. m. 1 farb. Karte.) Ebd. 893. n. — 80; geb. n. 1.

Die Idee eines Schillerdenkmals in Königsberg von Prof Dr. Max **Hecht**, Oberl. Königsberg: Gräfe & Unzer in Komm. 1905. (8 S.) 8° [F.] [05. 4507 10

Hecht, Max, Dr.: **Katalog** der Lehrer-Bibliothek des Königlichen Friedrichs-Gymnasiums zu Gumbinnen. In übersichtl. Anordnung für d. prakt. Gebrauch zsgest. [1.] *Gumbinnen 1899: W. Krauseneck.* (71 S.) 8°
Gumbinnen, k. Friedrichs-G, OP 1899 (4)

Hecht, Max [Dr.]: **Die Kurische Nehrung.** Gumbinnen, gedr. bei **W. Krauseneck,** 1897; 3—19 S. 4.
Gumbinnen, k. Friedrichs-G, P 1897 (4)

[F.] Aus der deutschen Ostmark. Wandergn u. Studien v. Dr. Max Hecht, Oberl. . . . zu Gumbinnen . . . *Gumbinnen: C. Sterzel 1897.* (1 Bl., VIII, 298 S., 1 Bl.) 1 Bd 8.

Hecht, Max., quaestiones Homericae. Dissertatio inauguralis. gr. 8. (29 S.) Königsberg 882. (Beyer.) n. 1. —

— zur homerischen Semasiologie. Verteidigung meiner quaestiones homericae gegen Hrn. Gymn.-Dir. Kammer u. Erweiterg. derselben. gr. 8. (29 S.) Königsberg 884. (Nürmberger.) n. — 50

Der Werdegang des Provinzial-Schillerdenkmals in Königsberg i. Pr. Ein Bericht von Prof. Dr. Max **Hecht**. Königsberg i. Pr.: Gräfe & Unzer 1910. 48 S. 8° [11. 443

— worin besteht die Hauptgefahr f. d. humanistische Gymnasium, u. wie lässt sich derselben wirksam begegnen? gr. 8. (VII, 50 S.) Gumbinnen 890. Sterzel. n. 1. 20

Hecht, Moriz [aus Blankenloch]: Drei Dörfer der badischen Hard. E. wirtschaftl. u. sociale Studie ... Leipzig, Commissionsv. v. F. A. Wilhelm, 1895; 1 Bl., 94 S. 8.
Freiburg i. B., Phil. Fak., Inaug.-Diss. v. 1895

Hecht, M., drei Dörfer der badischen Hard. Eine wirtschaftl. u. sociale Studie. gr. 8. (94 S.) Leipzig 895. Akadem. Buchhandlg. F. Jansa. n. 2. —

Die Badische Landwirtschaft am Anfang des XX. Jahrhunderts. Von Dr. Moritz Hecht, Reg.Ass. Mit 6 Taf. u. 12 Karten. *Karlsruhe: G. Braun 1903.* (X, 262 S.) 8°
— Abhandlungen, Volkswirtschaftliche, d. Badischen Hochschulen. Bd 7, Erg.Bd 1. [03. 1904

Hecht, O.: De epithetis Homericis inprimis de patronymicis Atrides, Pelides, Tydides, Kronides. 21 S. – Tilsit, Progr. 1869.

Hecht, Otto, Referendar: Die völkerrechtliche **Bedeutung** des Gesetzes gegen den Verrat militärischer Geheimnisse vom 3. Juli 1893. *Greifswald 1899: J. Abel.* (54 S.) 8°
Greifswald, Jur. Diss. v. 1899

Hecht, O., über dialkylirte Cyanthioharnstoffe. [Aus: „Sitzungsber. d. Würzb. phys.-med. Gesellsch."] gr. 8. (4 S.) Würzburg 890. Stahel. n. — 50

Hecht, Otto, Referendar a. Metz: Das Dienstzeugnis. Metz 1905: Buchdr. der Lothringer Zeitung. (101 S.) 8°
Erlangen, Jur. Fak., Ref. Sehling, Diss. v. 10. Jan. 1906
[Geb. 10. Febr. 81 Metz; Wohnort: Metz; Staatsangeh.: Elsaß-Lothringen; Vorbildung: Gymn. Metz Reife M. 98; Studium: München, Bonn u. Straßburg; Rig. 8. Dez. 05.]

Hecht, O., s.: Erlenmeyer, E., Lehrbuch der organischen Chemie.

Hecht, Otto: Die k. k. Spiegelfabrik zu Neuhaus in Niederösterreich 1701—1844. Ein Beitr. z. Geschichte d. Merkantilismus. Wien: Konegen 1909. VIII, 160 S. 8° ¶ (Ersch. auch als: Studien z. Sozial-, Wirtsch.- u. Verwaltungsgesch. II. 4.)
Heidelberg, Phil. Diss. v. 17. Nov. 1909, Ref. Gothein
[Geb. 5 März 86 Wien; Wohnort: Wien; Staatsangeh.: Österreich; Vorbildung: Gymn. im XVII. Bez. Wien Reife 04; Studium: Wien 3, Heidelberg 1, Wien 4 S.; Rig. 28. Okt. 09.] [U 10. 2134

Hecht, O., Die k. k. Spiegelfabrik zu Neuhaus in Niederösterreich 1701—1844. Ein Beitrag zur Geschichte des Merkantilismus. [Studien zur Sozial-, Wirtschafts- und Verwaltungsgeschichte. IV. Heft.] Gr.-8°. (VIII, 166 S.) K 4.80
Wien: Konegen 1909.

— **Peter Christoph Heinrich** (Ostfriesland), De matribus lectionis librariorum arbitrio olim relictis. Disp. philos. Präs. Georg Joa. Ludw. Vogel. Halle (Handel) 1. V. 1767. 20 S. (6.—) 13735
Gew.: Jo. Ludwig Lindhammer, Andreas Arnold Gossel. — Widm. v.: Präs., G. Kirchhoff (Aurich/Ostfriesl.).

— **Philipp Reinhold** (Kreuznach/Pfalz), De pretio affectionis in res fungibiles non cadente. Diss. jur. Präs. Christian Thomasius. Halle (Chr. Henckel) 17. IX. 1701. 78 S. (7.—) 13736

— — Dasselbe. 1707. (7.—) 13737

— — Dasselbe. 1717. (7.—) 13738

— — Dasselbe. 1723. (7.—) 13739

— — Dasselbe. 1727. (7.—) 13740

— — Dasselbe. 1734. (7.—) 13741

— — Dasselbe. Halle (Jo. Christ. Grunert) 1739. (7.—) 13742

— **Reinhold Adam** (Kreuznach / Pfalz, De statu liberorum sui juris factorum per separationem vel nuptias. Disp. jur. Präs. Justus Henning Böhmer. Halle (Johann Grunert) 15. XI. 1721. 42 S. (6.50) 13743
Widm. v.: Carl Fried. Gerulnus (Meisenheim/Zweibrücken), Joh. Phil. Schwebel (Zweibrücken).

— — Dasselbe. Halle (Johann Friedrich Grunert). 1738. (6.50) 13745

Hecht, Rudolf Die Darstellung fremder Nationalitäten im Drama der Griechen. 4 (S. 3—16).
Progr. Kgl. Rg. auf der Burg *Königsberg i. Pr.* 1891 (18).

Hecht, Rudolf [Dr.]: Die Darstellung fremder Nationalitäten im Drama der Griechen. Königsberg i. Pr., Hartungsche Buchdr., 1892; 16 S. 4.
Königsberg in Pr., k. RG auf d. Burg, OP 1892 (18)

Hecht, Rud., de etymologiis apud poetas graecos obviis. Dissertatio inauguralis. gr. 8. (96 S.) Königsberg 882. (Beyer.) n. 1. 20

Hecht, Rudolf, Dr.: Die **Wahrung** des kulturgeschichtlichen Kolorits im griechischen Drama. T. 1. Äschylus. *Tilsit 1899: J. Reyländer & Sohn.* (S. 3—20.) 4° [F. u. Ant.]
Tilsit, k. G, P 1899 (10)

Hecht, Rudolf, Dr.: Die **Wahrung** des kulturgeschichtlichen Kolorits im griechischen Drama. T. 2. Sophocles. *Tilsit 1900: O. v. Mauderode.* (S. 3—33.) 4° [F.] ¶ [Forts. d. P-Beil. 1899.]
Tilsit, k. G, P 1900 (16)

Hecht, Rudolf, Dr.: Die Wahrung des kulturgeschichtlichen Kolorits im griechischen Drama. 3. T. Euripides. Tilsit 1905: J. Reyländer. (S. 1—27.) 4° [F.] ¶ [Forts. d. P-Beil. 1899. 1900.]
Tilsit, k. G P 1905 (16)

Hecht, S. [aus Wilhelminehütte O. S.]. Über Exenteratio bulbi. Berlin, Buchdr. v. Gustav Schade (Otto Francke) (1888). 35 (1) S. 8°
Berlin, Med. Fak., Inaug.-Diss. v. 31. Aug. 1888

Hecht, Theodor, Referendar a. Hannover: Die Bauzinsen der Aktiengesellschaft. Hannover 1907: Schlüter. (VIII, 57 S.) 8°
Erlangen, Jur. Fak., Ref. Sehling, Diss. v. 4. Juni 1907
[Geb. 9. Nov. 79 Hannover; Wohnort: Lehe; Staatsangeh.: Preußen; Vorbildung: Lyzeum I Hannover Reife O. 98; Studium: Bonn 3, Göttingen 3 S.; Rig. 23. April 07.]

Hecht, Thdr., der Central-, Schlacht- und Viehhof zu Hannover. gr. 4. (24 S. mit 9 lithogr. Zeichnungs-Blättern.) Hannover 883, (Schmorl und v. Seefeld.) cart. 4

Hecht, Walter, a. Mühlhausen i. Thür.: Die Fürstlich Anhaltische Deutsche Gesellschaft in Bernburg. Halle a. S. 1907: C. A. Kaemmerer & Co. (53 S.) 8°
Halle, Phil. Fak., Ref. Droysen, Diss. v. 22. März 1907
[Geb. 10. Mai 83 Mühlhausen i. Thür.; Wohnort: Halle a. S.; Staatsangeh.: Preußen; Vorbildung: Gymn. Mühlhausen Reife O. 02; Studium: Berlin 3, München 2, Halle 4 S.; Rig. 25. Juli 06.]

Hecht, Wawřinec, Příběh oznewenj neyblahoslawenějšj Panny Marie dwě ma pastoussátkům na hoře La Salette, we Francouzku dne 19. Září 1846. Přelo žil Ant. Bedř. Šenk. 8. (78 S.) Olmütz 849, Neugebauer. 6 ngl.

Hecht, Wilh., u. Hans **Lother,** Beispiele u. Aufgaben aus der Buchstabenrechnung f. Gymnasien, Realschulen u. zum Selbstunterricht. (Ergänzung zu Th. E. Schröder's Algebra, als 1. Tl. der Aufgabensammlg. aus der allgemeinen Zahlenlehre.) gr. 8. (VIII, 158 u. 2 S.) Nürnberg 895. F. Korn. Geb. in Leinw. n. 1. 80;
Resultate. (94 u. 2 S.) Geb. n. 1. 25

Hecht, Wilh., u. Hans Lother, Beispiele u. Aufgaben aus der Buchstabenrechnung nebst Lehrbuch f. Mittelschulen u. zum Selbstunterricht (Ergänzgn. zu Th. E. Schröders Algebra als 1. Tl. der Aufgabensammlg. aus der allgem. Zahlenlehre), neu bearb. v. H. Held. (VI, 244 S.) 8. Nürnberg 909. F. Korn. Geb. 3.60; Resultate. 2. Aufl. (88 S.) 909. Geb. 1.60

Hecht, Wilhelm: Zur Integration der Differentialgleichung Mdx + Ndy O. M und N bedeuten in Bezug auf x und y algebraische ganze rationale Functionen. Halle a. S. 1884: Plötz. 40 S. 4°

Halle-Wittenberg, Phil. Diss. v. [13. Okt.] 1884

Geb. Kitzingen (Bayern) 8. 10. 1854. V.

Im Buchhandel Leipzig: Teubner 1885.

Hecht, W., s.: Schwind's Bildercyclus. Die schöne Melusine.

Hechtel, Johann Christian: Nonnulla officium medici duplex clinicum et forense spectantia. 30 S., gbd.

Erlangae: (Waltner) 1788 (Adversaria argumenti physico-medici, Fasc. 6,26)

JB 1.808

Hechtel, Johann Kaspar

Hechtel, J. K., Beyträge zur gesell. Freude od. Ausw. n. Kart. und Pfänder-Spiele. m. ill. K. 8. Rrnbg. Bieling. (a. Benj. Fleischer in Lpz.) 798.

— Samml. freundschaftl. Denkmale u. kleiner Lehren, d. Weisheit u. Tugend. 8. Nürnb. 798. N. Aufl. unt. d. T.: Denkmale d. Freundschaft u. kl. Lehren d. Weisheit rc. 8. Ebd. 803. N. A. 809. 4e A. 819. Bieling. (Fr. Fleischer).

— — dass. 8. Lpz. Benj. Fleischer. 809.

Hechtel, J. K., Denkmal d. Freundschaft f. Stammbücher. 3te verb. Aufl. 8. Nürnb. Bieling. 810.

Hechtel, J. K., Denkmale der Freundschaft und kleine Lehren der Weisheit und Tugend, zum Gebrauch in Stammbücher und Geistes- u. Sittenveredlung junger Leute. 4te Aufl. 8. Nürnberg, Bieling. 819.

Acidulae Stebenses, in confinio non pares atque sulphure solis volatili et sale martis e propria minera martiali, ambae exaltatae, et cum lympha alibi atque spiritu volatili vitrioli nutritae mire salientes, sind...durch accurate chymische Proben,...u. andere Experimenta...beschrieben worden von Johann Leonhard Hechtel. (Hof) 1722: Mintzel. 96 S. 8°

Hechtenberg, Albert

Hechtenberg, A., Bilder aus der Kirchengeschichte. 8. (80 S.) Gütersloh 894. C. Bertelsmann. n. — 30

Bilder aus der Kirchengeschichte. Von A[lbert] Hechtenberg. 2. Aufl. Gütersloh: C. Bertelsmann 1897. (80 S.) 8° [F.] [06. 3613 6

Hechtenberg, A., Bilder aus der Kirchengeschichte. 3. Aufl. 8. (80 S.) Gütersloh 899. C. Bertelsmann. n. — 30

Bilder aus der Kirchengeschichte. Von A[lbert] Hechtenberg. 5. Aufl. Gütersloh: C. Bertelsmann 1905. (80 S.) 8° [F.] [06. 3614 6

[F.] Zum Gedächtnis Pestalozzis. E. Vortrag, geh. in d. Kreislehrerver. zu Minden ... v. Albert Hechtenberg, weil. Regiergs- u. Schulr. in Minden. (Hrsg.: W. Heinze, Seminarl.) *Gütersloh: C. Bertelsmann 1897.* (28 S.) 1 Bd 8. [97. 3393

— biblische Geschichten f. d. Unterklassen höh. Lehranst., erzählt u. m. d. übr. Religionsstoff in sachl. Zusammenhang gebracht. 7. Aufl. Ausg. f. Schleswig-Holstein. 8. (VIII, 178 S.) Ebd. 897. n n. — 70; geb. n.n. — 90

— dasselbe f. die Unterklassen höh. Lehranstalten, erzählt u. m. dem übr. Religionsstoff in sachl. Zusammenhang gebracht. 9. Aufl. Ausg. f. Schleswig-Holstein. 8. (VIII, 186 S.) Ebd. 901. n.n. — 70; geb. n.n. — 90

Biblische Geschichten für die Unterklassen höherer Lehranstalten, erzählt u. mit d. übrigen Religionsstoff in sachl. Zusammenhang gebracht von A[lbert] Hechtenberg † Schulrat. 8. Aufl., verb. u. verm. von Dr. [Johannes] Spanuth, Gymn.Dir. Ausg. f. Schleswig-Holstein. Gütersloh: C. Bertelsmann 1905. (VIII, 206 S.) 8° [F.] [06. 3613 6

Hechtenberg, A. Biblische Geschichten f. die Unter- u. Mittelstufe, erzählt u. m. dem übr. Religionsstoff der Unter- u. Mittelstufe in sachl. Zusammenhang gebracht. 2. Aufl. 8. (VIII, 172 S.) Gütersloh 892, Bertelsmann. * — 60; geb. * * — 70
dass. — Ausg. f. die Oberstufe, erzählt u. m. dem religiösen Lernstoff der Volksschule in sachl. Zusammenhang gebracht. 8. (XII, 356 S.) Ebd. 892. * — 80; geb. * 1 —

— dasselbe f. die Unter- u. Mittelstufe. 3. Aufl. 8. (VIII, 162 S.) Ebd. 895. n. — 60; geb. n.n. — 70

— dasselbe f. d. Unter- u. Mittelstufe, erzählt u. m. dem übr. Religionsstoff d. Unter- u. Mittelstufe in sachl. Zusammenhang gebracht. 6. Aufl. Ausg. f. Hannover. 8. (VIII, 162 S.) Ebd. 897. n. — 60; Einbd. n.n.n. — 10

— biblische Geschichten, Ausg. f. die Oberstufe, erzählt u. m. dem gesamten Religionsstoffe der Volksschule in sachlichen Zusammenhang gebracht. 10. Aufl. 8. (VIII, 356 S. m. 1 farb. Karte.) Ebd. 900. n. — 80; geb. in Halbldr. n.n. 1. —

— biblische Geschichten. Ausg. f. die Oberstufe, erzählt u. m. dem gesamten Religionsstoffe der Volksschule in sachlichen Zusammenhang gebracht. 13. Aufl. (VIII, 378 S. m. 2 farb. Karten.) 8. Ebd. 905. n. — 80; geb. n.n. 1. —

Hechtenberg, A., biblische Geschichten f. die Unter- u. Mittelstufe, erzählt u. m. dem übr. Religionsstoff der Unter- u. Mittelstufe in sachl. Zusammenhang gebracht. 9. Aufl. (VIII, 162 S.) 8. Gütersloh 906. C. Bertelsmann. Geb. nn — 70

Schulverordnungen für den Regierungsbezirk Minden. Hrsg. von den Regierungs- u. Schulräten [Albert] Hechtenberg u. [Heinr.] Vandenesch. [Nebst] Nachtrag. *Minden i. W.: J. Keiser & Co. (2: J. Bleek) 1890-1902.* 2 Bde 8° [F.] [03. 15309

Hechtenberg u. Vandenesch, Schulverordnungen f. d. Reg.-Bez. Minden. gr. 8. (XXXI, 872 S.) Minden i/W. 890. Keiser & Co. n. 12. —

— u. Vandenesch, Schulverordnungen f. den Reg.-Bezirk Minden, Nachtrag, s. a. Schul-Verordnungen.

— wie gewinnt die Schule Einfluß auf die Gestaltung d. Lebens ihrer Schüler? Auch e. Beitrag zur Schulreform. Ein Vortrag. gr. 8. (30 S.) Ebd. 891. n. — 40

Hechtenberg, Klara, der Briefstil im 17. Jahrh. Ein Beitrag zur Fremdwörterfrage. (48 S.) gr. 8. Berlin 903. B. Behr's Verl. n. 1. 50

Hechtenberg, Klara, aus Rheydt ⟨Rheinprov.⟩: Das Fremdwort bei Grimmelshausen. Ein Beitrag zur Fremdwörterfrage d. 17. Jhs. *Heidelberg 1901: J. Hörning.* (48 S.) 8°
Heidelberg, Phil. Diss. v. 1901

Fremdwörterbuch des siebzehnten Jahrhunderts von Dr. phil. Klara Hechtenberg, Lecturer, Oxford. *Berlin: B. Behr 1904.* (147 S.) 8°

Hechtfischer, Erh. Chr., Predigten zur Erbauung d. Christen. 2 Thle. 8. Schwab. 771, 72. Enders.

Hechtlinus, Jo. Chr., praes. Jo. **Junker**, De chronicis deliriis legitime curandis. 44 pp. Hal. 4°. 1754

Hechtsee, der, am Thierberg bei Kufstein. (12 S.) kl. 8. Kufstein (900). E. Lippott. n. — 80

Heck, C..., s. Heck, K...

Heck, F. E., Confirmanden-Buch. Ein kurzer Inbegriff der Religionslehre. 8. Kreuznach 835, Kehr, 1/8 Thlr

— Lehrbuch der christlichen Religion in fünf Hauptstücken, nebst e. geschichtl. Anhange. 8. Kreuznach 835. Kehr. 5/12 Thlr

Heck, (F. E.,) Leitfaden z. Religionsunterricht. 8. Frankf. 821, Guilbaumann.

Heck, Geo., und J. Fölsing, erstes Lesebuch, } s. Fölsing, J.
— — der Vaterlandsfreund, }

Heck, Hans

Fräulein Mollys Kaffee. (29 S.) 8. Ebd. 910. — 80

Heck, Hans, de Lewens-Versekernng un ehre Fo.gen. (79 S.) 8. Strassburg 909. J. Singer. 1.50

Heck, [Heinrich]. Bericht über die Tätigkeit der Untersuchungsstation des Instituts zur Erforschung der Infektionskrankheiten in Bern. Abdruck aus den «Arbeiten aus dem Institut zur Erf' der Infektionskrankheiten in Bern und aus den Laboratorien des Schweizer Serum- und Impfinstitutes».... Heft 2. II + 13 S. 8. Jena, Gustav Fischer, 1908.

Heck H[einrich]. Untersuchungen über das Vorkommen und die Lebensdauer von Typhusbakterien in den Organen gegen Typhus aktiv immunisierter und nichtimmunisierter Tiere. Diss. Phil. Bern. ([Sep.-Abdr. aus:] «Zeitschrift für Hygiene und Infektionskrankheiten» [Band 56].) *Kopftitel:* ‹Aus dem Institut zur Erforschung der Infektionskrankheiten in Bern.› ‹Direktor: Prof. Dr. W[ilhelm] Kolle.› 36 S. 8. Leipzig, Veit & Comp., 1907.

Heck jun., Herm., die Geschichte der Stadt u. Grafsch. Diez in d. Zeiten des 30jähr. Krieges, s. a. Veröffentlichung der Ortsgruppe Diez des Vereins f. nassauische Altertumskunde u. Geschichtsforschung.

Die Geschichte der Stadt und Grafschaft Diez in den Zeiten des 30jähr. Kreges. Bearb. von Hermann **Heck**, jun. Diez. Mit 2 Bildern. Diez: Meckel 1910. 85 S. 8°
(Veröffentlichung d. Ortsgruppe Diez d. Vereins f. Nassauische Altertumskunde u. Geschichtsforschung. Nr 8.) (10. 1758)

— s.: Rechtel's, Joh., Limburger Chronik.

Heck, I. Die Doppelfeier des 22. März, 1887, veranstaltet v d dten Ev Luth Kreuzergmde zu Phila. 1. Der Spatenstich zum Bau der Kreuz-Kirche. 2. Feier des 90. Geburtstages d dten Kaisers. Festreden ... Reading. 1887.

Heck, J. W., evangelisches Predigtbuch aus Oesterreich. Predigten auf alle Sonn- u. Festtage d. Kirchenjahres. Nebst einer „kurzgefaßten Geschichte der evangelischen Kirche in Oesterreich". Eine Jubiläums-Festgabe von evangel. Predigern Oesterreichs zur 100jähr. Feier d. Josephin. Toleranzpatentes. gr. 8. (XIV, 543 u. Anh. II, 102 S.) Wien 881. Wilh. Köhler. n. 6. 60; geb. n. 8. —

Heck, J. W., die evangelischen Schulen Oesterreichs in den deutsch-slavischen Ländern u. die neue Schul-Gesetzgebung. Denkschrift der 2. General-Synode Augsburger Confession an das k. k. Ministerium f. Cultus u. Unterricht. [Aus „Synodalblatt."] gr. 8. (23 S.) Wien 872. Helf in Komm. n. — 80

Heck, Johann Georg

Heck, J. G., Afrika. Aus Stein's neuem Atlas der Erde. gr. Fol. Kpfrst. u. color. Leipzig 851, Hinrichs. 1/4 Thlr

— der Alpenführer. Neuester Reise-Atlas d. Schweiz. 8. Kpfrst. (20 Karten m. 1 Bl. Erklärung, color. Titel u. 2 Uebersichtskarten in 4.) Leipzig 852. Weber. In Engl. Einb. n. 1 1/2 Thlr

Heck, J. G., Atlas geographique, astronomique et historique, servant à l'intelligence de l'histoire ancienne, du moyen age et moderne et à la lecture des voyages des plus récens, dressé d'après les meilleurs matériaux tant français qu'etrangers conformement aux progrès de la science. Gravé sur pierre. Livr. I.—III. gr. Fol. (33 Bl. wovon 29 ill. sind.) Paris u. Mühlh. 830, 31. Engelmann u. C. (Leipz., Weigel). (à Lief. 2 Thlr 8 Ngr) 7 Thlr

Heck, J. G., Bilder-Atlas zum Conversations-Lexikon, s. a. Bilder-Atlas.

Heck, Johann Georg. Bilder-Atlas zum Conversations-Lexikon. Ikonographische Encyklopädie der Wissenschaften und Künste. I. Abth. Mathematische und Naturwissenschaften mit 141 Taf. II. Abth. Geographie mit 44 Taf. III. Abth. Geschichte und Völkerkunde mit 39 Taf. IV. Abth. Völkerkunde der Gegenwart mit 42 Taf. V. Abth. Kriegswesen mit 51 Taf. VI. Abth. Schiffbau und Seewesen mit 32 Taf. VII. Abth. Geschichte und Baukunst mit 60 Taf. VIII. Abth. Religion und Cultus mit 30 Taf. IX. Abth. Schöne Künste mit 26 Taf. X. Abth. Gewerl swissenschaften mit 35 Taf. Mit Atlas. (10 Abth. in 10 Bdn. u. 10 Atlasse.) 8. Leipzig 1849.

Heck, Johann Georg, Bilder-Atlas zum [Brockhaus'schen] Conversations-Lexikon. Ikonographische Encyklopädie der Wissenschaften und Künste. 4. Ausgabe. 6. Abtheil. Schiffbau und Seewesen. Leipzig 1857.

Heck, J. G., systematischer Bilder-Atlas zum Conversations-Lexikon, s. Bilder-Atlas.

Heck, J. G., Carte physique, politique et comparée d'Europe, developpement général du système hydro-orographique, représentant la Division naturelle des Bassins maritimes et fluviaux de la Division politique. Publ. sous la Direction de Mr. Grandperret. (16 lithogr. u. ill. Bl. u. Text.) Roy.-Fol. (Paris) 834. Engelmann et Comp. (Leipzig, Pietro del Vecchio.) n. 6 2/3 Thlr

— Europa. Aus Stein's neuem Atlas der Erde. gr. Fol. Kpfrst. u. color. Leipzig 851, Hinrichs. 1/4 Thlr

— neuester Plan von London u. seinen Umgebungen. Imp. Fol. Kpfrst. u. color. Mit 3 Holzschn. u. Erklärung. Leipzig 851, Weber. In Engl. 8. Carton. n. 1 1/3 Thlr

— Spanien u. Portugal. Aus Stein's neuem Atlas der Erde. gr. Fol. Kpfrst. u. color. Leipzig 851, Hinrichs. 1/4 Thlr

— u. R. **Schmidt**, Süd-Deutschland m. dessen Nachbarländern Aus Stein's neuem Atlas der ganzen Erde. gr. Fol. Kpfrst. u. color. Ebd. 851. n. 1/3 Thlr

Heck, G., u. R. Schmidt, Süd-Deutschland mit dessen Nachbarländern. (Neue Ausgabe.) Leipzig, Hinrichs, 1855. gr. Fol. Kupferstich u. kolor. (1/3 Thlr)

Heck, Johann Jacob (Berlin), De nervorum rigore. Diss. med. Bln. (Joh. Friedr. Starcke) 29. IX. 1823. 32 S. mit Biogr. (M.: C. Antoefer.) (6.30) 13746
Oppon.: Nicolai, Wittzack, Schneider. — Gew.: Car. Ferd. Alex. Kluge.

Heck, Joan. Rud. (geb. Treuenbrietzen 7. 7. 1841): De chlorosi. Berolini (1867). (32 S.) 8°
Berlin, Med. Diss. v. 6. Juni 1867

Heck, (Joan. Augustus) Julius (geb. Treuenbrietzen 16. 11. 1827): De typho abdominali. Berolini (1852). (30 S.) 8°
Berlin, Med. Diss. v. 9. Aug. 1852

Heck, Karl, appr. Arzt aus Zweibrücken: Ueber den Einfluss des Alkohols auf die Muskelermüdung. *Würzburg 1899: Memminger.* (29 S.) 8°
Würzburg, Med. Diss. v. 1899

HECK, Karl: Das Genossenschaftswesen in der Forstwirtschaft. - Berlin 1887. VIII, 192 S., 2 Taf. - Diss. Univ. München, Staatswirtsch. Fak. 1887

Heck, C., das Genossenschaftswesen in der Forstwirtschaft. Mit 2 lith. Taf. gr. 8. (XII, 192 S.) Berlin 887. Springer. n. 4. --

Heck, Karl, Geschichte der Schule „Gabelsberger". Mit besond. Berücksicht. ihrer Entwicklungsgeschichte u. der Geschichte des deutschen Stenographenbundes „Gabelsberger". 2 Tle. (VIII, 294 u. VIII, 532 S. m. Abbildgn. u. 10 Taf.) gr. 8. Wolfenbüttel 901. 902. Heckner. n.n. 6. —; geb. in Leinw. n.n. 7. 50

Heck, Karl, Geschichte v. Kaiserswerth. Chronik der Stadt, des Stiftes u. der Burg, m. Berücksicht. der näheren Umgebg. Nach gedr. u. ungedr. Quellen bearb. (VIII, 236 S. m. Titelbild.) kl. 8. Düsseldorf 905. E. Bierbaum. n. 1. 40; geb. in Leinw. n. 2. —

Heck, C., die Hagelstatistik Württembergs, nach amtl. Quellen bearb. gr. 8. (29 S.) Stuttgart 889. (Lindemann.) n.n. — 50

Heck, C. Die Hagelverhältnisse Württembergs 1828—1890 mit besonderer Berücksichtigung der Bewaldung des Landes nach amtlichen Quellen und im Auftrage des statistischen Landesamtes bearbeitet. Württemb. Jahrb. Stuttgart 1892.

— die Lösung der Stenographie-Frage in Deutschland. (16 S.) gr. 8. Ebd. (900). n.n. — 30

Heck, Karl, die Lösung der Stenographie-Frage in Deutschland. 2. vollständig umgearb. u. verm. Aufl. (42 S.) 8. Wolfenbüttel 906. Heckner. nn — 50

Methodik des stenographischen Unterrichts. Von K. **Heck.** *Osterwieck, Harz: A. W. Zickfeldt [1903].* (IV, 44 S.) 8° [03. 10705 3

Heck, Karl, Methodik d. stenograph. Unterrichts. Jetzt: Wolfenbüttel, Heckner.

[F.] Stenographie und Lehrer. Von Karl **Heck.** *Bielefeld: A. Helmich [1897].* (22 S.) 1 Bd 8.
— Abhandlungen, Pädagogische. H. 34. [98. 1000

Heck, Carl Rob., Beiträge z. Lösg. d. Hagelversicherungsfrage in Württemberg. gr. 8. (31 S.) Stuttgart 895. J. B. Metzler's Verl. n. — 50

Heck, Carl Rob., freie Durchforstung. Mit 31 Uebersichten u. 6 Taf. (XII, 115 S.) 8. Berlin 904. J. Springer. n. 3. —

HECK: Ein Jahrzehnt Durchforstungsversuch und 14 Jahre freie Durchforstung. - Berlin 1909. 108 S.

Heck, Carl Rob., der Weisstannenkrebs. Mit 10 Holzschn., 11 graph. Darstellgn., 9 Tab. u. 10 Lichtdr.-Taf. gr. 8. (XI, 163 S.) Berlin 894. J. Springer. n. 10. —

Heck, Kasimir Karl

Heck, Casimir C., Beiträge zur Wortgeschichte der nichtgermanischen Lehnwörter im Englischen. Die Quantitäten der Accentvokale in ne. offenen Silben mehrsilb. Wörter. (IX, 180 S.) gr. 8. Halle 906. M. Niemeyer. n. 5. —
Sonderabdruck aus: „Anglia".

Heck, Casimir, C(arl), aus Frankfurt a. M.: Zur Geschichte der nicht-germanischen Lehnwörter im Englischen. A. Die Quantitäten der Accentvokale in ne. offenen Silben mehrsilbiger Lehnwörter. ⟨Im Auszug.⟩ *Offenbach a. Main (1904): W. Wagner.* (72 S.) 8° ¶ [Soll vollst. erscheinen.]
Berlin, Phil. Diss. v. 23. Jan. 1904

— zur Geschichte der nicht-germanischen Lehnwörter im Englischen. A. Die Quantitäten der Accentvokale in ne. offenen Silben mehrsilb. Lehnwörter. (Im Auszug) Diss. (VI, 72 S.) gr. 8. Offenbach (904). Berlin, Mayer & Müller. n. 2. —

Heck, Casparus ⟨geb. am 16 Mai 1822 in Aachen⟩: De restaurando labio inferiori oris per transplantationem ... Bonnae, form. F. P. Lechneri 1849. 2 Bl., 19 S., 1 Taf. 4.
Bonn, Med. Fak., Diss. v. 11 Juli 1849

Heck, *Konrad* (*Friedrich*) [Prof.]: De vita Claudii Claudiani poetae. Tübingen, Druck v. H. Laupp jr, 1896; 23 S. 4.
Donaueschingen, grossh. PG, P 1896 (615)

Heck Corn.: Der Aufenthalt des Ladislaus IV. in Lemberg i. J. 1634 u. des Jos. Barth. Zimorowicz' „Vox Leonis". 55. Lemberg Frz. Jos. 87. Progr.

Heck, L., das eheliche Güterrecht und das Intestat-Erbfolgerecht, nach dem in der Provinz Pommern geltenden Lübischen Rechte und der Pommerschen Bauerordnung, in Verbindung mit den daneben bestehenden subsidiarischen Vorschriften des allgemeinen Landrechts. Stettin 864. (Saunier.) gr. 8. (VII, 95 S.) n. 15 ngr.

Heck, L., das eheliche Güterrecht u. das Intestat-Erbfolgerecht nach dem in der Prov. Pommern geltenden lübischen Rechte u. der pommerschen Bauerordnung. 2., verb. Aufl. 8. (VIII, 155 S.) Berlin 892. F. Vahlen. n. 3. —

Heck, Ludwig

Heck, L., lebende Bilder aus dem Reiche der Tiere. Augenblicksaufnahmen nach dem leb. Tierbestande des Berliner zoolog. Gartens. Hrsg. u. m. erklär. Unterschriftsätzen versehen. qu. Fol. (200 S.) Berlin (899). Werner-Verlag. Geb. in Leinw. n. 10.—; orm. Pr. n. 6. —
Erschien auch in 16 Lfgn. à n. — 50.

Lebende Bilder aus dem Reiche der Tiere. Augenblicksaufnahmen nach dem lebenden Tierbestande d. Berliner Zool. Gartens. Hrsg. u. mit erkl. Unterschriftsätzen vers. von Dr. L[udwig] **Heck,** Dir. d. Zool. Gartens. (In 16 Lfgn.) *Berlin, Wien: Werner-Verl. (1899–1900).* (196 S.) quer-4° [00. 5318

Heck, L., lebende Bilder aus dem Reiche der Tiere. Augenblicksaufnahmen nach dem leb. Tierbestande des Berliner zoolog. Gartens. Hrsg. u. m. erklär. Unterschriftsätzen versehen. Einseitig bedruckte Ausg. qu. Fol. (200 Bl.) Berlin (900). Werner-Verlag. Geb. in watt. Skytogen 30. —; in Maroquin 50. —

Heck, L., lebende Bilder aus dem Reiche d. Tiere. Augenblicksaufnahmen nach dem leb. Tierbestande des Berliner zoolog. Gartens. Hrsg. u. m. erklär. Unterschriftsätzen versehen. (200 S.) 27,5×35 cm. Erfurt (909). (Berlin, Globus Verlag.) Geb. in Leinw. 4. —

Führer durch den Berliner Zoologischen Garten. Von Dir. Prof. Dr. L[udwig] **Heck** u. d. wiss. Assistenten Dr. [Oskar] Heinroth. Berlin: Aktien-Verein d. Zool. Gartens 1908. 124 S. 8°

Heck, Ludw., die Hauptgruppen des Thiersystems bei Aristoteles und seinen Nachfolgern, ein Beitrag zur Geschichte der zoolog. Systematik. Inaugural-Dissertation. gr. 8. (IV, 71 S.) Leipzig 885, Rossberg'sche Buchh. *

[F.] Das Tierreich v. Dr. [Ludw.] Heck, Dir. d. Zool. Gartens zu Berlin, (a. d. Umschl. v. II. 1–9: Dr. [Ernst] Schäff,) Paul Matschie, Assist. am Mus. d. Naturk. zu Berlin, Prof. Dr. [Eduard] v. Martens, Kustos am Mus. d. Naturk. zu Berlin, Bruno Dürigen, Dr. Ludwig Staby, E. Krieghoff. In 2 Bdn. Gegen 1000 (Bd II: Mit 1455) Abb. im Text. Zahlr. Taf. in Schwarz- u. Farbendr. Bd I. II. (In 40 Heften.) *Berlin: W. Pauli's Nachf. 1891—97.* 2 Bde 8.
I. 1894. (3 Bl., 832 S., 1 Taf.) II. 1897. (3 Bl., 1300 S., 1 Tab., 6 Taf.)
= Hausschatz d. Wissens. Abt. VI. Bd 8. 9.

Heck, O., die Natur der Kraft u. des Stoffs. (Begründung u. Fortentwicklg. der chem. Theorien.) 8. (VII, 94 S.) Homberg 901. (Th. M. Spamer Nachf.) n. 1.50

— Physiologie: die menschl. Sinnesthätigkeiten, Bewusstsein, Wille, Vorstellen, Empfinden, Denken, Urteilen u. Handeln. 8. (III, 132 S.) Ebd. 901. n. 2. —

Heck, Paul, aus Rheydt: Die **Verwaltung** des Hauskindervermögens durch den Vater als Inhaber der elterlichen Gewalt ⟨nach dem Bürgerlichen Gesetzbuche⟩. *Borna-Leipzig 1903: R. Noske.* (IX, 87 S.) 8°
Leipzig, Jur. Diss. v. 1903

Heck, Peter, a. Mülheim a. Rh.: Die deutsche Erdölindustrie. Aachen 1907: Aachener Verlags- und Druckerei-Gesellschaft. (VII, 103 S.) 8°
Heidelberg, Phil. Fak., Ref. Rathgen, Diss. v. 16. März 1908
[Geb. 19. Juni 82 Mülheim a. Rh.; Wohnort: Cöln; Staatsangeh.: Preußen; Vorbildung: Gymn. Mülheim Reife O. 02; Studium: Techn. Hochsch. Aachen 6, Univ. Bonn 1, Heidelberg 3 S.; Rig. 2. Aug. 07.]

Die deutsche Erdölindustrie. Von Dr. phil. P. **Heck**. Aachen: Aachener Verl. u. Dr.-Gesellsch. 1908. (VII, 103 S.) 8°

Heck, Philipp, K. v. Amira u. mein Buch üb. d. Sachsenspiegel. Mit e. Beilage: Sprachgefühl u. Vorstellungsanalyse in Anwendg. auf die Leihestelle Landrechts (Ssp. III 52 § 2, 3.) (112 S.) gr. 8. Halle 907. M. Niemeyer. 2. —

Heck, Philipp, s.: Archiv f. die civilistische Praxis.

Heck, Phpp., Beiträge zur Geschichte der Stände im Mittelalter. I. Die Gemeinfreien der karoling. Volksrechte. gr. 8. (XVI, 449 S.) Halle 900. M. Niemeyer. n. 12. —

— **Beiträge zur Geschichte der Stände im Mittelalter. II. Der Sachsenspiegel u. die Stände der Freien. Mit sprachl. Beiträgen v. Alb. Bürk. (XXVI, 862 S. m. 1 Karte.) gr. 8. Halle 905. M. Niemeyer. n. 22. —**
I. Ebd. 900. n. 12. —.

Heck, Philipp: Zwei Beiträge zur Geschichte der großen Haverei ... (Aus: Heck, Das Recht der großen Haverei, Berlin 1889.) Berlin, Verl. v. H. W. Müller, 1889, VIII + 55 S. + 1 Bl. 8°
Berlin, Jur. Fak., Inaug.-Diss. v. 16. Jan. 1889

— die Biergelden, s.: Festgabe der jurist. Fakultät Halle-Wittenberg f. Heinrich Dernburg.

Die Gemeinfreien der karolingischen Volksrechte von Philipp Hock. *Halle: M. Niemeyer 1900.* (XVI, 449 S.) 8°
= Hock: Beiträge z. Gesch. d. Stände im Mittelalter. 1.

Heck, Phpp., die altfriesische Gerichtsverfassung, m. sprachwissenschaftl. Beiträgen v. Thdr. Siebs. gr. 8. (XVI, 499 S.) Weimar 894. H. Böhlau. n. 12. —

— Handelsrechts-Praktikum. Zum Selbststud. u. zum akadem. Gebrauche. 1. Folge. (III, 87 S.) kl. 8. Tübingen 909. J. C. B. Mohr. Kart. 2. —

Heck, Ph., die Lebensversicherung zu Gunsten Dritter eine Schenkung auf den Todesfall. [Aus: „Archiv für bürgerl. Recht".] gr. 8. (111 S.) Berlin 890. C. Heymann's Verl. n. 2. 40

— das Recht der großen Haverei. gr. 8. (XXXV, 839 S.) Berlin 889. H. W. Müller. n. 20. —

Der Sachsenspiegel und die Stände der Freien. Von Philipp **Heck**. Mit sprachl. Beiträgen von Albert Bürk. Halle a. S.: M. Niemeyer 1905. (XXVI, 801 S.) 8°
= **Heck**: Beiträge z. Geschichte d. Stände im Mittelalter. 2.

Heck, Ph., Die friesischen Standesverhältnisse in nachfränkischer Zeit. Mit sprachwissenschaftl. Beiträgen v. T. Siebs. [Aus: „Festgabe d. Tübinger Juristenfakultät f. Friedrich v. Thudichum".] (S. 49—230.) gr. 8. Tübingen '07, H. Laupp. 6. —

Heck, Richard, appr. Arzt a. Neuwied a. Rh.: **Aus der Universitäts-Frauen-Klinik zu Gießen. Zur Prophylaxe der Mastitis.** Gießen 1904: v. Münchow. (42 S.) 8°
Gießen, Med. Fak., Ref. Pfannenstiel, Diss. v. 7. Nov. 1904
[Geb. 29. Okt. 79 Neuwied a. Rh.; Wohnort: Aachen; Staatsangeh.: Preußen; Vorbildung: Gymn. Neuwied Reife O. 99; Studium: Würzburg 4, Straßburg 2, Marburg 1, Gießen 3 S.; Coll. 15. März 1904.]

Heck, Rob., Amalie v. Anhalt, Fürstin zu Nassau-Dietz (1666–1726) u. ihr Grabmal in der Stiftskirche zu Dietz. — Die Industrieschule zu Dietz, s. a. Veröffentlichungen der Ortsgruppe Dietz d. Vereins f. nassauische Altertumskunde u. Geschichtsforschung.

Amalie von Anhalt, Fürstin zu Nassau-Dietz ⟨1666–1726⟩ und ihr Grabmal in der Stiftskirche zu Dietz. Von Robert **Heck**, Dietz. Mit 5 Bild. Hrsg. von d. evang. Kirchengemeinde zu Dietz. Diez 1910: Sommer. 47 S. 8°
(Veröffentlichungen d. Ortsgruppe Dietz d. Vereins f. Nassauische Altertumskunde u. Geschichtsforschung. Nr 9.)

— Die Drangsale der Stadt Dietz während der Revolutionskriege, s. a. Veröffentlichungen der Ortsgruppe Dietz des Vereins f. nassauische Altertumskunde u. Geschichtsforschung. Nr. 3.

Die Drangsale der Stadt Dietz während der Revolutionskriege von Robert **Heck**, Dietz. Mit 3 Bild. Dietz. Meckel 1908. 42 S. 8°
(Veröffentlichungen d. Ortsgruppe Dietz d. Vereins f. Nassauische Altertumskunde u. Geschichtsforschung. Nr 3.)

Heck, Rob., die Entstehung d. Neustadt Dietz, s. a. Veröffentlichungen d. Ortsgruppe Dietz d. Ver. f. nassauische Altertumskunde. 2.

Die Entstehung der Neustadt Dietz. Nach archival. Material zsgest. von Robert **Heck**, Dietz. Mit 5 Bild. Dietz: Ph. H. Meckel 1907. (47 S.) 8°
[F.]

Die Industrieschule zu Dietz 1805–1808, eine Schöpfung der Fürstin Wilhelmine von Nassau-Dietz Prinzessin von Oranien. Von Robert **Heck**, Dietz. Mit 1 Bildn. Dietz: Meckel 1910. 56 S. 8°
(Veröffentlichungen d. Ortsgruppe Dietz d. Vereins f. Nassauische Altertumskunde u. Geschichtsforschung. Nr 7.)

Mitteilungen zur Geschichte der Stadt Dietz. Von Robert Keck (vielmehr **Heck**), Dietz. 1. Dietz: Meckel 1909. 8°
(Veröffentlichungen d. Ortsgruppe Dietz d. Vereins f. Nassauische Altertumskunde u. Geschichtsforschung. Nr 5.)

Nassau-Dietzische Verordnungen aus den Jahren 1617—1711, s.: Veröffentlichungen der Ortsgruppe Dietz des Vereins f. nassauische Altertumskunde u. Geschichtsforschung. Nr. 4.

Heck, (Joan. Henr.) Theod. (geb. Treuenbrietzen 3. 4. 1830): De rheumatismo acuto. Berolini (1855). (31 S.) 8°
Berlin, Med. Diss. v. 17. März 1855

[F.] Fünfhundert Aufsätze der verschiedensten Art. Ausg. B. Im Anschlusse an d. Leseb. v. Gabriel u. Supprian ... f. d. Mittelstufe bearb. v. W[ilhelm] Heck u. D[ietrich] Wormstall. Nebst Hervorhebg d. Gliederg u. d. Grundgedankens b. d. einzelnen Lesestücken. *Münster i. W.: H. Schöningh 1897.* (XX, 141 S.) 1 Bd 8.

— dasselbe. Ausg. A. Im Anschlusse a. d. Crüwell'schen Lesebücher, s.: Herold, H., u. D. Wormstall.

Heck, Wilhelm [aus Rheydt]: Aus d. medizin. Klinik in Bonn. Ueber die Einwirkung der Salicylsäure auf die Harnsäure-Bildung und -Ausscheidung ... Bonn, Buch- u. Steindr. J. Bach Wwe, 1896; 32 S., 2 Bl. 8.
Bonn, Med. Fak., Inaug.-Diss. v. [15. Febr.] 1896

Hecke, Bernhard: **Wechsel** und Scheck. *Borna-Leipzig 1903: R. Noske.* (VIII, 62 S.) 8° [F.]
Leipzig, Jur. Diss. v. 1903

Hecke, B. Der Zahlungsverkehr im Wollhandel. (Separatabzug aus der Zeitschrift für die gesamte Staatswissenschaft. Jahrgang 1908, Heft 3.)

Hecke, Erich: Zur Theorie der Modulfunktionen von zwei Variabeln und ihrer Anwendung auf die Zahlentheorie. Göttingen 1910: Teubner, Leipzig. 37 S. 8°
Göttingen, Phil. Diss. v. 15. Nov. 1910, Ref. Hilbert
[Geb. 20. Sept. 87 Buk; Wohnort: Posen; Staatsangeh.: Preußen; Vorbildung: Friedrich-Wilhelms-Gymn. Posen Reife O. 05; Studium: Breslau 2, Berlin 4, Göttingen 4 S.; Rig. 3. März 10.] [U 11. 1497

Modern-freimaurerische Bekenntnisse. Beiträge zur Welt- und Lebensanschauung von Gust. Hecke. Braunschweig: J. H. Meyer 1906. IV, 274 S. 8°
Recens: Bbl. 20 (1906) S. 150 (G. Diercks); H. 17 (1906) Nr 10 (K. Pistorius); ArSt. 3 (1906) S. 90—91.
cf. BayrBbl. 6 (1905—1906) S. 286—287; DrL. 36 (1905—1906) S. 221—222 (A. Denecke); HL. 39 (1905—1906) S. 192—193 (K. Wahlstedt); Bh. 49 (1906) S. 64 (R. Brandt); BstF. 15 (1906) S. 92—93 (A. Feld); L. 29 (1906) S. 95 (P. Fischer); S. 13 (1906) S. 55 (E. Findel). 23.

Hecke, Gust., Baron Cay v. Brockdorff als Philosoph. (23 S.) gr.8. Osterwieck (908). A. W. Zickfeldt. — 30
Sonderabdruck aus: „Pädagog. Warte".

Systematisch-kritische Darstellung der Pädagogik John Lockes. E. Beitr. z. Gesch. d. Pädagogik u. Philosophie v. Gustav **Hecke**. *Gotha: F. A. Perthes 1898.* (IX, 129 S.) 1 Bd 8. [97. 7083

Hausschatz für deutsche Freimaurer. Kernworte d. Weisheit u. Erkenntnis aus Dichtern u. Denkern. 2. Aufl. Neubearb. von Gustav **Hecke**. Berlin: A. Unger 1907. (221 S.) 8° [F.]
2. Aufl. von: G. Schauer: Hausschatz ... [08. 13060

— Kleine braunschweigische Landeskunde, s.: Bosse, Frdr.

— Meisterworte d. Weisheit u. Erkenntnis a. Dichtern u. Denkern. Ein Hausschatz f. ernsthafte Menschen. (XI, 224 S.) 8. Berlin 907. A. Unger. Geb. in Leinw. 4.— ; Luxusausg., geb. in Leinw. m. Goldschn. 7.50

— s.: Morgenröte, die.

Hecke, Gust., die neuere Psychologie in ihren Beziehungen z. Pädagogik, s. a. Beiträge z. Lehrerbildung u. Lehrerfortbildung. 22. Hft.

Hecke, Gust., Die neuere Psychologie in ihren Beziehungen z. Pädagogik. »Beiträge z. Lehrerbildung u. Lehrerfortbildung.« (50 S.) Gotha 1901. E. F. Thienemann.

— Das Wirklichkeitsproblem. Allgem. Einführg. in Brockdorffs „Wissenschaftl. Selbsterkenntnis" u. Erläuterg. des 1. Kapitels dieses Werkes. (22 S.) gr.8. Berlin 910. Gerdes & Hödel. — 50
Sonderabdr. a.: „Blätter f. d. Fortbildg. d. Lehrers".

Die Zeit, ihr Wesen und ihre Bedeutung. Rede, gehalten am Stiftungsfest 1909 St. Joh.-Loge „Carl zur Gekrönter Säule" im Or. Braunschweig von Gust. Hecke. Berlin: Unger 1909. 12 S. 8°
Aus: BstF. 18 (1909) S. 114—124.
Üb. die Zeit im allgemeinen. 26a.

Hecke, J. Val.

Hecke, (J. V.,) Griechenlands Entstehen, Verfall u. Wiedergeburt, oder: Sind d. Griechen Rebellen? Sind d. Türken ihre legitime Regierung? Staats- u. völkerrechtlich beleuchtet. A. d. besten Quellen. 8. Berl. 826, Christiani in Hamb.

— Wiens Kunst, Natur u. Menschen. In vergleichender Betrachtung mit Berlin, London u. Nordamerika. 8. Berlin 826. Christiani.

Hecke, J. Val., Lilly die großmüthige Indianerin. Eine histor. Erzählung aus d. letzten Kriege der nordamerikan. Freistaaten. wider d. Briten u. Indianer. gr. 8. Berl. 826. Petri. 6 gr

Hecke, J. V, der Merkur. Eine Monatschrift über literarische, polit. und merkantilische Gegenstände. 1821. 12 Hefte. gr. 8. Berlin, (Petri.) 821.

— d. Merkur. gr. 8. Berlin 821, Petri, ist nur 1 Heft erschienen.

— Reise durch die Vereinigten Staaten von Nord-Amerika in den Jahren 1818 und 1819. Nebst einer kurzen Uebersicht der neuesten Ereignisse auf dem Kriegsplatz in Süd-Amerika u. West-Indien. 2 Bde. Mit 1 Kupf. gr. 8. (Ebendas. in Comm.) 820 u. 821. (1r Bd. 1 Thlr. 10 Gr. 2r Bd. 1 Thlr. 18 Gr.)

Hecke, Ludwig: Untersuchungen über den Verlauf der Nährstoffaufnahme der Kartoffelpflanze bei verschiedenen Düngungen ... (Aus: Journ. f. Landwirtsch., 1895.) Merseburg, Druck v. F. Stollberg, 1895; 1 Bl., 52 S., 2 Taf. 8.
Göttingen, Phil. Fak., Inaug.-Diss. v. [3. Aug.] 1895

Hecke, Oscar *(geb. Trebnitz in Schles. [7. 12. 1843]):* Zur Casuistik der Schultergelenks-Resektionen nach Schussverletzungen und deren Endresultate. Breslau 1873. (32 S.) 8°
Breslau, Med. Diss. v. 12. [vielmehr 13.] Mai 1873

Hecke, Paul: Hirnabscess nach Empyem der Pleurahöhle. Greifswald 1900: J. Abel. (17 S.) 8°
Greifswald, Med. Diss. v. 14. Juli 1900

Hecke W.: Die landwirtschaftlichen Erträge u. die Tantièmen. Wien 1890. 68 S. P.

Hecke, W., *Prof. a. d. k. k. höhern landw. Lehranstalt zu Ungar.-Altenburg.* Die Forstwirthschaftslehre für Landwirthe, Studirende an landwirthschaftlichen Lehranstalten und alle Diejenigen, welche sich in den Grundzügen dieser Wissenschaft unterrichten wollen. *Wien* 1858. *W. Braumüller.* VI. u. 178 S. 8°. Mit 2 Tab.

Hecke, W., üb. Gestütswirthschaften. [Aus: „Oesterr. landw. Wochenbl."] gr. 8. (34 S.) Wien 894. W. Frick. n. — 80

Hecke, W., und G. Krafft, internationale Getreide-Mähmaschinen-Concurrenz, veranstaltet unter dem Schutze des k. ungar. Ministeriums für Ackerbau, Industrie und Handel von dem landwirthschaftl. Vereine des Wieselburger Comitates zu Ungarisch-Altenburg vom 5. bis 10. Juli 1868. Im Auftrage des Vereins verfasst. gr. 8. (IV, 112 S. mit 18 eingedr. Abbild. in Holzschn. und 2 Tab. in qu. gr. Fol.) Wien 870, (Faesy und Frick.)

— s. Haberlandt, Friedr., der allgemeine landwirthschaftliche Pflanzenbau.

Hecke, W., die Landwirthschaft der Umgebung von Ungarisch-Altenburg u. die landwirthschaftliche Lehranstalt daselbst. In Briefen. Mit 1 (lith.) Karte (in 4.) u. 4 (lith.) Plänen. Wien 861. Braumüller. gr. 8. (VI, 226 S.) n. 1 Thlr 20 ngr.

Hecke W.: Landwirtschaftliches aus vormärzlichen Zeiten. Wien 1895. 27 S. P.

Hecke, W., die Schwankungen d. Roh- u. Reinertrages einzelner Landgüter. 8. (58 S. m. 1 Tab.) Wien 877. Faesy. n. 1. —

Hecke, W., die Schwankungen des Roh- und Reinertrages einzelner Landgüter. 8. (58 S. mit 1 Tab.) Wien 878, Faesy und Frick. * 1 —

HECKE, W.: Die Versicherung von Invaliditäts- und Altersrenten für land- und forstwirthschaftliche Beamte, sowie von Pensionen für ihre hinterlassenen Witwen und Waisen. - Wien 1881

Hecke W.: Auf landwirtschaftlichen Wanderungen. Wien 1891. 23 S. (Sertr.). P.

Hecke, Wilh., zur Geschichte der Wiener Gemeindeverfassg., s. Mitteilungen der wissenschaftl. Sektion des Klubs der rechtskundigen Beamten der Stadt Wien. 2. Hft.

Zur Geschichte der Wiener Gemeindeverfassung. Vortrag geh. von Dr. Wilhelm **Hecke**. Wien: Klub d. rechtskund. Beamten; Gerlach & Wiedling in Komm. 1909. 7 S. 4° [Umschlagt.]
(Mitteilungen d. wissenschaftl. Sektion d. Klubs d. rechtskund. Beamten d. Stadt Wien. H. 2.) 109. 7366

Hecke, Wilh., s.: Jahrbuch, statist., der Stadt Wien.

Städtische Sozialpolitik. Wien im Vergleiche mit anderen Städten. Von Dr. Wilhelm **Hecke**, Magistr.-Oberkommissär. Wien: Klub d. rechtskund. Beamten; Gerlach & Wiedling in Komm. 1906. (24 S.) 4°
= Mitteilungen d. wiss. Sektion d. Klubs d. rechtskund. Beamten. H. 1. 106. 11984

— Die Sterblichkeit an Tuberkulose u. Krebs in Wien im J. 1904 nach Berufen. Bearb. in der Magistrats-Abteilg. XXI. (Mitteilungen der statist. Abteilg. des Wiener Magistrates.) (XVI, 87 S.) Lex. 8. Wien 907. (Gerlach & Wiedling.) nn 1. 20

Heckel, Compendium der Unterleibshernien. gr. 8. (III, 144 S.) Stuttgart 880. Enke. n. 3. —

Heckel, A. W., Beyspiele des Guten aus der Geschichte der Stadt Kulmbach sammt einer Chronik dieses Ortes als Einleitung. 8. Bayreuth 839. (Buchner'sche Buchh.) n. 2/3 Rthlr

Heckel, (A. W.,) die edelsten Frauen deutscher Vorzeit, nach den vorhand. Quellen u. Urkunden dargest. 2 Bde. 8. Nürnberg 823 u. 26, Haubenstricker.

— die edelsten deutschen Frauen der Vorzeit. 2 Thle. 8. Nürnberg 826. jetzt Bade in Berlin.

Heckel, A. W., die Märtyrer d. evangel. Kirche in d. ersten Zeiten nach d. Reformation. Ein Leseb. f. evangel. Christen aus allen Ständen. 8. (16 B.) Nürnberg 828. [Berlin, Bade.]

— d. Märtyrer d. evangel. Kirche in den ersten Zeiten nach d. Reformation. 8. Nürnb. 828. Haubenstricker. 18 gr

Heckel, Alfred, appr. Arzt a. München: Statistisches und Klinisches über Die Scarlatina mit besonderer Berücksichtigung des erwachsenen Lebensalters. München 1904: Kastner & Callwey. (35 S.) 8°
München, Med. Fak., Ref. v. Bauer, Diss. v. 28. Nov. 1904
[Geb. 1. Aug. 80 München; Wohnort: München; Staatsangeh.: Bayern; Vorbildung: Theresiengymn. München Reife Juli 99; Studium: München 3, Erlangen 4, München 5 S.; Coll. 11. Nov. 04; Approb. 21. Juli 04.]

Heckel, Carl, s. Heckel, Karl.

Heckel, Christian

Heckel, Chr. Beschreibung der Stadt Bischofswerda. 8. Dresden 1713. 1.75

Heckel, Chr. Histor. Beschreibung der weltber. Festung Königstein, worbey zugleich von der alten Burg Dohna in Meissen gehandelt wird. 4. M. 2 K. Dresden 1736. — 4. Magdeburg 1737.

Heckel, Chrn. Historische Nachricht von dem, was ao. 1639 in dem sog. 30jährigen Krieg der Stadt Pirna von denen feindlichen Schweden widerfahren. (136.) 4. Pirna 1739.

Heckel, Christian Friedrich (Colberg / Pomm.), Quaestiones de electione pontificis. Präs. Jo. Fried. Mayer. In Univers. Christian Albertina. [Kiel] Nov. 1700. 24 S. (6.—) 13747

Heckel's, Dolph, verm. Gedichte. 1. Bd. Periode 1887—1895. M. d. Portr. u. Facs. d. Dichters. 12. (VI, 209 S.) Wien 896. (Leipzig, Literar. Anstalt, A. Schulze.) n. 1. 50

Heckel, E: Wie soll der Antrieb einer maschinellen Seilförderung mit Rücksicht auf die Schonung des Seiles konstruiert sein? St. Johann-Saarbrücken 1903

Heckel, Ed., notice sur la musée et l'institut colonial de Marseille, s.: Mémoires de l'herbier Boissier. Nr. 20.

Heckel, Fr. Ed.

— kurze und leichtfaßliche Anleitung zur Erlernung des grammaticalisch richtigen Gebrauches d. einzelnen Wörter sowohl als auch ihrer Zusammenstellung in der lateinischen und zugleich d. deutschen Sprache. Ein unentbehrl. Hand- u. Hülfsbuch für Expedienten, untere Gerichtspersonen u. Geschäftsmänner überhaupt. gr. 8. Leipzig 841, Wöller. n. 3/4 Rthlr

—— das Expeditions- u. Geschäftsleben, s. Wissensnöthigste.

—— Handbuch d. Gendarmerie- u. niedern Polizeidienstes. Mit besond. Berücksichtig. d. in d. deutschen Bundesstaaten f. d. Gendarmeriedienst ertheilten Instructionen. Nebst e. Anh. üb. schriftl. Dienstarbeiten u. e. Wörterbuche d. beim Dienste vorkomm. fremden Ausdrücke u. Redensarten, so wie des Chochemer-Loschen od. d. Gauner- u. Diebs-Sprache. 8. (17½ B.) Weimar 841, Voigt.

— s. Handbuch, alphabet. geordnetes, des Wissensnöthigen für das Expeditions- u. Geschäftsleben.

Heckel, Fr. Ed., Sachsens Polizei. Ein Handbuch für königl. sächs. Polizeibeamtete der unteren Instanz. gr. 8. Dresden u. Leipzig 840. Arnold. 1¼ Rthlr

Heckel, Franz, Anthropologie, oder der Mensch als Gegenstand der Philosophie. Wien, Pichlers Witwe, 1845, 8°, VIII, 232 S.
Recens. Litblätter zur Neuen Sion 1846, Nr. 13.

Heckel, Fritz: Über Leucin aus Kasein.
Separatabdruck aus: Sitzungsberichte der kais. Akademie d. Wissensch. in Wien. Bd. 116. II b. 1255.

— Synthese der α, ω-Aminoguanidincapronsaure. S. 117. II b. 493 . . . . vgr.
Separatabdruck

Heckel, G., Fabrik für den Bau von maschinellen Streckenförderungen: Katalog. St. Johann-Saarbrücken 1901

Heckel, G., Drahtwerk, Drahtseil-Fabrik, Hanfseilerei: Katalog über Maschinelle Seil- und Kettenförderungen. St. Johann-Saarbrücken (1903)

Heckel, Hans [aus Gleiwitz]: Über Aristol. . . . Würzburg, Becker's Univ.-Buchdr., 1890; 40 S., 1 Bl. 8°
Würzburg, Med. Fak., Inaug.-Diss. v. 1890

Heckel, Johann Christoph, s. Atlas für d. Jugend.

Heckel, Jh. Cph., († d. 7. Dec. 1798.) neues Beicht- u. Communionbuch. 2 Thle. 8. Augsb. 778. v. Jenisch u. Stage. 1 Rthlr 4 gr

— christl. Beruhigungen unter den Leiden u. Beschwerden dieses Lebens. 8. Augsb. 787. 2e Aufl. 8. Leipz. 797. (Wienbrack). 1 Rthlr 6 gr

— christl. Beruhigungen unt. d. Leiden dies. Lebens. 1ster Th. 8. Lpz. Gräff. 792.

— Beschreib. d. Steinischen Melodica, e. neuerfund. Clavierinstrument. 8. Augsb. 772.

— kleine Bibel und Gesangbuch f. Kinder. 24. Augsb. Henning. 788.

Heckel, Jh. Cph., wöchentl. Erbauungen durch geistl. Lieder. 4 Thle. 8. Augsb. 785. v. Jenisch u. St. 2 Rthlr 4 gr

— Fragen u. Lieder üb. d. wichtigsten Hauptstücke d. christl. Lehre. 8. Augsb. 781.

– s. Gesangbuch, neues, für d. evangel. Gemeinde in Augsburg.

— über d. Geschichte d. letzten Leiden u. des Todes Jesu Christi. 8. Augsb. 780. v. Jenisch u. St. 1 gr

— Lebensgeschichte Otto Fr. Hörners. 8. Augsb. 782.

— Lieder für leidende Christen. 8. Augsb. 789. (Wienbrack in Leipz.) 12 gr

— Lieder f. Leidende. 8. Augsburg. (Gräff in Leipzig.) 789.

— Unterricht im Christenthum etc. 12. Augsb. 788. Mit noch folg. Tit.: kleine Bibel u. Gesangbuch f. Kinder, 24. Augsb. 788. Henning.

– s. Versuch e. theolog. Encyklopädie u. Methodologie.

Heckel, Joh. Jac. (Hrsg.), s. Abbildungen und Beschreibungen neuer u. seltener Thiere u. Pflanzen in Syrien. . .

Heckel, J., Abbild. u. Beschreib. selt. Thiere, s. Kotschy, Th.

— s. Abhandlungen, zoolog., aus d. Annalen d. Wiener Museums.

— Ueber den Bau und die Eintheilung der Pycnodonten, nebst kurzer Beschreibung einiger neuen Arten derselben. (Aus den Sitzungsb. d. k. Akad.) Wien. 1854. 8.

Heckel, Joh. Jac., Beiträge zur Kenntniss der fossilen Fische Oesterreichs. Abhandlung I. [Chirocentrites. Pimelodus. Saurorhamphus. Amphisyle. Meletta. Clupea. Lepidopides. Lepidotus.] Vorgelegt in der Sitzung der mathematisch-naturwissenschaftl. Classe (der kais. Akademie der Wissenschaften) am 11. Jänner 1849. Fol. (44 S. m. 1 Atlas von 15 lith. Taf. in qu. Fol. u. gr. Fol.) Wien 849. (Braumüller.) baar n. n. 8 Rthlr (siehe auch: Denkschriften der k. Akad. der Wissenschaften. Mathem.-naturwissensch. Cl. I. Bd.)

Heckel, Joh. Jak., Beiträge zur Kenntniss der fossilen Fische Oesterreichs. Mit 15 (lith.) Taf. (in gr. Fol.) Aus d. Denkschriften d. k. Akad. d. W. Wien 856. (Gerold.) gr. 4. (1 Bl., 88 S.) n. 5 Rthlr

— Beiträge zur Kenntnis der fossilen Fische Österreichs. 2. Abhandlung: Die Pycnodonten Agass. oder Pleurolepiden Quenst. (mit 15 Taf.). D 11. I. 187 . . . . . . vgr.
Separatabdruck

Heckel, Jak., neue Beiträge zur Kenntniss der fossilen Fische Österreichs. Beendet von Rud. Kner. (Aus den Denkschriften der k. Akad. d. Wiss.) Mit 10 (lith.) Taf. in Farbendr. Wien 861. Gerold in Comm. gr. 4. (28 S.) n. 2 Rthlr

— Neue Beiträge zur Kenntnis der fossilen Fische Österreichs. Beendet von Rudolf Kner. D 19. I. 1 . . . . . . 6.–
Siehe auch Kner Rudolf
Separatabdruck

— Neue Beiträge zur Kenntnis der fossilen Fische in Österreich. (Auszug.) S 17. 106 . . — 20
Separatabdruck

— Beiträge zur Kenntnis fossiler Fische Österreichs. 1. Abhandlung: Über eine neue fossile Fischgattung Chirocentrites und die ersten Überreste eines Siluroiden aus der Vorwelt. (Auszug.) S. 2. 16 . . . . . . vgr.
— — 2. Abhandlung: Über einige bisher unbekannte Arten fossiler Fische aus der Gegend von Görz, aus Mähren und Galizien. (Auszug.) S. 2. 161 . . . . . . vgr.
— — 3. Abhandlung: Die wesentlichen Merkmale einer neuen Gattung der Taenioiden und eine neue Spezies aus der bekannten Ganoidengattung *Lepidotus*. (Auszug.) S. 2. 176 . . . . . . vgr.
Separatabdruck

— Bericht über die am 15. August bei Cannanova gestrandeten Pottwale. S. 11. 765
Separatabdruck

— Bericht einer auf Kosten der Kaiserlichen Akademie der Wissenschaften durch Oberösterreich nach Salzburg, München, Innsbruck, Bozen, Verona, Padua, Venedig und Triest unternommenen Reise. S. 7. 281 . . . . . . —.80
— — Fortsetzung I: Die Störarten der Lagunen bei Venedig (mit 2 Taf.). S. 7. 547 . 1.—
— — Fortsetzung II: Beiträge zu den Gattungen *Salmo, Fario, Salar, Coregonus, Chondrostoma* und *Telestes* (mit 8 Taf.). S. 8. 347 . . . . . . 3.—
— — Fortsetzung III: Über die zu den Gattungen *Idus, Leuciscus* und *Squalius* gehörigen Cyprinen (mit 8 Taf.). S. 9. 49 . . . . . . 4.—
Separatabdruck

— Bericht einer auf Kosten der kais. Akad. der Wissenschaften durch Ober-Oesterreich nach Salzburg, München, Innsbruck, Botzen, Verona, Padua, Venedig u. Triest unternommenen Reise. [Aus den Sitzungsberichten d. k. Akad. d. Wiss. 1851 abgedr.] Lex. 8. (55 S.) Ebd. 851. n. 8 ngr

—— Reisebericht. I. Anhang: Die Stör-Arten aus den Lagunen bei Venedig. gr. 8. (19 S. mit 2 Stnt. in gr. 8. und qu. gr. 4.) Wien 852, (Gerold's Sohn.) *

(—) Anhang II u. III zu Jacob Heckel's Reisebericht. (Aus d. Sitzungsberichten d. k. Akad. d. W.) Ebend. 852. gr. 8. (S. 20—201. u. 8 lith. Taf.) 2.: n. 1 Rthlr; 3.: n. 1 Rthlr 10 ngr; n. 2 Rthlr 10 ngr

—— dass. — 3. Anhang: Ueber die zu den Gattungen Idus, Leuciscus und Squalius gehörigen Cyprinen. Lex.-8. (77 S. mit 5 lithogr. und 3 lithochrom. Taf.) Wien 853, (Gerold's Sohn.) *
Aus: Sitzungsberichte der k. Akademie der Wissenschaften J. 1852, besonders abgedruckt.

— Bericht über die vom Herrn Cavaliere Achille de Zigno in Wien angelangte Sammlung fossiler Fische. (Aus der Sitzungsb. der k. Akad.) Wien. 1853. 8.

— Beschreibung des Gymnarchus niloticus Cuv. Nach zwei aus dem weissen Nile vorliegenden Exemplaren. Mit 2 (lith.) Taf. (in gr. 4. u. qu. Fol.) (Aus d. Denkschriften d. k. Akad. d. W.) Wien 853. (Gerold.) gr. 4. (12 S.) n. 20 ngr

Heckel, Joh. Jac., Fische aus Caschmir, s. Hügel, Frhr. K. v.

Heckel Johann Jakob: Über fossile Fische. S. 1. 127 . . . . . . vgr.
Separatabdruck

— Ueber fossile Fische aus Chiavon im Venetianischen und das geologische Alter der sie enthaltenden Schichten. (Aus d. Sitzungsb. d. k. Akad.) Wien. 1853. 8.

— Über die in den Seen Oberösterreichs vorkommenden Fische. S. 6. 145 . . . . . vgr.
Separatabdruck

— Über eine neue Fischspezies aus dem weißen Nil, Propterus aethiopicus. S. 7. 685 . vgr.
Separatabdruck

—— Naturgeschichte, s. Naturgeschichte.

— Über die Ordnung der Chondrostei und die Gattungen Amia, Cyclurus, Notaeus. S. 6. 219 . . . . . . vgr.
Separatabdruck

Heckel, J. Ueber den Pycnodus Muraltii von Pola. (Aus d. Ber. d. Freunde d. Naturw. Vol. IV.) Wien. 1848. 8.

— u. Rud. Kner, die Süsswasserfische der österreichischen Monarchie mit Rücksicht auf die angränzenden Länder bearb. Mit 204 Holzschn. (im Text.) Leipzig 858. Engelmann. Lex.-8. (XII, 388 S.) n. 8 Rthlr

— Ueber die Wirbelsäule fossiler Ganoïden. (Aus d. Sitzungsb. d. k. Akad.) Wien. 1850. 8.

Über das Wirbelsäulenende bei Ganoiden und Teleostiern. S. 5. 143 . . . . vgr.
Separatabdruck

— Xiphophorus, eine neue Gattung von Poeilien mit rochenartigen Anklammerungsorganen (mit 2 Taf.). S. 1. 80 . . . . vgr.
Separatabdruck

Heckel, Julius [approb. Arzt aus Durrkamitz]: Statistische klimatologische Studien über Tuberkulose .... München, K. Hof- u. Univ.-Buchdr. v. Dr. C. Wolf & Sohn, 1886; 20 S. u. 2 Taf. 8°.
München, Med. Fak., Inaug. Diss. v. 1886.

Heckel, Julius, statistische klimatologische Studien über Tuberkulose. Diss. München 1886, A. Buchholz. 8°. 20 S. mit 2 Taf.

Heckel, Karl, die Bühnenfestspiele in Bayreuth. Authentischer Beitrag zur Geschichte der Entstehg. u. Entwickelg. gr. 8. (V, 78 S.) Leipzig 891. E. W. Fritzsch. n. 1. 50

Heckel, Carl, Robert Emmet. Historisches Drama in 5 Aufzügen. 8. (126 S.) München 884, Merhoff's Verlag. *
geb. * *

— Erläuterungen zu Richard Wagner's Tristan und Isolde. Mannheim (1889).

— Erläuterungen zu Richard Wagner's Tristan u. Isolde. 8. (16 S.) Mannheim 893. K. F. Heckel. — 30

Einen Garten nenn' ich die Ehe. Roman von Karl **Heckel**. Berlin: O. Janke 1907. (310 S.) 8° [F.] [07. 12345]

Heckel, Karl. Die Idee der Wiedergeburt. Preisgekrönt. gr. 8. (III, 71 S.) Lpz. 889, Spohr. * 1 80

Heckel, Carl, Karin. Dichtung. 12. (108 S.) München 883, Merhoff's Verlag. *
cart. *M 2.; geb. *

—— Richard-Wagner-Gedenkfeier. Dichtung. gr. 8. (20 S.) Mannheim 883, Bensheimer's Verlag.

Heckel, Carl, Friederike v. Sesenheim. Idyllisches Drama in 3 Aufzügen. 8. (60 S.) München 880. Merhoff. n. 1. —

— Sonnenwende. Schauspiel in 1 Akt. gr. 8. (30 S.) Ebd. 894. n. — 60

Hugo Wolf in seinem Verhältnis zu Richard Wagner. Von Karl **Heckel**, Mannheim. Mit 1 Portr. H. Wolfs. München & Leipzig: G. Müller 1905. (19 S.) 8° [F.] [06. 8877]

HECKEL, Carl August (Ramsberg): Ueber Exstirpation der Parotis.- München: Mühlthaler 1872. 21 S. 26.7.1871 - Urk (Titel: De exstirpatione parotidis.); F 75; Chr 1871/72,19
Diss.Ingolst.-Landsh.-Mchn.

Heckel, Max v. (Hrsg.). s. Abhandlungen des staatswissenschaftlichen Seminars zu Münster.

von Heckel, Max: Die Berücksichtigung der Schulden und Schuldzinsen bei der direkten Besteuerung. ... München, k. Hof- u. Univ.-Buchdr. v. Dr. C. Wolf & Sohn, 1889; 52 S. 8°
München, Staatswirtsch. Fak., Inaug.-Diss. v. 1889

Das Budget v. Dr. Max v. **Heckel**, Privatdoz. an d. Univ. Würzburg. *Leipzig: C. L. Hirschfeld 1898.* (XVI, 354 S.) 1 Bd 8.
= Hand- u. Lehrbuch d. Staatswissenschaften. Abth. II. Bd 4. [98. 6960]

Heckel, Max v. Die Einkommensteuer u. die Schuldzinsen. Ein Beitrag zur Kritik u. Reform der deutschen Einkommensteuern. gr. 8. (IX, 187 S.) Lpz. 890, Winter. * 3 —

— s.: Festgaben f. Adolph Wagner.

— die Fortschritte der direkten Besteuerung in den Deutschen Staaten. (1880—1905.) (XII, 284 S.) gr. 8. Leipzig 904. C. L. Hirschfeld. n. 8. —; geb. n. 9. 20

Heckel, Max von (Hrsg.), s. Frankenstein, Kuno: Hand- u. Lehrbuch der Staatswissenschaften.

Heckel, Max v., die Grundbegriffe d. Nationalökonomie, s.: Lehr, Jul.

— s.: Hand- u. Lehrbuch der Staatswissenschaften.

— Lehrbuch der Finanzwissenschaft. 1. Bd. (XIX, 506 S.) gr. 8. Leipzig 907. C. L. Hirschfeld. 10. —; geb. 11. 50

Das Problem der Warenhäuser und der Warenhaussteuer. Vortrag, geh. in d. Gehe-Stiftung zu Dresden 1901 von Dr. Max v. **Heckel**, Prof. in Münster i. W. *Dresden: v. Zahn & Jaensch 1902.* (46 S.) 8° [F.]
= Jahrbuch d. Gehe-Stiftung zu Dresden. Bd 8, H. 3.

von Heckel, Max [Dr. d. Staatswirtsch.]: Die Reform der Gebäude-Grundsteuer in Frankreich. (Gesetz vom 8. August 1890.) . . Stuttgart, Druck d. Union Deutsche Verlagsges., 1891; 1 Bl., 108 S. 8°
Würzburg, Jur. Fak., Hab. Schr. v. 1891

Heckel, Rudolf von, a. München: Das päpstliche und sicilische Registerwesen in vergleichender Darstellung. Kap. 3: Die Entstehung der angiovinischen Registratur. (Leipzig: Veit & Co. 1906.) (53 S.) 8° ¶ (Erscheint vollst. als Archiv für Urkundenforschung Bd. 1, H. 2.)
Berlin, Phil. Fak., Ref. Tangl, Diss. v. 11. Aug. 1906
[Geb. 3. Mai 80 München; Wohnort: München; Staatsangeh.: Bayern; Vorbildung: Maximilians-Gymn. München Reife Juli 99; Studium: München 3, Berlin 8 S.; Rig. 16. Nov. 05.]

Heckel, Wilhelm: Der Fagott. Kurzgefasste Abhandlung über seine histor. Entwicklung, seinen Bau u. seine Spielweise. Biebrich a. Rh.: W. Heckel 1899. (32 S.) 8°

Schematische Tabelle der Gesangstimmen u. sämmtlicher Musikinstrumente, welche in der modernen Instrumentation der Symphonie- u. Militärorchester etc. verwendet werden, mit Angabe d. Umfanges, d. Art u. d. Verwendung derselben ... Nach d. besten Quellen bearb. von Wilhelm **Heckel**, Hof-Instrumentenmacher. (Biebrich: W. Heckel) 1894. (1 Bl.) gr. 2° [F. u. Ant.] [07. 7647]

Schematische Tabelle d. Gesangstimmen u. sämmtlicher Musikinstrumente, welche in d. modernen Instrumentation d. Symphonie- u. Militärorchester etc. verwendet werden ... Nach d. besten Quellen bearb. v. Wilhelm **Heckel**, Kgl. Hof-Instrumentenmacher zu Biebrich a. Rh. *Biebrich a. Rh.: W. Heckel 1896.* (1 Tab. 59 × 44 cm.) gr. 2° [Kopft. F. u. Ant.]

Heckel, Wilhelm, aus Naila (Bayern): Über das Verhalten des Benzhydrols und Benzoins bei höheren Temperaturen. *Heidelberg 1902: Hörning & Berkenbusch.* (49 S.) 8°
Heidelberg, Naturw.-math. Diss. v. 1902

Heckel-Zwingenberg, F., Wilhelm I. Das Leben Kaiser Wilhelm's des Siegreichen, dem deutschen Volke erzählt. Mit 8 Vollbildern. gr. 8. (74 S.) Stuttgart 888. Süddeutsches Verlags-Institut. geb. n. 1. —

Heckelmann, Aug., die Abschluss-Bilanzen der Eigenhandlung, sowie aller Handelsgesellschaften u. Genossenschaften. Eine Ergänzg. zu jedem Lehrbuch der Buchhaltung. Allen Geschäfts- u. Kaufleuten, besond. auch dem Handwerkerstande, gewidmet. (36 S.) 8. Darmstadt (907). E. Zernin. Kart. 1. 25

Heckelmann, Aug., allereinfachste Buchführung f. den Privatmann, Handwerker u. Gewerbetreibenden. Auch e. Buchhaltg. ohne Bücher u. e. kurze Belehrg. üb. den Geld-, Wechsel-, Check- u. Giro-Verkehr. Zum Selbstunterricht. gr. 8. (34 S.) Gießen (901). E. Roth. n. — 60

Der Handwerker vor der Meister-Prüfung. Ein unentbehrl. Leitfaden f. Lernende u. Lehrende, Examinanden u. Examinatoren. Von August **Heckelmann**, Doz. d. Hess. Techn. Hochschule. *Aachen: C. H. Georgi [1903].* (48 S.) 8° [F.]
= Hilf dir selbst! No 32.

Heckelmann, A., Bürgerliches Hausbuch. Ein rechts- u. geschäftskund. Führer u. Ratgeber f. alle Stände u. Berufsklassen. gr. 8. (VIII, 211 S.) Giessen, E. Roth. 1901. 1. 60; geb. in Leinw. 2. —

— bürgerliches Hausbuch. Ein rechts- u. geschäftskund. Führer u. Ratgeber f. alle Stände u. Berufsklassen. 2. Aufl. Mit vielen Formularen u. ausführl. Sachregister. gr. 8. (VIII, 229 S.) Ebd. (902). n. 1. 60; geb. in Leinw. n. 2. —
1. Aufl. (VIII, 211 S.) Ebd. 901 zu gleich. Preise.

— Theorie u. Praxis im Kaufmannstande od.: Die wichtigsten u. schwierigsten Fragen der Handels- u. Wirtschaftslehre in Form e. zeitgemäss Zwiegesprächs dargestellt. (Sammlung kaufmänn. Lehrbücher.) gr. 8. (VII, 101 S.) Leipzig (900). Dr. L. Huberti. Geb. in Leinw. n. 2. 75

— Eigene Vermögens-Verwaltung nach dem amerikanischen Einbuchsystem. Ausgeführt bis z. vollen Jahresabschlusse m. ausführl. Belehrg. üb. die Buchführg., den Bankverkehr u. das Wesen aller Besitztitel, besonders der Wertpapiere u. deren Berechng. Für Privatleute, Rentner, Kapitalisten, Beamte, Offiziere, Pensionäre, Geistliche, Lehrer u. Studierende hrsg. (III, 56 S. m. 2 Tab.) 8. Giessen (906.) E. Roth. 1.50; geb. 1. 80

Heckelmann, Georg W. [pr. Arzt zu Blankenese]: Aus d. patholog. Institut zu Kiel. Ein Fall von Nieren-Geschwulst bei einem jungen Kinde ... Blankenese, J. Kröger's Buchdr., 1891; 21 S., 1 Bl. 8.
Kiel, Med. Fak., Inaug.-Diss. v. [19. Sept.] 1891

Heckelmann, Geo., e. Fall v. Nieren-Geschwulst bei e. jungen Kinde. Diss. gr. 8. (21 S.) Blankenese 891. (Kiel, Unevkow & v. Gellhorn.) n. 1. 20

Heckelmann, Ph. J. August

Heckelmann, A., Auflösungen der Aufgaben zur Uebung, s.: Amthor, E., Quintessenz d. kaufmänn. Rechnens.

Heckelmann, Ph. J. Aug., Handel u. Verkehr. Lehrbuch der Handelswissenschaften oder der allgemeinen Handelslehre, der Handelsgeschichte u. Volkswirthschaftslehre, des Handels- u. Wechselrechts, der kaufmänn. Arithmetik, Correspondenz u. Buchführung. Zum Selbstunterricht für Kaufleute, Fabrikanten, Gewerbtreibende rc., insbesondere für Zöglinge des Handels u. zum Schulgebrauche. Darmstadt 868. Zernin. 8. (X, 470 S.) n. 1 ℛ 15 ngr.

— — 2. mit der neuen Post- u. Telegraphenordnung, mit Münz-, Maß-, Gewichts- u. geographisch-statist. Tab. rc. rc. versehene Ausg., besonders vermehrt durch Ziehungspläne aller Staats- u. Privat-Anlehens-Loose. Ebend. 870. 8. (XI, 505 S.) n. 1 ℛ 18 ngr.; geb. n. 1 ℛ 28 ngr.

Heckelmann, Ph. J. Aug., Handel u. Verkehr. Lehrbuch der Handelswissenschaft, der allgemeinen Handelslehre, der Handelsgeschichte u. Volkswirthschaftslehre, des Handels- u. Wechselrechts, der kaufmänn. Arithmetik, Correspondenz u. Buchführung. 3., gänzlich umgearb. u. sehr verm. Aufl. gr. 8. (VIII, 529 S.) Darmstadt 880. Zernin. n. 6. —; geb. n. 7. 20

Heckelmann, Ph. J. Aug., Leitfaden zum gründlichen und practischen Unterricht im kaufmännischen Rechnen an Handels-, Gewerb-, Real- und höheren Bürgerschulen, mit vielen didactisch geordneten und alle Rechenvortheile entwickelnden Fragen u. Aufgaben zu mündlicher u. schriftlicher Lösung zunächst für den Gebrauch der Schüler bearb. 1—3. Cursus. Darmstadt 861, 62. Zernin. gr. 8. n. 1 ℛ 23 ngr.

Inhalt: 1. Curs.: Vorbereitende Uebungen, die wälsche Practik, gewerbliche Calculationen und Kostenüberschläge. (VII, 156 S.) n. 16 ngr. — 2. Curs.: Anwendung der Procent- und Theilrechnung. (VIII, 143 S.) n. 16 ngr. — 3 Curs.: Geld-, Wechsel-, Effecten-, Waaren- u. Haverie-Rechnung; Conti-Corrente. (VIII, 197 S.) n. 21 ngr.

— Resultate und Auflösungen zu den schriftlichen Rechenaufgaben im „Leitfaden zum gründlichen und praktischen Unterricht im kaufmännischen Rechnen.“ Ebend. 862. gr. 8. (103 S.) n. 12 ngr.

— Leitfaden u. Aufgaben-Magazin zum gründlichen u. praktischen Unterricht in der kaufmännischen Arithmetik u. Buchführung. 2., gänzlich umgearb. Aufl. gr. 8. (IV, 223 S.) Ebend. 880. n. 2. 50

Heckelmann, Ph. J. Aug., Leitfaden u. Aufgaben-Magazin zum gründl. u. praktischen Unterricht in der kaufmännischen Arithmetik u. Buchführung. 3., gänzlich umgearb. Aufl. gr. 8. (IV, 223 S.) Darmstadt 891. Zernin. cart. n. 2. 80

Heckelmann, Ph. J. Aug., Leitfaden u. Aufgaben-Magazin z. gründl. u. prakt. Unterr. in d. kaufmänn. Arithmetik. 5., teilweise umgearb. Aufl. gr. 8. (IV, 184 S.) Darmstadt 898. E. Zernin. Kart. n. 2. 50; Resultate zu d. schriftl. Aufgaben (32 S.) n. — 80

Heckelmann, Ph. J. Aug., Leitfaden u. Aufgaben-Magazin zum gründlichen u. praktischen Unterricht in der kaufmännischen Arithmetik. 6., teilweise umgearb. Aufl. (IV, 148 S.) gr. 8. Darmstadt 904. E. Zernin. Geb. n. 2. 50

— dasselbe in d. kaufmänn. Buchführung. (4., gänzlich umgearb. Aufl. 8. (V, 161 S.) Ebd. 898. Kart. n. 2. 50

— dasselbe in der kaufmännischen Correspondenz. Mit e. Anh. über die Grundbegriffe d. Geld-, Wechsel- u. Bankwesens. gr. 8. (VI, 73 S.) Ebd. 891. cart. n. 1. 50

Heckelmann, Sebastian, Rechtspraktikant, z. Zt. in Passau: Sind „gemischte Güterstände“ nach dem Bürgerlichen Gesetzbuch zulässig? Borna-Leipzig 1907: R. Noske. (VIII, 46 S.) 8°
Heidelberg, Jur. Fak., Ref. Schroeder, Diss. v. 27. Mai 1907
[Geb. 4. März 83 Hoheim; Wohnort: Kitzingen; Staatsangeh.: Bayern; Vorbildung: Gymn. Würzburg Reife Juli 02; Studium: Würzburg 8 S.; Rig. 23. Nov. 06.]

— Ziehungspläne aller Staats- u. Privat-Anlehensloose. [Aus: „Handel u. Verkehr“.] Nebst einem Vorwort über das Wesen u. die Werthberechnung der Anlehensloose. Ebend. 870. 8. (XVI, 36 S.) n. 10 ngr.

Verlags-Katalog von Gustav Heckenast, Verlags-Buchhändler in Pesth. Bis Ostern 1855. Pesth. 1855. Gedruckt bei Landerer und Heckenast. (48 S. 8.)

Heckenast, M., Augsburg. Glaubensbekenntniß nach seinem wesentl. Inhalte, zum Gebrauche u. zur Beherzigung für unsere evangel. Christen. gr. 12. Kaschau 830. (Wigand). 3 gr.

— Kanzelrede am 3ten Säcular-Jubelfeste d. Uebergabe unseres evangel. Glaubensbekenntnisses auf d. Reichstage zu Augsburg, d. 25. Juni 1530. Nebst der damit in Verbindung gebrachten feierl. öffentl. Confirmationshandlung. gr. 12. Kaschau 830. (Wigand). 3 gr.

Heckenast, Wilh., Desinfectionsmittel oder Anleitung zur Anwendung der praktischesten u. besten Desinfectionsmittel, um Wohnräume, Krankensäle, Stallungen, Transportmittel, Leichenkammern, Schlachtfelder rc. zu desinficiren. 8. (IV, 184 S.) Wien 878. Hartleben. 2. —

Heckenast W, Desinfektionsmittel. (Bibliothek, Chem.-techn. 42) Wien 1878

Heckenauer. Vaubans Methode zu fortifizieren, durchaus in Kupfer gestochen. fol. Cöln 1701.

Heckenbach, Josephus: De nuditate sacra capita duo. Numburgi a. S. 1910: Lippert. 63 S. 8° ¶(Vollst. als: Religionsgeschichtl. Versuche u. Vorarbeiten. Bd 9, H. 3. 1911.)
Münster, Phil. Diss. v. 27. Dez. 1910, Ref. Kroll
[Geb. 28. Sept. 87 Koblenz; Wohnort: Münster i. W.; Staatsangeh.: Preußen; Vorbildung: Gymn. Bensheim Reife O. 05; Studium: Münster 2, München 2, Munster 6 S.; Rig. 30. April 10.] [U 11. 3949

Heckenberg, Just. Henr., Diss. de mania. 22 pp. Gott. 4°.
Vogel, Opusc. med. sel. Gott. 1768 n. 7.

1768

Heckenberg, J. H., praes. R. A. Vogel, De insania longa. 22 pp. Gott. 4°. 1763

Heckenberger, R[ichard], Rechtsanw.: Die Entlastung bei den Aktien-Gesellschaften, Genossenschaften und Gesellschaften mit beschränkter Haftung nach Voraussetzungen, Wirkungen und Anfechtbarkeit. Heidelberg 1909: Rössler & Herbert. VIII, 103 S. 8°
Heidelberg, Jur. Diss. v. 4. Nov. 1909, Ref. Schröder
[Geb. 28. Mai 70 Biberach a. Riß; Wohnort: Heilbronn; Staatsangeh.: Württemberg; Vorbildung: Gymn. Heilbronn Reife 96; Studium: München, Tübingen, Berlin; Rig. 30. Juli 09.] [U 10. 1888

Heckenhayn, Friedrich Theodor

[illegible], f.: Loß, A., üb. Lehrerkonferenzen.

— astronomische Geographie, f.: Bartholomäi, Frdr.

Heckenhayn, Frdr. Thdr., Geschichtsrepetition. 1. Thl. Nach dem Lehrplan der Bürgerschule zu Coburg bearb. 8. (32 S.) Coburg 871. Sendelbach. n. — 20

— u. Jac. **Taubald**, Geschichtsrepetition. Nach dem Lehrplan der Bürgerschule zu Coburg bearb. 3 Thle. 3. Aufl. 8. (IV, 67 S.) Ebend. 872. à n. — 20
1. Bearb. v. Frdr. Thdr. Heckenhayn. 2. Aufl. (32 S.)
2. Bearb. v. J. Taubald. 4. Aufl. (20 S.)
3. Bearb. v. J. Taubald. 2. Aufl. (18 S.)

— und Jac. Taubold, Geschichtsrepetition. Nach dem Lehrplan der Bürgerschule zu Coburg bearb. 3 Thle. 8. Coburg, Sendelbach. [1. Thl. Bearb. von Friedr. Thdr. Heckenhayn. 1. Aufl. 1871, und 2. Aufl. (32 S.) 873; 2. Thl. Bearb. von J. Taubold. 4. Aufl. (20 S.) 873; 3. Thl. Bearb. von J. Taubold. 2. Aufl. (18 S.) 873.] à Thl. * 20 Pf.

Heckenhayn, Frdr. Thdr., f. a. Geschichtsrepetition.

Heckenhayn, Friedr. Thdr., Geschichtstabellen. Ein method. Leitfaden für den Elementarunterricht in der Geschichte. gr. 8. (IV und 77 S.) Eisenach 866, Jacobi.

Heckenhayn, Fr. Th., methodisches Lehrbuch für den ersten Unterricht in der mathematischen Geographie, zugleich eine Beantwortung der Fragen und eine Lösung der Aufgaben in Bartholomäi's astronom. Geographie enthaltend. gr. 8. (X, 146 S.) Dresden 884, Bleyl und Kämmerer.

— deutsches Lesebuch für Volksschulen. 1. u. 2. Thl. 8. Coburg 878. Sendelbach. n. 2. —; geb. n.n. 2. 55
1. Für die Mittelstufe. (VI, 272 S.) n. — 80; geb. n. 1. 5
2. Für die Oberstufe u. für Fortbildungsschulen. (VII, 480 S.) n. 1. 20; geb. n. 1. 50

— deutsches Lesebuch f. Volksschulen. 2 Tle. 2. Aufl. 8. Coburg, Sendelbach. geb. n.n. 2. 70
1. Für die Mittelstufe. (VI, 271 S.) 884. n.n. 1. 10
2. Für die Oberstufe u. für Fortbildungsschulen. (VII, 471 S.) 886. n.n. 1. 60

— deutsches Lesebuch f. Volksschulen. II. Tl.: Für die Oberstufe u. f. Fortbildungsschulen. 8. Aufl. (IX, 445 S.) 8. Coburg 897. J. F. Albrecht. Geb. n.n. 1. 60

Heckenhayn, Fr. Th., deutsches Lesebuch f. Volksschulen. 1. Tl. Für die Mittelstufe. 4. Aufl. gr. 8. (VIII, 240 S.) Coburg 900. J. F. Albrecht. Geb. n.n. 1. 10

— **Mitteilungen** üb. die Verhandlungen der Konferenz der thüringischen Schulinspektoren in den J. 1878—1902, erstattet v. dem ehemal. Vorsitzenden H. 2. erweit. Aufl. (85 S.) gr. 8. Wittenberg 903. R. Herrosé. n.n. 1. 30

Heckenhayn, Friedr. Thdr., Organisation des Volksschulwesens mit Rücksicht auf gegebene Verhältnisse für Stadt und Land entworfen. Eingeleitet und motivirt von K. V. Stoy. gr. 8. (X, 46 S.) Heidelberg 869, K. Groos.

Heckenhayn, Friedrich Theodor: Die Schulgemeinde. Eisenach. 15 S. 1865
Schul-/Univ.-Schrift

Heckenhayn, Hermann [approb. Arzt aus Coburg]: Ueber das Vorkommen reduzirender Substanzen im Harn .... Coburg, Druck v. A. Rossteutscher, 1887; 15 S. 8°.
Erlangen, Med. Fak., Inaug.-Diss. v. 23. Mai 1887.

Heckenhayn, Hermann, ueber das Vorkommen reduzirender Substanzen im Harn. Diss. Erlangen 1887, Th. Blaesing. 8°. 15 S.

Heckenlauer, G., Anleitung zur praktischen Ausführung der einleitenden Uebungen im chemischen Laboratorium zu Würzburg. Würzburg 868. Stuber. gr. 8. (IV, 80 S.) n. 14 ngr.

Heckenlauer, G., Anleitung zur praktischen Ausführung der einleitenden Uebungen im chemischen Laboratorium zu Würzburg. gr. 8. (IV, 80 S.) Würzburg 869, Stuber. *

[F. u. Ant.] **Heckenlauer, Max** [aus Bad Kissingen]: Beitrag zur Kenntniss der Atrophia lienis cyanotica ... Würzburg, Buchdr. d. „Neuen Bayer. Landeszeitg", 1895; 21 S., 1 Bl. 8.
Würzburg, Med. Fak., Inaug.-Diss. v. 1895

Heckenrosen. Neue Erzählgn. f. jung u. alt. 10 Hfte. gr. 8. Berlin (906). Emil Richter. à — 10; in 1 Leinw.-Bd. n. 1. —
Bayer, Ottilie, Maiblümchen. Erzählung. (16 S.) (Hft. 2.)
— O du liebes Meer! od.: Ich möchte Admiral werden. Erzählung. (16 S.) (Hft. 6.)
Dorn, Käthe, Gottes Singvöglein. Erzählung f. die christl. Kinderwelt. (16 S.) (Hft. 1.)
Eltner, M., der alte Lotse. (16 S.) (Hft. 10.)
Hilfe in der Not. Erzählung von Gräfin M. L. v. B. (16 S.) (Hft. 4.)
Ideler, Lucie, Gott ist in den Schwachen mächtig. Erzählung. (16 S.) (Hft. 3.)
Kronoff, Frida v., in Gottes Zins. Eine Erzählung. (16 S.) (Hft. 5.)
Pfeil, Maria Gräfin, im Forsthaus. Erzählung. — Im Dienst. Erzählung. (16 S.) (Hft. 9.)
Stuhrmann, Heinr., unser Kaiserhaus. (26 S. m. Abb.) (Hft. 8.)
Ulbrich, Mart., die Frau Doktorin. Erzählung. (16 S.) (Hft. 7.)

Heckenrosen. Erzählungen f. jung u. alt. 11.—20. Heft. (à 16 S.) gr. 8. Berlin (907). Emil Richter. à — 10

(*Heckenstaller*, Jos. Jac. v., Domdechant an der Frauenkirche in München, geb. 15. Juli 1748 zu Regensb., † 7. Novbr. 1832 in München.) Dissertatio historica *de antiquitate et aliis quibusdam memorabilibus Cathedralis Ecclesiae Frisingensis*, una c. serie episcoporum, præpositorum, et decanorum Frisingensium. Anno 1824, quo jubilæa sæculi XI, existentiæ illius memoria celebrabatur. Monachii. Ex typographia Mich. Lindauer. Gr. Fol. Roth. Ppb. m. Pgmtrück. u. Schwarzdrucktit. auf Deckel (aus Koning's Bibl.).
Tit. u. 52 S. Prachtdruck auf grossem Velinp. Mit 6 Taf., dabei 1 Lithogr. (Gruft im Dom zu Freising) u. 5 Kpftaf., worunter das meist fehlende Hauptblatt in Doppelformat, das Innere des Domes zu Freising, nach Cosmas Damian Asam von F. Jos. Mörl [geb. zu München um 1690, † 1735] gestochen. — Kam nicht in den Handel!

Heckenthaler, Jos., Sammlung hervorragend tapferer Thaten der Mannschaft des k. u. k. Infanterie-Regts. Nr. 35. Im Auftr. d. k. u. k. Regiments-Commandos zusammengest. gr. 8. (102 S.) Pilsen 896. (C. Maasch's Buchh.) n. 1. —

HECKENTHALER, Josef

(F) Sammlung hervorragend tapferer Thaten der Mannschaft des k. und k. Infanterie-Regiments Nr. 35. Im Auftrage des k. und k. Regiments-Commandos zusammengestellt von Oberlieutenant Joseph Heckenthaler. 2. Auflage. Mit 7 Uniformbildern (Umschlag und Beilage in Farbendruck). Pilsen. 1899. Maasch. Gr.-8°. 102 S. fl. —.75

Hecker [Sachliches Ordnungswort]

Hecker, A. F. Schriften. Ein Beitrag zur medicinischen Bibliographie. [Berl. 1811.] V: *Neuber, Chn Ludw.* (Hitzig)

Deutsch-anischer Heckerdenkmal-Ver (Cinci). Fr. Hecker und sein Anteil an der Gesch Deutschlands und Amerika. Cinci, 1881.

Hecker der Mann d. Volkes. Ein Rükblik auf sein parlamentar. Wirken v. 1842 bis 1844. Bearb. v. Ed. Blr. gr. 8. (VI u. 42 S.) Villingen 848, Förderer. 6 ngl

Hecker [Verfasser]

HECKER, Die wirtschaftliche Bedeutung von Bebauungsplänen und ihre technische Ausgestaltung. Sonder-Abdruck aus der Rheinisch-Westfälischen Gemeinde-Zeitung. Cöln Verlag des Verbandes Rheinisch-Westfälischer Gemeinden. 8°.

Hecker: „Ein Gutachten Conrad Peutingers in Sachen der Handelsgesellschaften Ende 1522" (Augsburg 1875). — Vorh.: Bücherei der Industrie- und Handelskammer Leipzig.

Hecker, Leitfaden der Gestaltungslehre nebst Gestaltungselementen, s.: Baldauf.

Hecker, A., Ernstes u. Heiteres aus d. Kriegstagebuche e. sächs. Oberjägers. 1870—1871. Nach eig. Erlebn. zusammengest. gr. 8. (110 S.) Dresden 895. H. Burbach. n. 2. 20; kart. n. 2. 60

Hecker, A., elektrische Kraftübertragungsanlagen u. deren prakt. Ausführg. gr. 8. (V, 121 S. m. 101 Abb.) Halle 898. W. Knapp. n. 5. —

Hecker, Adolf, Ludwigshütte: Die **Adoption** im geltenden Recht als Produkt der historischen Entwicklung. *Rostock 1903: C. Hinstorff.* (XXIII, 162 S.) 8°
Rostock, Jur. Diss. v. [25. Aug.] 1903

Hecker, Adf., die Adoption im geltenden Recht als Produkt der historischen Entwicklung. (XXIII, 163 S.) gr. 8. Rostock 903. Leipzig, Buchh. G. Fock. Geb. in Leinw. n. 2. —

Hecker, Adolph (geb. Haiger in Nassau 2. 11. 1852): Ueber Zwillingsschwangerschaft und ihre Diagnose. Berlin (1876). (32 S.) 8°
Berlin, Med. Diss. v. 5. Febr. 1876

[F.] **Hecker,** *Julius* Alfred [aus Bonn]: Ein Beitrag zur rationellen Kultur des Leins ... Berlin, Druck v. J. Harrwitz Nachf., 1897; 58 S., 1 Bl., 4 Taf. 8.
Heidelberg, Naturw.-math. Fak., Inaug.-Diss. v. [23. Juli] 1897

[F.] Der Flachsbau. Düngung u. Auswahl d. Saatgutes. Von Dr. ph. Alfred **Hecker,** Assist. am Versuchsfeld d. landw. Akad. Poppelsdorf-Bonn. *Schöneberg-Berlin: F. Telge 1897.* (58 S., 4 Taf.) 1 Bd 8. [97. 6095

Hecker, Al[ois]. Durch den St. Gotthard, die Riviera und Südfrankreich bis in's «Herz von Spanien». Mit 1 Titelbild, 4 Farbendruckbildern und 165 Textillustrationen [wovon 1 Tafel]. XVI + 638 S. 8. Regensburg, Verlagsanstalt vorm. G. J. Manz ... A.-G. München-Regensburg, 1903. [geb. M. 12.50]

Hecker, Alphons., Commentationum Callimachearum capita duo. 8m. Groningae 842. (Leer, Prätorius et S.) n. $1^1/_6$ ℳ

Hecker, A., Comment. Callimacheorum capita duo. Diss. 1842. 158 S.

— commentatio critica de anthologia graeca. 8maj. Lugd.-Batav. 843, S. et J. Luchtmans. baar $2^1/_4$ ℳ

Hecker, Alph., Commentationis criticae de anthologia graeca pars prior. 8maj. (VIII und 350 S.) Lugduni Bat. 852, Brill. *

— de oratione in Eratosthenem trigintavirum Lysiae falso tributa. gr. 4. (13 S.) Ebd. 848. baar $^1/_3$ ℳ

Hecker, Andreas Jakob, s. Abriß d. Geographie.

— Abriß d. Geschichte d. Realschule. gr. 8. Berl. 797. Reimer. 6 gl

Hecker, Andr. Jac., Nachtr. zu der Geschichte d. Realsch. gr. 8. Berlin, Realschbchh. 798. Rthlr. ·

— Nachtrag zur Geschichte d. Realschule. gr. 8. Berl. 798. Reimer. 3 gl 2r Nachtr. 8. Ebd. 802.

— neue Chrestomathie für Anfänger, zur Uebung im Uebersetzen aus d. Deutschen ins Französ. 8. Berl. 808. Reimer. 10 gl

— Entwurf e. neuen Einrichtung d. Kunstschule in d. Realschule. 8. Berl. 785. 2e A. 788. Reimer. 2 gl

— Etwas über d. Entstehung d. Normalschulen. gr. 8. Berl. 801. Reimer. 2 gl

Hecker, Andreas Jakob: Einige Gedanken über die Beschaffenheit einer zweckmässig eingerichteten Töchterschule für die höheren Klassen des Mittelstandes. — Berlin 1799: Christian Müller. 16 S. 8° Berlin, Kgl. Realschule, Einladungsschrift, Okt. 1799.

— Gedanken, d. Bildung e. ächt röm. Styls betreff. gr. 8. Berl. 796. Reimer. 2 gl

— Gedanken über d. zweckmäßige Einrichtung e. Lehrbuchs zum Religionsunterricht. gr. 8. Berl. 790. Reimer. 2 gl

— einige Gedanken über d. zweckmäßige Einrichtung d. Unterrichts in gelehrten Schulen. 8. Berl. 799

— Gedanken über d. Methode, d. Candidaten d. Theologie zu examiniren. gr. 8. Berl. 794. Reimer. 3 gl

— Gedanken über d. zweckmäßige Methode, junge Leute auf Schulen öffentl. zu prüfen. 8. Berl. 791. Reimer. 4 gl

– s. Gedanken v. d. Streitigkeiten ...

— Gedanken über d. verschied. Unterrichtsmethoden in d. mathemat. Wissenschaften. gr. 8. Berl. 798. Reimer. 1 gl

— einige Gedanken über den Werth u. Nutzen d. Unterrichts in d. mathematischen Wissenschaften auf gelehrten Schulen. 8. Berl. 812.

— über den Gesang in Schulen u. Kirchen. 8. Berl. 815.

— über d. Grenzen d. Schulunterrichts in d. Mathematik. gr. 8. Berl. 791. Reimer. 2 gl

— Grundsätze über d. Anwendung u. Regierung d. Feuers. gr. 8 Berl. 788.

– s. Jahrbücher, Berliner.

— neues französ. Lesebuch, nebst e. kurzen Sprachlehre für Anfänger. 1r Thl. 8. Berl. 791. 9e A. 821. 10e A. 828. Reimer. 12 Gr. 2r Thl. 792. 5e A. 823. A. u. d. T.: Samml. lehrr. u. unterhalt. Aufsätze ꝛc. 8. Ebd. 18 Gr.

— französ. Lesebuch n. e. kurz. Sprachlehre f. Anfänger. 2 Thle. 8. Ebend. 800. 802. (1r 12 gr. 2r (a. u. d. T. Neues franz. Lesebuch) 18 gr.)

— französ. Lesebuch. Zum Gebrauch Derer, welche sich ohne Hülfe eines Lehrers in d. französ. Sprache üben wollen, ins Deutsche übersezt u. durch Sprach- u. Sach-Anmerkk. erläutert, (v. Geo. Fr. Wlh. Große). 8. Leipz. 810. Schwickert. 1 Rthlr. 6 Gr.

Hecker, A. J., franz. Lesebuch. Nebst ein. kurzgefaßten Sprachlehre f. Anfänger u. ein. Chrestomathie zur Uebung im Uebersetzen. 1r Thl. 8te Aufl. 8. Berl. Realschulbuchh. 813.

— neues latein. Lesebuch für Anfänger. 8. Berl. 794. 2e A. 812. Reimer. 8 Gr.

— neues latein. Lesebuch f. Anfänger, aus Originalschriftstellern gesammelt, u. mit ein. vollständ. Sach- u. Wortverzeichniß versehen. 2te verb. Aufl. 8. Ebend. 811.

— Materialien zur Uebung im Uebersetzen aus d. Deutschen ins Französ. 8. Berl. 799. 8e A. 821. Reimer. 2 Gr.

— Materialien z. Uebersetzen a. d. Deutschen ins Franz. 8. Ebend. 801.

— — (Direktor d. vereint. Anstalten d. Königl. Realschule), Ueber die zweckmäßigste Methode, die Sprachen zu lehren und zu lernen, mit besonderer Anwendung auf d. Lateinischen Sprachunterricht. Zu d. öffentl. Prüfung m. d. Pädagogium d. hies. Kgl. Realschule. Berlin 20. IV. 1795. 32 S. mit Namen. (6.—) 13751

— über d. zweckmäß. Methode, d. Sprachen zu lehren u. lernen. gr. 8. Berl. 795. Reimer. 2 Gr.

— Nachricht von d. gegenwärt. Einrichtung d. zu d. königl. Realschule gehör. Kunstschule. 8. Berl. 798.

— Nachricht von d. königl. Realschule. 8. Berl. 788. Reimer. 2 Gr.

— Nachricht von der kön. Realschule. 8. Ebend. 791.

— Nachricht von d. Verbindung d. Unterrichts d. alten Sprachen mit dem in d. Muttersprache. 8. Berl. 793.

Hecker, Andr. Jak., († d. 25. Juli 1819.) Samml. lehrreicher Aufsätze, s. unten französ. Lesebuch. 2r Thl.

— über öffentl. Schulprüfungen. 8. Berl. 818.

— kurzgefaßte französ. Sprachlehre für Anfänger. 8. Berl. 794. 3 Auflagen. 6e Aufl. 811. . . . 8e Aufl. 824. Reimer. 5 Gr.

— kurzgef. französ. Sprachlehre f. Anfänger. 8. Ebend. 808.

Hecker, Andr. Jak., Untersuchung d. Fr.: Ist es für Schulen vortheilhafter, beständige od. unveränderl. Lehrer zu haben? gr. 8. Berl. 788.

— Untersuchung, in wie fern Eltern d. Arbeiten d. Schullehrer an ihren Kindern befördern u. hindern können. 5 Abhandll. 4. Starg. 776—78.

Hecker, Andreas Jacob (Pastor adjunctus u. Director d. Realschule), Untersuchung, in wiefern Eltern die Arbeiten der Schullehrer an ihren Kindern befördern oder hindern können. 4. Abhandlung. Zu d. Redeübung u. Schulprüfung in d. hiesig. Vangerowschen Realschule. Stargard (Kunst) 6. X. 1775. 16 S. mit Namen. (4.50) 13750

— Verzeichniß der auf dem Modellsaale d. königl. Realschule befindl. Instrumente, Maschinen. 8. Berl. 800.

Hecker, Anton

Hecker, Ant., ein Besuch bei den Trappisten auf Oelenberg i. E. Reise-Erinnerg. (VI, 74 S. m. Abbildgn.) 8. Wörishofen 904. Buchdruckerei & Verlagsanstalt. n. —50

Theoretisch practische Abhandlung über den Tripper. Ein Versuch... von August Friedrich Hecker. Leipzig: Schwickert 1787. 208 S. 8°

Hecker, August Friedrich: Kurzer Abriß der Pathologie und der Semiotik, der Therapie und der Chirurgia medica. Zur Grundlage seiner Vorlesungen...entworfen. 272 S., gbd.

Berlin: Maurer 1808

— kurzer Abriß d. Pathologie u. Semiotik. 12 Gr. — Therapie. 1 Rthlr. 12 Gr. u. Chirurgia medica. 1 Rthlr. 4 Gr. 3 Abtheill. gr. 8. Berl. 806—8. Maurers B. (Heinemann in Stolpen). 3 Rthlr. 4 Gr. (Die Abtheill. werden auch einzeln gegeben.)

August Friedrich
Hecker

De venaesectionis Abusu in gravidis et puerperis. [Resp.:] Henricus Guilielmus Holzschuher. Erfordiae (1800:) Goerling. 16 S. 8°

Erfurt, Med. Diss. v. 2. Dez. 1800

Anleitung zum zweckmäßigen Gebrauche der einfachen und zusammengesetzten Arzneimittel, welche in der Pharmacopoea castrensis Borussica enthalten sind. ... Von August Friedrich Hecker. Berlin: Maurer 1806. XVI,264 S. 8°

— Anleit. zum zweckmäß. Gebrauch einfacher u. zusammengesetzter Arzneimittel, (eine Beil. zum medicin. Taschenb.) 8. Berl. 806. Maurers B. 21 Gr.

Hecker, Aug. Fr., († d. 11. Oct. 1811.) Annalen d. gesammten Medicin, als Wissenschaft u. Kunst, zu Beurtheil. ihrer neuesten Erfind., Theorien, Systeme u. Heilmethoden für 1810 u. 11. 1r—4r Bd., oder 24 Stücke. gr. 8. Berl., (Rücker). (à 3 Rthlr. 12 Gr.) 10 Rthlr. 12 Gr.

Hecker, A. F., Annalen d. gesammten Medizin ꝛc. ist Verlag v. Schöne(?) in Berl.

Hecker, A. F. Antwort auf die Frage: welche sind die zweckmäſsigsten und zugleich wohlfeilsten Mittel, den Armenkranken in groſsen Städten beizustehen? *Berlin.* 1813

Hecker, Aug(ust) Friedr(ich): Deutliche Anweisung die venerischen Krankheiten genau zu erkennen und richtig zu behandeln. Zur Empfehlung einer zweckmäßigen Kurart, und zur Verbannung einer groben Empirie, für angehende Aerzte, Wundärzte, und Unerfahrne in der Arzneywissenschaft. 328 S., gbd., 1 Taf.

Erfurt: Keyser 1791

— Anweis. die versch. Arten des Trippers zu kennen u. zu behandeln. 8. Erf. Hennings. 802.

Hecker, August Friedrich: Deutliche Anweisung die venerischen Krankheiten genau zu erkennen und richtig zu behandeln. 3.Ausg., hrsg.mitVorrede und Anmerkungen von F(riedrich) A(ugust) Walch. 678 S., gbd., 1 Taf.

Erfurt: Keyser 1815

— Archiv für d. allgem. Heilkunde. 2 Bde. gr. 8. Berl. 790, 92. Reimer. 2 Thlr 16 gr Neues Archiv rc. 1r Bd., 1s Stück. gr. 8. Leipz. 793. Fr. Fleischer. 6 gr

— prakt. Arzneimittellehre rc. I. II.
Auch unt. d. Titel:
Kunst, die Krankheiten d. Menschen zu heilen. III. IV.
gr. 8. Erfurt, Hennings. 814. Ir IIr

Hecker, August Friedrich: Practische Arzneimittellehre. 2.Aufl., revidirt und mit den neuesten Entdeckungen bereichert hrsg.von Johann Jakob Bernhardi. Th. 1-2, gbd.

Gotha u.Erfurt: Henning 1819 - 1820
(Hecker, A.F.: Kunst die Krankheiten der Menschen zu heilen. 2.Aufl. Th. 3-4).

Hecker, August Friedrich: Praktische Arzneimittellehre. 3.Aufl., revidirt und mit den neuesten Entdeckungen bereichert hrsg.von Johann Jakob Bernhardi. Th.2, 1084 S., gbd.

Gotha u.Erfurt: Henning 1830
(Hecker, A.F.: Kunst die Krankheiten der Menschen zu heilen. 3.verm. und verbess.Aufl. Th.4)

Hecker, August Friedrich, s. Auswahl medicinischer Aufsätze.

— Progr. Ueber d. Entzündung im Halse u. d. Angina polyposa. gr. 8. Berl. 809. Maurers B. 9 gr

— Progr. Medicinae omnis aevi fata. 4. Erfurt 790. (Krieger in Cassel). 3 gr

— Gedanken über d. Natur u. Ursachen d. Weichselzopfs, [illegible] kleine Schriften. 2r Bd.

— Gedanken üb. d. Natur u. Ursachen d. Weichselzopfs rc. gr. 8. Ebend. 810.

— Gedanken üb. die Natur u. Ursachen des Weichselzopfes. gr. 8. Erfurt, Hennings. 812.

— allgem. Geschichte d. Natur- u. Arzneikunde. 1r Bd. gr. 8. Lpz. 793. Göschen. 1 Thlr 12

— des 18ten Jahrh. Geschichte d. Erfindungen rc., s. Geschichte d. Erfindd., Theorien u. Systeme rc.

(Aug Friedr. Hecker) Des achtzehnten Jahrhunderts Geschichte der Erfindungen, Theorieen und Systeme in der Natur- und Arzneiwissenschaft. Gotha 1799. 8. (Sistit simul indicem realem ephemeridum: Journal der Erfindungen, Theorieen und Widersprüche in der Natur- und Arzneiwissenschaft.)

Hecker, Aug. Fried. (Präs.), s. Greil, Elias Heinr.: De linguae impuritatibus cum annexa morborum catharrhalium nova theoria.

August Friedrich Hecker's Grundriß der physiologia pathologica, oder die Lehre von dem Bau, von der Mischung, und von den Verrichtungen des menschlichen Körpers u. seiner Theile in widernatürlichen Zustande. Th.1.2. Halle: Hemmerde & Schwetschke 1791-99. 1 Bd 8°

Th.1: Allgemeine Vorkenntnisse. Lebensverrichtungen. Thierische Verrichtungen. 1791.
Th.2: Natürliche Verrichtungen. 1799.

August Friedrich Hecker's vollständiges Handbuch der Kriegsarzneikunde. Bd 1-3. Gotha: Henning 1816 - 17. 8°

Bd 1.2: 1816.
Bd 3: 1817.

Aug. Friedr. Hecker die Heilkunst auf ihren Wegen zur Gewissheit, oder die Theorieen, Systeme und Heilmethoden der Aerzte seit Hippokrates bis auf unsere Zeiten. Erfurt 1802. 8., ibid. 1805. 8., ibid. 1808. 8. — *Ed. quarta posthuma* ed. Jo. Jac. Bernhardi. Erfurt u. Gotha 1819. 8. — *Belgice redd.* Franc. van der Breggen de geneeskunde op hare wegen tot zekerheid. Haarlem 1809. 8. (Introductio historica in opera medico-practica auctoris et praxin unice respiciens.)

Hecker, A(ugust) F(riedrich): Die Heilkunst auf ihren Wegen zur Gewißheit, oder die Theorien, Systeme und Heilmethoden der Aerzte seit Hippokrates bis auf unsere Zeiten. 272 S., gbd.

Erfurt: Hennings 1802

Hecker, August Fried(rich): Die Heilkunst auf ihren Wegen zur Gewißheit, oder die Theorien, Systeme und Heilmethoden der Aerzte seit Hippokrates bis auf unsere Zeiten. 2.verbess.Aufl. 213 S., gbd.

Wien: mit v.Ghelenschen Schriften 1805

Die Heilkunst auf ihren Wegen zur Gewißheit, oder die Theorien, Systeme und Heilmethoden der Aerzte seit Hippokrates bis auf unsere Zeiten. Von A[ugust] F[riedrich] Hecker. 3.,verb.Aufl. Erfurt: Henning 1808. XVI,300 S. 8°

Hecker, A(ugust) F(riedrich): Die Heilkunst auf ihren Wegen zur Gewißheit, oder die Theorien, Systeme und Heilmethoden der Aerzte seit Hippokrates bis auf unsere Zeiten. 3.verbess.Aufl. 275 S., gbd.

Wien: Doll 1813

— d. Heilkunst auf ihren Wegen zur Gewißheit, oder d. Theorie, System u. Heilmethode von Hippokrates an bis auf unsere Zeit. gr. 8. Erfurt u. Gotha 3e A. 819. Hennings. 1 Thlr 8 gr

— die Heilkunst auf ihren Wegen zur Gewißheit oder die Theorien. 4te Aufl. gr. 8. Erfurt u. Gotha, Hennings. 819.

Hecker, August Friedrich: Critische Jahrbücher der Staats-Arzneikunde f. d. 19. Jahrh., s. Knape, C.C.

Hecker, August Friedrich, s. Journal der Erfindungen.

— von den Krankheiten m. d. Scharlachausschlag rc. gr. 8. Ebend. 810.

— d. Kunst, unsere Kinder zu gesunden Staatsbügern zu erziehen. u. ihre gewöhnl. Krankheiten zu heilen. gr. 8. Erfurt 805. Hennings in Gotha. 3 Thlr 16 gr

Hecker, August Friedr(ich): Kunst unsere Kinder gesund zu erziehen und ihre gewöhnlichen Krankheiten zu heilen. Bd 1 - 2, gbd.

Wien: Doll 1812

JB 4.090

— Kunst, d. Krankheiten d. Menschen zu heilen, nach den neuesten Verbesserungen in d. Arzneiwissenschaft. 1r, 2r Thl. gr. 8. Erfurt 804. 2e A. 805. 3e A. 809. 4e A. 812. Hennings. 6 Rthlr 5e Aufl., verb. von Dr J. J. Bernhardi. 818. 5 Rthlr 3r u. 4r Thl. A. u. d. T.: prakt. Arzneimittellehre. 2 Thle. gr. 8. Ebd. 814. 2e A. 820. 3e Aufl., revidirt u. mit den neuesten Entdeck. bereichert von J. J. Bernhardi. gr. 8. Ebd. 829 7 Rthlr 5r Thl. A. u. d. T.: d. Kunst, den Ausgang d. Krankheiten vorherzusagen. gr. 8. Ebd. 819. 20 Gr Alle 5 Bde 12 Rthlr 20 Gr

Hecker, (August Friedrich): Kunst die Krankheiten der Menschen zu heilen, nach den neuesten Verbesserungen in der Arzeneiwissenschaft. Th.2, 808 S., gbd.

Erfurt: Hennings 1805

JB 2.286

Hecker, (August Friedrich): Kunst die Krankheiten der Menschen zu heilen, nach den neuesten Verbesserungen in der Arzeneiwissenschaft. 4.verbess.u...verm.Aufl. Th.2, 516 S., gbd.

Wien: Camesina 1813

JB 2.289

— Kunst, die Krankheiten der Menschen zu heilen, nach den neuesten Verbesserungen in der Arzneywissenschaft. 1r Theil die Theorien, Systeme u. Heilmethoden d. Aerzte seit Hippokrates rc. 5te Aufl., verbessert von Dr. J. J. Bernhardi. gr. 8. Ebend. 818.

— desselben Werks 2r Thl. Katarrhalische und rheumatische Krankheiten. Ausschlagsfieber. Chronische Krankheiten. Literatur. 5te Aufl. gr. 8. Ebend. 818.

Hecker, August Friedrich: Kunst die Krankheiten der Menschen zu heilen, nach den neuesten Verbesserungen in der Arzneiwissenschaft. 2.Aufl.

Gotha u.Erfurt: Henning
Th.3 - 4: Hecker, A.F.: Practische Arzneimittellehre. 2.Aufl.,...hrsg.von Johann Jakob Bernhardi. Th.1 - 2. 1819 - 1820

JB 2.287

Hecker, August Friedrich: Kunst die Krankheiten der Menschen zu heilen, nach den neuesten Verbesserungen in der Arzneiwissenschaft. 3.verm.u.verbess. Aufl.

Gotha u.Erfurt: Henning
Th.4: Hecker, A.F.: Praktische Arzneimittellehre. 3.Aufl.,...hrsg.von Johann Jakob Bernhardi. Th.2. 1830

JB 2.288

Hecker, Aug. Fr., Kunst die Krankheiten der Menschen zu heilen, nach den neuesten Verbesserungen in der Arzneiwissenschaft. 3r u. 4r Thl. A. u. d. T.: Aug. Friedr. Hecker's prakt. Arzneimittellehre 4e Aufl., revidirt u. mit den neuesten Entdeckungen bereichert, herausg. von Joh. Jac. Bernhardi. 1r u. 2r Thl. gr. 8. Gotha u. Erfurt 838. Hennings. 7 Rthlr Das ganze Werk 5 Bde. 12 5/6 Rthlr

— Lexicon med. theoret. pract. reale; oder allgem. Wörterbuch d. gesammten theoret. u. prakt. Heilkunde. 1r—5r Bd., 1e Abtheil., fortgesetzt v. H. A. Erhard. gr. 8. Gotha 816—30. Hennings. 19 Rthlr 20 Gr

Hecker, August Friedrich: Lexicon medicum theoretico-practicum reale oder allgemeines Wörterbuch der gesammten theoretischen und praktischen Heilkunde für Aerzte, Wundärzte und Geschäftsmänner aus allen Ständen... Bd 1/1 - 2, Bd 2/1 - 2, Bd 3/1 - 2, vermehrt und verbessert von Heinrich August Ehrhardt Bd 4/1 - 2, Bd 5/1, gbd.

Wien: Gerold 1816 - 1830

— Lexicon medicum theoretico-practicum reale, oder allgem. Wörterbuch der gesammten theoret. u. praktischen Heilkunde rc. I. 2te Abth. gr. 8. Ebend. 818.

Hecker, (A.F.,) Lexicon medicum theoretico practicum reale. od. allgem. Wörterbuch d. gesammt. theoret. u. prakt. Heilkunde. IIIn Bds. 2e bis IVn Bds, 2e Abtheil. gr. 8. Gotha 822, Henning. Rthlr.

—— Lexicon medicum theoretico-practicum reale, od. allgem. Wörterbuch d. gesammten theoret. u. pract. Heilkunde in ihrem ganzen gegenwärt. Umfange. Nach d. neuesten Fortschritten d. Wissenschaft verm. u. verb. v. H. A. Erhard. 5. Bd. 1. Abthl. Ge-Geo. gr. 8. (24 B.) Gotha 830, Hennings.
1—4. Bd. à 2 Abthln. Ebendas. 1816—26. 17 Thlr. 18 Gr.

— Magazin für d. patholog. Anatomie u. Physiologie. 1s Heft, mit 3 Kpft. gr. 8. Hamb. 796. (Herold jun.) 14 Gr

Hecker, Dr. A. F. Manuel de médecine pratique militaire ou traité des maladies, que l'on rencontre aux armées. Trad. de l'allemand par Dr. B. Brassier et Dr. M. F. Rampont. Breslau 1808. 444 S.

— manuel du médecin practique militaire etc. 8. Bresl. 808. W. G. Korn. 1 Rthlr 12 Gr

— Nachtrag zu d. Erfurt. gelehrt. Zeitung rc. Ein Beitrag zur Kenntniß d. Krankheiten d. Gelehrten., 8. Erfurt 791.

— über d. Natur u. Heilart d. Faulfieber. gr. 8. Berl. 809. Maurers B. (Heinemann in Stolpen). 12 Gr

— über d. Nervenfieber, welche 1807 in Berlin herrschten rc. 8. Berl. 807. Maurers B. (Heinemann in Stolp.) 8 Gr

Ueber die Nervenfieber, welche in Berlin im Jahre 1807 herrschten, nebst Bemerkungen über die reizende, stärkende und schwächende Kurmethode. ... von August Friederich Hecker. Berlin: Maurer 1808. 72 S. 8°

Die Pocken sind ausgerottet! Ein Handbuch für Aerzte... die die Geschichte der Kuhpocken in ihrem ganzen Umfange kennen lernen u. die Impfung der Schutzblatter... anwenden... wollen. Von (A[ugust] F[riedrich]) Hecker. Abth.[1.] 2. Erfurt: Henning 1802.

Hecker: Die Pocken sind ausgerottet! Ein Handb. f. Aerzte u. Nichtärzte ... Abth. (1)-2 (1 Vol.). Erf. 1802. (368) S.

— Samml. kl. Schriften f. d. theoret. u. prakt. Heilkunde rc. 1r Bd. (bestehet aus folg. a) Wodurch reift die Chirurgie rc. 806. b) Ueber die Nervenfieber rc. 808. c) Ueber Natur und Heilart der Faulfieber u. von dem Entzünden im Halse 809.) gr. 8. Berlin, Maurer. 809.

— Sammlung kl. Schriften f. d. theoret. u. prakt. Heilkunde. 2r. enth. Gedanken üb. die Natur u. Ursachen d. Weichselzopfs ꝛc. gr. 8. Erfurt, Hennings. 812.

Hecker, August Friedrich: Tabellen über d. Geschichte d. Medicin. 8° Erfurt 1791.

Hecker, August Friedrich: Medicinisch-praktisches Taschenbuch für Feldärzte und Wundärzte deutscher Armeen. 292 S., gbd.

Berlin: Maurer 1806

JB 3.531

Hecker, August Friedrich: Medicinisch-praktisches Taschenbuch für Feldärzte und Wundärzte deutscher Armeen. 2.Aufl. 300 S., gbd.

Berlin: Maurer 1814

JB 3.532

Hecker, August Friedrich: Therapia generalis oder Handbuch der allgemeinen Heilkunde. 492 S., gbd.

Berlin: Himburg 1789

JB 2.285

Hecker, August Friedrich: Therapia generalis chirurgica oder Handbuch der allgemeinen chirurgischen Heilkunde für angehende Aerzte und Wundärzte. 318 S., gbd.

Erfurt: Keyser 1791

JB 3.313

— therapia general. oder Handb. der allgem. Heilkunde. 1r Bd. u. 2n Bds 1e Abth. gr. 8. Erfurt, Hennings. 805—10. (1r 2 Rthlr. 16 gr. 2n Bds 1e Abth. 1 Rthlr. 8 gr.)

— Therapia generalis, od. Handbuch d. allgemeinen Heilkunde. 2r Bd. 2te Abthl. neue Aufl. gr. 8. Gotha, Hennings. 816.

— über die gegenw. Verhältnisse der ausübenden Heilkunde zu ihr. Theorie, z. Staat ꝛc. 8. Erfurt, Hennings. 805.

— über d. Verrichtung d. kleinsten Schlagadern, u. einiger ꝛc. Eingeweide, d. Schild- u. Brustdrüse, der Milz ꝛc. 8. Erf. 790.

— welches ist d. wahre Zweck medicin.-chirurg. Lehranstalten, u. welche Art d. Unterrichts kann ihn befördern? eine Rede. 8. Berl. 807. Maurers B. 3 gK Dass., französ. Ebd. 807. 4 gK

— von Wirkungen u. Erfolg. d. Heilmittel ꝛc. 8. Ebend. 810.

— wodurch reifte d. Chirurgie dem Grade ihrer gegenwärt. Vollkommenheit entgegen ꝛc.? Auf welchen Wegen muß sie nach höhern Graden emporstreben? gr. 8. Berl. 806. Maurers B. 3 gK

Hecker, Bernhard [aus Stassfurt]: Ueber das Mesitylchlorphosphin und einige Derivate desselben ... Rostock, Univ.-Buchdr. v. Adler's Erben, 1893; 58 S., 1 Bl. 8.
Rostock, Phil. Fak., Inaug.-Diss. v. [26. Okt.] 1893

Hecker, E., Abgeordneter zur 1. Kammer. Der Aufstand zu Elberfeld im Mai 1849 und mein Verhältniß zu demselben. Elberfeld, J. Bädeker 1849. 64 S. 8.

Hecker, Carl, s. Hecker, Karl.

Hecker, Christian [aus Köln-Ehrenfeld]: Aus d. medizin. Klinik in Bonn. Beitrag zur Perityphlitisfrage ... Ehrenfeld, Buchdr. v. P. Brandts, 1897; 47 S. 8.
Bonn, Med. Fak., Inaug.-Diss. v. [13. Febr.] 1897

Hecker, Christian Gust.: Praecipuae medicorum de metastasibus sententiae. Berolini (1817). (48 S.) 8°
Berlin, Med. Diss. v. 12. Juli 1817

Hecker, Emil Theod., Saitenklänge. (Gedichte.) 8. (12 B.) Danzig 832, Gerhard.

Hecker, Ewald, Anleitung für Angehörige von Gemüths- und Geisteskranken zur zweckmäßigen Fürsorge für ihre Patienten vor und nach der Uebersiedlung derselben in eine Anstalt. 1. Aufl. (VII, 47 S.) 1876; 2. verb. Aufl. gr. 8. (VII, 51 S.) Berlin 879, Dümmler's Verlagsh. * 1 —

Hecker, Ewald, Anleitung für Angehörige von Gemüths- u. Geisteskranken zur zweckmäßigen Fürsorge für ihre Patienten vor u. nach der Uebersiedlung derselben in eine Anstalt. 2., verb. Aufl. gr. 8. (VII, 51 S.) Berlin 878. Dümmler's Verl. n. 1. –

Hecker, Ewald, d. Behandlung d. **Schlaflosigkeit.** [Aus: „Zeitschr. f. prakt. Aerzte."] gr. 8. (13 S.) Frankfurt a/M. 896, J. Alt. n. —80

Hecker, Ewald, Hypnose u. Suggestion im Dienste der Heilkunde. Ein Vortrag. gr. 8. (IV, 38 S.) Wiesbaden 893. J. F. Bergmann. n 1.20

— die **Physiologie** u. Psychologie d. Lachens u. d. Komischen. Ein Beitrag zur experimentellen Psychologie f. Naturforscher, Philosophen u. gebildete Laien. gr. 8. (VII, 83 S.) Ebend. 873. n. 2. –

— die **Ursachen** u. Anfangssymptome der psychischen Krankheiten, s.: **Sammlung** klinischer Vorträge.

— über das **Verhältniss** zwischen Nerven- u. Geisteskrankheiten mit besonderer Rücksicht auf ihre Behandlung in getrennten Anstalten. Nach einem im ärztlichen Vereine zu Frankfurt a/M. am 31. Jan. 1881 geh. Vortrage. gr. 8. (34 S.) Berlin 881. Fischer. n. 1.20

Hecker, Franz, Hilfsprediger in Rudolstadt a. d. Saale: Kritische Beiträge zu Davids von Augsburg Persönlichkeit und Schriften. Hamburg 1905: A. Predipper. (56 S.) 8° [J.]
Göttingen, Phil. Fak., Ref. Heyne, Diss. v. 5. Aug. 1905
[Geb. 16. Okt. 81 Rudolstadt; Wohnort: Rudolstadt; Staatsangeh.: Schwarzburg-R.; Vorbildung: Gymn. Rudolstadt Reife O. 01; Studium: Leipzig 3, Göttingen 4 S.; Rig. 28. Apr. 05.]

Hecker, Frz., aus meiner Heimat. Orig.-Radierungen. (6 Bl. u. Titel.) 49,5×33,5 cm. Osnabrück (908). (F. Schöningh.) In Mappe 30. —; auf Japanpap. 75. —

Hecker, Friedrich

Hecker, Frdr., Betrachtungen üb. den Kirchenstreit in Teutschland u. die Infallibilität. gr. 8. (31 S.) St. Louis Mo. 874. Neustadt a/H., Gottschick-Witter. — 30

Hecker, Friedr., gepfefferte Briefe. 1. und 2. Aufl. 8. (XII und 96 S.) Mannheim 868, Schneider. *

— u. G. Lommel, Deutschland u. Dänemark. Für das deutsche Volk. gr. 8. (64 S.) Schaffhausen 847, Ziegler. n. 1/3 ß

Hecker, Fr., die Erhebung d. Volkes in Baden f. die deutsche Republik im Frühjahr 1848. [Mit Beiträgen v. Mögling, Sigel u. Kaiser.] Mit 4 Abbildgn. (in Holzschn.) gr. 8. (IV u. 128 S.) Basel 848, Schabelitz. 18 ngr

Hecker, F. Die Erhebung d. Volkes in Baden f. die deutsche Republik im Frühjahr 1848. (IV. 128) 8. Basel 1848. 1,80. — 2. A. Strassburg 1848.

Hecker, Friedrich [appr. Arzt aus Münster i. E.]: Ueber einen Fall von spontaner Vereiterung einer einfachen Fractur .... Strassburg, Buchdr. v. G. Fischbach, 1886; 23 S. 8°.
Strassburg, Med. Fak., Inaug.-Diss. v. 1886.

Hecker, Friedrich, über einen Fall von spontaner Vereiterung einer einfachen Fractur. Diss. Strassburg i. Els. 1886, Trübners Buchh. u. Antiqu. (E. d'Oleire). 8°. 23 S.

Hecker, Fr., Ideen u. Vorschläge zu einer Reform des Gerichtswesens. gr. 8. Mannheim 844, Hoff. 1/4 ₰

Hecker, Fr[iedrich]. Eine Nothwendigkeit für Deutschland. Worte aus voller Brust an die Ehrlichen aller Parteien. Mit einem Briefe als Vorwort. 8. Herisau 1849.

______. Reden und Vorlesungen. St. Louis: C. Witter, 1872. DLC

— Reden u. Vorlesungen. Mit dem Porträt d. Verf. (in Holzschn.) gr. 8. (VIII, 116 S.) Ebend. 872. 1. 50

Hecker, Frdr., die Stadt und das Thal zu Münster im St. Gregorienthal. gr. 8. (IX, 192 S.) Münster i/E. 890. (Riotte.) n. 3. —

— die staatsrechtl. Verhältnisse der Deutschkatholiken mit besond. Hinblick auf Baden. 12. Heidelberg 845, Groos. n. 16 ngr — 2. Aufl. 8. Ebend. 846. baar 1/2 ₰

Hecker, F. Vide: Volksfreund (Der).

Hecker, Georg, aus Berlin: Über einige Chloracetyl- und Brompropionylderivate aromatischer Amine. *Rostock 1900: C. Boldt.* (38 S.) 8°
Rostock, Phil. Diss. v. [26. Mai] 1900

Hecker, G., Diktat zum Konfirmanden-Unterricht. 2. Aufl. 8. (32 S.) Stralsund 889. (Bremer.) n. — 40

Hecker, G., Diktat zum Konfirmanden-Unterricht. 5. Aufl. Ausg. A m. Katechismus. 8. (37 S.) Stralsund 895. E. Berndt's Buchdr. n.n. — 80

Diktat zum Konfirmanden-Unterricht von G[eorg] Hecker, Superint. 6. Aufl. *Nordhausen: Selbstverl.; [S. Wimmer in Komm.] 1900 (1901).* (31 S.) 8° [℞.]
[02. 13363]

Hecker, Mlle. H., résumé de l'histoire de la littérature française. A l'usage des institutions de jeunes filles. Berlin 863. Allgem. Deutsche Verlagsanstalt. gr. 8. (VI, 117 S.) n. 15 ngr

Hecker, H., résumé de l'histoire de la littérature française. A l'usage des écoles. 3. éd., entièrement revue et considérablement augmentée. gr. 8. (III, 110 S.) Leipzig 877. Leiner. n. 1. 25; cart. n. 1. 50

— dasselbe. 4. éd. revue et augmentée. gr. 8. (III, 91 S.) Ebend. 882. n. 1. —; geb. n. 1. 25

Hecker, H., résumé de l'histoire de la littérature française. A l'usage des écoles. 5. éd., revue et augmentée par W. Knörich. 8. (III, 95 S.) Leipzig 888. Leiner. cart. n. 1. 25

— Die Schnaken, ihre Verbreitung, Lebensweise, Fortpflanzung u. ihre erfolgreiche Bekämpfung. (56 S. m. Abbildgn.) 8. Strassburg 910. L. Beust. 1. —

Hecker, H. A., s. A. Raciborski, Handbuch d. Auscultation.

Hecker, Heinrich Kornelius

Hecker, H. C., Amtsreden, bey besondern religiösen Feyerlichkeiten gehalten und einige Predigten. gr. 8. Neustadt a. d. O., Wagner, 819.

(H. Corn. **Hecker's**) Bemerkk. zu *Wielands* Euthanasia, z. Beruhigung u. s. w. *Lpz.*, Bruder u. Hoffmann. 810. N. A. unter d. Tit.: Neue Euthanasia z. Beruhigung f. diejenigen, welchen die Hoffnung e. künft. Lebens u. d. Vereinigung m. d. Ihrigen theuer u. wichtig ist. *Elberf.*, Büschler. 818. 8° 18 gl
Dass.s.a.: Bemerkungen...

— — Jesu Christi *ΕΜΦΑΝΙΣΜΟΝ* in conspectu dei ex Hebr. IX, 24. Diss. solemni descript. Präs. Salomon Deyling. Lpz. (Imman. Titius) 5. II. 1722. 52 S. (6.30) 13755

Hecker, H. C., Seckendorfische Handpostille. 8. Lpz. Gleditsch. 730.

Hecker, H. C., Nachrichten von dem Rittersitze und Marktflecken Meuselwitz. Leipzig 1741. 4.

— Nachricht von Meuselwitz. 4. Leipzig, Langenheim. 741.

— **Heinrich Cornelius** (Hamburg). De nonnullis indulgentiarum quaestoribus saec. XV. & XVI. Diss. histor. Präs. Jo. Erhard Kapp. Lpz. (Bernhard Christoph Breitkopf) 30. XII. 1720. 42 S. (6.50) 13754

Hecker, H. C., Ed. D. W. Trillers Poetische Betrachtungen, Hamburg (1725).
siehe Daniel Wilhelm Triller.

Die Behandlung der 'Varicen' und 'ulcera cruris' mit besond. Berücks. d. Zinkleimverbandes. Von Dr. H[ermann] **Hecker**, Strassburg i. E., Reg.- u. Med.R. Berlin: Fischer 1909. 24 S. 8° [Umschlagt.]
(Berliner Klinik. H. 256.)
[09. 13014

Hecker, H., die Behandlung der „Varicen" u. „ulcera cruris" m. besond. Berücksicht. des Zinkleimverbandes, s. a. Klinik, Berliner.

Hecker, Hermann Zur Geschichte des Kaisers Julianus. Eine Quellenstudie. 8 (48 S.). Progr. G. *Kreuznach* 1886 (408).

Hecker, Hermann [Dr. jur.]: Zur Lehre von der rechtlichen Natur der Versicherungsverträge. Abt. 1: Der Schadenversicherungsvertrag ... München, Th. Ackermann, 1892; 1 Bl., 116 S. 8.
München, Jur. Fak., Hab.-Schr. v. 1892

Hecker, Herm., zur Lehre v. der rechtlichen Natur der Versicherungsverträge I. Abtlg.: Der Schadenversicherungsvertrag. gr. 8. (116 S.) München 894. Th. Ackermann. n 2.80

HECKER, Hermann: Die rechtliche Natur der Prämienreserve bei der Lebensversicherung.- Stuttgart: Enke 1892. 2 Bl., 60 S.
7.8.1899 - Chr 1899/99,2?; Jv 1899/91,219
Diss.Ingolst.-Landsh.-Mchn.

Hecker, Herm., die territoriale Politik des Erzbischofs Philipp I. von Köln [1167—1191], s. Studien, historische.

Hecker, Herm. (Wilh.) (geb. Königsmuhl in Pomm. 2. 6. 1851): Ueber unverrückbare Verbände mit besonderer Berücksichtigung ihrer Anwendung in der Kriegspraxis. Berlin (1875). (61 S.) 8°
Berlin, Med. Diss. v. 20. Febr. 1875

Verleih-Anstalten von Gegenständen zur Krankenpflege. Von Med.R. Dr. H[ermann] Hecker, Kreisarzt in Weißenburg i. E. *Berlin: C. Heymann 1904.* (IV, 35 S.) 8° [ℌ.]
= Schriften d. Vereine v. Roten Kreuz. H. 5.

Hecker, Hermann, Architekt d. Rheinischen Vereins zur Förderung d. Arbeiterwohnungswesens, Düsseldorf: Die Wohnungsfrage und das Problem architektonischen Gestaltens. Eine ästhetisch-wirtschaftliche Studie. Aachen: Jacobi 1909. 259 S. 8°
¶ Auch als Buch.
Aachen, Dr.-Ing.-Diss. v. 15. 7. 1909

Hecker, J. Andr., Anleitung zur Bienenpflege. Gegründet auf vielfache bewährte Erfahrungen des Herausgebers u. seiner beiden Voreltern. 2e Aufl. 8. Arnsberg 836. (Ritter.) 5/12 ß

Hecker, J. Ge. Aug., Predigt zur Jubelfeyer der fünfzigjährigen Regierung des Königs von Sachsen. gr. 8. Dresden, Hartknoch. 819. Rthlr. ·

Hecker, J. L.: De Succino, ejus characteribus, origine ac usu, prolusio historico-mineralogica. (Diss. inaug.) Heidelbergae. 1794. 4°

Hecker, J. T. G.

— Elementarbuch d. engl. Sprache. Nach Seidenstückers Methode. N. 1 u. 2. 8. Hamm 823 — 25. Wundermann.

Hecker's, J. T. G., Elementarbuch der engl. Sprache. Nach Jh. Hnr. Ph. Seidenstücker's Methode bearb. Nro. I. oder 1. Abthl. 3. sorgfältig revid. u. verm. Aufl. gr. 12. Crefeld 842, Funcke'sche Buchh. 5/12 ß

— dass. Nro. II. oder 2. Abthl. 2. sorgfältig revid. u. verm. Aufl. gr. 12. Ebend. 842. 7/12 ß

Hecker's, J. T. G., Elementarbuch d. engl. Sprache. Nach Joh. Heinr. Ph. Seidenstücker's Methode bearb. Nr. I. od. 1. Abth. 3. sorgfältig revid. u. verm. Aufl. gr. 12. (VIII u. 141 S.) Bielefeld 847, Velhagen & Klasing. 5/12 ß — 4. verb. Aufl. gr. 8. (VI u. 144 S.) Ebd. 849. 5/12 ß — Nr. II. od. 2. Abth. 2. sorgfält. revid. u. verm. Aufl. gr. 8. (IV u. 216 S.) Ebd. 847. 7/12 ß (1 u. 2: 1 ß)

Hecker, J. T. G., Elementarbuch der englischen Sprache. Nach Joh. Heinr. Phil. Seidenstücker's Methode bearb. 2. Abth. 3., sorgfältig verb. Aufl. Bielefeld 862. Velhagen & Klasing. gr. 8. (VI, 220 S.) 18 ngr.

Hecker, Jacob [aus Düsseldorf-Hamm]: Aus d. medicin. Klinik in Bonn. Ueber einen Fall von Complication von tabes dorsalis mit multipler Sklerose ... Düren, Act.-Ges. f. Zeitgsverl. u. Druckerei, 1894; 38 S., 1 Bl. 8.
Bonn, Med. Fak., Inaug.-Diss. v. [10. März] 1894

Hecker, Jakob Christian

— Abhandl. von d. gesellschaftl. Leben d. Christen. 8. Leipz. 764. 2e A. 765. Gleditsch. 3 K

(**HECKER,** J. Chr.) Abhandlung von dem gesellschaftlichen Leben christlicher Ehegatten. 1765. 8°. 106 S.

— Abhandl. von dem gesellschaftl. Leben christl. Ehegatten. 8. Leipz. 765. 2e A. 766. (Brockhaus). 2 K

— Abhandl. vom gesellschaftl. Leben d. Eltern, der Kinder u. Geschwister, der Herrschaften u. Gesinde. 8. Leipz. 768, 69. Gleditsch.

Hecker, Jac. Chr., philolog. Bibliothek. 4 Thle. 8. Lpz. Crull. 753.

— **Jacob Christian** (Meuselwitz), De suspecta flori fide. Präs. Christian Heinr. Hausotter. Lpz. (I. G. I. Breitkopf) 6. IX. 1747. 24 S. (5.50) 13756

— Predigt von d. Majestät Gottes im großen Wasser. 8. Jena 761. Cröker. 2 K

— von den Vortheilen des Christenthums. 8. Lpz. Gleditsch. 773.

Hecker, Johann (geb. Hamm a. Rh. 3. 3. 1845): Ueber 34 im pathologischen Institut zu Berlin in der Zeit von 1857 bis zum Juli 1868 vorgekommene Fälle von Krebs des Mastdarms. Berlin (1868). (40 S.) 8°
Berlin, Med. Diss. v. 27. Juli 1868

Hecker, Jh. Alb., erprobte Mittel gegen die Zahnschmerzen nach ihren verschied. Ursachen. 8. Quedlinb. 843, Basse. 1/3 ß

Lied am Denktage der Geburt Sr. Herzogl. Durchlaucht des Herzogs Ferdinand von Braunschweig und Lüneburg in der Loge zu den drei Weltkugeln gesungen vom Br. [Joh. Christian Nathanael] Hecker. Berlin am 12. Jan. 1792. [Berlin 1792]: Kgl. Hofbuchdr. 2 Bl. 8°
Ohne Noten: „Brüder Maurer, reine Freude ...“ 65.

Lied am Denktage der Geburt Sr. Hochf. Durchlaucht Friedrich August Herzogs zu Braunschweig und Lüneburg in der Loge zur Eintracht [in Berlin] gesungen vom Br. [Joh. Christian Nathanael] Hecker. Berlin, am 29. Oct. 1789. [Berlin 1789]: Decker & S. 2 Bl. 8° [Umschlagtit.]
Ohne Noten: „Heil, Brüder, Heil, dem frohen Tage ...“ 23.

Lied am Denktage der Geburt Sr. Herzoglichen Durchlaucht des Herzogs Friedrich August von Braunschweig und Lüneburg in der Loge zu den drei Weltkugeln gesungen vom Br. [Joh. Christian Nathanael] **Hecker.** Berlin, am 29. Oct. 1791. [Berlin 1791]: Hofbuchdr. 2 Bl. 8⁰ [Umschlagtit.]
Ohne Noten: „Willkommen heut in unserm Kreise . . .“ 23.

Lied am Geburtsfeste Sr. Herzogl. Durchl. des Herzogs Ferdinand von Braunschweig und Lüneburg in der Loge zu den drei Weltkugeln [in Berlin] gesungen vom Br. [Joh. Christian Nathanael] **Hecker.** Berlin, am 12. Jan. 1790. [Berlin 1790]: Decker & S. 2 Bl. 8⁰ [Umschlagtit.]
Ohne Noten: „Auf, Brüder Maurer, singt in vollen Chören . . .“ 23.

Lied zum Geburtsfeste Seiner Herzogl. Durchlaucht des Herzogs Friedrich August von Braunschweig und Lüneburg in der Loge zu den drei Weltkugeln gesungen vom Br. [Joh. Christian Nathanael] **Hecker.** Berlin, am 29. Oct. 1787. [Berlin 1787]: Decker. 2 Bl. 8⁰ [Umschlagtit.]
Ohne Noten: „Auf, Brüder, auf, in vollen Chören . . .“ 23.

Lied beim Geburtsfest Friedrich Wilhelm II. in der Loge zu den drey Weltkugeln [in Berlin] gesungen von [Joh. Christian Nathanael] **Hecker.** Berlin, den 25ten Sept. 1787. [Berlin 1787]: Decker. 2 Bl. 8⁰ [Umschlagtit.]
Ohne Noten.

Maurerlied am 29sten Okt. 1793 gesungen vom Br. [Joh. Christian Nathanael] **Hecker.** Berlin [1793]. 2 Bl. 8⁰
Ohne Noten: Zum Geburtstag Herzogs Friedrich Augusts von Braunschweig-Lüneburg. 23.

Hecker, Johann Julius

Hecker, Joh. Jul., Die gute Beschäftigungen des Volckes Gottes in den Zeiten des Friedens. Eine Predigt. Berlin 1763. 8.

— Betracht. d. menschl. Körpers, n. d. Anatomie u. Physiol. m. K. 8. Ebend. 734.

Hecker, J. Jul., Einleit. in die Botanik. 8. Halle, Waisenh. 733.

Hecker, Jh. Jul., († d. 25. Juni 1768.) Einleit. in d. Botanik. 8. Hale 757. Waisenh.-B. 6 gr

Hecker (J. J.). Flora berolinensis. Berlin, 1757–8. fol.

— lineamenta anatomiae, in usum paedagogii regii. 8. Halle 752. Waisenh.-B. 1½ gr

— **Johann Jul.** (Director d. Dreyfaltigkeits=Schulanstalten), Wohlgemeinter Vorschlag wie die lateinische Sprache bey Würden und Ehren zu erhalten. Berlin (Christian Friedrich Henning) 8.—11. X. 1749. 24 S. mit Namen. (6.—) 13757

Hecker, Johann Wilhelm

Hecker, J. W., Abriß moral. Vorles. zum Gebrauch der Lehranstalt. 8. Berl. Himburg. 781.

Hecker, Jh. Wlh., († d. 8. Juni 1793.) Abriß moral. Vorlesungen, zum Gebrauche d. Lehranstalt. 8. Berl. 781. Reimer. 6 gr

(Hecker, Johann Wilhelm:) G e d i c h t e . Reval 1748.

— f. Religion d. Vernunft.

Jo. Guil. H e c k e r ad historiam medicinae apud Romanos antiquissimae spicilegium. Stettin 1772. f.

Hecker, Joseph [aus Ringen]: Ueber Ruffinis Beweis für die Unmöglichkeit der algebraischen Auflösung der allgemeinen Gleichung von einem höheren als dem vierten Grade . . . . Bonn, Univ.-Buchdr. v. C. Georgi, 1886; 29 S. 8°.
Bonn. Phil. Fak., Inaug.-Diss. v. 6. Aug. 1886.

H e c k e r , J o s e p h , über Ruffinis Beweis für die Unmöglichkeit der algebraischen Auflösung der allgemeinen Gleichung von einem höheren als dem vierten Grade. Diss. Bonn 1886, Emil Strauss. 8°. 29 S.

Hecker, Joseph: Über trophische Störungen bei Epilepsie. Würzburg 1909: Verlagsdr. 31 S. 8°
Würzburg, Med. Diss. v. 12. Aug. 1909, Ref. Rieger
[Geb. 1. Aug. 83 Düsseldorf; Wohnort: Würzburg; Staatsangeh.: Preußen; Vorbildung: Gymn. Düsseldorf Reife O. 04; Studium: Freiburg i. B. 1, Berlin 1, Würzburg 8 S.; Coll. 23. April 09; Approb. 21. April 09.] [U 09. 4116

Hecker, Justus Friedrich Karl (Hrsg.):

s.: Annalen, Literarische, der gesammten Heilkunde. Bd 1–33. Berlin, Landsberg a.d.W.: 1825–36.

H e c k e r , Just. Friedr. Carl, neue wissenschaftl. A n n a l e n etc., s. A n n a l e n.

H e c k e r , J(ust.). F(riedr.). C(arl), wissenschaftl. A n n a l e n d. gesammt. Heilkunde, s. A n n a l e n etc.

Hecker, Justus Frid. Car.: Antiquitates hydrocephali addita hydrocephali interni chronici feliciter sanati historia. Berolini (1817). (42 S.) 8°
Berlin, Med. Diss. v. 12. Juli 1817

Hecker, Justus Friedrich Karl, s. B o r s i e r i , Giovanni Battista: Institutiones medicinae pract.

Hecker, Justus Friedrich Karl, s. C a j u s Brit.: De ephemera britannica.

Hecker, (J. F. C.) Geschichte d. Heilkunde. 1r Bd. gr. 8. Berl. 822, Enslin.

—— G e s c h i c h t e d. Heilkunde. N. d. Quellen bearb. 2. Bd. Mit e. chronolog. Uebersicht d. 1. u. 2. Bds. gr. 8. (29⅓ B.) Berlin 829, Th. Enslin.
1. Bd. Ebendas. 1822. 2 Thlr. 8 Gr.

Hecker, Just. Fr. Karl, Geschichte der neueren Heilkunde. 1s u. 2s Buch. Die Volkskrankheiten von 1770. — Die Wiener Schule. gr. 8. Berlin 839. Th. Enslin. $3^1/_4$ ℳ

Hecker, J[ustus] F[riedrich] C[arl]: Geschichte der neueren Heilkunde. Berlin 1839. XVI, 614 S.

Hecker, Justus Friedrich Karl, s. Gräfe, C. Fd.: Rhinoplastik.

Just. Fried. C. Hecker die Lehre vom Kreislauf vor Harvey. Eine historische Abhandlung. Berlin 1831. 8. — *Prius in* Ejusd. litter. Annal. d. Heilk. 1831. Bd. XIX. (

—— die Lehre v. Kreislauf vor Harvey. Eine histor. Abhandl. 8. (2 B.) Berlin 831, Herbig.

Iusti Frid. Car. **Hecker** oratio in rectoratu habita die 3. m. Aug. in memoriam Friderici Guilelmi III. [De Friderico Guilelmo conditore universitatis Berolinensis.] Berolini 1845. (16 S.) 8°

— die Pest im sechsten Jahrhunderte. (Aus den Annal. d. ges. Heilk. Bd. X. 1828. abgedruckt.) Berlin 1828. 8. — *Ital. vert.* Valentino Fassetta. Venez. 1834. 8. (Pestis inguinaria Justinianea s. Pelusina et morbus pusularum, qui ab auctore pro epidemia variolosa habetur; cfr. *Hecker Geschichte d. Heilkunde II.* 135 sq. et *Haeser histor. patholog. Untersuch. I.* 84 sq.)

Hecker, Just. Frid. Car.: De peste Antoniniana commentatio. Berolini: Enslin 1835. (20 S.) 8°
Berlin, [Med. Fak., Antrittsprogr. v. 22. Mai 1835]

Hecker, Just(us) Friedr(ich) Kar(l): De peste Antoniana commentatio. 29 S., gbd.

Berolini: Enslin 1835

JB 5.030

Hecker, Justus Friedrich Karl, Geh. Medizinalrath. Rede im Friedrich-Wilhelms-Institut am 2. Aug. 1848. Berlin 1848. 16 S. 8.

Hecker, Justus Friedrich Karl (Übers.):

s.: Reißeisen, Franz Daniel: Über den Bau der Lungen. - De fabrica pulmonum commentatio. (Dt.u.Lat.) Berlin: 1822

JB 6.269

– s. Schweich, H.: Die Influenza.

Hecker, J(ustus) F(riedrich) K(arl): Der englische Schweiss. Ein ärztlicher Beitrag zur Geschichte des fünfzehnten und sechzehnten Jahrhunderts. 240 S., gbd.

Berlin: Enslin 1834

JB 5.047

— der engl. Schweiß. Ein ärztlicher Beitrag zur Geschichte des 15. u. 16. Jahrhunderts. gr. 8. Berlin 835. Th. Enslin. $1^1/_2$ ℳ

Hecker, Justus Frid. Car.: Sphygmologiae Galenicae specimen. Berolini (1817). (VIII, 41 S.) 8°
Berlin, Med. Fak., Hab.-Schr. v. 15. Nov. 1817

Hecker, Just. Friedr. Carl, üb. Sympathie. Eine Vorlesung gehalten im wissenschaftl. Verein zu Berlin am 21. März 1846. gr. 8. (2½ B.) Berlin 846, Th. Enslin. *

Hecker, J. F. C., die Tanzwut des Mittelalters, s.: Naturen, rätselhafte. II.

Hecker, J. F. C. Die Tanzwuth, eine Volkskrankheit im Mittelalter. Nach den Quellen ... bearbeitet von ... J. F. C. Hecker ... Berlin 1832. Verlag von Theod. Christ. Friedr. Enslin. VI S., 1 Bl., 92 S. (S. 39—92 in Lithogr.) 8°

Just. Friedr. Carl Hecker der schwarze Tod im vierzehnten Jahrhundert. Nach den Quellen für Aerzte u. gebildete Nichtärzte bearbeitet. Berlin 1832. 8. — *Antea in* Hecker Annal. d. Heilkde 1832, Bd. 22. — *Angl. vert.* B. G. Babington. Lond 1833. 8. (Bonae disquisitiones e relationibus medicorum et chronographorum; cfr. *Sprengel Beiträge z. Geschichte d. Med. I.* 36 sq. et *Haeser, histor. pathol. Unters. I.* 110; *II.* 525; novum medici coaevi, scil. Gabriel de Mussis, documentum e cod. ms. biblioth. Rhedigeranae Vratislaviensis exhibet A. W. Henschel in *Haeser Archiv f. d. gesammte Heilkde II.* 20 sq.)

Hecker, J(ustus) F(riedrich) K(arl): Der schwarze Tod im vierzehnten Jahrhundert. Nach den Quellen für Aerzte und gebildete Nichtärzte bearbeitet. 102 S., gbd.

Berlin: Herbig 1832

JB 5.029

Hecker, Just. Frdr. Carl, über Visionen. Eine Vorlesung gehalt. im wissenschaftl. Verein zu Berlin am 29. Janr. 1848. gr. 8. (35 S.) Berlin 848, Th. Enslin. n. 8 ngr

Hecker, J(ustus). F(riedrich) K(arl): Ueber die Volkskrankheiten. Eine Rede zur Feier des acht und dreissigsten Stiftungstages des Königlichen medicinisch-chirurgischen Friedrich-Wilhelms-Instituts, am 2ten August 1832. 16 S., gbd.

Berlin: Enslin 1832

Hecker, J. F. C., die grossen Volkskrankheiten des Mittelalters. Historisch-pathologische Untersuchungen. Gesammelt und in erweit. Bearbeitung hrsg. von Aug. Hirsch. gr. 8. (VIII und 432 S.) Berlin 865, Th. C. F. Enslin. *

— s. Wörterbuch, encyclop., d. medicin. Wissenschaften.

– s. Zeitung, Medicinische.

Hecker, Karl, über den Begriff der Körperverletzung nach deutschem Civil- und Militär-Strafrecht insbesondere über die Mißhandlung Untergebener durch militärische Vorgesetzte. gr. 8. (13 S.) Berlin 885, R. v. Decker's Verlag. *
Aus: Goltdammer's Archiv, besonders abgedruckt.

— dasselbe. 2. durch e. Vorwort verm. Aufl. gr. 8. (27 S.) Ebend. 885. n — 50

Hecker, Carl v., Beobachtungen u. Untersuchungen aus der Gebäranstalt zu München, umfassend den Zeitraum 1859—1879. Mit 4 Taf. (in Lichtdr.). gr. 8. (VIII, 174 S.) München 881. Rieger. n. 8. —

Hecker, Car. (geb. Soest 1823): De chlorosi. Berolini (1847). (31 S.) 8°
Berlin, Med. Diss. v. 16. Nov. 1847

Hecker, Karl: Ein Fund, s. Reiselektüre.

— über den Gesundheitszustand der Wöchnerinnen in der Kreis- u. Lokal-Gebäranstalt München, s.: Mittheilungen u. Auszüge aus dem aerztlichen Intelligenzblatt.

Hecker, C., blaue Husaren, s.: Reiselectüre.

— blaue Husaren. Spiele nicht mit Schießgewehren. Illustr. v. H. Albrecht. 8. (204 S.) Ebd. 889. n. 2. —; geb. n. 3. —

Hecker, Carl, das Kasernenblümchen. Illustr. von F. Bergen, H. Schlittgen, Ch. Speyer. hoch 4. (51 S.) Stuttgart 888, Krabbe. *

Hecker, Carl, das Kasernenblümchen. Mit 35 Illustr. v. F. Bergen, H. Schlittgen, Ch. Speyer, E. Thöny. gr. 8. (84 S.) Stuttgart 899. C. Krabbe. n. 1.—

Hecker, Carl. Casino Geschichten. Illustriert v. H. Schlittgen. 8. (209 S.) Stuttg. 889, Krabbe. * 3 —; geb. * 4 —

— und L. **Buhl**, Klinik der Geburtskunde. Beobachtungen und Untersuchungen aus der Gebäranstalt zu München. (1. Bd.) Mit 9 lith. Taf. Ebend. 861. Lex.-8. (XIV, 342 S.) 3 ₰

Hecker, C., Klinik der Geburtskunde. Beobachtungen und Untersuchungen aus der Gebäranstalt zu München. 2. Bd. Mit 9 lith. Taf. Leipzig 864. Engelmann. Lex.-8. (VIII, 252 S. u. 2 Tab. in Fol.) 2 ₰ 22½ ngr.

Hecker, K., Lehrbuch des deutschen Militärstrafrechts. 8. (XII, 319 S.) Stuttgart 887. Enke. n. 6. —; geb. n. 7. —

Hecker, Carl, Lieutenantsgeschichten. Illustriert von H. Albrecht, H. Schlittgen, Chr. Speyer. 2 Bde. gr. 8. Stuttgart 898. C. Krabbe. Geb. in Leinw. n. 10. —
1. Memoiren e. Lieutenants. — Casinogeschichten. (346 u. 209 S.)
2. Im alten Schloß. — Blaue Husaren. — Kasernenblümchen. (181, 204 u. 84 S.)
Erschien auch in 21 Lfgn. à n. — 40.

— aus den Memoiren eines Lieutenants. Illustr. von H. Albrecht. 1. und 2. Aufl. 8. (346 S.) Ebendas. 887. * geb. *

— Memoiren e. Lieutenants. Mit 100 Illustr. v. H. Albrecht. 3. Aufl. (11.—15. Taus.) gr. 8. (III, 346 S.) Ebd. 898. n. 3. —; geb. in Leinw. n. 4. —

— Militärpersonen im Sinne der Reichsgesetzgebung. gr. 8. (16 S.) Ebendas. 883. *
Aus: Archiv f. Strafrecht.

Hecker, Karl, das Militär-Strafgesetzbuch für das Deutsche Reich nebst dem Einführungsgesetz, erläutert. gr. 8. (X, 367 S.) Berlin 877. G. Reimer. n. 6. —

— die Offiziere zur Disposition und ihre Zugehörigkeit zum aktiven Heere resp. zur aktiven Marine. gr. 8. (15 S.) Ebendas. 883. *
aus: Archiv für Strafrecht, besondere abgedruckt.

Hecker, (Gul. Frid.) Car. (geb. Berlin 8. 5. 1827): De periosteitide phosphorica. Berolini (1848). (31 S.) 8°
Berlin, Med. Diss. v. 27. Juli 1848

Hecker, Carl, über die Schädelform bei Gesichtslagen. Mit 4 lith. Taff. (in qu. gr. 4.) Berlin 870. A. Hirschwald. gr. 8. (61 S.) n. 1 ₰ 6 ngr.

Hecker, Carl, im alten Schloß u. andere Erzählungen. Illustr. v. H. Albrecht. 8. (181 S.) Stuttgart 893. C. Krabbe. n. 2. —; geb. in Leinw. n. 3. —

Hecker, K.,
— spiele nicht mit Schießgewehren, } s.: Reiselectüre.

— Strafgesetzbuch f. das Deutsche Reich. Text-Ausg. m. Anmerkg. u. Beilagen zum Gebrauch in Militärstrafsachen. gr. 16. (VIII, 267 S.) Ebend. 878. cart. n. 1. 60

Hecker, Carl: Verfahren zur Herstellung eines Schutz- und Heilmittels gegen Maul- und Klauenseuche. Patentiert im Deutschen Reiche vom 14. Jan. 1898 ab. 4⁰
Aus: Kais. Patentamt. Patentschrift Nr 116 622. Klasse 30 h.

— über das Verhältniß d. Civilstrafrechts zum Militärstrafrecht u. den Begriff Militärpersonen. Sammlung der in „Goltdammer's Archiv f. Strafrecht" u. im „Gerichtssaal" erschienenen Abhandlgn. d. Verf., nebst Einleitg. u. Schlußbemerkg. gr. 8. (III, 114 S.) Ebend. 885. n. 1. 80

— über das Verhältniß d. Civilstrafrechts zum Militärstrafrecht u. den Begriff Militärpersonen. Sammlg. der in „Goltdammer's Archiv f. Strafrecht" u. im „Gerichtssaal" erschienenen Abhandlungen des Verf., nebst Einleitung u. Schlußbemerkung. gr. 8. (III, 114 S.) Berlin '888. R. v. Decker's Verlag. n. 1. 80

Hecker, C., wie schützt man sich gegen die Maul- u. Klauenseuche? Vorbeugungsmaßnahmen. Kennzeichen. Pflichten. Behandlung. 1. u. 2. Aufl. gr. 8. (IV, 74 S.) Leipzig 901. R. C. Schmidt & Co. n. 1. —

Ⓢ Hecker, C., wie schützt man sich gegen Maul- u. Klauenseuche. 901. Jetzt: Hannover, M. & H. Schaper.

Hecker, Karl, der Civilstrafrichter u. das Militär-Strafgesetzbuch f. das deutsche Reich. [Aus: „Goltdammer's Archiv".] gr. 8. (38 S.) Berlin 882. v. Decker. n. — 75

Hecker, Car. Fr., die Elephantiasis oder Lepra arabica. Mit 5 lith. Taf. Lahr 858. Schauenburg u. Co. gr. Fol. (16 S. u. 1 Bl. Erklärung d. Taf.) n. 4 ₰ 15 ngr.

Hecker, Karl Friedrich Franz

Hecker, Karl Fr. Frz., über die Bedeutung der chirurg. Anatomie. Eine Antritts-Rede. gr. 8. Freiburg 840. Herder. 1/8 ₰

Hecker, Karl Friedrich Franz: Erfahrungen und Abhandlungen im Gebiete der Chirurgie und Augenheilkunde. 163 S., gbd., 4 Taf.

Erlangen: Enke 1845

— Handbuch der Materia chirurgica, zum Gebrauche bei seinen Vorlesungen. gr. 8. Freiburg 838. Herder. n. 1½ ₰

— die Indicationen der Steinzertrümmerungsmethode. gr. 8. Freiburg 836. (Emmerling.) n. ⅓ ₰

Hecker, Karl Fr. Frz., nosologisch-therapeut. Untersuchungen über die brandige Zerstörung durch Behinderung der Circulation des Blutes. gr. 8. Stuttg. 841, Balz. Becher. ½ ₰

Hecker, Klemens, histor.-psycholog. Darstell. merkwürd. beim königl. Assisenhofe zu Aachen verhandelter Criminalfälle. 1s Bdch. 8. Aachen 826. Cremer. 12 gr

— **Constantin Gabriel** (Danzig), De martyrio juridico et politico. Disput. jur. Präs. Johann Schultze. Danzig (David Friedrich Rhetius) 10. V. 1691. 38 S. (6.50) 13752
Gew.: Gabriel Schumann, Constantin Ferber, Constantin Pahl, Christian Schroeder. — Widm. v.: Samuel Schelwig, Präs., Jo. Christoph Rosteuscher, Christoph Behr, Johann Schelwig (Preuss.), Johann Sigismund Ferber.

— — Dasselbe. Germanis: Rechtliche und historische Abhandlung: In wie weit man für den andern, oder auch für das Vaterland, Leib, Leben, Guth u. Blut aufzuopffern, od. dessen Beschwerden zu tragen schuldig sey. Jena (Jo. Bernh. Heller) 1749. 56 S. (6.50) 13753

Hecker, L., geb. Paalzow, Gedichte. Berlin 858. Th. Enslin. 16. (VIII, 212 S.) 1 ℛ

Hecker, M., Gebetbuch für die häusliche Andacht des christlichen Volkes, bestehend aus Morgen- und Abendgebeten für 17 Wochen, aus Gebeten für die Festzeiten und für die verschiedenen Lagen des Lebens. Mit einer Einleitung vom Gebet überhaupt von Christlieb. 2 Thle. Mit 1 Stahlst. 3. verm. u. verb. Aufl. Ludwigsburg 859. (Riehm.) gr. 8. (XVI, 850 S.) n. 1 ℛ

Hecker, M., Gebetbuch für die häusliche Andacht des christlichen Volkes, bestehend aus Morgen- u. Abendgebeten für 17 Wochen, aus Gebeten f. die Festzeiten u. für die verschiedenen Lagen des Lebens. Mit einer Einleitung vom Gebet überhaupt von Christlieb. 2 Thle. Mit 1 Stahlst. Ster.-Ausg. gr. 8. (419 u. 348 S.) Reutlingen 880. Enßlin & Laiblin. 2. 40; in 1 Bd. geb. n. 3. —

Hecker, Max F. [aus Köln]: **Metaphysik und Asketik, in ihrem Zusammenhang nachgewiesen an Schopenhauer und wahlverwandten indischen Philosophen ... (Erscheint vollst. bei Hübscher & Teufel in Köln u. d. T.: Schopenhauer u. d. indische Philosophie.) Bonn, Buchdr. J. Bach Wwe, 1896; 76 S., 1 Bl. 8.**
Bonn, Phil. Fak., Inaug.-Diss. v. 11. Aug. 1896

Schillers Persönlichkeit. Urtheile d. Zeitgenossen u. Documente gesammelt von Max **Hecker** (2. 3: von Julius Petersen). Th. 1–3. Weimar: Gesellsch. d. Bibliophilen 1904–09. 8°
1. 1904. 2. 1908. 3. 1909.
(Gesellschaft d. Bibliophilen. [6. 12. 14.]) [10. 7034

Schopenhauer und die Indische Philosophie v. Max F. **Hecker**, Dr. phil. *Köln: Hübscher & Teufel 1897.* [Der letzte Abschnitt erschien als Bonner Diss. 1896.] (2 Bl., 255 S., 1 Bl.) 1 Bd 8. [97. 1449

Hecker, Max F., der Triumph der Empfindsamkeit. Zum 24. V. 1902. 8. (12 S.) Weimar 902. H. Böhlau's Nachf. n. — 25
Sonderabdruck aus: „Weimar. Zeitung".

Beobachtungen an Horizontalpendeln über die Deformation des Erdkörpers unter dem Einfluß von Sonne und Mond von O[skar] **Hecker**. Berlin 1907: P. Stankiewicz. (IV, 95 S.) 8°
— **Veröffentlichung** d. K. Preuß. Geodät. Institutes. N. F. No 32. [07. 10681

Seismometrische Beobachtungen in Potsdam in der Zeit vom 1. April bis 31. Dez. 1902. Von O[skar] **Hecker**. *Berlin 1903: P. Stankiewicz.* (16 S.) 8°
— **Veröffentlichungen** d. k. Preusz. geodät. Institutes. N. F. No 12. [03. 6771

Seismometrische Beobachtungen in Potsdam in der Zeit vom 1. Jan. bis 31. Dez. 1903 von O[skar] **Hecker**. *Berlin: P. Stankiewicz 1904.* (30 S.) 4°
— **Veröffentlichung** d. kgl. Preuß. geodät. Institutes. N. F. No 16. [04. 9553

Seismometrische Beobachtungen in Potsdam in d. Zeit v. 1. Jan. bis 31. Dez. 1906 von O[skar] **Hecker**. Berlin 1907: P. Stankiewicz. (59 S.) 8°
— **Veröffentlichung** d. K. Preuß. Geodät. Institutes. N. F. No 30. [07. 10660

Bestimmung der Schwerkraft auf dem Schwarzen Meere und an dessen Küste sowie neue Ausgleichung der Schwerkraftsmessungen auf d. Atlant., Indischen u. Großen Ozean. Von O[skar] **Hecker**. Mit 4 Taf. Berlin 1910: Stankiewicz. VIII, 160 S. 4°
(Zentralbureau d. Internat. Erdmessung. Veröffentlichungen. N. F. Nr 20.) [10. 16137 G

Bestimmung der Schwerkraft auf dem atlantischen Ozean sowie in Rio de Janeiro, Lissabon u. Madrid. Mit 9 Taf. Von O[skar] Hecker. *Berlin: P. Stankiewicz 1903.* (VI, 137 S.) 4°
— **Veröffentlichung** d. K. Preuß. geodät. Instituts. N. F. No 11.

Bestimmung der Schwerkraft auf dem Indischen und Großen Ozean und an deren Küsten, sowie erdmagnetische Messungen. Mit 12 Taf. Von Prof. Dr. O[skar] **Hecker**. Berlin: G. Reimer 1908. (VIII, 233 S.) 4°
— Zentralbureau f. internat. Erdmessung. **Veröffentlichungen** N. F. No 16. [08. 14030

Hecker, O: Über die Beurtheilung der Raumtiefe und den stereoskopischen Entfernungsmesser von Zeiß-Jena. Stuttgart 1901

Boccaccio-Funde. Stücke aus d. bislang verschollenen Bibliothek d. Dichters, darunter von s. Hand geschriebenes Fremdes u. Eigenes ermittelt u. erwiesen von Oskar **Hecker**. Mit 22 Taf. *Braunschweig: G. Westermann 1902.* (XV, 320 S.) 4°(8°) [F.] [01. 2899

Hecker, Oscar [aus Osnabrück]: **Ueber die Darstellung der Eigenbewegungen der Fixsterne und die Bewegung des Sonnensystems... München, Druck d. Akad. Buchdr. v. F. Straub, 1891; 46 S. 4°**
München, Phil. Fak., Inaug.-Diss. v. 1891

Hecker, Oscar [aus Berlin]: **Die Berliner Decameron-Handschrift und ihr Verhältnis zum Codice Mannelli ... (Th. 1. e. gröss. Arbeit.) Berlin, C. Vogt's Buchdr., *1892;* 72 S., 1 Bl. 8.**
Berlin, Phil. Fak., Inaug.-Diss. v. 13. Aug. 1892

Hecker, Osk., il piccolo italiano. Ein Handbuch zur Fortbildg. in d. italien. Umgangssprache u. zur Einführg. in italien. Verhältnisse u. Gebräuche, verf. u. m. Aussprachehilfen versehen. 12. (VIII, 164 S.) Karlsruhe 900. J. Bielefeld. Geb. in Leinw. n. 2. 40

Hecker, Osc., Il piccolo italiano. Manualetto di lingua parlata ad uso degli studiosi forestieri, compilato sugli argumenti principali della conversazione d'ogni giorni e corredato dei segni per la retta pronunzia. 2. ed. notevolmente accrosciuta ed in gran parte rifusa. (XII, 240 S.) kl. 8. Karlsruhe 906. Freiburg i/B., J. Bielefeld. Geb. in Leinw. n. 2. 50

Hecker, Osc., Il piccolo italiano. Manualetto di lingua parlata ad uso degli studiosi forestieri, compilato sugli argomenti principali della vita pratica e corredato dei segni per la retta pronunzia. 3. ed. riveduta [8—14. migliaio.] (XII, 256 S.) kl. 8. Freiburg i/B. 910. J. Bielefeld. Geb. in Leinw. 2. 50

En systematisk ordnet norsk ⟨dansk⟩ Esperanto Ordbog. Udarb. af Oscar **Hecker**, oversat til Esperanto af Dr. A. v. Mayer, Manchester, oversat til Norsk ⟨Dansk⟩ af Tyra Bentsen. Berlin: Behr [1909]. 312 S. 8°
[Nebent.:] Sistema Vortaro Esperanto-Norwega ⟨Dana⟩ lau la germana teksto de O. Hecker.
(Heckers Wortschatz f. Reise u. Unterricht. A. 23.) [10. 3237

Systematiskt ordnad svensk-rysk ordlista sammanställd af Prof. Dr Oscar **Hecker**, till ryska af Dr. Wilhelm Loewenthal, Bromberg. Med uttalstecken. Berlin: Behr [1909]. 312 S. 8°
(Heckers Wortschatz f. Reise u. Unterricht. A. 31.) [10. 3241

Systematycznie ułożony skarbiec wyrażeń w języku polskim i esperanckim przez Prof. Dr. Oskara **Heckera**. Tekst esperancki ułożył Dr (A.) v. Mayer, Manchester. Tekst polski ułożył Dr. Ludomił German. Berlin: Behr [1909]. 312 S. 8°
[Nebent.:] Sistema Vortaro Esperanto-Pola lau la germana teksto de O. Hecker.
(Heckers Wortschatz f. Reise u. Unterricht. A. 24.) [10. 3232

Systematycznie ułożony Skarbiec wyrażeń w języku polskim i ruskim przez Prof. Dr. Oskara **Heckera**. Tekst polski ułożył Dr. Ludomił German, Tekst ruski ułożył Dr. Wilhelm Loewenthal. Berlin: P. Behr 1907. (312 S.) 8°
[Nebent.:] [Russ.] Russko-pol'skij sistematičeskij slovar' Prof. O. Gekkera ...
[System. geordn. poln.-russ. Sprachschatz von Hecker. Poln. Text von German, russ. von Loewenthal.]
— **Hecker:** Wortschatz f. Reise u. Unterricht. 25. [08. 19

Hecker, Osk., d. italien. Umgangssprache in systemat. Anordng. u. m. Aussprachehilfen. 8. (XII, 312 S.) Braunschweig 897. G. Westermann. In Leinw. kart. n. 4. —

— die italienische Umgangssprache, in systematischer Anordnung u. m. Aussprachehilfen dargestellt. 2. durchgeseh. Aufl., vermehrt um e. italien. Stichwörterverzeichnis. 8. (XII, 342 S.) Braunschweig 901. G. Westermann. Geb. in Leinw. n. 4. —

Vocabolario Sistematico Italiano-Esperanto compilato dal Prof. Dr. Oscar **Hecker**, Doc., trad. in esperanto dal Dr. A. v. Mayer, Doc., Manchester. Con segni per la retta pronunzia. Berlino: B. Behr 1907. (312 S.) 8°
[Nebent.:] Sistema vortaro Esperanta-Itala kombinita de Dro O. Hecker.
= **Hecker**: Wortschatz f. Reise u. Unterricht. [21.] [07. 8996

Vocabolario sistematico italiano-svevo compilato dal Prof. Dr. Oscar **Hecker**, trad. in svevo dall' Anna Ekelöf. Con segni par la retta pronunzia. Berlin: Behr [1909]. VI, 312 S. 8°
[Nebent.:] Systematiskt ordnad svensk-italiensk ordlista sammanst. af O. Hecker.
(Heckers Wortschatz f. Reise u. Unterricht. A. 30.) [10. 5241

Vocabulaire systématique espagnol-français-anglais-Esperanto par Oscar **Hecker**. Trad. par R. de Palacios [u. a.]. Berlin: Behr [1909]. 300 Bl., S. 301–324. 8°
[Nebent.:] Vocabulario sistemático español-francés-inglés-Esperanto según el testo aleman de O. Hecker.
(Heckers Wortschatz f. Reise u. Unterricht. C. 5.) [10. 5243

Vocabulaire systématique français-anglais-esperanto d'après le texte allemand par Oscar **Hecker**, trad. en franç. par P[aul] Besson, en anglais par A[lbert] Hamann, en esperanto par Dr. A. v. Mayer, Prof., Manchester. Berlin: Behr (1907). 318 S. 8°
[Nebent.:] Systematical Vocabulary French-English-Esperanto according to the German text of O. Hecker.
(Heckers Wortschatz f. Reise u. Unterricht. Ausg. B. 3.) [10. 227

Vocabulaire systématique Français-Anglais-Italien, d'après le texte allemand [Systematisch geordneter ... Wortschatz] par Oscar **Hecker**, Lecteur, Berlin. Trad. en franç. par P[aul] Besson, Prof., Grenoble, et en anglais par A[lbert] Hamann, Dir., Prof., Berlin. Berlin: B. Behr [1907]. (VI, 318 S.) 8°
[Nebent.:] Systemat. Vocabulary, French-English-Italian, according to the german text of O. Hecker ...
= **Hecker**: Wortschatz f. Reise u. Unterricht. Ausg. B. 2. [08. 159

Vocabulaire systématique Français-Espagnol d'après le texte allemand [Systematisch geordneter ... Wortschatz] de Oscar **Hecker**, trad. en franç par P[aul] Besson, Prof., Grenoble, et en espagnol par R. de Palacios, Consul, Prof., Berlin. Berlin: B. Behr 1907. (VI, 312 S.) 8°
[Nebent.:] Vocabulario sistemát. Español-Francés según el testo aleman de O. Hecker ...
= **Hecker**: Wortschatz f. Reise u. Unterricht. 16. [08. 157

Vocabulaire systématique Français-Espéranto, d'après le texte allemand [Systematisch geordneter ... Wortschatz] de Oskar **Hecker**. Trad. en franç. par P[aul] Besson, Prof., Grenoble, et en Espéranto par Dr. A. v. Mayer, Prof., Manchester. Berlin: B. Behr 1907. (312 S.) 8°
[Nebent.:] Sistema Vortaro Esperanta-Franca laŭ la germana teksto de O. Hecker ...
= **Hecker**: Wortschatz f. Reise u. Unterricht. 17. [08. 156

Vocabulaire systématique François-Italien par Oscar **Hecker**, Lecteur. Trad. en franç. par P[aul] Besson, Prof. Avec des accents pour faciliter la prononciation. Berlin: B. Behr 1907. (VI, 312 S.) 8°
[Nebent.:] Vocabulario sistemat. Ital.-Francese compilato dal Prof. Dr. O. Hecker...
= **Hecker**: Wortschatz f. Reise u. Unterricht. 15. [08. 154

Vocabulaire systématique Français-Italien-Allemand par Oscar **Hecker**, Lecteur, Berlin. Trad. en franç. par P[aul] Besson, Prof. Avec des accents pour faciliter la prononciation. Berlin: B. Behr [1907]. (VI, 318 S.) 8°
[Nebent.:] Vocabulario sistemat. Francese-Ital.-Tedesco compilato da Prof. Dr. O. Hecker ...
= **Hecker**: Wortschatz f. Reise u. Unterricht. Ausg. B. 6. [08. 160

Vocabulaire systématique français-norwégien ⟨danois⟩ d'après le texte alemand de O(scar) **Hecker**, trad. en franç. par P[aul] Besson et et norwégien ⟨danois⟩ par Tyra Bentsen. Berlin: Behr (1907). VI, 312 S. 8°
[Nebent.:] En systematisk ordnet norsk ⟨dansk⟩-fransk Ordbog udarb. af Prof. Dr. O. Hecker.
(Heckers Wortschatz f. Reise u. Unterricht. Ausg. A. 18.) [10. 220

Vocabulaire systématique français-polonais d'après le texte allemand de Oskar **Hecker**, trad. en franç. par P[aul] Besson, et en polonais par le Dr Ludomil German. Berlin: Behr [1908]. 312 S. 8°
[Nebent.:] Systematycznie ułożony skarbiec wyrażeń w języku polskim i francuzkim, przez O. Hecker
(Heckers Wortschatz f. Reise u. Unterricht. A. 19.) [10. 1270

Vocabulaire systématique français-suédois d'après le texte allemand de O(skar) **Hecker**, trad. en français par P. Besson, Prof., Grenoble, et en suédois par Anna Ekelöf. Berlin: Behr [1910]. VI, 312 S. 8°
[Nebent.:] Systematiskt ordnad svensk-fransk ordlista sammanst. af O. Hecker.
(Heckers Wortschatz f. Reise u. Unterricht. A. 29.) [10. 5240

Vocabulario sistemático español-esperanto según el testo aleman de Oscar **Hecker**, trad. al español por R. de Palacios, e al esperanto por Dr. A. v. Mayer, Manchester. Berlin: Behr [1908]. 312 S. 8°
[Nebent.:] Sistema vortaro esperanta-hispana laŭ la germana teksto de O. Hecker.
(Heckers Wortschatz f. Reise u. Unterricht. A. 22.) [10. 1271

Systematical Vocabulary English-Esperanto according to the german text of Oscar **Hecker** transl. into English by Prof. Dr. [Albert] Hamann, and into Esperanto by Dr. A. v. Mayer, Teacher, Manchester. With accents for correct pronunciation. Berlin: B. Behr 1907. (312 S.) 8°
[Nebent.:] Sistema vortaro Esperanta-Angla laŭ la germana teksto de O. Hecker.
= **Hecker**: Wortschatz f. Reise u. Unterricht. [12.] [07. 8955

Systematical Vocabulary English-French according to the German text [Systematisch geordneter Wortschatz] of Oscar **Hecker** transl. into English by Prof. Dr. [Albert] Hamann, Berlin, and into French by P[aul] Besson, Prof., Grenoble. Berlin: B. Behr 1907. (312 S.) 8°
[Nebent.:] Vocabulaire systémat. Franç.-Anglais d'après le texte allemand de O. Hecker.
= **Hecker**: Wortschatz f. Reise u. Unterricht. 10. [08. 152

Systematical Vocabulary English-Italian compiled by Prof. Dr. Oscar **Hecker**, Reader, transl. into Engl. by Prof. Dr. [Albert] Hamann. With accents for correct pronunciation. Berlin: B. Behr 1907. (VI, 312 S.) 8°
[Nebent.:] Vocabolario Sistematico Ital.-Inglese, compilato dal Dr. O. Hecker.
= **Hecker**: Wortschatz f. Reise u. Unterricht. 9. [07. 8954

Systematical Vocabulary English-Norwegian ⟨Danish⟩ according to the German text of Oscar **Hecker** transl. into English by Prof. Dr. [Albert] Hamann, and into Norwegian ⟨Danish⟩ by Tyra Bentsen. Berlin: Behr 1907. VII, 312 S. 8°
[Nebent.:] En systematisk ordnet norsk ⟨dansk⟩-engelsk Ordbog udarb. af Prof. Dr. O. Hecker.
(Heckers Wortschatz f. Reise u. Unterricht. Ausg. A. 13.) [10. 223

Systematical Vocabulary English-Polish according to the German text of Oscar **Hecker** transl. into English by Prof. Dr. [Albert] Hamann, Berlin, and into Polish by Dr. Ludomil German. Berlin: Behr [1908]. 312 S. 8°
[Nebent.:] Systematycznie ułożony skarbiec wyrażeń w języku polskim i angielskim, przez O. Hecker.
(Heckers Wortschatz f. Reise u. Unterricht. A. 14.) [10. 1269

Systematical Vocabulary English-Spanish according to the German text [Systematisch geordneter ... Wortschatz] of Oscar **Hecker** transl. into English by Prof. Dr. [Albert] Hamann, Lecturer, and into Spanish by R. de Palacios, Lecturer, Berlin. Berlin: B. Behr 1907. (XI, 312 S.) 8°
[Nebent.:] Vocabulario sistemát. Español-Inglés según el texto aleman de O. Hecker.
= **Hecker**: Wortschatz f. Reise u. Unterricht. 11. [08. 153

Systematical Vocabulary English-Swedish compiled by Prof. Dr. Oscar **Hecker**. Transl. into English by Prof. Dr. [Albert] Hamann, Berlin, and into Swedish by Anna Ekelöf. With accents for pronunciation. Berlin: Behr [1909]. VI, 312 S. 8°
[Nebent.:] Systematiskt ordnad svensk-engelsk ordlista, sammanst. af O. Hecker
(Heckers Wortschatz f. Reise u. Unterricht. A. 28.) [10. 5239

— neues deutsch-italienisches Wörterbuch, aus der leb. Sprache m. besond. Berücksicht. des tägl. Verkehrs zusammengestellt u. m. Aussprachehilfen versehen. I. Tl.: Italienisch-Deutsch. 12. (X, 436 S.) Ebd. 900. Geb. in Leinw. n. 3. —

— neues deutsch-italienisches Wörterbuch, aus der leb. Sprache m. besond. Berücksicht. des tägl. Verkehrs zusammengestellt u. m. Aussprachehilfen versehen. 2 Tle. kl. 8. Braunschweig, G. Westermann. Geb. in Leinw. n. 7. —
I. 2. Aufl. m. beträchtlich verm. Namenliste. Italienisch-Deutsch. (X, 456 S.) 905. n. 3. —
II. Deutsch-Italienisch. (X 644 S.) 905. n. 4. —

Systematisch geordneter Deutsch-Englischer Wortschatz zsgest. von Prof. Dr. Oscar **Hecker**, Lector, ins Engl. übertr. von Prof. Dr. [Albert] Hamann. Mit Aussprachehülfen. Berlin: B. Behr 1907. (312 S.) 8°
[Nebent.:] Systemat. Vocabulary English-German compiled by Dr. O. Hecker.
= **Hecker**: Wortschatz f. Reise u. Unterricht. [2.] [07. 8931

Systematisch geordneter Wortschatz Deutsch-Französisch-Englisch zsgest. von Prof. Dr. Oscar **Hecker**, Lektor, Berlin, ins Franz. übertr. von Paul Besson, Prof., Grenoble, ins Engl. übertr. von Prof. Dr. [Albert] Hamann, Lektor, Berlin. Berlin: B. Behr 1907. (318 S.) 8°
[Nebent.:] Vocabulaire systémat. Allemand-Franç.-Anglais par O. Hecker.
= **Hecker**: Wortschatz f. Reise u. Unterricht [dreisprachig]. Ausg. B. 1. [08. 158

Systematisch geordneter Wortschatz, Deutsch-Französisch-Englisch-Esperanto zsgest. von Prof. Dr. Oscar **Hecker**, Lektor, Berlin, ins Franz. übertr. von P[aul] Besson, Prof., ins Engl. übertr. von Prof. Dr. [Albert] Hamann, Dir., Lektor, Berlin, ins Esperanto übertr. von Dr. A. v. Mayer, Doz., Manchester. Berlin: B. Behr 1907. (324 S.) 8°
[Nebent.:] Vocabulaire systémat. Allemand-Franç.-Anglais-Esperanto par O. Hecker...
= **Hecker**: Wortschatz f. Reise u. Unterricht. [Ausg.] C. 2. [08. 160

Systematisch geordneter Wortschatz, Deutsch-Französisch-Englisch-Italienisch, zsgest. von Prof. Dr. Oscar **Hecker**, Lektor, Berlin, ins Franz. übertr. von P[aul] Besson, Prof., Grenoble, ins Engl. übertr. von Prof. Dr. [Albert] Hamann, Dir., Lektor, Berlin. Berlin: B. Behr 1907. (XI, 324 S.) 8°
[Nebent.:] Vocabulaire systémat. Allemand-Franç.-Anglais-Ital. par O. Hecker...
= **Hecker**: Wortschatz f. Reise u. Unterricht. Ausg. C. 1. [08. 161

Systematisch geordneter Wortschatz deutsch-französisch-englisch-italienisch-russisch-esperanto zsgest. von Prof. Dr. Oscar **Hecker**, übers. von P[aul] Besson, A[lbert] Hamann, Dr. W[ilhelm] Löwenthal, Dr. A. v. Mayer, Prof., Manchester. Berlin: Behr (1907). 336 Doppels. 8°
[Nebent.:] Vocabulaire systématique allemand-français-anglais-italien-russe-esperanto par O. Hecker
(Heckers Wortschatz f. Reise u. Unterricht. Ausg. D. 1.) [10. 229

Systematisch geordneter Deutsch-Französischer Wortschatz zsgest. von Prof. Dr. Oscar **Hecker**, Lektor, Berlin; in's Franz. übertr. von P[aul] Besson, Prof., Grenoble. Berlin: B. Behr 1907. (312 S.) 8°
[Nebent.:] Vocabulaire systémat. Franç.-Allemand par O. Hecker.
= **Hecker**: Wortschatz f. Reise u. Unterricht. 3. [08. 147

Systematisch geordneter deutsch-holländischer Wortschatz. Zsgest. von Prof. Dr. Oscar **Hecker**, ins Holländ. übertr. von A. Camp. Mit Aussprachehilfe. Berlin: Behr [1909]. 312 S. 8°
[Nebent.:] Systematisch gerangschikte Nederlandsch-duitsche Woordenlijst, samengest. door O. Hecker.
(Heckers Wortschatz f. Reise u. Unterricht. A. 33.) [10. 3244

Systematisch geordneter Deutsch-Italienischer Wortschatz mit Aussprachehülfen von Prof. Dr. Oscar **Hecker**, Lector. Berlin: B. Behr 1907. (VIII, 312 S.) 8°
[Nebent.:] Vocabolario Sistematico Italiano-Tedesco, ... compilato dal Dr. O. Hecker.
= **Hecker**: Wortschatz f. Reise u. Unterricht. [1.] [07. 8931

Systematisch geordneter Deutsch-Norwegischer ⟨Dänischer⟩ Wortschatz zsgest. von Prof. Dr. Oscar **Hecker**, Lektor, Berlin. Ins Norweg. ⟨Dänische⟩ übertr. von Tyra Bentsen, Christiania. Berlin: B. Behr 1907. (VI, 312 S.) 8°
[Nebent.:] En systematisk ordnet Norsk ⟨dansk⟩-tysk Ordbog udarb. af Prof. Dr. O. Hecker.
= **Hecker**: Wortschatz f. Reise u. Unterricht. 6. [08. 149

Systematisch geordneter Deutsch-Polnischer Wortschatz zsgest. von Prof. Dr. Oskar **Hecker**, Lektor, Berlin, ins Polnische übertr. von Dr. Ludomil German. Berlin: B. Behr 1907. (312 S.) 8°
[Nebent.:] Systematycznie ułożony Skarbiec wyrażeń w języku polskim i niemieckim przez Prof. Dr. O. Heckera.
= **Hecker**: Wortschatz f. Reise u. Unterricht. 7. [08. 150

Systematisch geordneter deutsch-portugiesischer Wortschatz. Zsgest. von Prof. Dr. Oscar **Hecker**, ins Portug. übertr. von Gaston Le Boucher. Berlin: Behr [1909]. 312 S. 8°
[Nebent.:] Vocabulario systematico allemão-português segundo o texto allemão de O. Hecker.
(Heckers Wortschatz f. Reise u. Unterricht. A. 32.) [10. 3243

Systematisch geordneter Deutsch-Russischer Wortschatz zsgest. von Prof. Dr. Oskar **Hecker**, Lector, Berlin. Ins Russ. übertr. von Dr. Wilhelm Loewenthal, Bromberg. Berlin: B. Behr 1907. (312 S.) 8°
[Nebent.:] [Russ.] Russko-nĕmeckij sistematičeskij slovar' Prof. O. Gekkera.
= **Hecker**: Wortschatz f. Reise u. Unterricht. 8. [08. 151

Systematisch geordneter deutsch-schwedischer Wortschatz zsgest. von Prof. Dr. Oscar **Hecker**, ins Schwed. übertr. von Anna Ekelöf. Mit Aussprachehülfen. Berlin: Behr 1908. VII, 312 S. 8°
[Nebent.:] Systematiskt ordnad svensk-tysk ordlista sammanställd af Prof. Dr. O. Hecker.
(Heckers Wortschatz f. Reise u. Unterricht. A. 27.) [10. 1203

Systematisch geordneter Deutsch-Spanischer Wortschatz zsgest. von Prof. Dr. Oscar **Hecker**, Lektor, Berlin. Ins Span. übertr. von R. de Palacios, Konsul a. D., Berlin. Berlin: B. Behr 1907. (VI, 312 S.) 8°
[Nebent.:] Vocabulario sistemát. Español-Aleman por O. Hecker.
= **Hecker**: Wortschatz f. Reise u. Unterricht. 4. [08. 148

Systematisch geordneter Wortschatz, polnisch-deutsch-französisch. Zsgest. von Prof. Dr. Oscar **Hecker**, ins Poln. übertr. von Dr. Ludomil German, ins Franz. übertr. von P[aul] Besson. Berlin: Behr (1907). 318 S. 8°
[Nebent.:] Systematycznie ułożony skarbiec wyrażeń w języku polskim, niemieckim i francuzkim przez O. Hecker
(Heckers Wortschatz f. Reise u. Unterricht. Ausg. B. 4.) [10. 228

— Wortschatz f. Reise u. Unterricht. (A. In 2 Sprach.) 1—25 u. 27—33. Bd. kl. 8. Berlin, Neufeld & Henius. Geb. in Leinw. à 2. —

1. Systematisch geordneter deutsch-italien. Wortschatz m. Aussprachehülfen. (IX. 312 S.) 907.
2. Systematisch geordneter deutsch-engl. Wortschatz, ins Engl. übertr. v. Hamann, M. A. Mit Aussprachehülfen. (VII, 312 S.) 907.
3. Systematisch geordneter deutsch-französ. Wortschatz, ins Französ. übertr. v. P. Besson. (VII, 312 S.) 907.
4. Systematisch geordneter deutsch-span. Wortschatz, ins Spanische übertr. v. R. de Palacios. (VII, 312 S.) 907.
5. Systematischer Wortschatz deutsch-esperanto, in die Esperanto-Sprache übertr. von A. v. Mayer, M. A. Mit Aussprachehülfen. (VII, 312 S.) 907.
6. Systematisch geordneter deutsch-norweg. (dänischer) Wortschatz, ins Norwegische (Dänische) übertr. v. Tyra Bentsen. (VII, 312 S.) 907.
7. Systematisch geordneter deutsch-polnischer Wortschatz, ins Polnische übertr. v. Ludomil German. (VII, 312 S.) 907.
8. Systematisch geordneter deutsch-russischer Wortschatz. Ins Russische übertr. v. Wilh. Loewenthal. (VII, 312 S.) 907.
9. Systematical vocabulary English-Italian, translated into English by Hamann, M. A. With accents for correct pronunciation. (VII, 312 S.) 907.
10. Systematical vocabulary English-French, according to the german text, translated into English by Hamann, M. A., and into French by P. Besson. (VII, 312 S.) 907.
11. Systematical vocabulary English-Spanish, according to the german text, translated into English by Hamann, M. A., and into Spanish by R. de Palacios. (VII, 312 S.) 907.
12. Systematical vocabulary English-Esperanto, according to the german text, translated into English by Hamann, M. A., and into Esperanto by Sprachlehr. A. v. Mayer, M. A. With accents for correct pronunciation. (VII, 312 S.) 907.
13. Systematical vocabulary. English-Norwegian (Danish) according to the German text, translated into English by Hamann, M. A., and into Norwegian (Danish) by Tyra Bentsen. (VIII, 312 S.) 907.
14. Systematical vocabulary English-Polish according to the german text, translated into English by Hamann, M. A., and into Polish by Ludomil German. (VII, 312 S.) (908.)
15. Vocabulaire systématique français-italien. Traduit en français par P. Besson. Avec des accents pour faciliter la prononciation. (VII, 312 S.) 907.
16. Vocabulaire systématique français-espagnol d'après le texte allemand de H. Traduit en français par P. Besson et en espagnol par R. de Palacios. (VII, 312 S.) 907.
17. Vocabulaire systématique français-esperanto d'après le texte allemand de H. Traduit en français par P. Besson et en Espéranto par A. v. Mayer, M. A. (VII, 312 S.) 907.
18. Vocabulaire systématique français-norwégien (danois), d'après le texte allemand traduit en français par P. Besson et en norwégien (danois) par Tyra Bentsen. (VIII, 312 S.) (908.)
19. Vocabulaire systématique français-polonais, d'après le texte allemand traduit en français par P. Besson et en polonais par Ludomil German. (VII, 312 S.) (908.)
20. Vocabulaire systématique français-russe, d'après le texte allemand traduit en français par P. Besson et en russe par Guillaume Loewenthal. (VII, 312 S.) (908.)
21. Vocabolario sistematico italiano-esperanto, tradotto in esperanto dal A. v. Mayer, M. A. Con segni per la retta pronunzia. (VII, 312 S.) 907.

22. Vocabulario sistematico español-esperanto según el testo aleman de H. Traducido al español por R. de Palacios e al esperanto por A. v. Mayer. (VII, 312 S.) (908.)
23. En systematisk ordnet norsk (dansk)-esperanto ordbog, oversat til esperanto af A. v. Mayer, oversat til norsk (dansk) af Tyra Bentson. (VII, 312 S.) (908.)
24. Sistema vortaro esperanta pola laŭ la germana teksto, tradukita esperanton de A. v. Mayer, M. A., tradukita en polan lingvon de Ludomil German. (VII, 312 S.) (909.)
25. Systematisch geordn. Wörterbuch polnisch-russisch. Polnischer Text übersetzt v. Ludomil German, russ. Text übers. v. Wilh. Loewenthal. (V, 312 S.) 907.
27. Systematisch geordneter deutsch-schwedischer Wortschatz, ins Schwedische übertr. v. Anna Ekelöf. Mit Aussprachehülfen. (VIII, 312 S.) 908.
28. Systematical vocabulary English-Swedish, translated into English by Hamann, M. A., and into Swedish by Anna Ekelöf. With accents for pronunciation. (VII, 312 S.) (909.)
29. Vocabulaire systématique français-suédois d'après le texte allemand, traduit en français par P. Besson et en suédois par Anna Ekelöf. (VII, 312 S.) (909.)
30. Vocabolario sistematico italiano-svevo, tradotto in svevo dall' Anna Ekelöf. Con segni per la retta pronunzia. (VII, 312 S.) (909.)
31. Systematiskt ordnad svensk-rysk ordlista, till ryska af Wilh. Loewenthal. Med uttalstecken. (VII, 312 S.) (909.)
32. Systematisch geordn. deutsch-portugiesischer Wortschatz, ins Portugies. übertr. v. Gaston Le Boucher. (VII, 312 S.) (909.)
33. Systematisch geordneter deutsch-holländischer Wortschatz, ins Holländische übertr. v. A. Camp. Mit Aussprachehilfe. (VII, 312 S.) (909.)

Hecker, Osc., Wortschatz f. Reise u. Unterricht. (B. In 3 Sprachen.) 1.—4. u. 6. Bd. 17,5×15 cm. Berlin, Neufeld & Henius. Geb. in Leinw. à 2. 50
1. Systematisch geordneter Wortschatz deutsch-französisch-englisch, ins Französische übertr. v. P. Besson, ins Englische übertr. v. Hamann, M.A. (VII, 318 S.) 907.
2. Vocabulaire systématique français-anglais-italien d'après le texte allemand par H. Traduit en français par P. Besson et en anglais par A. Hamann. (VII, 318 S.) (907.)
3. Vocabulaire systématique français-anglais-esperanto d'après le texte allemand par Osk. Hecker. Traduit en français par P. Besson, en anglais par A. Hamann, en esperanto par A. v. Mayer, M.A. (VII, 318 S.) (908.)
4. Systematisch geordnet. Wortschatz polnisch-deutsch-französisch. Ins Poln. übertr. v. Ludomil German, ins Franz. übertr. v. P. Besson. (VII, 318 S.) (908.)
6. Vocabulaire systématique français-italien-allemand. Traduit en français par P. Besson. Avec des accents pour faciliter la prononciation. (VII, 318 S.) (908.)

— dasselbe. (C. In 4 Sprachen.) 1. u. 2. Bd. kl. 8. Ebd. Geb. in Leinw. à 3. —
1. Systematisch geordneter Wortschatz deutsch-französisch-englisch-italienisch. ins Französische übertr. v. P. Besson, ins Englische übertr. v. Hamann, M. A. (XIII S., 800 Doppels. u. 301–324.) 907.
2. Systematisch geordneter Wortschatz deutsch-französisch-englisch-esperanto, ins Französische übertr. v. P. Besson, ins Engl. übertr. v. Hamann, M. A., ins Esperanto übertr. von A. v. Mayer, M.A. (VII, 324 S.) 907.

Hecker, Osc., Wortschatz f. Reise u. Unterricht. (D. In 6 Sprachen.) 1. Bd. 17×15,5 cm. Berlin. Neufeld & Henius. Geb. in Leinw. 3. 50
1. Systematisch geordneter Wortschatz deutsch-französisch-englisch-italienisch-russisch-esperanto, übers. v. P. Besson, A. Hamann, W. Löwenthal u. A. v. Mayer. (VII S., 300 Doppels. u. S. 301–336.) (908.)

Systematischer Wortschatz Deutsch-Esperanto zsgest. von Prof. Dr. Oscar **Hecker**, Lector, in d. Esperanto-Sprache übertr. von Dr. A. v. Mayer, Doc., Manchester. Mit Aussprachehülfen. Berlin: B. Behr 1907. (312 S.) 8°
[Nebent.:] Sistema vortaro Esperanto-Germana, kombinita de Dro O. Hecker.
= **Hecker**: Wortschatz f. Reise u. Unterricht. 5. 07. 8933

Hecker, Oswald Artur, a. Dresden: Karls v. Plan zur Gründung eines Reichsbundes. Ursprung und erste Versuche bis zum Ausgange des Ulmer Tages (1547). Borna-Leipzig 1906: R. Noske. (IX, 101 S.) 8°
Leipzig, Phil. Fak., Ref. Brandenburg, Seeliger, Diss. v. 9. Juni 1906
[Geb. 5. Aug. 79 Dresden; Wohnort: Leipzig; Staatsangeh.: Sachsen; Vorbildung: Realgymn. Dreikönigsch. Dresden-N. Reife O. 00; Studium: Tübingen 4, Leipzig 6 S.; Rig. 20. Febr. 06.]

Karls v. Plan zur Gründung eines Reichsbundes. Ursprung u. erste Versuche bis z. Ausgange d. Ulmer Tages (1547) von O(swald) A(rtur) Hecker, Dr. phil. Leipzig: Quelle & Meyer 1906. (IX, 101 S.) 8°
= Abhandlungen, Leipziger historische. H. 1. 06. 13403

Hecker, Otto: Ueber Orthoform. *Berlin (1898): E. Ebering.* (35 S.) 8°
Berlin, Med. Diss. v. 15. Juli 1898

Hecker, Otto, aus Gröningen, Preußen: Petrographische Untersuchung der Gabbrogesteine des oberen Veltlin. *Stuttgart: E. Schweizerbart 1903.* (S. 313—354) 8° ¶ Aus: N. Jahrb. f. Mineral. usw., Beil.-Bd 17.
Jena, Phil. Diss. v. (11. Juli) 1902

Hecker, Paul, Bergreferendar: **Beiträge** zur Frage nach der Entstehung der Harzer Ruscheln. Hierzu 4 Taf. *Berlin: W. Ernst & Sohn 1903.* (20 S.) 4° ¶ (Aus: Zeitschr. f. Berg-, Hütten- u. Salinenwesen, Bd 51.)
Rostock, Phil. Diss. v. [21. Dez.] 1902

Hecker, Paul Dr. „Die politische Entwicklung des deutschen Bürgerthums". pg. 3–14. 4°. Ph. J. Pfeiffer.
Augsburg, Progr. 1870/71

Hecker, Peter Johann

Hecker, P. J., Ueber den gewöhnlichen Vortrag der Anfangsgründe der Lehre von den entgegengesetzten Grössen. Abhandlung I, II, III.
Rostock 1799, 1800.

Hecker, Pt. Jh., Abhandl. über d. gewöhnl. Vortrag d. Anfangsgründe d. Lehre von den entgegengesetzten Größen. (3 Progr.) 4. Rostock 800.

Hecker, Peter Johann, s. Reccard: Lehrbuch.

Hecker, R., De Apollinis apud Romanos cultu. Diss. 1879. 57 S.

Hecker, Robert

Hecker, R., biblische Charakterbilder. Eine Sammlg. v. heilsgeschichtl. Charakteren, Monographien usw., f. die obere Stufe des religiösen Gesinnungsunterrichts im Anschluß an die neueren Religionslehrpläne bearb. (VI, 71 S.) 8. Halle 910. H. Gesenius. Geb. 1. —

Hecker, R., wichtige Merkstoffe der neuen deutschen Rechtschreibung. Für den Schulgebrauch wie f. den amtl. u. geschäftl. Verkehr zusammengestellt. (32 S.) gr. 8. Breslau 903. F. Hirt. n.n. — 20

Hecker, R., Präparation zur Behandlung v. Dr. Luthers christlicher Haustafel. Auf Grund der „Ministeriellen Verordng." v. 18. X. 1890 zum kaiserl. Erlaß v. 1. V. 1889 bearb. gr. 8. (16 S.) Langensalza 901. H. Beyer & Söhne. n. — 25

Hecker, R., der evangelische Religionsschüler. Ein prakt. Hilfsbuch für höhere Lehranstalten, Seminarien, höhere Mädchenschulen, Präparandenanstalten, wie für den Gebrauch d. Lehrers. Nach den „Allgemeinen Bestimmgn." u. dem Minist.-Reskript vom 24. Juli 1884 zusammengestellt. Ausg. in 2 Tln. gr. 8. (XX, 93 S. m. Abbildgn. u. Karten; XII, 103 S. m. 1 Titelbild.) Danzig 889. Kafemann. cart. à Tl. n. 1. —

— der kleine Religionsschüler. Ein einheitl. Religionsbüchlein f. die Unterklassen höherer Lehranstalten, wie f. die Unter- u. Mittelstufe ein- u. mehrklassiger evangel. Schulen. Als Vorstufe zu dem größeren Hilfsbuche: „Der evangelische Religionsschüler" rc. gr. 8. (VII, 64 S.) Ebd. 890. cart. n. — 50

Der abschließende Religionsunterricht auf religiös-sittlicher Grundlage. (Eine Reform-Studie über d. zeitgemäße Ausgestaltung d. Religions-Lehrpläne.) Von R[obert] Hecker, Rektor in Danzig. Bielefeld: A. Helmich [1905]. (20 S.) 8° [F.]
— Abhandlungen, Pädagogische. N. F. Bd 11, H. 4.

Satzlehre in graphischer Darstellung. Bearb. von R. Hecker, Rektor. *Langensalza: F. G. L. Greßler 1903.* (VIII, 38 S.) 8° [F.]

Satzlehre in graphischer Darstellung. Ein Erg.H. zu jeder Sprachschule f. d. Hand d. Lehrers wie f. d. Schulgebr. in höh. Lehranst. . . . Auf Grund d. neueren psycholog. Forschungen bearb. von R[obert] Hecker, Rektor. 2. Aufl. Langensalza: F. G. L. Gressler 1906. (VIII, 38 S.) 8° [F.]

— Wortlehre in übersichtlicher Darstellung. Ein Hilfsbüchlein f. den praktischen Schulgebrauch in Volksschulen, Mittelschulen u. höheren Lehranstalten, wie f. die Hand des Lehrers zusammengestellt. (VI, 48 S.) 8. Ebd. 903. n. — 60

— Wortlehre in übersichtl. Darstellg. Ein Hilfsbüchlein, f. den prakt. Schulgebrauch in Volksschulen, Mittelschulen u. höheren Lehranstalten, wie f. die Hand des Lehrers zusammengestellt. 2. Aufl. (VI, 48 S.) kl. 8. Langensalza 909. Schulbuchh. — 60

Die Abhärtung der Kinder. Ein Mahnwort u. Wegweiser von Dr. Rudolf Hecker, Privatd., München. *Halle a. S.: Gebauer-Schwetschke 1908.* (71 S.) 8° [F.]

— u. J. Trumpp, Atlas u. Grundriss der Kinderheilkunde, s. a. Lehmann's medizinische Handatlanten. XXXII.

Atlas und Grundriß der Kinderheilkunde. Von Dr. R[udolf] Hecker u. Dr. J[osef] Trumpp, Privatd., München. Mit 48 Taf. & 144 Abb. München: J. F. Lehmann 1905. (XXII, 482 S.) 8°
— Handatlanten, Lehmann's Medizinische. Bd 32.

Hecker, Rudolf: Aus dem pathologischen Institut und der Universitäts-Kinderklinik in München. Beiträge zur Histologie und Pathologie der congenitalen Syphilis sowie zur normalen Anatomie des Foetus und Neugeborenen. (M. Taf. I—VIII.) *Naumburg a. S. 1898: Lippert & C.* (75 S.) 8°
¶ [Ohne die Tafeln.]
München, Med. Hab.-Schr. v. 1898

Tetanie und Eklampsie im Kindesalter von Rudolf Hecker, (München). *Leipzig: Breitkopf & Härtel 1901.* (20 S.) 4°(8°)
— Sammlung klinischer Vorträge. N. F. No 294.

HECKER, Rudolf (München): Ueber Tuberculose im Kindes- und Säuglingsalter.- München: Lehmann 1894. 29 S.- S.-Abdr.aus: Münchener Medizinische Wochenschrift.
17.5.1892 - Chr 1891/92,27; Jv 1893/94,177 (Prom.-Datum: 1894)
Diss. Ingolst.-Landsh.-Münch.

Hecker, W., die Israeliten u. der Monotheismus. Aus dem Holl. übers. gr. 8. (66 S.) Leipzig 878. O. Schulze. n. 1. 50

Hecker, W. (I.), die Israeliten und der Monotheismus. Aus dem Holländischen übers. gr. 8. (66 S.) Leipzig 879, O. Schulze. * 1 50

Hecker, W., Strafgesetzbuch f. das Deutsche Reich, nebst den Reichsgesetzen üb. die Zuständigkeit in Strafsachen. Textausg. m. Anmerkungen u. Angabe der für die einzelnen Strafthaten zuständ. Gerichte. 16. (VIII, 156 S.) Berlin 878. Weidmann. cart. n. 1. —

Hecker, W. (II.), Strafgesetzbuch für das Deutsche Reich, nebst den Reichsgesetzen über die Zuständigkeit in Strafsachen. Textausg. mit Anmerkungen und Angabe der für die einzelnen Strafthaten zuständigen Gerichte. 16. (VIII, 156 S.) Berlin 879, Weidmann'sche Buchh. cart. * 1 —

Hecker, W. A. A., Quaest. de Comment. Caesaris de bello gallico. Diss. 1888. 95 S. 3.—

Heckermann, C., vitae Themistoclis et Alcibiadis. Ein Beitrag zur latein. Lectüre der Quarta. gr. 4. (16 S.) Wriezen 871. Riemschneider. n. — 50

Der Zeichenunterricht in den gemischten Klassen der kleineren gewerblichen Fortbildungsschulen. Vortrag geh. von Dir. H[einri]ch Heckeroth-Cassel 1910. Cassel 1910: Weber & Weidemeyer. 27 S. 8°

Heckert, Adolph, die preuß. Armengesetzgebung. Eine Sammlung aller auf das Armenwesen bezügl. Gesetze, Verordnungen etc. bis auf die neueste Zeit. Für Gemeindevorstände, Landräthe, Verwaltungsbeamte u. Dominien etc. gr. 8. (IV u. 459 S.) Berlin 852, Hempel. n. $1\frac{1}{3}$ ℛ

Heckert, Ad., Handbuch d. kirchl. Gesetzgebung Preußens. Für Geistliche, Kirchenpatrone, Verwaltungsbeamte u. Juristen. 2 Bde. (6 Lfgn.) gr. 8. ($53\frac{3}{4}$ B.) Berlin 846, Heymann. *

Heckert, Adolph, Handbuch der Schulgesetzgebung Preußens. gr. 8. (VII und 648 S.) Berlin 847, Herm. Schultze.

—— Handbuch der Strafgesetzgebung Preußens, s. a. Handbuch.

Heckert, Ad.: Handbuch der Strafgesetzgebung Preußens, mit Anm. u. Erl. . . . Mit e. Vorw. von K. F. H. Straß. Berlin 1851.
Th. 1. Das Verfahren und die Kompetenz in Strafsachen.
„ 2. Das Strafgesetzbuch.

—— das preußische Wechselrecht, s. a. Wechselrecht.

Heckert, A., das preußische Wechselrecht. Eine Zusammenstellung der über dasselbe geltenden Gesetze nebst allen ergänzenden u. erläuternden Bestimmungen, Ober-Tribunals Beschlüssen und Präjudizien etc. bis auf die neueste Zeit. Für Juristen u. Geschäftsleute. Berlin 853. Hempel. 8. (75 S.) n. 10 ℊℊ

Heckert, Gustav A. [aus Berlin]: Leucochloridium paradoxum. Monographische Darstellung der Entwicklungs- und Lebensgeschichte des Distomum macrostomum. . . . *Leipzig, Druck v. Leopold & Bär* (1880); 63 S. 4°
Leipzig, Phil. Fak., Inaug.-Diss. v. 6. Apr. 1880

Heckert, Gust. A. Leucochloridium paradoxum, s. a. Bibliotheca zoologica.

Nachrichten über die Neumarkt-Schützen-Gesellschaft zu Halle a. S. (Bei d. 300j. Jubelfeier d. Neumarkt-Schießgraben d. Freunden u. Mitgliedern gewidmet von Hugo Heckert, z. Z. Schützen-Hauptm.) *(Halle a. S. 1903: C. Nietschmann.)* (109 S.) 4°(8°) [F.]

Heckert, Otto

Heckert, die Ausbildung der Kompagnie im Exerziren, f. den Kampf u. das Gefecht. Zugleich 6. Aufl. v. Campe's Ausbildg. der Kompagnie f. das moderne Gefecht. 8. (VIII, 196 S. m. Abbildgn.) Berlin 892. E. S. Mittler & Sohn. n. 2. 50

Die Exerzir- und Gefechtsschule der Kompagnie. Von Heckert, Oberst im Inf.-Reg. Nr. 172. 2. Aufl. *Berlin: E. S. Mittler & Sohn 1901.* (VII, 136 S.) 8° [F.]

Hülfsbuch für die Einjährig-Freiwilligen und Offizier-Aspiranten der Infanterie nebst Anh. enth. 250 Prüfungsaufgaben f. d. Reserveoffizier-Aspiranten- u. Reserveoffizier-Prüfung von Oberst z. D. Heckert. Mit zahlr. Abb. u. 2 Anl. *Berlin: Voß 1903.* (IX, 548 S.) 8° [F.]

Hülfsbuch für die Einjährig-Freiwilligen und Offizier-Aspiranten der Infanterie nebst Anh., enth. 178 Prüfungsaufgaben f. d. Offizier-Aspiranten- u. Reserveoffizier-Prüfung von [Otto] Heckert, Gen.Major z. D. 2. Aufl., mit zahlr. Abbildungen u. 2 Anl. [Nebst] Beiheft zu Heckert's Hülfsbuch ... Enth. d. Änderungen, welche durch d. Verschiedenheit d. bayer. Organisation u. Vorschriften bedingt sind. Von Otto Schulz, Hauptm. im k. b. 14. Inf.Regt. Berlin: Voß 1905. 2 Bde 8° [F.]

Heckert, Hülfsbuch f. die Einjährig-Freiwilligen u. Offizier-Aspiranten der Infanterie, nebst Anh., enth. 178 Prüfungsaufgaben für die Offizier-Aspiranten- u. Reserveoffizier-Prüfg. 2. Aufl. mit zahlreichen Abbildgn. im Text u. 2 Anlagen. (XVIII, 292 u. 11 S.) 8. Berlin 905. Vossische Buchh. Geb. in Leinw. n. 3. 50

Hülfsbuch für die Einjährig-Freiwilligen, Offizier-Aspiranten, Reserve- und Landwehr-Offiziere der Infanterie nebst Anh., enth. Prüfungsaufgaben f. d. Offizier-Aspiranten u. Reserve-Offizier-Prüfung von O[tto] **Heckert**, Gen.Major z.D. Nach d. neuesten Vorschriften vollst. umgearb. von [Fritz] Immanuel, Major. 3. Aufl. mit zahlr. Abb. u. e. Anl. Berlin: Voss 1907. (XV, 323, 9 S.) 8° [F.] [07. 4919

Heckert u. **Imanuel**, Hülfsbuch f. die Einjährig-Freiwilligen, Offizier-Aspiranten, Reserve- u. Landwehr-Offiziere der Infanterie, nebst Prüfungsaufgaben f. die Offizier-Aspiranten- u. Reserve-Offizier-Prüfung. 5. Aufl. Nach den neuesten Vorschriften vollständig umgearb. (323 u. 9 S. m. Abbildgn. u. 1 Taf.) 8. Berlin 910. 11. Vossische Buchh. Geb. in Leinw. 3. —

Heckert, Winke f. die Leitung d. Infanterie-Feuers gegen Infanterie, Kavallerie u. Artillerie. 12. (55 S.) Berlin 889. Mittler & Sohn. n. — 70

Heckert, Winke f. die Leitung d. Infanterie-Feuers gegen Infanterie, Kavallerie u. Artillerie. 3., umgeänd. Aufl. 12. (75 S.) Berlin 892. E. S. Mittler & Sohn n. 1.

Winke für die Leitung des Infanterie-Feuers gegen Infanterie, Kavallerie u. Artillerie. Von **Heckert**, Oberst. 4., umgeänd. Aufl. *Berlin: E. S. Mittler & Sohn 1901.* (64 S.) 8° [F.] [01. 10547

Heckethorn, Charles William, die Freimaurerei. [Aus: „Geheime Gesellschaften, Geheimbünde u. Geheimlehren."] gr. 8. (III, 86 S. m. Fig.) Leipzig 900. Renger. n. 3. —

— politische Geheimgesellschaften. Autoris. freie Bearbeitg. v. Leop. Katscher. [Aus: „Geheime Gesellschaften, Geheimbünde u. Geheimlehren".] gr. 8. (III, 116 S.) Ebd. 900. n. 3. —

Geheime Gesellschaften, Geheimbünde und Geheimlehren. Von Charles Will. **Heckethorn**. Autor. deutsche Ausg. bearb. von Leop. Katscher. Leipzig: Renger 1900. VIII, 542 S. 8⁰
Recens: Bbl. 14 (1900) S. 449; D. Wort. 7 (1900) S. 441—442 (L. Engel). 23.

[**Heckewelder, Johann**]: Johann Heckewelder's Evangelischen Predigers zu Bethlehem Nachricht von der Geschichte den Sitten und Gebräuchen der Indianischen Völkerschaften, welche ehemals Pennsylvania und die benachbarten Staaten bewohnten. *Aus dem Englischen übersetzt und mit den Angaben anderer Schriftsteller über eben dieselben Gegenstände (Carver, Loskiel, Long, Volney) vermehrt von* Fr. Hesse. *Nebst einem die Glaubwürdigkeit und den anthropologischen Werth der Nachrichten Heckewelder's betreffenden Zusatze von* G. E. Schulze. *Göttingen: Vandenhoeck und Ruprecht 1821. XLVIII, 582, (2) S.*

HECKEWELDER, Johann (Gottlieb Ernst) 1743 - 1823
Johann Heckewälders Reise von Bethlehem in Pensilvanien bis zum Wabashfluß im nordwestlichen Gebiet der vereinigten Staaten von Nordamerika.
Mit Anmerkungen herausgegeben von M. C. Sprengel.
Halle: Renger. 1797. 94 S. 8⁰.
Staats- und Universitätsbibliothek Göttingen
Separatdr.
Sabin 31207. Palmer.
Matthias Christian Sprengel, 1745-1803

HECKENWELDER, Johann (Gottlieb Ernst) 1743 - 1823
Reisejournal des Herrn Johann Heckewälders, von der Brüdergemeine, von Bethlehem in Pensilvanien nach dem Posten St. Vincent am Wabashfluß, im nordwestlichen Gebiet der vereinigten Staaten von Nordamerika.
s. Matthias Christian SPRENGEL, Auswahl der besten ausländischen geographischen und statistischen Nachrichten zur Aufklärung der Völker und Länderkunde, Bd. 7 [1797], S. 1-94,

Heckford, N., praktische Segel-Directionen und Küsten-Führer von den Sand-Heads nach Rangoon, Maulmain, Akyab und vice versa, mit einer (Stein-)Taf. für den gefahrvollen Golf von Martaban, Richtung der Strömung und Beschreibung des Landes rc. 2. verm. Aufl., der die Directionen für die ganze Bucht von Bengalen beigegeben sind. Aus dem Engl. von C. Raddatz. gr. 8. (102 S.) Hamburg 868, Salomon und Comp. cart.

Heckhausen, die Staats- u. Gemeindebesteuerg. in Frage u. Antwort. Prakt. Ratgeber m. Beispielen, Tabellen üb. Steuersätze nebst Zuschlägen, Steuererklärg. f. mehrere Jahre eingerichtet usw. (38 S.) 8. Cöln 910. Kölner Verlagsanstalt u. Druckerei. — 50

Heckhausen, Christian, Gerichtsref., aus Caster (Reg.-Bez. Cöln): **Bedeutung** und Wirkung des Frachtbriefes. *Cöln 1900: Th. Quos.* (58 S.) 8° [F.]
Freiburg i. B., Rechts- u. staatswiss. Diss. v. 1900

Heckel, A., Predigten a. alle Sonnt. d. Jahres. 2 Bde. 8. Augsb. J. A. Rieger. 796.

Heckhoff, Max: Beschreibung des neuen Schulgebäudes [nebst] Die Feier der Einweihung des neuen Gebäudes. Altenessen 1909: Karst. S. 3—8. 4°
Altenessen, RG i. E. OP 1909 (643) [S 09. 167

Heckhoff [Max], Dr.: Über die Entstehung und Einrichtung der Reformschulen. Altenessen 1907: H. Karst. (S. 3—14.) 4° [F.]
Altenessen, RPG i. E. OP 1907 (595)

Heckhoff, Max [Oberl. in Sobernheim a. d. Nahe]: Die Schraubenflächen. E. monograph. Studie ... Bonn, Univ.-Buchdr. v. C. Georgi, 1894; 43 S. 8.
Tübingen, Naturw. Fak., Inaug.-Diss. v. 1894

Hecking, die Eifel in ihrer Mundart. 12. (112 S. mit 1 Abbildg.) Prüm 890. Plaum. cart. n. — 80

Hecking, Antonius ⟨geb. am 20 Jan. 1807 in Schönberg in d. Eifel⟩: De cicatricibus externis ... Bonnae, typ. C. Georgii (1836). VI, 30 S., 2 Bl., 1 Taf. 4.
Bonn, Med. Fak., Diss. v. 26 März 1836

Hecking, Anton: Geschichte der Stadt und ehemaligen Herrschaft St. Vith. St. Vith 1875: Jos. Doepgen. 248 S.

Hecking, Arnulf: Beiträge zur Kenntnis der Isoxazolone. Plieningen 1910: Find. 73 S. 8°
Tübingen, Naturwiss. Diss. v. 29. Juli 1910, Ref. Wislicenus
[Geb. 18. Juni 82 München; Wohnort: Hohenheim; Staatsangeh.: Bayern; Vorbildung: Realgymn. München Reife Juli 02; Studium: München 9, Tübingen 6 S.; Rig. 29. Juli 10.] [U 11. 4449

Hecking, Arthur, Referendar aus Langenberg, Rheinl.: Die **Maximalhypothek** des Bürgerlichen Gesetzbuches für das Deutsche Reich. *Borna-Leipzig 1902: R. Noske.* (IX, 57 S.) 8°
Leipzig, Jur. Diss. v. 1902

Hecking, Fr., kurzgefaßtes Taschen-Wörterbuch der Homöopathie. Ein allgemein verständliches Noth- und Hülfsbüchlein für Alle, welche bei vorkommenden Krankheitsfällen, in Ermangelung eines Arztes, des Rathes bedürfen. Nach dem neuesten Standpunkt der Wissenschaft bearb. Langensalza 859. Verlags-Comptoir. 16. (XVI, 144 S.) 15 ngr.

Hecking, Fr. H., Denkschrift an die hohen deutschen Kammern. Betreffend die Regelung u. den Schutz der deutschen Auswanderung. gr. 8. (30 S.) Zürich 850, Kiesling in Comm. 1/4 Thlr.

Hecking, Franz, Gerichtsref. in Stadtlohn: **Die Vereinigung von Hypothek und Eigentum am Pfandgrundstücke in einer Person.** Nach d. Rechte d. Bürgerl. Gesetzbuches. *Borna-Leipzig 1903: R. Noske.* (X, 74 S.) 8°
Leipzig, Jur. Diss. v. 1903

Hecking, Gottfried (Präs.), s. Eckerlin, Theophil: Num lacrymae certum sint emendatae voluntatis indicium?

Hecking, Hans, Palm. Verein jüngerer Buchhändler zu München. Zum 25. Stiftungs-Feste. Mit theilweiser Benützg. der Festschrift zum 10. Stiftungs-Feste zusammengestellt. Mit e. Titelbilde: Das Palm-Denkmal in Braunau. Nebst Verzeichnis der Mitglieder des „Palm" 1874—1899. Zusammengestellt v. Ludw. Mezger. gr. 8. (141 S.) München 899. Verein jüngerer Buchhändler „Palm". n. 2.—

Hecking, Jacobus (geb. am 25 [nicht 26] Apr. 1808 in Schönberg in d. Eifel): De perforatione oesophagi ulcerati ... Bonnae, typ. C. Georgii (1834). 4 Bl., 55 S., 2 Bl., 2 Taf. 8.
Bonn, Med. Fak., Diss. v. 1 März 1834

Hecking, Joan. Bapt. (geb. St. Vith bei Aachen 21. 8. 1838): De choreа St. Viti. Berolini (1863). (31 S.) 8°
Berlin, Med. Diss. v. 13. Aug. 1863

Hecking, Johann Bartholomäus (Augsburg), De provocationibus et appellationibus secundum privilegia Caesarea, statuta, et observantiam illustris reipublicae Augustae Vindelicorum. Diss. jur. Präs. Johann Gottlieb Gonne. Erlang. (Tetzschner) Dez. 1752. 56 S. (6.20) 13758
Widm. v.: Präs., Jo. Justin Schierschmid, Gottfr. Mich. Pfündel, Jo. Carl Tischer, Magnus Adolph v. Eberhardt (dtsch.).

— **Johann Jacob** (Heilbronn), De apostolorum militia ex 2. Corinth. X, 4. 5. enarrata. Diss. theol. Präs. Jo. Georg Walch. Jena (Ritter) 17. VII. 1745. 54 S. (6.50) 13759
Widm. v.: Präs., Georg Jacob Biermann (Augsburg), Jo. Ernst Imman. u. Chr. Wilh. Franz Walch.

Hecking, Carl, approb. Arzt aus Mayen (Rheinland): **Aus d. Königl. Frauenklinik in Dresden. Complication eines Falles von erhaltendem Kaiserschnitt durch Gonorrhoe.** *Würzburg 1898: A. Boegler.* (20 S.) 8°
Kiel, Med. Diss. v. [24. Febr.] 1899

Hecking, Carolus Fridericus (geb. im Febr. 1807 in Krefeld): De resectione atque exarticulatione ossis maxillae inferioris adiecto huius operationis casu novo ... Cum tabula lithogr. Bonnae, typ. C. Georgii (1832). 2 Bl., 29 S., 1 Bl., 1 Taf. 4.
Bonn, Med. Fak., Diss. v. 28 Aug. 1832

Hecking, P., Abbildung u. Gebr. eines v. mir erfund. Luftleiters, um e. noch nicht vollkommen geborenes Kind, welches Gefahr hat zu sterben, im Mutterleibe athmen zu lassen; nebst Missbräuche in geburtshülfl. Hinsicht, als Resultat e. 36jähr. Erfahr. 1. Bdchn. gr. 8. (5 B. u. 1 Stnt.) Crefeld 827. (Cöln, DuMont-Schauberg.) Thlr.

— Abbildung u. Gebrauch eines von mir erfundenen Luftleiters ꝛc. gr. 8. Crefeld 827. Funcke. 1/2 Thlr.

— üb. die richtige Erkenntniß d. ächten Schutzblattern. 12. Crefeld 833. Funcke. 1/4 Thlr.

Hecking, P., neue Vaccinationsart, nebst Bemerkk. über Variolen, Varicellen u. Varioloiden, als Resultat einer 32jähr. Erfahrung. 12. Crefeld 833. Funcke. 1/3 Thlr.

Heckingborn. Schausp. v. Heiberg, a. d. Dän. 8. Danzig, Troschel. 795.

— — dasselbe, eine andre Uebers. 8. Zürich, Orell. 795.

Heckl, Landpfarrer, Anthropologie, oder: der Mensch als Gegenstand d. Philosophie. gr. 8. Wien 845, Mayer u. Co. 1 Thlr.

Hecklau, Martha: Über Kunsterziehung und deren Seele, das Schöne. Eisleben 1907: E. Schneider. (S. 3—11.) 4° [J.]
Eisleben, I. B OP 1907

Hecklaur, Eilhard Christoph (Holstein), De periodo Clementina, 1184. annorum, ex duplicato cyclo lunae-solari 592. annorum. Disp. mathemat. Präs. Samuel Reyher. Kiel (Barthold Reuther) 21. IV. 1706. 24 S. (6.50) 13761
Gew.: Bernhard v. Clausenheim. — Widm. v.: Jo. Augustin Fasch.

Heckler, J., Beitrag zur Geschichte d. Stadt Bensheim u. ihrer Umgegend, m. besond. Rücksicht auf das Kloster Lorsch. gr. 8. (VI u. 130 S. m. 1 lith. Plane in 4.) Darmstadt 852. (Jonghaus.) 1 Thlr. 2 ngr.

Heckler, J., Der preussische Landtag. O. O. 1908. 2°.
Aus: Über Land u. Meer. 1908. Nr. 28.

Heckler, Johann Baptist: Praktischer Weinbau der neuesten Zeit, in besonderer Hinsicht auf das Rheingau. Mainz: Kupferberg 1823. VI, 78 S. -- 17.21.23.36.121*
Heinsius 1824. -- Kayser: 1824. -- Thienemann: Feckler, J.B. und Heckler, J.B.

Heckler, Johann Baptist: Der Rheingauer Weinbau, aus selbst eigener Erfahrung nach der Naturlehre systematisch beschrieben, nebst Anhang: über Weinbehandlung, Gebrechen der Weine und deren Verbesserung. Frankfurt a.M.: Sauerländer 1844. XII, 187 S. -- 15:17.21.36.121*. Gel 1

Heckler, Johann Baptist: Weinbaulehre oder faßliche Anweisung zur Anlegung und Behandlung der Weinberge, zur Weinbereitung, Weinbehandlung, sowie über die Gebrechen der Weine und deren Verhütung. Zum Selbstunterricht nach fünfzigjähriger Erfahrung beschrieben. Mit einem Anhang: Correspondenzen über den Ungarischen Weinbau und die Rheingauer Weinbergs-Polizei-Ordnung. 2., verb. u. verm. Aufl. Frankfurt a.M.: Sauerländer 1858. XII, 136 S. -- 98*.121. Frei 100*
Gei 1. UB Brünn
--- Dass. 1. Aufl. 1856. -- [Zit. nach Bibliotheca oenologica]

Heckler, Samuel (ed). Biblisches Fragen-Büchlein f Kinder über d neue Testament. Reading, 1870.

Heckmann & Cie. Neueste Caloriferes-Heizungen u. Ventilationen. Mainz 1866. 8.

Heckmann, C: Katalog für Kupferschmiederei usw. Ausg. 2. Berlin 1884

Heckmann, C: Katalog für Kupferschmiederei usw. Ausg. 3. Berlin 1889

Heckmann, C: Special-Katalog der Apparate und Maschinen für Zuckerfabrikation usw. Berlin 1900

Heckmann, Christoph: Arbeiter-Fortbildungs-Verein zu Cassel. Festschrift zum 50 jährigen Jubiläum. Cassel: Weber & Weidemeyer 1909. 103 S. 8°

Heckmann, Erwin, s.: Ornament.

Heckmann, Georg

—— Correspondenz-Linienblatt zur Schnellschreibmethode. Nr. 1 und 2. Fol. (2 lithogr. Bl.) Mannheim 857, Heckmann's Verlag. *

Heckmann G, die Reform des Schönschreibunterrichts in öffentlichen Unterrichts-Anstalten. 4. Auflage. (47 S 4 T) Mannheim (1861)

— deutsches Sprach- und Lesebuch. 1. Abth. Eine Sammlung sprachunterrichtlich geordneter Uebungen, Mustersätze u. Lesestücke, mit sachlichen, sprachlichen u. stilistischen Aufgaben für die untern u. mittlern Klassen der Real- u. höhern Bürgerschulen, wie auch für die mittlern u. obern Klassen gehobener Volksschulen. Mannheim 853. Löffler. gr. 8. (XIV, 155 S.) n. 11 ngl

— — 2. Abth. Eine Sammlung sprachunterrichtlich geordneter Mustersätze, pros. und poet. Lesestücke 2c. zugleich als Grundlage zur deutschen Satz- u. Aufsatzlehre für die untern u. mittlern Klassen höherer Lehranstalten. Ebend. 853. gr. 8. (XIII, 396 S.) n. 28 ngl

— Uebungs-Aufgaben zu den Vorlegeblättern 2c. Bestimmt zum Abschreiben u. Ausführen in den Schönschreibstunden. Mannheim (857.) Heckmann. qu. 4. (8 S.) n. 1 ngl

— Anleitung hierzu. Mit einem Vorwort von dem frühern Inspektor der höh. Bürgerschule in Mannheim. qu. 4. (14 S.) Ebd. 847. 1/8 ß

Heckmann, Geo., Uebungsblätter zur Schön- und Schnellschreibmethode nach Carstairs Grundsätzen für Volksschulen und höhere Lehranstalten bearbeitet. 1. Heft deutsche, 2. Heft engl. Currentschrift enth. qu. 4. (à 16 Bl.) Mannheim 847, [Götz, Brlgsh.] à Heft 8¾ Ngr.

—— Anleitung hierzu. Mit einem Vorwort von dem frühern Inspector der höh. Bürgerschule in Mannheim. qu. 4. (14 S.) Ebds. 847. *

— 16 Uebungsblätter in 3 Stufen zur Schön- u. Schnellschreibmethode nach Carstairs Grundsätzen besonders für Volks-, Gewerbs- u. Militairschulen bearbeitet. qu. 4. Ebd. 847. n. 1/6 ß

— Anleitung hierzu. qu. 4. (8 S.) Ebd. 847. n. 1¾ ngl

Heckmann, G., erster Unterricht im Lesen, Schreiben u. Rechnen, für Elementarschulen, mit einer besondern Anleitung für Lehrer. 8. Mannheim 838. Hoff. n. 1/6 ß

— kurze Anleitung zum ersten Unterricht im Lesen, Schreiben u. Rechnen, für Elementarschulen. gr. 8. Mannheim 839. Hoff. 1/12 ß

Heckmann, G., erster Unterricht im Lesen, Schreiben u. Rechnen, für Elementar-Schulen, mit einer besond. Anleitung für Lehrer. 2. Aufl. 8. (Mit 14 Taf. Vorschriften.) Mannheim 843, Hoff. geb. 1/8 ß

— kurze Anleitung zum ersten Unterrichte im Lesen, Schreiben u. Rechnen für Elementar-Schulen. 8. Ebend. 843, 1/8 ß

—— kurze Anleitung z. ersten Unterr. im Lesen, Schreiben u. Rechnen für Elementar-Schulen. 8. (1⅛ B.) Mannheim 844, Hoff.

—— Vorlege-Blätter und Schreibnetze nebst Uebungs-Aufgaben zur neuesten Tact-, Schön- und Schnell-Schreibmethode für Volks-, Gewerb- und Militär-Schulen wie auch für höhere Lehr-Anstalten und zum Selbst-Studium. 2., verb. Aufl. 1. Kurs: Deutsche und englische Schrift für Volks-Schulen. qu. 4. (4 lithogr. Bl.) Mannheim 857, Heckmann's Verlag. *

—— dass. — 2. Kurs. 1. und 2. Heft: Deutsche Current-Schrift, englische Rond- und Zier-Schriften. qu. 4. (14 lithogr. Bl.) Ebendas. 857.

—— Vier Schreibnetze hierzu. 1. und 2. Curs. 4. (2 lithogr. Bl.) Ebendas. 857. *

Auf feinem Pap. *

Heckmann, Geo., Anleitung zu den Vorlegeblättern und Uebungs-Aufgaben der Tact-, Schön- und Schnell-Schreibmethode u. dazu gehörenden Schreibnetzen u. Linienblättern 2c. 2. wesentlich verb. u. verm. Aufl. Mannheim 857. Heckmann. qu. 4. (20 S.) n. 4 ngl

— Vorlegeblätter mit Schreibnetzen und Übungsaufgaben zur neuesten Takt-, Schön- und Schnell-Schreibmethode. 4. Aufl. I. u II. Kurs. (16 Bl) qu 4° Mannheim 1859

Heckmann, H., aus meiner Heimat. Ein Lese- u. Bilderbüchlein f. die Karlsruher Schuljugend. Mit Bildern v. A. Glück u. A. (82 S.) gr. 8. Karlsruhe 908. G. Braunsche Hofbuchdr. Kart. nn — 65

HECKMANN, JAKOB. Ueber die Einwirkung von Dinitrobenzol auf Natracetessigester. Würzburg, 1882.

Heckmann, Jakob: Über das Verhältnis des Kopfes des Neugeborenen zum Kopf der Mutter ... Viernheim, Druck v. W. Bingener, 1896, 51 S. 8°
Giessen, Med. Fak., Inaug.-Diss. v. 1896

Heckmann, Jo. Jacob (Hessen), De usufructu parentum in Hassia speciatim de usufructu materno moribus legibusque patriae antiquis obtinente neque sanctione aliqua recentiori vel desuetudine notoria exilio hactenus mulctato sed observantia superstite. Diss. jur. praelim. Präs. Emil Lud. Hombergk zu Vach. Marburg (Müller) 20. VII. 1770. 86 S. (6.50) 13762

Heckmann, Joseph, Freckenhorstensis: **Priscae Latinitatis scriptores qua ratione loca significaverint non usi praepositionibus.** *Monasterii Guestf. 1904: Soc. typogr. Guestf.* (79 S.) 8°
¶ (T. 2 erscheint in: Indogerm. Forschungen.)
Münster, Phil. Diss. v. [23. Apr.] 1904.

Heckmann, Joseph, Referendar a. Viersen: Die Verjährung der aedilicischen Klagen des Käufers und der Ansprüche des Käufers auf Wandlung und Minderung nach dem Bürgerlichen Gesetzbuch. Borna-Leipzig 1904: R. Noske. (x, 53 S.) 8°
Rostock, Jur. Fak., Ref. Matthiass, Diss. v. 20. Okt. 1904
[Geb. 14. Jan. 81 Viersen, Rheinl.; Wohnort: Cöln; Staatsangeb.: Preußen; Vorbildung: Gymn. Münstereifel Reife O. 00; Studium: München 2, Kiel 1, Bonn 3 S.; Rig. 11. Dez. 03.]

[J.] **Heckmann,** Carl [aus Elberfeld]: Zur Entwicklungsgeschichte der Deutschen Ministerialität ... Halle, *Druck v. A. Martini & Grüttefien in Elberfeld,* 1895; 63 S. 8.
Halle, Phil. Fak., Inaug.-Diss. v. [28. Okt.] 1895

Heckmann, K[arl]: Das Hochtal von Mexiko und seine künstliche Entwässerung. Elberfeld 1908: Lucas. 26 S. 4°
Elberfeld-Nordstadt, R P 1908 (656) [S 08. 173

Heckmann, Carl Ueber Warmwasser-Heizung. (S.-A. a. d. „Verhandlungen des Vereins zur Beförderung des Gewerbfleisses.") Berlin 1862. 4.

Heckmann, Leopold, Sommerfest auf d. Kaisersmühle, Festsp. z. 25jähr. Stiftungsf. d. T. V. Viersen 23.—25. 6. 1883, Viersen 1885, 16 S., 8°.

— **Max** (Limburg a. d. Lahn), Zur Behandlung der Patellarfracturen. Dissert. med.-chir. Bln. (M. Niethe) 23. VII. 1887. 32 S. mit Biogr. (5.—) 13763
Oppon.: H. Matthiolius, M. Kanzki, L. Goronzek. — Krankenfälle: Gebhardt, Berg, Schmidt, Lother, Scholz, Runge, Reinhardt, Kösling, Gromoll, Rabe, Schröder, Sarach, Zibell.

Heckmann, Max, zur Behandlung der Patellarfrakturen. Diss. Berlin 1887, Mayer & Müller. 8°. 32 S.

Heckmann, Max, Orts- und Landesbefestigungen des Mittelalters mit Rücksicht auf Hessen und die benachbarten Gebiete, s. Wörner, Ernst.

— Nicolaus David (Schwäb. Hall), De crimine adulterii non-transigibili. Dissert. jur. Präs. Adam Balthasar Werner. [Altdorf] (Heinr. Meyer) 8. IX. 1706. 16 S. (6.—) 13764
Widm. v.: Präs., August Gablenz.

Die Zukunft der deutschen Handelsvertragspolitik. Vortrag von Herrn Kommerzienrath PAUL HECKMANN, Berlin, Vorsitzender des Gesammtverbandes Deutscher Metallindustrieller, gehalten am 10. Mai 1901 zu Chemnitz: Kaufmännisches Vereinshaus auf Veranlassung der Ortsgruppe Chemnitz des sächsischen Landesverbandes des Handelsvertragsvereins. Dresden, Druck von C. Heinrich. (Ohne bes. Titelblatt.) 4°.

Heckmann, Theodor, a. Carlshafen: Massinger's „The Renegado" und seine spanischen Quellen. Halle a. S. 1905: C. A. Kaemmerer & Co. (66 S.) 8°
Halle, Phil. Fak., Ref. Wagner, Diss. v. 8. Aug. 1905
[Geb. 10. Sept. 81 Carlshafen; Wohnort: Carlshafen; Staatsangeh.: Preußen; Vorbildung: Realgymn. Cassel Reife O. 01; Studium: Marburg 4, Halle 5 S.; Rig. 5. Juni 05.]

Heckmann, W. A. Die Baustyle der Gegenwart u. ein neuer Baustyl „Kaiserstyl". Karlsruhe 1879. 8.

Heckmann, Wilhelm, Referendar: Die personenrechtlichen Elemente in den Urhebergesetzen vom 19. Juni 1901 betr. das Urheberrecht an Werken der Literatur und Tonkunst und vom 9. Januar 1907 betr. das Urheberrecht an Werken der bildenden Künste und Photographie. Jena 1910: Vopelius. 63 S. 8°
Jena, Jur. Diss. v. 12. Aug. 1910, Ref. Fehr
[Geb. 31. Aug. 86 Mülheim a. R.; Wohnort: Mülheim; Staatsangeh.: Preußen; Vorbildung: Gymn. Mülheim Reife O. 06; Studium: Jena 4, Kiel 2 S.; Rig. 31. Mai 10.] [U 10. 2243

Heckmanns, A., Persiana. Diss. 1875. 28 S.

Heckmanns, Frz., der einjährig-freiwillige Militärdienst. Wegweiser für alle diejenigen, welche die Berechtigung zum einjährig-freiwill. Dienst erlangen, bezw. ihrer Militärpflicht als einjährig Freiwillige genügen wollen. Nach den neuesten gesetzl. Bestimmungen zusammengestellt und hrsg. 8. (28 S.) Barmen 884, Inderau. *

Heckmanns, Frz., der einjährig-freiwillige Militärdienst. Wegweiser für alle diejenigen, welche die Berechtigung zum einjährig-freiwilligen Dienst erlangen, bezw. ihrer Militärpflicht als Einjährig-Freiwillige genügen wollen. Nach den neuesten gesetzl. Bestimmungen zusammengestellt und hrsg. 2. Aufl. (28 S.) 1885; 3. verm. Aufl. 8. (32 S.) Düsseldorf 888, F. Bagel. *

Heckmanns, F., der einjährig-freiwillige Militärdienst. Wegweiser f. alle diejenigen, welche die Berechtigg. zum einjährig-freiwill. Dienst erlangen, bezw. ihrer Militärpflicht als Einjährig-Freiwillige genügen wollen. 4., verm. Aufl. 8. (54 S.) Düsseldorf 889. F. Bagel. n. — 60

Heckmanns, Frz., der einjährig-freiwillige Militärdienst. Wegweiser f. alle diejenigen, welche die Berechtigg. zum einjährig-freiwill. Dienst erlangen, bezw. ihrer Militärpflicht als Einjährig-Freiwillige im steh. Heere od. in der kaiserl. Marine m. der Waffe od. als Arzt, Apotheker, Roßarzt ꝛc. genügen wollen. 5., verm. Aufl. 12. (57 S.) Düsseldorf 891. F. Bagel. n. — 60

Heckmanns, Frz., d. einjährig-freiwillige Militärdienst. Wegweiser f. alle diejenigen, welche d. Berechtigung z. einjährig-freiwill. Dienst erlangen, bezw. ihrer Militärpflicht als Einjährig-Freiwillige im steh. Heere od. in d. kaiserl. Marine m. d. Waffe od. als Arzt, Apotheker, Roßarzt ꝛc. genügen wollen. Umgearb. u. zusammengest. n. d. Bestimmgn. d. Wehr-, Heer- u. Marine-Ordng. v. 22. Novbr. 1888, bezw. 12. Novbr. 1894. 6., verm. u. verb. Aufl. 12. (64 S.) Frankfurt a/M. 896. Jaeger's Verl. n. — 80

Heckmanns, Frz., der einjährig-freiwillige Militärdienst. Wegweiser f. alle diejenigen, welche die Berechtigg. zum einjährig-freiwill. Dienst erlangen, bezw. ihrer Militärpflicht als Einjährig-Freiwillige im steh. Heere od. in der kaiserl. Marine m. der Waffe od. als Arzt, Apotheker, Roßarzt ꝛc. genügen wollen, nebst Bestimmgn. üb. die Ergänzg. der Offiziere d. Beurlaubtenstandes im Heere u. in der Marine. Umgearb. u. zusammengest. nach d. Bestimmgn. d. neuen Wehr-, Heer- u. Marine-Ordng. u. den weiter dazu ergang. minister. Bestimmgn. 8., verb. u. erweit. Aufl. gr. 8. (63 S.) Braunschweig (902). A. Graff. n. — 75

Heckmayer, Alois, praktische Gesang-Schule. Ein methodisch geordneter Uebungsstoff, nebst einem Anh. von heiteren Liedern zur leichten u. gründl. Erlernung des Gesanges. Für Volksschulen bearb. 2., umgearb. Aufl. gr. 8. (42 S.) Freising 880. (Eichstätt, Krüll.) n. — 60

Heckmayer, Al., Jery u. Bätely, s.: Dilettantenbühne, katholische.

Heckner, F., die Wahrheit. Culturbilder für gelehrte und gelahrte Herren, sowie für allerlei gebildet Volk, nebst einer im J. 1867 medisch geschriebenen Prophezeiung von Ernst Moritz Arndt über die Erhebung des deutschen Volkes. gr. 8. (112 S.) Braunschweig 884, (Sattler.) *

Heckner, Geo., praktisches Handbuch der kirchlichen Baukunst. Zum Gebrauche des Clerus und der Bautechniker bearb. gr. 8. (XII, 244 S. mit 105 in den Text gedr. Abbild.) Freiburg i. Br. 886, Herder'sche Verlagsh. *ℳ 3.—; geb. * 3 60

Heckner, Geo., praktisches Handbuch der kirchlichen Baukunst einschließlich der Malerei u. Plastik. Zum Gebrauche d. Clerus u. der Bautechniker bearb. 2., gänzlich umgearb. u. vielfach ergänzte Aufl. gr. 8. (XIX, 411 S. m. 188 Abbildgn.) Freiburg i/B. 891. Herder. n. 4. —; geb. in Halbleinw. n. 4. 70

Heckner, Geo., Prakt. Handbuch d. kirchlichen Baukunst einschließl. d. Malerei u. Plastik. Z. Gebr. d. Klerus u. d. Bautechniker bearb. 3., gänzl. umgearb. u. vielfach ergänzte Aufl. gr. 8. (XVI, 424 S. m. 186 Abb.) Freising 897. Dr. F. P. Datterer & Co. n. 4. —

Aschersleben am Harz. Ein Führer durch d. Stadt u. ihre nähere Umgebung. Hrsg. von d. Stadtverwaltung. (Verf.: Stadtbaumeister [H.] Heckner.) Aschersleben: Kinzenbach 1909. 46 S. 8° [09. 10913

Heckner, H., kurze und fassliche Darstellung des etymologischen Theiles der griech. Sprache, für Anfänger. Dillingen 820. 8. 16 gr.

Heckner, J. M., kurze u. faßl. Darstell. d. etymolog. Theiles d. griech. Sprache für Anfänger. gr. 8. Dillingen 821. Roßnagel. (Leipz., Herbig). 16 gr.

— kurze u. gründl. Darstell. d. deutschen Sprachlehre für Anfänger. gr. 8. Dilling. 821. Roßnagel. 10 gr.

Heckner, (J. M.,) englische Sprachlehre. 8. Dillingen 822, Roßnagel.

Heckring, A., Geschichte der Herren von Schönborg in der Eifel. St. Vith 1884. 8.

Hecksch, Alex., illustr. Führer auf der Donau von Regensburg bis Sulina. Mit 60 Abbildgn. u. 5 Stromkarten. Rev. u. theilweise neu bearb. v. Jos. Kahn. 3. Aufl. 12. (VIII, 102 S.) Wien 894. A. Hartleben. Geb. in Leinw. n. 2. 70

Hecksch, Alex. F., Schmocks, klimatischer Curort u. Wasser-Heilanstalt in Oberungarn, Zipser Gespanschaft. (Ungarisch u. deutsch.) gr. 8. (32 S. m. eingedr. Holzschn.) Wien 881. Hartleben. — 75

Heckscher, Caesar, Referendar aus Hamburg: Die **Rechtsbehelfe** des Käufers einer fremden Sache nach erfolgter Tradition. *Hamburg 1902: Berngruber & Henning.* (XI, 82 S.) 8°
Jena, Jur. Diss. v. (16. Dez.) 1902

Heckscher, J. G., d. A. u. W. Doctor. Ein Wort an Hrn. K. Niemann üb. s. Etwas z. Bericht. d. Werth d. Publik. üb. d. bek. öffentl. Anzeige des Hrn. Hens rc. Hamburg, Braun. (Hoffmann in Comm.) 798.

Heckscher, Johann Gustav

Heckscher, (J. G.) Reden in der Waffenstillstandssache gehalten. gr. 8. (52 S.) Frankfurt a. M. 848. (Sauerländer.) 3 ngr

Heckscher, Josef

Heckscher, J., „der Ausruf in Hamburg" in Literatur, Kunst u. Geschichte. 1808—1908. (23 S.) gr. 8. Berlin (908.) H. Barsdorf. — 75

Johann Peter Theodor Lyser. Von Dr. J. **Heckscher** in Hamburg. Potsdam: M. Jaeckel 1906. (47 S.) 8° [F.] [07. 7371

Das 'Panorama einer Reise von Hamburg nach Altona und zurück' von Peter Suhr in Hamburg. Erkl. von Dr. J[osef] **Heckscher**. Mit 7 Abb. Berlin: Barsdorf 1909. 136 S. 8° [09. 11748

Heckscher, J[oseph]. Chr. Suhrs Hamburgische Trachten. Eine kunst- und kulturgeschichtliche Studie. Nebst einem bibliographischen Verzeichnis sonstiger Hamburgischer Trachtenwerke von J. Heckscher. Berlin. Verlag von Hermann Barsdorf 1909.
52 S. 4°

Heckscher, Jul., H. G. Ollendorff's neue Methode, in sechs Monaten eine Sprache lesen, schreiben und sprechen zu lernen. Anleitung zur Erlernung der dänischen Sprache nach einem erweiterten Plane und mit Berücksichtigung der verwandten Sprachen für den Schul- und Privatunterricht eingerichtet. Frankfurt a. M. 862. Jügel. 8. (XV, 504 S.) 1 β 7½ ngr.
Schlüssel dazu (108 S.) 12 ngr.

Heckscher, Jul., Anleitung zur Erlernung der dänischen Sprache nach Ollendorff's Methode. Nach einem erweiterten Plane und mit Berücksicht. der verwandten Sprachen für den Schul- und Privatunterricht eingerichtet. 3. verm. und verb. Aufl. 8. (XVI, 530 S.) Frankfurt a. M. 882, Jügel's Verlag. cart. Schlüssel (V, 112 S.)

Heckscher, Jul., Anleitung zur Erlernung der dänischen Sprache, m. Berücksicht. der verwandten Sprachen. Für den Schul- u. Privat-Unterricht 4., verb. Aufl. 12. (IV, 518 S.) Frankfurt a/M. 892. C. Jügels Verl. Geb. in Leinw. 4. —; Schlüssel (120 S.) geb. 1. 20

Heckscher, J., Anleitung zur Erlernung der dänischen Sprache, s. a. Ollendorff, H. G.

Heckscher, Martin: De angina membranacea. Berolini (1847). (33 S.) 8°
Berlin, Med. Diss. v. 27. Sept. 1847

Heckscher, Meyer

Heckscher, M., die Börsensteuer, s. Zeitfragen, soziale.

— der Prozeß Graef. Ein Mahnruf an die Gesetzgebung. 8. (25 S.) Berlin 885, Stahn. * — 50

Heckscher, M., Mängel d. Strafverfahrens u. Vorschläge zur Abhülfe. [Vorbereitung der Hauptverhandlung. — Untersuchungshaft. — Hauptverhandlung. — Oeffentlichkeit.] gr. 8. (38 S.) Berlin 888. H. Steinitz' Verl. n. 1. —

Heckscher, M(eyer): Die Privatdelikte im römischen Recht. Halle a/S. (1875): Plötz. 45 S. 8°
Halle-Wittenberg, Jur. Diss. v. 13. Apr. 1875
Geb. Hamburg 9. 12. 1851. V.

Heckscher, S., s.: Lotse, der.

Heckscher, Siegfr., König Karl der Erste. Ein geschichtl. Trauerspiel in 5 Aufzügen. (128 S.) 8. Berlin-Schöneberg 908. Buchverlag der „Hilfe". 2. —

Heckscher, Siegfr., Schuld. Schauspiel in 3 Akten. (91 S.) 8. Hamburg 905. A. Janssen. n. 2. —

— der Stürmer. Schauspiel in 3 Akten. (83 S.) 8. Ebd. 904. n. 2. —

Hecktor, J., Vorschläge zur Einrichtung von Dungstätten. 2. Aufl. 8. (27 S. mit 11 Plänen auf 1 Stnt. in gr. Fol. und Kosten-Anschlägen solcher bereits ausgeführten Anlagen in 4.) Aachen 864, (Mayer.)

Heco, J., Erinnerungen e. Japaners. Schilderg. d. Entwicklg. Japans vor u. seit d. Eröffng. bis auf d. Neuzeit. Nach dessen Orig.-Aufzeichngn. bearb., übers. u. m. e. Einleitg. versehen v. Ernst Oppert. 8. (XVI, 364 S.) Stuttgart 898. Strecker & Moser. n. 3. 50; geb. in Leinw. n. 4. 50

Heco, J., Erinnerungen e. Japaners. Schilderung der Entwicklung Japans vor u. seit der Eröffnung bis auf die Neuzeit. Uebers. u. bearb. v. Ernst Oppert. Wohlfeile [Titel-]Ausg. (XVI, 364 S.) 8. Stuttgart [898] (904). Strecker & Schröder. n. 2. —

Hecquard, Hyacinth, Reise an die Küste und in das Innere von West-Afrika. Veröffentlicht auf Veranlassung des Ministeriums der Marine und der Colonieen. Leipzig 854. Dyk. Lex.-8. (XVI, 288 S., 5 lith. Taf. u. 3 lith. Karten in Fol.) 2 β 27 ngr

Hecquet, Befestigungskunst, s. Blesson.

Hecquet, A., Kopenhagen, s.: Grieben's Reiseführer.

Hecquet, A., Kopenhagen u. Umgebungen, s. a. Grieben's Reisebücher.

Kopenhagen und Umgebungen. Prakt. Wegweiser. 16. Aufl., neu bearb. von Dr. A. Hecquet. M. neuen Kt.-Beil. *Berlin: A. Goldschmidt 1897.* (IV, 158 S., 1 Bl., 2 Kt., 1 Pl.) 1 Bd 8.
— **Reisebücher,** Griebens. Bd 57. [97. 4377

(Hecquet, Belsazer): Oryctographia Carniolica, oder physikalische Erdbeschreibung des Herzogthums Krain, Istrien und zum Theil der benachbarten Länder. Th.1 - 4, gbd., Abb.

Leipzig: Breitkopf 1778 - 1789

Hecquet, Phil. Arzney und Chirurgie der Armen . . . a. d. Franz. Augsb. 1769. 2. Aufl. 1781. Ü: *Baratti, Edler von.* (ML)

Hecquet, Phil., Arzney und Chirurgie der Armen, oder Hausarzneybuch. 8. Augsb. M. Rieger. 781.

Hecquet, Ph., Le naturalisme des convulsions dans les maladies de l'épidemie convulsionaire etc. Solothurn. 8°.
1733

HECSEY, JOSEPH: Marianische Lobrede auf das Fest des blutschwitzenden Gnadenbildes in der Raaber Domkirche gehalten am 17. März 1853. Raab (1853): Sauerwein XIV S. - 8°

Hector. Meissen 1821. H: *Ahlefeld, Charl. Sophie Luise Wilhelmine v.* (MGT)

A golden Autumn. A novel. By Mrs. Alexander [d. i. Annie **Hector**]. Copyright ed. Leipzig: Tauchnitz 1897. 343 S. 8°
(Collection of British authors. Tauchnitz Ed. Vol. 3190.) [11. 8153

Barbara, lady's maid and peeress. By Mrs. Alexander [d. i. Annie **Hector**]. Copyright ed. Leipzig: Tauchnitz 1897. 350 S. 8°
(Collection of British authors. Tauchnitz Ed. Vol. 3243.) [11. 8193

Brown, V. C. By Mrs. Alexander [d. i. Annie **Hector**]. Copyright ed. Leipzig: Tauchnitz 1899. 358 S. 8°
(Collection of British authors. Tauchnitz Ed. Vol. 3381.) [11. 8292

A Choice of evils. A novel. By Mrs. Alexander [d. i. Annie **Hector**]. Copyright ed. In 2 vol. Vol. 1. 2. Leipzig: Tauchnitz 1894. 8°
(Copyright of British authors. Tauchnitz Ed. Vol. 3013/4.) [11. 8030

The Cost of her pride. By Mrs Alexander [d. i. Annie **Hector**]. Copyright ed. In 2 vol. Vol. 1. 2. Leipzig: Tauchnitz 1899. 8°
(Collection of British authors. Tauchnitz Ed. Vol. 3366/7.) [11. 8280

Kitty Costello. By Mrs. Alexander [d. i. Annie **Hector**]. Copyright ed. Leipzig: Tauchnitz 1904. 311 S. 8°
(Collection of British authors. Tauchnitz Ed. Vol. 3719.) [11. 8544

Mrs. Crichton's Creditor. A novel. By Mrs. Alexander [d. i. Annie **Hector**]. Copyright ed. Leipzig: Tauchnitz 1897. 287 S. 8°
(Collection of British authors. Tauchnitz Ed. Vol. 3224.) [11. 8179

The yellow Fiend. By Mrs. Alexander [d. i. Annie **Hector**]. Copyright ed. Leipzig: Tauchnitz 1902. 318 S. 8°
(Collection of British authors. Tauchnitz Ed. Vol. 3562.) [11. 8435

A Fight with fate. By Mrs. Alexander [d. i. Annie **Hector**]. Copyright ed. In 2 vol. Vol. 1. 2. Leipzig: Tauchnitz 1896. 8°
(Collection of British authors. Tauchnitz Ed. Vol. 3135/6.) [11. 8117

Found wanting. A novel. By Mrs. Alexander [d. i. Annie **Hector**]. Copyright ed. In 2 vol. Vol. 1. 2. Leipzig: Tauchnitz 1893. 8°
(Collection of British authors. Tauchnitz Ed. Vol. 2940/41.) [11. 7976

A winning Hazard. By Mrs. Alexander [d. i. Annie **Hector**]. Copyright ed. Leipzig: Tauchnitz 1896. 286 S. 8°
(Collection of British authors. Tauchnitz Ed. Vol. 3149.) [11. 8124

A missing Hero. By Mrs. Alexander [d. i. Annie **Hector**]. Copyright ed. Leipzig: Tauchnitz 1901. 328 S. 8°
(Collection of British authors. Tauchnitz Ed. Vol. 3480.) [11. 8364

For his Sake. By Mrs. Alexander [d. i. Annie **Hector**]. Copyright ed. In 2 vol. Vol. 1. 2. Leipzig: Tauchnitz 1892. 8°
(Collection of British authors. Tauchnitz Ed. Vol. 2853/4.) [11. 7914

The Snare of the fowler. By Mrs. Alexander [d. i. Annie **Hector**]. Copyright ed. In 2 vol. Vol. 1. 2. Leipzig: Tauchnitz 1893. 8°
(Collection of British authors. Tauchnitz Ed. Vol. 2881/2.) [11. 7933

Stronger than love. By Mrs. Alexander [d. i. Annie **Hector**]. In 2 vol. Vol. 1. 2. Leipzig: Tauchnitz 1902. 8°
(Collection of British authors. Tauchnitz Ed. Vol. 3607/8.) [11. 8463

Through Fire to fortune. By Mrs. Alexander [d. i. Annie **Hector.**] Copyright ed. Leipzig: Tauchnitz 1900. 288 S. 8°
(Collection of British autors. Tauchnitz Ed. Vol. 3414.) [11. 8317

A Ward in Chancery. A novel. By Mrs. Alexander [d. i. Annie **Hector**]. Copyright ed. Leipzig: Tauchnitz 1894. 328 S. 8°
(Collection of British authors. Tauchnitz Ed. Vol. 2977.) [11. 8001

[F.] Zu Tode gehetzt. Roman v. Annie Alexander (d. i. Annie Hector). Autoris. Übs. v. Gertrude Eggert. M. 25 Ill. v. M. Ränicke. *Berlin, Eisenach, Leipzig: H. Hillger [1897].* (128 S.) 1 Bd 8.
= Bücherschatz, Kürschners. No 21. [97. 6299

LIEDER aus Schilda (von *Enno Hector*). Hamburg, Hoffmann & Campe. 1847. Kl. 8°. (In München: P. o. germ 857 gf.) Zahn.
Nachahmer Heine's. 2 Bll., 132 S., 4 Bll. Verlags-Anz. (der Hafis-Uebers. v. G. F. Daumer, ebd. 1846).

Hector, J., Lehrbuch d. rationellen Wiesenbaues u. der Weidenwirthschaft, s.: Bibliothek, landwirthschaftliche.

Hector, J., Lehrbuch des rationellen Wiesenbaues u. der Weidewirthschaft, s.: Volksbücher, landwirthschaftliche.

Hector, Jacob, pract. Arzt aus Pachten (Kr. Saarlouis): **Die Erfolge der Nervennaht in Fällen der von Bergmann'schen Klinik.** *Berlin (1901): G. Schade.* (30 S.) 8°
Berlin, Med. Diss. v. 29. Okt. 1901

Der selige Johannes Eudes, Apostel der heiligsten Herzen Jesu und Mariä, Stifter des Ordens Unserer Frau von der Liebe: 'Die Ordensfrauen vom gutem Hirten'. (1601–1680.) Von P[ater] Joseph **Hector.** Paderborn: Bonifacius-Dr. 1909. 82 S. 8° [10. 6049

— Handpostille, s.: Goffine, Leonh.

Hectoreus, Cam., solitudo sacra. 8. Col. Metternich. 766.

Heczko, Jérzy, modlitewnik czyli zbiór modlitew do nabożeństwa domowego i kościelnego dla użytku chrześcian ewangielickich. Teschen 860. Prochaska. 16. (IV, 375 S.) nn. 10 *ngr*; feine Ausg. nn. 14 *ngr*

MIX
Papier | Fördert gute Waldnutzung
FSC® C083411

Kolibri 360 GmbH
Ferdinand-Jühlke-Straße 7
99095 Erfurt, Deutschland
produktsicherheit@kolibri360.de